草地・飼料作物大事典

栽培・調製と利用・飼料イネ・飼料資源活用

農文協

本書は『農業技術大系　畜産編』（全８巻９分冊、加除式、全巻セット販売）の第７巻「飼料作物」を再編して発行したものである。『農業技術大系　畜産編』は新しい情報を年1回「追録」として発行・加除しているが、最新の追録（29号、2010年9月発行）で加除したものを原本とした。なお、著者の所属は執筆時のままとし、各記事の末尾に執筆年次を示した。

ロールベールをベールラッパでラッピング（密封）して調製が終了。サイロ詰めの重労働がなくなり，大幅に省力，軽労化が実現。

（写真：志藤博克）

トウモロコシの刈取りとロールベールサイレージ調製；フォレージハーベスタで収穫したトウモロコシを細断型ロールベーラに投入し，ロール成形を行なう。圃場が広い場合は伴走しての作業も可能である。

（写真：志藤博克）

飼 料 作 物

搾乳牛の放牧；北海道など，広い草地が確保できる地域では放牧が行なわれている。

水田裏作イタリアン草地への肉牛の放牧；表作の飼料イネのホールクロップサイレージ（ロールベールサイレージ）と裏作のイタリアン草地を組み合わせて，肉牛の冬春季放牧を実現している例。

（写真：千田雅之）

↑飼料イネのホールクロップサイレージ調製；フレール型収穫機で刈取り・ロール形成，ロールグラブ付きトラクタで運搬，ベールラッパでラッピング（密封）の機械作業体系による収穫・調製の例。

（写真：元林浩太）

←水田転作によるトウモロコシの栽培；転作畑を利用した飼料作物栽培も定着している。

トウモロコシ―栽培

トウモロコシは，一代雑種による品種改良，除草剤の開発，栽培から貯蔵・給与にいたる一連の機械化体系の確立などによって全国的に栽培が増大している。

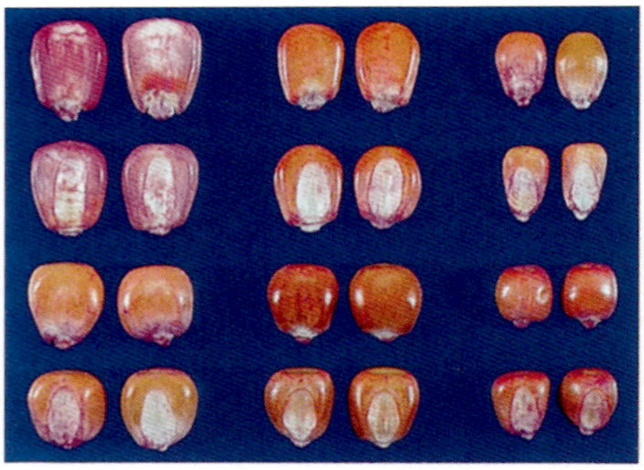

トウモロコシの種子；形と大きさは，品種，子実の着生位置（穂の部位）などによって異なる。

品種，種子の充実度と生育

同一品種の種子では，大きく充実した種子が初期生育もすぐれている。

同じ F_1 品種でも早生は晩生に比べて草丈が短く，着穂高も低く，倒伏に強い。

覆土と鎮圧（左）；覆土は種子の３倍の厚さが適当。播種後の鎮圧は発芽をよくし，除草剤散布効果を高める。

根（左下）；トウモロコシの根は総乾物量の約13%で，地表から20cm以内に約80%が分布する。

畦間除草後でも株間には雑草が残る。除草は①播種直後，②３～６葉期，③トウモロコシの草丈１ｍころの三期に対応処理すること。

トウモロコシ—収穫

トウモロコシサイレージの収穫適期は黄熟期である。生草量では乳熟期が最大となるが，乾物，エネルギーおよび子実生産量は黄熟期が最高となる。F_1トウモロコシは，早生系は黄熟期に乾物含量が約35%，晩生系は約27%となる。

切断長；サイレージとしての切断長は５～10mmがよい。左からフレール型ハーベスターによる切断，コーンハーベスターによる20mm，10mm，５mm。

収穫適期；乾物中子実の割合が50%，水分含量も65～75%で良質サイレージができる。写真はF_1トウモロコシ。

収穫時期とサイレージの質

黄熟後期のトウモロコシ（早生系）；子実は爪で押すとわずかにへこむていど。
水分含量68%，子実混入率48%の飼料価値の高いトウモロコシサイレージができる（左）。

乳熟期のトウモロコシ；爪で子実を押すと，ミルク状の液が出る。
水分含量81%と多汁で，子実混入率（21%）の少ないサイレージになる。10ａ当たりの栄養収量も低い（右）。

トウモロコシ―障害

トウモロコシは多収な作物だが，十分な栽培条件を整備する必要がある。とくに倒伏，病虫害，排水，霜害，施肥などに注意する。多収なだけに肥料成分を吸収するので，それに見合う施肥と病虫害対策が必要である。

倒伏；窒素肥料を多肥したり，晩生品種を密植したりすると倒伏しやすい。一般に草丈高く，着穂位置が高い品種が倒れやすく，根の発育不良でも生じる。

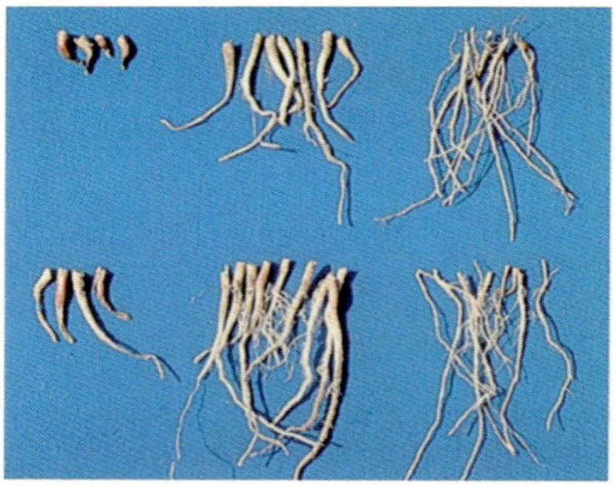

耐倒伏性を高くするためには，根の張りをよくすることである。排水がわるいときや播種密度が高いときは，根は発達不良になりやすい。
写真上：左は耐倒伏性の高い品種，右は低い品種。写真下：上は倒伏したトウモロコシの根，下は倒伏しなかったもの。

霜害；強い霜に２～３回あうと上部３分の１は脱色し，水分含量は減少する。極端なときは，コーンハーベスターによる切断が不良となり，ビタミンＡが減少し二次発酵の原因となる。

要素欠乏症；右から完全葉，苦土欠葉，加里欠葉，燐欠葉，窒素欠葉。

（ジョン デーヤの資料から複写）

湿害；排水不良地のトウモロコシはアントシアンが発現し，上根が地表に出て生育が停滞する。

ソルガム

ソルガムはトウモロコシに比べて耐倒伏性が強く，再生して２回の収穫が可能であり，高温と旱魃に強いために関東以南でよく栽培される。散播してフレール型ハーベスター(チョッパー)で収穫できる利点もあるが，トウモロコシより飼料価値が低い。

品種型；ソルガムは草丈の高い茎葉（フォレージ）型の品種が多いが，草丈の低い子実（グレイン）型の品種もある。今後は子実・茎葉ともに生産する中間型の品種も注目されよう。

湿害；排水不良な条件下でのソルガムの生育

排水不良地では，ソルガムの根の発達も阻害される。

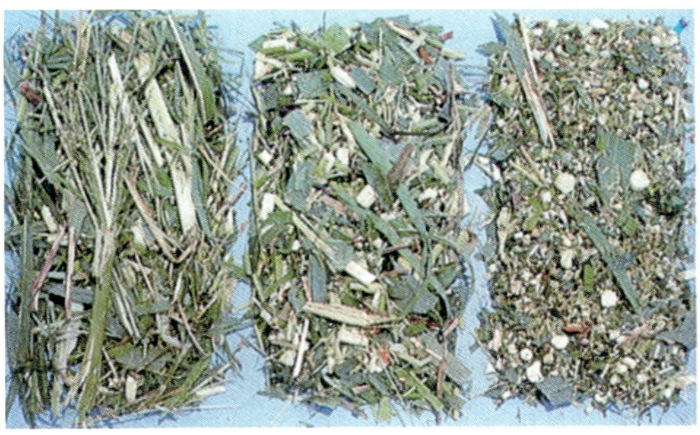

切断長；ソルガムは微切断するほど採食量は増大する。右からコーンハーベスターによる５mm，20mmの切断，フレール型ハーベスターによる切断。

フレール型ハーベスターでサイレージ収穫するときは，ソルガムをローラーなどで倒し，穂先から収穫すると細かく切断できる。

トウモロコシとの混播

九州ではトウモロコシとソルガムを混合して散播することがあり，トウモロコシ収穫後にソルガムの再生草を利用できる。

二番ソルガム出穂期のトウモロコシ刈株の枯死状況。

一番草収穫期

イタリアンライグラス

関東以南では，冬作あるいは水田裏作としてイタリアンライグラスは重要な牧草である。早春から晩秋までよく生育し，肥料に対する反応もよく多収を示す。出穂期に収穫すると飼料価値も高く，サイレージ・乾草として利用される。

冬作としてのイタリアンライグラスは水田裏作に適した牧草で，イネの立毛中の播種も可能。

イタリアンライグラスは高水分サイレージにも調製できるが，大型酪農家では予乾サイレージの体系が組み入れられる。

窒素施用量と生育（左３枚）

上：早春の一番草である。無窒素では10ａ当たり生草収量は2.5ｔと少ない。水分含量82%，乾物中粗蛋白質含量11%，糖含量18%である。

中：10ａ当たり窒素10kgの施用によって生草量は3.9ｔに増加する。しかし水分含量は85%となり，乾物中粗蛋白質含量は14%に増加する。

下：10ａ当たり窒素20kgの施用によって生草量は4.8ｔに増加するが，水分含量88%，乾物中粗蛋白質含量は18%に増加し，逆に糖含量は減少する。

夏枯れ；イタリアンライグラスは関東以南では夏枯れが生じやすい。これらの対策としても夏作物を導入したい。

〈ムギ〉

ビールムギなどをサイレージに調製するばあい，フレール型ハーベスター（チョッパー）収穫では乳熟期がよく，コーンハーベスターで微切断するには糊熟期がよい。

イネ立毛中の播種；府県では秋作・冬作としてムギは重要な作物である。とくに秋作は早場米地帯の水田跡利用に好適である。

〈飼料用カブ〉

乳牛の採食性も高く多収である。とくに小～中規模の酪農家で泌乳能力の高い乳牛への飼料として好適。

〈飼料イネ〉

ホールクロップサイレージ，飼料米，放牧利用など多用に利用でき，専用の多収品種も育成されている。

ホールクロップサイレージ調製；コンバイン型収穫機で刈取り・ロール形成し，自走式ベールラッパでラッピングする機械体系の例。

飼料イネの立毛放牧；高さ70cmに電気柵を張り，下から飼料イネを採食させる。地際から１～２cmの高さまで採食するのでロスは10%程度。（写真：千田雅之）

牧　草　地

多年生の牧草は管理がよいと4～6年間高い収量を維持できる。北海道，東北，九州など飼料基盤にめぐまれた地域や，夏作導入の不可能な傾斜地では，混播草地の比率が高い。また公共草地は全国各地につくられ，育成牛とか繁殖牛の基地として利用される。

混播草地；適度なマメ科牧草の混入により生産性を向上させ，低コストの維持が可能であり，飼料価値も高い。

管理のよい草地・わるい草地（下2枚）

よく管理された草地は適度にマメ科牧草が混入し，夏場でも生産性が維持される。

同じ年につくられた牧草地でも，管理がわるいと雑草が侵入し，生産力が著しく低下する。

輪作；平坦地の牧草地では，牧草とトウモロコシまたはムギ類の輪作が行なわれ，土地の集約利用が図られる。

放牧利用；飼料畑にゆとりのあるばあいには，放牧利用が行なわれる（ストリップ放牧の例）。

公共草地；多頭化する畜産農家にとって，飼料とか労力の効率利用のうえで有用である。

草地の維持管理

冬枯れ対策；寒地では冬期間の冬枯れ対策も重要である。多収にばかりとらわれず，耐寒性の強いチモシーを導入するのも一策である。

排水の向上；牧草地をつくっても，排水不良地とか肥培管理のよくないばあいには，生産性が低下し雑草が多くなる。

土壌侵食の防止；傾斜地を草地造成するばあい土壌侵食が問題になる。播種時期，鎮圧，等高線播種，保護作物導入などに注意する。

〈アルファルファ〉

アルファルファは牧草の女王といわれ，蛋白質，ビタミン，ミネラルなどに富み，飼料価値が高く，地力増強にも役立つ。

トウモロコシサイレージとアルファルファ乾草は，乳牛に対しよきパートナーである。刈取適期は開化1/10のころである。

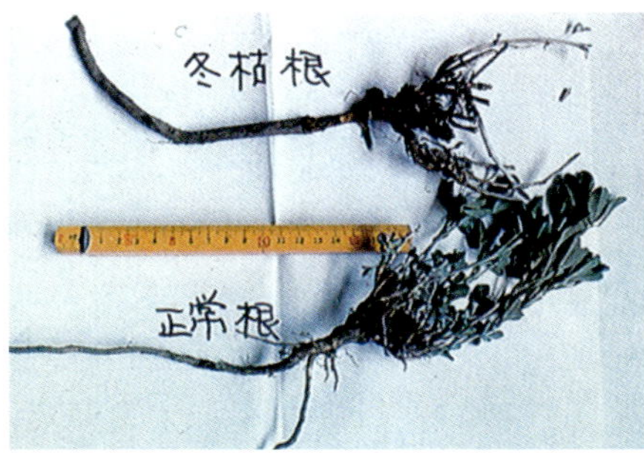

アルファルファの冬枯れを防ぐためには，十分に根に養分を貯えることである。最終刈取りは強い霜のくる4週間前とされている。

サイレージ—作業体系

効率的にサイレージ貯蔵を行なうには，規模に応じた機械体系を組むことが必要である。このページで紹介しているのは1980年代ころまでの体系である。現在は、１ページで紹介したロールベールサイレージが中心になっている。

小規模グループ；小型ハーベスターや移動式の大型カッターを中心に行なう。原料は圃場で切断してサイロに入れる方式で，サイロも小型のものが多い。バッグサイロ，ビニールトレンチサイロなど補助サイロも活用する。

中規模グループ；100cm刈幅のチョッパーとコーンハーベスターが中心となり，１～２ｔワゴンを使用すれば能率よく埋蔵できる。サイロは間口2.5～3.0mで深さ４～５mの角型サイロが多く用いられる。

大規模グループ；50～100馬力のトラクターを中心に大型シリンダー型ハーベスター，ワゴントラックがベースとなる。サイロは大型が多く，１基100～400m³のものが使われ，塔型サイロではトップアンローダによる取出しが多い。

サイレージ──調製法

サイレージを安全良質につくるためには，①適期の刈取り，②水分調節，③原料の切断，④サイロの短期埋蔵と早期密封が基本となる。なお，⑤高水分原料で糖含量の低い牧草，ヒエなどでは添加物を使用する。

トウモロコシ，ソルガム；これら長大作物は，サイレージ調製にあたっては微切断することが基本である。上は調製前のトウモロコシ，左はサイレージに仕上がったトウモロコシ。

牧草類；強く予乾すると長いまま（梱包）貯蔵することができる（左側）。右側は切断したサイレージ。

イタリアンライグラス；高水分サイレージでは，切断，排汁と早期密封が必要である。水分が高いときには上のようにビートパルプ添加も効果的である。下のように，ふすまやぬかも用いられる。一般には５～７％使用する。

ライムギ；出穂期が刈取適期。高水分では切断することが必要条件である。右側チョッパー切断，左側大型カッター切断の良質サイレージ。

サイレージ—いろいろなサイレージ

オオムギの子実サイレージ；黄熟期に収穫し，子実水分含量20～35％でサイロに入れ，完全に密封すると良質な穀実サイレージとなる。

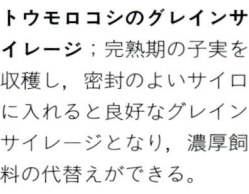

トウモロコシのグレインサイレージ；完熟期の子実を収穫し，密封のよいサイロに入れると良好なグレインサイレージとなり，濃厚飼料の代替えができる。

トウモロコシ雌穂サイレージ；完熟期に雌穂をとり，切断して密封貯蔵する。

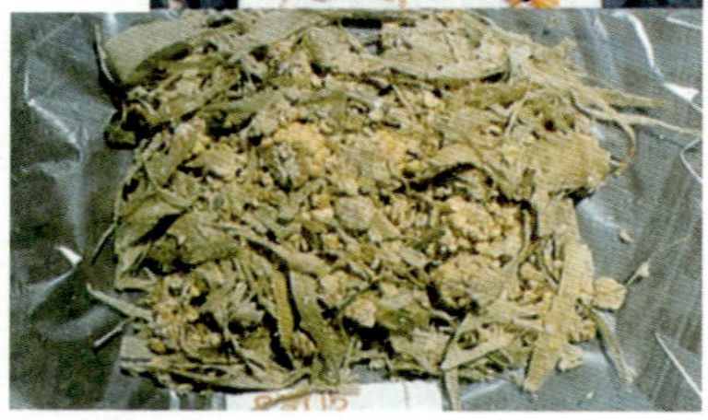

生わらサイレージ；新鮮な生わらを約２cmに切断し，３～５％のふすまかぬかを入れ，サイロに密封貯蔵する。

結束生わらサイレージ；自脱コンバインに結束機を取りつけ，半日ほど予乾した結束生わらを密封のよいサイロに詰め込むと，結束生わらサイレージとなる。

いもづる；新鮮な原料を用い，２～３cmに切断し，原料重の５～10％の切りわらと５～６％のふすまを混合する。

クローバ，大根葉；１～２cmに切断し，原料重量の15～20％のふすまかぬかを混合する（豚・鶏用）。小型バッグサイロも使用される。

サツマイモ；微切断し，これにぬか類を15～20％混合すると，豚用いもぬかサイレージができる。

サイレージ―カビ・二次発酵・ガス

サイレージの発熱・カビなどの二次発酵は空気にふれることから始まる。防止には，物理的に空気を断つ方法と化学薬剤でカビとか発熱を防ぐ方法がある。また，サイロ内に発生する炭酸ガス，二酸化窒素ガスの危険対策も重要である。

良質サイレージ；明るい黄金色で，快い軽い甘酸臭があり，カビなどがない。左は良質ライムギサイレージ，右はやや劣質。

表面の褐変；バッグサイロやビニールスタックサイロの表面は，高温条件で蛋白質と糖が変化し褐変することがある。これは給与可能。

カビ①；写真は牧草サイレージ。サイロ上部にカビや腐敗を生じるのは密封不良が原因。

カビ②；サイロ開封時の白カビ。密封が不完全なばあいにみられる。

カビ③；白カビ，青カビ，赤カビの生じたトウモロコシサイレージ。サイロ壁の亀裂が原因。

グレインサイレージのカビ；水分含量が低く有機酸生成量が少ないので二次発酵しやすい。

二酸化窒素ガス；サイロ排汁口から赤褐色の危険なNO_2ガスが出ている。糞尿多量施用した原料の硝酸態窒素から分解して生成される。

二次発酵の防止；試作された変質防止板。サイレージ取出し後に板を用いて空気を遮断する。

乾草つくり

乾草は重要な基礎飼料である。乾草調製には，①刈取り圧砕後，反転作業で水分40～50%にまで短時日に予備乾燥する，②予備乾燥後，雨にあてず仕上げ乾燥する，③変質しないよう貯蔵する，三つの工程がある。

刈取り，予備乾燥

乾草原料は晴天を見込んで刈り取る。乾草の飼料価値は原料によって左右されるので刈り遅れないことが大切。

原料は，左のようにフレールモーアなどで圧砕切断すると，右のようにモーアだけで刈り取ったものより乾燥効率が高い。

↖日中3～5回反転を行ない，1日ないし1日半で水分40～50%にまで予乾し，雨にあてないようにする。

ベーラーによる梱包作業。

乾草の仕上がり

適期に収穫し，雨にあてずに安全に貯蔵された良質乾草は，緑度高く，多葉で芳香臭を有し，嗜好性が高い。

調製中に雨にあたったものは，圃場での損失も多く，褐色を呈し，葉部の脱落があり，嗜好性が低い。

仕上げ乾草

予備乾燥した原料をビニールハウスに入れ，太陽熱で暖かくなった空気を吸引法で仕上げるハウス乾燥舎

雨が心配なときにウインドローをつくり，ビニールシートをかけて雨をさけるシート乾燥法。

予備乾燥した原料を三角架にかけて仕上げ乾燥する三角架法。

小堆積をつくり，シートをかけて雨をさける小堆積乾燥法。

予備乾燥した原料を針金架（3段張り，12番針金使用）にかけて仕上げ乾燥する。10～14日後の晴天日に広げて乾燥し収納する。

貯蔵中の発熱

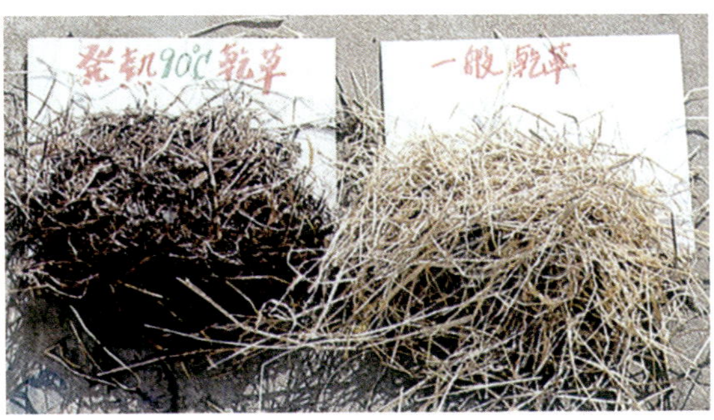

水分20%以上で貯蔵すると左のように発熱して褐色となり，時に失火することもある。

糞尿施用と土壌—草の質

糞尿は肥料として適量を飼料畑に還元し，飼料作物を低コストに良質なものを生産し，家畜に給与することが基本となる。しかし，糞尿の大量施用は牧草中の硝酸態窒素含量を上げ，さらに土壌中のミネラルバランスを崩すもとになる。

夏作導入前の糞尿の施用。飼料畑が不足する府県では，大量施用に適する栽培体系に変えることが必要。

自然流下式の糞尿施用。成牛１頭分は10～15ａの飼料畑に施用し，夏作，冬作を導入して大量施用の糞尿を消化する。

大量の糞尿を施すばあいには，飼料畑に一定量の石灰が必要である。

尿溝式の牛舎では堆肥をつくる。マニュアスプレッダーでの散布。過燐酸石灰を使用すると効果的である。

窒素を過多に施用すると左のように牧草は黒ずみ，蛋白質，硝酸態窒素含量が高くなる。また加里含量も異常に蓄積される。

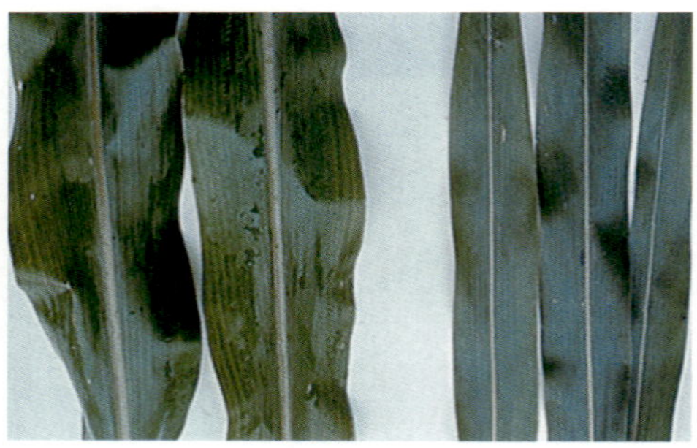

窒素肥料の大量施用によって葉色は暗緑色となり，倒伏，登熟遅延などの障害をきたす（左トウモロコシ，右 ソルガム）。

解説 写真提供	高野信雄（草地試験場）
写真撮影	磯島正春（写真家）　皆川健次郎（写真家） 岩下　守（写真家）　橋本与志紀（写真家）
写真提供	名久井忠（北海道農試），木部久衛（信州大学），青野　茂（静岡県中遠普及所），中尾慎市（熊本県鹿本普及所），田村紘吉（宮崎県総合農業試験場），川原昭光（鹿児島県専門技術員），新村良広（鹿児島県笠野原営農指導管理センター） 志藤博克（（独）農研機構生研センター），千田雅之（（独）農研機構中央農業総合研究センター），元林浩太（（独）農研機構中央農業総合研究センター）

刊行にあたって

全国で自給飼料の栽培・利用の動きが強まっている。背景には，世界の穀物市場の急騰など，これまでのように輸入飼料が安価に入手できなくなるなどへの危機感もある。しかしそれ以上に，輸入飼料に依存し乳量やエサ効率だけを追い求める畜産から，家畜の健康に基本をおいた畜産に転換することで，安全でおいしい畜産物を消費者に届けたいという畜産農家の思いのあらわれといえよう。また，自給飼料や地域の飼料資源を活用した，地域ブランドや農場ブランドづくりが広まっていることも後押ししている。結果として，地域や農場で生産される自給飼料の活用が，消費者の信頼を高め，外部の状況に振りまわされない安定した経営の確立につながっているといえよう。急速に広がった飼料イネの栽培・利用も，こうした動きの一環としてとらえたい。

こうした地域や農場での自給飼料生産と利用をバックアップすることをねらいに発行したのが本書である。そのため，日本で栽培されている，あるいは栽培可能な飼料作物や牧草について網羅的に取り上げ，栽培方法からサイレージや乾草への調製･利用について詳しく紹介している。しかも，それぞれの地域や農場の条件にあわせて栽培・利用できるよう地域によるちがいや，収量だけでなく品質も重視しているのが大きな特徴である。

飼料用イネについてもスペースを割いて紹介している。急速に広がったが，飼料自給率向上への第一歩として定着するには多くの課題が残されている。本書では，安定多収のための栽培方法からホールクロップサイレージ，飼料米，青刈り，放牧利用まで，活用事例も含めて実践的に解説している。定着には，畜産農家と耕種農家の地域的連携が欠かせないが，活用事例はいずれも地域連携での取り組みをとり上げている。

また，各地で広がっている，食品加工副産物などの飼料資源を活用した飼料生産と利用も多様に紹介している。

本書は『農業技術大系　畜産編』（全８巻９分冊，全巻セット販売）の第７巻「飼料作物」を再編成して，単行本として発行したものである。『農業技術大系　畜産編』は1977年（昭和52年）に刊行された加除式の出版物で，刊行以来，その年の課題や新技術，新研究を毎年「追録」として発行し，今日まで常に新しい情報を提供し続けてきている。こうして蓄積された情報を，多くの方にご利用いただくことを目的に，単行本化させていただいた。畜産農家や指導者だけでなく，耕種関係者も含めて活用していただければ幸いである。

2011年３月　　社団法人農山漁村文化協会

執筆者一覧（執筆順　所属は執筆時）

金川直人（北海道専技）
大槻和夫（(独）農研機構畜産草地研究所）
平島利昭（北海道農業試験場）
宮澤正幸（長野県畜産試験場）
萩野耕司（九州農業試験場）
北原徳久（(社）日本草地畜産種子協会九州試験地）
中西雄二（(独）農研機構九州沖縄農業研究センター）
庄子一成（沖縄県畜産試験場）
黒崎順二（宮崎大学）
上田孝道（高知県東部家畜保健衛生所）
瀬川　敬（草地試験場山地支場）
小林　真（(独）農研機構畜産草地研究所）
北川美弥（(独）農研機構畜産草地研究所）
黒川俊二（(独）農研機構畜産草地研究所）
柴　卓也（(独）農研機構畜産草地研究所）
山田大吾（(独）農研機構畜産草地研究所）
戸沢英男（農業研究センター）
飯田克実（草地試験場）
春日重光（信州大学）
鈴木信治（元草地試験場）
高山光男（雪印種苗北海道研究農場）
小林良次（(独）農研機構畜産草地研究所）
杉信賢一（草地試験場）
北村征生（日本大学）
大野康雄（岩手県農業試験場）
小池袈裟市（元千葉県専門技術員）
水野和彦（(独）農研機構畜産草地研究所）
吉村義則（草地試験場）
太田　剛（福岡県農業総合試験場）
関　　誠（青森県専門技術員）
安宅一夫（酪農学園大学）
鳶野　保（北海道農業試験場）
山下良弘（北陸農業試験場）
名久井忠（北海道農業試験場）
箭原信男（東北農業試験場）
高久啓二郎（栃木県畜産試験場）
恒吉利彦（鹿児島県畜産試験場）
井上　登（神奈川県畜産試験場）
阿部　林（農業研究センター）
萬田富治（草地試験場）
志藤博克（(独）農研機構生研センター）
増田治策（草地試験場）
大谷隆二（北海道農業試験場）
柴田良一（愛知県畜産総合センター）
池田和男（昭和電工株式会社）
松中照夫（北海道根釧農業試験場）
高橋　均（農業研究センター）
佐藤節郎（(独）農研機構近畿中国四国農業研究センター）
吉田宣夫（山形大学）
鈴木一好（千葉県畜産総合研究センター）
中西直人（(独）農研機構中央農業総合研究センター）
松村　修（(独）農研機構北陸研究センター）
渡邊寛明（(独）農研機構東北農業研究センター）
藤田佳克（(独）農研機構中央農業総合研究センター）
楠田　宰（(独）農研機構野菜茶業研究所）
吉永悟志（(独）農研機構東北農業研究センター）
元林浩太（(独）農研機構中央農業総合研究センター）
蔡　義民（(独）農研機構畜産草地研究所）
平岡啓司（三重県科学技術振興センター畜産研究部）
沖山恒明（広島県農業改良普及センター）
新出昭吾（広島県総合技術研究所畜産技術センター）
浦川修司（(独）農研機構畜産草地研究所）
河本英憲（(独）農研機構東北農業研究センター）
金谷千津子（富山県農林水産総合技術センター畜産研究所）
松山裕城（(独）農研機構畜産草地研究所）
重田一人（(独）農研機構中央農業総合研究

センター）
丸山　新（岐阜県畜産研究所）
山岸和重（富山県農林水産総合技術センター畜産研究所）
千田雅之（(独) 農研機構中央農業総合研究センター）
伊藤東子（秋田県由利地域振興局）
石川恭子（茨城県県央農林事務所笠間地域農業改良普及センター）
古賀照章（長野県畜産試験場）
佐藤健次（(独) 農研機構九州沖縄農業研究センター）
西村良平（地域資源研究会）
池原　彩（平田牧場生産本部）
田瀬和浩（(独) 農研機構北海道農業研究センター）
川地太兵（(独) 農研機構畜産草地研究所）
奥村健治（(独) 農研機構北海道農業研究センター）
進藤和政（(独) 農研機構畜産草地研究所）
魚住　順（(独) 農研機構東北農業研究センター）
佐藤信之助（草地試験場）
阿部　亮（日本大学）
中西一夫（和歌山県畜産試験場）
田口清實（福岡県農業総合試験場家畜部）
村上徹哉（福岡県農業総合試験場家畜部）
西尾祐介（福岡県農業総合試験場家畜部）
福原絵里子（福岡県農業総合試験場家畜部）
稲田　淳（福岡県農業総合試験場家畜部）
松岡清光（株式会社日本ハイセル）
今井明夫（新潟県農総研畜産研究センター）
石田聡一（雪印種苗千葉研究農場）
角田　淳（株式会社アグロメディック）
大下友子（(独) 農研機構北海道農業研究センター）
浅田　勉（群馬県畜産試験場）
山口秀樹（宮崎みどり製薬株式会社）
高橋巧一（(株) 小田急ビルサービス環境事業部小田急フードエコロジーセンター顧問，獣医師）
後藤美津夫（群馬県畜産試験場）
松下次男（日本ケミカル工業株式会社）
坂　代江（茨城県稲敷地域農業改良普及センター）
高野信雄（酪農肉牛塾）
喜田環樹（(独) 農研機構畜産草地研究所）
鎌谷一也（鳥取県畜産農業協同組合）
上島孝博（鳥取県畜産農業協同組合）

草地・飼料作物大事典　目次

飼料作物の栽培技術

〈草地の維持管理〉

暖地型牧草地の維持管理

牧草地の夏季草量不足を補うクワ混生草地とその応用

ASP（秋期備蓄草地）の利用管理技術

亜熱帯（沖縄）での暖地型牧草地の維持管理

野草地・混牧林の利用

野シバ草地の造成と初期管理

〈耕地型夏作物の栽培〉

温暖地・暖地でのトウモロコシの栽培技術（飯田克実）…………………… 191

〈耕地型冬作物の栽培〉

〈根菜類の栽培〉

飼料作物の調製・利用の基礎

〈調整・利用の基礎〉

飼料作物と調製と利用

〈サイレージ〉

トウモロコシサイレージ

イタリアンライグラスサイレージ

暖地型牧草サイレージ

〈乾　草〉

〈飼料価値・嗜好性の改善〉

土壌肥料と粗飼料の質

水田転作での飼料作物栽培

飼料イネ（WCS・飼料米）の利用

飼料イネの活用事例

飼料作物の栽培利用便覧

飼料資源の有効活用

TMRの調製・供給

飼料作物の
栽培技術

寒地での

寒地型採草地の維持と管理

I 寒地型採草地の特徴

1. 地域の区分とその特徴

北海道の酪農を大別すると，酪農専業地帯の根釧・天北と畑酪地帯の十勝・網走，さらに畑酪地帯の道央・道南に分かれる（第１表）。

気候条件に恵まれた道央・道南はイネ，普通畑作物，野菜，果樹のどの作物も育ち，酪農は比較的条件のわるい沿海・丘陵地帯が盛んである。１戸当たりの面積も少なく，夏は繋牧，青刈り給与が多く，冬期間はトウモロコシサイレージと乾牧草の給与が主体である。飼料作物は牧草・トウモロコシ・マメ類・根菜類の短期輪作が行なわれ高い収量水準にある。

草種はオーチャードグラスに赤クローバ・ラジノクローバの混播であるが，窒素施用量が多いのでマメ科率が低い。利用は乾草調製と青刈りが多い。また近年はトウモロコシサイレージの通年給与が多くなっている。

十勝・網走地帯は畑作の中心地帯でとくにマメ類が多い。しかし年々乳牛頭数も増加し，全道の約38%を占めるに至った。乳牛頭数の伸びに比例して飼料作物作付面積もふえ約47%を占めている。大穀倉地帯だけに広大な土地に大型機械を駆使し，牧草・トウモロコシ・根菜類・ムギ類を組み合わせての中～長期輪作を行なっ

第１表　酪農地帯区分の概要

区分	草地型酪農地帯		畑作型酪農地帯	
	根釧	天北	十勝・網走	道央・道南
気象概況と作物適否	農期間（５～９月）の積算温度がおおむね2240℃以下，８月の平均気温，19℃以下と冷涼で，冬季は積雪少なく寒さきびしく，土壌凍結が深い。太平洋沿岸は夏季海霧の影響を強くうける。牧草，根菜以外の作物は不安定。年平均 5.4℃	根釧と類似する冷涼地帯で農期間（５～９月）の積算温度がおおむね2,220℃以下，８月の平均気温は19℃以下で，冬季は積雪多く寒さきびしいが土壌凍結が浅い。日本海からの季節風を強くうける。年平均 5.0℃。牧草，根菜以外の作物は不安定	十勝管内の太平洋沿岸および山麓部と網走管内の北部オホーツク沿岸を除く地帯は，農期間の積算温度は2,400℃ 以上でイネまたは青刈トウモロコシ，普通畑作物の栽培に適す　年平均 5.8℃	積算温度 2,400℃ 以上でイネまたは青刈トウモロコシ，一般畑作物の栽培に適す。渡島，檜山，胆振各支庁管内には酪農密度の高い地区がある　年平均 7.8℃
土地条件と飼料基盤	農用地面積に恵まれ（30～60*ha*）飼料作物の面積は耕地のほぼ95%以上，飼料作物中牧草面積98%以上で，近年サイレージ用トウモロコシの作付けが増加の傾向にある	農用地面積が広く（30～50*ha*）根釧につぐ飼料基盤を有し，根釧同様の草地中心で最近サイレージ用トウモロコシの作付けが増加の傾向にある	農用地面積は狭く（20～25*ha*）飼料作物の面積は耕地の約50%，飼料作物中青刈トウモロコシの比率が17%と高い	農用地は面積的に最も制約をうけ（６～10*ha*）一般に狭小である。飼料作物中牧草が約87%，青刈トウモロコシの比率が12%と高い

第2表　酪農地帯別草地の特徴

	道央・道南	十勝・網走	根　釧	天　北
経営形態	畑　酪　農	畑　酪　農	酪　農　専　業	酪　農　専　業
気　候				
積算温度(℃)	2,400以上	2,400以上	2,240以下	2,220以下
年平均気温(℃)	7.8	5.8	5.4	5.0
8月平均気温(℃)			19.0以下	10.0以下
積雪量	多	多	少	多
その他		夏冬の寒暑の差大きい	春～夏海霧の影響うける 土壌凍結があり冬枯れの要因となる	季節風が強い
土　壌	火山灰土多	火山灰土多(乾性・湿性)	火山灰土多(湿性)	重粘土多
土地生産力	高	高	低	高
草　種	オーチャード 赤クローバ ラジノクローバ　}混 アルファルファ単	オーチャード チモシー 赤クローバ ラジノクローバ　}混 アルファルファ単	チモシー メドウフェスク 赤クローバ ラジノクローバ　}混 —	オーチャード ペレニアルライ 赤クローバ ラジノクローバ　}混 アルファルファ単
マメ科率(%)	0～5	10～20	30	30
牧草利用割合(%)				
放　牧	10	20	30	30
サイレージ	10	20	40	30
乾　草	50	50	30	40
青刈り	30	10		
10*a*当たり草地生産力(*t*)	5～6	4～5	3～4	3～4
1戸当たり面積(*ha*)	10～15	15～20	35～45	20～30
1戸当たり成牛頭数(頭)	10～15	15～20	30～40	20～30
飼料自給率(%)	50～60	60～70	80～90	80～85
草地維持年限(年)	5～6	6～7	8～10	8～10
輪作型式(上:草種,下:年)	牧草 トウモロコシ 根菜 5～6　2　1	牧草 トウモロコシ 根菜 6～7　2　1	牧草 トウモロコシ 8～10　1	牧草 トウモロコシ 8～10　1
刈取回数	3	3	2	2
放牧回数	7～10	7～10	5～8	5～8
施肥基準(採草地*kg*/10*a*)				
N	14	12	8	9
P	10	10	8	10
K	18	18	18	12
サイロ型式割合(%)				
塔　型	95	90	50	40
バンカー	3～4	8～9	30	30
スタック	—	—	15	28
気　密	1	1～2	5	1～2
サイレージ調製割合(%)	トウモロコシサイレージ 95～100%	80	—	—
予　乾	グラスサイレージ 5	20	60	60
高水分	—	—	30	37
低水分	—	—	10	3
草地利用				
①採草タイプ				
一番草	乾草，青刈り	乾草，青刈り	サイレージ	サイレージ
二　〃	〃　〃	〃　〃	乾草	乾草
三　〃	〃　〃	〃　〃	放牧	放牧
②放　牧	輪換～ストリップ	輪換	全面～輪換	全面～輪換
飼養法				
夏	繋牧，牧草青刈り，トウモロコシサイレージ	放牧，トウモロコシサイレージ	放牧	放牧
冬	トウモロコシサイレージ，乾草，根菜	トウモロコシサイレージ，乾草，根菜	グラスサイレージ，乾草	グラスサイレージ，乾草

ている。夏は温暖な気候だけに時間放牧をし，冬期間はトウモロコシサイレージに乾草の給与体系なので牧草は乾草に調製している。草種はオーチャードグラス，チモシーに赤クローバ，ラジノクローバの混播で刈取回数も３回がふつうである。

根釧地帯は夏期冷涼な気候で春から夏にかけて降雨や霧が発生するため日照不足となり，穀菽作物の栽培がむりで，したがって天候にあまり影響されない牧草が耕地総面積の97％を占めている。土地は湿性火山灰地で，地味はやせ，生産性は低い。

草種はチモシー主体でメドウフェスク，赤クローバ，ラジノクローバの混播，刈取回数は２回である。天候不順のため牧乾草の調製が至難で，一番草がサイレージ，二番草以降で乾草を調製している。夏は省力的な放牧が主体である。土壌凍結が深いためオーチャードグラスは年によりユキグサレ大粒菌核病による冬枯れをうけるため作付けは少ない。近年早熟性のサイレージ用トウモロコシが出現し，その作付けは年々増加の傾向にある。

天北地帯は根釧と同様に夏期冷涼な気候で降雨と季節風が多く，牧草栽培が宗谷で98％，留萠で64％，平均で84％を占める。根釧と異なる点は，土壌が重粘土と冬期間積雪が多い半面，土壌凍結がないため，オーチャードグラスの冬枯れが少なく，草種の主体をなしていることである。草地酪農地帯なので夏期放牧，冬期牧草サイレージ，乾草の給与体系をとっている。

以上，大きく畑酪地帯と草地酪農地帯に分けられ，畑酪地帯は集約的経営，草地酪農地帯は粗放的経営といわれるが，多頭化がすすんだ現在，草地酪農地帯は畑酪地帯に比べ低コスト生産面では有利に展開している（第２表）。

2. 草地の問題点

(1) 老朽化の実態

根室管内別海町で南根室地区農業改良普及所が47戸の草地の実態を調べた結果，草地造成後９年以上経過した草地が42％，５～８年が25％であった。草地の植生はイネ科草はチモシー，オーチャードグラス，メドウフェスク，放牧地はケンタッキーブルーグラス，マメ科草はラジノクローバ，赤クローバが主である。経年化とともに採草地にもケンタッキーブルーグラスが侵入し，放牧地はケンタッキーブルーグラスがチモシーと同程度のウエイトとなり，雑草の侵入が増加してきている。また，放牧地は採草地に比べ草地の悪化がすすんでいる（第３表，第１図）。

収量もまた経年化とともに低下するが，とくに８年以降の低下が大きく，４～５年次に比べ70％に落ち込んでいる。収量低下の要因は植生の変化に伴う雑草の侵入である。

土壌の化学性も酸性化がすすみ，石灰，苦土

第３表　経年化に伴う植生の悪化（一番草）　（別海町）

草種＼利用別・造成後年数	採草地（29地点）			放牧地（51地点）		
	1～4年	5～8	9～1)	1～4	5～8	9～2)
オーチャード	10.6	20.3	14.7	5.3	14.3	7.8
チモシー	59.9	58.8	61.0	52.6	41.7	34.1
メドウフェスク	5.9	5.0	0.7	4.6	8.9	9.0
ケンタッキーブルー	0	3.0	5.7	18.6	17.6	34.3
赤クローバ	8.6	0.6	0.7	4.6	1.5	0.5
ラジノクローバ	15.0	10.9	10.4	9.7	13.0	10.5
雑草	—	1.4	3.4	4.6	3.1	3.8

注 1)　ケンタッキーブルーグラス２割以上の草地　15草地中２草地

2)　ケンタッキーブルーグラス主体草地　31草地中13草地（42％），オーチャードグラス，チモシー３割以下の草地　10草地（32％）

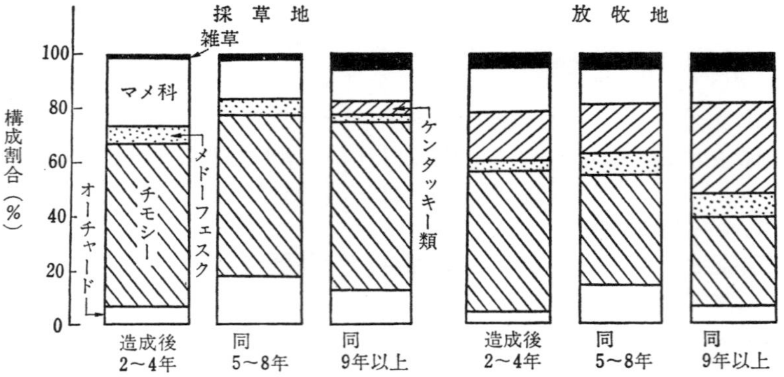

第１図　経年別にみた草種構成（一番草）

含量が少なく，理学性も固相，気相が減少し，液相割合が高い（第４表）。

平均的数値は第５表のようで，第６表の判定規準からみると酸度，燐酸，苦土が低い。数値の分布割合（第２図）は石灰のほかは，どれも少なく摩周系火山灰土壌はやせ，吸肥力の強い牧草を長く作付けると土壌中の養肥分は減少の一途をたどる。

このことは，岩手県畜試の成績（第７表）でも明らかで，草地造成後10年間の土壌化学性と牧草中の無機成分変化とをみると，土壌化学性は pH がすすみ，苦土，石灰が減少しており，牧草中も苦土石灰の減少がきわだっている。

従来，牧草は永年利用して肥培管理によって多収を維持しようとする気持は農民の共通した願望である。しかし，古い草地ほど荒廃化の一途をたどっており，粗飼料の質的・量的確保がむずかしくなっている。更新などの手段によって草地を若返らせる必要がある。

第４表　草地の変化の区分と特徴

			経過年数					
			2〜3	4〜5	6〜7	8〜10	11〜13	14〜
乾物収量（*kg*/10*a*）			788 84	933 100	882 95	642 69	640 69	644 69
雑草率（%）			2.3 74	3.1 100	2.1 68	11.9 384	10.6 342	12.2 394
土壌の化学性（*mg*/100*g*）		pH（H_2O）	6.10 101	6.02 100	5.91 98	5.83 97	5.78 96	5.75 96
		NO_3-N	3.20 64	5.02 100	4.91 98	3.49 70	3.19 64	2.92 58
		T-P	145 85	170 100	170 100	167 98	171 101	160 94
		N/5 HCl可溶 P_2O_5	9.6 81	11.8 100	13.6 115	9.7 82	14.1 119	10.6 90
	置換性塩基	K_2O	11.4 64	17.9 100	10.2 57	10.9 61	12.4 69	14.5 81
		CaO	140 269	52 100	102 196	91 175	91 175	84 162
		MgO	6.5 151	4.3 100	4.9 114	3.8 88	5.0 116	7.0 163
土壌の理学性	固相重 *g*/100*ml*		78.9 117	67.6 100	74.7 111	70.6 104	74.4 110	68.0 101
	PF1.5における（%）	固相	33.6 114	29.4 100	32.6 111	31.4 107	32.5 111	29.7 101
		液相	55.4 94	59.2 100	60 102	60.5 102	59.2 100	60.1 102
		気相	11.0 96	11.4 100	7.1 62	8.1 71	8.3 73	10.2 89

注　下段は４〜５年を100としての比

(2) 適期刈りができていない

一番草の刈取りは，イネ科草の出穂期が適期で，これより早いと栄養は高いが収量は少なく，おそいと収量は多くなるが栄養価は低下する。したがって，出穂期の幅をもたせる目的で，早刈り用のオーチャードグラスと，おそ刈り用のチモシーとの混播組合わせが一般に行なわれている。ふつうの刈取りをみると，根釧地方ではオーチャードグラスの早熟種にあわせての刈取りがほとんど行なわれず，チモシーの熟期にあわせているのが実態である。刈取りのおそいのは質より量の確保が優先するためだ。

従来，一番草の刈取時期が天候不順の本道，とくに根釧地方では乾草調製が困難なためサイレージ調製がすすめられてきた。またサイレージもダイレクト（直刈り）方式での調製で能率第一に考えられていた。

しかし，品質とくに乳酸発酵が劣り酪酸臭が強く，乳牛の好みも劣ることから，予乾サイレージの気運が高まり，高性能収穫機械の導入，サイロの普及とともに，刈取り後2～3回拡散，

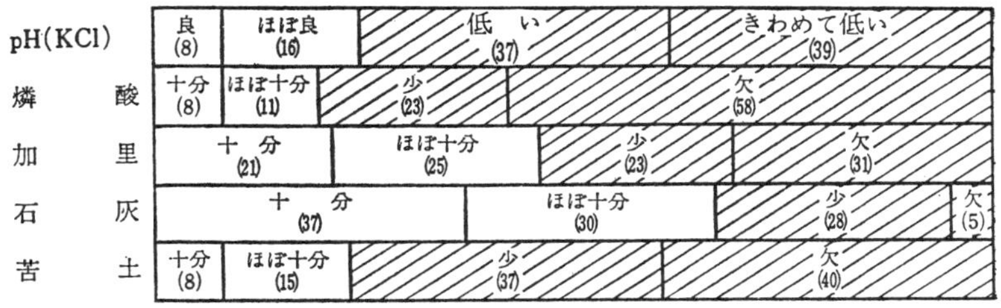

第2図 測定値分布割合
（ ）内%

反転を繰り返しながら予乾し細切してサイロに詰め込むようになった。半面，予乾のための工程が加わり調製に日数を多く要する。

以上のことから，根釧地方の一番草刈取適期はチモシー主体草地のばあい6月13日から7月13日までの約1か月間であるが，実態は6月25日から7月末までで約10日間もおそく，チモシーの出穂をみてからの刈取りが多く，質より量的確保の感覚が根強い。オーチャードグラス混播の意義が採草用草地にはないといってよい。

(3) 刈取り・追肥のまずさと草地の消耗

牧草は多年生で，早春から晩秋まで，その生育期間が長い。そして，開花結実を待たず，年間幾度も刈取り，あるいは放牧利用によって栄養生長の段階で収穫される。

第5表 別海町での草地土壌の平均測定値

酸度 pH (KCl)	可給性燐酸 ($mg/100g$) (ブレイ第2法)	置換性塩基 ($mg/100g$)			MgO/K_2O (%)
		K_2O	CaO	MgO	
5.2 低	4.6 少	10.9 ほぼ良	150.1 良	7.7 少	0.7

注　ブレイ第2法　可溶性燐酸の分析法

第6表 草地土壌成分の判定規準

	酸度 pH (KCl)	可給性燐酸 ($mg/100g$) (ブレイ第2法)	置換性塩基 ($mg/100g$)		
			K_2O	CaO	MgO
十　分（良）	6.0～	10.0～	15.0～	150～	15.0～
ほぼ十分（ほぼ良）	5.5～5.9	7.0～9.0	10.0～14.0	100～149	10.0～14.0
少（低い）	5.0～5.4	4.0～6.0	6.0～9.0	50～99	6.0～9.0
欠（きわめて低い）	～4.9	～3.9	～5.9	49	～5.9

第7表　牧草地の経年変化に伴う土壌化学性と牧草中の無機成分の変化（岩手県畜試）

その1　土壌分析：pH，置換性塩基（*mg*/乾土100*g*）

草種	播種年度	利用年次	K_2O	CaO	MgO	pH (H_2O)
オーチャード	昭和41年	10	18.5	36.8	4.5	5.55
	42	9	20.0	27.6	3.9	5.74
	43	8	15.5	40.0	3.7	5.84
	44	7	26.7	92.5	6.9	5.93
	45	6	22.3	251.9	16.3	6.10
	46	5	29.8	214.4	12.5	6.19
	47	4	37.3	351.3	21.2	6.48
	48	3	24.5	234.4	11.1	6.22
	49	2	11.3	342.6	26.5	6.32
	50	1	24.3	413.8	42.2	6.51
ラジノクローバ	41	10	43.3	128.2	9.7	5.67
	42	9	45.8	116.9	11.3	5.82
	43	8	46.5	141.3	14.0	5.88
	44	7	50.0	218.8	21.7	6.13
	45	6	41.8	238.3	17.4	6.16
	46	5	61.3	381.3	21.6	6.58
	47	4	66.5	267.5	18.6	6.35
	48	3	52.8	288.2	23.3	6.22
	49	2	51.0	425.1	37.7	6.53
	50	1	27.8	444.4	59.3	6.56

備考

各要素の欠乏水準

要素別	欠乏水準	のぞましい水準
CaO	100*mg* 以下	200*mg* 以上
MgO	10　〃	15～30*mg*　〃
K_2O	15　〃	15～30*mg* でこれ以上にならないこと

1. 土壌　火山灰集積土
2. 土壌改良材
   造成時　炭カル pH 6.5 矯正量，以降補給していない。燐酸吸収係数の1％を，熔燐2/3，過石1/3を耕起前施用
3. 追肥量　N＝尿素
   P＝熔燐1：過石1
   K＝塩加

その2　牧草地の経年変化と牧草中の無機成分の変化
（オーチャード単播）　（単位：％）

造成年次	利用年数	水分	N	P_2O_5	K_2O	CaO	MgO	当量比 $\frac{K}{Ca+Mg}$
昭和41年	10	14.59	2.88	0.52	4.23	0.36	0.29	3.30
42	9	14.66	2.69	0.53	4.42	0.30	0.31	3.59
43	8	14.51	2.86	0.54	4.07	0.37	0.32	2.97
44	7	15.04	3.03	0.53	4.29	0.35	0.33	3.15
45	6	14.64	2.93	0.55	4.24	0.36	0.34	3.03
46	5	14.67	2.76	0.54	4.18	0.38	0.32	3.02
47	4	14.29	2.72	0.54	4.29	0.38	0.31	3.15
48	3	14.82	2.77	0.60	3.90	0.41	0.35	2.59
49	2	14.76	2.79	0.69	3.78	0.44	0.40	2.26
50	1	14.93	2.78	0.59	3.57	0.44	0.40	2.14

備考

当量比と牛のグラステタニー発生率

当量比	発生率
1.40以下	0％
1.41～1.80	0.06
1.81～2.20	1.70
2.21～2.60	5.10
2.61～3.00	6.80
3.01～3.40	17.40

（メンブ，1961から）

また，養分収奪量も多く，窒素はイネのおよそ2.5倍，燐酸1.12倍，加里3倍である。これらの膨大な窒素と加里の収奪量は牧草生育の維持を考えるとき，留意しなければならない問題点である。窒素はマメ科牧草の根粒菌固定窒素によって補えるが，加里は火山灰土壌ではその供給力が低く，また溶脱が大きいので補給上考慮が必要である。

火山性の不良土壌が多いので，植物に必要な養分はしだいに失われ，土壌が酸性になることや活性の鉄やアルミニウムが多くなって燐酸の肥効が出にくくなってくる。このように養分収奪が多い牧草に対しては必要量を土壌改良資材，堆厩肥，化学肥料で補うことは当然である。しかし，施肥量の不足，均衡を欠いた施肥などで，養分全体としては，きわめて均衡のくずれた土壌ができあがり，そしてそこに生育した作物はその不均衡な土壌養分環境を大きく反映して不

第8表　乳量水準別，乾物（DM）給与量，過不足農家割合

（北根室地区農業改良普及所，1978）

その1　舎飼期（4月）

地区名と戸数		乾乳		0～10*kg*		11～20		21～30		31～	
		必要DM量11.6*kg*		〃　14.4		〃　16.2		〃　20.4		〃　22.2	
		DM給与量	不足戸数　割合	DM給与量	不足戸数　割合	DM給与量	不足戸数　割合	DM給与量	不足戸数　割合	DM給与量	不足戸数　割合
		kg	戸　%	*kg*	戸　%	*kg*	戸　%	*kg*	戸　%	*kg*	戸　%
N　町	114戸	13.7	30 (26.3)	16.3	35 (30.7)	17.6	41 (36)	18.74	85 (74.6)	18.74	90 (78.9)
K　部　落	48	13.7	17 (36)	16.5	13 (29)	18.6	16 (35)	21.1	11 (65)		
C　町	65	15.1	9 (20)	18.3	3 (8)	18.9	9 (20)	20.4	21 (48)	19.3	90 (62)

注　1．体重600*kg*，脂肪率3.5%，乾乳牛は妊娠末期，各クラス泌乳牛についての体重に対するDM必要割合は，標準体重620*kg*，乳量0～10*kg*　2.4%，11～20*kg*　2.7%，21～30*kg*　3.4%，31*kg*以上　3.7%

2．割合は，対象戸数に対する不足戸数の割合

その2　移行期（11月）

地区名と戸数		乾乳		0～10*kg*		11～20		21～30		31～	
		必要DM量11.6*kg*		〃　14.4		〃　16.2		〃　20.4		〃　22.2	
		DM給与量	不足戸数　割合	DM給与量	不足戸数　割合	DM給与量	不足戸数　割合	DM給与量	不足戸数　割合	DM給与量	不足戸数　割合
		kg		*kg*	戸　%	*kg*	戸　%	*kg*	戸　%	*kg*	戸　%
N　町	116戸	11.9	49 (42.2)	14.73	46 (39.7)	15.57	54 (46.6)	16.64	88 (75.9)	16.82	96 (82.8)
K　部　落	48	13.3	10 (22)	16.1	15 (34)	18.1	14 (31)	19.6	38 (83)		
C　町	65	13.5	9 (13.8)	16.1	3 (4.6)	16.1	9 (13.8)	16.4	21 (32.3)	18.3	11 (16.9)

注　調査基本事項は舎飼期と同じ

均衡な養分を含有する植物体となる。

とくに化学肥料，窒素，燐酸，加里の連用によって，土壌からは石灰や苦土が，年とともに失われる。

3．草地の問題点と給与

乳牛飼養頭数の多頭化，能力の向上に伴って粗飼料の生産確保や栄養供給がむずかしくなっている。粗飼料確保の面では単位頭数当たりの土地規模の狭小化をよぎなくし，牧草生産の増収をはかるため施肥技術，化学肥料の増投などで対応している。その結果，多頭数維持には貢献したが，飼料栄養の不均衡，土壌化学性の悪化などの弊害をみるに至った。

これらの問題は地域の農業生産条件によりその様相を異にしており，草地酪農地帯では飼料栄養の大半を直接に草地放牧や貯蔵草類に依存している関係で，供給栄養の組成は施肥，土壌の化学性に影響されやすい。

したがって，その立地する土壌および施肥成分と飼料ミネラルの関係，蛋白質，エネルギー（TDN）の過不足あるいは不均衡，飼養環境，管理法に由来するストレスなど，それぞれの単独要因，ないしは複合要因に起因するとみられる栄養・代謝障害（起立不能症候群，硝酸塩中毒，低マグネシウム血症）の発生が危惧され，とくに草地酪農地帯に多発要素が潜在しているといえよう。

乳牛に対する飼料給与の実態調査（第8表）では，乾物給与量不足農家が日乳量 20*kg* 以下で約35%，30*kg* 以上では約70％あったと報じている。

このように不足を生ずる要因は農家の乾物給与認識が低いことにある。草地の40%以上が9年以上の牧草地であって，施肥量は道施肥標準なみであるが，マメ科混生率が低く，植生割合も収量性の低いケンタッキーブルーグラス，レッドトップなどの不良牧草の侵入をみており，その他雑草もかなり混生している。

II 草地維持管理の基本

1. 優良草地と低収草地

多収草地（上位10群）と低収草地（下位10群）の土壌を比較した成績（第9表）を示す。このことからわかるように，低収グループは化学性，理学性ともにわるい。さらに施肥反応の遅速性から4グループに分類している（第3図と第10表）。

これらのことから，A草地は別格として，B草地は土壌中の燐酸が多く，理学性にも恵まれているので，施肥によって直ちに増収しうる。しかし，C草地は理学性がわるく収量回復にさいしての時間を要することになり，収量が上昇しえないD草地とともに経営的配慮のなかで更新を考えねばならない。

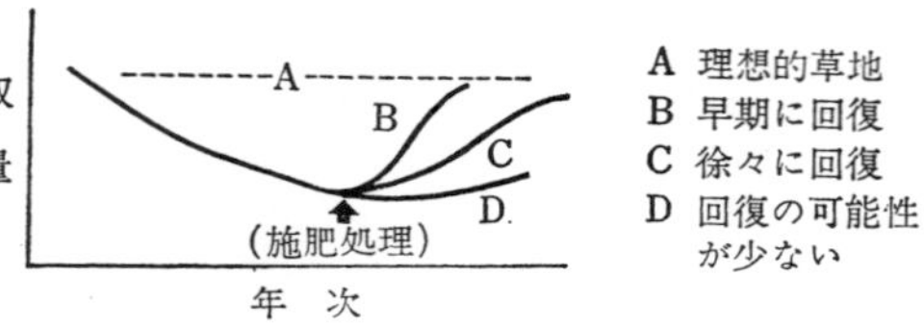

第3図 施肥効果の遅速性からみた草地の分類（奥村ら，1975）

2. 草種，品種の考え方

(1) 草種，品種の早晩生

各草種について早晩が異なり，かつ草種間の品種にも早晩がある（第11表）。

オーチャードグラスが極早熟で品種のキタミドリは5月28日に出穂期を迎える。最晩熟はペレニアルライグラスで，晩生のピートラは7月14日の出穂期でその間47日間の開きがある。しかし，現在主体草種はオーチャードグラスとチモシーで他は随伴草種であるから，その2草種をみると，チモシーのホクシュウが7月9日だから，42日間の幅がある（ホクシュウは昭和56年度から種子流通の見込み）。

(2) 刈取期間の延長と品種

乳牛の多頭化とともに草地面積も増加している。そのため牧草収穫作業に長期間を要し，一

第9表 多収草地と低収草地の土壌理化学性（天北農試）

項目／草地	収量 (kg)	pH (H_2O)	T-N (%)	可溶性燐酸 (mg/100g)	置換性塩基(mg/100g) K_2O	CaO	MgO	固相 (%)	pF 1.5(%) 気相	孔隙
上位10群	5,000	5.9	0.34	20.8	19.0	335	36.4	40.4	7.7	60.1
下位10群	3,240	5.8	0.32	9.3	13.1	281	21.3	42.4	6.1	57.9

注 50か所の試験地を対象とした

第10表 施肥反応性の違いと土壌理化学性（大崎・奥村，1975）

項目／草地の分類	収量 (kg)	化学性(mg) pH	P_2O_5 T-P	P_2O_5 可溶性燐酸	置換性CaO	理学性 硬度	現地 乾土重(g)	現地 気相(%)	pF 1.5 気相(%)	pF 1.5 孔隙(%)
B 草地	5,105	5.8	239	32.3	290	21	101	19.0	7.7	60.3
C 〃	4,050	5.6	125	4.0	294	27	102	17.3	8.7	59.7
D 〃	3,180	6.0	113	4.6	262	24	115	16.8	3.0	56.5

第11表　各草種，品種の早晩性

熟期	草種名	早	中	晩
極早熟	オーチャード	キタミドリ5/28	オカミドリ6/5	ヘイキング6/10
早熟	メドウフェスク	ファスト6/10	タミスト6/13	
〃	トールフェスク	ヤマナミ6/10	ケンタッキー31フェスク6/13	ホクリョウ6/20
〃	ケンタッキーブルー	トロイ6/12，ケンブル6/12		
中熟	チモシー	ホクオウ6/22，センポク6/22，ノサップ6/22		ノースランド7/4，ホクシュウ7/9
晩熟	ペレニアルライ	リベール7/1	マンモスペレニアル7/7	ビートラ7/14
早熟	赤クローバ	サッポロ6/28，ハミドリ6/30	レッドヘッド7/5	
〃	アルファルファ	アルファ6/28，サラナック6/29		

注　数字は札幌を中心とした出穂・開花月日。チモシーは北見

番草の収穫適期を超えて稼働することになる。とくに牧草から牛乳生産の栄養供給を期待する草地酪農では，刈遅れによる栄養量の損耗は重要な問題である。この対応としては高能率の大型農業機械を導入したり，共同作業も多人数から少人数グループに変わったり，さらに個人所有化の気運にある。そのことが機械費用の増加の原因となる。

早刈り用のオーチャードグラス主体草地とおそ刈り用のチモシー主体草地を１：２の割合で別々に用意し，さらに早・中・晩の品種を組み合わせることによって刈取期間を６月上旬から７月中旬まで延長することが可能である。

(3)　オーチャードグラス主体草地

オーチャードグラスは永年草地の基幹草種として，北海道ではチモシーと並ぶ重要草種である。チモシーよりすぐれる点としては，第一に再生力のよさがあげられる。一番草刈取り後，夏から秋にかけての伸びのよさは二番，三番草の収量水準を保ち，また秋遅くまでの放牧を可能にする。しかし，この秋の伸びのよさは一面では冬枯れに対してチモシーより弱いこととも結びついている。春秋のすぐれた生産性が，チモシー地帯といわれた道東地方までオーチャードグラスの栽培面積を大幅に拡大し，それが，未曾有といわれる昭和50年春の冬枯れ被害の端緒となったといえよう。

春先の生長の早さと夏秋の伸びのよさ，熟期が早く晩生品種でもチモシーの早生品種より１週間以上も早い３回刈りできる利点。

欠点としては，早熟で老化が早く刈取適期間幅が短いこと，再生草の好みのわるさが問題とされることがある。品種選定にさいしては越冬性，早晩性，季節生産性，永続性などの特性を重視した選定が必要である。

(4)　チモシー主体草地

チモシーは北海道では最も重要な草種であり，広く全道に普及し，とくに道東地方の草地酪農地帯では基幹草種として重要な位置を占めている。この理由は冬期のユキグサレ病や低温凍上などに起因する冬枯れに対してイネ科牧草のなかで最も強い種類に属し，粗放な栽培条件のもとでも安定した生産力を示し，かつ，オーチャードグラスに比較し刈取期間が長く，良質な乾草生産やサイレージ生産が得られやすく，家畜の好みも高いなどの特性をもっているためだ。欠点は再生力が劣り，２回刈り用草種である。

(5)　アルファルファ主体草地

アルファルファは栄養価および生産性，永続性などにすぐれ，家畜の完全飼料あるいは牧草の女王と呼ばれているが，普及率が低い。

多年生で５～６年利用できる。やや乾燥した気候に適し，排水良好なアルカリ性土壌に最もよく生育する。したがって，多雨湿潤で酸性土の多いわが国では，土壌改良，病気発生などの問題があり，栽培面積の伸びは停滞ぎみである。

わが国の気候風土に適した新品種の育成や，栽培利用技術の改善など，今後の試験研究に期待しなければならない面が多い。

(6)　自然条件と草地の選抜

以上のようにそれぞれ主体草地の特質があるが，気象的に温暖な地帯ではオーチャードグラス，さらに土壌条件に恵まれた地帯はアルファルファが主体となる。寒冷地で土壌凍結があり，土壌条件にも比較的恵まれない地帯はチモシー主体で，随伴草として中間草種のメドーフェスクやマメ科牧草を組み合わせ，マメ科率を30%前後に維持することが，栄養の均衡，ミネラル給与上のぞましいことであり，さらに窒素給源としての役割も大きく，濃厚飼料の節減，肥料経済上有利である。

3.　維持管理の要点

(1)　養分蓄積期の保証

草地生産性は経年的に安定で，永年利用できることがのぞましい。ところが造成後4～5年目までは比較的高収であるが，6～7年目以降漸次低収化する。十分な生産を維持するためには草生密度と生長に必要な養分が必要である。

①牧草密度の維持

牧草の正常な生産のためには牧草生長の最小単位である分げつ茎または分枝が一定面積内に十分確保されていることが必要である。混播草地では1 m^2 当たり1,000～2,500本，アルファルファ草地は100株以上必要とされている。

②密度減少の理由

①生育競合　面積当たりの株数や分げつ数には限界がある。牧草個体間の競合で，再生力の大きい，生長速度の大きい，養分吸収力の強い草種が優勢となる。

②生理的衰弱　根や株に蓄積されている貯蔵養分を使って再生する。利用間隔を短くしての利用や施肥不十分のばあい衰弱，枯死する。

③不良気象　高温，低温，乾燥，湿害，寒害，霜害，土壌凍結による根の切断，停滞水による窒息など。

④病害虫　生理的衰弱，施肥量不足，高・低温による障害などによって誘発。

⑤機械的障害　踏圧，家畜蹄傷，牧草への機械的傷害。

③防　止　策

生育競合を小さくし，十分な再生できるような利用間隔を保つ。

裸地化の防止　ラジノクローバのランナー，ケンタッキーブルーグラスの地下茎により，裸地を埋める。

分げつの確保　分げつ茎数は季節的に増減する。早春に若干新分げつが発生し幼穂形成するが，節間伸長期分げつはみられない。栄養生長がつづく。夏期の高温時には新分げつの発生は少ない。短日低温の秋には茎葉の生長が鈍化し，株部が肥大し，分げつ発生は年間で最も盛ん。秋に発生した新分げつの大部分は翌春の出穂茎となる。

最近の研究では，年間で最も分げつ発生の多いのは短日，低温の秋であり，茎葉の生長が鈍化し，株が肥大し分げつを発生する。したがって牧草の年間の始まりは秋にあるといってよい。そのようなことから秋施肥による養分貯蔵は重要である。10月上旬前後の養分蓄積時の刈取りは，冬枯れを助長し，春の立毛数の減少に結びつくので，刈取り危険帯としている。

(2)　経年変化と生育のおさえどころ

①牧草の密度維持

①刈取り開始時期が早いほど生存個体数が多く，②高刈り区は低刈り区より生存個体数が多い。③生育がすすむにつれて生存個体数は何の処理を加えていないにもかかわらず，それぞれ20～40%減。刈取時期が遅れると自然に密度低下するのは，生育がすすむにつれて枯死個体がだんだん増加してゆくのが原因である。

②個体群内の個体相互間の競争

高密度群落であるために生育がすすむにつれて葉量が増加するから，相互遮蔽の度合いが急速に増す。このような状態に達するまでにも，各個体の受光量は一様でなくなり，受光量の少

第12表　イネ科，マメ科の相違

	生育適温	光　線	土壌乾湿	要求度の高い養分
イ　ネ　科	15～20℃	―	―	N, K
マ　メ　科	20～25	遮光に弱い	ラジノ，白クローバ乾燥に弱い	P, K, Ca

ない個体の生長は必然的ににぶくなるから，葉群構造が密になるにつれて受光量の差は各個体間の生長量の差となって現われ，強壮個体，弱小個体を生む。

生育がすすむと弱小個体はますます受光量が少なくなり，光の補償点前後の光しかうけられなくなると，呼吸量が光合成量を上回って枯死する。

草型とくに草丈と茎数，および開花の早晩性など（早め早めに利用し，個体間に優劣の差を生じさせないよう制御する）５～６月の生長最盛期（生長速度の早い時期）では低刈り区が，また気温の高い８月では高刈り区が，いずれも枯死個体数が少ない。

生長速度の早い５～６月は５～６*cm*の高さで刈り，高温時の７～８月は10*cm*ていどで刈ったほうがよい。刈取草丈は50*cm*より30*cm*のほうが残存個体数は多くなる。

③窒素多肥は密度減少の原因

生産量Ｙ＝平均個体重Ｗ×個体密度Ｐ

Ｐが適正密度以上のばあいにはＹが一定になり，したがって一方が大きくなれば他方が小さくなるという相反する動きをする。

しかし，Ｐがその特定値以下になるとＷはだんだん大きくなるが，Ｙが小さくなってゆく。ゆえに草地のように草の茎葉生産のばあいは，Ｗは小さくなってもよいから，Ｐを特定値に保ってＹを最大値に固定してしまうのが上策である。野菜類や果実の生産とちがって草地のばあいは，若くて柔軟で，蛋白含有率の多い時期の茎葉の面積当たり収量が多いことが必要であるから，Ｗは小さくてもＹを大きくするほうが得である。

したがって各草種ごとの適正密度はぜひ明らかにしておかねばならない。

Ｐは簡単に小さくなる最も警戒過繁茂状態，高密度のばあいは，わずかな利用時期の遅れが過繁茂を招き，群落内部への光の透過を妨げ，優勢，劣勢の個体をつくり出し，密度減少から収量減少につながってゆく。

④草種構成の調節

混播草地の草種構成は年とともに変化するので，草種構成の変動を少なくする管理が必要である。そのためにはマメ科率維持，雑草侵入防止が留意点となる。

長草利用はマメ科を遮蔽し，窒素多肥はイネ科の生長を助長し，重放牧はマメ科に光を供給する。マメ科刈取り後完全に生育回復するまで20～25日必要なため，利用間隔が短ければ衰退する。肥料吸収率はイネ科が盛んで土壌は酸性化し，石灰，苦土の欠乏によってもマメ科牧草は後退する。

再生力の強いオーチャードグラスとラジノクローバの混播はマメ科率を維持しやすいが，夏以降再生力の劣るチモシーとラジノクローバとの混播はマメ科が優先する。

アルファルファ＝乾燥地向き，オーチャードグラス＝中間，ラジノクローバ＝湿潤地向き

チモシーは，オーチャードグラスに比較して耐湿性が強い。やや湿潤土壌では，チモシーかオーチャードグラス＋ラジノクローバが良好草地をつくる。

乾燥地では，アルファルファ＋オーチャードグラスによりアルファルファ主体草地をつくる。

以上のように，草地生産性低下の原因は，利用方法や施肥の不適正によって生産性の高い牧草密度が低下し，代わって生産性の低い牧草や雑草が侵入するためである。

第13表　草地の利用期間

混播区分	一番草			二番草			三番草		
	処理面積	始期	期間	処理面積	始期	期間	処理面積	始期	期間
オーチャード主体混播	*ha* 13.4	6/5～6/10	27日間	*ha* 12.0	7/20～8/5	28日間	*ha* 5.1	9/10～10/1	18日間
チモシー主体混播	9.1	6/10～6/25	26	7.6	8/1～9/20	27			

4. 採草の要点

(1) 採草利用のねらい

牧草は夏期間は放牧利用，冬期間は刈取りによる採草利用とし，サイレージまたは乾草として貯蔵する。牧草生育期間が短く，冬期間の長い北海道では，放牧期間が短く，採草利用の割合が大きい。

採草利用では，栄養価の高い牧草をできるだけ多く収穫する必要がある。

牧草は春から夏にかけて節間伸長を伴うため，盛んに生長し，茎葉の乾物生産量は年間で最も大きい。しかし，イネ科牧草の出穂始め，マメ科牧草の開花始めをピークに，粗蛋白含有率が低下し，繊維が多くなって，消化率が低下し，栄養価は急減する。したがって一番草の刈取適期は，栄養収量が最大となる出穂始めまたは開花始めとされている。

しかし刈取適期である出穂開花始め～開花期の間はわずか7～10日間で，そのころ北海道は一般に気温が低く，降雨が多いために乾草の調製には多労を必要とする。

とくに条件のわるい根釧，天北の草地酪農地帯では，天候待ちで刈遅れのマイナスを，比較的天候に左右されないサイレージ調製に切り替えてから10年余に及ぶ。一番刈取り後の再生牧草は，一般に出穂，開花現象が少なく，栄養生長が主体で，生長速度はやや緩慢となり，栄養価の変動が小さいため乾草に調製する。

(2) 刈取回数の決め方

年間の刈取回数は，刈取適期から決められ，地帯や施肥条件にもよるが，オーチャードグラスは3回，チモシーは2回，アルファルファは3回が標準である。

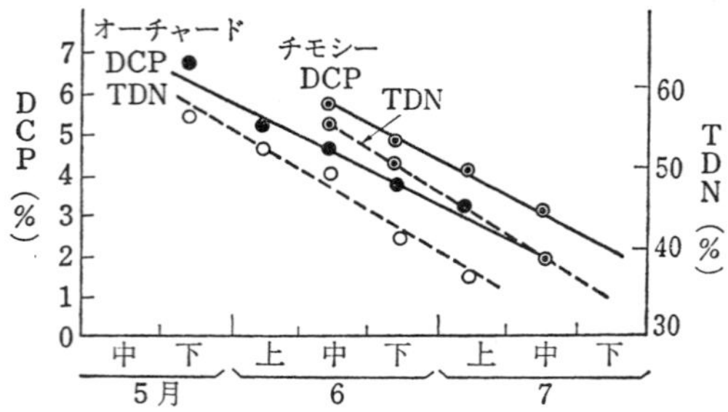

第4図　一番草生育期間の栄養価の推移

大面積の草地では，刈取作業が1か月にも及ぶので刈取期間の延長が必要である。オーチャードグラスの早生～晩生，ついでチモシーの早生～晩生の順に利用できるよう草種，品種を組み合わせた草地を準備すべきである（第13表，第4図）。

(3) 適期刈り

①栄養生産性から

栄養価は若刈り草が高く，熟度がすすむにつれて栄養価は低下する。10*a*当たり乾物生産量は若刈り草が少なく，熟度がすすむにつれて増加し，栄養価と乾物生産量とは相反する。

10*a*当たりTDN（乾物）は，熟度がすすむと高くなる。しかし家畜の乾物摂取量には限度があり体重と比例する。体重600*kg*の乳牛は10*kg*の飼料（乾物）が必要である。

以上から乳牛が摂取し牛乳生産に向けられる10*a*当たりTDNの最も高い時期が刈取適期である。

②一番草の刈取り

栄養収量が最大となる時期は，イネ科は出穂始め，マメ科は開花始めであるが，大面積の草

第５図　葉身の屈折

地では刈取り作業に長期間を要するので，早めの穂ばらみ期から刈り始める必要がある。

イネ科草のオーチャードグラスからチモシーに移り，さらにマメ科混入率の低い草地は早めに刈取り，高い草地にと移る。

牧草の一番草の熟期は生育良否にあまり関係なく訪れるので，出穂，開花を迎えたら刈取りを行なわないと時期を失し二番草以降の生育に影響を及ぼすことになる。

③二番草以降の刈取り

一番草刈取り後40～50日で二番草の刈取り時期を迎える。二番草の刈取りも出穂，開花する草種ではその時期がめやすとなるが，一般に出穂，開花をせず栄養生長を繰り返すので，茎葉が十分に生長し，葉身が屈折して相互遮蔽によって下葉が蒸れたり，屈折した部分から枯れ始めたりするときが刈取りのめやすとなる。

しかし，10月上旬は，刈取り危険帯といって越冬のための貯蔵養分を減少させ越冬性を低下させるので，刈取りはさけること。

(4)　青刈り利用（採草地後半期）

ふつう牧草地は一番草で約50%，二番草30%，三番草20%の収量割合で，一番草採草利用後青刈りして家畜に給与することがある。青刈りは放牧に比べて利用率が20%ていど向上する。放牧末期の放牧草量不足を補う手段としての利用であって，牧柵も不要で容易に実施できる。毎日の刈取労力と刈取回数が多くなると，養肥分の損耗も多いから，それにみあった補給が必要である。

(5)　放牧利用（採草地後半期）

草地酪農地帯では一般的に行なわれている。チモシー草地では一番刈取り後，オーチャードグラス草地では二番刈取り後の利用が多いが，とかく晩秋放牧地の草量不足を補う手段として行なわれている。前もって牧柵を用意しておかなければならない。

5. 施　　肥

(1)　施肥の考え方

①牧草の養分吸収

牧草の養分吸収量は，牧草の種類，生育段階，栽培方法，施肥条件，土壌，気象条件，その他のいろいろの条件によって複雑な違いを示す。したがって厳密な養分吸収量の算定はきわめて困難であるが，第13表の生草中の養分含有率を基礎としている。

②土壌中の可給態養分

牧草中の養肥分は土壌から吸収されるが，牧草が吸収できる可給態養分の多少は，土壌の種類や草地の経年化などによって異なる。

北海道の主な土壌についてみると，

火山性土　北海道では根釧地域の雌阿寒統，摩周統，十勝地域の樽前統，十勝統火山性土が主な草地基盤をなす。降灰年代の新しいものが多く，置換性塩基含量がやや高く反応も中性にちかい。軽い土壌のため経年化に伴う草地の緻密化はそれほど激しくないが，むしろ化学性に問題がある。火山性土は一般に礬土性が高く，腐植が多い。燐酸が不足するのでこれを多用するが，経年的に加里が欠乏するようになる。加里の補給によって土壌中の苦土が拮抗的に欠乏してくる。これら火山性土は養分保持が弱い。

重粘土　主として天北地域の海岸，河岸の丘陵地に分布する洪積土壌や残積土壌をさすが，その母材や風化過程に由来する化学性よりは，劣悪な理学性が問題視されやすかった。一般に加里供給力に富み，苦土含量が高い特徴を示す。一方，強酸性で有効態燐酸に欠乏しているから

第14表　牧草の養分含有率（生草%）

	窒素	燐酸	加里	石灰	苦土
混　播	0.5	0.1	0.5	0.3	0.1

石灰や燐酸質土壌改良資材を多投した条件下で肥培管理が行なわれることになる。腐植の性格から，経年に伴って窒素が不足するので，混生マメ科を維持するための配慮が必要になる。

泥炭土　有機物の腐植堆積した土壌である。泥炭改良の三原則（酸性矯正，客土，排水）のうち，草地では排水が最重要視される。窒素に富み，燐酸に乏しい。加里は未墾地では多いが経年化によって急激に減少する。したがって施肥法の重点は燐酸→加里→苦土→微量要素の順となる。

③経年草地の土壌養分

経年草地の土壌は，永年不耕起のため，踏圧による堅密化，牧草根群（ルートマット）の集積および表層施肥による酸性化などによって，養分供給状態が変化してくる。

窒素　イネ科牧草主体草地では，牧草による収奪で有効態窒素が減少し，さらに硝化も劣ってくるので，アンモニア態窒素の割合が多い。混播草地では，マメ科牧草の根粒や根の分解を通じて固定窒素が放出されるため，窒素地力の急激な低下はない。

燐酸　堅密化と枯れ葉や根の分解のため，土壌中の酸素が不足し（とくに高温時），還元状態となる。還元状態では，土壌中の固定燐酸が可溶化するため，牧草への供給力が高まる。

加里　牧草による収奪が多いため，一般に可給態加里が減少してくる。しかし，糞尿が絶えず還元される放牧草地では，むしろ加里が集積する傾向がある。

第15表　牧草の施肥標準（追肥）（昭53.9改正）　（10 a 当たり kg）

地帯	地帯区分	施肥区分	耕地区分	土壌肥料 目標収量	沖積土			泥炭土			火山性土			洪積土・その他		
					窒素	燐酸	加里	窒素	燐酸	加里	窒素	燐酸	加里	窒素	燐酸	加里
道南道央	1〜10	2年目以降	採草地	6,500	120	100	160	90	100	200	140	100	180	120	100	140
			放牧地		100	80	100	70	100	150	120	100	120	100	100	100
道北	11〜12	2年目以降	採草地	5,000	80	180	120	60	100	180	—	—	—	90	100	120
			放牧地		80	80	60	50	80	120	—	—	—	80	80	60
網走	13〜14	2年目以降	採草地	6,000	100	100	150	70	100	180	120	120	100	100	100	160
			放牧地		80	80	100	60	90	140	100	100	100	80	80	100
十勝	15〜17	2年目以降	採草地	6,000	100	100	150	70	100	120	120	100	180	100	100	160
			放牧地		80	80	100	60	90	140	100	100	120	80	80	100
根釧	18	2年目以降	採草地	4,500	—	—	—	60	80	180	80	80	180	—	—	—
			放牧地		—	—	—	60	80	140	80	80	120	—	—	—

注　2年目以降の施肥

1. 本表の施肥量は，混播草地に対する年間合計量を示す。施肥は春および利用ごとの分施を原則とするが，分施割合は植生および利用法によって考慮し，必要に応じ秋施肥も採用する。ただし，燐酸は早春施肥に重点をおいてもよい。公共草地における放牧では，夏至以降および初秋の年間2回施肥がのぞましい
2. 赤クローバ混生草地では，1回の施肥量は3〜4 kg とし，そのために年間窒素施肥量を減じてもよい。また，アルファルファの混播草地では，アルファルファの混生程度に応じて窒素施用量を適宜減量し，硼素の施用についても配慮する。イネ科牧草優占草地をそのまま利用するばあいには，10 a 当たり年間窒素20 kg 前後を施用する
3. 経年草地では，土壌酸性化の進行に応じ，2〜4年ごとに1回10 a 当たり30〜50 kg の石灰を最終利用後に施用する。苦土は必要に応じ，苦土を含む肥料によって補給する
4. 堆厩肥，尿，液状厩肥（スラリー）は，採草地を重点に施用し，極端な多量施用はさける

石灰と苦土　一般に造成時に施用されるが，牧草による吸収，雨水による溶脱および施肥による酸性化などによって施用の必要がある。

微量要素　土壌母材と関係するが，北海道では，コバルト，銅，亜鉛，ホウ素などの欠乏が予想される地帯である。

(2)　施肥標準とその考え方

北海道では，従来の数多くの試験や実例から，土壌別，利用法別に施肥標準（第14表）が示されているので，これを基準にする。

留意事項としては，牧草収量は気象条件，草種構成，牧草密度によって限界があり，多収をねらうと維持年限を縮め，草種構成もかたよりやすい。また，施肥量が低い間は施肥量増加に伴って直線的に牧草収量は増加するが，施肥量が多くなると，単位施肥量当たりの増収量が小さくなり，とくに窒素，加里の多用は，含有率だけが上昇し，家畜の健康に対して，硝酸中毒やグラステタニーの原因となる。燐酸，石灰，苦土は多用しても生育に必要な量以上は吸収されず，むしろ加里，石灰，苦土間の拮抗現象によって他の養分の吸収を阻害する。

石灰は，造成時に土壌改良資材として施すが，その後も牧草による吸収および溶脱などによって，年間10*a*当たり20～30*kg*もの石灰が減少するので，２～３年ごとに炭カル100*kg*ていどを補給する。苦土も同様に，造成時に土壌100*g*当たりの置換性苦土を15～25*mg*まで高めておけば，その後は年間10*a*当たり５*kg*の苦土を補給すればよい。

以上のことから，目標収量を適正に設定し，適量施肥を行なうことが基本である。

(3)　施肥設計

牧草に対する施肥の考え方は，春の元肥は，まず一番草に吸収利用させる。一番刈り以後の牧草生育は元肥の施用成分量から，一番草中に含有されて持ち出された養分量を差し引いた残りの養分量が働き，三番草には一，二番草で収奪された残りの養分が働く。気候がよく多収であれば，それだけ収奪量が多く，土壌中に残っている養分量が少なくなる。

第16表　牧草の養分含有率（生草％）

	窒素	燐酸	加里	石灰	苦土
混　播	0.5	0.1	0.5	0.3	0.1

第17表　収量水準別養分吸収量（10*a*当たり*kg*）

混　播	窒素	燐酸	加里	石灰	苦土
4　*t*	20	4	20	12	4
5	25	5	25	15	5
6	30	6	30	18	6

このように，牧草の収量あるいは維持年限は気候上，牧草に生理的阻害要因がないかぎり，土壌中の養分含量に影響される。したがって，草地の生産維持には，収奪された養分と還元してやる養分とつねに均衡のとれたようにしてやることが必要で，このことが牧草肥培の基本である。

施肥設計をたてるばあいは，家畜の飼養形態，牧草畑の面積および生産目標をまずはっきりさせる必要がある。

また，施肥量を決めるには，各牧草の養分吸収量，肥料の吸収利用率，天然養分供給量などを基礎とする。

①養分吸収量

牧草の養分吸収量は，牧草の種類，生育段階，栽培方法，施肥条件，土壌，その他種々の条件によって複雑な違いを示す。したがって厳密な養分吸収量の算定はきわめて困難であるが，実際的には第16表の生草中の養分含有率が使用されている。

第16表から生草収量が10*a*当たり4,000*kg*，5,000*kg*，6,000*kg*中の養分含有量は第17表のようになる。牧草の養分吸収量は一般畑作物に比べるときわめて多く，多肥を要求することがわかる。

②天然養分供給量

施肥設計基準の作成にあたって，最も問題になるのは天然養分供給量で，この量は千差万別というよりほかはない。ふつう天然供給量は肥料三要素試験から求めるが，この数字もあくま

第18表　三　要　素　試　験　　（根釧農試，1970～1972）

チモシー主体

造成後経過年次	無　肥	無窒素	無燐酸	無加里	三要素
2～3年	52 (416)	83 (653)	81 (636)	84 (659)	100 (788)
4～5	68 (633)	81 (757)	99 (924)	86 (804)	100 (933)
6～7	68 (596)	80 (704)	96 (847)	82 (723)	100 (882)
8～10	48 (309)	75 (484)	85 (547)	79 (510)	100 (642)
11～13	41 (265)	77 (495)	74 (471)	70 (450)	100 (640)
14～	49 (315)	68 (435)	85 (548)	75 (484)	100 (644)

オーチャードグラス主体

造成後経過年次	無　肥	無窒素	無燐酸	無加里	三要素
2～3	63 (510)	86 (691)	90 (721)	87 (697)	100 (800)
4～5	59 (466)	80 (635)	88 (694)	78 (614)	100 (791)
6～7	60 (470)	67 (521)	95 (740)	80 (623)	100 (780)
8～9	64 (447)	86 (606)	90 (633)	82 (574)	100 (702)
10～13	56 (382)	79 (540)	78 (536)	83 (567)	100 (684)

注（　）10*a* 当たり乾物重 *kg*

第19表　牧草類の肥料吸収利用率　　（単位：%）

種　類	収量目標 (*kg*/10*a*)	窒素		燐酸		加里	
		初年目	2年目以降	初年目	2年目以降	初年目	2年目以降
混　播	5,000	80～90	50～70	20	10	60～80	60～80

第20表　利用2年目からの追肥全量（化学肥料による混播のばあい）　（10*a* 当たり *kg*）

経過年次(年)	目標収量	項　目	熟畑		
			窒素	燐酸	加里
2～3	6,000	成分吸収量	30	6	30
		天然養分供給量	25	5	25
		補給必要量	5	1	5
		肥料の吸収利用率(%)	50	10	60
		施肥量	10	10	8
4～7	5,000	成分吸収量	25	5	25
		天然養分供給量	19	4.5	20
		補給必要量	6	0.5	5
		肥料の吸収利用率(%)	50	10	60
		施肥量	12	5	8
8～	4,000	成分吸収量	20	4	20
		天然養分供給量	15	3	15
		補給必要量	5	1	5
		肥料の吸収利用率(%)	50	10	60
		施肥量	10	10	8

で推定による。

第18表では根釧農試での三要素試験成績を引用してみる。

③肥料の吸収利用率

目標生産物中の成分含有量から，天然養分供給量を差し引いた成分量が補給必要量となる。しかし，施用した肥料が牧草に全量吸収されることはきわめて少ない。施用肥料の吸収利用率は，牧草の種類および収量，肥料の種類および施用量，施用方法，土壌の性質，気候，利用方法などがすべて影響する。したがって，どんなばあいにもあてはまる数字をあげることは至難のことであるが，一般的に第19表の吸収利用法の数字を利用している。

④施　肥　量

第20表に利用２年目以降の追肥の施用量の計算例を示した。この数字はあくまで推定によるもので，この施肥設計に準拠して牧草を栽培し，目標収量と差異があったとすると，その理由の多くは天然供給量の差によることが多い。もちろん，施肥技術あるいは栽培管理のまずいばあいは論外である。また，この施肥例は化学肥料でのばあいで，ほかに堆厩肥，家畜尿などの有機物肥料や石灰，苦土などの微量要素の施用を加えねばならない。

(4)　糞尿の施用

牧草に吸収された養肥分の大部分は糞尿として排泄される。したがって，糞尿の草地還元は当然で，畜舎内に蓄積された糞尿は採草地から得られた粗飼料の採食によって排泄されるので，原則として採草地に還元すべきである。

畑土壌に対する堆厩肥は連年元肥として使用しうるが，草地では新規造成時または更新時しか土壌と混和する機会がない。

堆厩肥の多用で増収することがわかるが，火山性土の根釧農試の成績ではその効果持続期間は３年間ていどで，３年分（６ *t*）を元肥として施用するよりも毎年２ *t* ずつ３年間，計６ *t* を追肥するほうが増収している。重粘土の天北農試の成績では，元肥に 1.6 *t* の少量を用いたにもかかわらず，５年目でも効果が認められた。この違いは，火山性土は理学的に膨軟なので，土壌中での分解が早いためと考えられる。

以上から堆厩肥は直接的効果と間接的効果を示すもので，効果の内容とその遅速の差こそあれ，すき込まれた堆厩肥は，根圏土壌の改良に卓効であると考える。したがって，実際の施用法としては，造成時または更新時に元肥として土壌に混和し，これに毎年の追肥が加われば草地維持は理想的である。

糞尿中の加里は速効的であるが，窒素や燐酸は化学肥料より緩効的である。１回10 *a* 当たり施用量は２～４ *t* を，春または秋に施用する。一般には秋施用が多く秋肥効果が期待できる。

近年スラリー（糞尿混合）施用が多くなってきている。スラリーは糞尿混合のため処理施設，散布機械が単一ですむうえ省力的に散布できる利点がある。効果は遅効性である。また，糞尿排泄量は一般に成牛１日１頭当たり糞＋尿31～34*kg* が，乾草と濃厚飼料主体の飼料基盤のばあい標準とされているが，草地酪農地帯のように粗飼料が豊富で牧草サイレージ主体の飼養では 54*kg* とかなり多いことが調査の結果わかった。施用量は，草地の表面散布では多用すると牧草体を被膜し気孔をふさぐので，10 *a* 当たり１回施用量は４ *t* ていどが限界であろう。

(5)　土壌改良資材

草地を造成または更新するばあい施用する土壌改良資材は石灰，燐酸，堆厩肥である。

①石灰質資材

石灰は根圏土壌の pH を 6.5 に矯正するために施用する。量は土性，腐植量などによって左右するが，草地での酸性矯正効果の持続はそれほど長いものではないといえる。施用にあたっては，大量のばあいは耕起の前後に半量ずつ施すが，少量のときは耕起後，整地前に施す。

②燐酸質資材

本道のばあい火山性土壌が多く，燐酸の必要性は高い。牧草が正常な生育をするためには少なくとも火山性土，泥炭土は10 *a* 当たり約20*kg* 以上，重粘土は約 25*kg* 以上の施用がのぞましい。いちど施用した燐酸は流亡することなく長く作物に吸収利用されるので，貯蓄的役割が大きい。できるだけ多くの燐酸を土壌表層に施用すべきである。

③堆厩肥の施用

広い意味で，堆厩肥も土壌改良資材に含めるが，草地造成のばあい施用する例が少なく，主に草地更新時に施用されることが多い。一般的には草地表面に追肥として施用されるが，更新時に元肥として土壌に混和すると根圏土壌の改良に役立つ。

(6) 目的別の施肥技術

①当年の生産を高める施肥

牧草が必要とする時期に，養分を必要量吸収させることがのぞましい。牧草の生長量は，春の節間伸長期に最も多く，7月以降は秋に向かって漸次減少する。したがって，牧草生産量も春から夏にかけて多く，夏から秋に向かって減少する。要するに採草利用のばあい一番草収量は年間収量の半ばを占め，二，三番草と順次減少する。年間施肥量も3回刈りでは早春6分の3，一番刈り後6分の2，二番刈り後6分の1とし，2回刈りでは，早春3分の2，一番刈り後3分の1とすることが当年の生産に結びついた施肥で，3：2：1の基本的施肥法である。

②永続性を高める秋施肥

牧草は多年生のため越冬するが，当年の牧草生産を重点とした上述の施肥配分(3：2：1)では，この点への配慮が欠けていた。牧草の越冬性を高める施肥は草地の密度を保ち，翌春の分げつ数を確保するための効果が大きく，このことが永続性を高めることになる。

牧草は秋に茎葉の生長は鈍化するが，株，根の肥大と新分げつの発生がみられる。初秋（8月下旬～9月中旬）に施肥すると秋の再生草量増加とともに株，根の肥大が促進され，新分げつの発生が著しく増加する（第6図）。

秋施肥した牧草は貯蔵養分を多くし，冬枯れによる草生低下を少なくし，春の再生茎数，出穂茎数を多くして，再生草量を高める。従来春からの牧草生産だけが注目されていたが，むしろ秋に発生した新分げつが，翌年の草地生産を左右するといえる（第7図）。

採草の3回刈りのばあい，従来の施肥配分の3：2：1に対し，1：2：3と後期重点施肥とする方法である。単年度収量は低下するが経年的な生産性低下が少ない。

③マメ科率を維持する施肥

とかく経年化とともにマメ科率は低下しやすく，イネ科牧草主体になることが多い。マメ科牧草の特性として遮光に弱い。養分要求度は，マメ科牧草は燐酸，加里，石灰など（第21表），

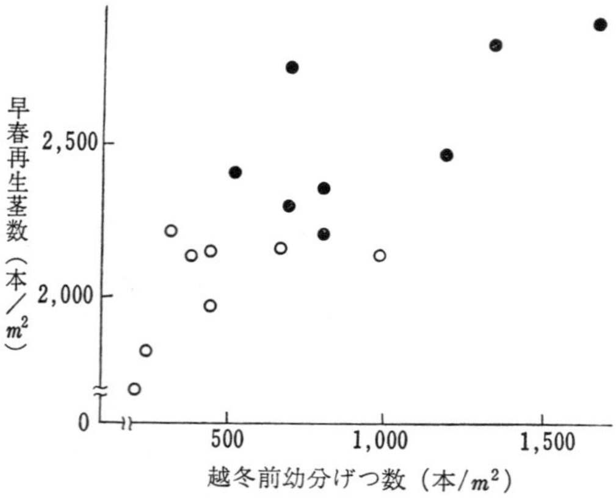

第6図 オーチャードグラス草地に対する追肥と越冬前幼分げつと早春再生茎数

（根釧農試，1977）

注 • 8月下旬追肥10 *a* 当たり窒素5 *kg*，加里10*kg*

○ 8月下旬無追肥

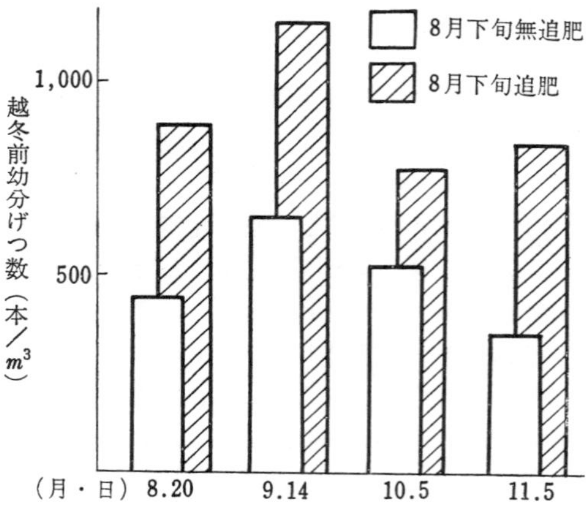

第7図 オーチャードグラス草地に対する追肥と最終刈取時期が越冬前幼分げつ数に及ぼす影響

（根釧農試，1977）

注 8月下旬追肥は10 *a* 当たり窒素5 *kg*，加里10*kg*

イネ科牧草は窒素，加里に対して大きい。したがって，マメ科率を調節するためには，このような両草種の生育生理に基づいた利用と施肥が必要である。

イネ科牧草を長草の状態で長く放置すると，マメ科牧草は遮光，抑圧される。混播草地で窒素を増施すると，マメ科牧草は，その生長が抑えられる。

第21表　マメ科草種の要素吸収量　（10 *a* 当たり *kg*）（林，1970）

年次	草種名	窒素	燐酸	加里	石灰	苦土
1年目	赤クローバ	12.23	2.00	14.88		
	ラジノクローバ	8.53	1.13	9.14		
	アルファルファ	18.42	3.52	21.12		
2年目	赤クローバ	36.35	5.73	36.31	23.83	5.75
	ラジノクローバ	49.43	7.44	53.26	24.85	5.11
	アルファルファ	54.13	10.26	64.38	26.69	5.81
3年目	赤クローバ	15.91	4.01	25.89	13.22	3.04
	ラジノクローバ	37.11	6.77	41.05	22.53	4.47
	アルファルファ	41.07	9.58	53.57	30.78	5.45
3か年合計	赤クローバ	64.69	11.74	77.08	37.05	8.79
	ラジノクローバ	96.07	15.34	103.45	47.35	9.58
	アルファルファ	113.62	23.36	139.07	57.07	11.26

以上からマメ科率を維持するためには，窒素施肥を抑えて燐酸を増肥し，短草利用とか，ラジノクローバの刈取り後の生育回復までの期間が20日前後必要であるので利用間隔をおくこととか，相手草種としてチモシーとの混播を考えるなどの調節が必要である。

④牧草の体内成分含量を高めるための施肥

牧草は家畜の飼料として利用されてはじめてその価値が左右される迂回生産物なので牧草体内の養分含有率の多少に関心がもたれ，含有率が少ないと家畜にとっては欠乏症，多いと過剰のための障害となる。

牧草の養分含有率および養分吸収率は，草種や生育段階によって異なるが，茎葉生産を主体とするため，窒素，加里が多く，燐酸は少ない。またマメ科牧草はイネ科牧草に比べて石灰，苦土が多い。草種間ではチモシー，ケンタッキーブルーグラスで低く，オーチャードグラス，メドウフェスクでやや高い。生育段階からみると，栄養生長期の若い牧草は，各養分含有率とも高いが，生育がすすむにつれて含有率は低下し，吸収量は増大する。

以上のことから，施肥にあたっては，草地更新時に堆厩肥と土壌改良資材としての石灰，燐酸を多投し，その後毎年牧草の吸収量にみあった窒素，燐酸，加里を各番草の収量に応じて施肥し，さらに越冬用秋施肥として窒素，加里のほか堆厩肥，家畜尿を施用する。また，酸度矯正用の石灰と微量要素の苦土などを隔年おきに補給することも必要である。

一応の目標として，道施肥標準による施肥で満たされる。

6. 採　草

(1) 採草の診断

オーチャードグラスは早熟で刈取期間が短く，出穂後の栄養価の低下が急激である。品種のうち早生種はキタミドリ，ホッカイドウ，ホクレン改良種，中生種はフロード・マスハーディ，ドリーゼ，中生の晩はフロンティア，晩生種はヘイキングに分かれる。

札幌付近では出穂始めの6月上～中旬が刈取適期である。一番草は乾草やサイレージに利用されるが，再生が早いので青刈り用にも適している。一番刈り後約40～45日経過して二番草の刈取りを始める。

(2) 刈取作業

牧草の刈取適期はその種類により，また自然条件，栽培条件，利用目的を考えたうえで決める。原則として単位面積当たりの栄養生産量から決められるべきである。

一番牧草の刈取時期は牧草サイレージの品質，栄養価および嗜好性に影響を与える最大の要因である。

とくに草地酪農地帯では，粗飼料のウエイト

第22表　一番牧草の時期別栄養生産量　（根釧農試，1976）

期日	10a当たり乾物生産量①	乾物中TDN含有率②	乾物10kg中TDN含有量③	体重600kgの維持に必要なTDN量④	牛乳生産に向けられるTDN量③−④=⑤	10a当たり乳牛飼養頭数①÷10kg=⑥	10a当たりTDN生産量①×②=⑦	10a当たり維持に向けられるTDN④×⑥=⑧	10a当たり牛乳生産に向けられるTDN⑦−⑧=⑨	
	kg	%	kg	5kg	kg	頭	kg	kg	kg	
5. 25	113.3	82.04	8.20	4.53	3.67	11.5	94.62	52.10	42.52	
6. 3	184.0	78.12	7.81	4.53	3.23	18.4	143.72	83.35	60.37	
6. 13	260.2	73.76	7.38	4.53	2.35	26.0	191.95	117.78	74.17	適期間
6. 23	336.5	69.40	6.94	4.53	2.41	33.6	233.52	152.21	81.31	適期間
7. 3	412.8	65.04	6.50	4.53	1.97	41.3	268.45	187.09	81.36	適期間
7. 13	489.0	60.68	6.07	4.53	1.54	48.9	296.73	221.52	75.21	適期間
7. 23	565.3	56.32	5.63	4.53	1.10	56.5	318.36	255.94	62.42	
8. 2	641.5	51.96	5.20	4.53	0.67	64.2	333.34	290.83	42.51	
8. 12	717.8	47.60	4.76	4.53	0.23	71.8	341.67	325.25	16.42	
8. 22	794.1	43.24	4.32	4.53	△0.21	79.4	343.35	359.68	△ 16.33	

が高く粗飼料で維持栄養量を考え，さらに生産飼料にどのていど振り向けることができるかが問題で，そのことが自給率の向上に結びつく。したがって一番刈り草サイレージは収量，品質，栄養価および採食量などを考慮すれば出穂期に収穫することが最も好ましい。

つぎにチモシー主体草地の一番草の時期別栄養生産量（第22表）を示すが，栄養価は若刈り草が高く，熟度がすすむにつれて低下する。そして，10a当たり乾物生産量は，若刈り草は少なく，熟度がすすむにつれて増加し，栄養価と乾物生産量とは相反する。10a当たり乾物栄養生産量の最も高い時期〔10a当たり TDN（乾物）生産量〕は熟度がすすむと高くなる。しかし，家畜の乾物摂取量には限度があり体重に比例する。体重600kgの乳牛は10kgの飼料（乾物）が必要である。

以上から，乳牛が摂取し牛乳生産に向けられる10a当たり TDN 量の最も高い時期は6月23日から7月3日ごろの81.3kgで，その前後6月13日から7月13日までの30日間が適当な栄養生産量が得られる期間といえ，根釧地域では6月中旬から7月中旬までの30日間を一番牧草の刈取適期間としている。

(3) 採草作業

草地酪農地帯の牧草の収穫，調製体系では一番草時に低温と降雨がつづくため，刈取適期を逸することが多いのでサイレージに，天気待ちのできる二番草で乾草を調製することを原則としている。

7. 障害，雑草対策

(1) 冬枯れの発生と対策

冬枯れは環境による外的要因と植物体内の細胞および原形質に関連した内的要因に分けられる。ここでは外的要因として考えられる諸点をあげると，つぎのようである。

①ユキグサレ大粒菌核病による。
②氷点下の低温による植物体の凍結と枯死。
③凍結と氷の融解が反復される時期があるが，凍上による害をひきおこす。
④アイスシートと称し，地表が氷の被膜で覆われ，炭酸ガスが充満して窒息死を引きおこす。
⑤積雪が不十分であると致死的外気温が直接植物体に影響して凍害をおこす。
⑥秋の刈取り危険帯の利用による。
⑦地形および排水不良による停滞水による。
⑧土壌の肥沃性と秋の播種。
⑨褐色ユキグサレ病による。

越冬間の冬枯れは上記条件のうち一つの要因でも発生するが，多くのばあい二，三の要因が同時に働いて生ずる。

ユキグサレ大粒菌核病は広くイネ科牧草に発生するが，とくにオーチャードグラスに対する被害が大きく，昭和50年には道東一円に大被害をもたらした。

本病の発生の多少に関係するとみられる環境要因は，積雪量の多少と降雪始め，地表温度，土壌凍結深度である。激発の条件は，秋の湿度が高く低温で，積雪が深く土壌はわずかに凍結すること，積雪期間が平年で150～170日あることである。また，土壌凍結期間が長い少雪地帯に多く分布する。

褐色ユキグサレ病は，昭和48年新たに発生したイネ科牧草の新病害であるが，54年度も発生した。

被害草種　チモシー，オーチャードグラスおよびその他のイネ科草。赤クローバ，ラジノクローバ。

発生状況　草地の凹凸，沢状地などの微地形に応じてオーチャードグラス，ラジノクローバなどが被害をうけ，チモシーの被害は少ない。肥培管理条件が被害の多少を副次的に左右していると推論される。

病理的検討　*Prthium* sp. 菌の感染によるものが主因であると結論している。

このように冬枯れによって枯死し，裸地が生じ雑草が侵入した草地に対してはつぎのような対策が必要である。

①排水などの土地改良を行なう。

②堆厩肥，尿の施用と化学肥料を十分に施用して栄養の補給に努め，冬期間の貯蔵養分をたくわえる。

③刈取り危険帯である10月上旬前後の利用はさける。

④枯死して生じた裸地に対しては追播を実施する。追播のばあいは表層の粗腐植の攪乱と土壌面を露出，および土壌水分の供給を主目的とし，牧草根の切断による新根発生の促進や土壌中の気相を多くすることなど考えて，ディスクを縦・横掛けして土壌に亀裂を与えたうえ，必要と思われる牧草種子をばらまく。

施肥は燐酸に加里を加え，窒素は施さない。

播種後は鎮圧，放牧地は踏圧放牧を行なう。

第23表　雑草率と牧草収量割合（単位：％）

肥料区分	雑草率 5以下	5～10	10～20	20～30	30～
無肥料区	67	59	32	26	24
ＮＰＫ区	100	95	66	79	65
2ＮＰＫ区	131	124	102	103	92

注　雑草率５％以下のＮＰＫ区を100とした比較

発芽後は掃除刈りを実施する。

⑤晩秋，土壌凍結してからの家畜尿，スラリー散布はアイスシートをつくるので行なわない。

(2)　雑草の発生と対策

草地が経年化して草生が衰えると，漸次雑草が侵入し，草地の生産性を低下させる(第23表)。

これらの雑草は原植生として存在したもの，造成時に種子で侵入するもの，家畜の堆厩肥あるいは周辺から侵入するもの，などがある。雑草は家畜の好みが低く，放牧地では不食草として盛んに生長するので目だってくる。

北海道での主な雑草は，ギシギシ，フキ，ノアザミ，タデ，イグサ，キイチゴ，タンポポ，ヒメスイバ，ヘラオオバコ，ナギナタコウジュ，アカザ，エノコログサなど。また，毒草としてはトリカブト，ワラビ，キミカゲソウ（スズラン）などがある。

これらの駆除法につぎのようなものがある。

草地管理，利用の適正化　施肥管理をよくし，適正な利用によって草生密度を高める。

早期に掃除刈り　雑草の生育にあわせて早めに掃除刈りを行なう。フキなどは早め早めに多回刈りすることによって根に貯蔵養分をたくわえさせない。

抜取り法　ギシギシ，フキ，ヨモギ，ノハラアザミなど宿根雑草は抜取り処分する。

除草剤　量的に多く，掃除刈りや抜取りで除草困難な雑草に対しては選択的な除草剤を適用する。草地用の主な除草剤はＤＮＢＰ剤，ＭＣＰＢ剤，ＤＰＡ剤，ＤＢＮ剤，アシュラム剤などがある。

第24表　オーチャードグラス主体草地の管

草地経過年数	地域区分	特　　徴	草　　種	管理上の留意点	施肥時期・量
播種当年	道央，道南	畑地酪農経営 火山性土 トウモロコシ｝多い 飼料用ビート｝ 天候良好	草種　オーチャード 赤クローバ ラジノクローバ 5月上旬秋　コムギ間作 3回刈り	輪作 牧草―トウモロコシー 根菜―豆 5～6年	N P K 5/上 4 20 8 10/下 6 ― 10 （秋追肥）
	天　　北	草地酪農 重粘土 牧草だけ 天候不良	草種　オーチャード メドウフェスク 赤クローバ ラジノクローバ 6月上旬播種 2回刈り	牧草単作 8～10年	N P K 6/上 4 15 6 8/下 3 ― 6 （秋追肥）
2～3年目	道央，道南		マメ科多く生産力高い 3回刈り	適期刈りで生産力を生かす	N P K 4/下 7 6 10 6/下 4 3 5 8/中 3 1 3
	天　　北		同　　上 2回刈り	同　　上	N P K 5/上 5 6 8 7/下 3 4 4
4～7年目	道央，道南		赤クローバ消滅し，ラジノクローバ減少する 3回刈り	施肥面でN減じ，P・K増肥。秋に堆厩肥施用	N P K 4/下 4 7 10 6/下 4 4 7 8/中 3 2 4
	天　　北		同　　上 2回刈り	同　　上 刈遅れしない	N P K 5/上 4 7 10 7/下 3 5 5 8/下 3 ― 6

Ⅲ　各種草地の維持管理

A. オーチャードグラス主体草地の維持管理

(1)　混播牧草の種類とその経年変化

オーチャードグラス主体でメドウフェスク，赤クローバ，ラジノクローバを混播した草地では，年による豊凶差はあるが，収量は4年目がピークで漸次下降線をたどる。草種構成は赤クローバが2年目ピークで3年目に二番草から消滅し，ラジノクローバに移り変わってゆくが，6年目以降ラジノクローバも減少してくる。メドウフェスクはほぼ横ばいに推移する。オーチャードグラスは3年目から主体草種となり，ほぼ全体の約2分の1の割合となっているが，その後昭和50年にユキグサレ大粒菌核病に見舞われオーチャードグラスが大被害にあった。道東地帯はときによりこの大粒菌核病による冬枯れのため枯死して立毛数を減少させている。

(2)　維持管理のおさえどころ

草種競合で単一化しやすい。オーチャードグラスは競合性が強く，チモシーなどと混播したばあい，これを抑圧して単一化しやすい。刈取りにあたってはチモシーの熟期にあわせる。株化しやすいのは窒素多肥で刈取りが遅れるためで，マメ科草を抑圧し株化する。窒素をひかえてマメ科率を維持しながら，早熟で刈取期間が短いので早めに刈る。8月下旬～9月中旬に秋追肥を実施する。10月上旬の刈取り危険帯の利

理の要点　（施肥量，収量は10 *a* 当たり *kg*）

刈取時期	利用法	収量			
		生草収量	乾物収量	DCP	TDN
①9/中～9/下	乾　草	2,500	470	37	300
①8/上～8/下	サイレージ	2,000	376	29	240
①6/上～6/中 ②7/下～8/上 ③9/上～9/中	乾　草 〃 〃	3,000 2,000 1,000	564 376 188	44 29 15	360 240 120
①6/下～7/中 ②9/上～9/下	サイレージ 乾　草	2,500 2,000	470 376	37 29	300 240
同　上	同　上	2,500 1,500 1,000	470 282 188	37 22 15	300 180 120
同　上	同　上	2,500 1,500	470 282	37 22	300 180

用はさける。

(3) 草種と混播組合わせ

オーチャードグラスは再生力が盛んなので放牧用草種として利用することが多い。第25表に採草放牧兼用として早～中期利用にはメドウフェスク，赤クローバ，ラジノクローバ，放牧用の長期利用にはメドウフェスク，白クローバとの組合わせ例を示した。

B．チモシー主体草地の維持管理

(1) 混播牧草の種類とその経年変化

基幹草種は草地生産の主体であるから，その地域で最も生産性が高く安定した草種を選ぶ。道東地方では古くからチモシーラウンドといわれているくらい，チモシーの生育には好適している。

夏以降の草量がチモシーは少ないので補助草種にメドウフェスクなどを加えて後半の草量を高める。赤クローバは2～3年で消滅するので，その後のマメ科率維持のためラジノクローバを加える。

多草種を播種しても，草種間の競合によって，経年的に2～3草種しか残らないのがふつうである。草種組合わせのばあいに再生力や生育時期が大きく異なる草種を混播すると，競合力の強い草種が優占しやすい。とくにチモシーは競合力が弱いので，競合力の強いオーチャードグラスとの混播はさけてチモシー主体混播草地とするほうがよい。

つぎに根室管内で実施した混播例(第27表)で採草型（早刈り，中間刈り，おそ刈り），放牧型(オーチャードグラス主体，チモシー主体)，兼用型（オーチャードグラス主体，チモシー主

第25表　オーチャードグラス主体の混播例　（10 *a* 当たり *kg*）

利用目的		草　種	品　種	種子量	摘　要
採草放牧兼用	早期利用	オーチャード メドウフェスク 赤クローバ ラジノクローバ	キタミドリ レトー サッポロ，ハミドリ カリフォルニアラジノ	1.5 0.5 0.7 0.3	普通～乾燥土壌に適する 6月上旬刈取り開始 年3回利用 利用年限7～8年
	中期利用	オーチャード メドウフェスク 赤クローバ ラジノクローバ	ヘイキング レトー サッポロ，ハミドリ カリフォルニアラジノ	1.5 0.5 0.7 0.3	普通～乾燥土壌に適する 6月中旬刈取り開始 年3回利用 利用年限7～8年
放牧用	長期利用	オーチャード メドウフェスク 白クローバ	キタミドリ，ホクオウ タミスト ミルカ，ニュージーランド	1.5 1.0 0.5	普通～乾燥土壌に適する 利用年限10年以上

第26表　チモシー主体草地の管理の要点　（施肥量・収量は10 *a* 当たり *kg*）

地域区分	草地経過年数	特徴	草種	管理の留意点	施肥時期・量	刈取時期	利用法	収量 生草収量	乾物収量	DCP	TDN
道東	播種当年	草地酪農 畑地酪農 火山性土 土壌凍結 天候冷涼	草種　チモシー メドウフェスク 赤クローバ ラジノクローバ 6月上旬播種 1回刈り	牧草単作 8～10年	N P K 6/上 4 20 5	①8/上～8/下	サイレージ	2,000	354	25	240
	2～3年目		マメ科多く生産力高い。 2回刈り	適期刈りで生産力を生かす	N P K 5/上 5 5 12 7/中 3 3 6	①6/下～7/中 ②9/上～9/下	サイレージ 乾草	2,500 2,000	443 354	31 25	300 240
	4～7年目		赤クローバは消滅し，ラジノクローバ減少する。 2回刈り	施肥面でN減じ，P・K増肥。秋に堆厩肥施用	N P K 5/上 4 6 12 7/中 2 4 6	①6/下～7/中 ②9/上～9/下	サイレージ 乾草	2,200 1,800	389 319	27 22	263 215

第27表　混播試験成績

（4か年間乾物収量　10 *a* 当たり *kg*，別海町，1975～78）

タイプ別		混播草種（ ）内品種名	乾物収量 初年次	2年次	3年次	4年次	計	百分比
採草型	早刈り	Or（ホクレン改良）Mf（デンフェルト） Rc（レッドヘッド）Lc（カリフォルニア）	389	993	711	821	2,914	100
	中刈り	Or（フロード）Lc（バンディ） Rc（レッドヘッド）Lc（カリフォルニア）	338	1,039	835	1,002	3,214	110
	おそ刈り	Ti（センボク）Mf（バンディ） Rc（サッポロ）Lc（カリフォルニア）	355	1,312	1,056	904	3,627	124
放牧型	Or主体	Or（ドリーゼ）Mf（バンデイ） KBG. WC（ニュージーランド）	382	881	721	954	2,938	101
	Ti主体	Ti（ノースランド）Ti（センボク） Mf（バンディ）KBG. WC（ニュージランド）	335	778	887	897	2,897	99
兼用型	Or主体	Or（ホクレン改良）Or（ドリーゼ） Mf（バンディ）KBG. WC（ミルカー）	268	868	868	854	2,823	97
	Ti主体	Ti（センボク）Ti（ノースランド） Mf（バンディ）KBG. WC（ミルカー）	340	1,147	1,048	1,081	3,616	124
湿地		Ti（センボク）Mf（バンディ） ALc（テトラ）Lc（カリフォルニア）	286	1,430	1,121	1,108	3,945	135

注　表中　Or＝オーチャードグラス，Ti＝チモシー，Mf＝メドウフェスク，KBG＝ケンタッキーブルーグラス，Rc＝赤クローバ，Lc＝ラジノクローバ，Wc＝白クローバ，ALc＝アルサイククローバ

体)，湿地型の4年間の成績をみると，オーチャードグラス主体草地に比べ，チモシー主体草地の収量が高い。土壌凍結地帯の根釧ではオーチャードグラスの冬枯れの影響はさけがたく，立毛数の減少による減収と推察される。

(2)　栽培のおさえどころ

チモシーは冬季のユキグサレ病や低温・凍上などに起因する冬枯れに対してイネ科牧草のなかで最も強い種類であるが，競合性に弱く，混播のばあい他草種に抑圧される。熟期もおそく，再生の劣る2回刈り草種で，施肥反応が鈍感で多肥，刈遅れによって倒伏を招く。

嗜好性がよく，刈取り利用期間が長いので採草利用草種である。

(3)　草種と混播組合わせ

チモシーは競合力が弱く2回刈り草種だから，相手草種もイネ科のメドウフェスクとマメ科の赤クローバ，ラジノクローバ，白クローバで，マメ科の種子量を多くしないほうがよい。採草用と放牧用との混播組合わせ例を示すと，第28

第28表　チモシー主体の混播例　（10 a 当たり kg）

利用目的		草　　種	品　　種　　名	種子量	摘　　要
採草放牧兼用	晩期利用	チモシー メドウフェスク 赤クローバ ラジノクローバ	センボク，ホクオウ レトー サッポロ，ハミドリ カリフォルニアラジノ	1.5 0.5 0.7 0.3	普通〜湿潤土壌に適する ６月下旬刈取り開始 年２回利用 利用年限７〜８年
採草用	乾草用	チモシー 赤クローバ	センボク，ホクオウ サッポロ，ハミドリ	2.0 0.7	過乾土壌以外に適する 年２回利用 利用年限３〜４年
		チモシー 赤クローバ ラジノクローバ	センボク，ホクオウ サッポロ，ハミドリ カリフォルニアラジノ	1.5 0.7 0.3	同　　上
	サイレージ用	チモシー 赤クローバ	センボク，ホクオウ レッドヘッド	2.0 0.7	同　　上
		チモシー 赤クローバ ラジノクローバ	センボク，ホクオウ レッドヘッド カリフォルニアラジノ	1.5 0.7 0.3	同　　上
放牧用	長期利用	チモシー メドウフェスク 白クローバ	ホクオウ タミスト ミルカ，ニュージーランド	1.5 1.0 0.3	普通〜湿潤土壌に適する 利用年限10年以上
		チモシー ケンタッキーブルー 白クローバ	ホクシュウ トロイ ミルカ，ニュージーランド	2.0 0.5 0.5	普通〜湿潤土壌に適する 利用年限10年以上

第29表　アルファルファ主体草地の管理の要点（施肥量，収量は10 a 当たり kg）

草地経過年数	地域区分	特　徴	草　　種	管理上の留意点	施肥時期・量	刈取時期	利用法	収量			
								生草収量	乾物収量	DCP	TDN
播種当年	道央 天北	重粘土 火山性土	アルファルファ オーチャード 混播	本葉２〜３葉期 DNBP200〜300 $ml/10\,a$ 掃除刈りはしない 個体数400株/m^2	造成時 炭カル　700 熔燐　80 　N　P　K 5/上　4　20　15	①8/上〜8/中 ②9/下	乾　草 または サイレージ	1,800 1,000	284 190	60 40	192 128
	道東	火山性土	アルファルファ チモシー 混播	同　上	同　上	同　上	サイレージ 〃	1,500 1,000	238 190	50 40	161 128
2〜4年目	道央 天北	同　上	同　上	個体数 100〜200株/m^2 ９月中旬と危険帯の刈取りはさける	N　P　K 春　4　6　15 6/上　3　6　10 8/上　3　6　10	①6/上〜6/中 ②7/下〜8/上 ③9/下〜10/上	乾　草 または サイレージ	2,000 1,500 1,000	300 260 190	64 55 40	203 176 128
	道東	同　上	同　上	同　上	同　上	①6/下〜8/上 ②8/上〜8/中	サイレージ 〃	2,200 1,800	350 310	74 66	237 210
5年目以降	道央 天北	同　上	同　上	個体数 100株/m^2 ９月中旬と危険帯の刈取りはさける	同　上	同　上	同　上	1,800 1,300 900	270 225 170	57 48 36	183 152 115
	道東	同　上	同　上	同　上	同　上	同　上	同　上	2,000 1,200	300 210	64 45	203 142

表のとおりである。

C．アルファルファ主体草地のばあい

(1) 混播牧草の種類と経年変化

アルファルファは3回刈りのばあいはオーチャードグラス，2回刈りではチモシーと混播されているが，カナダではスムーズブロームグラスとの混播が多い。土壌凍結のない地帯は単播がむしろよいことがある。

永続性を左右するのは根粒菌の着生程度による。収量は2～3年目最高，7～8年目で2年目の50%，10年目で30～40%に低下する。

(2) 栽培のおさえどころ

排水のよい肥沃地がよく，　マメ科牧草が生育しないような土地にはもちろん適さない。

アルファルファの定着をよくする基本的な技術はつぎのとおりである。

①根粒菌を接種した種子を，pH 6.5ていどに矯正した土壌に，とくに燐酸を多用し，窒素を少量施肥して播種する。

②初期生育時に雑草から保護する。とくに雑草の多い圃場はさける。一年生の雑草（ハコベ，ツユクサ，シロザ，タデ類など）の多いばあいは，早めに除草剤ＤＮＢＰ剤で処理する。

③掃除刈りは絶対にしないこと。

④初年目は適期刈りをし，年間2回刈りを限度とする。

⑤2年目以降は開花期に一番刈りをし，二番刈りは7月下旬から8月上旬，三番刈りは9月下旬～10月上旬として，年間3回刈る。

⑥草種と混播組合わせ

単播のばあい（10*a*当たり）

アルファルファ	1.5*kg*

混播のばあい（10*a*当たり）

アルファルファ	1.5*kg*
オーチャード	1.0*kg*
ラジノクローバ	0.1*kg*

D．水田利用のばあい

北海道の昭和53年度見込みイナ作転換全体面積は 86,209*ha* で，うち飼料作物と飼料穀物計41,370*ha* で全体の48%を占めている。

水田に牧草を栽培するばあいの問題点は，停滞水や高い土壌水分で牧草生育が阻害されること，3年目以降著しく草量減少することである。そのために短年輪換（3～4年）をとり，短年多収型草種の導入が望まれる。

草種導入はイナ作作業との関連を考慮し，一番草刈取りは田植え終了後6月上～中旬に，最終刈取りはイネ刈り終了後の10月中～下旬でなければならない。

(1) 草種の組合わせとねらい

水田の過湿条件下で牧草を栽培するばあいの草種の選定，組合わせについて道立中央農試の成績を参考に考えてみると，栄養生産性（可消化乾物収量，乾物消化率）の点から多収を期すには，泥炭質土壌，強グライ質土壌どれもイネ科牧草はチモシー，メドウフェスク，マメ科牧草は赤クローバなど耐湿性草種がすぐれており，また永続性の点でもチモシー，メドウフェスクがすぐれている。

イネと牧草との輪換栽培のばあい，1年で水田にもどすにはイタリアンライグラスが適当であり，10*a*当たり可消化乾物収量は700～800*kg*を期待しうる。2年輪換では赤クローバ単播区での年間の合計可消化乾物収量は1,400～1,800*kg*。オーチャードグラス・ペレニアルライグラス・赤クローバ・ラジノクローバ混播では1～2年合計可消化乾物収量は泥炭土壌では1,600～1,800*kg*，強グライ土壌では1,800～2,000*kg* で赤クローバ単播を上回っている。

3年輪換の混播では，泥炭土壌で3か年合計可消化乾物収量は2,200～2,500*kg*，強グライ土壌で2,500～2,900*kg*と推測された。4年目以降は急速に収量が低下し，輪換栽培の限界は3年目までと判断される。

一般的な採草型の草種組合わせはオーチャードグラス1.5*kg*，チモシー0.7*kg*，赤クローバ0.6*kg*，ラジノクローバ0.2*kg* 計3*kg*，がよい。

短期利用の多収をねらうばあいは，チモシー，赤クローバ混播が理想である。チモシー単播のねらいは乾草調製が容易であることにあるが，量的にも高栄養をねらう草種組合わせでは，赤クローバとの混播がのぞましい。このばあいには乾草かサイレージ調製を考慮しなければならないが，乾草を容易にする草種選択のときでも若干のマメ科牧草（白クローバまたはラジノクローバ）を組み合わせて良質多収をねらうのが通例である。乾草主体のばあいのイネ科優占草地をつくるさいはチモシー2*kg*＋白クローバ0.2*kg*，オーチャードグラス2*kg*＋ラジノクローバ0.2*kg*ていどの種子量が無難である。

（2） 圃場の準備と施肥

①土地条件の整備

地下水が高く，用水がはいったり，地下浸透水が湧き出したりして正常な作物生育を期待することがむりなばあい土地基盤の整備が先決。

②土壌改良

水田土壌は酸性が強く，燐酸の肥効のわるい土壌といわれている。牧草は家畜の飼料であるから，牧草の栄養組成も均衡のとれた欠陥のない牧草づくりが必要である。したがって土壌調査を行ない，土壌改良を徹底する。

③播種床造成

水田は一般に粘土質が強く，砕土がわるいため整地しにくく，その結果は，まきムラが多くみられる。砕土，整地をよくすること。畦畔の除去，地均しなどで表面土壌の移動が伴ったばあい，地力ムラが生じ生育が不均一になるので，地力補正のため堆厩肥を十分に施用する。

播種後の鎮圧は，発芽率の向上，種子の流亡，飛散防止からも重要な作業で，刈取り利用率の向上，運転手の運転中の振動を防ぐ効果もある。

④施　肥

土壌酸度を知る。できれば燐酸，苦土の土壌含量を知り堆厩肥と土壌改良資材を十分に投入する。造成時の施肥は燐酸施用を重視する。水田土壌は加里が多いので，熔成燐肥を10*a*当たり60～90*kg*施用する。

元肥の耕起前全層施肥は初期生育がわるく，要素欠乏を生ずる。尿素，塩化加里も土壌改良材同様に表層施肥を行なう。地温上昇がおそく肥料分解の遅れや，土壌水分不足で旱害条件が伴うと，とくに初期生育では窒素，燐酸，苦土などの欠乏が生じて初期生育が坐折するような草地をみることが多い。ことにイネ科牧草の根は一般に浅く主根をもたないので，生育初期段階では地表面から5*cm*ていどの土層の肥沃度が重要になる。

（3） 雑草駆除

雑草対策は初年目の管理がかぎである。ヒエのほか，堆厩肥とともに侵入するギシギシ，ハコベ，タデ，アカザなどが代表格である。エゾノギシギシは堆厩肥とともに搬入され発芽・着生するが，できるだけ実生株である造成1年目の秋と翌春との2回，除草剤散布で根絶する。

使用除草剤名　アシュラム剤
使用時期　雑草の茎葉生長期（栄養生長期）5月上～下旬
秋処理（9月上～10月上旬）
　ギシギシの発生状態により春，秋処理を勘案。
薬剤使用量　製品200～400*ml*を水80～100*l*に混合し，草地10*a*に全面散布する。なお局所的に処理するばあいには50～80倍にうすめる。

イネ科雑草やハコベなどは，繁茂を放置すると，裸地化することがある。牧草が雑草におおわれたら掃除刈りをし，その雑草を必ず集めて草地外に搬出すること。なおハコベ，シロザ，ツユクサに対しても除草剤処理がある。

使用除草剤名　ＭＣＰＢ
使用時期　牧草2～3葉期
薬剤使用量　製品200～300*ml*を水70*l*に混合し，草地10*a*に全面散布する。

（4） 刈取り利用

イネ科牧草が出穂始めに達したら刈取りを行ない，乾草に調製して利用することが一般的である。しかし天候を強く選ぶため刈取適期を失し，栄養の損失ばかりでなく，刈取回数の減少などで年間収穫量の減少を招くことになるので，刈取適期に達したら，天候の条件でサイレージ調製も考えて利用すべきである。

播種した1年間は牧草は根系の発達が不十分なため，雨降りや雨上りの土壌過湿状態のときの放牧や機械作業は，草地を荒廃させるので，できるだけさけるか，軽い放牧にとどめる。

E. 草地更新

(1) 更新の意義とねらい

昔から牧草は土地を肥やす作物として緑肥に，また土―草―牛の循環農の法一環でその役割の大きいことが強調されてきたが，つぎのような理由から徐々に考え方が改められつつある。

①牧草は収奪養分量が多いので地力減耗をおこしやすい。とくに欠乏養分のかたよりを伴う。

②耕起を行なわずに栽植を継続すると作土が堅密化し，根の伸長や養分吸収を阻害する。

③土壌が還元状態に陥り，根や遺体の分解がすすまず，ルートマットなどを形成する。

④病害虫の発生が多くなりやすい。

⑤混播草地では混生草種のかたよりが大きい。

⑥牧草収量も2～3年目が最高で，以後減収するが，減収分を増肥で補う。この処置で引続き高収量を維持できる限界は，土壌の種類によって若干の相違はあるが，採草地で7年目くらいまで，8年以降の収量低下が大きい。

⑦高カロリー飼料としての青刈トウモロコシや根菜類の作付けが増加の傾向にある。

以上から草地の外縁的拡大を策することもさることながら，いかにして与えられた草地の地力を増強し，良質な飼料を家畜に提供するかが問題で，採草地で高収量の確保される草地ではできるかぎり飼料作物をも含めた輪作方式を計画的に導入すべきである。

(2) 各種更新法のねらい

草地の更新法は追播法と耕起法に大別される。

耕起法は牧草と飼料作物を組み入れた7～8年輪作がのぞましいが，根釧，天北のような草地酪農地帯では牧草→牧草方式が主体である。

①追　播　法

冬枯れなどで裸地が生じたり，マメ科牧草が消滅したり，優良イネ科牧草の立毛数が減ったりしている草地に対し，必要と思われる種子を追播し，利用しながら植生を回復させる方法。

播種床の準備　集積している表層の粗腐植の攪乱と土壌面の露出，土壌水分の供給などを主目的とし，牧草根の切断による新根発生の促進や土壌中の炭酸ガスの放出を副次的に考えて，ディスクハローを縦と横掛けし土壌の亀裂を与える。前もって土壌改良資材を施用しておく。

播種　現植生の立毛状態をみながら必要と思われる牧草種子をばらまく。本法を成功させる第一要点は，牧草への水分供給と発芽後なるべく光に当てること，初年目の越冬性である。つまり水分が潤沢で，播種牧草の個体確立に要する生育期間が確保でき，現植生の日陰にならないことがのぞましいから，早春の土壌水分のあるときに播種し，現植生も早期に刈る。

施肥　種子の発芽，定着を良好にする要素は燐酸であり，これに加里を加えて両要素主体の施肥とし，窒素は施肥しない。その理由は前にも述べたように窒素によって現植生が盛んとなり，発芽した幼牧草が鬱閉，抑圧されるからである。とくにマメ科牧草を追播するばあいの遵守事項である。

鎮圧　播種後ただちにローラーかトラクターの車輪，または放牧地では踏圧放牧によって種子を密着させることが大切である。

掃除刈りまたは収穫　幼牧草の生育を助長する目的で，掃除刈りまたは早めに収穫をする。

②耕　起　法

秋に堆厩肥散布後プラウで耕起反転し，翌春の石灰散布後ディスクハローによる砕土では，熔成燐肥，化成肥料は表層ちかくに混和するよう整地後施肥し，ローラーで鎮圧後播種し，さらに鎮圧する。その他は追播法に準ずる。

執筆　金川直人（北海道専門技術員）

1979年記

フェストロリウムの放牧利用特性と夏枯れ防止

（1）牧草の夏枯れ問題

わが国で主に利用されている牧草には，寒地型牧草と暖地型牧草がある。前者は冷涼な気候の地域が原産地で，オーチャードグラス，ペレニアルライグラス，トールフェスクなどが代表的草種である。一方，後者は永年草としては，バヒアグラス，バーミューダグラスなどがある。わが国は南北に長く，気候や土地条件もさまざまである。寒地型牧草は北海道から九州・四国の中高標高地帯で，暖地型牧草は九州および四国の低標高地帯で主に利用されている。

ここで問題となるのは，わが国で主に用いられている寒地型牧草の夏枯れである。寒地型牧草には，春のスプリングフラッシュと呼ばれる生育の旺盛な期間，夏の生育停滞の期間，秋に涼しくなって再び生育が旺盛となる期間があり，双頂型の季節生産性を示す。草種，品種によって差はあるものの，夏の暑さや干ばつに弱く，年による気候の違いにもよるが，生産量の低下ですむ場合もあれば，枯死する場合もある。

北海道，東北地域はその程度は小さく，草地の維持年限も長いが，関東以西の中低標高地帯では，寒地型牧草の夏枯れが顕著な場合が多い。また，この地域で暖地型牧草を利用するには温度が足りず，利用期間が短く生産量が十分でないなど，利用草種が大きな問題点となっている。

（2）フェストロリウムの素性と特性

その解決の一方策として期待されているのがフェストロリウムである。これは，一般的にはフェスク類（*Festuca*属）とライグラス類（*Lolium*属）との間で人為的に作出された属間雑種の総称である。フェスク類とライグラス類には多くの種があるが，農業での重要性からみれば，前者はトールフェスクとメドウフェスク，後者はイタリアンライグラスとペレニアルライグラスがある。

フェスク類は環境耐性に幅があり，暑さにも比較的強いものがあるが，一般に嗜好性や栄養価が低いものが多い。一方，ライグラス類は嗜好性や栄養価は高いが，暖地や温暖地では夏季のダメージが大きい。そこで，両者の長所を併せもつ草種を目ざして，属間雑種フェストロリウムが人工的に作出されてきた経緯がある（小松，2001）。

（3）生産性と採食量・永続性

畜産草地研究所那須研究拠点（旧草地試験場）では，当拠点で開発中のフェストロリウムや市販の同草種を用いて，生産性や栄養価，永続性，適正な利用管理の試験を実施してきたが，そのうち3つの試験を紹介する。

①試験1—FL（2000年播種）と他種との比較

1つめの試験は，2001年から3年間実施したもので，ワセアオバ，ワセユタカ由来雄性不稔系統のイタリアンライグラスと極早生系統のトールフェスクを両親とする属間雑種フェストロリウム（FL00）の2.5aの播種草地を用いたものである（大槻ら，2004）。ペレニアルライグラス（フレンド：PR00）およびトールフェスク（ナンリョウ：TF00）草地とを，ホルスタイン種育成牛5頭を1日輪換放牧しながら，生産量や栄養価，永続性を比較検討した（第1図）。

育成牛を1日輪換放牧で年間11回，集約的に放牧利用したフェストロリウムの生産量は，1ha当たり乾物で約10tあり，ペレニアルライグラスよ

第1図　輪換放牧のようす

り多く，トールフェスクと同程度であった。フェストロリウム草地の年間採食量は，1ha当たり乾物で8t程度あり，ペレニアルライグラスとトールフェスクより多い傾向にあり，TDN採食量に換算すると，ペレニアルライグラスと同程度であった（第2図）。また，フェストロリウム播種草地の採食利用率は，草量の多い春季を除いてペレニアルライグラスとトールフェスクの中間にあった。

さらに植生の面からは，被度は利用3年後も60〜70%を維持しており，トールフェスクと同等で，一方，ペレニアルライグラスは急速に減少した（第3図）。

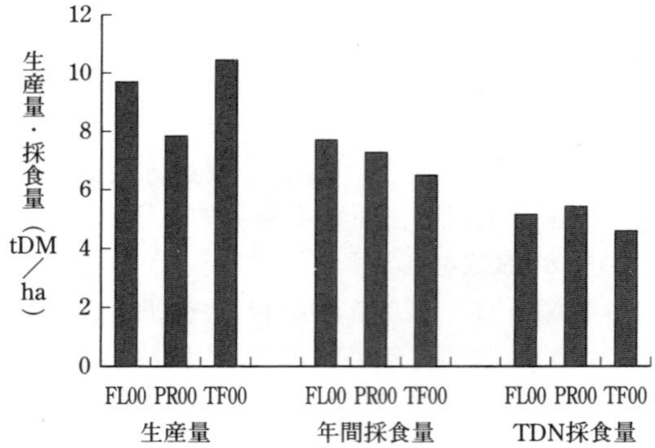

第2図　草種と生産量（2001〜2003年）・採食量（2001年）

FL00：フェストロリウム
PR00：ペレニアルライグラス（フレンド）
TF00：トールフェスク（ナンリョウ）

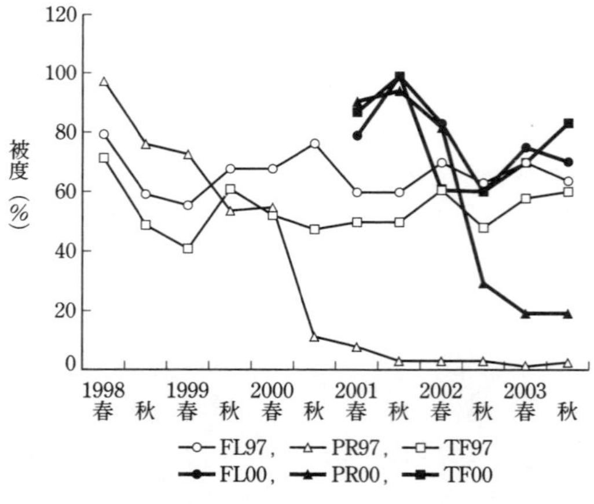

第3図　草種と被度の推移

FL97，FL00：フェストロリウム
PR97：ペレニアルライグラス（ヤツナミ）
PR00：ペレニアルライグラス（フレンド）
TF97：トールフェスク（ホクリョウ）
TF00：トールフェスク（ナンリョウ）

②試験2—FL（1997年移植）と他種との比較

2つめの試験は1998年から6年間実施したもので，両親であるイタリアンライグラスとトールフェスクがともに複数系統よりなり，採種量が少なかったため移植されたフェストロリウム（FL97）草地を用いたものである（大槻ら，2001）。ペレニアルライグラス（ヤツナミ：PR97）およびトールフェスク（ホクリョウ：TF97）の播種草地と，育成牛を放牧しながら，生産量や栄養価，永続性を比較検討した。

この試験では，黒毛和種育成雌牛（体重200〜300kg）を1日輪換放牧で年間10回程度，放牧強度を3水準設けて試験した。その結果，利用2年目の標準的な放牧圧では，フェストロリウムの年間生産量と年間採食量は，1ha当たりそれぞれ乾物で約8tと7tあり，ペレニアルライグラスと同等で，トールフェスクより多かった。

また，嗜好性を比較するため，放牧牛の入牧直後2時間の体重増加量を比較すると，フェストロリウムとペレニアルライグラスが1頭当たり約10kg増加し，トールフェスクより高い傾向にあった。

また，永続性の面からみると，第3図のフェストロリウムの被度（FL97）は，放牧強度がやや低めの区であるが，利用6年後もトールフェスク（TF97）と同程度の60〜70%を維持しており，3年目に急激に減少したペレニアルライグラス（PR97）より明らかに永続性が高かった（第3図）。

また，消化性をみると，第4図に示したように，各季節ともペレニアルライグラスとトールフェスクの中間の値を示した。

③3種のフェストロリウムと他種との比較

3つめの試験は，市販のフェストロリウム3種を用いて，ペレニアルライグラスなどと生産量や植生の変化を比較したものである（梅村ら，2006）。フェストロリウムは，ペルン，ハイカー，フェリーナを用いたが，ハイカーは年10回程度の利用では他の草種・品種と比べて生産量が高かった。しかし，それ以上の強度で利用すると，ペルンやペレニアルライグラスのヤツナミ，ヤツユタカと同等であった。

放牧強度が高い場合に被度がよく維持できたのは主にペレニアルライグラスであった。そこで，ハイカー草地1haを造成し，ホルスタイン種育成牛4頭を放牧しつつ，兼用利用した。放牧期間200日間の4頭の合計増体量は524kg/ha，日増体量は0.67kg/頭であり，栄養要求量の高い家畜にも対応できる草種と考えられた。

（4）夏枯れを起こさないための留意点

兼用利用や頭数の増減が可能であれば牧草の生産量に合わせた放牧ができ，草地の利用効率は高くなる。草地条件などでそれがむずかしい場合は，春は早めに放牧を開始して徒長させないことや，施肥管理などで季節による生産性の違いをならす必要がある。放牧強度については，寒地型牧草一般に言えることであるが，春は強めに，夏は弱めに，秋はやや強めに放牧するのが，利用効率の向上や夏枯れ防止のためによい。春は全牧区を一巡するのに7～10日でよいが，夏季は20～30日，秋季は15～20日が適切である。

これまでの試験成績から，維持年限の長期化のためには，フェストロリウムの適切な放牧強度はペレニアルライグラスよりやや弱めがよいと考えられる。具体的には，体重200～350kgの育成牛であれば，兼用利用で4～6頭/ha程度の放牧が適切であろう。

施肥管理では，兼用草地であったり放牧頭数の増減が可能であれば，早春のスプリングフラッシュも十分に利用する施肥管理が可能である。しかし，放牧面積や放牧頭数が固定されている場合は，牧草の季節による生産性の違いをならすように，晩春や秋のはじめ，できれば収牧後にリン酸が多めの施肥を行なうと分げつが促進される。これらは，フェストロリウムにも同様に適用する必要がある。

（5）今後の可能性

フェストロリウムはわが国でも，畜草研（荒川ら，2007）や東北農研（米丸ら，2007）などで，さまざまな目的の資質をもつ品種の育成に努めてきた。しかし，現在のところ採種量などに問題があって，大いに利用できる状況にはない。しかし，容易な増殖法が開発されれば，すでに述べた試験結果のように，温暖地の放牧にとって大きな味方となるであろう。

もう一つの方向としては，既存の草種への耐暑性，耐干性などの付与がある。ペレニアルライグラスでは，山梨酪試で育成されたヤツユタカやヤツカゼは従来の品種よりこれらの耐性が高い。オーチャードグラスでは，同様に暖地，温暖地で永続性が高く，放牧に適した品種が，トールフェスクでは，永続性が高く，しかも嗜好性や栄養価の高い品種が望まれるところである。

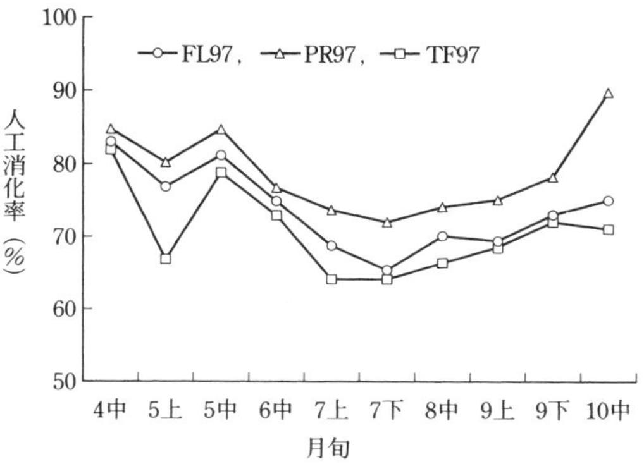

第4図　草種と消化性

FL97：フェストロリウム
PR97：ペレニアルライグラス（ヤツナミ）
TF97：トールフェスク（ホクリョウ）

執筆　大槻和夫（（独）農業・食品産業技術総合研究機構畜産草地研究所）

2007年記

参考文献

荒川明・内山和宏・水野和彦．2007．温暖地転作田向けフェストロリウム新系統の育成．農林水産技術会議事務局．研究成果．**451**，269―273．

小松敏憲．2001．用語解説フェストロリウム．畜産技術．11月号，47．

大槻和夫・安藤哲・梅村恭子・J. A. Ayoade・張英俊. 2001. 属間雑種フェストロリウム草地の放牧利用特性. 日草誌. **47**（別1), 168—169.
大槻和夫・安藤哲・梅村恭子・的場和弘. 2004. 属間雑種フェストロリウムの放牧利用特性と維持年限. 畜産草地研究成果情報. No. 3, 107—108.
梅村恭子・的場和弘・大槻和夫. 2006. フェストロリウム（ハイカー）の集約放牧での育成雌牛の増体成績. 日草誌. **52**（別1), 104—105.
米丸淳一・上山泰史・久保田明人. 2007. 寒冷地水田に適応するフェストロリウム優良品種の育成. 農林水産技術会議事務局. 研究成果. **451**, 266—269.

寒地での

寒地型放牧草地の維持管理

I 寒地型放牧草地の特徴

1. 放牧地の特性

放牧地では，牧草を栽培する草地の中で，同時に家畜が放牧されるので，そこに生育する牧草は，家畜による採食，蹄傷および糞尿排泄などの影響を強くうけることになる。したがって放牧地の牧草の維持管理にあたっては，採草地のばあいとは異なり，牧草生育や草地土壌に対する家畜の影響を重点に考えて行なわなければならない。

(1) 採食の影響

一般に家畜は若い草を好んで採食するため，放牧地の牧草は，採草地に比べて短草で利用され，利用間隔が短くなり，年間利用回数も多くなる。また混播草地では，草種間の好みが異なるため選択的に採食され，均一に刈り取られる採草地に比べて，草種割合の変動が大きく，不食雑草などが残されて，雑草化しやすい。

(2) 蹄傷，蹄圧の影響

放牧家畜は，採食，飲水あるいは休息などのために草地の中を広く歩き回る。したがって，放牧地の牧草は，この歩行運動のさいに蹄による踏倒しや折損などによって再生障害をうけ，とくに家畜の多く集まる給水・給塩場所や，歩行度数の多い牛道などでは，牧草が消失して裸地化する。また放牧地の土壌は，蹄によって踏み固められ，しだいに堅密化し，通気通水性が不良となる。採草地でも，草地管理機械などの踏圧によって同様の現象がみられるが，放牧地のばあいに比べると場所が限定され，その程度も軽い。

(3) 糞尿排泄の影響

家畜は，採食と同時に草地内で糞や尿を随時排泄する。このため，糞尿は草地全体に均一に還元されず，不規則に分散し，しかも排泄地点の牧草は採食が忌避されて不食過繁地をつくり，草地の利用効率が低下する。排泄された糞尿中には，牧草生育に有効な窒素や加里などが含まれているが，不規則に分散し，これらの養肥分は高濃度で偏在するため，牧草生育に対する貢献度は小さく，草地の地力を不均一にする欠点さえある。

放牧草地では，このような特性を十分に理解し，これに応じた管理技術が必要となる。

第1表　経営内草地の利用方式と草地管理

草地	利用方式	畜舎からの距離	立地条件(地形)	土壌肥沃度	草地造成法	草種組合わせ	草地管理	施肥	草地生産量	機械利用	草地更新	永続性	対象家畜
A	集約放牧草地	近い	良好	高い	耕起	単純	集約	多肥	多収	容易	容易	短い	搾乳牛
B	集約採草地												(飼料生産)
C	粗放放牧草地	遠い	不良	低い	不耕起	複雑	粗放	少肥	低収	困難	困難	長い	育成牛肉牛

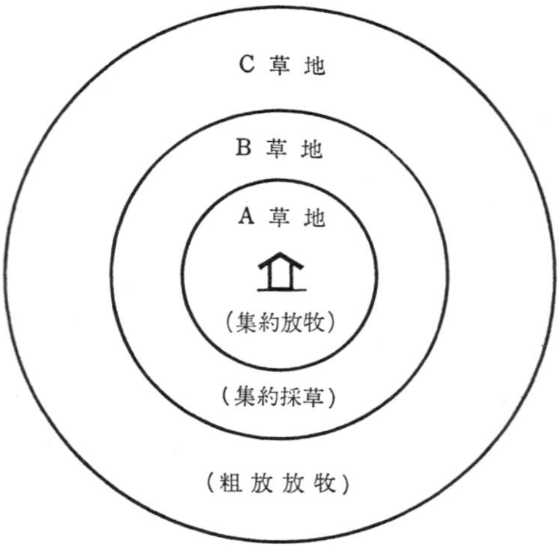

第1図　草地の分布と利用方式（模式図）

2. 経営からみた放牧地

草地型畜産経営では，経営規模，家畜の種類や頭数および立地条件などによって，草地利用方式が異なる。そこで経営内における草地の分布と利用方式および草地管理との関連を第1図と第1表に，それぞれ模式的に掲げた。

(1)　集約放牧草地

畜舎周辺の草地（A）では，家畜管理が容易なために，労力のかかる搾乳牛，患畜などの放牧に利用される。放牧方法は，頻繁な輪換放牧やストリップ放牧が可能であり，また，時間制限放牧によって糞尿排泄による不食過繁地の影響を少なくすることができ，草地の利用効率は高い。一般に地形が良好で，機械作業も可能なばあいが多く，十分な施肥や掃除刈りができ，高収を期待しうる。すなわち，この草地は，集約放牧草地として位置づけされる。

(2)　集約採草地

畜舎からやや遠く，前項の集約放牧草地の外側にある草地（B）は，家畜や草地管理がやや不便となる。そこで，定期的な管理でまにあう採草地として利用される。とくに冬期間の長い寒地では，越冬用貯蔵飼料の必要量が多いため，広い採草地が必要である。この採草地では，施肥や収穫作業が定期的で，機械に依存することが多いので，多収を期待しうる。しかし採草地の牧草は，すべて畜舎に運ばれるため，草地の養肥分はつねに持ち出され，その補給は作業効率の高い化学肥料によることが多い。

(3)　粗放放牧草地

畜舎から最も遠く最外縁部にある草地（C）は，家畜や草地の管理には最も不便である。一般に地形的に恵まれず機械作業が限定され，遠距離にあって運搬にも時間がかかり，採草利用には不便である。そこで，管理労力が少なくてよい育成牛や肉牛の放牧地として利用される。

放牧方法は，分画数の少ない大牧区主体の輪換放牧あるいは固定放牧で，昼夜放牧が一般的である。したがって，この草地の牧草や土壌は前述の放牧家畜の影響を最も強くうけ，草地の利用効率も低い。草地管理は省力，低コストで施肥も十分に行なえず，地力依存度の高い牧草づくりとなり，高収は望みがたい。また位置的，地形的に不利なため，草地更新がむずかしく，永年利用を余儀なくされる。すなわち，この草地は集約放牧草地とは対称的な，粗放放牧草地ということができる。

ところで，近年家畜の多頭化に伴って，限られた個別経営内草地では，このような三つの利用方式をすべて充足できなくなった。そこで，利益率の低い育成牛や肉牛の飼養部門を個別経営から分離し，当該地域の外縁部に設けた公共草地に依存するようになった。その結果，現在多くの個別経営内草地は，前述の集約放牧草地と集約採草地が主体であり，公共草地は永年利用が期待される粗放放牧草地となる。

3．放牧草地の維持管理上の問題点

放牧草地では，第一に牧草生産量が多く，かつその採食利用率が高いこと，第二に飼料価値が高く，かつ家畜の好みがよいこと，が重要である。そこで，この見地から上述の集約放牧草地と，粗放放牧草地について，それぞれの現状を分析し，当面する問題点をあげてみよう。

（1） 集約放牧草地の問題点

飼養家畜の多頭化に伴って，その管理労力の省力化のために，放牧への依存度がますます増大しているが，放牧草地の面積拡大は，①経営内の草地面積には限度がある，②畜舎から離れすぎると，家畜管理が十分にできない，などの理由で，困難であった。したがって，多頭化に伴って，まず既存放牧草地の利用が過度となり，さらに草量増加のために，しだいに多肥の傾向が一般化してきた。また多頭化により多量に生産された糞尿は，処理の省力化と放牧草地の草量増大とを兼ねて，集約放牧地へ多量に散布される傾向がみられる。しかし，このような草地の過度の放牧利用や，肥料，糞尿の多用は，今日の放牧草地管理上のいろいろな問題をひきおこす原因になっている。

第一の問題は草地生産量の経年的低下である。すなわち，増収効果の大きい窒素，加里重点の施肥や糞尿の多投は，一時的に牧草生産量を高めるが，これを過度に利用すると牧草は生理的に衰弱する。その結果，草地の牧草個体密度がしだいに低下し，病害抵抗性が弱まり，寒地ではとくに牧草の越冬性が低下し，冬枯れの多発を招く。さらに，このように牧草密度が低下した草地では，ひきつづいて窒素，加里などを増施しても，それに応じた増収が得られなくなり，またギシギシやフキなどの雑草が多く侵入し，しだいに生産性が低下する。

第二の問題は草質の低下である。一般に混播草地では，窒素の多用によって，クローバが消失し，イネ科牧草が主体となる。イネ科牧草は，窒素，加里の多用によって増収するが，同時に牧草中の窒素および加里含有率が高まり，さらに硝酸態窒素も高濃度になりやすい。ところが，窒素含有率の高いイネ科牧草は，家畜に好まれず，採食性が低下し，さらに軟便や下痢をおこしやすいため，家畜の増体効率がわるくなる。また硝酸態窒素の高い草を採食させると硝酸中毒の危険性が増大する。一方，イネ科牧草は，マメ科牧草に比べてカルシウム，マグネシウムの含有率が低い。このため，採食草中にこれらのミネラルが欠乏し，しかも加里含有率が高まるので，家畜による利用性が低下し，乳熱やグラステタニーなど一連の起立不能症がおこりやすくなる。この数年間，草地酪農地帯で，このような家畜疾病の多発が問題になっている。

以上のことから，集約放牧草地では，多肥と利用過度による経年的な草地生産性の低下と，ミネラル欠乏を中心とした草質の悪化が問題である。

（2） 粗放放牧地の問題点

広大な面積を占める公共草地の管理は，できるだけ省力，低コストであることが前提で，膨大な費用を必要とする草地更新が困難である。ところが，今日，多くの公共草地は，造成後，数年ないし10年以上を経過し，草生の衰退が最も大きな問題となっている。このような草生衰退の原因としては，つぎのようなことが考えられる。

第一に利用の不適正である。すなわち，公共草地では，省力，低コスト管理で牧養力を高めるために，増収効果の高い春に１回，少量の施肥しか行なわれていなかった。そのため，春から初夏の草量は確保されるが，夏以降の草量が急激に減少する。ところが，公共草地では，一定面積の草地に春から晩秋まで一定頭数が放牧され，採食必要草量も放牧期間中一定である。したがって，上述のように，草量が急減する夏以降には，必然的に利用過度となり，その結果牧草の密度が低下し，生産性低下を招いている。

第二には，草種構成の悪化である。すなわち，春の１回施肥は，イネ科牧草の生育を促すが，クローバを抑圧し，さらに経年的には燐酸の不足や酸性化によって，マメ科率が低下する。夏以降の施肥不足は，生産性の高いオーチャードグラスやチモシーの生育を衰退させ，生産性の低いケンタッキーブルーグラスやレッドトップを優占させ，さらに短草型のヘラオオバコ，タンポポおよび不食草のフキなどの雑草を多くしている。また，夏のイネ科草の生育衰退はクローバの優占をもたらし，家畜の鼓脹症をひきおこす。秋の施肥不足と過放牧は秋の牧草を衰弱させて冬枯れを助長し，牧草密度を低下させている。

第三には，経年放牧草地の土壌悪化である。すなわち経年草地では，古い牧草根が集積し，蹄圧によって堅密化する。また糞尿還元によって土壌中の養肥分が不均衡となり，とくに加里が蓄積され，さらに燐酸，石灰の追肥不足も加わって，牧草は高加里，低燐酸，低石灰，低苦土となり，グラステタニーなどの危険性が増大している。

以上のことから，公共草地のような粗放放牧地では，施肥の不足と夏以降の過放牧による草生衰退と草地土壌の悪化が重要な問題となっている。

II 技術の基本

1. 放牧草地の季節変化と経年変化

放牧草地は，低い草丈で利用されるため，利用時の草量は，牧草密度が高いほど多く，再生力の大きいほど利用回数が増加して，年間の生産量は多くなる。草質の面からは，混播のマメ科率が重要であり，30～50%のマメ科率の混播草地では，家畜の好みおよび飼料価値が高く，

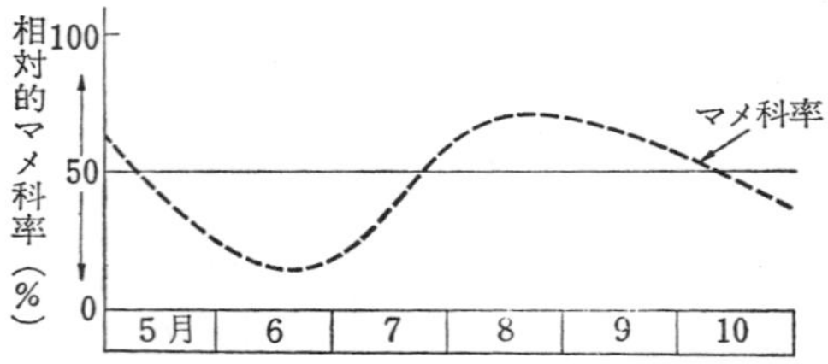

第３図　マメ科率の季節変動（模式図）

さらに永年維持の面からものぞましい。そこで，これらの牧草密度，再生力およびマメ科率などが，牧草の生育特性や草地管理によって，どのように変化するかについて述べてみよう。

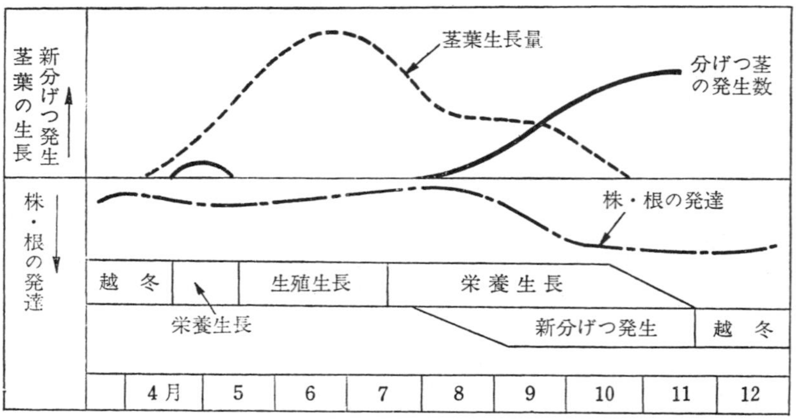

第２図　牧草の器官別生長の季節的推移（模式図）

(1) 季節変化

①春期の牧草

春には，多年生牧草はまず萌芽起生するが，その大部分は前年秋に発生した新分げつであり，牧草密度は前年秋の幼分げつ数に支配される。また，再生の良否は，同様に越冬前に，

牧草の株，根に蓄積された貯蔵養分の多少に依存し，貯蔵養分の多いほど再生が良好となる。

早春の再生草は，初期には栄養生長するが，しだいに長日となるため，まもなく幼穂を形成し，節間伸長に移行して盛んな発育を示し，いわゆるスプリングフラッシュとなり，1日当たり生産量は年間最高となる。しかし新分げつの発生は少なく，根の伸長も多くない。

クローバの再生は早いが，草丈が低く，節間伸長期のイネ科牧草によって抑制されるため，マメ科率は一般に低下する。

一定の草丈で利用される放牧草地では，このようにスプリングフラッシュの生産速度が大きいので，頻繁な利用が可能であり，1頭当たりの放牧面積は最も少なくてすむ。しかし，年間収容頭数が一定な放牧草地では，生産草量が家畜の採食量を上回り，しかも伸びすぎた草は家畜に好まれなくなるので，一般に利用率が低下する。

②夏期の牧草

夏期の牧草は，出穂開花しないものが多く，栄養生長が主体となる。しかし，生育適温のやや低い寒地型牧草は，夏の気温上昇によって生長がやや鈍化する。栄養生長期の牧草は，再生期間中に株，根に蓄積された貯蔵養分を使って再生するが，利用間隔が短いときはこの貯蔵養分蓄積が不十分で，利用後の再生がわるくなり，生理的に衰弱して枯死しやすくなる。したがって，放牧利用のばあいには，適正な休牧間隔と放牧強度が重要である。

イネ科牧草は上述のように草丈伸長が鈍化するが，クローバの生育適温がやや高く，かつイネ科牧草による抑圧が少なくなるので盛んに生長し，マメ科率は一般に上昇する。とくに夏の再生が劣るチモシー草地では，クローバが優占し，ときには家畜の鼓脹症の原因となる。新分げつの発生は高温のため，やや少ない。

③秋期の牧草

秋は，気温の低下とともに短日となり，牧草の茎葉生長はしだいに鈍化するが，株や根が肥大し，貯蔵養分がしだいに蓄積され，越冬のための準備体制をつくってゆく（第4図）。このように地上部生長が衰え，現存草量が少なくなると1頭当たりの放牧面積はかなり広く必要となり，ときには採草跡地も放牧に用いられる。また利用を強めたり，おそくまで放牧したりすると貯蔵養分蓄積が不十分となり，春の再生を不良にする。さらに，10月上～中旬に放牧すると，越冬前までに貯蔵養分が十分に回復せず，越冬性が低下し春の再生を不良にする。とくに寒冷な道東地方のオーチャードグラスやメドウフェスクで，この傾向が大きい。

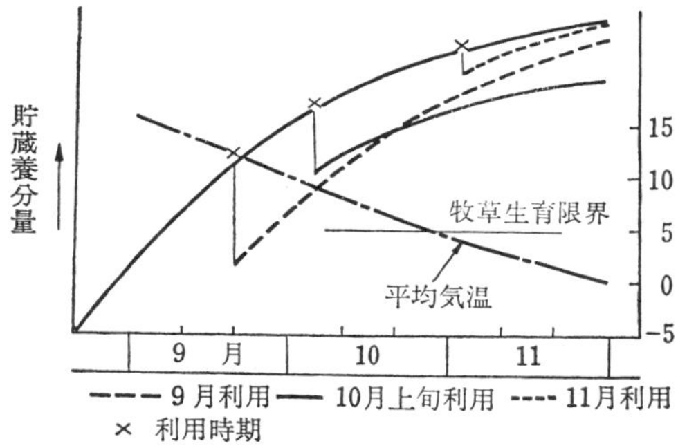

第4図 秋の利用時期を異にしたときの貯蔵養分の推移（模式図）

分げつ発生の適温は，生育適温よりやや低いため，秋には新分げつの発生が最も多い。しかし施肥不足によって抑圧されるので，十分な施肥管理が重要である。

生育適温のやや高いクローバは，イネ科牧草よりも秋の生長衰退が大きく，マメ科率は夏期よりも一般に低く経過する。

④冬期の牧草

冬期の牧草は，もちろん休眠し，生長は完全に停止する。この休眠に入る時期は草種によって異なり，寒冷地域に適するチモシーやレッドトップでは早く，秋おそくまで生育するオーチャードグラスやメドウフェスクではおそい。休眠期の牧草は，株や根の貯蔵養分や塩類濃度が高く，耐寒性が増大し，そのピークは12月～1月である。しかし，前述のように，秋の草地管理が適正でないばあいは，耐寒性が低下し，凍害やキンカク病などによって冬枯れする。2月以降は，たとえ積雪下にあっても耐寒性はしだいに低下し，春の再生準備にはいる。一方，秋に発生した幼分げつは，冬の低温を経験するこ

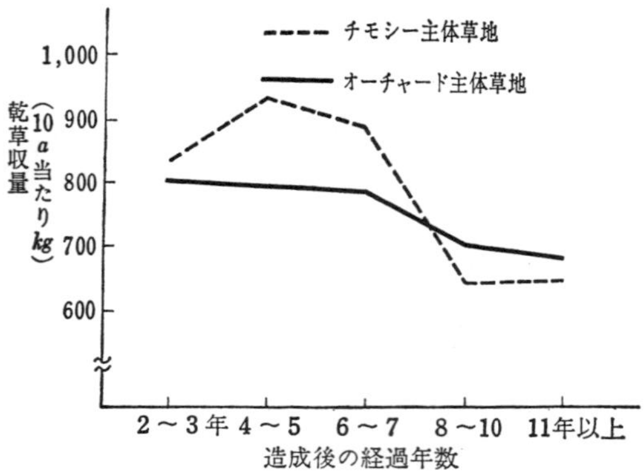

第5図　根釧地方での経年草地の生産性
（根釧農試，1972）

注　経年草地別に基準施肥したばあいの乾草収量

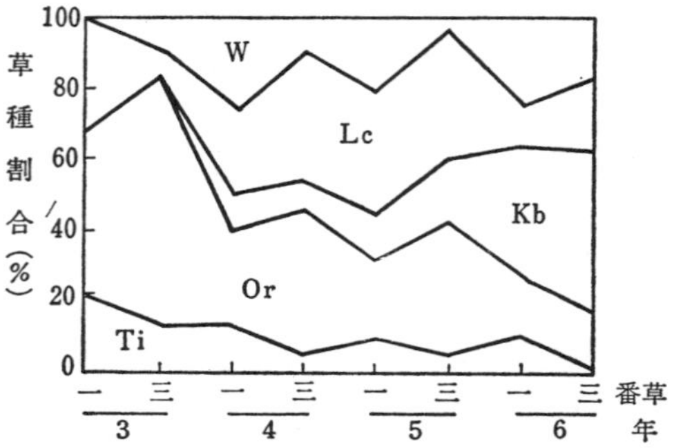

第6図　草種割合の経年的変化
（根釧農試，1975）

注　Ti チモシー，Or オーチャードグラス，
Kb ケンタッキーブルーグラス，
Lc ラジノクローバ，W 雑草

とによって出穂開花が可能になると思われるので，春の草生に深い関係がある。

(2)　経年変化と生産性

①造成から5～6年の経年変化

草地の生産性は，経年的に安定で永年利用できることがのぞましいが，一般には造成後の年次経過に伴って低収化することが多い(第5図)。

草地において十分な生産をあげるためには，①生産性の高い牧草が十分な密度で生育していること（植生条件），②牧草生育に必要な養肥分が十分に吸収利用されること（土壌条件），が必要である。そこで，これらの点を中心に放牧草地の経年変化について述べてみよう。

造成初期の草地は，比較的高収であって問題は少ない。これは，①播種された生産性の高い牧草が，十分な密度で生育し，②造成時の耕起，砕土などによって，土壌中の通気，通水性が良好であり，かつ土壌改良資材や基肥が十分に施用され，牧草生育に必要な養肥分が効率的に吸収利用されるためである。

造成初期の混播草地では，適正なマメ科率が保たれ，比較的少ない施肥で多収が得られ，多頭数の放牧が可能で放牧頻度も高くなる。しかし，このように放牧圧を高め，しかも春重点の施肥を繰り返すと，まずクローバが衰退し，イネ科牧草主体草地になり，もはや混播草地のように少肥では高い生産が得られなくなる（第6図）。すなわち，マメ科率の低下が低収化への第一段階で，一般に造成後5～6年目に到来する。

②5～6年目以降の管理の違いと経年変化

このイネ科牧草主体草地に対する以後の管理法によって，①ひきつづいて少肥条件のばあいと，②多収性維持のために窒素，加里を重点に増肥してゆくばあいの二通りがあり，前者は粗放放牧草地，後者は集約放牧草地で多くみられる。

少肥条件の草地　少肥条件のばあいには，高位生産性のイネ科牧草は養分不足のため，しだいに生育不振となり，代わって施肥反応が小さく，生産性の低いケンタッキーブルーグラスやレッドトップ，あるいは雑草が多く侵入する。しかも草量不足のため，過放牧になりやすく，この傾向がさらに助長される。この状態の草地では，古い牧草根群が蓄積され，放牧家畜の踏圧も加わって，土壌が堅密化する（第7図）。その結果，土壌の通気水性が不良となり，施用肥料の肥効も十分に発揮されなくなる。すなわち，植生条件と土壌条件の両者が悪化して荒廃化する。

多肥条件の草地　イネ科牧草主体草地で多収を維持するためには，窒素，加里を重点に増肥

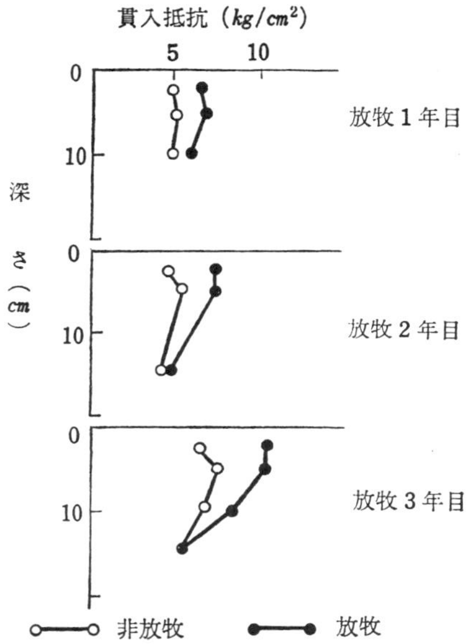

第７図　放牧，非放牧による土壌の硬さの年次的推移　（根釧農試，1976）

注　土壌は火山灰土壌（弟子屈町）

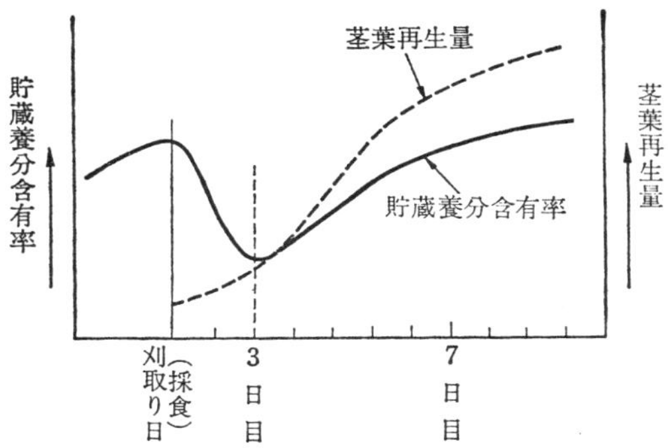

第８図　牧草の貯蔵養分と再生（模式図）

第２表　経年草地の可給態養分含量

（根釧農試，1970）

経年草地	酸性 pH (H_2O)	有効燐酸 (mg/100g)	置換性塩基 (mg/100g)		
			K_2O	CaO	MgO
２～３年目草地	6.10	9.6	11.4	140	6.5
８～10年目草地	5.83	9.7	10.9	91	3.8

される。しかし，このような多肥草地を頻繁に放牧利用すると，イネ科牧草は貯蔵養分の消耗が大きく再生不良となり，密度が減少し，生産性はしだいに低下する。さらにこの低密度の草地にひきつづいて多肥すると，イネ科牧草は高窒素，高加里となり，放牧家畜の硝酸中毒やミネラル障害の原因となる。また，窒素，加里中心の化学肥料の多用を繰り返すと，草地土壌の表層は酸性化し，牧草生育が不振となり，施肥効果も減少する（第２表）。したがって，このばあいにも，牧草密度の低下と土壌の酸性化などのため経年的に生産性が低下する。

以上のことから，放牧草地の経年的な低収化を防ぎ，永年利用をはかるには，混播草地のマメ科率の適正維持が第一であり，そのための放牧技術および施肥技術が重要である。

2. 牧草の再生と放牧利用

利用回数の多い放牧草地では，牧草の再生は生産性を支配する重要な要因である。しかし，近年の草生衰退は，①多頭化に伴う草量不足に起因する過度の利用，②草量の季節的な過不足による利用の不適正，③マメ科率低下や雑草侵入などの草種割合の悪化などによってもたらされていることが多い。そこで，牧草の再生を基本とした利用法について，十分な理解を深めておくことが大切である。

(1) 再生生理に基づく放牧技術

牧草は，茎葉が切除されると，株や根に蓄積している貯蔵養分を使って再生する（第８図）。このとき，貯蔵養分はいったん減少するが，再生葉の生長に伴ってしだいに回復する。しかし，貯蔵養分が十分に回復する以前に再び利用されると，つぎの再生が悪化し，牧草は生理的に衰弱する。

入牧時の牧草は一般に低い草丈が適し，20～30cm，草量としては１ha当たり５～10tがめやすとなる（第３表）。これより低い草丈では，採食性はよいが貯蔵養分の蓄積が不十分で再生がわるくなる。高い草丈では，草量は増すが，家畜の好みが劣り，踏倒しによる不食草が増大して草地の利用率が低くなる。

放牧強度を強くし低くまで採食させた牧草は，貯蔵養分の減少が大きく再生が遅れる。また軽

第3表　オーチャードグラス放牧草地の草丈別の利用率（年間合計）

（早川・佐藤，1970）

草　丈	年間放牧回数	10a当たり			利用率
		現存生草量	残草量	採食量	
		kg	kg	kg	(%)
15cm	8回	3,743	312	3,431	92
30cm	6回	3,725	1,372	2,353	63

放牧では緑葉が多く残され，貯蔵養分の消耗が少なく，再生は良好であるが，草地利用率が低くなる。一般には，残草の草丈で3～5cmていどが適当である。しかし発育の盛んな節間伸長期や多肥した牧草では5cmていどまでとし，短草型草種や秋ではやや低くまで利用できる。

一牧区内の滞牧期間は，短いほどよい。長く滞牧すると，初期に採食した牧草が貯蔵養分の回復を待たずに再度採食されることが多く，再生が悪化する（第4表）。一般に採食後，貯蔵養分が最低となる3～4日間をめやすとし，1週間以上の滞牧は好ましくない。

採食された牧草の再生期間は，貯蔵養分が十分に回復し，かつ前記の入牧時の草丈に達する期間が必要である。草種や季節にもよるが，一般に15～25日間を要し，この間は休牧する。

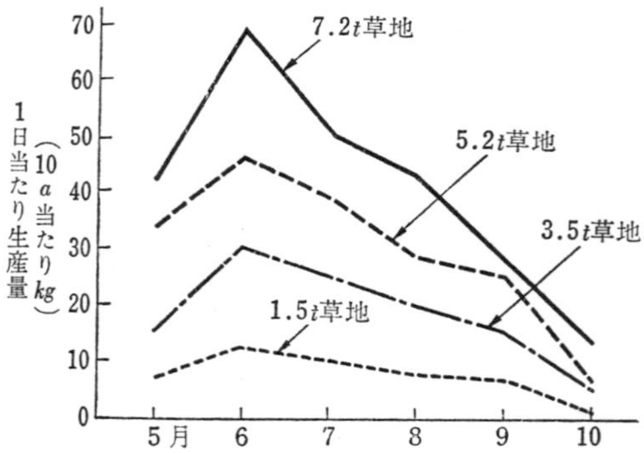

第9図　牧草の季節生産性（高野，1966）

注　1.1t草地は省略した

このような再生生理からみると，輪換放牧が最も適切な放牧方法である。すなわち，草地を若干の牧区に分画し，これらの牧区に順次放牧する。放牧後の牧区は，一定期間休牧し，牧草が十分に再生した後に再び放牧する。この方法は，草地生産の維持と家畜の個体生産の両面に配慮した方法である。

固定放牧は，一牧区に長期間，連続的に放牧する方法である。牧区面積に対して放牧頭数が少ないばあいには，好みのよい草を順次採食するので家畜の個体生産は良好となるが，草地利用効率が低い。放牧頭数が多いと，滞牧期間が長いため，再度齧食される牧草が多くなり，再生が衰え，生産性は低下する。

ストリップ放牧は，草地を電牧などで小面積に区切り，多頭数を放牧し，1日ていどで採食させる方法である。一般に集約管理が可能な，多収草地に適用される。

(2)　季節生産性の調節

牧草生産量は季節的に変動するが（第2図，第5表），家畜の採食必要草量は，年間ほぼ一定である。そのため放牧にあたっては，牧草生産量あるいは放牧面積を季節的に調節して，草量を確保する技術が必要である。

春の早期入牧をはかるには，①前年秋に十分な施肥をして，株根の肥大と貯蔵養分の蓄積を高め，越冬前の貯蔵養分の減少をもたらす10月上～中旬の利用をさける，②晩秋放牧によって越冬前の残草を少なくし，早春の萌芽を遅らせ

第4表　刈取間隔の異なるばあいの貯蔵養分量　（根釧農試，1973）

刈取間隔	オーチャードグラス			ラジノクローバ		
	100茎 茎基重	貯蔵養分含有率	100茎 貯蔵養分含有量	1mランナー重	貯蔵養分含有率	1m貯蔵養分含有量
10日ごと	0.64g	21.1%	134mg	0.66g	14.5%	96mg
20日　〃	0.90	25.8	233	1.05	22.8	238
30日　〃	1.96	33.8	762	1.27	26.3	334

注　貯蔵養分は，全有効態炭水化物の含有率，含有量

第5表　季節生産性の地域間差異

項	目	5月	6	7	8	9	10	計（平均）
札幌（月寒）	生草生産量（*kg*/10*a*）	990	1,380	1,140	840	780	150	5,280
	月別生産割合（%）	19	25	22	16	15	3	100
	1日当たり生産量（*kg*/10*a*）	33	46	38	28	26	5	29
根釧（中標津）	生草生産量（*kg*/10*a*）	549	1,199	1,130	915	575	188	4,556
	月別生産割合（%）	12	26	25	20	13	4	100
	1日当たり生産量（*kg*/10*a*）	18	40	37	30	19	6	25

注　札幌は高野，根釧は平島による

第6表　利用開始時期と施肥時期を変えた輪換放牧草地の特徴　（早川・宮下，1972）

試験区別	6月25日の草丈	出穂茎（120本中）	7月の放牧利用率	採食草（*kg*/10*a*） 前半	後半	後半／年間
早春放牧，早春施肥	47*cm*	99%	52%	2,388	1,410	32.6%
早春放牧，夏至後施肥	34	40	62	1,590	1,705	51.8
慣行放牧	74	75	47	2,115	1,266	37.4

注　オーチャードグラス主体草地，早春放牧は4月28日開始，慣行放牧は5月15日開始，早春施肥は4月25日，夏至後施肥は7月10日，慣行は4月25日施肥，7月の放牧利用率は6月28日～7月27日の間，採食草前半は4月28日～7月18日，後半は7月19日～10月10日の間

る枯草を除いておく，③早春施肥あるいは前年の晩秋施肥によって萌芽牧草の生長を促進する，などが必要である。

春から初夏のスプリングフラッシュには，草量が採食量を上回る。このばあいには放牧面積を少なくし，一部は刈り取って貯蔵飼料とするのが合理的である。しかし，放牧専用の粗放放牧地では，このスプリングフラッシュの抑圧が必要となる。そのためには，①早春施肥を省略する，②早期放牧によって，節間伸長茎の生長点を切り，その伸長を抑圧する（第6表），などが有効である。

7月以降の牧草は，栄養生長に移り，気温も高まるので再生草量はしだいに減少し，採食草が不足してくる。そのため，①6月下旬～7月上旬に積極的に施肥して，草量の増大をはかる，②放牧面積をしだいに拡げてゆく，などが必要である。この時期の過放牧は牧草の再生に最もわるい影響を及ぼすので，十分に留意すべきである。

秋は漸次短日となるが，初秋はむしろ生育適温にあるため，積極的に施肥し，草量の増大とともに株・根の充実をはかり，貯蔵養分の蓄積を促す。また放牧面積の拡大には，採草跡地の一部も利用する。一方，10月上～中旬に利用した牧草は，利用後の貯蔵養分の減少を越冬前までに十分回復できず，翌春の草生に悪影響がある（第7表）。そのため，この時期には，影響の少ないチモシーやケンタッキーブルーグラスの草地に放牧する。

牧草の生長が停止する晩秋には，晩秋放牧用

第7表　最終刈りを異にしたばあいの越冬前貯蔵養分量と翌春の再生
（根釧農試，1970）

項目	最終刈取り（月日）	チモシー	オーチャード	メドウフェスク	ケンタッキーブルー
貯蔵養分含有率（%）	10.15	55.4	47.2	36.0	51.0
	11.13	58.2	52.7	41.0	51.8
貯蔵養分含有量（*g*/100茎）	10.15	2.5	3.1	1.6	1.6
	11.13	2.2	3.8	2.4	1.6
早春枯死茎率（%）	10.15	0.4	5.4	33.3	1.2
	11.13	1.6	0.4	4.8	0.2
早春再生草量（生草 *kg*/10*a*）	10.15	619	659	447	269
	11.13	611	725	699	281

注　貯蔵養分含有率，含有量は全有効態炭水化物によって示した

草地（ＡＳＰ草地）に放牧する。すなわち，秋の生長のよいオーチャードグラス，メドウフェスク，ペレニアルライグラスなどの草地に８月上～中旬に施肥し，晩秋まで温存しておいたＡＳＰ草地に放牧する。

(3) 草種割合の調節

放牧草地では，マメ科率の適正な維持が重要である。一般に生育適温は，イネ科牧草は15～20℃，マメ科牧草（ラジノクローバ）は20～25℃で，冷涼な寒地では前者の生長がまさる。そのため，草丈の低い再生初期には，マメ科牧草がよく混生できるが，その後生長良好なイネ科牧草によって遮光，抑圧される。同様に窒素増施は，マメ科牧草の生長抑制とイネ科牧草の生長促進によりマメ科率を低下させる。したがって，マメ科率を維持するためには，利用間隔を短くし，イネ科牧草で遮光される前に利用し，窒素施肥をひかえることが有効である(第８表)。しかし，利用間隔が短すぎると貯蔵養分の不足により，再生不良となることから，ラジノクローバとの混播では，20～25日ごとの利用が適当である。一方，夏のチモシーのように，イネ科牧草の再生が劣るばあいは，逆に利用間隔を延長し，かつ窒素を増施して，イネ科牧草の生長を促進する。

多草種が混播される放牧草地では，草種間の再生力に差があるため，再生力の弱い草種は，強い草種によって漸次抑圧される。したがって草種構成を保つためには，利用間隔や施肥の調節によって，抑圧されやすい草種の生長促進をはかることが必要である。とくに利用過度と施肥不足によって，ケンタッキーブルーグラスなどの低位生産牧草に変わりやすい。

第８表 管理条件と平均マメ科率（単位：％）
（平島，1978）

混播草地	刈取間隔		窒素用量		刈取り高さ	
	15日	30日	0.5g	1.5g	3cm	6cm
チモシー・ラジノクローバ	70	56	70	56	58	68
オーチャード・ラジノクローバ	25	23	27	21	24	24
ケンタッキーブルー・ラジノクローバ	63	67	72	58	65	64

注　ポット試験，マメ科率は，年間４回刈りの後半２回の平均値

3. 放牧草地の施肥管理

家畜頭数の増加と経年草地の低収化に伴って，草量不足の傾向があり，これを解決するために漸次多肥される草地が多くなっている。一方，このような多肥，多収化傾向のなかで，家畜の硝酸中毒やミネラル栄養障害の問題が提起されている。そこで，このような現状を踏まえて，牧草に対する施肥技術を再検討する必要があろう。

一般に採草地に対する施肥は，牧草生産量の増大が主目的であるが，放牧地に対する施肥は，その利用特性から，牧草の再生長促進，時期別草量の調節，草種割合の維持などが重要であり，さらに家畜栄養の面から採食草の養肥分含有率にも十分な配慮が必要であり，きわめて複雑である。

(1) 放牧用牧草の養分吸収

牧草に吸収される養肥分は，窒素，燐酸，加里，石灰，苦土，その他の微量要素である。窒素と加里は，牧草の再生およびその後の生長に大きく関与する。しかし，窒素供給量が多いとマメ科牧草の根粒生成を阻害して生長を衰退させ，また窒素含有率の高いイネ科牧草は，家畜の好みが低下し，牧草体内の硝酸態窒素が集積しやすく，家畜の硝酸中毒の危険性が増す。同様に加里供給量が多いと，加里含有率が高まり，相対的に石灰や苦土の含有率が低くなる。燐酸は牧草の分げつ，根の伸長などに関与し，燐酸含有率の高い牧草は採食性が良好となる。石灰および苦土は，マメ科牧草により多く吸収され，これらが不足すると，家畜の乳熱，起立不能症，グラステタニーなどの生理障害の原因となる(第９表)。

牧草の養分吸収量は，茎葉を主体とするため，窒素，加里が多く燐酸，石灰，苦土は少ない。また放牧時の短い牧草は，十分に伸長した採草

第 9 表　牧草体中の適正値

項　目	適正値	備　考
硝酸態窒素	0.15%以下	0.22%以上では硝酸中毒の危険性がある
Ca/P	1〜2	Ca が多いと P の，P が多いと Ca の吸収利用を悪化し，欠乏症がおこる
K/(Ca+Mg)	1.5以下	2.2以上ではグラステタニーの発生の危険性がある

第10表　牧草の利用方法と無機成分含有率
（単位：%）（平島，1977）

牧草の種類		N	P_2O_5	K_2O	CaO	MgO	Na_2O
放牧草	イネ科	3.28	0.90	3.66	0.36	0.27	0.04
	マメ科	4.86	0.83	3.32	1.53	0.43	0.27
刈取草（一番草）	イネ科	2.12	0.68	2.53	0.37	0.18	0.04
	マメ科	4.55	0.72	2.06	1.79	0.41	0.30
放牧草/刈取草	イネ科	155	132	145	97	150	100
	マメ科	107	115	161	85	105	90

第11表　放牧用牧草の養分含有率（単位：%）
（根釧農試，1975）

草　種	N	P_2O_5	K_2O	CaO	MgO
チモシー	2.85	0.67	3.37	0.55	0.20
オーチャード	3.58	0.97	3.48	0.52	0.34
メドウフェスク	3.60	0.81	3.46	0.60	0.36
ケンタッキーブルー	3.40	0.67	3.35	0.42	0.22
ラジノクローバ	3.90	0.76	2.51	2.16	0.41

第12表　採食草中の肥料成分の糞尿中への排泄率　（単位：%）

種　類	N	P_2O_5	K_2O	CaO	MgO
糞	30	90	20	90	80
尿	50	0	60	5	5
合　計	80	90	80	95	85

用牧草に比べて，各養分含有率とも高い（第10表）が，年間の再生草量がやや低いので，吸収量はあまり変わらない。草種間では，各養分含有率とも，チモシー，ケンタッキーブルーグラスで低く，オーチャードグラス，メドウフェスクなどで高い傾向があり（第11表），石灰，苦土の含有率はマメ科牧草で高い。

(2)　放牧地土壌の養分供給力

放牧草地では，家畜の採食草中の養肥分は，大部分が糞尿として再び草地に還元される（第12表）ため，牧草の吸収養肥分のすべてを持ち出される採草地とは大きく異なる。しかし，放牧中の糞尿排泄地点は，草地に不均一に分散し，しかもその地点は不食過繁地となるため，還元養肥分の利用率は低い。すなわち，草地全面に均一散布するばあいに比べて，窒素で10〜20%，燐酸で80%，加里で50%ていどと考えられる。しかし糞尿中のカリは持続性があり，放牧年数とともに土壌中に集積する傾向がある。

放牧草地では，糞尿排泄や踏倒しなどにより不食草が残るが，これらの吸収養肥分は，その地点で枯死し，再び土壌に還元される。この点からも，採草地に比べ，放牧草地の養分収奪量は少ないといえる。

一方，草地土壌の養分供給状態は，経年的に変化してくる。可給態窒素は，牧草による収奪や糞尿からの揮散などで漸減し，また土壌の酸性化，堅密化により硝化能が衰え，窒素施用効果が低下する。しかし，マメ科牧草の固定窒素が供給される混播草地では，窒素地力の低下が少ない。可給態燐酸も牧草による収奪，表層土の酸性化に伴う施肥効率の低下がある。加里は，前述のように糞尿還元により集積するが，石灰，苦土は雨水による溶脱や牧草の収奪で，しだいに減少する。

第13表　北海道における土壌の種類別分析例

土壌の種類	酸性 pH (H_2O)	全炭素 (%)	燐酸吸収係数	有効燐酸 *mg*/100*g*	置換性塩基（*mg*/100*g*）		
					カリウム	カルシウム	マグネシウム
火山性土	5.8	7.3	1,850	200	83	940	32
鉱質，重粘土	5.6	4.8	1,340	20	200	456	176
泥炭土	4.3	30.6	1,580	310	166	168	224

注　火山性土（根釧地方，中標津），鉱質重粘土（天北地方，浜屯別），泥炭土（天北地方，天塩）

第14表　北海道施肥基準（放牧地の2年以降追肥）

（年間，$kg/10a$）（北海道農務部，1978）

地域	沖積土			泥炭土			火山性土			洪積土		
	N	P_2O_5	K_2O	N	P_2O_5	K_2O	N	P_2O_5	K_2O	N	P_2O_5	K_2O
道央，道南	10	8	10	7	10	15	12	10	12	10	10	10
道北	8	8	6	5	8	12	—	—	—	8	8	6
網走，十勝	8	8	10	6	9	14	10	10	12	8	8	10
根釧	—	—	—	6	8	12	8	8	12	—	—	—

土壌の養分供給力は，基本的には土壌の種類によって異なる（第13表）。すなわち，火山性土は腐植は多いが，分解しにくく，窒素の有効化は少ない。燐酸吸収力が強いので，有効燐酸に乏しく，加里，苦土も少ない。鉱質重粘土は，表土が薄く腐植が少ないため窒素地力が低い。燐酸吸収力は強くないが，有効燐酸が少ない。加里はやや多いが，強酸性を呈し，石灰に乏しい。泥炭土は，泥炭の分解により窒素地力は高いが，他の養分は一般に少ない。

(3)　放牧草地の施肥量，施肥法

①施　肥　基　準

放牧草地の施肥量は，前記のように採草地に比べて，養肥分の収奪がやや少なく，土壌からの供給量がやや多いため，一般にやや少なくてよい。具体的な施肥量は，当該地域で行なわれた施肥用量試験などから推定するのが最も現実的である。北海道では，従来の多くの試験や実例から設定された施肥基準（第14表）が示されているので，これを参考にする。

牧草生産量は，気候や土壌条件によって一定の限界がある。とくに短草で利用される放牧草地の牧草は，極端に多肥しても，窒素，加里では含有率だけが上昇し，前述のような障害の原因となる。加里施肥量は，糞尿還元による蓄積があるため，経年化に伴って減少し，放牧5年目以降には当初の半量ていどまで減量できる。燐酸の多用は障害が少なく，むしろ牧草の嗜好性を増すので，十分に施用する。石灰は経年的に減少するが，とくに多肥草地の減少が大きい。しかし，いちどに多用すると表層がアルカリ化し，窒素肥効の低下を招くことがあるので，2～3年ごとに炭カルを10a当たり100～150kgていどを表層散布する。苦土も同様に，毎年5kgていどの補給がのぞましい。

②施肥時期と施肥配分

施肥時期および施肥配分は，牧草の生育特性，時期別採食必要量および土壌の季節的な養分供給状態などに配慮し，さらに施肥労力の面も加味して決められる。

早春は低温のため，牧草生長，土壌養分供給量とも少ないが，牧草生長をできるだけ促進するためには，早期に施肥する。とくに低温時に高い肥効を示す燐酸は早春に，年間施用量の全量を施用する。窒素，加里は，採草地のように節間伸長期の草量を高める必要がないので，年間施用量の3分の1以下でよい。

6月下旬以降は，牧草のスプリングフラッシュが終わり，生産量はやや少なくなるが，地温が高まるため，土壌からの窒素，燐酸などの供給量が多くなる。しかし夏期の草量確保のためには十分な施肥が必要であり，6月下旬から7月上旬にかけて年間施用量の3分の1ていどを施用する。

9月以降には，低温となり，牧草生長および土壌養分供給量ともに減少する。しかし，秋の草量確保，株根の発達と貯蔵養分の増大，分げつ発生の促進などの点から十分に施肥する。8月中旬～9月上旬に，年間施肥量の3分の1ていどを施用する。また，晩秋放牧草地に対しては，8月上～中旬ころに窒素を主体に施肥し，再生草を晩秋に利用する（第15表）。晩秋には牧草生長は停止するが，早春施肥が困難なところでは，その代替として，晩秋に施肥しておくこともできる。なお，牧草生長量の少ない秋に窒素を多用すると硝酸態窒素が集積しやすく，また貯蔵炭水化物の含有率が低下し，越冬性が

第15表　晩秋放牧用草地の11月中旬における草量と家畜の利用　（早川・宮下，1970）

準備開始時期	8月1日		8月15日		8月30日		9月15日	
窒素施用量（kg/10a）	4	8	4	8	4	8	4	8
現存生草量（kg/10a）	996	1,360	853	1,179	581	640	485	570
採食生草量（kg/10a）	638	846	597	754	393	399	338	416
利用率（%）	64	62	70	64	68	62	70	73
1日当たり採食量（kg/頭）	27.0		27.0		31.7		30.2	
日増体量（kg/頭）	2.20		1.06		0.80		0	

注　オーチャード主体草地

低下する。そのため，イネ科牧草主体草地では，10a 当たり 6～8 kg ていどの窒素施用が適当である。

4. 放牧草地の雑草，病害虫

最近，生産性の低下した放牧草地では雑草の侵入が目立つところが多く，またユキグサレ大粒菌核による冬枯れや，ウリハムシモドキによるクローバの消失など，種々の問題がおこっている。

放牧草地の雑草や病害虫は，草地の利用特性に起因する不食雑草や短草型雑草の侵入，あるいは草地の草生不良が誘因と思われる病害虫の発生が多い。また不良気候などによる偶発性のものもあるが，多くは草地管理の不適正から牧草生育が衰退したときに発生し，かつその被害を大きくしている。

このような放牧草地の雑草や病害虫の防除にあたっては，牧草が家畜に直接採食されるので，農薬による方法はできるだけさけ，草種の選択や草地管理法の改善などによるのが原則である。

(1) 雑草，雑灌木

短草利用の放牧草地では，わずかな裸地が発生しても容易に雑草が侵入する。この雑草は，①たえず放牧，採食されるので短草型のもの，②連年不耕起のため地下器官で繁殖するもの，③家畜の好みがわるい不食雑草，④家畜が近づけないような有棘性の雑草や雑灌木，などである（第16表）。とくに採食されない不食雑草は，盛んに発育して結実し，種子で急速に広がってゆく。

第16表　放牧草地の主要な雑草と雑灌木

区分		雑草名
雑草	不食草	フキ，ギシギシ，ワラビ，イグサ，アザミ
	短草	タンポポ，ヒメスイバ，ノコギリソウ，チドメグサ
	毒草	ワラビ，トリカブト，トクサ，スズラン
雑灌木	萌芽性	コナラ，ヤナギ，リョウブ，ウツギ
	有棘性	キイチゴ，バラ，タラノキ

また，家畜に対する毒草は，一般に採食草が十分であれば本能的に採食しないが，十分に留意しなければならない。

これらの防除法としては，①適正な利用と施肥により牧草密度を高める，②結実前の刈払いや掃除刈りを繰り返す，③雑灌木は枝条の伸長が盛んで貯蔵養分の少ない7～8月に刈払いを繰り返す，④根茎で増殖するギシギシなどは，初期段階で掘り取り除去する，などの生態的方法がある。

一方，除草困難な宿根性雑草では，選択的な除草剤を用いるが，現在使用が認められている除草剤には，ＤＮＢＰ剤，ＭＣＰＢ剤，ＤＢＮ剤，アシュラムなどがある。なお，このような除草剤だけに頼らず，前記の生態的方法のどれかを併用すると卓効がある。

(2) 病　気

病気は，一般に牧草生育の不良なときにかかりやすいが，短草利用の放牧草地では，罹病茎葉が直ちに採食されるため，採草地のように生育がすすんでからの病気は少なく，むしろ越冬中の冬枯れに関連するものが多い。放牧草地の主な病気は，イネ科牧草のユキグサレ，チモシーのハンテン病，ケンタッキーブルーグラスの

第17表　ユキグサレ病と発生の立地条件
（西原，1977）

病　　害	立地条件	罹病草種
ユキグサレ大粒菌核病	少雪，土壌凍結	オーチャード，トールフェスク，ペレニアルライ
ユキグサレ小粒菌核病	多雪	メドウフェスク，ペレニアルライ，イタリアンライ
褐色ユキグサレ病	多雪，融雪水停滞	白クローバ，イタリアンライ
紅色ユキグサレ病	多雪，排水良好	ペレニアルライ

第10図　北海道のユキグサレ小粒菌核病菌（黒丸）およびユキグサレ大粒菌核病菌（白丸）の分布　（富山，1955）

サビ病などである。

イネ科牧草のユキグサレ病には，小粒菌核病，大粒菌核病，紅色ユキグサレ病，褐色ユキグサレ病などがある（第17表）。このうち，大粒菌核病が重要であり，オーチャードグラス，フェスク類，ライグラス類などに多く発生し，とくに昭和50年には，北海道東部一円のオーチャードグラスに大被害をもたらした。一般に晩秋～初冬に雪が少なく，土壌が凍結し，その後の積雪期間が長いばあいに発生しやすい（第10図）。

本病は秋に飛散して茎葉に付着した胞子が発芽し，積雪下で侵入，感染する。この被害は，初冬の寒凍害で衰弱した牧草で大きく，既分げつよりも幼分げつでは小さい。また肥料不足で多発するが，秋の窒素施用により被害を軽減できる。したがって，既述の秋施肥によって晩秋牧草の貯蔵養分を十分に蓄積し，かつ幼分げつの発生を促すことが，被害を少なくする有効な方法である。

チモシーのハンテン病は，周年的に発生するが，短草利用の放牧草地では目立たない。紡錘形～長円形の小病斑が多発し，紫褐色～灰色を呈する。肥料不足，とくに加里，苦土の不足のときに多発する。ケンタッキーブルーグラスのサビ病は，秋の放牧草地で多発し，葉先から黄化する。窒素を十分に施用すると発生は少なくなる。

牧草の病気を生態的に防除する方法はつぎのとおり。①病気の発生は気候や土地条件に左右され，草種，品種によって感受性が異なるので，当該地域の適草種で抵抗性の品種を導入する。②抵抗性の異なる草種，品種を混播し，病害発生時の被害を軽減する。③適正な施肥管理によって，牧草の生長を盛んにする。しかし窒素の多用は病害発生を多くし，石灰施用は例外もあるが土壌病害の発生を抑える。④不食過繁草は，病原菌の生息に好適で，菌密度を高めるので，必要に応じて掃除刈りを行ない，適正な間隔で利用する。

(3) 害　　虫

寒地の草地の主な害虫は，ウリハムシモドキ，アワヨトウ，コガネムシ幼虫などである。

ウリハムシモドキの幼虫は，5月に集団発生し，ラジノクローバの葉，芽，ランナーなどを食害し，被害が大きいとイネ科牧草単純草地となる。一般に，草生がわるく小裸地の多い草地で，露出地面に産卵し，日照が多く乾燥状態のときに多発する傾向がある。適切な施肥と利用管理によって草生状態を良好に保つようにする。

アワヨトウは，6～7月に多発し，イネ科牧草を食害し，大被害を与えることがある。遠隔地から飛来した成虫は窒素過多のイネ科牧草に好んで産卵し，生物相の単純な草地ほど多発する。窒素の多用をさけ，イネ科牧草主体草地にならないようにする。

コガネムシの幼虫は，地中に生息し，イネ科牧草の根を食害して枯死させる。いちど発生すると防除が困難で被害が拡大するので，早期に更新する。適正なマメ科率を保ち，イネ科牧草主体草地にならないようにする。

害虫防除の薬剤としては，ウリハムシモドキには，ＣＶＭＰ剤，ＭＥＰ剤，アワヨトウには，ＤＥＰ剤の使用が認められている。これらの薬剤使用後は，一定期間，家畜の放牧を行なわないようにする。

5. 草地の裸地化と土壌侵食

傾斜草地では，牧草が株化し，裸地が発生しやすく，また強雨や融雪水などによって土壌侵食をおこす例が多い。したがって，傾斜草地の荒廃化を防ぎ，生産性を維持するためには，このような裸地化や土壌侵食への対策が必要となる。

草地の裸地化原因は大別して，①冬枯れ，夏枯れなどの不良気象や，病害虫によるものと，②放牧家畜の採食性，糞尿排泄，蹄傷などによるものとがある。①については，適草種や抵抗性草種，品種の選択，施肥法や利用法の改善によって対処するが，②は放牧草地特有の問題である。

一般に放牧牛は，水飲場，給塩場，休憩地，牧区の出入口付近では，糞尿排泄や歩行度数が多いため，裸地化することが多い。このような裸地は，放牧施設を適宜移動したり，複数個を設けたりすることによって，あるていど緩和できる。

一方，放牧牛は，同じところを歩く習性があり，歩行度数の多いところは裸地化して牛道となる（第11図）。とくに傾斜地では，採食のために等高線状に歩行し，牛道の発生が多い。牛道の発生しやすい条件には，①傾斜20度以上，②火山灰土壌のように土が軽い，③土壌水分が高く，土が膨軟，④降水量が多いばあい，⑤牧草の根量が少ないか，牧草が株化し，地表の根量分布が不均一，⑥滞牧日数が長く，蹄傷の機会が多くなる，などがある。

この対策としては，①不耕起造成により，野草とくにササ類などの匍匐型根系により地耐力を温存する，②株化の少ないケンタッキーブルーグラス，レッドトップなどの匍匐型，地下茎型の草種を導入する，③施肥をひかえ，牧養力を極端にあげない，④牧区を小面積に区切り，短期間に集中的に利用する，⑤降雨時や融雪直後には放牧しない，⑥体重の小さい牛を放牧する，などがあげられる。

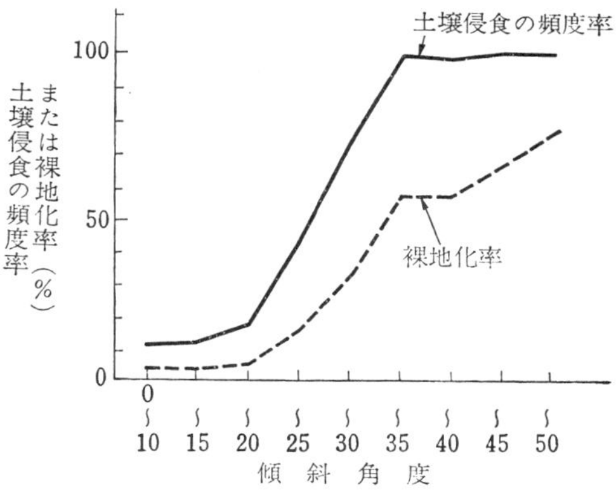

第11図　傾斜角度と裸地化の関係
（東北農試，1972）
注　東北農試成績の一部（放牧2年次）を作図したもの

傾斜草地の土壌侵食は，小規模な細粒状のものから，大規模な峡谷状（ガリー）のものまで，その発生程度の幅が広い。一般に発生しやすい条件としては，①傾斜角度が大きい，②斜面長が長く，また集水面積が大きい，③火山灰土壌のように，土が軽くて凝集力に乏しい，④土壌の浸透性が小さい，⑤降雨強度が強く，集中的な降雨がある，⑥牧草密度が低いか，牧草の株化がすすみ，小裸地が多い，⑦牛道の発生が多い（第18表），⑧地表の植被が少なく，雨滴の衝撃が大きい，などがあげられる。

このような土壌侵食の危険性を軽減するためには，つぎのような対策が必要である。

(A)　草地の立地配置の面から，①傾斜15度以上のばあいには，斜面長を100*m*以下にするよう，傾斜角度に応じて10〜30*m*幅の林帯を残すか，育成する。②集水帯になりやすい凹状傾斜面や沢地では，適当な林帯を残す。

(B)　草地造成時には，①不耕起造成によって地表植生と根系とを維持し，雨滴の衝撃緩和と保水性の維持をはかる。②耕起造成では雨期の

第18表　傾斜角度と放牧による土壌侵食との関係　　　　（井上，1968）

土壌侵食の危険性	傾斜角度（度）	
	牧草地	野草地
心配なし	0 ～ 13	0 ～ 18
若干注意	～ 18	～ 23
相当注意	～ 23	～ 30
危険	23 ～	30 ～

耕起をさけ，初期生育の早い草種を導入し，早期に植被を確保する。

(C)　草地管理面では，①牧草密度を維持し，匍匐型の地下茎をもつ草種を入れる。②施肥の多用をさけ，牧養力を高めない。③牛道の発生を緩和する。④排根線処理跡の裸地は，早急に植被を回復させる。

III　放牧と草地維持管理の実際

1.　育成牛の放牧と草地管理

近年，多頭化に伴って育成牛の飼養は，公共育成牧場に預託されることが多い。したがって，ここでは公共育成牧場の放牧草地を中心に，その管理技術を述べることとする。

立地条件に恵まれない公共草地では，集約管理や草地更新が困難なため，生産性よりも永続性を重点とした管理技術が必要となる。また放牧専用のため，季節生産性の平準化，放牧期間の延長などが重要である。一方，育成牛の栄養要求からみると，搾乳牛に比べて，蛋白よりも可消化養分総量（TDN）が重要であり，成育に伴う骨格形成には，十分なミネラルが必要である。

(1)　放牧利用法

公共草地では，一般に草地生産および家畜生産の両面に配慮した輪換放牧が一般的であり，草地利用効率の低い固定放牧はほとんど行なわない。すなわち，草地造成時には，すでに適当な大きさの牧区に分けており，放牧にあたっては，牛群ごとにこれらの数牧区を割り当て輪換放牧する。

ところで，公共草地の放牧利用では，年間の目標生産量，その月別分布割合，草地利用率，放牧期間，預記牛頭数とその月齢，牛群数などによって，年間利用計画をたてる。

年間目標生産量は，施肥量や利用法にもよるが，草地の永続性を考慮してあまり高い値とせず，年間利用率を60％ていどとする。草量の月別分布割合は，収量水準や地域によって異なるが，高収になるほどその変異が大きい。草地利用率は，草量の多い６～７月には低く，早春や８月以降ではしだいに高くなる。放牧期間は，地域によって異なるが，５月中旬から10月中～下旬までの150～160日ていどが多い。

家畜の１日当たり採食量は，一般に体重の15～17％であるが，入牧育成牛（７～20か月齢）の平均体重は300*kg*前後で，秋までの150日間の放牧で約100*kg*ていど増体するため，採食量は経時的に増大する。

草地生産性と家畜の採食必要量から，月別の放牧可能頭数を算出した例を示すと，第19表のようになる。

公共草地の預託頭数は一般に春から秋までほぼ一定である。そこで第19表から，８月の放牧可能頭数１*ha*当たり3.5頭を通年的に放牧すると仮定すれば，採食可能量は５～７月には余り，９～10月には不足することになる。このような草の過不足を考慮した具体的放牧利用法は，つぎのとおりである。

５月中旬以降の１日，１*ha*当たりの生産草量は，育成牛１*ha*当たり３～４頭の採食量に匹敵するので，春の入牧は草丈10*cm*内外（現存量２～３*t/ha*）でも十分に可能である。このような早期放牧は，６～７月のスプリングフラッシュを抑圧するので，入牧初期には，輪換牧区を広く開放し，全体を早期に採食させる。

第19表　生産草量と放牧可能頭数の試算　（1 *ha* 当たり）

項　目	年　間	5　月	6	7	8	9	10
草量月別割合（%）	100	15	25	23	18	15	4
目標生産量（*kg/ha*）	45,000	6,750	11,250	10,350	8,100	6,750	1,800
草地利用率（%）	66	70	60	60	70	75	80
採食可能草量（*kg/ha*）	29,858	4,725	6,750	6,210	5,670	5,063	1,440
放牧牛体重（*kg*/頭）		300	311	333	355	373	396
採食量（*kg*/頭・日）		45	47	50	53	56	59
放牧日数（日）	157	15	30	31	31	30	20
放牧期間採食量（*kg*/月・頭）		675	1,410	1,550	1,643	1,680	1,180
放牧可能平均頭数（頭/日）		7.0	4.8	4.0	3.5	3.0	1.2
3.5頭/日のばあいの採食必要量（*kg/ha*）	28,484	2,363	4,935	5,425	5,751	5,880	4,130
同上の採食可能草に対する割合（%）	95	50	73	87	101	116	287

注 1．草地利用率には不食過繁地も含めた
2．放牧牛体重は，7～20月齢育成牛の平均体重と仮定し，日増体を 0.6～0.7*kg*/日・頭とした
3．採食量は体重の15%とした

6月の生産草量は，育成牛 1 *ha* 当たり 5～6頭の採食量に相当し，1 *ha* 当たり 3～4頭の放牧では草量が大きく上回る。そこで，各牧区の滞牧日数を短縮し利用率を下げて，短期の輪換を行なう。実際には，利用率低下により不食残草が増加し出穂牧草が多くなる。

7月の牧草は，栄養生長が主体となるが，生育は良好で採食量を若干上回る。しかし生長速度がしだいに低下するので，15～20日間の休牧期間をおいて，順次輪換する。

8月の生産草量は，通年的放牧頭数の採食量に対応させたので，理論的には草の過不足はない。休牧期間は7月よりやや長くし，20～25日間で輪換する。なお，6～7月の残草は，この時にかなり採食される。

一方，この時期以降は，草が不足するので，妊娠牛や受精確認牛などを中心に退牧させるか，別に採草跡の草地を放牧利用できれば草地管理上合理的である。多くの公共草地の草生衰退は，この時期以降の草量不足による過放牧が大きな要因になっている。

9月以降は，生産草量がますます減少するので，施肥により積極的な草量増大をはかり，一方では採草跡の活用をはかるか，放牧頭数を減らすことなどの工夫が必要となる。休牧間隔は25～30日以上必要となる。10月以降には，むしろ8月ごろから準備しておいた晩秋放牧用草地を主体として放牧する。なお10月上～中旬には，越冬性確保の意味で，オーチャードグラス主体の草地は休ませ，チモシーやケンタッキーブルーグラス主体の草地を使うことがのぞましい。

(2) 施肥管理

公共育成牧場の放牧草地に対する施肥は，生産性の増大よりも，永続性に関連する草生密度やマメ科率の維持をはかることが重要であり，また放牧期間中の収容頭数がほぼ一定のため，季節的な草量調節技術としての意義が大きい。

年間施肥量は，従来低コストを前提としていたため，一般に少なかったが，効率的な生産と永続性の面からは，当該地域の標準施肥量をめやすとする。しかし，糞尿還元によって蓄積する加里は，放牧経過年数によって減量でき，放牧5年目以上では当初の半量ていどまで減量可能である。

年間の施肥回数や施肥時期は，省力化の面から，従来春1回施肥が多かった。しかし，この施肥の省力化も，最も効果的な時期に，できるだけ少ない回数で行なうことが合理的であり，機械的な施肥の省力化は，かえって永続性や草地利用効率を低下させる。

つぎに季節別の施肥管理について述べる。

早春の施肥は省略する。すなわち，位置的，地形的に不便な公共草地では，春施肥が遅れや

第20表　育成牛用公共草地の維持管理の要点　　(平島, 1978)

時期		5月	6	7	8	9	10	11
草地の特徴		冬枯れによる裸地発生	グラス増大, スプリングフラッシュ, マメ科率低下	グラス衰退マメ科率上昇		生長鈍化 越冬体制確立		生長停止
牧草生長の調節		再生促進 茎数確保	スプリングフラッシュの抑圧 マメ科率向上	グラスの生長促進 マメ科率適正化		生長促進 分げつ発生促進 株・根の発達		
放牧法		早期放牧	夏期放牧草地			10月上旬放牧 Ti, Kb		晩秋放牧草地
放牧方法		短期輪換10〜20日ごと	適正間隔の輪換 20〜30日ごと			現存草量に応じた輪換		
施肥	マメ科率が低いときは燐酸, 石灰施用		7月上旬施肥		晩秋放牧草地への施肥		終牧後の施肥	

すく，かえって5〜6月のスプリングフラッシュを増大し，マメ科率を低下させる。早春の牧草再生の促進には，むしろ後述の晩秋施肥が有効である。

7月上〜中旬には，年間施肥量の半分を施用する。この時期の施肥は，7月以降の牧草再生の促進と，草量増大に有効であり，また夏のマメ科率の上昇を抑える。

牧草生育が衰えた8月下旬〜9月中旬には，年間施肥量の半分ていどを施用する。この施肥により，秋の草量増大とともに，株，根の発達と分げつ発生の促進をはかる。

晩秋放牧用草地は，8月上〜中旬に十分な施肥を行なって，晩秋まで温存する。また10〜11月には，早春の牧草再生を促進するため，年間施肥量の3割ていどを施用してもよいが，越冬性が懸念されるところでは，窒素を低く（窒素30〜40*kg*/*ha*）抑える必要がある。

放牧草地は経年化に伴って堅密化する。したがって，2〜3年おきに土壌表層を機械的に破砕し（ディスクなど），その通気水性を改善し，同時に炭カルを1*ha*当たり1〜2*t*ていど施用し，必要があれば牧草を追播する。追播にあたっては，炭カルと同時に燐酸を十分に（成分として100*kg*/*ha*以上）併用し，追播後には追播牧草の初期生育を保護するため，管理放牧によって，できるだけ既存牧草の再生を抑圧することが必要である。

(3) 放牧牛管理

放牧草地の効率的利用のためには，草地利用に適合した放牧牛の管理が必要となる。そこで，つぎに重要なものを二，三あげておく。

公共牧場の育成牛は，一般に月齢，体重，飼養管理の内容などによって，低月齢群（7〜11か月齢），高月齢群（12か月齢以上），授精対象群，妊娠牛群などに区分される。一群の頭数は，放牧看視や管理能力によって異なるが，100〜300頭がふつうである。この一群頭数の多少は，牧区面積が一定のときには滞牧日数の長短に関係し，面積が少なく，群頭数の多いときは，滞牧日数が短くなり，十分な牧草の再生期間をおくためには，輪換牧区数は多く必要となる。

春に育成牛を入牧するためには，放牧馴致が必要である。一般に入牧1日目は2〜3時間，2日目4〜5時間というように，順次放牧時間を延長し，10〜14日ていどで昼夜放牧に切り替える。また低月齢牛では，低温に対する抵抗性が小さいので，やや気温が上がってから入牧する。なお入牧前には，除角，削蹄なども重要な作業である。

放牧期間中の看視には，頭数確認，異常牛発見，発情牛の発見，草生状態の観察，移牧時期の判定，放牧施設の補修などがある。とくに草生状態の観察では，放牧牛の採食行動が重要で，牧区内の可食草がなくなると，歩行が多くなり，啼きながら人の後を追うので，移牧のめやすとなる。また，発育の良否をみるためには，定期的に体重測定をすることがのぞましい。

2. 搾乳牛の放牧と草地管理

搾乳牛用の放牧草地は，毎日の搾乳や個体管理のため，畜舎ちかくに配置されるが，近年の多頭化に伴って，その必要面積は広がり，同時にますます多収化が期待されている。一方，多量の乳生産を行なう搾乳牛では，育成牛や肉牛に比べて多量の栄養摂取を要する（第21表）が，牛の採食量には限度（乾物で体重の約3.5%）があるため，できるだけ高い栄養価の放牧草が必要となる。とくに近年，牛の改良がすすみ，全般に個体産乳量が高まっているため，その必要性がいよいよ大きく，なかでも牛乳中に排出されるカルシウム，リンなどのミネラル栄養の補給が重要視されている。すなわち，搾乳牛用放牧草地では，多収技術とともに，ミネラルを含む高栄養牧草生産技術が重要である。

(1) 放牧利用法

短草利用の放牧草地では，牧草生産の多収化には限度があり，むしろ採食利用率を高めることが大切である。そこで，集約管理が可能な搾乳牛用草地では，蹄傷や，糞尿排泄による不食過繁草を少なくし，採食利用率を高めるために時間制限放牧を行なう。放牧牛は，午前中の入牧直後1.5～2時間は懸命に採食し，その後徒食，反芻，遊歩，糞排泄が主となり，午後は歩行と選択採食が多い。したがって，午前中2時間と，夕方2時間の放牧でも，十分な採食が行なわれ，かつ草地の損傷が少ないので，このような時間制限放牧が有利である（第22表）。

放牧方法は基本的には輪換放牧であるが，①牛群は毎日畜舎と放牧地間を往復するので，移牧が容易であり牧区数が多くともよい，②採草地などを用いれば季節生産性の平準化に対する配慮は少なくてよい，③掃除刈りや施肥が比較的容易である，などの特徴から，集約的なストリップ放牧や多牧区の輪換放牧ができる。

第21表　搾乳牛の個体維持および搾乳に必要な養分要求量

項　目	種　別	乾物重	可消化粗蛋白	可消化養分総量	カルシウム	リン
	kg	kg	g	kg	g	g
維持に必要な養分量	体重 500	6.5	290	4.0	20	15
	600	7.5	330	4.6	22	17
	700	8.5	370	5.2	25	19
	%					
20kg/日搾乳に必要な養分量	乳脂率3.0		860	5.6	50	36
	3.5		900	6.1	52	38
	4.0		940	6.6	54	40

第22表　放牧方式と草丈による採食利用率

（単位：kg）（金川，1977）

草　丈	草丈 20cm		草丈 40cm		草丈 60cm	
放牧方式	時間放牧	昼夜放牧	時間放牧	昼夜放牧	時間放牧	昼夜放牧
10a当たり生草量	3,674	3,832	4,632	4,968	6,334	6,612
踏倒不良雑草	277	338	800	1,040	2,254	2,306
糞尿汚染不食草	176	341	269	739	713	1,778
採　食　量	3,221	3,153	3,565	3,189	3,367	3,130
採食利用率	88	82	77	64	53	49

ストリップ放牧は，1回または1日の採食必要量にみあった草地面積を，帯状に区切って放牧する方法である。現存草量と放牧頭数によって牧区面積が定められるため，草地利用効率の最も高い集約的利用法である。この方法では，そのつど牧柵を移動するため，電牧のようにかんたんに移動でき，かつ牧区の大きさを変えられるような配慮が必要である。一般には，この牧柵移動に労力がかかりすぎるので，大型経営では適用しがたい。

集約的な輪換放牧では，牧区内の滞牧日数をできるだけ少なくして，牧草の再生期間を十分にとる必要がある。そのためには，一牧区の面積を2～3日間の放牧で採食しうるていどとし，牧区数は，牧草の再生期間を20～30日間とすると，10～15牧区が必要となる。実際の放牧にあたっては，現存草量の多少によって，放牧頭数か滞牧日数を若干調節する。一般に牧草は短い若草ほど栄養価は高いが，極端な短草利用では年間の再生量が少なくなるので，入牧時の草丈は30～40cmとする。

つぎに，季節別の輪換方法について述べる。

春には早期放牧がのぞましいが，現存量の少ない初期には，2～3牧区を開放して放牧し，不足分は乾草，サイレージで十分に補給する。牧草生長の盛んな5月下旬～6月下旬には，利用牧区数を減少し，一牧区の滞牧日数を長くし，残りの牧区は一番草を採草する。なお，この時期には不食過繁草が多く，それらが出穂するので，以後の再生や利用率向上のために掃除刈りを行なう。

7月～8月中旬には，栄養生長が盛んに行なわれるので，20～30日間隔で輪換する。8月下旬以後は，短日，秋冷のため，牧草生長量がしだいに減少するので，利用牧区数を増すとともに，採草跡地の再生草を積極的に利用する。10月以降には，育成牛草地のばあいと同様に，一部の牧区で晩秋放牧用草地を準備し，これを利用する。なお，10月上～中旬の放牧では，越冬性に影響が出やすい草種では，十分に留意する。

(2) 施肥管理

搾乳牛用放牧草地では永続性よりも多収性に重点がおかれるため，施肥の役割が大きい。そこで施肥管理上の特徴をあげるとつぎのとおり。①短草利用の放牧草は，養肥分含有率は高いが生産量は採草地より少なく養肥分収奪量もやや少ない。②時間制限放牧では糞尿による養肥分の還元は少ない。③ミネラル要求量の多い搾乳牛では，リン，カルシウム，マグネシウムの高い牧草が必要である。④集約的な施肥管理が可能である。

年間施肥量は当該地域の標準量をめやすとするが，糞尿を用いるばあいには，その含有成分量を年間施肥量に含めて考える。従来の多肥傾向は，化学肥料よりも糞尿の多投によることが多い。年間の施肥回数はできるだけ多くし，牧草生長量に応じて年間3回以上に分施する。

早春施肥は，融雪後なるべく早く行ない，牧草の萌芽を促す。牧草生長が盛んなので施肥量はやや多くする。燐酸は春の低温時の肥効が高いので，年間施用量の大部分を施す。6月は牧草生長は良好であるが，節間伸長期で肥効がやや少ないので，施肥量も若干少なくてよい。7月は，栄養生長が盛んなため，窒素，加里を重点として，十分に施肥する。燐酸の肥効はやや小さい。8月は，気温が高く，牧草生長はやや停滞するので，施肥量はあまり多くしない。多肥すると，ときには濃度障害をおこす。9月には，積極的に施肥し，草量の増大をはかるとともに，株根の発達と新分げつの発生を促す。晩秋放牧用草地は，育成牛用草地のばあいに準ずる。

搾乳牛用草地では，とくにミネラルの補給が大切である。1*ha*当たり燐酸はふつう春に成分として100*kg*ていど，カルシウムは春または秋に，炭カルまたは苦土炭カルを1～0.5*t*，苦土の少ないところでは成分として年間50*kg*ていどを補給することがのぞましい。糞尿還元の少ない時間制限放牧の草地では，窒素，加里を主体とする尿や液状厩肥を，6～8月の追肥として用い，堆厩肥は晩秋に利用する。

経年化に伴う草生の衰退や土壌の堅密化を防ぐには，すでに述べたように，①ディスクなどによる土壌表層の破砕，②石灰，燐酸などの土壌改良資材の補給，③必要に応じての牧草追播，などをできるだけ実行することが大切である。

3. 肉用牛の放牧と草地管理

肉用牛の生産費は，なるたけ低コストであることが期待され，一般に繁殖牛および育成牛が放牧されるが，放牧草地も省力，低コスト管理が要求される。したがって，基本的には，前述の育成牛用草地と同様，粗放放牧草地の管理技術が適用される。

一方，肉用牛は，乳用牛よりも一般に採食性が広く，野草をよく利用でき，急傾斜地や複雑地形の山地放牧が可能である。野草類は一般に牧草に比べて再生力が劣り，生産性は低いが，生育最盛期は，牧草類が5～6月に対し，野草類は7～8月であり，また秋おそくまで緑葉を保つササ類では，牧草生長が停止した晩秋でも利用可能である。したがって肉用牛の放牧では牧草地と野草地を合理的に組み合わせた低コスト放牧が有利である（第12図）。

第23表　ササ類の消化成分　（馬場，1978）

ササの種類	産地または時期	水分(%)	消化率(%) 粗蛋白質	純蛋白質	粗脂肪	可溶無窒素物	粗繊維	可消化蛋白質(%)	澱粉価	可消化養分総量(%)
ミヤコザサ	釧路	22.5	70.9	67.6	40.8	43.9	47.5	5.3	18.3	32.7
	日高	37.9	71.3	68.6	50.2	33.2	33.5	4.1	10.2	22.3
クマイザサ	7月	10.0	77.8	72.0	36.1	55.6	39.0	8.7	23.2	44.5
	11月	10.0	69.3	64.6	33.1	28.8	29.3	5.1	5.2	28.0

注　クマイザサの水分は風乾状態のもの

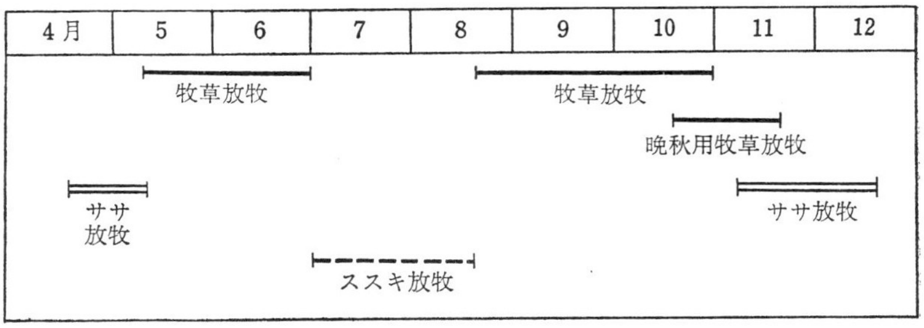

第12図　牧草地と野草地（ササ，ススキ）の組合わせ放牧例

放牧に利用される主要な野草としては，ササ類，ススキおよびシバなどがある。

寒地ではミヤコザサ，クマイザサが利用される(第23表)が，いずれも蛋白，カロチン，ビタミンCなどに富み，可消化性も大きい。ミヤコザサは家畜の好みがよく，とくに30～70%の遮光下の林地に生育するものが好まれる。しかし夏の利用は衰退を早めるので，牧草生長の衰退した11月以降に，放牧期間延長用として利用できる。クマイザサは，6～7月の若いときには，嗜好性，飼料価値ともに高いが，秋以降には粗剛になり消化されにくくなる。しかし夏の利用は衰退を早めるので，晩秋放牧に利用する。草丈が高いので，多少の積雪下でも採食可能である。これらのササ類は，いずれも経年的に衰退して矮生化するので，利用率を30～50%とするか，隔年的に利用する。

ススキ類は，林木伐採跡などにハギ類などとともに優占してくる。一般に30*cm*くらいまで伸長したときが最も栄養に富み，嗜好性も高いが，秋に出穂すると，飼料価値，嗜好性とも，急激に低下する。したがって，7～8月の牧草生長が停滞したときによく利用されるが，採食を繰り返すと衰退し，消滅する。なお，北海道農試の実験では，ススキ草地に燐酸を施用すると，嗜好性が高まり選択的に採食された。

シバ草地は，古くから放牧地として利用され，地力の低い乾燥地で激しい採食，踏圧に耐えて安定した植生を保っている。しかし生産性が高くないので，牧草地化されることが多い。一般に利用期間中は，固定放牧によって粗放に利用されていることが多い。

4. 草地更新

(1) 草地更新の考え方

草地の低収化要因は，①土壌条件の悪化，②植生条件の悪化，および③両者ともに悪化，の三通りが考えられるが，現在の一般的傾向としては，③のばあいが多い。このような低収化草地の生産性を回復するためには，その悪化要因の種類や程度に応じた方法が必要であるが，更新方法としては，追肥，追播，土壌表層処理などによる簡易更新と，全面的に再度耕起，播種する完全更新の二通りがある（第24表）。

一般に低収化の程度が比較的軽いばあいや，粗放放牧地のように全面更新が困難なばあいには簡易更新が行なわれ，低収化の程度がすすんだときには，完全更新が必要となる。

とくに完全更新が必要なのはつぎのようなば

第24表　低収化要因と草地更新の関係

		低収化要因（原因）	草生回復手段	
			簡易更新	完全更新
土壌条件の悪化	理学性	堅密化（踏圧，過放牧） 根群集積（施肥不足） 通気水性不良（堅密化）	表層破砕 施肥改善 堆厩肥施用 適正放牧	反転耕起 根群埋没 砕　土 堆厩肥施用
	化学性	酸性化（多肥，石灰不足） 燐酸欠乏（施肥不足） 肥効低下（通気水性不良，牧草密度低下）	石灰表層散布 燐酸増施 表層破砕 施肥改善	耕　起 土壌改良資材施用 堆厩肥施用
植生条件の悪化	マメ科率低下	マメ科牧草衰退（窒素多用，石灰，燐酸不足，過放牧，利用不足，不食過繁草） イネ科牧草優占（窒素多用，軽放牧）	追　播 窒素施肥制限 燐酸，石灰の補給 適正放牧	新　播 草種改善
	牧草密度低下	牧草密度低下（再生不良，夏枯れ，冬枯れ，病害虫） 裸地化（土壌侵食，牛道，放牧施設） 雑草侵入（牧草密度低下，選択採食） 低位生産牧草侵入（施肥不足，利用過度）	追　播 雑草刈取り 除草剤利用 施肥法改善 適正放牧	反転耕起 雑草埋没 新　播 草種改善

あいである。①早急に生産性を高めたい。②根群の集積が厚い。③宿根性雑草が優占した。④低位生産性牧草が優占した。⑤石灰が極端に不足した。⑥他の飼料作物などを導入する。

(2)　更新方法

①簡易更新

牧草の生育最盛期がすぎた7月上旬～8月中旬までに，予定草地をできるだけ重放牧で利用し，既存牧草を十分に採食させる。ついで表層土処理のため，ディスクを縦横にかけるが，その程度は，草生衰退が大きいときは多く，軽いときは少なくてよい。このとき，土壌の露出面が多いほど追播牧草の定着率は高くなる。ついで石灰，燐酸などの土壌改良資材と元肥を十分に施用し，同時に追播種子を散播する。種子量は多めにし，造成時と同量ていどは必要であろう。播種後には鎮圧または踏圧放牧を十分に行なう。この播種はおそくとも8月下旬までに行なうことがのぞましい。

追播を成功させるか否かは，この後の管理放牧の巧拙による。すなわち，発芽した幼牧草が既存の再生草によって遮光されないように，初期にはやや頻繁にし，生育がすすむにしたがい間隔を広げて管理放牧を行なう。従来の追播の失敗例は，この管理放牧が不十分なばあいに多い。

②完全更新

耕起時期は，①春の牧草を放牧に用いた後の7～8月に行なうばあいと，②現存草量が減少した秋に行なうばあいの二通りがある。前者は，耕起後ただちに施肥，播種し，その播種限界は8月中～下旬までとする。後者は，秋に耕起し，翌春の早期に施肥，播種する。いずれも，耕起にあたっては，既存牧草や雑草を完全に反転，埋没するようにする。その後砕土，均平化し，十分な土壌改良資材，元肥を施用し，播種する。なお耕起前に堆厩肥を十分に施用しておく。飼料作物を導入するばあいには夏～秋に耕起し，翌春播種する。

(3)　導入草種の改善

従来，利用目的や自然環境に適した草種が導入されず，生育特性に応じた管理がなされなかったために，生産性の低下を招いた例が多い。したがって，草地更新にあたっては，既往の経験から，当該草地の利用に適した草種の選択が必要である。

放牧草地では，低草丈で頻繁に利用されるため，短草型で再生力がまさり，蹄傷，蹄圧に耐え，また嗜好性や栄養価値のすぐれた草種がのぞましい。

一方，牧草は草種や品種によって自然環境に対する適応性が異なるので，その地域の気候や土壌条件に適した草種の選定が重要である。たとえば，オーチャードグラスやペレニアルライグラスは，寒地のなかでも，やや温暖な気候に適し耐寒性が劣るため，北海道東部の寒冷地では生産性がやや低く，冬枯れをうけやすい。これに対して，チモシーなどは冷涼気候に適し，越冬性にまさるので，適用範囲は広い。ラジノクローバや白クローバは，耐寒性はやや劣るが，匍匐茎で増殖するため，冬枯れがあっても，春の草生回復は比較的早い。また，寒地では，泥炭地，重粘地，湿性火山灰土など，排水不良地が多いが，このような湿地では耐湿性草種が必要となる。

さらに集約放牧草地では，肥沃地に適し，施肥効果の高い多収草種，粗放放牧地では，耐肥性の草種を導入しておくとよい。

(4) 混播の必要性とその組合わせ手順

一般に放牧草地は，若干のイネ科牧草とマメ科牧草が混播されるが，混播の有利性はつぎのとおりである。

(A) 草地生産性の面では，①季節生産性や永続性の異なる草種を混播し，季節的または経年的に安定した生産をあげる，②不良気象，病害虫，蹄傷などの障害抵抗性の異なる草種を混播し，それらの被害を軽減する。

(B) 土壌肥沃度や施肥の面からは，①空中窒素を固定するマメ科草とイネ科草との混播により，窒素施肥の節減をはかり，②同じく固定窒素により土壌窒素が高まり，牧草の根群集積を少なくして草地の荒廃を防ぐ。

(C) 家畜飼養面からは，①炭水化物や繊維の多いイネ科草と，蛋白やミネラルに富むマメ科草との混播により，栄養バランスがとれ（第25表），②マメ科牧草優占草地の鼓脹症や，イネ科牧草優占草地のミネラル不足や硝酸中毒のおそれを軽減する。

第25表　放牧草地のマメ科率と無機組成
（乾物当たり，％）
（根釧農試，1973～1975）

マメ科割合(%)	粗蛋白	粗繊維	カルシウム	リン	マグネシウム	カリウム	ナトリウム
0～10	21.7	21.0	0.51	0.41	0.17	2.76	0.02
10～20	23.7	19.7	0.57	0.44	0.19	3.18	0.03
20～30	23.8	19.2	0.67	0.42	0.19	3.03	0.03
30～40	25.5	18.4	0.85	0.45	0.22	3.28	0.05
40～50	27.1	19.2	0.92	0.48	0.25	3.37	0.04

第26表　放牧草地の混播組合わせにおける基幹草種と補助草種　（平島，1978）

種別	基幹草種	補助草種
イネ科牧草	オーチャード ペレニアルライ （チモシー）	メドウフェスク トールフェスク ケンタッキーブルー
マメ科牧草	ラジノクローバ 白クローバ	赤クローバ

つぎに，混播草種の組合わせについて，基本的な手順を説明する。

まず，混播の草種構成を基本草種と補助草種に区分する（第26表）。基本草種は，生産の主体を担うもので，その地域で生産性が最も高くかつ安定した草種を選び，原則としてイネ科牧草1種とマメ科牧草1種の単純な組合わせとする。なお，オーチャードグラスの不安定な地域では，チモシーの再生力のよい品種を用いる。

補助草種は，基本草種では満足できない利用目的に対応し，2～3草種を加える。たとえば，①造成初期の草量増加にはライグラスや赤クローバ，②放牧期間延長用には秋の生長のよいペレニアルライグラスやフェスク類，③マメ科牧草が優占しやすいときには白クローバ，④蹄傷や土壌侵食のおそれがあるときは地下茎をもつケンタッキーブルーグラスなどを加える。

一般に放牧草地では，多目的を期待し，多草種が混播されやすいが，維持段階では，草種間競合や管理条件によって，経年的には2～3草種しか残らない。したがって，利用目的や管理の集約度によって，3～4草種の混播とし，2～3種類の草地を準備し，これらを上手に使い分けることが得策といえよう。

5. 水田転作草地での放牧

水田につくった牧草地は，一般に位置的，地形的に恵まれ，集約管理が可能である。したがって，多収性の草種が導入され，集約採草地として利用されることが多い。放牧利用のためには，新たに牧柵などの放牧施設が必要となるので，春～夏の採草跡地の再生草を放牧草の不足する秋に利用するようなばあいに限定される。

放牧方法は，一般に集約的なストリップ放牧あるいは繋牧などが可能であり，採食利用率を十分に高められる。繋牧は，草地に差し込んだ鉄棒に，3.5*m* ほどの鎖をつけて，牛をつなぐ方法で，搾乳牛などを対象とした多労な利用方法である。一般に草丈 30～40*cm* の草地で，午前7～10時と午後3～6時の2回，時間制限採食させる。

水田には，しばしば排水不良地があるが，家畜は湿性をきらうので，十分な排水が必要である。また土壌酸性が強く，燐酸，石灰，苦土などが少ないので，十分に土壌改良資材を施用しておく。一般に畑地よりも土壌構造が未発達で，放牧による土壌の緊密化が早いので，堆厩肥を十分に施用するとともに，表層土の簡易破砕（ディスクなど）をできるだけしばしば行なうことが必要であろう。

執筆　平島利昭（北海道農試）

1979年記

参考文献

早川康夫・宮下昭光．1970．放牧期間の延長．第1報．北海道農試彙報．97，9—16．
早川康夫・佐藤康夫．1970．永年放牧地の特性と管理．第3報．北海道農試彙報．97，17—27．
早川康夫・宮下昭光．1972．永年放牧地の特性と管理 第7報．北海道農試彙報．100，91—96．
平島利昭．1977．北海道しやくなげ会会報．特集号．
平島利昭．1978．根釧地方における永年放牧草地の維持管理に関する研究．北海道立農試報告．27．
平島利昭．1978．牧草．北農会．札幌．
井上陽一郎．1968．林業と畜産を結ぶ．全国林業改良普及協会．
金川直人．1977．放牧草地の管理のポイント．牧草と園芸．25．
根釧農試．1970．土壌肥料科成績書．
根釧農試．1972．土壌肥料科成績書．
根釧農試．1973．大規模草地造成維持管理試験成績書．
根釧農試．1973～1975．酪農科成績書．
根釧農試．1975．土壌肥料科成績書．
根釧農試．1976．大規模草地造成維持管理試験成績書．
高野信雄．1966．公共草地の利用管理の要点について．グラス．12，4—6．
東北農試．1972．山地傾斜地草地の利用管理および造成技術の組立に関する研究．農林水産技術会議編．119—221．
富山宏平．1955．麦類雪腐病に関する研究．北海道農試報告．47．

冷涼地帯での

寒地型牧草地の維持管理

I　寒地型牧草とその適応地帯

1. 冷涼地での寒地型牧草の利用区分

牧草類はその原産地と温度に対する生育反応によって，寒地型（北方型とも呼ばれる）牧草と暖地型（南方型）牧草に大別されている。ここで述べる寒地型牧草は，世界の主要畜産国ではその栽培歴史が古く，一般には牧草の代名詞のようにされている。

現在，わが国に栽培利用されている寒地型草種の主なものをあげれば，イネ科草種として，オーチャードグラス，チモシー，ペレニアルライグラス，トールフェスク，その他フェスク類，リードキャナリーグラスなどの上繁型草種と，レッドトップ，マウンテンブローム，スムーズブローム，その他ブロームグラス類などの下繁型草種がある。また，マメ科草種の直立型には赤クローバ，アルファルファ，匍匐型では白クローバ（ラジノクローバ），アルサイククローバ，サブタレニアンクローバなどが主要なものである。

なお，これら草種はさらに生理・生態的な特性から一年生，短年生，多年生に，利用の面から第1表のように分けられる。

2. 寒地型牧草の適応地帯

寒地型牧草を栽培利用してゆくうえで，温度と生育反応はきわめて重要で，適応地帯もこれによることが大きい。すなわち，これら草種の多くはふつう5℃前後から生育を開始し，その適温は15～20℃とされ，これ以下の温度または

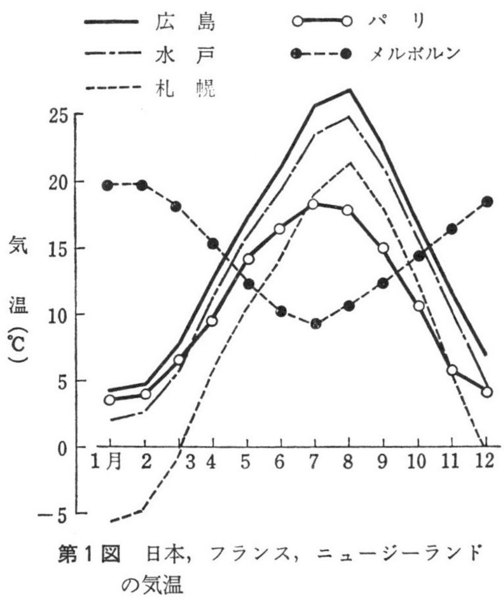

第1図　日本，フランス，ニュージーランドの気温

第1表　生理・生態と利用の面からみた草種

生理・生態	利用		イネ科	マメ科
一年生	短期（水田裏，畑輪作） 長期（周年）		イタリアンライ 〃	クリムソンクローバ サブタレニアンクローバ
短年生	周　年 2　年		イタリアンライ 〃　H_1ライグラス等	赤クローバ，アルサイククローバ
多年生	耕地で3～5年		オーチャード，ペレニアルライ，トールフェスク	赤クローバ，ラジノクローバ アルファルファ
	草地	採草草地	オーチャード，チモシー，ペレニアルライ，トールフェスク	赤クローバ，白クローバ アルファルファ
	草地	兼用草地	オーチャード，ペレニアルライ，チモシー，トールフェスク，リードキャナリー	赤クローバ，白クローバ
	草地	放牧草地	オーチャード，ペレニアルライ，トールフェスク，チモシー，レッドトップ，メドウフェスク，ケンタッキーブルー	白クローバ，赤クローバ
	耕地・草地の多年利用に永続性の大きいイタリアンライを入れることがある			

これ以上の温度でも貯蔵養分量は減少する。とくに高温下では呼吸量の増加による消耗が多くなり，代謝機能が減退して，はなはだしいばあいには枯死する。

わが国の気候は第1図にも見られるとおり，寒地牧草の栽培が盛んなヨーロッパ，ニュージーランドなどに比較して年間の気候に寒暖の差が激しく，とくに盛夏における高温と乾燥は寒地型牧草にとっては，きわめてきびしい生育環境にあるといえよう。

北海道を除く各地域での寒地型牧草の適応性について，その概要を述べる。

(1)　東北地域

この地域での牧草栽培面積は昭和52年度で約7.8万 *ha* あり，うち混播牧草が 6.7万 *ha* で北海道についで多い。中心は寒地型草種による混播で，福島，岩手，秋田，青森の4県に分布し，また水田でのイタリアンライグラスの短期利用は岩手・秋田・宮城県などにかなりみられる。

なお，この地域は下北半島北端から福島県南端まで緯度で4°23′，およそ500*km* に及び，地勢，標高差などがきわめて複雑である。また，これに加えて親潮寒流の影響をうける青森県南中部，岩手県中北部と福島県南西部の高冷地は寒さが最もきびしい。これ以下の山間地，すなわち，北上高地，出羽山地，奥羽山地，阿武隈山地の中標高地帯は岩手・福島県における酪農の中心部となっている。この2地域以外の東北地方の低標高地帯は比較的温暖で，内陸平坦部では夏季の高温障害がみられる。さらに黒潮暖流の影響をうける三陸沿岸と福島県の太平洋沿岸地方は，この地域としては最も温暖で，秋まき牧草は9月下旬まで播種が可能である。

(2)　関東東山地域

この地域は関東南部の温暖地帯から中部山岳地帯に至るまで，標高差と沿岸，内陸気候による寒暖の差がきわめて大きい地域である。

すなわち，静岡県の太平洋沿岸，伊豆半島と千葉県房総地方では暖地型牧草が適応するし，中間の関東平野部と山梨・長野・岐阜県の低標高地帯では内陸性気候も伴い，多くの寒地型牧草は夏季に高温，乾燥による生育低下が大きく寒地型と暖地型草種の端境地域ともいえる。

しかし，栃木・群馬・埼玉県などのいわゆる北関東の山間，山麓部と山梨・長野・岐阜県の山間，高原地帯は寒地型草種が適し，とくに群馬・長野県の高冷地と那須山麓などでは，寒地型牧草による草地酪農，放牧草地が多い。

第2表　地域別の牧草栽培面積　（単位：千 *ha*）

年次	播種様式	全国	北海道	東北	関東東山	北陸	東海	近畿	中国	四国	九州
昭和45年	マメ科	17.3	8.2	3.9	1.9	0.5	0.5	0.3	0.9	0.2	0.8
	イネ科	131.9	78.8	5.5	6.3	1.7	3.3	1.8	8.8	4.1	21.7
	混播	323.4	237.0	45.0	12.1	2.2	4.2	1.0	8.9	1.4	11.6
	計	472.6	324.0	54.4	20.3	4.4	8.0	3.1	18.6	5.7	34.1
49	マメ科	7.9	1.7	2.7	1.6	0.4	0.2	0.2	0.4	0.1	0.5
	イネ科	170.2	91.6	9.1	9.0	2.8	4.5	1.9	9.0	4.9	36.4
	混播	490.4	378.8	64.7	14.1	2.8	4.6	1.0	8.7	1.1	14.5
	計	668.5	472.1	76.5	24.7	6.0	9.3	3.1	18.1	6.1	51.4
52	マメ科	12.0	7.5	2.6	0.9	0.2	0.1	0.2	0.3	0.1	0.2
	イネ科	186.7	98.3	8.2	11.6	1.9	5.1	2.0	8.9	4.5	45.2
	混播	520.8	404.4	67.2	17.4	2.8	5.2	0.9	8.2	1.3	13.6
	計	716.9	510.2	78.0	29.9	4.9	10.4	3.1	17.4	5.9	59.0
栽培面積比%		100.0	71.1	10.9	4.2	0.6	1.5	0.4	2.4	0.8	8.2
45年を100		152	158	143	147	111	130	100	94	104	173

地域における牧草栽培面積はイネ科単播と混播牧草をあわせて，約3万 *ha* で北海道，東北，九州についで多い。

（3） 北 陸 地 域

日本海沿岸4県からなる地域は，冬期間シベリア大陸からの季節風がもたらす豪雪地帯で，寒地型牧草を導入するにはこれとの因果関係はみのがすことができない。すなわち標高 200 *m* 以下の平野，沿岸部は冬季の平均積雪量は約80 *cm* と少ないが，この地帯は主として水田であり，牧草導入はこれ以上の上信越山岳および中部山岳地帯にちかい山間部に多く，積雪量は100 *cm* 以上，ところによっては 200 *cm* に達する地帯がある。

また，根雪日数は地域平均では約80日であるが豪雪地帯では100日以上，120日以上にも達するところも少なくない。したがって，寒地型牧草でもユキグサレ菌核病の発生が多く，草種または品種の抵抗性がきわめて重要となる。また，積雪に伴う間接的な障害として野鼠による食害も軽視できない。

これら雪による生育阻害に加え，この地域の標高 600 *m* 以下の地帯では夏季の異常高温，すなわちフェーン風がしきりに発生し，寒地型牧草の夏枯れをいっそう助長することが多く，暖地なみの耐旱・耐暑性が要求される。

（4） 中 国 地 域

全地域を東西に走る標高1,000～1,300 *m* の中国山地，山陽・山陰両側各県にまたがる山間部と700 *m* 以下の高原地帯が寒地型牧草の適地である。気象条件からは中国山脈を境にして瀬戸内気候区と日本海山陰型に分かれ，越智ら(1969)は寒地型牧草の気象的適地を第2図のように判定している。

しかし，この地域内には一部に多雪地帯があり，草種，品種の耐雪性も要求されるが，大山山麓を除いては標高300～700 *m* で，冬季も温暖な地域のため根雪期間は短く，北陸地域のようなことはない。

これらの地帯を中心に寒地型牧草の導入が可能であるが，やや低標高の場所では暖地型牧草との併用がのぞましい。なお，これ以外の瀬戸内，日本海沿岸および周防丘陵地などは夏季の高温と乾燥から寒地型牧草は適さず，周防丘陵ではやはり暖地型との組合わせがよいとされている。

（5） 四 国 地 域

寒地型牧草の適地は標高で500～1,000 *m* の地帯であるが，急峻な山地が多く，牧草を導入するにしても大規模な機械造成は困難であるから，今後に期待される方向としては，不耕起造成で

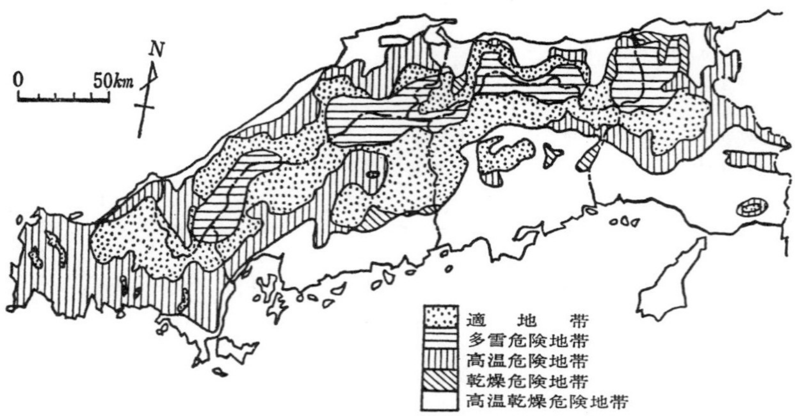

第2図　寒地型牧草栽培のための気象的適地判定図　　（越智ら，1969）

放牧主体での技術対応が望まれる。

なお，香川・愛媛・高知県などの山間部では寒地型牧草に区分される草種でも，夏季の高温乾燥に比較的強いトールフェスク，レッドトップ，トールオートグラス，あるいはアルファルファなどに暖地型草種も組み入れた混播が期待されている。

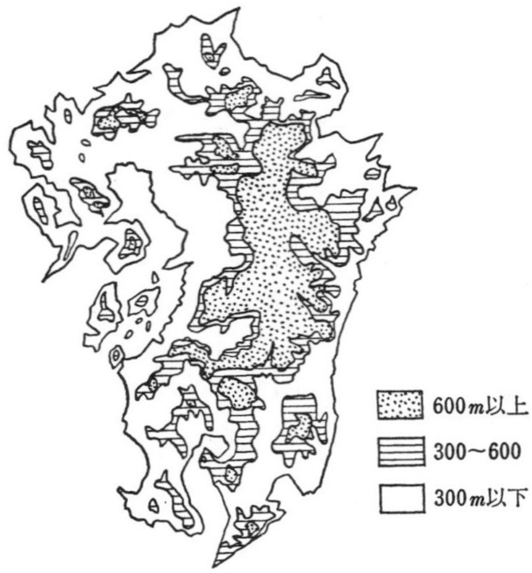

第3図　標高別の地帯区分

(6)　九州地域

緯度からみたこの地域は四国とともに暖地に属するが，高標高の山麓，高原が広く分布しているので，地域内を暖地型牧草適応地帯と寒地型牧草適応地帯に明確に区分することができる。

すなわち，阿蘇から霧島にかけての中央高原ならびに山地の標高600m以上の地帯と，この周辺に位置する300～600mの中間地帯には寒地型草種の導入が可能である。しかし，この中間地帯で夏季に高温乾燥の激しいところにはバヒアグラス，ダリスグラスなどの暖地型牧草との混播がよいとされている。

なお，これ以外の地域の暖地型牧草とイタリアンライグラスなどを含めた，九州全域の牧草栽培面積はおよそ6万 ha であり，北海道，東北地域についで多い。

II　草地維持管理技術の基本

1. 各地域での生育型

(1)　寒地型牧草の季節性

多年生牧草類は年間の季節変化に応じて，栄養生長と生殖生長を周期的に繰り返す。これは主として温度と日長の変化によるもので，多くの寒地型牧草はその原産地が寒冷な地域にあるだけに冷涼な気候を好む。すなわち一般的には4～6月，気温10～20℃ころ盛んに生育し，7～8月気温が22℃を越すようになると生長はしだいに低下し，秋にはまたわずかに回復するようなかたちを年々繰り返す。

また，日長に対して寒地型牧草は長日性で4～5月と9月以降が栄養生長期になり，6～8

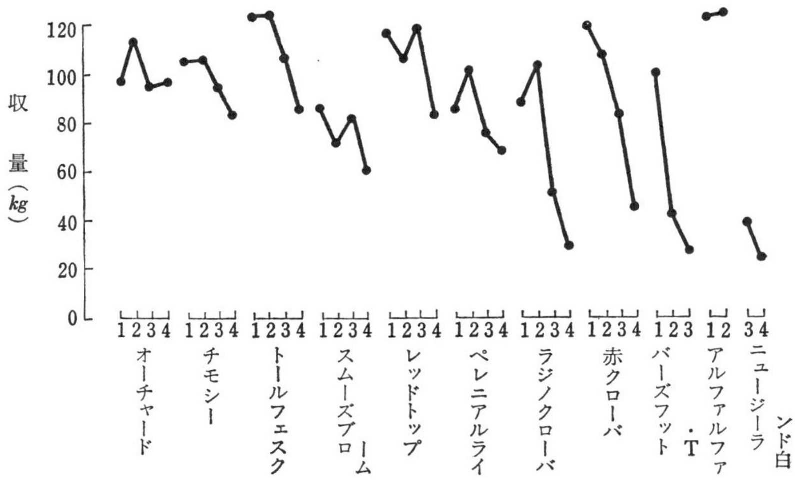

第4図　標高・土壌と草種の年間収量（2か年平均，乾草）　（宮沢，1964）

注　1.　360*m*，細粒灰色低地土淡褐系，　2.　750*m*，礫質黄色土，
3.　1,150*m*，表層多腐植質黒ぼく土，4.　1,350*m*，表層多腐植質黒ぼく土（礫層あり）

月の日長が長い季節には生殖生長に転換しやすくなるとともに繁茂力は弱くなる。このことは高温によってさらに促進されるから，水分と同化養分の収支不均衡とも重なり，はなはだしいばあいには枯死し，いわゆる夏枯れをおこすことになる。

このように，季節の移り変わりによって生産量も周期的に変わることを牧草の季節性または季節生産性と呼んでいる。この季節性は草種ならびに品種が固有する日長，温度感応性によって異なり，草種，品種選定はもとより草地生産力，年限，草種組合わせなどの重要な基本となる。

(2)　地域での生育型

わが国では北海道，東北および北関東，東山地域と北陸の一部が適地であり，西南暖地は夏季の高温，乾燥がきびしすぎ，適地はかなり限定されることになる。

①東日本のばあい

東日本各地における適地の垂直分布は，おおむね標高600〜1,000*m*で，東北の中〜北部がこれよりおよそ200〜300*m*低い位置にあり，年間降水量1,200〜1,300*mm*も付加条件となる。これら適地の年平均気温は8〜10℃であり，これ以上では夏季の生育低下を生ずるし，これ以下の寒冷地では生育積算温度の不足から年間収量が低下する。しかし，ふつう東日本における1,000*m*以上の高冷地では夏季に生理的特性に基づく生育低下はあっても夏枯れはほとんど発生しないから，低収でも季節性は良好で，大面積栽培の放牧草地では，冬季の生育阻害要因で規制されないかぎり，さらに高標高地帯までが適地となり，1,200〜1,400*m*まで導入できる。

このように，東日本では牧草の生育期間の気温，降水量は生育・収量に大きな影響をもたらすが，日照量もときによっては乾物生産量に関与する。また，これら地域では一方，冬期間の低温と積雪も牧草の生育にとってはきびしい条件となり，高冷地少雪地帯ではこの寒気のため凍上がり，冬枯れをおこしやすく，また，根雪100日以上の多雪地帯では春の消雪が4月中〜下旬にまで至り，生長開始が遅れるとともに，ほとんどの草種はユキグサレ菌核病の被害をうける。

オーチャードグラスとライグラス類を主体とした混播草地では，日平均気温5℃に達する3月上旬〜4月中旬ころに生育を開始し，晩秋11月上〜下旬には生育をおおむね停止する。したがって，収穫期間は生育開始30日後ごろから生育停止40日前ごろまでであり，放牧利用のばあいはやや長く，開始20日後から停止30日前くらいとみてよい。

②西日本のばあい

以上，東日本各地域に対して西日本，いわゆる西南暖地への寒地型牧草の導入にあたっては，夏季の高温，乾燥が最も大きな阻害要因となる。すなわち，西日本各地の平坦部での年平均気温

第3表　年平均気温による地域区分と牧草の適草種　　（飯田ら）

区分	年平均気温	基幹技術	チモシー	オーチャード	ペレニアルライ	イタリアンライ	トールフェスク	クローバ（赤、白）	アルファルファ	ローズグラス	ネピアグラス
寒地Ⓐ	約6℃以下	寒地型の周年	●	△				●	△		
〃Ⓑ	〃6〜約10℃	〃	△	●	△	△	△	●	△		
温暖Ⓐ	〃10〜〃12℃	寒地型主体		●	△	●	△	●	△	△	
〃Ⓑ	〃12〜〃14℃	寒地型＋夏型		△		●	△	△		●	
暖地Ⓐ	〃14〜〃16℃	寒地型＋暖地型				●	△		△	●	
〃Ⓑ	16℃以上	暖地型主体				△				●	●

注　1.　区分は便宜的で，温暖地Ⓐには冷涼地の一部を含む。また，暖地Ⓑでは，バヒアグラス，ダリスグラス，バーミューダグラスなども適草種

2.　重要度　●　高，△　中

は15〜16℃であり，また，6〜9月の4か月間の月平均気温は22℃を超すところがほとんどである。これを年平均気温9.2℃の青森市と比較したばあい，6月で6℃，7月が5℃，8月3.5℃，9月では約4℃ずつ高いことになる。

そこで西日本各地における寒地型牧草の適地を標準的な気温の垂直分布から求めれば，それは標高で1,000*m*以上の地帯となり，600〜1,000*m*でもなお夏枯れのおそれが十分にあるといえる。

また，中・四国地方では山間，傾斜地に加え，非火山性の保水力に乏しい土壌がこれをさらに助長していることもあり，この地域の中間地帯に寒地型牧草を導入するには，東日本の適地とは異なった考え方で対応すべきである。すなわち，一つには草種の選定であり，たとえば中間地帯には高温に比較的耐えうるトールフェスクと乾燥に強いアルファルファを組み入れたり，また放牧草地にはレッドトップなどを混在させ，さらには品種の耐性等もあわせ考慮してゆく必要がある。また，低標高地帯における周年利用はきわめて実用性に乏しいから，中・四国，九州と近畿の一部に近年，冬季〜春季の温暖を逆に利用したイタリアンライグラスとトウモロコシ，ソルガム類，ローズグラスその他の青刈作物，あるいは暖地型牧草との輪作によって安定多収をはかるのが有利とされている。

2. 草種，品種の選び方

(1) 草種の選定

適草種の選定は牧草栽培の最初の基本要素で，これを決定するいくつかの条件のうち，主なことがらはつぎのとおり。

①気象・土壌からの適応性
②利用目的からの選択
③労力ならびに機械利用適性

①気象・土壌からの適応性

気象との関係についてみると，年平均気温が5〜6℃の東北・中部の高冷地帯と12〜14℃の暖地山間地帯とでは当然異なり，寒冷な地域では長日性で生育適温の低い寒地型草種が適し，夏季に多少の生理的生育低下はあっても，チモシー，オーチャードグラスを基幹にペレニアルライグラス，赤クローバなどが適草種となる。

また，年平均気温8〜10℃の東北山間，北関東山沿，中部準高冷地などにはオーチャードグラスを基幹にイタリアンライグラス，ペレニアルライグラス，赤クローバなどで補完する。

さらに年平均気温12〜14℃地帯になると，チモシー，ペレニアルライグラスは夏季の生長低下が著しく，長期間の維持は困難となる。したがって，トールフェスク，オーチャードグラス主体にイタリアンライグラス，レッドトップ，赤クローバ，アルファルファで補完し，一部に

第4表 寒地型と暖地型の草種特性（飯田ら）

項目	寒地型	暖地型
生育適温	18～20℃前後	30℃前後
生育停止温度	約5℃	約10℃
日長反応	長日	短日か中性
光合成能力	低	高
初期生育	早い	おそい
出穂期	春～初夏・整一	夏～初秋・ふぞろい
施肥反応	高～中	中～低
粗繊維	小	多

注 草種や品種による差も大きい。なお，暖地型の光合成能力は寒地型の約2倍

第5表 寒地型草種の耐酸性

強度	イネ科	マメ科
強い草種	メドフェスク レッドトップ	アルサイククローバ バーズフットトレフォイル
中程度の草種	オーチャード チモシー ライグラス類	クリムソンクローバ 白クローバ 赤クローバ
弱い草種	—	アルファルファ スイートクローバ

は暖地型草種を混在させることもよいとされる。

また，わが国には火山性土壌をはじめ，各種の酸性土壌が広く分布している。そのため，造成時には多くの土壌改良資材の投入がなされているが，長い年月の間には牧草による収奪，あるいは流亡なども多く，かなり急速に酸性化がすすむのがふつうである。そのようなばあい，草種的な対応としてメドウフェスク，レッドトップのような耐酸性の強い草種を入れたり，あるいは四国地方では匍匐型マメ科草のバーズフットトレフォイルを普及している。もちろんこのばあいには長草型イネ科草との混播ではなく，短草型との混播もしくは単播で，その対象は放牧草地となる。

つぎに降水量，気温，土壌保水力，地下水位などから極端に乾燥するところにはレッドトップ，ブロームグラス類，アルファルファがよく，湿潤地ではリードキャナリーグラスが良好な生育を示す。

②利用目的からの選定

家畜の粗飼料としての利用目的を大別すれば，採草と放牧ならびに兼用型になる。また，採草のなかには青刈り給与，サイレージ調製，乾草調製に区分されるが，多くのばあい専用としての利用は少ないから，どれに重点がおかれるかによって草種の選定がなされる。

すなわち，青刈り利用ではかなり頻繁な刈取りを行なうのがふつうだから，それに耐えうるような草種，たとえば短期的にはイタリアンライグラスの永続性の高い品種，長期利用ではオーチャードグラス，チモシー，イタリアンライグラスに少量のラジノクローバを混播したり，暖地ではトールフェスク，トールオートを組み入れる例が多い。

乾草用はおおむね青刈りに準ずるが，乾燥を容易にするため赤クローバは除き，ばあいによってはイネ科だけの草地としたほうが肥培・乾草調製に有利とする見かたもあり，今後の課題といえよう。

山岳地帯に多い放牧草地は面積も広く，地形その他条件が複雑であるだけに適草種も画一的にあてはめることはできない。一方，放牧様式，放牧密度などでも当然異なるが，基本的な見かたとしては，放牧家畜の蹄圧に耐え，強い再生力を有し，かつ嗜好性，栄養価に富むなどの条件にかなった草種がのぞましい。

一般的にはオーチャードグラス，ペレニアルライグラスを基幹とし，これにトールフェスク，イタリアンライグラス，メドウフェスク，レッドトップなどに優占化しないていどのクローバ類を混在させる方式がとられる。なお，今後の課題として放牧専用草地にかぎって，短草型草種だけを用い，いわゆるシバ型草地の見直しが高まっているが，これはオーチャードグラスなどの長草型に比較して，レッドトップ，ケンタッキーブルーグラスのような短草型による草地でも単位面積当たりの光合成能力に差がなく，山岳草地では土壌保全にも有効で実用技術としての検討が期待される。

(2) 品種の選定

牧草類の品種については最近，道府県における奨励品種の採用が大幅に行なわれ，また，種

第6表　地域における牧草類奨励品種の採用県数　　（農林水産省畜産局，1977）

草種	品種＼地域 県数	東北 6	関東 7	東山 2	北陸 4	東海 4	近畿 6	中国 5	四国 4	九州 7	計 45	比 (%)
イタリアンライ	ワセアオバ		2	2	2	4	4	3	2	3	22	49
	ヒタチアオバ		4	2		3	2	3	2	3	19	42
	ワセユタカ		2			3	6	4	2	3	20	44
	ヤマアオバ		2			2	3	3	2	2	14	31
	マンモスA	4	5	1	1	3	4	4	2	1	25	56
	マンモスB	4			2			2			8	18
	Hワンライ	4	1			1		2		1	9	2
ペレニアルライ	キヨサト		2	2		1	1	2			8	18
	ヤツガネ		1	2	1	1	2	2		1	10	22
	マンモス	6	1		1	1	2	2			13	29
	リベール	1	1	1		2					5	11
	ビクトリア	3	2		1	1		2		2	11	24
オーチャード	アオナミ	5	6	2	1	3	6	5	1	3	32	71
	キタミドリ	3	1	2		3		2			11	24
	ヘイキング	2	3			3	1	1	1		11	24
	北海道在来	3	3			1		2	1	1	11	24
	フロード	4	1	1	1	1	1	2	1	3	15	33
	ポトマック	1	4		1	3	5	2	2		18	40
チモシー	センポク	2	1	1		1					6	13
	ホクオウ	2									2	4
	北海道在来	4	1	1							6	13
	クライマックス	6	1			1					8	18
トールフェスク	ホクリョウ	1	1	2							4	9
	ヤマナミ		1	2		1	1	1	1	1	3	7
	ケンタッキー31	6	6	2	1	4	4	5	4	6	38	84
赤クローバ	サッポロ	6	2	2	1						11	24
	ハミドリ	3	1		1	4	2				11	24
	ケンランド	4	7	2	1	4	4	5	2	5	34	76
	ペンスコット	2	2	1				1	1		7	16
白クローバ	キタオオハ	4	1	1							6	13
	カリフォルニア	6	5	1	1	3	5	1			22	49
	オレゴン	2	1	1				1			5	11
	ニュージーランド	6	6	1	1	4	2	5	3		28	62
アルファルファ	ナツワカバ		3	1		1	1	1			7	16
	デュピュイ	6	5	2		2	3	3			21	47
	ナラガンセット	2	1								3	7
	ウイリアムズバーグ	3	3	2		1	3	2			14	31

子についてもＯＥＣＤ種子制度に基づく海外採種が本格化するなどから，優良品種の種子が大量に市販されるようになり，一般の関心もしだいに高まってきている。現在，種子の流通がなされている寒地型草種の品種数は，国内育成品種（農林登録品種），あるいは外国で育種され，ＯＥＣＤ登録の品種などをあわせ，100品種を超えている。

今後，これら品種の諸特性を知ることはもちろんであるとともに，その特性を十分に活かした栽培利用技術が実際化されることが重要だ。すなわち，寒地型牧草の品種特性でも日長，温度感応性と地域適性と利用適性，越冬越夏性，耐病性，耐倒伏性などの耐性に再生力，混播栽培では草型なども考慮されなければならない。

2～3の草種について具体的に述べれば，オーチャードグラスの早生品種キタミドリは耐寒性強く，一～二番草が多収で寒冷地に適し，晩生のオカミドリは二番草以降に高い生育を示すから準高冷地以下に適応する。

また，多雪地帯ではライグラス類にユキグサレ大粒菌核病が常発するが，イタリアンライグラスでは導入品種エースが強く，ついでマンモスA，ヒタチアオバなども抵抗性をもつ。

ライグラスの生育，越夏に大きく関係する冠サビ病に対してもイタリアンライグラスのヤマアオバ，ペレニアルライグラス四倍体品種キヨサトが強い抵抗性を示す。

以上，環境条件に対する特性のほか，利用特性についての検討も重要であり，たとえばオーチャードグラス主体の草地では早生品種と中・晩生品種を組み合わせることによって，生産の季節性をそれだけ平準化できるし，このばあい，同時混在と別圃場栽培の2様式の比較有利性等についても大規模な草地などで検討されてもよい。また，乾草生産，低水分サイレージ調製には一般的に水分の高い四倍体品種よりも二倍体品種が適し，乾物率の高低に品種間差異のあることも利用特性の一つである。

なお，昭和52年度主要寒地型牧草の奨励品種採用県数は第6表のとおりである。

3. 維持管理の要点

適切な造成技術に基づいた草地では，造成後数年間は生産肥料ともいうべき施肥管理によって，一定の生産力は維持することができる。しかし，わが国寒地型牧草草地のおよそ70%は混播であり，草種，品種の特性あるいはそれらの組合わせによる植生は自然または人為的な環境に支配され，年間，経年的にさまざまなかたちで推移する。

(1) 年間の生育と管理

単一草種（単播草地）では外界の要因に対して，その草種だけの特性で反応が現われるが，特性の異なる草種の混播草地では，それぞれの草種が個性的な反応を示すとともに，草種間の競合なども伴い複雑に変化しながら推移する。

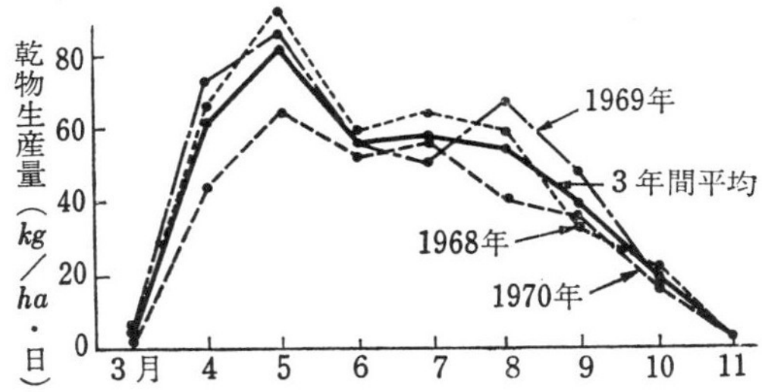

第5図　放牧草地における乾物生産速度（収穫部分）の季節変化　熊本県阿蘇郡小国町三共牧場の例
（九州農試草地部）

しかし，一般的にはほぼ同型の寒地型による混播となるから，群落全体としての年間生育相は温暖，長日に向かう4～6月に盛んに生長し，高温，長日の夏季に低下，9～10月に栄養生長へ移行する。このばあい，寒暖差の激しいわが国ではこの季節性が著しく，5～6月にはいわゆるスプリングフラッシュと呼ばれる大きな山が現われる。したがって，この変化の著しい季節性は放牧草地にとっては不利で，年間の管理技術の一つの要点とされ，そのため肥培的な制御，放牧開始期，放牧方法，掃除刈りなどで対応したり，草種組合わせによって平準化をはかることもある。

また，適切な管理によってもなお生ずる余剰草はサイレージ，乾草仕向けとするような兼用草地の方式が近年多くなりつつある。

なおここで重要なことは，採草草地でこの時期の収量確保を急ぐあまり多肥にすぎないことで，とくに窒素質肥料の多給は軟弱徒長，高水分，高蛋白低カロリーになり，サイレージ，乾草の低品質化を招き，家畜に対してもさまざまな生理障害をもたらすことが多い。また，これに刈遅れを伴ったときには特定の長草型草種にかたよる原因ともなる。

(2) 経年変化と管理

永年草地では年間の維持管理とともに経年的な生産力の維持はさらに重要である。そのため，草地の植生密度の保持と，混播草地では混在草

第7表 混播例（1 ha 当たり種子量，単位：kg）（新潟農試）

草種＼条件	放牧草地				採草地			
	高標高地	中標高地	低標高地①	低標高地②	高標高地	中標高地	低標高地①	低標高地②
オーチャード	6～7	6～7	4～5	4～5	8～10	6～7	6～7	
トールフェスク			13～15	5～6			13～15	13～15
リードキャナリー		10～12		5～6		10～12		
ペレニアルライ	10～12							
ケンタッキーブルー	3～5	3～5	3～4		3～4			
白クローバ	3～4	3～4		3～4				3～4
赤クローバ			5～6	3～4	4～5	4～5	4～5	
アルファルファ								5～6

注　高標高地：根雪日数150日以上で，夏枯れのおそれがほとんどない地域。牧草類の生育からみると高冷～準高冷地にある
中標高地：根雪日数120～150日で夏枯れがかなりはなはだしい地域
低標高地：根雪日数100日前後で夏枯れがはなはだしい地域

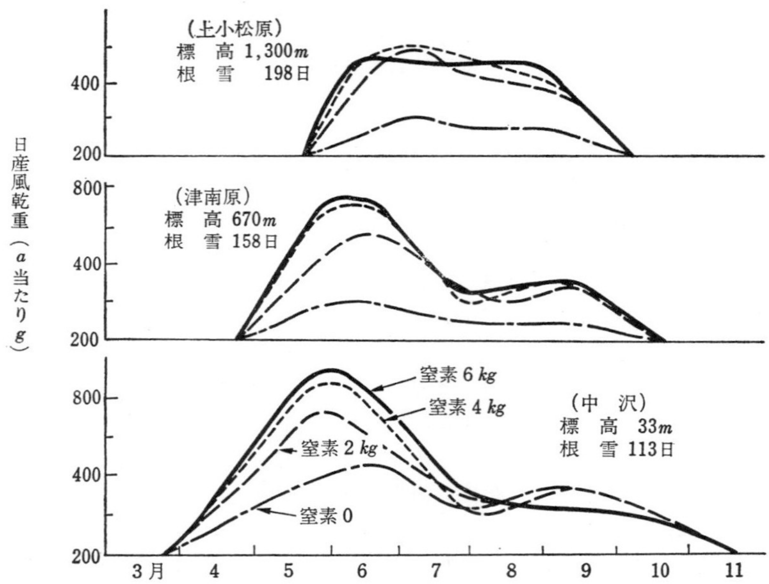

第6図　標高および窒素施肥量と混播牧草の季節生産性
（新潟農試，1970～'72平均）

育をあるていど重視した方法をとるのが一般的である。

草地の植生密度は牧草個体密度一定化と個体減→株化の二つがあり，前者は放牧草地，後者は主として採草草地によくみられる。もちろん季節性，雑草侵入，荒廃化などからすれば個体密度維持が有利なことはいうまでもない。

大規模な草地では放牧または兼用，年次的な輪換などで対応が可能であるが，小面積の刈取草地にはあてはまらない。そこで長草型の寒地牧草では刈取方法を合理的にすることが重要なかぎとされている。

寒地型牧草は，日長の長い5～6月には急速に節間伸長をして出穂，開花するのがふつうであるから，この時期での刈取りは，再生に必要な高い生長点と貯蔵養分，再生初期の光合成器官を残すなどから，あるていど高刈りとすることがのぞましい。また，逆に多肥，早生品種，

種の調節をいかに合理的にするかが基本となる。

①植生密度の維持

刈取り，再生長を周年，経年的に繰り返し行なう永年草地では，それぞれの草種固有の特性におおむね適合した刈取りと肥培をすることが理想である。しかし，数種の組合わせによる混播草地では，すべての草種にかなった刈取り，肥培をすることはできないから，基幹草種の生

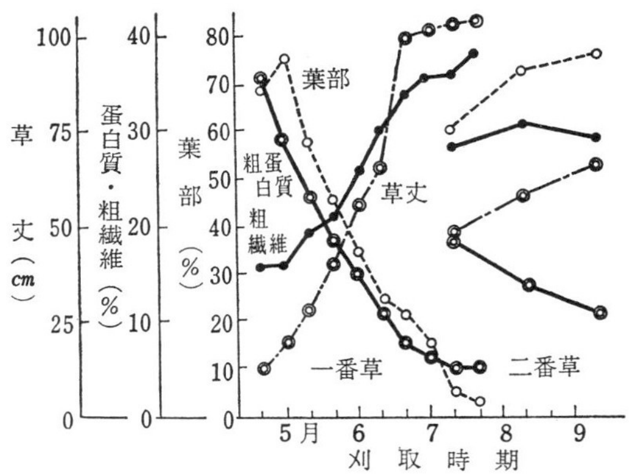

第７図　オーチャードグラスの刈取時期と成分変化　（高野ら）

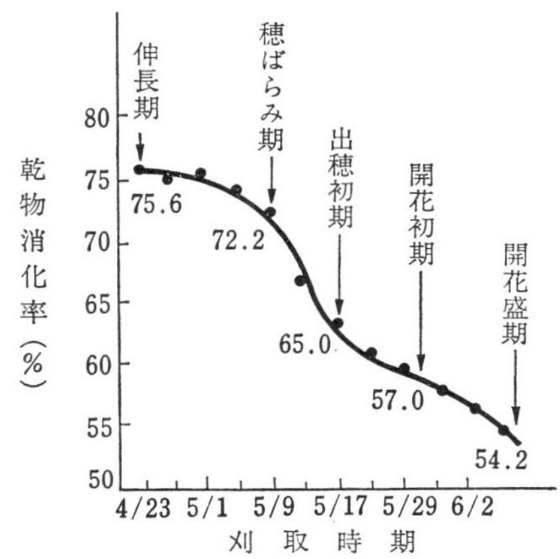

第８図　オーチャードグラスの刈取時期と乾物消化率　（ムルドックら）

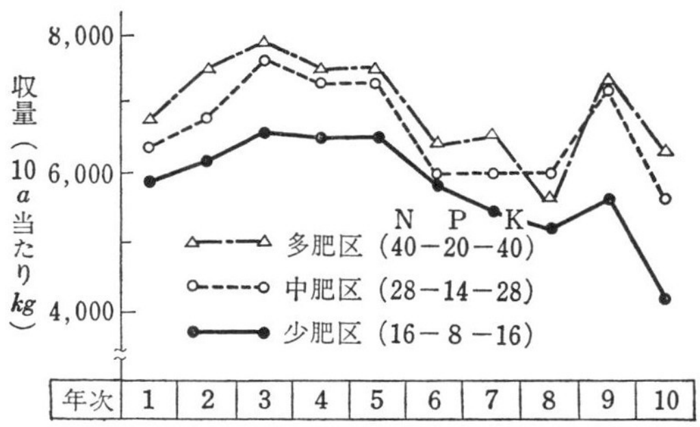

第９図　施肥量と生草収量の推移　（岩手畜試，1969〜'73）

注　刈取回数は５〜６回

刈遅れによっても再生阻害が助長される点，とくに注意が必要である。

これに対して，短日，低温に向かう９月以降には分げつは盛んに行なわれるが，生長点は地表にちかくなり，葉量を増して下繁型となるので，かなりの低刈りが可能となるが，冬期の貯蔵養分と植生密度確保の期間が十分にとれるような刈取りが重要である。

②草種構成の調節

牧草類の混播は数種のイネ科とマメ科草種を組み合わせた混散播の型が多い。混播とする主な目的はつぎのとおり。①草型・生育型を異にする草種を混在させ，年間の平衡生産と増収をはかる。②マメ科草種を入れることによって空中窒素を固定し，これをイネ科草に供給する。③全体としての栄養のバランスをはかるとともに，マメ科草に多く含有されるビタミン，ミネラル成分に期待する。④立地条件の複雑な山岳草地などでは多数の草種中から自然淘汰により適草種の定着をはかる。

しかし，理想とする草種構成に調節することはかなり困難で，気象，土壌，病害虫などの外部要因と，草種固有の草型，生育相ならびに刈取抵抗性と永続性などの内部要因とに支配されるところが大きい（気象，土壌との関係についてはⅡ−２で述べた）。

ユキグサレ大粒菌核病が草種構成を乱す要因となることに留意しよう。根雪期間70〜80日以上の多雪地では，ムギ類およびほとんどの寒地型牧草にユキグサレ菌核病が発生するが，本病害は大別して３種があり，そのうち，水田地帯のムギ類に多い褐色ユキグサレ病は，ピシウム（水生菌）によるもので，牧草類への被害は少ない。問題になるのはフザリウム菌による紅色ユキグサレ病と担子菌によるユキグサレ大粒菌核病である。前者は主として火山灰土壌草地の比較的排水のよい場所に発生し，種子伝染も行なわれる。後者は比較的，根雪期間の長い場所に発生し，融雪とともに菌核を形成する。しかし信越豪雪地帯ではこの２種が同時発生していることが多い。

これらユキグサレ病対策としてはボルドー液

か銅剤の散布があるが，牧草地ではむしろ，草種，品種の抵抗性によったり，最終刈取時期を考慮したりの対策が望まれる。すなわちライグラス類のように低温生長性の高い草種では，早めに刈ると年内生長が過多となって被害を大きくし，同様のことは窒素過多でもいえる。また，寒地での寒害と同じく，極端なおそ刈りは貯蔵養分の不足から雪中での消耗が早く，このばあいも被害を大きくする。

草型を異にする草種，品種の混在が草種構成に大きくに関与していることは明らかで，たとえば茎葉の細いペレニアルライグラスはラジノクローバの混生率を高め，四倍体イタリアンのように茎葉太く，葉が上部で垂れるような草種を優占させれば，白クローバ，短草型イネ科草はもとより赤クローバ，オーチャードグラスをまで著しく抑圧する。したがって，刈取り初年目早期の収量を期待してイタリアンライグラスを入れるばあいは種子量で規制するとともに，直立型か細い茎葉の品種を混在させ，基幹草種に順調に移行させることが合理的である。

このことは草種の周年的な生育相とも関連し，トールフェスクは日長にやや鈍感で，他草種より秋の生育がすぐれていることから，放牧草地あるいは兼用草地等によく用いられるが，オーチャードグラス，イタリアンライグラスなどとの混播での集約的な刈取草地では，定着個体はかなり減少する。また，レッドトップ，メドーフェスク，白クローバなどの短草型あるいは下繁型草種も，他の上繁型草種と混在すると刈取草地での定着はむずかしく，これらは放牧草地での利用が基本となる。温暖で雨の多い地域では，春から初夏にかけて寒地型草種は盛んに生育するため，多回数刈取りが行なわれるが，このようなばあいにはラジノクローバが急速に優占化し，盛夏には夏枯れをおこして裸地となり雑草化する。また低刈りがこれをさらに助長している例などは，草種組合わせと刈取方法の失敗例である。

4. 施　　肥

(1) 施肥の考え方

牧草地に対する施肥の基本的な考え方としては，造成または更新時に牧草が十分に生育しうる状態にまず土壌を変える，いわゆる土壌改良資材としての施肥と，牧草が定着して盛んに生育し，年間数回にわたる刈取りや放牧利用に耐え，維持される，生産維持肥料ともいうべき二つに大別される。生産および維持のための肥料は，採草，採草放牧兼用，放牧専用等の利用方式，あるいは目標収量，草種ならびにその構成比，季節生産性，さらに特殊土壌と特殊成分の補給から家畜の好みに至るまで，きわめて幅の広い対応で決定されなければならない。

採草地の施肥量　目標収量に対して，その地域での慣行あるいは試験データ等に基づいたものと，牧草による収奪分を還元する方法を参考にして決定するなどがある。寒地型牧草に対する還元法の計算値は次式によってなされる。

$$\text{施与量}=\frac{\text{目標収量中の肥料成分}-\text{天然養分供給量}}{\text{施与肥料成分の吸収率}}\quad\text{（小原）}$$

放牧草地に対する施肥量　目標収量の必要量から，放牧家畜によって排泄された糞尿中の有効成分量を差し引いた量とする。また，収量は放牧前後差による推定採食量と残草量の合計値にするか，採食量だけとするばあいもあるが，一般には前者をとることが多い。

なお，前述したように，春先の放牧開始時の牧草は，高蛋白となりやすく，これにつづいてスプリングフラッシュ期になるので，春の窒素追肥はなるべくひかえ，季節性の平衡化をはかるようにする。また，放牧後の掃除刈りも施肥効率を高めるうえから重要である。

混播草地でのイネ科，マメ科の混生比　ふつう7：3くらいがよいとされているが，これは窒素多肥でイネ科率が高くなり，窒素少，燐酸・加里・石灰増肥でマメ科が多くなる。また，イネ科主体の草地では窒素質肥料を増すことで多

第７表　草地に対する追肥量の設計（１*ha* 当たり *kg*）　　（小原）

区分と利用年次		目標収量 t/ha	項目	開墾地 N	開墾地 P_2O_5	開墾地 K_2O	熟畑 N	熟畑 P_2O_5	熟畑 K_2O	転換畑 N	転換畑 P_2O_5	転換畑 K_2O
イネ科牧草単播	利用初年目	50	成分吸収量	200	50	300	200	50	300	200	50	300
			天然養分供給量	100	0	200	100	30	150	120	40	230
			補給必要量	100	50	100	100	20	150	80	10	70
			肥料の吸収利用率(%)	60	20	70	80	20	90	80	20	90
			施肥量	170	250	140	130	100	170	100	50	80
		100	成分吸収量	400	100	600	400	100	600	400	100	600
			天然養分供給量	150	0	350	150	50	300	150	70	450
			補給必要量	250	100	250	250	50	300	250	30	150
			肥料の吸収利用率(%)	60	20	70	70	20	80	70	20	80
			施肥量	420	500	360	360	250	380	360	150	190
	利用二年目以降	50	成分吸収量	200	50	300	200	50	300	200	50	300
			天然養分供給量	50	40	200	50	40	150	50	40	150
			補給必要量	150	10	100	150	10	150	150	10	150
			肥料の吸収利用率(%)	60	10	70	60	10	70	60	10	70
			施肥量	240	100	140	240	100	210	240	100	210
		100	成分吸収量	400	100	600	400	100	600	400	100	600
			天然養分供給量	100	80	400	100	80	380	100	180	380
			補給必要量	300	20	200	300	20	220	300	20	220
			肥料の吸収利用率(%)	60	10	70	60	10	70	60	10	70
			施肥量	500	200	280	500	200	300	500	200	300
混播	利用初年目	50	成分吸収量	250	50	250	250	50	250	250	50	250
			天然養分供給量	150	0	170	150	20	140	170	40	170
			補給必要量	100	50	80	100	30	110	80	10	80
			肥料の吸収利用率(%)	80	20	60	90	20	80	90	20	80
			施肥量	130	250	130	110	150	140	90	50	100
		100	成分吸収量	500	100	500	500	100	500	500	100	500
			天然養分供給量	270	0	300	300	50	250	320	50	350
			補給必要量	230	100	200	200	50	250	180	50	150
			肥料の吸収利用率(%)	70	20	60	80	20	70	80	25	70
			施肥量	330	500	330	250	250	360	230	200	220
	利用二年目以降	50	成分吸収量	250	50	250	250	250	250	250	50	250
			天然養分供給量	150	40	110	150	40	90	150	40	90
			補給必要量	100	10	140	100	10	160	100	10	160
			肥料の吸収利用率(%)	50	10	70	50	10	70	50	10	70
			施肥量	200	100	200	200	100	230	200	100	230
		100	成分吸収量	500	100	500	500	100	500	500	100	500
			天然養分供給量	300	70	250	300	80	220	300	80	220
			補給必要量	200	30	250	200	20	280	200	20	280
			肥料の吸収利用率(%)	50	10	70	50	10	70	50	10	70
			施肥量	400	300	360	400	200	400	400	200	400

収となり，可消化粗蛋白(ＤＣＰ)，可消化養分総量（ＴＤＮ）も相対的に高くなるが，ＤＣＰの増加率がはるかに高率である。窒素多肥をつづけたばあいには，炭水化物が減少し，アミノ酸，アミド，硝酸塩などの可溶性窒素化合物が多くなり，栄養のつりあいを失わせることになる。

草地に対する燐酸の施用　燐酸はイネ科牧草でも重要で，とくにわが国の土壌は，火山性土壌をはじめ，燐酸吸収力が強く，造成時に多量の燐酸質肥料が投入されていたとしても，長い年月を経た草地では年に1～2回，早春または秋に施用することがのぞましい。燐酸の施用は牧草の生育をよくするばかりでなく嗜好性を向上させるとともに，苦土を含有する熔成燐肥はグラステタニーの発症を抑える効果も期待できる。

加里の適度な供給　牧草中の炭水化物含有率を高め，刈取り後の再生力を良好にするので，草地生産力維持のうえからも重要である。

放牧草地での牛の糞尿　糞尿によってかなりの成分量が供給され，たとえば集約草地で30 *a* に1頭の成牛(乳)を6か月間放牧したとすれば，糞尿で還元される加里の有効成分量は10 *a* 当たりで約17*kg* に相当するから，生草5～6 *t* の草地では，理論上は補給しなくてもよいことになる。しかし，一般に飼料基盤の少ないわが国では，飼養頭数の拡大に伴って，糞尿の多量還元する例が多く，むしろ加里過給の傾向にある。加里の過多は牧草中の加里濃度を高め，苦土，石灰の吸収を阻害させるので，グラステタニー発症の誘因となる。加里は牧草類があるだけ吸収する，いわゆるぜいたく吸収をするので，追肥は窒素同様になるべく回数多く分施することがよい。

石灰　造成時に土壌改良資材として多量に還元されるが，追肥のかたちでの施用はあまり行なわれていない。しかし石灰はマメ科牧草にはもちろんイネ科草種にとっても不可欠の養分で，植物体内では細胞 pH の調節，代謝産物あるいは有害物質を中和し，分裂組織の生長と根の発達に大きく関与しているといわれる。

石灰は植物体内では移動が少なく，根，刈株中での蓄積も少ないから，年々補給することがのぞましく，吸収量にみあった補給量は，生草10 *t* 当たり，おおむね 40～50*kg* とされている。

苦土　葉緑素の構成元素であるとともに，植物体内の酵素の働きと密接な関係をもっている。わが国には苦土欠乏の生じやすい火山性土壌が広く分布していて，一般作物とくに野菜類などに従来，苦土欠乏症がみられた。牧草類でも草種によっては顕著な症状を現わすが，家畜は低マグネシウム血症にかかりやすくなり，今後とくに放牧草地での一つの課題といえよう。なお，苦土が牧草乾物中0.25～0.21%以下になったばあい，そのおそれがあるとされている。

ふつう，造成時に熔成燐肥，炭酸苦土石灰で多量に施されているので，数年間はあまり必要としないが，欠乏をおこしやすい土壌では，炭苦土または苦土入り化成肥料などで追肥することがのぞましい。

微量要素　鉄，マンガン，亜鉛，銅，モリブデン，ホウ素などは牧草の生育に欠くことのできない要素で，ふつう土壌中に 0.5～1,000*ppm* ていど含まれ，要素によってかなり差があるが，きわめて微量で植物が正常に育つことから，微量要素と呼ばれている。ホウ素以外は家畜の生理上も必要で，土壌母材，pH，水分などにより左右されるが，鉄，マンガン，亜鉛，銅，コバルトなどは石灰多用で不溶化し，ホウ素は塩基の溶脱を強くうけた酸性土壌で欠乏症が現われやすい。これら微量要素の欠乏症は，イネ科牧草よりもマメ科牧草に多く発生し，ホウ素欠乏はアブラナ属，クローバに顕著にみられる。

(2) 土壌改良

わが国の土壌はその80%以上が酸性土壌であり，とくに牧草がはじめて栽培される山林など新墾地の多くはきわめて強い酸性を示す火山性の土壌が多い。したがって一般にいう土壌改良とは，この酸性を矯正するための石灰の投入と，これら土壌で最も欠乏しやすい燐酸を施すことと理解されている。しかし酸性土壌が植物の生育を阻害する要因は水素イオンあるいはアルミニウイムオンの影響であり，アルミニウムの働きを弱めるには燐酸とともに有機質の存在も効果的であり，また前述した苦土もあわせて必要となるなど，幅の広い対応が必要である。

酸性土壌の改良は石灰による矯正が先決で，その量の決定は，置換全酸度（$3y_1$）に相当する石灰量からの量，加水全酸度に相当する量，または緩衝曲線によって pH 6.5 に要する量などがあるが，いずれも単独での決定は不十分であり，できれば置換酸度をまず消去し，塩基飽和度50～80%，pH 6～6.3 を確保できるよう土壌 pH と置換性塩基含有量なども考慮に入れた総合判定によって求めることがのぞましい。

土壌改良資材としての燐酸の施用量は，作土層の深さと土の仮比重から改良すべき土量を求め，その燐酸吸収力（係数）から投入量を決めるが，土壌改良資材と生産肥料の区分はなく，ふつう燐酸吸収係数の1～3％を施用している。

燐酸資材量を決定する算式は，最低量を10 *a* 当たり 15*kg* においてつぎのとおりである。

$$Y=\frac{10}{3}X$$

Y：P成分施用量　ただし　Y≦15*kg*/10*a*
X：10 *a* 当たりの目標収量（生草 *t*）

なお，改良資材としての燐酸は，く溶性の熔成燐肥が用いられるが，牧草の初期生育には水溶性の過燐酸石灰のほうが肥効が高いから，短年草の栽培には両者併用が合理的である。

(3)　家畜糞尿の利用

糞尿中に含まれて排出される肥料成分は，採食した飼料中のそれの窒素60％，燐酸80～85％，加里80～85％，石灰85％，苦土90％であるから，糞尿の還元利用は，資源の循環と無益な公害発生予防からみても，きわめて重要である。

①糞尿の人為的還元

畜舎外に出される糞尿の形状は，畜舎の集収構造によって二通りがある。最も一般的なものは，バーンクリーナーか人力で収集され，糞，敷料と尿が分離されたものと，自然流下式のように糞尿混合（スラリー）の形で集積されるものとである。

前者では堆肥舎内に集積して，フロントローダー（マニュアフォーク）などで2～3回切り返しを行ない，腐熟の促進と均質をはかり，尿（牛）は弱アルカリでアンモニア揮散しやすいから，燐酸添加を兼ねて過燐酸石灰2～3％を加え，利用するのがのぞましい。

堆肥化された糞，敷料は，トウモロコシ，ソルガムなどの青刈作物にはきわめて有効で，これを連年，適量に施用された圃場では，化学肥料だけでの栽培より明らかに安定多収が得られる。草地への利用は秋にマニュアスプレッダー等で散布するが，利用時期がかぎられることから，他作物に対しての有効利用も考慮し，尿は草地主体に施用する。

第8表　牛糞尿の平均的な組成

	N	P_2O_5	K_2O
糞	0.3	0.4	0.2
尿	0.5	Tr	1.5

なお，多量に集積される糞尿混合のスラリーは，利用回数があるていどかぎられるので，理想としてはスラリータンクまたはストッカーなどで腐熟させ，大規模にはスラリーインジェクターで草地に土中施用する。しかし，小規模ではバキュームカーで散布するか，または他作物の作付け前に利用するが，比較的処理が困難を伴うため，固液分離機で処理後利用する事例がみられる。

なお，スラリーの耕地，草地での施肥効果は施用初年目にはあまり現われず，2年目以降に顕著になるものである。

②放牧による還元

放牧草地ではそこに放牧される家畜によって異なるが，採食された牧草の成分量と草地に排泄された糞尿の有効成分との差が，必要施肥量となる。この有効成分量の算出は次式のようになる。

$$\text{施肥量}=\frac{\text{1日1頭当たりの排出糞尿量}\times\text{糞尿現物中肥料成分含有率(\%)}}{100}\times\frac{\text{1日平均放牧時間}}{\text{24時間}}\times\text{放牧日数}\times\text{放牧頭数}\times\frac{\text{糞尿中の肥料成分利用率(\%)}}{\text{化学肥料の成分の利用率}}$$

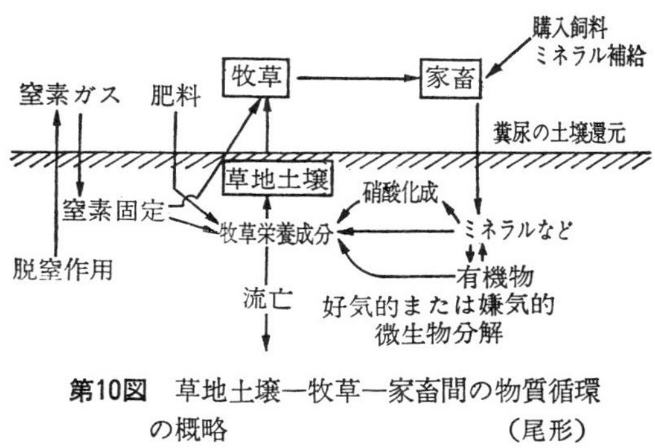

第10図　草地土壌─牧草─家畜間の物質循環の概略　（尾形）

第9表　飼料の種類と牛糞中の肥料成分

（乾物%）（蟻川）

飼料種類	全炭素	全窒素	炭素率	P_2O_5	K_2O	Na	Ca	Mg
牧　草	43.6	1.26	34.6	0.49	1.20	0.15	0.58	0.32
濃厚飼料	42.9	2.94	14.6	1.74	0.38	0.53	2.20	0.55

第10表　成乳牛の糞尿肥料成分年平均排出量

（蟻川）

成　分	N (*kg*)	P_2O_5 (*kg*)	K_2O (*kg*)	CaO (*kg*)	MgO (*kg*)
排 出 量	32	30	52	32	13

B (*g*)	Zn (*g*)	Mn (*g*)	Cu (*g*)	Co (*g*)	Mo (*g*)
30～390 (200)	3～40 (5.5)	5～230 (66)	0.1～12 (4.3)	0.2～2.0 (0.8)	2～27 (13)

注　（　）内は平均値

尾形によれば放牧草地における，土壌―牧草―家畜間における物質循環の概要は第10図のようになる。しかし，放牧による糞尿還元は家畜の種類，大きさ，放牧方法，面積，地形など各種条件によって異なるから，そのつど適切な判断が必要であり，また排糞，排尿も均一でなく，とくに糞尿の落下箇所の多くは不食過繁地となり，放任すればときによって2か月以上採食をきらうことがある。したがって，放牧後の掃除刈りは必ず実施するとともに，できれば糞塊を散らすなども考慮に入れた草地管理をすることがのぞましい。

第11表　牛糞尿中の肥料成分の利用率　（蟻川）

糞尿中の肥料成分	糞			尿			糞尿混合物		
	N	P_2O_5	K_2O	N	P_2O_5	K_2O	N	P_2O_5	K_2O
利　用　率（%）	30	60	90	100	―	100	55	60	97

第12表　家畜における摂取肥料成分の糞尿中への排出率　（単位：%）（大原）

家　畜	N		P_2O_5		K_2O		CaO		MgO	
	糞　中	尿　中	糞　中	尿　中	糞　中	尿　中	糞　中	尿　中	糞　中	尿　中
牛	36	38	61	1	7	78	80	2	83	11
馬	41	35	94	1	25	65	―	―	―	―
羊	53	27	85	1	14	84	―	―	―	―

III　耕地での牧草栽培と維持管理

飼料基盤に乏しいわが国では，畑地あるいは水田転換畑に牧草類を栽培する，いわゆる牧草畑と呼ばれる栽培が多い。このばあい，比較的狭少な圃場で，きわめて集約的な方法での栽培となるから，大規模な草地でのそれとは，かなり異なったものとなる。

1. 草種の組合わせ

わが国の冷涼地帯における牧草栽培は，付表(260ページ）にも見られるとおり，そのほとんどが3～6草種による混播である。

草種特性と組合わせについては，II-2. で述べたが，比較的高い収量水準をねらう耕地栽培では，その利用年限は3～4年くらいとして更新するのがふつうである。したがって短年月の間に，オーチャードグラスなどの基幹草種以外の草種にかたよることのないような組合わせと維持管理技術が重要となる。とくに永続性に乏しいイタリアンライグラス，ラジノクローバなどの一時的な優占化はつぎの荒廃，低収を招くものである。

採草利用のため，上繁型草種の組合わせとなるが，年間収量の季節性平準化のため，生育型の異なる草種（トールフェスク，アルファルファなど）を入れたばあいは，イタリアンライグラスは除き，初期の刈取りを早めに行なう必要がある。また交互畦，追播などとによってあるていどの草種調節は可能であるが，増収には結びつきがたい（第11図)。

冷涼地帯での一般的な草種組合わせとしてはオーチャードグラスを基幹におき，少量（0.2 *kg*/10*a*）の直立型，早・中生のイタリアンライグラスに赤クローバを混在させ，ラジノクローバはさけたほうがよいようである。なお，乾草生産兼用草地ではオーチャードグラスの早・晩生品種を利用した単播，あるいはトールフェスク，アルファルファなどの単播などについても適地での検討が必要である。

2. 畑地での栽培と維持管理

基本となる技術対応は草地のばあいとあまり変わらないが，収量，維持年限，草種調節などは，施肥ならびに刈取方法などによるところが大きい。

(1) 施　　肥

混播栽培では土壌改良資材も含め施肥全般にわたって，イネ科主体の施肥法とすべきである。すなわち，刈取期間中の施肥量は窒素に重点をおき，燐酸は秋または早春に施すとともに，牛尿利用では加里過剰に留意して，10*a*当たり年間原尿で1.5*t*くらいにとどめ，不足する燐酸，窒素を化学肥料で補うようにする。

標準的な施肥量についてはⅡ-4-(1)と第7表を参照。

(2) 刈 取 り

耕地における採草地では，利用2年目ごろから，オーチャードグラスの株化が目だってくることが多い。これは初年目にイタリアンライグラス，ラジノクローバなどに抑圧されて，個体が著しく減少したばあいと，多肥，刈遅れによる再生不良によることが多く，刈取りも大きく関与している。

とくに5～6月の生長期には，上繁型草種は節間伸長期にあって生長点は高く，また下葉が

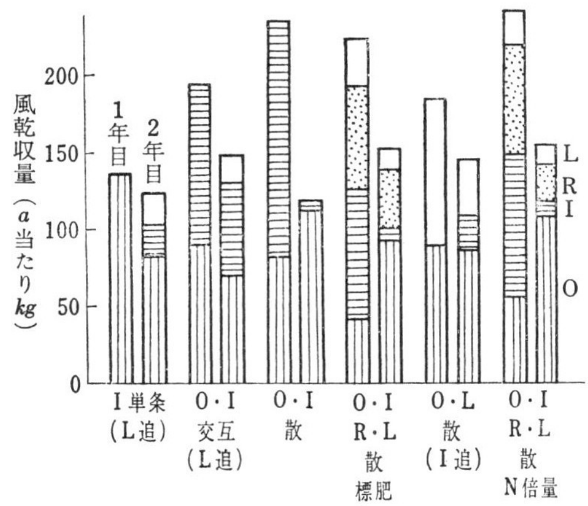

第11図　播種・追播（秋）様式と草種構成（転換畑）（宮沢，1965～'66）

注　O　オーチャードグラス
　　I　イタリアンライグラス
　　L　ラジノクローバ
　　R　赤クローバ

枯上がり，刈残し部分の同化能力も弱くなっているから，この時期の低刈り，刈遅れは個体を著しく衰弱させ，再生不良，夏枯れ，株化の原因となる。また生長期で収量を期待するあまり，窒素の多用はこれをさらに助長する点，とくに留意しなければならない。

3. 水田転換畑での牧草栽培と維持管理

転換畑に牧草を導入するばあいの条件整備としては，地力変化ならびに土壌改良と過剰水排除が主要な点となる。

(1) 土壌改良と地力変化

水田土壌のほとんどは畑化することによって，酸性化が急速にすすみ，これに伴い肥料要素，無機質，微量要素などが欠乏しやすくなる。したがって，牧草導入にあたっては，炭酸苦土石灰，熔成燐肥などの土壌改良資材を施す必要がある。

また，水田で，有機質蓄積型に推移してきたものが，畑化することによって土壌窒素として有効化し，初年目はかなり肥沃傾向を示す。し

かし，排水良好な圃場では，２年目以降にはこれら効果はほとんど消去されるから，永年牧草を導入するには土壌改良資材とともに堆厩肥なども施用することが重要で，無畜農家の水田では土壌の理学性改善からも不可欠の条件となる。

(2) 排水と湿害対策

牧草の収量確保のためには多量の肥料養分を必要とするが，湿潤条件下では，これら成分の溶脱，流亡が激しく，また根の機能も著しく低下するなど，生育不良，減収の大きな要因となる。一般的に地下水位は 30～40*cm* 以下であることが牧草の生育と機械利用の面からものぞましく，生長期にはさらに 40～50*cm* の低位が必要とされている。

したがって，湿害のおそれのある圃場では，地表水排除のための排水溝はもちろん，止水板，上辺水田からの浸透水対策，あるいは心土破砕も兼ねて，サブソイラー，暗渠などの対策も必要となる。

(3) 栽培と維持管理

土壌改良，排水対策（乾田）を講じた転換畑では，秋まきした翌年度の生産力はきわめて高いのがふつうである。このことは同時に草種調節と季節性の適正化が困難となることを示し，刈取りと肥培にはとくに留意すべきである。すなわち，水田は概して低標高地帯にあり，スプリングフラッシュが強い半面，夏季の生育低下，夏枯れのおそれもあるので，ラジノ化とイタリアンライグラスの著しい優占化もさけることが重要となる。

また水田転換畑では灌漑が可能で，その効果は春先に大きいが，この時期に水の得られることは少なく，一般的な技術とはならない。盛夏に対する留意点は畑栽培にも共通するが，７月の刈取りは過繁茂・低刈りをさけ，また窒素多用をさけることが重要である。

なお，２年目以降の草生と生産力維持のため，秋刈取り終了後に腐熟堆厩肥と燐酸成分の高い化成肥料を施し，冬期貯蔵養分の蓄積が十分になされるような配慮が重要となる。

多雪地帯の転換畑では早春，融雪水の滞留がみられるが，長期にわたったばあい，ユキグサレ菌核病に冠水害が重複した被害となる。したがって，根雪前に排水溝を設けるか，消雪後速やかに排水するとともに，秋の窒素多肥，過繁茂を極力さけなければならない。

執筆　宮沢正幸（長野県畜試）

1979年記

参 考 文 献

吉田重治．1976．草地の生態と生産技術．養賢堂．

赤井他．1976．農林省登録牧草品種の解説（第２版）．日本飼料作物種子協会．

久根崎．1977．岩手県ＬＡＰ資料．岩手県．

三井計夫．1974．飼料作物草地ハンドブック．養賢堂．

佐々木清綱編．1978．畜産大辞典．養賢堂．

農林水産技術会議．1973．農林水産研究文献解題．N2．

長野農試試験成績．1967．長野県．

飼料作物の品種解説．1974．農林水産技術会議．

実用化技術レポート No. 5．1974．農林水産技術会議．

付表　各地域における混播例

東　　北

用途	区分	草種	標準種子量
			kg/ha
採草用（乾草・サイレージ生産用）	A型	オーチャード	20～25
		赤クローバ	7～10
		（ライグラス類）	(3～5)
		（ラジノクローバ）	(3～5)
	B型	チモシー	15～20
		赤クローバ	7～10
		（ライグラス類）	(3～5)
		（ラジノクローバ）	(3～5)
兼用	A型	オーチャード	15～20
		ペレニアルライ	10
		トールフェスク	5
		赤クローバ	5
		ラジノクローバ	2
	B型	オーチャード	10～15
		チモシー	8～10

		ケンタッキーブルー	5
		ペレニアルライ	5
		赤クローバ	5
		白クローバ	2
放牧用	A型	オーチャード	15～20
		ペレニアルライ	5～ 8
		ケンタッキーブルー	8～10
		メドウフェスク	4～ 5
		白クローバ	2～ 3
	B型	オーチャード	5～ 8
		ケンタッキーブルー	15～20
		ペレニアルライ	5～ 8
		レッドトップ	5
		白クローバ	5

関　東

用　途	区　分	草　地	標準種子量
			kg/ha
採草用	A型	オーチャード	15～25
		イタリアンライ	3～ 5
		ラジノクローバ	4～ 5
	C型	オーチャード	10～15
		トールオート	10
		イタリアンライ	4～ 5
		ラジノクローバ	3～ 5
兼用		オーチャード	10～15
		ペレニアルライ	5～10
		イタリアンライ	2～ 4
		白クローバ（またはラジノクローバ）	3～ 5
		赤クローバ	4～ 6
放牧用	A型	オーチャード	10～15
		ペレニアルライ	5～10
		ケンタッキーブルー	5
		レッドトップ	5～10
		白クローバ	9～ 5
		赤クローバ	3～ 5
	C型	オーチャード	10～15
		トールフェスク	10～15
		ブロームグラス	5～10
		レッドトップ	5～10
		白クローバ	3～ 5

北陸・山陰

用　途	区　分	草　種	標準種子量
			kg/ha
採草		オーチャード	15～25
		イタリアンライ	5～10
		ラジノクローバ	3～ 5

兼用		オーチャード	10～15
		チモシー（またはトールオート）	8～10
		イタリアンライ	5～10
		赤クローバ	3～ 5
		白クローバ	3～ 5
放牧用	A型	オーチャード	10～15
		トールフェスク（またはメドウフェスク）	10～15
		ケンタッキーブルー	10～15
		レッドトップ	5～ 7
		白クローバ	3～ 5
	C型	オーチャード	15～20
		チモシー	7～10
		ペレニアルライ	5～10
		赤クローバ	3～ 5
		白クローバ	3～ 5

東海・近畿・瀬戸内

用　途	区　分	草　種	標準種子量
			kg/ha
採草用		トールオート	15～20
		オーチャード	10～15
		イタリアンライ	5～ 7
		ラジノクローバ	2～ 4
兼用		オーチャード	10～15
		トールフェスク	10～15
		ケンタッキーブルー	5～10
		ペレニアルライ	5～10
		赤クローバ	3～ 5
		白クローバ	3～ 5
放牧用	D型	オーチャード	10～15
		トールフェスク	10～15
		ペレニアルライ	5～10
		レッドトップ	5～ 7
		白クローバ	2～ 4
	C型	トールフェスク	10～20
		オーチャード	10～15
		ケンタッキーブルー	10～15
		レッドトップ	5～ 7
		白クローバ	2～ 4

四　国

用　途	草　種	標準種子量
		kg/ha
放牧用E型	トールフェスク	10～15
	ペレニアルライ	3
	オーチャード	3～5
	白クローバ	1
	ケンタッキーブルー	3
	レッドトップ	3
	ダリスグラス	20～30

用途	草種	種子量
兼用	トールフェスク	10
	ペレニアルライ	3
	オーチャード	3～5
	レスクグラス	5～10
	赤クローバ	2
	ダリスグラス	10～15
放牧用F型	トールフェスク	5～7
	レスクグラス	10～15
	リードキャナリー	5～8
	ハーディング	5～8
	ダリスグラス	20～30
	バヒアグラス	10～15
	トールフェスク	
	バーズフットトリフォイル	10～15
放牧用G型	ダリスグラス	10～15
	トールフエスク	10～15
	白クローバ	2
	バーミューダグラス	
	トールフェスク	10～15
	白クローバ	2
採草用	ジョンソングラス	20～30

九州

用途	草種	種子量	対象地帯
		kg/ha	
放牧用	オーチャード	15	標高約五〇〇m以上の山間地
	トールフェスク	15	
	ペレニアルライ	5	
	レッドトップ	5	
	白クローバ	2	
	トールフェスク	20	低暖地
	オーチャード	10	
	レッドトップ	2	
	白クローバ	2	
	(H_1ライグラス)	(2)	
	バヒアグラス	30	低暖地
	白クローバ	5	
	(イタリアンライ)	10～20	
採草用(主に乾草)	トールオート	10	標高約五〇〇m以上の山間地
	オーチャード	10	
	H_1ライグラス	5	
	ペレニアルライ	5	
	白クローバ	2	
	ダリスグラス	30	低暖地
	白クローバ	5	
兼用	オーチャード	15	標高約五〇〇m以上の山間地
	トールフェスク	10～15	
	ペレニアルライ	10	
	白クローバ	2	
	赤クローバ	3	
	(H_1ライグラス)	(2～3)	

注 1. A 全地域, B 寒冷湿潤, C 低暖地, D 山間地, E 標高1,000m以上,
F 標高800～1,000m, G 低標高地

2. 四国の{は寒地型組合わせ, …暖地型補完草種

暖地型牧草地の維持管理

1. 暖地型牧草地の特徴と適草種，生産目標

(1) 九州地域の草地の特徴

わが国における暖地型牧草の栽培地域は，関東地方以南の低暖地と島しょ部で，寒地型牧草の夏枯れが厳しい地域に限定される。したがって，寒地型牧草に比べ，その栽培面積は少ない。

しかし，昨今の肉用牛生産における粗飼料生産の低コスト化のため，省力的な栽培が可能な暖地型永年牧草の見直しとともに，イタリアンライグラスと組み合わせた周年放牧利用が行なわれ始めている。

(2) 草種の選択と生産目標

永年性暖地型牧草の適草種としては，バヒアグラス，バミューダグラスなどがあるが，草地として最も広く栽培されているのは，バヒアグラスである。ここでは，バヒアグラスを主体とした草地と，イタリアンライグラスを組み合わせた周年利用体系について述べる。

暖地型牧草の永年的利用が可能な地域は第1図に示した標高300m以下，年平均気温15～16℃の低標高丘陵地帯と，年平均気温16℃以上の低標高沿岸・島しょ地帯である。なお，それぞれの地帯における生産目標は第1表のとおりである。

草地の牧草収量は管理・利用法によって大きく異なる。採草地においては良質多収とともに永続性が求められる。また，放牧地においては，放牧期間の延長や牧草生産の平準化，良質牧草の生産に重きをおく必要がある。

2. バヒアグラス草地の維持と管理

バヒアグラスが栽培されている地域は，関東地方以南のごく低暖地で，年平均気温が15℃以上の平坦地，沿岸地帯である。主要な栽培地域

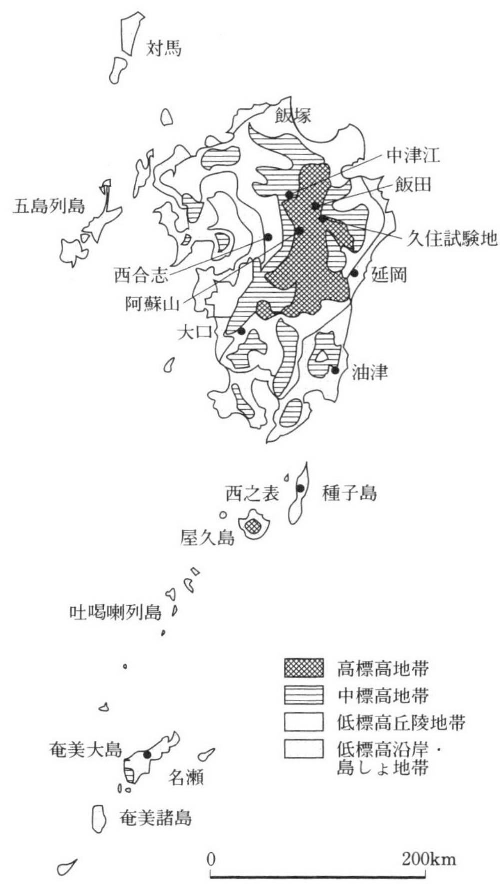

第1図 九州地域の地帯区分

第1表 各地帯における採草，放牧地の生産目標（t/ha）

地帯（標高）	採草地		放牧地	
	青草	乾物	青草	乾物
高標高地帯（標高600m以上）	40～60	6～12	40～50	6～10
中標高地帯（標高300～600m）	50～60	9～12	40～50	6～10
低標高地帯（標高300m以下）	50～60	10～15	50～60	6～12
低標高沿岸・島しょ地帯	70～80	14～15	60	12

注 高標高地帯は寒地型牧草，中標高地帯で寒地型牧草が主体であるが，場所によりバヒアグラスが栽培されている

は四国，九州地方および南西諸島，沖縄などであり，本州ではごく限られた地域での栽培である。

(1) バヒアグラスの特性と品種

①バヒアグラスの特性

品種は，市販品種ペンサコラ（二倍体）のほかに，国内で育成された品種として鹿児島県農業試験場大隅支場育成のナンゴク（二倍体），ナンオウ（四倍体）がある。

バヒアグラスは，草型はほふく性で，深根性であり，太くて短い地上茎および地下茎で伸長し，永年生の密な草地をつくる。そのため，蹄傷抵抗性，耐干性が強く，一度草地が造成されると多年にわたって利用できる。土壌も乾燥気味の場所に適するばかりでなく，細葉，細茎であるため乾草がつくりやすい。

確立したバヒアグラス草地では，いつでも刈り取れ，雨の後でも草地に機械を入れられる。また，刈取り後少雨であれば2～3回雨にあたっても品質の悪化は小さい。

一般には草丈30cmの多回刈りが奨励されているが，省力的なロールベーラーによる年2回刈取り（7月下旬，10月上旬）でも乾物収量は0.9～1t/10a得られ，その後の草地の維持にも問題はない。しかも，うまく使えば20年以上にわたって高い生産性を示す。九州農試の採草利用事例では，造成後20年のバヒアグラス草地でも生重で3.3t/10a，乾物重で1.4t/10aの収量が得られている（第2表）。

②品種の特徴

ナンゴク 二倍体，ペンサコラ型。草丈は中間型で出穂期はややおそい。シンモエに比べ，紫色穂，紫色種子の割合が低い。千粒重が重く，定着，初期生育がよい。秋と春の伸長がよく，多収である。葉長が長く，刈取り，放牧条件下で出穂程度が低く，乾物率が低いため，採食性が優れる。枝梗数が少なく，穂長が短く，採種量はやや多い。

ナンオウ 四倍体，生殖様式はアポミキシス（種子は受精なしでできる）。ナンゴクよりも葉幅が広く，出穂茎数が少なく，草丈が低い。出穂始めはナンゴクと同様で中生。多収で，葉の引きちぎり抵抗が小さく，牛が食べやすい特性をもっており，採食性がきわめて優れている。

以上の2品種は，関東地方以南の低標高の暖地，および九州，四国の低標高地帯，南西諸島，沖縄に適する。

(2) 播種方法

①春まき

春まきは，晩春の終霜後なるべく早くまくほうがよい。しかし，バヒアグラスの種子は，日平均気温が20℃以上にならないと発芽が不ぞろいとなり，初期生育も劣り，初年目の収量が減少することになるため，気温に留意しつつなるべく早まきするのがよい。

この時期は，雨に遭遇する機会が多いため，種子を保護するため覆土を行なうことが最も重要である。また，春まきの場合は初期生育がおそく雑草との競合に弱いので，圃場の播種床の準備は十分に行なう。

播種年1回目の刈取りは早めに行なう。あるいは早期放牧して，バヒアグラスの生育を助長させることも重要である。また，発生する雑草の種類に応じた選択性の除草剤の利用も効果的である。

②秋まき

生育初期において雑草との競合を避けるためには，秋まきをする。

秋まきは，春まき以上に発芽，初期生育に対

する温度の限界が厳しい。そのため，播種後30日間の積算気温が690℃（23℃×30日）以上確保できるように播種日を設定する必要がある。平均気温15℃以上の場合，生育日数が60日前後必要とみて，播種日を設定することが重要である。たとえば，九州農試（熊本県標高約90m）では9月1日までに播種する必要がある。

第2表　造成後20余年を経過したバヒアグラス草地の乾物収量
（坪刈り収量，単位：kg/10a）

年		1番草	2番草	3番草	4番草	5番草	6番草	合計
1991	月／日	5/16	6/21	7/18	8/12	9/18	10/18	
	乾物重	260	385	307	273	254	172	1,651
1992	月／日	5/27	6/26	7/22	8/26	10/16		
	乾物重	270	316	420	364	222		1,591
1993	月／日	8/3	10/4					
	乾物重	938	551					1,489

注　施肥量：1991年　窒素，カリ各30kg/10a，リン酸15kg/10a
1992年　窒素，カリ各25kg/10a，リン酸15kg/10a
1993年　窒素，カリ各20kg/10a，リン酸20kg/10a

問題は，バヒアグラスの場合，播種した初年目の発芽が不ぞろいであり，また2年目以降も草種の萌芽が緩慢であるために生育開始がおそく，雑草との競合に弱いことである。しかも秋期の生育停止も早い。したがって，造成当初は裸地などには追播などを行なうとともに，雑草を抑えるための掃除刈り，早刈りを行なう。また，早期放牧（強放牧）を行なって採食させるとともに，除草剤などの利用による合理的な雑草防除対策を施す。また，裸地にはこまめに追播をする。

③播種量

播種量は，10a当たり3～4kg。バヒアグラス種子の発芽は悪いため，濃硫酸処理を施すと発芽が促進される。また，バヒアグラスのシードペレットを用いると造成期間の短縮，利用開始時期の早期化が図れる。

（3）施　肥

ロールベール体系の場合，追肥量（刈取りごとに）が7kg/10a程度であれば，年2回刈り（7月下旬，10月上旬）ができる。追肥量を10～13kg/10aに増すと，年3回収穫（7月上旬，8月初め，10月初め）できる。ただ，7月上旬刈取りでは，梅雨期であるため乾草調製は難しい。

（4）放牧と採草利用

放牧利用の場合，草丈が高くなると嗜好性が落ちるため，草丈25～30cmでくり返し多回放牧することが重要である。

採草利用の場合，第2表に示したように，多回刈りにより1.5～2t/10a前後の収量が得られるが，省力的なロールベール体系による年2回刈取り（1番草は7月下旬～8月上旬，2番草は9月中旬～10月中旬）でも，1.5t前後（坪刈り収量）の乾物収量が得られる。

バヒアグラスは定着すると太いほふく枝が地表面を覆うため，降雨後すぐ機械作業が可能であるとともに，刈取り適期幅も広く，機械による乾燥調製も容易である。ロールベール体系向きの草種としても有望と考えられる。

また，バヒアグラスのロール乾草を乳牛，肉用牛に食わせた場合，バヒアグラスの栄養特性をわきまえておけば，乳量・乳質に，ましてや肉質に何ら問題はない。

問題としては，夏期の生長速度が速いので，その期間は伸びすぎないように草丈20～30cmでの放牧，または草丈40～50cmでの刈取りを行なうことが大切である。草が伸びすぎると硬くなり，家畜の嗜好も劣るようになるとともに，残食部分が多くなる。

（5）放牧期間延長の方法

バヒアグラス草地の大きな問題の一つは，利用期間が早くても5月中旬から遅くても11月中旬までの6か月足らずと短いことがあげられる。それを補完する方法としては，バヒアグラスの備蓄による秋の放牧終了時期の延長と，イタリアンライグラスなどの寒地型牧草の追播による春の放牧開始時期の早期化がある。

備蓄は，8月中旬～9月上旬ごろバヒアグラス

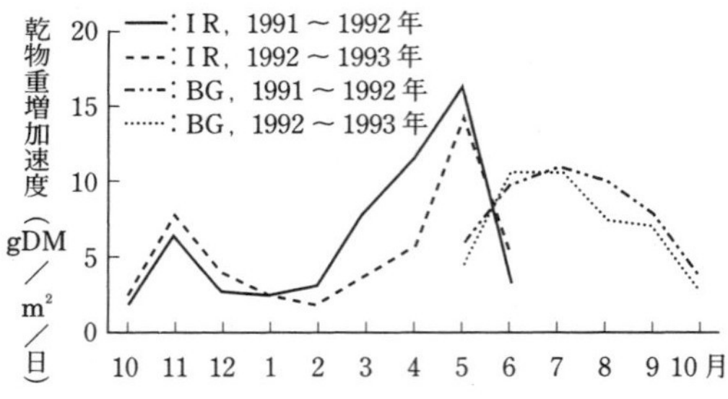

第2図　イタリアンライグラス（IR）とバヒアグラス（BG）における乾物重増加速度の月別推移

草地の放牧を中止し，N10kg/10aを追肥する。こうして育てたバヒアグラスを立毛のまま備蓄し，晩秋から12月始めにかけて放牧利用する。この方法では，肉用牛の雌成牛では体重を維持する養分は確保できる。しかし，育成牛では補助飼料が必要になる。

イタリアンライグラスの追播については後述する。

3. イタリアンライグラス草地の造成と管理

(1) 暖地でのイタリアンライグラス草地のねらい

イタリアンライグラスは，1～2年生のイネ科牧草であり，冬季の温暖な気象条件下で旺盛な生育を示し，サイレージ，乾草，青刈りなどの採草利用や放牧利用できる。再生力が強く多回刈り利用もできる。

九州の平坦地では冬期も温暖なので，イタリアンライグラスはよく生育し，冬期間の重要な牧草であり飼料価値も高い。冬期あいている水稲や飼料作物収穫後の水田や畑に播種して造成・利用する。

(2) 利用のねらいと品種選択

超極早生から極晩生までと多品種あり，極短期から極長期（6月まで）利用が可能である。暖地では超極早生種なら10月上旬までに，極晩生種でも，8月末～9月播種すれば年内刈取り，放牧利用ができる。

品種は，夏作になにを選ぶかで左右されるが，水田裏作利用の場合は根の分解時に発生するガスがイネの生育を阻害するので，残根量の少ない極早生や，早生種の利用が望ましい。

また，耐倒伏性の強い品種の選定も重要である。倒伏防止策として，ライムギなどムギ類との混播も有効である。

(3) 播種と施肥

①播種時期と播種量

九州平坦地でのイタリアンライグラスの播種期幅は広く，播種限界は12月上旬である。イタリアンライグラスの播種期が遅れるほど収量低下がみられるが，その程度は晩生種ほど大きい。

播種量は，二倍体品種では2.5kg/10a，四倍体品種では3kg/10aが標準である。不耕起栽培，蹄耕法など圃場条件が劣る場合や水稲立毛中播種では，不発芽の危険率をみて播種量を30～50%増量する。

②播種方法と施肥

イタリアンライグラスの種子は発芽性がよいため，不耕起連続栽培，水稲立毛中播種などの省力栽培が可能である。水稲立毛中播種の場合は，早生種を5kg/10a程度，水稲収穫7～10日前に散播する。そして，イネ収穫後すみやかにわらを除去するとともに，追肥として窒素5kg/10a施肥する。

ただ，斉一な発芽を確保するためには，耕起し砕土・整地を十分行ない播種するとともに，鎮圧することである。

元肥量は各県の施肥基準に合わせるとよい。追肥は，早春および刈取りごとに三要素をそれぞれ成分量で3～5kg/10a施肥する。

(4) イタリアンライグラス草地の放牧利用

①放牧利用のねらい

従来の夏山冬里方式では，一般に放牧は春から秋にかけて行ない，冬は舎飼いによっていた。そのための冬場の粗飼料を確保するための収穫機や貯蔵施設の設置，あるいは舎飼い期間中の飼料の給与，ふん尿の搬出などと大変な労力とコストをかけていた。

しかし，イタリアンライグラス草地の放牧利用により，そうした労力や施設が必要なくなるばかりでなく，田植え時期の採草やサイロ詰めもなくなり，労力の競合が大幅に軽減される。

また，採草利用に比べて収穫・調製や牛に給餌するときのロスなどがないので，有利な利用法でもある。そのため，近年稲収穫後の水田にイタリアンライグラスを播種して，放牧利用する農家がふえている。

②年間の放牧利用と草地の維持管理

イタリアンライグラス草地の生育期間は播種後から翌年の6月までであり，品種としては，5月中旬まで放牧利用する場合には早生品種を，6月中旬まで放牧利用する場合は，晩生種を使うとよい。どちらの場合も，イタリアンライグラス跡地の利用との関係で決めるとよい。

イタリアンライグラスは5℃以下になると生育を停止するため，その温度になるまでにいかにイタリアンライグラスの生育量を確保するかによって放牧頭数が決まる。したがって，気象条件のやや厳しいところでは，稲刈り直前に水稲立毛中播種するとよい。

イタリアンライグラスは，出穂すると有機物消失率は50％程度に落ちる（第3図）。そのため，牛の採食性が劣るようになり増体が悪くなるので，出穂期になったら放牧を中止する。

③冬期間の放牧利用

8月末～9月上旬にイタリアンライグラスを播種すると，10月中下旬には草高が20cmになる。なお，播種は冠さび病やいもち病の発生するおそれがなくなったら，なるべく早く行なうことが必要であり，4kg/10aとやや多めに播種する。

放牧は草高が20cmぐらいになってからで，肥育素牛，繁殖雌牛を対象に行なう。

冬季は草高10cmになったら牧区に入牧し，5cmくらいで退牧させる。春季には草高20cmになったら牧区に入牧し，7～8cmくらいで退牧させる。あまり伸ばしすぎると食べ残しができたりして，草地が荒れる原因になる。

追肥量は，11月末に三要素をおのおの

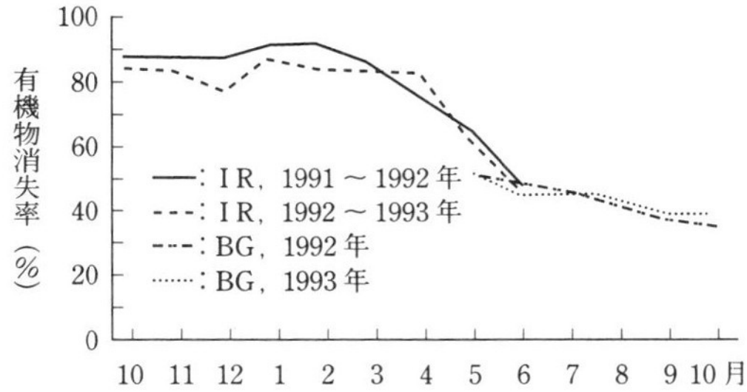

第3図　イタリアンライグラス（IR）とバヒアグラス（BG）の有機物消失率｛(OCC＋Oa）/OM％)｝の推移

3kg/10a，その後は40日ごとに三要素をおのおの3～5kg/10a追肥する。

イタリアンライグラス草地の冬期間放牧利用では，3日くらいで食べつくすように1頭当たり1.3～1.7a程度の牧区を設定する。そして3週間くらいで同じ牧区に牛が入るように，6～8の牧区数が必要である。したがって，秋から冬にかけては，1頭当たり10a程度が必要である。

また，秋～冬にかけてイタリアンライグラスの草量が不足するので，補助飼料として濃厚飼料と乾草を与える。濃厚飼料は体重の0.5％，乾草は体重の0.4～0.7％（ほとんど飽食）である。3月中旬以降になれば，イタリアンライグラスが十分確保できるようになるので，補助飼料を与える必要はない。

さらに，春になってイタリアンライグラスの生育がよくなったら，2週間くらいで再び同じ牧区に牛が入るように放牧牧区数を減らし，放牧しない牧区はロールベールなどに採草利用する。

放牧の利用の場合，草地の利用率を上げ牧養力を高めるためには，不食地をつくらせないことである。電気牧柵などを使用して，1牧区が1～2日で採食されるくらいに小区画に区切り，順次輪換させていくことが重要である。

肉用牛の肥育素牛の高い日増体量を得るためには，栄養価の高い牧草が必要である。イタリアンライグラスの草高を低く保ち，再生したばかりの栄養価の高い草を食べさせる必要がある。この場合，硝酸態窒素が問題になるので，窒素の施肥量はひかえめにする必要がある。

また，高い草高で放牧すると，踏み倒されたり，食い残しが出たりと不食割合が多くなって草地が荒れる原因になるので注意する。

4. バヒアグラス草地へのイタリアンライグラスの追播による周年採草利用

(1) 追播による周年利用のねらいと品種選択

粗飼料生産基盤が十分確保できないところでは，バヒアグラス草地へのイタリアンライグラスの追播による周年採草利用がある。

追播するイタリアンライグラスの品種は，イタリアンライグラスの多収をねらう場合には早生タイプの品種を，バヒアグラスの収量を多くするには極早生タイプの品種を用いるとよい。中生や晩生種を使うと，バヒアグラスの生育と重なる期間が長くなり，バヒアグラスの生育を抑制するおそれがあるので避けたほうがよい。

(2) 播種と利用，維持管理

草地更新用に開発されたリノベータ（耕起，施肥，播種，覆土，鎮圧を同時に行なう機械）で，あるいはロータベータまたはディスクハローで地表面処理して追播する。播種期は，バヒアグラスの生育が衰退する10月中旬ごろに行ない，播種量は3～4kg/10a。施肥は，元肥(kg/10a) として N：10，P_2O_5：25，K_2O：10，追肥として（3月と各刈取りごとに）三要素を各5kg/10aである。この施肥によって，バヒアグラスの翌春の生育，収量によい効果をもたらし，草地の年平衡生産が確立される。

バヒアグラスのみの草地の乾物収量が1.4t/10aに対し，イタリアンライグラスを追播すると2t/10a前後と4割増の収量が得られる（第4図）。

問題としては，イタリアンライグラスの刈取り時期が遅れると，春からのバヒアグラスの生育が抑制されるので，遅刈りにならないように注意する必要がある。また，早生品種を利用したときは，2番草を早刈りすると再生がよくバヒアグラスの生育を阻害するので，出穂期まで待って刈り取ることが重要である。

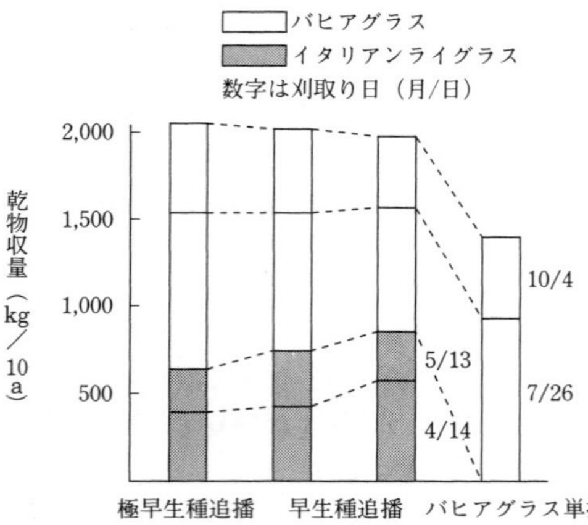

第4図 バヒアグラス草地へのイタリアンライグラス追播品種と乾物収量

イタリアンライグラスの品種：極早生種はメリット，早生種はタチワセ

追播時の元肥（10a当たり）：尿素硫加燐安（16－16－16，65kg），複合燐加安（CDU，15－15－15，45kg）使用

執筆　萩野耕司（農林水産省九州農業試験場）

1998年記

引用文献

農林水産省畜産局．1996．草地管理指標－草地の維持管理編．23，25．

進藤和政・小川恭男・小山信明．1994．九州低暖地における暖地型および寒地型牧草地の組み合わせ放牧利用．第3報．バヒアグラス草地とイタリアンライグラス草地の組み合わせ利用による肉用肥育素牛の放牧育成・草生産量について．日草誌．**40**（別），293－294．

小川恭男・進藤和政・小山信明．1994．九州低暖地における暖地型及び寒地型牧草地の組み合わせ放牧利用．第4報．イタリアンライグラス草地とバヒアグラス草地との組み合わせ利用による肉用肥育素牛の放牧育成・家畜生産量について．日草誌．**40**（別），295－296．

小山信明・山名伸樹・亀井雅浩・小川恭男・進藤和政．1995．リノベータを利用したバヒアグラス草地へのイタリアンライグラスの追播．日草九支報．**25**（1），40－44．

牧草地の夏季草量不足を補うクワ混生草地とその応用

紹介する放牧は，草地をいくつかの牧区に区切り，家畜を順次牧区間を移動させるいわゆる輪換放牧だが，草地に栽培される植物が草本の牧草だけでなく，木本のクワとスイートコーンのような換金作物を取り入れ，草地内の家畜の採食可能な飼料量（えさ量）を増やすとともに，スイートコーンの販売により収益もあげようとするものである。具体的な放牧方式の説明にはいる前に，なぜ牧草地にクワを導入（栽培）するのか，クワの家畜飼料としての有用性，クワを牧草地に導入することにより，どれだけ牛を長く放牧させることができるのかについて述べたい。

1．牧草地にクワを栽培する

草地にある牧草は，たえず一定の速度で生育を続けているのではない。たとえば，わが国で最も一般的な牧草であるオーチャードグラス（和名カモガヤ）の季節別の生産パターンを示すと（第1図），5月の日・ha当たり乾物生産量は約100kgであるが，気温が上昇する夏期には春の5分の1量の20kg以下になり，気温が低下する秋期に少し生産量が増加する。このパターンは，オーチャードグラスと同じ寒地型牧草のトールフェスク，ペレニアルライグラス，シロクローバなどでも同様である。夏期に比較的冷涼な北海道では夏～秋の生産の落ち込みは軽いが，それでも春の生産量の2分の1以下となる。

このように牧草は季節により生産量が著しく異なるため，春牧草地の草量にみあった家畜頭数を放牧すると夏～秋には草量不足で放牧できなくなる。草量にみあうように放牧頭数を調整するには牛の出し入れが必要となり，大変な労力を伴うばかりか，放牧しない牛をどこかで飼養することになり，非常に大きなコストがかかる。そのために，いったん放牧した牛の頭数はあまり変えないのが一般的である。したがって，実際の放牧経営では頭数は低く抑えて放牧し，春の余剰草は乾草またはサイレージとして冬期の貯蔵飼料としている。世界各地では，春の余剰草を刈り取らずに，そのまま草地に立毛貯蔵して放牧する方式もみられる。このような放牧でも，夏から秋以降，放牧地の草量不足は深刻かつ最重要な問題である。この夏以降の草量不足問題は，夏期の気温が高い地域になるほど重大となる。

この問題解決のため，高温の夏期に生産量が高い木本作物のクワに着目し，放牧地の草量が不足する夏～秋に桑葉を放牧牛に採食させれば，この時期の必要飼料が確保できる（第2図）。具体的には，放牧地にクワを列状に植栽し，その

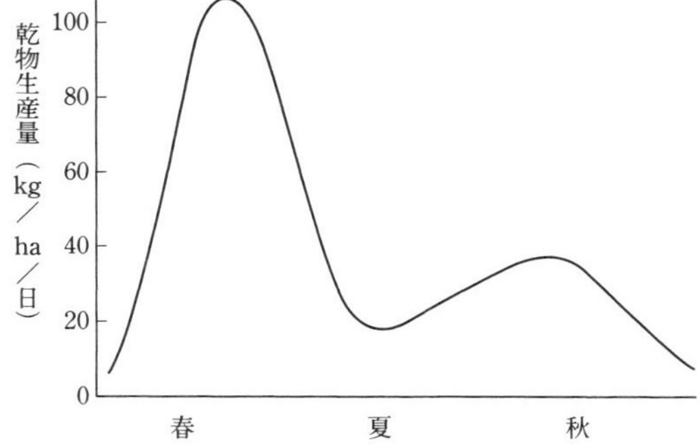

第1図 牧草地（オーチャードグラス優占）における季節生産性のパターン（島根県大田市）

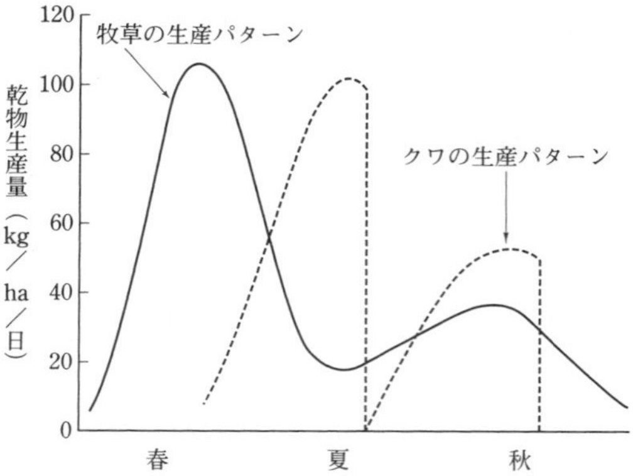

第2図　牧草地における季節生産性のパターンとクワの生産パターン

クワの生産パターンは，クワを8月末と11月上旬に放牧利用した場合

第3図　牧草とクワの混生草地

第4図　牛はクワが大好物

クワ樹列を囲った電気牧柵のワイヤーを下に落として放牧する

クワ列を電気牧柵で囲い，夏と秋の2回電気牧柵をはずして放牧する（第3図）。クワは養蚕でも実証済みの刈取り再生力の強い永続性に優れた木本植物で，しかも挿し木で容易に増殖でき，

第5図　牛に採食されたクワ

苗木の価格が安いのでクワ栽培に要す経費は安価である。

2. クワの飼料的価値

（1）嗜好性

クワの嗜好性に関しては，第4，5図にみられるように，牛にとってきわめて高い。春，牧草とクワの混生草地に放牧した牛の行動をみると，その草地に入るや全牛がクワをめがけて採食をはじめ，ほとんどの桑葉を食べつくくしてから牧草を採食する（第4図）。第5図は牧草―クワ混生草地から牛が転牧した後の状態であるが，クワの木は葉が1枚も残されていないくらいきれいに採食される。このように桑葉は牛にとってきわめて嗜好性の高い飼料である。

（2）栄養価

クワの栄養価は，第1表にクワの葉部と枝部，比較として牧草（シロクローバを含む）の栄養価を示した。桑葉部の成分は，粗蛋白，OCC

第1表　クワと牧草の飼料価の比較（1997年9月試料採取）

項　目	粗蛋白	ADF	NDF	灰分	OCC	OCW	Oa	Ob	Ca	P	Mg	K	K/(Ca＋Mg)当量比
クワ（葉部）	25.8	21.0	31.6	11.8	51.8	36.5	10.0	26.5	2.98	0.44	0.43	2.84	0.41
クワ（枝部）	12.1	45.6	60.5	8.8	32.8	58.5	9.4	49.1	1.01	0.37	0.36	3.78	1.21
牧草	20.4	27.9	53.5	11.6	34.0	54.4	12.3	42.1	0.28	0.37	0.30	4.99	3.29

注　Oa：酵素分析でOCWをセルラーゼによって分解された高消化性繊維区分
　　Ob：酵素分析でOCWをセルラーゼによって分解された低消化性繊維区分

（細胞内容物）が高く，ADF，NDFが低いのが特徴で，消化性が優れていることを示す。反面，枝部はADF，NDFおよびOCW（細胞壁物質）が高く，難消化性を示している。一方，牧草の成分は，桑葉のそれに比べて粗蛋白が低く，ADF，NDF，OCWが高い。クワは葉部と枝部の生産割合が約3：1で，葉部重量が多く，クワの可食される部分全体からみてもクワの飼料としての価値は牧草に比べて明らかに高い。ミネラル含量をみると，クワはCa，P，Mgが高く，Kは低く，グラステタニー症の指標であるK/（Ca+Mg）当量比はいちじるしく低い。

第2表　クワの消化率（Sanchez, 2001から）

方法	部　位	消化率（%）	報告者
in vivo（ヤギ）	葉	78.4 ～ 80.8	Jegou *et al.*, 1994
in vitro	葉	89.2	Araya, 1990
	葉	80.2	Schenk, 1974
	葉	89 ～ 95	Rodriguez *et al.*, 1994
	茎	37 ～ 44	Rodriguez *et al.*, 1994
	全植物体	58 ～ 79	Rodriguez *et al.*, 1994
	葉	82.1	Shayo, 1997
	樹　皮	60.3	Shayo, 1997

桑葉の高消化性を表わすデータを第2表に示す。この表は，クワの消化率について世界各国の研究者が報告したものをとりまとめたものである。ヤギを使った*in vivo*の研究例では，桑葉の消化率は78～81%であった。*in vitro*の研究例では，桑葉80～95%，茎37～44%，樹皮60%，茎葉全体58～79%の範囲にあった。この数値は，一般的に知られているスイートコーンの*in vitro*消化率70%前後，牧草の60～70%に比べすこぶる高い。

（3）総合的評価

クワの飼料としての特徴をあげると，まず，家畜の嗜好性がきわめて高いこと，蛋白，ミネラルおよびビタミン含量が多く，消化性に優れていることである。総じてクワの飼料価値は，アルファルファに匹敵するといわれる。クワがこのような高栄養価の作物になった理由について，中国の文献によると，クワは今から約4,500年前から養蚕用に栽培されてきた世界で最も古い作物の一つとされ，各種の優れた特性（再生力，耐病性，耐虫害性，高栄養価など）を選抜・淘汰により獲得したとされる。高栄養価の特性獲得に至った経過については，カイコの胃が単純構造で，消化能が40%以下と低いため，カイコを早く生育させるのに高栄養を必要としたのだと考えられる。また，一般組成の中で蛋白質含量が高いのは，養蚕の最終生産物である絹がほとんど純粋な蛋白でできているため，クワの改良目標を蛋白においたのである。

3. 牧草―クワ混生草地による放牧期間の延長

通常，関東地方の放牧草地では，肉用牛や乳牛の育成牛を4月中旬から放牧しはじめ，10月中下旬に終牧するのが一般的である。放牧期間は，6～6.5か月である。地域による放牧期間の違いについては，寒地型牧草地に放牧する場合，北海道から九州まで大きな差違はないが，暖地になるにしたがい，若干長く放牧できる。しかし，暖地では夏期の高温の時期に草不足に陥り，放牧牛に補助飼料を給与しなければならない。

それでは，実際に牧草地にクワを植栽して輪

第3表　牧草―クワ混生草地と慣行放牧草地における放牧実績

項　目	2001年		2002年		2003年	
	牧草―クワ混生草地	慣行放牧草地	牧草―クワ混生草地	慣行放牧草地	牧草―クワ混生草地	慣行放牧草地
放牧牛の品種・頭数（共通）	ホルスタイン去勢1，ホル×黒去勢2，黒去勢1，黒雌1		ホルスタイン去勢2，ホル×黒去勢2，黒去勢1		ホルスタイン去勢4	
放牧開始日（月／日）	4/9	4/9	4/8	4/8	4/7	4/7
放牧終了日（月／日）	11/7	10/10	11/8	10/11	11/12	10/10
放牧日数（日）	212	184	213	186	219	186
放牧開始時供試牛平均体重（kg）	210.6	217.0	173.4	172.2	249.3	250.8
放牧終了時供試牛平均体重（kg）	324.6	314.4	288.8	270.2	384.0	366.0
放牧期間中の増体重（ha）（kg）	570	487	577	490	610	501
放牧期間の日増体量（DG）（kg）	0.54	0.53	0.54	0.53	0.62	0.61

注　黒：黒毛和種

換放牧した試験例を示そう。試験は栃木県那須塩原市にある草地試験場（現（独）農業・食品産業技術総合研究機構畜産草地研究所）で行なわれ，クワを植栽した牧草―クワ混生草地と，比較対照として慣行的に放牧する慣行放牧草地を設けて2001～2003年に実施したもので，第3表にその結果を示した。試験に用いられた牛は，肉用の育成牛4～5頭である。放牧日数については牧草―クワ混生草地が慣行放牧草地よりも27～33日長く放牧でき，放牧期間中のha当たり増体重も83～109kg多かった。この結果は，混生草地では通常の放牧草地に比べて放牧期間を約1か月延長することができ，ha当たり増体も20％程度増加させることができることを示している。

こうした好成績が得られた理由は，前述したように牧草地では夏～秋期の牧草不足が放牧利用上の最重要問題となっており，この試験の慣行放牧草地でも同様に夏～秋のいちじるしい草量低下がみられたが，牧草―クワ混生草地ではクワの貢献により同時期の飼料（えさ）を確保できたためである。具体的なデータを示すと，2002年の試験では8月下旬（夏期）および10月上旬（秋期）の現存草量をみると，慣行放牧草地は10a当たりそれぞれ乾物で139kgおよび44kgであったのに対し，牧草―クワ混生草地では慣行放牧草地のそれぞれ1.9倍に当たる264kgおよび2.7倍の120kgであった。

ここで考慮しなければならないことは，この試験ではクワの植栽面積が放牧草地のわずか20％であったことである。クワを40％，50％に増し植えすれば，放牧期間はさらに長くなるし，増体成績も向上することは明らかである。放牧期間が長くなればなるほど，畜舎での飼養期間が短くなり，購入飼料，貯蔵飼料の給与量が低減され，大幅な飼料コストの減になる。また，畜舎での毎日の給餌やボロ出し（糞尿の処理）作業をしなくてすみ，経済的，時間的“ゆとり”が生ずる。放牧期間の延長には，このような利点があるため畜産先進国では以前よりこれに関した研究が盛んで，冬期の雪中放牧も一部の国では行なわれている。

4. 収益増をねらう牧草―クワ・スイートコーン草地放牧

筆者らは牧草―クワ混生草地への放牧の成績をさらに向上させるために，前項で紹介した試験の一環として牧草地に植栽したクワの樹列間に換金作物のスイートコーンを栽培し（第6，7図），スイートコーンの収穫後，その茎葉（残渣）を牛に食べさせる放牧試験を試みた。

(1) 牧草―クワ・スイートコーン草地利用

試験は2004年に草地試験場で実施したものである。栽培に用いたスイートコーンの品種は鳥害に強い‘ティガ’で，スイートコーンの収穫時期を8月下旬の牧草不足時になるように栽培した。すなわち，5月10日にペーパーポットにスイートコーンを播種。クワの樹列間に牛を放牧後，5月18日にクワの樹列間（幅4m）に施肥，ロータリー耕を施し，5月24日にうね間75cm×株間30cmでスイートコーン幼苗を移植（4,000本）した。移植後はクワとスイートコーンを栽培している面積全体を電気牧柵で囲った。スイートコーン収穫後，イタリアンライグラスを播種，スイートコーン茎葉を残したまま，電気牧柵を開いて放牧した。スイートコーンの栽培面積は9aであった。

第6図　クワ樹列間に栽培されたスイートコーン（7月6日）

第7図　クワ樹列間に栽培されたスイートコーン（8月11日）

クワの放牧は，8月下旬～9月上旬と11月上旬に行なった。クワを放牧する際にはクワの1列を1日で放牧し，放牧後はただちに電牧で囲い（第8図），クワを牛の蹄傷から護った。こうして1日おきにクワ樹列に放牧した。クワの樹列間の放牧は，4～5月（牧草），8月下旬～9月上旬（スイートコーンの残茎葉）および11月（イタリアンライグラス）に行なった。試験の結果は第4表に示すとおりであった。クワとスイートコーンの残茎葉は，双方ともきわめて牛の嗜好性が高く，よく採食された（第9，10図）。牧草―クワ・スイートコーン草地の放牧期間は224日で，慣行放牧草地に比べて45日（1か月半）放牧を延長することができた。放牧期間中のha当たり増体でも慣行放牧草地よりも135kg多く，明らかに牧草―クワ・スイートコーン草地の増体効果が認められた。

この方法は電気牧柵によって放区を仕切るため，電気牧柵のワイヤーの管理に時間がかかりそうに思えるが，実際にはワイヤーを下げるだけですむため，試験圃場では10分程度ですんでいる。

牧草―クワ混生草地に換金作物スイートコーンを導入したことにより得られた放牧効果を混生草地のそれと比較すると，放牧期間の延長では5～12日，放牧期間中のha当たり増体では139～179kg増加した。こうしたことから明らかなとおり，放牧実績では牧草―クワ・スイートコーン草地＞牧草―クワ混生草地＞慣行放牧草地の関係が成り立つ。

以上のように，牧草―クワ混生草地にスイートコーンを栽培し，収穫後の残渣を利用する放牧方式では，顕著な放牧効果が確認されたが，この方式はそれに留まらず，いくつかの効果が期待できる。

（2）牧草―クワ・スイートコーン草地放牧のメリット

まず，第1のしかも最大の効果は収益性である。放牧草地の利用では，そこから得られるものは肉ないしは乳の家畜生産物のみである。しかし，牧草地にクワとスイートコーンを導入した放牧方式では，換金作物スイートコーンの販

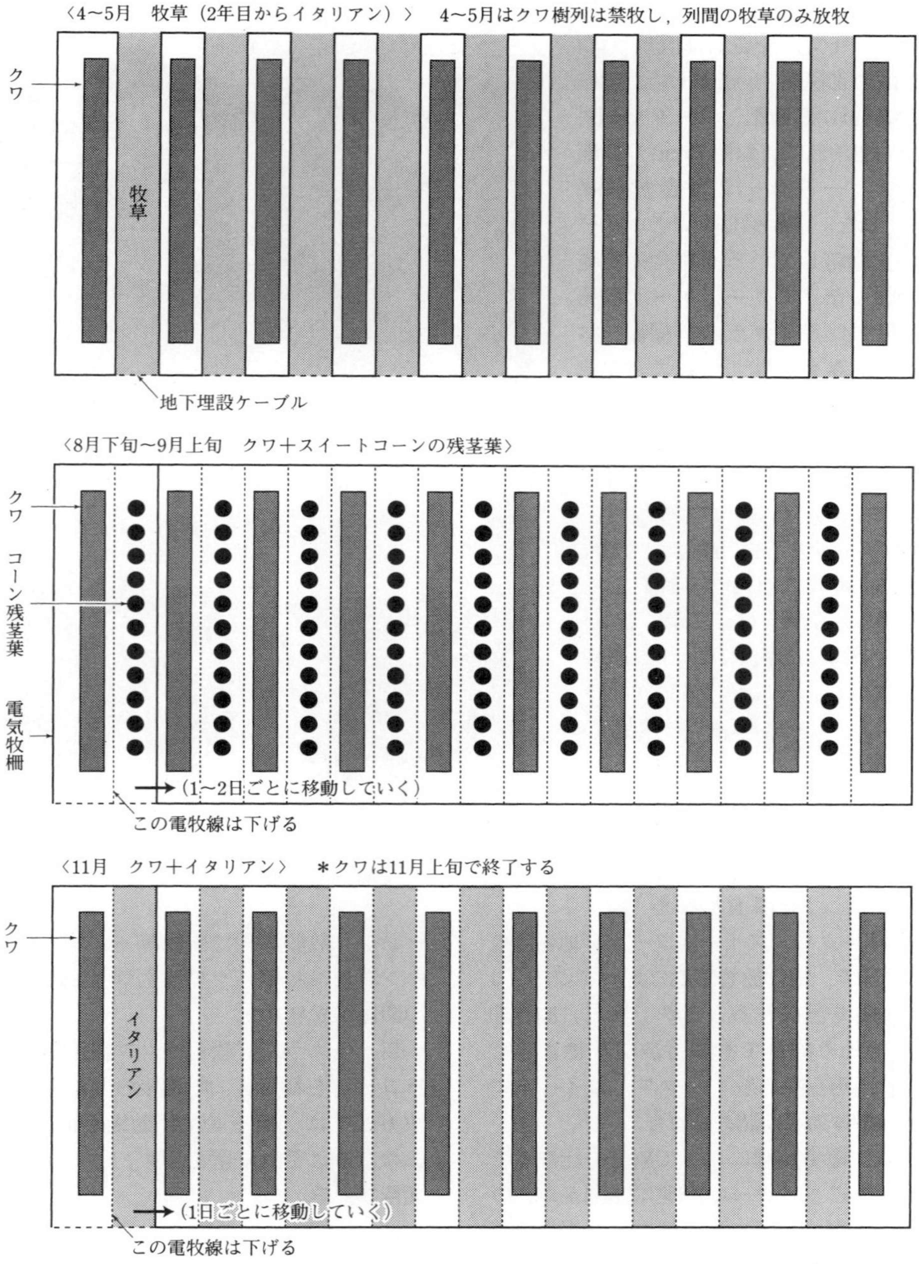

第8図　牧草―クワ・スイートコーン草地での放牧方式

売による収益が加わる。放牧草地の収益性に比べればクワとスイートコーンの導入による家畜生産物の生産アップとあいまって，はるかに高い収益が得られる。

今回の試験で栽培されたスイートコーンは，雌穂重（皮を剥がしたもの）平均416g，雌穂長29cmと立派なものであった（第11図）。ちなみにスイートコーンの粗収益をみると，20aのクワ

第4表　牧草―クワ・スイートコーン草地と慣行放牧草地における放牧実績（2004）

供試草地	放牧牛の品種・頭数	放牧開始日	放牧終了日	放牧日数	放牧開始時平均体重（kg）	放牧終了時平均体重（kg）	放牧期間の増体重（ha）（kg）	放牧期間日増体量（kg）
牧草―クワ・スイートコーン混生草地	ホルスタイン去勢4	4/5	11/15	224	184.6	334.4	749	0.67
慣行放牧草地	黒去勢1	4/5	10/1	179	189.8	312.6	614	0.69

注　黒：黒毛和種

第9図　クワ樹列間に栽培されたスイートコーンの放牧風景

第10図　クワ樹列間に栽培されたスイートコーンの放牧後の状態

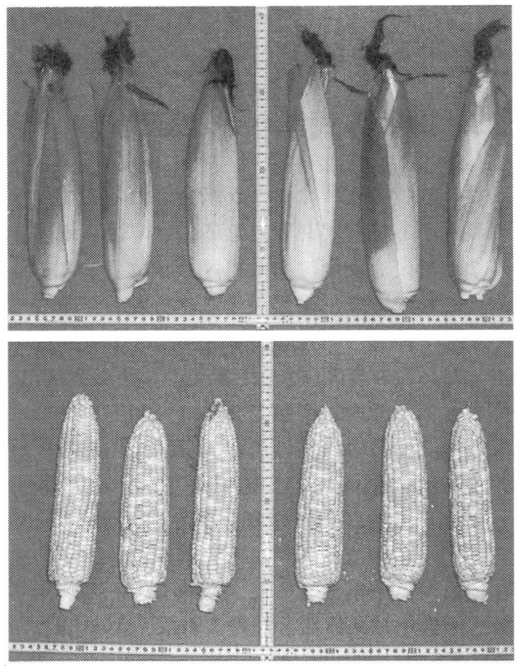

第11図　牧草―クワ混生草地で栽培されたスイートコーン

栽培面積のクワ樹列間に栽培されたスイートコーンの本数は4,000本で，販売可能なスイートコーンの本数は5,000本であった。収穫されたスイートコーンの大きさはビッグサイズであったので，1本80円で販売できるとすると40万円が粗収益となる。これから肥料代，労賃，燃料代などの生産費約10万円を差し引くと30万円が純利益である。今回のスイートコーンの栽培では農薬はいっさい使用せずに，第11図のような立派なものを収穫できた。

第2の効果については，換金作物スイートコーンの残茎葉の利用である。家畜生産に寄与するばかりでなく，その残茎葉処理費は不要となる。

第3の効果には，二つの販売物（家畜生産と換金作物）があるので，市場価格変動の危険分散効果がある。

第4には，最近各地で報告されているように，イノシシ，シカ，クマなど野生動物によるスイートコーン食害が，牛の放牧により抑制される。スイートコーンだけでなく，他の作物，たとえばサツマイモやエダマメなどもこの放牧方式に取り入れることが可能となる。

5. 放牧方式にかかる経費

この放牧方式ではクワが植栽されるので，それにかかる経費が必要となる。クワは，木本類のなかで最も安価に増殖可能な植物の一つである。したがって，苗代がすこぶる安い。筆者らの試験で植栽されたクワの苗代は，1本30円であった。この苗代をもっと節減しようと思えば，挿し木による自家増殖で1本10～20円くらいにはなる。桑苗の植付け代は，草地全体に植え付けた場合でもha当たり15万円くらいで，電牧セットha当たり20万円程度を加え，投資額は合計35万円くらいである。この投資額は，クワの生存年数が数十年あること，電牧セットの耐用年数も十数年はあることを考えれば，年・ha当たり約2万円にすぎない。

6. 留意点と今後の展望

牧草地にクワを栽培するというと，とかく牧草と同じ重み付けでクワを放牧するものと誤解しがちだが，牧草―クワ混生草地の基盤となる家畜の飼料は牧草であり，クワないし導入換金作物の残渣はあくまでも牧草を補完するものである。しかし，この補完があればこそ牧養力の飛躍的向上，家畜生産性の向上，収益の増，エロージョン防止などの機能強化ができるものである。

第1の留意点は，この放牧方式では電気牧柵が絶対必要条件であること。電気牧柵がなければ，クワも換金作物も生育の中途で牛に採食されてしまうからである。また，クワの嗜好性がよすぎるので，牛に頻繁な採食を受ければクワの生存年数が短くなる。前述したように電気牧柵の設置費用はそれほど高くないし，取扱いも容易であるから，その使用による煩雑さは小さい。

第2の留意点は，クワを放牧するとき，電牧で囲ったすべてのクワ樹列を一度に外してはならないこと。牛にとってクワの嗜好性はきわめて高いため，食べられる桑葉ないしは茎がある限り，牛は一度に集中的に採食し，下痢をする危険性があるからである。これは，桑葉は高蛋白だからである。したがって，クワと換金作物スイートコーンの残渣の放牧は，1日に1クワ樹列とクワ樹列間のスイートコーン1列とし，順次クワとスイートコーンの列に放牧していくべきである。放牧後のクワ樹列は速やかに電牧で囲う。こうすれば，放牧牛は牧草，クワ，スイートコーンの残渣をバランスよく採食することができるばかりでなく，クワを放牧によるダメージから回避させることができる。

第3の留意点は，冬または早春に，前年に伸びたクワの枝を地上部0.6～1mくらいのところで刈り揃えること。この作業はチェーンソーを使えば，それほど大変な労働にはならないであろう。

今回紹介した放牧方式では，換金作物としてスイートコーンを用いたが，サツマイモ，エダマメも有望である。収穫後の残渣を放牧に利用することはできそうにないが，ダイコン，ニンジンなどの根菜類，キャベツ，ハクサイ，レタスなどの葉菜類，場合によっては花卉なども導入が可能と思われる。この放牧方式を適用する草地については，公共牧場の草地が最も導入しやすいと思われるが，個人の牧場でも十分採用可能である。

執筆　北原徳久（社団法人日本草地畜産種子協会九州試験地）

2006年記

ASP（秋期備蓄草地）の利用管理技術

（1）放牧期間の延長とASPの利用および利点

野草地放牧時代，放牧期間は5月中旬～10月中旬までの約150日間であった。昭和30年代から始まった寒地型牧草を用いた草地改良事業造成された牧草地への放牧により，放牧期間は4月上旬～11月下旬までの約230日間可能となった。

牧草地放牧時代になった昭和50年代になると，冬期の舎飼期の省力化のため，放牧期間の延長を目指して，採草地の二番草（8月中旬）を収穫した後，三番草を収穫せずに備蓄し，その秋期備蓄草地（ASP）に12月上旬～1月下旬まで放牧するASP放牧が実施されるようになった。さらに平成に入るとASPを利用した周年放牧が実施されるようになり，採草地の三番草の刈取りに要する労力および冬期舎飼飼養の労力が削減され，飼養規模の拡大が可能になった。

（2）ASP用草種と栄養価

ASP草地における，牧草の種類と栄養価および利用率を第1表に示した。

粗蛋白質含量，TDN含量および単・少糖類含量はレッドトップ，リードカナリーグラス優占草地に比べ，トールフェスク，オーチャードグラス優占草地のほうが高く，また，利用率も高く，ASP用草種としてはトールフェスクおよびオーチャードグラスが適している。なかでも，トールフェスクは，オーチャードグラスが12月に入ると葉の先端から枯れ始め，下旬には全葉長の半分近くが枯れるのに対し，12月に入っても枯れることなく葉は緑色を保持しており，トールフェスクはASPに最も適した品種といえる。トールフェスク優占草地の冬期の牧草成分の推移を第1図に示した。

（3）ASPの管理と牧養力

トールフェスク，オーチャードグラス優占草地での二番草刈取り時期および施肥量とASPの乾物収量との関係を第2表に示した。

第2表からわかるように，8月上旬に二番草を刈り取り，その後，通常より多い施肥（N－P－K：12－14－12kg/10a）を行なうことにより，約400kg/10aの乾物収量が可能である。8月中旬に二番草を刈り取った場合は，通常の施肥（N－P－K：4－5－4kg/10a）で約260～280kg/10aの乾物収量があることがわかる。

11月中旬～3月上旬までの約120日間，肉用繁殖牛（体重約500kg）を1頭放牧するのに必要なTDN量は，日本飼養標準をもとに試算すると約

第1表　ASP用草種と栄養価＊と利用率＊＊

（単位：％）（熊本県草畜研，2000）

草　種	粗蛋白質	TDN	Ca	単・少糖類	利用率
トールフェスク，オーチャードグラス優占	12.6	60.1	0.32	2.25	75 ～ 93
レッドトップ，リードカナリーグラス優占	10.9	58.9	0.25	1.89	29 ～ 56

注　＊11月採取，＊＊12～翌3月

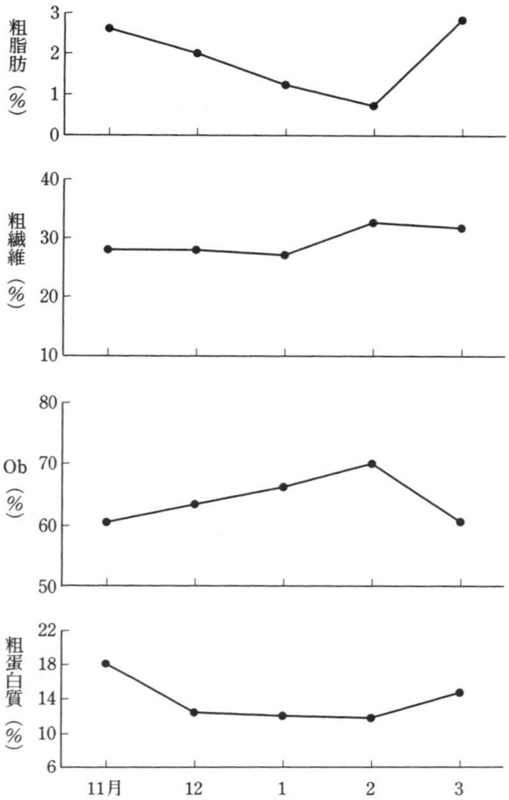

第1図　ASPの牧草成分の推移
（九州農研，2002）

Ob：低消化性繊維

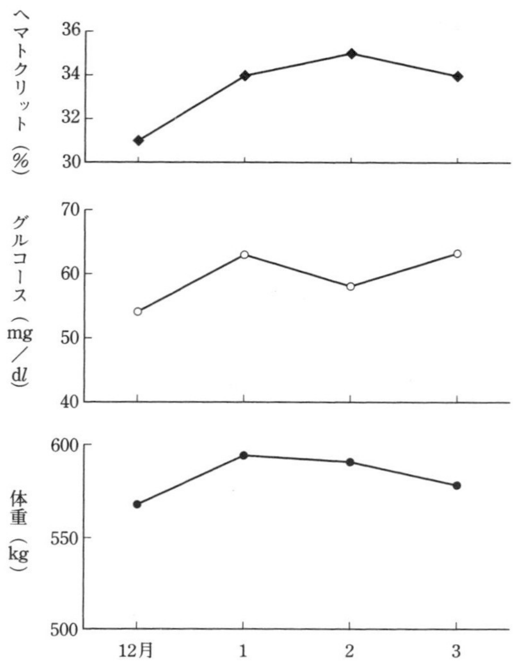

第2図　ASP放牧牛の体重・血液性状の推移
（熊本県草畜研，1997）

第3図　ASPを利用した冬期放牧

第2表　二番草刈取り時期*および施肥量**とASPの乾物収量　（大分県畜試，2001）

刈取り時期	施肥量	乾物収量（kg/10a）
8月上旬	多肥区	419
	少肥区	389
8月中旬	多肥区	317
	少肥区	262
	慣行区	285

注　*トールフェスク，オーチャードグラス優占
**施肥量はN−P−K（kg/10a）で多肥区12−14−12，少肥区6−7−6，慣行区4−5−4

700kg必要であり，ASPのTDN含量および利用率より求めた必要乾物量は約2,100kgになる。したがって，第2表の乾物収量より，11月中旬〜3月上旬までの約120日間，肉用繁殖牛（体重約500kg）を1頭放牧するのに必要なASPの面積は，8月上旬に二番草を刈り取った場合は約50a，8月中旬に二番草を刈り取った場合は約70aになる。

（4）ASP草地放牧牛の体重の推移と血液性状

妊娠約4か月齢の肉用繁殖牛を，50〜70a/頭の放牧密度で12〜翌3月までASP草地に放牧したときの体重の推移を，第2図に示した。体重は12月から1月にかけて大きく増加し，その後3月までは，ほぼ体重は維持の状態で推移し，ASP放牧期間中の増体量は約30kgであった。そのときの血液性状は，第2図に示すようにヘマトクリット31〜35％，グルコースは54〜65mg/dlで推移している。なお，図には示さなかったが，コレステロールは69〜92％，GOTは9.0〜9.5％と，各成分とも正常な範囲で推移した。また，ASP放牧で越冬した妊娠牛（第3図）の子牛の生時体重と体高は39.6kg，70.0cmであり，舎飼牛（生時体重38.1kg，体高70.8cm）と同等の成績であった。

第3表　周年放牧体系のための放牧指標

（熊本県草畜研，2005）

草地区分	放牧時期	放牧日数	放牧地面積（a/頭）	牧草生産量（ADMt/ha）	草地利用率（％）	牧養力（CD/ha）
放牧地（OG・TF優占）	春期	45	24	2.97	74.4	188.6
	夏〜秋期	85		5.95	73.7	363.0
野草地（ススキ優占）		100	66	7.22	54.1	153.6
兼用地（ASP）（OG・TF優占）	冬期	135	67	4.41	78.7	201.9

注　OG：オーチャードグラス，TF：トールフェスク，ADM：風乾物量

（5）ASPを利用した周年放牧体系

周年放牧のための草地管理体系および放牧指標を第3表および第4図に示した。

牧草放牧地（トールフェスク，オーチャードグラス優占）に春期（4月中旬〜6月上旬）に約45日間，夏期（7月上旬〜8月上旬）および秋期（11月上旬〜12月上旬）に約85日間放牧し，野草地（ススキ優占）には梅雨時期および夏〜秋期（8月上旬〜10月下旬）に約100日間放牧し，ASP（トールフェスク，オーチャードグラス優占）には12月上旬〜4月上旬の約135日間放牧すること

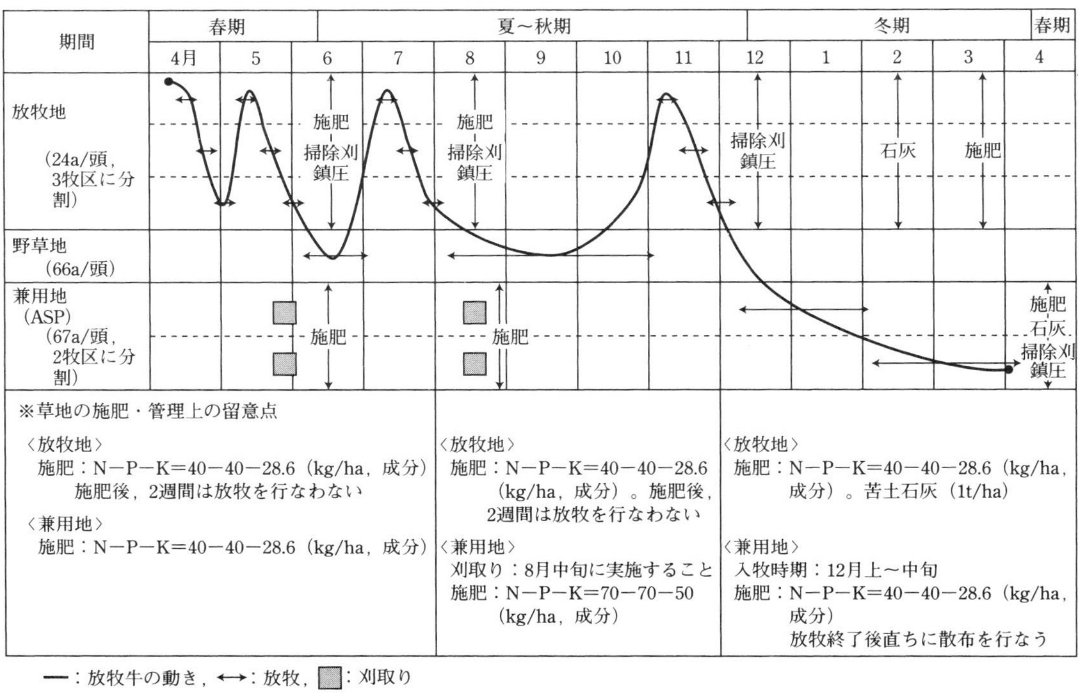

第4図　周年放牧のための草地利用管理体系図　（熊本県草畜研，2005）

により，周年の放牧が可能となる。そのための必要面積は，肉用繁殖牛（体重約500kg）を1頭当たり，牧草放牧地約25a，野草地約65a，ASP約65aである。

牧草放牧地（トールフェスク，オーチャードグラス優占）には，草丈50〜60cmで入牧し，約70%の利用率で転牧する。ASPは入牧時（12月）には草丈は50cm前後になっており，70〜80%の利用率で転牧する。なお，冬期の積雪が30cm以上のときには，ASPの牧草が採食できないので，ロールベール乾草などの飼料を補給する必要がある。

執筆　中西雄二（(独）農業・食品産業技術総合研究機構九州沖縄農業研究センター）

2007年記

参考文献

樋口俊二ら．2000．九州沖縄農業研究成果情報．第15号，179—180．
川邊邦彦・城秀信．1997．熊本県草地畜産研究所試験成績．第22号，38—49．
黒柳智樹ら．2005．九州沖縄農業研究成果情報．第20号，111—112．
里秀樹ら．2001．九州沖縄農業研究成果情報．第16号，101—102．

亜熱帯(沖縄)での暖地型牧草地の維持管理

1. 草地の特徴と問題点

亜熱帯地域では，その気象条件は暖地型牧草の生産に好条件を与える反面，生産粗飼料の利用と草地の維持管理において，以下に述べるような問題がある。そのため暖地型牧草の高位生産と利用にあたっては，自然条件に適した優良草種の導入と草地管理技術の適正な運用が求められる。

①暖地型イネ科牧草は一般的に栄養価が低い。

②降水量の変動が大きく，自然の災害を受けやすい。

③地力が低いため，牧草の生産性が低い。

④雑草の侵入に対する対策が遅れている。

⑤造成後長期間を経ても更新しないため，経年化にともない生産性が低下している草地が多い。

2. 適草種の選定と生産目標

(1) 沖縄県の基幹牧草の特性

沖縄の基幹牧草は，ローズグラス，ギニアグ

第1表 沖縄の基幹牧草の特性

草種名	品種名	草型	草丈(cm)	生産量(乾物収量)(t/10a)	耐干性	耐酸性	耐湿性	早晩性	刈取り適期	放牧適期	その他の特性
ローズグラス	カロイド	株型直立	80～120	10～12 (2.3～2.6)	弱	弱	中	晩生	草高1m前後	草高25cm	消化率,収量が高い
	カタンボラ		80～110	9～11 (2.1～2.3)				中晩生	出穂始め期		細茎で乾燥が容易
	アサツユ		80～110	10～12 (2.3～2.6)				早生	出穂始め期		生産量が高い
ギニアグラス	ナツユタカ	株型直立	200～250	15～17 (3.1～3.4)	強	強	弱	晩生	草高1m前後	草高30cm	生産量が高い
	ガットン		120～150	12～14 (2.5～3.0)				早生	出穂始め期		蛋白・消化率が高い
パンゴラグラス	台湾A24	ほふく	60～120	10～13 (2.3～2.8)	中	強	中		草高40～50cm	草高30cm	低温伸長性は低い。嗜好性がよい
	トランスバーラ		30～ 60	10～13 (2.2～2.9)					草高30～40cm	草高25cm	細茎で乾燥がやや早い
ジャイアントスターグラス		ほふく	30～ 70	10～13 (2.2～2.8)	極強	強	弱		草高40～50cm	草高30cm	低温伸長性は低い
ネピアグラス	メルケロン	株型直立	200～400	15～20 (2.5～3.4)	強	強	中	晩生	草高180cm前後	草高90cm	安定して収量が高い
	台湾7262		200～400	15～20 (2.5～3.4)				晩生	草高120cm前後または再生後60日	草高90cm	毛がない。収量が高い
	台湾7734		130～170	12～14 (1.7～2.0)				中生	草高120cm前後または再生後40日	草高60cm	毛がない。蛋白,消化率が高い

ラス，パンゴラグラス，ジャイアントスターグラスおよびネピアグラスの5草種で，その特性を第1表に示した。

(2) 地域区分と適草種および生産目標

沖縄の草地では，採草地，放牧地とも通常永年利用されるので，適草種の選定や生産目標の設定にさいしては，多収よりもむしろ永続性に重点をおいて設定することが望ましい。

沖縄は南北間の気温の差が2℃（最低気温では3℃）と差が大きいうえ，降水量の季節分布や変動が大きい。土壌についても，酸性で有機物に乏しい国頭マージ土壌と，弱アルカリ性で土層が浅く保水力が低い島尻マージ土壌が分布していることから，適草種は地域ごと島ごとで微妙に異なる。

そのために，このような気候や土壌環境に適合した草種・品種を選定し，生産の安定化と土壌保全の強化を図ることが求められる。またその場合，採草・放牧などの利用目的に適した草種・品種を選択することが重要である。

①地域区分

第1図に示すとおり，沖縄を沖縄本島とその周辺離島地域，先島島尻マージ土壌地域および先島国頭マージ土壌地域の3つに分ける。

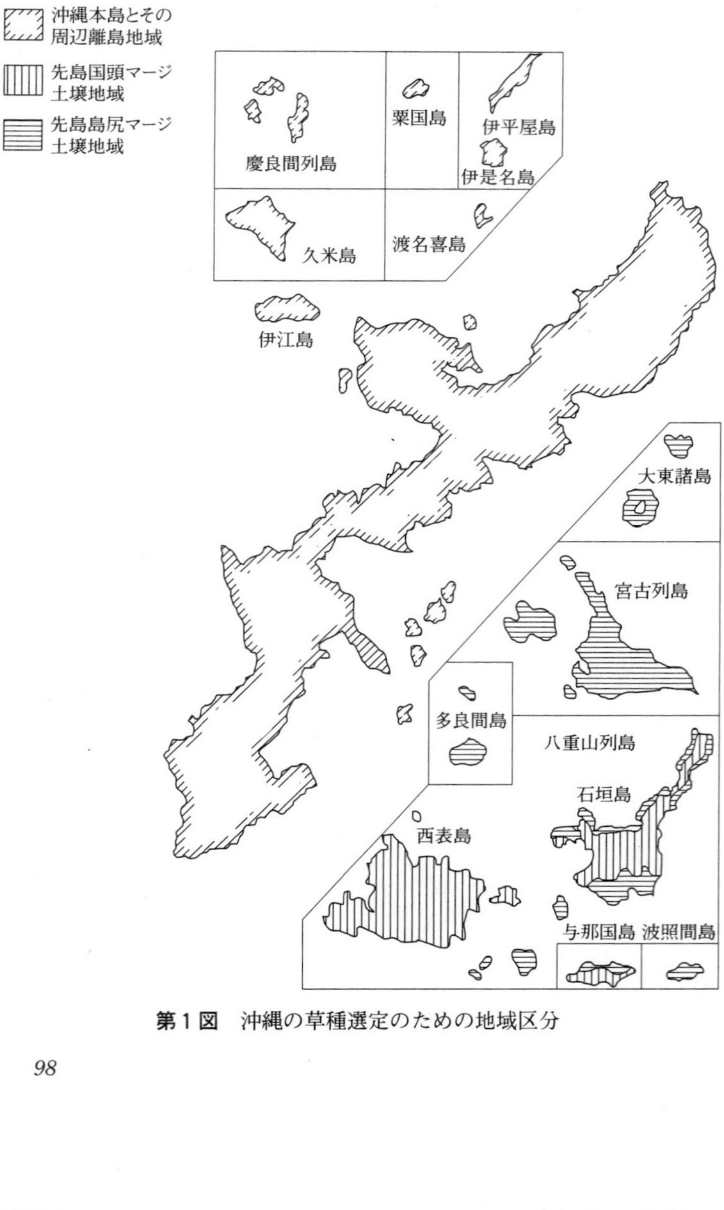

第1図　沖縄の草種選定のための地域区分

沖縄本島北部と南部の海岸沿いや伊江島の土壌は島尻マージであり，本島中北部や伊是名島の土壌は強酸性の国頭マージである。しかし土壌が異なっても，この地域は気温の面からは，亜熱帯のなかではやや温度の低い地域に適応する草種が適草種になる。この地域を沖縄本島とその周辺離島地域とする。

宮古諸島と八重山諸島においては，気温の面からは亜熱帯のなかでは温度の高い地域に適応する草種が適草種になる。ところが，土壌の水分保持力の差によって，乾燥地帯と適水分地帯に分けられる。そのために，気温に対する適応よりも水分に対する適応の違いによって適草種が異なる。前者を先島島尻マージ土壌地域，後者を先島国頭マージ土壌地域とする。

②適草種と生産目標

草地を利用するために

第2表　沖縄の地域区分と適草種および生産目標

地域名	利用形態	適草種	播種または植付け時期（月）	利用期間	年間利用回数（回）	生産目標（乾物収量）（t/10a）
沖縄本島と周辺離島地域	採草	ローズグラス	4～5中旬，9～10	3～12月	6～8	9～13（2.1～3.1）
		ギニアグラス	4～5	4～11月	6～7	
		ネピアグラス	4～10	5～11月	6～7	
	放牧	バヒアグラス	4～5	5～11月	6～7	4～6（0.6～1.2）
		ローズグラス	4～5中旬，9～10	3～12月	9～11	
		ネピアグラス	4～10	4～12月	7～9	
先島島尻マージ土壌地域	採草	ローズグラス	3下旬～4，10～11	3～12月	6～7	9～13（2.1～3.1）
		ギニアグラス	3下旬～4	3～12月	6～7	
		ネピアグラス	3～10	4～12月	6～7	
		ジャイアントスターグラス	3下旬～4	4～11月	6～8	
	放牧	ジャイアントスターグラス	3下旬～4	3～12月	8～10	4～6（0.6～1.2）
		パンゴラグラス	3下旬～4，10～11	3～11月	8～10	
		ローズグラス	3下旬～4，10～11	3～12月	9～11	
先島国頭マージ土壌地域	採草	ギニアグラス	3下旬～4	3～12月	6～8	10～15（2.7～3.5）
		パンゴラグラス	3下旬～4	4～11月	6～7	
	放牧	パンゴラグラス	3下旬～4，10～11	3～11月	8～10	5～7（0.8～1.4）
		ジャイアントスターグラス	3下旬～4	3～12月	8～10	

は，先に自然条件や経営条件を加味し，生産目標を決定する。

沖縄の地域区分と適草種および生産目標を第2表に示した。

3．草地の利用と維持管理

（1）生産粗飼料の栄養価向上対策

宮古島と石垣島で生産された自給飼料（ギニアグラス，パンゴラグラスおよびローズグラスの乾草とサイレージ）について，粗蛋白質含量と乾物消化率を分析したところ，第2図のような結果となった。粗蛋白質含量は15.7～2.5％，乾物消化率は58.8～31.7％の範囲にあり，かなり品質の低い飼料が含まれていた。

暖地型イネ科牧草は，肉用牛の粗飼料源としては十分な栄養価を有している。しかし泌乳牛では，夏季の暖地型イネ科牧草のみで維持要求量に必要なTDN量は摂取できない。というのは，暖地型イネ科牧草は繊維含量が多いうえ，消化されにくい構造になっているため乾物消化率が低く，粗蛋白質含量も低いためである。さらに

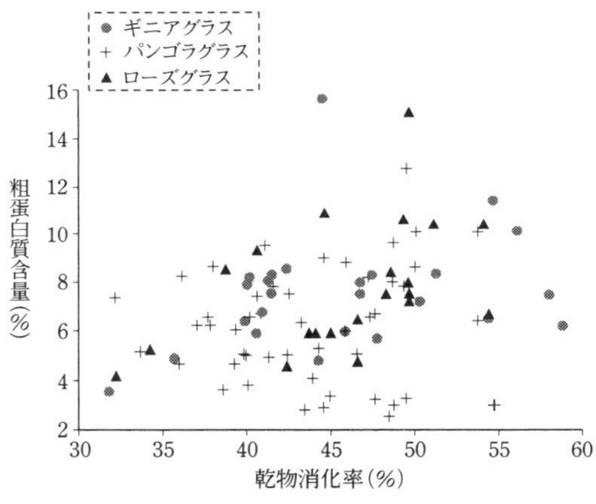

第2図　宮古・八重山の自給飼料の品質

庄子，九農研59（1997）

高温条件下で生育すると消化率が低下する。そのため，第3，4図に示すとおり夏季には消化率，蛋白含量が低くなる。

窒素を増施すると，第5図に示すとおり蛋白含量は増加するが，施肥効率は著しく低下する。また，消化率は上がらない。第6図に示すとおり，早生品種の栄養収量は出穂始め期から出穂期までが最も高いが，蛋白質7％以上，消化率

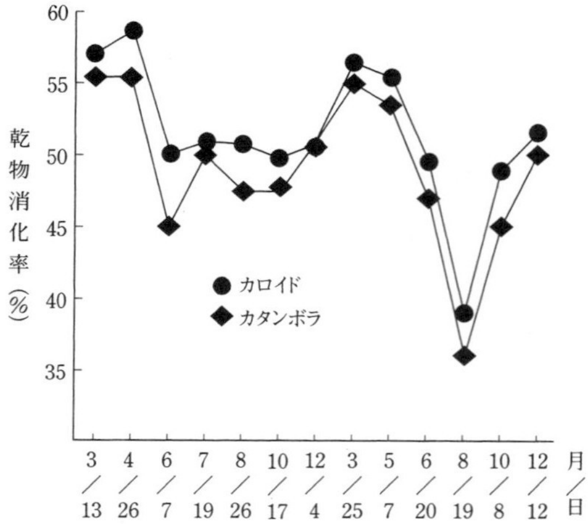

第3図　ローズグラスの刈取りごとの乾物消化率の季節変動（1985，1986）

庄司・前川・福地，日草九支報19-2（1989）

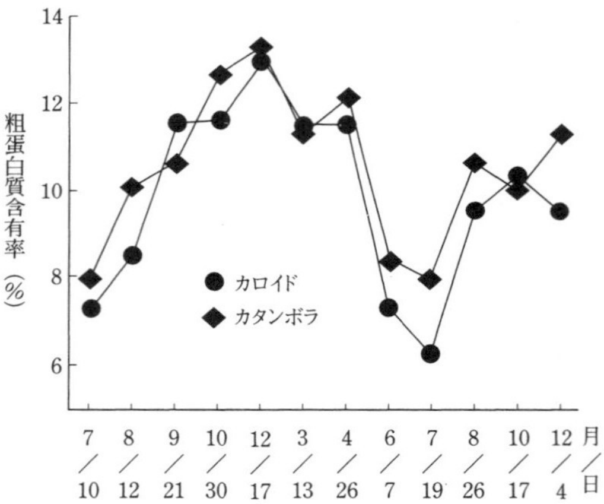

第4図　ローズグラスの刈取りごとの粗蛋白質含有率の季節変動（1984，1985）

庄子・前川・福地，日草九支報19-2（1989）

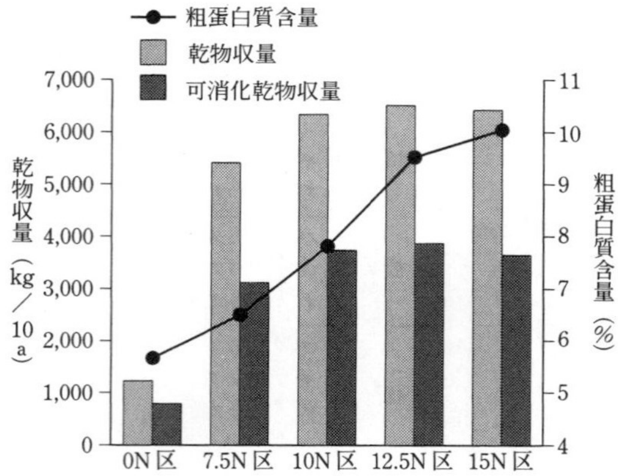

第5図　窒素施肥量の水準とギニアグラス（ナツユタカ）の栄養価（初年目と2年目の合計）

嘉陽，沖畜試研報33（1995）

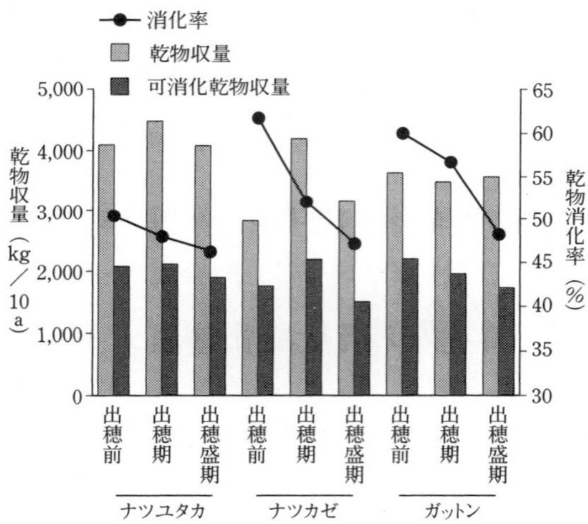

第6図　ギニアグラスの2年間の合計乾物収量と可消化乾物収量

庄子，九州ブ概要集，pp86―87（1990）

ナツユタカは晩生品種。ナツカゼ，ガットンは早生品種

50%以上を目安とすると，晩生のものでも早刈りする必要があり，刈り遅れたものは飼料価値が減少するとともに，嗜好性が低下する。また，品種によって早晩性に相当の差があり，刈取り適期が異なる。栄養価を高めるためには，実用的には刈取り時期を早めることしか対策がない。そのため，年間の刈取り回数は6～7回以上をめどとすべきである。

なお，同じ暖地型牧草でも，九州など他県で栽培した場合と沖縄で栽培した場合の品質が異なるため，日本標準飼料成分表にある消化率は沖縄で栽培するものよりも概して高くなっている。そのため，この消化率を沖縄で生産された自給飼料に単純に当てはめて，従来のTDNの推定式に代入して計算すると，繊維の含量の多い刈遅れのものほどTDNが高くなり，過大評価される場合が多い。正確な給与設計のためには，沖縄県での消化試験のデータを蓄積する必要がある。

放牧地では，栄養価が高く嗜好性の高い若い再生草（草高が低いうち）を利用させるようにする。年間の放牧回数は，採草の場合よりも多くなり8～10回となる。

(2) 省力的なロールベール体系の普及

①適期刈取りの実現

乾草やサイレージ調製の作業体系では，これまでは刈取り適期に収穫を行なうことが難しかった。特に，刈取り適期に降雨があると草地に入れなくなり，刈遅れになることが多かった。

しかし，ロールベール体系の導入によって収穫調製作業時の省力化が可能となり，小面積ずつの刈取り調製も可能となった。この体系の普及は，刈取り適期の収穫を可能にしたことで画期的なものである。また，乾草調製作業中の降雨に対しては，低水分サイレージに調製することで，ムダなく貯蔵飼料ができるようになった。

これらのことから，第7図に示すような冬季の粗飼料不足や干ばつ対策の粗飼料の貯蔵の問題は，ほぼ解消されたといってよい。

②サイレージ調製・貯蔵時の暑熱対策

亜熱帯で，暖地型牧草を原材料としてラップサイレージを調製する場合には，次のことに注意する必要がある。

ラップサイレージは，第8図に示すように外気温の影響を強く受ける。沖縄の暑熱環境下（最高気温が30℃以上になる期間で，第9図に示すとおり，八重山諸島（石垣）では6月から9月までの4か月間，沖縄本島北部（名護）では7月から9月までの3か月間）で調製や貯蔵すると，内部の温度はほぼ外気温の最高気温と同程度で推移するため，高水分および中水分サイレージでは酪酸が発生し，良いサイレージにはならない。そのため，強く予乾し低水分（水分40％前後）サイレージにして発酵を抑制する。また，カビ防止対策としてラップを3回巻きの6層重ねにすると3か月程度貯蔵できる。

暖地型牧草は可溶性炭水化物の含量が少ないため，そのままでは良いサイレージにならない

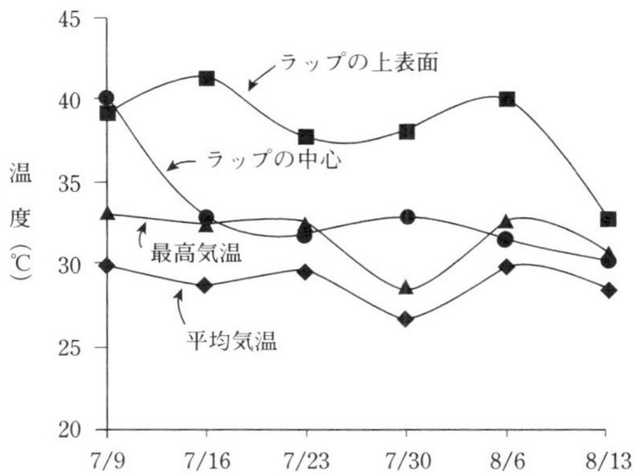

第8図　ラップサイレージの貯蔵1か月間の内部温度（午後2時）の推移

安谷屋，沖畜試研報33（1995）

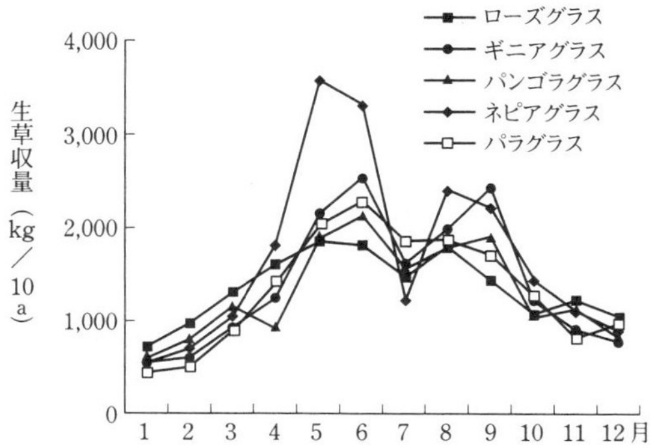

第7図　八重山におけるイネ科牧草の月別生草収量（3年平均）

東大嶺・新本・山城，沖縄畜産6（1971）

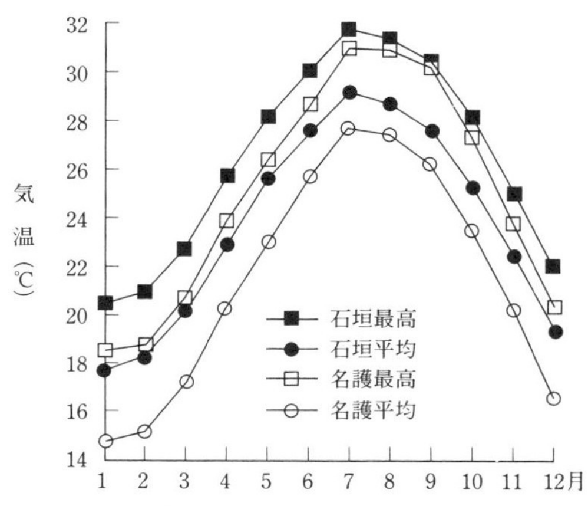

第9図　石垣と名護の気温

ので，発酵品質を上げるために中水分（水分50～60％）サイレージに調製し，糖蜜を3％添加するとともに市販の乳酸菌製剤を添加すると，良質サイレージが調製でき3～6か月間貯蔵も可能になる。

最近，ラップサイレージを食わせてから繁殖障害が多くなったとか，子牛の発育が悪くなったなどという苦情が出るようになった。調べてみると，β―カロチンの含量が牧草とサイレージで相当の差異があった。サイレージにするとカロチンが分解されるという報告もあり，どの段階で減少するのか調査しているところである。現状では，アルファルファのペレットなどを給与することで対処している。

（3）施肥管理

①採草地での施肥

採草地で年間の刈取りで収奪される窒素，リン酸，カリは，それぞれ成分で30～40，5～10，40～60kg/10a程度である。これを補ってやるのが原則ではあるが，この地域の土壌はリン酸吸収係数が高いため，施肥されたリンは土壌に吸着されやすく，逆にカリは贅沢吸収され，生産物のミネラルバランスを崩しやすいので加減しなければならない。各種肥料試験の結果から，目標収量に対し，標準的な施肥量を第3表に示した。

施肥は刈取りごとに分施するが，原則として生育旺盛な夏季の配分を多くし，他の時期は草量に応じて配分する。特に晩秋の施肥は少なくし，冬季から早春にかけての雑草の生育を抑える。

第3表　沖縄における採草地の年間標準施肥量

地　域	目標収量（生草t/10a）	施肥量（kg/10a）		
		窒素（N）	リン酸（P_2O_5）	カリ（K_2O）
沖縄本島および周辺離島	9～11 11～13	40～45 45～55	16～18 18～22	32～36 36～44
先島島尻マージ土壌	9～11 11～13	40～45 45～55	16～18 18～22	32～36 36～44
先島国頭マージ土壌	10～13 13～15	40～45 45～55	16～18 18～22	32～36 36～44

窒素肥料は干ばつ時および低温期には施肥効率が低下するが，特に11～2月には硝酸塩中毒発生のおそれがあるので，この時期は施肥量を減らす。具体的には夏季12kg，冬季では7kgである。

牧草専用1号はN，P_2O_5，K_2Oをそれぞれ20，8，12％含んでおり，10a当たり1回に2袋（1袋20kg），年間6～7回，刈取りごとに施用すると標準施肥量の80％を充足するようになっており，液状きゅう肥を5～15t施用すると100％充足されるように配合されている。また，沖縄の土壌で不足がちな苦土を配合してある。

液状きゅう肥の施用は生産の増加に効果が高い。ただし，窒素分は化成肥料と合計して年間90kgに抑えるようにする。化学肥料と併用して安全に連年施用できるふん尿の施用量は，おおむね採草地には年間10a当たり牛堆肥が10t，液状きゅう肥は15tである。

強酸性の国頭マージ土壌では，造成後4年目以降に土壌の酸性化が進行し，草生，生産粗飼料の品質悪化が認められるようになるので，特に耐酸性の弱いローズグラスの草地では，4年目以降は1～2年ごとに炭カルを1～2t/10aを施用し，土壌の酸性化防止に努める。通常の施肥管理のなかで苦土が施用されない場合は苦土炭カルを用いる。炭カルなどの施用は晩秋に行なう。早春に実施する場合は，窒素やカリ肥料とは2週間時期をずらして施用する。

②放牧地での施肥

放牧ではふん尿は草地へ排せつされる。これは肥料分を草地に還元することにはなるが，実際は局所的で地力の不均一をまねき，養分としての効率は低い。むしろ尿に含まれるカリ成分の過剰が問題となるので，これを加味した施肥とする。目標収量に対する標準的な施肥量を第4表に示した。

施肥は早春と各放牧利用後に行なうことが望ましいが，省力の観点から施肥回数の削減，季節生産性の平準化，放牧期間の延長など，利用法に応じた施肥法を工夫する。早春と秋季よりも，5～7月の生育旺盛な時期と干ばつ期には，若干抑制ぎみに分施する。また，リン酸，石灰および苦土は秋の最終放牧後か，春の最初の放牧前に施用する。

③土壌の化学性の悪化とその改善

沖縄は気温が高いため有機物の分解が早く，また降水量が多いため土壌養分，特に無機塩類の溶脱が著しく，土壌はミネラルバランスが崩れた痩せた酸性土壌となる。そのため，国頭マージ土壌，島尻マージ土壌とも地力が低く，牧草の生産低下の一因となっている。

通常は牧草には，微量要素の欠乏や過剰の症状は出ない。家畜には欠乏・過剰症が出る場合があるが，堆きゅう肥などの有機物を連用すれば十分供給できる。むしろ，土壌pHの不適正により各種微量要素の吸収が妨げられる場合があるので，土壌pHを適正範囲に維持することが肝要である。第5表にそれぞれの草地土壌の化学性と改良目標値を示した。

国頭マージ　国頭マージは赤色あるいは黄色の土壌で，酸性から強酸性を呈し，無機養分に乏しく，生産力が低い。また，土壌中の粘土が分散しやすく，分布が丘陵地に集中しているため，土壌侵食を受けやすい。

ミネラルが量的に不足していたり，苦土（Mg）含量が低いため，ミネラルバランスの不均衡が懸念される土壌が多い。このような土壌の草地では，主要三要素以外の苦土，マンガンなどの微量要素の施肥が必要となる。また，土壌によってはリン酸欠乏による生育の不良も懸念されるので，リン酸の多施用または分施が望ましい。

第4表　沖縄における放牧草地の年間標準施肥量

地域	目標収量（生草t/10a）	施肥量（kg/10a）		
		窒素（N）	リン酸（P_2O_5）	カリ（K_2O）
沖縄本島および周辺離島	4～5	22～27	8～ 9	10～12
	5～6	27～34	9～10	12～15
先島島尻マージ土壌	4～5	22～27	8～ 9	10～12
	5～6	27～34	9～10	12～15
先島国頭マージ土壌	5～6	20～25	8～ 9	10～12
	6～7	25～30	9～10	12～14

草地としての生産性は，沖縄の土壌のなかで最も低いと考えられるが，リン酸を増施することにより島尻マージと同程度の生産性を示すことも報告されている。土壌は強酸性であるため，土壌改良資材などによる酸度矯正が望ましいが，土壌の緩衝能が低いため，石灰資材の投与には十分な配慮が必要である。すなわち，過度の酸度矯正はリン酸やマンガンの欠乏を引き起こすので，適正な酸度矯正あるいは無機養分の増施を心がける。酸度矯正の資材としては，粗砕石灰岩や石灰質資材のほかに，クチャ（第三紀泥灰岩）も利用できる。これらは持続効果も高く，とりわけクチャは牧草中のミネラルバランスを維持する効果も高い。

このように，国頭マージは交換性陽イオンの不均衡，微量要素が欠乏することが多いため，

第5表　沖縄の草地土壌の化学性と草地土壌診断基準

沖縄県農試，地力保全基本調査総合成績書（1979，一部改編）

項目		草地土壌の化学性		草地土壌診断基準	
		国頭マージ	島尻マージ	国頭マージ	島尻マージ
土壌根群域の最高ち密度（山中式土壌硬度計の読み）				24	24
腐植（%）		0.34～ 6.72	0.96～14.83	2.0～ 5.0	2.0～ 5.0
pH（H_2O）		4.0 ～ 7.8	5.8～ 8.2	5.5～ 6.5	6.0～ 7.0
有効態リン酸（mg/100g）		N.D.～103.4	0.2～ 17.3	10＜	10＜
陽イオン交換容量（me/100g）		4.7 ～ 23.5	5.9～ 24.7	12＜	18＜
交換性塩基含量	カルシウム（me/100g）	0.6～ 34.8	1.4～ 50.2	5.0～ 10.0	18 ～ 20
	マグネシウム（me/100g）	T～ 5.0	0.7～ 5.0	1.5～ 3.0	3 ～ 5
	カリウム（me/100g）	T～ 0.8	0.1～ 2.4	0.2～ 0.4	0.4～ 0.8
塩基飽和度（%）		15.5～ 236.2	53.6～351.9	55 ～ 75	100＜
Ca/Mg（当量比）		1.4～ 33.3	0.5～ 27.4	2.5～ 3.5	4 ～ 5
Mg/K（当量比）		1.0～ 13.0	1.5～ 12.5	6 ～ 7	6 ～ 7

施肥や土壌改良資材による改善が必要である。

島尻マージ　島尻マージは明褐色の土壌で，弱酸性～弱アルカリ性を呈し，無機養分，特にカルシウムに富むが，構造的に保水力が乏しく，下層土が固いため根の伸長が阻害されるなど干ばつの害を受けやすい。

島尻マージの草地では，土壌中のカルシウム，カリウムが過剰のため，苦土とのアンバランスを生じている土壌がみられる。このため，ミネラルバランスなどを考慮した施肥を行なう必要がある。またリン酸吸収係数も高いので，リン酸を増施する必要がある。草地は土層が浅く，基岩の露出した地域に多いため，スタビライザー工法により草地造成が行なわれている。このような地域は土壌中の粘土含量が低く，団粒構造が発達しにくいと考えられる。このため無機養分の溶脱が著しく，ミネラル含量の低下あるいはミネラルバランスの不均衡が懸念される。

(4) 雑草の防除

雑草は，大型機械のわだちなど草地に発生した裸地を中心に侵入し，そこを拠点として増殖するので，適正な機械利用や施肥によって草地の密度を保ち雑草の侵入を防ぐ。侵入した場合は，初期の掘取りなどが最も効果がある。これらの方法で制圧困難な場合は薬剤防除を行なう(第6表)。

採草地の強害雑草としては，オガサワラスズメノヒエ，タチアワユキセンダングサ，ギシギシ，タチスズメノヒエ，ネズミノオの5草種がある。最近，ジョンソングラスが目立つようになった。

オガサワラスズメノヒエは国頭マージを中心とする酸性土壌における多年生の雑草であり，生育は気温の高い5～9月に集中するが，夏季は暖地型牧草の生育が旺盛であり，牧草に対する相対被度は低い。しかし冬季には，暖地型牧草の生育が鈍ることもあって，相対被度の割合が高くなる。いったん侵入すると防除はきわめて難しい。侵入が著しい場合は，グリホサートを全面散布して完全更新する。そのさい，埋没種子からの発芽個体や再生してくる茎や根を枯死させるため，天気の良い日にロータリ耕を3回以上繰り返してから，牧草を播種する。

タチアワユキセンダングサは，土壌の違いに関係なく各地の草地に侵入するが，被害は国頭マージ地域よりも島尻マージ地域で大きい。また草丈が高く牧草との競合にも強い。このため，常に牧草の株密度を高く維持し，侵入を阻止することが重要である。

ギシギシは圃場に侵入後，放置すると3年程度で圃場全体に繁茂する。1年目の実生は小さく見すごされがちであるが，種子の生産が始まる2～3年目に急速に繁茂する。沖縄県における生育期間は秋季から春季（10～5月）であり，他県と異なる。このため生育期間が暖地型牧草と重ならず，牧草との競合の少ない冬季間に急速に生長する。また株化した部分は牧草が衰退し，草地の生産性が著しく低下し，生産物の品質も低下する。特にロールベールにすると，その部分が水分が多いためカビが発生し廃棄割合が多くなる。このため，侵入初期に防除を行なう必要がある。防除の基本は根の掘取りで，牧草の最終刈取り後の12月から牧草の生育が盛んになる5月にかけて行なうが，本地域の草地土壌は乾燥すると著しく

第6表　雑草と除草剤

雑草名	除草剤	散布時期	散布後利用不可期間
オガサワラスズメノヒエ	グリホサート液剤	3，4，5月 生育盛期	局所散布の場合は非選択性なので牧草にかからないようにする。更新前は全面散布。散布後2週間は刈取りまたは耕起をしない
タチアワユキセンダングサ	2, 4-PA液剤，MCP液剤	展葉期	広葉雑草に選択性。イネ科牧草は黄変するが2週間で回復
ギシギシ	チフェンスルフロンメチル水和剤	年内最終刈り後または翌年掃除刈り後の再生初期	多年生広葉雑草に選択性。散布後利用できない期間は21日
	MDBA液剤		多年生広葉雑草に選択性。散布後利用できない期間は37日
ジョンソングラス	グリホサート液剤	更新前全面散布	オガサワラスズメノヒエに同じ

固くなり，掘取り除去は困難である。また冬季には他の短年生の冬季雑草も繁茂するので，防除には除草剤を使用する必要がある。

タチスズメノヒエ，ネズミノオが優占する草地は，草地としての利用期間が長くなり生産性が低下したり，荒廃した草地が多いため，更新することが望ましい。

ジョンソングラスは，最近外国からの購入粗飼料（ソルガム）に混入していた種子から広がった外来雑草で，自然落下種子でも地下茎でも繁殖する。草地に侵入すると3年以内に全体に繁茂する。牧草よりも早めに出穂し，牧草の刈取り時期には種子は落ちており，葉が茶色になって枯れ上がるため牛は食わない。侵入初期に掘り取るか，早めに刈ることを繰り返し，圃場に種子を落とさないようにして駆逐する必要がある。草地に全面的に広がった場合はグリホサート液剤を全面散布し，根まで枯らした後，完全更新する。

（5）草地の更新

①採草地の更新時期と更新方法

草地の更新は生産量が目標収量の70％以下になった時点を目安とする。

ギニアグラスは第10図に示すとおり，維持年限が長く，本県の環境によく適応している。雑草の侵入も少なく良好な草地を形成するが，7年目以降は生産量は目標収量の70％以下に低下する。このような草地は生産性の回復が必要である。ギニアグラスは酸性土壌にも強いため，土壌のち密化が最も大きな問題と考えられるので，パラプラウなどで土壌の表層を破砕し土壌の膨軟化を促進するとともに，堆きゅう肥の還元を行なう。

ローズグラスは島尻マージでは維持年限は長いものの，やはり生産低下が問題となっている。雑草の侵入も少ないため，10年以上も更新せずに化学肥料だけの連年施用を繰り返してきており，地力が低下したものと思われる。スタビライザーで造成した草地も含め，土層がもともと薄いので，有機物や土壌改良資材の投入と完全

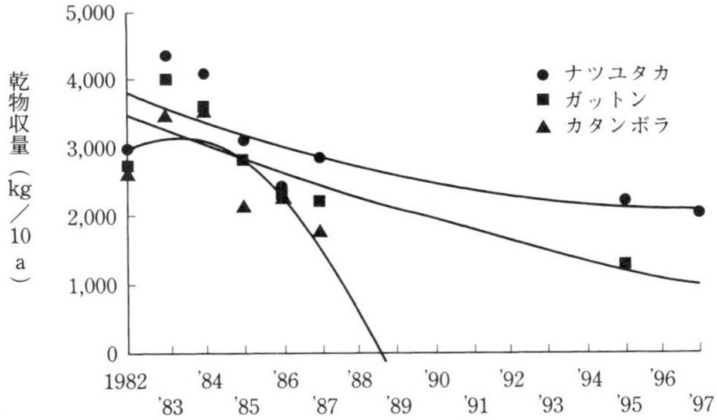

第10図　沖縄におけるギニアグラスの年間乾物収量の推移

前川・長崎・庄子，沖畜試研報23，26（1985，1988，未発表資料）

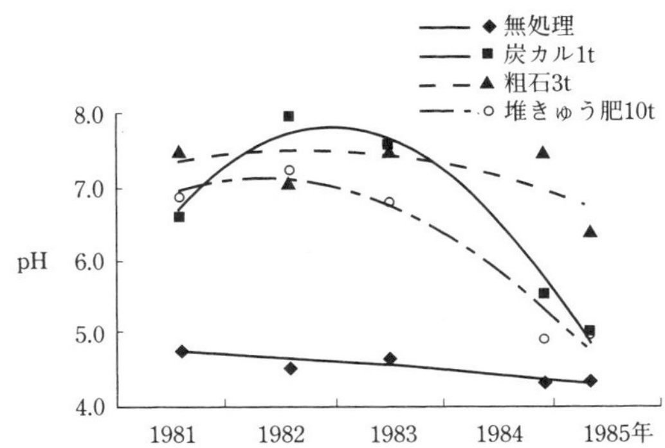

第11図　土壌改良後のpHの推移（1981年3月施用）

大城，沖畜試研報24（1986）

更新が望まれる。

また，ローズグラスは土壌の酸性化に弱い。第11図に示すように，国頭マージのような強酸性土壌では，炭酸カルシウムによる酸度矯正の持続効果は3年程度であり，第12図に示すように，4年以上経過したローズグラスの草地では，生産性は徐々に低下するとともに，オガサワラスズメノヒエの侵入による草地生産性の低下など，急速な植生変化が観察される。計画的な炭カル投入がなければ維持年限は4～5年で，その後は更新が免れない。

牧草の被度および強害雑草の侵入といった植生の変化を，草地更新の指標に用いてもよい。第13図に採草地の診断基準を示した。採草地において夏季の採草前に牧草の冠部被度を調査し，

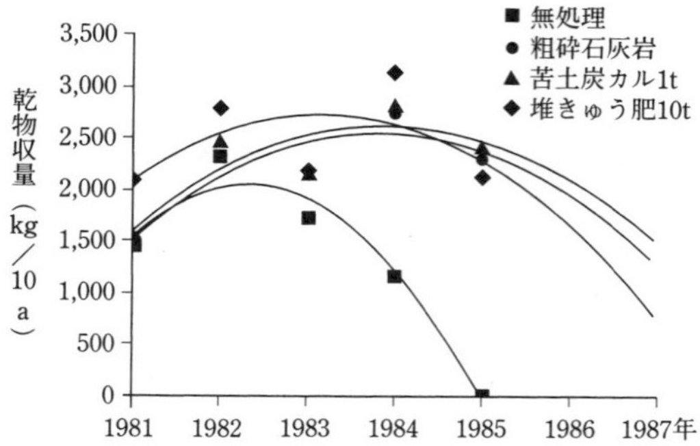

第12図　土壌改良後のローズグラスの乾物収量の推移（1981年3月施用）

大城，沖畜試研報24（1986）

		牧草被度（ギニアグラスなど）		
		70%	70〜50%	50%以下
雑草被度	10%以下	更新不要	簡易更新機による追播	╳
	10〜30%	雑草防除と土壌膨軟化処理		除草剤を利用し耕起を伴う完全更新
	30%以上	╳	除草剤を利用し耕起を伴う完全更新	

第13図　採草地の診断基準

長崎，オガサワラスズメノヒエの防除指針；沖縄畜試（1996，一部改編）

70%を下回ると牧草の生産性が低下し，雑草の被度が急速に上昇し草地の荒廃が進む。そのため，前述した強害雑草が草地へ侵入する程度を草地更新の目安とすればよい。このため牧草の株密度が十分に維持された状態であれば，オガサワラスズメノヒエを中心とした強害雑草の被度が30%未満の時期には，施肥法の改善やパラプラウなどによる土壌の膨軟化処理により，牧草の生産性の回復を図る。

牧草の密度がやや低下してきた場合は，牧草の追播が植生回復に有効な方法である。しかし，沖縄の草地では牧草密度が低下した場合でも，雑草の侵入が著しいため高い植被率となっている。したがって，表面播種しただけでは牧草の定着が図れない。また，土壌の攪乱を行なわないと土壌が固く，追播牧草の定着が困難である。具体的には，梅雨の始まる前の3月下旬〜4月下旬に除草剤により植生を枯殺した後，簡易草地

		牧草被度（ジャイアントスターグラスなど）		
		70%	70〜50%	50%以下
雑草被度	10%以下	更新不要	施肥改善や追播による草生回復	╳
	10〜30%	雑草防除と施肥改善		除草剤を利用し耕起を伴う完全更新
	30%以上	╳	除草剤を利用し耕起を伴う完全更新	

第14図　放牧地の診断基準

長崎，オガサワラスズメノヒエの防除指針；沖縄畜試（1996，一部改編）

更新機で土壌を攪乱し追播する。

牧草の被度が70%を下回り，強害雑草の被度が30%を超えた段階では更新する。表層の苦土の減少などによりミネラル組成が変化しているため，深耕し，完全更新を行なう。そのさい，除草剤（グリホサートなど）を利用して強害雑草を枯殺し，更新後発芽してくることのないようにする。また，土壌改良資材の施用を行なう。土壌は酸性に偏り，有効態リン酸が少なく，カルシウムやマグネシウムなどのミネラルの欠乏を生じている場合が多いので，熔リン，炭カル，苦土石灰などの資材を施用する。また堆きゅう肥を10〜30t/10a投入する。

②放牧地の生産性の向上

放牧地の多くは中山間地の傾斜地に展開しており，集約的な管理は困難で，容易に更新できない。したがって，低投入で安定的な生産が得られる植生を維持することが重要となる。利用程度が低いと木本種が侵入する。利用が過度になると草地は荒廃し，攪乱に強い雑草が主要な植生となる。さらには裸地化，土壌流亡や水質汚染の問題を引き起こす。第14図に放牧地の診断基準を示した。牧草の被度70%，雑草の被度30%を基本に草地の更新を行なうが，各地域の特徴に応じた対策が望まれる。

国頭マージ土壌地域では，丘陵地に分布する放牧地は機械作業が困難な草地が多く，採草が不可能なため放牧利用がなされている場合が多い。このため放牧方法は大面積に定置放牧する粗放な放牧が中心となり，施肥管理も困難なため生産性は低い。草地の植生は，ススキやチガヤなどの野草が中心である。牧草の導入もなさ

れているが，管理が困難なため野草化している放牧地が多い。

草種は，本島北部等の急峻な地域では，蹄傷や侵食に強いバヒアグラスが最適であったが，草高が低いため，放牧区などの適正な草地管理がなされないのと相まって，野草に覆われ衰退してしまったところが多い。また先島地域では，乾燥や粗放な管理に強いジャイアントスターグラスが良好な草生を維持している草地が見られる。ジャイアントスターグラスはほふく型の牧草で，本地域の強害雑草であるオガサワラスズメノヒエとの競合にも強いため，除草剤で前植生を抑圧すると，不耕起造成で比較的容易に草地を造成することができる。このため，今後はジャイアントスターグラスを野草地へ導入するのも，草地の生産性向上の面から有望であろう。

また，地力のある土壌では，ギニアグラス，ネピアグラス，パンゴラグラスなどは1,000〜1,300CDの高い牧養力があるので，これらの生産力が高い牧草が有望である。そのさいには，電気牧柵などを用いた集約的な管理によるさらなる生産性の向上が期待できる。

島尻マージ土壌地域は，勾配が緩やかであり，放牧地の管理は丘陵地に比べ容易であるが，粗放な管理のため野草地化している草地が多い。土層が浅く基岩の露出した地域が多く，恒常的に干ばつに襲われるため，生産性が低い草地が多い。

海岸周辺には耐干性や耐塩性に優れるコウライシバが自生し，アダンが防風垣となっている。このようなところは，自然環境に最も適した植生に落ち着いているので，あえて土木工事を伴う草地改良を導入するのではなく，マメ科牧草を導入したり，少量の施肥で生産性を向上させることで対処する。

また，内陸部は野草の間に，野生のグワバやアダン，ソテツなどの低灌木が点在している。このような地域では，スタビライザー工法により草地の造成が行なわれており，草地面積が拡大されている。ここでは干ばつや塩害・潮害に強いジャイアントスターグラスが基幹草種で，パンゴラグラスなども導入されており，適正な管理・利用を行なうことが望まれる。

執筆　庄子一成（沖縄県畜産試験場）

1998年記

参考文献

マージ土壌地帯における新規作物の導入・定着化技術の開発．研究成果284．平成5年8月．農林水産技術会議事務局．pp88－117.

家畜ふん尿の施用基準．平成8年3月．沖縄県畜産試験場.

オガサワラスズメノヒエの防除指針．平成8年3月．沖縄県畜産試験場.

九州・沖縄地域におけるラップサイレージの品質安定化技術の確立．平成8年12月．沖縄畜試，福岡農総試，鹿児島畜試（九州農業試験研究推進会議）.

沖縄県の主要牧草（第4版）．平成元年3月．沖縄県畜産試験場.

野草地·混牧林の利用

I　野草地・混牧林利用のねらい

1. 低廉で収穫の便利な粗飼料としての利用

奥山以外の野草地および混牧林は農家の近くにあるので，収穫と収穫後の取扱いが便利である。また自生しているものを自家労力で収穫するので，低廉な粗飼料となる。奥山野草地もほとんど人手をかけないで利用するので，低廉な粗飼料源となる。つまり野草を利用するばあいには，低廉で便利なことがねらいとなる。

前者は収穫できる場所が各農家所有の耕地のあぜ，くろ，土手などの小面積にかぎられるため，生産量が少なく，さらに機械収穫の困難な地形が多く，人力を主体とした収穫方法をとらざるをえないため，労働の生産性も低い。

2. 低利用地の畜産的開発における野草の利用

わが国の農業の今後の発展方向の一つとして，既耕地の高度利用があげられ，他の一つには低利用地の生産性の向上による規模拡大がある。低利用地は急傾斜地，岩石れき地，湿地など条件のわるいところが多く，それらの生産性の向上の方法として，畜産的利用とくに放牧利用が合理的であると考えられている。

それに使用する放牧用草種の適否については種々の意見があり，とくに暖地は，夏季，激しい高温乾燥状態になるため，草種の選択がむずかしい。このようなとき，その地域に土着し，強靭で生産性が高く，家畜の利用性の高い野草の使用，あるいは牧草導入の前段階として野草を使用することが考えられる。すなわち低利用地の畜産的開発をすすめるとき，野草の強靭な特性を利用するという考え方である。この例として山地(やまち)酪農がある。このほか里山放牧，林内放牧および植林地放牧利用も，便利で低廉な粗飼料の利用であるが，これまで利用しなかったところを利用するばあいには，低利用地の畜産的開発における野草の利用ということができる。

3. 大規模牧草放牧地と野草放牧地との組合わせ利用

公共牧場など大規模な牧草放牧地では，一定頭数の家畜を春季から秋季まで放牧している。牧草放牧地の生産量は，夏季以降，著しく低下する。その低下の補塡法として，野草放牧地に夏季以降放牧する利用法が組合わせ利用である。少人数で大頭数の放牧家畜を管理するとき，採食させる草が不足すると，栄養状態の悪化を座視するか，あるいはきわめて苦労の多い高価な飼料を給与することになる。このように牧草と生育相の異なる野草を組み合わせることにより，大規模牧草放牧地の欠陥の一つを補い，放牧事業の推進に貢献している。

なお企業畜産と結びついた野草地の利用法は，副業段階の利用法ではなく，生産量を正確に把握するなど，企業的利用法でなければならない。

II　野草地・混牧林利用の基礎

1. 野草地の分類と名称

野草には家畜の飼料，その他種々の用途があり，また野草地は草地学，畜産学，林学および植物生態学など，多くの分野の研究対象になっているので，きわめて多くの分類と名称がある。ここではその主要なものについて述べる。

(1)　主に草地学・畜産学の分野で使う分類と名称

家畜用として，野草を採草する土地または家畜を放牧する野草の生えている土地を，野草地または牧野といい，野草地と牧草地を含めたものを草地という。野草あるいは牧草がよく生育していても，そこの第一の利用目的が家畜用でなければ草地とはいわない。たとえば，あぜ，くろ，土手，河川敷，道路，鉄道線路の法（のり）面などを草地とはいわない。

野草地は種々の基準で分類されているが，それらのなかで，存在場所を基としたつぎの分類が最も多く使われている。

- 野草地
  - 奥山野草地
    - 奥山採草地
    - 奥山放牧地
  - 里山野草地
    - 里山採草地
    - 里山放牧地

奥山野草地は村落から離れた奥山に位置するので，この名称がつけられた。奥山採草地の利用法には，初夏から初秋まで，食草兼敷料として使用する生草を，毎日朝早く刈り取る方法と，冬季の食草兼敷料用の乾草として，野草が枯れ始める秋季に，まとめて刈り取る方法とがある。これらの生草と乾草で家畜の飼育が可能となり，また耕地の肥料として欠くことのできない厩肥の生産もできた。これらの採草地では，地表から萌芽した木の枝葉が草といっしょに刈り取られるので，火入れの必要も少なく，採草前まではほとんど手をかけない。採草地の所有権をもっていたのは部落あるいは牧野組合などである。この採草方法は副業畜産が少なくなったので，ほとんどみられなくなった。

里山採草地の利用管理法は奥山採草地とほとんど変わりがない。奥山および里山放牧地についてはIIIで述べる。

(2)　主に植物生態学の分野で使う分類と名称

草本あるいは草丈の低い禾本（ササ・タケの類）が優占種となっている植物群落で，その被度が地表を50％以上占めるばあいを，植物生態学では草原という。植物の被度よりも裸地面積が多いばあいは荒原または沙漠である。また草原について，広さに関する厳密な規定はないが，ふつう広い面積を占めるという意味も含まれている。

草原は，水条件により水生草原・陸上草原，地形により高山草原・山地草原・人工的か否かの成立方法により自然草原，人工草原に分類される。

水生草原は水沢草原と沈水草原に分けられ，植物体の基部が浅い水で浸され，上部が水面から出ている水沢草原は家畜に利用されることもある。人為が全く加わらずに成立した自然草原には，亜高山帯・亜寒帯の土壌水分の多いところでみられる多肉で多年性の大型草本からなる大形多巡草原，ふつう御花畠といわれる高山草原，高山帯・亜寒帯の湿原である高層湿原の三つに分けられる。これらはほとんど家畜に利用されない。

人工草原は人為的な草原であり，このなかには牧草地および山地草原が含まれる。山地草原は，一次植生である山地の森林を伐採し，火入れを繰り返すことによって，林地が草原に変わったものである。これは家畜を飼育する目的でつくられた人工草原である。草地学，畜産学の分野では，家畜に利用する草原を草地といい，また山地草原は人工的な草原ではあるが人工草地といわずに野草地といい，牧草地を人工草地といっている。植物生態学の分野でも，山地草原を人工草地あるいは自然草原という名称で呼ぶことはほとんどない。なお前に，草原は地形を基として，高山草原と山地草原とに分けられると述べたが，その分類基準の内容に成立原因も加わっていることがわかる。

(3) そ の 他

原野は原あるいは野草の生えた野や山という，一般的な意味で使われることもあり，また以前には土地台帳，現在は土地登記簿に記載する決められた土地の区分名としても使われている。原野のなかには家畜に用いる野草地も，家畜に用いない草原も含まれ，また登記上原野となっていても，実際の植生が樹林のところもある。

かや（萱）場，かや刈り場は屋根をふくかや，あるいは木炭を入れる炭俵用のかやを刈る場所である。地域によっては，ススキをかやといい，採草地をかや刈り場ということもある。その他，行政分野では種々の用語が多く使われている。

2. 野草地，野草の特性

(1) 植 生 型

植物群落とは一つの特徴をそなえた植物共同体のことであり，その共同体は一定の規準によって種々の段階の大きさに区分されている。植生という言葉はそのような規準規定にとらわれなく，生活している植物の集団という意味で使われている。植生は同一種からなる純植生もあるが，ふつうは多くの種からなっている。草地の植生も多くの種からなり，さらにそのなかに優占種すなわち被度および頻度*の高い草種が１～２種存在する。また草丈の高い草種と低い草種とが階層をつくって，それぞれ生活し，その階層別にも優占種が存在する。植生は，それを構成する優占種あるいは優占種を中心とした植生全体の相観（外観）によって種々の植生型に分類され，階層別の優占種名，植生の優占種名あるいは相観による名称をつけている。

階層別優占種名または植生の優占種名による植生の区分は，草地の生産量とそれらの変化経過の詳細を示しているので意味がある。しかし，それによって草地の植生型を分類すると，きわめて多くの植生型数となる。それは森林化を形成する良好な気候条件の場所で，火入れあるいは刈取りなどの妨害によって草地の森林化を防止し，草類を維持しているので，妨害の方法，程度および土壌条件の違いなどによって，多くの草種が優占種となるからである。これでは実用上不便である。また同一草種名の植生型間の生産量の差の大きさおよび副業畜産の家畜飼育で必要とする生産量の正確さなどからみると，優占種名による区分が最も適当な分類であるとは考えられない。

三井・井上は，草型および家畜による利用法を基として植生型を分類している。これは管理・利用上便利なので，それを基として主な植生型の特徴を述べる。

①長草（ススキ）型草地

長草型草地を構成する主な草種はススキ，チガヤ，トダンバ，オギおよびハチジョウススキなどである。このような草丈の高い型のイネ科の優占している草地をすべて長草型草地といい，ススキの優占している草地だけをいうのではない。しかしこの草地のほとんど大部分はススキが優占している。

ススキは沖縄県から北海道まで分布し，暖地では盛んに生長する。利用法は採草利用であり，冬季の食草兼敷料として，ススキが枯死し始める秋季に刈り取って乾草にする方法と，夏季の食草兼敷料として毎日刈り取って利用する方法とがある。この草地に放牧すると，長草型草種

---

* ある植物が一定面積（植生調査ではコドラートを使用）に出現する度数をいう。

第1表　シバの生産量と施肥の効果

調査者	10a当たり生草生産量	条　　件
	kg	
井上（楊）	200	放牧圧強く不健康な状態
	1,000	放牧圧適正で健康な状態
	1,100〜1,500	300〜350kgのところにN8, P4, K8kg 施肥
平吉（功）	645〜 700	年4回刈取り
	1,517	〃　硫安 37kg
	1,607	〃　硫安 55
細木・橋詰	3,366	年6回刈取り元肥N10, P8, K10kg
		追肥毎刈取時N8, K6kg
黒　崎	930	毎年3回刈取り3年目の収量 刈取り高さ1cm
	825	〃　〃　7cm

の衰退が早く，まもなく短草型草地になる。10a当たりの生草生産量は，ススキが主体のとき，1,500〜4,000kg, 乾草生産量は500〜1,300kgである。

②短草（シバ）型草種

短草型草地を構成する主な草種はシバ，チドメグサ，シバスゲおよびギョウギシバなどであり，まれに暖地でギョウギシバ，湿地でスゲ類が優占する以外，ほとんどシバが優占する。これらの草種は激しい採食に耐えて生育をつづける特性をもっている。

シバは九州から北海道まで分布し，放牧の盛んな北海道，東北，中国および九州で多くみられる。利用法は放牧利用であり，10a当たりの生草生産量は，第1表に示すとおり，約200〜900kgで，施肥の効果は牧草よりも著しく劣る。実際の生産量は上記のとおりであるが，第二次世界大戦前，シバ型草地が山地の荒廃を示すものであり，したがって山地の畜産的利用は不適当である，という論があった。

③ワラビ型草地

この植生型は長草型草地から短草型草地，あるいはこの逆の遷移のとき，短年間みられ，優占種はワラビで，その草種は長草型および短草型草地のいずれか一方にちかい構成を示す。

ワラビは沖縄県から北海道まで分布している。家畜はふつうワラビを採食しないが，この型に含まれる他の草種を採食する。採草利用でワラビ型に遷移することは利用程度が強すぎること，放牧利用でワラビ型に遷移することは利用程度が低すぎることをそれぞれ示している。10a当たりの生草生産量は長草型と短草型草地の中間で，約1,000〜2,000kgである。

④ササ型草地

ササの優占しているところをササ型草地という。ササには種々の種が含まれ，北海道，東北ではミヤコザサ，クマイザサ，ネマガリダケ，中部以西ではネザサ，アズマネザサが多い。これらは林内で草本層を形成し，その優占種に，あるいは草地の優占種になり，ササ型草地を形成している。

利用法はほとんど放牧利用で，とくに牛馬の嗜好性が高く，他の草種の枯死時期に緑色を保っているので晩秋・冬季だけの利用法もある。まれに冬季の食草兼敷料として刈り取り，乾草にすることもある。強度の利用とくに夏季の利用は，第2表に示すとおり，衰退を早め，その再繁茂には年月がかかる。葉片の枯死する様式は種によって異なる。10a当たりの生葉の現存量は種によっても異なるが，約300〜1,000kgで，稈重を含めた全重量の約35〜45%である。

(2)　植 生 の 遷 移

第2表　クマイザサの生葉の現存量と放牧の影響　（平吉功）

放牧様式	放牧条件			草丈	変異係数	1m^2当たりの稈数	1稈当たりの分枝数	10a当たりの生葉重
	放牧密度	放牧時期	利用年数					
a 対照区	0	0	0年	155cm	8%	126本	0.5本	1,000kg
b 冬季普通放牧	50頭/25ha	1月，4月	4	113	13	68	5.8	520
c 冬季普通放牧	同　上	12月，3月	4	104	15	82	2.7	640
d-1 冬季重放牧	50頭/3ha	11月，12月	2	43	28	76	3.3	440
d-2 冬季重放牧	同　上	同　上	2	30	33	116	5.3	320
l 春季放牧	不　明		4	82	9	78	1.2	400

注　d-1 ムラのできた地区であり，調査は利用年数経過後に行なった

植生型は気候，土壌および利用条件などによって異なり，それらの条件が変わると，植生型が変化する。植生型が変わることを植生遷移といい，新しい島など，植物のないところから始まる種々の植生型の連続的な遷移を一次遷移，その植生を一次植生といい，一次植生が破壊され，再び始まる遷移を二次遷移，その植生を二次植生という。

第3表　植生型別の各植物に対する家畜の影響と植生の遷移

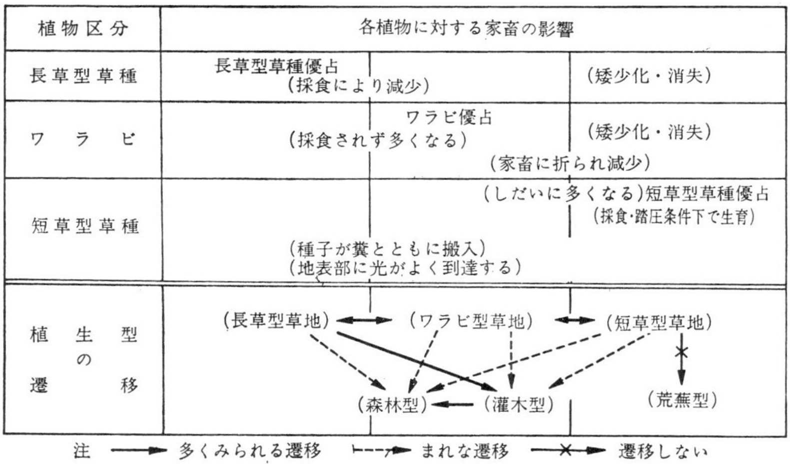

植生が気候および土壌条件に適合しないときには植生は遷移をつづけ，最終的にはそれらの条件に適合する植生型となり，その後は遷移しなくなる。このような安定した植生型を極相という。クレメンツが同一気候条件のところは同じ植生型になるという単一極相説を，タンスレイは気候条件のほか，土壌条件によっても極相が異なるという多極相説を提唱した。

草地の植生型とその遷移は，生産量およびその変化の傾向を示すものとして重要視され，多くの研究報告がある。そのなかで第3表に示した遷移が最も多くみられるので，それに従って遷移の系列およびその起因について述べる。

森林を伐採し，放牧をつづけると，短草型草地の草種が家畜の糞とともに搬入され，それが生育して短草型草地ができる。伐採後火入れして，放牧しなければ長草型草地になる。短草型草地の放牧を中止すると，長草型草地になり，長草型草地に家畜を放牧すると，その頭数にもよるが，短草型草地の占める面積が多くなる。このように短草型草地と長草型草地とは互いにそれぞれに遷移する。その両草地型の間に，ワラビ型草地が短年間はいることがきわめて多い。

放牧が長草型草地を衰退させる原因は，第4表に示したとおりその植生型を構成する草種の草丈が高く，家畜によって，植物体の多くの部分が食い取られるからであり，とくに結実期以前の採食の影響が大きい。長草型草種の衰退によって，それまで混在していたワラビが，食われないため生育がよくなり，ワラビ型草地が形成される。ワラビ型草地は放牧家畜によるワラビの踏みつけと，シバの匍匐茎によるワラビの萌芽妨害とによって衰退する。

第4表　ススキ，シバの採食される程度

（単位：*cm*）

植生型	ススキ		シバ	
	草丈*	採食されている部位の高さ	草丈*	採食されている部位の高さ
短草型草地	36±10	15± 3	13±1.0	8±0.3
ワラビ型草地	42±28	13± 2	20±1.0	10±0.3
長草型草地A	104±22	50± 7	17±0.6	9±0.5
長草型草地B	140±31	56±11	—	—

注　* 採食されているもののちかくにあって採食されていないものの草丈

長草型草地およびワラビ型草地が短草型草地に遷移する原因の一つは，短草型草地の草種の種子が家畜の糞とともに長草型およびワラビ型草地に持ち込まれて生育を始めること，他の原因の一つは長草型およびワラビ型草地の草種が衰退し，地表に光が多く到達して，短草型草種の生長を促進させるためである。

短草型草地の草種は放牧条件下でも盛んに生長繁殖をつづける。牛馬は草丈約 3*cm* 以下の部位を採食することができない。これに対しシ

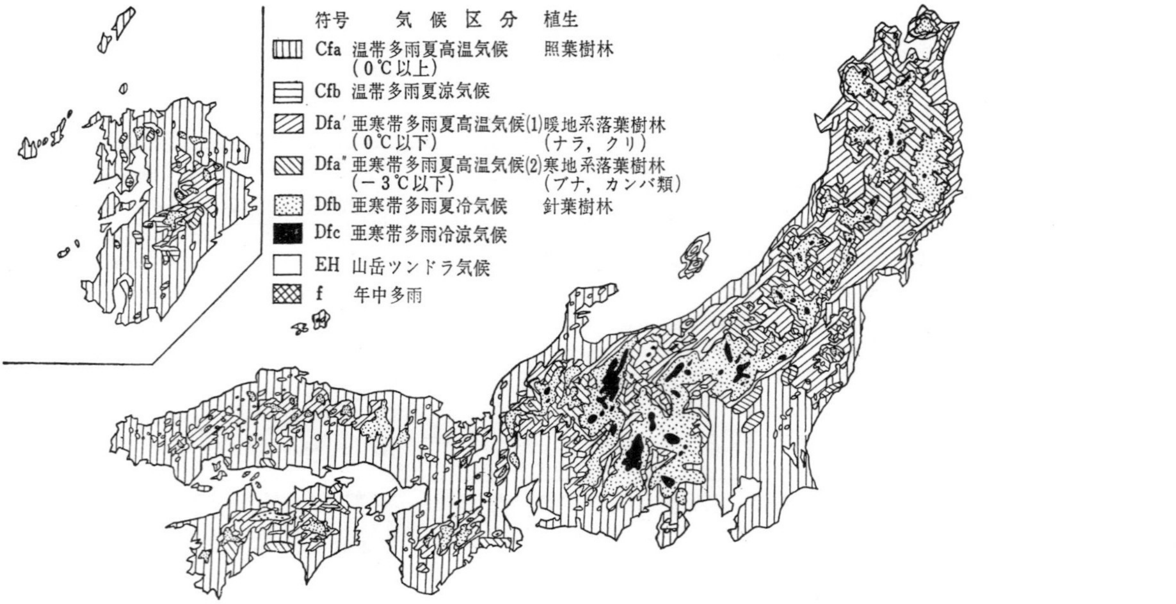

第1図　日本でのケッペンの気候区（関口）と植生

バをはじめ短草型草地の草種にとっては，その高さで食い取られても大きな被害にはならない。したがって短草型草地は放牧によって衰退しなく，安定した植生となる。このように妨害によって安定している植生を妨害極相という。

なお，これらの草地の極相が森林であるため，いずれの植生型からも灌木型あるいは森林に遷移する徴候がみられる。

大迫は放牧によって短草型（シバ型）から荒蕪型に遷移すると述べている。しかし，その遷移は雨量の少ない乾燥地帯でみられる遷移であり，雨量のきわめて多いわが国では，その遷移はおこらない。第二次世界大戦前，山野は放牧によって荒廃するという論が多く，その畜産的利用が著しく圧迫された。荒蕪型へ遷移しないという説はその論拠を否定するものであり，大きな意味をもっている。

採草地の植生型は長草型あるいはワラビ型草地であり，刈取り方によっては短草型草地に遷移する。それを防止するため，植物体が枯死し始める秋季に刈り取るか，あるいは毎年場所を変えて刈り取っている。

(3)　野草地の環境

野草地の種構成および生産量は気候，地形，土壌，他の植物群などの影響を強くうける。

①気　候

関口は，植物の生育状況とよく適合するケッペンの気候区分法を用い，わが国の気候区を分類した。その分類と分布とを第1図に示した。

図に示したとおり，わが国の気候は多雨気候に属し，植生の極相は森林である。野草地はその森林が伐採され，火入れが繰り返されて成立した人工的植生である。このわが国の野草地は雨量の少ない草原気候区に極相として成立する草原とは，成立条件が根本的に異なる。このように，森林形成の気候帯で，森林を野草地に変えると，そこには野草から森林に遷移する力が強く働く。したがってわが国の野草地の管理の中心は森林化防止である。これに対し草原気候区の草地の管理の中心は寡雨条件下の過放牧による荒廃化の防止である。

気候区の各区分およびその分布をみると，Cfa の温帯多雨夏高温気候，Dfa′ の亜寒帯多雨夏高温気候(1)，Dfa″ の亜寒帯多雨夏高温気候(2), Dfb の亜寒帯多雨夏冷気候のところが多い。Cfa は照葉樹林帯，Dfa′ はナラ，クリなどの暖地系の落葉樹林帯，Dfa″ はブナ，カンバの類などの寒地系の落葉樹林帯，Dfb は針葉樹林帯である。野草および牧草の生育状態もこの区分によって異なることがわかっている。

短草型草地とこの気候区分との関係をみると，Dfa′ と Dfa″ ではシバが優占し，きわめて安定している。Cfa では生産量および構成する草種数が多くなり，ギョウギシバが優占するところもある。Dfb ではシバの生育がよくない。長草型草地の代表的草種のススキは Cfa での生育がきわめてよく，Dfa′，Dfa″ の順でわるくなり，Dfb でははなはだわるい。ワラビもほぼ同じ傾向を示す。

②地形・土壌

野草地によっても異なるが，一般的傾向として，南斜面および西斜面は表土が浅く乾燥し，灌木や乾燥に強い草種がみられ，草類の生育がわるい。北斜面と東斜面，とくに北斜面は表土が厚く水分に富み，草類の生育がよい。稜線部は表土が最も薄く，乾燥し，草類の生育が最もわるい。斜面の下方の低凹部は表土が最も厚く，水分に富み，草類の生育が最もよい。このほか南および西斜面は他の斜面よりも太陽熱を多くうけ，土壌水分の損失が大きく，それと前述の保水量の少ない条件とが合わさって，種構成および生産量に大きな影響を与えている。また寒地型牧草では，早春および晩秋の生産量が北斜面より南斜面がよいが，多くの野草の生長最盛期が夏季であるため，寒地型牧草のような傾向はほとんどみられない。

以上の大きな地形の影響のほかに，小地域内の地形および土壌条件も植生に影響する。たとえば，平坦な地形に発達した短草型（シバ型）草地で，高い部分にシバ，低い部分にチドメグサや白クローバがよく出現する。これは土壌・肥料条件の差異によっておこったものである。

他の植物群の影響とみられる例は，草地の森林化に伴って草本類が減少する状態である。また短草型草地に糞といっしょに白クローバが持ち込まれると，約２～３年，$1\,m^2$ 前後の斑状の群落をつくり，それによってシバが消失する。２～３年で白クローバが消失すると，再びシバが侵入し優占する。その２～３年間は白クローバの跡地のため，シバがきわめて盛んに生長する。この状態が短草型草地内の至るところで繰り返されている。このように家畜を仲介として，植物群と植物群とが関係している例もある。

(4) 野草の生長

野草の種数はきわめて多く，山地の野草地や耕地付近で常時みられるものでも，それぞれ 100 種を下らない。それらの形態的あるいは機能的特性のなかで，管理利用上意味のある特性は増殖力，再生力および季節と生育段階との関係などである。

野草のなかで，野草地の生産量に影響するような大きな増殖力をもった草種数は多くはない。山地の野草地で，そのような大きな増殖力のある草種は，植生型を構成する主な草種として前に述べた草種である。耕地付近の草種としてはメヒシバ，エノコログサ類，カゼクサ，チカラシバなどがある。

刈取りまたは採食後の再生力は，シバ型草地を構成する草種以外，ほとんどすべての草種がひじょうにわるい。とくに山地の野草地の長草型草種がわるい。このことが牧草と著しく異なる点である。それらの長草型草種の刈取りに対する抵抗力は生育段階によっても異なる。出穂期・開花期に毎年刈り取ると，３～４年目には生産量が著しく低下する。しかし地上部の枯死期に刈り取ると，毎年の生産量は低下しない。したがって生草給与を目的として採草するときには，同じ場所の連年の刈取りをさけなければならない。以前は食草兼敷料として，地上部の枯死期の刈取りが広く行なわれた。この刈取方法によって，厩肥の原料となる乾物を毎年安定的に生産することができた。

施肥による野草の増収効果は草種によって異なる。一般に，メヒシバ，エノコログサ類など，耕地内やその付近で多くみられる草種は施肥によって生産量が著しく多くなる。しかし，ススキ，トダシバなど山地の野草地で多くみられる草種は生産量がそれほど多くならない。また，特別なばあい（山地酪農など）を除き，野草を施肥して利用することはほとんどない。

3. 野草の利用

(1) 野草利用の家畜飼育上の意義

野草は副業畜産と結びついているので，企業畜産と結びついている牧草とは，利用の基本方針も具体的利用方法も異なる。

副業畜産は，農家の主要な収入源である米麦の生産性を畜力および厩肥生産によって向上安定させ，さらに子畜の生産買却によって副収入を得るという役割をもっている。自給型農家経営においては，現金支出あるいは換金できるものの使用が，経営全体の立場から，最小限に抑えられる。副業ではこの傾向がさらに強く現われ，このため使用できる飼料の範囲もかぎられたものになる。その条件に合ったものとして，自家労力以外ほとんど出費を要しない野草と米麦の副産物とが使われる。したがって出費を伴うような管理を行なわず，消極的に生産力の低下を防止しながら利用する方式がとられる。これが副業畜産の野草利用の位置づけであり，利用するばあいの基本方針でもある。

野草の取得場所は第5表に示したとおりであり，その利用状態をみると，平坦部では，労役および厩肥生産のため家畜が1頭ていど飼育され，その粗飼料として，あぜ，くろ，土手，河川敷の野草およびイナわらが使われる。山間部では，労役，厩肥生産および子畜生産のため家畜が1～3頭ていど飼育され，その粗飼料として，奥山や里山の採草，放牧，あぜ，くろ，土手の野草，イナわらなどが使われる。以上の飼育頭数および飼育目的などから，副業畜産においては，企業畜産のように良質の粗飼料を大量に確保する必要がない。したがって良質の乾草の生産あるいはサイレージの調製などはほとんど行なわれない。

第5表　野草取得場所別の農家戸数の割合
（農林統計，1957）（単位：%）

地域	調査農家戸数(戸)	山林	原野	あぜ，くろ	その他
北海道	6,587	7	34	34	25
内地	154,970	15	22	55	8

これらの野草類の利用は，昭和30年代の経済高度成長期以前には，ひじょうに盛んであった。それはわが国の畜産の大部分が副業畜産であったためである。しかしそれ以後は企業畜産が大部分となったため，特別なばあいを除き，利用されることがきわめて少なくなった。野草には，現在，従来どおりの副業畜産に利用されるもの，利用されないで放置されるもの，山地酪農などにとり入れられているもの，牧草放牧地と組み合わせて利用されているものなどがある。

(2) 野草地の生産量の測定

採草地の生産量は，生草または乾草として収穫しその重量値で表わすことができる。しかし野草地は地形・土壌条件の変化が多く，さらにほとんど管理しないため，草生がふぞろいとなり，刈取り前に生産量を算定することは困難である。また副業畜産と結びついた野草利用では，生産量を正確に算定することはそれほど大きな意味をもたない。不足するときには，頭数が少ないので，入会地での刈り足し，米ぬか，くず米など耕種部門の副産物をイナわらに添加するなどで代替えができるからである。

放牧地の生産量すなわち牧養力の算定方法には，放牧直前に草類を坪刈りし，その量と家畜の必要量とから，単位面積当たりの放牧頭数，放牧日数を算定する方法と，毎年放牧の記録をとりその平均値から算定する方法とがある。放牧地の牧養力の算定は牧草地でも容易ではない。野草地は植生が均質でないのでとくにむずかしい。それゆえ二つの算定方法のなかで，放牧実績の記録から算定する方法は誤差が少なく，外国でも多く使われ，成果もあがっているので，この方法について述べる。

放牧実績の記録から算定する方法には，カウディ法と放牧単位法とがある。

カウディ法で算定するときには，第6表の放牧日誌と第7表の放牧地原簿とに必要事項を記

第6表 放 牧 日 誌

月日	午前／午後	天気（気温）	牧区名	牛群名	カウディ数	月齢別等の頭数					
						総頭数	搾乳牛 乾牛 （500*kg*）	24か月 〜 分娩まで	18 〜 24か月	12 〜 18か月	6 〜 12か月

カウディ換算（Paterson）

搾乳牛・乾牛（体重約500*kg*）	1.0
24か月〜分娩まで	0.8
18　〜24か月齢	0.6
12　〜18か月齢	0.4
6　〜12か月齢	0.2

放牧単位法換算

1単位＝体重500*kg*の牛1日の維持
＝体重1*kg*の増加（月1回体重測定をする）
＝10*kg*の牛乳生産
＝25*kg*の生草
＝8*kg*の乾草
＝22*kg*のサイレージ
＝澱粉価2.5（濃厚飼料など）

第7表 放牧地原簿（牧区別に記入）

牧区名＿＿＿＿＿＿＿＿　面　積＿＿＿＿＿＿

年度	総カウディ数		牧区利用期日													牛群の内訳	牛の増体等の観察評価	施肥等の管理
			4月			5月			6月				11月					
	牛群名	カウディ数	上	中	下	上	中	下	上	中	下	上	上	中	下			
1978年																		
	計																	
1979年																		
	計																	

入すればよい。その放牧地原簿の連年の数値によって，これから使用する牧区の生産量，すなわちカウディ数を推定し，利用計画，管理計画をたてることができる。

放牧単位法で算定するときには，前記の放牧日誌に，補給した飼料量あるいは乳などの生産があるばあいにはそれらを記入し，さらに牧区に出入りしたときの体重表（個体別の月ごとの体重表で代替えしてもよい）を作成しなければならない。それらの記録と放牧単位に換算する換算表から放牧単位数を計算し，それを毎年放牧地原簿に記入する。

カウディ法は大面積に大頭数を放牧するとき，あるいは体重測定のできない農家の放牧地の生産量を把握するとき便利である。しかしカウディ数は牧区に滞在した日数だけの数値であり，採食の多少による体重の増減など，家畜の状態，生産物の生産状況には関係しない数値である。この欠点を補っているのが放牧単位法である。組織の整った放牧地が，その生産量を放牧単位法で把握しておくならば，その放牧地ばかりでなく，ほぼ同じ条件の放牧地の詳細な生産量，

第8表　飼料成分表
（農林省・須藤浩）（単位：%）

草類区分	草種名	原物中 水分	原物中 乾物DM	原物中 可消化粗蛋白質DCP	原物中 可消化養分総量TDN	乾物中 可消化粗蛋白質DCP	乾物中 可消化養分総量TDN
山地野草	ススキ	69.3	30.7	1.4	17.4	4.6	56.7
	チガヤ	63.7	36.3	1.2	19.8	3.3	54.5
	シバ			1.3	14.0	4.4	49.3
	山地野草	64.1	35.9	1.4	17.3	3.9	48.2
	ササ	58.2	41.8	2.6	15.5	6.2	37.1
耕地付近の野草	メヒシバ	83.8	16.2	1.7	9.2	10.5	56.8
	スズメノヒエ	81.7	18.3	1.1	11.4	6.0	62.3
	スズメノエンドウ（マメ科）	82.5	17.5	2.6	8.8	14.9	50.3
	あぜ野草	75.5	24.5	2.0	14.0	8.2	57.1
牧草	オーチャードグラス（開花期）	74.9	25.1	1.7	14.5	6.8	57.8
	赤クローバ（開花期）	82.4	17.6	2.3	11.8	13.1	67.0
樹葉	カエデ	60.0	40.0	1.9	17.0	6.0	60.0
	サクラ	72.0	28.0	4.1	19.7	13.0	63.0
	ハギ	69.5	30.5	2.4	15.8	7.9	51.8
	アオキ（常緑）	69.5	30.5	2.0	20.8	6.6	68.2
	シラカシ(常緑)	80.0	20.0	2.6	15.6	11.0	68.0

適正な管理法もわかる。

(3) 野草の飼料成分

飼料成分は生育段階，分類区分および生育地の違いなどによって異なる。

第8表に示したとおり，同じイネ科でも，ススキ，チガヤ，シバなど，山地野草地で多くみられる草種は水分含量，乾物中の可消化粗蛋白質，可消化養分総量が耕地付近の野草よりも低く，粗繊維の含量が高い。しかしすぐれた粗飼料である。この山地野草地の長草型草種のなかには，開花期以後，茎の木質化する草種が多い。メヒシバ，スズメノヒエなど耕地付近の野草の飼料成分は牧草とほとんど変わらない。山地の野草と耕地付近の野草との飼料成分の差異は生育地のほか，草種の違いにもよる。ササおよび樹葉の飼料成分の含量も高く，すぐれた粗飼料であることがわかる。

野草放牧では，家畜は草種およびその部位を選択的に採食するので，飼料成分の高いものを採食することになる。これに対し，採草による給与は生育期の異なる草種を多く含むため，重量の割合には飼料成分量が少ない。とくに山地の野草を地上部の枯死期に刈り取って調製した乾草は木質化している部位が多く，飼料成分量が少ない。また嗜好性の高い樹葉が多いときには，家畜はそれら樹葉だけの採食によってよく発育する。

III　野草地・混牧林利用の実際

1. 奥山放牧

(1) 奥山放牧地利用の変遷

人家から離れた奥山に広大な野草地があり，放牧地，採草地，かや刈り場として利用され，そのなかで放牧地として利用されている場所を奥山放牧地あるいは大牧場（おおまきば）といい，昭和20年代以前には大きな面積を占めていた(第9表)。

奥山放牧方式はその歴史がきわめて古く，平安時代には近畿地方の平坦部にも多くみられた。しかし，その時代から平坦部の耕地化がすすみ，しだいに奥山・辺境の地に追いやられ，各時代

第9表　野草放牧地・採草地の概況
（農林統計）

年次	総面積	放牧 面積 総数	放牧 面積 立木地	放牧 面積 無立木地	放牧 頭数 馬	放牧 頭数 牛	採草面積
	千町	千町	千町	千町	千頭	千頭	千町
大正4年(1915)	—	605	303	302	—	—	—
大正13年(1924)	—	658	344	313	165	183	—
昭和8年(1935)	—	846	479	366	241	196	—
昭和18年(1943)	1,541	944	439	505	213	243	596
	千*ha*	千*ha*	千*ha*	千*ha*			千*ha*
昭和24年(1949)	1,341	671	378	292	160	156	670
昭和35年(1960)	662	—	—	—	—	—	—
昭和40年(1965)	427	—	—	—	—	—	—

注　集計項目が時代によって異なる

を経て昭和年代に至ると，北海道を除き奥山にだけみられるようになった。

この奥山放牧地は各時代とも牛馬生産に欠くことのできない重要な場所であった。放牧方法および放牧地の管理法の主要な点は平安時代から昭和年代まで大きな違いがみられない。その方式の一つの型が今も都井岬あるいは尻屋崎の放牧地でみられる。しかしこの放牧方式は経済高度成長期の昭和30年代以後は激減し，北海道，東北，中国，九州の一部にわずかに残っているていどとなった。

(2) 放牧家畜とその管理

放牧する家畜は各農家で冬季に舎飼いした1～3頭ていどの繁殖兼労役用の牛馬であり，それらが数か町村，町村あるいは部落単位で集められて放牧される。その頭数は，一放牧地当たり少ないところでも成畜50頭以上，ふつう100頭以上で，牛と馬とを分けて放牧するところと混ぜて放牧するところとがあった。なお，冬季舎飼いし，春から秋まで放牧する飼育形態を夏山冬里方式という。

放牧期間は，5月下旬～6月上旬から10月末まで連続して放牧する方式と，夏季酷暑の時期に2か月くらい放牧を休む方式とがあり，また周年放牧を行なうところもある。一般にそれぞれの放牧地で，放牧する期間を決めておき，各農家では農作業の関係をみて随時入牧退牧をしている。放牧をした家畜に管理人をつけることはほとんどなく，家畜の所有者が各自の家畜の状態をみなければならない。このため放牧期間中何回かは家畜をみにゆき，毎日監視しなくても事故のおこることはほとんどない。放牧中の飼料は放牧地の草類および樹葉だけであり，補助飼料はもちろん，塩もほとんど給与しない。しかし家畜は舎飼い時に劣悪な飼料で飼われているため，ふつう，放牧によって栄養状態がきわめてよくなる。

(3) 放牧地の管理

奥山放牧地の植生型は放牧地によっても異なるが，大面積のところが多いため，そのなかにシバ型，ワラビ型，ススキ型，ササ型，灌木型および樹林地などすべての植生型を含むことが多く，一つの植生型だけからなる放牧地はほとんどない。

草地管理のなかで，最も重要な作業は火入れであり，それによって野草地の林地化に伴う草量の減少を防止するとともに，木の枝葉を地表部から毎年萌芽させて，採食しやすくしている。火入れの適期は融雪直後など草類萌芽の始まる前であり，萌芽し始めてからの火入れは草生を著しくわるくする。この火入れは各時代を通じて広く行なわれていたが，森林法の成立によって実行が著しく困難になり，野草地の林地化がすすんだ。その後さらに奥地の植林事業の進展，火入れの共同作業の人員不足などからほとんど行なわれなくなり，今は阿蘇，秋吉台などでみられるていどとなった。

(4) 放牧地の施設

放牧地からの家畜の脱出防止には天然の地形が利用され，牧柵の設置は部落などに通じる山道とその付近とにかぎられ，山道の遮断には木戸を設けている。水飲場も小川などを利用し，人手をかけないようにしている。

2. 里山放牧

(1) 名　称

里山放牧地は奥山放牧地に対応して用いられている名称で，村落付近に位置するものはすべて里山放牧地であるということができる。その大部分は規模のごく小さい，農家ちかくの野草地あるいは樹林地であって，裏山放牧地ともいわれ，また中国地域で小牧場(こまきば)と称しているものもこれに含まれ，その概況を第10表に示した。

第10表　広島県比婆郡での小牧場の概況
（佐々木富三）（昭和39年）

放牧面積	放牧頭数　①	放牧場数	1か所当たりの面積	1か所当たりの頭数	1頭当たりの面積	郡内総頭数②	①/②
ha	頭	か所	*ha*	頭	*ha*	頭	%
597	1,178	270	2.2	4.4	0.5	9,186	12.8

(2) 里山放牧の目的

①奥山放牧期の前後に放牧し，舎飼い期の粗飼料を節減する。

②優秀な家畜，体力の弱い家畜および毎日管理を必要とする家畜を放牧するとともに，農家の周囲の粗飼料を有効に利用する。

③若齢肥育素牛の別飼いの実施と，母牛の放牧によって農家周辺の飼料資源利用の両方を目的として放牧を行なう。奥山放牧で，別飼いしない子牛の価格は別飼いした子牛よりも2割前後安い。この価格低下を防止するため，この飼育方式が若齢肥育の普及とともに多くなった。さらに薪炭林であった里山に針葉樹を植林し，その下刈りを兼ねて，子牛の別飼いと母牛の放牧を行なう方法もあり，この二つの方法を合わせて中国地方では小牧場と称している。

(3) 放牧家畜とその管理

里山に放牧される家畜はほとんど小頭数の肉用繁殖雌牛とその子畜である。年間の放牧日数およびその時期は放牧地の草類の生産量によって異なる。小牧場のばあいには，春約30〜40日，秋約40〜50日の例が多く，夜間は舎飼いで，昼間に放牧する。1戸当たりの飼料成分の需給をみると，2頭の肉用成雌牛とその子畜を，約1*ha*の耕地のあぜ，くろなどの野草とイナわらとで飼育するばあい，条件によっても異なるが，可消化養分総量の年間必要量の約25%，可消化粗蛋白質の約50%が不足する。放牧がその不足量の一部を補っている。子牛には第11表に示した量の別飼いを行なう。

(4) 野草地の管理

中国地方の小牧場の1か所当たり面積はほとんど2*ha*前後で，その植生は野草，落葉樹林および針葉樹の幼齢林である。これらの放牧地では，飼料となるものを家畜に有効に利用させるにとどまり，生産量の増大をはかってまで利用することはしない。また小牧場の多くは部落にちかいので，有刺鉄線を3段に張り，家畜の脱柵を厳重に防止しなければならない。

第11表 子牛別飼い基準（濃厚飼料）（中畜）

生後月齢	雌	雄	備考
か月	*kg*	*kg*	
2〜3	0.7	0.8	①配合例
3〜4	0.9	1.0	挽割オオムギ20，ふすま30，大豆油粕25，挽割トウモロコシ25，カルシウム剤2，食塩1
4〜5	1.1	1.2	
5〜6	1.3	1.5	②生後2週目から良質牧乾草自由採食
6〜7	1.6	1.8	

里山に針葉樹を植林し，さらにそこに放牧する標準的方法はつぎのとおりである。薪炭林などであった落葉樹林の林床のササ類，草類，枝葉などを2〜3年間家畜に食わせ，それらが少なくなったとき，木を切り，針葉樹をふつうの方法で植林する。植林後7〜8年間は草類がよく繁茂し，放牧が可能である。植樹の家畜による損耗は約5%で，植林地としては許容できる範囲である。植林地の下刈りにはふつう10*a*当たり10〜15人必要だが，放牧によってそれは2年に1回2〜3人で足りる。

3. 山地酪農

(1) 名称とその特徴

傾斜20〜30度という急傾斜地に，シバなどの野草を生育させ，乳牛を放牧飼育する方式を山地（やまち）酪農といい，高知県に多く，その概況を第12表に示した。その大きな特徴は農業的に価値の低い，雑木などの生えている急傾斜地を，生産性の高い酪農を行なう場所に変えること，放牧地の草種として，わが国の風土に適合している野草，とくに放牧条件下でよく生育するシバを主として用いること，自家保有牛の増頭にみあうように放牧地を拡大することなどである。

これは，条件のわるい土地をむりの少ない方法で，酪農を行なう場所に変える方法であり，

第12表 高知県での山地酪農の概況
（細木・橋詰）

年次	戸数	頭数	1戸当たりの頭数	放牧地の面積	1頭当たりの放牧地面積
	戸	頭	頭	*ha*	*ha*
昭和42年	38	353	9.3	169	0.44
43	54	504	9.3	242	0.45

西日本の今後の酪農に示唆するところが多い。そのばあい，シバの代わりに，バーミューダグラスのなかで踏圧に強く施肥効果の大きい系統を用いるならば，さらに大きな発展が期待できる。

(2) 放牧家畜とその管理

放牧される家畜は搾乳牛，乾牛，育成牛で，四季を通じての昼夜連続放牧が多い。搾乳は朝夕の2回畜舎で行ない，同時に濃厚飼料を給与する。放牧地の草が少ないときには，搾乳時または放牧場で粗飼料を給与する。

(3) 草地の造成と管理

放牧予定地を有刺鉄線3段張りの牧柵で囲い，牛に林内のササ類，枝葉，野草などを食わせ，人が林内を容易に歩くことができ地表に裸地が現われ始めたときに放牧を中止し，被度が約10％ていどになるように木を残して他の木を伐採する。伐採跡地にはシバの匍匐茎を 1～2 m^2 に1本の割合で植え付ける。植付け後2年目には，シバや家畜の糞を通して搬入された耕地雑草などで，良好な野草地となる。植生はシバが主体で，メヒシバ，スズメノヒエ，エノコログサ，ススキなども多い。

草地の生産力は一般に低く，施肥量も少ない。したがって補給飼料が多くなる。山地酪農家の1頭当たりの放牧地平均面積は約0.5*ha*であり，もし優良な草種・系統を導入するならば，粗飼料の多くの部分は放牧地の草類で足りるものと考えられる。

必要な施設は，牧柵のほか，各牧区間の牛の移動，肥料および補助飼料の運搬のための牧道である。

4. 牧草地と野草地との組合わせ利用

(1) 組合わせ利用の意義

公共牧場など大規模放牧地のなかには，第13表に示したとおり，牧草放牧地と野草放牧地とをもち，それらを組み合わせて利用しているところがある。牧草の年間生産量の約70％は7月までに，残りの約30％が8月から10月の間に生産される。放牧頭数が一定のときには，7月まで草が余り，8月からは不足する。一般に，野草には牧草の生長停滞期の夏季に盛んに生長する草種が多いので，組合わせ利用は，野草のその特性を利用し，8月以後の牧草地の草量の不足を野草で補う目的で行なわれる。大頭数を飼育しているときの粗飼料の不足は，ふつうの舎飼いでも大きな問題であり，補給の困難な放牧地ではとくに大きな難問となる。野草放牧地はその難問の解消に役立っている。

第13表　公共育成牧場の推移と草地面積

（畜産局）

項目 ＼ 年次	昭和41年	46	51
全国牧場総数	269	967	1,197
利用頭数（千頭）	29	124	200
乳用牛	—	76	109
肉用牛	—	49	90
牧草地面積（*ha*）	14,521	58,212	88,923
野草地利用面積（*ha*）	—	68,567	59,230

(2) 放牧家畜とその管理

放牧される牛はホルスタイン種の預託育成牛，肉用の繁殖雌牛とその子牛および育成牛などであり，その頭数は約50～100頭，昼夜の連続放牧で，飼料を補給することはほとんどない。牧草地と野草地の組合わせ方法で多い例は，7月まで牧草地，8月と9月は野草地，10月に再び牧草地に放牧する方法である。しかし，もっている野草地の面積が放牧地によってかなり異なるので，野草地の放牧日数などは放牧地によって異なる。

放牧される家畜は副業畜産の家畜と異なり，企業畜産の家畜なので，成育・生産などについて技術目標を設定し，それに達する放牧を行なわなければならない。

(3) 草地の管理

植生は林地，灌木型，ササ型，ワラビ型，短草型など種々の植生型を包含するところが多く，施肥・輪換放牧などの生産量の向上をはかって使用しているところはごく少ない。また野草放牧地は奥山放牧地を引き継いだところが多いため，その放牧の考え方で利用している例もみられる。

家畜は企業畜産として飼われているので，草地の管理もそれに対応していなければならない。すなわち輪換放牧を行ない，それぞれの牧区のカウディ数または放牧単位数を計算し，計画的な放牧を行なわなければならない。

執筆　黒崎順二（宮崎大学）

1979年記

参考文献

BROWN. D. 1954. Methods of Surveying and Measuring Vegetation. Commonwelth Agricultural Bureaux.
伏見康治ら編. 1956. 生命の科学. 中山書店.
井上楊一郎. 1978. 草地施業技術. 養賢堂.
近藤康男. 1959. 牧野の研究. 東京大学出版会.
三井計夫. 1947. 牧野. 実業教科書株式会社.
中野治房. 1944. 草原の研究. 岩波書店.
大迫元雄. 1937. 本邦原野に関する研究. 興林会.
SAMPSON, A. W. 1952. Range Management. Principles and Practices. Wiley.
園田三次郎. 1941. 牧野概論. 養賢堂.
須藤浩. 1974. 自給飼料全科. 農山漁村文化協会.
武居忠雄編. 1967. 林業と肉用牛経営. 地球出版.
WEAVER J. E. and F. E. CLEMENTS 1937. Plant ecology. McGraw-hill.
山内義人. 1943. 牧野景観. 北海道牧野協会.

野シバ草地の造成と初期管理

1. 山地と野シバ草原

(1) 森林とシバ草原

わが国の多くの山地は，裸地を放置すると歴史的経過をたどって天然の森林へと遷移する一方で，牛などを長年放牧すると野シバ草原が自然に成立する生態系であることが知られている。大迫（1937）は，刈取り，放牧圧などの有無・強弱によって，森林期⇄ススキ期⇄チガヤ期⇄シバ期⇄荒蕪期の植生遷移があることを述べている。九州地方や東北地方などに見られる野シバ草原の生成過程はススキ，ネザサなどの原植生が牛馬の強放牧によって遷移したことがうかがえる。

(2) ススキ草原と野シバ草原の生態

草原管理の知識を深めるために，利用特性が対照的なススキと野シバの生きざまについて述べる。

ススキは春先，根や根茎に蓄えていた栄養分を使って茎葉を伸ばし，加えて葉の光合成作用によって生長して，主に地上部へ栄養分を蓄積する。この栄養分の増加は出穂前に最大となるが，秋ぐちに出穂すると間もなく栄養分が地下部に転流し，翌年の発芽，生長に備える。これをくり返してススキの株が旺盛となり，生産量も高まる。

その昔，ススキが牛馬のエサや堆肥，カヤぶき，炭俵などの材料として大切に利用されていたころ，共有ススキ草原の刈取り解禁日が村の掟として厳しく管理されていた理由は，翌年のススキの生育に支障のない栄養分が地下部に転流する時期を待つための知識であったことになる。

ところが，ススキを出穂より前に根元から刈り取ると，次年のススキの生長が3分の1程度に落ち，これを毎年くり返すと，2～3年でススキがほとんど滅びることが知られている。また，1 ha 当たり3頭程度の牛をススキ草地に連続放牧すると，次々と生長点を牛が食べるこ

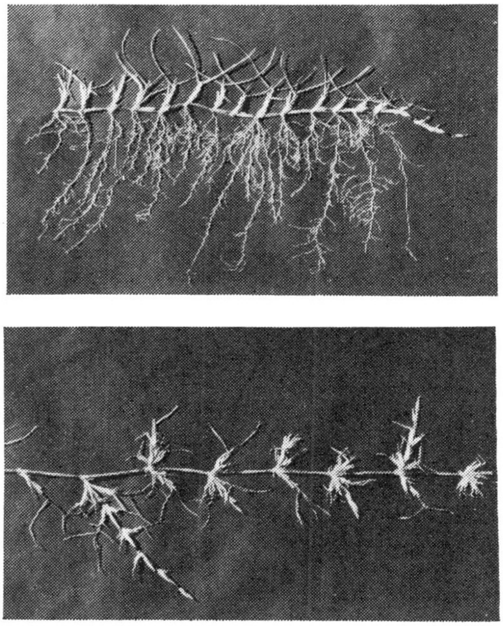

第1図 野シバ標本（採取11月）
上：節間ごとに根と葉を展開
下：生長点が踏み切られたために節間から新たな匍匐茎が発生しだしている

とになり，地下部の栄養分消費と光合成による栄養分補給とのバランスが著しく崩れて，やはり2～3年でススキが滅びることになる。

一方，野シバは草丈が低く，第1図の匍匐茎（針金状の地下茎）を地表あるいは地下浅く縦横無尽に伸ばし，無数の節間からは次々に根を出して匍匐茎を地面に固定し，また直立茎を出して，その先に3mmくらいの二つの葉を開く。この匍匐茎と葉が地表全面にマット状に被覆する。

特にススキとのちがいは，植物の生命線ともいえる生長点が匍匐茎の先端にあり，鎌で刈り取られたり，牛に食べられたりしても，葉の一部を失うにとどまり，栄養分を蓄積している匍匐茎や生長点が傷つくことがほとんどない。また，人や家畜の踏みつけにも耐踏性が強く，土壌保全効果に優れた草種といえる。

(3) 牛と共存する野シバの草地社会

長草型の草は牛を連続的に強放牧すると滅びるが，野シバは牛に食べられることで葉の徒長を防ぎ，また蹄で適度に踏まれ，踏み切られることで，匍匐茎が縦横に伸びて群落が広がり，完成したシバ草地では踏み切られることによって新しい匍匐茎が芽生え，群落が若返り栄える。

さらに野シバは，初夏のころ棒状の穂をつけ，ごく小さい種子が実るが，自然の落下では，ほとんど発芽しない。しかし牛などに食べられ，動物の消化管を通って別の場所に糞とともに落下すると発芽率が高まる。糞の中から発芽した野シバの新しい命は，糞を肥料に使って育つので，他の草が育たないやせ地でも新たな群落を形成できる。この種子による野シバ繁殖の生態は，私たちの実践研究の過程においても実例が観察できた。これが牛と野シバの共存の社会である。

(4) 野シバ草地の再評価

これまでの畜産技術における自然の野シバ草地の位置づけは，各地で行なわれた野草地の動態調査の結果から，放牧強度を強めたために野シバの優占度が高まった植生の退行遷移の過程であるとされ，また，広大な山地・原野での粗放的な放牧例が多く，牧養力の把握が困難であることもあいまって，草地の生産性が改良草地（寒地型牧草，暖地型牧草）より著しく低いという考え方が主流であった。

したがって，野シバ草地を積極的に活用しようとする実践研究例は少なく，近年は野シバ草地より生産性が高いとされた改良牧草による草地造成が社会の要請としてすすめられた実情が

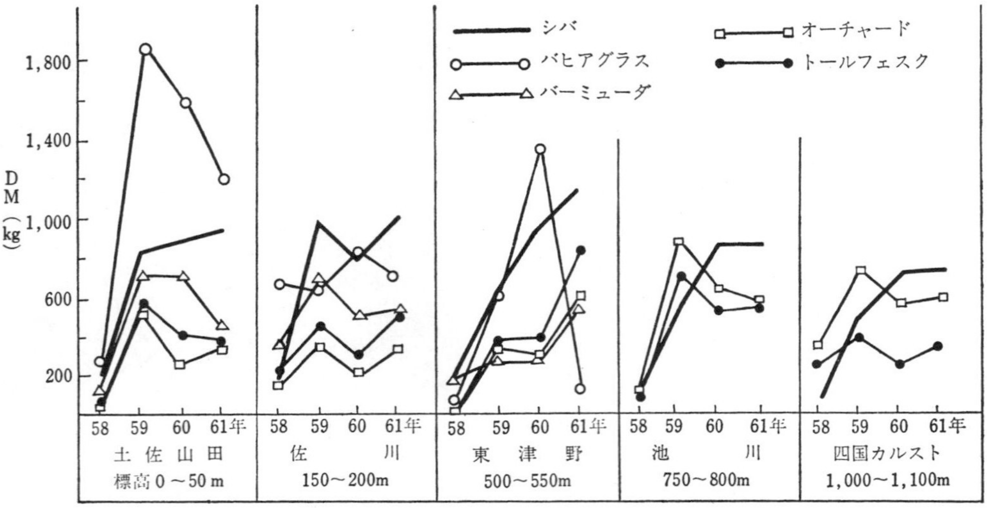

第2図　年次別風乾収量の推移　　（高知畜試：細木・岡本ら）

ある。

しかし，私たちが昭和51年から行なった野シバ利用の実践研究から述べると，自然界で野シバと牛たちが織りなす共存共栄の草地社会は，これまでの常識を超える生産性が秘められており，後述の課題を創意と工夫で解決すれば，子牛の低コスト生産に通じる技術に発展させることが可能であると考えている。特に高温多雨な西南暖地に適しており，急傾斜山地を活かす，もう一つの放牧技術，と位置づけることができる。

第２図は，高知県内で標高差別に野シバと改良牧草との風乾物収量を比較したものであるが，ほとんどの標高で改良牧草を上回り，標高1,000m程度の高冷地でも野シバが改良牧草より収量が高いことを述べている。これは気温に対する適応範囲が広く，耐暑性，耐寒性に優れているといえることになる。

2. 野シバの適地

野シバの自然分布は，北海道南部から九州南部に及ぶが，寒冷地では標高が1,600～1,700mが限界であろうといわれている。寒冷地では利用期間が短縮されるので，改良草地との経済性の比較を要する。

野シバ特性と放牧利用からの適地は，①好日性を生かせる南東から南西の傾斜面，②連続した湿気を嫌うので排水のよい土地，③頻回の降雨と高温によって収量が高まるので高温多雨地域といえる。また土壌酸度，肥沃度にあまり左右されないので，岩石が多いなど，やせ地でも充分繁殖することから，これまで造林や改良牧草の導入が困難であった土地でも利用可能である。傾斜度は耕地として利用困難な急斜面であるが，牧草に比べて急峻な山地での利用性が優れている。

以上から野シバの放牧利用適地は，過去に野シバ草原の存在していた地域に加えて，新たな導入適地として，年間平均気温が14～16℃で改良牧草の定着がむずかしい西南暖地の多雨地帯を中心とした未利用，低利用の急傾斜山地をあげることができる。

3. 人工的な野シバ草地造成方法

歴史的経過をたどって成立したであろう野シバ草原への種子移動の起原は，夏山に放牧された牛馬が，その直前に野シバの種子を食べる機会があり，また野性動物たちが種子を食べて，それぞれ放牧地に糞とともに移動したことがうかがえる。

人工的な野シバ草地の造成技術は，自然に任せると，おそらくは人間一世代では完成しないであろう野シバ草地を，３～４年程度という短期間でつくりあげようとするものである。

わが国における実践的な野シバ草地の人工造成は，高知市の山地酪農家・岡崎正英氏（1928～1984，農業技術大系・酪農に紹介）が国立科学博物館研究官・猶原恭爾博士（1908～1987，「日本の草地社会」など)の助言を得ながら，昭和32年に里山に乳牛を放牧し，野シバを移植したのが草分けであろうといわれている。現在では南国市の斎藤陽一氏（農業技術大系・酪農に紹介）らによって低コスト山地酪農が展開されている。

この技術をもとに，高知畜試が昭和51年から繁殖牛放牧に応用した実践研究に取り組み，その成果を普及に移しているところであるが，先駆の篤農技術にちなみ「岡崎氏・野シバ草地造成法」(以下「岡崎氏法」という）と称することにしたい。

(1) 「岡崎氏・野シバ草地造成法」（主に小規模造成）

高知畜試が急傾斜の裏山で試みた人工的な野シバ草地造成の手順を要約すると次のとおりである。

①地図を持って山地を踏査し，利用配置（シバ地，環境保全林地，牧道，集約管理施設，水場など）をつくる。

②シバ地を造成する外周を刈り払い，牧柵を張りめぐらす。牧区は集約管理牧区と省力管理牧区の２区分とする。

③牛を放牧して可食植物を喫食させ，刈払い労力の省力化に努める。

④牛の管理施設を集約管理牧区に設ける。

⑤樹林地では木を伐るが，草が不足するので落葉樹は夏期，常緑樹は冬期に伐り倒し，葉をエサに利用する。

⑥牛が草木を食べた後を追うかのように野シバの苗を移植する。

⑦造成初期の草量不足をカバーするため，キンエノコロ，ヒエなど雑草の種を採種，播種も行なうとよい。

⑧野シバを植え付けた箇所の草高が，牛の採食によって5cm くらいに保てる牛の頭数を毎日連続して放牧する。冬期間も補助飼料を給与しながら放牧する。

⑨牛の食べない草木や残草は年間2～3回人力で刈り払い，シバに日光が当たる環境をつくる。

⑩1年目は野シバの生長がほとんどないが，2年目から匍匐茎が目に見えて生長し，3年から4年目で地表全面を覆い野シバ草地が完成する。完成した草地は永久草地として利用できる。

この方法は，比較的少面積の裏山などを個人の力で造成する方法に適している。

第3図は岡崎氏法により移植した野シバが3年でシバ型草地化した写真であり，第4図は諸条件における繁茂速度を方眼紙に記録したものである。黒い部分が野シバの占有を示し，変化のない黒は岩石である。牛の採食と踏圧，掃除刈りなどの量的差異が野シバの繁茂に著しく影響することが明確である。

調査区分⑥は，主に妊娠牛を放牧した省力管理牧区であるが，ha 当たり3.5頭を周年定置放牧し，4～11月の間は補助飼料を与えず，不食草は年に3回程度刈り払い前植生の草高を5cm 程度に保ち，野シバの初期生育の条件を充分に満たした牧区である。植付け後3年で野シバが表土をすべて被覆したことを示す。

①，④は，子牛を連れた要種付牛を放牧した集約管理牧区で，牛蹄による踏圧と野シバの繁茂の関係を見るための調査地点である。①は集約管理施設の出入口から 13m の地点であるので5年経過しても占有できないが，同じく出入口から70mの④では4年でほぼ表土を被覆した。⑩は乳用種・搾乳牛の輪換放牧区で，搾乳舎からの距離は400m，標高差約50mの地点である。前植生の改良牧草や雑草の草高が20～30cm と高く，野シバの好日性の環境が不充分で繁茂が遅れた。

第3図 植付け後3年で完成した野シバ型草地 （高知畜試：上田）
草高5cm くらい，シバがよく手入された公園のように見える

(2) 共同利用の野シバ草地造成方法 （中規模）

共同利用の夏山放牧場を人工的に野シバ草地化した例は少ないだろうが，理論的には従来の草地造成と同じく，前植生の刈払い，火入れの後に，種子の播種に替えて，野シバの苗を植え付け，同時に牧柵を張り，またその他の施設を配置する。

しかし，現実の課題として造成面積の初期管理に見合う放牧牛（放牧経験牛が最適）を確保できない場合が多い。この場合，急速に前植生や山地への第一次遷移期の植物が多量に繁茂し，移植した野シバが日陰となり匍匐茎の生長が害される。しかし，土地に活着した野シバは，この日陰状態が1～2年間つづいても枯れることはない。利用者の共同作業などによって，繁茂した草木を年間に2～3回程度刈り払うことができれば，野シバの匍匐茎の生長を促すことができ，草地の完成を早めることができる。この作業を怠ると自然の森林に向けて植物遷移がすすむことになる。

調査区分	移植年月（間隔）	調査年月					備考
		52.7	53.7	54.7	55.7	56.7	
①	S 51.6 (1.5m)	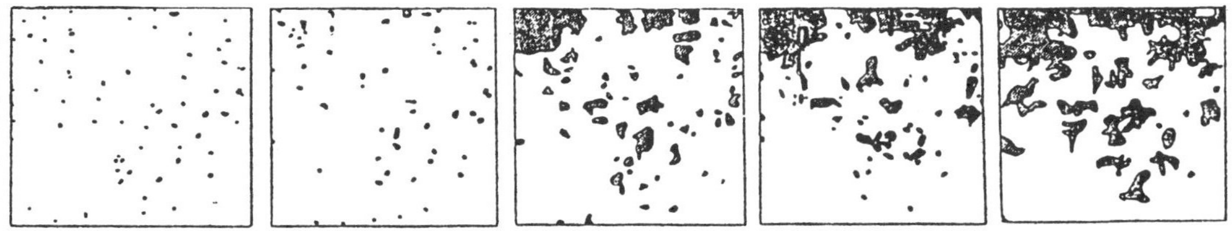					・前植生は改良草地 ・周年3.3頭/ha ・飼料補給 ・施設の出入口からの距離13m
④	52.3 (1.0m)	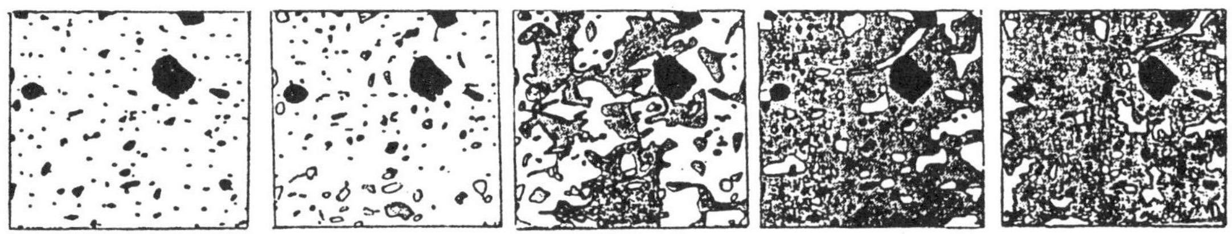					・前植生は雑木林 ・周年3.3頭/ha ・飼料補給 ・施設の出入口からの距離70m
⑥	51.4 (1.5m)	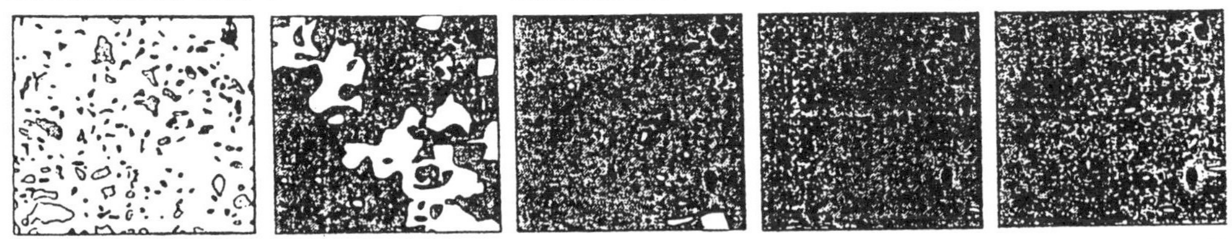					・前植生は荒廃した改良草地 ・周年定置，3.5頭/ha ・飼料補給は12月～3月だけ ・施設なし
⑩	51.6 (0.5m)	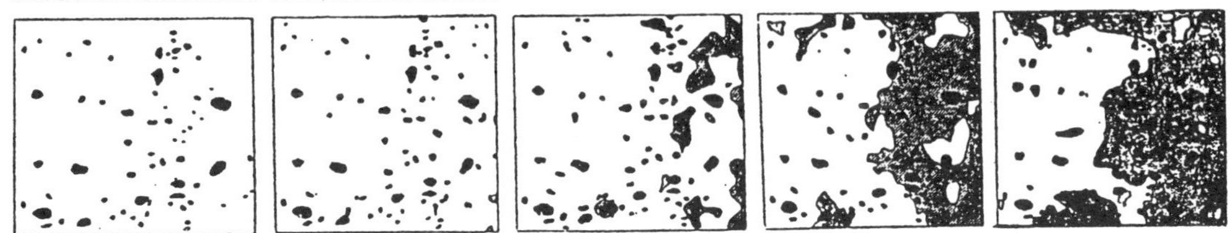					・前植生は改良草地 ・乳用搾乳牛 ・周年輪換放牧 2.7頭/ha ・搾乳舎からの距離400m

第4図　移植した野シバの年次遷移　　（高知畜試：標高150～200ｍ）

第1表　主要地方系の生育，生産等の年次別経過　（高知畜試：細木・岡本ら）

産地名	主茎の伸長量（cm）			主茎の分枝数			10a当たり乾物重(kg)	
	1981年	'82年	'83年	1981年	'82年	'83年	1982年	'83年
北海道	98.3	115.5	115.6	47.6	49.6	56.9	693	972
青森	93.3	110.2	112.4	44.6	44.6	49.8	746	830
長野	176.0	138.8	125.8	62.6	53.0	53.3	982	854
神奈川	162.3	134.4	120.4	63.8	50.1	56.7	969	895
広島	133.7	159.1	165.5	60.8	57.1	77.0	681	803
鹿児島	96.7	132.1	95.2	33.4	50.3	45.3	645	783
香川	110.1	161.6	157.6	32.8	48.7	65.7	845	861
高知	121.5	130.1	118.0	74.6	43.4	55.9	661	770

また従来の改良草地の造成と同じように，改良牧草の種子の播種を行なった後に，合わせて野シバ苗の移植を行ない，改良牧草の発芽，生長を待って牛を放牧する方法が考えられる。この方法は，草高が5cm程度となる強放牧によって牧草が数年で衰退するのと逆に，野シバが繁殖することをねらうことになる。造成初期の不食雑草を牧草が抑え，また牧草から草量が得られる反面，野シバ草地の完成がかなり遅れることは避けられないだろう。

改良草地を野シバ草地に更新する場合は，強放牧によって草高を抑えながら，野シバ苗を植え付け，野シバ化に向けた草地管理を行なうが，踏圧によって土壌の耐踏性が高まっている場合は野シバの伸長・繁茂が早い。

(3)　野シバ草地造成技術の考え方

改良草地の造成では，播種した種子が発芽・生長した時点で草地の完成したことが判断される。しかし野シバ草地の場合は技術が異なる。野シバの植付け完了が第一次工事の完成であり，つづいて行なう匍匐茎の伸長を促すための多労な初期管理によって，野シバが山地全面を覆った時点を第二次工事の完成とする考え方が重要である。この考え方が利用者と関係者に定着すれば普及が容易となろう。

4. 野シバの移植

急傾斜山地放牧向けの人工的な野シバ草地造成でのシバ導入技術は，「岡崎氏法」による匍匐茎を苗シバとした植付けが実践的であるといえる。種子を牛糞の中に混入して散布する播種法などもあるが，現時点では造成経費や完成までの期間ともに岡崎氏法が優れていると考えられる。

(1)　移植の適期

年間を通して可能だが，葉の生長が止まっている晩秋から春先が適期である。西南暖地では2月から3月が最適である。

(2)　苗の確保（自生の野シバを使う）

路傍，畦地，山地に自生している野シバを探し，あらかじめ短く刈り込んで苗床とする。日本各地の野シバを得て，生育，生産を比較した結果は第1表のとおりであるが，特に優れたものは見られない傾向である。近くに放牧利用している野シバがあれば最適であろう。

移植する山地の準備ができたら，第5図①のように苗床の野シバに鎌か鍬を使って適度の短冊状の切れ目を入れ，鍬と手で剝ぎ取る。群落全面を取り去ると路傍などを荒らすことになるので，スポット状に取る気配りが大切である。

大量の苗シバを要するときは，土木工事用の野シバ苗を求めるか，あらかじめ苗シバを育苗することもできる。苗床をつくるには，5～6cmに切断分割した匍匐茎を床の全面にまき，施肥後にかるく覆土，鎮圧しておくと1～2年で利用できる。

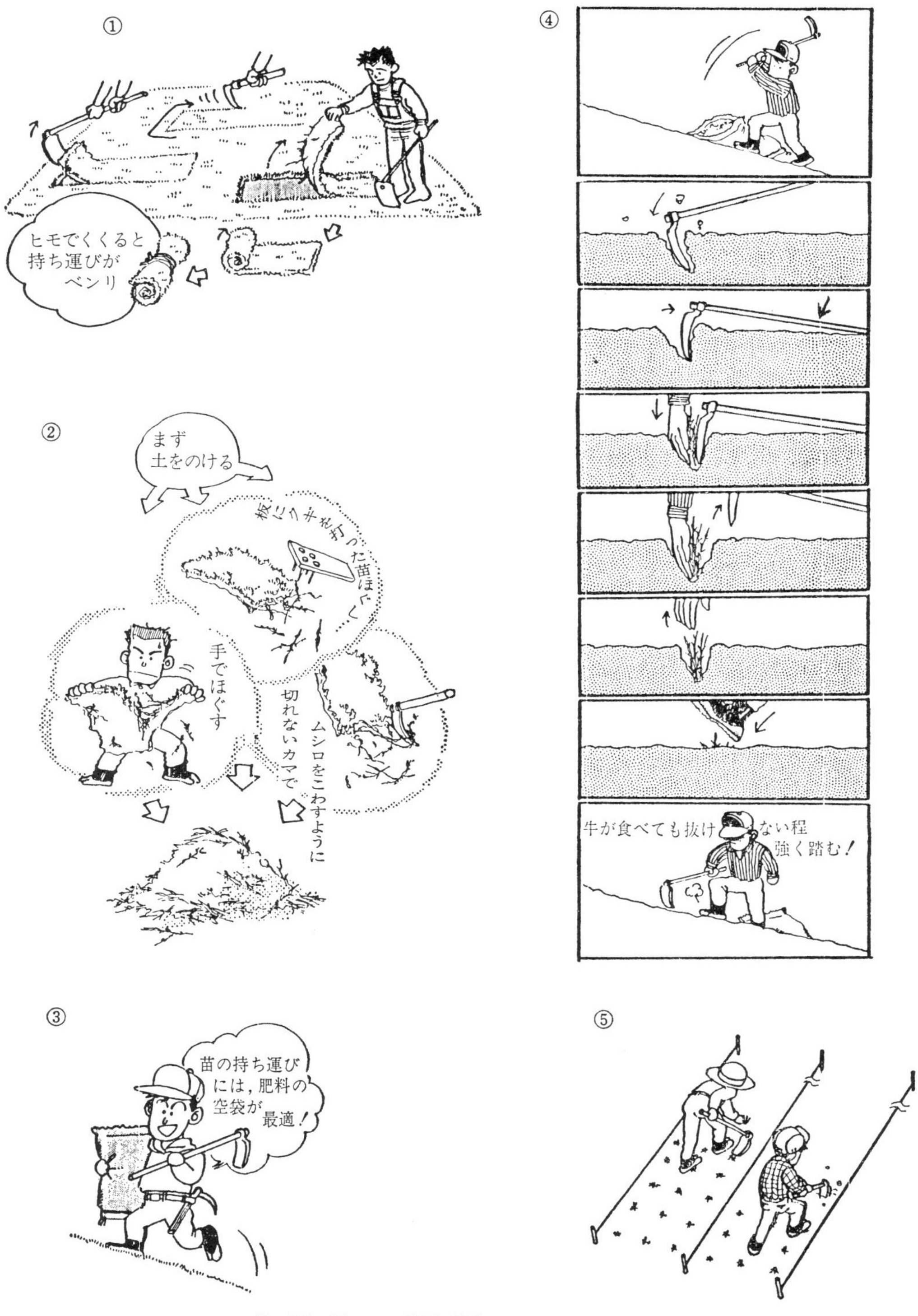

第5図　野シバの移植手順（岡崎氏法）

(3) 苗シバの必要量
(10a当たり1～3m²)

移植間隔をスギ，ヒノキの植林と同じ1.8mとすると，10a当たり300株余りを植えることになる。この苗は，よく繁茂したマット状のシバ1～3m²から得ることができる。苗の少ないときは，1本の匍匐茎を一株とすることもできる。もちろん，間隔を短く，1か所に多くの苗を植えれば草地の完成を早めるが，苗の確保，植付け労力とシバ自身が横に伸びることを考えあわせると，1mから1.8m間隔に3～5本の苗を植えることが実用的であろう。

(4) 苗ほぐし（手や古鎌を使う）

剝ぎ取ったシバの土を落としながら，第5図②のように手でむしり取るか，切れ味のよくない鎌などを使いほぐすかするが，匍匐茎が10～15cmの長さとなるように，また，1か所に植付けしようとする本数が一株にまとまるように工夫する。岡崎氏法の苗つくりは，鋭利な刃物を使って切断しないほうが植付け作業，シバの活着，生育がよいようである。また，ほぐした苗シバは，ぬれむしろなどで覆い乾燥を避ける。

(5) 移植の手順（深く植えること）

苗シバの山地への運搬は，第5図③のごとく肥料袋などを使う。

植付けは第5図④のように，唐鍬（石の多いときは小型のツルハシ）を深く打ち込んだままで，柄の部分を下に下げると，土地と鍬との間に空間ができる。そのまま鍬を抜かずに苗シバを手に持って，土地と鍬の間に深く押し込み，苗シバを押し込んだままの状態で片方の手で鍬だけを引き抜く。次に足の踵で力いっぱい数回踏みつける。15cmくらいの苗シバのときは，10cmを地中に埋め，5cmくらいが地表に出る程度に植え付ける。深植えの理由は，苗の乾燥による枯れを防ぎ，牛の採食で引き抜かれたり，歩行時に蹄で掘り起こされたりしないためである。また，苗シバの生長点が上向くよう心がけて植え付ける。

特に補助事業など，移植作業を多人数で行なう場合は，作業に入る前，全員が実習のうえ作業の精度を高める必要がある。また，植付けの欠株を防ぐために，第5図⑤のようにロープを引くと作業能率がよい。

5. 造成初期の管理と放牧経験牛の活用

(1) 造成初期の留意点と課題

急傾斜地に移植した苗シバを3～4年で野シバ草地に完成させる条件つくりは，長草型の草の生長を短草の状態に抑え，また不食草を除去することであるが，人力だけによる刈払いは当然多くの労力を要する。

牛を放牧し採食させ，また蹄で踏圧すればよいことになるが，一般に移植直後の草地は草量が少ないことに加えて，牛の生理的不食草の繁茂が著しい。生後から畜舎で飼われた放牧未経験牛（以下，「初山牛」）に性急な強放牧を強いると，若齢牛は発育，性成熟が遅れ，成牛でも体重の減少，繁殖生理，生時体重などに障害が現われ，時には死亡事故につながることもある。

これを防ぐために，放牧牛に補助飼料を与えると，牛の行動範囲が給与地点の周辺部に狭まり，1～2年が経過すると牛の行動しない遠隔

第6図 牛に可食の草木を食べさせ，不食の草木は人力で刈り取り，シバに太陽の当たる環境をつくる。この労力が残された課題の一つである

地点は，前植生や不食の草木に覆われる。当然，短草で好日性の野シバは生長が害されるが，枯れることなく，好日性の環境を待っているかのように見える。

この移植後，野シバの繁殖するまでの１～３年間に繁茂する前植生等を，第６図のように牛の採食行動に加えて，人力で除去することができれば野シバ草地の完成が早まる。刈払いを要する草木の量は年を追って減少するが，この掃除刈り労力と後述の放牧経験牛の確保が野シバ草地造成を普及するうえの大きな課題となる。

また，造成初期の施肥は不食草の繁茂をまねくので，野シバの占有度が高まるまでは通常は行なわない。やせ地での施肥は「野シバ草地放牧の技術」の項（本大系畜産編３「肉牛」）で述べる。

(2) 造成を兼ねた放牧馴致

造成の初期は，草地にほとんど草がない例も多い。牛の強放牧が不可欠とはいえ，「初山牛」しか持たない農家が，短期的であっても放牧によって生産が下がることはできるだけ避けたい。

前述のように補助飼料を給与すると前植生等が茂り，野シバの繁殖は遅れるが，初年目は「初山牛」をかばいながら傾斜地放牧することで野外環境に馴らす工夫をする。

「初山牛」が急傾斜地放牧にある程度馴れた時点で，思いきって補助飼料の給与を中止して，自力で草を求めて行動することを強いる。この技術の決断が牛たちの放牧馴致を速め，野シバを覆っていた採食可能な草木を食べ尽くすことになり，好日性の野シバの繁茂する草地環境が整う条件になる。この牛にハングリー精神を強いる決断ができないために，自然の原野に戻る例もある。

この強放牧を強いたとき，牛たちの健康（目つき，歩様，採食時の活力など全体の活力）に異常がなければ，急傾斜の山地に適応変化し放牧経験牛となったと考えてよい。もし異常が現われたときは，補助飼料給与や牛舎に戻し，回復を待って再度放牧生活に挑戦させる。

この場合，育成牛では１日当たりの増体重が0.5から0.6kg程度，成牛では第２表から推測して400kg台の体重を確保できる放牧強度と補助飼料給与に配慮する必要があろう。高齢牛は馴致放牧に応えてくれない例もある。また育成牛では，登録審査との関係からいえば，強放牧を強いるのは初産の離乳後からであろう。

第２表　野シバ草地放牧における母牛体重と生時体重（高知畜試：仙頭・光冨ら）

年　度	出生頭数	子牛の生時体重	放牧牛の平均体重
昭53年	11頭	26.7±6.6kg	399kg
54	7	29.9±3.6	457
55	8	27.5±4.7	432

(3) 放牧経験牛（「開拓牛」）を使った造成

放牧経験牛（以下「開拓牛」）を確保できれば造成は容易である。第７図の放牧牛は，急傾斜・複雑地形での野シバ草地造成経過を経て，山地放牧に適応変化した牛のスタイルである。傾斜地生活で肢蹄が発達し，また短草のシバを喫食するために口と顎など頭頸部全体が発達している。特に傾斜が増すほど前肢に牽引力がかかるために，前軀全体が発達した体型となる傾向が強い。

私たちは，このように山地への適応変化した放牧経験牛を「開拓牛」と呼ぶことにしている。理由は，かつて原野を開いた開拓者のような活力で，急傾斜の野シバ草地造成に貢献してくれるからである。

第７図　急傾斜の山地に適応変化した牛のスタイル「開拓牛」と称している

「開拓牛」を草量に見合う頭数が放牧できれば，野シバ草地の完成が速く，牛の健康に神経をつかうことが少なくてすむ。

「開拓牛」を使った放牧の実践は，牧柵の完成と同時に強放牧を強いるが，採食行動は旺盛で，シキミ，アセビ，ダンドボロギク，バラ類などの生理的不食草以外の植物はすべて食べ尽くす。補助飼料の給与は，著しく体重が減少したときと，冬期間放牧の場合に限ってよい。

また，この「開拓牛」と前述の「初山牛」とを同時に放牧すると，「初山牛」が「開拓牛」の行動を模倣し山地に慣れやすいようである。

さらに，造成当初に「開拓牛」を放牧すれば，経営者自身が牛の山地利用能力のすばらしさを「開拓牛」の行動から学び，山地の畜産利用の将来展望が開けることに通じるといえる。

執筆　上田孝道（高知県東部家畜保健衛生所）

1990年記

参考文献

岩城英夫．1971．草原の生態，生態学への招待３．共立出版．

農林水産技術会議事務局．1948．山地畜産技術マニュアル．第１編山地畜産の基本と共通技術．

猶原恭爾．1966．日本の山地酪農．資源科学研究所．資源科学シリーズ３．

高知県畜産試験場．1981．野シバ草地の造成とその利用技術．高知県農林技術会議．高知県農林業の技術情報．№29．

高知県畜産試験場．1979．実用化技術組立試験報告書（中間成績）．

高知県畜産試験場．1980．高知畜試方式「繁殖牛の集約管理施設とその利用技術」．

高知県畜産試験場．1981．野シバ草地の牧養力と利用技術．

高知県畜産課．1989．肉用牛の飼養と野シバ草地．

高知県畜産課．1989．山地の畜産的利用における野シバの経済性と普及上の課題．

岡崎正英．1977．急傾斜地――周年放牧で省力・省資本・安定酪農経営．農業技術大系　畜産編２乳牛．農山漁村文化協会．249―263．

光冨　伸．1985．成牛25頭・育成14頭，山地酪農（高知県南国市，斎藤陽一）．農業技術大系　畜産編２乳牛．農山漁村文化協会．

三井計夫．1978．飼料作物・草地ハンドブック．養賢堂．

猶原恭爾．1974．日本の草地社会．柏書房．

岐阜県．1978．組織的調査研究報告書．

細木康彦．1985．シバによる暖地傾斜地の放牧地造成と管理．日本草地協会．草とその情報．

高知県畜産試験場．1984，1986，1987．試験研究・事業成績書．標高別放牧地用適応草種の選定と導入に関する研究．

高知県畜産試験場．1988．暖地急傾斜地における肉用繁殖牛の管理システム開発に関する研究．

急傾斜（棚田）放牧地の維持管理

1. 急傾斜（棚田）放牧地の条件

わが国の耕作放棄地は25万haともいわれ，とりわけ中山間地における休耕水田や畑地の維持は困難になってきている。

これらの地域の土地を守り，生産的に利用したり保全したりしていくためには，そこに住み続け生活できる条件を満たすことがなによりも大切である。これらの土地を放牧によって活用することができれば，意義のあるところである。

傾斜地を放牧地として利用しようとする場合，家畜が食べる草がよく生えるかどうかということと，家畜が草を食べるために歩行することによって草地が崩壊したり泥濘化したりしないようにすることが条件である。さらには草で家畜が十分成長することが必要で，どんなところでも容易に放牧利用できるというものではない。

傾斜放牧地では，土地条件に対応した草地の造成，牧柵の設置，草種（植生）の維持管理，放牧家畜の出し入れ，さらには放牧をうまく進めるための非放牧期の管理を含めて，よい草をつくり，よい牛，よい土をつくり，できるだけ収入につながるように低コストで，しかも省力的に実現することが求められている。それは，もともと条件不利地域での生産をどうするかということでもある。

2. 放牧導入期の管理

(1) 牧草地，シバ地の造成

放牧地の造成は，利用目的や目標，地形や気候などの土地条件で異なる。大別すると，シバの活用と牧草の活用である。これはどちらがよいというものではなく，条件に合わせて有利な草地をつくるという考え方が必要になる。

第1図　傾斜地のシバ草地

シバ地の造成には，①予定放牧地内に生えているシバを放牧や刈り捨てを繰り返しながら造成する方法から，②シバ草地の種子のついている時期にシバを食べた放牧牛のふんを採取して，発芽できる状態になった種子を含むふんをまく方法，③種子やシバ苗を利用し，ポット苗の移植シバネットを切断してまいたり，シバ張りをしたりする方法などがある。

シバ造成においては，シバが優占するまで2～4年程度の期間を必要とし，この間に年2～3回の刈取り作業が必要である。放牧しながら造成する場合も，不食草を対象にした刈取りをする必要がある。雑草や雑灌木の刈取りや，放牧開始の時期，どの程度牛に食べさせて管理をするかの判断が大切である。

野シバ草地の造成と初期管理について，第2図に高知県，徳島県，愛媛県の畜産試験場から提案されたマニュアルを示した。

寒冷地ではシバ＋ケンタッキーブルーグラス＋野草，温暖地ではシバ＋暖地型牧草＋野草

1年目	3回刈る		●放牧牛が多い場合は，牛の生理的不食草だけを刈る ●放牧牛が少ない場合や，えさを補給すれば牛が食べられる草も刈る ●「開拓牛」が最適
2年目	2回刈る		●シバの生長が目に見えだす ●労力は1年目よりかなり少なくてよい ●痩地では，シバをめがけて肥料もやる ●条件がよければ，シバ草地が完成する
3～4年目	1回刈る		●労力は一段と少なくなる ●シバがほぼ全面に見えだす ●条件がよければ，シバ草地が完成する ●施肥によって収量が高まる

第2図　野シバ草地造成の初期管理　（シバ草地造成マニュアルより）

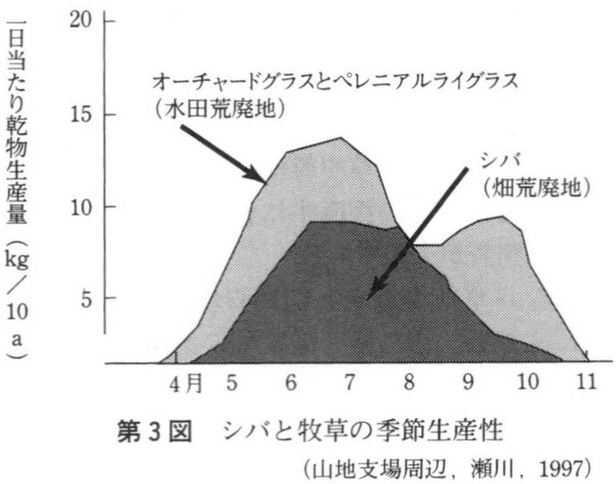

第3図　シバと牧草の季節生産性
（山地支場周辺，瀬川，1997）

の例が多い。

(2) 草地条件，草種の特性と管理

小規模分散地（荒廃未利用地）を対象にした牧草の草地造成においては，地域に適した草種の選定が大切になる。長野県の中標高地帯では，オーチャードグラスとペレニアルライグラスの混播で造成してクローバを追播する方法がある。雑草を刈り倒した後，多い場合は焼き払い，元肥を入れてロータリで起こし，播種後に鎮圧する。雑草の程度を勘案しながら1～2回掃除刈りすると，放牧ができる草地になる。

また，比較的大きく機械作業が容易な草地では，牧草を用いた草地造成により，粗飼料生産も兼ねた高い生産量を期待するほうがよい。

シバと牧草は第3図に示すように生育パターンが異なるから，その特性を生かすように利用する。シバや牧草の特性を活かし，放牧期間を少しでも延長できる放牧を実現するためには，地形や区画の大きさ，放牧方法などとの関係から，いろいろな草地をつくり，組み合わせて利用するのが有利になる。

3. 牧柵の設置と放牧施設の管理

(1) 急傾斜地での牧柵の設置，管理

急傾斜地で放牧を実現しようとする場合は，牧柵の設置や牧区の構成が草地管理のうえで重要である。

牧柵は牛が逃げないようにするためのものであるが，柵の大きさや強度だけでは完全に脱柵を防ぐことはできない。柵に慣れさせることや，

放牧地内に牛の食べる草がない状態での放牧をさけるなどの対策をあわせて，初めて効率的な牧柵設置になる。

脱柵は多くの場合，頭出し行動の延長線上において柵の強度不足で壊れる場合，あるいは発情などの異常行動のときに柵の高さや強度が不足して起こる。

柵の強度は，頭出しとの関係では地面からほぼ60cmのところで300kgの押しや張りに耐える必要がある。そのためには頭出しが起こらない牧柵構造にするか，頭出しが起こっても破損しないものでなければならない。主柱や支柱，コーナーポストに丸太などを使う場合，60cm以内の打込みではぐらついてしまう。添え木が必要になる。

柵の設置と崩壊の関係についてみると，傾斜地では牧柵の設置に伴う崩壊を防ぐための設置方法が必要になる。

牧柵設置に伴う崩壊を調べた結果によれば，第4図に示すように傾斜が22度以上になると牛道を形成し，崩壊する。土質にもよるが，柵からの幅で90cm以上，傾斜22度以内のところに柵を設置することが望ましい。境界線を意識するあまり，崩壊が進み柵の維持ができなくなる事例も多い。

放牧地内には，崩壊しても順次地形補正できる場所と，崩壊そのものが問題になる場所がある。後者では牛を入れないための対策が必要で，牧柵を設置する。前者では，シバなどの植生で保護できる場合は，一時的に柵を張り，地面を固め，植生を回復させるまで刈取りなどの管理をしながら柵で保護する。

(2) 放牧施設の管理

その他，放牧施設としては牛の誘導路，給水設備がある。急傾斜地は牛の歩行による崩壊や水系周辺の泥濘化が問題になる。家畜の導入道路は土地保全を前提に，降雨時も含め，歩行が集中しても土砂が流出しない構造にしなければならない。放牧施設の一部として考える必要がある。

水は沢水や用水路から直接飲水させることなく，取水し，泥濘化しにくい場所で給水することが原則である。

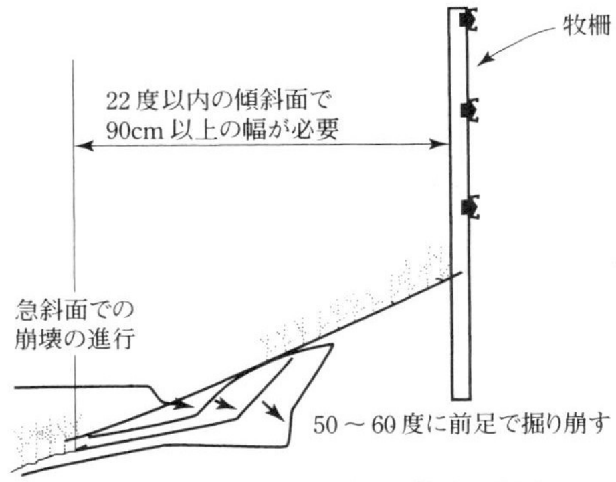

第4図　牧柵設置に伴う草地の崩壊

4. 草地の管理

(1) 草地管理の基本―草地損傷・崩壊の防止

草地の管理においては，放牧の導入から経営の発展段階に即した管理が必要である。そこに求められる技術は，家畜が食べる草を育て定着させるための作業技術として実践され，それがまた草や家畜の生産に反映されるものである。

年次が進むに従い，草種の変化や雑草の繁茂が起こり，牧区内でも多様に変化する。その変化を見抜いて，作物の力を借りながら牛の入れ方や追播・追肥・掃除刈りなどの作業をうまく組み合わせることが，草地管理作業の基本になる。チカラシバやギシギシに汚染されてから打つ対策とあらかじめ兆候を見ながら打つ対策では異なり，用いる機械や作業法，さらには作業量も異なるのである。

放牧による採食や刈取りがうまくいけば草地維持が容易であるが，家畜や機械による草地損傷が裸地化や雑草の進入と繁茂を許すことになる。草地管理の基本は損傷を起こさないようにするための放牧牛の行動管理と機械作業であり，草地の更新・補正を適時に行なうことである。すなわち，部分的な崩壊や損傷の場合は傾斜補正と追播，追肥，鎮圧を組み合わせることで対応できる場合が多い。損傷や崩壊の初期段階で対策をとることが重要である。

放牧でどの程度の発育と生産を期待するかによって，草地の管理とその利用の仕方が異なる。灌木や不食草は掃除刈りや抜取りが必要で，これも初期段階で対応しないとうまくいかない。

(2) 傾斜草地での機械利用

傾斜草地や小区画分散地を飼料生産基盤として利用する場合は，大型機械の利用が困難なことが多い。だからといって多過労では誰も仕事をしない。これらの土地条件にあった機械や道具を利用して作業を合理化することが大切である。そのために小型ロールベーラの体系も実用化されている。これとパイプハウス，サイロクレーン（取扱い機械）を組み合わせた作業体系で乾草や稲わらの取扱い，乾草調製をする方式は，コストが安く省力的な方法として期待できる。この方式は畦畔草や余剰草の活用にも適している。

売られてくる技術だけに期待しても，手頃な機械や施設・技術が供給される環境がない。農家が自ら工夫や改良を加えながら，経営条件にあった技術を確立していく必要がある。

長大作物を栽培する場合はサイレージ調製が中心で，上記の細切体系の機械装備があれば対応できる。経営規模が小規模であればカッタ利用，中規模になるとシリンダ型ハーベスタを利用したサイレージと乾草の収穫体系を取り入れることになる。さらに機械の共同所有や利用により作業を改善していけば，低コストな自給飼料の生産が可能になる。

5. 放牧牛の管理

草地生産を維持しながら管理するためには，放牧牛を人為的に移すことが有利な場面が多い。また，小区画分散地を対象にした放牧では牛を移さないと放牧が継続できない。

大きな放牧地では電気牧柵の内柵などで牧草地を分画利用する。小区画分散地ではアメーバー状に土地を結合させる可能性も多いが，家畜移動車を活用して捕獲と移動を容易にすることで，草地の管理と利用が効率的にできる。第5

（枠の大きさ：幅 1.5m，長さ 3.6m，高さ 1.2m）4 ～ 6 頭用

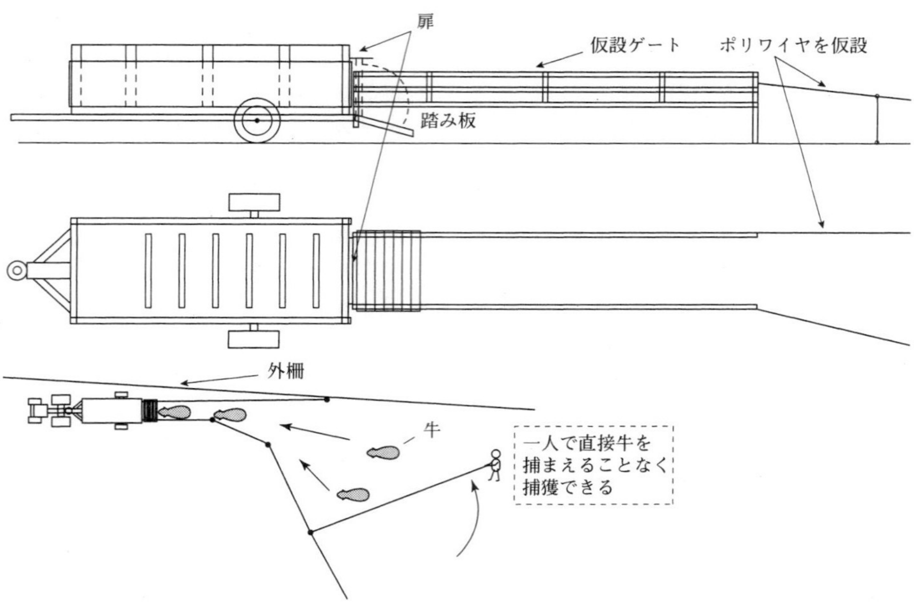

第5図 家畜移動車（上）と捕獲方法（下）

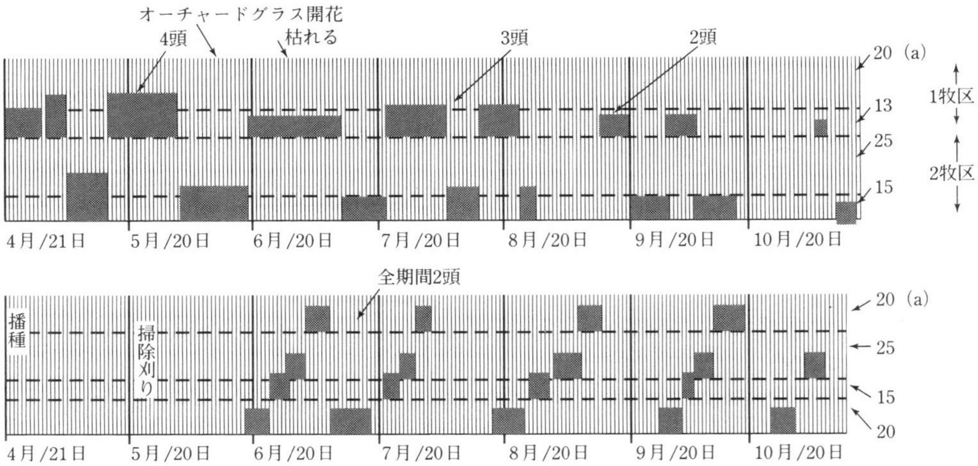

第6図　造成1年目（下），2年目（上）における小規模放牧の実績
（オーチャードグラスとペレニアルライグラスの牧草地）
春に造成した場合は，下のように6月下旬から放牧できるが，草量は少ない。2年目以降になるとこの程度の放牧面積でも滞牧期間が長くなり移牧の手間がなくなる

図に家畜移動車の実施例を紹介した。このように，小規模放牧においても家畜運搬車や捕獲柵を用意すれば，一人でも容易に捕獲でき，人工授精や衛生管理のための作業も省力的にできる。牛を上手に活用しながら草地をつくるという考え方が有効である。

小規模移動放牧における放牧実施例を第6図に示した。

6. 放牧期間中，非放牧期の管理

（1）草生産と放牧頭数，放牧と舎飼い

小規模で分散地を対象にする農家では放牧地の草生産と放牧牛の草の必要量はバランスがとれていないのが普通だから，放牧頭数や飼料調製で上手に利用することが大切である。草の生産量に対して放牧頭数が多いと，放牧期間中でも草が不足し，草を補給したり放牧を一時中止したりする必要がある。そうしないと草地が荒れたり，牛の育ちが悪くなったり，二重三重に生産の足を引っ張ることになる。

この場合の対策として，放牧家畜の胃の恒常性を維持しながら飼料を補給する必要がある。入牧時期と同じように馴致させながら，食べられる草が残っている状態のときから2分の1程度を補助飼料として給餌するのが望ましい。一時的な場合は，牧柵下の牛が踏みつけない場所で給餌できる。

放牧できない牛や放牧期間以外の家畜飼養についても，施設や作業方法を改善して，無駄なく飼料を給餌したり省力的に管理したりできるようにし，放牧と舎飼いをうまく結びつけることが大事である。放牧は省力的でも非放牧期の飼養管理に手間暇かけていては，放牧方式そのものがだめになってしまう。

（2）給餌，敷料管理，堆肥調製

給餌作業の改善は，家畜の要求に合わせた飼料を無駄なく省力的に給餌することが基本である。だからといって機械化すればよいというものでもない。第7図に示す給餌方式は，その作業改善の一例である。切断乾草をまとめて詰めておけること，採食量の増加と損失防止を考慮して開発された。濃厚飼料も添加給餌できる。これは，毎日しなければならない仕事を減らす改善策である。

放牧牛を対象にした敷料管理は踏み込み式が

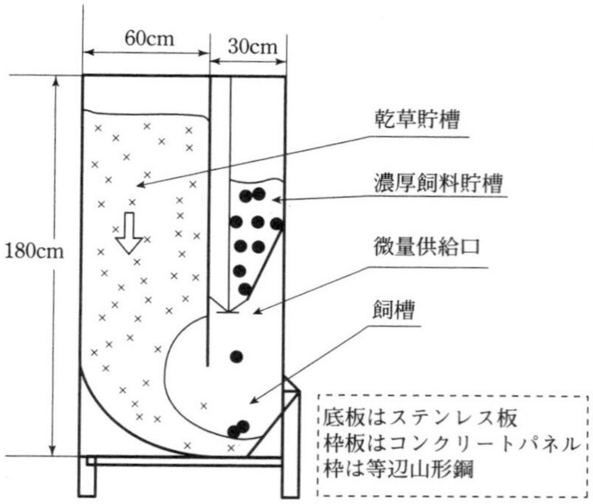

第7図　切断乾草・稲わら用給餌機

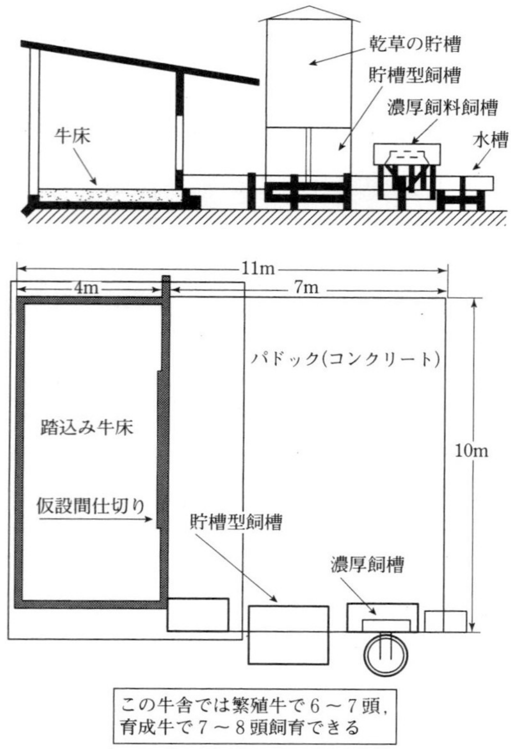

第8図　傾斜地形を利用した育成牛舎

合理的である。第8図のような簡易牛舎では，育成牛6～7頭，繁殖牛6頭程度飼育するのに，踏みつけた落ち葉で8m³あれば冬期の敷料として足りる。この場合，運動場のボロは凍結期以外は1週間に1回程度掃除しておく。

牛舎を活用した堆肥調製技術を取り入れることで，施設の有効利用と良質堆肥の生産ができる。すなわち，放牧期間中に堆肥調製作業や敷料の調製貯蔵ができる牛舎構造にしておくことも，これからの方向である。

堆肥の調製方法は，牛床のボロをいったん取り出し，冬期間ためたパドックのボロを混合しながら牛床に積み，ほぼ1週間ごとに4～5回積み替える。この場合の取扱い量は上記の牛舎で1単位40m³で，落ち葉が入っていれば水分は80％以下で問題ない。混合をうまくやらないと発酵が進まないので，ローダなどでよく混合する必要がある。

7. 急傾斜放牧地での課題

これまで述べたように，急傾斜地での放牧と草地の維持管理においては，経営規模が小さいから手間暇かけてもよいということでなく，小さいなりの作業改善を進めながら草地と家畜を管理し，所得に結びつけることが大切である。

そのためには，草地の造成や管理をどうするかではなく，草生産と家畜生産を一体的にとらえて，通年的に牛を飼育するために草地をどう活用するかが重要である。また，活用できない時期の貯蔵飼料の準備と家畜の移動を省力的にしかも生産的に行なうことも重要である。急傾斜放牧地ではこのような技術を確立することが求められている。

このような条件不利地域での生産においては，条件に適した作業体系を現場でつくり上げていくことが重要である。また，土地や景観の保全・維持の役割も大きいので，個々の経営の枠を超えた対策が同時に求められる。

執筆　瀬川　敬（農林水産省草地試験場山地支場）
1998年記

引用文献

シバ草地造成マニュアル．1996．高知県畜産試験場他．43．

シバ優良品種を活用した草地造成

1. シバ属植物の種類と特徴

シバ属植物とは，一般的にいう「日本芝」を含む植物の一群を指し，*Zoysia*（ゾイシア）属に分類される植物のことである。「日本芝」とは，芝草類のなかの外来種に対して日本固有の種を指す漠然とした表現であり，正確を期すためには学名か標準和名で称するべきである。

*Zoysia*属植物の分布域は，わが国を含む東アジアからインド洋沿岸・西太平洋沿岸にわたっている。そのなかでも主要な6種は，そもそもわが国に自生している野草であり，その分布は北海道南部から南西諸島まで広範囲にわたっている（福岡，2000）。このため，古くから芝草として，また野草地のなかの飼料資源として使われてきており，日本人にとって大変身近で重要な植物である。

(1) 名　称

*Zoysia*属のうち，わが国で牧草や芝草として利用されているのは以下に示す3種である。なお，これら3種にはさまざまな通称があるが，ここでは標準和名を用いることにする（杉原ら，1999）。

①シ　バ

学名：*Zoysia japonica* Steud.

英名：Japanese lawngrass, Korean lawngrass

通称：ノシバ，大シバ

②コウシュンシバ

学名：*Zoysia matrella* (L.) Merr.

英名：Japanese Manilagrass, Manila-blue grass, Manilagrass

通称：コウライシバ，中シバ，小シバ

③コウライシバ

学名：*Zoysia tenuifolia* Willd. ex Trin.

英名：mascarenegrass, Korean grass, Korean lawngrass, Korean velvetgrass

通称：キヌシバ，チョウセンシバ，ヒメコウライ，ヒメシバ，ビロードシバ，細シバ

(2) 特　徴

シバ属植物は，トウモロコシやサトウキビと同様にC_4型の光合成を行なうため暖地型草種と呼ばれており，日本の暑い夏にも十分耐えることができる。反面，冬の寒さには弱いが，晩秋から早春にかけて葉を枯らし休眠することによって寒害を避けて越冬することができる。

こうした，暑さに耐えうる能力と寒さを回避する能力を併わせ持つことは，シバ属植物の適応範囲を広げ，わが国の広範囲での自生を可能としている。その結果，わが国の大部分の地域で周年栽培が可能だが，冬のあいだは牧草としての生産力や芝草としての景観維持能力が低下するという欠点がある。

次に，シバ属の主要3種について，その特徴を概説する。

①シ　バ

他の2種と比較して全体に植物体は大きく，葉身は平たく展開し，葉身の幅も比較的大きいのが特徴である。地下茎のほかに地上ほふく茎をもち，これらはコウシュンシバやコウライシバと比較して太く，節間は長い。特に地上ほふく茎を盛んに伸ばすため，広がり能力が高い傾向がある。

北海道南部から九州南部にいたる広範囲に分布し，野草地に放牧圧を加えると優占してシバ型草地を形成する。また，他の2種より粗放な

第1図　コウシュンシバが優占する放牧地
（沖縄県石垣市）

第2図　畜産草地研究所のシバ型草地

管理に耐えるため，公園や一般家庭の芝生としても用いられている。

②コウシュンシバ

葉身は展開後も折り畳まれており，葉身の幅はシバより小さい。地上ほふく茎を出すが節間はシバより短く，広がり能力もシバに劣る。耐暑性や耐塩性はシバより優るため，九州南部から南西諸島にかけて自生し，主として庭園の芝生やゴルフ場などで利用されているほか，南西諸島では海岸に近い放牧地に優占している例が見られる（第1図）。

③コウライシバ

葉身長・葉身幅ともにコウシュンシバより小さく，葉身は内側に巻き込んで針状を呈する。きめの細かい芝生を形成する反面，粗放的管理には耐えないので，主として庭園やゴルフ場などでの利用に限られている。

2. シバ（型）草地の造成

（1）シバ草地とシバ型草地

草地畜産の分野では「シバ型草地」という表現がよく用いられるが，著者によってその定義が異なり，必ずしもシバ属草種主体の草地を意味しないことが多い。優占種がシバ属以外であっても，短草型草種あるいはほふく性草種が優占しているものをシバ型草地と称している例も見られる。

ここでは，「シバ型草地」とは“自然草地に放牧圧を加えて形成したシバ属草種が優占する半自然草地”と定義する。また，“シバを栽植して形成された改良草地”を「シバ草地」と定義する。

（2）シバ（型）草地の長所

シバは家畜に採食されないほふく茎に栄養を貯蔵するため，頻繁に葉を採食されても高い再生能力を維持することができる。しかも，ほふく茎が伸びて自ら生育範囲を拡大し，裸地を被覆して土壌保全にも役立つ。

これらの特性をもつため，傾斜が強く機械作業が不可能な場所でも放牧圧を与えることによってシバ型草地が形成され（第2図），あるいはシバを栽植してシバ草地を造成することができる。既存のシバ草地のなかには傾斜角50度以上の例も報告されている（上田，2000）。

いったん形成されたシバ草地は永続性が高いため，低コスト化・省力化の観点から，近年見直しの機運にある。

草食家畜の放牧によって自然に形成されたシバ型草地の顕著な例を，宮崎県都井岬に見ることができる。江戸時代に始まった馬の飼育を端緒とし，現在は野生馬の生息地として知られている都井岬は，急峻な地形をシバが被覆した特異な景観を呈している（第3図）。

（3）栽植の方法

シバの育成品種を新規に栽植してシバ草地を

第3図　野生馬の生息地として知られる都井岬
（宮崎県串間市）

造成する際の留意点は次のとおりである。

従来は，山野に自生する野草としてのシバを採取・養成し，これを種苗として利用するほかなかった。そのため，均一な種苗を大量に入手することが困難であるばかりか，特性が必ずしも優れていないという問題があった。

近年は，シバの品種改良が進みつつあり，放牧に適した優良で特性の明らかな品種が流通している。このため，今後は野草地の改良という形だけではなく，品種として確立した種苗を購入・栽植することによって，より効率的かつ迅速にシバ草地が造成できるようになる。

栽植方法は，種苗の形態や栽植手段によって以下の4法に分けられる（大谷，1998）。

張りシバ法　マット状のシバ苗を適当な大きさに裁断して定植する。

植えシバ法　マット状のシバをほぐしたもの，またはシバのほふく茎を手作業で植え込む。

まきシバ法　ほぐしたシバをばらまいて定植する。

ポット苗移植法　セルトレイなどで2か月程度育成したポット苗を定植する。

このほかに種子による栽植方法もあるが，既存の放牧用品種はすべて栄養繁殖で増殖される。

どの栽植法を用いるかは機械化の可否，造成面積に対する購入苗量，栽植に費やせる労力の多寡などによって決まるので，草地の立地・作業効率・コストなどの条件を勘案して決めるべきである（第1表）。

第1表　シバ草地造成法の特徴

	定植作業の機械化	造成面積当たり必要な苗量	必要な労力
張りシバ法	不適	多	大
植えシバ法	不適	少	中～大
まきシバ法	適	中～多	小
ポット苗移植法	不適	少	中

第4図　雑木林の間伐地に‘朝駆’を栽植・造成したシバ草地
15cm角に裁断したシバ苗を1枚/m²の割合で張りシバ法により造成したところ，1年半で草地化した

3. 牧草用品種の特徴

2001年4月現在，放牧地での牧草向きとして育成されたシバ品種は4点が公表されているが，これら品種の育成経過と特性および種苗の流通状況は次のとおりである（蝦名，1999・小林ら，2000・續，1997）。

（1）朝駆（あさがけ）

農林水産省草地試験場（現：独立行政法人農業技術研究機構畜産草地研究所）が高知県由来の生態型から栄養系選抜によって育成した。地上ほふく茎の伸長性がきわめて大きく，早期に草地を造成することができる（第4図）。

葉長・葉幅・ほふく茎の太さともに大きく，全体として大型である。ただし，シバ密度が粗いため庭園・公園などの芝生用には適さない。2001年6月から種苗が市販される。

(2) アケミドリ

社団法人日本飼料作物種子協会（現：社団法人日本草地畜産種子協会）が，シバ×コウシュンシバの種間交雑によって育成した。葉長・葉幅が大きく，地上ほふく茎長は比較的大きい特徴がある。

種苗の市販はまだ行なわれていないが，育成機関では主として公的機関に対して試験用種苗の分譲を行なっている。

(3) イナヒカリ

社団法人日本飼料作物種子協会（現：社団法人日本草地畜産種子協会）がコウシュンシバ×シバの種間交雑によって育成した。

地上ほふく茎の伸長性が比較的大きく，旺盛な生育を示す特徴がある。種苗の市販はまだ行なわれていないが，育成機関では主として公的機関に対して試験用種苗の分譲を行なっている。

(4) クサセンリ

学校法人東海大学が，沖縄本島由来のコウシュンシバ生態型×熊本県由来のシバ生態型の種間交雑によって育成した。

葉長・葉幅が大きく，冬期の休眠期間が短い特徴がある。種苗の市販はまだ行なわれていないが，試験・試作用種苗の分譲は九州東海大学農学部で対応している。

*

従来，シバは野草のなかの一部という位置づけに長く置かれてきたが，家畜の飼料として栽培管理を行なう以上は飼料作物であるから，利用場面に適した品種を選択し栽植することに留意したい。

執筆　小林　真（農業技術研究機構畜産草地研究所）

2001年記

参考文献

蝦名真澄．1999．しば．牧草・飼料作物の品種解説．（社）日本飼料作物種子協会．98－100．

福岡壽夫．2000．日本シバ（*Zoysia*属）の育種に関する研究　1．遺伝資源の収集とその特性の概観．芝草研究．**29**（1），11－21．

小林真・蝦名真澄・生永治彦・岡野秀樹・徳弘令奈．2000．匍匐茎の伸長に優れるシバ新品種「朝駆（あさがけ）」の育成とその特性．日草九支報．**30**（2），41－43．

大谷一郎．1998．シバ草地の造成方法．草地試験場資料平成10－2．平成10年度草地飼料作問題別研究会．シバ（*Zoysia japonica*）の活用と今後の研究方向．12－23．

杉原進・小林真・蝦名真澄・鶴見義朗・大谷一郎・梨木守．1999．シバ属の最近の話題と研究成果．日草誌．**45**（1），105－112．

續省三．1997．シバの新品種（候補）アケボノ，イナズマ．草その情報．第96号．17－19．

上田孝道．2000．和牛のノシバ放牧―在来草・牛力活用で日本的畜産―．農文協．

糞上移植を用いたシバ草地の省力造成

1. シバ草地造成の問題点

これまで放牧地には寒地型牧草や暖地型牧草といった改良牧草を導入することがほとんどであった。これらの草種は生産量，栄養価がともに高い優れた草種であるが，この特性を引き出すためには，施肥や掃除刈りといった緻密な管理が必要である。このため，担い手の高齢化や人手不足から維持管理作業が間に合わず，牧草が衰退した放牧地が増加している。このように維持管理作業不足により牧草が衰退してしまった草地や耕作放棄地などを，維持管理に手間のかからないシバ型草地にすることで，利用率の向上や新たな利用が可能となる。

しかし，シバ型草地の造成を試みる放牧地は，一般的に機械の利用が困難な場合が多い。そのため，これまでシバ草地の造成は，鍬などを用いてシバ苗を移植する方法が一般的であった。しかし，鍬を使用するため，1人での作業は非効率であり，穴を開ける人，肥料を入れる人，苗を入れる人，と複数人で行なうことが勧められている（高知畜試ほか，1995）。また鍬による穴開けは非常に労力がかかるため，高齢者や人手不足の現状では複数人で作業を行なうことはむずかしい。さらに移植後は，牛による苗の引抜きを避けるため，苗が定着するまでの間，禁牧することが必要とされている。このため，禁牧中の牛の管理や，禁牧中に繁茂した草の刈払いといった煩雑な作業が必要となる。

そこで，高齢者が1人でも簡易に苗を移植できる糞上移植と，放牧のみでシバ型草地を造成する技術を開発したので紹介する。

2. 糞上移植と適した草種

糞上移植とは，糞塊の上に苗を移植する方法である（第1図）。放牧地に排泄された糞塊上に苗を置き，足で踏みつけるだけで移植が可能である。

しかし，糞は放牧地に点在するため，一般的に利用されているペレニアルライグラスなどのイネ科牧草地の造成には向いていない。糞上移植には匍匐茎をもち，点から面へと広がっていくシバ型草種が適している。とくにノシバは，種子発芽率が低く（発芽率を高めた市販品もあるが，価格が高い），実生の初期生育も劣ることから，苗の移植による造成が一般的であり，糞上移植を用いるメリットが大きい。

また近年，放牧地での利用が増加しているセンチピードグラスもシバ型草種であるが，種子発芽率が高く蹄耕法（放牧により前植生を抑制した後，播種を行ない，種子を牛に踏ませる方法）による省力的な造成が可能である（畜産草地研，2003）ため，糞上移植を用いるメリットは少ない。しかし，種子が高価であることか

第1図　糞上移植されたシバ苗のようす

ら，苗の移植により導入する場合には糞上移植が適している。

これまでに糞上移植と似た方法として，糞中に含まれる種子を利用したシバ草地の造成法も提案されている（中国農試，1995）が，近隣に放牧可能なシバ草地が必要となるため利用場所が限られている。

3. 糞上移植の優れた点

糞上移植は，糞塊上に載せた苗を足で踏みつけるだけで移植が可能で，重い鍬を持ち歩く必要がない。糞塊を探さなくてはならないが，苗のみを運べばよく，鍬を使用したこれまでの方法（従来移植）よりも作業時間は短くなる（第1表）。さらに糞上移植では，前かがみになる

第1表　糞上移植と従来の移植法との比較

	糞上移植	従来移植
50株の移植にかかる時間（分）[1]	8.0	13.0
負担の大きい姿勢の割合（%）[2]	2.2	12.1
シバ苗の定着率（%）	86.7	86.7
牛による苗の引抜き	なし	あり
移植後の禁牧	不要	要

注　1）20～50代の作業者8名の平均
2）Ovako式作業姿勢分析システムによる分類で，早期または直ちに改善が必要となる姿勢に区分される割合

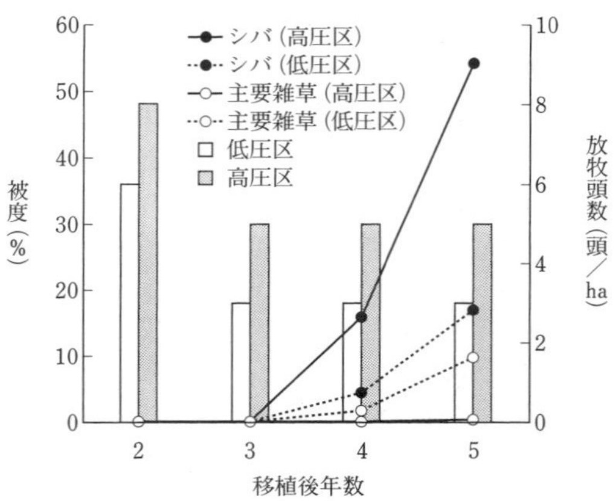

第2図　異なる放牧圧条件でのシバと主要雑草の被土推移

主要雑草：チカラシバ，エゾノギシギシ，ワルナスビ，オオアレチノギク

など体に負担のかかる姿勢がほとんどなく，高齢者でもらくに移植できる。糞上移植された苗の定着率は，これまでと変わらない。これらのことから糞上移植は，誰でも気軽に行なえる省力的なシバ移植法であるといえる。

さらに牛は糞の臭気を嫌がり，糞塊周辺の草を食べないため，糞上移植されたシバ苗は牛によって引き抜かれることがまったくない。これにより，移植直後からの放牧が可能となり，禁牧中の牛の管理や刈払いの作業を省くことが可能である。

4. 放牧によるシバ草地化

シバ移植後は放牧を行ないながら適宜，刈払いを行なうことが勧められている。しかし，刈払いに要する労力は非常に大きい。これまで1ha当たり5頭程度の放牧を行なえば，放牧のみでシバ草地化できるとされていたが，頭数とシバ拡大の関係を明らかにした試験は行なわれていなかった。

そこで，寒地型牧草が衰退した草地を放牧のみでシバ草地化するための放牧頭数を検討したところ，放牧のみでシバを拡大するためには，1ha当たり5～8頭もの放牧が必要であった。1ha当たり3～6頭の放牧では，シバ周辺の草高が高くなり，また雑草が繁茂し，シバの広が

第3図　異なる放牧圧で管理した放牧地の4年後のようす

破線左側：低放牧圧，右側：高放牧圧
左側は放牧圧が足りず，オオアレチノギクなどが目立つ

りが抑えられた（第2，3図）。しかし放牧頭数は移植地の植生によっても異なるので，放牧地の草高を10cm以下に保つことを目安とする。

5. 移植方法とその後の管理

①移植前

移植地には春から放牧を開始し，前植生の草丈を低くしておく。オオアレチノギクのような硬い枯死した茎が残っている場合には，刈払いを行なう。

②苗の準備

移植には，できるだけ移植地の気候に適した近隣の自生シバを利用する。既存のシバ草地から古い鎌などを使って，厚さ5cm土壌部分が3cm以上のシート状（50cm×50cm程度）に切り出し，その後，1個当たり8cm×8cm程度の大きさに切り分ける（第4図）。切り出した苗は，水やりを欠かさず行なえば1か月程度は移植に利用できる。

また，苗をとれるほど大きなシバ地がない場合には，匍匐茎や種子から生育させたポット苗を利用するとよい（第5図，高知県畜試ほか，1995）。ポット苗を利用する場合には，1つの糞塊に2～3株まとめて移植を行なう。苗は肩から提げられるかごに入れて運搬すると作業の邪魔にならない。

③移植作業

移植は苗の乾燥を防ぎシバ苗の根の活着を良くするためと，夏季に旺盛な生育をさせるために，雨の多くなる田植え後から梅雨の終わりまでの間に行なうのがよい（栃木県北部では5月中旬～7月上旬）。移植先の糞塊には，排泄後3日以内と考えられる，水分を多く含んだ新鮮な糞を選ぶ。表面が乾いていても踏んでみて中が湿っていれば移植に適している。苗を糞の中心部に載せ，苗が地表面と触れるように足で軽く踏む（第6図）。

糞上移植は，放牧牛が排泄した糞の上に苗を移植する方法であることから，一度に何十株もの移植を行なうことはむずかしい。しかし道具を使う必要がないので，放牧牛の見回り時などに苗を持ち，見つけた糞に移植していくことで簡単に相当数の移植が可能である。どうしても一度にまとまった株数を移植したい場合には，移植予定地に仮設の水飲み場を置くなどすることで，ある程度の数の糞を集中して排泄させることが可能である。

2年目以降も追加で移植を行ない移植密度を高めることで，シバ草地化を早めることができる。

第4図　シバの切出し苗

第5図　匍匐茎から生育させたシバのポット苗

第6図　糞上移植作業
糞塊の上に載せた苗を踏んでいるようす

第7図　糞上移植した苗の1か月後のようす
白丸部分が移植した糞塊の場所。周辺の草が伸び，シバ苗はまったく見えない

④**移植後の管理**

移植後の管理で最も大切なのは，放牧地の草高である。糞上移植の場合，移植後1～2か月の間は，周辺の草が伸びシバ苗がまったく見えない状態になることもある（第7図）が，これが定着に及ぼす影響はほとんどない。

しかし，シバは光を好む植物であるため，長期間光が当たらないと生育が衰えるばかりでなく，枯死してしまうこともある。放牧のみで刈払いを行なわずにシバ草地化するためには，放牧地の草高を10cm以下に保つようにする。

また，シバは移植後4年目ころから急激に広がり始める（第2図）ので，慌てずにゆっくり経過を見守ることが重要である。

6. 注意点

①**放牧馴致牛の利用**

放牧のみでシバ草地化するためには，かなり高い放牧圧をかける必要がある。草高10cmとは，一見するとほとんど草のない状態に見える。そのため，低い草でもじょうずに食べられる馴れた牛を放牧することが重要である。

②**基本は定置放牧**

放牧期間中は，放牧牛の状態をよく把握し，必要に応じて頭数を調整する。しかし，草が生育する放牧期間に，まったく牛を入れない状態をつくることは，シバ草地化にはデメリットとなる。そのためできる限り，放牧地には牛を入れたままにすることが望ましい（定置放牧）。シバ草地化後はおおよそ1ha当たり2頭程度の放牧を行なう。

③**補助飼料の給与**

面積が狭く，頭数の調整がむずかしい場合は補助飼料の給与を行なう。しかし，給与量が多いと放牧地の草を食べなくなるため，最小限に抑える。なお，本報告では，寒地型牧草跡地をシバ草地化したため牛の採食可能な草が多かったが，耕作放棄地などで草が少ない場合には，シバ草地化の前年に蹄耕法により，牧草を入れておくと，ゆるやかなシバ草地化が可能となり，補助飼料の給与量を減少させることもできる。

④**牛が食べない草は早期に防除**

草の管理は基本的には牛の採食にまかせるが，ワルナスビやヨウシュヤマゴボウ，イヌホウズキなどの，牛が採食しない草種は，早期に引き抜くなど除草することが必要である。

糞上移植を用いたシバ草地化技術は，牛の力を最大限に利用し，最小限の人手でシバ草地化する，省力化に重点をおいた技術である。このため，早期（1～2年での）シバ草地化技術ではないことをご理解いただきたい。

執筆　北川美弥（(独）農業・食品産業技術総合研究機構畜産草地研究所）

2008年記

参 考 文 献

畜産草地研. 2003. センチピードグラス播種によるシバ型放牧草地の早期造成. 農林水産研究情報総合案内. (http://www.affrc.go.jp/ja/research/seika/data_nilgs/h15/ch03020).

中国農試. 1995. シバ型草地を含む放牧地における牛糞によるシバ種子の散布. 農林水産研究情報総合案内. (http://www.affrc.go.jp/seika/data_ngri/h07/ngri95048.html).

高知県畜試・徳島県畜試・愛媛県畜試. 1995. シバ草地造成マニュアル (http://www.pref.kochi.jp/~chikusan/sibamanual-frontpage.htm).

採草地，放牧地への雑草の侵入と対策

1. 被害の実態

飼料作物栽培における生産阻害要因として雑草問題が存在する。特に，1980年代の終わりごろから外来雑草による被害が拡大し，大きな問題として取り上げられるようになってきた。最近では，外来雑草の被害のために放棄される飼料畑まで見られ，単なる雑草問題を超えた深刻な影響が出ている。

1993年と1996年に，北海道と沖縄を除く全国の都府県の試験場や普及センターを対象に行なわれたアンケート調査によって，外来雑草の分布と被害情報の概要が明らかとなった。第1図に示したように，主な外来雑草については，対象となった都府県のほぼ全域で発生している。

具体的な被害は，その発生している種類によって異なる。養分競合，光競合などによる収量減を引き起こすものとして最も代表的なものが飼料畑のイチビ，ショクヨウガヤツリ，アレチウリである。作業面では，イチビの茎が繊維質のため，作業機への絡みつきによって収穫作業の妨げとなる被害などがある。さらに，ヨウシュチョウセンアサガオなどの有毒植物や，ハリ

第2図　トウモロコシを収穫不能にし，隣接の樹木にまで絡みつくアレチウリ

■ 発生が報告された都府県，□ 発生が報告されていない都府県（北海道と沖縄県は調査対象外）

第1図　1993年と1996年に行なわれたアンケート調査に基づいた主な外来雑草の分布　（黒川，2000）

第3図　外来雑草の被害によって放棄されたトウモロコシ畑

ビユ，ワルナスビなどトゲのある植物による人・家畜への危害，大量に飼料に混入した場合の大幅な品質低下も見られる。

また，発生している外来雑草の多くが，既存の除草剤に対して耐性をもっており，一度発生してしまうと完全な防除が非常に困難であることも問題を大きくしている原因である。

2. 雑草の種類とその生態

(1) 草地の種類と発生雑草

発生する雑草の種類は草地の種類によって大きく異なる。永年草地や放牧地など，土壌の攪乱が少ないところでは，エゾノギシギシ，ワルナスビなどの多年生雑草が発生しやすい。一方，耕起など，土壌が攪乱される飼料畑では，主に，イチビ，アレチウリ，ヨウシュチョウセンアサガオといった一年生雑草の発生が目立つ。

しかし，飼料畑でもワルナスビやショクヨウガヤツリといった多年生雑草が繁茂するケースも見られる。この場合，地下部に存在する栄養繁殖器官がロータリー耕などの機械作業によって細断されて分散し，またたく間に畑一面に発生してしまう。

(2) 主要雑草の生態

①エゾノギシギシ

ヨーロッパ原産の多年生雑草で，日本では北海道から沖縄にかけて全国各地の永年草地の強害雑草となっている。その一番の理由は旺盛な繁殖力にあり，1株で3万粒以上の種子をつけ，その種子は光に反応して素早く発芽し，裸地などに侵入する。また，大きな葉をつけるため，牧草が被圧されてしまう。

②イチビ

インド原産の一年生雑草で，全国各地のトウモロコシ畑などで大発生している。トウモロコシとの競合条件下では，草丈が3m以上にもなり，1m^{2}当たり1,500本を超えるような高密度で発生した場合，最大で27％にまで減収することが知られている。開花期間が長いため，非常に多くの種子を生産し，翌年の発生源となる。種子は休眠性が強く，一度土壌中に散布されると，その後確実な防除を行なっても埋土種子から毎年発生することになる。

第4図　全国の草地の強害雑草エゾノギシギシ

第5図　トウモロコシに甚大な減収をもたらすイチビ

また，かつて繊維作物として利用されたこともあり，茎が繊維質であるため，機械による収穫作業の妨げとなる。さらに，特有の異臭を放つため，牛乳への臭いの移行が懸念されている。

③ワルナスビ

北米原産のナス科の多年生雑草で，葉や茎に鋭いトゲがあるのが特徴である。また，植物体にソラニンを含むため，家畜毒性をもつ植物として知られる。

草地への最初の侵入は種子によると考えられるが，その後は主に根によって拡散すると考えられる。放牧地では鋭いトゲのために家畜の採食を逃れ，その発生面積を徐々に拡大していく。かつては放牧草地など永年草地の雑草であったが，最近では飼料畑に侵入して大きな被害をもたらしている。飼料畑では，ロータリーなどで耕うんされることで根が細断され爆発的に拡散する。サイレージ用トウモロコシの畑で行なわれた実験では，3つの根の断片から3年で219本のシュート（根から再生した芽）にまで増加した。

草地，飼料畑ともに有効な除草剤がなく，手取りによる初期の防除が重要な雑草である。路傍や植込みなどさまざまな場所で生育しているが，その拡散経路には不明な点が多い。

④ショクヨウガヤツリ

原産地は不明であるが，ヨーロッパ，アフリカ，アジア，オセアニア，南北アメリカなどの温帯，亜熱帯，熱帯に分布する多年生雑草である。わが国では1980年ごろに輸入牧乾草に混入して侵入したとされる。種子と塊茎により繁殖する。草丈は1.5mに達し，塊茎を多産するため大発生する。塊茎生産を抑制する除草剤が少なく，一度侵入すると根絶が難しい種の一つである。

⑤アレチウリ

北米原産の一年生雑草で，茎はつるとなり，巻きひげが巻きつき数mに達する。夏から秋にかけて雌雄別の花をつける。

トウモロコシ畑で発生したときは，たとえ土壌処理剤によって発芽が抑制されて発生時期が遅くなったとしても，その後発生したアレチウリはトウモロコシの茎に巻きついて伸びていき，収穫間近のトウモロコシをなぎ倒して収穫不能にするケースも見られる。そのため，初期の発生密度が低くても大きな被害となる場合がある。アレチウリが収穫時に混入すると，水分が多い

第6図 根と種子で繁殖するワルナスビ

第7図 塊茎と種子で繁殖するショクヨウガヤツリ

第8図 つるで伸びるアレチウリ

第9図　猛毒草のヨウシュチョウセンアサガオ

ためサイレージの品質は著しく低下する。

飼料畑などの農耕地だけでなく河川敷などにも発生し，在来植生に被害をもたらす。

⑥ヨウシュチョウセンアサガオ

熱帯アメリカ原産のナス科の一年生雑草で，世界中に分布している。イチビと同様にトウモロコシ畑などで主に発生し，大量の種子を生産する。春から夏に発生し，夏から秋にかけて開花する。この雑草は家畜に対して猛毒のアルカロイドをもつため，少量でも収穫物に混入すると大きな問題となる。万一飼料中に混入してしまった場合，その飼料は安全のため破棄したほうが無難である。

⑦イヌホオズキ類

このほかにも，1990年代後半から，ワルナスビと同様に有効な除草剤がないイヌホオズキ類がトウモロコシ畑などで大量に発生するようになり，問題を引き起こしている。

3. 外来雑草の侵入経路

（1）輸入飼料に混じって侵入

草地・飼料畑への雑草の侵入経路としては，造成前から存在していた場合，牧草や飼料作物の種子に混入している場合，周辺から侵入する場合，購入飼料に種子が混入して糞中に排泄される場合などいろいろ考えられる。1980年ごろから特に問題となっている外来雑草の侵入経路については，牧草・飼料作物の種子に混入しているか，あるいは輸入飼料に混入している場合のどちらかが考えられる。

しかし，前者の牧草・飼料作物の種子への混入については，1967年にOECD種子品種証明制度（牧草および油料作物）に加入して以来，厳しい混入物の検査が行なわれており，主要な侵入経路としては考えにくい。

一方，輸入飼料への雑草種子の混入については，清水ら（1996）が濃厚飼料の原料である輸入穀物のなかに大量の外来雑草種子を見出しており，最も疑わしい侵入源であると考えられる。1993年から1994年にかけて，一つの港に入ってくるすべての輸入穀物について，混入雑草種子の調査を行なった結果，1検体当たり平均20種類を超える雑草種子が混入していることが明らかとなった。混入していた種子にはすでに問題を引き起こしている雑草だけでなく，まだ問題が顕在化していない世界の強害雑草も多く含まれていた。

また，日本の在来種でアメリカの穀物畑で大きな問題を引き起こしているアキノエノコログサの種子もそのなかから発見されており，在来種と同じ種であっても，異なる性質をもつものが新たに侵入している可能性が指摘されている。

輸入飼料の形態としては，濃厚飼料の原料となる輸入穀物だけでなく，輸入牧乾草も存在する。これについても，散発的に雑草の混入が確認されており，予測不能な大発生につながることが危惧されている。

（2）草地・飼料畑までの到達過程

これまでの研究で明らかになったことは，第10図に示したように，輸入穀物に混入した外来雑草種子は，いくつかの過程を経て全国の農家の草地・飼料畑まで到達することである。

まず港に入った輸入穀物は，飼料工場で目的に応じて3つの方法で加工される。1）回転式クラッシャーでの粉砕（2mm）のみ，2）粉砕後70～80℃で蒸気をかけ（5分以内）ペレット化，3）原体のまま130℃（3気圧）で蒸気をかけロールで圧扁する。

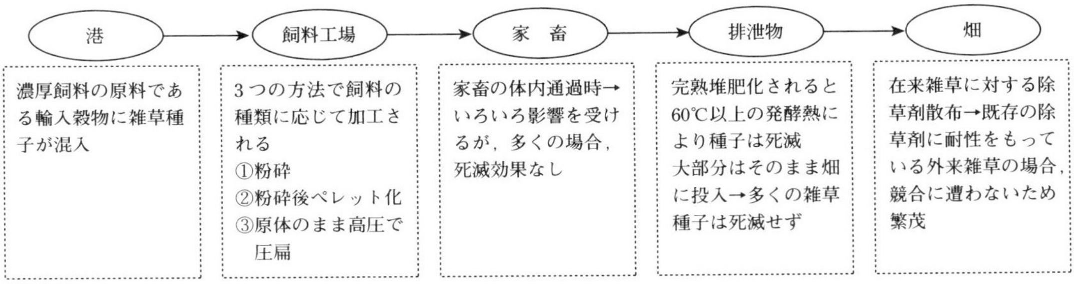
港
飼料工場
家　畜
排泄物
畑
濃厚飼料の原料である輸入穀物に雑草種子が混入
3つの方法で飼料の種類に応じて加工される
①粉砕
②粉砕後ペレット化
③原体のまま高圧で圧扁
家畜の体内通過時→いろいろ影響を受けるが，多くの場合，死滅効果なし
完熟堆肥化されると60℃以上の発酵熱により種子は死滅
大部分はそのまま畑に投入→多くの雑草種子は死滅せず
在来雑草に対する除草剤散布→既存の除草剤に耐性をもっている外来雑草の場合，競合に遭わないため繁茂

第10図　輸入穀物に混入した外来雑草種子の畑に至る侵入経路

この段階では，1）の加工方法によるものが相当あり，輸入穀物に雑草種子が混入していた場合，比較的小さな雑草種子では生存率にほとんど影響しない。そのため，多くの雑草種子が粉砕されることなく生きたまま濃厚飼料に混入した形で農家まで持ち込まれることになる。

次に，家畜の体内での影響については，乳牛および鶏で調べられた。乳牛第一胃内の雑草種子は，滞留時間が長くなるにつれ発芽率が低下するものも見られたが，多くは休眠が打破され発芽率が上昇する傾向が見られた。鶏の場合，サイズが大きい雑草種子は消化される傾向にあるが，多くの場合，ほとんど消化されずに発芽率を保ったまま体外へ排泄される。

雑草種子が混入した家畜排泄物は堆肥化されるか，あるいはスラリーの状態でそのまま畑に投入される。しっかりと堆肥化され発酵温度が十分上がった場合には，堆肥に含まれている大部分の雑草種子は死滅するが，スラリーで投入される場合，休眠が打破されるものの，生存率に影響はほとんどなく，雑草種子は生きたまま畑に投入されることになる。

飼料畑に到達した外来雑草は，在来雑草に対する除草剤処理に耐性をもっている場合，在来雑草が除草されるため，雑草同士の競合に遭遇することなく大発生することになる。

4. 対策技術の基本

雑草防除の基本として，西田（2002）は，1）持ち込ませない，2）広げない，3）種子をつけさせない，の3本柱を挙げている。

（1）家畜糞尿の完熟堆肥化

まず，第一の「持ち込まない」，すなわち新たな侵入の防止のための対策技術として最も実用的で効果のある方法としては，家畜糞尿の完熟堆肥化が挙げられる。草地・飼料畑ともに，最初に外来雑草が入る過程は，外来雑草種子の入った堆肥やスラリーであるため，その過程を遮断することが最も重要なステップとなる。

堆肥の温度と雑草種子の生存率の関係についてはNishidaら（1998）によって明らかにされた。すなわち，堆肥の温度が60℃以上になる場合には，多くの雑草種子は生存できない。一般に，切返しなどをしっかり行なっている堆肥は60℃以上になる場合が多く，そのような堆肥がつくられている場合には，雑草の侵入を効果的に防ぐことができる。

冬季など，外気温が低いために堆肥の温度が上がりにくい場合には，切返しのタイミングを遅らせたり，籾がらなどの副資材を利用したりすることによって温度を上昇させることができる。

スラリーの状態で施用されているケースでは，50℃以上になる場合は1日以上，45℃では9日以上スラリー中に雑草種子が滞留することで死滅させることができる（Nishidaら，2002）。スラリーの温度上昇は通常のスラリータンク内では期待できないが，近年開発されてきたスラリーの攪拌装置を用いると効果的に温度を上昇させられることがわかっている。

(2) 早期発見・早期防除

次に,「広げない」, すなわち拡散防止を行なううえで最も重要なことは, 早期発見・早期防除である。日頃から雑草について意識をもって, 見慣れない雑草を見つけたときは早急に種類を調べて, その性状を理解することが重要である。雑草名や防除法がわからないときは, とにかく取り除くことが重要である。

また, 永年草地などでは, 雑草は裸地に広がっていくため, 牧草の密度を高く保つことが重要で, そのためにも気象や土壌条件にあった草種の選定を行なうことが必要である。

(3) 侵入初期の増殖防止

最後に,「種子をつけさせない」(増殖防止)については, 発生している雑草の種類に応じた適切な除草剤処理と, 耕種的防除技術を適用していく必要がある。

これについても, 侵入初期に徹底することが大切であり, いったん種子をつけさせて土中に落としてしまうと, 多くの雑草の特徴である休眠性のため, 何年にもわたってその雑草を発生させてしまうことになる。採草地では雑草が種子を生産する前に刈り取る, 放牧地では放牧圧をある程度高めるか掃除刈りをするなどして, 種子をつけさせないことを徹底する必要がある。

5. 防除の実際

主要外来雑草に対する防除対策を, 主にサイレージ用トウモロコシ畑について第11図に示す。

(1) イチビ

サイレージ用トウモロコシ畑で多発するイチビの場合, トウモロコシとほぼ同時に出芽を開始するが, 土壌処理剤によってある程度発生を遅らせ, トウモロコシとの競合を防ぐことができる。土壌処理剤の効果がなくなる時期に発生したものは, ベンタゾン, ハロスルフロンメチル, フルチアセットメチルなどの茎葉処理剤を散布することにより効果的に防除することができる。

また, 化学的防除以外にも田畑輪換やグラスタイプの牧草への転換などは防除効果が高い。しかし, イチビの種子は何十年もの間土中で生存できることが知られており, イチビの防除は単年度で終了するのではなく, 毎年継続していくことが重要である。

(2) ワルナスビ

ワルナスビの場合, 草地・飼料畑ともに有効な除草剤がなく, 全面に広がる前に根を掘り起こして除去するなどの物理的な方法をとる必要がある。初期の段階であれば, 根を掘り起こすことは可能であるため, より早い段階で発見できるよう日頃からの注意が必要である。また, 牧草密度を高く保つことによってある程度発生を抑制することが可能であるため, できるだけ裸地をつくらない工夫も必要である。

飼料畑で発生した場合には, 冬季に土壌が凍結するような寒冷地ではプラウ耕などによって根を地上に露出させることで枯殺することができる。しかしこの場合, 凍結しないときには逆に根が細断され大量発生につながるおそれもあり, 注意が必要である。

(3) ショクヨウガヤツリ

ショクヨウガヤツリの防除法としては, 飼料畑でハロスルフロンメチルを茎葉処理することによって, 主な繁殖器官である塊茎の形成を抑制することができる。また, 土壌処理剤を併用した体系処理を行なうことによって, その効果は促進される。

その他の除草剤は地上部を枯らすことはできても, 塊茎の形成を効果的に抑制できないため, 翌年の大量発生まで抑制することは難しい。

(4) アレチウリ

サイレージ用トウモロコシで多発し, 甚大な被害をもたらすアレチウリに対しては, ニコスルフロンの茎葉処理が効果的である。しかし, アレチウリはイチビと同時に発生する場合が多く, その場合, ニコスルフロンはイチビには効

侵入初期を見逃さない		初期防除に失敗すると大きな被害に

イチビ

土壌処理
アラクロール
＋茎葉処理剤
ベンタゾン
or ハロスルフロンメチル
or フルチアセットメチル
田畑輪換
グラスタイプへの転換

ワルナスビ

初期の発生量が少ないときに根を掘り起こして除去
永年草地の場合，牧草密度を高く維持
寒冷地なら冬季のプラウ耕で根を凍死させる。ただし，凍結しない地域では逆に急増するので注意

ショクヨウガヤツリ

土壌処理
アトラジン
＋
茎葉処理剤
ハロスルフロンメチル
（イチビにも効果あり）

アレチウリ

土壌処理
アラクロール
or アトラジン
＋
茎葉処理剤
ニコスルフロン
（イチビには効果なし）

ヨウシュチョウセンアサガオ

通常の土壌処理
＋
茎葉処理剤
ベンタゾン
猛毒草のため完全防除が必要

第11図　主要な外来雑草の防除技術

各雑草の左の写真は実生あるいは幼植物，右の写真は大発生したときのようす
（地域重要新技術開発促進事業研究課題「飼料畑等における強害外来雑草被害防止と緊急対策技術の確立」の成果を参考に作成）

果が低く，他の剤も両種を同時に防除できるものがないため，防除が困難となる。発生状況を見極めてどちらかに重点を置いて防除するしかない。被害の程度からすると，アレチウリのほうが壊滅的な被害をもたらす場合があるため優先すべきかもしれない。

いずれにしても，土壌処理と茎葉処理を組み合わせて防除する必要がある。

(5) ヨウシュチョウセンアサガオ

最後にヨウシュチョウセンアサガオであるが，飼料畑での発生の場合，効果の高い除草剤が多いため比較的防除は容易かもしれない。しかし，家畜に猛毒のアルカロイドをもつため，徹底的な防除を心がける必要がある。牧草採草地・放牧地などでは有効な除草剤が少ないため，初期の段階で刈り払うなど種子をつけさせないことが重要となる。

*

以上のように，草地・飼料畑の雑草問題の多くは，輸入飼料経由で侵入する外来雑草によるものであり，今後も世界中からさらに多くの雑草が侵入する可能性が高い。そのため，ここで取り上げたもの以外でも深刻な問題を引き起こす可能性があり，注意が必要である。雑草防除の3つの基本とともに，早期発見・早期防除を心がけることが最も重要である。また，飼料自給率を高め，輸入飼料に依存しないことも新たな外来雑草到来の機会を減らす重要な方策である。

執筆　黒川俊二（独・農業技術研究機構畜産草地研究所）

2003年記

参考文献

群馬県畜産試験場・千葉県畜産センター・長野県畜産試験場・三重県農業技術センター．1998．地域重要新技術開発促進事業研究報告．飼料畑等における強害外来雑草被害防止と緊急対策技術の確立．

黒川俊二．2000．飼料作物畑における外来雑草の発生と雑草害．農業技術．**55**（9），418—423．

西田智子．2002．草地の雑草防除．デーリィマン臨時増刊号，飼料自給戦略ー基本と実際．64—67．

Nishida, T., S. Kurokawa, Y. Yoshimura, O. Watanabe, S. Shibata and N. Kitahara. 2002. Effect of Temperature and Retention Time in Cattle Slurry on Weed Seed Viability. Grassland Science. **48** (4), 340—345.

Nishida, T　., N. Shimizu, M. Ishida, T. Onoue and N. Harashima. 1998. Effect of Cattle Digestion and of Composting Heat on Weed Seeds. JARQ. **32**, 55—60.

農林水産技術会議事務局．1998．強害帰化植物の蔓延防止技術の開発．研究成果．326．

清水矩宏・榎本敬・黒川俊二．1996．外国からの濃厚飼料原体に混入していた雑草種子の同定　I．種類とバックグラウンド．雑草研究．**41**（別号），212—213．

清水矩宏・森田弘彦・廣田伸七編著．2001．日本帰化植物写真図鑑．全国農村教育協会．

放牧草地における害虫の発生と対策

現在日本には，公共育成牧場も含め約50万haの永年草地があり，日本の放牧の大部分はこのなかで行なわれている。また，近年では，土地の有効活用や荒廃防止，そして未来の国土資源維持のために，耕作放棄地や休耕田を放牧利用する試みもなされており，耕作放棄地などの放牧利用は現在では数百件の取組みがなされている。薬剤による害虫防除を行なわない放牧草地は害虫の発生源にもなりやすいが，公共育成牧場を含め大部分の放牧草地では，放牧草地で発生した害虫による周辺環境の汚染などが問題となった事例はなく，ダニなどの家畜害虫についても適切な対応がとられており，緊急に対応を要する課題はない。

しかし，耕作放棄地や休耕田の放牧利用では，周辺にはイネや野菜などの栽培が行なわれていることが多く，また，牧草類をえさ資源とする飼料作物害虫は他作物と共通の害虫であるものが多いため，放牧草地で発生した飼料作物害虫がイネなどの周辺作物に悪影響を及ぼす可能性が考えられる。そのため，耕作放棄地や休耕田を放牧草地として利用する場合は，放牧草地で発生した害虫が周辺作物に拡散しないよう，放牧草地での害虫の発生に留意する必要がある。ここでは，耕作放棄地や休耕田の放牧利用がイネなどの周辺環境に及ぼす影響とその対策について述べる。

1. カメムシ類の発生

耕作放棄地や休耕田を放牧草地として利用するとき，最も注意しなければならないのは，斑点米の原因となるカメムシ類の発生である。これらのカメムシ類は「斑点米カメムシ類」と称され，地域により問題となる種は異なるが，アカヒゲホソミドリカスミカメ（第1図左），アカスジカスミカメ，ホソハリカメムシ（第1図右），クモヘリカメムシ，オオトゲシラホシカメムシ，シラホシカメムシ，ミナミアオカメムシなどが知られている。

これらのカメムシ類は卵または成虫で越冬した後，水田周辺の雑草地，牧草地，畦畔，農道

第1図　アカヒゲホソミドリカスミカメ（左，体長4～5mm）とホソハリカメムシ（右，体長9～11mm）

第2図　水田放牧草地
（栃木県大田原市，2003年7月撮影）
トールフェスク，レッドトップ，ケンタッキーブルーグラス，イネ科雑草などが優占するが，牛の採食や踏みつけにより害虫のえさとなる牧草類は繁茂しにくい

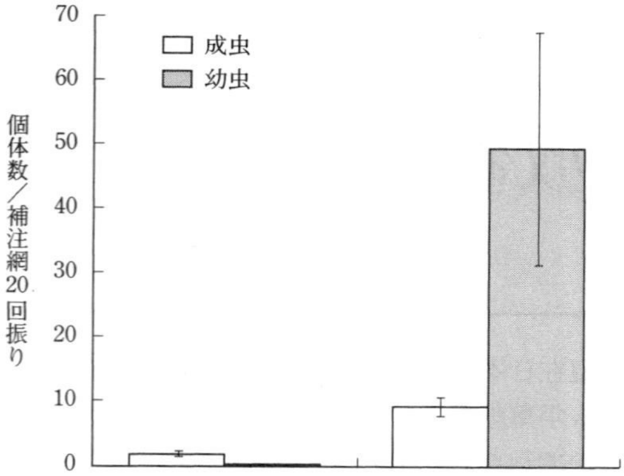

第3図　放牧草地および採草地でのカメムシ類の発生個体数
2003年7～8月調査

などに繁茂するイネ科草種の穂を吸汁して増殖し，その一部の個体がイネの出穂とともに水田に侵入してイネの穂を吸汁加害する。

出穂後まもないイネの穂は，カメムシ類に吸汁されると登熟せずしいなになるが，玄米がある程度肥大した時期以降に吸汁されると，玄米に斑点状の加害痕が残る。これらの米は斑点米と呼ばれ，米の品質低下の大きな要因となる。斑点米の原因となるカメムシ類はイネ科草種の穂を好んで吸汁加害するため，イネ科草種が繁茂したまま放置された環境では多発する傾向があり，これまでも，畦畔雑草や牧草地の管理不十分によるカメムシ類の多発生は各地で問題となっている。

2. 放牧草地と採草地の比較

放牧草地は，家畜の採食や踏みつけにより牧草類の草丈は短く抑えられ，採草地のように牧草類が繁茂することは少ない（第2図）。そのため，牧草類をえさ資源および生息場所とする飼料作物害虫にとっての安定した生息地にはなりにくい。

筆者らが放牧草地で行なった調査では，カメムシ目，ヨコバイ目，バッタ目，チョウ目，甲虫目の24種のイネとの共通害虫が認められたが，発生個体数はイネ科草種が繁茂した採草地や雑草地と比べて少量で，防除が必要になるような多発生は認められない（柴・神田，2004）。斑点米の原因となるカメムシ類も，放牧草地での発生量は，採草地や雑草地と比較して少ない。採草地や雑草地のようなカメムシ類の発生源になりやすい環境では，カメムシ類の幼虫の生息密度が極端に高いのに対して，放牧草地では幼虫の発生はほとんど認められない（第3図）ことから，放牧草地はカメムシ類の産卵場所としても不向きであり，カメムシ類の発生源にはなりにくいと考えられる。

また，放牧草地に隣接する水田での害虫の発生個体数は，対照とする水田（放牧草地が隣接していない）と比較しても多くの分類群で明確な差はなく，放牧草地が害虫の発生源となっている事例は今のところ認められていない（柴・神田，2004）。

3. 利用放棄された放牧草地

しかし，放牧草地として利用していた土地をそのまま利用放棄したり，放牧する家畜が少なすぎて牧草類が繁茂した環境（第4図）では，繁茂した牧草類をえさ資源として飼料作物害虫が多発生する。特にイネ科草種が繁茂すると，斑点米の原因となるカメムシ類の多発生につながる。

筆者らが利用放棄された放牧草地で行なった調査では，発生している害虫の種類は放牧草地と類似していたが，発生個体数は放牧草地と比較して多い傾向が認められている。なかでも斑点米の原因となるカメムシ類の個体数は，水田畦畔などの周辺環境と比較して極端に多く，周辺環境で生息するカメムシ類の発生源となっている可能性が高い（第5図）。利用放棄された放牧草地では，イタリアンライグラス，レッドトップ，ケンタッキーブルーグラス，その他イネ科雑草などが繁茂したまま放置されていたことから，これらの植物の穂をえさ資源としてカメムシ類が増殖したと考えられる。

水田周辺にこのようなカメムシ類の発生源が存在すると，イネのステージによっては水田に侵入・定着して，イネに被害を及ぼす危険があるので注意が必要である。

第4図 利用放棄された放牧草地
（栃木県大田原市，2004年7月撮影）
イタリアンライグラス，レッドトップ，ケンタッキーブルーグラス，イネ科雑草など，カメムシ類の好む草種が繁茂している

4. イネ科草種を出穂させない草地管理

イタリアンライグラスなどのイネ科牧草が栽培されているイネ科牧草地は，斑点米の原因となるカメムシ類の発生源として，しばしば指摘される（後藤，2001；高田ら，2000）。しかし，斑点米の原因となるカメムシ類はイネ科草種の穂でしか生息できないものが多いため，イネ科草種を出穂させないような草地管理を行なうことで，カメムシ類の発生を抑えることが可能である。

水田畦畔や農道などに繁茂するイネ科雑草の管理では，地域ぐるみで水田周辺の一斉除草を行なうことで，カメムシ類による斑点米被害の回避に十分な効果をあげている。放牧草地でも，カメムシ類のえさ資源となるイネ科草種を繁茂させないように草地管理を行なうことが，カメムシ類の制御に有効である。耕作放棄地や休耕田の放牧利用では，イネ科草種が繁茂した場合は人為的に刈取りを行なうなど，害虫の発生しにくい環境を維持し，放牧利用を行なわない場合はそのまま放置せず，耕起するなどしてイネ科草種を取り除くことが望ましい。

カメムシ類の寄主としての好適性は草種によってもかなり異なることが明らかになっている（八谷，1999）。イタリアンライグラスはカメム

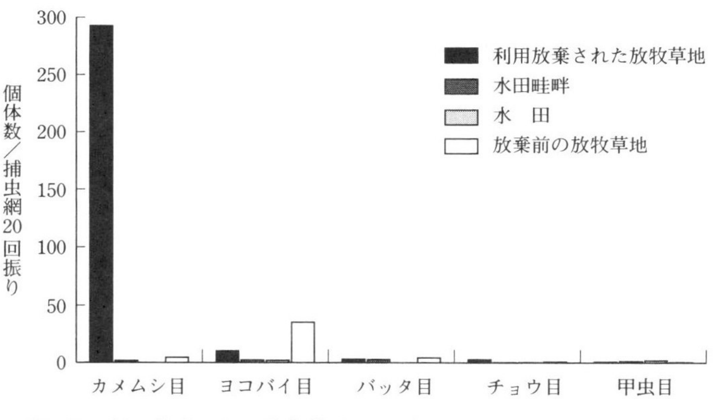

第5図 利用放棄された放牧草地および周辺環境における水稲害虫の発生個体数
2004年7月7日調査，栃木県大田原市，放棄前の放牧草地（2003年）のデータは同一圃場における2003年7月の調査によるもの

シ類にとって好適な寄主であり，イタリアンライグラスが優占した牧草地や雑草地は，しばしばカメムシ類の発生源として問題になっている。それに対して，トールフェスクやオーチャードグラスではカメムシ類の発生はほとんど認められない。

このような，カメムシ類の発生しにくい草種・品種で草地を造成することも，カメムシ類の発生を抑制する有効な手段である。

執筆　柴　卓也（(独) 農業・生物系特定産業技術研究機構畜産草地研究所）

2005年記

参 考 文 献

後藤純子．2001．岩手県におけるアカスジカスミカメの発生状況．植物防疫．**55**，447—450.

八谷和彦．1999．アカヒゲホソミドリメクラガメの水田への侵入と発生予測．植物防疫．**53**，268—272.

柴卓也・神田健一．2004．水田放牧草地における主要害虫相．日草誌．**50**（別），146—147.

高田真・田中英樹・千葉武勝．2000．岩手県における1999年の斑点米多発の実態．北日本病虫研報．**51**，165—169.

糞虫による牛糞分解と牧草の窒素吸収への効果

1. 糞虫と養分循環との関わり

放牧地に排泄される牛糞は，尿とともに養分循環において放牧牛と土壌，草を結びつける重要な存在である。放牧牛によって食べられた草は放牧地で糞と尿の形で土壌に還元され，糞と尿に含まれる養分の一部は草によって吸収され，再び草として牛に食べられる。尿中の養分はほとんどが水溶性であるため，排泄後速やかに土壌へ供給され，牧草にとっても吸収されやすい。一方，糞は固形の部分が多いため，糞の養分は，糞の水分の移動によって土壌中に運ばれる以外は，分解という過程を経て土壌中に還元される。糞のカリウムはほとんどが水溶性であるが，窒素，リンは水溶性の部分が少ない。そのためカリウムは土壌へ容易に移動しやすいが，窒素とリンの移動は分解の過程に依存するところが大きいと考えられる。

この牛糞の分解にはさまざまな動物や微生物が関わっている。糞の分解に関わる動物にはミミズや昆虫のハエやコガネムシの仲間がいる。ハエの幼虫やミミズは食糞により牛糞の分解に寄与し，またコガネムシは食糞あるいは土壌への糞の埋込みにより分解に寄与している。このような食糞性のコガネムシは糞虫と呼ばれる（第1図）。

糞虫と糞の関連性については古くから多くの研究が行なわれている。糞虫は新鮮糞を好むことや，糞虫の飛来によって牛糞の分解が促進されること（中村，1975），その飛来数は季節によって変動があること（山下ら，1992），糞虫の種類によって糞分解への作用が異なること（早川，1977）などが知られている。しかし，放牧地で糞虫が糞の分解と養分循環にどの程度重要な働きをしているかは十分にはわかっていない。そこで，著者らは糞虫数をコントロールし，圃場レベルで，糞虫による牛―土―草間の窒素の流れへの影響を定量的に評価することを目的とした試験を行なった（Yamada, *et al.*, 2007）。

2. 試験方法

2001年に，長野県の浅間山麓南斜面に位置する畜産草地研究所御代田研究拠点内の標高1,000mの草地で試験を行なった。試験地はオーチャードグラスが優占する草地である。牛による糞の破壊や，糞尿の混入による影響を除外するために，無放牧条件で試験を行なった。

この草地に2001年6月2日に生重1kgの新鮮牛糞を牛の排糞を模して直径20cmになるよう

第1図　試験地で採集された糞虫の一例

に整形しながら糞塊60個を設置した。そして1糞塊当たりあらかじめ用意した糞虫の成虫120匹または40匹を放す糞と，まったく放さない糞を設定した（各20個）。放した以外の糞虫の飛来を防ぐために，この放虫区に設置から1週間プラスチック製のざると寒冷紗を被せた（糞虫はこの間の新鮮な糞に飛来する）。

設置から7，14，28，56日後にそれぞれの試験処理の糞塊を4個ずつ採取するとともに，糞直下の深さ10cm×直径20cmの土壌をすべて採取した。糞については乾物重と全窒素含量を，土壌については無機態窒素含量を測定した。各試験処理の残り4個ずつの糞塊については設置から468日後に採取し，また，この糞を中心とした50cm正方枠内，高さ5cm以上の牧草を糞設置56日後から468日後まで定期的に刈り取り，窒素吸収量を測定した。

3. 糞虫とその採集

試験に使用した糞虫は，御代田拠点内の放牧地で採集した。あらかじめ新鮮牛糞を採取しておき，第2図のようにプラスチック製のざるに土を充填した上に牛糞を載せ，放牧地周辺にざるの縁の深さまで埋め込んだ。1昼夜経過後ざるごと掘り出し，充填した土と牛糞を水洗いして糞虫を取り出した。

このように採集した糞虫のうち，マエカドエンマコガネが最も多く61.8%，オオマグソコガネが26.4%，シナノエンマコガネが11.4%，クロマルエンマコガネが0.4%を占めていた。糞虫はえさとして糞を利用するが，地表の糞を塊にして土中に埋め込み，それに卵を産んで幼虫を育てるタイプと，地表にある糞に卵を産んで幼虫がその中で育つタイプがある。前者は体が大きく糞の分解に対する働きが大きい。ここで用いた糞虫はすべて糞を土中に埋めて利用するタイプである。また，同試験地で行なった別の調査でも，このような糞を土中に埋め込むタイプの種が放牧期間を通して多いことが観察されている。

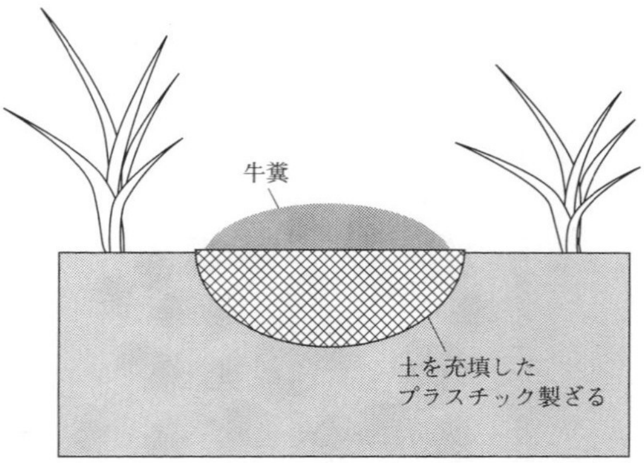

第2図　糞虫の採集方法の概要
設置から1昼夜経過後，牛糞とその下の土をざるごと回収し，水洗いして糞虫を取り出した

4. 糞虫の存在と糞の分解

残存糞の乾物重量と窒素含量の推移を第3図に示した。

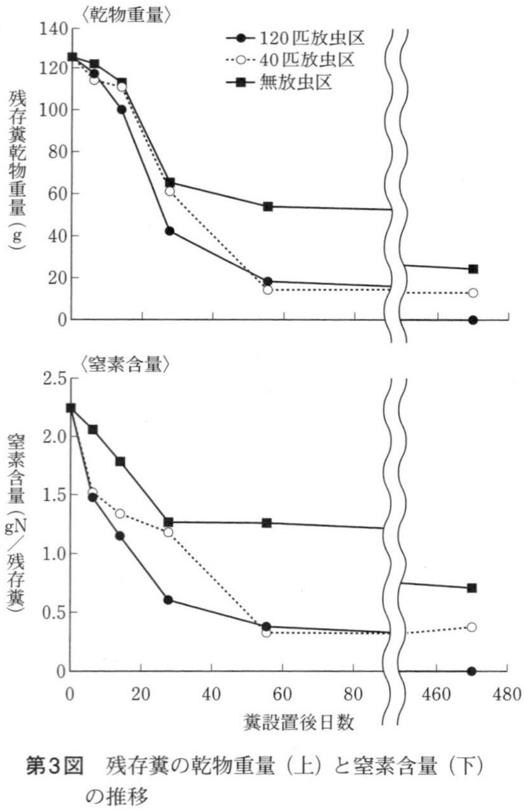

第3図　残存糞の乾物重量（上）と窒素含量（下）の推移

残存糞の乾物重量の減少は120匹放虫区でより早く始まり，常に無放虫区より低い乾物重量で推移し，糞の分解が進んだ。56日後では無放虫区の糞は原形を留めていたが，120匹放虫区の糞は糞の破片のみで分解が著しく進んでいた（第4図）。40匹放虫区では，120匹放虫区より分解が遅くなったが，56日後では120匹放虫区と同程度の乾物重量となった。この糞虫の影響は468日後でも認められ，無放虫区で糞設置時の17％の糞が残っているのに対し，120匹放虫区では糞がほぼ消失していた。

残存糞の窒素含量の推移は乾物重量の推移と類似していた。異なる点としては，放虫区の14日後までの窒素含量の低下は乾物収量低下の度合より大きいことが挙げられる。これは，糞虫によって糞塊として土壌へ埋め込まれる窒素以外に，糞の中の水溶性窒素が土壌へ移動する量が増えたためと考えられる。56日後では放虫区は設置時の20％の窒素量となり，無放虫区と比較すると1gN少なかった。また，468日後の採取時では，無放虫区で糞設置時の20％の窒素が残っているのに対し，120匹放虫区ではほとんど認められなかった。

糞は排泄から時間が経過すると，表面が被膜状に固化し，内部への水分の移動が制限される。糞虫は糞に潜り込み，糞に多くの穴をあけるなどして糞を壊す。設置初期以外は糞虫によって攪乱された糞表面から水分や空気の流入が促進され，微生物の分解などが進みやすい状態であったと考えられる。

このように，糞虫の働きにより糞の分解や窒素の放出が促進され，さらに糞虫数が多いほどそれが促進されることが示された。

5. 土壌中の無機態窒素濃度

糞直下の土壌中の無機態窒素濃度は糞設置7日後に放虫区で急激に増加し，また56日後まで無放虫区より高い状態が続いており（第5図），糞虫の影響が認められた。とくに放虫区での糞設置7日後の無機態窒素濃度の増加は，糞の窒素含量の大きな低下（第3図）と重なっており，糞虫の働きによって糞から土壌への窒素移動が促進されていることを示している。

6. 牧草による窒素吸収

糞周囲の牧草による窒素吸収量は糞設置当年では，放虫による効果は認められなかったが，翌年の410日以降では120匹放虫区で高い窒素吸収量となる傾向にあった（第6図）。

土壌中の無機態窒素濃度の推移では糞虫の影響が明らかであるが，放虫区と無放虫区の無機態窒素濃度の差から算出される単位面積当たり

第4図　設置から56日後の糞のようす
上：120匹放虫区，下：無放虫区

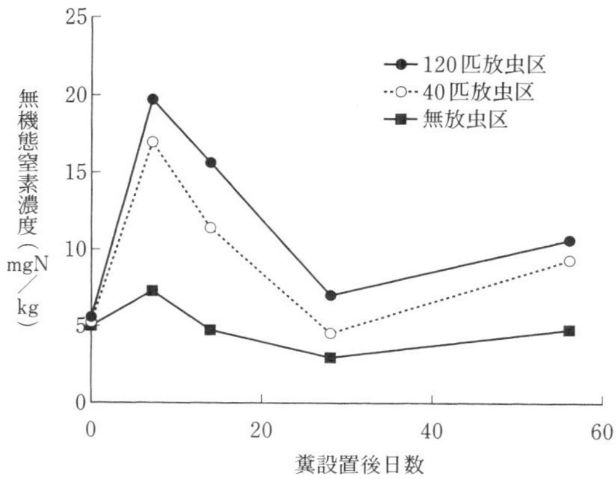

第5図　糞直下深さ10cm土壌の無機態窒素濃度の推移

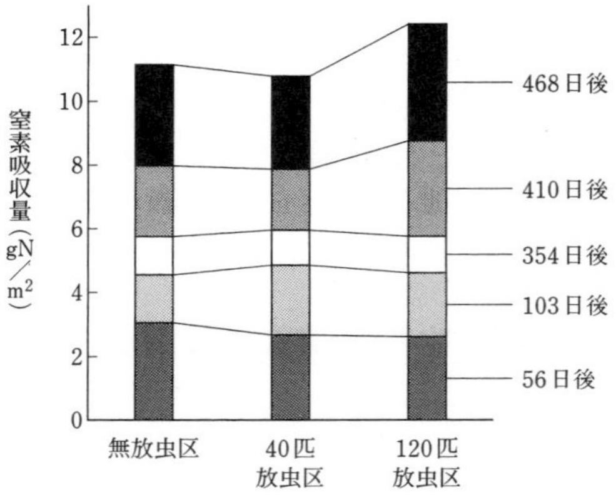

第6図　糞周囲の牧草による窒素吸収量

の窒素量は牧草による窒素吸収量と比較すると小さいことから，糞設置当年では影響が認められなかったと考えられる。また，糞虫によって埋め込まれた糞の窒素は時間をかけて牧草に吸収されやすい窒素の形態に変化すると考えられ，そのため120匹放虫区では翌年にその効果が現われたものと考えられる。

7．不食過繁地の抑圧

この試験の結果は，糞虫が多く飛来する環境下では糞の分解と，牛―土―草間の窒素の流れが促進されることを示している。言い換えれば，放牧地で良好な養分循環機能を保つためには糞虫の働きが必要であり，またこれら糞虫が豊富に生息できる環境を整える必要があることを同時に示している。

この試験では触れなかったが，排糞周囲は放牧牛が採食しない，いわゆる不食過繁地が形成される。この不食過繁地を抑圧するのに，糞虫による糞の分解の効果が期待されている。不食過繁地の持続期間を短縮することは糞―土―草―牛間で，とくに草―牛間の養分の流れを促進することを意味するものであり，このような糞虫の影響が明らかになることで，糞虫の重要性がより認識されるものと思われる。

8．寄生虫駆除薬の影響

一方，近年放牧牛に投与した寄生虫駆除薬の有効成分が糞の中に排泄され，糞虫の生息に悪影響を与えるという事例が報告されている（山下ら，2004)。寄生虫駆除薬の投与は放牧牛の健康のために必要な処置であるが，糞虫のように有用な昆虫への影響に考慮しながら適正に使用することが必要である。また，糞虫への影響が少ない駆虫薬への切替えや薬剤開発が望まれる。

執筆　山田大吾（(独）農業・食品産業技術総合研究機構畜産草地研究所）

2009年記

参考文献

早川博文．1977．放牧家畜の糞公害とフン虫利用によるその対策―フン虫の効用とその生態―．畜産の研究．**31**，596―602．

中村好男．1975．草地における牛糞の分解消失に対するフン虫の影響．草地試研報．**7**，48―51．

Yamada, D. *et al*. 2007. Effect of tunneler dung beetles on cattle dung decomposition, soil nutrients, and herbage growth. Grassl Sci. **53**, 121―129.

山下伸夫ら．1992．放牧牛糞の分解消失及びそれに伴う甲虫相の変化．東北農試研報．**84**，133―141．

山下伸夫ら．2004．牛用駆虫薬が牛糞分解に関与する昆虫類の発育に及ぼす影響．東北農業研究．**57**，119―120．

寒地・寒冷地サイレージ用

トウモロコシの栽培技術

I 栽培の特徴

1. 栽培の意義

(1) 栽培の変遷

北海道での原料生産について時代的変遷を示せば，第1図のように茎葉利用期，茎葉主体利用期，雌穂茎葉利用期の3期に区分できる。

茎葉利用期は，明治以降つづいてきた茎葉の生産を中心とする時代で，1970年ちかくまでつづいている。原料の利用は多汁質的維持飼料としての役割をもっていた。

茎葉主体利用期は茎葉利用期から雌穂茎葉利用期への移行期ともいえる時期である。雌穂または子実の高飼料価値が認識されてきたものの，現実にはこのような熟度のすすんだ原料は面積当たり収量が低いとみられて，雌穂の利活用は依然として不充分であった。この時代の特徴は，耐倒伏性の強い品種の作付けが増加し，適正栽培技術の模索が行なわれるとともに，原料の利用は冬期維持飼料から生産飼料の色彩が濃くなったことである。

雌穂茎葉利用期の基礎は，原料の雌穂，子実を重視して，適正な栽培法により刈取り時に黄熟期に達した原料の乾物およびＴＤＮは多収であり，栽培面積当たりの乳生産量の増加をもたらすということにある。したがって，原料中に占める雌穂の地位は茎葉と同等かそれ以上である。原料の利用は半濃厚飼料的性格を第一義と

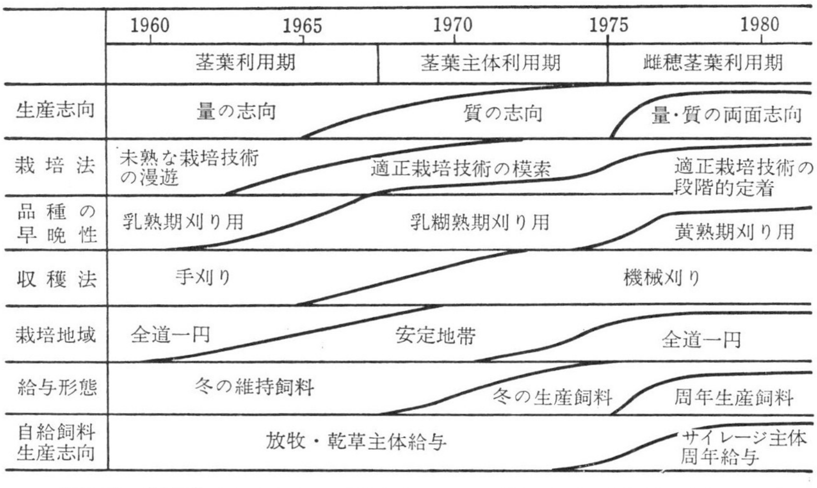

第1図 北海道でのサイレージ用トウモロコシ原料生産の変遷（戸沢，1980）

し，生産飼料として位置づけられている。また，給与形態は通年給与形態へと移行しつつある。この時期は1970年代半ば前からその特徴を鮮明にしつつあったが，1980年代はその拡充期にあたると考えられる。本稿全体の目的はこれを達成することにある。

(2) 原料の利用と飼料価値の変化

原料の理想的な刈取り時の熟度は黄熟期である。このときのホールクロップ乾物重の約40%は子実により占められ，乾物率は30%くらい，乾物中ＴＤＮは70%以上となり，おおむね濃厚飼料に匹敵する高エネルギーのサイレージが調製できる。現状で，北海道のほぼ３分の２を占める条件の比較的安定した地帯では，年次を通じて安定して生産できる。そして，これ以外の３分の１の地帯でも，これにちかい原料の生産ができる。

1970年代半ば以前には，第１表に示すように，子実が充分に登熟しない乳～糊熟期で利用されたために，飼料価値や栄養収量は低く，また水分過剰のために多量の排汁発生など無視できない障害が発生した。雌穂茎葉主体期の拡充期にはいった現在，多収であるという誤った判断から一部に乳～糊熟期の原料を利用するのがよいという意見がある。しかし，これがいかに重大な誤りであるかは，本稿のデータで証明できる。

2. 飼料としての位置

サイレージ用としてのトウモロコシの特徴は第２表に示すように，雌穂子実が充分に登熟し

第１表 原料の利用と飼料価値の変化
（名久井，1977；戸沢，1981から）

	現　在	1975年以前
利用目的	生産飼料	維持飼料
利用形態	通年給与	冬期間給与
刈取り時熟度	黄熟期	糊～乳熟期
栄養価(乾物中%)	ＴＤＮ70	ＴＤＮ60～65
乾物率　(%)	25～35	20
子実含有率(乾物重%)	30～50	30以下

た澱粉の多い濃厚飼料的高エネルギーとその多収性によって位置づけることができる。面積当たりエネルギー生産量は飼料作物のうち最大であり，牧草のほぼ1.5倍に達するといわれる。栽培，調製，給与が適切に行なわれれば，高エネルギーとしての特徴は乳量の増加をもたらし，また多収性は面積当たり飼養頭数の増加となって，確実に酪農経営の合理化と規模拡大につなぐことができる。

しかし，反面では蛋白質，ミネラル（とくにカルシウム），β-カロチンなどのビタミン類の含量は少ないという欠点がある。したがって，これらの点でまさっている良質乾牧草やその他の適当な飼料とトウモロコシは互いのパートナーとして利用することが必要である。

サイレージ用としてよりよく利用するに必要なトウモロコシの飼料的な特徴は次のように集約される。

①ホールクロップの乾物収量のうち，30～50%が子実で占められる黄熟期の原料は，産乳効果が乳熟期のものより25%も高い――生産飼料としての利用性が高い。

②自給飼料中で最も嗜好性の高い草種である

第２表 トウモロコシと牧草の乾物中の飼料価値　（ＮＲＣ，1970）

飼料	ＣＰ (%)	ＡＤＦ (%)	ＴＤＮ (%)	ＭＥ (*Mcal/kg*)	ＮＥ (*Mcal/kg*)	無機成分 Ca (%)	P (*mg/kg*)	Mg (%)	S (%)	ビタミンＡ (1,000IU/*kg*)
トウモロコシサイレージ雌穂多	8.0	31	70	2.67	1.59	0.28	0.21	0.18	0.03	18
トウモロコシサイレージ雌穂少	8.4	—	65	2.44	1.47	0.34	—	—	0.08	5
アルファルファ乾草	17.2	38	58	2.13	1.30	1.25	0.23	0.30	0.30	34
チモシー乾草	9.5	40	58	2.13	1.30	0.41	0.19	0.16	0.13	21
イタリアン乾草	10.3	—	62	2.31	1.40	0.62	0.34	—	—	116
ソルガムサイレージ	8.3	—	55	2.00	1.23	0.32	0.18	0.30	0.10	5

――乾物摂取量が多く，飼養効率が高い。

③黄熟期の初期から後期までの期間はふつう3週間以上である。この初期と後期のサイレージの産乳性の差は，他の牧草などと比べて著しく少ない――刈取り適期の幅が広い。

④黄熟期のサイレージ給与により糞中に排泄される子実の割合は10％余であるが，サイレージ全体の可消化量は高い――詰込み時に細断長を9～10*mm*とすることが前提。

⑤多肥栽培によっても，ホールクロップの硝酸態窒素（NO_3―N）の含量は子実の割合が多いので，危険水準にはほど遠い――多収の栽培条件，環境条件が広い。

⑥トウモロコシサイレージに良質乾草を併給すると，乳の脂肪率，無脂固形分率，蛋白率が高まる――前述のトウモロコシの栄養的欠点は補われなければならない。

⑦取出し後に二次発酵が起こりやすくなることがある――原料の性質に応じて詰込み時の細断（9～10 *mm*），踏圧，加重，水分調整によってサイロ内の密度を高める必要がある。

Ⅱ　栽培の基本

1．生育区分と特徴

寒地でのトウモロコシ生育の特徴は，播種から刈取りまでの期間が短いことであり，したがって栽培の基本はこの限られた期間をいかに最大限に保ち乾物生産に有効に利用するかである。栽培される品種は感温性が高く，生育は温度の積算量に応じてすすむので，播種期はできるだけ早くし，また刈取り期はおそくしたい。

諸要因を考慮すれば，播種期は5月中旬初めから5月末，刈取り期は9月上旬～10月上旬となる。これによる寒地の生育区分と管理技術の基本を示せば第2図のようになる。

(1)　播種から発芽まで

日平均気温7～10℃くらいの低温下で播種され，地表までの発芽にはふつう2週間，ときには約20日間を要する。発芽の良否は耕起から整地，施肥，播種に至る栽培技術によって左右さ

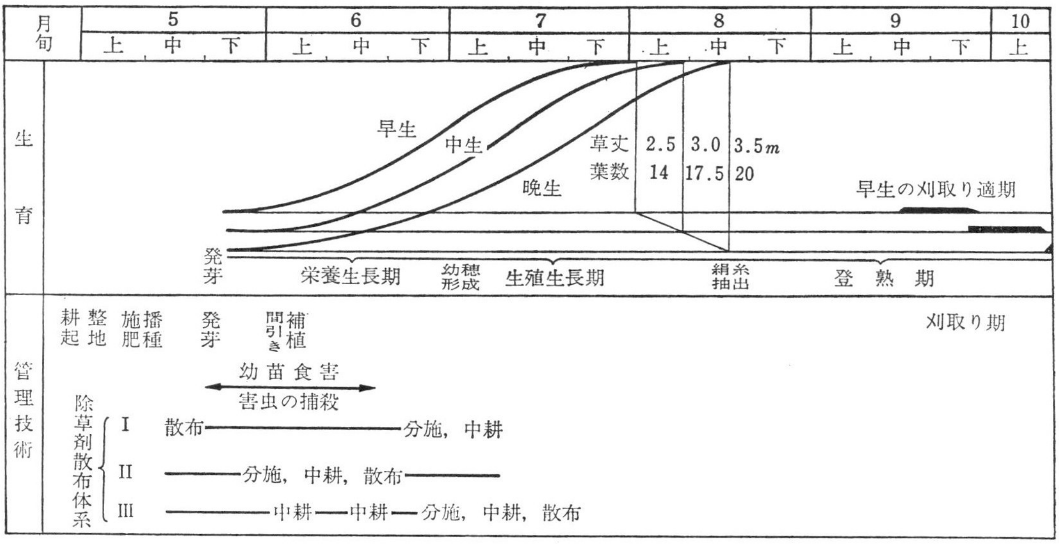

第2図　トウモロコシの生育と管理技術　（柳引，1979）

れる。

発芽を良好にするための技術的な基本は，膨軟斉一に整地され肥やけの起こらない播種床に発芽能力の高い種子を播くことである。これらの栽培技術に問題がなければ，早播きによる弊害はないので，播種はできるだけ早いことが望ましい。初期雑草防止のためには，発芽前3日までの除草剤散布がよい。

(2)　発芽から雌穂の幼穂形成まで

この時期は出葉数の約2分の1（7〜9葉）が抽出し，草丈は 40〜60*cm*（葉を伸ばした状態では 60〜80*cm*）になったときで，6月下旬〜7月上旬に至る時期である（「栽培の基礎」Ⅱ，基64ページ参照）。全出葉数（一生に出る葉数）は地域や年次によってほとんど変わらず，品種によって一定しているので，出葉数を数えることによって，生育のすすみぐあいを知ることができる。

生長点はこの時期の半ばすぎに地表部に移動するが，第3図に示すように覆土の厚さと関係がある。したがって，晩霜害を軽減するためには必要に応じて覆土を厚くすることが必要である（Ⅲ—2，Ⅳ—1を参照)。

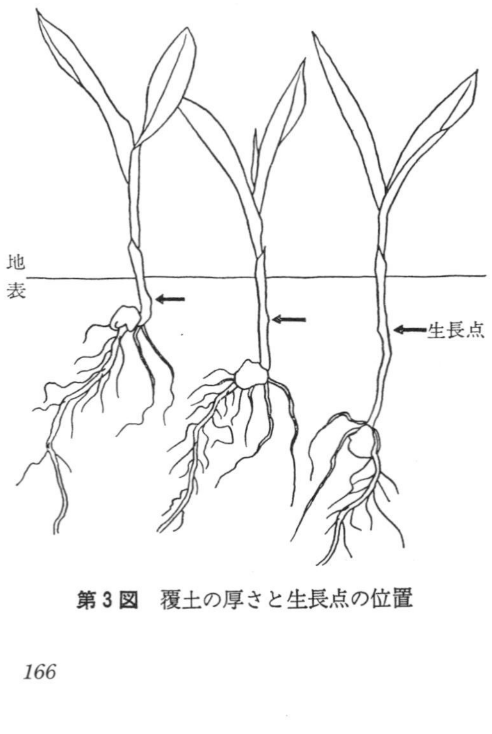

第3図　覆土の厚さと生長点の位置

6月25日〜7月5日ごろが膝高期(Knee high stage）で，このころから断根の悪影響がではじめる。

栽培条件，環境条件が初期生育を左右しやすく，これが刈取り期の収穫量と品質を左右する。発芽から刈取りまでの管理作業の 100％がこの時期に集中するが，目的は苗の生育進捗の促進である。分施，追肥の適期である。

(3)　幼穂形成から絹糸抽出まで

生殖生長期にあたり，絹糸，雄穂が抽出するまでの時期である。節間伸長期に相当し，栄養生長期の生長量を基礎にして，登熟期のソース（葉の同化産物生産能力）とシンク（雌穂の大きさ）の仕上げ期になる。

後半には栄養体の80〜90％が形成され，下位節間の強さもほぼ決まる。栽培管理技術の直接関与する余地は基本的になく，生育は施肥播種までの諸栽培技術の良否と土壌，気象条件によって左右される。中耕は断根の悪影響が大きく，分施，追肥の時期としてはすでにおそい。

(4)　開花，受粉，受精

1品種の全個体が開花から受精を終えるに要する日数はふつう1週間から10日内外である。肥やけや過度の中耕などによる発芽や初期生育の不揃いはそのままこの日数に現われ，2週間以上に及ぶことがある。そして，この個体間の差は登熟期ではいっそう増幅される。

北海道のどの地域でも安定して黄熟期に刈り取るには，開花，受粉，受精が少なくとも8月15日ころまでに完了していなければならない。

極度の旱魃害では絹糸抽出と花粉飛散の時期が離れたりするために，わずかながら不稔部分を生ずることがある。また，昆虫による絹糸の損傷やアブラムシの雌雄穂における発生はまれに受粉を防げることがある。

この時期の前後における倒伏は，その後回復しやすいので被害があまり大きくなることはないが，挫折型（折損）の被害は回復できないので甚大となることがある。

(5) 登 熟 期

初期には稈長，稈径，葉面積が決まる。中期には雌穂の大きさがすでに決まっていて，子実には急激に澱粉が蓄積し，後期には乾物全体の2分の1が雌穂乾物重となって刈取り適期に達する。これについては次節で詳述する。

倒伏および病害の発生が重大である。品種の選定，栽植密度の決定，ならびに栄養生長期までの諸管理作業によって左右される。そして最も重要なことは刈取り期の決定である。

2. 登熟期の収量・品質の推移

収量は生総重（ガサ収量），乾総重，TDN，DE，NEなどで示されるが，収量表示の最終目的が栄養収量であるから，少なくとも乾総重またはTDNで示すべきであろう。

(1) 乾総重の経時的変化

絹糸抽出時の乾物の95%は茎と葉によって占められ，残りの5%は未発達の穂芯，苞皮と穂柄である。

①子 実 と 芯

両者をあわせて雌穂という。乾物中TDNは85%で，量的にも質的にも最も重要な部分である。穂芯は乳熟期から糊熟期にかけて最大乾物重に達し単・少糖類の含量も高いが，以後徐々に子実中に転流して乾物重は低下し，刈取り期に至る。この時期の穂芯は個体全体の乾総重の約10%である。子実は受粉後，未乳熟期（または粒形成期から水熟期）までは，多くが水分と単・少糖類の蓄積によって肥大する。

乳熟期ちかくなって澱粉が蓄積し始め，糊熟期からは蓄積が本格的になって増加，黄熟期後半にはほぼ最大の乾物蓄積を示し，外観は特有の刈取り適期を示す。乾総重に占める子実と雌穂の割合は糊熟期ではそれぞれ20%と30%だが，黄熟期では30～45%と40～60%ちかくになる。

②その他栄養体

茎葉，苞皮，穂柄からなる。乾物中TDNは55～60%と低いが，繊維源として重要な役割を

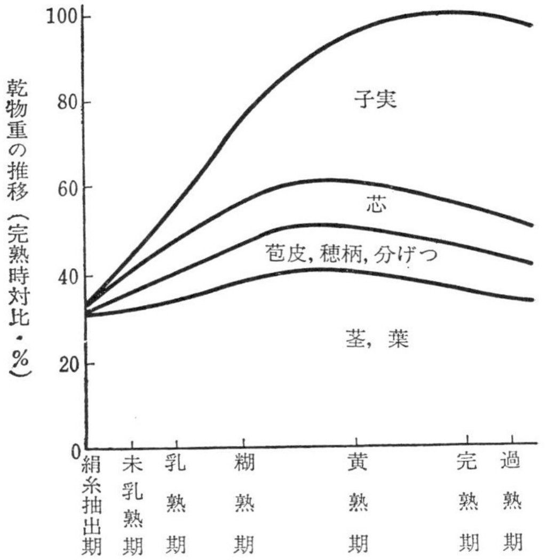

第4図 熟期別の器官別乾物重の推移

（櫛引，1975）

もち，良好なサイレージでは乾総重の約半分を占める。苞皮および，穂芯と同様に受粉後に急激に発達する穂柄の乾物重は，糊熟期～黄熟初期を最大値として成熟期に向けて下降する。刈取り適期のこれら部分は乾総重の約50%を占める。穂柄は単・少糖類が多く飼料価値は高いが，苞皮の栄養価は少ない。

③分 げ つ

分げつは本来，その他栄養体に含まれるものである。品種や栽培法によってその発生には大きな差がある。しかし，分げつ型の品種でも適正な栽培法によれば，刈取り期までに残るものは少なく，乾総重に占める割合はごく少ない。

(2) TDN収量の経時的変化

TDN収量の最大時期は，TND含量の高い雌穂乾物重が最大となる時期である。絹糸抽出後のTDN収量の増加のほとんどは雌穂乾物重の増加によっている。TDN収量は，成熟期を100%とすると，絹糸抽出期では25%，糊熟期60%，黄熟期80～105%である。この黄熟期のTDN収量のほぼ60%は雌穂による。過熟期には茎葉の落下が始まるとともに収穫ロスも生じるので，TDN収量はしだいに低下する。

第3表 熟期別サイレージの飼料価値と発酵品質
(単位:%) (名久井・櫛引, 1979)

熟期	乾物率	乾物回収率	栄養価 乾物中TDN	栄養価 生草中TDN	発酵品質 pH	発酵品質 VFA/T-A	発酵品質 VBN/T-N
未乳熟	15以下	85	63~65	10以下	3.5~4.0	10.0~20.0	5.0~10.0
乳熟	15~20	90	〃	12			
糊熟	20~25	90	65	15			
黄熟	25~35	95	70	20~25			
過熟	35以上	95	70以下	25以上			

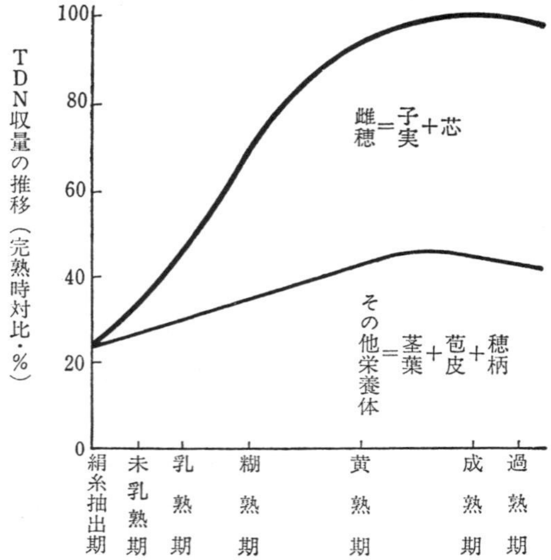

第5図 刈取り期別TDN収量の推移
(櫛引, 1979)

(3) 飼料価値の推移

サイレージの飼料価値は栄養価と発酵品質によって決まる。また,原料の乾物率はサイレージの乾物回収率を左右する。

①栄 養 価

未乳熟期から乳熟期においては,雌穂の割合がごく少ないので,TDN含量は低い。糊熟期ではおおむね良質乾草なみとなって,乾物中TDNは65%となる。黄熟期では乾物中TDNは70%,原物中(生重中)TDNは20~25%となって濃厚飼料に匹敵する高エネルギーのサイレージが調製できる。これらの熟度の進行に伴う栄養価の向上はNEで示されればさらに顕著となる(「調製と利用」の項を参照)。

しかし,蛋白質,カルシウム,ビタミンA,ときにはリンなどが不足する。

②発 酵 品 質

pH,有機酸の組成(VFA/T—A)および揮発性塩基態窒素の割合(VBN/T—N)によって決まる。良好なサイレージはpHが4.0, VFA/T—Aが15~30%,VBN/T—Nが10%くらいだから,第3表に示したようにトウモロコシの発酵品質は安定している。トウモロコシが牧草などよりも調製が容易なのはこのことによっている。しかし,糊熟期以前の原料では水分が多く酪酸などの生成が多くなり,また過熟期の刈取りはpHの上昇や好気性発酵菌の発生する機会が増すので,どんなばあいでも安定して良質サイレージが調製されるとはかぎらない。

③原料の乾物率とサイレージの乾物回収率

原料の適当な乾物率はできれば30~35%,ふつう25~35%の範囲である。この時期は黄熟期初期から後期にあたる。糊熟期では20~25%,乳熟期以前では20%以下,場合によっては12~13%にすぎないこともある。

熟度のすすまない乾物率の低い原料は,飼料価値が低いばかりでなく,調製中に多量の養分を含んだ水分が排出されるなどのため,サイレージの乾物回収率は低くなる。

また乾物率が35%を超えると,つまり成熟期以降になると乾物回収率は黄熟期と同じく95%だが,詰込み密度が粗くなって二次発酵の原因となり,サイレージ自体の消化率も低下する。

3. 地域的作期の設定

寒地での作期設定で重要なことは,作期を拡大すること,その有効利用を可及的最大とすることである。

(1) 播種期,刈取り期の設定

トウモロコシの生育は,0℃以上の日平均気温の積算量,つまり単純積算温度によって進展する。したがって,できるだけ播種期は早く,

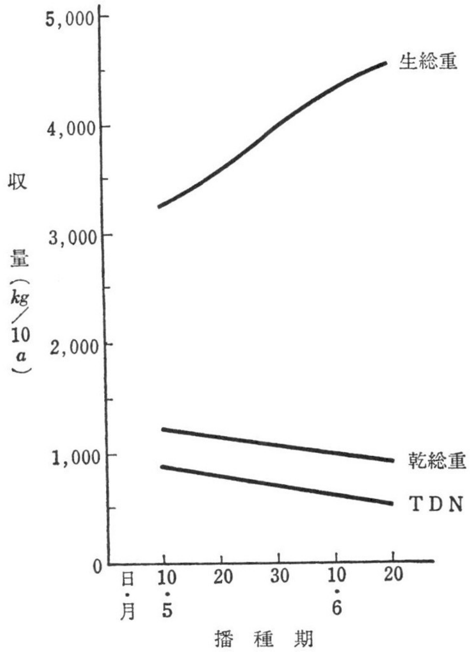

第６図　播種期別の収量（模式図）

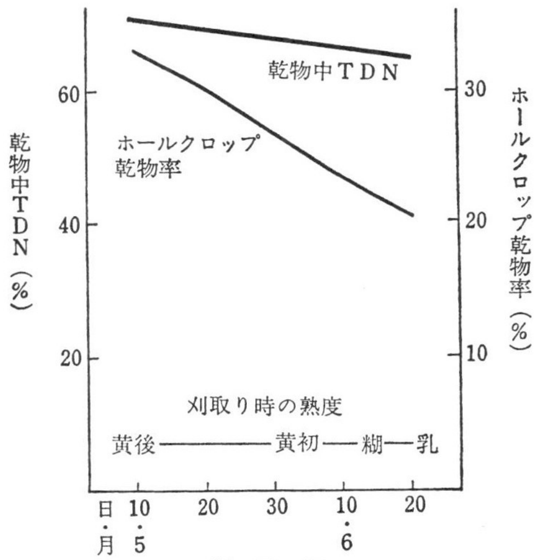

第７図　播種期別のサイレージ用原料生産（模式図）

刈取り期はおそくしたい。

①播　種　期

寒地での早播きの効果はおもに次の３点に示される。①早播きによる単純積算温度に応じて生育が進展する。②生育の進展に応じて生総収量（ガサ収量）は低くなるが，乾総重，TDNの収量は増し，また原料品質は向上する（第６，７図）。③下位節間が太く短くなるなど個体全体が強健に生育するので，倒伏しづらい。

反面，早播きは，①晩霜にあいやすく，②低温期間が長くなることがある。しかし，①は，整地を通常の範囲でていねいに行なって覆土の厚さを３*cm*にすればほとんど被害をみることがない。②は，市販種子は殺菌剤で粉衣されていればごく一部品種を除き少なくとも25日間は生存可能なので，北海道全域はほぼ心配はない。しかし，発芽前後および幼苗期には肥料濃度障害が起こりやすいので，適正な施肥技術が必要である。

そのほか，土壌条件がトラクタ運行可能の状態にあるか否かなどあるが，これらを考慮して，寒地での播種期は融雪および土壌凍結融解後，作業機が稼動可能になった時点と考えてよい。

②刈 取 り 期

刈取り期の決定には，①初霜，②低温による雌穂重増加の停止と原料品質の低下，および土壌条件に起因するトラクタ運行の可否が要因となる。①は，１回目で個体の茎葉全体が枯死することはないが，ビタミン，ミネラル含量の低下，乾物重の低下，収穫ロスの増加をもたらす。②は，長期にわたると，細胞壁構成物質の結晶化（木質化）がすすむので，調製されたサイレージの消化率は低下する。降霜後しばらくは，トラクタ運行が可能である。

以上の事がらに年次間の安定性を考慮すれば，刈取り期の設定は平年の初霜日とするのが望ましい。

(2)　地域区分と作期の特徴

作期の長さは地域によって異なる。作期の長さが同じでも，地域によって作期内の条件は異なる。寒地での作期内の条件は日平均気温0.1℃以上の単純積算温度によって明確に示すことができる。

第８図は，北海道を単純積算温度によって６地帯に区分したものである。ＡからＥは栽培地帯であり，以下には地帯別の特徴について概述

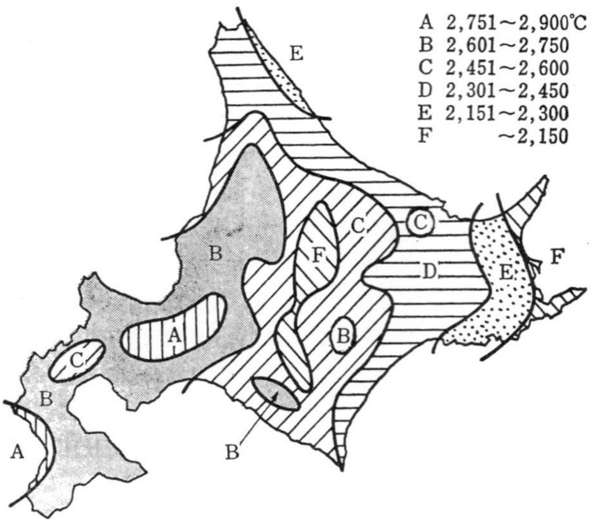

第8図　単純積算温度による地帯区分（櫛引，1975）
5月1日～10月5日，1966～1977年の平均

する。

A，B区　最も安定した多収地域である。作期内の単純積算温度は充分なので，刈取り期に黄熟期に達する品種の選定は自在で，理想的な品質の原料が安定して生産できる。A区での作期の可動範囲は広いので，作期を多少狭くしても目だった影響は少ない。しかし，多収を得るために作期を正しく設定する。ごま葉枯病を中心とする病害多発地帯では，輪作体系とともに耐病性品種の選定が重要である。B区の埴壌土や泥炭土壌では，播種後の旱魃や滞水により発芽が阻害され，欠株が多くなって減収する地帯があるので適当な対策が必要である。

C区　作期内の単純積算温度は必ずしも充分ではない。早播き効果が顕著にでる地帯である。作期の設定，品種の選定，および栽培技術に誤りがなければ，B区なみに安定して良質原料を生産できる地帯がほぼ3分の1を占める。D区，E区と同様に土地改良の必要なところが多い。いずれの地帯も耐倒伏性品種の選定は最も重要だが，C区とD区での生育は一般に徒長ぎみとなって倒伏しやすいので，品種選定にあたってはとくにこれを重視する。しかし，D区に隣接して融雪や土壌凍結融解の遅れるところでは，播種期は5月20日以降となることが多い。そのため，播種時以降の地温や気温は低いので，品種の低温発芽性や幼苗の低温生長性をD区なみに重視しなければならない。

D区　作期内の単純積算温度は少なく，土壌凍結，土壌水分過多などの気象的，土壌的条件によって早期播種のできない地帯が多い。しかし，作期の設定，品種の選定，栽培技術の適用に誤りがなければ，乾物率25～30％の良質原料が安定して得られる地帯が多い。病害の発生は少ないが，山麓沿海では低温発芽性や幼苗の低温生長性の高い品種の作付けがE区と同様に不可欠である。

E区　現在の早生品種でも，乾物率25％以上の原料を安定して生産できるとはかぎらないが，自給飼料作物としての地位は高い。播種期の遅れることと日照・温度不足とが特徴である。品種の特性評価には最もきびしさが要求されるものの，すす紋病とごま葉枯病の発生は少ない。極沿海では風が強く，稈は短いので，このようなところでは密植によって増収をはかる必要がある。

4.　品種の選定と配合

(1)　原料と品種評価の基本

原料の評価は，総合的に“どれだけ面積当たり乳量が搾れるか”でなければならない。この指標として，一般的にTDN収量と乾物中（または生草中ないし現物中）TDN％が使われる。品種の評価は，畑地の地域的諸条件を基盤とする栽培技術との相互関係から，その指標が最大となるか否かに照合して行なわれるべきである。

①評 価 の 基 本

以上の観点から，寒地の各地域で論議の的となる早中晩生品種の能力の比較を模式化したのが第4表である。なお，ここでは早生品種と晩生品種にはおのおのに適当な栽培条件（栽植密度と施肥条件）を与えている。つまり，刈取り時の熟度が糊・乳熟となる中晩生品種は黄熟期に達する早生品種よりも25％から50％も多い生

第4表 寒地での早中晩生品種の能力（10 *a* 当たり，模式）

品種群	原料							サイレージ		
	刈取り時の熟度	乾物率（a）	乾物中TDN（b）	生総重（c）	比	乾総重（A）	TDNの収量（B）	回収率（d）	TDNの収量（C）	比
		%	%	kg	%	kg	kg	%	kg	%
早生	黄熟	30	70	4,000	**100**	1,200	840	95	798	**100**
中生	糊熟	24	65	5,000	**125**	1,200	780	90	702	**88**
晩生	乳熟	20	64	6,000	**150**	1,200	780	88	686	**86**

注 1. A＝a×c，B＝A×b，C＝B×d

2. a，bは刈取り時の熟度に固有の値，dはaによって決まる。cは多くのデータから仮定

総重をあげながら，給与時にＴＤＮ収量としてサイロから取り出す量は10～15％も低いのである。これが寒地での原料と品種評価の基本である。これはトウモロコシ早中晩生品種群の生産特性と地域的な作期内の条件によりもたされたものである。寒地でのこの基本は，技術指導者にとって片時も忘れてはならないことである。さらに，単なる生総重の追求は，刈取りから詰込みに至る一連の諸作業をいたずらに増すだけであり，作業機のむだな稼動にもつながる。

②早中晩生品種群の栽培特性

早中晩生品種群の評価の基本には，次のような各品種群にそなわっている特性が関係しており，栽培技術は，これらを活かすように決められる。

つまり，寒地での早生品種群は晩生品種群よりも，①密植適応性または多肥密植適応性が高いためである。具体的には，密植に伴う個体の収量低下が少なく栽植密度の増加が面積当たり多収につながり，密植に伴う不稔個体や矮小雌穂の発生が少ないので乾物蓄積効率がよい，密植に伴う稈の軟弱化が少ないので倒伏の発生が少ない，などである。②絹糸抽出期前後の時期は温度が高く日照の多い真夏になるからである。これにより，過度の稈の伸長が抑えられて密植による倒伏発生が軽減される。また，登熟期には日照，温度が過度にならず，温度の日較差も大きいので登熟が効果的となる。

早生品種は短稈で，１個体の収量は劣るが，以上の理由で栽植密度の増加ができ，その栽植密度にみあった施肥量が与えられれば，良質原料の多収は安定して得られる。

(2) 早中晩生品種群の選定

早中晩生品種群の選定は刈取り時に黄熟期に達する品種が対照となる。また，これは1970年代までの品種選定基準に対比するとかなり早熟な品種を選定することにもなり，これを「早熟（または早生）品種の選定」と呼称している。気象条件の恵まれている地帯では，中晩生品種が黄熟期になること，またこれも以前の品種よりも早くなるから，これら品種の選定が「早熟品種の選定」となる。

(3) 品種の選定

早中晩生品種の選定が決まったら品種の選定である。

北海道で流通している品種には，奨励（優良）品種，準奨励品種などの品種がある。いずれも一代雑種であるが，奨励品種は国内で長年月をかけて厳格な審査を経て決定される。準奨励品種は，当初種子不足に対する緊急対応策として北海道が奨励品種に準じて扱うということであったが，現在は充分ではないが輸入品種の能力の評価基準となる方向に向かいつつある。いずれも，品種を整理して適正な品種選定に寄与するという点で，相応の役割を果たしている。その他の品種に対しては，特性評価が区々になることが多いので，充分な注意が必要である。

すでに述べた早中晩生品種の選定を前提にして，寒地における品種の特性の重要性を概述すれば，第5表のようになる。耐倒伏性は機械収穫適性の主役であり，耐冷性は低温発芽性と幼苗の低温生長性を中心とする。多収性は多肥密

第5表 寒地での品種特性の重要度一覧

地帯	品種の特性										安定性 適応性
	早晩性	耐倒伏性	多収性	耐冷性	耐病性			耐干性	耐湿性	その他	
					ごま葉枯病	すす紋病	その他				
A	◎	◎	◎	○	◎	○	△	○	△		◎
B	◎	◎	◎	○	◎	◎	△	○	△		◎
C	◎	◎	◎	◎	○	○	△	○	○		◎
D	◎*	◎	◎	◎	△	△	△	△	○		◎
E	◎**	◎	◎	◎	—	△	△	△	◎		◎

注 1. 地帯区分は第8図に同じ
2. △：重要，○：かなり重要，◎：とくに重要，＊：早生品種の重要度

植適応性を柱とする。耐病性，耐干性，耐湿性も重要である。そして，これらの諸特性とその他特性が総合的に結びついた安定性や適性が重要となる。これら個々の特性については「栽培の基礎」（基72の９ページ）を参照されたい。

現実にはこれらすべての特性を解明することはむずかしいが，第６表には主要品種について，これまでの結果を一覧にした。第６表を第５表と第７表に照合すれば適切な品種選定ができる。なお，以下にはこれらの品種の栽培上の特徴を述べる。

（4） 品種の特性

ワセホマレ 絹糸抽出期はヘイゲンワセより１～２日おそいが，刈取り時の乾物率は高く早熟である。低温発芽性と幼苗の低温生長性はダイヘイゲンとともに抜群であり，播種後低温つづきのばあいでも他の品種より２～５日も早く発芽する。耐倒伏性は早生品種のうち最強で，おそ播きによる倒伏も少ない。地域によっては折損もみられるが，着雌穂節の上位であることが多いので損失は少ない。雌穂の下垂も少なく，機械収穫適性はよい。耐病性に心配はない。

密植による倒伏増加は少ないが，不稔や無効雌穂が発生するので極端な密植はさけ，Ｃ区の条件のよいところで10*a*当たり7,000本，山麓沿海やＤ，Ｅ区では5,000～5,500本，海岸に近い草丈のあまり伸びない場所では7,000～8,000本が適当である。

道東道北部の条件のよい内陸部では９月中下旬，条件のやや不安定または不安定な山麓沿海部では９月中下旬から10月上旬に黄熟期に達する。

ヘイゲンワセ 寒地での唯一の子実用品種であるが，サイレージ用としても栽培できる。密植適応性は高いが，サイレージ用としてはワセホマレより１～２日晩熟で，耐倒伏性，低温発芽性，稚苗生長性，耐病性がひと回り劣る。雌穂の下垂することがある。

ワセミノリ 低温発芽性，幼苗生長性，耐倒伏性が劣るので安定性は充分といえないが，黄熟期に達すれば雌穂重が高いので高栄養の原料が得られる。

ダイヘイゲン 絹糸抽出期はＣ535より１～２日早く乾物率も高い。低温発芽性と幼苗の低温生長性はワセホマレにちかい。耐倒伏性はＣ535より強いが，年次によって登熟初期になびくことがある。耐病性の心配はない。

密植によりなびいたり，不稔や無効雌穂が発生したりするので，栽植密度は6,500本くらいにとどめる。Ｃ535より雌穂重の大きい多収型品種である。

適応地帯は道東道北の内陸部とその周辺地区で，第８図のＣ区およびＤ区を主とする。これらの地域の条件のよいところで，作期に応じて適宜ワセホマレと配合栽培することが望ましい。ほぼ同一熟期のものに，Ｃ535，リザ（Ｘ2568)，ブルータス（ＭＴＣ―１)，ＲＸ42，オーレリア，ＳＨ10がある。

Ｃ535 絹糸抽出期はダイヘイゲンと同じか１日おそい。耐倒伏性，低温発芽性，幼苗の低温生長性はダイヘイゲンより劣る。ごま葉枯病に強く，ダイヘイゲンなみに多収である。

リザ 特性はＣ535に似ているので，適応地帯や栽培法もダイヘイゲン，Ｃ535に準ずる。雌穂の登熟はよい。

ブルータス ダイヘイゲンとほぼ同一の絹糸抽出期であるが，登熟はやや緩慢である。気象条件の良好な年次では多収を示すが，低温年の登熟は極度に遅延する。耐倒伏性はダイヘイゲ

第6表　品種の来歴と特性概要一覧　（戸沢，1981を改訂）

早晩性	品種名	商品名	HRM（日）	組合わせ	粒質	育成地	決定年次	適応地帯	栽植密度（本/10a）	発芽と初期生育	倒伏	抵抗性 すす紋病	抵抗性 ごま葉枯病
早生群	○ワセホマレ	同	130	(N19×To15)(CM37×CMV3)	F×D	十勝農試	1978	道東，道北，道央北部	5,500～7,000	極良	極強	中	中
	○ヘイゲンワセ	同	130	(W41A×W79A)(N19×CM7)	D×F	〃	1973	ほぼ上に同じ	6,000～7,000	良	強	弱	〃
	○ダイヘイゲン	同	134	(To9×To15)(W79A×RB262)	F×D	〃	1983	ほぼ上の上に同じ	5,000～6,000	極良	〃	〃	〃
	SH250	ワセミノリ	134	不明，三系交雑	F×D	フランス	1981	根釧，道北部	6,500	中	やや強	〃	〃
	X2568	リザ	134	不明，〃	D×F	〃	1980		6,500	〃	〃	〃	弱
	C535	パイオニア早中生種A	136	不明，複交雑	D×D	オランダ	1976	道東道北の中央と周辺	6,000	〃	中	〃	強
	MTC-1	ブルータス	136	不明，三系交雑	D×F	フランスなど	1981	ほぼ上に同じ	6,000	〃	〃	?	?
	SH10	ニューデント85日	136	不明，単交雑	F×D	フランス	1981	道北の中央部とその周辺	6,500	〃	強	?	?
中生群	○ホクユウ	同	142	(N85×N21)(T23×T24)	F×F	北海道農試	1974	—	—	極良	極弱	中	中
	P.A.G145	バッファロー	144	不明，単交雑	D×D	アメリカ	1981	道北南部の沿岸，道中北部十勝と網走の中央部	6,500	中	強	〃	〃
	MTC-1C	MTC-1C	—	不明，〃	D×D	〃	1984	道南，北部を除く道央	6,000	〃	中	〃	〃
	P3906	パイオニア95日	—	不明，〃	D×D	〃	1984	北部を除く道央	6,500	〃	やや強	〃	〃
	Rx42	Rx42	—	不明，〃	D×D	〃	1983	十勝の中央部，道央北部		〃	やや弱	〃	〃
	Jx92	ニューデント95日	—	不明，〃	D×D	〃	1983	道央，十勝の中央部		〃	〃	やや弱	〃
晩生群	P3715	パイオニア中生種	149	不明，三系交雑	D×D	アメリカ	1974	道央以南，道東道北の一部	7,000	中	極強	強	強
	W573	ウイスコンシン110日	154	(A619×C123)A165	D×D	〃	1971	〃	7,000	やや不良	〃	中	中
	Jx162	ニューデント110日	—	不明，単交雑	D×D	〃	1977	道央以南，上川の一部	6,000	中	中	強	強
	Jx188	〃　115日	—	不明，〃	D×D	〃	1976	道央以南	6,500	やや不良	強	〃	〃
	P3575	パイオニア中晩生種	—	不明，複交雑	D×D	〃	1976	〃	6,500	〃	〃	弱	弱
極晩生群	P3990	パイオニア晩生種	—	不明，単交雑	D×D	アメリカ	1976	道央以南	6,500	中	強	中	強

注 1. ○は奨励品種，他は準奨励品種
2. HRMは北海道相対熟度の略称（「栽培の基礎」，基72の4ページ参照）
3. F：フリント種，D：デント種

ンなみかやや劣る。適応地帯や栽培法はダイヘイゲン，C535に準ずる。

ニューデント85日　絹糸抽出期はダイヘイゲンより1日内外おそい。個体はやや小さめで必ずしも多収型でなく，不稔個体の多くなることがあるが，耐倒伏性は強い。初期生育は劣る。適応地帯と栽培法は，ダイヘイゲン，C535に準ずる。

ホクユウ　ワセホマレより絹糸抽出期が1週間，刈取り適期が約2週間おそい中生品種。多穂型の多収品種であるが耐倒伏性はかなり低い。低温発芽性や幼苗生長は高い。

P.A.G.145　絹糸抽出期および登熟ともにホクユウより1～2日おそいが，耐倒伏性にすぐれているので，地域と作期に応じて広く栽培できる。耐病性はほぼ心配ない。

MTC—1C　P.A.G.145なみの中生品種。発芽はよい。稈全体は大型多収だが，熟度の進展は緩やかである。耐倒伏性は万全でないので，栽植密度の決定には注意が必要である。耐病性には実質的な被害はあまりないとみられる。

P3906　P.A.G.145なみの中生品種。刈取り時の熟度は若干遅れる。稈全体は中型で，多収である。倒伏にはやや強いが，折損が多いので常発地帯では留意する。対照地帯でも条件のよいところで好成績を示す。

Rx42　絹糸抽出期はホクユウより2～3日おそい。稈全体は大型多収である。耐倒伏性はホクユウにまさるものの，あまり強くない。耐病性はホクユウなみである。

Jx92　Rxにほぼ似た特性をもっている。

P3715　耐倒伏性は最強の部類にはいり，機械収穫適性も理想的である。すす紋病，ごま葉枯病に対する抵抗性が強いこともあって，条件の良好な地帯で広く栽培できる多収型品種である。

W573　耐病性はやや劣るが，耐倒伏性にすぐれ，機械収穫適性も高い。栽培管理にあたっては病害発生に留意した施肥設計が必要。

Jx162　耐病性は強いが，耐倒伏性が劣るので，栽植密度と施肥量決定には慎重を要する。

Jx188　耐倒伏性はかなり強く，また耐病性は抜群である。年次によって登熟に差があるものの，A，B区の早播き・おそ刈り用としてよい。

P3575　耐倒伏性が強く個体は頑健で，雌穂登熟のよい多収型品種である。しかし，耐病性はあまり強くないので，施肥設計に留意する。

P3990　極晩生品種。耐倒伏性，耐病性はP3575なみである。A区の早播き・おそ刈り用として利用できるが，安定生産を考慮すれば，上記までの品種と配合栽培することが望ましい。

第7表　北海道の地帯別品種群の配合（櫛引，1981）

地帯区分	刈取り期	播種期					
		5月1日	5月11日	5月16日	5月21日	5月26日	6月1日
A区	早刈り	晩	晩	中	中	早	—
	中刈り	極晩	晩	晩	中	早	—
	おそ刈り	極晩	極晩	晩	晩	中	—
B区	早刈り	晩	中	中	早	—	—
	中刈り	晩	中	中	中	早	—
	おそ刈り	晩	晩	中	中	早	—
C区	早刈り	中	早	早	—	—	—
	中刈り	中	中	早	早	—	—
	おそ刈り	晩	中	早	早	—	—
D区	早刈り	早	—	—	—	—	—
	中刈り	早	早	—	—	—	—
	おそ刈り	中	早	早	—	—	—
E区	早刈り	—	—	—	—	—	—
	中刈り	—	—	—	—	—	—
	おそ刈り	早	—	—	—	—	—

注　1.　刈取り時の乾物率30%目標
2.　刈取り期の基準
早刈り：9月25日，中刈り：9月30日，おそ刈り：10月25日

(5)　品種配合

第8図の地帯区分，第5表の地帯別における品種特性の重要性，そして第6表の品種ごとの特性は明らかとなった。そこで，最後はこれらを具体的な作期にあてはめることである。

具体的な作期は，地域的な条件だけでなく農家または集落の個々の事情によって異なるので，高栄養の原料を安定して

第８表　乾物率30％に達するに必要な早中晩生品種群の積算温度

（櫛引，1979）

生育期間	早生	中生	晩生	極晩生
	℃	℃	℃	℃
播種→発芽	200	200	200	200
発芽→絹糸抽出	1,150	1,300	1,450	1,650
絹糸抽出→乾物率30％	950	950	950	950
合計	2,300	2,450	2,600	2,800

注　早生：ワセホマレ，ヘイゲンワセ，ダイヘイゲン，C535，ブルータス，リザ，ニューデント75日
中生：ホクユウ，バッファロー，MTC—1C，P3906
晩生：P3715，W573，P3575
極晩生：P3390

第９表　単純積算温度不足のばあいの早生品種群の乾物率

（櫛引，1979）

単純積算温度（℃）	乾物率（％）
1,551 ～ 1,700	17.6 ～ 20.2
1,701 ～ 1,850	20.2 ～ 22.6
1,851 ～ 2,000	22.5 ～ 24.9
2,001 ～ 2,150	23.4 ～ 25.8
2,151 ～ 2,300	25.8 ～ 27.6

生産するには，熟期の異なる品種を配合（「栽培の基礎」基72の５ページを参照）して栽培することが必要である。このための基準として，第７表には地帯別の播種期別，刈取り期別の品種配合表をHRMで示した。早晩性の区分だけによるのであれば，おおまかに第７表を利用することもできる。しかし，これでは充分でないので，やはり第６表のHRMを用いることが望ましい。

なお，第７表中の横線—の部分は現在の最も早い品種を作付けることになるが，そのばあいの乾物率は作期の単純積算温度に応じて第９表のようになる。

Ⅲ　栽培技術

1．連・輪作と畑地の選定，整備

(1)　連・輪作

連作をさけ，他作物と３～５年以上の輪作体系をとることが望ましい。前作としては深根性の多肥作物が望ましい。

５年以上の永年草地跡地では，充分に腐熟した堆厩肥を毎年10*a*当たり３～５*t*投入し，かつ適正な施肥法を適用すれば，３～４年目までの連作の生育・収量に及ぼす影響は少ない。畑作跡地では，連作年数の増加につれて収量・品質ともに低下する傾向があるので，できるだけ連作はさけ，少なくとも４年以上の連作は絶対しない。転換畑（長期）のばあいも畑作跡地に準ずる。

(2)　排水・保水性の改良

畑地は一般畑作物の栽培可能な範囲で選定できる。重粘土や砂礫土では適切な改良手段を講じて，排水性，保水性などを改善する。

排水不良で滞水ぎみの重強粘土壌や過湿土壌は明暗渠などの適切な改良工事をする。また保水性が著しく不良で旱魃害のみられる土壌では大量客土などの思いきった土地改良を行なう。保水性不良の程度がかるいばあいは，耕起前の堆厩肥などの投入も効果がある。

(3)　pH の矯正，燐酸吸収係数の改善

土壌pHは5.5～6.5，燐酸吸収係数は750以下の範囲が望ましいので，この範囲外のばあいには適当な土壌改良資材の投入が必要である。

pH が５以下の土壌では必ず石灰資材投入により矯正を行なう。急激な矯正は苦土，カリ，

亜鉛などの拮抗関係にある要素の欠乏症を誘起することがある。矯正の程度が著しいばあいには年次を重ね，良質堆厩肥の投入により土壌の緩衝力を増すようにする。

燐酸吸収係数が 1,000 以上の土壌で土壌改良資材の投入が必要であると考えてよい。資材は熔成燐肥，重焼燐のどちらでもよい。急激な改善は亜鉛欠乏を誘起することがあるので，pH 矯正のときと同様の注意が必要である。

投入時期は耕起前にライムソワーで散布するのがよいが，ブロードキャスタでもよい。なお，投入量の算定方法については専門書を参照する。

(4) 病害虫生息場所の消去

幼苗を食害するショウブヨトウ類を主とする害虫やごま葉枯病菌などは，畑周辺の雑草木地などで越冬するので，冬期前または春耕時に焼去する。また，トウモロコシ（スイートコーン跡地を含む）を連作しているばあいは，地上部の残渣を畑地外に搬出する。黒穂病が発生した畑ではとくに注意を要し，圃場残渣はすべて焼却し，周囲雑草もできるだけ焼却する。

2. 耕起，整地

(1) 耕　　起

耕起は単に作物根系の生育環境をよりよくするばかりでなく，整地以降の諸作業の難易を律する最も基本的な農作業である。作業は完全反転（プラウ耕）を原則とし，前作残渣や雑草根塊がその後に行なわれる整地・施肥・播種作業によっても地表にでないようにする。耕深は，畑作跡地で 25*cm*，草地跡地で 35*cm* とし，耕起時期は秋耕１回を基本とする。

土壌改良資材の投入はこの作業の前に行なう。多くはボトムプラウを用いる。草地跡地や残渣の多い畑地では根塊を完全埋没するのに主眼があるから新墾プラウ，できれば前装プラウやジョインタ付きが望ましい。通常の畑では再墾プラウを用いる。ディスクプラウは残渣の少ないあまり深耕しなくてよいばあいなどに用いる。

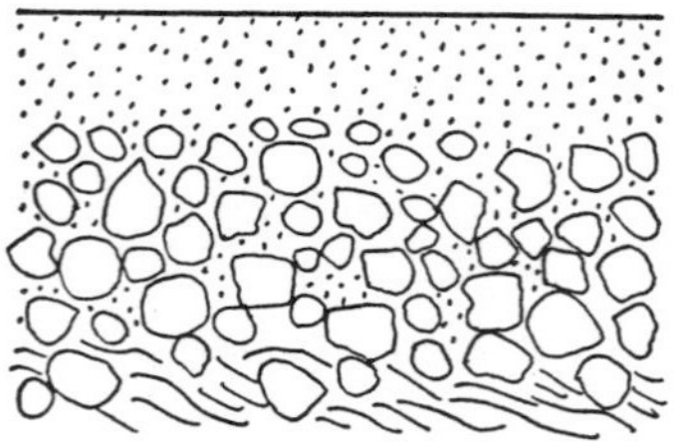

第９図　耕起，整地の良好な状態（模式図）

実際の作業は土壌条件，プラウの仕様，トラクタの能力などがあい関連するので，オペレータは自身の習熟度とともにこれらを充分熟知する必要がある。

深耕の程度が前作までと大きく異なるばあい，やせ地を深耕するばあいなどには，耕起前に熟成した堆厩肥などを多めに投入する。

(2) 整　　地

整地は，施肥，播種以降の作業を良好にして，発芽とその後の根系の発達を良好にし，また除草剤の散布効果を増す。整地は地表 7～8 *cm* くらいの層は細かに砕土され，その下層は粗い砕土の状態で整地されるのが望ましい。

膨軟な乾性火山灰土壌ではディスクハローだけでよいこともあるが，通常はディスクハローで粗がけし，ロータリハロー，ツースハロー，カルチパッカなどで仕上げる。仕上げの程度は必要最小限とする。過度の砕土は，降雨によって逆に土の緊度を増して，土壌条件を悪化させる。粘質の土壌のばあいは，ローリングハローの利用性が高い。

第９図の仕上がりにちかづけるために最近，複合ハローが利用されつつある。これは２種類以上のハローをひとつにまとめたものであり，積極的に利用を検討すべきである。また，単独のハローで，爪の回転方向を逆にしたアップカットロータリもある。このロータリは礫の少ない土壌で利用性が高い。

3. 施肥法の決定

施肥量を決定する方法には，①地域の慣行施肥量，②地域別に設定された標準施肥量，③土

第10表　地域別施肥基準（$kg/10a$）　（北海道，1983に加筆改写）

地帯区分		沖積土			泥炭土			火山性土			洪積土，その他		
		N	P_2O_5	K_2O	N	P_2O_5	K_2O	N	P_2O_5	K_2O	N	P_2O_5	K_2O
道南		14.0	16.0	10.0	12.0	18.0	12.0	14.0	20.0	12.0	14.0	18.0	11.0
道央	南部	14.0	16.0	10.0	11.0	18.0	12.0	15.0	18.0	13.0	13.0	18.0	10.0
	その他	14.0	16.0	10.0	13.0	18.0	13.0	15.0	18.0	13.0	14.0	18.0	11.0
道北	留萌北部 上川北部	13.0	15.0	10.0	10.0	18.0	14.0	—	—	—	12.0	18 0	11.0
	宗谷	10.0	18.0	8.0	8.0	20.0	12.0	—	—	—	10.0	20.0	8.0
	西紋	11.0	18.0	10.0	10.0	20.0	14.0	—	—	—	11,0	20.0	10.0
網走	内陸	16.0	18.0	10.0	13.0	18.0	12.0	15.0	20.0	12.0	14.0	18.0	10.0
	沿海	15.0	18.0	10.0	12.0	18.0	12.0	14.0	20.0	12.0	13.0	18.0	10.0
十勝	山麓	16.0	18.0	10.0	13.0	20.0	13.0	14.0	20.0	10.0	—	—	—
	中央	17.0	18.0	11.0	14.0	20.0	14.0	15.0	20.0	11.0	—	—	—
	沿海	15.0	18.0	10.0	12.0	20.0	12.0	14.0	20.0	10.0	—	—	—
根釧	内陸	15.0	18.0	11.0	12.0	20.0	14.0	13.0	20.0	14.0	—	—	—
	沿海	14.0	18.0	10.0	12.0	20.0	14.0	12.0	20.0	14.0	—	—	—

注　1．各地域で黄熟期に達する品種の栽培を前提とする
2．発芽時の濃度障害をさけるため，Nは分施を前提とする。元肥Nは 7～8kg とし，残りは4葉期を中心とする発芽から幼穂形成期までに分施する
3．亜鉛欠乏土壌では亜鉛を含む資材を施す
4．完熟堆肥利用により基準施肥量をできるだけ抑える

壌診断と吸収量とからの算定される施肥量を利用するなどがある。②と③が望ましく，ここでは，②の方法を中心に述べる。詳細については『トウモロコシの栽培技術』（戸沢1981）を参照されたい。

（1）施肥量の決定

施肥方法は次のように窒素の分施体系をとる。①窒素 7～8kg を燐酸，カリの全量とともに元肥とし，②残りの窒素は4葉期を中心として発芽期から幼穂形成期に分施する。

北海道の施肥基準は1961年に初めて設けられた。このときの窒素，燐酸，カリは，10a当たりそれぞれ 5.0～7.5， 6.0～7.5，5.0～6.0kg とされたが，その後数度にわたって改訂され，1983年には第10表のように策定されている。この施肥基準のレベルは，原料の収量水準からみておおむね妥当であると考えられるので，これをめやすにできる。しかし，かなりの多肥栽培となるので，完熟堆厩肥などの投入によって，できるだけ基準施肥量は減らす。

十勝地方のほとんどと，日高・北見地方の一部では鉛欠乏症が認められるので，これらの地帯では工業用硫酸亜鉛を，10a当たり2～3kg を元肥時に肥料と混合して施す。または，欠乏症状が発現したばあいに，0.3％の硫酸亜鉛石灰液を葉面に散布する（Ⅳ―6に詳述）。

（2）肥料の選定

化成肥料を用いるさいは窒素を基準に考え，必要に応じて燐酸，カリやその他の資材を加える。

単肥配合が望ましい。配合は動力配合機が便利である。窒素は硫安がよい。塩安は適当でない。尿素は窒素量の3分の1以下とする。燐酸は，苦土重焼燐が配合，施肥上のつごうと苦土資材ともなることから望ましい。カリは硫酸加里とする。

（3）施肥方法

窒素の分施体系とする。元肥には窒素の元肥ぶんと燐酸，カリ，その他の全量を含む。窒素

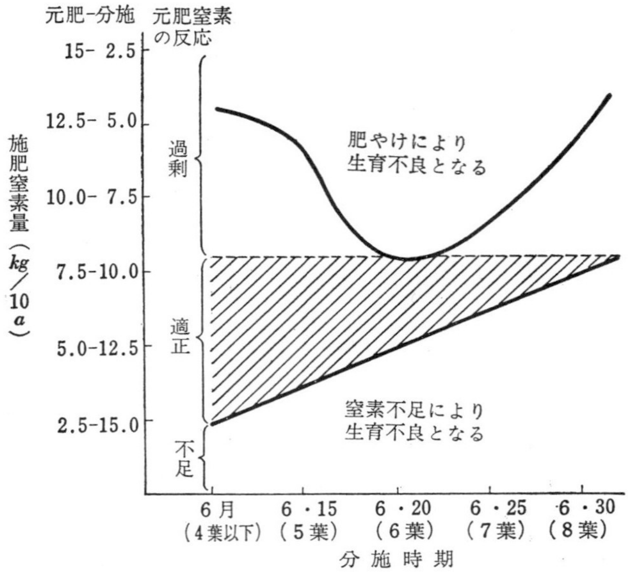

第10図　窒素分施肥期別の元肥一分施量の決定基準（戸沢，1983）

畦幅 65〜75*cm* のばあい

第11表　畦幅と元肥窒素の関係（戸沢，1981）

畦　幅（*cm*）	窒素成分（*kg*/10*a*）
55	9.0
70	7.5
85	6.5
100	5.5

の元肥ぶんは第10図を参考にして決めるとよい。この図の利用のしかたは，図上の予定した分施時期を上にたどって斜線の位置を確認し，その位置に相当する「元肥一分施」の量を探るだけでよい。この図は，施肥の全窒素量を 17.5*kg* として作成したが，これより低いばあいには分施量をそのぶんだけ少なくすればよい。なお，畦幅が大幅に異なるばあいには第11表を参照する。

分施は硫安を用い，施肥カルチベータの利用が望ましい。施肥機を工夫してもよい。施肥位置は，第11図に示すように畦間中央がよい。

4. 栽植密度の決定

栽植密度は地域的気象条件（風の多少，雨量，日照など），土壌条件（肥沃度），生育の特徴（倒伏発生，個体生長の程度と頑健性）などを考慮するが，めやすは前年までの倒伏程度と個体の雌穂着生程度である。つまり，倒伏せず，1個体に200〜250*g* の雌穂が1本着雌するていどの栽植密度が基本となる。これを考慮すれば，適正な施肥設計で栽培されたばあいの地帯別早中晩生品種群の栽植密度は第12表のようになる。

近年，栽植密度は適正な方向に向かいつつあるが，"10,000 本を超える栽植密度でより多収となるので，超密植にした" はずなのが，惨状となった例を二，三みたことがある。そのトウモロコシは極度の倒伏と品質低下をまねき，収穫後の畑地に多量の収穫損失残渣を生じていた。栽植密度の決定で重要なのは，品質のよい原料をどれだけサイロに詰められるかでなければならない。第12表はこれを基礎にして作成された。

実際の栽植密度は第12表を基本とし，これに品種の耐倒伏性と密植適応性を加味して決定される。具体的には試験研究機関で特性解明により策定した標準に準じて決める。

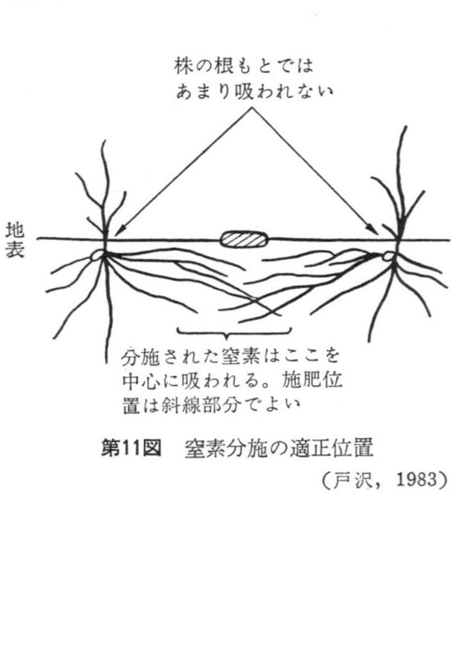

第11図　窒素分施の適正位置（戸沢，1983）

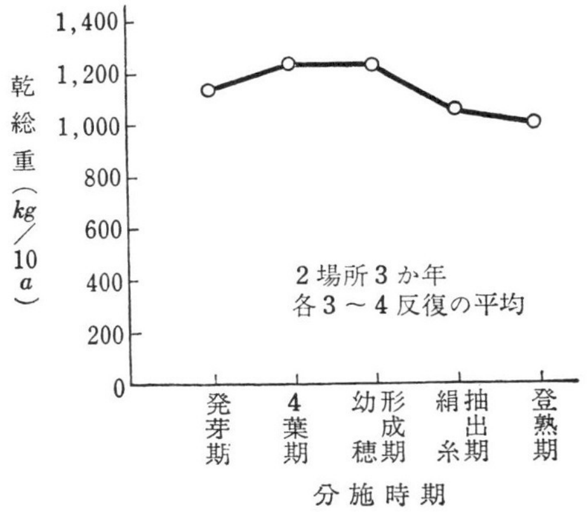

第12図　窒素の分施時期が収量に及ぼす影響（戸沢，1981）

第12表　地帯別栽植密度の標準
（本/10 a）（櫛引，1979）

地帯区分	早生品種（130）	中生品種（140）	晩生品種（150）	極晩生品種（160）
AとB	——	6,500～7,500	6,000～7,000	6,000～7,000
C	6,500～7,500	5,500～6,500	——	——
D	6,000～7,000	——	——	——
E	5,500～6,500	——	——	——

注 1.（ ）内はＨＲＭ（日）
2. 地帯区分は第8図に同じ

欠株を予測して栽植密度を決めるさいは，本来の密度の1～2割増として，2本立ての株が3～5株ごとにくるように播種板を調節すればよい。

5. 施 肥，播 種

(1) 施肥・播種位置

施肥の目的は作物の必要とする各要素量を供給することによって，作物の生育を健全に全うさせることであり，播種の目的は作物がその能力を充分に発揮できるような状態に種子を定置させることである。この点から，種子と肥料の関係を示せば，第13図が基本となる。種子と肥料がこれより離れると燐酸の肥効が劣り，また近すぎると窒素の濃度障害が起こり，発芽や初期生育が劣るばかりでなく欠株の原因になることもある。

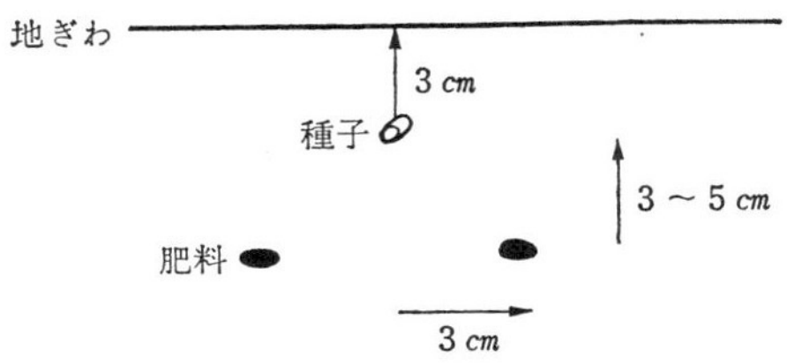

第13図　種子と肥料の正しい位置（戸沢，1981）

播種時期は早いほうがよい。作業時の土壌は少し乾きぎみのころがよい。水分が多いばあいは第13図の関係が狂いやすいので，作業機とその稼動には充分に注意する。

(2) 施肥・播種作業

ふつう，施肥と播種は一行程作業となる。作業にはいる前に各装置の調整を充分に行なう。播種板は種子に合ったサイズを予め数枚用意して精度を確認しておく。この点で，ニューマテックプランタの精度は高い。施肥装置は肥料吐出しの目盛や落下位置だけでなく，ビニールパ

第13表　覆土の厚さの決定基準
（戸沢，1981）

晩霜	土壌条件			適正覆土深（cm）
	砕土	地温	土壌水分	
有	普通	問わず	問わず	3
	極粗	問わず	普通	3～5
			不足	5～8
無	普通	普通	普通	1～5
			不足	1～3
		極低	普通	1～3
			不足	1～2
	極粗	問わず	普通	3
			不足	5

第14表　土壌条件と鎮圧程度（戸沢，1981）

砕土整地	土壌水分	鎮圧程度（主目的）
良好	過多	不要
	普通	不要またはごく軽度の鎮圧
	不足	軽度の鎮圧（風食防止）
不良	過多	策なし
	普通	軽度の鎮圧（除草剤効果の増進）
	不足	中程度の鎮圧（ 同上 ，発芽促進）

第15表　畑地状態と中耕・培土の程度　　（戸沢，1981）

トウモロコシの生育程度	雑　草	土壌緊度	土壌水分	中耕・培土の程度（目的）
発芽時前後	問わず	強	極過多	ごく深い中耕（土壌を膨軟にして発芽，発根を促進し，初期生育を向上させる）
6～8葉期まで（幼穂形成期）	無～少	問わず	問わず	ごくかるい培土（雑草の抑制と分施窒素の混入）
	多	問わず	問わず	かるい培土（　同　上　）
7～9葉期以降（幼穂形成期後）	問わず	問わず	問わず	行なわない（中耕培土は断根するので除草はホーなどによる）

イプの落下状態の良否も点検調整して，その精度を確認する。幼苗時に畦によって生育ムラが生ずるのは，これらの調整の不充分さによることが多い。また，施肥装置は土中水分が多くないばあいでも分施器の部分には土が付着しやすいので，つねに棒などでかるく叩いて土落としをする必要がある。

覆土の厚さは，晩霜害の危険予測と土壌条件によって第13表を，また施肥播種後の鎮圧は砕土，整地の程度と土壌水分によって第14表を参照して決める。

6. 間引き，中耕・培土

(1) 間　引　き

間引きは，1株1本立てにして過密植を防いで栽植密度を適正に保つためにあるから，できるだけ行なう。

間引きはできるだけ早く，2～3葉期までに抜くのがよい。葉齢がすすんでから手で抜くときは，ねじるようにして地ぎわから切る。ホーで行なうときは，生長点の直下を切る。

(2) 中耕・培土

中耕は土壌を膨軟にして根の発達条件を良好にし，分施窒素を土中に埋没させて吸収をたすける。また，ごくかるい培土の状態にちかづけることによって根草を抑える。作業の基本は，作物断根の悪影響がでないように行なうことである。

培土は甚だしい断根を伴う。これによって根の保持力が低下して倒伏を助長し，また吸肥力の低下によって生育は停滞するので，できるだけやめる。

中耕の幅は畦間のあき幅と同程度をめやすとする。早生品種では6～7葉期，晩生品種では7～9葉期からの過度の中耕は横に張り出した根をいためることがあるので，とくに雑草抑制のために軽培土の状態にちかづけるばあいには，深さと幅を最小限にする。中耕はカルチベータで行なうとよいが，窒素分施と同時にできる施肥カルチベータが便利である。

作物の生育時期および畑地状態別に中耕・培土の程度を示せば第15表のとおりである。

7. 刈　取　り

適期の黄熟期に刈り取り，9～10*mm*に細切してサイロに詰め込む。

(1) 刈取り適期の判定

立毛状態での外観は，苞皮（鬼皮）がかなり

第16表　黄熟期内熟度の外観判定　（私案）

時期	葉鞘葉身部	苞　皮	雌穂，子実
初期	ほとんど通常の緑色か，わずかに黄赤紫色が混じる	通常の白緑色部分だけ	デント種では粒の凹面が，フリント種では硬化面が20～80%の粒に現われたとき
中期	黄赤紫色の部分が1/3内外を占める	わずかに白黄赤色に退色するか，1/3内外が退色	デント種では凹面が，フリント種では硬化面が全粒に現われ，粒の合わせ目付近がまだ軟らかい状態
後期	黄赤紫色に白色部が混じり，これらの部分が半分以上になる	白色の部分が増し，退色部分は2/3内外になる	デント種，フリント種ともに粒の合わせ目付近が完全に硬化

注　最低連続10株の第1雌穂の平均でみるとよい

黄白化し，茎葉は緑色に黄白化部分がかなりの割合を占めたときで，品種によってはこれが黄赤紫色を呈する。苞皮をはいだ雌穂の外観では，デント種では子実の表面がへこんで硬化し，フリント種では光沢のある硬い粒に，デント×フリント種（またはこの逆）ではこれらの中間となる。

黄熟期を３段階に分けるばあいは第16表を一応の基準とする。品種間差異は大きいが，雌穂，子実の欄によるのがより適当である。

(2) サイレージの種類と刈取り時熟度

種類にかかわらず，原料の細切とサイロ内密度の高いことは重要であり，これを前提にすれば刈取り時の熟度はできれば黄熟後期が望ましい。しかし，厚みのないスタックサイロやトレンチサイロのばあいは，黄熟初中期（乾物率25～30%）の刈取りが，二次発酵防止の点からは安全である。

(3) 倒伏と刈取り

早期のわん曲型や転び型は，その後回復するので所期の刈取り期とする。しかし，挫折型でその部位が着雌節の下位にあるばあいは登熟停止と茎葉部の腐敗が始まるので，必要に応じて早刈りする。

一定方向に倒伏したばあいは，作業時間は多いものの収穫ロスを少なくするため，倒伏方向に向かって刈り取る。からみ合って倒伏したばあいは，適宜ハーベスタの運行速度を加減して切断刃へのつまりをなくする。

倒伏したばあいの刈取り高さは低くならざるをえないが，土砂の混入に注意し，細切とサイロ内密度の向上に留意する。

(4) 初霜害と刈取り期

緑色部がほとんどみられないほどに強度に被霜したばあいには，ただちに刈り取る。緑色部が半分内外以上のときは黄熟中期以前の熟度，とくに乳糊熟期のばあいは刈取りを遅らせて登熟をはかる。いずれのばあいも，詰込みにあたってサイロ内密度を高めるために細切と鎮圧を充分にする。

(5) 生育遅延と刈取り期

通常は降霜直前か作業可能な限界時期直前に刈り取る（「初霜害」の項を参照）。

Ⅳ 災害，生育阻害要因と対策

1. 霜　害

(1) 晩　霜　害

整地と覆土の厚さが適切であれば，晩霜による実害はほとんどない。霜害をうけたさいの対策は第17表をそのまま適用できる。

中耕は土壌と地表上の最低温度を下げやすいので，晩霜害を助長することがある。したがって，晩霜が予測される数日間は中耕をしないようにする。

(2) 初　霜　害

霜は刈取り期を左右する。刈取りにあたっては被霜後は雨に当てないうちに刈り取る。詰込み時には細切，鎮圧，密封を徹底し，取出し時には速やかに取出し作業と密封を行ない空気にさらさない。

2. 冷　害

冷害の要因は低温だけでなく，寡照過湿を伴うことが多く，そのうけ方は生育遅延・不良型である。これに対する方策は第18表のとおりである。

第17表　晩霜害の状態と対策　（戸沢，1981）

トウモロコシ生育期	降霜害程度	覆土深	被害が生育収量に及ぼす影響	対策
発芽～2葉期	軽	問わず	なし	不要
	中	0.5cm以下	枯死個体の発生あり	程度により補播または再播
	重	1.5cm以上	なし	不要
3～4葉期	軽	問わず	なし	不要
		問わず	ほとんどないが，稈がわずかに細くなる。減収しない	不要
	中	1.0cm以下	枯死個体の発生あり。稈がやや細くなる。生育が2～3日遅れ，わずかに減収する	程度により補播または再播
	重	2.5cm以上	ほとんどないが，稈がわずかに細くなる。減収しない	不要
5～6葉期	軽	問わず	ほとんどない	不要
	中	問わず	稈はわずかに細くなり，生育は2～3日遅れ，わずかに減収することがある	不要
	重	1.5cm以下	枯死個体の発生あり。稈が細くなり，倒伏しやすくなることがある。生育は5日くらい遅れ，減収する	程度により補播または再播
		3.0cm以下	稈はわずかに細くなり，生育は2～3日遅れ，わずかに減収することがある	不要

注　軽：葉先だけの被害
　　中：葉身部のほぼ全体に被害，刺茎部の内外は無被害
　　重：地上部全体の被害，または被害部がわずかに地中にまで及ぶ

第18表　冷害対策技術
（戸沢，1981を改写）

対策	目的	具体的対策技術
基本対策	品種の選定	適熟期，耐冷性品種の選定
	早期播種	できるだけ早く行なう
	畑地の改善	輪作体系の畑地とする。過湿土壌改善
	地力の培養	有機物の投入
	窒素と燐酸の肥効増進	燐酸の多用
		窒素の分施体系をとる
応急対策	生育促進（幼穂形成期前）	窒素分施は早めに，1回とする
		中耕は断根しないように深く（除草効果に優先することあり）
		過湿を伴っているばあいは速やかに排水溝を掘る
	障害回避	幼害虫の食害防止——捕殺
		要素欠乏の対策——亜鉛の葉面散布
		1本仕立ての励行

(1)　基本対策

品種は，平年の作期で黄熟期に達し，耐冷性（とくに低温発芽性，低温生長性）の高いものを選ぶ。播種はできるだけ早めに行なう。畑は，根の発達条件をよくし，また不必要な障害をさけるために，輪作体系をとる。平年でも過湿状態にある土壌では排水改良をする。また不断に充分な有機物の投入を行なう。トウモロコシの施肥時には生育の旺盛化と進展をはかるために燐酸を多用する（追肥では効果がない）。施肥法は窒素の分施体系とする（Ⅲ—3を参照）。

(2)　応急対策

施肥設計が充分であるばあいには，とくに追肥は必要ない。窒素の分施は早めに，しかも1回で完了する。中耕による断根は，生育に逆効果となりやすいので，中耕幅は狭く深くなるようにして断根をさける。雑草はできるだけホーでとる。過湿を伴っているばあいには，その程度に応じ10～20畦ごとに1～2畦を犠牲にしてプラウにより深い溝を掘り，地温の上昇と土中への空気の送込みをはかって根の活動をたすける。この効果はかなり高い。幼害虫の食害防止と要素欠乏の対策は本節5，6項を参照されたい。1本立ての励行の目的は，過密植による生育の矮化と登熟遅延の防止である（Ⅲ—4を参照）。

(3)　生育遅延の推定

生育途中の低温の影響は出葉数と草丈によって示される。出葉数は遅延の程度を，草丈は生育旺盛度の低下を推測するのに用いられる。

1出葉に要する単純積算温度は，

条件の比較的よい地域では，

A {幼穂形成期以前　約65℃
　 幼穂形成期後　約80℃

条件があまりよくない地域では，

B　全期間　約70℃

のように一定している。これらをもとにして遅

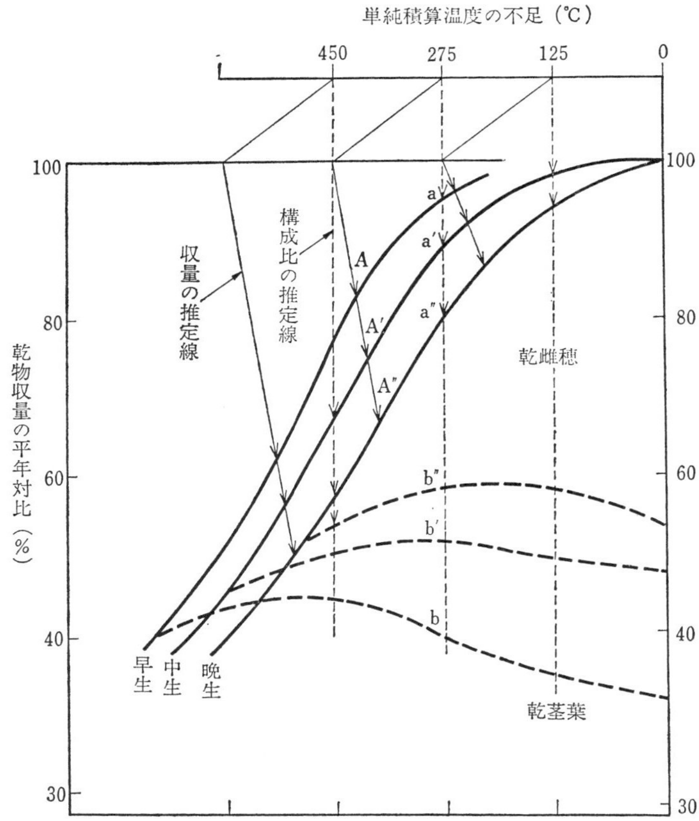

第14図　生育遅延と収量，雌穂対茎葉構成比の推定図

前提条件：平年での刈取り期は，早生は黄熟後期，中生は黄熟初中期，晩生は糊熟期以前

延日数を推定する。たとえば２葉の遅れをＢにより推定するには，２葉×70℃＝140℃となり，日平均気温が10℃の刈取り期に置き換えるとすれば，140℃÷10℃＝14日の遅れとなる。

(4)　収量の予測

上記から計算された遅延の単純積算温度と第14図とから，おおまかな収量の予測ができる。たとえば，ある時点で出葉数の遅延から，単純積算温度の不足が275℃とすれば，収量の推定線から早生品種のばあいは点Ａをみれば平年対比80%余の乾物収量となる。またこのときの乾雌穂と乾茎葉の割合は，推定線を，早生品種では〔乾雌穂ａ対乾茎葉ｂ〕を長さから推定して，乾雌穂の割合は55÷(55＋40)＝58%と計算する。中生品種ではA′，a′，b′から，晩生品種ではA″，a″，b″から同様にして計算する。単純積算温度の不足が200℃のばあいは，275と125℃の間の中央の位置となるので，各線は275と125℃の中間とし，上と同様に計算する。

以上による推定値は，冷害年における飼料確保の計画やおおまかな給与計画に利用することができる。

3. 風　　害

発芽幼苗時の障害と生育後半の倒伏がある。倒伏については７項を参照する。

軽い土壌で水分不足が例年みられる畑では，覆土を厚めにする。播種後のかるい鎮圧，また発芽，初期生育のよい品種の選定などが必要である。フェーンによって極端に高温乾燥した強風による被害は，晩霜害と似た症状となるが，障害は物理的であるので，晩霜害と同様にそのままにしてよい。

4. 雑　　草

雑草防除の現実的な基本対策は，①前作までの充分な雑草管理と，②当年作の充分な反転耕起による根塊，種子の埋没である。これらが適切に行なわれたばあいには，第15図に示すように補助作業として最低限の中耕か発芽前の除草剤散布（低濃度）ですむ。しかし，基本対策が

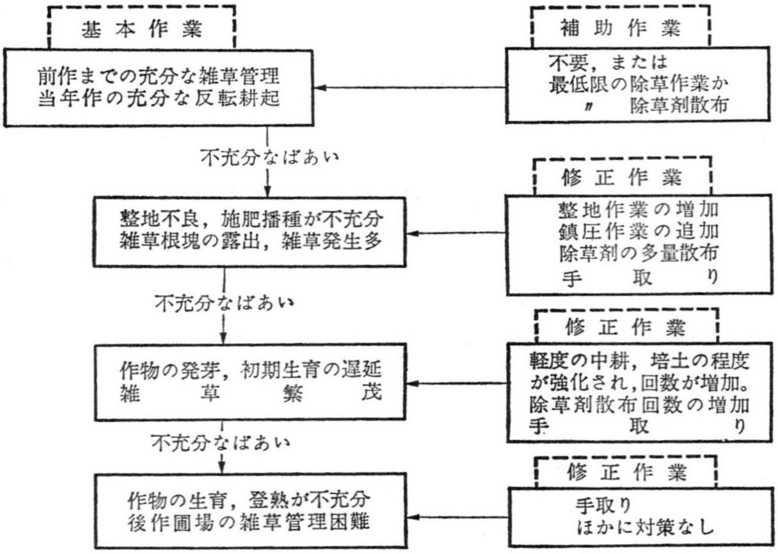

第15図 雑草管理と補助・修正作業との関係　（模式図）

適切でないばあいは，整地反復，強度の鎮圧，除草剤の多量散布，培土など本来必要でない修正作業が強化，追加されることになる。

薬剤による雑草防除は最も一般的であり，その効果は高いが，土壌の健康保持のために第15図に則って正しい雑草管理をしたい。除草剤とその利用などについては『トウモロコシの栽培技術』（戸沢1981）を参照する。

5. 病虫害

(1) 病害

すす紋病とごま葉枯病に対する方策には，抵抗性品種の選定，適正な輪作，充分な施肥，早期播種のほか，被害葉の堆肥熟成化，焼却がある。ごま葉枯病では畑周辺の雑草刈取りも効果がある。黒穂病には，ふつう３年以上の輪作，発生の目だつばあいは５～７年以上の輪作が必要である。また，病瘤部の早期発見に努め，見つけしだい切り取り焼却する。これは，堆肥にしても効果はなく，今後，大きな問題になる危険性がある。褐斑病には，適正輪作，被害茎葉の焼却，堆肥熟成化がある。

(2) 虫害

発芽種子の食害　コメツキ類の幼虫（ハリガネムシ）には，被害の少ない作物との輪作，捕殺，播種時のダイアジノン粒剤やビニフェート粉剤の施用がある。あらかじめ多めに播種し被害後に適宜間引く。

幼苗の食害　ショウブヨトウ類（キタショウブヨトウ，ショウブヨトウ，ショウブオオヨトウ）とヤガ類（タマナヤガ，カブラヤガ）が主である。

ショウブヨトウ類に対しては，畑および外周の残渣や枯れ葉を焼却することによる殺卵，捕殺がある。加害された幼苗の新葉１～２枚は萎凋するのですぐ見分けがつく。この幼苗の地ぎわ部をていねいに掘っていくと，幼虫が見つかるので捕殺する。見つからないばあいは付近の株に移動したと考えてよい。被害のほとんどは畑周縁５～10*m*の範囲に集中するので，この範囲を捕殺するだけで被害は大幅に抑えられる。

ヤガ類の被害は畑地にかたよりなく発生する。捕殺が最も効果的である。

幼苗時葉身の吸汁害　スリップスによる。ふつう実害はないが，天北地方で被害の大きいことがあるといわれる。このようなばあいは，ただちに防除剤を散布すればよいが，登録剤はない。

6. 要素欠乏（亜鉛欠乏）

症状　４葉期ごろから認められる。まず，生長中の若い葉の中央部が黄白化し，これがすすむと白化して壊死部が生じ，風で葉の折れることがある。黄白化の部分には，桃褐色や黄紫色の部分を生じることもある。個体は矮小化し，雌穂は小さくなり，症状の著しいばあいには雌穂の着生しないことがある。

原因　土壌中に有効態含量の少ないことが第一の原因で，これによる発生区分を十勝地方でみれば第16図のとおりとなる。そのほか，低温，燐酸とホウ素に対する拮抗作用，急激な深耕，有機物投与不足がある。

対策　基本的対策としては，熟成堆厩肥の投入による永年の地力培養と必要に応じて亜鉛資材を投入することにつきる。第16図や，前年度の観察，前作ビートへのホウ素投入量などの事情から発生が予測されるばあいには，工業用硫酸亜鉛を，10*a*当たり 2.5～5.0*kg* を肥料と混合して施す。以上のような事情および低温などによって突発的に発生したばあいは，ただちに10*a*当たり工業用硫酸亜鉛300*g* と消石灰300*g*（薬害防止用）を除草剤と同じ散布方法で混合散布する。噴霧孔は詰まりやすいので大きいものを用いる。平年の温度であれば１～２日後から，低温でも１週間後から回復が認められ，その効果は確実である。

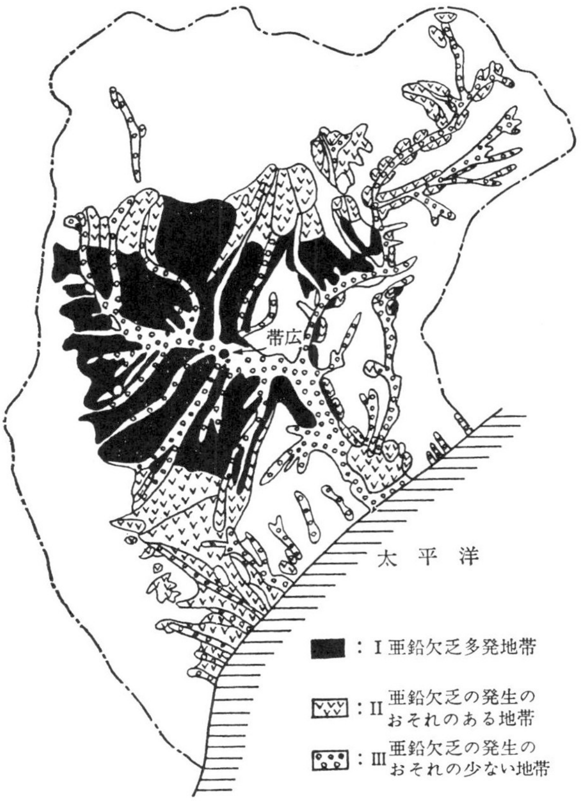

第16図　十勝地方での亜鉛欠乏の発生地帯区分（横井ほか，1977）

7. 倒　　伏

耐倒伏性品種を選定する。生育時期によって品種の強弱が逆転することもあるので，試験機関で充分検討された品種のなかから選ぶ。

早期播種に努める。早播きは稈の下位を強健にして，倒伏しづらくする。その効果は大きい。

施肥量を適正にして，過度の密植にしない。Ⅲ—４および品種特性をふまえた施肥量と栽植密度とする。株立本数は１本立てとする。

過度の中耕や培土による断根と地ぎわ節位の軟弱化は転び型倒伏を助長するので留意する。

倒伏したばあいの収穫方法については，Ⅲ—７を参照する。

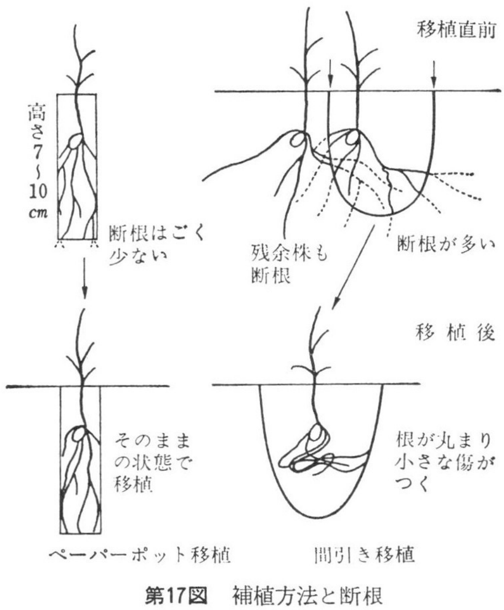

第17図　補植方法と断根

8. 欠　株

種子を完全に播種する。耕起・整地作業，播種機の調整（とくに播種板）と運行作業の習熟が必要。

肥料やけによる種子および苗枯死の防止。窒素分施方式の励行と耕起から施肥作業までの適正化。

幼害虫による稚苗食害の防止。捕殺に努める。

鳥類による稚苗食害防止（専門書参照）。

あらかじめ同一圃場の隅に露地で，1～2日早くペーパーポットに苗を養成し，これを補植する。補植の時期は早いほうがよい。2本立てからの補植は，どちらも断根による影響が大きいのでさける。

補播はできるだけ早めに行なう。補播する品種はすでに播種されたものよりも1週間くらい早生のものか，初期生育のすぐれた最も早い品種を用いる。

V　管　理　技　術　体　系

1. 生育時期別栽培管理技術暦

第19表に一覧した。

2. 刈取り・詰込み体系

中沢（1979）と櫛引（1981）による記述を中心に述べる。

(1) 作　業　体　系

刈取り・詰込み作業は第18図に示すように4つの型に分類される。

Ⅰ型　機械化の充分すすまない段階の作業体系で，人力作業が多く，積込みに多労を要する。小面積，小型サイロ向きである。

Ⅱ型　刈取りから積込みが一工程となり，かなり省力化されている。運搬，詰込みとの組作業を必要とするので，共同作業組織の編成を要する。直装1条用のため小回りがきくので，小区画のところや地形，土地条件の比較的悪いところに向く。

Ⅲ型　フォレージハーベスタにロークロップアタッチメントを装備したもので，作業工程はⅡ型と同じだが，2条用のアタッチメント利用によって作業能率が高まる。地形が多少悪くとも圃場区画の大きいこと（2 *ha* 以上）が必要で，経営規模の比較的大きな農家集団での共同作業によって能力が発揮できる。自走式か手刈りによる枕地刈りが必要である。

Ⅳ型　自走式フォレージハーベスタを利用する。5～7戸単位の集落利用組合が農協から機種を借り上げ，専任オペレータとの共同作業によって行なわれることが多い。作業能率は，牽引式に比べて2倍以上と高い。

いずれの体系でも作業日数や稼動時間などにはかなりの幅がある。

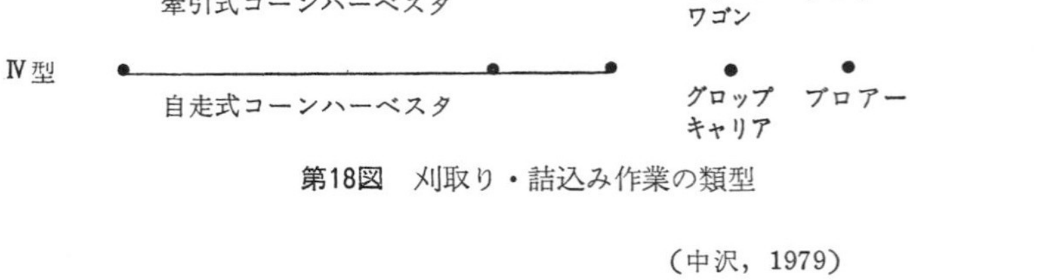

第18図　刈取り・詰込み作業の類型

（中沢，1979）

第19表　生育時期別管理技術暦　（櫛引，1979を改写）

時　期	生育区分	技術目標と問題点	原　因	対　策
｜ 5月15日	耕　起 ｜ 播　種	反転，砕土が適正で，施肥プランタの運行が正常であること トラクタの運行が不正常 整地困難 肥料の施用ムラ 播種精度の不良	排水不良 耕起反転不良 整地不良，プランター整備不良，土壌水分過多による肥料出口の泥付着	圃場選定，排水改良 反転を良好にする 完全整地，プランターの正常運転，付着泥の除去，播種板の調節
｜ 5月25日	播　種 ｜ 発　芽	発芽がよくそろっていること 不発芽 発芽不揃い 発芽遅延	品種，種子の選定 肥料やけ 除草剤による薬害 圃場状態不良 土壌表面の硬化，長期低温 ハリガネムシによる種子の食害	適品種の選定，古種子を使わない 正しい施肥方法 回復をまつ，除草剤の種類と散布方法の適正化 充分な砕土，牧草根塊の埋没，充分な覆土，圃場の排水，中耕 中耕（Ⅲ－6を参照） 粉衣剤の利用，補植など
｜ 7月1日	発　芽 ｜ 幼穂形成期	栽植本数の確保および健全生育 欠株の発生 生長不良 生長異常	上記不発芽，発芽不良。その他にヨトウ，ツトガ，ヤガ類の食害 鳥による食害 肥料やけ 湿害 過度の中耕 肥料不足 低温 水分不足 晩霜害 各種要素欠乏（Zn欠の症状，新葉の中央部が黄白化） スリップスの食害（症状は成葉に小さい白斑ができる）	上記対策に同じ，補植 捕殺，補植 有効剤の種子粉衣，補植など 回復をまつ 中耕，畑地内の排水溝づくり 回復をまつ 分施 回復をまつ 著しいばあいは灌水 回復をまつ（Ⅳ－1を参照） Znの葉面散布（Ⅳ－6を参照） 被害はほとんどない
｜ 8月1～10日	幼穂形成期 ｜ 絹糸抽出期	前期までの問題の多くはこの時期まで持ち越される。しかし管理技術の介入する余地はあまりない 個体のなびきや転び 絹糸抽出の不揃い，遅延 灰黒色のこぶ発生	過度の中耕，過密植，おそ播き 不良気象，栽培諸管理の不良 黒穂病（おばけ）	栽培技術上の原因は次年度への反省 こぶの切除（焼却）
｜ 9月25～30日	絹糸抽出期 ｜ 刈取り期	前期と同様，管理技術の介入する余地はなく，次年の対応策を決める反省期である。刈取り期の決定が最も重要である 不稔株，奇形矮化穂，歯欠け穂の発生 倒伏 稈身の枯死 雌穂の下垂 穂，種子の腐れ	倒伏，過密植，発芽不揃いが原因となった生育不揃い，害虫による絹糸食害，黒穂病，その他病害 風が原因だが，その他品種の特性，おそ播き，過密植，中耕による根の切断，根と茎の病害 初霜害 品種の特性，過熟 病害（品種の特性），雌穂の下垂，倒伏	適正刈取り期の決定 原因の除去 原因の除去，とくに品種の選定と適正栽植密度の決定 刈取り期の判定（Ⅲ-7を参照） 品種の選定 品種の選定と倒伏しないような栽培管理

第20表　酪農専業類型のサイレージ収穫・調製作業体系(十勝沿海山麓)（中沢，1974）

項　目	自走式体系	牽引式体系
刈取り日数		
牧草	10	10
コーン	14	14
1日当たり稼動時間（時間）		
牧草	10	7
コーン	10	7
作業可能時間（時間）		
牧草	100	70
コーン	140	98
作業能率（*ha*/時間）		
牧草	1.00	0.67
コーン	0.72	0.54
作業負担面積（*ha*）		
牧草	100	47
コーン	100	53

また実際の作業体系の中身は面積，人員などによっても異なるので，作業体系の組立てにあたっては，まず第20，21，22表を参照する。

(2)　作業の円滑化

このために，ブロアーはハーベスタの能力を上回ること，運搬車は畑地で少しまつぐらいの余裕をもつこと，ブロアーは運搬車をまたせないていどの余裕をもつこと，が必要である。

運搬車は，運搬距離が長くなるにつれて台数を多く必要とするが，通常自走式のばあいは1*km*で3台，1.5*km*で4台が必要である。運搬車はダンプよりもキャリアが運搬量が多い。

執筆　戸沢英男（農水省農業研究センター）

1984年記

第21表　デントコーンサイレージの自走式による現行作業体系（大樹）　（中沢，1973）

項目＼農家		T－1	T－2	T－3
機械作業体系	刈取り	コーンハーベスタ（自走）(1)	コーンハーベスタ（自走）(1)	コーンハーベスタ（自走）(1)
	運搬	キャリヤ3台 (3)	キャリヤ3台 (3)	キャリヤ3台 (3)
	詰込み	ブロアー＋トラクタ (1)	ブロアー＋トラクタ	ブロアー＋トラクタ
	踏圧	(1～2人)	トラクタ（2～3）	(9人)
	加重		ビニール上に土（バンカー）	
作業人員		6人	5～6人	14人
労働調達		7戸共同	2戸共同	14戸共同
処理面積		平均8*ha*	最高9*ha*，平均8*ha*	平均8*ha*
作業時間		AM7.00～PM8.00	AM8.00～PM7.00	AM7.00～PM7.00

注　トラクタ以外は農協所有，ハーベスタのオペレータは農協職員。カッコ内数字は人数

第22表　デントコーンサイレージの牽引式による現行作業体系（更別）　（中沢，1979）

項目＼農家		Sa－1	Sa－2	Sa－3	Sa－4
機械作業体系	刈取り	コーンハーベスタ＋トラクタ (1)	コーンハーベスタ＋トラクタ (1)	コーンハーベスタ＋トラクタ (1)	コーンハーベスタ＋トラクタ (1)
	運搬	ファームワゴン2台＋トラクタ2台 (2)	ダンプトラック1台(1)＋トレーラ2台(2)	ファームワゴン2台 (2)＋ダンプトレーラ1台 (1)	キャリア3台 (3)
	詰込み	ブロアー＋トラクタ (1)	ブロアー＋トラクタ (1)	ブロアー＋トラクタ (1)	ブロアー(デストリビュータ付き)＋トラクタ
	踏圧	(1人)	(1～2人)	(2～3人)	なし
	加重		ビニールの上に生デント	右に同じ	
作業人員		5人	7人	8人	4人
労働調達		8戸共同	8戸共同	4戸共同	4戸共同
処理面積		最高2.5*ha*，平均2*ha*	最高2*ha*，平均1.5*ha*	最高2.4*ha*，平均1.7*ha*	最高4～5*ha*，平均3*ha*
作業時間		AM9.00～PM6.00	AM8.00～PM6.00	AM7.30～PM5.00	AM8.00～PM5.00

参 考 文 献

戸沢英男．1981．トウモロコシの栽培技術．農文協．

————．1981．北海道のサイレージ用トウモロコシとその栽培（1，2）．畜産の研究．35，654—658，771—782．

櫛引英男．1973．トウモロコシの冷害と耐冷性検定．北海道作物・畜種談話会報．13，66—68．

三島京治編．1981．とうもろこし．北農会．

櫛引英男．1967．とうもろこしの栽植様式と品種に関する試験．北農．34 (10)，17—28．

————・国井輝男．1966．「とうもろこし」の霜害に関する調査．北農．33 (11)，49—51．

中沢功．1979．酪農経営の機械共同利用の組織化．畜産コンサルタント．169 (1)，12—17．

温暖地・暖地
トウモロコシの栽培技術

I 栽培の特徴

1. 栽培の動向とサイレージ利用

府県でのトウモロコシ栽培は，昭和50年に4.4万 *ha* が61年には約1.8倍の7.7万 *ha* にふえた。これは，①優良・多収品種の普及，②除草剤の利用，③大型機械などでの高能率作業，による高品質・省力多収ができるようになったためである。とくに，黄熟期ごろいっせいに刈り取るサイレージ利用は作業能率が高いし，後作にも好都合で耕地の有効利用ができる。昭和50年ごろはサイレージ利用が40〜50%であったが，最近は95%以上になって，とくに黄熟期に刈り取るホールクロップ利用が主体で酪農に加え肉用牛経営でも大幅な増加がみられる。

トウモロコシの10 *a* 当たりの収量は，品種の早晩性や栽培条件などにもよるが，生草で5〜6 *t*，乾物で約1.5 *t*，TDN（可消化養分総量）で1.0 *t* が基準である。しかも，この収量は生育期間が100日ていどで可能だから，生産効率は混播牧草やローズグラスなど暖地型牧草の2倍ていどで，きわめて有利である。

大型機械での高能率作業は，10 *a* 当たり5〜10時間で刈取りからサイロ詰めまで終わるので，労働1時間当たりの乾物やTDNの生産性も高く，土地生産性とともに労働生産性が高い。とくに，大型機械での一斉刈取りは後作の作付けにも好都合で，共同作業によってさらに有利となる。

(1) 利用の面から

第1図のように，トウモロコシは夏作物として水溶性糖分が多く，サイレージの発酵に都合

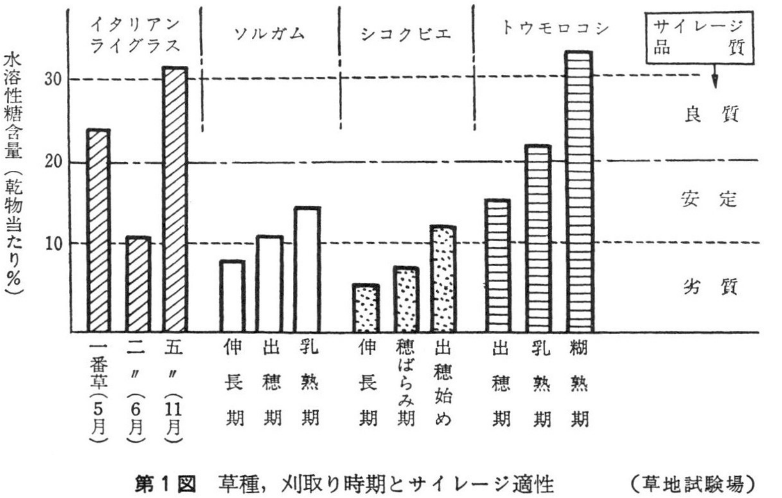

第1図 草種，刈取り時期とサイレージ適性　（草地試験場）

がよい。とくに糊熟〜黄熟期がよく，サイレージの原料として最高である。しかも，黄熟期になると水分が70%前後になるので，予乾などの必要はなく，コーンハーベスタなどで 1 *cm* くらいに細断して，早期に完全密封をすれば良質なサイレージができる。

高泌乳牛ばかりではなく肉用牛（肥育・繁殖）でも，良質のコーンサイレージを給与すると，配合飼料などの給与量を減らすことができるし，高 TDN 生産によっていっそう有利性が高い。しかも，品質の均一化に加え良質サイレージのため嗜好性もよく採食量が多い。しかし，エネルギー主体の飼料で蛋白質やミネラルなどが不足するので，マメ科牧草などとの組合わせ給与が飼料バランスとして必要である。

(2) 栽培の面から

播種や収穫などの作業がいっせいにできるので，大型機械での高能率生産が容易である。しかも，標準的な栽培法である梅雨期にはいる前の5月末までに冬作物の跡地へ播種し，台風シーズンや秋雨期になる前の8月下旬〜9月上旬に刈り取ると，炎天下の作業がなくなって，いわゆる夏休みもとれる。ソルガムや暖地型の草種では7月下旬〜8月上旬に第1回の刈取りをすることが多収の条件であるが，サイレージ用トウモロコシの普通栽培では，この時期の作業をしなくてもよい。

さらに，牛糞尿の多用効果も大きく，むしろ，元肥として10 *a* 当たり 5〜7 *t* の施用が多収の条件になる。しかし，雄穂期ごろに青刈りすると硝酸態窒素（NO_3-N）が第2図のように多いが，糊熟期ごろになると著しく減少する。

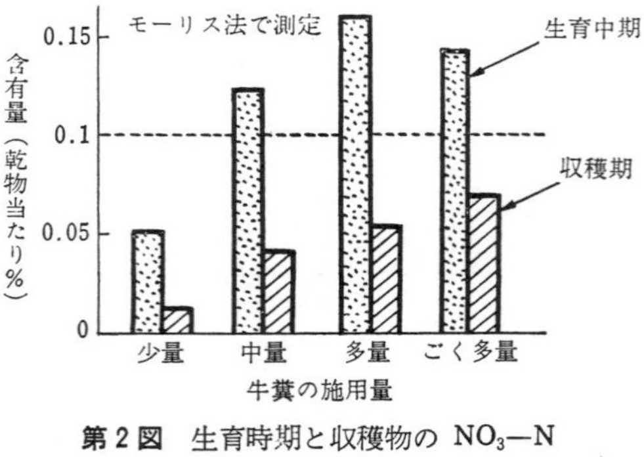

第2図 生育時期と収穫物の NO_3—N
（川島ら，1975）

とくに多頭化に伴って，省力的で，しかも良質・多収の飼料生産が期待され，青刈りトウモロコシや青刈りソルガムなどに代わって評価されている。もちろん，いっせいに作業ができるし，品種の早晩などの特性を生かして使い分けると，糊熟〜黄熟期である刈取適期が計画的に予定できることもあって，機械の共同利用に好都合である。

また，生草ではなく乾物での評価が必要で，乾物率は雄穂抽出期は約10%，乳熟期は約20%，そして，サイレージ適期の黄熟期は約30%，つまり，同じ10 *t* の生草収量でも乾物は 1 *t*，2 *t*，3 *t* となり，畜舎へ運んでも飼料価値の差が大きく，ホールクロップ利用は作業効率が高い。

2. 導入のねらいと注意点

サイレージ用トウモロコシがよいからといって無計画な導入は問題で，作業や利用計画によって栽培が必要である。とくに，コンプリート方式や通年利用などは，フォレージテストでの品質評価によって有効利用が条件になる。もちろん，牛乳や肉生産として高く評価されるが，良質多収に加え低コスト生産がポイントになる。

(1) 栽培上のねらいと注意点

大型機械などによる高能率・低コスト生産が条件になるから倒伏は絶対に禁物である。そこで，多収穫一辺倒よりも安全性が必要で，倒伏に強い品種や栽培法が基本である。台風のない好天候のときには多収でも，強風を伴った夕立などで倒れるようでは困る。一般に早まきは安全性が高いし，早生〜中生種を主体に，10 *a* 当たり 7,000 本前後の栽植密度が基本である。密植するほど，倒伏しやすくなるばかりでなく，雌穂が小さくなって全体の TDN 収量は減収する。

もちろん，雑草が多発すると，減収に加え病害などもふえやすいので，除草剤をじょうずに

第1表　多頭化・通年サイレージ化と作付体系　　（栃木県塩原町H地区）

体系	草種	昭46(戸)	48(戸)	50(戸)	52(戸)	54(戸)	61(戸)	10a当たり収量(推定) 生草(t)	乾物(t)	TDN(t)
①	青刈トウモロコシ・飼料カブ	26	12	0	0	0	0	12	1.1	0.8
②	混播牧草	7	17	20	6	0	0	7	1.1	0.8
③	イタリアン周年栽培	0	2	4	0	0	0	11	1.5	1.1
④	イタリアンライグラス・青刈シコクエビ	0	1	5	0	0	0	13	2.0	1.3
⑤	イタリアン＋ライムギ・青刈ソルガム	0	1	3	15	0	0	13	2.5	1.4
⑥	イタリアンライグラス・サイレージ用トウモロコシ	0	0	1	12	33	33	10	2.3	1.6
	通年サイレージ方式(戸)	0	8	31	33	33	33	昭和61年の夏作は サイレージ用コーン：約140*ha*		
	乳牛頭数(頭)	450	600	1,200	1,250	1,300	1,350	ソルガム：約5 *ha* 混播牧草：約10*ha*		

注　酪農家戸数は33戸，作付けの主体の体系で区分
青刈り方式から大型機械での共同作業・通年サイレージ方式に移行
昭和54年には自走式コーンハーベスタ（3条刈り）を導入
昭和56年から，秋作麦とイタリアンライグラスにクリムソンクローバの混播が加わり，59年冬作ではイタリアンとクリムソンの混播が全体の20～30％

利用することが必要である。登録農薬も多いが，効果的な散布時期と方法，とくに，除草剤の特性を生かすことが条件で，二重散布は薬害の心配もある。もちろん，少ない量で効果を上げるのが技術で，土壌微生物に対するデメリット対策も必要になる。

コーンハーベスタでの収穫が多いが，区画の大きさや作業負担面積によって，歩行型，1条刈り，2条刈りなど機械装備をかえるとよい。とくに，枕地対策が問題でリバーストラクタの利用など，条件に合った機械化体系が必要で，小規模の場合はコーンモーアで刈り取って自走式フィルドカッターでの細断もよい。

(2)　作付体系から

労力配分や安全性などから作付体系の組合わせが必要で，関東など温暖地では第3図のように，A：4月に播種し8月刈取り，B：5月末播種，9月刈取りの組合せが有利である。もちろん，Aは秋作にエンバクなどを8月末～9月上旬に播種し12月の刈取り，Bは冬作にイタリアンライグラスやムギを10月に播種し5月中旬収穫との組合わせによる周年多収が条件になる。

暖地では4月上中旬に早生～中生種をまいて

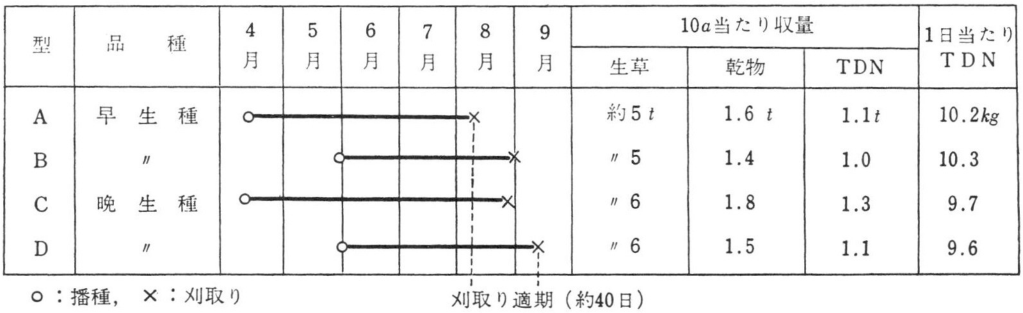

型
品種
4月
5月
6月
7月
8月
9月
10a当たり収量
生草
乾物
TDN
1日当たりTDN
A　早生種　約5 t　1.6 t　1.1t　10.2kg
B　〃　〃 5　1.4　1.0　10.3
C　晩生種　〃 6　1.8　1.3　9.7
D　〃　〃 6　1.5　1.1　9.6
○：播種，×：刈取り
刈取り適期（約40日）

第3図　サイレージ用トウモロコシの播種期と刈取り適期　　（関東，平年のばあい）
早生種は相対熟度が約110日，晩生種は130日で黄熟期の刈取り
A，Bは秋作にエンバク，B，Dは冬作にイタリアンライグラス

第２表　トウモロコシと乾牧草の栄養価の比較（乾物当たり）　（北農試）

飼　料	DCP	TDN	可消化エネルギー	Ca	P	Mg	ビタミンA
	%	%	Mcal/kg	%	%	%	mg/kg
トウモロコシサイレージ	4.9	70	3.1	0.28	0.21	0.18	1以下
チモシー乾草	5.0	59	2.6	0.60	0.26	0.16	10
アルファルファ乾草	11.4	57	2.5	1.35	0.22	0.35	33

注　DCP：可消化粗蛋白質，TDN：可消化養分総量

７月末に刈り取り，８月上旬に再度，早生～中生種を播種し10月末～11月に刈り取る二期作もよいが，２作目は病害や台風害が問題になる。そこで，耐病性で耐倒伏性の品種が必要であるが，最近，二期作専用品種，とくに晩播用品種もみられる。

暖地ほど作期を大幅に変えることができるが，梅雨期の湿害，９月の台風と秋雨期が問題である。８月末に刈り取る標準栽培をベースに，安全性と安定性，それに，労力配分などに都合のよい組合わせが必要である。もちろん，条件を生かした栽培，とくに，気温を有効に利用する作期など安定・多収の作付体系が，基本になる。

最近，収量は生草に代わって乾物やTDNで評価されることがふえ，しかも，通年サイレージ方式の普及もあって，第１表のように青刈り利用からサイレージ利用に変わり，単収とともに生産性を高めている事例が多い。とくに，早まきは水田転作などでも安全性が高く，作付面積の拡大に効果的である。

(3)　給与のねらいと注意点

トウモロコシサイレージは第２表のようにTDNは高いがDCP，カルシウム，マグネシウムが少なく，ビタミンAはほとんどない。つまり，カロリーは高いが栄養のバランスが悪いので，マメ科牧草やヘイキューブの併用が必要である。多収できるのは乾物とTDNだけだから，不足する養分を補給しないと乳牛や肉用牛の健康にも悪いし，肉がつきすぎて繁殖障害などのデメリットもみられる。

そこで，栄養のバランスを考えた組合わせ，つまり，飼料の組合わせが必要で，多収性だけを喜んで多給しすぎると問題が多い。しかし，TDNの生産効率は他の草種よりも明らかに高いので，作付けをふやすほど（乳牛には１日１頭当たり20kg，年間で7.5tがめやす）有利になる。むしろ，コーンサイレージの特性を充分に理解し，バランスのよい給与をするような飼料計算が，有利性を大きく左右するきめ手になる。

II　栽培の基本

1.　生育区分と技術のしくみ

(1)　生育区分

発芽，幼穂形成，絹糸抽出，そして，登熟などの区分もあるが，管理作業などのつごうで第４図のように区分するとわかりやすい。つまり，幼苗期は３～４葉期まででハトやカラスなどの鳥害やハリガネムシなどの虫害をうけやすい。生育期処理の除草剤散布の時期，とくに生育初期は，雑草害で生育が大きく左右される時期である。幼穂形成期は追肥するばあいの適期，さらに，絹糸抽出期までの生育中期はアワヨトウなどの被害をうけやすく，そして，登熟期は子実の充実を左右する。

この生育の区分は，地域や作期に関係なく同じようになるが，播種期や品種の早晩などによ

って日数は大幅に変わる。もちろん，暖地ほど生育がすすむので短期間で登熟まで終わるばあいが多いが，晩生品種ほど絹糸抽出期までの日数が長い。一方，品種によっては感温性とともに感光性（短日条件で生育が促進）の高いものもあって，播種期によって生育期間も変わるが，いずれのばあいにも生育区分は同じである。

(2) 収量構成と栽培の目標

10a当たりや1m^2当たりの株数が同じばあいには，1株の重量が多いほど多収になることはいうまでもない。しかし，1株1本立てのときは，稈長と茎の太さ，そして雌穂の大きさによって重量が決まる。つまり，稈長が高く茎が太く，しかも雌穂が大きいほど多収になる。しかし，長稈のばあいは倒伏しやすいので，稈長よりも稈を太くすること，雌穂を大きくする栽培が有利である。一般に，密植をすると長稈となり，稈が細く，雌穂は小さくなりやすい。そこで，10a当たりの栽植本数は早生種で約8,000本，中生種で約7,000本，晩生種で約6,000本をめやすにするとよい。最近，受光態勢のよいアップライトリーフ(葉身直立型)の品種もふえているが，このタイプは密植適応性が期待できる。

疎植にすれば稈が太く雌穂も大きくなるが，本数が少ないために低収になることが多い。つまり，多収には適当な密度が第一条件で，疎植も密植も不利である。しかも，出穂後の同化によって登熟が大きく左右されるので，葉身の役割が重要で，アワヨトウなどによる食害やごま葉枯病などの多発，台風による葉身のちぎれなどは雌穂の充実をわるくして低収になる。

とくに高TDN生産には雌穂の比重が高いので，雌穂を大きくし登熟をよくする肥培管理が重要である。乾物当たりでの収量割合は，雌穂が約50%，茎葉が50%が標準で，一般に早生品種は雌穂割合が高く，晩生品種は低い。ともかく，サイレージ用トウモロコシの品質は雌穂割合によって大きく左右されるので，雌穂が多収性を高める要点になる。

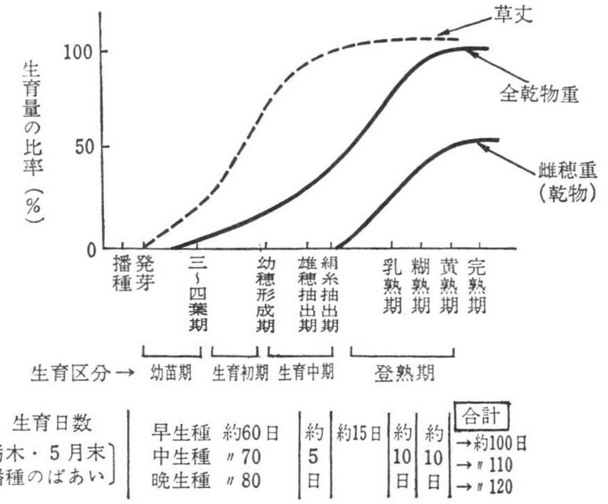

第4図 トウモロコシの生育区分

第3表 生育区分と栽培の目標

生育区分	栽培の目標	要点
（播種）幼苗期	発芽・苗立ちをそろえる 雑草害をなくす	鳥害・虫害対策 ムラのない粒数播種 除草剤の適期散布
生育初期	雑草害をなくす 湿害防止	除草剤の適期散布 明渠などで排水をよくする
生育中期	肥料切れをさせない 病虫害のない健全な葉身	生育状態によっては追肥 アワヨトウなどの防除
登熟期	倒伏させない 登熟をよくする	密植しない 病虫害を防ぐ

(3) 生育区分と栽培のおさえどころ

生育区分と栽培の主要な目標と要点は第3表のようであるが，生育期間におけるこれらのバランス，とくに欠落のない対応が要である。

播種 10a当たり3kgなど重量でまくのではなく，7,000粒など粒数が基準である。1kg当たり粒数は品種や粒の大きさによって2,500〜5,000粒と差が大きいので，Mサイズ（約3,000粒）など同じ大きさの種子が好都合である。とくに，コーンプランタでの播種には同じ粒型（R：丸型，F：平型）と大きさ（L，M，S）が条件になる。

幼苗期 発芽・苗立ちをそろえるために，ハリガネムシや鳥害などを防ぐこと

第4表 播種期による生育日数と有効積算気温
（井上ら，1978）

播種期	有効積算気温		生育日数	
	P-3715	P-3571	P-3715	P-3571
月 日	℃	℃	日	日
4．15	1,004	1,052	103	109
4．28	1,018	1,086	99	103
5．13	1,054	1,154	91	99
5．27	1,058	1,102	85	90
6．10	1,060	1,158	84	95
6．24	1,104	1,159	81	88
7． 8	1,044	1,138	75	84
7．22	1,038	1,088	72	79
平 均	1,042 ±31	1,117 ±38	86	93

注　有効積算気温は10℃基準，生育日数は播種〜黄熟期までの日数
P-3715は104〜110日，P-3571は111〜117日の相対熟度の品種（太字は平均熟度）
神奈川畜試（年平均気温：14.4℃，有効積算気温：2,196℃）での試験結果

が必要である。欠株が多くなっても補償作用が小さいので，結果として減収する。

生育初期　雑草害が出やすいので，播種直後に散布した除草剤の効果が少ないときは，もう一度散布して防除する。

生育中期　肥料が不足すると雌穂が小さくなるので，条件によっては追肥をするのもよい。しかし，多肥条件，とくに，牛糞尿を多用したばあいは徒長ぎみの生育になりやすいので，肥効のコントロールが必要である。

登熟期　病虫害に注意して，葉身を健康に保って光合成を充分させることが要点で，アップライトリーフなど受光態勢のよいことも有利でになる。

(4) 有効積算気温と計画栽培

最近の流通品種は，発芽から成熟までの相対日数を包装袋に併記していることも多いが，もちろん日数が多いほど晩生種である。一方，生育期間の毎日の平均気温を合計した積算気温，そして，10℃を基準にした有効気温（15℃のときは5℃，25℃のときは15℃である）を1日ごとに合計した有効積算気温によって生育が大きく左右される。とくに，相対熟度1日当たり有効積算気温が約10℃，つまり，相対熟度100日の品種は約1,000℃の有効積算気温，130日の品種は約1,300℃の有効積算気温で発芽〜黄熟期になる。これは比較的感温性の高い輸入品種のばあいで，播種期に関係がなく第4表のようにほぼ一定である。そこで，平年の気温や播種期と品種の相対熟度から第5表のように刈取適期が予想できる。つまり，計画栽培ができるのでコーンハーベスタの利用などに好都合であるが，同じ品種のばあいには暖地ほど生育日数は短くなるし，播種期によっても生育日数は大幅に変動する。

もちろん，30℃以上などは無効温度として取扱い（生育積算気温，GDU）が必要だとする報告もあるが，北関東などはで30℃を超えるこ

第5表 サイレージ用トウモロコシの刈取適期予定日（相対熟度110日の品種，平年，試算）

播種期	適期予定日				生育日数			
	盛岡	宇都宮	鳥取	熊本	盛岡	宇都宮	鳥取	熊本
月 日	月 日	月 日	月 日	月 日	日	日	日	日
4．1	9．1	8．12	8．3	7．22	153	133	124	112
5．1	9．1	8．15	8．8	7．29	123	106	99	89
6．1	9．12	8．27	8．21	8．14	103	87	81	74
7．1	〔1,051〕	9．20	9．21	9．5	—	81	73	66
8．1	—	〔926〕	〔1,066〕	10．24	—	—	—	84

注　刈取適期を有効積算気温（基準：10℃のばあい）が1,100℃としたばあい
気温の高い暖地や晩播で生育日数は短くなる。〔　〕は有効積算気温
年間の有効積算気温は，帯広：883℃，札幌：1,084℃，盛岡：1,379℃，宇都宮：1,913℃，鳥取：2,123℃，熊本：2,504℃

第６表 府県での早晩性の有効積算気温と生育段階　　（飯田，1979）

品　　種	相対熟度(R.M)	発芽～抽雄期	発芽～糊熟期	発芽～黄熟期	主稈葉数
極　早　生	105日	約550℃	約　950℃	約1,050℃	約16枚
早　　生	115	650	1,050	1,150	18
中　　生	125	750	1,150	1,250	20
晩　　生	135	850	1,250	1,350	22

注　草地試験場で昭和50～53年の試験結果（干害のない条件）を整理
　　有効積算気温は10℃基準で，雄穂抽出期～黄熟期は約500℃でおよそ一定である
　　相対熟度はアメリカのミネソタ，ウイスコンシン基準

第７表 サイレージ用トウモロコシの生育特性と収量性　　（草地試，1983）

早晩生	生育日数	有効積算気温	10*a*当たり乾物重	1日当たり乾物重	雌穂重割合	10*a*当たり雌穂重	10*a*当たり生草重	稈　長	雌穂高	品種評点
	日	℃	*t*	*kg*	%	*kg*	*t*	*m*	*cm*	
早　生	107	1,159	1.61	15.0	54	869	4.8	2.5	107	82
中　生	116	1,248	1.86	16.0	50	930	6.2	2.9	140	84
晩　生	123	1,307	1.94	15.7	44	854	7.0	3.2	168	78

注　５月24日播種，黄熟期刈取り，各グループとも５～10品種の平均

とは比較的少ないので，作業のめやすとして利用するばあいには大きな問題ではない。それよりも，降雨が少なく干害のために生育が遅れることが多いし，感光性の比較的大きい品種は７～８月に播種すると生育が計算よりもすすむことが多い。

一方，相対熟度（Relative Maturity，略して R. M）はアメリカのウイスコンシンやミネソタを基準にしたものが多いが，中部のカンサスや南部のテキサスなど，あるいはフランス，それに，一部は日本を基準にしたものもある。現在の輸入種の多くはアメリカ北部の品種だから相対熟度１日当たり約10℃の関係は成り立つが，輸入品種を国内の種苗会社が自社の研究農場で栽培した大ざっぱな生育日数を相対熟度（日数）として市販しているばあいには適用できないので，とくに注意してほしい。

2. 品種の特性と選び方

(1) 品種の早晩

早晩性を示す特徴は，形態的には主稈葉数の差であって，極早生は16枚前後，早生は18枚前後，中生が20枚前後，晩生が22枚前後が一般的である。そのため，晩生種ほど雄穂抽出期が遅れ，草地試で多数の品種を検討の結果，発芽してから雄穂抽出期までの有効積算気温（10℃基準）は，第６表のように極早生が約 550 ℃，早生が約650℃，中生が約 750℃，晩生が約 850℃で，約 100℃ ずつの差がある。しかし，抽雄～乳熟期が約 300℃，乳熟～糊熟期が 100～150℃，さらに，糊熟～黄熟期が約 100℃ で，これは早晩性に関係なくおよそ一定である。なお，播種～発芽までは早生が約50℃，中生は約75℃，晩生は約100℃である。

つまり，早晩の差は雄穂の出るまでの栄養生長期間の長短であって，生殖生長や登熟期間の差は少ない。そのため，一般に第７表のように早生種は稈長が短く着雌穂高は低い。そして，晩生種ほど長稈であるが着雌穂高は高い。また，同じ栽植密度のばあい，晩生種が多収になりやすいが，生育日数が長いために１日当たりの乾物収量は多くはならないのがふつうである。

早生品種の発芽～黄熟期（播種～糊熟期）の有効積算気温が約1,100℃，中生種は約1,200℃，

第8表　サイレージ用トウモロコシの品種評価基準　　（飯田私案，1979）

区　分	項　目	配　点	配点基準（相対評価）
収量性	①　10 *a*当たり乾物収量	20	1.7 *t* 以上：20，1.7〜1.5：15，1.5〜1.3：10
	②　生育日数１日当たり乾物収量	20	15kg以上：20，15〜13kg：15，13〜11kg：10
品　質	③　雌穂重割合（乾物当たり）	20	50%以上：20，50〜40%：15，40〜30%：10
安定性	④　耐倒伏性（強稈）	20	無：20，微：15，少：10，中：5
安全性	⑤　耐病性（ごま葉枯病，紋枯病など）	20	無：20，微：15，少：10，中：5

注　条件によっては項目別の配合割合や項目，配点基準の変更（水田転作では耐湿性など）も必要

晩生種が約1,300℃であるが，日平均気温が20℃（有効気温が10℃）のときには10日ずつ生育が遅れるけれど，日平均気温が25℃のときには約７日に短縮される。このことは，早生と中生の差が100℃になるのに低温ほど日数が長いためで，生育日数の差は高温条件ほど短期化する。

(2)　品種の総合評価

多収性一辺倒ではなく，①収量性，②安定・安全性，③品質，などの総合評価が必要で，第８表などの基準による総合点数で評価するとよい。最近は全体的にレベルアップがみられ，70〜90点の品種・系統のものが多いが，特定の項目や総合点数がよくても倒伏に弱いなど決定的な欠点のあるものは問題である。

もちろん，収量性は乾物がベースで，２〜３毛作のつごうで生育日数１日当たりも加える。そして，品質は雌穂重割合に加え消化率も今後は必要で，とくに，連作条件では耐病性や耐倒伏性，それに，水田転作では耐湿性も重要で，項目や配点などは条件によって変えることも必要になる。

(3)　栽培のねらいと品種の選び方

年間の有効積算気温（10℃基準）は盛岡が約1,400℃，宇都宮が約1,900℃，前橋が約2,050℃，鳥取が約2,120℃，熊本が約2,500℃で，当然ではあるが，暖地ほど多い。そこで，暖地ほど作期の移動が大幅にできるし，早生〜中生種の二期作もできる。サイレージ用としての二期作の可能なめやすは有効積算気温が2,000℃で，年平均気温が約14℃を限界とみてよい。作業期間などの安全性や余裕を見込むと有効積算気温で約2,200℃，年平均気温で約15℃を基準にしたい。

もちろん早〜晩生は前後作のつごうなどによって使い分けるが，安定・多収のためにはすじ萎縮病やごま葉枯病などに強いことが重要である。高温・多湿の条件では病虫害の発生も多くなりやすいし，しかも，台風や夕立に伴う強風などによる倒伏の危険性が大きい。そこで，耐病性や耐虫性とともに耐倒伏性が要点になるが，同じ流通名，たとえばパイオニアやゴールドデント，サイレージコーン，それに，スノーデントといっても，流通品種や系統名によって耐病性などの差も大きいので，流通品種ごとの検討が必要である。

一般に晩生種が多収になるばあいが多いが，サイレージ用には黄熟期の刈取りが条件で，早生種よりも生育期間は当然ながら長い。しかし，１日当たりの乾物収量は早生〜中生種が多収になることも多く，収量性の評価は絶対収量だけではなく総合的に行なうことが必要で，多収性よりも安定性を重点にするなど，条件によって比重を変えて品種を選ぶとよい。

コーンハーベスタなど機械収穫のばあいには，倒伏しないことが絶対的な条件になるので，着雌穂高が低く，しかも稈の強い品種が必要で，倒伏すると刈取り作業がたいへんなばかりか，低収・低質になるのが一般的である。そこで，多収性よりも耐倒伏性が低コスト生産のきめてになることが多く，品種の特性を充分に知って栽培などにとって適切な品種であることが基本になることはいうまでもない。

3. 作付体系と作期の選び方

年平均気温や年間の有効積算気温（10℃基準）が適合するから暖地ほど作期を変えることはできるが，梅雨期と秋雨期や台風シーズンをさけることが必要で，サイレージ用には５月末までの播種，そして，８月下旬～９月上旬の刈取りを基本型にするとよい。飼料用カブや秋作ムギなどの跡地には，４月中下旬（日平均気温10℃が早まきの限界，ソメイヨシノザクラの満開から散り始め）に晩生種を，一方，イタリアンライグラスや冬作ムギ（主としてホールクロップ利用）の跡地には５月下旬に中生や早生の品種をまく。そして，いずれも８月下旬に糊熟期になったら刈取りを始め，黄熟期の９月上旬に刈り終わると作業が計画的にできる。

第５図のように，秋作ムギとの組合わせ，あるいはムギの標準栽培（冬作）でのホールクロップ利用を組み合わせるとコーンハーベスタだけで収穫できるし，１*cm* ていどの微切断などによって良質サイレージがつくりやすい。しかも，ムギの作期を組み合わせると刈取りが５月と12月，それに，サイレージ用のトウモロコシが８～９月になるので，サイロが年間３回使える。その結果，サイロの償却費が割安になるし，労力配分はよいし，さらに，牛糞尿の利用などにも好都合である。

もちろん，冬作のイタリアンライグラスとの組合わせが各地で圧倒的に多いが，サイレージ適性としてはムギよりも良質で，乾物当たりのTDN％も高いなどの利点がある。しかし，良質サイレージには予乾が必要であるし，モーアやフォレージハーベスタなど刈取りの機械がトウモロコシのばあいとちがうこともあって，ムギとトウモロコシの組合わせ，あるいはトウモロコシの二期作が条件によっては有利になる。

サイレージ用トウモロコシの二期作もふえている。実用的には年間の有効積算気温が約2,200℃以上（年平均気温でおよそ15℃以上）必要で，早生種が主体になり，九州などの暖地（有効積算気温が2,500℃前後）では中生種が多収になる。つまり，生育期間の有効積算気温を主体に品種の早晩などを決めるが，冬作物との組合わせのばあいと同じように，刈取りをしてから牛糞尿の施用，耕起，そして，トウモロコシの播種までの期間の問題がある。あるていどの期間を予定しておかないと，雨天などのつごうで遅れると計画どおりにならないので，必ず余裕をみておくようにしたい。このばあい，ごま葉枯病に強く，しかも，台風で倒伏しない品種が条件になる。

一方，群馬や埼玉などムギ作の多いばあいには，すじ萎縮病の被害が大きくなりやすい。これは，ヒメトビウンカなどによって感染するが，とくに幼苗期に感染すると発病がひどい。そこ

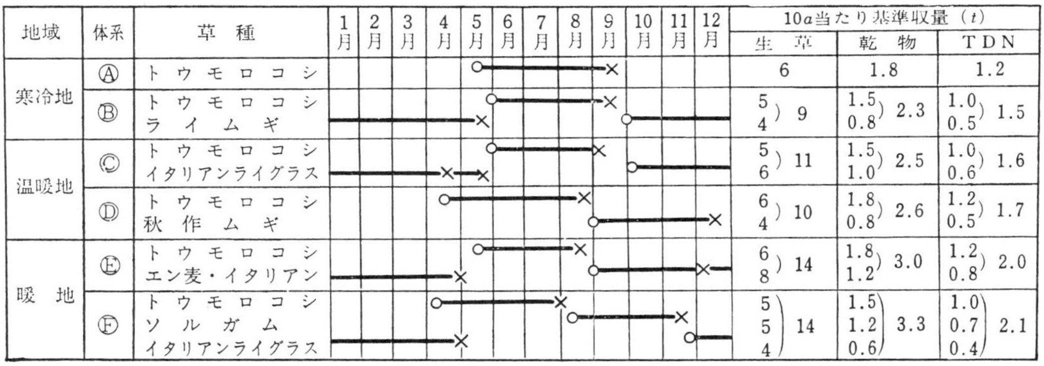

第５図　サイレージ用トウモロコシを主体にした作付体系の基本型　（飯田，1985）
冬作は乾草生産およびサイレージ利用。なお，イタリアンライグラスには飼料バランスのためにマメ科牧草（クリムソンクローバなど）も必要

第９表　トウモロコシの連作と収量性　　　　（飯田・熊倉・藤田，1978）

栽培条件	10 a 当たり収量			稈　長	雌穂高	茎の太さ（円周）	雌穂割合（乾物当たり）
	生　草	乾　物	比　率				
	t	t	%	m	cm	cm	%
連作３年目	6.4	1.48	86	3.0	155	6.5	36
作付１年目	7.7	1.72	100	3.1	148	7.4	45

注　ＮＳ—67Ｓ（サイレージコーン中生）。６月15日播種，９月13日刈取り（糊熟期）
施肥は標肥で両区とも同量

で，ムギの刈取時期にもよるが５月末～６月初めの播種は最も危険だから，耐病性品種の栽培に加え，毎年発生するところでは５月中旬までか，あるいは６月中旬にまくなどの回避対策が重要である。

4. 連作対策と施肥

３～４年も連作すると，第９表のように低収になることも多く，これは生育不良，病虫害の多発，倒伏などの主因である。とくに，10 *a* 当たり1.5 *t* の乾物収量のばあい，窒素を約20*kg*，燐酸を約５*kg*，加里を約25*kg*，苦土を約５*kg*，石灰を約８*kg*，鉄を約１*kg* など多量の成分を持ち出すことになる。さらに肥料の利用率を加えると，施肥量の不足しているばあいもみられる。つまり，収奪量にみあった施肥が原則で，不足状態がつづけば多収は永続しない。

一方，ごま葉枯病などは品種による耐病性の差もあるが，連作によって多発することが多い。しかも，アワノメイガなどの害虫も多くなりやすいし，生糞の多用もあってハリガネムシ（マルクビクシコメツキの幼虫）やネキリムシ（カブラヤガなどの幼虫）などの土壌害虫もふえることが多い。これらの対策として，輪作，収量にみあった施肥，などが必要であるが，まず施肥の適正が基本になる。

10か年連作したときの収量は，第６図のように年次差も大きいが，同図で示した作付１年目のものにくらべると１～３年は大差がないが，その後は第７図のように10％ていどの減収が多い。そして，台風による倒伏が大きいこともあって，年次によっては20～30％の減収もみられる。つまり，好天候のときはデメリットが潜在化し，台風など不良条件で連作害が顕在化・拡大する。しかし，厩肥の施用や深耕などによって安定性が高まるし，減収を大幅に軽減することもできる。

完熟厩肥や苦土石灰，熔成燐肥の適量施用などとともに，ソルガムや暖地型牧草などとの輪作によって，サイレージ用トウモロコシの安定・多収を永続させることが条件になる。そこで，連作障害の出ない栽培技術を基本に，ソルガムと輪作するときもグレイン型や兼用型などでのホールクロップ利用を原則にしてコーンハーベスタでの刈取りが有利になることが多い。

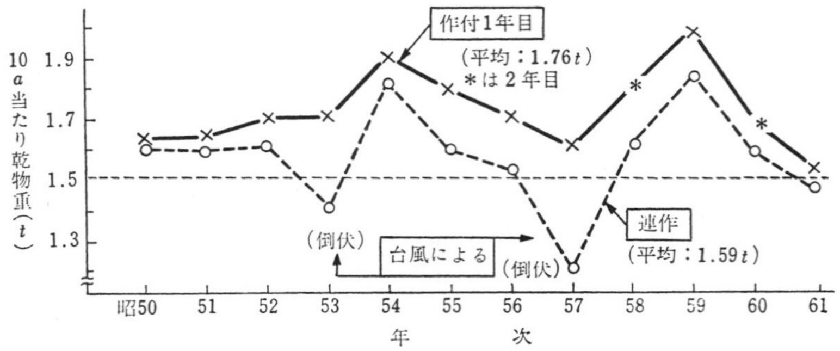

第６図　サイレージ用トウモロコシの収量性（草地試，５月下旬播種）
Ｐ3424，ＰＸ77Ａの平均で黄熟期刈取り
61年の１年目はソルガム跡

もちろん，連作障害と対策技術は今後の課題といえるが，飼料畑が充分にあれば輪作が基本であって，ばあいによっては水田転作を加えた輪作が有利である。しかし，排水のよい条件や区画の大きいことが前提で，安定・多収とともに高能率作業などでの低コスト生産を加えた評価も必要である。

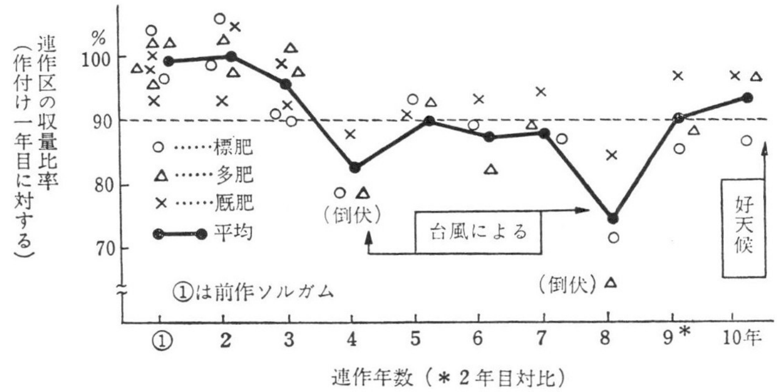

第7図　サイレージ用トウモロコシ連作区の収量比率

（草地試・飯田，1979〜84）

5. 雑草防除

牛糞などによる雑草種子の飼料畑への持ち込みもあって，雑草害の大きいばあいも多い。雑草害を左右するのは播種してから約1か月後の雑草量で，50%ていどの減収のばあいもあるが，一般的には20〜30%の減収が多い。

除草剤の利用だけではなく，プラウでの耕起や輪作などを加えた総合的な防除，さらにカルチベータでの機械除草も効果はあるが，省力的で確実な方法として除草剤の上手な利用が技術として必要である。しかし，除草剤の特性をよく知った効果的な使用が条件で，とくに，散布の時期と薬量などを正確にすることが要点になる。

もちろん，雑草の種類によっても効果のある除草剤がちがうし，散布の時期によっては薬害の大きいばあいもある。天候のつごう，とくに梅雨期は散布の適期よりも遅れやすいこともあって，できるだけ①播種直後から発芽前（約5日間）の土壌処理を原則に，②作業のつごうで散布できなかったときに，3〜4葉期の茎葉処理（発芽後10〜15日），さらに，③降雨などで効果がわるいときには生育期の畦間処理をするとよい。とくに，3〜4葉期の茎葉処理を計画しても，梅雨期になると5〜7日以上も遅れたり，ブームスプレーヤのばあいにはトラクタによる車輪踏圧なども加わったりする。

土壌処理のばあい，ノビエやメヒシバなどに効果の大きいアラクロール剤（ラッソー乳剤）など，そして，タデやアカザなど広葉雑草に効果の大きいアトラジン剤（ゲザプリム）などがある。そこで，発生の多い雑草によって使う除草剤を決めることが必要で，一般的には第10表のように混用使用がよい。

第8図　連作すると生育が悪く細稈になる

左：ソルガム跡，右：3年連作

最近，安定多収をねらった早まきがふえ，播種してから発芽するまでに10〜15日かかることが多い。土壌処理剤の効果は散布してから25〜30日だから，播種直後ではなく発芽直前の散布効果が高い。ペンディメタリン剤（ゴーゴーサン乳剤）は農薬代が割安でよいが，ツユクサやノボロギク，ハキダメギクには効果が劣るので，条件によって使い分けが必要である。

一方，種子が小さいとアラクロール剤（ラッソー乳剤）などの薬害が心配で，規定量の使用，とくに二重散布が問題である。そこで種子は小粒（S）ではなく薬害に強い大粒（L）を主体にしたい。単剤では薬量を2倍にふやしてもプラスは少ないが，混合散布は相互補完と相乗効果がみられる。なお，登録申請準備中のゲザノ

第10表　除草剤の散布時期とトウモロコシの収量性　　（草地試，1982）

No.	薬剤名	商品名	使用量（10a・製品）	トウモロコシ乾物重（10a当たり）播種後	発芽期	比率 播種後	比率 発芽期	1m^2当たり雑草量（乾物）播種後	発芽期
				t	t	%	%	g	g
①	アラクロール剤	ラッソー乳剤	250ml	1.53	1.68	92	101	21	11
②	〃	〃	500ml	1.49	1.62	90	98	8	4
③	アトラジン剤	ゲザプリム	150g	1.50	1.68	90	101	7	4
④	プリメトリン剤	ゲザガード	150g	1.52	1.67	92	101	11	6
⑤	①＋③	ラッソー・ゲザプリム	250＋150g	1.67	1.74	101	105	1	1
⑥	①＋④	ラッソー・ゲザガード	250＋150g	1.62	1.75	98	105	2	1
平均		—	—	1.55	1.69	94	102	8	4
⑦	無除草	（放任）		1.25	—	75	—	167	—
⑧	完全除草	（6月1日手取り除草）		1.66	—	100	—	1	—

注　品種：ＰＸ77Ａ，播種：４月26日
播種後：４月27日，発芽期：５月６日（葉身は未展開）
雑草調査：６月７日，トウモロコシ刈取り：８月30日（黄熟期）。なお，乾物重比率は完全除草対比

第11表　栽植密度のちがいと収量性
（飯田・芝田，1977）

密度（10a当たり）	10a当たり収量 生草	乾物	TDN	雌穂率（乾物）	稈長	雌穂高
	t	t	t	%	m	cm
疎植（4,400本）	4.4	1.3	1.01	59	2.4	92
標準（6,670本）	4.7	1.5	1.13	56	2.4	94
密植（9,330本）	6.2	1.7	1.11	39	2.5	112
超密植（12,800本）	6.1	1.5	0.92	24	2.7	145

注　品種Ｐ-3715を５月18日うね幅 73cm に播種，黄熟期刈取り

ンフロアブルは２種混合剤で，能率的で効果が高い。播種後にタイヤローラーなどで鎮圧し，土壌が湿っているときにとくに効果が高い。つまり，乾燥条件では水量を２～３倍（10a当たり200～300 l）にすることも必要で，少ない薬量で効果を上げることが基本である。

6. 倒伏対策と栽植密度

倒伏は，①稈の強さ，②重心，③根の張り方，などによって大きく影響されるが，稈の太さと着雌穂高が形態的なめやすになることが多い。つまり，稈が太く着雌穂高の低い品種ほど有利であるが，一般に早生種は稈が細くて着雌穂高は低く，晩生種は稈が太く着雌穂高が高い。しかし，同じ品種でも密植すると稈が細くなり，しかも，着雌穂高は第11表のように高くなって倒伏しやすくなる。

最近の品種は倒伏に強くなったが，雄穂抽出期の１週間前ごろから１週間後は相対的に弱い。そこで，早まきなどによって台風や梅雨末期の集中豪雨をさけることも必要で，播種期を２つに分けての危険の分散も現実的な対応といえる。

10a当たりの本数は，早生種で約8,000本，中生種で約7,000本，晩生種で約6,000本が標準で，これよりも本数が多くなるほど着雌穂高が高く，雌穂は小さくなるし，稈は細くなるので強風で倒伏することが多い。

密植をすると多収になるのは生草や乾物で，TDN 収量は雌穂が小さくなるので必ずしもふえない。むしろ，低収になることが多いので不利である。しかし，疎植をしても稈の太さや雌穂は標準と大差がないので，耐倒伏性の強さは大差がないし低収になる。そこで，いわゆる標準の栽植密度が有利である。

うね幅は，コーンハーベスタでの刈取りなどから70～80cm がよく，これよりも狭いと倒伏しやすくなるし，90cm ていどにすると株間が狭くて低収になりやすい。つまり，10a当たり

の本数によって株間だけを変えればよく，うね幅は70〜80cmの一定でよい。

徒長ぎみの生育ではなく，ずっしり型の生育のためには牛糞の多投は問題で，10a当たりの施用量は5tていどをめどに，多くても7tていどまでにするとよい。

稈長の伸びやすい品種もあるので，今後の検討も必要だが，一般的には輸入早生種は栽培条件による稈長の変化が少ないばあいが多い。

7. 鳥害対策

ハト，カラス，キジなどの鳥害には各地とも困っている。決定的な方法は防鳥網をかけることになるが，経済性や労力などから実用的ではない。電動かかしやラゾーミサイル，それにビニール製の目玉風船などの，いわゆる“おどし”も種々と工夫されているし，深まきもよいが，いずれもきめてとはいえない。

省力的で安価にできる忌避剤の使用が期待されるが，①色（赤色：酸化鉄など），②味（にが味や渋味など），③臭気（悪臭や強臭など），の製品が市販されている。しかし，鳥の種類によって効果などの差があるし，忌避効果は完全とはいえない。

市販されている忌避剤も色だけや味だけではなく，2種類の併用も多い。しかし，色を粉衣しても種子を掘出すまでわからないし，味は食べてみないとわからないので完全ではない。むしろ臭気の効果が大きく，アブラムシに効果の大きいエチルチオメトン剤（ダイシストン粒剤）やPAP剤（エルサン乳剤）などの効果が各地で認められている。

もちろん，忌避剤は播種直後での効果をねらうが，糊熟期ごろに子実を食害することもある。このばあいには，音の効果などが主体になるが，“なれ”によって効果がなくなり，カラスのばあいは仲間の類似品などが効果の大きいこともあるので，いろいろと検討することも必要である。一方，幼苗期の被害は鳥の繁殖期との関係が大きいようで，ばあいによっては早まきなど播種期によって回避することも効果がみられる。

III 栽培技術の実際

A. サイレージ用トウモロコシの栽培

1. 栽培の要点

①倒伏に強い優良・多収品種，②除草剤の利用，③コーンハーベスタなど機械作業，の3条件，しかも，多収・低コスト生産が必要で，④区画が大きく排水のよい飼料畑，⑤黄熟期の刈取り，が条件になる。もちろん，第3表のように生育区分ごとに適切な管理が必要で，除草剤の散布などタイミングが遅れると効果がないどころか薬害の出ることもあるから，播種後日数ではなく生育に合った管理が要点になる。

同じ品種でも播種期による生長速度のちがいも大きいし，品種の早晩や地域による差もみられる。しか，栽培の要点は全く同じである。

自給飼料を生産する利点は，良質で低コスト生産が条件になるから，大型機械の共同利用や共同作業が基本になる。もちろん，収量の評価は，①多収性だけではなく，②品質，③安定・安全性，なども必要で，とくに，台風による倒

第9図 経営条件によって大型機械の共同利用

第12表　輸入F_1トウモロコシの流通名と市販品種数　(1987年1月現在)
(飯田整理)

地域	流通名	系統略号*	品種名(前年比)	販売会社・団体
府県	スノーデント	G, JX	7(+1)	雪印種苗
	サイレージコーン	NS	12(−2, +3)	日本総業
	ゴールドデント	XL, DK	14(−2, +1)	カネコ種苗
	パイオニアデント	P	12(+2)	全酪連・雪・日
	スーパーデント	TX	1	タキイ種苗
	ロイヤルデント	TX	7(+1)	タキイ種苗
	マノン・ホープ◎	MTC	4(−1)	三井東圧
	パワーデント	FRBX	4	サカタのタネ
	クミアイデント	FFR	9(+1)	全農
	サマーデント	SX	4	山陽種苗
	マイティコーン	GARST	5(+3)	三井東圧
	カーギル	SX	4(−3, +2)	カーギル
	A10	E	2(+2)	オールインワン

注　＊は主要品種で，◎はデントを含む
パイオニアデントはパイオニア　バイブレット　ジャパンが輸入発売元で，販売は全酪連，雪印種苗，日本総業が販売。また，マイティコーン，ガースト，Eはゲン　コーポレーション　イースタン事業部が輸入元。そして，カーギルはカーギル　ノースエイジア

伏や連作による減収のないことが条件になることが多い。

作業は大型機械一辺倒ではなく，肉用牛繁殖経営などでは1条用の人力播種機や2～3条用のティラーでの播種機とともに，コーンモーアで刈り取って自走式フィールドカッタなどを移動しながら微切断をするなど，経営に合った機械利用が原則である。区画の小さい条件で大型のコーンハーベスタを使うと，人力での枕地刈りが半分ちかくもあるなど能率がわるい。そこで，小型コーンハーベスタなどを上手に使う工夫が必要である。

もう一つ重要なことは10*a*当たりの種子量で，3～5*kg*ではなく7,000粒など粒数が基準になる。とくに，同じ品種でも粒型（丸型：R，平型：F）と大きさ（L：1*kg*当たり2,500～3,000粒，M：3,500粒前後，S：4,500粒前後）のちがいがある。そこで，同じ2.5*kg*をまいても6,000～1万1,300粒となり，疎植と超密植になり，病虫害や倒伏が多くなる。つまり，播種は重量ではなく粒数が問題であって，目皿式のコーンプランタの播種にあたっては粒の大きさと粒型とが同じ種子を購入することが必要である。

2. 施　　肥

標準的な10*a*当たりの施肥量は，苦土石灰を100*kg*，熔成燐肥を100*kg*，厩肥を5*t*ていど，それに窒素，燐酸，加里をそれぞれ10～15*kg*ずつで，これらを土壌の種類や前作物の施肥などによって増減する。また，条件によっては窒素の一部を追肥にすると雌穂を大きくする効果もあるが，緩効性の化成肥料や厩肥を施用すれば必ずしも必要とはいえない。

元肥は播種部の側条へ施肥できるコーンプランタの利用がよいが，一般にはブロードキャスタなどでムラのないように散布し，ロータリなどで耕土と混合する。このばあい，苦土入り化成や粒状の苦土重焼燐などは作業や取扱いに好都合で，しかも，肥効の調節にもよい。トウモロコシは牧草などに比べ鉄を3～4倍も吸収するので，種々の微量要素を含んだ資材の施用も必要である。牛尿はNK化成と同じように，燐酸も苦土も石灰も含んでいない。そこで，牛尿だけを多用すると肥料分のかたよりが大きく，しかも速効的だから，熔成燐肥や苦土石灰などとの併用が必要である。

もちろん，生糞は肥効がおくれるし，ハリガネムシやタネバエなど害虫，それに，苗立枯病や萎凋症など病害が多発しやすい。そこで，堆肥化が必要で，場合によっては早期散布してプラウ耕などをしておくとよい。

3. 品　　種

輸入 F_1 品種が圧倒的に多く，昭和62年には第12表のように85にふえ，全体の90％以上を占め，国内育成のタカネワセやヒューガコーンなどは影がうすくなった。F_1 は，倒伏に強く雌穂重割合の高い穀実生産用の品種で，ホールクロップ利用に適しているためである。

最近，品種のレベルアップ，とくに，日本の条件に合った品種選定や育成もあって，昭和49年に輸入種が３品種で約10 *t* であったものが，60年には74で約2,000 *t* も市販された。もちろん，早晩生など生育特性の差も大きいので，播種期や前後作の都合によって好適な品種を選定することが安定多収のポイントになる。

よいことづくめや耐病性などの PR も多いが，品種は①収量性，②安定・安全性，③品質，などの総合評価が必要である。具体的には府県の奨励品種や酪農協などの推奨品種から栽培条件によって決めることが原則である。第13表のように奨励品種に採用の多いほど，広域適応性が大きいといえる。

各地で早まきがふえ，低温発芽性や低温生長性の役割も高い。とくに寒地ほど初期生育が重要で，しかも，除草剤の土壌処理は散布してから，約30日しか効果がない。そこで，初期生育の速い品種は有利で，品種特性として重要である。

受光態勢のよいアップライト（葉身直立型）がふえ，２雌穂の品種なども市販され，登熟と品質，とくに TDN ％の高いことが期待できる。暖地での晩播には耐病性が問題で，しかも耐倒伏性も重要である。最近は優良品種もふえているが，台風で葉身が裂け，そこから枯れ上がる例も多い。登熟が良質多収の条件だから，葉身が台風での損傷の少ない品種を期待したい。

安定・安全性などから品種は２～３の組合わせで，栽培期間の有効積算気温（10℃基準）から早晩生の品種を選定することが基本である。つまり，有効積算気温が1,000℃ のときは相対熟度（RM）が100日，1,300℃のときは130日がめやすになる。サイレージ利用は黄熟期の刈取りが原則であるが，生育日数は播種期によって変わる。

第13表　市販輸入 F_1 品種の奨励採用状況
（1986年２月，飯田整理）

品種・系統	流　通　名	都道府県	傾向
P3424	パイオニアデントＰ3424	23	↗
NS68	サイレージコーンNS68	17	↗
P3160	パイオニアデントＰ3160	14	↗
PX77A	サイレージコーンPX77A	13	↗
P3358	パイオニアデントP3358	12	↗
TX120	ロイヤルデント120	11	↗
P3732	パイオニアデントP3732	10	↗
XL394	ゴールドデント1103	10	↗
1214	〃　1201	9	↘
TX20YA	ロイヤルデント110	8	↗
TX41	〃　100	7	→
MFA5104	クミアイデント101	6	↗
P3147	パイオニアデントP3147	6	↘
G4589	スノーデントG4589(２号クラス)	5	↗
TX74	スーパーデント２号	5	→
FFR915C	クミアイデント202	5	↗

注　昭和61年５月の自給飼料課関係資料の５県以上を整理
準奨励と優良も含め，採用は38道府県

連作するとごま葉枯病や紋枯病など病害の発生が多くなりやすいので，耐病性も問題である。とくに，晩まきほど被害が大きくなるので，品種の特性を生かすことが必要で，多収性とともに安定・安全性を重視したい。もちろん，優良・多収品種は相対的であって，栽培技術によって特性が大きく左右される。

一方，流通名だけではなく品種・系統が問題である。たとえばパイオニアがよいのではなく，Ｐ3732，Ｐ3358など品種・系統によって特性が大きく変わる。スノーデント２号を例にとると，G4810AからG4689，そしてG4589に変わった。もちろん，耐病性などは改善されたが，相対熟度や耐倒伏性も変わっている。そこで，品種・系統名での評価や取扱いが必要で，特性や利点を生かす条件になる。

4. 圃場の準備

冬作にイタリアンライグラスをつくった跡地のばあい，再生力のよい晩生種はロータリ耕起では再生が多く雑草害としてマイナスになることが多い。そこで計画的に，再生しにくい早生品種，たとえばワセアオバやワセユタカなどをつくることが必要である。もし，晩生種の跡地ならプラウでの反転耕起が条件で，残根の多いばあいにはプラウやアップカットロータリで耕起すると，播種作業などにもつごうがよい。

耕起をする前か砕土をする前に苦土石灰や熔成燐肥などをライムソワーなどで施用するが，粒状に加工したものは取扱いやすいので不快感も比較的少ない。播種後の覆土やローラーでの鎮圧をよくするには，砕土を充分にして，しかも均平にしておくことが必要である。ロータリ耕起やツースハローなどでの砕土・均平が，発芽をそろえ，除草剤の効果を高める条件になることが多い。

もちろん，区画が大きいほど機械による作業能率はよいが，排水のよい条件が生育にとって重要であり，水田転作などでは圃場の周囲に明渠を掘ることも必要である。つまり，条件のよいことが安定・多収の基本になるので，いろいろとやっかいでも借地や交換耕作などを含めて努力する必要がある。

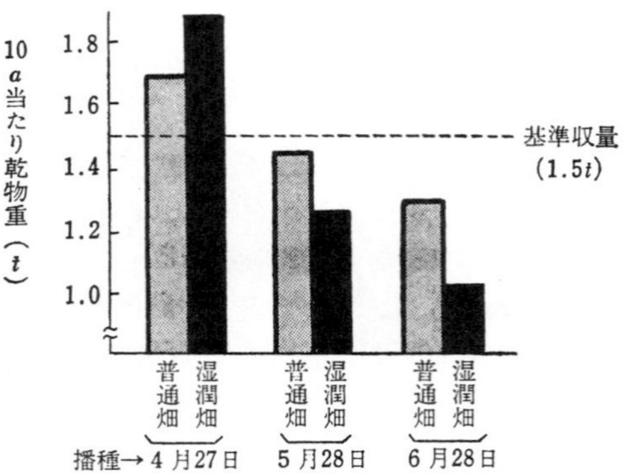

第10図 播種期と収量性 （草地試，1982）
P3160とNS68の平均
湿潤畑には10〜12葉期に窒素を7 *kg*/10 *a* 追肥

一部には省力的な部分耕起や不耕起での栽培が検討されているが，施肥や雑草対策が問題で，耕起播種が原則である。均平をしてからブロードキャスタなどで化成肥料を散布し，さらにロータリで表土と混合するのもよいし，コーンプランタで播種するときは施肥機との一行程作業でもよい。

5. 播　　種

(1) 播 種 期

有効積算気温の上手な利用などによった計画栽培が基本になる。もちろん，黄熟期の刈取りが前提であるが，暖地ほど播種適期の幅は大きく，第5表で示したように，熊本では4月上旬から8月上旬までの播種が可能である。もちろん，どこでも日平均気温で約10℃が播種の早限で，これは，およそソメイヨシノザクラの満開から散り始めのときであり，これより早くまいても発芽が遅れ，種子が腐ってしまうこともあるし，晩霜の害をうけやすい。一方，生育の晩限のめどは，有効気温の基準温度10℃になる時期である。

そこで，この条件に合った期間なら，いつまいてもよいことになるが，梅雨期と秋雨期の作業をさけるには5月末までの播種，そして，8月下旬〜9月上旬の刈取りが原則である。もちろん，二期作のときには8月上旬の播種，さらに，冬作物のつごうなどでは6〜7月の播種も必要であるが，おそまきするほどごま葉枯病の発生が多くなるし，北関東のムギ作地帯では5月下旬にまくとすじ萎縮病の発生が多くなりやすい。

台風による倒伏の回避や安定・多収をねらった早まきは，第10図のように明らかに有利で，とくに，梅雨の早い年次や水田転作など湿潤条件で効果が大きい。もちろん，4〜5月の播種が原則で，収量性に加えて作業性などからも梅雨期の播種は問題が多い。

(2) 播　種　量

市販されている種子の1kg当たり粒数は，2,500〜5,500粒と大幅にちがうが，3,000粒前後のばあいが多く，しかも，R（丸型）とF（平型）もある。そこで，10a当たり2kgをまいても，5,000〜11,000と約6,000粒もちがう。栽培に必要なのは本数（苗立数）であって，密植は倒伏しやすいしアワヨトウなどの発生が多くなることも多い。しかし，疎植は低収で，いずれも不利である。

ふつう，90%ていどの発芽・苗立ちのため，必要な本数の約10%多い種子量でよいので，10a当たりの播種粒数は早生種が8,500粒前後，中生種7,500粒ていど，晩生種6,500粒ていどをめやすにするとよい。つまり，重量でまくのではなく粒数が基準で，カタログなどに粒数表示をした種子を使うと便利である。とくに，目皿式のコーンプランタでの播種には，品種ごとに粒大が変わると調節がたいへんだから，どの品種も大きさや粒型の同じ種子が必要で，たとえば，1kg当たり約3,000粒（M）の丸型（R）などを標準にするとよい。

粒の大小によって生育の差がみられ，とくに早まきのばあいに大きくなる。一般に大粒の初期生育は小粒よりもよい。しかし，生育期間の長い晩生種では生育の差がなくなるが，早生品種のばあいには稈が細くなって低収になることも多い。しかも，SサイズはLサイズよりも除草剤の薬害に弱い。そこで，早生種はLかMサイズを使い，Sサイズはさけるのが無難である。もちろん，晩生種のばあいは，1kg当たりの値段が同じだから粒数の多いSかMサイズでもよい。

(3) 播　種　法

生育や作業の点では，うね幅70〜75cmで株間が20〜25cmの点まきが原則である。コーンプランタは，施肥と播種を一行程で行ない，しかも鎮圧まで終わるし，4条用のばあいには1時間当たり50〜80aの播種が可能で高能率なうえ，粒大が同じならムラがなく均一に播種できる。もちろん，トラクタ用だけではなく，人力での1条用，ティラーでの2〜4条用も市販されているので，共同利用をするとよい。

単位当たりの粒数が同じばあい1粒まきと2粒まきとで収量の差は少ないが，欠株の補償力が小さいので，1粒まきが有利である。

ハリガネムシやコガネムシなどの幼虫の被害が多いばあいには，種子といっしょにダイアジノン剤などを散布すると効果が大きい。10a当たりおよそ2〜3kgの農薬を種子に混ぜても，播種の前後に3〜5kgを土壌に散布してもよい。また，鳥害対策として，①赤色の酸化鉄，②にが味や渋味などの忌避剤（キヒゲン，アンレスなど）を種子に粉衣してまくなど，農薬処理が有利になる。鳥害対策や晩霜対策として深まき（4〜5cm）もよい。重粘な土壌では発芽不良もみられるから，火山灰土壌での実用化が原則であるが，効果の高いばあいも多い。

(4) 播種直後の作業と除草剤散布

発芽・苗立ちをそろえるには2〜3cmの覆土をして，ローラーなどで鎮圧する必要がある。とくに，除草剤の効果を高めるためにも鎮圧が必要で，発芽するまでの悪条件（無降雨）などにも比較的効果がある。

除草剤の散布には，①発芽するまでの土壌処理，②3〜4葉期の散布，③生育前期，の三つのばあいがあるが，散布の時期や効果などからは播種直後の土壌処理が原則である。とくに，ブームスプレーヤでの均一散布は高能率で，しかも効果が高い。もちろん，発生する雑草によって効果の大きい除草剤は異なるが，ノビエやメヒシバなどイネ科雑草の多いときはアラクロール剤（ラッソー乳剤），広葉雑草の多いときはアトラジン剤（ゲザプリム）やプリメトリン剤（ゲザガード）などがよい。また，ペンディメタン剤（ゴーゴーサン乳剤）も条件によって効果は高いが，特性のちがう2種類を混用すると相互補完と相乗効果がみられる。一般的には10a当たり約100lの水にラッソー乳剤を300mlていど，それにゲザプリムを約150g（フロアブルは約150ml）の混用が多い。とくにフロアブル剤は，微粒子のためスプレーヤの目づまりがなく好都合である。また，特性のちがう2種類を混合したゲザノンフロアブルは登録申請準備中で，作業性や効果などから期待できる。

除草剤の散布で注意することは，①適正な使用量と濃度（10 *a* 当たり100 *l* の水），②ムラのない散布（効果の低下と薬害の発生とを防ぐ。少々残っても，一部への二度まきはやめる），③散布するときの天候（土壌の乾燥しすぎ，強風時や散布直後の降雨は効果が劣る）などで，せっかく散布するならば効果を高め，生育期にさらに散布しなくてもよい方法としたい。つまり，散布しただけではなく，効果を高めることが要点になる。

6. 幼苗期の管理

3～4葉までは発芽・苗立ちをそろえる管理が必要で，鳥害対策と土壌害虫の防除が主体になる。

(1) 鳥害対策

種子には忌避剤を粉衣しても，忌避効果は完全ではなく，鳥の種類によっても忌避剤の効果の差がみられる。そこで，深まき（4～5 *cm*）やラゾーミサイル（爆音とともに鳥の類似物を時限的に射ち出す），電動かかしなどの“おどし”も必要である。ばあいによっては鳥の類似品を竹ざおなどにつるすだけでも効果があるので，いろいろ工夫してみるとよい。これも慣れると効果がなくなることが多いが，主として被害は3～4葉までなので，集中的な防除をするとよい。

(2) 害虫防除

播種するときにダイアジノン剤などを処理すれば，被害はほとんどみられないが，発芽してからハリガネムシなどに食害をうけ，枯死することも多い。作業のつごうで殺虫剤散布を播種時にできなかったときは，発芽期ごろに地表散布するか，被害がみられたら早速まくとよい。なお，ネキリムシには DEP 剤（ネキリトンなど）の効果が大きいので，害虫の種類によって農薬を選定するようにする。

(3) 除草剤の散布

つごうで播種直後に散布ができなかったさいは，3～4葉期に必ず散布する。しかし，農薬によっては薬害が大きいので，使用基準などに注意したい。効果を高めるためには散布の濃度が適正でムラのないことが必要であるが，ノビエやメヒシバなどイネ科の雑草に効果の大きい除草剤はいまのところ使えない。タデやヒユなど広葉雑草には，アトラジン剤（ゲザプリム）やアイオキシニル剤（アクチノール乳剤）などの効果が大きいので，天候など条件のよいときに散布するとよい。

(4) 欠株対策

鳥害や虫害，それに，播種機の詰まりで欠株になったばあいは，なるべく早く追播する必要がある。欠株の生じた分だけ減収になるが，追播しても先にまいた株との競合によって発育が遅れるので，多労なわりに生育の補完はできない。

最近は播種機の性能がよく，しかも，エアーシーダ（真空播種機）の利用もふえているので，播種の精度は大幅にアップした。とくに，粒型とサイズを一定にすればトラブルはない。

7. 生育初期の管理

この時期は雑草害が大きくなりやすいし，雌穂の大きさなどが決まるので，健全でムラのない生育が要点になる。

(1) 雑草対策

播種直後か幼苗期に除草剤を散布しないばあいには，ノビエなどの発生が多くなりやすい。そこで，中耕による機械除草か，ジクワット・パラコート剤（プリグロックスL，マイゼット）などのうね間処理が必要になる。もちろん，株間が残るので完全ではないが，雑草害を大幅に少なくすることができる。しかし，ジクワット・パラコート剤はフードをつけてトウモロコシに絶対かけないことが条件で，作業能率もわるく３人の組作業で１日に60～80 *a* ていどだから，除草剤は播種直後あるいは幼苗期の処理が原則である。

(2) 間　引　き

原則としては不要である。播種機の調子がわるかったり，種子が小さかったりするために１株に２～３本が発芽したときなどは１本に間引くとよい。密植すると倒伏しやすいし，アワヨトウなどの害虫も多発することが多い。

栃木県黒磯市のM牧場で，コーンプランタでAとBの２品種を同じようにまいたが，Aは10 *a* 当たり約7,000粒，Bは種子がSサイズのため約13,000粒となったところ，A品種はアワヨトウの被害はきわめて少なかったがB品種は密植のため被害が大きかった。しかしBのばあい間引きすれば被害は少なくなるし，倒伏防止もできる。

(3) 追　　肥

雌穂形成期ころに肥料が不足すると雌穂が小さくなりやすく，多収は期待できない。元肥の量をおさえたときや肥料ぎれで葉色の淡いときは，10 *a* 当たり窒素を 5 *kg* ていど追肥するとよい。一般的には元肥が多ければ必要性は少ないが，水田転作などで湿害のため肥料の流亡などの損失が多いときには施用することが必要である。

(4) 病害虫防除

すじ萎縮病の発生が地域によっては多いが，発病してからでは防除法がない。この感染は３～６葉期ごろに多く，ヒメトビウンカなどによって感染するので，殺虫剤の利用も効果がある。ダイアジノン剤などを土壌害虫の防除に利用すると効果の大きいことが多い。

8. 生育中期の管理

病害虫対策，とくに，アワヨトウやアワノメイガなどの防除が主体で，１～２日おきに畑を見回る。早期発見と早期防除が基本である。

(1) 害 虫 防 除

７～８月にアワヨトウが大発生することがあり，２～３日のうちに葉身をほとんど食いつくしてしまう。トウモロコシの登熟にとって葉身が絶対に必要だから，農薬を使った防除もやむをえない。

発生をみたら，すぐに DEP 剤（ディプテレックスなど）や PAP 剤（エルサンなど）の乳剤や粉剤を散布するとよい。もちろん，ムラのないような散布が条件で，長大なため，ばあいによっては鉄砲ノズルの使用も必要である。

(2) 倒 伏 防 止

培土をしても倒伏防止の効果はほとんどなく，断根や機械での刈取りができなくなるマイナスも多い。むしろ，短稈品種の選定や疎植栽培がポイントで，生育中期の決定的な対策技術はない。しかし，ときには点まきなら３～４列のうち１条ずつ刈り取ると効果もみられるが，減収することになるし作業がやっかいである。

9. 登熟期の管理

登熟をよくすることは，品質をよくし TDN 収量を高めるから，倒伏，病虫害などに注意して最後の仕上げをしたい。

第11図　密植でのアワヨトウの被害

第14表　トウモロコシの刈取時期と収量性　（草地試，1977）

刈取時期	10 a 当たり収量			1日当たりTDN収量	TDNの%		乾物
	生草	乾物	TDN		生草	乾物	
未熟期	7.1 t	1.13 t	749kg	8.1kg	10.5%	66.3%	15.9%
乳熟期	7.4	1.40	962	9.4	13.0	68.7	18.9
糊熟期	6.2	1.60	1,124	10.2	18.1	70.3	25.8
黄熟期	5.3	1.62	1,166	9.7	22.0	72.0	30.6

注　品種：P-3184，5月1日播種
TDNは新得方式による計算値，新得方式：乾物当たりTDN 稈葉＝58.2%，穀穂＝85.0%
水熟期は出穂後約10日

(1) 病害対策

高温・多湿，そして連作すると紋枯病やくろ穂病などの発生が多くなりやすい。耐病性の品種の使用と輪作が対策の要点で，農薬の散布は効果が少ないが，施肥によって軽減することはできる。

生糞の多用などの条件で，8月末に糊熟期になる栽培で，突然，株元が急激に枯れ上がる萎凋症が各地でみられる。品種などで差はあるが，発病したら早めに刈り取るのがよい。

(2) 虫害対策

アワノメイガによって茎が食害されると上部が枯れ，しかも風で折れやすくなる。幼虫が茎の中に食い込んでしまうと防除効果が少なくなるので，成虫が発生した時期と幼虫が孵化したときにDEP剤などを散布する。

(3) 台風対策

気象情報などに注意して，ばあいによっては刈取適期（黄熟期）より少々早くても刈取りをするほうが，倒伏させるよりは有利である。もちろん，8月末前後が刈取適期になるように計画栽培することが基本で，できるだけ台風をさけるようにするとよい。

10. 収穫期の作業

適期作業と高能率作業が収穫期のきめてで，損失の少ない対策が必要である。

(1) 刈取適期

第14表のように，収量と品質などから糊熟～黄熟期に刈り取る（乳牛は黄熟期であるが，肉用牛の繁殖には糊熟期，肥育には黄熟～完熟期が適当）。乳熟期では子実への養分の蓄積が少ないし，黄熟期をすぎると消化率が低下するのでTDN収量の増加は期待できない。しかし，ハーベストアなどサイロの型式によっては水分70%以下がよいので黄熟期の刈取り，一方，二次発酵をしやすいときには75%ていどがよいので糊熟期の刈取りと，使い分けも必要である。

子実の基部にブラックレイヤーが全体の10～20%，あるいは，雌穂を2つに折るとミルクラインができたときが刈取適期（黄熟期）である。しかし，外見的に包皮が灰黄色になったときで，経験によって適切な判定ができる。

一般には，生食用として硬くなり始めた糊熟末期から刈取りを始め，黄熟期までの1週間くらいのうちに終えるとよい。品種や栽培時期などによっては茎葉が青々としていても，すでに黄熟期になっていることもあるので，雌穂の登熟程度をみて刈取時期を決めるようにしたい。

(2) 刈取り作業

コーンハーベスタなどでの機械収穫，ばあいによってはコーンモーアや人力で刈り取って自走式フィールドカッタなど利用すると，省力的で高能率作業が必要である。とくに，機械利用は2～3人の組作業が有利で，グループによる共同作業が必要である。倒伏していないトウモロコシが条件で，人力主体での刈取りも意外に能率がよく，３～４人の組作業なら刈り取ってからサイロ詰めまで１日に30a前後はできる。

一方，コーンハーベスタでの刈取りは，前面刈りの自走式大型３条刈りやリバーストラクタなら枕地刈りが不要で能率はよいが，ふつうの１条刈りのばあいはトラクタの走行する部分の枕地刈りが手間がかかる。しかも，区画が小さいほど能率がわるく，２～３人の組作業で１日当たりの作業量は一筆が10aていどのばあいは50～60a，30aていどよりも大きいときには1.0～1.2haがふつうである。つまり，区画の大きさなどによって作業能率の差も大きいし，刈取り作業の方法も変わってよい。

最近，歩行型など小型のコーンハーベスタも市販され，経営の小さい肉用牛繁殖農家などでの利用がみられる。しかし，作業能率からは団地化して中型や大型機械の利用が有利で，機械の償却負担や作業面積によって機種を決めることが必要で，デッピングワゴンも条件によって評価が高い。

11. 省力・低コスト生産

除草剤のじょうずな利用，そして，大型機械の効率的な使用がポイントで，とくに機械の償却負担が問題である。共同作業などで作業面積をふやすと割安になるが，コーンハーベスタを個人で購入し３～４haの刈取りでは負担が大きい。第15表の１条刈りのばあい，生草１kg当たりの償却負担は５haなら約５円，10haは約2.5円，そして20haは約1.5円である。そこで，

第12図　歩行型の自走式小型コーンハーベスタ

第15表　大型機械の作業面積と生草の生産コスト（トウモロコシ，オオムギのホールクロップ利用）

作業面積（ha）	コーン１kg当たり		オオムギ１kg当たり	
	第１次生産費（円）	（うち機械費）（円）	第１次生産費（円）	（うち機械費）（円）
20	5.6	(1.4)	7.2	(1.6)
10	6.8	(2.5)	8.5	(2.8)
5	9.3	(4.5)	11.3	(5.1)
1	26.0	(20.9)	30.0	(22.3)

注　コーンハーベスタ，フォレージハーベスタ利用で，機械は補助金なし

栃木畜試：昭和55年成績に飯田が加筆，整理した。このほか資本利子，地代が生草１kg当たり１～２円加わる（10haのばあい）

10a当たり生草で，トウモロコシは5.0t，オオムギは4.2t（実収量），10a当たりの作業時間はトウモロコシが5.5時間，オオムギが5.9時間

１条刈りが約10ha，２条刈りは20haていど，そして，自走式の３条刈りは50ha前後の年間作業量が当面のめやすである。

大型機械での10a当たり作業時間は５～10時間，しかし小型体系では20～30時間で，とくに大型機械の共同作業は低コスト生産ができる。そして，生草１kg当たりの資材費，労賃，機械費がそれぞれ２円前後，それに雑費を加えて７～８円になる。一方，作業面積が少ないと機械費が５～６円になって，合計で10～15円となり，省力的ではあるが小型体系よりコスト高になることも多い。

10a当たりの生草収量が３tでも６tでも生産経費は大差がないので，多収するほど低コストになる。一般的に生産経費は４～７万円で６万円前後が多いので，６tならば生草１kg当たり約10円で，水分が約70％だから現物当たりのTDNは20％前後，つまり，TDN１kg当たり50円の生産費で，サイレージ調製に伴うロスを加えても60～65円である。流通粗飼料はTDN１kg当たり80～90円が多いし，自家労力は所得となるので多収するほど明らかに有利である。

先進農家でも生産性やコストの幅が大きく，第16表の事例ではTDN１kg当たりが39～121円，そして平均は70円である。しかも，10a当

第16表　サイレージ用トウモロコシの生産性（全国農業システム化研究会，1987）

区分		10a当たり乾物収量	10a当たり生産費	10a当たり労働時間	TDN1kg生産費	10a当たり農具償却費	生産費中の農具費の割合
平均		1.38 t	6.0万円	14時間	70円	1.9万円	32%
最小		0.99	4.4	8	39	0.6	9
最大		1.69	7.1	34	121	3.0	53
平均	A	1.40	5.5	9	59	2.0	36
	B	1.37	6.4	20	80	1.8	28

注　昭和61年，6県における実証調査結果（12事例，飯田整理）
　Aは改善区の6事例，Bは慣行区の6事例

第17表　飼料作物の生産コスト試算　　（草地試，1986）

草種	播種期（月.日）	10a当たり乾物重	4体系のばあい		1体系のばあい	
			乾物1kg	TDN1kg	乾物1kg	TDN1kg
トウモロコシ	4.24	1.76t	30.7円	44円	37.0円	53円
	5.26	1.52	35.5	51	42.9	61
ソルガム（兼用型）	5. 8	1.53	35.0	54	40.1	62
	6. 9	1.37	39.1	60	44.8	69
エンバク（秋作）	8.29	0.73	42.1	61	49.5	72

注　品種はトウモロコシNS68，ソルガム：スズホ，エンバク：アーリークイン（12月11日刈取り）でTDNは推定試算
　10a当たり労働時間：トウモロコシ　15.5時間，ソルガム　18.5時間，エンバク　9.0時間（10a区画，圃場内実労働時間。エンバクは未細切）
　10a当たり第一次生産費（4体系）：トウモロコシ　5.4万円，ソルガム　5.3万円，エンバク　3.1万円（労賃は1時間1,000円として）

たりの農具償却費は0.6～3.0万円，乾物収量は1.0～1.7tで，とくに，農具費によって生産コストが大きく左右された。つまり，機械の償却負担を安くすることと単収の向上が低コスト生産のポイントになる。

作業面積を拡大するには，作付体系の組合わせが必要で，第3図のように4月まきと5月まき，それに，品種の早晩生を組合わせると好都合である。その結果，第17表のようにTDN1kg当たり44～51円の低コスト生産，しかも，機械の負担面積の拡大による償却負担の低減に加え，労力配分やサイロの有効利用もできる。もちろん，周年多収が必要で，機械の汎用利用にはムギのホールクロップ利用との組合わせがよい。

除草剤の利用は省力効果が大きく，作付面積の拡大と低コスト生産を可能にしている。しかし，同じ除草剤でも散布の時期や方法などによって効果は差があって，発芽直前の土壌処理が有利である。10a当たりの農薬代は1,500円前後で，散布作業の経費を加えて3,000円くらいになる。もちろん，効果を高めるにはタイヤローラーなどでの鎮圧，それにムラのない散布が必要で，2種混合による相互補完と相乗効果を利用するとよい。

地形的な問題などもあるが，団地化すると作業能率は向上するし，水田転作では排水の改善も加わって単収のレベルアップと安定化にもプラスが大きい。交換耕作や借地などが高能率作業と低コスト生産の条件になる。とくに，区画が小さいとコーンハーベスタでの刈取りは枕地の処理が大変だから，メリットが半減してしまう。そこで，基盤整備は生産性を向上する基本で，具体的な対応が必要である。

B．サイレージ用の二期作栽培

トウモロコシサイレージの機械利用による高能率生産，それに，優良・多収の早生品種の大量市販もあって，サイレージ用トウモロコシの二期作への期待が大きい。雄穂期ごろに刈り取る青刈り利用なら二期作どころか三期作さえ地域によっては可能だが，糊熟～黄熟期に刈り取るサイレージ利用は有効積算気温を検討するなど再点検が必要である。

第18表　各地の気温と２回どりの実用性　（平年値）

地名	年平均気温	有効積算気温	播種の早限	8月1日までの有効積算気温	生育有効晩限	２回どりの実用性
盛岡	9.7℃	1,379℃	4月26日	705℃	10月23日	×
福島	12.3	1,856	4　12	915	11　8	×
新潟	13.0	1,952	4　14	1,020	11　12	△
宇都宮	12.7	1,913	4　10	953	11　9	△
前橋	13.6	2,044	4　4	1,010	11　14	○⁻
横浜	14.8	2,241	3　30	1,139	11　24	◎
鳥取	14.8	2,123	4　4	1,095	11　23	○⁻
鹿児島	17.0	2,779	3　5	1,386	12　4	◎

注　播種の早限：日平均気温10℃以上になった日，生育有効晩限：10℃以上最後の日
　　早生品種の１作には有効積算気温1,000～1,100℃が必要

1. 二期作のねらいと評価

サイレージ用トウモロコシとイタリアンライグラスを組み合わせる作付体系に代わって，二期作を積極的にとり入れるのは，①良質で多収，②機械投資がトウモロコシ用だけでよい，③冬作物の不安定（雪害など）対策，④牛糞尿の利用，⑤労力配分，⑥サイロの利用度，など種々と利点が多い。

北陸などでは，イタリアンライグラスやムギなどの冬作物は年によって雪害が大きく不安定なばあいもある。そこで，夏作物のうち比較的低温でも生育するサイレージ用トウモロコシを４月中旬に播種し７月末に刈り取ってサイロへ詰め，再び８月上旬に播種し11月中旬に刈り取る栽培が，福井県大野市のＨ牧場などでは経験的に行なわれている。つまり，安定性のある技術として高く評価されているし，冬作物と一期作の組合わせよりも多収が期待でき，関東での１期作と２期作の合計収量は10*a*当たり生草で10*t*ていど，乾物で3.0*t*前後，TDNで約2.0*t*が標準的である。

有効積算気温で約2,000℃（およそ年平均気温が14℃）以上が実用的な栽培の限界で，各地での実用性は第18表のようである。神奈川県秦野市のＴ牧場は，2.1*ha*のイタリアンライグラスとサイレージ用トウモロコシの作付体系を全部やめ，サイレージ用トウモロコシの二期作だけにしているが，多肥栽培でのイタリアンライグラスの品質の低下対策としてとり組むとともに，コーンハーベスタの利用度を高める方法としても評価している。

もちろん，適期作業のためには大型機械での高能率作業が条件で，コーンプランタとコーンハーベスタの共同利用，そしてグループによる共同作業などがポイントになる。とくに，生育適温を充分に利用するには，１期作を収穫したらただちに２期作の播種が必要で，人力主体の作業では小面積しかできない。つまり，作業の方法などによって評価は大幅に変わるし，実用化も大きく左右される。

2. 具体的な方法と問題点

サイレージ利用には糊熟～黄熟期の刈取りが前提になることは二期作のばあいでも全く同じであるから，一般的には相対熟度が115日前後の早生品種が主体になる。とくに，有効積算気温が2,000℃あるばあいは半分にすれば1,000℃ずつで二期作の限界になるが，余裕をもって二期作ができるには有効積算気温が2,200～2,300℃（およそ年平均気温は約15℃）である。２期作では播種が８月上旬になるため発芽が不安定になりやすく，鹿児島県鹿屋市のＨ牧場のように畑地灌漑の可能な条件が有利である。

一方，労力配分もあって，１回どりと２回どりを組み合わせることも必要だし，安全性を高めるには品種も複数がよく，しかも，１期作には早熟の早生種，２期作には生産量の多い中生

第19表　2回どり栽培の組合わせと収量積算温度　（井上ら，昭52）

組合わせ	必要な有効積算温度	作付順序		圃場期間		乾物収量($t/10a$)			有効積算温度（実績）
		第1作	第2作	第1作	第2作	第1作	第2作	計	
A・D	℃ 2,100	A	D	月日　月日 4.15～7.22	月日　月日 7.22～10.21	1.14	1.68	2.82	℃ 1,992
		D	A	4.15～8. 5	8.5～10.27	2.19	0.79	2.98	2,021
B・B	2,080	B	B	4.15～7.30	8.5～11. 8	1.69	1.36	3.05	2,000
B・C	2,160	B	C	4.15～7.30	8.5～11. 8	1.69	1.17	2.86	2,000
		B	C	4.28～8. 5	8.5～11. 8	1.70	1.17	2.87	2,014
		C	B	4.15～8. 2	8.5～11. 8	1.78	1.36	3.14	2,048
B・D	2,200	D	B	4.15～8. 5	8.5～11. 8	2.19	1.36	3.55	2,096
C・C	2,230	C	C	4.15～8. 2	8.5～11. 8	1.78	1.17	2.95	2,048
C・D	2,270	D	C	4.15～8. 5	8.5～11. 8	2.19	1.17	3.36	2,096

注　A：JX844（極早生），B：P3715（早生），C：P3571（早中生），D：P3184（中生）

種の組合わせが有利になることが多い。もちろん地域などの条件によって，品種の特性を生かすことが必要であるが，第19表のように収量の差は少ない。むしろ，有効積算気温によって生育が左右され，8～9月の好天候によって2期作の収量は高くなることが多い。

2期作での問題点は，①連作障害，②病虫害，③倒伏などであって，とくに8月上旬にまくと干害による発芽不良，それに，ごま葉枯病が激発することも多い。病害は，連作すると多くなることもあって対策に困るが，耐病性の品種の選択や多肥栽培などで被害を軽減するよりしかたがない。しかし，9月になると生育がすすみ回復することが多いので，決定的な問題になるばあいは少ない。

9月の台風シーズンは倒伏の心配が大きいけれど，どちらかといえば疎植などで茎を太くすることも必要で，長稈種よりも短稈種が安全であるが，葉身の裂傷や千切れなどの被害も多い。つまり，収量性と安全性は逆の関係にあり，品種やソルガムとの組合わせなどによって対応するよりしかたがない。連作障害の一つとして施肥が問題で，苦土石灰の多用（10a当たり200 kg ていど）は収量を高めるとともにマグネシウムの含有率を高め品質をよくする効果もある。そこで，連作対策として作期ごとに苦土石灰を施用することも必要で，収量にみあった五要素の施用の重要性は1回どりのときと同じである。

C．水田利用の栽培

1．水田転作での実態

全転作面積における飼料作物が約12万ha（昭和61年）のうち，トウモロコシは約2.2万haで，このうち2.0万haが府県である。良質・多収性への期待が大きく，府県での全栽培面積（約7.7万ha）の26％を占めて，毎年ウエイトが高まっている。しかし，第20表のように水田では単収の幅が大きく，平均は4.7tでも4t未満が約35％，4～6tが約40％，6t以上が約25％で分散型である。

低収の主因は湿害で，第10図のように播種期によっても変わるが，梅雨期までの生育の促進，それに排水対策によって安定・多収ができる。もちろん，湿害は根の生理的障害とともに肥料養分のロスも加わるので，早まきをベースに排水対策と追肥によってデメリットを軽減している事例も多い。

トウモロコシは相対的に耐湿性が弱いので，

排水条件のよいところや集団などでの栽培が多い。しかし，砕土が悪いために除草剤の効果が劣り，雑草害の大きいばあいもみられる。１～２年のブロックローテーション（単年輪作）のため排水対策や厩肥の施用をしないことも多く，低収のためコスト高などもあるが，生産基盤と技術改善によって著しい多収事例もふえている。

第20表　水田転作と普通畑での単収分布（府県）

草種	区分	2t未満	2～4t	4～6t	6～8t	8t以上	平均収量
青刈トウモロコシ	水田	9%	25%	41%	20%	5%	4.7t
	畑	7	21	42	24	6	5.1
イタリアンライグラス	水田	14	29	32	16	9	4.5
	畑	9	24	33	21	13	5.1
混播牧草	水田	26	38	26	7	3	3.5
	畑	13	37	32	13	4	4.2
平均	水田	16	31	33	14	6	4.2
	畑	10	27	36	19	8	4.8

注　単収は10a当たり生草重で，平均収量は推定試算（飯田）
農水省，粗飼料生産・収量要因等緊急調査報告書（昭58）による

2. 水田転作での生育の特徴

転作畑は地形的に冠水しやすいばあいが多く，しかも排水が一般にわるい。もちろん土壌条件にもよるが，水田は沖積土壌が多いし，重粘なところは排水不良による湿害と寡雨による干害が背中合わせに同居している。暗渠排水や心土耕起によって改善はできるが，基本的には土性の差がある。火山灰土壌のばあいは，１年目に普通畑と同じような生育や作業も期待できるが，重粘土壌は第14図のように４～５年目で安定・多収になることもある。

重粘な圃場でも，周囲に明渠を掘って排水をよくすれば生育は安定するし，機械作業も可能になる。しかし，水田土壌は代かきを長年つづけた結果として単粒構造のため親水性が大きく，降雨後の排水，土壌の乾燥が畑地の団粒構造のばあいよりもおそい。そこで，大型機械での作業が予定どおりできないことが多く，まき遅れや刈り遅れになりやすい。とくに梅雨期や秋雨期の作業はしないことが原則で，播種や除草剤の散布などは５月末までに終えるように早めの計画が必要である。

鋤床層，いわゆる耕盤が水田にはあるが，３～４年ごとに水田と畑を繰り返す地域輪作（田畑輪換）のばあいには，耕盤をこわすと水田のとき漏水が多くなる。そこで，むしろ，条件のよい転作を固定して鋤床層をこわすことが必要で，排水をよくし畑地化を促進できる。つまり，鋤床層をそのままにするのかプラウや心土耕起などでこわすのかによっ

第13図　水田転作では早まきがポイント
左：４月末播種，右：６月上旬播種

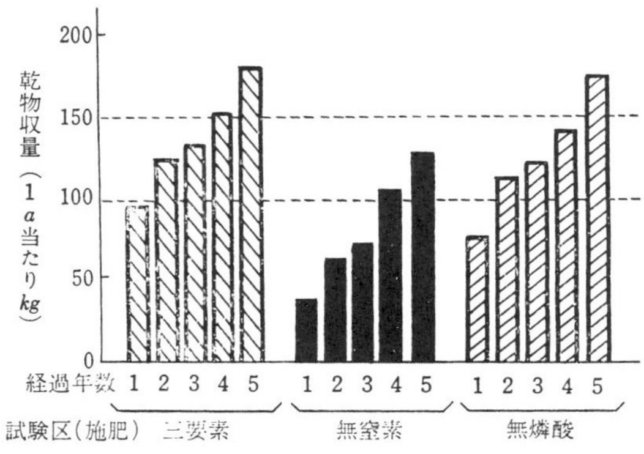

第14図　重粘土壌の転換畑の経過年数とトウモロコシの乾物収量（糊熟期刈取り）　（北陸農試）

て，湿害や土壌の畑地化の程度差は大きく，しかも根の張り方もちがう。

3. 水田での栽培の要点

(1) 基本条件

冠水の危険がなく，しかも排水のよいことが基本で，区画の大きさや農道などの条件を含めて転作畑を固定するのがよい。連作対策など総合生産性から理想としては地域輪作(田畑輪換)であるが，鋤床層をこわし排水をよくする心土耕起を思いきって実施するには固定化することが前提になる。しかも，転換１年目はソルガムやヒエなどをつくり，湿害のないことを確認して，２年目からトウモロコシにすれば失敗はない。もちろん，畑地化もすすむのでプラスになる。

梅雨期と秋雨期には機械での作業ができないことが多いので，作業計画は５月末までの播種，８月の刈取りが基本であって，原則としてサイレージ用の栽培で，いっせい刈りがよい。しかも，降雨後はトラクタが数日もはいれないことも多いので，作業は余裕をもって計画することが必要である。

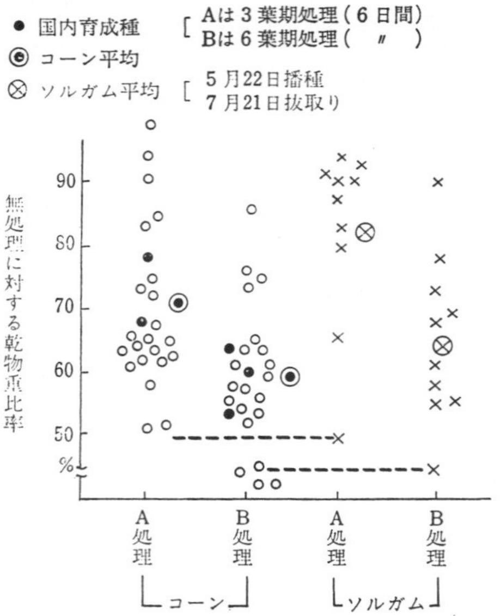

第15図　生育初期の湛水処理と生育（飯田，1980）

とくに，生育のよいことよりも収穫などの作業を優先し，いかにして省力的な栽培をするかが問題で，排水をよくするための明渠や暗渠なども前提になる。排水対策は生育と作業の両面からの基本条件であって，低コスト生産の要点である。

湿害に弱いトウモロコシにも，第15図のように品種・系統による差も大きい。そこで，耐湿性の品種が有利であるが，耐湿性と多収性とは無関係で，耐湿性の品種が湿害のない条件で多収とは限らない。いずれにしても耐湿性の点検によって安全性を高めることができる。

(2) 播　　種

土塊が大きいと覆土がわるくなりやすく，発芽不良や鳥害が多くなることがある。しかも，除草剤の効果も一般にわるい。そこで，普通畑よりもロータリでの耕起・砕土を１～２回ふやし，砕土率を高めて，ごろごろした土塊のないようにすることが必要である。重粘土壌のばあいは高速ロータリなどでの耕起・砕土が高能率であり，条件によっては１回がけでも砕土率は高い。

コーンプランタでの播種，ブームスプレーヤでの除草剤散布なら高能率作業ができるが，人力主体の作業は労力的にたいへんである。しかし，排水がわるくて機械がはいれないときは人力作業もしかたがない。とくに，除草剤の散布は生育期処理よりも播種直後が有利で，梅雨期

第16図　水田転作での明渠排水は安定生産の条件

になると散布適期の作業ができなくなることが多く，雑草に困ってしまい人力での粒剤散布や除草がやむをえなくなり，最悪の状態となる。

転換畑の土壌は一般に普通畑よりも酸性で，しかも乾土効果が高い。元肥といっしょに苦土石灰の施用が必要で，10*a*当たり200*kg*前後が標準量である。また，乾土効果によって窒素の肥効がプラスになるので，転作1年目は施肥をひかえてもよいが，三要素の持ち出しも多く，多収をあげるには2年目からは施肥を減らす必要はない。しかし，牛糞を多用すると肥効が長もちするしあと効きするばあいが多いので，元肥には速効性肥料がよい。

(3) 生 育 初 期

梅雨期になるばあいが多く，湿害のため不良生育になりやすい。明渠などで排水をよくすることが大切である。しかし，湿害は生育段階による差が大きく，一般に幼苗期や生育初期，そして高水温ほど影響が大きい。そこで，なるべく早く播種して梅雨期には生育中期になるようにすることも対策の一つといえる。

過湿がつづくと，土壌中の空気量の減少による根の活力の低下，さらに肥料の流亡などによる損失も加わって，生育不良になる。このばあい，条件によっては追肥して再び生育をよくすることもでき，10*a*当たり5*kg*ていどの窒素の追肥をすると第17図のように効果がある。

(4) 生 育 中 期

梅雨期も終わって好天候のつづくことが多い。重粘な土壌では降雨がないと土壌に亀裂が生じ，しかも，根の伸長が比較的浅いことも加わって干害をうけやすい。つまり，葉身がしおれるし草丈の伸びがわるくなって生育が停滞することが多い。転換畑は用水路を使って灌水することができるので，干害の危険のあるときはじょうずに活用するのもよい。

一方，雄穂抽出期ごろになるとアワヨトウが大発生することもあるので注意し，発生を認めたらただちにDEP剤(ディプテレックスなど)やPAP剤（エルサルなど）の乳剤や粉剤を散布することは普通畑と同じである。これまで水田であったところだから害虫がいないと思って安心していると，大発生することも多い。これは，虫が飛んできて雑草などに産卵し大増殖をするためで，一般に密植状態の生育での発生が多くなりやすい。

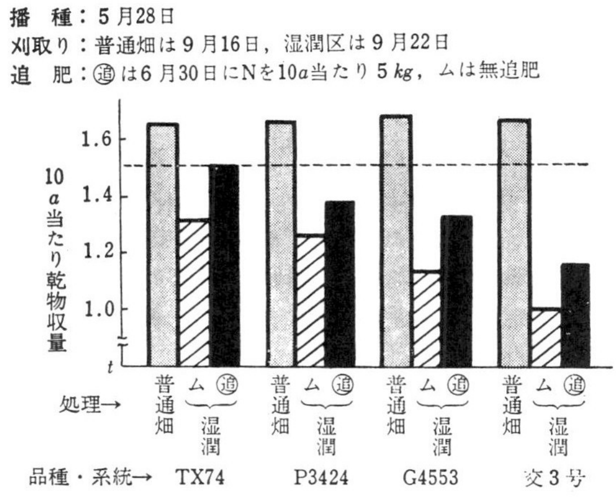

第17図　普通畑と湿潤畑の収量と追肥効果（サイレージ用トウモロコシ）（草地試，1980）

このころになると，周囲に冬作としてムギなどの多い転換畑では，草丈の低い矮性のすじ萎縮病の株が目につくこともある。これは6月に保毒しているヒメトビウンカがトウモロコシに感染させて発病したもので，7～8月には防除の方法がない。発芽してから20日前後に感染すると発病が多く，40日前後の感染は被害が少ない。つまり，播種期によって被害は大きいので5月末前後をさけ，5月上中旬までに播種することや，ダイアジノン剤などを種子といっしょに施用することが必要である。

(5) 登 熟 期

倒伏とごま葉枯病やアワノメイガなどの病害虫に注意し，登熟のよいサイレージ用トウモロコシを多収することで，とくに，倒伏すると刈取り作業がたいへんで，品質の低下も大きい。

一番のポイントは刈取り作業で，いっせいに刈り取ってサイレージ利用をすることが有利だが，機械収穫のためには排水のよい条件がきめてになる。土壌が単粒構造の1年目のばあいには降雨後の乾燥がおそく，作業予定が遅れやすい。そこで，天候を優先して少々早くても機械利用をすることが必要で，人力での刈取りなどは多労だし運搬がたいへんである。つまり，最適条件ばかりではなく総合判断も必要になるが，転作の経過年数の経過に伴って畑地化がすすむと，普通畑と同じような対応ができる。

執筆　飯田克実（草地試験場）

1987年記

参 考 文 献

飯田克実．1985．サイレージ用トウモロコシの安定多収と技術対策．畜産の研究．39(7)．

飯田克実．1985．サイレージ用トウモロコシの連作障害と対策．自給飼料．(4)．

飯田克実．1984．サイレージ用トウモロコシの生育と有効積算気温．畜産の研究．38(5)．

飯田克実．1981．サイレージ用トウモロコシの安定・多収栽培．畜産の研究．35(4)．

飯田克実．1980．サイレージ用トウモロコシの安定・計画栽培．農業技術．35(6)．

飯田克実．1980．種子の大小とサイレージ用トウモロコシの生育および収量．関東草飼研誌．4(1)．

飯田克実．1980．サイレージ用トウモロコシの栽培技術と作付体系．畜産の研究．3(4)．

飯田克実．1979．サイレージ用トウモロコシのの除草剤と鳥害対策．関東草飼研誌．3(1)．

飯田克実．1979．サイレージ用トウモロコシの品種と栽培技術．畜産の研究．34(3)．

飯田克実．1977．サイレージ用トウモロコシの品種および栽培と利用．畜産の研究．31(6)．

飯田克実．1985．最新・粗飼料生産と利用技術．中央畜産会．1—343頁（2版：1—362頁）．

飯田克実．1980．粗飼料生産の新技術．中央畜産会．1—259頁（4版：1—310頁）．

井上登ら．1978．サイレージ用トウモロコシの播種期試験．一播種適期と2回どり栽培の可能性一．関東草飼研誌．2(1)．

上田允祥ら．1981．西南暖地におけるサイレージ用トウモロコシの生産と利用技術（1,2）．畜産の研究．35（4～5）．

瀬戸口和弘．1979．水田転作によるトウモロコシの集団栽培．関東草飼研誌．3(1)．

ソルガム類の栽培技術

1. ソルガム類の変異

(1) 生育・収量特性からみたソルガム類の変異

①ソルガム類の変異の特徴

ソルガム類の最も大きな特徴は，作物として形態的あるいは生態的にきわめて多くの変異をもち，その結果，早晩性や収量性がタイプや品種によって大きく異なることである。このことは，同じ長大型飼料作物のトウモロコシに比べて大きなメリットである。したがって，ソルガムの栽培・利用を効果的に行なうためには，その変異を十分に把握しておくことが重要である。

ソルガムはその栽培時期や条件によって姿や特性を著しく変化させる面も多いが，ここでは筆者らが寒冷地域南部の長野県塩尻市において，標準播種期（5月中旬～6月上旬）で栽植密度を1,667本/aとして行なった，市販のソルガム類特性調査の結果を第1表および第1～2図に示した。表中のタイプは，試験結果から，子実型からスーダングラスまでの分類を試みたものである。

②生育・形態的特性の変異と栽培上の留意点

早晩性では，7月下旬に出穂する極早生種から10月になっても出穂しない極晩生種まで，90日を超える差がある。全般的な傾向としては，スーダングラスやスーダン型ソルガムは極早生～早生が多く，子実・兼用型は極早生～中生，ソルゴー型は晩生になっている。

しかし，近年はスーダングラス，スーダン型ソルガムのなかにも極晩生の品種があり，変異の幅は大きくなっている。また，播種期や栽培地域によって早晩性が大きく異なり，ときには同じ品種とは思えない姿になることも多い。

形態的特性では，稈長が1m以下の子実型から4m近いソルゴー型まで，茎の太さが1cm以下のスーダングラスから2cm程度のソルゴー型まで，あるいは分げつの少ない子実・兼用・ソルゴー型から分げつの著しく多いスーダングラスまでといったように，多くの形質において各タイプの特性が異なっている。

また，トウモロコシなどと比較して大きく異なる形質としては，刈取り後の再生力や茎の乾

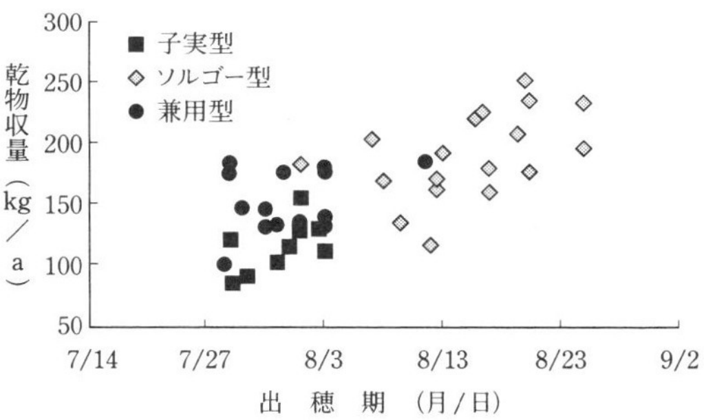

第1図　子実・兼用・ソルゴー型における出穂期と乾物収量との関係　（長野畜試，1996）

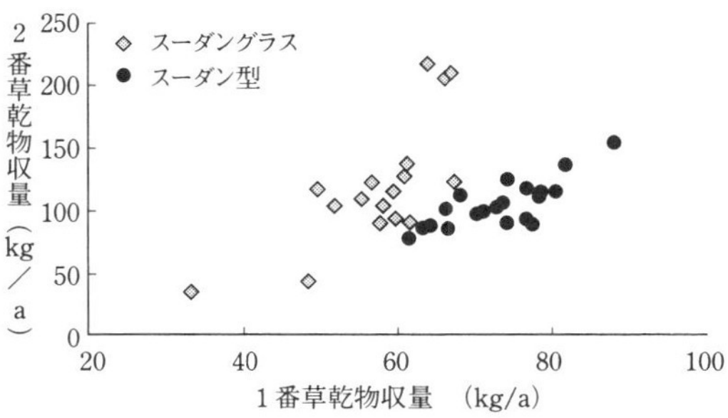

第2図　スーダン型・スーダングラスにおける1番草と2番草との乾物収量の関係

（長野畜試，1996）

第１表　ソルガム類の市販品種の特性　　　　　（長野畜試，1996）

品種・系統名	出穂期（月／日）	稈長（cm）	稈径（mm）	茎数（本／株）	乾汁性
子実型ソルガム					
ヒットソルゴー	7/26	83	15	1.0	汁
BR 48	8/ 2	110	17	1.2	汁
ZR - 860	8/ 3	120	16	1.1	汁
ENERGY 5	7/30	130	16	1.0	乾
NS - V	7/31	138	16	1.1	乾
GS 401	7/27	144	13	1.4	汁
リュウジンワセ	7/26	148	15	1.0	乾
兼用型ソルガム					
GSC1515F	7/29	164	14	1.0	汁
NS - A300	7/29	166	13	1.0	汁
スズホ	7/30	187	16	1.0	乾
H - 03	8/11	259	17	1.4	汁
NS 30A	8/ 1	205	14	1.2	汁
四雑4号	7/27	242	15	1.1	乾
FS 403	8/ 3	214	14	1.4	汁
HS - G	8/ 3	220	15	1.1	汁
P956	8/ 3	245	14	1.1	乾
NK 326	7/25	220	15	1.0	汁
FS455	8/ 3	172	15	1.0	汁
ナツイブキ	7/26	230	13	1.2	乾
FS - 5	8/ 7	254	17	1.2	汁
KCS - 104	8/ 8	271	18	1.0	汁
Growers 30F	8/ 9	246	15	1.0	汁
FS 305	8/ 1	246	15	1.0	汁
MTC 5 - S	8/12	251	17	1.7	汁
TS 9455	8/12	251	14	1.0	汁
ソルゴー型ソルガム					
Suger Graze	8/16	269	17	1.0	汁
SG -1A	8/17	262	18	1.0	汁
KCS -105	8/16	256	18	1.0	汁
FS 501	8/17	237	17	1.0	汁
NC+965	8/13	253	17	1.4	汁
GW-9110F	8/12	269	17	1.1	汁
FS 902	8/20	307	19	1.3	乾
X 8361A	8/25	311	19	1.0	乾
X-8277	8/19	303	18	1.0	乾
NS - 30F	8/25	316	20	1.0	乾
NS - CO4	8/20	297	18	1.0	乾
P 931	8/20	325	18	1.1	乾
天高	未出穂	(389)	18	1.0	乾
風立	未出穂	(234)	18	1.0	乾

品種・系統名	1番草出穂始（月／日）	2番草出穂期（月／日）	草丈*（cm）	稈径*（mm）	茎数*（本／株）	乾汁性*
スーダン型ソルガム						
P 988	7/29	9/26	269	13	2.4	汁
SX 11	7/29	10/18	265	14	2.5	汁
ST 6	7/26	10/ 2	282	13	2.8	汁
SX 17	—	10/18	273	13	2.1	汁
スダックス緑肥用	7/27	10/ 9	275	13	2.0	汁
サマーベーラー	7/27	10/13	288	13	2.7	汁
Kow Kandy	7/24	9/22	273	12	2.3	汁
SS 206	7/28	9/20	286	13	2.3	汁
SS 901	未出穂	—	277	16	2.3	汁
グリーンソルゴー	7/27	9/30	286	12	1.7	乾
KS - 2	7/23	9/21	261	12	2.7	汁
T122	7/23	9/21	260	11	2.5	汁
K - 70	7/26	10/ 1	278	13	2.1	汁
SS - H	7/23	9/21	274	12	2.5	汁
Grazer N2	7/23	9/21	268	11	2.7	汁
ファーストソルゴー	7/28	9/22	280	12	2.3	汁
ソルダン	—	10/18	267	13	2.2	汁
HGR - Ⅱ	7/24	9/19	261	12	1.9	汁
アーリーグリーン	7/22	9/16	278	13	2.9	汁
ダリーンA	7/27	9/26	291	15	1.7	乾
スーダングラス						
HSK1	7/17	9/10	240	9	5.2	乾
HS 33	7/19	9/19	230	10	5.2	乾
KCS 202	7/17	9/18	227	10	4.6	乾
KCS 207	7/19	9/16	235	9	4.3	乾
HS 38	7/20	9/16	230	9	5.0	乾
HS 67	7/16	9/16	235	9	4.2	乾
HS 9401	7/22	9/20	250	11	3.9	乾
「ヘイ」	7/23	9/20	243	9	4.4	乾
ロールベール スーダングラス	未出穂	—	235	12	3.8	汁
ヘイメーカー	7/19	9/17	226	9	4.4	乾
HS 8S	7/17	9/14	232	9	4.5	乾
トルーダン	7/22	9/ 3	206	8	6.1	汁
TR 92	7/20	9/16	231	9	4.9	乾
PC 3079	未出穂	—	225	12	4.7	汁

注　*：1番草の値を示す
スーダン型，スーダングラスの2番草の出穂期は7月下旬に1番草を収穫した場合の値を示す

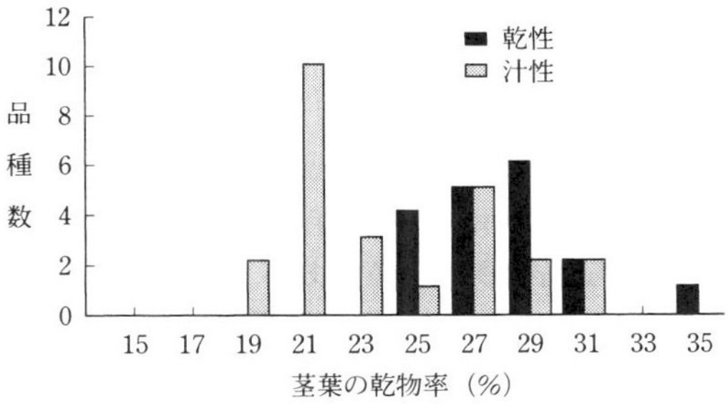

第3図　子実・兼用・ソルゴー型における茎葉の乾物率（糊熟期）の変異

（長野畜試，1996）

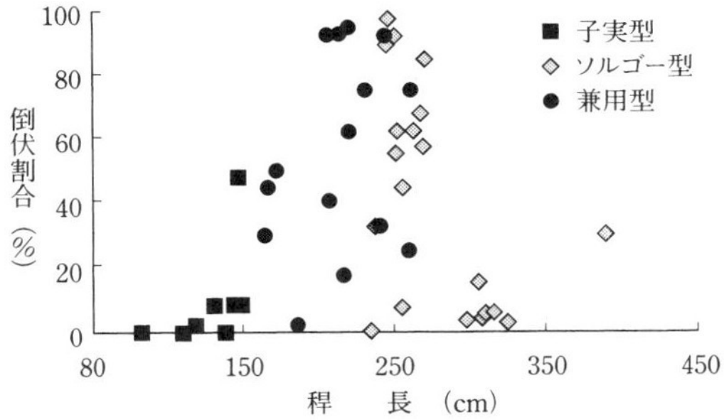

第4図　子実・兼用・ソルゴー型における稈長と倒伏割合との関係

（長野畜試，1996）

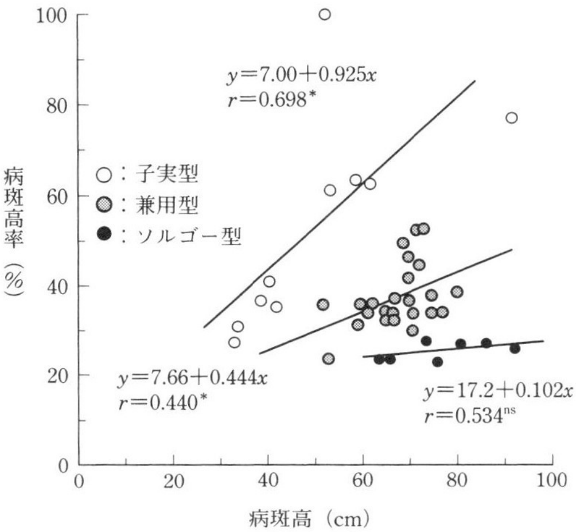

第5図　子実・兼用・ソルゴー型における紋枯病の病斑高と病斑高率との関係

（長野畜試，1990）

＊：P＜0.05，病斑高，病斑高率ともに値が高いほうが病気に弱いことを示す

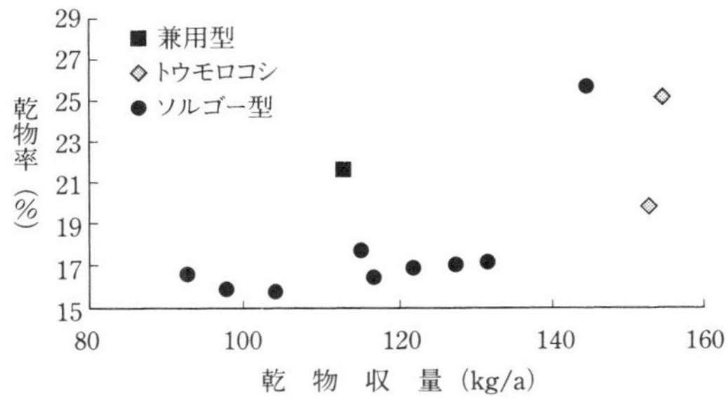

第6図　高冷地におけるソルゴー型品種の乾物収量と乾物率との関係

（長野県川上村，1991～1993）

トウモロコシ：DK-297，P3732，兼用型：スズホ

汁性がある。再生力はスーダングラスやスーダン型で特に優れ，茎は各タイプとも品種によって乾性，汁性がある。茎の乾汁性はアブラムシの発生の多少や収穫時の乾物率の高低（第3図）など，ソルガムの栽培・利用上重要な形質である。

耐倒伏性は，近年のサイレージ利用，機械化体系のなかで従来にも増して重要な特性となってきている（第4図）。刈取り時期などによる倒伏の回避策も考えられるが，全般的にはホールクロップサイレージ利用されることの多い兼用型ソルガムで倒伏が多く，子実型ソルガムでは少ない。ソルゴー型ソルガムは長稈の割に穂の軽い品種が多く，倒伏は比較的少ない。

病害虫に対する抵抗性では，前述の形態と関連してアブラムシやアワノメイガに対する抵抗性，すす紋病，紋枯病，紫斑点病および条斑細菌病など主として葉枯性の病害のほか，麦角病などについても，タイプあるいは品種間差が認められる（第5図）。

地域適応性では，暖地～温暖地はソルガムの特性から当然であるが，寒冷地あるいは中部地方の標高1,000mを超える地域でも栽培が可能で，品種によっては実用レベルの乾物収量が得られる（第6図）。

さらに，ソルガム類としてコロンブスグラス，ジョンソングラスまで含めてみると，1年生と多年生の変異もある。多年生として利用できるか

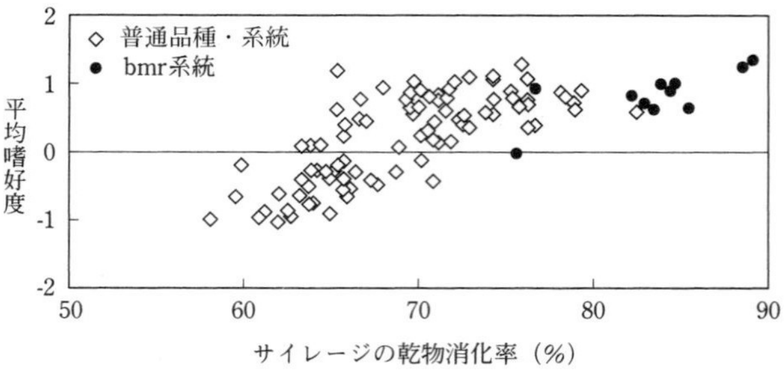

第7図　サイレージの乾物消化率と平均嗜好度との関係

（長野畜試）

乾物消化率はナイロンバッグ法による。平均嗜好度は値の大きいほど嗜好性が優れていることを示す

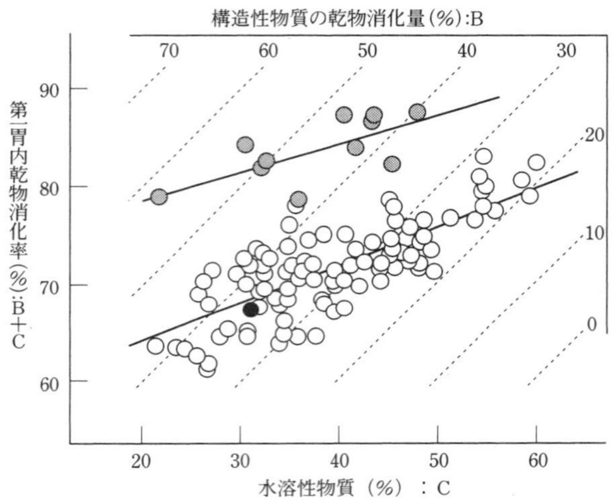

◎：bmr系統　○：普通品種系統　●：トウモロコシ（"P3352"）

bmr系統群　　：$Y = 72.8 + 0.285 \cdot X$（$n = 11$，$r = 0.687$，$p < 0.01$）

普通品種系統群：$Y = 56.0 + 0.390 \cdot X$（$n = 99$，$r = 0.760$，$p < 0.01$）

第8図　ナイロンバッグ法によって評価したソルガム茎葉部の消化特性の変異　（長野畜試）

否かは栽培地の環境条件により異なるが，ジョンソングラスであれば寒冷地域でも越冬可能である。また，ジョンソングラスとソルガムおよびスーダングラスの3系交配によるシルクソルガムは，暖地で多年生として利用できる。

(2) 飼料特性からみたソルガム類の変異

同じ長大型飼料作物のトウモロコシと比較して劣っているとされる消化性や嗜好性について，育種素材も含めた材料で，黒毛和種繁殖牛を用いて検討した結果を第7図に示した。

嗜好性では，トウモロコシにちかい嗜好性を示す品種からきわめて嗜好性の劣る品種まで多様である。子実割合，茎のブリックス糖度など嗜好性にかかわる形質は多いものの，嗜好性は全般にタイプにより類別され，供試した110点のサイレージのなかでは子実型・兼用型ソルガムの嗜好性が比較的優れている。ソルゴー型はやや劣るものの品種による変異が大きく，糊熟期刈り（刈遅れ）のスーダン型とスーダングラスの嗜好性は大半が劣っている。

また，高消化性遺伝子（"bmr"褐色中肋）をもつ系統の多くは高い嗜好性を示し，ソルゴー型の極晩生系統は最も劣る傾向である。

嗜好性は稈長が低いほうが，また穂重割合が高いほうが優れている。

最近では，"高嗜好性＝高糖度"といったうたい文句の品種も多いが，必ずしも単純に言い切れるわけでなく，高糖度は逆に考えればアブラムシの発生やサイレージ調製時のロスや飼料としての扱いやすさではマイナスに働くこともある。

消化性では，特に茎葉部の消化性が問題となるが，品種・系統によって大きな変異がある（第8図）。しかし，現在市販されている品種の多くは，主としてその茎中の水溶性物質の多少によって，消化性が異なっていると考えられる。これに対し，高消化性遺伝子"bmr"をもった系統は水溶性物質以外の植物体をつくる部分の消化性が高い。

以上のように，飼料特性でみた場合，絶対値としてはトウモロコシに比べて必ずしも優れているとはいえないが，変異の大きさと実際の利用場面を考えれば，第9図に示すように，ソルガム類の最大のメリットは多機能飼料として位置づけられるかもしれない。

2. 作付け，機械化体系からみたソルガム類の利用

(1) ソルガム類の利用法と栽培法

①青刈り利用

青刈り利用で最も留意しなければならないとされるのは，生育初期の青酸と多窒素条件下の硝酸態窒素含量である。

しかし，実際の刈取り時期は通常穂ばらみ期以降であるため，青酸はほとんど問題ない。一方，硝酸態窒素については，各地でそれが原因で流産などの障害が発生したとの報告もあり，著しい多窒素条件と考えられるような場合は，サイレージ調製して利用するほうが安全である。ただ，通常の栽培では特に問題ではない。

青刈り利用では，年1回刈りの利用と多回刈りの利用で刈取り時期が異なる。

1回刈りで利用する場合，子実・兼用・ソルゴー・スーダン型およびスーダングラスとも利用できるが，収量性などからみると兼用・ソルゴー・スーダン型が比較的適している。出穂始めから開始して乳熟期程度までに利用するのが，鳥害や倒伏の発生などの点から安全である。しかし，特に開花期以降はカッターなどにより細断して給与する。また，ソルゴー型の極晩生品種で，ほとんど出穂しない品種は，節間伸長がある程度進み，草丈で2mを超える時期を目安として収穫が可能である。

一方，多回刈り利用の場合は，出穂始めを目安に刈取りを行ない，暖地では2～3回，寒冷地域では2回利用が可能である。多回刈り利用に適するタイプはスーダン型かスーダングラスであるが，暖地では子実・兼用・ソルゴー型でも2回刈りが可能である。

②サイレージ利用

通常のサイレージ利用では，利用されるタイプは子実・兼用型およびソルゴー型が中心で，コーンハーベスターなどを利用して乳熟期から糊熟期に収穫し，調製する。

収穫時の乾物率は30～40％が目安となる。糊熟期における乾物率は，乾性の品種で40％にちかい値を示し，汁性の品種で30％前後である（第10図）。したがって，乾性の品種は汁性の品種に比べやや早めに収穫が可能である。極晩生品種で通常の栽培期間中に出穂しない品種では，1～2回の降霜後にサイレージ調製を行なうとよい。

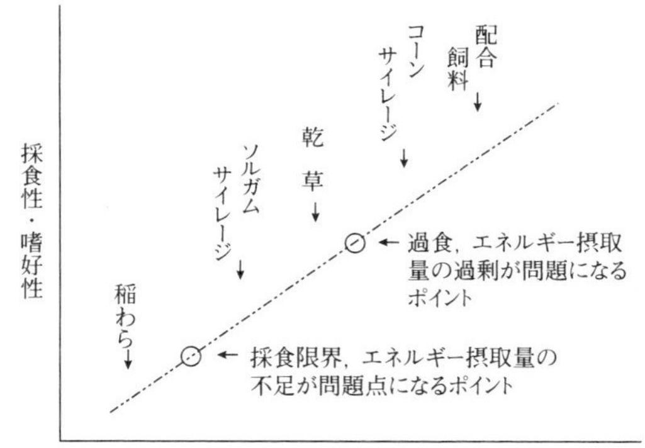

第9図 繁殖牛の飼料設計にあたって考慮される給与飼料の嗜好性 （渡辺作図）

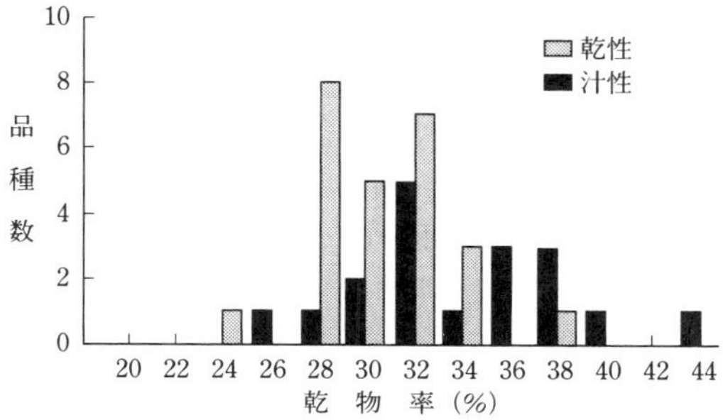

第10図 子実・兼用・ソルゴー型におけるサイレージ原料草の乾物率（糊熟期）の変異 （長野畜試，1996）

サイレージ原料を2cm程度に裁断することが，発酵品質や採食量を確保するために望ましい。

良質なサイレージ調製のためには糖含量が高いことが有利であるが，現在市販されている品種については，第11図のように穂重割合なども関係してブリックス糖度の品種間差が大きい。しかし，刈取り・調製方法が適当であれば，いずれの品種も良質なサイレージが調製可能であり，添加剤などの使用は必要ない。

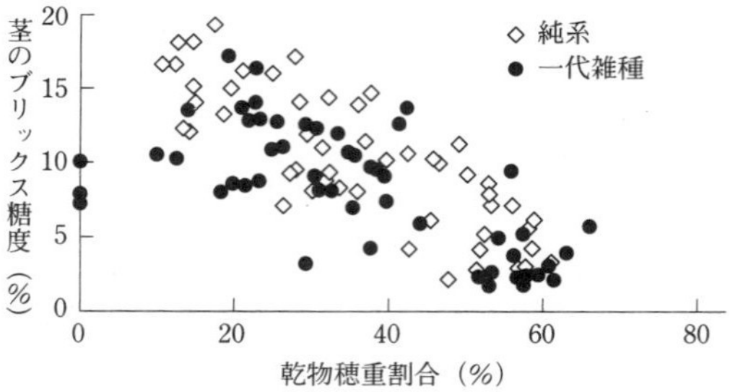

第11図　乾物穂重割合と茎のブリックス糖度との関係
（長野畜試）

第12図　「風立」の立毛貯蔵
（長野畜試）

一方，ロールベールサイレージでは，スーダン型ソルガムやスーダングラスが主に利用されている。ただ，他のタイプでも，密植栽培などで茎が細くなるように栽培すれば利用できる。そのため，刈取り時期は出穂期から開花期までが多く，水分60～40％程度まで予乾した後，ロールベールサイレージの調製を行なう。近年では細断型ロールベーラも開発され，通常のサイレージに準じた収穫・調製が可能になっている。

また，ラッピングのさいのピンホールの発生が比較的多く，ラップの巻数などで調整するが，高消化性遺伝子“bmr”などをもった系統のように茎葉部が比較的柔らかい品種もある。

③乾草利用

ソルガムの乾草利用は主としてスーダングラスを用いて行なう。そのため，茎が細く乾性で乾草しやすい品種が利用に適している。市販されている“乾草”スーダンの多くはこのタイプである。

④立毛貯蔵による利用

収穫期過ぎから冬期において圃場に立毛状態で貯留し，順次刈り取って利用する形態で，当初は暖地におけるサイレージ利用などの補助技術として始まった利用である。

しかし，この形態は夏～秋季の繁忙期にサイレージ調製をしなくてすみ，サイロなどの施設がなくても青刈りと立毛貯蔵の組合わせで比較的長期にわたって利用できる。このようなことから，寒冷地域南部の小規模な繁殖経営でも立毛貯蔵を有効に利用している場合が多く，経営形態によってはきわめて有効な利用形態である。

立毛貯蔵を行なう場合，2つの作型が考えられる。1つは，冬期間の立毛貯蔵のために晩播栽培（夏まき栽培）を行なう作型，もう1つは標準栽培を行ない，青刈り—サイレージ—立毛貯蔵のように連続して利用する作型である。

立毛貯蔵の場合，特に冬期間の凍みの著しい地域では，水分が低下し植物体が枯れ上がるに従って，折損の発生が多くなるため，利用する品種は折損まで含めた耐倒伏性に優れる品種がよい。極晩生種の「風立」などは，寒冷地域南部などでも立毛貯蔵に適した品種である（第12図）。また，汁性と乾性を比較すると，乾性のほうが折損などのロスが少ない。

⑤混播栽培による利用

暖地においては，トウモロコシとソルガムを組み合わせ，1番草はトウモロコシ主体で，刈取り後は再生ソルガムを利用する，といった形態での利用が多い。これは，1回の播種で乾物多収をねらった体系である。

一方，寒冷地域においても混播栽培が行なわれるが，この場合は乾物多収よりソルガムを繊維の給源として利用するため，耐倒伏性に優れるトウモロコシに混播する場合が多い。そのため，中山間の地域では畦条混播で利用している場合もある。したがって，寒冷地域において混播するソルガムの条件は初期生育が特に優れていることが望ましい。

混播栽培は，混播栽培専用の播種機がある場合を除き，播種時にやや手間がかかる難点もあるが，播種期や品種を組み合わせることで，作型として，飼料として幅のある技術である。

最近では，「ソルガム—ソルガム」による混播栽培も検討されている。これは耐倒伏性と多収の組合わせ，多回刈り利用と多収の組合わせなどを目的としたもので，今後さらに検討されれば，有用な技術として利用できる。

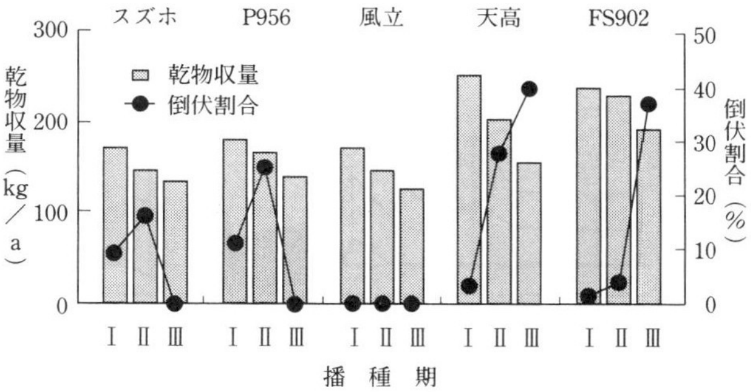

第13図　播種期の違いがソルガムの乾物収量と倒伏割合に及ぼす影響

播種期は，Ⅰ：5月下旬（標準），Ⅱ：6月上旬，Ⅲ：6月下旬
風立，天高，FS902：1988～1990年
スズホ，P956：1996～1997年

（2）作　型

①標準栽培

ソルガムの標準栽培は，平均気温15℃になった時点で播種し利用する場合と考えられ，年1回刈りの場合はサイレージ利用が多く，多回刈りの場合は青刈りあるいは乾草やラップサイレージ利用が多い。実際の播種期は，各地域のトウモロコシの標準播種期より2週間程度後にすることが適当である。

標準栽培のメリットとして，乾物生産性や耐倒伏性に優れる点が挙げられる（第13図）。栽培地域によっては台風などの被害もあるため，どのような場合でも多収，耐倒伏とはいえないが，長野県畜産試験場で行なった播種期試験では，標準播種ほど多収で倒伏の発生が比較的少ない。

また，多回刈りの場合は，栽培期間が長いため標準栽培が前提となる。

②晩播栽培

晩播栽培は高温時の栽培のため，発芽時の水分さえ確保できれば，発芽日数が少なく，初期生育なども良好で，ソルガムの栽培が比較的容易である。適当な除草剤を用いれば雑草害も軽減しやすい。また，夏まき栽培では茎中のブリックス糖度が高くなる。

しかし，一方では病害虫の発生，品種によって耐倒伏性の低下などもある。さらに，サイレージ利用の場合では，収穫・調製時に必ずしも収穫適期の熟度にならないときは，材料の水分調整が必要となる場合もある。

ソルガムはトウモロコシと比較すると，品種の早晩性，播種期による早晩性，収量などの変動の幅が大きいため，他作物との輪作体系のなかでの利用場面が比較的多く，組込みやすい飼料作物である。前作の都合や天候などでトウモロコシの適期播種を逃したような場面での緊急避難的な栽培にも適している。

（3）経営規模，立地条件によるソルガムの利用とメリット

ソルガムは，比較的大規模に栽培利用する場合，その栽培・利用ともほぼトウモロコシに準じた栽培・機械体系によって利用できる。サイレージ，乾草などの目的に応じて，栽培するタイプ，品種を選べばよい。

ソルガムは，むしろ中山間地などの小規模経営などでの特異的な利用場面の多さがメリットになる。特に小規模（兼業）経営では，経営者の高齢化，慢性的な労力不足，他の農作業との競合など，農家によって状況は千差万別である。また，中山間の地域ではイノシシなど鳥獣害の発生も多く，トウモロコシ栽培を放棄した地域も多い。こうした状況のなかで，栽培するソルガムのタイプ，品種，利用法などによって，労働力の分散化，鳥獣害の軽減化，あるいは繁殖障害の軽減などが可能である。

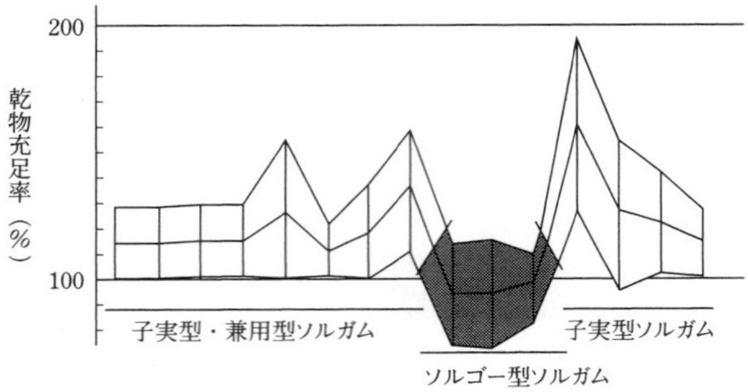

第14図　ソルガムにおける日本飼養標準対比の乾物充足率の推移（黒毛和種の成雌牛）

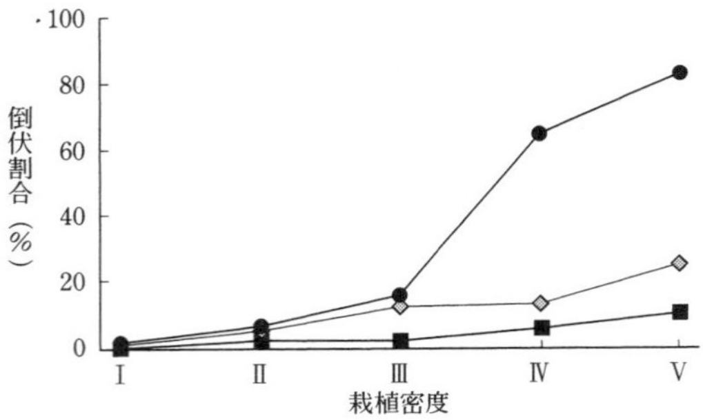

第15図　栽植密度の違いがソルガム兼用型品種の倒伏割合に及ぼす影響

（長野畜試，1997）

Ⅰ：1,111本/a，Ⅱ：1,667本/a，Ⅲ：3,333本/a，Ⅳ：5,882粒/a，Ⅴ：8,824粒/a

3. 飼料特性，飼養目的からみたソルガム類の利用

ソルガムの栄養価はTDNで10～15%程度トウモロコシより低く，嗜好性は劣る，というのが一般的である。しかし，草食家畜としての牛のためには，繊維が多いというメリットは見逃せない。トウモロコシ並の消化性や嗜好性を備えたソルガムも徐々に開発されつつあるが，一方では消化性，嗜好性の低いソルガムの程度を把握し，むしろ牛の腹をつくる飼料として逆に利用することも有益である。

第14図に，ソルガムを用いてキャフェテリア法により黒毛和種繁殖牛における嗜好試験を行ない，自由採食させたときのTDN充足率を示した。嗜好性に優れる子実・兼用型の品種より嗜好性に劣るソルゴー型の品種を給与しているときのほうが，繁殖和牛にとって好都合な飼料となっていた。このように，トウモロコシに比べて濃度の薄い飼料であるためのメリットも見逃せない。濃度の薄い飼料は濃厚飼料などで比較的容易に調製可能だが，濃度の濃い飼料を薄めるのは容易でない。

現在，市販されているソルガム品種は，繁殖和牛用，肥育牛用，泌乳牛用，乾乳牛用あるいは育成牛用など明確に分別はできないが，タイプ・品種の特性からみると，いずれの利用場面でも有益な利用法はある。

4. ソルガム類の栽培のポイント

（1）品種の選定

比較的大規模な機械化体系で利用する場合，品種の選定ではまず耐倒伏性が中心になる。次いで，利用時期に合わせた早晩性，収量性，耐病虫性などを考慮し，実際には各県で行なっている奨励品種選定事業等で選ばれた品種を早晩性，耐病虫性などを考慮して選定するのが安全である。

近年，糖含量の高いことを売り物にする品種も多いが，そのような品種の多くは，子実の稔実が不良で実が着かないことで，茎中のブリックス糖度が高い場合が多い。したがって，充実した子実が着いた場合は，必ずしも高糖性にならないことに留意したい。

ソルガムの品種選定でポイントになるのは，播種期による早晩性の変動である。温度感応性が無～弱の品種群は，晩播すると出穂が早くなり，茎葉収量が低くなるが，温度感応性が強の品種群は，晩播しても出穂までの日数に大きな変化はなく，茎葉収量は晩播ほど高くなる。

耐倒伏性は品種によって異なるが，栽植密度によっても異なる。すなわち，第15図に示すよ

第16図　ソルガム類における除草剤体系

ゴーゴーサン乳剤については，覆土の薄い場合とスーダングラスでは薬害が多く
生育初・中期の倒伏の発生も多くなるので留意する
ラッソー乳剤，ゴーゴーサン乳剤，ゲザノンフロアブルは，覆土が薄い散播栽培では薬害の心配があるため，使用しない

うに，疎植では倒伏の発生が少ないが，密植によって著しく倒伏の発生が多くなる品種もあることに留意したい。

（2）播種～生育中期の栽培管理

ソルガムはトウモロコシに比較し，初期生育，除草剤耐性などの点で劣ることは，栽培上特に留意しなければならない。しかし，これらの点に適切に対処できれば，その他の栽培管理は比較的容易である。栽培のポイントは，播種～生育初期である。

ソルガムの種子はトウモロコシに比べて小さく，発芽のための温度も高いため，土中ではカビなどにより発芽不良になりやすく，覆土が6cmを超えると発芽しない。したがって，高温期に播種する晩播栽培では特に問題はないが，標準栽培では覆土を1～3cmとし，必ず殺菌剤が塗布された発芽勢のよい種子を用いる。

さらに覆土は，圃場の条件によって湿り気の多い場合は薄く，乾燥した場合はやや厚くし，播種後に使用する除草剤の種類によっても調整する。また，条播栽培，散播栽培で覆土の方法が異なるが，特に散播栽培の場合，覆土はカルチパッカーやトラクターのタイヤによる鎮圧で十分な場合が多い。

次に，発芽を整一にして株立ちを確保するためにぜひ行ないたいのは，播種後の鎮圧・均平作業である。散播の場合は前述のように鎮圧と覆土を兼ねて行なうが，条播の場合も播種後ローラーなどで鎮圧・均平作業を行なうことは，発芽を揃え，除草剤の効果を高める効果が特に大きい。

薬剤耐性に劣るソルガムの栽培に用いることができる除草剤は，トウモロコシに比べて少なく，選択の幅は小さい。しかし，播種直後処理と生育期処理を組み合わせることでいくつかの除草剤体系が考えられる。その概要は第16図に示すとおりである。

使用できる除草剤の少ないソルガムで最も重要なことは，栽培する圃場の優占雑草を把握し，ときには播種期の移動や他作物との輪作も含めて，雑草に対応する栽培方法をとることである。

栽培管理のなかでよく議論されることは，追肥の有無とその効果である。子実型や兼用型ソルガムで子実割合を高めるため行なう追肥は，展開葉数で5～7枚程度の時期で，窒素主体に行なうのが一般的である。除草を兼ねた中耕培土を併用するのが効果的であるが，吸肥力の強いソルガムでは，元肥の量や堆きゅう肥が適量であれば，追肥を行なわない場合が多い。また，散播による多回刈り利用の栽培では，刈取り直後に追肥する場合もあるが，追肥時の株の痛みなどを考えれば，堆きゅう肥なども含め元肥対応が安全である。

播種から生育中期で問題になる虫害としては，ハリガネムシ，ネキリムシおよびアワノメイガ，

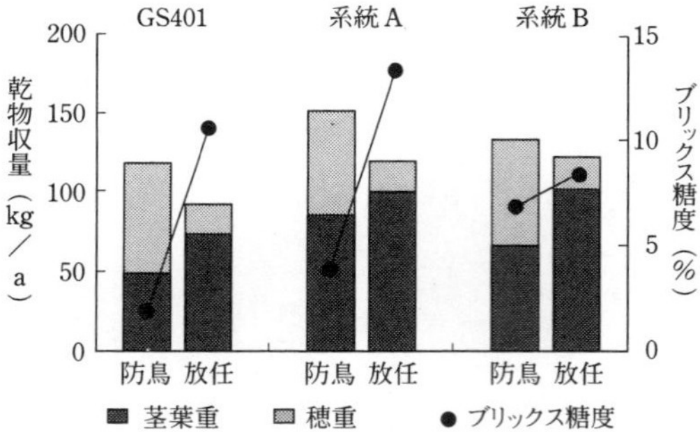

第17図 鳥害がソルガムの乾物収量と茎のブリックス糖度に及ぼす影響　（長野畜試）

防鳥処理はネット袋を被覆した

ヨトウムシなどがある。ハリガネムシやネキリムシは発芽，株立ちを不整にし，アワノメイガ，ヨトウムシなどは大量発生した場合は殺虫剤の散布が必要となる。

(3) 生育後期〜収穫期の栽培管理と利用

生育後期は，特に病害虫の発生が多く，問題となる場合が多い。

虫害ではメイガ，アブラムシ，ヨトウなどの害が多く，ときに薬剤散布が必要となるが，ソルガムの品種，薬剤の種類によっては著しい葉枯症状を呈する場合もあるため登録農薬を使用する。現在までのところ，これら薬剤に対する耐性の詳細な資料はないが，園芸作物などで頻繁に利用される薬剤でも薬害が発生する場合も多いため，圃場の条件によっては品種選定が必要である。

子実型，兼用型の場合，登熟期の鳥害は重大な問題である。

鳥害は古くから鳥害抵抗性品種の利用などが言われているが，実際にはその地域での鳥の量とえさの量との関係で，鳥害抵抗性といっても著しい被害を受ける。したがって，栽培地域の実状から利用時期，利用方法の検討が必要である。

しかしサイレージ用の場合，第17図に示すように，鳥害による子実収量の減少が，茎中の水溶性物質（糖類）の増加により思った以上に補われる場合もある。ただし，鳥害を受けた子実・兼用型ソルガムのサイレージは，飼料特性から見ると，ソルゴー型の品種を用いたサイレージにちかく，飼養管理のさいは留意する必要がある。

刈取り，利用方法の概要は前述したが，利用する時期や方法によって家畜の嗜好・採食性が大きく異なる場合があるため，飼料の細断利用は原則として，各栽培・利用のなかでチェックしながら行ないたい。

ソルガムは，変異の大きさからみると，きわめて優れた飼料作物であり，品種や栽培・利用法を適切に選択すれば，どのような経営のなかでも利用可能で，また独自の技術として組み立てることができる。今後，畜産経営においても差別化が進み，地域における畜産のもつ役割も多様化するであろうから，ソルガム類の飼料作物を上手に利用することは経営の幅を広げるうえで有効である。

執筆　春日重光（長野県畜産試験場）

1998年記

参考文献

渡辺晴彦．1997．草型，収量性，消化性および嗜好性からみたソルガムの飼料的価値のイメージ．平成8年度関東東海農業の新技術．150－156．

渡辺晴彦・春日重光・我有満・荻原正義．1994．黒毛和種繁殖牛におけるソルガム110品種系統（処理）の消化性ナイロンバッグ法による第1胃内乾物消失率．日草誌（別）．**40**，221－222．

我有満・石川晃子・春日重光・渡辺晴彦・荻原正義．1994．ソルガムの稈汁ブリックスと黒毛和種繁殖牛における嗜好性の関係．日草誌（別）．**40**，223－224．

春日重光・荻原正義・我有満・松崎有美子・渡辺晴彦．1994．ソルガムの高消化性遺伝子（brown midrib，bloomless）が黒毛和種繁殖牛における嗜好性と消化性に及ぼす影響．日草誌（別）．**40**，225－226．

ソルガム類の有望品種

(1) ソルガム類の育種目標

ソルガム類は遺伝的な変異が大きく，乾物生産性，環境適応性，再生力などが優れているため，西南暖地を中心に作付けが多く，その利用は比較的小規模な繁殖和牛経営が中心である。利用方法としては青刈り，サイレージおよびロールベールサイレージなどであり，近年は低コスト・省力化などの利点からロールベール・ラッピング体系による利用が増加している。このため，ソルガム類のタイプとしては，細茎で多回刈りが可能なスーダングラスの栽培・利用が多くなっている。また，栽培方法も従来のうね栽培から散播・密植による栽培への転換も行なわれている。

こうした状況のなかで，ソルガム類の品種には，従来の主要な育種目標である多収性，耐倒伏性，病虫害抵抗性などの特性に加え，飼料品質（消化性，嗜好性，栄養価）とロールベール体系などに対応可能な機械化適性が求められている。

そこで，こうした育種目標によって近年育成されたソルガムの新品種‘葉月（はづき）’と‘秋立（あきだち）’について，その特性と栽培・利用方法について述べる。

ソルガム類はトウモロコシに比較して，茎葉部の消化性，サイレージの発酵品質，家畜の嗜好性に劣ることが問題とされてきた。そして，従来のソルガムの消化性や嗜好性の改良は，穂重割合の向上と茎葉部の糖含量の増加の方向で行なわれてきたが，穂に関しては，鳥害や未消化子実の消化管内の通過が問題となり，糖に関しては，サイレージ調製に伴う養分損失などが指摘されてきた。そこで，茎葉部のリグニン形成を抑制する高消化性遺伝子*bmr-18*（褐色中肋）を導入して，茎葉部の消化性を高めるとともに嗜好性を改善しようとして育成された品種が‘葉月’（春日ら，1998）と‘秋立’（春日ら，

第1表　葉月の主要特性（場所・年次込みの平均値）

		調査場所数	葉　月	スズホ（標準）	P956（比較）
播種～出穂期までの日数	（日）	9	70	69	73
乾物収量	(kg/a，（　）内は標準比%)	9	130.2 (87)	150.1 (100)	142.4 (95)
乾物穂重割合	(%)	9	31.2	37.2	34.8
乾物率	(%)	9	31.4	32.7	31.5
倒伏割合	(%)	8	13	18	24
茎葉（糊熟期）の乾物消失率[1)]	(%)	1	77.3	64.6	64.1
茎葉（原料草）の乾物分解率[2)]	(%)	1	33.3	29.5	27.1
ホールクロップサイレージの乾物消失率[1)]	(%)	1	83.4	76.6	—
ホールクロップサイレージの平均嗜好度[3)]		1	＋0.48	−0.75	—
すす紋病罹病程度	(%（　）内は判定)	1	15.0（中）	6.7（強）	8.9（強）
紋枯病罹病程度	（病斑高率%）	2	29.2	30.6	16.6
紫斑点病罹病程度	(0：無～5：甚)	3	2.5	1.4	1.7
条斑細菌病罹病程度	(0：無～5：甚)	3	2.1	1.7	1.1
アブラムシ発生程度	(0：無～5：甚)	6	2.2	1.6	2.4
アワノメイガ被害程度	(0：無～5：甚)	5	1.2	0.9	1.1
鳥害発生程度	(0：無～5：甚)	6	1.7	1.6	1.7
初期生育	(1：良～5：不良)	8	2.6	2.2	3.0
稈　長	(cm)	9	217	200	232
稈　径	(mm)	9	15	16	15

注　1)：ナイロンバッグ法による第一胃内乾物消失率
2)：0.2%セルラーゼ，0.01%アミラーゼによる分解率
3)：＋（良）～－（不良）

2002）である。

（2）葉　月

①主要特性（第1表）

‘葉月’は構造性物質（繊維）の消化性向上によって茎葉部の消化性を改良した兼用型ソルガムで，早晩性は‘スズホ’並の早生である。育成期間中の平均乾物収量は‘スズホ’対比87％，乾物穂重割合は‘スズホ’より6％低いが，流通しているホールクロップサイレージ用品種のなかでは「中」程度の収量性を示す。耐倒伏性は‘スズホ’より強く，特に4,000本/a以上の密度で優れた耐倒伏性を示す。

原料草の茎葉の消化性は，‘スズホ’に比べ，ナイロンバッグ法による第一胃内乾物消失率では開花期および糊熟期にそれぞれ15.1％および12.7％高い。また，ホールクロップサイレージは，消化性および嗜好性ともに‘スズホ’に比べて優れ，発酵品質も良好である。さらに，開花期，糊熟期ともにスーダングラスに準じたロールベールサイレージ利用が可能である。

病虫害などの抵抗性については，すす紋病抵抗性は「中」で‘スズホ’より弱く，紋枯病抵抗性は‘スズホ’並の「中」で，紫斑点病および条斑細菌病抵抗性は‘スズホ’より弱いが，いずれの病害にもほぼ実用レベルの抵抗性を備えている。アブラムシ抵抗性は‘スズホ’より弱く，アワノメイガ抵抗性および鳥害抵抗性は‘スズホ’並である。初期生育は‘スズホ’よりやや劣る。稈長は‘スズホ’よりやや高く，稈径は‘スズホ’よりやや細い。

第2表　秋立の主要特性（場所・年次込みの平均値）

	調査場所数	秋　立	KCS-105（標準）	秋　立	葉月（比較）
出穂期までの日数（日）	13	95	89	95	70
乾物収量（kg/a，（　）内は標準・比較品種比％）	13	173.2（78）	220.9	175.5（145）	121.3
乾物穂重割合（％）	13	9.2	11.8	9.2	29.2
乾物率（％）	13	23.0	23.5	23.1	29.4
倒伏割合（％）	13	10	16	9	13

	調査場所数	秋　立	KCS-105（標準）	葉月（比較）
サイレージの平均嗜好度 1)	1	+0.63	−1.29	+0.67
サイレージの推定TDN含量 2)（乾物中％）	1	63.2	52.6	64.9
茎葉（糊熟期）の構造性物質消失率 3)（％）	1	70.8	−	66.3
茎葉（糊熟期）のOb/OCW 4)（％）	1	80.9	87.3	78.8
すす紋病罹病程度 5)	1	5.9（中）	4.2（強）	13.0（弱）
紋枯病　病斑高率 5)（％）	2	23.3（中）	16.0（強）	32.7（中）
紫斑点病　病斑面積率 5)（％）	1	96.7（極弱）	82.7（極弱）	90.7（極弱）
条斑細菌病罹病程度（1：無〜9：甚）	5	1.1	1.5	3.0
アブラムシ発生程度（1：無〜9：甚）	9	4.9	3.8	4.1
アワノメイガ被害程度（1：無〜9：甚）	6	1.5	2.1	2.8
鳥害発生程度（1：無〜9：甚）	11	2.8	5.1	2.7
初期生育（1：極不良〜9：極良）	13	6.0	6.2	6.2
稈　長（cm）	13	234	290	207
稈　径（mm）	13	18	18	15
茎の乾汁性	1	汁性	汁性	乾性

注　1）：＋（良）〜−（不良）

2）：ノーマル型）$TDN=OCC+Oa+3.53\cdot e^{0.0309\cdot Ob}-9.64$，（*bmr-18*型）$TDN=OCC+Oa+5.34\cdot e^{0.0334\cdot Ob}-8.83$（Grassland Science. **44**（3），240−247）により算出した

3）：ナイロンバッグ法による乾物消失率より算出

4）：酵素分析値による値

5）：（　）内は判定

②栽培地域と利用法

栽培可能な地域は，寒冷地域南部や中部地域の標高1,000m以下の地域から温暖地・暖地である。栽培上の留意点としては，兼用型の通常の栽培利用法と同じであるが，平均気温15℃以上の範囲で早まきし，栽植密度は1a当たり2,000～5,000本とする。また，ロールベールサイレージ利用の場合は開花期の利用も可能なため，1a当たり2万本程度の密植栽培も可能である。ホールクロップサイレージの収穫適期は糊熟期である。麦角病の多発地帯での利用は開花期までとし，すす紋病多発地帯での栽培は避ける。

このように，'葉月' は密植栽培も可能な高消化性サイレージ用ソルガムとして，ロールベールサイレージ利用地帯での普及が期待される。

(3) 秋　立

①主要特性（第2表）

'秋立' は，晩生のソルゴー型ソルガムで，出穂期は 'KCS-105（スーパーシュガー）' より遅い。サイレージの発酵品質は良好で，その消化性，嗜好性および栄養価は 'KCS-105' より優れ，'葉月' 並である。さらに，原料草茎葉部の構造性物質（繊維）の消化性は '葉月' 並かやや高く，'KCS-105' より優れている。育成期間中の平均乾物収量は 'KCS-105' 対比78％，'葉月' 対比145％で，*bmr-18*遺伝子をもつ系統としては多収であるが，平均乾物穂重割合は 'KCS-105' に比べ3％程度，'葉月' より20％低い。乾物率は 'KCS-105' 並で，茎の乾汁性は汁性である。耐倒伏性は，'KCS-105' '葉月' より優れている。

病害抵抗性については，すす紋病抵抗性，紋枯病抵抗性および条斑細菌病抵抗性は 'KCS-105' 並かやや劣り，'葉月' より優れている。紫斑点病には罹病性で，その発病程度は '葉月' 並で，判定は「極弱」である。アブラムシの発生程度は 'KCS-105' '葉月' より多いが，アワノメイガによる被害程度は 'KCS-105' よりやや少なく，'葉月' より少ない。また，鳥害の発生程度は 'KCS-105' より少なく，'葉月' 並である。初期生育は 'KCS-105' '葉月' 並で，稈長は 'KCS-105' より低く，'葉月' より高い。稈径は 'KCS-105' 並で，「葉月」より太い。

②栽培地域と利用法

栽培適地は，寒冷地南部から中部地域の標高1,000m以下の地域である。栽培上の留意点としては，平均気温15℃以上で早まきするが，晩播栽培には適さない。また，栽植密度は1,667本/a程度とし，播種量は10a当たり1kg程度とするが，散播・密植栽培では '葉月' に準ずる。なお，紫斑点病多発地帯での栽培は避ける。

以上のような特性および穂重割合が低いことによる鳥獣害の軽減の可能性から，'秋立' は，ロールベールサイレージ用として普及しつつある '葉月' に加え，労働力の分散，作業体系の拡大および鳥獣害の軽減などの点から年1回利用のサイレージ用ソルガムとして期待されている。

(4) 消化性，嗜好性からみた品種特性

'葉月' および '秋立' に導入した高消化性遺伝子*bmr-18*は，茎葉部のリグニン形成を抑制する効果があることは古くから知られていたが，一方で茎葉部の軟弱化による病虫害抵抗性，耐

第3表　サイレージの平均嗜好度と発酵品質　（長野畜試，1999）

品質・系統名	平均嗜好度 1)（αi）	乾物率（％）	pH	有機酸含量（原物中％）			フリーク評点
				酢酸	酪酸	乳酸	
秋　立	＋0.63 A	25.2	3.69	0.43	0.02	1.64	98
葉　月	＋0.67 A	35.8	3.82	0.45	0.02	1.65	97
KCS-105（参考）	－1.29 B	26.9	3.75	0.43	0.02	1.73	98

注　1)：＋（良）～－（不良），異文字間で統計的に $p < 0.01$ で有意差があることを示す

$\alpha i = \Sigma Xi/t \cdot N$

Xi：嗜好性評点（－2，－1，0，＋1，＋2），t：パネル数：黒毛和種繁殖牛4頭×2，N：供試材料数3

サイレージの材料は1999年生産力検定試験の材料を用いた

第4表　サイレージの成分およびTDN（乾物中%）　　　　（長野畜試，1999）

品質・系統名	粗蛋白	粗脂肪	粗繊維	粗灰分	NFE	酵素分析値				推定[1]
						OCW	Oa	Ob	OCC	TDN
秋　立	6.2	1.8	31.9	6.7	53.4	61.2	13.2	48.0	32.2	63.2
葉　月	6.6	2.2	25.2	5.6	60.5	53.5	9.8	43.8	40.9	64.9
KCS-105（参考）	6.8	2.3	25.7	6.1	59.2	53.8	7.5	46.3	40.0	52.6

注　サイレージの材料は1999年生産力検定試験の材料を用いた
1)：（ノーマル型）$TDN = OCC + Oa + 3.53 \cdot e^{0.0309 \cdot Ob} - 9.64$，（*bmr-18*型）$TDN = OCC + Oa + 5.34 \cdot e^{0.0334 \cdot Ob} - 8.83$
（Grassland Science. **44**（3），240−247）により算出した

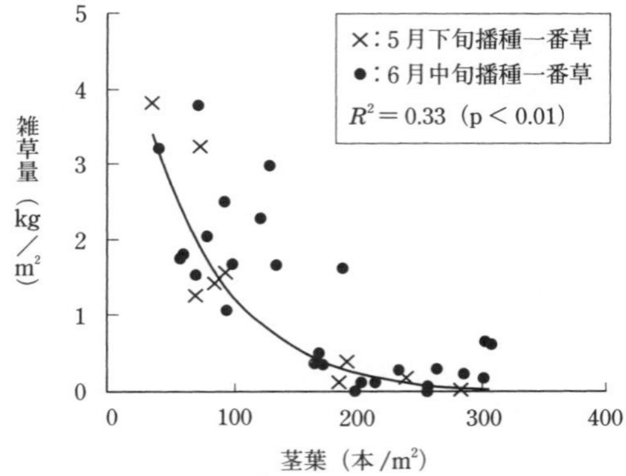

一番草収穫時における葉月の茎数と雑草量の関係

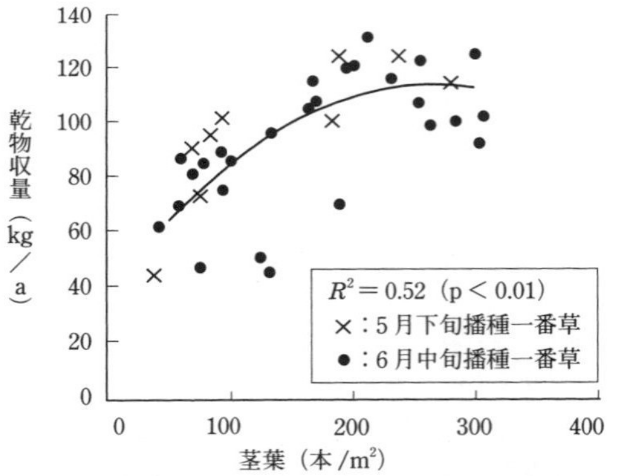

一番草収穫時における葉月の茎数と乾物収量の関係

第1図　散播・密植栽培による無除草・無除草剤栽培の可能性　　（水流ら，2002）

倒伏性の低下や収量性の低下が懸念され，実用レベルでの品種育成は世界的にみても最近になってからである。したがって，‘葉月’および‘秋立’の育成では，高消化性遺伝子*bmr-18*の交雑育種による導入とともに，家畜の消化性，嗜好性などの品質特性の評価が最も重要な点であった。

消化性の評価はフィステルを装着した黒毛和種成雌牛を用いナイロンバッグ法によって行ない，嗜好性についてはサイレージ調製後に一対比較法によって行なった。その結果，‘葉月’および‘秋立’は，*bmr-18*遺伝子をもたない通常の品種に比べ嗜好性が向上し，茎葉部の乾物消失率もおよそ15%程度高くなり，ホールクロップサイレージの推定TDN含量も60%半ばとなった（第3，4表）。

さらに，‘葉月’のロールベールラップサイレージを乳用種去勢牛および搾乳牛で用いた報告（石田ら，2002）によると，‘葉月’は粗飼料価指数はスーダングラス‘ヘイスーダン’と変わらないにもかかわらず，‘ヘイスーダン’に比べTDN含量が約10%高く，糊熟期のトウモロコシサイレージに匹敵すること，また，‘葉月’の搾乳牛による自由採食量は乾物重量で1日当たり6〜10kgであることが明らかになった。

このように，*bmr-18*遺伝子を利用することで，栄養価や嗜好性の点などから，酪農経営などにも飼料としての利用場面が拡大された。

(5) 散播・密植栽培とロールベール利用

低コスト・省力化から近年急激に増加しているロールベールサイレージ体系に適応した高品質な作物・品種開発は，畜産経営の安定のためにはきわめて重要な技術となっている。一般的には，ラップのピンホールを少なくする点からも，ソルガム類のロールベールラップサイレージ原料は細茎であることが望まれ，その結果スーダングラスの利用が増加してきた。

葉月の草姿（糊熟期）

秋立の草姿（糊熟期）

散播・密植栽培の葉月のモアによる刈取り（開花期）

テッダーによる葉月刈取り後の反転・集草作業

ラッピング前の葉月のロールベール

第2図　葉月および秋立の草姿（糊熟期）と開花期における葉月のロールベール調製作業

（長野畜試）

しかし，‘葉月’や‘秋立’では，*bmr-18*遺伝子の導入により茎葉部が柔軟であるためラップのピンホールを低減できること，また密植条件下での優れた耐倒伏性を利用した密植による細茎化によってロールベールラップサイレージ原料としての適性に優れていると考えられる。さらに，これらの品種を用いた散播・密植栽培では1m²当たりの株立ち数を200本程度確保することで，無除草・無除草剤栽培が可能になることも明らかになっており（水流ら，2002），環境に配慮した持続的農業の点から注目されている（第1図）。

散播・密植栽培の具体的な方策としては適期播種を前提とするが，播種量は10a当たり5〜8kgとし，散播後ロータリなどにより浅く覆土を行なった後，パッカーなどで鎮圧するとよい。パッカーなどがない場合は，トラクタなどで踏圧するだけでもよい。ただし，土壌水分が高い場合や排水の悪い土壌の場合は踏圧は少なくする。

ソルガム類のもつ大きな特徴の一つは再生性であるが，一般にはスーダングラスおよびスーダン型ソルガムは再生力に優れている。しかし，子実・兼用・ソルゴー型のなかにも比較的再生力に優れた品種があり，‘葉月’も兼用型ソルガムとしては再生力に優れており，寒冷地域南部でも一番草を開花期までに刈り取れば，年2回刈り利用が可能である。台風や鳥獣害などの被害回避などの点から，ソルガムの再生性を有効に利用する体系が必要である。

(6) 中山間地域での効率的な利用方法

中山間地域での小規模な畜産経営における自給飼料生産では，高齢化や後継者などの労働力に関する点と，鳥獣害や傾斜地・小面積など圃場立地に関する点が重要なポイントである。一方，中山間地域ではロールベールなどの導入は，その経営規模や立地条件から必ずしも効果的な選択でないことも多く，また，飼料の利用方法でも，依然青刈り利用が多いのが実態である。このため，ソルガムの多収性は重要な点であるが，再生力を利用した多回刈りによる刈取り，利用期間の平準化や作業の軽量化も従来にもまして重要な点となっている。

このような状況では，栽植密度や刈取り時期による栄養価の変動が小さく，密植栽培で耐倒伏性に優れる高消化性品種‘葉月’‘秋立’の利用は，従来のサイレージ利用を前提とした栽培体系のほかに，前述のような散播・密植栽培の導入による省力化（無除草・無除草剤栽培）と刈取り時期・回数の調整による台風や鳥獣害の低減化および農作業の面から有効な品種と考えられる。

*

ここで紹介した高消化性ソルガム‘葉月’および‘秋立’は，従来までのソルガム類のもつ変異に，消化性や嗜好性あるいは機械化適性などの面でさらに変異を拡大した品種である。これによって，家畜飼養や自給飼料生産の現場において，各地域や経営形態に合わせた技術選択の幅が拡大し，より効率的な自給飼料生産が行なわれることを期待したい。

自給飼料生産を基盤にした持続的畜産経営を考える場合，各経営にあった飼料作物とその効率的な栽培・利用方法を組み立てることが必要であり，このことは必ずしも大規模化や機械化で可能になるものではない。飼料としての特性の把握と適切な利用場面の設定が経営の規模にかかわらず重要である。

執筆　春日重光（信州大学農学部）

2003年記

参考文献

石田元彦ら．2002．乳牛用飼料として優れる高消化性ソルガム品種「葉月」のロールベールサイレージ．草地飼料作研究成果最新情報．**16**，103―104．

春日重光・海内裕和・我有満・荻原英雄．1998．サイレージ用ソルガム新品種「葉月」．草地飼料作研究成果最新情報．**13**，3―4．

春日重光・海内裕和・我有満．2002．消化性に優れるソルガム新品種「秋立」．草地飼料作研究成果最新情報．**16**，11―12．

水流正裕・春日重光・渡辺晴彦・百瀬義男．2002．高消化性ソルガム「葉月」の散播・密植栽培による雑草の耕種的防除技術．日草誌．**48**（別），96―97．

アルファルファの栽培技術

1. アルファルファ導入の特徴とねらい

マメ科の優良牧草アルファルファ（ルーサン）の栽培について，わが国では長い間不安定のままで推移してきたが，北海道では最近になってやっと1万haの栽培面積に達している。まだ技術的に問題はあろうが，北海道における栽培・利用はほぼ定着したものと考えられる。府県における栽培面積は1,000haとも2,000haともいわれ，なお不安定であるが，最近の高泌乳のなかで国内育成品種ナツワカバの種子流通など周辺条件が整うにつれて，アルファルファに対する期待が一段と高まっている。

従来のアルファルファは，わが国のような多湿環境のもとでは生理生態的につくりにくい牧草とされてきた。しかし，最近の酪農現場では，思ったより確実に栽培の成果をあげている。これは，土一草一家畜それぞれに高度な技術的向上があって困難が克服されてきたためと考えられる。そこで，土一草一家畜の各側面からアルファルファの成立をめぐる周辺条件を見直してみたい。

(1) 土つくりから

土壌改良　酪農経営の行なわれている土地は，もともと条件の悪い瘠薄地が多く，酪農の歴史は土壌改良の歴史でもあったが，長年にわたる肥沃化に向けた継続的な努力こそがアルファルファの栽培を可能にした基盤である。

土地規模の拡大　草地造成や水田転作による面積の拡大およびトウモロコシの生産性向上などから，飼料作の面積的余裕が生じ，これがアルファルファへの意欲に好影響している。

輪作の必要性　トウモロコシの連作回避と地力の回復のため，輪作にマメ科牧草のアルファルファが期待されている。

(2) 草つくりから

最近は，アルファルファ自体の栽培と利用の技術開発がすすみ，これが安定した普及拡大の裏付けになっている。

国内育成品種の流通　普及拡大の第一の動機は，府県向き優良品種ナツワカバが種子流通を始めたことであろう。これによって栽培の安定性が著しく向上した。近い将来にタチワカバとキタワカバも流通する予定である。

栽培技術の向上　根粒菌の接種，除草剤の利用，刈取り管理，追肥など個別の耕種法がほぼ確立され，失敗が少なくなった。

機械整備と施設の充実　作業機械やサイロ施設の整備と改良がすすみ，アルファルファの加工調製技術にもめどがつき，高品質粗飼料が確保しやすくなった。

(3) 家畜から

トウモロコシとの平衡給与　トウモロコシサイレージの通年給与システムが牛乳生産の拡大に大きく寄与したことは，歴史的事実である。そのうえで，飼料成分で補完的なアルファルファとの並行給与が求められている。

高能力牛に対する給与　乳牛の資質が向上し，高泌乳牛の飼養が増加しているなかで，高品質粗飼料とその食い込み量が問題となり，これに対応して牛乳生産の高位安定と連産性の維持にアルファルファの効果が認められてきた。

以上，土—草—家畜の各側面からアルファルファ栽培の背景を説明したが，いかに比類のない牧草であっても，ただ栽培してもあまり意味がない。アルファルファが単独で存在しているわけではなく，経営のトータルのなかで導入されてこそ，アルファルファの特徴が生かされてくるものである。

2. 栽培技術の基本

(1) 収量のめやす

第1表は栃木県北部における代表的な栽培経過を例示したもので，これが府県におけるアルファルファの基本的な栽培経過である。国内育成品種ナツワカバを供用した利用1年目の成績で，収量は10 *a* 当たり生草で8.6 *t* であったが，1番刈りの時期，年間刈取回数，刈取間隔，秋の最終刈取時期などに，まだまだ改善の余地がある。一般に，単収は北海道で3回刈り5～6 *t*，府県では4～5回刈り7～9 *t* であり，西南暖地にいくと6～7回刈りで9～11 *t* になると聞いている。

第1表　栃木県北部におけるアルファルファの栽培例（1970）

番草	刈取月日	刈取間隔	10*a*当たり生草収量	乾物率	10*a*当たり乾物収量
			kg	%	kk
1番草	5月9日		3,200	16	512
		35日			
2番草	6月13日		2,000	18	360
		38日			
3番草	7月21日		1,500	22	330
		40日			
4番草	8月30日		900	23	210
		48日			
5番草	10月17日		1,000	19	190
合計，平均	5回利用	40.3日	8,600	18.6	1,602

注　品種　ナツワカバ，単播，秋播き利用1年目

(2) 品　種

アルファルファは古くから世界的に広く分布しているので，その生態はいろいろな環境に適応して幅広く分化し，品種によって特性が著しく異なっている。

①種の構成

Medicago sativa L.（紫花アルファルファ）

Medicago media Persoon（雑色アルファルファ）

Medicago falcata L.（黄花アルファルファ）

アルファルファの構成母材は*Medicago* 属の上記3種といわれ，基本種は *M. sativa* と *M. falcata* の2種であり，*M. media* は基本の2種が永い間にいろいろな程度に交雑し合って成立したものである。実用品種は *M. sativa* と *M. media* のいずれかに属し，*M. falcata* は耐寒性の主要遺伝子源として利用されているものの，栽培品種はない。

②品種の群別

ＯＥＣＤの国際的流通種子品種証明制度のリスト（1984）に登載されている品種数は，20か国190品種の多数にのぼっている。愛知県農業

第2表　アルファルファの代表品種の特性一覧

代表品種	生育型群別	適応地帯	品種特性
モアパ	Ⅰ群	極暖地	生育はきわめて速い。立型。低収，永続性が劣る
ナツワカバ	Ⅱ群	関東以南の全域 東北の平坦地	日本で育成された品種（農林1号）。生育が速く，刈取り後の再生良好。立型。府県では最多収。永続性が優る。耐倒伏性にやや難点がある
デュピュイ	Ⅲ群	東北 北海道	ごく標準的な普及品種。短期利用。立型。広域適応性。府県では病気に弱い
サラナック ソアー	Ⅳ群	東北の高冷地 北海道	北海道では奨励，準奨励品種。生育がやや遅い。立型～やや開張型。多収～安定多収。府県では適地が狭い
ライゾーマ	Ⅴ群	極寒地	Ⅴ群品種は北海道でも特性を発揮するような地帯が少ない。生育が遅い。ほふく型。耐寒性が強く，永続性が優る

注　生育型群別　Ⅰ群：極暖地向き品種，Ⅱ群：やや暖地向き品種，Ⅲ群：中間地向き品種，Ⅳ群：寒地向き品種，Ⅴ群：極寒地向き品種

総合試験場では，これらの品種を比較し，生育特性にもとづいて5群に群別した。この群別の結果，品種の相互関係が明確になり，地域の適品種選定にあたって便利に利用されている。第2表は代表品種について，その特性と適応地域を示した一例である。

③地域別の適品種

国内育成の農林1号ナツワカバは，Ⅱ群に属する暖地適応型の品種で，府県向きの最適品種として広く普及している。初期生育が速く，雑草との競合や早期刈り，多回刈りにも適応し，年間8～10*t*の収量を充分に確保することができる。ただ，多収レベルになると倒伏が著しく目立ち，この点がナツワカバの泣きどころでもあり，農林2号タチワカバは耐倒伏性を備えており，この面での将来が期待される。北海道・東北北部高冷地向きとしては，ソアー，サラナックなど多様な品種群が流通しているが，すでに農林3号キタワカバも育成されて種子増殖中であり，昭和63年ごろには流通する予定である。

3. 栽培の実際

(1) 初期生育の定着まで

アルファルファ草地の造成には必須のポイントがいくつかあり，まず「初期生育の定着」の成否を決める具体的な手順を第1図に示した。これらのうち，どれを手抜きしても，完全な失敗につながることを，ここで指摘しておきたい。

①畑の選択と前作からの準備

排水不良地は全く不適である。常識的には，できるだけ深耕した肥沃地を選ぶこととされているが，新規造成地でも雑草が少ない点で植生上むしろよい成績をあげうる。そして，遅くとも前作物の播種時から計画的なアルファルファ栽培の準備にはいり，必要な土壌改良を実施し，かつ前作のうちから除草に充分な注意を払い，清潔な畑に仕上げておく。

②土壌改良とリン酸主体の施肥

アルファルファ栽培には土壌改良が大前提であり，改良資材の投入について一応のめやすを第3表に示した。新しい畑に対しては，1回の酸度矯正や1回の家畜糞尿堆肥の施用ですませるのではなく，肥沃化への継続的努力こそが必要である。大量の土壌改良資材を投与して畑の肥沃化をはかったとしても，さらに施肥は必要である。土壌診断の目標を達成しているからといって“元肥をやらなくてよい”ということにはならない。土壌改良と施肥とは別ものと考えられる。施肥の原則は，窒素肥料を極度に抑え，リン酸主体とし，おおよその元肥量は第4表に示した。

③根粒菌の接種

播種直前にアルファルファ専用の根粒菌を必ず接種する。アルファルファの根粒菌は空中窒素を固定し，これを宿主のアルファルファに供給し（第2図），かつ同伴のイネ科牧草へも窒

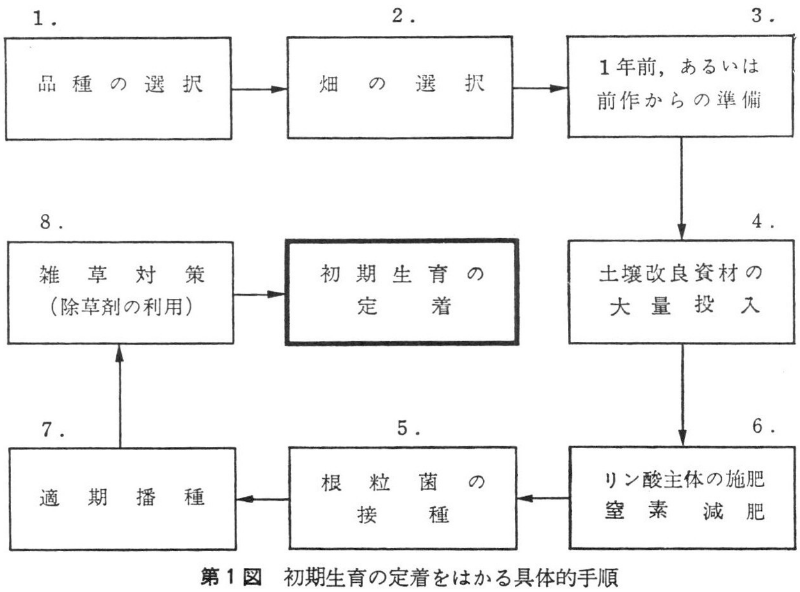

第1図　初期生育の定着をはかる具体的手順

第3表　土壌改良資材の投入量（10a当たり）

資　材	投与量	備　考
堆厩肥	5,000kg以上	できるだけ多量に施用する 根粒菌の着生を促す
炭カル	200kg以上	pH6.5をめどに 火山灰土壌では通常300kg以上 根粒菌の着生を促す
熔リン	80〜140kg	ＢＭ熔リン，重焼リンでもよい 根粒菌の着生を促す
微量要素 （とくにホウ素）	—	ホウ砂で１〜２kg。一方法としてＢＭ熔リンを施用

第4表　元肥の施用量（10a当たり）

成　分	成分量	注意事項
窒素（N）	5kg以下	初期生育の根付肥としての役目。その後の窒素は，根粒菌が行なう空中窒素の固定に依存する
リン酸（P_2O_5）	20〜30kg	根の発育を助け，株の定着を促す土壌改良に投入したリン酸成分は元肥の計算にいれない
カリ（K_2O）	約10kg	液状厩肥を施用したばあいは，窒素とカリは充分なので，リン酸質肥料の単用でよい

注　化成肥料５：15：10〜４：20：20の比率に似たものを使用する

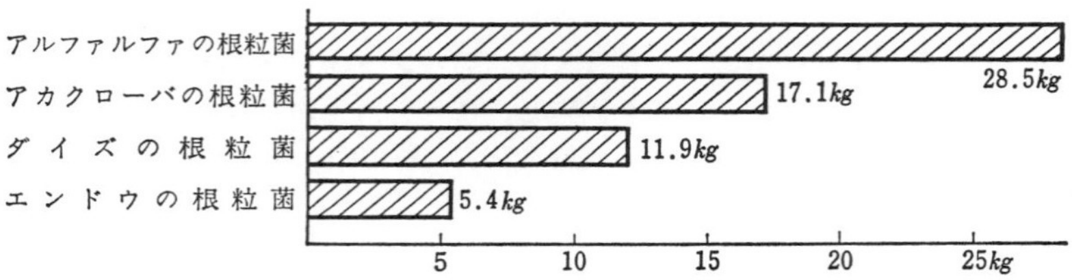

第2図　根粒菌による窒素固定量の比較

（十勝農協連，1980）

素を移譲している。いずれにしても，より確実に根粒を着生させることが肝心である。具体的には，寒天培養根粒菌の接種，活性根粒菌末の種子展着，およびノーキュライド種子の利用などの方法がある。

④播　種

初期生育を促進し，幼植物の良好な定着をはかるうえで，適期に播種することは重要なポイントである。播種期には，秋播きと春播きとがあり，冬にはいるまでに株を充実させておくことが基本で，秋播きで年内の生育が確保できなければ，春播きとなる。府県では一般に秋播きであり，秋播きの適期は旬間平均気温で20℃前後の時期である。秋の播種は，わずか１週間の遅れであっても，あとの生育には驚くほど影響し，遅播きのリスクはきわめて大きい。北海道と東北北部は，一般に春播きである（第３図）。

播種量は，単播で10a当たり1.5〜2.5kg，混播のときは1.0〜1.5kgとなる。混播の同伴草種としては，まずイネ科牧草のオーチャードグラスとイタリアンライグラスをあげることができ，ほかにペレニアルライグラス，リードカナリーグラス，スムーズブロムグラス，チモシー，エンバク，オオムギ（二条オオムギ）およびライムギなどの実例がある。播種様式は散播形式が一般的であるが，ドリルシーダを共用することが可能であれば，密条播形式を試みるのも今後の方向として推奨したい。なお，種子の増量剤に肥料を用いることが多いが，このばあい，過リン酸石灰など酸性肥料との混合は好ましくなく，粒状炭カルや熔リンなどアルカリ性肥料または細砂などに混ぜて播くと具合いがよい。覆土と鎮圧は必ず行なう。

(2)　雑草対策

雑草防除は，初期生育の定着を果たすうえで重要な対策であり，雑草に対する注意を怠ると，しばしば大きなトラブルになる。さらに，雑草対策はアルファルファの２年目以降の永続性とも密接にかかわり，アルファルファの生涯を通して体系的な技術として対応を求められている。

①雑草の種類

初期生育の段階における強害雑草は，ハコベ，ナズナ，ヒメジョオン，ホトケノザなど広葉系の越年生秋冬雑草および自生のイタリアンなどである。夏雑草は１年生のメヒシバ，シロザ，イヌタデ，イヌビエなどである。ほかに，宿根

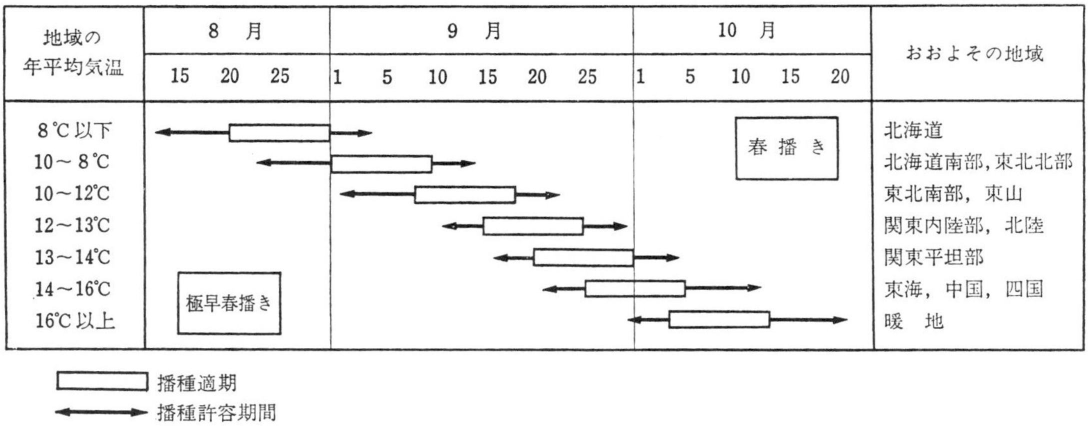

第３図　アルファルファにおける地域の年平均気温別の播種適期

性多年生雑草として，ギシギシ，ヨモギもアルファルファの強害雑草である。

②耕種的予措

原則として雑草の少ない畑を共用すること。前作物のうちから除草を徹底する。深耕，窒素施肥の抑制，生育の速い品種を選択することなども考えられる。早めに整地を完了してから日数をおき，いったん雑草を芽切らせ，播種直前にもう一度ロータリーなどをかける方法も効果的である。

③除草剤の利用

広葉雑草に対してはＤＮＢＰ（プリマージ＝商品名，以下同じ）またはＤＮＢＰＡ（アレチレット）を10*a*当たり製品で200～300*ml*散布する。自生イタリアンライグラスなどイネ科雑草には，ＤＰＡ（ダウポン）の10*a*当たり200～300*g*，またはアロキシジム（クサガード）の100～200*g*で対処する。宿根性の多年生雑草に対しては，アシュラム（アージラン）やＤＢＮ（カソロン）のスポット処理がきわめて効果的である。

耕種的防除法と除草剤の利用を可能なかぎり組み合わせて対処することは重要である。なお，雑草が蔓延したばあい，放棄せずに刈取りをつづけることも一つの要領である。刈取り利用を継続することにより，雑草のほうが衰弱し，再びアルファルファの草地として生き返る可能性もある。

(3)　永続性の維持

永続性を維持するのに必要な耕種管理を第４図に示した。うち，雑草防除には，初期生育の

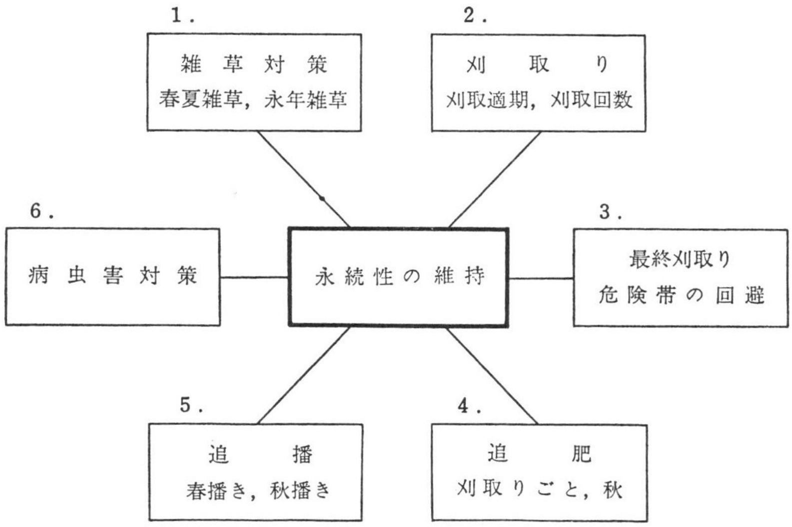

第４図　永続性を維持するための管理対策

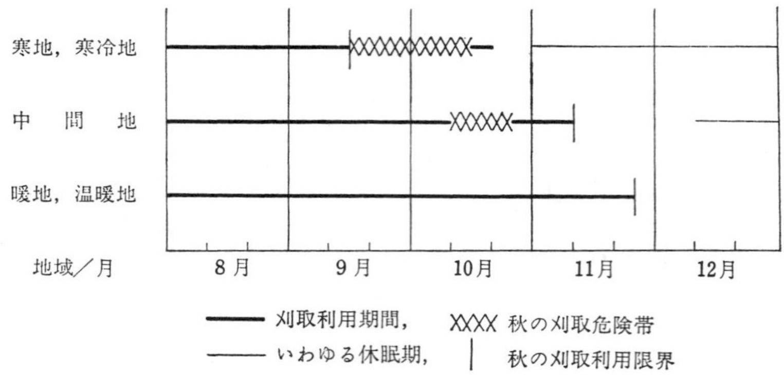

第5図　秋の最終刈取期における刈取りの危険帯（模式図）

第5表　品種群別からみた休眠にはいる限界日長と限界温度

群　別	生育限界日長（時間）	秋の生育限界温度（℃）
I　群	9.2	6.9
II　群	10.0	11.1
III　群	10.2	12.0
IV　群	10.3	12.9
V　群	10.4	13.6

定着に引きつづいて永続性の維持に対しても常に必須となっている。

①**刈　取　り**

刈取り管理は，計画した暦日に即して固定的・機械的に行なうものではなく，株の充実と刈取り収量，しかも栄養収量と乾物収量とのバランスに基本をおいて，生育ステージに準拠して実施すべきである。

刈取適期　従来，開花1／10期から開花盛期とされてきたが，わが国のばあい，このころまでおくと倒伏したり病害虫のトラブルが頻発したりするので，着蕾期から開花始期までの早刈りが望ましい。そのほうが品質的にも軍配があがる。ただし，連続的な若刈りは永続性に悪影響があるので注意する。

刈取頻度と間隔　北海道では年間2～3回刈り，府県では東日本で4～5回，西南暖地では6～8回となっている。刈取りの間隔は生育の旺盛な季節で30～40日，生育の緩慢な時期では45～60日までに広がる。

最終刈取りの危険帯　いわゆる秋の休眠にはいる限界の日長・温度は，第5表のとおりである。しかも，寒地・寒冷地では，秋の最終刈取りの時期を誤ると，越冬性を損ない，翌春に減収をまねくことがある。これが秋の最終刈取りの危険帯であり，第5図に示した。

②**追　　肥**

アルファルファのばあいは，圃場外に持ち出される乾物収量が想像以上に多いので，それだけ収奪される肥料成分量も多く，追肥が必要である。ある酪農現場では，家畜糞尿堆肥をはじめとする積極的な追肥によって，きわめて良好な状態で永続性が維持されている。経営外からの補給は，石灰で年間10 *a* 当たり約80*kg*，リン酸は成分で6～10 *kg* であり，あとは家畜糞尿堆肥の圃場還元で充分である。これだけの追肥であれば酪農家冥利に尽きるというべきである。とかく牧草類には追肥の観念が希薄であるが，追肥はアルファルファの永続性を維持するうえで重要である。

4. 調製・利用

(1) 調 製 加 工

調製加工の種類は第6図のとおりである。アルファルファの放牧利用については，わが国にほとんど例がなく，成功例も聞いていない。生草利用は，現実に今でもよく見かけられ，誰でも導入当初は生草利用からはいるわけであるが，ここで議論する余地はない。高・中・低水分サイレージと乾草の調製のうち，一般の技術的方向としては，低水分サイレージ調製あたりに収斂してくるものと考えられる。現場では，調製・利用に技術的めどがついてこそ，アルファルファ栽培が定着するようである。

①**サイレージ調製**

アルファルファには蛋白質含量や石灰質含量が高く，発酵エネルギーが少ないため，サイレ

調製・利用形態		調製・貯蔵法	水　分
放牧		——	——
生草（青刈り）		——	85 ～ 75%
サイレージ	高水分サイレージ	発酵（pH 4 以下）	85 ～ 75%
サイレージ	中・低水分サイレージ（予乾サイレージ，ヘイレージ）	予乾，発酵（pH 4 以下）	70 ～ 55%（中） 55 ～ 40%（低）
アンモニア処理		予乾，非発酵，制菌（pH 8 以上）	40 ～ 20%
乾草（梱包乾草）		乾　　燥	20%以下

第6図　アルファルファの調製・利用形態

第6表　アルファルファの高・低水分サイレージ調製上の比較

種　　類	水　分 乾燥処理	利用する サイロ施設	作　業　特　性	飼　料　特　性
高水分 サイレージ	85～75% ダイレクトカット 添加物が必要 （ギ酸，糖蜜など）	普通のサイロ	作業が単純 収穫ロスが少ない 労働生産性が高い 小回りがきく	貯蔵ロスが大きい 嗜好性がやや劣る 栄養価が低下しやすい （品質，摂取量，消化率） 泌乳効果は高い
低水分 サイレージ （ヘイレージ）	55～40% 天日乾燥が必要 （1～3日間）	より厳密な気密性サイロが必要	機械・施設の装備が必要 天候の制約を強く受ける 作業の回数・種類が多い。 呼吸ロス，落葉ロスが大きい 微細断が必要	嗜好性がよい 摂取量が多い 増体効果が高い

ージへの調製がむずかしいとされてきたが，実際には，予乾と添加物，それにサイレージ調製の基本原則を厳格に守ることによって，きわめて良質なサイレージに仕上げることができる。高水分サイレージの調製と低水分サイレージ（ヘイレージを含む）調製との得失を比べてみると第6表のとおりである。いずれにしても，アルファルファのサイレージ調製は，技術としてすでに完全に定着したものと考えられる。

②乾 草 調 製

乾草生産については，わが国の自然環境からみて無理と考えられてきたが，酪農の現場では，積極的に天日による高品質乾草への生産努力が続けられ，実績をあげている。

よく乾燥させることと落葉防止すること，という一見矛盾した課題を同時に克服しなければならないが，刈取り後，半日から1日は反転を頻繁に繰り返し，水分50%前後まで乾燥がすすんでからは慎重な列転草で問題を解決している。茎と比べ葉部は過乾になりやすく，落葉しやすいが，葉部に少しでも水分が戻る夕刻に反転することでいくぶんか落葉を防ぐことができる。加えて，ウインドローのままの反転，いわゆる列転草を行なうこと。それも機械の性能を過信したむやみな反転ではなく，ソフトに行なうことである。これらが矛盾を解決する一つのポイントになっている。

アルファルファの乾草は，牛の生理的側面からみて，第1胃の粗飼料として乾草が最も適切であり，しかも栄養価の高いアルファルファの乾草であれば申し分がない。そこで，なんとかアルファルファを乾草に仕上げたいというのが酪農家の夢になっている。

(2) 給　　与

家畜に対するアルファルファの給与実態を大胆に類型化してみると，第7表のとおりである。

①栄養剤的な給与

類型区分1は，アルファルファ導入の初歩的なもので，購入ヘイキューブの代替的な自給をはかった栄養剤的・副食的な自給である。これ

第7表　粗飼料におけるアルファルファの位置づけ

類型区分	技術段階	アルファルファの存在意義	アルファルファの具体的役割	アルファルファの重要度	中心となる粗飼料
1.	初　期	栄養剤的副食	購入ヘイキューブの代替的自給	小さい 小規模な試作	トウモロコシ
2.	中　期	粗飼料の相互補完，併給	トウモロコシのTDNとアルファルファのCP・ミネラル・ビタミン	中程度 トウモロコシと共存	トウモロコシと アルファルファ
3.	高レベル	基幹粗飼料	アルファルファ乾草・サイレージの高品質粗飼料，他は購入飼料で補う	大きい，独立 面積的にも拡大	アルファルファ

第8表　類型別の具体的な飼料給与の内容（篠原，未発表）

類型区分 ＼ 飼料名		慣行	自給アルファルファ給与の類型			
技術段階 / 乳量／日		購入 25*kg*	初期 25*kg*	中期 25*kg*	高レベル 25*kg*	高レベル 40*kg*
飼料給与量（現物）						
トウモロコシ・サイレージ	*kg*	12.0	12.0	8.0	—	—
アルファルファ乾草	*kg*	—	2.5	5.0	8.0	9.0
ヘイキューブ	*kg*	4.5	2.0	2.0	—	2.0
ビートパルプ	*kg*	1.5	1.5	2.0	2.0	4.0
稲わら	*kg*	2.0	2.0	—	2.0	—
配合飼料	*kg*	10.0	10.0	10.0	10.0	14.0
給与量の合計	*kg*	30.0	30.0	27.0	22.0	29.0
給与量　DM	*kg*	18.65	18.50	18.33	18.93	25.05
給与量　TDN	*kg*	13.04	12.94	13.03	12.93	17.84
給与量　CP	*kg*	2.72	2.70	2.93	2.99	4.15
充足率　DM	%	110	109	108	112	120
充足率　TDN	%	110	109	110	109	109
充足率　CP	%	107	106	115	117	110
飼料代金	円	907	843	770	716	985
乳代	円	2,500	2,500	2,500	2,500	4,000
差引利益	円	1,593	1,657	1,730	1,784	3,015
乳飼比	%	36	34	31	29	25

注　基準乳価：100円/*kg*

は乳飼比や，牛の健康，乳量に対する給与効果も充分には把握できず，気休め的な給与になって，飼料構造のなかにおける重要度も小さい。

②トウモロコシとアルファルファとの通年給与

類型区分2は，トウモロコシのTDNとアルファルファのCP，ミネラル，ビタミンとが栄養的に相互補完し，これらの併給によってさらに年間の平衡給与を可能にしたかたちである。トウモロコシ栽培における家畜糞尿の多投，除草剤利用による圃場の清潔化，外国品種による早生化と多収安定生産の実績があがっている。これらトウモロコシ栽培の技術的安定があってこそ，アルファルファの存在も生きてくる。この給与形態が現在の酪農現場において最も納得され，ふつうにみられる給与形態である。

③アルファルファを主体にした給与

類型区分3は，アルファルファの乾草や低水分サイレージが基幹的粗飼料として位置づけられ，その重要度が一層高まっている類型である。トウモロコシを漸減させ，アルファルファの生産を拡大する方向をとっている。乾草かサイレージとして高品質粗飼料に仕上げることが前提であり，高泌乳牛の食い込み量を確保する点にねらいがある。粗飼料としてのエネルギー価と蛋白質とのバランスをとるため購入飼料を組み合わせる。この給与形態は，高泌乳に対応して徐々に事例が増加しており，多分に将来の発展方向を示唆している類型と考えられる。

④給与の具体的内容

給与の具体的内容を横並びの表に作成してみると第8表のようになり，とくに高レベルの給与パターンではトウモロコシサイレージを全廃し，アルファルファ乾草の給与を1日当たり8～9*kg*としている。一般に，乳量が40*kg*にもなると，とかく濃厚飼料の多給に依存する傾向になるが，それが産乳性や繁殖性の低下，各種疾病の発生原因にもなっている。このメニューのように高品質なアルファルファ乾草を給与すれば，どうやら食い込み量を確保できるようである。

いずれにしても，アルファルファという牧草は，これを栽培する酪農家の方針次第で，幅広く使える特長をもつ牧草と考えられる。

執筆　鈴木信治（元草地試験場）

1987年記

参考文献

BLTON, J. L. 1962. Alfalfa. Intersci. Publ., pp.479.

HANSON, C. H. ed. 1972. Alfalfa Sci. and Tech. Amer. Soci. Agron., pp. 812.

原田　勇. 1981. アルファルファ栽培の理論と応用. 酪農学園近代酪農部. pp. 155.

北海道農試. 1969. 北海道におけるアルファルファの適品種と栽培・利用法. 北海道農試草開部. pp.144

北海道農試. 1975. アルファルファの品種と栽培・利用技術. 北海道農試研究資料. No. 6, pp. 180.

MORRISON, F. B. 1959. Feeds and Feeding. Morrison Publ., pp. 1165

農林水産省農林水産技術会議事務局・愛知県農業総合試験場. 1971. アルファルファの品種解説. pp.88.

酪農総合研究所編. 1979. ルーサンの栽培と利用. 明文書房. pp.269.

鈴木信治ら. 1969. アルファルファの生育特性による品種群別. 日草誌. 15, 33-41.

鈴木信治. 1986～1987. アルファルファの品種と栽培・利用（1-16）. 畜産の研究. 40(1)-41(5).

高杉成道. 1972. アルファルファの栽培学. 酪農学園近代酪農部. pp.234.

アルファルファ品種ケレスの特性と利用方法

アルファルファは嗜好性と産乳性が優れることから，酪農家は一度は栽培にチャレンジしたことのある草である。しかし，栽培が難しく北海道では過去に気象条件の良い石狩，上川，北見，網走を主体に12,000haまで増加したが，その後，輸入乾草の増加により8,000haまで減少した。北海道の酪農の中心地である十勝，根釧での栽培面積は，土壌凍結，夏季の冷涼・多湿条件のために少なく，これらの地域で安定して栽培できる品種の開発が望まれていた。

その後，(独) 北海道農業研究センター (以下，北農研) の積極的な試験研究の展開もあり，とくに十勝で栽培面積が増加し，さらに2007年からは新品種‘ケレス’の普及と輸入穀物の高騰を背景に，それまで栽培が難しいとされていた根釧においても増加した。

(1) アルファルファの由来と特性

アルファルファは栄養価の高さと花の美しさから「牧草の女王」と呼ばれ，英語名の「Alfalfa」は，「最良の飼料」を意味するアラビア語が語源と考えられ，「ルーサン」とも呼ばれているが，スイスのLuzern地域でアルファルファが普及し，その地名が名称となったと考えられている。

原産地は，中近東～中央アジアコーカサス地域 (現在のトルコなどの国々が属する地域) と考えられている。この地域は，雨が少なく干ばつであるために根は太く地中深く入る特性をもち，また石灰質の土壌のためカルシウムが豊富でpHが高い土壌を好む。

日本の気象・土壌条件はこれらの原産地とは反対に，多雨で土壌水分が多く，カルシウムが洗い流されるためにpHも6.0以下の土壌が多く，アルファルファが適する条件ではない。

また，アルファルファは日本に入ってきてから品種開発の歴史が浅く，いまだ改良の余地が多く，選抜を加えるほど良くなる草種である。

(2) アルファルファ栽培の規制要因と品種の変遷

①バーティシリウム萎凋病抵抗性品種

‘ケレス’は2007年から販売されたが，その育種が開始された1982年ころの北海道での主要品種は，アメリカで育成された‘ソア’，フランスで育成された‘ヨーロッパ’などであった。

その後，土壌病害であるバーティシリウム萎凋病 (以下，V病) が道央を中心に蔓延していることが北農研の調査により明らかになり (1980年札幌近郊のある農家で多発)，それまで流通していた品種はどれも抵抗性個体割合が低かったために，播種して数年すると密度が低下しきわめて低収となった。

北海道ではこの事態を受けて品種比較試験を行ない，1990年には収量的には‘キタワカバ’より低収であったが，抵抗性品種の‘バータス’‘ユーバー’‘マヤ’が優良品種に認定され普及に移された。同時に，V病についての基準も設けられ (抵抗性個体率60％以上，罹病指数2.0以下)，この基準以上の抵抗性品種が流通する

第1表 優良品種の変遷

優良品種決定年	品種名および系統名	育成国
1958年	デュピイ	フランス
1975年	ヨーロッパ	フランス
1978年	ソア	アメリカ
1983年	キタワカバ	日本 (北農研)
1984年	サイテーション リュテス	アメリカ フランス
1990年	バータス ユーバー マヤ 5444 アロー レーシス	スウェーデン フランス フランス アメリカ アメリカ デンマーク
1994年	マキワカバ，ヒサワカバ	日本 (北農研)
2003年	ハルワカバ	日本 (北農研)
2005年	ケレス	日本 (雪印)

ことになった。対照品種である‘キタワカバ’は多収であったが，抵抗性個体割合が低く，流通量はごくわずかであった。

②凍害，そばかす病が規制要因

その後小松，土屋，丸山などの研究で，栽培が難しいとされていた十勝の栽培規制要因が凍害であることが明らかになった。それまでは土壌の凍上によって根が切れる（断根）ことがおもな原因とされていたが，一番の原因は気温が下がる1～2月に積雪が少ないため，根が凍って凍死することであることが証明された（小松，1988）。

また，根釧ではそばかす病も越冬性に影響することが竹田などの研究で明らかにされた。根釧でも凍害が栽培の規制要因であるが，越冬するためには秋までに十分な養分を根に蓄積する必要がある。そばかす病は冷涼な気象条件下で多発し，はなはだしいときには全体の葉が枯れて落ちてしまう病害である。そのため，凍害に優れた品種でも，この病害に対する抵抗性を併せもたないと越冬できない。たとえば，カナダで育成された品種は凍害に強いはずであるが，そばかす病の罹病がはなはだしく，越冬性が不良である。

このように規制要因がしだいに明らかになるなかで，北農研では根釧での現地選抜も行ない，1994年にV病抵抗性と多収性を併せもった‘マキワカバ’‘ヒサワカバ’を育成した。‘マキワカバ’は多雪地帯向け，‘ヒサワカバ’は土壌凍結地帯向けとして普及した。

③ケレスは凍害，そばかす病，雪腐病の抵抗性品種

しかし近年は，温暖化の影響で北海道東部，とくに十勝では積雪量が多く，雪腐黒色および雪腐褐色小粒菌核病が多発するようになり，これらの病害に対する抵抗性も必要になった。これらの病害に罹病すると，完全に枯死することはないが，春先の萌芽がおそくなり徐々に株が衰退し永続性がなくなる。

耐凍性，そばかす病抵抗性，雪腐病抵抗性を付与して永続性を改善することを目標に開発された品種が‘ケレス’である。

(3) ケレス育成の経過

アルファルファの新品種ケレスは，耐凍性に優れるがそばかす病に弱いロシア，カナダなどの材料と，そばかす病抵抗性と耐倒性に優れるが耐凍性が劣るヨーロッパの材料との交配・選抜を繰り返し，選抜地も普及を目指す北海道東部で現地選抜した。

バーティシリウム萎凋病はヨーロッパ，北アメリカ，カナダでは一般的な病害であり，数世代選抜を重ねることにより抵抗性が向上できるので，抵抗性の付与は比較的簡単であった。選抜は，佐藤倫造（元北農研）らによって開発された幼苗選抜法（検定）で行なったが，この技術はおおいに役立った。幼苗選抜法が確立する前は宇都宮牧場の協力によって，圃場選抜できたことも抵抗性品種育成におおいに役立った。

育成にあたり困難であったのは，そばかす病抵抗性と越冬性を兼ね備えた品種の開発であった。そばかす病は秋に発生するが，抵抗性個体は秋に生育が良いので，そうした個体は越冬性が不良であった。克服するために人工的に凍らす器械も利用し，何度か注意深く選抜することによりその問題を解決し，越冬性とそばかす病抵抗性を兼ね備えることができた。

また，越冬性に影響するもう一つの要因である雪腐病抵抗性は，十勝の芽室町で現地選抜を行なうことにより，雪腐黒色小粒菌核病・雪腐褐色小粒菌核病に対する抵抗性を付与することができた。

このように，交配と選抜を重ねることによって育成された‘ケレス’は，2001～2003年に北海道内の6試験場で適応性が検定され，その優良性が認められた結果2004年2月北海道の優良品種となり，2007年2月10日に品種登録，同2007年春から本格販売した。

(4) ケレスの特性

①永続性が優れる

選抜を重ね品種能力が向上すると品種間差が出にくく，通常の3年間の試験期間では十分に特性を検定できない。現在では4年かけて系統間差を検定している。

その一例を第1，2図に示した。この試験は個体植えの特性検定試験であり，2001年5月～2004年5月まで調査した。2年目春にはほとんど差がなく夏季間の個体の減少もなかった。ようやく3年目春に差が認められたが，明瞭な品種間差が認められたのは4年目春であった。

‘ケレス’の4年目春の生存個体率は約90％，次いで‘マキワカバ’が約70％，その他は50％前後しか残っていない。海外から導入された品種の永続性は低く，‘バータス’は40％，‘ユーバー’は53％の個体しか残らず，今後も国内で育成された品種より優れることはないと思われる。

試験を行なった道央の長沼町は雪腐病が多発する地域であり，‘ヒサワカバ’は耐凍性に優れているが，雪腐病に対する抵抗性が不十分であるために永続性が劣ることがわかった。第3図は長沼町で単播で栽培した試作圃場の3年目春の萌芽状況であるが，‘マキワカバ’も雪腐病に罹病したために萌芽が不良となり密度も低下した。

同じように雪腐病が多発する十勝の芽室町での3年目春の生存個体率を第4図に示した。3年目であるが品種間差が認められ，‘ケレス’の生存個体率は対照品種よりも25％も多く，‘バータス’の2倍の個体が生存している。

雪の少ない根釧での試験結果を第5，6図に示した。根釧の別海町でもケレス（53％）はヒサワカバ（39％），マキワカバ（19％）よりも，生存個体率が高い（第5図）。第6図は根釧農試での生産力検定試験圃場の3年目春の状況であ

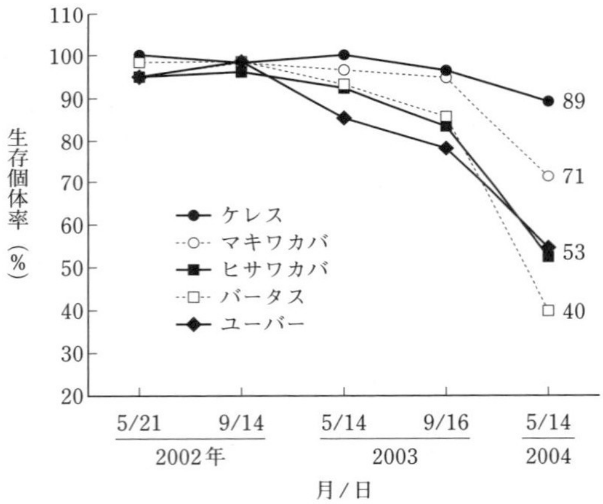

第1図　アルファルファ品種と生存個体率の推移
2001年春播種

第2図　播種後4年目春（5月12日）のケレスの生育状況
長沼町，雪印種苗K. K.北海道研究農場

第3図　永続性があるケレス
中央から右側がケレス，左側がマキワカバ
2006年5月15日撮影，雪印種苗K. K.農場自給草地

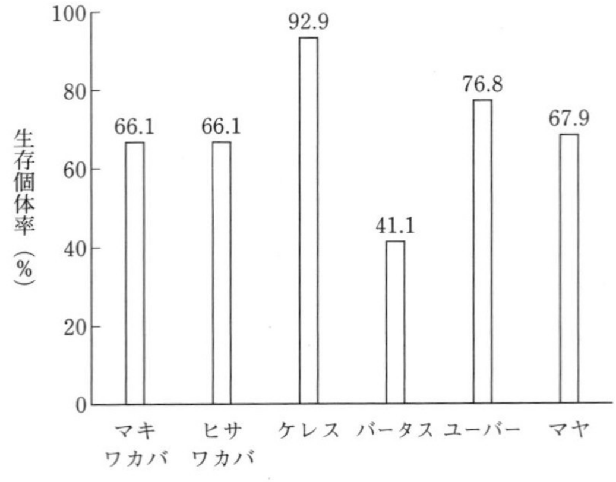

第4図　アルファルファ品種と3年目春生存個体率
十勝の芽室町，2003年播種，2005年5月18日調査

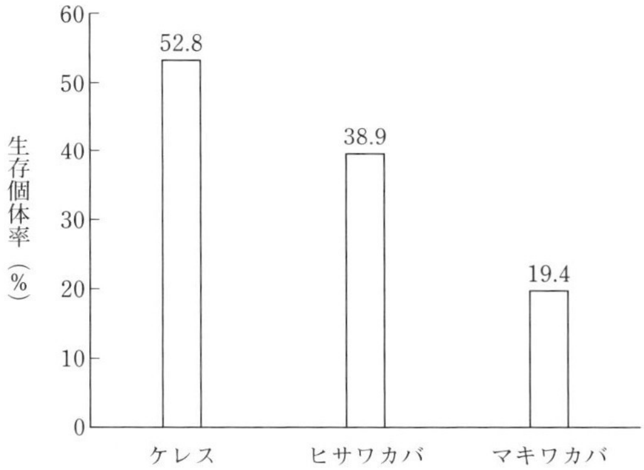

第5図　アルファルファ品種と3年目生存個体率
北海道別海町，2003年播種，2005年8月15日調査

第6図　根釧でも越冬性が優れるケレス
中央から左側がケレス，右側がマキワカバ，北海道根釧農試3年目試験圃場，2004年5月20日撮影

るが，‘ケレス’の萌芽が優れ，永続性が良好であることがわかる。第5図の生存個体率の順位は第8図に示した耐凍性検定試験の結果と同じであり，根釧では耐凍性が重要なことが明らかである。

なお，根釧での3年目の生存株率は道央の長沼町，十勝の芽室町よりも30～40%と少なく，アルファルファにとっては厳しい条件であるとともに，いまだ品種改良が不十分であることがわかる。

このように‘ケレス’によって永続性が改善され，先人たちがアルファルファ栽培に汗を流して苦労していたことが，品種改良によって大幅に改善できたと確信できる。

②そばかす病抵抗性，耐凍性に優れる

そばかす病は，やせた土壌で冷涼な気象条件が重なると多発する病害である。この病害に罹病しても枯死しないが，葉が枯れてひどいときには全葉が落葉する。北海道東部では，多発すると根に貯蔵養分を十分に蓄積することができず越冬率が低下する。‘ケレス’は第7図に示すように‘マキワカバ’よりも抵抗性がある。そばかす病に弱いカナダの材料を，抵抗性の強いヨーロッパの材料によって改善できたことを示している。

耐凍性のやや劣るヨーロッパの材料を利用しているが，耐凍性も‘ヒサワカバ’より優れ，両形質が改良されている（第8図）。

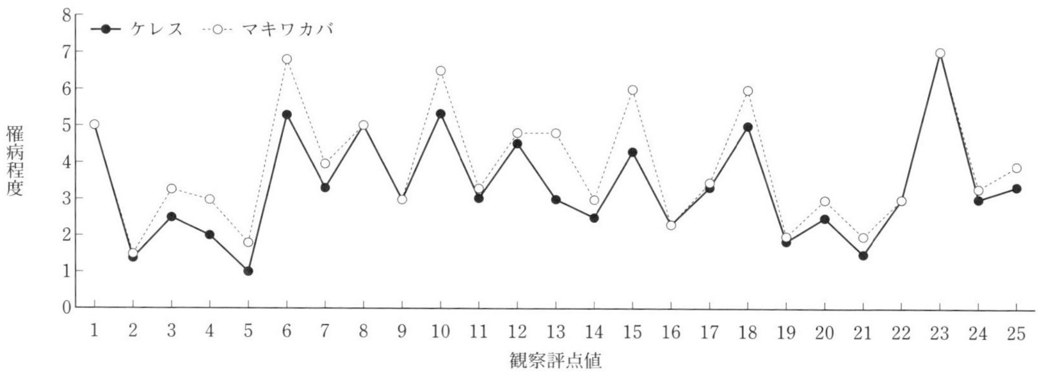

第7図　ケレスとマキワカバのそばかす病罹病程度
全試験場の調査値を示した。罹病程度：1；無～9；枯死

③根を横に伸ばす

根の形質については選抜を加えていないが，根釧の別海町で試作したところ，アルファルファの根は通常は真っ直ぐ下に伸びるが，‘ケレス’の根は下でなく横に伸びることがわかった(第9図)。長さも5年目で1m以上になった。

‘ケレス’は，もともと根が横に伸びるロシアの材料の遺伝子が入っているため，何らかの原因で直根が切断，または下に伸びることができなくなったときに，養分を下からでなく根を横に伸ばすことによって吸収するものと思われる。

このことは，土層深くまで改良しなければ定着しないといわれていたアルファルファであるが，表層を10cm程度改良するだけで定着できる可能性を示している。このことがヒントになり，表層攪拌法によってアルファルファの造成を試みて，成果を上げている。

④バーティシリウム萎凋病に抵抗性である

北海道内の草地はV病に汚染されており，年数が経るにつれて拡大し枯死するために，裸地が多くなり草地が荒廃する。この病害はアルファルファが栽培されなくても土壌中で厚膜胞子の形で長期間生存し，栽培が始まると根から侵入し，導管を詰まらせ枯死させる。

輪作体系を組むことによって多少は軽減できるが，一度汚染された草地はアルファルファを栽培すると再び発病するので，対策は抵抗性品種の利用しかない。

国内への侵入経路は明らかでないが，輸入乾草の中に罹病した個体が入っていたものと思われる。

‘ケレス’は汚染された草地と幼苗接種によって選抜を加え改良したために，抵抗性個体率が83.9％，罹病度1.4と強度の抵抗性をもっている。

⑤多収である

第10図に2年間の合計収量を示した。試験をした6か所の2年間の合計収量は‘マキワカバ’対比104％であるが，長沼と芽室において選抜を加えているためにこれらに近い札幌（北農

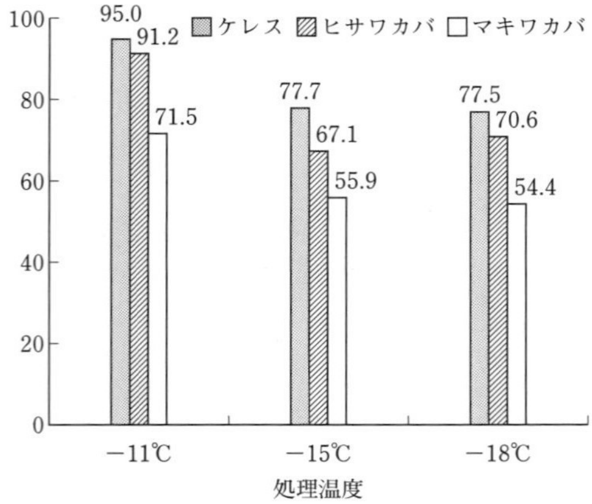

第8図　アルファルファ品種の耐凍性の違い
雪印種苗K. K.北海道研究農場

第9図　横に1m以上伸びるケレスの根
右から5，3，2年目
別海町5年目草地の個体

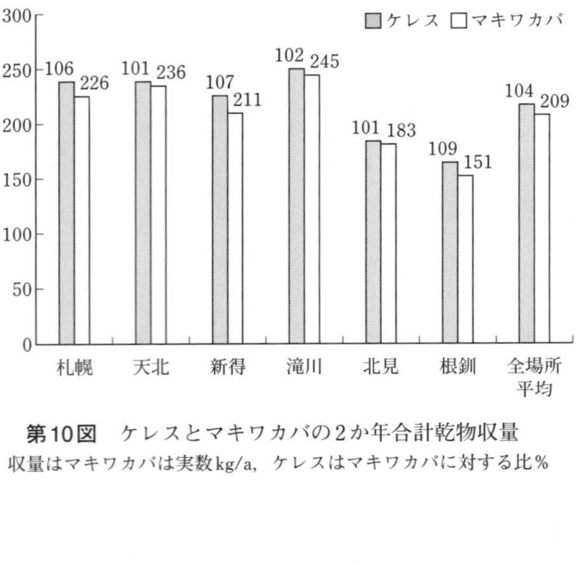

第10図　ケレスとマキワカバの2か年合計乾物収量
収量はマキワカバは実数kg/a，ケレスはマキワカバに対する比％

研），新得（北海道畜産試験場）では106，107％と多収である。また，根釧農試の2～3年目の収量は図に示していないが，それぞれ107％，110％と多収であった。これらの試験箇所で多収を示したのは，先に示した生存個体率が改善されたためである。

(5) ケレスの利用方法

アルファルファの単播利用は栽培と利用が難しいため，チモシー主体草地では‘ケレス’を5kg/ha程度を混播して利用するとよい。初めて栽培する場合はアカクローバの替わりに，2～3kg/ha混播して試し栽培するとよい。肥沃な定着できる土壌であれば，この程度の一握りの‘ケレス’でも2～3年後には目立つようになる。アルファルファは栽培が難しい草種だが，一度定着するとアカクローバよりも明らかに永続性が優れるのでぜひ試してもらいたい。

チモシーの品種は，2回利用の地域では‘ホライズン’が適している。アルファルファは混播すると二番草が優占するために敬遠されがちであるが，‘ホライズン’は二番草の出穂茎が多く，一番草刈取り直後はアルファルファが先に再生するが，二番草収穫ころには‘ホライズン’が出穂して同じ草丈になり，適当な割合になる。

‘ホライズン’を利用してもアルファルファが優占する地域では，オーチャードグラスの晩生品種‘バッカス’との混播利用がよい。1ha当たりの播種量は‘ケレス’7～10kgに‘バッカス’を15～20kg程度である。

アルファルファの定着を左右する要因として根粒菌の着生がある。クローバ類はほとんどの草地で栽培された経歴があるので，アカクローバ，シロクローバ根粒菌は広く定着している。しかし，アルファルファは栽培面積が少ないので，アルファルファ根粒菌は多くの圃場では定着していない。そのために初めてアルファルファを栽培すると定着個体数が少なくなる。更新するときに，アルファルファを少しでも混播することによって土壌にアルファルファ根粒菌を定着させるようにすると，次に更新するときには定着率が向上するので，‘ケレス’も同じように利用するとよい。もちろん，種子は根粒菌を接種したコーティング種子が適している。

最近，暖冬のために土壌凍結が入らずギシギシが枯死しないため，分布域が広がっている。ギシギシに有効な除草剤「ハーモニー」を散布すると，アカクローバ，シロクローバは枯死，またははなはだしく生育が抑制されるが，アルファルファは影響が少なく枯死することはほとんどない。そのために，除草剤を使う前提でアカクローバ，シロクローバの替わりにアルファルファ‘ケレス’を混播する人も多い。

執筆　高山光男（雪印種苗株式会社）

2011年記

参 考 文 献

小松輝行．1988．アルファルファの冬枯れ問題と対策．北草研会報．**22**，21―38．

竹田芳彦・中島和彦．1997．根釧地域に適応するアルファルファ（*Medicago sativa* L.）品種の特性1．造成年における耐冬性とその関連形質の品種間変異．日草誌．**43**，144―149．

竹田芳彦・中島和彦．1997．根釧地域に適応するアルファルファ（*Medicago sativa* L.）品種の特性2．2年目以降における耐冬性とその関連形質の品種間変異．日草誌．**43**，150―156．

竹田芳彦・中島和彦．1997．根釧地域に適応するアルファルファ（*Medicago sativa* L.）品種の特性3．自然発病によるそばかす病罹病程度の品種間変異．日草誌．**43**，157―163．

簡易更新と表層攪拌法によるアルファルファ草地の造成（北海道根釧）

根室支庁管内は，夏の冷涼・寡照のためにトウモロコシ栽培の限界地帯であるが，高温・干ばつ条件を好むアルファルファにとっても厳しい条件である。加えて，冬の少雪・土壌凍結もあり「牧草の女王」であるアルファルファにとっては二重苦の地帯である。このような地帯でアルファルファの栽培に果敢に挑戦している北矢「ケレス友の会」（2006年設立）の方々がいる。2004年からアルファルファ栽培に挑戦し，試行錯誤の末，表層攪拌法を確立し定着させたので紹介する。

(1) アルファルファ導入のきっかけ

会員の方々は草づくりに熱心で自力更新を積極的に行ない，除草剤と専用播種機を利用した簡易更新についても検討していた。そのころアルファルファの新品種‘ケレス’が北海道の優良品種を決める試験に供試されており，試作を依頼した。

根釧は，トウモロコシ栽培が少ないのでスラリーは，草地へ春と秋に施用するのがふつうであり，そのために表層は肥沃である。また，この地域は火山性土壌のためリン酸吸収係数が高く，BB122（10—20—20—5）などリン酸分が高い肥料を施肥するのが一般的なので，草地表層にはリン酸が蓄積されている。そのため，水はけが良く肥沃な土壌を好むアルファルファが定着する可能性が高いと考えて試作を依頼した。

しかし，根釧では凍害による断根によって枯死してしまう可能性があり，アルファルファ栽培は草づくりに熱心な特別な人が行なうだけで，一般的には栽培できないとされていた。そのため枯死しても影響がない程度の播種量である，1ha当たり1kgの少量播種の試作から始めた。

(2) 簡易更新時にアルファルファを混播

はじめは，除草剤と専用播種機（ハーバーマット，第1図）を利用した簡易更新を行なうときに混播した。その作業工程と注意事項は以下のとおりである。

①更新の方法と注意点

作業工程は以下のとおりである。

1）6月下旬一番草収穫

2）7月下旬～8月上旬　除草剤散布（グリフォサート系除草剤をシバムギなどが30cm以上に再生してから散布）

3）10日以上経て十分に枯死してから，枯れ草を搬出

4）炭カル，熔リンを十分に施用（熔リン500kg，炭カル8t/ha）

5）8月下旬に播種，施肥（チモシー‘ホライズン’20kg，アルファルファ‘ケレス’5kg，BB122（10—20—20—5）400kg/ha）

6）10月以降にスラリーを薄く散布（掃除刈りは行なわない）

注意事項は以下のとおり4点である。

1）シバムギなどの地下茎型イネ科雑草を30cm以上に再生させてから除草剤を散布し，2週間以上放置して完全に枯死してから播種する。

2）枯れ草，堆肥などが多いと，それらを寄せ集めてしまい播種できなくなるので持ち出す。

3）播種時期は，降水があり土壌水分が高く

第1図　ハーバーマット

なる8月中旬以降にする。

4）播種速度は，歩く程度10km/hrで確実に溝を切って種子と土壌を密着させる。

②アルファルファが定着

アルファルファの栽培は一般的でなかったために，翌年は期待もせずに草地を確認したところ，小さいながらもそこには立派に越冬したアルファルファがあった。しかし，喜ぶのはまだ早い。どんな牧草も1～2年は生育する（たとえば，アカクローバは2年程度越冬し，その後になくなってしまう）。アルファルファが定着するかしないかの第一段階は，播種後の最初の刈取り（一番草）後に再生するかどうかである。

しかし，一番草を収穫した後も枯死することなく，気温が上がる二番草時の8月にはより株が大きくなり，翌年も越冬し，アルファルファ栽培の可能性が確認できた。その後も枯れることなく順調に生育し，第2図のように5年目になっても減少しなかった。

掘り取ってみると，根は直根ではなく10cm前後の深さで横に伸びていた。なぜ横に伸びるかは不明だが，考えられるのは1）早い時期に主根が凍害，凍上害によって切れてしまい，遺伝的に横に伸びやすい特性が発現した，2）簡易更新のために表層が肥え，下層がやせているために下に伸びることができない，などが考えられる。

‘ケレス’は確かに従来の品種より側根が多いが，札幌近郊の長沼町で栽培すると直根になる。また，第3図に示したように夏まきした翌年春（2年目）の2個体がすでに直根がないので，もともと遺伝的に横に根が伸びやすい特性をもっているため，早い時期に主根がなくなり，肥沃な表層に旺盛に根を伸ばしたものと考えられる。

③安定化への工夫

アルファルファが栽培可能なことは実証されたが，まだ，定着が不安定であった。より安定させるために，表層へ堆厩肥を多量に施用する方法を試すことにした。

踏み固められた草地を，ロータリーハローで砕土するのはトラクターにかなりの負担がかかる。そこで少しでも表層を軟らかくして，通水も改善するためにハーフソイラーを先に引っ張ることにした。それでも土壌が細かくこなれないので，ロータリーを二度かけることにした。

‘ケレス’の根は表層を横に伸びるので，こ

第2図　5年目の状態（ケレス混播量は1kg/ha）
2008年10月24日撮影

第3図　直根のないケレスの根
右から夏まき5，3，2年目の春の個体

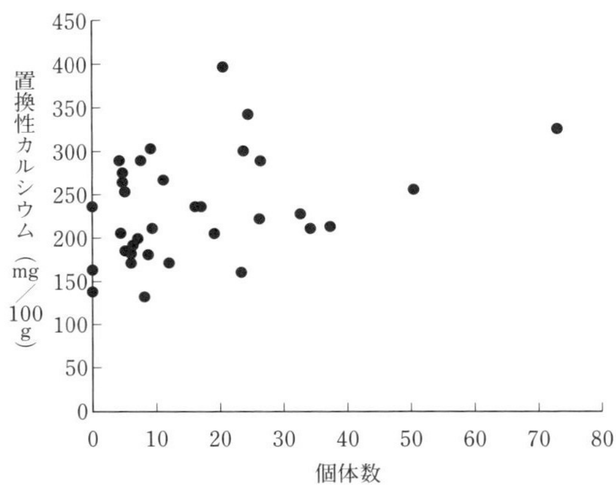

第4図　完全更新草地のカルシウム含量とアルファルファ個体数

のように表層にスラリー，カルシウム資材，熔リンを施用し，表層を肥沃にすることによって安定的に定着するようになった。

(3) アルファルファの定着する土壌としない土壌

完全更新ではなかなかアルファルファを定着させることが難しいので，原因を究明するためにアルファルファの生育が旺盛な草地と定着が少ない草地，完全更新と表層攪拌により造成した草地を比較した。

①完全更新土壌の比較では差がない

2010年5月に，過去2～3年以内に完全更新によって更新した草地の植生調査と土壌分析を行なった。結果は，完全更新草地は全体としてアルファルファの定着率が低かった。その原因を解明するために，完全更新草地のアルファルファの定着割合と土壌分析値の相関を検討したが，すべての項目で関係は見出せなかった。その一例を第4図に示した。アルファルファはカルシウムを好むために，置換性カルシウム含量と定着個体数の相関図を示したがまったく相関がなかった。

②生育のよい圃場の土壌の特徴

次に，アルファルファをじょうずに栽培している「ケレス友の会」の福本さんの土壌を分析して，上記①で調査した土壌と比較した（第5図）。第5図の白抜きは定着数の低い完全更新草地土壌，斜線が福本さんの圃場の土壌の分析値である。福本さ

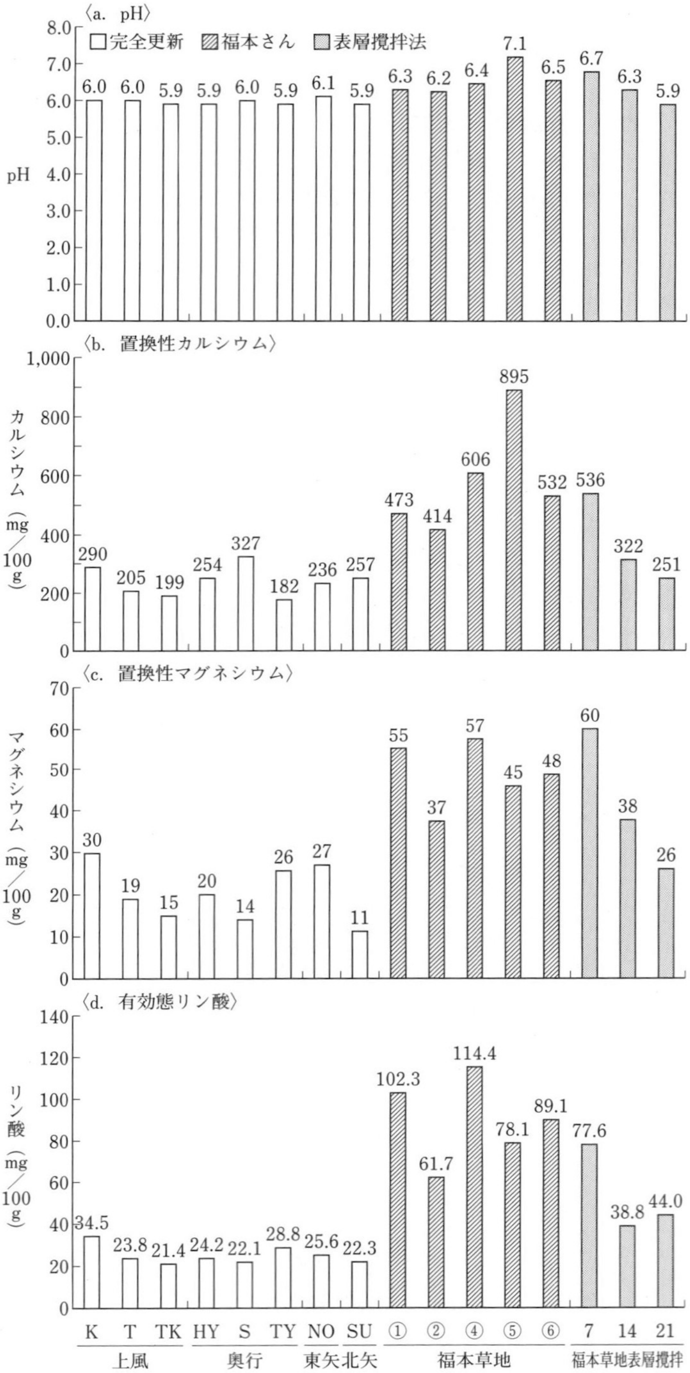

第5図 福本さんの圃場と完全更新，表層攪拌法での土壌化学性の比較

表層攪拌法：7；0～7cm，14；7～14cm，21；14～21cmの各層の分析値
完全更新の上風，奥行などは地名，アルファベットは農家を示している

んの土壌は，pH（第5図a）はやや高い程度だがすべての草地で6.0を上回っている。カルシウム（第5図b）はpHの差以上に大きく，完全更新草地の2倍以上の含量であった。マグネシウム（第5図c），リン酸（第5図d）も同様であった。

すなわち，完全更新草地は，アルファルファを栽培するには全体に土壌養分が低すぎたために，どの項目においても定着率との相関がなかったと思われる。

③表層ほどアルファルファに適している

次に，福本さんの表層攪拌法によって造成した1年目の草地土壌と比較した（第5図右端3本の灰色部分）。

層別に比較すると，下層ほどどの養分も減少し，唯一0～7cmの最上部の層だけがアルファルファが良好に定着する，福本さんの土壌と同程度の値を示した。表層を利用した草地更新の有効性がわかる。

（4）現在の具体的な更新・栽培例

①福本さんの更新方法

今までの試行錯誤から，現在の更新方法は，ロータリーよりも播種床がきれいに仕上がるアッパーロータリー（通常のロータリーハローと逆に回転する）を利用して更新している。以下に福本さんの2009年の更新圃場の例を示した。

1）一番草刈取り後，除草剤を茎葉に十分に吸収させるためにシバムギを十分に再生させる

2）40～50cmに再生した8月上旬に，グリフォサート系除草剤を散布

第6図　立派なケレス二番草

2010年7月27日撮影

3）十分に枯れてから（気温が高く枯れるのが早いが，2週間程度は放置する），スラリー3t/ha，カルシウムの補給のために，価格が安価で乾燥させているために散布しやすいライムケーキ（ビートから砂糖を製造するときの副産物。石灰（炭酸カルシウム）が主成分）を8t/ha，リン酸とマグネシウム補給のために熔リン400kg/ha施用

4）排水と土壌を軟らかくするためにハーフソイラーをかける（条件によって省略するときもある）

5）9月3日に10cmの深さまでアッパーロータリーをかけ，ケンブリッヂローラーで鎮圧

6）9月5日施肥・播種（BB055P（10―15―15―4）40kg/10a，アルファルファ‘ケレス’5kg＋チモシー‘ホライズン’18kg/ha），鎮圧

②2年目（2010年）の管理と生育

2年目以降もスラリーを有効に利用して，不足分の成分のみを施肥している。

早春：リン安（17―45―0）30kg/10a，スラリー2～3t/10a

一番草：6月30日刈取り，追肥BB456（14―5―26―5）20kg/10a散布

二番草：9月1日刈取り，9月9日スラリー2～3t/10a散布

このようにして造成した草地の状態を第6図に示した。年々アルファルファの定着個体数が増加し，‘ケレス’5kgでは多すぎて‘ホライズン’が抑制されるようになったために，今後は‘ケレス’の播種量と混播するイネ科牧草の種類について検討が必要である。

③福本さんの造成方法のポイント

福本さんの草地造成のポイントは，1）プラウを利用せず表層攪拌法で更新，2）シバムギを耕起前に除草剤で処理する，3）カルシウムを補給するために十分なライムケーキを施用する（pH6.0以上でも置換性カルシウム，マグネシウムは少ないことが多い），4）リン酸以外の養分の補給のために熔リンを施肥する，5）播種は一番草刈取り後8月下旬に行なう，6）夏まきすることによって雑草が旺盛に生育せず，掃除刈りすることなく越冬できる，の6点である。

6）を詳しく説明すると，アルファルファは越冬までに根を十分に大きくしなければならないために，播種は春～夏（7月）が基本と考えられていた。しかし，この時期に播種すると雑草が多発し，掃除刈りが必要になる。アルファルファは，播種後の早い時期に掃除刈りをすると再生することができないため，十分な個体が定着できない。播種時期を晩夏にすると，雑草の発生が少なく，伸びすぎることもないので掃除刈りすることなくそのまま越冬させることができる。越冬性が心配になるが，播種時に十分な養分を補給しているので，越冬できる十分な大きさまで生育する。

このように積極的に自力更新を行なっているため，福本さんはじめ，会員の方々は「牧草の播種があるのでお盆はいつも休めないが，アルファルファ草地が増えてくると，目で見えるほど乳量が増加するので更新はやめられない」といっている。

執筆　高山光男（雪印種苗株式会社）

2011年記

府県におけるアルファルファ・トウモロコシ短期輪作体系

1. アルファルファに着目した理由

畜産草地研究所（那須市）では，約8haの飼料生産圃場と20～30頭の搾乳牛群を用いて，トウモロコシ・アルファルファ輪作体系のもとで資源循環型酪農を行なっている。この研究のおもな目的は，トウモロコシとアルファルファを組み合わせた飼料生産体系を確立するとともに，TDNと蛋白質をバランスよく高位安定的に生産できることを実証することである。

アルファルファに着目した理由は次のとおりである。まず国の施策をみると，酪肉近代化基本計画では粗飼料自給率の目標として100％を掲げているが，酪農でほぼ不可欠の蛋白質粗飼料といえるアルファルファは，ほとんどが輸入である。目標を達成するには，これを国産品に置き換えなければならない。その手段として，第一にアルファルファの自給生産が考えられる。

このことは農家経済の面でも有利と考えられる。2008年の輸入の飼料および化学肥料の価格高騰は多くの農家を存続の危機に陥れたが，自給によって購入飼料への依存度を低くしておけば，当時ほどの大きな混乱は防げるであろう。化学肥料については輸入せざるを得ないが，空気中の窒素を固定するアルファルファは少量しか窒素施肥を必要とせず，後作への窒素施肥量も減らせる可能性があるため，化学肥料代を必要最低限に抑制できることが期待される。さらに消費者の視点からも，自給飼料の多給や化学肥料の節減は，有機畜産，有機栽培などに高い関心をもち安全・安心を求めている消費者に受け入れられやすいと考えられる。

さまざまなメリットのあるアルファルファ生産であるが，現状では府県での普及面積は非常に限られたものとなっている。そのおもな原因として，雑草が多発し，永年草地としての管理がむずかしい点が挙げられる。また，早期の草地荒廃を過度におそれ，必要以上に栽培が敬遠されているようにもうかがえる。

そこで，従来よりも短期間でアルファルファ栽培を完了させることを前提にした，トウモロコシ栽培などと組み合わせた短期輪作体系を確立することが有効と考えた。つまり，短期間でアルファルファ栽培を切り上げるが，その代わりにトウモロコシとの輪作によって前述した種々のメリットを発揮させ，総合的にみて有利な生産体系を開発しようとした。ここでは，アルファルファを2年，トウモロコシを2年とした場合の短期輪作体系の開発における，これまでの成果を紹介する。

2. 短期輪作の体系

この体系はアルファルファ2年とトウモロコシ2年の4年1巡の体系であり，1回目のトウモロコシの前と後には冬作としてライムギ栽培を組み入れる（第1図）。この体系を1年ずつずらして4枚の圃場で実施すると，各草種を毎年安定した割合で得ることができる。1圃場での4年間の流れは次のとおりである。

1）アルファルファの秋まき（栃木県北部の場合は9月下旬が播種晩限）→2）翌年と翌々年に年間4回の収穫を行なったあと，秋に耕起してライムギ播種→3）ライムギをその翌年の4月末に収穫後，5月中にトウモロコシの播種→4）ライムギとトウモロコシの作付けをもう一度繰り返したあと，アルファルファ播種，で最初に戻る。

第1図 トウモロコシ・アルファルファ短期輪作体系の推移
①アルファルファ，②ライムギ，③トウモロコシ

より長期のアルファルファ草地の維持が可能な場合は，2年にこだわらず3年以上に設定すればよい。ただし，この研究のケースでは，利用2年目の夏にあたる三番草には雑草が相当多く発生している現状がある。また，維持年限の目安として，鈴木（1992）は，最高収量は1～3年目にあり，実用的な利用年数は4～5年であろうと述べている。

3. 簡易耕播種の導入による省力化

この短期輪作体系の年間作業を第1表に整理した。この体系で改善すべき点としては，1）2年目のトウモロコシの収穫（9月10日ころ）後，アルファルファの播種（9月25日ころ）までの間の日程的な余裕が小さいこと，2）ライムギの収穫後，耕うんや別圃場の収穫作業などによって，トウモロコシの播種までに日数がかかりすぎていることがある。1）と2）は作業の集中が問題であるだけでなく，まき遅れや生育日数不足によって収量を低下させる危険性をも含んでいる。これらの問題点をトウモロコシとアルファルファの双方を簡易耕播種によって栽培することで解決しようとした。ここでは，トウモロコシの簡易耕について述べる。

小規模な栽培試験を行なったところ，簡易耕で播種した区（2回のディスクハロー｛以下，ディスクとする｝のあと，第2図の不耕起播種機を用いて播種）はロータリ耕で細かく砕土して播種した区に比べてトウモロコシ収量はさほど減少しなかった。実証試験として（面積35a），簡易耕区（ディスクがけ2回後に不耕起播種機で播種）に慣行区（プラウとディスクがけ2回のあと慣行播種機で播種）より7日早く播種した場合においても，簡易耕区が慣行区と同等の収量を示した（第3図）。

ここで簡易耕を7日早く播種したのは，迅速に播種作業ができるという簡易耕のメリットを生かそうとしたためである。実際，施肥から除草剤散布までに要した作業時間は，簡易耕によって慣行のおおむね半分程度に短縮することができた（第4図）。このように，簡易耕は，播種の繰上げとそれによる収量性の維持に有効であった。

4. アルファルファ栽培による窒素施肥量の低減

アルファルファ跡地ではトウモロコシの窒素施肥量を節減できる可能性が考えられるので，その量について検討した。乾燥堆肥約1.5t/10a

第1表　トウモロコシ・アルファルファ輪作体系の年間作業

月	旬	圃場1	圃場2	圃場3	圃場4
		アルファルファ1年目	アルファルファ2年目→ライムギ	ライムギ→トウモロコシ1年目	ライムギ→トウモロコシ2年目→アルファルファ
3	上 中 下			追肥	追肥
4	上 中 下			ライムギ収穫	ライムギ収穫
5	上 中 下	アルファルファ一番草収穫	アルファルファ一番草収穫	堆肥散布 耕うん トウモロコシ播種	堆肥散布 耕うん トウモロコシ播種
6	上 中 下	アルファルファ二番草収穫	アルファルファ二番草収穫		
7	上 中 下				
8	上 中 下	アルファルファ三番草収穫	アルファルファ三番草収穫		
9	上 中 下	アルファルファ四番草収穫	アルファルファ四番草収穫	トウモロコシ収穫	トウモロコシ収穫 堆肥散布，耕うん アルファルファ播種
10	上 中 下		堆肥散布，耕うん ライムギ播種	堆肥散布，耕うん ライムギ播種	

を施用した実規模に近い試験条件では，化学肥料を5割に削減しても収量はほとんど低下しなかった（第5図）。

このように，短期輪作体系は従来のイネ科による夏冬2作体系と比べて窒素肥料を節減できる。ただし，その量は各圃場の条件で変わり，一律とはいえないので，圃場の一角で試す必要がある。

第2図　簡易耕に用いた不耕起播種機

5. 堆肥の投入・還元

この短期輪作体系では堆肥の投入・還元は原則としてすべての播種時期に行なっている。4圃場でみれば春のトウモロコシ播種（2圃場），秋のアルファルファおよびライムギ播種時の3回の堆肥還元機会がある。また，1回の堆肥投入量は乾燥堆肥で1～1.5t/10a程度であるが，堆肥産出量と消費量の間に過不足は生じていない。

また，前述したトウモロコシの簡易耕播種技術を導入した場合でも，堆肥還元についての問題はない。まったく土壌を撹乱しないで播種する不耕起栽培と異なり，ディスクがけによっ

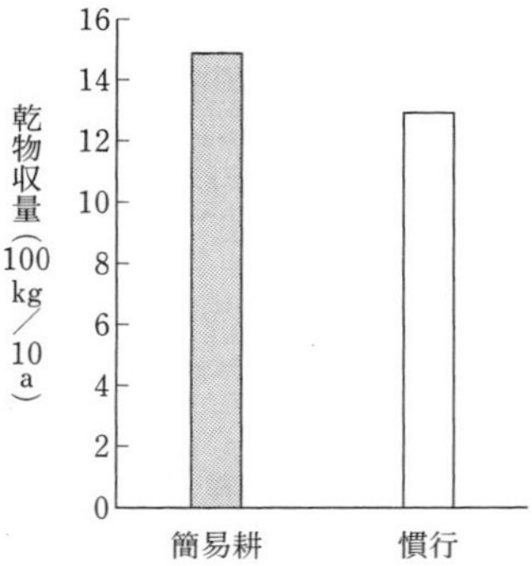

第3図　簡易耕区と慣行耕うん区のトウモロコシ乾物収量

コーンハーベスタで収穫した重量から求めた値と，刈取り調査から求めた値の平均値。両値とも簡易耕がやや慣行より大きかった。簡易耕は慣行より7日前に播種した

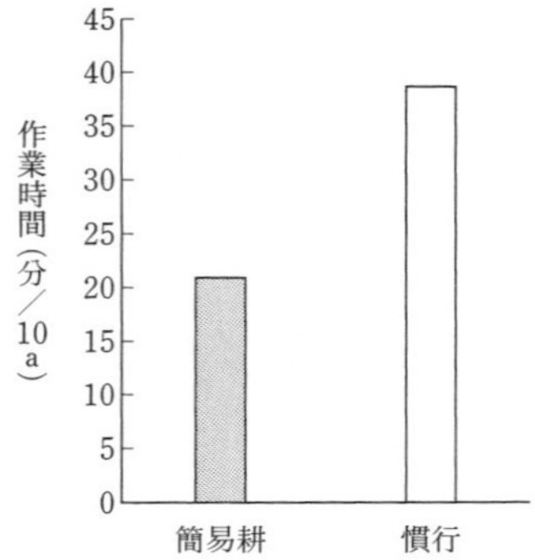

第4図　トウモロコシ播種に要する作業時間

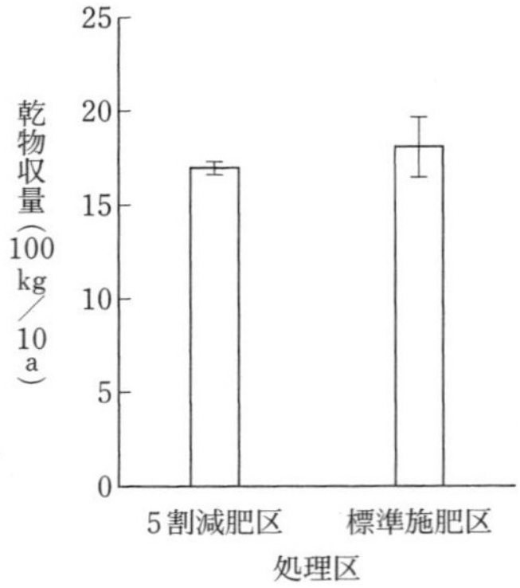

第5図　化学肥料5割減肥区と標準施肥区のトウモロコシの乾物収量

乾燥堆肥約1.5t/10aを施用。処理区名は化学肥料の量を示す。各区畦長5mを5か所で坪刈りした

第6図　簡易耕播種前に散布した堆肥の状態

左：散布直後の土壌表面にある堆肥，右：ディスクがけ後の土壌

て堆肥が浅く土壌に混和されるため（第6図），悪臭や流亡は生じない。

6. 生産量，自給率の試算

例として，2007年の輪作体系の収量データを第2表に示した。乾物収量は年間で約107tであり，TDN収量とCP収量は推定値でそれぞれ約65t，約14tであった。これを平均体重650kg，日乳量32kg/日（乳脂肪率4.0％）の搾乳牛に与えた場合の供給可能頭数の試算結果を第3表に示した。

ここではTDNとCPの自給率を35～50％の3水準で試算したが，TDN自給率50％では飼料の乾物量が牛の採食可能量を上まわることがあるため，現実みのある自給率40％の数値に着目する。供給可能頭数は，TDN，CPのいずれからみても33頭前後となった。

われわれの過去の検討では，現状より約3ha広い11haの圃場でトウモロコシとイネ科牧草を生産（トウモロコシは4haで単作，オーチャードグラスやイタリアンライグラスなどの牧草

第2表　作物の収穫量（2007年度）

草　種	面積（10a）	収穫量（乾物kg）	単収（乾物kg/10a）	TDN収量（kg）	CP収量（kg）
ライムギ	40	29,286	732	16,400	3,397
トウモロコシ	40	42,976	1,074	29,052	3,137
アルファルファ一番草	37	11,653	315	7,248	2,890
アルファルファ二番草	37	8,302	224	4,450	1,544
アルファルファ三番草	37	6,829	185	3,660	1,270
アルファルファ四番草	37	7,769	210	4,164	1,445
合　計	82	106,815	—	64,974	13,683

は7haで永年生として利用）し，33頭の搾乳牛群を飼養していたが，そのときのTDN自給率が32％，CP自給率が24％であった。

以上のように，適切な飼料設計と併せてこの短期輪作体系を実施すれば，トウモロコシとイネ科牧草による生産と比べて，TDNおよびCPの自給率をそれぞれ向上させ得る生産量の確保が可能といえる。

＊

アルファルファが高い飼料価値をもち，トウモロコシと組み合わせて乳牛に給与することの有用性は従来からよく知られていた。しかし，その基盤となる両者を組み合わせた具体的な栽培体系は，府県ではほとんど提案されてこなかった。アルファルファとトウモロコシを何の工夫もなく，それぞれ固定した圃場に長期間栽培しても，アルファルファで増大した地力を後作でうまく利用できなかったり，不必要に長い休閑期間を生じたりしてしまう。

その意味でこの研究は，府県においてアルファルファとトウモロコシを合理的に生産するうえで，参考になる情報を提示できたのではないかと思う。今後は，コスト計算などにより，アルファルファの具体的な維持年限などについて検討する予定である。

第3表　自給率水準ごとの飼料供給可能頭数

設定自給率（％）	TDNで試算（頭）	CPで試算（頭）
35	37.6	39.6
40	32.9	34.7
50	26.3	27.7

執筆　小林良次（(独) 農業・食品産業技術総合研究機構畜産草地研究所）

2009年記

参考文献

鈴木信治．1992．マメ科牧草アルファルファ（ルーサン)―その品種・栽培・利用―．p.11．雪印種苗．札幌．

赤クローバの栽培技術

I 栽培のねらい

1. 給与上の意味と飼料価値

赤クローバ(*Trifolium pratense* L.)は，わが国のような湿潤な酸性土壌地帯でも栽培が容易で，飼料価値も高い。このため府県でもトウモロコシとの輪作を主体に青刈りやサイレージ用マメ科牧草として赤クローバが近年見直されてきている。飼料価値は第1表に示したようにＤＣＰが7.2%，カルシウムが1.28%でアルファルファと比べると劣るものの，オーチャードグラスやトウモロコシと比較するとかなり高い。ＴＤＮは51.8%でアルファルファなみで，繊維はアルファルファよりもいくぶん低い。

2. 生育特性からみた導入のねらい

原産地がヨーロッパ南東部から小アジアあたりといわれるように，赤クローバは冷涼で湿潤な気候に適する。耐寒性はかなり強いが，耐暑性は概して弱く，夏の高温と乾燥によって夏枯れが起こる。深根性であるが降水量が多いほど生育が盛んである。土壌に対する好みは少ないが，微酸性から中性の排水良好な壌土に最もよく生育する。短年利用型の優れたマメ科牧草で，品種や栽培地域などによって永続性が多少異なる。秋播き地帯でも利用1～2年の短年利用がふつうで，まれに条件のよいところで3年利用が可能である。刈取り後の再生はアルファルファほど旺盛ではないが，寒地で2～3回，暖地で3～5回の刈取りが可能である。しかし高温旱魃条件下では再生がきわめて悪くなる。早春の生育が旺盛で1番草の収量がきわめて多い特性を利用して，秋播きして翌春にトウモロコシの播種前に刈り取ったり，すき込んで緑肥としての利用にも適する。

第1表 寒地型主要マメ科牧草の飼料成分　(モリソン，1961)

草種	可消化成分			平均組成					無機組成		
	DCP	TDN	NR	蛋白質	脂肪	繊維	NFE	灰分	カルシウム	リン酸	カリ
	%	%	%	%	%	%	%	%	%	%	%
赤クローバ	7.2	51.8	6.2	12.0	2.5	27.1	40.3	6.4	1.28	0.20	1.65
ラジノクローバ	14.2	59.5	3.2	18.5	1.7	21.6	38.4	8.3	1.53	0.29	2.17
アルファルファ	11.2	51.4	3.6	15.4	1.6	28.5	36.7	8.3	1.47	0.24	1.97
オーチャードグラス	4.2	49.7	10.8	8.1	2.9	30.4	40.5	6.8	0.27	0.18	1.92
チモシー	3.0	46.1	15.4	6.6	2.3	30.3	44.8	5.0	0.35	0.14	1.59
トウモロコシ	3.8	58.8	14.5	7.8	2.2	27.1	47.6	6.4	0.27	0.16	0.90

Ⅱ 栽 培 の 基 本

1. 品種の特性と選定

赤クローバの品種は大別して1回刈り種と2回刈り種に分類される。前者はマンモス型とも称され，晩生で耐寒性が強いために寒地向きのタイプで，永続性が優れているが刈取り後の再生が劣り，収量は1番草に偏り高くない。後者はメディウム型とも称され，早生で永続性や耐寒性は劣るが，刈取り後の再生も比較的良好で2，3番草にも茎の伸長がみられ，わが国のほとんどの地域に適応する。

第1図 赤クローバ（サッポロ）

また開花の早晩性から赤クローバの品種を早生，中生および晩生に分類するばあいもある。一般に早生品種は初期生育が優れ，開花が早く刈取り後の再生が良好であるが，耐寒性，永続性とも劣る。晩生種は逆に初期生育や刈取り後の再生は劣るが，永続性や耐寒性とも優れている。

このほか赤クローバの品種の分類は，倍数性により二倍体と四倍体に区別することがある。四倍体は二倍体と比較して生育が旺盛で一般に茎が太く，葉や花も大型で収量も高いが，乾物率が低いという欠点がある。

赤クローバの代表的な品種の特性を第2表に掲げた。それぞれ一長一短があるが，たとえば，秋播きして翌年だけの刈取り利用や緑肥としてすき込むようなばあいは永続性は問題にならず，むしろ初期生育が優れ，雑草との競合にも強くて収量の上がる四倍体品種が優れている。反対に乾燥して利用するばあいは，四倍体品種は茎が太く，乾物率も低いので，むしろ二倍体品種

第2表 赤クローバ品種の特徴 （植田，1986）

主な品種		適応地域	特徴
早生	サッポロ	北海道，東北	多収，永続性大。茎割病，さび病抵抗性
	ハミドリ	北海道，東北	多収，永続性大。冬枯れ抵抗性
	ニシアカ	関東以南の暖地	多収，再生力大。越夏性良好
	ケンランド	関東以南の暖地	多収。南方炭そ病抵抗性
	レッドヘッド	北海道，東北	多収，永続性良好。四倍体で巨大
	ペンスコット	関東以南の暖地	暖地で多収，耐暑性大
	ハミドリ4X	北海道，東北	多収，永続性大，うどんこ病抵抗性，四倍体
	ハヤキタ	北海道，東北	多収，永続性大，そばかす病，輪紋病抵抗性，四倍体
中生	サイロ	北海道北東部	早生品種よりやや低収，永続性大
	ドラード	北海道北東部	収量は中位，茎割病抵抗性
晩生	アルタスエード	北海道北東部	収量は劣るが，冬枯れ抵抗性，永続性大
	レア	北海道北東部	多収，永続性大。四倍体品種
	マンモス	北海道北東部	多収，越冬性中，茎割病，さび病ともに中

第3表　赤クローバの作期

地　域	播種期（月旬）	刈取期（月旬）	主な対象地域
北海道北東部	5　～6中	6下～7上（8上～8下）	天北，根釧，北見地方
北海道中南部	4下～8	6中～6下（7下～8中）	石狩，日高，胆振地方
東北地方	4　～10	6上～6中（7中～8上）	青森，岩手，山形地方
暖　地	9下～11下	5上～5下	関東以西

注　（　）内は春播きのばあいの初年目刈取期を示す

が適している。利用目的に合わせて品種を選定するのが望ましい。

2. 播　種

播種期は，寒冷地では早春からおそくとも8月上旬ころまで，暖地では耕地の利用効率，雑草対策上からも秋播きがよい。各地域の播種期のめやすを第3表に示した。赤クローバの種子1*kg*の粒数は二倍体品種で約50万粒，四倍体品種でも約35万粒あり，*a*当たり100*g*播種すると1m^2当たり300～500粒播かれることになり，相当高い密度になる計算である。しかし実際には種子の発芽率は100％に満たないし，覆土の厚さ，播種床の整地の良否などによって発芽率も変わってくるので，実際栽培では*a*当たり200*g*をめやすとして，播種床の砕土，整地が良好で雑草の少ない圃場では少なめに，砕土，整地が不良で雑草の多い圃場では多めに播種する。

3. 輪作物としての導入のねらい

高泌乳牛飼養のためには良質な自給飼料生産が不可欠である。サイレージ調製技術の普及向上に伴って，北海道はもとより府県でもトウモロコシをはじめホールクロップサイレージ用作物の栽培が著しく拡大した。しかしホールクロップ用作物の作付面積が拡大して連作が行なわれるようになって，各地でトウモロコシなどの連作障害が指摘されるようになった。気象条件が不良な年ほど連作障害による倒伏の被害が顕著に現われることが指摘され（飯田，1985），輪作の必要性が再認識されている。

赤クローバはもともと北海道ではムギ類，テンサイとの輪作物としてきわめて重要な役割を果たしてきたマメ科牧草で，府県においてもホールクロップ用作物の輪作物のパートナーとしてはきわめて適している。まず第一に赤クローバは深根性のマメ科牧草であるから，豊富な根によって土壌中に有機物が増加し，土壌の物理性を改良するばかりでなく，根粒菌の働きにより*a*当たり年間約1.3*kg*もの窒素を，固定利用できるため（原田，1977），地力の維持増進に好適の作物といえる。第二に，赤クローバは全国いたるところに自生できるほどにわが国の気候風土に適したマメ科牧草で，アルファルファ栽培における土壌の酸度矯正や根粒菌の接種といったわずらわしい作業に神経をつかわなくてもよい。緑肥としてすき込むばあいはむろんのこと，利用1年ていどのマメ科牧草としてはきわめて優れていることを再認識したい。

4. 施　肥

牧草栽培でも施肥は必要で，根粒菌の働きで空中窒素を固定・利用できる赤クローバとてその例外ではない。特に府県では飼料生産畑の面積が少ないので，単位面積当たりの収量を高める必要があり，適切な施肥管理のもつ意味はきわめて大きい。赤クローバ栽培でも植物が土壌中の養分を吸収して生育し，家畜がそれを利用して乳肉生産を行ない，家畜の排泄する糞尿および赤クローバの地下部が土壌に還元されるという，土一草一家畜の関係がある。施肥量は理論的には赤クローバによる養分吸収量から土壌中の可給態養分量を差し引いた量ということになる。しかし，植物の養分吸収量にしても土壌

第4表　マメ科牧草類単播の元肥の施肥量（*kg/a*）　　　　（小原，1966）

目標収量（*kg/a*）	項目	開墾地			熟畑			転換畑		
		N	P_2O_5	K_2O	N	P_2O_5	K_2O	N	P_2O_5	K_2O
500	成分吸収量	3.0	0.5	2.0	3.0	0.5	2.0	3.0	0.5	2.0
	天然養分供給量	2.5	0	1.0	2.7	0.2	1.0	2.7	0.4	1.2
	補給必要量	0.5	0.5	1.0	0.3	0.3	1.0	0.3	0.1	0.8
	肥料の吸収利用率(%)	100	20	60	100	20	70	100	20	70
	施肥量	0.5	2.5	1.7	0.3	1.5	1.4	0.3	0.5	1.1
1,000	成分収吸量	6.0	1.0	4.0	6.0	1.0	4.0	6.0	1.0	4.0
	天然養分供給量	5.5	0	1.6	5.5	0.4	2.0	5.5	0.6	2.5
	補給必要量	0.5	1.0	2.4	0.5	0.6	2.0	0.5	0.4	1.5
	肥料の吸収利用率(%)	100	20	60	100	20	70	100	20	70
	施肥量	0.5	5.0	4.0	0.5	3.0	2.9	0.5	2.0	2.2
1,500	成分吸収量	9.0	1.5	6.0	9.0	1.5	6.0	9.0	1.5	6.0
	天然養分供給量	8.5	0	2.0	8.5	1.0	3.0	8.5	1.1	4.0
	補給必要量	0.5	1.5	4.0	0.5	0.5	3.0	0.5	0.4	2.2
	肥料の吸収利用率(%)	100	15	60	100	15	60	100	25	60
	施肥量	0.5	10.0	6.7	0.5	3.3	5.0	0.5	2.7	3.3

注　施肥量は利用初年目の施肥全量

第5表　マメ科牧草類単播の追肥の施肥量（*kg/a*）　　　　（小原，1966）

目標収量（*kg/a*）	項目	開墾地			熟畑			転換畑		
		N	P_2O_5	K_2O	N	P_2O_5	K_2O	N	P_2O_5	K_2O
500	成分吸収量	3.0	0.5	2.0	3.0	0.5	2.0	3.0	0.5	2.0
	天然養分供給量	3.0	0.3	0.5	3.0	0.3	0.5	3.0	0.3	0.5
	補給必要量	0	0.2	1.5	0	0.2	1.5	0	0.2	1.5
	肥料の吸収利用率(%)	—	10	60	—	10	60	—	10	60
	施肥料	0	2.0	2.5	0	2.0	2.5	0	2.0	2.5
1,000	成分吸収量	6.0	1.0	4.0	6.0	1.0	4.0	6.0	1.0	4.0
	天然養分供給量	5.7	0.6	1.5	5.7	0.7	1.5	5.7	0.7	1.5
	補給必要量	0.3	0.4	2.5	0.3	0.3	2.5	0.3	0.3	2.5
	肥料の吸収利用率(%)	100	10	60	100	10	60	100	10	60
	施肥量	0.3	4.0	4.2	0.3	3.0	4.2	0.3	3.0	4.2
1,500	成分吸収量	9.0	1.5	6.0	9.0	1.5	6.0	9.0	1.5	6.0
	天然養分供給量	8.7	0.9	2.5	8.7	1.1	2.0	8.7	1.1	2.0
	補給必要量	0.3	0.6	3.5	0.3	0.4	4.0	0.3	0.4	4.0
	肥料の吸収利用率(%)	100	10	60	100	10	60	100	10	60
	施肥量	0.3	6.0	5.8	0.3	4.0	6.7	0.3	4.0	6.7

注　施肥量は利用2年目からの施肥全量

中の可給態養分量にしても多様で，単純ではない。したがって施肥量は各地域の施肥試験に基づいて決定するのが最も望ましいわけである。

参考として小原（1966）による標準的な施肥量を第4，5表に示した。これらを参考に，以下に主要な肥料の施用量を述べる。

(1) 窒素肥料

赤クローバに対する窒素肥料はイネ科牧草と比較すると肥効は低いが，窒素の施肥効果はあり，特に初期生育を助長させるためのスターターとしての効果が高い。

具体的な施肥例を紹介すると，第6表に示したように赤クローバでは生草1 *t* 当たりほぼ 6 *kg* の窒素分が吸収される。したがって生草で1 *t*/*a* の収量を期待するばあい，窒素の必要量は 6 *kg* となる。このうち第4表に示したように天然養分供給量が5.5*kg*と推定されるため，補給必要量としては 6－5.5＝0.5*kg*/*a*ということになる。2年目以降同程度の収量を期待するばあい，2年目以降は窒素の天然供給量が5.7*kg*と推定されるため，6－5.7＝0.3*kg*/*a* の窒素施肥量が必要となる（第5表）。

第6表　牧草の養分吸収量（*kg*/*a*）（小原，1966）

生草収量 (*kg*/*a*)	種　類	N	P_2O_5	K_2O	CaO	MgO
500	イネ科牧草類	2.0	0.5	3.0	0.5	0.5
	マメ科牧草類	3.0	0.5	2.0	2.5	0.5
	混　播	2.5	0.5	2.5	1.5	0.5
1,000	イネ科牧草類	4.0	1.0	6.0	1.0	1.0
	マメ科牧草類	6.0	1.0	4.0	5.0	1.0
	混　播	5.0	1.0	5.0	3.0	1.0
1,500	イネ科牧草類	6.0	1.5	9.0	1.5	1.5
	マメ科牧草類	9.0	1.5	6.0	7.5	1.5
	混　播	7.5	1.5	7.5	4.5	1.5

(2)　リン酸肥料

牧草地造成の段階ではリン酸の肥効は顕著で，新墾地に栽培するばあいの収量の制限因子になるといっても過言ではない。しかし牧草畑が熟畑になるにつれ，イネ科牧草ほど顕著ではないが，赤クローバでもリン酸の効果は漸減する。

具体的な施肥例について述べると，第6表に示したように，赤クローバでは生草1 *t* 当たり約 1 *kg* のリン酸が吸収される。したがって生草で1 *t*/*a* の収量を期待するばあい，リン酸の必要量は 1 *kg* となる。第4表に示したように，開墾地のばあいリン酸の天然養分供給量は見込めないので，補給必要量は 1 *kg*/*a* となるわけであるが，リン酸肥料の吸収利用率は20％であるので，リン酸の施肥量は 5 *kg*/*a* ということになる。熟畑のばあいは天然養分供給量が 0.4 *kg*/*a*見込まれるので，1.0－0.4＝0.6*kg*/*a* となり，吸収利用率を勘案して 3 *kg*/*a* の施肥量が必要となる。同様に，転換畑のばあいは 1.0－0.6＝0.4*kg*/*a*，0.4*kg*÷0.2＝2 *kg*/*a* の施肥量が必要となる。2年目以降同程度の収量を期待するには開墾地 4 *kg*/*a*，熟畑 3 *kg*/*a* および転換畑 3 *kg*/*a* のリン酸肥料の追肥が必要となる（第5表）。

(3)　カ リ 肥 料

リン酸肥料とは逆に，カリ肥料のばあいは造成年では肥効が顕著ではないが，土壌の有効態カリ水準が下がってくる2年目以降は，栽培年次の経過した畑ほど肥効が顕著になる。しかしカリ肥料の多用は牧草のぜいたく吸収をもたらすので，必要以上の多量のカリ追肥はむだとなる。特に K^+ の保持力の弱い火山灰土壌ではカリの潜在供給力は小さいので，カリ肥料の適正な追肥による有効態カリ水準の維持が牧草生産の支配因子となり，管理上きわめて重要である。

具体的な施肥例について述べると，第6表に示したように，赤クローバでは生草1 *t* 当たりほぼ 4 *kg* のカリが吸収される。したがって，生草で1 *t*/*a* の収量を期待するばあい，カリの必要量は 4 *kg*/*a* となる。開墾地のばあいカリの天然養分供給量は1.6*kg*/*a* 見込めるので，補給必要量は2.4*kg*/*a* となるわけであるが，カリ肥料の吸収利用率は60％であるので，カリ施肥量は 4 *kg*/*a* ということになる。熟畑のばあい天然供給量が 2 *kg*/*a* 見込まれるので 4.0－2.0＝2.0*kg*/*a* となり，熟畑のカリ吸収利用率の70％を勘案して2.9*kg*/*a* の施肥量が必要となる。同様にして転換畑のばあい 4.0－2.5＝1.5*kg*，1.5÷0.7＝2.2*kg*/*a* の施肥量が必要となる。2年目以降同程度の収量を期待するには，開墾地4.2*kg*/*a*，熟畑 4.2*kg*/*a* および転換畑 4.2*kg*/*a* のカリ肥料の追肥が必要となる（第5表）。

(4)　石灰および苦土

石灰はマメ科の牧草のばあい多く吸収されること，酸性土壌のpHを矯正する土改材となることなどから，赤クローバの造成時に 10 *kg*/*a* ていど施用する。土壌の酸度が高いばあい石灰

第7表　採食草中の肥料成分の糞尿中への排泄率（%）　（平島，1978）

種　類	N	P_2O_5	K_2O	CaO	MgO
糞	30	90	20	90	80
尿	50	0	60	5	5
合　計	80	90	80	95	85

の施用量をふやす。

苦土も同様に造成時に土壌100g当たりの置換性苦土を15～25mgまで高めておく。そのためには1kg/a造成時に施用し，その後は年間0.5kg/aていど補給する。

(5) 家畜糞尿

牧草として収奪された肥料成分は，第7表に示したように大部分が家畜の糞尿として排泄される。したがって糞尿をもとの牧草地に還元することにより，肥料として施す化学肥料を大幅に節約することができるばかりでなく，堆厩肥の施用は牧草地の土壌の物理性の改良にも大いに役立つ。

糞尿の施用量は含まれる肥料成分の含有率とその肥効の特性および牧草地の生産力に合う適切な量とすることがだいじである。また糞尿施用で注意を要するのは，尿中の窒素，カリは水溶性できわめて速効的で，アンモニアが多いため多用すると施肥障害の危険があるばかりでなく，牧草中の窒素，カリ含量を高めるため，家畜の硝酸中毒やミネラル栄養障害を起こす危険性が高いことである。これらを考慮して1回の糞尿施用は0.2～0.4t/a，年間で0.4～0.6t/aにとどめ，牧草の生育期をさけて春秋に重点的に施用するのがよい。とりわけ秋施用は牧草の貯蔵養分を高めるため冬枯れが防止でき，翌春の生育が旺盛となる。

糞尿には第8表に示すような成分が含まれており，その肥効から平島（1978）は糞尿施用による肥料分の還元量を次式で求めている。

$$\text{肥料分の還元量} = \text{糞尿の施用量}\ (kg/a) \times \frac{\text{肥料成分含有率}(\%)}{100} \times \frac{\text{肥効率}(\%)}{100}$$

したがって化学肥料の施用量は上式から求められる糞尿施用による肥料分の還元量を差し引いた量を施用すればよい。

第8表　厩肥，尿および液状厩肥の肥料成分含有率とその肥効率　（平島，1978）

種　類	肥料成分含有率（原物当たり%）					肥効率（化学肥料＝100）		
	N	P_2O_5	K_2O	CaO	MgO	N	P_2O_5	K_2O
厩　肥	0.4	0.3	0.2	0.3	0.1	30	80	90
原　尿	0.9	痕跡	1.5	痕跡	痕跡	100	—	100
液状厩肥	0.4	0.2	0.4	0.3	0.1	60	60	90

注　肥料成分含有率は飼養条件によってきわめて変動が大きい

Ⅲ　刈取りと利用

1. 刈取りと収量

赤クローバでも刈取期と収量および品質との間には密接な関係がある。ある研究によると栄養生長期～開花盛期までの蛋白含量は28%から14%に低下し，可消化養分吸収量も88%から65%に低下するが，乾物収量はa当たり9.33kgから71.05kgに増加する（Taylor，1985）。すなわち開花盛期に刈り取ると乾物収量はほぼ最大となるが，若刈りしたばあいと比較して消化率が低く，品質も悪くなるので可消化養分収量はかえって下がってしまう。また刈取りが遅れて過繁茂になると永続性を著しく損なうのでさけなければならない。特にムギ類等との混作のばあい，ムギ類によって隠蔽される前に刈り取るようにしなければならない。逆に若刈りにすぎると消化率が高く，品質もよいが収量が低いため可消化養分収量としては少ない。したがって，可消化養分収量を最大にするには開花直前～開花初期が刈取り適期ということになる。

2，3番草の刈取り適期は前の刈取りとの間隔が6～7週間でやはり開花初期が適期となる。ただ赤クローバは高温乾燥条件には弱いので，この時期の刈取りは極力さける。

刈取り高さは地ぎわから5*cm*ていどが適当で極端な低刈りは再生が悪くなるのでさける。

2. 刈取り利用

赤クローバは単播のばあいもイネ科牧草との混播のばあいも青刈り利用が一般的であった。青刈り利用はロスが少ないので利用効率は高いが，そのつど刈取り作業が必要で，労働効率は高くない。青刈り利用では雨天の若刈り草を濡れたまま多量に給与すると鼓脹症の危険があるので注意が必要である。

乾草利用のばあい，刈取りは前節で述べたように開花初期に行なうのが可消化養分収量が高い。赤クローバの茎はかなり太く水分も多いので，刈り倒してから茎の破砕を行ない天日乾燥する。補助乾燥設備のあるばあいは圃場で水分を30%ぐらいに落として梱包し，補助乾燥設備で水分を15%ぐらいまで下げて収納すると脱葉や貯蔵中のロスが少ない。また，乾物率が高く乾草調製の容易なオーチャードグラス等のイネ科草と混播したばあいは，多汁で茎の太い赤クローバ単播と比較して乾草調製が単播より容易である。

わが国のように雨量の多い条件下では赤クローバにかぎらず乾草づくりは天候の制約が大きい。したがって，わが国のような湿潤気候地帯ではサイレージ利用が最も適しているといえよう。特に最近のサイレージ調製技術の進歩により，マメ科牧草でも良質サイレージがつくれるようになった。水分を60%ぐらいに落とした低水分サイレージ調製を行なえば良質サイレージがよりつくりやすいし，稲わらとか炭水化物含量の高い材料を添加すればいっそう良質なサイレージ調製が可能となる。

3. 緑肥利用

赤クローバは古くからヨーロッパでは種々の輪作方式にとり入れられ，赤クローバによる空中窒素の固定による地力維持の役割が重視されてきた。尾関（1974）が北海道各地の輪作試験例をあげて論じているように，赤クローバを緑肥としてすき込めばいっそう豊富な有機物や窒素分が土壌に供給され，土壌が団粒構造をつくり物理性が改良される。したがって，トウモロコシ等の高位生産作物の後に栽培の容易な赤クローバを冬作として栽培し，緑肥としてすき込めば最近問題にされだしたトウモロコシの連作障害の防止にはきわめて有効である。またダイズのシスト線虫防除に効果があるとの事例も報告されているように，赤クローバの輪作は他作物の病虫害の防除にも効果があり，赤クローバを直接家畜の飼料として利用するばかりでなく，他作物の生産性を高めるための輪作物としてのパートナー的な意義も見直し，長期的な視野でバランスのとれた飼料生産に役だてるべきである。

Ⅳ 混　　播

これまでは単播を中心に述べてきたが，赤クローバはイネ科牧草やムギ類と混播利用するばあいも多いのでイネ科草との混播について概説する。

1. 混播の意義

混播する目的は牧草地の生産性に関するもの

第9表 赤クローバ混播栽培の施肥量（*kg/a*）　（小原，1966）

目標収量（*kg/a*）		開墾地			熟畑			転換畑		
		N	P_2O_5	K_2O	N	P_2O_5	K_2O	N	P_2O_5	K_2O
500	元肥	1.3	2.5	1.3	1.1	1.5	1.4	0.9	0.5	1.0
	追肥	2.0	1.0	2.0	2.0	1.0	2.3	2.0	1.0	2.3
1,000	元肥	3.3	5.0	3.3	2.5	2.5	3.6	2.3	2.0	2.2
	追肥	4.0	3.0	3.6	4.0	2.0	4.0	4.0	2.0	4.0
1,500	元肥	5.3	7.5	6.7	4.6	3.5	4.2	3.6	2.5	2.9
	追肥	7.0	5.0	5.0	7.0	3.0	6.7	7.0	3.0	6.7

注　元肥は利用初年目の施肥全量，追肥は利用2年目からの追肥全量

と家畜飼養に関するものに大別される。

(1)　草地の生産性からみた意義

赤クローバの草丈は刈取り適期でも80*cm*ていどであるが，オーチャードグラスでは110*cm*，チモシーになると130*cm*ほどにも達する。これらを組み合わせることにより空間を有効に利用して光利用効率をよくして生産性を高めることができる。さらに赤クローバの永続性が劣る欠点をイネ科牧草との混播によって補えば牧草地の裸地化や雑草侵入を防止し，経年的に安定した生産が可能となる。また不良気象，病害虫，家畜や機械の踏圧，土壌侵蝕などの障害抵抗性の異なるイネ科牧草と混播すると，それらの被害を軽減できる。

土壌肥沃度の維持増進という観点からみると，深根性の赤クローバと浅根性のイネ科草を組み合わせると，土壌養分を効率的に利用できる。また，根粒菌によって固定された窒素の一部をイネ科草に移譲できるので，少ない窒素施肥で生産性を高めたり，窒素含有率の高い根粒や赤クローバの根の分解により土壌窒素が高まり，二次的にイネ科牧草に対する石灰や苦土の吸収効率が高まるなどの効果が期待できる。

(2)　家畜飼養からみた意義

赤クローバとイネ科草を適度に混播することにより赤クローバの高蛋白や高ミネラルとイネ科牧草の高炭水化物や高繊維の長所が生かされて栄養のバランスがとれ，家畜の嗜好性が高まるばかりでなく，赤クローバ単播利用での鼓脹症，イネ科草優占草地の硝酸中毒やミネラル不足の危険性が軽減される。さらに，生育ピークの異なる草種を組み合わせることにより，季節生産性の平準化ができ，家畜への飼料供給が安定する。

2.　混播草種の組合わせ

混播草種の組合わせについては古くから多くの事例があるが，ここでは赤クローバを基幹草種とした刈取り利用について述べる。

北海道東部のチモシー栽培地帯ではチモシーとの混播が従来から行なわれていて，赤クローバと生育パターンがよく調和する。播種量は赤クローバ50*g/a*，チモシー100*g/a*が標準的であるが，赤クローバを主体とするばあいは赤クローバの播種量を100*g/a*ていどまでふやす。

北海道北部から中央部および東北地域ではオーチャードグラスとの混播が適している。このばあい赤クローバの早生品種とオーチャードグラスの中生～晩生の熟期のやや晩い品種の刈取り適期が合う。播種量は赤クローバ50*g/a*，オーチャードグラス150*g/a*が標準的であるが，赤クローバを主体とするばあいは赤クローバの播種量を100*g/a*ていどまでふやす。

関東以南ではイタリアンライグラスとの混播が赤クローバの短期利用として生産力が高い。播種量は赤クローバ50*g/a*，イタリアンライグラス100～150*g/a*が標準であるが，赤クローバを主体とするばあいはイタリアンライグラスを100*g/a*までに減らし，赤クローバを100*g/a*て

いどまでふやす。

赤クローバの苗条の光補償点は自然光の６％といわれ（TAYLOR, 1985），他のマメ科牧草と比較しても低照度条件に対する耐性が強い。このため赤クローバをムギ類と混播するのも赤クローバの特性を生かした栽培利用法といえる。ムギ類刈取り後も赤クローバ草地として利用するばあいは，赤クローバがムギ類によって隠蔽される以前に刈り取るのがその後の赤クローバの生育をよくする条件である。

赤クローバをイネ科草と混播したばあいの標準的な施肥量を第９表に示した。施肥量の算出基礎は前章で述べた単播のばあいと同様であるが，単播と比較して窒素の施肥量が多い。混播において赤クローバの割合を高めたいばあいはこの標準施肥量よりも窒素を控え，逆に赤クローバの割合を低くしたいばあいは窒素を多くしてコントロールする。

執筆　杉信賢一（草地試験場）

1987年記

引用文献

原田　勇．1977．牧草の栄養と施肥．養賢堂．

平島利昭．1978．草地の維持管理．牧草．北農会．p.77—100.

飯田克実．1985．サイレージ用トウモロコシの連作障害と対策．自給飼料．No.4．p.2—6.

MORRISON, F. B. 1961. Feeds and Feeding. The Morrison Publishing Company.

小原道郎．1966．牧草の施肥設計．草地の新技術．加里研究会．47—56.

尾関幸男．1974．麦類へのクローバ混播による地力増進効果．牧草と園芸．22(8)．6—10.

TAYLOR, N. L. 1985. Red Clover. Forages. Iowa State University Press. p.109—117.

植田精一．1986．アカクローバ．飼料作物の品種解説．農林水産技術会議事務局．p.155—159

暖地型マメ科牧草の栽培技術

I 栽培のねらい

暖地型マメ科牧草は，熱帯，亜熱帯，および温帯のうち夏期に寒地型牧草の生育の悪い地域では，良質の粗飼料源として広く利用されているが，アメリカやヨーロッパとくらべて，経営面積が小さく窒素肥料が安価に入手できるわが国では，従来，品質のよしあしよりも収量が高い飼料作物，すなわち，イネ科牧草の多肥栽培が有利と考えられ，暖地型マメ科牧草は顧みられることがなかった。

ところが，近年の高泌乳牛の飼養化傾向あるいは畜産物の低コスト生産を希求する世論の高まりにつれて，夏期に生産された粗飼料の低栄養価が問題になる地域，すなわち，西日本を中心に暖地型マメ科牧草の栽培が注目されるようになった。

1. 濃厚飼料の節約

オーストラリアで数多くの暖地型マメ科およびイネ科草種品種の栄養特性を比較した結果，暖地型マメ科牧草はイネ科牧草より，乾物消化率は約15%，家畜採食性は約30%高く，粗繊維含有率は約10%低いうえに，粗蛋白含有率は2～3倍高いことが認められている。したがって，暖地型イネ科牧草はマメ科牧草とくらべて乾物生産量は高いが，家畜の採食量や栄養素の摂取量は少なくなるため，高い家畜生産性を上げるためには栄養素の補給，すなわち，濃厚飼料を多給しなくてはならないが，暖地型マメ科牧草のばあいにはその必要がない。

2. 肥料の節約

暖地型マメ科牧草は，土壌 pH が4.5～5.0，有効態リンが 10 *ppm*（トルオーグ変法）ていどの土壌条件が著しく悪いところでも旺盛に生育するため，石灰や熔リンなどの土壌改良資材や肥料を大量に施用する必要がない。さらにファディービーンなどのように耐湿性に勝れた草種も多いため，湿田転換畑でも暗渠排水など大がかりな排水工事の必要がない。また，空中窒素を年間 25～45*kg*/10*a*（南西諸島での例）ていど固定するため，窒素肥料は播種当初に3～4 *kg*/10 *a* 施用すれば充分である。混播では，マメ科牧草の固定した窒素をイネ科牧草が利用するため，南西諸島ではイネ科の単播草地に年間50～90 *kg*/10 *a* の窒素の施したばあいと同程度の乾物収量が得られ，粗蛋白含有率は7～15%ていど上昇した。

3. 家畜の生理障害防止

暖地型イネ科牧草の栽培では，各種肥料，とくに家畜糞尿による窒素やカリウムの多用により硝酸態窒素の異常蓄積やミネラルのアンバランスが生じるが，肥料を多用する必要がない暖地型マメ科牧草にはこの心配がない。また，暖地型マメ科牧草には，寒地型マメ科牧草とちがって水溶性蛋白質やエストロジェン様物質の含有率が低いので，鼓脹症や繁殖障害の心配も少ない。

4. 連作障害の除去

トウモロコシやソルゴーの栽培では連作障害が懸念されるが，これらの後作あるいは混播作物として暖地型マメ科牧草を栽培することで，この障害を除去することができる。また，ファディービーンは土壌中のネマトーダを駆除するともいわれている。

II 草種と特性

1. 実用草種

暖地型マメ科牧草のうち，わが国の気候あるいは土壌条件に適応しているため，乾物生産力と永続性に勝れ，その実用栽培の価値が認められた草種は，ギンネム，サイラトロ，ファディービーン，デスモディウム，スタイロ，セントロおよびネオノトニアなどである（第１図）。

2. 環境適応性

暖地型マメ科牧草の生育適温は20℃以上であるが，大きな草種間差があり，生育適温が25，26℃～32，33℃の高温型と，20～25，26℃の低温型の２つに大別される。高温型には，ギンネム，スタイロ，サイラトロ，ファディービーンなどが属し，低温型には，デスモディウム属，ネオノトニア属などの草種が属する。ただし，サイラトロとファディービーンは生育適温域が広く，25℃以下の気温でも旺盛な生育を示す。

暖地型マメ科牧草の好適土壌 pH 域は4.5～6.0であり，低カルシウム，低リン酸土壌でも旺盛に生育する。しかし，ギンネムは寒地型マメ科牧草と同程度の土壌 pH，すなわち，6.5～7.5で旺盛な生育を示す（第２図）。

耐旱性は草種間差に富むが，暖地型マメ科牧草の多くが年間降水量 750～1,000*mm* で乾期を有する亜湿潤熱帯に起源しているため，寒地型マメ科牧草より勝れた耐旱性を示す。したがって南西諸島の一部を除き，わが国では寡雨により暖地型マメ科牧草の生育が遅延するような事態はほとんどおこらない。

耐塩性も草種間差に富むが，寒地型マメ科牧草より勝れているため土壌塩分濃度で２～2.5 mS/*cm* 以上にならなければ枯死することはない。なかでもギンネムの耐塩性は勝れており，これが枯死するさいの土壌塩分濃度は5.8 mS/*cm* 以上である。

3. 根粒菌

暖地型マメ科牧草とこれに共生する根粒菌のグループは，PE，PI，およびＳの３つに分類される。

PE 群とは，広範な草種と共生関係をつくり窒素固定能力も高い群である。サイラトロ，スタイロ，およびファディービーンと共生する菌はこれに属し，これらを栽培するばあいには根粒菌を接種する必要はない。

PI 群も広範な草種と共生関係をつくる群であるが，窒素固定能力の高い菌は一部の系統に限られる。デスモディウムやネオノトニアと共生する菌はこれに属すため，これらの草種については有効菌の接種により窒素固定能が高くなる。

Ｓ群とは，ごく限られた草種とだけ共生関係をつくる根粒菌で，これに属す菌が共生するギ

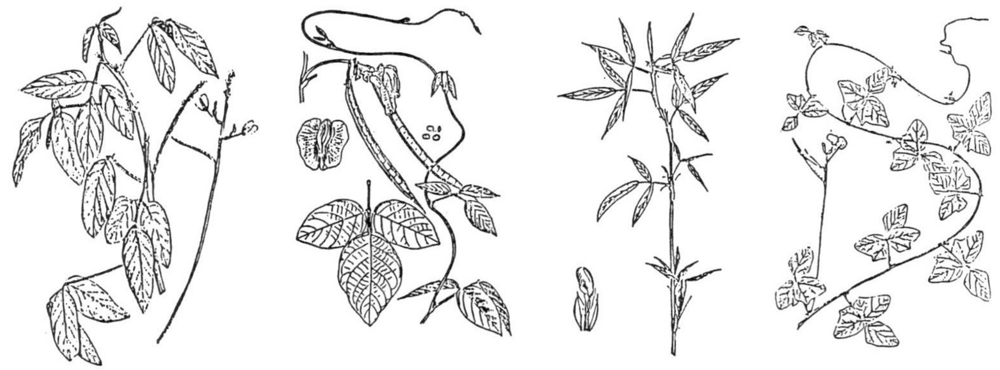

ファディービーン (*Macroptilium lathyroides*)
セントロ (*Centrosema pubescens*)
スタイロ (*Stylosanthes guianensis*)
サイラトロ (*Macroptilium atropurpureum* cv. *siratro*)

ネオノトニア (*Neonotonia wightii*)
グリーンリーフデスモディウム (*Desmodium intortum*)
ギンネム (*Leucaena leucocephala*)

第1図　わが国で栽培可能な暖地型マメ科牧草
(Gohl 1981, Humphrey 1980, O'Reilly 1975)

ンネムは，栽培前歴のないところで栽培するばあいには根粒菌の接種が必要である。

4. 再　生　力

暖地型マメ科牧草の大部分は南米大陸の家畜による踏圧や採食圧の少ないところで進化したため，寒地型牧草とくらべて再生力に劣る。このため刈取り間隔を長くしたり（少なくとも5週間以上），刈取り高さを高くしたり，あるいは，混播のばあいはイネ科牧草の競合力を抑えるように窒素の施用量を少なくするといった細かい注意が必要である。

以上のような有望暖地型マメ科草種の特性を一覧表にすると，次のようになる（第1表）。

III 栽培の基本

第１表　暖地型マメ科牧草の特性

草種	草型	生育適温(℃)	好適土壌pH	利用方法*	その他の特性
ファディービーン	立性	25～32	5.0～7.0	◎刈取り ×放牧	耐湿性大 サイレージ好適
サイラトロ	蔓性	25～32	5.0～7.0	◎刈取り ○放牧	環境適応性大
セントロ	蔓性	27～34	5.0～6.5	○刈取り ○放牧	耐干性やや弱
スタイロ	叢性	28～36	4.5～6.5	○刈取り ◎放牧	サイレージ不適 不良土壌向き
クーパーネオノトニア	蔓性	18～25	5.5～7.2	○刈取り ×放牧	単播向
グリーンリーフデスモディウム	立～蔓性	25～30	6.0～7.0	◎刈取り ◎放牧	家畜増体大
ギンネム	木本	28～35	6.5～7.5	○刈取り ◎放牧	耐塩性大 ミモシン含有

＊最適◎，適○，不適×

1. 草種の選定

わが国における暖地型マメ科牧草の栽培適地は南西諸島および西南暖地であるが，域内でも栽培地点によって気象と土壌条件が大きく異なるため，栽培草種は各地域の気温と土壌条件と上述の各草種の環境適応能力とを考慮して選定する必要がある。現在，栽培地域と適草種との関係は次のように推定できる。

▷南西諸島南部（沖縄本島南部以南）

酸性土壌（国頭マージ）：セントロ，スタイロ，サイラトロ

弱酸―微アルカリ土壌(島尻マージ)：ギンネム，サイラトロ

▷南西諸島北部（沖縄本島北部以北）

酸性土壌（国頭マージ）：サイラトロ，グリーンリーフデスモディウム

弱酸―微アルカリ土壌（島尻マージ）：グリーンリーフデスモディウム，ネオノトニア，サイラトロ

▷西南暖地

水田転換畑：ファディービーン

一般飼料畑：ファディービーン，グリーンリーフデスモディウム

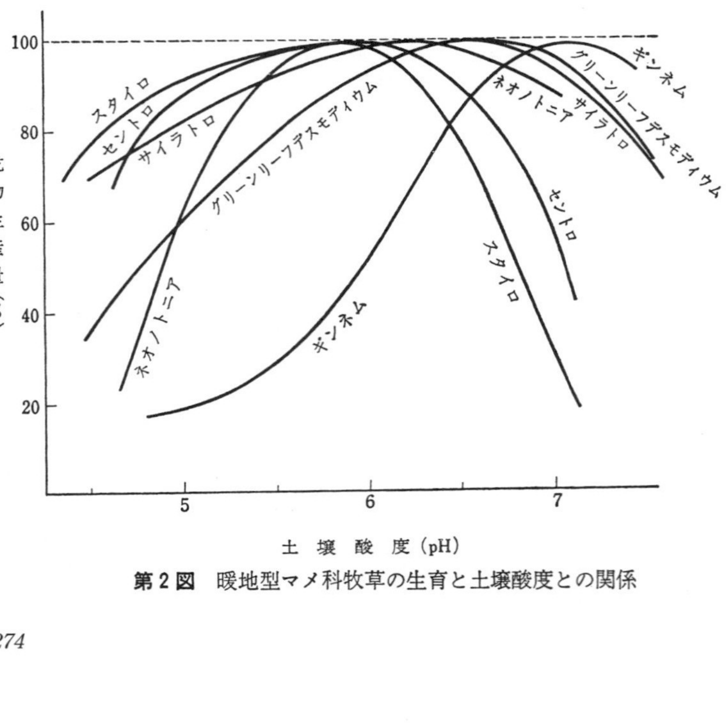

第２図　暖地型マメ科牧草の生育と土壌酸度との関係

2. 播種の準備

(1) 催芽処理

暖地型マメ科牧草は硬実種子が多いため，播種前に以下のような催芽処理を行なう。

ギンネム：80℃の熱湯に３～５分間浸す。あるいは種子を等量の沸騰水に入れ，室温になるまで放置する。

スタイロ：80℃で２時間の乾熱処理あるいは濃硫酸中に５分間浸

漬したのち，大量の流水で洗浄（注意，大量の水に硫酸を注ぐ。逆に硫酸に水を注ぐのは危険）。

ファディービーン：上述の硫酸処理。

その他の草種：催芽処理の必要はとくにない。

(2) 根粒菌の接種

根粒菌培養基（ビートカルチャーなど）10*g*につき水40*ml*を注ぎ，よく攪拌して，種子1*kg*（小粒種子，デスモジュームなど）～2*kg*（中粒種子，サイラトロなど）と混合する。また，種子と培養基に40%のアラビアゴムまたは1～2%のメチルセルロース溶液を噴霧攪拌し，シードペレットをつくってもよい。このばあい，直射日光を避け，農薬などで汚染した器具は使わない。

(3) 混播イネ科草種の選び方

暖地型イネ科牧草との混播栽培では，マメ科草種の生育特性や草型によってイネ科草種を選ぶ。

一般に，サイラトロやファディービーンのような蔓性あるいは草高の高い草種は，ギニアグラスやグリーンパニックのような長草型草種と混播しても受光上の問題はなく，草勢は低下しない。他方，スタイロ，デスモディウムあるいはネオノトニアのように立型あるいは草高のやや低い草種は，パンゴラグラスやダリスグラスのような草高がやや低い草種と組み合わせる。なお，ローズグラスやバヒアグラスのように攻撃性の強い草種との混播は避ける。

ギンネムは樹高が高くなるのでネピアグラスのような長大型草種とも混播できる。なお，ファディービーンはトウモロコシやソルゴーと混播でき，水田転換畑ではオオクサキビやカプラプラグラスとの混播もできる。

(4) 播種量と播種適期

マメ科牧草には分げつ能力がないので，単年作では播種量を多くする。400～600本/m^2ていどの密度で乾物収量は最大となるが，このていどの密度を得るための播種量は，草種によって多少異なり，以下がそのめやすである。

小粒種子（例，デスモデイウム）：0.5～1.0*kg*/10*a*

中粒種子（例，スタイロ，サイラトロ，ファディービーン）：1.0～1.5*kg*/10*a*

大粒種子（例，ギンネム）：1.5～2.0*kg*/10*a*

条に混播するときはこれよりも少量でよく，ギンネムは条間20～30*cm*とし，その間にイネ科草を播種する。ファディービーンは，トウモロコシあるいはソルゴーの条間（80～100*cm*）に2～3条播種する。

イネ科牧草の播種量は，マメ科牧草に対する競合力を小さくするために，通常の半量すなわち0.5～1.0*kg*/10*a*ていどとする。

播種適期は，北から南に向かうほど早くなるが，地域別にめやすを示すと以下のようになる。

南西諸島南部：3月中旬～4月下旬と10月

南西諸島北部：4月上旬～5月上旬

九州・四国・瀬戸内沿岸：4月中旬～5月下旬

その他の地域：5月中旬～6月上旬

なお，南西諸島では5月以降10月までは台風シーズンと重なるため，この時期の播種は避けたほうが賢明である。

3. 施肥と播種

(1) 元　　肥

暖地型マメ科牧草に対する施肥のポイントは，①好適pH域が5～6であるため，Caは土壌pHを上げるものではなく植物栄養素として施肥するのであるから多用しない。②窒素は，元肥・追肥とも2～3*kg*/10*a*ていどとし，イネ科草の過繁茂を防ぐ。③微量要素の施肥に心がける。

施用量は，乾物収量が年間1.5*t*/10*a*とすると，おおよそ窒素40*kg*，リン4*kg*，カリウム30*kg*，カルシウム10*kg*，マグネシウム4*kg*，イオウ4.5*kg*/10*a*が収奪されるため，マメ科牧草の固定する窒素以外は，これらの量に土壌からの流亡や揮散によって消失する部分と土壌中で不可給化される分を加えた量となる。

第2表　暖地型マメ科牧草に対する元肥施用量 ($kg/10a$)

要素	南西諸島		西南暖地
	国頭マージ	島尻マージ	
窒素	3〜4	3〜4	2〜3
リン	20以上	2〜6	10〜20
カリ	40〜45	40〜45	35〜40
炭カル	180〜200	0	30〜50
マグネシウム	7〜10	6〜8	6〜8
イオウ	8〜10	6〜8	6〜8
その他	モリブデン 10〜20(g)	亜鉛 0.2〜0.5 鉄 0.3〜0.6	

具体量は，土壌や気象条件によって異なるが，性質が著しく異なる南西諸島の酸性土壌，微アルカリ土壌および西南暖地の例を示すと第2表のようになる。

表中のマグネシウム，イオウおよび微量要素などは肥料として販売されていないので，これらを含む熔リン，苦土石灰，過リン酸石灰，硫安あるいは石こうを施用して要求量を満たす。モリブデンは分析用試薬などを水に溶かして噴霧器等で散布する。

家畜糞尿を施用するばあいには，窒素で3kg/10aを超えないようにする。したがって，牛糞は700kg，鶏糞は200kg，豚糞は500kgていどより低く施用し，窒素以外の不足養分は金肥で補う。元肥施用後は深耕する。深層施肥は牧草の根張りをよくし，旱害を軽くするために南西諸島ではとくに重要である。元肥は播種2〜3週間前に施用する。

なお，ファディービーンをトウモロコシあるいはソルゴーと交互播き栽培するときには，これらの条にだけ窒素を各地の施肥基準にしたがって施用する。

(2) 播　　種

暖地型マメ科牧草の種子は非常に小さいのが一般的であるため，整地はていねいに行なう。すなわち，元肥施用1〜2週間後ロータリーを1〜2回かけ，土塊が小さく，凸凹が少なくなるように整地する。種子はできるだけ均一に散播し，シバハローあるいはツースハローで軽く覆土して，よく鎮圧する。鎮圧は大切で，絶対に怠ってはならない。条播のばあいは播種機などを使う。

4. 雑草の防除

除草は，暖地型マメ科牧草の旺盛な生育がはじまる前に実施する。その第一段階は，前作で雑草管理の行き届いた圃場を早めに耕起し，無差別即効性除草剤（パラコートなど）でいったん除草したのち播種することである。また，西南暖地では，播種が早すぎると広葉雑草が繁茂するので，支障のない範囲で播種はできるだけ遅らせ，気温が充分上昇したのち行なう。

播種後の除草には選択性除草剤を利用する。たとえば，マメ科単播では一年生雑草に有効なアロキシジム，一年生イネ科雑草に有効なラッソー乳剤やゲサプリムを利用するが，薬剤の特性を理解したうえで注意深く使用する。混播では，マメ科牧草を先に播種し，選択性除草剤でいったん除草したのち，イネ科牧草を播種するのも一方法である。

5. 収　　穫

(1) 生産量と栄養価の季節変化

暖地型マメ科牧草は南西諸島では周年生育し，6〜7月の生育が最も旺盛で，年間1.3〜1.6t/10aの乾物収量がある。西南暖地では各地域の播種適期から9月までが生育時期であり，8月の生育が最も大きく，1.0〜1.3tの乾物収量がある。

栄養価については，南西諸島におけるサイラトロとイネ科牧草の乾物消化率の推移でも明らかなように（第3図），高温時期あるいは刈取り間隔が長くなるにつれてイネ科牧草は栄養価が著しく低下するが，マメ科牧草は大きな変化がない。したがって，暖地型マメ科牧草の刈取りは栄養価のよしあしよりは乾物収量の多寡を基準とすればよい。

(2) 刈取り

暖地型マメ科牧草の生産量を大きく支配する要因は刈取り間隔(回数)と刈取り高さである。これらは草型や生理的特性あるいは生育時期によって異なる。南西諸島では利用期間が数年にもわたるため刈取り1回当たりの収量は多少犠牲にしてもマメ科牧草の永続性に重点をおき，収量の多寡は全作期当たりで評価する必要がある。他方，西南暖地では単年作であるため，次年度以降の収量は考える必要はない。

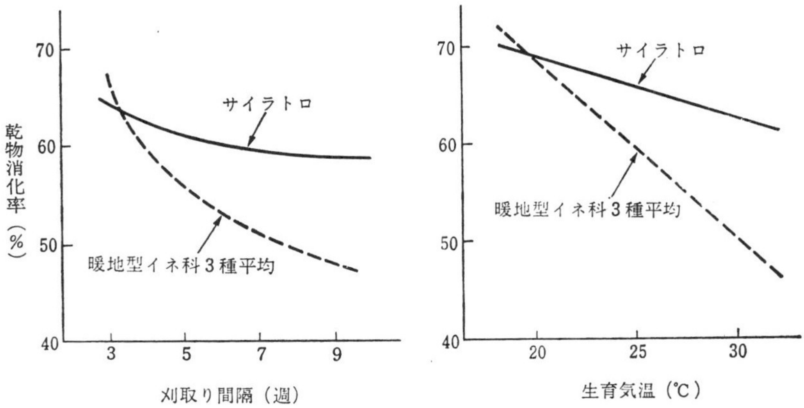

第3図 暖地型マメ科牧草とイネ科3草種の乾物消化率におよぼす刈取り間隔と生育気温の影響
暖地型マメ科牧草―サイラトロ
暖地型イネ科3種―ギニアグラス，セタリア，パンゴラグラス

具体例を示すと，西南暖地では単播およびイネ科牧草との混播とも，グリーンリーフデスモディウムウムは年3～4回，ファディービーンは2回刈りで最大収量が得られる。ファディービーン栽培の北限と考えられる栃木県でも，2～5回刈りのなかでは2回刈りが多収であった。刈取り高さは機械作業上支障のない範囲で高刈りするほど多収となり，5 *cm* 刈りより10 *cm* 刈りが約10%高収である。

南西諸島では，ギンネムは年3回，すなわち，樹高約2 *m* になったときに地上約30 *cm* から刈り取ると最高収量が得られる。その他の草種では，高刈りするほど有利ではあるが，刈取り高さよりは間隔（回数）がさらに重要で，蔓性のサイラトロやセントロのばあいは少なくとも7週間以上の間隔で刈り取らなければマメ科率は著しく低下し，次年度からの収量も著しく低下する（第4図)。他方，立型，叢生のスタイロと，セントロはこれより若干短い間隔で刈り取らなければ，イネ科牧草との光競合上不利となり，消滅する。なお，これらの刈取り間隔は年間平均であり，生育の旺盛な春～夏にはこれよりも若干短い間隔，生育が遅延する秋～冬には長い間隔にする。

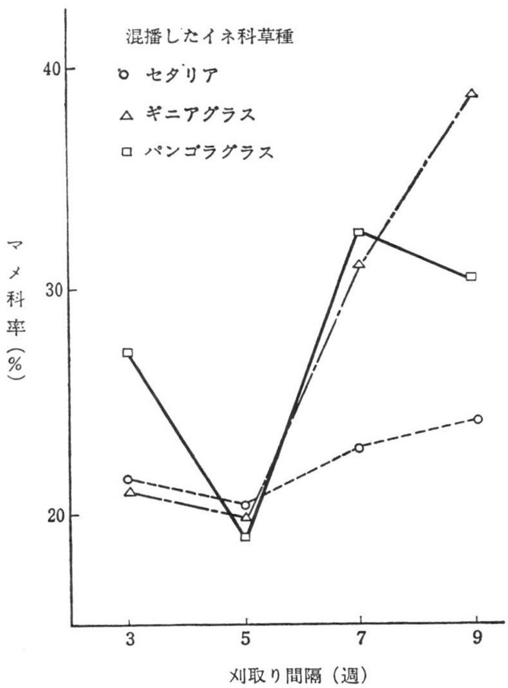

第4図 サイラトロと暖地型イネ科草種混播における刈取り間隔とマメ科率の関係

(3) 追　　肥

追肥は，刈取りごとに土壌の種類に関係なく

成分でカリを5～8*kg*，窒素を 2～3*kg*/10*a* 施用する。

リンの肥効は小さいが追肥は重要である。火山灰土壌や南西諸島の酸性土壌では5*kg* 以上，その他の土壌では 4*kg* 前後施用する。

ファディービーンをトウモロコシやソルゴーと交互播き栽培したばあいには窒素の追肥も重要で，後者の条に沿って各地の施肥基準量を施用する。

6. 利用方法

暖地型マメ科牧草は刈取りが遅れても栄養価の低下が小さく，また，刈取り間隔が長くなるほど多収となるので，イネ科牧草のように刈遅れの心配はない。したがって，必要なだけ毎日青刈りして家畜に給与するのに適している。しかし，大規模経営では乾草あるいはサイレージを調整して利用することとなろう。

乾草のばあい，ギンネムを除けば調整時の落葉が寒地型よりも少なく調整が容易であるが，南西諸島では，牧草の生育時期は大気湿度が80%以上となるため，水分含有率20%以下の乾草調製は無理で，カビの発生や腐敗が生じる。

サイレージによる利用は最も有利と考えられるが，イネ科牧草と比べて粗蛋白含有率が高いため，良質のものを調製するためには種々の工夫が必要である。その主なものは，①異物の混入は最小限にする。②水分含有率を50%前後にする。③マメ科率は最大30%ていどとする。④寒地型牧草よりも鎮圧に力を入れ，できるだけ多く脱気する。⑤糖蜜などの添加剤を積極的に利用して，発酵を促進する。

執筆　北村征生（日本大学農獣医学部）

（本文の暖地型マメ科牧草の図示にあたっては，FAO Arthur Yates社，および Wright Stephenson 社より図版の掲載許可を受けた。謝意を表わす）

1987年記

参考文献

Gohl, B.. 1981. Tropical Feeds, Feed information summaries and nutritive values, FAO, Roma.

Humphreys, L. R.. 1980. A Guide to Better Pastures for the Tropics and Sub-tropics, Wright Stephenson, NSW., Aust..

O'Reilly, M. V.. 1975. Better Pastures for the Tropics, Arthur Yates, Qld., Aust..

Skerman, R. J.. 1977. Tropical Forage Legumes, FAO, Roma.

川本康博・馬場武夫・増田泰久．1985．九大農学芸雑誌．40，51—57．

川本康博・増田泰久．1983．日草誌．28，405—412．

北村征生．1986．日草誌．32，29—35．

北村征生．1986～87．畜産の研究．40，1038—1041．40，1175—1179．40，1273—1276．40，1371—1375．41，27—31．41，267—271．

飼料用ヒエの栽培技術

I 飼料用ヒエの特徴

1. 来歴と適地

日本では，ヒエはイネの渡来以前にはアワとともに常食であったようで，中国大陸から朝鮮を経て，縄文時代に導入されたといわれる。

ヒエという呼称は，ヒエ属全体の総称として用いられる。そのなかの栽培種を「栽培ヒエ」，野生種を「野生ヒエ」と呼んでいる。栽培ヒエは環境適応性が大きく，生育適地は広い（畑・水田)。主として冷涼地帯（東北・北海道の山間地）で栽培された。生態的分化は明瞭ではないが，北方には短稈早生種，南方には長稈中晩生種が分布している。栽培ヒエは野生ヒエに比較して草丈が高く，種子には休眠性がないのが特徴である。

2. 作付けの動向と背景

栽培ヒエは，かつては重要な作物で，明治の初期には10万*ha*以上も栽培されていた。冷害に強いことから，その後も日本全国の山間地，東北，北海道などの冷害に見舞われやすい地帯に栽培され，昭和20年ごろまで約3万*ha*作付けされていた。戦後，稲作技術の急速な進歩，畑作における商品作物生産の拡大，馬産の衰退などのため作付面積は減少の一途をたどり，昭和47年からは5,000*ha*以下となった。現在は北東北と北海道で栽培面積の90％以上を占めている。

古くから東北地方には山間高冷地帯の冷水かけ流し田の水口にヒエを移植栽培する慣行があったが，耐冷性水稲品種の出現によってそれも減少した。しかし，最近，栽培ヒエは青刈り飼料作物として利用されるすう勢にある。とくに低温抵抗性，耐湿性に着目され，水田転作の作物として優れた特性を発揮している。利用目的は青刈りと実取りとに分けられ，青刈りは生草給与，サイレージ，乾草用に分けられる。

ヒエは生長力が旺盛で，栽培，管理は容易であり，家畜の好みもよく，また，冷害，旱魃などの不順な天候下でも減収が少なく，短期間に高い生草収量が得られるなどの長所があるので，今後は商品作物（野菜）の前後作に青刈り飼料作物および緑肥作物として利用されるものと考えられる。

3. 品種の選定

品種の選定にあたって留意すべき特性は，生育日数，子実収量，総収量，稔性，粒質，脱粒性などである。寒地には早生種が，暖地には中晩生種が分布している。寒地で暖地の中晩生種を栽培すると熟期の遅延が大で，葉が過繁茂となり，成熟不充分になることが多い。逆に，暖地で寒地の早生種を栽培すると，生育日数が少なくなり，著しく矮性・小穂となって少収となる。したがって，品種は遠隔の地に求めず，必ず類似環境の地帯で栽培されているものを選ぶのが原則で，収量も安定する。

前述のように，栽培ヒエは飼料作物として優れた特性を発揮しているが，サイレージ利用のばあい，従来の実取り主体の寒冷地の品種は早生・短稈が多く多収は望めないが，関東以西の晩生・長稈種は多収である。しかし，極端な晩生品種は乾物率が低く，サイレージ調製がむずかしく，良質なものができないので，栽培する地帯で実取りできる範囲の品種を選ぶのが無難である。

ヒエは小粒であるため異品種混入の危険が多く，品種が雑ぱくとなりやすい。採種のさいには，品種の特性を備えた優良個体を選ぶとともに収穫後の取扱いを充分に注意する。

Ⅱ 畑地における栽培法

1. 実取り用栽培

栽培ヒエの飼料価値は，第1表のようにわら・子実・乾草・生草も他の飼料作物に比べて遜色がなく，家畜の好みもよい。ヒエわらはＤＣＰ，ＴＤＮともイナわらよりまさり，子実はトウモロコシやマイロなみである。また，青刈りで乾草にしたものは，エンバクと同程度の飼料価値がある。

ヒエ子実の販売は生産量のまとまる生産地では農協や仲買人を通じてできるが，生産地以外では流通体制がないので，前もって売り先をきめて栽培する。

①施　肥

ヒエは発芽力の高い作物だが，種子は小粒なので，砕土整地はよく行なう。堆肥と化学肥料の施用が理想であるが，前作の残効を利用するかたちで化学肥料だけでもよい。窒素に対して非常に敏感で多く施すと徒長して倒伏するから，窒素は控えめに施す。10*a*当たり成分量で元肥は3～5*kg*施し，その後，生育のようすをみて，不足のときは6月下旬～7月上旬に2*kg*追肥する。リン酸は10*a*当たり8*kg*，カリは6*kg*を標準とする。また，ヒエは地力が瘠薄でも栽培が可能で酸性土壌に適応範囲も広い。最適pHは5.03～6.58で，4.22以下または7.23以上で生育が阻害される。酸性にはかなり強いが消石灰施用の効果が大きい。

第1表　ヒエの飼料価値

区	分	乾物率（DM）	可消化粗蛋白質（DCP）	可消化養分総量（TDN）
わら類	ヒエわら	83.5%	1.3%	40.1%
	イナわら	87.9	0.3	37.1
	ダイズ莢	83.5	1.4	45.6
穀類	ヒエ	86.5	8.5	68.4
	トウモロコシ	87.8	4.6	68.1
	マイロ	86.0	7.7	77.3
	ダイズ	85.6	8.3	68.9
青刈り（乾）	ヒエ	86.3	6.8	47.3
	エンバク	87.6	4.3	46.4
	ダイズ	84.2	7.3	41.1
青刈り（生）	ヒエ	17.0	1.1	9.1
	トウモロコシ	13.3	0.8	8.8
	ソルゴー	24.7	1.0	15.8

全面施肥後，砕土をかねてロータリ耕を行ない土とよく混ぜる。

②播種期・種子量

地方別の標準的な播種期と収穫時期は第1図のとおりである。自分の地域の近くで栽培されている品種が無難で，収量も安定する。ヒエの発芽適温は13～25℃といわれており，一般に終霜の心配がなくなったころが播種適期である。10*a*当たり種子量は0.5～1.0*kg*を基準とする。

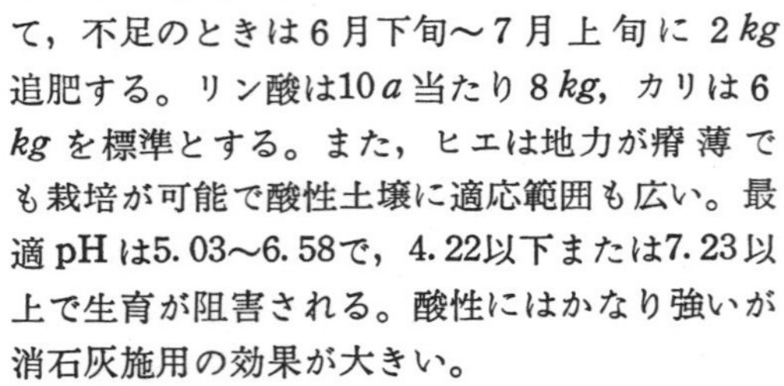

第1図　実取りヒエの標準的栽培暦

種子は小粒（千粒重で3～4g）なので，厚播きになりがちである。そのため土や砂，熔成燐肥などとよく混ぜて増量し，均一に播き浅く覆土する必要がある。播種法は畦幅60cmを標準とし，中耕を機械で行なうばあいは車輪幅にあわせて畦幅を決める。播き幅は10～12cmをめやすとして畦立ては作畦機を利用して浅く行ない，覆土は2cmほどとする。播種後は乾燥しやすいので鎮圧すると発芽がよく揃う。

③管　　理

播種から収穫までの主な作業は除草，間引き，中耕，土寄せ，追肥などである。とくに間引きが大切で，草丈が10cmくらいのとき，畦幅60cmであれば30cm間に約10本の苗立ち本数とする。ヒエは初期生育が遅く，雑草との競合に弱いが，初期管理さえ充分に行なえば，その後の管理は不要である。中耕，培土は6月上旬までには終えるようにする。

④収　　穫

出穂期はおおむね北東北では早生種で7月下旬～8月上旬，中生種で8月上旬～中旬ごろで，成熟期は出穂後30～35日ごろである。9月上旬までに成熟するので，後作の冬作物（ムギ類，

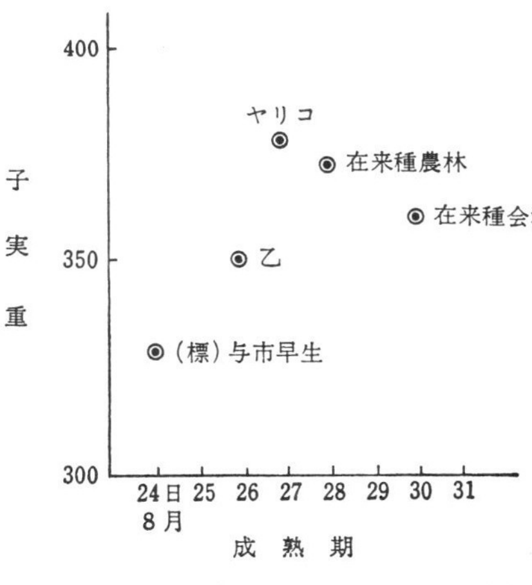

第2図　白ヒエの成熟期と10a当たり子実収量（岩手農試，1972～74）

白ヒエは出穂期前後倒伏に弱いから窒素の施用に充分注意する

白ヒエは茶ヒエに比べ，出穂後の登熟期間が短く成熟が早いので，出穂後30～35日前後をめやすに収穫する

ニンニク）の導入には都合がよい。

収穫は稈長が150cm以下の品種は機械化（コンバイン）も可能だが，一般的には長稈，脱粒の関係から機械化はむりで，手刈りとし，小束にして島立て乾燥で後熟させる。ヒエ島はふつう小束8把を一島として支柱に立てかけ，その上に大束のヒエでつくった帽子をかぶせてなわで結束する。

簡便な乾燥法として，イネ用のはざに小束を立てかけ，なわで結束する方法もあるが，鳥害をうけやすい。その後むしろ，シートなどに広げ，きねで打って脱粒するが，イネ用の脱穀機を利用するのが省力的である。収量の一例は第2図のとおりで，10a当たり子実収量は350kg，副産物の稈（わら）は4～5t収穫され，乾物率20～25％で栄養に富んだ飼料となる。

2. 青刈り用栽培

①品　　種

栽培ヒエは夏枯れなどよる飼料の不足時に有効に活用でき，作期の幅や可動範囲も広いので，つくりやすい作物である。播種後60～80日前後の短期間の利用には，早生種か中生種が有利である。サイレージを目的とするときは，播種後90～100日前後に利用できる晩生種が有利である。

②春　播　き（5月播き）

青刈り栽培のばあい，北東北では早生，中生種を利用することによって，5月から7月まで播種可能となる。5月播きは7月下旬から8月上旬，7月播きは9月に刈取りができる。早播きほど播種から出穂までの所要日数が長くなる。7月播種では各品種とも草丈が低い状態で，出穂までの日数が著しく短縮される。

5月播きのばあい，草丈は早中生種が晩生種に比べて8月上旬までは高めに，茎数は30～60％多めに推移する。また，生草重も早中生種が晩生種に比べ，7月下旬から8月上旬までの刈取りでは第3図のように多収傾向で，乾物率も高めに推移する。8月下旬以後の刈取りでは晩生種が多収となる。

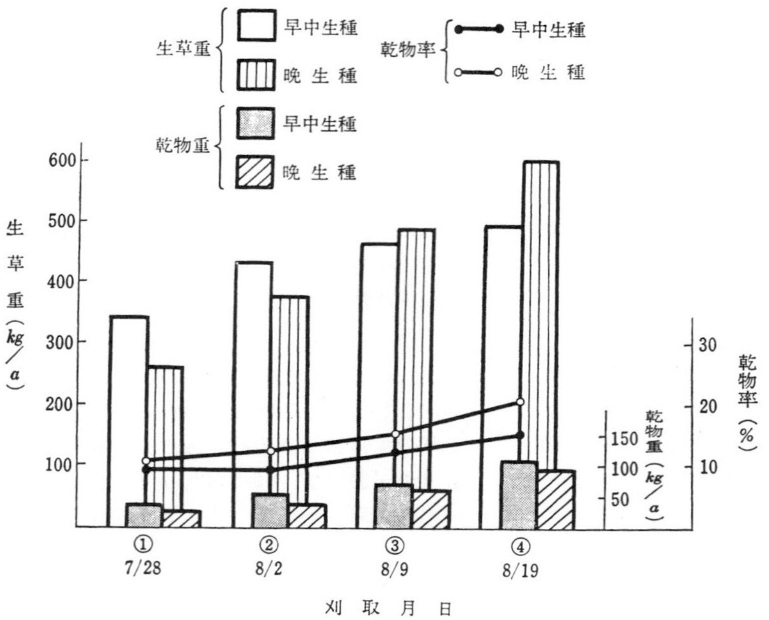

第3図　早中生種・晩生種の刈取時期別収量

（岩手農試，1975）

施肥量（*kg/a*）：N 1.0＋0.6（硫安），P_2O_5 2.0（過石1.0＋熔リン1.0），K_2O 2.0（塩加）播種期5月23日，種子量0.1*kg/a*，畦幅60*cm*×播き幅12*cm*

期でも種子量増が多収につながるが，*a*当たり1*kg*播種では茎が軟弱で8月中旬から下旬にかけてなびき倒伏が多い。晩生品種を使って8月下旬までの青刈りを目的とした全面全層播きの種子量は，*a*当たり600*g*までは耐倒伏性から安全である。

サイレージ用の栽培　サイレージには，強稈でよく葉の繁茂する晩生種が適する。第5図は，晩生品種の刈取時期別生育と収量を示した。8月中旬以降，草丈の伸長とともに生草重，乾物重の増加が大である。栄養収量および家畜の嗜好性から糊熟期刈りが最もサイレージ利用に適する。刈り取った生草の部位別割合は，穂8.2%，葉24.6%，茎67.2%である。乾物では穂12.1%，葉28.2%，茎59.7%であった。生草，乾物収量とも茎の割合が高い。東北地方では，岐阜県産の飛驒在来，栃木県産の那須5号，赤ひえなどが多収であった。ヒエの播種期幅は比較的広いが，一般に早播きほど多収である。条播，全面全層播きとも種子量*a*当たり150～200*g*が収量的に安定している（第6図）。栽培上は，短期青刈りよりも窒素は控えめとし，元肥で*a*当たり成分量0.8～1.2*kg*，追肥量で0.3～0.6*kg*の範囲が適当と思われる（第7図）。

刈取りの適期は糊熟期ころだが，後作の関係で早刈りするばあいは穂孕期～出穂期である。このころは水分80%弱なので，刈取り後予乾して詰めると良好なサイレージとなる。管理がよいと10*a*当たり9～10*t*の生草重が得られる。

③晩生種の利用

全面全層播き　第4図は晩生種の省力多収的な全面全層播きでの種子量別，刈取時期別生草収量を検討した結果である。生草重では*a*当たり種子量が200～800*g*までは，いずれの刈取時

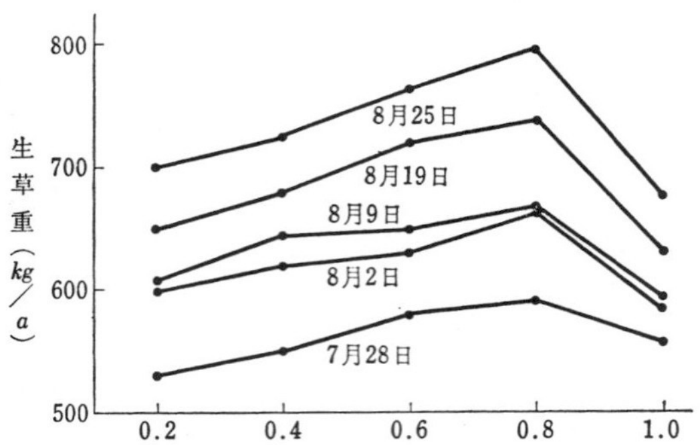

第4図　全面全層播きの種子量別，刈取時期別生草重，乾物重

品種　飛驒在来，5月23日播き

施肥量（*kg/a*）　N 1.0＋(0.8)，P_2O_5 2.0，K_2O 2.0

④夏播き（7月下旬の遅播き）

第8図は岩手県で栽培されている早生種（与

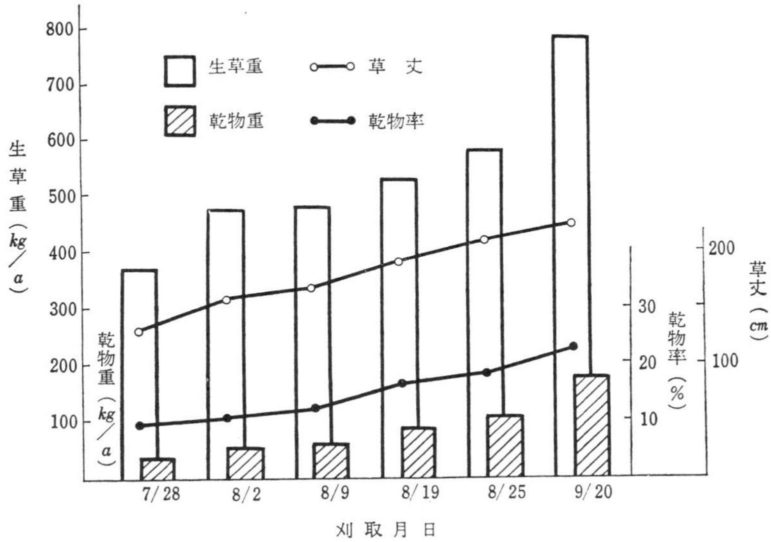

第5図　晩生品種の刈取時期別生育と収量（岩手農試，1975）
晩生品種7品種の平均

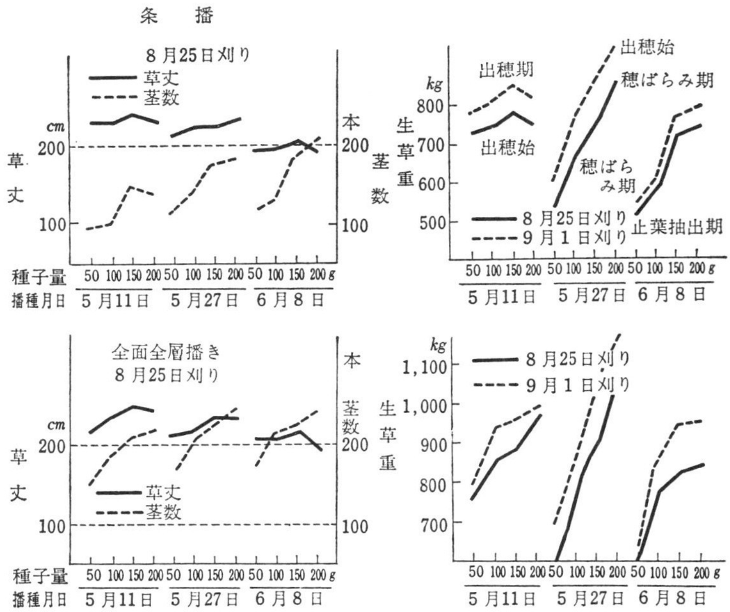

第6図　条播と全面全層播きでの播種期，種子量と生育，生草量（*a* 当たり）
（岩手農試，1974）

品種　飛騨在来

施肥量(*kg/a*)　N0.8＋0.3，P2.0（熔リン1.0＋過石1.0），K2.0（塩加），追肥6月30日

市早生，ヤリコ）を7月下旬に播いたばあい，条播（すじ播き）でa当たり0.5～0.55t，全面全層播きでa当たり0.65tの生草重となる。晩生品種飛騨在来は倒伏もなく，a当たり播種量0.6～1.0kgで生草重0.7t強である。

上記の作型は，冬作物（ムギ類，ニンニク）あるいは生育期間の短い春播き作物（レタス・エンバク・青刈り作物）の跡から冬作物での土地利用に有効である。ヒエの遅播きは，早晩生種とも草丈が150cm前後と短く，倒伏にも強い。全面全層播きは中耕・土寄せの必要もなく省力で休閑地の利用に有利である。しかし，家畜の青刈り飼料とするばあいに7月下旬播きの9月中旬刈取りでは水分が多い。生草，乾草給与はできるが，サイレージ利用は水分70%ほどに調製しないと失敗のおそれがあるので，晴天時に刈り取って充分予乾する。したがって，後作に作付計画がないときは，平年の初霜直前に刈り取ると水分率の低い生草が収穫され，サイレージ調製も容易となる。

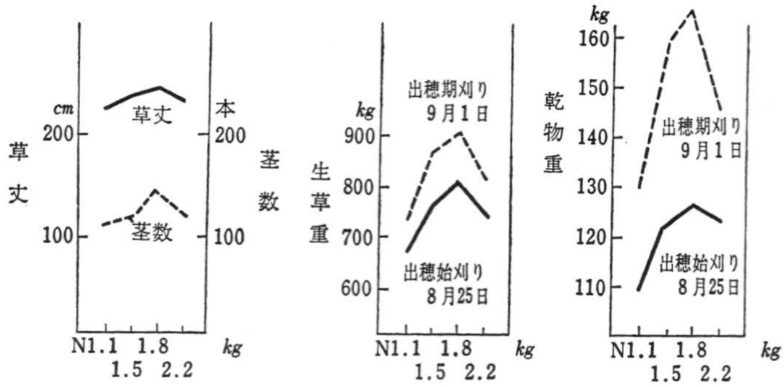

第7図　窒素施用量と草丈，茎数，生草重，乾物重との関係（a当たり）　（岩手農試，1974）

品種　飛騨在来，5月11日播き，60cm×24cm，追肥6月30日

施肥量（kg/a）　N1.1(0.8+0.3)，1.5(1.2+0.3)，1.8(1.2+0.6)，2.2(1.6+0.6)

P1.0(熔リン)+1.0(過石)，K2.0(塩加)，堆肥300

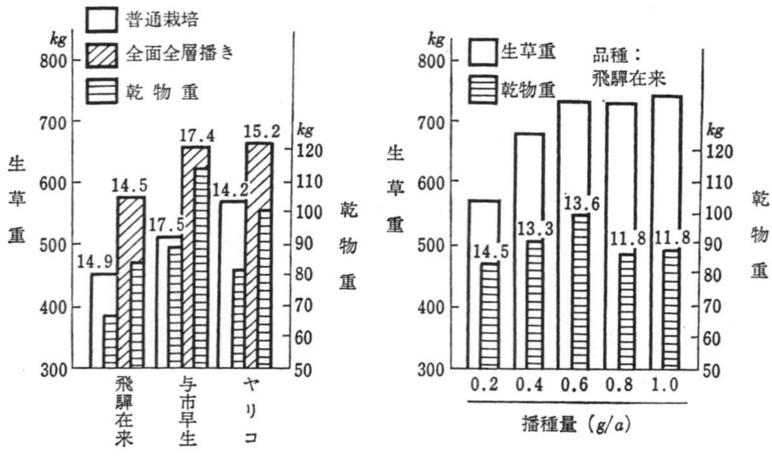

第8図　品種，栽培法と生育，生草量（a当たり）（岩手農試，1975）

図中数字は乾物率（%）

施肥量（kg/a）　N 1.0（硫安）

P 2.0（熔リン1.0+過石1.0）

K 2.0（塩加）

播種7月24日，刈取り9月18日

Ⅲ　転作田での栽培法

1．転作田での栽培の特徴

ヒエを転作物とする利点を整理すると次のとおりである。①湛水や多湿条件で多収，安定であり，水田が保全できる。②イネ用の機械（田植機・バインダー・脱穀機・コンバイン）や施設がそのまま使え省力的である。③青刈りイネに比べ，病害虫の発生も少なく，経費が少ない。④飼料として良質で家畜の好みもよい。⑤自家採種が容易で増殖率も300倍（10 *a* 分で3 m^2）と高く，常温貯蔵で5か年は発芽率が劣らない。⑥青刈り（生草，乾草，サイレージ）と実取り両用に使える。⑦冷水に強い，などである。

転作を前提として品種を選ぶばあい，岩手県在来種を含む早生種には，ヤリコ，在来種会津，浄法寺在来などがあげられる。暖地系晩生種のなかでは，飛驒在来，赤ひえ，粟野在来などが倒伏に強く，生育揃いもよく，多収を示す。

2．青刈り用多収省力移植栽培

①育苗法―播種量と田植機適応性

播種量は，減量につれて苗質はよくなるが，イネと比較して根張りが劣り，苗マットの強度は弱くなりやすい。田植機の適応性は，苗マットの縮小，強度などの実用面からみれば播種量は箱当たり30～40 *g* は必要である。植付本数は株当たり6.5～7.4本となり，欠株率は各播種区とも5％前後で，ヒエの水田移植のばあいに青刈り利用では問題がないと思われる。

箱育苗における窒素施肥量は，移植時では0～2.5 *g* までは施肥量の多い箱ほど草丈が高く推移するが，機械移植に最適な施肥量は1.0～2.0 *g* までである。

次に，イネの育苗施設を利用したばあいに，5月から6月にかけての育苗で晩霜の危険がある時期には，畑トンネル育苗が，降霜のないと思われる時期では寒冷紗被覆がよいと思われる。

②生育初期の雑草防除

栽培ヒエは雑草に強いが，移植後30日ぐらいまでの雑草繁茂は生育に悪影響を与える。しかし，生育初期の雑草にのみ留意すれば，その後の生育は問題ないと思われる。生育初期の除草剤として，MO，X―52は苗齢3葉以上で薬害もなく，除草効果も大きい。散布量は10 *a* 当たり1回3 *kg* とする。雑草が多発して体系処理が必要なときは前記の初期除草剤＋サターンSの効果が大きい。ただし，中期除草剤サターンSは安全上ヒエの葉齢7葉以上で散布する。

③2回刈り栽培の留意点

この栽培法は生草給与と乾草生産を対象にしたやり方である。2回刈りのため倒伏のおそれがないので，窒素は多く使え，1回目の刈取り量を多くすることができる。10 *a* 当たり成分量で元肥8 *kg*＋追肥5 *kg* で生草重10 *t* は得られる。品種は，飛驒在来，赤ひえが多収で倒伏に強く，稈も軟らかである。

苗の所要数量は，田植機利用では10 *a* 当たり23箱，種子量は箱当たり30～40 *g* である。10 *a* 分の種子量は1 *kg* 弱必要である。出芽後，硬化期間は低温ぎみに推移させ，徒長を防ぐ。

第1回の刈取りでは5～10日前から落水をはかるとバインダー利用も可能である。刈取り直後，ひたひた水にして窒素を施し，再生を促す。なお，第1回刈取り後，刈株が水面に隠れるような深水にすると再生が悪くなり，枯死株が多くなる。刈株は必ず水面から頭を出すように水位を調節する。

また，田面が乾きすぎるばあいは入水して，適湿を保つようにし，草丈が15～20 *cm* に達したころに湛水状態（浅水）に移す。この2回刈り栽培の成績は第9図のとおりである。2回目の刈取りは，降霜前遅刈りほど多収となり，1～2回合計では10 *t* を超す生草収量が期待できる。

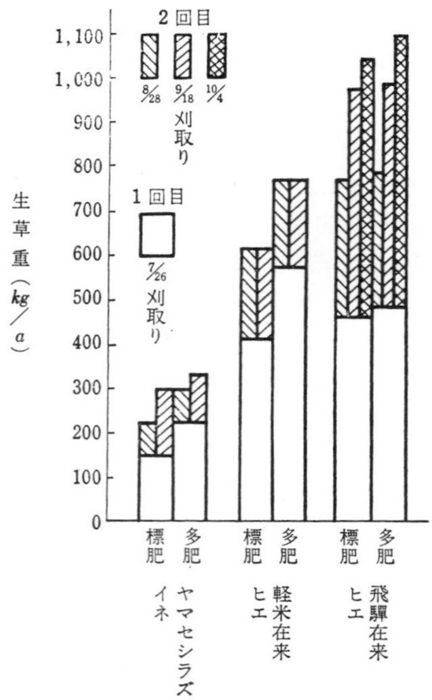

第9図 2回刈り栽培の生草総生産量(1978)
本田元肥施用量(成分kg/a)
標肥 窒素0.5, リン酸0.5, カリ0.5
多肥 窒素0.8, リン酸0.5, カリ0.5

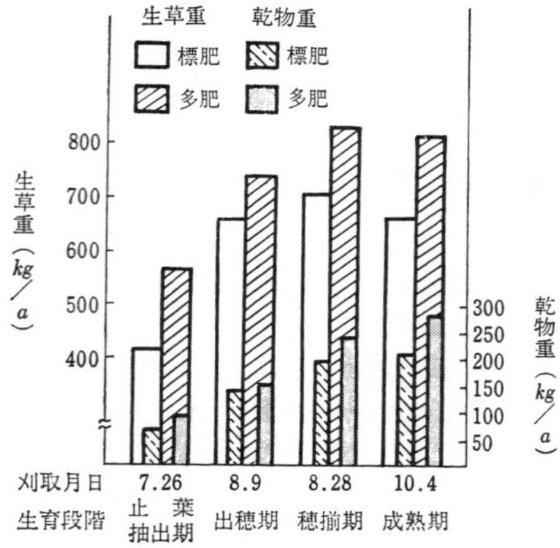

第10図 飛驒在来の刈取時期と収量
(岩手農試県北分場, 1978)
1回刈り, 箱育苗～機械移植
本田元肥施用量(成分 *kg/a*)
標肥窒素 0.5, リン酸 0.5, カリ 0.5
多肥窒素 0.8, リン酸 0.5, カリ 0.5

④1回刈り栽培の留意点

この栽培法はサイレージ利用だけを目的としたやり方である。多収を得るには暖地系長稈晩生種が適し，肥培管理は前述の2回刈り栽培と同様である。糊熟期に刈り取ってただちにサイロ詰めするが，水分の多いときは予乾を行なってサイロ詰めする。第10図のように，刈取時期が遅いほど多収となるが，成熟期では基部の硬化が著しくなるので，刈取時期は糊熟期ころがよく，含水率も70％ほどでサイロ詰めに適している。標準的な技術体系は第2表に示した。

Ⅳ ヒエの用途と飼料価値

1. サイレージ調製のポイント

①サイレージ材料草としての特性

ヒエは品種によって多少の差異があるが，茎が太く，水分含量が伸長期で82～85％，出穂期で78～80％と高く，乳熟期以降75％以下に低下する。ヒエのWSC(可溶性糖類)含量は，出穂揃いころまでは3～4％(乾物中％)であり，北方型牧草の8～9％(同)に比べてきわめて少ない。サイレージ材料としはて必ずしも好適なものではない。

②水分調節と予乾

ヒエは水分含量が75％ていどに低下する乳熟期以前の詰込みでは良質なサイレージの調製が困難で，なんらかの対策が必要である。一般的な方法としては予乾処理と添加物の使用がある。

予乾処理は水分70％前後をめやすに行なうが，予乾の途中で反転して全体の水分が低下するように心がけ，葉身だけが過乾にならないように注意する。予乾処理を行なわないと，どの生育ステージにおいても酪酸が発生し，良質サイレ

第2表　青刈りヒエの稚苗移植小型機械体系－1回刈り体系

項目		播種準備	育苗	本田補修	元肥施用	耕起・代かき	田植え	除草	灌排水	追肥	刈取り	運搬	切断詰込
栽培様式	技術内容（耕種法）	1)床土準備 2)種子準備	1)播　種 2)育苗管理	畦畔補修他	N　8 kg P_2O　8 kg K_2O　8 kg	1)耕起，秋，春耕深15 cm 2)入水，代かき	1)苗運搬 2)植付け 22株/m^2 1株5～6本植，3.0～3.5葉期	1)初期除草 2)中期除草 3)畦畔草刈2回	・水見 2～3日ごと	・N 4～5 kg	・出穂期以降 ・草丈150 cm以上 ・収量5～6 t	・搬出 ・積込み ・運搬 ・荷おろし	・切断 ・詰込み ・踏圧 ・密封
栽培様式	作業可能栽培適期の幅（月・旬）	1)11上～下 2)4上	1)田植え20～25日前	4上～下	4上～5下	1)11上～下 4上～5上 2)5上～中	5上～6上	1)5中 2)6上 3)6中～8上	5中～9上	7上～中	9中～下	9中～下	9中～下
作業技術	使用農機具と台数	・トラクタ（20～25 PS） ・耕うん機（9 PS） ・トレーラー	・水稲育苗後利用 ・畑トンネル育苗		・トラクタ（または耕うん機） ・トレーラー	・トラクタ（または耕うん機）	・トラクタ（または耕うん機） ・トレーラー ・2条(4条)田植機	・人力散粒機 ・動力刈取機（背負式）		・トラクタ（または耕うん機） ・トレーラー	・バインダー（2条）	・トラクタ（または耕うん機） ・トレーラー	・カッター　1 ・ホーク　2 ・トラクタ20～25 PS（動力）
作業技術	組作業人員（人）	1)2人 2)1人	1)4 2)1	1	1	1)1 2)1	1)2 2)1	1)2 2)2 3)1	1	1	2	2	4
作業技術 10 a当たり（時分）時間	機械使用時間	1)1.5時間	1)1.6			1)1.4 2)3.0	1)0.3 2)1.4	1)0.04 2)0.04 3)1.0			0.75	3.0	3.0
作業技術 10 a当たり（時分）時間	人力所要時間	1)3.0時間 2)　──	1)1.60 2)1.77	3.5		1)1.4 2)3.0	1)0.6 2)1.4	1)0.08 2)0.08 3)1.0	3.0		1.5	6.0	12.0
10 a当たり使用資材		・育苗箱23箱 ・箱当たり N 1～1.5 g P_2O_5 3.5 K_2O 2 ・種子30 g	・畑苗代育苗方式（5月下旬～6月上旬育苗は，寒冷紗使用）		・化成肥料 ・軽油1 l	1)軽油 3.3 l 2)軽油 4.5 l	・軽油1 l	1)MO粒剤3 kg X－52粒剤 3 kg 2)サターンS粒剤3 kg ・ガソリン2.8 l		・硫安，尿素 ・化成肥料 ・軽油1 l	・結束ひも 1,000 m ・軽油2 l	・軽油3 l	・軽油6 l タワー，スタック，サイロッコの利用
技術上の重要事項		・選種はていねいな風選だけ	・催芽不要 ・緑化・硬化は芽の長さ1 cmより行なう ・硬化は低温ぎみとし徒長防止					・初期除草剤はヒエ3.5葉以上で使用する ・中期除草剤はヒエ7葉以上で使用する		・堆肥が施されているときは化成肥料のNの施用総量を10 kgとする	・刈取りは補助者を必要とする	・2台の組作業 ・圃場搬出は，スノーボートを利用すると能率的	・材料条件が悪い時は添加物使用 ・踏圧は充分に ・完全密封 ・切断長30 mm以下

品種　飛騨在来，赤ひえ，目標収量　5～6 t/10 a

ージの調製が困難である。予乾サイレージは，各生育ステージとも良質サイレージ調製ができる。水分低下のためには茎の圧砕処理効果が大きく，圃場条件がよければモーアコンディショナーの利用が効果的である。

添加物はフスマ単味でも効果があるが，出穂刈取りではＷＳＣ含量が不足なのでフスマ１：糖蜜飼料１の混合物を10％ていど添加するのが効果的である。

③細切りとサイロ詰め

ヒエは茎の割合が65～70％と高く，茎が硬化し，長切りでは残飼が多くなるので，切断長10～15mmに細切し，充分踏圧を行ない，確実に密封する。使用するサイロは気密性の保持が容易な垂直型サイロが望ましい。簡易なビニールミニサイロやスタックサイロでも，密封状態さえよければ良質なものが調製できるが，粗剛な茎によるビニールの破損に注意して，万一破損したときはただちに補修する。

暖地系長稈晩生種を利用して，遅刈りで茎の下部が硬化したばあいに約30cm高刈りすることによって，乾物収量は減少するが，飼料成分組成は良好になり，消化率，栄養価，採食量も向上する。

④排 汁 対 策

圃場が湿潤なため，予乾が充分に行なえないばあいやフォレージハーベスタによるダイレクトカット方式を採用しているばあいなど，やむをえず高水分サイレージの調製になるときは，蟻酸を0.3～0.5％添加する。不良発酵を防止するとともに排汁対策も重要である。

2. サイレージの適期収穫と飼料価値

刈取りステージ別のホールクロップサイレージ給与時の未消化澱粉排泄割合は糊熟期が多く，約20％である。栄養価，発酵品質，消化率，養分収量などから総合的に判断すると，収穫期は出穂期から30～40日を経た糊熟期が望ましい。要するに，糊熟期を中心とした適期刈りを行ない，立毛中に水分の低下をはかる。発酵品質は登熟に伴って向上する傾向があり，糊熟期以降の刈取りではいずれも良好なサイレージが調製できる。

品種別のサイレージの飼料価値を調べてみると，消化率は乾物で49～52％，粗蛋白質61～66％の範囲にある。飼料価値はＴＤＮが49～52％，ＤＣＰが5.5～7.2％で品種間に大差はない。

ヒエの若刈りに青刈りトウモロコシ（黄熟期）を混ぜ詰めすることによって，発酵品質の向上が期待できる。後者の割合は20％前後が適当である。

サレイージ適性と青刈りダイズ併用による栄養とミネラルの改善効果について検討した結果，発酵品質では①ヒエ全植物体（ホールクロップ，遅刈り）を用いたサイレージはpH4.58で，酪酸の生成もみられず良質のものが調製できる。②青刈りダイズを混ぜ詰めしたばあい，混ぜる割合が５～20％では発酵品質に支障はみられないが，30％では酪酸の生成もみられ，pHも高く良質のものができない。

3. 乾草の調製

①乾草利用のポイント

乾草利用の刈取適期は出穂期である。このときの水分含量は82～83％ていどで，オーチャードグラスの出穂期とほぼ同じである。ヒエは茎が乾燥しにくく草量が多いことから，気象条件がよいときでも，調製日数は約４日と牧草よりも約１日多く要する。畑地栽培では，牧草と同じように機械化一貫体系で実施できるが，転作田のばあいは相当圃場条件が良好でも，いったん降雨にあうと停滞水が生じるため，晴天になってもすぐに機械作業に入れず，作業面で制約を受けることが多い。したがって，青刈りヒエはサイレージ利用を主体にし，できるだけ乾草利用を避けるようにする。

やむをえず乾草利用するときは，架乾法で調製するのが望ましい。架乾法には，針金を使用する針金架法や三角架を使う三角架法などがあるが，資材経費の節約にはイネの乾燥に使う“はさがけ”が有利である。

“はさがけ”は次のようにして行なう。

①晴天の日を見計らって，早朝から刈取り，反転しながら水分60%ていどまで予乾する。

②1束3*kg*ていどの小束にして，あらかじめ設置しておいた“はさ”にかける。

③そのままの状態で10～14日乾燥すると，水分23～25%ていどまで低下するので，晴天の日に“はさ”からはずし，水分20%以下に仕上げ乾燥する。

④仕上がった乾草を大束に結束するかベールして，畜舎または納屋に収納する。このようにして調製された乾草は，同じ刈取時期に無添加で調製したサイレージの養分含量を上回る良質のものができる。

第3表　青刈りヒエ乾草の飼料成分と消化率（乾物中%）

（青森畜試・橋本ら）

刈取時期	乾物	粗蛋白質	粗脂肪	粗繊維	N F E	粗灰分	D C P	T D N
穂孕期	22.4 (64.6)	14.6 (78.6)	1.4 (47.7)	36.7 (74.2)	32.3 (48.7)	15.0	11.5	56.0
出穂期	24.8 (61.3)	11.8 (71.2)	1.7 (58.0)	37.4 (67.4)	36.4 (53.2)	12.7	8.4	55.1
乳熟期	26.4 (55.1)	11.8 (67.6)	1.6 (58.4)	34.8 (59.7)	39.7 (47.7)	12.1	7.9	49.8

注　品種　ワセシロヒエ

*a*当たり施肥量：N1.0*kg*，P_2O_5 1.0*kg*，K_2O 1.0*kg*，炭カル30*kg*，堆肥300*kg*

畦幅60*cm*，播種量0.3*kg*/*a* の畑栽培

乾草の調製は架乾法で行なった

消化率は緬羊による消化率である

（　）内は消化率

②**乾草の飼料成分と消化率**

青刈りヒエ乾草の飼料成分と消化率を第3表に示した。穂孕期から出穂期にかけて粗蛋白質含量が低下し，可溶無窒素物が増加しているが，TDN含量の差は小さかった。しかし，乳熟期のTDN含量は出穂期に比べると5.3%低い。DCP含量は穂孕期が11.5%と最も高く，刈取時期が遅くなるにつれて低下する。乾草の消化率は，穂孕期と乳熟期の有機物に差がみられ，乳熟期では穂孕期より9.5%低下している。各飼料成分でみると，刈取時期が遅くなるにつれて粗蛋白質，粗繊維の消化率が低下し，とくに粗繊維が顕著である。

V　その他の栽培法

1. ペーパーポット投げ植え栽培

イネと同様の投げ播き栽培法で，1.4*cm*角，高さ2.8*cm*の規格R―7を使用する。一冊800ポットは35～38冊が10*a*分となる。一冊当たりの種子量は20*g*，m^2当たりの株数は30株を目標とする。育苗した苗を手で投げて，田面に平均に投げ播いて田植えは完了する。機械移植に劣らない収量が得られる。なお，代かき直後か翌日の投げ播きが，最も活着が速い。代かきして2～3日後の投げ播きは，地面が堅く，ころび苗が多くみられることがあるが，そのばあいは浅水にしておくと7～10日で活着して，ころび苗も直立する。

2. 直播き栽培

代かき整地後，落水して，畦幅60*cm*，播き幅10*cm*ていどに条播する方法で，覆土は行なわない。その後，田面が乾きすぎるときにだけ入水して，適湿を保つていどにとどめる。2葉期のころからしだいに湛水状態に移すが，2葉期前の一時的な湛水も発芽や生育に支障がない。直播き栽培は移植に比べ省力的であるが，初期生育が遅れると野ビエと競合しやすく，鳥害も受けやすく，これらの対策に問題が残っている。初期の一般雑草に対しては，初期除草剤のMO，

X—52などで対処できる。また，直播では，一区画の面積が大きいばあいには，播種から2葉期ころまでの栽培管理に難点がある。]

Ⅵ その他栽培上の留意点

1. 晩生品種の採種

青刈り用，サイレージ用品種として赤ひえ，飛驒在来などがすぐれているが，暖地系晩生種であるため，栽培場所によっては気温の関係から採種と発芽が不安定である。その対策としては，前進栽培による育苗と移植栽培が必要である。また，畑栽培ではマルチの利用も初期生育を促進し，出穂も早まり効果は大きい。短期間の青刈り用としては在来の早生種が多いので採種，発芽には問題がない。通常のヒエ種子であれば，一般的な常温貯蔵で実用的保存年限は5年と考えられる。

2. 雑草対策

栽培ヒエが雑草である野生ヒエと混同され，誤解される最も大きい点は，雑草化の問題である。野生ヒエの雑草化の原因は，種子が成熟前でも自然に地上に脱粒すること，種子は休眠の性質があるため，その後，数年にわたって少しずつ発芽してくることにある。一方，栽培ヒエの種子は秋に成熟して採種される。登熟途中や成熟・刈取り時の少々の脱粒，鳥害による脱粒があっても，栽培ヒエの種子は秋でも適湿，発芽適温に達すると発芽してくる。しかし，晩秋および初冬の寒さで全部凍死する。秋耕などにより一部地中に残った種子が春先に発芽してくることがあるが，これも初期の除草で絶やせば，その後発芽してくるようなことはない。実取り栽培や出穂後のサイレージ利用体系では，雑草である野生ヒエの抜取り作業が必要である。とくに転作田での直播栽培では注意を要する。栽培ヒエは生育初期（草丈10～20*cm*）の除草に努めれば，その後生育は盛んになる。

3. 病害虫防除

ヒエの病害虫は，地域または年により，アワヨトウ，アワノメイガ，アブラムシなどが発生することがある。しかし，実際にはほとんど防除の必要性はない。大発生したばあいは，バイジントなどの低毒性の有機リン剤で防除する。その他の病害虫については，イネに準じて防除する。

執筆　大野康雄（岩手県立農試県南分場）

1987年記

参考文献

青刈りヒエ奨励品種決定試験成績書．1972～1974．岩手農試技術部．

大野康雄ら．1973．ヒエの飼料作化に関する研究．第1報．実取り及び青刈り用ヒエの適品種について．東北農業研究．

大野康雄ら．1975．青刈りヒエの栽培法．第2報．播種期対播種量ならびに播種様式について．東北農業研究．

大野康雄ら．1975．青刈りヒエの栽培法．第3報．播種量と窒素施肥量について．東北農業研究．

大野康雄ら．1978．青刈りヒエ栽培法．第4報．品種の早晩と刈取り時期について．東北農業研究．

大野康雄ら．1979．排水不良田における転作ヒエの栽培法．第1報．導入の意義．青刈り稲との比較．東北農業研究．

橋本俊明ら．1981．青刈りヒエの飼料的栽培と利用．畜産の研究．第35巻，第2号．

大野康雄ら．1981．排水不良田における転作ヒエの栽培法．第2報．転作ヒエの品種特性．東北農業研究．

千葉行雄ら．1982．排水不良田における転作ヒエの栽培法．第3報．厩肥の施用による青刈りヒエの栽培．東北農業研究．

橋本俊明ら．1982．湿田における青刈りヒエの栽培と利用法．第2報．生育特性，貯蔵技術及び飼料価値について．東北農業研究．
名久井忠ら．1983．ヒエの貯蔵調製及び飼料評価(1)ヒエのホールクロップの品種別収量と飼料特性，(2)ヒエのホールクロップサイレージの発酵品質と飼料価値．東北農試草地第4研．
大野康雄ら．1984．水田転作における青刈りヒエの生産力の安定向上と利用技術の確立に関する研究．岩手農試研究報告．第24号．
大野康雄．1984．新編　農作物品種解説．第20章　ひえ．農業技術協会．
平川孝行．ヒエの栽培とサイレージ調製のポイント．牧草と園芸．雪印種苗．
名久井忠ら．1985．飼料用穀類の収穫調製等．東北農試草地第4研．
畠山貞夫ら．1985．指導上の参考事項．ヒエのホールクロップサイレージ調製と飼料価値．岩手農試県北分場，岩手畜試草地部．
畠山貞夫ら．1985．参考資料．転作実取りヒエの機械適応性品種「達磨」と栽培法．岩手農試県北分場．

イタリアンライグラスの栽培技術

I 導入上の特徴とねらい

1. 栽培利用上の特徴

イタリアンライグラスは，発芽当時から生長がきわめて速やかで，他の牧草類にはみられないすぐれた特徴があり，わが国の経営的条件によく適合した作物である。品種改良がすすみ，残根量の少ない水田裏作向き品種や周年利用の可能な品種など，利用条件に合わせて幅広く選択できるようになったことは大きな前進である。

さらに近年は，四倍体の利用，ペレニアルライグラスとの交雑などにより，耐暑性，耐雪性，耐病性が大きく改善される方向にある。

このような強勢な伸長と分げつ力のあるイタリアンライグラスは，雑草競合によく耐え，輪作作物として適するばかりでなく，追播による省力栽培も可能である。さらに刈取抵抗性の強い点は草地の更新，管理上でも有効に利用でき，また耐湿性の強い性質は，水田裏作または転作などにきわめて容易に導入できる。

イタリアンライグラスはこのように広範囲な導入条件に対応できる作物なので，改良された品種，系統を地目や作付けの条件にうまく適合させて利用することが，今後の課題であろう。

2. 栄養的特徴

イタリアンライグラスは栄養価が高く，かつ

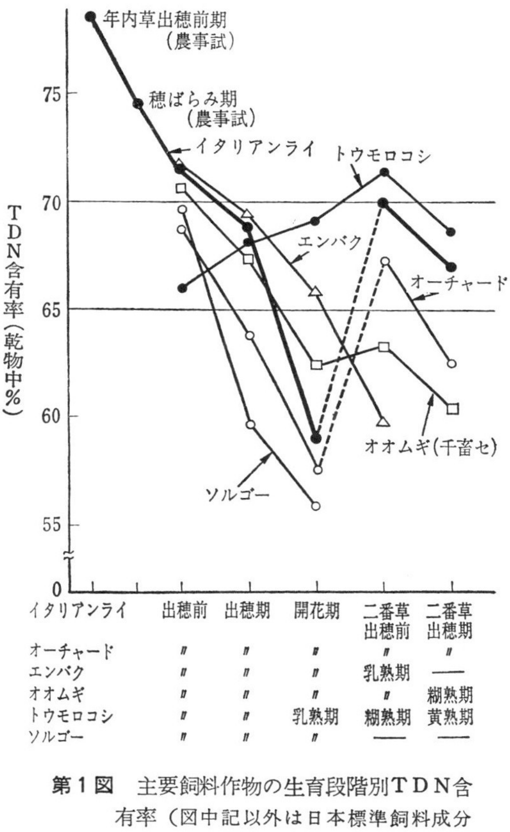

第1図　主要飼料作物の生育段階別TDN含有率（図中記以外は日本標準飼料成分表，1975）

嗜好性のすぐれた飼料作物である。第1図は主要な作物のTDN含有率を示す。イタリアンラ

イグラスの刈取りは，一般に出穂期かそれ以前のばあいが多いが，そのころのＴＤＮ含有率はＤＭ中では70％前後で著しく高く，おおむねトウモロコシの登熟期刈りに相当する。これに対してエンバクなどの冬作物は，一般には出穂期から登熟期に収穫されるから，ＴＤＮ含有率はいずれも60％ていどまで低下する。

またイタリアンライグラスは，分げつ力や再生力がきわめて盛んなため，刈取時期の幅が著しく広く，つねに高栄養生産の可能性のあることを示している。自給飼料の比重が高まるほどこのような良質高栄養の粗飼料が必要であるから，量から質への段階には改めて見直さるべき牧草であろう。

3. 経営的特徴

イタリアンライグラスは，経営の発展段階，機械化程度などによって，その位置づけが異なる。過去の一般的な導入経過をみると，飼養頭数が少なく副業段階のときは，トウモロコシ，エンバクなどの長大型多収作物にかぎられたが，飼養頭数がふえて小型機械の利用が可能な段階では，飼料作物栽培は，できるだけ省力生産できるイタリアンライグラスなどの牧草類が選ばれた。さらに多頭化され，飼料作労働が飼養管理労働と競合する段階では，大型機械による徹底した省力生産の必要性から，刈取回数が少なく，単位面積当たり生産量の多い長大型作物，ムギ類などが選ばれる傾向がある。

すなわち，頭数規模拡大過程における飼料作物の選択は，機械化，労働力段階に応じて決められており，必ずしも品質的考慮がなされていなかった。近年のように牛乳生産が一応需要を満たした段階では，自給率の向上もさることながら，その質的改善が不可避の課題となるので，高栄養作物としてのイタリアンライグラスは改めて評価されよう。

4. 栽培利用区分の特徴

第１表　市販品種，系統の栽培特性（1979秋）

品種系統名	n	草型	茎数	稈茎	耐冠サビ	耐雪性	早晩性	利用型	春播性程度
ミナミワセ	2	直立	多	細	中	弱	極早生		(高) I
水田ワセ	2	直立	多	細	中	弱		短期	
ワセユタカ	2	直立	少	太	強	弱	早生		III
ワセアオバ	2	直立	多	中	弱	中			
ワセキング	4	偏直立	中	太	やや強	強		中期	
ウエストラ	4	直立	中	太	やや強	強	中生		IV
マンモスB	4	偏直立	中	太	やや強	強			
ヒタチアオバ	4	偏匍匐	中	太	やや強	やや強			V
ヤマアオバ	2	偏匍匐	中	太	強	弱	晩生	長期	
オオバヒカリ	2	偏直立	中	太	弱	弱			VI
ナスヒカリ	4	匍匐	多	中	強	強			
マンモスA	4	匍匐	中	太	強	強	極晩生	周年	
ジャイアント	4	偏匍匐	中	太	強	強			VII
エース	4	偏匍匐	中	太	強	強			(低)
ラトリライト	H. 4	匍匐	中	太	強	強			

注　品種，系統は市販予定のものも一部含む
Hはペレニアルとの雑種

(1) 栽培型区分

イタリアンライグラスは，ペレニアルライグラスの永年生に対して，越年生もしくは一年生とされ，春から初夏の生産が一般型であったが，近年は４月までの短期利用から，周年ないしは２～３年利用の品種まで改良が加えられている。したがって栽培にあたっては，作付けの条件により適切な品種選定が必要である（第１表）。

つぎにイタリアンライグラスの栽培型を区分して，その概要を述べる。

①冬　作　型

秋まきして，春から夏利用の従来型をいうが，夏作を早くまくためにライグラスを早めに切りあげるばあいには，比較的早生系品種を，ライグラスの生産を主体にして夏作を縦とするばあいには晩生系の組合わせが合理的である。たとえば，低温生長性の高いトウモロコシとの組合わせでは，早まき多収が望まれるためにライグラスは早生種を，ソルゴーは高温を好むため比較的晩生種を組み合わせてもよい。

一般には晩生種を惰性的に利用していることが多いが，早生系品種を計画的に導入すること

によってトウモロコシでは早まきが可能でありサイレージ生産の安定化がはかられる。

②周　年　型

イタリアンライグラスの周年利用は，低暖地での寒地型永年牧草の代用として実用的価値が認められつつある。とくに半湿田に対して極晩生種を用いれば，２～３年利用が可能である。

また，マメ科優占草地に対して，周年型品種を追播すれば混播草地として更新でき，多年利用が可能となる。２～３年利用の多収混播草地におけるイネ科の基幹草種としても低暖地帯では有効である。

③水田裏作型

イナ作の早期化，早植化がすすむにつれて，春に生産のピークをもつイタリアンライグラスの有効な裏作利用が減りつつある。半面，晩夏から初冬期の休閑がふえるため，早まき年内利用の栽培型式が導入されるようになっている。しかし年内栽培は節間伸長が低調で，春のような生産は期待できないから，栽培改善が必要である。

このようなイナ作の春，夏への作期移動は，単なるイナ作偏重の作期であり，土地生産上は合理性に乏しい。とくに低暖地では，二重的気象条件を生かし，夏作と冬作を組み合わせた体系が基本であり，なお将来的な課題となろう。

しかしながら，当面の裏作イタリアンライグラスの改善の方向としては，年内栽培ではさらに適品種の改良，あるいは春まき性の高いエンバク，オオムギとの混作などによって，生産性を高める技術確立が望まれる。一方では，残根量の少ない品種ないしは極早生多収品種の改良，導入をはかる必要がある。

④追　播　型

発芽，定着のよいイタリアンライグラスは，既存草地への追播が容易である。とくに暖地型草地への追播は，生育季節の異なる草種の組合わせになるので，暖地型草地の春期の雑草化防止と増収のうえに有効である。

また，荒廃草地，マメ科優占草地等に対しては，イタリアンライグラスの追播による簡易更新が可能であり，維持年限の延長や草種構成の改善に役立つことができる。

これらに対するイタリアンライグラスの適応品種は，暖地型草地に対してはなるべく早生種系がのぞましく，寒地型草地には周年利用型の極晩生種系が適することになる。

⑤混　播　型

寒地型草地の造成にあたって，イタリアンライグラスは一般に混播に用いられるが，草地の利用型によってライグラスの品種を区分する必要がある。すなわち，イネ科永年草を基幹とした一般造成草地のばあいには，晩生系品種では長期にわたって，初期生育のおそい基幹草種を被圧するから，なるべく早生系品種を選ぶほうがよく，一方，多肥多回刈りによる比較的短年多収草地に対しては，むしろ周年利用型品種を基幹にしたほうがよい。

また，イタリアンライグラスは従来マメ科草類（クローバ類，ベッチ類，レンゲなど）との混播も行なわれたが，糞尿還元量の増大などによる多窒素栽培条件が，しだいにライグラス単播となっている。しかし畜産的土地利用の拡大，あるいは飼料作物給与水準の高まる段階には，改めて見直されてよい栽培法である。

その他，飼料用カブ，エンバク，ムギ類などとの混播法があるが，これらも今後の増収技術として大切な課題である。

(2)　利用型区分

①青 刈 り 型

青刈方式の欠点としては，給与飼料がつねに量的(水分含量)，質的(生育段階の差)に変動していることであるが，イタリアンライグラスの出穂前後のそれは比較的少ないから，予乾によって水分調節をすれば若干の改善はできる。

青刈り用の品種は，一般には再生力が強く，長期利用のできる晩生品種が用いられているが，一面，四倍体晩生品種は概して水分や粗蛋白の含有率が高く，これが若い生育段階に収穫されるばあいは，繁殖上で障害を招いている例が少なくない。逆に刈り遅れたものの栄養価は極度に低下するので，イタリアンライグラスの効果的利用は，低水分化，貯蔵化などを基本にすべ

第2表　イタリアンライグラスの出穂期前後における可溶性炭水化物（WSC）含有率
（神奈川県畜試，井上ら）

			ミナミワセ	ワセアオバ	ワセユタカ	ヤマアオバ	ヒタチアオバ	ナスヒカリ	平　均
出穂期刈り	一番草	WSC %/DM	16.3	22.0	16.8	17.3	17.9	17.2	17.9
	二番草	WSC %/DM	11.7	12.6	13.5	15.6	—	—	13.4
いっせい刈り	一番草 4月21日	生育段階	出穂期	出穂始め	出穂始め	出穂直前	幼穂形成	幼穂形成	
		WSC %/DM	16.2	16.3	16.5	16.4	16.3	13.8	15.9
	二番草 5月25日	生育段階	出穂ぞろい	出穂ぞろい	出穂ぞろい	出穂期	出穂始め	出穂始め	
		WSC %/DM	13.6	12.1	11.1	14.2	14.9	14.0	13.4

きであろう。

②サイレージ型

サイレージ型品種としては，直立型で茎が太く倒伏しにくいことが理想的品種である。予乾調製のばあいの品種の差は少ないが，直詰めのばあいには若干留意を要する。

また，良質サイレージをつくる基本条件として，材料中の糖含量（WSC）が大切な要因である。第2表によれば品種の早晩性による差は明らかでないが，刈取り前1週間の平均気温とWSC含量には相関関係があり，同じ出穂期でも低温条件のものほど高い含量を示したという。

要するに，WSC含量は気温が高まるにつれて低下するので，刈取適期が早いものほど安定性を示すことになる。20℃以上の季節ではいずれの品種もWSCは極度に低下するが，秋期に再び高まるので，周年型品種はそれらの動きに合わせて利用区分を考える。

なお，サイレージ調製のさいの予乾効率は，水分含量や収量水準と関係するが，一般には四倍体系の晩生種よりも，節間伸長の十分な早生種系を用いて，適当な収量段階で収穫したほうが効率がよい。

③乾　草　型

乾燥しやすい特性をもつものがのぞましく，サイレージの予乾効率のよいばあいに準じて考えられる。品種による実際的な差は少ないが，概して早生系がつくりやすいとされている。

④放　牧　型

放牧型の適草種は，草丈が短く，とくに分げつ力の盛んな特性をもつものがよい。従来，ペレニアルライグラスが代表的草種で，とくに近年はその四倍体系の育成によって，低暖地でも長期利用が可能になっている。

しかし実用的には，イタリアンライグラスでも放牧用として十分に利用できる。むしろ貯蔵兼用のばあいは，イタリアンライグラスのほうがつごうがよい。適品種としては，春まき性が低く，長期利用に適する晩生系品種となろう。

II　栽培技術の基本

イタリアンライグラス栽培の基本技術としては，作期と品種および前後作関係，品種と栽培利用，播種，施肥，刈取りなどがあげられるが，実際の栽培にあたっては，これらの要因，利用条件などが相互に密接に関連しあうので，現地の実態，条件などを十分に把握，分析して，技術を総合的に組み立てることが心要である。

1. 作期と生育型

イタリアンライグラスは他の作物に比較して，播種期の幅が広いため，明瞭な作期区分はみられないが，大別すると第2図のように，おおむね3期に分けることができよう。以下その生育型の概要を述べる。

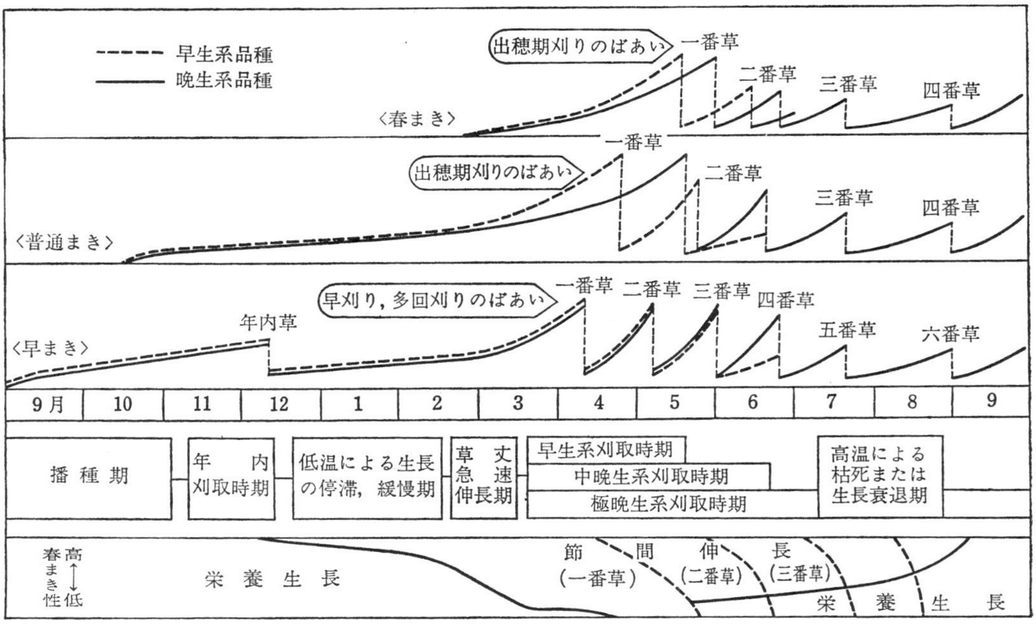

第2図　イタリアンライグラスの作期および生育生態区分模式図

(1) 早まき

イタリアンライグラスの種子は，冷涼な9月にはいるとほとんど休眠からさめて，自然落下の種子もいっせいに発芽するようになる。このような夏との限界状態の播種期を普通まきと区別して，ここでは早まき型とする。

早まきのねらいは，年内に1，2回の刈取りをすることで，とくに早期イネの後作，早まきまたは早生トウモロコシの後作など，秋期に相当な余裕期間のあるばあいに応用される。年内生産は，とくに積雪地帯では大切な課題であり，積極的な多肥多収がはかられている。

しかるに，年内草は低温期を経ないために，春まき性の高い品種でも節間伸長が微弱で，ほとんどが葉部重であり，みかけ量の割合に乾物量が少ない。第1図，第3表は，このような年内草および早春草の成分内容を示しているが，TDN，DCPが著しく高いのに対して粗繊維含量が低く，ビール粕よりも高濃度である。これらの質的改善と増収のために，エンバク，ムギ類の混播が有効であろう。また，低温処理による栽培法の検討も望まれる。

第3表　イタリアンライグラスと比較飼料の成分比較

（日本標準飼料成分表，1975）

飼料別		可消化養分(%/DM) TDN	DCP	粗繊維(%/DM)	NR
イタリアンライ	年内草	78.5	22.3	16.2	2.5
	一番草(出穂期)	68.9	9.8	30.0	6.0
アルファルファヘイキューブ		60.5	15.4	24.8	2.9
ビール粕		71.6	20.3	14.9	2.5

早まきにおける年内の刈取り施肥管理上の問題点としては，過繁茂，刈遅れによる株枯れや，雪害などがある。したがって，越冬までに適正な草勢回復をはかることや，低温条件下の元肥，追肥の方法などは，それぞれの地域的条件に合わせて確立する必要がある。

(2) 普通まき

早まきが年内刈りを前提にしているのに対して，一番刈りを翌春行なうばあいをここでは普通まきと呼ぶ。

普通まきの播種期の幅は著しく広い。発芽の低温限界は，土壌水分が十分で，凍上の被害の少ないところでは5℃前後でも実用性がある。

したがって，西南暖地では10月から11月にわたる40〜60日間が可能な期間となる。

普通まきでの一番草の年内草とちがう点は，冬の低温を経過していることであり，春まき性程度のいかんにかかわらず，十分な節間伸長と出穂，開花をみることができる。したがって出穂前後の適期収穫の一番草は，飼料価値が高く，サイレージ材料としても最高級の粗飼料といえよう。

高品質粗飼料の生産は，とくに低暖地においては今後の重要な課題である。暖地条件での栽培飼料は，比較的木質化程度の高いものが多いのに対して，イタリアンライグラスは消化のよい良質牧草であり，暖地の二重的気象条件を効率的に生かすためにもイタリアンライグラスを冬作として位置づけ，分化している品種を個々の経営条件に応じて，合理的な輪作に体系づけることが必要であろう。

(3) 春　ま　き

イタリアンライグラスは本来冬型の作物であり，春まきは前作や労働の条件，借地利用などのつごうで，次善の方法として行なわれる。

春まきは，低暖地において，1月から3月の早春の播種によってのみ実用性があり，4月以降の夏型作物の導入季節の播種は適当ではない。播種期が遅れるほど低温期間が短いため節間伸長や分げつが劣り低収となる。とくに春まき性の低い晩生種系は，生殖生長に移行しないまま刈取りが繰り返されたるめ多収は期待できない。半面，土壌水分保持の良好な転作田などでは，越夏性がよく，長期利用が可能である。

2. 播　　種

(1) 播　種　期

イタリアンライグラスの播種期は，作期でみると第2図のように三つに分けられるが，さらにそれぞれの播種期の可動範囲からみて，低暖地ではおよそ厳冬期を除き，前後約5か月が実用的期間といえる。

第4表　種子量および刈取回数と収量
（10 a 当たり）　　（木島ほか）

種子量	刈取回数	年間合計生草収量(kg)	比率%
1.5 kg	9	8, 380	96
	5	8, 467	97
	4	10, 982	126
3.0	9	8, 605	99
	5	8, 690	100
	4	11, 454	132
5.0	9	8, 824	102
	5	9, 101	105
	4	11, 674	134

注　播種期　9月15日，10 a 当たり施肥量　堆肥1.8 t，N38，P25，K43kg
刈取り高さ　9回 30〜40cm，5回 50〜60 cm，4回70〜80cm

しかし，イタリアンライグラスの生産効率の最も高い時期は一般には4，5月であるが，いつ夏作物に切り替えるかは，イタリアンライグラスの品種と播種期に関係する。播種適期はこれらを総合して決める。周年利用のばあいは実用的に可能な期間の中で播種すればよいであろう。また積雪地帯では，積雪以前になるべく早まきして，年内生産量を高めることが増収の課題となろう。

(2) 種　子　量

イタリアンライグラスは分げつ力が盛んなため，種子量が少なくても，よくそれを補い多量まきとの差は少ないのが一般である。第4表はその関係を明瞭に表わしている。

茎葉生産の一般的特徴として，常識的な栽植密度のもとでは，密植と粗植では収穫の時間的な差によって最終的にはほぼ一定収量になることが多い。これを，吉良氏は「最終収量一定の法則」としているが，とくにライグラス類のように分げつ性の作物は，その法則性がよくあてはまる。

しかるに過度の密植による早期刈取りは，個体生長の不十分なまま早刈りとなって再生に影響し，また個体の軟弱化や倒伏による株枯れなどを招くので，なるべく粗植のほうが安全である。とくに長期利用のばあいは，個体生長を十

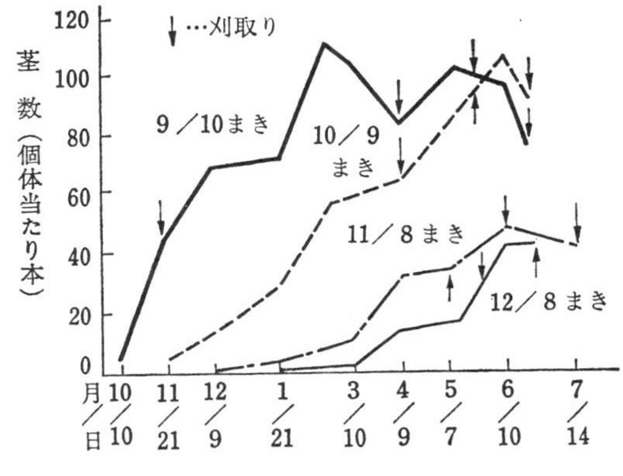

第3図　播種期と茎数推移　　（林・木島）

分考慮して，厚まきはさけるべきであろう。

10 a 当たり種子量は施肥量や播種法によっても異なるが，通常単播のばあいでは1～3 kg，造成草地の混播では0.5kg以下である。とくに混播では，相手草種の競合度によって前述の範囲で適宜加減して決める。

種子量はおそまきや春まきなどで茎数不足のときには（第3図）適宜増量する。また暖地型牧草への追播にさいし，定着条件のわるいときは 5～6kg の厚まきを必要とすることもある。

(3) 播種法

イタリアンライグラスの増収のための適正密度（茎数）の確保は，土地利用上むだな空間がなく，生長に要する光，養水分などが満たされる状態だから，全面ばらまき（散播）が増収のための理想的な条件である。

しかし，地力や施肥水準の低いときは，個体生長本位の，集中施肥の可能なすじまき(条播)法がまさることはいうまでもない。

イタリアンライグラスは発芽，定着および再生長における追肥効果の高いことから，不耕起まきもしくは追播などの省力方式でも，耕起まきと大差ない生産が期待できる。これは飼料生産の省力化の課題に大いに役立つ方法であり，さらに研究が望まれる（第4図）。

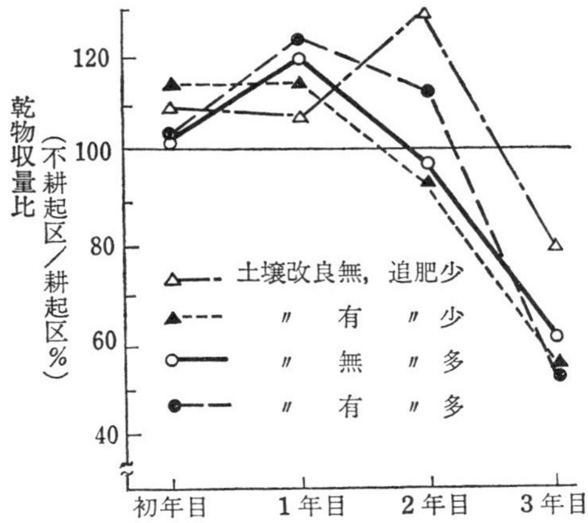

第4図　不耕起区の耕起区に対する年間収量比の経年変化　　（岡本）

第5表　三要素の施用割合と収量（藤沼ほか）

施肥量（g/ポット）N - P_2O_5 - K_2O	乾物重量（6回刈り，g/ポット）	同左比（%）
0 — 0 — 0	11	4
0 — 1 — 2	15	6
2 — 0 — 2	160	64
2 — 1 — 0	138	55
2 — 1 — 2	223	90
2 — 0.5— 1	216	97
2 — 1 — 2	223	90
2 — 1.5— 3	224	90
2 — 1 — 1	196	79
2 — 1 — 2	223	90
2 — 1 — 3	194	78
4 — 2 — 2	227	91
4 — 2 — 3	240	96
4 — 2 — 4	249	100
4 — 2 — 5	244	98

注　ポットは2,000分の1，播種期　9月29日

3. 施肥

(1) 施肥量

イタリアンライグラスは，窒素に対する感応性がきわめて高い。第5表は施肥感応度の実験の結果であるが，窒素不足は燐酸・加里の不足に比べて致命的であることを示している。

燐酸の効果は，火山灰土などの酸性土壌では

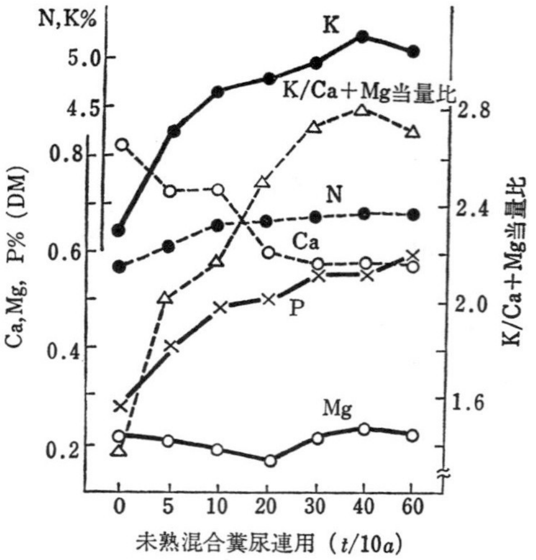

第5図　4作目イタリアンライグラス（三番草）の無機成分含量　（橋元・伊東）

高いが，一般熟畑ではきわめて低い。しかし飼料作物は家畜の栄養生理面から石灰，燐酸は不可欠の要素であるから，標準量は満たすことが原則である。

加里の収奪量は窒素とならんで大きいので，連続生産のためにはそれにみあった還元が必要である。しかし，尿の多量還元などにより加里施用量が窒素分を上回るのは好ましくない（第5表）また，糞尿とくに尿の多量還元は，土壌中に加里の過剰蓄積を招く。作物は加里をぜいたく吸収する性質があるので，これが過剰のときは苦土（マグネシウム）の吸収が阻害されて生育はわるくなる。

また，このような土壌で生育した作物体は，K/Ca+Mg 当量比を高めて（第5図）家畜の生理障害の原因となる。苦土不足などによるミネラルの不均衡で発生するグラステタニーは作物中の K/Ca+Mg 当量比が1.4～2.0とされている。なお，このような加里を過剰に吸収した作物体を給与すると，畜体内でも苦土の吸収阻害を招くとされ，外部症状に現われなくとも，低マグネシウム血症などによる生理的障害を招くので，とくに留意を要する。

窒素施用量は第6図によれば，施用が増すにつれてある段階までは増収するが，それ以降は停滞ないし減少の傾向がある。番草によって収量のピークは異なるが，10*a*当たりおおむね50～70*kg* となり施用効果が高い。これ以上の過剰施用は，乾物収量の低下ばかりか，NO_3-N（硝酸態窒素）の蓄積，倒伏による品質低下を招くので好ましくない。

NO_3-N の蓄積は第7図に示すように，糞尿を多量施用すれば生育期の含量は著しく高く，青刈給与のさいの0.2%/DMの中毒警戒限界を

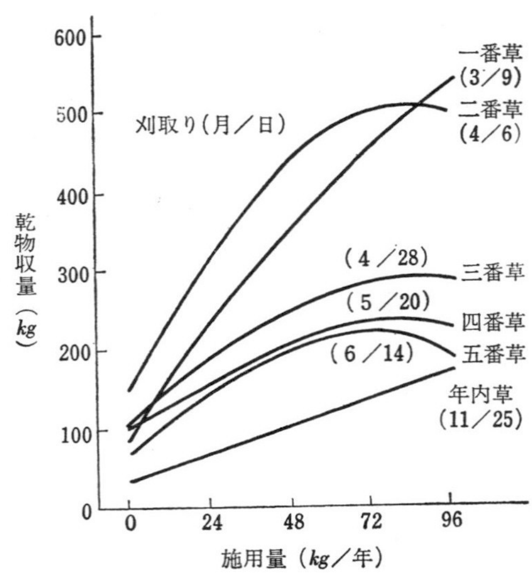

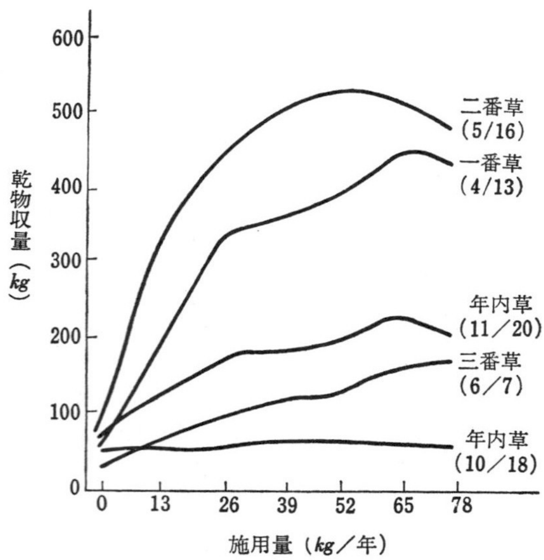

第6図　窒素施用量と番草別収量（10*a* 当たり）　　（左は久保田ら，右は西川ら）

超えるようになる。また早まきによる年内草や早春のものも，多窒素にすぎると NO_3-N 含量はそれら警戒水準をはるかに超えることが多く，さらに水分，蛋白などの過剰と重なるので，利用するさいには繊維質・高澱粉質飼料の併給を考慮しないかぎり，欠陥粗飼料となる。

このようなことから，窒素と加里の過剰施用は好ましくない。窒素は葉色，倒伏状況などによって，その限界を知ることができるが，加里は，糞尿施用のばあいは窒素に随伴する関係にあるうえ，さらに尿の追肥が加わると，窒素量を上回っても下回ることがないので，今後の糞尿施用上の重大な改善課題であろう。

なお，成分の標準施用量は，土壌条件，刈取回数等によって異なるが，10*a*当たり元肥のめやすは三要素各10*kg*，追肥は窒素，加里各6～8*kg* とみてよい。

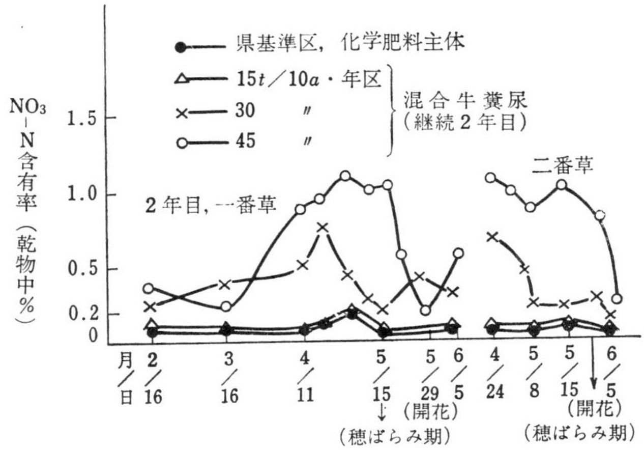

第7図　イタリアンライグラスへの牛糞尿施用量と NO_3-N 含有率　（千葉県畜産センター）

第6表　施肥方法と収量
（生草10*a*当たり*kg*）（愛媛県農試）

施肥割合		刈 取 月 日					合計(比率%)
元肥	追肥	1月7日	3. 5	4. 1	4. 24	5. 21	
1	9	862	693	1,852	2,698	2,564	8,669(100)
3	7	880	518	2,297	2,679	2,156	8,530(98)
5	5	897	685	1,853	1,858	1,249	6,642(77)
7	3	577	425	1,015	987	1,166	4,170(48)
9	1	482	162	1,275	1,442	1,868	5,209(60)

注　播種期　10月24日，
10*a*当たり種子量　3*kg*，
施肥量　N50*kg*

(2) 施 肥 法

イタリアンライグラスを何回かにわたって再生利用するばあいは，それぞれの予想生産量にみあう適正な施肥配分が必要である。第6表は年間の窒素施肥量10*a*当たり 50*kg* を，元肥と追肥の配分割合を変えて与えた結果，追肥重点施肥の効果の高いことを示している。

イタリアンライグラスは浅根性で，吸肥力が強く表面施肥が比較的よくきくこと，分げつ力が盛んなため，施肥と刈取りさえ適切であれば，茎数の確保が容易であること（第3，8図）などが，追肥効果の高い理由である。

追肥の配分は，年内刈り後の追肥は低温のため効果が少ないので，早まきのばあいは元肥を多めに施すほうがよい。しかし翌春の収量は秋追肥の効果が高いとされている。また春の生産のピーク時には多く施し，高温になるにつれて減量する。追肥により適正な窒素水準を維持することは，茎数確保のために（第8図）大切なことである。

4. 刈 取 り

(1) 刈取りの時期と回数

刈取時期は，利用目的により異なる。たとえば，サイレージ用は糖含量や予乾効率の高いことが望まれるから，出穂後の早い時期がよく，放牧はできるだけ短い草丈で行なわれ，青刈りはそのときの併給飼料を考慮して刈取時期が決められるなどである。

イタリアンライグラスは生育段階が早いほど糖含量や養分含量は高く，乾物や粗繊維含量の少ないことを第1図，第3表で示したが，今後粗飼料の質的要求の高まるなかで，高養分生産

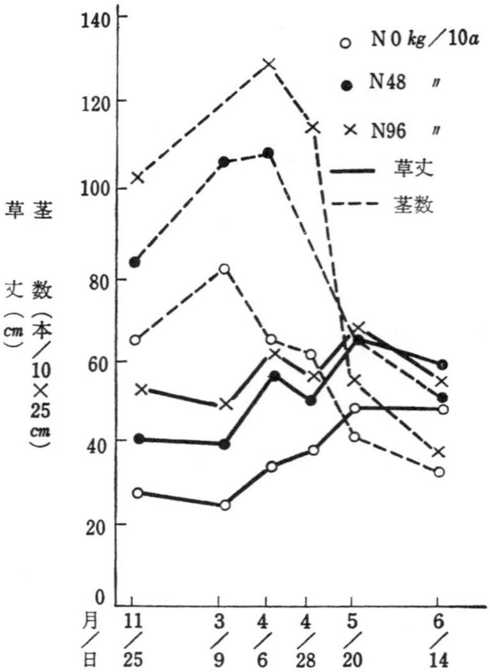

第8図　窒素施用量と草丈・茎数推移
（久保田ほか）

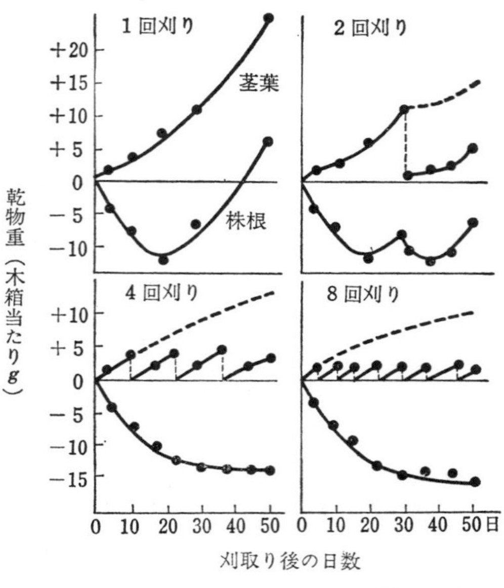

第9図　イタリアンラグラスの51日間での刈取回数と地上部再生長と株・根の消耗との関係　（前田，1961）
注　試験期間の平均気温8.1℃

は出穂期を中心とした，なるべく早い段階での利用に，イタリアンライグラスの価値が見出せるものと思われる。

刈取回数では，第一に，刈取りに伴う養分（株や根）の消耗と刈取間隔の問題がある。第9図はきわめて端的な実験結果を示す（実験期間は1～3月の低温期）

すなわち，1回の刈取りでは，株・根の消耗は完全に回復しているのに対し，2回刈りでは1回刈りの回復途中で再び消耗の経過をたどり，4回刈りおよび8回刈りでは，株・根の一方的犠牲において，かろうじて茎葉の生産が保たれていて，再生茎葉の合計量（点線）は刈取回数が多いほど少ない。要するに，イタリアンライグラスを継続再生産をするためには，株・根の消耗の回復，貯蔵養分の蓄積をはかってから刈り取るのが原則である。

なお，年間の刈取回数と収量について，第4，7表でみると，刈取回数が多いほど減収となっている。一般にイタリアンライグラスの生産のピークは4～6月であるが，これ以外の時期で刈取回数を増しても，前述のように養分蓄積のない刈取りが繰り返されるため，年間収量では逆に減収となることを証明している。

しかし，たんなる多収は必ずしも適正刈取回数を意味しない。たとえば，第7表の4回刈り区の5月14日刈りでは，生草10 *a* 当たり収量は6,290*kg* の高水準でも明らかに刈遅れである。予乾効率のよい収量水準は，10 *a* 当たり約3 *t* 以下であるから，4～6月の生産のピーク時には月1回の刈取りが適当であり，また適正な生育段階（出穂期）の面からも合理的である。したがって第7表のばあいの適正な刈取回数は5～6回とみることができよう。

(2)　刈取りの高さ

イタリアンライグラスの刈取り高さと収量の関係は，概して，比較的高刈りで増収傾向がみられるが，高刈りすぎると刈取回数を増すので，作業上からも実際的ではない。各種実験での収量差も必ずしも明確な説明が得られていない。イタリアンライグラスは低刈りでも，本来の再

第７表　刈取回数と収量の関係（10 a 当たり）　　（愛媛県農試，1962）

刈取回数＼刈取月日		11月10日	12.16	1.17	2.15	3.15	4.16	5.14	6.15	合　計	同左比
4回刈り	生　草	1,619	—	—	—	2,928	—	6,290	1,640	12,477	100
	乾　物	248	—	—	—	504	—	1,321	313	2,386	100
5回刈り	生　草	1,553	—	—	1,622	—	3,487	3,140	1,697	11,499	92
	乾　物	238	—	—	316	—	523	461	277	1,815	76
6回刈り	生　草	1,646	—	974	—	1,175	1,952	2,523	1,730	10,000	80
	乾　物	252	—	211	—	197	260	358	327	1,605	67
7回刈り	生　草	1,796	505	—	777	1,007	1,819	2,450	1,720	10,074	81
	乾　物	275	89	—	141	175	273	333	304	1,590	67
8回刈り	生　草	1,609	497	270	266	1,044	1,733	2,893	1,740	10,052	81
	乾　物	246	82	61	51	168	243	367	306	1,524	64

注　播種期　９月５日，10 a 当たり種子量　1.5 kg，ばらまき，10 a 当たり施肥量　硫安190，熔成燐肥90，塩加20 kg

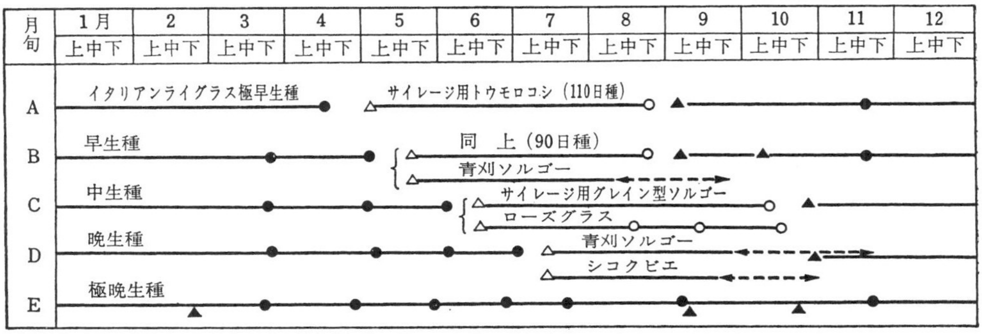

注　●ライグラス収穫　△ 夏作播種　○ 夏作収穫　▲ライグラス播種 ◄---► 青刈り利用

第10図　イタリアンライグラスの作期と夏作物との組合わせ例

第８表　飼料作物の組合わせ試案　　（中西ら，1979）

夏　作移行期	作物利用区分	期　間（日）	生草収量（t/10 a）	DM収量（kg/10 a）	労働時間（時間/10 a）	DM生産量/時間（kg）	直接費用/DM（円）
4月	イタリアンサイレージ	66(181)	4.2	558	7.5	78	95.4
	ソルゴーサイレージ	150	8.5	2,040	8.2	249	26.1
	計	216(331)	12.7	2,628	15.7	167	41.6
5月	イタリアンサイレージ	96(211)	6.5	1,040	8.5	122	55.3
	ソルゴーサイレージ	130	8.0	1,920	8.2	234	27.8
	計	226(341)	14.5	2,960	16.7	177	37.4
6月	イタリアンサイレージ	126(241)	8.5	1,440	10.5	137	46.5
	トウモロコシサイレージ	95	5.5	1,485	6.5	229	32.9
	計	221(336)	14.0	2,925	17.0	172	39.6
周年	イタリアン青刈り	250(365)	14.2	2,124	21.5	98	44.5
	〃　サイレージ	250(365)	12.1	2,160	14.5	149	39.8

注　試験期間　７年間，大型機械使用，圃場区画　30～100 a

第9表　飼料作物の圃場残存根量とC/N比

施肥量	化学肥料	標準量	標準量	標準量	追肥倍量
	厩肥（t/10a）	0	1.2	3.0	3.0
残存根量（kg/10a）	イタリアンライ	615	713	770	791
	エンバク	401	442	434	429
	ハダカムギ	—	143	—	—
C/N比	イタリアンライ	52	45	45	32
	エンバク	54	39	35	25
	ハダカムギ	—	28	—	—

資料　日草誌 8-2，木下らより

生力，分げつ力でカバーされるものと思われる。実用的には数センチがめどとなろう。

5. イタリアンライグラスの残根とイナ作

イタリアンライグラスの水田裏作栽培が停滞している理由の一には，それの残す多くの残根量にある。その量（第9表）はエンバクの2倍，一般作物の数倍と高く，これが土壌に対しては物理化学的条件の改善に大きな効果をもちながら，イナ作にかぎっては歓迎されていない。

大量の残根はC/N比を高め，とくに湛水条件では枯死分解がおそいため窒素飢餓等の障害をおこしやすく，また分解に伴う還元化，有機酸の生成はイネの根の吸収機能を害しやすいとされ，また株根が地面下浅層に分布しているため，耕起，砕土に負担がかかるなどがあげられている。しかし，近年は問題点を改善して正常

第10表　イタリアンライグラスの圃場残根量（木下ら）

調査月日	品種	残存根量（kg/10a） 根	株	計（比）
4.27	ミナミワセ	196	83	279（57）
	ワセアオバ	329	156	485（100）
	ヤマアオバ	374	194	568（117）
	マンモスA	404	213	617（127）
6.10	ワセユタカ	343	124	467（85）
	ワセヒカリ	381	190	571（104）
	ワセアオバ	363	363	550（100）
	オオバヒカリ	473	286	760（138）

に栽培している例がみられるようになっている。

改善点をあげればつぎのようである。

①残根量の少ない品種を選ぶ（第10表）。とくに借地利用のばあいに留意する。

②イタリアンライグラスは多肥ぎみに栽培し，根量とC/N比の低下をはかる（第11表）。

③株・根の分解促進のため，マメ科との混播，石灰窒素の施用を考慮する。

④二段耕によって根量の多い上層部を深さ30 cm 層に鋤き込み，分解の障害をさける。

⑤田植えは，耕起直後の分解前か，あるていど分解の進んだ3週間後にすれば活着がよい。

⑥イネの施肥は元肥重点に標準施用量とする。収奪された石灰，苦土，珪酸を補給するため苦土珪カルを多く（100～200kg/10a）施す。

⑦活着後はガス，有機酸の障害を防ぐため，田面水を落とし，高温期には中干しをして還元防止をはかり窒素の肥効を抑制する。

第11表　イタリアンライグラスに対する窒素施用量と残根との関係　（鈴木，久保田）

N施用量（kg/10a）	残存根量（kg/10a） 根	株	計	残根成分（%/乾物） N	P	K	C/N比	生草収量（kg/10a）
26	529	471	624	0.58	0.32	0.84	70	6,660
33	544	456	1,090	0.68	0.39	0.81	59	8,780
47	588	412	534	1.20	0.53	0.67	33	10,330
60	621	379	402	1.26	0.49	0.59	32	11,430

III 栽培，利用技術の実際

1．作期と作付体系

(1) イタリアンライグラス主体体系

作付体系は本来，何年次かのなかで収量性，栄養価値，労働の生産性と配分，地力維持等を総合して確立されるものであるが，第10図，第8表は単年度においてイタリアンライグラスと夏作物を組み合わせるばあいの例を示したものである。

イタリアンライグラス主体型の考え方としては，その最適生育季節としての4～6月を利用することにあるから，組み合わせる夏作物は，おそまきの可能なものがよく，全国的にみるとソルゴーが多い。第8表は夏作物への移行期と生産性を示しているが，「4月移行よりも5月上・中旬までイタリアンを利用したほうが有利であり，6月まで利用するばあいはサイレージ用2回刈りとし，サイレージ用トウモロコシと結びつけるのがよい」とされている。

イタリアンライグラスがソルゴーと組み合わせやすいのは，両者とも再生型作物であって，播種期と刈取時期の幅が広く，青刈り方式によくマッチしていることであろう。また両者が比較的耐湿性が強い点は，水田条件にも適応し，台風などに対する耐倒伏性にすぐれ，多肥多収が可能で，増頭過程では省力的作物として好適な組合わせとなっている。しかし生産手段が整備され，技術の精密化が要求される段階には，適種，適品種の計画的な組合わせにより最高栄養収量期に収穫することが重要な課題となろう。

このように，イタリアンライグラスの長期利用の実態は，いろいろな条件が関係しているので，今後もその有利性を見出すためには，経営の発展段階に応じて，夏作との総合的判断にたって決めるべきであろう。とくに高品質，高栄養の生産を期待するには，適性品種により生育段階や予乾対策を的確にすすめる必要がある。

(2) 夏作主体体系

サイレージ用トウモロコシは，品種改良の著しい進歩により，高エネルギー粗飼料の代表格として，ますます需要が高まっている。その高品質安定生産のためには，なるべく早まきをすすめることが重要な課題になっており，イタリアンライグラスの春の生産との競合を招くことが多くみられるようになっている。

このような夏作重視のばあいに，晩生系ライグラスでは，適期切替えが困難なことが多いので，ワセユタカ，ワセアオバなどの早生種との組合わせがぜひ必要である。イタリアンライグラス一番草はサイレージ用トウモロコシと大差ないほどの高栄養であり，サイレージ材料としても高品質であるから，できるだけ早生種を用いて一番草の最大収量をあげるようなつくり方が必要になる。これらが合理的に体系化できれば，理想的な高エネルギー生産体系が確立できる。

トウモロコシの早生化，早まき化は，一方では秋期に相当な時期的余裕を生ずるため，イタリアンライグラスの早まきが可能になる。しかし，その年内生産は，とくに乾物収量には限度があり，また，高水分，高蛋白，低繊維であることを既述したが，この改善法として，今後は，第11図のような春まき性程度の高いオオムギやエンバクなどと混播して，量的，質的改善をはかる必要がある。

(3) 周年利用体系

イタリアンライグラスの周年栽培は，冷涼な地域では中晩生品種でも十分できるが，四倍体など，越夏性のすぐれた品種の出現で，暖地でも可能となり，とくに地下水位の高い転換畑などでは2～3年利用の実用性がある。周年栽培による収量は第8，13表のように，乾物で10 *a* 当たり1.5 *t* 以上が可能であり，遠距離にある

第12表 イタリアンライグラスの周年栽培の収量

試験場所	品種名（対照）	一番草	二	三	四	五	六	七	合計
A．草地試（栃木県）	マンモスA	1.3	1.8	2.2	4.2	2.1	1.1	2.0	14.7(1.88)
t/10*a*・生草(乾物)	オオバヒカリ	1.2	1.6	1.6	3.8	1.8	0.7	1.0	11.7(1.58)
	（オーチャード）	0	0	2.1	3.4	1.9	1.2	1.4	10.0(1.53)
B．九州農試（熊本県）	マンモスA	480	123	330	258	157	47	123	1,518
kg/10*a*・乾物	エース	492	144	353	261	227	80	173	1,730
	（トールフェスク）		179	270	243	260	260	220	1,432

注 刈取月日：Aは11月/24日，4/30，5/20，6/17，7/17，8/27，10/21
Bは4/1，4/19，5/20，6/15，7/30，9/14，10/27

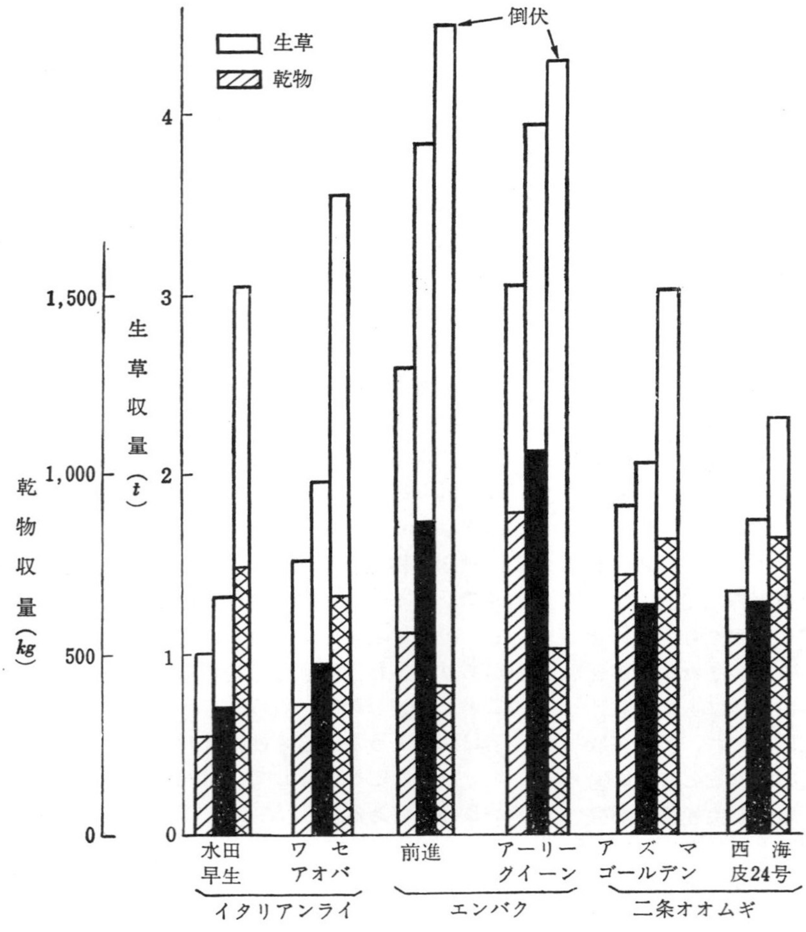

第11図 秋作栽倍の収量（10*a*当たり）（磯野・米本）

注 9月6日播種，12月21日刈取り。施肥量（10*a*当たり各成分）は棒の左から4.8，9.6，19.2*kg*。試験地は千葉県白子町

周年栽培に用いる品種は，低暖地では四倍体で春まき性が低く，極晩生種が適する。播種は厳冬期，夏期を除き，いつでも可能であるが，周年栽培の実用的に可能な地帯としては，年平均気温が10～14℃の範囲にかぎられるとされている。夏期の生育衰退はさけることはできないので，夏枯れのひどいときは，適宜追播する。また，7～8月の刈取りを行なわず種子を自然に落下させれば，地面で休眠，変温，高温などの環境変化を経て，9月の冷涼期に自然発生が期待できる。乾燥のおそれのあるばあいは表層を軽くロータリーがけすればよく，適宜条件に応じた方法をとれば，連続的に生産することができよう。

圃場，あるいは，機械整備水準の低い段階，夏作物と組み合わせる過渡的段階などに対応しやすい栽培体系である。

2. 水田裏作栽培

(1) イナ作作期と導入上の要領

イタリアンライグラスは，本来イネの裏作として，季節生産的，土地環境的にみてきわめて好適した作物だが，逐年，イナ作の一方的早期化により，その導入をますます困難にしている。これは土地利用上からみるとはなはだ不合理であり，冬作導入という面から，改めて将来的な課題になろう。当面はイネの早期化に対応した裏作技術の導入が必要であり，今後も試行錯誤が必要である。

早期イネの裏作に導入するイタリアンライグラスの刈取りは，1回かせいぜい2回刈りであり，生産効率の最も高い時期にはイネに変わるのが一般である。したがって，イタリアンライグラスは春まき性程度の高い早生品種を用いて，短期多収をはかる栽培上の工夫が必要である。現状は早生種が必ずしも多収を示さず，品種改良上に今後の問題点が残されている。

イネの早期化は，一方では初秋から初冬まで秋期に相当な余裕があるため，イタリアンライグラスの早まきが可能である。しかし春の季節とは逆に低温短日となるため，節間伸長による多収性は期待できない。この改善方法としては，春まき性程度の高いオオムギやエンバク（第11図）の混播によって，とくに乾物収量の増大をはかること，春化処理種子の混播による収量増加を期待するなどの工夫が必要であろう。

(2) イネ間中まき効果

イタリアンライグラスのイネ間中まき栽培は，イナ作の作期がおそいばあいにライグラスの適期播種の確保ができること，乾燥しやすい水田条件では，立毛中の田面水分の多いうちに播種して定着の安定をはかること，あるいはイネ刈り時の労働的ピークを緩和，省力化すること，などがねらいである。イタリアンライグラスの発芽定着は，地表面播種でもすぐれていること，および追肥により草勢の回復が早いことなどによって，このような簡易な不耕起法でも十分に実用性が見出せる。

中まきによる増収効果は第12図のように，晩期イネになるほど高い。したがってイタリアンライグラスの播種適期においては，むしろ発芽定着の安定化や省力上の効果がねらいとなる。中まきによるイネ間期間は10日以上では以後の生育に影響するので，半月ていどを限度とする。

このような不耕起まきの欠点は施肥効率のわるいことにあるので，イネ刈り後は速やかに10 *a*当たり各成分 10*kg* ていどを施す。当初は降雨などによる肥料成分の流亡が大きいので，年内早めに窒素7*kg*以上を追肥することが必要である。種子量は一般の基準量より3割ていど増し，均一にまく。

なお，コンバインイナわらのばら排出のばあいは，なるべく早めに取り除く必要がある。また労働的に余裕があれば，石灰，家畜糞尿の投入，イナ株の埋没等のために耕起まきを行ない，積極的に増収をはかることがのぞましい。

3. 積雪地域の栽培

(1) 耐病性品種の選定

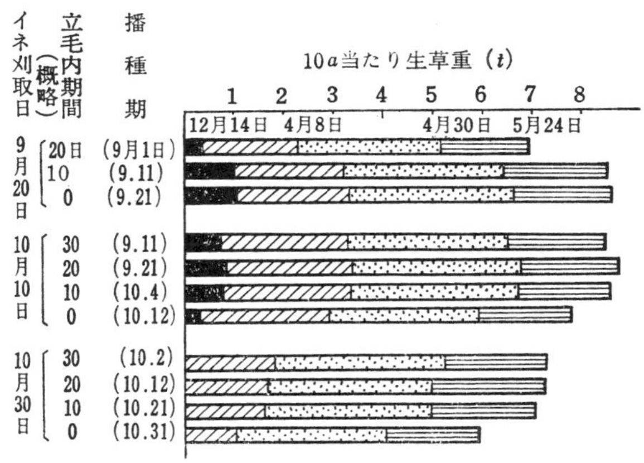

第12図 播種期とイネ立毛内期間を異にするイタリアンライグラスの収量 （高橋）

積雪地域では根雪期間の長いときは，各種ユキグサレ病菌，キンカク病等の感染により，イタリアンライグラスの生産は著しく不安定で，過去に多くの改善対策の検討が加えられている。その基本になるのはまず耐病性品種の選定である。

雪害耐性品種としては，従来は新潟系があげられるが，これら地方品種を保存育成することは大切な地域の課題であろう。一般品種としては四倍体系の耐性が高く，今後の普及の中心になっている。またペレニアルライグラスの強いことも知られており，イタリアンライグラスとの雑種の普及に伴い期待される。さらにこれらとユキグサレ病抵抗性の強いライムギとの混播により，あるていどの成果をあげている。

(2) 適期適量播種

耐雪性を高めるには，十分に個体生長した株で越冬することがのぞましいことであるから，おそまき，密まきをさけて，適期に適量をまくことが大切である。

(3) 適正な施肥と刈取り

ユキグサレ病菌に対する抵抗性を高めるには，越冬前に個体の貯蔵養分をなるべく多く貯えることが必要とされ，一方，窒素含有率の高いばあいは雪害には不利な要因になり，また多肥にすぎて過繁茂状態のまま積雪下での越冬は，雪害を大きくするといわれる。なお一方において，積雪地帯は春の収穫がおそくなるので，早まき年内刈りが行なわれ，ときには年内2回刈りによって越冬性の改善をはかっている。

しかしながら年内草は，栄養生長期にあって，施肥には敏感に反応し，みかけ上の生産は目だって増加するが，乾物の生産性は比較的に低い。また多肥にすぎると，飼草としての質的劣化ばかりでなく，C/N 比を低めて，越冬条件に不利な高窒素，低炭水化物となる。

したがって，積雪前の施肥と刈取り管理の基本的な考え方としては，まず積雪越冬前に相当な貯蔵養分の蓄積が必要であるから，年内刈りのばあいは，養分の再蓄積の余裕期間が必要であり，刈らないばあいは，過繁茂にならないていどの適当な播種期を見出すべきであろう。また施肥量は徒長しないていどとし，年内刈り後の多量追肥は好ましくないので，元肥重点方式がよいであろう。

要するに雪害対策は，抵抗性の強い品種の選択を基本に，播種，施肥，刈取りなどの栽培条件を総合的に組み立てることであろう。

4. 間・混作栽培

(1) 飼料用カブとの間・混作

暖地における飼料用カブの収穫は，冬の間に逐次行なわれるので，イタリアンライグラスが混播されていれば，跡地は連続的に有効利用ができる。とくに近年，カブのばらまき栽培が普及してきたので，イタリアンライグラスとの混播にすれば，省力かつ増収が期待できる。カブの根はふぞろいになるが，収穫は肥大したものから順に行なえば，イタリアンライグラスとカブの弱小個体の生長を助けることができる。

栽培上の要点は，飼料用カブと同時か若干遅れて播種する。施肥量は標準量の5割増しにする。10 a 当たり種子量はカブ 50～100 g，イタリアンライグラス 1 kg ていどとし，増量剤で均一にまき，十分に鎮圧をする。密植にすぎたときは，リジャーなどで縦横に適宜かき取る。

(2) マメ科牧草との混播

イタリアンライグラスは，糞尿還元による多肥栽培が普及してきたために，マメ科草との混播が著しく少なくなってきたが，なお，自給飼料の位置づけが量的，質的に高まるにつれて改めて見直されよう。マメ科草との混播は空中窒素の固定による蛋白の供給や，家畜栄養上有意義なカルシウムの供給，イネの裏作では C/N 比の低下等の有利性がある。

マメ科草との混播は，多肥条件下では適さず，多収生産を望むばあいはイタリアン単独で多肥栽培がよい（第13表）。混播は遠隔地や借地利用のばあい，あるいは耕種農家に委託生産する

第13表　イタリアンライグラスとラジノクローバ混播における窒素量と混播割合の収量比　（越智ら）

混播割合＼10a当たり窒素量	0kg	15kg	30kg	45kg
イタリアンライ単播	37 (2, 351)	100 (6, 349)	121 (7, 664)	159 (10, 104)
混　播　80　%	93	124	132	153
〃　40	95	122	127	150
〃　20	91	106	121	145
ラジノクローバ単播	60	64	76	84

注　1.　窒素量は10a当たり
2.　種子量は10a当たりイタリアンライ2kg，ラジノクローバ 0.75kgとし，混播はそれぞれイタリアンライの播種割合を示す
3.　（　）内は生草 $kg/10a$

ばあいなどに有効であろう。用いるマメ科草はレンゲ，アルサイクローバ，赤クローバ，ラジノクローバーなどがあげられる。

混播の要領は

①種子量の割合は，組み合わせる草種の標準種子の案分量をめどとするが，草種構成への影響は種子量割合よりも窒素用量による。

②窒素用量はイタリアンライグラスの優占をさけるために，標準量の30～50%とする。

③刈取適期における生育段階が，イタリアンライグラス（出穂期）とマメ科草（開花期）でおおむね合っていること。

④水田条件によって耐湿性の強い（ラジノクローバ，アルサイクローバなど）草種を選ぶ必要がある。

(3)　エンバク，ムギ類との間・混作

イタリアンライグラスの早まき年内利用のばあいに，春まき性の高いエンバク，オオムギなどを混播すれば年内の低収性を補強することができる。収量的可能性は第10図に示したように，10a当たり乾物1 tが見込まれる。種子量割合，年内の刈取時期とイタリアンライグラスの越冬性などの関係については検討を要する。なお，春利用の普通栽培での混播方式の増収性は低い。

第14表　ケイヌビエと同時まきのイタリアンライグラスの品種と収量　（高橋）

品種，施肥量		風乾物収量 ($kg/10a$) イタリアンライ	ケイヌビエ	合　計	ケイヌビエ混在割合 (%)
ワセヒカリ	標　肥	1, 375	876	2, 251	39
	多　肥	1, 531	906	2, 437	37
オオバヒカリ	標　肥	1, 550	619	2, 168	29
	多　肥	1, 642	685	2, 327	29

注　1.　10a当たり施肥量は，標肥各成分90—40—90kg，多肥その2倍量
2.　刈取り草丈のめどは70cm，21～25日間隔，年間9回刈り

(4)　夏型作物との同時まき

イタリアンライグラスの播種適期に，ノビエ，イネなどを同時にまいて夏作物は低温期は地下で休眠させて，イタリアンライグラスの収穫後半に発生させて連続生産をねらう方法である。わが国の二重的気象条件において，季節型の異なるものを組み合わせて，省力多収効果をあげることは宿命的課題であるが，同時まきは合理的な発想といえよう（第14表）。

通常ノビエの結実種子は，秋に自然落下して休眠後，翌年に発芽するので，イタリアンライグラスとの同時まき連続栽培には好適しているが，一方ノビエの導入は雑草化の蔓延を招くことになり，問題点となっている。適期刈取り，落下種子の土壌表面での乾燥などによって雑草化は相当防げるとされているが，なお研究が望まれる。

5.　寒地型草地での利用

(1)　永年草地における混播

永年利用の造成草地でのイタリアンライグラスの混播は，造成当初の植生の早期安定による土壌侵食の防止，初年目収量の確保などから大切な役割があるが，一方，利用管理法を誤ると基幹草種（オーチャードグラスなど）の生育を抑圧することもある。

利用上の留意点は，①窒素元肥量を10a当た

第15表　イタリアンライグラス混播による短年多収栽培効果　（熊井）

区分	乾物収量 (kg/10a) 利用1年目	利用2年目	イタリアンライ混在率* (2年目)
イタリアンライ，混播なし〔Or, La〕	1,420 (100)	1,110 (100)	0%
イタリアンライ，早生種混播〔I, Or, La〕	1,590 (112)	1,110 (100)	2.5
イタリアンライ，中～晩生種混播〔I, Or, La〕	1,680 (118)	1,240 (112)	26.5
イタリアンライ極晩生種混播〔I, Or, La〕	1,720 (121)	1,300 (117)	46.5

注 1. 混播草種 Or はオーチャード，La はラジノクローバ，I はイタリアンライ
2. イタリアンライ早生種はワセヒカリなど5品種，中～晩生種はオオバヒカリなど3品種，極晩生種はマンモスAなど3品種のそれぞれ平均
3. * は筆者が同一論文中から計算して挿入，通年平均
4. 試験地　草地試験場（栃木県），水田転換27年前，火山灰土
5. 10a当たり施肥量の窒素水準は1年目60kg，2年目55kg

り約10kg以下に抑え多用をさけること，②10a当たり種子量はなるべく少なく，0.5kg以下とする。③草地の刈取期を基幹草種の刈取適期に合わせる。④早生系品種を用いる，などがあげられる。

要するに永年草地におけるイタリアンライグラスは，補足草種として効果的な混播が必要である。

(2) 多収草地における混播

草地の造成，管理にあたっては，いわば「細く長く」か「太く短く」かの区別をしてあたる必要がある。前項の永年草地は前者に相当し，本項は，当然多肥多収栽培草地を意味し，施肥反応の敏感なイタリアンライグラスをむしろ基幹草種として用いる。多肥条件がさらにすすめばマメ科草種は抑圧されてイタリアンライグラス単一草地となる。

イタリアンライグラスは元来温暖，多湿の気候を好むので，多肥多収栽培は比較的低暖地が対象になる。第15表は北関東でのイタリアンライグラス混播による短年多収効果の実験である。

第16表　ラジノクローバ優占草地に対するイタリアンライグラスの追播による増収効果　（風乾物収量 kg/10a）（小池）

刈取月日	無追播区（ラジノ単一草地）	追播区 イタリアンライ	（参）オーチャード
4. 15	280 (100)	346 (45)	320 (42)
5. 14	277 (100)	288 (30)	235 (65)
6. 14	344 (100)	463 (31)	321 (71)
7. 26	188 (100)	193 (60)	246 (73)
9. 22	255 (100)	404 (71)	201 (85)
合計（平均）	1,344 (100)	1,694 (47)	1,323 (67)

注 1. 追播区はデスキング1回，10a当たり種子量オオバヒカリ1.5kg，施肥各成分22—10—19kg
2. （　）内はラジノクローバ混在率%
3. 試験場所は三重県畜試既耕地

すなわち，多収生産のためにイタリアンライグラスの利用効果は明らかに認められ，またその品種は早生系よりも晩生系がすぐれ，2年目になお46.5%が維持されていることは，混播効果の高いことを示している。

(3) ラジノクローバ単一草地への追播

草地管理のわるいばあいや地下水位の高い転作田などでは，イネ科草種が衰退し，ラジノクローバ単一化現象がしばしばみられる。これらに対するイタリアンライグラスの追播は，デスキング1回ていどでよく定着し，生育競合によく勝ち，良好な混播草地に蘇生させることができる。第16表はオオバヒカリを追播し，その効果を試験したものである。さらに越夏性の高い極晩生種の利用や多肥によって，いっそう増収が期待できよう。

6. 暖地型草地への追播

夏型と冬型の二重気象条件のもとでは，暖地型牧草だけでは収量性に限度があり，また冬期の寒害の防止，春期の雑草化防止などをねらってイタリアンライグラスの追播が行なわれる。追播の対象になる夏型草種は，バヒアグラス，ダリスグラス，バーミューダグラス，キシュウ

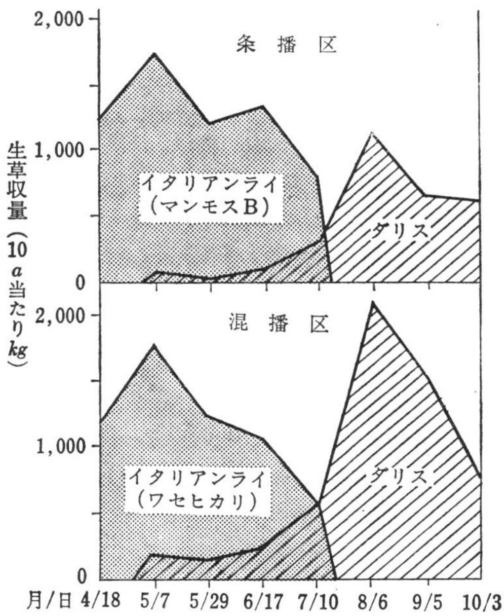

第13図　ダリスグラス草地へのイタリアンライグラスの追播効果　（福井県畜試）

スズメノヒエなどの一年生草種に対する不耕起追播も行なわれている。

（1）　追播法の原則

①イタリアンライグラスは早生系品種を用い，なるべく６月中には暖地型牧草に移行できるようにする（第13図）。

②イタリアンライグラスの追播時期は，暖地型牧草との競合をさけ，またコオロギ等の食害もなくなった時期を選ぶ。気温がおおむね16～17℃の時期に十分に掃除刈りをして播種する。

③イタリアライグラス追播時の施肥量とその後の追肥量には留意し，多肥による過繁茂は暖地型草種を著しく被圧するので，生育状態をみながら中庸の施用がよい。

④草生状態の良好な草地に対する追播法は，高度の技術である。前植生の状態，土壌水分の程度，その当時の降雨予測，播種適期および施肥と生育競合等の条件を十分に考慮して行なう。安易に行なうと失敗しやすい。

（2）　草種別留意点

バヒアグラスは強力な地下茎が繁殖し密生するので，草地が完成された段階では種子量は多め（３～４*kg*/10*a*）に，掃除刈りは十分に，ときにはデスキングも有効である。

ダリスグラスは株型のため，比較的定着は良好であり，順調に連続生産ができる。しかし，ダリスグラスは早春の萌芽が早いため，とくに早生種がのぞましい。

キシュウスズメノヒエは通常低湿水田で栽培されるから，一般にイタリアンライグラスの播種時の土壌水分が保持されており，定着は良好である。また春の移行期も灌水や高濃度の糞尿施用によって植生転換は比較的容易である。

執筆　小池袈裟市（千葉県専門技術員）

1979年記

参考文献

林英夫ほか．1955．イタリアンライグラスの栽培法に関する研究．中国農試報告．２～３．

藤沼善亮ほか．1964．イタリアンライグラスの施肥法に関する研究．四国農試報告．10．

日本草地学会．北陸地域におけるイタリアンライグラスに関する研究集録．昭45．

四国地域連絡会議．1967．四国農業の新技術．4．

木島浩三ほか．1965．イタリアンライグラスの多収栽培に関する研究．四国農試報告．12．

越智茂登一ほか．1965．イタリアンライグラスとマメ科牧草の混播に関する研究．四国農試報告．12．

前田敏．1961．冬作イタリアンライグラスの刈取頻度による地上部生長と株・根の消耗．日本作物学会紀事．30(1)．

農林水産技術会議．研究成果．80．

日本草地学会九州支部．1975．イタリアンライグラスの栽培と利用（特集）．支部会報．6(1)．

飯田克実．1965．イタリアンライグラスの周年栽培に関する研究．発芽に及ぼす温度と水分の影響．日本草地学会誌．11(2)．

高橋均ほか．水田転換畑におけるイタリアンライグラスと野ビエの連結栽培研究．日草誌．12(2)：1966，20(2～3)：1974．

高野信雄ほか．1974．刈取期別イタリアンライグラスサイレージの品質と栄養価．草地試験場研究報告．5号．
三秋尚．1967．イタリアンライグラスの化学成分と飼料価値に及ぼすN施用水準と生育段階の影響について．日草誌．12(4)．
井上登ほか．1979．イタリアンライグラス１・２番草の収量と糖分含量．関東草地飼料作物研究会誌．3(1)．
岡部俊ほか．1972．イタリアンライグラスにおける耐雪性の品種．系統間差異．日草誌．18(2)．
木下ほか．1978．イタリアンライグラスの品種と栽培利用．農業技術．33(3～4)．
丹比邦保．1966．早期播におけるイタリアンライグラスの生育過程と収量について．日草誌．12(1)．
熊井清雄．1972．イタリアンライグラス短年利用による多収栽培．畜産の研究．26(7)．
鈴木新一．1966．イタリアンライグラスを水田に作る方法．農および園．41(1)．
高橋均．1971．水田裏作イタリアンライグラスの省力栽培．農および園．46(9)．

イタリアンライグラスの有望品種

（1）最近育成された公的育成品種

最近5年ほどの間に国または県の指定試験地で育成されたイタリアンライグラスの品種に‘シワスアオバ’（第1図右側）と‘さちあおば’（第2図右側）がある。いずれも，牧草育種指定試験地である山口県農業試験場で育成された。

‘シワスアオバ’は農林18号として平成9年に農林水産省に命名登録され，平成14年には種苗法に基づく品種登録も完了している。さらに，‘シワスアオバ’は米国における種苗法の登録も申請し，平成15年に受理されて（Registration of ‘Shiwasuaoba’ Annual Ryegrass., Crop Science印刷中），今後は米国国内にも販路を広げようとしている。国内ではすでに各種苗会社から販売されている。

一方，‘さちあおば’は農林19号として平成14年に命名登録され，わが国で最初のいもち病抵抗性品種となった。本品種の販売は平成16年を予定している。以下，両品種の特長を紹介する。

なお，これらの公的な品種以外にも，各種苗会社からいくつかの新品種が出されている。

（2）唯一の超極早生品種シワスアオバ

‘シワスアオバ’は安定した年内出穂を育種目標とした，2倍体の「唯一の超極早生」品種である。既存の品種に比較して春の収量は低いが，年内草の収量が優れており，主に年内に収穫することを中心とした普及が期待される。

①出穂特性

‘シワスアオバ’の出穂期は播種年内の11月上～下旬で（第1表），イタリアンライグラスのなかで最も出穂が早い「超極早生」の品種である。極早生品種の‘ミナミアオバ’の出穂期が3月下旬～4月上旬であるのに対して，‘シワスアオバ’は10月上旬までに播種すれば，ほぼ全個体が安定して年内に出穂することが最大の特長である（第1図）。この特性をもつ品種は現在世界中でも本品種だけといって過言ではない。

現在，米国でも，バーミューダグラスなどの暖地型牧草への追播，あるいはメロンやカボチャの不耕起栽培との輪作体系における放牧や乾草利用を目的として本品種の特性が評価されつつあり，米国内での種子の販売が検討されてい

第1図　超極早生新品種シワスアオバ（右）と極早生品種ミナミアオバ（左）の秋の出穂状況の違い
（山口県農業試験場，1999年11月17日撮影）

第2図　いもち病抵抗性新品種さちあおば（右）と感受性品種ミナミアオバ（左）の罹病程度の違い
（山口県農業試験場，1999年10月27日撮影）

第1表　各地域でのシワスアオバの播種期と出穂期

	播種日(月/日)	出穂日(月/日)
茨城	9/18～ 9/21	11/23　～11/27
群馬	9/13～ 9/22	11/10　～11/21
石川	9/26～ 9/27	11/20　～11/28
山口	9/19～ 9/20	11/13　～11/19
長崎	9/12～ 9/16	11/ 8　～11/19
宮崎	10/ 2～10/ 4	11/21*～11/26*

注　系統適応性検定試験で調査された2～3年間のレンジ
　*：出穂始め

第2表　各地域でのシワスアオバの乾物収量（ミナミアオバ対比，%）と10月の平均気温（℃）

	年内	春一番草	合　計	10月の平均気温
茨　城	108	28	55（39.1）	15.4
群　馬	118	43	63（46.5）	14.4
神奈川*	105	26	57（44.8）	17.0
新　潟	116	72	99（23.5）	15.8
石　川	121	42	67（34.5）	16.4
鳥　取*	96	84	92（87.1）	16.7
香　川*	109	75	84（68.9）	17.2
山　口*	131	49	84（50.1）	16.6
長　崎*	121	90	101（92.7）	17.7
宮　崎*	104	49	64（70.6）	17.5
沖　縄	106	73	91（31.7）	23.6
適地平均	**109**	**62**	**80（69.1）**	

注　系統適応性検定試験（1993～1995年）のデータの平均値を用い，ミナミアオバの乾物収量を100とした
　（　）内はシワスアオバの実収量（kg/a）
　*はシワスアオバの適地
　新潟は北陸農試のデータ

る。

②収量性および適地

‘シワスアオバ’の全国の系統適応性検定試験地における適地平均の乾物収量は，極早生品種の‘ミナミアオバ’対比（%）でそれぞれ年内草収量109，春一番草収量62，合計収量80である（第2表）。‘ミナミアオバ’に比較して春の収量が低いものの，年内草収量に優れている。このことから，本品種は基本的に年内利用などの極短期利用に限定した使い方に適している。年内利用と春の再生草の双方を等しく利用したい場合は，‘さちあおば’の活用を強く推奨したい。

栽培適地は，第2表の*印を付した地域など，収量性の絶対値が高い九州，中四国の低標高地域を中心とし，特に10月の平均気温が16℃以上の温暖地に適している。近畿以東の温暖地もこの条件に合えば適する。ただし，本品種の耐雪性は極弱であり，多雪地帯や寒冷地には不適である。

③栽培利用方法と注意点

‘シワスアオバ’の播種適期は9月下～10月上旬である。10月中旬以降に播種すると年内に出穂にまで達しないため，特性が発揮されない。また，本品種は‘さちあおば’とは異なり，イタリアンライグラスいもち病に対する抵抗性がないので，9月中旬以前に早まきした場合はいもち病に罹病する危険性が高く，避けたほうがよい。本品種の播種適期の幅は‘さちあおば’のように広くないので注意が必要である。

また，‘さちあおば’に比較すると冠さび病にも弱く，特に南西諸島での利用には注意を要する。なお，播種量は年内収量を確実にするため，多めに3.5kg/10a程度まいたほうがよい。

‘シワスアオバ’は多年生暖地型牧草を主体とした草地に追播することにより，冬季の生産性の低下を補うことができる。また，イタリアンライグラスのなかで春の生育の衰退が最も早いので，暖地型牧草の春の生育を妨げない特長をもつ。一方，単播した場合でも，刈取り後の圃場に残る根量，株量がイタリアンライグラスのなかで最も少ないため，夏作物への影響が最も小さい，という特長をもつ。

本品種は「超極早生」という際だった特長をもっているため，利用にあたってはその特性を最大限発揮させるよう心がけたい。

(3) 初のいもち病抵抗性品種さちあおば

‘さちあおば’は，育成地（山口県）での出穂期が3月中～下旬で，‘ミナミアオバ’よりさらに6日前後早い，極早生・極短期利用型の最新品種である。

①いもち病抵抗性

全国のイタリアンライグラスの約71%は中

国・四国・九州地方で栽培されている。近年，特にこれらの西南暖地で，9月から11月にかけて，イタリアンライグラスいもち病（*Pyricularia* sp.，第3図）の発生が増加傾向にある。いもち病は多発すると植物体を枯死させ，草地の乾物生産性が極端に低下するばかりか，消化性などの品質面にも悪影響を与える可能性が高い。イタリアンライグラスいもち病菌の感染適温は25℃前後（角田，1999），平均気温では20℃付近に下降するまで発生が続くとされており（角田ら，2001），特に西南暖地で9月に播種した場合に大きな被害の生じるおそれがある。また，南西諸島では春3月に発生が認められ，春の再生草で被害の拡大するおそれがある。

現在，イタリアンライグラスには多くの品種が市販されているが，山口県農業試験場におけるいもち病菌の幼苗接種検定の結果からは，国内外の品種で本病害に対する十分な抵抗性が確認されたものは現在まで見出されていない。

‘さちあおば’は，いもち病について4世代の幼苗接種選抜を行ない育成された初の抵抗性品種である。‘ミナミアオバ’を初めとする既存の品種の抵抗性は“極弱～弱”であるが，‘さちあおば’の抵抗性は“中”で，明らかに強い（第3～4表，第2図）。いずれの時期に播種しても，既存の極早生品種に比較して抵抗性が高いといえる（第4図）。‘さちあおば’は世界的にみてもまれな，いもち病抵抗性遺伝資源であるものと考えられ，本病害の発生の危険性が最も高い西南暖地を中心に，より安定した栽培が可能になるものと期待される。

第3図　イタリアンライグラスいもち病の病斑

②収量性

‘さちあおば’は近畿・中国・四国から九州・沖縄にかけて多収で，九州地方で特に多収である（第5表）。いもち病が特に発生しやすい西南暖地で9月上旬からの播種が十分可能で，9月中旬までに播種することにより，11月上～12月上旬に出穂始めから出穂期に達して年内草を安定して収穫できる（第4図）。また，再生力にも優れるので春にも多収が期待できる（第5図）。後述する苗立枯れ症との関係から，‘さちあおば’の播種最適期は9月上旬と考えられるが，9月中旬以降10月下旬までのいずれの時期に播種しても，他の極早生の品種に比較して春一番草は同等以上の収量性があり，播種適期の幅はかなり広いといえる（第5図）。近畿・中国・四国から九州・沖縄にかけての広範な適地における9月播種平均の乾物収量は，‘ミナミアオバ’対比

第3表　さちあおばの主な生育特性

品種・系統名	出穂期1)（月.日）	病害抵抗性		草型1)	採種量4)（kg/a）	乾物分解率5)（%）	倒伏程度6)	耐雪性3)
		いもち病2)	冠さび病3)					
さちあおば	**3.19**	**2.1（中）**	**強～極強**	**4.0**	**16.0**	**66.8**	**2.3**	**極弱**
ミナミアオバ	3.25	5.7（極弱）	中	4.4	15.2	58.3	2.0	極弱
ウヅキアオバ	—	4.7（極弱～弱）	中	—	—	62.6	2.3	中

注　1）出穂期，草型：育成地における個体植え調査の値。草型：1（直立）～9（ほふく）
2）いもち病評点：第4表における適地平均値，1（無または極微）～9（甚）
3）冠さび病，耐雪性：特性検定試験における総合評価
4）採種量：育成地における2001年の精選種子量の値
5）乾物分解率：育成地の年内草のセルラーゼ，アミラーゼによる分解率
6）倒伏程度：倒伏が見られた場所・年次の平均値，1（無）～9（甚）

第4表　各地の系統適応性検定試験におけるいもち病抵抗性（罹病程度の評点値）

生育ステージ	品種・系統名	沖縄石垣	沖縄本島	鹿児島	宮崎	熊本	長崎	山口	香川	鳥取	滋賀	神奈川	茨城	群馬	新潟	適地平均
年内	さちあおば	—	1.0	1.4	4.8	3.3	3.0	1.3	1.0	—	1.0	—	1.5	—	—	**2.1**
	ミナミアオバ	—	2.8	6.8	8.8	5.8	7.0	7.4	5.9	—	1.0	—	4.8	—	—	**5.7**
	ウヅキアオバ	—	2.8	4.9	7.0	4.5	5.5	7.0	3.3	—	2.5	—	4.0	—	—	**4.7**
	サクラワセ	—	—	4.5	—	—	—	6.0	4.8	—	2.0	—	—	—	—	**4.3**
	ハナミワセ	—	1.3	3.3	7.0	3.5	4.8	5.7	3.5	—	—	—	3.5	—	—	**4.2**
春期3月	さちあおば	1.3	1.0	—	—	—	—	—	—	—	—	—	—	—	—	**1.2**
	ミナミアオバ	4.0	4.8	—	—	—	—	—	—	—	—	—	—	—	—	**4.4**
	ウヅキアオバ	2.0	4.3	—	—	—	—	—	—	—	—	—	—	—	—	**3.2**
	サクラワセ	—	—	—	—	—	—	—	—	—	—	—	—	—	—	**—**
	ハナミワセ	2.3	3.0	—	—	—	—	—	—	—	—	—	—	—	—	**2.7**

注　いもち病罹病程度：1（無または極微）～9（甚）
数値は発生年における評点値，または発生年の2年間平均値。発生年はいもち病罹病程度について，最も罹病した供試品種の評点値が2.5以上を記録した年とした
適地平均は，滋賀県以西の平均値
新潟は北陸農試のデータ

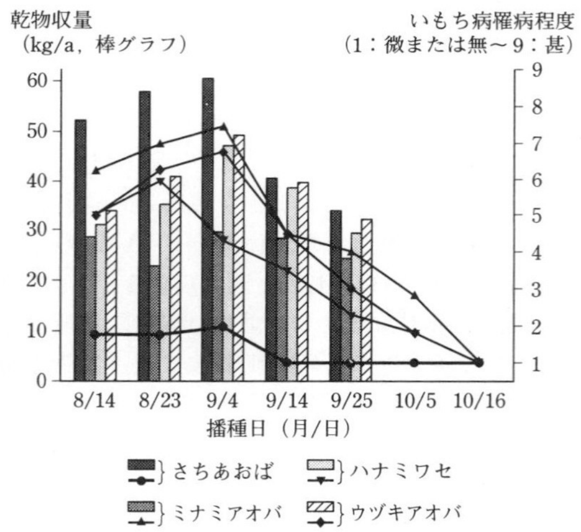

第4図　播種期別にみた年内草の乾物収量といもち病罹病程度の品種間差異

山口県農業試験場2000年播種の試験結果
刈取り日は，8月14日播種：10月26日と12月5日の2回，8月23日播種：11月14日，9月4日～25日播種：11月27日

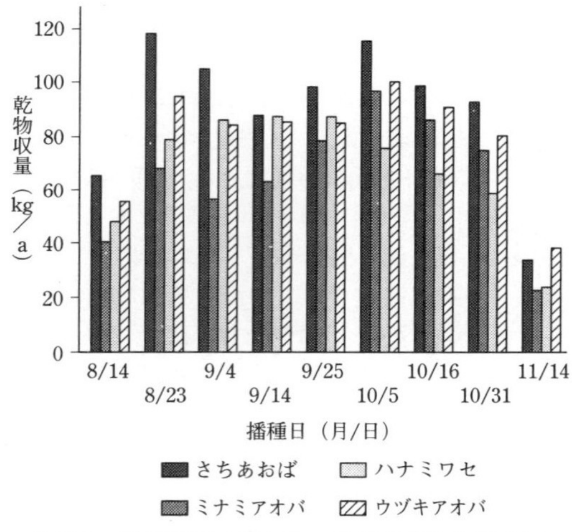

第5図　播種期別にみた春一番草の乾物収量の品種間差異

山口県農業試験場2000年播種の試験結果
刈取り日は，8月14日～23日播種：3月30日，9月4日～25日播種：4月2日，10月5日播種：3月30日，10月16日～31日播種：4月2日，11月14日播種：4月5日

（%）でそれぞれ，年内収量159，春の収量121，合計収量131となり，いずれも優れる（第5表）。

なお，南西諸島および九州の低標高地では，春一番草の刈取りは1～2月に実施可能で，その後4月中旬までに春二番草を収穫できる。これらの地域では，春二番草についても比較的高い収量が得られていることから，極短期利用型として春二番草までの利用が十分可能とみられる。

③冠さび病抵抗性

冠さび病（*Puccinia coronata* Corda var. *coronata*）は，主に葉の表面に橙色の鉄さびの粉をふいたような夏胞子が多数現われることを特徴とする

第5表　各地の系統適応性検定試験におけるさちあおばの乾物収量（kg/a）とミナミアオバ対比（%）

		沖縄石垣	沖縄本島	鹿児島	宮崎	熊本	長崎	山口	香川	鳥取	滋賀	神奈川	茨城	群馬	新潟	**適地平均**
収量	年内	—	(52.7)	44.2	22.9	(24.4)	33.3	41.0	32.9	(35.9)	30.5	52.4	16.9	(19.3)	(20.0)	**35.3**
	春期	81.5	92.7	87.5	95.8	(79.0)	71.5	60.7	64.3	(57.6)	74.3	(45.3)	66.4	(47.1)	(44.3)	**76.5**
	合計	81.5	119.0	131.6	118.7	(103.4)	104.8	101.7	97.2	(93.5)	104.8	(93.6)	83.2	(66.4)	(64.3)	**105.6**
対比	年内	—	(94)	458	1,065	(131)	311	173	127	(128)	120	109	140	(83)	(93)	**159**
	春期	107	111	121	185	(124)	125	127	110	(104)	115	(81)	105	(94)	(107)	**121**
	合計	107	107	160	220	(126)	154	142	115	(112)	116	(95)	110	(91)	(102)	**131**

注　2年間平均値。(　) 書きは単年実施
春期収量は，4月中旬までに刈り取られた春一番草または春一番草と春二番草の合計値
適地平均は，滋賀県以西の平均値
新潟は北陸農試のデータ

病害で，特に西南暖地で，春4～5月以降に多発する傾向にあり，南西諸島ですでに春3月から多くの発生が見られる。また，平成14年には山口県で秋にも多発しており，発生は必ずしも春だけとはいえない。病害が発生すると栄養価や家畜の嗜好性が著しく低下するといわれており，西南暖地での最も重要な病害の一つである。

‘さちあおば’は，冠さび病についても育種母材から数えて4世代の幼苗接種選抜を行なっている。宮崎県畜産試験場での特性検定試験の結果からは，抵抗性は“強～極強”と判定され，本病害にきわめて強い。

国内で市販されている品種のなかで，‘さちあおば’はいもち病と冠さび病に対する確実な複合病害抵抗性をもつ唯一の品種といってよく，これが最大の特長となっている（第3表）。

④乾物分解率（消化率）

イネ科牧草として家畜生産性に最も大きな影響を与える要因は消化性である。山口県農業試験場で採取された年内草の試料を農業技術研究機構畜産草地研究所でセルラーゼなどの酵素を用いて分析した結果，消化性の指標となる乾物分解率は‘ミナミアオバ’に比較して約8%以上高いことが明らかになった（第3表）。‘さちあおば’はいもち病抵抗性をもつことから消化性の低下を回避することが可能で，安定した品質・栄養価を維持できる品種といえる。

⑤その他の特性

春一番草まで倒伏はほとんど見られない。また，春一番草刈取り後に圃場に残る残根量は‘ミナミアオバ’同様に少なく，水稲や飼料用イネ，ソルガム，トウモロコシ，暖地型牧草などの後作への影響が少なく，栽培しやすい品種である。

西南暖地では極早生のエンバクとの混播が行なわれる場合がある。‘さちあおば’の年内草の収量性は十分高いものの，エンバクと混播したほうがさらに年内草の増収効果が得られる。しかし，山口県農業試験場の試験結果では，混播した場合は春一番草の収量が‘さちあおば’単播の約半量となり，合計乾物収量ではエンバクとの混播による増収効果はまったく期待できなかった。したがって，年内草と春の再生草の双方を等しく収穫したい場合は，‘さちあおば’の単播がよい。

なお，単播での播種量は2.5kg/10a程度が適当である。

⑥適地と栽培上の注意点

適地は西南暖地を中心とした近畿・中国・四国から九州・沖縄までの西日本全域である。特にイタリアンライグラスいもち病と冠さび病の被害が生じやすい九州地方が最適地であり，十分な普及を期待したい。また，特に春の冠さび病の被害が大きい南西諸島では，従来，イタリアンライグラスの栽培はごくわずかであったが，本品種は冠さび病抵抗性がきわめて強く，かつ極早生・極短期利用型品種として暖地型牧草の春の生育を妨げる可能性が低いことから，初め

て本格的に推奨できると考えている。暖地型牧草の生育が緩慢な冬季にきわめて良質な粗飼料を確保できる，という点で南西諸島での今後の活用を期待したい。

注意点として，本品種は早まきが可能であるものの，真夏に極端に早く播種した場合は，発芽直後に苗立枯れ症の発生するおそれがある。山口県農業試験場の試験結果では，この苗立枯れ症はいもち病菌が主要因である可能性が高いと推定されたが，それ以外に，*Fusarium*，*Pythium*，*Rhizoctonia*などの土壌病原菌が要因となる場合も十分考えられる。本品種を含めて，イタリアンライグラスにはこれらの土壌病原菌に対する抵抗性は基本的に付与されていないことから，西南暖地では発芽時がきわめて高温期となる8月下旬以前に播種することは避けたほうが安全である。また，本品種は前述の‘シワスアオバ’同様，耐雪性が極弱であるので，積雪・寒冷地での利用は推奨できない。

なお，年内草の出穂程度は，同じ極早生に属する品種の‘ミナミアオバ’などではほとんど出穂に達しないが，‘さちあおば’は山口県農業試験場で全個体の約16％の出穂が確認されている。また，長崎県，宮崎県，鹿児島県などの九州地方の系統適応性検定試験の結果では，ほぼ出穂期（約50％の出穂）に達して年内草の刈取りが行なわれていることから，暖地ほど出穂程度は高まるものと予想される。ただ，年内に50％を超える出穂に確実に達したイタリアンライグラスを収穫したい場合は，前述した超極早生品種の‘シワスアオバ’の利用を推奨したい。

＊

新品種‘さちあおば’の最大の特長は，わが国の西南暖地で最も重要な病害である，いもち病と冠さび病に対する複合抵抗性をもっていることである。このため，病害多発年でも，生育期間を通じて罹病が少なく，安心して栽培することができる。また，播種時期は，従来の品種より2～4週間早く，9月上旬から十分可能で，早まきにより年内にも多収穫が可能である。収量性は年内草，春一番草とも極早生品種のなかで十分高い水準にある。また，春一番草刈取り後の圃場に残る残根量が少ないことから，4月中旬以降の夏作物への切替えがスムーズである点も特長となる。

執筆　水野和彦（山口県農業試験場牧草育種指定試験地）

2003年記

参考文献

角田佳則．1999．イタリアンライグラスへのいもち病発生について．牧草と園芸．**47**（9），5―8．

角田佳則ら．2001．イタリアンライグラスいもち病の発生推移調査と育種用有効薬剤の探索．九州病害虫研究会報．**47**，152．

飼料用ムギ類の栽培技術

1. 飼料用ムギ類栽培利用の特徴

(1) 栽培利用の現状

飼料用ムギ類の栽培利用は，青刈り・乾草・サイレージ向けの粗飼料生産利用と子実利用とに大きく分けられる。現在，国内での子実利用としての生産はきわめて少なく，粗飼料としての生産が中心となっている。そのなかでも，サイレージ技術の普及にともない，青刈り利用に代わりホールクロップ利用が主体となっている。

栽培面積で見ると，エンバク，ライムギ，オオムギの順であり，耐湿性にまさるエンバクが多く作付けされている。なお，コムギは飼料用としての作付けは現在ほとんどされていない。

飼料用としてのムギ類の栽培面積は約11,300haで，エンバクが9,220ha，ライムギが1,370ha，オオムギなどのその他ムギが697haである。栽培面積は，昭和40年前後をピークとして減少が続いている。

(2) 栽培の特徴

ムギ類の栽培は，各地域の気象条件や土壌条件，利用目的に応じた種類の選定と生産体系がとられている。

作期は，8月下旬から9月上旬に播種して，年内に刈り取る秋作栽培，9～11月ごろ播種して翌年4～5月ごろに刈り取る標準（冬作）栽培，3～4月ごろに播種して6～7月ごろに刈り取る春作栽培がある。

ムギ類の栽培は，圃場の有効利用のために，夏作のトウモロコシを基幹として組み合わせた，年2毛作体系がとられることがほとんどである。トウモロコシは早まきするほうが収量が安定するので，関西以西の温暖地では4月から9月まで夏作が圃場を占有する。そのため，ムギ類は9月下旬から翌年4月までの期間に押し込まれる傾向にある。しかし，収穫後から夏作作付けまでの間に時間的余裕が生まれるため，暖地では冬作も早生化の傾向にあり，8月下旬～9月上旬播種，12月刈りの秋作栽培がふえている。

標準栽培では1t/10a程度の乾物収量があり，イタリアンライグラスの2回刈りの乾物収量に匹敵する。ムギ類は，イタリアンライグラスより低温条件で発芽し生育がよい。しかし，残根量が少なく再生はしない。このように，ムギ類はイタリアンライグラスとの使い分けや，夏作との組合わせによって有利性が高まっている。

ムギ類を比較すると，ライムギは耐寒性，エンバクとコムギは耐湿性にすぐれ，オオムギは穂重割合が高くホールクロップとして良質である。栽培条件によって種類の特性を活かすことが大切である。

2. 飼料用ムギ類の種類

(1) エンバク

エンバクは，冷涼な気候で比較的湿潤な土壌に適している。寒地では春まき，暖地では秋まき，または春まきで，全国的に栽培できる。

根は深根性で，伸長が旺盛で根量が多い。耐寒性はライムギやオオムギよりも劣る。発芽最適温度は24～25℃で，生育温度は最低が4～5℃，最適が25℃とされる。耐酸性の点ではオオムギ，コムギより優れ，環境適応性が大きいことから，栽培が容易である。

北海道農試における試験結果によると，わが国で使われているエンバク品種の多くは春播性の程度がⅠ～Ⅲで，春播性の高い品種である。ムギ類のなかでは出穂後の茎の硬化が遅く，栄養価が高い。そのため，青刈り利用やホールクロップサイレージ利用，立枯乾草などの乾草利用が行なわれる。

40近い品種が市販されており，草丈の低いものから高いものまで，茎葉の多いものから穂が大きいものまである。また，葉幅もさまざまである。品種による特性の差が大きく，耐寒性のきわめて強いアキマサリ，細茎で乾草生産に有利なヘイオーツなど，特徴をもった品種が多い。

関東，九州を中心に栽培されており，平成9年の栽培面積は42,500haで，うち飼料用は9,220haである。

(2) ライムギ

ライムギはエンバクやイタリアンライグラスなどより耐寒性が強く，他のムギが生育できない不良環境で栽培できる。発芽の最適温度は20～25℃，最低温度は1～2℃で，低い温度に適応している。

土壌についても適応範囲が広く，酸性土壌からアルカリ性土壌まで栽培できる。乾燥地に向き，耐湿性が小さく，長く積雪下におかれると雪腐病になる。

ライムギは現在，耐寒性に強い秋播型品種がおもに栽培されている。根系の発達がよく，吸肥力が強い。出穂期ごろは低収であるが，良質で，0.7t/10a前後の乾物収量がある。しかし，出穂期以降の茎葉の硬化が早く，消化率・嗜好性が低下する。長稈・晩生種を乳熟期前後に刈り取った場合には倒伏が多いため，収穫の適期はサシレージ利用では出穂直後である。

コムギを種子親，ライムギを花粉親とした属間雑種のライコムギが注目されている。これは，ライムギの不良環境適応性とコムギの良質性を兼ねている。

現在，ライコムギを含めて約20品種が市販されている。東北，関東を中心に栽培されており，平成9年の栽培面積は2,800haで，そのうち飼料用は1,370haである。

第1図　ライコムギ

(3) オオムギ

イタリアンライグラスに比べて，1回の刈取りで多くの収量が得られ，残根量が少ない特徴をもつ。青刈り，ホールクロップサイレージ，乾草に利用される。

発芽の最適温度は24～26℃で，生育の最適温度は20℃，最低温度は3～4℃とされる。耐寒性や耐雪性はライムギとエンバクの中間で，比較的優れる。

土壌の酸性には弱い。耐干性はエンバクより強いが，耐湿性は弱く，排水のよい肥沃土に適する。

秋作栽培では乳熟期～糊熟期に収穫する。低温期のために可溶性炭水化物が多く，良質のサイレージができる。

秋作栽培ではさび病が，春作栽培ではうどんこ病が問題となる。

飼料用の育成品種はなく，実取品種で飼料用にあった品種が利用されている。

飼料用オオムギは北関東，九州を中心に栽培されており，コムギを含めた栽培面積は1,670haで，そのうち飼料用は677haである。

3. 安定多収栽培のポイント

安定多収のポイントは，種類と品種の特性を活かすことと，適期播種である。また，水田の裏作や転作などでは排水対策が必要であり，積雪地では3～4月の雪解け時の湿害対策も重要である。

（1）作期の選定

飼料用ムギ類では，多くは冬作として栽培されるが，作付け体系によっては秋作栽培や，春作栽培も有利である（第1表）。播性や耐湿性に注意した種類と品種の選択が安定栽培の決め手となる。

①標準（冬作）栽培

秋まきして翌春に刈り取る標準栽培の播種期は，東北などの寒地・寒冷地では9月，関東などの温暖地では10月中～下旬，九州などの暖地では11月で，日平均気温が13℃前後の時期が適当とされている。生育状況を第2図に示した。

品種の耐寒性や冬の寒さの状況によるが，遅まきは越冬性が劣り，早春の生育が悪い。逆に早まきしすぎると，品種によっては年内に節間伸長がはじまる。秋に節間伸長期までステージが進んでしまうと，耐寒性が低下しているので暖地であっても越冬が難しくなり，極端に低い収量となってしまう。

また，秋期の高温でも，年内に節間伸長をし，冬枯れで収量に大きな打撃を受けるので，注意が必要である。たとえば，秋期が特に高温で推移した1997年の場合には，アキマサリ，クキユタカ，太豊，クイーンエンバクなどを除いたエンバク品種やオオムギでは，年内に節間伸長をして，冬作栽培に大きな影響を及ぼしている。

一方ライコムギでは，秋期の高温に対しても節間伸長せず，低温でも生育する品種が見られる。嗜好性・消化性が改善されれば，安定生産に貢献する草種として期待される。

②秋作栽培

秋作栽培は，後作となる夏作との組合わせで労力配分につごうがよく，夏作前の圃場への堆肥施用などにも時間的ゆとりがある。秋作栽培での生育を第4図に示した。

気象の変動にもよるが，エンバクでは春作栽培と同様に0.7t/10a程度の乾物収量が期待できる（第2表）。春播性が高く，年内に出穂して稔実割

第1表 飼料用ムギ類の作期（西南暖地を除く都府県の例）

栽培法	播種時期	収穫時期
標準（冬作）栽培	9～11月	4～5月
秋作栽培	8月下旬～9月上旬	12月中下旬
春作栽培	3～4月	6～7月

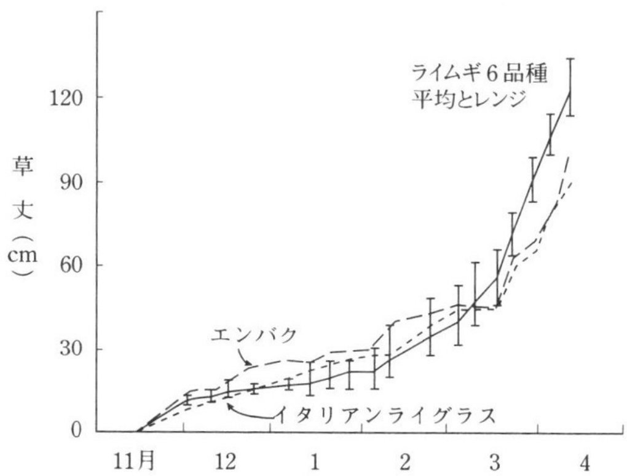

第2図 標準（冬作）栽培における飼料用ムギ類などの生育 （富田ら，1991）

11月上旬播種，翌年4月中旬刈取り

第3図 秋期高温で経過した場合には越冬できない品種があるので，草種・品種の選定には注意が必要である

合の高い品種を選定する。

12月の低温条件で刈り取るため，水溶性糖分が多く，嗜好性やサイレージ適性も高い。また，関東や東海地方では12月の好天が利用でき，乾草生産に適している。

作期の特徴を活かすには，播種のタイミングが重要である。低温条件に向かうため，8月下旬～9月上旬が播種適期で，播種が1日遅れるだけで出穂は数日の遅れとなる。しかし，あまり早く播種すると，栄養生長期間が短くステージだけが進むため収量が低下する。一方，あまり遅く播種すると生育期間が足りず，やはり収量が低下する。

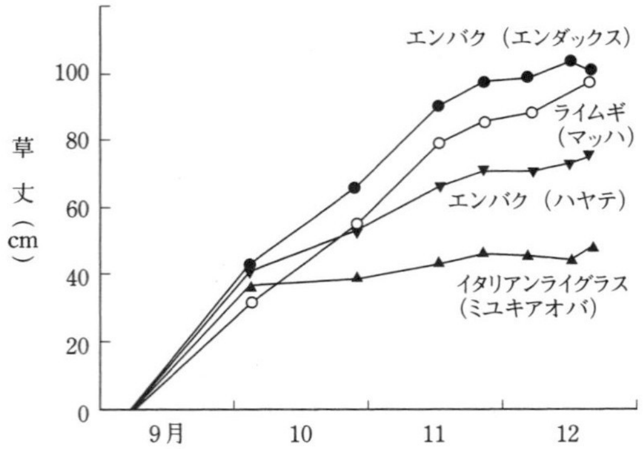

第4図　秋作栽培における飼料用ムギ類の生育
（富田ら，1991）

9月上旬播種，12月刈取り

③春作栽培

北海道などの厳寒地や関東以西の一部で栽培される。播種時期は，温暖地や暖地では3～4月，西南暖地では2～3月となり，平均気温8℃以上が作期の目安とされる。収穫時期は，温暖地，暖地では6～7月，西南暖地では5～6月となる。播種量は，短期栽培となるため，秋作栽培と同様に，標準栽培に比べてやや多めとする。

後作となる夏作の作期，労力に留意が必要である。北海道では，播種期は4月下旬～5月上旬，収穫期は8月となり，実質的には夏作の作期となる。

(2) 播種から収穫調製までの栽培管理

①品種の選定

早晩性は播性によって区分され，実用的にはⅡ～Ⅶクラスの品種が多い。数字が小さいほど春播性が強く，数字が大きいほど秋播性となる。

春播性の強い品種は耐寒性が一般に弱い。したがって秋作栽培や春作栽培の品種は，春播性の高い播性Ⅱクラス程度が多収であり，播性Ⅴクラスの品種では出穂できずに低収になってしまうことがある。

最近は早生化しているが，早まきの場合にはさび病が多発することもあるので耐病性にも留意が必要である。

北関東の場合，秋作にはエンバク，標準栽培にはライムギかオオムギ，春作栽培にはオオムギが有利といわれているが，特性をよくつかんで種類と品種を選定する。また，ムギの種類によって後作のトウモロコシなどの夏作の播種期も変わってくるので，前後の作付け体系に基づいた品種選定が必要である。

現在市販されているエンバク，ライムギ，ライコムギ品種を第3表に示した。

②播種量

飼料用ムギ類の標準的な播種量はおおむね

第2表　各栽培型における飼料用ムギ類の収量性（乾物収量t/10a）
（草地試験場，1982～1985年）

年次	秋作栽培			標準（冬作）栽培			春作栽培		
	エンバク	ライムギ	オオムギ	エンバク	ライムギ	オオムギ	エンバク	ライムギ	オオムギ
1982	0.84	—	0.77	—	—	—	—	—	—
1983	0.61	0.12	0.28	1.05	1.28	1.04	0.96	0.74	0.89
1984	0.80	0.60	0.76	0.69	1.12	1.11	0.76	0.63	0.86
1985	0.67	0.36	0.63	0.45	0.75	0.86	0.64	0.62	0.74
平均	0.73	0.36	0.61	0.73	1.05	1.04	0.79	0.66	0.83

8kg/10aであり，条播をする場合には少なめに，散播をする場合は多めにする。また，秋作栽培や春作栽培では多く播種し，長期間栽培となる標準栽培では少なめに播種する。

③播種方法

省力・多収栽培の点からは散播がよいが，コーンハーベスタなどでの刈取りには条播が適している。また，秋期に乾燥して土壌水分が少ない条件では条播のほうが発芽が良好であり，散播する場合には播種後の鎮圧が重要となる。

④施　肥

標準（冬作）栽培では，元肥で各成分10kg/10a程度が一般的である。追肥を行なう場合は，元肥として各成分を7kg/10a程度にし，翌春に窒素を5kg/10a程度追肥する。積雪地などでの越冬性を高めるためには，元肥の窒素を減らして追肥を重点にするのがよいとされている。

秋作栽培や春作栽培の施肥は，全量元肥施用が原則である。

⑤生育の判断

生育に有効な基準温度は，種類や品種，栽培法などによって変わるが，おおむね4℃が基準といわれている。

播性が生育を大きく左右し，春播性の高い品種・系統では低温条件にあわなくても有効積算温度によってステージが進み，節間伸長して出穂する。暖地では9月上旬に播種すると，10月

第3表　エンバクなどの市販品種

（飼料作物栽培利用の手引き，全農 1997より）

用途区分		全農（クミアイ）	雪印	タキイ	カネコ	全酪	日総
年内刈り（極早生） （関東以西の太平洋側）	乾草用	ウエスト	スーパーハヤテ隼	極早生スプリンター ライ太郎	エンダックス		アーリークイーン
	サイレージ用	ウエスト	スーパーハヤテ隼	極早生スプリンター ライ太郎	エンダックス	スピードスワロー	アーリークイーン
乾草用		スピーディヘイ	スーパーハヤテ隼 ヘイオーツ	スワロー	クキユタカ ニューオーツ	マグナム ☆アキワセ	乾草エンバク
サイレージ用		スタウト	スーパーハヤテ隼 サビツヨシ ニューオールマイティ		ハルアオバ アキマサリ	マグナム ☆アキワセ	改良グレイオーツ
青刈り用		マメタンク サビシラズ	ニューオールマイティ 太豊	アムリⅡ ☆前進	ハルアオバ ☆前進	マグナム	クイーンエン麦 ☆前進
乾草・サイレージ用 （西南暖地向け）		サビシラズ ウエスト マメタンク	スーパーハヤテ隼 サビツヨシ	極早生スプリンター ライ太郎	エンダックス	スピードスワロー	乾草エンバク （アーリークイーン）
地力増進用		コモン	とちゆたか		ハルアオバ		
その他 飼料用ムギ類	ライムギ		春一番 春香	キングライ麦 青刈ライ麦	サムサシラズ ハルミドリ	クールクレイサー	ボンネル
	ライコムギ		ライコッコ	ライ小麦	ライダックス		改良ライコーン早生

注　☆印：公的育成品種

末に出穂し，12月には乳熟～糊熟期に達する。

出穂から開花までの日数は，オオムギで5日程度，エンバクで7～10日，ライムギで15日程度とされている。登熟日数は種類により異なり，黄熟期はオオムギが一番早い。

春雑草との競合が問題となるが，ムギ類の密度が確保されていれば夏作のような雑草対策は必要としない。個体密度の確保のため，播種後の発芽が良好であることが大切である。

⑥収穫・調製

飼料用ムギ類でもロールベール・ラップサイレージ体系が中心になりつつある。

エンバクでは，再生力があって2回刈りできるものもあるが，一般的には1回刈りである。

サイレージ利用の場合のエンバクの刈取り適期は乳熟期以降，おおむね出穂から2週間後で，乳熟期以前の早刈りは不良サイレージになりやすい。稈の空気を抜くために十分に密度を高める必要がある。糊熟期エンバクのサイレージの乾物中TDNは55～58％である。

ライムギは出穂期以降の茎葉の硬化が早く，消化率・嗜好性が低下するため，サイレージにする場合の収穫は糊熟期までである。乳熟期前後の刈取りでは倒伏が多いため，サシレージ利用での収穫の適期は出穂直後とされている。

ライムギの水分含量が高い場合には排汁処理を考慮する必要がある。天候がよい場合は水分を60～70％まで予乾することが望ましい。ライムギサイレージの乾物中TDNは50～55％程度で，他のムギ類に比べて劣る。

オオムギをサイレージにするときは子実をうまく利用することが大切であるから，収穫は水分が65％前後の糊熟～黄熟期に行なう。オオムギサイレージの乾物中TDNは60～63％である。

⑦飼料成分・消化性の判断と利用

乾物収量に加えて品質が重要である。

エンバクでは，乾物中の粗蛋白質（CP）含量が高く，酸性デタージェントリグニン（ADL）含量の低い品種で繊維の消化率が良い（第4表）。また，中性デタージェント繊維（NDF）の低い品種は乾物消化率が高い。

早晩性や形態などでエンバクを大別した場合に，極早生のものと中生のものではそれぞれ成分組成の品種間差が小さく，グループとしての飼料特性を備えている。中生細茎のものや晩生のものは成分組成のばらつきが大きいから，エンバクとして一括して評価するのではなく，各品種の特性の違いを重視した栽培利用や家畜への給与が必要である。

ライムギでは粗蛋白質含量の高い品種で繊維の消化率が良く，その結果として相対的に高い乾物消化率になる（第5表）。

ライムギの極早生種やライコムギは飼料成分の品種間差がそれぞれ小さい。極早生品種は繊維成分の含量が高く，晩生品種は高蛋白，低繊維で消化性が良く，ライコムギは両者の中間的であるとされている。

ムギ類のホールクロップ利用では芒が家畜の嗜好性に影響するとされており，無芒の品種が好まれるが，鳥害が大きいので必ずしも生産が

第4表　品種群別にみたエンバクの飼料成分と消化性　（細谷ら，1998）

品種群	乾物率（%）	乾物収量（t/10a）	飼料成分（乾物中%）							分解率（%）	
			OM	CP	OCC	NDF	ADF	ADL	SIL	CWD	DMD
極早生群	21.1	1.02	90.6	10.0	22.8	62.2	39.5	6.2	2.6	17.8	42.5
中生群	20.6	1.10	91.0	10.4	25.2	60.4	39.0	6.5	2.5	17.7	44.0
中生細茎群	21.3	1.23	90.7	11.2	24.0	62.2	41.0	7.3	2.5	16.4	42.3
晩生群	22.5	1.11	89.6	10.6	21.9	62.9	41.7	7.1	2.4	15.3	40.9
平均	21.3	1.08	90.5	10.4	23.4	61.9	40.0	6.6	2.5	17.1	42.6

注　1. 11月に播種，乳熟期に刈取り。16市販品種を供試
2. OM：有機物，CP：粗蛋白質，OCC：細胞内容物質有機物部分，NDF：中性デタージェント繊維，ADF：酸性デタージェント繊維，ADL：酸性デタージェントリグニン，SIL：ケイ酸，CWD：セルラーゼ処理による細胞壁物質分解率，DMD：乾物分解率

第5表　品種群別にみたライムギの飼料成分と消化性　（細谷ら，1998）

品　種	乾物率（%）	乾物収量（t/10a）	飼料成分（乾物中%）							分解率（%）	
			OM	CP	OCC	NDF	ADF	ADL	SIL	CWD	DMD
極早生品種	24.4	0.91	92.3	10.8	24.7	66.6	40.7	6.3	1.3	21.1	44.8
晩生品種	15.7	1.00	88.6	14.3	22.9	63.3	37.5	5.8	2.1	27.0	49.2
ライコムギ	19.0	1.11	89.3	11.4	22.8	64.4	39.4	5.3	2.9	23.0	46.2
平　均	23.0	0.94	91.6	11.2	24.3	66.1	40.3	6.1	1.6	21.8	45.3

注　1. 11月播種，開花期に刈取り。14市販品種を供試
　　2. 第4表に同じ

第6表　ライコムギ混播によるイタリアンライグラス倒伏防止の効果（単位：倒伏程度　0＝無～5＝甚）
（清水ら，1992）

混播割合（kg/10a）		イタリアンライグラスの品種と播種日											
		サクラワセ		ミナミアオバ		ワセユタカ		タチワセ		ミユキアオバ		フタハル	
イタリアンライグラス	ライコムギ	4/10	5/16	4/10	5/16	4/10	5/16	4/10	5/16	4/10	5/16	4/10	5/16
（厚播）													
2	4	0.0	0.0	0.0	0.0	0.0	1.5	0.0	1.0	0.0	3.5	0.0	0.0
4	2	0.0	1.0	0.0	0.5	0.0	4.0	0.0	2.5	0.0	4.0	0.0	1.0
6	0	2.5	5.0	1.0	5.0	3.5	5.0	0.0	5.0	2.3	5.0	0.0	2.8
（薄播）													
1	2	0.0	0.0	0.0	0.0	0.0	2.5	0.0	2.5	0.0	1.0	0.0	0.0
2	1	0.0	2.3	0.5	2.5	0.5	4.0	0.0	4.0	0.0	3.8	0.0	0.0
3	0	1.5	5.0	1.5	5.0	3.0	5.0	0.0	5.0	2.8	5.0	0.0	1.0

安定的ではない。

4. ライコムギとの混播によるイタリアンライグラスの倒伏防止

ライコムギは単播でも1.0t/10a以上の乾物収量があり，倒伏に強く，出穂期でもまったく倒伏せず，収穫ロスがきわめて少ない。そこで，イタリアンライグラスにライコムギを混播することで，イタリアンライグラスの倒伏を防ぎ，収穫ロスを軽減できる（第6表）。

ライコムギとの混播によりイタリアンライグラスは倒伏が顕著に抑制される。そのさい，タチワセ，ミユキアオバはライグラスに対して相補型の競争を示すが，サクラワセ，ミナミアオバ，ワセユタカ，フタハルはほとんど競合を示さない。播種期が遅くなるとイタリアンライグラスの競争力が低下し，ライコムギの比率が高まり，倒伏防止効果が高まる。

ライコムギの構成割合がかなり低いレベルでも倒伏防止効果があり，乾物重で20%，茎数で15%程度が維持されれば倒伏防止に十分である。播種割合は，おおむねイタリアンライグラス1に対してライコムギ2の比率が適当である。

この方法は，ライコムギを混播しても栄養価が高いイタリアンライグラス主体の収量構成となるため，イタリアンライグラスの安定栽培法として活用できる。しかし，現在市販されているライコムギの早晩性の差は小さいから，イタリアンライグラスとライコムギの熟期の差による栄養価の変動に留意が必要である。

5. 新しい品種の育成

1970年代後半に秋作栽培体系が，夏作収穫後に栽培できて翌年の夏作までに余裕があること

第7表　秋作栽培における極早生エンバクの出穂期と収量性　（上山，1997）

品　種	出穂始日（月/日）				乾物収量（kg/a）			
	宮崎畜試	九州農試	山口農試	茨城畜試	宮崎畜試	九州農試	山口農試	茨城畜試
はえいぶき	10/30	10/12	10/14	10/10	70.2	36.8	72.8	84.3
隼	—	10/16	—	10/9	—	39.5	—	67.2
アキワセ	11/5	10/15	10/18	—	70.6	26.5	67.4	—
サビツヨシ	—	10/16	—	10/12	—	38.6	—	66.3
ハヤテ	11/9	10/23	10/26	—	63.1	35.1	65.1	—
エンダックス	—	10/30	—	10/16	—	30.0	—	59.8
播種日	9/8	8/29	8/30	8/26				
刈取り日					11/28	12/12	12/2	12/9

注　表に示した各場所のデータは，次の年次の平均値である。宮崎畜試および山口農試：1992，93，94，九州農試：1992，94，茨城畜試：1996

から注目され，暖地・温暖地で急速に広まった。しかし，いままでエンバク品種の多くは海外で育成されていた。そこで，1994年に民間種苗会社の育成による「隼」が販売され，1996年に九州農試で「はえいぶき」が育成された。現在，わが国育成の秋作栽培向け品種が普及段階に入りつつある。

秋作栽培向けエンバク品種に求められる特性として，次の点があげられる。

①夏期の高温条件下で発芽が良好で，幼苗段階での耐暑性・耐干性に優れていること。

②春化要求性が低く，短日条件で出穂すること。

③出穂期以降に低温でも生長をし，子実の充実が可能なこと。

「はえいぶき」はこれらの条件を備えた品種として育成された（第7表）。

「はえいぶき」と「ハヤテ」を比較すると，両品種とも早く播種するほど出穂も早くなり，乾物率も上昇する。「はえいぶき」は穂重割合が高く，「ハヤテ」よりも生育ステージが進む。

「はえいぶき」は，暖地では8月25日から9月2日の間の播種が適当である。それ以前に播種すると著しく収量が低下するが，播種が遅れた場合の収量や乾物率の低下は「ハヤテ」よりも少ない。

西南諸島では，「はえいぶき」を秋に播種すると既存の極早生品種よりも1～3週間早い2月上旬に乳熟期に達することから，粗飼料不足期に栽培できるものとして期待されている。さらに，「はえいぶき」より早まきできる多収品種が育種目標とされている。

執筆　吉村義則（農林水産省草地試験場）

1998年記

参考文献

細谷肇・三井安麿・堀田正樹・高梨勝．1998．飼料成分から見たライムギ品種の変異性評価．日草誌．**43**（4），466－473．

細谷肇・三井安麿・堀田正樹・高梨勝．1998．飼料成分から見たエンバク品種の変異性評価．日草誌．**43**（4），474－481．

清水矩宏・魚住順・舘野宏司．1992．ライコムギ混播によるイタリアンライグラスの倒伏防止効果．草地飼料作研究成果最新情報．**7**，29－30．

農林水産技術会議事務局．1986．飼料作物の品種解説．

全農．1997．飼料作物栽培利用の手引き　水田飼料作物生産振興事業．

粗飼料・草地ハンドブック．1989．養賢堂．

富田耕太郎・斉藤公一・米本貞夫．1991．トウモロコシを基幹とする温暖地での冬作飼料作物の作付技術．関東草飼研誌．**15**（2），14－24．

上山泰史．1998．飼料作物作期幅拡大のための新しい品種について．平成9年度草地飼料作関係問題別研究会（草地試資料平成9－2）．8－15．

飼料用ムギとイタリアンライグラス混播による粗飼料安定生産

(1) 飼料用ムギの活用

酪農経営では，飼養規模の拡大にともない自給飼料生産に割り当てる労働時間は減少する傾向にあった。しかし，近年は牛乳の消費減少にともなう生乳の生産調整や乳価の低迷により，規模拡大による経営の安定は困難な状況となっている。このような状況では，生産コストの低減がよりいっそう重要な課題となっており，生産費のうちで大きな割合を占める飼料費低減のため，少しでも多くの自給飼料を確保する必要がある。

西南暖地で最も多く栽培されている冬作飼料作物のイタリアンライグラスは，9月下旬～10月下旬が播種適期であるが，適期を逃すと収量の低下が著しい（第1図）。このような場合には低温時の生長がよい飼料用ムギを利用すると有利であり，イタリアンライグラスと混播すると二番草まで収穫することができるため，より多収になる。

そこで，飼料用ムギを有効活用するために，飼料用ムギとイタリアンライグラスの混播栽培について試験を行なったので，その成果を紹介する。

(2) 晩夏まきによる飼料用ムギ・イタリアンライグラス混播

①栽培方法

晩夏まき栽培は早まきトウモロコシや早期水稲の後作に利用される栽培法で，9月上旬に飼料用ムギとイタリアンライグラスを混播播種し，一番草は年内の12月に飼料用ムギを主体として収穫する。二番草は飼料用ムギも再生するが安定しないため，イタリアンライグラスの再生草を主体として翌年の4月以降に収穫する。

播種は，飼料用ムギ7kg/10a程度に，イタリアンライグラス2～3kg/10aを9月上旬に混播する。播種法はどちらも散播する場合には，ロータリによる浅耕やツースハローなどで覆土すると飼料用ムギの発芽・定着がよくなる。また，飼料用ムギを播種機で条播した上にイタリアンライグラスを散播してもよく，飼料用ムギとイタリアンライグラスを一工程で同時播種する省力播種法も検討されている（太田ら，2005）。

施肥量は，播種時の基肥としてN，P_2O_5，K_2O各7～10kg/10a，10月上～中旬に追肥としてN，K_2O各5～7kg/10aを施用する。一番草刈取り後の追肥は，刈取り直後の12月に行なうと効果が低いので，2月上～中旬になってからN，K_2O各5～7kg/10aを施用する。

②収量と品種の組合わせ

年内収穫の一番草は，どの飼料用ムギとの組合わせでもイタリアンライグラス単播と比べ収量が高く，年内収穫に適したイタリアンライグラスの超極早生品種‘サチアオバ’や‘シワスアオバ’よりも高い収量が得られる（第2図）。

二番草の収穫は飼料用ムギの乳～糊熟期に合わせると，オオムギでは4月下旬，エンバクで5月上～中旬，ライムギ，ライコムギが5月下旬となる。ただし，飼料用ムギの再生が悪い場合には，イタリアンライグラスの出穂期に合わせて早生品種では4月下旬，晩生品種では5月上旬に行なう。飼料用ムギの単播では再生力が弱いため安定して二番草を収穫することができないが，

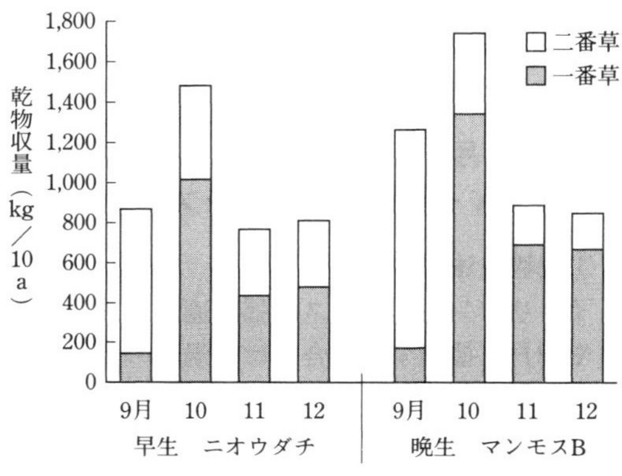

第1図　イタリアンライグラス単播による播種月ごとの乾物収量

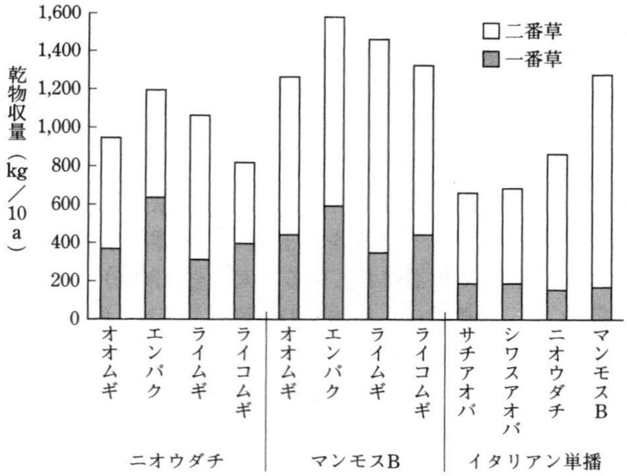

第2図　イタリアン＋飼料用ムギ混播による晩夏まきの乾物収量

イタリアンライグラスは再生力が強いため，どの飼料用ムギとの混播でも安定して2回刈りが可能である。

混播に用いるイタリアンライグラスは，どの飼料用ムギと組み合わせる場合でも晩生品種‘マンモスB’で収量が高く，混播に用いる飼料用ムギはエンバクまたはライムギを利用すると収量が高い（第2図）。しかし，ライムギの消化性は他の飼料用ムギと比べて低く，また，登熟もおそいため利用には注意が必要になる。

混播に利用するイタリアンライグラスは収量性の高い晩生品種を用い，飼料用ムギは後作の播種時期を考慮して選択できるが，混播したイタリアンライグラスを出穂揃い期までに刈り取るためには，収穫時期が4月下旬のオオムギか，5月上～中旬のエンバクを用いるのがよい。

(3) 11月，12月播種による飼料用ムギ・イタリアンライグラス混播

①栽培方法

イタリアンライグラスの播種適期を逃し，11月や12月に播種する場合には低温時の生長がよい飼料用ムギを利用するほうが有利になる。この時期に播種する飼料用ムギは再生しないため，飼料用ムギ単播では収穫が1回だけになるが，イタリアンライグラスと混播するとイタリアンライグラスの二番草を収穫することができる。

播種は，飼料用ムギ5～7kg/10aにイタリアンライグラス2～3kg/10aを晩夏まき栽培と同様に行なう。施肥量はイタリアンライグラス栽培時と同じでよく，播種時の基肥としてN，P_2O_5，K_2O各7～10kg/10a，2月上～中旬と一番草刈取り後に追肥として，それぞれN，K_2O各5～7kg/10aを施用する。

一番草は飼料用ムギの乳～糊熟期に合わせて，オオムギでは4月下旬，エンバクで5月上～中旬，ライムギ，ライコムギでは5月下旬に収穫する。二番草は一番草収穫から約1か月後にイタリアンライグラスの出穂期で収穫する。

②収量と品種の組合わせ

飼料用ムギ・イタリアンライグラス混播は，イタリアンライグラス単播と比べ11月播種で140～200％，12月播種で100～140％の高収量であり，11月播種，12月播種にかかわらず，どの飼料用ムギとの組合わせでもイタリアンライグラス単播よりも高収量となった（第3，4図）。

混播の組合わせのなかで利用する飼料用ムギは，刈取り適期である乳～糊熟期になるのが早いものではオオムギを用いると高収量で，ややおそいものではエンバクを用いると高収量になる（第3，4図）。一方，ライムギやライコムギは乳～糊熟期で収穫する場合，登熟がおそいため混播したイタリアンライグラスの生育ステージが進みすぎて刈り遅れることになり，利用しにくい。

組み合わせるイタリアンライグラスは，早生品種‘ニオウダチ’と晩生品種‘マンモスB’では収量に差がなく，どちらも利用することができる（第3，4図）。しかし，飼料用ムギの刈取り適期である乳～糊熟期に，イタリアンライグラスが出穂期となるようにするには，オオムギと組み合わせるのは早生品種，エンバクと組み合わせるのは晩生品種が適している。

また，播種月を比較すると11月上旬播種は12月上旬播種に比べ，平均で133％の高収量となっ

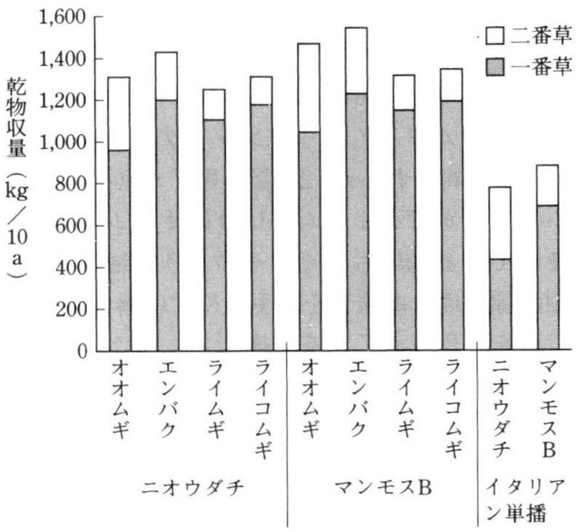

第3図　イタリアン＋飼料用ムギ混播による11月まきの乾物収量

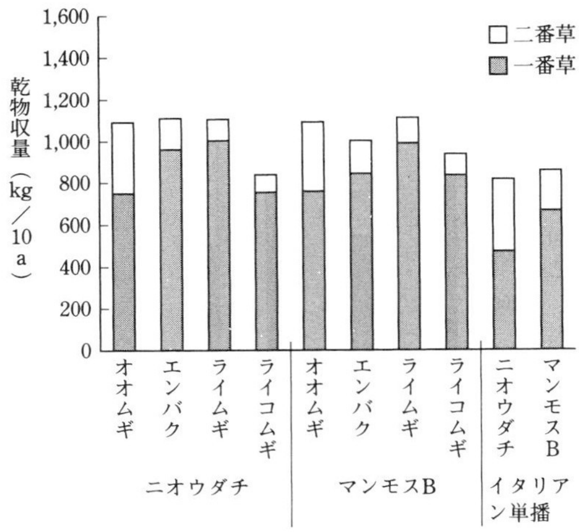

第4図　イタリアン＋飼料用ムギ混播による12月まきの乾物収量

た（第3，4図）。飼料用ムギの低温伸長性は高いが，それでも11月の早い時期に播種するほうが高収量となるので，なるべく早く播種したほうがよい。しかし，12月播種となった場合でも，イタリアンライグラス単播よりは高収量となる（第4図）。

（4）水稲作の裏作として有効な飼料用ムギ

水田は自給飼料の重要な生産基盤であるが，水稲の裏作としてイタリアンライグラスを栽培する場合には，天候や作業の都合により播種が11月以降となり，まき遅れることが多い。また，近年増加している飼料イネも，西南暖地に適している品種は晩生品種が多いため，後作の播種がおそくなる傾向にある。

このような場合には，イタリアンライグラス単播よりも飼料用ムギと混播栽培したほうが有利で，次の水稲作までの期間に栽培可能で収量が高いものとしては，オオムギ・イタリアンライグラス混播の2回刈りが考えられる（第5図）。

そこで，福岡県内の現地3か所で飼料イネ収穫後の水田に11月上～中旬に播種し，イタリアンライグラス単播と比較した。

オオムギ・イタリアンライグラス混播の乾物収量は，いずれの場所でも同時期に栽培したイタリアンライグラス単播の105～130％と高く，5月下旬までに二番草の収穫を終えることができ，飼料イネの裏作として適していた。オオムギは湿害に弱いため，排水条件によっては生育がやや不良となり，収量の内訳でオオムギの割合が低くなった場所もあったが，混播したイタリアンライグラスがオオムギの減収分を補い，いずれの条件でもイタリアンライグラス単播よりも

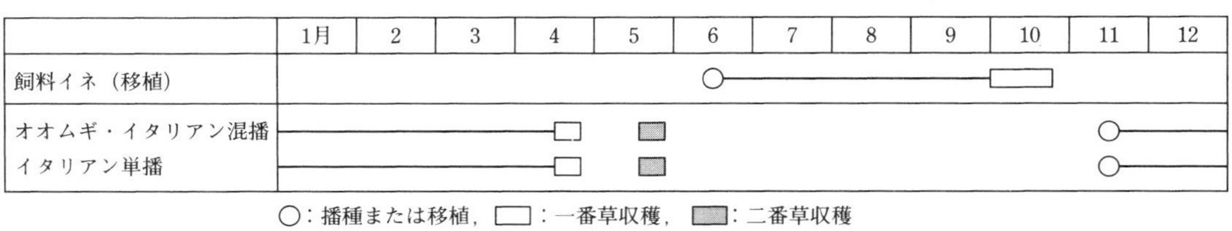

第5図　飼料イネと組み合わせる作付け体系

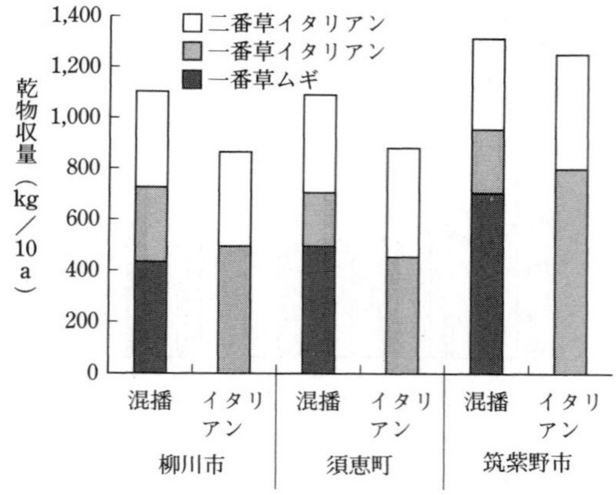

第6図 飼料イネの裏作としてのオオムギ・イタリアンライグラス混播の乾物収量

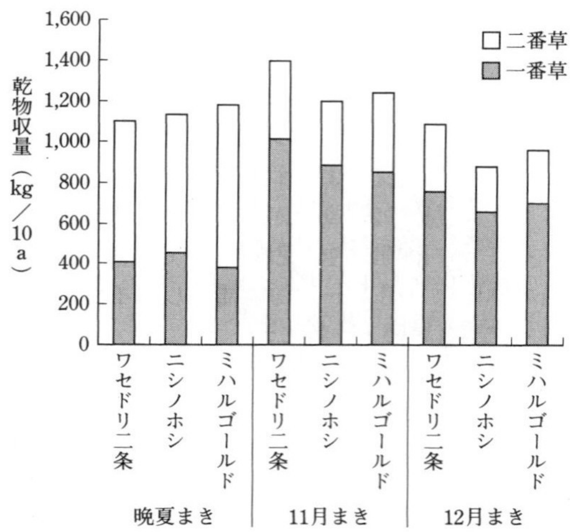

第7図 食用オオムギとイタリアンライグラス混播の乾物収量

高収量であった（第6図）。

（5）オオムギ食用品種の飼料利用

飼料用ムギとイタリアンライグラスの混播は高収量を得られるが，2種類の種子が必要になる。ムギのなかでもオオムギは食用オオムギが栽培されている地域も多く，そのような地域では食用品種のほうが種子を入手しやすい場合がある。これを利用することを考慮して，オオムギ食用品種とイタリアンライグラス混播の収量を検討した。

食用品種の‘ミハルゴールド’‘ニシノホシ’を利用すると，飼料用の‘ワセドリ二条’の場合と比べ同程度〜やや低い収量となるが，第1図に示したイタリアンライグラス単播よりは高収量となり，いずれの播種時期でも利用可能であった（第7図）。

ただし，食用品種は飼料用品種と比べ登熟がおそく，収穫時期が1週間〜10日程度おそくなることに注意する必要がある。

（6）播種時期と収穫時期による作付けの選定

主要な冬作飼料作物のイタリアンライグラスは，栽培が容易で収量も高く，サイレージ適性や栄養性でも優れた草種である。

一方で，ここで紹介したように，飼料用ムギ・イタリアンライグラス混播のほうが有利となる場合がある。そこで，播種時期と収穫時期から栽培に適した作付けを選定すると第8図に示

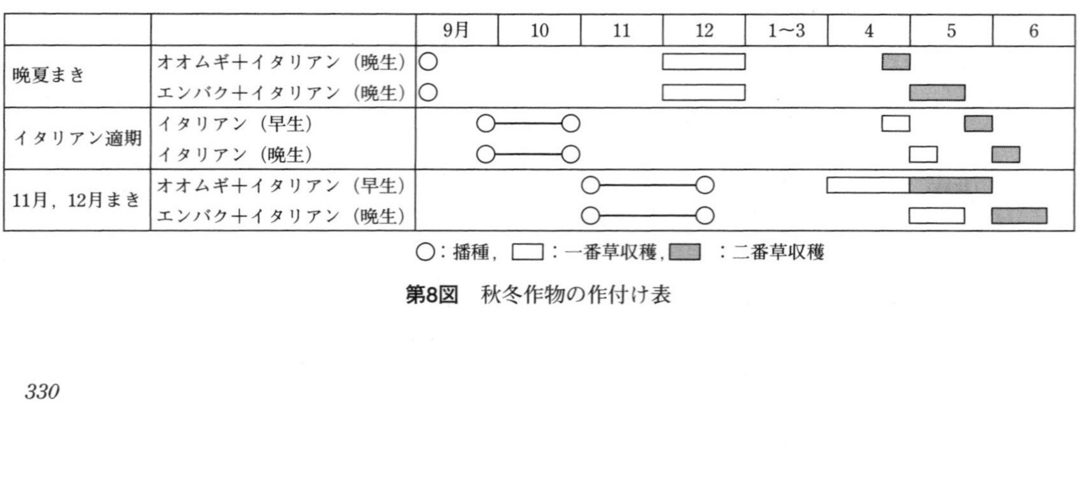

第8図 秋冬作物の作付け表

したとおりになる。

1）9月上旬播種の晩夏まき栽培では，飼料用ムギ・イタリアンライグラス混播を行なう。収穫時期によりオオムギまたはエンバクを選定する。

2）イタリアンライグラスの播種適期である9月下旬～10月下旬には，イタリアンライグラスを単播で播種する。

3）11月以降には飼料用ムギ・イタリアンライグラス混播を行なう。収穫時期によりオオムギとイタリアンライグラス（早生品種），またはエンバクとイタリアンライグラス（晩生品種）を組み合わせる。

このように，播種時期と収穫時期を考慮して，栽培に適した作付けを行なうと，単位面積当たりの収量を上げることが可能になる。

執筆　太田　剛（福岡県農業総合試験場）

2007年記

参考文献

太田剛・家守紹光・馬場武志・佐藤健次．2005．麦条播播種機と田植機用農薬散布機を利用した飼料麦とイタリアンライグラスの省力混播播種．日草九支会報．**35**（2），17—20．

飼料用カブの栽培技術

I 飼料用カブの特徴

1. 冬場の泌乳飼料

酪農は多頭化し，規模拡大が行なわれているが，多くの酪農家は，1頭当たりの搾乳量は必ずしも頭数の増加に比例して増加していない。とくに冬期間には，新鮮な粗飼料の不足とあわせて寒冷のため，多量の水を飲むことを好まず，その結果，泌乳能力を十分に発揮することができない乳牛が多い。

昔から，「乳牛には水を飲ませるより食わせよ」という言葉があるが，TDNや蛋白は少なくてもビタミンB_1，C，ミネラル含量の多い多汁質飼料を給与すると，乳牛は，おのずと豊富な水を摂取することになる。このように多汁質飼料の給与は同時に水分を補給することになり，乳牛の食欲を増進させ，高泌乳牛ほどその泌乳効果が大きい。

2. 輪作と糞尿処理

飼料用カブの生育日数は，およそ80～120日で，比較的短期間に収穫することができ，しかも10a当たり5,000～10,000kgもの多収が期待できる。また，冷涼な時期に栽培するので，前作として他の牧草や青刈作物などの作付けが可能である。つまり飼料用カブは，輪作体系のなかに組み入れやすい作物である。

輪作体系としては，地力の維持増進と結びつき，土地の利用度を高め，しかも省力的であることがのぞましい。

暖地では，イネの収穫後に，水田の停滞水を除去して，飼料用カブを栽培する例が多い。また，畑地では，トウモロコシの後作として飼料用カブの作付けがみられる。

他方寒冷地では，無霜期間が短いので，一般には，1年1作が多い。しかし飼料用カブをとり入れることによって，1年2作が可能である。すなわち，秋まきムギ類，ジャガイモ，ナタネ，青刈エンバク，青刈ヒエなどの後作として，飼料用カブを作付けることができる。しかし，草地酪農地帯では，青刈り類の作付けはほとんどみられず，牧草を一，二番草収穫後，耕起して，飼料用カブをばらまき（散播）する例が多い。

このようなばあいは，牧草は一，二番草で年間収量の60～70%に達し，しかも飼料用カブの収量が多いので，結果的には総生産量が高まり，土地の利用度を高めることにもなる。

また，飼料用カブは，種子量を少なくし，除草剤を使用することによって，間引きや除草なしでも普通栽培に劣らぬ収量をあげることができる。このばあい，その後2～3年サイレージ用トウモロコシを作付けし，再び牧草地とする第1表のような輪作体系が普及している。

多頭飼養に伴う必然的な結果として，糞尿の処理問題が生ずる。飼料用カブ，トウモロコシ，牧草は元来多肥作物で，これらをまくときには十分堆厩肥を施用し，尿は牧草地に還元すれば，

第1表　輪　作　体　系

1　年	2　年	3　年	4　年	5　年	6　年	7　年	8　年
牧　草	牧　草	牧　草	牧　草	牧　草	牧草二番収穫後カブ	サイレージ用トウモロコシ	トウモロコシあと牧草
←牛尿散布→					←堆厩肥投入→		

糞尿処理問題は，かなり軽減される。

今後は飼料用カブをたんに他作物にとってつけたような結びつきでなく，土地，経営，家畜などと有機的に結合した輪作体系が必要である。

II　基本となる技術

1．各地の作期と生育

(1)　各地の作期

飼料カブは，生育期間を通じて冷涼，湿潤な気象を好む。飼料用カブは日平均気温で5～23℃の範囲内で生育するといわれ，5℃以下，23℃以上では生育が劣る。

たとえば，北海道北部の根室・網走・稚内地方では，平均気温は年間20℃に達することがなく，5℃以上，20℃以下の時期は5～10月である。他方，沖縄県，九州・四国地方では，逆に5℃以下の季節を欠き，20℃以上の高温に達する季節が多く，これが，およそ6～9月までつづく。

南から北上するにつれて，5℃以下の気温日数が多くなり，20℃以上の高温日数が減少して，飼料用カブの栽培適期が春と秋と2回到来する。しかし，春には，病害虫あるいは末期の高温などによる問題を生ずる。さらに，この時期は新鮮な粗飼料が多い季節であるから，一般に飼料用カブは，冬期粗飼料として秋まきが行なわれている。

第1図には，平均気温からみた各地における飼料用カブの生育期間を示した。一般に，北海道，東北地方では，7～8月に播種し，11月ころに収穫する。関東地方では，8月下旬から9月上旬が播種期で，12月ころから収穫期にはいる。九州・四国などの暖地では，9月中～下旬が播種期で，12月から早春にかけて収穫する。

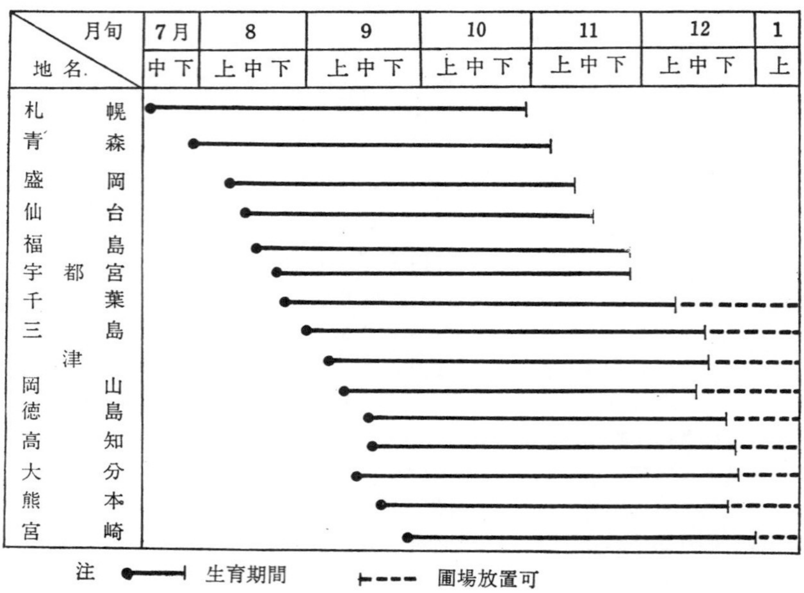

第1図　平均気温からみたカブ類の生育期間　（小池，1968）

(2)　生育区分と生理的特性

飼料用カブは，播種後，温度や水分など環境によって異なるが，およそ3～4日で発芽する。下総カブの生育については，第２図に示すとおりで，初期に急速な伸びを示し，70〜80日くらいで最高に達する。以後は下葉がしだいに枯れ上がり，上位葉に移行するので，草丈は低くなる。

生葉数は草丈と同様に初期に増加が著しく，発芽後90日ていどで最高となる。その後しだいに少なくなって，生育後期には全く増加がみられない。したがって葉重も，ある時期に達すると，枯死葉の増加に伴って減少する。

飼料用カブは，発芽すると根は，まず主根が地中深くはいり，基部から側根を分岐する。側根は水平に伸びて表層に広がり根群を形成する。生葉数が６〜７枚までは，直根の伸長が著しく，直根伸長期である。葉数が10枚前後に達すると，根の数も増し，また根部の肥大が急激となり，生育最盛期となる。さらに生育がすすむと根径の肥大は停滞し，草丈，生葉数，葉重などが減少し始め，根重，全重の増加率が低下する。

以上に述べたような飼料用カブの栄養生長期間の生育相を，土屋ら（1966）は，つぎの３期に分けている。①幼苗期。発芽から根部の肥大開始期までの約30日間，②生長最盛期。根部の肥大が急速に行なわれる時期で，幼苗期後約50日間に相当する。③根部成熟期。生育がすすみ，根部の肥大が停滞する時期。

しかし，この生育相は，品種，播種期，栽培法などによって長短がみられる。

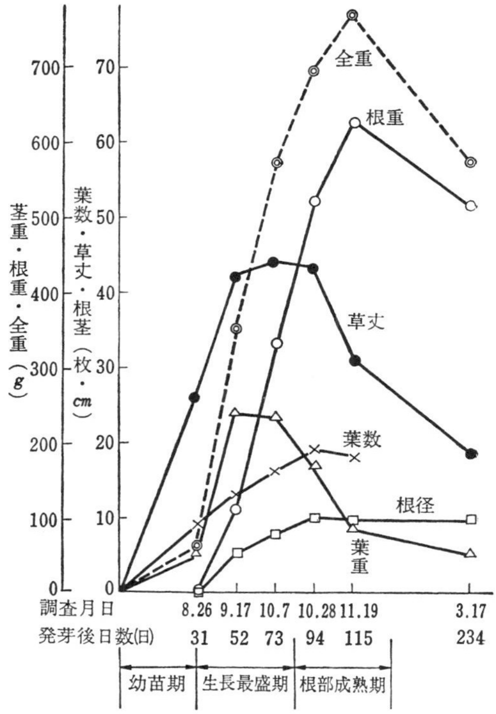

第２図　下総カブの生育（北陸農試，1966）

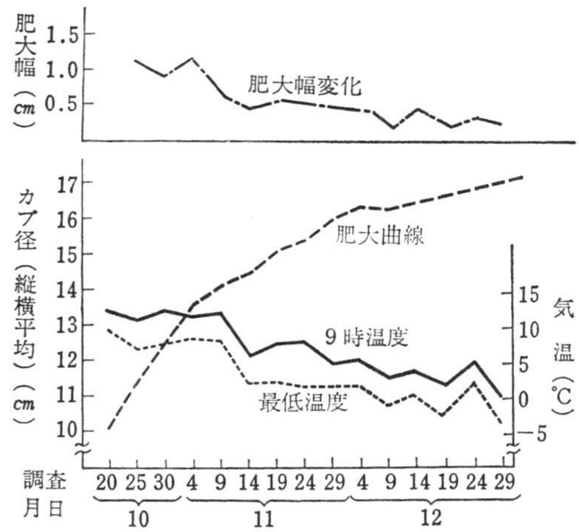

第３図　飼料用カブの根部肥大
（福島県畜試，1964）

2. 温度と根部の肥大

飼料用カブは，５〜23℃の範囲で生育をするが，根部が肥大生長するための最適温度は，10〜20℃の間であるといわれている。第３図をみると，根部の肥大は気温にだいたい比例し，９時の気温が約10℃ころから生育が緩慢になり，９時の気温が５℃（最低気温０℃）を下回ると肥大幅が急に減少している。このころから基部などは黄化し，枯葉が増加するので，この時期に達するまでに根部の肥大を完了しておくことが必要である。

飼料用カブの播種期は，秋の気温の低下状況とカブの品種の生育日数から逆算すれば，およそ決定できる。しかし，飼料用カブは，温度によってかなり生育が支配されるので，たんに生育日数によって播種期を決定することは問題で，

第2表　小岩井カブの栽植密度と生育収量（10 *a* 当たり）

1 m^2 当たり密度	平均草丈	生存率	根部重				葉重	全収量	T/R 比
			大カブ	中カブ	小カブ	計			
	cm	%	*kg*	*kg*	*kg*	*kg*	*kg*	*kg*	
6株	70.2	95.4	4,133	399	55	4,587	3,355	7,942	1.4
16	69.7	76.7	4,355	966	399	5,720	4,622	10,342	1.2
25	68.5	74.2	2,777	2,088	666	5,531	5,622	11,153	1.0
44	65.7	52.8	1,377	2,811	588	4,776	5,911	10,687	0.8

注　播種期1967年8月3日，正方形植え

積算温度も考慮する必要がある。

野本（1968）は，家畜用カブ肥大の所要積算温度について，下総カブ系では1,500～1,700℃，早生の紫カブ系では，1,200～1,400℃としている。したがって，十分な肥大を望むならば，ス入りを考慮して早まきする必要がある。また，播種適期を失したばあいには，所要積算温度の少ない早生の紫カブ系を選ぶ。

3. 栽植密度と肥大

冷涼な地域では，飼料用カブは冬期間の粗飼料としての意義が大きいので，根部収量を高めることに重点をおいて栽培されている。筆者が，栽植密度と根部の肥大について小岩井カブで行なった試験結果は，第2表に示すとおりである。

栽植密度と生育の関係は，生育初期には各処理間に大差はなかったが，根部肥大期に達したころから，密植区ほど生育が劣った。栽植密度が高くなる区ほど個体間の競合がみられ生存する割合は少ない。一般に紫カブ系は，密植に耐え，個体数が多いが，人力では収穫処理に多くの労力を要し問題がある。

各区の根部の肥大は，疎植区ほど個体重が重く，しかも直径 10*cm* 以上の大カブの割合が増加した。密植区では逆に中カブ（直径5～10*cm*）や5*cm* 以下の小カブが多く，カブの大きさと栽植密度との間に密接な関係が認められた。

4. 施肥と収量

肥料三要素の量と収量の関係を第3表に示した。それによると，窒素の増肥により肥大し，根部のそろいも良好であり，また草丈，葉重に

第3表　飼料用カブの施肥量と収量
（10 *a* 当たり *kg*）（山形県農試，1958）

施肥区別		葉重	根重	総量	成分別対比	窒素標準対比
	kg	*kg*	*kg*	*kg*	%	%
窒素区	0	1,236	4,916	6,152	100	100
	2	1,529	5,596	7,125	115.8	115.8
	4	1,614	6,516	8,130	132.2	132.2
	6	2,443	6,741	9,184	149.3	149.3
燐酸区	0	2,010	6,611	8,621	100	140.1
	6	1,747	6,895	8,642	100.2	140.4
	8	2,501	7,482	9,983	115.8	162.2
加里区	0	1,410	6,800	7,710	100	125.9
	3	1,695	5,623	7,318	94.9	118.9
	7	1,884	5,291	8,175	106.0	132.8
	9	1,436	6,439	7,874	102.1	129.0

おいてもすぐれ，窒素の施肥効果が大きい。しかし窒素の多用は，葉部を繁茂させ，むしろ根部の肥大が劣り，あるいは硝酸態窒素の量が増加するなどの問題が生ずるので注意する必要がある。

燐酸の増肥は，根部の肥大，充実を良好にする。とくに燐欠の火山灰土壌では，窒素とともに燐酸は，飼料用カブ生産の制限因子となっているので十分な施用が必要である。根部の肥大には加里の効果が高いが，この試験では明らかでなかった。加里は堆厩肥を多用するばあいは問題が少ない。

飼料用カブは，肥効が高く，肥切れすると生育が著しく劣るから十分な施肥が必要である。施肥基準は一概に決めがたく，各地方の栽培基準を参考に，地力，堆厩肥の投入量などを考慮して決定することが必要である。秋谷ら（1963）によると，大型カブの一般的施肥量は10 *a* 当たり窒素15～18*kg*，燐酸 7～11*kg*，加里11～15*kg* を基準としている。

第４表　飼料用カブの系統と品種

系統		抽出部色	主要品種
欧州系	セブントップ	緑	下総カブ，小岩井カブ，畜試丸カブ，豊里カブ，ケンシンカブ，茨城カブ
	パープルトップ	紫	紫丸カブ，札幌紫カブ，オースターサンダム
東洋系		白	聖護院カブ，天王寺カブ
		紫	大野紅カブ，津田カブ
中間系		黄緑	長カブ
		淡紫	鳴沢カブ

5. 品種の選び方

飼料用としてのカブの分類は第４表のとおりで，一般に，欧州系，東洋系，中間系の三系統群に分けられ，飼料用としては欧州系の栽培が多い。

品種の選定　寒冷地や高冷地では，当然のことながら，カブの生育に必要な積算温度が少ないので，一般に早生系，中生系が栽培され，暖地では中生，あるいは晩生系の作付けが多い。しかし飼料用カブは，早晩性以外に関しても第５表に示すとおり，それぞれ特徴がみられる。

また，栽培の目的が，根重収量に重きをおくか，葉重に重点をおき栽培するかによっても品種の選択が異なる。葉を主として利用するばあいには，秋おそくまで枯葉が出にくい品種を選定する。越冬させ早春に利用するばあい，あるいは秋貯蔵して，冬期間給与しようとするばあいには，耐寒性の強い品種を選択する必要があろう。

第５表　栽培上の一般的特性　（山形県農試，1977）

豊里カブ	中生種，草姿は直立し，茎葉よく繁茂する。葉形はやや長めの大型で大根葉状の切込みがあり，その深浅は下部に至るほど浅く，毛茸がある。根形は肩部が張り，中太りしやや長めに肥大し，下部の細くなった直根だけにわずかな側根を生ずる。根部の抽出部色は緑色で，地下部および肉の色は白色である。ス入りがやや多いのが問題であるが収量は多く根部重が大
セブントップ	晩生種で，葉は切込み状で葉数多いが，生育後期に枯葉が生じやすい。根部の抽出部色は淡緑色より白色の個体多く，肉質硬く，ス入りが少ない。根形は角扁球形のものが多く，肥大はやや斉一で比較的大型のものが多いが，根部より葉部割合が高い
茨城カブ	中生種，葉は切込状で葉数やや多く草丈長い。根形は扁球形のものが多く比較的斉一でよく肥大する。抽出部の多くは淡緑で地下部および肉の色は白色である。収量は多く葉部より根重が高い。ただス入りがやや多い
小岩井カブ	中生種，草丈は短く，葉数多く，葉は切込み状である。根形は扁球形できわめて斉一で抽出部色は淡緑，地下部および肉の色は白色で収量は中位，耐寒性あり
雪印改良紫カブ	早生種，草姿はやや展開する。葉は切み込状で葉柄の下部が紅紫色に着色し葉数は少ない。根形は角扁球形もしくは扁球形で斉一である。地下部および肉の色は白色で肉質硬くス入りも少ない。根部の肥大は中以上の個体が多く，葉重に対し根重の割合が大きい
畜試丸カブ	やや晩生の品種にみられる。草丈長く，葉数多い。葉は切込み状で根形は扁球形で斉一，肥大は大型の株が多いが不斉一である。しかし肉質硬く，す入りがない。収量は根重に対し葉重が多く多収
越の大カブ	中生種，草丈長く，葉数もやや長い。葉は切込み状で根形は不斉一，肥大はやや不良であるが，肉質硬く，ス入りが少ない。抽出部色は淡緑で地下部色および肉の色は白色であり，葉の収量が多い
下総カブ	やや晩生種，草丈，葉数ともに中，葉は大型で切込み状，根形は斉一を欠き抽出部色は淡緑，地下部色は白色で肥大も良好，根部の割合が多い
ケンシンカブ	農林１号，北陸農試育成，中生種。根はやや長めの球形，根の上部は緑，下部と肉の色は白，肉質硬く，ス入りが少ない。耐病性強い。葉部が多く，多収
アカネカブ	飼料カブ農林２号，北陸農試育成，やや早い中生種。倒卵形，根の地上部アカネ色，肉色白

III　ねらい別の栽培と利用

第6表　飼料用カブの栽培労力（10 *a* 当たり）

作業名		東北農試 労力	東北農試 作業機名	山形農試 労力	山形農試 作業機名	斗南丘酪農 労力 A農家	B農家	C農家	平均	斗南丘酪農 作業機名
耕起整地過程	耕起	分 37	リバーシブルプラウ	分		分 40.0	分 32.7	分 26.7	分 33.1	ボトムプラウ
	砕土	14	ディスクハロー	11	ローターベター	13.3	7.3	6.7	9.1	ディスクハロー
	均平	8	ツースハロー			6.6	7.2	6.7	6.8	ロータリーハロー
	厩肥散布	45		40		33.0	32.7	33.3	33.0	マニュアスプレッダー
	小計	104		51		92.9	79.9	73.4	82.0	
播種過程	肥料種子混合	18	人力			6.6	8.1			人力
	作畦									
	播種							10.0		
	施肥	分 24	シードドリル	90	2条施肥播種機	2.2	1.8	2.2	10.3	ブロードキャスター
	覆土									
	鎮圧			4	ローラー	3.3	2.7	3.3	3.1	カルチパッカー
	小計	42		94		12.1	12.6	15.5	13.4	
管理過程	薬剤散布	45		6	スプレーヤ	3.3	2.7	2.8	2.9	スプレーヤ
	追肥	16	ファーチライザー	24	2条施肥機					
	間引き	34	カルチベーター	433	人力					
	中耕	10	〃	16	3条カルチ					
	除草			324	人力	3.3	2.7	2.8	2.9	スプレーヤ
	培土			14	3条カルチ					
	小計	105		817		6.6	5.4	5.6	5.8	
合計		251		962		111.6	97.9	94.5	101.2	

1. 省力ばらまき栽培

(1) 栽培のねらい

飼料用カブ普通栽培の栽植密度は，一般に畦幅60*cm*，株間 20〜25*cm* のつまみまき（点播）が行なわれている。しかし，このような普通栽培では，機械化一貫作業が困難で，管理作業とくに間引き，除草に多くの労力を必要とする。

第6表に東北農業試験場で，現有作業機を最大に活用して飼料用カブの一貫機械化栽培をした成績を示した。その所要労働時間は，収穫作業を除いて10 *a* 当たり 251分（4時間11分）であった。他方，山形県農試の飼料用カブ栽培成績では，除草と間引き作業を人力で行なっているため，所要労働時間は 962分（16時間2分）を要し，このうち除草，間引きに要した労働時間は 757分で全体の78%を占めている。このように飼料用カブの栽培で除草と間引き労力が大きいことは，多頭化に伴い労力競合を生じる大きな問題であり，その省力化が要求される。

飼料用カブの省力栽培は全面ばらまき（散播）を前提とし，これに伴う雑草処理と根部の小玉化とを解決することにあると考えられる。

(2) ばらまきと種子量

飼料用カブの栽植密度は，前述のとおり10 *a* 当たり 6,660本（60*cm*×25*cm*）ていどが基準であろう。飼料用カブ（下総カブ）1 *g* の粒数は 441±5.9粒だから，基準の密度に栽培すれば約15 *g* をまけばよい。しかし，この数字は単純計算上の数字であり，実際には不発芽種子，個体間の競合による枯死あるいは雑草，病害虫の被

第7表　個体数および生存率（10 *a* 当たり）　(1968)

処理別	大カブ	中カブ	小カブ（屑も含む）	総個体計	収穫時生存率%	
					全体	大中株
標準区 (6,666本)	3,111 (49.4)	2,000 (31.9)	1,177 (18.7)	6,288 (100%)	94.3%	76.6%
100 *g* 区 (44,000本)	2,666 (21.2)	3,222 (25.5)	6,700 (53.3)	12,583 (100)	28.6	13.3
150 *g* 区 (66,000本)	2,000 (11.6)	3,888 (22.5)	11,400 (65.9)	17,288 (100)	26.1	8.7
200 *g* 区 (88,000本)	1,666 (8.1)	3,366 (16.3)	15,588 (75.6)	20,620 (100)	23.4	5.7

注　（　）内数字は%を示す

害などを考慮する必要があり，種子量をふやさなければならない。

それで10 *a* 当たり100 *g* 区，150 *g* 区，200 *g* 区，標準区(60*cm*×25*cm*)を設置し検討した。10 *a* 当たり 100 *g* をばらまきしたばあい，カブの粒数は約44,000粒となり，全粒発芽したとすれば，標準に比べて，かなり多い数である。しかし，収穫時の生存は第7表に示すとおり，10 *a* 当たり12,588本で，粒数から生存率を算出すると28.6%であった。他の150 *g* 区および200 *g* 区も同様，生存率が少ないが，個体間の競合により自然淘汰されたものであろう。

栽植密度は，根部全重では大差がなく有意差が認められなかった。しかし，個体重の大小，葉重には高い有意差が認められ，密植区ほど，個体重が小さく，直径 10*cm* 以下の中カブおよび小カブ数が多い。葉重は，種子量が多いほど第4図に示すとおり多収であった。

以上のことから飼料用カブを晩秋の青刈飼料として利用するばあいには，根重より葉重に重点がおかれるので，10 *a* 当たり 200 *g* ていどの種子をばらまきするとよい。他方，根部に重点をおくばあいには100 *g* 以下で，下総カブ系はばらまきしなければならない。

(3)　ばらまきと雑草

飼料用カブの根部収量を重点に栽培するばあいは，種子量を少なくし栽植間隔を広くして根部の肥大生長をはかることが必要である。しかし，種子量を少なくし栽植間隔を広くすれば，飼料用カブの被覆度が少なく，裸地に雑草の発生が多くなり，カブと雑草の競合を生じて問題になる。

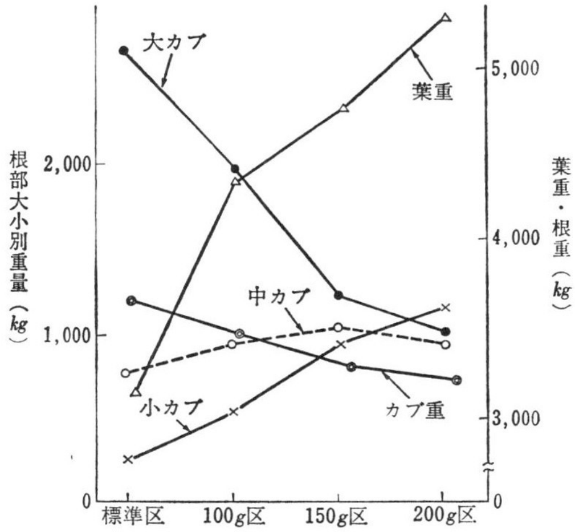

第4図　飼料用カブの収量
（10 *a* 当たり，1968）

それで，除草剤散布により雑草処理を行ない飼料用カブの生育を助長する目的で，カブの10 *a* 当たり種子量を 50 *g*，80 *g*，100 *g* とする3区を設け，除草剤(トレファノサイド)を10 *a* 当たり 4*kg* 使用して試験を行なった。雑草は9科16種が発生したが，播種時の優占雑草，アキメヒシバ，メヒシバ，ヒエなど，イネ科雑草に対し，とくに顕著な効果が認められた。

雑草量は第8表に示すとおり，除草剤処理区，無処理区ともに播種量が多くなるにつれてカブの密度が高くなり，葉部の繁茂で雑草量は少なくなっている。しかし，いずれにしても除草剤の効果は高く，無処理区の4分の1ないし8分の1の雑草量であった。

第8表　飼料用カブの収量と雑草量（10a当たりkg）　(1969)

処理別		雑草重	左指数	葉重	根部重				合計	T/R比
					大カブ	中カブ	小カブ	計		
標準区（60cm×25cm）		998	100	3,741	2,828	1,747	87	4,662	8,403	1.2
無処理区	50g	4,326	433	2,621	915	998	124	2,037	4,658	0.7
	80g	2,628	263	2,996	2,080	1,123	124	3,327	6,323	1.1
	100g	2,496	250	3,445	1,913	1,580	416	3,709	7,154	1.0
除草剤区	50g	1,077	110	3,014	2,371	1,081	104	3,556	5,570	1.1
	80g	366	36.6	4,231	2,163	1,788	457	4,408	8,639	1.0
	100g	365	36.5	3,407	1,747	2,163	540	4,450	7,857	1.3

直径5cm以下の小カブを除くカブの収量は，無処理区では，100gばらまき区が最も多く，50g区が少なかった。これは，種子量が少ないばあい雑草量が多く，雑草との競合によるものであろう。除草剤区は，雑草が少なかったので根部は正常に肥大生長し，カブの収量が多くなっている。以上のことから種子量は，除草剤を使用し10a当たり下総カブ系では60～80gが適当と思われる。

(4)　省力化と栽培作業体系

斗南丘酪農集団の事例を前出の第6表に示した。A農家は45aを作付けし，作業総時間が8時間22分であった。B農家は110aで18時間，C農家は90aで14時間10分となっている。10a当たりに換算すれば，3戸の平均が101分（1時間41分）となる。これを山形農試による962分と比較すると約10分の1となり，きわめて省力的である。また，東北農業試験場の機械化体系による栽培の約2分の1となっている。

現在，斗南丘酪農集団での飼料用カブ栽培の作業体系は第5図に示すとおりである。まず，一，二番牧草を収穫後，10a当たり6tていどの十分腐熟した堆厩肥を，マニュアスプレッダーで全面散布し，1連のボトムプラウで深さ25cmていどに耕起して完全な天地返しをする。耕起後，ディスクハローを，縦横に2回かけて砕土を十分行なう。整地はロータリーハローを使用する。ロータリーハローを深くかけると，カブの種子が土中に深くはいり発芽不良となるので，5cmくらいに浅くかける。

肥料は化成121号（N10，P20，K10）10a当たり80kgていどを，あらかじめカブ種子60gを人力でよく混合したものを，ブロードキャスターでばらまきし，その上をカルチパッカーで鎮圧する。

しかし，このままでは雑草が発生するので，除草剤トレファノサイド乳剤を10a当たり250mlを水100lにとかして散布する。

発芽直後から幼苗期にかけて，キスジノミハムシやアオムシが多発生するおそれのあるばあいには，ディプテレックス乳剤1,000倍液を10a当たり100l散布し，生育をまって秋に収穫する。

(5)　収穫と貯蔵

飼料用カブの収穫時期は，晩秋で青草類が不足する時期であるから適宜収穫して給与する。また，積雪地帯では，畑に残ったカブを雪の下で越冬させ早春に利用する。

飼料用カブを冬期間に給与するばあいは，貯蔵するが，貯蔵は地方により，いろいろな方法がとられている。しかし，カブの貯蔵適温は0～2℃ていどの低温が最もよいといわれ，5℃

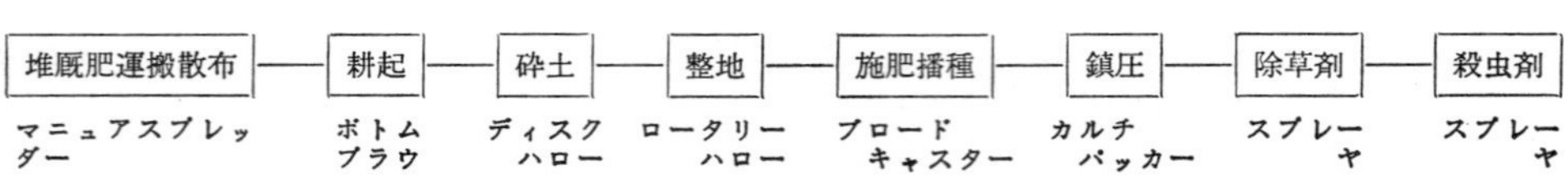

第5図　飼料用カブの作業体系

以上になると呼吸が盛んとなり，養分の消耗が大きいので，低温に保つように工夫する必要がある。

温暖地では，圃場に放置したまま，あるいは，株を掘り上げ寄せておくか，またはカブの露出部に土を寄せるだけでよい。

寒冷地では，屋内や，屋外に堆積して貯蔵しなければならない。貯蔵するカブは，根部にきずをつけないように収穫し，頸（くび）の部分を残して葉を切断する。貯蔵溝の深度が増すほど温度が高くなるから，15～30*cm*ていどの浅い穴を掘ってカブを堆積する。深い穴は禁物である。また，堆積の高さは90*cm*ていどとして，あまり高くしないようにすることが大切である。堆積したら直接土をかけるが，極端な寒冷地でもその厚さは30*cm*ていどでよい。また，多量の堆積のばあいには換気孔を設けることが必要である。

(6) 放牧による収穫利用

ばらまき栽培における最も大きな問題は，カブの個体数が多いので，その収穫方法である。

収穫作業の省力化を行なうため沢村（1964）が，ばらまき圃場に高さ1*m*の電牧線を張り，ストリップグレイジング法による放牧を行なった結果によると，乳牛は，電牧線の下から首をのばして届く範囲のカブを，地面に押しつけながら食べる。届かなくなったら，50*cm*ていど移動して採食させる。この方法で1時間当たり15～20*kg*を採食した，と報告している。また圃場に電牧を張り，乳牛の頭数と同じカブの小堆積（約20*kg*）をつくり，放牧利用している農家もみられる。

(7) カブのサイレージ貯蔵

飼料用カブの茎葉をいちじに多量生産しその処理に困るばあいは，サイレージ貯蔵するとよい。井上（1965）の試験結果によれば第9表に示すとおりで，高水分にもかかわらず良質サイレージを調製している。これは，飼料用カブは糖分含量が高いことによるものであろう。

カブの収穫時期は，生わらの生産時期でもある。そこで，カブの茎葉に生わらを10～20％添加して，サイレージを調製すると，きわめて良質なサイレージができる。

第9表　下総カブのサイレージ効果

項目		根部		葉部	
		対照区	脱脂米糠添加区	対照区	脱脂米糠添加区
材料水分％		91.3	91.3	83.2	86.7
サイレージ水分％		88.7	81.7	82.3	83.5
pH		4.54	4.43	4.23	4.12
有機酸％	乳酸	2.43	2.86	3.12	3.46
	酢酸	0.27	0.36	0.31	0.46
	酪酸	0	0	0	0
	総酸	2.70	3.22	3.43	3.92
採点		40	40	40	40
評価		優	優	優	優
有機物消化率％		93.2	89.6	85.4	75.7
TDM％		9.8	14.9	13.8	11.2

注　脱脂米糠は根部7.6，葉部6.2％添加
（井上司朗：カブサイレージの調製と飼料価値に関する試験から）

2. 普通栽培

集約的な肥培管理により，より多くの肥大カブを生産するためには，従来行なわれてきた普通栽培が必要であろう。

まず耕起したらていねいに整地をし，畦幅を60*cm*ていどに，畦立機などで浅いまき溝をつくり，それに施肥して間土する。株間は25*cm*ていどにし，親指と人さし指で種子を軽くひねって，1か所に多く落ちないようにする。小面積のばあいは，播種後足で軽く土をかけてその上を踏んでおく。大面積のばあいは，柴ハローなどで土を薄くかけるか，上をローラーなどで鎮圧する。とくに，飼料用カブの播種期は乾燥する時期であるから鎮圧の効果が大きい。

発芽後は，病害虫の発生に注意し，発生したら早期防除に努める。間引きは，1回に行なうと欠株を生じることがあるので，本葉2～3枚のころと，4～5枚ころの2回に行なう。間引きは，残す株をいためないよう，引き抜くというより，地上部を切り取る気持で行なう。中耕は除草を兼ねて2～3回行なうが，葉を損傷しないようていねいに行なう。中耕の最後に追肥

第10表　カブ，牧草の混播栽培成績（10 *a* 当たり *kg*）　　（滋賀県畜試，1963）

処理別	根重	茎葉重	カブ合計	レンゲ	イタリアンライ	総合計	左指数
カブ	3,203	886	4,089			4,089	100
カブ＋レンゲ	3,329	818	4,147	1,788		5,935	145
カブ＋イタリアンライ	3,406	775	4,181		1,894	6,075	148
カブ＋レンゲ＋イタリアンライ	3,397	823	4,220	1,265	1,577	7,062	172

注　収穫時2月下旬

を行ない，軽く培土をする。施肥量は，すでに述べたおりである。

3. 水田転作としての栽培

飼料用カブはあまり土壌を選ばないが，粘質土よりも軽い土壌のほうがよい。カブは地下水位が高く過湿な土壌では生育が劣るので，あらかじめ排水に努め，乾田化した後に栽培する。

カブの根系は浅いので，あまり深耕する必要はないが，種子が小さいので，砕土がわるいと土塊と土塊の間にはいり発芽が劣る。そこで，砕土，整地は，できるだけていねいにする。

また，転換細は，わずかな降雨でも過湿状態になりやすく，そのためタチガレ病やネクビレ病などが発生しやすいので，圃場の排水は十分にしておく必要がある。排水が十分でない圃場のばあいには，高畦栽培することが大切である。

4. カブと牧草の混播栽培

暖地では，カブ収穫後，空地利用の目的で，カブとレンゲやイタリアンライグラスの混播栽培が試みられている。年内に収穫するカブはやや減収しても，翌春レンゲあるいはイタリアンライグラスの収量が多く，単作より増収が期待される。滋賀県畜試による試験成績によれば，カブに対しイタリアンライグラスの混播は概して悪影響がなく，カブ単播より，混播のほうが，多収であったと報告している。

また，北陸農試では同じような考えで，カブをすじまきし，その間にイタリアンライグラスをばらまき，年内にカブの茎葉を利用し，翌春にイタリアンライグラスと，カブの抽台を利用してよい成績をあげている。混播は省力多収，土地利用の面から注目され，種子量，施肥量などは，今後の研究課題である。

執筆　関　　誠（青森県専門技術員）

1979年記

参考文献

北陸農試．1966．北陸農業試験場報告．第8号．
小池袈裟市．1968．飼料用カブ類の栽培と貯蔵(1)(2)．畜産の研究．
関誠．1967．1968．1969．飼料カブの省力栽培に関する研究．第1報．第2報．第3報．
関誠．1970．飼料カブの栽培と利用．
山形県農業技術課．1977．飼料カブの栽培．
青葉　高．1975．農業技術大系（カブ植物としての特性）．
仁木厳．1963．作物大系飼料用根菜類．
福島畜試．1964．家畜カブに関する試験成績．
関誠．1975．草地更新を中心とした飼料生産　とくに飼料カブの散播栽培．牧草と園芸．
星野正生．1975．多収で楽なカブの散播省力栽培．牧草と園芸．
土屋茂．多汁質飼料作物の栽培と利用．畜産コンサルタント．
関　誠．1974．飼料カブの省力栽培．青森農業．
福岡寿夫．1974．飼料作物の品種解説．農林水産技術会議．
野本達郎．1968．飼料カブの減収を防ぐ．
沢村浩．1964．飼料カブの放牧利用．

飼料作物の
調製・利用の基礎

サイレージの基礎

I　サイレージ発酵の過程と諸要因

牧草や飼料作物は，刈り取ったまま放置しておくと，有害微生物の作用によりたちまち腐ってしまう。これを防ぐために，古くから二つの方法がとられている。一つには，乾草にする方法がある。すなわち，材料を乾燥して水分含量を15%以下にすると安全に貯蔵できる。

もう一つの方法は，高水分の材料をサイロに詰め込んで，嫌気的条件で材料の糖分を乳酸発酵させ，その乳酸によって有害微生物の生育を抑え貯蔵するものである。このようにしてできあがった貯蔵飼料がサイレージであり，できあがるまでの過程をエンシレージという。

わが国のような夏期高温多湿な風土では，乾草つくりがむずかしく，またトウモロコシのような茎の太い長大作物は，乾燥して貯蔵することができない。そのためわが国では，サイレージに対する依存度が高い。

サイレージの発酵過程は，化学的要因，微生物要因および物理的要因によって大きく左右される。したがって，サイレージ調製法を理解するためには，詰め込んだ材料がサイレージになるまでの諸変化・理論をよく認識する必要がある。

1. サイレージの発酵過程

サイレージの発酵過程は，環境，微生物相，物質の変化によって，好気発酵期，乳酸発酵期，安定期および酪酸発酵期に分けられる。これらの概要は第1図のようである。

サイロに詰め込まれた材料が最終的にサイレージになるまで，いろいろな微生物の作用をうけ

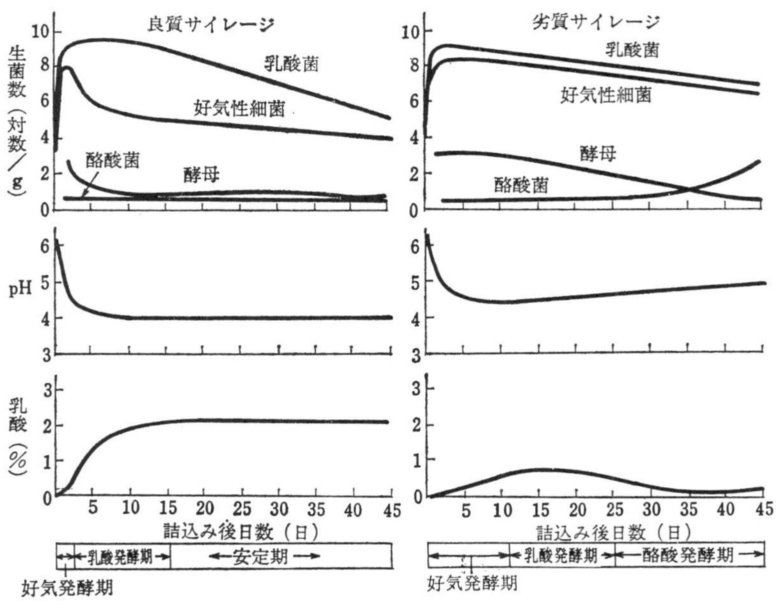

第1図　サイレージの発酵過程　（安宅）

て複雑な変化がおこる。これらの微生物の性質を利用して，わるい微生物がはびこらないようにすることがサイレージつくりの基本である。

良質のサイレージをつくるうえに大切なことは，(1)好気発酵の抑制と，(2)酪酸発酵の阻止の二つである。(1)は，サイロ内を嫌気的条件にすることによって達成できる。(2)は，材料を低水分化するか，pHを4.2以下に下げることによって可能である。

したがって，①嫌気性の保持，②材料の低水分化，③低pH化の三つのうち，①と②あるいは①と③の条件を満足すれば，安全に良質サイレージがつくれる。

2. 好気発酵期の生理

(1) この時期の発酵の特徴

詰め込まれた直後の材料はまだ生きているので，サイロ内の空気を使って呼吸をつづける。呼吸によって材料の糖が消費され，炭酸ガス（二酸化炭素）と水が生産されて熱を発生する。

糖	酸素	炭酸ガス	水	熱の発生

$$C_6H_{12}O_6 + 6O_2 \longrightarrow 6CO_2 + 6H_2O + 613\text{kcal}$$

この反応はサイロ内の酸素が消費し尽くされ，嫌気的状態になれば終了する。

また，植物自体の蛋白質分解酵素の作用により，蛋白質はアミノ酸にまで分解される。この反応は，嫌気的条件になってもすぐ停止せず，pHが4.0以下になるまでつづく。

一方，材料を詰め込んだ後，サイロ内が嫌気的条件に達するまでは，好気性細菌が一時的に増殖する。この菌は，糖を消費して，酢酸と炭酸ガスを生成する。

一般にこの時期は，1〜3日で終了するが，短いほどよく，条件がわるく長くなるばあいは，その後の乳酸発酵に悪影響を与える。

(2) この時期の微生物とその作用

材料を詰め込んだ直後には，サイロの中に相当の空気が残っているので，好気性の微生物の増殖がおこる。サイレージにみられる好気性の微生物は，好気性細菌，酵母，カビなどであるが，この時期ではとくに好気性細菌が重要である。

好気性細菌（コリ型菌）は，一般にサイロに残存している空気を利用して一時的に増殖するが，酸素が消費された後，しだいに消滅する。この菌は，糖を消費して酢酸や炭酸ガスを生成する。したがって，この菌の増殖が長くつづくと乳酸菌の増殖がさまたげられ，その結果，酪酸菌がはびこってサイレージの品質は悪化する。

ところで，サイレージ調製によって，材料の硝酸態窒素（NO_3-N）含量が減少することが知られている。これは，詰込み後増殖したコリ型菌が硝酸を還元するためである。なお，このさい酸化窒素や二酸化窒素のような猛毒ガスの発生を伴うので，高硝酸含量の材料の詰込みにあたっては，充分な注意が必要である。

また，この時期には，酵母やカビのわずかな増殖がみられるが，サイロ内が嫌気的になると急速に減少する。

(3) 各種要因とこの時期の発酵

この時期は，材料の養分損耗をもたらすばかりでなく，その後の乳酸発酵に大きく影響する。したがって，この時間はなるべく短いほうが好ましい。この時期に影響する要因はつぎのようである。

①酸素濃度と密封

材料の詰込み直後には，サイロ内は好気的であるが，密封が完全であれば，新鮮な高水分材料のばあい，サイロ内酸素濃度は1日で1％以下になり，水分50％ていどの予乾材料でも，2日で1％ていどの酸素濃度になることが知られている（第2図）。すなわち，密封が完全であれば，サイロ内は速やかに嫌気的条件となり，植物の呼吸や好気性微生物の活動は急速に停止する。しかし，密封が不完全であったり，遅れたりすると，好気性微生物の増殖が盛んになり，その結果，サイレージの表面は堆肥状に変敗し，品質も著しくわるいものができる。

②材料の密度

好気性細菌は，材料の間の酸素を利用して増

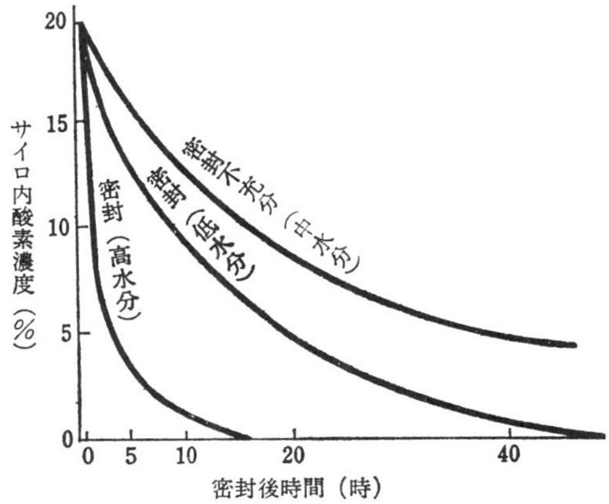

第 2 図　サイロ密封とサイロ内酸素濃度の変化
（高野ら，1973，上野ら，1972から作図）

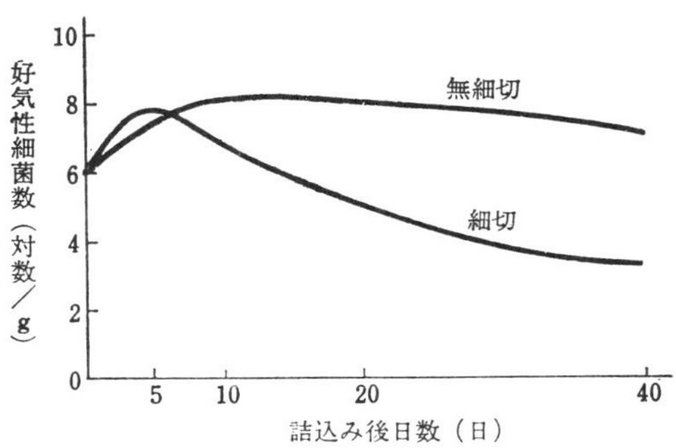

第 3 図　好気性細菌の増殖に及ぼす細切の効果
（佐々木，1972）

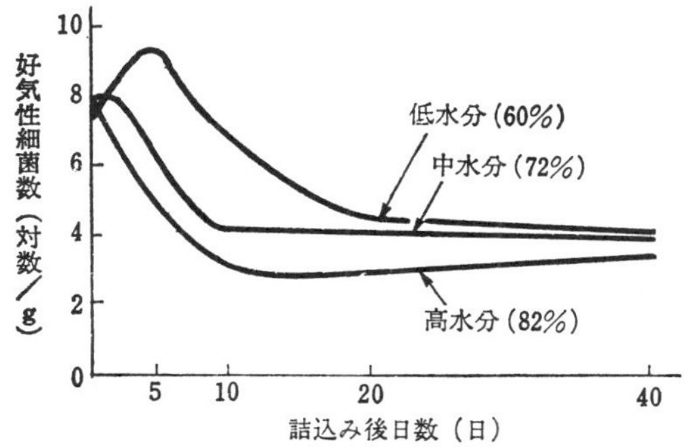

第 4 図　好気性細菌の増殖に及ぼす水分含量の影響
（佐々木，1972）

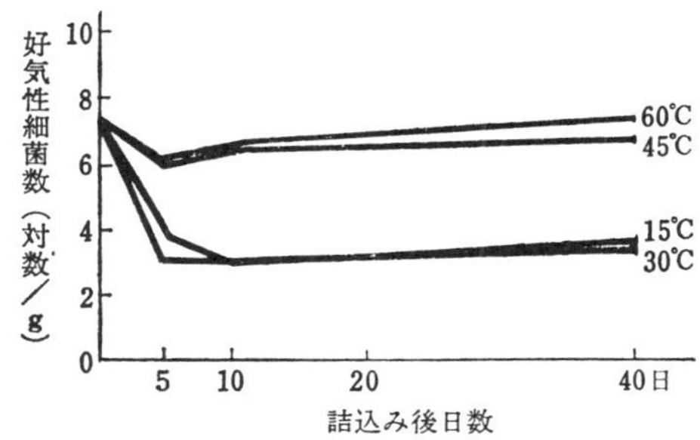

第 5 図　好気性細菌の増殖に及ぼす温度の影響
（佐々木，1972）

殖するものである。そこで，材料を細切し，よく踏圧して密に詰めると，材料の間の空気は排除され，空気の流通も阻止されて，好気性細菌の生育が抑制される（第 3 図）。

③水 分 含 量

水分含量が高いこと自体は，微生物の増殖を活発にする。しかし，前述のように，密封条件において，高水分の材料では，サイロ内は速やかに嫌気的条件になるので，好気性細菌は急速に減少する。一方，水分含量が低くなるほど，サイロ内は嫌気的になりにくく，好気性細菌の増殖がつづく（第 2，4 図）。したがって，低水分含量の材料を詰め込むばあいは，後述のような特殊な気密サイロを用いる必要がある。

④温　　度

一般に温度が高くなると微生物の増殖は盛んになる。15～30℃の条件下では，詰込み後，好気性細菌は急速に減少するが，45℃以上のばあい，著しい減少はみられない（第 5 図）。

3. 乳酸発酵期の生理

(1)　この時期の発酵の特徴

サイロ内が炭酸ガスと窒素ガスで嫌気的条件になると，植物の分子間呼吸（嫌気性呼吸）と急激な乳酸発酵が始まる。

植物の分子間呼吸は，細胞内の酵素の作用で体内の酸素を消費し，炭酸ガス，水，有機酸を生成する。またこの反応により熱生産はつづく。一方，乳酸菌は，材料の糖から乳酸を生成し，急激な pH の低下をもたらす。また，乳酸菌は，その種類によって乳酸以外の酸も少量生産する。

一般にこの時期は詰込み後 4～10日間である。

第1表　乳酸発酵の形式とその発酵産物

ホモ型乳酸発酵
(a) ブドウ糖⟶乳酸
(b) 果　糖⟶乳酸
ヘテロ型乳酸発酵
(a) ブドウ糖⟶乳酸・エチルアルコール・炭酸ガス
(b) 果　糖⟶乳酸・マンニット・酢酸・炭酸ガス
(c) 五炭糖⟶乳酸・酢酸

(2) この時期の微生物とその作用

サイロ内が嫌気的になると，好気性微生物は急激に減少し，代わって乳酸菌が登場する。

サイレージが長期間貯蔵できる理由は，乳酸菌が材料に含まれている糖を利用して乳酸を生成し，それによって不良菌の繁殖を阻止するためである。これがサイレージ調製の基本原理であり，乳酸菌はサイレージ発酵の主役的役割を果たすのである。

乳酸菌は，第1表に示すように発酵生成物の形式によって二つに大別される。一つは，消費した糖をすべて乳酸に変えるもので，この発酵をする菌をホモ乳酸菌という。もう一つは，乳酸以外に酢酸，エチルアルコール，炭酸ガスなどを生成するもので，ヘテロ乳酸菌と呼ぶ。

サイレージには，両方の乳酸菌が存在するが，pHを効率的に下げる点でホモ型が有利である。

代表的なホモ乳酸菌には，ストレプトコッカス フェカリス，ペディオコッカス セレビセ，ラクトバチラス プランタラム，ラクトバチラス カゼイなどがある。このなかで，ラクトバチラス プランタラムとラクトバチラス カゼイは，酸生成力が強く，サイレージの乳酸菌としても最も重要である。

乳酸菌によって生成される乳酸の旋光性が右旋性〔L(+)乳酸〕か左旋性〔D(−)乳酸〕か，それらを半量ずつ含むラセミ型かということが重要である。すなわち，D(−)乳酸は家畜に代謝されにくいため，家畜栄養上不利と考えられる。しかし，後述するようにサイレージの乳酸菌は，D(−)乳酸あるいはラセミ型の乳酸を生成するものが多い。

また，乳酸菌は，その形態によって，丸い球菌と棒状の桿菌とに分けられる。第6図のように，球菌には2個ずつ対になっているものや4連になっているものがあり，桿菌には，長いも

第6図　乳酸菌の形態　(海老根)

注　ロイコノストック　メセンテロイデス……………………………対をなしている
ペディオコッカス　セレビセ……四連球菌
ラクトバチラス　プランタラム…長い桿菌
ラクトバチラス　ブレビス………短い桿菌

第2表　サイレージの乳酸菌の種類と性質　(森地，光岡から作成)

乳酸菌の学名	菌形態	発酵形式	発育温度関係 (℃)			最終 pH	最終酸度(乳酸として)	乳酸の旋光性
			最低温度	最適温度	最高温度			
ラクトバチラス プランタラム	桿菌	ホモ発酵	10	30	40	4.0〜4.2	% 0.3〜1.2	ラセミ
ラクトバチラス カゼイ	〃	〃	10	30	40〜45	3.8〜4.0	1.2〜1.5	L(+)
ラクトバチラス ブレビス	〃	ヘテロ発酵	15	30	38	4.0〜4.4	0.4〜0.8	ラセミ
ストレプトコッカス フェカリス	球菌	ホモ発酵	10	37〜40	45	4.0〜4.4	0.5〜0.8	L(+)
ペディオコッカス セレビセ	〃	〃	10	25〜32	40〜45	3.8〜4.0	0.4〜1.2	L(+)
ロイコノストック メセンテロイデス	〃	ヘテロ発酵	10	21〜25	40	4.4〜4.8	0.3〜0.6	D(−)

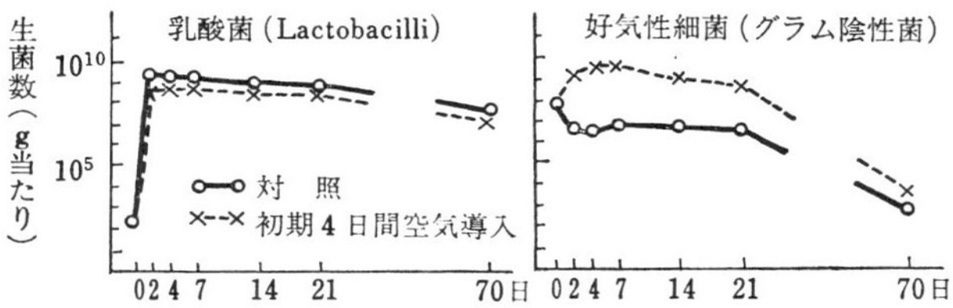

第7図　埋蔵過程での菌類の変化に及ぼす空気侵入の影響（大山ら，1970）

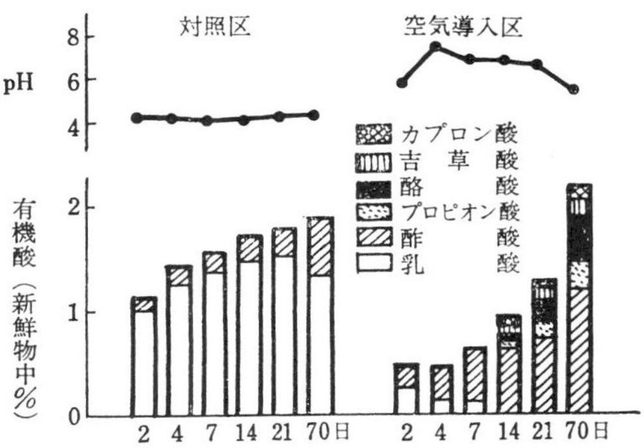

第8図　有機酸の生成とpHの変化に及ぼす空気侵入の影響　　（大山ら，1970）

のと短いものとがみられる。

一般に発酵の初期に球菌が多くみられるが，pHの低下によって増殖が鈍り，代わって，低いpHに抵抗性の強い桿菌が支配的となる。

サイレージにみられる乳酸菌の種類と性質は第2表のようである。

(3)　各種要因とこの時期の発酵

この時期の発酵にはつぎの要因が影響する。

①密封の度合い

乳酸菌は，通性嫌気性菌に属し，酸素があってもなくても生育できるが，嫌気的条件のほうが生育しやすい。

また，好気性細菌の増殖は，乳酸発酵に悪影響をもたらすので，サイロを早期に完全密封して，速やかに嫌気的条件をつくることが大切である。

詰込み後3〜4日間，外部から空気が侵入すると，酪酸発酵の支配的な劣質サイレージが例外なくできる。すなわち，このような条件では好気性細菌の増殖が盛んになり，これによって乳酸菌の増殖が抑制され，その後嫌気的条件になると，酪酸菌が増殖して劣質サイレージができる（第7，8図）。

②密封の遅延

大量のサイレージを調製するばあい，詰込みに多くの日数を要し，この間は好気的条件になり，さらに詰込み終了後も密封が不完全である。その結果，サイロの表面は腐敗やカビによる損失によって相当廃棄され，サイレージの品質も著しくわるいものになる（第3表）。

③切断長

材料を細切して，踏圧を行なうとサイレージの密度は高くなる。密度を高めることによって，空気の流通が阻止されるとともに，材料からの汁液の浸出が促進され，乳酸発酵が活発になる。

一般に材料を切断するとサイロの密度が高くなり，嫌気性が保たれ，同時に草汁が出やすくなり，そのため初期の発酵が促進される。この効果は，高水分材料ほど大きいが，良好な発酵経過をたどるかどうかは，材料中の糖含量の多少によって決まる。

良質の材料を用いたばあい，切断がサイレージの品質に及ぼす効果は第4表のようである。

高水分サイレージでは，切断により品質がよ

第3表　サイレージの品質に及ぼす密封遅延の影響（現物中）　（安宅・菊地，1978）

材料	処理	pH	乳酸	酢酸	酪酸	総酸	フリーク評点	NH_3-N
			%	%	%	%		mg%
オーチャードグラス	早期密封	4.15	1.45	0.28	0	1.73	100	34.3
	密封遅延	5.12	0.85	0.56	1.01	2.42	10	111.2
アルファルファ	早期密封	4.71	1.34	0.73	0	2.07	77	86.1
	密封遅延	5.85	0.12	1.07	1.09	2.28	−10	217.1

注　密封遅延は24時間サイロ開放

第4表 切断処理とサイレージ品質
（名久井，1974）

区分	原料水分	処理	pH	乳酸	アンモニア態窒素比率	乾物消化率
	%			%	%	%
高水分	85	切　断	4.1	1.58	15	68
		無切断	4.8	0.52	26	63
中水分	70	切　断	4.5	1.05	9	65
		無切断	4.9	0.88	13	68
低水分	60	切　断	4.5	0.68	9	60
		無切断	4.7	0.90	8	59

くなるが，低水分サイレージでは影響がみられない。

④材料の糖含量

活発な乳酸発酵を期待するためには，充分量の糖が存在することが決定的条件となる。すなわち，密封が完全で空気の侵入がなく，多量の糖（新鮮物中2％以上）が存在すれば，たとい詰込み時の乳酸菌が少なくまた貯蔵温度が高いという悪条件があっても，乳酸発酵は活発に行なわれ，必ず良質サイレージができる。

牧草や飼料作物に含まれる糖は，一般に可溶性炭水化物（WSC）として表示されるが，これには，グルコース，フラクトース，シュークロースおよびフラクトサンが含まれる。なお，マメ科牧草や暖地型牧草に含まれるデンプンは，乳酸菌にほとんど利用されない。

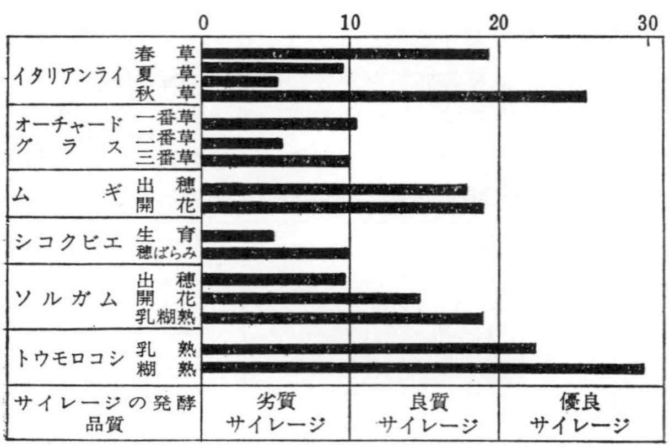

第9図 作物別，刈取時期別可溶性炭水化物含量とサイレージの品質　　（高野）

一般に良質サイレージをつくるためには，材料乾物中10％以上の可溶性炭水化物が必要である。材料の種類別，刈取時期別の可溶性炭水化物含量とサイレージの品質との関係は，第9図のようである。

トウモロコシは可溶性炭水化物含量が高く，よほどのことがないかぎり良質サイレージができるが，牧草類は可溶性炭水化物含量が低く，予乾しないサイレージでは品質のわるいものができやすい。とくに，夏期に生長した二番草・三番草とか，窒素肥料やふん尿を多量に施用された牧草は，可溶性炭水化物含量が著しく低い。

また，材料の可溶性炭水化物含量は，刈取時期によって異なる。サイレージ材料としての刈取適期は，単位面積当たりの栄養収量が最高の時期で，かつ可溶性炭水化物を充分量含んでいる時期である。一般に，栄養収量が最高の時期は可溶性炭水化物含量も高く，サイレージ材料としても良質である。

ちなみに材料の刈取適期は，イネ科牧草では穂孕期～出穂期，マメ科牧草は開花初期～開花期であり，トウモロコシは黄熟期である。

⑤水 分 含 量

水分含量が低くなると微生物の活動は一般に低下するが，とくに不良菌に著しい。すなわち，材料の水分含量を70％ていどにすると，乳酸発酵が活発になり，酪酸生成は抑えられる（第10図）。

酪酸菌は低水分に弱い性質をもっているので，サイレージの品質は予乾によって向上する。とくに，可溶性炭水化物含量の少ない材料のばあい，高水分では劣質サイレージとなるが，予乾すると品質が改善される。高水分で良質サイレージをつくるには，可溶性炭水化物含量の多い材料を必要とするが，予乾したときには，可溶性炭水化物含量にかかわらず良質サイレージができる。したがって，予乾サイレージでは材料の質の許容範囲が広くなる。

予乾ができないばあいは，排汁を促進するとか，ふすま，ビートパルプ，

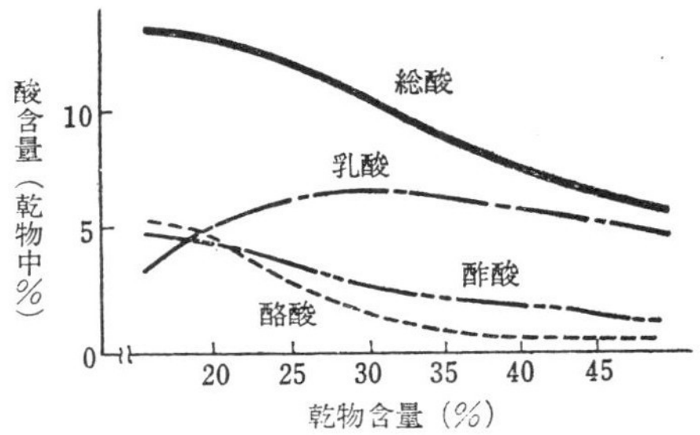

第10図　サイレージの乾物含量と有機酸生成
（ツインマー，1969）

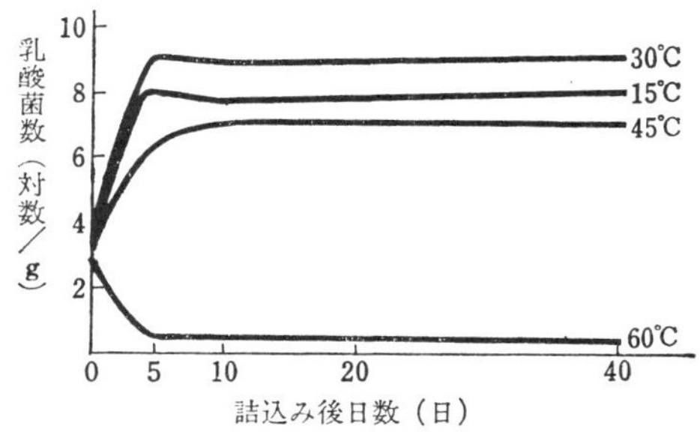

第11図　乳酸菌の増殖に及ぼす温度の影響
（佐々木，1972）

乾燥イナわらなどを添加して水分調節をはかる方法もある。

⑥温　　度

乳酸菌は，一般に20～30℃が生育適温であるが，不良菌の増殖は30～40℃で促進される（第5，11図）。糖含量が高いばあい，温度の影響は無視できるが，糖含量が少ないばあいは温度が高くなると品質は低下する。

4．安定期の生理

(1)　この時期の発酵の特徴

活発な乳酸発酵により，1.0～1.5%の乳酸が生成されるとpHは4.2以下になり，サイロ内の諸変化も一応安定状態となる。このようにして，条件がよければ詰込み後，15～25日でサイレージができあがる。

(2)　安定期の生理

嫌気的条件が保持され，材料に充分量の糖が存在すれば，乳酸発酵により1.0～1.5%の乳酸

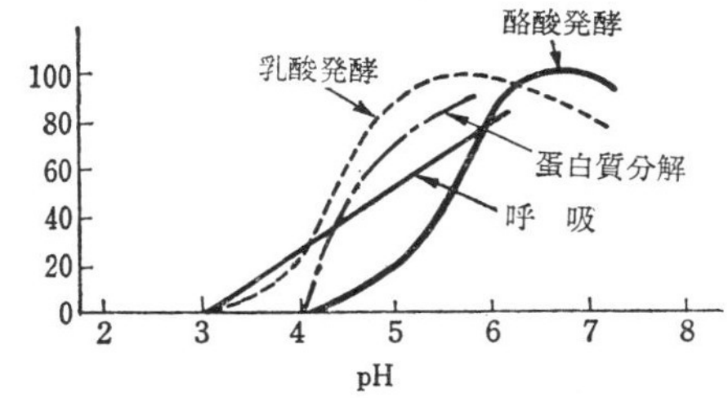

第12図　発酵・分解に及ぼすpHの影響
（ビルターネン）

が生成され，pHは急速に低下する。第12図に示すように，pHが4.0以下になると不良発酵が抑えられ，安全に貯蔵できる。

このようにサイレージつくりの基本原理は，乳酸発酵によって生成される乳酸の酸性によって，のぞましくない発酵を抑えて，材料を安全に貯蔵しようとするものである。

5．酪酸発酵期の生理

(1)　この時期の発酵の特徴

サイレージの材料，調製法およびサイロなどの条件が良好であれば，前述のようにサイレージは安定的に維持される。しかし，これらの条件が不充分であると，糖から酪酸菌が増殖し乳酸や酪酸が生成され，さらに蛋白質やアミノ酸はアンモニアへ分解され，pHが上昇し，品質低下がもたらされる。

これらの変化は，一般に詰込み30日以後におこる。

(2)　この時期の微生物とその作用

この時期の原因となる微生物は酪酸菌である。酪酸菌は，糖や乳酸を消費して酪酸を生成するのでこの名がある。この菌は，嫌気性芽胞形成菌（クロストリジア）の一種で，完全な嫌気的条件だけで生育できる。

酪酸が多量に生成されると，サイレージは悪臭をもち不快であるばかりでなく，養分の損失も大きい。すなわち，乳酸発酵によって糖から乳酸が生成される過程ではエネルギーの損失は

ほとんどないが，いったんできた乳酸から酪酸を生じるばあいは，約20%のエネルギー損失があり，糖から直接酪酸が生成されるさいにも約22%のエネルギー損失がみられる。

$C_6H_{12}O_6 \longrightarrow 2(C_3H_6O_3)$
糖　　　　　乳酸
673kcal　　652kcal
21kcalの減，または3.1%のロス

$2(C_3H_6O_3) \longrightarrow C_4H_8O_2 + 2CO_2 + 2H_2$
乳酸　　　　酪酸
652kcal　　524kcal
128kcalの減，または19.6%のロス

$C_6H_{12}O_6 \longrightarrow C_4H_8O_2 + 2CO_2 + 2H_2$
糖　　　　　酪酸
673kcal　　524kcal
149kcalの減，または22.1%のロス

さらに，酪酸菌の増殖は，蛋白質の分解をもたらし，多量のアンモニアやアミンを生成する。これらは酪酸とともに悪臭の原因となるばかりでなく，家畜の栄養にも好ましくない。すなわち，このような酪酸発酵をおこしたサイレージの給与は，乳量の減少，下痢，ケトージスおよび乳房炎の発生をもたらすので，酪酸菌のはびこらないサイレージをつくることが大切である。

一方，酪酸菌が増殖する条件では，酵母やカビは，ほとんど消滅してしまう（第1図）。

(3) 各種要因とこの時期の発酵

酪酸菌は，嫌気性菌であるから，密封を完全にして嫌気的条件にしただけでは，この菌の生育を抑えることができない。むしろ，このような条件は酪酸菌の生育に適している。

酪酸発酵に影響する要因としては，つぎの二つ，すなわち水分含量とpHが重要である。

①水 分 含 量

一般に水分含量が低くなると微生物の活動が弱くなるが，とくに酪酸菌は低水分に弱い。すなわち，低水分化による浸透圧の上昇は，酪酸菌の生育を阻止するのである。そこで第13図と第5表に示したように，材料の水分含量を60%ていどにすると，材料の糖分含量に関係なく酪酸発酵が著しく抑制され，良質のサイレージができる。

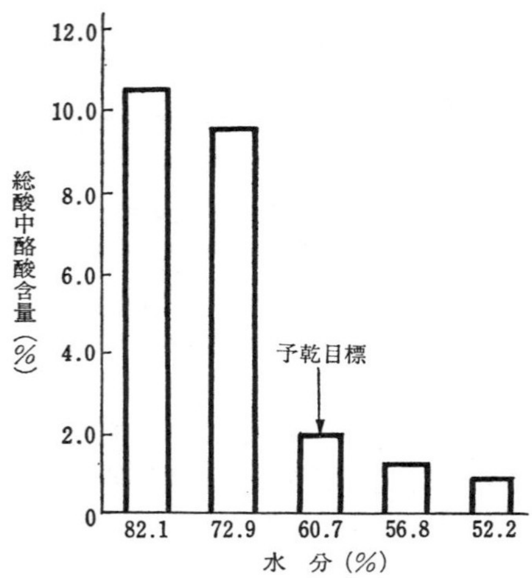

第13図　水分60%まで低水分化したサイレージには酪酸はほとんど含まれていない
（鈴木・安藤・阿部，1962）

第5表　水分含量（予乾の程度）とサイレージの品質　　（大山ら，1968）

	水分(%)	pH	有機酸（乾物中%） 乳酸	酢酸	酪酸等	計	フリーク評点	材料の可溶性炭水化物（乾物中%）
実験 I	87.6	4.05	16.4	2.5	0	18.9	100	15.2
	78.1	4.27	11.9	2.4	0	14.3	95	
	69.4	5.23	6.1	1.1	0	7.2	95	
実験 II	87.9	6.01	0	11.8	19.5	31.3	10	8.3
	71.2	4.69	6.4	1.4	0	7.8	95	
	63.0	4.81	3.5	1.1	0	4.6	88	

注　供試材料はイタリアンライグラス

第6表　サイレージを左右する諸要因
（大山を一部修正）

密　封	水　分	糖	温　度	サイレージ品質
良　好	低	—	—	○
	高	多	—	○
		中	低	○
			高	×
		少	—	×
不　良	低	—	—	×
	高	多	—	○
		中	—	×
		少	—	×

注　—：影響しない，○：良好，×：不良

第7表　サイレージ添加物の種類（安宅）

タ　イ　プ	種　　類
乳酸発酵を促進するもの	乳酸菌
	糖および炭水化物
	酵素
	発酵代謝産物
不良発酵を抑制するもの	ギ酸
	プロピオン酸
	ホルマリン
	ヘキサミン製剤
二次発酵を抑制するもの	プロピオン酸
	ギ酸カルシウム製剤
	アンモニア
栄養価を改善するもの	窒素化合物
	ミネラル

②pH

高水分のままで酪酸菌の生育を阻止するには，酪酸菌が酸性に弱いという性質を利用するとよい。すなわち第12図に示したように，pHが4.2以下になると酪酸発酵は抑えられる。

pHを下げるためには，乳酸発酵を利用するのが最も自然であるが，詰込み時に最初から酸を加えてpHを下げる方法もある。

6. サイレージ発酵を規制する要因の相互関係

これまでに述べたサイレージの発酵過程を左右する諸要因のうち，主なものの相互関係を示すと第6表のようにまとめることができる。ここであげた要因のうち，左側にあるものほど優先的役割を果たす。すなわち，密封が最も重要であることを示している。

まず，密封が完全なばあい，材料の水分含量を70％以下にすることによって良質サイレージをつくることができる。これは低水分化による酪酸菌の抑圧を目的としたものであり，乳酸発酵に依存しないので材料の糖含量や発酵温度に関係なく良質のサイレージがつくれる。

つぎに，高水分サイレージを調製するばあい，密封が充分であり，材料に多量（新鮮物中2％以上）の可溶性炭水化物が含まれていれば，温度に関係なく良質のサイレージができる。しかし，可溶性炭水化物含量が中程度（1～2％）のばあい，温度が低いときにかぎり良質のサイレージができる。密封が不充分あるいは遅延するばあいとか，密封が充分であっても材料の水分含量が高く可溶性炭水化物が低い（1％以下）ばあいは，良質サイレージをつくることはむずかしい。

これらをふまえ，実際の場で良質サイレージをつくるには，①良質原料の使用，②水分調節，③切断，④密封が重要で，これを“サイレージ調製の4原則”という。

7. 各種添加物と発酵への作用

実際のサイレージ調製でサイレージ調製の4原則を実施することによって良質のサイレージができる。しかし，サイレージの調製は，つねに理想的な状態で行なうことは困難である。たとえば，天候や収穫機種のつごうで予乾ができず，しかも可溶性炭水化物含量の少ない材料を用いなければならないことがある。このようなとき，安全に良質のサイレージをつくるために添加物の使用がすすめられる。

添加物には多くの種類があるが，これを大別すると第7表のように，①乳酸発酵を促進して品質を改善するもの，②不良発酵を抑制するもの，③二次発酵を抑制するもの，④栄養価を改善するものがある。

(1) 乳酸発酵を促進する添加物

①糖類および糖質に富む飼料

活発な乳酸発酵により，1.0〜1.5%の乳酸が生成されると，サイレージのpHは4.2以下となり，酪酸の生成されない良質のサイレージができる。このようなサイレージをつくるためには，材料中に可溶性炭水化物含量（糖）が2%以上含まれる必要がある。材料中に可溶性炭水化物が不足するばあいには，糖や糖に富む飼料を添加すると効果がある。

この目的で用いられる代表的な添加物には，グルコース（1〜2%添加），糖蜜（2〜3%），糖蜜飼料（5〜10%），穀類・糠類（5〜10%）などがある。なお，糖蜜飼料，穀類，糠類は水分含量の調節も期待できる。

また，この種の添加物は，それ自体に含まれる養分が家畜の栄養源として利用されるので有利である。

②乳酸菌およびその製剤

密封が完全で材料中に糖が充分量存在すれば，当初の乳酸菌が少なくても急速に増殖がおこって良質のサイレージができる。しかし，糖含量が中程度とか密封が不完全なばあいには，乳酸菌の添加が有効である。

一般に，ラクトバチラス プランタラムやラクトバチラス カゼイを材料草1g当たり100万の菌数になるよう添加する。

③酵　　素

乳酸菌は発酵のための糖を利用するが，デンプンやセルロースは利用できない。アミラーゼやセルラーゼなどの酵素は，それぞれデンプンやセルロースを分解し，糖を生成する。糖含量が低く，繊維含量の高い牧草サイレージ調製においてはセルラーゼの添加効果が期待できる。

(2) 不良発酵を抑制する添加物

①酸　　類

材料に直接酸を添加して人工的にpHを4.2以下に低下させ，材料の呼吸と不良菌の生育を抑え，良質サイレージをつくるものである。サイレージに添加する酸類としては，ビルターネンの考案したＡＩＶ液（塩酸と硫酸の混合物）が有名であるが，取扱いに問題があるため，現在は，これに代わってギ酸が普及するようになった。添加量はイネ科牧草0.3%，マメ科牧草0.5%である。

また，プロピオン酸は，pHを低下させる強さでギ酸に劣るが，酵母やカビの生育を阻止する点ではすぐれている。したがって，詰込みが長期化するばあいとか，完封が不完全なばあいに効果を発揮する。さらに後述のように二次発酵の予防にも効果がある。添加量は0.5〜1.0%である。

②薬　　剤

pHの低下によらず，直接酪酸菌の生育を阻止するものである。この種の添加物としては，ホルマリン，ピロ亜硫酸ソーダ（ＳＭＳ法），抗生物質など種々の薬剤が試みられたが，決定的なものはみられない。現在使われている薬剤には，亜硝酸ナトリウムとギ酸カルシウムあるいはヘキサミンを混合したものがある。

(3) 二次発酵を抑制する添加物

①プロピオン酸

プロピオン酸は，酪酸発酵を抑制する力ではギ酸に劣るが，酵母やカビの生育を抑制する点ではすぐれている。添加量は0.5〜1.0%である。

②そ　の　他

酵母，カビの生育を抑制して，二次発酵を防止する添加物としてギ酸カルシウム，安息香酸ナトリウム・ピロ亜硫酸ナトリウムを含んだ添加物が市販されている。

また，尿素，アンモニア，イソ酪酸アンモニウム，酪酸，カプロン酸などを添加すると二次発酵を抑制することが報告されているが，わが国ではほとんど利用されていない。

(4) 栄養価を改善する添加物

①尿　　素

トウモロコシのような蛋白質含量の少ない材

料に対して尿素を添加すると蛋白質補給の効果がある。添加量は0.3〜0.5%である。

②アンモニア

アンモニア添加は，サイレージの蛋白質含量を高めるだけでなく，消化率を高めるとともに，不良微生物の生育を抑える。

③ミネラル

トウモロコシは，蛋白質だけでなく，ミネラル含量も低い。これを補うために炭酸カルシウム，リン酸カルシウム，硫酸マグネシウムなどを添加することがある。

8. サイレージ調製と養分損失

材料をサイロに詰め込んでから，最終的にサイレージになるまでの過程でおこる養分の損失は，つぎのように分類される。

(1) 表層の変敗（トップスポイレージ）

サイレージの表面が空気に触れることによって，好気性微生物が増殖するためおこるものである。この部分は，高水分の材料では堆肥のようになり，低水分ではカビ状となり，飼料として利用できない。この廃棄部は，塔型サイロでは3〜4%であるが，水平型サイロでは6〜10%と多い。また，気密サイロではほとんどない。

このように，この部分の変敗は，密封が完全であれば完全に予防できる。

(2) 排汁による損失（シーページ）

水分の多い材料を用いるばあい，良質サイレージをつくるために排汁を促進することがすすめられている。しかし，排汁中には可消化の養分が濃厚に含まれているので，養分の損失はみかけ以上大きい。

排汁による損失量は，水分含量に左右され，水分85%以上の材料で20%，80%で10%となり，水分含量が70%になるとほとんどなくなる。

(3) 発酵による損失

サイレージの発酵過程で，栄養素があるてい

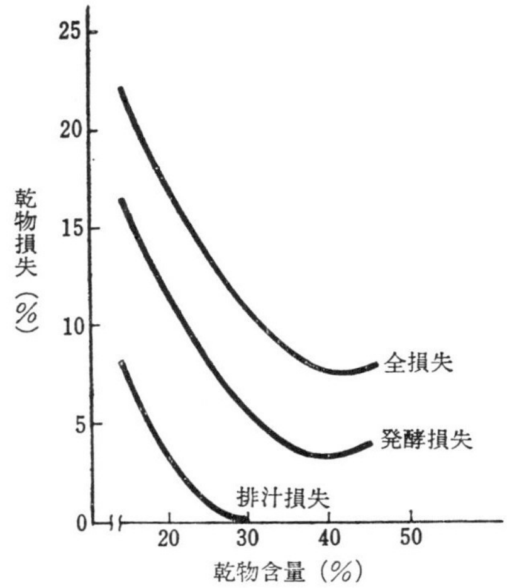

第14図 サイレージの乾物含量と乾物損失との関係　（ツインマー，1969）

ど損失することはさけられない。しかし，その程度は発酵の形態によって異なり，乳酸発酵が支配的になれば損失はきわめて少ないが，酪酸発酵が盛んになると損失は大きい。その意味において，良質のサイレージをつくることは，養分損失を防ぐため重要である。

また，発酵の程度が軽ければ，微生物によるエネルギーの消費も少なく，養分の損失も少なくなる。すなわち，低水分化により，養分損失は軽減できる。

サイレージの乾物含量と乾物損失の関係は，第14図のようである。気密サイロでつくられたヘイレージは，表層の変敗はもちろん，排汁による損失もなく，さらに発酵による損失もきわめて少ないことが知られている。

第8表は材料の水分含量と乾物損失との関係を示したものである。塔型サイロでは，全損失量は高水分で21〜25%，低水分では14〜19%となって低水分サイレージがややすぐれている。気密サイロでは，高水分のばあい，18〜22%と高いが，60〜70%の材料で10%ときわめて低くなる。また，トレンチサイロでは一般に損失が多い。このように養分損失からみたサイロ別の材料の最適水分含量は，塔型サイロ：65〜75%，気密サイロ：60〜70%，トレンチサイロ：70〜75%と判定される。

第8表 サイレージの乾物損失量は，サイロ型式や水分段階で大きくちがっている
（ランカスター，1968）

サイロの種類と，材料の水分含量		乾物の損失						備考
		表面の腐敗②	発酵③	排汁	計	圃場での損失	刈取りから給与まで	
塔型サイロ	85%	3	10	10	23	2	25	①注意深く詰め込んで6か月埋蔵，プラスチックキャップか，他のよい被覆を使うと，上層の廃棄量を減ずるものである。サイレージの踏圧がよくなかったり，また被覆がよくなかったりすると損失が増し，トレンチでは被覆をしていないところに雨や融けた雪が流れ込んで損失を増す ②トレンチでは側面や端の腐敗も多い ③水分含量の低いものでは，発熱したもの，カビなどの量は差し引く
	80	3	9	7	19	2	21	
	75	3	8	3	14	2	16	
	70	4	7	1	12	2	14	
	65	4	8	0	12	4	16	
	60	4	9	0	13	6	19	
気密サイロ	85	0	10	10	20	2	22	
	80	0	9	7	16	2	18	
	75	0	8	3	11	2	13	
	70	0	7	1	8	2	10	
	65	0	6	0	6	4	10	
	60	0	5	0	5	6	11	
	50	0	4	0	4	10	14	
	40	0	4	0	4	13	17	
トレンチサイロ	85	6	11	10	27	2	29	
	80	6	10	7	23	2	25	
	75	8	9	3	18	2	20	
	70	10	10	1	21	2	23	

Ⅱ ヘイレージの原理と過程

1. ヘイレージの特徴

サイレージは，材料の水分含量によって第9表のように分類される。

すでに述べたように，良質サイレージをつくるために，材料の水分含量はきわめて重要な意義をもつ。一般に高水分材料は，酪酸発酵をおこし，品質のわるいサイレージができやすい。そこで，予乾を行ない，水分含量を70%ていどにして詰め込むと，乳酸発酵が活発になり，良質のサイレージができる。さらに，強い予乾を行ない，水分含量を50%ていどにすると乳酸発酵に依存しなくても酪酸発酵を阻止できる。

このような低水分サイレージは，一般にヘイレージと呼ばれている。いうまでもなく，ヘイレージ（Haylage）とは，乾草（Hay）とサイレージ（Silage）からの合成語である。すなわち，乾草の水分含量は15%ていどであり，サイレージのそれは70～80%だから，ヘイレージは水分含量からみて，乾草とサイレージの中間にあるという意味である。

ところで，このような低水分の材料を塔型サイロに詰め込んだばあい，サイロ内が嫌気的条件になりにくく，好気性細菌の増殖が長くつづき，そのため，サイロ内温度が上昇したり，ま

第９表　材料の水分含量とサイレージ　（安宅）

	材料の水分含量	サイレージ化の原理	問題点
高水分サイレージ	80%以上	乳酸発酵による	1）材料に糖分含量が少ないと酪酸発酵をおこしやすい 2）排汁による養分損失が大きい
中水分サイレージ	70〜80%	〃	上記 1)，2) がやや改善される
予乾サイレージ	60〜70%	〃	上記 1)，2) が改善される やや天候に左右される
低水分サイレージ	40〜60%	低水分化による酪酸発酵の抑制	気密サイロが必要となる 天候に左右される 予乾過程で養分損失がやや大きい

た，サイロを開いてから，カビが生えたり，二次発酵をおこしたりしやすい欠点をもっている。そのため，一般にヘイレージは，後述するような特殊な気密サイロを用いて調製する。なお，気密サイロでつくった低水分サイレージをとくにヘイレージ（せまい意味で）ということがある。この気密サイロは，完全な密閉，フリザーバッグによるサイロ内の気圧の調整，上部からいつでも詰め込み，底部からボトムアンローダーによりいつでも取り出せるという特徴をもっている。

一方，詰込み時の空気の排除と密封を完全に行なえば，塔型サイロによっても水分50〜60%のヘイレージをつくることができる。なお梱包サイレージやビッグベールサイレージはヘイレージの原理を応用したものである。ヘイレージは，一般のサイレージや乾草に比べてつぎのような利点をもっている。

①サイレージの品質は材料の可溶性炭水化物含量によって大きく左右されるが，ヘイレージではつねに安定した良質のものができる。

②ヘイレージは，サイレージや乾草つくりに比べて，養分の損失が少ない。

③ヘイレージはサイレージに比べて，家畜による摂取量が多く，その結果生産性も向上する。

④ヘイレージは，サイレージに比べ余分の水分運搬の労力が約２倍半節約される。

2. ヘイレージの発酵過程

ヘイレージと高水分サイレージの発酵経過のちがいを示すと第15図のようである。

(1)　ヘイレージの好気発酵期の生理

ヘイレージは，高水分サイレージに比べて好気発酵期が長い。すなわち，水分含量が40〜50%まで強く予乾された材料は新鮮材料よりも呼吸が弱いため，サイロ内の嫌気化がおそく，そのため，サイロ内が嫌気状態になるまで好気性細菌の増殖がつづくのである。この好気性細菌の増殖はサイロ内の温度上昇をもたらし，一般にヘイレージは高水分サイレージより発酵温度が高くなる。

また，ヘイレージにみられる好気性細菌，とくにコリ型の細菌はヘテロ型の発酵を行ない有機酸を生成するが，ペプチドやアミノ酸を分解してアンモニアを生成するものがある。

ヘイレージをつくるばあい，過度の予乾を行なうとサイロ内酸素の消費に時間がかかり，最終的炭酸ガス濃度も低くなる。たとえば，スチールサイロでの水分含量と炭酸ガス濃度との関係は，水分含量47〜57%の材料のばあい，炭酸ガス濃度は50〜55%に達するが，水分含量40%以下では30〜40%にとどまり，その生成速度もおそいことが知られている。したがって，水分含量は50%以下にすることはさけたほうがよい。

第15図　高水分サイレージとヘイレージの発酵過程のちがい　（安宅）

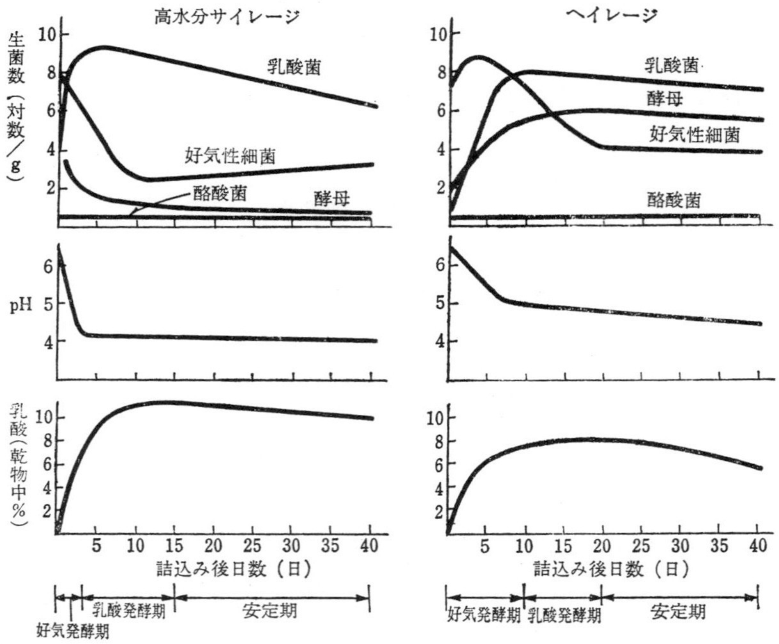

また，pH の変化は，高水分サイレージでは急速に低下し，10日で4.2に低下するのに対し，ヘイレージでは低下速度が緩慢であり，4.4〜4.6の高い状態で安定する。

(2)　ヘイレージの乳酸発酵期の生理

材料詰込み3〜7日後，植物の呼吸と好気性細菌の増殖によりサイロ内の酸素が消費され，嫌気的条件になると乳酸菌の増殖が始まる。この時期は詰込み後7〜20日間である。

ヘイレージでは，材料に付着していた乳酸菌は予乾によりほとんど死滅してしまうため，乳酸菌の増殖は高水分サイレージに比べて著しく緩慢である。そのため，生成される乳酸の量は高水分サイレージの約半分である。

(3)　ヘイレージの安定期の生理

以上のように，ヘイレージは，埋蔵初期の乳酸発酵がおそく，しかも乳酸の生成量はpH が酪酸菌の生育限界である4.2まで低下させるのに充分でない。したがって，ヘイレージにおいて，乳酸発酵は高水分サイレージのように大きな意味をもたない。

しかし，サイロ内の嫌気的条件が維持されれば，材料の低水分化によって酪酸菌の増殖を抑え，安全に長期間貯蔵できる。

一方，ヘイレージには好気性細菌や二次発酵の原因となる酵母などの好気性菌が多いので，貯蔵中はもとより，取出し中もサイロ内に空気が侵入することを防止しなければならない。そのため，ヘイレージの調製には気密サイロが必要となるのである。

Ⅲ　サイレージの二次発酵

1．二次発酵の生理

サイロを開封したのちサイレージが発熱し，急速に変敗することがある。この現象は，正確には好気的変敗というが，一般に二次発酵と呼ばれている。

(1)　二次発酵のメカニズム

すでに述べたように，サイロに詰め込まれた材料は，いろいろな微生物の作用をうけたのちサイレージとなり，嫌気的条件下で安定状態になっている。

しかし，利用のさいにサイロを開封すると，

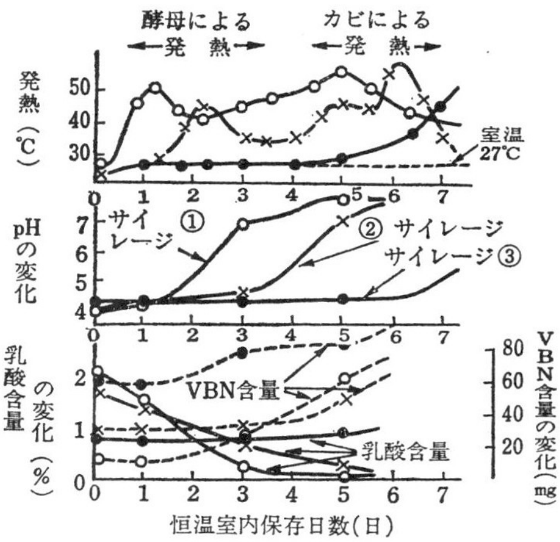

第16図　変敗の進行と発熱，pH，成分変化例
（山下，1975）

サイレージの表面が空気にさらされ，そのため，それまで活動を抑えられていた好気性微生物，とくに酵母やカビが増殖を開始する。その結果，サイレージの温度が上昇し，これがさらに微生物の増殖を促進し，そのためにサイレージは急速に変敗するのである。

二次発酵に関与する微生物には，ハンセヌーラ アノラマ，ピキア メンバラファセンス，ピキア ファメンター，カンジダ クルセイなどの酵母のほか，ペニシリウム，アスペルギルス，ギオトリカム，ビソクラシス，モナスクス，ムコールなどのカビがある。

二次発酵の進行過程での温度の変化は，第16図のように，山が二つのものと，一つのものとがある。山が二つのばあい，最初の1～2日でみられる発熱は酵母の増殖によるものであり，その後再び温度が上昇するのはカビによるものである。また，山が一つのばあいは，カビによる発熱である。

このように二次発酵の進行はまず発熱によって察知されるが，発熱に並行して乳酸含量の減少がみられ，pHは変敗により急上昇する。

また，VBN（揮発性塩基態窒素）は，pHが5を超えるところから急激に増加する。これは，pHの上昇につれて好気性細菌の増殖が誘発されて蛋白質，アミノ酸の分解が始まったことを示している。

このようにしてサイレージが二次発酵をおこすと，①サイレージは変敗して，家畜に給与することが不可能になる。②二次発酵時に発生するカビのなかには，人畜に寄生する毒素生産力の強いものがある。これを家畜に給与すると中毒，下痢，流産の原因になるが，これを取り扱う人間にも悪影響を及ぼすことも考えられる。

(2)　二次発酵の要因

二次発酵は，①開封によってサイレージが外気に触れたばあい，②取り出したサイレージを堆積したばあい，③サイロの密封が不完全なばあい，に発生がみられるが，とくに①のばあい最も問題になる。

このような二次発酵の発生の表面的原因として，①サイレージ利用量の増加，②通年サイレージ普及による夏期利用増加，③サイロ規模の大型化，④サイレージの低水分化，⑤熟期のすすんだトウモロコシサイレージの利用増加，⑥サイレージの高品質化，などが考えられる。

二次発酵に関与する要因は，第17図のようであるが，つぎのものが重要である。

①外　気　温

一般に気温が高いほど酵母やカビの増殖に好都合なため，夏期利用のばあい，二次発酵がおこりやすい。

第18図は外気温とサイレージ温度との関係を

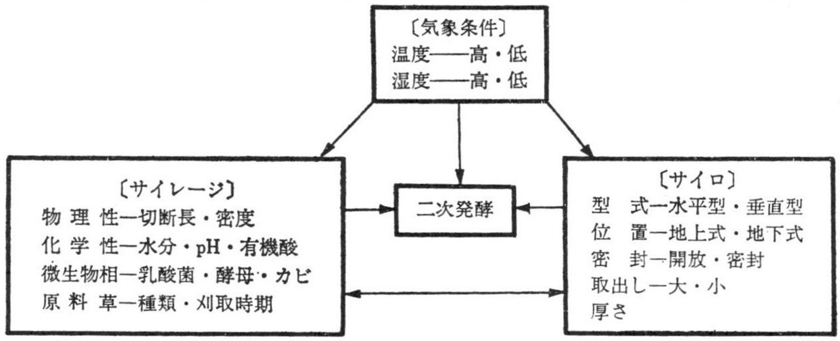

第17図　二次発酵に関与する要因　（高野，1977）

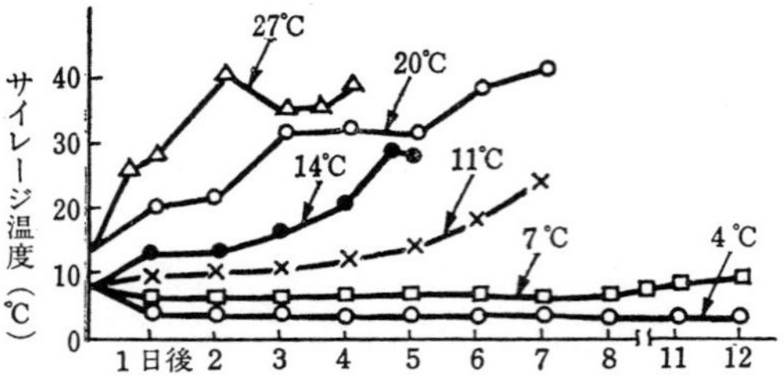

第18図 外気温と変敗の速さ （山下，1973）
同一サイレージを供試

示したものである。27℃では取出し後2日目で著しく変化してしまうサイレージでも，7℃以下では長期間安定している。夏期高温時はサイロ内の気温も上がるが，日当たりのよいサイロでは著しい。したがって，夏に使うサイロは建物の北側で，直射日光をうけない位置のものがのぞましい。

②密　度

サイレージが密に詰まっているほど空気は侵入しにくく，二次発酵はおこりにくいものである。第19図は塔型サイロ内での密度ムラと発熱の状況を示したものである。サイロの周辺部はデストリビューターで吹きつけられてひじょうに密度が高いが，中心部はふわふわしてドーナツ状を呈し，この部分にカビの発生がみられる。

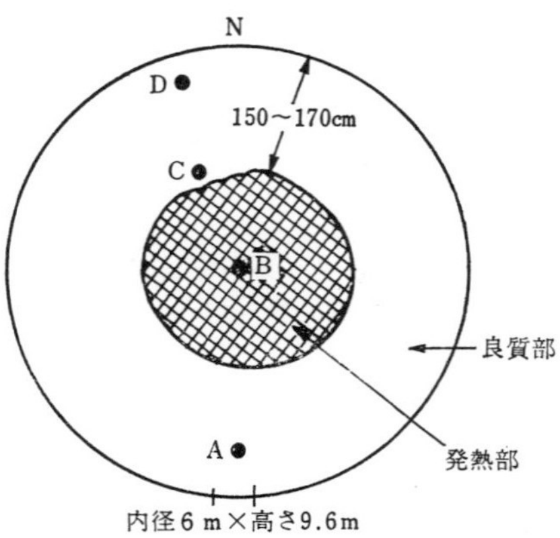

第19図 サイロ内での密度ムラと発熱の状況
（山下，1978）
サイレージの温度　A点 30cm 内部 6.5℃，同 45cm 7.0，B点 表層 9.5，30cm 13.0，60cm 14.0，C点 30cm 8.0，サイロ内気温 11.0

第10表 バンカーサイロでの二次発酵誘発の要因 （山下，1978）

項目		発熱しているサイロ（11基）	発熱していないサイロ（11基）
収穫機	ハーベスター（シリンダー型）	3基	7基
	チョッパー	3	3
	ロードワゴン，ローダー	5	1
詰込日数	1〜2日	1	3
	3〜5日	3	5
	6日以上	7	3
共同作業	個人	5	1
	2〜3戸共同	4	3
	4戸以上	2	7
密　封	ビニール上部だけ	8	6
	ビニールに破れあり	2	0
	ビニール側壁，下部から	1	5
取出機器	バックレーキ，ローダー	9	3
	ホーク	0	5
	ヘイナイフ，チエンソー	2	3

したがって，詰込み中は材料をかき均らし，十分踏圧することが大切である。

また，密度を高めるためには細切が効果的である。すなわち，第10表に示すように，ロードワゴン，ローダーなどの収穫機により材料を長いまま詰め込んだサイレージは二次発酵をおこしやすく，シリンダー型ハーベスターで細切して詰め込んだサイレージでは二次発酵はおこりにくい。

③水 分 含 量

水分含量が低いほど材料は密に詰まりにくいが，高水分材料では自重によって密度が高まる。第20図は塔型サイロ内での水分ムラと発熱の状況を示したものである。水分の低い部分は密度が低く，カビが発生し発熱している。また，低水分サイレージは前述したように二次発酵の原因となる酵母が多いことが知られている。

このように，低水分サイレージは高水分サイレージより二次発酵をおこしやすいのである。

④取 出 し 厚 さ

二次発酵をおこしているサイレージの温度は，表面から15cmくらいのところで高い。したがって，毎日15〜20cm以上の厚さで取り出せば二次発酵を防げることになる。

第11表　札幌市近郊農家のトウモロコシサイレージの品質と微生物相

（菊地・安宅，1976）

牧場名	pH	%				生　菌　数／g				
		乳　量	酢　酸	酪　酸	総　酸	好気性菌	乳酸菌	酪酸菌	酵　母	カ　ビ
F牧場	3.75	2.69	0.43	0	3.12	1.4×10^7	1.3×10^6	33	1.7×10^7	<10
H牧場	3.71	2.06	0.97	0	3.03	1.9×10^7	2.1×10^6	23	$<10^2$	<10
K牧場	3.89	2.22	0.51	0.15	2.88	8.4×10^6	3.0×10^7	13	1.4×10^7	<10
N牧場	4.26	1.41	1.12	0.06	2.59	3.0×10^8	6.0×16^6	79	4.8×10^7	<10

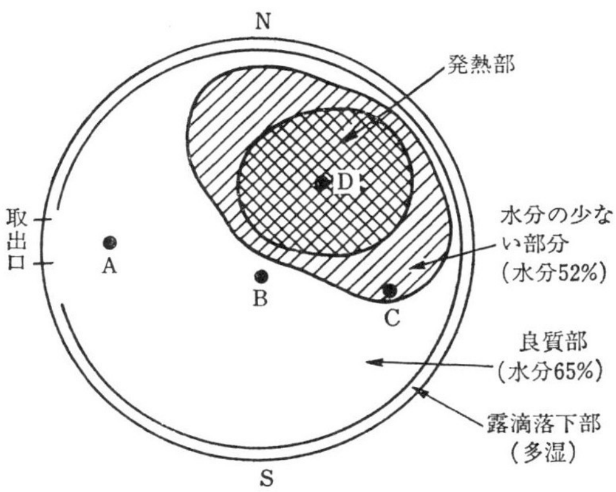

第20図　サイロ内での水分ムラと発熱の状況

（山下，1978）

サイレージの温度　A点 30cm 内部 8.5℃，B点 同 12.0，C点 同 6.5，D点 同 24.5，D点 45cm 内部 45.0，サイロ内気温 8.5℃

⑤サイレージの品質

一般に高品質のサイレージ，とくに糖添加やギ酸添加の牧草サイレージとか，熟期のすすんだトウモロコシサイレージは，劣質のサイレージに比べると二次発酵がおこりやすい。すなわち，劣質サイレージにはプロピオン酸や酪酸が多く含まれこれが酵母やカビの生育を阻止するため，二次発酵がおこりにくいと考えられている。

⑥微 生 物 相

酵母の多いサイレージは二次発酵しやすいという報告があるが，一般に良質のサイレージやトウモロコシサイレージには酵母が異常に多い（第1図，第11表）。最近，高エネルギー飼料としてトウモロコシサイレージに関心が高まっているが，今後は二次発酵の対策が必要になろう。

2. 二次発酵の防止

前述のように，二次発酵は基本的には空気の侵入によって発生するものである。したがって，これを防止するには，①二次発酵をおこす酵母やカビの少ないサイレージを調製すること，②サイレージに空気が侵入することを物理的に断つこと，③二次発酵の原因となる微生物の生育を化学的に阻止することが必要である。

(1) 微生物的方法

一般に品質の悪いサイレージは二次発酵をおこさないことが知られている。これは品質の悪いサイレージに含まれている酪酸が酵母やカビの増殖を抑えるからである。一方，普通の品質のサイレージには酵母が比較的多く，二次発酵をおこしやすい。これに対し，調製時に乳酸菌を添加し，乳酸発酵を促進すると酵母の少ない良質のサイレージができて，二次発酵がおきにくくなることが認められている（第21図）。

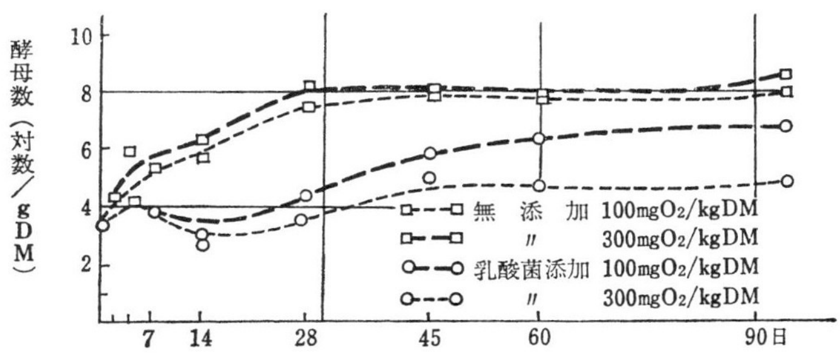

第21図　酵母の増殖に及ぼす乳酸菌添加の影響

（バーロウ・ツインマー，1985）

(2) 物理的方法

①サイロ規模

牛の頭数にみあったサイロの大きさが必要である。すなわち，1日に取り出す厚さは15〜20 cm 以上が安全である。

トレンチサイロやバンカーサイロでは，とくに二次発酵がおこりやすいので，なるべく間口を小さくし，さらに間仕切装置を工夫すると，より安全になる。

②サイロの構造と密封

サイロを開封したのち長時間解放しないようなサイロの型式や構造を選ぶことが大切である。そのため，サイロの表面積をなるべく小さくし，再密封が可能な構造にすることが必要である。とくに，夏期に利用するばあいは，密封可能な塔型サイロを使用し，バンカーサイロやトレンチサイロでは，パッケージ板を活用することによって再密封を完全にする必要がある。

③サイレージ調製法

開封後，サイレージ内部に空気が侵入する程度は密度が高いほど少ない。したがって，詰込みにあたっては材料を細切し，よく踏圧し，完全に密封する必要がある。

(3) 化学的方法

①プロピオン酸

二次発酵の原因になる酵母やカビの生育を抑制する添加剤として，プロピオン酸が最も容易に利用できる。

プロピオン酸の添加必要量は，材料の種類・水分含量・貯蔵期間の温度などによって異なるが，一般に0.5%が標準である。

②ギ酸カルシウム複合剤

本剤は，西ドイツで開発された製品である。主成分は，ギ酸カルシウム75%，安息香酸ナトリウム10%，ピロ亜硫酸ナトリウム10%，ミネラルその他5%であり，これらは，乳酸菌の生育を抑制せずに二次発酵の原因となる酵母やカビの生育を抑える特徴をもっている。添加量は0.2〜0.3%である。

Ⅳ サイレージの飼料特性

サイレージの飼料価値は，材料の飼料価値とサイレージの品質によってきまる。材料の飼料価値が高いことが重要であることはいうまでもないが，同一材料のばあい，サイレージの飼料価値はサイレージ発酵の良否によって大きく左右される。さらにサイレージは，できあがるまでにいろいろ複雑な変化がおこり，多くの発酵産物を含んでいる点で材料と大きく異なっている。したがって，サイレージを家畜に与えるさい，サイレージの品質を正確に評価し，さらにサイレージが生草や乾草と比べてどのような特性をもっているかを理解する必要がある。

1. サイレージ化と飼料成分の変化

同一材料でつくった乾草とサイレージの成分を比較すると第12表のようである。いずれも良質の製品であるが，サイレージは材料や他の製品に比べて，水分と粗脂肪含量が増加し，純蛋白質と可溶性炭水化物が減少している。すなわち，粗蛋白質は含量に大きな変化はみられないが，発酵の過程で大部分はアミノ酸・アンモニアへ分解する変化をたどり，とくに品質がわるいものほどアンモニアへの分解が大きい。一方，可溶性炭水化物は乳酸菌に消費されて，乳酸や揮発性脂肪酸が生産される。これらの脂肪酸は粗脂肪として定量されるため，サイレージでは粗脂肪含量がみかけ上増加する。なお，これらの脂肪酸は，あとで述べるように反芻家畜のエネルギー源として利用される。

ところで，牧草や飼料作物の硝酸態窒素(NO_3-N) 含量は，サイレージ調製によって激減することが知られている（第22図）。これは，サ

第12表　同一材料草で調製した乾草とサイレージ成分の比較　（安宅・楢崎，1978）

	水　分	粗蛋白質	純蛋白質	粗　脂　肪	可溶性炭水化物	C　W	総エネルギー
	%	%	%	%	%	%	kcal/g
材料草	80.1	15.1	12.8 (83)	4.6	4.9	68.3	4.53
自然乾草	12.1	15.2	11.5 (76)	3.8	4.0	61.8	4.40
人工乾草	12.3	15.2	13.1 (87)	4.4	4.5	68.1	4.38
ヘイキューブ	9.9	15.6	13.6 (87)	6.0	3.6	64.4	4.38
サイレージ	81.7	16.1	9.5 (59)	8.8	0.9	62.2	4.69

注　材料草　オーチャードグラス主体二番草，（　）粗蛋白質含量に対する純蛋白質の割合，CW　細胞壁構成物質，成分は乾物中

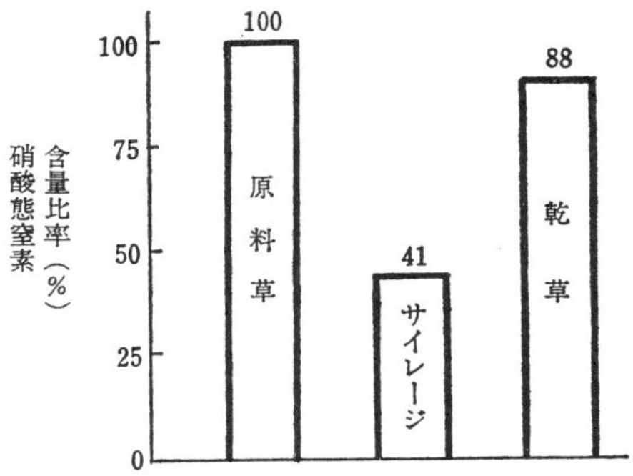

第22図　牧草調製法と硝酸態窒素の消失割合　（安宅，1974）

イレージの微生物（コリ型菌）によって硝酸が分解されるためである。したがって，わが国の特殊環境での高硝酸態窒素牧草の安全な利用法として，サイレージが最もすぐれている。

2．サイレージの消化率・栄養価

サイレージの消化率・栄養価は，基本的には材料のそれに支配される。適期における乾物中

第13表　同一材料で調製した乾草とサイレージの消化率・栄養価比較　（安宅・楢崎，1978）

	消化率		栄養価（乾物中）		
	エネルギー	粗蛋白質	DCP	TDN	DE
	%	%	%	%	kcal/g
自然乾草	58.2	66.0	10.1	57.3	2.56
人工乾草	57.9	65.4	10.1	59.4	2.54
ヘイキューブ	53.1	58.6	9.1	53.3	2.33
サイレージ	59.0	69.3	11.3	60.5	2.77

注　DE　可消化エネルギー

TDN含量は，①トウモロコシ70%，②牧草65%，③オオムギ62%，④ソルゴー55%，⑤ライムギ53%，⑥イナわら40%の順である。

また，牧草の栄養価は，生育の進行に伴い低下するが，トウモロコシではその変化は少ない。

同一材料でつくったサイレージと他の製品との消化率・栄養価の比較は第13表のようである。エネルギー，蛋白質の消化率はサイレージが最も高く，乾物中のDCP，TDNと可消化エネルギー含量もサイレージがすぐれている。

3．サイレージ摂取量

良質サイレージは乳牛の好みがよく，大量に摂取されることが認められている。すなわち，濃厚飼料が要求養分量の40～50%給与されているばあい，サイレージからの乾物摂取量は体重の1.0～1.5%ていどとされており，濃厚飼料を乳量の1/4～1/6の給与でのサイレージ主体のばあい，良質サイレージであれば体重の2%以上の乾物摂取量が可能である。

一方，品質のわるいサイレージでは，乳牛の摂取量が少なくなる。これは，質のわるいサイレージには酪酸やアンモニアが多いためと考えられている。

また，高水分サイレージの乾物摂取量は，たとい品質がよくても低水分サイレージや乾草のそれより少ないことが知られている。この原因の一つとして，高水分サイレージには，D(－)乳酸が多いことが考えられる。ちなみに，サイレージの乳酸異性体分布は，第14表に示した。高水分無添加サイレージには，D(－)乳酸が多

第14表　サイレージの乳酸異性体の分布　（安宅，1978）

	水分	pH	全乳酸	全乳酸中	
				L(+)乳酸	D(−)乳酸
トウモロコシサイレージ(34)	79 %	3.8	1.43 %	45 %	55 %
牧草サイレージ(2)	75	4.2	1.67	44	56
ギ酸サイレージ(7)	77	3.9	1.30	57	43
ヘイレージ(9)	64	4.4	1.35	54	46

注　(　)は測定数

いが，ヘイレージやギ酸添加サイレージには，L(+)乳酸が優勢している。前述のように，D(−)乳酸は，家畜にとって利用されにくいものであり，家畜の摂取量を抑制する物質と考えられる。したがって，D(−)乳酸の少ないヘイレージやギ酸サイレージの嗜好性が高く，家畜の生産性が高いことが理解される。

4. サイレージの産乳性

一般に良質のサイレージには，1〜2％の乳酸と0.5％ていどの酢酸が含まれている。また，劣質のサイレージはこれ以外に，プロピオン酸，酪酸，吉草酸，カプロン酸などの揮発性脂肪酸（VFA）を含んでいる。

これらの脂肪酸の組成と牛乳生産とのあいだに密接な関係があり，酢酸と酪酸は乳脂肪を合成し，プロピオン酸は乳糖，蛋白質を合成して無脂固形分を高める。また，乳酸はルーメン内で主としてプロピオン酸に変換され，乳糖や蛋白質をつくる。

乳生産のため最も効率のよいルーメン内VFA組成は，酢酸60％，プロピオン酸20％，酪酸15％，その他5％であるとされている。同一材料でつくったサイレージとその他の製品を羊に給与したばあいのルーメンVFAの組成は，第15表のように，サイレージ給与はプロピオン酸の割合を高め酢酸を減少させる。このようにサイレージ給与時のルーメンVFA組成は乳生産のため理想的であり，良質サイレージの給与によって乳生産が増加するのである。

第15表　同一材料で調製した乾草とサイレージを給与したばあいのルーメン発酵　（安宅・楢崎，1978）

	pH	NH_3-N (mg/dl)	VFA (mM/dl)	VFA（モル％）			
				酢酸	プロピオン酸	酪酸	吉草酸
自然乾草	7.3	17.2	5.5	83	12	5	tr.
人工乾草	7.2	14.9	7.3	84	12	3	1
ヘイキューブ	7.1	19.3	8.3	80	16	4	tr.
サイレージ	7.2	20.5	6.5	76	18	4	2

注　tr.：痕跡

一方，劣質サイレージを給与したさい，第16表に示すようにルーメンVFAにおいて，著しい酢酸の減少と酪酸の増加がみられる。このことは劣質サイレージは嗜好性が劣るばかりでなく，産乳性も低いことを示唆している。さらにこのようなサイレージを摂取したさい，体内では，酪酸からケトン体が形成されるので，家畜栄養上好ましくない。すなわち，酪酸の多い劣

第16表　サイレージの品質とルーメン内VFA組成　（安宅・楢崎，1976）

サイレージ	サイレージ有機酸（％）				評点	ルーメン内VFA（モル％）			
	乳酸	酢酸	酪酸	総酸		酢酸	プロピオン酸	酪酸	吉草酸
1	1.79	0.94	0	2.73	78	62.7	22.2	9.7	5.3
2	0.94	0.13	1.91	2.98	13	50.3	14.8	29.3	5.6
3	2.06	0.56	0.60	3.22	41	64.4	15.4	14.1	6.2
4	2.10	0.24	0.58	2.92	48	67.2	15.5	12.1	5.2

第17表　サイレージの品質と家畜の反応　（楢崎・安宅，1973）

材　料	サイレージ				血				液		尿		1頭1日当たり乳量
アルファルファ	水　分（%）	pH	酪　酸（%）	NH3-N／T-N（%）	赤血球数（万/ml）	ヘマトクリット（%）	ヘモグロビン（g/dl）	血糖値（mg/dl）	血清蛋白質（%）	グロス反応（ml）	pH	アセトン体（シノテスト3号）	（kg）
無添加	84.9	4.91	1.17	23.5	716	31.2	10.35	29.0	8.0	2.00	8.05	卅6頭	13.8
糖蜜飼料5%添加	82.4	4.96	2.00	15.7	641	30.0	10.41	28.8	8.1	2.09	7.93	＋2頭 卅4頭	14.6
ギ酸0.4%添加	82.4	4.32	0.18	5.8	675	31.6	11.02	40.3	8.2	2.06	8.17	＋6頭	15.2

質サイレージを乳牛に給与したばあい，第17表のように，血糖値の低下と尿中ケトン体の増加がみられる。

V　サイレージの品質評価法

サイレージの発酵の良否は，貯蔵中の養分損失やできあがった製品の飼料価値，さらにこれを摂取した家畜の生理や生産性に大きな影響を与える。したがって，サイレージの品質を正しく評価し給与することが大切である。

サイレージの品質は，発酵の良否，いわゆる発酵品質（狭義の品質）と，できあがったサイレージの飼料価値（広義の品質）によって判定される二つのばあいがあるが，一般にサイレージ品質は，狭義の意味での発酵品質を指す。

サイレージの発酵品質はつぎのようにして判定できる。

1．化学的評価法

サイレージは，乳酸発酵によって生成される乳酸の酸性によって，不良菌の繁殖を阻止して安定的に貯蔵するものであるから，乳酸の含量

第18表　フリークによる評価法　（1966年改訂）

	総酸に対する%	点	総酸に対する%	点	総酸に対する%	点	総酸に対する%	点	評価 総点数	評価 等級
乳酸	0.0～25.0	0	40.1～42.0	8	56.1～58.0	16	68.1～69.0	23	総点数	等級
	25.1～27.5	1	42.1～44.0	9	58.1～60.0	17	69.1～70.0	24	81～100	優(1)
	27.6～30.0	2	44.1～46.0	10	60.1～62.0	18	70.1～71.2	25	61～80	良(2)
	30.1～32.0	3	46.1～48.0	11	62.1～64.0	19	71.3～72.4	26	41～60	可(3)
	32.1～34.0	4	48.1～50.0	12	64.1～66.0	20	72.5～73.7	27	21～40	中(4)
	34.1～36.0	5	50.1～52.0	13	66.1～67.0	21	73.8～75.0	28	0～20	劣(5)
	36.1～38.0	6	52.1～54.0	14	67.1～68.0	22	75.0<	30	0>	〃
	38.1～40.0	7	54.1～56.0	15						
酢酸	0.0～15.0	20	24.1～25.4	15	30.8～32.0	10	37.5～38.7	5		
	15.1～17.5	19	25.5～26.7	14	32.1～33.4	9	38.8～40.0	4		
	17.6～20.0	18	26.8～28.0	13	33.5～34.7	8	40.1～42.5	3		
	20.1～22.0	17	28.1～29.4	12	34.8～36.0	7	42.6～45.0	2		
	22.1～24.0	16	29.5～30.7	11	36.1～37.4	6	45　<	0		
酪酸	0.0～ 1.5	50	8.1～10.0	9	17.1～18.0	4	32.1～34.0	－2		
	1.6～ 3.0	30	10.1～12.0	8	18.1～19.0	3	34.1～36.0	－3		
	3.1～ 4.0	20	12.1～14.0	7	19.1～20.0	2	36.1～38.0	－4		
	4.1～ 6.0	15	14.1～16.0	6	20.1～30.0	0	38.1～40.0	－5		
	6.1～ 8.0	10	16.1～17.0	5	30.1～32.0	－1	40　<	－10		

第19表　サイレージ品質の区分（例）
（高野）

区　　分		高品質サイレージ	中品質サイレージ	低品質サイレージ
発酵品質	乳酸含量比[1]　%	80	65～75	40～60
	酢酸含量比[1]　%	20	20～30	30～40
	酪酸含量比[1]　%	0	0～10	10～30
	$\frac{VBN}{T\text{-}N}$比[2]　%	8以下	8～15	16以上
	フリーク評点	80～100	50～80	50点以下
飼料価値	D C P[3]　%	10以上	5～10	5以下
	T D N[3]　%	65以上	60前後	50以下
	嗜　好　性	高	中	低

注　1）総酸に対する比率，2）全窒素に対する揮発性塩基態窒素の比率，3）乾物中含量

が多く，pH が低いほどすぐれていると考えられる。したがって，サイレージの発酵が良好であったか失敗したかは，つぎのようにして判定する。すなわち，サイレージの発酵によって生成された有機酸の含量を測定し，そのうち乳酸の割合の多いものをすぐれるとし，酪酸やこれよりも炭素数の多い揮発性脂肪酸（吉草酸，カプロン酸など）の多いものを品質が劣るとする。このような考え方に立って，フリーク評点による評価法が広く普及している（第18表）。

一方，好ましくない発酵をすると蛋白質が分解してアンモニアが生産されることから，アンモニアの量によってサイレージの品質を判定する方法がある。すなわち，サイレージの全窒素含量に対してアンモニア態窒素あるいは揮発性塩基態窒素の割合の少ないものが良質である。

なお，アンモニア態窒素比率による評価とフリーク評点による評価はよく一致することが知られている。

広い意味での良質サイレージは，良好な発酵品質と高い飼料価値をもつものである。これを具体的数字によって示すと第19表のようである。

2. 実際的評価法

化学的方法によるサイレージの品質の評価は複雑で，時間と経費がかかり，農家自身がそのときどきに品質を見分けることは困難である。

農家自身が自分のサイレージの良否を大まかに知り，合理的に評価するには，五官による官能法が最も適している。サイレージの発酵品質は，その色・香・味・触感などとよく対応しているので，複雑な分析をしなくても経験をつめば，官能的な検査だけでも相当確実な判定ができる。

(1) 色

サイレージの色は，材料の種類によっても異なるが，一般に淡黄色あるいはオリーブ色がよい。すなわち，新鮮な草類は葉緑素のため緑色をしているが，発酵が良好に行なわれると乳酸酸性のため，フェオフィチンという黄色物質ができるためである。一方，不良発酵をしたサイレージは暗褐色ないし黒色をしている。また，未成熟の材料を使用したばあい，緑色ないし暗緑色のサイレージができるが，このようなものは一般に pH が高く，アンモニア含量も多い。

ヘイレージは品質がよくても一般に褐色を呈しているが，これは発酵温度が上昇したために，カラメル化あるいはアミノ・カルボニル反応がおこり褐色物質ができるためである。このようなサイレージは，芳しい香りがして乳牛の好みもよい。

(2) 香　り

良質サイレージは，すっきりとした酸臭，果実臭あるいは芳しい香りがする。このようなサイレージは pH が 4.0 以下であり，乳酸含量が多い。タバコ臭のするものは高温発酵をしたものであり，暗褐色をし，蛋白質の消化率が劣る。酪酸臭のするものとか腐った魚のような臭いのものは pH が高く，アンモニア含量の多いものである。堆肥臭・腐敗臭・アンモニア臭の強いものは，家畜の飼料として使用できない。

(3) 味

口に含んだとき，快い酸味を感じるものは品質がよい。pH が 3.7 ていどのものは相当強い酸味を感じ，pH 4.0 前後では酸味と同時に糠

第20表　サイレージの簡易な発酵品質の見分け方　（高野）

区分	等級	色沢	香り	サイレージを乳牛に給与していると	サイレージを手に触れると	サイレージフリーク評点	高水分サイレージのpH	酪酸含量（%）
安全	A	黄金色 オリーブ色	快い軽い甘酸	牛舎にはいり牛が採食するのを見るまでわからない	手を洗いたいと思わない	80点以上	3.6～3.8	0
安全	B	褐黄色	甘酸臭に軽い刺激臭	牛舎にはいるとわかる	水で洗うと臭いはとれる	60点以上	3.9～4.2	0.1～0.2
危*険　要注意	C	暗褐色	強い刺激臭	牛舎前20～30mから臭う	お湯で洗う必要がある	40点以上	4.2～4.5	0.3～0.4
危険　不向き	D	黒褐色 濃緑色	アンモニア臭・腐敗臭	牛舎100m前から臭う	お湯と石けんで洗ってやっと臭いがとれる	39点以下	4.6以上	0.5以上

注　* 牛舎作業して家に帰ると子どもらに臭いといわれたら，要注意

みそ漬のような味がする。酸味と同時に渋味を感じるものはpH 4.5以上であり，苦味を感じるものはアンモニア含量の多い品質のわるいものである。

(4) 触　感

握っただけでポタポタと水分がしたたるようなものはよくない。良好な発酵をしたものは適度の湿りとサラサラした感じを与える。

また，不良発酵をしたサイレージは，材料の原形をとどめないで，ねばねばした感じがする。

以上をふまえ，農家自身が現場でてっとり早くサイレージの品質を見分ける簡便法を示したのが，第20表である。サイレージの品質はAからDまで四つの等級に分けられるが，AとBが良質サイレージに該当する。CとDのサイレージは，長期給与すると，乳牛の好みが低下し，下痢の発生，乳量の減少，ケトージス・乳房炎の発生，繁殖障害などがみられる。このようなC，Dクラスのサイレージができたら，調製の方法に基本的な誤りがあったことを示す。

VI サイロの種類とその特性

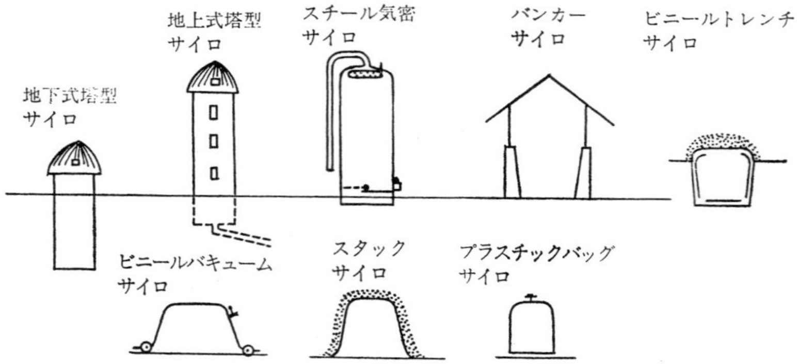

第23図　サイロの種類　　（高野）

代表的サイロの概要は第23図に，またその特性は第21表に示してある。

筆執　安宅一夫
（酪農学園大学）
1991年記

第21表　サイロの特性

区分	サイレージの適応水分(%)	気密性	気温の影響	排汁能力	二次発酵	サイレージ品質と養分回収	適応経営規模	適応経営集約度	詰込み労力	建築費サイレージ1kg当たり円
地上式塔型サイロ	65〜85	良	中〜小	有	要注意	優	小〜大	集約	中〜大	0.7
地下式塔型サイロ	70〜75	良	小	無	要注意	優	小〜中	集約	小〜中	0.5
バンカーサイロ	70〜85	中	中	有	危険	良	中〜大	やや粗〜集	小〜中	0.5
トレンチサイロ	70〜85	中	小	無	要注意	優〜良	小〜大	やや集	小〜中	0.5
バキュームサイロ	70〜85	中	大	無	危険	良	小〜大	やや集	小〜中	1.2
スタックサイロ	75〜85	劣	大	有	危険	やや不良	中〜大	粗放	小〜中	0.2
バッグサイロ	60〜85	良	大	有	要注意	良	小〜中	集約	小	2.0
気密サイロ	30〜60	優	小	必要なし	安全	秀	大	集〜やや粗	小	1.7

参考文献

安宅一夫．1979．サイレージの発酵品質と飼料価値を左右する要因．北海道草地研報．13．

安藤文桜・越智茂登一．1976．サイレージのすべて．酪農事情社．

A. J. G. Barnett. 1954. Silage Fermentation. Butterworths Scientific Publication.

デーリイ・ジャパン．1978．サイロとサイレージ．デーリイ・ジャパン社．

P. McDonald and R. Whittenbury. 1973. The Ensilage Process. Chemistry and Biochemistry of Herbage. Academic Press.

大久保忠旦他．1990．草地学．文永堂．

大原久友・高野信雄．1971．放牧・乾草・サイレージ．明文書房．

大山嘉信．1978．サイレージ発酵に関連する諸問題．日畜会報．42．

大山嘉信．1978．畜産大事典．養賢堂．

佐々木博．1972．グラスサイレージの微生物学的研究．北大農学部紀要．8．

須藤浩．1971．サイレージと乾草．養賢堂．

高野信雄・萬田富治．1978．サイレージ・通年利用の家際．農文協．

高野信雄・安宅一夫(監修)．1986．サイレージバイブル．酪農学園出版部．

高野信雄・佳山良正・川鍋祐夫(監修)．1989．粗飼料・草地ハンドブック．養賢堂．

乾燥の基礎

I 乾草の特性と必要性

わが国の気象条件は，夏に多雨多湿で乾草の調製に適していないので，サイレージ調製を主にして乾草の調製量をごく少量にとどめることが一般に有利であり，指導奨励されている地域が多い。しかし，乾草の調製量は意外に多く，たとえば北海道のような低温多湿地帯でも牧草はサイレージよりも乾草が多い。

これには種々の理由がある。

サイレージをトウモロコシで調製し，牧草は乾草に調製して，飼料給与のバランスをはかろうとするのが，最も大きな理由のように見受けられる。

サイレージ主体またはサイレージ単味給与でも牛の飼養は可能だが，実際には排糞が軟便になりすぎて牛舎や牛体が汚れ，そのために牛乳が不潔になりがちな欠点がある。また，サイレージはともすると不快な臭気の強い品質不良なものに調製されることもあって，そのためサイレージ主体に踏みきれない農家が多いのが実際のようである。

子牛の育成時には良質乾草がぜひ必要であり，反芻胃の発達や反芻胃の機能を正常に保つためには，乾草のように良質で長い繊維がぜひ必要であり，このことはサイレージと異なる乾草の顕著な特性のひとつである。乾草は水分を除いて保存性をもたせた飼料だから，固く梱包しうるので，広域に流通させることができる。土地の少ない畜産農家は希望する品質の乾草を購入して牛の飼養ができ，逆に土地の広い畜産農家は余剰の乾草を販売することができるわけである。このようなばあいは他の農産物と同様に，品質の一定した規格品を調製する必要があり，また要望されるのである。

気象条件さえよければ，乾草調製というのは牧草を刈り倒して乾燥させるだけだから，サイレージのように大型機械や施設が不要であり，手がるに調製できる。この点も乾草が好まれるひとつの理由であろう。反面，降雨にあうと品質が著しく劣化することがあり，乾草調製はつねに危険が伴っているといわねばならない。天候に左右されずに各種の人工乾燥で乾草を調製しうるが，一般にいずれの方法も生産費が高くなりやすいことが最大の欠点である。

アメリカのカリフォルニア州のように，夏の間ほとんど雨が降らない地域では，きわめて安価に乾草が生産されるので，これらの地域から輸入される乾草の価格と競争することがきわめて困難な状況にある。

梱包乾草をさらに圧縮したものがヘイキューブである。ヘイキューブはペレットやミールと異なり乾草が粉状になっていないので，乾草と同じはたらきがあると考えてよい。切断長が1*cm* 以上であれば，反芻回数，反芻時間，反芻胃内有機酸産生，乳成分，乳脂率などからみて，長い乾草と同じ粗繊維効果があることが確かめられている。したがって，広い意味ではヘイキューブも乾草のなかにはいるが，ここでは主として天日乾燥で生産される通常の乾草について述べる。

Ⅱ 乾燥の原理と促進

1. 乾燥の原理

植物の根から吸収された水分は，葉の気孔から大気中へ蒸散してゆく。牧草を刈り倒した直後は，立毛中と同様に気孔から水分が蒸散している。日中の気孔は開いており，その名のとおり孔のようになっている。その孔の中に柔らかい葉肉細胞が突出していて，植物体中の水がその葉肉細胞に集まってくるので，水が水蒸気になって気孔の中に排出される。その水蒸気は風で飛ばされて，気孔の中の水蒸気が希薄になるので，葉肉細胞から連続的に水蒸気が排出されることになる。

植物の表皮細胞からはいろいろな物質が分泌されて，硬い膜状になっているが，これはクチクラ層といって，植物の内部を保護し，植物体内の水分が外気中に蒸散するのを防いでいる。サボテンのように乾燥に強い植物は，クチクラ層が厚く気孔の数が少ないといわれている。したがってがんらい，クチクラ層からは水分は蒸散しないのだが，立毛中の植物でも全体の５～10%は，クチクラ層から水が蒸散しているといわれている。刈取り後強くテッダーをかけたり，コンディショナをかけたりすると，クチクラ層が破壊されるから，クチクラ層からの蒸散が促進されることになる。

さて，刈り倒された牧草の水分は，初めは気孔から蒸散するが，植物体内の水分が少なくなると気孔は閉じるので，クチクラ層から蒸散することになる。植物体内の細胞内には液胞といって水溶液の満たされた空間があり，生長した植物では細胞容積の大部分を占める大きさになる。水分が蒸散して液胞が収縮すると，細胞壁が引っぱられて破壊される状態となり，水分の植物体内での移動が促進されて表層やクチクラ層から蒸散する。

未乾燥の乾草の表面は水蒸気が多い。このことを水蒸気圧が高いという。周囲の空気が乾燥していると，水蒸気圧が低いので表面の水蒸気が空気中に放散する。そして，空気中の水蒸気圧と牧草の表面の水蒸気圧とが一致した時点で乾燥が停止するのである。

2. 乾燥の促進

刈り倒した牧草の茎をつぶしたり折ったりすると乾燥が促進される原理は，クチクラ層を破壊して，クチクラ層からの蒸散を促進するためである。しかし，このことはまた，水分の吸収を促進することでもある。空気が乾燥していると水分の蒸散が促進されるが，夜間など湿度が高いばあいには，逆に植物体内に水分が吸収される。このためクチクラ層を破壊する作業（コンディショニング）の効果がないこともあるので，注意する必要がある。

刈り倒された牧草の表層が早く乾燥するので，反転すると乾燥は促進される。しかし，表層と下部とで水分差がなければ，反転しても効果がないわけで，初めのうちは10%ていど，後半は５%ていどの差が生じたときに反転すればよいといわれている。また，あるていど乾燥した牧草を縦列に集めることが実際に行なわれている。上層の表面の温度が高くなるので，下部の草とのあいだに温度差が生じ，対流が起こって蒸散が促進されるという。

3. 貯蔵と平衡水分

牧草中のセルロースやヘミセルロースは吸湿性に富む物質で，セルロースはその重量の半量ぐらいの水分を吸収し，ヘミセルロースはその重量と同量の水を吸収するといわれている。したがって湿度が高い状態で貯蔵すると，水分を吸収して貯蔵乾草中の水分含量が高くなる。反対に秋は空気が乾燥するので，秋まで放置する

第１表　草種，刈取り時期と平衡水分
（鈴木，1972）

草　種	刈取り時	生育段階	刈取り時草丈(cm)	10日後水分(%)
ラジノクローバ	6月1日	生育期	25〜30	22.4
赤クローバ	〃	〃	53	21.9
アルファルファ	〃	〃	55	21.5
オーチャードグラス	〃	出穂期	80	19.9
〃	6月23日	開花始期	—	16.5
チモシー	6月1日	生育期	65	18.8
〃	6月23日	出穂期	—	16.8

と貯蔵乾草の水分含量が低下するのがふつうである。このように，吸湿性に富む物質は周囲の外気の水蒸気圧と平衡を保とうとする動きがあり，そのときの物質の水分を，平衡水分と呼ぶことがある。

牧草は種類によって平衡水分が異なる。第１表は相対湿度79%，温度９℃の環境条件のなかに各草種の乾草を密封し，10日後に水分を測定した結果である。マメ科牧草の平衡水分は，イネ科牧草のそれよりも高く，イネ科牧草でも早刈りがおそ刈りよりも高い値を示す。すなわち，マメ科牧草やイネ科牧草の早刈りは，貯蔵時の水分が高くなりやすいので，発熱，発カビが起こりやすい傾向が示されている。

4. アンモニア処理乾草の原理

乾草調製の実際面では，乾草が仕上がる直前に雨が降りそうになることがしばしばある。そのようなときに，まだ圃場の乾草が未乾燥でも梱包して堆積し，ビニールで被覆してアンモニアガスを注入すると，発熱，発カビを防止できるばかりでなく，緑色の濃い良質な乾草に仕上げる方法が最近開発された（第１図参照）。

ボンベの元栓を開くと，ボンベ内の液化アンモニアがアンモニアガスとなって，ビニール被覆内に充満する。アンモニアガスは，人間や動物には強い毒性はないが，酵母や細菌を殺菌または制菌する効果がある。水分の多い半乾燥の乾草を梱包して堆積すると発熱するのは，酵母や細菌が活動して発酵するためである。アンモニアガスは酵母や細菌の活動を制圧するので，

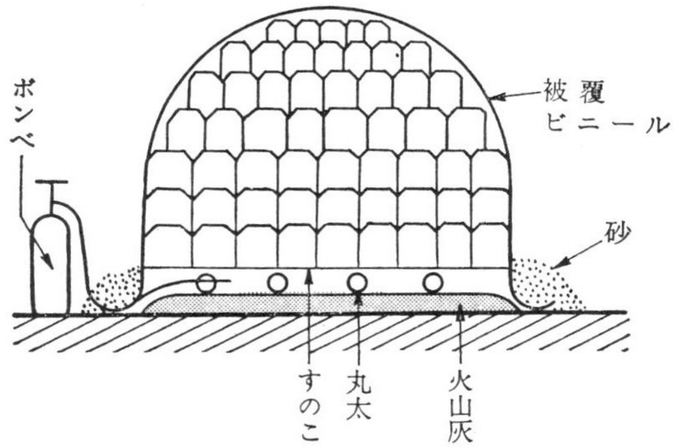

第１図　アンモニア処理乾草調製法

発熱も発カビも起こらない。

屋外で乾草を堆積するとビニールの下は60℃前後の高い温度になるので，堆積した乾草の水分が蒸散して水滴となり，ビニールの内壁に沿って地下に浸透する。堆積の上部と下部との間に対流が起こって，堆積内部の水分が徐々に低下する。そして秋まで放置すると，圃場で完全に乾燥させた乾草と同様の水分含量になるのである。

ビニール被覆内に注入されたアンモニアガスの一部は，堆積された乾草の組織内に浸透してアンモニア水となり，強いアルカリ性となって，アルカリ処理の効果が起こる。アルカリ処理効果というのは，繊維の多い粗飼料を強いアルカリ剤の中に浸すとリグニンの一部が溶解し，リグニンとセルロースの結合が切断され，またセルロースの長い分子構造が切断されるので，消化率が著しく向上する現象をいう。つまり，発熱や発カビを抑えるばかりでなく，消化率が著しく高くなるのである。

さらに，反芻動物のばあいアンモニアは反芻胃内で常時産生されており，それが反芻胃内の微生物態蛋白質に変わって，けっきょくアンモニアが蛋白質として利用されることはよく知られている。組織中の吸収されたアンモニアの一部は，ヘミセルロースなどの炭水化物と化学的，物理的に結合して，離れなくなるのである。これが動物に摂取され，反芻胃内でふたたびアンモニアになって遊離すると，蛋白質として利用される。つまり，粗蛋白質含量が増加したことになるわけで，これもアンモニア処理の著しい

第2表　アンモニア処理乾草の飼料成分と消化率　　(鳶野ら，1984)

処理	飼料成分（乾物中%）						消化率（%）					可消化養分(%)	
	水分	粗蛋白質	粗脂肪	NFE	粗繊維	灰分	乾物	粗蛋白質	粗脂肪	NFE	粗繊維	DCP	TDN
無処理	16.7	14.6	2.2	39.2	33.0	10.0	50.8	62.6	39.0	50.6	49.5	9.2	47.7
NH_3 0.5%	17.2	17.1	2.5	38.3	34.0	8.1	56.8	64.6	55.4	56.2	57.0	11.0	55.1
NH_3 1.0%	15.5	18.2	2.2	38.0	33.8	7.8	59.0	59.8	56.2	59.3	55.5	12.7	56.8
NH_3 2.0%	17.8	20.4	2.4	37.1	30.9	9.2	62.1	68.5	47.7	61.6	64.1	14.0	59.2

利点のひとつである。

アンモニア処理というのは，稲わらや麦わらのように繊維の多い圃場残渣物の消化率と粗蛋白質含量を高めて，飼料として有効に活用しようとするのが本来の目的である。以上のように，アンモニアの殺菌力，制菌力は，乾草調製にも応用できる。しかし乾草調製に用いるときは，発カビしないていどに，できるだけアンモニアの注入量を少なくするほうが，経済的に有利と思われる。そこで，この点を明らかにするために実施した試験結果が第2表である。

供試した半乾燥の乾草は，オーチャードグラスとアルファルファの混播草で，水分32.5%の2番草である。第1図のように堆積してアンモニアを原物重量当たり0.5，1.0，2.0%注入し，秋おそくまで放置した。その結果，水分含量は圃場で完全に乾燥させた乾草と同様になることが示されている。また，アンモニア無処理の天日乾草の粗蛋白質含量は14.6%であるが，アンモニア2%処理では20.4%になることが示されている。

さらに，アンモニア2%処理ではアルカリ処理の効果も起こって，各成分の消化率が著しく高くなることが示されている。粗繊維の消化率は，アンモニア無処理では49.5%だが，2%添加では64.1%になった。アルファルファのばあい茎は硬くて粗繊維の消化率が低いことが欠点だが，アンモニアを2%添加すると消化率が著しく高くなり，この草種の欠点が除かれ，粗蛋白質含量もさらに高くなるので，2%前後添加してアルカリ処理の効果も発揮させたほうが有利になるかもしれない。

なお，カビの発生を防止するだけの目的でも供試材料の水分含量が30%以上のばあいは，2%ていど添加処理したほうが安全である。水分含量が30%以下のばあいは，発熱，発カビを抑える目的であれば1%ていどの添加処理で充分である。

Ⅲ　乾燥過程と養分損失

1. 炭水化物

立毛中の牧草が刈り倒されたのちも，しばらくの間は呼吸が継続するので，グルコースなどの単糖類が消費される。しかし，グルコースが消費されるとシュークロースが分解してグルコースになるので，グルコースの含有率はあまり変化しないということもいわれている。したがって，乾燥過程における養分の損失を明らかにするためには，含有率だけでは不充分であり，量的な損失を追跡する必要がある。水分が40%前後になると呼吸が停止するので，呼吸による養分の損失を少なくするためには，水分含量をできるだけ急速に，40%以下にすることが大切である。デハイドレイテッドといって火力乾燥で瞬間的に乾燥させると養分の損失が少なく，低温と曇天がつづいて調製期間が長びくと養分の損失が大きくなる。

刈り倒された牧草の水分が低下して，表皮やクチクラ層が破壊されると，組織内部の水分が蒸散して乾燥がすすむことになる。しかし，こ

第3表　刈取り後の放置日数と降雨後の各成分残存率　　（住吉・蒔田，1984）

		降雨前の牧草水分(%)	刈取り時の成分量に対する残存率（%）					
			乾物	可消化乾物	細胞内容物	粗蛋白質	粗灰分	可溶性炭水化物
無降雨放置	7日目		99a	98a	98a	98a	98a	83a
刈倒し後	2日目	69± 9	95b	93b	89b	97a	90b	64b
	4	37±15	92c	85c	72c	91b	69c	56b
	6	26± 5	92c	83c	70c	88b	63d	58b

注　1.　雨量は4時間当たり114*mm*
　　2.　a，b，c間に5%水準で有意差あり

のように乾燥のすすんだ時点で降雨にあうと，養分が雨に溶解して流失する。炭水化物ではグルコースやフラクトースなどの単糖類とシュークロースなどの複糖類が主として流失し，ヘミセルロースやセルロースなどの構造性炭水化物はあまり流出しない。

降雨前と降雨後（人工降雨）とで重量と成分を測定し，成分の残存率を測定した成績がある(第3表参照)。つまり，残存率が少ない成分ほど損失率が多いことになる。牧草の刈倒し後2，4，6日目に人工的に一定量の雨を降らせ(112～116*mm*/4時間)，刈取り時に対する養分の残存率を調査した。その結果，刈倒し後2日で水分が69%になり，その時点で雨に当たると，可溶性炭水化物の残存率が64%になることが示されている。可溶性炭水化物というのは，主として単糖類と複糖類である。つまり，これらの可溶性炭水化物の36%が，呼吸および降雨で損失したことになる。これに反し雨に当たらないと，調製期間が長びいて7日になっても比較的損失は少なく，残存率は83%である。

2. 蛋　白　質

第3表を見ると，粗蛋白質の残存率は6日目で降雨にあったばあいでも88%であり，可溶性炭水化物に比べると，その損失率は低いことが示されている。これは，蛋白質のばあいは呼吸による損失がないし，降雨にも溶解しにくいためであろう。

牧草中の粗蛋白質というのは，純蛋白質と非蛋白態窒素化合物の総称である。非蛋白態窒素化合物というのは，アミノ酸，アマイド，アンモニアなど蛋白質以外の窒素化合物の総称である。これらの非蛋白態窒素化合物は生育段階の早い牧草に多く，ときには粗蛋白質中の40%前後を占めることがあるが，ふつうは20%前後である。

乾草調製過程においては，純蛋白質が減少して非蛋白態窒素化合物が増加するといわれている。それはたぶん，蛋白質が分解してアミノ酸になることがおもな理由であろう。しかしこのような変化は動物の消化管内でも起こっており，アミノ酸からふたたび蛋白質が合成されるので，栄養価値には著しい影響はないといえる。ライグラスを2時間半乾燥させると，全窒素の含有率（この値に6.25を掛けた値が粗蛋白質）は2.02%から1.83%に減少し，非蛋白態窒素化合物の全窒素に対する割合は8.9%から11.4%に増加し，遊離のアミノ態窒素は2.6%から5.9%に高まったという報告がある（ブラディ1960)。

アミノ酸がアマイドなどに分解することも当然考えられるが，反芻胃の栄養生理からみて，アンモニアのばあいと同じ意味で（Ⅱ－4参照)，蛋白質としての価値が消失したことにはならない。

硝酸態窒素化合物も非蛋白態窒素化合物である。これには強い毒性があり，窒素肥料や糞尿を多用すると，異常に高い含量になることが知られている。サイレージに調製すると，その含量が減少するが，乾草調製過程では減少しないことが知られているので，注意する必要がある。

3. ビタミンとミネラル

カロチンは牧草中に含まれる黄色い色素の成分であるが，これは動物体内でビタミンAに変わるので，プロビタミンA（ビタミンAの先駆物質）と呼ばれている。カロチンにはα，β，γがあり，いずれもプロビタミンAだが，量的にはβ-カロチンが最も多い。カロチンのほかに黄色い色素成分ではキサントフィルがあり，そのうちの一部分はプロビタミンAのはたらきがあるが，カロチンとキサントフィルを総称してカロチノイドという。カロチノイドは黄色い色素だが，緑色の濃い若い牧草に多いのは，クロロフィルや蛋白質と関係があるためである。

カロチンは光や空気に直接当たると破壊されるので，乾草調製期間が長びいたり，雨に当たったりするとその大半が消失する。37℃の温度条件で，天日で徐々に乾燥させた結果，カロチンの80％が消失したという報告がある。生草中には，通常200*ppm*ていどのカロチンが含まれている。しかし，天日乾燥で雨にあった品質不良の乾草では5～10*ppm*の含量である。なお，β-カロチンはビタミンAとしてのはたらきだけでなく，β-カロチンそのものが繁殖に関係があるという研究報告があり注目されている。

ビタミンDは，牧草中のステロールという物質から生成される。すなわち，乾草調製過程で水分が減少して細胞が死ぬと，ステロールが直射日光を受けてビタミンDに変わる。生草中ではこのような現象は起こらないが，その理由は明らかにされていない。直射日光を受けるとビタミンAは破壊されるがビタミンDは生成するので，天日乾草はビタミンDに富む飼料である。

ビタミンEもビタミンA，Dと同様に若い草に多く，成熟するにつれて減少する。火力乾燥するとビタミンEが減少することが知られており，天日乾燥では著しい減少はみられないといわれている。ミネラルの損失量は，第1表に示したように意外に多いことがわかる。強い雨にあうと，リンの30％前後，カリの65％前後が流出するという報告がある。

第4表　人工降雨が消化率*に及ぼす影響
（三上・鳶野ら，1975）

草　種	降雨時間			
	0	2	4	8
チモシー	62.7	54.2	55.1	55.2
イタリアンライグラス	68.7	65.4	65.6	65.7
オーチャードグラス	55.6	51.7	49.3	46.5
アルファルファ	65.1	56.3	54.3	54.6
赤クローバ	64.4	56.3	54.4	52.3

注　* 人工消化試験法による乾物消化率

4. 可消化養分

呼吸や雨によって可溶性の成分が消失するので，残存した成分の消化率が低下する。雨によってどのていど消化率が低下するかを調査した結果が第4表である。これはチモシーなど5草種を供試し，水分含量が30％前後になるまで予乾してから，シャワーによる人工降雨に当てて，人工消化試験法により乾物消化率の変化を追跡したものである。8時間の降雨で乾物消化率は，チモシー，イタリアンライグラス，オーチャードグラス，アルファルファ，赤クローバでそれぞれ 7.5，3.0，9.1，10.5，12.1％低下した。一般にマメ科牧草は消化率低下の程度が大きく，イタリアンライグラスは最も少なかった。

乾物消化率というのはＴＤＮ（可消化養分総量）含有率にちかい値なので，雨によるＴＤＮ含有率の低下は，多いばあいで10％以上になることが，第4表の結果から予想される。したがって，ＴＤＮの損失量で表わすと，乾物損失量よりもさらに大きな値になる。

5. くん炭化による損失

最近，堆草舎や牛舎の二階などに収納した乾草が著しく高温になり，黒色になってくん炭化する現象がしばしば起こって，問題になっている。ときには発火して，火災事故も起こっている。このように極端な高温発酵にならなくても，水分のやや多い乾草を収納すると，発熱してカビが発生することは頻繁に起こる。したがって養分の損失というのは，圃場での乾草調製期間中ばかりでなく，貯蔵中にも起こるのである。異常に高温になるメカニズムはまだ明らかにされていない部分が多いが，発熱の最初の引きがねになるのは，サイレージの二次発酵のばあいと同様に，酵母の活動と増殖であろう。酵母によって引き起こされた発熱は，細菌の活動を促し，しだいに好気性細菌による高温発酵になる。

60〜70℃までは発酵による発熱と考えられる。その後，酸化のような化学反応が起こり，それが加速度的に促進され，ついには発火性のガス（たとえばメタンのようなもの）が発生する。高温状態でガスが充満しているときに突然空気が流入すると発火するのではないか，と推察されている。くん炭化したり発火したりすると，損失どころではないので，充分注意する必要がある。このような発熱を防止するための対策としても，アンモニア処理は有効である。

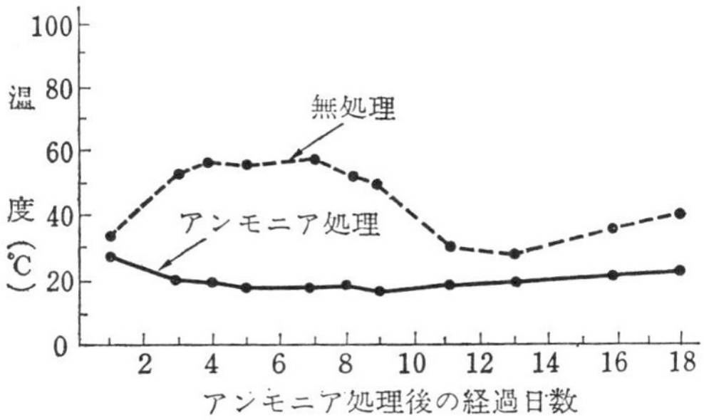

第2図　アンモニア処理が半乾燥（水分38％）乾燥の発熱防止に及ぼす効果
（三上・鳶野，1984）

第2図は，水分38％のオーチャードグラス主体の半乾燥の乾草を梱包して堆積し，アンモニア処理と無処理の乾草の温度を測定した結果であるが，アンモニア処理で発熱は完全に抑えられることが示されている。

Ⅳ　乾草材料と乾草の質

1. 刈取り時の生育段階

イネ科牧草，マメ科牧草のいかんを問わず，生育段階の早いほうが蛋白質やビタミンに富み，消化率が高く栄養価値が著しく高いことは明らかである。しかし一方では，収量が少ないばかりでなく水分が多いので乾燥しにくい欠点がある。生育段階を遅らせると，水分が減少して乾草調製が容易だが，飼料価値が低下する。極端に遅らせると立枯れの状態となり，乾燥は最も容易になるが，稲わらと同じ飼料価値になる。つまり，機械作業からみれば生育段階を遅らせたほうが有利だが，家畜飼養からみれば早く刈り取ったほうがよいという矛盾がある。

家畜飼養の立場からいうと，生育段階の早いうちに刈り取って栄養価値を高め，1回刈取り当たりの収量が少なくても，多回刈りして単位面積当たりの養分収量を高めればよいことになる。そのばあいは，多回刈りしても草地の生産力を衰退させないような，維持管理技術を確立することが，もちろん重要である。

第5表は，チモシーの生育段階別の飼料成分と，緬羊による消化率を測定した結果である。生育段階を早めると，乾草でもＴＤＮ含有率が70％以上になることが示されている。ＴＤＮ含有率からだけいえば濃厚飼料以上である。最近，乳牛の産乳能力が著しく向上しているが，このような乳牛に対しては，粗飼料のＴＤＮ含有率も著しく高いものが必要であり，乾草についても第5表の早刈りのような高栄養の乾草を調製することの必要性が認識されている。

2. 刈取り回次（番草）

一般にイネ科牧草の再生草（2番草以降）は，出穂しないものが多い。つまり，すべて葉部である。したがって従来，2番草は栄養価値が高いと信じられていたが，近年は2番草といえども，刈取りが遅れるにつれて消化率が低下し，

第5表　チモシー乾草の生育段階別飼料成分と消化率　（鳶野・坪松，1963）

種類	生育段階	飼料成分（乾物中%）					消化率（%）					可消化養分(%)	
		粗脂肪	粗繊維	粗蛋白質	NFE	灰分	乾物	粗脂肪	粗繊維	粗蛋白質	NFE	DCP	TDN
チモシー乾草	出穂前(6/12)	5.7	24.7	18.7	43.2	7.7	71.8	61.9	75.7	77.5	71.5	14.5	72.1
	穂ばらみ期(6/23)	5.4	28.2	14.0	45.4	7.0	62.5	61.8	63.8	70.6	61.8	9.9	64.1
	出穂期(7/2)	4.3	32.5	13.1	43.7	6.4	63.3	61.4	70.2	71.9	59.2	9.4	64.0
	開花始期(7/15)	4.6	31.8	9.4	48.0	6.3	58.8	57.4	61.3	63.3	58.0	5.9	58.3
	開花期(7/27)	4.2	30.9	10.2	48.2	6.5	54.2	58.4	58.0	62.7	53.8	6.4	55.8
チモシー，赤クローバ混播	— 1)(6/12)	7.7	24.8	21.7	35.1	10.7	66.2	70.5	70.1	75.3	61.0	16.3	67.1
	— 2)(6/23)	6.4	27.1	15.6	40.9	10.0	65.3	69.1	68.0	70.2	64.4	10.9	65.7
多草種混播	— 3)(6/12)	6.5	26.2	17.3	39.7	10.3	66.7	64.4	70.4	73.6	64.1	12.8	66.1

注　1）チモシー出穂前期，2）チモシー出穂始期，3）オーチャードグラス出穂期

第6表　オーチャードグラス乾草の番草別生育段階別の化学成分，消化率，可消化養分含有率
（八幡ら，1973）

番草	生育段階	化学成分（乾物中%）				消化率（%）			可消化養分含有率(%DM)			$\frac{DCW}{TDN}\times100$
		CW	可溶性糖類	粗蛋白質	L＋S	乾物	粗蛋白質	CW	TDN	DCP	可消化CW	
1	早刈り	50.2	12.5	18.5	4.6	69.9	72.0	69.4	67.3	13.3	34.8	51.7
	中刈り	58.3	12.0	12.4	5.8	69.3	67.9	71.5	66.5	8.4	41.7	62.7
	おそ刈り	65.8	8.6	8.6	10.4	54.3	46.9	54.8	53.3	4.0	36.1	67.7
2	早刈り	58.7	2.6	19.3	7.7	62.5	71.0	65.1	57.2	13.7	38.2	66.8
	中刈り	58.7	4.1	16.9	7.2	63.9	71.8	63.7	59.8	12.1	37.4	62.5
	おそ刈り	65.8	2.6	13.0	8.3	57.2	62.2	60.4	50.6	8.1	39.7	78.5
3		58.8	3.8	21.9	6.7	66.0	75.0	69.9	63.0	16.4	4.1	65.2

注　CW：細胞壁構成物質，DCW：細胞壁構成物質の消化率

早刈り，中間刈りの1番草よりもTDN含有率が低くなることが明らかになった。

第6表は，生育段階，番草（刈取り回次）を異にして調製したオーチャードグラス乾草の栄養価値を調査した結果である。これによると，2，3番草の粗蛋白質含量は1番草よりかなり高いが，2番草の消化率はそのわりに高い値ではなく，TDN含有率は1番草の早刈り，中間刈りよりも低い値を示している。

この理由は第6表に示したように，CW，リグニン，珪酸などの含量が1番草よりも多く，可溶性糖類の含量が極端に少ないためであろう。3番草でTDN含有率がふたたび高くなったのは，これは北海道で行なわれた研究成績なので，気温が低くなったためと推察されている。すなわち，2番草のように夏の高温時に生長する草は，リグニン含量などが多くなり，消化率が低下するといわれている。

イネ科牧草やマメ科牧草の種類，地域，栽培条件によって，これらの値や傾向は多少異なるが，一般的には以上のように，再生草といえども刈り遅れると栄養価値が低下するので，早刈りして多回刈りする必要がある。

3. マメ科牧草

赤クローバやアルファルファのようなマメ科牧草は，葉部の乾燥は早いが茎が乾燥しにくいので，乾草調製は困難である。また，乾燥して水分が低下すると，葉部が脱落して茎が残り，栄養価値が低下しやすい。しかし，毎年高品質のアルファルファ乾草を調製して，それを誇りにしている酪農家もいることは事実である。マメ科牧草の乾草は，蛋白質含量が高いので，ト

第7表 アルファルファの番草別，生育段階別飼料成分と消化率　（名久井ら，1975）

番草	生育段階	飼料成分（乾物中%）						消化率（%）						可消化養分(%)	
		粗蛋白質	粗脂肪	SC[1]	ADF	CWC	L+SiO_2[2]	乾物	有機物	ADF	CWC	粗蛋白質	粗脂肪	DCP	TDN
1	早刈り(5/31)	21.8	2.0	5.8	26.5	35.9	5.2	70.8	71.6	54.1	53.9	80.8	18.4	17.6	62.3
	中刈り(6/14)	20.4	2.5	8.5	33.3	42.0	7.8	66.7	65.9	45.1	44.4	83.7	37.4	16.7	58.8
	おそ刈り(7/3)	11.7	2.0	5.2	38.6	50.9	9.3	57.9	57.9	38.5	44.1	62.3	22.2	7.3	52.9
2	早刈り(7/9)	23.4	3.4	2.8	29.6	36.8	6.5	64.3	63.7	46.2	46.7	77.7	30.2	21.3	56.2
	中刈り(7/23)	18.6	2.9	4.5	36.0	42.5	8.9	60.6	60.4	39.9	42.7	72.7	43.1	13.5	55.6
	おそ刈り(8/7)	17.9	3.2	5.8	39.9	47.8	10.6	55.0	55.1	39.8	39.7	72.1	22.4	12.9	50.5
3	中刈り(8/24)	18.6	3.0	7.3	33.4	43.7	8.4	63.0	63.0	47.6	45.1	74.9	30.4	13.9	57.6
4	中刈り(10/24)	19.4	3.8	8.1	26.6	37.1	7.3	66.5	67.8	49.2	49.0	66.4	59.6	12.9	63.3

注　1)　可溶性炭水化物，2)　リグニン＋珪酸

ウモロコシサイレージなどと組み合わせる飼料として重要であり，ミネラルやビタミンに富むので酪農には欠かせない飼料である。

イネ科牧草との混播草であれば，乾草調製が不可能ということではなく，刈り倒しと同時に茎をつぶすコンディショニングをすると，乾燥が促進され，反転や集草を静かに行なうと脱葉もかなり防げることが明らかにされている。

アルファルファのようなマメ科牧草も，生育がすすむにつれて飼料価値が低下する（第7表参照)。したがってイネ科牧草と同様に，1番草も再生草も早刈りすることが大切である。

V　乾草の等級判定基準

第6，7表に示したように，乾草の栄養価値には著しい変動がある。産乳量の向上をはかるためには，乾草の品質を向上させる必要があり，そのためには目標とする高品質乾草のイメージを明確にすることが重要である。ここで紹介する乾草の等級判定基準は，わが国で生産され販売されている流通乾草の等級を判定する基準として作成されたものである。しかし，自家利用するばあいでも高級品の条件は同じなので，その判定方法を紹介して参考に供したい。

乾草の栄養価値を肉眼的に判定する方法として，従来は葉部割合が用いられていた。生育段階の早い草は葉部割合が多く，栄養価値が高いので，葉部割合を指標にすることは合理的だが，イネ科牧草の2番草は，オーチャードグラスのように出穂しない草種が多く，葉部が大半なので葉部割合から栄養価値は推定できない。

したがって，再生草の栄養価値を肉眼的に判定する方法を検討した結果，生育がすすむとともに下葉が枯れて褐色になるので，葉部を枯葉と緑葉とに分け，栄養価値との相関関係を検討した結果，枯葉割合または緑葉割合から栄養価値の推定が可能なことが判明した。

第8表はイネ科牧草の2番草の枯葉割合，緑葉割合などと，人工消化試験法による消化率との相関関係を検討した結果である。オーチャードグラスでは消化率と葉部割合とは有意の関係がないが，枯葉割合，緑葉割合とはきわめて高い有意の相関関係がある。したがって，枯葉割合か緑葉割合のいずれかを指標にして，再生草の栄養価値を推定できることが明らかになったが，枯葉割合は負の相関なので，緑葉割合を指標として用いることにした。

なお，1番草も生育がすすむにつれて下葉から枯れて褐色になるので，1番草のばあいも緑葉割合を指標に用いることにした。さらに，緑葉割合が多くても退色して緑度が低くなると，栄養価値および商品としての価値が低下するの

第8表　2番草の部位部割合とインビトロ消化率[1]との相関係数[2]（鳶野・三上，1976）

草種別	葉部割合		枯葉割合		緑葉割合		茎割合	
	n	相関係数	n	相関係数	n	相関係数	n	相関係数
オーチャードグラス	11	0.356	11	−0.938***	11	0.962***	11	−0.356
トールフェスク	11	0.602*	11	−0.811**	11	0.860***	11	−0.602*
チモシー	9	0.930***	9	−0.747**	9	0.941***	9	−0.929***

注　1）反芻胃液を用いた人工消化試験による消化率
　　2）相関係数　* 5％水準で有意，** 1％水準で有意，*** 0.1％水準で有意

で，緑度も判定基準に加えた。緑葉割合か緑度の低いほうで判定することになっている。

1番草と再生草とでは葉部割合や緑度が著しく異なるので別の基準で判定し，特級から3級までの判定基準を示したものが，第9表である。

商品として販売するばあいは，釘や異物が混入したものや，カビや異臭のひどいものは規格外としなければならない。ついで，規格内にはいった乾草について第9表のように等級格付けを行なう。なお，この基準はイネ科牧草を主体とした乾草に適用されるが，マメ科牧草には適用されない。わが国ではマメ科牧草の乾草はまだ流通していないためであり，これらの乾草が販売されるようになれば，マメ科牧草の等級判定基準を作成することになっている。

この方法は，農水省が作成して日本草地協会に委託して，全国に普及しているものである。自家利用するばあいでも，特級品や1級品を目標として生産すべきであり，乾草の品質を改善する目標として活用することが望ましい。

執筆　鳶野　保（北海道農業試験場）

1984年記

第9表　乾草の等級の見分け方

（鳶野・三上，1976）

等級	1番草	再生草
特級	緑葉割合：20％以上 緑　　度：50％以上	緑葉割合：50％以上 緑　　度：60％以上
1級	緑葉割合：15％以上 緑　　度：40％以上	緑葉割合：40％以上 緑　　度：50％以上
2級	緑葉割合：10％以上 緑　　度：35％以上	緑葉割合：30％以上 緑　　度：40％以上
3級	緑葉割合：5％以上 緑　　度：30％以上	緑葉割合：25％以上 緑　　度：35％以上
規格外	1．緑葉割合および緑度が3級未満のもの 2．水分が17％以上のもの 3．発熱しているもの 4．カビが発生しているもの 5．カビ臭，発酵臭その他の異臭（魚臭，油臭，堆肥臭など）がひどいもの 6．雑草の混入が5％以上のもの 7．異物（針金，釘，鉄片など）が混入しているもの 8．著しくやせた硬い1番草および葉幅の著しく細い再生草 9．著しく土砂の混入しているもの 10．荷くずれしているもの	

引用文献

松山龍男．1975．アルファルファの収穫作業．北海道農試研究資料．6，99—119．

名久井忠・岩崎薫・早川政市・八幡林芳．1975．粗飼料の品質査定に関する研究．第3報．刈取期日及び刈取回次別アルファルファ乾草の栄養価について．北農試研報．111，79—90．

住吉正次・藤田秀夫・田辺安一．1984．イネ科牧草の乾草調製・貯蔵過程における養分損失に関する試験．昭和58年度北海道農業試験成績会議資料．1—35．

SULLIVAN, J. T. 1973. Chemistry and Biochemistry of Herbage. Chap. 27, 1—31. Academic Press.

鈴木慎二郎・帰山幸夫．1972．環境湿度と牧乾草の平衡水分および品質変化．日草誌．17(4)，250—260．

鳶野保・三上昇．1976．流通粗飼料の規格及び等級の設定方式に関する調査研究．第3報．流通乾草の規格化と等級格付基準．北農試研報．113，189—204．

八幡林芳・名久井忠・岩崎薫・阿部亮．1973．刈取期日および刈取回次を異にして調製したオーチャードグラス乾草の栄養価値．日畜会報．44 (11)，559—563．

飼料作物の
調製と利用

牧草サイレージ

I　牧草サイレージの特徴

1. 栄養的特性

牧草サイレージの原料はオーチャードグラス，イタリアンライグラス，チモシーなどの寒地型イネ科牧草とローズグラス，グリーンパニック，ギニアグラスなどの暖地型イネ科牧草およびアルファルファ，アカクローバなどのマメ科牧草に大別される。

イネ科牧草は生育ステージの進行に伴う栄養価の低下が著しいが，とくにＴＤＮ含量において顕著である（第１図）。これは生育とともにリグニン化がすすんで消化率が低下するためで，トウモロコシサイレージや大麦サイレージのようなホールクロップサイレージでは，ステージの進行に伴う栄養価の変動が少ないのと対照的である。また同じ牧草類でもマメ科牧草では，代謝器官である葉部の消化率はほとんど変動しないが，代謝器官であると同時に植物体を支える構造器官の一部でもあるイネ科牧草では，葉脈へのリグニンの沈着が消化率に大きく影響している（第２図）。

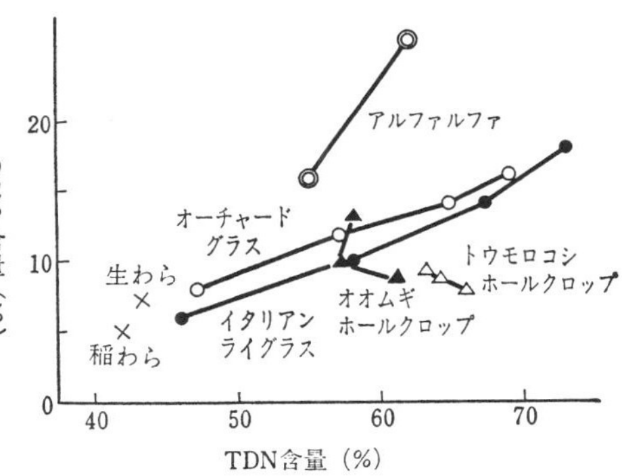

第１図　牧草サイレージ，ホールクロップサイレージの生育ステージと養分含量の関係（日本標準飼料成分表1987年版より作図）

アルファルファ：開花前期—開花期

イネ科牧草：出穂前—出穂期—開花期—結実期

ホールクロップ：乳熟期—糊熟期—黄熟期

参考：稲わら（生，乾燥）

イネ科牧草はＴＤＮの変化が大きいが，マメ科牧草ではＤＣＰも同時に変化する。ホールクロップは変化が小さい

暖地型イネ科牧草は一般に繊維質やリグニン含量が高い傾向があり，同じステージの寒地型イネ科牧草に比べてＴＤＮ含量は５～10％ほど低い。一方，マメ科牧草はイネ科牧草に比べてリグニン含量が高い傾向があるが，その割に消化率が高いのが特徴である（第３図）。同じリグニン含量であればイネ科牧草より10％程度は消化率が高い。そのうえ，繊維質の含量は少ないので採食性がよく，生育ステージがすすんでリグニン含量が高くなっても採食量がほとんど変わらない利点がある（第４図）。イネ科牧草では，オーチャードグラスなどに比べてチモシーはリグニンの沈着に対する採食量の低下が緩慢であるが，フェスク，ブルーグラス，リードキャナリーグラスのようにリグニン化がすすんで採食性が向上する変則的なグループもある。これは成熟するのにつれて牛の消化生理に悪影響を及ぼすアルカロイドが減るためと考えられ

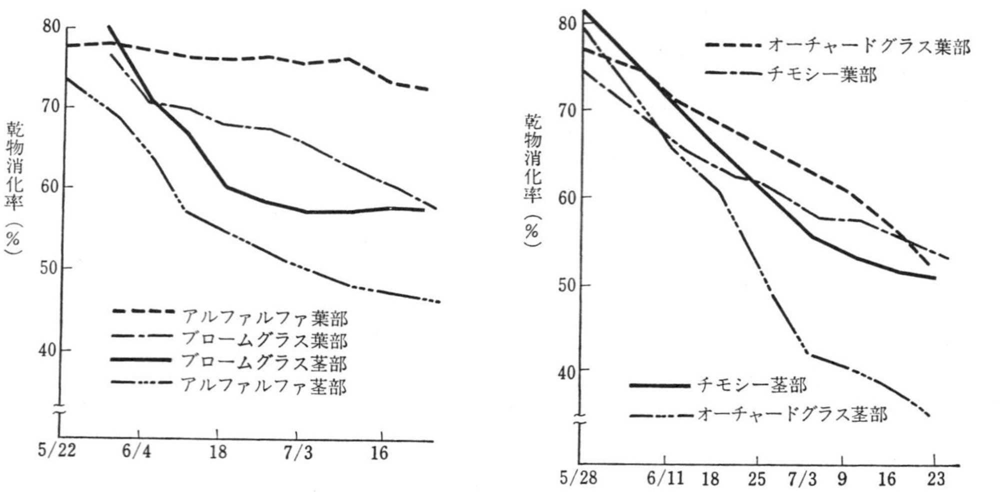

第2図　アルファルファおよびイネ科牧草の生育ステージと部位別乾物消化率との関係（インビトロ法による）
（バンゾースト，1982）

アルファルファ葉部の消化率は変化が少ないが，イネ科牧草の葉部の変化は大きい。茎部はアルファルファ，オーチャードグラスの変化がとくに大きい

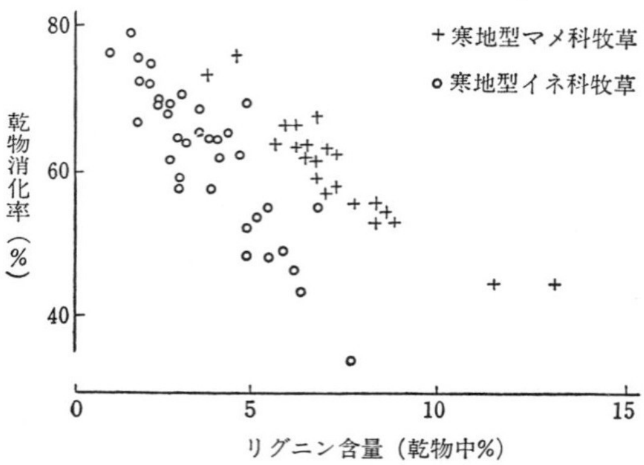

第3図　乾物消化率とリグニン含量との関係
（バンゾースト，1982）

マメ科牧草のリグニン含量はイネ科牧草の約2倍である

第1表　飼料別採食時間と唾液分泌量との関係
（バンゾースト，1982）

飼　料	採食時間（分/飼料kg）	唾液分泌量	
		l/分	l/飼料kg
ペレット	2.80	0.243	0.68
生草	3.53	0.266	0.94
サイレージ	4.03	0.280	1.13
キューブ	12.05	0.270	3.25
乾草	14.29	0.254	3.63

飼料形態によって採食時間は変わるが唾液分泌速度はほとんど変わらない。したがって，採食時間と唾液分泌量との関係が強い

ている。

牧草サイレージをはじめとする粗飼料には上述の栄養価とともに，反すう家畜にとって不可欠の繊維質を供給する役割がある。繊維質は反すうと唾液の分泌を促して第一胃内の過剰な酸性化を抑える効果が大きい。濃厚飼料を多給する高泌乳牛や肥育牛ではとくに第一胃の機能を正常に保ち，ルーメンアシドーシスや第四胃変移などの消化器病を防ぐために，全給与乾物中の粗繊維含量が乳牛では17%（ADFで21%）以上，肥育牛で9%（ADFで12%）以上の水準を維持する必要がある。牛乳中の脂肪率を正常に維持するには粗繊維含量を20%程度にすることが望ましい。このような粗飼料のもっている，牛に対する生理的機能を粗飼料因子と呼んでいる。粗飼料因子を具体的な数字で表わすためにいろいろな方法が検討されているが，統一的な指標はない。最近注目されているのは，飼料乾物1kg当たり咀しゃく時間（分）で示す粗飼料価指数（RVI）である。これは唾液の分泌量は採食時間および反すう時間と密接な関係が

あるが，第1表に示したように，飼料の質によって採食時間は大きく影響される。一方，唾液の分泌速度の変動は小さいのでおおよそ一定とすれば，それぞれの飼料の採食時間で唾液の分泌量が推定できるというのがＲＶＩの考え方である。実際には採食時間と反すう時間を含めた総咀しゃく時間を使っている。いろいろなサイレージ，乾草のＲＶＩを第2表に示した。イネ科牧草サイレージはＲＶＩが大きいが，マメ科牧草サイレージは分解速度が速いので，トウモロコシサイレージと比べてもむしろＲＶＩの効果は小さいといえる。また，イネ科牧草ではサイレージと乾草のＲＶＩ値があまり差がないのに対し，マメ科牧草のアルファルファでは乾草よりもサイレージのＲＶＩが小さいなど，イネ科牧草とマメ科牧草ではかなり性格が異なっている。まだデータの信頼性は高くはないが，乳脂率3.5％の牛乳を生産するためには，ＲＶＩが31程度の飼料を与える必要があるとの数字が示されている。

ＲＶＩは大きすぎても消化率や採食量が低下するので問題であり，牛の飼養実態に即した合理的な指標値を設定することが必要である。そのため，わが国でも粗飼料因子の研究が始められている。第5図の装置を用いて，1分間当たりの咀しゃく回数（咀しゃく速度）の変化を24時間連続測定した調査例が第6図である。1日当たりの総咀しゃく回数，採食・反すうなどの牛の行動時間，採食時や反すう時の咀しゃく速度などが解析できる。たとえば反すう時の咀しゃく速度についてみると，採食後時間が経って

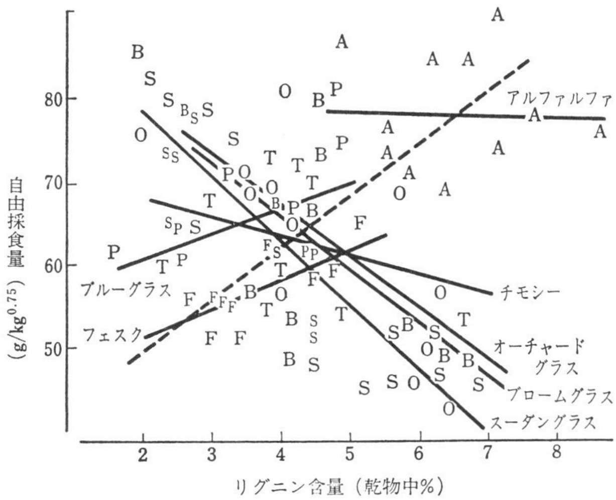

第4図　自由採食量（メタボリックボディサイズ：体重の0.75乗）とリグニン含量との関係

（バンソースト，1982）

アルファルファはリグニン含量が高くてもよく採食するが，イネ科牧草は急激に低下する。ブルーグラス，フェスクは特異なパターンを示している

第2表　飼料のＲＶＩ（乾物1kg 当たり総咀しゃく時間，分）

（サドウィークスら，1981）

飼　　料	RVI(分)
アルファルファサイレージ	
微細切	22
細切	26
イネ科牧草サイレージ	99～120
アルファルファ乾草	44
オーチャードグラス乾草	
早刈り	74
おそ刈り	90
オオムギわら	160
トウモロコシサイレージ	
微細切	40
細切	60
長目切断	66

アルファルファは，イネ科牧草よりＲＶＩが小さいのが特徴である。切断の仕方によって同じ材料でもＲＶＩは大きく変動する

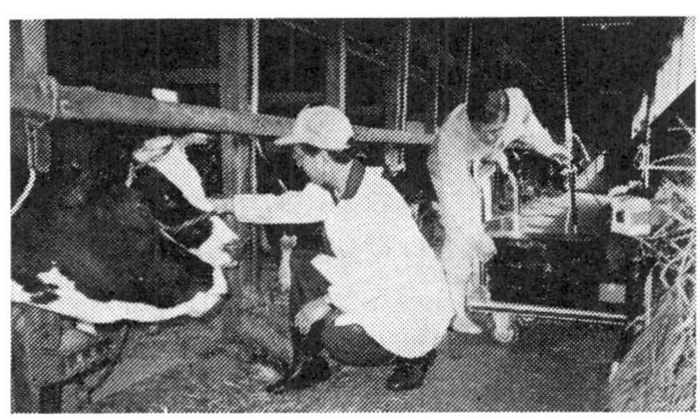

第5図　乳牛の咀しゃく行動

調査風景：あごの動きを電気信号に変えてＦＭ波で送信記録する

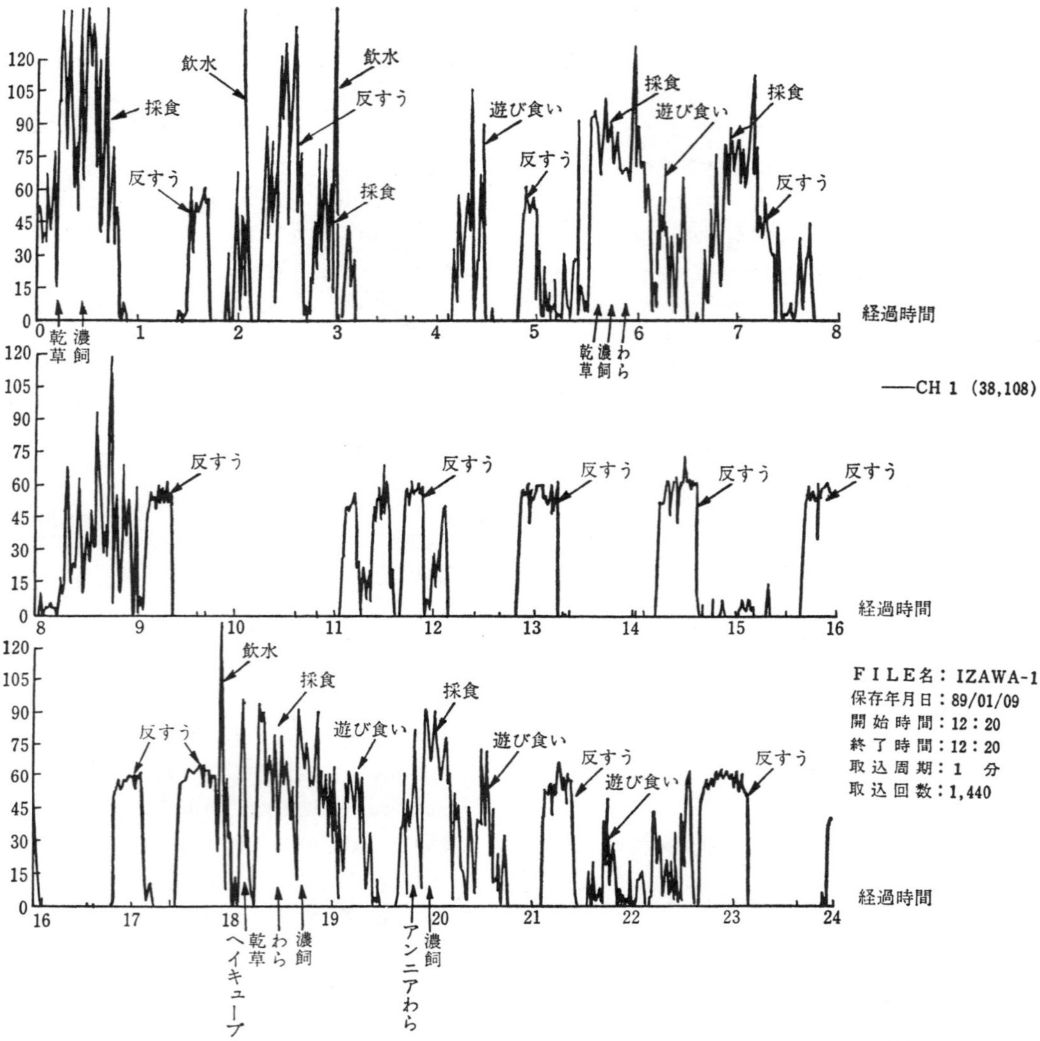

第6図　乳牛の咀しゃく行動（1分間当たりの咀しゃく回数：咀しゃく速度の日周期）
（山下・永中）

反すう時は咀しゃく速度がほぼ一定している
給与飼料の質や給与後，時間経過による反すう行動を解析するばあいは部分的に拡大して検討する

第一胃内で飼料の分解がすすむほど咀しゃく速度は速くなる。すなわち，軟らかくなった飼料を反すうするときは硬いものより速く噛むことがわかる。これらのことが第一胃内発酵にどう影響するかを今後明らかにしていく必要がある。

牧草サイレージはカロチンの供給源としても重要である。第7図は冬期飼料としてトウモロコシサイレージとアルファルファ・ブロームグラス混播サイレージを給与したときの，血漿中および乳脂肪中のカロチン含量の変化を示したものである。サイレージの給与量は体重の約3%，水分は66〜68%であった。トウモロコシサイレージを給与しつづけると血漿中および乳脂肪中のカロチン量が減少し，カロチンの量が足りないことが確かめられた。一方，混播牧草を給与したばあいは維持か，むしろ向上する傾向がみられている。

なお，サイレージの栄養価は調製過程での養

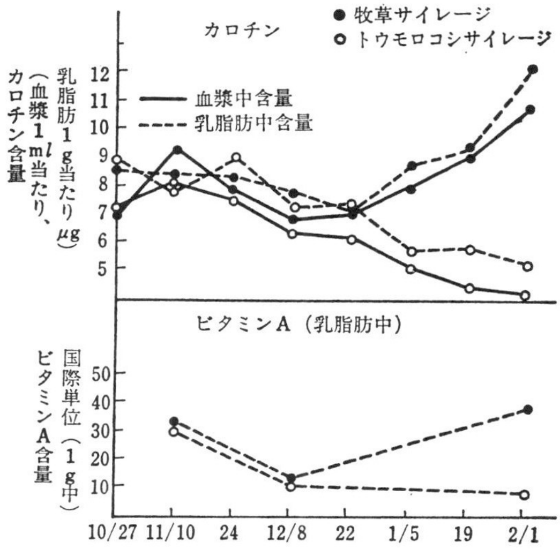

第7図 牧草サイレージ（アルファルファ・ブロームグラス混播）とトウモロコシサイレージ給与による血漿中および乳脂肪中のカロチン含量と乳脂肪中のビタミンA含量　（ワウら，1943）

分ロスがあるため，原料牧草よりも低いのが普通である。その程度は予乾中の雨や発酵の良否など調製条件の影響が大きいが，良質サイレージではＤＣＰ含量で２％（１～３％），ＴＤＮ含量で６％（１～９％）の低下にとどまっている。

2. 飼 養 効 果

牧草サイレージの発酵成分と採食量との関係については数多くの研究が行なわれ，乳酸含量，酸性度（pH），アンモニア態窒素などが影響するといわれている。乳酸が多くなると採食量が減少するとの試験結果もあるが，第３表に示した結果では牧草を粉砕したミールに，乳酸を乾物当たり13.5％まで添加しても，採食量や第一胃液，あるいは血液性状に明らかな影響はなかった。このような成績はほかにもあり，採食量の減少は乳酸含量そのものよりも，むしろ不良発酵の指標となる酪酸や酢酸を含めた，発酵によって生じる有機酸全体の構成や量が問題であろう。すなわち，個々の有機酸ではなく発酵経過の良否が問題である。筆者は良質乾草に酪酸を添加しても採食量は変わらないことを確かめ

第３表 グラスミールに対する乳酸添加が採食量，第一胃液，血液性状に及ぼす影響
（マクドナルド，1981）

区　分	乳酸添加レベル（ミリモル/kg・乾物）			
	0	900	1,200	1,500
グラスミールのpH	5.5	3.7	3.5	3.4
１日当たり自由採食量（乾物g/メタボリックボディサイズ当たり）	63	59	57	57
第一胃液のpH	6.6	6.7	6.4	6.6
揮発酸総量（ミリモル/l）	107	95	93	105
酢酸モル比	66	59	57	56
プロピオン酸モル比	17	24	26	30
血液pH	7.4	7.4	7.4	7.5
プラズマ中の炭酸ガス（ミリモル/l）	25	25	25	26
乳酸（L＋型，mg/l）	81	93	84	86

注　飼料中の乳酸含量を増やしても採食量，第一胃液の揮発酸量血液性状は変わらない。ただし，酢酸モル比とプロピオン酸モル比は明らかな影響がみられた

ており，アンモニア処理したわらを牛が好食することをみても，特定成分だけの問題ではないことは明らかである。

牧草類はトウモロコシなどのホールクロップに比べて粗蛋白質含量が高いので，蛋白質給源としての価値も高い。ただし，生草では窒素の70～90％は蛋白質として含まれているが，サイレージ化するとかなりの部分が分解されて，アンモニアやアミノ酸になる。発酵条件が不良であれば，アミノ酸はさらにアンモニアに分解される（第４表）。したがって牧草サイレージを多給すると，一時的に第一胃のアンモニア濃度が高まって粗蛋白質の利用効率が悪くなる。微生物のエネルギー源になる糖分が少ないと，さらに効率は落ちる。第５表はライグラスとアルファルファについて生草とサイレージの窒素の利用効率を調べた結果である。サイレージ化すると水溶性の糖分が少なくなり，逆にアンモニアなどの水溶性の窒素が増加する。そのため摂取した窒素のうち体内に蓄積された窒素の割合は，イネ科牧草サイレージで生草のときの70％，マメ科牧草サイレージでは35％まで減少してしま

第4表　草種別生草とサイレージ中の窒素成分　（マクドナルド，1981）

pHと窒素成分	ペレニアルライグラス		ライグラス		アカクローバ	
	生草	サイレージ	生草	サイレージ	生草	サイレージ
pH	—	3.9	—	4.1	—	4.2
アンモニア態窒素（全窒素に対する比率%）	0.5	3.0	0.1	9.1	1.0	14.4
アミド態窒素（〃）	5.0	2.2	0.8	1.6	7.5	＋
アミノ態窒素（〃）	5.0	20.6	2.6	19.8	4.3	25.0
ペプチド態窒素（〃）	1.7	1.9	—	3.2	4.4	0
蛋白態窒素（〃）	81.8	40.1	91.4	50.5	76.0	43.9
硝酸態窒素（〃）	—	—	—	—	2.5	1.0

注　サイレージ化により蛋白態窒素が減少して，アンモニア態およびアミノ態窒素がふえている

第5表　イネ科およびマメ科牧草の生草とサイレージのめん羊による窒素の利用効率　（マクドナルド，1981）

区分	ライグラス			アルファルファ		
	生草	サイレージ		生草	サイレージ	
		無添加	ギ酸添加		無添加	ギ酸添加
水溶性糖分（乾物中%）	15.8	0.6	2.7	4.8	0.3	1.5
水溶性窒素（全窒素に対する%）	35.5	53.7	50.4	39.1	62.2	56.3
窒素採食量（1日当たりg）	0.68	0.72	0.68	0.75	0.73	0.72
尿中排泄窒素率（採食窒素に対する%）	47.7	57.3	48.9	48.5	64.1	54.6
体内蓄積窒素率（採食窒素に対する%）	20.2	14.2	18.9	26.5	9.4	17.6
（生草に対する比率）	(100)	(70)	(94)	(100)	(35)	(66)

注　サイレージ化すると水溶性窒素（非蛋白態窒素）がふえるので，尿中への排泄が多くなり，蓄積率（有効率）が下がる。とくにマメ科牧草で顕著である

第6表　サイレージおよび濃厚飼料併用多給による産乳可能量[1)]　（和泉，1988）

生育段階（または熟期）	飼料乾物採食量（kg／日）					養分採食量(kg/日)		産乳可能量(kg/日)	
	牧草サイレージ	トウモロコシサイレージ	全サイレージ/体重100kg	乾草[2)]	濃厚飼料[3)]	TDN	DCP	TDNから	DCPから
チモシー主体牧草サイレージ									
出穂始め期	10.3 (9.6~11.2)		1.58 (1.48~1.72)	1.7	12.0 (11.3~12.9)	18.0 (16.9~19.4)	3.01 (2.83~3.23)	41.5 (38.0~46.0)	57.8 (53.9~62.6)
出穂期	8.9 (7.6~11.9)		1.37 (1.17~1.83)	1.7	10.6 (9.3~13.6)	15.1 (13.2~19.4)	2.42 (2.12~3.10)	32.3 (26.3~46.0)	45.0 (38.4~59.7)
出穂揃い期	8.5 (7.2~9.6)		1.31 (1.11~1.48)	1.7	10.2 (8.9~11.3)	14.2 (12.3~15.6)	2.29 (2.00~2.54)	29.5 (23.4~33.9)	42.1 (35.8~47.6)
トウモロコシサイレージ									
未乳熟期～乳熟後期		8.7 (8.6~8.8)	1.34 (1.32~1.35)	1.7	10.4 (10.3~10.5)	15.4 (15.3~15.6)	2.42 (2.40~2.44)	33.3 (33.0~33.9)	45.0 (44.5~45.4)
黄熟初期～黄熟中期		9.8 (9.2~10.4)	1.51 (1.42~1.60)	1.7	11.5 (10.9~12.1)	17.1 (16.2~18.0)	2.53 (2.39~2.66)	38.7 (35.8~42.8)	47.3 (44.3~50.2)
黄熟後期～成熟期		10.1 (9.7~10.7)	1.55 (1.49~1.65)	1.7	11.8 (11.4~12.4)	17.5 (16.9~18.4)	2.52 (2.43~2.64)	40.0 (38.0~42.8)	47.1 (45.2~49.7)

注　1）体重650kg，乳脂率3.7%として算出。2）乾物中ＴＤＮ含量58%，ＤＣＰ含量７%，3）乾物中ＴＤＮ含量80%，ＤＣＰ含量16%
（　）内数値は最低値と最高値の範囲を示す

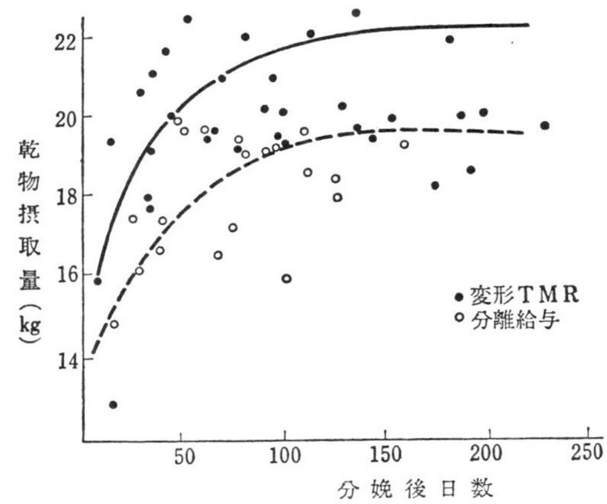

第8図　飼料給与法のちがいと乳牛の乾物摂取量との関係　（古本史ら，1989）

変形TMRでは乳量の多い時期は配合飼料，少ない時期は稲わらを併用して養分濃度を調整する。したがって混合するのは一種類である。分娩直後からよく食い込むのが特徴である

う。ギ酸添加サイレージにすればこの比率を高めることができる。

牧草サイレージは材料の刈取時期（ステージ）によって飼養効果が著しく変動する。チモシーサイレージおよびトウモロコシサイレージをそれぞれ主体とする粗飼料と濃厚飼料をそれぞれ50％ずつ（乾物量による比率）乳牛に給与した結果を第6表に示した。出穂始め期のチモシーサイレージは養分採食量が多く，1日当たり40kg を超える産乳が可能である。これは充分成熟したトウモロコシサイレージと比べても遜色はない。ただし，出穂揃い期には産乳可能量は30kg 弱まで落ち込んでいる。

高泌乳牛に対する飼料給与法として混合飼料方式（TMR：Total Mixed Rations）は選択採食の防止，自由採食による個体管理の省力化，分娩後の乾物採食量の増加（第8図）などの効果がある。牧草サイレージを使った混合飼料の例を第7表に示した。この設計は乳量25kg を基準として，それ以下の乳量には稲わら，それ以上では配合飼料を併用する変形TMRである。

肥育牛に対する牧草サイレージの増体効果は，

第7表　牧草サイレージを中心とした変形TMRの例　（古本史ら，1989）

混合飼料の原料					
イタリアン開花サイレージ	100.0 kg				
ヘイキューブ(普通)	50.0 kg				
ビートパルプ	30.0 kg				
ふすま(専管増産)	15.0 kg				
オオムギ(圧)	40.0 kg				
ビール粕	60.0 kg				
トウモロコシ(圧)	35.0 kg				
リン酸三石灰	2.0 kg				
配合　14.2−65	30.0 kg				
混合飼料の乾物	58.8 ％				
混合飼料乾物中の					
C　P	14.3 ％				
DCP	10.3 ％				
TDN	73.0 ％				
粗繊維	15.8 ％				
Ca	0.85％				
P	0.51％				
給与飼料	給与量kg				
乳　量(kg)	〈乾乳〉	〈10〉	〈20〉	〈30〉	〈40〉
稲　わ　ら	3.0	3.0	2.0	0.0	0.0
ヘイキューブ普通	2.0	2.0	0.0	0.0	0.0
配合　14.2−65	0.0	0.0	0.0	2.0	4.0
混　合　飼　料	13.0	16.0	25.0	30.0	34.0
乾物摂取量(kg)	12.1	13.8	16.4	19.4	23.5
乾物摂取／体重(％)	1.6	1.9	2.5	3.0	3.7
乾物中CP濃度(％)	12.6	12.8	13.3	14.4	14.5
乾物中DCP濃度(％)	8.5	8.7	9.3	10.6	10.8
乾物中TDN濃度(％)	61.2	62.7	68.5	73.1	73.1
乾物中粗繊維濃度(％)	21.6	20.9	17.6	15.1	14.7
乾物中Ca濃度(％)	0.8	0.8	0.8	0.8	0.8
乾物中P濃度(％)	0.4	0.4	0.5	0.5	0.5
DCP充足率(％)	167	145	122	121	118
TDN充足率(％)	106	103	103	102	102
Ca充足率(％)	202	184	155	146	141
Ca／P比	1.95	1.90	1.67	1.62	1.60

ホルスタイン種去勢牛に飽食させたとき，TDNの増体効率でトウモロコシサイレージの82％であった（第8表）。しかし，肥育牛は大部分が濃厚飼料主体で飼われており，粗飼料給与の主な目的は生理的に必要な繊維の供給や過肥を抑える養分コントロールにある。とくに黒毛和種肥育のように肥育期間が長くなると，後半の食止まりが発育停滞の原因として問題である。そのため，肥育前期に粗飼料をしっかり食い込ませるような肥育もふえている。第9図は肥育

第8表 ホルスタイン雄肥育牛に対する増体効果 (山下，1979)

区分	オーチャード・アルファルファ・メドウフェスク混播群	トウモロコシ群
サイレージ乾物含量 (%)	42.4	28.5
〃 DCP (%)	6.9	7.0
〃 TDN (%)	54.1	63.9
サイレージ乾物摂取量 (kg)	10.4	8.7
圧扁トウモロコシ給与量 (kg)	1.9	1.7
体重比乾物摂取量 (%)	2.4	2.0
1日当たり増体量 (kg)	0.94	1.10
1kg増体当たりTDN (kg)	7.44	6.13
増体効率比較	82	100

注 供試牛8頭，試験期間中（72日間）平均体重は，牧草群502kg，トウモロコシ群499kg

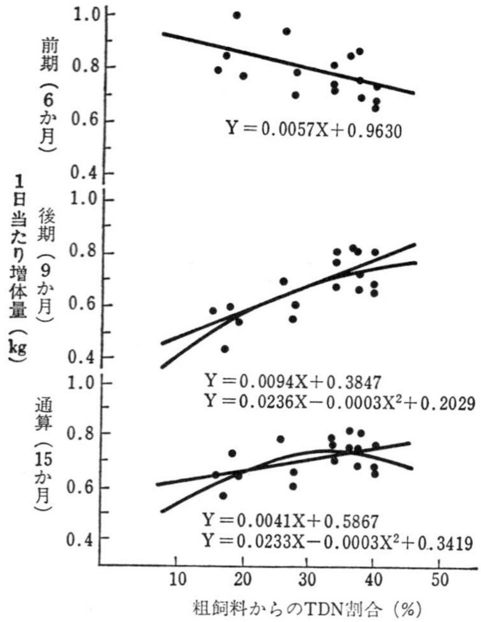

第9図 肥育前期における粗飼料採食比率（全採食TDNに対する比率）と各肥育ステージにおける増体 (藤田，1986)

粗飼料比率が高すぎると前期の増体停滞の影響が大きく，少なすぎると後期の増体の伸びなやみの影響が大きい

前期の牧草給与水準（給与飼料全体のTDNのうち，牧草サイレージ，生草，乾草から給与するTDNの割合）と肥育前・後期および肥育全期間を通した増体との関係をみたものである。全期間を通算した増体量を最大にするためには，肥育前期の牧草給与水準を32〜40%程度にするのがよく，仕上がりまで最も効率的な増体が期待できる。

3. サイレージ材料としての牧草の特性

サイレージの品質は飼料成分と発酵生産物の両者によって決定されるので，サイレージ用材料はえさとしての価値が高く，かつ発酵にも適していることがのぞましい。トウモロコシに比べて牧草は良質サイレージにしにくい材料である。サイレージ材料としての牧草の特性を第9表に示した。

草利用の基幹となるイネ科牧草は前述のように，生育に伴ってマメ科牧草より急激に消化率が低下し，摂取量も落ち込むので可消化養分摂取量ではさらに急減する。この点，マメ科牧草は消化率の割に家畜がよく食い込むことが特徴である。また，マメ科牧草は硝酸塩の蓄積が少ないことやミネラルのつりあいがよい利点がある。

第9表 サイレージ材料としての特性 (山下)

種類	飼料的特性	発酵的特性
イネ科牧草	牧草利用の主体となる 生育段階による栄養価の変動が大きい 刈遅れにより摂取量が急減する 早刈りでは蛋白質含量が高い 硝酸態窒素の過剰な蓄積やミネラルの不均衡をおこすことがある	早刈りでは水分量が高い 糖分含量が少ない 窒素含量が高い
マメ科牧草	栄養価の変動はイネ科牧草より少ない 摂取量が多い 可消化蛋白質含量が高い ミネラル含量が高く，そのつりあいがよい 乾燥過程で葉部が脱落しやすい エストロジェン様物質が多い	水分含量が高い 糖分含量がとくに少ない 窒素含量がとくに高い 乳酸緩衝能がとくに高い

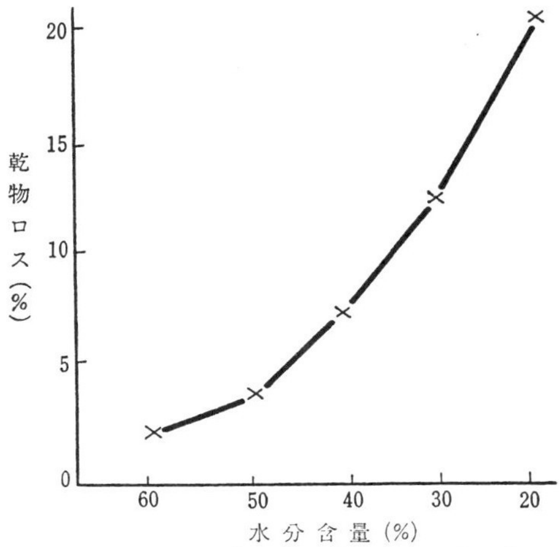

第10図　レーキ作業による乾物ロスと水分含量との関係　（ムーア，1970）

試料はアルファルファ

一方，マメ科牧草の最大の欠点は乾燥過程における落葉である。第10図はレーキによる葉部ロスと水分含量との関係を示す。マメ科牧草の価値は葉部にあるといっても過言ではないので，ロスが大きくなりやすい乾草よりもサイレージとして貯蔵すべき材料である。

発酵材料としての牧草の難点は，

①水分含量が高すぎることであり，飼料価値の高い早刈り～適期刈りでは80～85%にも達するので，サイレージ劣質化の最大の原因になっている。

②乳酸菌の栄養源としての糖分含量が少ない点である。良質牧草サイレージ調製には糖分が原料の乾物中10～15%必要である。水分や乾物含量の高いもの，あるいは高温時期の調製ではこれ以上のレベルがのぞましい。しかし，ライグラス類を除くと牧草は一般に糖分が不足しており（第10表），暖地型牧草では2～4％しか含まれていない（第11表）。ライグラス類でも夏期に刈る2～3番草は10%以下のことが多い。

第10表　草種別水溶性糖分含量（乾物中%）
（マクドナルド，1981）

草　　種	範　囲	平　均
イタリアンライグラス	7.4～31.4	18.1
ペレニアルライグラス	4.5～31.5	17.0
チモシー	5.3～19.9	11.0
メドウフェスク	3.5～26.3	9.6
オーチャードグラス	0.5～19.1	7.9

③蛋白質含量が高いので，発酵中にこれが分解されて，アミン，アンモニアなどの塩基性物質を生成し，これ自体が悪臭の原因となるばかりでなく，pHを上昇させてよりいっそうの劣質化をまねく結果になりやすい。

④pHの低下を妨げる緩衝作用が強いことである。不良発酵を抑えるにはpHを早期に4.2～4.0以下に下げることが必要であるが，この作用のために乳酸発酵で乳酸が生成されてもpHの低下は緩やかである。とくにpHが5.0～4.5に低下してからさらにそれ以下に下げるのには，pH 1当たり，当初の2～4倍の乳酸を必要とする。この緩衝作用がマメ科草ではとくに強いので，pHの高いサイレージになりやすい。また，生育段階とも関係があり，生育がすすんだものほど緩衝作用は小さい。材料の乾物1g当たりpHを4.2まで低下させるのに必要な乳酸量（Ymg）は，

第11表　暖地型牧草の糖およびデンプン組成（乾物中%）　（柾木，1983）

草　　種	グルコース	フルクトース	ショ糖	小計1)	デンプン2)	合　計
バヒアグラス	1.04	1.05	2.51	4.60	1.28	5.88
ダリスグラス	0.61	0.55	1.58	2.74	0.92	3.66
ギニアグラス	0.42	0.31	2.94	3.67	3.72	7.39
グリーンパニック	0.62	0.55	1.59	2.76	2.40	5.16
カラードギニアグラス	0.49	0.47	2.30	3.26	2.86	6.12
シコクビエ(祖谷在来)	0.78	1.03	3.13	4.94	4.19	9.13
シコクビエ(雪印)	0.64	0.83	2.61	4.08	2.39	6.47
バミューダグラス	0.32	0.27	1.75	2.34	3.13	5.47
ローズグラス	0.31	0.28	1.69	2.28	3.48	5.76

注　1）水溶性糖分，2）グルコースとして定量

アルファルファのばあい

$Y=66.02-0.611X$

オーチャードグラスのばあい

$Y=39.80-0.389X$

チモシーのばあい

$Y=30.14-0.268X$

（X＝萌芽後の生育日数）

で求められる（山下）。

以上，イネ科・マメ科牧草についてサイレージ調製における問題点を概説した。いずれの草種とも安易には良質サイレージ化できる材料ではないので，それぞれの特性を充分考慮した調製対策が必要である。

Ⅱ 調製技術の基本

1. サイレージ化過程の技術要点

サイレージ化各過程の作業，牧草の特性からおこる問題点，技術の要点を第12表にまとめた。

サイレージ化の第1段階は原料草の準備期である。この段階で調製後の飼料価値の上限が決定され，水分処理の程度がその後の発酵のしかたを左右する。第2段階は詰込み直後の牧草の細胞や微生物による好気的活動期である。この過程でサイロ内は急速に嫌気化される。ふつうは1～2日間のきわめて短い期間だが，サイロ内に多量の空気が残存したばあいや，著しい低水分材料を詰め込んだばあいにはかなり長びくことがあり，高温発酵の原因になり，開封後の二次発酵にも影響する。

第3段階ではサイロ内の炭酸ガス濃度が最高値に達し，これ以後，サイロ開封まで嫌気条件が維持される。調製日数が長期化すると，この段階に達する以前にすぐに変質することがあり，また，サイロの気密漏れは確実に腐敗ロスの増大につながる。

乳酸発酵は第2段階からすでに始まっているが，サイロ内の嫌気条件化の進行や草汁の浸出によって盛んに乳酸が生成され，pH が低下する。pH が4.0～4.2以下になると大部分の微生物が活動を停止し，一応の安定状態にはいる。ここまでの段階は速いときには詰込み後2～3日で終わるが，牧草サイレージのばあいはこのまま安定することはむしろ少なく，さらに若干

第12表　サイレージ化過程別問題点と技術要点　（山下）

サイレージ化過程	作業	牧草の特性	生起する問題点	技術の要点
①原料準備期	収穫	栄養価の変動が大きい	飼料価値の低下	適期収穫 草・品種の組合わせ利用
	処理	水分含量が高い	酪酸発酵，養分ロス 取扱いに難点	予乾，排汁 乾物添加
②好気的活動期	詰込み	空気残存量が多い 夏期高温時の詰込み	詰込み後の発熱特続 二次発酵の原因	切断 密度の均平化
③嫌気化		調製日数の長期化	変質部分の生成 発酵ロスの増大	早期・完全密封
④乳酸発酵～安定期	貯蔵	糖分含量低い	発酵の遅れ 発酵不充分	糖分，乳酸菌添加 予乾，切断
⑤後熱作用～変動期		蛋白質含量が高い 乳酸緩衝能高い	成分の分解とロス 悪臭，生理障害誘発	ギ酸添加，予乾
⑥好気条件下の安定期	取出し給与	サイレージの凍結	変質，ロス，作業の障害	サイロの断熱，予乾
		蛋白質含量高い	栄養均衡くずれ	エネルギーの補給
⑦好気条件下の変動期（二次発酵）		低水分，通年給与，サイロの大型化で問題になる	変質，摂取量の減少 生理障害の誘発	取出し速度の適正化 密度の向上 中間仕切り，水蓋密封

の変化をつづけ，30〜60日目あたりから酪酸が生成されることが多い。

酪酸菌はpH 4.2以下では生育できないとされているので，詰込み時にギ酸を添加すれば抑えることができる。酪酸菌の害作用は，①酪酸の生成，②乳酸の消費，③アミノ酸の分解である。とくにアミノ酸の分解によって生成されるアンモニアや各種のアミノ類は窒素分のロスやpH の上昇，悪臭の発散など発酵成分としては最も好ましくないものである。

第5段階はかなり長期間つづくとみられているが，やがて一定の安定期に達し，サイロの開封を持つことになる。第6段階はサイレージの利用期であり，異常がなければこのまま最後まで給与できる。この段階での問題は厳寒地における高水分サイレージの凍結である。凍結の程度がはなはだしいばあいには，北側のサイロ壁と取出表層部分に30〜50cmの厚さに氷塊状もしくはシャーベット状に氷結することもある（坪松・斎藤 1963）。サイレージが凍結すると取出し作業が困難になり，摂取量やエネルギー効率の低下，下痢など生理障害，あるいはサイレージの変質やロスの原因になる。

牧草サイレージの飼養上の問題点は，カロリー含量に比べて蛋白質含量が高いことである。出穂期前後のオーチャードグラスサイレージは8〜9％のＤＣＰ，58〜64％のＴＤＮを含有し，栄養比は6〜7で中庸である。たとえば600kgの乳牛が脂肪率3.5％の牛乳を20kg生産するばあい，必要とされる飼料の栄養比は，維持では12.9，産乳では5.8で，両者を含めると7.7（ＤＣＰ1,230ｇ，ＴＤＮ10.7kg）になる。したがってオーチャードグラスのばあいは産乳飼料的性格があり，全体としてはエネルギーを補給して均衡をとる必要がある。

取出しがすすむにつれてサイレージが発熱することがあり，ひどいときには腐敗臭やべとつき，カビ塊がみられる。これが第7段階の二次発酵（好気的変敗）である。サイロの大型化，低水分化，通年給与で問題になっており，スタックサイロなどサイロ型式によっても問題にされる。

以上のサイレージ化過程に伴う問題点から技術要点をまとめると，①原料草の適期収穫，②水分調節，③切断と密度の均平化，④早期かつ完全な密封が必須原則であり，これに⑤添加物の活用，⑥二次発酵対策が加えられる。

2. 適期収穫

6月7日から2週間おきに収穫，調製したオーチャードグラス主体サイレージの品質，摂取量を第13表に示した。穂ばらみ〜出穂始め期にはＴＤＮ含量74.3％ときわめて価値の高い飼料であるが，糊熟期には45.2％に落ち込み，稲わら（ＴＤＮ42.1％；日本標準飼料成分表1987年版）と大差のない劣質飼料に変わってしまっている。成分変化と萌芽（4月25日）後の日数（Ｘ日）との関係について，つぎの式が求められた。

サイレージの乾物消化率（％）＝

$$97.56-0.64X \quad (r=-0.963)$$

〃　乾物中ＴＤＮ含量（％）＝

$$101.37-0.66X \quad (r=-0.969)$$

第13表　刈取時期別サイレージの品質，採食量と収量　（高野・山下，1970）

収穫月日 生育段階	サイレージ水分	発酵品質		栄養価			摂取量		10a当たりサイレージＴＤＮ生産量
		pH	フリーク評点	乾物消化率	DCP	TDN	乾物	TDN	
6月7日 穂ばらみ〜出穂始め期	％ 84.0	4.47	点 65	％ 71.0	％ 11.8	％ 74.3	kg 8.5 (100)	kg 6.3 (100)	kg 145.5 (100)
6月21日 出穂始め期	73.8	3.99	80	58.6	7.8	66.6	9.3 (109)	6.2 (98)	215.7 (148)
7月5日 開花後期	72.3	3.92	95	53.4	4.6	55.6	8.2 (96)	4.5 (71)	186.2 (128)
7月19日 糊熟期	75.9	5.01	15	43.1	4.4	45.2	6.4 (75)	2.9 (46)	142.0 (98)

第14表　刈取時期別サイレージの増体効果　　　　（山下・高野，1973）

生育段階	補助飼料[2)] イヤコーンサイレージ	栄養価		サイレージTDN摂取量	日増体量[3)]	1kg増体に要した	
		DCP	TDN			乾物	TDN
	kg/日	%	%	kg/日	kg	kg	kg
草刈り[1)]（穂ばらみ期）	1.2 (0.5)	13.0	70.8	4.73 (100)	1.138 (100)	6.26	4.48
適期刈り（出穂期）	2.3 (1.0)	6.9	61.3	3.45 (73)	0.829 (73)	7.88	5.02
おそ刈り（乳～糊熟期）	2.5 (1.5)	4.3	50.9	2.74 (58)	0.435 (38)	15.29	8.78

注　1）オーチャードグラス，アルファルファ（30～20％）混播草
　　2）（　）内は配合飼料換算量
　　3）供試牛の平均体重　早刈り群287kg，適期刈り群273kg，おそ刈り群272kg

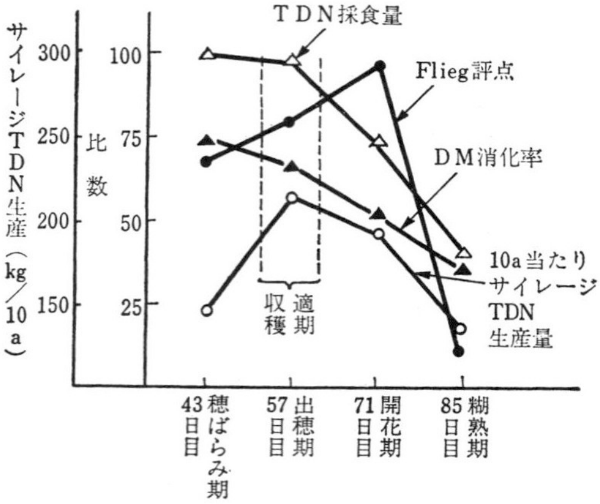

第11図　サイレージの品質総合評価
（高野・山下，1970）

サイレージの乾物中DCP含量(％)＝
18.65－0.18X（r＝－0.938）

栄養価の低下は摂取量にも影響するので，可消化養分摂取量では刈遅れによる低下がより一層大きくなり，乾物摂取量では糊熟期でも早刈りの75％を維持しているが，TDNでは46％，DCPでは28％に激減した。

サイレージの品質，栄養価，摂取量，収量を総合的に判断すると，イネ科牧草主体一番草では出穂期（萌芽後50～60日目）が刈取適期である（第11図）。

刈取時期別サイレージの増体効果を第14表に示した。早刈り，適期刈り，おそ刈り高水分サイレージを自由摂取させると，補助飼料で差をつけても増体量，飼料効率は早刈りサイレージがすぐれていることが示された。

刈取時期による品質への影響は二番草についても認められている（小倉・鳶野 1973）。２年間の成績を平均するとオーチャードグラス，チモシーを主体とする二番草サイレージは一番刈り後の生育日数51日，82日のとき，乾物消化率57.2％，45.7％，サイレージからのTDN１日摂取量5.7kg，4.2kg で差が認められた。しかし，１日当たり乳量は12.0kgと11.5kg で差がなかった。

なお，二番草サイレージの栄養価，乳量は早刈り一番草サイレージよりも低い値であり，二番草そのものの価値が一番草に比べて劣る傾向が一般的に認められている。

以上に述べたような刈取時期，あるいは番草別の飼料価値の差は，生育の進行に伴って価値の高い葉部割合が減少し，枯葉の比率も高くなるなど，植物の部位別変化に起因する消化率の低下に加えて，細胞膜質（CWC）の増加とそれ自体の消化率の低下が合体したものとして示される。

牧草の利用は適期に集中的に収穫することが基本であり，サイレージ貯蔵の利点を生かすことにもなるが，イネ科牧草の適期の幅は，出穂始めから出穂期までの７～10日間であり，この期間中に収穫を終わることは容易ではない。とくに共同作業のばあいは全戸がこの間に終わることは不可能にちかいので，収穫適期の延長をはかる必要がある。草種，品種による早晩性を利用することによって，たとえば消化率60％を

下限としたばあい，オーチャードグラスのキタミドリは6月10～20日ころまで，ヘイキングはその後6月30日ころまで，さらにチモシーを組み合わせると7月8日ころまで約1か月の幅をもたせることができる。

3. 水分調節

収穫適期の牧草は76～83%の水分を含んでいる。このままでは良質サイレージは調製できないので，水分調節が必要である。サイレージはふつう水分含量によって，①高水分サイレージ：水分76%以上，あるいは無予乾（ダイレクトカット），②軽予乾サイレージ：中水分，水分65～75%，③低水分サイレージ：水分64%以下（気密サイロに詰め込んだものはヘイレージと呼んで分けている）に区分される。サイレージ調製にあたっては各区分に最も適した貯蔵方式をとる必要がある。

高水分サイレージのばあいは，詰込み当初に急激に嫌気化し，多量の汁液が浸出してくる。やがて，汁液過多になるにつれて酪酸菌が増殖し，蛋白質やアンモニア，アミンに分解するので，品質が低下する。アミンの一種チラミンの生成パターンをみると，高水分サイレージでは詰込み後30日ころをピークに急激に増加するが，糖分添加サイレージや予乾サイレージではゆっくりとふえてくる（第12図）。したがって過剰な汁液を速やかに，有効に排出することが必須条件になる。排汁の効果を第15表に示した。排汁によって発酵品質が改善され，中水分サイレージと同等の乾物摂取量に向上した。また排汁

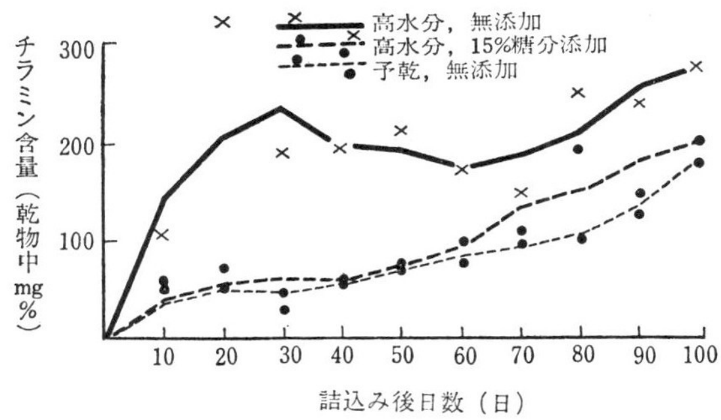

第12図 高水分および予乾サイレージにおけるチラミンの生成パターン　（ボス，1966）
アミノ酸からアミンへの分解は糖分添加または予乾によって抑えられる

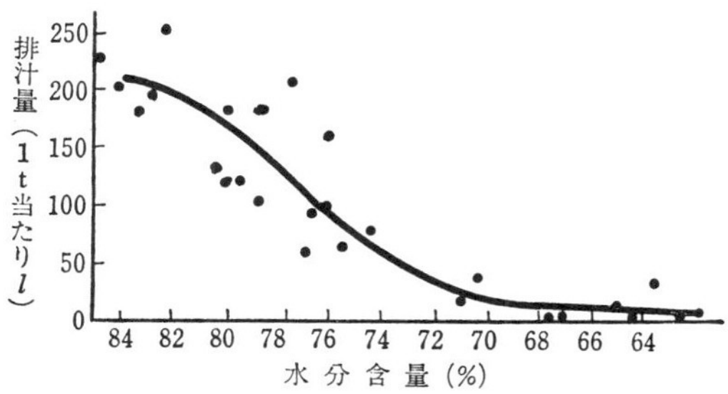

第13図 材料の水分含量と排汁量との関係　（ムードッホ，1954）

により4.0%の乾物ロスがあったが，最終的な乾物回収率は排汁したほうが高かった。

排汁量は無予乾の適期刈り牧草ではふつう14～25%に達する膨大な量になる。第13図に材料の水分含量と排汁量との関係を示した。また，V＝66.94－2.24X（V；材料100kg当たり排汁量 l，X；材料の乾物量%）およびD＝17.614－0.538X（D；排汁による乾物損失%，X；材料の乾物含量%）（ウールフォード1972），あるいは，$Y=83.26-5.418X+0.0883X^2$（Y；詰

第15表 排汁と牧草サイレージの品質および摂取量　（高野・山下，1972）

サイロ番号と処理		詰込量	排汁量	原料草水分	サイレージ品質		サイレージ乾物回収率1)	乳牛のサイレージ乾物摂取量2)
					pH	乳酸		
		t	t	%		%	%	kg/日/頭
No.1	高水分無排汁	14.09	0	82.4	4.93	2.50	75.8	8.79
2	高水分排汁	13.73	2.04	82.7	4.06	3.50	82.0	10.24
3	予乾中水分	9.37	0	69.0	4.80	5.18	88.2	10.14

注　サイレージ取出口から若干漏汁あり
1)　全重量測定法による　2)　平均体重670kg（ラテン方格法）

第16表　牧草サイレージ排汁の成分
（高野・山下，1972）

区　　分	平　均	範　囲
乾　物（%）	5.0	2.8　～5.8
粗 灰 分（%）	1.0	0.99 ～1.05
全 窒 素（%）	0.22	0.14 ～0.26
pH	4.1	3.6　～4.5
比　重	1.023	1.011～1.027

注　無添加サイレージの排汁

第17表　各種汚水のＢＯＤ
（ウールフォード，1978）

汚　　水	BOD（mgO_2/l）
サイレージ排汁	90,000
豚スラリー	35,000
牛　尿	19,000
牛スラリー	5,000
家庭下水	500

注　ＢＯＤ：汚水中にとけている物質が生物によって分解されるさいに消費される酸素量で，魚の浮き上がりの原因になる

込量に対する排汁量比%，Ｘ；材料の乾物含量%）（マクドナルド 1973）の回帰式が求められている。これらの結果から，材料を水分70%くらいまで予乾すれば排汁についてほとんど問題にしなくてよい。

排汁によって生ずる問題点は，養分損失と排出後の処理である。排汁の性質とその成分について第16表に示した。詰込み直後から排出される汁液は水分が多く，日数の経過につれて濃厚化するが，平均値では5.0%であり，そのうちミネラル分が20%，窒素化合物（粗蛋白質）28%，無窒素有機物52%を占めている。第16表はオーチャードグラスを主体とした一番草を２～15ｔ容の塔型サイロに詰めて行なった一連の試験結果を集約した数字であるが，材料の種類，サイロの大きさ，型式によっても異なる。たとえば塔型サイロで排汁ロスが8.2%のとき，バンカーサイロでは3.7%，6.6%のときには1.8%と低く示される（ゴードン 1967）。しかし，多数の試験結果の平均値でみれば，乾物率６%，そのうち窒素化合物20%，無窒素有機物55%，ミネラル25%であり，第16表とほとんど差がないことが示されている。

ミネラル組成はＰ 0.03～0.12%，Ｋ 0.105～0.525%，Na 0.034～0.040%，Ca 0.039～0.160%の範囲である。

このように，排汁はかなりの栄養分を含み，しかも酸性が強いので，その処理には慎重を要する。サイロ周辺に放置するとハエや悪臭源になり，また第17表に示すようにＢＯＤが牛尿の

第18表　アルファルファサイレージの水分処理とサイロ内の炭酸ガス濃度，品質安定性[1)]
（山下，1979）

処　理	水分	CO_2濃度（%）			密度(取出時)[2)]（m^3/kg）		pH	総酸中揮発酸	全窒素中アンモニア	菌　数		27℃における品質安定性[3)]		
	（%）	8/28	9/11	10/4	原物	乾物		（%）	（%）	酵母	カビ	Rhr	H℃/hr	S_{27}
1．軽予乾	68	89	89	65	471	152	4.57	14.6	13.4	＜10	＜10	138	0.05	2,760
2．予　乾	59	75	86	72	368	152	4.99	12.0	8.6	＜10	＜10	138	0.06	2,300
3．〃	54	69	72	69	311	142	5.17	9.6	9.3	＜10	＜10	138	0.07	1,971
4．〃	33	33	39	32	209	139	6.03	39.6	4.1	18×10	$2.8×10^2$	100	0.73	137
5．④に高水分草58%添加	54	67	85	69	298	135	5.10	15.3	8.8	＜10	2.3×10	138	0.06	2,300
6．④に水31%添加	54	60	79	65	315	144	4.81	15.3	8.3	＜10	＜10	138	0.03	4,600

注　1）８月25日詰込み（二番草），10月11日取出し
2）詰込み時は全処理とも乾物131kg/m^3，加重235kg/m^3
3）Ｒ　恒温室（27℃）へ搬入後の品質保持時間（hr）
Ｈ　発熱開始（室温＋１℃）から１回目のピークまたは48時間後までの発熱勾配（℃/hr）
Ｓ　品質安定係数（$S=\frac{R}{H}$，S_{27}　27℃恒温室でのＳ）

第19表　収穫までの所要日数，収穫時水分含量と養分の損失率および回収率（石田，1984）

実験	圃場放置日数（日）	水分（％）	圃場損失（％）		収穫損失（％）		貯蔵損失（％）		回収率（％）	
			DCP	TDN	DCP	TDN	DCP	TDN	DCP	TDN
Ⅰ（６月29日刈り）	0	81.9	0	0	5.7	5.7	37.4	38.0	59.0	58.5
	1	65.5	0	0.5	3.2	3.2	25.9	12.3	71.7	84.5
	3	60.0	7.3	3.0	11.7	4.7	20.3	12.6	65.2	80.8
	7	16.9	15.4	7.9	8.0	8.3	22.0	16.6	60.7	70.4
Ⅱ（７月28日刈り）	0	71.9	0	0	9.0	9.0	11.7	13.2	80.4	79.0
	1	67.5	1.1	1.9	2.2	2.2	5.0	9.6	91.9	86.7
	3	24.1	17.8	1.7	21.7	26.0	13.0	9.5	56.0	65.8
	7	43.3	15.4	9.8	3.5	3.7	11.8	4.2	72.0	83.2

注　回収率は全作業を通した割合。Ⅱ—7 は降雨後収穫

4.7倍，家庭下水の180倍にも相当するので，河川などへの廃棄は絶対にさけなければならない。このため，尿溜に混ぜるか，排汁溜を用意し，水で等分にうすめて草地に散布するのがよい。

水分75～65％の軽い予乾は，乳酸発酵を促進するが過湿にはならないので最も安全な水分である。水分60～50％の低水分化は発酵自体を抑えることが目的であり，酸の力を借りずにサイロ内の嫌気条件によって品質の安定性を保持する方式である。したがって，サイロの気密性保持が絶対条件であり，開封後は取出量を多くするなどの配慮が必要である。

40％以下の過度の低水分になると，サイレージとしての安全な貯蔵利用はむずかしい。高温発酵をおこしやすく，気密もれがあればサイレージが熱のため炭化することさえある。第18表は，水分含量と炭酸ガスの生成量，開封後の品質安定性との関係を示した。細切，踏圧密封，加量を完全にしても，水分40％以下のばあいは，サイロ内の炭酸ガス濃度が低く，サイレージの品質安定性も劣ることが示されている。しかし，水，または高水分の牧草を混合すると，これらの点が改善されることも認められた。

以上のことから水分処理は70～65％を目標にし，50％以下の乾かしすぎはさけることが肝要である。予乾→収穫→貯蔵の養分損失からみても，水分含量の高いものは貯蔵中に失われる養分量が大きく，予乾しすぎたものは圃場で予乾作業や収穫中に飛散して失われる養分量が大きい。したがって，60～70％が最も有利である（第19表）。

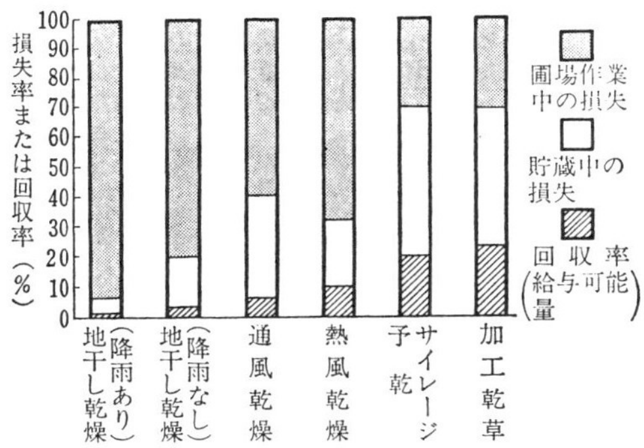

第14図　調製法別乾草と予乾サイレージのカロチン回収率（シェファードら，1954）

水分別サイレージの飼養効果については，中・低水分サイレージの乾物摂取量は高水分サイレージに比べて多いことが一般的に認められ，増体効果が高い傾向があるが，産乳効果については明確ではない。むしろ，高水分サイレージのほうが効率がよいとする成績も多い。この原因としては高温発酵や予乾～収穫までの養分ロスが多くなり，消化率が低下することや，低水分サイレージを給与すると，ルーメン液中のＶＦＡ（揮発性脂肪酸）組成はプロピオン酸が少なく，酢酸が増加する（鳶野ら1967）ことによるものと考えられている。

このように予乾～低水分サイレージの給与が乳量増加にとくに効果があるとはいえないが，65～70％の予乾であれば短期間の地干しで充分であり，運搬能率，発酵品質，養分回収率，摂取量が改善される意義はきわめて大きい。

第14図は各種の調製法による乾草と予乾サイレージについて，カロチンの回収率を調べたも

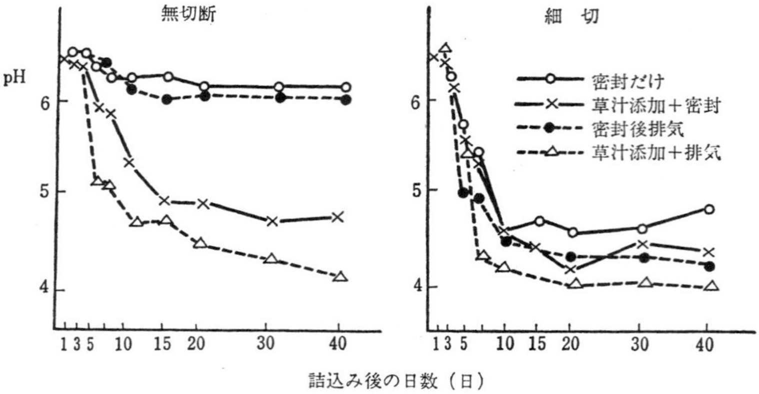

第15図　無切断，細切材料に対する密封，排気処理，草汁添加の効果
（山下，1969）

バッグサイロ，材料水分80.2％

のである。一般的な地干し乾燥で雨に当たった乾草はほとんどカロチンが残っていない。雨に当たらなかったものでも，貯蔵中に失われる部分があるので，地干し乾燥のばあい給与時まで残っている量はわずかである。しかし，予乾サイレージであれば約20％が利用できる。これは熱風乾燥より多く，ヘイキューブなどの加工乾草と同等のカロチン給源である。

4. 細切と密度の均平化

サイロに詰め込む直前の材料には1g当たり10〜10^3個オーダーの乳酸菌が付着しているが，サイロ内が嫌気化するにつれて急激に活動を始め，乳酸を生成する。乳酸菌がこのように盛んに活動するためには嫌気性条件のほかに10〜40℃の温度条件，材料から栄養に富んだ汁液の浸出してくることが必要である。

細切の効果を模擬的に調査した結果（第15図），無切断のままではほとんどpHが下がらないが，排気，あるいは草汁添加によってある程度効果がみられ，さらに，両処理とも行なったばあいにはきわめて良好な発酵経過を示した。細切した材料を密封だけしたばあいにはpHは4.5までしか下がらないが，排気すれば本来の発酵パターンを示した。これらのことからサイレージ発酵における細切の効果は第一に汁液の浸出を促すことであり，ついで密度の向上による早期嫌気化があげられる。

第20表には，切断法別の効果を示した。いずれの切断法によっても詰込密度が向上し，乾物回収率，発酵品質，消化率が改善され，摂取量が増加した。とくにシリンダー型ハーベスターによる細切の効果が高く，フレール型ハーベスターも切断長が長い割には効果があり，これはフレール刃による切裂き効果とみられている。そのため，茎が硬くなった刈遅れ材料には効果は少ない（第21表）。

材料の細切や切裂きはサイレージ発酵の促進

第20表　切断法別の効果　（山下・高野，1973）

切断法	切断長	乾物詰込密度2)		乾物回収率	消化率		pH	揮発酸中の酪酸比	サイレージTDN摂取量（1日1頭当たり）
		詰込時	取出時		乾物	蛋白質			
	cm	kg/m³	kg/m³	%	%	%			kg
無切断	62	53 (100)	124 (100)	59.9	58.5	48.4	4.68	51	2.32 (100)
カッター	2.6	73 (136)	133 (107)	85.3	54.7	54.5	4.51	25	2.65 (114)
フレールハーベスター	4.9	67 (125)	116 (95)	69.9	62.6	65.1	4.45	0.4	2.79 (120)
シリンダーハーベスター	1.1	84 (158)	133 (107)	71.6	64.3	64.6	4.23	5	3.33 (143)

注 1) オーチャードグラス一番草，出穂期
2) （詰込量－排汁量）÷容積m^3

第21表　刈取時期別材料に対する切断法の影響　（山下・高野，1973）

生育段階	切断法（ハーベスター）	詰込み時乾物密度	pH	揮発酸中の酪酸比	サイレージ乾物消化率	サイレージ乾物摂取量
		kg/m³		%	%	kg/日・頭
オーチャード穂ばらみ期	シリンダー型	114 (100)	4.40	0	66.3	9.27 (100)
	フレール型	93 (82)	3.96	1	71.0	9.64 (104)
出穂（完）期	シリンダー型	111 (100)	4.61	0	58.8	10.30 (100)
	フレール型	78 (70)	3.90	90	63.2	9.61 (96)
乳熟期	シリンダー型	95 (100)	3.81	14	50.0	9.96 (100)
	フレール型	73 (77)	4.90	83	52.7	7.89 (79)

のためにきわめて重要な要素であるが，水分65%以下の低水分サイレージは前述のように発酵自体を抑える貯蔵方式なので，細切のねらいは密度の向上が主であり，発酵促進としてはほとんど意味がない。

なお，用語として細切は3cm 以下，切断はそれ以上を指すが，最近はひじょうに細かく切断できるハーベスターが使われ，切断長がルーメン機能や消化率との関係で問題にされることもある。

サイレージの詰込みにあたって重要な点は，密度の向上と均平化をはかることである。第16図は均平化に問題があり，二次発酵した例である。①は水分差による密度ムラが原因で発熱し，②はデストリビュータの使い方がわるいために壁際ばかり密度が高くなり，中央部はドーナツ状に密度が低く，下部のほうまでカビが発生し，廃棄した。

第17図は塔型サイロでの自重による沈下の様子を示した。詰込み中ときどき均しただけでも，

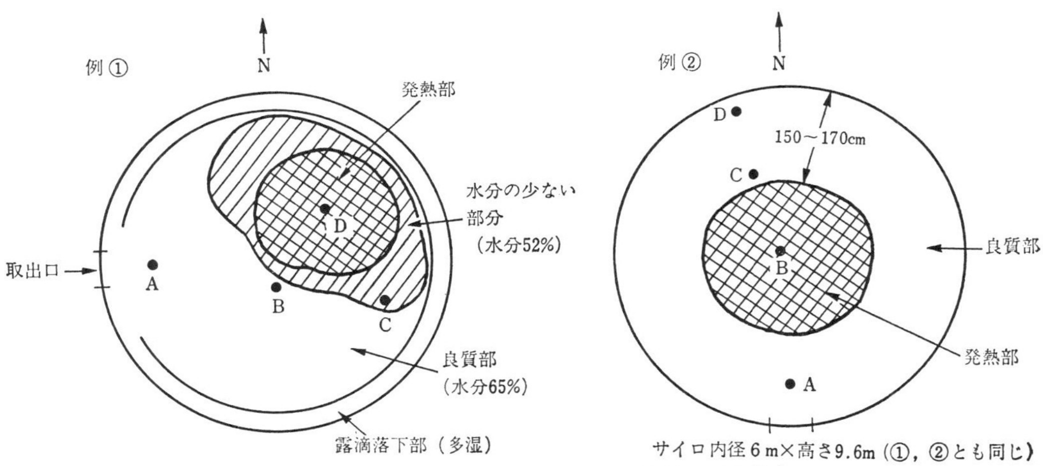

サイロ内径6m×高さ9.6m（①，②とも同じ）

例①　サイレージの温度

A点30cm内部	8.5℃
B　〃	12.0
C　〃	6.5
D　〃	24.5
〃　45cm	45.0
サイロ内気温	8.5

例②　サイレージの温度

A点30cm内部	6.5℃
〃　45cm	7.0
B　表層	9.5
〃　30cm	13.0
〃　45cm	13.5
〃　60cm	14.0
C　30cm	8.0
D　〃	1.0
サイロ内気温	11.0

第16図　塔型サイロにおける水分，密度ムラと発熱の状況　（山下，1979）

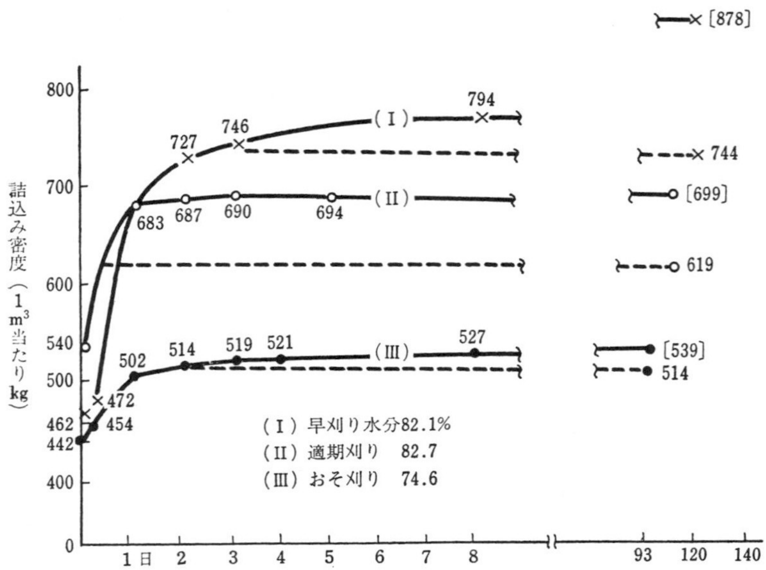

第17図　詰込み密度の経日的変化　（山下・高野，1973）

点線　サイレージ＋腐敗部（排汁とガスによる損失分を除く）
実線　詰込み量－排汁

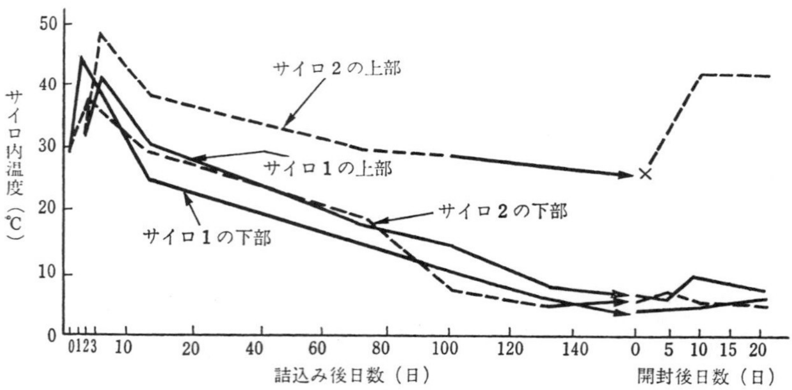

	踏　圧	加　重	水　分	詰込み時密度	取出し時密度	容積減少率
		kg/m²	%	kg/m³	kg/m³	%
サイロ　1	5　人	200	28.7	236	271	13
サイロ　2	な　し	400	36.4	194	243	20

第18図　踏圧，無踏圧サイロでの温度変化

（高野・山下ほか，1972）

サイロ１は踏圧，サイロ２は無踏圧

早刈りのばあいは最初の３日間で詰込み直後の1.6倍になり，その後はわずかずつ圧密され，最終的には１m³当たり878kgと，当初密度の1.9倍に圧密された。この密度は踏圧して詰め込んだときと同程度である。

適期刈り，おそ刈りと刈遅れるにつれて密度が低くなり，沈下後の密度も当初の1.3倍，1.2倍にとどまった。ただし，乾物密度では早刈りから順に１m³当たり161kg，126kg，140kgまで圧密され，おそ刈りでもかなりの密度であり，材料の乾物含量が高まると乾物密度が向上することを示している。ただし，サイレージ層内の残存空気量や外部からの空気の侵入にかぎっていえば，水も空間を埋める貴重な物質であり，低水分の材料では水の分だけ空間が多いので，高温発酵や二次発酵には注意する必要がある。第18図は水分29～36％の材料を踏圧せずに詰め込んだ結果（サイロ２），詰込み後の高い発熱，高温の維持，開封直後からの二次発酵に直結した。

5．早期・完全な密封

サイロ内に材料が詰め込まれ，密封された直後からサイロ内は材料の呼吸によって炭酸ガス濃度が急激に高まり，乳酸発酵に適した条件になる。したがってサイロの最大の機能は嫌気的環境をつくり，それを維持することである。

第22表 サイロ型式，調製技術の熟練度と乾物損失との関係　(フィッシャー，1985)

サイロ型式	水分レベル (%)	圃場における予乾・収穫中の損失 (%)	貯蔵中の乾物損失 (%)	
			熟練度高い	熟練度低い
気密サイロ	40～60	6～12	3	8
コンクリート塔型サイロ	55～70	3～9	5	15
バンカーサイロ	60～85	2～8	9	20
トレンチサイロ	60～85	2～8	12	25
スタックサイロ	60～85	2～8	15	40

調製技術が不適切であれば損失は大きい

第23表 バンカーサイロにおける劣質化の要因　(山下，1979)

項目		発熱しているサイロ (11基)	発熱していないサイロ (11基)
		基	基
収穫機	ハーベスター(シリンダー型)	3	7
	チョッパー	3	3
	ロードワゴン，ローダー	5	1
詰込日数	1～2日	1	3
	3～5日	3	5
	6日以上	7	3
共同作業	個人	5	1
	2～3戸共同	4	3
	4戸以上	2	7
密封	ビニール上部だけ	8	6
	ビニールに破れあり	2	0
	ビニール側壁，下部から	1	5
取出機器	バックレーキ，ローダー	9	3
	ホーク	0	5
	ヘイナイフ，チェンソー	2	3
サイレージ水分	65%以下	3	0
	66～75%	3	1
	76%以上	5	10

第24表 トレンチサイロにおけるカバーの有無とロス

(ブラウンとカー，1965)

	カバーなし	カバーあり
サイレージ乾物含量	51.4(%)	51.0(%)
全乾物ロス	17.9	6.7
可食部のロス	70.3	10.9

サイロの一部にでも気密漏れがあると，その部分のサイレージは必ず腐敗し，ときにはそれが，大きな部分の劣質化の原因になり，あるいは取出し中の二次発酵の原因になる。反対に気密が完全であれば薄いビニール袋でも立派に良質サイレージができる（高野・山下1972)。

結局，どのサイロ型式を選択するにせよ，調製上の細かい配慮がサイレージ品質向上と養分損失を軽減させる決め手である。第22表はサイロ型式，調製技術の適否と養分損失との関係を示したものである。サイロ型式による差も多少はあるが，技術でかなり抑え込むことができる。

第23表はバンカーサイロでの劣質化の要因を示した。水分含量，切断法，詰込日数，作業の共同化などが要因としてあげられ，密封法の適否もサイレージの発熱や腐敗に関係している。30ｔ規模のトレンチサイロではポリシートでカバーしなかったばあいには，6か月後にはサイレージのじつに70%が給与不可能な程度に変敗したと報告されている（第24表)。

詰込み後の密封の遅れもサイレージ劣質化の原因になる。第25表は詰込み後密封までの日数が2，4日と長期化するほど密封時の温度が高く，菌数が多くなり，密封後も炭酸ガスの生成量が少ないのでカビが多く残存し，発酵品質が

第25表 トウモロコシサイレージの密封までの日数と菌数，品質安定性　(山下，1979)

サイロ番号(密封までの日数)	密封時			サイレージ						20℃における品質安定性		
	温度 (℃)	菌数(生菌数/g)		開封前CO_2濃度(%)	pH	菌数(生菌数/g)						
		酵母	カビ			酵母	カビ	好気性菌	酪酸菌	R	H	S_{20}
No.1（0日)	11.0	1.4×10^3	3.0×10^3	88.5	3.89	2.3×10^5	2.0×10^2	1.6×10^4	4.3×10	27	0.50	54
2（2日)	16.0	1.4×10^7	1.6×10^5	85.4	3.98	2.6×10^5	2.8×10^3	1.8×10^5	3.0×10^2	37	0.63	59
3（4日)	21.0	1.1×10^8	4.4×10^6	68.9	4.02	4.1×10^6	6.4×10^5	8.4×10^4	2.7×10	11	1.29	9

注　気温9～10℃（10月23日詰込み，完熟期，11月27日開封）水分67%，R. H. S_{20}は第18表参照

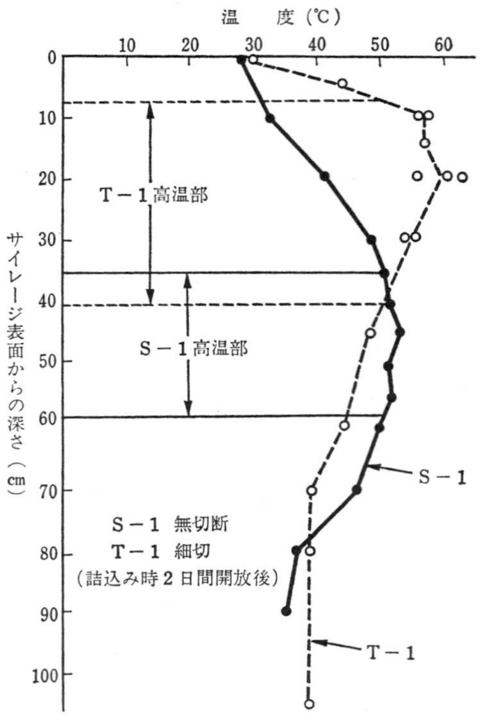

第19図　サイロ別，層別発熱の状況
（山下，1979）

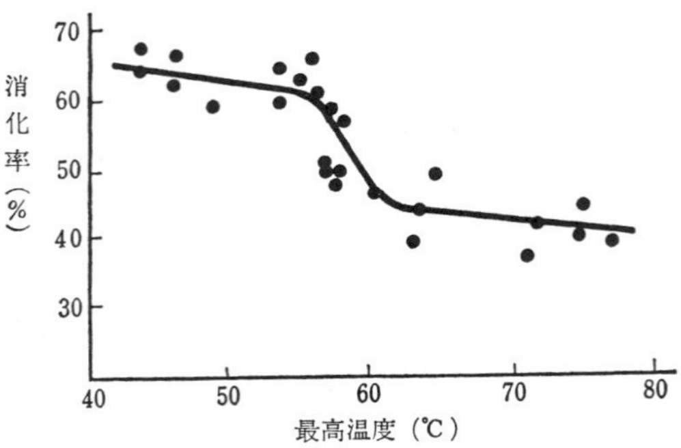

第20図　サイレージ蛋白質消化率に及ぼす最高温度の影響　（ウィーリンガ，1960）

劣ることを示している。詰込みの途中で中断するばあいには，そのつど密封すれば劣質化を防ぐことができる。

密封の遅れの影響はサイロ全体に及ぶこともあるが，表層部で特に著しい。発熱の最高温部はふつう表層から30〜60cmの範囲にあり（第19図），これは二次発酵のばあいと同様である。

高温発酵による品質の劣化は，カビの発生や発酵品質の低下のほかにも，蛋白質の消化率の低下（第20図），リグニン様不消化物質の生成などによって飼料価値を下げるが，これは最高温度が55℃を超えたとき影響が大きい。

以上のように，密封条件は発酵品質，栄養価，養分回収率に及ぼす影響がきわめて大きいので，「早期・完全」に行なうことが必要である。

6. 添加物の利用

牧草サイレージに対する添加物利用の主なねらいは，①直接的なpHの引き下げ，②乳酸発酵の促進である。前者はギ酸，プロピオン酸が，後者には糖蜜などの糖質材料や乳酸菌が使われている。添加物はこのほかに稲わらやビートパルプによる水分吸収やエネルギー源を補塡して完全飼料化をはかる試みもみられる。

ギ酸，プロピオン酸はいずれも，サイレージ発酵やルーメン発酵でも生成される有機酸であり，体内で分解され，吸収される。ギ酸は主に高水分サイレージに用いられ，pHを下げ，材料の呼吸を抑えるはたらききがあるので，予乾が不可能な場面や詰込みが長期化するばあい，あるいはアルファルファサイレージに効果が高い。プロピオン酸はpHを下げる効果ではギ酸より弱いが，酵母の生育を抑える作用があるので，主に二次発酵防止剤として低水分サイレージや梱包サイレージに添加される。

ギ酸，プロピオン酸とも刺激臭が強く，皮ふなどに炎症をおこす危険があるので，取扱いには充分注意する必要がある。

発酵源になる糖質材料としては，糖蜜のほかにビートパルプ，ふすま，糠，穀物粉，配合飼料などが使われる。これらは水分吸収剤としての効果もあるが，5〜10%の多量の添加が必要である。第26表は水分85%の材料にふすまを10%添加した結果，サイレージの水分は約7%低下し，排汁，発酵ロスが軽減され，摂取量も多かった。このような効果を積極的に利用して濃厚飼料混合サイレージ（オールインサイレージ）とする方法もある。

乳酸菌は古くて新しいサイレージ添加物であ

第26表　高水分サイレージでの排汁とふすま添加の効果　（単位：％）
（高野・山下，1969）

処　理	サイレージ水分	pH	総酸中の乳酸	乾物ロス			乾物回収率	乳牛による乾物摂取率（体重当たり）
				変　質	排汁ロス	発酵ロス		
排　汁	82.3	4.1	59	3.0	7.3	21.4	68.3	1.93
ふすま10％添加	77.2	4.0	76	3.1	0.3	7.0	89.7	2.30

注　原料水分は84.8％

る。これまでにいろいろな種類の乳酸菌が用いられてきたが，最近は，ⓐホモ型の乳酸発酵をする（消費した糖はすべて乳酸になる），ⓑ家畜の利用性の高いL⁺乳酸を生成する，ⓒサイレージ原料中の糖分を効率よく利用できる，ⓓ増殖が速い，ⓔ活動できるpHの範囲が広く，pHを下げる力が強い，などの性質をもった乳酸菌が使われている。

乳酸菌の添加効果がある条件はかなり限定され，糖が少ない，水分が高い，もうひとつ発酵品質をよくしたい，などがこれに当たる。ただし，とくに牧草サイレージでは糖添加を併用する必要がある。（最近の製剤には糖が含まれているものが多いが充分とはいえない）。

これらのほかにも各種の添加剤が市販され，一部で利用されている。どのような添加剤を用いるにしても，それぞれの性質を調べ，使用する目的や材料に合うか否かを確かめたうえで，その効果が最大限に発揮されるサイロ条件を整えることが大切である。

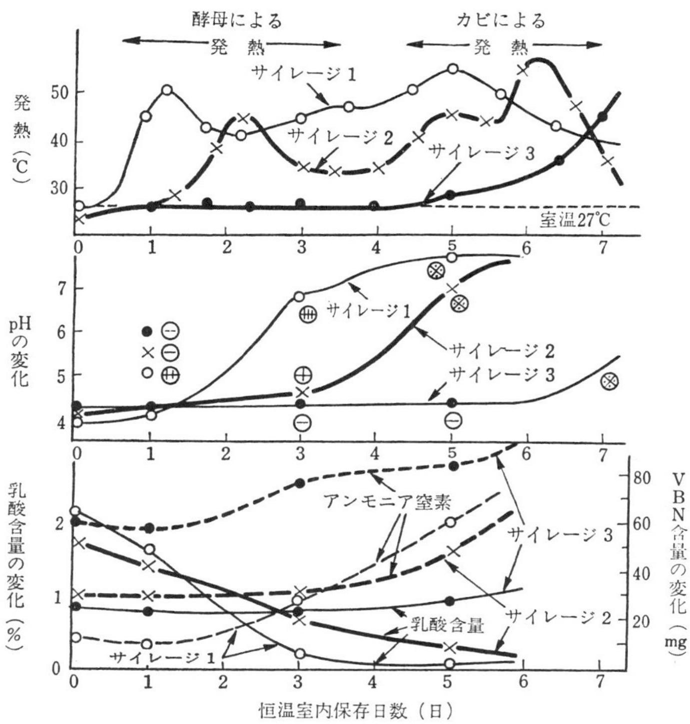

第21図　変敗の進行と発熱，pH，成分の変化の3型
（山下・山崎，1975）
㊀～※は変敗の程度を示す

7．サイレージのくん炭化

くん炭化は詰込み直後の好気的異常発酵でサイレージが著しい発熱を起こし，とくに温度の高い中心部が暗褐～黒色に変色し，くん炭状になる現象である。低水分牧草サイレージの普及とともに各地域で発生しているが，これがさらに進行すればサイロ火災という重大な事態をまねくおそれがある。わが国でも気密サイロを中心に低水分サイレージがくん炭化した事例はかなりあり，平成元年には爆発事故も起こっている。

（1）くん炭化はどうして起こるか

くん炭化の起こるプロセスは乾草の発火，いわゆるヘイファイアーと同じと考えられる。まず，堆積された植物の呼吸作用によって温度が急激に上昇し，これに並行して，あるいは引きつづいて微生物の代謝作用による発熱がつづく。堆積内の温度が65～80℃になると，第3のプロセスとして化学的な酸化作用を受けて発火点に達するとされているが，これらのプロセスが進行するためには連続した酸素の供給と熱の放散を妨げる大きな堆積であることが必要である。

本来，サイロ内では酸素の供給はないはずであるが，取出口のドアを通じて若干のガスの出入りがあり，その周辺のサイレージが腐敗している例は珍しくない。スチール製の気密サイロでもサイロ内外の気圧差によってボルト穴や取出口からガス交換が行なわれるとされている。事実，アメリカではサイロ型式に関係なく火災が発生するとされており，わが国でもボトムアンソローダ式の気密サイロでの発生が多い。

正常なサイレージ発酵では詰込み後数日間は呼吸作用で温度が上昇し，詰込み時の材料温度より10～20℃高い温度をピークとしてその後は緩やかに低下するものである。この初期の発熱が異常に高進するとくん炭化につながるが，その原因として①詰込み材料の水分含量，②詰込み量，切断長，均平化など二次発酵と同様な問題が考えられる。

サイレージの貯蔵原理は乳酸による酸性化と材料自らが生成する高濃度の炭酸ガスによる嫌気性化である。炭酸ガスは嫌気条件を維持すると同時に静菌作用があり，カビに対しては60%以上の濃度があれば酸素が充分にある条件でもその活動を抑えるとされている。炭酸ガス生成はすでに説明したとおり材料水分の影響が大きく，過度に低水分化すればガス貯蔵機能は破たんする。一方，量的には少なくなっても植物細胞の呼吸作用は水分23～29%までつづくといわれ，発生した熱は断熱性の高い低水分サイレージの中で蓄積していくものと考えられる。

気密サイロで詰込み量が少ないばあいには大量の空気がサイロ内に残り，この空気層の日内温度差は夏期に30～40℃，冬期でも20℃になるので内圧の変化により多量のガスが出入りする。そのため調整弁以外のサイロ壁の隙間からも外気の吸入を促し，サイレージ内部からの好気的

第27表　農家サイロにおけるくん炭化サイレージの品質　（山下・山崎，1981）

サイレージ別	材料	外観的品質	サイレージ温度	pH	水分	粗蛋白質	ADF	ADIN/全N比
			℃	%	%	%	%	%
A氏 くん炭化部	2番牧草 マメ科10～20%	黒褐色でうち10%はくん炭化 強い焦臭と甘味臭	23.5～24.3	4.1	40.0	20.2	51.4	48.7
A氏 非炭化部		暗褐緑色 やや苦味のある甘焦臭	18.9～19.0	4.6	43.2	18.2	43.0	25.3
B氏 くん炭化部	1番牧草 チモシー出穂期 マメ科15～20%	暗褐色でうち5%はくん炭化 くん煙臭強い	34.2～35.0	4.1	37.8	13.0	50.8	47.8
B氏 非炭化部		褐黄緑色でうち5%が暗褐変 水分少なく白カビの小片時折混在	17.0～18.9	4.7	33.1	11.6	46.8	21.3
B氏 バンカーサイロ くん炭化部	チモシー 出穂～開花期	暗褐色でうち30%はくん炭化 刺激のある焦臭強く，甘味臭に欠ける	42.0～43.0	3.6	35.9	18.0	52.7	62.1
B氏 バンカーサイロ くん炭化の中心部		完全炭化，消炭様の乏しい臭気 外縁部は黒褐色で木材乾留時の刺激臭	63.0～67.0	3.7	49.2	20.6	51.3	60.7
B氏 バンカーサイロ 非炭化部		少緑黄褐色 やや刺激のある甘酸臭で焦臭伴う 水分少ない	30.0～40.0	4.2	45.4	10.7	47.6	24.2

注　水分，粗蛋白質，ADF含量は乾物中

第28表　くん炭化サイレージの品質　（山下・山崎，1981）

サイレージ別	有機酸組成（mg%）						アンモニア窒素
	乳酸	酢酸	プロピオン酸	酪酸	吉草酸	カプロン酸	
A氏くん炭化部	398	433	—	—	200	—	183
A氏非炭化部	249	383	—	—	42	15	132
B氏くん炭化部	1,216	347	—	57	—	—	101
B氏非炭化部	409	300	—	91	20	—	92

発熱を起こす原因になる。

水分含量が少ない上に切断長や均平が不適当であれば当然密度は低く，空気の残存量が多いので好気的状態が長びくことになり，やはり熱の蓄積をもたらす。

(2)　くん炭化による成分変化

くん炭化サイレージの成分を第27，28表に示した。外観的には暗褐色～黒褐色で，甘い焦げ臭が強く，完全に炭化したばあいはほとんど無臭である。水分含量は33～49%でいずれも低く，これがくん炭化した主要な原因の一つであろう。くん炭化によりADF（リグニン，セルロース，ヘミセルロースなどを含む繊維質），全窒素に対するADIN（ADFに含まれる窒素）含量の比が明らかに高くなった。これはサイレージが高温にさらされた結果，炭水化物とアミノ化合物が反応して重合し，不溶性の難消化物質に変化したことを示している。これがいわゆるヒートダメージであるが，とくにNFE，粗繊維，蛋白質の消化率が著しく低下する。

発酵品質は二次発酵と異なり，有機酸組成やアンモニアなどの窒素化合物などはほとんど変化しない。これは極端な低水分と高温条件下で不良微生物の活動が抑えられるためだが，このような条件下で乳酸を生成する好熱性細菌があり，乳酸含量がかえってふえるばあいもある。

(3)　くん炭化の防止法

これまで述べたように過度の予乾を避け，残存空気の排除と外気の導入を防ぐことがポイントになるが，そのために，①低水分サイレージであっても予乾は水分65～55%をめどに行ない，50%以下にはしない，②取出し口，排汁口，サイロ壁などからの空気もれは完全にチェックしておく，③均平化による密度の向上を図る，④気密サイロでは1回当たり詰込量を多くし，サイロ容積の半分以上は詰込むことに配慮する。

もし，サイレージがくん炭化していることを認めた時は，黒変部はできるだけ取り出してしまい，さらに進行が懸念されるばあいには完全に密閉して取出しを休止するか，水分含量の高い材料を追詰めする。なお，不完全燃焼による有毒ガスの発生も考えられるので，サイロ内へ入るときはとくに注意が必要である。気密サイロのばあい，ボトムアンローダが動く空間にドライアイス，液化炭酸ガスなどを注入するが，危険な作業であり，メーカーの専門家に任せるべきである。

くん炭化から一歩すすんでサイロ火災が発生したばあいには消防署に連絡し，決して自分で消すことを考えてはならない。注水が爆発を誘発することもあるので，注意が必要である。

8.　サイロの安全対策

サイロ作業は時に重大な事故につながることがあるので，作業の安全性については常に気を配る必要がある。

安全性で問題になるのは，①出入口やハシゴの位置，強度，大きさ，②地下式サイロでの転落事故を防ぐ安全柵，③サイロガス，④サイロ火災，である。このうち，サイロガスでは炭酸ガス，亜硝酸ガスが問題である。炭酸ガスは詰め込んだ材料の呼吸作用，亜硝酸ガスはふん尿や窒素肥料を多用した牧草中の硝酸塩がサイロ内の微生物によって分解されて生成する。とくに炭酸ガスは生成が早いので注意が必要である。材料の水分含量にもよるが，密封してから1～2時間後にはサイロ内の炭酸ガス濃度が20～40

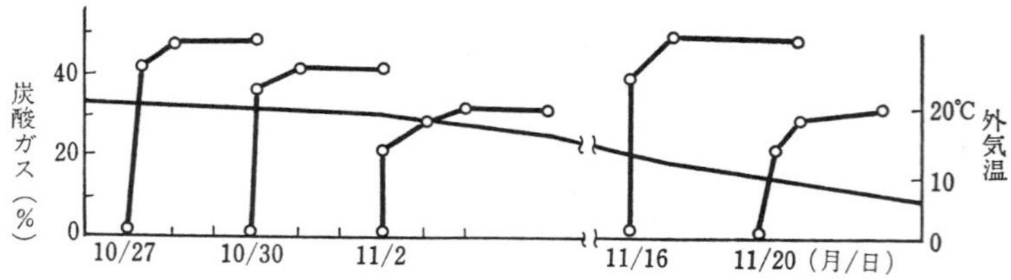

第22図　バッグサイロにおける取出し後の密封によるサイロ内炭素ガス濃度の上昇（トウモロコシサイレージ）　（山下，1981）

%になるから（第22図），サイロの中に不用意にとび込むのは危険である。ブロワーで風を送るか，しばらく材料を詰め込んで換気してから入るように習慣づけることが大切である。

このほか，サイロに入るときはハシゴで静かに降りて，途中でいやな臭いや動悸を感じたり，火のついたローソクを静かにつり下げて火が消えたりしたら炭酸ガスによる酸欠の証拠である。また，取出し口や排汁口の付近にこぼれた材料が赤変していたり，サイレージの表面に赤褐色のガスがただよっていたりするときには猛毒の亜硝酸ガスが発生している。このようなときはサイロ内に入ってはいけない。

9. 二次発酵対策

二次発酵は，サイロ開封時には正常な品質のサイレージが取出し中の好気的条件下で発熱し，変敗する現象である。近年，とくに大きくとり上げられているが，その原因としては，①多頭化がすすみサイロが大型化したが，調製利用技術が必ずしもそれに適合していない，②サイレージの通年給与方式が普及し，夏期高温時の利用がふえている，③低水分サイレージの利用や流通化対応が必要になった，④自給飼料に占めるサイレージの比重が大きくなっているので，それだけ「良質サイレージの安定給与」が強く意識され，二次発酵に関心がもたれるようになった，などがあげられる。

二次発酵は温・湿度，酸素の供給などの外界条件と微生物相および水分，糖分，有機酸，窒素化合物含量などのサイレージ品質が複雑にからみ合ってひきおこされるので，サイロ開封後，取出し中の諸条件ばかりでなく，サイロ構造，原料処理，詰込み方法をも含めたサイレージ調製の全過程が深くかかわっている（第18，23，25表，第16，18図参照）。

二次発酵に関与する微生物は，カビのほかに酵母が重要な役割を果たしていることが明らかにされている（山下・山崎1975）。第21図は恒温室内に放置したサイレージが変敗する状態を示した。サイレージ1は変敗速度が速い例，サイレージ2は一般的な例で，いずれもまず酵母の増殖による発熱から始まり，乳酸の消費による pH の上昇，カビの増殖へと進行する。しかし，サイレージ3のように酵母の増殖を経ずにカビによる発熱が始まる例もみられる。これら

第29表　サイロ型式別サイレージの状況　（山下，1979）

項目		塔型サイロ	バンカーサイロ	スタック・トレンチサイロ	スチールサイロ
水分		⑮ 77.3% (4.6～81.87)	㉚ 76.0 (62.0～85.2)	⑤ 77.8 (71.1～84.1)	② 62.5 (58.2～66.7)
pH		㊵ 4.30 (7.28～3.69)	(62) 5.08 (8.11～3.95)	⑩ 4.47 (5.06～3.97)	② 4.82 (4.32～5.32)
外観評価 5点満点		㊵ 3.5 (1.0～4.5)	(62) 2.7 (1.0～4.5)	⑩ 2.6 (1.5～3.3)	② 3.7 (2.8～4.5)
サイロ内気温の平均		⑬ 9.2℃	㉒ 9.4℃	④ 12.8℃	
サイレージ最高品温の平均		15.9	24.3	31.3	
発熱しているサイロ基数	20～29℃	1	5	2	
	30～39	0	2	2	
	40～61	0	4	0	

注　○内数字はサンプル数，（　）内は範囲

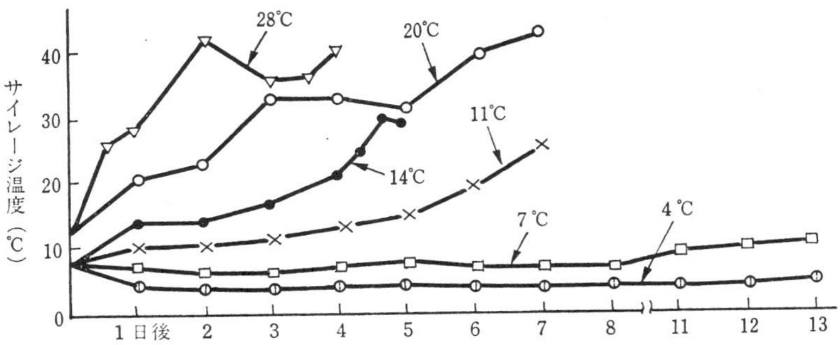

第23図　外気温と変敗の速さ　（山下，1979）

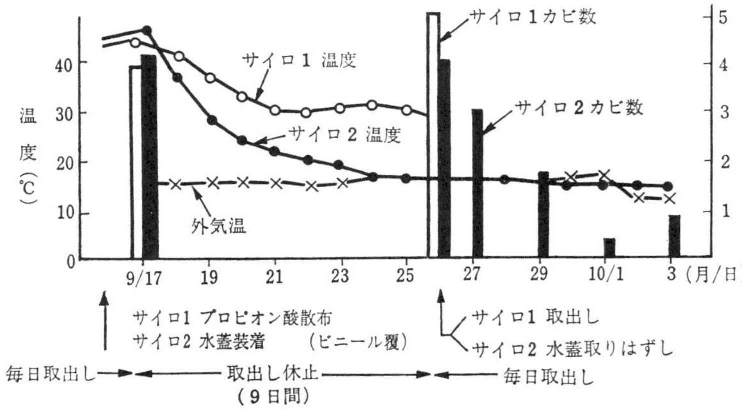

第24図　水蓋によるカビ増殖の抑制　（山下，1979）
一番草サイレージ，水分62.3％

の二次発酵で増殖するカビは多種類検出され，マイコトキシン（カビ毒）生成の明らかな菌種も含まれている（佐々木ら1974）。

サイロ型式別にみると，バンカー・トレンチなどの水平型サイロでの発熱事例が多い（第29表）。空気接触面積が大きいことや密度が低いなど，塔型サイロと比べるとサイロ構造上の問題があるが，調製，利用条件からの問題もあり，この点は前述した（第23表参照）。

サイロ部位では上層部は密度が低いので発熱しやすい傾向があり，詰込み後の熟成日数の不足や夏期高温時の取出しも二次発酵につながりやすい。外界温度の影響についてみると，高温では著しく変敗が速いサイレージでも，低温条件になるほど，発熱開始がおそく，その後の温度上昇も緩やかである（第23図）。

二次発酵防止剤が各種市販されているが，使用条件によっては効果のはっきりしないものが多く，経費的にも難点がある。このため，二次発酵対策の面からも，前述の各技術要点の完全実行が基本となる。このほか特別の対策としては，ポリフィルムによる中間仕切り法が効果がある。取出し量が少ないばあいや，菌数の増加がひじょうに速いばあいには毎日取出しをつづけても，サイレージ中の菌数が1日ごとに多くなって二次発酵が誘発されるので，その前にサイレージ内層部における菌数の増加を抑える必要がある。中間仕切りによってサイレージ深層部への空気の導入を抑え（第30表），仕切りのつどリフレッシュできるのでpH，菌数が改善される。経費もほとんどかからない。

第30表　開封後3日間放置後の部位別酸素濃度
（単位：％）　（山下，1979）

部位	サイロ番号				
	1	2	3	4	平均
表層から22cm（仕切り上）	16.1	20.1	17.5	16.1	17.6
表層から50cm（仕切り下）	3.3	5.0	3.1	7.1	4.6

サイレージの発熱は，いちど始まると取出しながらこれをとめることは容易でない。このときに二次発酵防止剤を添加してもほとんど効果はない。この発熱をとめる方法として塔型サイロのばあいは水蓋による密封が効果がある。水蓋には冷却効果もあるので，4～7日間装着すれば菌数が減少し，撤去後は従前どおりの取出しが可能である（第24図）。

第31表　北海道方式による牧草サイレージ品質判定基準　　（改訂版：1989）

判定項目		配点	段階 A	B	C	D	E	備考
原料草	刈取時期	40	（1番草） イネ科草　出穂始以前 マメ科草　開花始以前 （40）	出穂期 開花期 （30）	出穂揃い期 開花盛期 （20）	開花期 開花後期 （10）	結実期 結実期 （0）	混播牧草のばあいには主体牧草について判定 中間得点可
			（2番草以降，生育日数） オーチャードグラス　30日以内 チモシー・マメ科草　40日以内 （40）	31～45日 41～55日 （30）	46～60日 56～70日 （20）	61～75日 71～85日 （10）	76日以上 86日以上 （0）	上と同じ
	マメ科割合	10	50～30% （10）	29～20% （8）	19～10% （6）	9～1% （3）	なし （0）	
	葉部割合	5	葉部割合高く，茎太い （5）	（中間） （4）	葉部割合，茎の太さ中程度 （3）	（中間） （2）	葉部割合低く，茎細い （0）	
	雑・枯草割合	5	なし （5）	1～3% （4）	4～6% （3）	7～9% （2）	10%以上 （0）	
発酵品質（高・中水分用，水分65%以上）	水分	10	65～70% （10）	71～75% （8）	76～80% （6）	81～85% （3）	86%以上 （0）	簡易水分計などによる
	pH	15	4.1以下 （15）	4.2（14） 4.3（12） 4.4（10）	4.5（8） 4.6（6） 4.7（4）	4.8（3） 4.9（2） 5.0（1）	5.1以上 （0）	
	色沢	5	明黄緑色 （5）	黄緑色 （4）	黄緑色なるも若干褐色を帯びる （3）	黄褐色 （2）	褐色 （0）	マメ科割合がAランクのばあい1～2点加点する
	香味	5	快甘酸臭・芳香 （5）	甘酸臭 （4）	甘酸なるも若干刺激臭・不快酸臭 （3）	僅かにアンモニア臭・カビ臭を伴う （2）	アンモニア臭・カビ臭を伴う （0）	
	触感	5	さらっとして清潔 （5）	（中間） （4）	軽い粘性 （3）	（中間） （2）	粘性・発熱・発カビあり （0）	
発酵品質（低水分用，水分65%未満）	水分	10	64～60% （10）	59～55% （8）	54～50% （6）	49～45% （3）	44%以下 （0）	簡易水分計などによる
	色沢	10	明黄緑色 （10）	黄緑色 （8）	黄緑色なるも若干褐色を帯びる （6）	黄褐色 （3）	褐色 （0）	マメ科割合がAランクのばあい1～2点加点する
	香味	15	快甘酸臭・芳香 （15）	甘酸臭 （11）	甘酸なるも若干刺激臭・不快酸臭 （7）	僅かにアンモニア臭・カビ臭を伴う （3）	アンモニア臭・カビ臭を伴う （0）	中間得点可
	触感	5	さらっとして清潔 （5）	（中間） （4）	軽い粘性 （3）	（中間） （2）	粘性・発熱・発カビあり （0）	

注1）以下のようなサイレージは評価の対象にしない。
色沢：くん炭化などにより褐黒色－黒褐色になったもの。
香味：酪酸臭，アンモニア臭，たばこ臭，焦げ付き臭など不快臭が著しく口に入れ難いもの。
触感：べたべたして発熱，発カビの著しいもの。
その他飼料として認め難いもの。

2）色沢は下記の色調表を参考にして判定する。

明黄緑色	黄緑色	黄褐色若干褐色帯びる	黄褐色	褐　色	褐黒色

3）牧草サイレージの得点と格付は次のとおりとする。

格付	A	B	C	D	E
原料草＋発酵品質＝合計得点	100-81	80-61	60-41	40-21	20以下

10. 牧草サイレージの品質評価基準

サイレージの品質評価基準として提案されているものはいくつかあるが，発酵品質とともに原料草の刈取ステージや肥培管理まで総合的に評価する基準が北海道方式として策定されている（第31表）。これは以前の基準（北海道農業試験場作成）の改訂版で，低水分サイレージにも適用できるようになっている。

Ⅲ 調製技術の実際

A．イネ科牧草主体のサイレージ

1．高水分サイレージ

(1) 塔型サイロのばあい

機械作業体系 第25図に機械作業体系を示した。経営規模，サイロ型式，サイレージの種類，あるいは，セットの機械の処理面積によって作業体系が異なるが，どのばあいも刈取りから詰込みまでは連続的な作業であり，途中でその流れが滞ることのない体系にする必要がある。

サイロ規模 サイロの大きさは次式によって決められる。

必要サイレージ量(kg)＝給与頭数(頭)×給与日数(日)×１日１頭当たり給与量(kg)

必要サイロ容積(m^3)＝必要サイレージ量÷

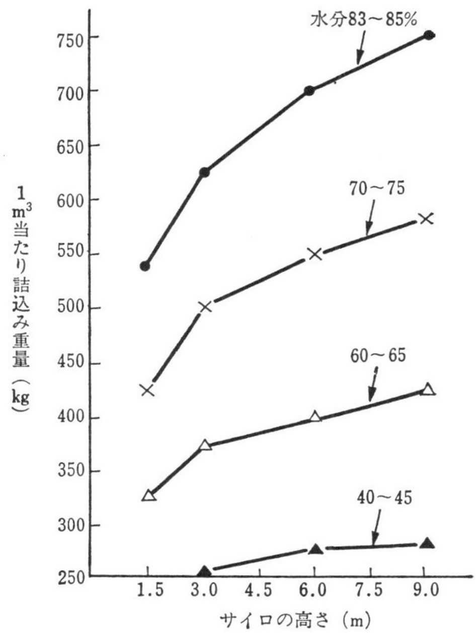

第26図 サイロの大きさ別，材料水分別の詰込み時の重量　（高野，1970）

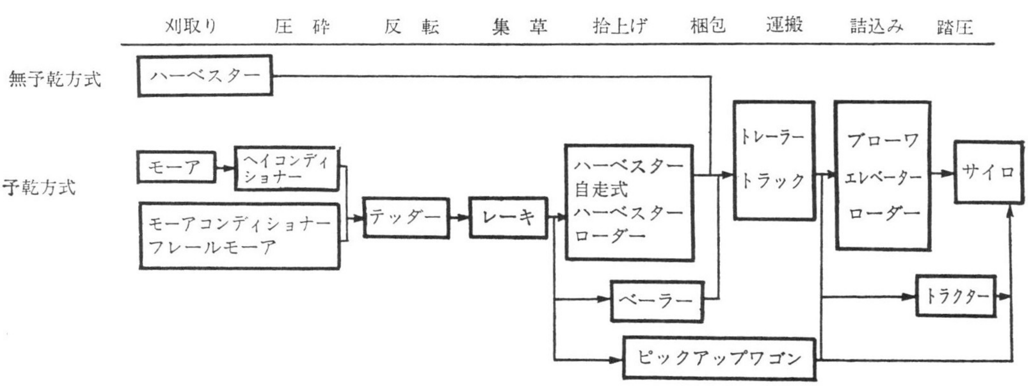

第25図 牧草サイレージ調製の機械作業体系

$$\text{詰込み時比重量}(\mathrm{kg/m^3})\div\frac{\text{回収率}(\%)}{100}$$

詰込み時比重量は材料(草種，刈取時期)，調製処理（水分，切断長，踏圧，詰込所要日数)，サイロ（型式，高さ）によって異なるが，第26図がめやすになる。乾物回収率もかなり幅があるが，高水分サイレージでは77〜80%，予乾サイレージ87〜90%，低水分サイレージ92〜95%程度と考えてよい（ただし，詰込み後，取出し時までのロスである)。

サイロの寸法は，

$$\text{サイロの高さ}(\mathrm{m})=1\text{日当たり取出し量}(\mathrm{m})\times\text{給与日数}+0.5\sim1.5\mathrm{m}\ (\text{沈下による上部空間})$$

$$\text{サイロ直径}(\mathrm{m})=\sqrt{\frac{\text{容積}(\mathrm{m^3})}{\text{高さ}(\mathrm{m})\times3.14}}\times2$$

によって求める。

1日当たり取出量は二次発酵を防ぐため5〜10cmが必要である。高さは直径の2〜3.5倍（森野ら1970）になることがのぞましい。

なお，塔型サイロでは多量の排汁があるので，底面に傾斜をつけ，目皿をのせた口径5cmていどの排水パイプを設置し，尿溜または排水溜に導いておく。

詰込み準備　詰込み前にサイロを清掃し点検する。壁についたサイレージやカビの跡はホースで水をかけて洗い流す。高いところは取出し途中で，ときどき付着物をとってきれいにしておくと，つぎの詰込み時に楽である。水洗後は搾乳器具洗浄液を如露でかけ消毒する。

清掃にあわせて壁のひび割れやすきま，排汁口のつまり，取出口のパッキングなどを点検し，デストリビューターが正しく作動するか調べておく。さらに排汁促進のために第27図のような導水路をつくっておく。このほか密封用のビニール，重石などを用意する。

原料の刈取り　穂がいっせいに出始めてから完全に伸び切るまでの間に収穫する。この間7〜10日あり，予乾しないばあいは比較的短期間に行なえるが，それでも雨天や降雨直後は収穫できないので，この期間内に詰込みを終えることは容易でない。オーチャードグラスの早・晩生品種の使用，あるいはオーチャードグラスとチモシーのような適期の異なる草地を利用して余裕をもったサイレージつくりにする。共同作業のばあいは農家を単位と

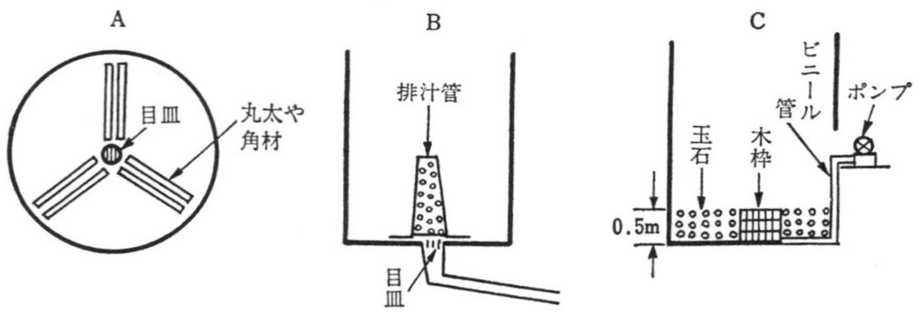

第27図　塔型サイロの排汁法　（高野原図，1971）

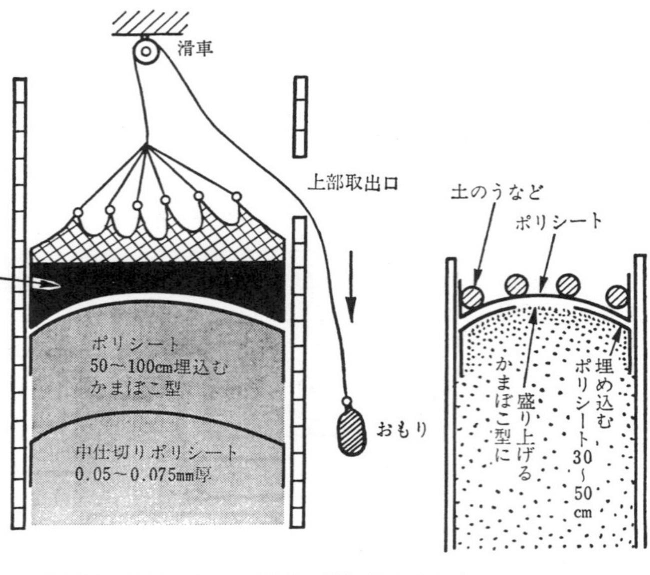

第28図　塔型サイロの密封加重法（山下原図）

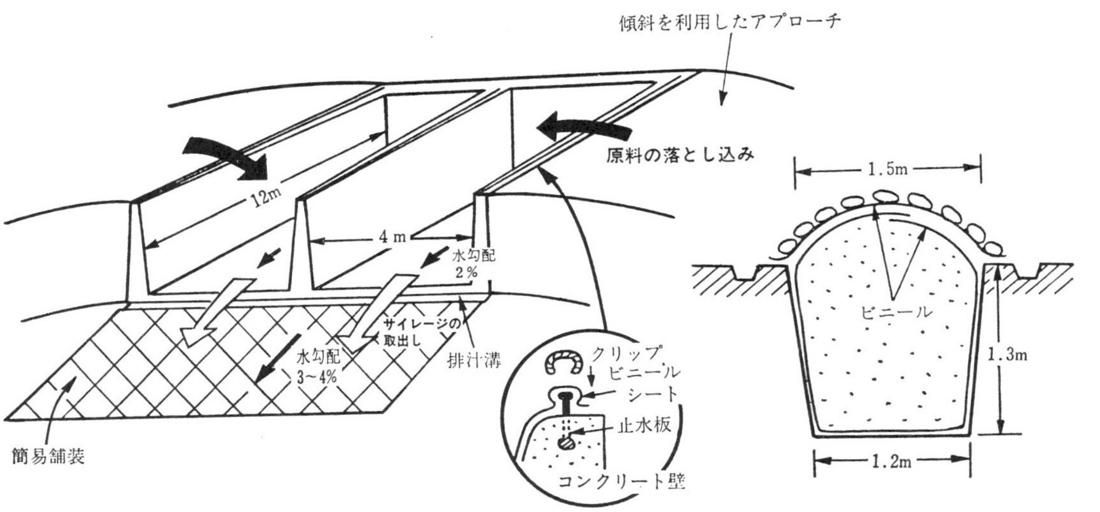

第29図　バンカーサイロとトレンチサイロの例　（山下原図）
両サイロとも傾斜地を利用すると作業性がよい

して適期調整することがのぞましい。

収穫後は１日も早く追肥し，つぎの生育に備えることが大切である。

材料の切断　１～３cm に細切するか，フレールハーベスターによって切り裂く。刈り遅れぎみのばあいは１～２cm に細切する。

詰込みと踏圧　詰込み中は常時サイロにはいって踏圧する必要はないが，1.5～２m 詰まるごとにはいって均す。このとき全体に軽く踏みながら密度ムラを点検し，必要があればブローアやデストリビューターの吹込み角度を変える。

発酵ガスによる事故を防ぐためにサイロ内にはいるのは詰込んだ直後，あるいはブローアで送風しながら行ない，休止後は充分換気するまでサイロにはいらないようにする。

密封，加重　詰込み終了後はできるだけ速やかに密封し，発熱を低く抑える。途中で３～４日間詰込みを休止するばあいや，つぎの追詰めまでの間も密封しておくことが必要である。

密封にはサイロ水蓋を用いるか，ポリシートを壁に沿って30～50cm 埋め込み，加重する(第28図)。

取出口のシールも完全にする。

取出し，給与　取出しは約40日以上経過後から行なう。この間に詰込み当初の発熱がおさまり，微生物の種類もかなり整理されている。

１日当たりの取出量は冬期間は５cm 以上，その他の時期は７～10cm とし，下のサイレージをまくり上げないように均一に取り出す。アンローダーで取り出すさいも，ときどきサイロ内の様子を点検する必要がある。

高水分サイレージは，みかけほど乾物摂取量が多くないので，高泌乳牛には栄養が不足することがある。はっきりした摂取量を調べておく必要がある。

(2)　バンカー・トレンチサイロのばあい

サイロ規模の決定　１日当たりの取出量を10～30cm として間口を決める。第26図からサイロの高さ２m では高水分のばあいの詰込み時密度は１m^3 当たり550～600kg なので，サイロの寸法は次式で示される。

サイロ間口(m)＝１日当たり取出量(kg)÷
詰込み高さ(２～2.5m)÷１日当たり取出し厚さ(0.1～0.3m)÷
平均密度(550～600kg/m^3)÷$\frac{回収率(80～70\%)}{100}$

サイロ奥行(m)＝給与日数(日)×１日当たり取出し厚さ(0.1～0.3m)
または　＝必要サイレージ量(t)÷密度(0.55～0.6 t /m^3)÷
間口(m)÷詰込み高さ(２～2.5m)÷$\frac{回収率(80～70\%)}{100}$

詰込み，密封　詰込み前の準備は塔型サイロに準じて行なう。トラクターやブルドーザーで均すときに，以前に詰め込んだ部分を掘り返さないように注意する。

バンカーサイロの密封は，プラスチックシートを側壁に沿って1m以上埋め込まれるように，あらかじめセットしておき，包み込むようにして密封し，その上に別のシート（古くてもよい）をかけて密封を完全にし，破損を防ぐ。シートはかなり大きなものになるので，きずつけないよう充分注意して扱い，破れを見つけたときはただちに補修テープまたは幅広接着テープで補修する。

一番草をサイレージとして詰め込み，二番乾草を重しとして上にのせる例が多いが，重しがのるまでひと月半以上かかるので，その間，前年の乾草や周辺部に土嚢をのせる。

トレンチサイロは全体をシートで包み込むようにして密封し，上部は土盛りする。また，周囲に排水溝を掘って雨水の流入を防ぐ。

取出し　塔型サイロと同様に40日以上経過してから開封する。取出し方が品質の安全性に影響するので(第23表参照)，まくり上げるような取出し方はさける。無切断サイレージをフロントローダーで取り出すばあいは，ヘイナイフで切ってから取り出す。また，表面全体から少しずつ毎日はぎ取るよりも，2～数日分の厚さを部分的に取り出すほうが変敗は少ない。

(3)　スタックサイロのばあい

サイロのつくり方　あらかじめ，設置場所の地均しをし，いくぶん傾斜をつけて排汁できるようにした上に，下敷ビニールまたはポリシート（小さな穴があってもよい）を広げ，その上に周囲を30cmほど残して材料を積み上げる。初めのうちはトラクターで充分踏み込み落ちつかせる。1.5～2m（0.15～0.2mm）積み上げたところで整形し，被覆ビニールシートをかけ，周囲に30cmていどの土盛りをして密封する。被覆シートは必ずビニールを用いる。サイロ上部は土嚢か古タイヤをのせて重しにする（第30図）。

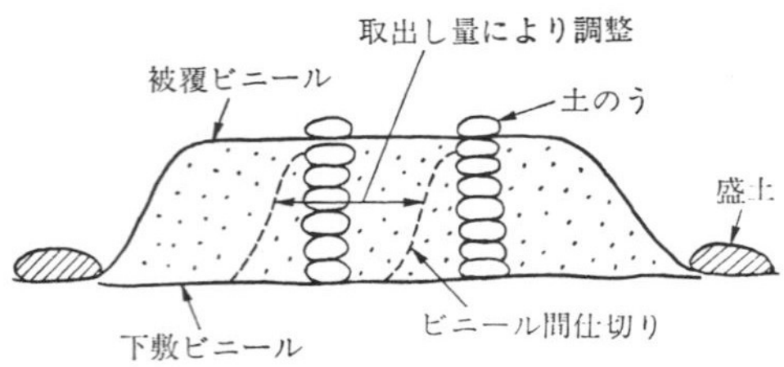

第30図　スタックサイロ（山下原図）

なお，サイロの方位は，取出口方向を北向きにすると品質安定性がよい。

サイロの大きさ　1日当たりの取出し厚さは冬期でも20～30cm以上が必要で，夏期の利用はさけたほうがよい。規模が大きくて利用が長期化するときは，詰込み時，途中にポリシートで仕切りを入れる。しかし，スタッフサイロは補助サイロ，あるいは臨時サイロとしての利用が本来のかたちであり，20～30日以内に給与を終える程度の規模にとどめたほうが安全である。

(4)　その他のサイロ

ビニールバッグサイロ　気密性が保てて耐候性のあるビニール袋を利用した，50kg～10t容の種々のバッグサイロが市販されている（三井ポリケミカル：エバーフレックスチューブ，内藤ビニール工業所：バッグサイロなど)。詰込みは第31図のようなコンパネの枠を使うときれいに，傷をつけずに材料を積みあげることができる。取出し後は簡単に再密封でき，低水分

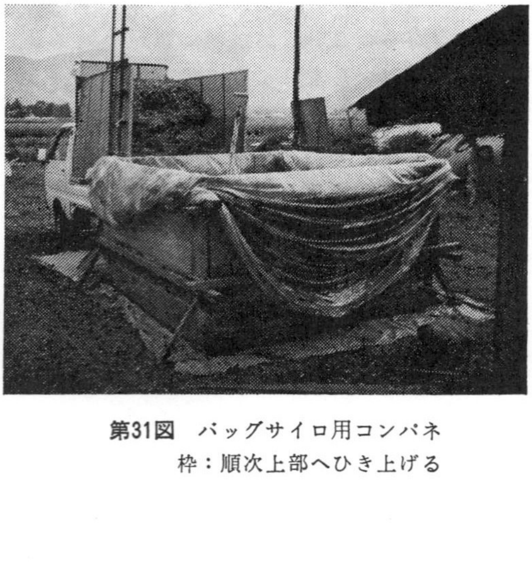

第31図　バッグサイロ用コンパネ枠：順次上部へひき上げる

サイレージも安全に利用できる。

鉄板枠サイロ　1.2×2.4mで厚さ1.5mmていどの鉄板2枚を第32図のように溶接，またはビス止めして，直径約1.5mの枠をつくる。鉄板にはサビ止め塗料を塗っておく。この内側に厚さ0.075mm程度で幅2.5～3mのビニールフィルムを筒状に取り付ける。

コンパネ枠サイロ　第33図のようにタルキ（またはアングル鋼）を使って枠をつくり，その内側に耐水ベニア（コンパネ）4枚をとりつける。同じような枠を2段重ねて，上下がずれないよう四隅をさらにタルキで保定すると，5.8m^{3}の角形サイロとして利用できる。内側に取り付けるビニールフィルムは幅3.5～4mのものを使用する。3～3.2t容で5～6a分のトウモロコシを詰め込むことができる。コンパネには防腐剤を塗っておく。

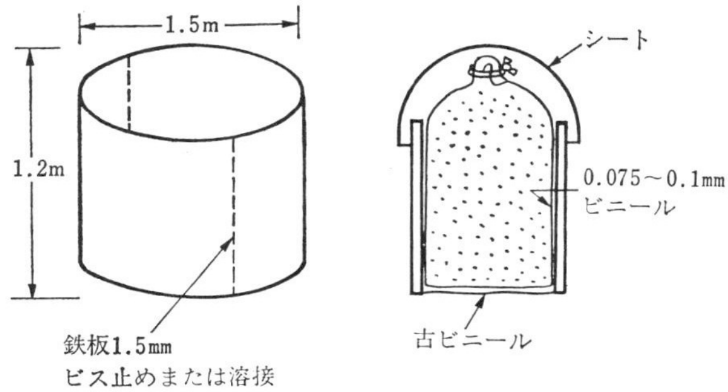

第32図　鉄板枠サイロ

2. 予乾サイレージ

(1) 予乾法の特徴

予乾法は牧草サイレージ調製の基本である。予乾によってサイレージ品質が改善され，運搬労力が軽減される。後者については第34図に示すように70%程度までは重量の減少が大きいので，日常の給飼作業が目に見えて楽になる。また，適度の予乾は圃場ロスがそれほど多くなら

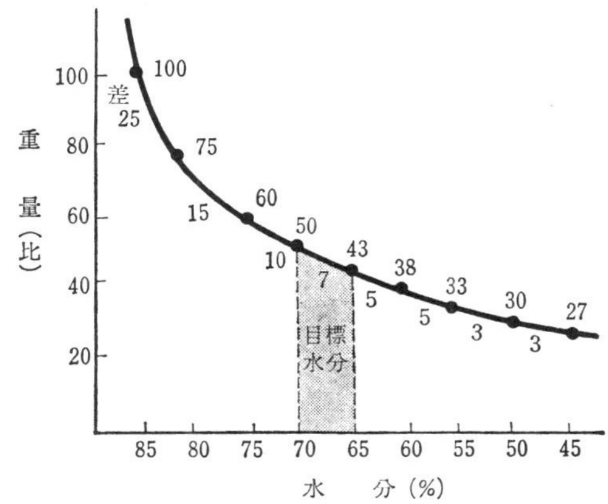

第34図　サイレージの水分含量と重量（比）
当初水分85%

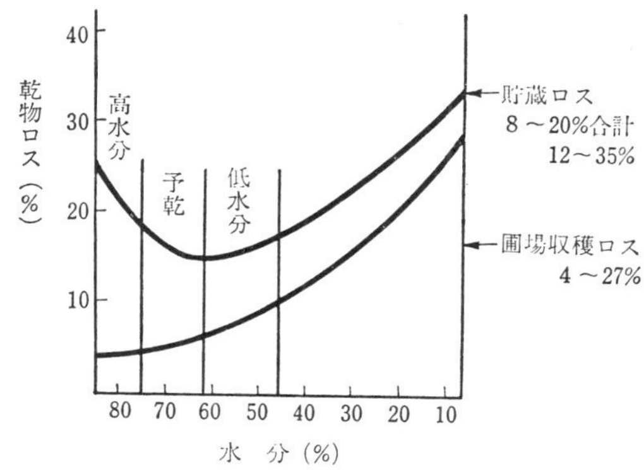

第35図　材料の水分処理と乾物ロス
（ハンソン，1972）

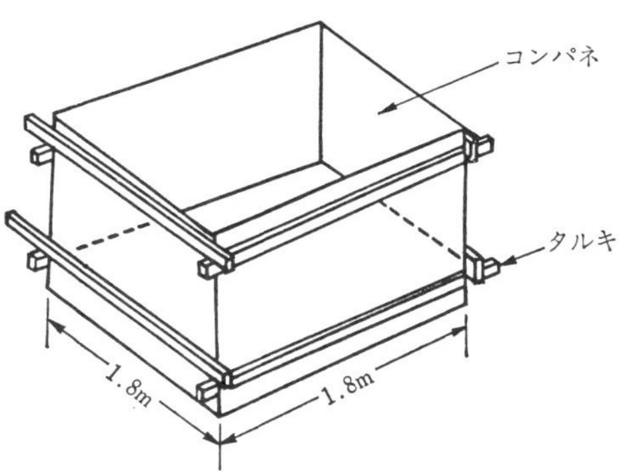

第33図　コンパネ枠
アングル鋼を使って大型なものもつくられる。内部にビニールなどを装着する

第32表　サイレージでの乾物ロスの大きさ（山下）

	発酵ロス	排汁ロス	腐敗ロス	二次発酵ロス	給与ロス
	%	%	%	%	%
高水分サイレージ	10～26	1～7	1～2	0～5	1～2
予乾サイレージ	2～8	0	0～7	0～10	1～2

ず，貯蔵ロスが少ないので，この面でも有利である（第35図)。貯蔵ロスの内容をみると（第32表）高水分サイレージに比べて，発酵ロス，排汁ロスが少ないのが特徴であり，逆に二次発酵ロスがやや多い傾向がある。

(2) 予乾の方法

降雨直後をさけて刈り倒し，予乾する。ヘイコンディショナーで処理すると天候にもよるが半日で70％前後に予乾できる。天候のよい日であれば，ヘイコンディショナーをかけなくても途中1回反転すれば，前日の夕方～早朝に刈って午後から収穫を始められる。いちどに大面積を刈り倒さずに，ハーベスターの作業状況に合わせて刈り倒し，予乾することがのぞましい。

(3) 調製法

バンカーサイロなどの水平型サイロではトラクターによる充分な踏圧が必須である。塔型サイロのばあいは密度ムラがあると二次発酵に直結し，発熱がおさまりにくいので，詰込み中ときどきサイロの中にはいって密度のかたよりを均す。ただし，サイロの上部⅓～¼は充分に踏み込んで，高水分サイレージと同様に密封する。加重は多めにかける。

(4) 低水分化

水分を60％以下に下げることは，発酵ロスの減少や乾物摂取量は多くなる利点がある。しかし，①草地での処理時間がそれだけ長くなる，②発酵品質や運搬労力の改善効果は高水分から中水分へ予乾したときほど顕著ではない，③産乳効率からみても有利にならない，④むしろ，雨・露に当たる危険性が高くなり，⑤予乾中の落葉や収穫時の飛散による圃場ロスが高くなる，⑥高温発酵，さらには二次発酵へつながることが強い，など多くの欠点があり，気密サイロ以外でここまで水分を下げるのは得策ではない。とくに水平型サイロではさけるべきである。

(5) 中間仕切り法

水分の低すぎる材料を用いたとき，熟成日数が短いとき，あるいは夏期に取り出すサイロは二次発酵の危険性が高いので，15～30日分を詰め込むごとに0.05～0.075mmのポリフィルムを中間仕切りとして敷き，周辺部は壁に沿って数cm埋め込む（第36図)。サイロの上のほうは仕切り間隔を狭くする。

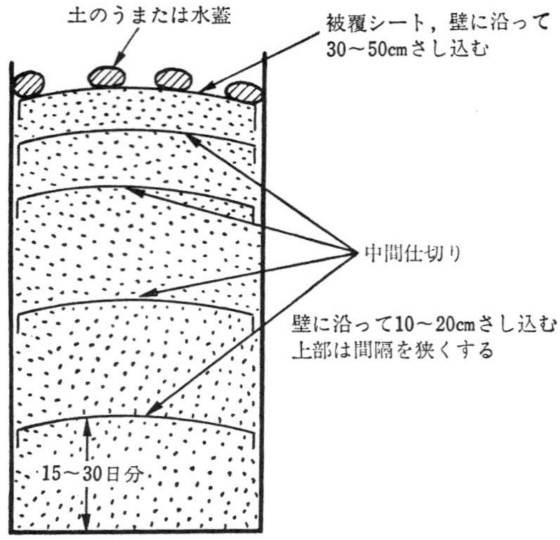

第36図　中間仕切りの方法（山下原図）

(6) 水蓋による二次発酵の解熱

二次発酵がすでに始まってからでは，そのまま取出しをつづけるとますます悪化することが多く，いつまでも発熱がつづくので，程度がごく軽いばあいには1日当たりの取出量を多くするか，熱のある部分をバッグサイロに詰め，排気して後日給与する。

しかし，さらに劣質化が危惧されるばあいには，4～7日分をバッグサイロに取り出したのち水蓋をかけ，しばらく取出しを休止する。その間はバッグサイロから給与するが，4～7日後には熱がおさまっているので水蓋をはずし，従前どおり取り出すことができる。水蓋をかける前にサイレージの表面は壁際を低くし，よく踏み込むとともに中央部をやや高く盛り上げ，サイロ水蓋か，ピンホールのない丈夫なプラスチックシートを用いて平均水深10cmほど注水する。

(7) 取出し，給与

取出しは高水分サイレージと同様である。予乾サイレージは嗜好性が高く，乾物摂取量が多いので充分食い込ませたい飼料である。

3. ヘイレージ

(1) ボトムアンローディング方式気密サイロ

気密サイロの特徴　①サイロ全体がひとつの気密容器であり，呼吸によって生成される炭酸ガスによって，低水分サイレージ（ヘイレージと呼んでいる）を安全に調製・貯蔵し，取出し・利用ができる，②上から詰めて下から取り出すので，給与しながら追詰めができるため，年間を通した利用に好適である，③詰込み，取出し中にサイロ内にはいることがないので，機械操作以外の作業から解放される，④耐用年数が長いといわれている（ただしアンローダーは取替えが必要である），⑤近代的経営のシンボルとして意欲を励起させる，などをあげることができる。とくに①の品質保持機構と②の循環利用が他のサイロにない特徴である。

品質保持機構　詰込みが終了しサイロが密閉された直後からサイロ内は炭酸ガス濃度が急激に高まり，嫌気性化する。その速さと最終炭酸ガス濃度は，詰込み量，予乾の程度によって影響され，速いものでは6時間後に20%を超える。詰込み後1～4日目には30～60%に達し，その後は毎日取出しをつづけてもほとんど影響はみられない（第37図）。このように利用時も完全な炭酸ガス貯蔵がなされているが，この機構はつぎのように考えられる。

すなわち，取出しのためにアンローダーを運転すると当然外気がサイロ内にはいり込むが，この酸素はサイロ下部のサイレージ切出し表層部に付着している好気性菌の活動によって速やかに消費される。その結果，炭酸ガス濃度が再び高まり，好気性菌のそれ以上の活動が抑えられるというサイクルが想定され，好気性菌の増殖と品質保持とが微妙なバランスを保って，表面的には安定しているものと推察される。

循環利用　第37図のように詰込み後1週間目から連日取り出してもとくに影響がみられないので，詰み込みながら利用できる。しかし，つぎの追詰めによってサイレージ内層部の炭酸ガスも空気と置換されるので，少量ずつダラダラとした詰込みでは本来の機能を生かすことがで

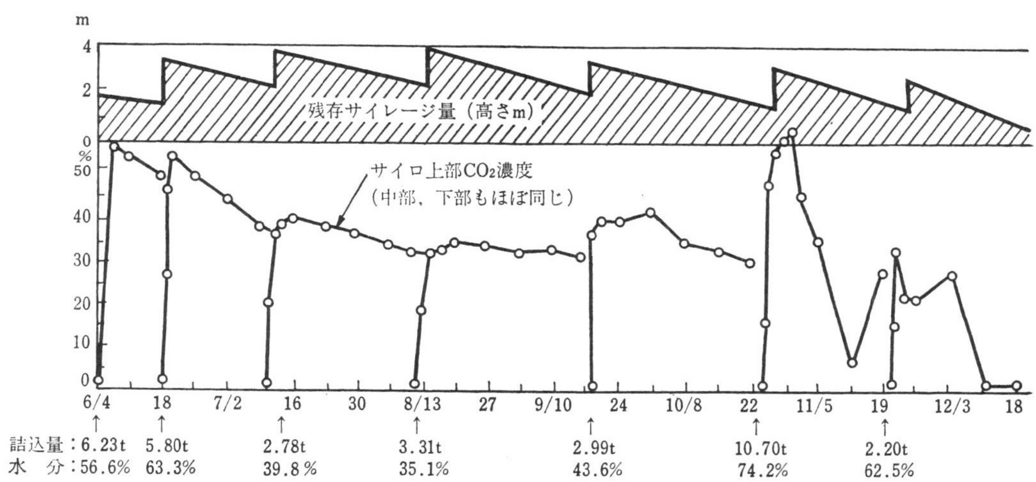

第37図　スチールサイロでの詰込材料の水分，詰込量と炭酸ガス濃度（詰込み後1週間目から連日取出し）
（山下，1979）

注　スチールサイロ有効容積50m³，直径4m×高さ5m

きない。したがって，高温発酵をひきおこし，サイレージに甘焦臭をつける原因になる。

また，サイレージ表層には２～10cmの白カビ層が形成されるが，これは気温の日較差により，ブリザーバッグや安全弁の能力以上の気圧変化によって外気を吸い込むためと考えられる。したがって，高温発酵や，カビ層の形成をできるだけ少なくするには「半分に減ったらいっぱいに追詰めする」方式が安全である。

さらに水分含量が40％以下になると，気密サイロでも炭酸ガスの生成がわるいので，高温発酵を誘発する。したがって，55～60％程度を目標にした低水分化がのぞましい。

給与　ヘイレージは一般に嗜好性が高く，適期に収穫したものでは体重の２％以上の乾物は楽に摂取できるので，サイレージ＋乾草の二本立てからヘイレージへ一本化しても乾物量は不足しない。ただし，予乾中のロスや高温発酵のために，嗜好性は高くても飼料価値が低いことがあり，また，食込量の割に産乳量が伸びない傾向があることを考慮しておく必要がある。

(2)　トップアンローディング方式サイロ

サイロの特徴　最近，屋根の部分が密閉できるタイプの塔型サイロがかなり多くなった。

北海道のように夏に牧草サイレージを給与する例がひじょうに少ない地域では，循環利用することがないので，トップアンローダー方式でなんら支障はない。むしろ，機構が簡単で，取扱いが楽であり，価格的に安いなど利点が多い。

詰込み方法　サイロの屋根，壁体の気密性が比較的高いので，これらのサイロも気密サイロと呼ぶことがあるが，トップアンローディングは好気的取出し方式であり，前述のような気密サイロの機能はない。したがって詰込み，取出しなどは従来の塔型サイロと同様に行なう。

(3)　梱包サイレージ

梱包サイレージの特徴　水分65～40％に予乾した低水分牧草やヘイベーラーで梱包し，バキュームサイロやトレンチサイロに詰め込むもので，中規模なサイレージ調製に適している。

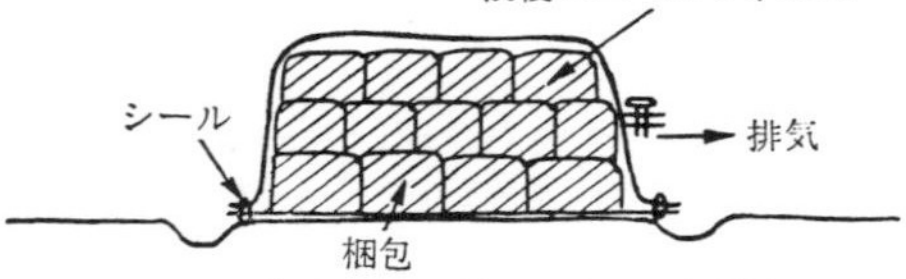

第38図　梱包サイレージの例

利点としては，①サイレージ用収穫機械が節約できるうえ，かなり能率的である，②品質，回収率など低水分サイレージとしての利点を生かせる，③とくに流通用サイレージに適している，などがあげられる。

欠点は①ベールのすきまに空気が残り，カビが生えやすい，②サイロ開封後は二次発酵しやすいので，大規模調製には向かない，などである。

詰込み方法　若刈り牧草を用い，予乾後，ベールした材料を，できるだけ空間がないように，れんが状にずらして積み上げ(第38図)，上部をビニールシートでおおって密封し，排気する。

トレンチサイロは地下に深い構造にし，ベールの形状から壁との間にすきまができるときはいくつかのベールを解いて空間を埋めるようにする。

梱包サイレージは，密封が不完全なばあいにはサイレージ全体にカビが生えることがあるので注意を要する。

給与　二次発酵しやすいので重しやバンドを入れるか，短期間のうちに給与できる規模にする。給与は低水分サイレージ（ヘイレージ）と同じであるが，１個当たり１頭，２頭など１梱包単位で扱えば作業が能率的に行なえる。

(4)　ロールベールサイレージ

ロールベール専用サイロ　北海道をはじめ，本州の酪農家や規模の大きい肉牛農家にもロールベーラーがかなり入っている。ロールベーラーの導入当初に乾燥不充分なベールが収納中に燃えたり，著しくかびたりする事故が頻発したので，水分の高いものはサイレージとして利用されることが多くなり，第39図のように大規模

第39図　ロールベールサイレージの大規模な調製風景

なロールベールサイレージ調製風景も見られるようになった。簡易サイロもロールベール専用のものが市販されている（昭和貿易：パワーサイロ，光化成：簡易サイロパック，ポリエチレンチューブ，久保田鉄工：サイロザックなど，いずれもベール１～２個用に筒状に成型されている。このほか，特製のカプセルを使って長いチューブの中へ連続的に詰め込む方式の清和肥料工業：ロールカプセルもある)。

最近，北海道を中心に，伸びる特殊フィルムをロールベールに巻きつける専用の機械が導入されている。完全に機械化されているので（第40図)，大規模なロールベールサイレージ調製に適している（エム・エス・ケー東急機械：サイララップ，久保田鉄工：ベールラッパー，メムロS．P：ラッピングマシーン)。

第40図　定置型のラッピングマシーン
回転テーブル上でロールベールを回わしながら特殊フィルムを巻きつける

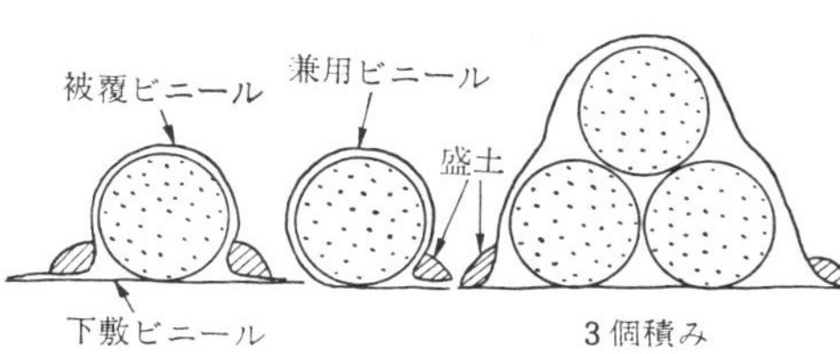

第41図　ロールベール用スタックサイロ

ロールベール用スタックサイロ　水分40～60％のロールベールを第41図のように下敷ビニールの上に１個ずつ並べて細長いベールの列とするか，あるいは３個を２段に積んで１～３並びで一つの堆積として，被覆ビニールをかけてスタックサイロをつくる。

B．マメ科牧草主体のサイレージ

1．ギ酸添加サイレージの調製法

(1)　ギ酸の添加方法

マメ科牧草をサイレージ化するばあい，問題になるのはpHが下がりにくいことである。したがって人為的にpHを下げるか，水分を落として，pHは高くても保存性を高めるか，いずれかの方法がとられる。ギ酸や乳酸菌の添加は前者の方法であるが，ここではギ酸について述べる。

ギ酸は昭和46～47年ころからわが国でも使われるようになり，一部地域で利用されている。

マメ科牧草に対する添加量は生草１ｔ当たり40～50kgである。10ａ当たり収量2.5ｔのときは100～125kg添加する。収穫前に坪刈りでおよその収量をつかんでおくと，過不足なく添加できる。

添加のしかたは，ハーベスターに添加装置を取り付けて，自動的に行なわれるのでめんどうなことはない。添加量はノズルの口径で調節するが，まず適当な口径のノズルを取り付けて試し刈りを行ない，刈り幅×走行距離をあらかじめ調べた収量，ギ酸の減量から添加量を計算し，予定量と大きく異なればノズルを交換する。

(2) ギ酸取扱い上の注意

ギ酸は強烈な刺激を有する液体で，皮膚に触れたり，ガスを吸入したりすると水泡や炎症をおこす危険がある。容器の付け替え，ノズルの調節時に触れることが多いので充分注意する。とくに目にはいらないよう防護めがねの着用がのぞましい。また，バケツに水を用意して，触れたときすぐに洗えるようにしておく。

(3) 給 与 法

ギ酸添加サイレージも乳酸は生成されるが，酪酸や揮発性の窒素化合物（アンモニアなど）の生成は抑えられる。外観的に臭気が乏しく，植物組織がしっかりしていることも不良発酵していないことを示している。

給与上とくに問題はないが，高水分のマメ科牧草なので飼料計算のとき，乾物摂取量，エネルギーと蛋白質のつりあいについて留意する必要がある。

2. 予乾サイレージ調製法

マメ科牧草の刈取適期は開花始め期である。刈り遅れると葉部が脱落し，消化率も低下する。

予乾サイレージは，水分含量50～65％まで予乾するが，茎が乾きにくいのでヘイコンディショナー（クラッシャー）の効果が大きい。水分が平均して40％にも下がると，葉部の水分はずっと少なくなっているので，作業機による衝撃やハーベスターで吹き込むときに大きなロスになる。

詰込み，取出し，給与はイネ科牧草の予乾サイレージと同じでよいが，pH が高いので，取出量はやや多く（1日7～10cm）する。

乾物摂取量はマメ科牧草のばあいとくに多いので，エネルギー源としてのトウモロコシサイレージと併用すると，栄養的にも均衡のとれた好ましい飼料である。

第42図 熱帯マメ科植物セスバニアとトウモロコシの混栽風景
互いに競い合いながら順調に生長する

3. トウモロコシとマメ科植物との混合サイレージ

トウモロコシホールクロップサイレージはエネルギー含量は高いが，蛋白質やミネラルの少ない栄養的に片寄った飼料である。そこで，アルファルファやつる大豆などのマメ科植物を混・間作して，栄養的にバランスのとれた混合サイレージを調製する試みがなされているが，生育競合や生育ステージの調整の問題があり成功していない。

最近，転換畑の透水性改良や緑肥作物として熱帯産のマメ科植物であるセスバニアが注目されている（塩谷哲夫ら 1990）。セスバニアはわが国では短年性であり，長草型で刈取時期が早生種トウモロコシの収穫期に近いことから，トウモロコシとセスバニアを混植してサイレージ化する研究が行なわれている（第42図）。単収が高く，サイレージ品質や嗜好性にはとくに問題がないので，今後，組み合わせるトウモロコシの適品種の選定，混植法，栄養価や牛に対する適正給与量などを明らかにすれば新しい飼料として利用できる。現時点では情報提供にとどめておく。

執筆　山下良弘（北陸農業試験場）

1990年記

参 考 文 献

農林水産技術会議事務局編．1973．高品質サイレージの大量調製と飼養技術に関する研究．研究成果67．農林水産省．

山下良弘・山崎昭夫．1975．予乾サイレージにおける2次発酵誘発の条件について．北海道農業試験場研究報告．110．

————・————．1981．サイレージのくん炭化現象について．北海道農業試験場研究資料．21．

高野信雄・山下良弘（1972）プラスチックフイルム利用による新型式サイロの開発に関する研究．北海道農業試験場農事調査資料．130．

和泉康史（1988）サイレージ多給による搾乳牛の飼養技術に関する研究．北海道立農業試験場報告．69．

高野信雄・大原久友（1971）放牧・乾草・サイレージ，明文書房（東京）．

トウモロコシサイレージ

I　このサイレージの特徴とねらい

1. 飼料特性

1985年，わが国のトウモロコシ栽培面積は12万5千*ha*を突破したが，これらのほとんどはサイレージとして利用されている。近年，品種改良の進歩により子実重歩合の高い早生系品種が多くなっているが，府県の一部には生草収量の多い中・晩生品種の作付けが依然として残っている。そこでトウモロコシがそなえている子実の多少と飼料特性の関係をみることにする。

第1表は実入りのよい品種と実入りがよくない品種の飼料特性を比べたものである。よく実のはいった（早生）品種は乾物中に約半分の子実を含み，水分が70％，澱粉も実入りのよくない品種（晩生）の2倍ちかく含んでいる。したがってTDN含量も乾物中に70％あり，TDN中の澱粉（濃厚飼料と同等な部分）も40％以上を占めている。サイレージの発酵品質もpHはやや高めだが，芳ばしいエステル香があり，家畜の好みはひじょうによく，産乳効果も高い。

一方，実入りのよくない（晩生）品種は，生草収量が多くとれるものの，飼料価値が劣るため，TDN収量まで計算すると，むしろ減収する。サイレージの水分は80％以上になり，詰込み後，サイロから排汁が漏れ，サイロ周辺に悪臭が漂う。また，酸の生成量が多いために刺激臭が強く，牛の好みもよくないといった欠点がある。

第1表　実入りの程度と飼料特性

（名久井，1985）

	実入りのよい（早生）品種	実入りのよくない（晩生）品種
草　丈（*m*）	2.5～3.0	3.0～4.0
生草収量（*t*/10*a*）	5.0～6.0	7.0～8.0
乾物収量（*t*/10*a*）	1.6～2.0	1.4～1.8
TDN収量（*t*/10*a*）	1.1～1.4	0.9～1.1
子実含有率（％）	45～50	20～30
TDN（DM％）	70	63
DCP（DM％）	5	5
澱粉（DM％）	27～33	15～20
水分（DM％）	65～70	78以上
pH	3.6～4.0	3.5～3.7
酸の生成量	少ない（晩生の60～70％）	多い
評点	85点	65～70点
家畜の好み	芳ばしい香りでひじょうによい	刺激臭あり，やや悪い
産乳・産肉効果	すぐれている	やや劣る

（東北農試の試験成績から作成）

つぎに乾牧草と飼料価値を比べると（第2表）トウモロコシはエネルギー価は高いものの，蛋

第2表　トウモロコシと乾牧草との飼料価値の比較（乾物中）　（NRC，1978）

飼料	粗蛋白質	TDN	可消化エネルギー	カルシウム	リン	マグネシウム	ビタミンA
	％	％	*kcal*/*g*	％	*mg*/*kg*	％	*mg*/*kg*
トウモロコシサイレージ（実入りのよいもの）	8.0	70	3.08	0.28	0.21	0.18	18
トウモロコシサイレージ（実入りのよくないもの）	8.4	65	2.86	0.34	—	—	5
アルファルファ乾草	17.2	58	2.56	1.25	0.23	0.30	34
チモシー乾草	9.5	58	2.55	0.41	0.19	0.16	21

第3表 トウモロコシサイレージと牧草サイレージの産乳効果の比較　　（和泉，1976）

区分	試験A				試験B		
	一番牧草サイレージ	二番牧草サイレージ	トウモロコシサイレージ（黄熟期）	トウモロコシサイレージ（完熟期）	早刈りチモシーサイレージ	トウモロコシサイレージ（交4号）	トウモロコシサイレージ（ジャイアンツ）
サイレージの水分含量（%）	82.5	77.9	77.0	68.6	80.4	78.0	82.0
〃　DCP（DM%）	17.0	9.8	6.1	5.2	9.6	6.2	69.8
〃　TDN（DM%）	76.4	57.7	67.3	66.4	70.4	69.8	61.2
〃　pH	4.08	4.61	3.86	3.85	3.84	3.63	3.67
〃　総酸（DM%）	2.92	2.04	2.60	2.91	2.12	2.85	2.12
サイレージからの乾物摂取量（*kg*）	13.7	12.1	14.2	15.3	12.9	13.7	10.5
全飼料からのTDN摂取量（*kg*）	13.6	10.0	12.6	13.2	12.7	13.2	9.9
〃　DCP〃（*kg*）	2.8	1.7	1.4	1.3	1.8	1.4	1.2
4％FCM（*kg*）	18.6[a]	14.9[b]	16.9[ab]	16.5[ab]	17.8	18.3	15.7
脂肪（*kg*）	3.7	3.6	3.62	3.60	3.63	3.76	3.65
蛋白質（*kg*）	3.17	3.16	3.46	3.34	3.21	3.42	3.18
SNF（*kg*）	8.61	8.56	8.79	8.90	8.68	8.77	8.73

注　aとbの間に有意差はあるが，aおよびbとab間には有意差はない

白質，カルシウム，ビタミンAが少なく，かたよった飼料であることがわかるであろう。

2. 飼養効果と給与上の注意

トウモロコシサイレージはエネルギー価が高い飼料であることはすでに述べた。したがって，乳牛，肉牛のいずれにも利用されるが，わが国ではそのほとんどが乳牛用粗飼料として利用されている。以下，その飼養効果について述べる。

牧草と比べてどのていどの産乳効果があるのかを第3表に示した。その結果，①子実が豊富なサイレージは早刈りチモシーサイレージと同等の産乳性を示す，②二番牧草サイレージよりもまさっている，③早生品種は晩生品種よりも産乳性がすぐれている，④黄熟期と完熟期とで差がない，などが明らかになった。また，子実が豊富な黄熟期に収穫したサイレージは，乳熟期のものより25%も産乳量が多いこともわかっている（第1図）。

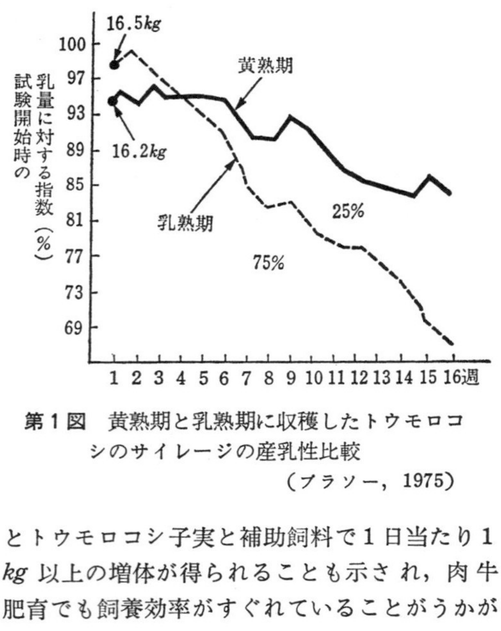

第1図 黄熟期と乳熟期に収穫したトウモロコシのサイレージの産乳性比較

（ブラソー，1975）

肉用牛飼料としての飼養効果はどのようなものだろうか。アメリカ，カナダでは大量に利用されているが，その一例を第4表に示した。それを見ると，給与の方法によって差が認められ，前半にサイレージ，後半に濃厚飼料多給が最もすぐれた効果を示している。また，サイレージとトウモロコシ子実と補助飼料で1日当たり1*kg*以上の増体が得られることも示され，肉牛肥育でも飼養効率がすぐれていることがうかがえる。

わが国でも肉牛の肥育にトウモロコシホールクロップサイレージを使用する例が多くなっており，その例を第5表に示した。ホルスタイン去勢牛をトウモロコシサイレージで肥育した区と慣行区を比べたところ増体と肉質に差がなく，1頭当たり3万～4万円の飼料費節減がはかられたという。このように，肉牛飼養においても

第4表　トウモロコシサイレージの給与法の差異と肉牛の肥育効果

（ディスクハイマー，1971）

項目		全期間サイレージを一定量給与の方法	前半はサイレージ多給，後半は濃厚飼料多給	サイレージを徐々に減少させてゆく給与法	サイレージを徐々に増加させてゆく給与法
番号		No. 1	No. 2	No. 3	No. 4
供試頭数		20	21	20	21
体重	開始時（*kg*）	213	211	214	213
	終了時（*kg*）	475	474	473	459
1日当たり増体重*（*kg*）		1.10[a]	1.11[a]	1.09[a]	1.04[b]
1日当たり摂取量（*kg*・DM）	トウモロコシサイレージ	3.03	2.96	2.97	3.05
	トウモロコシ子実	4.69	4.24	4.33	4.57
	補助飼料	0.41	0.41	0.41	0.41
	合計*	8.13[b]	7.61[b]	7.71[b]	8.03[a]
100*kg* 増体当たり飼料摂取量（*kg*・DM）	トウモロコシサイレージ	275	268	274	293
	トウモロコシ子実	426	383	298	440
	補助飼料	37	37	38	40
	合計*	738[a]	688[b]	710[b]	773[a]

注　*　aとbとの間に有意差がある

第5表　トウモロコシホールクロップサイレージの肉牛肥育効果　（全開連，1980）

区分	供試頭数	肥育期間	増体重	日増体重	給与量	
					濃厚飼料	サイレージ
	頭	日	*kg*	*kg*	*kg*	*kg*
慣行区	6	299	282±45	0.94	2,650. （8.9*kg*/日・頭）	——
サイレージ区	6	299	273±11	0.91	1,560 （5.2*kg*/日・頭）	4,570 （15.3*kg*/日・頭）

第6表　トウモロコシサイレージに対する乾草補給効果　（ホルターら，1973）

体重当たりの乾草重量	体重当たりの乾物摂取量	乳量	脂肪率	無脂固形分率	蛋白質
%	%	*kg*	%	%	%
0	2.61	21.7	3.33	8.65	3.26
0.5	2.75	22.3	3.58	8.70	3.31
1.0	2.76	19.9	3.70	8.80	3.38

トウモロコシサイレージ給与のメリットが明らかであり，今後，利用の拡大をはかってゆくべきであろう。

つぎにトウモロコシサイレージを給与するさい，配慮すべきいくつかの事がらにふれてみたい。

サイレージを給与するばあい，併給する乾草の量が問題になる。第6表に乾草の給与量と乳質との関係を示した。この結果から，トウモロコシサイレージ単味では乳脂率が低下し，かつ蛋白質も低いことが知られ，乾草は体重の0.5％（たとえば体重600*kg* では3*kg*）ていど給与しなければならないことを示している。

子実が豊富なサイレージと刈遅れ乾草を給与したばあい，サイレージだけ採食して乾草を残す例がみられる。このようなときはサイレージ単味給与の状態と同じになり，そのうえ配合飼料を給与すれば，当然ながらエネルギーの過剰摂取を招く。その結果，牛の尻，肩の肉づきがよくなり，肉牛のように丸々太った乳牛ができ上がる。これだけですむならさして問題にされないが，当然，繁殖障害を招き，俗にいう“止まり”がわるくなる。この傾向は育成牛，乾涸牛に多く出る。したがって，子実が豊富なサイレージを主体にして給与するばあいは，たえず牛の健康状態を観察しながら制限給与することを原則としなければならない。

つぎに未成熟トウモロコシサイレージを多給

第7表　カビの生えたサイレージの発酵品質（原物中）　　（名久井，1973）

区　分	水　分	pH	総　酸	揮発酸	揮発酸/総酸	VBN/T-N	備　考
	%		*meq*%	*meq*%	%	%	
正常な部分	80.0	3.6	35.5	6.7	18.8	2.7	
カビが生えた部分	80.6	4.3	17.5	1.8	10.3	21.6	青カビがだんご状に発生

注　バンカーサイロで調製
VBNは揮発性塩基態窒素，T-Nは総窒素，*meg*はミリ当量

第8表　サイレージの切断長と第一胃内発酵・消化率との関係　（ソドウィーク，1978）

切断長（*mm*）	VFAの濃度（*m・mol/dl*）	VFA中のモル比(%)			消化率（%）			
		C_2	C_3	C_4	乾物	粗蛋白質	粗繊維	粗脂肪
6.3	7.9	63	22	12	72	64	73	85
12.7	11.7	66	19	11	71	61	76	82
19.1	6.3	67	18	10	68	62	72	80

注　C_2：酢酸，C_3：プロピオン酸，C_4：酪酸

すると，腰ぬけ，蹄疾患，乳房炎の多発などを招くといわれているが，しかし，これらの病気は，トウモロコシと直接関係するものではなく，高水分サイレージを多給したさいにみられる乾物摂取量不足がひき金になって発生すると考えられる。したがって，水分の高いサイレージを多給するさいには，そのへんを充分配慮しなければならない。

サイレージは取出し後空気にふれると，発熱してカビが発生する。カビの生えたサイレージを家畜が食べたらどうなるだろうか。第7表に偶然にも十勝地方の農家で，集団下痢が発生したさいに採取したサイレージの品質調査結果を示した。カビの生えたサイレージは，バンカーサイロで調製したもので，発酵品質はpHが高く総酸も少なく，VBNが高い劣質サイレージであった。サイレージ中にカビがだんご状に発生して肉眼でもはっきり判別できた。その種類は青カビが主で，赤カビも一部に認められた。このようなサイレージを1日20*kg*ていど全牛(40頭）に給与したところ，4～5日目から下痢が発生し，半数ちかい牛が罹患したのである。

以上は，一事例にすぎないが，カビの生えたサイレージは家畜に有害であることがわかるであろう。

つぎの問題はサイレージの切断長と消化生理の関係である。第8表に切断長と牛の第一胃内発酵，消化率の関係を示した。ルーメンVFAの生成量は13*mm*区が最も多く，それより長くても短くても劣ることが示されている。一方，飼料の消化率は短いほど高まる傾向がみられ，

第9表　サイレージ切断長と未消化子実排泄との関係　（名久井ら，1979）

切断長	サイレージ子実の破砕度			未消化子実排泄率	消化率	
	6 *mm* 以上	2～6 *mm*	2 *mm* 以下		澱粉	ADF
10*mm*	39%	37%	24%	7.9%	87.9%	56.3%
20*mm*	52	39	9	14.1	77.8	61.3

注　子実重歩合47.9%，供試牛は乳牛

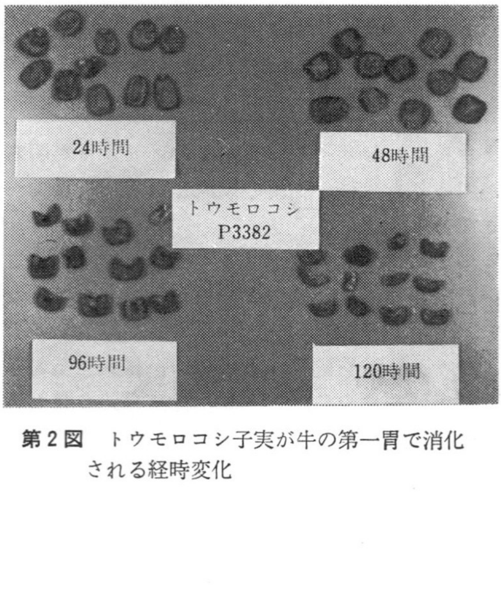

第2図　トウモロコシ子実が牛の第一胃で消化される経時変化

第10表　用途別サイレージの種類と特性

種　類	特　性	利用の場面	飼料価値
ホールクロップサイレージ	黄熟期以降に収穫。子実を登熟させて，サイレージ中に濃厚飼料的な部分を多くしようとする考えに基づいている	主に北海道を中心に，トウモロコシ主体給与体系のなかで高エネルギー粗飼料として利用される 尿素0.5％添加などによって肉牛の粗飼料としても利用される 今後の利用方式の主流となろう	乾物中ＴＤＮ70％ 水分65～70％
未成熟サイレージ	乳熟期～糊熟期に収穫 生草重の多い品種を用いる	多汁質な粗飼料として利用される。最近までわが国での利用方式の主流であった（府県での利用が多い）	乾物中ＴＤＮ63％ 水分80％前後
穀実ならびに雌穂サイレージ	トウモロコシの穀実あるいは雌穂だけを収穫（完熟期）	濃厚飼料の一部代替飼料として利用。わが国では北海道の一部で生産	乾物中ＴＤＮ88％ 水分30～40％
スイートコーン茎葉サイレージ	スイートコーンを収穫したあと（乳熟期）茎葉を拾い集めて収穫する	畑作地帯で農場副産物として生産される。 畑作地帯で肉牛の粗飼料として利用	乾物中ＴＤＮ58％ 水分80～85％
スイートコーン工場残渣サイレージ	スイートコーンの子実を除去したあとの芯皮が主で，子実も一部に混入した飼料	スイートコーン作付け地帯で生産される。 主に乳牛の飼料として利用されるが一部肉牛にも用いられる。工場によって飼料価値に変動がある	乾物中ＴＤＮ70％ 水分80％
芯，皮ならびに茎葉サイレージ	濃厚飼料用の子実を収穫したあと残された芯，皮，茎葉をサイレージ化したもの	アメリカ，カナダで生産されているが，わが国ではほとんど見られない	乾物中ＴＤＮ 芯皮が51％ 茎葉が58％

結論として10～15*mm*の切断長がのぞましいといえよう。切断長は未消化子実の排泄量にも影響を与える。黄熟期に収穫したサイレージを給与すると，糞中に黄色い子実が目につくが，これは細断することにより，少なくできることがわかっている（第９表，第２図）。

さらに，微細断したトウモロコシサイレージを多給すると，第四胃変位を誘発するといわれ，この点も充分注意する必要がある。

3. 用途別サイレージの種類とその特性

第10表に種類，特性，利用の場面を一覧表で示した。トウモロコシサイレージとひと口にいっても，その中身はバラエティーに富んでおり，給与にあたっては飼料特性を見きわめて利用する心構えが大切であろう。

Ⅱ　調製技術の基本

1. 高品質サイレージ調製の条件

(1)　良質な原料，適期収穫

トウモロコシは発酵基質になる可溶性炭水化物を豊富に含み，材料として，サイレージをつくりやすい特性をもつ作物である。また，刈取適期も牧草に比べて幅が広い（第11表）。したがって刈取適期は単位面積当たり栄養収量が最大になり，かつサイレージの発酵品質が良好で，すぐれた貯蔵性が保持されるとき，ということになる。第３，４図はトウモロコシの刈取時期と各種要因との関係を示しているが，黄熟後期は収量，乳牛の採食量が最大であり，乾物率も30％に達し，子実含有率も50％ていどまで増加する。一方，発酵品質でもpHが3.8，総酸の生成量も乳熟期の65％ていどでさほど少なくもなく，二次発酵との関連でも許容される範囲だから，黄熟後期が最ものぞましい刈取時期とい

第11表　北海道と東北で生産されたサイレージ原料トウモロコシの熟期別飼料価値の比較

（北農試，1978；東北農試，1984）

品　種	熟　期	飼料成分組成（％DM）					消　化　率（％）				発酵品質		栄養価（％DM）	
		水分	粗蛋白質	単・少糖	澱　粉	ADF	乾物	粗蛋白質	澱　粉	ADF	pH	総　酸	DCP	TDN
ワセホマレ（十勝）	糊熟期	79.4	9.9	2.2	21.8	28.2	68.5	59.6	94.5	57.7	3.7	36.7 (108)	5.4	70.8
	黄熟中期	73.5	9.9	1.4	26.1	31.9	67.6	58.5	93.2	55.6	3.8	32.5 (96)	5.7	68.1
	黄熟後期	66.6	9.2	1.0	28.6	28.6	68.9	57.1	94.6	55.6	3.9	33.9 (100)	5.2	69.1
	過熟期	62.5	7.2	0.8	28.9	28.9	64.3	47.1	95.0	50.3	4.0	33.9 (100)	3.6	65.4
P3382（盛岡）	糊熟後期	77.5	8.4	3.6	11.0	31.1	63.9	53.8	99.2	55.8	3.6	40.1 (112)	4.5	65.0
	黄熟初期	74.6	8.0	2.0	18.6	27.7	65.3	50.2	99.5	53.0	3.6	40.6 (113)	4.0	66.1
	黄熟後期	72.1	8.0	1.9	23.0	27.9	67.1	49.4	99.7	52.3	3.7	35.8 (100)	4.0	68.1

注　（　）内は黄熟後期を100とした指数

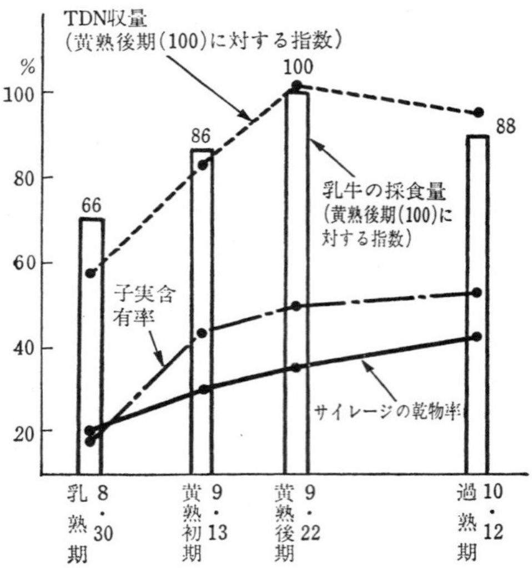

第3図　刈取時期と収量，採食量，乾物率との関係　（名久井，1976）

品種：ヘイゲンワセ

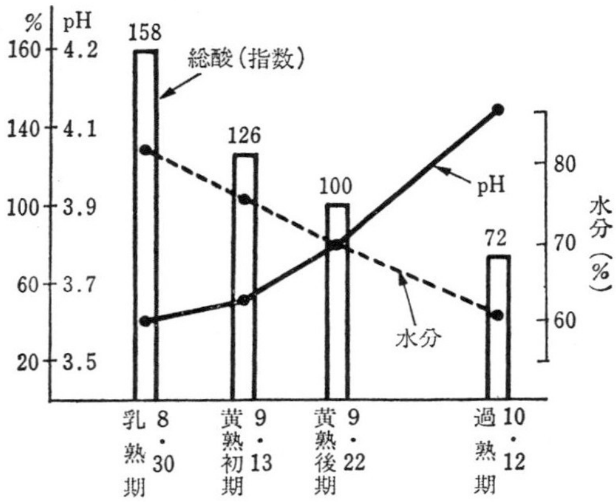

第4図　刈取時期とpH，総酸，水分との関係　（名久井，1976）

品種：ヘイゲンワセ

うことができる。

盛岡でのトウモロコシの生育パターンを第5図に示した。RM（相対熟度）123日の品種は約140日で乾物率が30％に達し収穫適期となる。では30％の乾物率の判定をどのように見分けたらよいのか？　第6図に子実の乾物率から求める方法を示した。畑から代表的な雌穂を数本とってきて，子実の乾物率を測定し，それを次の式に代入するとおおよその値が得られる。

ホールクロップの乾物率
＝0.429×子実の乾物率＋8.0

ただし，子実重歩合が40％以上の品種に適用

以上，高品質サイレージを得るためには，良質な原料を適期に収穫することがポイントであることがわかるであろう。

(2)　細断，踏圧，加重で密度を高める

刈り取った原料はワゴンで運び，ブローアかサイレージカッターでサイロ内に吹き込む。このさいに留意すべき技術的な要点を述べる。

まず第一は，収穫するさいの切断長はできる

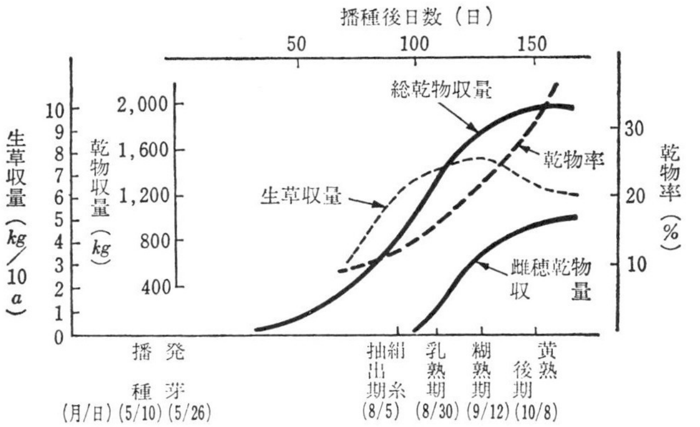

第5図　トウモロコシの生育に伴う乾物率，収量の関係
（東北農試，1982）

品種：P 3424，栽植密度 7,000本/10 *a*

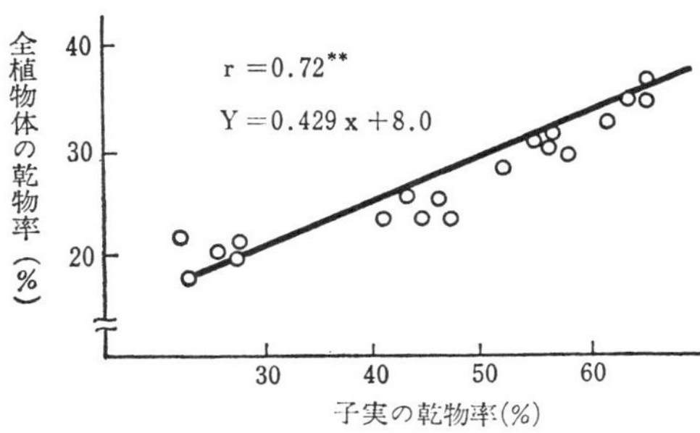

第6図　トウモロコシ子実の乾物率と全植物体の乾物率との関係　（東北農試，1982）

品種：P 3424，栽植密度7,000本/10 *a*

だけ細かにしなければならない。切断長を細かにすることの意義は，①材料が詰め込みやすくなってサイロ内にたくさんの材料（乾物）がはいる。また，サイロ内の空気を除きやすいので，サイロ内が速やかに嫌気状態になり，呼吸による養分損失が少なくなる，②原料の植物汁液が浸出し発酵が盛んになって酸の生成が促進される，その結果，開封後の二次発酵抑制効果が高まる，③トウモロコシの子実を破砕し，乳牛の澱粉消化率を改善する（第9表），などがあげられる。

切断の効果は水分が70％以下の黄熟期以降に収穫したばあい，とくに顕著に現われ，粗いばあいは二次発酵，カビの発生を招く。筆者の試験結果から，水分が70％以下のばあいは0.5～1.0*cm*がのぞましいことが明らかになった。一方，水分が80％以上のときには，1.0～2.0*cm*の粗い切断長でもサイレージの発酵品質に著しい悪影響は認められない（高野1967）といわれている。

第二の要点は，踏圧・均平を行なうことである。トウモロコシは茎，葉，子実それぞれの比重が異なり，放っておくと重い子実と軽い葉が分離してサイロ内に偏在する。そうなると密度にムラができて空気の排除がうまくいかなくなり，部分的にカビの塊が発生する。したがって，詰込みの途中で材料がムラなく詰め込まれているかどうかを確かめる必要がある。小規模サイロでは数人で踏み固めながら，また大規模サイロではデストリビュータが正常に働いているかどうかを確かめながら，凹凸ができないように詰め込むことが要点である。

第三は，重石をのせ加重によってサイロ内密度を高めることである。高野（1967）によると，踏圧，加重したサイロ内密度は，全くしなかったものよりも1.3倍になり，取出し後のサイレージの品温が低く，廃棄部分も少なかったことが報告されている。

サイロ内密度については，アメリカでは塔型サイロが1 m^3 当たり 640*kg* 以上であることがのぞましいとされている。わが国での大型サイロの調査例では，700～800*kg* 以上であれば二次発酵の発生例が少なかった。したがって，めやすとして水分70％前後で700*kg* ていどは必要と思われる。

(3)　密封を完全に

いうまでもなく，サイレージづくりは嫌気的発酵を利用して飼料を貯蔵する技術である。したがって，いかにして空気の侵入を防ぐかがカギになる。大山（1978）によれば，密封（空気の侵入防止）はサイレージの発酵を支配する主な要因の一つとされ，埋蔵初期にサイロ内に空気が侵入すると好気性細菌（グラム陰性菌）が著しく増殖し，これとの競合のために乳酸菌の増殖が弱まり，その結果 pH は低下せず，埋蔵後期に酪酸菌の増殖が必ずおこることを見出し，埋蔵初期の空気侵入はサイレージの品質劣化の決定的要因であるとしている。

一方，詰込み密度が粗く，サイロ内に空気がやや多く残っていても，密封が完全であれば悪影響はないことを認め，いかに密封が大切であるかを明らかにしている。

トウモロコシサイレージ調製では，ビニールフィルムを利用したスタックサイロ，バッグサイロのばあい，とくに密封が重要になる。小さな穴でも，そこから空気が侵入してカビが発生するので気をつけなければならない。塔型サイロでも，ブロックの継ぎ目から空気が侵入することがあるので注意を要する。さらには詰込み終了後，表面を密封すること。密封のやり方によっては，表面の廃棄部分が増加することもあるので念入りに行なうことが大切である。

2. サイレージ発酵と飼料成分の変化

(1) 発酵の過程

サイレージは自然界に存在している乳酸菌を利用して，原料に含まれている糖分を発酵させて乳酸を生成し，サイロ内を酸性状態におくことによって飼料を腐敗させることなく貯蔵した飼料である。第7図に，その発酵がどのようにおこるかを示した。収穫された原料がサイロに詰め込まれると，植物細胞は呼吸をつづけるため酸素を消費する。その結果，熱と炭酸ガスが生成され，サイロ内温度が35℃ていどに上昇する。これが第1段階である。

第2段階は3～4日ごろから酢酸菌の活動が始まり，酢酸が生成され pH が6.0から4.2付近まで低下する。

その後，乳酸菌の活動が盛んになり，糖分をエサにして乳酸がどんどん生成される。約2週間この活動がつづき，pH が 4.0以下になると停止する。ここまでが第3～4段階である。

たいていの良質なサイレージはここまでで終了するが，乳酸菌の活動が不充分で pH が 4.0以下に下がらないばあいは酪酸菌が活動を始め，蛋白質などの分解が進行する。不良な原料を使ったときや，サイロの密封が不完全なばあいに酪酸菌が活動を始めるのである。

(2) 飼料成分の変化

飼料成分のなかで最も大きな変化を示すもの

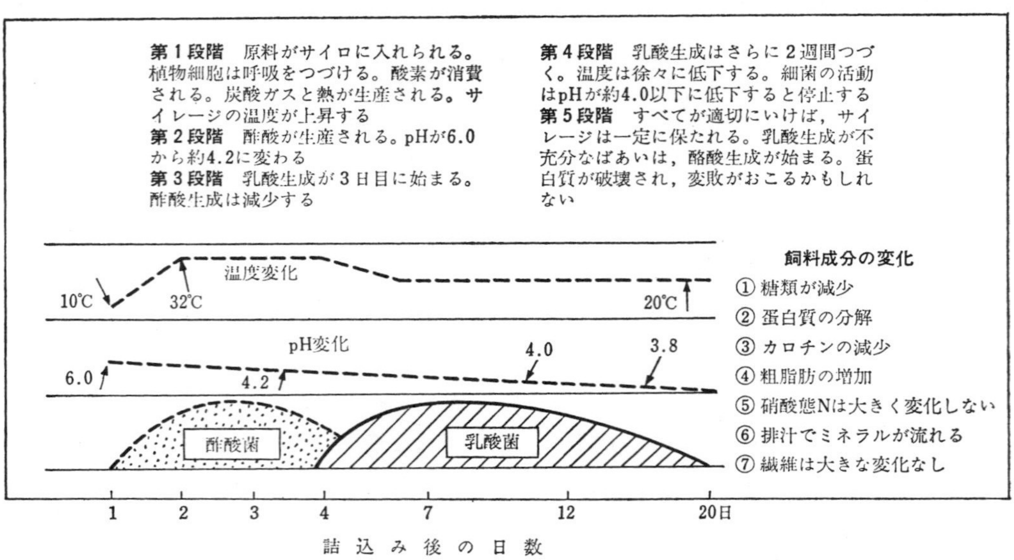

第1段階　原料がサイロに入れられる。植物細胞は呼吸をつづける。酸素が消費される。炭酸ガスと熱が生産される。サイレージの温度が上昇する
第2段階　酢酸が生産される。pHが6.0から約4.2に変わる
第3段階　乳酸生成が3日目に始まる。酢酸生成は減少する
第4段階　乳酸生成はさらに2週間つづく。温度は徐々に低下する。細菌の活動はpHが約4.0以下に低下すると停止する
第5段階　すべてが適切にいけば，サイレージは一定に保たれる。乳酸生成が不充分なばあいは，酪酸生成が始まる。蛋白質が破壊され，変敗がおこるかもしれない
温度変化
10℃
32℃
20℃
pH変化
6.0
4.2
4.0
3.8
酢酸菌
乳酸菌
飼料成分の変化
① 糖類が減少
② 蛋白質の分解
③ カロチンの減少
④ 粗脂肪の増加
⑤ 硝酸態Nは大きく変化しない
⑥ 排汁でミネラルが流れる
⑦ 繊維は大きな変化なし
1
2
3
4
7
12
20日
詰込み後の日数

第7図　正常なサイレージの発酵過程　（アイオワ大学，1980）

は可溶性炭水化物（ブドウ糖，フラクトース，ペントースなど）であり，サイレージ発酵によってほとんど消費される。これらの炭水化物は乳酸に変化する。トウモロコシは20〜30%の可溶性炭水化物を含んでおり，乳酸発酵に好都合な条件をそなえている。

可溶性炭水化物について大きな変化を示す成分は蛋白質である。サイレージの蛋白質は詰込み直後，自家酵素による分解をうけ，さらに熟成中に蛋白質分解菌の作用をうけてアミノ酸→アンモニア，アミン類に分解される。蛋白質の分解は，乳酸発酵が順調であればかなり抑制されるので，さほど問題にならない。トウモロコシは粗蛋白質が10%くらいと少ないことに加えて，そのほとんどが子実蛋白質だから分解が少なく，全窒素に対するＶＢＮ（主としてアンモニア）の割合は５〜10%以下でほとんど問題にならない。

黄熟期に収穫したトウモロコシは3.5〜4.5*mg*%のカロチンを含んでいる（須藤1971）。それらがサイレージ発酵中に変化するもようについては，高野によると埋蔵後３日目におよそ半減し，２週間で３分の２が消失するとし，サイレージ中にわずかな量しか残っていないことがうかがわれる。

サイレージ発酵によって増加する成分は粗脂肪だけである。粗脂肪は大きく分けると中性脂肪と有機酸からなり，エーテル抽出物として定量され，原料成分のおよそ1.5〜２倍の値を示すことが多い。トウモロコシでは乾物中に３〜５%含有するが，そのうちのかなりの量は乳酸である。

以上，飼料成分のうち大きな変化を示す成分について述べた。これらのほかに，澱粉，ＡＤＦ，Ca，Ｐ，Mgなどのミネラルが含まれているが，発酵による影響は少なく，大きな変化もなく貯蔵されると考えてよい。

3. 栽培条件とサイレージの飼料価値

(1) 品種の生産特性と播種時期の影響

①品種の生産特性

トウモロコシは品種により生産特性が大きく変わり，その地域に適した品種を選定することが，高位生産の決め手になる。では，どのようにして品種を選んだらよいのか？ 「桜の花咲くころから秋の初霜までに黄熟期に達する品種」を選ぶことが基準になる。

第12表 東北地域で栽培されるトウモロコシ品種の生産特性

（青森畜試・福島農試，1984から抜粋）

地域	品種	相対熟度	生草収量 (*kg*)	乾物収量 (*kg*)	雌穂割合 (%)	絹糸抽出期 (月日)	稈長 (*cm*)	着雌穂高 (*cm*)	倒伏割合 (%)	収穫期 (月日)
青森県（野辺地町）	早生	RM90	4,243	1,269	52	8.4	222	91	11.8	9.13
		RM105	5,420	1,533	50	8.8	240	107	3.0	9.20
		RM107	5,717	1,682	49	8.8	240	118	7.7	9.23
	中生	RM118	5,617	1,559	47	8.12	259	125	12.3	10.3
		RM123	6,149	1,789	45	8.12	249	119	6.2	10.3
		RM120	6,203	1,449	44	8.12	238	128	33.4	9.23
	晩生	RM125	5,614	1,660	54	8.15	251	127	11.4	10.13
		RM125	6,349	1,813	48	8.16	277	141	15.6	10.9
		RM125	6,329	1,691	54	8.16	246	131	18.9	10.16
福島県（福島市）	早生	RM90	4,900	1,776	50	7.14	232	100	微	黄・中
		RM105	5,560	1,704	41	7.17	255	111	微	黄・初
		RM107	5,360	1,586	43	7.15	244	109	微	黄・初
	中生	RM118	5,790	1,900	43	7.21	271	128	微	黄・中
		RM123	5,840	1,722	35	7.18	266	118	無	糊・初
		RM120	6,440	1,968	42	7.22	271	121	微	黄・中
	晩生	RM125	5,670	1,919	48	7.23	283	132	無	黄・中
		RM125	5,570	1,938	52	7.22	271	122	微	黄・中
		RM125	5,890	1,979	46	7.20	276	116	無	黄・中

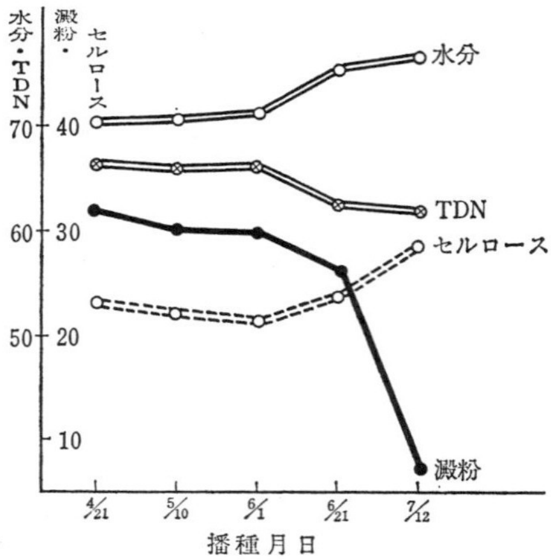

第8図　播種時期と飼料成分組成との関係
（東北農試，1982）

品種：P3424

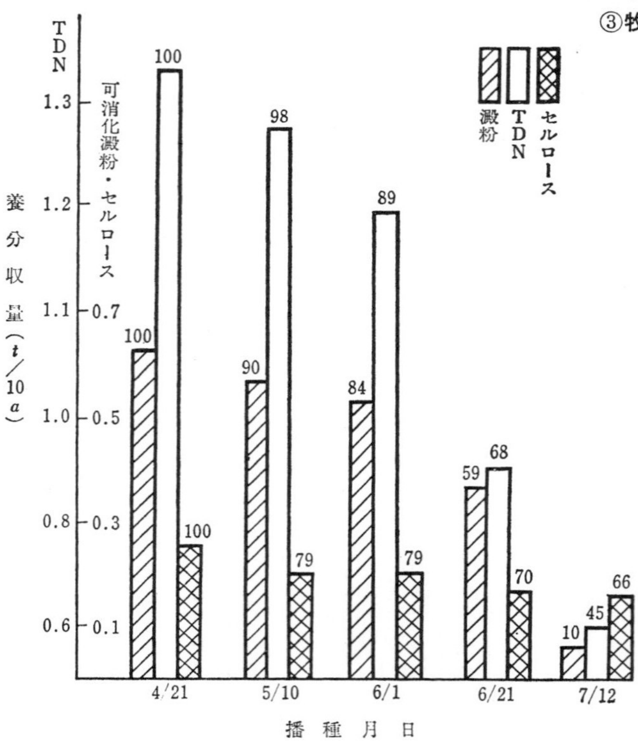

第9図　播種時期と養分収量との関係
（東北農試，1982）

品種：P3424，棒上の数字は4月21日を100とした指数

東北地域で試験された品種の特性を第12表に示した。それを見ると，乾物収量は1.5～2.0 *t*，ＴＤＮ収量が1.2～1.4 *t* 期待できることがわかるであろう。

②早播きの影響

トウモロコシは積算温度の多少によって収量が左右される作物である。そこで播種時期の相違がサイレージの品質，飼料価値にどのような影響を与えるかを第8，9図に示した。その結果をまとめると，①播種時期が早いほど，養分収量，飼料価値が高い。②サイレージの発酵品質は，播種時期が遅れるにつれてpHが上昇ぎみ（収穫時の被霜による）で，アンモニアの割合も高まり劣質化の傾向を示す。③耐倒伏性は早播きほどまさっている。④以上のことから，東北地域のような1年1作地帯では早播きが有利であり，どんなに遅れても6月以降のおそ播きはすべきでないと考える。

③牧草収穫跡地への播種

つぎに一番刈り牧草を刈り取った跡地にトウモロコシを播種したばあいについて述べる。第13表に盛岡での成績を示した。極早生品種を用いることにより，早播き区に比べて70～75%ていどのＴＤＮ収量が得られ，サイレージの発酵品質も良好であることがわかった。しかし注意しなければならないことは，刈り遅れないことである。刈遅れは消化率を低下させ，発酵品質を劣化させ，ＴＤＮ収量を減少させるため，絶対に注意しなければならない。

（2）　栽植密度の影響

ホールクロップ用トウモロコシは子実生産を重視することから，栽植密度はきわめて大切な要素である。東北地域で多く作付けされているRM（相対熟度）123日の品種で，その影響を比べたところ（第14表，第10図），次のことが明らかになった。

①サイレージの飼料価値，とくに可消化澱粉含量からみて，10 *a* 当たり7,000

第13表　一番刈り牧草の収穫後に播種したトウモロコシサイレージの栄養価，養分収量　（東北農試，1984）

項　　目	ＪＸ77（ＲＭ100）		Ｐ3732（ＲＭ107）		Ｇ4553（ＲＭ120）
播種月日	6/20	6/20	6/20	6/20	5/2
収穫月日	10/11	10/24	10/11	10/24	9/27
生育日数　（日）	113	126	113	126	147
熟　期	完熟	過熟	黄熟	過熟	完熟
草　丈　（*cm*）	248	252	265	267	298
着雌穂高　（*cm*）	70	70	94	106	100
子実重歩合　（％）	41.3	46.0	46.0	43.8	51.5
サイレージのpH	3.70	3.96	3.73	4.05	3.69
サイレージの乾物回収率（％）	94.2	95.6	94.4	95.9	95.1
飼料成分組成（％）					
水　分	67.7	64.3	69.3	66.9	64.5
粗蛋白質	9.2	9.0	7.9	8.5	7.5
ＡＤＦ	23.9	25.1	22.0	25.4	22.3
消化率　（％）					
乾　物	68.9	65.2	68.1	63.6	68.2
粗蛋白質	51.3	54.5	54.9	51.0	47.1
ＡＤＦ	54.1	48.8	51.4	45.4	49.2
栄養価					
ＴＤＮ　（％）	69.9	65.9	70.2	65.9	70.0
養分収量					
ＴＤＮ（*kg*/10*a*）	844	804	966	813	1,249
指　数	(68)	(64)	(77)	(65)	(100)

注　指数は５月２日播種を100としたもの

本が適正な栽植密度である。

②発酵品質のうち，ＶＦＡ（揮発酸）およびＶＢＮ（主としてアンモニア）の生成量は密植がすすむにつれて増加する。

③養分収量，耐倒伏性から判断すると10*a*当たり9,000本以上の密植は不利である。

このことは，“本数さえ多ければよいというものではない”ことを示しており，そのためには播種技術の向上が求められよう。とくに播種板を使用したプランターのばあい，種子の形によっては一つの穴から２～３個落下することも

第14表　栽植密度を変えて栽培したトウモロコシのサイレージ発酵品質，飼料価値および生育の状況　（東北農試，1982）

区　分（栽植密度）	5,000本	7,000本	9,000本	12,000本
pＨと有機酸				
pＨ	3.68	3.64	3.63	3.67
総　酸（*m*・*mol*％）	51.0	49.9	51.7	49.0
ＶＦＡ／Ｔ－Ａ（％）	20.2	21.6	23.0	25.1
ＶＢＮ／Ｔ－Ｎ（％）	4.0	3.7	4.9	6.7
飼料成分（％）				
水　分	68.7	70.3	71.4	73.0
飼料価値（％）				
ＤＣＰ	4.7	4.8	5.5	5.3
ＴＤＮ	67.0	66.9	66.2	64.3
サイレージの乾物回収率（％）	94.9	94.7	93.0	93.6
養分収量				
ＴＤＮ（*kg*/10*a*）	1.217 (95)	1.285 (100)	1.215 (94)	1.091 (85)
ＤＥ（サーム）	5,394 (93)	5,743 (100)	5,375 (91)	4,819 (84)
収穫時の生育量				
草　丈（*cm*）	310	319	294	283
穂　長（*cm*）	22.5	22.7	20.5	21.0
乾雌穂重（*g*/本）	204	197	159	138
子実重歩合（％）	49	45	40	37
倒伏発生率（％）	0	0	8	28

注　（　）内は7,000本を100とした指数

見うけられることから，１万本以上の密度になるおそれがあり，注意する必要がある。

(3)　欠株の対策

トウモロコシは発芽したのち，ネキリムシ，ハリガネムシなどの虫害，あるいはカラス，キジ，ハトなどの鳥害によって欠株が生じることがある。そのようなとき，早生系のトウモロコシを追播して対応しているが，ヒマワリを補播することも有力な手段である（第11図）。ヒマワリは生長が速く，約70日で糊熟期に達するので，収穫時期がトウモロコシと適合する。

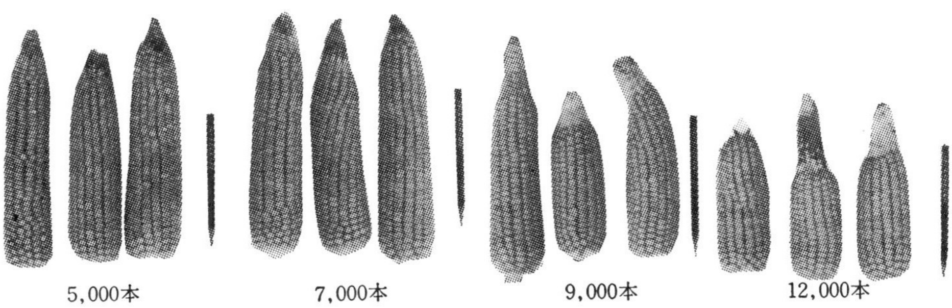

第10図　栽植密度と雌穂の形状

第15表　倒伏がサイレージの発酵品質に及ぼす影響（%）　　（東北農試，1981）

区分	pH	m・mol%			VFAのモル比(%)				VAF/T−A	VBN/T−N	水分
		総酸	乳酸	VFA	C_2	C_3	C_4	C_5			
倒伏区	4.7	9.0	4.6	4.4	36	30	18	16	48.7%	49.1%	82.6%
正常区	3.7	34.0	29.2	4.8	96	2	1	1	14.2	5.3	80.4

第16表　サイレージ材料の水分含量と排汁，無機成分の流出量との関係　（十勝北部普及所，1982）

農家No.	排汁量	乾物量	N	P	K	Ca	Mg	水分
	l	kg	kg	kg	kg	kg	kg	%
1	47,204	3,200	111.7	8.0	205.3	25.0	24.5	78
2	23,963	1,689	50.6	3.8	114.7	13.8	11.5	77
5	9,920	682	17.6	1.58	42.5	7.2	5.2	74
6	7,706	500	14.9	1.46	36.5	5.2	3.3	75
8	1,607	95	2.8	0.19	6.0	0.92	0.9	71

注　60日間の合計
　　サイロ規模は200〜400m^3

第11図　トウモロコシにヒマワリ混植の風景

ヒマワリをトウモロコシと混合したばあい，サイレージの水分はやや高まり，TDN含量は逆に低下するが，約30%までの混入ならば家畜の嗜好性にほとんど影響しないことがわかっている。ヒマワリは子実に粗脂肪を含んでいるので，エネルギー価は高く，TDN含量が61%ある。この作物をじょうずに活用してみるのも一つの方法と思われる。

4. 不良な原料を詰め込むときの要点

(1) 台風により倒伏した原料のばあい

台風や過度の密植によって倒伏した原料は，収穫時のロスが多いうえに，ハーベスタの作業能率が著しく低下する。さらに重大なことは，サイレージの発酵品質と飼料価値が著しく劣化することである。第15表に倒伏とサイレージの発酵品質との関係を示した。倒伏区はpHが高く，酪酸，VBNの多い典型的な劣質サイレージである。では，どうすればよいか？　このような原料のばあいは有機酸を添加するのが効果的で，ギ酸0.3%あるいはプロピオン酸0.5%を詰込み時に添加するのがよい。倒伏した原料には土砂が付着しやすいが，そのような原料をサイレージにしたばあい，家畜の嗜好性が著しく減退する。そのうえ，土砂が1%混入するとTDN含量が2%ずつ低下するので，給与にさいしては良質な飼料を補給しなければならない。

(2) 冷害などで未熟・高水分原料のばあい

冷害の年は子実が未熟で材料が高水分（75%以上）になる。このような原料は，第一に水分調節を，ついで飼料価値の向上をどうすべきかを考えなければならない。水分調節の方法として次のことを行なうとよい。①塔型サイロに詰め込むさいは排汁口をつける。②スタックサイロにして排汁を地面に浸透させる。③わら類，ビートパルプ，しょうゆかす，ふすま，乾草，穀類などを混入する（これは栄養価の向上にもなる）。

排汁と水分含量の関係を第16表に示した。水分78%のサイレージはなんと47 *t* もの排汁が出

第17表　サイレージの低水分原料に加える水の量

原料の水分	水分65％のサイレージ1 *t* に要する加える水の量
60％	76*kg*
55	165
50	272
45	403

て，そのなかに窒素が111*kg*，カリが205*kg*，Ca，Mgが25*kg*も流出することが示されており，排汁の悪影響は想像以上に大きなことがわかるであろう。それが，水分71％になると，わずか35分の1量になるのである。このことから，なぜ水分70％を目ざさなければならないかを改めて考えていただきたい。

(3)　刈遅れや被霜した原料のばあい

適期収穫を思いつつも，天候や作業の都合により，刈り遅れた原料を詰め込まざるをえないばあいについて述べる。刈り遅れたり，霜に当たったりすると次のような不利を生じる。①茎葉消化率が低下するため，サイレージ全体の栄養価（TDN）は約20％減少する。②水分含量が低下（65％以下）するため，乳酸発酵が抑制される。③収穫時の切断長が長くなり，詰込み後のサイロ内密度が低くなる。

このような原料を詰めるときの対策として，以下の点に留意し二次発酵を防がなければならない。①水分が65～70％の範囲になるよう水を加える（第17表）。

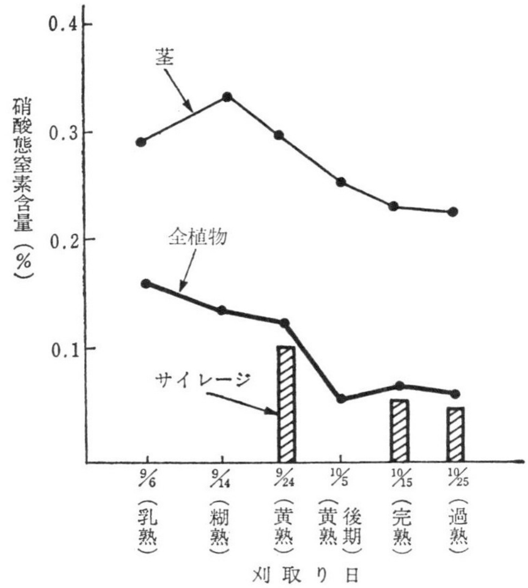

第13図　原料の硝酸態窒素の経時変化とサイレージでの含量　（安宅・名久井，1977）
品種：交8号

たとえば55％の原料1 *t* には165*kg* もの水を加えなければならないのである。②プロピオン酸，アンモニアなどの二次発酵抑制剤を0.5％ほど添加する。これによって発熱を抑制できる。③重石を通常の2倍以上加える。

(4)　硝酸態窒素（NO_3-N）の多い原料のばあい

堆肥，スラリーなどの多用や，窒素成分の肥料を多く施したとき，あるいは干ばつがつづき，窒素が茎葉に集積された状態が長くつづくときに，トウモロコシにNO_3-Nが大量に集積される。NO_3-Nの多い原料をサイレージ化するとサイロ内に赤褐色の二酸化窒素が発生する。このガスは猛毒なので気をつけなければならない（第12図）。

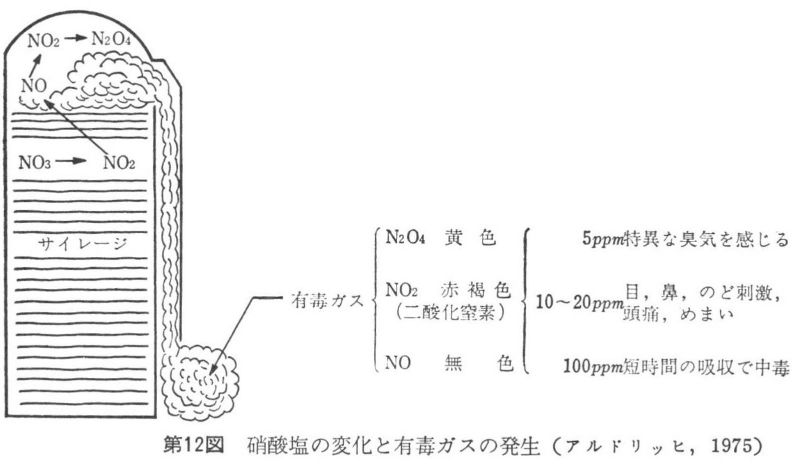

第12図　硝酸塩の変化と有毒ガスの発生（アルドリッヒ，1975）

トウモロコシの部位別に含量をみると，茎

が0.2〜0.5%と最も高く，とくに茎の下部には大量に蓄積されている。葉は茎のおよそ4分の1ないし5分の1と少ない。芯と子実にはごく微量ある。全植物体で乳熟期に0.15〜0.2%，黄熟期には0.05〜0.01%と登熟とともに減少する。サイレージでの含量は原料よりも低い値であることが多い（第13図）。

NO_3-N の多い原料に $CaCO_3$ を0.5%添加してサイレージを調製すると，NO_3 が減少するという成績がある。したがって高濃度の NO_3-N を含む原料を詰め込むさいは添加物を用いることも有効な方法である。

5. 添加物を使うさいの考え方

サイレージに添加物を用いるばあい，二つの考え方がある。一つは不足する飼料価値を高めること，もう一つは保蔵性を高めようとする考えである。

第一の養分を補う方法としては，尿素を0.5%添加することが行なわれている。尿素添加サイレージは粗蛋白質含量を8%から12〜14%まで向上でき，そうして調製されたサイレージは肉牛の飼料としてアメリカで広く用いられている。わが国では尿素中毒に対する警戒心が強いこと，サイレージの水分が高く，添加したばあい嗜好性が劣ることなどの理由によって，ほとんど利用されていない。しかしながら，トウモロコシの品種選択が早生化の方向をたどっていることを考えあわせるなら，今後は利用が増加するものと考えられる。

尿素と炭酸カルシウムを同時に添加する方法もある。炭カルは乳酸の生成を促進し，硝酸塩含量の低下に寄与する効果をもつといわれるが，わが国では試験研究の段階である。

第二の保蔵性を高める方法として，乳酸発酵を促進する目的で乳酸菌を添加することが行なわれている。しかし，トウモロコシサイレージは乳酸菌を添加しなくても良質の発酵が行なわれるので，これを用いる場面としては，適期以外に刈り取った劣質材料を用いたときにだけ意義があると考えられる。

このほかに二次発酵防止のための薬剤添加の方法がある。

6. サイレージの品質判定基準

サイレージの品質の良否を判定する方法には，大きく分けると，化学分析を行なって判定する方法と，人間が手で触れ目で見て判定する方法とがある。実際の現場では官能法が便利である。第18表は北農試法と呼ばれる方法であるが，化学分析による評価を比較的よく反映しており，広く利用されている。総得点を100点とし，pH，水分，子実の熟度ならびに混入割合，香味などの8項目からなっている。80点以上に格付けされるサイレージは子実が豊富で，水分が70%ていど，甘ずっぱいエステル臭をもつ。69点以下は水分が80%前後と高く，刈取時期も早く，刺激性のある酸臭を発するサイレージが多い。60点以下のサイレージはカビが発生するなどの異常な部類のものが格付けされることが多い。

この方法は，毎年行なわれている飼料品質改善共励会で用いられており，北海道十勝地方では毎年500点以上の出品があり，農家にとってもなじみ深い評価法になっている。

つぎに化学的分析による判定法として現在，フリーグの方法が各地で用いられているが，ここでは筆者が用いている方法を紹介する。

トウモロコシサイレージの発酵品質は材料の水分，刈取時期によって規制されるが，似たような条件で調製したばあい，総酸の生成量，ＶＦＡ（ほとんどが酢酸）の構成割合，ＶＢＮの生成などの変動幅が牧草に比べて小さい。したがって判定の基準となる項目を単純化できる特徴をもつといえる。そこで，以下の2点を柱にして基準の設定を試みた。

①開封後も発酵品質が安定しているかどうか。

②家畜の好みがよいかどうか。

上記の条件を満足する程度に応じて段階をつけ，第19表のような区分を試みた。項目としては水分，pH，総酸に占めるＶＦＡの割合，総窒素に占めるＶＢＮの割合からなる。この方法は官能法の得点と相関が高く，両者を併用して

第18表　トウモロコシサイレージの品質判定基準（官能法）　　（高野，1967）

項　目	配点	段階 A	B	C	D	E	備　考
pH	20	3.3(20) 3.5(18) 3.4(19) 3.6(17)	3.7(16) 3.9(14) 3.8(15) 4.0(13)	4.1(12) 4.3(10) 4.2(11) 4.4(9)	4.0(8) 4.8(5) 4.6(9) 4.9(4) 4.7(6) 5.0(3)	5.1(2) 5.2(1) 5.3以上(0)	pH紙による
水　分	20	65～69％ (20) 70 (19) 72 (18) 74 (17) 75 (16)	76％ (15) 77 (14) 78 (13) 79 (12)	80％ (11) 81 (10)	82％ (8) 83 (6)	84 (4) 85 (2) 86％以上 (0)	
穀穂の混入程度	10	卌ひじょうによく混入している (10)	卌よく混入している (8)	卄あまり混入していない (5)	＋あるいは±わずかに混入している (2)	一全然ないもの (0)	
実の成熟程度	15	黄熟期に切込み。原形をとどめ，爪で押すとへこむていど (15)	糊熟期に切込み。原形をとどめ，内容がもち状のもの (11)	乳熟期に切込み。原形が認められて内容が粘性ある乳白液であるもの，ただし細切のばあい内容のないものあり (7)	乳熟に達しないものを切込み。原形を認めず皮だけのもの (3)	わずかに穀粒形成を認めるものまたはないもの (0)	
色　沢	10	淡緑黄色またはオリーブ色 (10)	淡黄緑色 (8)	黄緑色～黄橙色 (5)	黄褐色～褐黄色または暗緑色 (0)	褐色～褐黒色または濃緑色 (0)	サンプル全体でみる
香　味	15	快い甘酸な芳香味 (15)	甘酸良臭味 (11)	甘酸なるも刺激臭を伴い不快感のあるもの (7)	強い酢酸臭味をもつか酸臭味乏しく苦味を感ずるもの (3)	酸臭味乏しく，アンモニア臭および酪臭カビ臭があり，口に入れにくいもの (0)	
触　感	5	サラッとした清潔な感触をもつもの (5)	AとCの中間 (4)	軽い粘度を感じさせるもの (3)	CとEの中間 (2)	極度にべたべたしたりバサつくものおよびカビのあるもの (0)	土砂の混入などを考慮する
細切の程度	5	9 *mm*またはこれ以下（3分切り） (5)	10～12*mm*（4分切り） (4)	13～15*mm*（5分切り） (3)	16～18*mm*（6分切り） (2)	19*mm*またはこれ以上（6分切り以上） (0)	サイレージ全体の細切の程度も考えて評点する
合　計	100						

注（　）内数字は点数

第19表　化学分析による発酵品質の判定方法　　（名久井，1979）

格付	水　分	pH	総　酸	揮発酸/総酸	VBN/T-N	北海道方式との対比
	％		*meq*％	％	％	点
A	65～70	3.7～4.0	30以上	15以内	10以下	80以上
B	71～75	3.5～3.6	同　上	16～30	11～15	70～79
C	76以上および64以下	4.2以上	30以下	31～45	16以上	60～69

判定すれば，より確実な評価ができるものと思われる。

7. 二次発酵のしくみとその防止

二次発酵とは，サイレージの乳酸発酵が一応安定したのち，サイロを開封したさいにおこる

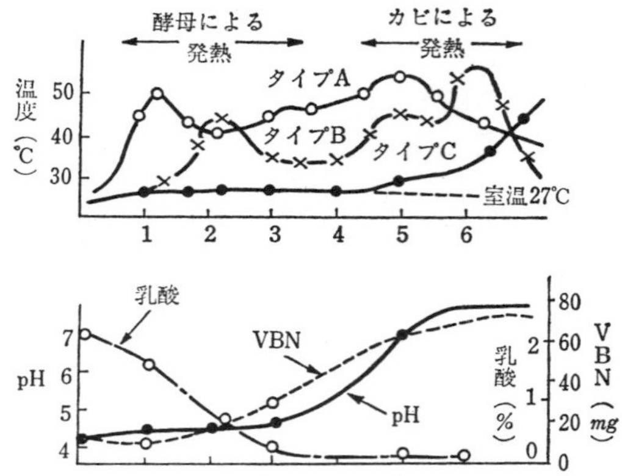

第14図　二次発酵の進行と温度，pH，VBN，乳酸の変化　（山下，1975）

温度の顕著な上昇とカビの発生とを伴った品質の劣質化現象である。この現象は，開封時まで安定していたサイレージが空気に触れることによって好気的な微生物が活動を開始し，種々の物質分解をおこし，それと同時にサイレージの品温が上昇するものであり，好気的変敗とも呼ばれる。

二次発酵はどのようにしておこるだろうか。第14図に変敗の型を示した。発熱には三つの型がある。第一の型は変敗が速く進行するもので，1～2日に第1回の発熱ピークが認められる。第二の型は2～3日に第1回のピークが現われ，4～5日後に第2回のピークを示すもので，最も多くみられる。第三の型は5～8日後になって徐々に発熱する型である。これらのうち，第1のピークは酵母の増殖による発熱であり，第2のピークはカビが原因になっていることが多く，第2のピークに達するころはサイレージの外観はかなり変質し腐敗臭が漂う。

発熱と並行して多くのばあい，糖，乳酸，酢酸の含量が減少する。糖，乳酸は酵母の栄養源として消費され，酢酸は揮発するためと考えられる。pHは乳酸の減少よりもかなり遅れて上昇し始める。これはサイレージの緩衝能によるものだが，緩衝能が限界にちかづくにつれてpHは急上昇し，中性～アルカリ性を経てべとつきがひどくなり，堆肥状になる。

VBN含量はpHが5を超えるころから増加し始める。これはpHの上昇とともに蛋白質，アミノ酸の分解が進行するためである。

実際の現場で二次発酵の発生はどのような実態にあるか，アンケート調査をしたところ，北海道石狩管内では毎年33%の農家が経験していると回答している。筆者らが帯広市近郊で発生した10例を調査したところ，最もひどいばあいはサイレージの温度が60℃に達し，深さ70*cm*以上までも発熱している例があった。その原因をみると，①原料の刈取時期が遅れて霜に当たっている，②切断長が長いため，詰込み密度が粗い（450～600*kg*/*m*³ が多い），③詰込み後，重石は全くしていない，④1日当たり取出し量が少ない，などが考えられた。

ではどのように防止すればよいのか。第15図にその対策を示した。

第一のポイントは適期に収穫することである。

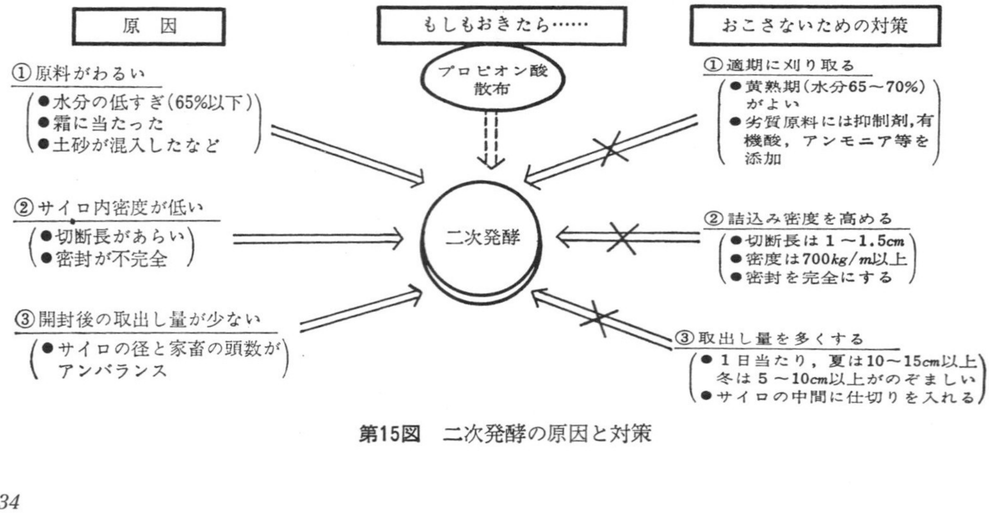

第15図　二次発酵の原因と対策

第20表　サイレージを変敗させることなく給与するばあいの塔型サイロの直径と牛の頭数　　（アルドリッチ，1978）

直　　径	7.5*cm*の層を取り出したさいのサイレージの量	1日20*kg*ずつ給与するばあいに必要な家畜の数
3.7*m*	513*kg*	25頭
4.0	602	30
4.3	698	35
4.6	802	40
4.9	912	45
5.2	1,030	51
5.5	1,154	58
5.8	1,285	64
6.1	1,425	71

注　サイロの高さは直径の3倍ていど

もし適期を逸したばあいには，プロピオン酸0.5%あるいは尿素0.5%，アンモニア水0.6%ていどを添加して詰め込むと二次発酵を抑制できることがわかっている。

第二には，切断長が10～15*mm*以下になるようハーベスタの刃をよく調整し，詰込み密度が700*kg* 以上になるよう加重することである。

第三には，1日当たりの取出し量を多くすること。おおよそのめやすは夏は10～15*cm*，冬でも5～10*cm* 以上を取り出したいものである。そのためには，サイロの規模を決めるとき，家畜の飼養規模にみあった直径のサイロを選ぶことが大切であろう（第20表）。

第四には，サイロの中間にビニールシートで2*m*間隔ていどに中仕切りをし，まんいち発熱がおこっても下まで進行させないよう工夫することも有効な手段である。

いずれにしても，発熱がおこってからの対策はなきに等しく，このことを肝に銘じて詰込み作業をきちんとやることがポイントであろう。

二次発酵が発生したばあいの方策はつぎのとおり。まず，温度を測定し，どのくらいの深さまで発熱しているかを確かめ，30℃以上の部分を外に取り出し，その部分は早急に給与する。ついで酵母の増殖を抑制する薬剤（プロピオン酸，ギ酸，カプロン酸など）を1 m^3当たり0.5～1.0 *l* 表面散布し，その上にビニールフィルムを敷き，重石をのせ，およそ5日間密封する。

以上，応急措置として薬剤を使用すれば，一時的に効果を示すが，発熱が再びおこらないという保証はない。したがって，サイレージの調製を入念に行なうことこそが，二次発酵の最大の予防方法と考える。

二次発酵は外気温が高い季節に多発する。その意味では，府県のほうが北海道よりも発生の危険率は高いものと考えられるので，いっそうの注意を要するといえよう。

8. 簡便な栄養価，養分収量の見分け方

(1) TDN含量の推定法

最近，近赤外線分析法を利用したオートアナライザーが各県に導入され，瞬時に飼料成分を分析し，それを個別の農家にサービスする，いわゆる“フォレッジテスト”が普及しつつある。そこでは飼料成分組成（ADF含量）からTDN含量を推定する方法が必要になってくる。下記の推定式は農水省畜試で検討した結果，実測値にちかいということで使用されている式なので紹介する（x＝ADF含量）。

TDN含量（%）

$Y=89.89-0.752x$ （$r=-0.86^{**}$）

DE含量（*kcal*/*kg*・DM）

$Y=3654-22.4x$ （$r=-0.84^{**}$）

(2) 10*a*当たりTDN，DE（可消化エネルギー）収量の推定法

原料トウモロコシの乾物収量からサイレージができあがったときの栄養収量を推定できないものかと検討した結果，“あたらずとも遠からず”の推定が可能となった。以下はその推定式である（X_1＝乾雌穂重，X_2＝乾茎葉重）。

DE収量（サーム/10*a*）

$Y=729.6+2.44X_1+2.07X_2$

（$r=0.92^{**}$）

TDN収量（*kg*/10*a*）

$Y=95.4+0.67X_1+0.46X_2$

（$r=0.93^{**}$）

この式を使用するさいは，関東・東北地域に多い子実割合が35～50％の範囲の品種に限定して使用するのがのぞましく，北海道で栽培される子実割合が55％以上の品種や，暖地の子実割合35％以下のトウモロコシでは精度が落ちると考えるべきだろう。

Ⅲ　目的別，型式別サイレージ調製法

第21表に目的別サイレージの飼料価値を示し，第22，25，26表にそれぞれの手順を示した。

A．ホールクロップサイレージ

1．ねらい

このサイレージは子実を充分登熟させてエネルギー価の高い粗飼料を得ることをねらっており，10*a*当たりＴＤＮ収量を800*kg* 以上，水分を65～70％，サイレージ中に子実を45～50％含んでいて，乾物中ＴＤＮが70％を超えることを目標とする。利用の場面は北海道を中心に，トウモロコシサイレージを主体に給与している経営のなかで有利性を発揮する。

2．収穫

大規模な経営のばあい，トウモロコシ用フォレージハーベスタで収穫する。収穫に先だってハーベスタが方向転換できるだけの枕地を手刈りする。刈取時期は，原料が黄熟後期に達していることを確かめ（子実を押して爪がたたない硬さ），もし刈遅れで水分が低いばあいには，水を添加したり，あるいはビートトップ，生草を混入したりして品質の劣化を防ぐ。つぎに畑の状況をみる。倒伏の程度によっては片刈りをしなければならない（倒伏度45度くらいならほとんど損失がない）。

ハーベスタには牽引式１条刈りと２条刈りがあり，１日処理能力は1.8～2.6*ha* と見込んでおくとよい。自走式は4.6*ha* と高能率である。収穫作業を効率的に行なうためには，フォレージハーベスタ→運搬車→ブローアの組合わせが適切でなければならない。そのための条件として以下の事がらが要求される。

①ブローアがハーベスタの性能を上回ること，②運搬車が圃場で少し待つていどの余裕が必要なこと，③ブローアが運搬車を待たせないていどの性能をもっていること。

北海道で行なわれている収穫作業体系の事例を第23表に示す。多くのばあい４～５戸の共同

第21表　材料別サイレージの飼料成分，飼料価値，発酵品質（乾物％）　（名久井，1979）

種類	収穫時期	水分	粗蛋白質	澱粉	ＡＤＦ	ＴＤＮ	ＤＥ	ＤＣＰ	pH	総酸	供試品種
		%	%	%	%	%		%		*meq*%	
ホールクロップサイレージ	黄熟後期	70.4	8.6	27.8	27.6	71.2	3.05	4.4	3.8	35.0	ワセホマレ
未成熟サイレージ	乳熟～糊熟期	82.2	9.1	10.9	37.1	60.7	2.89	5.1	3.5	43.3	ジャイアンツ
グレインサイレージ	完熟期	36.4	11.4	68.0	4.1	88.8	3.92	7.5	5.2	15.2	ヘイゲンワセ
雌穂サイレージ	黄熟～完熟期	45.7	9.3	55.6	7.8	78.3	3.28	6.6	4.7	28.1	ヘイゲンワセ
スイートコーン茎葉サイレージ	乳熟期	84.5	8.5	—	41.6	54.4	2.39	4.3	3.6	39.8	メローゴールド
スイートコーン工場残渣サイレージ	乳熟期	85.4	8.2	—	34.3	72.5	3.19	4.9	3.4	38.0	メローゴールド
子実用トウモロコシ芯・皮サイレージ	完熟期	65.7	2.3	—	41.2	51.0	2.12	—	4.3	21.9	ヘイゲンワセ
子実用トウモロコシ茎葉サイレージ	完熟期	79.1	6.6	—	41.4	58.6	2.72	3.2	4.0	32.9	ヘイゲンワセ

注　ＤＥは *kcal/g*･ＤＭ。総酸は原物中含量を示す

第22表　ホールクロップサイレージつくりの手順

過程・作業	主な技術と作業	要点
収穫	①トラクタの枕地を手刈り ②倒伏の程度を調べる ③切断長の調節 ハーベスタ利用のばあい　5～10*mm* サイレージカッター利用のばあい　10～20*mm* ④ハーベスタまたは手刈りで収穫	黄熟後期に刈り取る 水分が65～70％で子実の粒は固く，爪で押しても内容物が出ない。デント種は頂部がへこんでくる 水分75～80％は収穫期として早い
運搬・詰込み	〔タワーサイロ〕 ①ブローア，デストリビュータ調整 ②サイロの密封性を点検 ③早生品種はサイロの下部に，晩生品種は上部に詰め込む ④追詰めは1週間以内に行なう 〔スタックサイロ〕 充分踏み込みながら，高さ3*m*以上に積み上げる	詰込み中，表面が平らになるよう，たえずデストリビュータを点検する 子実と茎葉が分離偏在しないように注意 追詰めのさいNO_2ガスに気をつける 水分が低い材料（65％以下）は，ばあいによっては添加を考える
密封・貯蔵	①表面を平らにならし，ビニールシートを敷く ②その上に，水蓋をするか，おがくず，高水分材料を50*cm*ていどブローアで吹き上げる ③貯蔵中は雨水や空気の浸入に心を配る	30～40日間は開封しない スタックサイロのばあいカバーにピンホールがないことを確かめる カバーのすそに土寄せし，古タイヤ，土を重石代わりにのせる
開封（取出し）	①サイロ内にブローアあるいはサイレージカッターによって新鮮な空気を吹き込む ②トップアンローダを設置する ③取出し深度は1日7.5*cm*以上がのぞましい	NO_2ガスを排除する 開封時に発熱の有無を点検 1回当たりの必要量だけアンローダで取り出す
給与	給与の方法 (a)サイロ→給餌車→飼槽で制限採食 (b)サイロ→自動給餌機→飼槽で制限採食 (c)サイロ→自動給餌機→パドックで自由採食	乾草を3～5*kg*を併給する 育成牛・乾涸牛には制限給与する 配合飼料はＤＣＰが高めのものを給与する カルシウム，ビタミンＡが不足しないよう配慮する

第23表　牽引式（2条刈り）フォレージハーベスタのサイレージ用トウモロコシ収穫作業体系の事例
（新得畜試，1979）

機種・労働力＼作業種類		刈取り，拾上げ，細断	運搬	詰込み	均平，踏圧，サイロ蓋しめ
機種	利用組合所有の機械	牽引式フォレージハーベスタ（1台） ＜2条用ロークロップ付き＞	ダンプトレーラ（2台） ＜2 *t*＞	ブローア（1台）	
機種	個人所有機械の供出	ハーベスタ牽引用トラクタ（1台） ＜79馬力＞	トレーラ牽引用トラクタ（1台） ＜50馬力以上＞ ダンプトラック（1～2台） ＜2～3 *t*＞	ブローア用トラクタ ＜50馬力以上＞	（スタックサイロのばあい） フロントローダ，トラクタ（1台）
労働力	専任オペレーター	1人			
労働力	農家手間替出役		3～4人	1人	0～2人
労働力	利用者の家族労働力			1～2人	2～5人
作業組織		利用組合9戸，1戸1人で4～5戸が交替で出役			

作業で行なっている。ハーベスタ使用のさい留意すべきは切断長である。原料水分が65～70％のばあい，サイレージの発酵品質との関連から，全体の70％以上が1*cm*以内の長さであることがのぞましいとされている。そのためにはハーベスタの刃の調節を5～7*mm*に設定すること

第24表　未成熟サイレージの飼料価値（乾物%）
（農事試，1975）

刈取期	飼料価値		飼料成分		水分含量
	TDN	DCP	粗蛋白質	可溶性糖類	
出穂期	69.9	8.9	11.8	11.1	86.5
絹糸抽出期	69.5	6.7	9.5	19.4	83.9
乳熟期	69.6	6.1	8.9	23.5	82.2
糊熟期	69.4	4.5	7.7	23.5	74.5

注　品種は交7号

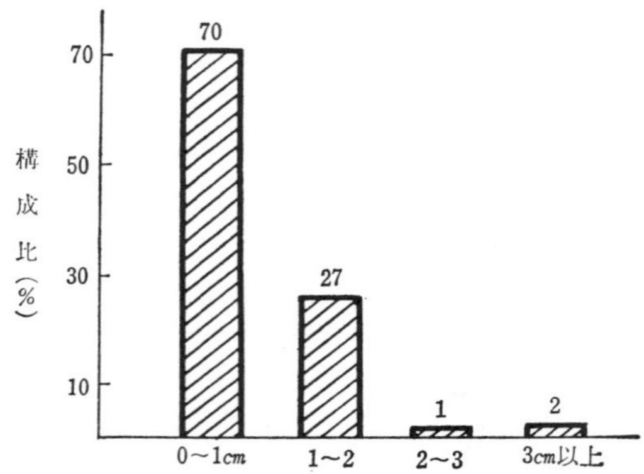

第16図　トウモロコシの切断長分布
（粗飼料生産施設研究会，1977）
フォレージハーベスタの刃の調節を5～7*mm*に設定したばあい

が必要である（第16図）。

切断長が粗いばあいには，サイレージにカビが発生し，品質が劣化するので，充分な注意を要する。

小規模経営では，手刈り→運搬→サイレージカッターで切断・吹上げの順で詰め込むことが多い。そのさい，サイレージカッターの切断長は1～2*cm* が大半であり，詰込み密度が粗くなるため，水分が低い材料を詰め込むときには踏圧を入念にしなければならない。

3. 詰込み，密封

塔型サイロでは詰め込む前に密封が保たれるかどうかを点検する（ブロックサイロでは継ぎ目から空気が侵入することがある）。原料はブローア→デストリビュータ→サイロへと詰め込

第25表　未成熟スイートコーン茎葉・工場残渣サイレージつくりの手順

過程・作業	主な技術と作業	要点
収穫	ホールクロップに準じる	乳熟期に刈り取る（水分80%）
運搬・詰込み	同上	水分が高いため，排汁ぬきをしなければならない
密封・貯蔵	同上	
給与	同上	高水分のため，取扱いがわずらわしい

注　工場残渣サイレージは，スイートコーン茎葉に準じる。水分が高いため水ぬきに留意すること

第26表　グレインサイレージ，雌穂サイレージつくりの手順

過程・作業	主な技術と作業	要点
収穫	①収穫の準備はホールクロップに準じる ②ピッカーシェラーまたはコンバインによる収穫	収穫適期は完熟期（水分40%） 子実だけ，あるいは雌穂だけ収穫
貯蔵	鉄サイロまたは簡易サイロに詰め込む	貯蔵期間中，ネズミの侵入防止のため，金網などで囲む 密封は完全に
取出し・給与	濃厚飼料の一部代替として給与する	開封後も空気にふれないように 蛋白質，ミネラル類の補給が必要

まれる。このとき，デストリビュータの角度が正しく調整されていないと，子実と茎葉が分離し，密度がかたよることがあるので注意を要する。いくつかの品種を詰め込むさいには，水分の少ない品種をサイロの下部に，水分の多い品種を上部にするとサイロ密度が高まる。追詰めは1週間以内に行なうことがのぞましい。そのとき，サイロ内には二酸化窒素ガスが発生しているので，ガスを排除してからサイロ内にはいる。

詰込みを終えたらビニールフィルムを表面に敷き，その上に水蓋を置くか，おがくずまたは高水分の原料をおよそ50*cm* ほど積み上げるかして加重する。

つぎにスタックサイロについて述べる。

運んできた原料を少しずつおろしながら積み

上げる。そのとき，できるだけ多くの人員で踏み込む。

サイロの大きさは飼養頭数にみあった間口と奥行（１日当たり20*cm*以上取り出せるような間口）にし，空気にふれる表面積を少なくするように心がける。積上げ高さは３*m*以上がのぞましい。とくに隅は密度が低くなりやすいので，入念に踏み込む。積上げを終えたらカバー用ビニールをかける。カバーには１か所も穴があってはいけない。すそに土を寄せ，空気が侵入しないようにする。子実が多い原料を詰め込むと，ネズミ，カラス，コオロギなどの有害動物によってカバー用フィルムに穴をあけられることがあるので気をつける。

重石は古タイヤ，あるいは土を肥料袋に詰め込んだものをのせるようにする。また，貯蔵中に雨水が浸入しないように，サイロの周辺に溝を掘ることも忘れないようにしたい。

4. 開 封・給 与

およそ30～40日間貯蔵したのち開封する。塔型サイロではサイロ内に炭酸ガス，二酸化窒素ガスが充満しているので，ブローアでおよそ20～30分間送風してから中にはいり，トップアンローダを水平に設置する。そのさい，アンローダつり下げ用ワイヤーがさびたり，ささくれたりしていることがあるので，事前に点検して事故がないようにする。

１日当たり取出し量は牛の飼養頭数によって異なるが，品質を変敗させることなく取り出すためには１日当たり7.5*cm*以上の深さまでが必要である。夏期にはさらに多くする。バンカーサイロ，スタックサイロでは，開封後できるだけ早く給与を終えるように心がける（第20表）。

サイレージ通年給与体系をとっているばあい，夏期には，サイロ内気温が30℃以上にもなり，サイレージの品温が上昇する。したがって，発酵品質の劣化はさけられないので，ときどきサイロ内にはいって発熱していないか，カビが生えていないかを点検する必要がある。

トウモロコシサイレージ主体給与のばあい，１日15～20*kg*のサイレージと５*kg*ほどの乾草を併給し，濃厚飼料は乳量に応じて1/3～1/5ていど給与する。そのさい，育成牛，乾涸牛には多給しないように注意する。子実の多いサイレージを多給すると，過肥を招くことが多いからである。濃厚飼料はＤＣＰが高めのものを，また，カルシウム，ビタミンＡ，Ｅが不足しないように配慮することが要点である。

Ｂ．未成熟・スイートコーン茎葉・工場残渣サイレージ

1. 未成熟サイレージ

このサイレージは最近までわが国における利用方式の主流であった。単位面積当たり生草収量を多くするため乳熟期～糊熟期に収穫する。利用の場面としてはイナわら，乾草などを主体給与する飼養形態のなかで，多汁質な飼料として位置づけられる。飼料価値は第24表のとおりであるが，水分は80％以上ある。

収穫・詰込み・密封の作業ならびに技術上の要点はホールクロップに準じる（第22表）。ただし，詰込み後，大量の排汁が出るので，排汁ぬきの対策をきちんとしなければ良質サイレージができない。

水分が高いことから，切断長はホールクロップのような細かさは要求されない。サイレージカッターの切断長１～２*cm*でも発酵品質に悪影響がない。排汁処理さえうまくいけばスタックサイロでも容易に調製でき，品質も安定している。

給与のさい注意すべき点の一つは，硝酸態窒素が多いことである。家畜が摂取した飼料のなかに0.2％以上含有すると危険であるとされ，体重600*kg*の牛では66*g*以上摂取すると要注意である。サイレージは乳熟期～糊熟期には0.1～0.3％ていど含まれている。とくに府県では，堆肥，スラリーを多投してトウモロコシを栽培することが多いので，含量が高まる傾向がある。

したがって，給与に先だって測定することがのぞましい（測定は農業改良普及所に依頼する）。また，排汁中には高濃度の硝酸塩が溶け込んでいることが多いので，家畜が摂取しないようにする。

2. スイートコーン茎葉・工場残渣サイレージ

わが国のスイートコーン作付面積は北海道・東北を中心に3,090*ha* あり，茎葉の推定生産量は７万～８万*t* と見込まれる。スイートコーンの収穫時期は乳熟期であり，雌穂をもぎ取ったあと，圃場に放置されている茎葉を利用するのがこのサイレージである。10*a* 当たり生草収量は3.5*t* ていどあり，主に畑作地帯の肉牛飼料として利用される。

収穫はフォレージハーベスタで拾い上げて行なうが，土砂が混入することもあるので注意を要する。土砂の混入はサイレージの発酵品質を劣化させ，家畜の好みを減退させる。運搬，詰込み，密封，貯蔵はホールクロップに準じる。

水分が80%以上もあるため，排汁ぬきが要点となる。スタックサイロに詰め込み，排汁を地面に浸透させると水分がやや低下し，比較的良質なサイレージが得られる。

工場残渣サイレージは，もぎ取った雌穂を工場で子実と芯・皮に分離したさいに生産される芯皮主体の残渣である。ときには子実がかなり混入することもある。乾物中のＴＤＮは70%ていどあり，良質な飼料である。10*a* 当たり生草収量は約200*kg* と推定される。

サイレージの調製は工場から運び出した原料を簡易サイロに詰め込む。密封・貯蔵はホールクロップに準じる。給与は多汁質飼料としてイナわら，マメがら，乾草などと併給する。

以上のような未成熟あるいはスイートコーン茎葉・残渣サイレージはpHが3.5ていどと低く，しかも総酸の生成量がホールクロップに比べて多く，酸臭が強いものが多い。したがって，家畜への給与は，多給しないように気をつけることが大切である。

C. グレインサイレージ，雌穂サイレージ

1. グレインサイレージ

このサイレージは高水分穀実とも呼ばれる。わが国では北海道のごく一部で試験的に利用されるていどで，ほとんどみることはできないが，アメリカやカナダでは大量に調製され乳牛，肉牛の濃厚飼料として利用される。

子実を乾燥するのに比べ，調製が省力的である。10*a* 当たり原物収量は，水分40%でおよそ700*kg* であり，ＴＤＮ収量は400*kg* 前後となる。飼料価値は乾物中ＴＤＮが89%，ＤＣＰも８%ていどあり，すぐれている。

品種は子実含有率の高い早生を選ぶことが大切で，収穫は子実の水分が30～40%の完熟期に行なう。収穫機は通常ピッカーシェラーで行なうが，わが国ではムギ類の収穫をコンバインで行なっているので，それを利用したほうが実情にあうものと思われる。コンバインの処理能力は１*ha* 当たり３～４時間である。

鉄サイロまたは簡易サイロに詰め込んで貯蔵するが，密封度の高いサイロを使わなければならない。水分が30～40%と低いため，空気の排除が不充分だとカビが発生する。簡易サイロではネズミ侵入防止のため金網で囲む必要がある。

取出し後，空気にふれるとカビが発生するので，開封したら速やかに給与を終えるようにする。サイレージの発酵品質はすぐれ，弱い芳香を呈し，家畜の好みはきわめてよい。利用は濃厚飼料を一部代替するかたちで給与されるが，蛋白質，ミネラル類の補給が必要である。

2. 雌穂サイレージ

芯皮と子実とをいっしょに切断して詰め込むサイレージで，水分が45%ていどになる。飼料価値はグレインサイレージより10%ていど低下する。収穫はコーンピッカーで行なうが，小規

模のばあいは手でもぎ取り，それをサイレージカッターで切断してサイロに詰め込むとよい。密封・貯蔵・取出しはグレインサイレージに準じる。ただし注意すべき点は，芯・皮は切断長が比較的長いために，サイロ内密度が粗くなるので密封を完全に行なうことである。発酵品質は良好であり，濃厚飼料を一部代替できる。

執筆　名久井忠（東北農業試験場）

1986年記

参考文献

安宅一夫・名久井忠・櫛引英男・阿部亮．1975．とうもろこしの NO_3-N 含量に及ぼす品種，刈取時期，部位およびサイレージ化の影響．北海道草地研究会報．10，122．

ALDRICH, S. A., W. O. SCOTT and E. R. LENG. 1975. Modern corn production. A & L publication.

COPPOCK, C. E. 1974. Displaced abomasum in dairy cattle etiological factor. J. Dairy Sci. 57, 926.

北海道農試畑作部家畜導入研究室．1979．高エネルギーとうもろこしサイレージの調製と利用に関する試験．1―122．昭和53年度北海道試験会議資料．

原慎一郎・大山嘉信．1978．サイレージの変敗防止剤の添加効果と微生物相．日畜会報．49(11)，794．

和泉康史・渡辺寛・岡本全弘・裏悦次・福井孝作・曾根章夫．1976．異なる品種のとうもろこしサイレージとチモシーサイレージの産乳価値の比較．日畜会報．47，418．

井芹靖彦・松永光弘．1982．大型サイロにおけるコーンサイレージ調製に伴う排汁の実態．北海道草地研究会報．16，111―115．

岩崎薫・名久井忠・早川政市．1978．スイートコーンの缶詰製造残渣の飼料価値．北農．44(9)，25．

MAURICE, E. 1973. Forages. The IOWA state Univ. Press.

農林水産技術会議編．1974．サイレージ研究の成果と展望．中央畜産会．

名久井忠・阿部亮・岩崎薫・早川政市．1977．とうもろこしサイレージ中の子実が牛糞中に排泄される割合．日草誌．23，84．

＿＿＿＿・1974．とうもろこしグレーンサイレージの調製と利用．畜産技術．No. 234．1．

＿＿＿＿・櫛引英男・岩崎薫・早川政市・桑畠昭吉．1983．トウモロコシホールクロップサイレージの養分収量推定式の検討．日草誌．28(4)，439．

＿＿＿＿・箭原信男・高井慎二．1984．東北地域におけるトウモロコシの収穫時期，栽植密度がサイレージの飼料価値と収量に及ぼす影響．東北農試研報．70，85．

＿＿＿＿・櫛引英男・岩崎薫・早川政市．1980．トウモロコシサイレージにおける早晩生品種の飼料価値，栄養収量の年次変動について．北農試研報．126，149．

東北農試編．1985．東北地域農業試験会議（草地・飼料作）．試験推進会議資料．

新得畜産試験場．1978．自走式フォレージハーベスターの広域集団利用とサイレージ用とうもろこしの収穫調製技術．昭和53年度北海道試験会議資料．

高野信雄．1967．コーンサイレージの品質改善と評価法に関する研究．北海道農試研究報告．70．

オオムギ
ホールクロップサイレージ

I　このサイレージの特徴とねらい

オオムギはこれまで，一部の青刈り利用を除いては種実の収穫を目的に栽培されており，種実のほとんどは乾燥，圧扁されて飼料に仕向けられ，収穫残渣である麦稈の飼料利用はごくまれであった。しかし，麦稈といわれる茎葉部にもかなりの栄養分が含まれ，家畜の好みもわるくないことから，種実と茎葉を同時に収穫して調製利用をする，いわゆるホールクロップサイレージとしての利用方式が得策と考えられ，近年になって多くの試験研究がなされた結果，実用的技術体系が一応確立されるに至った。

ホールクロップサイレージとして利用することの利点として，

①高い栄養収量が期待できる
②収穫の適期幅が広くなる
③完熟期以前に収穫できるので跡地の利用効率がよくなる
④収穫から給与利用に至る調製が省力的にできる
⑤飼料構成の適正多様化が図られる

などがあげられよう。

青刈り利用に比べても，質的飼料価値の高い種実を含んでいること，栄養収量が多いこと，水分が適度に少なく省力的な取扱いができることなど，まさる点が多い。また，他のムギ類に比べ，登熟が早い，短稈で倒伏に強い，種実含量が多い，栄養価と嗜好性が高いなど，多くの長所を備えている。

オオムギホールクロップサイレージの調製，品質，給与利用の大要は，グラスサイレージのそれらと基本的に同様であるが，茎葉の利用を主眼とする牧草のばあいと違って，オオムギのばあいは種実の効率的利用が主眼であり，茎葉は補完的副次利用であること，また，ストロー状で粗剛な稈および小粒状の種実を多量に含むことなど，調製目的と材料性状を多少異にするから，これらの特異点をよく考慮してとり組むことが大切である。

II　調製技術の基本

1. 原料の特徴

オオムギのホールクロップサイレージを調製するうえでの，主な問題点と対策を基本事項別に要約して第1表に示す。

サイレージの材料としてみたばあい，オオムギのホールクロップは，一般の牧草やトウモロコシのホールクロップと性状を著しく異にするが，でき上がったサイレージの発酵品質には大きな違いがみられない(第2表)。このことから推測されるように，オオムギのホールクロップ

第1表　オオムギホールクロップサイレージつくりの基本

調製過程	主な作業	特徴点	特徴的問題点	対策技術のポイント
収穫	刈取り 切断 運搬	穂部：全体の半分以上を占め，比重が大きく，水分が比較的少ない 茎部：ストロー状で粗剛 葉部：大半が枯凋し，きわめて軽い 収穫適期の幅が広い（糊熟期～黄熟期）	刈取り，切断後において，種実と茎葉部が分離して偏在しやすい	よく細切する 均分に切り込む 適宜に攪拌，混合を行ないながら詰め込む
貯蔵	材料送り込み 均平化，踏込み 密封加重	埋蔵材料の比重が不均一で小さい	埋蔵密度を高めることが困難 ネズミ，鳥類の食害を受けやすい	適期内に収穫する 踏圧と加重を行なう 鳥獣に食害されないサイロおよびサイロ蓋を使用する

第2表　サイレージ発酵品質の比較

サイレージ別	例数	pH	総酸	総酸中		VBN/T-N	水分
				乳酸	VFA		
			meq%	%	%	%	%
オオムギホールクロップサイレージ	5	4.4	38.0	75.0	25.0	12.3	68.1
トウモロコシホールクロップサイレージ*	26	3.8	43.5	81.2	18.8	7.8	78.2
牧草サイレージ	44	4.5	38.8	48.1	51.9	18.1	79.6

注　1.　*北海道農試畑作部（1979）
　　2.　ＶＦＡ揮発性脂肪酸，ＶＢＮ揮発性塩基態窒素，T-N全窒素

においてもサイレージの調製法，発酵経過などは，牧草やトウモロコシのばあいと基本的には同様なので，以下，特徴的な事項についてだけ触れることにした。

2. 収穫調製

①収穫の適期

オオムギをホールクロップとして給与利用するねらいからいって，茎葉も大切であるがそれ以上に，種実量が多いこと，栄養収量が多いこと，消化率および採食性がよいこと，などの条件が満たされるような生育段階に，収穫することが最善である。

第3表からうかがわれるように，熟期の進行に伴い乾物収量の増加が鈍化するなかで，穂部の内容は充実して飼料価値が高まるけれど，茎

第1図　オオムギホールクロップの収穫風景

第3表　オオムギの生育に伴う収量，部位割合，消化率の推移　（東北農試，1975）

生育段階	刈取り月日	乾物収量割合	部位割合（%，DM）				人工消化率（%）			
			茎	葉	穂	種実	茎	葉	穂	全体
乳熟期	6.11	100	38.9	21.0	40.1	30.9	69.4	92.3	78.0	73.6
糊熟期	6.19	112	30.5	17.0	52.5	46.0	62.7	89.4	81.7	76.0
完熟期	6.30	115	29.4	13.4	57.2	51.4	55.4	79.0	82.8	75.0
過熟期	7.10	115	30.2	10.8	59.0	53.8	40.5	54.9	83.8	69.7

第4表 収穫時期によるホールクロップサイレージの飼料的品質，栄養収量の差異　（東北農試，1976）

収穫時期	水分(%)	pH	VFA/T-A(%)	VBN/T-N(%)	消化率（%）		栄養価(%，DM)		栄養収量(*kg*/10*a*)	
					粗蛋白質	有機物	DCP	TDN	DCP	TDN
乳熟期	76.8	4.14	18.4	15.3	64.1	68.3	6.9	64.0	55.4±5.8	511±54
糊熟期	67.8	4.12	19.2	10.8	63.1	68.5	6.4	65.8	56.0±6.5	575±67
完熟期	53.6	5.06	26.3	6.1	57.1	64.7	5.3	62.5	47.7±2.2	565±27

注　T-A　総酸

葉部はこれと対照的に枯凋化が進んで飼料価値が低下する関係上，全体の栄養収量は複雑かつ緩やかに増減して明らかなピークを示さないため，収穫の適期を厳密に断定することはむずかしく，実際に，収穫適期の判定は研究者によって多少の違いがある。しかし，栄養収量以外の飼料的要素であるサイレージの発酵品質，栄養価，採食性などのほか，収穫調製の難易性をも考慮すれば，糊熟期から黄熟期にわたる期間を収穫適期とするのが妥当であろうし，他の研究者もほとんどがこの期間内を適期としている。

第2図　収穫跡のようす

上：フレール型ハーベスターの刈跡　落ちこぼれが多い

下：シリンダー型ハーベスターの刈跡　落ちこぼれが少ない

②収穫機

収穫適期内に最小限の収穫損失で能率よく刈り取り，短く切断できるものであれば，どのような機種でもよいわけで，ふつうはフォレージハーベスターを使用する。ただし，シングルカット式のフレール型ハーベスターは，種実の収穫損失が大きいうえに，十分な細切ができない欠点がある。後述するように，よく細切が行なわれないことは，ムギ類のホールクロップサイレージを調製するうえで，はなはだ不都合なことなので，このようなハーベスターの使用はさし控えたほうがよい。なるべくシリンダー型ハーベスターを使用するようにし，フレール型のものは，せいぜいダブルカット式にとどめるのが無難である。やむをえずシングルカット式のものを使用するばあいは，収穫した材料をエンシレージカッターのようなもので再び切断処理し，種実と茎葉との混じりをよくすることが望ましい（第5表）。

第5表　収穫機の違いによる切断長および貯蔵性　（東北農試，1977）

収穫時期	収穫機種	平均切断長(*cm*)	埋蔵密度(DM・*kg*/*m*³)	サイレージ歩留り(%)	変敗損失率(%)	外観上の品質判定
糊熟期(6月14日)	シリンダー型	2.1	122	97.5	3.6	A
	フレール型	11.2	109	99.2	5.1	B
完熟期(6月28日)	シリンダー型	2.3	190	99.5	3.7	A
	フレール型	13.3	152	97.7	28.3	C

③切　断　長

オオムギのホールクロップは水分が適度に少ないうえに，茎部がストロー状で粗剛なため，埋草の密度を高めることが牧草やトウモロコシに比べてはるかに困難である。埋草の密度が小さいことは，サイロの利用効率を下げ，サイレージの歩留り，発酵品質，飼料価値の低下を大きくし，二次発酵を招きやすくするなど多くのマイナス要因にもなり，遅い熟期ほどその影響が大きい。埋草の密度を高めるうえで，細切はきわめて有効な手段である。

切断長を5*cm*以上にすると，種実と茎葉との分離偏在が明らかに認められるようになり，そのような状態のまま埋蔵すると貯蔵中に変敗損失をおこす原因になるので，たとい早めの熟期においても3*cm*以下の切断長で収穫することが望ましい（第6表）。

④刈取りの高さ

オオムギの生育が進むにつれて種実は実質的に増加する反面，茎葉は下部から枯凋して飼料価値が低下するため，基部に近い部分ほど飼料価値が低いことを第7表に示した。このことから，たとい高めに刈り取っても栄養的減収はさほど大きくはなく，むしろ，飼料価値のより高いものが得られることによって，濃厚飼料の節減に貢献できる有利性がでてくるわけで，第8表にそのことが裏書きされている。

したがって，量的に維持飼料の確保をめざすときはなるべく低めに刈り取るが，肥育や産乳などの生産的飼料に利用しようとするとき，あるいは遅い熟期に収穫するときなどは，適宜に高刈りする機転がとられるべきであり，そのよ

第6表　切断長の違いによる貯蔵性，発酵品質，採食性　　（東北農試，1976）

収穫時期	切断処理（理論・*cm*）	埋蔵密度（DM*kg*/m^3）	乾物回収率（%）	pH	VAF/T-A（%）	VBN/T-N（%）	採食性*（DM*kg*/日）
乳熟期（6月8日）	1	142	90.1	4.14	18.4	15.3	7.3
	5	114	89.7	4.12	16.1	14.5	6.9
糊熟期（6月21日）	1	149	93.5	4.12	19.2	10.8	9.8
	5	120	91.9	4.16	20.3	10.0	9.4
完熟期（7月1日）	1	162	94.7	5.06	26.3	6.1	10.1
	5	144	92.5	5.46	52.5	5.8	8.6

注　*黒毛和種，成雌牛4頭平均

第7表　オオムギの糊熟期における部位別の飼料的品質，栄養収量　（東北農試，1977）

部位別	重量比（%，DM）	水分含量（%）	消化率（%）		栄養価（%，DM）		栄養収量割合（%）	
			粗蛋白質	有機物	DCP	TDN	DCP	TDN
2/3 上半部	77.8	62.2	69.4	75.8	8.0	72.4	94.6	87.9
1/3 下半部	22.2	74.1	23.0	37.4	1.6	35.0	5.4	12.1

第8表　刈取り高さによる収量，飼料価値の差異　　（東北農試，1975）

収穫時期	刈取りの高さ*	収量比（DM）	サイレージ水分（%）	サイレージ歩留り（%，DM）	栄養価（%，DM）			採食性**（DM*kg*/日）
					DDM	DCP	TDN	
糊熟初期（6月13日）	普通刈り	100	75.9	91.5	64.7	7.5	64.8	5.8
	高刈り	77	74.6	94.7	67.4	9.2	66.8	6.6
完熟期（7月3日）	普通刈り	100	65.5	89.0	62.3	7.4	62.4	7.3
	高刈り	82	60.4	91.6	65.6	8.6	65.7	8.9

注　*普通刈り約7*cm*，高刈り約25*cm*　　**黒毛和種，成雌牛5頭平均

DDM　可消化乾物

うな柔軟性のある対応をとれることが，ホールクロップ利用の大きな利点のひとつと考えられる。

3. 貯蔵調製

①サ　イ　ロ

オオムギホールクロップの半分ほどは種実であるから，これを貯蔵するサイロはネズミや鳥，昆虫類の食害を防げるものでなければならないが，そのほかの具備すべき条件は牧草サイレージのばあいと違いはない。なお，オオムギホールクロップサイレージを調製，給与利用する時期は気温がかなり高くて，サイレージ変敗のおきやすい時期であること，また，刈取り高さや収穫時期の加減によって飼料価値の違った飼料を調製し，利用を多目的にすることなどを考え合わせると，サイロの規模は大型少数よりも小型多数のほうが有利とも考えられる。

②詰　込　み

収穫期のオオムギは茎，葉，穂，種実それぞれが，形状，水分，比重を異にするため，収穫，運搬の過程でそれぞれが偏在するようになりやすく，とくに不十分な細切，遅い熟期での収穫において著しい。そのような状態のまま貯蔵すると，穂や種実が偏在した部分のサイレージには白カビが発生し，飼料価値を失う例が多い。それゆえ，ホールクロップの詰込みにあたっては，各部位のものがよく混じるよう，均平化に注意して詰め込むことが大切である。

③密　封，加　重

すでに述べたように，オオムギのホールクロップは埋蔵密度を高めることが比較的むずかしいうえに，植物体の呼吸も衰退しつつあるため，詰め込んで密封したあとにおけるサイロ内の嫌気度の上昇が遅延してサイレージ発酵にわるい影響が及ぼされる。そのため，気密サイロのばあいは別として，詰込み後は十分に踏圧を加えて酸素の排除を促し，速やかに密封しなければならない。そのさい，重しをのせて加重し，埋草の沈下すなわち密度の高まりを助長することが望ましい。サイロ用の水蓋は密封と加重を兼ね備えていて理想的だが，ときどき漏水を点検する必要がある。

III　調製技術の実際

1. ね　ら　い

オオムギホールクロップのばあいも，サイレージ調製の実際は，牧草サイレージあるいはトウモロコシサイレージのばあいとほぼ同じである。ただし，オオムギにかぎらずムギ類のホールクロップは，収穫，運搬の過程で種実と茎葉

第9表　オオムギホールクロップサイレージの調製と要点

調製過程	主な作業手順	技術の要点
収穫	刈取り，切断，運搬 ①大型機械化体系 フォーレージハーベスター→トレーラー→ブローア・コンベア ②小型機械人力体系 手刈り・モーア・バインダーモーア→運搬→エンシレージカッター	適期収穫（糊熟期～黄熟期） 刈取り高さ 量的飼料確保・早刈り……低めに 質的飼料確保・遅刈り……高めに 細切（理論切断長で3cm以下に） 早刈り……長めに 遅刈り……短めに 収穫損失の要因 整地不良，倒伏，刈遅れ，フレール型ハーベスター
貯蔵	材料送り込み 均平化，踏込み 密封，加重	サイロの選定　超大型を避ける 種実と茎葉部との混じりをよくする 迅速な詰込み 適宜な間仕切り 密封の早期実施 鳥獣類の食害，雨水浸入の防止策

部とが分離して偏在しやすく，また，茎は粗剛でストロー状をしていることなど，大きな特徴があってサイレージ品質を左右する要因になっているから，つねにこれらの特徴を念頭においてサイレージ調製を行なうことが肝要である。

2. サイレージ調製の要点

ホールクロップサイレージ調製の手順と技術的要点を要約すれば第9表のとおりである。

3. 収穫調製の方法

①収穫適期のとらえかた

オオムギホールクロップの収穫適期は，糊熟期から黄熟期にわたる約2週間である。地域，品種，栽培条件などによって多少の違いはあろうが，この時期にさしかかると，芒の先端から黄変し始めるので，ムギ畑は青緑色が薄れて黄色を帯び始め，しだいに黄金色を増して黄熟期となるから，時期の判定は容易である。ただし黄熟期といえども，すべてが黄変してしまうのではなく，稈の上部や節にはまだ緑色が残り，種実の内容はろう状の軟らかさであることを認識し，黄変に気を許して刈遅れしないように注意しなければならない。

②刈取り高さと細切

収穫期にはいると稈の基部は木質化が進み，下葉は枯凋して脱落する状態になるから，低く刈り取ることは飼料的意義が小さく（第7，8表)，低刈りするとしても10*cm*ていどにとどめるべきであろう。とくに，草高型の品種，施肥の不足，刈遅れ，あるいは飼料の質的確保をめざすなどのようなばあいには，20～25*cm*ていどの高刈りが適当になろう。なお，ふつうに低刈りしたときの刈取り高さは5～7*cm*である。

糊熟期におけるホールクロップの水分は約70%で，予乾する必要がないことと，よく細切しなければならないことなどから，ダイレクトカット式のシリンダー型フォレージハーベスターが適当な収穫機であると考えられる。

望ましい切断長（理論）は3*cm*以下であるが，早刈りや高刈りのばあいは長めに切断し，遅刈りや低刈り，あるいはサイレージ調製規模の小さいばあいなどには短めに切断するように配慮すれば，細切の効果をあげながら作業能率も高められよう。

4. 貯蔵調製の方法

①サイロの選定

オオムギのホールクロップサイレージを貯蔵するためのサイロを選定するうえでの基本的な考えかたはすでに述べたので，ここでは近ごろほうぼうで見うけられるようになった，大型気密サイロについて見解を述べることにする。このようなサイロをムギ類のホールクロップサイレージの調製に使用することの是非，および得失を明らかにした試験成績は見当たらない。

しかし，先に述べたように，ムギ類のホールクロップは種実と茎，葉の形状および比重が著しく違うため，それぞれが分離して偏在するようになりやすく，そのようになった状態で貯蔵されると，とくに穂や種実が偏在した部分にカビが発生して飼料的品質が低下し，大きな栄養損失を招くことは，小型サイロでもしばしば経験する現象である。大型気密サイロでは吹き上げ方式によってホールクロップを送り込み，均平作業ができないから，このような現象を助長するおそれは多分にある。

ほかに，ムギ類のホールクロップは，たといよく細切されてもかさばりが大きく，自重による沈下が遅くて小さいから，サイロの利用効率を低いものにする。さらにまた，登熟期にはいると一般に植物体の呼吸は衰退するから，サイロ内の酸素消費が弱まって，十分な嫌気度が得られないおそれも推測される。以上のことだけでも，オオムギホールクロップサイレージのばあい，大型気密サイロの使用はさし控えたほうが無難であるという理由になろう。

②間仕切りの効用

オオムギホールクロップサイレージは比較的に埋蔵密度が小さいため，サイロ開封後はサイ

第10表　オオムギ，トウモロコシのホールクロップサイレージの飼料的比較

サイレージ別	水分 (%)	飼料成分 (%, DM)					栄養価 (%, DM)	
		有機物	粗蛋白質	粗脂肪	ADF	リグニン	DCP	TDN
オオムギホールクロップサイレージ	68.1	92.1	10.1	2.9	28.7	4.6	6.4	65.8
トウモロコシホールクロップサイレージ*	78.2	93.7	9.1	2.9	35.8	5.0	4.9	64.4

注　*北海道農試畑作部（1979）

レージの深部にまで空気が侵入し，全層的な二次発酵をおこすおそれが大きい。これの予防策として，7～10日分の給与量相当を詰め込むごとにビニールを当て，簡単な間仕切りにしながら詰め込みをしておくと，たとい取出し中に二次発酵がおきても，サイロ全体にまで変敗を及ぼさずにすませることができる。とくに，細切が不十分，刈遅れ，あるいは気温10℃以上の暖かい季節に給与利用したいなどのばあいは，このような間仕切りをていねいに行なっておく必要がある。

5. 取出し，給与上の要点

①給与利用の開始時期

貯蔵を始めてからほぼ1か月でサイレージ発酵は終息し，埋蔵密度も高まって安定した状態になるので，そのころから給与利用を始めることができる。しかし，サイレージは環境温度が高いほど変敗しやすいから，なるべく気温が冷涼になるまで開始時期を遅らせるほうがよい。もしも早期から給与利用するばあいは，先に述べたようなサイレージ調製上の基本に則して貯蔵調製を行なっておかなければならない。

②飼料的特性

オオムギホールクロップサイレージの飼料成分および栄養価は，トウモロコシサイレージに似かよっている（第10表）。可消化総養分（TDN）含量が高く，可消化粗蛋白質（DCP）含量がやや低い飼料で，嗜好性もよいから，肥育用あるいは維持飼料として積極的に多給利用を図るのが合理的であろう。泌乳牛に給与するばあいは蛋白質の多い飼料の補給が必要となる。

③給与上の注意

むだのない給与　ホールクロップサイレージには多量の種実が含まれているため，夏季はカビが発生したり，鳥獣類の食害をうけたりすることがあるので，取出し後は速やかに給与し，残食のでない給与量にすることも大切である。

乾草類の併給　よく細切して調製されたサイレージは，反芻が少なく反芻胃からの移動も速いため，消化率の低下を招きやすい。その対策として，サイレージの給与前後に乾草やイナわらをわずかでも与えると効果的である。

執筆　箭原信男（東北農試）

1979年記

引用文献

Edwards, R. A, Elizabeth Donaldson and Mac Gregor. 1968. ENSILAGE OF WHOLE-CROP BARLEY, I.-Effect of variety and stage of growth. J. Sci. Fd Agric., 19.

藤井潤三．1978．大麦のホールクロップサイレージ―その調製法と発酵品質―．畜産の研究．32(9)．

飯田克実．1978．飼料用青刈ムギの秋作栽培の実用化．畜産の研究．32(8)．

倉持益三ら．1977．大麦ホールクロップサイレージの刈取時期別品質と消化率．日草誌．23（別号）．

森本宏．1968．飼料学．養賢堂．

向山新一ら．1977．水田裏作における飼料用大麦のホールクロップ栽培と普及．日草誌．23（別号）．

Mac Gregor, A. W, and R. E. Edwards. 1968. ENSILAGE OF WHOLE-CROP BARLEY, II.-Composition of barley silage at different stage of growth. J. Sci. Fd Agric., 19.

小川増弘ら．1974．乳牛飼養における大麦の貯蔵利用―青刈および未成熟・未乾燥穀実の貯蔵と飼料価値．農事試研究報告．20号．

POLAN, C. E. et al, 1968. Yields, Compositions, and Nutritive Evaluation of Barley Silages at Three Stages of Maturity for Lactating Cows. J. Dairy Sci. 51.

竹上静夫. 1953. 麦作の技術と増収法. 養賢堂.

鳶野保ら. 1976. ホールクロップ飼料の開発に関する研究. 第1報 麦類のホールクロップサイレージの品質と飼料価値. 北海道農試研究報告. 113号.

高野信雄ら. 1979. ホールクロップサイレージ調製利用技術の開発に関する研究 1.ライムギの刈取時期および収穫法別ホールクロップサイレージの特性. 草地試研究報告. 14号.

WILKINS, R. J., D. F. OSBOURN and J. C. TAYLER. 1970. The Feeding Value of Silages made from Whole-Crop Barley. J. Brit Grass Boc. 25.

飼料用オオムギの未乾燥貯蔵法

1. 未乾燥貯蔵技術のねらい

飼料用穀実類の国内生産については，その経済性および生産技術体系などから未解決な各種の要因が多く，国内生産の必要性を認められつつも実現困難な状況にある。このようななかで，なお飼料用穀実類の国内生産の可能性をもつものとして，ムギ類とくにオオムギが考えられるが，さらに可能性を引き出す方法として従来のオオムギの生産・利用方式の変革がある。これらの問題に関連して，栃木県畜産試験場が実施した「飼料用オオムギの栽培・貯蔵・利用に関する試験―未乾燥処理を中心とする―」(昭和40〜46年栃木県畜産試験場試験成績報告書）を基礎に，このうちの「飼料用オオムギの未乾燥貯蔵とその利用」について述べる。

従来のオオムギ生産は，乾燥して流通利用されてきた。したがって収穫物は高温多湿の条件下に放置するわけにはいかず，速やかに乾燥する必要があるが，これを省力的に行なうためには大型の施設を必要とする。さらに収穫時の麦粒水分が米に比較してかなり多いため乾燥費用がかさむ。なお，これらの大型施設を利用しないときは，多くの時間と労力を必要とし，しかも乾燥能力に合わせた量の収穫作業しかできないので，作業が非能率となる。そればかりか，もともと適期幅の狭いムギの収穫・乾燥・調製作業がイネの植付け・管理や，畑作物（野菜その他）の諸作業と競合し，労働ピークはいっそう激化する。

そこでこれらの経営的な競合関係を解消するため，乾燥作業を省略し，あわせてこれに要する労力，経費を節減し，処理方法の簡易化および飼料的価値の向上などを図り，畜産農家の濃厚飼料自給生産はもとより，畜産経営と結合した大規模穀作経営の展開にも対応しようとする技術が，未乾燥貯蔵である。

2. 飼料用オオムギの未乾燥貯蔵

この技術の特徴は，従来の乾燥処理に対して，すでに述べたとおり，飼料用オオムギを乾燥作業を省略して貯蔵・利用することにあるが，未乾燥貯蔵は，貯蔵時の麦粒水分によって大きく高水分貯蔵と低水分貯蔵とに分けられる。

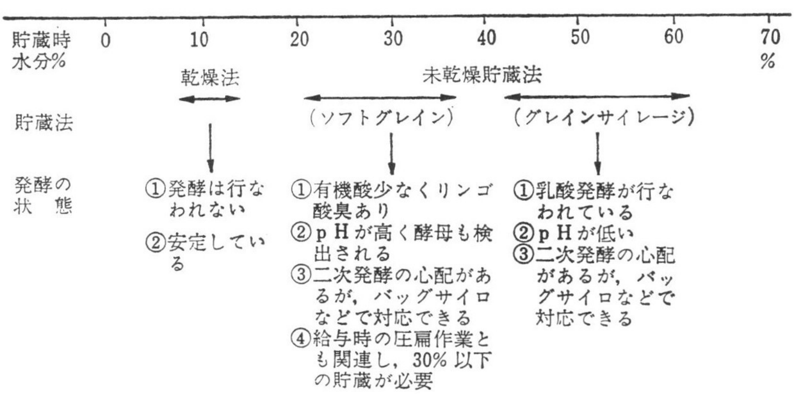

貯蔵時水分%
0
10
20
30
40
50
60
70 %
乾燥法
未乾燥貯蔵法
貯蔵法
（ソフトグレイン）
（グレインサイレージ）
発酵の状態
①発酵は行なわれない
②安定している
①有機酸少なくリンゴ酸臭あり
②pHが高く酵母も検出される
③二次発酵の心配があるが，バッグサイロなどで対応できる
④給与時の圧扁作業とも関連し，30%以下の貯蔵が必要
①乳酸発酵が行なわれている
②pHが低い
③二次発酵の心配があるが，バッグサイロなどで対応できる

第1図　穀粒の水分含有率のちがいと貯蔵法　（栃木県畜試資料）

(1) 未乾燥貯蔵の形態とその原理

穀粒の水分含有率の相違と貯蔵経過中におけるこれらの発酵状態について示せば第1図のとおりである。

①高水分貯蔵（グレインサイレージ）

高水分貯蔵（グレインサイレージ）は，40%ていど以上の高水分の麦粒を，脱穀したままの状態でサイロに詰め込み，空気を遮断して貯蔵する方法である。貯蔵作業はきわめて簡単になり，麦粒は乳酸発酵を伴うサイレージの形で貯蔵される。

しかし，この形態の不都合な点は，このようにして貯蔵したオオムギをそのまま給与するばあい，給与量の20%ていどが原形のまま糞中に排出されてしまうことである。それを防ぐには，麦粒を圧扁処理か粉砕処理しなければならないが，水分が高いので，そのままではこの加工作業が不可能となる。

②低水分貯蔵（ソフトグレイン）

低水分貯蔵（ソフトグレイン）は，穀粒水分を30%ていど以下に抑え，未乾燥の状態で密閉貯蔵を行なう方法である。このばあいはサイレージにならず，特殊な酵母の増殖による発酵が行なわれ，軽度のアルコール臭を発しながら，栄養的にほとんどロスを認めない状態の貯蔵が行なわれ，このていどの水分含有率であれば圧扁・粉砕の加工作業は容易で，しかも家畜の嗜好によく合い，消化吸収もよい。なお，水分含有率30%以下の麦粒とは，収穫時期に達し（出穂後40～45日以降），晴天つづきの2日目くらいに得られる状態である。

以上のことから，低水分未乾燥貯蔵方式の実用性が高いので，以降これについての貯蔵利用法を述べる。

(2) 貯蔵用サイロの種類と大きさ

低水分未乾燥貯蔵に使用するサイロは種々の型式のものが考えられるが，大は気密サイロ（ハーベストア）から，小は簡易なサイロまで適宜利用できる。したがって，既設のサイロの利用も可能であるが，ここでは未乾燥貯蔵にあたって新設するばあいの簡易なサイロの種類とそのつくり方を示す。

①素掘りサイロ

地下水位が低く，土層の固いところでは素掘りサイロとすることができる。第2図に示すように，適宜の大きさに穴を掘って底面，側面（表面を覆う余裕を残す）に厚手（0.35*mm*）のビニール布を張り，穀粒を詰め込んだのちに表面をビニール布で覆い，軽く重石をのせ，雨水よけの屋根を取りつける。サイロの大きさは，とくに夏期利用のばあい，開封後の取出し日数との関係で10*a*のムギが貯蔵できる1～2m^3が限度であり，あまり大きくしないほうがよい。

②ヒューム管サイロ

第3図のように，通常市販の井戸用ヒューム管（内径1.2*m*以上のもの）をつなぎ合わせてつくる半地下式または地下式サイロである。とくにつなぎ目をしっかりととめる必要がある。内側全体をその大きさに合わせたビニール袋（厚さ0.35*mm*ならば2～3年使用可能，0.1*mm*の農業用ビニール布を使って敷きつめてもよい）をつくって敷きつめ，穀粒を詰め込んだのち表面をビニール布で覆い重石をのせ，雨水よけの屋根をつける比較的簡単なものである。

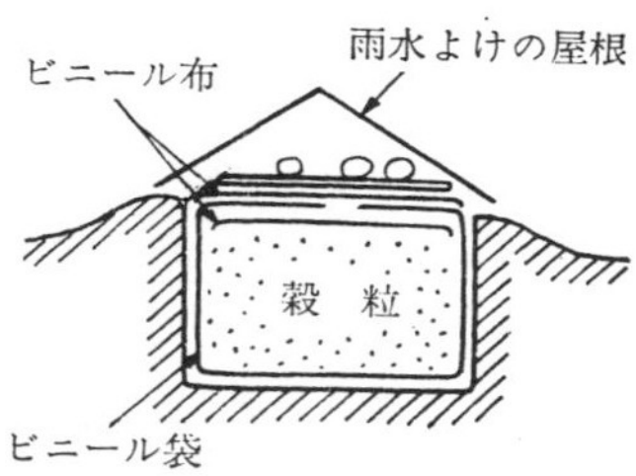

第2図 素掘りサイロ

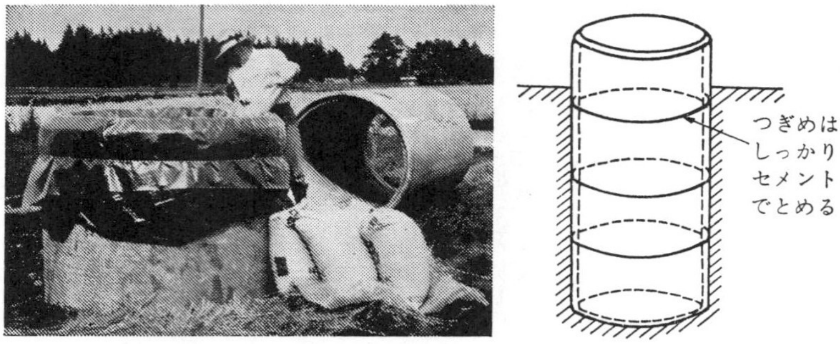

第3図 半地下式サイロへの詰込み

サイロの大きさは，ヒューム管の内径によって深さも規定されるので，たとえば内径1.2*m*，長さ1.0*m*のもの４本つなぎでは深さは4.0*m*となる。このばあい容積は4.52m^3で，未乾燥オオムギを約1,500*kg*貯蔵することができる。

第４図　簡易鉄板サイロ（単位：*m*）

③簡易鉄板サイロ

貯蔵場所の移動が可能な円筒型鉄板製の簡易サイロである。第４図は厚さ1.2*mm*の鉄板を使い，内径1.1*m*，深さ1.2*m*とし，底部と地面の間に空間を設けてある。このばあいの容積は1.14m^3で未乾燥オオムギ500〜550*kg*（10*a*分）が貯蔵できる。なお，貯蔵中の温度の変化を防ぐため，このサイロは直射日光の当たらない屋内または屋根下におく必要がある。

これらの簡易サイロは比較的小型のものであるから，貯蔵量によってその設置数をきめることになるが，概して飼養頭数規模の小さい経営に適している。

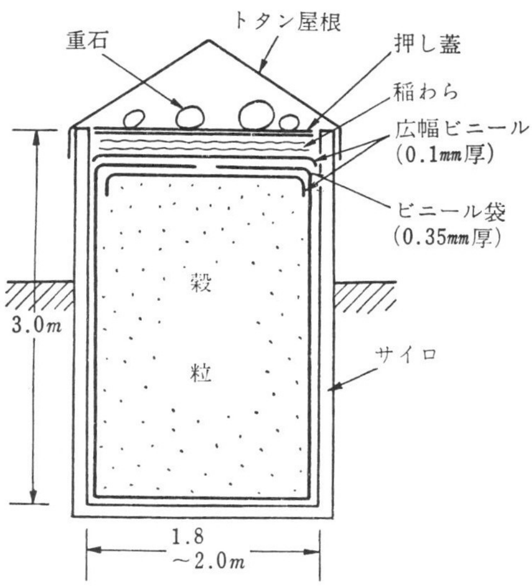

第５図　半地下式コンクリートサイロ

④コンクリートサイロ

大量貯蔵を要するさいはコンクリートサイロ，気密サイロなどを使う必要がある。

コンクリートサイロ（第５図）のばあい，内径2.0*m*，深さ3.0*m*の容積は9.42m^3となり，未乾燥オオムギで5,000〜5,500*kg*（１*ha*分）の貯蔵が可能である。

第６図　バッグサイロ（20*kg*入りポリ袋）

⑤バッグサイロ

このほか，施設によらない貯蔵法としてバッグサイロの方式がある。これは第６図に示すとおり，20*kg*入りポリエチレン袋に穀粒を詰め，高周波ミシンで密封し貯蔵するもので，屋内に積み上げておくことが可能である。

サイロ別未乾燥ムギ収容量を示せば第１表のとおりである。

(3)　低水分未乾燥貯蔵の方法

①サイロへの詰込み

地下式のサイロならば，コンバインで収穫された穀粒をトレーラーで運搬し，ビニール袋を敷いたサイロの中に直接落とし込めばよく（第７図参照)，その他のサイロもこれに準じて詰めればよい。

このばあいサイロ詰めの中途で踏圧を行なう

必要はない。とくに，発酵の均一性を保つには原則として半日ないし１日のうちに詰込みを終える必要がある。もし１日で詰込みが終わらないときは，その時点で表面をビニール布で完全に覆い（側壁にビニール布の端を押し込むようにする），翌日そのままの上にさらにオオムギを詰め込んでいけばよい。

サイロに一杯になるまで詰めたら，踏圧するが，とくにサイロの側壁部分は，空隙を生じないよう，中に押し込むようにする。次に表面を0.1*mm*厚のビニール布で完全に覆い（第７図参照），次に袋のビニール袋で覆い，さらにその上をビニール布で覆う。このように，三重覆いによって外部の空気および水分を遮断する。密封が終われば，その上に稲わらを薄く敷き，押し蓋をのせる。稲わらを敷くのは，押し蓋をするさいビニール布が破れないようにするためで，押し蓋の上に軽く重石をのせ，雨水の侵入を防ぐための屋根をかければ詰込み作業は完了である。

注意を要する点は，地下式サイロのばあい地下水位が高くサイロの地下部の壁が薄いと水が浸透してくることで，厚いビニール袋が必要となる。地下水位が低くて水の浸透するおそれがなければ，ビニール袋によらない簡易なビニール布被覆の方法が採用できる。すなわち，サイロの表層に近い部分だけを覆う表層円筒法と，全面を覆う重ね円筒法とにより代替できる。

②ビニール布被覆の方法

表層円筒法は第８図①に示すとおりで，幅２*m*，厚さ0.1*mm*の農業用ビニール布を使ってサイロ上部に円筒をつくり，これを外側に倒しておき，詰め終わったらこれを内側に倒して覆うようにする。

重ね円筒法は第８図②のように，同じビニール布を使って，サイロの内壁に沿って片側の端から向い側の端まですきまをつくらないように重ねかけ，円筒をつくり，詰め終わったら被覆する。

これらの方法は，いずれも外界からの空気を

第１表　サイロ別未乾燥ムギ収容量

種　類　別	大きさ (*m*)	容　積 (m^3)	オオムギ水分含有率25～30％のばあい積込み可能重量 (*kg*)
コンクリートサイロ	直径 2.0 深さ 3.0	9.42	5,000～5,500 （1 *ha* 分）
ヒューム管サイロ	直径 1.2 深さ 4.0	4.52	1,400～1,600
鉄板簡易サイロ	直径 1.1 深さ 1.2	1.14	500～550 （10*a* 分）
バッグサイロ	0.5×0.8		20

注　1.　単位当たりの積込み可能量は荷重のため大きいほど多くなる
　　2.　サイロの型は角型でもよい

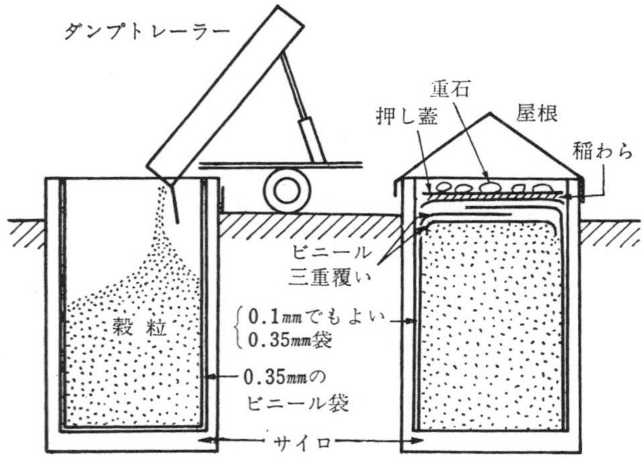

第７図　地下式コンクリートサイロへの詰込み

遮断することが目的であり，このようにするとサイロ内の酸素は穀粒の呼吸によって炭酸ガスに変化し，嫌気状態となり貯蔵が可能となる。

なお，詰込み後，被覆ビニール布がネズミ，コオロギなどに食い破られるおそれのあるばあいは，防鼠忌避剤（ラムタリン），殺虫剤（スミチオン）を散布しておくとよい。

3. 貯蔵中のサイロ内部の環境と穀粒の組成変化

詰込み材料（オオムギ）の水分含有率の高低，材料ムギの前処理（原形か圧扁状態か）などに関連した貯蔵中の変化を，バッグサイロ（ポリエチレン製），地下サイロ別に示せば次のとおりである。

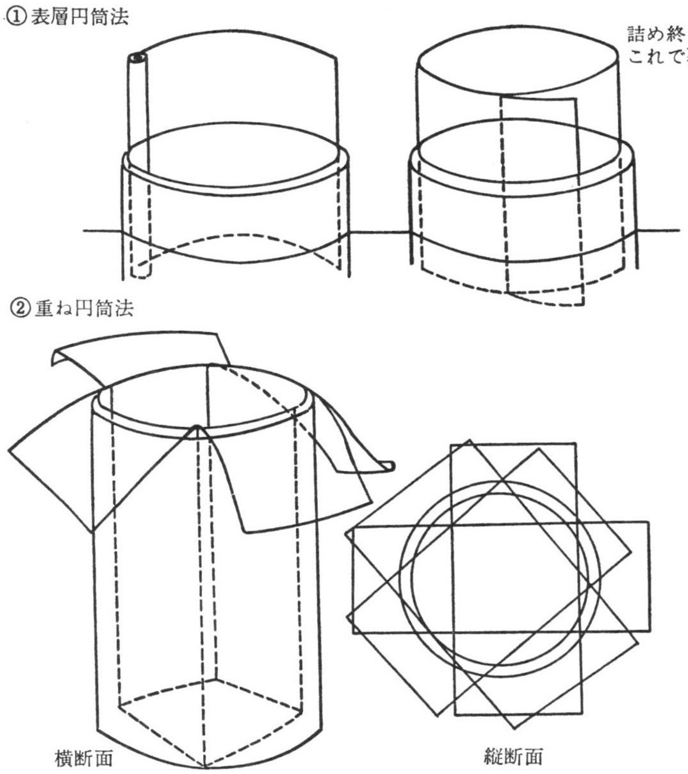

第8図　ビニール被覆の簡易法

(1) 貯蔵過程でのサイロ内部の環境変化

①ガ　ス

バッグサイロのばあい明らかなガス発生が認められる。これをガスクロマトグラフにより調査すると，詰込み後CO_2が急激に増量し，O_2は急速に消費されることがわかる。すなわち，3日ていどでCO_2とO_2の割合が逆転し，この状態がつづくことにより，好気的な発酵が抑制され，腐敗することなく保存されるものと推察される（第9図参照）。

②温　度

地下サイロ利用のばあい，詰込み当初33～34℃ていどのものが日時を経るに従って徐々に低下し，やがて地下3*m*の測定位置では17～18℃，2*m*位置では20℃前後で安定的に推移する。一方，バッグサイロは室内貯蔵を原則とするが，このばあいは室温と同じ20～23℃で推移する。このように大きな温度の変化は認められず，サイレージのばあいと大きく異なる（第10図参照）。

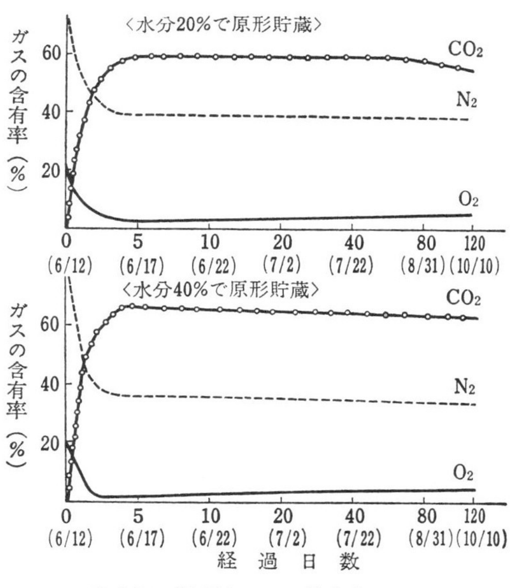

第9図　貯蔵中のガス発生状況
（栃木県畜試，1969）

(2) 未乾燥貯蔵ムギの品質と飼料成分

収穫時の麦粒水分含有率によって発酵の状況が変わり品質も大きく変化するが，その分岐点のめやすは，およそ37～38%とみてよく，これよりも高いときには乳酸発酵が，低いときには酵母による特殊な発酵が行なわれる。

第2表①のような試験区の構成による貯蔵ムギの性状の変化は次のとおりであった。

①pHと有機酸

第2表②のとおり，水分が高いばあいにpH

値は低下し，有機酸量も増加する。同一水分のばあいには，圧扁処理したときにpH値が低く，有機酸量も多い。

②貯蔵後の性状

第2表③は未乾燥貯蔵後の麦粒の官能的検査による性状を示したものである。

③飼 料 成 分

第2表④のとおり乾燥貯蔵のものと比較してとくに差異はなく，栄養的なロスはほとんど認めない。

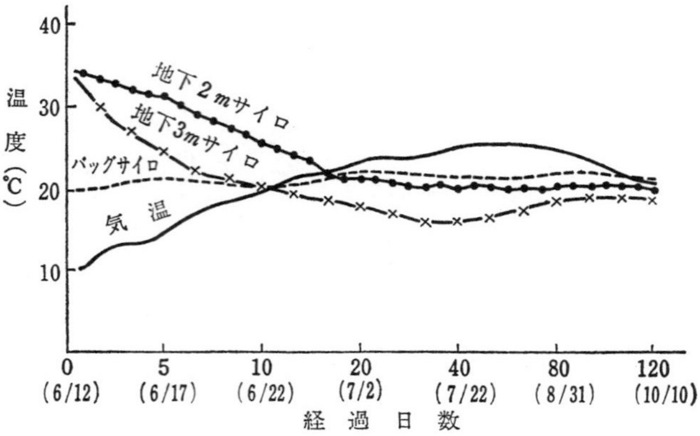

第10図 貯蔵中の温度の変化

（栃木県畜試，1969）

4. 未乾燥貯蔵オオムギ（ソフトグレイン）の利用

(1) サイロからの取出し方

第2表① 試 験 区 の 構 成

区	材料ムギの水分（目標%）	材料ムギの処理	詰込み容器	摘要
1	対照区 12	原形	—	通風乾燥機で風乾
2	20	原形	バッグサイロ	サイズ50×80cm
3	40	原形		
4	20	圧扁	バッグサイロ（ポリエチレン）	1袋当たり20kg入り
5	40	圧扁		
6	20	原形	地下式サイロ（内壁に0.35mmのビニール）	サイズ1.8×3.0m 1基当たり5t家畜に給与
7	40	圧扁		

注 1. 詰込み月日：昭和44年6月12日

2. 保存状態：バッグサイロは屋内に20～30袋を山積みにしておいたが，ガスの発生とともに一部に荷くずれが認められ，またネズミ，コオロギの被害がみられたので，ネズミにはラムタリン（防鼠忌避剤），コオロギにはBHCを散布した

貯蔵後約1か月を経過すると発酵は一応全体にゆきわたり，安定した状態で貯蔵されるので，取り出して利用することが可能となる。しかし，未乾燥の状態で貯蔵されているため，8～9月の高温時に蓋あけすると二次発酵が起こり，経時的に第3表のようなカビが発生するので，その防止に留意する必要がある。

もし8～9月に利用するばあいは，あらかじめ小型のサイロを用い，15日ていどでそのサイロを使いつくすようにするとともに，必要量を取り出したのちは表面をビニール布で完全に覆っておく。1回の取出し量は2～3日分とするが，それより多く取り出すばあいは，他の乾燥した飼料と混合しておくとよい。

10月以降に利用するばあいは，二次発酵のおそれは少なくなるので，1回の取出し量も4～日分とすることができる。そのさいも取出し後のサイロ内の麦粒の表面をビニール布で覆っておくことが望ましい。

第2表② 製品のpHと酸組成

（栃木県畜試，1969）

区	pH	有機酸（DM中の%）			
		総酸	乳酸	酢酸	酪酸
1	6.2	0.29	0.14	0.15	0
2	5.8	0.37	0.23	0.14	0
3	5.4	1.00	0.54	0.46	0
4	5.8	0.72	0.45	0.27	0
5	5.1	2.03	1.32	0.71	0
6	5.8	0.43	0.26	0.17	0
7	5.8	0.55	0.34	0.21	0

注 蓋あけは，バッグサイロ（2～5区）が詰込み後120日，地下サイロ（6～7区）が145日

(2) 調 理 法

高水分未乾燥貯蔵オオムギでも，これを原形のまま牛に給与すると，相当な量（20%以上）

第2表③　未乾燥貯蔵オオムギの官能的品質鑑定結果（栃木県畜試，1969）

区	臭	味	触　感	色
1	無　臭	無　味	さらさらしている	黄白色
2	果実臭（リンゴ）	無味，やや甘味	や や 弾 力 あ り	〃
3	や や 酸 臭 あ り	や や 甘 酸 味	湿　気　あ　り	褐黄色
4	〃	無味，やや甘味	や や 弾 力 あ り	黄白色
5	〃	や や 甘 酸 味	水　分　あ　り	暗褐色
6	〃	無味，やや甘味	や や 弾 力 あ り	黄白色
7	〃	〃	〃	〃

第2表④　未乾燥貯蔵オオムギの一般成分（栃木県畜試，1969）

区	水　分	粗蛋白質	粗 脂 肪	可溶無窒素物	粗 繊 維	粗 灰 分
1	11.2	11.5 (12.9)	2.0 (2.2)	69.8 (78.7)	3.1 (3.5)	2.4 (2.7)
2	21.4	9.9 (12.6)	1.9 (2.4)	61.5 (78.3)	2.7 (3.4)	2.6 (3.3)
3	42.3	7.4 (12.9)	1.3 (2.3)	44.8 (77.5)	2.5 (4.4)	1.7 (2.9)
4	20.9	10.4 (13.1)	1.8 (2.3)	61.5 (77.8)	3.5 (4.4)	1.9 (2.4)
5	43.6	7.1 (12.5)	1.4 (2.4)	43.9 (77.9)	2.4 (4.3)	1.6 (2.9)
6	28.2	8.8 (12.4)	1.7 (2.3)	56.0 (78.0)	3.2 (4.4)	2.1 (2.9)
7	27.4	9.5 (13.1)	1.5 (2.1)	56.6 (77.9)	3.2 (4.4)	1.8 (2.5)

注　（　）内はDM中の％

が不消化の状態で糞中に排出される。したがって低水分未乾燥貯蔵オオムギ（ソフトグレイン）の給与にあたっては，乾燥貯蔵オオムギのばあいと同様に必ず圧扁または粉砕処理をする。

この処理を行なうさいには，前述したとおり穀粒の水分が30％を越えると紙粘土状となり，完全な処理ができなくなるし，このようなものでは牛の嗜好にも合わないので，詰込み時の麦粒水分は30％以下に抑えなければならない。もし取出し後の水分がこれを上回っているときは，加工が可能なていどまで野外に広げるなどして乾燥しなければならない。

圧扁または粉砕処理は，既存の施設などを利用して，取出しのつど行なえばよい。

(3) 給与法

未乾燥貯蔵オオムギは，牛，豚，鶏などいずれもよく採食するが，とくに肉用牛の肥育に効果が高い。

未乾燥貯蔵オオムギは，乾燥オオムギに比較して水分含有率が高い点で形態は異なるが，給与についてはとくに変わるところはない。圧扁処理したものをそのまま給与してもよいし，他の飼料と混合して給与してもよいが，飼槽の中で他の飼料の上にふりかけ，攪拌して給与するのが一般的である。これは，栄養の供給とともに，他の飼料の採食を促進させる効果があるからである。

給与量は，生産量または確保した量を勘案しつつ，計画的に，未乾燥貯蔵オオムギだけで飼養するか，他の飼料と混合して飼養するかによって決め，利用すればよい。なお，未乾燥貯蔵オオムギを利用して飼養するばあいは，その重量の0.5％ていどの食塩とカルシウム剤を添加しなければならない。

肉牛肥育に好適であるとはいえ，子牛時代から濃厚飼料をこれだけに限定して飼養したり，肥育仕上げ期の牛に濃厚飼料をこれだけに限定して飼養したりするばあいは，厚脂になる牛も

第3表　8～9月取出し時の二次発酵の状態

	3～4日後	5～6日後	7日以降
カビの発生状況	3日ごろから明らかに白カビの発生をみる	白カビ，クモの巣状カビ，青カビが発生し全体がかたまりとなる	青カビとともに赤カビが発生し，色も暗い褐色に変わる
臭　気	取出し直後の果実臭からカビ臭へと変わる	明らかにカビ臭を発する	アンモニア臭を発する

注 1. 水分25～28％

2. これはサイロから取出したのち圧扁処理し，屋内のコンクリート床に広げ，放置したものである

第4表①　未乾燥貯蔵オオムギ利用による肉牛肥育　（栃木県畜試）

年次	試験区	供試頭数（頭）	飼養日数（日）	濃厚飼料所要量（kg）	開始体重（kg）	終了体重（kg）	増体量（kg）	日増体量（kg）	日食協格付			
									極上	上	中	下
昭43年（7～2月）	未乾燥ムギ区	5	210	1,205.0	458.4	603.8	145.4	0.69		4	1	
	乾燥ムギ区	5	210	1,110.0	438.6	563.0	124.4	0.59		5		
	標準区	5	210	1,287.2	388.2	529.2	141.0	0.67		5		
44（8～2月）	未乾燥ムギ区	4	196	1,348.4	473.5	589.0	115.5	0.59	3	1		
	乾燥ムギ区	4	182	1,225.2	464.0	563.6	99.6	0.55	2	1	1	
	標準区	4	196	1,175.5	340.5	463.5	123.0	0.63	3	1		
45（4～2月）	未乾燥ムギ区	5	287	1,594.0	365.2	546.4	181.2	0.63	1	3	1	
	乾燥ムギ区	5	287	1,651.8	365.2	542.6	177.4	0.62		2	3	
	標準区	5	287	1,220.5	369.8	544.4	174.6	0.61		3	2	

注　未乾燥貯蔵オオムギは，43年（開始）ドリルムギ　水分28%，44年ニューゴールデン　水分25%，45年ニューゴールデン　水分20～28%，給与量は水分14%に換算した

いるので注意を要する。また，無計画な給与により肥育仕上げ中途でなくなり，これを給与できなくなると，他の飼料の食込みが悪くなることがある。かりに1日1頭当たりで1.5*kg*を給与するなら，100日分が150*kg*となり，10*a*当たり450*kg*の収量があれば3頭分の肉牛仕上げがきわめて効率よく行なわれるようになる。

なお，注意を要する点は，水分含量が高いだけに，乾物量は乾燥オオムギに比較して24%ていど少ないことで（未乾燥貯蔵オオムギの水分を30%，乾燥オオムギの水分を13%としたばあい），その分だけ量を多くして給与しなければならない。

(4)　肉牛肥育への給与効果

ここで肉牛肥育における飼料用オオムギの効果をみるため，黒毛和種去勢牛を利用した肥育試験の結果を示そう。

試験設計は次のとおりである。

1区5頭，スタンチョン繋留飼育。飼養期間は仕上がり体重を550～600*kg*とすることを前提として昭和43年4月から翌年2月まで。

昭和43～44年次は未乾燥貯蔵オオムギを6月に詰込むとして利用が可能な7月，8月から2月まで給与し，45年次は通年給与を考え前年貯蔵のものを利用して4月から翌年2月まで給与する。

飼料の給与は粗飼料を同一水準とし，濃厚飼料は，未乾燥オオムギ（ソフトグレイン）だけ

第4表②　供試オオムギの成分

区分	水分	粗蛋白質	粗脂肪	可溶性無窒素物	粗繊維	粗灰分
	%	%	%	%	%	%
乾燥オオムギ	10.8	11.5	2.0	70.2	3.1	2.4
未乾燥オオムギ	26.2	9.4	2.0	57.4	3.1	1.9

の区，乾燥オオムギだけの区，配合飼料区の3区とする。濃厚飼料の給与量は同一水分を前提に，肥育1期は体重の1.3%，2期を1.5%，3期を1.7%とする。

以上のことから，ソフトグレインの給与は，43～44年次は肥育の2～3期に，45年次は1～3期の全期間にわたって利用される。

結果は第4表のとおりである。ソフトグレイン区は，乾燥オオムギ区，配合飼料区に比較して，まさるとも劣らない結果となっている。なお，ソフトグレインのばあい，とくに牛の嗜好にあい採食状況は良好である。

5. 導入のねらいと留意点

(1)　導入のねらいと効果

この技術は，すでに述べたとおり従来の穀物生産・利用の形態と異なり，飼料用として未乾燥貯蔵を軸に組み立てた一連のもので，栽培から給与までを同一経営もしくは一定地域内の経営間で果たそうとするものである。

これを導入するばあい次の効果が期待できる。

①生産された穀実の乾燥・調製に要する施設，労力を省略できるほか，積極的な省力多収栽培法を採用できる。

②収穫された直後の穀実を既存のサイロまたは簡易なサイロを利用するだけで容易に貯蔵できる。

③サイロ詰めして１～２か月後から利用可能となる。これを簡単な圧扁または粉砕処理で他の飼料と混合または添加給与することにより，とくに肉用牛の肥育後期の飼料採食を促進し，肉質向上に役立つ。

④オオムギの生産費は条件によって異なるが，同一条件で生産した乾燥オオムギに比べてかなり低い生産費となる。

(2) 留 意 点

ここでは，飼料用オオムギの未乾燥貯蔵を述べた。低水分貯蔵（ソフトグレイン）といっても，その水分は30％ていどであり，夏期高温時の蓋あけ・利用は二次発酵を起こしやすく，それの対策については技術的に必ずしも確立されていないので，実際の利用は10月下旬以降とすることが望ましい。また，この技術は畜産農家の濃厚飼料自給をねらいにしたものであり，広域にわたる流通飼料として考えることは問題が残されている。

豚，鶏への利用についても，他の濃厚飼料に比べて遜色ない成績も報告されているが，当面は肉牛肥育飼料を中心に考えることが無難であろう。

今後に残された問題点としては，①貯蔵技術として二次発酵を防止する方法の確立，②簡易な効率的な圧扁機の開発，③豚，鶏などを含め各種家畜に対する給与基準および給与法の確立，などがある。

執筆　高久啓二郎（栃木県農業短期大学校）

1979年記

参 考 文 献

農林水産技術会議．1974．未乾燥処理を中心とする飼料用大麦の栽培・貯蔵・利用．実用化技術レポート．13．

高野信男ら．1971．穀実サイレージとその調製法．畜産の研究．25(7)．

栃木県畜試．1966～1972．栃木県畜産試験場試験成績報告書　昭和40～46年度．

栃木県大田原普及所・宇都宮普及所．1972．肉牛の肥育経営と飼料用大麦栽培とサイロによる生貯蔵（稲転資料）．

ソルガムサイレージ

I このサイレージの特徴

1. 利点と欠点

青刈ソルガムは，多収性，多回刈り性，機械化適応性および耐倒伏性にすぐれているので，近年西南暖地においては，その栽培利用が青刈トウモロコシより増加してきている。しかし，青刈り利用では，草丈1*m*以下の若刈りは青酸中毒の危険性があり，刈り遅れると採食性が極端にわるくなるなど，刈取適期はわりと短い。また，乾草としては一部の品種を除いて利用しにくい草種である。したがって，利用法としてはサイレージが最も適していると考えられるが，青刈トウモロコシのように安定的に良質のサイレージが得られにくく，採食性も比較的低いので，これらの欠点をよく理解してサイレージ調製を行なう必要がある。

2. 飼料としての位置

西南暖地の夏作長大飼料作物として，青刈ソルガムは，青刈トウモロコシと肩をならべている。沖縄・大島諸島は，ネーピアグラスが主体である。青刈ソルガムの栽培地は主に西南暖地で，九州における栽培面積は，わが国の全栽培面積の約7割を占め，1976年約1万2,000*ha*であり，青刈トウモロコシとほぼ等しい。とくに南九州では8,000*ha*ほど栽培されている。

青刈ソルガムの栄養収量（TDN）を青刈トウモロコシとの比較でみてみると，青刈ソルガムは，西南暖地では一番草約6*t*，二番草約4*t*，合計10*t*の生草収量は見込まれる。青刈トウモロコシは，1回作のばあいは約6*t*，2回作（暖地においては可能）のばあいは5＋3＝8（*t*）は見込まれ，収量においては，青刈トウモロコシより青刈ソルガムはすぐれている。

原物中のTDNは，青刈ソルガム（乳熟期）は13%，青刈トウモロコシは15%とすれば，10*a*当たり栄養収量は青刈ソルガムは10*t*×0.13＝1.3*t*，青刈トウモロコシは8*t*×0.15＝1.2*t*となり，栄養収量からみると，青刈ソルガムは青刈トウモロコシに遜色のない自給粗飼料となる。

こころみに，成雌牛の維持飼料をソルガムサイレージだけで給与するとすれば，体重500*kg*の和牛は飼養できても，600*kg*の乳牛の維持飼料には質的にも量的にも不足するようである。これは体験上からも，計算上からもいえる。すなわち，前述の和牛の必要養分量は，給与飼料中（乾物%）DCP4%，TDN51%であり，乳牛は4%，61%である。実際，ソルガムサイレージのDCPは4.0〜5.5%，TDNは56〜57%といわれ，和牛では適当でも，乳牛には不足するようである。とくに，問題は乾物摂取量である。1日当たりの乾物必要量は，前述の家畜では，体重比1.25〜1.30%必要なのに，出穂期以降に刈り取ったソルガムサイレージの乾物摂取量は体重比1.0〜1.2%であり，乾物摂取量が不足するようである。

このように，青刈ソルガムは，土地生産性のすぐれた粗飼料であるが，家畜飼養上の面からは，若干問題があると思われる。

3. 給与上のねらい

現在，酪農部門では，青刈給与よりサイレージ給与が多くなってきているが，和牛部門では，サイレージ給与は少ないようである。また，青刈トウモロコシは，サイレージ仕向けが多いが，青刈ソルガムは，サイレージ仕向けはまだ少ない傾向である。今後，サイレージ仕向けの増加が期待されている。

夏期の梅雨，台風，旱魃などのわるい気象条件下でも，耐性が強く，機械化の容易なサイレージを調製して，濃厚飼料依存型より自給飼料主体型の経営に志向していく必要がある。最近，ソルガムサイレージを中心にした給与体系で，高品質サイレージと濃厚飼料の適正給与を行なうことによって，栄養障害や繁殖障害などの発生を防ぎ，立派な経営を確立してきている事例も多くみられる。

II 調製技術の基本

1. 青刈ソルガムの特性とサイレージ調製過程

サイレージの飼料価値は，原材料の良否とサイレージ発酵品質の両者で決まる。刈取り，詰込みにあたっては，いつ刈り取ったらよいのか。早刈りすると，水分は高くサイレージの品質は不安定になりがちであり，収量も少ない。遅刈りすると，水分は低くサイレージの品質は良好ではあるが，粗剛になり，家畜の嗜好，採食性はおちる傾向がある。そこで，刈取りの適期を判断することは大切である。

詰込み作業は現在ほとんど機械化体系が確立されてきているが，このサイロ詰めの機械作業については後述する。詰込み作業では細断，密封が重要で，細断により，乳酸発酵は促進され，詰込み量は増大し，家畜の採食性も良好になる。密封は，サイレージ調製の基本的原理なので，厳重に空気を遮断する必要がある。詰込み，密封直後は，材料は生きているため，呼吸と微生物の好気性発酵とによりサイロ内の酸素が炭酸ガスに置きかえられる。このとき気密性が保たれていないと不良発酵を起こす。気密性が保持されていると，嫌気性発酵に移り，乳酸発酵が盛んになる。貯蔵期間中，嫌気性発酵が順調に行なわれ，乳酸が増加し，同時に発酵糖分が欠乏してくるので，望ましくない腐敗菌や雑菌類は死滅し，安定期にはいり，いわゆる後熟する。このようにして，サイレージは高温期で20～30日，低温期で30～40日でき上がり，サイレージ特有の酸味と芳香をもち，家畜の嗜好に適する粗飼料となる。開封後，取出しごとに密封をしないと，カビの発生や二次発酵が起こり，サイレージの品質を低下させるので，注意する必要がある。

第1表　サイレージ調製過程と技術のポイント

過程	特性	技術のポイント
原材料	品種	サイレージ向き品種
	成分	高糖分材料
刈取り	刈取時期	適期刈取り（乳熟期）
詰込み	細断	微細切ほど採食大
	密封	空気の遮断
好気的発酵	材料の呼吸	気密性の保持
乳酸発酵前期	嫌気性菌の繁殖	〃
乳酸発酵後期	〃	〃
安定期	後熟作用	（ネズミ，コオロギ対策）
取出し	二次発酵	高温時の開封に注意

2. 刈取時期とサイレージの品質

(1) 生育段階と原材料の特性

ソルガムの品種は，きわめて多種多様で，放牧用にも利用できるグラス型の多年性のものから，乾草または青草用に適したスーダングラス型，サイレージ仕向けとしての茎の太い品種などがある。さらに，子実用としてのグレインソルガムもある。最近は，このグレインソルガムをホールクロップサイレージとして試みられているが，収量が低い，鳥害，病虫害に弱いなどの問題があり，まだ普及の段階にはいっていない。

このような多品種のなかから，それぞれの経営に合致した，いいかえると作付体系や労働力，機械装備などを考えて品種を選定しなければいけない。サイレージ用としては，各県で奨励されている品種のなかから選定するのが適当である。

茎が太い品種は晩生系が多く，１回刈りの収量は多いが，再生のわるい欠点があり，１回刈りで終了するような作付体系のばあいに向く。２回刈り利用を考えるならば，再生のよい多げつ型の品種がよいと思われる。

青刈ソルガムの生育段階ごとの一般成分などの推移を第２表に示す。水分率は，生育が進むにしたがって減少する。一般成分をみると，粗蛋白質は出穂期以降は約８％であり，可溶無窒素物は生育が進むにつれて増加し41～46％になる。粗繊維は出穂以後も32～36％含有している。乾物消化率は，生育が進むにつれて減少の傾向が認められた。乾物当たりＤＣＰ，ＴＤＮは，出穂期以降はそれぞれ4.0～4.2％，50～51％であり，そんなに高くなかった。養分含量からみた刈取適期は，出穂期以降は大きな差はみられなかった。

サイレージの乳酸発酵を促進する因子には原材料中の糖分含量（可溶性炭水化物含有量）があるが，青刈ソルガムの生育段階と糖分の関係を第３表に示す。糖分含量は一般的に，同一生育段階では，青刈ソルガムは青刈トウモロコシより低い。たとえば青刈ソルガムは，穂ばらみ期平均8.8％，糊熟期平均12.8％だが，青刈トウモロコシはそれぞれ，約13.6％，約20.9％である。乾物当たりの糖分含量が，10％以上だと，安定した良質のサイレージが得られるといわれている。これによれば，青刈ソルガムは開花期～乳熟期以降の刈取りが，良質サイレージ調製の道といえる。また，青刈ソルガムの品種間でも差があるので，糖分含量の高い品種を選択することも必要である。

土壌条件，施肥条件とサイレージ品質の関係については，これまで主に寒地型牧草で検討され，蛋白質含量の高い材料を用いたばあいに劣質のサイレージができやすいとされている。しかし，これは，多肥という条件のほかに，若刈り条件が加わると，劣質化する傾向がある。最近では，材料草の蛋白質含量が高いことは，サ

第２表　ソルガムサイレージの一般飼料成分と可消化養分量（乾物％）（九州農試．1975）

生育段階	一般飼料成分						消化率					乾物	可消化粗蛋白質	可消化養分総量	体重に対する乾物摂取割合	採食率
	水分	粗蛋白質	粗脂肪	可溶無窒素物	粗繊維	粗灰分	乾物	粗蛋白質	粗脂肪	可溶無窒素物	粗繊維					
伸長期	85.0	7.3	3.3	42.0	36.7	10.7	51	33	71	56	70	15.0	2.7	57.3	1.3	87
穂ばらみ期	83.9	11.8	3.7	38.5	32.9	13.0	59	66	75	56	69	16.1	7.5	59.0	1.2	85
出穂そろい	82.1	7.8	2.8	41.3	35.8	12.3	51	49	65	49	61	17.9	3.9	50.8	1.0	82
乳熟期	79.7	7.9	3.0	43.3	34.0	11.8	44	44	61	49	57	20.3	3.9	49.8	1.0	80
糊熟期	73.7	8.7	2.3	46.0	32.3	10.6	49	49	64	53	56	26.3	4.2	49.8	1.3	74

第３表　生育ステージと可溶性炭水化物含有量（乾物％）　（九州農試，1975）

品種・系統名	生育ステージ				
	伸長期(1)	伸長期(2)	穂ばらみ期	糊熟期	完熟期
NK 310	5.4	5.5	8.3	11.5	19.4
スイート	5.4	5.4	10.0	13.1	17.2
43 — 42	5.2	5.4	8.3	12.8	16.7
褐色在来	4.9	6.4	8.5	13.8	21.4
ホワイトデントコーン	6.7	11.0	13.4	19.1	—
ハイシュガーコーン	7.6	12.8	13.7	22.7	23.6

イレージの品質を必ずしも劣質化するとはかぎらないし，施肥（糞尿，窒素多肥）の影響も明確ではないといわれている。青刈ソルガムについても，それぞれの分野で検討されているが，必ずしも明確な成果はでていない。このことは，窒素多施用による材料草の硝酸態窒素の高含量が，サイレージの酪酸発酵（不良発酵）を抑制するという報告と関係があると思われる。

(2) 刈取時期とサイレージの品質

サイレージ調製のよい点は，単位面積当たりの養分収量の高い時期に刈り取って貯蔵できることである。したがって，いつ刈取るかを決定することは，きわめて重要である。

刈取時期とサイレージの品質の関係を第4表に示す。穂ばらみ期（8月8日），出穂期（8月17日），乳熟期（8月28日），糊熟期（9月11日）の各期にスイートソルゴーをフレール型シングルカットのフォレージハーベスターで収穫し，2 *t* 詰めのビニールスタックサイロに詰め込み，貯蔵期間は約6か月間である。

開封後のサイレージの品質をみると，刈取時期が早いほど，乳酸含量が少なく，酢酸含量が多い。フリーク評点も早刈りほど低く55～60点で，遅刈りは95点で優であった。しかし，各期とも酪酸の発生はみられない。乳熟期～糊熟期は，乳酸含量も多く，品質は良好である。この点については，乳熟期以降は水分含量が低下し，サイレージの適水分（約70％）にちかづいたことと，材料の糖分含量が高まったためと考えられる。

第4表　刈取時期別のサイレージの品質
（鹿児島畜試，1976）

	生育段階			
	穂ばらみ期	出穂期	乳熟期	糊熟期
水分	82.4	80.7	76.8	74.6
pH	4.5	4.1	3.9	3.9
乳酸(%)	0.47	0.75	1.59	1.59
酢酸(%)	0.96	0.86	0.38	0.32
酪酸(%)	0	0	0	0
フリーク評点	55	60	95	95
アンモニア（*mg*%）	36.7	28.0	13.8	16.8
NH_4-N/T-N	13.5	8.6	4.5	4.9

(3) 一番草と二番草のちがい

青刈ソルガムは，青刈り利用なら3～4回刈りも可能だが，サイレージ利用のばあいは，少なくとも出穂期以降の刈取りとなるので，2回刈りが限界である。一番草と二番草の生育日数についてみると，一番草は生育日数が長く（75～85日），二番草は短い（65～75日）。茎の硬化は生育日数に比例するといわれており，一番草の茎が硬化しやすいことがうかがえる。一般成分中の粗繊維も，一番草が二番草より多い傾向にある。これらをサイレージ調製すると，同一の生育段階では，サイレージの品質には差はないといわれている。

サイレージ発酵が環境温度に左右されることは当然考えられる。青刈ソルガムのサイレージ調製において，一番草の調製時は高温時であり，二番草の調製時は中～低温時である。このように，一番草の高温時のサイレージ調製には注意する必要がある。

3. サイロの型式とサイレージの品質

近年，プラスチックやビニールなど高分子化学工業の発展に伴いサイロの普及が進み，サイロの型式も多種多様になつた。

塔（タワー）型・気密サイロ　塔型の大型サイロは，国内では大規模経営農家で有利性を発揮するが，中規模以下の農家には，過剰投資のうらみがないでもないので，十分な検討が必要である。最近，中・小型の気密サイロ（アルミニウムや，ＦＲＰ，強化コンクリート製）が開発され利用されている。青刈ソルガムのサイレージ調製は微細切が絶対的条件であり，コーンハーベスターが主要刈取機になるが，運搬後，材料詰込み時に問題が残る。小型のブロアーなどの開発が望まれる。

トレンチサイロ，スタックサイロ　最も広範囲に普及しているトレンチサイロとスタックサイロについて検討してみたのが第5表である。詰込み材料は出穂期（8月19日）のニューソル

第５表　サイロの種類別のサイレージの品質　（鹿児島畜試，1973）

サイロ番号	サイロ型式	開封時水分(%)	pH	有機酸組成（%）				フリーク法評点		T-N mg%	NH_4-N mg%	$\frac{NH_4\text{-}N}{TN}$ ×100 (%)
				総酸	乳酸	酢酸	酪酸	評点	等級			
1	スタックサイロ（ゴム）	81	—	0.28	0.12	0.16	0	70	良	204	13.86	6.79
2	バキュームスタックサイロ（ゴム）	77	4.3	1.82	0.67	0.85	0.30	40	中	424	25.20	5.94
3	スタックサイロ（ビニール）	80	4.3	1.41	0.70	0.44	0.27	50	可	294	23.10	7.85
4	バキュームスタックサイロ(ビニール)	79	4.4	1.68	1.07	0.42	0.19	63	良	299	49.28	16.48
5	素掘りトレンチサイロ	71	3.5	2.31	1.95	0.36	0	100	優	277	15.48	5.55
6	素掘りトレンチサイロ	68	3.8	2.76	2.07	0.69	0	95	〃	218	2.52	1.15
7	トレンチサイロ（ブロック）	77	3.6	2.18	1.62	0.56	0	95	〃	280	15.82	5.65
8	トレンチサイロ（ブロック）	79	4.4	4.92	3.89	0.88	0.15	85	〃	299	25.48	8.52

ゴーで，フレール型フォレージハーベスターで刈り取り，１基の詰込み量は1.5〜2.0*t*である。被覆シートのゴムは，厚さ0.8*mm*のブチルゴムであり，ビニールは厚さ0.35*mm*の黒色フィルムである。

サイロ番号６の詰込み材料は１日予乾したものである。バキュームスタックサイロの排気作業はバキュームカー（22ＰＳ，エンジン回転数1,700・50*cm*Hg）を用いて，約20分間吸引を行なっている。ビニール素掘りトレンチサイロは，地下式に長さ４*m*×幅1.5*m*×深さ１*m*のものである。ブロック製はブロックモルタル塗で，容積は素掘りと同規模である。サイロ番号８は排汁装置付きである。

貯蔵期間は５か月である。

スタックサイロとトレンチサイロとを比較してみると，サイレージの品質はトレンチサイロが優良で，フリーク評点も85〜100である。スタックサイロは，フリーク評点は40〜70で，あまり良質ではない。腐敗はどのサイロも少なく，乾物回収率は高かった。

トレンチサイロ間では，素掘りとブロックでは，品質に差は認められていない。また，No.6の１日予乾の効果も明らかでなかった。No.7とNo.8の比較で，排汁の有無がサイレージの品質におよぼす影響について検討したが，差は認められなかった。スタックサイロ間で，被覆シートのブチルゴムとビニールとの比較では，サイレージの品質に差は認められない。ビニールシートのばあい，耐用年数が短いこととともに，ソルガムの穀実が付いた材料をサイロに詰めたあと，ネズミやコオロギなどによりシートを破られるおそれがあるので，サイロの周囲での殺鼠剤の使用やコオロギ対策を講ずるなどの注意が必要である。また，バキューム（排気）の効果は，No.4では認められ，No.2では認められず，明確でなかった。

4. 切断法をめぐる問題

一般に原材料を切断すると，サイロの詰込み量が増大し，乳酸発酵が増進し，牛の採食性が改善されることが知られている。近年，農業の機械化が著しく進展し，飼料作物の収穫調製作業もほとんど機械化されてきている。フレール型フォレージハーベスターの普及により，サイレージ調製も急速に伸展してきている。カッター刈りとハーベスター刈りとの切断法のちがいによる採食性を第６表に例示した。

ソルガムサイレージの乾物摂取量は，生育の進むにしたがって増加している。切断法別では，カッター刈りはフォレージハーベスター刈りよりも乾物摂取量，サイレージ採食率ともに高く，同一生育段階であってもカッター刈りの有利性を示している。また，カッターによる細切も，切断長が短いほど採食性は向上する。サイレージの品質も微細切ほど良質化する。しかし，細切も10*mm*以下の微細切は，家畜の消化生理上問題があるといわれている。

第６表　ソルガムサイレージの乾物摂取量と採食率　　　（九州農試，1975）

生育段階			乾物摂取量				サイレージ採食率	平均体重
			サイレージ	乾草	濃厚飼料	計		
一番草	伸長期	C	4.2*kg* (0.8)	2.8*kg* (0.5)	3.9*kg* (0.7)	10.9*kg* (2.0)	65%	545*kg*
		F	3.2 (0.6)	2.8 (0.5)	3.9 (0.7)	9.9 (1.8)	47	544
	穂ばらみ期	C	6.1 (1.1)	3.0 (0.5)	2.9 (0.5)	12.0 (2.1)	96	574
		F	4.6 (0.8)	2.9 (0.5)	2.9 (0.5)	10.4 (1.8)	71	565
	出穂ぞろい	C	6.9 (1.2)	2.9 (0.5)	2.9 (0.5)	12.7 (2.2)	87	580
		F	4.2 (0.7)	2.9 (0.5)	2.9 (0.5)	10.0 (1.7)	56	565
	乳熟期	C	7.1 (1.3)	2.9 (0.5)	2.9 (0.5)	12.9 (2.3)	83	573
		F	4.8 (0.9)	2.9 (0.5)	2.9 (0.5)	10.6 (1.9)	52	561
	糊熟期	C	7.9 (1.4)	2.8 (0.5)	2.9 (0.5)	13.6 (2.4)	78	575
		F	5.0 (0.9)	2.9 (0.5)	2.9 (0.5)	10.8 (1.9)	47	561
二番草	穂ばらみ	C	5.7 (1.0)	2.3 (0.4)	3.0 (0.5)	11.0 (1.9)	87	575
	出穂始め	C	5.9 (1.0)	2.5 (0.4)	3.0 (0.5)	11.4 (1.9)	81	579
	出穂ぞろい	C	6.3 (1.1)	2.3 (0.4)	3.0 (0.5)	11.6 (2.0)	78	577
	乳熟期	C	6.1 (1.0)	2.9 (0.5)	5.2 (0.9)	14.2 (2.4)	68	604

注　1.　（　）内は体重に対する乾物摂取割合（%）
サイレージの採食率は体重の８%給与量に対する採食割合（%）
乾草は体重の0.65%，濃厚飼料は乳量の1/3給与
2.　Ｃ：カッター刈り，Ｆ：フォレージハーベスター刈り

5. ソルガムサイレージの採食性

(1)　採食性からみた問題点

青刈ソルガムの一般成分は，青刈トウモロコシのそれと大差はないが，青刈ソルガムの乾物消化率は生育段階が進むにしたがって低下する。そのために，ソルガムサイレージのＴＤＮは，開花期以降は50～56%で，トウモロコシサイレージのＴＤＮ平均60～65%に比べて，かなり低い。これは，ソルガムの乾物消化率が低く，粗剛性のためと思われる。

この粗剛性に関して，化学成分についてみると第７表に示すとおりである。リグニン，粗珪酸，粗繊維など茎の硬化をもたらす成分が，スイートソルゴーに多く，トウモロコシに少ないことが示されている。現場から，青刈ソルガムサイレージ給与期間中に泌乳量の低下がみられたとの声をよく耳にするのも，このことが一因

第７表　生育段階と化学成分の変化　　　（九州農試，1977）

供試作物	生育段階	細胞膜壁物質	ＡＤＦ	リグニン	粗珪酸
グレインソルガム	伸長期	59.2%	28.9%	1.6%	2.1%
	穂ばらみ期	61.4	33.8	2.7	2.8
	糊熟期	73.5	26.8	2.6	3.0
	完熟期	76.0	24.9	3.2	2.7
スイートソルゴー	伸長期	59.8	35.3	1.8	2.0
	穂ばらみ期	58.8	39.3	2.5	3.6
	糊熟期	68.5	33.1	4.3	2.1
	完熟期	67.7	26.8	7.0	3.0
トウモロコシ	伸長期	54.4	27.3	1.1	1.6
	穂ばらみ期	59.1	33.4	1.5	1.3
	糊熟期	59.6	27.3	1.5	1.4
	完熟期	61.6	23.3	2.3	1.2

注　ＡＤＦ　酸性デタージェント繊維

と思われる。

家畜の飼料に対する採食性は，きわめて相対的な面がある。栄養不足状態の家畜ではけっこう採食する飼料でも，ぜいたくに飼養されている家畜は，あまり採食しないことがある。また，その家畜の飼料に対する前歴も採食性に影響を与える。そのため，それらの飼料に徐々に馴致させながら給与していかなければいけない面がある。これらの採食性に関するむずかしい面に留意しておかなければならない。

(2)　採食性を高める基本技術

青刈ソルガムは，生育が進むにしたがって茎が硬くなり，乾物消化率が低下し，採食量は減少する傾向が一般的である。これらの対策として，品種では，高糖分品種や茎の太い系統の品種を選定することも必要である。刈取時期による乾物採食性については一概にいえないが，出穂期〜乳熟期刈が，養分収量，サイレージの品質，採食性などからして適当だと思われる。また，栽培技術の面では，採食性のよい青刈トウモロコシとの混播栽培なども有効である。

切断方法などの処理加工による採食性の向上では，カッター刈りの微細切がフレール型のハーベスター刈りより採食性が向上することが明らかにされている。しかし，作業能率を考えてみると，フレール型ハーベスターによる作業は刈取り，集草，切断を同時に行なうが，カッターによる作業は，モーア刈り，集草，カッター切断の三工程が必要で，作業能率は著しく劣る。この対策として，近年普及の著しいコーンハーベスターの導入によりソルガムの利用性を高めることも効果的である。

そのほか，添加剤利用による採食性向上も，サイレージの品質向上対策とあいまって検討する価値がある。原材料の低糖性や詰込み時の高温などを配慮して，糖蜜飼料５％添加技術などは採食性向上に効果があるものと考えられる。

III　調　製　技　術　の　実　際

A.　中型トラクター体系

1.　ね　ら　い

中小規模の畜産経営農家が，生産費の節減のため農機具を，共同利用を前提に導入し，省力的農業機械の効率的利用を図ることを目的とする。この中型トラクターによるサイレージ調製作業を，モーア刈り体系（慣行区）とフォレージハーベスター刈り体系（改善区）とについて，第８表で検討した。圃場条件は20 *a* の規模（180*m*×11*m*）で平坦である。供試作物は，散播したニューソルゴーで，草丈240*cm*，出穂期（８月19日）に刈取り，生草収量は10 *a* 当たり４ *t* のものである。

2.　技術の要点と実際

(1)　刈　取　り

モーア刈りのばあい，ソルガムが一定方向に刈り倒されていくので，あとの積込み作業がしやすく，20 *a* 当たりの実作業時間は31分ていどである。倒伏したばあいは，送り刈りでは刈取り損失が高いので，向刈りにするとよい。フォレージ刈りでは，20 *a* 当たりの実作業時間は91分で，モーア刈りの約３倍の作業時間を要する。また，作業機の脱着にかなりの手間がかかる。

フォレージハーベスターで刈り取るときには，風向き，風速により刈取草の積込みロスを考慮する必要がある。

(2)　集草，積込み，運搬と積降し

慣行法は，フロントローダー（ヘイホーク）

第8表　サイレージ調製作業と技術のポイント

過　　程	主な作業と機械	技術のポイント
刈取り	トラクター（20ＰＳ）	倒伏したときは向刈り
	モーア刈り（リアマウント式，刈幅150*cm*）	
	フォレージ刈り（フレールダイレクト，刈幅100*cm*）	土砂混入を防ぐ
積込み	フロントローダーまたは人力	フォレージ刈りでは不要
運搬	フォレージワゴン（積載量1*t*）	平均的に荷台に搭載
積降し	〃	作業場は広く
サイロ	素掘りトレンチサイロ（1.5*m*×4*m*×1*m*）	カッターのばあい切断長と能率は反比例
詰込み	カッター（モーア刈りだけ，8インチ）	
被覆	人力，ビニール	完全に密封
覆土	人力（バスケット付きフロントローダー）	ネズミ，コオロギ対策
取出し	人力	取出し後の密封
給与	人力	家畜を徐々にサイレージに慣らす

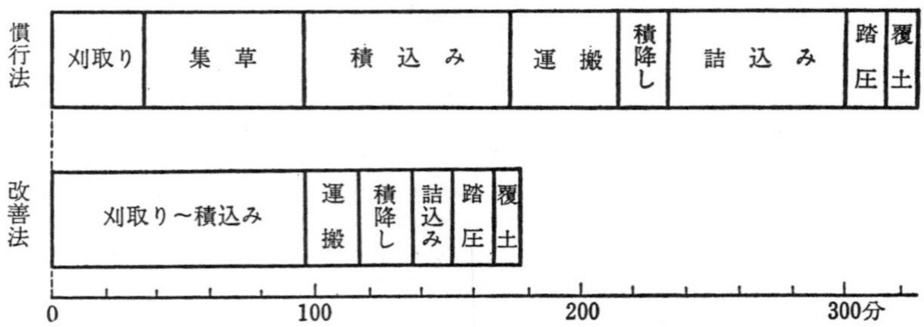

図　ソルガム詰込み作業別所要時間（鹿児島畜試，1973）

でトレーラーに積み込む方法が能率的だが，図のデータは，人力である。慣行法の集草作業は，列をつくって2*m*おきくらいに小山にするやり方で，集草を2人1組（左右に1人あて）で行なっている。慣行法の積込みは，ワゴンの両側から2人1組で積み込み，ワゴンの上乗り1人とともに作業を行なっている。改善法は，集草と積込みは刈取りと同時に行なうので，刈取時間は長いが，集草および積込みの時間は約半分である。

運搬作業については，慣行法は長切りのままなので1回の積載量が少なく，時間は改善法より長かった。積降しの実作業時間は，慣行法でも改善法でも大差なく，慣行法では作業員4人で3,040*kg* を17分要し，改善法では，ワゴンのエレベーターアタッチを用いているので，作業員1人で3,800*kg* に15分（故障時間を除く）を要している。

(3)　詰込み，取出し

慣行法の細断作業は，8インチの吹上カッターを使用し，5人ていどの作業員で3,040*kg* を詰め込むのに62分で，ベルトや排出管のはずれ，カッター刃に茎葉がからむなど7分ほどのトラブルが生じている。改善法の詰込みは，作業員4人で17分ていどである。踏圧，被覆，覆土などの仕上げは両法間に大差はない。取出しと給飼では，開封後の二次発酵を抑制するために，取出しのたびに密封を要する。

要約すると，素掘りトレンチサイロを利用して，ソルガム20*a* の詰込み全作業の所要時間は，モーア・カッター体系の慣行法は5時間29分だが，フォレージハーベスター体系の改善法は2時間54分で，前法に対して53％に省力化されている。刈取りにはカッター刈りより時間を要するが，フォレージ刈りの改善法は能率的である。

大型畜産経営のばあいは，モーア・カッター体系に代わり，コーンハーベスター体系も考えられる。この体系は，微細切が可能で，きわめて能率的に高品質のサイレージ確保が可能である。

第9表　サイロの種類別の詰込み作業時間　（鹿児島畜試，1973）

サイロ番号	サイロ型式	詰込量	容積	$1m^3$当たり重量	準備4人	積降し	積立て5人	踏圧5人	被覆5人	覆土6人	空気抜き4人	合計	1t当たり作業時間
		kg	m^3	kg	分秒	分秒	分秒	分秒	分秒	分秒	分秒	分秒	分秒
1	スタックサイロ（ゴム）	1,305	2.99	437	0.19	2.43	14.43	3.21	4.48	6.18		32.12	17.47
2	バキュームスタックサイロ（ゴム）	1,561	3.67	425	0.42	5.15	12.17	5.40	4.46	5.51	22.30	57.01	36.32
3	スタックサイロ（ビニール）	1,709	3.85	444	0.55	6.26	17.17	2.50	3.04	6.00		36.32	21.23
4	バキュームスタックサイロ（ビニール）	1,702	3.72	458	0.49	6.42	16. 7	2.45	1.45	4.13	16.58	49.19	28.59
5	素掘りトレンチサイロ	2,102	6.00	335	5.10	3.25	11. 6	4.35	1.52	6.00		32.08	15.17
6	素掘りトレンチサイロ（予乾）	1,785	6.00	298	5.55	6.03	5.49	4.26	1.07	6.08		29.28	16.30
7	トレンチサイロ（ブロック）	1,995	6.00	350	—	3.36	6.47	3.49	0.45	3.20		18.17	9.10
8	トレンチサイロ（ブロック）	2,100	6.00	350	—	5.00	10.16	8.33	0.31	5.12		29.32	14.04

B. サイロの種類別の詰込み作業

1. ねらい

スタック型とトレンチ型とについて，詰込み作業の実際を検討してみる。大きさは，スタックサイロは3.0～3.9m^3，トレンチサイロは素掘りおよびブロック製とも6m^3である。詰込み材料は，出穂期のニューソルゴーをフレール型ハーベスターで刈り取ったものを，ワゴンで運搬，積降し，サイロに詰め込む。

2. 技術の要点と実際

第9表によってサイロの種類と詰込み量をみると，m^3当たりの詰込み量は，スタックサイロのブチルゴムシートで426～437kg，ビニールシートで444～458kg，トレンチサイロの素掘り型で335kg，ブロック製で350kgであり，トレンチサイロよりスタックサイロのほうが，単位体積当たりの詰込み量は多い。このことは，トレンチサイロが小型で内壁側の踏圧が不十分であったためと思われる。

スタックサイロとトレンチサイロとで詰込み作業をみると，トレンチサイロの穴掘り作業時間を除けば，トレンチサイロが詰込みは容易で時間も短い。スタックサイロの詰込み作業時間は，詰込み量1.3～1.7tで約32～57分であり，地上に積み立てる成型作業に手間どる。第9表のサイロ番号2と4は，バキュームカーによる排気作業が含まれているので，時間が長くなっている。

トレンチサイロでは，詰込み量1.8～2.1tで，ブロック製が18～29分，素掘り製が29～32分であり，素掘り製が若干時間を要するようである。

執筆　恒吉利彦（鹿児島県畜試）

1979年記

引用文献

九州農試畑作部．1975．秋季草地飼料作ブロック会議資料．

農林水産省草地試験場．1977．第4回粗飼料利用研究会資料．

折田安行ら．1973．鹿児島県畜産試験場試験研究報告書（特別号）．

沢田耕尚ら．1976．九州農業研究．38．

沢田耕尚ら．1977．西日本畜産学会大会講演要旨．第28回．

恒吉利彦ら．1976．鹿児島県畜産試験場研究報告．9．

イタリアンライグラスサイレージ

I　このサイレージの特徴とねらい

1.　サイレージ原料草としての特徴

イタリアンライグラスは，寒地から暖地までひろく栽培されている。とくに暖地において，夏作物との組合わせによる輪作体系で，その多収性が発揮される。

イタリアンライグラスの収量は春に高く，夏から秋にかけては急激に低下する。したがって，生産量の多い春の一，二番草を貯蔵して，給与量を調節することが必要となる。

また，刈取時期や生育段階が適切であれば，サイレージ発酵に重要な可溶性炭水化物が十分に含まれ，良質のサイレージができる。

このように，イタリアンライグラスは，多収で，サイレージ発酵品質もよく，家畜の好み，栄養価も高いので，たいへんすぐれた飼料作物であり，サイレージ原料草としては，夏のトウモロコシとともに，府県における二大草種といえよう。

2.　飼料特性と給与

栽培方法，刈取時期，番草などにより，成分含量や栄養価値にかなりの変動がある。たとえば，乾物中のＴＤＮは，出穂前70％，出穂期65％，開花期60％などである。

イタリアンライグラスサイレージの飼料成分の特徴は，トウモロコシやソルガムのサイレージに比べて，蛋白質の含量が高いことである。とくに若刈りしたものや年内刈りのサイレージで顕著である。

このようなサイレージの給与にさいしては，低蛋白質の飼料，たとえばビートパルプ，イナわらなどとの併用に心がける必要がある。さらに，若刈りした材料には繊維の含量が低いので，粗繊維も十分に補給するように留意する。

3.　調製法とサイレージの種類

イタリアンライグラスのサイレージは，機械体系，圃場条件，サイロ型式，労働力，経営規模，気象条件などにより，さまざまな調製法があり，サイレージも種々の形態に区分される。

サイレージの種類を大別すると高水分サイレージと予乾サイレージとに分けられる。高水分サイレージは無予乾で，刈取り，切断後ただちにサイロに詰め込むので，天候に左右されることが少ない。フレールハーベスターで刈取り，切断を同時に行なうダイレクトカット方式は，作業行程が単純で，機械装備も比較的少なくてすむ。

予乾サイレージは，モーアで刈り倒したあと，数回の反転を行ない，原料水分を低下させてからサイロに詰め込むもので，予乾の程度により中水分サイレージ（水分70％くらい），低水分サイレージ（水分60％くらい）に分けられる。予乾を強くし，ベーラーで梱包したものを梱包サイレージといい，気密サイロに貯蔵した低水分サイレージをヘイレージと称する。

サイレージの区分については，牧草サイレージと同様だが，イタリアンライグラスは降雨量の多いところで集約的に栽培されるところから，予乾作業がなかなか困難であり，無予乾の高水分サイレージまたは軽度の予乾を行なう中水分サイレージの利用が多い。

Ⅱ 調製技術の基本

1. 原料の特性とサイレージ化過程

イタリアンライグラスは，春先の伸長が盛んであり，成分や消化率の変動も大きい。このため収量，栄養価，サイレージ発酵品質，消化率，作付体系などから最も適切な収穫時期を選ぶことが大切である。しかし，ときには不良条件の材料をサイレージ化しなければならないこともあるので，この技術も修得しておく必要がある。

イタリアンライグラスは，収穫時の水分含量が高く，82～85%にも達するが，このままでは良質サイレージは得られない。必ず排汁などの水分調節をしなければならない。

サイレージ発酵は，嫌気状態で進行するので，詰込み終了後は早期に密封し，乳酸発酵を促進する。数日たって，材料が沈下すれば追い詰めをする。

詰込み完了から開封までは，嫌気状態を完全に保つように，サイロの保守管理を徹底する。

開封後は取り出して給与を行なうが，ひとたび開封すると，サイロ内は好気的条件となり，二次発酵のおそれがあるので，再密封・取出し深さなどに注意する。

給与は，飼料計算に基づいて行なうが，イタリアンライグラスは，トウモロコシなどに比べて栄養比がせまく，蛋白過剰になりがちなので，栄養のバランスにはとくに注意したい。

2. 刈取りの適期

(1) 生育段階別にみた適期

イタリアンライグラスは，刈取時期をおそくするほど乾物収量は増加するが，半面，消化率がしだいに低下し，これに伴って採食量も減少するので，可消化乾物収量は出穂期が最高となる（第2表）。サイレージの発酵品質は，全体的に良好であるが，なかでも出穂期が最も高品質となっている。

刈りおくれると，倒伏し，下葉が腐敗し，収穫ロスが増加するとともに，再生もわるくなる。

このように収量，消化率，サイレージ発酵品質などを総合してみれば，イタリアンライグラスの収穫適期は出穂期ということになる。出穂期は，全茎数の40～50%が出穂したころをめやすとする。なお，暖地でイタリアンライグラスを早播きすれば，11～12月ころに年内刈りができるが，このばあいは，通常出穂しないので，

第1表　サイレージ調製過程と技術の要点

サイレージ化過程	作業	イタリアンライグラスの特性	生起する問題点	技術の要点
	原料の収穫	成分の変動が大きい	低糖含量，飼料価値の低下	適期収穫，予乾・添加物
嫌気化	詰込み，密封	水分含量が高い	栄養分のロス，不良発酵	水分調節，早期密封
発酵初期	追い詰め		好気的条件	作業の迅速化
安定期			ビニールの破損など	サイロの保守管理の徹底
開封	取出し		二次発酵	再密封，取出し深さ
	給与	栄養比せまい	栄養の不均衡(蛋白過剰)	低蛋白飼料との併用

第２表　イタリアンライグラスの生育段階別収量とサイレージ品質　（正岡・高野，1976）

生育段階	乾物収量	サイレージ品質 pH	サイレージ品質 フリーク評点	乾物消化率	可消化乾物採食量	可消化乾物収量
	kg/10*a*			%	*kg*/日	*kg*/10*a*
穂ばらみ期	355	3.67	80	74.3	5.37	264
出穂期	489	3.61	90	66.2	4.58	324
開花期	548	3.56	85	57.0	3.98	312
糊熟期	568	4.71	77	51.7	3.53	294

これをめやすにすることはできない。

(2)　可溶性炭水化物含量からみた適期

可溶性炭水化物（以下ＷＳＣという）は，サイレージ発酵を左右する最も重要な要因である。これが乾物中に約10％以上あれば，安定した発酵品質が期待される。生育段階別にみたＷＳＣの含量は，第１図のように，穂ばらみ～出穂期で最高を示し，その前後では低くなっており，この点でも出穂期が収穫適期といえる。

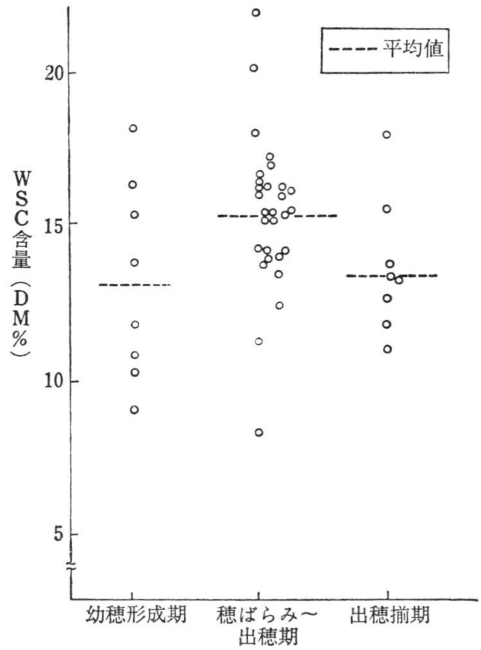

第１図　生育段階別ＷＳＣ含量（井上ら，1979）

3.　番草別の問題

(1)　番草別収量とＷＳＣ

イタリアンライグラスの番草別収量の推移は第３表のように，一番草が最大で，その後しだいに低下し，三番草ではきわめて低収となる。したがって，三番草まで利用することは，年間の多収を目標とする輪作体系では必ずしも有利でなく，二番草収穫後は，できるだけ早くトウモロコシ，ソルガムなどの夏作物を播くほうが得策である。

ＷＳＣも，第２図のように，二，三番草になるとしだいに減少するので，サイレージ品質も不安定になってくる。

(2)　番草別サイレージ品質

筆者らが，神奈川県内酪農家のサイレージ品質を調査した結果は第４表のとおりで，その発酵品質は，年内刈りと春一番草とは高品質であったが，５月中旬から６月上旬にかけて収穫した春二番草のサイレージはやや低質であった。

(3)　気温とＷＳＣ含量

ＷＳＣ含量は，気温の上昇に伴い減少する傾

第３表　生草収量，乾物率，乾物収量　（井上・香川，1978）

播種区分	品種	生草収量 (*t*/10*a*) 一番草	二番草	三番草	合計	乾物収量 (*t*/10*a*) 一番草	二番草	三番草	合計
早播	ワセアオバ	6.1	3.6	1.9	11.6	0.82	0.51	0.32	1.65
	ヒタチアオバ	5.9	3.8	3.0	12.7	0.65	0.52	0.40	1.57
晩播	ワセアオバ	3.4	3.2	1.6	8.2	0.53	0.36	0.25	1.13
	ヒタチアオバ	3.4	3.3	2.2	8.9	0.39	0.33	0.28	0.99

注　３区平均

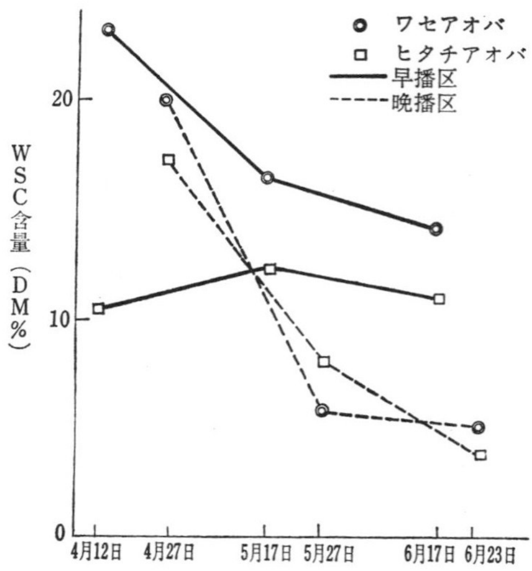

第2図　番草別WSC含量
（井上・香川，1978）

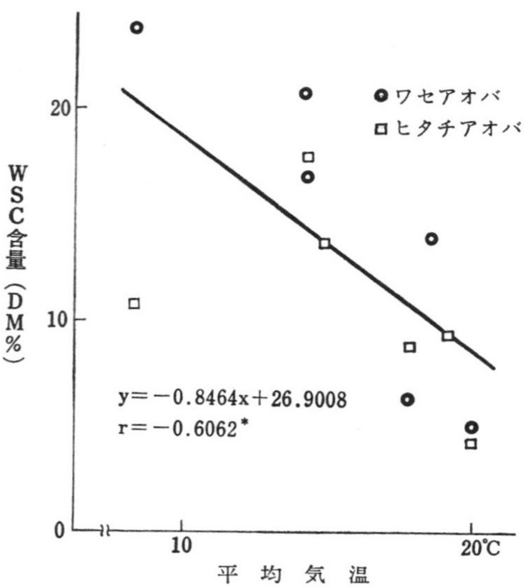

第3図　刈取り前1週間の平均気温とWSC
（井上・香川，1978）

向がある。第3図は，ワセアオばとヒタチアオバの一～三番草のWSC含量と収穫前1週間の日平均気温との関係を表わしたものである。平均気温の上昇とともに，WSCは急激に減少し，おおむね20℃になると10%を切る。

地域にもよるが，関東南部では平均気温が20℃に達するのは6月上旬ころである。このことから考えると，春一番草は問題ないが，三番草は梅雨期の寡日照も重なって，低WSCとなる。春二番草は，5月下旬～6月上旬の収穫となるので，ほぼ安全と思われるが，ときには低WSCのものもあり，第4表のような結果となったのであろう。

(4)　番草別利用範囲と調製法

以上のように，収量，作付体系，WSC含量，サイレージ品質などからみて，一番草はすぐれた原料草であるが，三番草の利用は得策とはいえない。二番草は，気温が20℃になる前に収穫すれば，WSCも高く高品質サイレージが期待できるが，ときには低WSCのものもあるので，高水分サイレージのばあいは，無添加ではやや不安が残る。したがって予乾するか，何らかの添加物を用いるかしたほうが安全である。

神奈川県の通年サイレージ農家では，二番草は一番草に比べて低収で，サイレージ品質もやや不安定で泌乳効果も劣るため，イタリアンライグラスの利用は，年内刈りと春一番草，または春一番草だけとし，そのあとすぐにトウモロ

第4表　イタリアンライグラスの番草別サイレージ品質　（井上，1978）

番草別	収穫期	サイレージ品質（原物中）						フリーク評点	分析点数
		水分	pH	総酸	酢酸	酪酸	乳酸		
年内刈り	12月上旬～下旬	78.2%	4.22	4.03%	0.59%	0%	3.43%	97.1	7
春一番	4月下旬	81.4	3.75	3.27	0.59	0	2.69	96.7	3
春二番	5月中旬～6月上旬	84.4	5.57	1.70	1.14	0.02	0.54	62.0	3

注　1.　詰込材料は，ワセアオバの穂ばらみ期～出穂期のもの
2.　数値はすべて平均値
3.　いずれも高水分無添加

第５表　牛糞施用量とイタリアンライグラスの成分変動　（神奈川畜試，1978）

牛糞施用量	乾物率（%）			硝酸態窒素（DM%）			WSC（DM%）	
	①	②	③	①	②	③	②	③
対照	18.7	14.9	17.1	0.25	0.12	0.17	16.7	14.6
10 *t*	17.0	13.7	17.6	0.24	0.29	0.22	10.8	15.6
20 *t*	16.6	12.9	14.4	0.37	0.48	0.30	10.8	8.7
40 *t*	16.5	12.6	14.5	0.57	0.66	0.40	9.4	9.7

注　1.　品種　ワセアオバ，DM：乾草
　　2.　○数字は番草。収穫月日　①１月９日，②４月12日，③５月17日

コシに切り替える方式をとる例が多くなった。

4.　施肥と原料成分

一般に，窒素の多肥は，水分，蛋白質，硝酸態窒素を増加させ，同時にWSC含量を低下させる。

第５表は，牛糞の多量施用の結果であるが，明らかに硝酸態窒素の増加，WSCの減少が示されている。このことから，たとい一番草の適期刈りであっても，窒素の多用，糞尿の多量還元などのイタリアンライグラスのばあいは，予乾あるいは添加物の使用などして，サイレージ発酵品質の向上に努めなければならない。

5.　切　断

材料の切断は，サイレージの密度を高め，初期の発酵を促進する。高水分材料のばあいは必須の条件であるが，予乾サイレージではこれを省略できるとされている。しかし，予乾サイレージといえども，サイロの有効利用，開封後の二次発酵防止などの観点から，切断はできるだけ行なうほうがよい。

切断の方法や長さは，収穫機械やサイロ構造によって異なる。高水分ダイレクトカット方式では，フレールハーベスターで収穫されることが多いのでかなり長くなるが，サイレージ発酵上は問題がない。

シリンダー型ハーベスターやリカッターブローアで切断するときわめて短く切断できるが，切断長は10*mm*くらいが適当で，これより短くすると粗繊維としての効果が低下し，低脂肪の原因になるといわれている。

6.　早期密封

(1)　早期密封の必要性

サイレージは，サイロ内を嫌気的条件に保ち，嫌気性菌である乳酸菌の増殖を促して，材料の保存性を高めるものである。サイロの密封不良のばあいは，サイロ内は好気的条件となり，好気性菌が繁殖し，蛋白質の分解や養分の損失が増加し，サイレージ品質は著しく劣化する。

したがって，サイレージ調製作業では，できるだけ空気を排除するように踏圧しながら行ない，必ず“早期”に密封することが大切である。

近年は，サイロが大型化したり，作業の都合で，１基の詰込み作業が完了するのに数日を要したりする例もあるが，この間，開放したままにすると，サイレージ品質はどんどん劣化していく。これを防ぐためには，１日ごとに仮密封しながら行なうようにする。

≪試験結果≫

サイロの早期密封の重要性を示す試験結果を紹介しよう。まず，小型の実験サイロに，イタリアンライグラス一番草の良質材料を詰め，ただちに密封した区と72時間開放したのちに密封した区とに分け，それぞれを15℃と30℃の温度で貯蔵した。

この結果，15℃貯蔵では，密封区が開放区に比べてpHが低く，乳酸の生成量が多かった。これに対し，酢酸および酪酸の生成量は開放区が明らかに多かった。さらに，窒素が分解して生ずるアンモニア態窒素は開放区がはるかに多

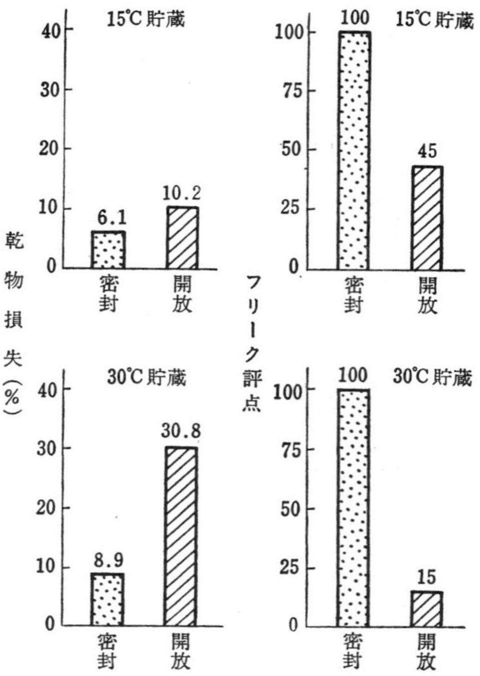

第4図 処理別サイレージの乾物損失とフリーク評点 （高野ら，1977）

かった。

30℃の高温貯蔵でも同様の傾向であったが，開放区の品質は低温貯蔵よりもいっそう劣質となり，密封のおくれによる悪影響は，高温のばあいにより顕著であった。

さらに，乾物損失率とフリーク評点は第4図に示すようであった。フリーク評点は，密封したものはいずれも100点であったが，開放区の15℃貯蔵で45点，30℃貯蔵では15点となった。

同様に，乾物損失率では30℃＞15℃，開放区＞密封区で，早期密封の効果が明らかであった。

つぎに，約2 *t* 容の塔型サイロ2基を用い，サイロの3分の1ずつ2日ごとに3回に分けて詰め込み，1基はそのつどビニール内袋で密封し，他の1基は開放したままとし最後に密封した。その結果，そのつど密封したものに比べて，開放したものは排汁が多く，発酵温度が高かった。乾物回収率は，密封区87.6%に対して開放区76.5%と，開放区が著しく低かった（第6表）。

サイレージの発酵品質は第7表のとおりで，密封区は良質であったが，開放区はpHが高く，乳酸が少なく，酪酸が多く，VBN（アンモニア態窒素）比が高いなど低品質であった。なお，サイレージの消化率，飼料価値，採食量などに

第6表 埋蔵量，排汁量，埋蔵密度，発酵温度と乾物回収率 （高野ら，1977）

区分	埋蔵量 FMkg / DMkg	排汁量 FMkg	埋蔵密度(FMkg/m³)		サイレージの発酵温度(最高値)(℃)	回収率	
			埋蔵時	取出し時		FM (%)	DM (%)
サイロ1　密封	2,005 / 286.8	222.7	671	878	22.0±0.8	85.8±5.5	87.6±1.9
サイロ2　開放	2,020 / 281.0	311.7	629	821	34.9±1.6	80.0±12.0	76.5±2.1
統計的有意差*	—	—	—	—	P＜0.01	NS	P＜0.05

注　FM：新鮮物，DM：乾物
　　* —：調査せず，NS：有意差なし

第7表 サイロの密封，開放処理とサイレージの発酵品質* （高野ら，1977）

区分	pH	水分(%)	有機酸組成(FM%)						$\frac{VBN}{T\text{-}N}\times100$ (%)	フリーク評点
			総酸	乳酸	酢酸	酪酸	吉草酸	カプロン酸		
サイロ1　密封	4.16	85.4	2.576	1.989	0.591	0.022	0.002	0.005	8.58	75　±18
サイロ2　開放	4.70	86.9	2.032	0.923	0.622	0.353	0.105	0.105	20.52	23　±35

注　＊各サイロ10サンプルの平均値

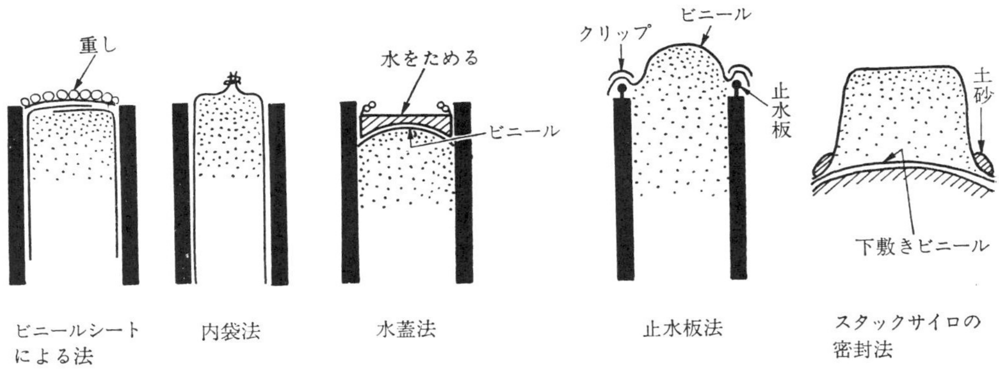

第5図　サイロの密封法

はほとんど差がなかった。

以上の試験結果からも，サイロの早期密封の重要性は明らかである。実際の作業場面では，詰込み初期の品質劣化や乾物損失は目に見えないため，つい油断しがちであるが，わずかの手抜きが大きな損失につながることを銘記すべきである。

(2)　密　封　法

サイロの密封法は，サイロの型式や構造によりいろいろである。塔型サイロのばあいは，サイロ上部のビニール被覆・内袋・水蓋・止水板の利用ながどある。ビニールスタックサイロ，スタックバッグサイロのばあいは，下敷きビニールと被覆ビニールを合わせて，土や砂で押さえる簡易な方法もある（第5図)。

7.　水 分 調 節

サイレージ発酵に最適な水分は70%以下といわれているが，刈取り直後のイタリアンライグラス原料草の水分は80～85%もある。これらの水分含量の調節法としては，①予乾，②乾燥物の混合，③排汁の促進があげられる。

(1)　予乾による水分調節

刈取り後数回の反転を行ない，目的の水分まで下げる。たとえば，水分85%の原料を70%まで下げるには，$\frac{100-85}{100-70}=0.5$ で，原料草 1*kg* が 0.5*kg* になるまで予乾すればよい。

(2)　乾燥物の混合

高水分原料に乾燥物を混ぜ合わせて全体の水分を適当なものにしようとするもので，混合する材料としては，乾燥イナわら，ビートパルプ，ふすまなどが考えられる。この方法は，乾燥物による粗繊維の補給，栄養価値の向上，栄養バランスの適正化，排汁による養分損失の防止などの効果がある。しかし，忙しい詰込み作業のなかで，乾燥物を均一に混合添加することはたいへん困難なことである。また，均一に混合されないばあいは，給与時の飼料計算が不正確になるおそれもあろう。

原料草と乾燥物の混合割合は，第6図のようにして求められる。すなわち，水分85%の原料草に水分15%の乾燥物を混合して，水分70%にしようとすれば，原料草 55*kg* に対して乾燥物 15*kg* の割合で混合すればよいことになる。

(3)　排　　汁

高水分材料をそのまま貯蔵するばあいは大量の水分が浸出するので，これを滞溜させることなく，速やかに排出しなければならない。第7

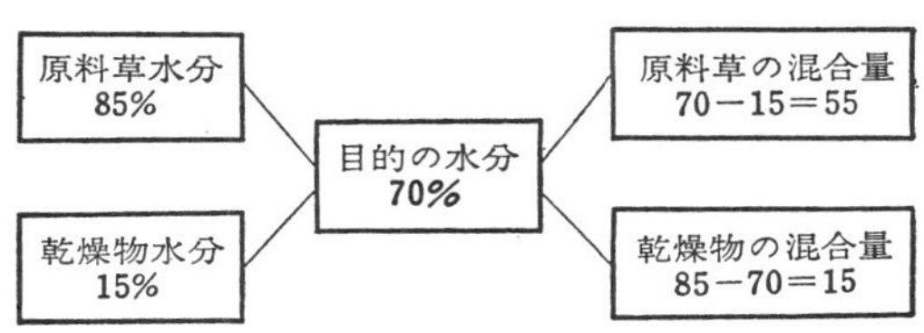

第6図　乾燥物混合割合の求め方

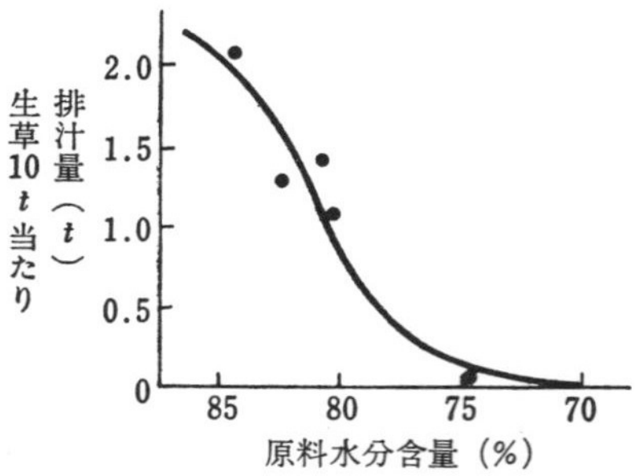

第7図　原料水分と排汁量

第8表　牧草サイレージの排汁成分
（高野・山下，1971）

区　　分	平均値	範　　囲
乾　　物(%)	5.0	2.8　～5.8
粗 灰 分(%)	1.0	0.99 ～1.05
全 窒 素(%)	0.22	0.14 ～0.26
pH	4.1	3.6　～4.1
比　　重	1.023	1.011～1.027

図のように，水分85%の材料10 *t* からは，2 *t* 以上の排汁があり，詰込み後1～10日間にその大部分が排出される。

排汁の成分は第8表のとおりで，乾物5%，窒素0.22%である。排汁による乾物損失は，原料水分が85%くらいの高さのばあいは詰込み量の6～7%に達するが，水分低下とともにしだいに少なくなる。

10 *t* の原料から2 *t* の排汁があると，20%も損をしたように思いがちであるが，乾物あるいは養分の損失は意外に少ないといえよう。

排汁の方法は，サイロ底部に排汁口を設け，ここからサイロ外へ自然に流出させるのが最も簡単である。地下式サイロのばあいは，いったん貯溜槽へためてからバキュームカーまたはポンプで吸いあげる。

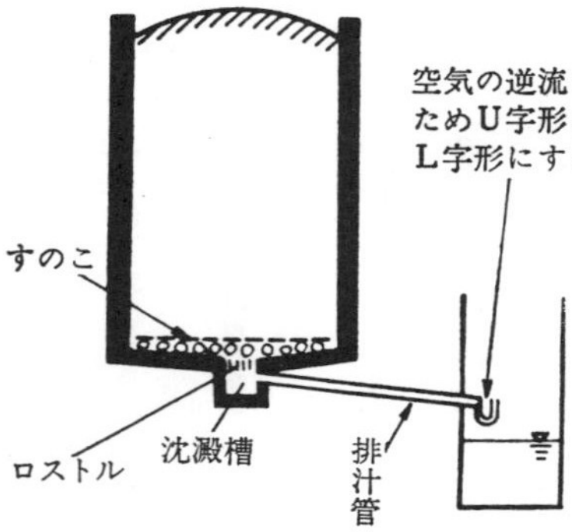

第8図　排汁装置の構造

排汁装置は，排汁をスムーズにするため，サイロ底部に沈澱槽を設け，そこから排汁管を伸ばす。排汁管の先端は，空気の逆流を防ぐため，U字型またはL字型にする。サイロの底はタル木，板などですのこをつくり，沈澱槽には金網かロストルをつけて，サイレージによる目詰まりや排汁管のつまりを防ぐ（第8図）。

8.　添　加　物

良質原料草のばあいは，無添加で高品質サイレージができる。しかし，早刈り，刈りおくれ，窒素多肥，雨にぬれたものなどは，良質原料とはいえず，発酵品質も低くなりがちである。このようなばあいには，適当な添加物を用いることになる。添加物の種類や効果，使い方などについては別項で述べられるので省略するが，添加物の使用は，手間がかかるとともにコスト高にもつながるので，添加物を必要としないようなサイレージつくりを基本にすべきである。

第9表　イタリアンライグラスサイレージの貯蔵期間と発酵品質　（正岡・高野，1977）

貯蔵日数(日)	pH	有機酸(FM%)				VBN(FM%)	フリーク評点
		総　酸	乳　酸	酢　酸	酪　酸		
1	3.94	1.52	1.20	0.32	0	0.020	95
4	4.26	1.53	1.23	0.32	0	0.013	95
14	3.94	2.01	1.66	0.35	0	0.036	95
90	4.15	2.22	1.37	0.85	0	0.031	80

9. 開　封

サイレージ発酵は，一般的には，20～30日で完了し安定状態になるといわれており，通常はそれ以後に開封することになる。

しかし，正岡らの報告によれば，イタリアンライグラスの良質原料草のばあいは，貯蔵後4日目で，pH が4.2ちかくまで下がり，乳酸も増加して，十分な発酵がすすんでおり，貯蔵14日と90日のサイレージを比較すると，乾物摂取量，栄養価の点から，むしろ短期貯蔵のほうがすぐれているとしている（第9表）。

神奈川県の事例でも，貯蔵7日くらいで開封した例も多いが，すでに良質なサイレージ発酵がすすんでおり，取出し・給与上なんら支障が生じていない。これらのことから，イタリアンライグラスサイレージのばあいは，貯蔵後1週間くらいで開封してもさしつかえないといえる。

10. 二 次 発 酵

サイロが開封されると，サイロ内は好気的条件になる。この状態が長くつづくと酵母，カビなどが増殖して発熱し，いわゆる二次発酵がおこり，ひいては腐敗につながる。

二次発酵の機序はまだ十分に解明されていないが，温度，水分，密度，pH，残存糖量，微生物相などが複雑に関与しているものと考えられている。

二次発酵の防止法も明確になっていないが，取出しのつど空気を遮断する（再密封）ことや，サイレージの取出し速度をはやめるなどが実際的な方法として考えられる。そのほか，サイレージの取出し量とサイロの大きさ，表面積の小さなサイロ構造などについても工夫する必要がある。最近は，二次発酵防止剤も検討されているが，その効果はまだ確定していない。

11. サイロの型式

サイロは，密封と排汁ができれば，どのような型式でもよいわけだが，イタリアンライグラスの高水分サイレージのばあいは，地上式または地下式の塔型サイロが排汁の点から最も安全である。バンカーサイロやバッグサイロは，排汁がやや困難である。予乾サイレージは，開放後に空気が侵入しやすいため，できるだけ表面積の小さいサイロがのぞましい。

Ⅲ　目的別，型式別サイレージ調製の実際

A. 高水分サイレージ

1. ね ら い

刈取り，切断・運搬・貯蔵と作業行程が単純で，機械装備も少なくてすみ，省力的かつ能率的である。予乾サイレージのように反転作業が不要のため，天候に左右されることも少ない。府県のように降雨が多く，しかも，夏作との輪作体系をとる地域では適した体系といえる。

高水分サイレージはまた，開封後の空気の侵入が少ないため，低水分サイレージに比べて二次発酵が少ない。さらに，低水分サイレージに比べて泌乳効果も高いといわれている。

2. 技術の要点と実際

①刈取り，切断

最近は，フレールハーベスターで，刈取り，切断，運搬車への積込みを一行程で行なう方式が多いが，小規模経営のばあいは，モーア刈り・集草・マウントカッター切断，積込みの体系もある。前者の体系では，ハーベスターの刃で土

砂を吹き上げることがあるので注意を要する。これを防ぐためには，イタリアンライグラスの播種時に整地を平らにていねいに行ない，播種後は鎮圧することが必要である。

②詰込み，追い詰め

詰込みは迅速かつていねいに行なう。1基のサイロは，1日以内に詰め終えるよう心がけたい。このためには，収穫作業の機械化と共同作業をすすめることが大切である。また，サイロの底部からていねいに踏圧し，空気を排除しながら詰め込むとよい。

1基のサイロを完成するのに2日間以上かかるばあいは，1日の作業が終わるつど，必ず密封しながら行なうようにする。

詰込み後数日経過すると，材料が沈下するので，1～2回の追い詰めをする。追い詰めのために開封するとサイレージは空気にさらされることになるので，追い詰めは手早く行ない再び密封する。

③排　　汁

排汁は，詰込み直後から1か月もつづくが，1～4日の間に大量排出される。排汁口の目詰まりなどに注意し，また，空気が排汁管からサイロ内に逆流しないようにする。

④貯蔵中の保守管理

サイロは，開封されるまで，完全な嫌気状態に保たれなければならない。このため，被覆のビニールがネズミや害虫あるいは子どもたちに破られていないか，クリップがはずれてはいないか，雨水が侵入していないか，などについて常時心を配り，定期的に点検するとよい。これを怠ると，サレイージ全体をだめにするなど大きな損害につながる。

3.　取出し，給与上の注意

取出し方式は，人力だけで行なうばあいと，サイロアンローダー，コンベーア，ホイスト，サイレージナイフなどを使用するばあいとがある。

サイロアンローダーは，スチールまたはFRP製の塔型サイロで利用される。ただし，ボトムアンローダーは，高水分サイレージでは使用できない。

あまり大規模でないコンクリート塔型サイロでは，人力で上部から投げ下ろすやり方や（地上式サイロ），電動ホイストで吊り上げる方式（地下式サイロ）が多く行なわれている。

1日の取出し量は，1頭当たり給与量と頭数とによって決まるが，二次発酵を防止するうえから，1日の取出し深さを15～20*cm*としたい。

サイロ1基の利用日数は，季節や型式にもよるが，夏季は20日間くらいが限度である。

なお，1日2回給与のばあいに，2回分を一度に取り出すと，1回分が約半日間牛舎内に放置されることになり，発熱することがあるので，給与のつど取り出すほうが安全である。

サイレージは，良質のものを調製することが大前提であるが，ときには，部分的に劣質サイレージができることもないとはいえない。きわめて劣質で腐敗したようなときには，これを家畜に給与できない。しかし，かなり劣質であっても，給与量を減らして，良質乾草などと併給すれば，給与してもさしつかえない。

B．予乾サイレージ

1.　ね　ら　い

予乾することによって，重量が軽減し運搬などの取扱いが楽になり，梱包サイレージにすれば流通化も容易になる。また，低糖含量の材料や，早刈り，刈りおくれなどの条件のわるい材料でも，予乾することによって，不良発酵を抑え，発酵品質を向上させる。

サイロに詰め込まれる乾物量は，高水分サイレージより多くなり，サイロの利用性が高まる。サイレージを家畜に飽食させたばあいの乾物摂取量は，予乾サイレージのほうが高水分サイレージよりも多く，増体効果が高い。

しかし，天候に左右され，作業行程が多く，多労であり，機械も多く要求するなどの欠点がある。

2. 技術の要点と実際

①刈取り，予乾

刈取りは，晴天がつづくのを見はからって早朝に行ない，数回の反転をして乾燥を促進する。予乾を容易にするため，原料草を圧砕することもある。天候，気温，風の有無などにもよるが，朝刈れば夕方には水分60〜65%まで乾燥される。

予乾中に降雨にあうと養分の損失が大きくなるとともに，サイレージ品質も劣化する。

②切　　断

予乾材料のばあいは，切断しなくても良質発酵が得られるといわれるが，サイレージ密度の向上，取出しやすさ，二次発酵の防止などの点から，できるだけ切断するように努める。切断法は，機械体系によって異なるが，シリンダー型ハーベスターまたはカッターによって微細断することがのぞましい。

気密サイロのばあいは，アンローダーで取り出すので，これを円滑にするために微切断は必須の条件で，リカッターブローアが使用されることが多い。

③詰込み，追い詰め

通常の切断または無切断材料の詰込み要領は高水分サイレージと異なるところはないが，サイロ内の空気の残存が少なくなるよう注意する。梱包サイレージのばあいは，梱包と梱包の間や梱包とサイロ壁の間にすきまができやすいので，ここへは梱包をほぐした材料を詰めて，すきまをなくすようにする。

④排　　汁

水分70%以下に予乾すれば，排汁がないので気にしなくてよい。むしろ，排汁口からの空気の逆流に注意する。

3. 取出し，給与上の注意

高水分サイレージと同様であるが，開封すると空気がサイレージ内部まで侵入しやすいので，二次発酵にはとくに注意し，腐敗したものやカビが発生したものの給与には注意する。

執筆　井上　登（神奈川県畜試）

1979年記

引用文献

井上登・香川義男．1978．イタリアンライブラスの収量と成分組成．関東草地飼料作物研究会誌．第2巻第2号，1—4.

井上登・中岡道明．1979．イタリアンライグラス1・2番草の収量と糖分含量．関東草地飼料作物研究会誌．第3巻第1号，29—32.

井上登．1978．関東地方のサイレージ用作物の栽培と調製．サイロとサイレージ．デーリイジャパン社．147—166.

神奈川県畜産試験場飼料科．1979．家畜ふん尿多量連続施用試験．昭和53年度飼料作関係試験成績書．25.

正岡淑邦・高野信雄．1977．短期貯蔵サイレージの発酵品質と飼料価値．草地試験場研究報告．第10号，80—85.

須藤浩．1971．サイレージと乾草．養賢堂．1—216.

高野信雄・井上登・正岡淑邦・万田富治．1977．牧草サイレージの高品質化の要因解析に関する研究．Ⅲ．埋蔵時のサイロ開放時間とサイレージ品質．草地試験場研究報告．第11号，98—105.

高野信雄・山下良弘．1971．高水分牧草サイレージとその調製法．畜産の研究．25，1—6.

暖地型牧草サイレージ

I　暖地型牧草サイレージの特徴

1.　暖地型牧草のねらい

これまで“エサ”として永年牧草か飼料作物によっていたが，いずれも季節的な変動が大きく，とくに永年牧草は夏から初秋にかけて端境期をつくりやすい。とくに夏枯れは，飼料生産や給与の面からみても，多頭化の傾向にある現状では大きな問題点になっている。年間の飼料平衡を高めるためにも，この粗飼料の不足をまねきやすい時期にとれる暖地型牧草が飼料対策の重要な課題といえる。

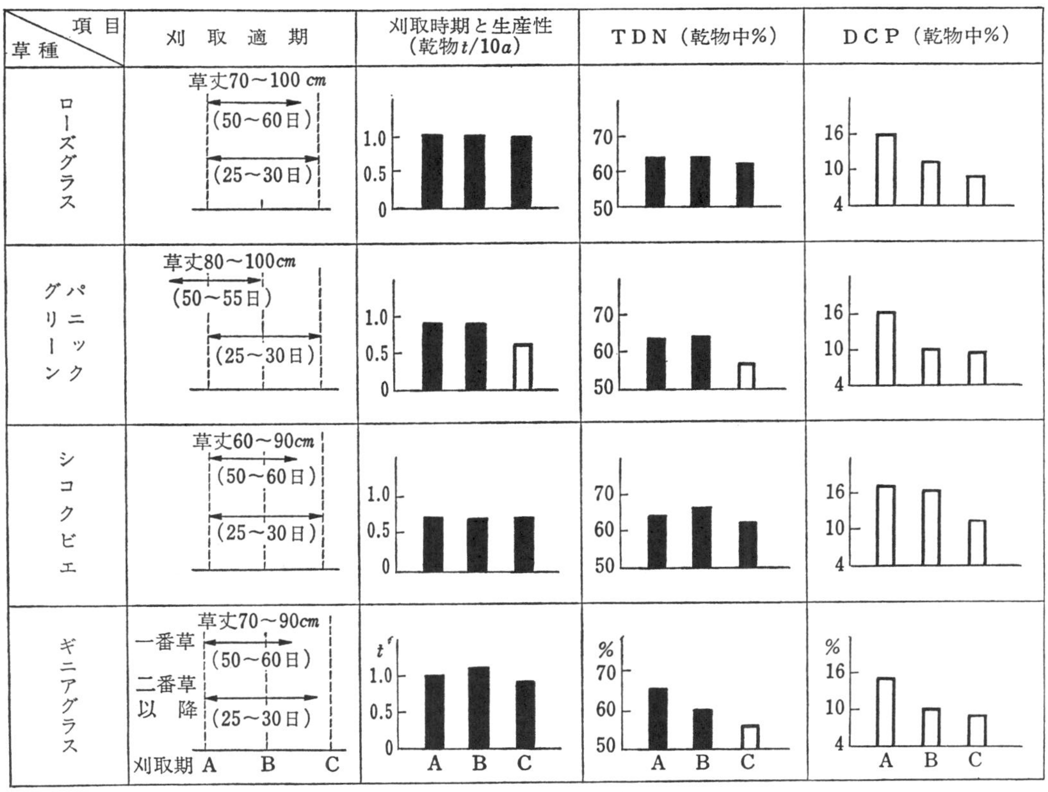

項目
草種
刈取適期
刈取時期と生産性（乾物t/10a）
TDN（乾物中%）
DCP（乾物中%）
ローズグラス
パニックグリーン
シコクビエ
ギニアグラス
草丈70～100cm
(50～60日)
(25～30日)
草丈80～100cm
(50～55日)
草丈60～90cm
草丈70～90cm
一番草
二番草以降
刈取期 A B C

←→ 刈取適期，（　）内は刈取間隔，■印の範囲で差がない
A伸長期，B節間伸長～穂ばらみ期，C出穂開花期

第1図　暖地型牧草の刈取適期

暖地型牧草は夏期の生長が旺盛で再生力もあるので，これを生かして高養分収量時に刈取りして低水分（梱包）または高水分サイレージとして貯蔵すれば，飼料給与の面でも有効に利用されるし，安定給与が可能になる。

2.　原料草の特性と飼料価値

暖地型牧草を利用する第一の特徴は，何といっても夏期の太陽エネルギーを十分に活用する点にあり，その期間は5月下旬から9月ころまである。暖地型牧草は一般に再生力があるので，気象条件や栽培条件をうまく生かされれば2～3回刈りは可能であり，10a当たり収量は乾物で1.0～1.2t得られる。ただ，発芽，定着が劣ることから初期生育がやや緩慢だが，その後の生長は早く，一番草を刈り遅れると再生障害をおこしやすく収量に大きく影響するので適期刈りが求められる。そこで第1図に，主要な暖地型牧草での乾物収量，ＴＤＮ・ＤＣＰ収量を示した。

すなわち，刈取時期と合計収量の関係では，伸長～出穂期までに刈り取った合計収量では大差のないことを示している。飼料価値について，可消化養分をみると，ＤＣＰは生育に伴い低下するが，ＴＤＮは伸長～出穂期ころで60～65%と大差なく，生育がすすむにつれ栄養率が広くなる。なお，多肥，密植，比較的若刈りする栽培法でみたものである。

3.　サイレージとしての役割

サイレージは，材料のもっている成分にちかい状態で一年じゅう貯蔵できる点に特徴がある。暖地型牧草も例外でなく，とくに他の牧草の生育の衰えた時期に生産されるので，これを的確にサイレージ調製すれば通年的に品質のよい草飼料を供給することができ，飼料給与面の役割

第1表　暖地型牧草サイレージの飼料価値　（阿部，1979）

草種	調製時期		処理	一般成分（%） 水分	有機物	粗蛋白質	粗脂肪	可溶無窒素物	粗繊維	粗灰分	栄養価（%） DM	DCP	TDN	備考
ローズグラス	一番草		予乾	47.8	83.2	15.1	2.3	35.8	30.0	16.8	52.2	10.3	60.8	モーア刈り，無細切
			予乾	46.9	83.1	16.2	2.3	35.3	29.3	16.9	53.1	11.1	58.7	細切
	二番草		予乾	49.7	84.8	12.6	1.8	40.9	29.5	15.2	50.3	7.8	53.7	モーア刈り
グリーンパニック	一番草		予乾	74.2	86.3	16.4	6.3	34.3	29.3	13.7	25.8	9.5	56.9	モーア刈り
	二番草		予乾	68.0	87.6	15.9	5.2	34.1	32.4	12.4	32.0	10.1	55.0	モーア刈り
	三番草		予乾	75.5	87.0	13.5	4.3	35.0	34.2	13.0	24.5	7.9	55.3	モーア刈り
シコクビエ	一番草		無予乾	90.0	83.7	12.1	4.3	38.7	28.6	16.3	10.0	—	—	モーア刈り
			予乾(中)	71.1	78.3	11.5	4.1	35.5	27.2	21.7	28.9	4.9	54.6	
			予乾(低)	69.5	79.9	13.4	2.8	38.2	25.5	20.1	30.5	7.7	54.2	
	二番草		無予乾	86.6	83.4	13.8	6.8	36.0	27.3	16.6	—	—	—	モーア刈り
			予乾(中)	69.6	85.9	11.9	3.2	43.1	22.7	14.1	30.4	7.6	61.5	
			予乾(低)	63.3	86.0	14.0	3.0	41.3	27.7	14.0	36.7	9.1	56.5	
	三番草		無予乾	87.9	85.5	16.3	3.2	38.4	27.6	14.5	—	—	—	モーア刈り
			予乾(中)	74.0	87.6	16.4	4.5	41.8	24.9	12.4	26.0	11.8	64.0	
			予乾(低)	67.4	87.9	17.1	2.5	41.6	26.7	12.1	32.6	13.0	61.7	
	一番草	伸長期	無添加	87.5	83.5	12.1	3.9	33.5	34.0	16.5	12.5	6.1	62.9	0%　スターハーベー刈り
			ギ酸添加	85.5	84.5	12.3	3.6	36.8	31.8	15.5	14.5	8.1	66.7	0.5
			糖蜜添加	85.6	84.2	11.8	3.8	40.3	28.3	15.8	14.4	8.2	69.8	3.0
		開花初期	無添加	83.1	85.1	10.9	3.2	40.3	30.7	14.7	16.9	6.7	51.6	0%　スターハーベー刈り
			ギ酸添加	82.2	85.4	9.2	3.0	40.0	33.2	14.6	17.8	6.0	56.6	0.4
			糖蜜添加	82.1	85.0	8.8	2.7	40.1	33.4	15.0	17.9	5.7	52.7	2.0

注　水分以外は乾物で示す

が大きい。

暖地型牧草は近年，水田利用再編という社会的条件と相まって，栽培面積の増加が見込まれるようになり，中・小型機械の活用にも適し，今後さらに期待されると思われる。

Ⅱ　暖地型牧草サイレージの技術の基本

1. 原料の条件とサイレージ化過程

サイレージの給与は，量や品質が重要な問題となる。筆者らが試験したところ，良質なものでは長期間大量に給与しても危険のないことをみとめたが，高水分の不良サイレージは酪酸を含み，ケトージスや栄養障害の原因となる。したがって安定した良質サイレージの調製法が望まれ，第2表に調製にあたって派生する問題点と技術の要点を示す。以下，項をおって述べる。

2. サイレージの詰込材料

材料の成分変化は第2図のとおりである。同じ材料でも，施肥の方法や量，刈取時期などによって発酵品質も変わってくる。その主な原因は，材料中の糖の含量と一般成分とくに蛋白質組成や水分含量，発酵温度によるもので，とくに品質に大きく影響するのは糖の含量である。

糖分含量は，一般には栄養収量の高い時期に多く，暖地型牧草も第2図のように，その傾向にあるが，再生草で多収をねらうため，それま

第2表　原料の条件とサイレージ化過程

サイレージ化の過程	区分	特性	派生する問題点	技術の要点	作業
サイレージの詰込材料（原料）	若刈り	高水分 高蛋白 低糖分	多汁質のため劣質化しやすい 天候に支配されやすい 養分の損失まねく	適期刈り（多収をねらう） 低水分化（無細切可能）	予乾による水分60%前後目標
	遅刈り	水分低下 （シコクビエ 小） 蛋白低下 糖分増加するが小	消化率の低下 （ローズ・グリーンパニック）	添加物利用 乾きすぎ（乾草可） （ローズ・グリーンパニック）	ダイレクト方式で添加物利用（省力的） 細切
サイレージ発酵の過程	前期	前期は好気発酵で高温となる	高温が継続すると劣質化しやすい ビニールスタックは膨満する（4～5日）	密封を完全にする 高水分は排汁する	低水分は重石 高水分では軽めに 排汁後は空気侵入を防ぐ
	中期	嫌気的条件とサイレージ温度の低下が始まる	糖分少ないことと高温時のため，水分の程度，密度，添加物の有無などで決定される（サイレージ内温度30℃以下に）	バキュームサイロは栓をはずしてガスをぬく。スタックはそのまま（破損に注意）	スタック・バキュームサイロはビニールのたるみを直す
	後期	サイレージ温度は常温で安定し保持される	トレンチは雨水，空気の侵入のおそれ。スタック・バキューム破損のおそれ	発酵がすすむと沈下する。スタック側下のたるみをなくす工夫	抜気するかそのまま 虫害に注意
サイロの開封（二次発酵）	トレンチサイロ	大量調製に適するが取出しにやや困難 改良型により省力化	二次発酵のおそれ 雨水の浸入など	二次発酵を防ぐため内蓋使用，間仕切り方式の導入，ビニール仕切り	朝夕の涼しいときに短時間で取り出す
	スタックサイロ（バキューム）	残草や既設サイロのないとき有効 （草量に応じて）	外気の影響をうけやすい ビニール破損のおそれ	抜気するか仕切りビニールを入れておく 北側より開封し取り出す。虫害の予防	再密封を行なう（バキュームサイロは抜気） 雨水の浸入を防ぐ
	バックサイロ	小回りがきき，どこにでもでき有利	二次発酵は少ない		再密封可能

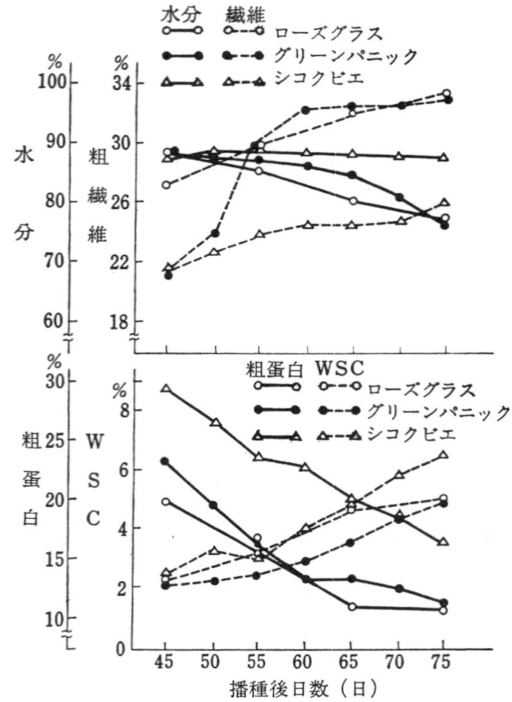

第２図　暖地型牧草の生育期別成分変化

で待たず出穂前の若刈りが求められる。したがって，材料は高水分，高蛋白，低糖含量でサイレージ材料としては不向きのものといえる。しかし，つぎのように処理を行なえば良質化されるし，これが技術の要点となる。

（1）　材料は適期刈り（若刈り）

暖地型牧草は再生草を活用して多収をねらうもので，一番草の刈取時期によりその後の収量も左右されてしまう。第１図に刈取りの適期を示したが，草丈でローズグラス，グリーンパニックは80～100*cm*，シコクビエは 70～90*cm* となり，伸長期～穂ばらみ期（播種後45～55日）までに刈り取る。二番草以後は刈取り間隔25～30日をめやすに（出穂期前）すれば３～４回は収穫できる。そこで，再生草をねらう暖地型牧草は，刈取りの高さがとくに問題点としてあげられる。

寒地型牧草に比べて高刈りが前提となり，一般には 10～15*cm* と考えておくとよい。しかし，生育後期の伸長が早いので，過繁茂による倒伏や高温による根元の蒸れ状態では，さらに高刈りしなければならないし，刈株の緑部がないようでは再生草は期待できない。したがって，後作の関係や天候不順などで二番草以後の刈取りをやらないときは，出穂期以降に延ばし，乾物収量をねらう生産に変えるほうが得策である。

水分含量の調節　暖地型牧草の多回刈りは，比較的若刈りとなるので，水分含量は一般に高い傾向にある。したがって，そのままの原料草では良質サイレージは得られがたい。そこで最も実用的な予乾法について述べる。

第３図は暖地型牧草の材料水分と製品の品質の関係をみたもので，水分75％以上で劣質化され，75～65％で中程度に，60％前後で安定してフリーク法による80点以上の優の良質サイレージが得られることがわかる。つまり，水分目標を60％前後において，それに達する工程を考えておかなければならない。

予乾法は天候（日照時間，風速，温・湿度）により大きく支配され，材料の刈取時期，草量，収穫機種などによって異なるが，サイレージ調製は天候をみはからって２～３日体系として，細切，踏圧，密封など短期作業が望まれる。予乾中に天候が急変して降雨にあうことがあるので，小規模のばあいには小堆積をつくり，ビニールで被覆して原料草の養分損失を防ぐのも大切である。仕上りまぢかで雨に当たったものは養分が半減し，サイレージも劣質になってしまう。

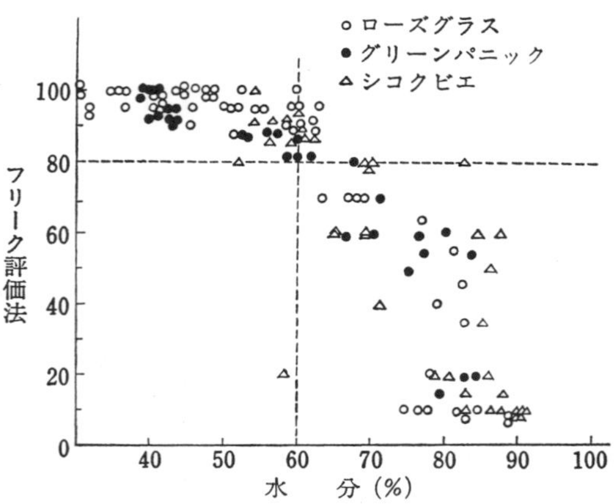

第３図　暖地型牧草の水分と品質との関係

多肥栽培，若刈りした牧草では，予乾によってサイレージの発酵品質が向上し，またサイロへの詰込み量の増加，取扱いや運搬のしやすさからみて，予乾処理は最も効率的である。

添加物の応用　糖含量の少ない暖地型牧草では，天候や収穫機種のつごうによって予乾できないばあいや，大量調製における機械利用のばあいには，そのままで良質サイレージは期待できない。そこで，添加物を利用して品質改善に努める。

添加物には多くの種類があり，その特性をみると第３表のようである。どの添加物を使用したらよいかは，添加方法や価格によって異なり，いちがいにいえないが，暖地型牧草は糖分が少ないので，添加物としては糖蜜のような糖源の使用が確実で安全である。一方，ギ酸やプロピオン酸など，発酵を抑える添加物も使われている。

糖蜜のばあいは，大量調製ではスプレーヤで立毛材料に直接散布することも考えられるが，中〜小規模では如露などによって詰込み時に均一に散布する。

ギ酸のばあいは，原液は無色の液体で強い刺激があり，有機酸のうちでは最もつよく，皮膚に触れるとひぶくれができるので十分注意して使用する。添加法としてハーベスターにアプリケーター装置を取り付け，刈取りと同時に均一に添加されるようになっている。

サイレージ調製は，夏期の高温時であることから，できるだけ短時間で細切，踏圧してサイロを密封することが重要となる。

第３表　添加物の種類と特性　（安藤，1974）

乳酸発酵促進を主とするもの	炭水化物の添加	砂糖，ブドウ糖，糖蜜および加工品，澱粉，糖類，ビートパルプ
	生物学的処理	乳酸菌とその製剤
	化学的処理	ドライアイス，ギ酸カルシウム混合物
	水分調節	予乾，イナわら
不良発酵の抑制を主とするもの	水分規制	ヘイレージ
	pH の調整	AIV液，塩酸，ギ酸
	殺菌剤	SMS，ホルマリン，クロールピクリン
	防腐剤	抗生物質，プロピオン酸ソーダ

第４図　液状糖蜜の散布
散布後，水分の蒸発を待って収穫

第５図　フレールハーベスターに装着したギ酸の自動添加器

(2)　遅刈り材料（熟期調節）

一般に生育に伴って水分，粗蛋白は低下し，糖含量は増加するので，その熟期をねらって調製すれば良質サイレージが得られる。その代表的なものが青刈トウモロコシだが，暖地型牧草で最終刈り（二〜三番草）として熟期を待ってしても，糖含量はせいぜい５〜６％で，やはり，前述のいずれかの処理をやらないと良質サイレージは得られない。予乾法のばあいには，熟期がすすんだものは予乾効率が高いので乾きすぎに注意する。

また，添加量は，若刈りに比べて少量で良質化されるため，不経済にならないよう注意を要する。いずれにしても材料の乾物量は多く，粗剛になっているので，詰込みには細切して踏圧，密封，重石を十分することが最も大切である。

3. サイレージ発酵の過程

材料となる草種の飼料価値とサイレージ調製時の発酵のよしあしにより第3表のように決定されるものである。基本的な原則を忠実に守れば良質なサイレージが得られる。

(1) 発酵の初期

詰め込まれた材料（細切）は，しばらく残存酸素による呼吸を行ない，サイロの温度は急激に上昇する。

スタックサイロのばあいは第6図のように膨満してくるが，このことはサイロの密封が完全だからであり，夏期では4～5日つづく。ビニール資材は破損のないように注意する。バキュームサイロではガス抜きするのもよい。ただし，ガスは有毒なので風かみにいて作業をする。材料は翌日から沈下を始め，梱包サイレージ以外は密度が高まってくる。また，高水分材料では汁液が下層に浸出してくるので，空気の侵入のないよう速やかに排汁作業を行なう。

つづいてサイロ内の温度と水分が糖分などの養分により嫌気状態で乳酸が生成される。詰込み後7～10日でサイロ内の温度は下降を始め，この間が変化の著しい時期である。

したがって，この期間が最も重要なときで，密封が不十分で空気が侵入したり，低水分で重石の少ないことにより残存空気が多かったりする

第6図　ビニール・バキュームスタックサイロ
詰込み2日目，ガスが充満している

と，夏期の高温に加えてサイロ内は高温がつづき，いわゆる高温発酵となる。そして黒ずんだ，煙草臭のサイレージができ，成分の消化率も低下して品質のわるいものになってしまう。

(2) 発酵の中期

その後，有機酸の増加により，pH は4前後に低下し，不良発酵は抑えられ，諸変化はおちつく。この期間は15～20日で終了するが，もし密封不十分，高温つづきのときには酪酸菌の増殖が盛んになり，不快臭をもつものができ，養分の損失は大きい。もちろん家畜の好みも劣り，取扱いも不都合になる。サイレージは，暗色でねばりけのあるもので，高水分では植物の形もくずれることが多い。pH はかなり高く（4.5以上），劣質化してしまう。

とくに，スタックサイロで密度が増してくると，下側部にビニールのたるみができて虫害，破損の原因となりやすいので，ビニール被覆は材料にいつも密着しているよう注意する。この点，湛水法は密封に水を利用するため，被覆ビニールのたるみを第7，8図のようにひっぱるだけで簡単に直せるから安全である。サイレージの品質のよしあしは，この期間に決定される。

(3) 発酵の後期

サイレージの調製条件がよければ中期につづいて常温状態で維持され，乳酸含量も多くなるので pH が低くなり，不良発酵が抑えられる。

第4表　サイレージの飼料価値は何によってきまるか　　大山（1970）

材料草の飼料価値	×	サイレージの品質	=	サイレージの飼料価値
↑草種　↑刈取時期　↑施肥		↑発酵の良否　↑空気侵入の有無		

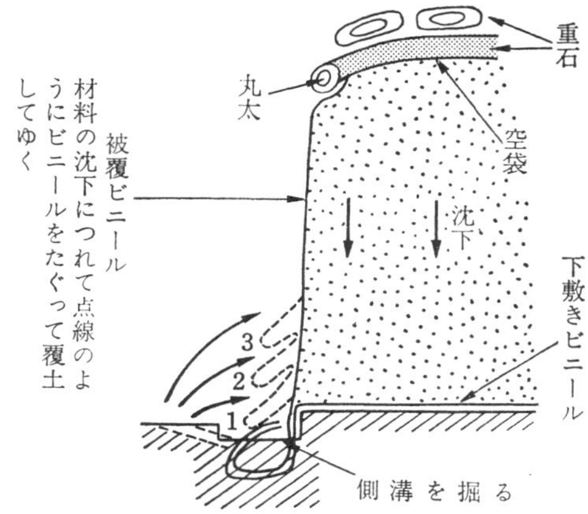

第7図　スタックサイロの密封のやり方

このようなサイレージは嗜好性が高く，養分損失が少なく，サイレージ特有の芳香を有し，手ざわりのよい明るい色をもっている。高水分のばあいには乳酸が多く，pH は低い値（4.2以下）となる。また，低水分のときには pH が高くてもよいサイレージであるが，サイロ内の条件が不良になれば乳酸が酢酸や酪酸になり蛋白分解がおこりアンモニア含量が増加してしまう。この期間は30～40日で，これでサイレージは完全にできあがる。

*　　　　　　*

すなわち，サイレージ調製の材料からみると，発酵初期に呼吸を早くとめ，養分損失を抑制する。つぎに中期に十分な乳酸を蓄積させて，発酵後期にひき起こすような条件を除くことが貯蔵の要点ということになる。

第8図　スタックサイロの湛水による密封法
材料の沈下によるたるみを直し，ビニールはいつも材料に密着するように

4.　サイロの開封（二次発酵）

サイレージ化によって養分は材料より大なり小なり減少する。この養分損失を少なくすることが貯蔵の要点で，サイレージ調製の技術である。

サイロの型式や材料条件によって異なるが，細切，踏圧，密封の条件がととのえば，損失は少なく（ふつうのサイロで３～４％以内）抑えることが可能となる。

Ⅲ　主な暖地型牧草サイレージの実際

A. 低水分サイレージ

1.　ね ら い

暖地型牧草は，予乾により低水分で貯蔵すれば良質サイレージが調製できる。第５表にイタリアンライグラスの水分60％付近の材料のサイレージ効果を示してある。暖地型牧草でも同様に考えられるので，以下に予乾のしかたについて述べる。

第5表　水分60%前後のサイレージが最も効率的

項目	適正水分（%）	期待される成果
利用効率（歩留り）	70　以下	高水分に比べ30%も高くなる
漏汁の損失	69	ほとんどない
詰込み可能量	60	一定の容積に50%多く貯蔵できる
わるい酸	60台以下	酪酸を含まないので病気の心配がない
わるい臭い	65　以下	糞臭なく，気持のよい酸臭がする
可消化養分	60　以下	可消化粗蛋白質は2倍以上含まれる
食込み	60台以下	乳牛の好みよく50～70%多く食い込む
作業能率	70　以下	畑からのむだな水の運搬省略，能率倍加
給与効果	60台以下	乾草不用，単一給与で高い泌乳効果

2.　予乾のしかたと作業手順

刈取りは，大規模ではやはり機械利用による。フレール型・レシプロ型モーアにより刈り取り，反転は1～2回（草量によって異なるが踏圧による再生障害がないように）として，1日～1.5日予乾する。フレール型のほうは刈取りと同時にあるていど切断されるので，レシプロ型モーアに比べて予乾効率が高く，1.5日予乾で約10%の差が生ずる。

ローズグラス，グリーンパニックは一般に出穂以後乾きやすい特徴がある。乾きすぎは開封後に二次発酵のおそれがあるので注意する。

シコクビエは前者に比べて水分も高く茎や葉脈が大きいので予乾効率がわるい。したがって，フレール型モーアで刈り取っても2.5日の予乾が望まれる。

つぎに目標水分に達した材料を集草し，ロードワゴンに荷積みして運搬する。小規模のばあいはトラック，ティラーなどホークで荷積みして運び，あらかじめ用意したサイロに詰め込む。若刈りの材料ではそのまま埋蔵してもよいが，遅刈りしたものは詰込み時に細切したほうが埋蔵量も多く安全である。

サイロ詰めは，材料をつとめて均一にし，なるべく短時間で終了する。低水分材料は呼吸が低調であるから，踏圧，密封を厳重にし，バキュームサイロのように完全に密封できるサイロを用いて，高温発酵やカビによる損失を予防する。

3.　取出し方と給与上の要点

サイロは，いったん開封したなら，引きつづいて毎日取り出さないと変質やカビによる損失が大きくなる。とくに，トレンチサイロやスタックサイロは表面積が大きく，外気の影響をうけやすいので注意が必要である。したがって，サイロの大きさと給与量の均衡を考え，取出しは頭数に合わせて15～20*cm*（スタックサイロは30～40*cm*）として変質防止に努めたい。

また，いつでも給与することになると外気に接する面積の小さいものが望ましく，スタックサイロや，バキュームサイロは夏サイレージ用にそななえて，細長いサイロを設定するのがこ

第6表　暖地型牧草サイレージの品質（現物）

種別	水分（%）	pH	有機酸組成（%）				フリーク評価	
			総酸	乳酸	酢酸	酪酸	点数	判定
ローズグラス	62.4	5.05	2.70 (100)	1.92 (62.1)	0.78 (37.9)	0	88	優
グリーンパニック	69.4	4.91	2.55 (100)	1.66 (55.4)	0.89 (44.6)	0	80	良
シコクビエ	63.3	6.10	2.10 (100)	1.62 (69.2)	0.48 (30.8)	0	88	優

注　（　）は総酸に対する各酸の割合

つである。

いま，暖地型牧草サイレージの品質を第6表でみると，水分60％台で，品質は80点以上の良質であることがわかる。また細切の有無でも両者に差がなく，1日乾物当たり12～13kgを採食し，嗜好性のよいことを示した。

一般にサイレージ調製はうまくいっても，開封して給与を始めると熱が出たり，カビが生えたりして失敗する例が少なくない。これは開封後のサイロ管理が不十分なためで，取出し後はただちに再密封することが大切である。

B．梱包サイレージ(低水分)

1. ね ら い

これまでの調製法には，集草，運搬などの労働や，踏圧，重石などわずらわしい作業が多く，多頭化で要求する省力技術としてはいろいろ問題がある。

その対策として梱包サイレージが登場する。ヘイベーラーをサイレージ作業に取り入れ，集草能率を向上させ，同時に梱包段階で草の密度をサイロに詰めたのと同じような状態にし，それを，サイロ（トレンチまたはバキューム）に詰め込むという，サイレージの調製法である。

2. 機械に適する予乾と作業手順

ヘイベーラーで梱包するため，予乾が十分でないと梱包のさいに均一に成型されず，とくに機械の故障の原因になる。水分含量は60％以下にすることが作業能率やのちの取扱いやすさからみても重要である。

予乾のしかたは低水分サイレージと同様で，梱包作業は予乾の状態とヘイベーラーの能力に合わせて，むりのないていどに集草（ウインドロー）し，これを梱包する。

梱包をトレーラーに積み込んで運搬して，サイロにレンガ積み状に少しずつずらして積み重

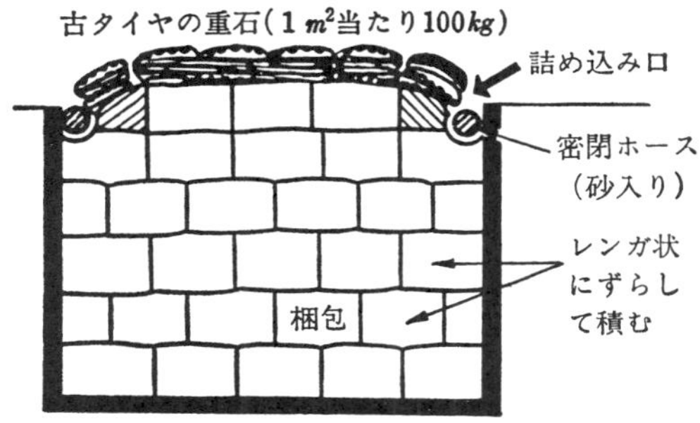

第9図 梱包の詰込み方
レンガ積み状に堆積し，完全密封する

ねる。詰込み作業は，梱包がすでに踏圧したのと同じような密度になっているので，無踏圧でよいが，サイロ壁，梱包の間などにすきまができやすい。そんなときは，ばら材料でパッキングすることが品質保持のため必要である。

第9図は梱包詰込み終了時のトレンチサイロの状態であるが，スタックサイロのばあいも同様な型に積み上げ，上層はとくに水はけのよいように，かまぼこ型（ばらを使用）にする。取出し時の二次発酵を防止する仕切りビニールを入れておくことも大切である。

3. 取出し方と給与法

梱包サイレージの取出しは，低水分サイレージに準じて行なえさえすればよい。梱包してあるため短時間で取り出せるので，運搬や給与が著しく能率化され，毎日秤量しなくてもかなり正確な給与ができる。つまり，1日1頭わずかに1個の配給制をとればよい。（梱包サイレージの水分60％前後，重量は1個18～20kgのも

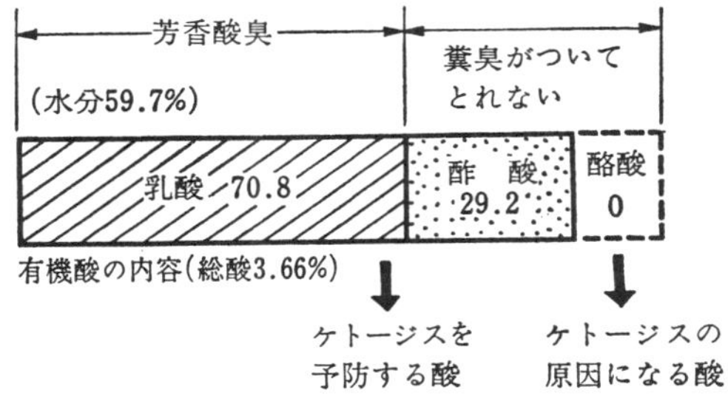

第10図 梱包サイレージの品質

の)。これによって生草換算して50kgを正確に給与でき，貴重な粗飼料のむだをなくして，自然に給与改善ができる点に大きな特色がある。

また，梱包サイレージの品質は，第10図のようにきわめて良好である。暖地型牧草は一般に酸度はやや高いけれども，乳酸含量が多く，酪酸はほとんどない良質サイレージが得られる。これを単独で給与しても乳牛の健康には異常がなく，泌乳効果は良好である。

C．高水分サイレージ

1. ねらい

高水分材料では，従来サイロの詰込み時に添加剤を添加していた。この方法では，均一に散布できないので品質も不安定になりやすく，しかもあまり能率的でない。その対策として，立毛に散布してハーベスターで収穫する方法や，ハーベスターに添加装置を取り付け，刈取りと同時に添加するやり方は，均一添加が可能で能率的なサイレージ調製法といえる。

2. 添加方法と作業手順

フレール型・シリンダー型ハーベスターで収穫し，トレーラーで運搬，詰込みという最も省力的な調製法である。ギ酸添加法のばあい，液体で強い刺激があり，皮膚に触れるとひぶくれ

第7表　草サイレージにおける排汁処理の効果（高野ら，1968）

処理	原料水分	埋草量	排汁量	サイレージ水分	pH	乾物回収率	乳牛乾物採食量
	%	t	t	%		%	kg
無排汁	82.4	14.1	0	85.1	4.9	75.8	12.0
排汁	82.7	13.8	2.0	82.1	4.1	82.0	13.4

ができるので，ゴム手袋を使用する。大量調製時の添加法として，ハーベスターにアプリケーター装置を取り付ければ，刈取りと同時に均一に添加できる。添加量は生草に対してpH緩衝能からみて一応0.4～0.5%となり，暖地型牧草ではやや不安定だが，第11図のように品質改善される。今後さらに検討が望まれる。

糖蜜添加法のばあい，原液は褐色の濃厚なものなので，温湯により2～3倍に薄める。大量調製では，スプレーヤで立毛材料に直接散布したのちに余分な水の蒸発を待って収穫するか，前記のアプリケーターを活用（添加口を調節）して，糖蜜の稀釈液をギ酸添加法と同様に添加すれば，均一な添加が可能となる。その品質は，第11図のようにギ酸添加に比べ安定した改善効果が示され，良質サイレージの得られることがわかる。しかし，高水分材料に稀釈水が加わるので，排汁が絶対必要となる。第7表に排汁効果を示したが，回収率，採食量の高いことから，サイレージ調製のきめてともいえる。添加量は原料草の重量に対して3%くらいでよい。

サイロ詰めは，あらかじめ準備した排汁できるサイロになるべく均一に詰める。夏期の高温時であるから，できるだけ短時間でサイロを密封する。

スタックサイロやバッグサイロのばあいには下敷きビニールと被覆ビニールとの間から自然に排汁されるので問題ない。地下式で排液口をもたないサイロでは，イナわらを下層に入れるか，底揚げして汁液から避けること

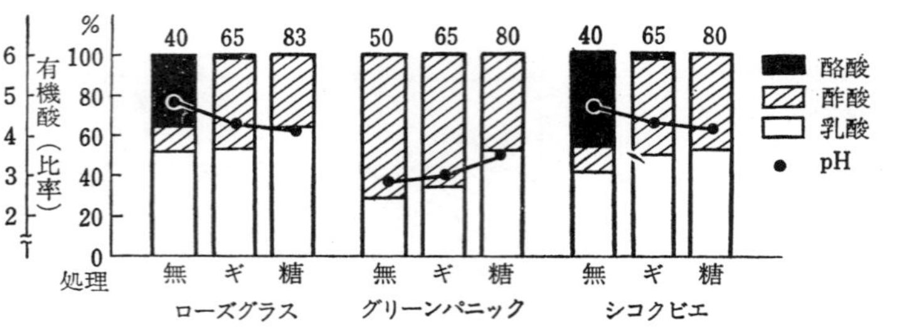

第11図　サイレージの品質（バッグ，小型サイロ）
処理　無：無添加，ギ：ギ酸，糖：糖密　数字はフリーク法点数（評価）

で良質化をはかるとよい。

3. 取出し方と給与法

暖地型牧草は，秋冬期に取り出して利用されることが多い。高水分サイレージは，サイレージの内部へ空気が侵入しにくいこともあって二次発酵は比較的少ないが，表面から15*cm*くらいまで温度が高いので，１日の取出しは15～20*cm*以上の厚さに，全面にわたって均平に取り出せば，二次発酵のおそれは軽減される。

ビニールスタック，バキュームサイロでは太陽の直射光線の当たらない北側から開封し，サイレージナイフを使い給与量にあわせて30～40*cm*ていどに切り取る。二次発酵も少なく，バキュームサイロは抜気すればいっそう安全である。

給与にあたって，比較的水分の高いサイレージであるから，これだけ多給することは家畜の生理上好ましくない。それを安定して給与するには，従来の方法（体重に対してサイレージ３%，乾草１%の割合）の乾草を併用するのが最も有効である。また，低水分サイレージと組み合わせて給与すれば，取出し作業にやや手間がかかっても，乾草が節約でき，全体としては合理化される。要するに高水分サイレージの利用は，給与量を少なめにし，実質摂取量の低下を十分計算に入れ，乾燥粗飼料または低水分サイレージなどと組み合わせて，安定した給与をすることが重要である。

執筆　阿部　林（農事試験場）

1979年記

引用文献

安藤文桜ら．1966．ベーラートレンチ方式によるサイレージ調製試験．畜産の研究．20．
安藤文桜・阿部林．1969．サイレージの作り方．農文協．
安藤文桜・越智茂登一．1976．新版サイレージのすべて．農文協．
阿部林・安藤文桜・鈴木嘉兵衛．1966．飼料作物及び牧草の生育時期別飼料価値．ローズグラスの飼料価値変化について．畜産の研究．21 (8)．
阿部林・高橋英伍・小川増弘．1974．飼料作物及び牧草の生育時期別飼料価値．グリーンパニックの飼料価値変化について．畜産の研究．28 (10)．
阿部林・高橋英伍・小川増弘．1975．飼料作物及び牧草の生育時期別飼料価値．シコクビエの飼料価値変化について．畜産の研究．29 (5)．
阿部林．1969．通年給与に適するサイレージの調製と利用法．デーリイジャパン．14 (6)．
阿部林・小川増弘・高橋英伍．1979．飼料作物のサイレージ調製と飼料価値　1.水分を異にしたシコクビエのサイレージについて．日草誌．25 (別)．
阿部林・小川増弘・高橋英伍．1979．飼料作物のサイレージ調製と飼料価値　2.高水分によるシコクビエサイレージについて．日草誌．25 (別)．
菅野考己・中野淳一・江柄勝雄．1971．転換畑の飼料作物．シコクビエの栽培利用．農及園．46 (6)．
小川増弘・高橋英伍・阿部林．1977．サイレージ材料の成分と品質．予乾サイレージ調製における可消化養分含量の利用率．日草誌．23 (別)．
小川増弘・高橋英伍・阿部林．1979．サイレージ材料の成分と品質．調製温度における飼料価値の変化．日草誌．25 (別)．
鈴木嘉兵衛ら．1965．畑作酪農における飼養技術体系に関する研究．農事試報告．7．
鈴木嘉兵衛・安藤文桜・阿部林．1966．多頭化への酪農技術．農文協．
須藤浩．1970．低水分サイレージの利用と問題点．畜産の研究．24 (1～2)．
須藤浩．1971．サイレージと乾草．養賢堂．
高野信雄・萬田富治・正岡淑邦．1974．蟻酸サイレージの特性と調製法．畜産の研究．28 (8～10)．
高野信雄・萬田富治．1978．サイレージ通年利用の実際．農文協．
桃木徳博．1979．暖地型牧草の刈取り適期総点検．デーリイマン．29 (6)．

ロールベールサイレージ

1. このサイレージの特徴とねらい

(1) 海外での普及とこの技術の特徴

この技術はヨーロッパを初め，カナダ，アメリカ，オセアニア諸国まで広く普及し，世界中で使用されているが，ここでは北欧とイギリスにおける普及の経過をみることにより，この技術の特徴を検討する。

①スウェーデン

この国ではロールベールサイレージをビッグベールサイレージと呼んでいる。この国では1番草は遅刈りして乾草を調製し，2番草は放牧で利用することが慣行的に行なわれていた。1970年代初頭にロールベーラが導入されると，1番草は早刈りして乾草に調製し，2番草をロールベールサイレージに調製する体系に変更した。これにより，1頭当たりの1乳期の乳量が400～600kgも増加し，大きな効果が認められた。

ところが，劣質サイレージを摂取した乳牛から搾乳した生乳がサイレージ由来の不良菌で汚染され，チーズ製造上で問題が発生した。劣質サイレージ調製の原因は，バッグフィルムの品質および密封不良による破損が40％，動物によるバッグの損傷が35％，移動および保管時の破損が11％で，原因不明が14％であった。

1985年にベールラッパが導入され，ノルウェーとの共同研究が開始された。この研究は主として，ラップサイロの気密性を高める方法を開発することと，添加物利用によりロールベールサイレージの発酵を制御する方法を見出すことであった。具体的にはフィルムの色は黒がよいか，白がよいか。ストレッチフィルムは何層で何回巻きがよいか。ラップサイロの保管方法や保管場所はどれがよいかであった。1987年の課題は，密封法としてのバッグとラップの比較と，基礎的な研究として蟻酸，乳酸菌の添加による不良菌の*clostridial*や*aspergillus*の発育抑圧効果を調べることであった。材料はチモシーとメドウフェスクの混播牧草で，モアーコンディショナで収穫し，予乾中は土砂混入を避けるため，反転作業は行なわなかった。これらの一連の試験により，ロールベールサイレージシステムが次のように総括された。

・このシステムは，サイレージのハンドリングや貯蔵において細心の注意が必要である。

・牧草の収穫および予乾作業では土砂の混入を極力排除することである。

・ベール後の密封作業は2時間以内に完了すべきである。

・牧草を適期に収穫し，乾物率を45～50％まで予乾するとベール密度およびサイレージ品質が向上し，省力化およびコスト低減を実現する。

・予乾ができない悪条件下では酪酸菌が増殖し，サイレージ発酵が不良に行なわれるので，有機酸を添加して改善する。

・ラップサイロはバッグサイロよりも貯蔵安定性が非常に良い。ストレッチフィルムは高品質なものを選定し，フィルムの色は白がよい。フィルムの巻き回数は夏場は3層2回巻きか2層3回巻き，冷涼な秋は2層2回巻きとする。

・貯蔵場所は管理が容易で，動物による損傷を防止できる場所を選定する。

このように，スウェーデンにおけるこのシステムの開発経過は，その後の日本における開発経過とほとんど同様である。

②ノルウェー

この国ではロールベールサイレージをラウン

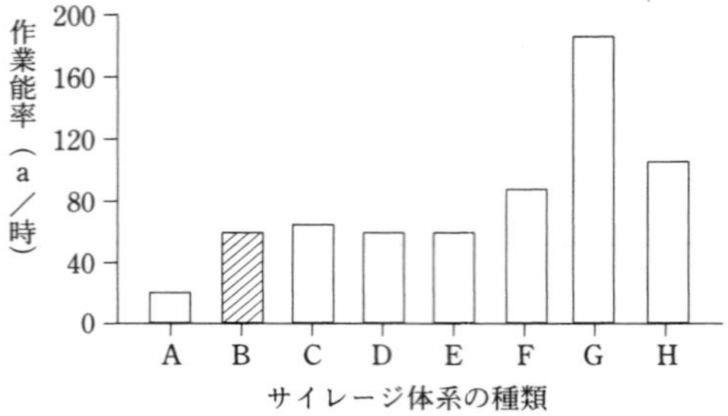

第1図 各種サイレージ調製体系の作業能率の比較（イギリスの例）

A：フレール型ハーベスタ（2名）
B：ロールベーラ体系（2名）
C：ダブルチョップハーベスタ体系（3名）
D：ワンマンオペレートハーベスタ体系（2名）
E：ロードワゴン体系（2名）
F：シリンダ型ハーベスタ体系（5名）
G：ビッグスクエアベーラ体系（3名）
H：自走式ハーベスタ体系（6名）
（ ）は収穫からサイレージ調製までに必要とする人数

ドベールサイレージと呼んでいる。この国は，気候が冷涼で，雨が多いため，古くから牧草の大部分はサイレージに調製され，90％以上の牧草がサイレージに仕向けられている。このシステムは1970年代初頭に機械メーカーやサイレージ技術指導者によって紹介され，農家に急速に受け入れられた。しかし，普及当初は，この方式に関するデータはなく，その技術に対する理論的説明はほとんどなされておらず，ロールベールサイレージの品質は非常に広い範囲でばらついていた。その後，ロールベールサイレージの品質に関するいくつかの試験が実験農家や試験場で行なわれ，現在では以下のように総括されている。

・ロールベールサイレージの発酵メカニズムは，これまでのサイレージ調製理論で説明できる。

・バッグサイロやラップサイロは立派な小型サイロである。

・小型サイロの気密性が維持でき，正しく保管されるならば，小型サイロによるロールベールサイレージシステムは大型サイロよりも経済性が高い。

・小型サイロの気密性や保管が悪く，あるいはフィルムが何らかの理由で損傷を受けると，小型サイロは容積に比べて表面積が大きいので，気密が不良な大型サイロの場合よりもサイレージ品質に対して大きなダメージを与える。

・大型サイロではサイレージ保管時および給与時の発熱といった二次発酵問題があるが，小型サイロを使用することによりこの問題は激減する。

・良質サイレージの調製方法は次のとおりである。

1）高水分原料草の切断

2）添加物の使用

3）予乾（ただし，十分なカビ発生防止対策が必要である）。

ロールベールサイレージの調製では予乾が最も有効な方法であるが，真っ先に高水分原料草の切断を挙げている理由は，この国では雨が多く，予乾作業の実施が難しいためである。このため，カッティングロールベーラが開発されている。

③イギリス

この国ではロールベールサイレージをビッグベールサイレージと呼ぶことが多い。1970年代後半からこの技術は急速に普及し，イギリスで生産されるサイレージの半分がロールベールサイレージである。この技術が急速に普及した理由の1つは，小規模飼養農家でも乾草からサイレージに簡単に転換できることであった。

ロールベールサイレージ方式の発祥地は，イングランド北端の州の農家，フォースタ氏である。所有地は450haもあったが，この地域は雨が多く，夏が短く，雪は5月まで残り，丘陵地であるため，高品質サイレージの調製が困難であった。ロールベールサイレージ調製が最初に取り組まれたのは，1978年10月である。刈り取った牧草が雨にあたって10日間も経過してしまったので，近所の農家からニューホーランドのロールベーラを賃借りし，牧草をベール後，バッグサイロで密封した。サイレージの乾物は30～50％くらいであったが，冬期間の変質はなく，良好な状態で推移した。それ以来，フォースタ氏はこの技術の改良に取り組み，世界に通用す

(3) 省力的生産の事例

①寒地の事例

低コスト省力的生産の具体事例を根釧地域で見てみよう。第1表は自走式ハーベスタ体系とロールベーラ体系の作業能率を比較したものである。自走式ハーベスタ体系によるサイレージ調製時間は成人男子4～6名の組作業により，1ha当たり3.76時間要しているが，ロールベーラ体系では2.77時間で終了しており，作業時間は3割近くも減っている。しかも自走式ハーベスタ体系では4～6名の成人男子の組作業が必要であるのに対して，ロールベーラ体系は家族労力で作業できる。このように経営内労力で粗飼料調製ができることは，第2表に示したように牧草の適期収穫が可能であり，自走式ハーベスタとは収穫日で20日の差，飼料価値でも大きな差をもたらしている。

第3表　モデル経営におけるサイレージの費用比較

（道立根釧農試，1989）

（円/ha）

サイレージ体系	ロールベール サイレージ	ハーベスタ・スチール サイロ	同左からロールベール サイレージに変更した場合
作業方式	個別作業	3戸共同作業	3戸共同作業
機械・施設費	72,300円	128,686円	131,909円
資材費	17,436	—	17,436
動力費	2,842	4,951	2,842
車検・保険料	1,956	10,970	1,956
資産税	1,062	11,174	12,236
労働費	8,730	11,279	8,730
合　計	104,326	167,060	175,109

モデル経営の概要：経産牛40頭，未経産牛40頭，家族労働力2人
草地の粗飼料生産はサイレージ：18.23ha，乾草：17.49ha，
放牧：21.09ha，草地面積56.81ha
ロールベールサイレージはバッグサイロを使用

第4表　ロールベールサイレージ方式とハーベスタ方式の作業時間の比較（熊本の事例）

（九州農試，1993）

サイレージ方式	草　種		作業労働時間（分/原物100kg）				
			耕起時	追肥時	収穫	調製	合計（内補助者分）
ロールベーラ	リードカナリーグラス	農家A	—	0.72	1.41	4.88	7.01（1.26）
	〃	農家B	—	4.58	1.24	4.32	10.14（0.93）
ハーベスタ	トウモロコシ		6.0	0	6.0	6.0	18.0
	イタリアンライグラス		6.0	0	6.0	6.0	18.0

注　トウモロコシ，イタリアンライグラスは畜産物生産費調査報告（平成3年度）による
耕起：耕うん・播種・元肥，追肥：追肥・除草，調製：予乾・カッタ・詰込み
リードカナリーグラスは永年牧草なので耕起を含めていない
＊補助者：A酪農家は妻，B酪農家は父

このように，ロールベールサイレージシステムは草地型酪農地域で，牧草の適期収穫を実現しており，第3表のモデル経営の比較でも明らかなように，ロールベールサイレージシステムはハーベスタ・スチールサイロ共同作業体系に比べて大幅なコストダウンを実現している。しかし，第3表に示したように，すでにハーベスタ・スチールサイロ体系に投資済みの経営では，ロールベールサイレージシステムに転換してもコストダウンにつながらないことは明白であるが，それでも，省力作業や牧草の高品質化を評価する経営ではロールベールサイレージシステムに転換している。

②西南暖地の事例

熊本県ではトウモロコシとイタリアンライグラスの2毛作を中心とした飼料生産が行なわれているが，最近，永年牧草のリードカナリーグラスを栽培し，これをロールベールサイレージで利用するという新しい試みが始まっている(第4表)。ロールベールサイレージの調製作業の補助者は，それぞれ酪農家Aでは奥さん，酪農家Bでは父親で，いずれも家族内労力で省力的にサイレージを生産している。作業時間はトウモロコシやイタリアンライグラスよりも少ない。リードカナリーグラスの収量はトウモロコシとイタリアンライグラスの2毛作体系に比べて低

いが，台風などの被害が回避でき，安定生産が可能で，飼料生産の労働ピークも解消するなど，省力的な自給飼料生産を達成している。しかし，トウモロコシとイタリアンライグラスの2毛作体系に比べてふん尿の多量施用ができないので，この生産方式は，飼養頭数と飼料畑面積のバランスがとれた経営での導入が可能である。

③共同作業の事例

もうひとつの具体事例として，関東の例を見てみよう。一般に都府県の酪農経営において，飼料生産の省力化・低コスト化のためには，高能率機械の導入および共同利用・共同作業が必要とされるが，必ずしも円滑には運営されていないのが現状である。ところが，ロールベールサイレージシステムは，機械化一貫作業による省力化と作業の短縮化，軽作業化，天候対応性などの特徴をもっているため，共同作業による粗飼料生産に十分寄与できる。このシステムの導入には最低でも500～600万円の投資が必要で，タイトベーラ体系に比べて償却費は高いが，効率的に共同作業することにより，労働費の節減等を図り，低コスト生産が可能である（第5表）。

共同作業体制の問題点としては，共同作業出役時間の拘束と生産物の配分がある。共有地利用の場合，出役時間の拘束に対しては，ラップサイロとして現地で保管しておけば，収穫作業の最大の問題である生産物の個々の農家への運搬を，後日，実施できるので，出役の制約時間を大幅に短縮できる。また，生産物はラップサイロやベール乾草により，ほぼ同品質のものを公平に配分することが可能である。

共同作業の出役労働の質には年代差や個人差があるが，ロールベールサイレージシステムは機械化一貫作業となるので，作業強度がコンパクトベール体系に比べて小さく（第6表），担当作業の違いからくる不満を解消できる。

第5表　ロールベールサイレージ（ラップサイロ）とタイトベールサイレージの生産費の比較

（秦，1994）
（円/TDN 1 kg）

費用	耕起・管理				収穫・調製				第1次生産費
	種子費 肥料費	償却費 修理費	燃料費	労働費	資材費	償却費 修理費	燃料費	労働費	
ロールベール	13.3	5.0	1.7	3.7	7.1	14.9	3.0	6.0	54.7
タイトベール	13.3	5.0	1.7	3.7	9.3	11.5	3.6	9.7	57.8

注　1）Y組合（飼料作面積41ha，構成員5戸）のイタリアンライグラス作付け（30ha）の1993年実績をもとに一部試算
2）TDN収量は同一，タイトベールサイレージはバッグ調製として試算

第6表　作業強度の要素を考慮したロールベール体系（乾草）の評価（試案）

（秦，1994）
（時/ha）

収穫調製作業		合計	梱包	積込み	運搬	収納	刈取り・反転・集草
ロールベーラ	作業時間	5.32	0.55	0.60	1.08	0.51	2.58
	作業強度	9.56	1.10	1.20	1.08	1.02	5.16
タイトベーラ	作業時間	10.34	0.69	3.02	1.73	2.82	2.58
	作業強度	37.47	1.38	15.10	1.73	14.10	5.16

注　1）大分畜試（1989）のデータを参考にして試算（草量2,460kg/10a，ベール直径1.5m）
2）作業強度の換算係数は，類似作業別RMRの数値（沼尻「労働の強さと適正作業量」など）を参考に，圃場機械作業は×2，運搬作業は×1，人力作業は×5と設定した

(4) ロールベールサイレージシステムの長所と短所

①長　所

この技術の長所は，前述した北欧やイギリスの場合と基本的に同様である。

・サイレージ調製作業の省力化と低コスト生産が可能である。

・ベーラは多機種が市販されており，給与量に応じてサイズを選択できる。

・好天日が2～3日続けばサイレージを調製できる。

・1人でも作業ができる（家族労働で作業が可能）。

・収穫作業時のロスが少ない。
・固定サイロがいらない。
・二次発酵の心配がない。
・流通が可能である。
・サイロガスによる人身事故の心配がない。

第7表 サイレージ調製の延べ作業時間（予乾体系）の比較

（岩手畜試，1989）

（時間/ha）

収　穫　機　械		梱包（拾上げ）	運搬	密封（サイロ詰め）	合計時間
ロールベーラ	ラップ	0.91	1.21	0.91（1人）	3.01
	バッグ	0.91	1.21	4.00（2人）	6.11
フォレジハーベスタ		1.57	0.88	4.56（3人）	7.04

注1　ベール直径1.25m，運搬距離2km
2　刈取り，反転，集草は含まない
3　材料水分はロールベーラが45%，ハーベスタが50%

・ロールベールサイレージの品質により，育成牛，乾乳牛，泌乳牛等の畜種に応じた飼料給与ができる。

上記のなかで，特に重要と思われる長所について以下に解説する。

耐天候型で省力的　ロールベールサイレージシステムの第一の特徴は，収穫からサイレージ調製，給与まで1人作業が可能で，大型機械化作業体系となるためきわめて省力的なことである（第7表）。タイトベール方式に比べると大幅に労力が軽減され（第6表），特に婦人の過重労働が解消できる。この点がロールベール方式導入の最大の動機となっている。このように少ない人数で高能率作業が行なえるので，天候に応じた臨機応変な作業が可能である。さらに牧草調製作業を乾草からサイレージ主体に転換することにより，高品質な粗飼料生産を実現できる。北欧やイギリスでこの技術が著しく普及している理由の一つは，これらの国では雨が多く，乾草生産が困難なことがある。

地域や経営に応じた作付け体系が可能　粗飼料の絶対量が不足する都府県では，夏作トウモロコシまたはソルガム，冬作イタリアンライグラスの2毛作が代表的な作付け体系である。ロールベールサイレージシステムの導入は，新たな作付け体系を生み出しており，多様な作付け体系の選択が可能となっている。たとえば，麦類のホールクロップ利用やスーダングラス，ローズグラスの他，アルファルファやリードカナリーグラス等の永年性牧草等，その地域や経営に応じた作付け体系が開発されている。また，粗飼料や敷料の絶対量が不足している経営では，ロールベーラが野草や稲わらおよび麦稈等の収集にも利用され，粗飼料生産ばかりか地域の資源を収集する手段として大きな力を発揮している。これが第二の特徴である。これは従来の収穫機械には見られなかった特徴である。

また，最近では小規模経営に適したミニベーラ・ラップサイロシステムも開発されており，この技術の汎用性が高まっている。

収穫および貯蔵ロスの軽減　第三の特徴は，牧草の収穫ロスが少ないことである。一般に牧草の高栄養化は，適期収穫やマメ科牧草の混播によって達成できるが，乾草調製では最も栄養価の高い葉部の脱落が多く，収穫ロスが増えるという問題がある。ハーベスタ収穫によるサイレージ調製でも原料草が乾きすぎた時や，風が強い日に葉部ロスが多くなる。これに対してロールベールサイレージシステムは収穫ロスが少ないという特徴をもっている。

家畜の種類に応じた飼料給与が可能　収穫調製したロールベールサイレージは，収穫した原料草の種類ごとに保管しておくことにより，草の品質に応じて育成牛，乾乳牛，搾乳牛に選別給与ができる。たとえば，収穫時の飼料価値が低い材料や密封不良等で不良発酵したサイレージは，それらの影響の少ない育成牛に給与する。肥培管理が良く，適期収穫したサイレージは高泌乳牛に給与する。このようにサイレージを無駄なく利用できる。すでに，本システムを導入した酪農家では，乳量増加や乳成分向上効果を認めている。

第8表　土砂混入防止対策　（萬田，1992）

作業項目	作　業　内　容
新播草地の造成	鎮圧作業を入念に行ない，収穫機械により凹凸ができないように均一整地
刈取り	ディスクモアのナイフの設定位置を下げすぎない。刈取り速度が速いと地面の凹凸に追随できず，土を刈り込むことになる。北海道での刈取り速度は8km/hとし，整地が悪い草地では6km/hとし，草量や密度が低い時でも10km/hを超えない速度とする
反転	テッタのタイン位置は地上2〜3cm程度を標準とし，作業速度を上げすぎない
集草	レーキのタイン位置は地上2〜3cm程度を標準とし，作業速度は機種により異なるが，ロータリーレーキの場合はレーキバーの幅の1/2ピッチ以下で集草するように計算して速度を決める（6〜8km/h）
ベール	ベーラのピックアップタインを地上から5〜7cmの高さにセットし，草量が少ない時でも5cm以下に下げない。また，その場合は作業スピードを落とす

サイレージ給与作業の省力化　ロールベールサイレージは人力で移動はできないので，コンパクトベールのように，牛に所定量を給与するのは難しい。ロールベールサイレージを定量給与する場合は手でほぐすか，機械で切断する必要がある。さらに混合飼料を調製する場合は専用のカッターが必要である。一方，そのままベールフィーダを使用して牛群に給与する方法がある。この方法は育成牛や乾乳牛には容易に実施できる。しかし，搾乳牛では弱小個体の食い負けが生じるので，子牛の時から群れで管理する育成方式を採用し，成牛になっても食い負けしない丈夫な牛づくりが基本となる。このような周辺技術を改善することにより，このシステムの長所をさらに活用できる。

②短　所

・バッグサイロ，スタックサイロ，チューブサイロ等の簡易サイロは風，雪，カラス，ネズミ，コオロギ，狐，犬，猫等のほか，予期せぬ原因で被覆シートが破損しやすい。特に風の強い場所では致命的な打撃を被る。ラップサイロはこれらの問題を大幅に改善できるが，ベールラッパの使用法やストレッチフィルムの選択を誤ると気密性の保持が不良となる例も多い。さらに，ラップサイロの移動や保管に際しては細心の注意を必要とする。

・ロールベールサイレージは広い保管場所が必要である。ラップサイロは2段積み保管されるので保管場所が節約できるが，ベールの飼料価値に応じた飼料給与を行なう場合は計画的な配置のため保管場所を広くとる必要がある。

・材料水分が高水分の場合はベール重量が直径1.5mのベールでは1t，直径1.7mでは2t近くにも達し，移送に大型の作業機が必要となる。

・高水分牧草のロールベールサイレージ調製は困難である。良質サイレージ調製のための適水分域が狭く，バッグサイロは50〜60％，ラップサイロでは40〜70％くらいである。ただし，高性能フィルムで正しいラップ作業の実施が前提である。

・形の整ったベールを成形するため，低速のベール作業が行なわれるが，その分，作業能率が低下する。

・ベールの水分含量は，ベール上部および底部（接地面に近い部位）で高い。このような水分のベール部位による不均一性は，材料水分が適水分の場合には大きくないが，高水分の場合はベール内の水分分布が不均一になり，品質劣化および嗜好性低下の原因となる。

この他にもいくつかの欠点があるが，基本的にはこれらの欠点を克服することは可能である。

2. ラップサイロ調製

ストレッチフィルムでロールベールをす早く密封することにより，ラップサイロ内は数時間で嫌気状態になり，微生物作用でサイレージ発酵が行なわれる。サイレージ発酵が終了するまでの時間は，ほぼ密封後1〜2週間である。良質発酵を遂げた場合は，その後，空気の侵入がなければ長期間安定貯蔵される。したがって，ラップサイロのサイレージ品質は，材料の質とストレッチフィルムの性能で決定されるといっても過言ではない。以下に調製技術の具体的手順を示す。

(1) 原料草の質と水分

糖を多く含む原料草（通常のサイレージづくりと全く同様）を使用する。土砂混入，堆肥混入，枯れ草等の混入は不良発酵の原因となる。適水分は60～70％である。刈取り直後の雨は問題はないが，予乾途中で雨が降りそうな場合は，やや高水分でも迷わず梱包する。このベールサイレージは長期間貯蔵はできないので早めに給与する。また低水分材料はカビが生えやすく，夏期に開封後の発熱も速いことに留意する。

(2) 土砂混入防止対策

土砂混入を防止する対策は，草地造成時から始まり，刈取り，反転，集草ベールの各作業をとおして講じる必要がある（第8表）。

(3) ベール作業

①作業スピード

密度が高く，形の整ったロールベールを成形するため，草の供給量を少なくする。このため，草量にもよるが乾草収集時の半分程度の作業スピードとし，特にベール後半の作業スピードを落とす。

②トワイン梱包とネット梱包

ベーラにはネット梱包方式とトワイン梱包方式の2種類がある。ネット梱包方式はベールの排出時間を半分に短縮できる。ネット梱包したベールは圃場に放置しても天候の影響を受けにくく，覆いも必要でない。また，運搬作業やラッピング時にベールがほぐれる心配もない。このようにネット梱包には多くの利点があるが，ネットの価格がトワインの2倍ほど高いのが欠点である。

トワインがPPヒモの場合は，5kg/6,000フィートを使用するとトワイン伸びが少ない。10,000や12,000フィートはトワインが伸び，ベール変形の原因の一つとなる。トワインの巻付けピッチはベール直径が120cm以下であれば7cm以下，150cm以上であれば5cm以下に調節する。

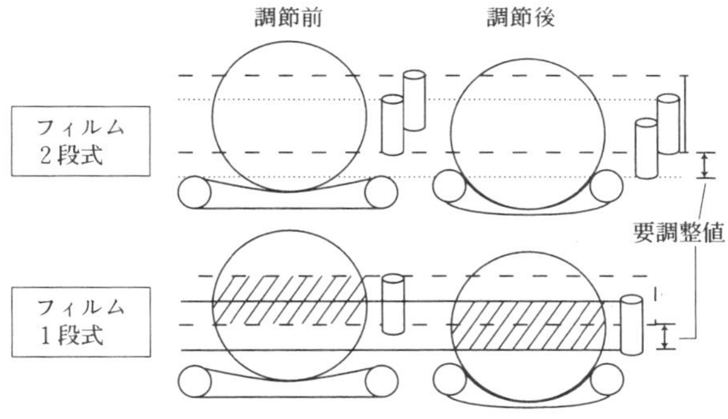

第3図　ベルトの張り調節に伴うフィルム位置調節例

ロールベーラの作業上の欠点の1つはベールのトワイン梱包とベール排出のために一時，走行が停止されることである。最近，ノンストップで連続ベール作業が可能なネット梱包方式の新機種が登場している。このベーラは，草丈が短い草の収集に能率的である。特にコンバインで細切りされた麦稈の収集に適している。また，水分の多い材料は，ベール時に詰まりやすいが，ノンストップベーラはこのようなトラブルが少ない。作業能率は1.2m×1.2mのベールが1時間当たりトワイン梱包方式では40個，ネット梱包方式では60個に対して，ノンストップベーラでは90個のベールを収集できる。

③形の整ったロールベールの作製

ベールを固くしっかりと巻き（高密度），十分なネット掛けやトワイン掛けによりロールベールの表面を均一に仕上げる。ベール表面に凹みがあると，フィルムとの間に空洞が生じ，フィルムどうしの接着性が悪くなり，カビ発生の原因となりやすい。

④水分の影響

高水分牧草は，ラッピング作業に手間取り，保管中の発酵ロスや多量の排汁によりフィルムの収縮率（伸長回復率）以上にサイレージ体積が減少すると，フィルムとの間に空隙が生じ，気密不良となる。また，ラップサイロの荷崩れの原因となる。

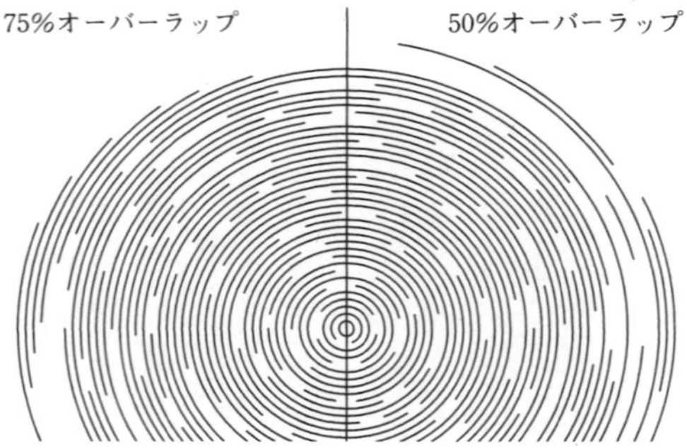

第4図　ストレッチフィルムによるラッピング法
（50%重ね2回転巻きが基本）

（4）ラップ作業

①フィルムの選定

市場評価が高く，使用実績や試験結果で保証されたものを使用する。

②フィルムのセット位置

ロールベールの中心にフィルムがセットされるようにストレッチの位置を調節する。フィルムが中心からずれると，フィルムの巻付け損失が生じるばかりでなく，片面の締まりがゆるくなり，フィルムの張力が不均一になる。そのため，密封性が悪くなり，雨水浸入やカビ発生の原因となるので入念に調節する（第3図）。また，ベールとストレッチ装置の間隔が長すぎる機種もあるので，間隔を調整する（調整できない機種もあるので注意）。

③回転速度

巻きずれが生じないように，フィルムの延伸速度とロールベールの回転速度を調整する。

④ベール回転機構

ターンテーブルベルト式の機種は変形したロールベールが転がり落ちないように，ベルトを調節する。地上回転式の機種はロール保持ローラをロールベールに少し食い込みぎみに調整する。ロール駆動式は，ベーラに最も応力が加わり安定して回転しやすいように，ロールの位置を調節する。

⑤フィルムずれ防止

幅の広すぎるフィルムの使用や，フィルムの並列2本巻きの機種の使用はフィルムがロールベールの中心からずれると，フィルムの張力が不均一となるので，機械のセットを入念に行なう。

⑥巻付け回数

フィルムの巻付け方法は50％重ねで2回転巻き（4層）が原則（第4図）。安全のため，2周ほど追い巻きをする。低水分材料や長期貯蔵用材料はカビが発生しやすいので，念のためフィルムは，3回転巻き（6層）とする。巻付けピッチは，伸ばされたフィルム幅が40cm前後になるため，ラッパーのロール回転ムラを考慮して18cm程度がよい。

⑦延伸率

フィルムの標準延伸率は50％である。ローラ型等，ベールラッパーの機種によっては高延伸・高速で作業するものがあるが，高延伸・高速作業の行きすぎた追求は延伸ムラやフィルム破壊等の原因になるので，商品の使用基準（性能）に応じたラッピング作業を行なう。現在，市販されているストレッチフィルムは最大でも延伸率80％で，速度3.5m/秒が限度である。

⑧巻き始め

スタート時はフィルムが切れやすいので低速でラッピングを開始する。

⑨雨天時作業

降雨時の作業はフィルムの接着性が低下し，巻き芯が吸水するため，ストレッチ機構でのロールの回転に支障をきたし，一定の延伸率の確保が困難になり，またはフィルムが破断するので避けたほうがよい。

⑩気　温

高温時または低温時はフィルムが切れやすいので，巻付け速度を落とす。

⑪直射日光対策

フィルムが高温になると軟化し，一定の延伸率が確保できないので，作業休止時にはフィルムに覆いをかけ，長時間直射日光に当てない。

3. ラップサイロの保管

(1) 保管場所

ラップサイロの下に不透水性のシートを敷いて保管すると，シート上に雨水がたまりラップサイロに浸入するので，排水のよい場所に保管する。

(2) 移動作業

ラップサイロの移動は専用の器具を用いてフィルムが破損しないように慎重に行なう。破損した場合は補修専用の粘着テープで補修する。普通の粘着テープはストレッチフィルムに対する収縮追尾性がなく，耐水性が悪いので，剥離するおそれがある。タインで刺しての移動はテープで補修しても密封性を損なう。

(3) 横置き保管

ラップサイロの横置き保管は，端面の密封性が悪く，カビの発生および雨水浸入の原因となりやすい。また，横置きで2段積みにすると端面の変形によってフィルムがずれて密封不良を起こすことがある（第5図）。

(4) 縦置き保管

ラップサイロの縦置き保管は端面が引っ張られることにより，端面の密封性が良くなり，雨水の浸入を防止できる。ベールの端面に凸凹がある場合に特に有効である。さらに，2段縦積みにより端面が重なるため，さらに密封性がよくなる。ただし，ロールとロールの間は20cmくらい離し，縦積みでの膨らみによるロールの接触を避ける。3段以上の縦積みは最下段のロールの挫滅変形によりフィルムの剥離損傷を起こし，密封不良となりやすいので避けたほうがよい。

(5) 直射日光対策

外気温が高くなるとフィルム表面温度が80℃を超える場合もある。また，紫外線等によるフィルム劣化も考えられる。耐候性付与のため，白フィルムの使用やラップサイロをカバーシートで覆う方法が有効である。

悪い例

良い例

第5図　ラップサイロの正しい保管法

(6) 鳥害対策

カラスなどの鳥害対策には，ラップサイロの上空をテグスや紐で張り巡らす方法が有効である。また，全体を防鳥・防風ネットで覆うと安全に保管できる。

4. ストレッチフィルムの選び方と使い方

(1) ラップサイロ調製技術の7原則とフィルム性能

ラップサイロのサイレージ品質は第9表に示した7つの要因で決定される。このうち，糖の多い良質原料草の使用，早期密封，気密性の保持は，良質サイレージ調製の憲法とでも言うべき基本原則である。これに加えて，水分調節，

第9表 ラップサイロによるサイレージ調製7原則
（萬田，1992年）

1. 良質原料草の使用（適期収穫，土砂・堆肥混入なし）
2. 適水分60～70%へ予乾
3. 密度が高く形の整ったベール
4. 高性能フィルムおよび機種の使用
5. 正しいラップ作業で早期密封
6. ラップサイロの移動はフィルムに傷つけないように慎重に
7. 保管は縦積み2段とし，カラスなどの鳥害対策を入念に

第6図 保管中に縦割れしたフィルム

ベール作業，ストレッチフィルムによる密封作業，ラップサイロの保管法が新たに留意すべき点として挙げられる。これらの要因のうち，性能の良いフィルムの使用以外は生産者の努力により対応可能である。フィルムは生産者の選択で決められるが，そのフィルム性能は商品により異なっており，気密性の保持という点でサイレージ品質に決定的な影響を及ぼす。そこで，フィルムが具備すべき基本的性能と，現場でできる簡易な選定法を以下に示す。

(2) ストレッチフィルム性能に起因する問題点

現在，10数品のフィルムが市販されており，販売当初は輸入品が市場の70%以上を占めていたが，輸入品では粗悪な商品は消えていき，国産品もレベルアップされ，最近では他の輸入品や国産品も出回るようになった。商品によりフィルム性能は異なり，このため現場ではフィルム性能に直接あるいは間接的に起因するさまざまな問題点が指摘されている。主要な問題点は，ラッピング作業時とラップサイロ保管時の2種類に大別され，前者はフィルムの物性，後者はフィルムの耐候性に関わるものが大半である。フィルムの物性に関するものとしては，

①フィルムがストレッチ機構に設置できない

②フィルムが最後まで巻き取れない

③ラッピング作業時に切れる

④粘着性が悪い

⑤ラッパテーブルからの落下衝撃で破れたり，保管中に縦方向に破れる（第6図）

⑥移動時に破れやすい

⑦サイレージにカビが発生

などがある。

フィルムの耐候性では，保管中にフィルム

第10表 ストレッチフィルム性能の簡易チェック法

チェック項目	チェック方法	想定されるトラブル
フィルム規格	フィルムロールの外径（260～265mm）幅が規格どおりに製造されていること	ストレッチ装置にセットできない原因となる
フィルムロールの巻き姿	フィルム巻き面に凹凸がなく滑らかで，端面が揃い，傷がないこと	ラップ時にフィルムが切れる原因となる
偏肉特性	フィルムをMD（長手）方向に延伸した時に色ムラ，縞模様，フィッシュアイ，ピンホールが発生しないこと	フィルムが切れる原因となる
フィルムの破断	フィルムを1m静かに手で引き延ばして（0.2～0.3m/秒）フィルムロールを固定し，3～4mまで延ばしても切れないこと	ラップ時の緊縛力（フィルムの腰）が弱く，気密性不良やハンドリング時に変形する原因となる
粘着性	ラップしたフィルムをバネ秤で垂直方向へ引っ張り，剥離力を測定する（目安：200g以上）	ベール端面の気密不良のためカビ発生の原因となる
ラップ状態	ラップした時にしわや延伸ムラが生じないこと	気密不良の原因となる
温度による変化	温度によって性能の変化が少ないこと	気密不良の原因となる

が劣化して剥がれたため空気が侵入し，サイレージが変質したなどである。このような問題点を回避し，高品質サイレージをつくるには，高性能フィルムの選定がまず第一に大切である。

(3) フィルム性能の簡易評価法

第10表に，多くの実験結果および現場での実績に基づいて簡易に使えるフィルム性能の評価法を示した。耐候性は気温や日射量などが関与するが，これらの要因は日本の南北で大きく異なっており，さらに耐候性の評価は長期間を要する。基本的にはそれぞれの地域で耐候性の評価が必要なため，この簡易評価法には示していない。

(4) フィルムの色と性能

フィルムの色は黒と白系統が市販されている。ラップサイロ保管時のフィルムの劣化は紫外線による影響が大きいので，この影響を避けるため黒フィルムはカーボンを，白系フィルムは紫外線吸収剤を添加して耐候性を付与している。

一般に白系フィルムのラップサイロのベール表層温度は，黒フィルムのラップサイロよりも低いので（第7図，第8図），サイレージ発酵にとって望ましいと考えられている。

(5) 廃棄ストレッチフィルムの処理法

ラップサイロの普及に伴い，使用済みストレッチフィルムの処理問題が表面化している。このフィルムは焼却してもビニールフィルムとは異なり，有毒ガスは発生しないが，燃焼熱が高く，通常のゴミ処理場では焼却炉を傷めるという問題がある。また，貴重な化石エネルギーから製造されたフィルムを，1回限りの使用で焼却するのは，資源の有効利用からも好ましいことではない。現在，廃棄フィルムについて，燃料としての利用や牧柵等の再生利用法について種々の試みがなされているので，いずれ有効な利用法が普及するに違いない。

環境保全で大切なことはプラスチックが野外に放置されないことである。強風が吹き荒れた後，電線，鉄道の架線，木立等に農業用プラスチックフィルムが絡み付いているのを見かけるが，これは使用済みフィルムの保管が適切でないからである。基本的には，廃棄プラスチックのリサイクル利用が望ましいが，そのようなシステムの確立は十分ではないので，当面は廃棄プラスチックを整理して保管しておく必要がある。

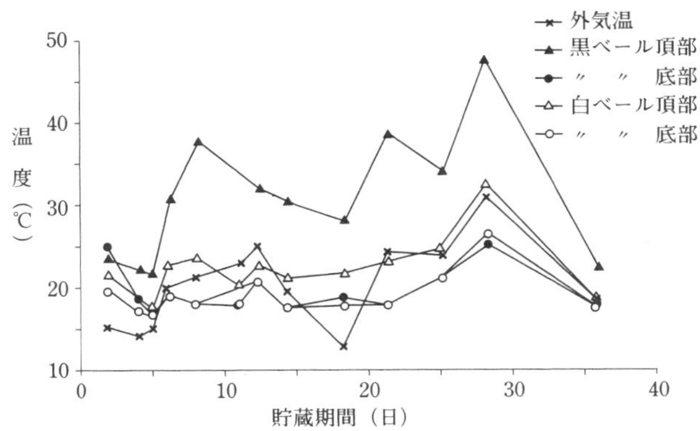

第7図 ストレッチフィルムの色とサイレージ表層部（70mm）および底部の温度（材料水分60％）（Lingvall，1989）

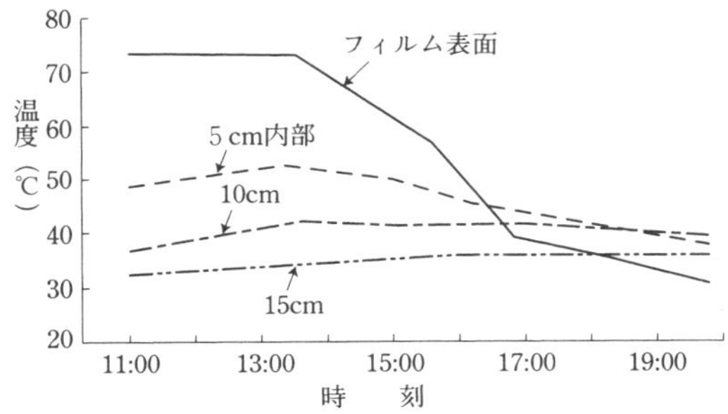

第8図 黒色ストレッチフィルムおよびサイレージ表層部分の温度（糸川，1992）

13:00～14:00の日射量＝2.6MJ/m²/時，気温31.5℃

5. ロールベールサイレージの給与体系

この技術は北から南まで導入が可能であるが，ロールベールサイレージの利用法は地域や経営条件で異なる。第9図にいくつかのモデル

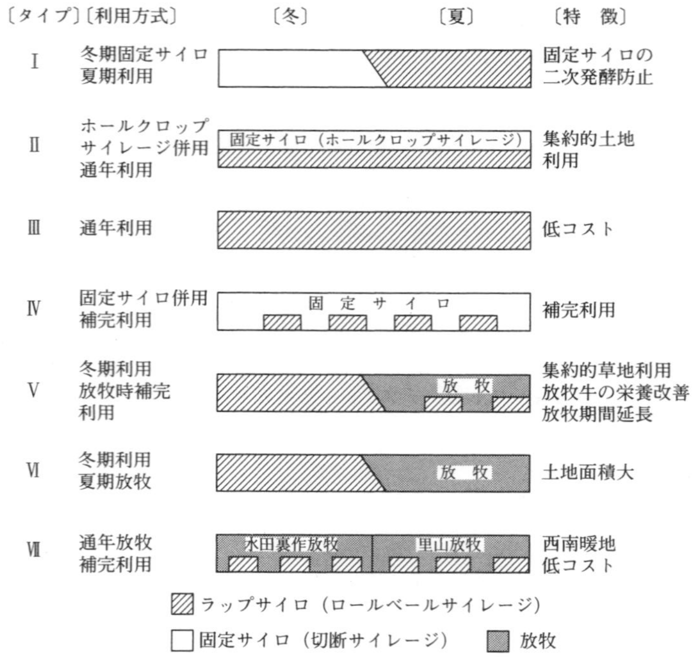

第9図　ロールベールサイレージ利用方式の類型

（萬田，1994）

第10図　ラップサイロで放牧牛の栄養補給

を示した。

タイプ1　サイレージの二次発酵の発生が少ない冬期間に固定サイロを利用し，気温が高い夏期間はラップサイロを給与する体系である。ただし，寒冷地で，固定サイロに貯蔵したサイレージが高水分の場合は，サイレージが凍結するので，ラップサイロを冬期間に利用し，固定サイロを夏期間に利用する体系もある。

タイプ2　固定サイロとラップサイロを通年平衡給与する体系である。たとえば，トウモロコシなどの高エネルギー飼料を固定サイロで，高蛋白質のアルファルファや混播牧草をラップサイロで貯蔵し，両サイレージを同時給与する。この体系は集約的な土地利用を実現し，泌乳効果も高い。

タイプ3　ラップサイロを通年利用する体系で，他の収穫機械や固定サイロ等への投資が少なく，一般に低コストである。永年牧草を中心とした作付け体系になるので，多量のふん尿処理はできない。家畜の飼養頭数と土地面積のバランスがとれた家族経営に適している。

タイプ4　数基の固定サイロを通年利用し，固定サイロのサイレージ品質やサイレージの切替え時など，都合に合わせてラップサイロを補完的に利用する方式である。

タイプ5　草地酪農地帯の放牧方式を中心とした体系である。春の余剰草はラップサイロで貯蔵し，これを冬期間に利用する他，放牧時にも，放牧牛の栄養補給や乳成分の改善を図るためラップサイロを利用する体系である（第10図）。放牧期間の延長も可能で，集約的な草地利用ができる。

タイプ6　タイプ5の粗放体系で，育成牛や肉専用繁殖雌牛などを対象に，土地面積にゆとりがある経営で実施される。

タイプ7　西南暖地で育成牛や肉専用繁殖雌牛などを対象にした体系である。夏期間は公共草地や里山等を放牧利用し，冬期間，水田裏作のイタリアンライグラスを放牧利用する。放牧草や牛の栄養状態に応じてラップサイロを利用することにより通年放牧利用が可能となる。

ベール1個用

ベール2個用

第11図　ロールヘイフィーダ（吉田鉄工）
特徴：移動ができる

6. ロールベールサイレージの給与

ロールベールサイレージを1頭ずつ個体別に定量給与するには，何らかの方法でベールを解体する必要がある。一般的に行なわれているのはベールを飼槽の側まで運搬し，手でほぐして給与する方法である。この方法は特別な道具もいらないし，カビや変質した部分を取り除いて給与できるという利点もある。定径式ベーラは解体が楽に行なえる。しかし，このままでは他の飼料と混合できないという欠点がある。また，刈り遅れた原料草は草丈が長いので，手でほぐしづらいという問題もある。さらに，かさばっているので大きな飼槽が必要になるという欠点もある。このような場合はサイレージナイフでベールを縦割りにして給与する。

混合飼料で給与する場合は専用のロールベールシュレッダで細断しなければならない。現在，ロールベールシュレッダは種々のタイプのものが市販されているので，必要に応じて機種を選定すればよいが，機械導入のための新たな投資が必要になる。また，カッティングロールベーラで梱包したベールは簡単に解体できるので，省力的であ

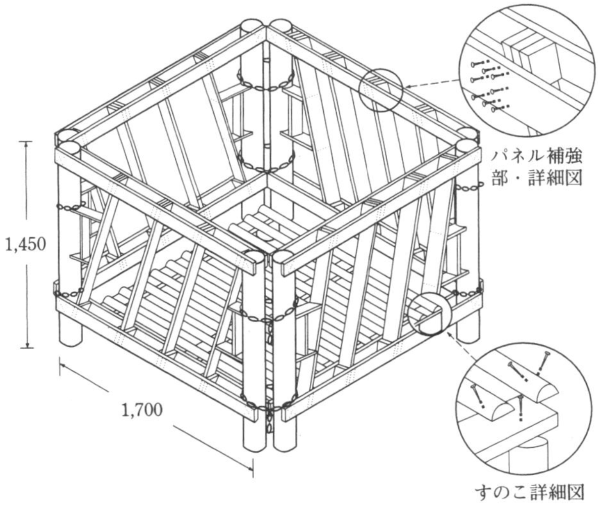

第12図　ビッグベール用給餌柵（財・日本住宅・木材技術センター）
特徴：木製で簡便

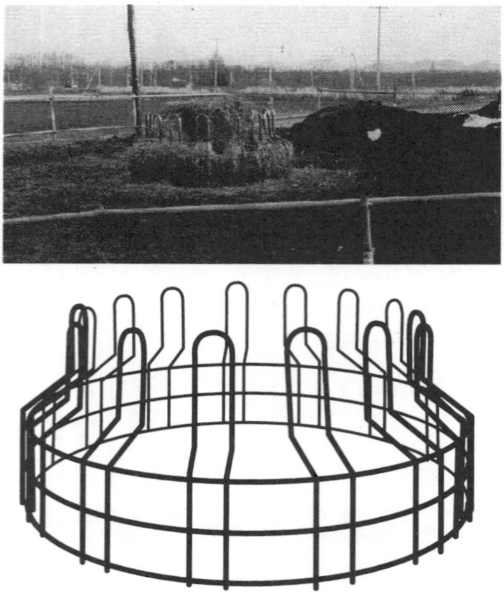

第13図　ベールフィーダ（株・ロールクリエート）
特徴：ロスが少ない，移動も簡単

第14図　ベールフィーダ（株・ロールクリエート）
特徴：ステップを設けることにより，牛はまっすぐな姿勢をとり，首の上が空いているのでストレスが少なく採食でき，ロスも少ない

るが，通常の飼料ミキサーでは混合攪拌はできない。

このように，ロールベール方式はサイレージ調製まではきわめて省力的であるが，これを個体別に一定量を給与するには，規模や給与方式に見合った処理が必要となる。そこで，粗飼料にゆとりがある経営では，一つの牛群にベールをそのまま摂取させる方法がある。この方法は，育成牛や乾乳牛ばかりか搾乳牛まで，条件さえ整えば容易に実施することができる。

(1) ロールベールサイレージの高度利用は育成期から

搾乳牛へパドックでサイレージを不断給餌する方法はきわめて省力的であるが，個体別給与から群給与へ切り替えると，弱い牛が食い負けてしまう危険性がある。このような食い負けを防ぐには十分な大きさの飼槽の設置が必要であるが，基本的には新しい育成方式への転換が重要である。

ロールベールサイレージを十分に活用した省力的な飼養法は，育成時代からその取組みが始まる。戸外飼育を中心とした群育成方式により，育成期から食い負けしない丈夫な牛をつくることが可能となる。

(2) 経産牛への給与

濃厚飼料多給型は，より正確な飼料設計と，きめ細かい飼料給与技術を駆使する必要があり，乳量がふえるとますます高度な給与技術の導入が重要となる。これに対して，グラスサイレージの不断給餌方式はより単純な飼料給与技術で十分である。さらに，高品質のロールベールサイレージは多給が可能であり，濃厚飼料を節減できる。

この方法の実施には，いくつかの前提がある。そのひとつは搾乳牛と乾乳牛の別飼いが必要なことである。このためパドックは2つ準備し，乾乳牛は未経産牛と一緒のパドックで飼養する。搾乳牛群にはロールベールサイレージがパドックで不断給餌され，朝と夕方の搾乳時のみ畜舎に収容される。畜舎では濃厚飼料が乳量に応じて給与され，搾乳が行なわれる。一般に，サイレージを外で牛群に不断給餌すると，畜舎で係留して給与する場合よりもサイレージの摂取量が増加する。その分，濃厚飼料が節減できるのである。

(3) パドックと飼槽形状

パドックはサイレージ給与，運動，休息，分娩等が行なわれる重要な場所である。排水や通風が良好で，清潔で，快適な環境の維持に留意する。また，パドックからのふん尿浸透による地下水汚染などには十分な対策が望まれる。特に，降雨によりふん尿が流去しやすいので，パドック全体へ屋根の設置が望ましい。

パドックでのロールベールサイレージの不断給餌は，1年中実施できる。乳牛の生理にとって，夏の暑さは冬の寒さよりも問題が大きいので，暑熱対策としてパドックには日陰が必要である。また，夏期間，舎外よりも舎内のほうが涼しい時間帯は舎内に収容し，夜，涼しくなってからパドックに出す方法も有効である。屋根の設置はこの点からも望ましい。

採食ロスを防ぐには飼槽の形状とサイレージの品質が重要である。飼槽は市販品も多く，種々工夫されているが（第11～15図），完全にロスを防ぐことは難しい。採食ロスは，牛がサイレージを引きずりおろしたり，首で振ってまき散らかしたりして生じる。このような行動は，ベール内での草種ムラや品質ムラが大きい時に多く観察される。したがって，草種ムラを解消するためには基本的には草地の植生が均一化するような草地管理が重要であり，品質ムラはサイレージ調製技術の高度化が必要とされよう。事実，栄養価が高く，発酵品質が優れたサイレージは採食ロスが少ない。しかし，飼槽における採食ロスのみを注視するあまり，収穫からサイレージ調製過程までのロスが少ないというロールベールサイレージシステムの有利性を見失ってはならない。

第15図　垂直バー式ベールフィーダ
（北農試総研3チーム・ロールクリエート共同開発）
特徴：バーが垂直であるため牛のストレスおよび採食ロス低減，ベールの出し入れが簡便，ソリにより移動できる

執筆　萬田富治（農林水産省草地試験場）

1996年記

細断型ロールベーラによる省力・高品質サイレージ調製技術

細断型ロールベーラ（以下，細断型ベーラと記す）は，コーンハーベスタで収穫・細断されたトウモロコシをロールベール成形できる作業機であり，対応ベールラッパ（以下，対応ラッパと記す）はそのロールベールを崩さずに拾い上げて密封する機械である。これらは2004年度から販売が開始され，府県を中心に普及が進みつつある。市販化に先立ち，2年間にわたって全国10か所で細断型ベーラの性能やサイレージの品質を調査した。その試験結果を基に，細断型ベーラの特徴を紹介する。

（1）開発のねらい

飼料用トウモロコシの収穫およびサイロ詰め作業は炎天下で行なわれることも多く，とくに農家の高齢化と人手不足が著しい府県では，人手によるサイロ詰め作業が大きな労働負荷となる。これが一因となって作付け面積がピーク時の12.6万haから約4万haも減少するなど，省力化が急務となっている。

一方，牧草の収穫・調製作業では，ロールベーラとベールラッパによる作業体系が急速に普及し，作業者1～2名での作業が可能となり，サイロ詰めの重労働からも解放され，大幅な省力化と軽労化が達成された。

このロールベーラ作業体系がトウモロコシの収穫・調製にも応用できないかとの，かねてからの要望に応え，生研センターでは府県の飼養規模30～79頭の酪農家を主な対象として，トウモロコシの細断収穫に対応した細断型ベーラと対応ラッパを開発した。

（2）開発機の概要と性能

①細断型ロールベーラ

細断型ベーラは，トラクタけん引式の作業機で，ハーベスタなどからの細断材料を荷受けするためのホッパ，ロールベールをつくる成形室，ロールベールを結束するためのネット供給装置から構成されている。通常のロールベーラには必ず装備されているピックアップ装置はない。ホッパに荷受けされた細断材料はホッパ底部の供給コンベアで成形室に供給され，成形室満量後にネットで外周を結束され，円柱形に高密度成形される。

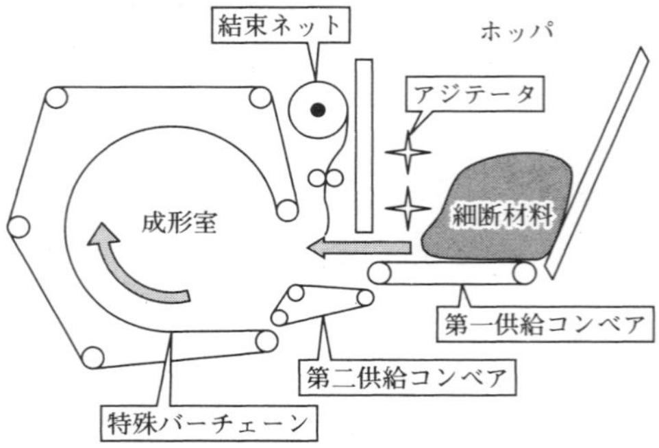

第1図　バーチェーン式細断型ロールベーラとその構造

細断ベーラには，成形室の構造がバーチェーン式とローラ式の2タイプがある（第1，2図）。

バーチェーン式は，2本のチェーンの間にタイトバーと呼ばれるパイプを梯子状に取り付けたバーチェーンで成形室を構成し，バーチェーンが動くことによって，材料をロール成形する（第1図）。バーチェーン式のホッパは，前後に2分割しており，前の部分が昇降するようになっている。

ローラ式は，それぞれが自転するローラで成形室を構成し，これらローラの自転により，成

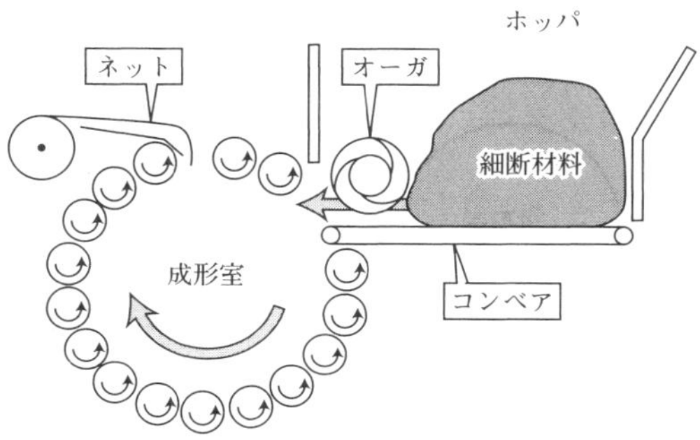

第2図　ローラ式細断型ロールベーラとその構造

第3図　細断ロールベール

形室内の材料を回転させてロール成形する（第2図）。ローラ式はホッパ内の成形室入り口に材料を均等に振り分けるためのオーガが設けられている。

ロールベールの放出時に生じるロスは平均1.3%とわずかであった。いずれのタイプもホッパに材料を一時貯留することにより，ネット結束時でも収穫作業を中断することなく連続作業

第4図　対応ベールラッパ

第5図　ワンマン収穫作業

が可能である。放出されたロールベール（以下，細断ベール）は，含水率72%のとき，平均質量が330kg前後であった（第3図）。

②対応ベールラッパ

対応ラッパはトラクタ半直装式の作業機で，細断ベールをアッパーアームとサイドアームにより崩さずに積載し，速やかに密封調製することができる（第4図）。機体真後ろでベールを積載することができるので，枕地が狭い段階でも，トラクタが進入できる幅さえあれば作業が可能である。ベール積載時および密封時に生じるロスは平均0.2%と，ほとんどロスを生じなかった。なお，従来の牧草でつくられたベールにも，直径80～100cmのサイズであれば利用可能である。

（3）細断型ロールベーラの作業体系

細断型ベーラは，主に次の3とおりの収穫作業に対応できる。

1つめは，農家手持ちのフォレージハーベスタを装着したトラクタの後方に細断型ベーラをけん引して作業するワンマン収穫作業（第5図）で，

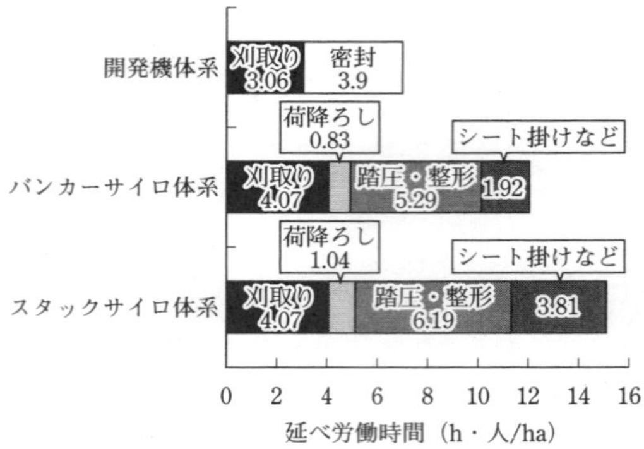

第6図　既存サイロ体系との延べ労働時間の比較

第7図　定置作業

第8図　伴走作業

対応ラッパと組み合わせて2名で収穫と調製を行なうことができる。1条刈りハーベスタを使う場合は44kW（60PS），2条刈りハーベスタを使う場合は59kW（80PS）以上のトラクタで能率的な作業が可能となる。この体系と作業者6名の組作業によるバンカーサイロやスタックサイロ体系を比較した結果，延べ労働時間が半減した（第6図）。

2つめは，圃場の隅などで，ローダーバケットなどから細断材料を荷受けしてロール成形を行なう定置作業である（第7図）。フォレージハーベスタをトラクタの後部に装着して，後進しながら収穫を行なう方法（バック刈りあるいはリバース作業と呼ばれる）に対応するもので，ホッパにはローダーバケット一杯分の細断物が積載できる。この方法は，22kW（30PS）クラスの小型トラクタで作業が可能となり，比較的小さな圃場での作業に適している。

3つめは，ハーベスタに併走して作業を行なう伴走作業である（第8図）。定置作業による枕地処理のあと，そのまま伴走作業に移行することができ，能率的に収穫を行なうことができる。

（4）サイレージの品質

①乾物密度と発酵品質・保存性

細断ベールの乾物密度は平均183kg/m^3（平均含水率72%）であり，これは垂直型サイロに4～6mに積み上げたときの底部の密度に相当する高い密度である。したがって，その発酵品質も高く，貯蔵2か月後のpHが4.0未満で酪酸は生成されず，フリーク評点が平均94，V−scoreが平均93を示した。また，長期にわたる保存性も良好で，調製12か月後までの間，pH，V−scoreはほとんど変わらずに推移した（第9図）。

また，FRP製のタワー型サイロ（容量27m^3）に8か月間貯蔵したサイレージでは，サイロの開封から使い切るまでの50日間に生じたロスが約15%に達したのに対し，同じトウモロコシ品種を同じ日に調製し，同じ期間貯蔵した細断ベールサイレージでは，ピンホールなどによる二次発酵のために廃棄しなければならなかった部分は0.03%にとどまった。

②土の付着が発酵品質に及ぼす影響

細断ベールが放出されるときに土が付着することがあり，発酵品質への影響が懸念された。このため，土が付着した細断ベールを2か月間貯蔵し，その発酵品質を調査した結果，土の付着した部分の平均面積は，ベール全表面積に対して4.6%，質量割合にして0.3%と少なかった。土の付着した部分は，付いていない部分に比べてpHが高く，乳酸含量は少なく，逆に酢酸含量が高くなったものの，V−scoreは79であり，不良発酵とは認められなかった（第1表）。また，土が付着した部分とそれ以外の全体を混和したときの品質は，土が付着していないものと比較してフリーク評点が64と低い結果となったが，V−scoreでは96と遜色がなく，実用面での問題は認められなかった。

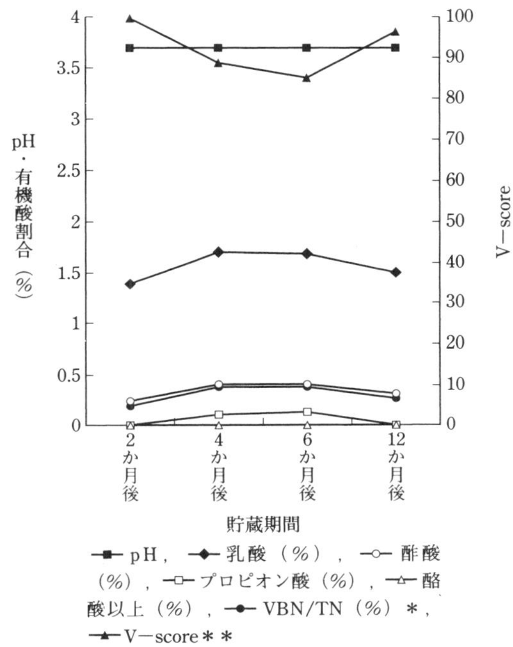

第9図 貯蔵期間とサイレージの発酵品質

＊VBN（揮発性塩基態窒素。主にアンモニア）の全窒素に対する割合

＊＊不良発酵していないことを示す指標。高いほど良好

第1表 土の付着の発酵品質への影響

	含水率（%）	pH	現物割合（FM%）			VBN/TN（%）	フリーク評点＊＊	V−score
			乳酸	酢酸	酪酸			
付着部分	75	4.1	0.72	1.02	0.00	10.7	54	79
全　体＊	72	3.9	0.97	0.57	0.00	5.4	64	96
付着なし	72	3.8	1.55	0.47	0.00	7.5	84	93

注　＊土が付着したロールベールを解体し，全体を攪拌して採取したサイレージの分析結果

＊＊サイレージの発酵品質を有機酸組成によって評価する方法。高いほど良好

ただし，2か月以上保存した場合の品質は確認していないため，作業時に土が付着したサイレージは早めに給与するのが望ましい。

③少量ずつ取り出したときの品質

飼養頭数10頭以下の小規模農家での利用を想定し，1個の細断ベールから少量ずつ取り出したときの発酵品質の経時的変化を調査した。1日当たりの取出し深さは18cm（60kg相当）とし，カッターナイフでラップサイロ上面のフィルムを切開し，サイレージフォークなどでベールの上部から，残りの部分を崩さないように留意して取り出した。取出し後のラップサイロは切開したフィルムを被せて畜舎内に保管した。試験は，平均最高気温30℃，平均気温26℃の九州地域，平均最高気温28℃，平均気温24℃の東北地域の2か所で行ない，いずれの試験地でも10か月間貯蔵したサイレージを使用した。

九州地域では，開封3日目まではpH，有機酸含量ともに変化はなく，4日目からpHの若干の上昇と乳酸の減少が見られたが，V−scoreは5日間90以上を維持した。また，サイレージ表面から5cmの深さの温度が30〜40℃で推移し，二次発酵の特徴である温度の急激な上昇は見られなかった。東北地域では，5日間，品質の変化は見られず，フリーク評点が99点以上で推移した（第2表）。

小規模経営でも，共同購入あるいは細断型ベーラを導入したコントラクタを利用することで，高品質で長期保存性に優れたサイレージを利用可能であることが認められた。

④高水分時の発酵品質

高品質なサイレージに調製するためには，トウモロコシの含水率が75%以下になる黄熟期に収穫することが推奨されているが，発酵品質の低下を承知のうえでやむを得ず高水分の状態で収穫せざるを得ない場合もある。細断型ベーラで乳熟期（含水率77〜79%）に収穫・調製して2か月間および6か月間貯蔵したサイレージは，排汁がフィルムの隙間から外部へしみ出し，ベール内部にも排汁が大量に溜まる状態であった。しかし，発酵品質は黄熟期（含水率70%）に収穫・調製したものと比較してもほとんど変わらず良好であった（第3表）。また，2か月間貯蔵と6か月間貯蔵との間で発酵品質に大きな相違はなかった。

第2表　少量取出し時の発酵品質の推移

	含水率（%）	pH	現物割合（FM%）			フリーク評点	V－score	サイレージ温度（℃）
			乳酸	酢酸	酪酸			
東　北								
1日目	59	3.9	1.70	0.38	0.00	99	—	—
2日目	60	3.9	1.69	0.33	0.00	99	—	—
3日目	62	3.9	1.70	0.27	0.00	100	—	—
4日目	65	3.9	1.89	0.33	0.00	100	—	—
5日目	67	3.9	1.74	0.37	0.00	99	—	—
九　州								
1日目	70	3.7	1.20	0.33	0.08	—	90	30.0
2日目	71	3.7	1.04	0.22	0.00	—	98	29.0
3日目	73	3.7	1.12	0.36	0.00	—	96	35.5
4日目	77	3.8	0.71	0.35	0.02	—	94	40.0
5日目	76	4.0	0.53	0.22	0.00	—	94	40.0

発酵品質が良好でも，含水率が80%近いサイレージをそのまま給与すると嗜好性が劣る問題がある。これについては，給与する前日に細断ベールの底部近くにいくつか穴を開けて排汁を抜いておけば，翌日には給与が可能となる。しかし，収穫時期が早い高水分の材料でも発酵品質は保たれるが，排汁による栄養ロスは避けられないため，適期収穫を心がけることが望ましい。

第3表　高水分材料の発酵品質

	含水率（%）	pH	現物割合（FM%）			VBN/TN（%）	フリーク評点
			乳酸	酢酸	酪酸		
貯蔵2か月後	77	3.8	3.70	0.65	0.00	13.30	100
	70	3.7	2.66	0.60	0.00	7.60	98
貯蔵6か月後	79	3.8	2.33	0.76	0.00	6.47	93

（5）ソルガム，牧草，飼料イネでの利用

細断型ベーラは，トウモロコシ以外の飼料作物にも適応可能である。トウモロコシと同様の長大作物のソルガムは，コーンハーベスタで収穫できるため，細断型ベーラもトウモロコシ収穫時と同様の作業方法で利用できる。牧草の場合は，ピックアップユニットを取り付けたユニット型フォレージハーベスタと組み合わせることにより利用可能である。

ソルガムや牧草の細断ベールサイレージも200kg/m³に及ぶ高い乾物密度となり，発酵品質が良好である。ソルガム（一番草）では，調製2か月後でV－scoreが90以上の高品質なサイレージとなった。牧草では1日予乾したローズグラスの発酵品質を調査したが，さらに成形室直径120cmの市販可変径式ロールベーラ（切断機能なし）で調製したサイレージと発酵品質を比較した（第4表）。その結果，プロピオン酸が若干生成したものの，V－scoreは87と高かった。また，従来の可変径式ロールベーラで調製したものと比較して，乾物密度が17%高く，pH，乳酸含量，プロピオン酸含量で差が見られた。

さらに，飼料イネの予乾体系にも，牧草と同様の方法で適用することが可能である。一般的

第4表　ソルガム，ローズグラスの発酵品質

	含水率（%）	乾物密度（kg/m³）	pH	現物割合（FM%）				VBN/TN（%）	V－score
				乳酸	酢酸	酪酸	プロピオン酸		
ソルガム	71	176	3.8	2.29	0.47	0.00	—	8.3	92
ローズグラス細断	59	255	4.0	3.24	0.27	0.00	0.41	0.00	87
ローズグラス対照	59	218	5.3	1.54	0.19	0.05	0.60	0.05	73

第5表　飼料イネの発酵品質　　　（喜田ら，2006）

貯蔵期間	含水率（%）	pH	現物割合（FM%）				アンモニア態窒素（g/kgFM）	V－score
			乳酸	酢酸	酪酸	プロピオン酸		
2か月	60	4.00	1.38	0.26	0.00	0.00	0.25	99.5
12か月	59	4.01	1.16	0.26	0.00	0.00	0.31	99.5

に飼料イネのロールベールサイレージは乳酸菌を添加しなければ良質な乳酸発酵が得られないが，細断ベールサイレージでは，添加剤なしでも乳酸発酵が促進され，その品質が長期間保持される（第5表）。

（6）今後のロールベーラの展開

北海道などの大規模生産地からは，細断ベールのサイズ拡大の要望が寄せられていた。これに応えて，細断型ベーラの共同開発メーカーが派生機として，直径1.15m，幅1m，重さが約800kgの細断ベールができる成形室とベールラッパを一体化した定置作業専用機を開発し，2007年度から販売が開始された（第10図）。この機械を畜舎周辺に置いて，圃場から運搬してきた細断トウモロコシをホッパに投入すれば自動的にロール成形と密封を行なうため，省力的なサイレージ調製が可能となる。また，いったんバンカーサイロに詰めたサイレージを翌春，二次発酵が進む前に本機で再調製してしまえば，発酵品質を損なわずに少ないロスで長期間利用することができる。

第10図　ベールラッパを装備した定置作業専用機

このほか，直径1m，幅85cmのロールベールができる，いわば中型も2007年度からの発売が予定されている。さらに，これと同じサイズでベールラッパがついていない代わりに，細断型ベーラと同様，ワンマン作業や伴走作業も可能な中型細断型ベーラも発売予定である。

さらに，生研センターでは，ハーベスタを装備した自走式の細断型ベーラである「汎用型飼料収穫機」を農機メーカーと共同開発中である（第11図）。これは府県のコントラクタや飼料生産組織を対象にしたもので，軟弱圃場が多い水田基盤でも機動性が高く，1台でトウモロコシ，飼料イネ，裏作のイタリアンライグラスなどの牧草と，多様な作物に対応することができる。2009年の市販化を目指して開発中である。

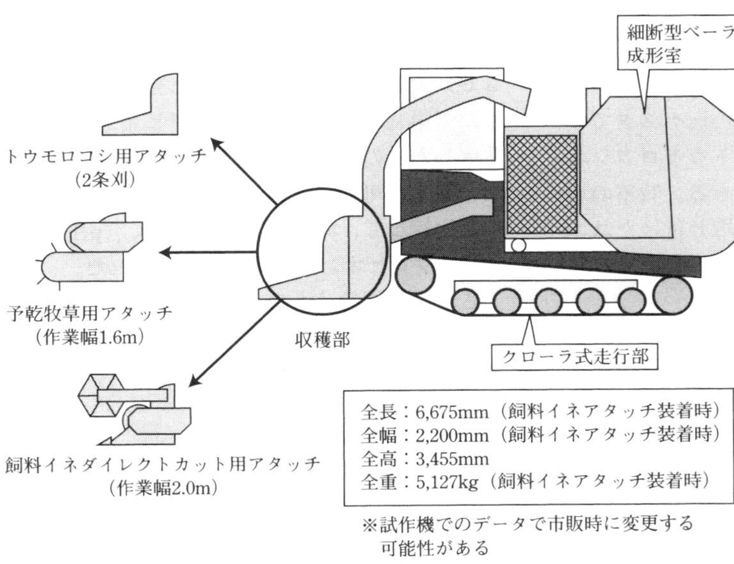

第11図　汎用型飼料収穫機の概念図

また，定置作業専用機をさらに発展させて，TMRセンターを対象に，幅広い飼養規模の酪農家に対応するためTMR材料を直径の異なる細断ベールに成形・密封できる可変径式細断物成形密封装置を開発中である（第12図）。

TMRセンターでは，近年，発酵TMRを配送するようになった。発酵TMRは，開封後の二次発酵が抑制されることや，自給サイレージやかす類などの食品製造副産物を積極的に利用できることなどのメリットがある。その一方で，トランスバッグへの詰込み作業に手間がかかるうえに，梱包密度が低く，夏場のカビ抑制が困難などの課題もある。開発中の成形密封装置は，こうした課題を解決するため，TMR材料の荷受けから密封までを全自動で行ない，粉粒状の材料が半分を占めるTMRをニーズにあったサイズに高密度かつバラツキなく成形密封することをねらいとしている。開発はまだ初期段階であるが，現場からの要望も高いため1日も早い実用化を目指し開発に取り組んでいる。

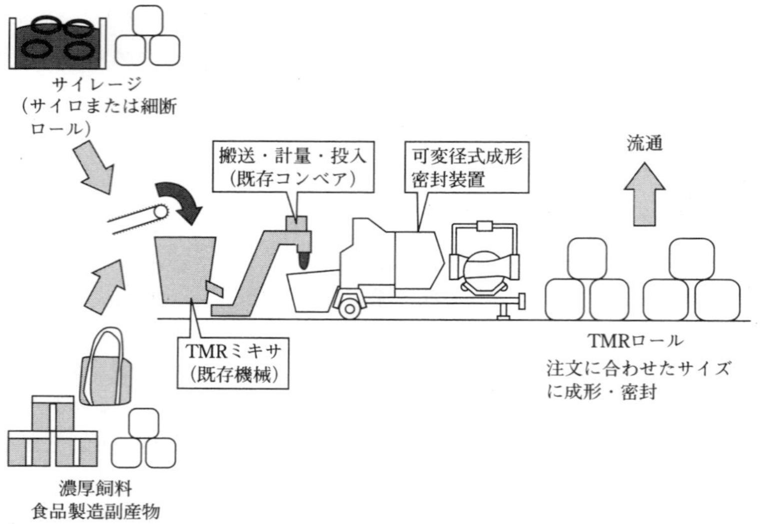

第12図　可変径式細断物成形密封装置の概念図

執筆　志藤博克（(独) 農業・食品産業技術総合研究機構生物系特定産業技術研究支援センター）
2007年記

参考文献

喜田環樹・松尾守展・重田一人・守谷直人・蔡義民・吉田宣夫・山井英喜・畑原昌明・設楽秀幸．2006．細断型ロールベーラによる飼料イネの高密度成型．畜産草地研究成果情報．No.5，49―50．

乾草のつくり方

乾草は，少量ならば好天を利用して簡便につくれる貴重な貯蔵飼料とされてきた。しかし，多量に安定してつくることは，雨の多いわが国では北海道を除いてむずかしい。そのため安定大量生産の技術は試行錯誤しながら種々行なわれており，それらを大別すると次の3つとなる。

天日乾燥　天日乾燥は牧草を刈り取り圃場にひろげて日射や風で自然乾燥させる方法で，経費も安く，機械装置を選択すれば小規模生産から大規模生産まで対応できる。しかし天候に支配されることが多いので，それを回避するために人工乾燥が行なわれる。

人工乾燥　人工乾燥は乾燥装置を使って牧草を堆積乾燥させる方法で，使用する熱源により，熱風乾燥，太陽熱利用乾燥，常温通風乾燥などに分けられる。人工乾燥は施設・機械の償却費や燃料・動力などの経費がかさむために，天日乾燥で予乾したものを仕上げ乾燥するときに利用される。

アンモニア処理　乾草のアンモニア処理はアンモニアの殺菌効果を活用することが主体で，反応熱による水分蒸発やアルカリ処効理果をもねらった新しい技術である。

Ⅰ　天　日　乾　燥

1. 気象と乾燥

天日乾燥は刈り取った牧草を圃場で乾燥させるため，熱源となる日射量のほか，飽差や温度，風などの要因が互いにからみ合って乾燥状態に影響を与える。

日射量は刈り取った牧草の水分の蒸発に直接関係する。日射量が多くなると蒸発量も多くなるので光を最大限に利用することに心がける。

牧草の含んでいる水分は，乾燥がすすみ含水率が低くなると蒸発しにくくなる。水1 *g*を蒸発させるに要する日射量は指数函数的に増加する性質があるので，乾燥前期には大量の水の蒸発のために，後期には牧草の蒸発抵抗のために多くの日射量を必要とする。

飽差は空気の乾きぐあいを表わす数値で，値が大きいほど乾いていることを示し乾燥には好ましい。飽差は日射量が多く気温が高くなれば大きくなるので，季節性を表わすこともできる。

牧草の水分が蒸発して周りの空気の飽差が小さくなり乾燥がすすまなくなったときに風が吹くと，新しく飽差の大きな空気をもってきて乾

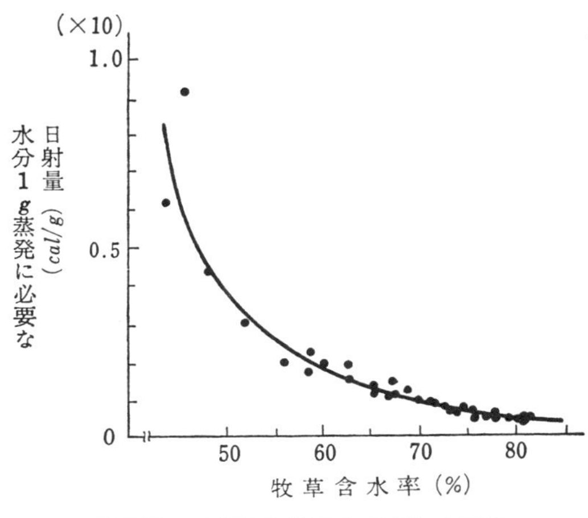

第1図　日射量と牧草含水率との関係
（ローズグラス，1968. 8. 20～21）

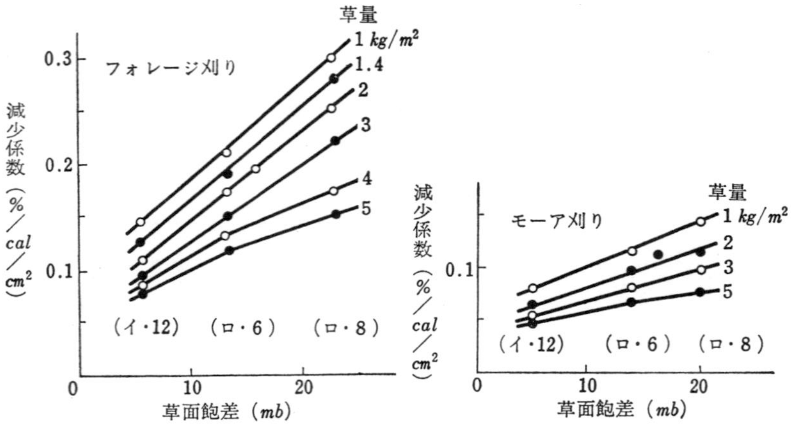

第２図　減少係数と飽差との関係

（イ・12）：イタリアンライグラス，1969年12月

（ロ・６）：ローズグラス，1969年６月

（ロ・８）：ローズグラス，1969年８月

燥をすすめる。一般的に風は，風速の平方根に比例して蒸発を促進するといわれている。

以上のような気象要因をどうやってうまく利用するかが乾燥技術の決め手となる。

2. 草量と乾燥

牧草の水分蒸発は，各含水率段階で日射量に比例してすすむ。その日射量は季節によって一定しているために，蒸発量も決まってくる。そこで，草量が２倍になると蒸発水分量も２倍になるから，乾燥に要する日数も２倍となり，この間に雨などにあう危険も多くなる。

第２図は草量ごとの日射量当たりの乾減率を，含水率20％と30％までについて飽差（季節）を横軸としてフレールハーベスタ刈り（長切り型）とモーア刈りとで表わしたものである。

減少係数は草量と飽差によって異なり，各草量とも飽差に比例して減少係数が大きくなる。しかし草量が２倍になっても減少係数は２分の１にはならない。したがって草量が多いほど日射の利用効率は高くなる。

この図から次の式がみちびかれ，圃場乾燥（30％まで）の予測が可能となる。

牧草の含水率＝（牧草の初期含水率）－（減少係数）×（0.65×日射量）

乾燥に関係ある諸要因は季節によって変わるが，日射量の日平均値は夏は500～600*cal*/*cm*²，春秋は300～500*cal*/*cm*²，冬は250～300*cal*/*cm*² であり，草面の飽差は夏は 20*mb*，冬は５*mb* である。

たとえばイタリアンライグラスの *ha* 当たり30 *t* のものを長切り型のフレールハーベスタで６月に刈り取り乾燥するとすれば，この時期の飽差は 13*mb*，日射量は 500*cal*/*cm*² であるから，刈取り時の含水率80％のものでは１日で31％にまで乾燥できることになる。

以上のことから，天候予測が２日ていど可能とすれば，作業時間を含めても，含水率30％までならば30 *t* /*ha* の収量までが天日乾燥に適していることになる。

3. 乾燥促進作業

(1) 茎の乾燥促進処理

牧草は草種によって形態が異なるから乾燥速度に差があるが，同じ草種でも茎葉など器官の部位別にも乾燥速度は大幅に異なる。第３図は形態の異なる飼料作物の天日乾燥における乾燥状態をみたものである。これによると，各作物とも茎と葉とで乾燥速度は異なり，茎の乾燥はいずれもきわめておそい。乾草づくりでは茎と葉がそろってできるだけ早く乾燥することが望ましいので，茎の乾燥を促進する技術が必要となる。

第４図は茎を圧砕したり傷つけたり切断したりする機構をもつ機械で刈り取った牧草の乾燥経過をみたものである。

天日乾燥では切断による効果はあまり大きく

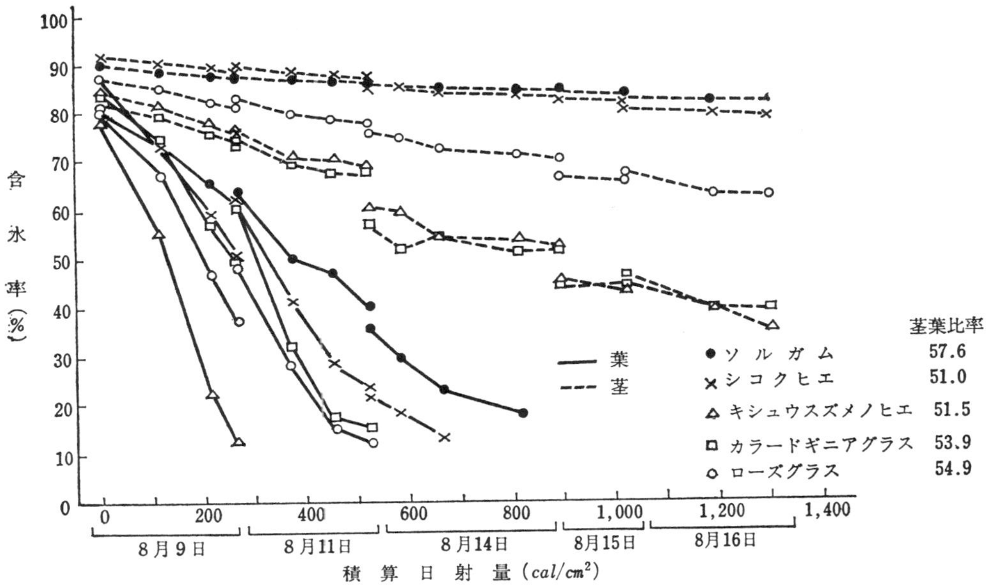

第3図 茎葉別の乾燥経過

実線：葉，点線：茎

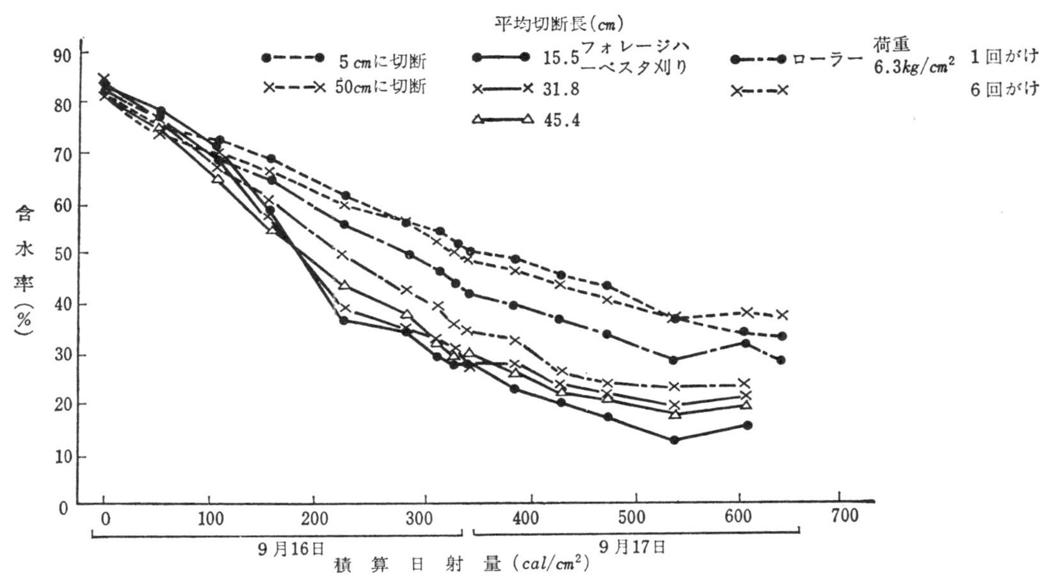

第4図 乾燥促進処理法別の乾燥経過

ないが，切断，破砕などの複合的な作用のある機械は乾燥促進効果が非常に大きいことがわかる。雨の多い西南暖地では，この機械による刈取りが適していることになるが，集草時の損失，降雨・夜露などによる養分流亡，作業能率の低下などの問題もあるので，これらを含めた条件で作業法が選択されることになる。

(2) 転草による乾燥促進

天日乾燥は，日射によって牧草表面の温度が

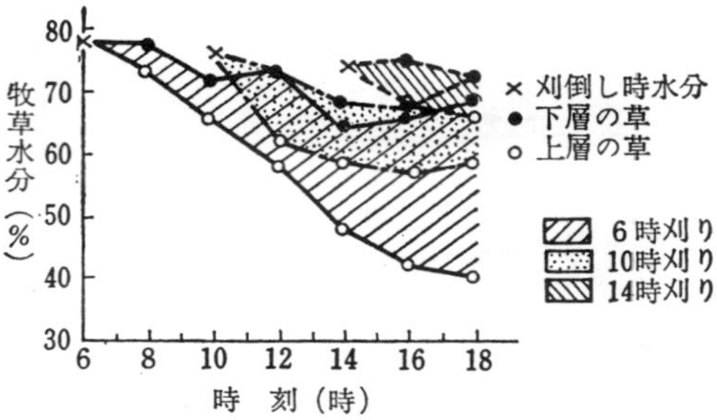

第5図　牧草の乾燥のすすめ方（松山，1975）

上昇し飽差が大きくなるため水分蒸発を促し，牧草の表面に接した空気が風で飛ばされる，ということのくり返しで急速に乾燥してゆくが，積み上げた牧草の内部では蒸発した水分で飽和した空気が動かないため乾燥がすすまない。そこで草を上下反転したり，風通しがよくなるようにふわふわにしたりして，均等に水分蒸発をすすめてやる必要がある。

第5図は刈取り時間別の上層と下層の乾燥経過を示したものである。上下層の含水率差が10％くらいになったら反転してやるとよいといわれることから，早朝刈りのものでは1日2～3回，2～3時間おきに最初は短い間隙で後期は長い間隙で転草してやるとよい。

また乾燥があるていどすすんだ条件での夜露や雨による濡れを防ぐため集草条や小堆積をつくることは有効な方法である。

4. 乾草調製作業機

(1)　刈取り作業機

牧草は生育がすすむにつれて収量が増加するが，栄養収量や消化率は出穂期を境にして低下傾向があるといわれる。乾草づくりでは日射量に適応した収量で安定した生産を保つことが大切である。

牧草の刈取機としてはモーアがある(第1表)。モーアの種類は，刈取り機構でレシプロ型とロータリ型とに分けることができる。

レシプロ型は所要動力は小さく安価であるが牧草が倒伏したり多収の草ではカッタバーがつまったりする欠点がある。上下にナイフをもつダブルナイフ型は刈取り性能はよいが，ナイフの摩耗が早く，障害物などによる刃の損傷も多い。

ロータリ型は水平に回転するディスクやドラムにフレー刃が取り付けられ，その回転運動で刈り取るもので，構造が単純で調節箇所が少なく故障の発生も少ないうえ，草量が多かったり

第1表　モーアの種類と特徴

種類	刈り幅 *m*	作業速度 *km*/時	刈取り中の旋回の難易	草づまり	終い刈り	装着	能率 *ha*/時	刈取り高さ	草種	刈り列状態	所要馬力 PS/刈り幅1 *m*	取扱い
レシプロシングル刃	1.2～2.1	5～9	難	有	難	直	～0.8	中	選ぶ	そろう	0.6～0.9	注意
レシプロダブル刃	1.8～2.1	5～10	中	無	中	直	～1.0	中	中	そろう	2.2～2.8	〃
ディスク	1.2～2.0	8～15	易	無	易	直	0.8～2.0	低	どれでも可	バラバラにひろがる	7.0～12.0	易，ただし安全性に注意
ドラム	1.3～2.0	7～15	易	無	易	直	1.0～2.0	低	どれでも可	逆倒れウインドロ	7.0～10.0	〃
モーアコンディショナ（レシプロ）	2.1～2.8	3～7	中	無	難	直牽引	2.0	中	選ぶ	整然ウインドロ	3.0～5.0	比較的易
モーアコンディショナ（ロータリ）	1.6～2.7	6～10	中	無	易	直牽引	1.0～2.5	低	どれでも可	整然ウインドロ	10.0～16.7	〃
フレールモーア	0.7～1.8	3～6	易	無	易	直牽引	0.3～0.8	高	どれでも可	飛散切断	7.0～20.0	易

倒伏したりしても草づまりがなく高速で作業できる。この型は作業能率はよいが，圃場は凹凸のないように整備されている必要があり，機械の所要動力も大きくなる。

(2) 刈取り圧砕作業機

牧草の乾燥促進には茎を傷つけ圧砕することが必要である。しかし刈取りと圧砕とを別工程で実施した従来の方式では，乾燥促進効果も充分でなく，作業トラブルも多かった。近ごろでは，刈取りと同時に圧砕するモーアコンディショナが利用される。

モーアコンディショナの刈取り部にはレシプロ型とロータリ型とがあり，圧砕部は回転刃型，クリンパ型，クラッシャ型がある。また刈り取った草を送るリールをもつものもある。

フレールモーアやフレールハーベスタ（長切り）もモーアコンディショナの一種になる。この型式は，横軸に取り付けたフレール刃が刈取り圧砕の兼用刃となり，高速回転させるために所要動力が大きく作業能率が低い欠点があるが，乾燥促進効果は大きい。

モーアコンディショナは直装型の一部を除いて刈り幅は2.1～3.0mと広く，作業能率も高くなる。また，ディスク刈取り回転刃圧砕型は所要動力が大きくなるが，第6図でみられるように乾燥速度は高い。

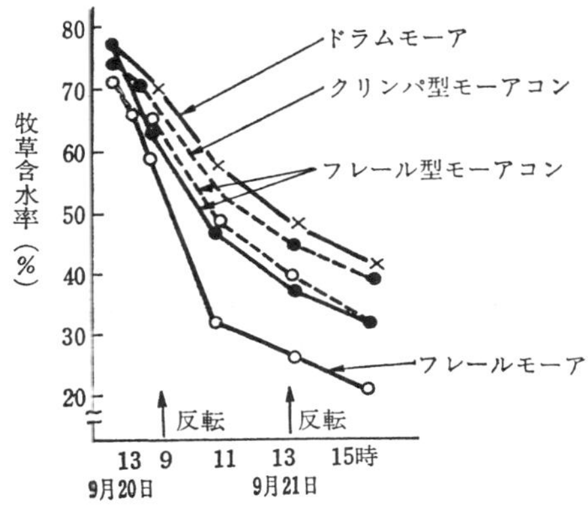

第6図　モーアコンディショナの型式と乾燥（2番草）　（北農試）

(3) 転集草作業機

牧草を均一に速く乾燥させるには上下層の反転をくり返す必要がある。一方，乾燥後は梱包のために集草作業を行なわねばならないが，両作業に兼用できる作業機が多くなっている。

第2表　テッダおよびレーキの種類と特徴

種類 一次分類	種類 二次分類	作業状況 反転	作業状況 拡散	作業状況 集草	作業幅（m）	作業速度（m/秒）	作業能率（m/時）
横軸回転型レーキ（シリンダ型）	直円筒型	良	可	優	2.6	1.2～2.5	0.6～3.2
	斜円筒型	可	可	優	2.4～2.7		
	ワッフラ型	優	良	良	1.7		
	フラッファ型	優	良		—		
縦軸回転型テッダレーキ（ジャイロ型）	1軸式			優	2.3～2.9	1.0～2.5	2.3～4.8
	2軸式 垂直ツメ	優	良	良	2.8～3.2		
	2軸式 水平ツメ	優	可	優	2.8～3.0		
	4軸式	優	良	可	3.3～4.3		
	6軸式	優	良		6.7		
ベルト型テッダレーキ	ベルト式	良	良	優	1.8～2.2	1.3～1.8	0.7～1.1
	チェーン式	良	良	優	1.4～2.0		
回転輪型レーキ（フィンガホイール型）	3輪式	可	可	優	1.3～1.8	1.5～2.5	1.3～4.2
	4輪式	可	可	優	2.2～2.6		
	6輪式	可	可	優	3.2		
	8輪式	可（集草列）	可	優	5.6～6.4		
スイープレーキ（ヘイホーク・バックレーキ）		可	可	良	—		

第3表　ベーラの種類と特徴

種　　類	梱包密度 (kg/m^2)	梱包容積 (cm^3)	大きさの調節	取　扱　い	梱包能率 (t/時)	必要トラクタ (PS)
ルーズベーラ	50～95	50×80×25	やや可	ひもがはずれやすい	2.0	30～40
タイトベーラ	60～220	65×45×35	可	持ち運び自由	3.0～7.0	30～50
ワイヤーベーラ	102～280	55×45×35	可	流通に耐える	3.7～8.0	50～70
ロールベーラ	110～140	80～180×150	可	運搬機械を要す	5.0～8.0	60～80
自走ベーラ	70 150～200	63×40×33 55×45×35	不可 可	ひもがはずれやすい 持ち運び自由	0.8 8～10	20 90

第2表は転集草に利用する作業機の一覧表である。ジャイロテッダの固定型は反転性能が高いが，狭い圃場では飛び散りが多くなる。サドデリベリレーキやヘイメーカといわれている転集草兼用機は，集草性能は高いが転草性能は低い。ジャイロ型もタインを摺動できるものは集草機として利用できる。

(4)　梱包作業機

乾草はかさばるので，取扱いを容易とするために梱包して密度を大きくする。梱包機には第3表のようなベーラが使われる。

タイトベーラは，梱包の大きさや密度の調節が可能で人力によるベール取扱いにも適しているため，多く利用されている。この型式は，梱包する密度や処理量の増加につれて馬力が増大し，馬力変動が大きい欠点がある。

ビッグベーラはベール体積が0.8～5.4m^3と大きなもので，梱包形状には角形と円筒形がある。主体は円筒形で，ベールの直径を変えられる可変型と固定された定形型とがある。構造は比較的簡単であるが，機械が大きくなりベールが満杯になると重量も重くなる。梱包能率は毎時5～8 tとタイトベーラより少し大きいていどで，必要とする正味の動力はチャンバ満杯時に最大の20～40馬力となるが動力変動は少ない。梱包後の収納作業がトラクタによる機械作業となるために，省力的で能率的になる長所をもっている。

Ⅱ　人　工　乾　燥

1.　人工乾燥の条件

人工乾燥は牧草を堆積して人工的に乾燥させる方法で，通風操作と加熱などの操作とができる機械施設で行なう。

牧草の乾燥経過には材料の予熱期間と恒率乾燥期間，減率乾燥期間がある。しかし，牧草水分は刈取り直後は多いので，圃場で予乾した含水率30～40%以下の減率乾燥期から始めることが多くなる。

乾燥速度は牧草に含まれている水の蒸気圧と空気中の水蒸気圧との差に比例するとされているため，送風機の風量やその風の温度・湿度，また牧草の状態などによって大きく影響される。

乾燥速度と送風温・湿度との関係をみたのが第7図で，低温度域の送風では湿度による乾燥速度差は小さく温度による差が大きくなる。しかし送風する空気の温・湿度と牧草水分との間にはつりあうところがあり，これを平衡含水率という。温度が高く湿度が低いほど平衡含水率は低くなる。草の種類によっても異なるが牧草では温度30℃では湿度40%で含水率10%，60%で17%となる。

送風量については，牧草の含んでいる水分1 kgに対しての送風量を風量水分比として指標とする。第8図でみられるように，高温時には送風量を大きくすると乾燥速度は高くなる。風量水分比0.05m^3/秒・kg以上では速度増加が逓減しており，燃料効率や乾草仕上がり品質を考慮して，乾燥装置の型式に適するような送風が必要となる。

堆積した牧草中を送風するには，通風するための静圧が必要となり，次の式で表わされる。

$$P=\alpha\times D^{\beta}\times V^{\gamma}\times d^{\varepsilon}$$

P：静圧mm水柱，α：常数，D^{β}：堆積高さm，V^{γ}：風速m/秒，d^{ε}：堆積乾物密度kg/m^3

ベールされたものでは，切断面の風向で

$\alpha=8.73\times10^5$，$\varepsilon=1.556$，$\gamma=1.37$

とされる。梱包では風速0.10～0.13m/秒の範囲で乾物密度133.3kg/m^3，含水率40％の切断面の風速は，通風距離1m当たり水柱10mmであるのに対し，結束面では1.6倍となる。

送風動力は送風量と静圧の積に比例して大きくなるから，積込み方法に工夫が必要になる。

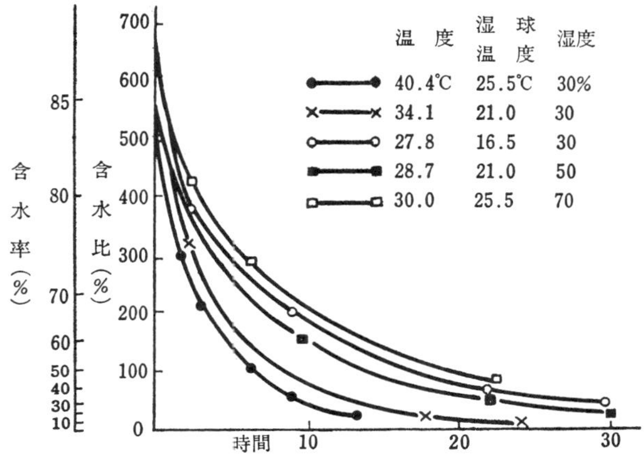

第7図　送風の温・湿度と乾燥速度　（農事試）

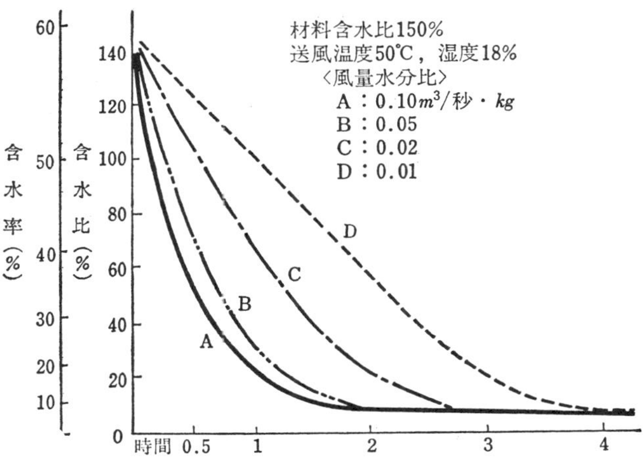

第8図　送風量と乾燥速度の試算　（農事試）

2. 乾燥装置の構造と種類

乾燥装置には多くの種類があるが，実用的には常温通風乾燥，太陽熱利用乾燥，熱風乾燥に大別している。

(1) 常温通風乾燥装置

常温通風は，導風路やすのこ床を設け，その上に牧草をばら，または梱包して積み，送風機で常温の空気を送り込み長時間かけて乾燥させるもので，牧草の水分を吸収した空気が再循環しないような注意が必要である。送風量は風量水分比を0.005m^3/秒・kg以上にとるとよいとされる。

ヘイタワーも通風乾燥と貯蔵庫を兼ねる方式で，第9図のように側壁に排気孔をもったタワーサイロの中央部に導風路を設けながら牧草を1～2mずつ詰め込み，導風路から通風して乾燥し順次積み込んでゆく。取出しはトップアンローダで導風路に落としベルトコンベヤなどで搬出する。この常温通風方式は悪天候がつづくと乾燥しないので，補助熱源を使い熱風乾燥とするばあいもある。

(2) 太陽熱利用乾燥

太陽熱利用乾燥は空気を加温して乾燥する。ビニール内や透光性のある樹脂材を使った屋根によって温められた空気を，詰め込んだ材料を通して吸引・通風する簡易方式と，透光性のある屋根からの日射を集熱器で受け送風気を加温するソーラハウス方式とがある。

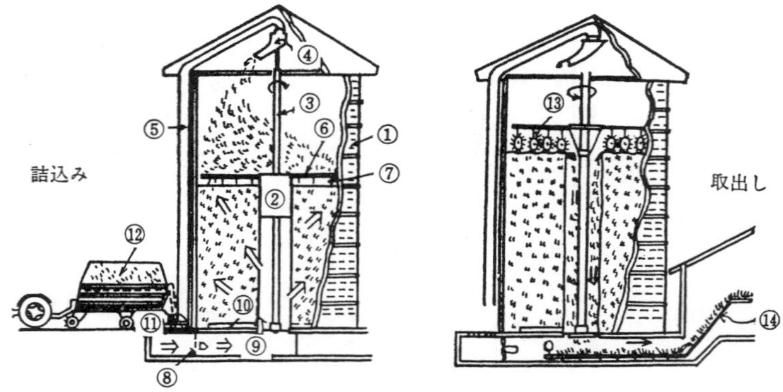

第9図　ヘイタワー

①側壁（スレート），②プラグ，③センターマスト，④アジテータ，⑤ブロアーシュート，⑥アンローダアーム，⑦レベリングタイン，⑧ファン，⑨導風路，⑩すのこ，⑪吸上げブロアー，⑫ロードワゴン，⑬アンローディングリール，⑭取出しコンベア

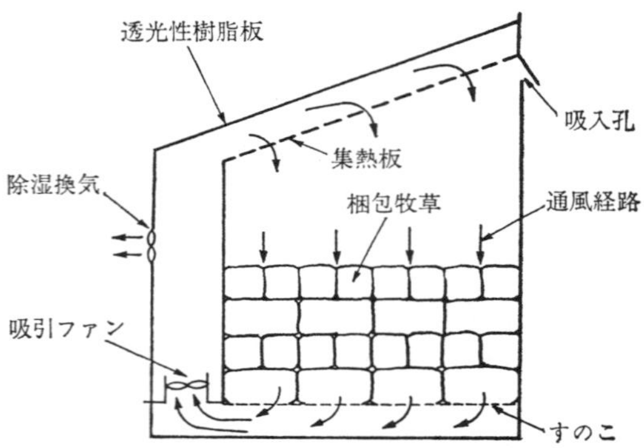

第10図　ソーラハウス乾燥の例

簡易ビニールハウス利用型は，床面にすのこを設けた上に牧草を積み，すのこの下から送風機で空気を吸引し，ハウス外に排出して乾燥する。乾燥装置として使うときは風量水分比を0.002〜0.005m^3/秒·kgと大きくし，貯蔵庫と兼ねるときは0.002〜0.0005m^3/秒·kgと小さくして送風するとよい。1馬力モータで30〜40m^2のすのこ面積に密度70〜100kg/m^3で詰めると2〜4 t処理となる。乾燥装置として使えば3〜4日で，貯蔵装置として使えば6〜10日で乾燥することができる。

ソーラハウス方式は，第10図のように透光性のよい樹脂材の屋根の内側に設けた多孔の集熱板で空気を温め，堆積した牧草の中を吸引・通風し，排出されてきた空気を乾燥後期は再び利用する一部循環式の構造となっている。太陽熱利用方式は好天でないと乾燥しないので，雨天日は発酵を防ぐ断続通風とする。

(3)　熱 風 乾 燥

熱風乾燥には堆積した牧草に通風して水分蒸発をはかる一般的な方法と，材料を移動させて乾燥させる特殊な方法とがある。両方式とも熱を与える火炉と通風するための送風機を備えている。

熱風乾燥では乾燥室が開放型のものと密封型のものとがある。密封型は第11図の例のように熱風発生装置，吸引型送風機，乾燥室および導風路からなり，熱風発生装置には燃料を直接燃やした空気を送る直火式と燃焼炉で燃やした熱を熱交換機で空気に伝える間接加熱式とがある。直火式は，熱効率はよくなるが火災などの危険があることから，牧草乾燥に使うには注意が必要である。

乾燥室は，乾燥材料の積込み・取出しを効率的にするためにパレットに積んだまま乾燥できる構造になったものである。

燃焼炉で加温された空気は，送風機で吸引または送風されることによって堆積した牧草内を通過する間に牧草の水分を奪い，排気導風路から排出される。この排気は，乾燥初期は送風気の吸湿能力限界まで水分を奪ってくるので装置外に放出するとよい。しかし乾燥がすすみ排気水分が減少してくると，排気の一部を循環させて再使用すれば加熱の効率が高まり，乾燥の促進にも有効なため，そのような導風路の構造となっているのが密封式である。

開放型は常温通風乾燥装置などと同じ構造をもち，送風する空気を加熱するための火炉を備

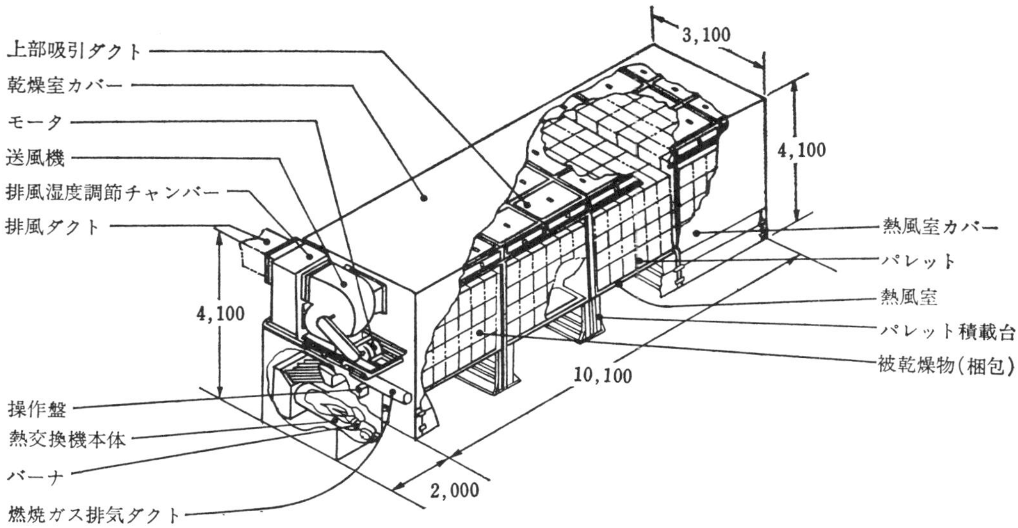

第11図　熱風乾燥機（単位：*mm*）

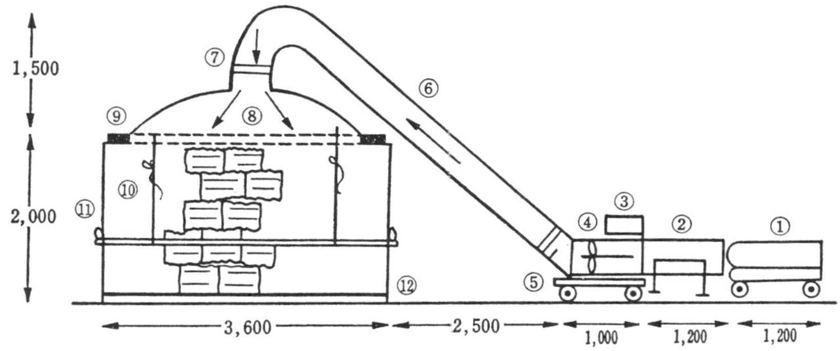

第12図　熱風簡易乾燥機の一例　（単位：*mm*）（向山）
①直火式ヒータ，②燃焼ダクト，③モータ（5.5*k*W），④軸流ファン，⑤安全サーモ，⑥送風ダクト，⑦脱着ファスナ，⑧キャンバスフード，⑨押え枠，⑩締つけロープ，⑪横締パイプ，⑫木製すのこ

えている。材料牧草の積込み労力を省くためにワゴンに積み込まれたまま通風して乾燥させる方法や，第12図のように装置を移動させて乾燥させる方法がある。移動装置は，梱包した牧草を積んだ上からキャンバスフードをかぶせ，熱風を軸流送風機で通風し，すのこの下から排気する方法である。毎時88,000 *cal* の熱量を毎分300 m^3 の送風機で送風するばあい，含水率30%に予乾した牧草ならば，5段に積んだ200個（2.5～3.0 *t*）を8～10時間で乾燥できる。

特殊な乾燥方式として牧草の圧縮成形の前処理などに利用されている高温急速乾燥法があり，切断された草を流動させながら乾燥する機械などあるが，ここでは略す。

3. アンモニア処理

(1) 乾草のアンモニア処理

牧草を予乾し含水率が30～40%になったものをアンモニアの殺菌作用によって調製保蔵するものである。

アンモニアは気化しやすく材料中によく拡散浸透し，殺菌だけでなく，材料の繊維成分の消

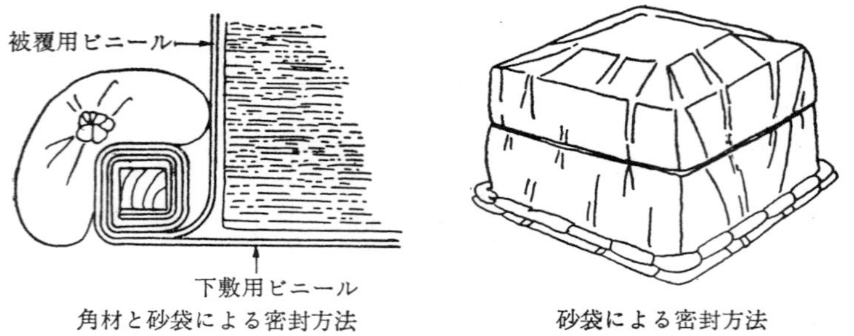

第13図　アンモニア処理方法　（加茂）

陽熱の吸収もよく牧草の日焼けを防ぐことができる。

アンモニアの注入にはガス状での注入法と液状での注入法とがある。ガス注入法は，堆積材料の直下面にホースを挿入し，ガスボンベと調整器のバルブを

化性の向上や粗蛋白質を増加させるなどの効果もある。アンモニア処理の化学反応は，温度が高いほど反応速度が高くなる。すなわち貯蔵中の外気温が高いと短期間に処理効果があがるが，外気温が低いと長い貯蔵調製期間を要する。

適当な貯蔵調製期間は春夏は１～２週間，秋冬は６～８週間と考えられている。乾草として保蔵するには，給餌の時期まで密封しておくのがカビの発生や変敗が防止できてよいとされている。

(2)　アンモニア処理作業法

アンモニアは毒性が強いから，風通しのよい屋外で日当たりのよい場所を選ぶ。一般にはスタック方式で行なうのがよい。下敷用ビニールフィルムを敷いてから，すのこ板や角材などを置き，その上に予乾草をばら積みまたは梱包して２mくらいの高さに積み，被覆用ビニールフィルムをかけ，下敷と被覆用のビニールフィルムの端を一緒に巻き込んで，重しをして密封する（第13図）。

ビニールフィルムは透光性のよいものでは牧草が日焼けして茶褐色となる。黒色にすると太

開いて注入する。液注入法は，堆積した材料の上部に数か所に分かれた注入口を設け，ボンベの排出口をつねに液が覆うように傾斜させながら注入するが，液が集中的に垂れて床などにたまると結氷するから注意する。

アンモニアの注入量は材料の乾物重当たり３～４％以上の注入では効果に大きな差はないが，経済的な面も考え，注入量は含水率20～30％の材料では生体重当たり1.5～2.0％，30～40％の高い水分の材料では2.0～2.5％にする。

注入量は台秤で秤量する。アンモニアのガス発生量は春夏期では１日当たり20～23kgとなる。注入が完了したら密封し，被覆ビニールが風などにより破損しないようゴムバンドやひもなどで周囲を締め付ける。

(3)　作業上の注意

アンモニアはきわめて有毒なガスであるから，注入時の風向きに注意し，ガスを直接吸入しないようにする。また，アンモニアは空気中濃度が15～18％では引火する危険がある。注入時にパイプなどが氷結することがあるので，衝撃などによる破損にも注意が必要である。

Ⅲ　乾草作業のすすめ方

1.　天日乾燥の作業体系

天日乾燥は機械装備や労力に合わせて，多少にかかわらず生産することができる。ただし天候に影響されることが多いので安定生産はむずかしく，北海道を除いては大量につくられる例は少ない。

第４表は北海道における機械化一貫体系の標準指標として想定したものを一部修正した体系

第4表 乾草収穫体系（ベーラ梱包によるばあい）　　　　（ホクレン・全農）

	トラクタ台数	作業機の種類と台数	乾草仕上げ日数	テッダ回数	作業方法	作業可能面積	
						作業期間40日	作業期間45日
①	65PS 1台	ディスクモーア（1.6*m*）1台 テッダ（3.0*m*）1 サイドレーキ（3.0*m*）1 ベーラ（タイト）1	3日	3回	ⓂⓉⓉ ⓉⓈⒷ ←→←→←→←→ ⓂⓉ Ⓣ (TS) Ⓑ	*ha* 24.0	*ha* 27.0
②	45PS 1台 65PS 1台	モーアコンディショナ（牽引2.6*m*）1台 テッダ（2.6*m*）1 サイドレーキ（2.6*m*）1 ベーラ（ビッグ）1	3	3	Ⓜ Ⓑ ←→←→←→ Ⓣ Ⓣ ⓉⓈ Ⓜ Ⓑ ←→←→←→ Ⓣ Ⓣ ⓉⓈ	43.0	49.0

注 1. 作業は3日仕上げ4日無降雨条件で設定した
2. Mはモーア，モーアコンディショナ，Tはテッダ，Sはサイドレーキ，Bはベーラを表わす
3. 乾草は庭先までの運搬として格納は体系からはずした
4. ベーラの作業時間率は，①では42％，②では73％

である。

①はトラクタ1台を利用した個人生産の体系で，4日無降雨日がつづくとして3日仕上げとすると，1日目にディスクモーアで刈り取り2回転草し，2日目も再び早朝から刈り始め前日分とあわせて転草する。3日目は転草をくり返し，乾燥が完了したものから集草してベーラで梱包，ベールローダで拾い上げてトラックで運搬収納する。このばあい1回の作業は2.5*ha*くらいを単位として実施する。

②の体系はトラクタ2台を使った規模の大きな生産である。刈取りは乾燥促進のためにモーアコンディショナを使った作業で，1回の作業面積は4.5*ha*くらいとし，転草3回をくり返し，集草してビックベーラで梱包しハンドリングの省力化をはかる。ビックベーラによる梱包は，乾燥が未熟だと自然発火を起こす例が見受けられるので充分乾燥させる必要がある。

乾草生産は天候に支配されることが多いので，危険回避を考慮すると1回の処理面積を小規模とした多回生産の方式が無難となる。

2. アルファルファ，混播牧草の乾燥

アルファルファは飼料価値が高く貴重な家畜飼料だが，乾草に調製するときに落葉が多く飼料価値の低下がはげしい。このため落葉が少ない乾燥前期は天日乾燥し，落葉が多くなる後期に常温通風乾燥を組み合わせた作業法が先進農家でとり上げられている。

アルファルファの茎は厚肉であるため葉と茎の乾燥速度差が大きい。そのため，茎の乾燥を速めながら落葉も少なくできるような機械作業が圃場における天日乾燥では大切となり，機械の型式選択が重要となる。

刈取り作業は茎の乾燥を促進するためにモーアコンディショナがよい。フレール型やスポーク型の回転による圧砕機構のものは衝撃が大きく，切断や落葉などが多く生じて集草や梱包作業時の損失の増大に結びつくため，レシプロ型のクリンパ圧砕機構のモーアコンディショナが適している。

仕上げ乾燥を人工乾燥とするため，均一に予乾して梱包しないと乾燥装置でムラ乾きとなり

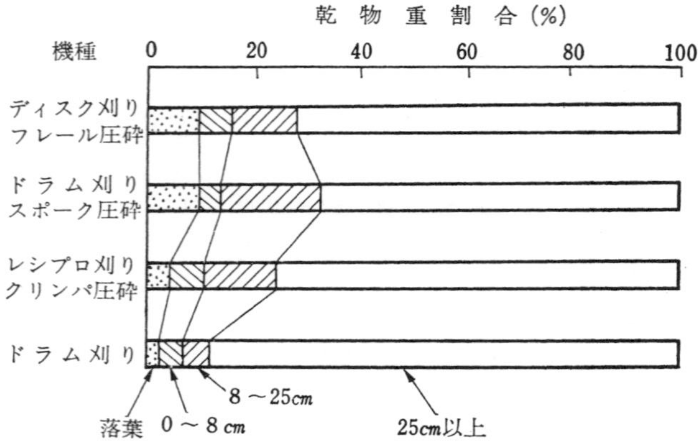

第14図 アルファルファの刈取り時の落葉と切断長
（北農試）

第5表 テッダによる転草と落葉損失程度
（北農試）

供試機	刈取期	条件	最終含水率(%)	葉重比(%) 開始時	最終時	差	落葉損失(%)
S_1	1番草	固定	36.9	32.5	23.5	－9.0	27.7
		摺動	46.9	32.5	30.5	－2.0	6.2
P	2番草	固定	20.6	39.3	29.1	－10.2	26.0
		摺動	20.9	39.3	33.3	－6.0	15.3

乾燥効率を悪くするので，転草は入念に行なう必要がある。しかし，転草性能のよいタイン固定式のジャイロテッダは乾燥速度は高くなるが落葉が多くなる欠点がある。そこでタイン摺動式ジャイロテッダを毎分400回転と小さくして使うと，含水率20～46%までの乾燥では落葉損失を10～20%少なくすることができる(第5表)。

集草作業は転草に使ったタイン摺動式を使い，タインピッチを細かにするよう作業速度を低くして集草し梱包する。そのさい，通風をよくするために少しゆるめとし，縦が横の2倍になるように形状・大きさをそろえてタイトベーラで梱包する。

常温通風乾燥装置は風量で乾燥させるため長時間を要するので，積込みと搬出を交互に実施できるよう中央に送風ダクトを，両側に牧草を堆積する空間を設け，ダクトからの送風口にシャッタを取り付けておくと便利である。

送風機に静圧20～30*mm*（水柱）確保できるものを使えば，高さ2.0*m*くらいまで積み乾燥させることができる。1回の積込みは3～4段とし，切断面を上下にして各段を井桁に，ベールとベールとのすきまをつくらないよう密に積み，2～3日送風し乾燥させる。さらに，2～3段を同様に追い積みする方法で積み込み，1～2日は昼夜連続送風し，以後日中送風する。ただし牧草の水分が多いと停止時に発酵するので，それを抑えるために断続的に15～30分送風してやる。雨などがつづいて乾燥がすすまないときは，補助熱源を使うと安全に乾燥させうる。好天がつづけば，常温通風だけでも10～15日の送風で含水率15%ていどの乾草に仕上げられる。

3. 太陽熱利用の簡易乾燥

西南暖地は乾草生産が梅雨期や秋雨の時期にあたるうえ，作業規模が小さいために充分に機械を装備できない。そのために次のような作業技術が望まれる。①圃場乾燥速度を高める。②乾燥速度が低下する時期を人工乾燥として安定させる。③機械装備をできるだけ少なくし，有効に使えるようにする。

以上の条件から，第6表に示すようなフォレージハーベスタを汎用的に使う作業体系とした。

刈取りは日射量を有効に使うために早朝刈りとし，収量は10*a*当たり3*t*を基準に，フレール型フォレージハーベスタを長切りに調節して

第6表 小規模乾燥の体系

刈取り（長切り）↓	フォレージハーベスタ
反転（予乾）↓ 集　草	ヘイメーカ
拾い上げ 運　搬 収　納 ↓	フォレージハーベスタ ファームワゴン
貯蔵乾燥 取出し 運　搬 ↓	貯蔵乾燥装置 （常温吸引通風・トレンチ型）
給　与 ↓	人力

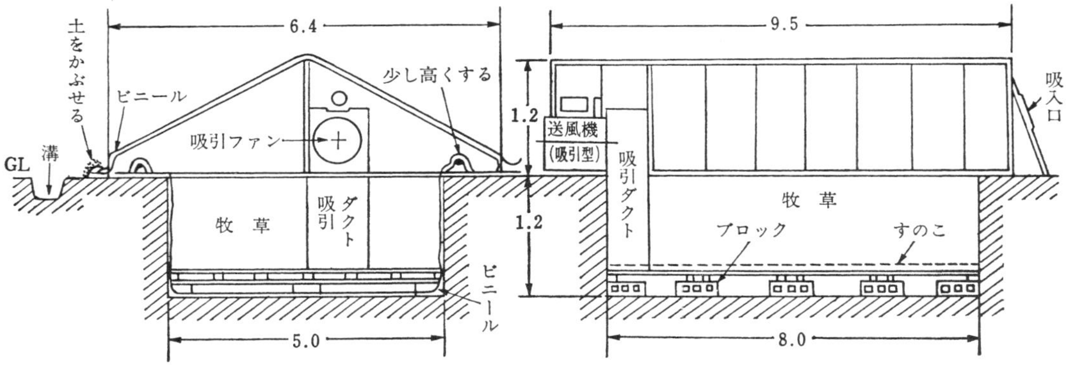

第15図　トレンチ型簡易小型貯蔵乾燥庫（単位：*m*）
パイプビニールハウス，吸引ファン38φ軸流２段，モーター単相200Ｖ　１ＰＳ

作業する。刈取り能率は毎時30 *a* となるから１回の処理面積を50 *a* くらいとし，作業機準備も含めて２時間で終了する。

転草は狭い面積で転集草に兼用できるベルト式を使う。１日３～４回の転草をし，含水率が30～40％まで低下したら小集草条か，集草なしでフォレージハーベスタ（短切りに調節）で運搬車に拾い上げ収納する。この予乾草は第15図のような貯蔵乾燥装置に詰め込んで乾燥する。貯蔵乾燥装置は，サイレージ生産のサイロのようにスタック型やバンカー型，トレンチ型などの貯蔵槽をつくり，屋根を透光性のよいビニールフィルムやファイロンなどとし，温められた空気を堆積牧草中を吸引・通風して乾燥させる。

送風機は１馬力用のものを使えば風量１ m^3/秒，静圧30 *mm* 水柱の能力が得られる。そこで，風量水分比を 1/1,000～５/10,000 m^3/秒・*kg* にとれば，含水率40％の牧草なら 2.5～12.5 *t* 乾燥可能で，安全率をみても１回の刈取り面積から得られる約４ *t* の予乾草は充分収納できる。

４ｔの予乾草を高さ 1.2 *m* に積み込むと，ばら状態での積込みは m^3 当たり 100 *kg* なので，約５ *m* ×８ *m* の貯蔵槽をもつ装置になる。

この装置に予乾草を均一に積み込み，その直後は２～３日昼夜ともに連続に通風し，以後日中だけの通風で好天時は５～７日で乾燥が完了する。乾燥がすんだ牧草は他の貯蔵装置に移動させ，新たに牧草を積み込んで再び乾燥させるようにする。しかし降雨つづきでは乾燥しないので，発酵を防止する断続送風をしながら好天を待つ必要がある。

以上の方法で，30馬力のトラクタ１台を使って安価に安全に乾草をつくることができる。

執筆　増田治策（農林水産省草地試験場）

1984年記

引用文献

増田治策ら．1978．牧草の乾草生産に関する研究．九州農試報．20（1，2）．

松山龍男．1978．アルファルファの収穫．北農試研資料．6．

渡辺鉄四郎ら．1953～1962．通風乾燥法に関する研究Ⅰ～Ⅵ．関東東山農試報．4～18．

大根田襄ら．1973．ヘイタワーの利用試験(1)．農機誌北海道支部．14．

川上克巳．1973．梱包牧草の通風抵抗．農機誌北海道支部．15．

藤岡澄行ら．1983．アルファルファ混播牧草の常温通風乾燥技術の改善．北農会．50（3，4，7）．

加茂幹男．1983．粗飼料のアンモニア処理法．機械化農業．11．

北農試畜産部．1984．多雨多湿期における牧乾草のアンモニア処理調製貯蔵法．北海道農業試験会議資料．

ホクレン・全農．1976．機械化一貫体系標準指標（北海道）．

向山新一．1983．簡易装置による乾草作りの実用化．関東草飼研究．7（1）．

全農農機部．1981．図でみる飼料作物の機械化．講習資料．№20．

フォレージマット調製法

1. 乾燥速度促進の研究

乾草調製作業においては，降雨による品質の低下を防ぐため，乾燥速度を速める目的で機械的に茎を圧砕するコンディショニングが行なわれてきた。コンディショニングによって乾燥速度が改善されたとはいえ，乾草調製には2～4日を要しており，良質な乾草調製を行なうためには収穫期の天候条件に恵まれなければならない。

このため，マメ科牧草の落葉損失がなく，刈り倒したその日に収穫できるほど乾燥速度の速いマット調製法の研究が，アメリカ，カナダ，ドイツなどで行なわれており，作業機の試作研究を中心に成果が発表されている。マット調製技術は，新しい牧草収穫法として世界的に取り組まれている課題である。本稿では，海外の研究事例を紹介する。

2. 摩砕したマット牧草の物理的特性

マット調製法の最大の特徴は，牧草の収穫作業が天候の影響を受けにくいことである。この調製法は生草を刈り倒し，摩砕した後，圧縮して薄いマット状にし，刈り株上に置いて乾燥させるものであり，乾草，サイレージいずれの調製にも利用できる。

いくつかのタイプのフォレージマットメーカがすでに試作されている。作業機は通常，牧草の茎を擦り潰す摩砕部と，摩砕した牧草を1cm程度の厚さのマットに成形するマット成形部から構成されている。

アメリカのウィスコンシン大学マディソン校の米農務省畜産・牧草研究センターで行なわれている研究では，アルファルファのマットが良好な天候下では，4～6時間で水分が20％まで乾燥すると報告されている（Shinners *et al.*,1987，第1図）。カナダ，ケベックのセントホイ農業試験場の試験結果では，慣行のウィンドローに比べチモシーで1.6倍，アルファルファで2.4倍の速度で乾燥し，平均して圃場での乾燥時間が半減し，降雨に遭った場合もマット調製法の乾燥が速いことを報告している（Savoie *et al.*,1993）。

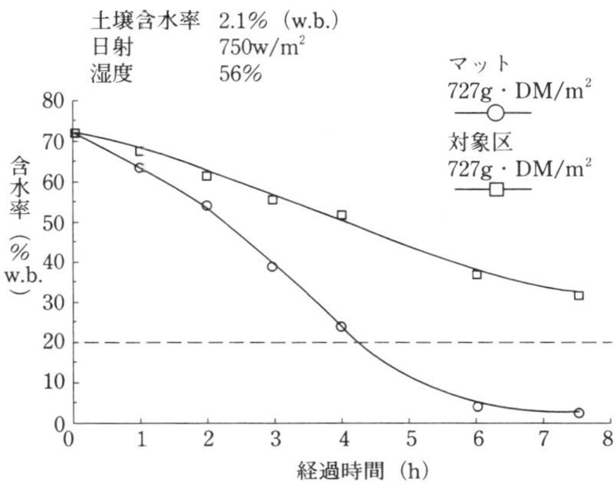

第1図　経過時間と含水率の関係

（Shinners *et al.*, 1987）

摩砕した牧草を結合力のあるマットに成形する目的は，ロスを防ぐためであるが，摩砕した牧草を6～8mmの薄いマットに圧縮成形して刈り株上に置いたほうが，マット成形しないものよりも速く乾燥することが示されている。これは，小片が親密にくっつき合うマット構造では，熱と水分の伝導率が高くなるためと考えられている。日射によってマット表面に発生する熱が拡散し，水分は毛管作用で湿った部分から乾いた部分へ移動すると説明されている。仮に，牧草を摩砕のみで置いた場合や，マットの厚さが厚い場合は，乾燥する層が表層部分のみとなり，摩砕による乾燥の有利性は失われる。

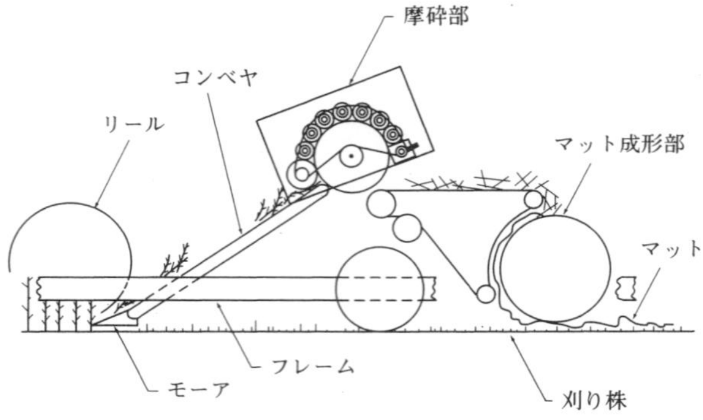

第2図　フォレージマットメーカ概略図
(Shinners *et al*., 1993)

第3図　摩砕・マット成形されたアルファルファ

一般に，適正に成形されたマットの乾燥速度は，慣行のコンディショニングされた牧草に比べ，1.5～3.0倍となる。この乾燥速度では，1日で乾草調製・梱包ができる水分となる。サイレージ調製の適水分である50～60%に乾かすためには，2～3時間が一般的とされている。

'乾燥促進の理由は，摩砕された材料の比表面積の増大だけでなく，材料の黒色化による太陽エネルギーの吸収率の向上ということで説明されている。適正に成形されたマットの乾物見かけ密度は，130～160kg･DM/m³である。この数値は，乾草ベールの場合と同程度である。

3. 摩砕牧草サイレージの特性

シンナーズは，切断したアルファルファと摩砕したアルファルファの圧縮特性を比較している。落下するハンマーで同一のエネルギーを，水分60%の摩砕したアルファルファと長めに切断したアルファルファに加えたところ，乾物見かけ密度は，摩砕したものと，切断したものでそれぞれ，208と170kg･DM/m³になった。サイレージを調製するさい，高密度化は酸素濃度を低く保つために重要であり，サイロからサイレージを取り出すときの酸素の進入を防ぎ，二次発酵を防ぐことができる(Shinners,*et al*.,1988)。

マックらは，アルファルファをマット調製した場合と慣行法で調製した場合のサイレージ発酵の特性比較を行なっている。摩砕・マット成形したアルファルファは，慣行法で収穫したアルファルファが必要とする半分の時間で，最終的なpHに到達したと報告している。彼らは，収穫時に摩砕したアルファルファに乳酸菌がより多く存在し，発酵過程で有益な糖分と，他の細菌の培養基（基質）を多く含んでいると述べている。また，摩砕したアルファルファ中に発酵しやすい生成物が多く集積していることを明らかにし，摩砕によって，サイレージ発酵過程で炭水化物の分解が速まることを示唆している。さらに摩砕したアルファルファには，多くの乳酸菌が見られるため，乳酸菌接種の必要性はないと結論づけている。

ヴァンデルらは，イネ科牧草とイネ科とアルファルファの混播牧草においても，同様に発酵速度が速くなることを明らかにしている(Koegel,R.G.*et al*.,1992)。

4. 摩砕・マット成形のための機械

(1) 摩砕処理

牧草の摩砕は，周速度比が1.3～1.0の表面に凹凸のある円柱状のロールを数個並べて，その間を通すのが一般的である。牧草を挟む回数は一般に5～7回であり，そのクリアランスは0.3～0.5mmである。第2図に典型的なドラムアンドロール型の摩砕機構を示す。これらの摩砕機構では十分な摩砕効果が認められているが，摩砕処理中の所要動力の低減が十分でなく，1）所要動力が大きいこと，2）構成部品が複雑であること，3）摩砕機構のクリアランスが小さいため異物混入時の対処に問題があること，4）処理速度が遅いこと，などの問題が提起されている。

このため最近は，機械の簡略化を目的に，これまでと異なる摩砕機構の研究が行なわれている（Kraus,T.J. *et al.*,1993，第4図）。この機械は，フレイルモーアで牧草を刈り取り・切断し，2つの破砕（クラッシング）ロールの間に供給する。これらのロールの役割は，茎を平らにし，それぞれの茎に多くの縦方向のキレツを発生させることである。2つのクラッシングロールから出た牧草は，高速回転する三角状突起付きロールで牧草に衝撃を加え，縦方向のキレツを大きく開き，繊維化の作用を行なう。

（2）摩砕処理の目安と計測

異なる摩砕処理法の効果を比較する方法として，表面積指数（S.A.I.）テストと呼ばれる方法が用いられる（Koegel,R.G. *et al.*,1992）。

このテストは，乾燥速度の速い牧草は，水の吸収も同じように速いという仮説に基づいている。このテストは，1）質量が既知である炉乾燥牧草を水の中に60秒間浸す。2）45秒間，重力水を排水させる。3）60秒間，12Gで牧草を遠心機にかけ，サンプルの質量を再び計測する。比表面積は，（回転脱水後の質量－炉乾質量）/炉乾質量，で定義されている。指数値は一般的に，摩砕していない牧草で0.9，激しく摩砕したもので1.8である。実験によると，アルファルファの乾燥速度の改善とマット成形を行なうためには少なくとも1.4以上が望ましいとされている。しかしながら，表面積指数は異なる作物間での葉と茎の割合の違いや，摩砕処理で牧草が小片になることで材料が減少したり，小片になりすぎて適切な強度のマット成形が行なえなくなるなどのことは考慮されていない。

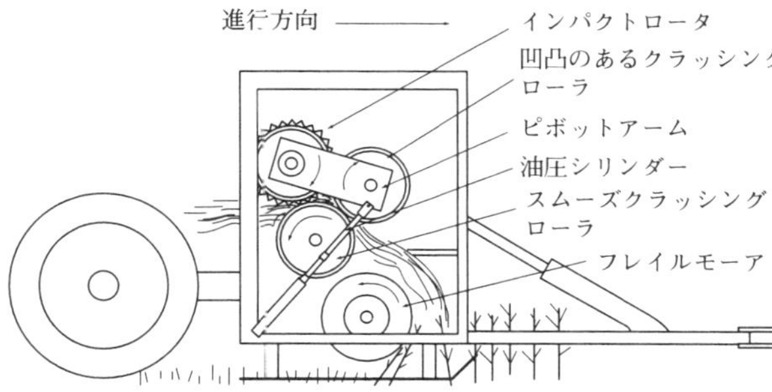

第4図 クラッシングインパクト摩砕機の概略図
（Kraus *et al.*, 1993）

これまでの研究報告では，摩砕の程度が定量化されておらず，“摩砕した”か“摩砕せず”のみで区別されていた。将来は，比較するうえでS.A.I. のような摩砕の程度を定量的に測定する方法の利用が重要になるであろう。

（3）マット成形の圧縮工程

マット成形のための圧縮工程では，1）ロールの圧力を用いて，2つのゴムベルトの間に摩砕した牧草を通す方法か，2）ゴムベルトとドラムを用い，圧力ロールの力でベルトをドラムに押しつけ，ゴムベルトとドラムの間に摩砕した牧草を通す方法，の2つの方法がある。圧縮工程では高栄養価のジュースが絞り出される欠点があり，マット上部に再びジュースが散布されるよう工夫がなされている。さらに，ジュースが絞り出されないような圧縮機構の研究も行なわれている（Hettasch *et al.*,1994）。また，圧縮工程で用いられるゴムベルトは高価であり，管理も容易でないことから，ゴムベルトを使用しない圧縮法のフィジビリティ研究も行なわれている（Koegel *et al.*,1992）。マットの強度は，マット成形部から刈り株上に壊れずに移動できる強度があれば十分で，乾燥すればするほどマット強度は高くなるため，ロールベーラによる拾い上げでは問題は起きないとされている。

5. 摩砕したアルファルファの消化性

牧草の機械的処理は繊維片の消化率を増大さ

第1表 羊を用いたアルファルファ乾草の消化試験
(Hong *et al*.,1988)

	慣行	マット	差(%)
試験1 去勢羊8頭で12週間			
乾物摂取量 (kg/d)	1.15[b]	1.22[a]	6.1
見かけのNDF消化率(%)	43.0[d]	48.5[c]	12.8
試験2 去勢羊4頭で4週間			
乾物摂取量 (kg/d)	1.22	1.28	4.9
見かけのNDF消化率(%)	35.3[d]	41.6[c]	17.8

肩文字abは有意差($P<0.10$)を示す
肩文字cdは有意差($P<0.05$)を示す

第2表 産乳山羊にアルファルファ乾草60%と穀類40%を与えた消化試験
(産乳山羊10頭で4.5週間, Hong *et al*.,1988)

	慣行	マット	差(%)
乾物摂取量 (kg/d)	2.44[b]	2.58[a]	5.7
脂肪4%補正産乳量(kg/d)	3.3[b]	3.7[a]	12.1
乳蛋白質生産量 (kg/d)	0.1026[b]	1.108[a]	5.3

肩文字abは有意差($P<0.10$)を示す

せる。ホンらは,試験管試験で,アルファルファの茎を39℃のルーメン液で培養し,消化率を測定している。可消化NDFの95%消失時間は,摩砕していない茎と摩砕した茎ではそれぞれ94時間,34時間となる。電子顕微鏡写真では,摩砕処理によって木質化した細胞と木質化していない細胞が分離しており,角皮の脂質層が破壊されていることが明らかにされている。また,摩砕処理されたものは,摩砕していないものに比べ多くのバクテリアが付着していると報告されている。

採食試験が,羊と山羊を用いて,摩砕したアルファルファと通常のアルファルファの乾草で行なわれた。その結果,羊と山羊で乾物摂取量が6%増加し,山羊の産乳量は12%増加すると報告されている(Hong,B.J.*et al*.,1988,第1~2表)。

6. この方法の効果と今後の課題

マット調製技術は,慣行調製法に比べ多くの潜在的利点をもっている。それらは,1) 迅速な乾燥調製,2) マメ科牧草などの機械的ロスの軽減,3) 高い消化率,などである。このためマット調製技術は,これまで気象条件的に乾草生産が困難であった地域の生産を可能とし,ウィンドローの反転・集草などの作業を省くことができるため,マメ科牧草の乾草生産が可能となるなど,大きな可能性をもっている。しかしマット調製機の開発はまだ試作段階にあり,機構の簡略化や現在のモーアコンディショナーの作業能率と同程度となるような革新的技術開発が求められている。北海道農業試験場でも,平成8年度よりフォレージマットメーカの開発をめざし,研究を開始したところである。

執筆 大谷隆二(農林水産省北海道農業試験場)

1996年記

参考文献

Hong,B.J.G.A.Brodenrick,R.G.Koegel,K.J.Shinneers,R.J.Straub.1988. Effect of Shredding Alfalfa on Cellulolytic Activity,Digestibility,Rate of Passage,and Milk Production. Dairy Sci.**71**,1645－1555.

Koegel,R.G. R.J.Straub, K.J.Shinners, G.A.Broderick, D.R..Mertin.1992. An overview of Physical Treatment of Lucerne Performed at Madison,Wisconsin, for Improving Properties. J.agric.Engng Res. **52**,183－191.

Shinners,K.J., R.G.Koegel, G.P.Barrington, R.J. Straub.1987. Physical Parameters of Macerated Alfalfa Related to Wet Strength of Forage Mats.Transactions of the ASAE.**30**(1),23－27.

Shinners,K.J., R.G.Koegel, Straub,R.J. 1987. Drying Rates of Macerated Alfalfa Mats.Transactions of the ASAE.**30**(4),909－912.

Shinners,K.J., R.G.Koegel, Straub,R.J. 1988. Consolidation and Compaction Characteristics of macerated alfalfa used for silage production. Transactions of the ASAE.**31**(4),1020－1026

Hettasch,T., H.Wandel, T.Jungblith.1994. Matforming of Intensively Macerated Grass. Prc. of CIGR conference.94－D－093.

Savoie,P., M.Binet, G.Chioniere, D.Tremblay, A.Amyot, R..Theriault. 1993. Development and Evaluation of a Large－scale Forage Mat Maker. Transactions of the ASAE.**36**(2),285－291.

河川堤防刈り草の飼料化と乳牛・肉牛への給与

各地に国土交通省河川事務所が管理している河川堤防があり，そこには膨大な量の野草が生育している。河川事務所は年2回，この草の刈取りを行なっている。愛知県の豊川・矢作川流域では刈取り延べ面積約600ha，刈り草発生量約2,500tになっている。その刈り草の約4割は園芸農家の敷わらなどに利用されているが，残りは焼却処分されているのが実態であり，資源の有効利用，環境面からも利用推進が望まれている（平成18年豊橋河川事務所資料から抜粋）。

愛知県内でこの刈り草を飼料として利用し，飼料費の低減を図っている農家も見られるが，安全性，品質などに不安があり，積極的に利用している畜産農家は少ないのが現状である。

そこで，畜産農家が飼料として安心して使用できるよう，豊橋河川事務所と連携し，愛知県が2008年度に「河川敷刈草飼料利用促進事業」として河川堤防刈り草の飼料利用を促進するための取組みを行なった。

1. 事業の概要と調査内容

河川敷の刈り草を搬入し，搬入労力，コスト，草種，農薬の残留，重金属の含有の有無，栄養価などの調査を行なった。また，家畜への給与調査を行ない，飼料としての安全性，利用性を確認した。さらに，畜産農家，関係機関へ河川敷刈り草の安全性，利用性などのPRを行ない，河川敷刈り草の飼料利用促進を図った。

なお，事業名に「河川敷刈草飼料利用促進事業」とあるが，実際の刈り草を行なっている場所はいわゆる「河川敷」ではなく，国の河川事務所が管理している河川堤防である。

調査内容は次のとおりである。

1）豊川，矢作川河川敷の野草の草種，生育状況。

2）刈取り調製時の草種，有害毒草の有無，ごみなどの混入状況。

3）刈り草の残留農薬，重金属含有の有無などの安全性，栄養価。

4）愛知県畜産総合センターの牛への給与調査。

5）刈り草の搬入方法，所要時間，労力，コスト。

6）サイレージ利用体系の検討。

2. 調査結果

（1）河川堤防刈り草の入手方法

堤防刈り草を入手するには，まず居住地域の河川で堤防刈り草を譲渡しているか確認する必要がある。国の河川事務所のホームページの閲覧，河川事務所への問合わせにより詳細を知ることができる。

河川事務所では春と秋の年2回，河川堤防の除草をしており，この時期に希望者に引渡しが行なわれる。具体的な日時，場所などは除草の進捗状況で変わるので，河川事務所あるいは除草請負業者と調整をして決めることになる。

（2）河川堤防の野草の状況

草種，生育状況は堤防の場所により大きな違いが見られ，イタリアンライグラス，メヒシバ，クローバー，ススキなどの畜産飼料として利用しやすい草種が大部分を占める場所もあれば，スギナ，ヒメジオン，カヤツリグサ，ヨモギなど，飼料として利用しにくい草種がかなりの量混在している場所もあった。

また，春と秋では草種に違いが見られ，春にはイタリアンライグラス，クローバー，エンバク，秋にはススキ，セイタカアワダチソウ，メヒシバなど季節が移るにつれ草種も変わり，優占草種も変わっていく。

除草は年2回行なわれるが，河川堤防の維持管理が目的のため，畜産飼料としての刈取り適期で刈り取られるのではなく，一定間隔で刈り取りされている。セイタカアワダチソウをはじめとして木化がかなりすすんだ状態で刈り取られることも多い。

牛にとって有害とされるワラビ，ドクゼリ，キョウチクトウなどの有害植物は今回の調査では見られなかった。

(3) 搬入刈り草の状況

除草請負業者が刈り草を希望者に引き渡すまでの処理過程は次のように行なわれる。1) 刈取り場所のごみの除去，2) 刈取り，3) 自然乾燥，4) 集草，5) 梱包，6) 引渡しあるいは焼却場へ運搬・焼却（第1図）。

愛知県畜産総合センターでは，2008年6～7月，10～11月の春と秋の2回にわたって豊川，矢作川河川堤防刈り草を約4.3t搬入し，草種，品質，ごみの混入状況を調査した。刈取り・乾燥時期の天候により品質に差が見られたが，飼料として十分利用できるものであった（第1表）。

刈り草の乾燥時に雨にあたるとカビが発生することがあった。集草後に雨にあたると集草した刈り草の表面は乾燥しても内側は乾燥しないまま梱包され，カビが発生したものが見られた。

(4) 残留農薬・重金属検査

安全性を確認するため，残留農薬，重金属について民間の分析機関に依頼して検査した（分

第1図　刈り草が飼料として利用されるまで

①河川堤防，②春の状況，③刈取り機，④集草，⑤梱包，⑥俵型ロール，⑦積み込み，⑧給与前のごみの調査，⑨牛への給与

第1表　搬入刈り草の状況　（愛知県畜産総合センター，2008）

刈取り場所	搬入日	搬入個数	水分（％）	状　態	ごみの混入	草の種類
矢作川	6月16日	俵型15	30	良好	ほとんどなし	ヨシ，メヒシバ，イタリアンなど
矢作川	6月16日	俵型20	30	やや不良	ほとんどなし	ヨシ，メヒシバ，イタリアンなど
矢作川	6月18日	俵型20	20	良好	ほとんどなし	シバ，ススキ，イタリアンなど
豊　川	6月18日	俵型24	25	良好	若干あり	イタリアン，ヨシ，クローバーなど
豊　川	7月14日	角型30	20	良好	若干あり	ススキ，ヨシ，イタリアンなど
矢作川	7月16日	角型39	15	良好	ほとんどなし	ススキ，ヨシ，メヒシバなど
豊　川	10月22日	俵型30	20	良好	ほとんどなし	メヒシバ，エノコログサ，ススキなど
矢作川	10月30日	角型30	20	普通	なし	メヒシバ，エノコログサ，ススキなど
矢作川	10月30日	角型30	15	良好	なし	メヒシバ，エノコログサ，ススキなど
矢作川	11月 5日	角型80	15	良好	なし	メヒシバ，エノコログサ，ススキなど
矢作川	11月13日	角型30	25	やや不良	ややあり	メヒシバ，エノコログサ，ススキなど

第2表　残留農薬・重金属調査

刈取り場所・季節	残留農薬 (ppm)	鉛 (mg/kg)	カドミウム (mg/kg)	水　銀 (mg/kg)	ヒ　素 (mg/kg)
矢作川・春	検出なし	1未満	0.1未満	0.01未満	0.1
豊川・春	検出なし	1未満	0.1未満	0.01未満	0.1未満
矢作川・秋	検出なし	1未満	0.1未満	0.01未満	0.1未満
豊川・秋	検出なし	1未満	0.1未満	0.01未満	0.1未満
基　準1)		3	1	0.4	2

注　1）飼料安全法による指導基準（mg/kg）

析件数：豊川，矢作川，春・秋各1点，計4点，第2表）。

残留農薬　「飼料及び飼料添加物の成分規格等に関する省令」に農薬の濃度基準が定められており，牧草についてはBHC，DDT，ダイアジノンなど47成分が定められている。これら47成分を含む260成分について検査したが，検出されなかった。

重金属　飼料安全法で指導基準値の定められている鉛，カドミウム，水銀，ヒ素について検査したが，基準値を大幅に下まわっており問題なかった。

河川堤防は除草剤の使用や施肥は行なわれないので，残留農薬や重金属については問題なく，安全性は確認できた。

(5) 栄養成分分析

刈り草の栄養価を愛知県農業総合試験場畜産研究部で分析した（分析件数：春・秋4点，計8点，第3表）。

第3表　栄養成分分析結果（単位：％）

		水　分	粗蛋白質	粗脂肪	NDF	粗灰分
刈り草1)	風乾物	10.9	6.4	1.7	60.2	7.4
	現　物	21.3	5.6	1.5	53.2	6.5
乾　草2)	トールフェスク	12.1	5.9	1.1	62.3	5.9
	野　草	13.0	6.8	2.0	—	7.6

注　1）8試料の平均，分析機関：愛知県農業総合試験場畜産研究部
　　2）日本標準飼料成分表から

分析結果からトールフェスク乾草と同程度の栄養価があり，飼料として十分利用できることが把握できた。

(6) ごみなどの混入状況

ごみなどの異物は刈取り時に除草請負業者によりある程度，取り除かれているため混入は少なかったが，完全には取り切れておらず，ペットボトルの破片，ビニール，雑誌の切れ端など細かくなったごみが見られた。

給与時には異物の有無の確認をして給与する

必要がある。

(7) 牛の採食状況

愛知県畜産総合センターの牛に給与したところ，採食状況はおおむね良好であった。和牛繁殖牛は嗜好性も良く，飼料として十分利用できると考えられる。乳牛育成牛，乾乳牛は和牛繁殖牛に比べると嗜好性がやや劣り，個体により採食量の差が大きかった（第2図）。

また，岡崎市内酪農家の乳牛育成牛，和牛繁殖牛に給与したところ，嗜好性も良く好評であった。

(8) 搬入方法，所要時間，労力，コスト

刈り草は自然乾燥後，希望者に引き渡されるが，形状は梱包されている場合もあれば未梱包の場合もあり，請負業者により大きく異なった。また，梱包される型は俵型（重さ約20kg）と角型（重さ約8kg）があり（第3図），請負業者の所有する作業機により引き渡される型は決まってくる。また，梱包の寸法や重量なども作業機により変わってくる。いずれの型も扱いやすい重さ，型であり，トラックの積み降ろしにそれほど時間，労力を要しない。受け取る梱包の型に希望がある場合は，希望する型の梱包が得られる請負業者・地域を選ばなければならない。

搬入の所要時間は，今回の調査を例にとれば，2tトラックで約10kmの距離の刈り草の受取り場所まで往復した場合，往復に約40分，積込みに約15分，積み降ろしに約5分かかり，合計約1時間程度の時間を要した。

搬入経費としておもなものは運搬経費（トラック燃料代）と労賃があげられる。燃料代を1l150円，労賃1時間2,000円と想定して計算すると，燃料代600円（4l×150円），労賃2,000円（1時間×2,000円），合計2,600円となった。2tトラック1台に500kgくらい積載したので，1kg当たり5.2円となった。愛知県畜産総合センターでは2008年度にトールフェスクの乾草

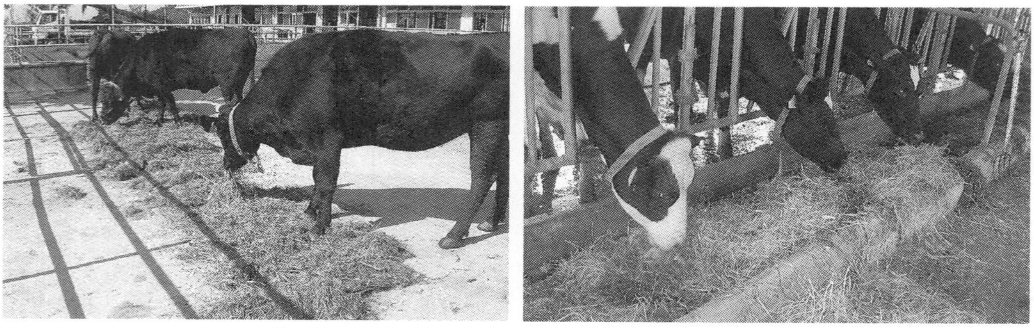

第2図　和牛（左）と乳牛（右）への刈り草の給与

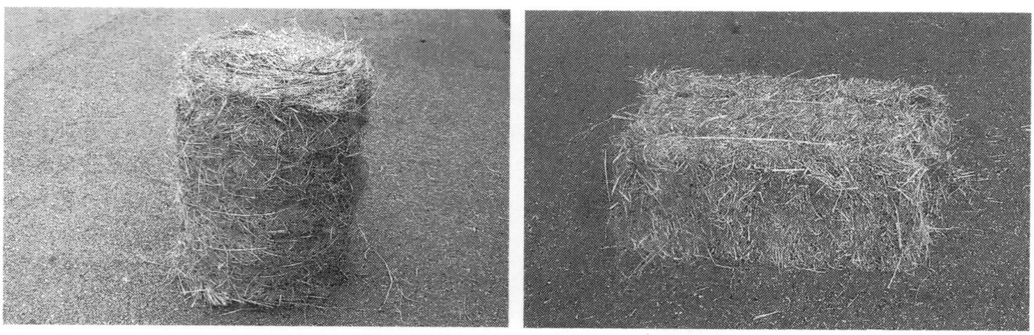

第3図　俵型（左）と角型（右）に梱包された刈り草

をkg当たり40円以上で購入しており，経済効果は非常に大きい。

(9) サイレージ利用体系の検討

サイレージ化は天候面への対応，屋外でも貯蔵できるなどの利点があるため，俵型梱包を小型ラッピングマシーンでラッピング，サイレージ調製し，その品質，嗜好性，保存性などを確認した。なお，刈り草梱包は乾草として利用することを前提に調製されているため，サイレージにするためには水分率が低すぎるので，水に溶かしたサイレージ添加剤を加えてサイレージ化した（第4図）。

品質　一部，表面にカビが見られるものもあったが，発酵状況は良好であった。

嗜好性　和牛に給与したが，嗜好性は良好であった。

保存性　サイレージ調製から半年後に開封したが，とくに腐敗などの品質低下は見られなかった（第5図）。通常のロールベールサイレージ同様，ラッピングフィルムに穴があき，カビの発生が見られたものがあった。

サイレージ化するメリットとして次の点があげられる。

1）屋外での貯蔵が可能。

2）長期に保存できる。

3）刈り草の乾燥が不十分でも飼料化できる。

逆にデメリットとしては次の点があげられる。

1）労力，費用が余分にかかる。ラッピングフィルム代は1個当たり約100円であった。

2）ラッピングマシーンを導入する必要がある。

そのほかに大きな問題として，小型ラッピングマシーンでラッピングできるのは俵型梱包なので，俵型梱包を引き渡してもらえる場合しかサイレージ化できない。今回の調査では俵型梱包で受け取ることができたのは，およそ半分であった。

第4図　ラッピングマシーンとサイレージ

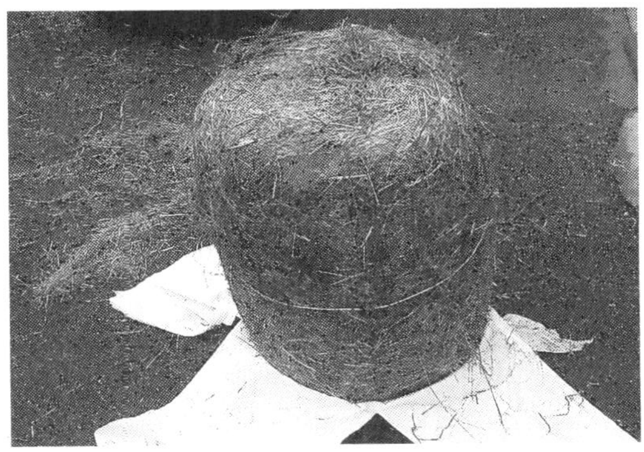

第5図　開封したサイレージ

3. 課題と対応

天候による刈り草の品質の良・不良　刈り草は乾草にするまでに晴天が4～5日続く必要がある。乾燥途中で雨にあたることにより品質が悪化したり，カビが発生したりして保存できなくなったりする。とくに集草作業のあとに雨にあたると，その後，晴天になっても集草列の表面は乾いているが内側は湿ったままという状態になり，梱包内部にカビが発生することがあった。

なるべく晴天が続きそうなときを選んで引取りを依頼するしかないが，なかなか希望どおりにはならない。引き渡される梱包の形状，機械の保有状況などサイレージ化が可能であればサイレージにすることを考えるとよい。

天候により，乾草で保存とサイレージで保存の2体系にするとスムーズに利用できると思わ

第6図　河川堤防刈り草事業のPR展示

れる。

ごみなどの混入　ごみなどは完全には取り除かれていない。また，堤防は車両の通行に使用されているところが多く，ごみの投捨てがかなりあり，ごみの混入をなくすことは困難である。なるべくごみの少ない箇所を選定して刈り草を譲り受けることは可能であろうが，給与時には異物の有無を十分に確認する必要がある。

品質・栄養価のバラツキ　刈り草は，刈取り時期・場所によって草の種類，生育状況が異なっているため，品質，栄養価に大きな差がある。また，調製時の天候により品質に大きな差が出る。そのため給与に際しては，このバラツキを考慮して牛の採食状況をよく観察しながら給与する必要がある。

河川事務所・請負業者との連絡・調整　地域によって刈り草の引渡し方法に違いがあるようだが，愛知県内の場合は，河川事務所，請負業者と連絡をとり，刈り草を譲り受けている。家畜の飼料として利用したい旨を伝え，除草をしている場所，時期，譲り受けできる日時などを確認する。また，できるだけ品質の良いものを入手できるよう，現地の草の状況を確認したり，譲り受ける日時，場所を請負業者と相談するとよい。

＊

今回の調査で河川堤防刈り草は，安全性，栄養成分，嗜好性などとくに問題はなく，牛の飼料として十分利用できることが確認できた。

経済的にも利用のメリットは大きく，また，環境面での貢献効果もある。今後とも和牛繁殖農家を中心に，河川敷刈り草の飼料利用促進のPRを行なっていきたい（第6図）。

執筆　柴田良一（愛知県畜産総合センター）

2010年記

わら類のアンモニア処理技術

I　新アンモニア処理システムの特徴とねらい

1．アンモニア処理のメカニズム

アンモニア処理効果のメカニズムについてはおおよそ次のように考えられている。「アンモニア処理は植物細胞壁の化学的・物理的構造を変化させ，消化されやすい状態にする。また，アンモニア自体による窒素付与とも相まってルーメン微生物の消化活動が活発になり，微生物叢にも変化が生じることにより消化率が改善される」と理解されている。アンモニア処理で消化率が1割から2割くらい増加するが，家畜の摂取量は3割から5割も高まる。嗜好性の低い低質粗飼料の摂取量が大幅に高まることがアンモニア処理の最大の特徴である。摂取量が大幅に高まる理由は，アンモニア処理はルーメンでの麦稈の消化性と細粒化を促進し，消化管の通過速度が速まるからであると推察されている。

2．導入の背景

わが国では，毎年1,100万ｔの稲わらと140万ｔの麦稈が副産物として生産されている。これらの副産物は敷料や家畜飼料として利用されているが，コンバインの普及により半分以上がすき込まれたり，焼却されている（第1図）。わが国の畜産の現状は稲わらまで海外への依存度を強めつつあるので，わら類の飼料利用がきわめて重要である。

アンモニア処理によりわら類などの低質粗飼料の飼料価値が改善され，嗜好性が大幅に向上する効果は古くからわかっており，現在ではアンモニア処理技術は世界中で利用され，家畜生産に多大な貢献をしている。

わが国では1970年代半ばから研究が始まり，1980年から普及が始まった。この慣行法は工業用に流通しているアンモニアボンベ（50kg容）からアンモニアをガスで取り出し，水分を30%に調整した材料に1日から3日かけて処理する方式（専門用語ではスパージャ方式とよぶ）が基本で，小規模な方法であった。その後，ロールベーラの急速な普及とともに麦稈の省力収集が可能となり，アンモニア処理材料も当時の10～20kgのコンパクトベール麦稈から200～300kgのロールベール麦稈へ変貌を遂げた。この間，大型のロールベール麦稈に対応するため，フランスから新装置が輸入され，一部でアンモニア処理作業の請負事業（コントラクター方式）が実施されている。しかし，液化アンモニアの輸送，貯蔵，取扱いなどは各種法令で厳しく取り締まられており，特にわが国の法令は海外よりも厳しく，一般の農業機械とは異なり海

第1図　焼却される稲わら

第1表　アンモニアボンベの取扱い，流通，供給上で発生する問題点

取扱い上	1．専用工具を使用しなかったためバルブ（スピンドル，パッキングランド）の損傷や緊急対応が遅れた。 2．バルブを取り外してボンベを返却した。 3．作業終了後バルブ閉止操作を怠ったため，水が逆流し，ボンベ内部を汚染した。空気の侵入により炭酸ガスと残存アンモニア，水が反応し，重炭酸アンモニウムを生成，バルブの詰まり，ボンベ内壁を汚染した。 4．ガス注入方式（スパージャ方式）は注入時間が長く，無監視状態になりやすいため，異常が発生しても対処できず被害を大きくした。 5．液注入方式はボンベを横置きにしたり，逆さにして作業するため，バルブを損傷した場合，アンモニアが液状で噴出しガス化して800倍に膨脹，多大の被害を生じる。 （この方法は一部で実施されているが，高圧ガス取扱いに関する技術基準を遵守していないという基本的な問題がある。）
流通・供給上	1．汚染水，錆，重炭酸アンモニウムなどでボンベ内部を汚染した場合，再充塡作業時のトラブル発生の原因となり，きわめて危険な状態を引き起こすと同時に，ボンベの再利用をできなくする。 2．ボンベの長期滞留，放置によりボンベの腐食損傷や，法定検査期限切れになる。使用済みボンベに残ガスがある場合，漏洩しきわめて危険。また，容器の回転利用が不可能となり，農業サイドでの利用の制限やアンモニアのコストアップの原因となる。

外技術の導入にさいしては慎重な対応が必要とされている。また，本格的な営業については飼料安全上の見地から行政部局で示された一定の基準を満たすことが条件である。

3．慣行法の問題点

アンモニアの輸送，貯蔵，取扱いなどに関連する法規だけでも毒劇物取締法，高圧ガス取締法，労安法特化則，消防法危険物取扱規則などがあげられる。慣行法のアンモニア処理は50kg容のアンモニアボンベが使用される。この場合は法的資格は必要ではなく，貯蔵量が200kg以上３ｔ未満の場合は消防署等へ届けをだし，法規に定められた技術基準を遵守すればよい。

技術基準の主要なものとしては，①ボンベの転倒防止など安全対策の励行，②注入作業時の監視，③横置き使用の禁止などがあるが，これらを厳密に遵守すると実作業はほとんど不可能と考えたほうがよい。この慣行法は工業用のアンモニアボンベが安く流通している地域では容易に実施できるため，全国に普及している。しかし，慣行法は普及するにつれてボンベの取扱いや流通・供給上に新たなる問題が表面化しつつある（第１表）。これらの解決のためには請負作業によるアンモニアの注入方式に転換する必要がある。

Ⅱ　新アンモニア処理システム「ほくのう・S」の実際

平成元年，北海道農業試験場総合研究第３チームはアンモニア製造メーカー（昭和電工）の協力によりまったく新しい液化アンモニア処理システムを開発した。新方式は国内法規に基づいて，アンモニア処理の迅速作業性と作業の安全性を第一に設計した。注入装置，材料水分，ベール密度，アンモニア注入量などはベール全体へのアンモニア処理の均一性，開封後の変敗防止，取扱い作業の簡便性など，総合的に検討を加えて一連のシステムとして開発し，このシステムを「ほくのう・S」とよんでいる。

平成４年からはアンモニア注入作業を専門に請け負う業者の営業が見込まれており，アンモニア処理の本格的な実用化時代が始まろうとしている。

1．アンモニア処理システムの概要

基本システムはわらのロールベーラ収集→ストレッチフィルムによる密封（ラップサイロ）→注入装置による液化アンモニア注入から構成

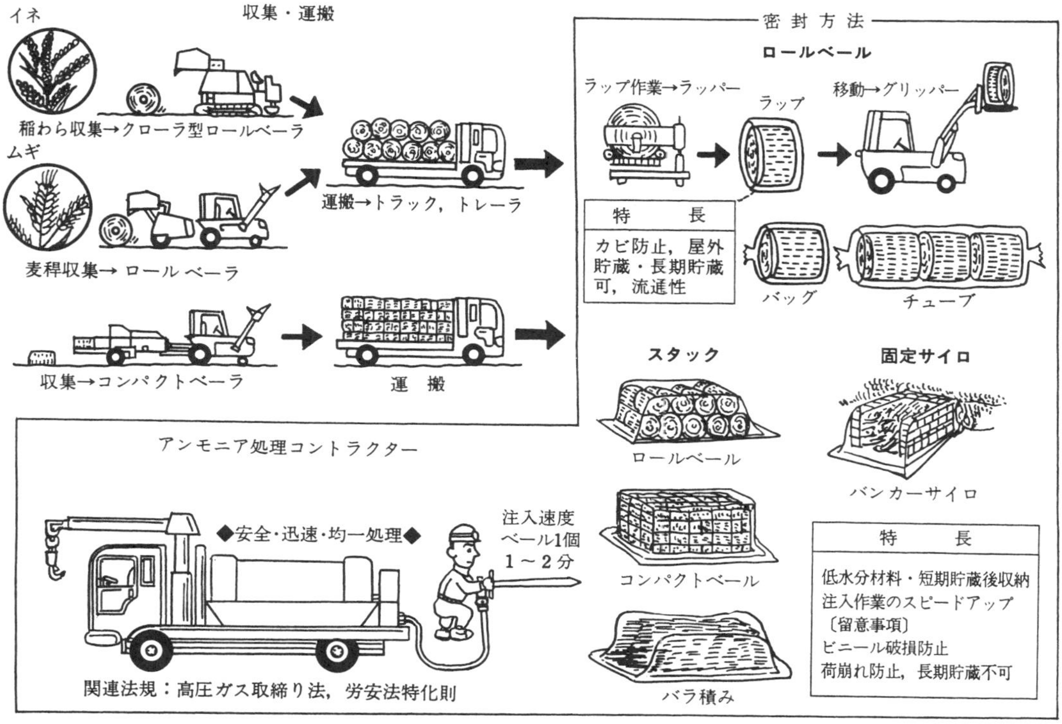

第2図 新アンモニア処理システム「ほくのう・S」

される。なお，注入装置の運搬，使用にさいしては各種法令の遵守が必要なので，新システムでは，特別に訓練されたコントラクター（請負業者）がアンモニアの注入作業を行なうことにより，安全性，均一処理，省力性，経済性を確保している。わらの収集・密封までが依頼者側（農家）の作業となる（第2図）。

液化アンモニアはインジェクターで材料に直接注入するので（第3図），この基本システムのほかにコンパクトベールや結束わらなど，どのような材料でもアンモニアの注入が可能である。また，スタック，バッグ，チューブ，ラップ，バンカーサイロなど，いずれの密封方式でも安全，迅速，均一注入作業ができる。1990年から大量調製向きのチューブライン・ラップ方式による密封法も登場している（第4図）。もちろんこの場合もベール1個ずつにアンモニアを注入するので均一処理ができる。

このように新システムはどのような収集・密封方式でもアンモニア処理が可能であり，全国

第3図 「ほくのう・S」システム
インジェクターによる液化アンモニアの注入

に適応できる汎用システムとして開発されている。なお，当システムの基本となるベールラップ方式は1個ずつラップサイロに保管し，アンモニアを注入するので，適水分域が広く，長期屋外貯蔵が可能である。これに対して，応用システムであるスタックやバンカー方式でのアンモニア処理は，取り出し利用時に変質する危険性があるので，低水分材料に限定される。特に

第4図　チューブライン・ラップ方式による大量処理

第5図　荷崩れを起こしたスタックサイロ
長期保存には不向き

スタックサイロによる密封は荷崩れや被覆フィルムの破損のおそれがあるので，長期貯蔵をさける必要がある（第5図）。第2図に密封方式別に留意事項を示した。

2．インジェクターによる迅速注入

注入装置は大型の液化アンモニア容器，液化アンモニア供給ホース，注入ノズル（インジェクター），計量器，注入速度調節器から構成され，高圧ガス取締法消費基準の仕様で専用のトラックに積載し，運搬される（第6図）。将来はタンクローリ車での運搬を考えている。

インジェクターはステンレスパイプ製で，先端は円錐状に尖っており，材料への挿入が容易な構造となっている。ノズルの形状や穴の位置は種々の材料を用いたアンモニアの拡散試験により決定されている。

ベール内へのアンモニアの均一注入，注入速度の向上，パイプ内残存アンモニアの揮散促進のためパイプの先端付近から2～3mmの穴を数か所あけ，穴の数を多くしている。インジェクターからアンモニア容器までは耐圧フレキシブルホースで結ばれ，アンモニアは自圧で材料に注入される。注入速度は容器中の気相の圧力で異なり，気相の圧力は外気温に左右されるので，可変オリフィスで注入速度が制御される。

ロールベール1個当たりの注入所要時間は8kg注入で1～2分で終了し，1時間当たりベ

第6図　「ほくのう・S」システム（アンモニア注入装置）

ール40個前後，わら乾物量で10t程度の処理能力がある。注入作業が終了したらボンベを計量器で測定し，その農家のアンモニア注入量を一括して記録する。

3．新方式と慣行法との相違点

新システムと慣行法との主要な相違点を第2表に示した。そのうち最も大きな相違点は材料の水分である。慣行法はアンモニアをガスで処理するため，材料水分が低いと密閉容器が膨らみ，所定量のアンモニアを注入できない。また，水分が多いほどアンモニア処理効果が高まる関係があることから，低水分材料を用いる場合は，水分が30%程度になるように加水を必要とした。しかし，新方式は液化アンモニアを直接材料に注入するので，水分が多いとベール全体へアンモニアが拡散しない。そのため材料への加水は

第２表 新アンモニア処理システムと慣行法との比較

処理方法	慣行法	問題点	新システム
水分調整	乾燥時：加水処理により30％	適水分域が狭い，多湿乾燥わらで注入作業が遅延するとカビ発生	加水処理不要・ベールラップにより迅速密封，適水分域拡大（15～50％）
密閉法	注入用ホース・パイプの設置が必要	作業が煩雑，破損による被害・アンモニア損失大	注入用ホース・パイプ不要
	スタック バッグ 固定サイロ		慣行法に加えてベールラップによる省力・安定化
アンモニア容器	小型容器（50kg）	少量処理・輸送コスト大	大型容器（500kg，１t）
注入作業	農家	非定常作業 不慣れな取扱い 危険	専門コントラクターによる一括作業
注入法	ガス注入 液状注入	危険 特にロールベールの場合，不均一処理	特製インジェクターによる液状定量注入・均一処理
注入速度	ガス注入夏：20～25kg，冬：10～13kg/日，液状注入30～40kg/時間	おそい 液状注入の場合，容器転倒使用危険	８kg/１～２分/ベール１個，ベール40個/時間
汎用性		乾燥わら対象で汎用性小	生わらでも使え，汎用性大
経済性		ロスが多く，コスト高	ロスが少なくコスト低減
流通適性		多湿処理わらはカビ発生危険大，屋外貯蔵不可	ベールラップにより流通・屋外貯蔵可

不要で，実用上の適水分は慣行法の30％に対して15～20％である。この水分は通常の乾燥わらに相当する。

加水は，極端な低水分材料に対しては有効であるがロールベールへの加水は煩雑作業となり省力的ではない。注入にさいしては適水分材料（水分20％以下）の場合はインジェクターをベール中心点へ，高水分材料では，ベール中心点よりできるだけ下部に挿入する（第３表）。なお，液化アンモニアはベール内でガスが上昇し，ベール上部の処理が最もすすむので，高水分材料（水分30％以上）は注入後，しばらく経過してからベールを反転すると，アンモニアがベール全体に均一に拡散できる。コンパクトベールやミニロールベールはロールベールよりも梱包密度が低く，サイズも小さいので，ほとんどの場合，アンモニアの均一拡散には問題がない。

４．アンモニアの経済的な注入量

アンモニアは添加量をふやすと処理効果が高まるが，アンモニアの経済的な注入量は材料乾物ベースで2.5～3.5％である。水分が30％以上の材料はアンモニアがベール内で均一に拡散しないので，アンモニアの注入量をふやすことになるが，４％を上限とする。これ以上のアンモニア処理はコストがかさむばかりである。「ほくのう・Ｓ」システムでは訓練された専門家による定量注入が行なわれる。

第３表 高水分麦稈へのアンモニア処理の留意点

麦稈水分	適水分（15～20％）	高水分（30～50％）
ベール密度	通常	低（緩め）
インジェクターの挿入位置	センター	下方
アンモニア注入量（乾物当たり％）	3	4
サイロ管理	放置	ベール反転
長期貯蔵	可	不可
利用時期	通年	冬

５．クリーンな材料を確保

「ほくのう・Ｓ」システムはアンモニア処理をコントラクターが行なうので，農家は材料の収集に専念できる。麦稈の水分が30％以下になったら収集し，ベールラッパーで密封する。無処理のままで１か月程度はカビが防がれ，安定貯蔵できる。この間にアンモニア処理を実施すればよいので，コントラクターは計画的に注入作業が行なえる。しかし，密封不良の場合は，貯蔵中にカビが発生し，このような材料にアンモニアを注入しても，嗜好性のよい飼料はできない。

カビのない材料を確保することは作業依頼者側（農家）の責任であるが，コントラクターも作業にさいしては不良原料に対する処理回避に極力努力する必要がある。これまではカビが生えた材料でもアンモニア処理により飼料価値を高めることができると考えられてきたが，カビの生えた材料はアンモニア処理しても嗜好性はあまり改善されないばかりか，飼料安全面での問題もあるので，このような考え方は転換すべきである（第７図）。

第７図　カビの生えたわらのアンモニア処理はさける
嗜好性が悪く，中毒のおそれがある

６．低温でも処理可能

インジェクターで液化アンモニアを注入すると材料水分とアンモニアとの反応により急激に温度が上昇し，材料温度は２～６時間で最高温度に到達する。常温に戻るのは，注入後，１～２週間である（第８図）。

インジェクター方式では注入時に，スタック底部に液化アンモニアがそのまま溜まることが多いが，この液化アンモニアは周囲を冷却しながら気化するので，底部の温度は注入後５日間ぐらいはマイナス状態で経過する。常温に戻るのは，さらに６～７日間ぐらいはかかる。

アンモニア処理は温度が高いほど，材料との反応が速くすすむ。このように，アンモニアとわらが反応する速度は外気温の影響を最も強く受けるが，外気温が低い場合は処理時間を延ばすことによって，処理効果を高めることができる。

慣行法では処理温度を上げることを重視したので，被覆フィルムには透明フィルムの使用がすすめられた。しかし，前述したように温度が低い場合でも処理期間を充分とることにより，高温で処理した場合と同程度の処理効果を上げることができる。したがって，フィルムに要求される特性は，色よりも強度，耐候性，経済性である。

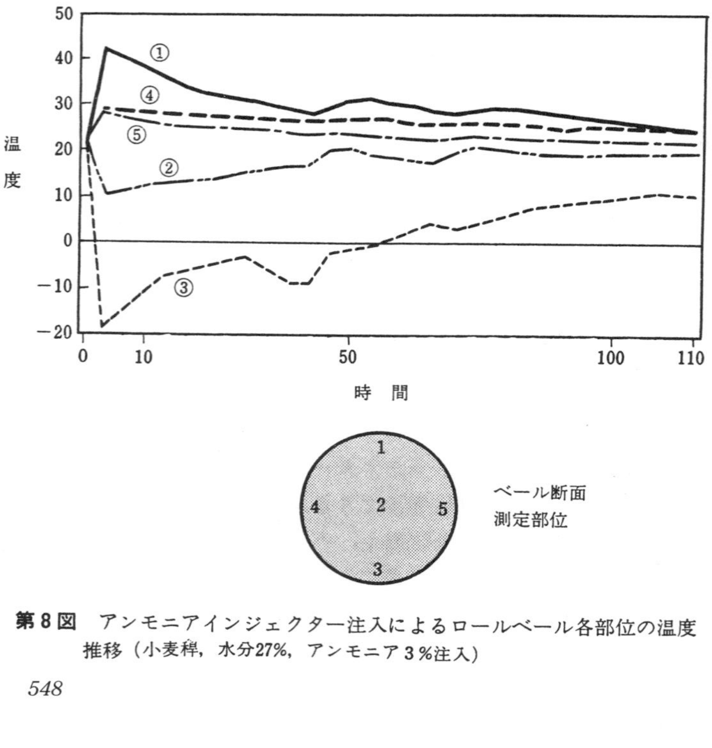

第８図　アンモニアインジェクター注入によるロールベール各部位の温度推移（小麦稈，水分27%，アンモニア３%注入）

７．夏場と冬場では処理期間が異なる

アンモニアの処理効果を充分に発揮させるには，処理時の温度が低いほど，処理期間を長く

する必要がある。たとえば5℃以下では8週間，5〜15℃では4〜8週間，15〜30℃では1〜4週間，30℃以上では1週間程度の処理期間が必要とされている。これらのデータは材料に対してアンモニアを均一処理した実験により得られたものである。インジェクター方式の場合は，前述したようにアンモニアとわらの反応速度が部位により差があり，ベール全体が均一に処理される期間は，種々の条件で異なる。実用的な処理期間は，外気温の高い時期で1か月以上，外気温の低い時期で3か月以上を目安とする。なお，被覆フィルムの破損などの心配がない場合は，長期貯蔵したほうが全体的に反応がすすみ，牛の嗜好性が高まるようである。

Ⅲ　アンモニア処理わら類の給与法

1．アンモニア臭対策

開封直後の麦稈はアンモニア臭が強いので，2〜3日前に開封して過剰のアンモニアを揮散させる。高水分材料ほどアンモニア臭が強いので過敏体質の人にはアンモニアガス用の簡易マスクと保護眼鏡の着用をすすめる。給与開始直後の牛の嗜好性はあまりよくないが，慣れるとアンモニア臭の強い部位を真っ先に採食するようになる。従来は，アンモニア臭が強い麦稈はアンモニア中毒が心配されたが，その後の研究により現在では，所定量のアンモニアが処理された麦稈の場合は中毒の心配はほとんどないことが明らかにされている。

2．給与限界量

アンモニア処理麦稈の平均的なＴＤＮ含量は50％前後で，「遅刈りの乾草」に，稲わらの場合は55％前後で，「遅刈りと適刈りの中間タイプの乾草」に相当する。しかし，粗タンパク質はアンモニアが付与されるため，乾草よりも含量が多い。ビタミンはほとんど含まれておらず，ミネラル含量も乾草に比べて低いので，長期多給時にはビタミン，ミネラルの必要量を充足するように充分な配慮が必要である。

アンモニア処理麦稈の多給試験の結果ではアンモニア処理麦稈は育成牛や肉専繁殖雌牛の飼料として充分活用できることが示されている。以下，畜種別に給与事例を検討してみる。

3．アンモニア処理わら生産費

アンモニア処理の費用はわら，処理委託料，収集・運搬，密封により構成され，委託料を除く各々の水準は地域のわら需給状況，圃場条件，密封用機械とその稼働率で規定される。北海道での「ほくのう・S」システムによるアンモニア処理わらの費用の実態調査では麦稈乾物kg当たり32円，わらを無償と考えれば20円で生産されている。また，稲わらを自走式ロールベーラ（直径120cm）で500個以上収集したときは26円という費用が算出された（第9図）。

4．肉専用繁殖雌牛への給与

成雌牛による最大摂取量の試験では，処理麦稈を1日10kg程度摂取することが確かめられている。また，外国でも同様な数字が示されて

第9図　クローラ型自走式ロールベーラで稲わらの省力収集

いる。これらはアンモニア処理麦稈のみを多給した試験であるが，実用的な繁殖成雌牛への麦稈の給与限界量を示すと，乾物量で１日１頭当たり6kgとなる。つまり，親雌牛を維持する場合はアンモニア処理麦稈を年間で2,190kg，１ベール当たりの重量が250kg（ベール直径150cm）のロールベール麦稈の場合は９ベールのアンモニア処理麦稈を準備すれば，若干の補助飼料とミネラル・ビタミンの補給により１年１産が可能である。

農家の給与事例では親牛に麦稈を日量4～5kg，屑小麦などの濃厚飼料1～2kgを給与し，夏は運動を兼ねた放牧を実施することにより子牛１頭当たりの費用は販売価格（43.4万円）の半値（21.2万円）と，大幅なコストダウンが実現されている（第10図)。子牛生産の低コスト化の鍵は地域で産出される粗飼料や副産物の利用である。

第10図　黒毛和種雌牛へのアンモニア処理麦稈の給与

5．育成牛への給与

指導書によれは生後６か月未満の子牛にはアンモニア処理粗飼料を給与することはひかえるべきであるとされている。しかし，肉専用種は親牛と子牛が一緒に飼養されるため，子牛は早い時期からアンモニア処理麦稈を摂取することになるが，多くの事例では，なんら異常は認められていない。むしろ早い月齢から麦稈に馴致したほうが，親牛になってからの麦稈の摂取量がふえる。したがって全体の栄養素の過不足さえなければ親牛と一緒に飼養し，子牛にアンモニア処理わらを不断給餌しても全く問題はない。

6．肥育牛への給与

肥育牛は濃厚飼料多給型が一般的であるが，アンモニア処理わらは繊維の基材として給与できる。わらが少量しか与えられていない肥育牛でもアンモニア処理することにより，生理的必要量の繊維を確実に摂取するので，消化器障害などの損耗防止ができる。肥育牛の多頭飼育ではわらは専用のベールカッターで切断して濃厚飼料と混合して給与される。アンモニア処理麦稈を唯一の粗飼料として給与しているホル雄肥育センターの事例では，麦稈の給与は３か月齢から始まり，18か月齢の出荷時まで合計624kg

第４表　アンモニア処理麦稈利用によるホル雄肥育の飼料給与事例　（kg/日）

月齢	1	2	3	4	5	6	小計	7	8	9	10	11	12	13	14	15	16	小計	合計
月末体重	62	89	125	164	206	248		298	353	402	453	499	540	576	610	641	671		
代用乳	0.4						12												
人工乳	0.5	1.8	1.1				98												
育成用配合			2.0	4.1	5.9	7.5	585												
肥育用配合								6.6	9.4	9.8	9.8	9.8	8.9	8.9	8.9	8.5	8.0	2,658	2,658
大麦											0.4	0.9	2.1	2.6	2.8	2.8	2.8	432	432
NH_3，またはアンモニア処理麦稈			0.7	1.2	1.8	2.0	171	3.0	2.7	1.9	1.5	1.0	1.0	1.0	1.0	1.0	1.0	453	624

の麦稈を給与している。この間，アンモニア処理麦稈は月齢に応じて給与量の調整が行なわれる（第４表）。黒毛和種の肥育試験では，アンモニア処理わらを乾草代替物として使用し，枝肉格付け等級Ａ－５の実績もあり，肉質への悪影響はない。

７．酪農経営での活用

ロールベーラは酪農家に広く普及しているので，酪農家における麦稈の収集は比較的容易である。今後，酪農経営では牧草サイレージ調製量の増大が見込まれているが，その一方で育成牛や乾乳牛への繊維基材の必要性が増大するものと思われる。育成牛や乾乳牛に対してはアンモニア処理麦稈の不断給餌により消化器官を発達させ，飼料の食い込みのよい牛を育成することが可能である。酪農家の事例では６か月齢からアンモニア処理麦稈を給与し，14～15か月齢に達すると発情も正常にみられている。初産牛は分娩後の食滞がなく，飼料の食い込みがよい。泌乳期はアンモニア処理麦稈は給与しないが，乾乳期に入ると再びアンモニア処理麦稈が不断給餌され，消化器の修復とボディコンディションの調整が行なわれる。

このように酪農経営でもアンモニア処理わらの利用が期待できるばかりでなく，わらと堆きゅう肥の交換など耕種農家との結合を強化することも可能である。

執筆　萬田富治（北海道農業試験場）
池田和男（昭和電工株式会社）

1992年記

わら類の苛性ソーダ浸漬処理

I　苛性ソーダ浸漬処理のねらいと特徴

1. 環境を汚染しない苛性ソーダ処理として注目

北欧では苛性ソーダ処理わら（麦稈など）が長い間，牛やめん羊の飼料として利用されてきた。苛性ソーダ処理法としてはベックマン法が古くから知られており，ノルウェーでは年間10万tに及ぶわらがこの方法で処理されてきた。

この方法はわらを1.5％苛性ソーダ液に約22時間漬けた後，水で洗浄される。この洗浄過程で，わらの有機物が20％程度失われる。この有機物が河川の汚染問題を引き起こしたので，ノルウェーでは現在，この方法の使用は禁止されている。

これに代わってアンモニア処理法が広く使用されるようになり，年間約10万tのわらが処理されている。しかし，アンモニア処理わらの栄養価改善効果は苛性ソーダ処理法に比べて低いので，新しい処理法の開発が必要とされていた。

最近開発された「浸漬処理法」は，原理としては従来の苛性ソーダ湿式処理法と同様であるが，処理が閉鎖系で行なわれるため環境汚染を生じないという特徴がある。この方法は開発されてまだ日が浅いが，ノルウェーではしだいに普及を始めている。日本でもこの技術の適用場面があると考えられるので以下に紹介する。

2. 稲わらの飼料利用拡大に有効

わが国の水田で副産物として毎年生産される稲わらは1,002万tもある。しかし，これらの繊維性有機物は粗剛で消化率が低いため家畜飼料には151万tしか利用されておらず，大半が焼却されたり，水田にすき込まれている。この理由には水稲の機械化栽培の進展をはじめ，収集労力の不足があった。また，排水不良の水田など機械化走行が困難であるという圃場基盤の問題もあった。このため，乾燥稲わらの入手が困難となり，そのかなりの部分を輸入に依存しており，流通稲わらの価格は乾草の価格を上回る場合もある。

第1図　農場規模の苛性ソーダ浸漬処理施設

しかし，水田の基盤整備の進展やロールベール・ラップサイロシステムの導入により，現在では稲わらの省力収集が可能となっている。また，排水不良の水田でもクローラ型の自走式ロールベーラも市販されており，この機械による収集コストの試算では500個以上のベールを収集することによりコストを節減できることも示されている。

最近，わらの飼料価値や嗜好性を高める方法として新アンモニア処理システム「ほくのう・S」が開発された。この処理により消化率は向上

第2図　目で見る各種処理効果の比較
（各量が同じ栄養量を示している）
左上：無処理わら，右上：アンモニア処理わら
左下：苛性ソーダわら，右下：大麦

するが，消化率は原料わらの10％を上積みする程度で，それほど大きなものではない。それよりも嗜好性が5割程度大幅に上昇し，カビの発生を抑えることが，このアンモニア処理法の特筆すべき特徴である。

これに対して苛性ソーダ処理は消化率を著しく改善する効果があり，トウモロコシサイレージの飼料価値と同等の飼料になるので，泌乳牛用飼料としても利用できる。

3. 特徴は閉鎖系での苛性ソーダ処理

（1）わら飼料化の課題はリグニンの処理

稲わらや麦稈など，低質粗飼料に含まれるセルロースやヘミセルロースの反芻家畜による潜在的消化率は90％もある。つまり，理論的には稲わらの繊維はほとんど消化可能ということである（第1表）。しかし，稲わらや麦稈のセルロースやヘミセルロースは強度にリグニン化されているため，消化率が低いという問題がある。稲わらや麦稈に比べると，牧草や飼料作物のリグニン化の程度は低いため，よく消化利用される。

稲わらや麦稈の消化率を高めるため，セルロースとリグニンの結合を切断したり，弱めたりすることにより消化性を改善しょうとする多く

第1表　麦稈セルロースの潜在消化率
（Kellner & Kohler，1900年）

成　分	％
粗繊維	95.8
有機物	88.3

第2表　尿素，アンモニア，苛性ソーダ浸漬処理と有機物の消化率（大麦稈）
（Wanapat *et al.*，1984年）

処　理	有機物消化率（％）
無処理	52.4
尿	56.3
尿素	56.4
尿素＋大豆粉末	59.0
アンモニア水	59.0
液化アンモニア	67.8
苛性ソーダ浸漬処理	74.8

の方法が試みられてきた。古くから使用された方法が苛性ソーダ処理法である。この方法は北欧を中心に第二次世界大戦時の食糧危機を契機に広く普及した。戦争により家畜飼料が著しく不足したからである。この方法はわらを水で洗浄するため，河川の汚染という環境問題を引き起こし禁止された。

（2）アンモニア処理の限界

粗飼料の不足する地域では，この禁止措置に対応するためアンモニア処理技術を開発し，急速に普及させた。しかし，前述したようにアンモニア処理の嗜好性改善効果やカビ防止効果は顕著であったが，消化率の改善効果は苛性ソーダ処理ほどではなかった（第2表）。特に，ノルウェーでは寒地のため，牧草生産が気候の影響を強く受け，牧草が不作の年は粗飼料不足が生じた。

（3）新しい苛性ソーダ処理法の開発

ノルウェーではできるだけ粗飼料を自給するため，ノルウェー農科大学とノルウェー飼料貯蔵協会の共同研究が行なわれ，麦稈の飼料化のための新しい苛性ソーダ処理法が開発され，「浸漬処理法」と命名された。この方法の基本は苛性ソーダの湿式処理を閉鎖系（環境に放出しない）で行なうもので，洗浄水を使用しないため河川等の環境汚染問題が解決された。

Ⅱ　苛性ソーダ浸漬処理の方法と効果

1. 苛性ソーダ浸漬処理法

(1) 浸漬処理の手順

この方法は，わらを1.5%苛性ソーダ液に浸漬し，30～60分後に引き上げる。熟成のため，そのままの状態で3～6日間放置すると飼料として利用できる（第3図）。この処理過程でわら乾物100kg当たり6.5kgの苛性ソーダと250～300kgの水がわらに吸収される。次のわらを処理するときは，この吸収された量に相当する苛性ソーダ液を補給して，これを繰り返して行なうことにより，次から次へとわらが飼料化できる。

(2) 苛性ソーダの濃度は1.2%が目安

十分な処理効果を得るためには苛性ソーダ液の濃度は1.2%を目安にする。これより苛性ソーダ液の濃度が低い場合はわらの浸漬時間を長くすることが考えられるが，その効果は小さい。苛性ソーダ液の濃度が適正であれば，所定時間で十分な処理効果がある。

(3) 処理わらは10℃以上で熟成

処理わらに含まれる苛性ソーダ量は苛性ソーダー液から取り出した時点ではわら原物kg当たり6gくらいあるが，3～4日後には4gに減少し，10日後にはほとんど中和される（苛性ソーダ0g，pH＝7）。化学反応により中和されると，わらの分解が始まり，急激に発熱する。この期間の温度が低いと（＋3～－10℃），処理わら中の苛性ソーダの還元スピードが著しく遅れる。処理わらの熟成期間中の温度は10℃以上が望ましい。

(4) 劣質化した材料ではカビに注意

浸漬処理法はわら以外に，刈り遅れの乾草や茎の硬い野草や作物の茎葉まで処理できる。また，何度も雨にあたり著しく劣質化したわらでも好結果を生む。しかし，一般に劣質材料はカビが発生している場合が多く，飼料としての利用にはカビの問題があるが，浸漬処理法はこのような材料に対しても飼料価値を改善するので，カビ毒の家畜への悪影響が問題となる。現在，苛性ソーダ処理によってカビの毒性がどの程度消失するかは明確にされていないので，カビが発生した材料の使用は避けるべきである。カビは外気温が高く，水分が多い材料で発生するので，水分15～18%以下の乾燥材料を使用すべきある。

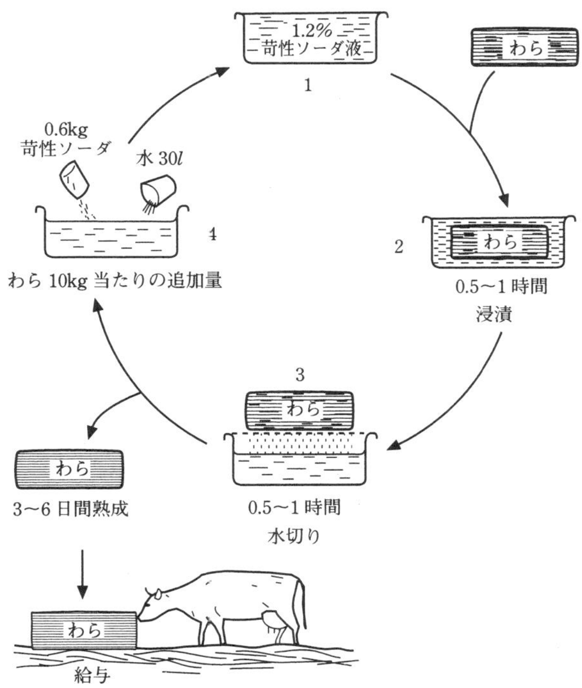

第3図　わらの苛性ソーダ浸漬処理法

（Sundstφl，1981年）

第3表 泌乳牛に対する苛性ソーダ浸漬処理わらのグラスサイレージ代替効果 (S. Xu ら，1991年)

項目	サイレージ	苛性ソーダ浸漬処理わら	
		尿素	尿素なし
飼料摂取量（DMkg/日）			
グラスサイレージ	7.8	2.9	2.9
処理わら＋尿素		5.7	
処理わらのみ			5.8
大麦ミール	1.3	1.4	
大豆かす			1.4
濃厚飼料	6.3	5.7	6.2
乳量（kg/日）	25.1	24.2	24.8
乳脂肪（%）	3.91	3.89	3.82
乳蛋白質（%）	3.16	3.08	3.16

第4図 苛性ソーダ浸漬処理した麦稈
トウモロコシサイレージに相当する栄養価値をもっている

(5) ロールベールわらは密度を緩めに

また，ロールベールわらを材料に使用するときの最も重要なことはベールを緩めに成形することである。ベール密度を100kg/m³以下で梱包すると，苛性ソーダ液は30～60分の所定の浸漬時間内にベール内部まで浸透する。

(6) 苛性ソーダの変質を防ぐ

褐色に変色した苛性ソーダ液を使用しないで放置しておくと空気に触れて化学変化を遂げる。空気中の炭酸ガス濃度は0.03％と非常に低濃度であるが，苛性ソーダと炭酸ガスの化学反応により炭酸ソーダが生成される。この反応により苛性ソーダ液が中和される。

この反応を抑制することは技術的には可能であり，苛性ソーダ溶液を密閉容器で保管するか，または苛性ソーダ液の表面をポリエチレン製のシートでカバーすることで阻止できる。

2. 浸漬処理わらの摂取量，エネルギー価

(1) 消化率とエネルギー価の改善効果

無処理わらおよび苛性ソーダー処理わらに含まれる主要な栄養素は，セルロースとヘミセルロースである。しかし，無処理わらのこれらの栄養素は家畜にとって利用性が低い。わらの飼料化処理法の大部分は，リグニンとセルロースまたはヘミセルロースの化学的結合を切断することが原理である。この処理により，わらの栄養素がルーメン微生物にとって利用されやすい性状に変化を遂げる。

「浸漬処理法」は無処理わらの消化率を46～58％から66～74％へと，20～25％程度改善する。エネルギー価で示すと改善効果は55％にも達する。

ノルウェーでの乳牛を用いた4回の試験と育成牛による2回の試験において「浸漬処理法」はわらのエネルギー価を大きく高めることが明らかにされている。エンバク，大麦，小麦など数種類のわらを用いた試験で，全体の粗飼料の1/3～3/2をこれらの処理わらで占めるようにして給与したところ，処理わら1kgは無処理わら1.55kgの飼料価値に相当し，処理わら1.55kgは早刈りグラスサイレージ1.35kgに相当したことを認めている。そして，乳量にも差がなかったとしている（第3表）。

(2) 嗜好性も高まる

また，別の試験ではサイレージを乾物で2.8kgおよび濃厚飼料を6.2kgそれぞれ一定量給与し，処理わらは自由採食という条件下で牛を飼養した場合，試験牛8頭の処理わらの平均摂取量は乾物で8.3kgで，そのうち1頭の牛は乾物で12kg

も摂取し，処理わらの嗜好性がきわめて良かったことが認められている。

(3) 期待した効果が得られない例も

処理わらの乳牛に対する試験例では，すでに述べたが炭酸ガスと苛性ソーダの化学反応のために期待した処理効果が発現せず，処理わら給与牛の乳量がグラスサイレージ給与牛の乳量に比べて劣ったという結果もある。また，育成牛の試験では蛋白質飼料を補給しなかったために育成牛は蛋白質欠乏を起こし，まったく増体しなかったという結果もある。しかし，苛性ソーダ液に尿素を添加することで，育成牛の飼料摂取量が増え，正常に発育したことが認められている。

一方，原料わらが高水分であったため，処理前にカビが発生したが，そのようなわらでも処理効果が認められ，処理わらを給与した育成雄牛の日増体量はグラスサイレージ給与牛の990gよりも少し劣っていたが，800gも増体したという結果もある。

3. 蛋白質の補給

(1) 尿素の添加で補給

処理わらは嗜好性がよくエネルギー価も高いが，蛋白質，ミネラル，ビタミンが少ないという問題がある。この処理わらの蛋白質の価値を増加するために，尿素を苛性ソーダ液に添加する方法が開発されている。すなわち，苛性ソーダ液に尿素を1％添加すると，わら乾物ベースで2.5％の尿素を添加したことになり，蛋白質含量で示すとわら乾物ベースで12％になる。このNの利用率は飼料中の分解性蛋白質含量とルーメンで利用可能な炭水化物含量に影響される。

未経産雌牛の発育試験によると処理わらに尿素を併用することで大豆かすを補給した対照牛と同じ程度，増体することが認められている(第4表)。処理わらに含まれる尿素Nが泌乳牛のN要求量の1/3（尿素150～200g/日）に相当するように飼料設計して給与した泌乳試験では尿素の替わりに大豆粕を給与した区に比べて，乳量の差は0.5～1.5kg程度にしかすぎなかったとされている。

第4表　苛性ソーダ浸漬処理わら給与育成雌牛の増体に及ぼす尿素と大豆かす補給の比較　(S.Xu ら，1991年)

項　目	サイレージ	苛性ソーダ浸漬処理わら	
		尿素	大豆かす
飼料摂取量（DMkg/日）			
グラスサイレージ	6.1	2.1	2.1
処理わら＋尿素		4.5	4.6
大麦ミール	0.92	0.92	
大豆かす			0.95
増体量（g/日）	990	800	930

(2) 尿素添加での注意点

尿素を添加した苛性ソーダ液は，わらを処理する前に，十分な攪拌混合が必要である。攪拌混合を行なわないと部分的に過剰の尿素がわらに付着し，これを牛が摂取した場合，アンモニア中毒を起こすおそれがある。

また，処理わらを大量に給与すると，処理わらから供給される尿素が全給与飼料中Nのかなりの量を占めることになる。この場合はルーメン微生物が含硫アミノ酸を十分に生産するために，尿素Nに相当する量の硫黄を添加する必要がある。牛のルーメンに生息するバクテリアは，尿素などの窒素と硫黄からメチオニンやスレオニン等の含硫アミノ酸を生成するが，わらには硫黄分が少ないので，この不足分の硫黄を補給することにより，含硫アミノ酸の生成を促進することができる。

(3) 硫黄化合物はビタミンやミネラルと混合給与

飼料用の硫黄化合物として$MgSO_4$，$(NH_4)_2SO_4$，Na_2SO_4が用いられ，これらは苛性ソーダ・尿素液とよく混合して使用される。しかし，これらの化合物は中和作用を有しているので，苛性ソーダ・尿素液に混合して給与するよりは，単体でミネラルやビタミンと混合して給与したほうがよい。

Ⅲ　導入するうえでの留意点と生かす方向

1. 使用上の留意点

(1) 自由飲水ならNa過剰は心配ない

処理わらには高濃度のNaが含まれており，その量はわら乾物当たり3.5～4.5％ほどである。処理わらを給与すると牛の飲水量が増える傾向があり，飲水が制限されていない場合は処理わらに含まれるNa自体が家畜に悪影響を及ぼすことはない。一般的な飼料給与では処理わらのほかに他の粗飼料も併せて給与しており，水も自由に飲ませているのが普通である。飲水が制限されるとNa過剰が問題となる場合がある。

(2) Mgとビタミンの補給

処理わら給与牛の血液成分と乳成分は慣行の飼料を給与している牛と同様であり，Mg濃度のみが低い傾向が認められている。この場合Mgを要求量よりも多めに与え，MgOで50gを増加することによって血中Mg濃度は標準値に改善されている。一般にわらにはビタミンはほとんど含まれていないので，補給する必要がある。

(3) Naの土壌集積の問題

わらの潜在的飼料価値は非常に高い。この潜在エネルギーを最高に発揮させる方法はアンモニア処理と苛性ソーダ処理を併用利用することである。ここで紹介したノルウェーのヘレルード研究所で行なわれた乳牛，未経産雌牛を用いた9回の試験結果では健康上の問題はまったく見られなかった。しかし，Naレベルが問題となっている土壌地帯でこの方法を用いるには，Naの土壌集積という解決すべき問題がある。

2. アンモニア処理との組合わせによる効果

浸漬処理法はわらを飼料化する方法としてその消化率改善効果は非常に顕著であるが，すでに見たように処理は畜舎または飼料庫に設置された処理槽で3～6日間隔で行なわれる。つまり工業的な大量生産方式ではなく，わらの飼料化処理は農家ごとに必要量に応じて連続して行なわれるので，この間，処理前の材料わらは保管しておく必要がある。しかし，わらの水分が多いと，特に外気温が高い場合は保管中にカビが発生する。この保管中のカビを防止するため，最近開発された新アンモニア処理法「ほくのう・S」を利用する方法が有効である。

現在の技術でわらの潜在的飼料価値を最高に引き出す方法としてこのアンモニア処理と苛性ソーダ浸漬処理法の併用利用が挙げられる。その具体的方法は稲わらの場合で見ると次のとおりである。

コンバインで収穫後の稲わらの水分が30％以下になったらロールベーラで収集して直ちにラップで密封する。天気がよければ，わらの水分をできるだけ落としたほうが，運搬性や保管性がよく，アンモニア処理時にアンモニアがベール全体に拡散して均一処理が期待できる。アンモニア処理はコントラクター（請負作業専門業者）が行ない，農家からの連絡を受けてコントラクターが計画的に液化アンモニアを注入処理する。

この処理によりわらの繊維の消化性が10％程度高まり，アンモニアは材料繊維と結合して稲わらに不足するNも付与される。ラップしているので戸外でも変質の心配もなく安定して保管できる。その後，浸漬処理法が給与必要量に応じて実施される。

アンモニア処理によって，稲わらの飼料価値は刈り遅れの乾草から普通の乾草程度まで改善されるが，改善程度は材料や処理条件により変動する。さらに浸漬処理法により繊維の消化性が著しく改善され，カビの心配のない良質飼料ができる。その飼料価値はトウモロコシサイレージ程度である。この方法はまだ普及していないが，今後追究すべき技術の一つである。

執筆　萬田富治（農林水産省草地試験場）

1996年記

土壌肥料と
粗飼料の質

土壌肥料と粗飼料の質

粗飼料は，家畜の飼料として生産されたものであるから，その品質の良否は，家畜にとっての栄養価値，すなわち可消化養分総量（TDN）や可消化粗蛋白質（DCP）などの多少によって決定されることが多い。しかし飼料の品質はたんにこれらの成分含量だけで決定されるものではなく，無機成分についても考慮される必要がある。それは，無機成分が粗飼料となる飼料作物（牧草を含む）の生育にとって必須であるばかりでなく，家畜にとっても重要な要素であるからである。

とくに近年，土壌中の養分含量の低下や過剰施肥などに起因する粗飼料中の無機成分含量の不足あるいは過剰などの実態が多く報告され，これが家畜の疾病に関与していることが指摘されている。

そこで，ここでは粗飼料やその原料となる飼料作物の無機成分に関連した要素と家畜の疾病との関係を検討し，さらに土壌肥料の面からみた疾病予防対策について考えてみることにする。

1．粗飼料の無機成分含量と家畜との関係

(1)　粗飼料の無機成分含量の概況と問題点

北海道から九州に至るわが国の主要76草地およびこれに隣接する野草地などにおける牧草，野草（ススキ，ササ）について各種必須元素の測定とそれに対応した土壌分析が実施され公表されている。その結果からオーチャードグラスと白クローバ（ラジノクローバを含む）の含量は第1表のとおりであった。表には，日本飼養標準（乳牛）に記載されたそれぞれの有機成分含量の上限あるいは下限が付記されているとともに，オーチャードグラス8，白クローバ2の乾物割合で収穫された粗飼料を仮定し，そのばあいに飼養標準からみた要素の欠乏，あるいは過剰の発生する草地の出現割合が示されている（高橋1977）。

この結果によれば，リン（P），マグネシウム

第1表　わが国の牧草地におけるオーチャードグラス，白クローバの無機成分含量（高橋，1977）

	N(%)	P(%)	K(%)	Ca(%)	Mg(%)	Na(%)	Fe(*ppm*)
オーチャードグラス	2.47±1.03	0.31±0.10	3.13±0.82	0.29±0.10	0.17±0.04	0.13±0.14	106±51
白クローバ	4.45±0.65	0.31±0.10	2.61±0.82	1.59±0.33	0.32±0.12	0.27±0.29	152±77
日本飼養標準(乳牛)	2.40<	0.30<	0.80<	0.22<	0.20<	0.18<	100<
欠乏・過剰の出現割合	欠乏 25%	欠乏 50%	欠乏 0%	欠乏 0%	欠乏 60%	欠乏 50%	欠乏 50%
	Mn(*ppm*)	Zn(*ppm*)	Cu(*ppm*)	B(*ppm*)	Mo(*ppm*)	Co(*ppm*)	Se(*ppm*)
オーチャードグラス	127±60	28±10	6.9±4.0	4.9±1.9	0.72±0.61	0.12±0.09	0.024±0.061
白クローバ	89±72	34±11	6.5±2.5	21.4±5.8	0.97±0.86	0.20±0.15	0.038±0.038
日本飼養標準(乳牛)	20<	40～500	10～100		<6	0.1～10	0.1～5
欠乏・過剰の出現割合	欠乏 0%	欠乏 85% 過剰 0%	欠乏 90% 過剰 0%		過剰 0%	欠乏 35% 過剰 0%	

注　含有率は乾物当たり，単純平均±標準偏差で示した

(Mg)，ナトリウム (Na)，鉄 (Fe)，亜鉛 (Zn)，銅 (Cu) などは，50%以上もの草地で家畜の要求量より低い含量であったことが理解される。これは，牧草の無機成分含量の不足が，わが国においてはたんに極限された地域的な問題でなく，むしろきわめて一般的な問題であることを示している。

一方，もともとわが国の耕地面積は国土全体の30%ていどで，そのうち放牧地を含めて家畜に供されるのは，わずかに 50万*ha* ほどにすぎない。この面積で収穫される飼料は，わが国の必要総量の10%前後でしかなく，したがって飼料作物の単位面積当たりの収量増大が要求されることになる。その結果，飼料作物の栽培が多肥集約化の方向へ変化せざるをえなくなる。ところが，このような栽培方法は，生産量を増加させたとしても，粗飼料の，とくに無機成分に関連した品質を悪化させているばあいが多い。粗飼料中の硝酸態窒素 (NO_3—N) やカリウム (K)の過剰蓄積などはその典型である。これらの成分の過剰は，しばしば家畜に疾病をもたらしていることが報告されている(飯塚ら1976)。

(2) 粗飼料の無機成分に関連した家畜の疾病

粗飼料の無機成分（窒素は蛋白質含量の一指標であり，必ずしも無機成分とは考えにくいが，施肥関連成分として重要な要素なので，本稿では無機成分のなかに含めて考えることにする）含量は，家畜の疾病に関係している。そこで，まず，粗飼料の無機成分に関連した主要な家畜疾病とその発生原因について概観してみる。

①硝 酸 中 毒

粗飼料に過剰に蓄積された NO_3—N は，牛に摂取されると第1胃内の微生物によって還元され，亜硝酸態窒素 (NO_2—N) となって吸収される。これが，血液中の赤血球に含まれるヘモグロビンをメトヘモグロビンに変化させる。その結果，ヘモグロビンによる体内の各組織への酸素運搬機能が阻害され酸素欠乏をもたらす。これが原因となって，重症のばあい牛が死亡する中毒症のことを硝酸中毒（または，亜硝酸中毒）とよんでいる。

第2表 硝酸態窒素含量と家畜に対する危険性
（アダムスら，1965）

NO_3-N 含量（乾物中）	危 険 の 有 無
%	
0.0～0.1	どのような状態でも安全
0.1～0.15	非妊娠動物では安全，妊娠動物では総飼料の50%給与では安全
0.15～0.2	乾物量で総飼料の50%まで安全．
0.2～0.35	飼料の35～40%に制限する
	妊娠動物には使わない
0.35～0.4	飼料の25%以下に制限する
	妊娠動物には使わない
0.4% 以上	中毒のおそれがあるので給与しないほうがよい

硝酸中毒をもたらす飼料中の NO_3—N 限界量については，一般に NO_3—N として0.2%ていどとされており，体重1*kg* 当たりの NO_3—N摂取量が1日に0.08～0.10*g* 以上で中毒死するとされている。アダムスら (1965) は，飼料中の NO_3—N の含量と中毒の危険性について第2表のようにまとめている。

飼料中の NO_3—N 含量は，Nの多量施肥，家畜糞尿の多量連用，土壌の過湿，日照不足，高温などによって高まり，飼料作物の種類，品種，部位，生育時期などによっても変化することが知られている。

②グラステタニー

家畜によって採食された草が主要な原因となって家畜の血清中の Mg 含量が著しく低下（低 Mg 血症）し，これによって興奮やけいれんなどの神経症状を家畜にもたらす疾病のことをグラステタニーとよんでいる。この疾病はオランダで1930年に初めて報告されて以来，ノルウェー，イギリス，ニュージーランドなどで発生の報告がつづいた。わが国では，南九州（熊本，宮崎，鹿児島）と東北地方から北海道にかけての北日本に発生の報告が多く，この中間地帯では比較的発生例が少ない。

グラステタニーの発生に関与する要因は多く，作用機作も複雑でその発生原因の充分な解明はなされていない。しかし，家畜の血清中の Mg 濃度の低下が共通に認められており，飼料中の Mg 不足や，K と Mg およびカルシウム (Ca)

の不均衡，さらに家畜の Mg 吸収利用率の低下などが本症の主要な発生原因と考えられている。家畜の Mg 吸収利用率を低下させる要因としては，飼料中のN（蛋白質），水溶性炭水化物，高級脂肪酸，クエン酸，トランスアコニチン酸，ヒスタミン，マンガン（Mn），Cu などの含量が指摘されている。このうち，水溶性炭水化物，Mn および Cu については，その不足が，これら以外の要因では，その高含量が，それぞれ家畜の Mg 吸収利用率の低下をもたらし，グラステタニー発生に重要な役割を担っている。

③起立不能症候群

北海道の草地酪農地帯の搾乳牛を中心に，原因不明の乳熱様疾病が多発し増加しつづけている（第1図）。この疾病の特徴は，産前または産後にけいれんなどを伴った起立不能症状を示すことで，臨床的に異なる病名でよばれている（たとえば，乳熱，乳熱様疾患，産前起立不能症，産後起立不能症など）。これらを一括して起立不能症候群とよぶことがある。

この疾病が多発する農家の牧草は，K と Ca＋Mg および P と Ca の不均衡，NO_3—N の高含量が特徴的に認められている。またその草地土壌の pH は低く，土壌中の N と K 含量が高く，P, Ca, Mg は逆に低いことも指摘されている（篠原・原田1978）。

家畜に起立不能をもたらす疾病は多くあるので，その発生原因をただちに上述した飼料や土壌中の無機成分にだけ求めることはできない。Ca 代謝に関連するホルモンやビタミンDなどの関与も考えられている。さらに小野（1976）は，高蛋白低カロリーの飼料摂取との関係に注意をはらう必要のあることを報告している。しかし，このような飼養条件が，飼料生産の背後にあるN多肥，糞尿や澱粉廃液などの過剰施用によってもたらされやすいことも事実で，草地の施肥管理の不適切が本疾病の発生原因のひとつであることにちがいないと考えられている。

④微量要素の過剰あるいは欠乏症

わが国ですでに報告されている微量要素の過剰あるいは欠乏による家畜の疾病は，コバルト

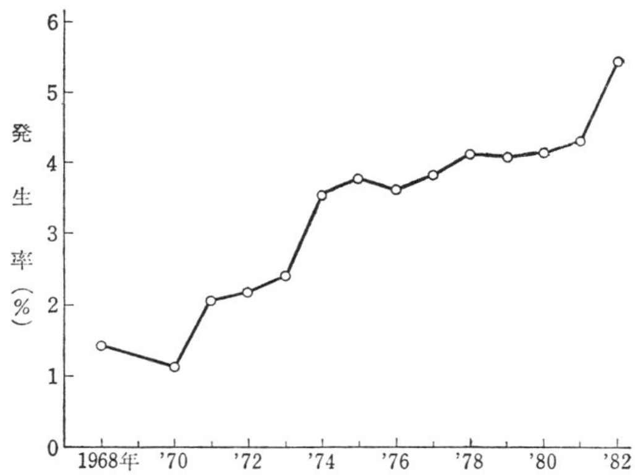

第1図　北海道別海町での乳牛の起立不能症候群の発生率推移

$$発生率=\frac{診療件数}{共済加入頭数}\times 100$$

（Co）欠乏症，モリブデン（Mo）過剰に由来する Cu 欠乏症などである。

家畜の Co 欠乏症は古くから「くわず病」として知られている。この発生原因は，土壌母材の Co 含量が少ないこととともに，粗粒質土壌であること，土壌生成過程が酸性条件下で Co の流亡が起こりやすいことなどの条件がいくつか組み合わさったものである。

家畜の Cu 欠乏症は，島根，岡山，兵庫各県の一部に和牛の被毛の白色化によって認められている。家畜の Cu 要求量は，多くの要因によって影響をうけ，とくに飼料中の Mo や硫黄（S）含量が少なければ，Cu 要求量が低下する。前述した発生地帯ではいずれも，鉱山排水中に多量に含まれた Mo に起因する飼料の Mo 過剰や，セメント工場の排煙中の石灰の降下による土壌 pH の上昇とそれに伴う土壌中の Mo の有効化促進によって飼料中の Mo 過剰がもたらされるなど，主として Mo 過剰に伴う Cu 欠乏であることが知られている。

このほか現在までのところ家畜に疾病が生じていないが，欠乏症に注意しなければならない要素としては，次のようなものが考えられている。すなわち，Co 欠乏症発生地帯に類似した土壌条件をもつ地域における Fe，粗粒の新規火山灰土壌地帯におけるS，第1表の結果からみて外国での欠乏症発生地帯における含量と同

等かそれ以下である割合の高かった Zn とセレン (Se) などである。

2. 粗飼料の無機成分含量に影響を及ぼす要因

粗飼料中の無機成分含量の過剰あるいは欠乏は，家畜に疾病をもたらしやすい。そこで，家畜の疾病に関与している粗飼料の無機成分がどのような要因によって影響をうけ，それが家畜にどのように関係しているかについて検討してみる。

(1) 施 肥 管 理

飼料作物では単位面積当たりの収量を増加させるために多肥され，とくにNとKは収量に直接影響を及ぼすことから多く施用される。

一般に，N施肥水準が高まると牧草の粗蛋白質（全N)，NO_3—N の含量が高まり，水溶性炭水化物含量は低下する（第3表)。飼料中のN含量が高いと，牛の第1胃内でアンモニア態N（NH_4—N）が過剰に生産され，pH が高まる。このとき，水溶性炭水化物含量が高ければ，第1胃内で揮発性脂肪酸が合成されて pH 上昇を抑制するため NH_4—N の集積を防ぐことが可能となる。しかし，第3表から明らかなように，N含量の高い飼料は水溶性炭水化物含量が低いため，第1胃内の pH 上昇が助長される。その結果，高 pH 条件下の第1胃内では燐酸アンモニウムマグネシウムの沈澱が生じて牛による Mg の吸収利用が阻害される。また，N含量の高い牧草は，高級脂肪酸含量が高まり（ケンプら1966)，これが Mg を鹼化するため牛の Mg 吸収利用を抑制する。これらのことから，Nの多肥は，牛の血清中 Mg 濃度を低下させグラステタニーの誘因となる。

また NO_3—N との関連でいえば，多N施用は明らかに飼料の NO_3—N 含量を高め（第3表)，それを採食する家畜に NO_3—N 中毒をもたらしやすくなる。

Kの多肥は，牧草のK含量を高めると同時に，拮抗的に Ca, Mg 含量を低下させる（第2図)。

第3表　窒素施用量が牧草の化学組成に及ぼす影響　（レイド，1966）

N施用量 (kg/10a)	水溶性炭水化物 (%)	全窒素 (%)	NO_3-N (%)	K (%)	Na (%)
0	14.6	2.27	0.011	3.07	0.080
11	14.9	2.40	0.019	3.11	0.088
22	13.0	2.59	0.035	3.04	0.142
33	12.2	2.85	0.084	3.20	0.173
44	10.6	3.30	0.254	3.28	0.150
55	10.3	3.20	0.313	3.24	0.164
66	8.8	3.54	0.408	3.62	0.148
77	8.7	3.54	0.492	3.52	0.146
88	8.2	3.74	0.531	3.32	0.157

注　牧草は混播　ペレニアルライグラス（大部分）＋チモシー。クローバはない

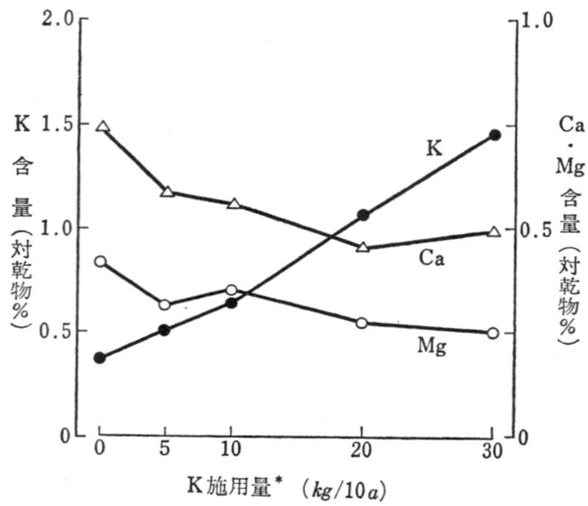

第2図　K施用量とソルゴー（栽培2年目，1番刈り）の K,Ca, Mg 含量の関係

* 4回に分施　（諸遊，1973から作図）

K と Ca+Mg の比率は，グラステタニーと関連があり，これらの当量比が 2.2 を超えると本症の発生率は5%以上となる，というケンプらの結果はよく知られており，Kの多肥でこの比率は 2.2 以上になりやすい。しかし，この当量比は，牛の体内での Mg 吸収阻害要因として最も重要な粗蛋白質（CP）を考慮していないこと，またKと Ca を過大評価していることなどの欠点を有していることが，ケンプ自身によって批判されている（ケンプ 1971)。したがって飼料中のこの比率だけで，グラステタニー発生の指標とすることは適切でないばあいが多い。この比率に代わるものとして CP×K と牧草中

のMg含量から牛の血清中の濃度を推定する方法が定図化(第3図)され，これによって牧草のグラステタニーに対する危険性の指標とすることが改めて指摘されている。

Nの多肥はCP含量を，Kの多肥はK含量をそれぞれ高めるため，牧草中のMg含量が高くても，グラステタニー発生の危険性が低下しないことが，第3図から理解できる。すなわち，この図に従えば，一般に家畜に必要な飼料中のMg含量として指摘されている含量(0.2%)を牧草が満足していても，CP×Kが90より大きければ，補助飼料なしではグラステタニーの発生する危険性が大きいことになる。

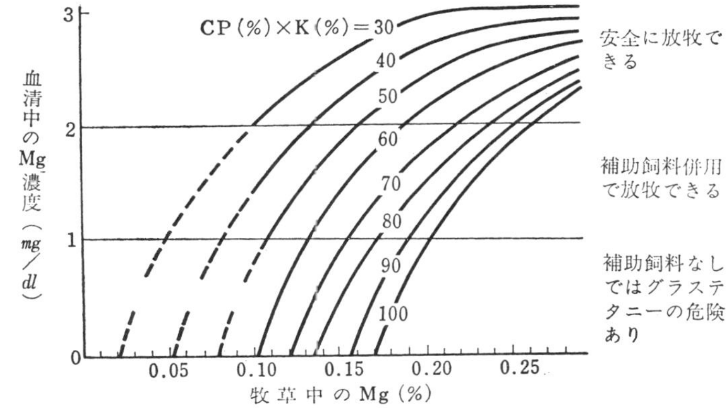

第3図　牧草のMg，粗蛋白質（CP），K含量（対乾物%）から血清中Mg濃度の推定図
（オランダ　ミネラル栄養委員会，1973）

さらにNとKの多肥は，牧草中のクエン酸やトランスアコニチン酸などの有機酸含量を高めることが報告されている。これらの有機酸は，血中でMgと化合し，家畜に対するMgの有効性を低下させてしまう。

また作物の陰イオンとしてのNO_3—N吸収は，陽イオンを随伴して行なわれる。この随伴陽イオンは，主としてKであると考えられている（第4表）ことから，NとKの多肥は，牧草中のNO_3—N含量の上昇を助長する。

以上のように，NおよびKの多肥は，飼料作物の収量を高めたとしても，飼料の無機成分からみた品質を悪化させ，グラステタニーをはじめ，NO_3—N中毒など現在問題となっている疾病を家畜にもたらしやすいので注意しなければならない。

第4表　飼料作物の硝酸態窒素含量と水溶性成分含量およびpHとの相関関係
（尾形，1982）

水溶性成分と pH	マメ科牧草 6種	イネ科牧草 8種	飼料作物を含む 28種
総塩基	0.935**	0.983**	0.730**
K	0.820*	0.905**	0.618**
Na	0.790	0.230	0.447*
Mg	0.523	0.334	0.477*
Ca	0.751	0.077	0.379*
pH	0.933**	0.934**	0.819**

注　*　5%有意水準，**　1%有意水準

(2)　家畜糞尿の多量連用

家畜の糞尿やそれから生産される厩肥や液状厩肥（スラリー）は，畜産農家にとって重要な自給肥料である。これらの自給肥料の養分含量は家畜の種類や糞尿処理方法などで異なるが，ほぼ第5表に示したような値である(倉島1983)。これらの化学肥料に対する肥効率は，おおむね第5表に示されたような値で，Nはやや遅効的であり，Kは速効的である。したがって家畜の糞尿の多量連用は，飼料作物の無機成分含量に大きな影響を及ぼすことになる。

九州における厩肥の多量連用が青刈りトウモロコシの無機成分含量に及ぼす影響をみると第4図のようであった(伊東ら1982)。N，P，Kの含量は，厩肥の施用量の増加とともに高まり，とくにKで著しい。またKと拮抗関係にあるCaとMgの含量は，逆に低下する傾向を示した。この結果，KとCa+Mgの不均衡が厩肥の多量施用によってもたらされると同時にCP(N×6.25)×Kの値が大きくなりグラステタニーの発生しやすい成分含量となる。またNO_3—N含量も厩肥の多施用とともに増加し，20 *t* /10 *a* 以上で0.2%を上回りNO_3—N中毒

第5表　糞尿処理物の肥料成分含量とその肥効率　　　（倉島，1983）

		肥料成分含量（原物中%）						肥効率（%）		
		水分	N	P_2O_5	K_2O	CaO	MgO	N	P_2O_5	K_2O
牛	厩肥	72.8	0.57	0.52	0.64	0.61	0.23	30	60	90
	液状厩肥	91.0	0.38	0.20	0.42	0.26	0.11	55	60	95
豚厩肥		62.1	1.00	1.33	0.65	0.93	0.38	50	60	90
鶏乾燥糞		16.6	3.20	5.30	2.69	10.17	1.20	70	70	90

注　化学肥料の肥効を100としたばあいの糞尿成分の肥効率を示す

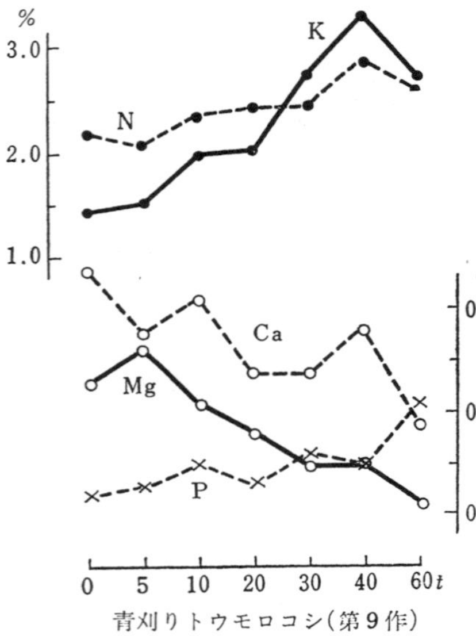

第4図　厩肥の施用量が青刈りトウモロコシの無機成分含量（対乾物%）に及ぼす影響　（伊東ら，1982）

の危険性のあるものへと悪化させていた。

このように糞尿の大量連用は，飼料作物の無機成分含量からみた品質を大きく低下させてしまう。家畜の糞尿が重要な自給肥料であるだけに，この施用量や施用法については，飼料作物の無機成分からみた品質を悪化させずにかつ肥料的効果と土壌の肥沃度増強のための施用基準が守られなければならない。

家畜の糞尿とは異なるが，澱粉廃液の施用についても上述した糞尿のばあいとまったく同様の結果が得られているので，その施用量には，とくに注意しなければならない。

(3)　作物の種類

粗飼料の無機成分含量が，原料となる飼料作物の養分吸収に依存していることはいうまでもない。作物の養分吸収は，直接的には施肥，土壌中の有効態養分含量などに影響をうける。このほか，作物の種類によって養分吸収特性が異なるので，無機成分含量の作物種間差も大きいことが知られている。

牧草でいえば，一般にK含量はイネ科草で高いがその他の N, P, Ca, Mg などの含量はマメ科草で高いことが認められている。そのため混播草地でマメ科草割合が増加するに伴い，K以外の成分含量はしだいに高まっていく（第6表）。したがってイネ科草はマメ科草に比較し，高K，低 Ca, Mg 含量となりやすく，グラステタニーを発生させやすい。さらにグラステタ

第6表　マメ科率の差による無機成分含量の変化　　　（大村ら，1981）

マメ科率	N	P	K	Ca	Mg	Na	Mn	Fe	Zn	Cu	Co	Ca/P
%	%	%	%	%	%	%	ppm	ppm	ppm	ppm	ppm	
0	1.59	0.25	1.71	0.32	0.11	0.03	53	39	22	3.4	0.05	1.3
10	1.77	0.25	1.69	0.48	0.13	0.03	54	41	23	3.5	0.06	1.9
20	1.94	0.26	1.68	0.65	0.14	0.05	55	44	23	3.7	0.06	2.5
30	2.12	0.26	1.66	0.81	0.16	0.06	56	46	24	3.8	0.07	3.1
40	2.29	0.27	1.64	0.97	0.18	0.08	57	49	24	3.9	0.07	3.6
50	2.47	0.27	1.63	1.14	0.20	0.09	58	51	25	4.1	0.08	4.2

ニーの発生と関連の深い有機酸含量の草種間差を検討した結果によると（小関1980），多肥条件のレッドトップにおいて特異的にトランスアコニチン酸含量の高まることが指摘されている。レッドトップの多い草地では，この点でも注意が必要である。

また，作物の種類によってその体内にNO_3—Nを集積しやすいものとしにくいものとが知られており，それは第7表のとおりである。さらに飼料作物のN栄養と関連した有害成分として青酸配糖体，アルカロイドなどが考えられている。わが国で利用されている牧草のほとんどはアルカロイドを集積しにくい。しかし，ソルゴーやスーダングラスなどは，青酸配糖体が集積しやすく，その葉身のN含量が対乾物で2～2.3%以上になると，N含量の増加とともに青酸が急激に集積して，家畜に青酸中毒の危険をまねくことになる（尾形1982）。

第7表 硝酸態窒素の集積難易度に対する作物間差（尾形，1982）

易	中	難
イタリアンライグラス トールフェスク シコクビエ ローズグラス エンバク ライムギ カブ レープ	オーチャードグラス ペレニアルライグラス ダリスグラス ソルゴー トウモロコシ クローバ コンフリー	チモシー ケンタッキーブルーグラス バーミューダグラス アルファルファ ヘアリーベッチ

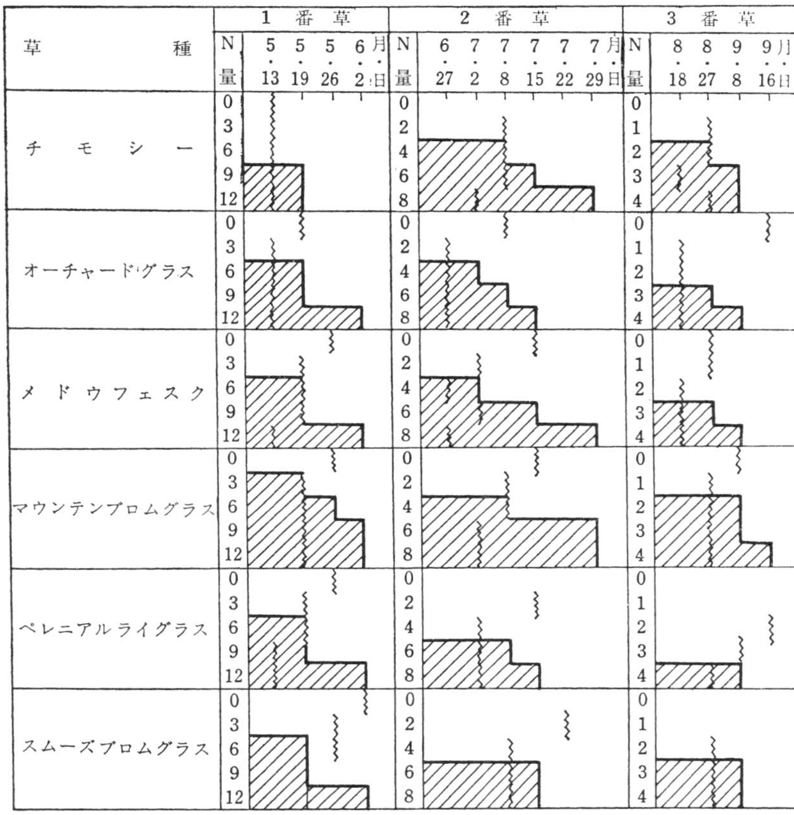

▨ 部は乾物中NO_3－N含量が0.22%以上
⦚ は草丈30cmに達する時期

第5図 主要イネ科牧草におけるN施用量と硝酸態窒素含量からみた要注意期間（小梁川ら，1972）

(4) 生育時期と利用方法

飼料作物中の無機成分含量は，一般に生育段階がすすむに伴って低下する。したがって同一作物でも利用される時期が異なると無機成分含量が異なり，それを採食する家畜への影響程度に差異が生じる。

同一草地の牧草を青刈り給与し，その利用時期の差異と牛によるの吸収利用率との関係が検討されている（ケンプら1961）。その結果によ

第8表　泌乳牛の Mg 吸収利用に及ぼす生育時期の異なる青刈り草の影響

（ケンプら，1961）

試験期間（月／日）		牧草体中含量（%）		Mg　収　支　（*mg*／日）				Mg 利用率*（%）
					排　出　量			
予備期	本　期	C P	Mg	摂取量	糞	尿	牛乳	
4/4 ～4/12	4/12～4/22	25.9	0.15	15.87	14.28	0.57	2.15	10
4/23～4/26	4/26～5/3	17.8	0.12	14.80	12.49	0.69	2.00	16
—	5/3 ～5/12	14.0	0.11	13.73	10.98	0.98	1.88	20

注　*　{(摂取量－糞)/(摂取量)}×100

ると，牧草中の CP と Mg 含量は利用時期の早いほど高かった。しかし，これとは逆に牛の Mg 利用率は，草地の利用時期が早いほど低下していた（第8表）。これは，すでに述べたように，牧草中の高 CP 含量の影響をうけて，第1胃内で Mg が不溶性の沈澱に変化するので，糞への排泄量が増加したためである。

牧草中の NO_3—N 含量はN施肥量だけでなく，生育時期によって大きく異なる。北海道における成績（第5図）によると，1番草でN12 *kg*/10 *a* 施用のばあい，再生期間が20～30日以内はすべての草種で NO_3—N 含量が0.22%以上となっている。2番草以降では，N施用水準が1番草より少なくても，NO_3—N 含量が危険値を超える期間が長くなることが明らかである。

生育段階がすすんでいない若い時期に利用される飼料作物は，無機成分からみた品質においてやや問題のあるものが多い。とくに放牧草や青刈り利用は，原料となる飼料作物が家畜に直接採食されるので，その体内の無機成分含量は，家畜に大きな影響を及ぼす。

これに対してサイレージや乾草にしたばあい，原料となる飼料作物中の無機成分含量と調製されたものとの間に著しい差異が生じることがある。第6図は，原料草の NO_3—N 含量と，乾草やサイレージの調製中に消失した NO_3—N 含量との関係を示したものである。原料草中の NO_3—N 含量が低いばあいには，NO_3—N の消失量は少なかった。しかし，原料草の NO_3—N 含量が高いばあい，乾草調製による NO_3—N含量の変化は大きくなかったが，サイレージ調製により NO_3—N の消失量が著しく高まることが明らかである（安宅1982）。作物体中のKは作物体より離脱しやすい成分であるので，サイレージや乾草の調製中に原料草から溶脱し，原料草よりもK含量が低下すると考えられている。したがって牧草サイレージや乾草のKと Ca＋Mg が不均衡であるものの割合は，原料草のばあいより少なくなることが認められている（松中ら1976，1979）。

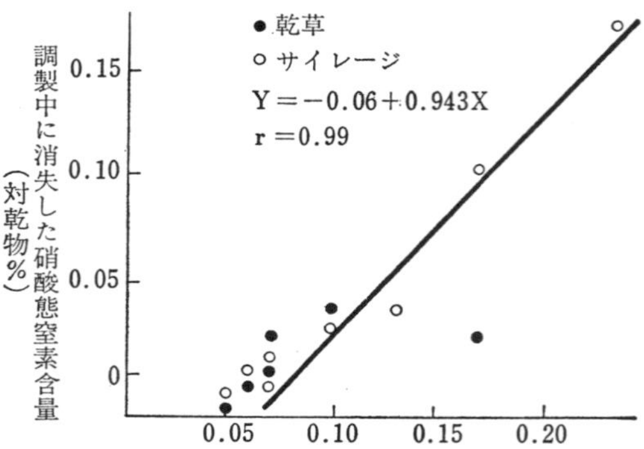

第6図　原料草の硝酸態窒素含量と乾草およびサイレージ調製中に消失した硝酸態窒素含量の関係　（安宅，1982）

このように，作物の利用時期や利用方法は，粗飼料の無機成分含量に大きな影響を及ぼしていることが理解できる。

(5)　気温，日照条件

作物生育は気温や日照条件に影響されるので，その無機成分含量にも差異が生じる。

低温条件下で吸収されたMgは，根から地上部への移行が抑制されるため，春と秋に作物体

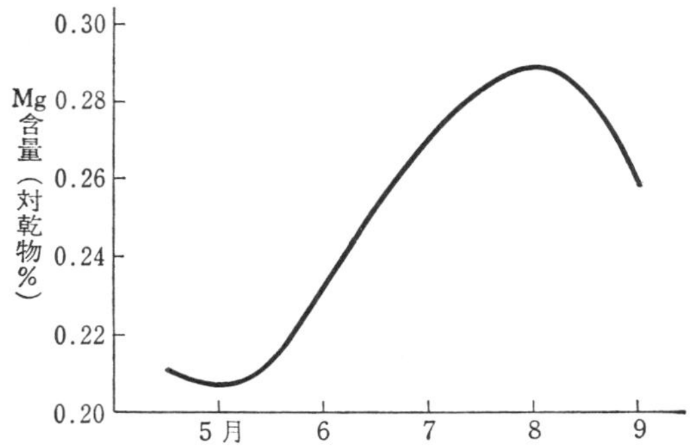

第7図　牧草中の Mg 含量の季節変化
（ボアソン，1963）

中のMgは低含量となり，夏の高温時には高まることが知られている（第7図）。

根から吸収された NO_3—N は，作物体中で順次還元されて NH_4—N となり光合成で合成された有機酸と結合しながら最終的に蛋白質となって同化される。このため，NO_3—N が作物体に同化されるには，同化のためのエネルギー源として，また基質として有効態炭水化物が必要となる。ところが，日照不足は光合成を抑制して炭水化物の生産量を減少させると同時に，NO_3—N を還元するときに関与する酵素活性を低下させる。このため作物体中の NO_3—N 含量は日照不足の条件下で高まる。一方，高温条件は，作物の呼吸量が増加して有効態炭水化物を消耗し，非同化器官への炭水化物の移行が増大するので，NO_3—N 同化のための利用可能な炭水化物量が作物体中で減少する。さらに高温時には土壌の硝化作用が旺盛となり作物の NO_3—N 吸収が増す。これに N 多肥条件が加わると，作物生育が良好となって密植条件では葉の相互遮蔽が生じて下位葉の受光態勢が悪化し，光不足となる。これらの高温時におけるいくつかの要因は，いずれも作物体中の NO_3—N 含量を高めるものである。

春と秋の低温時にグラステタニーの発生が多く，夏の高温や日照不足時に NO_3—N 中毒の発生が多いのは，Mg や NO_3—N 含量の季節変化が関連しているものと思われる。

第9表　花崗岩質土壌に生育する牧草の微量要素含量に及ぼす石灰施用の影響
（ミッチェル，1957）

土壌処理	含有量（乾物 *ppm*）				
	Co	Ni	Mo	Mn	土壌pH
①混播草地					
無石灰	0.28	1.83	0.42	125	5.4
115 cwt. $CaCO_3$/acre	0.19	1.34	1.54	112	6.1
216 cwt. $CaCO_3$/acre	0.15	1.08	2.14	72	6.4
②赤クローバ					
無石灰	0.22	1.98	0.28	58	5.4
115 cwt. $CaCO_3$/acre	0.18	1.40	1.48	41	6.1
216 cwt. $CaCO_3$/acre	0.12	1.10	1.53	40	6.4
③ライグラス					
無石灰	0.35	1.95	0.52	140	5.4
115 cwt. $CaCO_3$/acre	0.20	1.16	1.44	120	6.1
216 cwt. $CaCO_3$/acre	0.12	0.92	1.23	133	6.4

(6)　土壌条件

土壌の水分条件は作物の NO_3—N 含量と密接な関係があり，多湿条件でその含量が高まることが認められている。また土壌母材の鉱物的特性や風化程度の差異が，作物体中の微量要素含量に影響していることは，技585においてすでに述べた。微量要素の溶解度は，土壌 pH に著しい影響をうけるので，石灰施用による pH の変化と作物の微量要素含量には緊密な関係がある（第9表）。

土壌の化学的な性質は土壌中の養分含量や飼料作物への養分供給に影響を及ぼしている。とくに，燐酸吸収係数や塩基交換容量（CEC）および腐植含量などは，土壌中の有効態養分含量に直接影響し，そこに栽培される作物の無機成分含量にも影響を及ぼす。この例として北海道根釧地方のばあいを示すと第10表のとおりである。P欠乏土壌の割合は，燐酸吸収係数の大小に，塩基類の欠乏土壌の割合はCECの大小にそれぞれ影響されていることが明らかである。これらの欠乏土壌の割合の高い地域では牧草の無機成分含量が家畜の要求量より低い値を示した草地の割合も高まっており，両者に対応関係

第10表　養分欠乏土壌の割合および家畜の要求量より低含量となった牧草の割合

（大村ら，1981）

土壌区分				土壌				牧草		
土壌の特徴			地域	P_2O_5 15*mg*	K_2O 10*mg*	CaO 100*mg*	MgO 10*mg*	P% 0.33	Ca% 0.43	Mg% 0.13(0.2)
腐植含量	塩基交換容量	燐酸吸収係数	全体	35	65	10	49	90	36	53(96)
少	小	小	I	0	100	15	77	77	42	50(100)
↓	↓	↓	II	15	55	5	70	90	35	30(95)
多	大	大	III	58	64	6	36	98	27	57(96)

注　各要素とも表示した数値未満のものの割合（%）。牧草中のK含量が家畜の要求量を下回る事例は，どの地域においても認められなかった

が認められる（第10表）。

上述した結果は，土壌の化学的性質が飼料作物の無機成分含量に大きな影響を示す好例である。

3. 土壌肥料の面からみた疾病予防対策

これまで，粗飼料やその原料となる飼料作物の無機成分含量が，家畜の疾病と関連しており，その無機成分含量に影響する諸要因について検討を加えた。そこで，以下では上述の検討をふまえて，主として土壌肥料的な面からみた家畜の疾病防止対策を考えてみる。

(1) 施肥法の改善

わが国の土地条件からみて多肥，とくにNとKの多肥によって単位面積当たりの粗飼料の生産を高めようとすることは，さけられないことであろう。ところが，このNとKの無原則な多肥は，無機成分からみた品質では家畜の疾病発生を助長するような粗飼料を生産しやすい。したがって，この矛盾をあるていど解消する施肥法が確立されないかぎり，多収でかつ無機成分からみた品質の良好な粗飼料の生産を実現することは困難である。

野村（1983）は青森県においてこのことに関連し，第11表に示すような興味深い施肥方式を提案している。すなわち，一般に正常生育した牧草のK含量は，家畜の要求する飼料中の含量（0.7%）を下回ることがない。それゆえ，牧草に依存するかぎり家畜にKが不足することがない。牧草が正常に生育し，Kの施肥量に比例してその収量が高まるときの牧草体内のK含量の範囲は1.6〜2.7%であった。このK含量の下限を維持するには，NとKの施肥量の比率がほぼ4：1，上限を維持するにはほぼ3：2であればよかった。しかもこの比率はNの施用量に関係がなかった。したがってNの適正な施用量が決定されればK施用量の範囲が上記の比率から明らかになる。青森で牧草に NO_3—N の過剰蓄積がなく，かつ最高収量を得るためのN施肥量は，7月までは1回当たり 10*kg*/10*a*，それ以降は1回当たり 6*kg*/10*a* であった。その結果，適正なK施肥量は，前述の比率から7月までは3〜6*kg*/10*a*，8月以降は2〜4*kg*/10*a* で充分であると結論づけられている。

もとより第11表の施肥方式は，青森県のK供給力の大きい火山灰土壌で実施された結果によるものであって，これがわが国のすべての草地に適用可能とは考えられない。しかし，この方式の基本的な考え方は，収量を高収で維持し，しかも家畜栄養からみた品質でも良好な牧草を生産するための施肥法を明確にするうえで，きわめて示唆に富む考え方であると思われる。このようなNとKの施用量の均衡を考慮にいれたうえで粗飼料の不足を補うために増肥してゆく必要があろう。

第11表　牧草の収量向上と無機組成改善のための施肥管理方式　（野村，1983）

	収量向上	無機組成改善	効果
問題点	植物栄養からみて土壌中のP, Ca, Mg含量が低く，生育の制限因子になることが多い	家畜栄養からみて牧草中のK, NO_3-N含有率が高くなりやすく，P，Ca，Mg含有率が低いことが多い	
N施肥	Ⓐ4月下旬～7月下旬に生育する牧草に対して，1回当たりN10*kg*/10*a*が上限施用量 Ⓑ8月上旬～10月中旬に生育する牧草に対して，1回当たりN6*kg*/10*a*が上限施用量 元肥：春播きはⒶ，秋播きはⒷに準ずる		収量確保 NO_3-Nの蓄積回避（乾物中0.22％ NO_3-N以下）
P施肥	牧草乾物中0.6～0.8％P_2O_5，有効態P_2O_5量8～20*ppm*を維持することが必要 造成時：$P_2O_5$20～30*kg*/10*a* 追　肥：$P_2O_5$10～15*kg*/10*a*/年	牧草乾物中0.8％P_2O_5以上，有効態P_2O_5量20*ppm*以上に維持することが必要 造成時：$P_2O_5$40～50*kg*/10*a* 追　肥：$P_2O_5$15～20*kg*/10*a*/年	収量確保 牧草のP_2O_5含有率上昇
K施肥	N対K_2O＝3対2～4対1で施用 施肥量はN施用量から導かれる		限界施用量確保 Kのぜいたく吸収回避 乾物中1.6～2.7％K K/(Ca+Mg)当量比改善
Ca施肥	造成時：土壌のCa飽和度60％を目標として施用 追　肥：表層（0～3*cm*）でCaO 170*mg*以下となったばあいにCa 25～30*kg*/10*a*を施用		酸性改良と酸性化防止 生育良好 Ca含有率向上 K/(Ca+Mg)当量比改善
Mg施肥	土壌中 MgO 8～13*mg*を維持するため MgO 5*kg*/10*a*/年施用	土壌中 MgO 13*mg*以上を維持するため MgO10*kg*/10*a*/年施用 P_2O_5/MgO＝1～2で施用	収量確保 乾物中0.22％以上

(2)　粗飼料の利用方法・時期の改善

いうまでもなく牧草においては放牧利用のほかに乾草，サイレージとしての利用法があり，他の飼料作物では青刈りやサイレージが主要な利用法である。

放牧草や青刈り利用の飼料作物は，原料草がそのまま家畜に採食されるので，原料の無機成分含量やその成分間の均衡が重要である。すでに述べたように，施肥直後や春と秋の低温時，また生育初期や大量の家畜糞尿の施用後など，飼料作物中の無機成分含量やその均衡は家畜にとって良好でないばあいが多い。このようなときには，放牧馴致を行なったり青刈り給与時には過剰摂取のないよう注意をはらったりし，必要に応じて良質の補助飼料を給与することが重要である。

これに対して乾草やサイレージは原料となる飼料作物を乾燥あるいは発酵させたものであるから，原料中の無機成分含量やその均衡も重要であるが，それ以上に家畜に採食されるかたちになったときの無機成分含量のほうがより重要である。NやKの多肥は，しばしば飼料作物中のNO_3―N含量やKとCa+Mgの当量比を家畜にとって危険な値以上に高めることになる。しかし，NO_3―N含量がNO_3―N中毒の危険性が高まるとされる0.2％以上にもなった飼料作物をサイレージにすると，NO_3―N含量は原料中の含量よりも著しく低下し，発酵的品質の良好な栄養価値の高いサイレージがつねに生産されることが明らかにされている（安宅1982)。また，KとCa+Mgの当量比もKがサイレージ調製中に溶脱するためグラステタニーに対する危険な値とされる2.2よりは低下したものになりやすい。

このように，とくにNとKの多肥で高位生産を意図した飼料作物は，サイレージとして利用することにより，家畜にとって安全な飼料とすることが可能である。

(3) 草地のマメ科率の維持

マメ科草が粗飼料中の無機成分含量を高めるうえで重要であることは，すでに述べた。またマメ科率が充分に維持されて草種構成が良好な草地では，多肥によらずとも高収が得られる（松中ら1984)。このようなことからマメ科率は，草地の牧草生産力の面からも，また飼料としての品質の面からも適正に維持される必要がある。

草地のマメ科率を支配する影響力は，施肥される要素で異なる（平島1978)。すなわち，草地に充分なP, Mg, Caを補給した条件でNとKの施用量を調節することで，マメ科率を維持していくことが可能である。むろん，マメ科草は混播相手となるイネ科草や光条件による影響も強くうけるので，それらを考えたうえで，上記のような施肥管理に留意するとよい。とくに，PとMgについては，全国的にみて牧草中のそれらの含量不足の多いことが報告されているので，これらの成分の施用はマメ科草の維持だけでなく牧草中の成分含量を高める点でも評価できると思われる。

(4) 家畜糞尿の有効利用

家畜の糞尿やそれから生産される厩肥は，畜産農家にとって貴重な自給肥料である。しかし，これらの施用量や方法を誤ると，すでに述べたように，飼料作物の無機成分からみた品質を悪化させてしまう。これは，糞尿に含まれる有効な肥料成分量が必ずしも作物の養分要求に一致していないためで，その単独施用では投入される肥料成分に不均衡を生じる。そのため糞尿や厩肥の施用においては，化学肥料との併用により肥料成分を調整することが重要である。このような観点から，最近，全国的な視野で，家畜糞尿の安全な施用基準と併用する化学肥料の必要量が提案された（倉島1983)。これらを第12表に示す。

ここで示された施用基準はひとつのめやすではあるが，それに基づいて適切に施用すると，牧草のP, Mg含量を高めることが明らかにされている。また寒冷地での秋期の適量施用は冬枯れ被害の軽減と翌春の牧草生産力増大にきわめて有効である。

(5) 経営と養分循環の調和

家畜の無機成分関連疾病の発生原因は，ここで指摘した土壌や粗飼料の無機成分含量だけでなく，家畜の飼養管理の基本的欠陥(小野1976)

第12表 家畜糞尿処理物の施用基準（$t/10a$）とそれに併用する化学肥料の必要量

（倉島，1983）

草種	予想収量 (t/10a)	牛		豚	鶏
		厩肥	液状厩肥	厩肥	乾燥糞
牧草 イネ科草地	5～6	3～4	5～6	2～3	0.5
牧草 混播草地	5～6	3～4	5～6	2～3	0.5
トウモロコシ	5～6	3～4	5～6	2～3	0.5
イタリアンライグラス	4～5	3	4～5	2	0.4

〈併用する化学肥料の必要量〉

(kg/10a)

草種	牛厩肥			牛液状厩肥			豚厩肥			鶏乾燥糞		
	N	P_2O_5	K_2O	N	P_2O_5	K_2O	N	P_2O_5	K_2O	N	P_2O_5	K_2O
牧草 イネ科草地	14	—	—	8	3	—	8	—	5	8	—	8
牧草 混播草地	6	—	—	—	3	—	—	—	5	—	—	8
トウモロコシ	14	7	—	8	11	—	8	—	5	8	—	8
イタリアンライグラス	11	—	—	6	5	—	6	—	4	6	—	6

やその他さまざまな原因が指摘されている（村上1974）。

土壌，粗飼料の無機成分含量は，多くの家畜の疾病原因のうちの一つにすぎないが，それが原因の一つである以上，改善していかなければならない。わが国のように狭い土地面積で多頭飼養するばあいには，多肥する以前に大量に生産される家畜糞尿の効率的利用を考え，そのうえで不足する養分を施肥で補うということを基本に考えなければならない。いいかえると，土一粗飼料一家畜一土の無機成分の循環が基本で，この系から外へ排出される養分を施肥で補うということが重要である。自己の農場のなかで無機成分の損失を少なくし，つりあいよく無機成分を補給していくことが大原則である。この大原則に立脚して，前述した個々の対策を実行すると疾病防止に役だつと思われる。

執筆　松中照夫（北海道根釧農業試験場）

1984年記

参考文献

ADAMUS, R. S. and S. B. GUSS. 1965. Silogass and Nitrate poisoning. Feedstuffs. Dec. 4, 32—44.

安宅一夫．1982．サイレージ発酵における硝酸塩の役割と意義に関する研究．酪農大紀要．9，209—319.

平島利昭．1978．根釧地方における永年放牧草地の維持管理に関する研究．道立農試報告．27，1—97.

飯塚三喜ら．1976．飼料作物と牛の生理障害．1—253．農文協．

伊東祐二郎ら．1982．多腐植質黒ボク土の畑地における牛ふん尿厩肥の大量連用と土壌の肥沃性．九州農試報告．22，259—320.

KEMP, A. ら．1961. Hypomagnesaemia in Milking Cows : Intake and Utilization of Magnesium from Herbage by Lactating Cows. Neth. J. Agric. Sci. 9, 134—149.

________ら．1966. Influence of Higher Fatty Acids on the Availability of Magnesium in Milking Cows. Neth. J. Agric. Sci. 14, 290—295.

________. 1971. The Effects of K and N dressing on the Mineral Supply of Grazing Animals. Proc. 1st Collog. Potass. Inst. Ltd. 1—14.

小関純一．1980．家畜のグラステタニー症発生と関連する有機酸組成に関する研究（Ⅱ）．日草誌．25，341—345.

倉島健次．1983．草地飼料作における圃場還元利用研究の現状と問題点．F．施用基準．草地試 №58—2 資料．45—49.

松中照夫ら．1976．牧草サイレージの無機成分含量．畜産の研究．30，889—890.

________・三浦俊一．1979．乾牧草の無機成分含量．同上．33，1238—1240.

________ら．1984．収量規制要因としての草種構成の重要性．日草誌投稿中．

村上大蔵．1974．牛のグラステタニーについて．家畜診療．133，3—13.

野村忠弘．1983．牧草の草質（ミネラル組成）改善のための施肥技術．牧草と園芸．31（8），5—9.

小野　斉．1976．粗飼料の質的面からみた多肥栽培の限界(2)．北草研会報．10，25—32.

尾形昭逸．1982．作物比較栄養生理（田中明編）．6．牧草．239—259．学会出版センター．

篠原　功・原田　勇．1978．草地農業における無機balanceに関する研究（第4報）．酪農大紀要．7，275—287.

高橋達児．1977．本邦草地の無機栄養および牧草の無機品質に関する諸問題 1．日草誌．23，259—266.

水田転作での
飼料作物栽培

水田転作での飼料作物栽培

1. 水田での飼料生産の特徴

(1) 水田利用飼料生産の歴史的・社会的背景

①水田への飼料作導入

水田はイネ栽培のために造成され，整備されてきた。したがって，そこにはイネを栽培するのが本来の姿であると考えられてきた。しかし，わが国の水田に，部分的ではあるが夏期間もイネ以外の畑作物が栽培されるようになったのは古い。近畿地方や北陸地方では，すでに明治以前からアイ，ゴマ，ワタ，タバコあるいはスイカなどを盛んに栽培していたといわれる（斎藤1961)。これはいわゆる田畑輪換[1]方式による水田利用である。

ところで，飼料作物が水田に導入されたのは，昭和初期に北海道で牧草が栽培された（斎藤1961）のが最初であったと考えられる。イナ作は品種改良と栽培法の改善によって北限が上昇したが，栽培の限界地帯ではつねに冷害に見舞われ，北海道でのイネの冷害は常習的であったと考えられる。したがって，イネ単作では経営上の不安が大きかった。

他方，北海道では酪農の発展が早かった。このような状況下で，単一作目の経営不安を多角経営のなかで作目間の相互補完をすることによって安定化させよう，とするのが農業経営学の教えるところであった。しかし，戦時体制の強化のもとに米増産が強制され，水田飼料作の積極的な発展は阻まれた（沢村・井上1960)。

第二次世界大戦後は酪農振興が農政の重点施策の一つとなり，畑作酪農と並んで水田酪農が大きくとり上げられるようになった。水田酪農経営は水田でのイナ作経営と水田を飼料基盤とする酪農経営とが，一つの経営体のなかで有機的に組み合わされたものである。水田での飼料作はイネとの二毛作として裏作に栽培されるばあいと，田畑輪換方式で数年間は夏期間もイネに代わって栽培されるばあいとの二つがある。第1図によると，昭和20年代から30年代なかばにかけては裏作のレンゲによって面積が拡大し，その後は飼料作物合計の延べ面積の伸びは停滞したが，そのなかで牧草（裏作イタリアンライ

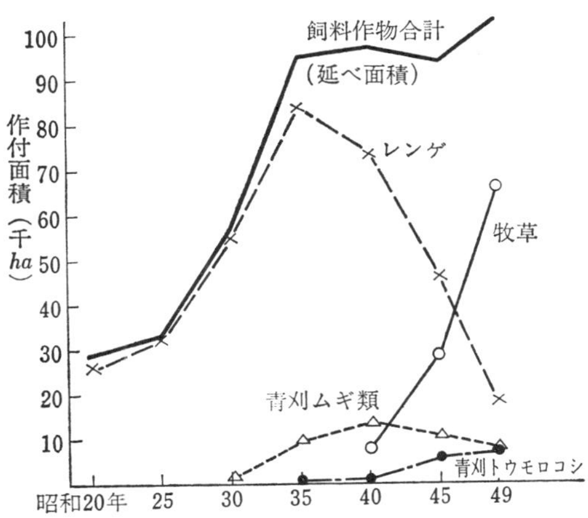

第1図 水田での飼料作物栽培面積の動向
(「農林省統計表」昭和20～35年「畜産経営の動向」昭和40～49年)

1) 「田畑輪換」とは水田を水田状態と畑状態とに計画的，周期的に交互利用する方式で，畑期間を「輪換畑」と呼ぶが，輪作年数が未確定な輪換畑をここでは「転換畑」と呼ぶことにする。水田を永久に畑に転換利用するばあいをここでは「永久転換畑」と呼ぶ。

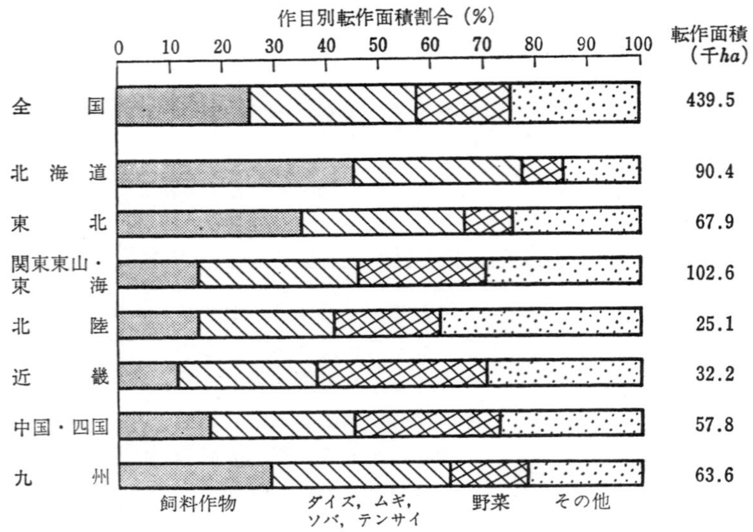

第2図　水田転作の地域別面積と作目別面積割合
（昭和53年度分実施見込面積，農林水産省昭和53年9月15日調査資料）

グラスを含む）が急激にふえ，青刈トウモロコシも増加傾向を示し，イナ作に代わる夏作飼料作が統計上の数字にも明確にみられるようになった。

しかし一方では，米に偏重した保護政策と省力安定多収イナ作技術の発達とを中軸にして，高度成長経済はイネ単作経営と出稼ぎ兼業とを促進した。このような情勢のもとで，一部水田酪農家が無家畜農家に変わり，田畑輪換による飼料作物栽培面積は減少した。他方では酪農部門で成功した農家が水田酪農から酪農専業に変化した例もみられ，水田の飼料専用圃への転換もみられるようになった（関沢1977）。

②イナ作転換との関係

昭和40年代半ばには米の生産過剰時代にはいり，昭和46年からの稲作転換推進対策，さらに昭和53年からの水田利用再編対策が重点農業政策となった。

この政策は，水田をイナ作から他の作物に転換利用することをはかるもので，飼料作物はダイズ，ムギなどと同様に特定作物としてとくに推奨される転換作物となった。その結果，水田の飼料作物栽培面積は急激に伸展した。

昭和53年度の水田転換畑における作目別の栽培面積をみると第2図のようである。飼料作物は全国平均で全転換作物中の約27%を占め，北海道（46%），東北（35%），九州（29%）地方でとくに重要な転換作物として扱われたようである。

このようなイナ作転換による水田利用飼料作面積の拡大は，農業経営者の立場からみて多くは他発的なものであり，一部耕種専業農家による生産物が十分に利用されないばあいもみられた。しかし，問題点の解決によって，水田での飼料生産が畜産の発展に結びつかなければならない。

(2)　水田利用飼料生産の意義

①農業経営の展開に寄与する

水田地帯では大部分の耕地面積は水田に占められ，水田をイナ作の場とするかぎりは経営形態は単一のものになり，年間の労力配分もきわめてかたよったものになる。しかし，水田のある部分を飼料生産に向けることになれば，イナ作と飼料作，さらに畜産が組み合わされることになる。その結果，

第一には，経営内の労力配分が年間を通じて平準化され，所有労力の年間雇用ができるようになろう。

第二には，経営内作目間の有機的結合によって副産物，廃棄物が利用され，経営が安定的に発展することが期待できよう。

第三には，土地利用度の向上につながることが期待される。イナ作による収益と同等の収益を夏作飼料作物だけであげることは，現状の価格体系では至難であろう。したがって，イナ作

に対する代替作としての飼料作では，年間を通じて土地を高度に利用する作付体系をとらざるをえない。さらに，このような複合経営では，イナ作田を冬期休閑にするよりは冬作飼料作物を作付けることが得策になる。

第四には，経営内あるいは複合化農業の地域内における飼料生産が増大し，それだけ購入飼料依存度が低下して飼料の自給率が高まり，その結果，経営の所得率向上をもたらすことになろう。

以上のようにして，水田での飼料作物の栽培利用が成功して農業経営の発展に寄与することが期待される。

②国民食糧の自給率向上に寄与する

水田を飼料生産に利用することは，それだけ過剰な米の生産を抑え，さらに輸入畜産物あるいは輸入飼料の減少をもたらし，国民食糧の均衡のとれた自給率向上に寄与することになる。すなわち，「水田利用再編対策」が意図するとおりである。

③食糧生産の増大につながる

水田への飼料作導入は土地利用度の向上を通じて太陽エネルギーをより多く農作物に同化利用し，それだけ食糧生産の増大をもたらすことが期待される。

他方，家畜は人間が食料利用した残りの廃棄物あるいは食用作物生産の副産物を活用して，本来は食糧エネルギーにならずに終わるものを飼料資源の一つとし，そこから人間食糧としての畜産物を生産する。水田の飼料生産はこのような畜産を補完し，より多くの食糧を生産することにつながる。

④食生活の改善につながる

水田での飼料作物栽培は，生産物としての米を畜産物に代替えすることを意味する。すなわち，植物食品から動物食品への変遷をもたらし，食生活の質的な改善につながる。

(3) 水田の立地的特徴と飼料生産

①水田は水利に恵まれている

いうまでもなく，水田は水利の便を備えている。灌漑水路をもち，夏期間には灌漑できるのが一般である。さらに，整備された水田は排水施設をもっていて必要に応じて排水でき，あるいは地形を利用した排水が可能な水田も多い。

このため，田畑輪換方式による土地利用が可能であり，作物の増収効果を期待することができる（斎藤1961，1979，沢村・井上1960）。また，畑状態で利用している夏期間に旱魃の害が出るばあいには，灌漑して水分を補給し，飼料作物収量を安定的に高めることも期待できる。

②水田土壌は肥沃である

水田では水によって各種養分が運び込まれる。また，水田土壌は一般に沖積土壌であって，洪積土壌の普通畑よりも燐酸吸収係数が低く，養分保持供給力もすぐれている。加えて，水田として湛水している期間には有機物の分解が抑えられ，普通畑よりは有機物が蓄積する。

すなわち，水田土壌は畑土壌に比べて肥沃であることが特徴である。

③水田転換畑は土壌水分が多い

元来，水田は水を湛える機構を備えている。土壌の透水性がわるく，地下水位の高いところが多い。畑状態として利用するときに，畑作物の生育を阻害しないていどに土壌水分が低下し，畑作物生育にプラスになる転換畑は，いわゆる転換畑適地として位置づけできるが，畑作物に湿害をもたらす土壌条件のところのほうが多い。したがって，飼料作物栽培では，多くのばあい排水のためになんらかの対策を必要とする。

2. 水田転換土壌の変化

(1) 土壌の変化の方向性

土壌は水田状態と畑状態とでは物理性，化学性および生物性が異なる。水田を畑に転換するばあいと，逆に畑から水田に転換するばあいと，それぞれ土壌の理化学性が変化する。その変化の方向性について，本谷ら（1965）は第1表のように一括した。

転換畑のばあいには水田土壌の理化学性が畑土壌としての理化学性へと変化する過程にあり，数年間は水田土壌としての理化学性をもち合わ

第1表　水田化または畑地化における土壌の変化の方向性　（本谷ら，1965）

	水田化		畑地化
物理性	単粒に分散	←→	団粒の形成
	親水性大	←→	小
	下層の亀裂，透水性小	←→	大
化学性	有機物の分解小	←→	大
	塩基の集積大	←→	小
	燐酸の有効化大	←→	小
生物性	雑草の発生小	←→	大
	土壌センチュウ小	←→	大

せることになる。すなわち，土壌の物理性は，団粒構造が未発達である，親水性が大きい，下層の亀裂が少ない，透水性が小さい，などであり，また，地下水位が高いことが多い。

これらのことが土壌水分過多，気相率小などの問題を生じ，作物の湿害を招来しやすいのが一般である。また，このような土壌条件では耕うんのさいに砕土性がわるいという問題も加わる。したがって，排水対策につとめて土壌構造の発達を促す必要がある。

化学性においては，有機物および塩基の含有量が高いという，きわめて有利な点がある。石川ら（1971）によると，水田期間に灌漑水によって土壌中にもたらされる天然供給養分量は，年間10*a*当たりで，石灰8～27*kg*，苦土2.4～10.2*kg*，加里1.4～4.8*kg*であるという。また，出井（1978）は水田と畑地での三要素試験の結果から，水田の養分天然供給力の大きさを証明している。すなわち，水田（イネ）では無肥料で栽培しても肥料三要素を施用したときの78%の収量が得られ，イネが吸収する養分は肥料に由来するものよりも土壌に由来するもののほうがはるかに多い。

一方，畑地のオカボでは三要素区に対する無肥料区の収量指数は38%であり，土壌から供給される養分が肥料よりも少ないことを示している。とくに窒素の天然供給力を比較すると，水田は83%であるのに，畑地では45%にすぎない。

(2)　土壌の変化と作物生産力との関係

前述の土壌の理化学性変化と作物生産力との関係を模式的に示したのが第3図である。

すなわち，水田状態を経過することによって灌漑水による塩基の集積，有機物の蓄積，燐酸固定力の低下等の化学的性質が転換作物の増収に有効に働くことになる。しかし，水田土壌は透水性が不良であること，地下水位が高いこと，気相率が低いこと，団粒構造が発達していないこと，有効保水量が小さいこと，など物理性において畑条件としては不良な条件を備えており，

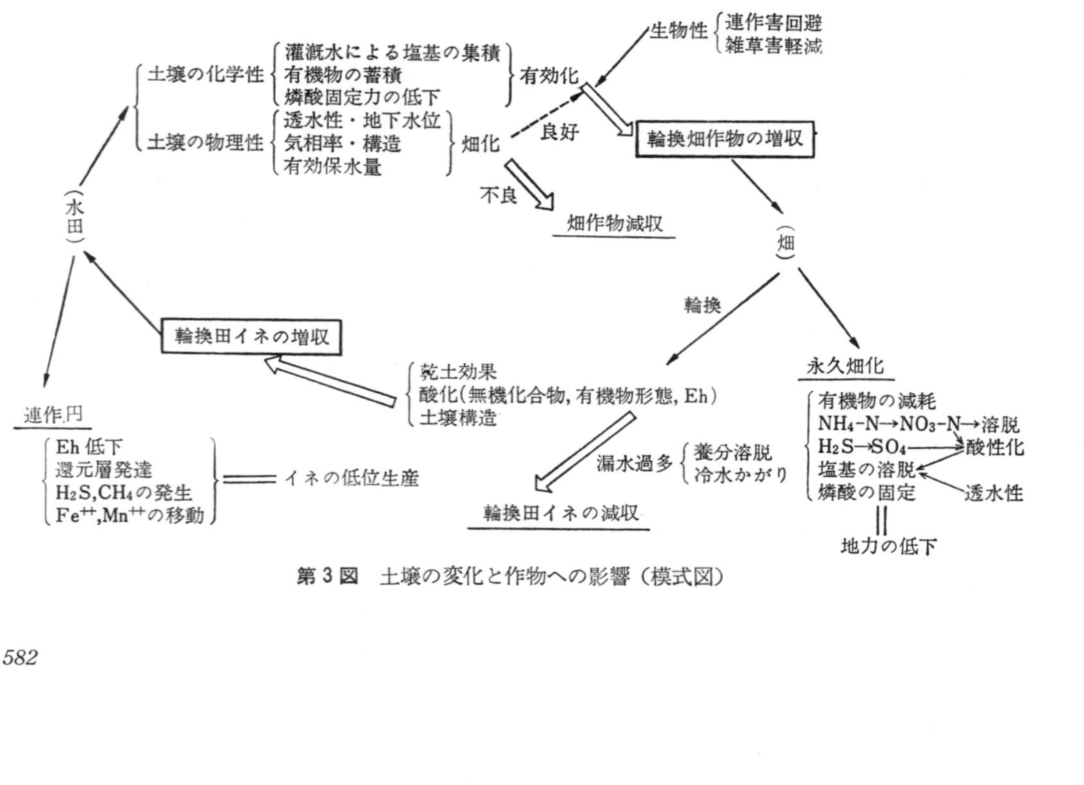

第3図　土壌の変化と作物への影響（模式図）

そのことが畑作物の生育に主体的に働くことになると，畑作物の減収を結果することになる。

このような土壌の物理性が畑作物生育に作用する影響の大小は，土壌の種類・土性や位置条件を含めた圃場条件と作物の土壌条件に対する適応性との関係によって決まることになろう。

水田から畑に転換し，畑化がすすめば土壌物理性の問題はなくなるが，さらに長期間畑状態とし，あるいは永久転換畑とするばあいには，化学的性質の劣化が問題になる。すなわち，有機物ならびに全窒素の減少，アンモニア態窒素の硝酸態窒素への変化と溶脱，酸性化，塩基の溶脱，燐酸の固定など，いわゆる地力が低下し，作物生産力が低下することになろう。

しかし，これを輪換して水田とすれば，漏水過多の問題がないかぎり，乾土効果の発現や無機物，有機物の酸化と酸化還元電位の上昇があるほか，土壌構造の発達もあって，輪換田イネはおおむね増収する。そして，水田期間が長くなればこれらの有利な点が消え，一般にイネの生産性は低下するようになる。

以上のように，水田を畑に転換し，あるいは畑を水田にすることによって土壌の物理的および化学的性質が変化し，作物生産力に作用する。水田を利用して飼料作物を輪作体系に組み入れるばあい，このことを十分に活用して生産性を高めるべきである。

3. 水田での飼料作物栽培の基本

(1) 作物選択の指標

水田に導入する飼料作物の種類・品種の選択にあたっては，その指標として耐湿性・収量性があるほか，家畜の好み，利用形態に対する適性や，耐倒伏性，耐病性，耐虫性，さらに経営の労力配分上から決まる作付時期との関係等々，多くの指標がある。したがって，作物の種類・品種の選択は単純には行なえないことになるが，個々の農業経営で最大公約数的に選ぶか，あるいは最も問題になる点を指標にして選ぶか，ということになる。

以下に各指標別に内容を検討してみよう。

①耐　湿　性

水田の基盤整備が十分で湿害発生のおそれが全くない条件のばあいには，どの作物・品種であっても耐湿性の規制なしに自由に選択することが可能である。しかし，水田土壌は透水性がわるく，かつ，とくに夏期間に地下水位が高く，普通畑よりは土壌水分が多く，湿潤にすぎることが多い。そこで，水田転換畑で栽培する飼料作物の種類・品種の選択にあたっては，耐湿性が最も重要な指標になる。いかに多収性の作物であっても，湿害があればその作物固有の収量性を発揮しえないからである。

作物の耐湿性は，これまでに検討されている点からすると，実際栽培の関連では出芽時の耐

第2表　耐湿性の草種間差異

草種（系統）＼項目	出芽の過湿抵抗度	出芽の冠水抵抗度	通気組織系発達程度	根の酸素要求度	耐湿性（乾物重比）
ケイヌビエ	◎	◎	◎	○	◎
ひだ白ビエ	◎	◎	◎		◎
ひだ赤ビエ	◎	◎	◎		◎
早生白ビエ		◎	◎		◎
カラードギニア（パンパチ）	□	○	◎	○	◎
イネ	◎	◎	○	◎	◎
バヒアグラス	△	◎	○	△	○
バミューダグラス	△	◎			
シコクビエ	□	□	○	◎	○
ダリスグラス		○	○	□	○
ローズグラス	△	○	○	□	○
テオシント	△	△	□		□
トウモロコシ	○	△	△		△
ソルガム	○	○	△		○
コロンブスグラス	△	□	△		△
スーダングラス（パイパー）	○	△	△	□	×
カラードギニア（四国 285）	×	×	×		×
グリーンパニック	×	×	×	□	×
パールミレット	△	○	×		×
試験場所	東		近		

（旧東海近畿農業試験場，1973，稲作転換推進対策試験（中間報告），農林水産技術会議事務局）

注　通気組織系発達程度　◎最強　○強　□中　△弱　×最弱
　　酸素要求度　◎最少　○少　□中　△大　×最大

湿性とその後の生育時の耐湿性とに分けて考えられる。出芽時の耐湿性に関しては旧東海近畿農業試験場で過湿抵抗度および冠水抵抗度を調べた試験成績がある（第2表）。

これによると，イネとヒエの類とが強く，ついでソルガムが強い。暖地型牧草の多くの種類とトウモロコシおよびスーダングラスなどは，過湿抵抗度と冠水抵抗度とが必ずしも一致しないことが多いが，強～弱の反応を示し，中ていどの強さと判断される。暖地型牧草のカラードギニアグラスは品種によって異なり，バンパチは中～強，四国285は最弱に分類されている。また，グリーンパニックもとくに弱いようである。このほか，本試験成績には含まれていないが，ハトムギとイタリアンライグラスが強いことは一般に認められており，また，ムギ類は弱くて発芽障害をおこすことがあることも特記される。

つぎに生育時の耐湿性には根圏土壌の空気量が問題となる。作物の種類によって根圏土壌の大きさが異なり，また，作物により，あるいは生育段階によって生育阻害の限界土壌空気率が異なるようである（森1967，小川1970）。いずれにしても，土壌中の空気量を左右する実際上の大きな要因の一つは地下水位である。

第3表　地下水位別適応性作物（高橋，1979）

地下水位	適応する作物
（湛　水）	イネ
−10*cm* 以下	イタリアンライ，ラジノクローバ，トールフェスク
−20*cm* 以下	ヒエ，シコクビエ，ローズ，カラードギニア
−30*cm* 以下	オーチャード，ダリス，赤クローバ，ソルガム
−40*cm* 以下	トウモロコシ

注　過湿の影響が少ない地下水位という意味のものである

そこで，生育時の耐湿性を表わす指標として地下水位に対する適応性をあげることができる。第3表は農事試験場の試験成績を中心にして，地下水位別に適応する飼料作物を整理してみたものである。一般に長大作物は耐湿性が弱い傾向にあり，とくにトウモロコシが弱い。これに対して，牧草類は比較的耐湿性があって，地下水位が高くても適応できるようである。

地下水位 0*cm* あるいは湛水条件になると，本表にある作物のなかでは青刈イネだけが適応作物ということになる。ただし，本表で−20*cm* 以下に適応する作物としてあげられたヒエは，かつて東北地方の水田で冷水のかかる箇所ではイネに代わって栽培されていたことからも明らかなように，生育量の減少はあっても湛水条件

第4表　青刈飼料作物の収量性

作物名		日平均乾物収量（*kg*/10*a*・日）	栽培期間（日）	年間乾物収量概数（*kg*/10*a*）
夏作飼料作物	トウモロコシ	15±3	50～100	750～1,500
	ソルガム	13±3	80～150	1,000～2,000
	栽培ヒエ	13±2	40～75	550～1,000
	青刈イネ｛外国イネ	10.5±1	100～150	1,000～1,550
	青刈イネ｛日本イネ	8.5±1	90～150	750～1,300
	シコクビエ	7.5±0.5	100～140	750～1,000
	ローズ	7.5±0.5	100～150	750～1,100
	カラードギニア	7±1	100～140	700～1,000
	グリーンパニック	7.5	100	750
冬作飼料作物	イタリアンライ	6.5±1	130～200	800～1,300
	ライムギ	6±1	140	700～900
	エンバク	6±1	140～150	700～850
	オオムギ	6±0.5	130～150	750～850
周年利用混播牧草	オーチャード・ラジノクローバ・赤クローバ・イタリアンライ	4.5±0.5	300	1,300～1,400

注　農事試験場作業技術第研究室試験成績書 昭37～53から引用して計算した。栽培期間の日数には日平均気温5℃以下の日を含まない

下での栽培は可能である。

なお，第3表には含まれないが，ハトムギは耐湿性がきわめて強いといわれ，オオクサキビも比較的強い草種であるといわれる。

しかし，高地下水位あるいは湛水条件でも耐湿性の作物は生育しうるが，実際栽培では作業とくに収穫作業が困難あるいは不可能になる。後述するように，トラクター作業を可能にする地下水位には限界があることを明記しておきたい。

②収　量　性

飼料作物の収量性をみるには，栽培全期間を通じての合計収量と，栽培期間内の日平均収量との二つがある。1年1作が前提となるばあいには前者の合計収量だけで比較し，それの最大な作物が選択されることになる。しかし，土地を高度に利用した作付体系によって多収を確保することが必要な水田利用では，日平均収量の高い夏冬両作物の組合わせで，年間収量を高めるように作物選択をすることになる。

以上の収量性を示す一例として，農事試験場（埼玉県鴻巣市）の水田で得られた試験成績をとりまとめて第4表に示した。

このデータは種々の試験における種々の栽培期間で得られた結果を集約したものである。年間の栽培期間を通じての合計収量を夏作飼料作物間で比べると，青刈ソルガムが最も高く，ついで外国イネの青刈イネと青刈トウモロコシ，さらに日本イネの青刈イネと暖地型牧草とがつづき，青刈ヒエは最も低い部類に属する。冬作飼料作物ではイタリアンライグラスが栽培期間を長くすることによって，青刈ムギ類よりは顕著に高くなる。寒地型混播牧草（周年利用）は暖地型牧草や冬作イタリアンライグラスの単作にはまさるようである。

つぎに日平均乾物収量を指標にして作物間の比較をすると，青刈トウモロコシは15±3*kg*/10*a*・日で最も高く，それにつぐ青刈ソルガムと青刈ヒエとを含めたいわゆる長大作物が最も高いグループになる。夏作飼料作物のなかでは暖地型牧草類はおおよそ7～8*kg*/10*a*・日で最も低いグループになる。青刈イネは長大作物と暖地型牧草との間に位置し，外国イネ品種は長大作物にちかく，日本イネ品種は暖地型牧草にちかい。冬作飼料作物は一般に夏作飼料作物よりはやや低く，そのなかではイタリアンライグラスが青刈ムギ類よりもやや高めのようである。周年利用の寒地型牧草は最も低い。

以上の日平均乾物収量は日々の生産効率を表わし，これの高い夏作物と冬作物とを組み合わせた作付体系とすれば年間の高位生産が得られ，周年利用型寒地牧草よりは格段に高収となる。

収量性について乾物収量を対象にして論じてきたが，ＴＤＮ収量についても同様の方法で検討することが可能である。また，収量性についての作物間の相対的位置関係は気象的立地条件によって異なると考えられ，各地域ごとに同様の比較検討が必要である。

③作 付 体 系

作付体系は収量向上と地力維持との二つの観点から組み立てられる。その具体的な内容は後記の「輪作体系」のなかで述べることとし，ここではこのような観点からの作物選択が必要であるということだけを記しておきたい。とくに普通畑のばあいと異なる点は，水田としての高い地力をできるだけ長く維持するための作物選択があることと，水田から畑へ転換すると土壌の物理的・化学的性質が変化するのでその変化に合わせた作物選択があること，田畑輪換のばあいには水田に還元したときのイネへの影響を考慮した作物選択があることなどである。

④その他の指標

とくに水田転作固有の問題ではなく，飼料作物栽培一般における作物選択の指標の一つとして，家畜の嗜好性がある。たとえば，乳牛にも個体間差はあるが，青刈ソルガムよりは青刈トウモロコシの嗜好性が高く，また青刈イネの嗜好性は低い，などがある。

粗飼料を家畜に給与するときの利用形態を何にするか，青草かサイレージか乾草かによって選択される作物が異なる。多くの作物はサイレージ調製が可能であるが，サイレージ発酵源となる糖含量が低い作物あるいは低い生育段階の生産物はサイレージ利用に適しない。青刈ムギ類にはそのようなものが多く，牧草類でも節間伸長前で葉身割合の高い生産物では良質サイレージが得がたい。また，茎が比較的太くて多汁質な作物は乾草調製にむかない。青刈ヒエはその典型であり，一般に長大作物は乾草利用に適しない。イネ科の牧草類が乾草に最も適するが，なかでもたとえばシコクビエのように比較的多汁質で乾きにくいものもある。

つぎには，栽培の安全性からの作物選択がある。その一つは耐倒伏性である。作物が生育中に倒伏すると生育量が減少し，収穫作業に支障を来たして損失が大きくなるなどして収穫量が減り，そのうえ飼料としての質の低下が問題になる。安定栽培には耐倒伏性が大であることが必要である。この点ではトウモロコシが最も問題になる。雌穂着生部位の低い耐倒伏性の品種を選ぶべきである。青刈イネの外国イネ品種は長稈で倒伏しやすいことが問題であるが，最近農事試験場では Milfor-6 (2) や C4-63など，耐倒伏性のきわめてすぐれた品種を選択している（伊藤1979)。

耐病性や耐虫性も安全な栽培に欠かせない要素である。とくに生産物を直接家畜に給与する飼料作物栽培では農薬の使用をひかえなければならないので，この点に留意する必要がある。

さらに，経営体の作業労力面からの作物選択が加わる。すなわち，経営内労力の季節的配分や機械装備と栽培のための所要労力，作業強度などの関連からの作物選択である。たとえば，牧草類は１回の播種作業のあと刈取作業を数回に分け，比較的年間に平準化した労力配分ができるのに対して，長大作物は１回の収穫作業に集中して労力を要することになる。個々の経営の事情にとっていずれが適合するかということである。

(2) 圃場の準備――排水対策

①排水対策の必要性

水田土壌は透水性が不良なために降雨後には表面停滞水があったり，地下水位が高いことによる排水不良もあって，一般に水分含量は高く経過する。さらに周辺水田から転作圃場への浸入水もあって，土壌が湿潤になる原因となる。

水田転作圃場の多くは以上のような条件を備えている。このような条件下での飼料作物栽培では，湿害による作物生育の停滞，収量の低下が一つの大きな問題となる。もう一つの問題は，土壌が過湿であると栽培管理作業――耕起・播種作業や収穫作業――が困難である，ということである。

したがって，水田転作圃場には排水対策が必要である。いずれの飼料作物でも湿害を回避できる地下水位は，前掲第３表のとおりであり，40～50*cm* 以下である。

栽培管理作業が容易に行なわれるための地下水位は，大型トラクターを前提にしたばあい，沖積埴壌土水田における筆者の経験からすると約50*cm* である。したがって，大型トラクターで栽培管理作業ができる条件の圃場では，どの飼料作物でも湿害なしに栽培できることになる。歩行用のティラー等で作業が可能な地下水位は，沖積埴壌土水田で 20～30*cm* が限界のようである。

しかし，基盤整備のばあいの目標地下水位は，諸種の土壌条件を勘案して，60～70*cm* 以下とすべきであろう。

②排 水 方 法

圃場排水には表面排水・土壌の透水性改善および地下水位の低下があるほか，周囲水田からの浸入水の防止がある。土壌に亀裂が生じて構造が発達すれば圃場排水の効率が高まるが，他方では圃場排水が改善されないと，土壌構造が発達しないという因果関係がある。

表面排水には，ここでは雨水等を圃場表面から横方向に排水することを意味する。これには圃場の周囲（必ずしも全周辺でなく，１～２辺でも可）に排水溝（明渠）が存在することが必要であり，圃場全体に傾斜をもたせたり，作畦によって排水を促すものである。土壌の透水性改善は余剰にある重力水を縦方向に排水する能率を高めるためのものである。心土破砕や弾丸暗渠その他の補助暗渠によって水みちをつくり，排水を促すのがそれである。地下水位の低下は本暗渠の施工によるのが一般であるが，このば

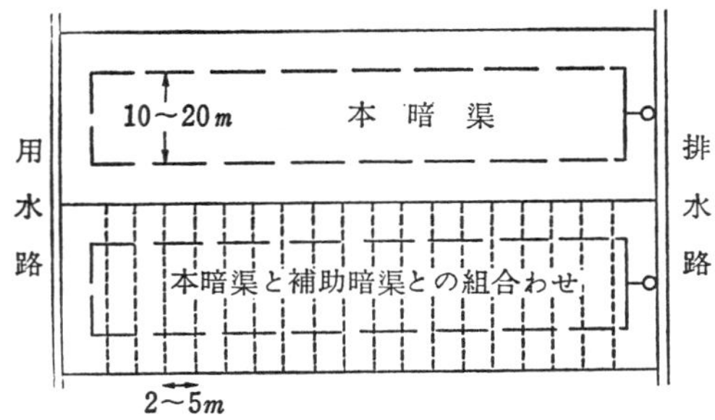

第4図 暗渠の配置

あい，暗渠管から排水路へ自然に排水できるばあいは問題ないが，多くは暗渠管から集水する集水渠を設け，そこから排水路へ強制的にポンプ排水することが必要である。なお，本暗渠と補助暗渠との配置を第4図に示した。

周辺水田からの浸入水防止には，ビニール等を用いての畦畔補強と，水田との接線に排水溝を設ける，などがある。

以上のような諸種の排水工法があるが，地形や土壌条件によって，たとえば棚田で地下水位が低い条件では排水のための圃場準備をほとんど必要としない。また，明渠を設けるだけで排水の目的を達しうることもある。しかし，平坦な低湿水田地帯では上記の各種排水対策をすべて組み合わせないと十分でないことが多い。すなわち圃場の条件に応じて具体的な排水工法の組み合わせ内容が決まることになる。

③**地域排水**

圃場排水はいわゆる営農排水と呼ばれて営農用トラクターで行ないうる規模のものをさす。これに対して，地域排水は規模を大きくし，いわゆる集団排水を行なうものである。後者は前者に比べて投資効率が高く，排水効果も大きいのが一般であって，技術指導の面からも，また政策的な立場からも強く推奨されている。

(3) 栽培法の基本

①**耕起・砕土**

畑作物の整一な出芽および高い出芽率を確保するためには，一般に60〜70％以上の砕土率（2*cm*目の篩を通過する土塊の重量割合）が必要であるとされる。第5図はイタリアングラ

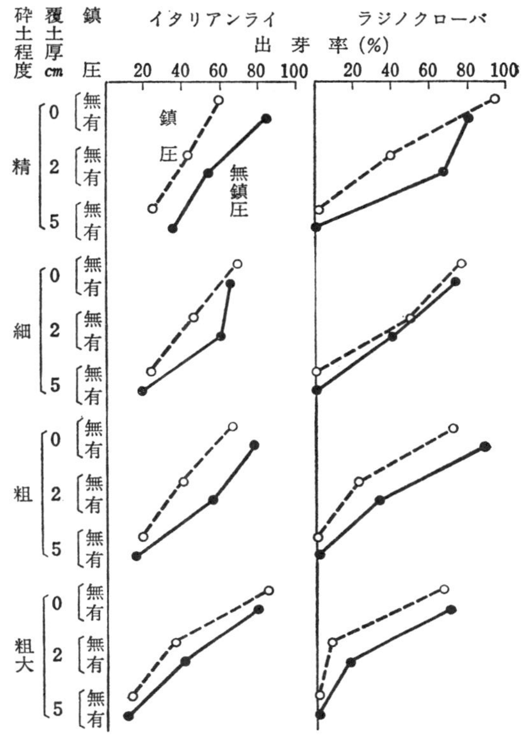

第5図 砕土程度・覆土厚と鎮圧が牧草の出芽に及ぼす影響
（農事試作技4研昭和39年成績書）
注　砕土程度2*cm*以下の割合（%）
精100，細75，粗50，粗大25

スとラジノクローバについて砕土程度と覆土厚ならびに鎮圧の影響をみたもので，無覆土のばあいには砕土程度の影響は少ないが，覆土2*cm*および5*cm*のばあいには砕土が粗くなるにつれて出芽率が低下している。また，第6図でみられるように，種子が大粒のトウモロコシでも土塊が大きいと出芽率が低下し，小粒種子のソルガムはこの傾向がさらに顕著である。

砕土率が高い播種床では，まいた種子の位置がそろい，土壌水分も均一であるために，整一で高い出芽率を期待することができる。しかし，砕土率が低くて土塊が大きいと，土壌水分が不均一になるばかりではなく，播かれた種子の位置が不斉一となり，出芽もそろいがわるくかつ苗立数が減少する。これはたんに種子量を増すことでは補償しえない不安定性である。

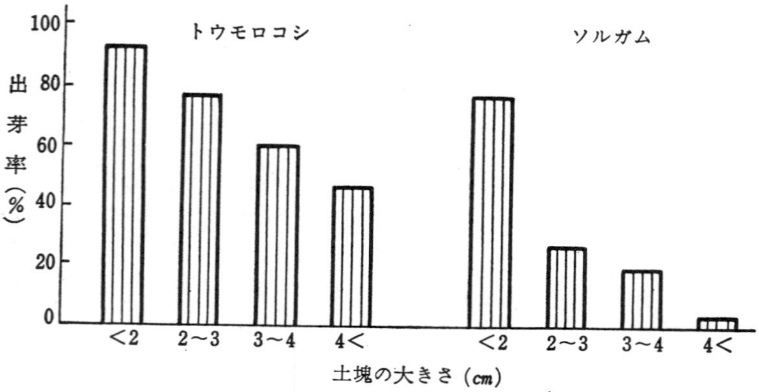

第6図　採種床の土塊の大きさと出芽率との関係
（高橋ら，1976，昭和50年度水田作総括検討会議資料）

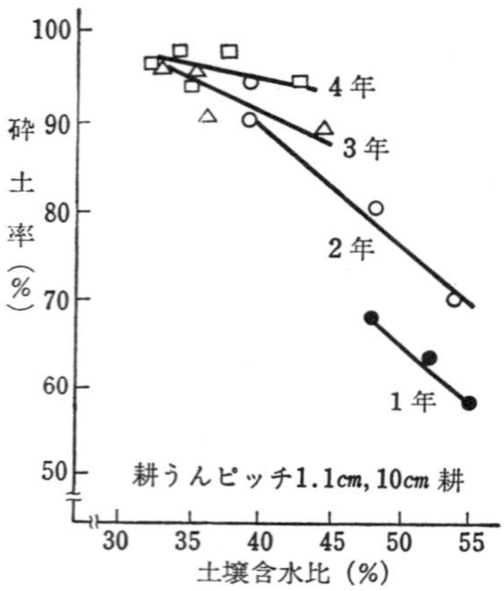

第7図　土壌含水比と砕土率

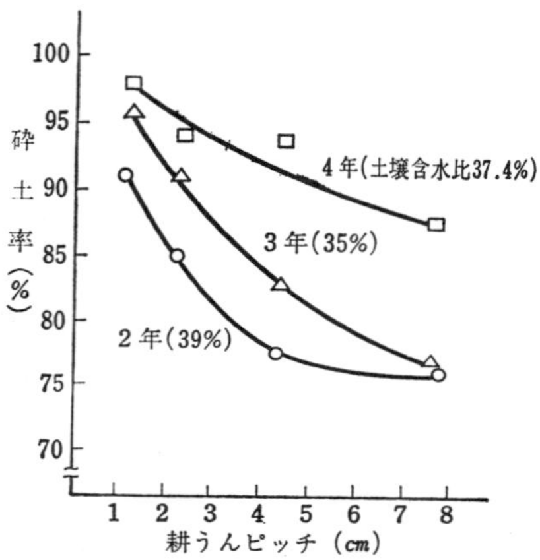

第8図　耕うんピッチと砕土率
（山崎，1978，農林水産技術会議事務局，稲作転換推進対策試験，研究成果108）

水田では湛水，代かきの操作があるため，土壌が単粒化している。また，土壌水分含量が高いこともあって，一般に水田土壌は砕けにくい。そのうえ，いちどできた土塊は乾燥とともに固まり，2番耕で砕土しようとしても砕土率はわずかに高まるだけであって，風化期間を設けないと十分な播種床を準備できないことになる。そこで，土地利用の高度化をはかろうとするときには，1回目の耕起でできるだけ目標の砕土率に達するようにすることが必要である。

第7～8図は北陸農業試験場で行なった試験結果で，土壌の含水比が高いと砕土率が低く，乾くにしたがって砕土率が高くなり，また，土壌含水比が同じでも転換後の経過年数が進むにしたがって砕土率が高くなっている。また，耕うんピッチ（耕うん爪が土壌を進行方向に切断する距離）が短いほど砕土率が高くなっている。

以上のように，砕土率を高めるための方策としては，①土壌が乾いてから耕起すること，②ギア操作や高速回転ロータリーにより，あるいは微速装置付トラクターによって耕うんピッチを短くして耕起すること，などがあげられる。なお，排水改良や有機物補給や作物根の作用によって畑地化が促進されれば，土壌の砕土性は向上する。

②播　種　法

播種深度によって出芽率が異なることはすでに第5図でみたとおりである。播種法について転換畑でとくに問題になる点は覆土の厚さである。覆土厚が同じであっても，土壌水分が多いと出芽時に湿害をうけやすく，苗立ちがわるいということがある（茨木ら1973)。耐湿性がきわめて強いケイヌビエであっても，わずか1cmの覆土でも湿潤条件では出芽率が低いことが観察されている（高橋1974)。したがって，土壌水分が多い条件ではできるだけ浅く播種するのがよい。

第9図は水田裏作イタリアンライグラスについて種々の播種法と出芽ならびに初期生育との関係をみたものである。すなわち，出芽にとっては耕起の有無にかかわらず地表面播種が最もよい。ただし，その後の初期生育は無耕起よりは耕起したばあいのほうが良好であることが認

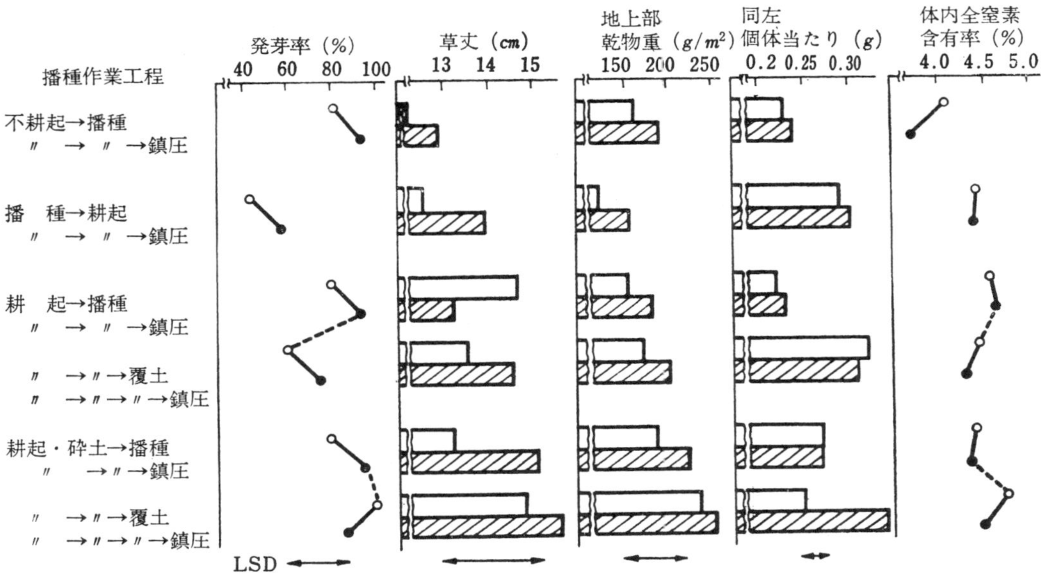

第9図 播種作業工程の組合わせとイタリアンライグラスの発芽ならびに初期生育との関係
（高橋ら，1971，日草誌17，3）

注 播種 10月10日，抜取り調査 12月22日

められる。このような傾向は春季播種の暖地型牧草でも同様かもしくはさらに顕著な差となって現われる可能性がある。

以上のことから，小粒で軽い牧草種子をまくには，耕起後にばらまきしてローラーまたはカルチパッカーで鎮圧するのがよい。乾燥による発芽不良のおそれがあるばあいには，耕起してばらまきした後にツースハローまたはティラー用レーキで浅く攪拌してから鎮圧するのがよい。

点播あるいはすじまきする長大作物のばあいにも水田転作においては浅まきが原則となる。

③施 肥 法

飼料作物の多収穫をねらうには，従来の米作用イネに比べて多量の施肥が前提となる。青刈飼料作物ではより多くの乾物生産を行なわせ，そのうえ，高い養分を含む植物体のほとんどを圃場外に持ち出すことになる。たとえば良質な牧草の生重1 *t* の中には，おおよそ窒素 5 *kg*，燐酸 1 *kg*，加里 5 *kg* が含まれるとみられる。これらの持ち出した分は肥料として補給することが必要である。また，多回刈り作物の再生長にはつねに追肥をすることが原則である。

以上のことは水田転換畑・普通畑を問わず同様であるが，転換畑では水田から畑条件への転換にさいして，前述したように土壌の化学的な変化がおこり，いわゆる地力の消耗がみられる。古くから土—草—家畜の循環による調和のとれた地力維持と生産向上が唱導されているところであり，家畜の糞尿や堆厩肥が養分補給と有機物供給とによる地力維持に効果が大きいので，これの活用をはかるべきであろう。

転換畑土壌では硫化物が酸化して硫酸根に変わること，窒素が硝酸態になること，さらにカルシウムの溶脱があること，などのために土壌pHの低下ならびにカルシウム不足を招来する。土壌の酸度矯正とカルシウム補給のために，とくに石灰散布に留意する必要がある。

④刈 取 管 理

水田転換畑・普通畑を問わず，飼料作物は草丈や生草重・乾物重あるいはＴＤＮ量において，Ｓ字型の生長曲線を描いて生長する。生長曲線の頂点の高さと，それに達する期間は作物の種類と作付時期によっても異なる。長大作物は生長曲線の頂点が高く，牧草類は刈取りごとに小

第５表　トラクター作業の走行可能性の基準　　（作業容易範囲）

トラクター型式	ホイール型						クローラ型
走行部	タイヤ			ガードル付き	ハーフトラック	４輪駆動	
作業内容	自走	ロータリー耕	プラウ耕	自走			
＜適用条件＞							
耕深（*cm*）	—	10<	12<	—	—	—	—
作業速度（*m/s*）	—	0.4<	1.0<	—	—	—	—
滑り率（%）	10>	10>	20>	10>	3>	—	3>
走行部沈下量（*cm*）	3>	3>	3>	3>	3>	—	3>
＜走行判定基準＞							
円錐貫入抵抗（kg/cm^2）	5.0	5.0	6.5	3.5	2.5	—	3.0
矩形板沈下量（*cm*）	4.5	6.0	0	3.5	8.0	—	5.0
コンシステンシー指数	0.5	0.5	0.5	—	—	—	—

（農林水産技術会議事務局，1969，大型機械化に伴う水田土壌基盤整備に関する研究，研究成果40）

注　1.　滑り率：コンクリート路上または硬い平坦な土道を基準とする
2.　走行部沈下量：タイヤのラグ基部を基準とする
3.　円錐：頂角30°，底断面積 $2\,cm^2$ を使用し，この貫入抵抗は０～15*cm* の平均値で示す
4.　矩形板：10*cm*×2.5*cm* の矩形板を使用し，荷圧力1.6kg/cm^2 での沈下量で示す
5.　コンシステンシー指数：$\frac{液性限界－現場含水比}{塑性指数}$で示す
6.　走行性判定基準は円錐貫入抵抗，矩形板沈下量，コンシステンシー指数のいずれかで判断する

さな生長曲線を描く。そして生長曲線のどの点で収穫するかによって収量は変わり，１日の違いによって10*a*当たり生草量で100*kg* 前後の変動を生ずることがある。また，同時に日平均収量も変わり，さらに多回刈り作物では刈取り後の再生も変わる。

生長曲線は初期に緩く，その後に生長速度最高時期があり，それがやや緩くなってから生育期間を通じての日平均収量最高時期になる。そして，さらに生長速度が緩くなってから頂点に達するが，この時点では生育期間を通じての日平均収量はやや低下する。したがって，効率のよい作付体系を前提にすると，原則的には日平均収量最高時期に刈り取るのがよいことになる。

水田転換畑での問題点として，収穫作業時の圃場の地耐力がある。地耐力とは圃場作業時の歩行体または走行体に対する土壌の支持力であって，実際にはトラクター車輪がめり込まない土壌の硬さをさす。その程度は円錐貫入抵抗や矩形板沈下量で表わされ，作業可能限界は作業の種類によって異なる。第５表は水田でのトラクター作業が容易な範囲を示したもので，耕起作業時の地耐力としての矩形板沈下量は6.0*cm* が限界であるとされているが，収穫作業に必要な地耐力の限界は，筆者らの経験によると２～３*cm* である。

水田転換畑では，主として土壌水分が多いことが原因して一般に地耐力が小さい。地耐力が小さい条件下での収穫作業では，単にスリップなどで難渋するばかりでなく，収穫物の損失率の増大や泥土付着による品質低下を招くことがある。また，多回刈り作物では収穫作業時にトラクター車輪による踏圧の影響が加重されて再生の抑制が大きくなる。したがって，排水対策につとめて地耐力の向上をはかる必要がある。

(4)　輪作体系

①年間の作物組合わせ

わが国の気温は季節的変化が大きく，単一草種では多年生であっても年間を通じて高い生産を維持することはできない。寒地型牧草・暖地型牧草それぞれが特有の季節生産性を示すのである。そこで，作物が生長可能な植物期間を十分に使って飼料生産を高める方法としては，夏作飼料作物と冬作飼料作物との組合わせが必要になる。

夏作物と冬作物とを組み合わせるばあいに留意すべき第一点は，夏作期間および冬作期間の長さとその気温の高低に応じて適作物を選定することである。第二点は，第4表でみられたように，夏作飼料作物が冬作飼料作物よりも日平均乾物生産量が大きいということである。すなわち，高位生産作付体系の組立てのためには，夏作物が栽培可能な期間はできるだけ夏作飼料作物とし，残りの期間を冬作飼料作物にあてることになる。

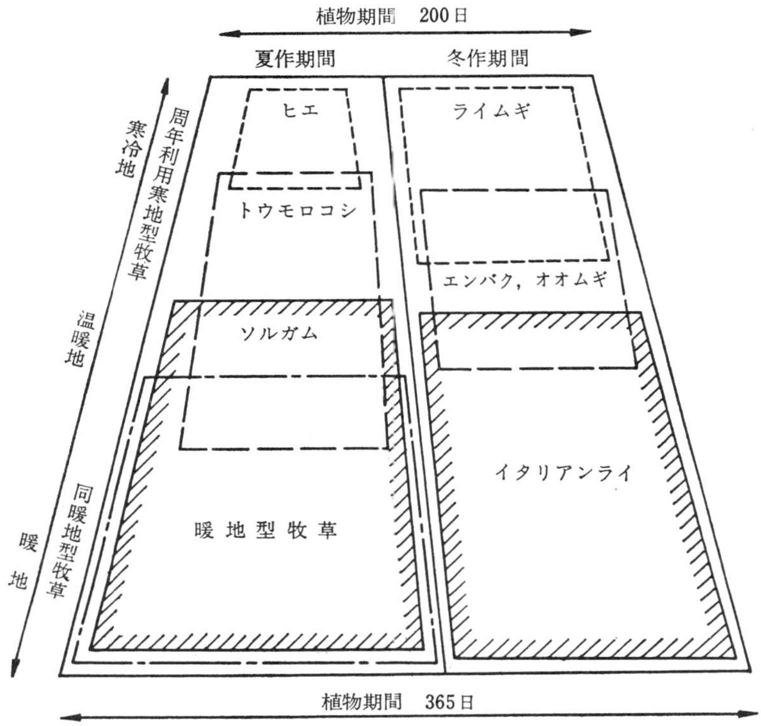

第10図　年間の作物組合わせ（模式図）

以上の考え方を基礎にして，寒冷地から暖地までにおけるそれぞれの植物期間に応じた作物組合わせの概略を模式的に示したのが第10図である。夏作期間が短いところでは青刈ヒエ・青刈トウモロコシ，夏作期間が長くて青刈ソルガムの2～3度刈りによって収量を高めうるところにはソルガムとする。あるいは利用目的によっては牧草類とする。冬作には，その期間が短いところでは青刈ムギ類，とくに低温な地域では青刈ライムギとし，期間が長いところではイタリアンライグラスとする。

作物組合わせによる収量向上を数式的に検討する手法として“年間平均生産力”の考え方を示しておこう。数式はつぎのようである。

$$P=p_1+p_2$$
$$=\left(\frac{Y_1}{T_1}\cdot\frac{T_1}{D}\right)+\left(\frac{Y_2}{T_2}\cdot\frac{T_2}{D}\right)$$

ただし $T_1+T_2\leq D$

または $\frac{T_1}{D}+\frac{T_2}{D}\leq 1$

ここで

P：作付体系の年間平均生産力

p：各作物の年間平均生産力

Y：各作物の乾物収量

T：各作物作付期間（平均気温5℃以下の日を除く）

D：植物期間

例として，植物期間300日の地域を対象にして，第4表の数値を用いていくつかの作物組合わせの年間平均生産力を試算してみよう。

青刈トウモロコシ＋青刈オオムギ

$$P=\left(15\times\frac{100}{300}\right)+\left(6\times\frac{150}{300}\right)=5.0+3.0$$
$$=8.0kg/10a\cdot 日$$

青刈トウモロコシ＋イタリアンライグラス

$$P=\left(15\times\frac{100}{300}\right)+\left(6.5\times\frac{200}{300}\right)=5.0+4.3$$
$$=9.3kg/10a\cdot 日$$

青刈ソルガム＋イタリアンライグラス

$$P=\left(13\times\frac{150}{300}\right)+\left(6.5\times\frac{150}{300}\right)=6.5+3.3$$
$$=9.8kg/10a\cdot日$$

上の計算結果の8.0，9.3および9.8*kg*/10*a*・日はそれぞれの作付体系の“年間平均生産力”であり，これにその地域の植物期間を掛け算すれば作付体系の年間収量が得られる。このような計算は乾物生産だけではなく，ＴＤＮ生産その他についても同様に行なうことができ，作物組合わせの検討にはきわめて有用であろう。

②永久転換畑の作付体系

水田を永久に畑転換するばあいには土壌の理化学性が変化して生産力が低下することは前述のとおりである。したがって，このばあいには作物生産力をできるだけ高く維持することが命題であり，そのためには土壌肥沃度を維持すべく肥培管理を考えるほかに，作付体系を考慮しなければならない。

さらに別の観点として，転換当初には土壌条件が比較的急激に変化するので，それに適合した合理的な作付体系を確立する必要がある。

以上のことを考慮すると，湿害のおそれのある圃場ではまず耐湿性強の作物を選択し，その後には転換畑土壌特有の高い生産力を発揮できるように，収量性が最も高い作物を選択することになる。当初から湿害のおそれのない圃場では転換直後から収量性を指標にした作物選択が可能である。この後には地力を維持するための作物を入れた輪作を考えることになる。大久保（1973）は輪作の基本型として①基幹作物，②補完作物，③清浄作物の組合わせの重要性を指摘し，具体的な作物組合わせとしては，

①輪作特性の考慮（養分収奪多＋少，または，有機物残渣多＋少）

②遠縁作物の組合わせ

③土壌病虫害の共犯性の考慮

④清浄作物は最低３年に１回は入れることを提唱している。

以上の種々の考え方を整理するとつぎのようになる。すなわち，転換当初の１～２年は耐湿性作物とし，その後は農業経営上の必要選択指標により，たとえば収量性に基準をおいた作物としてソルガム＋イタリアンライグラスを１～２年間作付けする。そして，その後にこれとは特性の異なる作物，たとえばマメ科牧草またはそれを入れた混播牧草を組み合わせて，３～４年の輪作体系とすることになろう。

③田 畑 輪 換

田畑輪換は耕地を水田状態と畑状態とに交互に輪換して利用する方式である。輪作においては養分蓄積や土壌の清浄化のための作物配置を考えるが，この土地利用方式では耕地の輪換利用自体に養分蓄積と土壌清浄化の作用があると考えてよい。そして，このような田畑輪換方式では，湿害がないかぎりは，普通畑あるいは永久転換畑での輪作技術や人為的な肥培管理では得ることのできない生産性を期待できると考えられる。

したがって，田畑輪換方式での輪換畑作付体系では，組み込まれる作物のそれぞれに必要選択指標，たとえば収量性を求めての作物選択をすればよいことになる。ただし，永久転換畑と同様に土壌の理化学性の変化に留意して作物を選択すること，また，前後作の影響関係があるために作付順序によっては収量に差が生ずること，あるいは，水田に還元する前年にはイナ作への影響を考えた作物選択をすること，などに留意すれば，高い生産性が確保しやすいであろう。

そして輪換畑としての生産性が低下し，普通畑なみにちかづいたら水田に還元する。この輪換畑適年数は必ずしも明確ではないが，ほぼ３年くらいであるといわれる（本谷1969）。輪換田でのイナ作は連作田のそれよりも明らかに生産性が高いのが一般であり（高橋1979），およそ３年を経過すると連作田と同等の生産性に落ち着くもののようである。

以上のことから，田畑輪換方式では，輪換畑３年―輪換田３年の輪作体系がよいと考えられる。輪換畑の作付体系としてはつぎのような例が考えられる。

〔湿田または半湿田〕 牧草類―ソルガム・イタリアンライグラス―トウモロコシ・青刈ムギ

〔乾田〕 トウモロコシまたはソルガム・イタリアンライグラスまたは青刈ムギ—牧草類（乾草を必要とするばあい）—トウモロコシまたはソルガム・イタリアンライグラスまたは青刈ムギ

執筆　高橋　均（農事試験場）

1979年記

引用文献

出井嘉光．1978．水田と畑地のちがい．みどり．18．
本谷耕一ら．1965．耕地の交互利用に関する研究．東北農試報告．31．
茨木和典ら．1973．暖地型牧草の発芽に関する研究．2．土壌水分・覆土深が発芽におよぼす影響．日草誌．19（別2）．
石川昌男ら．1971．水田の畑転換における技術的問題と対策—水田の畑転換と土壌条件2—．農技．26(5)．
伊藤昌光ら．1979．稲の青刈栽培に関する研究—外国稲品種の生育特性と収量の関係．日草誌．25(別)．
森哲郎ら．1967．土壌の物理的要因と作物の生育に関する研究．第1報　土壌の空気量・硬度と作物の生育．東近農試研報．16．
小川和夫ら．1970．同上．第2報　青刈トウモロコシの生育段階と土壌空気の要求度および心土耕による湿害の回避について．東近農試研報．19．
大久保隆弘．1973．輪作の効果を再認識する．機械化農業．10月号．
斎藤光夫．1961．田畑輪換栽培．農文協．
沢村東平・井上実編．1960．田畑輪換の経営構造．中央公論東京出版．
関沢啻郎．1977．水田酪農発展の阻害要因分析と経営発展について．農事試研報．26．
高橋均．1974．ケイヌビエ種子の発芽生態とその栽培利用に関する研究．農事試研報．21．
———．1979．田畑輪換栽培による作物生産力と水の効用．みどり．20．

狭い耕作放棄水田を利用したイタリアンライグラス＋イヌビエ組合わせ

1. 小型機械・無播種の粗飼料生産

西南暖地では夏作飼料作物（夏作）と冬作飼料作物（冬作）を組み合わせて大規模に粗飼料が周年生産され，草種を組み合わせた種々の生産体系を利用し多収を図ることができる。これらの生産体系では，多収を目的として，夏作にトウモロコシ，ソルガムなどの長大作物やスーダングラス類などの長大なグラスを組み入れるため，大型機械を必要とする。しかし，中国中山間地域では畜産の担い手が高齢化しており，耕地面積も狭いため，これらの周年生産体系は，中山間の多くの飼料畑にはほとんど適用できないでいる。また，中国中山間地域の肉用繁殖牛経営は小規模で，稲作との兼業であることが多く，冬作を収穫・調製した後に夏作を播種する4月下旬～5月下旬が田植えの時期に相当し，労力の競合で夏作を播種できないこともある。

一方，中山間地域では，肉用牛生産のため古くから野草が利用されてきた。なかでも，野生のヒエ類は，重要な畑地雑草であるにもかかわらず，家畜の嗜好性も高く優れた野草として知られている。高齢者の多い中国中山間地域の肉用繁殖牛・稲作複合経営にとって，播種することなく維持できる可能性のあるヒエ類を組み入れて安定的に生産できる省力的な体系はきわめて有効である。

ここでは，冬作イタリアンライグラスとイヌビエを，小型ロータリーモアと自走式ロールベーラにより収穫・調製する省力的な採草利用技術「イタリアンライグラス＋イヌビエ」体系を述べる。

2. 栽培体系と技術の実際

（1）生産体系の概要

秋にイタリアンライグラス早生品種とイヌビエを同時に播種し，イタリアンライグラス一番草および二番草を翌年5月初めおよび6月初めに収穫する。イヌビエ一番草は出穂開始時にあたる8月中旬に，二番草は結実した種子が圃場に落下する9月中～下旬に収穫する（第1図）。本体系により，年間に約1,400kg/10aの乾物収量が得られる（第2図，島根県大田市の例）。

「イタリアンライグラス＋イヌビエ」体系では，小型モアで刈り取り，自走式ロールベーラで収穫・調製する（第3，4図）。これらの小型機械は中山間の肉用繁殖牛農家の多くが保有しているため，本体系は小区画の圃場，遊休農林地，耕作放棄地などに適している。

（2）イヌビエ播種

秋の冬作イタリアンライグラス播種時に，夏

	10月	//	5月	6月	7月	8月	9月	
イタリアン中晩生品種利用	基肥 播種 (IT, BY*) →	// →	収穫 (IT) →	追肥 (BY) →	→	収穫 追肥 (BY)(BY) →	→	収穫 (BY)
イタリアン早生品種利用	基肥 播種 (IT, BY*) →	// →	収穫 (IT) →	収穫 追肥 (IT)(BY) →	→	収穫 追肥 (BY)(BY) →	→	収穫 (BY)

IT：イタリアンライグラス，BY：イヌビエ（＊初年のみ播種）

第1図　イタリアンライグラス＋イヌビエ体系の作業スケジュール

イタリアンライグラス中晩生品種はマンモスB，早生品種はタチワセを利用

基肥と追肥は三要素で，それぞれ，10kg/10a施用

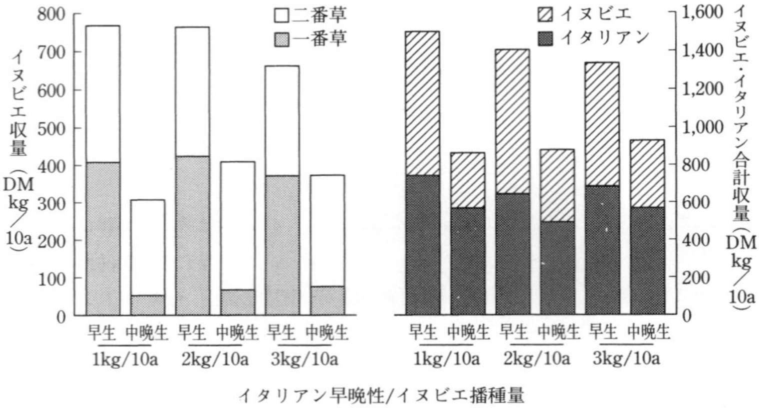

第2図 イヌビエおよびイタリアンライグラス収量

イタリアン早生品種はタチワセ，中晩生品種はマンモスBを利用

作として利用するイヌビエを同時に播種する。イヌビエの播種量は本体系を導入する圃場によって異なる。放棄水田などの耕作放棄地では，すでにイヌビエが“雑草”として侵入し，埋土種子が存在することが多い。秋の耕起に伴ってこれらの種子が地表付近に移動し，翌春以降にこれらの一部が出芽してイヌビエが繁茂することがあるので，1～3kg/10aの播種量でも翌夏から十分なイヌビエ収量が得られる（第2図）。しかし，耕起が繰り返され，雑草防除も十分に行なわれてきてイヌビエの侵入があまり見られない圃場では，3kg/10aを播種しても導入初年目には十分な収量は得られない。しかし，2年目以降は，落下した種子により“雑草化”するため，イヌビエは播種しなくても夏作として十分な収量を得ることができる（第5図）。

第3図 小型モアによる刈取り

第4図 自走式ロールベーラによる乾燥調製

（3）イタリアンライグラス品種の選定

「イタリアンライグラス＋イヌビエ」体系において最も重要なことは，導入するイタリアンライグラスを早生品種とすることである。倒伏に

第5図 種子の自然落花により定着したイヌビエの採草地

強い立ち型の品種を栽培し，5月初めと6月初め2回収穫する。中生～晩生品種の利用では5月下旬に1回収穫するのみであり，再生したイタリアンライグラスが出芽したイヌビエ実生の生長を抑制するため一番草収量が減少し，年間の収量も大幅に減少する（第2図）。

（4）イヌビエの収穫

本体系を導入した圃場の周辺に水田がある場合，イヌビエが出穂・結実するとカメムシなどの害虫が飛来し，その後，周辺の出穂したイネにも被害を与える危険性がある。したがって，イネが出穂している期間はイヌビエを結実させないように心がける。

そのためには，イヌビエ一番草は，出穂直前～直後の8月上～中旬の出穂直後に収穫する。イヌビエは低く刈りすぎると再生が悪いので，一番草は5cm以上の高さで刈り取る。圃場が均平でない場合は，モアの刈り高を高くしておく必要がある。二番草（再生草）は，結実して穂に触れたとき種子の一部がこぼれるような時期（9月下旬）に収穫する。すなわち，翌年に夏作として利用するイヌビエは，二番草収穫時に種子を圃場に落下させることにより（自然下種）播種するのである（第1図）。

（5）施肥方法

毎年，秋のイタリアンライグラス播種前に，堆肥2t/10aと炭酸苦土石灰100kg/10aを施用して土壌改良した後，基肥として，窒素，リン酸，カリを，それぞれ，10kg/10aずつ施肥する。また，イタリアンライグラス二番草収穫時（6月初め）とイヌビエ一番草の収穫時（8月上～中旬）に，窒素，リン酸，カリを，それぞれ，10kg/10aずつ追肥する。イタリアンライグラス一番草収穫時（5月初め）に窒素5kg/10a追肥すると収量はさらに増加する（第6図）。

（6）収穫・調製と放牧利用

イタリアンライグラスとイヌビエの調製方法として，乾草とミニラップサイレージが考えられる。良質の乾草を生産するには数日の好天が必要である。ラップサイレージは晴天が長く続かなくても調製できるという利点はあるが，ミニロール専用のラッパーとラップフィルムが必要となり，生産コストが上昇するだけでなく，サイレージ給与後のフィルムを農業廃棄物として処理しなければならなくなる。

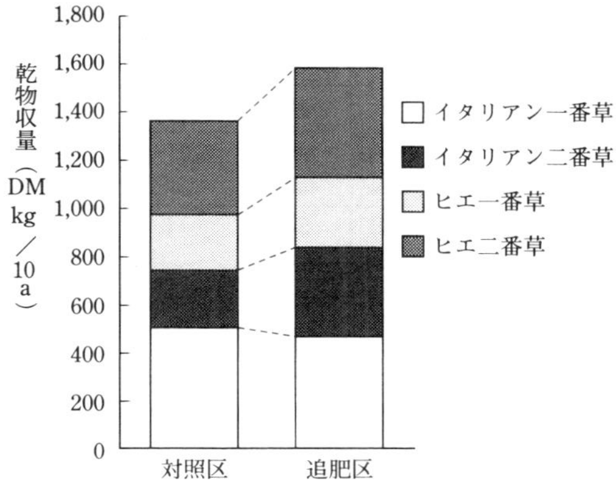

第6図　イタリアン二番草への追肥が収量に及ぼす影響

（7）留意点

前述のように，本体系では収穫・調製に小型モアと自走式ロールベーラを利用する。これらの価格は合計で100万円以上になるため，経済的観点からは機械の共同利用や稲わら収集への活用などにより，機械の稼働率を高めることが必要となる。本体系で乾草の生産コストを40円/kg以下に抑えるためには，機械購入の助成と飼料作の助成金受給を前提としても，40a以上の面積を栽培しなければならない（千田・佐藤，2002）。

また，雑草種の動向にも留意する必要がある。イヌビエ採草地に発生したイネ科雑草やマメ科雑草は有用な飼料となるため，肉用繁殖牛向けに乾草調製した場合に，特に問題となることはない。しかし，カヤツリグサ科雑草は大きな問題となる危険性がある。本雑草種は水田に広く認められ，しかも，畑雑草化した場合に効果的に防除できる除草剤がないので，本体系を耕作放棄水田に導入した場合，経年的に増加していく危険性がある。さらに，イヌビエ種子が堆肥

第1表　イタリアンライグラス＋イヌビエ体系導入農家の牧草収量

		イタリアンライグラス		イヌビエ		合計収量
		一番草	二番草	一番草	二番草	
1999年	収穫日(月/日)	4/29	5/21～6/25	8/10	9/30	
	収量(DMkg/10a)	481.1	401.1	138.0	138.8	1,159.0
2000年	収穫日(月/日)	5/1	6/7	8/5	9/15～9/29	
	収量(DMkg/10a)	433.0	133.3	426.7	588.0	1,581.0
2001年	収穫日(月/日)	5/1	6/1	7/30	9/8	
	収量(DMkg/10a)	360.0	160.0	373.3	484.2	1,377.5

注　1999年イタリアンライグラス二番草および2000年イヌビエ二番草は放牧利用
2001年イヌビエ二番草は青刈りサイレージ利用

第7図　乾燥調製できないときは「ストリップ放牧」（電気牧柵利用）に切り替える

を通じ他の圃場を汚染することもあり得るので留意する必要がある。

3. 肉用牛繁殖経営農家における導入事例

1998年秋に，島根県大田市内の肉用繁殖牛・稲作複合経営農家の圃場に「イタリアンライグラス＋イヌビエ」体系を導入した。担い手は退職を間近にひかえた兼業の経営主と農業専従の妻であり，導入時は4頭の繁殖牛を飼養し，放牧地を含む66aの粗飼料生産圃場を有していた。そのうち約6aが専用の飼料畑であり，「イタリアンライグラス＋ソルガム」体系が行なわれてきた。また，9aの圃場では「放牧（夏）＋イタリアンライグラス」体系が行なわれていた。

(1) 田植えとの労力競争を避ける

田植えと労力が競合するなかで15aのイタリアンライグラス乾草を生産した後に，ソルガムを播種するための4月末～6月初めが農作業のピークとなっていた。そこで，ソルガム播種作業にかかる労働力を低減するため，上記6aの専用の飼料畑に「イタリアンライグラス＋イヌビエ」体系を導入した。

当初は年間4回採草し乾草に調製する予定であったが，収穫・調製時の天候不順，稲刈りとの労力競合などの理由から，1999年にはイタリアンライグラス二番草を，2000年ではイヌビエ二番草を放牧利用した。導入時（1999年）のイタリアンライグラスとイヌビエの合計乾物収量は1,159.0kg/10aであり，そのうち，イヌビエは276.8kg/10a（約24％）にすぎなかった。原因は，この圃場は十分に雑草管理がなされ，イヌビエの埋土種子が少なかったためと考えられた。しかし，翌年(2000年）は，イタリアンライグラスとイヌビエの合計乾物収量は1,581.0kg/10aとなり，そのうち，イヌビエは1,014.7kg/10a（約64％）であった（第1表）。また，本体系導入時に圃場に多く発生していたアメリカイヌホウズキ，スベリヒユ，アオビユなどの帰化雑草が，イヌビエの定着に伴い激減した。

(2) 異常気象時には放牧に切替え

本農業経営は，稲作との複合であり，前述したとおり，イタリアンライグラス一番草収穫・調製は「田植え」と，イヌビエ二番草では「稲刈り」と労力が競合する。また，異常気象などで牧草収穫・調製時期に十分な日射量が得られないことも多い。このような乾草調製が不可能となった場合には，電気牧柵を利用した「ストリップ放牧」により対応し，むだのない草利用を心がけた（第7図）。

この場合，食べ残しが出ないように小さい面積に区切ることが重要である。大きく区切ると草が踏み倒されて不食地が多くなり，草の利用率が低下する。「イタリアンライグラス＋イヌビエ」による粗飼料生産体系では，必ずしも乾草生産に固執する必要はなく，冬場の飼料が確保できる見込みがある場合は「放牧」と組み合わせることは有効な選択肢である。

執筆　佐藤節郎（独・農業技術研究機構近畿中国四国農業研究センター）

2003年記

飼料イネ
（WCS・飼料米）の利用

飼料イネ研究経過と普及の動き

2006年から約3年間にわたり，わが国の畜産は金融危機と穀物市場の動向に翻弄され，畜産物価格の低迷が飼料問題と併せて経営を圧迫している。このようななかで，2008年度の飼料向けイネの作付け総面積が1万haを超えたが，さらなる国産飼料の確保に向けて，イネWCS（ホールクロップサイレージ），飼料用米の生産拡大が大きな課題になっている。ここでは飼料イネとは何か，イネの飼料化の歴史，地域連携による生産・利用の現状，水田からの飼料確保の展望について解説する。

1. 飼料イネとは

イネは第1表のとおり茎葉部（わら），穂部（玄米）ともに有用な飼料となる作物である。用語としての「飼料イネ」は，利用部位を特定せず，飼料に向けるイネの総称として用いられている。一般的な利用形態として，糊熟期から黄熟期に地上部すべてを収穫し，ホールクロップサイレージに調製後，乳牛および肥育牛に給与する稲発酵粗飼料（仕向けるイネを「WCS用イネ」という）が，完熟期に収穫した玄米を鶏，豚，牛の濃厚飼料として給与するものに飼料米がある。

これらに仕向けられる品種は，農研機構，都道府県研究機関，民間会社が育成した多収品種が約20種ある。通常，WCS用イネの乾物収量は1,200～1,700kg/10aで，茎葉と穂の比率は乾物ベースで50：50である。飼料価値はTDN50～55％/DM，粗蛋白質5～7％/DM，水分含量は62～65％であり，イタリアンライグラスの開花期乾草と同程度である。これに対し，飼料米の玄米収量は600～900kg/10a，飼料価値はTDN79～83％/DM，粗蛋白質6～11％/DMとトウモロコシに匹敵する。

2. 飼料イネの生産技術を発展させた歴史

イネ飼料化の技術開発は，在庫米の解消に向けて1971年度から始まった「稲作転換対策」を契機として，構想・研究ともに転作推進と同期化して行なわれてきた。第1図のように現在を第4期とすれば，大きくは4つの高揚期があり，技術蓄積が行なわれてきた。

1970年代前半には古米，古々米などの余剰米の乳用牛，肉豚，鶏への給与試験が農林省種畜牧場などで実施されている。イネの飼料化構想では，角田重三郎氏（東北大）がデントライス計画を1978年に提唱し，笹原健夫氏・萱場猛夫氏（山形大），皿嶋正雄氏（宇都宮大）らが先駆的な研究を行なっている。最近，先駆者が対談した古い資料を読み返してみたが，グローバリゼーションや転作率の拡大などの情勢変化を除けば，飼料自給率向上などの基本構想やイネ育種方向は，今日的な視点に照らしてもほとんど変わりない。飼料米の給与では，その後，

第1表 飼料イネの活用部位および用語解説

穂　部	飼料米	濃厚飼料の特徴をもち，主に玄米として活用する。籾米，ソフトグレインサイレージ（SGS）として活用する場合もある。「飼料用米」とも呼ぶ
穂部＋茎葉部	WCS用イネ （稲発酵粗飼料）	濃厚飼料の特徴をもつ穂部と粗飼料としての茎葉部をサイレージに仕向けるイネの総称。糊熟～黄熟期に収穫し，サイレージ調製したものを「稲発酵粗飼料」または略称として「イネWCS」と呼ぶ。WCS用イネを放牧利用することもできる
茎葉部	稲わら	食用米および飼料米収穫後の「稲わら」も貴重な粗飼料資源である。調製法の違いで「乾燥稲わら」「生稲わらサイレージ」に区別する

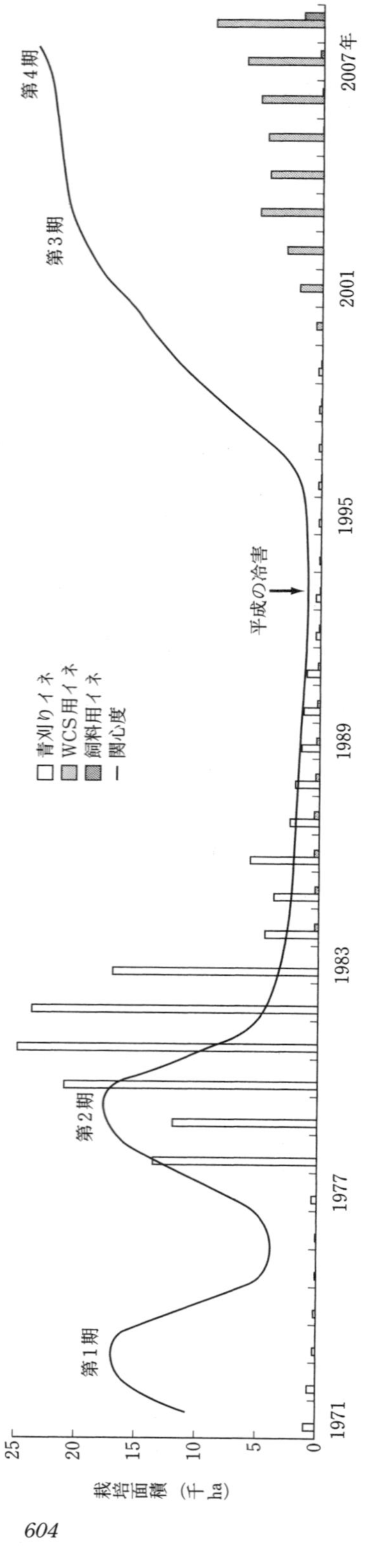

第1図　飼料用イネの栽培面積と歩んだ道のり
（農水省資料などから）

1980年代に農林省研究機関，都道府県研究機関で多数の貴重な研究成績が残されている。第1図にある1980年前後の青刈り利用の隆盛は気になるが，つくり捨てに近いもので家畜への利用はほとんど行なわれなかった。

一方，茎葉部と穂部を一緒にホールクロップサイレージとする現在の「稲発酵粗飼料」に相当する研究は，1984年の「水田利用再編対策」の第2期対策から始まっている。その理由は，刈取り晩限が水分の下がる糊熟～黄熟期まで延長されたことで，サイレージの発酵品質が確保できるようなったためである。その後，福井県，三重県，埼玉県などで地道な研究開発と現地実証試験，生産利用の県単独事業が行なわれ，農水省研究機関では高野信雄氏（草地試験場），名久井忠氏（東北農業試験場）らが貴重な研究蓄積を行なってきた。

これらを基盤にして，2000年度からの水田農業経営確立対策と連動した農水省研究プロジェクトほかで品種育成，収穫機械開発，調製技術から畜種別の給与技術までの体系的な研究開発が行なわれた。

私たちは飼料イネ研究を開始するにあたり，30年間の研究到達度を整理した結果，1）水田作業に適した収穫機の開発，2）耐病性および耐倒伏性などをもつ高収量の飼料イネ育種および栽培法，3）良質サイレージ調製技術，4）反芻家畜への給与技術についての検討が必要であり，最終的に10万haの作付けによって150万t程度の需要があると展望した（第2表）。2000年度から10年間にわたって旺盛な研究開発と地域実証研究が行なわれ，関与した研究分野は第3表のように幅広い。各研究分野が糊代をもち，相互に研究成果を評価し合いながら実用技術に仕上げてきている。これらは，技術指導者向けに「稲発酵粗飼料生産・給与技術マニュアル」，稲作農家，畜産農家向け「簡易マニュアル」に仕上げられ，2009年3月には3訂版が発行され，現在も地道な研究開発が行なわれている。

イネ飼料化の40年間を俯瞰すると，コメ政策のための他用途利用の一例ではなく，国産飼

第2表　イネWCSの定着ステージ別の技術的課題

	第1ステージ	第2ステージ	第3ステージ
生産状況（ha）	5,000	30,000	100,000
飼料供給量（DM）（t）	50,000	400,000	1,500,000
利用状況	一部地域の酪農・肉牛農家による期間限定の利用が進む	水田飼料作物と組み合わせた通年利用が進み，多様な耕畜連携が確立する	営農組織による安定生産により持続的な大家畜経営を確立する
品種育成	既存品種と一般水稲の活用	地域適性の高い新品種育成	高消化・超多収品種 多様性品種育成
栽培技術	移植栽培法 堆肥，液状厩肥の活用	乾田・湛水直播の安定化 農薬問題の解決	高度な低コスト栽培技術 飼料作物との2毛作体系 環境調和型栽培
収穫作業	牧草収穫機の活用法 専用収穫機開発	専用収穫機の多様化・大型化 湿田対応型走行	籾破砕型収穫機の開発
サイレージ	条件制御型の調製法 アルカリ処理サイレージ	専用乳酸菌の開発 長期安定サイレージ	大型サイロでの安定貯蔵 プロバイオティック飼料
運搬技術	狭域流通技術	品質安定化技術	TMR・飼料搬送システム
TMR調製	個別のTMR調製	高密度TMR調製機の開発	水田地帯でのTMRセンター 食品残渣・水田資源の活用
給与技術	分離給与技術 最大採食量研究	TMR給与技術 飼料成分の解明 繁殖牛・肥育牛の給与技術	高品質飼料イネの給与技術 機能性・高品質畜産物の生産技術
コスト低減	生産費50,000円/10a	生産費45,000円/10a	生産費40,000円/10a
生産組織	耕畜農家間の連携 自己完結生産	コントラクター組織 農商工連携の創設	地域企業の創設 水田地帯での畜産経営
生産物戦略	機能性の解明	ブランド畜産物の創出 機能強化畜産物	多様なブランド畜産物 畜産物生産費の削減

料確保のための畜産政策に軸足を置くことの重要性を示している。

3. 地域連携による実践的な生産・利用

(1) イネWCS

イネWCSの生産・利用は，1995～1998年度まで作付け面積は20～50haで推移してきたが，2000年度からスタートした支援制度のもとで着実に拡大してきた。2007年度には飼料増産行動計画に基づく取組みが強化されたことなどにより，前年度の2006年に対して1,157ha（22％）増加して6,339haとなり，さらに2008年度には前年2007年比2,592ha（41％）増の8,931haに到達した。

第3表　飼料イネに関与した研究分野

イネ育種，栽培，生理，病理，病害虫，雑草，土壌肥料
堆肥調製，機械，施設，農業土木，作業技術
農薬化学
発酵，飼料評価，飲料調製，栄養
乳牛給与，肉牛給与，家畜衛生
カビ毒
畜産物，加工，食品科学
市場，普及，環境，流通，農業経済，農業政策

2008年度にはイネWCSの生産・利用に関するアンケート調査が，全国農林統計協会連合会によって行なわれている。全市町村を対象とした調査で，イネWCS作付け実面積の97.5％をカバーする高いアンケート回収率（91.0％）であったことから，その概要の一部を紹介してみ

たい。

WCS用イネを作付けした稲作農家戸数は，2007年度8,951戸から2008年度見込み数は1万1,514戸に広がり，今回アンケート結果で集計した2008年度の稲作農家数243万7,139戸の0.47％となる。一方，利用した畜産農家数は，2007年度3,329戸（酪農834戸，肉用牛2,495戸）から2008年度見込み数は4,491戸（酪農1,122戸，肉用牛3,369戸）に大きく広がり，同様に今回のアンケート結果で集計した2008年度の畜産農家数8万2,092戸（酪農1万6,610戸，肉用牛6万5,482戸）の5.5％で給与が行なわれていた。

作付け面積の多い県は熊本県，宮崎県，宮城県，秋田県，栃木県の順で，大家畜1頭当たり作付けの多い県は秋田県，熊本県，宮城県，福井県，山形県の順となっている。WCS用イネの専用品種の採用動向は，北海道・東北20.7％，関東・東海・北陸で28.9％，近畿・中国・四国43.5％，九州・沖縄46.4％と西日本で多く，東北・北陸の良食味米地帯では，混種防止や栽培慣行などから，‘ひとめぼれ’‘コシヒカリ’‘あきたこまち’‘はえぬき’などの一般食用品種をWCS用に利用することが定着している（第4表）。

さらに収穫・調製作業の受託組織（コントラクター）数は，2007年度294組織から2008年度343組織へ大幅に増加していた。この2，3年で急速に取組みを推進した県，これまでの定着からさらに作付け拡大を図った各県で増加している。先行地域での経験を生かし，計画段階で収穫作業受託の組織化が行なわれていることもわかった。また，WCS用イネ専用収穫機の導入が進み，群馬県，宮崎県，秋田県など多くの県ではサイレージの品質向上と品質保証の取組みが増加している。

飼料自給をど真ん中においた「耕畜連携」によって，WCS用イネの生産が確実に定着したわけであり，後戻りしないタフで柔軟な地域連携を確立することが課題となっている。

(2) 飼料用米

他方，飼料用米の生産・利用は，2007年度までの山形県庄内地域を中心とした作付けから2008年度1,611haへと全国的に広がり，中小家畜への実践的な給与が始まっている（第2図）。その生産・利用のスタイルは，第3図のとおり籾米または玄米の加工工程を伴うことから多様である。2008年度の取組みのなかから，生産・利用の拡大に向けた諸課題を第4図に整理したのでステップごとに見てみたい。

生産調整の段階では，地域水田協議会やJAによる生産計画が仕向け先との関係で難航しているケースが多い。生産段階では，多収品種の種籾入手から多収栽培法，食用品種とのコンタミネーション防止策，畜産系の肥料資源活用法などの情報不足があげられる。収穫・乾燥調製の段階では，食用品種とのコンタミネーション防止策，コスト低減に向けた乾燥調製の手法，保管倉庫の確保などがあり，行政的な確認作業も課題となっている。

配合飼料への加工段階では，飼料工場へのルート開拓，飼料工場の受容度などが大きな課題

第4表　WCS用イネ栽培品種の動向（上位15品種）

No.	北海道・東北		関東・東海・北陸		近畿・中国・四国		九州・沖縄	
1	ひとめぼれ	29	**はまさり**	38	**クサノホシ**	20	**ミナミユタカ**	24
2	**夢あおば**	20	コシヒカリ	24	**ホシアオバ**	13	**タチアオバ**	20
3	**べこごのみ**	17	**ホシアオバ**	15	**クサホナミ**	12	ヒノヒカリ	20
4	コシヒカリ	14	**リーフスター**	14	ヒノヒカリ	12	**モーれつ**	19
5	あきたこまち	13	**夢あおば**	12	**リーフスター**	9	**ニシアオバ**	17
6	**べこあおば**	11	**クサホナミ**	11	**はまさり**	6	**スプライス**	6
7	はえぬき	11	**クサノホシ**	8	**夢あおば**	6	**クサホナミ**	4
8	まなむすめ	8	ふさこがね	4	コシヒカリ	5	夢つくし	4
9	**ホシアオバ**	6	千葉28号	3	**兵庫牛若丸**	5	**はまさり**	3
10	チヨニシキ	6	**うしもえ**	2	キヌヒカリ	4	ヒヨクモチ	3
11	まっしぐら	5	ハナエチゼン	2	アケボノ	4	**ホシアオバ**	2
12	ふくひびき	5	ゆめしなの	2	日本晴	2	**テテップ**	2
13	ふくみらい	4	ヒノヒカリ	2	タカナリ	2	つくしろまん	2
14	はまゆたか	2	**モミロマン**	1	**べこあおば**	2	あきまさり	2
15	めんこいな	2	**べこあおば**	1	**スプライス**	2	タカナリ	2

注　太字：専用品種，数値：栽培した市町村数，作付け面積：2008年統計連による市町村アンケート結果

第2図　中小家畜への飼料用米の給与試験

左：肥育豚への給与試験（フリーデン社，岩手県一関市），右：採卵鶏への給与による卵黄色の変化（トキワ養鶏，青森県藤崎町）

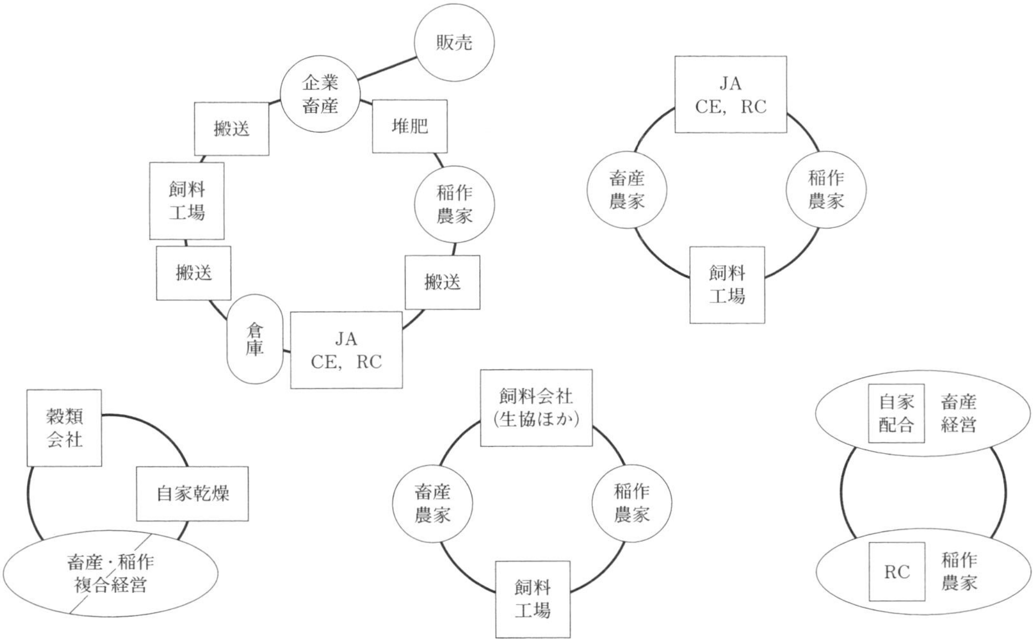

第3図　飼料用米の多様な生産・利用のスタイル

となっている。第5図に主な米生産地と穀物サイロおよび飼料工場の所在地を示したが，日本海側の米生産地に穀物サイロや飼料工場がほとんどないことから，地域飼料資源を活用した畜産物生産をむずかしくしている。飛躍的な生産拡大を行なううえで，新たな物流スタイル，飼料加工もしくは配合の仕組みづくりが課題となってくるものと思われる。

4. 水田からの飼料確保の展望

2008年のわが国の水田面積は約239万ha，食用米の作付け面積は154万haであることから，差し引き85万haが生産調整されていることになる。国民1人当たりの米消費量は約61kg/年と，最大だった年と比べてほぼ半減し

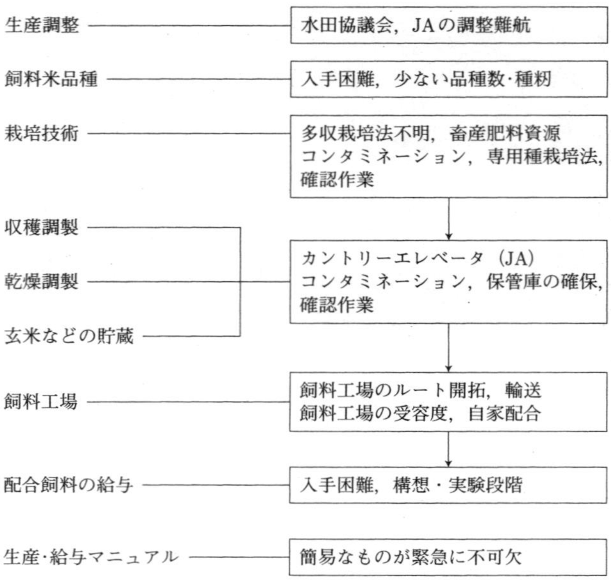

第4図　飼料用米生産拡大に向けた諸課題

ている。今後，さらに消費量が減少するのか，それとも米粉利用などで維持していくのか見通しがつきにくい。

このこととは別に，2050年の人口予測がいくつかの機関で出されているが，いずれも人口減と少子高齢化が進行するとしている。現状のまま1人当たりの消費量を維持する場合と50kg/年まで減少する場合を想定して今後の人口予測から試算すると，2050年の食用水稲作付け面積は，最大110万ha～最小87万ha程度となり，調整面積が129～152万ha程度となることも考えられる（第7図）。つまり，水田面積の半分以上を畜産用飼料など非主食用として活用することが求められるわけで，稲作経営と畜産経営の双方はもちろん，国民すべてが知恵を絞らなければならない時代が近づいている。

稲わら，高蛋白質粗飼料のアルファルファ乾草と同ヘイキューブを除いた2007年度の輸入粗飼料は163万t/風乾物，この全量を稲発酵粗飼料で置き換えると約17万haと試算できる。牧草や飼料作物などによる自給飼料増産も期待できることから，WCS用イネの中期的な目標は6～10万ha程度になるものと考えられる。2008年度の秋田県のWCS用イネ栽培面積は，飼養頭数から見るとすでにこの目標に到達して

第5図　主な米生産地と穀物サイロおよび飼料工場の所在地

（Japan Map Center，1977；油糧荷捌ハンドブック，1994）

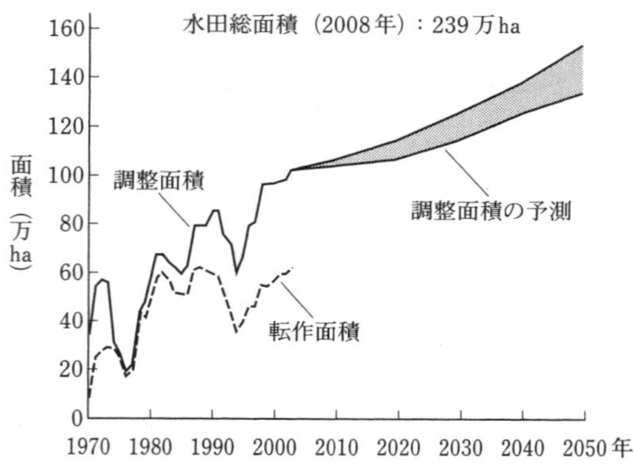

第6図　水田の調整面積の推移と2050年予測

（農水省資料，国立社会保障・人口問題研資料などから予測）

おり，水田からの飼料確保はいよいよ現実的なものになってきた。

自給飼料確保の活路を水田に求めることから，WCS用イネのみならず稲わら収集，飼料用米の生産などで幅広い耕畜連携や農商工連携を確立するとともに（第7図），堆肥利用など循環型農業の推進が大きな鍵となる。

＊

2008年の飼料イネ（イネWCS・飼料用米）の作付け面積が1万haを超えたとはいえ，稲作農家のなかにはその名前も知らない，知っていても誰が買ってくれるのか，誰がサポートしてくれるのか見当がつかないといった現状がある。また，落着きを取り戻しつつある飼料価格への安堵感から，畜産農家が自給飼料増産に足踏みするようであってはならない情勢でもある。イネWCS，飼料用米の生産による新しい需給関係を地域につくり，資源循環型畜産物を生産販売していく恒常的な物流経済を確立することは，ヒト・モノ・カネが動くことで農山村の活性化に結びつくことが期待できる。ひいては，食料自給率の向上に貢献していくこととなる。

執筆　吉田宣夫（山形大学）

2009年記

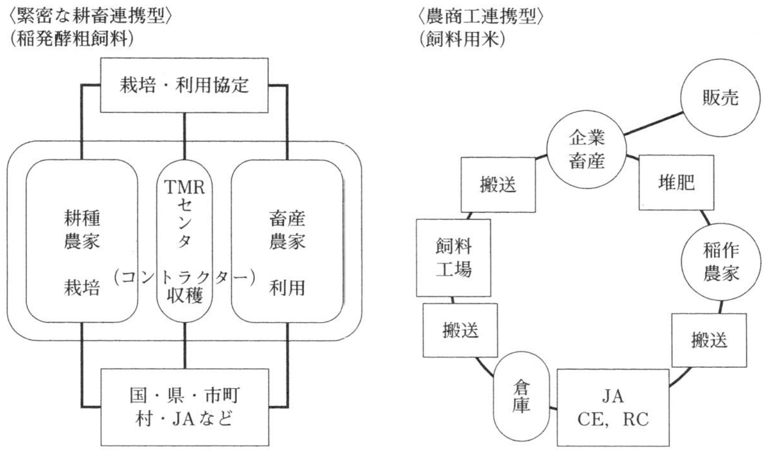

第7図　飼料イネの生産・利用連携スタイル

参考文献

畜産草地研究所ほか．2009．平成20年度飼料イネの研究・普及に関する情報交換会資料．

畜産草地研究所ほか．2009．飼料米の生産技術・豚への給与技術，新たな農林水産政策を推進する実用化技術開発事業「飼料米」の成果．

蔦谷栄一．2008．食料自給率向上と米生産・畜産構造の見直し，「水田維持と直接支払い」による非主食用米生産．農林金融．2008年10月号．

全国農林統計協会連合会．2009．平成20年度自給飼料増産対策加速化事業稲発酵粗飼料現地実態調査事業報告書．

全国飼料増産行動会議・（社）日本草地畜産種子協会・農林水産省生産局編．2009．稲発酵粗飼料生産・給与技術マニュアル．

飼料イネの利用に対する経営評価

飼料イネの利用は，水稲農家にとっては水田の生産調整の有望な作目として，畜産経営にとっては飼料自給率向上，飼料価格高騰（変動）対策，安全・安心な国産飼料として注目を集め，それぞれの地域で，栽培・収穫・利用のさまざまなシステムがつくられている。

しかし，システムが多様すぎ，これまで行なわれてきた経営評価の事例紹介では，応用範囲が狭くあまり参考にならないので，ここでは，導入や経営評価の際の判断材料に用いられる項目や情報，評価手法について述べる。

まず，稲発酵粗飼料（以下，WCSとする）の利用について畜産農家の経営評価を中心に述べ，次いで生産利用システム全体の評価を述べ，飼料米の評価をつけ加える。水稲農家単独での経営評価については，低コスト栽培や収量増加などの要因はあるものの，やはり助成金単価の影響が一番大きいこともあり，ここでは触れないことにした。

1．飼料イネの利用形態

WCSの形態の違いは収穫・調製方式の違いによるものであり，収穫・調製方式にはさまざまな分類の仕方があるが，予乾方式とダイレクト方式に大きく分類される。どちらの方式を採用するかは，それぞれの地域の特徴（乾田か湿田か，作付け面積が大きいか小さいか，収穫可能期間が長いか短いかなど）と収穫・調製コスト，作業効率，製品の品質と利用者の評価などを総合的に判断して決められている。また，ダイレクト方式のなかでも，近年，収穫機の改良開発が進み，切断方法や切断長の違いおよび混合の有無などの，特徴の異なるWCSが生産されている（第1表）。

飼料米の利用形態は，基本的にはコンバインで収穫したあとの乾燥・調製の段階で分類されている。すなわち，未乾燥籾米，乾燥籾米，玄米による分類，および粉砕の有無による分類である。未乾燥籾米はソフトグレインサイレージにして大家畜へ給与するシステムと，リキッド飼料の原料として利用するシステムがある。養豚では粉砕しての利用が前提になっている場合が多いが，養鶏では乾燥籾米を粒のまま利用する場合もある。

第1表　飼料イネ収穫作業機械の特徴

方　式	作業機	刈取り	細　断	混　合	切断長（cm）	ロールの大きさ[1] 直径×幅（cm）	作業幅
予　乾	牧草用ロールベーラ		なし	なし		—[1]	
	牧草用カッティングロールベーラ		カッティングナイフ	なし	8～10	—[1]	
ダイレクト	コンバイン型専用収穫機	バリカン刃	ディスク型カッタ	なし	12～18	100×100	5条
	フレール型専用収穫機	フレール刃	フレールチョッパー方式	成型室への吹上げ	10～15	90×86	5条
	細断型自走式専用収穫機	バリカン刃	ディスク型カッタ	混合羽根付攪拌装置	3	100×85	5条
	汎用型飼料収穫機	バリカン刃	シリンダ型カッタ	成型室への吹上げ	3	100×85	6条

注　1）さまざまな大きさの機種がある。直径は90～160cm程度，幅は85～120cm程度。直径の大きさを変えられる（可変式）ものもある

2. 飼料イネの生産利用システム

WCSの生産利用システムにはさまざまな形態が存在するが，大別すると，1）水稲農家が栽培から収穫・調製まで実施，2）水稲農家が栽培し畜産農家が収穫・調製を実施，3）水稲農家が栽培しコントラクターや公社などが収穫・調製を実施，4）畜産農家が栽培から収穫・調製まで実施，の4類型に分類される（第2表）。

畜産農家のWCSへの経営評価については，それぞれのシステムでどのようにどこまで畜産農家がかかわるかによって異なるので，類型別に検討する必要がある。また，類型によってはシステム全体としての評価について検討する必要がある。

一方，飼料米の生産利用の場合は，養豚養鶏飼料としては，玄米や籾米を穀類の一部代替として粒のまま，あるいは粉砕して配合飼料に混合する作業があるため，飼料工場などの介在が必要となり，畜産農家は飼料の購入あるいは原材料を購入しての配合調製の委託という立場が多い。経営評価としては，生産物の銘柄化による高付加価値化を加味する場合も考えられるが，飼料米の流通単価が一番大きな問題となる。

大家畜でも，玄米，籾米の利用の場合は同じであるが，ソフトグレインサイレージでは一部自家調製の手段も残っており，経営評価も異なる場合がある。

第2表　稲発酵粗飼料（WCS）の生産利用システムの類型

類　型	栽　培	収穫・調製	給　与	売　買
1）	水稲農家	水稲農家	畜産農家	ロール製品の売買
2）	水稲農家	畜産農家	畜産農家	立毛状態での売買
3）	水稲農家	コントラクター 公社 受託組織	畜産農家	ロール製品の売買， 収穫調製作業の受委託
4）	畜産農家	畜産農家	畜産農家	

3. WCS導入への畜産農家の評価

（1）利用者の立場からの判断項目

前述したWCS生産利用システムの4類型（第2表）のなかでも，1）と3）の類型では，畜産農家は基本的には利用者でしかなく，収穫・調製された製品の品質，価格，供給量などが，WCSを経営に導入できるかどうかの判断材料となる。

また，導入にともない飼料計算や給与作業の見直しが必要であり，保管場所の確保や作業体系の変更による労働時間への影響，給与効果（夏場の採食量低下の改善，肥育子牛育成期の発育改善，肥育牛仕上げ時の食い止まり低減による枝肉重量の増加など）を総合的に判断して経営的評価を行なう必要がある。

①製品の品質

導入条件のなかでも，とくに製品の品質が最も重要である。なお，1）と3）の類型では主に専用収穫機によるダイレクト方式が主流である。

初期の専用収穫機は梱包密度があまり高くなく，そのために，カビ発生の抑制や良好な乳酸発酵維持のための尿素や乳酸菌の添加が行なわれてきた。尿素添加の場合は収穫・調製から利用開始までの期間を長くあける必要があり，栄養価の変動に気をつけなければならない。乳酸菌を添加した場合は品質が良好になるが，価格に転嫁される場合（乾物1kg当たり1.7円の増加）が多く，総じて搾乳牛用粗飼料としての評価は低く，育成・乾乳牛用の飼料や肉牛用飼料として利用されていた。

しかし，2008年度から細断型の機械の導入が始まったことにより，製品の梱包密度は確実に高まり，品質もかなり向上している。また，TMR給与のみならず分離給与にも利用しやすくなり，搾乳牛用の粗飼料として評価と期待が一気に高まっている。

一方，取組み面積の拡大につれて適期刈りがむずかしくなり，刈遅れによる低品質の製品が増加するという現象も起きている。専用収穫機の1日当たりの収穫可能面積が1ha程度しかなく，どうしても刈取り期間が長くなる傾向にある。

②流通価格

流通価格は収穫・調製方式や生産システムによりさまざまであり，現状ではかなりの価格差がみられる。

ここでは中央農業総合研究センターの交付金プロジェクト研究，略称「関東飼料イネ」(2004～2008年）の成果のなかから数値を拾ってみたい。

「関東飼料イネ」の営農試験地では，乾物1kg当たりに換算すると36～46円であり，ロール1個当たりの価格で流通しているところと面積当たりの価格設定のところがある。

面積当たりの価格設定では，反収の違いにより年間の入手量に差が生じ，畜産農家にとっては計画的な給与に支障が出るほか，水稲農家にとっても収量が多くても少なくても販売価格が一定では生産意欲の低下につながることから，1個当たりの価格で流通することが必要である。

③経営形態との関係

利用する畜産農家の評価は，どの既存飼料と代替するか，あるいはその製品の品質によって異なる。「関東飼料イネ」プロジェクトの開始当初に行なった利用農家に対する購入上限価格調査では，酪農家でも自給粗飼料基盤のあるところが15～25円と一番低く，自給粗飼料生産の少ないところでは30円の評価であった。肉牛農家では酪農家よりも評価は高いが，肥育牛や繁殖牛へ稲わらの代わりとして給与しているところより，育成段階でのいわゆる腹つくりに適した飼料として評価しているところでは購入上限価格は高い。ただし，同じ経営類型でも，個々の経営者による評価の差は大きかった（千田，2005)。

品質と評価については，収穫機種，収穫時期，ユーザーによる評価の違いを調査した結果では，とくに酪農家における刈遅れ製品の評価が極端に低いことが示されている（千田，2009)。

④供給量

次に供給量については，どれだけの量が確保できるのかが問題となる。経営および生産物品質の安定性を考えれば通年給与が理想であるが，そのためにはかなりの面積が必要である。

酪農家の場合，「稲発酵粗飼料生産・給与マニュアル」の給与上限値の目安を参考に試算すると，搾乳牛40頭規模の経営で，現物6～8kg/日給与すると，1日1ロール（細断型で300kg以上）必要となり，これをまかなう飼料イネの作付け面積は，7ロール/10aの収量では約5.2haとなる。また，交雑種肥育牛農家の場合，このマニュアルから前期に8kg/日，後期に3kg/日給与するとして，常時200頭飼養規模の農家で1日2.5ロール必要となり，18.3haとなる。

現状では，ひとつの畜産農家に通年給与できるほどロールが配分されているケースは少なく，他の粗飼料との組合わせで利用しているのが実態である。

⑤評価手法

代替しようとする飼料との価格差が経営全体に及ぼす影響については，個々の経営者がそれぞれ判断すべきものであるが，それを支援するツールとして線形計画法というものがある。これは，細かく条件を設定することにより，何を選択することが経営にとって収益増になるかの解答を，数理統計的手法により導き出すものである。各県とも，普及，試験機関にはこの分野の知識をもつ者がいると思われるので，飼料イネの普及拡大のためにも，農家の要請に応じて積極的な支援を行なうべきである。

WCSの流通が地域や県を越えているところはまだ少なく，畜産農家は利用者という立場で地域のシステムのなかに位置づけられる場合が多い。その場合，畜産農家は単なる購入者ではなく利用者なのだから，参加者全員が有益になるシステムに発展させるためにも，たとえば品質にしても，価格設定にしても，栽培，収穫・調製，流通部門の関係者と十分な意見交換を行なうべきである。

(2) 収穫・調製から取り組む場合

生産システムの2）と4）の類型（第2表）では畜産農家が収穫・調製を行なう。畜産農家がこのシステムに参加する場合，ほとんどは牧草用の収穫機体系の機械一式を装備している場合が多く，予乾方式により実施してきた。

畜産農家による収穫・調製の場合，自給飼料の栽培，収穫との作業競合が問題となるが，牧草用の大型機械を大規模水田で用いれば，2日3名で3.4ha程度の収穫・調製は可能であり（千葉県での調査事例），競合の回避は可能である。

牧草用機械を飼料イネの収穫に用いることは，作業機械の年間稼動実績を増やし，機械費用の減少，生産コストの低減につながる。

畜産農家が収穫・調製，利用を行なう場合，多くは立毛状態での売買となり，その価格は給与実証助成金程度の金額か，収穫後に堆肥を施用する費用程度の設定が多い。したがって，飼料イネの収穫・調製コストがWCSを経営に導入できるかどうかの判断材料となる。

千葉県内での収穫・調製にかかるコストの調査結果では，収穫・調製コスト乾物1kg当たり23円（調査当時で，畜産経営にWCSを導入することが可能と考えられた収穫・調製コスト）程度を実現できる年間収穫面積は1.3～17haと，機械装備，作業体系によりさまざまであった。

しかし，専用収穫機による収穫・調製コストは年間稼動面積の上限といわれている20haでも29.7円/乾物kgと高く，飼料イネの収穫・調製，利用を畜産農家が行なう場合には予乾方式の利用が必要であった（第3表，第1図，第4表）。

飼料イネの収穫・調製，利用を行なうかどうかについては，収穫面積と作業期間，他の作業との競合の問題の検討はもちろんのこと，事前におおまかな作業能率などによる収穫・調製コストの試算検討を，関係機関の支援を受けながら行なうべきである。

第3表　WCS導入事例の特徴

	事例①	事例②	事例③	事例④
栽　培	水稲農家	水稲農家	水稲農家	水稲農家
収穫・調製	酪農家	酪農家	酪農家中心の組織（機械利用組合など）	コントラクター組織
運　搬	酪農家	運送業者	酪農・肉牛農家	コントラクター組織，運送業者
給　与	酪農家	酪農家	酪農・肉牛農家	肉牛・酪農農家
収穫方式	予乾体系	予乾体系	予乾体系	ダイレクト体系
ロールの大きさ	155×120cm	150×120cm	100×100cm	100×100cm
水　田	大区画 乾田	大区画 乾田	中～小区画 乾田	中～小区画 湿田も可
機械装備	トラクタ3台 モアコン レーキ ロールベーラ（ネット） ラッピングマシーン グラブ付フロントローダ グラブ付フォークリフト トラック2台	トラクタ2台 モアコン ロールベーラ（トワイン） ラッピングマシーン グラブ付ホイルローダ フォークリフト	トラクタ3台 ディスクモア テッダレーキ ロールベーラ（トワイン） ラッピングマシーン グラブ付フロントローダ トラック	専用収穫機 (コンバイン型) ラッピングマシーン (ダブルマスト) グラブ付ホイルローダ2台 トラック
装備機械の他作物への利用	あり	あり	あり	なし

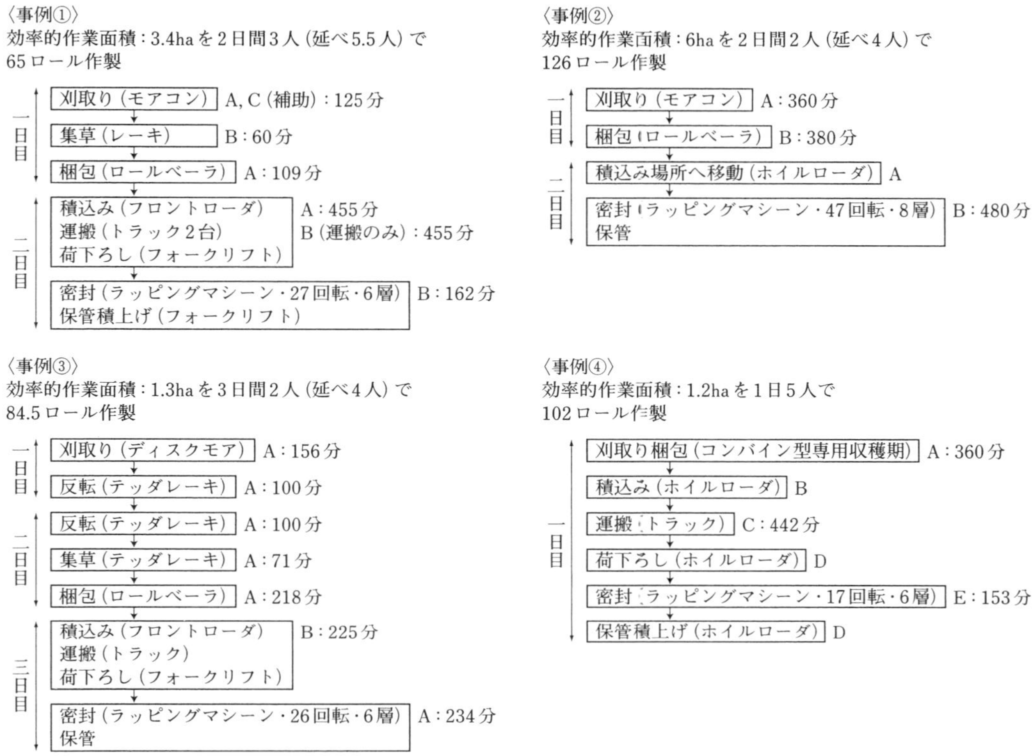

第1図　WCS導入事例の作業体系

事例①～④は第3表と同じ，A～Eはオペレータ，数字（分）は作業時間

(3) 堆肥の利用先としての評価

WCSの利用拡大のためには低コスト生産技術が必要とされている。直播などによるイネの栽培コストの大幅な低減はむずかしく，反収の向上によるコスト低減が最も現実的であり，収量の多い専用品種の導入が進められている。しかし，専用品種による収量向上のためにはそれに見合った施肥量が必要であり，化成肥料ではコスト増につながることから堆肥利用が注目されている。

堆肥の販路が足りない畜産農家は多く，若干のコスト高になっても堆肥を投入できるなら，WCSの収穫・調製，利用を行なってもよいという畜産農家は存在する。WCSへの取組みの動機づけとして堆肥の利活用は重要である。

(4) 生産利用システム全体の評価

生産システムの2）と3）の類型（第2表）はまさに耕畜連携システムであり，1）も堆肥還元が加われば耕畜連携システムといえる。

この場合，水稲農家，畜産農家，3）はさらにコントラクター組織のそれぞれの経営評価も必要ではあるが，システムの適正化や導入支援の一方策としては，システム全体の評価も大切である。

システム評価の段階で，取引条件や新たな導入技術の採択によってシステム全体の収益がどう変化するかを示せれば，システム改善の強力な支援になる。

ツールとしては大石ら（2006）の開発した経営間連携を組み込んだ営農計画モデルがある。これは線形計画法を複数の経営が連携した形で

第4表　第3表のWCS導入事例①～④の収穫・調製コスト

事　例	事例①				事例②	
面積（個数）	3.4ha	(65個)	17ha	(323個)	6ha	(126個)
		10a当たり		10a当たり		10a当たり
合計（円）	1,139,320	33,509	3,349,341	19,702	919,100	15,318
労働費	63,269	1,861	293,677	1,728	172,360	2,873
減価償却費（農機具費）	721,443	21,219	1,903,962	11,200	421,796	7,030
修理費	194,317	5,715	536,327	3,155	122,172	2,036
資本利子・租税公課・保険料	75,076	2,208	203,504	1,197	45,965	766
燃料費（軽油，ガソリン）	18,718	551	82,663	486	24,367	406
潤滑油（燃料費の30％）	5,615	165	24,799	146	7,310	122
消耗品	60,882	1,791	304,409	1,791	125,129	2,085
	40.4円/乾物kg		23.9円/乾物kg		20.3円/乾物kg	

事　例	事例③		事例④			
面積（個数）	1.3ha	(84.5個)	1.2ha	(102個)	20ha	(1,700個)
		10a当たり		10a当たり		10a当たり
合計（円）	248,098	19,084	3,892,300	324,358	6,251,484	31,257
労働費	46,150	3,550	80,000	6,667	1,360,000	6,800
減価償却費（農機具費）	99,781	7,675	2,799,946	233,329	2,799,946	14,000
修理費	31,710	2,439	690,770	57,564	690,770	3,454
資本利子・租税公課・保険料	11,758	904	252,718	21,060	252,718	1,264
燃料費（軽油，ガソリン）	13,362	1,028	11,232	936	187,423	937
潤滑油（燃料費の30％）	4,009	308	3,370	281	56,227	281
消耗品	41,328	3,179	54,264	4,522	904,400	4,522
	23.7円/乾物kg		307.7円/乾物kg		29.7円/乾物kg	

あてはめるもので，たとえば，水稲専作農家と水稲＋野菜農家が栽培した飼料イネをコントラクター集団が収穫・調製し，酪農家と肉牛農家が利用するといったシステムの場合に，どういった条件のときにこのシステム全体の収益が最大になるかを判断できるものである。

「関東飼料イネ」の最終報告書にはこれらのツールを用い，低コスト栽培，品種の組合わせによる収穫適期拡大，受託作業労賃，ユーザー評価に沿った販路拡大，堆肥の利活用，生産物の高付加価値販売など，その地域のシステムに取組み可能な技術について検討を行なった報告が掲載されている。

また，中山間地での飼料イネを基軸とした耕畜連携のシステムの経済性評価については近畿中国四国農業研究センターの成果マニュアルとしてまとめられており，参考になる。

4. 飼料米導入への評価

飼料米はその生産コストから試算すると150円/kg程度するものが，水田政策の助成金などにより流通価格は玄米で30～50円/kg程度となっている。主にトウモロコシの代替として用いられているが，トウモロコシ相場の不安定さはあるものの1.5倍程度の価格差は歴然と存在する。代替割合にもよるが，飼料米を常時用いることは，経済性のみを考えた場合非常に厳しい状況であり，生産物の高付加価値化などによる収益増が必要である。

豚肉の場合，飼料米給与により脂肪色の白さやロース内脂肪組成でのオレイン酸の増加傾向とリノール酸の低下傾向がみられたという肉質向上の事例はあり，地元産の飼料を用いた豚肉生産という戦略での銘柄化も行なわれている。

流通価格の低減には畜産農家として関与できることはほとんどないが，他の配合飼料原料を安価なエコフィード系のものに代えることによる飼料費の低減が試みられている。

5. 政策支援

評価を用いた導入支援も大切であるが，この飼料イネの取組みは水田の生産調整のうえに成り立っており，水田農業施策の先行きが不透明では，高額な収穫機械の導入は怖くてできないという声を現場でよく耳にする。飼料イネに安心して取り組めるような長期ビジョン，政策の強化，継続的な支援が最も大切である。

執筆　鈴木一好（千葉県畜産総合研究センター）

2009年記

参考文献

中央農業総合研究センター編．2009．地域農業確立総合研究．関東地域における飼料イネの資源循環型生産・利用システムの確立，最終報告書．技術解説編．耕畜連携営農モデル編，研究報告編．中央農研．

近畿中国四国農業研究センター編．2008．「中山間耕畜連携」プロジェクト経営研究分野マニュアル．近中四農研．31—62．

大石亘ら．2006．経営間連携を組みこんだ営農計画モデル．中央農研共通基盤成果情報．

千田雅之．2005．「関東地域における飼料イネの資源循環型生産利用システムの確立」に関わる営農試験地の現状と実用化促進のポイント．中央農研経営研究．**56**，1—10．

鈴木一好ら．2005．千葉県内における飼料イネの類型別収穫・調製コスト．千葉畜セ研報．**5**，23—27．

全国飼料増産行動会議編．2009．稲発酵粗飼料生産・給与技術マニュアル．日本草地畜産種子協会．73—98．

飼料イネによる乳肉のブランド化

飼料イネの生産は，現状では国の補助金に支えられている一面がある。稲発酵粗飼料（以下，イネWCSとする）や飼料米の給与により，畜産物のブランド化を図ることができれば，畜産物の価格の上昇につながり，それが畜産農家への刺激となり飼料イネの生産利用が拡大できる可能性がある。これまで飼料イネではイネWCSの給与による畜産物の付加価値向上について研究が進み，各地で取組み事例もみられるようになった。また飼料米も豚で給与試験が行なわれている。ここでは，イネWCSを中心に飼料米についても最近の成果を示すことにする。

1. 稲発酵粗飼料のビタミン類の特性

良質なイネWCSは，第1図に示したように，稲わらやチモシー乾草などの肥育に用いられる代表的な粗飼料より豊富にα-トコフェロール（α-トコフェロールはビタミンEの4つの異性体の一つで，もっとも活性が高い）を含んでおり，乾物で100mg/kg以上にもなる。

また，良質なイネWCSはβ-カロテンも豊富に含んでいるが，サイレージ調製の際に予乾などを行なうと，β-カロテンは酸素や光により分解しやすいので，イネWCSのβ-カロテンが稲わらと差のない含量となる場合がある。わが国の肥育では脂肪交雑が重視されており，黒毛和種や交雑種ではビタミンAを制御する肥育が広く行なわれている。粗飼料に含まれるβ-カロテンは，動物の体内でレチノール（ビタミンA）に変換され，1mgのβ-カロテンは400IUのビタミンAに相当する。したがって，ビタミンA制御肥育にイネWCSを給与するためには，イネWCS中のβ-カロテン含量の把握と，その低減技術が必要である。

一般的には，α-トコフェロール含量が多いイネWCSはβ-カロテン含量も多い傾向にある。したがって，現状ではイネWCSのα-トコフェロールを利用した高付加価値牛肉生産と，ビタミンA制御肥育による脂肪交雑中心の牛肉生産をイネWCSで同時に満たすには，その給与期間や給与時期を検討する必要がある。

2. イネWCSの給与期間と牛肉のα-トコフェロール含量・貯蔵性

(1) 肥育全期間の給与と前後期の給与

イネWCSは嗜好性が高い粗飼料であるが，β-カロテン含量に対する懸念から，脂肪交雑をめざすビタミンA制御肥育では，イネWCSの給与は肥育前期までに限られていた。

そこで，牛肉中にα-トコフェロールを確実に蓄積させるため，肥育全期間にわたってイネWCSを給与する全期間区，肥育後期はビタミンAの影響が比較的小さいといわれているので，肥育前期と後期に給与し，ビタミンAの影

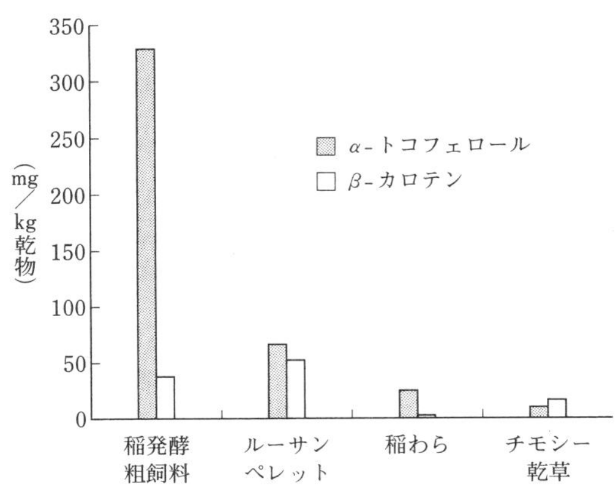

第1図 肥育で給与された粗飼料中のα-トコフェロールとβ-カロテン含量

響が最も大きい肥育中期には稲わらを給与する前後期区，慣行肥育として稲わらを給与してビタミンA制御を行なった対照区を設けて試験が行なわれた。

肥育試験は，長野県畜産試験場と千葉県畜産総合研究センターで黒毛和種雄牛とホルスタイ種雌牛の交雑種を用いて行なわれた。第1表は長野県の試験設計であるが，千葉県もほぼ同様の試験内容であった。

①増体と枝肉成績

長野県では，イネWCSを肥育全期間にわたって給与した全期間区は，肥育中期に稲わらを給与した前後期区や対照区より増体がよくなり，枝肉重量が約50kg多くなった。しかし，枝肉成績は対照区が優れる傾向にあり，前後期区は両者の中間を示した。千葉県では，前後期区は全期間区や対照区よりも増体が低かったが，BMSナンバーと枝肉格付けは3つの区のなかで最も優れていた。全期間区は肥育期間の増体が優れており，BMSナンバーや枝肉格付けも対照区より優れていた。

②脂質酸化・肉色劣化の抑制

牛肉中に蓄積したα-トコフェロール含量は，2つの肥育試験ともに全期間区が対照区よりも有意に多くなり，前後期区は全期間区と対照区の中間となった。これにより，イネWCSの給与期間が長いほど，牛肉中に蓄積するα-トコフェロールが多くなることがわかった（第2図）。

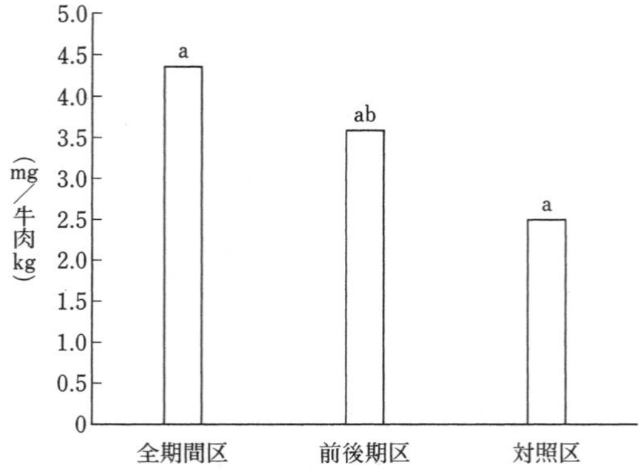

第2図　稲発酵粗飼料の給与期間が胸最長筋のα-トコフェロール含量に及ぼす影響

（長野県畜産試験場）

a，b：異符号間に危険率5％で有意差あり

ビタミンEは抗酸化性をもっており，ビタミンE製剤を肥育終了前に投与することによって，牛肉中にビタミンEを蓄積し，肉色の保全や脂質の酸化防止に効果があることが示されている。試験では，4℃で冷蔵庫に貯蔵中のロース部位の胸最長筋の変化を調べたが，α-トコフェロール含量の多かった全期間区は，脂質の酸化を示すTBARS値が対照区より有意に低くなり，脂質の酸化が抑制された。前後期区のTBARS値は対照区と全期間区の中間となったが，13日目では前後期区は対照区より有意に低くなった（第3図）。

肉色の劣化の程度を示すメトミオグロビン割合も，全期間区と前後期区が対照区より低く，13日目では全期間区の値は，対照区より有意に低くなった（第4図）。

したがって，イネWCSの給与により牛肉にα-トコフェロールが蓄積し，脂質の酸化や肉色の劣化が防止されることが示された。

第1表　稲発酵粗飼料を用いた肥育牛への給与計画

（長野県畜産試験場）

肥育期	肥育前期 （8～15か月齢）	肥育中期 （15～22か月齢）	肥育後期 （22～28か月齢）
全期間区 （4頭）	イネWCS（7kg） 配合飼料 ルーサンペレット（200g）	イネWCS（5kg） 配合飼料	イネWCS（5kg） 配合飼料
前後期区 （4頭）	イネWCS（7kg） 配合飼料 ルーサンペレット（200g）	稲わら（1.5kg） 配合飼料	イネWCS（5kg） 配合飼料
対照区 （4頭）	チモシー乾草（3kg） 配合飼料 ルーサンペレット（200g）	稲わら（1.5kg） 配合飼料	稲わら（1.5kg） 配合飼料

注　イネWCS：稲発酵粗飼料

長野県と千葉県で行なわれた交雑種牛の肥育試験で，胸最長筋のα-トコフェロール含量と冷蔵庫に貯蔵後13日目のTBARS値およびメトミオグロビン割合の関係を検討したが，いずれも牛肉中のα-トコフェロール含量が増加するほど，TBARS値とメトミオグロビン割合は低下しており，α-トコフェロール含量の増加とともに脂質の酸化や肉色の劣化が抑制されることがわかった。また，α-トコフェロールの蓄積にともなうTBARS値の低下はメトミオグロビン割合の低下より大きく，α-トコフェロールとの関係も明瞭であり，α-トコフェロールによる脂質酸化防止のほうが肉色の劣化防止より効果が大きいと思われる。

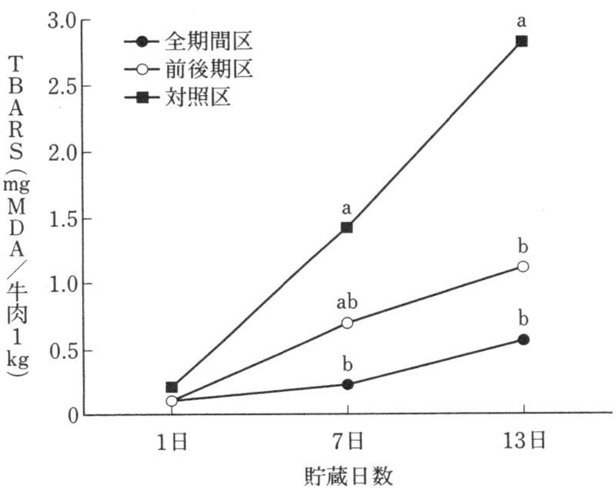

第3図　冷蔵貯蔵中の胸最長筋のTBARS値の変化　（長野県畜産試験場）

a，b：異符号間に危険率5％で有意差あり

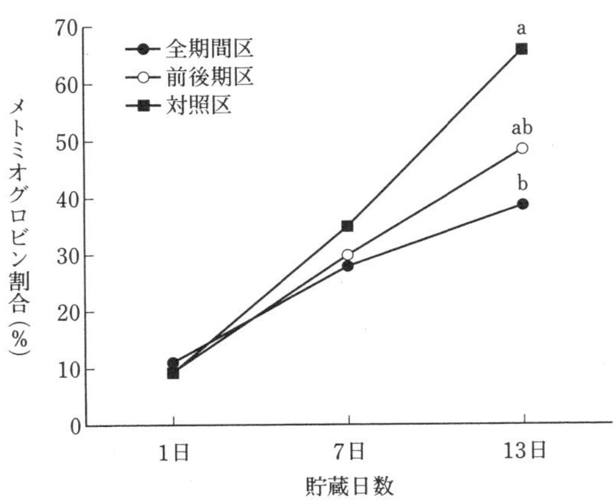

第4図　冷蔵貯蔵中の胸最長筋のメトミオグロビン割合の変化　（長野県畜産試験場）

a，b：異符号間に危険率5％で有意差あり

(2) 肥育後期給与

黒毛和種去勢牛を用いて肥育後期8か月間にイネWCSの給与水準を2kg，5kg，8kgとして給与した結果，イネWCSの摂取量は増体や枝肉成績に大きな影響を与えないことが明らかになった。また，良質のイネWCSを現物で5kg程度摂取させれば，ももの筋肉である半腱様筋に4mg/kg程度のα-トコフェロールが蓄積し（第5図），半腱様筋の脂質酸化が抑制されることが明らかにされている。

3. イネWCS給与牛肉の官能検査

イネWCSを給与した牛肉については，訓練されたパネラーを用いた分析型官能評価と一般消費者を対象とした消費者型官能評価も行なわれている。

分析型官能評価では第6図に示したように，慣行肥育した対照区の牛肉に比較してイネWCSを給与した牛肉はうま味の点で優れており，実際にうま味に影響を与えるグルタミン酸

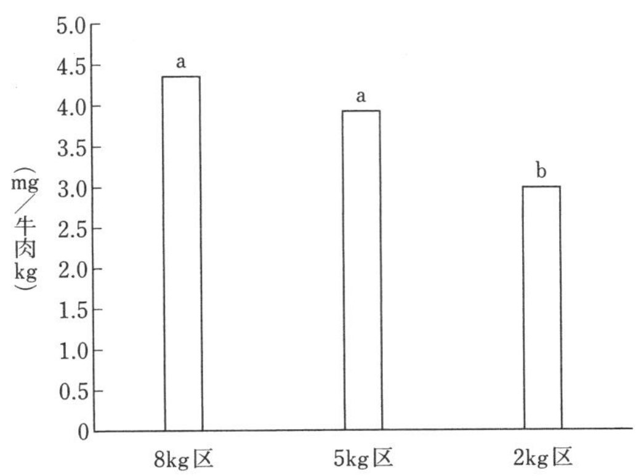

第5図　稲発酵粗飼料の給与水準が牛肉中のα-トコフェロール含量に及ぼす影響　（長野県畜産試験場）

a，b：異符号間に有意差あり

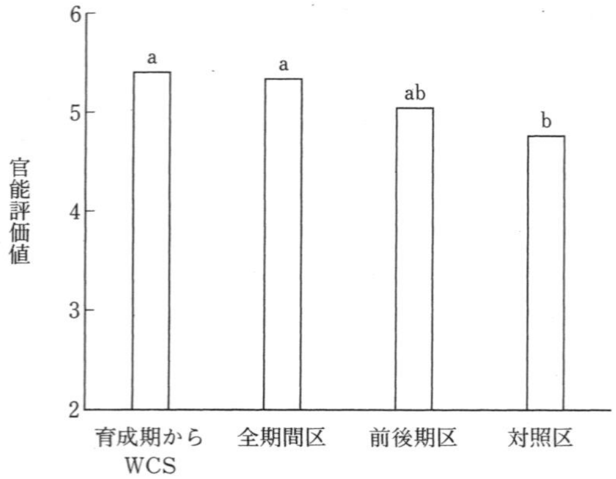

第6図　稲発酵粗飼料の給与期間が牛肉のうま味に与える影響　（日本女子大学，長野県）
a，b：異符号間に危険率5％で有意差あり

とイノシン酸の合計量が慣行肥育の牛肉よりも多かった。総合評価でも，イネWCSを給与した牛肉は優れていることが示されている。また，一般消費者を対象とした官能評価でも，イネWCSを給与した牛肉は「軟らかい」「さっぱりしている」「ジューシーである」とされている。

4. 乳牛への給与

乳牛でも，イネWCSの給与により牛乳中へのα-トコフェロールの移行が確認された。今後は，イネWCSの給与技術と牛乳中のα-トコフェロール含量の関係をより明確にするとともに，α-トコフェロールが乳質に及ぼす効果も明らかにすることが期待される。また，イネWCSの給与によって血漿中のα-トコフェロールも上昇するが，ビタミンEの製剤の結果では，ビタミンEは疾病予防にも効果があるとされており，イネWCSの給与と乳牛の健康維持について検討することも，意義があるのではないかと思われる。

5. ブランド化への取組み方

イネWCSの給与により，牛肉や牛乳に新たな付加価値が加わる可能性がでてきたが，実際にブランド化を推進するためには，販売ルートの開拓・定着に向けたマーケット戦略を検討する必要がある。第2表はイネWCSを給与した牛肉のブランド化の手順の一例を示したものであるが，ブランド化には農家，食肉流通業者，販売店を巻き込んだきめ細かい精力的な努力が必要であり，主体となって推進していく事業体の組織化が問題となる。

また牛乳では，牛乳中のα-トコフェロールが多いというだけでは，ブランド化はむずかしい。これは一例であるが，数社の乳業メーカーと提携し，「県産サポート店」の登録申請を行ない，製造商品に地産地消シンボルマークの使用を可能として，ブランド化を図る動きもでて

第2表　稲発酵粗飼料給与牛肉のブランド化の手順
（埼玉県農林総合研究センター）

項　目	主な担当	主な内容
①基本方針の決定	農家，食肉業者	畜種，飼料の種類，飼料イネ給与試験の結果，ブランド化コンセプト，商標等の決定
②販売ルートの確保	農家，食肉市場，販売業者	食肉・販売業者の探索，商標情報の提供
③各種PR	農家，食肉市場，卸売業者，販売店	チラシ作成（ビタミンEの効果，水田機能保持のメリットを表現），試食会，販売戦略の検討
④試行販売	農家，食肉販売，卸売業者，販売店	実需者，消費者の評価，ニーズを把握，アンケート調査のフィードバック
⑤実需者との協議	農家，卸売業者，販売店	実需者の肉質生産要望，月別生産量，買取価格の決定
⑥生産	農家，食肉市場	計画に基づく肥育生産，評価に対応した飼養管理技術の改善
⑦販売と評論	食肉市場，卸売業者，販売店	肉質および市場評価のフィードバック，販売戦略の再見直し
⑧販路の定着	食肉市場，卸売業者，販売店	肉質・生産量の安定化・店舗別固定客の確保

きている。

技術的には，イネWCSを給与した畜産物はα-トコフェロールが多いことは明らかにすることができたが，牛肉でもα-トコフェロール含量が多いことが必ずしも価格上昇につながっているとは言い難い。畜産物の機能的な特色を強調するだけでなく，国産の自給粗飼料を利用した安全・安心な畜産物であることを消費者に地道に啓蒙活動する必要があると考えられる。実際のブランド化には，地域の連携を含めた粘り強い取組みがなにより重要である。

6. 飼料米の豚への給与

SPF環境下で飼養している大ヨークシャー種去勢豚を用いて，飼料米の配合割合と，給与期間が肉質に及ぼす影響について検討した事例では，肉質は，飼料米の給与割合，給与期間にかかわらず，慣行飼料と同等の肉質となる。また皮下脂肪内層の脂肪酸組成は，飼料米を15％配合した飼料を肥育後期40日間給与した去勢豚で変化が認められており，オレイン酸の割合が増加し，リノール酸の割合が低下する傾向が認められたが，これらの脂肪酸割合の変化は脂肪融点に影響を与えなかった。飼料米を給与した豚の脂肪の色は明るくなり，色味が淡いものとされている（実用技術開発事業「飼料米」2009飼料米の生産技術・豚への給与技術．15—22）。

今後は「飼料米給与」情報を適切に表示することによって，消費者の評価が高まると考えられる。

執筆　中西直人（(独）農業・食品産業技術総合研究機構中央農業総合研究センター）

2009年記

飼料イネの栽培ポイント

飼料イネの低コスト安定多収栽培技術

飼料イネ（WCSと飼料米）は低価格での供給が求められるので，生産方式もより低コストな方式を用いなければならない。この場合，面積当たりコストだけでなく収量当たりコストの削減も重要であり，食用イネ以上に安定多収に力点をおいた生産を目指す必要がある。その一方で，品質面では食用ほど厳しくはないので，この利点を活かした低コスト安定多収の実現を目指したい。

(1) WCS用イネの栽培様式と品種の選択

①移植栽培と直播栽培

栽培様式として，移植栽培と直播栽培を行なうことができる。通常，安定性の点では移植が優るが，低コスト性では育苗が不要な直播が有利である。収量性では，より多肥条件下での栽培が可能な移植のほうが多収を得やすい。しかし，近年育成された飼料イネ専用品種の多くには，良好な苗立ち性や高い耐倒伏性など優れた直播適性があるので，これらの品種を用いれば，直播でも移植に近い安定性と多収性を得ることができる（第1表）。

飼料イネは栽培主体が畜産農家であれ稲作農家であれ，ほとんどの場合，食用イネと併せて作付けされる。このため，栽培様式は食用イネとともに考慮したうえで決めなければならない。たとえば，移植栽培では育苗ハウス（苗床）の面積や育苗作業能力が全作付け面積の制約となることが多いが，価格の高い食用は移植で生産し，飼料イネは直播とすることで，育苗上の制約を受けることなく飼料イネを経営に導入し，全水稲作付け面積を増やすことが可能である。

最近，耕作放棄水田に飼料イネを導入することで農地の保全と活用を進めようとする動きがある。水田保全には水稲栽培が最適であり，今後こうした取組みの広がりが大いに期待される。しかし，そもそも耕作放棄される水田は，生産機能や利便性の点で何らかの問題点があることも多いので，栽培様式を選定するさいは，圃場条件を十分勘案する必要がある。とくに，排水不良・給水困難など水管理の面で問題が多い圃場では，入念な初期水管理が重要となる直播栽培の導入はむずかしいのでこれを避け，移植栽培とするほうが無難であろう。

一方で，中山間地の棚田など条件不利地の水田であっても，気温・水温などの気象環境条件と水利など圃場の機能条件が整い，確実な苗立ち確保と雑草対策が行なえるならば，直播栽培も可能である（第1図）。

②作期・作型の選択

作期・作型の設定は食用イネと作業が競合しないように行なう。この点，早期栽培や早植え，普通期栽培，二毛作体系での晩植など作型が多様で作期幅の長い暖地や温暖地では比較的設定の自由度が高いが，寒地と寒冷地ではその余裕

第1表　移植栽培と直播栽培での収量比較

品種（用途）	地上部全乾物収量 (kg/10a)		収量比 (直播/移植)
	移　植	直　播	
夢あおば（WCS用）	1,852	1,806	0.98
クサユタカ（WCS用）	1,897	1,831	0.97
ホシアオバ（WCS用）	1,871	1,824	0.97
べこあおば（WCS用）	1,732	1,672	0.97
コシヒカリ（食用）	1,365	998	0.73
あきたこまち（食用）	1,395	1,180	0.85

注　中央農研北陸研究センターでの試験結果。直播は湛水散播直播，WCSはイネホールクロップサイレージ

第1図　山間棚田での飼料イネ直播播種風景

新潟県佐渡市の中山間棚田（標高320～350m）で，耕作放棄地対策として‘夢あおば’の直播栽培実証試験を行なった（裸籾を手作業で播種）。条件の悪い圃場では398kg/10aであったが，漏水が少なく水温を比較的高く維持できた圃場では粗玄米680kg/10aを得た。条件さえ整えば，こうした圃場でも直播で，ある程度の収量を得ることは可能である（2008年中央農研北陸研究センターの試験成績）

は少ない。こうした地域では作期の自由度が小さいなかで食用イネとの競合を避けた作付け計画を立てることが重要なポイントとなる。作期設定の選択肢は食用品種との関係で，1）早生品種の収穫前，2）早生品種収穫以降で‘コシヒカリ’や‘ひとめぼれ’‘あきたこまち’‘ヒノヒカリ’などの主力品種収穫前の時期，3）主力品種の収穫期以降，の3つがある。

早生品種の収穫前　北陸や東北では早生品種収穫が始まる前に飼料イネ収穫を終える作付け設定が，食用イネとの作業競合の心配が少なく最も導入しやすい。これらの地域での具体的収穫時期は8月中旬～9月上旬となるので，秋霖にさしかかる危険性も比較的少なく，食用イネ収穫スケジュールに影響を及ぼす危険性が小さい。また，サイレージの発酵品質を高めるためには茎葉を含むイネ体の水分を低く抑えることが望ましいが，刈り倒したあとに圃場乾燥し集草・梱包する収穫体系の場合，気温が高く日射しも強い晩夏の気象条件により乾燥も進むので，良質なイネサイレージに仕上げることができる。

ただし，用いる品種は極早生～早生品種に限定される。これら極早生～早生品種は生育期間が短いので，収量は中晩生品種を用いた遅い収穫の場合に比べ，どうしても低くなる傾向がある（第2図）。直播栽培では基本的に生育が移植栽培より遅れるので，極早生品種を用いたとしても移植栽培の早生品種と収穫期が重なる場合があることにも注意がいる。

西日本など比較的温暖な地域では，水利条件さえ整えば，気温など気象条件による移植時期や直播播種時期の制限が少ない点で，この時期の収穫はより自由度が高いと考えられる。

早生品種収穫後，主力品種収穫前　早生品種と地域主力品種（中生が多い）の収穫の合間をねらった作期設定であるが，多

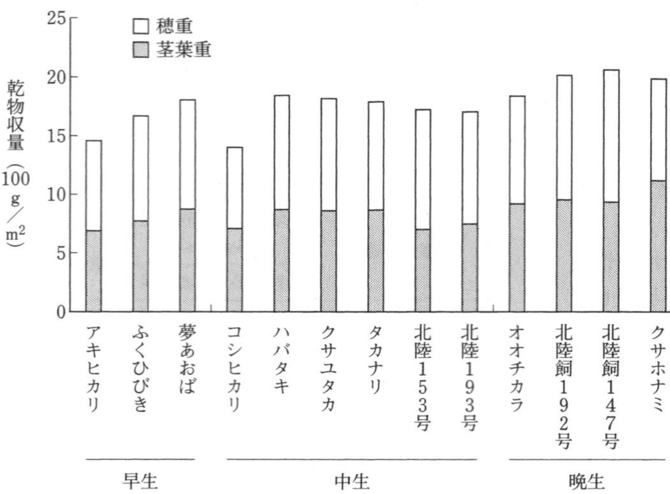

第2図　飼料イネ向け品種の熟期と地上部全乾物収量

中央農研北陸研究センターでの試験成績，一部食用を含む

くの場合さほど長い日数の余裕はないので，天候によっては前後の食用イネ収穫との作業競合が生じる危険性がある。日数に比較的余裕がある場合や飼料イネの作付け面積が少ない場合は，この時期の作期設定はかなり有効であろう。

サイレージ用の飼料イネの収穫は，通常，成熟より早い糊熟期～黄熟期，一般には黄熟期に行なうので，食用イネより早い登熟ステージで収穫できる。たとえば北陸地域の早生品種だと食用より7～10日程度早く収穫できる。この特徴と先述した直播と移植との生育差をうまく利用すれば，食用イネの早生収穫と中生収穫の合間に飼料イネ収穫を設定することは十分可能である。もちろんこの場合，品種の出穂特性と作付け時期によるその変動，移植と直播での生育のズレなどに関する情報を十分把握したうえで作期設定を判断しなければならない。生産者がこうした判断を行なうさいの一助として，北陸地域では飼料イネ・食用イネの作業競合回避のための播種・収穫支援ツールを開発しており（佐々木ら，2005），希望者は試用版を利用することができる（Microsoft Excel 2000以上が必要，http://cse.naro.affrc.go.jp/ryouji/SagyouSim.htmからダウンロード）。

主力品種の収穫期以降　暖地～温暖地では，晩生・極晩生品種を用いて食用品種の収穫が終了したあとに飼料イネ収穫を行なう作期設定が十分可能である。近年育成されたこの熟期に相当する飼料イネ専用品種はすべて多収～極多収タイプであり，収量面でも大いに期待できる。

一方，東北南部や北陸地域では，秋季の天候がやや不安定で作業上の問題が多い，また，あまりに出穂が遅いと登熟が進まず玄米重が少なく，かつ茎葉水分の低下も不十分となるなどのことから，現時点ではまだ十分な技術が整ったとはいえない。これらの地域でもかつては食用イネで晩生品種が作付けされていたことを考慮すると，熟期が遅すぎない適度な晩生品種を選択すれば，収量面では多収が期待できるので，作期として成り立つ可能性は十分ある。とくに‘コシヒカリ’収穫の早い北陸南部では，9月中旬以降の収穫となるので導入は比較的容易で，9月末～10月収穫となる北陸北部や東北南部では，品種育成を含め今後さらに技術改善を図る必要がある。

なお，晩植や晩播直播を行なうことによってこの収穫期に飼料イネ作期を設定することも可能であるが，収量は普通期栽培よりも低くなる（第3図）。

③作期の分散例

以上，3つの作期の選択肢について解説したが，作付け面積が多く飼料イネ収穫を分散させたい場合や各種被害に対するリスク回避をしたい場合，選択肢の複数を組み合わせることも可能である。

たとえば西日本では収量面で有利な晩生・極晩生品種を用いた3）の作期を主力とし，併せて1）や2）を補完的に位置づけることができる。このような遅い収穫時期を主力としにくい北・東日本では1）や2）を中心とし，適度な晩生品種や晩植・晩播直播による3）の作期を補完として採用することができる。現地の気象条件や水利条件，営農作業上の条件を考慮して最終的な作期設定を行なうことが重要である。第4図に新潟県における食用イネと飼料イネの移植・直播栽培での作期設定例を示した。年次により変動があるが，品種と栽培法による作期

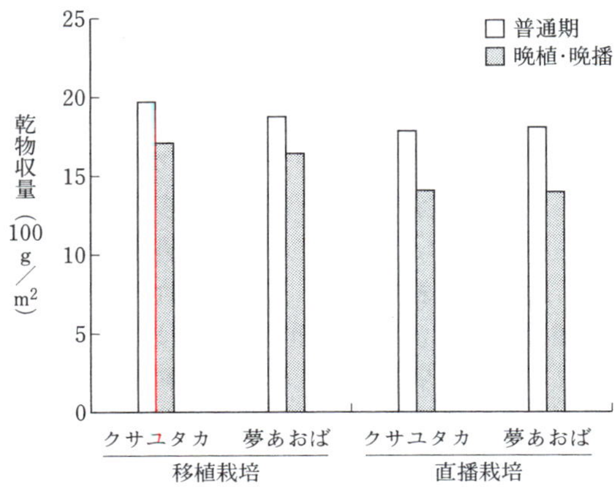

第3図　WCS用飼料イネの作期と全乾物収量の違い

中央農研北陸研究センターでの試験成績

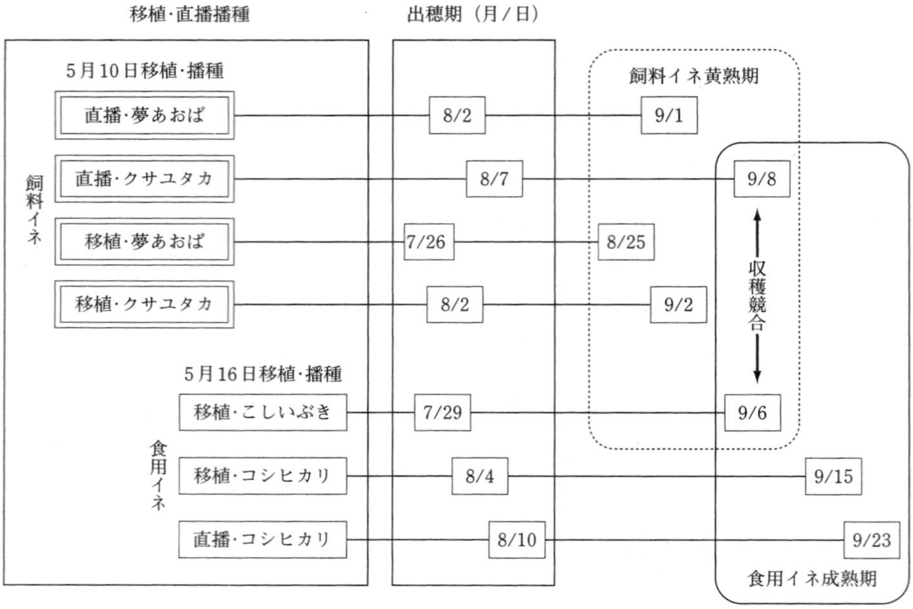

第4図　新潟県における食用イネと飼料イネの作期例

の違いを考慮して食用イネとの収穫期分散を図る必要がある。

④品種選択の注意点

用いる品種としては専用品種だけでなく食用を含めたほとんどの品種が栽培可能であるが，1）倒伏しやすい品種，2）病害虫に弱い品種，3）収量性の低い品種，は適さない。倒伏した場合，収穫作業が繁雑になるとともに収穫ロスも増えるし，何よりも水分過多や泥付着によりサイレージ品質が著しく低下するからである。WCS用イネに使用が許されている病害虫防除薬剤が限られること，安全性とコストの面からできるだけ防除を避けたいこと，多肥栽培で多収をねらいたいことなどから，病害虫に弱い品種も避けるべきである。玄米収量性の低い食用品種は茎葉を含めた全重多収も望めないので，これも飼料イネには適さない（飼料イネ専用品種で玄米収量の低いものは茎葉多収にしてあるのでまったく問題ない）。

直播栽培を行なう場合には，発芽苗立ちが良好で耐倒伏性が強いなど直播適性のある品種を使うことが望ましい。近年育成された飼料イネ専用品種は上記の点に十分考慮して開発されており，全乾物収量，TDN収量ともに高く，耐倒伏性に優れ直播栽培にも適している。実際の栽培にはぜひ専用品種を使用していただきたい。

（2）WCS用イネの移植栽培

WCS用イネの栽培は，全乾物多収とTDN多収という目的や専用品種の特性からみて，食用イネの栽培とはかなり異なる。また，農薬の使用基準も食用イネと区別する必要がある。食用イネ栽培に慣れた知識と感覚からはかなりとまどうかもしれないが，以下の留意点を考慮し「えさ」生産としての栽培管理に頭を切り換える必要がある。

①播種量の設定

最近育成された飼料イネ専用品種は，食用イネとの玄米の識別性をもたせるため千粒重が重い大粒～極大粒品種であることが多く，‘クサユタカ’は‘コシヒカリ’など通常の食用イネの1.5倍以上，‘べこあおば’‘ホシアオバ’‘ニシアオバ’は1.3倍以上，‘夢あおば’でも1.2

第2表　主な飼料イネ専用品種の玄米千粒重

品種名	玄米千粒重 (g)	一般食用品種に対する倍率
クサユタカ	35.0	1.5 ～ 1.8
べこあおば	30.6	1.3 ～ 1.5
ホシアオバ	29.4	1.3 ～ 1.5
ニシアオバ	29.3	1.3 ～ 1.5
夢あおば	26.5	1.2 ～ 1.3
クサノホシ	24.3	1.1 ～ 1.2
クサホナミ	21.7	0.9 ～ 1.1
リーフスター	20.3	0.9 ～ 1.0
はまさり	18.5	0.8 ～ 0.9
一般食用品種	20 ～ 23	—

倍程度の千粒重がある（第2表）。

このため，苗箱播種量を通常の食用イネ品種と同じように設定すると苗が不足し，移植時に欠株が発生しやすくなる。飼料イネ専用品種を利用する場合，必ず千粒重を確認し，必要に応じて苗箱当たり播種量の割増しを行なう。

②肥培管理

食用イネの窒素施肥量は多収よりもむしろ食味・品質確保の観点から設定されており，一部の低地力地帯を除き中間追肥（分げつ肥）も現在ほとんど施用されない。しかし，茎葉を含む全乾物重多収を目標とする飼料イネは，このような食用イネの施肥量，施肥法では多収確保はむずかしいので，倒伏を生じない限り施肥量を増やしたり中間追肥をとり入れた多肥栽培を行なう。そのためにも，導入する品種は耐倒伏性があり多肥栽培に向く専用品種を用いたい。

第3表に示したように，飼料イネ専用品種は食用品種に比べ多肥栽培で全乾物収量が高くなる特性をもっている。また，専用品種は‘はまさり’などを除き分げつが少ない穂重型～極穂重型のものが多いが，これらの品種では分げつ期に窒素追肥を施用することで分げつ茎の充実と穂数の確保を行なうことができる。穂肥時期は食用イネのような厳密な設定は不要で，回数も多くの地域の‘コシヒカリ’のように2回に分ける必要はない。窒素合計施用量は食用イネの1.6 ～ 2倍程度であるが，これは地力の違いに応じて増減する必要がある。

第4表に北陸地域における移植栽培での施肥体系の概略を示したが，耐倒伏性の強い飼料イネ専用品種では，葉色の維持が多収のための重要なポイントであり，出穂前30 ～ 40日前以降は葉色票5 ～ 5.5以上の葉色を保持するようにしたい。ただし，施肥窒素量が食用イネの2倍以上などの極端な多肥条件下では，倒伏ととも

第3表　窒素施用量と飼料イネ専用品種の全乾物収量
（単位：kg/10a）

窒素施用量 (kg/10a)	品種		
	夢あおば	クサユタカ	コシヒカリ（参考）
5kg（基肥＋穂肥）	1,450 (100)	1,499 (100)	1,396 (100)
7kg（基肥＋中間追肥＋穂肥）	1,711 (118)	1,799 (120)	1,466 (105) 倒伏
9kg（基肥＋中間追肥＋穂肥）	1,827 (126)	1,934 (129)	1,550 (111) 倒伏

注　（　）内は各品種とも窒素5kg施用時の収量を100とした値，中央農研北陸研究センター大規模水田作研究チーム試験成績による

第4表　北陸地域における飼料イネ専用品種の窒素施用量の目安（単位：kg/10a）

品種	基肥	中間追肥		穂肥1		穂肥2		合計施用量
	施用量	施用量	施用時期	施用量	施用時期	施用量	施用時期	
飼料イネ専用品種（夢あおば，クサユタカ）	3	3	苗当たり分げつ4，5本発生時	3 ～ 4	出穂前35 ～ 25日	—	—	9 ～ 10
食用コシヒカリ（参考）	2 ～ 3	—	—	0.5 ～ 1.5	出穂前18 ～ 15日	0.5 ～ 1.5	出穂前10日	5 ～ 6

注　食用コシヒカリは新潟県平坦部（粘質土壌）での基準，飼料イネ品種は中央農研北陸研究センター大規模水田作研究チーム試験成績による

にいもち病発生の危険度が高まるので，このような栽培法は避ける。

作業省力化のために緩効性肥料を用いる基肥一発施肥体系は，WCS用イネでも適用可能である。この場合，やはり専用品種を用いる場合は増肥して施用するが，穂重～極穂重型品種では，分げつ期間中の肥効が確保できるように比較的溶出時期が早いパターンの成分も含む構成とする必要があろう。また，高温年など溶出終了が早く登熟期の窒素栄養不足が懸念される年には，遅い穂肥や穂揃期追肥などを追加施用することもあり得る。

③水管理

食用イネとほぼ同様の管理でかまわないが，安定した収穫作業機の走行や泥土付着によるサイレージ品質低下の防止を考慮すると，収穫までに圃場乾燥をできる限り進め地耐力を高めておく必要がある。このため，出穂期以降の水管理は，たとえば開花期以降の間断灌漑時の入水回数を少なくする（間断期間を長くする）などして食用イネよりも節水ぎみとし，落水時期も食用イネよりも早めとする。食用イネの場合，こうした節水型水管理は，高温登熟条件下で白未熟粒発生を助長しやすいが，WCS用イネでは玄米品質はまったく問題とならない。

ただし，登熟初中期に田面が白乾するような極端な水分ストレスを与えてしまうと，根の老化と光合成抑制が生じて登熟不良となり，籾重が低下し結果として全乾物収量が低下するので注意したい。

排水不良な水田では，中干しを田面に亀裂が入るまで行なったり，溝切りを確実に実施するなどして土壌の縦方向への水みちを形成させ，登熟期以降の排水の促進につなげたい。

④苗箱削減のための疎植栽培

疎植栽培は単位面積当たりの必要苗箱数が減るため，省力・低コスト面での効果が大きく，食用イネでは温暖な西日本を中心に着実に普及しつつある。東日本でも地域によって栽植株密度が徐々にではあるが減る傾向がある。

一方で，全乾物重確保が必要な飼料イネでは，寒地や寒冷地，中山間地を中心に，気象条件によっては多収が得られない場合も多いと考えられる。疎植栽培の適用可能な地域や品種・作期・株密度については今後の検討課題であるが，現状では生育期間が短い極早生～早生品種ならびに極穂重型で分げつ数が少ない品種，そして平均気温がやや低い北陸北部以北では，全重の安定的確保を優先するため疎植栽培は避けたほうがよいだろう。暖地では，高い温度条件下で光合成が活発となるインディカ型イネ系統に由来する専用品種は，疎植栽培への適応力が高いと考えられる。

なお，栽植株密度を少なくした場合，出穂期が通常よりも遅れること，イネ群落による田面被覆が遅れるので雑草が増える場合があること，土壌中の根密度が少なくなるので土壌が乾きにくい場合があることなどに留意する。

⑤２回刈り収穫

気温が高い暖地では，品種の選択により飼料イネの2回刈り収穫も可能であり，九州中南部向けに移植栽培での技術が開発されている（小林ら，2007）。2回刈りは不作時の危険分散や作業競合の緩和などの利点があり，また1回目と2回目で異なる栄養価の飼料を生産できるなどの特徴がある。収量は1回刈りとほぼ同等か，気象条件と栽培条件によっては1回刈りよりもむしろ多収になることもある。‘スプライス’‘Te-Tep’‘KB3506’などの品種が適しており，なかでも‘スプライス’は収量・栄養価・品質の点で最適とされている。

九州中南部での基本的な栽培体系は第5図に示されるような4月移植，7月一番草収穫，10月二番草収穫の体系で，一番草収穫後に追肥を行なって二番草の増収をねらう。台湾在来品種‘Taporuri’を用いた2回刈り多収栽培法が近年開発されたが（中野ら，2007），この体系でもほぼ同様な方法で合計乾物収量1.8～1.9t/haを確保している。

2回刈りについては適応地帯や品種の拡大，直播栽培での可能性などまだ残された課題も多く，今後の検討が待たれる。

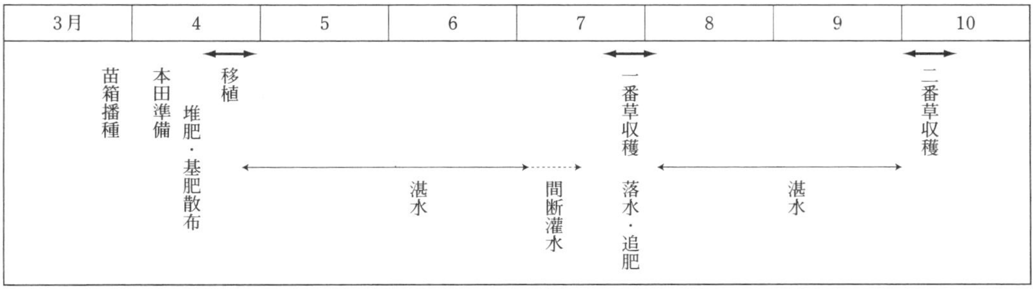

第5図 九州中南部におけるWCS用飼料イネの2回刈り栽培体系

(3) 直播栽培

省力・低コスト性が高い直播栽培は飼料イネ栽培に適している。乾田直播と湛水直播のいずれの方式も適用可能であるが，乾田直播は田面地耐力の確保が容易な点が，湛水直播は雑草防除が比較的容易な点がそれぞれ利点である。播種法が多様な湛水直播では，条播・散播・点播などいずれの方法も選択可能であるが，小～中区画圃場までは作業能率と低コスト性の面で，背負式動力散布機を使用する散播栽培が機械コストが小さくて有利である。

品種は，耐倒伏性が高く苗立ち性と初期生育性が良好な飼料イネ専用品種を用いたほうが，安定性と収量性の点で食用品種に優る。‘キヌヒカリ’など苗立ち性と耐倒伏性が比較的高い食用品種の使用も可能であるが，多肥栽培での耐倒伏性の強さという点では専用品種にはかなわない。

直播栽培時の留意点は食用イネとほぼ同じであるが，直播ではとくに次の事項に注意する必要がある。

①酸素発生剤粉衣

より低コストを目指すためには，湛水直播では酸素発生剤を粉衣しない裸籾での播種が有効である。しかし，条播や点播など土中に強制的に種籾を埋没させる播種方式では，出芽が抑制され苗立ち率が極端に低くなるので，酸素発生剤は必ず粉衣する。種籾が地表下に埋没しにくい散播では，酸素発生剤を粉衣しない播種が可能である。ただし，露出籾があまりに多いと浮き苗や鳥害多発の要因となるので，代かきから播種までの期間をあまりあけない（田面を硬くしない），田面均平を確保し播種時に滞水部分をできるだけ少なくするなどに努める。

近年普及しつつある鉄資材を粉衣する鉄コーティング直播法（山内，2007）は表面散播に適しており，鳥害に対する回避効果も期待できる。

②播種時期

同じ品種を同時期に栽培したとき，直播での出穂・成熟は移植栽培よりも遅れてしまう。飼料イネを食用イネよりも早く収穫したい場合，これを考慮して可能であれば播種時期を早めるか，より出穂の早い品種を用いるなどの手だてを行なう。

③専用品種の肥培管理

食用イネ品種を用いる場合，倒伏を防ぐ点から苗立ち密度と施肥法は食用イネの基準に準拠する。しかし穂重～極穂重型で分げつ数が少なく耐倒伏性が強い専用品種では，食用イネ基準では多収能力を発揮できないおそれがあるので，苗立ち密度と施肥量を高め，多めに設定する必要がある。この場合，窒素合計施用量は食用イネ直播栽培基準の1.5倍から2倍程度までが妥当であろう。

北陸地域で専用品種‘夢あおば’や‘クサユタカ’を用いた湛水散播直播の例では，多収のためには苗立ち密度は最低限70本/m^{2}以上，目標として120本/m^{2}を確保する必要があり（第6図），窒素施肥量は，5月上旬播種の場合7～9kg/10aを基肥・分げつ期追肥・穂肥に等量

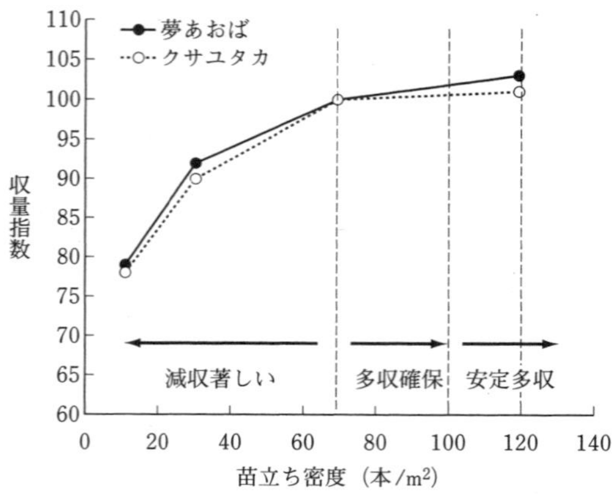

第6図　散播直播での苗立ち密度と全乾物収量
収量指数は70本/m²を100とする

分施し，6月中旬の晩播では4～5kg/10aを基肥・分げつ期または穂首分化期に等量分施する（松村ら，2006）。両品種の多くの試験結果で最多収量は120～160本/m²の高い苗立ち密度で得られているが（松村ら，2006；湯川ら，2007），これは，‘クサユタカ’や‘夢あおば’が少げつ性で穂数が確保しにくい特性をもつためであり，同様な特性をもつ専用品種についても同じような傾向があるものと推測される。

(4) 飼料用米

飼料用米についても多収と低コスト生産が最大の課題なので，飼料イネ専用の多収品種を選択することが望ましい。ただし，‘はまさり’や‘リーフスター’など茎葉重が多く籾重が少ない茎葉タイプの品種は飼料用米には適さないので避ける。‘北陸193号’など種子休眠性の深い品種では休眠打破を確実に行なう。

肥培管理はWCS用イネとほぼ同じであるが，収穫は黄熟期が適期であるWCS用イネよりも遅い成熟期以降となるので，倒伏を発生させないよう施肥過剰にとくに注意する。

飼料用米は食味や玄米外観品質を考慮しなくてよいので，収穫期の判断は食用米基準（籾水分）に準拠する必要はない。収穫前に圃場での立毛乾燥を可能な限り行なうことで子実水分量を減少させ，乾燥調製費を節減することも可能である。ただし，収穫を遅らせることで脱粒や穂発芽，倒伏が増えるようでは飼料品質などの面で問題があるので，圃場立毛乾燥は脱粒性や耐倒伏性，穂発芽性を考慮し調整することが重要である。また，収穫・乾燥調製のさいには機械・装置の清掃を徹底して行ない，食用品種への混入を防止しなければならない。

(5) 飼料イネを含む水田輪作体系

飼料イネは，その特性を活かし水田輪作体系のなかに位置付けることが可能である。

①輪換田水稲としての活用

ダイズなどを作付けたあとの輪換田は地力窒素発現量が増えるため，後作水稲では倒伏発生や食味・品質低下のおそれがある。養分吸収量が高く耐倒伏性に優れた飼料イネ専用品種や超多収品種を，WCSイネ用または飼料米用としてこれら輪換田に作付けすることは，地力沈静のため大いに効果的である。また，基肥を2～3割程度減らすことができるので飼料イネのコスト削減にも好都合である。地力沈静化後は食用イネを作付けする。

このようなダイズ――飼料イネ――食用イネのブロックローテーションは，米生産調整における新たな水田輪作体系として今後普及が期待される。

②クリーニング・クロップとしての活用

水田高度利用が進んだ地域では，水稲を輪作体系のなかで連作障害回避のためのクリーニング・クロップとして位置付けているところもある。食用イネに比べ，食味・品質などに対する配慮が少なくてすみ栽培管理も比較的容易な飼料イネは，水田輪作体系への導入がより容易である。南九州のタバコ作地帯では，タバコの連作障害を回避する目的で飼料イネを導入している。

③二条オオムギとWCS用イネの2年3作体系

北陸地域では二条オオムギに移植・直播のWCS用イネを組み合わせた2年3作体系が開発されている（湯川ら，2007）。この方式は，‘夢あおば’など早生専用品種を用いて，1年目の

5月上中旬に飼料イネを移植または直播で作付けし，8月下旬～9月上旬に収穫，その後10月上旬にオオムギを播種し翌年6月上旬に収穫，直後の6月中旬に飼料イネを移植または直播し9月下旬に収穫，その後は翌年春まで休閑する方法で（第7図），2年間で飼料イネ2作，オオムギ1作の計3作を，作付け切替え時の時間的余裕をある程度もって行なうことができる。刈取り時期が黄熟期で食用よりもやや早く行なうことが可能なWCS用飼料イネの特性を活かした輪作体系である。

今後，各地域で飼料イネの特性を活かしたこのような作付け体系が開発されることが望まれる。

執筆　松村　修（(独) 農業・食品産業技術総合研究機構中央農業総合研究センター北陸研究センター）

2009年記

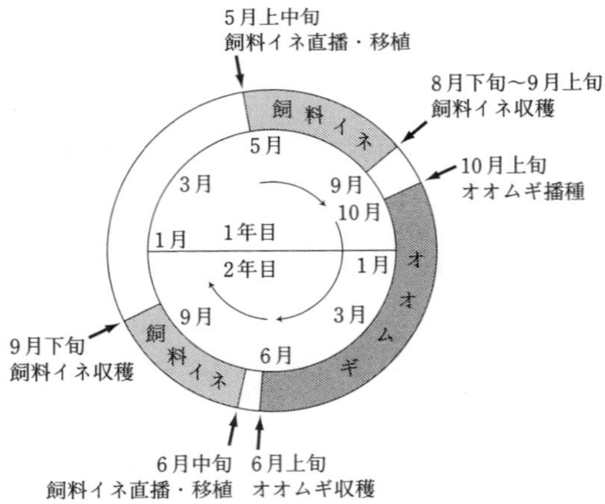

第7図　北陸地域における飼料イネ――オオムギ――飼料イネの2年3作体系

参考文献

小林良次・佐藤健次・服部育男・小西達也．2007．九州中部地域の水田における2回刈り飼料イネ栽培の最適密度および施肥量の実証的解明．草地誌．**53**（3），208―214

松村修・千葉雅大・山口弘道．2006．飼料用水稲「クサユタカ」「夢あおば」の散播直播栽培での生育診断．平成18年度関東東海北陸農業研究成果情報．(http://narc.naro.affrc.go.jp/chousei/shiryou/kankou/seika/kanto18/13/18_13_12.html)

中野洋・森田敏・佐藤健次・服部育男．2007．飼料イネ品種Taporuriの2回刈り乾物多収栽培法．平成19年度九州沖縄農業研究成果情報．(http://konarc.naro.affrc.go.jp/kyushu_seika/2007/2007019.html)

佐々木良治・松村修・湯川智行・元林浩太．2005．飼料イネと大麦の2年3作体系における播種・収穫作業計画作成の支援ツール．日作紀．**74**（別1），280―281．

山内稔．2007．飼料用稲生産技術マニュアル―鉄コーティング湛水直播技術と飼料用稲栽培への適用―．近畿中国四国農業研究センター．(http://wenarc.naro.affrc.go.jp/tech-i/rice_for_feed/manufacturing_technique_manual_no2_s.pdf)

湯川智行・元林浩太・土田志郎・佐々木良治・小島誠・松村修・大嶺政朗・齋藤仁蔵・宮武恭一・伊藤誠治・関　誠・佐藤徹・服部誠・守屋透．2007．5月直播と大麦収穫後の飼料イネ生産技術体系．平成19年度関東東海北陸農業研究成果情報．(http://narc.naro.affrc.go.jp/chousei/shiryou/kankou/seika/kanto19/13/19_13_08.html)

病害，雑草・漏生イネへの対策

飼料用イネの栽培技術は食用米生産のための水稲栽培技術と基本的には同じであるが，収穫物が家畜の飼料（えさ）として利用され，対象家畜の種類や飼養目的によって給与部位が玄米，籾，わら，あるいは穂部と茎葉を含めた地上部全体（ホールクロップ）などさまざまであることから，栽培技術上留意すべき事項に食用イネ栽培とは異なる点がある。

たとえば，収穫物の水分含量が高くなるとイネWCSの発酵品質が不安定になるので，収穫時期の見極めや乳酸菌などの添加物の利用技術などが重要とされる。また，水稲成熟を待たずに収穫するWCS用イネ栽培では，施肥や水管理の面で，地上部全体の多収性と収穫の作業性を両立させるための工夫が必要となる。飼料用イネ専用品種の多くは，その生育特性や施肥反応が，一般に広く栽培されている良食味米品種とは異なることが知られており，それら専用品種の生育制御において留意すべき事項も多い。さらに，飼料生産では食用米生産よりもいっそうの低コスト・省力的栽培技術が求められる。

ここでは飼料用イネの収穫物に混入した場合に飼料としての品質を低下させることが懸念される水稲作の病害（稲こうじ病）と雑草の生態と対策，および飼料イネを作付けした後作で問題となる漏生イネの対策を中心に解説する。さらに，農薬使用についても飼料用イネ栽培で留意すべき事項に触れることとする。

(1) 稲こうじ病の発生生態と防除法

稲こうじ病の病原菌は子のう菌類に属し，イネがこれに罹病すると籾が黒く外観でも目立つようになる。飼料用イネでは病原菌が生産する毒素による家畜への影響が懸念されるが，稲こうじ粒が発生したイネに対する嗜好性や，これを飼料として供与した牛の障害は今のところ確認されていない。

①伝染源

病籾に形成される菌核と厚膜胞子が越冬し，翌年の伝染源になると考えられている。このうち菌核の形成率は通常数％以下であり，野外の水田中では腐敗することも多い。これに対して，厚膜胞子は病籾に多数形成され，収穫期までにその多くが圃場に落下して野外でも翌年まで生存していること，前年の秋に厚膜胞子を散布した圃場では翌年の発病が著しく多くなることから（第1表），主要な伝染源は野外で越年した厚膜胞子と考えられる。

厚膜胞子および菌核に生じる子のう胞子は，いずれも発芽するとただちに分生子を形成する。イネ葉鞘内へ分生子を注入すると容易に発病するが，厚膜胞子や子のう胞子を直接イネ葉鞘内に注入しても発病することは少ないことから，感染は分生胞子によって起こると考えられる（第1図）。すなわち，野外で越冬した厚膜胞子が翌年発芽して分生子を形成し，穂ばらみ期のイネ葉鞘内に侵入すると考えられる。このほか，飼料用イネは晩生種が多いことから，周囲の早生品種や早期栽培稲に形成された厚膜胞子によって二次感染する可能性もある。

また，発芽直後の幼芽期の感染によって成熟期の籾が発病する，幼芽期感染も報告されている。

第1表　圃場で越年した厚膜胞子（病籾）が稲こうじ病の発生に及ぼす影響

	発病株率（%）	株当たり病籾数（個）
厚膜胞子散布	58.2	2.6
無散布	1.6	0.1

注　前年の11月4日に病籾78g/m^{2}を圃場に散布
供試品種：南京11号（出穂期：8月18日）

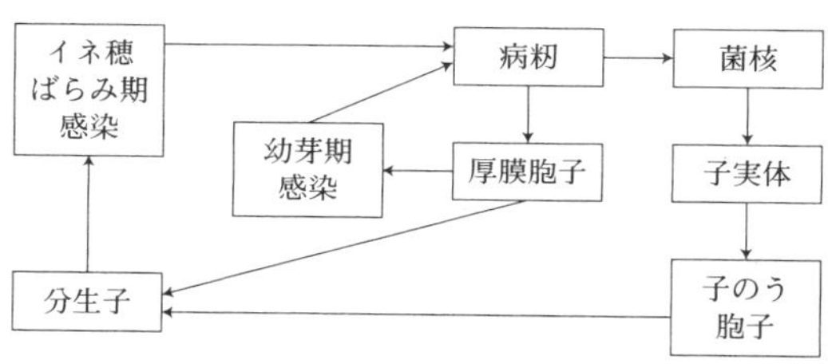

第1図　稲こうじ病の伝染環

②発病条件

出穂の遅い晩生品種や晩植栽培，窒素肥料の多用，日陰や水口などで発病が多い。また，穂ばらみ期に低温で降雨が多い年や場所，とりわけ出穂前10～20日間に低温に遭遇すると発病が多くなる。飼料用イネは晩生で多肥栽培されるため，発病が多くなる危険性が高い。

③防除法

出穂前10～20日間に低温・降雨が多いところや日陰など，多発しやすい場所での栽培を避ける。追肥は遅く施すほど発病を促進させるため，晩期追肥を避ける。幼芽期感染の重要性については不明だが，発病圃からの採種を避け，健全な種子を利用する。防除薬剤としては銅粉剤があり，出穂12～19日前に散布すると高い防除効果が得られる（第2表）。

(2) 飼料用イネ栽培での雑草害

①雑草害の特徴

飼料用イネ栽培で雑草が繁茂すると，収穫物であるイネの地上部収量が低下するだけでなく，雑草の種類によっては病害虫の寄主となってその発生を助長し，収穫時の残草量が大きくなれば収穫作業の妨げにもなる。

また，イネWCSの収穫物に高水分の雑草が混入した場合には不十分なサイレージ発酵による発酵品質の低下や，雑草の種類によっては家畜の嗜好性低下や有毒物質による中毒などが懸念される。さらには，多量の雑草種子が水田に落下すれば翌年以降の雑草多発につながり，飼料用イネの低コスト栽培の阻害要因となる。

したがって，食用米生産と同様に，飼料用イネ栽培でも適正な雑草防除により雑草害が生じない程度に繁茂量を低く抑えることが重要となる。

②問題となる雑草の種類

飼料用イネ収穫物への混入によって飼料の栄養価を低下させる雑草として，アゼガヤ（イネ科），チョウジタデ（アカバナ科），ヒメミソハギ類（ミソハギ科），クサネム（マメ科）などがあげられる。これらの雑草が生重で10％混入するとTDN含量は5％以上低下する（第3表）。

乾田直播栽培で多発するイボクサ（ツユクサ科）やタワコギ（キク科）は，生重で30％混入するとイネサイレージのVスコアが60点以下となり，発酵品質が低下する。イボクサやタカサブロウ（キク科）とアメリカセンダングサ（キク科）は体内に硝酸態窒素を多く含み，それらが混入した飼料を給与すると家畜の健康への影響が懸念される。

飼料用イネ収穫物に混入した場合に問題とな

第2表　稲こうじ病に対する銅粉剤の散布時期と防除

	散布時期（出穂前・後日数）	病籾形成（個/30株）
銅粉剤	8月3日（26日前）	151
	8月10日（19日前）	10
	8月17日（12日前）	13
	8月24日（5日前）	163
	8月31日（2日後）	193
無散布		285

注　品種：とりで1号，出穂期：8月29日

第3表　飼料用イネの飼料価値などに影響を及ぼす雑草の種類

（『稲発酵粗飼料生産・給与技術マニュアル』，2009）

サイレージへの混入により栄養価（TDN%）を低下させる雑草	10％混入（生重）で5％低下	アゼガヤ，チョウジタデ，ヒメミソハギ類，クサネム
	30％混入（生重）で5％低下	タカサブロウ，コナギ，タマガヤツリ，ヒレタゴボウ
サイレージへの混入により発酵品質（V―スコア）を低下させる雑草	30％混入（生重）で60点以下	イボクサ，タウコギ
	30％混入（生重）で80点以下	アゼガヤ，コナギ
サイレージへの混入により硝酸態窒素含量（ppm）が増加する雑草	10％混入（生重）で1,000ppm以上	イボクサ，タカサブロウ，アメリカセンダングサ
	10％混入（生重）で100ppm以上	チョウジタデ，ヒメミソハギ類，コナギ，タマガヤツリ，ヒレタゴボウ

るこれらの雑草には，湛水条件よりも落水条件や畦ぎわでよく出芽し旺盛に生育するものが多い。したがって，適正な水管理によって水稲生育初期から中期にかけてはできるだけ湛水条件を保ち，その出芽と生育を抑えることが重要となる。

このほかにも，コナギ（ミズアオイ科），タマガヤツリ（カヤツリグサ科），ヒレタゴボウ（アカバナ科）もTDN含量の低下と硝酸態窒素の増大が懸念される草種であり，多量の混入を避けることが望ましい。

水田雑草のなかで有毒物質を含む草種は少ないが，スギナの仲間であるイヌスギナ（トクサ科）は有毒性アルカロイドを体内に含んでおり，乾燥重100g程度で牛が下痢症状を起こすことが報告されている。イヌスギナは水田内の水稲群落中で多量に残草することはまれであるが，畦畔ぎわや休耕田では多発して旺盛に生育する場合もあるので，それらが収穫物に多量に混入しないよう気をつける必要がある。

水田の主要雑草とされるノビエ（イネ科），イヌホタルイ（カヤツリグサ科）およびクログワイ（カヤツリグサ科）は飼料の栄養価や飼料価値に及ぼす影響は小さい。しかし，いずれも水稲作で防除困難な難防除雑草であることから，適正な防除により種子や塊茎の生産を極力防止して翌年以降の発生を増やさないことが望ましい。

(3) 移植栽培での雑草防除法

飼料用イネ栽培での雑草防除は食用米生産の除草体系に準じて行なう。移植栽培では水稲移植後の一発処理剤の散布，あるいは移植後土壌処理剤と生育期茎葉処理剤の体系処理が一般的である。

『稲発酵粗飼料生産・給与技術マニュアル（平成21年3月）』にはいくつかの一発処理除草剤が掲載されているが（第4表），最近水田で問題となっている難防除多年生雑草（オモダカ，クログワイ，シズイ，コウキヤガラなど）や，スルホニルウレア系除草剤に抵抗性をもつイヌホタルイやコナギの抵抗性バイオタイプが発生する水田では，一発処理剤だけでは十分な除草効果が得られないので，有効な除草成分を含む茎葉処理剤との体系処理が必要となる。

(4) 直播栽培での雑草防除法

水稲直播栽培では，湛水直播栽培，耕起乾田直播栽培，不耕起乾田直播栽培のそれぞれについて，除草剤を用いた除草体系がほぼ確立しているが，現状では移植栽培よりも除草剤の散布回数が1～3回多くなる。雑草の発生草種と栽培環境に合わせた除草剤の適正使用により，除草剤の使用回数を最小限に抑えることが重要である。

①湛水直播栽培

湛水直播栽培では播種前に代かきを行なうので，湛水を維持していれば雑草の種類は移植栽培と大きな違いはない。しかし，最近は播種後落水管理が一般的に行なわれ，落水期間が長くなる場合にはノビエ，アゼガヤ，アメリカセンダングサ，タカサブロウなど好気的な条件で発生しやすい雑草が多くなる（第5，6表）。クサネムやタカサブロウの発芽種子は水面を浮遊するので湛水条件では定着しにくいが，落水管理では容易に定着して生育する。これらの雑草の発生は落水期間の初期に発生が集中し，播種後落水により発生期間は長くなる傾向がある。

また，スルホニルウレア系除草剤に対して抵抗性を示す水田雑草が繁茂して湛水直播栽培で問題となる事例が報告されている。

②耕起乾田直播栽培

耕起乾田直播栽培では，より好気条件で発生しやすい雑草が多くなる。乾田期間にはメヒシバ，タデ類などの畑雑草も発生するが，入水後も旺盛に生育する一年生雑草のノビエ（とくにイヌビエ），イボクサ，コゴメガヤツリ，多年生雑草のショクヨウガヤツリなどが問題となりやすい。また，乾田直播栽培では雑草化したイネ（雑草イネ）が発生して問題となる事例もある。

③不耕起乾田直播栽培

不耕起乾田直播栽培や冬季に代かきを行なう不耕起V溝直播栽培では，水稲播種前に発生・

第4表　『稲発酵粗飼料生産・給与技術マニュアル（平成21年3月）』に掲載された移植栽培に適用できる水稲除草剤

農薬の種類	対応する代表的な除草剤（商品名）	タイプ	使用時期	備　考
プレチラクロール粒剤	ソルネット1キロ粒剤	移植前後土壌処理剤（初期剤）	植代後～移植前4日または移植直後～ノビエ1葉期，ただし移植後30日まで	湛水散布
ペントキサゾン水和剤	ベクサーフロアブル	移植前後土壌処理剤（初期剤）	植代後～移植前4日または移植直後～ノビエ発生始期，ただし移植後30日まで	原液湛水散布
ピラゾスルフロンエチル・フェントラザミド粒剤 ピラゾスルフロンエチル・フェントラザミド水和剤	ダブルスター1キロ粒剤 ダブルスター顆粒	一発処理剤	移植後～ノビエ2.5葉期，ただし移植後30日まで	湛水散布 適用地域や適用土壌により処理時期が異なる
イマゾスルフロン・オキサジクロメホン・ダイムロン水和剤	サラブレッドフロアブル	一発処理剤	移植後～ノビエ2.5葉期，ただし移植後30日まで	原液湛水散布
インダノファン・クロメプロップ・ベンスルフロンメチル粒剤	ダイナマン1キロ粒剤75	一発処理剤	移植後5日～ノビエ2.5葉期，ただし移植後30日まで	湛水散布 北海道・東北
オキサジクロメホン・クロメプロップ・ピリミノバックメチル・ベンスルフロンメチル剤	パットフルエース250g粒剤 パットフルエースジャンボ パットフルエースL250g粒剤 パットフルエースLジャンボ	一発処理剤	移植後1日～ノビエ2.5葉期，ただし移植後30日まで	湛水散布 剤型や適用地域により処理時期が異なる
オキサジクロメホン・クロメプロップ・ベンスルフロンメチル水和剤	ミスターホームランフロアブル ミスターホームランLフロアブル	一発処理剤	移植後～ノビエ2.5葉期，ただし移植後30日まで	原液湛水散布 適用地域により処理時期が異なる
カフェンストロール・シハロホップブチル・ダイムロン・ベンスルフロンメチル水和剤	ジョイスターフロアブル ジョイスターLフロアブル	一発処理剤	移植後3日～ノビエ3葉期，ただし移植後30日まで	原液湛水散布 適用地域により処理時期が異なる
シハロホップブチル・ピラゾスルフロンエチル・メフェナセット粒剤	リボルバー1キロ粒剤	一発処理剤	移植後5日～ノビエ3葉期，ただし移植後30日まで	湛水散布
ダイムロン・ベンスルフロンメチル・メフェナセット粒剤	ザークD1キロ粒剤51	一発処理剤	移植後5日～ノビエ2.5葉期，ただし移植後30日まで	湛水散布 北陸以南 適用地域により処理時期が異なる
シハロホップブチル粒剤	クリンチャー1キロ粒剤	ノビエ対象茎葉処理剤	移植後7日～ノビエ4葉期まで，ただし収穫30日前まで	湛水散布
			移植後25日～ノビエ5葉期まで，ただし収穫30日前まで	湛水散布
シハロホップブチル乳剤	クリンチャーEW	ノビエ対象茎葉処理剤	移植後20日～ノビエ6葉期まで，ただし収穫30日前まで	雑草茎葉散布
シハロホップブチル・ベンタゾン液剤	クリンチャーバスME液剤	茎葉処理剤	移植後15日～ノビエ5葉期まで，ただし収穫50日前まで	落水またはごく浅水散布

（次ページへつづく）

農薬の種類	対応する代表的な除草剤（商品名）	タイプ	使用時期	備　考
ビスピリバックナトリウム塩液剤	ノミニー液剤	クサネム，イボクサ対象茎葉処理剤	移植後30日～クサネム40cm，イボクサ30cmまで，ただし収穫60日前まで	落水またはごく浅水散布
ベンタゾン液剤	バサグラン液剤	広葉雑草対茎葉処理剤	移植後15～55日，ただし収穫50日前まで	落水またはごく浅水散布 適用地域により処理時期が異なる
ベンタゾン粒剤	バサグラン粒剤	広葉雑草対茎葉処理剤	移植後15～50日，ただし収穫60日前まで	落水またはごく浅水散布 適用地域により処理時期が異なる

注　使用条件は2009年5月現在のものを示した
除草剤の使用にあたっては，ラベルに記載された使用基準・使用上の注意をよく確認すること

第5表　播種後水管理を異にした場合の主要水田雑草の発生数と発生期間
（単位：発生数；本/m^2，発生期間；日）　（川名ら，2005）

播種後水管理	ヒメタイヌビエ		タマガヤツリ		アゼナ類		キカシグサ		コナギ		ホソバヒメミソガギ	
	発生数	発生期間	発生数	発生期間	発生数	発生期間	発生数	発生期間	発生数	発生期間	発生数	発生期間
常時湛水	64	15	32	20	70	25	64	25	40	20	24	20
9日間落水	126	31	48	31	114	31	98	35	36	20	20	31
18日間落水	316	25	54	35	156	41	94	41	42	25	48	41
28日間落水	246	31	46	41	160	41	158	41	50	35	30	41

注　1995年6月9日に代かきして水稲を播種した圃場で調査した
発生期間は，播種日から総発生数の90％が発生した日までの日数を示した
播種後落水は水稲播種後3日目から行なった

第6表　播種後水管理を異にした場合の田畑共通雑草の発生数
（単位：本/m^2）　（川名ら，2005）

播種後水管理	アゼガヤ	クサネム	タカサブロウ	アメリカセンダングサ
常時湛水	0	(220)	(296)	(42)
10日間落水	232	196	636	316
20日間落水	468	244	660	424
乾田直播	288	192	244	236

注　1997年6月2日に代かきして水稲を播種したコンクリート枠（50cm×50cm）で調査した
（　）内は水面に浮遊していた発芽実生の個体数を示した
乾田直播は，耕起後に代かきを行なわないで水稲を播種し，播種後20日目から湛水した

生育している雑草がそのまま生育を継続するので，放っておくと甚大な雑草害が生じる。

不耕起条件では，スズメノテッポウなどの冬雑草のほかに，宿根性の多年生雑草も残草する傾向がある。スズメノテッポウは夏季には生育を終えて自然に枯死するが，水稲出芽期に多数残存していれば競合によって水稲の初期生育は抑制される。耕起条件に比べると雑草発生量は少ない傾向があるが，その反面，雑草の発生が不斉一になること，多年生雑草が多くなること，土壌処理剤の効果が安定しないことなどにより，雑草防除が困難になる場合が多い。

④栽培法別の除草体系と抑草の工夫

このように，直播栽培では栽培方法によって耕起・代かきの有無や入水時期が違っていることから，基本的な除草体系は異なる（第7表）。

WCS用イネ栽培で使用できる直播栽培用の除草剤（第8表）は通常の水稲栽培に比べるとその種類が限られていることから，雑草の発生をできるだけ少なくするための圃場管理と飼料

第7表　直播栽培法別にみた除草の基本的考え方と主な除草体系

直播栽培様式と除草の基本	主な除草体系
湛水直播（播種後湛水） 水稲実生への安全性がきわめて高い播種後土壌処理剤（ピラゾレート粒剤など）を利用する	芽干しをしない：播種後土壌処理（湛水）→生育期茎葉処理 芽干しをする　：播種後土壌処理（湛水）→出芽後処理（湛水）→生育期茎葉処理
湛水直播（播種後落水） イネ出芽・入水後処理剤の利用を基本にして，雑草の後発の状況により，茎葉処理などで対応する	雑草が少ない　：出芽後処理（湛水）→生育期茎葉処理 雑草が多い　　：出芽後処理（湛水）→出芽後処理（湛水）→生育期茎葉処理 漏水が大きい　：出芽後処理（湛水）→生育期茎葉処理→生育期茎葉処理 落水期間が長い：播種後土壌処理（落水）→出芽後処理（湛水）→生育期茎葉処理
耕起乾田直播（イネ2～3葉期入水） 通常は，乾田期に2回，入水後に1回の除草剤処理が必要。地下灌漑を利用する場合は，茎葉処理剤主体で組み立てる	雑草が少ない：生育期茎葉処理（乾田）→出芽後処理（湛水） 雑草が多い　：播種後土壌処理（乾田）→生育期茎葉処理（乾田）→出芽後処理（湛水） 地下灌漑利用：生育期茎葉処理（乾田）→生育期茎葉処理（乾田）→出芽後処理（湛水）
乾田直播早期入水 湛水直播栽培に準じて除草体系を組み立てる	雑草が少ない：出芽後処理（湛水）→生育期茎葉処理 雑草が多い　：出芽後処理（湛水）→出芽後処理（湛水）→生育期茎葉処理 漏水が大きい：出芽後処理（湛水）→生育期茎葉処理→生育期茎葉処理
不耕起乾田直播 冬季代かき不耕起V溝直播栽培 非選択性除草剤を用いた播種前（イネ出芽前）の雑草防除が不可欠	覆土鎮圧する：播種前茎葉処理（非選択性）→播種後土壌処理（乾田）→生育期茎葉処理（乾田）→出芽後処理（湛水） 覆土鎮圧しない（播種後土壌処理剤の薬害が懸念される）：播種前茎葉処理（非選択性）→生育期茎葉処理（乾田）→出芽後処理（湛水）

第8表『稲発酵粗飼料生産・給与技術マニュアル（平成21年3月）』に掲載された直播栽培に適用できる水稲除草剤

農薬の種類	対応する代表的な除草剤（商品名）	タイプ	使用時期	備　考
グリホサートアンモニウム塩液剤	ラウンドアップハイロード	播種前後非選択性茎葉処理剤	播種30日前（または耕起直後）～イネ出芽前（雑草生育期）	雑草茎葉散布
グリホサートイソプロピルアミン塩液剤	ラウンドアップ 草枯らし	播種前後非選択性茎葉処理剤	播種30日前（または耕起直後）～イネ出芽前（雑草生育期）	雑草茎葉散布
グリホサートカリウム塩液剤	ラウンドアップマックスロード	播種前後非選択性茎葉処理剤	播種30日前（または耕起直後）～イネ出芽前（雑草生育期）	雑草茎葉散布
トリフルラリン乳剤	トレファノサイド乳剤	ノビエ対象播種後土壌処理剤	播種後発芽前（ノビエ発生前），入水15日前まで	関東以西 乾田土壌表面散布
トリフルラリン粒剤	トレファノサイド粒剤2.5	ノビエ対象播種後土壌処理剤	播種後発芽前（ノビエ発生前），入水15日前まで	関東以西 乾田土壌表面散布
ピラゾレート粒剤	サンバード粒剤	播種後土壌処理剤	播種直後～ノビエ1葉期，ただし収穫90日前まで	湛水散布 適用地域により処理時期が異なる
ピラゾキシフェン粒剤	パイサー粒剤	播種後土壌処理剤	播種直後～ノビエ1葉期，ただし収穫90日前まで	湛水散布 適用地域により処理時期が異なる

（次ページへつづく）

農薬の種類	対応する代表的な除草剤（商品名）	タイプ	使用時期	備　考
イマゾスルフロン・エトベンザニド・ダイムロン粒剤	キックバイ1キロ粒剤	出芽後処理剤	播種後5日～ノビエ2葉期，ただし収穫90日前まで	湛水散布
エトベンザニド・ピラゾスルフロンエチル粒剤	サンウェル1キロ粒剤	出芽後処理剤	播種後5日～ノビエ2葉期，ただし収穫120日前まで	湛水散布
オキサジクロメホン・クロメプロップ・ベンスルフロンメチル水和剤	ミスターホームランフロアブル ミスターホームランLフロアブル	出芽後処理剤	イネ1葉期～ノビエ2.5葉期，ただし収穫90日前まで	原液湛水散布
ダイムロン・ベンスルフロンメチル・メフェナセット粒剤	ザークD1キロ粒剤51	出芽後処理剤	イネ1葉期～ノビエ2.5葉期，ただし収穫90日前まで	湛水散布
ピリミノバックメチル・ベンスルフロンメチル・メフェナセット粒剤	プロスパー1キロ粒剤51	出芽後処理剤	イネ1葉期～ノビエ3葉期，ただし収穫90日前まで	湛水散布 適用地域により処理時期が異なる
シハロホップブチル・ピラゾスルフロンエチル・メフェナセット粒剤	リボルバー1キロ粒剤	出芽後処理剤	イネ1葉期～ノビエ3葉期，ただし収穫90日前まで	湛水散布 適用地域により処理時期が異なる
シハロホップブチル粒剤	クリンチャー1キロ粒剤	ノビエ対象茎葉処理剤	播種後10日～ノビエ3葉期まで，ただし収穫30日前まで	湛水散布
			播種後25日～ノビエ4葉期まで，ただし収穫30日前まで	湛水散布
シハロホップブチル乳剤	クリンチャーEW	ノビエ対象茎葉処理剤	播種後10日～ノビエ5葉期，ただし収穫30日前まで	茎葉散布
シハロホップチュチル・ベンタゾン液剤	クリンチャーバスME液剤	茎葉処理剤	播種後10日～ノビエ5葉期，ただし収穫50日前まで	乾田または落水散布
ビスピリバックナトリウム塩液剤	ノミニー液剤	茎葉処理剤	播種後10日～ノビエ5葉期，ただし収穫60日前まで	乾田状態で茎葉散布 東北～四国
ベンタゾン液剤	バサグラン液剤	広葉雑草対茎葉処理剤	移植後35～50日，ただし収穫50日前まで	落水またはごく浅水散布

注　使用条件は2009年5月現在のものを示した
除草剤の使用にあたっては，ラベルに記載された使用基準・使用上の注意をよく確認すること

用イネの抑草力を高めるための工夫が大切になる。ミズガヤツリ，ウリカワ，オモダカなどの水田多年生雑草は栄養繁殖体である塊茎で増殖するが，その塊茎は低温・乾燥により多くが死滅するので，冬季に乾燥する地域では，冬～春季の耕うんが塊茎の死滅と発生抑制に有効である。また，温暖地以西の早期栽培地帯では，水稲収穫後もクログワイ，オモダカ，ショクヨウガヤツリなどの多年生雑草の塊茎肥大が継続し，イヌホタルイでは収穫後に再生して多量の種子を生産し翌年以降の発生源となることから，水稲収穫後の雑草防除が重要となる。

飼料用イネ品種あるいは多収水稲品種のなかには特定の除草剤成分に対してきわめて高い感受性を示すものがあるので，除草剤を使用するときは各地域の公的な技術普及機関から関連情報を得ておくことが望ましい。

(5) 漏生イネ対策

WCS用イネ栽培では，収穫作業時に多くの籾が圃場内に落下するので，翌年以降にこの籾からイネが発生する場合がある。このように，

こぼれ種から出芽してくるイネを漏生イネという。飼料用イネ品種のなかでも休眠性がほとんどない品種は翌年の漏生はほとんど問題にならないが，脱粒しやすく種籾に休眠性をもつインディカ系統の飼料用イネ品種の栽培で翌年の漏生が多くなる傾向がある。漏生イネが食用イネを栽培する圃場で多発すると，WCS用イネ由来の玄米の混入による等級の低下，生育期の養分や光環境の競合による収量低下といった問題を生じる。

WCS用イネ収穫後，速やかに耕起して落下した籾を土中に埋没させ，適度な水分と温度があると，翌春の漏生イネの発生を抑制することができるとの試験結果が報告されている。その際，耕起後の秋季に有効積算気温で130℃日(有効積算気温11.5℃）以上の温度条件が必要とされる。

一方，寒冷地・高冷地や鳥がイネのこぼれ籾を食べる場所では，WCS用イネ収穫後は耕起せずに冬期間の低温に加えて鳥の摂食により漏生を少なくすることが期待される。

休眠性の深いWCS用イネ品種では，秋季に耕起して籾を土中に埋没させても発芽能力を保ったまま越冬する籾が多く残るので，耕起前に石灰窒素を散布して籾の発芽能力を低下させることも漏生イネの防除に有効とされる。

水田での輪作体系を活用して，WCS用イネを栽培した翌年は食用イネの栽培は避け，ダイズやムギなどの畑作物を栽培して慣行の除草体系で防除することが望ましい。飼料用イネの翌年に食用イネを栽培する場合には，直播栽培ではなく移植栽培を行ない，プレチラクロールやブタクロールなどを含む初期剤の代かき前処理，または移植直後処理を行なうと漏生イネの出芽を抑制できる。移植後に遅れて出芽する場合には，プレチラクロール，メフェナセット，インダノファンを含む初期剤およびシメトリンなどを含む中期剤の体系処理が効果的である。

(6) 飼料用イネ栽培での農薬使用

現時点では農薬登録上の作物として「飼料用イネ」という作物区分はないのでイネに適用がある農薬を利用するが，飼料用イネの安全性を確保するために，玄米以外の部位を利用する場合でも農薬残留がほとんどないか，できる限り農薬残留を低減するための農薬使用が求められる。

WCS用イネ栽培では，イネ用に登録されている農薬のうち，1）登録時のデータから稲わらへの残留性が十分に低いと認められる農薬や，稲わらに残留しても牛の乳汁に検出されないことが確認されている農薬，2）2003年度以降に実施したWCS用イネでの残留性試験や乳汁移行試験により残留性がないと確認された農薬が『稲発酵粗飼料生産・給与技術マニュアル』（全国飼料増産行動会議，2009）に掲載され，それらを利用するよう指導されている。

飼料用米については，1）出穂期以降に農薬の散布を行なう場合には，籾すりをして玄米を家畜に給与すること，2）籾米のまま，もしくは籾がらを含めて家畜に給与する場合には，出穂期以降の農薬の散布はひかえることとされている（農林水産省『多収米栽培マニュアル』，2009）。

なお，マニュアルなどに掲載される農薬の種類は，新たなデータにより今後も順次改訂される。最新の情報に基づいて農薬を使用するために，農薬を使用するときは地域の農業改良普及センターなどの公的な普及指導機関の指導にしたがい，病害虫や雑草の発生動向を踏まえて農薬を選定することが求められる。

なお，農薬のラベルに記載されている「収穫○日前まで」という使用時期の「収穫」が飼料用イネの収穫にそのまま適用されることから，WCS用イネの栽培では通常の水稲の収穫時期よりも1週間～10日程度収穫可能期間が早まることに留意する必要がある。

執筆　渡邊寛明・藤田佳克（(独）農業・食品産業技術総合研究機構中央農業総合研究センター）

2009年記

参考文献

川名義明・住吉正・児嶋清．2005．水稲直播栽培に

おける主要雑草の発生に及ぼす播種後落水管理の影響．九沖農研研究資料．91，75―78．
近畿中国四国農業研究センター．2007．飼料用稲生産技術マニュアル．189p.
農林水産省．2009．多収米栽培マニュアル．19p.
渡邊寛明・川名義明．2006．直播栽培の雑草防除技術．農業技術．61（10），25―28．
全国飼料増産行動会議．2009．稲発酵粗飼料生産・給与技術マニュアル．166p.

飼料用のイネの栽培技術
(ホールクロップ，青刈り，実とり)

1. 飼料用イネの栽培利用の基本

(1) 積極的な水田の利活用

高温，多雨・多湿のわが国に定着した稲作は，平野部から急峻な山間地にまで水田を広げてきた。コメの生産調整時代に入って，他作物への転換が迫られ，飼料作物の栽培拡大がはかられているが，集団的な基盤整備による水管理の難しい圃場では定着していない。それは，飼料作物，牧草が畑作物であり湿害を受けやすく，高収量を期待できないからである。また，大型機械による収穫・調製体系をとる場合，地耐力に欠けるために作業性の低下と収穫物の品質低下をまねいている。

この点，飼料用イネは，水田生産力と多様な機能をもつ水田を維持しつつ，永年培われた栽培技術を活用することによって飼料仕向け可能な作物である。飼料利用技術などの研究成果も，20年以上の生産調整下において蓄積されてきた。また，この間，各県で取り組まれてきた「確実に家畜の口に入る」ための栽培・利用・流通の経験も生かすことができる。

近年，基盤整備事業の進展により，用排水の制御がしやすくなっており，ブロックローテーションも生かしながら，大面積による作業性の確保と収穫期の地耐力を高められることも好条件としてあげられる。

(2) 利用形態と調製法の多様化

第1表に示すとおり，飼料用イネの一般的な乾物収量は1.0～1.7t/10aであり，同様の夏作物である飼料用トウモロコシ，ソルガムと比較すると収量的にはやや落ちる。しかし，たとえば冷害年であっても穀実収量に主眼がないことから，収量は比較的安定している。

飼料用イネのホールクロップ状態での飼料成分を第2表に示した。適期（糊熟～黄熟期）に刈り取ると乾物中のTDN含量は50～56%，DCP含量は3～4%と比較的高く，ソルガムや大麦のホールクロップに近い栄養価があり，良質な粗飼料である。

利用にあたって，稲体のどの部分をいかなるステージで飼料仕向けするかを判断しなければならない。第1図に水稲部位の飼料としての特徴を示したが，それぞれの特徴から，飼料用イネには実に多様な活用法がある。主なものを列

第1表　各地における飼料用イネの乾物収量

場　所	年　度	栽培法	収穫期	種　類	乾物収量（kg/a）	品種ほか
青森農試	1976	移植	乳熟期	日本イネ	136～147	レイメイほか
	1976	移植	乳熟期	外国イネ	134～169	アンバーほか
東北農試	1988	移植	糊～完熟期	日本イネ	107～133	アキヒカリ
農事試	1978	乾田直播	乳熟期	日本イネ	109～133	瑞豊ほか
	1978	乾田直播	乳熟期	外国イネ	113～173	C4－63ほか
埼玉農試	1988	移植	糊～完熟期	飼料イネ	110～149	はまさり，くさなみ
山口農試	1978	移植	穂揃い期	日本イネ	97～104	ヤマホウシほか
	1978	移植	穂揃い期	外国イネ	101～152	C4－63ほか
愛媛大学	1979	乾田直播	出穂～完熟期	日本イネ	107～143	トヨミノリ

第2表　黄熟期における飼料用イネの飼料成分（%DM）

草品種	粗蛋白質	粗脂肪	NFE	粗繊維	粗灰分	TDN	DCP
飼料用イネ（くさなみ）	6.8	1.7	56.8	23.1	11.7	53.7	3.7
飼料用イネ（はまさり）	6.5	1.9	55.8	23.2	12.6	55.8	3.5
ソ ル ガ ム	6.7	1.7	55.4	30.0	6.3	56.3	2.5
大　　麦	9.4	2.3	52.6	28.1	7.7	58.1	5.5

注　ソルガム（乳熟），大麦（糊熟）は飼料成分表から引用

第1図　イネ部位の飼料としての特徴

挙すると以下のとおりである。

①子実の充実前（出穂期前）に利用する青刈りイネ。

②登熟（糊熟～黄熟期）を待って茎葉と穂を一緒に調製するホールクロップ利用。

③子実だけを分離収穫し，未乾燥のままソフトグレインで貯蔵利用する方法。

④消化率を高めるために，乾燥後，物理的な破砕や加熱圧扁し，濃厚飼料として利用する方法。

⑤子実の分離収穫後，茎葉（わら部分）はサイレージや乾草として活用する道がある。

③，④は乳肉牛だけでなく豚，鶏の飼料としても活用できる。それぞれの特徴を生かせば，地域特産の牛豚肉生産を飼料面から差別化する戦略に向けて，今後，需要はますます大きくなる可能性がある。

2. 栽培技術の基本

（1）生育経過と作期

飼料用イネを乾田直播したときの，出芽から乳・糊熟期までの生育区分と生育の推移を第2図に模式的に示した。品種や生育環境によって遅速があるものの，基本的には実とりイネと同じと考えてよい。

出芽は気温や土壌水分の影響を受けるので，品種選定にあたっては出芽そろいの良好なものがよい。入水後は分げつが盛んになり，多肥で播種

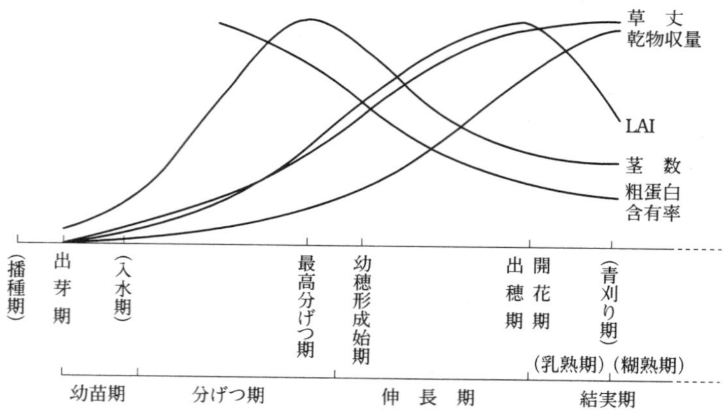

第2図　青刈りイネの生育区分と生育の推移を示す模式図（乾田直播）

量を多くするので，最高分げつ期は実とりイネよりも早くなる傾向である。伸長期になると節間伸長とともに草丈，LAI（葉面積指数），乾物重が急速に伸びる。出穂～開花期には草丈の伸長もほぼ止まり，乾物収量はその後も増加し続ける。

ホールクロップ利用を前提とした飼料専用品種「はまさり」の穂ばらみ期～完熟期における穂・葉・茎の収量経過を第3図に示したが，出穂後は穂の充実により，乾物収量がいっそう高まっていく。

同様に飼料専用品種「くさなみ」の穂ばらみ期～黄熟期の水分，生草収量およびTDN収量を第3表に示したが，水分は黄熟期になると64％程度まで低下し，ダイレクト収穫でも比較的良好なサイレージ発酵をとげる。TDN収量も穂ばらみ期の2倍以上になる。

第4表は登熟途上の茎葉部（わら部分）の飼料特性を示したものであるが，穂の充実前は可消化成分であるOCC（細胞内容物）とOCW（総繊維）中のOa（高消化性繊維画分）の総量が高い。しかし，登熟とともに茎葉中のOCCが急速に穂部へ転流することによって，茎葉の飼料価値は低下して「わら化」していく。

飼料用イネの作期を考える場合，前後作の種類，周辺の実とりイネの栽培状況から，導入できる条件を地域ごとに見きわめる必要がある。一般に晩生～極晩生種は多収性を示すが，その地域の水利慣行，収穫期の気象条件なども十分に考慮しなければならない。

特に，その地域の米作農家に栽培委託する場合などは，育苗作業の重複を避けたり，移植期を移動させるなどの工夫も要し，ソフトグレイン収穫をねらう場合などはコンバイン作業の分散とその後の茎葉調製にも十分な時間を取らなければならない。

(2) 地域適応品種の選定

飼料用イネの専用品種としては「はまさり」「くさなみ」（以上，埼玉県育成品種）が，超多収イネとして「ホシユタカ」など5品種（国育成品種）がある程度である。そのため，各地で急速な作付けの拡大を行なう場合，実とり用の日本イネから，飼料専用種の特性をもち，飼料用イネの育種方向に

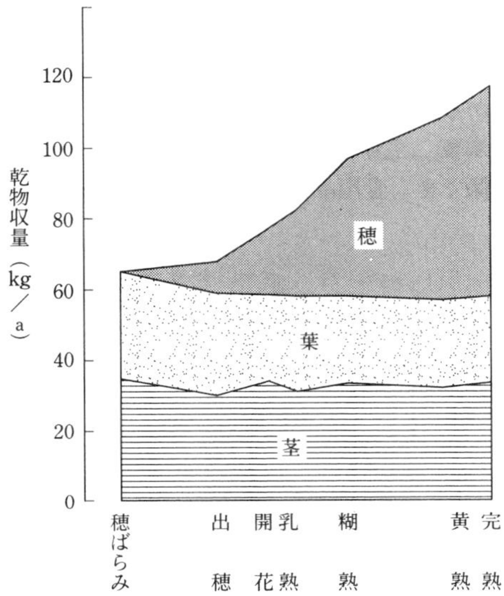

第3図　生育経過にともなうイネ各部位の乾物収量　（埼玉畜試，1986）

品種：はまさり

第3表　「くさなみ」の登熟期別収量と水分　（埼玉畜試，1986）

水分，収量	穂ばらみ期	乳熟期	黄熟期
水分（％）	76	72	64
生草収量（kg/10a）	2,650	2,919	3,023
TDN 収量（kg/10a）	277	413	578

第4表　イネ茎葉部の登熟にともなう飼料特性　（埼玉畜試，1993）

品種	実とらず			はまさり		
熟期	乳熟期	糊熟期	黄熟期	乳熟期	糊熟期	黄熟期
OM	91.5	91.4	88.9	91.4	91.4	87.7
OCC	29.0	23.4	17.8	28.3	26.1	23.8
OCW	62.5	68.0	71.1	63.2	65.8	63.9
Oa	27.8	28.1	27.6	27.9	27.8	28.0
Ob	34.7	40.0	43.6	35.3	37.5	35.9
OCC＋Oa	56.8	51.5	45.4	56.2	53.9	51.8

注　「実とらず」は〆縄用品種
OM（有機物），OCC（細胞内容物），OCW（細胞壁物質），Oa（易消化性繊維），Ob（難消化性繊維）は，乾物中％で表示

近い品種を選択して利用するとよいだろう。

①飼料専用種

飼料専用イネは，各地の気象条件，イネ前後の作期，病害発生状況などから地域目標を定めて育成することが望まれる。埼玉県での品種育成の条件設定では，

①夏期排水不良田でも，秋期に地耐力が高まってから収穫ができる極晩生品種，

②米麦二毛作体系のなか，晩播条件でも収量が確保でき，食用品種との識別性がある，

③縞葉枯病の激発地に適した抵抗性品種であることが不可欠であった。そこで埼玉県農試が作出し，昭和60年に飼料用イネとして品種登録されたのが，第4図の系譜図に示した「はまさり」と「くさなみ」である。その主な特徴を以下に示す。

①茎葉部比率が他の実とり品種より高く，しかも茎葉中のOCCなど可消化画分含量が安定している。

②多肥栽培に強く，茎が太く耐倒伏性がある。

③無毛イネで家畜の嗜好性がよく，収穫時の粉じんが少なく作業しやすい。

④縞葉枯病，いもち病，白葉枯病の3病害に対する抵抗性をもつ。

⑤極晩生で食用イネとの労働配分がしやすく，識別性が高い。

2品種とも食用イネよりやや茎葉比率が高く，「くさなみ」は名前のとおりその傾向が顕著であるのに対し，「はまさり」はホールクロップ利用向きの品種である。

②外国イネ

外国イネを飼料向けに栽培できるかどうかについては，今から20年前ごろ数多く検討されている。その一例を第5図に示したが，10a当たりの乾物収量が1.5tを超えるものも散見される。

ところが，これらは草丈が2m前後の長稈品種で，出穂期ごろから倒伏し，特に株元から倒れるために収穫作業の困難が予想される。この点はサイレージ調製した場合の品質低下にもつながり，最終的に家畜の口に入れることを考えると有利性は少ない。

しかし，外国イネのなかには比較的短稈で耐倒伏性に優れ，日乾物生産量の優れる品種があ

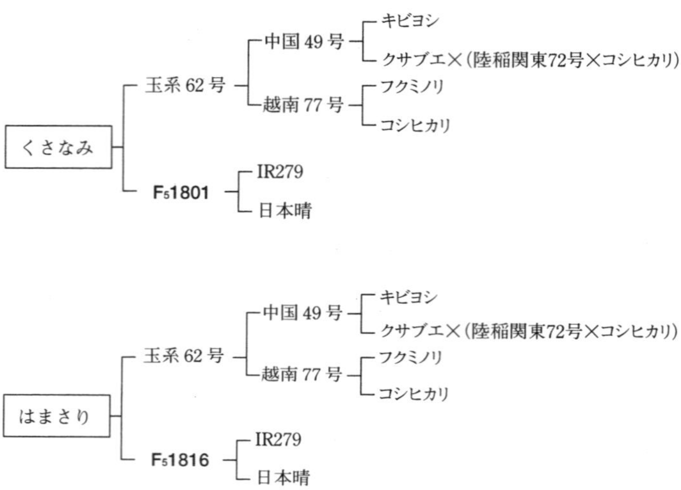

第4図　飼料用イネ「くさなみ」「はまさり」の系譜

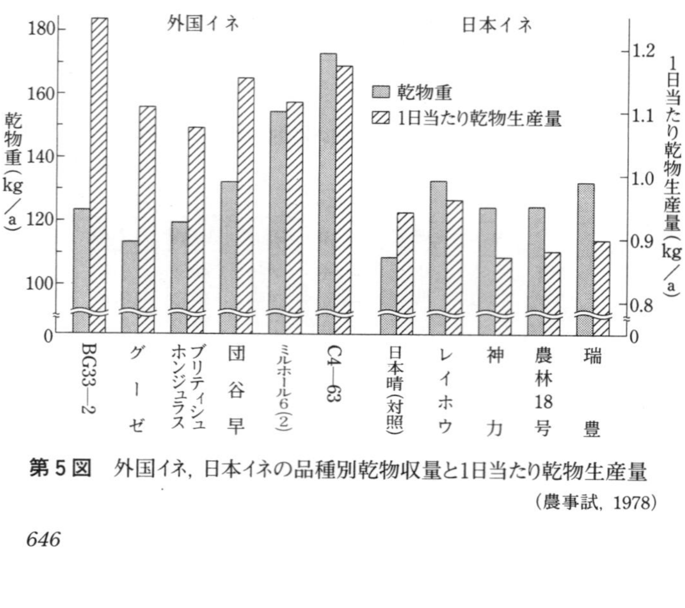

第5図　外国イネ，日本イネの品種別乾物収量と1日当たり乾物生産量

（農事試，1978）

る。また，日本イネが難発芽性であり，直播適性として発芽のよさが求められることから，外国イネのなかからこの特徴をもつものを選択することも考えられる。外国イネで心配される点として，緊急の作付け拡大にあたって種子の大量入手が難しい面もある。

③地域在来品種

コメ政策に対応して飼料向けの作付けを行なう場合は，各地の気象条件や作期などに適した在来品種から選択しなければならない。この場合，飼料としての目的すなわちホールクロップか，青刈りか，実とりかをまず明確にして，①多収性，②耐倒伏性，③病害抵抗性をもつ品種を利用する。

④飼料イネの育種方向

わが国ではイネの飼料利用を前提にした育種の取組みは，ほとんど行なわれておらず，生産現場において一部の飼料専用イネと地域の実とりイネで対応しているのが現状である。飼料イネの育種にあたっては，次の3つの背景をおさえることが大切である。

第1は，畜産に利用するうえから粗飼料としての価格を下げる点が求められている。したがって，コントラクタ（請負耕作・収穫調製の集団）組織が省力・低コストで対応できる直播適応の品種育成が必要である。

第2は，環境保全の観点から，地域循環システムを確立するうえで必要な特質を備えた品種である。すなわち，畜産経営から生み出される堆肥を積極的に活用し，多肥栽培しても倒伏しにくく，乾草やサイレージ調製しても飼料品質の高い品種の育成が求められている。

第3は，利用目的からホールクロップ，青刈り（再生イネも含む），ソフトグレイン向けなどバラエティーに富んだ品種が要望されている。

(3) 省力的な栽培技術

①地域慣行栽培法の活用

地域の安定した栽培法として，稚苗～中苗機械移植があり，近年の機械体系によりかなり省力化ができる。特に，イタリアンライグラス，飼料用麦との二毛作体系は，両者の生育期間を確保し，土地の利用効率を高めるのに有効である。

第6図に飼料専用イネ「はまさり」の栽培ごよみを示したが，中苗移植栽培では，5月中旬播種，播種量3.0～3.5kg/10aで，育苗管理は地域慣行法に準じている。移植後の水管理はやや浅水にし，8月上旬の中干しは十分に行ない，その後の水管理は間断灌水にする。

②湛水・乾田直播

直播栽培は移植栽培に比べて分げつ数が多く，茎葉主体に収量をあげるのに適している。

直播栽培には湛水直播と乾田直播があり，低コスト生産をめざす場合，耕起・代かき後に播種する湛水直播より，乾田直播が機械化作業が容易で，落水後の地耐力を高めやすいといわれる。しかし，乾田期間中の雑草害が生育に大きく左右するため，この時期の雑草防除が特に重要となる。

播種様式は散播，条播のいずれでもよいが，生育期間が長い場合は条播がよい。

湛水直播は乾田直播より倒伏しやすいことから，耐倒伏性品種を選ぶ必要がある。

乾田直播においては，播種後の鎮圧を十分に行ない，出芽そろいをよくし，収穫期の地耐力を高める。

③栽植密度と施肥量

移植栽培の栽植密度はm^2当たり25～30株，1株苗数は3～4本くらいが目安となる。直播栽培の播種量は10a当たり3～5kg(湛直)，4～6kg(乾直)となるが，土壌条件，品種特性をみて増減する。

施肥量は，元肥として移植，直播栽培ともに堆肥2t/10aとし，化成肥料は実とり栽培の150％程度に増肥する。施肥の回数は，直播栽培では4回程度（元肥30～40％，2葉期20％，6～7葉期20％，穂肥20～30％）に分施する。移植栽培では2回（元肥70％，穂肥30％）とする。

施肥量は栽培品種の耐倒伏性をみながら増減するが，飼料専用種「はまさり」では，堆肥のほか三要素を成分で10a当たり10～13kgとしている。

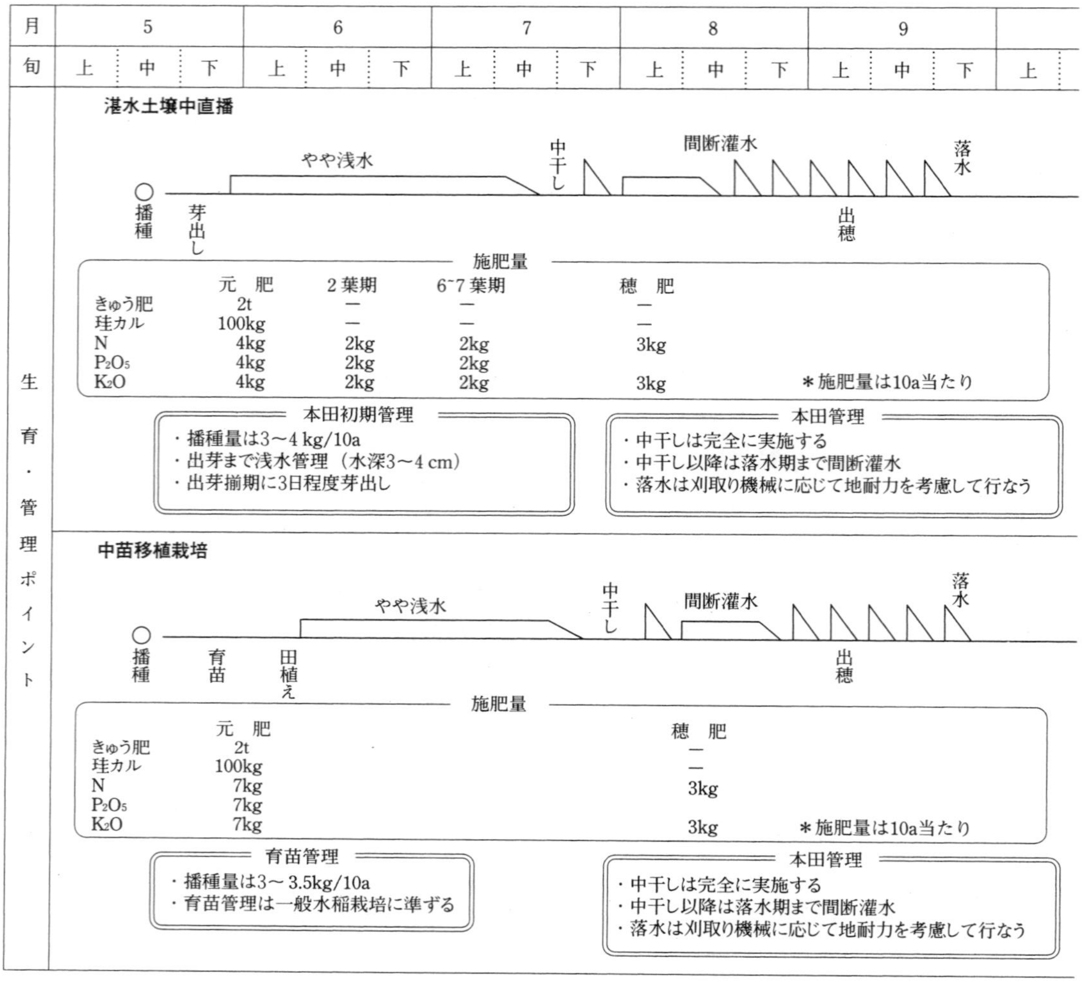

第6図　ホールクロップ用イネ「はまさり」栽培ごよみ

④刈取り時期と収量・品質

刈取り時期の決定は，栄養収量と品質，乾草・サイレージへの調製適性および地耐力などから判定すべきである。乾物収量（10a当たり）からみると，出穂期で600～700kg，糊熟期で800～1,000kg，黄熟期で1,100～1,300kg程度である。

第7，8図に穂ばらみ期～完熟期のTDN収量と消化を阻害するリグニン含量を示したが，乾物収量やサイレージ発酵を支配する可溶性炭水化物（WSC）含量は登熟とともに増加するため，登熟後半の糊熟～黄熟期の刈取りが有利になる。ところが，穂ばらみ期～乳熟初期は貯蔵器官が急速に形成される時期で，リグニン化が進み，ケイ酸量と合わせると栄養収量が停滞するか，一時的に低下するため，この時期の収穫は避けたほうがよい。

⑤水管理と地耐力

収穫作業を容易にし，飼料品質を向上させることを考えると，収穫・調製期の圃場の水分に細心の注意を払わなければならない。

湛水直播，移植栽培ともに生育途中の水管理が重要で，特に中干しをしっかり行ない，深い亀裂が網の目にできるようにする。特に，低湿

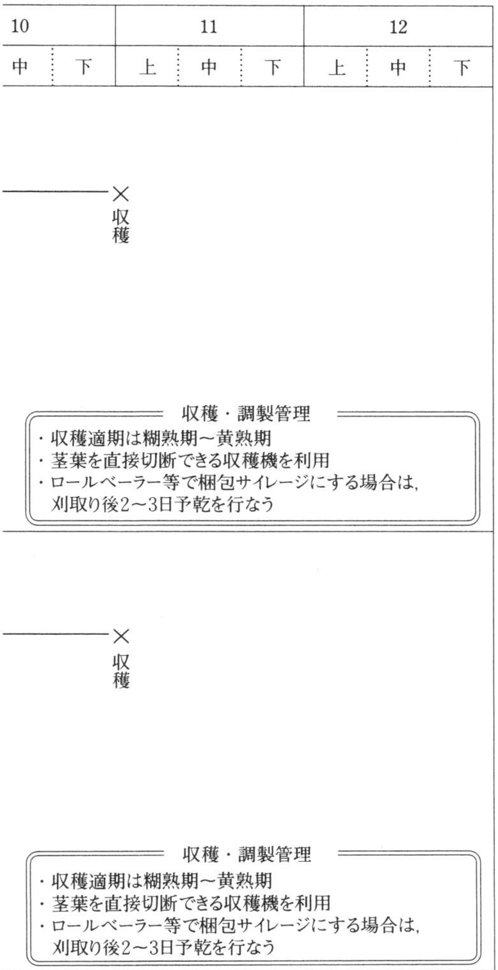

（埼玉県農林部，平成10年２月作成）

田の場合，その後の水管理は乾いたら水を入れる程度の間断灌水で十分であり，収穫期の大型トラクター作業の可能な地耐力を確保する。

3. 収穫・調製技術の基本

(1) 乾草調製

乾草への仕向けは，飼料の品質を確保するために，圃場の乾燥程度をみて行なう。糊熟期以降の乾草調製は，テッダによる反転予乾によって子実脱落が多くなるので避けたほうがよい。

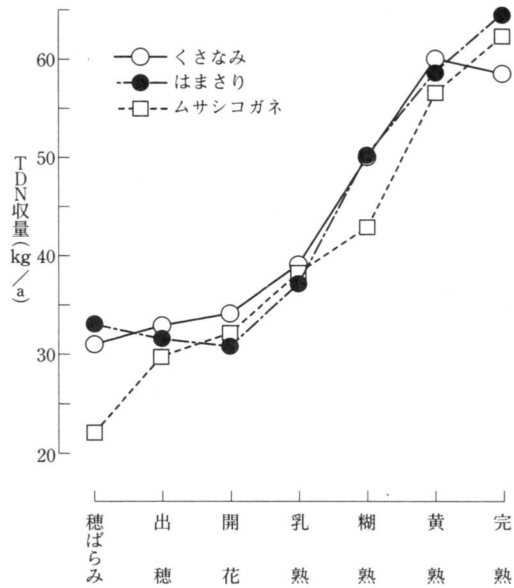

第７図　穂ばらみ期～完熟期のイネTDN収量の推移　（埼玉畜試，1994）

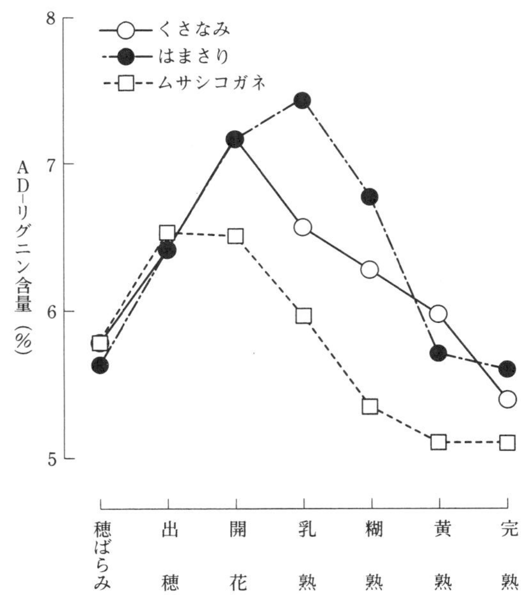

第８図　穂ばらみ期～完熟期イネのリグニン含量の推移　（埼玉畜試，1994）

したがって，再生イネや出穂期以前が乾草に向いている。

中干し期から継続的に圃場を乾燥させ，刈取り，反転予乾を行なえば，夏期の場合2～3日で乾草に仕上がる。

(2) サイレージ調製

飼料用イネのサイレージは，糊熟期～黄熟期で乾物中の可溶性炭水化物含量が10～12％と比較的高いほうだが(第5表)，トウモロコシやイタリアンライグラスサイレージほど調製しやすいものではない。

第9図 大型トラクターによる飼料用イネの収穫（モーア刈り）

飼料用イネの栽培においては，生育途中の水管理が重要。中干しをしっかり行ない，深い亀裂が網の目にできるようにして，大型トラクター作業が可能な地耐力を確保する

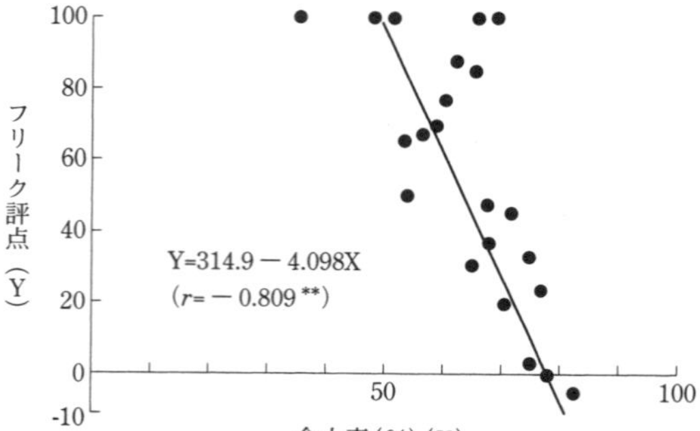

第10図 飼料用イネサイレージの含水率とフリーク評点(発酵品質)との関係 (埼玉畜試，1994)

そこで，良質なホールクロップイネサイレージ調製の5つの基本を示す。

①糊熟期～黄熟期が最適

TDN収量からみると，黄熟期は穂ばらみ期の約2倍もあり，エネルギー収量がまったく異なる。これは，第3図のように登熟とともに穂部が急速に充実するためであるが，子実の消化性などを考慮すると，収穫期は糊熟期～黄熟期が最適となる。

②材料水分は65％以下に

良質なサイレージ発酵は，高い糖含量と適当な水分含量によって決まる。

イネの場合，登熟とともに可溶性炭水化物含量が徐々に増加するので，開花期前後の若いステージで調製しても，低糖分・高水分のためになかなかよい発酵は期待できない。

第10図は，出穂期から完熟期のイネサイレージについて，水分含量と発酵品質との相関を示したものである。これによると，水分65％以下で比較的良好な発酵を示す。第3表をみると，黄熟期の水分はすでにこの領域（64％）に達しており，ダイレクトカット収穫が可能となる。

イネサイレージの特徴であるが，この時期は乳酸発酵とともにアルコール発酵がきわめて旺盛である。

③梱包は固くして空気を排除

サイレージ調製では材料の形状は問題にならず，材料中への空気侵入を少なくすることが大切である。それだけにロールベール成形では梱包密度を高め，ロールを連結するスタックサイロ調製では隙間なくつなげ，サイロ内部の空気排除をしっかり行なう。

第5表 飼料用イネの出穂期前後の可溶性炭水化物含量と乾物収量 (内田ら，1972)

調査月日	8月10日	8月17日	8月24日	9月1日	9月9日	9月16日	9月22日
可溶性炭水化物（%DM）	5.1	7.0	6.4	7.4	7.5	10.0	10.0
乾物収量（kg/a）	44.1	57.3	67.9	85.0	99.6	116.1	122.5

注 出穂期：9月1日，供試品種：レイホウ

第11図　飼料用イネの尿素添加と梱包の同時作業
（埼玉県妻沼町）
ロールベール形成では梱包密度を高め，ロールを連結するスタックサイロ調製では隙間なくつなげて，サイロ内部の空気をしっかり排除する

④切断長10〜15mmで，密度を高める

ハーベスタ収穫して，固定サイロに詰め込む場合，トウモロコシサイレージと同様に切断長10〜15mm程度に細切する。目的はサイロへの詰込み密度を高めることにあるが，イネはその物理的特徴からトウモロコシのように自重で密度が高まることは少なく，調製時の踏圧作業は特に念入りに行なう必要がある。

⑤調製は素早く，密封は完全に

サイレージ調製の基本である短時間でのサイロ詰め（ラップ作業）を完了し，密封を完全に行なうのは当然である。

予乾したラウンドベールの内部温度は，そのまま放置すると半日後には40〜50℃に達し，呼吸によって，発酵に必要でしかも消化性の高い糖分の損失が起こる。広域流通では運搬時間の長さや作業連結がうまくいかない場合，品質低下をまねき，利用者側とのトラブルが起こりかねない。

(3) アルカリ処理

アンモニア処理は，イネわらなど低質粗飼料の消化性改善が主な効果として知られているが，埼玉県内の飼料用イネの調製と流通に有効な役割を果たしているので，この項ではその効果と処理技術について紹介する。

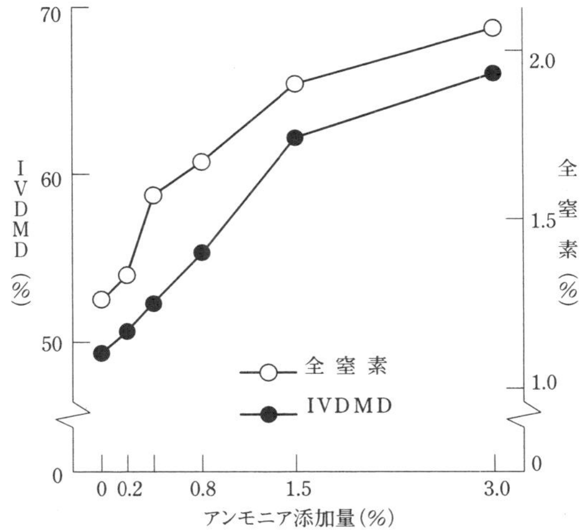

第12図　アンモニア添加量の違いとホールクロップイネのIVDMD（インビトロ乾物消化率），全窒素
（埼玉畜試，1994）

①アルカリ処理の目的

これまで述べたとおり，①飼料用イネはサイレージ適性がやや低く，②遠距離流通による調製の遅延によって品質低下が起こりやすい，③飼料用イネの給与経験が少く，嗜好性などが常に問題となる。これらを克服するうえで，アルカリ（アンモニア，尿素）処理は非常に有効である。

②アンモニア処理

好気的変敗とカビ防止　イネサイレージの水分は黄熟期刈りの場合60％近くまで下がっているが，流通効率を高めるため，さらに強予乾が行なわれている。したがって，非常に好気的変敗を起こしやすい材料である。

ダイレクトカット，予乾およびアンモニア0.5％添加の3つの異なるサイレージの変敗状況を検討したところ，ダイレクトカットや予乾サイレージに比べて，アンモニア添加サイレージは開封後の品質が長期間安定していた。ごく少量のアンモニア添加でも発酵品質の安定，カビ防止には有効である。

トウモロコシサイレージ並みの飼料価値　飼料用イネをアンモニア3.0％処理すると，TDNはトウモロコシサイレージの飼料価値に匹敵するものに，CPは添加したアンモニア由来の

第6表　アンモニア処理による飼料用イネの成分変化
（埼玉畜試，1987）

処理区分	OM	CP	OCC	OCW	Oa	OCC＋Oa
無処理	82.5	6.2	32.8	49.0	7.8	40.6
アンモニア処理	88.1	12.1	47.8	40.3	11.9	59.7

注　黄熟期に収穫した「はまさり」をアンモニア3%処理
OM（有機物），CP（粗蛋白質），OCC（細胞内容物），OCW（細胞壁物質），Oa（易消化性繊維）は乾物中%で表示

第13図　アンモニアと尿素添加によるイネサイレージの定置処理
アンモニア添加は好気的変敗とカビを防止し，トウモロコシサイレージ並みの飼料価値に高め，嗜好性向上と採食量の増加をもたらす

NPN(非蛋白態窒素)が増加するため，それぞれ高くなる。第12図はアンモニア添加量とIVDMD（インビトロ乾物消化率）と全窒素の関係を示したものであるが，添加量が1.5%以上になると，飼料価値の改善幅が大きい。第6表はホールクロップ用イネのアンモニア処理前後の飼料成分値であるが，OCCとOa画分の増加が大きく，トウモロコシサイレージ並みになる。

嗜好性向上と採食量の増加　飼料用イネは調製方法，ステージにかかわらず比較的嗜好性にバラツキが認められる。嗜好性を向上させ，採食量を増すうえでアンモニア処理は有効である。

③アンモニア処理技術，3つのポイント

半日～1日程度の予乾　無予乾のラウンドベールをアンモニア処理すると，ベールの形崩れが著しく，材料からの遊離水の浸出が多くなるなど給与作業が面倒となる。流通上は「商品」として評価されることから，半日～1日程度の軽予乾（目標水分30%）を行なうことが必要である。

添加量は処理目的に応じて　より効果的な処理を行なうには，①好気的変敗の防止，②好気的変敗の防止プラス飼料価値の向上のどちらかを選択し，アンモニア注入量を決める。①の場合は，材料重の0.5%程度，②の場合は1.0～1.5%が適正量となる。嗜好性の向上は，①の添加量で十分である。

アンモニア処理による品質保持を過信し，密封等をおろそかにすると，カビが発生したり飼料価値が上がらないので注意する。

アンモニアの注入は，50kgボンベ1本が適正添加量になるようベール個数をまとめるとよい。処理は2～3週間で完了するが，給与は遊離したアンモニアをよく飛散させたあとに行なう。牧草の処理で懸念される有毒成分4－メチルイミダゾールの形成はない。

ガスの取り扱いは慎重に　周知のとおり，液化アンモニアは白色容器表面に㊮と㊯の表示があるとおり，きわめて危険なものであり，取り扱いには細心の注意を払う。

近年，液化アンモニアの価格は250～260円/kgと値上がり傾向である。

④尿素処理

尿素処理の効果は，アンモニア処理とほぼ同様のものである。尿素処理の利点は，経費がアンモニア処理に比べて約3分の1程度であること

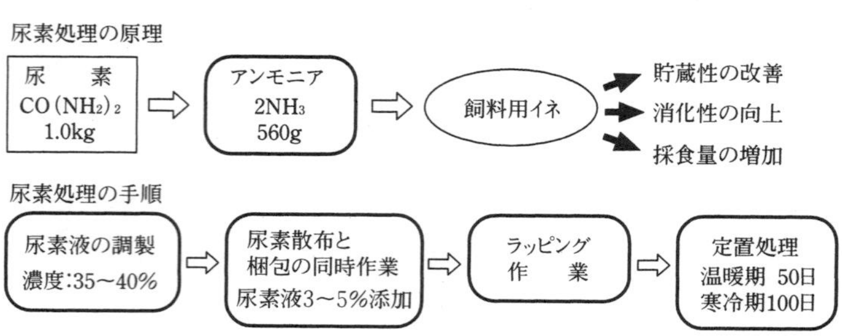

第14図　飼料用イネにおける尿素処理の原理と手順

と，取り扱いの安全さである。

第14図に処理の原理と手順を示したが，1kgの尿素が加水分解して560gのアンモニアが発生する。この方法をロールベール作業時に用い，第15図に示した添加装置を使って尿素液を加えると，密封までの発熱を防止できる（第7表）。温暖期なら50日程度密封処理すると，消化性改善につながる。

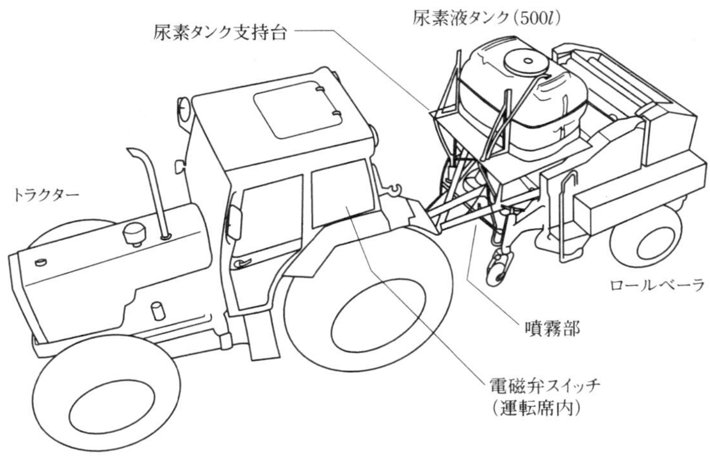

第15図　埼玉県畜産センター開発の尿素添加装置装着トラクターの概略

(4) ソフトグレインの調製法

糊熟期～黄熟期の子実をソフトグレインと呼んでいるが，分離収穫したものは籾がらに覆われているために家畜の消化性が悪いことが知られている。また，一定の水分（40～50％）を含むため，なんらかの貯蔵技術を要する。

ソフトグレインの飼料効果についての，これまでの研究では，黒毛和種の配合飼料の50％を代替しても肉質に差がなく，また肉豚への給与により脂肪のしまりと白色化（もち豚）が得られたという報告がある。消化性の向上技術としては，①粉砕，爆砕などの物理的処理，②アンモニア処理などの化学的処理，③無処理の順で消化が良かったとの結果がある。

(5) 収穫・調製のシステム化

飼料用イネの利用を考えると，畜産農家での栽培経験が少ない，水田地帯と養牛地域が重ならない，給与経験がほとんどないなど，越えるべきハードルがいくつかある。したがって，栽培から給与までをシステム化し，国産粗飼料の自給に結びつける必要がある。

各地で展開されている事例のうち，2つの事例を紹介する。

①狭小な湿田対応の事例（三重県方式）

三重県では，農業が水田を中心として成立している背景から，飼料用イネの栽培・利用を図り，特産肉牛などへの供給に長く取り組んでいる。特に，収穫・調製から堆肥の水田還元までの体系的機械開発は興味深いものがある。

第7表　尿素処理によるロールベールの発熱抑制

（埼玉畜産センター，1997）

処理区分	35℃	40℃	45℃	50℃	55℃	60℃
無処理	3	5	9	11	45	70時間
尿素0.34%添加	4	8	13	59	77	—

注　糊熟後期収穫「はまさり」を水分23%に予乾ベール30cm深の昇温時間を示す

第16図に三重県農業技術センターが開発した飼料用イネのカッティングロールベーラ，歩行型ベールラッパ，複合型自走式マニュアスプレッダを示した。いずれも湿田に対応するクローラ型走行で，近距離流通に適した機械体系である。サイレージの品質確保の点で，圃場でベールするシステム化は安定流通にもつながり，今後，現地での実証活用が期待される。

②大規模圃場対応の事例

埼玉県は20年あまりにわたって，イネの飼料利用に取り組んでいる。

養牛地域と水田地帯が離れているため，数十kmの遠隔地流通を前提に，第9，11図に示した大型の飼料生産用機械による収穫・調製体系が主流となっている。県北部の妻沼町では8年間継続して，約8haを耕種農家が栽培し，酪農家が利用する栽培・利用協定を結んで，水田利用

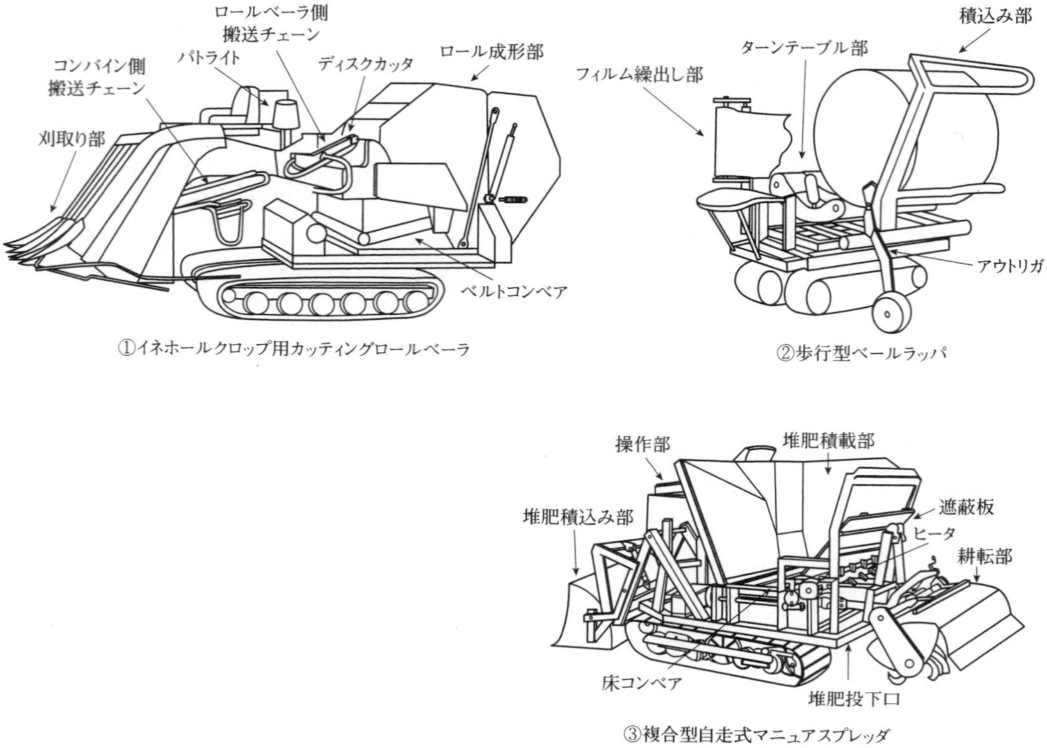

第16図　三重県農技センター開発の飼料用イネの収穫調製と湿田向け堆肥散布機

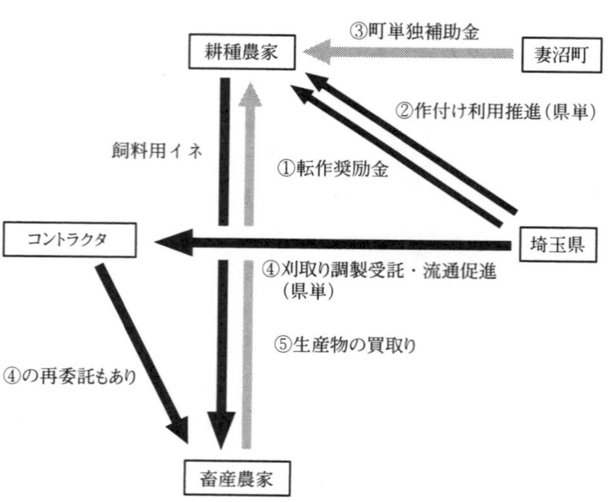

第17図　補助金と生産物の流れ（埼玉県妻沼町）

が行なわれている。

栽培と価格設定　栽培は地域の水田集団転作協議会（60名）が，ブロックローテーションにより飼料専用種「はまさり」の中苗移植栽培を行ない，播種から追肥までの管理作業を請け負っている。収穫から調製は酪農家集団（7名）が行なっている。

収穫期に生産・利用集団と普及員，役場職員の立ち会いで圃場ごとに生育・収量調査を行ない，価格交渉を実施する。

第17図に補助金と生産物の流れを示したが，飼料価格は水分15％換算で35円/kgで買い取られており，アンモニア処理による飼料価値の改善を見込むと購入乾草よりかなり有利である。

作業時間　ha当たりの作業時間は播種

から追肥までの栽培分野で約11時間，収穫から調製までが約7時間で完了している。

③飼料用イネの流通と飼料分析

畜産農家の利用をすすめるには流通と品質保証が不可欠となる。栽培，収穫・調製そして流通の3つの局面が円滑にリンクしてこそ，継続的な飼料用イネの活用が進むものと考えられる。

流通は，生産物の流れだけでなく，それを結ぶ「人と人のネットワーク」をいかに構築するかにかかっている。

また，調製加工した生産物の飼料価値は，アルカリ処理，サイレージなどの調製形態，収穫ステージの違いなどにより幅が大きく，給与にあたってその評価が不可欠である。各県で実施されているフォーレージテスト（粗飼料分析）事業のなかで，飼料用イネの検量線を保有し，給与農家へのサービスを図りたい。

4. 転作事業推進のポイント

（1）外部環境変化への対応

①畜産農家サイド

畜産農家をめぐる外部環境は，輸入飼料価格の上昇，乳価の低迷などからコスト削減が大きな課題になっている。加えて規模拡大により，粗飼料生産への労働配分が難しい状況にある。台湾わらの輸入制限もあって，肉牛農家は低価格の粗飼料を求める声が大きい。

一方，畜産物への消費者の要望は，安全な飼料による乳肉生産を期待している。飼料用イネは農薬を使用しないことから，これらの要請に十分応えうるものである。

「和牛とコメ」のコンセプトは消費者の受け入れやすいもので，今後，地域特産和牛，豚肉など差別化された畜産物生産に飼料用イネを加える意義が大きい。

②耕種農家サイド

耕種農業は担い手の老齢化と米価低迷や高い転作率から，生産意欲を減退させているのが現状で，わが国の水田管理が窮地に立っている。しかし，永年培ったイネ栽培技術で地域に貢献したいという意欲があるのだから，栽培と収穫・調製の役割分担を明確にして，播種～移植，水管理（追肥）だけを行なうようにすれば，労働時間も少なく，水田でのイネの栽培，管理を進めることができる。

したがって，①少ない労力で一定収入を確保できる，②栽培技術で収量を高めれば収入増に結びつくシステムを提案することが重要である。

③水田の公益的機能維持

環境保全の観点から，洪水の調節，水質浄化など公益的機能を果たすうえで，水田基盤を維持していくことの意義は大きい。さらに畜産農家から生み出される堆きゅう肥などの有機質肥料を広域的に活用することは，窒素資源の有効利用と同時に，飼料作物への硝酸態窒素の集積を回避できることにつながる。

したがって，事業推進の場面では，生産物と逆の流れとして，堆肥化された家畜ふん尿の流通を組み込んだ「土・飼料用イネ・家畜の循環」を取り入れることも意義がある。

（2）生産・利用組織の育成

飼料用イネの生産拡大を図るうえで，耕種農家と畜産農家を結びつける第三者（コーディネータ）の育成が不可欠である。

①農協，市町村および普及員の役割

事業開始初期は行政組織の綿密な支援が必要であるものの，持続的な活用を図るには，農協組織が主導的役割を果たし，市町村職員，農業改良普及員が援助していく形態が望ましい。

水田比率の高い市町村にとって，有意義な転作は自治体としての死活問題といっても過言ではない。地域の農家間の，また生産物の流通・販売にかかわるコーディネータの機能を発揮する組織づくりや人づくりもあわせて行ないたい。

②コントラクタ組織とTMRセンター

飼料作物全般を請負生産していく組織をコントラクタと呼んでいる。畜産農家側には，規模拡大にともなう個体管理労働の増大などから，飼料作物栽培，搾乳作業などの労働力を外部に求め，畜産物の加工販売などに経営スタイルを変更する動きもある。地域のマンパワーや輸送手段などを掘り起こし，飼料用イネの収穫・調製にも対応できるコントラクタや協業組織の育成が求められている。

給与面では，地域の未利用資源，飼料用イネなどを適正に配合し，畜産農家に供給するTMRセンターも期待されている。

執筆　吉田宣夫（埼玉県畜産センター）

1998年記

参考文献

伊藤昌光．1979．農業技術大系畜産編．青刈イネの栽培技術．農文協．東京．

浦川修司．1997．流通を目的とした稲ホールクロップサイレージの生産技術と品質評価に関する研究．三重県農技センター特研報．3.

内田仙二ら．1972．サイレージの調製法に関する研究．第20報．岡山大農学部学術報告．40.

名久井忠ら．1988．稲ホールクロップサイレージの調製と飼料価値の評価．東北農試研報．78.

草地試験場．1997．平成9年度草地飼料作物関係問題別研究会「農地の有効利用による自給飼料生産の拡大をめざして」．草地試験場資料平成9－2.

吉田宣夫．1991．ホールクロップ稲の生産と利用．畜産の研究．養賢堂．東京．

吉田宣夫．1994．水稲及び繊維性圃場副産物のアルカリ処理及び生物的処理による飼料価値の向上に関する研究．埼玉県畜試特研報．1.

ホールクロップサイレージ用飼料イネの栽培技術（暖地・温暖地）

わが国の畜産は輸入飼料に大きく依存しており，畜産飼料の自給率向上と輸入飼料を媒介とする家畜の病気の侵入防止のために，畜産飼料の国内自給が強く求められている。一方，稲作では米の需給安定の観点から米の生産調整が求められている。このような状況のなかで，夏に雨の多いわが国の気象条件に適し，また，転作が困難な湿田でも栽培が可能な飼料イネは，水田農業の振興と畜産飼料の自給率向上に有効な作物と位置づけられ，その生産と利用の拡大が期待されている。

飼料イネの作付け面積は年々増加し，平成15年度は全国で約5,000haに達した。なかでもホールクロップサイレージ用飼料イネの作付けが増えている。ホールクロップサイレージとは，糊熟期から黄熟期にかけて籾と茎葉部を同時に収穫し，細断・密封して発酵粗飼料に調製したもので，ホールクロップサイレージ用飼料イネ（以下では，単に“飼料イネ”と称する）には，乾物収量（籾と茎葉部を合わせた重さ），TDN収量（可消化養分総量）が高いこと，飼料としての栄養価や嗜好性に優れること，さらに農薬散布をなるべく少なくするために強い病害抵抗性をもっていることや，低コストを目指した直播栽培に向くことが求められる。これまでに，通常の水稲品種よりも乾物収量が高い専用品種として‘はまさり’‘ホシアオバ’‘クサノホシ’‘クサホナミ’‘クサユタカ’などが育成されてきたが，同時に，安定多収・低コスト栽培技術の開発も進められている。

（1）作期・作型

飼料イネを栽培する場合，その前作・後作，作付け体系，水利慣行などにより，作付け時期は制限される。これらの制限がない場合，暖地・温暖地で多収を目指すためには，生育期間が長くなる早植え栽培が有利である。第1図には，暖地での早植え（5月下旬移植）と普通期植え（6月中旬移植）での乾物収量を示した。供試した3品種・系統ともに早植えのほうが多収となっている。

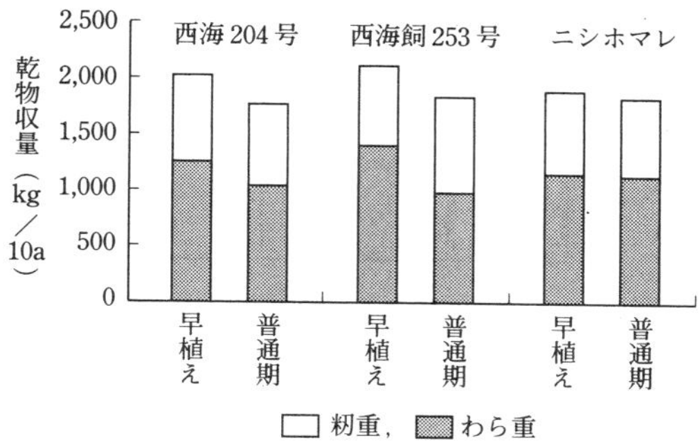

第1図　早植え栽培と普通期栽培における乾物収量（暖地）

九州沖縄農研・稲育種研究室（2002年）
10a当たりの窒素施肥量は，早植えが12kg，普通期が16kg

（2）直播栽培

水稲の直播栽培には，出芽・苗立ちが不安定なことや倒伏しやすいという欠点があったが，近年，多様な播種方式による播種機の開発や栽培管理法の研究が進み，その安定性が増してきた。直播栽培の最大のメリットである省力・低コストの観点から，飼料イネ栽培を直播栽培で行なっている例が少なくない。さらに，穀実ではなくホールクロップとして利用する飼料イネ栽培では，直播栽培は，十分な生育期間が確保できる暖地・温暖地では移植栽培よりも多収となる事例（三王ら，2002）も多く（第2図），多収栽培法となる可能性がある。直播による飼料イネ栽培面積は，平成14年度では湛水直播が600ha程度，乾田直播が200ha程度とみられている。ここでは，栽培面積が大きい湛水直播栽培について述べる。

①打込み式点播直播栽培

農業・生物系特定産業技術研究機構九州沖縄農業研究センターでは，温暖多雨の九州地域に適した湛水直播方式として「打込み式代かき同

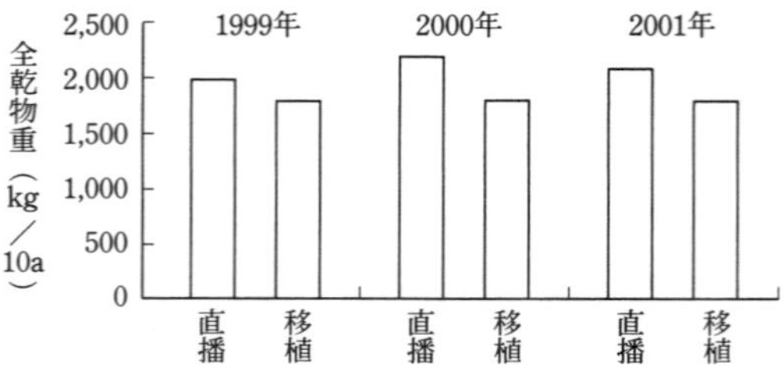

第2図　直播栽培と移植栽培における乾物重（温暖地東部）

三王ら 2002，日作紀 71：317－327 から抜粋。品種：タカナリ
玄米重は水分 14.5％換算，乾物重は収穫期（成熟期）の値
直播：4月28日～5月2日に播種（湛水直播），移植：5月24～30日植え

時土中点播（ショットガン直播）」が開発され，九州地域だけではなく全国に普及しはじめている。この播種機は種子ホッパー，播種ロール，打込みディスクからなり，代かきハロー後部に取り付けるものである。5～8粒のカルパー被覆種子が，楕円形の株状に打込み播種され，播種深は10mm程度，10a当たりの播種所要時間は約15分で，播種後に約1週間落水状態で管理すると，苗立ち率や初期生育が向上する。飼料イネには長稈のものが多く倒伏が懸念されるが，この方式で播種したイネは，生育中～後期にしっかりした株を形成し，根張りが頑丈で倒伏しにくいという特徴がある。

第1表　無カルパー種子を打込み点播した場合の苗立ち率（暖地）

品種・系統	湿籾千粒重 (g)	乾籾千粒重 (g)	(a) 播種粒数 (粒 /m²)	(b) 苗立ち数 (本 /m²)	(b/a) 苗立ち率 (%)	出芽深 (cm)
Te-tep	26.8	21.8	238	156	66	0.44
ホシユタカ	28.1	22.0	194	101	52	0.42
TAPORURI	29.3	22.2	212	120	57	0.46
アケノホシ	33.5	26.1	168	75	45	0.57
ヒノヒカリ	34.3	26.8	141	70	50	0.45
西海 203 号	37.7	29.5	166	78	47	0.41
西海 198 号	37.8	29.6	126	47	37	0.39
クサノホシ	39.2	30.8	127	48	38	0.51

注　九州沖縄農研・栽培生理研究室（2001年）
7月19日に8条の打込み点播機で播種，播種後落水管理による

②無カルパー籾による湛水直播栽培

湛水直播栽培では，出芽・苗立ちの安定化のために酸素発生資材を被覆した籾（カルパー被覆籾）を播種するのが一般的である。しかし，より省力・低コストを目指して無カルパー籾を播種する技術が開発されつつある。湛水直播栽培では，播種後の落水管理が定着し，水管理が容易な圃場では，今後無カルパー籾でのより高い出芽率の確保が期待される（第1表）。乾物収量を目的とした場合は，玄米収量を目的とした一般栽培に比べて，より高い苗立ち密度で乾物収量が向上する傾向にある。このため，出芽の不安定性をカバーする意味からも，播種量を多くする必要がある。

また，種籾に鉄粉をコーティングして播種する方法は，発芽や出芽に悪影響はなく，播種深の確保による浮苗回避や鳥害対策に有効とされ，その利用技術について検討が進められている。

③田植機を利用する湛水直播栽培

田植機を使った湛水直播栽培技術も開発されている。農業・生物系特定産業技術研究機構中央農業総合研究センターが開発した方式は，ポリウレタンマットに種籾をすじ状にのりで接着したものを，仕様の一部を変えた田植機で播種（植付け）するものである。また，山口県農業試験場が開発した方式（マット式湛直）は，フェノール樹脂発泡体マットにカルパー被覆籾を押し込んだものを専用かき取り爪に交換した田植機で土中に点播する方式である。この方式は稚苗移植と同程度の高速作業も可能となっている。これらの方式は，田植機の一部の部品を交換すればよいので，新たな機械購入の必要がないという利点がある。

④スクミリンゴガイ対策

暖地，温暖地における湛水直播栽培では，出芽・苗立ち時のスクミリンゴガイ（ジャンボタニシ）の食害が大きな問題点の一つである。近年，夏作物としてダイズやキャベ

ツを導入した圃場では，翌年の水稲栽培での貝密度が要防除密度以下まで低下し，被害がほとんど生じないことが明らかとなった。同一圃場で水稲を2年間続けて栽培せずにダイズなどを1作はさむことでスクミリンゴガイの被害を回避することができる。ただし，水路から貝の侵入が予想される場合は，水口に網袋などを設置して，水稲栽培時期の貝の侵入を防止する必要がある。

前年に水稲を栽培した圃場では，播種前に石灰窒素を散布するのが効果的である。ただし，石灰窒素はイネに対して薬害があるので，散布から水稲播種までに7日間程度の間をあける必要がある。また，石灰窒素は窒素肥料なので，基肥や追肥を調整する必要がある。

播種前に貝密度を低下させる方法として，耕うんによる機械的防除がある。土が硬い時期（水稲の収穫後など）に，ロータリを高速回転させ，狭い耕うんピッチでゆっくりと走り，時間をかけて耕うんすると殺貝効果が高い。

（3）移植（疎植）栽培

飼料イネも，通常の水稲栽培と同様に機械移植栽培されるのが一般的である。移植での省力・低コスト栽培技術として，疎植栽培が普及面積を伸ばしている。飼料イネ栽培でも疎植栽培が検討されており，標準的な密度で移植した場合と同等からやや劣る程度の乾物収量やTDN収量が得られている。条間を同じにして株間を通常の2倍にひろげると，必要な苗箱数は半分となり，育苗経費の低減や苗箱の運搬などにかかる作業の軽労化が可能である。

（4）2回刈り栽培

前作や後作による栽培期間の制限が小さい場合には，2回刈り栽培の導入が可能である。飼料イネをなるべく早植えにして，出穂期から穂揃期頃に1回目の刈取りを行ない，その刈株から再生してきたイネを再び生育，出穂させて，糊熟期から黄熟期に2回目の刈取りを行なう。

2回刈り栽培には，気象災害の危険分散，一般水稲栽培との作業競合の回避が図られるという利点がある。また，1番草は粗蛋白質含有率が高く，2番草はTDN含有率が高く，両者で栄養価が異なる。刈取り時期による草の内容成分の違いを活かして，1番草と2番草の組合わせによる牛への合理的給与が可能となるという利点もあげられている。九州地域では，専用品種である‘モーれつ’や‘スプライス’を早植えして2回刈り栽培することで，1回刈り栽培以上の乾物収量が得られている。また，飼料イネ品種のなかには，乾物収量は高いものの長稈で耐倒伏性に劣り脱粒しやすい品種もあるが，これらの問題を回避しつつ，品種がもつ高い乾物生産能力を活かす一つの方法としても2回刈り栽培が考えられる。

（5）栽培管理

①窒素施肥法

乾物収量やTDN収量の多収化を目指した施肥法が検討されている。飼料イネでは一般栽培に比べて多肥条件下で多収となっている（石川ら，2002）（第2，3表）。

近年開発された専用品種は，茎葉部の貢献が従来の品種よりも大きいが，乾物収量やTDN収

第2表　乾物収量の施肥法間差（温暖地東部）

（単位：kg/10a）

窒素施肥量	黄熟期乾物重			
	タカナリ		クサホナミ	
	2000年	2001年	2000年	2001年
27	2,000	2,140	1,910	2,020
18	1,890	2,130	1,830	1,790
9	1,600	1,470	1,640	1,610

注　石川ら2002．日作紀 71（別1）：20—21から抜粋
　　5月11～12日に移植

第3表　乾物収量とTDN収量の施肥法間差（暖地）

（単位：kg/10a）

窒素施肥量	黄熟期		成熟期乾物収量
	乾物収量	TDN収量	
19.5	1,540	776	1,660
15	1,450	733	1,530
12	1,440	722	1,490

注　九州沖縄農研・栽培生理研究室（2002年）
　　西海204号を供試し，6月18日に移植

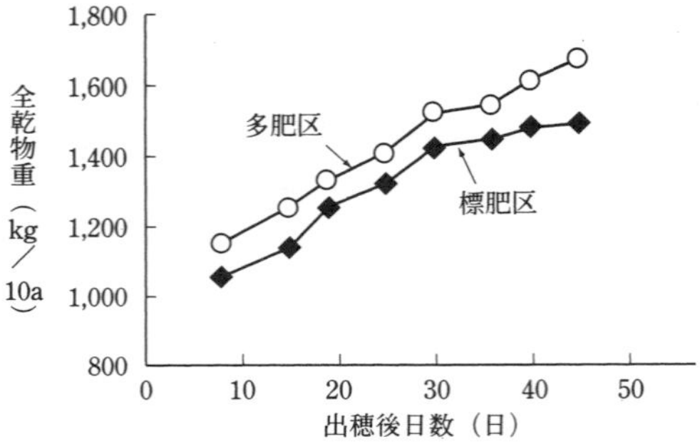

第3図　地上部乾物重の推移

九州沖縄農研・栽培生理研究室（2002年）
供試系統：西海204号

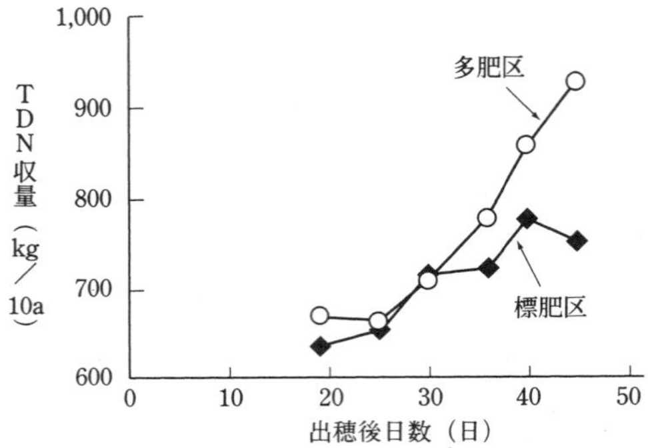

第4図　TDN収量の推移

九州沖縄農研・栽培生理研究室（2002年）
供試系統：西海204号

量を上げるためには穀実部を大きくすることが不可欠である。このため，一般栽培の施肥体系が基本となる。

また，暖地での湛水直播栽培では，基肥として速効性肥料を用いると，播種後の落水管理により土壌中の窒素量が低下して低収となることがある。播種後落水管理を伴う湛水直播栽培では，基肥として緩効性肥料を使うのが効果的である。

飼料イネ栽培では，一般の水稲栽培以上に省力・省資材が求められる。ホールクロップサイレージ用として開発された品種の特性を最大限に活かして，安定・多収が実現される施肥法が明らかにされる必要がある。

②堆厩肥を主体とした施肥法

茎葉部を圃場から持ち出す飼料イネ栽培では，地力維持の観点から有機物施用法を確立する必要がある。また，このことは，家畜排泄物を有効利用する有機資源循環型の栽培技術という観点からも重要な課題である。近年，これら有機物の肥効が明らかにされてきている（西田ら，2001）。

牛糞堆肥は窒素利用率が2～6％と低く，その単独施用では高収量は望めない。一方，豚糞堆肥は窒素利用率が18％程度で，単独施用でも多収が可能である。また，米ぬか，稲わら，麦わらの窒素利用率はそれぞれ30％，15％，15％程度である。今後，これらの有機物を連用した場合の効果が明らかにされ，堆厩肥などの有機物を主体とした飼料イネ栽培技術が確立される必要がある。

③刈取り適期

ホールクロップサイレージ用飼料イネの刈取り適期は，一般的には黄熟期とされている。しかし，刈取り適期は品種や栽培法（施肥法）で異なると考えられる。一例として‘西海204号’を多肥栽培した場合は，黄熟期から成熟期までの乾物収量やTDN収量の増加量がきわめて大きく（第3，4図），刈取り適期を再考する余地がある。また，収量性だけでなく，家畜に給与したときの消化性や栄養価からの評価が必要である。

執筆　楠田　宰（独・農業・生物系特定産業技術研究機構野菜茶業研究所）

2004年記

参 考 文 献

石川哲也・井尻勉．2002．ホールクロップサイレージ用稲の多肥条件における生育と乾物生産．日作紀．**71**（別1），20—21．

西田瑞彦・土屋一成．2001．暖地直播水稲栽培に施用した有機物の肥効．九農研．**63**，58p．

三王裕見子・富沢洋平・真野ゆう子・大川泰一郎・平沢正．2002．湛水直播栽培した水稲タカナリの乾物生産特性—慣行移植栽培した水稲との比較—．日作紀．**71**，317—327．

ホールクロップサイレージ用飼料イネの栽培技術（北陸）

北陸は稲作の比重が非常に高い農業地帯であり，水田作の多様化が大きな課題となっている。しかし，積雪や重粘質土壌などに制約され，作目選択の自由度は他地域に比べて小さい。そのなかでホールクロップサイレージ用飼料イネは，水田機能や水田作用施設機械装備をほぼそのまま活用することができる転作作物として注目を集めている。北陸地域で飼養されている乳用牛約2万4,000頭，肉用牛約2万6,000頭の粗飼料を地域内で自給できれば畜産安定化のうえでの意義も大きい。北陸地域での飼料イネの技術開発と生産の歴史は比較的浅いが，試験研究期間と生産者が密接に連携しながら歩を進めているところである。すでに地域適応性の高い専用品種‘クサユタカ’‘夢あおば’が育成され普及に移されるなど，急速な進展を見せている。

（1）作期・作型と品種の選択

①北陸は作型が単純で作期が短い

北陸地域の水稲作型は単作が主流で，ムギ類など冬作との二毛作は非常に少ない。作期も比較的単純で，4月下旬～5月中旬頃までが移植時期であり，4月中旬以前の早植えや6月中旬以降の遅植えはほとんどない。多雪地帯であり雪どけを待たないと育苗や本田準備作業にとりかかれないこと，春先の気温が低く水稲の生育が不安定なため早植えが困難であり，さらに6月以降の遅植えでは収量もさることながら玄米品質が劣り，地域によっては出穂期が晩限を越えるためである。

大規模経営では5月末～6月初旬まで移植作業が続く場合もあるが，4月末～5月上旬の連休期間中とその前後に移植が集中する作期が主流である。高温登熟による玄米外観品質低下を避けるため，新潟県や富山県では2003（平成15）年頃から移植時期を5月10日以降として出穂期を遅くする取組みを始めており，福井県や石川県でも4月下旬というあまりに早い田植えは避けるように呼びかけている。このため，最近では移植時期がやや遅くなる傾向にあるが，それでもやはり4月末～5月中旬までが標準的な移植時期である。さらに，作付け品種の構成は主力である中生の‘コシヒカリ’＋早生品種の組合わせで，晩生品種はほとんど作付けされていない。そのため，収穫期も8月末～9月下旬の約1か月間に集中している。以上のように，作型が単純で作期幅が短く，収穫期が短期集中することが北陸の稲作の大きな特徴である。

②食用イネ収穫との作期競合を避ける

飼料イネは，栽培主体が畜産農家自身であれ稲作農家であれ，通常，食用イネと併せて生産されるので，収穫が競合しない作付け計画の策定が必要である。この点，早期栽培や早植え，普通期栽培，二毛作体系での遅植えなど作型が多様で作期幅の長い暖地～温暖地では比較的計画立案の自由度が高いが，北陸ではその余裕は少ない。北陸の稲作経営に飼料イネを導入するに際しては，作期の自由度が小さいなかで食用イネと競合しない作付け計画を立てることが重要なポイントとなる。北陸と同様に早植えや遅植えがほとんどなく，晩生品種も少ない東北地域についても以上のことは適用されよう。

現実的には，飼料イネの収穫期は中生の‘コシヒカリ’の収穫期とその前に位置する早生品種の収穫期と競合しないような設定を行なう。したがって選択肢は，1）早生品種の収穫前，2）早生品種収穫と‘コシヒカリ’収穫の間の時期，3）‘コシヒカリ’の収穫期以降，の3つとなる。

このうち，3）は，秋季の天候が不安定な日本海側・北陸地域では作業上の問題点が多い。早生・中生品種では成熟期をかなりすぎるので倒伏によるサイレージ品質低下のおそれがある。遅植えでは多収が望めないなどの理由から主流とはなりにくい。

2）は多くの場合さほど長い日数はないので，天候によって前後の食用イネ収穫と作業競合が起こる危険性が高い。したがって現状では，1）の早生品種より早い時期の収穫が最も望まれる。

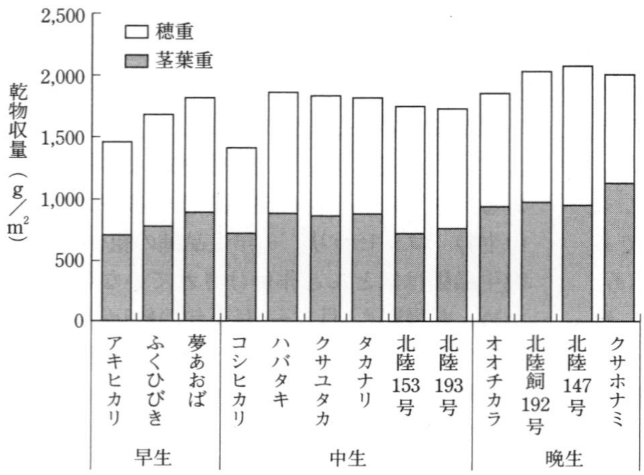

第1図　飼料イネ専用品種の熟期と地上部収量
（中央農研・北陸研究センター栽培生理研究室，2004）
5月16日移植，10a当たり窒素施用量は9kg，比較のコシヒカリは5kg

早い時期の収穫が望まれるのは，食用イネとの作業競合上の理由だけではない。ほぼ8月中となるこの時期の収穫であれば秋雨の影響を受けず順調に収穫を進められる可能性が高く，食用イネの作業スケジュールに影響を及ぼす危険性が小さい。また，ダイレクトカット収穫でない刈り倒して圃場乾燥する収穫体系の場合，8月中の高温・多日射条件では短期間でよく乾燥するので，収穫物の水分含有率を低く抑えて発酵品質のよいサイレージに仕上げることができる。このような背景から，現状では食用イネ収穫前の作期が北陸地域の主流と考えられる。実際の時期としては北陸南部では8月中下旬，北部では8月下旬～9月初旬に相当する。

ただし，飼料イネの作付け面積が少ない場合は，2）の時期に設定することも十分あり得る。また，収量は生育期間の長い晩生品種を用いた，3）の作期が最も多収となることが多いので（第1図），補完的作付けとして，晩生品種による，3）の作期も有効であろう。同じく遅植えによる，3）の作期を補完的に位置づけることもできるが，この場合，収量は普通期栽培よりも低くなる（第2図）。

なお，北陸地域でのオオムギとの2年3作体系における飼料イネ・食用イネの作業競合回避のための播種・収穫支援ツールが作成されており（佐々木ら，2005），希望者は試用版を利用することができる（Microsoft Excel 2000以上が必要，http://cse.naro.affrc.go.jp/ryouji/SagyouSim.htm からダウンロード）。

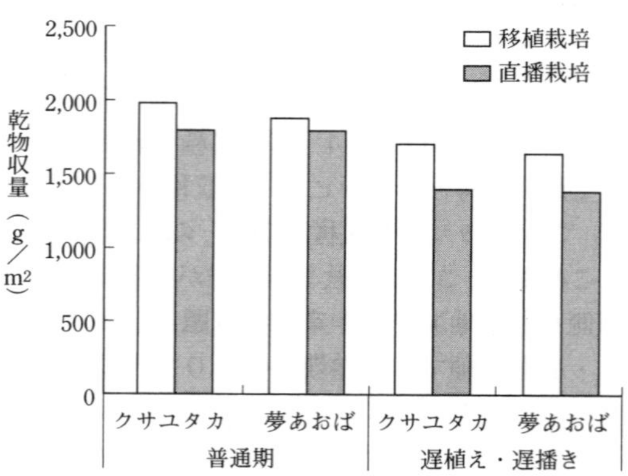

第2図　移植栽培と直播栽培での作期と乾物収量
（中央農研・北陸研究センター栽培生理研究室，2004）
移植日：普通期5月16日，遅植え6月13日
直播播種日：普通期5月12日，遅播き6月16日
10a当たり窒素施用量は移植栽培9kg，直播普通期9kg，直播遅播き5kg

③品種は早生～中生品種とする

食用イネ収穫前の作期とすると，利用可能な品種は熟期が早生～中生の品種となる。飼料イネの場合，刈取りは籾の成熟を待たずに行なわれる。糊熟期～黄熟期，一般には黄熟期に行なうので，食用イネより早いステージで収穫できる。したがって，中生品種を選択してもよいが，できる限り早い時期の移植を行なう必要がある。移植に比べて出穂が遅れる直播栽培では，早生品種を選択したほうが安全である。第3図に新潟県における食用イネと飼料イネの移植・直播栽培での作期設定例を示した。年次により変動があるが，品種と栽培法による作期の違いを考慮して収穫期の分散を図る必要がある。

品種としては北陸各県で栽培されている多くの品種が栽培可能であるが，1）倒伏しやすい品

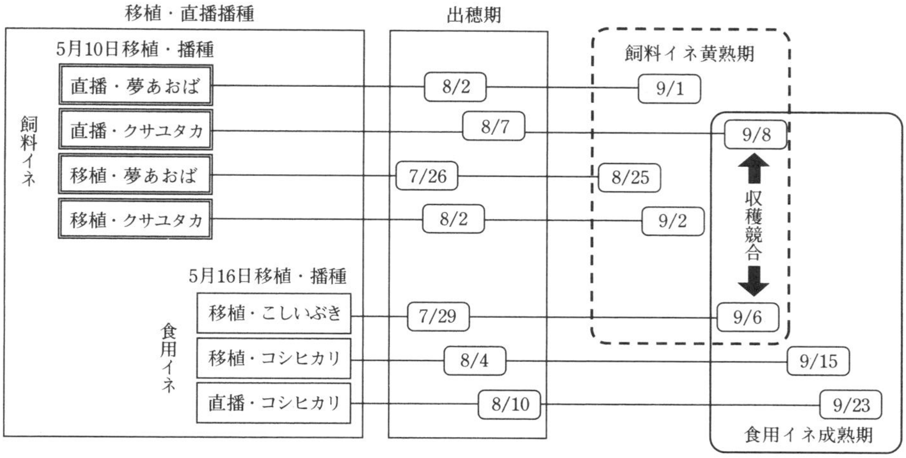

第3図　新潟県における飼料イネと食用イネの作期設定例

（中央農研・北陸研究センター栽培生理研究室，2002）

図の作期では直播・クサユタカと移植・こしいぶきで収穫競合が発生した。ただし，直播・クサユタカは8月27日に糊熟期に達しているので，稲体水分によるがそれ以降の早い刈取りも可能である

種，2）病害虫に弱い品種，3）収量性の低い品種は適さない。倒伏した場合，収穫作業が繁雑になるとともにロスが増えるし，何よりも水分過多や泥付着によりサイレージ品質が著しく低下するからである。また，飼料イネに使用が許されている病害虫防除薬剤が限られること，安全性とコストの面からできるだけ防除を避けたいこと，多肥栽培で多収をねらいたいことなどから，病害虫に弱い品種も避けるべきである。玄米収量性の低い品種は茎葉を含めた全重多収も望めないので，これも飼料イネには適さない。直播栽培を行なう場合には，発芽苗立ちが良好で耐倒伏性が強いなど直播適性のある品種を使うことが望ましい。北陸地域に適した専用品種として早生の‘夢あおば’，中生の‘クサユタカ’が近年育成されている。これらの品種は全乾物収量，TDN収量ともに高く，耐倒伏性に優れ直播栽培にも適している。

（2）栽培上の留意点

①移植や直播播種はできるだけ早い時期に

食用イネとの収穫競合を回避するため，移植や直播播種は作期内のできるだけ早い時期に行ないたい。早めることによって生育期間も長くなるので，収量確保のうえからも有利である。富山県と新潟県の平坦地では，前述のように食用イネの移植時期を遅らせる取組みを展開中なので，これらの地域では気象条件や水利条件さえ満たされれば，飼料イネと食用イネの作期に相当の間隔をおくことも場合によっては可能である。なお，超多収品種である‘タカナリ’や‘ハバタキ’などはインド型イネの遺伝的性質をもっており，低温害を受けやすいので早い移植や直播には向かない。

②播種量設定は千粒重に注意

最近育成された飼料イネ専用品種は，食用イネとの玄米の識別性をもたせるため千粒重が大きい大粒～極大粒品種となっている。‘クサユタカ’は‘コシヒカリ’など通常の食用イネの1.5倍以上，‘夢あおば’は1.2倍程度の千粒重がある（第1表）。このため，苗箱播種量や直播播種量を食用イネ品種と同じように設定すると苗が不足する。移植では欠株が発生しやすくなり，直播では苗立ち密度が低くなってしまう。飼料イネ専用品種を利用する場合，千粒重を確認し，苗箱当たり播種量の割増しを必ず行なう。

③多肥栽培で全重多収をねらう

‘コシヒカリ’など食用イネでは，食味・品質

第1表　主な飼料イネ専用品種の玄米千粒重（g）

品種名	玄米千粒重	一般食用品種に対する倍率
クサユタカ	34.5	1.5 ～ 1.7
夢あおば	26.5	1.2 ～ 1.3
ホシアオバ	29.4	1.3 ～ 1.5
クサノホシ	24.3	1.1 ～ 1.2
クサホナミ	20.3	0.8 ～ 1.0
はまさり	18.5	0.8 ～ 0.9
ニシアオバ	31.1	1.4 ～ 1.6
一般食用品種	20 ～ 23	—

確保の観点から窒素施肥量が設定されており，一部地力の低い地域を除き中間追肥（分げつ肥）もほとんど施用されない。しかし，茎葉を含む全重多収を目標とする飼料イネはこの施肥量，施肥法では多収確保は難しい。倒伏を生じない限り施肥量を増やした多肥栽培を行なう。このためにも，導入する品種は耐倒伏性があり多肥栽培に向く専用品種を採用したい。第2表に示したように，飼料イネ専用品種は食用品種に比べ多肥栽培で全重収量が増えやすい特性をもっている。また，‘夢あおば’や‘クサユタカ’は分げつが少ないタイプなので，分げつ期（苗1個体に分げつが4～5本程度発生した時期）に窒素追肥を施用して，分げつ茎の充実と穂数の確保を行なう。穂肥時期は食用イネのような厳密な設定は不要で，回数も2回に分ける必要はない。窒素合計施用量は‘コシヒカリ’の1.6～2倍程度であるが，これは地力の違いに応じて増減する必要がある。

第3表に移植栽培での施肥体系の概略を示した。耐倒伏性の強い飼料イネ専用品種においては，葉色の維持が多収のための重要なポイントであり，出穂前30～40日前以降は葉色票5～5.5以上の葉色を保持するようにしたい。

④疎植栽培は注意が必要

北陸南部の食用イネでは，慣行より少ない18株/m²程度の疎植にする栽培が普及しつつある。疎植は単位面積当たりの箱苗数が減るため省力・低コストの面で効果があるが，全重確保が必要な飼料イネでは気象条件によっては多収が得られない場合もあると考えられる。疎植栽培の適用可能な地域や品種・作期については今後の検討課題であるが，現状では生育期間が短い早生品種ならびに‘クサユタカ’‘夢あおば’など少げつ性の飼料イネ専用品種，そして平均気温がやや低い北陸北部では，全重の安定的確保を優先するため疎植栽培は避けたほうがよいだろう。

⑤SU系除草剤抵抗性雑草対策

SU系除草剤に抵抗性を有した雑草が問題になっているが，北陸地域でもイヌホタルイやアゼナなどの草種で抵抗性をもったものが確認されている。対策として，食用イネ栽培には非SU系成分でこれらの抵抗性雑草に効果がある初中期一発剤を適用することで防除可能である。しかし残念ながら，

第2表　窒素施用量と飼料イネ専用品種の乾物収量

窒素施用量（kg/10a）	品　種		
	夢あおば	クサユタカ	コシヒカリ（参考）
5kg（基肥＋穂肥）	1,450（100）	1,499（100）	1,396（100）
7kg（基肥＋中間追肥＋穂肥）	1,711（118）	1,799（120）	1,466（105）倒伏
9kg（基肥＋中間追肥＋穂肥）	1,827（126）	1,934（129）	1,550（111）倒伏

注　乾物収量はkg/10a。（　）内は各品種とも窒素5kg施用時の収量を100とした値

第3表　飼料イネ専用品種の窒素施肥のめやす（窒素kg/10a）

品　種	基　肥	中間施肥		施肥1		施肥2		合計
	施用量	施用量	施肥時期	施用量	施肥時期	施用量	施肥時期	施用量
飼料イネ専用品種（夢あおば，クサユタカ）	3	3	苗当たり分げつ4，5本発生時	3 ～ 4	出穂前 35 ～ 25 日	—	—	9 ～ 10
食用コシヒカリ（参考）	2 ～ 3	—	—	0.5 ～ 1.5	出穂前 18 ～ 15 日	0.5 ～ 1.5	出穂前 10 日	3 ～ 6

注　食用コシヒカリは新潟県平坦部（粘質土壌）での基準
　　飼料イネ専用品種は中央農研・北陸研究センター栽培生理研究室データによる

今のところ飼料イネ栽培に使用可能とされている初中期一発剤に有効なものはなく，生産現場でも抵抗性雑草が繁茂する例が見受けられる(第4図)。このような場合，移植栽培ではベンタゾン粒剤とシハロホップブチル・ベンタゾン液剤，直播栽培ではシハロホップブチル・ベンタゾン液剤がそれぞれ使用が認められているので，これらの剤を用いて防除する。

第4図　飼料イネ圃場に発生した除草剤抵抗性とみられるアゼナ
（新潟県上越市・飼料イネ直播圃場）
特定の草種のみ残存する場合は除草剤抵抗性が疑われる。写真の圃場はヒエなど他の草は見あたらず，アゼナ（アメリカアゼナ）のみ繁茂していた

(3) 直播栽培

省力・低コスト性が高い直播栽培は飼料イネ栽培に適している。北陸地域は全国で最も直播栽培の普及が進んだ地域であるが，培われた栽培技術は飼料イネにも基本的に適用可能である。その場合，湛水直播では条播・散播・点播などいずれの播種法を用いてもよいが，作業能率と低コスト性の面では散播栽培が最も適する。直播栽培時の留意点は食用イネとほぼ同じであるが，直播ではとくに次の事項に注意する必要がある。

①酸素発生剤粉衣

より低コストを目指すためには，酸素発生剤を粉衣しない裸籾での播種が有効である。しかし，条播や点播など土中に強制的に種籾を埋没させる播種方式では，出芽が抑制され苗立ち率が極端に低くなる。土中に強制的に種籾を埋没させる方式では，酸素発生剤は必ず粉衣する。種籾が地表下にあまり埋没しない散播では，酸素発生剤を粉衣しない播種が可能である。ただし，地表面への露出籾があまりに多いと浮き苗多発の要因となるので，代かきから播種までの期間をあまりあけない（田面を硬くしない）ようにしたり，田面均平を確保し播種時に滞水部分をできるだけ少なくすることなどに努める。

②播種時期

北陸地域では，直播の播種期は日平均気温が15℃以上となる時期が基本である。富山県や新潟県では5月第2半旬以降に相当する。しかし，これより前の時期であっても，酸素発生剤粉衣が確実になされ，播種深度が10mm以内であればより早い時期の播種でも70％前後の苗立ち率が期待できる（鍋島ら，1991）。富山県の食用イネ直播現地播種では4月末から播種している。飼料イネはできるだけ早い時期に収穫したいので，直播の播種も可能であればできるだけ早めたほうがよい。ただし，前提として酸素発生剤粉衣を行なうことと，深すぎない適正な播種深の確保が必須条件となる。

③苗立ち密度と施肥法

食用イネ品種を用いる場合，倒伏を防ぐ点から苗立ち密度と施肥法は食用イネの基準に準拠する。しかし耐倒伏性の強い‘クサユタカ’や‘夢あおば’などの専用品種ではこれらの基準では多収が得られない。湛水散播直播の場合，最低限70本/m^{2}以上の苗立ち密度を確保し，5月上旬播種の場合，窒素施肥量7～9kg/10aを基肥・分げつ期追肥・穂肥の3回に分けて等量分施し，6月中旬の遅播きでは4～5kg/10aを基肥・分げつ期または穂首分化期の2回に分けて等量分施する（松村ら，2004）。多くの試験結果で最多収量は120～160本/m^{2}の高い苗立ち密度で得られているが（松村ら，2005；湯川ら，2005），これは，‘クサユタカ’や‘夢あおば’が分げつが少ない穂重型タイプのイネであり，穂数が確保しにくい特性を有するためである。

飼料イネ（WCS・飼料米）の利用

執筆　松村　修（(独) 農業・生物系特定産業技術
研究機構中央農業総合研究センター）

2005年記

参考文献

松村修・山口弘道・千葉雅大・関　誠．2004．飼料用イネ品種「クサユタカ」「北陸187号」の直播栽培での最適苗立密度と施肥法．日作紀．**73**（別1），12—13．

松村修・山口弘道・千葉雅大．2005．飼料用水稲「クサユタカ」「夢あおば」の直播での窒素施用量と苗立密度．関東東海北陸農業研究成果情報平成15年度Ⅲ（印刷中）．

鍋島学・沼田益朗・笠原正行．1991．富山県における水稲直播栽培の播種適期に関する研究．富山農技セ研報．**10**，19—31．

佐々木良治・松村修・湯川智行・元林浩太．2005．飼料イネと大麦の2年3作体系における播種・収穫作業計画作成の支援ツール．日作紀．**74**（別1），280—281．

湯川智行・元林浩太・米村健・佐々木良治・大嶺政朗・高畑良雄．2005．作業競合を回避して実収量を高めるための飼料イネ生産体系の要点．関東東海北陸農業研究成果情報平成15年度Ⅲ（印刷中）．

ホールクロップサイレージ用飼料イネの栽培技術（東北）

東北地域は水稲の単収が高い多収地帯であり，水稲の作付け面積および生産量は全国の約4分の1を占める産地である。一方，畜産についても，県による程度の差はあるものの，他地域と比較して高い生産高を示している。このような条件のなか，東北地域でのホールクロップサイレージ用水稲（以下，飼料イネ）の安定栽培技術の確立および普及は，水稲の生産調整が増大するなかで水田農業を維持することや，先進国のなかでも特段に低いわが国の食糧自給率向上を達成するために重要となる。なお，東北地域の飼料イネの作付け面積は，2000（平成12）年以降急増しており，2004（平成16）年には約900haに達し，全国の飼料イネ作付け面積の20%以上を占めている。

（1）多収のための作期・品種の選定

①作期と乾物収量との関係

東北地域では水稲の生育可能期間が短く，作付け時期（移植時期，直播時期）と収穫時期（黄熟期）がある程度限定されるため，飼料イネ栽培の作期を普通品種の作期とずらすなどの対応が困難であるとともに，乾物収量の確保の点で生育期間が短いことは不利な条件となる。

第1表に水稲の生育可能期間の地域間差の目安として，直播栽培での播種可能時期の目安となる平均気温が13℃に達する暦日の平年値，出穂晩限の目安となる出穂後40日間の平均気温が20℃になる出穂時期の平年値を示した。この値をもとに東北地域（仙台市および秋田市）の水稲生育可能期間を他地域の事例と比較すると，九州（熊本市）に対しては50日以上，北陸（高田：上越市）との比較でも10～20日間短くなっており，このために生育期間に確保可能な積算気温や積算日射量も減少している。東北農業研究センター（秋田県大仙市）における移植から出穂までの生育日数と黄熟期の乾物収量との関係についてみると（第1図），全般に生育日数が長くなると黄熟期の乾物収量も高くなる傾向が認められるが，出穂までの生育期間が90～95日程度のときに乾物収量が最大になっており，生育日数が100日を超えた場合の乾物収量の増加程度は小さくなっている。本データの移植時期は5月中旬であることから，乾物収量が最大になる出穂期は8月20日頃であり，この時期までに出穂期を迎えて9月下旬までに収穫期に達する場合に収量が安定的に高くなるものと推察される。

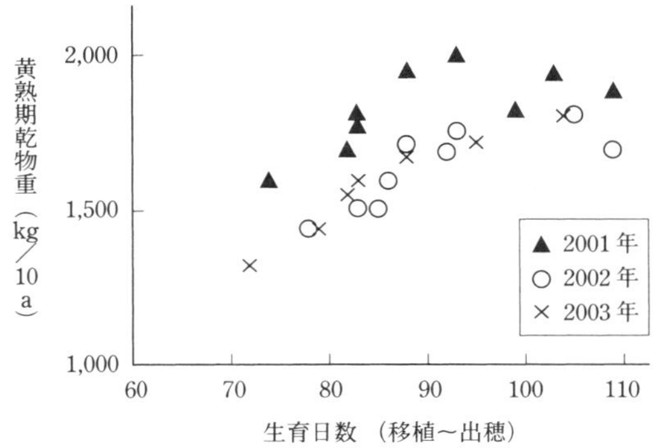

第1図 品種の早晩性と乾物収量との関係

（長田ら，2004）

移植日：5月中旬。10a当たり窒素施肥量は合計16kg
栽植密度：株間15cm，条間30cm
調査圃場：東北農業研究センター（秋田県大仙市）

第1表 東北地域の水稲生育に対応した気象条件の特徴

地点名	平均気温 13℃（月／日）	登熟期 20℃（月／日）	生育可能期間日数（日）	生育期間積算気温（℃）	生育期間積算日射量（MJ/m^2）
仙台（宮城県仙台市）	5/02	8/31	122	3,203	2,263
秋田（秋田県秋田市）	5/08	8/29	114	3,103	2,489
高田（新潟県上越市）	4/23	9/06	135	3,710	2,699
熊本（熊本県熊本市）	4/02	9/20	172	4,716	3,348

注 各地点のアメダスデータ平年値より算出
生育可能期間は，平均気温13℃～登熟20℃の期間の日数
生育期間積算気温および日射量は水稲生育可能期間内の積算値
登熟期20℃は出穂後40日間の平均気温が20℃となる暦日

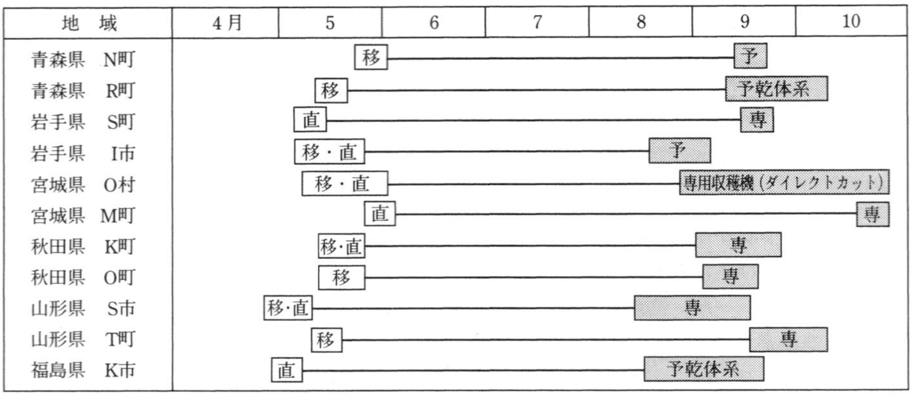

移：移植，直：直播，予：予乾体系での収穫，専：専用収穫機を用いたダイレクトカット収穫

第2図　東北地域での取組み事例にみられる飼料イネの作期

②現地での作期

東北地域飼料増産運動推進協議会（事務局：東北農政局）が2002（平成14）年にまとめた取組み事例などをみると，飼料イネも慣行（食用米）の作期に準じて作付けされているが，移植作業の分散を図るために，一般には食用米の移植がほぼ終わった後の5月中下旬に飼料イネの移植や直播が行なわれている（第2図）。ただし，直播栽培の場合は5月中旬以降の播種では収穫期が遅くなることから，食用米の直播とほぼ同じ時期（移植の前）に播種されることも多い。

飼料イネの収穫時期は，飼料イネ品種の熟期や収穫方式（ダイレクトカット，予乾体系）によって異なり，一般に予乾体系では8月中旬～9月上旬，ダイレクトカットでは体内水分が十分に低下する黄熟期（9月以降）での収穫となる。ただし，9月は秋雨の時期であることや，1台の専用収穫機で多くの水田面積を収穫しなければならないことから，10月下旬まで収穫期間が長引くことも多く，サイレージ品質が安定しない要因の一つと考えられている。

③飼料イネ適性および品種

ホールクロップ利用を前提とした飼料イネが備えるべき生育特性は，一般食用水稲の場合とは異なる点が多い。この点を整理すると，まず飼料イネでは子実の収量だけでなく，茎葉を含めた植物体全体の乾物収量が高いことが必要になるとともに，飼料の質の確保のためには可消化養分総量（TDN）が高いことも重要な条件となる。また，飼料イネ栽培での収穫期の倒伏は，収穫時における土壌の混入や植物体の高水分条件などにより，サイレージ品質の低下につながる場合が多い。とくに，飼料イネでは乾物収量の増大のために一定の多肥栽培が必要とされることなどから，耐倒伏性が高い品種の利用や，耐倒伏性を高めるための栽培法が重要視される。さらに，他の飼料作物との生産コストの差を小さくするために，飼料イネ栽培は省力・低コスト栽培の導入が必須となり，直播栽培や疎植栽培などの省力・低コスト栽培において高い乾物収量を得ることが重要となってくる。このほか，省力・低コストだけでなく，飼料としての安全性とも関連する特性として，耐病，耐虫性が高い品種特性も飼料イネ適性としてあげられる。

これまでのところ，東北地域では，飼料イネ栽培の場合でも各県で奨励されている食用の普通品種が主に用いられている。普通品種を用いる理由としては，1）東北向けの飼料イネ専用品種がこれまでほとんどなかったこと，2）奨励品種となっている普通品種は種子の入手が容易であること，3）通常作付けされている品種を用いる場合には次年度作付けにおける「異品種混入」の心配がないこと，などが考えられる。

一方，広範な普及には至っていないが，東北地域向けの飼料イネ専用品種が近年育成され，2004年に‘夢あおば’，2005年には‘べこあおば’

第2表　命名登録された東北地域向け飼料イネ専用品種

品種名	旧系統名	登録年	熟期（適用可能地域）	特　徴
べこあおば	奥羽飼387号	2005	中晩生（東北中部以南）	耐倒伏性，多収，極大粒，いもち真性抵抗性
夢あおば	北陸187号	2004	中晩生（東北中部以南）	耐倒伏性，多収，大粒，いもち真性抵抗性
クサユタカ	北陸168号	2002	晩生（東北南部以南）	耐倒伏性，多収，極大粒，いもち真性抵抗性
ホシアオバ	中国146号	2001	極晩生（東北南部以南）	耐倒伏性，多収，大粒，いもち真性抵抗性
（参考）ふくひびき	奥羽331号	1993	中生（東北中部以南）	耐倒伏性，多収，いもち真性抵抗性

注　熟期は東北農業研究センター（秋田県大仙市，岩手県盛岡市）における試験結果による

が品種登録された（第2表）。今後はこれら品種の普及による飼料イネの多収生産が期待される。なお，これらの品種は東北中部以南向けの品種であるが，東北農業研究センターでは東北中部以北での栽培に適する早生品種の育成が進められており，それらの早期登録が望まれる。

④べこあおばの生育特性

飼料イネ品種として近年育成された‘べこあおば’の生育特性について，東北農業研究センターでのデータをもとに紹介する。飼料イネ品種特性として重要な乾物生産性については，‘べこあおば’は‘アキヒカリ’や‘ふくひびき’などの多収の普通品種と比較して，葉が厚く直立し，群落内部まで光を透過しやすい草型を示し，生育期間の気象条件と乾物生産量との関係から算出した日射乾物変換効率が他品種と比較して高い（第3表）。このような特性により‘べこあおば’は，生育期間の制限される寒冷地の飼料イネ生産条件でも多収を示すと同時に，飼料イネ栽培で重要な形質となる耐倒伏性についても，稈が強くかつ短いために多肥条件でも倒れにくく，飼料イネ栽培の安定化に有効な特性を示す（第4表）。なお，‘べこあおば’は千粒重が30gを超える大粒品種であるため（第4表），普通品種と見分けやすい利点があるものの，播種粒数の確保のためには一般品種よりも播種重量を増やす必要がある（長田ら，2003）。

（2）飼料イネの省力・低コスト栽培

①直播栽培

2004（平成16）年度の東北地域での飼料イネ作付け面積約900haのうち，直播栽培面積は約200haに達しており，普通品種での直播栽培の比率（1%未満）と比較すると圧倒的に高い比率（20%以上）で直播栽培が導入されている。これは，飼料イネ栽培での省力・低コスト化の重要性に対応したものであり，播種様式別の直播面積をみても省力性の高い散播栽培の比率が飼料イネの直播栽培では約15%を占め，普通品種の直播栽培の10%以下と比較して高くなっている。

東北農業研究センターで実施した湛水直播栽

第3表　主要品種における日射乾物変換効率の差異
（長田ら，2004）

品種名	日射乾物変換効率（g/MJ）			
	2001年	2002年	2003年	平均
アキヒカリ	0.718	0.741	0.736	0.732
ふくひびき	0.739	0.725	0.783	0.749
べこあおば	0.806	0.755	0.795	0.786
タカナリ	0.722	0.775	0.769	0.755
農林8号	0.703	0.674	—	0.689

注　日射乾物変換効率は黄熟期乾物重を移植～黄熟期の積算日射量で除して算出した

第4表　主要品種の乾物生産特性
（長田ら，2004）

品種名	出穂期（月/日）	精玄米千粒重（g）	黄熟期乾物収量（g/m^2）	稈長（cm）	倒伏程度（0～4）
アキヒカリ	8/01	21.8	1,494	84.0	1.1
ふくひびき	8/07	23.6	1,601	84.3	1.9
べこあおば	8/12	32.1	1,778	75.4	0.0
タカナリ	8/20	22.0	1,765	74.8	0.0
農林8号	8/31	24.1	1,738	106.5	2.9

注　東北農業研究センター（秋田県大仙市）2001～2003年平均値
移植日：5月中旬。10a当たり窒素施肥量は合計16kg
栽植密度：株間15cm，条間30cm
倒伏程度：黄熟期の倒伏を0（無倒伏）～4（完全倒伏）の5段階で調査

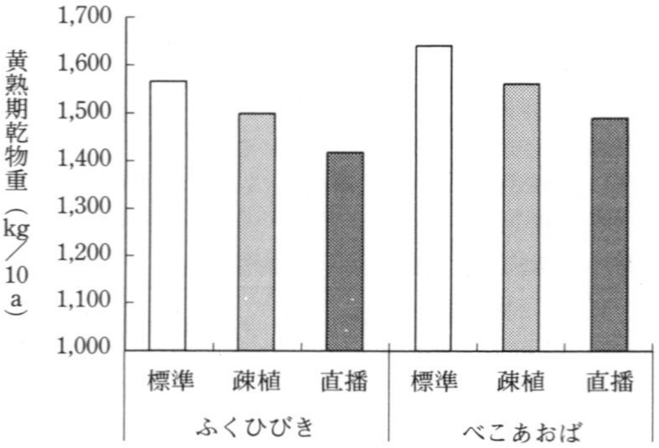

第3図　栽培法と乾物収量との関係
（2002〜2005年平均値）

移植日：5月中旬
標準：株間15cm，条間30cmの移植
疎植：株間30cm，条間30cm
直播：代かき同時打込み点播，苗立ち密度100本/m^2
調査圃場：東北農業研究センター（秋田県大仙市）

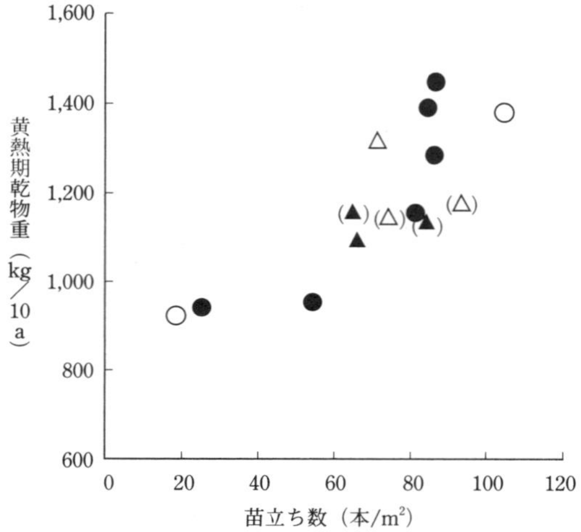

●べこあおば（堆肥＋N12kg/10a）
▲べこあおば（現地，堆肥＋N10〜12kg/10a）
○夢あおば（堆肥＋N12kg/10a）
△夢あおば（現地，堆肥＋N10〜12kg/10a）

第4図　飼料イネ品種の湛水直播での苗立ち数と乾物収量

黄熟期収量を示す。ただし，（　）は乳〜糊熟期収穫の値

培（苗立ち密度約100本/m^2）では，同一品種の標準移植条件（条間30cm，株間15cm）と比較して，約10％の乾物収量の減少が認められている（第3図）。直播栽培では移植栽培と比較して出穂期が7日程度遅れており，これが減収の主要因と考えられる（吉永ら，2006）。また，限られた生育期間で乾物収量を確保するためには一定の苗立ち数の確保が必要となるが，苗立数70本/m^{2}以上で安定した収量が得られている（第4図）。このように，寒冷地における飼料イネの直播栽培の安定化のためには，乾物生産性が高く，耐倒伏性にも優れる飼料イネ品種の利用が不可欠になるとともに，苗立ちを十分に確保する必要がある。

一方，直播栽培の出芽の安定化に関しては，東北地域の湛水直播栽培では種籾への酸素供給剤（カルパー）の被覆が不可欠とされているが，省力・低コスト化のために無コーティングでの直播の取組みも一部で行なわれている。東北地域の2004（平成16）年度の直播栽培でのカルパー被覆種子の利用は全体では96％に達するのに対し，飼料イネでは66％となっている。また，近年鳥害回避の点で注目されている鉄コーティング技術の導入については，表面播種条件となる鉄コーティング栽培での耐倒伏性の低下に対応して，耐倒伏性の高い飼料イネ品種を用いることが安定化の重要な条件になると考えられる。

②疎植栽培

疎植栽培は，移植栽培で株間の拡大により栽植密度を低下させて育苗や移植の労力を軽減させる方法である。疎植栽培での乾物生産に関しては，暖地で標準栽培と同等の玄米収量が確保された事例が報告されている（真鍋ら，1989；杉山，2004）とともに，東北地域においても検討されている（平野ら，1997）。直播栽培と比較すると育苗の手間がかかる分，省力性の点で直播栽培に劣るものの，直播栽培のような出穂遅れが生じにくく，乾物生産の安定性が高いという特徴がある。東北農業研究センターで実施した疎植栽培試験（株間30cm，条間30cm）では，上記の直播栽培よりも減収程度は小さかったものの，同一品種の標準移植条件（株間15cm，条間30cm）と比較して，約5％の乾物収量の減少が認められた（第3図）。このことから，疎植栽培によって乾物収量を確保するためには，暖地における疎植条件（株間25～30cm）よりも栽植密度を高めるなどの対応が必要と考えられ，寒冷地の地域や品種に対応した疎植条件（株間）の設定を行なうとともに，疎植栽培に対応した肥培管理法についても検討を行なう必要があろう。

（3）栽培上の留意点

①冷害と飼料イネ

東北地域の稲作では障害型および遅延型冷害の影響について考慮する必要があるが，子実だけでなく茎葉も利用するホールクロップサイレージ用の飼料イネにおいては，障害不稔や出穂遅延による登熟不良の収量面での直接的な影響は小さいと考えられる。一方，冷害の影響を受けた場合の稲体では子実重の割合が低下して茎葉の割合が相対的に増加するために，飼料としての特性が変化すると推察される。また，冷害の顕著な被害を受けた食用イネを飼料イネとして転用する場合が想定される。障害不稔が顕著に発生した水稲について飼料としての成分や硝酸態窒素濃度を調査した結果では，不稔率の増加による成分的な変化は生じるものの，飼料としての利用には問題のないことが示されている（豊川，1981；河本ら，2004）。

一方，不稔が多発した条件では，登熟期間の気温と稲体の含水率との関係が変化する。含水率の低下が緩慢になり，サイレージ品質への影響が懸念されるため，刈取り適期の判定が重要になる。

②いもち病抵抗性

東北の中山間で作付けされる飼料イネ栽培では，いもち病対策が必須である。農薬使用を最小限に抑えるために，寒冷地向け飼料イネ専用品種には，いもち病に対する真性抵抗性遺伝子が備わっている。‘べこあおば’および‘夢あおば’を用いた東北各地での2年間の現地試験では，無防除条件でもいもち病の罹病は確認されていない。ただし，いもち病に対する圃場抵抗性の程度は不明であり，無防除で連作した場合にこれを侵す別のいもち病菌レースの蔓延が懸念される。

いもち病対策としては，異なる抵抗性遺伝子を有するイネを混ぜて栽培することにより，特定のいもち病菌レースに侵される危険性を減らすマルチラインの利用が実用段階にあり，一部の食用ブランド品種では実績を上げている。飼料イネではコストの点でマルチラインの利用は

第5表　「稲発酵粗飼料生産・給与技術マニュアル（平成18年3月）」に掲載されている除草剤

栽培法	一般名	備　考
移　植	ベンスルフロンメチル・ベンチオカーブ・メフェナセット粒剤	一発処理剤（湛水散布），移植後15日まで，1回
	シハロホップブチル粒剤	茎葉処理剤（ノビエ対象，湛水散布），収穫40日前まで，2回
	シハロホップブチル乳剤	茎葉処理剤（ノビエ対象），収穫30日前まで，2回
	ベンタゾン粒剤	茎葉処理剤（落水・ごく浅水で散布），収穫60日前まで，1回
	シハロホップブチル・ベンタゾン液剤	茎葉処理剤（落水・ごく浅水で散布），収穫50日前まで，2回
直　播	ピラゾレート粒剤	初期土壌処理剤（湛水散布），収穫120日前まで，1回
	ピラゾキシフェン粒剤	初期土壌処理剤（湛水散布），収穫90日前まで，1回
	イマゾスルフロン・エトベンザニド・ダイムロン粒剤	一発処理剤（湛水散布），収穫120日前まで，1回
	エトベンザニド・ピラゾスルフロンエチル粒剤	一発処理剤（湛水散布），収穫120日前まで，1回
	シハロホップブチル粒剤	茎葉処理剤（ノビエ対象，湛水散布），収穫40日前まで，2回
	シハロホップブチル乳剤	茎葉処理剤（ノビエ対象），収穫30日前まで，2回
	シハロホップブチル・ベンタゾン液剤	茎葉処理剤（乾田・落水で散布），収穫50日前まで，2回
	ビスピリバックナトリウム塩液剤	茎葉処理剤（乾田直播），収穫60日前まで，1回
	グリホサートアンモニウム塩液剤	非選択性茎葉処理剤（乾田直播），イネ出芽前まで，1回
	グリホサートイソプロピルアミン塩液剤	非選択性茎葉処理剤（乾田直播），イネ出芽前まで，1回
	DCPA乳剤	茎葉処理剤（乾田・落水で散布），収穫120日前まで，1回

注　使用基準の適用地域に「東北」が含まれている剤を示した
　　備考欄には，除草剤の種類，ラベルに記載されている使用晩限および製品の許容使用回数などを示した

現実的ではないが，異なるいもち病菌レースに対応した抵抗性を有する飼料イネ品種を混植や混播することで，いもち病の発生を抑制することが可能と考えられる。

③雑草問題

雑草の繁茂により収穫物に多量の雑草が混入した場合には，サイレージ品質が低下することが懸念される。水分含量の高いノビエの多量混入は発酵品質に影響を及ぼし，茎が木化するアメリカセンダングサの混入によりラッピングフィルムが破損するケースなどもある。また，一般にはよいとされるイネサイレージの嗜好性が雑草混入により低下することや，毒草の混入の可能性なども懸念される。継続的な水田管理の面からも雑草防除は必須の技術である。次年度以降の雑草管理を困難にしないようにするためには，とくに難防除とされる雑草の種子・塊茎の生産防止が重要である。

水稲除草剤のなかで稲わらへの残留性も十分に低いとされた剤が「稲発酵粗飼料生産・給与技術マニュアル」に掲載され，除草剤を使用する場合はこれらのなかから地域の農業改良普及センターの指導に従って選定することとされている。このなかで東北地域での使用基準がある剤を第5表に示した。湛水直播栽培でイネ出芽後に湛水処理できる剤は使用晩限が「収穫120日前まで」となっており，黄熟期までの早期収穫を想定した飼料イネ栽培でこれらの剤の使用は難しいため，現場では雑草種に合わせた茎葉処理剤により対応している場合が多いと考えられる。移植栽培では一発処理剤と茎葉処理剤との体系による雑草防除が可能なので，直播栽培に比べると雑草防除は容易であるが，省力・低コストでの飼料イネ生産を推進するためにも，直播栽培での除草メニューの充実は緊急の課題である。

執筆　吉永悟志・渡邊寛明（(独) 農業・食品産業技術総合研究機構東北農業研究センター）

2006年記

参考文献

平野貢・山崎和也・Truong，T. H.．1997．窒素施肥体系および疎植の組み合わせ栽培が水稲の生育および収量に及ぼす影響．日作紀．**66**，551―558.

河本英憲・吉永悟志・坂井真・出口新・平久保友美・田中治・魚住順．2004．障害型冷害にあった飼料イネの硝酸態窒素濃度．東北農業研究成果情報平成15年度．**18**，340―341.

真鍋尚義・原田皓二・土居健一．1989．北部九州平坦地麦跡移植水稲の低コスト安定生産のための疎植の効果．福岡農総試研報．A. **9**, 17―22.

長田健二・寺島一男・吉永悟志．2003．水稲大粒系統の苗箱播種量が苗質及び移植時欠株発生に及ぼす影響．日作東北支部報．**46**，37―38.

長田健二・寺島一男・吉永悟志・福田あかり．2004．東北地域向け飼料用水稲育成品種・系統の生育および収量特性．日作東北支部報．**47**，87―89.

杉山高世．2004．水稲ヒノヒカリの疎植栽培における収量及び玄米品質．奈良県農技センター研報．**35**，23―25.

豊川好司．1981．冷害稲ワラ成分および飼料価値．弘前大学農学部学術報告．**36**，1―11.

吉永悟志・長田健二・福田あかり．2006．東北地域の飼料イネ向け品種・系統の直播適性および乾物生産性．東北農研報告．**105**，63―71.

飼料用イネの合理的収穫方法

(1) 飼料用イネの収穫作業をめぐる問題

水田で栽培された飼料用イネを，ホールクロップサイレージ（イネWCS）として収穫しロールベール調製する機械体系は，「既存機械体系」と，「専用収穫機体系」とに大別される（全国飼料増産行動会議他，2006)。

「既存機械体系」は「牧草機械体系」または「大型機械体系」とも呼ばれ，主に牧草収穫用の機械を利用する体系である。トラクタ装着型のモアでの刈取り，テッダ・レーキで反転・集草，牽引式のロールベーラで拾い上げ・成形，トラクタ装着型のベールラッパで密封作業を行なうのが一般的である。この体系は作業能率が高く，作物水分が高い場合には圃場での予乾も可能である。しかし，接地圧が80kPa以上の大型機械を用いるため，収穫時には圃場の高い地耐力が要求され，早期落水などの水管理が必要となる。

いっぽう「専用収穫機体系」は，飼料用イネの収穫・調製用に近年開発された自走式の専用ロールベーラなどを利用するものである。専用ロールベーラにはコンバイン型とフレール型があり，いずれも自脱型コンバインと同様のクローラ型走行装置により，平均接地圧は25kPa以下となっている。これにクローラ型の自走式ベールラッパを組み合わせれば，湿田においても走行性や操作性に優れるほか，狭小な水田にも対応可能となる。

飼料用イネの収穫作業は，一般水稲と比較して次の点で大きく異なる。

1）単位面積当たりの収穫量が多い。

圃場から運び出す収穫物の量は，一般水稲が600kg/10a程度であるのに対して，穂部と茎葉部を収穫するイネWCSでは，現物で3～4t/10aと5倍以上の量になる。このため，圃場内外での収穫物の運搬作業に多くの労力が必要となる。

2）刈取りに要する作業時間が長い。

一般水稲では，たとえば6条刈り自脱型コンバインの作業能率は1.2～1.8時/ha程度であるが，飼料用イネでは専用収穫機体系で5～6時/ha以上を要するのが実状である。大型機械を導入すれば作業能率の向上も見込めるが，地耐力の問題もあり導入場面は限定される。

3）作業が複数の機械の組作業となる。

必要となる圃場内作業機は，一般水稲では自脱型コンバインのみであるが，飼料用イネでは牧草の場合と同様に複数の機械が必要となり，作業体系が複雑になる。このため，能率向上のためには作業機相互の連携が重要である。また，専用収穫機はこれまでにない新しい作業機械であり，組作業としての効率的な利用方法はまだ定着していない。

4）他作物との作業競合の問題。

飼料用イネは稲作農家により転作作物として栽培されることが多く，主作目である一般水稲やムギ・ダイズなどの転作作物との作業競合を少しでも低減する必要がある。そのため，あえて収量の劣る糊熟期以前に前倒しで収穫する事例もある。

以上のような背景から，生産現場では能率向上への要求が大きく，異なる圃場条件に適した高能率で合理的な作業体系や作業方法が模索されている。

(2) シミュレーションによる合理的収穫法の概略

クローラ型走行装置を持つ専用収穫機（専用ロールベーラ，以下収穫機）と自走式ベールラッパ（以下ベールラッパ）を組み合わせたダイレクト収穫体系は，予乾を行なわずに刈取りから成形・調製までを一度に行なうため，特に湿田での作業に有効である。しかし，2台の作業機の組作業となり，作業全体の能率は刈取り時の走行経路とロールベール運搬の分担によって大きく変動する。ここでは，収穫作業シミュレーションによる解析から得られた合理的収穫法の事例について述べる。

①シミュレーションツールについて

解析を行なったシミュレーションツールは，作業機の連携条件と作業能率を検討するために開発したもので，パソコンで使用する表計算ワークシートとそのマクロプログラムにより構築されたものである（元林・湯川・佐々木，2004a）。このツールは，空間的な解析と時間的な解析の2つのモジュールで構成されている。

空間的解析では，圃場の長辺および短辺の長さ，単位面積収量（生草），平均ロールベール質量，収穫機の刈り幅および経路設定などを入力すると，経路に応じたロールベールの生成位置と数，これらを圃場外に搬出するための必要な積算運搬距離などが逐次算出・表示される。これに加えて時間的解析では，各作業機の作業速度とロールベール運搬の分担条件などを入力して全体の作業能率を算出し，全体の作業時間が最短になる最適分担条件を探索することができる。

②収穫作業の設定

シミュレーションを簡易に実施するために，ここでは解析対象を矩形の大区画圃場に限定し，両側の短辺は農道ターン方式になっているものとした。また，作業体系は収穫機とベールラッパ各1台のみを想定した。作業方法は，収穫機とベールラッパが同時に作業を開始し，ロールベールは後述する分担条件に則って，どちらかの作業機が圃場進入路側の農道まで運搬するものとした。

具体的な作業手順は以下のとおりである。すなわち，収穫機はあらかじめ定義された経路に沿って刈取り・成形を行ない，ロール成形室が満量になった地点でトワインまたはネットにより結束する。そして，ロールベールをその位置に排出して次の刈取りに移るか，または，農道まで運搬して排出した後にもとの位置まで戻って次の刈取りを行なう。ベールラッパは，収穫機が圃場内に排出したロールベールを拾い上げて農道まで運搬して密封するとともに，収穫機が農道まで運搬したロールベールは農道上で拾い上げ密封し，逐次これらを農道上に荷降ろしする。

ロールベールを農道まで運搬する際の分担は，刈取りを行なう収穫機のロール成形室が満量になる位置（ロールベール生成位置）によって決定することとした。具体的には，圃場進入側の短辺から任意の距離（分担境界距離）に分担境界線を設定し，この境界線以内のものはベールラッパで，境界線以遠のものは収穫機で農道まで運搬することとした。

③合理的収穫法の解析例

2つの異なる刈取り経路，すなわち，外周から回り刈りを行ない，未刈取り部の幅が5m以下になった後は短辺方向の刈取りを省略して往復刈り（2方向刈り）に移行する「経路1」，および，始めの2周のみ回り刈りを行なった後に片側からの往復刈りに移行する「経路2」の2つについて解析を行なった。入力した条件値は，圃場面積1ha（125m×80m），収穫機の有効刈り幅1.35m，平均ロールベール質量175kg，単位面積収量は生草で2,500kg/10aとした。

シミュレーションの結果，ロールベール生成位置は第1図のとおりとなり，作業経路が違ってもロールベール生成位置のバラツキはほぼ同程度とみなすことができた。また，すべてのロールベールを片側農道へ搬出するのに要する積算距離は，経路1で18,487m，経路2で17,962mと算出された。

次に，得られたロールベール生成位置から，分担条件をさまざまに変えたときの全体の作業能率を比較した。分担条件，すなわち分担境界距離を変更すると，両機が分担するロールベール数が変わり，その結果として両機の所要作業時間が変動する。

経路1について，両機の所要作業時間の変動を示したのが第2図である。この図で，横軸は分担境界距離，縦軸は各作業機のロールベール運搬数と所要作業時間を示す。ここでは2台の作業機が同時に作業を開始することとしたので，各作業機の所要作業時間の長いほうが全体の作業時間となる。たとえば，第2図の右端が示す分担境界距離125m（分担法1）の条件では，ロールベールの運搬はすべてベールラッパが行なうことを示す。この場合，収穫機はもっぱら刈取り・

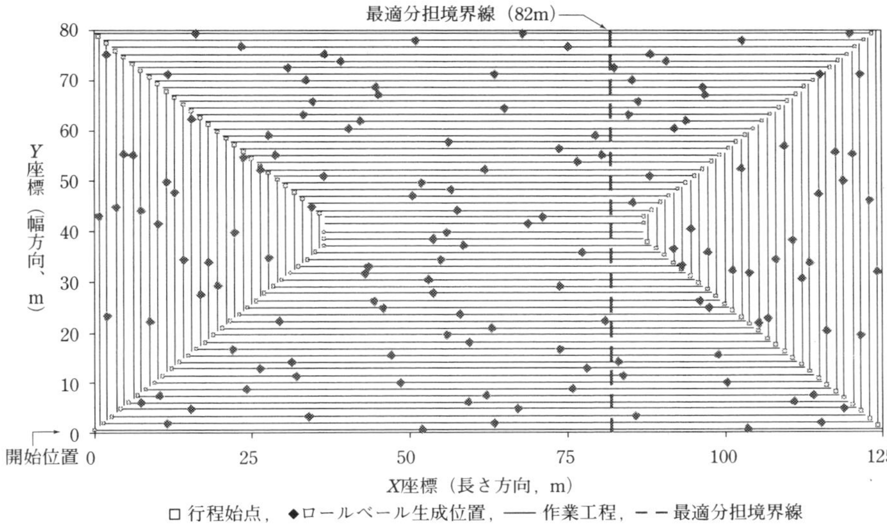

（a）経路1（残り幅が5mになるまで回り刈り）の場合

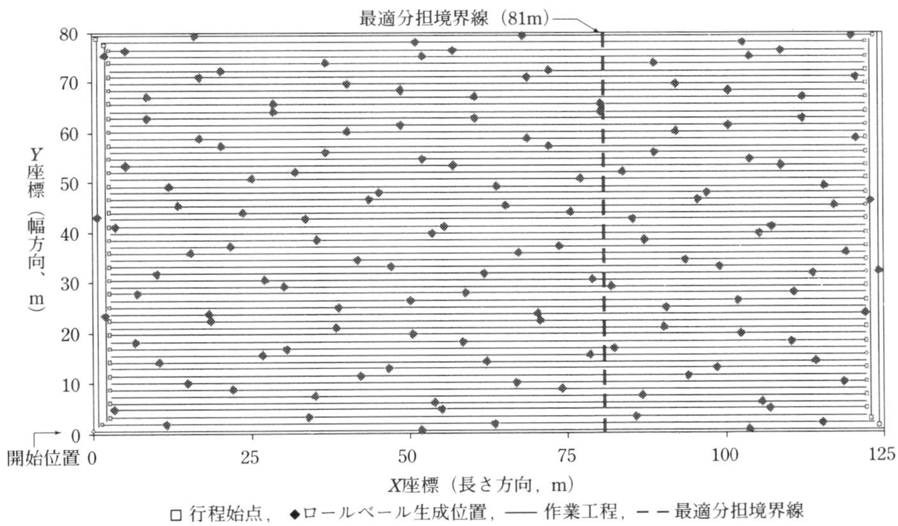

（b）経路2（回り刈り2周の後に往復刈り）の場合

第1図　シミュレーションによるロールベール生成位置の分布

成形・結束・排出のみを行ない，その所要作業時間は移動・旋回などを含めても440分となるが，ベールラッパの所要作業時間は925分となり，これが全体の作業時間となる。また，図の左端が示す分担境界距離0m（分担法2）は，収穫機がすべてのロールベールを運搬する条件を示し，収穫機の所要作業時間748分が全体の作業時間となる。

全体の作業時間を最短にする最適分担条件は，両機の所要作業時間が等しくなる場合である。この解析例では，圃場進入側の短辺から82m以内の92個をベールラッパで，それ以遠の50個を収穫機で運搬する場合が最適分担条件となった。このとき，収穫機とベールラッパの所要作業時間はいずれも622分となり，全体の作業能率は10.4時/haとなった。この値は，慣行的に行なわれる分担法1に対して33％程度向上した値である（第1表）。

最適分担条件は，前述の経路2を含むほかの解析例でも同様の傾向を示し，どの場合も分担境界距離は長辺の長さのおおむね3分の2の位置となった。すなわち，ロールベールの生成位置が圃場進入路側から2/3以内の場合は，収穫機はその位置にロールベールを排出してベールラッパがこれを農道へ運搬し，2/3以遠の場合は収穫機が農道まで戻ってロールベールを排出する作業法により，作業能率は最も高くなることが示された。

(3) 実際の事例に基づく合理的収穫法

ここまでに述べたような専用収穫機を基軸とする収穫体系では，収穫機と比較して走行速度の遅いベールラッパが，全体の作業能率を下げる原因と考えられがちである。しかし，運搬作業を除外した両機のロールベール処理能率には大きな差がない（元林・湯川・高畑，2004b）。したがって，作業の合理化を検討するうえでは，圃場内運搬をいかに効率化するかが最大のポイントとなる。このような観点から，本シミュレーションでは扱わなかったが生産現場で実施可能な合理的収穫法について，以下に列挙する。

①最も容易な方法

最も容易な方法は，収穫機の結束作業やベールラッパの密封作業を，それぞれ移動しながら行なう方法である。ひとつは，収穫機が刈取り満量になった後に，トワイン結束の時間を利用して圃場内を移動し途中までロールベールを運搬する方法（浦川・吉村，2003）である。また，ベールラッパも拾い上げたロールベールを運搬後ではなく，移動しながら密封を行なうと作業能率は向上する。ただし，地耐力が著しく低い水田では走行安定性に注意を払う必要があり，オペレータの習熟に合わせてこの方法を採る事例は多い。

②ロールベールを両側の農道に搬出する方法

次に，ロールベールを片側のみでなく両側の農道へ搬出する

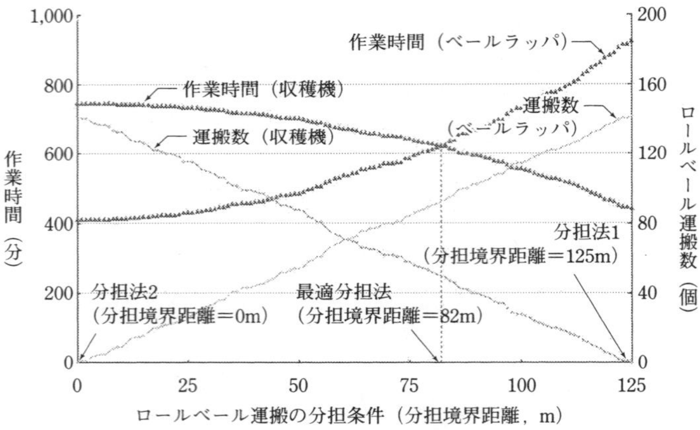

第2図　分担条件を変えたときの各作業機の作業時間

第1表　分担条件による作業能率の比較（経路1）

	分担法1（分担境界距離＝125 m）		最適分担法（分担境界距離＝82 m）		分担法2（分担境界距離＝0 m）	
	ベールラッパ	収穫機	ベールラッパ	収穫機	ベールラッパ	収穫機
対象範囲（m）	0 ～ 125	なし	0 ～ 82	82 ～ 125	なし	0 ～ 125
対象ロールベール数（個）	142	0	92	50	0	142
総運搬距離（m）	18,487	0	7,531	10,956	0	18,487
作業時間（分）	925	440	621	622	412	748
作業能率（時 /ha）	15.4	7.3	10.4	10.4	6.9	12.5
全体の作業時間（分）	925		622		748	
全体の作業能率（時 /ha）	15.4		10.4		12.5	

注　全作業時間および全作業能率は，各作業機のうち作業時間の長いほうの値となる

第3図　2台のベールラッパを使用する収穫体系

第4図　ロールグラブ付きトラクタを使用する収穫体系

方法が挙げられる。両側に搬出すれば運搬に必要な積算距離は大幅に短縮されるが，ベールラッパ1台で対応する場合は，両農道間の往復に要する時間を勘案しなければならない。ベールラッパを2台に増やす方法（第3図）も考えられるが，機械コストの面で実施可能な場面は制限される。

③専用の運搬車両を導入する方法

また，ロールベールの圃場内運搬にほかの運搬車両を用いれば，全体の作業時間を大幅に短縮することができる。たとえば，ロールグラブ付きトラクタを利用すれば，収穫機およびベールラッパのいずれも運搬作業を行なう必要がなくなる（第4図）。3台の作業機を同時に運用することになるが，前述の解析事例に適用すれば，全作業時間は440分，全作業能率は7.3時/haと算出され，大幅な能率向上が見込まれる。

（4）今後の課題と可能性

飼料用イネの収穫作業では，新たな作業機械も開発され，使用条件に応じて利用可能な選択肢が広がりつつある。しかし，飼料用イネの転作作物として位置づけが変わらない限り，作業性の向上・高能率化と機械コストの低廉化への要求は不変である。

今後の課題のひとつとして，自脱型コンバインの利用が考えられる。自脱型コンバインは，軽微な加工を加えるだけで，飼料用イネの刈倒し作業が可能なことが明らかになっている（大谷ら，2004）。一般の稲作農家が所有する機械を有効利用することは機械コストを低く抑えるうえで有用であるが，ロールベーラなどによる拾

第5図　専用収穫機用の簡易運搬装置（試作機）

い上げ・成形作業とベールラッパによる密封作業が別途必要であり，これらも含めた作業体系の合理化と高能率化が望まれる。

また，作業機の数を増やさずに圃場内運搬を効率化する手段として，簡易運搬装置の利用（第5図）が挙げられる。これは，新たに開発された簡易な運搬装置を収穫機に装着し，刈取りを行ないながら同時にロールベール1個を運搬するものである。収穫機としての本来の作業能率を低下させずに，ロールベールを農道に寄せる運搬ができる。全体の作業能率は最大35％向上すると試算され（元林・湯川，2006），実用化が進められている。

執筆　元林浩太（(独）農業・食品産業技術総合研究機構中央農業総合研究センター）

2006年記

参考文献

元林浩太・湯川智行・佐々木良治．2004a．飼料イネ収穫シミュレーションモデルの開発－矩形圃場における作業経路と作業時間の解析－．農作業研究．**39**（別1），153―154．

元林浩太・湯川智行・高畑良雄．2004b．飼料用イネ収穫作業における作業時間の解析―専用収穫機を基軸とする収穫体系－．農業機械学会関東支部講要．28―29．

元林浩太・湯川智行．2006．飼料イネ収穫シミュレーションモデルの開発（第2報）－刈り取り同時運搬による能率向上の検討－．農作業研究．**41**（別1），57―58．

大谷隆二・天羽弘一・西脇健太郎・河本英憲・押部明徳・渡邊寛明・荻原均・中山有二．2004．機械の汎用利用による稲発酵粗飼料の低コスト生産技術の開発．農業機械学会東北支部報．**51**，15―18．

浦川修司・吉村雄志．2003．自走式飼料イネ用収穫調製機械の効率的作業法．Grassland Science. **49** (4), 413―418.

全国飼料増産行動会議他．2006．稲発酵粗飼料生産・給与技術マニュアル．25―27．

WCSの収穫・調製

飼料イネ（WCS）調製の原理と基本的な手順

飼料イネサイレージ（稲発酵粗飼料）は遊休水田を有効に活用し，耕畜連携，飼料自給率の向上，水田機能の維持および資源循環型畜産などを促進していくうえで，大きな役割を果たしている。飼料イネ向けの品種の育成，専用収穫・調製機械の開発，良質なロールベールサイレージの調製技術および乳牛や肉用牛への給与技術に関する研究が積極的に取り組まれている（小川，2003；吉田・蔡，2005）。飼料イネの作付け面積は1999年度の73haから2003年度は5,000ha，2008年度は8,931haまでに拡大している。

飼料イネの栽培，収穫，調製，貯蔵など各工程において，栄養分の損失をできるだけ少なくすることは，嗜好性のよい飼料イネサイレージづくりのポイントである。この意味で栽培と給与の橋渡しを行なう収穫・調製技術はきわめて重要である。

（1）材料草の条件と発酵特性

サイレージとは，新鮮な飼料作物や牧草などを材料とし，乳酸菌の発酵を利用して調製された家畜の貯蔵飼料である。細切した飼料作物・牧草の原料をサイロ内に詰め込んで密封し，乳酸発酵による低pH状態と嫌気状態を形成し，腐敗の原因となるカビや好気性菌類の活動を抑え長期保存が可能になる。高品質サイレージを調製するためには，嫌気条件の保持，材料草の水分調整，十分な糖含量および優良乳酸菌の存在という諸条件が重要である。黄熟期で収穫する飼料イネは水分70％以下のものが多く，比較的良質発酵できる適当な水分範囲であり，ダイレクトカット収穫が可能である。

①飼料イネの付着微生物と可溶性炭水化物含量

飼料イネ品種‘はまさり’‘クサホナミ’‘ホシアオバ’‘クサノホシ’‘ユメコガネ’‘はえぬき’および‘むつほまれ’のサンプルを集め，材料草に付着する微生物の菌種構成と，乳酸菌発酵基質である可溶性炭水化物（WSC）含量を分析した。それによると，飼料イネには好気性細菌，カビおよび酵母が高い菌数レベルで付着するのに対して，乳酸菌は低い菌数レベルで分布することが示された。とくにサイレージ発酵品質の決め手である*Lactobacillus plantarum*や*Lactobacillus casei*など乳酸桿菌は低い菌数レベルでしか分布しないか，ほとんど検出されなかった。

乳酸菌の発酵形式から見て，飼料イネに付着する乳酸菌は発酵効率の低いヘテロ発酵型がホモ発酵型よりその菌数がはるかに多く，また不良微生物である好気性細菌，バチルス，糸状菌および酵母の菌数レベルが高いため（第1図），稲発酵粗飼料のサイレージ高品質化には微生物的制御が必要であることが示唆された。サイレージの発酵初期には付着乳酸菌の増殖が重要であるが，これらの菌は耐酸性が弱く，pH4.2以下の条件下では生育ができない。このため，乳酸発酵能の高い乳酸菌を添加しなければ，サイレージ発酵品質の十分な改善はむずかしいと考えられる（蔡ら，2004）。

一方，WSC含量を見ると，‘はまさり’‘クサホナミ’‘ホシアオバ’および‘クサノホシ’品種の乾物中のサッカロース，グルコースおよびフルクトースの含量は，それぞれ乾物中約1％，0.3％および0.4％前後であり，トウモロコシに比べはるかに低かった。

②稲発酵粗飼料の品質

飼料イネの茎は硬い中空構造であり，トウモ

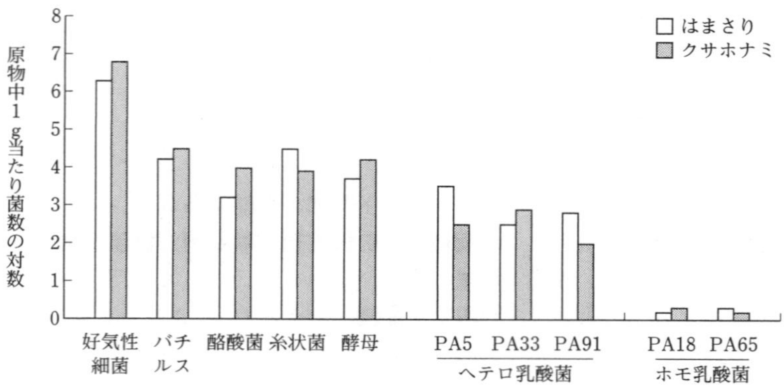

第1図　飼料イネに付着する微生物菌種構成

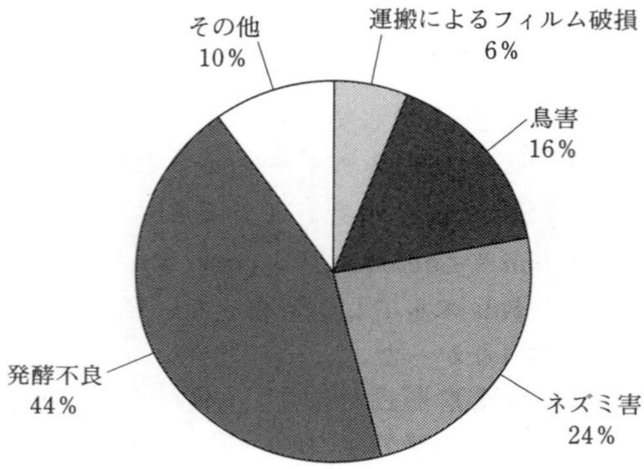

第2図　飼料イネサイレージのカビ発生原因
カビが発生したロールベール73個

ロコシなどの飼料作物に比べ，サイロ内に残存する酸素量が多いため，嫌気条件の保持がむずかしい。自然発酵に依存して調製された稲発酵粗飼料では，乳酸含量が低く，酪酸含量が高い劣質な発酵パターンとなりやすく，トウモロコシサイレージのように良好な品質とするのはむずかしいと考えられる（蔡，2004）。

③カビ発生の原因

飼料イネロールベールサイレージの調製・貯蔵過程で，カビが発生することにより，ロールを廃棄するケースが少なくないため，カビの発生状況と増殖の原因を検討した。その結果，カビ発生の原因は発酵不十分なものが最も多く，次いでネズミ害，鳥害，運搬によるフィルム破損の順だった（第2，3図）。また，カビの発生は夏が多く，冬が少なかった。飼料イネサイレージには，*Penicillium*属，*Aspergillus*属，*Mucor*属および*Fusarium*属のカビが高い頻度で発生した。

したがって，稲発酵粗飼料を調製するさい，優良な乳酸菌を添加し，材料草中のWSCを有効に利用してサイレージ発酵品質を改善するための微生物的制御技術が必要であると考えられる。また，飼料イネロールベールサイレージの長期保存による通年利用などへの対応方策が求められ，より経済的でかつ簡易に高品質な稲発酵粗飼料を調製できる技術が必要となる。

(2) 稲発酵粗飼料の調製

①収穫時期の把握

イネのTDN含量は完熟期で高いが，生育が進むと籾の糞への排出率は高くなる。糞へ排出される籾の養分を勘案すると，TDN収量が最大になるのは黄熟期である。籾の消化性と収穫

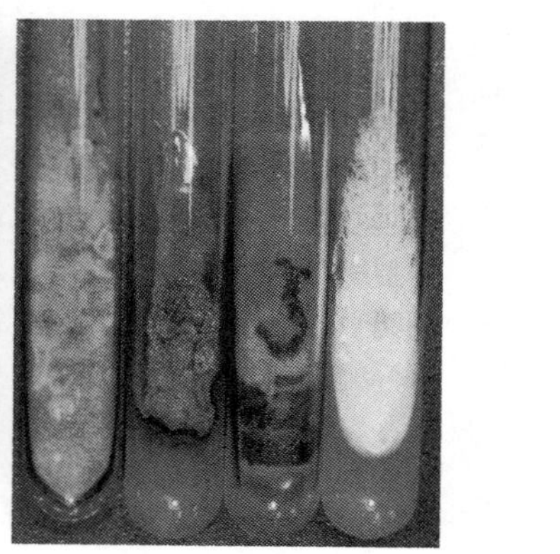

第3図　稲発酵粗飼料から分離されたカビ

時の脱粒性を考慮すると，黄熟期（出穂後30日ころ）に収穫するのが最も適当である。専用収穫機（ダイレクトカット）を使用する場合は，必ずこの黄熟期に収穫する。それに対して，刈った後2～3日予乾する体系の場合は，刈倒し後に水分を下げること（予乾）ができるので，収穫適期は糊熟期～黄熟期と幅をもたせることができる。

熟期の判定は，出穂後の日数，穂の状態を目安とする（第1表）。ただし，イネの登熟は，高温多照条件下では促進され，低温少照条件下では遅延するので，登熟期の気象経過に注意する。

雨のなかで収穫すると高水分サイレージとなり，発酵品質が低下するので避ける。とくに予乾を伴う作業体系の場合，気象予報で2～4日間程度の晴天を見込んで収穫を開始する。

なお，脱粒しやすい品種の場合には，刈取りを早めて（糊熟期），脱粒を極力回避する。

②梱包密度

飼料イネ専用ロールベーラおよびモアー・牧草汎用型ロールベーラ体系では，乳酸発酵を促進するため，材料中の空気を排除して成形性のよいロールをつくると同時に，ロールの梱包密度を高める必要がある。梱包密度の目標値は150kg/m^{3}以上であるが，密度が低い場合，乳酸菌や尿素などの添加物を利用して発酵品質と貯蔵性を改善することができる。また収穫するさい，土砂が材料に混入しないように心がける。

梱包密度が優れる細断型ロールベーラ（(株)タカキタMR-810）が開発され，その収穫作業は，1台のトラクタでフォレージハーベスタと細断型ロールベーラを駆動するワンマン体系，フォレージハーベスタからボンネットワゴンに受けた材料を細断型ロールベーラに投入する定置作業体系，およびフォレージハーベスタ駆動トラクタと細断型ロールベーラ駆動トラクタで併走する伴走体系が利用されている。近年，軟弱地でも効率的に収穫・細断・梱包できる細断型ホールクロップ収穫機（同WB1020）も市販されている。細断ロールベールの梱包密度は，原物密度換算で約500kg/m^3，乾物密度換算で約200kg/m^{3}で，飼料イネ収穫専用機の1.5倍以上と高密度を示している。細断ロールベールの成形がよく，長期貯蔵してもサイレージ発酵品質は良好で，カビなどの発生は少ない。

③ラッピング

ロール梱包後空気に長期間さらされていると，好気性微生物は材料草中の単少糖を消費するため，できるだけ短時間でラッピング作業を完了し，フィルム6重巻きで完全に早期密封する。水田で2～3層に仮ラッピングし，保管場所へ移送後に再ラッピングして合計6層巻きにするのもよい。

④運　搬

水田圃場と牛舎が近接していない場合には，圃場で調製されたロールは牛舎近くへ移送する。また，水田と畜産が離れている地域では稲発酵粗飼料は流通飼料としても利用されるため，ていねいな運搬作業が求められる。

ラッピング後のロールベールは，フィルムの小さなピンホールでもカビ発生などの変敗の原因となる。ラッピング後に運搬する場合，ロー

第1表　飼料イネの熟期の判定方法

熟　期	出穂後の目安	黄化籾の割合（%）	イネの状態
乳熟期	10日後	0	穎は黄緑色で，穀粒は葉緑素が存在し緑色。胚乳は乳状
糊熟期	10～25日後	0	穎は黄緑色で，穀粒は葉緑素が残っており，黄緑色。胚乳は糊状
黄熟期	25～40日後	50～75	穎は黄緑または褐色で，穀粒は葉緑素が消失し黄色。胚乳はろう状。穀粒は爪で容易に破砕できる
完熟期	40～50日後	95	穀物は乾燥して硬くなり，爪で破砕できない

注　各熟期の日数は，茨城県つくば市で栽培された‘クサホナミ’を指標とした目安であり，品種の早晩性（早生品種では登熟は早まる）や登熟期の気温（気温が低いと遅れる）によって変動する

ルベールの積載，積み下ろしに細心の注意が必要である。水田と畜産農家の距離，作業人員，運搬手段および作業機などを事前に検討し，ラッピングの場所と運搬方法を考慮するとともに，フィルム破損防止策をとることが重要である。万が一，フィルムが破損した場合には直ちに補修する。

(3) 添加物の利用

①乳酸菌

凍結乾燥添加剤「畜草1号」の使い方と特徴

乳酸発酵能力が優れ，稲発酵粗飼料の品質改善効果をもつ優良菌株「畜草1号」凍結乾燥添加剤が商品化されている。「畜草1号」製品は水溶・噴霧タイプで，調製現場での添加量は新鮮材料1t当たり5gである。水道水で溶かして添加することもでき，ロール20個分の添加液を調製するのに必要な時間は5分程度である。ロールベーラに装着する自動添加装置で集草しながら噴霧するか，市販の動力式噴霧器で添加してもよい。「畜草1号」製剤は粒度0.5mmの凍結粉末であり，ラミネート袋に小分けして密封してあるので低温条件下で長期保存できる。「畜草1号」製剤の生菌数は1g当たり2.0×10^{10}であり，6か月間冷蔵（5℃）保存しても，生菌数が低減しない。

「畜草1号」菌株はグラム染色陽性，カタラーゼ反応陰性，グルコースからガスを産生しないホモ発酵型で，おもにDL型乳酸を生成する乳酸菌である。この菌株は耐酸性が強く，低pH条件下でよく生育し，MRS液体培地で培養した場合，多量の乳酸を生成し，培養液の最終pHを3.6まで低下させた。サイレージ発酵過程で多量の乳酸を生成し，サイレージpHを4.0以下まで低下させ，長期貯蔵しても，カビや大腸菌群など有害菌の増殖を抑え，その発酵品質を安定して保持することが可能となった。

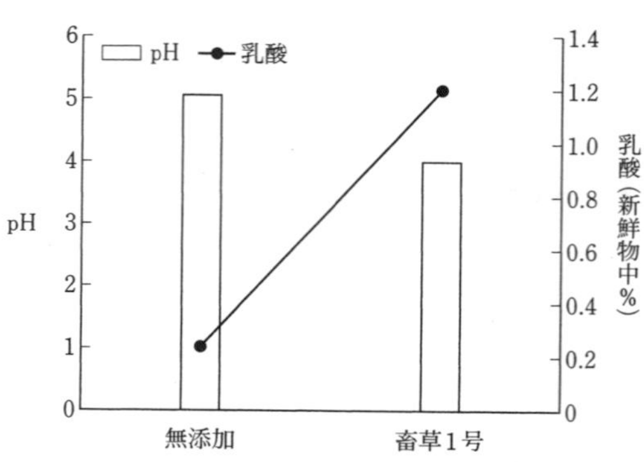

第4図　畜草1号添加による稲発酵粗飼料の発酵品質

この「畜草1号」製品は生稲わらや牧草サイレージの調製にも活用でき，添加方法と品質の改善効果は飼料イネと同様である。

留意点として，この乳酸菌製剤の活性を長く維持するため，なるべく5℃以下で保存する。開封後は菌数と活性が低下しやすいので，原則として使い切るのが望ましい。また「畜草1号」製剤の添加効果を確保するため，飼料イネの水分含量は40％までとし，予乾しすぎないように心がける。

無添加区とのサイレージ品質比較　「畜草1号」を添加した稲発酵粗飼料は無添加区に比べ，乳酸菌数が高まり，好気性細菌，酪酸菌とバチルスの菌数が減少した。乳酸菌添加による初発菌数は高く，他の微生物との競合でも優勢となり，しかも添加したホモ発酵型乳酸菌の強力な乳酸生成能はpHを速やかに低下させるなど，他の不良微生物の増殖を有効に抑制した。

「畜草1号」菌株は，飼料作物に由来するため，サイレージ環境になじんでおり，稲発酵粗飼料の発酵過程でも旺盛に増殖し，酪酸菌と大腸菌群などの有害微生物を強力に抑えることが明らかとなった。この発酵品質の改善は，「畜草1号」添加によって乳酸菌が旺盛に増殖し，他の有害微生物の活動期を短縮し，サイレージ発酵が順調に行なわれた結果であると考えられる（名久井，2008）。したがって「畜草1号」を添加した稲発酵粗飼料では乳酸菌数が高まり，不良菌である好気性細菌，酪酸菌およびカビの菌数が減少する。また，pHが低下し，乳酸が多くつくられ，発酵品質が向上するとともに，長期貯蔵性も改善される（第4図）。

第2表に示したように，長期貯蔵後にサイレージの発酵品質を評価したところ，官能評定法では畜草1号添加サイレージの色沢，香りおよび触感が無添加サイレージより優れていた。また畜草1号添加サイレージのほうはフリーク評点やV-スコアがともに高く，大腸菌群など不良微生物が検出されず，乳酸菌が多いことが認められた。これらの結果から，乳酸菌添加により，サイレージの発酵品質が改善され，長期貯蔵してもその品質が安定して保持され，さらに家畜の嗜好性，摂食量および家畜健康によい影響を与えることが示唆された。

②**酵素製剤**

良質サイレージの調製には材料草原物当たり2％以上の単少糖類が必要となる。飼料イネは乳酸菌の利用できる糖含量が原物中1％以下の場合があるので，糖類の補給が必要となる。通常，低糖の材料草へは糖蜜やブドウ糖を添加する。しかし，飼料作物・牧草は繊維含量が多いので，繊維成分をブドウ糖まで分解・遊離させるセルラーゼ酵素法も応用されている。しかし，材料草によっては優良乳酸菌が付着しないケースもあり，その場合には添加したセルラーゼによって分解した糖は不良微生物に利用され，酵素の単独添加は効果のないことや発酵ロスが増大することが考えられるので，酵素と乳酸菌との併用が薦められている。

飼料イネへのアクレモニウムセルラーゼ酵素添加試験では，乳酸菌との相乗効果が示されず，優良乳酸菌が存在すれば，酵素を添加しなくても良質な飼料イネサイレージを調製できることを明らかにした。この原因は次のように考えられる。

飼料作物にはセルロース，ヘミセルロース，ペクチン質などの構造性炭水化物およびデンプンやフルクトサンなどの多糖類が含まれている。これらの炭水化物はサイレージ発酵では乳酸菌が直接的に利用することはできないが，植物自体の分解酵素や微生物が生産する酵素によってヘミセルロース，デンプンおよびフルクトサンの一部が分解され，添加乳酸菌はこれを利用して乳酸発酵が旺盛に行なわれたと推察される。

第2表　乳酸菌添加と無添加サイレージの品質評価

	「畜産1号」添加	無添加
官　能	黄緑色 芳香匂い 清潔感 嗜好性 採食量	黒褐色 アンモニア臭 粘性カビ臭 下痢 乳房炎
化　学	pH3.8 乳酸　1.4％ 酢酸　0.4％ 酪酸　0％ VBN/TN[1)]　3.0％	pH5.3 乳酸　0.3％ 酢酸　0.3％ 酪酸　0.8％ VBN/TN　12.3％
総　合	フリーク評点　96（優） V-スコア　98（良）	フリーク評点　7（下） V-スコア　40（不良）

注　1）全窒素に占める揮発性塩基態窒素の割合

③**尿　素**

尿素を添加したサイレージでは，材料自体のウレアーゼ（尿素をアンモニアと二酸化炭素に加水分解する酵素）活性により貯蔵中にアンモニアが生成し，開封後の好気変敗を抑制し，嗜好性と飼料価値を高める。尿素添加は水分含量の低い予乾サイレージに適している。飼料イネなどのように粗蛋白質含量の少ない材料に対して尿素を添加すると粗蛋白質補給の効果がある。

近年，ロールベーラ積載型の尿素添加装置が開発され（第5図），予乾飼料イネを安定した品質で省力・低コストに調製する技術が確立されている。尿素の添加量は生重当たり約1％である。尿素を添加した稲発酵粗飼料はpHとアンモニア態窒素が高くなり，サイレージのV-スコアが低くなるが，栄養価が向上し，貯蔵性が安定する効果がある。尿素処理は低コストで取扱いやすいが，給与できるまでの貯蔵期間は長く，100～120日程度が必要となる。尿素処理したサイレージはV-スコア評価に適していないとされている。

(4) 貯蔵保管

稲発酵粗飼料の生産拡大にともなって，多数のロールベールを安定的に長期間保管しなければならない。多くの要因でロールベールラップ

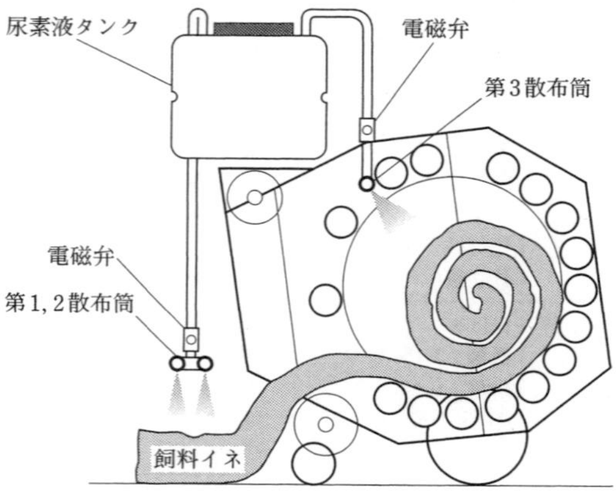

第5図　ロールベーラ積載型尿素連続添加装置
（吉田原図）

の破損，ゆるみなどが発生すると貯蔵中に糸状菌が増殖して腐敗し，給与できなくなり多大な損失となる。最も重視すべき点はサイレージの嫌気的条件を給与まで確保することであり，保管場所の選定，貯蔵管理法，鳥獣害対策をとることが望ましい。

①保管場所の選定

保管場所は台風などで冠水が予想される場所は避け，排水良好な平坦な場所を選定する。屋外保管ではコンクリート盤上がもっともネズミの食害を受けにくく，砂利を敷いた場所も有効である。

②堆積と管理法

梱包密度の低いロールの場合，縦置き，2段積み程度とする。コンバイン型専用機で収穫したロールベールの場合，下段ベールは穂を上向きに定置するとネズミの食害を受けにくい。次に鳥害を回避するために，ロールベール全体を防鳥ネット，テグス，網などで覆うことが有効である。テグスは堆積した高さまで2～3段に張るのが効果的である。保管場所が裸地の場合，草木にはネズミや昆虫が集まりやすく，移動空間となるので定期的に除草する。

貯蔵期間中は定期的に点検を行ない，フィルム破損を発見したら速やかに補修するか，早期に給与する。フィルム破損したロール数が多く，給与するまでに長期貯蔵せざるを得ない場合は再ラッピングすることが望ましい。

③貯蔵管理のポイント

飼料イネロールベールサイレージの貯蔵管理が不適切だと，サイレージの廃棄量が多くなる。また，飼料イネサイレージの貯蔵中にフィルムが破損した場合，乳酸菌を添加していてもサイレージが変敗していたり，乳酸発酵が十分に行なわれていない飼料イネサイレージでは貯蔵中に糸状菌が増殖し，変敗していることが農家現場でもよく見られる。調製または貯蔵に失敗した場合の劣質な飼料イネサイレージは家畜が採食しないが，それを給与した場合，病原性菌や糸状菌の増殖による家畜の健康状態も危惧される。

長期に貯蔵するためには次のポイントに留意する必要がある。1）サイレージ調製の適期に収穫し，土砂が混入しないように調製する。2）成形性のよいロールをつくり，フィルム6層巻きで早期に密封する。3）ロールを運搬するさい，フィルムに傷を付けないようにする。4）排水良好な場所で縦積み2段以内にする。5）シートや網ネットなどをかけて鳥獣害を防ぐ。6）貯蔵中は定期点検を行ない，フィルム破損が発生した場合は速やかに補修する。

飼料イネの栽培，収穫，調製，貯蔵など各過程において，栄養分の損失をできるだけ少なくすることは，嗜好性のよい飼料イネサイレージづくりのポイントとなる。カビによる変敗を防ぐには，良質に調製することと同時に，ラッピング後の運搬や鳥獣害の防止など気密性保持を心がける必要がある。

執筆　蔡　義民（(独) 農業・食品産業技術総合研究機構畜産草地研究所）

2009年記

参 考 文 献

蔡義民．2004．飼料イネ付着乳酸菌の多様性と稲発酵粗飼料の発酵特性．畜産の情報．**177**，22―28．
蔡義民．2006．稲発酵粗飼料の総合的生産・利用技術体系-第5回-高品質調製技術の開発．養牛の友．**359**，66―70．

蔡義民・藤田泰仁・村井勝・小川増弘・吉田宣夫・北村亨・三浦俊治. 2004. 飼料イネサイレージ用乳酸菌（*Lactobacillus plantarum*　畜草1号）のスクリーニングとその利用. 日本草地学会誌. **49**, 477―485.
名久井忠. 2008. 飼料自給・最前線. 酪農学園大学エクスステンションセンター. 江別. 135―142.
小川増弘. 2003. 飼料イネに関する研究レビュー. 肉用牛研究会報. **75**, 15―22.
吉田宣夫・蔡義民. 2005. 特集　稲発酵粗飼料の総合的生産・利用技術体系の開発　⑤高品質調製技術開発. 農業技術. **60**（11）, 499―501.

付着乳酸菌事前発酵液（FJLB）と飼料イネサイレージへの添加効果

（1）飼料イネサイレージの発酵特性と課題

一般に，飼料イネは茎が中空で保有する空気量が多いこと，材料草に付着している乳酸菌の数が少ないことなどから，乳酸生成が弱く，長大作物や牧草類に比べてサイレージ調製がむずかしいとされている（永西ら，1998；堀口ら，1992；蔡，2001）。また，穀実部の脱粒による栄養価の低下や食用米との種子混入の懸念から，予乾処理を組み込んだ収穫体系はほとんど実施されず，飼料イネ専用収穫機によるダイレクトカット方式によってサイレージ調製が行なわれている（浦川ら，2003）。

これまでに三重県下で実施した飼料イネサイレージの発酵品質の調査によると，年次や収穫調製時期による変動が大きく（山本ら，2000），飼料イネの生育時期や収穫直前までの天候がサイレージの発酵品質の良否に大きな影響を与えているものと考えられる（第1表）。

周知のとおり，飼料イネは，水田基盤の有効活用と国内産飼料の増産といった二つの重要な役目を担っていることから，低コストかつ高品質な飼料イネのサイレージ調製技術を確立することにきわめて重要である。

（2）付着乳酸菌事前発酵液（FJLB）とその調製

FJLB（Fermented juice of epiphytic lactic acid bacteria：付着乳酸菌事前発酵液）とは，飼料作物が栽培された土地や気候条件などに適した野生の乳酸菌（飼料作物に付着した乳酸菌）を事前に培養・増殖させたもので，市販の乳酸菌添加剤と同等かそれ以上のサイレージ発酵品質の改善効果がある。この方法は，1970年代に北海道大学の佐々木博先生によって提唱され始めたものであり，近年，アルファルファサイレージの調製に応用し，その有効性が実験室レベルで確認されている（大島ら，1997）。

さらにFJLB添加は，サイレージの発酵品質の改善に有効であることに加えて，乾物，有機物，可溶無窒素および粗繊維消化率とTDN含量を高め，乳牛の窒素利用率を向上させるといった飼料特性の改善効果もあることが確認されている（後藤ら，2001；曹ら，2002）。

実験室レベルでのFJLBの調製方法は次のとおりである。

まずサイレージ調製しようとする材料草100～200gと水1,000mlを，家庭用ミキサー内で約1分間磨砕し，二重ガーゼでろ過してろ液を得る。次に，このろ液に2%の糖（市販の上白糖など）を添加し，密封容器で約30℃（通常，室温下でも可能）2～3日間程度培養するだけで，ほとんど失敗なしに調製することができる。

FJLBは調製時には緑色を呈しているが，しだいに琥珀色となり，2日目のpH値は3.6まで低下し，乳酸菌数は10^8～10^{10}cfu/mlの発酵液となる（第2表）。

（3）サイレージへの添加効果

FJLBを添加（現物当たり0.2%）した飼料イネサイレージの発酵品質は，無添加のサイレージに比べて乳酸の生成が促進され，酪酸の生成が抑制された。その結果，VBN/T-Nと乾物損失率はFJLBの添加によって低下し，Vスコアも高得点を示し，良質なサイレージを調製できるこ

第1表 生産現地における飼料イネホールクロップサイレージの発酵品質（1995～1999年，n=25）（山本ら，2000）

項目	水分（%）	pH	総VFA量（FM%）	VFA構成（mol%）			VBN/T-N（%）	Vスコア
				乳酸	酢酸	酪酸		
平均値	65.7	5.2	0.9	45.8	39.8	14.4	8.8	75.1
標準偏差	9.2	0.5	0.52	15.2	13.7	14.1	6.1	23.4
変動係数	14.1	8.8	55.7	33.2	34.5	97.1	67.3	31.1
最低値	54.8	4.9	0.51	26.7	39.5	0	2.4	5.1
最高値	67.3	5.1	1.95	60.5	48.2	25.1	29.5	100

第2表　培養日数にともなう付着乳酸菌事前発酵液の成分組成の変化

（平岡ら，2003）

培養日数	pH	総酸	乳酸	酢酸	プロピオン酸	酪酸	エタノール	VBN/T-N[1]
		(mg/ml)						(%)
1日目	3.62	9.5	5.7	1.0	0	2.9	0.1	0
2日目	3.60	11.3	9.3	1.6	0	0.4	0.1	0.1
3日目	3.55	12.9	12.3	0.6	0	0	0.1	0
5日目	3.16	36.5	34.1	2.4	0	0	0.9	0.1
7日目	3.14	32.4	27.1	5.3	0	0	2.2	0.1

注　1）全窒素に対する揮発性塩基態窒素の割合

第3表　付着乳酸菌事前発酵液の添加がサイレージ発酵品質に及ぼす影響

（平岡ら，2003）

処理区	無添加	FJLB-1[1]	FJLB-2	FJLB-3	FJLB-5	FJLB-7	S.E.M[2]
水分（%）	58.5	59.2	53.3	56.9	56.8	57.0	1.92
pH	5.05a[3]	5.04a	4.50d	4.73bc	4.69c	4.82b	0.04
有機酸（% FM）							0.58
総酸（% FM）	0.76a	0.15d	0.49b	0.31cd	0.41bc	0.33bc	0.58
乳酸（% FM）	0.23bc	0.10c	0.46a	0.27bc	0.37ab	0.27b	0.54
酢酸（% FM）	0.18a	0.04b	0.03b	0.04b	0.04b	0.06b	0.09
プロピオン酸（% FM）	0.04	0	0	0	0	0	0.02
酪酸（% FM）	0.31a	0.01b	0b	0b	0b	0b	0.63
エタノール（% FM）	0.52b	0.46b	0.32b	0.54b	0.96a	0.80a	0.08
VBN/T-N[4]（%）	5.35ab	5.70ab	3.62c	4.60bc	4.85abc	5.99a	0.42
Vスコア	62.5b	79.7ab	95.1a	93.1a	92.3a	88.7a	7.83
乾物損失率（%）	5.23	5.06	3.37	3.61	3.49	3.7	0.89

注　1）数値は付着乳酸菌事前発酵液の培養日数を示す
2）標準誤差
3）同一行内において異なるアルファベットは有意差を示す（$p<0.05$）
4）全窒素に対する揮発性塩基態窒素の割合

とが実験室レベルで確認された。

なお，表中に記載した略語については，次のとおりである。

FM：fresh matter；新鮮物（サイレージ新鮮物当たり）

VFA： volatile fatty acid；揮発性脂肪酸（酢酸，プロピオン酸，酪酸）

VBN/T-N：volatile basic nitrogen/total nitrogen；全窒素に対する揮発性塩基態窒素の割合

Vスコア：VBN/T-NでVFAを指標としてサイレージの発酵品質を評価する方法。評点は80点以上で良，60～80点が可，60点以下が不良の3段階で評価する（自給飼料品質評価研究会編，1994）。

また，FJLBの培養日数

第4表　付着細菌叢，FJLB乳酸菌叢の分子生物学的解析　（平岡ら，2002）

付着菌叢（90クローン）	2日間培養FJLB（91クローン）	5日間培養FJLB（111クローン）
Enterobacter aerogenes（25）	*Lactococcus lactis*（57）	*Lactobacillus fermentum*（87）
Burkholderia cepacia（14）	*groupA*（29）	*minor group*（87）
Novosphingobium subarctium（13）	*groupB*（11）	*Lactobacillus plantarum*（23）
Stenotrophomonasu maltophila（9）	*groupC*（7）	*Weissella confusa*（1）
unclassfied soil bacterium alpha-division（8）	*groupD*（5）	
Sphingonomas echinoides（5）	*minor group*（5）	
Acheomobacter sp.（3）	*Lactobacillus plantarum*（16）	
unclassfied nitrogen-fix bacterium（3）	*minor group*（16）	
Acinetobacter sp.（2）	*Lactobacillus fermentum*（14）	
Curotobacterium citreum（1）	*minor group*（14）	
Variovorax paradaxus（1）	*Weissella confusa*（3）	
Methylobacterium sp.（1）	*Weissella cibaria*（1）	
Deinococcus sp.（1）		
Paracraurococcus ruber（1）		
Ideonella sp.（1）		
Pantoea ananotis（1）		
Chrysebacterium meningosepticum（1）		

注　それぞれの試料から得られたDNAをテンプレートとした16SRNA遺伝子のPCRを行ない，各試料約100クローンについて制限酵素HaeⅢを用いた切断パターンと塩基配列の決定により同定

による添加効果の違いも認められ，FJLB2（2日間培養）を添加したサイレージは他よりも発酵品質が優れていた（第3表）。

（4）FJLB中の乳酸菌叢の遷移と多様性

FJLBの培養日数にともなう菌叢の変化を調査した結果を第4表に示した。培養前のFJLB中菌叢（イネの付着細菌）は，*Enterobacter*属に代表される土壌細菌が多数存在し，この時点でのFJLB中の優勢菌種は乳酸菌ではなかった。しかし，培養2日目では，乳酸球菌の*Lactococcus*属が優勢菌となり，*Lactobacillus*属などの乳酸桿菌の出現も確認された。さらに培養日数が経過した5日目FJLBでは，*Lactobacillus*属を中心とする乳酸桿菌が優勢菌として存在し，同じFJLBでも菌叢が移行していることが明らかになった。

一般に，良質なサイレージ発酵過程では，初期発酵の段階で乳酸球菌が生育し，その後pH耐性のより強い乳酸桿菌へ菌叢が移行するとされている。また，乳酸球菌が生成する乳酸やバクテリオシンなどの抗菌物質は，好気性細菌や酪酸生成菌の生育を抑制し，その後の乳酸桿菌主体による良質なサイレージ発酵への円滑な移行を援助する役目を果たすとされている（蔡，2001；蔡，2002）。

以上のことから，培養2日目のFJLBは，サイレージ発酵の初期段階で重要な役目を果たす乳酸球菌と，発酵後半の低pH条件下でも生育可能な乳酸桿菌をあわせもつ発酵液であり，培養日数の異なる他のFJLBより添加効果が高い要因として，乳酸球菌と乳酸桿菌が多様に維持増殖されたためと考えられる（平岡ら，2003）。

（5）実用化の可能性

①実用レベルでの調製方法

FJLBを生産現場で利用するためには，調製方法が簡便で，品質の安定したものが低コストかつ大量に調製できなければならない。そこで，20*l*容量のポリタンクを利用したFJLBの実用レベルでの添加効果について紹介する。

20*l*容量のポリタンクを利用したFJLB調製は，先述した実験室レベルでの調製方法と基本的に同じである。異なる部分は，1）材料草（この場合イネ）を500g程度準備すること，2）材料草は，ミキサー磨砕の手間を省くためハサミや押切りなどで5cm程度の細切りにし，網目の細かい袋（洗濯用ネットが便利）などを利用し，水20*l*当たり1kgの砂糖が入った容器内で2〜3日間程度培養するものである。ロールベールサイレージの現物重量によっても若干変化するが，添加量を0.5％と設定すると，20*l*で約14個分のロールベールサイレージが調製できる。

なお，実際の農家レベルでは，1日の作業量が1haを超えることもあり，この場合のFJLB必要量は80〜100*l*と試算される。

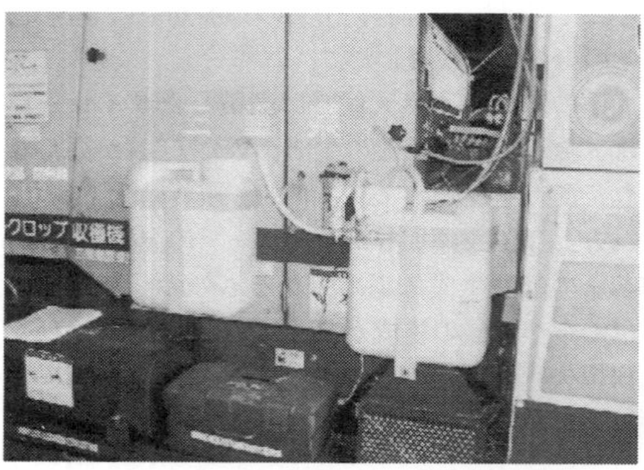

第1図　飼料イネ用ロールベーラに装着した自動添加装置　（浦川ら，2003）

左：20*l*ポリタンク2本搭載（FJLB40*l*は約30a分）

右：自動添加装置：フィードチェーン上のイネの供給の有無により添加スイッチが自動的にON／OFFされる

第5表　FJLB添加がロールベールサイレージ発酵品質に及ぼす影響
（平岡ら，2004）

処理区	添加率（％FM）	水分（％）	pH	乳酸	酢酸	酪酸	VBN/T-N（％）	Vスコア
				―――	（％FM）	―――		
大型体系								
無添加	―	65.3	5.5a	0.64	0.32	0.05	8.1	89
FJLB	2.0	65.3	4.8b	0.86	0.37	0.04	6.5	92
小型体系								
無添加	―	61.7	5.1a	0.43a	0.44	0.024	6.5	93
FJLB	0.7	62.7	4.2b	1.37b	0.34	0	4.6	99
参考値								
無添加	―	61.6	5.1a	0.98	0.42	0.13	6.1	86
FJLB	0.5	62.5	4.4b	1.17	0.32	0.03	3.6	97
	1.0	61.8	4.4b	1.23	0.39	0.02	4.7	97

注　大型体系：5条刈り，2003年10月7日収穫調製（供試品種：ホシアオバ，栽培場所：三重県一志郡嬉野町）
小型体系：2条刈り，2003年10月16日収穫調製（供試品種：ホシアオバ，栽培場所：三重県一志郡嬉野町）
参考値：2003年8月28日大型体系で収穫調製（供試品種：チヨニシキ，栽培場所：三重県度会郡大内山村）
FJLBは，細切区のものを添加
同一列内の異符号間に有意差あり（$p<0.05$）

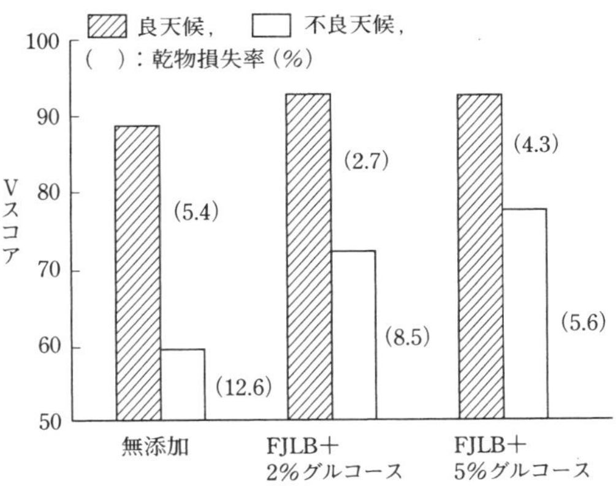

第2図　FJLB添加がVスコアおよび乾物損失率に及ぼす影響　（平岡ら，2003）

②実用性と生産コスト

飼料イネ専用収穫機（5条刈りおよび2条刈り）にそれぞれ添加装置を搭載し（第1図），ロールベールサイレージを調製した場合のFJLB添加の実用性を検証した。その結果，5条刈りと2条刈りのいずれの体系でもFJLBを添加することで乳酸生成が促進され，良質なサイレージが調製された。また，FJLBの添加量の違いがサイレージの発酵品質へ及ぼす影響は，0.5～2.0％の間では顕著な差は認められず，いずれも良質なサイレージが調製された（第5表）。

FJLB調製に必要な経費は，市販砂糖代として約200円程度であり，0.5％の添加量（ロール現物重量を280kgと設定）で試算するとロール1個当たり約14円程度となり，低コストで調製できる。

なお，本試算では，ポリタンクや添加装置などの初期投資費用は，その他のサイレージ添加剤と併用できるため必要経費から除外した。

(6) 不良天候時の添加効果

飼料イネが全国的に推進され栽培面積が拡大するなかで，収穫時期が集中することによって，朝露が残る早朝からの収穫作業や天候不良など，収穫作業が不適な条件下でサイレージ調製が行なわれる場合もあり，結果として品質の劣るサイレージが大量に生産されることも懸念される。そこで，不良天候時のFJLBの添加効果について，その有効性を検討した。

その結果，不良天候時に調製したサイレージは，無添加区で酪酸の生成，VBN/T-Nが高くなり，これを反映してVスコアも顕著に低下した。一方，FJLBを添加したサイレージの発酵品質は，若干の酪酸生成は認められるものの，無添加区にくらべ乳酸の生成が高く，VBN/T-Nおよび乾物損失率も低水準となり，不良発酵を抑制できることが確認された（第2図）。

このようなFJLBの作用機作を分子生物学的に解析した結果，無添加サイレージの発酵初期の菌叢は，乳酸菌が優勢菌と見なせず多種類の菌

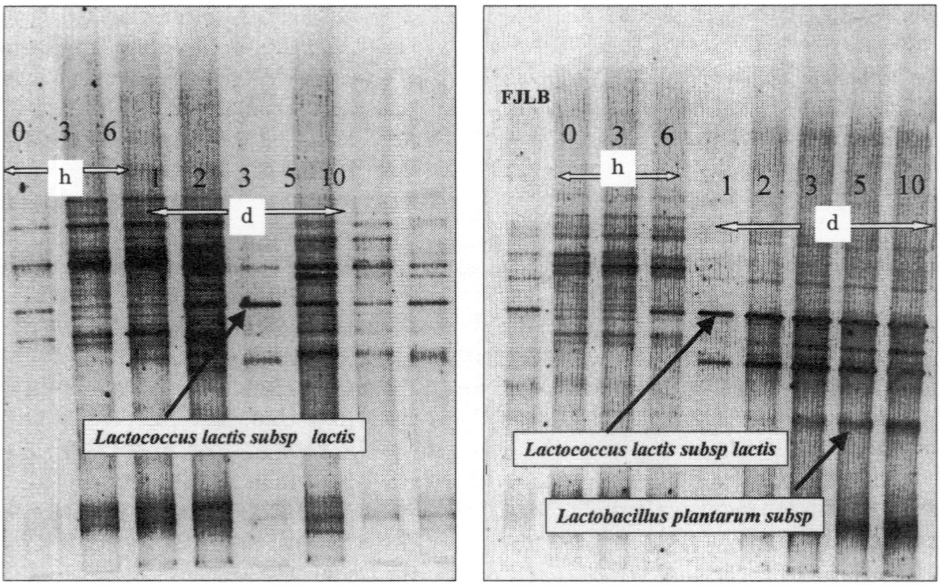

無添加区　　　　　　　　　　FJLB＋5％グルコース

第3図　不良天候時を想定して調製した飼料イネサイレージ菌叢のDGGE解析

アルファベットはサイレージ調製後の経過日数を示す（h：時間，d：日数）

種が存在していた。一方，FJLB添加サイレージは，乳酸菌（*Lactococcus lactis* subsp. *lactis*, *Lactobacillus plantarum* subsp.）がきわめて初期の段階から優勢菌として存在していた（第3図）。したがって，不良天候時のFJLB添加効果の発現は，サイレージ調製後のきわめて早い時期に乳酸菌が優勢菌として増殖維持した結果，不良発酵を抑制したものと推察された。

以上のことから，収穫時期の集中によって収穫不適条件下での作業が余儀なくされる場合でも，FJLBを添加することによって，サイレージ発酵品質の低下をある程度防止することができるものと考えられる。

（7）FJLBの新たな可能性

FJLBの添加は，飼料イネサイレージの発酵品質を改善すること，また，収穫不適条件下で調製されたサイレージの品質劣化防止にも有効である。さらに，FJLBは，身近な道具で簡便かつ低コストに調製することが可能であることから，現場レベルでの実用性を十分に満たすものと考えられ，暖地型牧草やムギ類などサイレージ調製がむずかしいとされる飼料作物への応用にも期待できる技術である。

また，先述のように，後藤らによって，アルファルファロールベールサイレージへのFJLB添加が，飼料の消化率とTDN含量を高め，乳牛の窒素利用性を向上させることが報告されている（後藤ら，2001）。

以上のことから，FJLBの添加は，サイレージの発酵品質だけでなく，家畜の自由摂取量や栄養価の向上など飼料特性の改善といった面からも今後期待される技術である。

執筆　平岡啓司（三重県科学技術振興センター畜産研究部）

2004年記

参考文献

永西修・四十万谷吉郎．1998．稲ホールクロップの発酵特性．日草誌．**44**，179―181．

後藤正和・山本泰也・水谷将也．2001．飼料イネの調製技術と飼料特性．畜産の研究．**55**，242―248．

平岡啓司・乾清人・山本泰也・浦川修司・森昌昭・山田陽稔・牛場衣稚子・苅田修一・後藤正和．2002．

サイレージ発酵品質改善のための付着乳酸菌発酵液の有効画分と分子生物学的解析．日草誌．**48**，(別)，242—243．

平岡啓司・山本泰也・浦川修司・水谷将也・山田陽稔・乾清人・苅田修一・後藤正和．2003．付着乳酸菌事前培養液の添加がイネ（Oryza sativa L.）ホールクロップサイレージの発酵品質と飼料特性に及ぼす影響．日草誌．**49**，460—464．

平岡啓司・乾清人・山本泰也・浦川修司・苅田修一・後藤正和．2003．不良天候時の飼料イネサイレージ調製におけるFJLB添加の有効性と作用機作．日草誌．**49**（別），236—237．

平岡啓司・乾清人・山本泰也・吉村雄志・浦川修司・沖山恒明・苅田修一・後藤正和．2004．飼料イネサイレージ調製におけるFJLB添加の実用性の検証．日草誌．**50**（別），181—182．

堀口健一・高橋敏能・萱場猛夫・笹原健夫．1992．V字葉型水稲と他の飼料作物のホールクロップサイレージにおける栄養価の比較．日草誌．**38**，242—245．

自給飼料品質評価研究会編．1994．粗飼料の品質評価ガイドブック．日本草地協会．東京．p.82—87．

Ohshima, M. , E. Kimura and H. Yokota. 1997. A method of making good quality silage from direct cut alfalfa by spraying previously fermented juice. Anim. Feed. Technol. **66**, 129—137.

Ohshima, M. , L. M. Cao, E. kimura, Y. Ohshima and H. Yokota. 1997. Influence of addition of fermented green juice to alfalfa ensiled at different misture con-tents. J. Japan grassl. Sci. **43**, 56—58.

蔡義民．2001．サイレージ乳酸菌の役割と高品質化の調製．日草誌．**47**，527—533．

蔡義民．2002．サイレージ発酵の微生物的制御．土と微生物．**56**，75—83．

曹力曼・後藤正和・苅田修一・山本泰也・水谷将也・出口裕二・浦川修司・前川緑・川本康博・増子孝義．2002．付着乳酸菌事前培養液を添加したアルファルファ（*Medicago sativa* L.）サイレージの発酵品質ならびに反芻家畜によるエネルギーと窒素の利用性．日草誌．**48**，227—235．

浦川修司・吉村雄志．2003．飼料イネ用カティングロールベーラの開発．日草誌．**49**，43—48．

浦川修司・吉村雄志・平岡啓司・山本泰也．2003．飼料イネ用ロールベーラに装着する添加装置の開発．日草誌．**49**，254—257．

山本泰也・水谷将也・出口祐二・浦川修司・山田陽稔・後藤正和．2000．緑汁発酵液によるイネホールクロップサイレージの発酵品質の改善と物理破砕によるin situ消化率の検討．日草誌．**46**（別），292—293．

実例・手づくり乳酸菌「付着乳酸菌事前培養（FJLB）液」による飼料イネの良質サイレージ化

(1) 低コスト・高品質サイレージの実現

飼料イネホールクロップサイレージ（イネ発酵粗飼料）のコスト低減と良質化を図り安定供給ができれば，飼料自給率向上による酪農経営の安定につながる。

広島県大和町飼料イネ生産組合（組合長：岡田正治）では，三重大学生物資源学部後藤正和教授と三重県科学技術振興センター平岡啓司氏の助言により，低価格サイレージ添加材として付着乳酸菌事前培養液（以下，FJLB液）を調製・添加して良質な飼料イネホールクロップサイレージづくりに取り組んだ。転作に悩む稲作農家と，安価で高品質なサイレージを安定して得ることができればと考えていた酪農家が連携したこの動きは，地域の耕畜連携の可能性を拓いた。

一つには，FJLB液を添加した飼料イネホールクロップサイレージの発酵品質が良く，乳牛の嗜好性が大変良かったこと，もう一つは，従来使用した市販の乳酸菌に比べてコストが10分の1程度と安く，比較的簡単に作製できたことにある。

ここでは，FJLB液の調製と利用に取り組んできた広島県大和町飼料イネ生産組合で組合長をする岡田正治牧場（乳牛30頭）を例に，現場での手づくり乳酸菌の製造法をとり上げる。

岡田牧場では，2001年に飼料用イネ（発酵粗飼料用イネ）を2.5ha栽培し，飼料イネ専用機械による収穫後，サイレージに調製したものを乳牛に給与した。できあがった飼料イネホールクロップサイレージの品質は大変良く，給与した搾乳牛1頭当たりの乳量は平均で30.6kg/日という満足できる結果を得た。

こうした結果から，岡田牧場では，2002年以降も飼料イネホールクロップサイレージを牛に給与したいと考え，飼料イネ専用収穫機の導入と生産組織づくりを仲間と役場に働きかけた。この呼びかけに，仲間の酪農家と転作に頭を悩ます大型稲作農家がこたえ，飼料用イネの栽培とサイレージ調製販売を行なう飼料イネ生産組合結成に賛同した。

こうして2002年3月にコントラクター組織「大和町飼料イネ生産組合」（代表者：岡田正治，大型稲作農家3戸，畜産農家2戸）が設立された（第1図）。

> FJLB液
>
> Fermented juice of epithytic lactic acid bacteria，付着乳酸菌事前培養液。飼料作物に付着している乳酸菌を事前に増殖させた液体。
>
> FJLB液の調製は，名古屋大学大島光昭教授と三重大学後藤正和教授が提案されたもので，材料草200gに1l加水し，家庭用ミキサーで磨砕して得られたろ液に2%の糖を添加し，密閉容器に30℃前後で2日間培養して完成する。サイレージへは，この完成したFJLB液を現物当たり0.2%を添加する。イネ茎葉の付着乳酸菌数は，10^2～10^4CFU/gfm程度であるが，FJLB液を添加したイネ茎葉の付着乳酸菌数は，およそ10^8CFU/gfmまで増加し，サイレージにおける乳酸発酵が促進される。

(2) FJLB液添加技術の考え方

牧草サイレージは，牧草を密閉することにより嫌気状態とし，乳酸発酵でpHを低下させ，酪酸発酵を抑制するものである。

飼料イネのような茎葉に付着する乳酸菌と糖含量が少ない牧草の場合，乳酸発酵を円滑にする工夫が必要である。この場合，発酵を促進するため市販の乳酸菌を添加する方法がある。しかし，茎葉に付着した他の菌との相性や環境（気温など）によっては，外部で培養された特定の有用な乳酸菌の添加となるため，期待した効果の発現ができないことがあるといわれている。

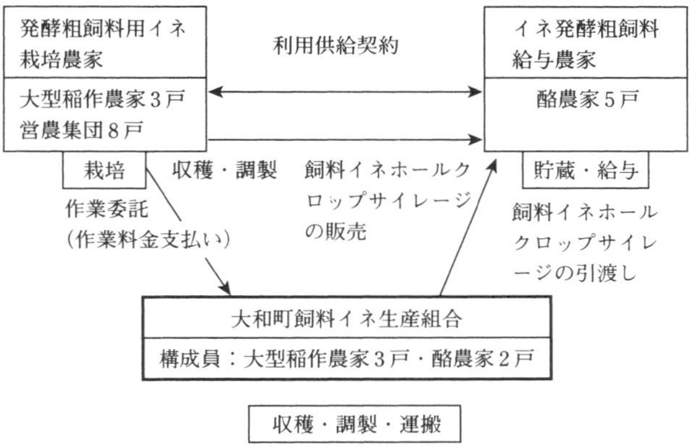

第1図　大和町飼料イネ生産組合の組織運営および耕畜連携体制

そこで，茎葉にもともと付着し他の菌とも相性の良い多様な乳酸菌叢を培養・増殖し，牧草を梱包する際に増殖液を付着させ，その後の乳酸発酵を円滑に促進しようというのが，FJLB液添加によるサイレージ発酵促進の考え方である。

（3）FJLB液の作製法

用意するものは，ポリタンク20lで作製する場合は，新鮮なイネ茎葉1kg，剪定鋏，洗濯ネット1枚，ポリタンク（20l）1個，熱帯魚用の保温器具，pHメーター，砂糖1kg，酢300～400ml，重石（約1kg）が必要である。手順は次のとおりである。

①イネの茎葉を切りネットに入れる（第2図）

イネの茎葉（1kg）を，剪定鋏などでなるべく短く切る。その際，利用するイネの茎葉は，必ずFJLB液調製の直前に刈り取った新鮮なものを利用する。細断した茎葉を洗濯ネットの中に入れる。茎葉を粗く切断するほど調製中にも茎葉に空気が残り，その部分は好気性細菌が増殖する。調製中に茎葉が浮かないように，洗濯ネットに重石を入れる。

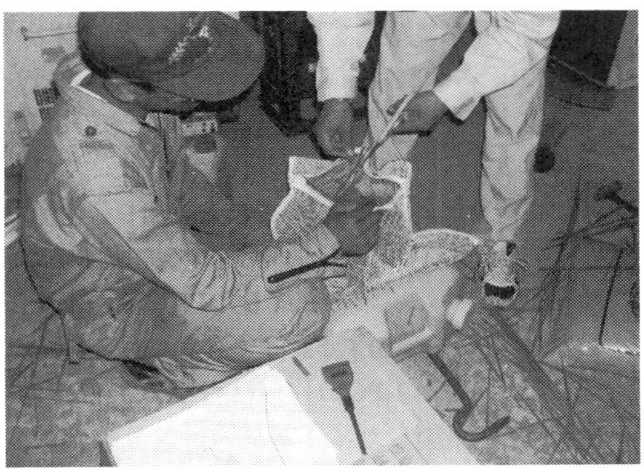

第2図　イネの茎葉を短く切ってネットに入れる

②砂糖と一緒にポリタンクに入れる（第3図）

洗濯ネットに入れたイネの茎葉と砂糖（400g）をポリタンク（20l）に入れ，水を満たして混合する。pHの低下とカビ抑制の目的で，酢を加えてpH4.2程度まで下げる。ポリタンクの口は大きいもののほうが作業しやすく，大きなポリタンクを使うと効率的である。水を加えるとき，空気が入らないようにポリタンクの口まで水をいっぱいにし，密閉することが肝心である。

第3図　ネットに入れた茎葉を，砂糖と一緒にポリタンクに入れ水を満たす

③25～30℃で発酵させる（第4図）

熱帯魚用の保温器具を使い，25～30℃で2日間保温する。30℃前後が乳酸菌の増殖に一番適した温度である。最初から水の代わりにお湯（30℃程度）を入れると早く乳酸発酵し，pH低下が早まる。直射日光に当たると温度が上昇しすぎるので，日陰で保管培養する。大きなポリタンクで培養する場合は，タンク上部の水温が

第4図　25〜30℃に保温して乳酸菌を増殖させる

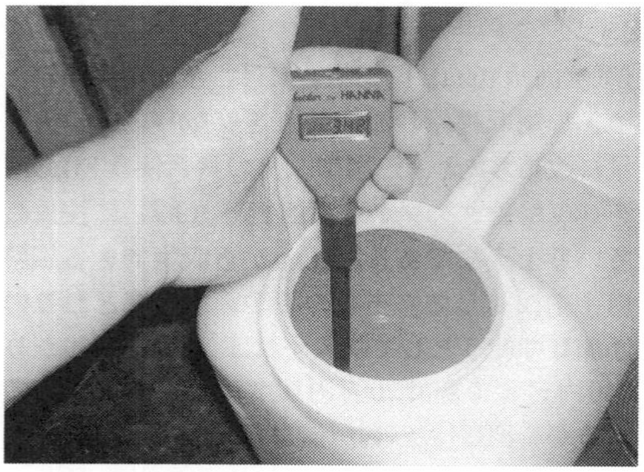

第5図　FJLB液のpHが3.5前後になったら，茎葉を入れたネットを取り出す

第6図　飼料イネに糖分が少ないことから乳酸発酵を促進するために砂糖をさらに加える

第7図　飼料イネ専用収穫機付属の添加装置にFJLB液を充填する

高くなりすぎることがあるので，保温器の温度調節に気をつける。

④pH3.5になったらネットを取り出す（第5図）

FJLB液がpH3.5前後まで下がっていることを確認し，洗濯ネットに入れたイネ茎葉を取り除く。大容量（100*l*）調製や茎葉を粗く切断した場合は，培養液のpH3.5程度までの低下が1〜2日遅れる。できたばかりの新鮮なFJLB液をペットボトルに空気が残らないように入れ，それを再度FJLB液を調製するときに少し添加すると乳酸発酵が進み，完成するまでの時間が短縮できる。

⑤砂糖をさらに添加（第6図）

サイレージ原料（飼料イネ）に糖分が少ないことから，FJLB液を添加装置に入れる前に，さらに砂糖（600g）を加える。

⑥FJLB液を添加装置に充填（第7図）

できあがったFJLB液を飼料イネ専用収穫機に付属している添加装置に入れ，飼料用イネ収穫時に1ロール300kgの茎葉に2*l*噴霧する。この作業で，もともと飼料イネに付着していた他の菌とも相性の良い多様な乳酸菌と，乳酸菌増殖に必要な糖分をサイレージの材料となる茎葉に付着させる。

なお，調製したFJLB液は，時間が経つとさらにpHが下がり，培養6日目にはpH3.2程度まで下がる。しかし，培養4日目を経過すると不良発酵する菌も増殖傾向にあることから培養4日目までにFJLB液を利用する。

第8図 開封時のサイレージの発酵品質pHを調べる岡田正治さん

pHは4前後と良好な発酵を示している。牛が食べやすいように他の粗飼料と一緒にミキサーで切断して給与している

(4) 発酵品質と牛の嗜好性

FJLB液を添加した飼料イネホールクロップサイレージは，乳酸発酵がスムーズに進み速やかにpHが下がった。サイレージ調製後1か月の開封で，無添加の飼料イネホールクロップサイレージのほとんどがpH4.5～5.0であったのに対し，FJLB液添加の飼料イネホールクロップサイレージはpH3.8～4.5と乳酸発酵が進んでいた。

FJLB液添加の飼料イネホールクロップサイレージは，開封時乳酸含量が乾物で1％を超え，pHは4前後。十分に乳酸発酵が進んでいることがわかる。発酵品質点数（Vスコアー）はほとんどのものが90点以上と良好な成績であった。

「大和町飼料イネ生産組合」代表の岡田氏によると，FJLB液の添加で発酵品質が良くなったと同時に，糖分が添加されているため牛が食べやすいように他の粗飼料と一緒にミキサーで切断して給与。牛の嗜好性は大変良く，食い残しも少なくなったとの感想である（第8図）。

(5) 乳酸菌のコストは10分の1に

2003年からは，飼料イネホールクロップサイレージ全部にFJLB液を添加することを決めた（栽培面積16ha）岡田組合長は，全面積添加のため，専用収穫機の添加装置を20lから90lの大容量に改造した。第9図は，その日に使うFJLB液を100l培養タンクから添加装置（90l）に注入しているようすである。16haから収穫できる飼料用イネに対して，市販の乳酸菌を基準どおりの添加量で使うとして購入すれば，1ロール当たり240円として合計30万円程度はかかるところであるが，FJLB液の利用により乳酸菌の経費は10分の1程度の経費（おもに砂糖代）の3万円以内で済んでいる。しかも，比較的簡単に作製添加できている。

第9図 添加装置を90lの大容量に改造

FJLB液を100lタンクから充填

FJLB液を噴霧した飼料イネホールクロップサイレージは，8層巻きにして損傷による品質の劣化を起こさないよう気をつけている。保管に専用の場所を用意し，牛に給与する大事なえさとして大切に扱っている。牛の嗜好性の良い飼料イネホールクロップサイレージづくりと，牛への給与にも熱心に取り組んでいる好事例であろう。

なお，どの乳酸菌を利用するにしても，良質のサイレージをつくる基本は，泥の混入の少ない良い原料を使い，適期刈取りで水分含有量の調整を適切にし，密閉状態に保つことが大切である。

執筆　沖山恒明（広島県農業改良普及センター）

2004年記

イネWCSのTMR体系

多くの栄養を必要とする泌乳牛には，栄養のバランスがとれた飼料給与が不可欠であり，粗飼料，穀物や食品製造副産物を混合したTMR（混合飼料：Total Mixed Ration）の形での調製給与が望ましい。TMRの給与は，濃厚飼料，粗飼料を別々に給与する分離給与と比べ，飼料摂取に偏りが生じにくく，牛の第一胃内の恒常性の維持，乾物摂取量の増加などに利点も多い。この調製法は，乳牛に給与する場合の飼料形態として採用される場合が多いが，最近では肥育牛の飼養でも用いられる。

(1) イネWCSを用いるTMR調製のポイント

イネWCS（飼料イネホールクロップサイレージ）は，収穫方法によっては，茎葉，子実が分離する場合もあり，乾物摂取量を増やすにはTMRでの給与が有効である。TMRはさまざまな組合わせが可能であるが，イネWCSの給与量を増やす場合には次の点に注意する。

1）イネWCSは嗜好性が良いが，ケイ酸含量が多く，繊維が粗剛で消化性が低いため，NDF（中性デタージェント繊維）含量を高くしないこと，2）乾物摂取量の多い高泌乳牛では，イネWCSの子実の40～50％程度が糞中に排泄される栄養的な損失があるため，NFC（非繊維性炭水化物）含量を高めにすること，3）乾物摂取量を維持・増加するには，イネWCSの切断長を3.0cm程度とすること，4）イネWCSにほかの粗飼料を組み合わせる場合には，NDF含量が高くならないように，繊維形状が細かくNDF含量が低いアルファルファ乾草や刈取り時期の早い粗飼料などを用いることなどである。

なかでも，子実の排泄率を低下させるためにさまざまな取組みが行なわれ，切断長，子実破砕，イネWCSの脱粒性の育種的抑制などが子実排泄率低下に効果があり，消化性を改善できれば乳生産が向上することが確認されている。現状では，排泄される養分損失量を補うように濃厚飼料を追加するなどの必要がある。

イネWCSを用いるときのほとんどの農家の失敗は，嗜好性が良いことに目がいきすぎ，粗飼料割合，NDF含量が高くなりすぎることに起因しているので注意する必要がある。

(2) イネWCS使用TMRの特徴

TMRの調製は，乾物50～60％程度になるように加水し調製したものが多い。府県では可搬性を考えて，フレコンバッグに300～350kgを詰め込み，流通させる場合が主流であるが，TMRは，調製後すぐに給与するフレッシュTMRと，調製後1～2か月発酵させたあとに給与する発酵TMRのタイプがある。

フレッシュTMRは，冬期には外気温が低いため影響は少ないが，外気温の高い夏場にはTMRが飼槽内で発熱し，二次発酵を生じやすく，嗜好性の低下，乾物摂取量の低下が起こることが多い。これらを防止するために，プロピオン酸やギ酸を主成分とした二次発酵防止剤を添加することもあるが，一定期間の家畜への馴致が不可欠である。

一方，発酵TMRは，フレコンバッグ内にセットしたビニール内袋にTMRを混合調製後に詰め込み，脱気密封して30日程度貯蔵し，乳酸発酵させたあとに給与するものであり，夏期にも貯蔵性や嗜好性を維持できる利点をもっている。密封する方法として，混合した飼料を細断型ロールベーラで成形・ラッピングすることもできる。また，高密度に角型梱包ベールに調製する方法も開発されている。

以下に，TMRの発酵の特徴などを述べるが，今回紹介する発酵TMRは，第1表に示すように貯蔵2か月目のイネWCSとビールかす，豆腐かすやジュースかすなどの食品製造副産物，濃厚飼料を混合調製し，さらに1か月程度フレコンバッグ内で発酵貯蔵したものを基本としている。

① TMRの発酵特性

食品製造副産物はすべて飼料安全法の規制を

第1表　発酵TMRの構成割合と養分含量

TMR構成原料		乾物混合割合（％）
粗飼料	飼料イネWCS[1]	20.1
	アルファルファ乾草	12.2
濃厚飼料	トウモロコシ圧扁	13.2
	大麦圧扁	13.6
	ビールかす	6.0
	ミカンジュースかす	2.0
	糖蜜	2.9
	その他濃厚飼料	29.2
	ミネラル	0.8
		乾物中含量（％）
DM（乾物）		60.0
CP（粗蛋白質）		16.0
TDN（可消化養分総量）		74.0
EE（粗脂肪）		4.8
NDF（中性デタージェント繊維）		32.7
NFC（非繊維性炭水化物）		38.0
Ca（カルシウム）		0.6
P（リン）		0.4

注　1）貯蔵期間2か月

受けるため，利用するときは食品工場とTMRセンターなどの組織間で綿密な連携をとり，安全性の確保に努めなければならない。

また，食品製造副産物は高水分のものが多く，TMR原料として製品品質を左右するため，工場内や搬出後の取扱いに品質管理が不可欠であり，自給粗飼料とともに定期的な飼料成分の分析が大切である。

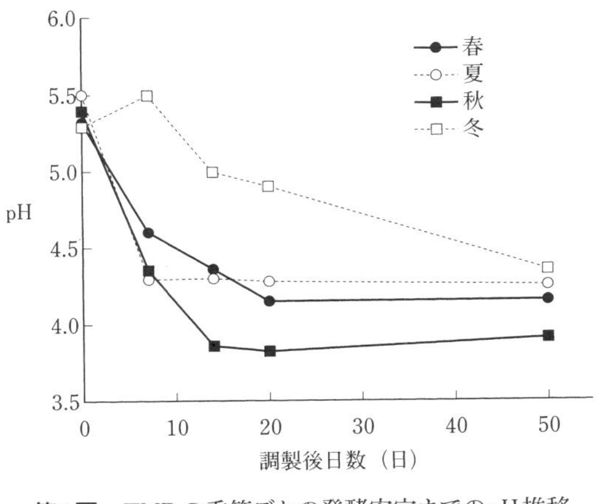

第1図　TMRの季節ごとの発酵安定までのpH推移
平成18年度高度化事業成果（西口，2006）から

TMRの季節ごとの発酵の状況を第1図に示した。ここでは，pHによる発酵の速度を追跡しているが，季節により発酵スピードが異なることが明らかになった。夏期は外気温が高いため，7日程度でpHは低下安定するが，春および秋は14～21日，冬は50日以上を要するなど，TMRを製品として供給できる期日が季節により異なる。また，冬期の調製では，pHの低下が緩慢であるが，TMRへの水分添加時に温湯を用いれば乳酸菌の活動が促進されることがわかった。

発酵TMRの発酵の進み方は，外気温に左右されるが，炎天下での温度上昇による熱変性などのTMRの変質を回避するためには，室内あるいは屋外の木の下などの気温の上昇が少ない場所に保管するのが望ましい。注意することは，一般のサイレージと同様であるが，TMRの嫌気状態を維持する必要があり，取扱いの不手際や鳥獣害などによりビニール内袋やラップに穴が開かないようにすることが大切である。

また，夏期は発酵速度が速いことから，TMRを入れたビニール内袋が大きく膨らみ，包装した留め金具が脱落したり，ビニール内袋が破裂する場合がある。これに対して，フレコンバッグの包装をきちんとすること，フレコンバッグの吊り下げひもを結ぶこと（第2図），3段積み以上にしないことなどに注意する必要がある。場合によっては，破裂を抑制するために，ビニール袋内で発生したガスを抜く逆止弁パッチを1～2個程度側面に取り付ける（第3図）こともある。

通常，発酵TMRは30日程度貯蔵したあと，

第2図　吊り下げひもを結んだフレコンバッグ

第3図　逆止弁パッチの取付け

給与を開始するが，TMRセンターでこれらを保管，貯留するスペースがない場合には，農家の庭先に搬入するなどの方法もある。

②TMRの脱気程度と採食性

TMR貯蔵中には嫌気状態を堅持する必要がある。第2表には，詰込み時の乳酸菌添加と脱気程度が及ぼす乳牛の採食性についての研究結果を示した。

乳酸菌製剤の添加の有無は乾物摂取量に影響していない。一方，TMR詰込み後，直ちに吸引機を用いビニール内袋の脱気程度を－7.7hPa（ヘクトパスカル），－11.5hPa，－15.4hPaの3水準とした調査では，脱気程度の強いTMRは乾物摂取量が多いことが示されている。発酵TMRの貯蔵性や嗜好性を向上させるためには脱気程度を強くし（－15.4hPaまで脱気），維持することが大切である。

③開封後の保存性

第4図は30日貯蔵した発酵TMRを開封後，外気に放置し，品温の推移を乳酸菌添加の効果も含め調査したものであるが，いずれも20日間以上にわたり品温は安定し二次発酵が抑制されている。発酵TMRは貯蔵性に優れることから流通飼料として利点があり，この方法を採用しているTMRセンターも多い。夏期の二次発酵による摂取量の低下を解決するために発酵TMRは非常に有効なツールとなる。

一方，夏期のこの試験では，乳酸菌添加の有無にかかわらず二次発酵が抑制されていることから，乳酸菌添加の必要はないと考えられる。

④発酵TMRとフレッシュTMRの養分含量，摂取量

混合直後のフレッシュTMRと，1か月貯蔵した発酵TMRの消化率と栄養価について調査した結果がある。

発酵TMRは，貯蔵発酵中に飼料中の粗蛋白質や易発酵性炭水化物の含量が変化することが予想されたが，フレッシュTMRと栄養的な差は認められていない（第3表）。さらに，乳量30kg/日程度の乳牛では，発酵TMRの給与でも良好な摂取量や乳生産が確保できている（第4表）。

また，TMRの貯蔵期間を0日，30日，60日

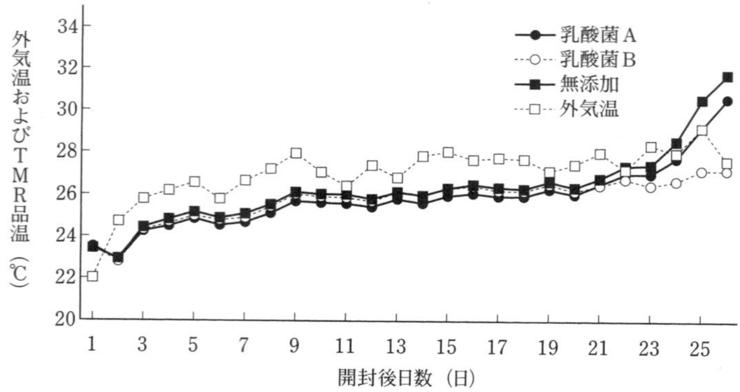

第4図　30日貯蔵の発酵TMR開封後のTMR品温推移

第2表　TMRの調製時の乳酸菌添加と脱気程度の違いが乾物摂取量に及ぼす影響

処　理	乳酸菌製剤		脱気程度			乳酸菌×脱気
	無添加	添　加	－7.7hPa	－11.5hPa	－15.4hPa	
乾物摂取量（kg/日）	22.8	23.0	22.7b	22.7b	23.3a	ns

注　TMR貯蔵期間は30日
異符号間に有意差あり（ab：$P < 0.05$），ns：有意差なし

第3表 イネWCSを用いたフレッシュTMRと発酵TMRの消化率および栄養価 (山本ら，2005)

	項　目	フレッシュTMR	発酵TMR
消化率（%）	DM（乾物）	70.8	70.9
	OM（有機物）	73.7	73.6
	CP（粗蛋白質）	75.2	75.5
	EE（粗脂肪）	83.6	83.8
	NDF（中性デタージェント繊維）	62.4	64.4
	NFC（非繊維性炭水化物）	85.6	85.3
	GE（総エネルギー）	73.0	72.5
DE（可消化エネルギー）（Mcal/kg）		3.46	3.34
TDN（可消化養分総量）（%）		71.4	71.2

注　TDN＝可消化OM量＋可消化EE含量×1.25

第4表 フレッシュTMRと発酵TMRの採食性，乳生産および第一胃内容液性状 (山本ら，2005)

項　目		フレッシュTMR	発酵TMR
平均体重（kg）		634.0	636.0
体重増減量（kg）		5.0	7.0
乾物摂取量（kg/日）		21.8	22.4
乳量（kg/日）		29.0	30.7
FCM量（kg/日）		28.1	29.9
乳成分量（kg/日）	乳脂肪量	1.12	1.18
	乳蛋白質量	0.92	0.99 *
	乳糖量	1.27	1.37
	無脂固形分量	2.46	2.66
第一胃内容液性状	揮発性脂肪酸（mM/dl）	9.0	9.2
	A/P比	3.9	3.6 *

注　FCM量：4%脂肪補正乳量，A/P比：酢酸/プロピオン酸比
　＊：区間に有意差あり（P＜0.05）

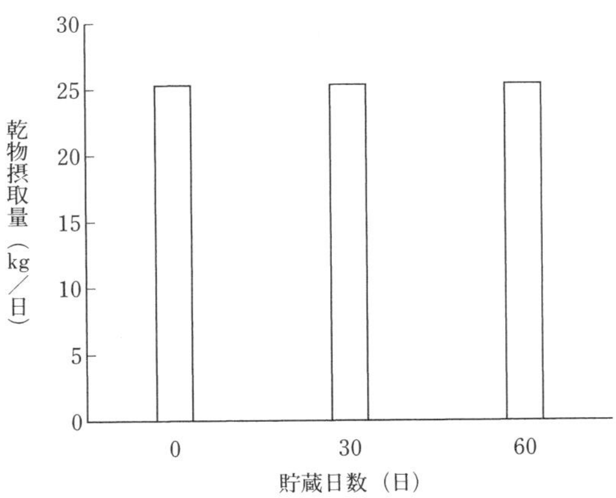

第5図 発酵TMRの貯蔵期間と摂取量

とした場合の乾物摂取量比較でも，発酵TMRはフレッシュTMRと同程度の嗜好性や摂取性を維持することが示されている（第5図）。したがって，発酵TMRの給与は，二次発酵抑制効果と合わせ乾物摂取量維持に有効である。

⑤イネWCSの切断長と攪拌時間

TMRの調製は，刃の付いたものや2軸オーガの混合機であれば，イネWCSのロールベールをそのままほぐしながら投入しても攪拌の過程で切断され，ほかの飼料と混ざる。一方，刃の付いていないものや1軸オーガの混合機では，あらかじめ3.0cm程度に細断して投入するのが混合精度を高める。

乳牛の飼料として切断長や混合程度が不十分な場合，選択摂取（選び食い）が生じやすく，濃厚飼料に偏重した飼料摂取により乳牛の消化が阻害され安定した乳生産ができないことが懸念される。逆に，長時間攪拌すると，咀嚼行動を維持する粗飼料の繊維形状が損なわれ，生産や生理に影響する可能性もある。

第5表は，発酵TMRを構成する原料のうち，乾物で20％混合したイネWCSの切断長

第5表 20分間攪拌後のTMRのパーティクルセパレーターによる飼料片割合（単位：原物%）

パーティクルセパレーター	飼料片粒度	飼料イネWCS切断長 1.5cm	4.5cm	6.0cm	SEM
上　段	＞19mm	5.1c	15.7b	16.7a	0.37
中　段	8～19mm	21.6a	12.2c	14.1b	0.35
下　段	1.8～8mm	58.0a	56.4b	53.2c	0.37
受け皿	＜1.8mm	15.4b	15.7ab	16.1a	0.19

注　SEM：平均標準誤差，異符号間に有意差あり（abc：P＜0.05）

を1.5cm，4.5cmおよび6cmとし，それぞれのTMR2,250kgを横軸オーガの1軸タイプカッター付（12m^3）により20分間攪拌したあとの飼料片割合（粒度）を見たものである。飼料片割合はペン・ステート・パーティクル・セパレーター（4段，Pennsylvania State Univ.）で調査した。

切断長ごとの飼料片割合はセパレーターの上段，中段，下段の値にそれぞれ差が認められ，上段，中段での飼料片割合の差が顕著であり，投入時のイネWCSの切断長に依存していた。一方，切断長が長い6.0cmのフレコンバッグにおいてはTMRオーガから排出される飼料片割合に変動が認められた（第6図）。

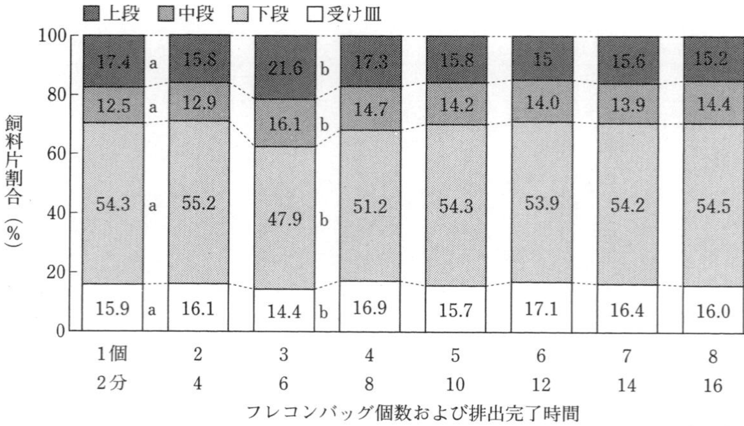

第6図 6cm切断長での300kgフレコンバッグ取出しごとの飼料片割合の推移

1バッチ混合後，フレコンバッグ排出（300kg）1個目の飼料片割合に対して異符号間に有意差あり（ab：$P < 0.05$）

乾物摂取量はイネWCSの切断長の違いに影響を受け，切断長が短いと乾物摂取量，乳量が高い傾向にある。また，イネWCSの切断長が3cm前後であれば乾物摂取量の抑制を是正でき，子実排泄率を低下できる（新出ら，2008）。現在，生産されているイネWCSの細断型ホールクロップ収穫機や汎用型飼料収穫機は，3.0cm程度に細断できるため，TMR構成原料として望ましい。

＊

穀物トウモロコシのバイオエタノール原料への仕向けに端を発した濃厚飼料価格の上昇，干ばつなどによる輸入乾草の高騰により，生産現場では飼料給与の低コスト化が喫緊の課題になっている。一方，大都市には多くの食品製造副産物（ビールかす，豆腐かす，ジュースかすなど）が滞留している。資源循環の観点から地域で生産された自給粗飼料と食品製造副産物の，よりいっそうの利用拡大が求められ，農業生産現場と都市消費現場の連携は安心・安全な食料自給率向上の鍵となる。

執筆　新出昭吾（広島県立総合技術研究所畜産技術センター）

2009年記

参考文献

新出昭吾・園田あずさ・岩水正．2008．飼料イネホールクロップサイレージにおける切断長と給与子実形状の違いが乳牛の生産に及ぼす影響．広島総技研畜産技術センター研究報告．15，15―22．

WCS用イネ収穫機械と効率的作業法

WCS用イネの収穫・調製体系にはフォーレージハーベスタにより収穫し，固定サイロに調製する方法とロールベールサイレージとして調製する方法があるが，現在のような流通をともなう体系ではロールベールサイレージ体系が中心である。さらにロールベールサイレージ体系は従来の牧草用機械を利用した体系と専用収穫機による体系に大別できる。さらに，WCS用アタッチを装着することでWCS用イネの収穫もできる汎用型飼料収穫機も実用化された。

そこで，従来の牧草用機械体系と専用収穫機の体系（汎用型飼料収穫機を含む）の特徴，さらに収穫・調製の能率向上のための作業方法について整理する。

(1) WCS用イネの収穫機械

①牧草用ロールベーラ体系

WCS用イネの収穫・調製作業で牧草用機械（モーア，テッダ，ロールベーラなど）を利用する利点は，畜産農家の既存機械を活用することで，専用収穫機などの新たな資本投資を必要としないことにある。牧草用収穫機械は作業時に十分な地耐力が得られる圃場で，しかも大区画圃場では高能率にWCS用イネをロールベールサイレージとして収穫・調製できる。

牧草用機械体系では，まずモーアなどによって立毛状態のイネを刈り落とす作業が必要であり，その後に反転・集草作業を行なうが，収穫時期のWCS用イネの水分によっては反転作業（予乾）を省略することが望ましい。水分が高く予乾を必要とする場合でも，土砂の混入による発酵品質や籾の脱粒による栄養価の低下を防止するため，過度の反転作業はひかえるのが賢明である。

一方で，ビタミンA制御型の肥育牛に給与する場合は，予乾処理を行なうことでβ-カロテン含量の低いWCSを生産できることから，給与対象家畜によっては圃場条件を考慮しながら，予乾処理を行なうことも必要である。

②専用収穫機

立毛状態のWCS用イネの刈取りと梱包作業を行なうための専用収穫機は，コンバイン型とフレール型と呼ばれる2つの機種の自走式ダイレクト収穫方式のロールベーラが実用化されている。これらの機種は2000年に市販され，その後，両機種とも改良が加えられ作業能率や作業性などの向上が図られてきた。

コンバイン型専用収穫機は，自脱型コンバインの刈取り・搬送部をそのまま利用していることから，穂部と茎葉部が整然と分離したロールが成形され，梱包密度がやや低いのが問題となっていた。

そこでこれらの問題点を解決するためにコンバイン型専用収穫機は，2008年に大きく改良された（第1図，第1表）。改良された新しいタイプの収穫機（細断型ホールクロップ収穫機）は，従来の機種と同様に自脱型コンバインの刈取り部・搬送部を利用しているが，従来機よりもディスクカッタの切断刃間隔を短くすることで，材料イネを約3cmに切断できるようになっている。

さらに，切断された穂部と茎葉部を混合するために，ディスクカッタの直下に水平に回転させる2枚のディスクを装着している。また，細断型ロールベーラのネット装置とロール成形部を搭載することで，細断された材料イネでも少ない損失率で高密度なロールを成形できるようになっている。

ただし，改良機も自脱型コンバインの刈取り部をそのまま利用していることから，収穫時のWCS用イネの草丈が135cm以上の場合には，刈り取られたイネが折れ曲がった状態で搬送されてディスクカッタに入るため，刈取り速度を落として作業を行なうなどの対応が必要である。

もう1つの専用収穫機は，刈取り部にフレール式ハーベスタを装備し，その後部にベール成形室を搭載したフレール型専用収穫機（コンビネーションベーラ）と呼ばれているものであ

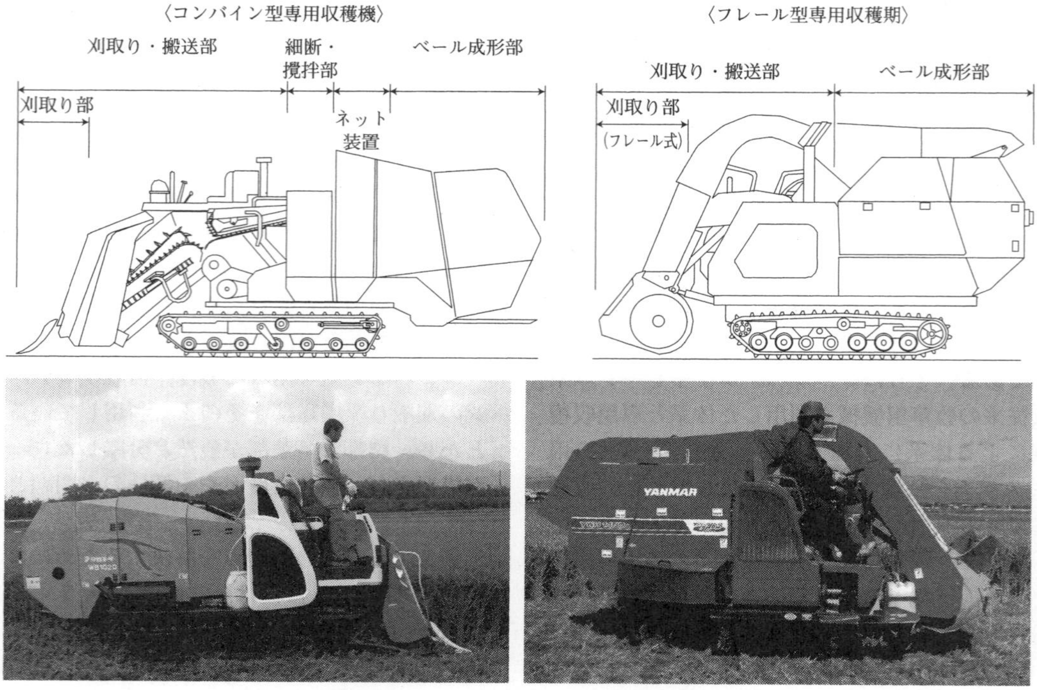

第1図　実用化されているWCS用イネ専用収穫機の概略図

第1表　実用化されているWCS用イネ専用収穫機の主要諸元

項　目			コンバイン型専用収穫機	フレール型専用収穫機
機体寸法	全　長（mm）		5,360	4,150
	全　幅（mm）		1,950	2,250
	全　高（mm）		2,380	2,250
	機体質量（kg）		3,700	3,040
エンジン出力（kW/rpm）			51.5（70PS）/2,000	42.7/2,800
走行部	履　帯	幅×接地長（mm）	450×1,780	400×1,548
		平均設置圧（kPa）	22.6	24.1
	変速方式		HST式	HST式
刈取り部	刈取り方式		自脱型コンバインの刈取り部を利用	フレール方式
	刈り幅（mm）		1,690	1,400
	刈取り条数（条）		5	5（30cm条間）
切断方式			ディスクカッタ（30mm）	100～150mm（平均）
混合方式			ダブルディスク	—
梱包部	ベール方式		チェーンバー方式（定径式）	スチールローラ方式（定径式）
	ベール寸法（mm）		直径1,000×幅850	直径900×幅860
	結束方式		ネット	トワイン（2条）

注　両機の主要諸元は各メーカーのカタログから抜粋

る。

このタイプの専用収穫機はフレール式の刈取り部を採用していることから，コンバイン型と比較して，籾に傷がつきやすいこと，長稈の飼料イネにも対応できること，専用収穫機と呼ばれているものの，ソルガムなどの収穫も行なえることが特徴である。

専用収穫機は両タイプとも走行部はゴム履帯を利用しており，平均接地圧も小さいことから軟弱圃場でも安定した作業を行なうことができる。両タイプとも作業時間はWCS用イネの収量や圃場条件などにも影響されるものの約20～30分/10aである。また，発酵品質を安定させるために収穫時に乳酸菌を添加できるようになっている。

③汎用型飼料収穫機

これまで紹介したコンバイン型，フレール型と呼ばれている2機種の専用収穫機のほかに，WCS用イネをダイレクトに収穫できる自走式収穫機として，新たに汎用型飼料収穫機が開発されている。この汎用型飼料収穫機は専用収穫機とは異なり，刈取り部を取り換えることでWCS用イネのほかに，トウモロコシや刈り落とした予乾牧草も収穫してロールベールに成形することができる。

WCS用イネのダイレクト収穫を行なう場合には，刈取り部にWCS用イネアタッチ（リールアタッチ）を装着することで専用収穫機と同様に立毛状態で収穫し，シリンダーカッタで細断してからロールベールに成形することができる（第2図）。

とくにこの機械は細断物を荷受け・貯留するホッパをもっていることから，ロールベールを結束している間でも，ホッパに細断物を貯留することで収穫作業を中断することなく，ノンストップで収穫・ロール成形が行なえるのが特徴である。

この汎用型飼料収穫機はトウモロコシや予乾牧草などの多様な飼料作物を収穫し，高密度な梱包が成形できることから，今後のコントラクタ組織への導入が期待されている。

④自走式ベールラッパ

牧草用ロールベーラや専用収穫機，あるいは汎用型飼料収穫機で梱包したロールベールはベールラッパを用いて密封する。この場合，牧草用のトラクタ牽引式ベールラッパでも密封作業を行なうことはできるが，主にWCS用イネのロールベールの密封を行なうために開発されたのが自走式ベールラッパである（第3図）。

この自走式ベールラッパは軟弱な圃場での作業に適しており，密封処理を行なった後のロールベールを直接，圃場外へ搬出する機能ももっている。また，専用収穫機や汎用型飼料収穫機が，これまで以上に高密度な重いロールベールを成形できるようになったことから，自走式ベールラッパも重量バランスの向上を図るとともに，重いロールベール（300kg/個以上）でも，容易に持ち上げられるような改良が加えられている。

(2) 専用収穫機の作業体系

専用収穫機や汎用型飼料収穫機と自走式ベー

第2図　汎用型飼料収穫機

第3図　自走式ベールラッパ

ルラッパを利用する体系では，立毛イネの刈取りから梱包，密封から圃場外へのロールベールの搬出までの一連の作業を行なうことができる。

専用収穫機の作業能率はこれまで以上に向上しており，自走式ベールラッパも改良が加えられてきたものの，収穫機と圃場内で同時作業を行なう場合では，専用収穫機は収穫機よりも作業能率は劣っている。そのため，梱包終了後に非常に多くの未ラップのロールベールが圃場内に残されることになる。つまり，1日の作業量は自走式ベールラッパの処理量によって制限されることになる。

そこで，専用収穫機と自走式ベールラッパの効率的な組み作業法を検討することが必要である。

①ロールの放出位置

一般的にロールベーラの作業では，成形終了後にいったん停止してトワインやネットで結束し，その位置でロールを放出する。専用収穫機も同様の作業法で収穫・梱包作業を行なうが，専用収穫機の場合，結束時間を利用して圃場内を農道方向へ移動してからロールを放出する作業法が効率的である。

とくに自走式ベールラッパが同時に圃場内で作業を行なう場合は，圃場の進入口からロールベールまで移動し（往路），積載後に密封しながら圃場内を移動して（復路），農道付近でロールベールを降ろす作業法が一般的である。したがって，効率的に作業を行なうためには，専用収穫機によるロールの放出位置を変えることで，自走式ベールラッパの作業時間を短縮させ，全体の作業の効率化を図ることが必要である。

ロールベール成形後にその場でロールを放出する作業法と，結束時間を利用して農道方向へ移動して放出する作業法を比較すると，農道方向へ移動して放出したほうが，圃場進入口付近にロールを集中させることができる（第4図）。両者作業時間は，専用収穫機の作業は同等であるが，自走式ベールラッパの作業は，専用収穫機が放出したロールベールまで移動して積載し，密封しながら進入口まで戻ってくる時間が短縮されるため，作業時間は約20％削減できる。

また，圃場の進入口付近にロールベールを集積させておくことは，その後のベールグラブなどを用いた運搬車への積載作業時間の短縮にもつながることになる。

②圃場内の効率的な移動

専用収穫機が効率的な作業を行なうための留意点は次のようになる（第5図）。

1）自走式ベールラッパが圃場内を移動してロールごとに積載・密封しながら圃場の進入口付近まで移動して降ろす作業の場合，まず専用収穫機は圃場進入口付近を刈り広げ，自走式ベールラッパが容易に作業できるようなスペースを確保する。

なお，この作業スペースは専用収穫機のベール放出場所や密封後のロールベールの集積場所としても利用できる。

2）作業スペースを確保した後，専用収穫機は自脱型コンバインの作業法に準じて，外周の回り刈りと2方向刈り（往復刈り）で作業を進める。

3）区画の大きな圃場では，専用収穫機は圃場長辺方向の中割作業を行なう。これは食用米収穫時の自脱型コンバインの作業でも同様であるが，とくにWCS用イネの刈取り作業では短辺方向へも中割作業を行なう。

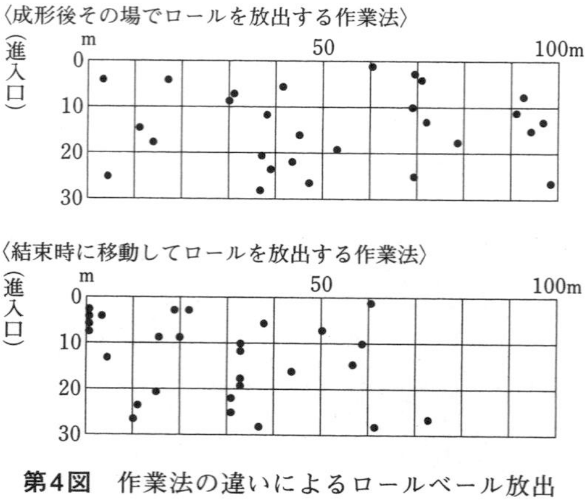

第4図　作業法の違いによるロールベール放出位置（推定値）

この長短辺方向への中割作業は回行時間の短縮を図る目的のほかに，専用収穫機と自走式ベールラッパの圃場内移動通路として利用できる。

このように，圃場の進入口側に作業スペースを確保することと，圃場の長短辺方向へ通路を設けることにより，両機のオペレータは相手作業機の現在位置を確認しながら，圃場内を効率的に移動することができるようになる。

なお，今回提案した作業法は，WCS用イネを効率的にロールベールサイレージとして収穫・調製するための一つの作業法であり，専用収穫機のオペレータは，各地域の圃場条件や収量，さらにロールの輸送条件なども考慮して，最も適した作業法で行なうことが重要である。

また，この作業法は，汎用型飼料収穫機のように刈取り作業を中断することなく，ノンストップで収穫しながらロール成形を行なうことができる作業機械には適応できない。

③簡易運搬装置

WCS用イネを専用収穫機で収穫・調製する場合，成形したロールベールを効率よく農道付近に集積させることが重要であり，作業法で効率化を図るほかに簡易なロールベール運搬装置（ロールキャリア）も開発されている。

ロールキャリアは専用収穫機の後部に着脱できる運搬装置であり，現在のところフレール型専用収穫機に対応したモデルが市販されている。この装置は収穫機から放出されたロールを荷受けし，積載しながら任意の位置まで運搬した後に荷降ろしできる装置である。

この装置の特徴は油圧などの外部動力を必要としないこと，走行中でも運転席からワンタッチで荷降ろしができること，収穫機に特別な加工を行なわずに容易に着脱ができることなどである。さらに，成形したロールを機体外に保持することで，運搬をしながら同時に刈取り作業ができることも特徴の一つである。

ロールキャリアを装着した場合の最適な作業方法は圃場の大きさや形状，収量や刈取り経路などによって異なるものの，専用収穫機がロールベールを成形終了後に，その位置に放出して

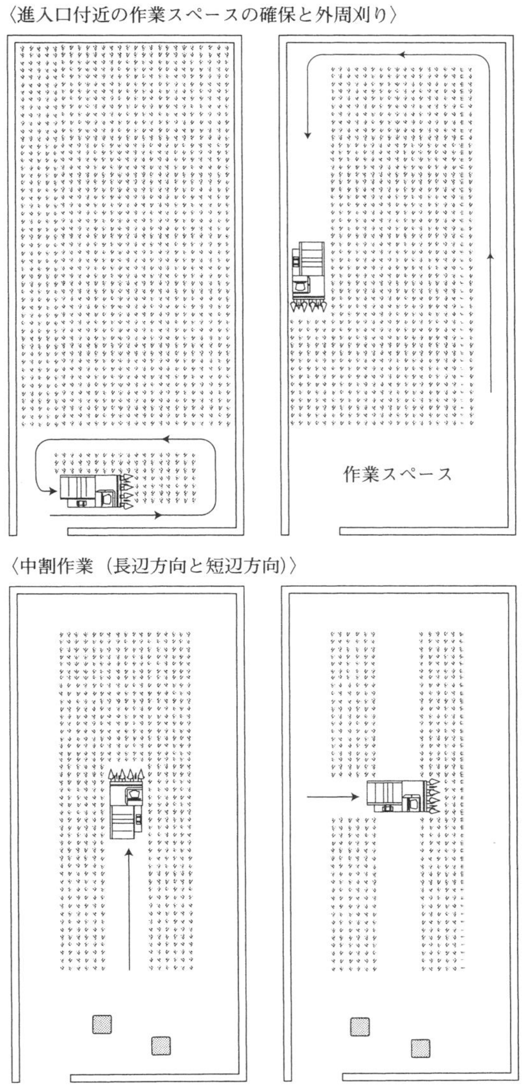

第5図　飼料イネ専用収穫機の効率的作業法

から回収する方法と比較すると，ロールベールを密封して圃場外に搬出するまでの作業時間は最大35％短縮される。

④未ラップで輸送する体系

自走式ベールラッパで圃場内で密封したロールは自走式ベールラッパのリフト機能を用いて運搬車に積載するか，トラクタの走行が可能な程度に地耐力が得られる圃場では，ベールグラブなどを用いて運搬車に積載して畜産農家へ配

送する。この体系では輸送時や積載時，荷降ろし時にフィルムの破損に注意することが必要である。

一方，圃場内で密封作業を行なわずに，未ラップの状態で輸送し，保管場所で密封する体系もある。この場合，トラクタのフロントローダのアタッチメントを改良した簡易なベールキャッチャを用いると効率的なロールのハンドリング作業を行なうことができる。この場合，ロールを圃場内に放出しても土砂の混入や濡れがないような好条件の圃場では，圃場内にあるロールをすくい上げることができる（第6図）。

一方，トラクタの走行は可能であるものの，圃場内にロールを放出することで，ロールに土砂が混入するような条件の圃場では，第7図のように専用収穫機から放出されるロールを直接荷受けする。

このようにトラクタなどのホイル型車両を用いる体系では，クローラ型の自走式作業機械（自走式ベールラッパ）よりも移動速度が速いため，自走式ベールラッパが圃場内を移動して密封作業を行ないながら圃場外へ搬出する体系よりも効率的に作業を行なうことができる。ただし，ホイル型作業機械は圃場をいためることがあるため，十分な注意が必要である。

簡易ベールキャッチャで荷受けしたロールベールは，未ラップの状態で搬出し，トラックなどの運搬車で保管場所（ストックヤード）まで輸送する。輸送されてきた未ラップのロールはストックヤードで降ろしたあとに密封作業を行なう。このストックヤードの作業でも自走式ベールラッパを用いると，狭いスペースでもロールベールの積載から密封，荷降ろしまでの作業を容易に行なうことができる。

ストックヤードで密封する体系は，圃場内で順次密封して畜産農家へ配送する体系よりも，畜産農家までの距離が遠い場合や圃場が分散している場合には効率的である。また，圃場内で密封する体系よりも，フィルムの破損に気をつかう必要はないものの，未ラップの状態での荷崩れによるロスが生じる可能性は高くなる。

(3) 広域流通と品質保証システム

WCS用イネの面積拡大にともない，大規模水田地帯と畜産農家との距離が遠くなり，さらに県域を越えた広域流通を行なう場合には，密封後の輸送や未ラップの輸送にかかわらず，一時保管場所としてストックヤードの確保は重要な課題となる。ストックヤードの位置は団地化された圃場近辺に設定することが望ましく，保管は縦置きを基本として2段積みまでとする（第8図）。なお，保管場所では鳥害やネズミ害によるフィルムの破損にも注意を払う必要がある。

また，荷積み作業でフィルムの破損が生じた場合には巻き直しすることが望ましいが，後日ピンホールなどを確認した場合には，補修テープで速やかに補修することが必要である。

WCS用イネは，これまでのように利用農家（畜産農家）が自ら収穫・調製して輸送までを

第6図　ベールキャッチャによるロールのすくい上げ

第7図　ベールキャッチャによるロールの直接荷受け

担っていた場合では，品質の良否も個々の責任として処理できた。しかし，土地利用型農業法人やコントラクタなどが収穫・調製し，換金作物として流通する場合には，生産物（イネ発酵粗飼料）の品質を保持しながら畜産農家へ搬送することと，生産者と利用者の間で品質に関する責任の所在を明確にした売買契約を結ぶことが重要である。

また，品質などへのクレーム対応が迅速に行なえるように，ロールベールごとに生産履歴を明示したり，ロールベールの番号などによって生産地や品種，収穫期などの情報が提供できる体制を整備することが重要である。

執筆　浦川修司（(独）農業・食品産業技術総合研究機構畜産草地研究所）

2009年記

第8図　ストックヤードでの保管

飼料イネ収穫作業を効率化する簡易運搬装置

（1）開発の背景

イネ発酵粗飼料用の水稲（飼料イネ）は，転作水田の有効活用と良質な国産粗飼料の確保の観点から推進されており，作付け面積は2006年には全国で5,000haを超すに至った。飼料イネは，その栽培過程では一般水稲の栽培技術が適応できるが，収穫過程では，穀実部と茎葉部を同時に刈り取ってホールクロップサイレージ（イネWCS）に調製する作業を水田内で行なうことになるため，新しい技術体系が求められる。

近年開発された自走式の飼料イネ用ロールベーラを基軸とする「専用収穫機体系」は，クローラ型の走行装置により湿田での走行性や操作性に優れるほか，狭小な水田にも容易に対応できる（全国飼料増産行動会議編，2006）。しかし一方で，作業時間は1ha当たり5～6時間を要しているのが実状であり，主作目である一般水稲などとの作業競合を軽減するためにも，作業能率向上に対する要求は高い（元林・湯川・佐々木，2007）。

専用収穫機体系による飼料イネの収穫・調製作業は，自走式の飼料イネ用ロールベーラ（以下，収穫機）と自走式ベールラッパ（以下，ベールラッパ）の組合わせが一般的である。この場合，収穫機は通常ロールベール1個の刈取り・成形を完了すると，これをトワイン（結束するひも）またはネットで結束し，その場に排出するかまたは任意の位置まで運搬してから排出する。とくに飼料イネでは，牧草の場合と異なりロールベールを収穫作業後ただちに圃場外に搬出することが多い。刈取り・成形時にその場排出を繰り返すとロールベールは圃場全面に分布し，ベールラッパで農道まで搬出する際の必要運搬距離が長くなる。一方，収穫機の成形室内にロールベールを保持したまま農道まで運搬すると，運搬中は次の刈取り作業ができないため，収穫機としての作業能率は低下する。圃場内でのロールベール運搬のために，別途ロールグラブ付きトラクタや専用の運搬車を用いれば作業時間の短縮は可能であるが，作業人員を増やすことなく作業能率を向上する方法が求められていた。

（2）ロールベール運搬効率化の方策

新たな作業機を導入することなく，圃場内での収穫・調製作業の能率を向上して全体の作業時間を短縮するためには，組み作業ですすめる収穫機とベールラッパの作業連携が重要である。とくに，成形されたロールベールを圃場内の生成位置から隣接農道まで搬出する作業は収穫機とベールラッパのどちらでも可能であり，この運搬作業の分担を最適化することにより作業能率を向上することができる。これまでに，収穫機がトワイン結束時間を活用して少しでも農道に近づけるようにロールベールを運搬する方法（浦川・吉村，2003）も検討されたが，収穫機に簡易な運搬機能を付加することにより，さらなる能率向上の可能性が残されていた。

ここでは，圃場内で刈取り・成形されたロールベールを圃場外に搬出する運搬時間の短縮を目的に，収穫機が刈取り作業を行ないながら同時にロールベールを運搬（刈取り同時運搬）することができる，簡易なロールベール運搬装置「ロールキャリア」（以下，運搬装置）を開発した。

この運搬装置は，収穫機のロールベール排出部の後方に容易に着脱できる構造とし，トワインまたはネットで結束して成形室から排出されたロールベール1個を受け止めて積載し，任意の位置まで運搬したあとに荷下ろしできるものである。開発にあたっては，軽量かつ簡易な構造であることを前提とし，動作は油圧や電気などの動力を用いないこととした。さらに，走行中や刈取り作業中でも運転席からワンタッチで荷下ろしを行ない，荷下ろし後は特別な操作をすることなく自動的に次の荷受け待ち状態になる手動荷下ろし・自動復帰機構を採用した。これは，荷下ろし後に荷台がその自重によって待ち

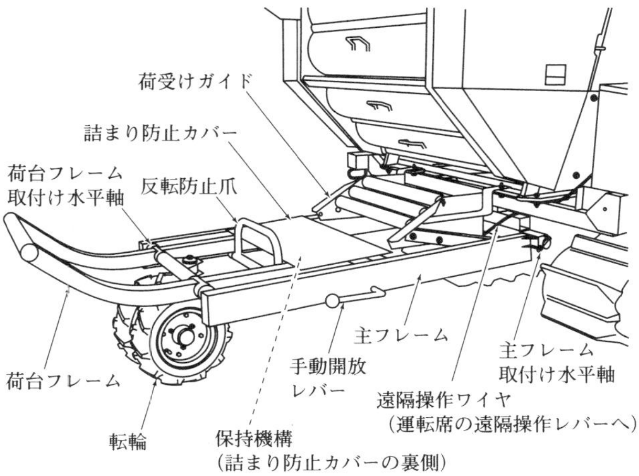

第1図　運搬装置「ロールキャリア」の構造

第1表　運搬装置「ロールキャリア」の主要諸元

運搬能力	トワインまたはネットで結束済みのロールベール1個
動作方式	手動開放（運転席から遠隔操作可能），自動復帰・再固定
所要動力	不要
車　輪	3.50－7，ラグ付きダブルタイヤ
外　形	1,700mm(L)× 750mm(W)× 650mm(H)
質　量	56kg
適応ロールベール	外径 80～110cm，幅 80～120cm
最大接地圧	0.054MPa（180kg 積載時）
対応収穫機	飼料イネ用ロールベーラ（Y社 YWH-1400A，T社 WB-1000 など）

注　外形・質量には，収穫機側に固定される荷受けガイド，遠隔操作レバーなどを含まない

受け位置まで戻り，ラッチ機構により再び固定されるものである。この機構の考案により，収穫機は刈取り・梱包といった本来の作業性を低下させることなく，ロールベールの運搬・荷下ろしを行なうことができる。

(3) 簡易な運搬装置「ロールキャリア」の構造と特徴

開発した運搬装置は，主フレーム，転輪，荷受けガイド，荷台フレーム，反転防止装置，保持機構および遠隔操作レバーなどで構成される（第1図）。本装置は取付け部の変更によりさまざまなロールベーラに応用可能であるが，現在のところフレール型（Y社：YWH-1400Aなど）およびコンバイン型（T社：WB-1000など）の飼料イネ専用収穫機に適合する。開発機の主要諸元を第1表に示す。

①主フレームと転輪

主フレームは梯子形のフレーム構造をしており，前端部は収穫機に接続・支持されている。その接続方式はアーティキュレート式（中折れ式）ではなく，横方向水平軸（主フレーム取付け水平軸）で支持され，上下方向に揺動可能な連接方式である。また，主フレームの後端部は，車軸がオフセット取り付けされた転輪により接地している。このため，収穫機が旋回・反転や逆転しても，運搬装置は正確に収穫機に追従して向きを変え，ロールベール排出部に対して常に適正な位置を保つことができる。また，収穫機輸送時などには装置全体を跳ね上げて固定することもできる。

②荷台フレームと反転防止装置

荷台フレームは，主フレーム後端の横方向水平軸（荷台フレーム取付け水平軸）まわりに後方に回転できるよう支持されており，通常時はラッチ式の保持機構により固定されている。収穫機から排出された結束済みのロールベールは主フレーム上を転がったあとに，反転防止装置の爪を押し倒して後方に進み，荷台フレームの屈曲部で静止する。反転防止爪は，ロールベールが屈曲部から反転して排出ゲート開閉の妨げにならないよう，ロールベールを適正な位置に保持する。

荷下ろし時は，手動開放レバーまたは運転席近傍にある遠隔操作レバーを操作してラッチ構造の保持機構を解除すれば，荷台上のロールベール自重により荷台フレームが後方に倒れて荷下ろしされる。荷台フレーム単体の重心位置は取付け水平軸より前方であるため，荷下ろし後には荷台フレームは自重により自動的に水平位置まで戻り，保持機構のラッチにより再び固定される（第2図）。

③荷受けガイド

荷受けガイドは，自在に回転する3本の金属ロ

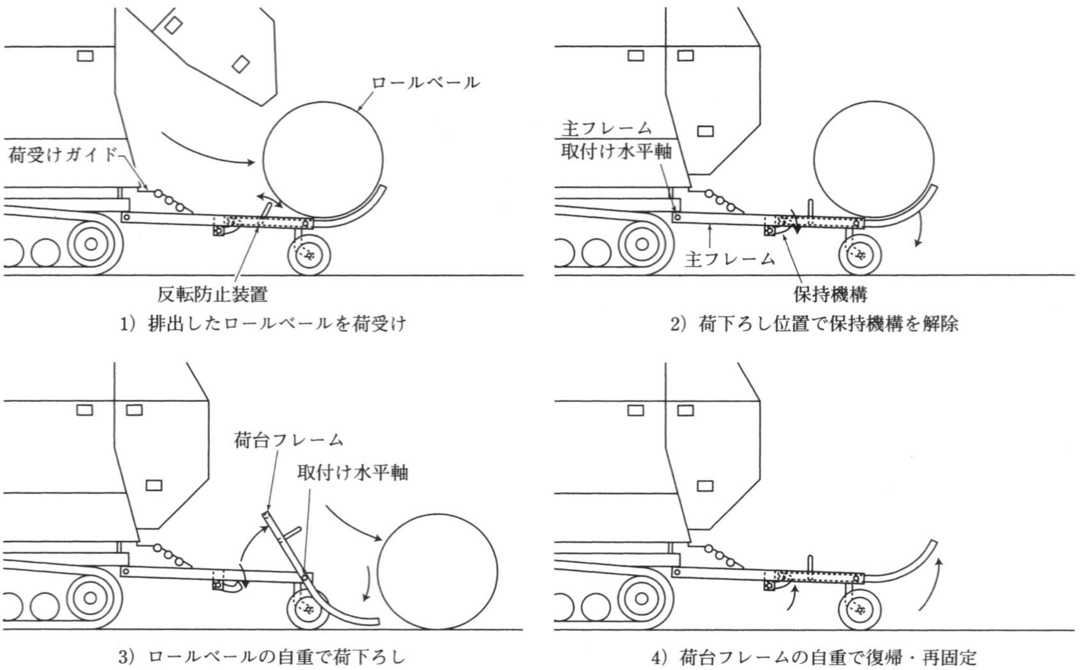

第2図　ロールベールの荷下ろし動作

ーラを階段状に平行に並べて設置したもので，収穫機側に直接固定される。これは，ベール成形室から排出されるロールベールを滑らかに後方に導くとともに，排出口の直下からロールベールを後方に送り出すことにより，排出ゲートの開閉を妨げない効果を併せもつ。また，排出口の直下は排出時損失としてロール成形室から落下する籾わらが堆積してゲート開閉の妨げになりやすいため，装着部はこの点に配慮された構造になっている。なお，コンバイン型収穫機では取付け部の構造上，この荷受けガイドは必要ない。

（4）「ロールキャリア」を用いた作業方法

開発した運搬装置を用いれば，収穫機が刈取り・成形を完了してロールベールを排出するつど，1）その場荷下ろし，2）刈取りをせずに運搬に加えて，3）刈取り同時運搬（第3図）の選択が可能になる。これらをロールベールの集積方法に応じて適切に組み合わせれば，ベールラッパでのロールベール収集を含めた全体の作業時間を効果的に短縮することができる。ただし，この装置はロールベール積載数が最大1個であるため，運搬可能距離は最大で次のロールベールが生成される位置までである。次のロールベールが生成されれば運搬中のものはその位置に荷下ろしする必要があるため，適切な運搬を行なうためには計画的に刈取り同時運搬を行なう必要がある。

第3図　刈取り同時運搬作業

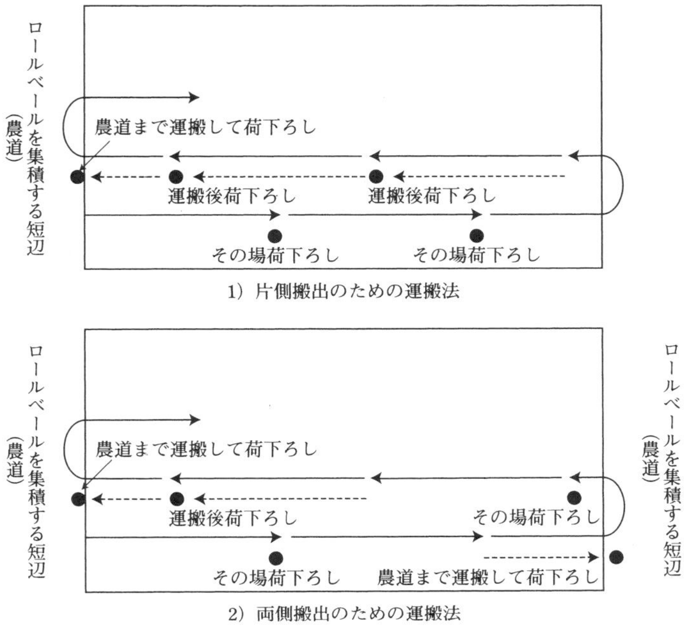

第4図　ロールベール成形位置と運搬方法
実線矢印はロールベール1個の成形に要する距離を示す
点線矢印は刈取り同時運搬を示す

最適な運搬方法は，圃場の大きさや形状，単位面積収量，ロールベール質量，刈取り経路，ロールベール集積方法などによって変わる。

たとえば，すべてのロールベールを片側農道に集積する場合（以下，片側搬出法）は，往路はその場荷下ろし，復路は刈取り同時運搬を主体とする。両側の農道に分けて集積する場合（以下，両側搬出法）は，刈取り行程の前半はその場荷下ろし，後半は刈取り同時運搬を主体とし，枕地旋回や農道ターン時は運搬中のものを旋回中に荷下ろしするとよい。両側が農道ターン方式の圃場で往復刈りをする場合の例を第4図に示す。また，前述の「2）刈取りをせずに運搬」は，全体の作業能率低下の要因となるため，集積場所の近傍でロールベールが生成された場合に限定する。

（5）作業能率の向上効果

運搬装置の有無による作業能率の違いを検討するために，収穫機とベールラッパ各1台の体系について，簡易な数値シミュレーションおよび実圃場での作業時間解析を行なった。

①収穫作業シミュレーション

シミュレーションには，既報の「飼料イネ収穫作業シミュレーションモデル」を拡張して用いた。これは表計算ワークシートとそのマクロプログラムで構成され，収量条件や作業条件・作業経路から各作業機の作業時間を推定するものである（元林・湯川・佐々木，2007）。ここでは両側短辺が農道ターン方式の矩形圃場において，一方の長辺から順次往復刈りを行なう作業を想定し，片側搬出法および両側搬出法のそれぞれについてロールベールの分布と作業時間を算出した。シミュレーションに用いた具体的数値は，圃場面積46a（125m×37m），単位面積収量1,996kg/10a，ロールベール質量は189kg/個であり，これらの値は後述する実圃場試験と同一の値である。

シミュレーションで得られたロールベール分布を第5図に示す。

第5図1）は運搬装置を使用しない場合で，収穫機がロールベールをそれぞれの生成位置に順次荷下ろししたときの配置であり，ロールベールは圃場内にほぼ均一に分布する。このとき，荷下ろしされたすべてのロールベールをベールラッパで農道まで運搬するのに要する必要運搬距離の積算値は，片側搬出する場合3,000m，両側搬出する場合は1,500mと算出された。

一方，第5図2）および3）は運搬装置を使用する場合で，片側搬出法および両側搬出法のそれぞれについて，ベールラッパでの運搬距離が最短になるように，その場荷下ろしと刈取り同時運搬を組み合わせた場合の分布である。運搬装置なしの場合と比較して全体が農道に近づいた分布となり，積算運搬距離はそれぞれ片側搬出法が1,601m，両側搬出法が324mと算出された。

両作業機の走行速度やロールベール1個を処理するのに要する時間から，必要作業時間を求めた結果が第2表である。収穫機の作業時間は，刈取り同時運搬を行なっても本来の作業能率は低下しないという前提から，運搬装置の有無にかかわらず常に136分である。これに対してベールラッパの作業時間は，運搬距離の差によって147～317分と大きく変動する。このことから，刈取り同時運搬を行なうことにより，ベールラッパでの運搬時間が短縮され全体の作業能率が向上することが示された。

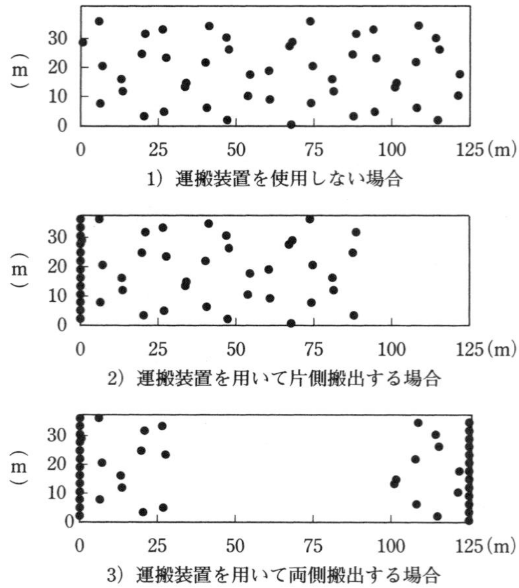

第5図　収穫機による荷下ろし後のロールベール分布

②実圃場での作業時間解析

シミュレーションの結果を検証するために，実際の収穫・調製作業での個々の作業時間を解析・集計した結果を第3表に示す。これは農道ターン方式の大区画圃場で，シミュレーションと同じ条件で両側搬出法による収穫・調製作業を行なった結果である。ただし，単位面積収量や単位面積当たりのロールベール数が大きく異なる圃場では作業能率を直接比較できないため，ここでは単位面積当たりの作業時間（分/10a）ではなく，ロールベール1個当たりの処理時間（分/個）によって比較した。

実作業の結果がシミュレーションに対してやや劣るのは，実作業では機械調整などが不可避であり，その時間が含まれるためである。収穫機とベールラッパがほぼ

第2表　シミュレーションによる作業時間の比較

区　分		収穫機		ベールラッパ	
		片側搬出法	両側搬出法	片側搬出法	両側搬出法
運搬装置なし	積算運搬距離 必要作業時間	— 136分	— 136分	3,000m 317分	1,500m 225分
運搬装置あり	積算運搬距離 必要作業時間	— 136分	— 136分	1,601m 223分	324m 147分

注　表中の積算運搬距離は，収穫機で荷降ろししたあとにベールラッパでの運搬に要する距離の積算値である。また，収穫機での運搬は，刈取り同時運搬になるため新たな運搬時間を必要としない

第3表　運搬装置の有無による作業能率の比較（両側搬出法）

区　分		実収量 (kg/10a)	ロールベール数 (個/10a)	収穫機の作業能率		ベールラッパの作業能率	
				(分/10a)	(分/個)	(分/10a)	(分/個)
運搬装置なし	シミュレーション	1,996	10.4	29.4	2.83	48.7	4.69 *
	実圃場試験	1,353	7.5	39.0	5.23 *	38.1	5.16
運搬装置あり	シミュレーション	1,996	10.4	29.4	2.83	31.7	3.05 *
	実圃場試験	1,996	10.4	31.8	3.06	30.6	3.31 *

注　試験面積は46～82aである。実圃場試験での値には機械調整などの時間が含まれる。表中の＊は，それぞれの場合の作業全体の能率を決定する値を示す

運搬装置なしの実圃場試験での収穫機の作業能率が5.23分/個と著しく低いのは，この試験のみ単位面積収量が低く，ロールベール成形に要する刈取り距離が長くなったためである

並行して作業を進める場合，刈取り開始からすべてのロールベールを密封していずれかの農道に集積するまでの総作業時間は，作業能率の低い作業機（表中の＊）によって決まると考えられる。すなわち，シミュレーションでは，運搬装置なしの場合の作業能率は4.69分/個，運搬装置ありの場合は3.05分/個となり，運搬装置の導入による能率向上は35.0%と算出される。また，実作業試験では運搬装置なしおよび運搬装置ありの場合の作業能率が5.23分/個，3.31分/個であることから，作業能率の向上は36.7%と算出される。

実際の作業能率の向上効果は，圃場の形状や機械の使用条件などにより変動するが，シミュレーションと実作業試験の結果がほぼ一致することから，運搬装置の使用により全体の作業能率は35%程度向上すると示される。

（6）適用の拡大の可能性

開発した運搬装置「ロールキャリア」は，簡易な構造ながら独自の機構により特別の動力を要することなく動作可能であり，刈取り同時運搬により高い作業性を発揮する。このため，他の専用運搬車やロールグラブ付きトラクタなどを導入することなく，圃場内でのロールベール運搬を効率化することが可能である。将来的には自走式の専用収穫機だけでなく，けん引式ロールベーラにも適用可能であり，牧草収穫や稲わら回収などの広範な利用も期待される。なおこの装置は技術移転のために特許出願中であり，2007年中に市販化される。

執筆　元林浩太（(独）農業・食品産業技術総合研究機構中央農業総合研究センター北陸研究センター）

2007年記

参考文献

元林浩太・湯川智行・佐々木良治．2007．飼料イネ専用収穫機体系の作業能率向上のためのシミュレーション．農作業研究．**42**（2），123―131．

浦川修司・吉村雄志．2003．自走式飼料イネ用収穫調製機械の効率的作業方法．Grassland Science．**49**（4），413―418．

全国飼料増産行動会議編．2006．稲発酵粗飼料生産・給与技術マニュアル．25―27．

WCSの長期保管法

(1) ネズミ害によるラップフィルムの破損

ロールベールサイレージに調製された飼料イネ（WCS）を安定して貯蔵するためには，貯蔵中のラップフィルムの破損防止が不可欠である。なぜなら，ラップフィルムの破損に由来するカビ汚染は，発酵品質の良否にかかわらず発生するため，いくら良好な発酵品質のWCSが調製されても，その後の貯蔵中のラップフィルムの破損を防がなければ，安定した貯蔵はできないからである。多くの要因でラップフィルムの破損が発生するが，輸送作業中のベールグラブでの把持作業を，破損防止を念頭に慎重に行なうことは，ロールベールサイレージの最も基本的な調製条件である。

これに加え，籾を多量に含むWCSでは，鳥獣害対策を施した貯蔵管理法が不可欠である。生産現場において，カビに汚染された73個のWCSの原因を調査した報告によれば，鳥獣害によるラップフィルム破損によるものが全体の40％で，鳥獣害のうち，ネズミ害によるものがその半分以上を占めていた（蔡，2004）。すなわち，WCSは，鳥に加え，ネズミにとってもきわめて魅力的なえさであり，貯蔵中に籾を狙うネズミによって容易にラップフィルムが損傷されることが確認されている。

WCSの品質を保持するラップフィルム被覆層数は，一般的に6層以上が必要で，1年以上にもわたる長期貯蔵が必要な場合は8層巻きが推奨される。しかし，鳥の嘴やネズミの歯に破られないようにするには，ラップフィルム層数の増加では対応できない。したがって，テグスなどを用いて鳥害対策を行なうとともに，別途，ネズミ対策が必要となる。

(2) 殺そ剤・忌避剤使用の限界

農業分野でのネズミへの対処法としては，殺そ剤の散布がまず挙げられる。殺そ剤を「そ穴」（ネズミの穴）に投入したり，一定の間隔で格子状に配置する，または，ネズミが出入りできる穴のあるえさ箱（ベイトボックス）に収納して等間隔で配置するなどの方法がある（由井・阿部ら，1983）。ただし，ネズミのWCSに対する嗜好性が高いため，ロールベール周囲に殺そ剤を配置しても，殺そ剤のほうを採食させるのは容易ではない（河本ら，2007）。また，殺そ剤は目的とする以外の生物に直接または二次的な被害をもたらすリスクをもつ。たとえ安全性が高いとされる累積毒であっても劇物であり，飼料生産の場にふさわしくない。また，一般的に農業現場で使われている田畑や果樹用の薬剤は，牛舎周辺などの農耕地以外での使用は法律上，制限されている。したがって，殺そ剤による対処法は推奨できない。

ネズミに対処するほかの方法として，ハーブ類や捕食者のにおいなどさまざまな忌避剤が研究されている。著者らも市販忌避剤や消石灰などに加えて，唐辛子の辛味成分であるカプサイシン濃縮液散布の効果を調べたが，長期貯蔵時の効果は認められなかった（河本ら，2008）。これら化学物質を，飼料イネの収穫から次の収穫時までの長期間の貯蔵中に散布し続けるのは多額の費用を要する。また，どんな忌避剤にも慣れがみられるため，ネズミに警戒感を与え続けるためには，時間の経過とともに忌避剤の種類を替えていかなければならない。したがって，長期間，しかも野外に貯蔵されるWCSへの忌避剤の適用はむずかしいと考えられる。

これらのことから，WCS貯蔵中のネズミ食害への対処法としては，毒性物質などの化学薬剤の使用を避け，しかも低コストな方法が求められる。

(3) WCSを狙うネズミ種と被害状況

WCSがネズミによる被害を受けたら，まず加害種を特定することが対策の第一歩となる。岩手県内のネズミ被害を受けている5か所のWCS貯蔵場所で捕獲調査を行なったところ，森林や農耕地を主に生息域とする野ネズミ類のアカネズミとハタネズミ，人の生活圏を生息域とする家ネズミ類のクマネズミとドブネズミが捕獲された（第1図）。これらネズミ種は，すべて日本に広範囲に分布する種類である。すなわち，どこにでもいるネズミ種のほとんどがWCSを好んで食害する。

ネズミ種ごとの加害の様相は，積み重ねたロールベールの上段部まで被害を及ぼすクマネズミによる場合（第2図）と，ドブネズミや野ネズミがロールベール下の地面に穴を掘って主に底部から食害を加える場合が観察される（第3図）。これらのうち，クマネズミが加害ネズミ

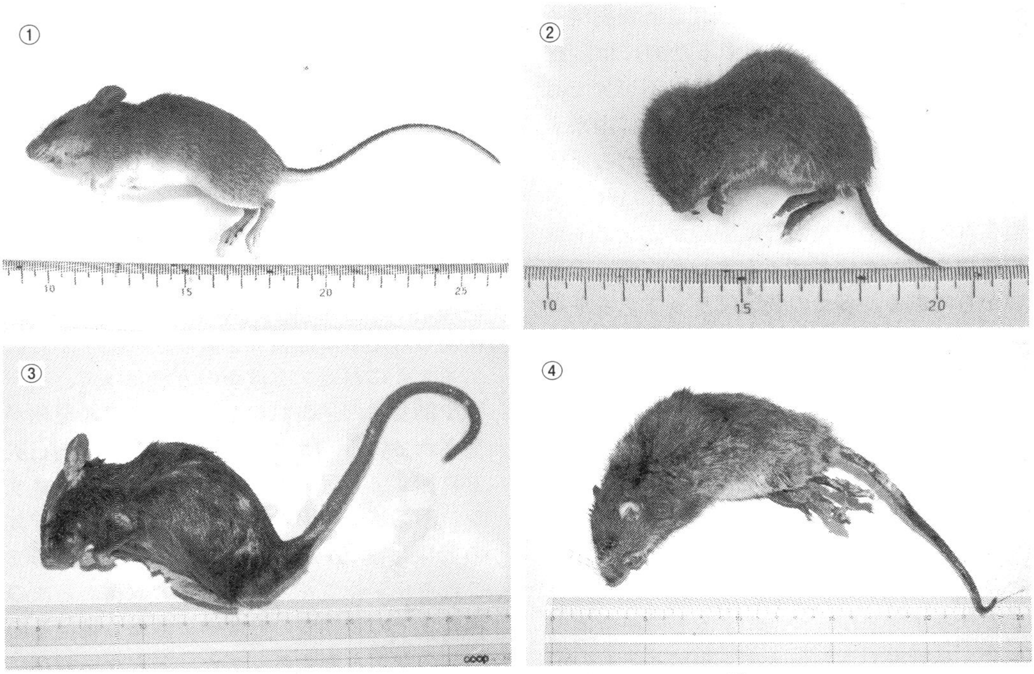

第1図　WCSの保管場所で捕獲されたネズミ種
①アカネズミ，②ハタネズミ，③クマネズミ，④ドブネズミ

第2図　牧草ロールベールの上に置いたWCSがクマネズミの被害を受けた例

第3図　ロールベール下にネズミがトンネルを掘り，トンネル内にWCSを引き込んでいる例

となる場合は被害が拡大しやすい。

コンクリート舗装上や砂利を敷いた場所では野ネズミ類の食害は少なく，これらの保管場所で被害がみられる場合は家ネズミ類の加害が疑われる。また，家ネズミ類は秋季の貯蔵直後からWCSへの食害を始めるが，野ネズミ類は最初，ロールベール下にトンネルを形成し，隠れ家として利用し始め，冬季間の積雪などによって周辺でのえさの採取が困難になるとWCSの底部から食害を始めることが多い。

以上のポイントから加害ネズミ種を推定し，対策を講ずる必要がある。

(4) 保管場所の選定

保管場所は冠水が予想される場所は避け，排水良好な平坦な場所を選定する。ぬかるんだ場所に保管しようとして，ロールベール下にパレット，すのこやタイヤなどを敷くとネズミ被害を受けやすくなる。これら資材はネズミの隠れ場所をつくることになるので，ロールベール周辺からも撤去する必要がある。

だからといってロールベール下にブルーシートを敷くのは，雨水がたまり，WCSの品質劣化をまねくので避ける。ネズミ対策に限らず，ロールベールの品質を保つためには保管場所の排水性が重要なポイントである。コンクリート舗装上が望ましいが，砂や砂利を敷いても排水性を高めることができる。

また，木陰などは，枝などの落下によってラップフィルムが傷つく場合があるので避け，後述するネズミ対策にも関連するが，日当たり良好な場所が望ましい。

(5) 野ネズミへの対策

①ロールベール底部の保護と配置方法

野ネズミ対策の要は，底部の保護である。裸地で野ネズミの食害と考えられる被害がみられる場合は，下に網目1cm程度の金網を敷いて貯蔵することによって被害を軽減できる（河本ら，2008）。金網は線径1mm程度のビニール被覆亀甲金網が軟らかくてラップをいためにくいので推奨される。

とくに細断・攪拌機能のないコンバイン型専用収穫機で収穫したロールベールの場合，穂がロールベールの一方に偏るので，下段ベールは穂を上向きにして，底部には穂がない状態で配置することによっても被害を軽減できる。加えて，上段ベールは穂を下に向けて上下で「穂合わせ」して定置すれば鳥害も軽減できる。穂の位置はロールベールをベールラッパのターンテーブルに載せる際，常に一定方向にする（たとえばラップフィルムの切断機構側に穂部がくるように載せる）と，密封後のフィルムの切れ端から穂部方向が確認できる。

②わなによる捕獲と留意点

また，野ネズミは家ネズミよりも行動圏が広くはなく，わなでの捕獲が行ないやすいので，保管場所内の生息数を捕殺によってあらかじめ低下させておくことも効果が期待できる。野ネズミの生息地では，第4図のような「そ穴」が必ずみられる。したがって，WCSの保管場所やその周辺の「そ穴」を探し，その周りにわなを仕掛けると捕獲できる。

そ穴には，ネズミが常時使用している「生き穴」と使用していない「死に穴」があるので，穴の縁に新しく土が掘り出されていたり，土が踏み固められてなめらかになっている生き穴をみきわめてわなを仕掛ける必要がある。誘因えさは，各種の種子類や籾，玄米でよい。わなは市販の連続捕獲装置が便利である。ネズミはにおいに敏感なので，わなは素手で触らず，軍手などをはめて作業を行なう。とくにタバコのに

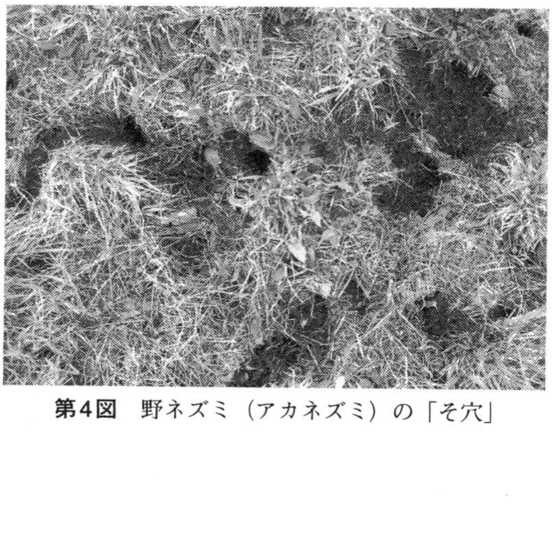

第4図 野ネズミ（アカネズミ）の「そ穴」

おいがついた手で触ったわなにはネズミは近づかない。また，わなはむき出しで設置するのではなく，わらなどで覆って仕掛ける。

ネズミは天気の良い静かな夜よりも，雨や嵐など荒天時の夜のほうが天敵を避けやすいために活動が活発となり，わなによくかかる。WCSに被害を受けた後ではわなでの捕獲は容易ではないので，必ず保管前に捕獲を行なうことが重要である。

田畑や山林などの野ネズミ生息地にも，家ネズミであるドブネズミが生息している場合があり，金網を敷くなどの対策のみでは，ともすると被害が発生する場合がある。この場合は，次の家ネズミ対策を併せて行なう必要がある。

(6) 家ネズミへの対策

①クマネズミ・ドブネズミの習性と被害状況

WCSの保管場所の周辺に，畜舎や人家，倉庫などがあれば，そこに棲みつく家ネズミの加害を警戒しなければならない。家ネズミの被害は甚大になる場合が多い。とくに，クマネズミは登坂力に優れるとともに，1mくらいは飛び上がることができ，2m程度の幅跳びの能力を備えている。ドブネズミは体が大きく，性質はどう猛で，その名のとおり下水溝などによく出没する。

ドブネズミの登坂力はクマネズミに劣り，天井裏に棲みつきやすいクマネズミに対し，床下に棲みつきやすい（由井・阿部ら，1983）。このため，クマネズミは積み重ねた上段のロールベールにも被害が広がり，ドブネズミは下段に被害が集中する。第2図は牧草ロールベールの上に置いたWCSがクマネズミの被害を受けた例である。

コンクリート舗装上に保管したり金網を下に敷いても，これら家ネズミ類の加害を防ぐことはできない。野ネズミ対策で述べた「穂合わせ」を行なっても被害を受ける。通常，ロールベールを保管する場合，密集して積み重ねるが，この配置はネズミにとって捕食者（猫，ヘビ，イタチ，猛禽類など）からの格好の隠れ場所となる。したがって，たとえネズミ対策として猫を飼っている場合でも，密集されたロールベール間に猫は入り込むことができず，ネズミは安心して食害を与え続けることができる。

第5図 広々配置（上）と二段積みの広々配置（下）

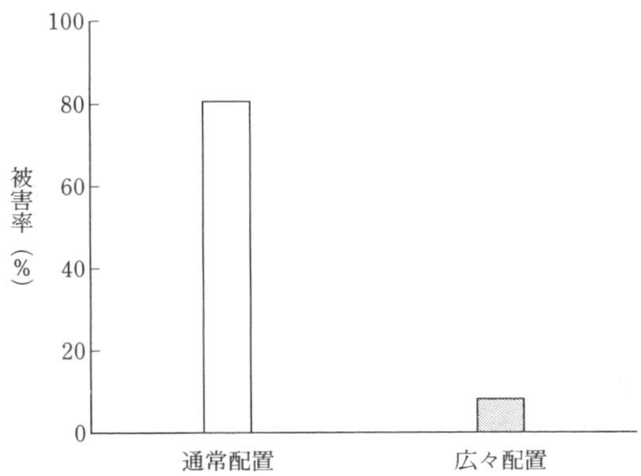

第6図 クマネズミに対する広々配置の効果

（kawamoto, *et al.*, 2009）

クマネズミ被害地において，WCS23個を通常配置（密着させてネズミの隠れ場所をつくった状態）と広々配置に分けて2か月間（4～6月）貯蔵し，ラップフィルムに破損を受けたWCS割合を比較した

②「広々配置」の効果と留意点

そこで，ロールベールを密集させて堆積するのではなく，間隔をあけて隠れ場所をつくらないように広々と配置（広々配置，第5図）すると，ネズミの捕食者に対する警戒感を高めるため，WCSへの食害を軽減できる（第6図）。もともとラップフィルムへの負担を避けるため，ロールベールは10cm程度離して配置するのが推奨されているが，ネズミ対策では間隔をより大きくあける。すなわち，「広々配置」のロールベール間隔は50cm以上（小型のミニロールは30cm以上）とし，見通しを確保する。

このように間隔をあけると飼い猫などの捕食者だけでなく，人もロールベール間を見回ることができ，フィルム破損などへの対応を行ないやすい。二段積みの「広々配置」では3列以内にとどめる。この「広々配置」を行なうためには，設置面積が大幅に増加するため，貯蔵場所を分散させるなど，貯蔵スペースを十分に確保する必要がある。ただし，木陰など，空が遮られる場所は避ける。

注意点として，「広々配置」では鳥害が発生しやすいので，鳥害対策は念入りに行なう。ただし，防鳥ネットや網などで覆うと捕食者の出入りも阻止してしまうので避ける。また，裸地では透水性の防草シートを利用するなどしてロールベール間の除草対策が必要である。積雪地帯では，ロールベール間に雪のブリッジが架かるような条件下では効果は見込めない。その場合，ロールベール周囲の除雪が行なえるような配置に工夫する必要がある。

野ネズミ類の生育も確認される裸地に長期間貯蔵する場合，「広々配置」のみではとくに冬季間に底部から被害を受ける。この場合は，野ネズミ対策で述べたように，金網を敷く対処法を併せて行なう必要がある。また，「広々配置」を行なっても，周囲にネズミの隠れ場所がある場合，そこからネズミは通って加害する。野外では，ネズミの生息域との間に幅5mの緩衝地帯（無草地帯）を設けると侵入防止に有効とされるので（由井・阿部ら，1983），発生源の畜舎などからは少なくとも5mは離して配置する必要がある。

この「広々配置」の効果を高めるうえで重要なことは，保管場所や周辺の畜舎などの環境整備を行なってネズミの発生源を減らし，加えて，猫を飼うなどの基本的な対策を行なったうえで実施することである。

執筆　河本英憲（(独) 農業・食品産業技術総合研究機構東北農業研究センター）

2009年記

参 考 文 献

蔡義民．2004．稲発酵粗飼料の高品質調製技術．畜産の研究．**58**，661―669．

河本英憲・木村勝一・押部明徳・田中治・小松篤司・大谷隆二・矢治幸夫・島田卓哉．2007．東北地域における稲発酵粗飼料の野そ被害の様相．日草誌．**53**（別），356―357．

河本英憲・木村勝一・関矢博幸・小松篤司・福重直輝・押部明徳・熊谷知洋・出口善隆．2008．稲発酵粗飼料におけるネズミ食害対策－底部から侵入する野ネズミへの対策－．東北農業研究．**61**，97―98．

Kawamoto, H., S. Kimura, T. Komatsu, A. Oshibe and T. Shimada. 2009. Reduction of rat damage to forage paddy rice stored as round-baled silage by modifying the storage layout. Grassland Science. **55**, 110―112.

由井正敏・阿部禎ら．1983．鳥獣害の防ぎ方．農山漁村文化協会．東京．216―246．

肥育牛向け飼料イネの調製法

(1) 肥育牛経営で飼料イネが使いにくい理由

肥育牛の飼養管理では，脂肪交雑（いわゆる“サシ”）の入った牛肉をつくるため，肥育期間の中期（一般に15～22か月齢）に飼料中のビタミンAを制限する給与方法が広く行なわれている。この場合，牛には穀類主体の配合飼料とともに，β-カロテン（牛の体内でビタミンAに変化する物質）の含量が少ない乾燥した稲わらを給与するのが一般的である。

しかし，とくに北陸など日本海側の地域では，天候や圃場の状態から，十分な稲わらが回収できない悩みがある。飼料イネで稲わらを代替できれば，耕畜連携が促進され，肥育牛経営ばかりでなく，地域農業にとっても大きなプラスになると思われる。

ところが，最近の研究で，飼料イネのβ-カロテン含量は，稲わらに比べ高いことがわかってきた。そして，飼料イネの給与が脂肪交雑を低下させるのではないか，という懸念から，肥育牛経営での利用が進んでいない状況にある。

一方，飼料イネにはビタミンEも多く含まれることもわかってきた。ビタミンEが筋肉中に蓄積されると，肉色の退色や脂質の酸化を抑制することが知られており，実際に，飼料イネを給与した牛の肉色が，乾燥稲わら給与牛に比べ良好に保たれることも報告されている（日本草地畜産種子協会，2009)。

(2) 立毛中とサイレージ貯蔵中のβ-カロテン含量

立毛中の飼料イネに含まれるβ-カロテンは，乳熟期から黄熟期に急激に減少し，収穫適期といわれる黄熟期には乾物中20～40mg/kgとなる場合が多い。これは乾燥稲わらの2～4倍の含量である。しかし，牧草サイレージ並みのさらに高い含量となる例もあり，品種や栽培条件などによる変動に注意が必要である。一方，ビタミンEは，乾草や稲わらに比べかなり豊富に含まれており，生育にともなう低下がβ-カロテンに比較して緩慢である（第1図）。

刈取りと同時に梱包し調製された稲発酵粗飼料中のβ-カロテンとビタミンE含量は，貯蔵中に徐々に減少する。しかし，とくにβ-カロテンの減少程度は調製時の条件などにより一様ではなく，高い含量が維持される場合（第2図）や10か月以上の長期貯蔵により乾燥稲わら並

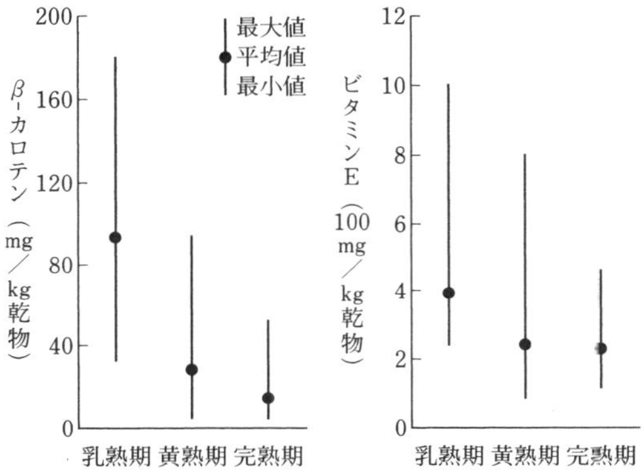

第1図 飼料イネの生育ステージ別β-カロテンおよびビタミンE含量

（日本草地畜産種子協会，2009）

6試験研究場所のデータ集計値

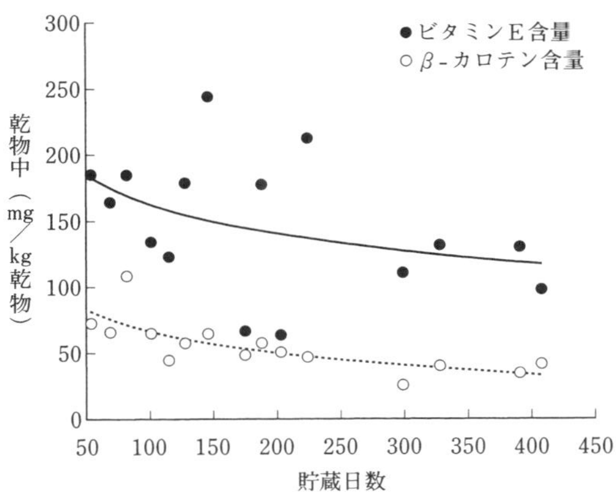

第2図 稲発酵粗飼料中のβ-カロテンおよびビタミンE含量の変化

（日本草地畜産種子協会，2009）

収穫はフレール型専用収穫機，供試品種：はまさり

みに低下する場合もある。

以上のことから，肥育牛への飼料イネ利用を普及・定着させるためには，刈取りからサイレージ調製までの間にβ-カロテン含量を低減させる必要がある。一方，ビタミンE含量はできるだけ維持されることが望ましい。

(3) 予乾によるβ-カロテン含量の低減化とビタミンE含量の維持

β-カロテンは，空気（酸素）や光（紫外線）により酸化分解されることから，予乾処理を組み込んだサイレージ調製が含量の低減化に有効である。

第3図および第4図に示したとおり，飼料イネのβ-カロテン含量は予乾処理を行なうことで低下する。しかし，乾物中40mg/kg以上のβ-カロテンを含む飼料イネの場合，乾燥稲わら並みに低減するには，2日以上の予乾が必要である。一方，乾物中のβ-カロテン含量が20mg/kg以下の飼料イネの場合，1日予乾後にサイレージ貯蔵することで稲わら並みに低減できる。一方，この場合のビタミンE含量は，刈取り時に比べ減少するものの，乾草や稲わらより高い含量を維持する（第5図）。

β-カロテン含量を低減した飼料イネホールクロップサイレージは，採食性が高く，乾草や稲わらの代わりに肥育牛の全期間に給与可能である。日増体量や枝肉成績に影響せず，脂肪の色が黄色化することもない（第1表）。また，給与した牛の血漿中ビタミンE濃度は高く推移する傾向があり，肉色の保持など牛肉への望ましい効果が期待できる（高平ら，2006）。

(4) 乾草調製

飼料イネは十分に予乾することで，乾草に調製することも可能である。ただし，糊熟期以降になるとテッダによる反転予乾によって子実脱落が多くなるので避けたほうがよい。したがって乳熟期以前での利用となるが，乾草として貯蔵できる水分にするためには少なくとも3日以上の予乾が必要であり，この過程でβ-カロテン含量も減少する。稲わら並みまで減少しなかった場合でも，開放状態で長期貯蔵することでβ-カロテン含量はさらに低下することが報告されている（大宅ら，2005）。

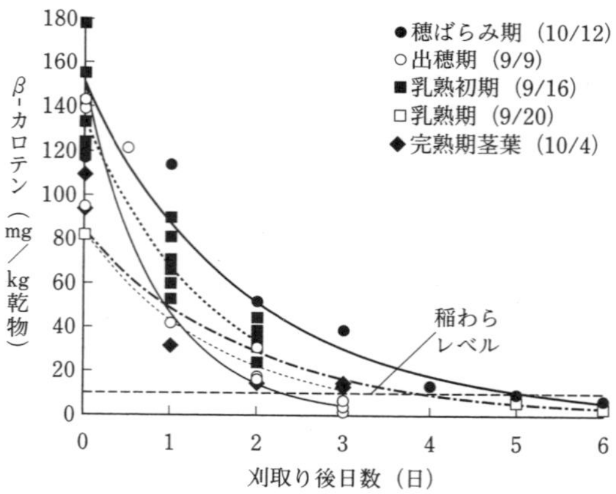

第3図　天日乾燥にともなう飼料イネのβ-カロテン含量の推移

（日本草地畜産種子協会，2009）

凡例中（　）内の数字は刈取り月日を示す
モアコンディショナーで刈取り反転を実施

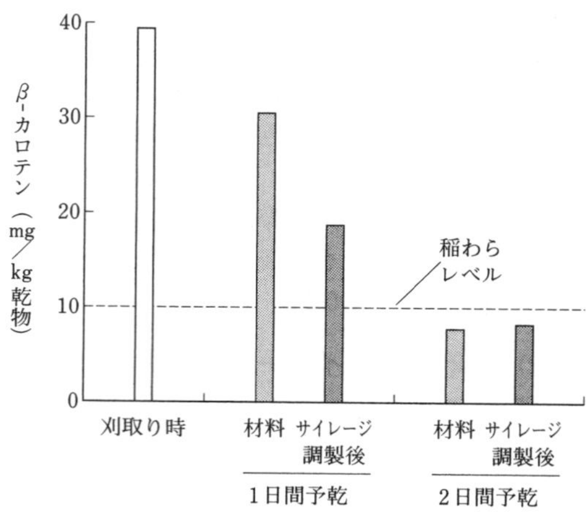

第4図　乳熟期の飼料イネの予乾日数とβ-カロテン含量　（日本草地畜産種子協会，2009）

刈取り：2003年8月21日，供試品種：クサユタカ，モアで刈取り反転なし，サイレージは120cm径で1か月貯蔵

(5) 予乾サイレージおよび乾草調製での留意点

以上のように，飼料イネは予乾サイレージや乾草に調製し，β-カロテン含量を稲わら並みに低減することで，肥育牛向けの粗飼料として活用できる。ただし，飼料イネの品種，栽培条件および気象条件などにより，β-カロテン含量低減に必要な予乾日数は変化すると考えられる。

また，牧草用の機械体系（モアやロールベーラ）を利用することになるため，栽培管理の面では，早期落水などにより収穫する圃場の地耐力を高めることも重要である。さらに，予乾サイレージ調製作業では，土砂の混入や籾の脱粒を防ぐため，過度の反転作業はひかえたほうがよい。

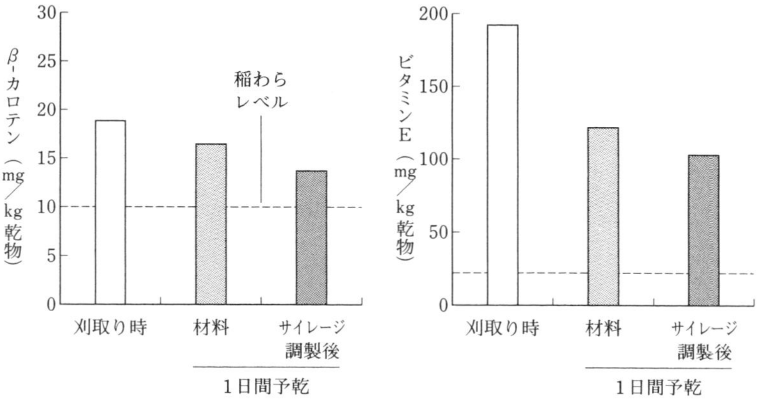

第5図 黄熟期における1日の予乾処理が飼料イネのβ-カロテンおよびビタミンE含量に及ぼす影響　（日本草地畜産種子協会，2009）

刈取り：2005年9月8日，供試品種：どんとこい，モアで刈取り反転なし，サイレージは120cm径で1か月貯蔵

第1表 β-カロテン含量低減飼料イネホールクロップサイレージを給与した黒毛和牛去勢牛の増体および枝肉成績

給与区分（粗飼料）	日増体量（kg/日）	枝肉重量（kg）	肉質等級	脂肪交雑	脂肪色	等　級
飼料イネ	0.89	416	3.0	4.5	3.0	A3：5頭，B3：1頭
乾草・稲わら	0.86	411	3.0	4.8	3.0	A4：1頭，A3：4頭，A2：1頭

注　飼料イネ給与区は，粗飼料として肥育全期間（8～24か月齢）にβ-カロテン含量の低い飼料イネホールクロップサイレージを給与

乾草・稲わら給与区は，粗飼料として肥育前期（8～13か月齢）に乾草，肥育後期（14～24か月齢）に乾燥稲わら給与

肉質等級，脂肪交雑，等級は，数値が大きいほどすぐれる。脂肪色は数値が大きいほど黄色が濃い

執筆　金谷千津子（富山県農林水産総合技術センター畜産研究所）

2009年記

参考文献

日本草地畜産種子協会．2009．稲発酵粗飼料生産・給与技術マニュアル．51—53，89—92．

大宅由里・山下大司・山崎勝義．2005．飼料イネの乾草利用体系におけるβ-カロテン動態の解明．佐賀県畜産試験場平成16年度試験研究成績書．**41**，56—62．

高平寧子・吉野英治・粕谷健一郎・金谷千津子・紺博昭・丸山富美子．2006．β-カロテン含量低減稲発酵粗飼料の黒毛和種去勢牛への肥育全期間給与．日草誌．**52**（別1），124—125．

生稲わらサイレージの調製と利用

(1) 稲わらの有効利用

稲わらは国内で約900万t生産されているが，乾燥・収集作業が天候に大きく影響されるため，その飼料利用は生産量の約1割にとどまっている。その一方で，外国産の稲わらや乾草に依存する農家も多く，飼料安全対策や飼料自給率向上の観点から国産稲わらへの転換は喫緊の課題となっている。食用米の稲わらだけでなく，飼料米の生産で発生する稲わらも，粗飼料資源として有効に利用することが，飼料自給率向上のためには重要である。

稲わらの利用形態としては，従来からの乾燥稲わらのほか，近年では乾燥途中の稲わらをラップフィルムで被覆して貯蔵する事例もあるが，天候の影響を受けずにより安定した供給を行なうためには，刈取り直後に密封貯蔵する生稲わらサイレージに調製することが有効と考えられる。

(2) 生稲わらの回収方法

生稲わらサイレージは，イネの刈取り時にコンバインから排出された稲わらを当日中に梱包・ラッピングして調製する。収穫時の生稲わらの水分は60％前後である。

生稲わらの回収は，圃場がよく乾燥し地耐力がある場合は，乾燥稲わらと同様，一般の牧草用機械を利用できる。トラクタ牽引式ロールベーラを用いて無切断の生稲わらを回収した場合の作業能率は，1ha当たり約3時間と報告されている。

一方，排水が悪く地耐力が低い圃場の場合は，走行部がクローラ型の自走式ロールベーラ（第1図①）やフレール型の飼料イネ収穫機（第1図②）を用いることで，ある程度の回収が可能である。これらの機械を用い，約10cmに切断された生稲わらを拡散や集草を行なわずにコンバインから排出された列のまま収集した場合，無切断の生稲わらを回収する場合に比べロスが大きいが，作業能率は1ha当たり約2時間である。

このほか，（独）農業・食品産業技術総合研究機構生物系特定産業技術研究支援センターで開発された汎用型飼料収穫機も利用できる（第1図③）。

(3) サイレージの調製と乳酸菌添加

稲わらが収穫できるのは，一般的にはイネ刈り後の一定期間，とくに北陸など日本海側の地域では9～10月に限定される。通年利用を考えると少なくとも1年間の貯蔵性をもたせることが必要であり，そのためには，乳酸菌製剤の添加が有効である。水に溶かした乳酸菌製剤を収穫機械に装着した添加装置で添加しながらロールベールに梱包し，ラッピングを行なう。

水分が65％の生稲わらを無処理で調製したサイレージは，貯蔵8か月以上で酪酸や蛋白質の分解程度を示す全窒素中の揮発性塩基態窒素割合（以下，VBN/全窒素とする）が増加し，

第1図　各種収穫機による生稲わらの収集
①自走式ロールベーラ，②フレール型飼料イネ収穫機，③汎用型飼料収穫機

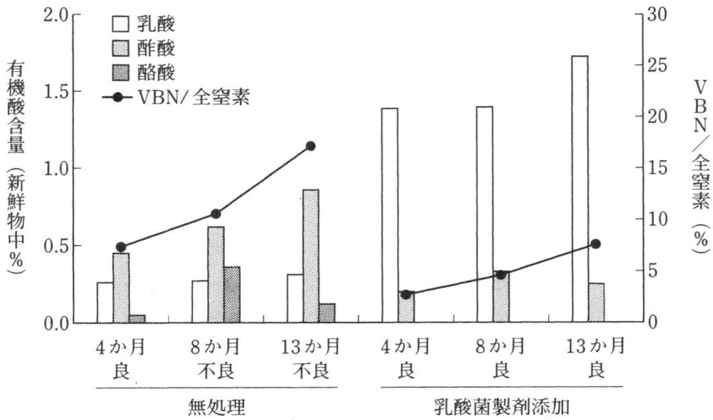

第2図 生稲わらロールベールサイレージの発酵品質

（金谷ら，2008）

VBN/全窒素は全窒素中の揮発性塩基態窒素割合
良，不良はV-スコアによる評価。60点以下が不良，60～80点が可，80点以上が良
材料生稲わらは水分65%，乳酸菌製剤は材料原物1t当たり5gの割合で添加

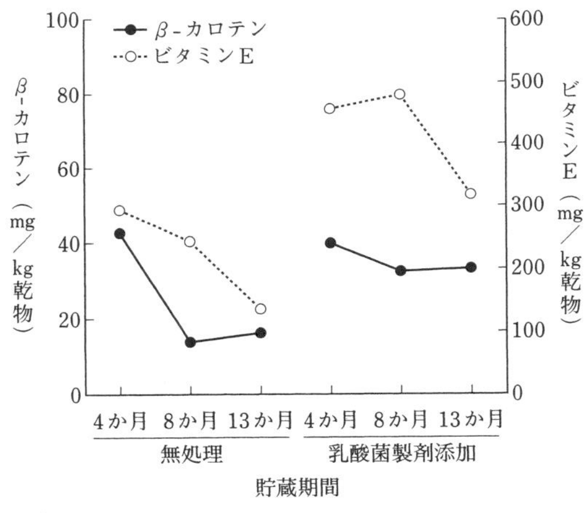

第3図 生稲わらロールベールサイレージのβ-カロテンおよびビタミンE含量

（金谷ら，2008）

収穫時の含量は，β-カロテンが40.5mg/kg乾物，ビタミンEが389mg/kg乾物

発酵品質の指標であるV-スコアが不良となる。一方，乳酸菌製剤（畜草1号）を添加したサイレージは，13か月貯蔵しても酪酸の生成はみられず，VBN/全窒素も低く抑えられ，V-スコアは良である（第2図）。

また，生稲わらサイレージ中のβ-カロテンおよびビタミンE含量は，乾燥稲わら中の含量（おおむね，β-カロテン10mg/kg乾物以下，ビタミンE20mg/kg乾物以下）に比べ高く，とくに乳酸菌製剤（畜草1号）を添加した場合は，貯蔵中の低下が緩慢である（第3図）。

(4) 生稲わらサイレージの飼料価値

日本標準飼料成分表（中央畜産会，2001）によれば，生稲わらサイレージの一般成分と栄養価は第1表に示すとおりで，稲わら（乾燥稲わら）に比べると，粗蛋白質，可溶無窒素物などの含量が多く，繊維含量が少ないが，TDN含量は約43%と同程度である。ただし，他の報告（木部，1974；小川ら，1983；徐ら，2006）によれば，TDN含量については38～50%とバラツキが大きく，刈取り時期や調製方法などにより，大きく変動すると考えられる。

(5) 肉牛への給与成績

生稲わらサイレージは，肉用繁殖牛向けに調製されている事例（全国農林統計協会連合会，2008）があるが，肥育牛による採食性も高く，肥育牛向け飼料としても活用できる。ただし，前述のとおり生稲わらサイレージ中のβ-カロテン含量が乾燥稲わらより高いため，ビタミンAを制限する給与体系の肥育では，脂肪交雑の発現に関与しない時期である肥育後期に給与することが推奨される。一方，ビタミンEも多く含まれていることから，肉色の保持や脂質酸化の抑制効果が期待できる。

肥育後期（20～26か月齢）の黒毛和種去勢牛による，生稲わらサイレージの1日当たりの乾物摂取量は，慣行の乾燥稲わらを給与した場合に比べて多く，給与期間中の日増体量も多い傾向にあった（第2表）。また，血漿中ビタミンAおよびビタミンE濃度も高く推移する傾向がある（第4図）。さらに，枝肉重量や牛脂肪交雑基準（BMS No.）などは慣行給与と差がなく，脂肪の黄色化も認められなかった（第3表）。

第1表　生稲わらサイレージ，稲わらの一般成分と栄養価（単位：乾物中％）

飼料名	粗蛋白質	粗脂肪	可溶無窒素物	粗繊維	ADF	NDF	粗灰分	TDN
生稲わらサイレージ	7.1	2.6	44.6	29.8	35.6	59.9	16.0	42.9
稲わら	5.4	2.1	42.8	32.3	39.2	63.1	17.4	42.8

注　日本標準飼料成分表（2001年版）による
ADF：酸性デタージェント繊維
NDF：中性デタージェント繊維
TDN：可消化養分総量

(6) 成果と今後の課題

以上のように，生稲わらサイレージは乳酸菌製剤を添加することで長期貯蔵が可能となり，肥育後期黒毛和種去勢牛に給与することができる。また，給与牛では，血漿中ビタミンE濃度が高く推移したが，さらに，筋肉中のビタミンE含量が乾燥稲わら給与牛に比べ高いことや，肉の脂質酸化が抑えられることも確認している（高平ら，2009）。

一方，生稲わらサイレージはβ-カロテン含量が高く，給与した牛では血漿中のビタミンA濃度が高く推移していることから，ビタミンAを制限する給与体系で利用する場合に対応するため，同サイレージのβ-カロテン含量低減法の検討が必要である。

第2表　肥育後期に生稲わらサイレージを給与した黒毛和種去勢牛の乾物摂取量，体重および日増体量（高平ら，2008）

試験区	乾物摂取量（kg/日）			体重（kg）		日増体量（kg/日）	飼料要求率
	計	濃厚飼料	粗飼料	給与開始時	出荷時		
慣行区 1)	7.54	6.82	0.72	520	638	0.64	12.2
生稲わらS区 2)	8.66	7.09	1.57	543	678	0.74	11.8

注　同一種雄牛の黒毛和種去勢牛10頭を各区5頭ずつ供試，20～26か月齢を肥育後期とした
1）粗飼料として乾燥稲わらを給与，2）粗飼料として生稲わらサイレージを給与，いずれも乾物2kgを目安に定量給与とし，濃厚飼料と分離給与

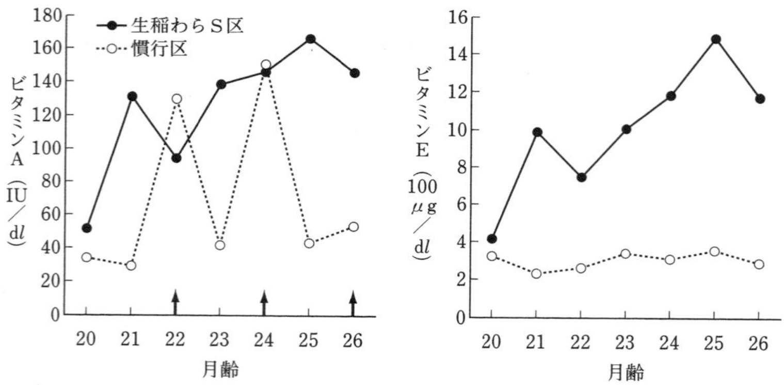

第4図　肥育後期に生稲わらサイレージを給与した黒毛和種去勢牛の血漿中ビタミンAおよびビタミンE濃度（高平ら，2008）
試験区分は第2表と同じ
矢印はビタミンA製剤（50万IU/頭）を経口投与（慣行区のみ）

執筆　金谷千津子（富山県農林水産総合技術センター畜産研究所）

2009年記

参考文献

中央畜産会．2001．日本標準飼料成分表（2001年版）．52―63．

徐春城・蔡義民・守谷直子・吉田宣夫．2006．乳酸菌添加による稲ワラロールベールサイレージの発

第3表　生稲わらサイレージを給与した肥育後期黒毛和種去勢牛の枝肉成績　（高平ら，2008）

項　目	慣行区	生稲わらS区
肉質等級	3.8	4.0
枝肉重量（kg）	396	413
ロース芯面積（cm^2）	45.4	46.4
ばら厚（cm）	6.9	7.4
皮下脂肪厚（cm）	1.8	1.8
歩留り基準値	73.4	73.6
脂肪交雑（BMS No.）	5.2	5.4
肉色（BCS No.）	3.4	4.0
締まり・きめ等級	4.0	4.0
脂肪色（BFS No.）	3.0	3.0
等級（頭）	A5（1），A4（2），A3（1），B3（1）	A5（1），A4（3），A3（1）

注　試験区分は第2表と同じ
　肉質等級，脂肪交雑，締まり・きめ等級，等級は，数値が大きいほどすぐれる。
　肉色は数値が大きいほど赤色が濃い。脂肪色は数値が大きいほど黄色が濃い

酵品質，乾物摂取量および栄養価の改善．日草誌．**52**（3），166―169．
金谷千津子・高平寧子・中島麻希子・丸山富美子・紺博昭．2008．生稲わらロールベールサイレージの発酵品質とβ-カロテンおよびα-トコフェロール含量．日草誌．**54**，192―193．
木部久衛．1974．稲ワラの飼料的利用（2）．畜産の研究．**28**（2），301―304．
小川増弘・高橋英伍・阿部林・井上喬二郎・伊藤茂昭．1983．ロールわらサイレージの飼料価値．畜産の研究．**37**（1），52―54．
高平寧子・金谷千津子・吉野英治・紺博昭・丸山富美子．2008．生稲わらサイレージや生米ぬか等を混合した発酵TMRの肥育後期黒毛和種去勢牛への給与．日草誌．**54**，194―195．
高平寧子・金谷千津子・吉野英治・廣瀬富雄・丸山富美子・佐久間弘典・河村正．2009．生稲わらサイレージや生米ぬかを混合した発酵TMRの給与が肥育後期黒毛和種去勢牛の牛肉中α-トコフェロール含量および脂肪酸組成に及ぼす影響．日草誌．**55**（別），p.188．
全国農林統計協会連合会．2008．国産稲わら利用拡大調査事業報告書．96―97．

WCSの給与法

WCSの栄養的，生理的な飼料特性

現在，イネホールクロップサイレージ（WCS）の生産，利用が全国で取り組まれており，その作付け面積は2000年の502haから2008年の8,931haへと順調に拡大している。その背景には，飼料価格の高騰や口蹄疫，牛海綿状脳症（BSE）の発生を受けて，それらリスクのある輸入粗飼料に依存した体質からの脱却を図り，生産履歴のわかる国産粗飼料を積極的に利用したい畜産経営からの強い要望がある。

イネの飼料化は1970年代から取り組まれているが，とくにこの10年間は全国の試験研究機関で集中的な技術開発が行なわれ，それら新技術によってWCSは格段に進化を遂げたことも，今日の普及を支えている。そこで，これまで全国の試験研究機関で実施された研究成果を基に，WCSの飼料特性について紹介する。

(1) 化学成分，消化率，有機物消失率

WCSは，デンプン含有率が高く濃厚飼料的な要素をもつ穂部（子実部）と，繊維含有率が高く粗飼料的な要素をもつ茎葉部を併せもつホールクロップサイレージである。実際にイネ科乾草と代替される事例は多いが，そのイネ科乾草とは異なる化学成分，消化特性をもつことを念頭におく必要がある。

第1表に各飼料の化学成分を示す。WCSは，デンプンが主成分である非繊維性炭水化物（NFC）がイネ科乾草より高く，中性デタージェント繊維（NDF）は低い。同じくホールクロップサイレージであるトウモロコシサイレージと傾向は似ているが，NFC含有率はWCSが少ない。また，WCSはケイ酸が主成分の粗灰分含有率がほかの飼料より高い。

第2表に各飼料の消化率と栄養価を示す。WCSの粗蛋白質（CP），粗脂肪（EE）および可溶無窒素物（NFE）の消化率はイネ科乾草より高く，トウモロコシサイレージに近い。これは穂部に含まれるデンプンを主成分としたNFCの影響と思われる。

しかし，粗繊維（CF）の消化率はイネ科乾草やトウモロコシサイレージより低く，またWCSの第一胃内の通過速度もイネ科乾草より遅い傾向であるといわれている。したがって，とくに泌乳牛に対して極端に多くのWCSを給与した場合などは，乾物（DM）摂取量を抑制する原因になることが予想されるので注意が必要である。

第1図に熟期別WCSの子実部と茎葉部に含

第1表　各飼料の化学成分（単位：乾物中%）

（日本標準飼料成分表，2001）

飼料名		CP	粗脂肪	NFE	粗繊維	NDF	NFC	粗灰分
WCS（黄熟期）		7.0	2.9	50.9	26.3	48.5	28.7	12.9
乾　草	チモシー	8.0	2.2	47.8	36.2	68.1	15.8	5.9
	イタリアンライグラス	9.4	2.4	46.5	33.6	66.0	14.1	8.1
	オーチャードグラス	10.5	2.6	41.9	37.6	69.9	9.7	7.3
	アルファルファ	18.5	1.9	40.2	29.3	44.1	25.4	10.1
トウモロコシサイレージ		8.0	3.0	60.2	22.7	47.7	35.2	6.1

注　CP：粗蛋白質，NFE：可溶無窒素物，NDF：中性デタージェント繊維，NFC：非繊維性炭水化物

チモシー，イタリアンライグラス，オーチャードグラスは一番草，開花期の数値である

アルファルファは輸入，CP含有率17～20%の数値である

トウモロコシは黄熟期，全国の数値である

第2表　各飼料の消化率と栄養価（単位：乾物中％）
（日本標準飼料成分表，2001）

飼料名		消化率				栄養価
		CP	粗脂肪	NFE	粗繊維	TDN
WCS（黄熟期）		51	61	70	48	54.5
乾　草	チモシー	51	50	58	57	54.9
	イタリアンライグラス	46	48	58	59	59.0
	オーチャードグラス	56	45	58	58	54.6
	アルファルファ	74	41	70	45	56.8
トウモロコシサイレージ		53	79	72	59	65.9

注　CP：粗蛋白質，NFE：可溶無窒素物，TDN：可消化養分総量
チモシー，イタリアンライグラス，オーチャードグラスは一番草，開花期の数値である
アルファルファは輸入，CP含有率17～20％の数値である
トウモロコシは黄熟期，全国の数値である

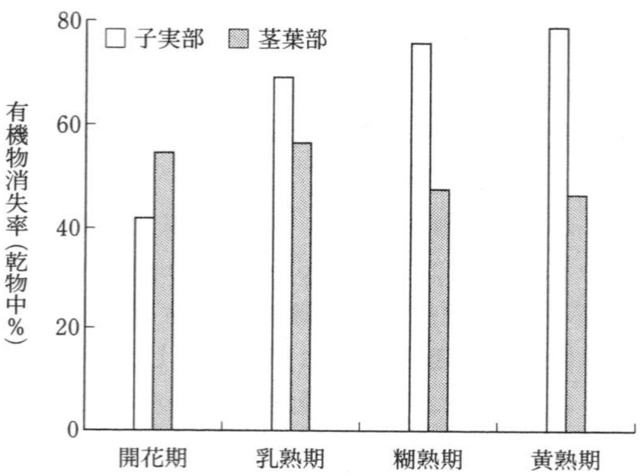

第1図　WCSにおける部位別の有機物消失率の推移　（箭原ら，1981を基に作図）
有機物消失率はin vitro試験により測定

まれる有機物（OM）の消失率を示す。WCSの子実部では熟期の進行によってデンプンが蓄積することでOM消失率は高まっていくのに対し，茎葉部では子実部へのデンプン転流や繊維成分の消化率が低下することでOM消失率は徐々に低下していく。

(2) 栄養価とその変動要因

第2表の可消化養分総量（TDN）をみると，WCSはチモシーやオーチャードグラスの乾草と比較しても遜色がない。しかし，WCSのTDNは，ほかの飼料作物と同様に品種，栽培方法，収穫時期，収穫方法，調製方法などのさまざまな要因の影響を受けて変わる。実際に全国の試験研究機関で品種や調製方法が異なるさまざまなWCSを用いて実施された去勢牛，乾乳牛による消化試験の結果によると，黄熟期のWCSのTDNは40～60％と非常に幅のある数値であった。

現在，それらの要因については研究中であるが，栄養価が低くなる事例としては，1）収穫前に倒伏したもの，2）収穫時期が非常に遅くなったもの（刈遅れ），3）病害虫の被害に遭ったもの，4）雑草が混入しているもの，5）発酵品質が著しく悪いもの，などが挙げられる。雑草の混入については，混入する草種によって栄養価の減少程度に差異はあるものの，いずれの草種でも混入するとWCSの発酵が不安定となり，栄養価も減少する傾向であることが報告されている（小荒井ら，2005）。

これらTDNを減少させる負の要因の多くは，各地域に適した手段を講じることにより改善できるため，早急に取り組むことが望まれる。

(3) 化学成分，栄養価の推定

WCSに限らず飼料はさまざまな要因によって化学成分やTDNが大きく変動するため，事前にそれらの含有量を把握してから飼料設計を行ない，家畜に給与することが望ましい。WCSの化学成分はほかの粗飼料と同様，近赤外分析法による推定が考案されており（徐ら，2006），いくつかの県では独自の検量線によるフォレージテストが実施されている。

第3表にWCSのTDNに関する推定式を示す。WCSのTDNについては，化学成分の含有率から推定する回帰式（推定式）が提案されている。

1）a式（服部ら，2005）はWCS（6品種，

第3表　WCSのTDNに関する推定式

a式	TDN＝54.297＋1.205×Oa－0.109×Ob－0.462×CA（服部ら，2005）	n＝8，r^2＝0.73
b式	TDN＝0.329×IVDMD－0.688×CA＋44.5（深川ら，2007）	n＝16，r^2＝0.82
c式	TDN＝－5.45＋0.89×（OCC＋Oa）＋0.45×OCW（出口ら，1997）	n＝89，r^2＝0.61
d式	TDN＝0.324×PP＋39.3（深川ら，2007）	n＝13，r^2＝0.67

注　各成分の数値は乾物中の含有率（％）
TDN：可消化養分総量，Oa：高消化性繊維，Ob：低消化性繊維，CA：粗灰分，IVDMD：in vitro乾物消化率，OCC：細胞内容物，OCW：細胞壁物質，PP：穂重割合

出穂前～完熟期）を牛に給与して実施した消化試験の結果を基に作成された式である。ちなみにa式で採用されている高消化性繊維（Oa），低消化性繊維（Ob）の含有率は，近赤外分析法で精度良く推定できる成分である（徐ら，2006）。

2）b式（深川ら，2007）はa式同様，牛による消化試験（8品種，開花期～黄熟期）の結果を基に作成されており，その特徴は牛によって測定される消化率と相関の高いin vitro DM消化率（IVDMD）を採用していることである。IVDMDとは酵素を使用したペプシン・セルラーゼ法により定量した数値のことである。

3）c式（出口ら，1997）はイネ科牧草（マメ科混播含む）の乾草とサイレージを用いた消化試験の結果（めん羊の結果含む）を基に作成された推定式であるが，WCSの推定にも利用できることが確認されている（服部ら，2005）。

4）d式（深川ら，2007）はWCSの穂重割合からTDNが推定できる式であり，おおよそのTDNを生産現場で簡易的に求める際には有効である。

(4) 収穫適期

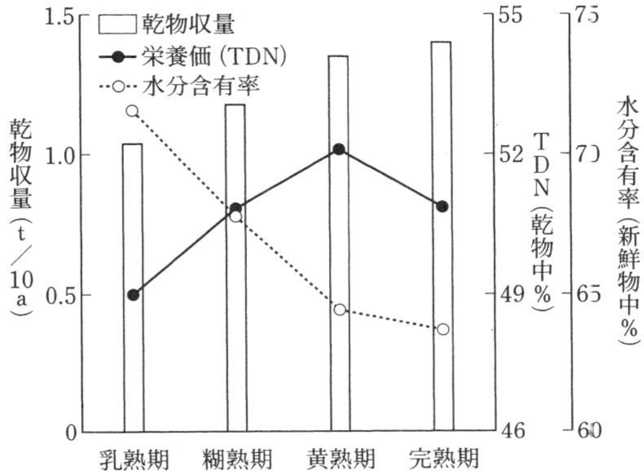

第2図　WCSの乾物収量，栄養価および水分含有率の推移
TDN：可消化養分総量

第2図に各熟期におけるDM収量，TDNおよび水分含有率の推移を示す。WCSのDM収量とTDNは，熟期の進行にともなって子実部の割合が高まるため急激に増加していく。しかし，TDNは完熟期まで達すると未消化子実の排泄量の増加や繊維成分の消化率の低下により，黄熟期のTDNと比べて同程度，もしくは微減する。また，サイレージ調製の正否に影響する水分含有率は，ほかの飼料作物と同様に熟期の進行にともなって減少し，WCSの調製に適した水分含有率70％以下に到達するのが黄熟期である。それらを考慮すると，WCSの収穫適期の基本は「糊熟期（出穂後15日）～黄熟期（出穂後30日）」となる。

最近，ビタミンA制御型の肥育牛に給与するため予乾処理や収穫時期を遅らせるなど，β-カロテン（ビタミンAの前駆物質）含有量を低減したWCSの生産に取り組んでいる事例もある。これは，イネのβ-カロテン含有量が熟期の進行にともなって減少するためであり，意図的に収穫時期を遅らせている。

また，九州中部以南の限られた地域ではあるが，堆肥の活用，1圃場当たりの増収効果および倒伏回避を目的とした2回刈り栽培が実施されている。この場合，1回目の収穫を出穂期前後，2回目の収穫を糊熟期～黄熟期で行なうことで，品種‘Taporuri’では10a当たりDM1.8～1.9tの収量を得たとの報告もある（中野ら，2008）。

このように，給与する家畜の種類や栽培方法などの目的に応じて収穫時期が変更される場合もある。

(5) 自由採食量

WCSの自由採食量は，収穫時期（熟期）の影響を受ける。黒毛和種雌牛（原ら，1986），日本短角種雌牛（箭原ら，1981）で実施した試験では，開花期以降，熟期が進むと自由採食量が増していくが，糊熟期以降はほぼ平衡状態となり，WCS（水分含有率60％）の自由採食量は1日当たり現物で20～25kg（DMで8～10kg）であった。

また，WCSの自由採食量は，イタリアンライグラスサイレージ（秋友ら，2001）やソルガムサイレージ（Gotoら，1991）と比較しても遜色ないとの報告もある。

泌乳牛におけるWCSの自由採食量は，給与飼料中に占める濃厚飼料の割合や泌乳ステージの違いにより影響を受ける。石田ら（2002）は給与飼料中の濃厚飼料の割合を変えて各泌乳ステージでの自由採食量を測定した結果，WCS（品種‘はまさり’，水分含有率60％）を1日当たり現物で12.5～30.5kg（DMで5.0～12.2kg）を摂取し，いずれの条件でも現物20kg程度（DMで8kg程度）は採食可能であったことを報告した。

(6) 物理性――粗飼料価指数

粗飼料としての物理性を示す指標としては，粗飼料価指数（RVI）がある。これは対象とする飼料の咀嚼時間（採食時間と反芻時間の合計）を牛により測定して，DM摂取量1kg当たりの咀嚼時間に換算した単位である。このRVIは第一胃内の発酵の安定性と関連が深いといわれているが，それは第一胃内で産生される有機酸に対して緩衝能をもつ唾液の分泌量が咀嚼時間に影響を受けるためである。

第4表は各飼料のRVIを示す。日本飼養標準・乳牛（2006）によるとWCSのRVIは82分であり，チモシー乾草，スーダングラス乾草と同程度，アルファルファ乾草やトウモロコシサイレージよりも多いと報告されている。

また，泌乳牛においてRVIは乳脂率と関係しており，乳脂率3.5％を維持するためには給与飼料のRVIが30.5分以上は必要であると試算されている。

新出（2008c）はWCS，トウモロコシサイレージおよびイタリアンライグラスサイレージを30％ずつ配合した3種類のTMRを調製して泌乳牛に給与した結果，それぞれのRVIが34.3，27.3および36.9分であったことを報告した。この結果からすると，WCSのRVIはトウモロコシサイレージよりも高く，イタリアンライグラスサイレージに近いことがわかる。

また，RVIは飼料の形状（細断長）にも影響を受けるが，WCSでは切断長が長くなるほどRVIが増加して，その咀嚼の効果で未消化子実の排泄量は減少する。しかし，切断長が長くなるとDM摂取量は抑制されて，乳量の低下を招く。これまでの報告（新出，2008a）によると，適切なRVIを確保し，DM摂取量や未消化子実の排泄量に考慮したWCSの最適な切断長は1.5～3.0cmである。

第4表　各飼料の粗飼料価指数（RVI）
（日本飼養標準・乳牛，2006）

飼料名	粗飼料価指数（分/乾物1kg）
WCS	82
チモシー乾草（輸入）	79
スーダングラス乾草（輸入）	77
アルファルファ乾草（輸入）	47
トウモロコシサイレージ	66

(7) 未消化子実の排泄

WCSに限らず，飼料作物のホールクロップ利用では，未消化子実の排泄は栄養価の損失であり，しばしば問題となる。一般に子実は，登熟にともなって子実外皮および子実そのものが硬化するため，消化がむずかしくなる。

新出ら（2008b）は熟期の異なるWCS（糊熟期，黄熟期および完熟期）を用いてTMRを調製して泌乳牛に給与したところ，未消化子実排泄量は糊熟期が最も少なく，熟期が進むにしたがって高まることを報告した。

WCSにおける未消化子実の排泄は，飼料給与量（DM摂取量）と給与飼料に占めるWCSの割合により変わる。乾乳牛，肉用繁殖雌牛，肥育牛，育成牛での未消化子実排泄率は10％程度，泌乳牛では10～50％と変動幅が大きい。泌乳牛ではDM摂取量が多いため飼料の消化管通過速度が速くなり，未消化のまま糞に排出される子実が多くなる。

改善策としては，WCSを含む粗飼料の給与量（山本ら，2008b），併給する粗飼料の種類（山本ら，2008a）および切断長（新出，2008a）を調整して適切な咀嚼時間を確保することで，不要な未消化子実の排泄を低減することが重要となる。

(8) カリウム含有率

第5表に各飼料の無機物含有率と硝酸態窒素濃度を示す。これまでの報告（須永ら，2006）によるとイネ（サイレージ調製前の材料草）のカリウム含有率は，日本標準飼料成分表（2001）に記載されているほかの乾草やサイレージに比べて低い水準である。乾乳期の乳牛では，カリウム含有量の低い飼料の給与が分娩時の低カルシウム血症予防に効果があるといわれており，この報告から考えるとWCSも十分に利用できると思われる。

しかし，栽培する土壌の条件によっては，WCSのカリウム含有量も高くなることが報告されている（原，2007）。とくに牛糞堆肥を連用した水田においては，土壌へのカリウムの蓄積程度は，ほかの無機物に比べて高い（原，2007）ことが明らかとなっているため，注意する必要がある。

(9) 硝酸態窒素

WCSの硝酸態窒素濃度は，スーダングラス乾草やほかの飼料作物のサイレージ（日本標準飼料成分表，2001）に比べて低い水準である。牛が過剰に硝酸塩を摂取すると低酸素血症を起こし，チアノーゼ，呼吸困難などの症状を呈して重篤な場合は死に至る（硝酸塩中毒）。イネは硝酸塩を蓄積しにくい環境で栽培されること，またイネ自身，硝酸塩を蓄積しにくい特性をもっていることから，WCSの硝酸態窒素濃度も低い。

(10) β-カロテン，ビタミンE（α-トコフェロール）

WCSは品種，栽培方法，収穫時期および調製方法により差異はあるものの，β-カロテン，ビタミンE（α-トコフェロール）を豊富に含んでいる。そのβ-カロテン，α-トコフェロールはイネの葉部に多く含まれており，熟期が進むと徐々に減少していく。サイレージに調製すると最初の数日間は減少していくが，その後は一定の水準で推移する。α-トコフェロールを豊富に含むWCSを肥育牛に一定期間給与することで，牛肉中にα-トコフェロールが蓄積して脂肪の酸化を抑制することが報告されてい

第5表　各飼料の無機物含有率と硝酸態窒素濃度

（日本標準飼料成分表，2001；須永ら，2006）

飼料名		無機物（％乾物中）				(ppm)
		K（カリウム）	Ca（カルシウム）	Mg（マグネシウム）	P（リン）	HNO_3-N（硝酸態窒素）
イ　ネ		1.35	0.17	0.13	0.17	80
乾草（輸入）	チモシー	1.50	0.34	0.15	0.19	157
	スーダングラス	2.25	0.43	0.34	0.21	1,109
	エンバク	1.44	0.20	0.15	0.15	185
サイレージ	トウモロコシ	1.97	0.28	0.16	0.27	369
	ソルガム	2.72	0.47	0.37	0.23	1,343

注　イネのミネラルはサイレージ調製前（材料草）を分析した

る（中西，2008）。

執筆　松山裕城（(独) 農業・食品産業技術総合研究機構畜産草地研究所）

2009年記

参 考 文 献

秋友ら．2001．黒毛和種繁殖牛における飼料イネサイレージの採食性調査．山口畜試研報．**17**，99—107.

出口ら．1997．寒地型イネ科牧草数種を込みにしたTDN含量の推定および推定精度の草種間差異．日草誌．**43**（別），290—291.

独立行政法人農業技術研究機構．2001．日本標準飼料成分表2001年版．

Goto *et al.*. 1991. A feeding value of rice whole crop silage as compared to those of various summer forage crop silage. Anim Sci Tec. **62**, 54—57.

服部ら．2005．飼料イネサイレージの可消化養分総量の推定．日草誌．**51**，269—273.

原．2007．飼料イネ栽培における成型牛糞堆肥の肥効と跡地土壌への影響．圃場と土壌．**39**，25—31.

深川ら．2007．飼料イネサイレージにおけるin vitro乾物消化率および穂重割合からのTDN含量の推定．日草誌．**53**，16—22.

石田ら．2002．稲発酵粗飼料に調製した「はまさり」の牛用飼料としての価値．研究成果情報．

徐ら．2006．近赤外分析法によるイネホールクロップサイレージの飼料成分の推定．日草誌．**51**，374—378.

小荒井ら．2005．稲発酵粗飼料への混入によりサイレージ品質を低下させる雑草．研究成果情報．

中西．2008．稲発酵粗飼料の給与が牛肉中のビタミンE含量の貯蔵性に及ぼす影響．畜産技術．**639**，7—10.

中野ら．2008．飼料イネ品種Taporuriの2回刈り乾物多収栽培技術の現地実証試験．日作紀．**77**（別1），44—45.

新出．2008a．高泌乳牛への飼料用稲WCS給与．稲発酵粗飼料（WCS）給与技術マニュアル．1—18．近畿中国四国農業研究センター．

新出ら．2008b．飼料イネホールクロップサイレージの刈取時期の違いが子実排せつ量に及ぼす影響．広島総技研畜技セ研報．**15**，1—7.

新出．2008c．粗飼料と粗濃比の異なるTMR給与における粗飼料価指数の推定．広島総技研畜技セ研報．**15**，29—33.

須永ら．2006．トウモロコシ，ソルガム類，飼料イネのミネラル濃度．日草誌．**52**（別2），294—295.

箭原ら．1981．水稲ホールクロップサイレージの調製利用に関する研究．東北農試研報．**63**，151—159.

山本ら．2008a．混合飼料におけるイネホールクロップサイレージの未消化子実排泄に及ぼす併給粗飼料の影響．日草誌．**54**，12—18.

山本ら．2008b．イネホールクロップサイレージ主体混合飼料中の粗飼料由来NDF含量の違いが泌乳牛の子実消化性および乳生産に及ぼす影響．日草誌．**54**，217—222.

イネWCS給与による乳牛での乳量の維持・向上技術

転作田を取り巻く耕畜連携の模索のなかで，耐湿性に優れる飼料イネの栽培が拡大し，また，穀物や購入乾草の価格高騰にともない，地域で生産される安価で安定した品質の自給粗飼料として飼料イネホールクロップサイレージ（以下「イネWCS」とする）の活用が求められ，泌乳牛に対する給与事例も増加してきた。しかし現場では，イネWCSは，嗜好性は良いものの飼料全体の乾物摂取量が抑制される，子実が糞中に排泄される，消化が悪く栄養価値が低い，多量給与で乳量が低下するなどのマイナス評価もされており，乳牛への給与量が伸びない要因になっている。

そこで，イネWCSの飼料特性を解説しながら，泌乳前期，中期牛の乳量を維持・向上させるイネWCSの給与割合や給与量について述べる。

(1) イネWCS給与の留意点

①第一胃内での繊維消化が遅い

イネWCSの消化性について，フィステル装着乾乳牛を用いたナイロンバッグ法で調査した第一胃内での消失率を，同じイネ科のイタリアンライグラス乾草と比較した結果が第1図である（城田ら，2002)。

乾物消失率，OCW（総繊維）消失率はイネWCSが遅い。第一胃内の飼料通過速度が3.0％/hrと仮定して第一胃内でのOCW分解可能量を比較すると，イタリアンライグラス乾草の51.4％に対して，イネWCSは37.5％で14ポイント低い。この原因は，イネの植物体ではケイ酸と繊維が結合し，繊維の消化性を抑制していることにあると推察される。これは，乾物摂取量の増加にはマイナス要因となるが，物理性に富む繊維は，乳牛の咀嚼行動を通じた第一胃内恒常性の維持に役立つという二面性をもつ。

いずれにしても，イネWCSを用いた飼料設計では，従来と同様の繊維含量の設定にすると乾物摂取量が抑制されることに注意する必要がある。

②刈取り時期は糊熟～黄熟期

イネWCSを高泌乳牛に給与した場合，糞中に8～62％の子実が排泄されているが，これは子実が難消化性の籾がらに覆われているためである。飼料イネ品種‘クサノホシ’を用いて，出穂後23日（糊熟），34日（黄熟），51日（完熟）に刈り取ってつくったWCSの子実排泄率を調査した結果を第2図に示す（新出，2002）。

各刈取り期の子実排泄率は，糊熟期23％，黄熟期43％，完熟期47％であり，黄熟期以降が高くなる。これは，黄熟期以降の子実（籾）

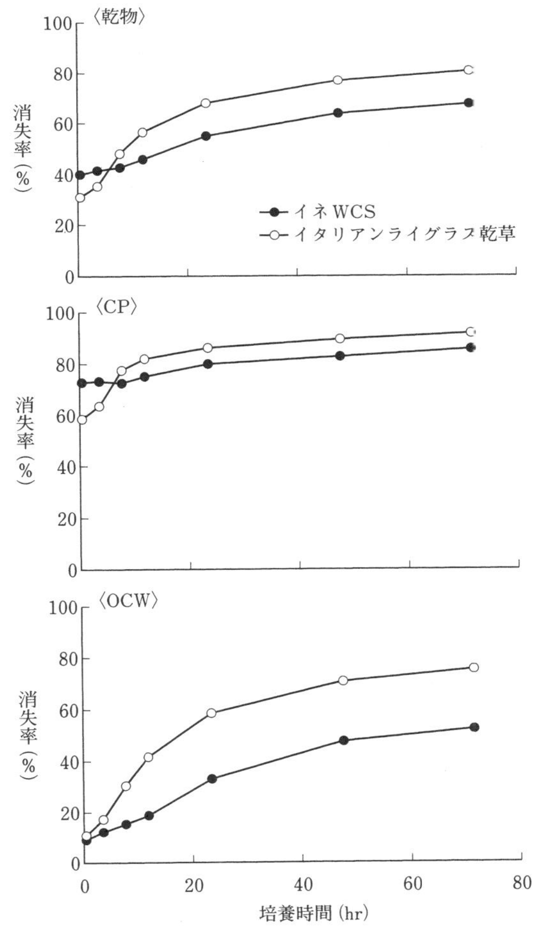

第1図 乾物，CPおよびOCW消失率の推移

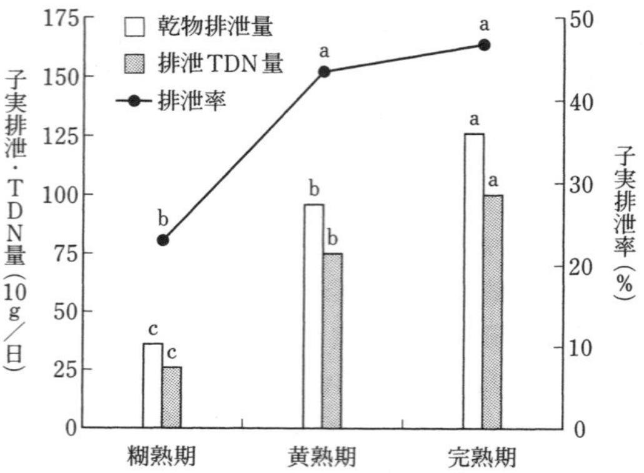

第2図　刈取り期別子実排泄量と排泄率
異符号間に有意差あり（abc：P＜0.05）

の第一胃内乾物分解速度が非常に遅く，しかも，比重が大きいために，反芻時に反芻食塊とともに口腔内に吐出されにくく，咀嚼による破砕を受けず，第一胃から第三胃以降に早く流出してしまうためと考えられる。給与するイネWCSの子実割合は乾物中40～50％を占めるが，黄熟期以降の排泄量は計算上，乳量2.4～3.2kg/日の養分損失に相当する。

子実排泄による養分損失を考えない場合，イネ全体のTDN（可消化養分総量）含量は完熟期が高くなる。しかし，子実排泄率は黄熟期以降で40％を超えることから，繊維の消化性も考慮し，高泌乳牛には従来の収穫の指標である出穂後30日前後の「黄熟期」よりもやや早い，出穂後20日前後の「糊熟期」からの収穫を目安にするのが望ましい。とくに，完熟した籾は脱粒しやすいことから，子実排泄の傾向が強まる。

一方，高品質牛肉生産の肥育牛に給与するときは，β-カロテンを低下させるためには遅刈りとする必要があり，畜種や目的に応じて，乾物収量，消化率および栄養価などから刈取り時期を決定する必要がある。

③切断長は3cm程度

反芻動物は，採食時には嚥下できるような飼料粒子の大きさになるまで咀嚼する習性がある（Luginbuhl *et al.*，1989）。その効果は，嚥下食塊を形づくるための微細化，飼料成分の抽出，第一胃内微生物に利用できるような形態への植物細胞の破壊である。また，粗剛な飼料ほど嚥下時の食塊には大きな粒子割合が減少する（Jaster and Murphy，1983）。また，採食抵抗のある飼料は単位重量当たりの採食時間が長くなり，採食咀嚼による子実の破砕が効率的に進む。反面，乾物摂取量が制限されるという相反関係にある。

イネWCSの切断長を1cmと5cmとした場合，子実排泄率は5cm区が34.9％で，1cm区の41.6％に比べ低い（第3図）。咀嚼行動をみると，採食時間/乾物摂取量（分/kg）は，5cm区が16.9

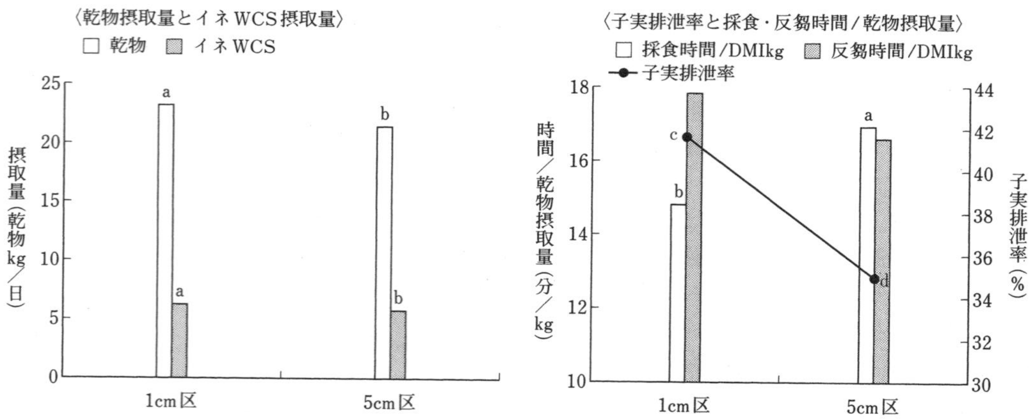

第3図　イネWCSの切断長1cm，5cmにおける摂取量，子実排泄率
左：異符号間に有意差あり（ab：P＜0.06），右：異符号間に有意差あり（ab：P＜0.05，cd：P＜0.10）

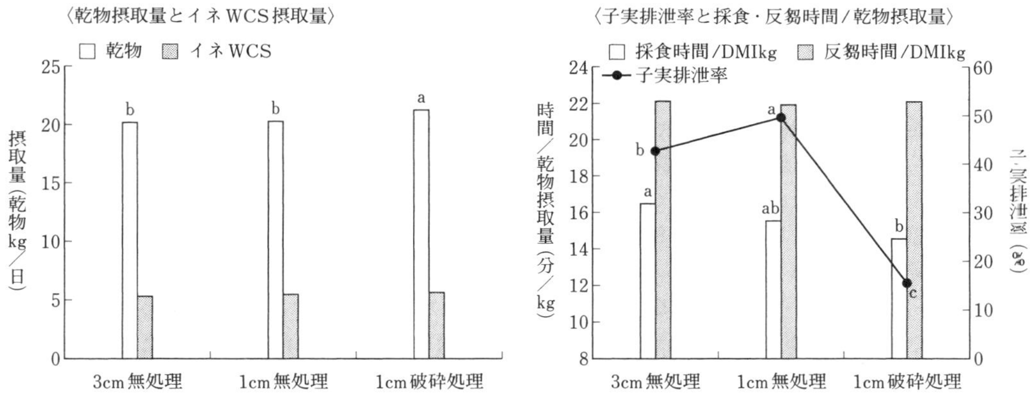

第4図　イネWCSの切断長1cm，3cmと子実処理における摂取量と子実排泄率
左：異符号間に有意差あり（ab：P＜0.05），右：異符号間に有意差あり（abc：P＜0.05）

分/kgで1cm区　の14.8分/kgより長いが，反芻時間/乾物摂取量（分/kg）は区間に差がない（第3図）。このことは，子実の破砕は採食時に主として行なわれることを示す。しかし，切断長が長くなれば，乾物摂取量が低下するという問題がある。

これに対して，イネWCSの切断長を1cmと3cmとし，給与時の子実形状を無処理と破砕処理で組み合わせると，1cm無処理と3cm無処理間では乾物摂取量には差がない（第4図）。一方，子実排泄率は，3cm無処理区42.6％，1cm無処理区49.6％，1cm破砕処理区15.4％で，切断長1cmよりも3cmで低下，また，子実破砕処理で劇的に低下している（新出ら，2008）。

第1表　粗濃比の異なるイネWCSのTMRを給与した乳牛における摂取量と泌乳成績

処理区（乾物混合割合）		26％	30％	35％	SEM
乾物摂取量	(kg/日)	23.0	21.6	21.9	0.6
イネWCS乾物摂取量	(kg/日)	6.0b	6.5b	7.7a	0.1
CP摂取量	(kg/日)	3.89	3.62	3.68	0.1
TDN摂取量	(kg/日)	17.7	16.5	16.8	0.5
NDF摂取量	(kg/日)	7.6	7.4	7.7	0.2
粗飼料由来NDF摂取量	(kg/日)	3.5c	3.8b	4.5a	0.1
濃厚飼料由来NDF摂取量	(kg/日)	4.1a	3.6b	3.2c	0.1
NFC摂取量	(kg/日)	8.8a	7.9b	7.5b	0.2
乳　量	(kg/日)	36.9a	35.5ab	35.2b	0.3
FCM量	(kg/日)	35.4	34.6	35.0	0.6
乳脂率	(％)	3.71a	3.84ab	3.98b	0.05
乳蛋白質率	(％)	3.01a	2.95ab	2.91b	0.02
乳糖率	(％)	4.61a	4.51ab	4.47b	0.03
無脂固形分率	(％)	8.61a	8.45ab	8.38b	0.04
体重増減量	(kg)	7.8	9.2	3.1	4.5
総咀嚼時間/乾物摂取量	(分/kg)	32.9b	34.3ab	36.9a	0.8

注　CP：粗蛋白質，TDN：可消化養分総量，NDF：中性デタージェント繊維，NFC：非繊維性炭水化物，FCM：4％脂肪補正乳量，SEM：標準誤差（n＝6），総咀嚼時間：採食時間＋反芻時間
同一行内の異符号間に有意差あり（P＜0.05）

以上のことから，乾物摂取量の維持と子実排泄の低下を両立する切断長は3cm程度が目安になる。

(2) 泌乳牛へのイネWCS給与指標

①泌乳中期牛のTMRへの混合割合は26～30％

泌乳中期牛（乳量35kg/日程度）への給与割合について，イネWCSの乾物混合割合を26％，30％，35％とした混合飼料（TMR，粗飼料はイネWCSのみ）で調査されている（新出・城田，2001）。

その結果によると（第1表），乾物摂取量は26％区が多い傾向にあるが，差は認められていない。イネWCSの乾物摂取量は，35％区で7.7kg/日であり，イネWCSの嗜好性は良好と

いえる。

乳量は26％区が35％区より多く，乳脂率はイネWCSの混合割合が多いほど高い。乳蛋白質率，無脂固形分率は26％区が高く，これらの成分はエネルギー摂取量と関係が深く，35％区では糞中に子実が排泄されたことでNFC（非繊維性炭水化物）が不足したと考えられる。このように，飼料イネを多量給与する場合には，エネルギー不足が生じる可能性がある。

咀嚼行動では，乾物摂取量kg当たりに要した咀嚼時間を粗飼料価指数，Roughage Value Index（RVI）とした指標で，RVIが31.1分/kgの場合，乳脂率3.50％を維持できるとされる。第1表では，イネWCS割合が26％と低いレベルでも，RVIは32.9分/kgで，乳脂率は3.7％以上であり，第一胃内容液性状に異常もなく，第一胃発酵は正常に行なわれている。

以上の結果から，泌乳中期牛では，イネWCSのTMRへの混合割合は乾物で26～30％が望ましく，給与量は乾物6.0～6.5kg/日程度が適正量と判断される。

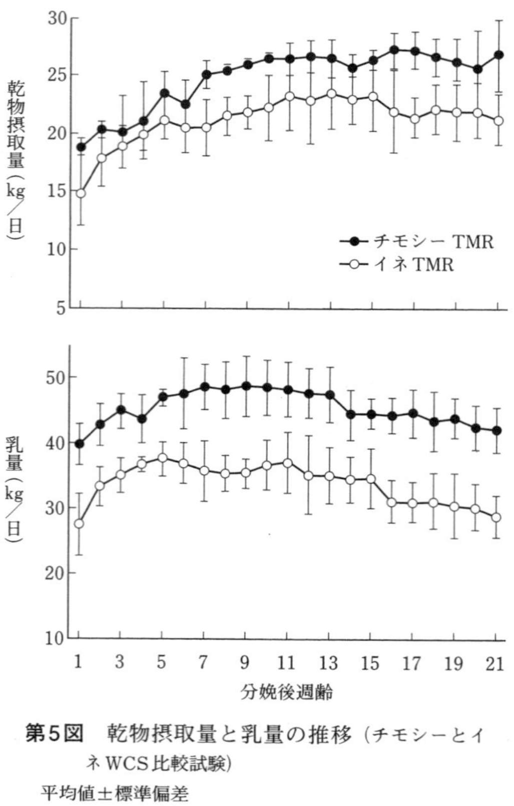

第5図　乾物摂取量と乳量の推移（チモシーとイネWCS比較試験）

平均値±標準偏差

②泌乳前期牛で粗飼料乾物割合30％のイネTMRが乳生産を抑制

イネWCS（出穂後30日刈取り，品種はクサノホシ），チモシー二番乾草をそれぞれ乾物30％混合したTMRを分娩前4週～分娩後21週にわたり給与した。それによると，チモシーTMRに比較してイネTMRは乾物摂取量が分娩後7週程度から抑制され，乳量も低く推移した（第5図）。これは，イネWCSの繊維の消化性が低いため乾物摂取量に影響したこと，子実の排泄が多く栄養的損失があったことなどにより，乳量が低く推移したと推察される。

この結果から，乾物摂取量が抑制されやすい泌乳前期は，泌乳成績を維持するためにTMR中のイネWCSの乾物混合割合を30％よりも低下させる必要があることが示唆されている（新出・大坂，2005）。

③分娩後10週まではイネWCSの乾物混合割合は25％に

TMR中のイネWCS（切断長3cm）の乾物混合割合を25％と30％とした試験では，25％のTMR給与が，分娩後10週程度までの乾物摂取量，乳量を高く推移させることが示されている（第6図）。

イネWCSは，OCWの第一胃内消化速度が遅く，ケイ酸含量が高いことから乾物摂取量が抑制されやすい。そのため，飼料イネ30％のTMRはイネWCSの混合量が多いため，乾物摂取量の抑制とともに，糞中への子実排泄による養分損失により養分摂取量が低下し，乳量が伸びないことを示している。しかし，分娩後10週以降は区間に差がなく，乳成分にも差がなく，問題は認められない。

以上の結果から，泌乳前期に粗飼料としてイネWCSのみを用いる場合，分娩後10週程度までのTMR中の乾物混合割合は25％程度が望ましく，また，分娩後10週以降であれば，30％でも乾物摂取量や乳量を抑制するような問題は認められない。

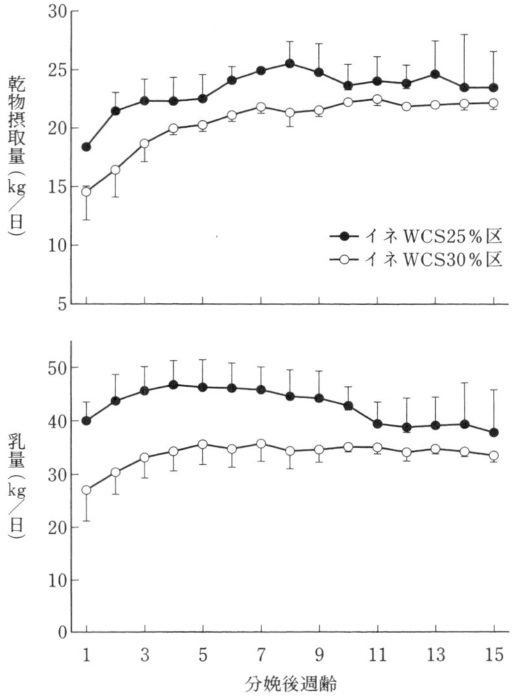

第6図　乾物摂取量と乳量の推移（イネWCS割合試験）
平均値±標準偏差

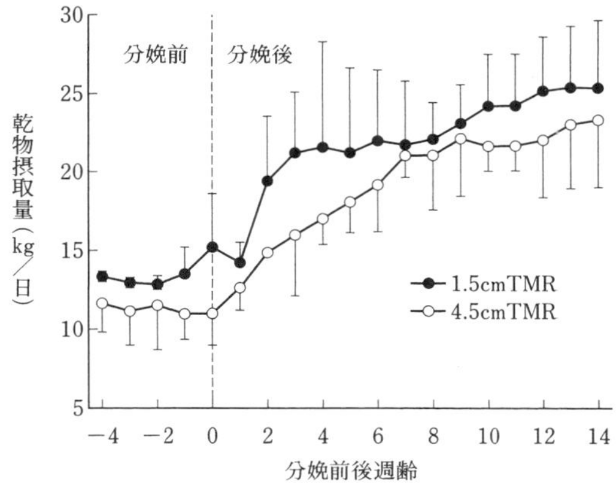

第7図　乾物摂取量の推移（切断長試験）
平均値±標準偏差

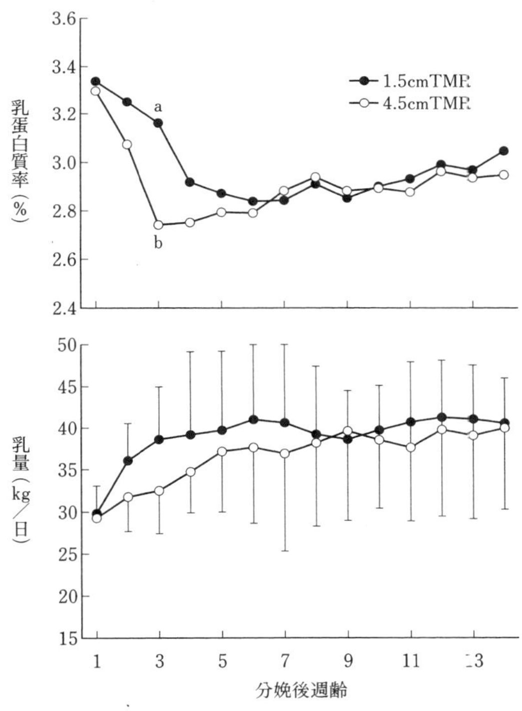

第8図　乳量と乳蛋白質率の推移（切断長試験）
異符号間に有意差あり（P＜0.05）
平均値±標準偏差

④切断長は1.5～3cm，TMRはNDF31～33％，NFC38～40％に

泌乳前期には，乳牛は生理的に乾物摂取量が抑制され，粗飼料の切断長や飼料粒度に影響を受けることが知られている。

切断長が1.5cmと4.5cmのイネWCSを乾物20％混合したTMRを泌乳前期牛へ給与したところ，切断長が短いほうが，乾物摂取量，乳量が高く推移している（吉村ら，2007）（第7，8図）。

分娩に近くなると生理的に乾物摂取量が低下するが，この時期の乾物摂取量が維持できれば分娩後の立ち上がりがスムーズであり，体重増加も早く，エネルギー摂取量と関係の深い繁殖成績を向上できる。この試験でも，乳量の立ち上がりが早く，エネルギー摂取量と関係の深い乳蛋白質率を高く推移させることができている（第8図）。

以上の結果から，乾物摂取量は切断長の長短に影響を受け，切断長が短いほうが，乾物摂取量，乳量が高く推移するが，前述のように子実排泄を考慮すれば，3cm前後の切断長が妥当と考えられる。

また，飼料イネはデンプンがある子実を多く含むが，飼料設計上，イネWCSの混合割合が高くなると，相対的にNDF含量が低くNFC含量が高いTMRになる。これを日本飼養標準・乳牛（2006年版）に示されている指標値のNDF含量35％，NFC含量36％前後にほかの飼料を用いて調整した場合，繊維量が多くなりすぎるため摂取量が抑制され，子実排泄もありNFC摂取量が不足することになる。ほかの粗飼料と組み合わせる場合には，NDF含量が低く，繊維形状が細かくなりやすいアルファルファ乾草や，刈取り時期が早い粗飼料などを用いるなどの配慮が必要である。

以上のことを考慮して，切断長は1.5～3.0cm，TMR中のNDF含量は乾物中31～33％，子実排泄に伴う養分ロスを補正するためにNFC含量は乾物中38～40％に設定する。TDN含量も高めに飼料設計することが，イネWCSをうまく使うポイントになる。

(3) イネWCSを用いた発酵TMRの給与結果

これまでに述べた給与指標を用い，搾乳牛40頭で305日平均乳量が10,090kgの牛群検定参加農家で，イネWCSの発酵TMRを5～9月の期間に給与した結果を紹介する。

第2表 発酵TMRの混合割合と養分含量

（単位：乾物％）

	イネTMR	購入乾草TMR
粗飼料乾物割合	32.3	37.8
イネWCS	20.1	
アルファルファ乾草	12.2	
H-TMR（スーダン乾草など）		15.3
O-TMR（オーツ・バガスなど）		22.5
DM（乾物）	60.0	64.0
CP（粗蛋白質）	16.1	15.5
TDN（可消化養分総量）	74.2	74.1
NDF（中性デタージェント繊維）	33.4	35.9
NFC（非繊維性炭水化物）	38.2	36.8

注　購入乾草TMRは，H-TMRとO-TMRの乾物給与比が1：1

CP，TDN，NDF，NFCは乾物中の値

TMR中の粗飼料の乾物混合割合は，2～3か月貯蔵したイネWCS20.1％（切断長3.0cm），アルファルファ乾草12.2％で，食品副産物，濃厚飼料と混合し30日程度貯蔵した発酵TMRである。これをイネTMR区とし，従来タイプの購入乾草発酵TMR（購入乾草TMR区）と比較した。混合割合と養分含量を第2表に示した。

乳量30kgの乳牛に対し発酵TMR原物35kg（乾物21kg）/日・頭でおおむね養分が充足するように給与し，養分の過不足は配合飼料（CP18％―TDN85％）と自家産のイタリアンライグラス乾草や購入エンバク乾草などで調整している。

第3表 イネTMRと購入乾草TMRの飼料摂取量（乾物），泌乳成績および繁殖成績

項　目		イネTMR	購入乾草TMR
供試乳牛頭数		20	20
乾物摂取量	(kg/日)	21.8	19.8*
TDN摂取量	(kg/日)	16.3	14.8*
NDF摂取量	(kg/日)	7.9	7.8
NFC摂取量	(%)	8.1	7.1*
粗飼料摂取割合	(%)	38.2	43.7
乾物充足率	(%)	116	103
TDN充足率	(%)	123	106*
305日推定乳量	(kg)	8,912	9,030
305日推定FCM量	(kg)	8,698	8,488
乳脂率	(%)	3.84	3.60
乳蛋白質率	(%)	3.42	3.16*
無脂固形分率	(%)	9.01	8.69*
乳汁中尿素窒素	(mg/dl)	11.40	11.90
体　重	(kg)	617	649*
BCS		3.23	3.16*
授精延べ回数	(回)	16	27
受胎頭数/授精実頭数	(頭)	6/8	3/10
受胎率	(%)	37.5	11.1
1頭当たり授精回数	(回)	2.0	2.7

注　飼料摂取の値は2007年5～9月の給与実証期間中15日間隔で調査した10回の平均値

TDN：可消化養分総量，NDF：中性デタージェント繊維，NFC：非繊維性炭水化物

FCM：4％脂肪補正乳，BCS：ボディコンディションスコア

受胎率：受胎頭数/授精延べ頭数

乳量は，群の平均値から2点法で推定した値

＊：$P < 0.05$

その結果を第3表に示した。

①**乾物摂取量**

イネTMR区は乾物摂取量が21.8kg/日と高く推移した。イネWCSを給与すると乾物摂取量が抑制されるといって給与をひかえる農家もあるが，この試験のように，飼料中のNDF含量を低めに調整することで，乾物摂取量を高く推移させることができる。

② **NDF，NFC摂取量**

NDF摂取量は，イネTMR区7.9kg/日，購入乾草TMR区7.8kg/日で給与区間に差がない。一般に乾物摂取量は，飼料中のNDF含量が低くなれば高くなるが，イネTMR区のNDF含量は36％以下で推移しており，このことが乾物摂取量を高く維持できた理由である。イネWCSは繊維が粗剛で物理性が強いため，NDF含量を低くすることがとくに大切である。

また，排泄される子実の栄養的損失を補うためにNFC摂取量を高くしたことは，乳蛋白質などの乳成分を向上することに貢献している。

③**乳　量**

305日推定乳量は，牛群の平均日乳量から2点法で推定し，イネTMR区が8,912kg，購入乾草TMR区が9,030kgで，差が認められなかった。一方，305日推定FCM（4％脂肪補正乳）量は，イネTMR区8,698kg，購入乾草TMR区8,488kgであり，乳脂率の差を反映しイネTMR区が多かった。

NDF含量とNFC含量を調整し，TDN含量を高めて栄養的に補えば，イネWCSを乾物20％混合したTMRの給与でも，問題なく乳量は確保できることを示している。

④**乳成分**

乳脂率はイネTMR区が高い傾向であった。また，エネルギー摂取量と関係する乳蛋白質率，無脂固形分率はイネTMR区が高く，NFC摂取量を高く維持した効果である。

⑤**繁殖成績**

暑熱期は，乾物摂取量，養分摂取量が低下し，受胎成績が悪化しやすい。受胎率（受胎頭数/授精延べ頭数）はイネTMR区37.5％，購入乾草TMR区11.1％であり，イネTMR区が優れた。

このことから，イネWCSの切断長を3cm程度にすること，NDF含量は31～33％，NFC含量は38～40％，ほかの粗飼料を併給する場合には，NDF含量の低いマメ科粗飼料や早刈りの粗飼料を用いて養分摂取量を確保できれば，イネWCSを用いたTMRでも繁殖成績が維持できることがわかる。

以上の結果から，NDFやNFC含量を調整したイネWCSの発酵TMRは，夏期の乾物摂取量を確保でき，分娩後200日程度まで30～40kg/日程度の泌乳成績を維持できる栄養価値をもつことが明らかになった。また，一般に40kg/日程度の乳牛の飼料費は1,400～1,550円/日程度（2005年時点）であるが，安価なイネWCSやビールかすを用いた今回の発酵TMRでは1,100～1,200円/日になり，1日1頭当たりの飼料費を20～30％低下させることが可能であった。

＊

濃厚飼料や粗飼料の高騰という喫緊の課題に対して，未利用，低利用飼料資源の活用と，地域で生産され安価で安心できる自給粗飼料を多給することにより生産コストを低下させる必要がある。粗飼料の多給には自給粗飼料の高栄養価が不可欠であり，最近では，イネWCSの消化性を改善する試みとして，子実量が少なく，光合成により合成されたデンプン，糖を茎葉中に効率的に蓄積する高栄養価タイプの次世代型の飼料イネ育種が行なわれており，泌乳牛への給与に効果があると思われる。

また，現在，肥育牛では高品質牛肉生産を阻害するとしてイネWCSはほとんど給与されていない。しかし，高品質の牛肉生産ができるように，β-カロテンを低下させた立毛による飼料イネの栽培技術を確立し，飼料イネのより広範な利用を拡大し，自給率向上を加速する必要がある。

執筆　新出昭吾（広島県立総合技術研究所畜産技術センター）

2009年記

参考文献

Jaster, E. H and M. R. Murphy. 1983. Effects of varying particle size of forage on digestion and chewing behavior of dairy heifers. *J. Dairy. Sci.* **66**, 802—810.

Luginbuhl, J-M., K. R. Pond, J. C. Burns and J. C. Russ. 1989. Effects of ingestive mastication on particle dimensions and weight distribution form coastal bermudagrass hay fed to steers at four levels. *J. Anim. Sci.* **67**, 538—546.

新出昭吾・城田圭子．2001．稲発酵粗飼料（飼料イネWCS）の飼料特性と高泌乳牛への給与．近畿中国四国地域における新技術．第1号，198—201.

新出昭吾．2002．広島県における稲発酵粗飼料の生産と給与．農業技術．**57**，567—570.

新出昭吾・大坂隆志．2005．泌乳前期における混合飼料中の稲発酵粗飼料の混合割合は25％程度が適正．近畿中国四国地域における新技術．第5号，114—117.

新出昭吾・園田あずさ・岩水正．2008．飼料イネホールクロップサイレージにおける切断長と給与子実形状の違いが乳牛の生産に及ぼす影響．広島総技研畜産技術センター報告．**15**，15—22.

城田圭子・新出昭吾・長尾かおり．2002．品種と窒素施肥量の違いが飼料イネホールクロップサイレージの収量，飼料成分および消化性に及ぼす影響．広島県立畜産技術センター研究報告．**13**，56—61.

吉村知子・伊藤健一・新出昭吾．2007．飼料イネWCSの切断長の異なる発酵TMRが泌乳成績に及ぼす影響．日本畜産学会第107大会講演要旨．p.19.

飼料米の給与法

飼料米を消化しやすくするための破砕処理

(1) 拡大する飼料用米生産

わが国の耕地面積は460万9,000ha（2009年度）で，このうち水田は250万6,000haと54％ほどを占めるが，主食用米の生産に必要な水田面積は160万ha程度であるため，作付けされない水田が転換畑や遊休水田となり，毎年その一部が耕作放棄地となり，水田面積を減少させる要因となっている。

そこで，水田で飼料用イネ・飼料用米を生産することで，飼料自給率を向上させるとともに，水田の有効活用による国土保全効果が見込まれる。さらに，稲作の一部を主食用米から飼料用米の生産に置き換えることで，稲作農家では，同じ栽培体系であるため新たな投資も不要で取り組みやすく，畜産農家は，輸入濃厚飼料の代替として利用できるうえ，籾の状態で長期保存も可能であり，双方に利点があるので，飼料用米の生産・利用が注目されている。このため，各地で飼料用米生産への取組みが拡大しつつある。

飼料用米の作付け面積の推移を第1図に示す。わが国の飼料用米作付け面積は，2004年は44haであったが，2008年は1,611ha，2009年は4,100haと大幅に増加した。今後もしばらくは，このような増加傾向が続くと考えられる。

(2) 破砕の必要性と装置開発

飼料用米には籾および玄米の2とおりの給与形態があるが，籾は子実が難消化性の硬い籾がらで覆われており，さらに玄米表皮も消化されにくいため，これらをそのまま給与すると未消化のまま排泄される率が高く栄養価の損失となる（中村ら，2005）。とくに，豚は飼料が消化管（口から胃，腸）を通過する速度が速いので，籾の給与は不適で，玄米の場合でも十分破砕しておく必要があるとされる。

一方，牛では，籾がらに反芻動物に必要な繊維性飼料としての効果（胃の機能を正常に保ち，乳脂肪率を低下させない）が期待できるので，籾の給与が適しているが，籾がらの剥離や内部の玄米部分の破砕は必要である。このため，何らかの加工処理が必要と考えられる。

なお，採卵鶏は砂嚢をもつため籾のまま給与しても消化可能であるが，生後しばらくは破砕して給与する必要があるとされている。

トウモロコシなどの濃厚飼料も消化を良くするため従来から破砕が行なわれており，コーンクラッシャーや高温高圧蒸気圧扁機などが利用されていた。とくに高温高圧蒸気圧扁機で飼料用米を処理すると，高温でデンプンがα化するので消化が良くなる。しかし，処理費用がかかり，非常に高額であるため，輸入飼料など大量の材料を処理する大型施設向きであり，国内での飼料用米生産の現状には即していない。ま

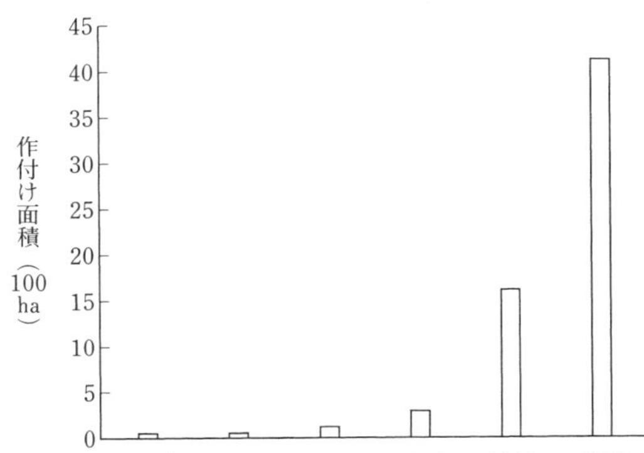

第1図 飼料用米作付け面積の推移

第1表　高温高圧蒸気圧扁機と飼料用米破砕機の比較

	高温高圧蒸気圧扁機	飼料用米破砕機
特　徴	高温・高圧蒸気でα化したあと，圧延ロールで扁平に加工	特殊ロールで籾・玄米の籾がら剥離・破砕
処理速度	10 ～ 15t/h	0.5 ～ 2t/h
装置重量	2 ～ 5t/一式	250kg/一式
所要動力	約150kW	約2kW
価　格	数千万～2億円/機	130万円/機

た，消費エネルギーが大きいことも問題である。高温高圧蒸気圧扁機と飼料用米破砕機による処理費用との比較を第1表に示す。

飼料用米への取組みは開始されてからまだ日が浅いため，飼料用米に適し，低コストで破砕作業を簡易に行なえる装置の開発が求められていた。そこで，飼料用米を牛や豚へ給与したさいの未消化籾の低減および破砕作業の省力化をねらいとした，簡易な破砕装置を開発した。

(3) 飼料用米破砕機の構造としくみ

開発した飼料用米破砕機を第2図に，諸元を第2表に示す。この装置は，材料投入ホッパ（漏斗状の投入口），円筒型圧延機（ダブルロールミル）で籾を破砕するロール，破砕ロールを駆動するための電気モーターまたはガソリンエンジン，破砕された籾や玄米を排出するスクリューコンベア（バネが回転して籾を排出する）などからなる。

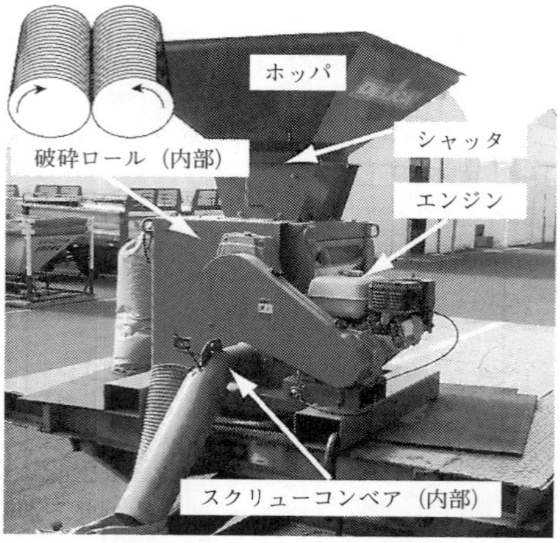

第2図　飼料用米破砕機の外観

第2表　飼料用米破砕機の諸元

全長×全幅×全高（mm）	1,040×1,080×1,200
装置重量（kg）	250
ホッパ容量（l）	120
動力源	4kWガソリン機関または2.2kW電気モータ
破砕方式	ダブルロールミル
クラッチ形式	遠心クラッチ
ロール有効長・直径（mm）	360・160
ロール周速度（m/s）	0.61，0.69
ロール間隙（mm）	0.2 ～ 2
周速度差率（%）	13
籾排出方式	スクリューコンベア

一般的にダブルロールミルのロール表面は，平坦なもの以外に，破砕対象材料の性状に応じてさまざまな凹凸形状をつけたものがある。本機の破砕ロールの表面は第3図のようにV字型の溝をもっており，この溝が噛み合うようにして互いに逆方向に回転することによって，溝の間を通過する材料を圧縮・剪断破砕する仕組みである（重田ら，2008）。2つの破砕ロールの回転速度には，13％程度の速度差を設けている。このため，溝の間を通過する籾に対しては，第4図のようにロール間の圧縮力による剪断力と，ロール間の周速度差による剪断力が互いに交わる方向に作用するため，溝の間を通過する材料をより効率的に破砕する効果が見込まれるとともに，籾に対しては籾がらを容易に剥離できる構造になっている。

材料の破砕程度は，玄米では大半の粒子が2mmメッシュを通過する程度の破砕から，表面にわずかに傷がつく程度（籾では籾がらが剥離する程度）まで設定できる。破砕程度の調整は，破砕ロールの間隙を0.2mmから1.2mm程度まで0.1mmおきに調節することで行なう。この調整は，0.1mmおきにストッパーのついたレバーを動かして行なう構造である。ロール間隙調整レバーを第5図に示す。

破砕作業中に破砕程度を変える場合，ロール間隙を広げる方向への操作は容易であるが，ロール間隙を狭くするためには少々力が必要である。そこで，この操作をらくに行なうためには，いったん試料供給のためのシャッタ（後述）を閉じて破砕ロール間への飼料用米の供給を停止してから操作すれば容易に行なうことができる。

なお，破砕程度はロール間隙が同じでも材料の大きさによって異なり，とくに飼料用米では食用米や以前の品種に比べて，‘べコアオバ’や‘ユメアオバ’などのように粒径がやや大きい品種も普及しつつある。これらの品種ではロール間隙が同じでも，粒径の小さい品種と比較すると破砕作用をより強く受けて細粒化する傾向があるため，破砕する材料が変わる場合はロール間隙を再設定する必要がある。

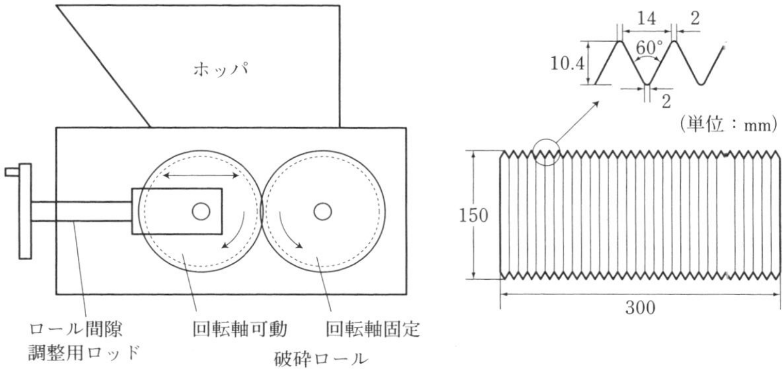

第3図　破砕ロール模式図

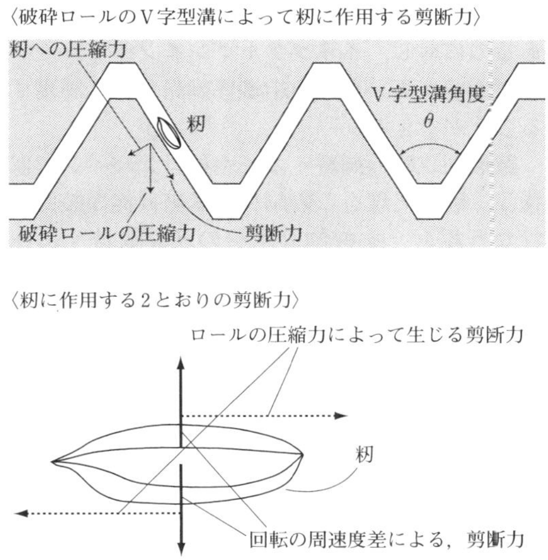

第4図　破砕ロールによって籾に作用する力

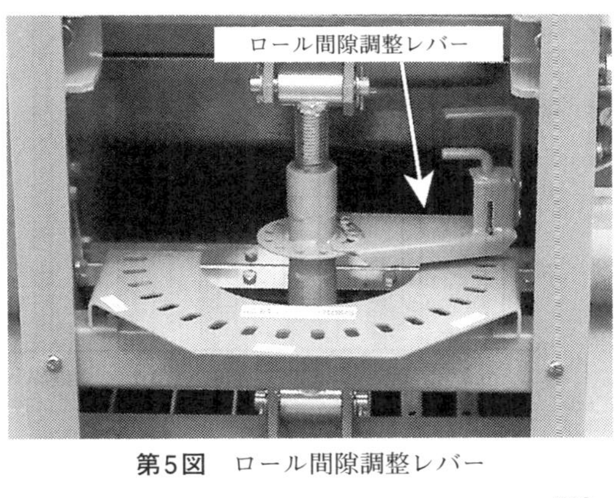

第5図　ロール間隙調整レバー

（4）作業方法

破砕するための飼料用米は上部のホッパ内へ投入する。ホッパ容量は120*l*あるため，30kg入り米袋で3～4袋を一度に投入可能である。破砕された飼料用米は破砕ロール下方へ自然落下し，コイルバネを用いたスクリューコンベアによって装置の側方へ排出される。これは，一般的に「バネコンベア」と称されるもので，片持ちであるため構造が簡単で安価であるとともに，経路を自由に屈曲可能であるという特徴がある。ただし，装置をそのまま地上に設置すると排出される破砕米を受けにくいため，台上か軽トラックなどの荷台に設置することが望ましい。

飼料用米のホッパへの投入は，一定量ずつ人力で投入するのが基本であるが，処理量が多いと労力がかかる。そこで，ベルトコンベアやバネコンベアなどが利用できれば省力的である。ただし，この場合は材料がホッパからあふれ出ないように投入量を制御する必要がある。市販のバネコンベアには排出口に材料が滞留する場合は，供給を一時停止する機構を備えたものもあるため，これらを用いることであふれ出る問題を防止できる。さらに，材料がフレコンバッグに入っていてクレーンやフォークリフトなどが利用可能である場合は，ホッパ上部に吊り下げてフレコンバッグ下部から供給することが可能である。現在，この方法が最も省力的と考えられる。

一方，完熟期前の高水分籾を破砕し，直ちに密封・貯蔵する，イネソフトグレインサイレージの収穫調製技術が福島県畜産試験場で開発されている（矢内，2005）。飼料用イネサイレージは，籾と茎葉すべてをホールクロップサイレージに調製し，自給飼料として利用するものであるのに対し，イネソフトグレインサイレージは栄養価が高いため自給濃厚飼料として利用することができる。

黄熟期以降の飼料イネを水稲コンバインで収穫し，破砕処理をこの飼料用米破砕機の装置で行なう場合，比較的高水分の籾を破砕するため，籾の表面と破砕ロールとの摩擦力が大きくなり，乾燥籾や玄米に比べて破砕ロール間に供給される材料の量が過度になる傾向がある。そこで，ロール間に供給される材料の供給量を調節するためのシャッタを設けている。高水分の籾を破砕するさいは，まずシャッタを閉じた状態から徐々に開けることによって，一度に大量の材料がロール間に流れないようにすること

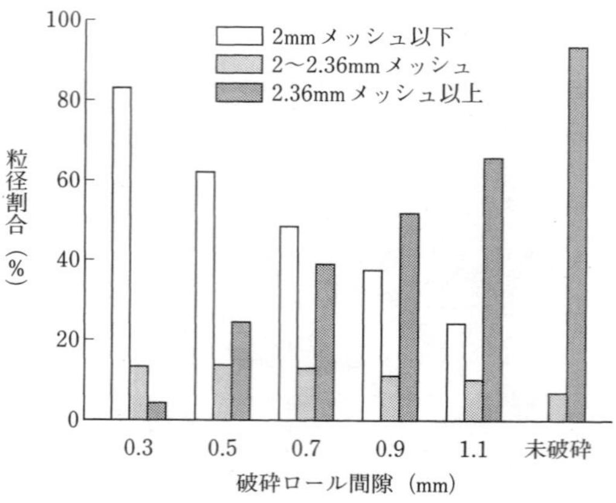

第6図　破砕玄米の粒度分布

で，問題なく作業可能である。

破砕機の動力源は，2.2kW電気モーター（三相200V）および4kWガソリンエンジンの2種類から選択できる。軽トラックの荷台で運べるので，作業場所を選ばない。使いたい場合はガソリンエンジン仕様が適しており，一方，使用場所が決まっている場合は，騒音が小さく排気ガスの出ない電気モーター仕様が適している。

(5) 破砕性能

この飼料用米破砕機の破砕性能を明らかにするために，材料として籾および玄米の両方で評価することが必要である。ただし，籾を破砕すると，籾がらは剥離して外穎と内穎とに分離し，さらに縦方向に裂ける程度であり，籾がら自体が細かく砕かれることはない。さらに，破砕された玄米部分が剥離した籾がらに付着することによって，破砕前の籾よりも粒径が増大することがあるため，単純に粒度分布を測定すると破砕後の粒度が大きく測定されることがある。そこで，ここでは玄米を材料として破砕して粒度分布を測定した結果で破砕性能を表示することにする。

第6図はロール間隙を0.3mmから1.1mmまで変えた場合の2mmおよび2.36mmメッシュを用いた粒度分布を示す（重田ら，2009）。2.36mmメッシュ以上の粒径割合は，破砕前の玄米では93％と大半を占めたが，破砕後には破砕ロール間隙1.1mmで65％，0.9mmで52％，0.3mmでは4％と非常に少なくなり，ロール間隙0.3mmでは大半の玄米が破砕作用を受けたことを示している。

ここで，ロール間隙0.3mmでも2.36mmメッシュ以上の粒径のものが4％程度存在することは，破砕された玄米中にもとの玄米の形状をほぼ保っている粒が残っていることを示している。ただし，これらの玄米でも表面に損傷を受けたり亀裂が生じているものがほとんどであるため，実際の給与場面では，家畜の咀嚼や消化管で消化されやすくなっていると考えられる。

一方，破砕粒の割合は，破砕ロール間隙が小さいほど増加する傾向となり，破砕前には存在

しない2mmメッシュ以下の粒子割合は，間隙が1.1mmでは24％，0.3mmでは84％となるなど，破砕処理による米粒の微粒化が見られる。

ロール間隙を0.3mmとして破砕した場合の籾・玄米の破砕前後のようすを第7図に示す。籾では大半の籾がらが剥離し，内部の玄米も破砕されるが，一部の玄米部分が剥離した籾がらに付着している。玄米では籾の場合と同様に細粒化され，もとの形状を保っている粒子は非常に少なくなる。このように，この飼料用米破砕機の装置で飼料用米の籾や玄米を破砕することにより，籾がらは破壊・剥離し，内部の玄米も細かく割れるため，これらを実際に家畜に給与すれば，飼料米内部のデンプン層が消化液と直接，接するようになるため，消化しやすくなることが期待できる。

処理能率は，ロール間隙0.5mmで処理した場合，籾・玄米ともに1時間当たり1,400kg程度である。間隙を1.2mm程度まで広げれば1時間当たり2,000kg程度となり，最小の0.2mmまで狭めれば若干低下する。ガソリンエンジン仕様の燃料消費率は，ロール間隙0.5mmで籾を破砕した場合，1t当たり0.38*l*（時間当たり0.66*l*）であり，エンジンの定格出力（3.7kW）時の消費率から換算して定格時の約40％の負荷である。なお，これらのデータは，飼料用米（2008年産‘モミロマン’）の乾燥籾（水分15％）および玄米（水分15％）を用いたものである。

(6) 栄養価と経済評価

飼料用米が消化されやすくするために，どの程度まで破砕すべきかを明らかにすることは重要である。飼料用米の栄養を十分吸収するために必要十分な破砕程度を，畜種ごとに明らかにすることができれば，破砕のための投入エネルギーと時間を節約することにつながるためである。これまでに，新潟農総研の実験結果で破砕処理によって可消化エネルギーが40％程度向上したという報告がある（関・小橋・島津・高橋，2009)。これは高温高圧蒸気圧扁機による処理方法の飼料用米と比べて遜色ない結果である。現在，複数の研究機関で，畜種ごとに破砕程度の違いが消化に及ぼす試験を実施しているところであり，それらの結果が待たれている。

第7図　籾および玄米の破砕前後の外観

①籾・破砕前，②籾・破砕後，③玄米・破砕前，④玄米・破砕後

栄養吸収率を加味しないランニングコストのみの試算では，飼料用米を年100t以上利用すれば，kg当たりの処理費用が1.5円以下となり，これは高温高圧蒸気圧扁機による処理費用の約6分の1となることから，非常に経済的である。当面は，この程度の処理量条件を満たす中規模以上の畜産農家や集団での利用が期待される。

(7) 課題と展望

今年度の2010年から開始された戸別所得補償モデル対策のなかで，飼料用米の生産に対して助成金が支払われるのを受け，栽培面積が拡大することが期待される。飼料用イネ・飼料用米の利用は，イネの栽培が日本の風土に合った飼料として見直され，確実に定着していくことが重要である。このためには，超多収品種の育成と低コスト栽培による生産コスト低減，耕畜連携による飼料用米の生産と利用のネットワークの整備，飼料用米給与による畜産物の高付加価値化など，個別技術の開発と普及が進展する必要がある。

飼料用米の栽培から収穫までは，食用米の機械・技術が利用できるが，飼料用米専用品種のなかには食用米品種と比べて穂が大きいだけでなく茎葉部も太く大きいものもあるため，食用米と同じ収穫作業方法ではコンバインこぎ胴への負荷が過大になる場合がある。このような場合は走行速度をおそくしたり，刈取り条数を少なくするなどの対策が必要になる。さらに，収穫後の調製については，籾貯蔵を基本としたいところであるが，玄米利用のため玄米で貯蔵する場合は水分を15％程度以下にする必要がある。そこで，乾燥に要するエネルギー節減のためには，できるだけ立毛乾燥を行なって水分を十分低下させてから収穫すべきである。

なお，籾貯蔵は玄米貯蔵より保存性に優れているだけでなく，籾すり作業を省略できることから低コストであるため，推奨される方法であるが，発育停止籾（しいな）やくず米が多い場合への対応が問題点として挙げられる。

養豚向けでは，粉砕して配合飼料に混合するだけでなく，微粉化してリキッド飼料としての利用も想定される。現状では籾をそのまま微粉砕することは困難であり，籾すりして籾がらと玄米を分離したあと，個別に粉砕後に再混合すれば不可能ではないが，高コストとなる。さらに，混入している籾がらは栄養的価値はなく，水に溶解しないため利用できない。このため，玄米での利用が前提となる。玄米の微粉化の用途では，ハンマーミル方式の粉砕機や米粉用粉砕機の利用例がある。飼料用米での利用を前提としたものではないため，コストや能率の点で有利とはいえない。今後は玄米や籾のリキッド飼料向け低コストの調製利用方法が求められると考える。

(8) まとめ

そのまま給与すると家畜が消化しにくい飼料用米の籾や玄米を，能率良く破砕して消化しやすくできる機械を開発した。この装置は飼料用米破砕機として2009年9月から株式会社デリカから市販化されている。特殊形状の破砕ロールを用いたダブルロールミル方式により，黄熟期の籾，乾燥籾，玄米まで処理可能で，籾では籾がら剥離と子実破砕，玄米では子実破砕ができる。ロール間隙を手動で調整することにより，破砕程度を可変できる。動力源は2.2kW三相低圧電源または4kWガソリンエンジンから選択できる。

作業方法は，ベルトコンベアなどで連続的に補給，ホッパ内に材料がなくならないように人力でときどき補給，あるいはホッパ上部にフレコンバッグで吊り下げて補給するなどの方法で行なえる。能率は，籾・玄米ともに粒径2mm以下となる条件で約1.4t/hと，中規模の養豚・酪農経営で適正とされる10～30％代替量を自前で処理することを想定した場合に処理できる能力をもつ。軽トラックの荷台に積載して運搬が可能で，移動・設置が容易である。

破砕程度は，ロール間隙の調整で粒径2mm以下から籾がら剥離程度まで可変であり，間隙0.3mmで完全粒割合は4％以下，2mmメッシュ以下の割合を84％まで破砕できる。作業能率は粒径2mm以下の設定で約1.4t/hである。運転時消費動力は約2kW（燃料消費率は，ガソリンエンジンの場合処理量t当たりガソリン0.38l，時間当たり0.66l）であり，一般的な高温高圧蒸気圧扁機（能率10～15t/h）の約150kWに比べると，t当たりでは約7分の1である。減価償却費を含めたコストは，年100tの処理で1.5円/kg以下と，高温高圧蒸気圧扁機の6分の1となる。

執筆　重田一人（(独) 農業・食品産業技術総合研究機構中央農業総合研究センター）

2009年記

参考文献

中村弥・阿部正彦・小林寛．2005．乳用牛へのイネソフトグレインサイレージの給与技術．福島県畜産試験場研究報告．13，23―26．

関誠・小橋有里・島津是之・高橋英太．2009．飼料用玄米の加工処理方法と栄養価の関係．主要研究成果　関東東海北陸農業・畜産草地．

米破砕装置の開発．農業機械学会誌．71（6），123―131．

重田一人・喜田環樹・松尾守展．2008．飼料イネ籾の消化性を向上させる効率的調製技術．農業機械学会誌．70（2），136―142．

重田一人・青木仁弥・平林哲・松尾守展・喜田環樹．2009．飼料用米破砕装置の開発．農業機械学会誌．71（6），123―131．

矢内清恭．2005．イネソフトグレインサイレージの収穫調製技術．福島県畜産試験場研究報告．13，27―31．

肥育牛への飼料米の給与と肉質への影響

(1) 肉牛生産と飼料米の利用

肉牛生産は大部分の飼料を輸入に依存しており，肉牛用飼料の主体であるトウモロコシは年間1200万tも輸入している。ところが現在，バイオエタノールの原料としての需要増加や投資の対象としてトウモロコシ価格は高騰しており，肉牛経営を圧迫している。このような不安定な状況下で肉牛経営を行なうためには，安定した価格の飼料を確保し，付加価値のある畜産物の生産が重要であり，国産飼料基盤に基づいた肉牛経営の確立が求められる。

一方で，水田を有効に利活用するうえで飼料イネ栽培は食用米と同じ設備で行なうことができるため非常に有効である。生産される飼料イネは稲発酵粗飼料（WCS）に調製され，主に乳用種や肉用種繁殖牛に給与されている。一方，稲発酵粗飼料はβ-カロテン含量と水分含量が多い特徴があり，またロールベール形状のため，霜降りの多い牛肉生産にはほとんど利用されていない。そのため，肉牛生産には穀類である飼料米の利用が有効である。

飼料米を用いた肉牛生産体系を確立するためには，従来のトウモロコシ主体の飼料を用いた生産体系と著しく差がないことが必要である。そこで，次の3点が重要である。

1）飼料米を給与して従来と同等の肉牛の増体量，飼料摂取量，枝肉成績であること。

2）飼料米を給与して従来の牛肉と同等の高品質な牛肉を生産できること。

3）飼料米の加工，保管，給与などの取扱いが容易であること。

(2) 籾の加工

①丸粒では消化が悪い

飼料米は肉牛の利用性を向上させるため，嗜好性が良く，容易に貯蔵でき，取扱いやすい状態に加工する必要がある。

飼料米は玄米と籾（玄米＋籾がら）での利用形態が考えられる。籾で利用する場合は籾がらは粗繊維が多く稲わらの一部代用にもなり，また籾の状態のほうが貯蔵しやすく，籾すりに要するコストや，場合によっては収穫後の乾燥に要するコストも省くことができる。このことから，飼料米は籾で利用することが良いと考えられる。

しかし，籾は牛の消化率が悪いことが観察されている。籾サイレージ（籾を1日加水し，容器に密封することでpH4.38の籾サイレージができる）を黒毛和種繁殖牛6頭（平均体重は422.5kg；378～512kg）に現物で1.0kgずつ朝夕2回給与したところ，糞への排出率は平均26.2％（18.3～38.2％）であった。すなわち，籾を丸粒のまま肉牛へ給与すると飼料米の利用性が非常に悪い。

したがって，籾の消化性を向上させるためには粉砕処理や圧扁処理などの物理的な加工を施す必要がある。

②粉砕処理

乾燥させた籾を岐阜県畜産研究所で「もみがら粉砕機（DHC-300TH，株式会社デリカ）」を用いて粉砕した（第1図）。この機器は動力をトラクタ（18.4kW以上；25PS以上）とし，粉砕量は3.5m^3/時であり，実際に30kgの籾を5分程度で粉砕することができる。粉砕籾はコンバイン袋を用いて30kgずつ牛舎内の飼料調製スペースで保存した。粉砕籾は1月程度で酸っぱい臭いがしてくるため，飼料米は籾の状態で

第1図　粉砕籾（左）と圧扁籾（右）

保管し，3週間ごとに粉砕する必要がある。

③圧扁処理

長野県内の飼料工場で，乾燥籾を籾がらが離脱しない程度に蒸煮圧扁処理した（第1図）。原料の乾燥籾は30kgずつコンバイン袋で搬入し，圧扁籾は20kgずつ紙袋で搬出し，飼料倉庫で常温保存した。1kg当たり10円の加工料を要した（運賃は含まず）。圧扁籾は処理後1年以上にわたり良好な状態を維持し，肉牛の嗜好性に影響はない。

以上2つの加工方法を比較すると，肉牛の嗜好性には差はない。また，圧扁処理は飼料工場の加工能力や輸送環境にもよるが，収穫直後に加工すれば乾燥処理に要するコストを省くことができ，さらに粉砕処理に要する機器の導入およびランニングコストを削減することができる。

(3) 飼料米でも肉牛のビタミンAコントロールは可能

高品質な牛肉を生産するためには肥育牛の血漿中レチノール（ビタミンA）濃度を制御することが重要である（ビタミンAコントロール）。稲発酵粗飼料中にはビタミンAの前駆物質であるβ-カロテンが豊富にあることから，飼料米の給与では肥育牛のビタミンAコントロールの観点から危惧される。

しかし，黄熟期から完熟期にかけて飼料米は籾の色が緑色から黄土色に変化し，β-カロテン含量も減少する（第2図）。完熟期の籾に含まれるβ-カロテンは現物当たり3.2mg/kgであり，輸入トウモロコシの5.0mg/kgより少ない。

そして，完熟期に収穫した籾を濃厚飼料中30%給与しても，肥育牛の血漿中ビタミンA濃度はトウモロコシ給与と同様に制御することが可能である（第3図，24か月齢で飼料米区が増加しているのはビタミンAを投与したため）。

(4) 肉牛への給与結果

加工された飼料米を黒毛和種去勢肥育牛へ9か月齢から27か月齢まで給与し，肥育成績に及ぼす影響を調査した。

飼料米（籾）の飼料成分は乾物当たり粗蛋白質（CP）10.3%，粗繊維（CF）10.0%，可消化養分総量（TDN）76.8%であるのに対し，トウモロコシはCP10.2%，CF2.0%，TDN92.3%である。すなわち飼料米は，CP含量はトウモロコシと同水準であるが，CFが多く，TDNが低いことが特徴である。したがって，トウモロコシを使った場合と同等の栄養価の配合飼料を設計する場合，飼料米の配合割合は30%が上限であると推定される。そこで，配合飼料のトウモロコシの割合は60%程度であるため，2分の1に相当する量を飼料米に代替えし，肥育全期間にわたり給与した。飼料米は肉牛での利

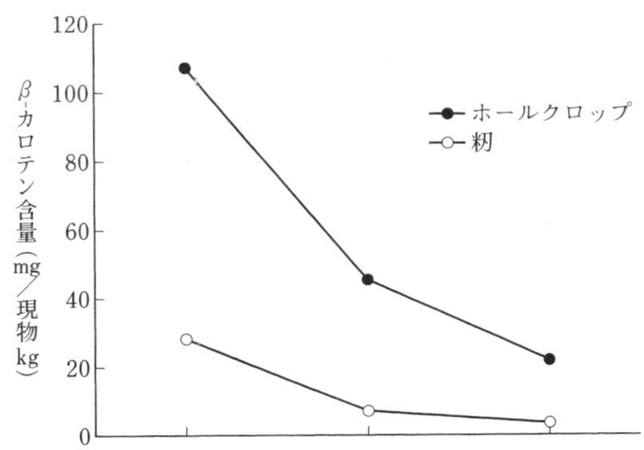

第2図　飼料米のβ-カロテン含量

（丸山ら，2005）

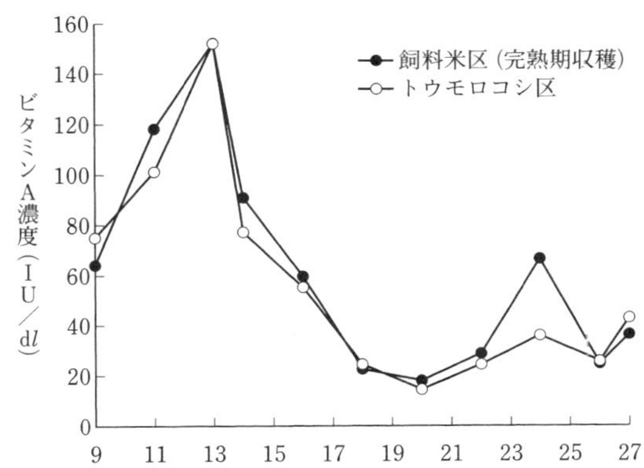

第3図　肥育牛の血漿中ビタミンA濃度

（丸山ら，2005）

用性と取扱いやすさの点から粉砕籾と圧扁籾を用いた。

濃厚飼料中の割合が粉砕籾30%，トウモロコシ30%を粉砕籾区，圧扁籾30%，トウモロコシ30%を圧扁籾区，そして籾0%，トウモロコシ60%を対照区とし，黒毛和種去勢牛をそれぞれ6頭，6頭，7頭用いて比較した（第1表）。

肥育牛は粉砕籾も圧扁籾もトウモロコシを採食するのと同様に摂取した。給与にあたっては牛が籾の禾（ノギ，籾がらにある針のような毛）を嫌い，採食に悪影響を及ぼすことを懸念したが，そのような影響は認められなかった。

飼料米給与が肉用牛の産肉性に及ぼす影響を第2表に示した。肥育全期間での増体量（DG）は粉砕籾区0.70kg/日，圧扁籾区0.69kg/日，対照区0.72kg/日であり，また，肥育終了時（27か月齢）の体重はそれぞれ646.0kg，640.3kg，656.3kgである。その結果，枝肉重量は395.4kg，395.2kg，400.9kgである。これらの成績から飼料米区は対照区と比較して，増体は遜色ないことが明らかである。また，飼料摂取量は乾物当たり粉砕籾区6.89kg/日，圧扁籾区6.69kg/日，対照区6.86kg/日であり差はない。

枝肉形質をみると，ロース芯面積は粉砕籾区47.7cm^2，圧扁籾区51.2cm^2，対照区49.4cm^2，BMS No.は粉砕籾区7.0，圧扁籾区6.8，対照区5.7であり，ほかの枝肉形質も含めて飼料米区はトウモロコシ区と遜色ない結果である。

第2表　飼料米を給与した肥育牛の体重，DG，飼料摂取量，枝肉成績　（丸山ら，2005）

		粉砕籾区	圧扁籾区	対照区
頭　数		6	6	7
出荷月齢	（月）	27.1±0.7	27.1±0.6	27.0±1.0
体　重	（開始時，kg）	294.8±12.6	294.5±17.2	281.6±12.4
	（終了時，kg）	646.0±80.7	640.3±11.9	656.3±41.1
DG	（kg/日）	0.70±0.15	0.69±0.04	0.72±0.06
飼料摂取量	（DM・kg/日）	6.89±0.65	6.69±0.31	6.86±0.62
枝肉重量	（kg）	395.4±56.9	395.2±12.3	400.9±28.7
ロース芯面積	（cm^2）	47.7±6.0	51.2±7.9	49.4±4.1
バラの厚さ	（cm）	7.4±0.7	7.9±0.4	7.2±0.4
皮下脂肪厚	（cm）	2.3±0.8	2.6±0.5	2.3±0.5
歩留り基準	（%）	73.5±0.6	74.1±1.3	73.5±0.5
BMS No.	（1～12）	7.0±2.1	6.8±2.5	5.7±1.9

注　平均±標準偏差

第1表　肥育牛への濃厚飼料の配合割合
（単位：乾物%）　（丸山ら，2005）

	粉砕籾区	圧扁籾区	対照区
粉砕籾	30	0	0
圧扁籾	0	30	0
トウモロコシ	30	30	60
皮なし圧扁大麦	30	30	30
その他	10	10	10

注　その他：大豆かす，ふすま

(5) 食味検査の結果

飼料米が牛肉の食味に及ぼす影響を調査するための食味検査を，この試験で生産された牛肉で実施した。飼料米区，対照区，それぞれA4等級の牛肉のリブロースを15gずつ切り分け，食塩を適量ふりかけ，各面1分ずつホットプレートで焼き，46名の消費者，生産者および畜産関係者で構成されるパネルにより評価した。

評価項目は牛肉の「香り」「軟らかさ」「味」「総合評価」とし，各項目1（良くない）～5（良い）の5段階に評価し，得点率（最低20%～最高100%）で示した。その結果，飼料米区は「香り」が良く，「軟らかさ」も評価が高く，「味」および「総合評価」でも対照区と同等の高い評価を受けた（第4図）。生産者からは「飼料米を与えて生産された牛肉は香りが良く，脂もおいしい」という意見もあった。

(6) 脂肪酸組成への影響

粉砕籾区6頭，圧扁籾区6頭，対照区4頭の牛肉を用いて，第6～7胸椎間の胸最長筋（ロース芯）内脂肪の脂肪酸組成を比較した。分析対象とした脂肪酸はオレイン酸（C18：1）やリノール酸（C18：2）を含む10種類である。牛肉の香りや脂肪の融点，これらを合わせた牛肉のおいしさに影響を及ぼすオレイン酸

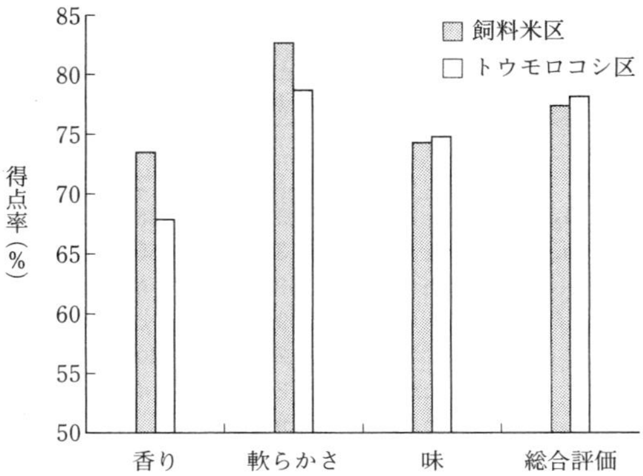

第4図　飼料米により生産された牛肉の官能評価　（丸山ら，2005）

A4等級，焼き肉，パネル46名にて評価

(C18：1) 割合は粉砕籾区44.3％，圧扁籾区43.2％，対照区42.1％であり，モノ不飽和脂肪酸割合（MUFA）はそれぞれ，56.4％，55.8％，54.8％であった（第5図）。

一方，給与した飼料米，トウモロコシ，オオムギおよび大豆かすの脂肪酸組成を比較すると，飼料米はオレイン酸（C18：1）割合が29.8％でほかの穀類より高く，リノール酸（C18：2）割合は43.6％でほかの穀類より低い特徴がある（第6図）。

（7）課題と展望

この調査では供試牛の父牛を統一し，肥育開始時体重も等しくなるよう区分けしている。この地域の当時（2003年）の黒毛和種去勢

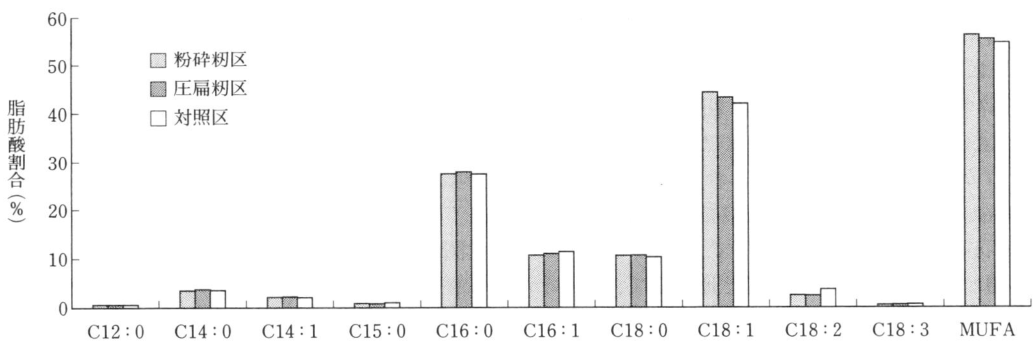

第5図　胸最長筋内脂肪の脂肪酸組成

粉砕籾区6頭，圧扁籾区6頭，対照区4頭

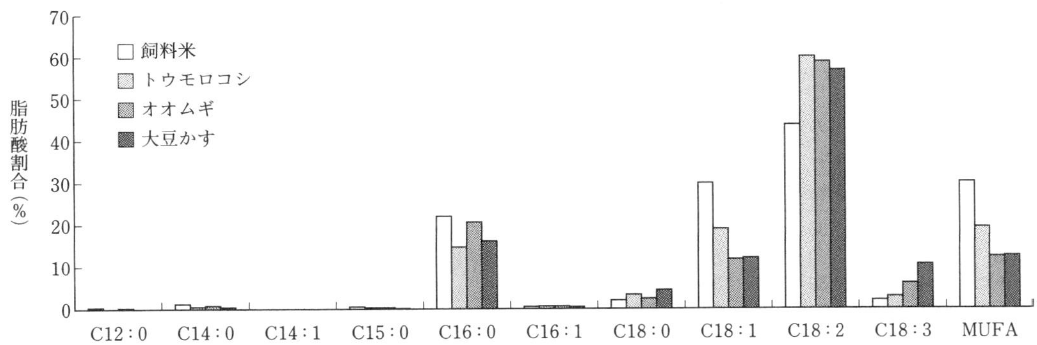

第6図　飼料の脂肪酸組成

牛の枝肉成績は出荷月齢28.0か月，枝肉重量436.0kg，ロース芯面積53.7cm^2，そしてBMS No.は6.0であった。しかし，肉牛が大型化してきた今日では，この枝肉成績は枝肉重量が小さい。したがって，現在の枝肉重量450kgから500kg（黒毛和種去勢牛）の肉牛についても飼料米給与の影響調査が必要である。

給与した飼料米の粗脂肪含量は乾物当たり2.5％であり，トウモロコシの4.4％と比較して少ない。この調査では牛脂肪の脂肪酸組成に差は認められなかったが，粗脂肪含量の多い飼料米品種や，米ぬかを利用することで，飼料米を用いた牛脂肪中のオレイン酸割合の増加が期待される。このように飼料米を用いた牛肉生産では「国産飼料」という安心感に加え，香りが良く脂肪の融点が低いなど「おいしさ」の付加価値にも期待がふくらむ。

わが国で生産される肉牛，とくに黒毛和種は脂肪交雑が多く高品質であることが最大の特徴である。この調査から，粉砕または圧扁加工した飼料米を飼料中30％の量を黒毛和種に給与して，輸入トウモロコシと同等の高品質な牛肉生産が可能である。また，飼料米を用いた肉牛生産体系によって，生産者は飼料を安定的に確保することができ，消費者は安全でおいしい国産牛肉を安心して食べることができる。

執筆　丸山　新（岐阜県畜産研究所）

2009年記

参考文献

丸山新・横山郁代・浅野智宏・臼井秀義・小川正幸・喜多一美・横田浩臣．2003．飼料イネに関する研究Ⅳ　飼料イネ（モミ米）を用いた高品質牛肉生産（2）．岐阜畜研報．**3**，52―60．

丸山新・浅野智宏・澤田幹夫・喜多一美・横田浩臣．2005．肉用牛への飼料用モミの給与について．肉牛研会報．**78**，33―35．

特色のある豚肉を生産するための玄米給与技術

(1) 豚用飼料としての米利用

豚用の飼料には，トウモロコシに代表される穀類やかす類，ぬか類が用いられるが，その大半は輸入に頼っているのが現状である。そのため飼料価格に海外の動向に左右され，近年のバイオ燃料用原料としての需要拡大とも相まって，養豚経営に大きな影響を与えている。

一方，わが国の基幹作物であるイネは，日本人の食生活の変化などによる米あまりを背景に，長年生産調整が行なわれてきている。

また，2005年に策定された「新たな食料・農業・農村基本計画」では，穀類を含む飼料の自給率を2015年までに35％にするという目標が示されている。

わが国の気候風土がイネの作付けに適していることは明らかであり，家畜の飼料用にイネを作付けすることは飼料自給率向上という目標達成のための有効な手段である。全国各地ですでに多く作付けされている飼料イネは，穀実および茎葉をサイレージ化し，牛用の稲発酵粗飼料（WCS）として利用されている。穀実部分のみを利用する豚でも，米は有望な穀物飼料として最近注目を集めている。

第1表　主な豚用飼料原料の成分組成と栄養価

飼料原料	栄養価[1]（乾物中％）	成分組成[1]（乾物中％）		脂肪酸組成[2]（％）		
	可消化養分総量	粗蛋白質	粗脂肪	飽和	不飽和 一価	不飽和 多価
玄　米	95.7	9.2	2.7	26.5	35.1	38.3
籾　米	73.5	10.3	2.5	—	—	—
トウモロコシ	93.7	9.2	4.4	23.4	24.8	51.9
コムギ	90.1	13.7	2.0	22.9	14.4	62.7
オオムギ	79.8	12.0	2.4	34.3	11.7	54.0

注　1）日本標準飼料成分表2001年版
　　2）五訂日本食品成分表

第2表　肥育後期給与の飼料の原料配合割合
（単位：％）　（新山ら，2003）

飼料原料	100％区	50％区	慣行区
玄　米	52.00	26.00	—
トウモロコシ	—	26.00	52.00
大豆かす	15.70	15.35	15.00
脱脂米ぬか	10.00	10.00	10.00
コーングルテン	7.00	7.00	7.00
国内ふすま	5.50	5.75	6.00
菜種かす	5.00	5.00	5.00
飼料添加物など	4.80	4.90	5.00
合　計	100.00	100.00	100.00

注　すべてCP16％，TDN70％に調製

(2) 米の飼料としての特性

豚に米を給与する際には，玄米で給与する場合と籾で給与する場合の2とおりが考えられる。玄米はトウモロコシと比較して粗脂肪含量は低いが，粗蛋白質含量（CP）や可消化養分総量（TDN）は同等の栄養価をもっている。一方，籾はTDNが低く，豚用の飼料原料としては玄米に劣る（日本標準飼料成分表，2001）。

また，脂肪の性質を決めるといわれる脂肪酸組成は，リノール酸に代表される多価不飽和脂肪酸の割合が低いという特徴がある（五訂日本食品成分表，2001，第1表）。

(3) 肥育後期給与の発育・肉質への影響

大ヨークシャー種去勢豚を用い，肥育後期（70～110kg）の慣行配合飼料に含まれるトウモロコシの全量（100％）および半量（50％）を米（粉砕玄米）に置き換えた場合の発育と肉質への影響を調査した。ただし，CP，TDNは同レベルになるように調製した（第2表）。

①発育成績，一般成分

1日平均増体重（DG），肥育日数，飼料要求率，110kg到達日齢に慣行配合飼料との差はなく良好な発育を示した（第3表）。飼料要求率に差がなかったことは，出荷までの飼料摂取

量にも差がないことになる。また，生産された枝肉の屠体形質，背脂肪厚にも差はなかった（第4表）。

米を給与した場合の肉の一般成分をみると，水分，CPで変化はなかったが，粗脂肪が減少する傾向がみられた（第5表）。肉の物理的特性である硬さ，粘り・噛みごたえは，トウモロコシ全量を米に置き換えた場合に強くなる傾向がみられた（第6表）。

第3表　肥育後期給与での肥育成績

（体重70～110kg）　（新山ら，2003）

区	DG（g/日）	肥育日数（日）	飼料要求率1)（%）	110kg到達日齢（日）
100%区	998	36.8	3.62	140.0
50%区	992	35.8	3.42	139.8
慣行区	1,000	38.2	3.59	139.5

注　1）増体1kgを得るために消費された飼料の量

第4表　枝肉の屠体形質および背脂肪厚

（新山ら，2003）

区	屠体形質（cm）			背脂肪厚（mm）		
	屠体長	背腰長II	屠体幅	肩	背	腰
100%区	92.2	69.0	34.7	38	24	37
50%区	92.5	69.1	32.1	41	24	33
慣行区	92.7	69.4	33.3	43	24	36

第5表　肉の一般成分（単位：%）

（新山ら，2003）

区	水　分	粗蛋白質	粗脂肪
100%区	75.0	22.2	2.38
50%区	75.6	21.9	3.07
慣行区	75.4	22.2	3.18

第6表　肉の物理的特性

（新山ら，2003）

区	硬　さ（kgw/cm^2）	しなやかさ	粘り・噛みごたえ（kgw/m^2m）
100%区	83.4	1.80	2.17
50%区	66.6	1.76	1.53
慣行区	68.8	1.79	1.66

注　テンシプレッサー（タケモト電機，TTP-50BX

②脂肪酸割合と食味

皮下脂肪の脂肪酸割合をみると，内層，外層とも米を給与した場合に飽和脂肪酸割合が高くなる傾向を示し，外層では脂肪の融点が高くなる傾向もみられた（第1図）。脂肪酸は飽和脂肪酸と不飽和脂肪酸に大別されるが，不飽和脂肪酸は融点が低く，とくに不飽和結合を多数もつ多価不飽和脂肪酸ではさらに融点が低い。具体的には，米を給与することでリノール酸割合が減少するという傾向がみられた（第2図）。

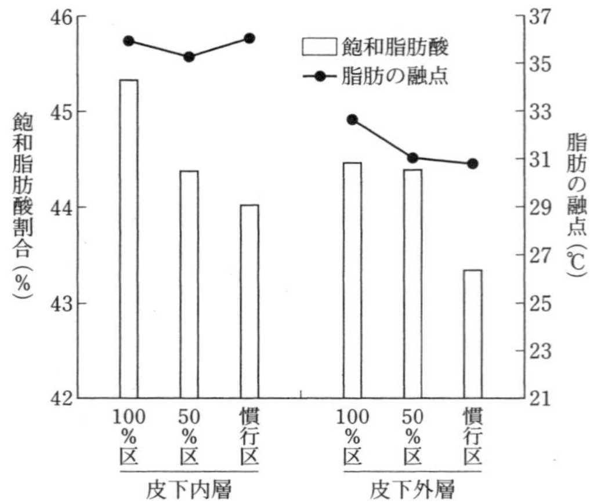

第1図　飽和脂肪酸割合および融点

（新山ら，2003）

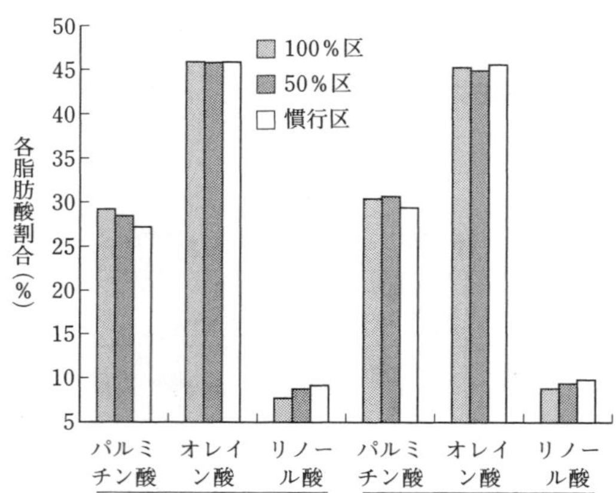

第2図　各種脂肪酸組成

（新山ら，2003）

ガスクロマトグラフィー（島津製作所，GC-14A）を用いて測定

このことは，小林・柳川（1984）が報告した内容と同様であり，豚のような非反芻動物の体脂肪は外的条件の影響を受けやすく，配合飼料の脂肪酸組成を反映する傾向がある（川井田・丹羽，1994）。

このように，米はトウモロコシと比較して多価不飽和脂肪酸であるリノール酸の割合が低いことが豚肉に影響したと考えられるが，脂肪の融点が低い豚肉は，締まりの悪い「軟脂豚」といわれ，消費者から敬遠される。逆に，多価不飽和脂肪酸割合が低く，脂肪の融点が高い豚肉は消費者に好まれる。つまり，米の給与は特色のある脂肪を生み出す可能性をもっているといえる。

また，全量を米に置き換えた場合に肉の硬さや粘り・噛みごたえの値が高くなったのは，米の脂肪含量が低く，脂肪摂取量そのものが少なかったことが要因の一つと考えられる。この調査では，実際の食味についての官能検査（20名のパネラーが順位法で多汁性，軟らかさ，風味を評価）も行なったが，米を給与した場合に肉が硬く，多汁性に欠けるという評価をくだすパネラーが多くいた。

豚の適正筋肉内脂肪割合は，複数の報告から2.0～2.5％が基準となる（兵頭，1997）とされており，今回の調査では全量を米に置き換えた場合でもこの基準を上まわっているが，テーブルミート主体の日本では，食味という点から実際の生産現場での給与割合に留意する必要がある。

(4) 肥育全期間給与の発育・肉質への影響

肥育後期給与の場合と同様に大ヨークシャー種去勢豚を用い，肥育全期間（30～110kg）で粉砕玄米を給与した場合の発育と肉質への影響も調査した。豚の肥育期間は，一般的に骨と筋肉の成長が盛んな肥育前期（30～70kg）と，脂肪が増加する肥育後期（70～110kg）とに分けて考えられることから，前期と後期で用いる配合飼料を変え，米の代替割合は30％と15％にした（第7表）。

発育成績は米を給与した場合も良好な発育を示し，慣行配合飼料との差はなかった。

肉の一般成分は水分，CPには差がなく，粗脂肪で米を給与した場合に減少するという肥育後期給与の結果と同様の傾向がみられた。

肉の物理的特性である硬さ，粘り・噛みごたえは，米を給与した場合に低くなる傾向がみられ，この点では異なる傾向を示した（第8表）。これは，肥育後期給与の試験では，脂肪が増加する肥育後期に多くの米を給与したことにより，脂肪摂取量が減少し，硬さや粘りが強まったのに対し，今回の場合は肥育全期間を通じて一定量の米を給与したことが一因として考えられるが，代替割合に応じた傾向は認められていない。

皮下脂肪の脂肪酸割合は内層で調査したところ，米を給与した場合にリノール酸が減少し，そのリノール酸を含む多価不飽和脂肪酸割合が有意に低下した（第9表）。これも肥育後期給与の結果と同様であり，融点の高い脂肪酸組成

第7表　肥育全期間給与での飼料の成分組成（単位：％）

（水木，2009）

区	慣行飼料（飼料米0％）		飼料米15％		飼料米30％	
	肥育前期	肥育後期	肥育前期	肥育後期	肥育前期	肥育後期
米	—	—	15	15	30	30
トウモロコシ	48	59	33	44	17	29
その他	52	41	52	41	53	41

第8表　肥育全期間給与での肉質成績　（水木，2009）

米の配合割合（％）	サンプル数	肉の理化学的性状（％）			硬さ（kgw/cm^2）	粘り・噛みごたえ（kgw/m^2m）
		水　分	粗蛋白質	粗脂肪		
0（慣行）	5	74.5	22.6	2.3	8.25	22.8
15	5	74.0	22.9	2.0	7.45	19.4
30	5	74.6	22.4	2.0	7.61	21.6

第9表　皮下脂肪内層の脂肪酸組成　（水木，2009）

米の配合割合（%）	サンプル数	脂肪酸組成（%）			
		飽　和	オレイン酸	リノール酸	多価不飽和
慣行（0）	5	46.3	43.8	6.1a	7.0a
15	5	45.8	44.8	5.7b	6.7b
30	5	46.6	44.4	5.2c	6.2c

注　異符号間に有意差あり（P＜0.05）

となった。

(5) 効率的な給与割合，給与期間

これまでに，肥育後期に100％および50％代替して給与した場合も，肥育全期間を通じて15％および30％代替して給与した場合も，発育に問題はなく，融点の高い脂肪性状となる肉が生産されることを明らかにした。しかし，現状では米はトウモロコシと比較して高価であり，できるだけ少ない給与量で同様の効果を得る必要がある。そこで，これまでと同じく大ヨークシャー種去勢豚を用い，10％肥育全期間給与，15％肥育後期給与，30％肥育後期給与した場合の皮下脂肪の脂肪酸割合に与える影響を調査し，最も効率的となる給与割合，給与期間を検討した。

10％を肥育全期間に給与した場合では，慣行配合飼料を給与した場合との差はみられなかったが，15％，30％を肥育後期に給与した場合は，リノール酸を含む多価不飽和脂肪酸の割合が有意に低くなった。

また，出荷までに給与した米の量は，15％を肥育後期に給与した場合が24kg/頭と最も少なく，15％を肥育後期に給与する方法が効果的であると考えられた（第10表）。

(6) 養豚への米利用の普及に向けて

効果的に特色のある豚肉を生産するための米給与技術は明らかになった。今後は，飼料費が経営費の多くを占める養豚経営で，いかにしてトウモロコシとの価格差を縮めるかが米利用普及の鍵となる。現状では，玄米収量が高い専用品種を作付けすることが，価格差を縮める有効な手段となる。すでに各地域の気候などに適応した多くの専用品種が育成されており，耐病害虫性などをも考慮しながら適正な品種を選定することで，価格差を収量でカバーすることが可能となる。

また，米を給与した豚肉が付加価値のある豚肉として流通することも，現場での米利用を拡大させることにつながると思われる。

豚用飼料としての米の利用には課題もあるが，食料自給率向上を目指す観点からも積極的に進めるべきと考える。

執筆　山岸和重（富山県農林水産総合技術センター畜産研究所）

2009年記

参考文献

独立行政法人農業技術研究機構．2001．日本標準飼料成分表．94―95．

兵頭勲．1997．脂肪交雑のある豚．畜産の研究．51，19―24．

川井田博・丹羽太左右衛門編著．1994．養豚ハンドブック．第1版，325―326．

小林博史・柳川道夫．1984．豚の肉質改善に関する

第10表　米の配合割合と給与期間が皮下脂肪内層の脂肪酸組成に及ぼす影響　（水木，2009）

区	サンプル数	米の配合割合		米必要量（kg/頭）	脂肪酸組成（%）			
		肥育前期	肥育後期		飽　和	オレイン酸	リノール酸	多価不飽和
慣行（0％）	5	―	―	0	40.8	48.5	6.6a	8.2a
10％全期間	5	10	10	32	40.8	48.7	6.4ab	7.9ab
15％後期	5	―	15	24	41.7	48.6	5.7b	7.2b
30％後期	5	―	30	48	41.4	48.8	5.9ab	7.3b

注　a～b間に有意差あり（P＜0.05）

試験　第5報．飼料米の給与が豚肉質に及ぼす影響．埼玉畜産試験場研究報告．22，71—77．
水木亮史．2009．特色ある豚肉生産のための飼料米給与技術．平成20年度富山県農林水産総合技術センター研究成果発表．10—13．
新山栄一・尾﨑学・前坪直人・水上暁美．2003．玄米給与が肥育豚の肉質に及ぼす影響．北信越畜産学会報．86，51—54．
食品成分研究調査会．2001．五訂日本食品成分表．12—17．

飼料イネの放牧利用

飼料イネおよびイネ発酵粗飼料を活用した和牛周年放牧モデル

1. モデル開発の背景・ねらい

輸入飼料に依存してきたわが国の畜産経営では，世界的に穀物とエネルギー需給が逼迫するなかで，国内にある未利用飼料資源の活用が喫緊の課題となっている。他方，米消費の低下，耕作放棄地増加のなかで米以外の用途に農地を利用し，国土保全をはかることも重要な課題である。これらの課題解決に向けて水田での飼料イネ生産や放牧などの畜産利用が推進されている。しかし，飼料イネ生産は栽培経費が高いうえ，イネ発酵粗飼料（以下，イネWCSと記す）の収穫調製や運搬，給与にかかる経費や労働負担が大きいなどの問題を抱えている。他方，放牧は冬期の飼料確保に問題がある。

そこで，筆者は飼料イネ生産と放牧を組み合わせた農地管理と繁殖和牛の周年放牧モデルの開発に，茨城県常総市で畜産農家（繁殖牛81頭飼養），耕種農家（3戸，農用地26ha管理）とともに取り組んでいる。このモデルでは，牧草や野草と飼料イネ，イネWCSを利用して，放牧可能な繁殖和牛（飼養頭数の半数にあたる妊娠確認牛）を，これら飼料の生産圃場で周年放牧する，いわば飼料の地産地消を目指している。第1図のように，このモデルに本格的に着手した2007年8月から2008年7月までに延べ1万1,000頭・日の繁殖和牛を放牧した。放牧飼料の内訳で見ると，牧草・野草約5,500頭・日，飼料イネ約1,500頭・日，イネWCS約3,600頭・日である。飼料イネの活用により，通常行なわれている牧草・野草中心の放牧の2倍以上の放牧実績を上げることができた。

本稿では，この周年放牧モデルのキーテクノロジーである飼料イネの立毛放牧イネWCSの冬期放牧利用技術の内容とその有効性について述べるとともに，周年放牧による肉用牛繁殖経営の経営改善効果などについて紹介する。

2. 耕畜連携システムの概要

茨城県常総市水海道地区は，平地農業地帯にもかかわらず，耕作放棄地と田畑の不作付け地を合わせた面積が，経営耕地面積の約19％に

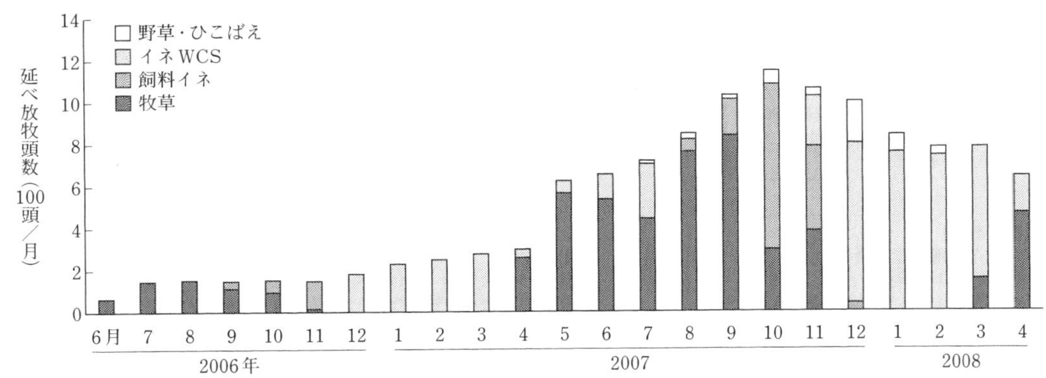

第1図　放牧頭数の推移

相当する638haも存在する（2000年センサス）。また，水田転作としてムギの作付けが多いが，連作障害が問題となっている。こうしたなかで，菅生，大生郷の2地区で2003年から飼料イネ生産が開始された。

両地区では3戸の耕種農家が飼料イネを栽培し，1戸の畜産農家（肉用牛繁殖肥育一貫経営，繁殖牛81頭飼養）が飼料イネの収穫を行なう。いわゆる「栽培・収穫分離型の耕畜連携」により飼料イネの生産利用が行なわれている（第2図）。このため，畜産農家の農作業の増加，秋季の作業集中が問題となっていた。また，イネWCSや堆肥の運搬も負担となっていた。さらに小区画圃場では収穫調製作業が困難であった。

そこで，2006年から飼料イネの品種と作付け時期を調整して収穫時期の分散を図るとともに，耕作放棄地や飼料イネ作付け圃場の一部を牧草の放牧利用に転換した。そして，家畜の飼養管理を軽減し，自給飼料生産にゆとりをもって取り組めるようにした。

2008年現在，菅生地区では2戸の耕種農家が早生種の飼料イネ（‘夢あおば’）6haを，大生郷地区では1戸の耕種農家が中晩生種の飼料イネ9.5ha（‘たちすがた’‘クサホナミ’‘ヒノヒカリ’‘タチアオバ’‘リーフスター’）をそれぞれ栽培する。畜産農家は，9月は稲わらの収穫作業に多忙なため，両地区の飼料イネを8月中下旬と10月上中旬に分けてイネWCSに収穫調製する。牛舎に近い菅生地区の飼料イネ約6haはイネWCSに収穫調製して牛舎に運び，授乳牛や育成牛に給与する。

畜産農家から13km離れた大生郷地区では，畜産農家の繁殖牛（妊娠確認牛）を次のように1年を通じて放牧飼養する。1）4～9月は転作田と畑計10.5haで牧草や野草を採食させる（繁殖牛1頭当たり30a）。2）10～11月は水田に作付けた飼料イネのうち約1.5haを立毛状態で採食させる（以下，飼料イネ立毛放牧と記す，繁殖牛1頭当たり5a）。3）12～3月は水田に作付けた飼料イネのうち約7haから収穫したイネWCSを放牧給与する（繁殖牛1頭当たり15a）。残りの飼料イネは採種する。放牧牛の観察や転牧，給水などは大生郷地区の耕種農家が行なう。

3. 飼料イネの立毛放牧技術

(1) 立毛放牧技術の目的と方法

営農試験地の畜産農家では，1～3月に分娩する繁殖牛が多い。これらの繁殖牛は妊娠確認後の6～8月に放牧を始め，12月から2月に退牧する。このため，第1図のように，9～11月にかけて放牧頭数が最も多くなる。しかし，牧草や野草の生長は5～6月に旺盛であり，バヒ

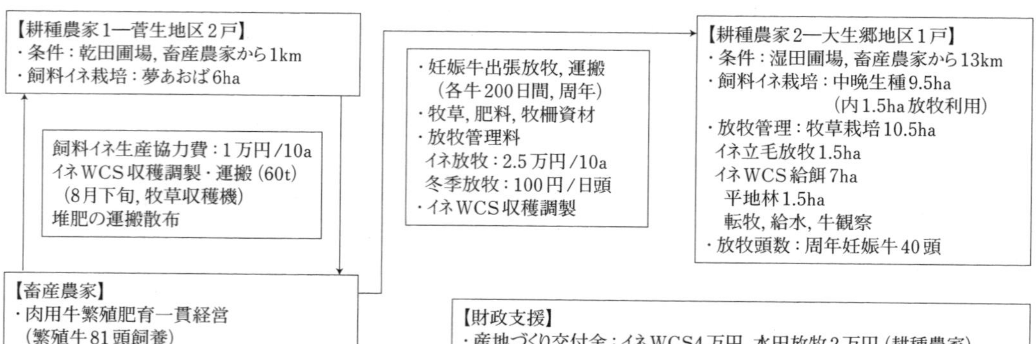

第2図　放牧活用型耕畜連携システムの概要

アグラスやセンチピードグラスなどの暖地型牧草を用いても，秋期の放牧飼料は十分確保できない（第3図）。そこで，次のことを目的として，飼料イネの立毛放牧に取り組んだ。1）秋期の放牧期間を延長する。2）稲わらと飼料イネの収穫，牧草の播種などで多忙な秋期に，繁殖牛の飼養管理作業を軽減する。3）機械による飼料イネ収穫と運搬作業を削減し，資材や燃料を節約する。

飼料イネの立毛放牧の技術的ポイントは次のとおりである。

1）牧草や野草の減少する晩秋に放牧期間を拡大するため，中晩生品種の飼料イネを6月上旬から6月下旬に移植する。

2）背丈の高い飼料イネの採食効率を高めるには，ストリップ（帯状）方式で放牧牛に制限採食させる。その際，飼料イネ圃場内の放牧空間は限られるので，バックヤードが必要になる。そこで，放牧利用する飼料イネの作付け圃場は，牧草放牧地に隣接する水田，または食用イネ収穫後放牧利用の可能な圃場に隣接する水田を対象とする。

3）放牧時には圃場周囲の牧柵（外柵）に加えて，飼料イネ列の手前に地面から約70cmの高さにも移設可能な電気牧柵（内柵）を設置し，牛の採食範囲を制限する。そして，内柵の下から飼料イネを牛に採食させる（第4図）。この高さなら放牧牛は3条先（70cm先）のイネまで採食する。放牧牛が飼料イネの株元まで採食したら，内柵を未採食の立毛飼料イネの手前まで前進させる。なお，肝蛭などの汚染地域では寄生虫検査を定期的に行ない，感染が確認された場合は駆虫薬などを処方する。

(2) 飼料イネの成分の特徴

第5図上に，試験圃における牧草および飼料イネのTDN割合（%）を生育時期別に示す。飼料イネは3品種とも5月下旬から6月上旬に移植し，9月上中旬に出穂し10月上中旬に黄熟期となり，イネWCS用についてはこの時期に収穫調製した。いずれも成熟が進むにつれて，TDN割合は高くなり，完熟期にはイタリアンやヒエのTDN割合を上まわっていた。

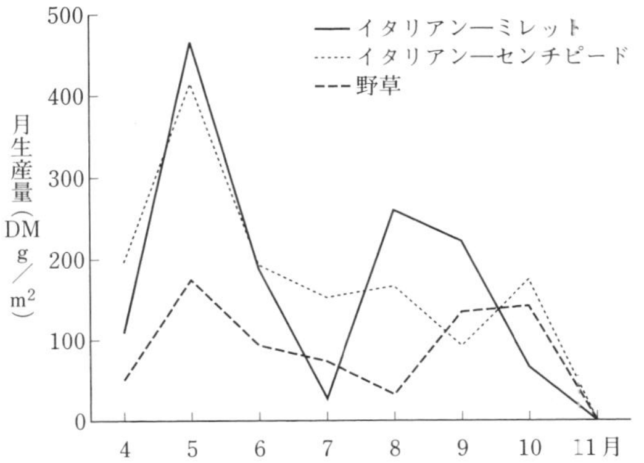

第3図　牧草・野草の生産量の推移

第4図　飼料イネのストリップグレージング
高さ70cmに電気柵を張り，下から飼料イネを採食させる

一方，飼料イネの粗蛋白割合は，TDN割合とは逆に，出穂期以降，しだいに低下し，黄熟期には5%程度になり，牧草や野草より低くなる（第5図下）。

もう一つ注意しなければならないのは，グラステタニー比と呼ばれるK/（Ca＋Mg）の値である。この値が2以上のときには注意が必要とされる。出穂前の飼料イネはカリ（K）成分が高いため，グラスタニー比は4を超える（第6図）。このため，出穂前の放牧利用には採食量を制限するなど注意が必要である。

(3) 立毛放牧の効果：収穫ロスの減少，高い牧養力，全天候利用，コスト削減

1）電気牧柵を用いて放牧牛の採食範囲を制

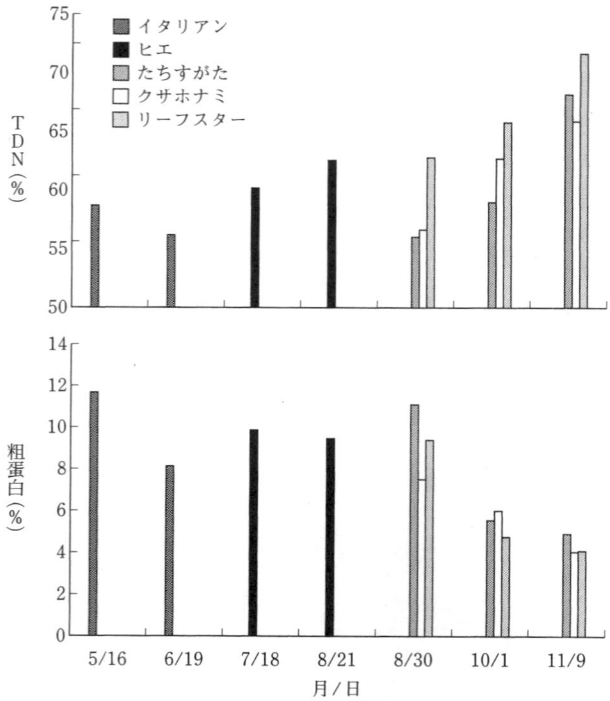

第5図　牧草および飼料イネのTDN，粗蛋白の乾物中割合
（営農試験地）

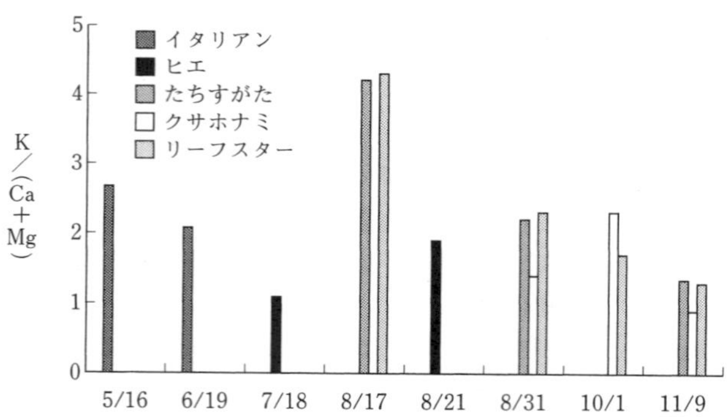

第6図　牧草および飼料イネのグラステタニー比（営農試験地）

限すると，放牧牛は地際から1～2cmの高さまで飼料イネを採食する。このため，採食ロス（残草）は飼料イネ生産量の約3％に抑えられる（第7図）。その結果，10a当たり100頭・日以上の高い牧養力を確保できる（第1表）。

2）関東地方では秋に降雨日が多く，機械による飼料イネの収穫作業ができない日が少なくない。しかし立毛放牧は，天候に左右されないで，飼料イネを牛の腹に納めることができる。

3）牧草は出穂後に放置すると倒伏して放牧牛による採草が困難になり，採草ロスが多くなる。しかし，飼料イネは耐倒伏性に優れており，出穂3か月後でもほとんど倒伏しないので，晩秋まで立毛のまま水田でストックできる。

4）立毛放牧は，機械によって飼料イネを収穫して利用する方法と比較すると，収穫・調製，運搬，給与，家畜排泄物の処理，堆肥の運搬，散布作業が削減されるため，これらの作業に要する資材や燃料，機械の損耗，労働を5分の1に低減できる（第2表）。

ただし，飼料イネを放牧利用する場合，産地づくり交付金などの助成が削減される。営農試験地の常総市では，イネWCS生産より10a当たり4万3,000円も削減される。とくに，放牧管理など耕種農家の負担は増すにもかかわらず，助成額が減少する。このため，畜産農家から耕種農家に10a当たり年間2万5,000円を補填している。立毛放牧の実施にあたっては，助成金を含めて耕種農家，畜産農家それぞれの収支を確認し，耕種農家の費用負担が増加するときは，畜産農家から耕種農家に補填を行なうなど，耕畜間の費用負担などの協議が必要である。

4. 冬期放牧牛へのイネWCSの給与技術

（1）放牧牛へのイネWCSの給与方法

冬期放牧牛へのイネWCSの給与方法は次のとおりである。

1）圃場に移設の容易な電気牧柵を設置し，

第7図　放牧採食後の飼料イネ圃場の残飼
地際から1～2cmの高さまで飼料イネを食べ尽くすなど残飼は少ない

繁殖牛を放牧する。1群の放牧頭数は，イネWCS1個を2～3日以内に食べきれる頭数以上にする。

2）排水不良で泥濘化が予想される圃場で収穫したイネWCSは，排水条件の良い圃場に移して給与する。その際，収穫梱包した飼料イネを，給与する圃場に運んでラップし，放牧牛の採食にムリが生じないように，一定の間隔をあけて置く。カラスなどによるフィルム破損が予想されるときには，並べたイネWCSの上方に釣り糸を張り鳥害を防ぐ。また，未開封のイネWCSの周囲には電気牧柵を張り，放牧牛が近づいて採食できないようにする。

3）イネWCSの給与時には，牛同士の争いを避け，牛がイネWCSに排泄しないように，次のように電気牧柵などを利用して牛の行動を制限する。コンバイン型収穫機（以下，C型と記す）で調製したイネWCSのロールは，開封・解体後，電気牧柵などで放射状に分割して給与する（第8図）。フレール型収穫機（以下，F型と記す）で調製したロールは，開封後，転がし帯状に広げて給与する（第9図）。牧草収穫機で調製した大きなサイズのロールは，丈夫な鉄棒をロールの周囲に8～10本立てて給与する（第10図）

4）イネWCSだけでは蛋白質が不足するので，圃場にオオムギやイタリアンなどを栽培して補助飼料として放牧牛に採食させる。飼料イネ栽培圃場でイネWCSを給与する場合，飼料イネの収穫前の圃場に牧草種子を播種し，飼料イネの収穫と同時に牧草種子を鎮圧する（第11図）。

第2表　飼料イネの機械収穫・牛舎給与と放牧利用のコスト比較
（飼料イネ1haの試算）

	C型専用機収穫・牛舎給与		放牧利用
	収穫調製	運搬給与 堆肥還元	
作業時間（時間）	8.5	153.0	69.6
使用資材費（円）	35,310	7,035	10,000
使用燃料費（円）	5,710	16,942	667
機械償却費（円）	163,600	20,000	0
費用計（円）	217,415	272,811	
費用合計（円）	490,226		115,017
飼養家畜1頭当たり費用（円）	467		96

注　飼料イネの圃場生産量を1ha当たり乾物10t，C型専用収穫機の収穫ロスを30％（収穫量7t，繁殖雌牛飼養可能頭数1,050頭），放牧利用による採食ロス10％（採食量9t，飼養可能頭数1,200頭）とする。C型専用収穫機による機械償却費は収穫面積15haとする。労賃単価は1,500円/時とする。いずれも運搬に伴う機械の償却費は含まない

第1表　飼料イネの立毛放牧による残草と牧養力

圃場番号（品種）	面積 (a)	圃場条件	調査日 （年/月/日）	制限採食	生産量 (gDM/m²)	残草量 (gDM/m²)	残草割合 (%)	放牧延べ頭数 (頭日)	牧養力 (頭日/10a)
A（リーフスター）	18.0	湿田	2007/8/31（出穂期）	なし	977	441	45.1	168	93
B（関東飼225号）	10.0	乾田	2007/8/30（乳熟期）	あり	1,034	29	2.8	135	135
C（クサホナミ）	4.6	乾田	2007/11/26（完熟期）	あり	1,696	56	3.3	106	230

注　5月27日～6月4日の間に移植。生産量は放牧前坪刈り調査，残草は放牧後の残草回収調査結果。放牧延べ頭数には隣接する食用イネ収穫後の圃場や耕作放棄地などの放牧を含む

第8図　イネWCSの放牧給与のポイント

電気牧柵などを利用して飼料への糞尿排泄を避ける

コンバイン型収穫機調製品では電気牧柵で中心から4～6分割し給与する

第9図　フレール型収穫機調製品ではイネWCSを転がし帯状に展開し，真上に電気牧柵を設置し給与する

第10図　解体できない大きなサイズのロールでは，給餌柵を使用し，飼料の上に牛が乗り，排泄することを防ぐ

第11図　イネWCSを主食とする冬期放牧の補助飼料としての牧草

放草収穫体系で飼料イネを収穫する場合は，機械が何度も圃場を走行するため，イタリアンは散粒機などを使って飼料イネの収穫前に播種しておくことで十分発芽する

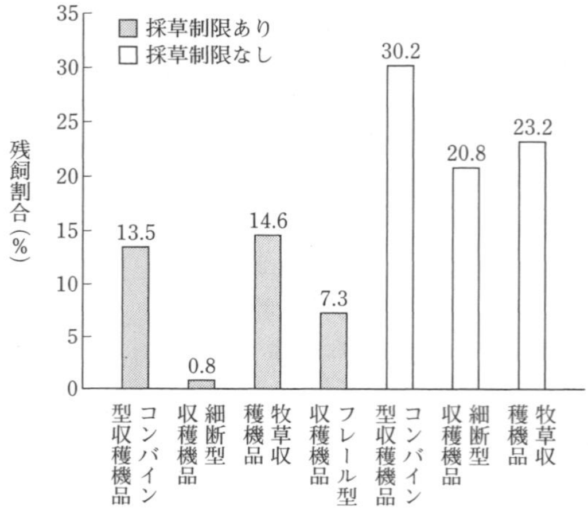

第12図　放牧利用によるイネWCSの残飼

牧草制限：電気牧柵などを利用

(2) イネWCSの放牧給与の効果

1）放牧牛は排泄物で汚染されたイネWCSを採食しない。放牧牛の採食行動を制限しない場合，イネWCS上への排泄が増えるため，食べ残し（以下，残飼と記す）は20～30％になる。また，食べ残したイネWCSに覆われた牧草の生長も妨げられる。電気牧柵などを使いイネWCSへの採食行動を制限すると，残飼は機種により異なるが1～15％程度に減少する（第12図）。

2）C型で調製したイネWCSを，圃場から13km離れた牛舎へ運搬して繁殖牛に給与し，その堆肥を圃場に運搬散布する経費は，イネWCS100ロール（1ha相当）当たり約35万7,000円になる。これは飼料イネの生産と利用にかかわる全経費の約32％を占める。また，保管場所の確保が必要になり，運搬時のフィルムの破損や空気の侵入によるイネWCSの品質低下のリスクが高くなる。これに対して，イネWCSを収穫した圃場で，そのままイネWCSを放牧牛に給与すると，その経費は約17万8,000円であり，牛舎へ運搬して給与したときに比べて50％も減少する（第3表）。

3）畜産農家ではイネWCSを利用した冬季放牧により，新規放牧牛の放牧馴致が円滑に図れるとともに，家畜飼養の省力化が図れる。また，備蓄飼料（イネWCS）を放牧地に置くことにより，早春など牧草の少ない時期，里山など飼料の少ない場所の放牧利用が円滑に行なえ，放牧期間や放牧用地を拡大することができる。

5. イネWCS給与および放牧による繁殖成績への影響

営農試験地の畜産農家では，イネWCSを牛舎内では主に繁殖牛に給与する。また，繁殖牛は牧草や飼料イネ，イネWCSを利用して放牧飼養する。こうした飼養方式で気になるのは繁殖成績である。そこで，舎飼時の飼料給与内容を検討するとともに，放牧飼養による繁殖牛の血液性状から栄養状態を確認したうえで，畜産農家の繁殖成績を見ておく。

第3表　イネWCSの放牧地利用の経済性（円）

		労働費	資材燃料費	計
運搬牛舎給与	イネWCS運搬	45,000	15,143	60,143
	給餌・排泄物処理	245,000	9,380	254,380
	堆肥運搬散布	15,125	27,446	42,571
	計	305,125	51,969	357,094 (100%)
放牧地給与	牧草播種・牧柵設置	40,500	45,667	86,167
	牛の運搬	18,000	2,000	20,000
	WCS開封・給水	64,500	7,431	71,931
	計	123,000	55,098	178,098 (49.9%)

注　イネWCS100個（1ha，繁殖牛1,400頭の飼料相当）

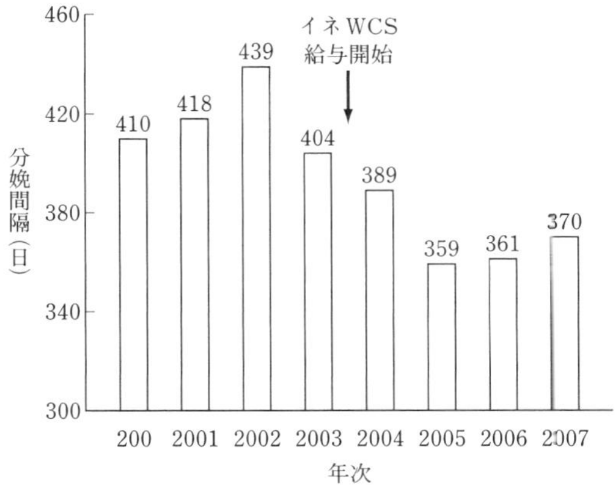

第13図　繁殖牛の分娩間隔の推移（事例牧場）
図中の数字は分娩間隔日数

(1) 舎飼時の飼料内容と繁殖成績

まず，舎飼時には，イネWCSを高栄養の必要な妊娠末期および授乳期，育成期に限って給与している。また，蛋白成分の低いイネWCSを補うため，ヘイキューブや濃厚飼料を加える。この結果，TDNの充足率は過不足なく，DCPは十分充足されている（第4表）。

畜産農家では，妊娠末期および授乳期繁殖牛へのイネWCSの給与が増え始めた2004年以降，繁殖牛の発情回帰や受胎率が向上し，分娩間隔は短くなっている（第13図）。また，子牛の生時体重がしだいに増加するとともに（第14図），流産などによる病死率も5

第4表　事例牧場の繁殖牛への飼料給与内容と飼料充足率

育成および繁殖ステージ	飼料給与量（原物kg／日頭）				給与成分量		必要成分量		飼料充足率（%）	
	イネWCS	牧草サイレージ	ヘイキューブ	配合飼料	TDN (kg)	DCP (g)	TDN (kg)	DCP (g)	TDN	DCP
維持期		10	2.2		3.20	595	3.27	247	98	241
妊娠末期および授乳期	16		2.2	1.8	5.30	616	5.43	565	98	109
育成期	16		2.2		4.51	411	3.91	300	115	137
参考）維持期	24				4.49	252	3.27	247	137	102

注　各飼料の飼料成分は次のとおり。イネWCS（乾物率35%，乾物当たりTDN率53.5%，同左DCP率3%），牧草サイレージ（40%，53.5%，8.8%），ヘイキューブ（85%，56.8%，13%），配合飼料（87.5%，79%，13%）。必要成分量は日本飼養標準による。繁殖牛の必要量は体重500kg，授乳量6kgとしたもの。育成牛は体重400kg，DG0.3kgの必要量

％程度に低下している。

(2) 繁殖牛の血液性状

第5表は，畜産農家の繁殖牛の血液性状を舎飼牛および放牧牛の退牧月ごとに示したものである。総コレステロールは，いずれもほぼ基準値の範囲内に納まっているが，8月に退牧した牛では体脂肪からの脂質動員を示す遊離脂肪酸が高く，エネルギー摂取不足の状態にあることが考えられる。日陰の少ない圃場で炎天下の放牧，7月の草量低下が影響したと考えられる。

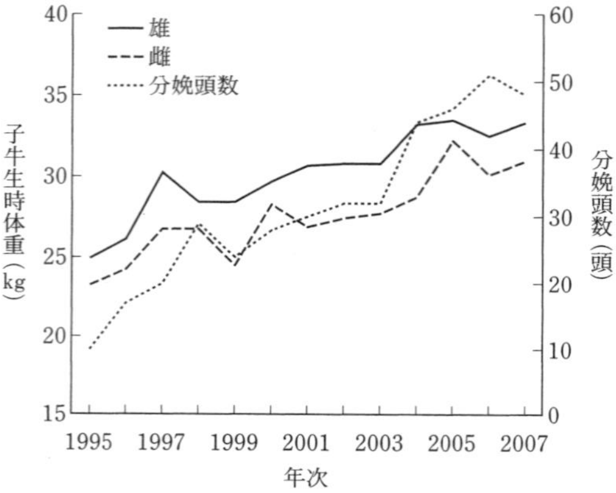

第14図　子牛生時体重の推移

蛋白質関係では，10月退牧までは総蛋白が高く，秋以降低下する傾向が見られたが，いずれも基準範囲に納まっている。黄熟期以降の飼料イネおよびイネWCSは蛋白含量が低いことを前述したが，少量ながら圃場で生長しているオオムギやイタリアン，ネザサなどの採食によって蛋白質が補充されたと考えられる。ただし，短期の蛋白代謝を反映する尿素窒素は，3月退牧牛では基準値を下まわった。

ビタミン関係では，舎飼牛と比べて放牧牛は血中のβカロテン量が著しく高く，冬期でも舎飼牛の2倍以上の値が維持されている点が特筆される。

放牧牛の赤血球数（RBC）は舎飼牛と比べて概して低く，とくに夏期から初冬期に低く，基準値を下まわる個体も見られた。RBCの低い個体の赤血球容積は基準値を超えており，ピロプラズマによる貧血症状が現われていると考えられる。

(3) 放牧牛の繁殖成績

第6表に放牧牛の繁殖成績を示す。2008年8月までに，66頭の繁殖牛が放牧を終えて牛舎に戻った。平均放牧日数は189日，退牧から分娩まで平均30日であった。8月中旬までに分娩

第5表　退牧時の繁殖牛の血液性状（事例牧場）

分析項目	検査項目	基準値	舎飼牛16頭	退牧月（頭数） 8月(4)	10月(5)	11月(4)	12月(5)	1月(5)	2月(5)	3月(4)
エネルギー	総コレステロール（mg/dl）	80～150	117	111	122	97	95	109	130	152
	遊離脂肪酸（μEq/l）	85～257	127	435	126	100	116	96	242	163
蛋白質	総タンパク（g/dl）	5～7.5	7	8.0	7.7	7.4	7.5	7.1	7.4	7.3
	アルブミン（g/dl）	2.5～3.9	3.5	3.5	3.5	3.2	3.5	3.2	3.5	3.4
	尿素窒素（mg/dl）	9～14	11	16	14	14	18	16	14	7
	A/G比	0.8～1.2	1.0	0.8	0.9	0.8	0.9	0.8	0.9	0.9
脂溶性ビタミン	ビタミンA（IU/dl）	60以上	84	92	109	106	117	116	116	117
	ビタミンE（mg/dl）		0.40	0.75	0.45	0.45	0.44	0.62	0.68	0.94
	βカロテン（μg/dl）		135	873	407	501	447	272	356	512
末梢血液一般	赤血球数（10000/μl）	500～1000	696	511	603	486	482	559	700	681
	血色素（g/dl）	8～15	11	10	11	10	10	10	12	12
	ヘマトクリット（％）	24～46	32	31	34	29	31	31	36	34
	赤血球容積（fl）	40～60	47	60	57	62	65	55	51	52
	赤血球血色素（pg）	11～17	16	21	19	20	21	19	17	17
	赤血球血色素濃度（g/dl）	30～36	35	34	33	33	32	34	34	34

予定のあった63頭についてその結果を見ると，60頭が正常に分娩し，1組の双子を含め61頭の子牛が生まれた。内1頭は冬期に野外（パドック）で夜間に分娩し翌朝，死亡した。子牛の生時体重は33kg（雄33.5kg，雌32.4kg）であった。分娩後に種付けし，次の受胎が確認されている41頭の分娩予定日までの分娩間隔は356日となっている。

このように前掲第13，14図と比べてみると，放牧による生時体重，分娩間隔，子牛の事故率は，これまでのところ舎飼時と変わりない。

6. 放牧活用型耕畜連携システムの効果

(1) 農地管理面積の拡大，遊休農地の解消，未利用資源の活用

牧草放牧は飼料イネ栽培と比べて労力や経費を要しないため，耕種農家の農地管理面積は，イネWCS用の飼料イネ栽培のみを行なっていた2005年よりも約8haも増加した。このなかには，10年以上放棄され誰も手をつけることのできなかった耕作放棄地4haも含まれる（第15，16図）。

このほかに，放牧利用圃場の周囲にある畦畔や農道の野草，作閑期の畑の野草などの除草作業が一時的な放牧により軽減されるとともに，平地林の野草や食用イネの再生イネ（ひこばえ）なども含めて，これまで利用されなかった飼料資源が有効に活用された。畦畔や農道の野草，食用イネのひこばえ，平地林にはびこるネザサなど未利用飼料資源によって養われた放牧頭数は年間488頭・日に上る（前掲第1図）。

放棄され，人が容易に入れない密林と変わり果てた平地林は，冬期の放牧飼料確保，景観改善，真夏の放牧牛の避暑地を確保する目的で，隣接する圃場に冬期間にイネWCSを置き，放牧牛にイネWCSを給与しながら，林床にはびこるネザサなどを採食させながら疎林状態に切り開いたものである。

(2) 畜産経営の改善

①家畜飼養管理の省力化，秋季農作業集中の緩和

畜産農家では，繁殖牛の2分の1の放牧と放

第6表　放牧後の繁殖実績

	放牧日数（日）	退牧から分娩（日）	正常分娩（％）	死　産（％）	出産後事故死（％）	子牛生産頭数（％）	子牛生時体重（kg）	分娩間隔（日）
平　均	189	30	95	5	2	97	33	356
集計頭数	66	60	60	3	1	61	60	41

注　放牧開始から2008年8月までに退牧した66頭の実績。内3頭は未分娩。双子分娩1組。分娩間隔は退牧後の分娩日から次産の分娩予定日までの日数

第15図　耕作放棄地の放牧前の植生

第16図　放牧後3か月経過時の植生

牧管理を耕種農家が担うことにより，最も労力を要する繁殖牛の給餌，家畜排泄物処理作業が軽減された。また，放牧導入以前には飼料イネ収穫など自給飼料生産に充てる時間帯は10～15時に限られていたが，家畜の飼養管理作業が軽減されたことにより9～17時に延長できるようになるなど，自給飼料生産にゆとりをもって取り組むことができるようになった（第7表）。

②家畜飼養頭数の拡大・所得増加

牧草主体の春から夏の放牧と飼料イネの立毛利用による秋の放牧，イネWCSを利用した冬季放牧を組み合わせることにより，繁殖牛の2分の1を周年放牧できるようになり，牛舎施設にも周年ゆとりが生じたため，飼養頭数の拡大が可能になった。その結果，繁殖牛頭数は2005年の51頭から2008年1月時点では育成牛も含めて81頭まで増加している。

③飼料自給率の向上

周年放牧体系の導入により繁殖牛の舎飼頭数が減少する一方，飼料基盤が拡大したため，2005年に63.1％であった繁殖牛の飼料自給率は2008年には80.7％に向上した。また，牛舎で飼養する繁殖牛に必要な牧草やイネWCSの必要量が少なくなり，それらを子牛に給与することにより子牛の飼料自給率も向上した（第7表）。

7．周年放牧推進の理念と耕種・畜産農家の協力関係

イネWCS生産や放牧を円滑に行なうためには，耕種農家と畜産農家間の資材負担や作業分担，助成金の配分，生産物の取引方法など，耕畜連携の運営方法も重要な課題となる。とくに，常総市の事例のように飼料イネの立毛放牧やイネWCSの冬期放牧利用，そして放牧管理を耕種農家が担うケースでは，考慮すべき要素が多くなる。しかし，予測できないことの多い農業生産において複雑な運営方式は馴染みにくく，可能な限りシンプルな運営方式が望ましい。

常総市大生郷地区では，耕種農家が飼料イネおよび牧草の栽培と放牧管理を行ない，産地づくり交付金と耕畜連携推進助成（飼料イネ，水田放牧）を受給する。他方，畜産農家は牛舎と放牧地の間の牛の移動，飼料イネの収穫を行なうほか，牧草種子，肥料，牧柵資材を負担する。また，飼料イネの立毛放牧については10a当たり25,000円を，イネWCSを利用した冬期の放牧管理については1日1頭当たり100円を耕種農家に支払うことにしている。牧柵の設置は共同で実施し，農機具の貸し借りなどできるだけ，お互いに保有するものを出し合う方式での運営を目指している。

また，個々の経営改善を図ることにとどまらず，地域農業や社会に対する役割を意識した活

第7表　周年放牧による肉牛経営の変化

		耕畜連携前（2001年）	イネWCS導入後（2005年）	放牧導入後（2008年）
労働力（人）		2	3	3
繁殖牛頭数（頭）		25	51	81
経営耕地（ha）			飼料畑3（牧草年4～5回収穫）	
イネWCS収穫（ha）			14.3	13
放牧利用（ha）				13.5
自給飼料基盤計（ha）		3	17.3	29.5
稲わら収穫面積（ha）		32	32	32
労働（時間）			3,985（78.1/頭）	3,364（41.5/頭）
飼料自給率（TDNベース）	繁殖牛（％）	63.1	63.1	80.7
	子牛（％）	2.7	15.1	34.4

動理念を設けている（第8表）。集約的な技術を導入し耕畜連携関係を円滑に進めるためには，こうした高い理念が必要と思われる。

8. 放牧活用型耕畜連携システムの適用場面

放牧と飼料イネ生産を組み合わせ，耕種農家側がそれらの栽培と放牧管理を担うことにより，畜産農家では飼養規模拡大を図りながら家畜飼養の省力化と飼料自給率の向上を実現できることが示された。また，放牧により機械では収穫できない飼料資源（ひこばえや畦畔・農道・里山の野草，作閑期の畑の野草）の活用と耕作放棄地の解消など耕作基盤の復元も図れる可能性も示された。飼料イネについても，すべてをイネWCSに収穫調製し牛舎に運搬して給与するよりも，立毛状態で放牧により採食させたり，収穫したイネWCSを収穫圃場や周囲の放牧地で冬季に放牧しながら給与することにより，資材や燃料・労働を節約できるなど効率的な利用が図れるとともに，周年放牧の実現など畜産農家の経営発展に寄与できることが明らかになった。

ところで，排水不良や交通条件から放牧利用できない圃場で収穫したイネWCSは，排水条件の良い圃場に運び冬期に放牧給与することを述べた。このため，冬期放牧圃場では，牛の排泄による有機物が蓄積されることになる。そこで，これらの圃場では夏期にダイズやトウモロコシの生産を試みている。また，開発段階であるが，地力の低下した畑や耕作放棄地で，牛とイネWCSを持ち込み，植生の改善と地力の回復をはかり，その後の作物生産を効果的に行なう。こうした日本型アグロパストラル（農牧輪換）モデルの開発は，放牧を活用した耕種経営の発展方式として考えられる。このことは次のような営農展開にも応用できる。

ムギ・ダイズ作中心の転作を担う耕種農家や転作受託組織では，ムギ・ダイズ作中心の土地

第8表　大生郷地区における放牧を中心とする耕畜連携の活動理念

Ⅰ．農林地の畜産利用により，地域農業・農村を良くし，国土資源を保全する
1. 転作田の放牧利用，飼料イネ生産により，食用米の過剰作付けを解消して米価を維持し耕種農家の所得を守る（生産調整・米価の維持）
2. 放牧や飼料イネ生産により農用地資源の荒廃を防止して食料生産基盤を保全し，不測の事態に備える（遊休農地解消・食料生産基盤の保全）
3. 災害や不法投棄の温床になりかねない耕作放棄地および放置林を放牧利用により解消し，農林地資源の復元と牧歌的農村景観を創造する（農村景観改善）
4. 技術を組み合わせ農林地の高度な飼料利用をはかる（飼料・食料増産）
   1）草地管理技術を向上し，農林地の高度な飼料利用をはかる（集約・周年放牧）
   2）毎年9月と3月，放牧予定頭数，利用可能面積をもとに，牧草播種面積，飼料イネ栽培面積，収穫面積，利用方法を関係者と協議する（計画生産）
   3）放牧利用跡地を活用し，大豆・とうもろこし生産に取り組む（農牧輪換）

Ⅱ．飼料の地産地消により，環境と調和した畜産モデルを開発する
5. 牛舎飼養を減らし飼料資源生産地での周年放牧を行い飼料の地産地消に努め，温室効果ガスの発生を抑制し，環境に優しい畜産モデルを開発する（飼料の地産地消・温室効果ガスの削減）
6. 耕作放棄地，転作水田などの飼料生産および放牧利用により飼料自給率の高い畜産モデルを開発する（高い飼料自給率）
7. 醤油粕など地域未利用飼料資源の活用を図る（エコフィード）
8. 繁殖技術の研鑽と地域飼料資源の活用により，日本の風土に適合し多様な飼料基盤を活用できる和牛資源の拡充を図る（和牛資源の拡充）
9. 家畜福祉に配慮し放牧を通じて投薬の少ない健全な家畜飼養に取り組む（健全畜産）

Ⅲ．耕種農家と畜産農家，および地権者や地域住民と円滑な関係づくりに努める
10. 目標実現に向け耕畜連携の円滑な運営を心がける（円滑な運営）
11. 定期的に共同作業等を実施し，コミュニケーションをはかる（共同作業）
12. 地権者・地域住民との放牧交流活動等を行い，農林地の畜産利用の意義について理解と協力をはかるとともに地域コミュニティーの発展に努める

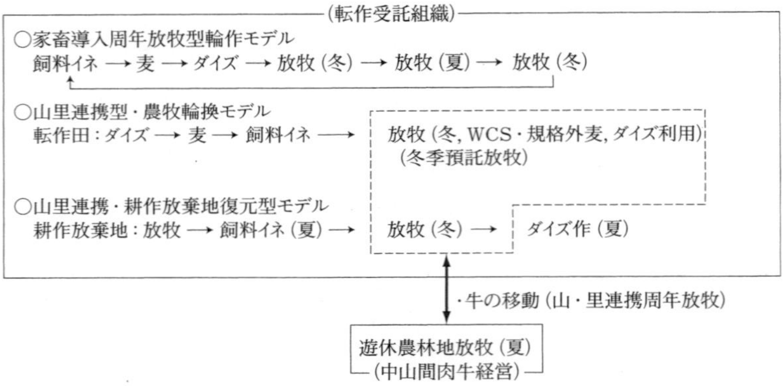

第17図 山里連携・農牧輪換モデル（案）

定期間放牧を行なったあとは比較的耕作に取り組みやすく，耕作意欲も湧きやすい。

他方，中大型機械を前提にした耕作条件の不利な中山間地域では放牧利用が広がりつつあるが，冬季飼養用の備蓄飼料確保が課題となっている。そこで，紹介したような飼料イネを活用した放牧は，第17図に示すように平場の転作受託組織が土地利用の一環として放牧や飼料イネ生産を導入し，冬季に中山間地域から家畜を預託し放牧飼養する「山里連携周年放牧」などの新たな耕畜連携システムの開発に適用できると考える。

利用に，新たに飼料イネ生産や放牧などの畜産利用を組み入れて連作障害を回避し，ムギ・ダイズ作の収量・品質の向上を図ることが期待されている。また，受託農地の周囲には少なからず耕作放棄地などが存在し，その管理に問題を抱えている地域も少なくない。耕作放棄地で直ちに作物生産を行なうことは困難であるが，一

執筆　千田雅之（(独）農業・食品産業技術総合研究機構中央農業総合研究センター）

2008年記

飼料イネの立毛放牧──秋田県での取組みと課題

1. 取組みの背景

飼料価格の高騰が続き，畜産農家の経営を直撃しているなか，輸入飼料に依存しない安定的な畜産経営の確立を図るため，自給飼料の増産・利用拡大が求められている。

こうしたなか，秋田県では県内に豊富に存在する水田資源を活用し，飼料自給力の向上を図る取組みを推進しており，とくに「イネ発酵粗飼料」（以下，イネWCSとする）の生産・利用の拡大を推進してきた。

今後さらに水田の飼料利用を拡大する方策のひとつとして，飼料イネを刈らずに立毛のまま効率良く牛に採食させる「立毛放牧」技術に着目した。

2. 飼料イネ立毛放牧技術とは

飼料イネの立毛放牧は，（独）農業・食品産業技術総合研究機構中央農業総合研究センターが開発した放牧技術であり，実施方法は次のとおりである。

1）飼料イネを移植した水田の外周に牧柵（外柵）を設置する。

2）採食させる飼料イネの手前に，地面から約70～80cmの高さに電牧線（ポリワイヤー）を張った，移動可能な電気牧柵（内柵）を設置する。

3）放牧牛は内柵の電牧線の下を潜って2～3条先の飼料イネまで首を伸ばし立毛のイネを採食する。

4）放牧牛が飼料イネの株元まで採食したら，内柵を未採食の飼料イネの手前まで移動する。

この放牧技術を実施することにより，

1）秋期の放牧期間が延長できる。

2）稲刈りなどで多忙な時期に牛舎の管理作業が軽減できる。

3）収穫調製の機械にかかる燃料や資材などのコストを節減できる。

といった効果が期待されるため，秋田県でも現地実証により技術導入が可能かどうか検討することにした。

ここでは，2008年度と2009年度に，県内2か所で実施した実証試験の事例について紹介する。

3. 由利本荘市での取組み（2008～2009年度）

(1) 実証圃の概要

由利本荘市鳥海地域は，秋田県の南端，山形県境にそびえる鳥海山北東に位置している。気温は内陸型で積雪量は中山間部で3m以上に及ぶ典型的な豪雪地帯である。基幹作物は水稲で，良質米の安定生産と畜産，野菜，花卉などとの複合経営を推進しており，畜産とくに肉用牛生産が古くから盛んな地域である。

鳥海地域では，2001年度からモデル地区として県内に先駆けてイネWCSの生産・利用に取り組んでいるため，飼料イネの給与に慣れているということと，地域内の公共牧場で電気牧柵を利用していることから，立毛放牧技術を導入しやすいと考え実証先として選定した。

実証農家は，稲作と肉用牛（繁殖牛13頭）の複合経営であり，経営主は他産業にも従事する兼業農家である。労働力は経営主と妻の2人であり，放牧などを活用した牛舎作業の省力化を望んでいた。

実証圃は，実証農家の自宅および牛舎から50mほど離れた，実証農家の所有する水田に設置した。実証圃の全体面積は27aであるが，イネの放牧利用面積を20aとし，残りの7aは放牧牛の休憩や水および補助飼料の供給場所とするため刈り取り，バックヤードとして活用した（第1図）。イネの品種は栽培に慣れている‘あきたこまち’とし，従来と同じ方法で栽培管理を行なった。

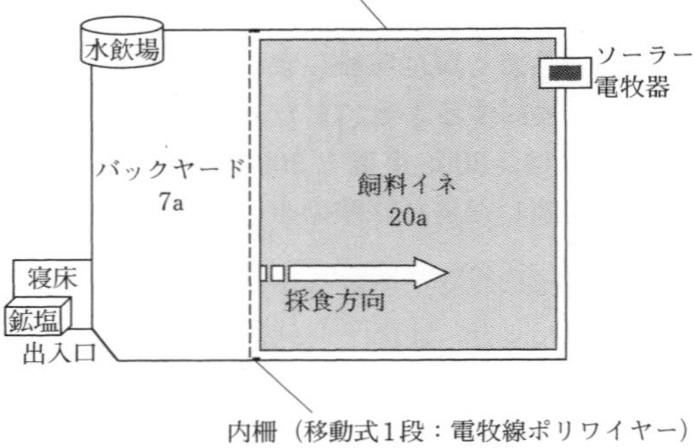

第1図 2008年の実証圃の平面図（由利本荘市）

第2図 馴致放牧の状況

電牧線の下を潜って採食する練習をしている。飼槽の中はイネWCS

(2) 放牧の進め方とコスト

①馴致放牧

立毛放牧の実施に先立ち，2008年8月4日から8月31日までの28日間，電気牧柵を以前から使用している地域内の公共牧場で馴致放牧を行なった。前年に収穫したイネWCS（8kg/頭・日）を給与して腹を慣らすとともに，電牧線の下を潜って採食する訓練を行なった（第2図）。

②電気牧柵の設置と放牧環境の整備

圃場外周の牧柵（外柵）は3段張りとし，上下2段を有刺鉄線，中段を電牧線（ポリワイヤー）とした。移動式の内柵は，簡単に抜き差しが可能なグラスポールを約5mおきに設置し，地上から約80cmの高さに電線を張った。

イネの一部（7a分）を刈り取ってバックヤードとし，水飲場や寝床，簡易な日よけを設置した。飲み水は，山からの沢水が利用できたため，落差を利用してホースで引き込み，簡易な水飲場を設置した。寝床は，圃場より1段高くなっている部分に山砂を盛って泥濘化を防いだ。

③立毛放牧の状況

イネの出穂から27日経過した2008年9月1日から，妊娠鑑定済みの黒毛和種繁殖雌牛4頭を入牧させ立毛放牧を開始した（第3図）。

内柵は，採食のようすをみながら，毎日朝と夕の2回あるいは朝のみ1回移動した。飼料イネは粗蛋白質割合が低いため，補助飼料として大豆かすを1日1頭当たり500g補給した。補助飼料は，給餌用のタライを1頭当たり1個ずつ

第3図 2008年の実証圃（由利本荘市）

左：実証圃の全景，右：採食のようす

用意して，全頭が確実に採食できるようにした。

飼料イネの採食量（乾物）は，放牧前半の9月は6.5kg/頭・日であったが，10月に入ると9.3kg/頭・日に増加した（第1表）。放牧開始から1週間ほどは株元の食べ残しが多かったが，牛が慣れるにしたがって徐々に採食量が増え，株元までロスが少なく採食することができた。

10月後半から気温が低下し，霜が降りたことなどにより，7a分（乾物で823kg）のイネを残して10月22日に放牧を終了した。放牧期間は52日間で，放牧延べ頭数は208頭・日，牧養力は160頭・日/10aであった。

④放牧利用コスト

電気牧柵の設置費（約17万円）を5年間で償却するとした場合，立毛放牧にかかったコストは，補助飼料費（大豆かすなど）などを含めてイネ1kg（乾物）当たり32円であった。実証圃のある地区の生産集団のイネWCS収穫調製コストはイネ1kg（乾物）当たり44円かかるため，それと比較して約3割コストが削減できた。また，今回はイネをすべて食べ尽くす前に退牧したが，食べ終わるまで放牧した場合を推定して試算すると，5割程度まで削減できると推測された（第2表）。

これらの結果から，立毛放牧利用技術は，秋田県でも飼料イネの省力・低コスト利用に有効な技術であることが確認できたが，放牧期間を延長することにより，さらに省力・低コストが期待できると考えられた。

⑤放牧期間の延長に向けて

そこで，翌2009年度も引き続き，同じ圃場で実証試験を実施した。前年度の課題を踏まえ，早生品種から晩生品種まで4品種（べこごのみ，夢あおば，クサノホシ，リーフスター）を作付けし，早生品種から順に給与を開始することで放牧期間の前倒しおよび延長を図った（第4，5図）。施肥は，前年に放牧牛が立ち入らなかったところを中心に，基肥を窒素成分で5kg/10a程度施用したが，それ以外は施用しなかった。

早生品種の‘べこごのみ’を導入したことにより，前年度より2週間程度早い，8月18日か

第1表　飼料イネの採食量（2008年度）

放牧期間（月/日）	採食面積（a）	採食量（乾物）（kg）	放牧延べ頭数（頭・日）	1頭1日当たり採食量（乾物）（kg/頭・日）
9/1 ～ 9/30	6.07	780	120	6.5
10/1 ～ 10/22	6.93	815	88	9.3
計	13.00	1,595	208	7.7（平均）

第2表　飼料イネの放牧利用と専用収穫機による収穫利用とのコスト比較

	補助飼料費（円）	薬剤費（円）	機械償却費（円）	費用計（円）	採食量（乾物）（kg）	kg単価（乾物）（円/kg）	収穫利用に対するkg単価の比率（%）
放牧利用（52日間13a）	10,506	5,670	34,500	50,676	1,595	32	73
食べ終わるまで放牧した場合（推定）（74日間20a）	15,038	5,670	34,500	55,208	2,418	23	52
	費　用（円）				収穫量（乾物）（kg）	kg単価（乾物）（円/kg）	収穫利用に対するkg単価の比率（%）
専用収穫機（収穫・調製・運搬）（10a当たり）	25,000				567	44	100

注　費用および収穫量は，地域内の生産集団の実績

ら放牧を開始することができた。入牧時の‘べこごのみ’は乳熟～糊熟期であった。

晩生品種‘クサノホシ’‘リーフスター’は，9月中旬に出穂したが，放牧後期（10月以降）も籾が登熟せず，ほぼ茎葉主体の給与となったため，嗜好性が良く，消化性の高い状態でイネを採食させることができた。

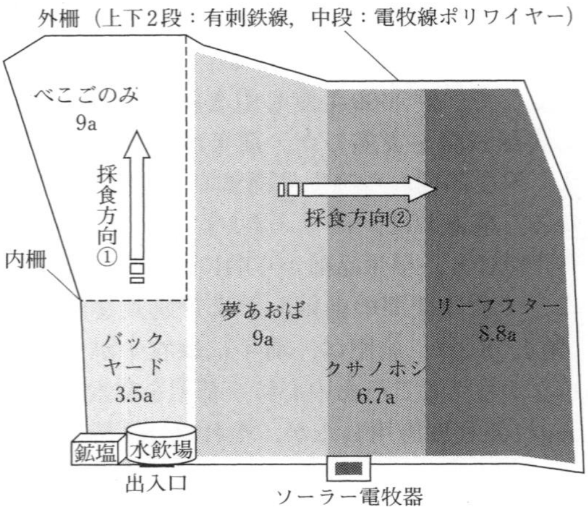

第4図　2009年の実証圃の平面図（由利本荘市）

第5図　2009年の実証圃の全景（由利本荘市）

立毛放牧期間は8月18日から10月25日の69日間であり，前年度（52日間）より，17日放牧期間を延長できた。

‘べこごのみ’は早期に放牧を開始できるメリットはあるが，放牧日数が経過するごとに登熟が進んで籾が硬くなり，消化率が低下するため，放牧頭数と放牧期間を考えて，栽植面積を判断する必要がある。

⑥馴致は十分に

9月の末に，未経産牛1頭を分娩のため下牧させ，代わりに2頭を新規に，馴致せず入牧したところ，1頭は不用意に電牧線に触れたショックで起立不能となり，治療を経て翌日に退牧，1頭は環境になじめず5日後に退牧した。担当農家は実証2年目であるため管理には慣れていたが，肝心の牛が慣れていなかったことから起きた事故であり，馴致の重要さを痛感した。放牧牛の入替えを行なう場合は，そのつど十分な馴致が必要である。

⑦採食量および期間

採食量（乾物）は，全期間平均で8.0kg/頭・日であった（第3表）。放牧開始期の‘べこごのみ’の採食量は，6.0kg/頭・日であった。前年度の立毛放牧経験牛2頭と未経験牛2頭で入牧を開始したが，環境に不慣れな牛もいたためと考えられる。‘夢あおば’は10.5kg/頭・日採食した。‘クサノホシ’については前述の事故が影響したためか，採食量は6.4kg/頭・日であった。‘リーフスター’の採食量は，11.0kg/頭・日であった。採食面積は，事故牛の救出のため一部を刈り取るなどしたため19.4aであった。放牧延べ頭数は251頭・日（8月18日～9月30日：4頭，10月1～25日：3頭），牧養力は129

第3表　飼料イネの採食量（2009年度）

飼料イネ（品種）	出穂期（参考）（月/日）	放牧期間（月/日）	採食面積（a）	採食量（乾物）（kg）	放牧延べ頭数（頭・日）	1頭1日当たり採食量（乾物）（kg/頭・日）
べこごのみ	7/30	8/18～9/14	6.43	669	112	6.0
夢あおば	8/5	9/15～9/26	4.39	503	48	10.5
クサノホシ	9/17	9/27～10/7	2.76	236	37	6.4
リーフスター	9/15	10/8～10/25	5.82	593	54	11.0
計			19.40	2,001	251	8.0（平均）

第6図 電線の下を深く潜って採食するようす

頭・日/10aであった。

⑧放牧期間延長によるコスト低減効果

栽培管理費を除く飼料イネの放牧利用コストは，前年度の試算（32円/kg（乾物））より2割程度削減され26円/kg（乾物）であった。放牧期間の延長と，補助飼料費の削減（無料の醤油かすを利用）が低コスト化につながったものと考えられた（第4表）。

放牧期間の延長により低コスト化は実証できたが，10月以降に雨が多く天候が不安定な地域では田面が泥濘化しやすく，放牧には適さない条件となることが多い。放牧期間を長く確保するには，排水対策を十分行ない，早生品種を栽植して入牧時期を8月中旬とするなど放牧開始時期を早めたほうがよいと考えられる。

この例のように，早晩性の異なる複数の品種を組み合わせる手法は，放牧期間と採食適期の調節に有効であり，地域の実状にあわせて放牧期間と品種構成を検討することでより効果的に立毛放牧技術を実施できる。

4. 秋田市での取組み（2009年度）

(1) 実証圃の概要

実証農家は，稲作と肉用牛（繁殖牛7頭）の複合経営で，労働力は経営主と経営主の父の2人である。市から借りていた放牧用地を地域の農家とともに集団で利用していたが，高齢化や飼養戸数・頭数の減少などにより維持管理が困難な状況となった。このため，より簡易な方法で，省力的な放牧を実施したいとの意向から，2006年より転作田で電気牧柵を活用した牧草放牧に取り組んでいる。そこで，この牧草放牧（春～夏期）と従来から取り組んでいるイネWCS給与（冬期：舎飼い）に，飼料イネ立毛放牧（秋期）をとり入れ，水田の周年フル活用による自給飼料確保を目指して，立毛放牧技術に取り組んだ。

実証圃は，実証農家の自宅および牛舎のある集落から1.7kmほど離れた，実証農家所有の水田（2筆）とした。実証圃の全体面積は22aで，うち2aをバックヤードとした。イネの品種は栽培に慣れている‘めんこいな’‘あきたこまち’を用いた（第7図）。

(2) 放牧の進め方

①電気牧柵の設置と放牧環境の整備

圃場外周の牧柵（外柵）は電牧線（ポリワイヤー）の2段張りとした。移動式の内柵は，地上から約80cmの高さに電線を張り，グラスポールを約5mおきに設置した。

バックヤードとして，栽植したイネの一部を2a分刈り取り，鉱塩や飲水用タライを設置した。飲み水の確保が困難であったことから，毎日朝と夕の2回，牛舎から水をタンクで運んで

第4表 飼料イネの放牧利用コスト比較

	補助飼料費（円）	薬剤費（円）	機械償却費（円）	費用計（円）	採食量（乾物）（kg）	kg単価（乾物）（円/kg）
2008年（52日間13a）	10,506	5,670	34,500	50,676	1,595	32
2009年（69日間19.4a）	2,385	9,060	39,782	51,227	2,001	26

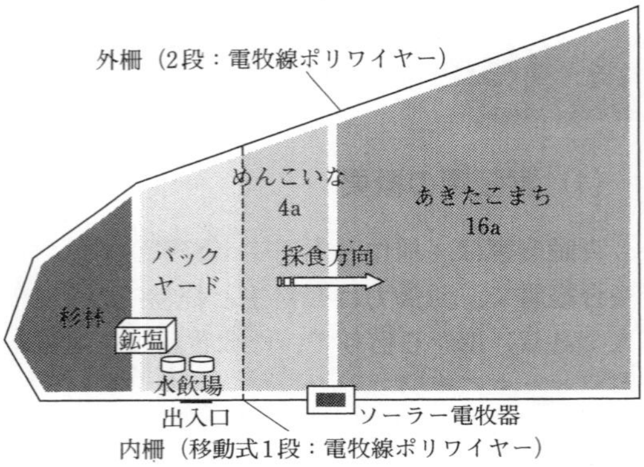

第7図　実証圃の平面図（2009年，秋田市）

第8図　杉林に入る放牧牛

給水を行なった。

放牧後半（10月～）から，隣接する杉林まで牧区を延長した。降雨時や夜など杉林の中で休憩することができ，牛が過ごしやすい環境を構築することができた（第8図）。

②立毛放牧の状況

立毛放牧期間は2009年9月1日～10月24日（54日間）で，放牧延べ頭数は205頭・日，牧養力は102.5頭・日/10aであった。放牧期間中，補助飼料として大豆かす500g/頭・日，配合飼料1kg/頭・日を補給した。

採食量（乾物）を試算すると，‘めんこいな’採食期（9月1～14日）は13.1kg/頭・日，‘あきたこまち’採食期（9月15日～10月24日）は11.0kg/頭・日であったが，放牧直後から，穂先は食べるが株元までは採食しない状況が続いた。また，石が多い圃場のため作土層が浅く，根の張りが浅いためか，牛が稲穂を引っ張ると株ごと抜けることが多く，引き抜いた株は採食しないこともあった。したがって放牧当初は採食ロスが非常に多く，試算した量の3割程度は採食できていなかった（この期間は，畦畔草や半乾草を補給した）。

改善策として，内柵の移動頻度を朝夕1日2回から朝のみ1日1回とし，株元まで採食するのを待ってから移動したところ，ロスなく採食することができた。採食域の幅（内柵の長さ）と放牧頭数をふまえ，採食の状況を確認しながら内柵の移動頻度を調節することが必要である。

第5表　飼料イネ立毛放

実証圃	放牧牛	腎機能				無機質				肝機能			
		BUN（mg/dl）		CRE（mg/dl）		Ca（mg/dl）		IP（mg/dl）		GOT（U/L）		GGT（U/L）	
		前	後	前	後	前	後	前	後	前	後	前	後
由利本荘市	A	3.7	7.3	1.2	1.6	10.1	10.6	5.8	6.3	64	53	16	14
	B	4.6	8.8	1.1	1.2	10.5	11.1	4.9	5.7	69	73	10	13
	C	7.3	14.2	1.1	1.2	10.2	10.5	5.7	5.0	58	61	17	13
秋田市	A	12.4	11.5	1.3	1.5	10.6	10.9	6.9	6.8	55	49	20	21
	B	10.9	6.3	0.9	1.4	9.9	10.7	5.6	5.1	68	73	14	21
	C	11.1	10.4	0.9	1.2	9.3	9.4	5.7	4.2	55	64	14	16
	D	11.7	4.1	1.1	1.4	8.4	9.0	5.7	4.3	59	61	28	31
正常値		10.0～20.0		1.0～2.0		8.5～12.0		4.0～8.0		54.7±13.4		15.7±4.0	

注　正常値：DAIRYMAN『主要症状を基礎にした牛の臨床』から

5. 飼料イネの採食による栄養状態への影響

飼料イネの採食による栄養的な影響を検討するため，血液生化学検査を実施した。放牧開始直前と放牧終了直後に採血を行なった結果，とくにBUN（尿素窒素），βカロチン，ビタミンEの値に大きな変動がみられた（第5表）。

由利本荘市の事例では，放牧前は低い状態にあったBUN値が，放牧後に増加した。放牧前は蛋白質の給与が不足していたが，放牧中に給与した大豆かすなどの補助飼料により蛋白質が充足されたものと考えられる。また，βカロチンは，晩生品種の導入により，放牧後半にも茎葉の割合が多く消化性の高いイネを採食できたため，増加したものと考えられる。

秋田市の事例では，BUN値が低下した放牧牛が2頭いるが，序列の低い牛が補助飼料を十分に摂取できなかったためと考えられる。βカロチンの低下は，放牧後半にβカロチン含量が少なくなる完熟期以降のイネを採食したためと考えられる。ビタミンEは，イネに含まれる成分がそのまま反映され，両牧場とも増加した。

飼料イネの立毛放牧では，放牧期間中のイネの成熟度合と放牧牛の栄養状態をよく確認したうえで，補助飼料の種類や量について検討し，適量を給与することが重要である。

6. 今後の普及性

立毛放牧技術での入牧後のおもな管理は，牧柵の移動のみ（場所によっては給水作業も）であり，飼料給与や排泄物の処理作業などの重労働から解放され，非常に省力化が図られる。とくに秋の農繁期に労働が軽減されることは，水稲との複合経営にとって最大のメリットである。また，牧草の不足しがちな時期にも，小面積で長期間粗飼料が確保できることから，飼料基盤の少ない経営にとって有効な技術である。

近年イネWCS向け飼料イネの作付けが急増しており，良質なイネWCS生産のための専用収穫機の導入が進んでいる。しかし機械の作業能力には限界があるため，今後は立毛放牧利用も取り入れ，地域の実情に応じて水田をより有効活用できる体系を構築していく必要がある。

ここで紹介した2つの事例は，いずれも県の委託事業としての取組みであり，放牧地の選定から放牧環境の整備，放牧牛の健康検査など，県関係機関と地元の市・JAで連携し，情報を共有しながら実施した。地域において初めて導入する際は，周辺住民や隣接する水田の所有者などに十分説明し，取組みについて理解を得たうえで，関係機関と連携・協議しながら進めることが重要である。

執筆　伊藤東子（秋田県由利地域振興局）

2010年記

牧前後の血液検査結果　（調査：秋田県中央家畜保健衛生所）

栄　養						ビタミン					
TP（g/dl）		Alb（g/dl）		TCHO（mg/dl）		VtA（IU/dl）		VtE（mg/dl）		βカロチン（mg/dl）	
前	後	前	後	前	後	前	後	前	後	前	後
6.1	7.0	3.4	3.5	92	117	129.3	180.9	447.0	1,196.4	124.3	476.9
6.9	7.3	3.4	3.5	88	107	124.7	156.0	360.5	795.9	82.8	307.5
7.0	7.9	3.5	3.7	82	81	126.3	108.7	338.6	529.9	121.0	337.5
5.7	6.2	3.5	3.6	135	110	156.9	194.8	539.8	749.5	351.8	224.3
6.7	7.3	3.4	3.8	141	153	187.5	186.1	458.9	871.0	341.7	335.1
6.2	8.0	3.6	3.8	94	126	95.5	99.0	338.4	743.0	341.4	218.7
5.9	7.4	3.3	3.5	124	97	126.2	80.4	461.4	584.5	418.3	171.3
7.10±0.55		3.50±0.035		80～300		40未満欠乏		100未満欠乏		20未満欠乏	

飼料イネの活用事例

茨城県水戸地域管内での耕畜連携の実際

〈茨城県の飼料イネへの取組み〉

茨城県内での飼料イネ栽培は2000年に試験的に始められてから着実に増え，2005年には200haを超え，2008年度は約320haとなった（第1図）。市町村別では稲敷市（105.2ha，32.8%），水戸市（80.3ha，25.0%），大洗町（55.0ha，16.2%）の3市町が栽培面積全体の74%を占め，とくに稲敷市では2008年度105.2haと，2007年度より約40haも拡大している。

2008年度に飼料イネとして作付けされた品種は，82.6%が飼料用イネ専用品種，残り17.4%が食用品種となっている。専用品種では‘クサホナミ’が全体の65.3%を占め，県の主要品種といえる。‘クサホナミ’に次いで，‘はまさり’‘夢あおば’‘リーフスター’‘ホシアオバ’‘クサノホシ’などが栽培されている（第2図）。

栽培面積の増加にともない飼料イネを利用する畜産農家の戸数が増えているが，そのうち約80%は酪農での利用となっている。

〈水戸地域管内での取組み〉

水戸地域管内では水戸市（80.3ha），大洗町（55.0ha）で耕畜連携による飼料イネへの取組みが行なわれている。利用農家戸数は37戸（酪農30戸，肥育7戸）である。飼料イネへの取組みが始まった当時，利用農家の大部分が酪農家であったことから，酪農家のニーズに合わせた飼料イネの生産が行なわれてきた。また，2008年度から試験的に茨城町で飼料米の栽培が始められ，水田における生産調整の一手段として飼料イネが定着し，市町を超えた耕畜の連携が行なわれている。

1. 管内の概況（水戸市，小美玉市，茨城町，大洗町）

管内は県のほぼ中央に位置し（第3図），那珂川と霞ヶ浦との間に広がる，水と緑に恵まれた自然豊かな平坦な地域である。

首都から80～100km圏内にあって，管内を常磐線，水戸線，大洗鹿島線が通り，主要幹線道路も整備され，交通の便および農産物の流通条件に恵まれている。

2006年の農業産出額は567億円で，そのうち米などの穀類90億円（15.9%），いも類を含めた野菜182億円（32.1%），畜産283億円（49.9

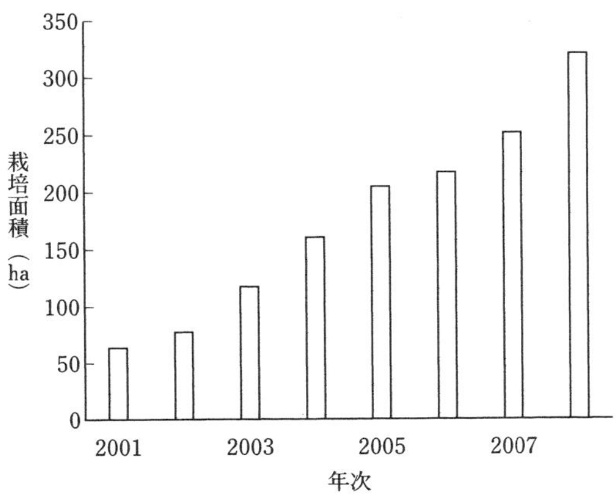

第1図　茨城県の飼料イネ栽培面積の推移

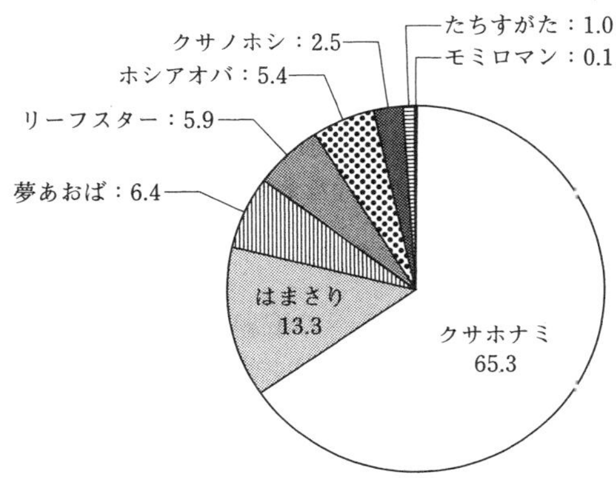

第2図　茨城県の飼料イネ専用品種の作付け構成　（2008年7月現在，単位：%）

第3図　水戸地域管内の位置

%）である。

農業経営の状況は，水田地域では転作物であるムギ，ダイズ，飼料イネなどの団地化が進み，農地流動化や作業受託による大規模水田農業経営体が育っている。また，ネギ，イチゴ，レンコン，施設野菜，花卉と組み合わせた水田複合経営が行なわれている。その一方で，畑作地域では県青果物銘柄産地の指定を受けているメロン，イチゴ，ニラなどの施設野菜経営とサツマイモ，ダイコン，加工ジャガイモなどの土地利用型畑作経営が行なわれている。

畜産経営では，酪農・養豚は小美玉市を中心に，肥育牛は茨城町，養鶏は小美玉市で大規模専業経営が行なわれている。

2. 酪農経営での利用

管内では飼料イネへの取組みが始まった当初から，酪農家が主体となり飼料イネを利用してきた。現在水戸市，大洗町で生産される飼料イネを利用する農家戸数は37戸，そのうち30戸が酪農経営である。酪農経営の規模は平均経産牛頭数が49.3頭で，管内の平均的な規模といえるが，なかには100頭以上の大規模な農家も含まれている。栽培面積の拡大にともない，また試験成績などによる飼料イネの肉質への影響が報告されるなかで，稲わらに替わる飼料として肉用牛経営の飼料イネ利用者が増え始めている。

飼料イネの生産組合では酪農家の要望に合わせ，飼料イネ収穫機導入の際にはフレール型の専用収穫機を多く導入している。理由としては，フレール型ではイネを叩きながら収穫することで，ロール内の気密性が増し，発酵が速く，また穂と茎葉とがよく混ざり給与しやすいうえ，牛の嗜好性が高いからである。

〈水戸市での取組み〉

1. 取組みのきっかけとこれまでの経緯

水戸市は湿田が多いため，転作には大変苦労してきた。これまで休耕や調整水田などで生産調整に対応していたが，収益には必ずしも反映されず，新たな転作作物の導入が課題となっていた。そんななかで水田機能の維持，湿田でも栽培可能な転作作物であること，畜産農家の粗飼料の確保による所得向上になると考えられたことから飼料イネに注目し，2001年から栽培に取り組むことになった。

当初，水戸市，水戸市農業公社（以下，公社とする），水戸地域農業改良普及センター，JA水戸，茨城北酪農協などの関係機関の協力のもとに水戸地域飼料利用組合（以下，利用組合とする，市内酪農家4戸）と水戸市飼料稲生産

第1表　水戸市での飼料イネの取組みの推移

年　度	栽培面積 (ha)	生産組合組織数	利用組合農家数
2001	4.2	1組織（1地区）	4（酪農）
2002	18.3	2組織（2地区）	15（酪農）
2003	48.7	3組織（3地区）	21（酪農）
2004	48.9	3組織（3地区）	21（酪農）
2005	66.8	3組織（3地区）	26（酪農24戸，肉牛2戸）
2006	67.3	3組織（3地区）	26（酪農23戸，肉牛3戸）
2007	87.5	6組織（3地区）	26（酪農23戸，肉牛3戸）
2008	80.3	6組織（3地区）	25（酪農22戸，肉牛3戸）

組合（以下，生産組合とする，耕種農家14戸）とが飼料イネに関する協定を結び，互いの役割分担を明確にすることで始まった。2008年度は，栽培地域の増加にともない，面積，生産組織数および利用農家数も増え，茨城県内では2番目に大きな面積を占めるほどになった（第1表）。

利用組合の現在の構成員は水戸市，小美玉市，鉾田市，茨城町の酪農家22戸，肉用牛農家（繁殖・肥育）3戸で構成され，役職として，組合長，副組合長（各地域支部長），会計がおかれている。利用組合は飼料イネの栽培，収穫調製および運搬までを生産組合に委託し，生産された飼料イネを保管し，飼料として有効利用することで，良質乳の生産，畜産農家の生産性向上を目指すとともに，ひいては水田農業の経営確立の一助とすることを目的とし活動している。

2. 支援組織と生産組合・利用組合の役割分担

生産組合は，公社から飼料イネ収穫調製機械（専用収穫機，ラッピングマシン，グラブ付きホイルローダーなど）をリースして収穫調製作業を行なっているため，大きな初期投資を行なわずに作業を行なうことができている。

飼料イネ収穫調製機械は2001年は試験的栽培の意味もあったため実演機で対応し，その翌年の2002年から2003年にフレール型収穫機1台（第4図），コンバイン型収穫機1台（第5図），ラッピングマシン4台，グラブ付きトラクター2台，グラブ付きホイルローダー2台を茨城県の助成事業を活用して公社が導入を行なった。

しかし，収穫面積の拡大にともない，飼料イネの適期収穫が困難となり，製品の品質低下をまねいてしまった。その結果，利用組合から「飼料イネの品質向上のため収穫機械導入の要望」があがり，それを受けて，2007年にフレール型1台，ラッピングマシン1台，グラブ付きホイルローダー1台を同じく県の助成事業を活用して導入した。その結果，現在公社は専用

第4図　フレール型収穫機

第5図　コンバイン型収穫機

収穫機を3台保有し，3地区の6組織が順番で利用し，飼料イネの適期刈りに努めている。

飼料イネの生産を始めた2001年度から国産粗飼料増産緊急対策事業でメニュー化された稲発酵粗飼料型の助成を受けたことから，生産組合の運営がより円滑に進められた。同時に利用組合員に対しても飼料イネの給与実証の助成があり，より安価な価格で国産粗飼料を利用できることになった。

飼料イネ導入の推進体制を第6図に，生産組合と利用組合の役割分担を第7図に，助成金と収支計算の概略を第2表に示した。

3. 栽培から運搬・保管まで

①品種と栽培面積

栽培品種は専用品種が‘夢あおば’‘ホシアオバ’‘クサホナミ’‘はまさり’で，播種量はいずれも5kg/10a，ほかに‘あきたこまち’を栽培，播種量は3kg/10aである。種子は専用品

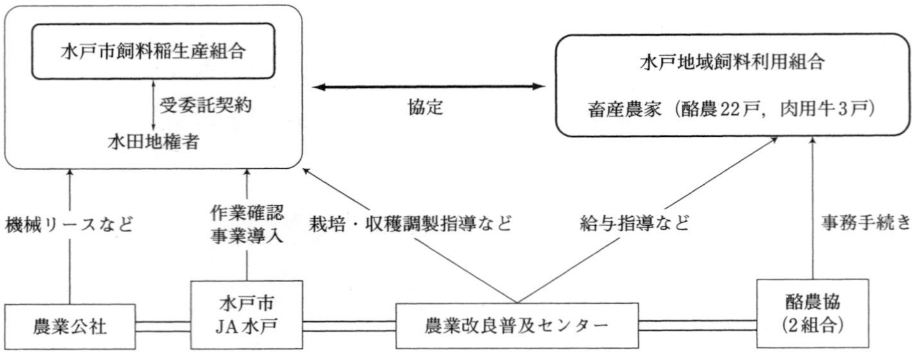

第6図　水戸市の飼料イネ導入推進体制

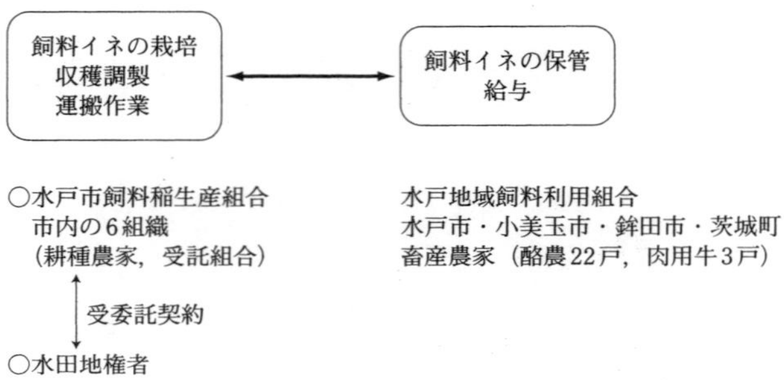

第7図　水戸市の飼料イネ生産の役割分担

種は日本草地畜産種子協会から，'あきたこまち'は茨城県穀物改良協会から入手している。食用米との作業の競合を避け，収穫調製機械の利用時期を考慮した品種構成としている。

2002年度から2008年度までの各年の栽培面積の推移をみると，18.3ha，48.7ha，48.9ha，66.8ha，67.3ha，87.5ha，80.3haで，着実に増加している。とくに2007年度からは生産組織数

第2表　2008年度の水戸市の飼料イネの収支（単位：円/10a）

	地権者		生産組合		利用組合（畜産農家）	
収入①	産地づくり交付金	33,000	耕畜連携水田活用対策	13,000	耕畜連携水田活用対策[3]	0 ～ 13,000
	新需給調整システム定着交付金	1,000	生産組織育成補助金	13,000	国産粗飼料増産対策事業（給与実証補助金）	10,000
	転作奨励金[1]（市単独助成）	27,000（29,000）	販売代金	22,000		
			作業受託料[2]	15,000 ～ 35,000		
	計	61,000 ～ 63,000	計	63,000 ～ 83,000	計	10,000 ～ 23,000
支出②	作業受託料[2]	15,000 ～ 35,000	資材・光熱費 機械リース料 生産労務費	18,107 14,378 18,360	購入代金	22,000
	計	15,000 ～ 35,000	計	50,845	計	22,000
収支①－②		26,000 ～ 48,000		12,155 ～ 32,155		12,000 ～ 1,000

注　1）地域の条件（生産調整達成など）により異なる
2）生産組織の規定により異なる（35,000円1組織，30,000円2組織，20,000円1組織，15,000円2組織）
3）飼料イネ収穫後の圃場に堆肥を散布している場合のみ該当

〈海老沢牧場の事例〉

水戸地域飼料利用組合の一員である海老沢さんの牧場は水戸市に隣接した茨城町にある。同じ地域内には水戸市の飼料イネを利用する農家，大洗町の飼料イネを利用する農家が混在している。この地域はとくに若い経営主が多く，互いに刺激し合いながら経営の向上を目指している。

1. 経営の概要

経営主である海老沢隆志さんは就農8年目，31歳（第8図）。就農当初は搾乳牛が10頭程度の小規模酪農家だった。就農後，経営規模の拡大を決意し，2004年に96床のフリーストール牛舎を新築，2008年5月にはフリーバーンの乾乳・育成舎が完成したばかりである。飼料イネは2002年から利用組合員となり給与を開始した。現在は年間約800ロールを購入している。経営の概要は第6表のとおりである。

2. 飼料イネをとり入れた理由

1）国の施策である自給率の向上が望める。

2）残留農薬の心配がある輸入粗飼料より安全・安心の国産粗飼料が確保できる。

3）国内で生産されるため，現在の世界的な飼料高の影響を受けない。

4）TMRに混ぜることによって水分調整の役割をし，嗜好性がよい。

飼料イネの現在の価格は2万2,000円/10a（1ロール：約2,200円）であるため，輸入粗飼料より安価で，嗜好性がよく，安全な粗飼料を確保することができ，飼料として欠かせないものになっている。また，購入した飼料イネの面積に応じて，堆肥を圃場に還元することになっており，耕畜連携および資源循環が実現している。

3. 飼料イネの給与方法

給与形態はTMR方式で，飼料イネは粗飼料としてだけでなく，水分調整剤としても利用している。TMR飼料には，自家産のデントコーンサイレージ，ソルゴーサイレージ，稲わらにビールかす，飼料イネ（WCS），配合（国産原料），配合（輸入原料），ビート，スーダン乾草，ルーサン乾草を含んでいる（第9図）。そのため，国産飼料率は約63％となり，安全・安心にこだわった給与メニューとなっている。

1頭当たりの飼料イネの現物給与量は，搾乳牛2.5kg，乾乳牛10kg，育成牛10kgである。

飼料イネの供給量が増えたこと，品質への信頼感から，今では子牛以外すべての飼養牛に飼料イネの給与を行なっている。飼料イネ給与による生乳生産成績の低下を心配する声もあったが，海老沢牧場では搾乳牛1頭当たり年間産乳量は1万637kg，乳脂率3.96％，

第8図 海老沢さんのご家族と牧場のシンボル（弟さんのデザインによる看板）

第6表 海老沢さんの経営の概要

経営規模	経産牛：67頭，育成牛：30頭，子牛：3頭
飼養形態	フリーストール・ミルキングパーラー方式
労働力	本人，父，アルバイト（夕方の搾乳のみ）1名
自給飼料	サイレージ：コーン・ソルゴーの混播栽培6ha（延べ12ha） 稲わら：自作地2ha
飼料イネの利用	約7ha分

が増えたため，栽培面積が増加した（第1表）。

②**栽培管理のポイント**

生産組合では，収穫機械のすべてを公社からリースしているため，機械の利用可能時期に合わせた収穫調製の計画を立てている。そのため，収穫時期から逆算し，育苗～移植，中干しの日程を決定している。

第3表に主な栽培管理を示したが，施肥管理は，普及センターで行なう土壌診断（リン酸緩衝液による可給態窒素の簡易測定）に基づいて行なっている。また，飼料用イネは遅植えや無防除のため2008年産はイネツトムシの発生が多く，被害もみられた。

③**収穫調製・輸送・保管**

飼料イネの収穫面積は80.3ha，収量は2,148kg/10a，総収量は1,724.8tである。刈取り時期は黄熟期で，水分65％，乾物収量は752kg/10aとなる。第4表にはサイレージの概要を示した。

収穫調製を行なった当日あるいは翌日には，生産組合によって利用組合員の指定した場所（多くは畜舎敷地内または近隣の圃場）に運搬される。保管場所は大部分が屋外で，ロールは縦2段積みで静置し，発酵状態により飼料として給与される。

指定場所までの運搬，そして積降ろしまでが生産組合の責任で，その後の保管は利用組合員が責任をもつ。

生産組合では，収穫調製後ロールごとに日付け・圃場番号・通し番号を記載することで，栽培管理や収穫調製などを事後に確認できるシステムをとり，品質調査や問題が起きたときの情報やデータなどの集積が容易となっている。

4. 給与実態

第5表に給与実態を示した。輸入乾牧草の代替（スーダングラスなど），または自給粗飼料（コーンサイレージ）の代替として利用している。

栽培面積が増えたことにともない，給与期間が伸び，全頭への給与も行なわれるようになり，給与をするうえで，年間を通じて安定した品質や供給が求められている。

第3表　栽培管理の概要

作　業	時　期	使用機械
耕　起	12月	ロータリー
種子予措・育苗	5月中旬	
代かき	5月下旬	ロータリー，ハロー
移　植	5～6月上旬	乗用田植機
除草剤散布		
水管理（中干し，間断灌水，落水）		
収穫調製・搬出・運搬	8月下旬～11月上旬	飼料イネ専用収穫機，ラッピングマシン，グラブなど

第4表　サイレージの概要

サイレージ態様	ベールの直径 (cm)	ベールの重量 (kg)	総個数 (個)	総重量 (t)	備　考
ラップサイレージ	85	170	6,080	1,033.6	フレール型収穫機（53.2ha）
	100	270	2,560	691.2	コンバイン型収穫機（27.1ha）

第5表　水戸地域飼料利用組合での飼料イネの給与実態

	肉用牛（3戸）		乳用牛（22戸）				
	繁殖牛	肥育牛	全　頭	育成牛	乾乳牛	成　牛	育成・乾乳牛
給与戸数（戸）	2	1	8	2	1	3	8
給与頭数（頭）	29	80	446	80	5	66	300
給与量（kg/頭・日）	6～13	0.6	1～10	5～11	15	7～11	2～20
給与期間	通年	通年	3か月～通年	3か月～通年	3か月～通年	3か月～通年	3か月～通年

注　2007年産飼料イネ給与調査から

無脂固形分率8.33％の高泌乳を実現している。また，繁殖については搾乳牛率（搾乳牛頭数÷経産牛頭数）85.5％，平均分娩間隔14.5か月であり，飼料イネ給与の影響はないものと考えられる。

4. 飼料費と所得率

経産牛1頭当たり年間購入飼料費は37万7,814円（うち，飼料イネ購入費2万4,852円）で，年間自給飼料費は1万1,377円。乳飼費（育成牛を含む）は45.0％である。

飼料イネと自給粗飼料を利用することで，飼料費を抑えることができた。その結果，生乳1kg当たりの生産原価は66.02円となり，年間平均販売乳価90.22円から所得率30.5％を確保した。

5. 今後の展望

海老沢さんは近い将来経産牛を100頭規模とし，常時雇用も考えている。過剰労働にならないように，作業効率をよくし，ヘルパー制度を活用し，家族とのふれあう時間を増やして，仕事と生活との調和（ライフワークバランス）がとれるように次の点を考慮している。

1）同じ酪農協の若手メンバーと立ち上げた「酪経塾」の活動を通して，知識の向上やコミュニケーションをとり，同じ酪農の仲間との絆を深め，切磋琢磨していく。とくに身近にいる大型酪農経営をしている先輩を目標に，自分の理想を高め，厳しい情勢にあっても揺らぐことのない堅実な経営を実現していく。

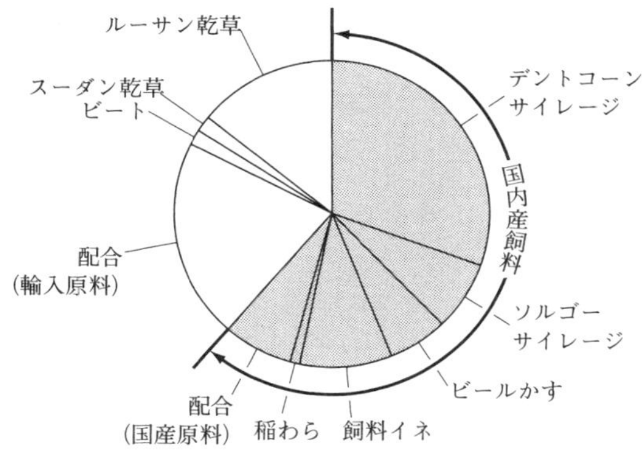

第9図 海老沢牧場の飼料給与割合
約63％が国内産飼料

2）堆肥利用組合の活動をより活発にするために，現在ある堆肥散布車に加え，湿田での堆肥散布に対応できるように小型の堆肥散布機の導入を視野に入れ，より良い堆肥づくりに努める。今後も飼料イネの取組みが継続できるように利用者として生産組合をバックアップしていく。

＊

普及センターでは，関係機関の一員としてこの耕畜連携の取組みへの支援を行なうとともに，個々の生産者，利用者に対して情報発信，栽培・収穫調製支援，保管・給与に対する支援を引き続き行なっていく予定である。

執筆　石川恭子（茨城県県央農林事務所笠間地域農業改良普及センター）

2009年記

交雑種肥育牛の肥育後期での稲発酵粗飼料給与——長野県北佐久郡立科町

〈地域の概要〉

長野県北佐久郡立科町は長野県東部に位置する。町は南北に細長く，最南端に標高2,530mの蓼科山がそびえ，その北斜面に広がっている。町の南部は標高1,500m以上の高原地帯であるが，ここで紹介する飼料イネ活用事例は，北部の標高700m前後の地域である。

この地域は，年平均気温10℃，年間降水量1,000mmの冷涼寡雨な気候であり，耕地の大部分は水はけの悪い強粘土質土壌である。このため稲作が中心であり転作作物の導入は困難で，なおかつ長野県でも有数の特A地区であるため稲作への意欲が強い。

一方，耕作放棄地や不作付け地は経営耕地面積の約26％，244haに及んでいる（2005年）。このような条件のなか，水田として維持しながら転作できる作物として飼料イネに着目した。

〈取組みの経緯〉

立科町には肉用交雑牛肥育を中心に20戸の畜産農家がいる。コンバインの普及により稲わらの確保が困難になってきており，畜産農家側からも稲わらに代替できる飼料作物が要望されていた。そこで，2001年に飼料イネの試験栽培が始まった。2003年には稲作農家で組織する「飼料イネ生産組合」，畜産農家で組織する「飼料イネ収穫利用組合」，両者を調整する組織として町役場・JAおよび農業改良普及センターなどの県関係機関からなる「立科町稲発酵粗飼料推進連絡会議」（以下，連絡会議とする）が設立された。

組合名からわかるとおり，稲作農家は代かき～移植（播種）～栽培を，畜産農家は収穫～調製～給与を行なう（第2図）。2008年には飼料イネの栽培面積は12haに増え，隣接する佐久市でも新たに27haの取組みが始まった（第1表）。

〈飼料イネの収支計算〉

1. 栽培農家の収支

飼料イネ生産組合は稲作農家30数戸からなっている。稲作の特A地区であるため，飼料イネ専用品種を導入して多収を目指すことはせず，‘コシヒカリ’を栽培し，いつでも食用米への復帰ができるようにしている。直播栽培が一部導入されているが，基本的には一般的な稲作栽培技術を用いている。移植は食用米と同じ時期に行ない，収穫は食用米より早めに行な

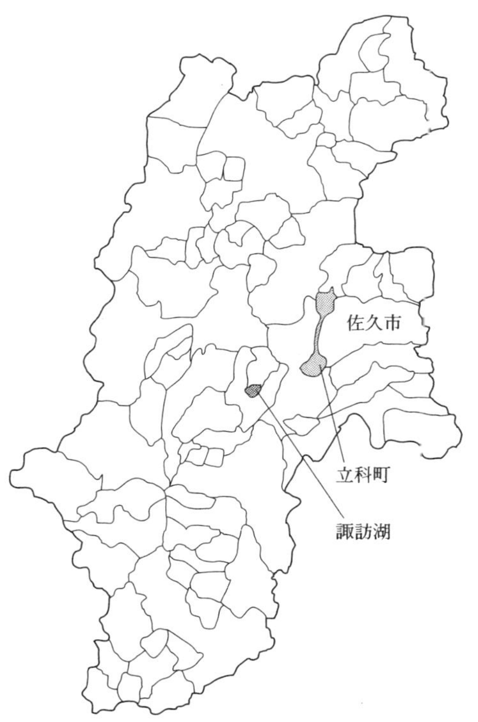

第1図　長野県立科町の位置

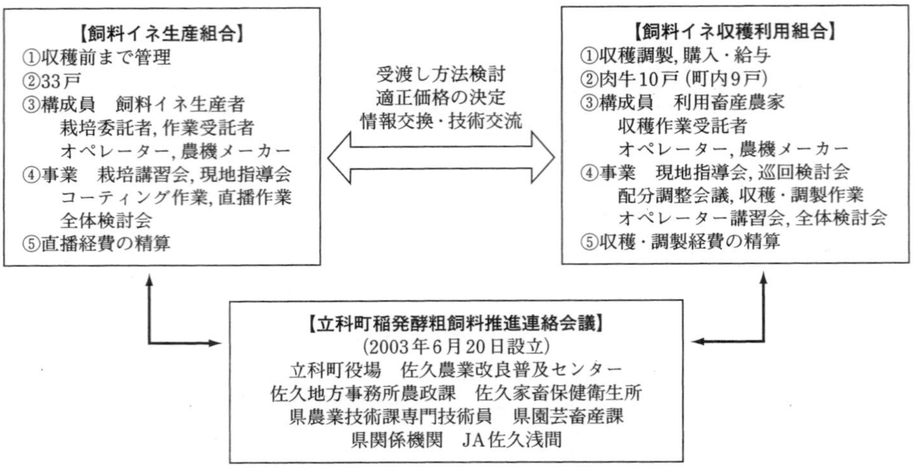

【飼料イネ生産組合】
①収穫前まで管理
②33戸
③構成員　飼料イネ生産者
栽培委託者, 作業受託者
オペレーター, 農機メーカー
④事業　栽培講習会, 現地指導会
コーティング作業, 直播作業
全体検討会
⑤直播経費の精算
受渡し方法検討
適正価格の決定
情報交換・技術交流
【飼料イネ収穫利用組合】
①収穫調製, 購入・給与
②肉牛10戸 (町内9戸)
③構成員　利用畜産農家
収穫作業受託者
オペレーター, 農機メーカー
④事業　現地指導会, 巡回検討会
配分調整会議, 収穫・調製作業
オペレーター講習会, 全体検討会
⑤収穫・調製経費の精算
【立科町稲発酵粗飼料推進連絡会議】
(2003年6月20日設立)
立科町役場　佐久農業改良普及センター
佐久地方事務所農政課　佐久家畜保健衛生所
県農業技術課専門技術員　県園芸畜産課
県関係機関　JA佐久浅間

第2図　飼料イネへの取組み組織図（2007年）

第1表　立科町と佐久市の飼料イネ栽培面積などの推移

	立科町				佐久市 (2008)
	2005年度	2006	2007	2008	
作付け面積（ha）	7.4	9.7	8.3	11.8	27.4
総収量（ロール数）	1,133	1,345	1,130	1,822	2,434
10a収量（ロール数）	15.3	13.9	13.6	15.4	8.9
10a収量（原物kg）1)	2,756	2,496	2,451	2,779	2,665
栽培様式	湛直／移植	湛直／移植	湛直／移植	湛直／移植	移植
栽培農家数（戸）	34	43	33	49	18
利用農家数（戸）	9	9	10	17	27

注　1) 立科町は180kg/ロール（フレール型），佐久市は300kg/ロール（細断型）で計算

第2表　飼料イネ栽培の収支（10a当たり，単位：円）

収　入	産地づくり交付金	50,000
	自治体助成金	5,000
	耕畜連携推進対策補助金	12,000
	飼料イネ販売代金 (15.4個×1,000円)	15,400
支　出	生産経費	68,500
収　支	収入ー支出	13,900

注　生産組合から見た収支（2008年）

う。

収穫・調製は畜産農家が行ない，飼料イネ代金として1,000円/ロールが稲作農家に支払われる。収穫機はクローラタイプなので多少のぬかるみは問題ないが，土が混ざると発酵に影響するので，夏干しを強めに行なうなどの工夫がされている。

飼料イネ生産の収支は第2表のとおりである。飼料イネの収量が増えればその分収入は増えるが，そのための専用品種導入意欲は低く，わずかでも利益が出れば飼料イネ栽培を継続する意向の農家が多い。稲作農家の多くが小規模な第2種兼業農家であり，水田の維持ができればよしとする事情がある。

2. 畜産農家の収支

飼料イネの収穫・調製は畜産農家が行なう（第3表）。当初は，メーカーのデモ機を借りて収穫・調製を行なったが，最終的にJAでフレール型収穫機を購入し，飼料イネ収穫利用組合が毎年リース料をJAに支払うことにした。このほか，燃料代，修繕費，ラップフィルムなどの資材費，人件費，運搬費，稲作農家への支払い代金などを合計し，ロール数で割って1ロール当たりの代金を決定する。

2008年の実績では畜産農家は飼料イネ代金として3,220円/ロールを支払った。180kg/ロ

第3表　飼料イネ収穫・調製の収支
（10a当たり，単位：円）

収　入	飼料イネ購入代金 （15.4個×3,220円）	49,600
支　出	稲作農家へ 収穫機減価償却費 人件費・運搬車代 資材費（ラップフィルムなど） 修繕費 燃料代ほか	15,400 12,350 9,680 5,420 2,430 4,150
収　支	収入ー支出	170

注　収穫利用組合から見た収支（2008年）

ールなので，原物1kg単価は17.8円，DM40％として乾物1kg単価は45円程度になる。畜産農家に給与実証助成金として1万円/10aが交付されれば，乾物1kg単価はおおよそ9円ほど安くなる。

〈稲発酵粗飼料の給与例とその効果〉

1. 給与時期の検討

立科町では飼料イネを稲発酵粗飼料（以下，WCSとする）として貯蔵し，交雑種肥育に利用している。肥育農家1戸当たりの年間利用量は110ロールほどであり，全頭全期間に給与するだけの量はない。さらにWCSは稲わらの代替として考えているが，稲わらに比べて割高感がある。そのためWCSの嗜好性がよいことは認めているものの，全頭全期間に給与を拡大することは考えていない。

そこで，どの期間に給与するべきか検討を重ねてきた。基本的にはビタミンAコントロールのため，WCSを肥育中期は給与せず，肥育前期または肥育後期に給与する方向で検討した。

このような状況のもと長野畜試から，WCSを給与して生産された牛肉は，ビタミンE（α-トコフェロール）含量が多く，肉色を退色させる原因物質であるメトミオグロビン割合の増加を抑えるとともに，脂質の酸化を抑制することが連絡会議で報告された。

WCSの牛肉への給与効果を引き出すためには，肥育後期に給与することが効果的と考えられた。そこで，肥育後期にWCSを1日当たり1kgまたは2kg給与している農家3戸の現地調査を行なった。

2. 給与量と血液成分への影響

調査を行なった交雑種肥育農家3戸の飼料給与量を第4表に示した。AおよびB農家はWCSを20か月齢以降原物で2kg給与しており，C農家は1kg給与していた。なお，C農家は6～12か月齢時にも1.5kg給与していた。

3戸の農家が用いている肥育用配合飼料はこの地域独自に指定配合しているもので，前期用は「女神前期」，後期用は「女神後期」の名称で流通しているものであった。

月齢と血液成分との関係を第3，4図に示した。肥育後期にWCSを2kg（原物）給与して

第4表　交雑種去勢肥育牛のステージ別飼料給与量（単位：原物kg/日）

農　家	A農家				B農家				C農家			
肥育ステージ	育成期	前期	中期	後期	育成期	前期	中期	後期	育成期	前期	中期	後期
生後月齢（月）	5～8	9～12	13～19	20～27	5～7	8～12	13～19	20～27	6～9	10～12	13～19	20～27
稲発酵粗飼料	—	—	—	2.0	—	—	—	2.0	1.5	1.5	—	1.0
稲わら	—	1.5	1～1.5	0.5	1.0	3～4	1.5	0.5	2.0	2.0	1～1.5	1.0
チモシー乾草	不断	1.0	—	—	—	—	—	—	2.0	1.0	—	—
グラスサイレージ	—	—	—	—	5.0	—	—	—	—	—	—	—
コーンサイレージ	—	2.0	—	—	—	—	—	—	—	—	—	—
育成用配合飼料	6.0	—	—	—	4.5	—	—	—	6.0	6.0	—	—
肥育前期用配合飼料	—	7.5	—	—	—	6～7	—	—	—	3.0	—	—
肥育後期用配合飼料	—	—	9～9.5	8.5～9	—	—	9～10	9～9.5	—	—	9～10.5	10.0
ビールかす	—	—	0.5	0.5	—	—	—	—	—	—	0.5	0.5

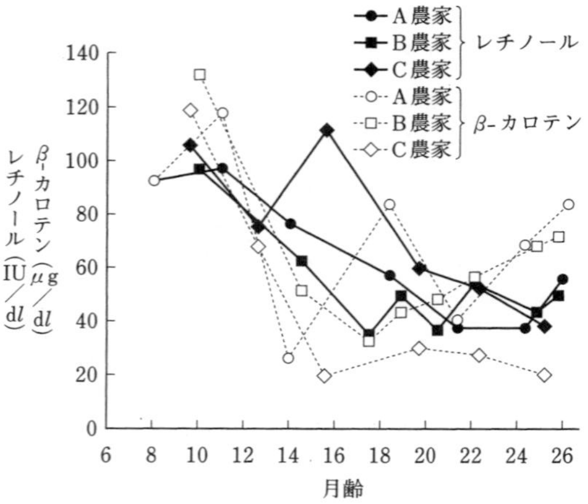

第3図　交雑種肥育牛の血漿中レチノールおよびβ-カロテン濃度

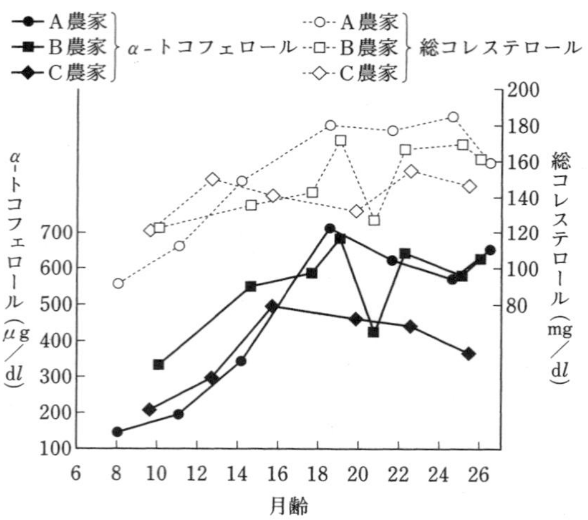

第4図　交雑種肥育牛の血漿中α-トコフェロールおよび総コレステロール濃度

いるAおよびB農家は，22か月齢以降β-カロテン濃度は上昇し，それにともない出荷間際のレチノール（ビタミンA）濃度も上昇した。それと対照的に1日1kg給与するC農家は22か月齢以降β-カロテン濃度およびレチノール濃度とも減少した。また，3農家とも肥育中期は粗飼料を稲わらのみにしており，肥育中期のレチノール濃度は農家の16か月齢時を除き40～60IU/dl程度に低下していた。

また，3農家とも6～16か月齢の血漿中α-トコフェロール（ビタミンE）濃度は月齢が進むにつれて増加した。その後，AおよびB農家は600μg/dl程度と高い値を保ったが，C農家は徐々に減少し400μg/dl程度になった。一方，総コレステロールは3農家とも月齢が進むにつれて上昇する傾向であった。

WCS中のβ-カロテンおよびα-トコフェロール含量は黄熟期でそれぞれ30mg/kgDM前後，200mg/kgDM前後との報告がある（金谷ら，2006）。これは稲わらに比べβ-カロテンでは約3倍，α-トコフェロールでは約10倍の含量である。このようなWCSを肥育牛に給与すると，血液中や牛肉中のビタミンE（α-トコフェロール）濃度を高めることが報告されている（清水ら，2005；篠田ら，2003）。

WCSを20か月齢以降原物で2kg給与したA，B農家は，1kgしか給与しないC農家に比べ，その効果が血液成分値に現われていた。

3. 牛肉の成分分析と官能検査

そこでA，B農家の出荷した牛それぞれ2頭についてサーロインを採取し，牛肉の成分分析や官能検査を行なった。比較のため，同じ立科地域でWCSを給与していない対照農家のサーロインも4頭分採取し，同様の検査を行なった。

第5表にその牛肉の枝肉格付けおよびロースの分析値を示した。枝肉格付けや水分，脂肪，調理ロス，剪断力価に違いはなかったが，ビタミンE含量はWCS給与牛が4.4mg/kgと多く，そのため肉色の退色が明らかに抑えられていた。さらに，専門家による官能検査の結果，A，B農家のWCS給与牛は，多汁性にやや劣るものの，脂っこくなく風味やうま味が強く，総合評価で好ましいことが実証された（第5図）。

4. 少ない給与量で効果が出ている理由

以上のように，肥育後期にWCSを2kg/日給与することで，立科地域では特色のある好ましい牛肉が生産できることがわかった。一方，肥育後期にWCSを5kg/日以上給与することで，抗酸化機能発揮に必要とされる牛肉中のビタミンE含量3.5mg/kgを上まわる結果が得られるとの報告がある（山田ら，2008）。それに比べA，B農家のWCS給与量は2kg/日と少ない。

このような少ない給与量で効果が出ることについて，その原因を探るため立科地域のWCS中のβ-カロテンおよびα-トコフェロール含量を測定した。その結果，β-カロテンは約45mg/kgDM前後，α-トコフェロール含量は300mg/kgDM前後と比較的高い値であった。さらに，WCSを給与していない18か月齢前後の血漿中α-トコフェロール濃度が，700μg/dlと高いことから，立科地域で用いている肥育後期配合飼料中のα-トコフェロール含量を測定したところ，26mg/kgDMであった。日本飼養標準2008年版では飼料中α-トコフェロール含量は15mg/kgDM必要としており，それと比較して倍近く高い値である。

このような理由から，立科地域ではWCS給与量が2kg/日であっても，牛肉中のビタミンE含量が3.5mg/kg以上である抗酸化機能をもつ牛肉生産が実現されており，また官能検査でもおいしいという評価が得られていた。

第5表　WCS給与牛と対照牛の枝肉格付けおよび胸最長筋の成分値　（畜産草地研究所分析，2008）

格付け		胸最長筋 水分（%）	脂肪（%）	ビタミンE*（mg/kg）	調理ロス（%）	剪断力価（kg/cm^2）
WCS給与牛	B-3	62.0	17.6	5.21	22.4	2.24
	C-2	57.3	24.0	4.75	23.5	2.32
	C-2	64.0	15.0	3.94	26.3	3.79
	B-3	59.5	19.8	3.86	24.3	2.13
	平均	**60.7**	**19.1**	**4.44**	**24.1**	**2.62**
対照牛	B-3	61.0	19.3	3.18	22.7	1.52
	B-2	61.4	18.1	3.63	22.8	2.75
	B-2	64.7	14.1	1.78	24.4	2.32
	B-2	56.5	24.9	3.64	21.3	2.53
	平均	**60.9**	**19.1**	**3.06**	**22.8**	**2.28**

注　＊2～3が普通

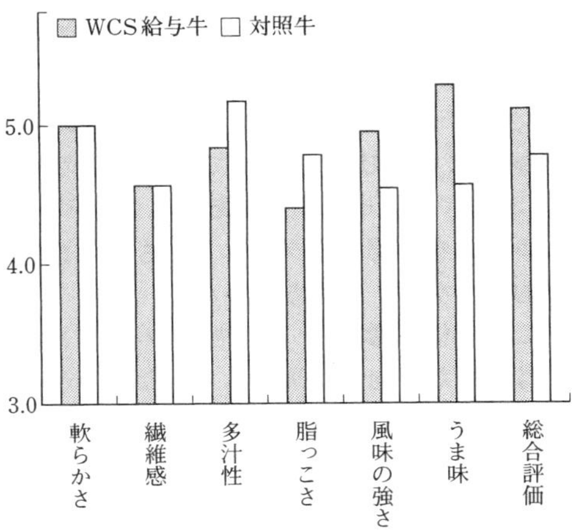

第5図　WCS給与牛と対照牛の官能評価
（日本女子大分析，2008）
評価が高いほどその特性が強い，または多い

〈特色を生かしたブランド化〉

すでに，立科地域で肥育された交雑牛は，地元の食肉加工業者によって「信州蓼科牛」のブランドで販売されている。この「信州蓼科牛」ブランドは1995年に商標登録されたが，その当時はWCSの給与は行なっていない。この地域独自の指定配合飼料を用い，その給与方法や肥育期間を定め，早い去勢時期といった特徴に加え，高原の澄みきった空気，心地良い温度と湿度といった環境をアピールし，長い年月をかけてブランド化にこぎつけた経緯がある。

その後，立科地域でWCSの給与が始まったため，「信州蓼科牛」ブランドはWCSを給与しない慣行肥育牛と，WCSを給与した牛の両方が区別されることなく販売される事態になった。

これまで述べたように，WCS給与牛肉は，肉色の安定性や官能評価に優れた成績が得られており，ほかにも消費者のアンケート調査を行なった結果，WCS給与牛肉は国産飼料ということで安心感がある‘コシヒカリ’を食べているので商品価値が高いといった意見もあった。このようなWCS給与牛肉をブランドとして高めることが重要な課題である。

しかし，WCSの給与方法が農家ごとに異なれば，牛肉の品質もばらつくことになり，ブランドとして成り立たない。そこで連絡会議では，信州蓼科牛WCS給与牛の規定を第6表の

第6表　信州蓼科牛WCS給与牛の規定

肥育牛の種類		交雑牛，和牛
飼養地域		JA佐久浅間管内
購入伝票の管理		ロール購入量を8年以上保管
給与量		WCSを出荷前5か月以上1頭1日当たり2kg以上給与
給与記録		8年以上保管
規　格	枝　重	去勢440kg以上，雌400kg以上
	格付け	F_1：B3以上，和牛：A4以上
	BMS	F_1：4以上，和牛：6以上
	BCS	4以下
	BFS	4以下
	ロース芯面積	$50cm^2$以上
	ばらの厚さ	6.5cm以上
	皮下脂肪厚	3cm以下
	出荷月齢	25か月齢以上

とおり策定した。この表に適合した牛を「信州蓼科牛“女神”」と表示し販売することを目指している。ちなみに“女神”というのは，立科町にある女神湖に由来し，この地域の指定配合飼料にも同じ名を付けている。この地域のWCSは‘コシヒカリ’であることから，‘コシヒカリ’を連想するブランド名も考えたが，最終的に“女神”に落ち着いた。

この「信州蓼科牛“女神”」ブランドの取扱いは，まだ方向性が決まっていないのが現実である。それというのも規定をつくってまだ日が浅く，規定に適合した牛の出荷が少ないこと，消費者に自信をもって選んでもらえるだけの牛肉を生産できるのかといった生産者の不安，「信州蓼科牛」と2つのブランドを併行させることのメリットやデメリットなど，課題が残されているためである。

一方，すでに立科地域の約6割の肥育牛が，この第6表の「WCSを出荷前5か月以上1頭1日2kg以上給与」という条件をクリアしている。このため，「信州蓼科牛」ブランドのままで，稲発酵粗飼料などを給与し育てたと表記し販売が継続されている。残り4割の肥育牛は，WCSの絶対量が足りないため，給与したくてもできない状況であったが，2008年から始まった佐久市の飼料イネ栽培で，この量的な問題はなくなった。このまま，「信州蓼科牛」ブランドとして中身をグレードアップすることも考えられる。

＊

立科地域の飼料イネ栽培とWCSを用いた牛肉生産は，2001年の導入以降丸7年が経過し，順調に拡大してきた。牛肉のブランド化についても検討を続けており，今後その成果が期待される。一方，コスト面では課題が残っており，立科地域に限らず全国共通の問題であるが，助成金がなくても成立する仕組みが望まれる。

《住所など》長野県塩尻市片丘10931
長野県畜産試験場
TEL. 0263-52-1188
執筆　古賀照章（長野県畜産試験場）

2009年記

参 考 文 献

金谷千津子・中島麻希子・丸山富美子・吉野英治・小山千鶴．2006．飼料イネのβ-カロテン・α-トコフェロール含量と予乾サイレージ中の残存率．平成17年度関東東海北陸農業研究成果情報．182—183．中央農業総合研究センター編．

清水信美・谷　浩・青木義和・尾賀邦雄・布藤雅之・因野要一・西岡輝美・三津本充・中西直人・篠田満・入江正和．2005．飼料イネの肉用牛への給与技術の開発（黒毛和種雌肥育牛への稲発酵粗飼料給与の影響）．滋賀畜技セ研報．第11号，1—9．

篠田満・櫛引史郎・新宮博行・上田靖子・嶝野英子．2003．稲発酵粗飼料と米ヌカの給与は肥育牛の血中ビタミンE濃度を高める．畜産草地研究成果情報．No.2，No.88．畜産草地研究所編．

山田知哉・河上眞一・中西直人．2008．黒毛和種牛肉の脂質酸化抑制に必要な肥育後期の稲発酵粗飼料給与量．畜産草地研究成果情報．No.7，No.14．畜産草地研究所編．

TMRセンターを軸に鹿児島・熊本にまたがる広域耕畜連携——錦江ファームと阿蘇粗飼料生産組合，アグリエコワークス

〈地域の概要と課題〉

1）有限会社錦江ファームがある南さつま市は鹿児島県薩摩半島西岸に位置し，2005年11月に1市4町の合併により誕生した，人口約4万人の市である。南さつま市の金峰町の山間に錦江ファームがある。薩摩半島中央部の山地に位置し，鹿児島市などに隣接する。干拓地での大規模早期水稲，畜産の担い手が形成されている農業地域である。

（有）錦江ファームの上村昌志代表取締役（九州沖縄農業研究センター研究協力員）は南九州国産牛生産販売確立協議会会長を兼ね，約1万頭の肉用牛を飼養しており，協議会の会員を含めた自給飼料の確保を課題としていた。

2）阿蘇粗飼料生産組合（2008年12月協議会を基に結成）のある熊本県阿蘇市は，阿蘇五岳を中心とする世界最大級のカルデラや広大な草原をもつ阿蘇久住国立公園のなかにある。比較的平坦地の多い阿蘇谷と，起伏に富み傾斜地の多い外輪山を中心とし，面積は約376km^2，豊富な草資源に恵まれた地域である。

気候は，年平均気温が約13℃，年間降水量は約3,000mmあり，四季を通じて比較的冷涼・多雨であり，高冷地という特性を活かして，水稲，野菜，畜産の複合経営による農業生産が行なわれている。

湿田を含む水田の活用法および所得確保の視点から，飼料イネを栽培し，販売供給したいという地域営農の要望があり，地域の課題であった。

3）アグリエコワークスは熊本県南部の八代郡氷川町にあり，もち米生産やイグサ，冬季野菜栽培の盛んな農業地域にある。不知火海に面した干拓地では，水稲，コムギ，キャベツ，ブロッコリー，イチゴ，アスパラガス，トマト，メロン，レタスなどが栽培されている。

夏作の水田で米の単価が1万円以下と採算割れとなり，水稲を安定的な経営に位置づけにくく，夏場の飼料イネ栽培などを営農推進の課題としていた。

〈TMRを軸とした越県連携の構図〉

錦江ファームでは，第1図のような地域連携の構想をもち，地域の稲発酵粗飼料などの粗飼料や食品残渣を十分活用する肉用牛経営を目指している。TMR（混合飼料）技術に注目して新型のTMR製造システム（生産目標100t/日）を試作するなど，地域資源を活用しながら飼料自給率を高くする経営を構築している。

この地域連携を目指したTMR生産システムに賛同し，飼料イネを供給しようとする組織が阿蘇粗飼料生産組合とアグリエコワークスである。阿蘇地域から錦江ファームへの粗飼料供給は3年以上の実績があり，輸送方法などもある程度確立されていたために，これに連動したアグリエコワークスが加わり，県を越える広域連携が加速化された。

錦江ファームでは，金峰町のほかに直営・預託農場などを合わせて約1万頭（生産母牛約1,000頭）が飼養されているため，よりいっそうの連携強化が求められている。

さらに，錦江ファームが参加する南九州国産牛生産販売確立協議会（約5万頭規模）へのTMR供給も担っているため，地域の連携が重要となっている。

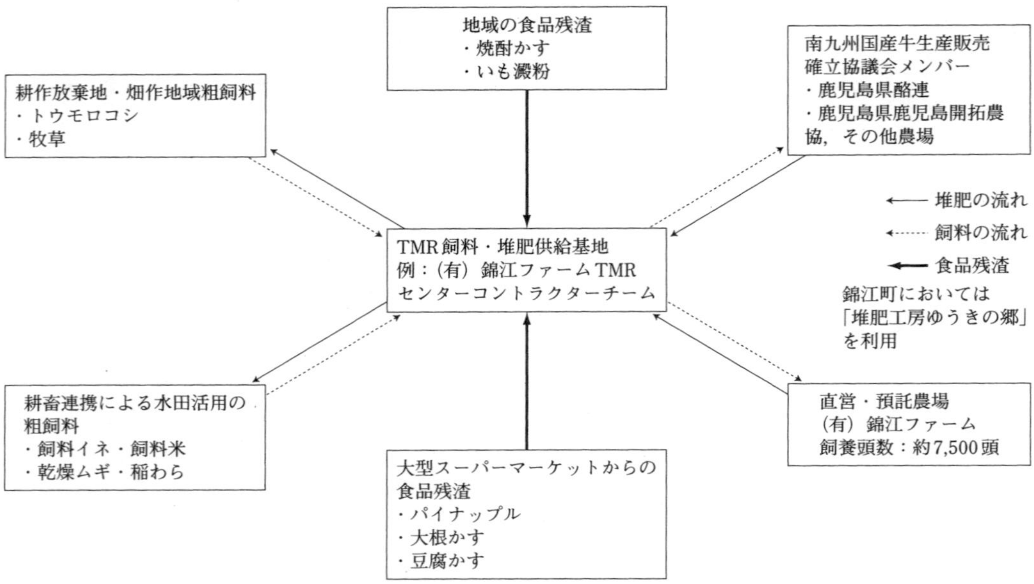

第1図　錦江ファームのTMRセンターを中心とした地域連携

〈各組織の役割分担〉

1. 飼料イネの栽培・管理

飼料イネの栽培の分担などは，阿蘇粗飼料生産組合（第2図）とアグリエコワークス（第3図）の両組織が地域の中核となって調整し，錦江ファームへ飼料イネを輸送している。阿蘇粗飼料生産組合では57ha，アグリエコワークスでは24.5haが栽培されている。

栽培・管理は耕作者が担っており，良質な飼料生産を心がけ，商品として稲発酵粗飼料のロールベールを生産している。

家畜を飼養しない耕種農家の場合，給与される家畜の情報に乏しいが，両組織ともに錦江ファームへの見学会を企画するなど実質的な耕畜連携を実現している。これによって，さらに畜産側の信頼を得ている。逆に，錦江ファームか

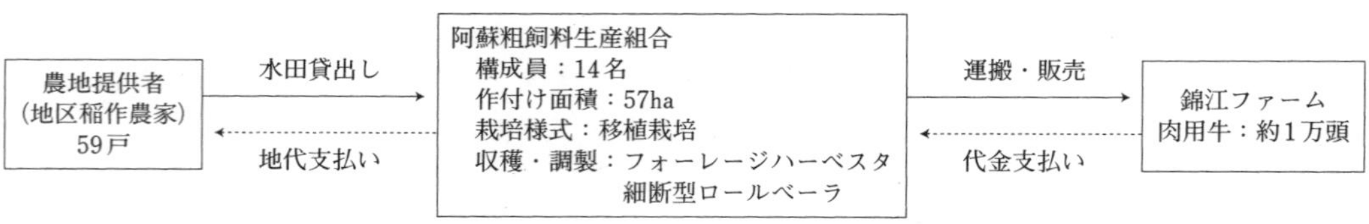

第2図　阿蘇粗飼料生産組合の役割分担

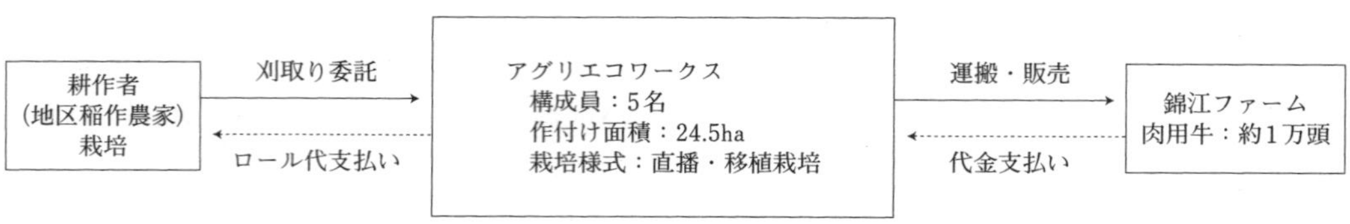

第3図　アグリエコワークスの役割分担

第1表　阿蘇粗飼料生産組合の移植栽培体系

作　業	時　期	使用機械	備　考
種子予措・育苗	5月中旬		品種：ニシアオバ
堆肥・代かき	5月下旬	ロータリー，ハロー	堆肥：1t/10a
移　植	6月下旬	田植機	
収穫・調製	10月上旬	ハーベスタ・細断型ロールベーラ	収穫期：黄熟期

第2表　アグリエコワークスの移植栽培体系

作　業	時　期	使用機械	備　考
種子予措・育苗	4月中旬		品種：峰の雪モチ 早生，8月上旬～20日収穫 品種：ヒヨコモチ 晩生，9月上旬～20日収穫
代かき	5月下旬	ロータリー，ハロー	
移　植	5月下旬	田植機	
収穫・調製	8月中旬	ハーベスタ・ロールベーラ，ロールラッパ	収穫期：黄熟期

らも飼料イネ栽培農家を訪問し，連携を強化している。地道ではあるが，商品としての飼料イネロールベールを介して地域間の結びつきが強まっている。

栽培されている品種は，阿蘇粗飼料生産組合では‘ニシアオバ’など，アグリエコワークスではもち系イネの‘ヒヨコモチ’などである。第1，2表のように，栽培体系が異なり，移植および収穫時期は，山間部の阿蘇粗飼料生産組合が5月中旬および10月上旬，平地部のアグリエコワークスが4月中旬および9月中旬である。このように，地域間での作業競合が生じない。

飼料に利用するイネとして品種の特性に配慮した施肥管理により倒伏を防ぎ，除草剤は登録農薬を使用し，黄熟期での適期収穫などに注意した栽培を心がけている。

2. 収穫・調製

阿蘇粗飼料生産組合およびアグリエコワークスを中心に生産された飼料イネは，錦江ファームが提供する牽引式細断型フォレージハーベスタで収穫され，3cmに切断，直径約1mのロールベールがつくられ，良質なサイレージが調製できる（第4図）。

氷川町はもち米生産指定地域のためもち系イネが生産されており，もち系イネのわらは消化性が高いという情報も錦江ファームには幸いしている。

3. 輸送と保管

阿蘇粗飼料生産組合およびアグリエコワークスから錦江ファームまでのロールベールの輸送は，3年以上の経験と実績のある運送会社（熊本県内の業者）が行なっている。

主に，10tトラックにグリッパ作業ができる運転手が乗り，飼料イネ生産現地の保管場所に行き，ロールベール（細断型ロールベーラ利用，

第4図　飼料イネの収穫・調製
①フォレージハーベスタによる収穫，②3cmに切断された飼料イネ，③ラッピングされたロールベール

約300kg）を2段で36個積込み移動，錦江ファームの保管場所に荷下ろしする。効率よい輸送を実施し，グリッパでの作業も商品を扱うという姿勢で取り組んでいる。

ラップフィルムに穴があいた場合には専用テープで補修している。一般の輸送業者であったが，今ではロール運搬のプロの業者となっている。

県を越える広域流通により，物流が盛んになり，経済活動にも好影響を与えだしている。保管は原則として，錦江ファームの牛舎前の敷地で行なわれている。しかし，総生産量で約800tの飼料イネを一か所で保管することは困難であり，一部生産現地で保管し，定期的に必要量を輸送する方式としている。現地での保管法なども，飼料イネ生産量の拡大に向け検討中である。

〈発酵TMRの調製〉

錦江ファームでは，試作段階であるが，第5図のようにロールベールによる発酵TMRを製造している。初めに，飼料イネなどの粗飼料や各種飼料を用意し，ベルトコンベアでボックス型の混合機へ投入する。混合機から混合飼料がベルトコンベアでロールベーラに投入され，ロールベーラで作成された直径約1mのロールベールをラッピングする。そして，約1か月程度発酵させたロールベールサイレージを給与する。

今後，1日に約80～100tのロールベールを作製する計画である。現在，九州沖縄農業研究センターイネ発酵TMR研究チームと連携を図りながら，発酵TMR調製での最適な焼酎かす濃縮液の添加技術，給与家畜ごとのTMRメニュー作成技術など新技術の導入にも取り組んでいる。

TMRの混合材料とその割合はホルスタイン搾乳牛用，黒毛和種繁殖牛用など畜種ごとの給与メニューで決定され，1個約400kgのロールベールがつくられる。

焼酎かす濃縮液利用の発酵TMRは開封後の二次発酵が抑制されるため，小分け給与が避けられない小規模の畜産農家から利用できる。

〈生産コスト対策〉

飼料イネの生産費は，栽培・管理では約4万円である。錦江ファームは栽培農家から立毛で10a当たり原則1万5,000円程度で飼料イネを購入し，自前の収穫機，細断型ロールベーラとラッピングマシーンで収穫する。

産地づくり交付金などは耕種農家の所得となるため，耕畜双方に利点がある収支となっている。

機械購入経費は高額のため錦江ファームにはかなりの負担であるが，地域活性化と飼料自給率向上のため，さらには安全・安心はもちろんのこと，安くておいしい牛肉生産に向けて，試行錯誤のなか生産コストの低減などに取り組んでいる。具体的な取組みとしては，収穫機械体系を利用するコントラクターの組織化や不耕起播種技術の導入などが検討されている。

第5図　発酵TMRの製造

①各種飼料がベルトコンベア（右）から混合機（左）へ投入される，②混合機（右）から混合飼料がロールベーラ（左）へ移動，③ロールベーラ（右）で作製したロールベールをラッピング（左）

＊

ここで紹介したのは県を越える広域連携の事例であるが，この発想は家畜頭数の少ない水田地帯から畜産地帯への飼料イネ供給システム構築へ転換できる。水田での土地集積を図り，大面積で飼料イネを低コストで生産することにより，畜産部門が低コストで牛肉や牛乳を生産できる事例ともなる。この点に配慮して錦江ファームは地域との連携を強めている。TMRセンター的機能をもち，乳用牛への飼料提供も含め，飼料イネの増産・利用を促進しながら，九州地域で多く発生する焼酎かす濃縮液などの蛋白質飼料も活用しているので，飼料自給率向上に貢献し続ける事例である。

執筆　佐藤健次（(独）農業・食品産業技術総合研究機構九州沖縄農業研究センター）

2009年記

地域の水田と畜産を結合するイネ発酵粗飼料（ホールクロップサイレージ）の活用――千葉県旭市干潟地区

○食用品種を飼料用イネにして用途に融通性をもたせる
○尿素添加技術導入によるサイレージの品質安定
○新たな交付金活用の仕組みづくりとコントラクターの育成

クローラ型の自走式ホールクロップ収穫機による作業

〈地域の概要〉

千葉県北東部，銚子市に隣接し，東京から80km圏内の旭市の干潟地区（旧干潟町）には，干潟八万石といわれる豊かな水田地帯が広がる。干潟地区の水田の大半は，45km^{2}に及ぶ潟湖「椿海」が寛文年間（1661～1673年）の排水・干拓事業により，干潟八万石と呼ばれる椿新田へと生まれ変わってできたものだ。

標高2～3mの平坦地に広がる水田は，そのほとんどが湿田であった。現在は，暗渠の設置もすすんできて，乾田化したところではムギ，一部にはダイズもつくられている。また，転作作物のシュンギクとシシトウをハウスで輪作しているところもある。それでも水田全体の約7割は強湿田でイネしかつくれない。このような状況で，生産調整でもイネの活用が考えられていくことになる。

この干潟八万石のある干潟町は，2005年7月1日に旭市，飯岡町，海上町と合併し，旭市となった。旭市は合併で人口7万1,527人（2万3,770世帯）となり，農業産出額は404億9,000万円（合併前の2002年での生産農業所得統計を合算）で千葉県第1位，農家戸数3,434戸（うち専業農家979戸）となった。気候は年平均気温15℃，年間降水量は約1,557mmと温暖な地域で，早場米の水稲が基幹作物となっている。

干潟地区（旧干潟町）は，農業主体の地域で，平坦地が多く，耕地面積1,829ha（うち水田1,330ha，畑499ha）で旧町の面積全体の約65%を占める。2000年の農業基本調査では，農家戸数906戸のうち専業農家230戸，兼業農家676戸（うち第1種兼業農家227戸）。水稲作付け農家は865戸で農家全体の95%となっている。ここでは，もち米も特産となっていて，ナシの生産も盛んである。畜産経営は，酪農7経営で飼養頭数160頭，肉牛14経営で飼養頭数1,739頭，養豚39経営で飼養頭数7万8,401頭，採卵鶏5経営で49万5,000羽となっていて，養豚経営が多い。旧干潟町の農業産出額は約102億円（千葉県農林水産統計2001年）であった。

2000年からは担い手育成型「県営圃場整備事業」により約900haの水田の再土地改良事業が開始された。2004年には，面工事がほぼ完了し，パイプライン工事がすすめられ，2006年には暗渠排水工事など，すべての工事が終了することになっている。

〈飼料用イネへの取組みの経緯〉

1. 口蹄疫の国内発生で安全な国産飼料を求める

1999年，干潟地区では，水田の生産調整がすすむなかで強湿田の転作として，コメを豚の飼料にする試験的な取組みが始まった。しかし，当時，1俵当たりの出荷価格は，加工用米が8,080円であるのに対し，飼料用米は1,200円程度にすぎなかった。そのうえ稲作農家は飼料用米の流通経費の負担もしていて，畜産農家もそれを補うための負担が大きかったこともあり，この取組みは継続が困難なことがわかった。

2000年3月，国内の肉牛農家で口蹄疫が発生した。原因は輸入えさの稲わらとされた。口蹄疫には牛だけでなく豚も感染する。そのため養豚が盛んな干潟町では，稲わらを使うことのない養豚農家からも，酪農，肉牛の生産に安全な国内産稲わらに切り替えられるように資金を拠出しようかという話が出てくる状況となった。

また，水田の生産調整の指示面積が増え，水田転作作物として，ムギ，ダイズと並ぶ国の助成金がある飼料用イネ栽培は，湿田の多いこの地域の適作として注目された。こうしたなかで，町では飼料用のイネの取組みを支援し，助成金を支出することになる。

2. イネホールクロップサイレージの取組み開始

2000年に，干潟町ではイネホールクロップサイレージの取組みが，町主導により急ピッチですすんでいき，2000年のうちにイネのホールクロップサイレージを試験的につくり上げてしまう。それができたのは，食用に栽培しているイネを収穫期の前に刈って用いたからだ。そのための機械はなかったので，農機具メーカーに協力を仰いだ。農機具メーカーが，当時はまだ普及していなかったカッティングロールベーラーやラップマシーン（ベールラッパー）などの機械を用いての作業の実演をする形でイネホールクロップサイレージづくりをしていった。

こうして食用に1.3haで栽培していた‘コシヒカリ’‘ヒメノモチ’を用いたイネホールクロップサイレージを一気呵成につくってしまう。

しかし，収穫の1か月後にでき上がったサイレージの一部には白カビの発生も見られた。カビのなかでも，白カビならば牛に給与ができるという畜産経営者の判断で，大きなカビの塊を除いたものが試験的にえさとして用いられた。牛への影響は出なかったとはいえ，サイレージづくりの改善に取り組む必要にせまられることになった。

3. 生産・供給の体制の確立

2001年からは，収穫の前までの栽培を稲作農家が担当し，収穫や調整収穫やサイレージ化を農事組合法人八万石（若梅繁由代表，1957年生まれ，第1図）が受託してすすめることになった。八万石では，畜産農家へのサイレージの運搬も担当している。

八万石は中核農家4戸の経営者によるコントラクター（作業請負組織）である。経営者は各自の水田でイネなどを栽培し，組合として転作の受託作業をしている。水田の受託栽培面積は100haほどになる。

この2001年度には国や県の助成を受けて，ダイレクトカットの自走式ホールクロップ収穫機や牽引式ラップマシーン，2002年には牽引式カッティングロールベーラーや自走式ラップマシーン（第2図）を装備して，生産・供給体制を確立していく。

干潟町内には養豚経営が多く，酪農経営，肉牛経営は比較的少ない。そこで，千葉県農業経営者協会肉牛部会の協力を得て，町外の酪農経営，肉牛経営でイネホールクロップサイレージを給与するところを募っていく。こうして14市町の酪農，肉牛経営への供給体制ができていく。なかには車で2時間の君津市の肉牛経営にも，イネホールクロップサイレージを供給することになる。

また，八万石は2002年から，稲わら，そして転作田での麦わらの収集も受託するようになる。

第1図　イネのホールクロップサイレージに取り組む農事組合法人八万石の若梅繁由代表

第2図　クローラ型の自走式ラップマシーン（ベールラッパー）による作業

4. 尿素添加による品質改善

生産・供給の体制づくりとともに，白カビの問題解決への取組みもすすめられていった。原因は，ロールの運搬などでラップにピンホールがあいた，あるいは，ロールを横積みしたことで空気が入った，などが考えられた。そこで，ロールの扱い方を変えてみたり，繊維分解酵素を添加してみたりした。それでも白カビはなくならなかった。

つぎに尿素（アンモニア）の添加によるアルカリ処理の方法を試験することになった。この方法は埼玉県で取り組まれていて，アンモニアは微生物の生育・増殖を阻害する効果があり，好気的な変敗を防ぎ，サイレージの飼料成分を向上させ，消化性もよくするという結果がでていた。また，少量の添加でも，カビ防止や開封後の品質安定につながるとされていた。

そこで少量の尿素添加でカビの防止をすることにした。香取農業改良普及センターの報告によると，以下のようになる。尿素添加は40*l*の水に尿素肥料20kgを溶かして尿素液（重量比33%，容積53*l*）をつくる。カッティングロールベーラーについている噴霧装置から1ロール（300kg）当たり2*l*の尿素液を添加していく。現物当たり0.5%と少量の添加となる。

この尿素添加により白カビの発生はなくなり，牛の嗜好性もよくなった。

5. 飼料用イネの生産，利用の拡大

2003年には，飼料用イネの生産，利用がピークとなった。栽培農家38経営，えさとして利用する畜産農家31経営（町内5，町外26）となる。町内の水田生産調整の指示面積は36%強で，その作付け面積の3割近くの47.7haで，飼料用のイネが栽培されていった。また，町外での飼料用イネの収穫・調製の受託もすすみ，その面積は6.2haとなった（第1表）。

また，この年には，八万石が30.0haの稲わら，24.8haの麦わらの収集をして，自給飼料の利用に寄与している。

〈飼料用イネの栽培，収穫と調製，利用〉

1. 食用品種を飼料用イネに利用

干潟地区では，稲作農家がホールクロップサイレージにするための飼料用イネを自らの転作田で栽培する。ただし，茎葉を牛が食べるのでヘリコプターによる防除はやらない。

飼料用に栽培されるイネのほとんどが，飼料用品種ではなく，‘ふさおとめ’や‘はえぬき’といった食用品種である。これなら従来から栽培しているのでこれまでの技術を活かして農作業ができる。なお，一部では耐倒伏性がある飼

第1表　飼料用イネ収穫面積の推移（単位：ha）

年　度	干潟町内面積	干潟町外面積	面積合計
2000年	1.3	—	1.3
2001年	18.9	5.2	24.1
2002年	43.0	6.6	49.6
2003年	47.7	6.2	53.9
2004年	13.2	11.8	25.0
2005年	16.4	11.8	28.2

注　2000年度は八万石の請負面積ではない
2001年度以降の干潟町での数値は助成のあったもの

料用の品種‘はまさり’も栽培されたこともある。

食用品種は，4月下旬の田植えで，収穫は8月中旬から9月中旬にかけてとなる。一方，2002年に栽培した飼料用イネの専用品種‘はまさり’では，田植えが5月12日で食用イネの田植えが終ったあととなり，収穫は食用イネの約1か月後の10月12日となった。

当初から食用品種を主体に選んだ理由には，

1）全国的な作況と食用米の価格次第では，食用にも回せる選択ができて融通がきくこと，

2）従来と同じ栽培技術を用いることができるのでつくりやすいこと，

3）晩生の‘はまさり’など飼料用品種と違って，水田での早生水稲栽培の作業が秋口に一斉に終わること，

があげられる。栽培農家には，刈り遅れたようなイネをいつまでも水田に残しているように思われたくないという心理的な要因もある。

第3図　ラップをしたロールがストックヤードに置かれる

‘はまさり’は，収量はあるものの，大きくなりすぎて収穫以降の作業で扱いづらいことなどから，2004年には栽培はやめた。現在は，飼料用の品種で収量があり，晩生とはいえ‘コシヒカリ’と同じくらいの時期に収穫作業ができる‘ホシアオバ’が試験的に栽培されている。

2. コントラクター組織による収穫とサイレージづくり

八万石では，食用イネの収穫と，飼料用イネの収穫・調製の時期が重なってくる。一個人の経営であれば，一度にそれぞれの作業は困難だが，グループ化しているので作業のやりくりが可能になる。

飼料用イネは，黄熟期に自走式ホールクロップ収穫機でダイレクトカットの刈取りからロール化までを一度にすませる。ロールはストックヤード（一時保管場）に運び，ラップマシーンで幅広の白いフィルムシートを用いて，6層巻きにする（第3図）。

なお，作業時間が限られている場合は，水田でラップマシーンによりとりあえず1層巻きにしておいて，ストックヤードに運び込み，後日，6層巻きを完成させることもある。

こうして直径110cm，高さ97cmほどの大きな円筒のロールが10a当たり8～10個つくられる。

シートで酸素を遮断したなかで茎や葉，子実の嫌気性発酵がすすめば，40日で牛のえさとなるイネのホールクロップサイレージができ上がってくる。製品は1ロールの現物重量が300kg（乾物率43％）ほどとなる。

八万石が装備している作業機械は第2表のとおりである。

〈生産と利用〉

1. 生産と利用を支える助成の仕組み

飼料用イネの栽培，ホールクロップサイレージ化，その利用の仕組みづくりには干潟町産業課が大きな役割を担った。

飼料用のイネが活用されるには，なにより畜産農家が安心して使える品質のものでなければ

第2表　作業機械の一覧（八万石）

年　度	作業機械	補助事業名
2001年	ホイールローダー ベールクリッパー ドッキングローダー ロールグラブ 自走式ホールクロップ収穫機 ラップマシーン 牽引式ラップマシーン	畜産振興総合対策事業
2002年	ホイールローダー ロータリーレーキ 牽引式ホールクロップ収穫機 自走式ラップマシーン ディスクモア マニュアスプレッダー	生産振興総合対策事業
2004年	自走式ホールクロップ収穫機	生産振興総合対策事業

ならない。それに，栽培する稲作農家，収穫してサイレージにするコントラクター，利用する畜産農家のそれぞれが経営上，納得できる手取りが保証されなくてはならない。

飼料用イネの生産が最盛期の2003年当時，稲作農家には10a当たりで転作の補助金9万8,000円（うち県が1万円，町が2万5,000円）とサイレージ販売代金3万円の合計12万8,000円が入った。

そこから5万円を八万石に収穫・調製・販売管理費として支払うと，手取り7万8,000円となる（以上，栽培面積2haの例，第3表）。

畜産農家では，安価なうえ，電話一本で簡単に入手できる輸入ものの乾草を用いるところが多くなっている。イネのホールクロップサイレージを畜産農家が用いるかどうかは，とくに輸入乾草との価格面での比較が大きな判断材料になってくる。

価格面で対抗できないイネホールクロップサイレージを用いる畜産農家に，国から給与実証事業の助成がある。その金額はサイレージの重量単位ではなく，飼料用のイネの栽培面積単位で計算されていて，それが10a当たり2万円であった。10aでつくられるサイレージを畜産農家は3万円で購入したとしても，出費は差し引き1万円ですむ。これで手に入るサイレージがかりに乾物で1tだとしても，同じ重量で粗飼料コストが輸入乾草の購入価格の4万円を下回る時代であ

第3表　2003年度の稲作農家の飼料用イネの経営収支（円/10a）

費　目		金　額	合計金額
国補助金	とも補償 経営確立助成 地域達成加算	20,000 40,000 3,000	63,000
県単独補助金	水田飼料作物緊急推進事業*	10,000	10,000
町単独補助金	奨励作物助成金 集団転作団地推進助成金（2ha以上）	15,000 10,000	25,000
ホールクロップサイレージ販売金額			30,000
合　計			128,000
収穫・調製・販売管理費			△50,000
稲作農家の手取り			78,000

注　*大規模ブロックローテーション促進事業（5ha以上）なら20,000円

れば，それと比べて十分に価格面での利点はあった。

一方，湿田での飼料用イネの収穫，それに調製の作業では，特別な作業機械が必要となる。車輪のタイプだと，地面に沈み込んでしまうので，クローラ型（キャタピラベルトのタイプ）を購入すると，それだけ高価なものになる。これらの機械導入では，畜産振興総合対策事業（1,932万円。国50%，町25%，事業者25%）や生産振興総合対策事業（1,396万5,000円。国50%，県15%，町5%，事業者30%）などの助成事業があった。

こうして経営面でも採算が確保できる助成の仕組みに支えられて，飼料用イネの生産と利用が2003年にピークとなったのである。

それ以降，生産調整の緩和，助成の低減などによって，飼料用イネの生産と利用は低下していく。それでも，2004年に干潟町内で13.2ha，町外で11.8haの飼料用イネが栽培され，ホールクロップサイレージとなった（第4表）。

2. 水田農業ビジョンのなかの位置づけ

①水田農業ビジョンで飼料用イネの定着を目指す

2004年4月に干潟町水田農業ビジョンが策定さ

第4表　八万石のイネホールクロップサイレージ収穫作業面積（2004年度）

地　域	町　名	戸数・組合数	面積（m^2）
干潟町内（現・旭市）		1戸 12組合	7,914＊ 132,696
町内計		13戸・組合	140,610
干潟町外	野栄町	1戸	5,896
	光　町	2戸 1組合	15,878 58,868
	栗源町	1組合	37,736
町外計		5戸・組合	118,378
町内・外合計		18戸・組合	258,988

注　＊助成の対象外

れた（2005年4月に変更）。そこでも，イネホールクロップサイレージ（飼料用イネ）の栽培定着を積極的にすすめるとしている。

また，耕畜連携の取組みを掲げ，水田の生産調整推進の一環として水田の機能を活かし，湿田でも取り組める作物として飼料用イネを位置づけている。

さらには，畜産農家，耕種農家の連携による水田への堆肥導入を打ち出している。堆肥の有効利用を図るため，水田の土壌改良資材として用いていこうというものだ。そのなかには，飼料用イネを栽培する水田に畜産農家からの堆肥を施し，土つくりと循環型農業への耕畜連携もすすめていこうとするところも含まれる。

あわせて，コントラクターの育成も積極的にすすめることになった。

そして，飼料用イネの定着には，直播栽培・ロングマット栽培などの試験研究への支援をすることとしている。また，稲わら，麦わらの収集による飼料利用も推しすすめることにしている。

②新たな交付金の仕組みづくり

改正食糧法の施行と米政策改革大綱の実施で，2004年には，コメの生産調整の方式がそれまでの面積配分から数量配分に移行した。全国一律の転作助成金が廃止され，地域ごとに策定される地域水田農業ビジョンによって配分される方式となった。

また，2005年から飼料用イネを用いる畜産農家への給与実証補助金は，飼料用イネ栽培10a当たり2万円だったものが1万円へと半減した。

それまでつづいてきた転作助成金の7万3,000円と給与実証補助金の2万円を見込んだ計算方式による飼料用イネの栽培，利用の仕組みが新たな方式によるものに変わった。

2004年度から飼料作物の栽培では，国からの水田農業構造改革交付金（産地づくり対策）が，これまでの実績などから算出されて総額2,800万円となった。ここから10a当たり6万円の助成をすることとなる。この補助金は，生産調整を実施し，なおかつ集荷円滑化対策に係る拠出を行なっている農業者に，水田転作作物栽培助成として支払われる。

さらに，市単独補助金が10a当たり3万円ある。また，耕畜連携推進対策での国の実績払いがある。これは認定農業者，特定農業団体，一定の要件を満たす営農集団が対象者で，1経営体6ha以上の飼料作付けで，うち2ha以上の団地化し，イネ発酵粗飼料またはわら専用イネを生産，堆肥を施用という場合，10a当たり1万3,000円を補助するものである。以上，合計で10万3,000円となる。これに畜産農家への飼料としての販売代金3万円が加わり，13万3,000円。そこからコントラクターへの作業委託費4万8,000円を支払うと，8万5,000円が稲作農家の10a当たりの手取りとなる（第5表）。

もし，2005年度から堆肥施用米助成として，水田への家畜堆肥を使用し堆肥施用米の栽培をした場合には，10a当たり2万円以内の国からの補助もある。

畜産農家は10a当たり1万円の給与実証補助金があるので，10a当たり3万円の価格のものを，差引き2万円で購入できることになる。なお，八万石に払う運賃は，1ロール500円で，君津市の牧場へは遠距離なので，850円となっている。

このようにして水田農業ビジョンづくりのなかで飼料用イネをしっかり位置づけ，また，耕畜連携などの循環型の農業も推進していくことになる。

2005年は干潟町内（現，旭市内）だけでも

第5表　2005年度の稲作農家の飼料用イネの経営収支（円/10a）

水田農業構造改革交付金	60,000
市単独補助金	30,000
耕畜連携推進対策（国補助）	13,000
飼料としての販売価格	30,000
コントラクターへの作業委託費	△ 48,000
合計（稲作農家の手取り）	85,000

16.4haで飼料用イネの栽培がすすめられている。24農家・組合がこれを栽培し，畜産の10経営が利用している（第6表）。

〈飼料用イネの利用〉

1. 肉牛経営によるイネホールクロップサイレージの利用

干潟町の畜産経営者，宮澤兄一さん（1939年生まれ，第4図）は，イネのホールクロップサイレージの取組みが始まった2000年からこれを肥育牛に給与している。宮澤さんが代表の農事組合法人・宮沢養鶏場は，採卵鶏と肉牛を合わせた経営である。2005年6月に農事組合法人・宮澤農産に名称変更し，養鶏部門と肉牛部門に経営組織を分けて新体制に移行した。長男の宮澤哲雄代表が養鶏部門を，次男の宮澤武志専務が肉牛部門を担当し，宮澤兄一さんは監事に就任している。

第4図　イネのホールクロップサイレージを利用する宮澤農産の宮澤兄一さん

現在，宮澤農産は，銚子市で成鶏30万羽，山田町で育雛10万羽の採卵養鶏，旭市干潟地区で乳去勢牛250頭とF_1メス廃用牛20頭の肥育をしている。また，2001年に建設した東庄町の牧場ではF_1繁殖牛270頭による肥育一貫経営を展開している。従事者33人で，養鶏部門が20人，肉牛部門が13人となっている。

イネのホールクロップサイレージを用いているのは，従来からの旭市干潟地区にある乳去勢牛250頭の牧場である。ここでは作業人員1.2人で飼養管理をしている（第5図）。

イネのホールクロップサイレージの給与を開始することになった2000年は，口蹄疫の国内発生の原因と見られた稲わらが輸入ストップとなり，急きょ地元の水田や畑から稲わら，麦わらを集めたが，労力の面でもきつい作業となっていた。そして，試験的につくられた食用品種の‘コシヒカリ’‘ヒメノモチ’を用いたホールクロップサイレージを率先して使ってみることにした。それにともなって，重いロールを牛舎に運ぶなどの作業もすることになった。問題はカビが生えているものがあったこ

第6表　畜産農家のイネホールクロップサイレージ利用予定（2005年度）

地域	経営	飼養頭数（頭）			希望面積 (a)	配分面積 (m^3)
		乳用牛	肉用牛			
			肥育牛	繁殖牛		
旭市（旧干潟町）	肉　牛	—	400	200	100	8,608
	肉　牛	—	300	—	200	15,222
旭市（旧旭市）	酪農・肉牛	30	240	—	300	23,301
野栄町	肉　牛	—	230	3	300	23,833
光　町	肉　牛	—	400	—	125	9,008
	肉　牛	—	120	—	50	3,613
	肉　牛	—	1,000	100	125	9,322
	肉　牛	—	100	—	50	3,839
長南町	酪　農	60	—	—	375	28,895
君津市	肉　牛	—	400	23	500	38,767
合　計		90	2,890	326	2,125	164,408

第5図 乳去勢牛を飼う牛舎の横に置かれたイネホールクロップサイレージのロール

とだ。宮澤兄一さんは,「青カビ,赤カビなら使えない。白カビなら,まず大丈夫」と考えて,白カビが集まったところは除去して牛に与えていった。とくに牛への問題もなかったが,満足のいくものではなかった。その後,カビ問題が解決してからは,とくに品質で支障となることはない。

宮澤さんは,自給飼料確保による経営の安定を目指して,毎年,ホールクロップサイレージの給与をつづけていき,それを軌道に乗せていった。

乳去勢牛へは,配合飼料のほか,ホールクロップサイレージと自給飼料のロールベールスーダン,それに購入飼料のTMR発酵飼料を給与している。

2. イネホールクロップサイレージの給与

2004年の秋に宮澤さんは,イネのホールクロップサイレージを300ロール確保した。それを11月から,すべての乳去勢牛250頭に与えている。量は1日当たり1ロール(300kg)で1頭当たり1.2kg,ロールベールスーダンを1ロール(80kg)で1頭当たり0.3kg,TMR発酵飼料を100kgで1頭当たり0.4kgを1日1回,朝に給与する。配合飼料は1頭当たり6～10kgを生育の段階に応じて給与している。

イネのホールクロップサイレージはこうして翌2005年8月まで給与する。嗜好性はスーダンに比べて良好である。

その前年,2003年は,500ロールを確保し,乳去勢牛250頭に1日当たり2ロール(600kg)を与えていた。250日(約8か月)の給与をしたが,最後までサイレージの品質には問題がなかったことがつぎの年の長期の給与につながった。

宮澤農産では,自らの水田80aでも飼料用イネを栽培している。ただし,自分の所有地で自らが栽培すると飼料用イネの助成金がつかない。そこで水田を貸し,そこで栽培を委託して,飼料用イネを購入する形をとっている。

この牧場では,5～6か月齢で体重250～300kgの乳去勢牛を導入する。BSE問題が大きくなる前なら導入牛の価格は1頭6万円ほどだったが,その後は9万～10万円となっている。出荷は21か月齢,体重850kg前後となる。格付成績は,B2

第6図 イネホールクロップサイレージが混合されたえさを食べる乳去勢牛

第7図 粗飼料として給与されるイネホールクロップサイレージとスーダングラス(乾草)

～B3で，B2の割合が多い。ホールクロップサイレージを給与することによる肉質への影響はでていない。

こうして生産された牛肉は，「しあわせ牛」のブランドでも販売されている。

なお，新牧場は2003年3月から稼動し，黒毛和種の受精移植のF_1初妊牛を導入してきている。現在，親牛，子牛合わせて700頭を飼養する。2産目の交配では，6割は受精卵移植で黒毛和種を出産し，受精卵が着床しない残りの4割には黒毛和種の精液を用いて，F_2を出産させている。なお，黒毛和種生産と肥育が中心となる新牧場では，えさの給与も慎重で，地域の稲わらは使うが，イネのホールクロップサイレージは現在のところ使っていない。

〈耕畜連携の資源循環〉

1. 耕畜連携の実験事業

2004～2006年度の3年継続で国庫補助事業（全額），耕畜連携基盤整備実験事業が千葉県，秋田県，熊本県，宮城県の4つの地区で実施されることとなった。新たに創設されたこの事業は，基盤整備を実施しているところがモデル地区となり，千葉県では干潟地区が選ばれている。循環型社会の形成に向けて，堆肥の水田での利用，水田での飼料作物の生産をすすめ，耕畜連携の推進を課題とするものである。農地の基盤整備の工事実施中に堆肥の施用を普及させ，大量の家畜糞尿を安定的に消費する可能性をみることにしている。こうした土つくりによって飼料作物を増産し，ホールクロップサイレージなどを畜産農家に安定供給することで，資源の循環を図るものとなっている。

この事業の要件としては，

1）経営体育成基盤整備事業などの生産基盤の実施地区で飼料作物（飼料用イネ）を栽培中であるか，栽培が見込まれていること，

2）地域水田農業ビジョンのなかで飼料作物の供給と堆肥利用などの地域資源循環計画が作成されていること，

が掲げられている。

干潟地区では，担い手育成基盤整備事業がすすんでいて，地域水田農業ビジョンに飼料用イネの供給と堆肥利用が盛り込まれているのでこの要件に合致している。

2. 水田への堆肥の投入

耕畜連携基盤整備実験事業により，毎年600万円の事業費で2004年から3年間かけて，土地改良地への堆肥投入とその検証をしていくことになる。この事業は，耕畜連携の推進協議会をつくりすすめていく。

これまで，堆肥は畑地に投入されてきたが，新たに水田に投入することで，その適正量の算定や，そこで育ったイネの食味などの検証をしていく。水田に投入する堆肥の肥料効果を測定し，そこでの化学肥料の施用量をどれくらい抑えるのかも把握することになる。

2004年度は，コントラクター3経営が56haの水田に堆肥を投入した。うち，1.6haでは，心土を作土の上に持ってきて，堆肥を入れ，それをまた下に戻すことにより，根菜などの根が届く深いところの土壌も改良し，養分がいきわたるようにした。その効果も検証する。

それにあわせて，堆肥の特性調査，成分，発生量，適正価格などが検討される。土壌の調査，作物の生育状況，収量，品質の調査もする。また，地域資源循環計画の作成もしていく。この実験事業の予算によって，堆肥購入，運搬，散布の費用，マニュアスプレッダーなどの機械の購入もまかなうことができる。

とくに飼料用イネの栽培に用いる水田は，茎葉を含めてイネをそこから持ち出してしまうだけに，土壌に養分として残るものがない。この事業によって飼料用イネと堆肥とが循環する意味は大きい。

また，実験事業が終了したあとも，継続的に堆肥を投入していくには，良質堆肥の製造や堆肥と稲わらの交換システムづくり，堆肥施用米のブランド化などが課題となってくる。

〈今後の課題〉

干潟地区とその周辺の畜産農家は，イネのホ

ールクロップサイレージ化で国産の良質な粗飼料を入手できるようになってきた。ただし，飼料用イネは，コメの需給と生産調整をはじめ，水田の状態，飼料生産体制構築と作業者確保，畜産農家の需要，飼料給与への助成など，いくつもの要素があって成り立っている。その安定的な需要の確保には，畜産農家への給与実証助成が大きな力となっている。かつて10a当たり2万円だった国からの助成金が2005年からは1万円となってしまった。畜産関係の助成金はBSE関連対策につぎ込まれてきて，財源に余裕があるわけではない。先々の見通しは立てにくい状態といえる。

そのうえ肥育牛の経営は，日本でのBSE発生以来，大きく変動する枝肉の相場，子牛の価格で揺れ動いてきた。また，円の為替相場や輸入牧草，輸入牛肉の価格動向，牛肉の安全性確保などとも切り離して考えることはできない。

一方で飼料用イネの収穫や調製の作業に高価な専用機械を導入するには，継続的な展開の計画を確立しておく必要がある。

稲作農家のほうでは，食用品種のイネを栽培し，それを飼料用に用いることは，豊作のときは牛に給与し，不作でコメの価格が高くなれば，そのときは食用に出荷するという選択ができるようになっている。これは消費者にとってもコメの安定した確保が可能になり，倉庫でのコメの備蓄に代わるものとして考えることも可能である。一方で，この早場米地区で現在の食用イネによる方式のほかに，もし収量が増える飼料用イネの専用品種を用いた栽培を考えるとすれば，早生品種の開発が課題となってくる。

旭市干潟地区での飼料用イネの栽培，イネホールクロップサイレージづくり，そしてえさとしての利用は，コメの生産調整と国産粗飼料の確保にとどまらず，食用のコメの安定供給，畜産の糞尿処理による資源循環と環境保全など，農業が抱える課題の解決をも目指す展開となってきている。

《問合せ先》・千葉県旭市ニの1920
旭市市役所農水産課
TEL. 0479-62-1212（代表）
FAX. 0479-63-4693
・千葉県旭市萬力812－1
農事組合法人八万石
TEL. 0479-68-2640
FAX. 0479-68-2187
・千葉県旭市萬歳1455
農事組合法人宮澤農産
TEL. 0479-68-2411
FAX. 0479-68-3319

執筆　西村良平（地域資源研究会）

2005年記

地域内の飼料用米をえさにした高品質豚肉生産——山形県庄内地域（株）平田牧場

○飼料用米だからこそ養豚で活き，高品質に結びついた「こめ育ち豚」
○安全・安心，そして畜産を組み入れた地域資源循環型農業へ
○米を介した消費者と生産者の相互協力モデルの創出

飼料用米を食べて育った「こめ育ち豚」

〈地域の概要〉

平田牧場のある庄内地域は，山形県北西部に位置し，福島県県境の吾妻山に源を発し酒田市に注ぐ総延長224kmの一級河川，最上川河口に広がる。北は鳥海山，東と南を出羽山地に囲まれ，日本海に面する。地域には水田を中心とした4万3,500haの耕地が広がる。気象条件は，夏は暑く，冬は寒く，厳しい。しかし，その寒暖の差が農産物を高品質のものとしている。最上川の扇状地として生成した土壌や豊富な水資源，さらには四季の変化に富み，寒暖差の大きい気候に恵まれ，なかでも，米の優良産地となっている。

しかし，近年少子化の進行や食生活の変化により主食用米の消費は減少している。そのため米の需要減少による米の生産調整が強化されつつあり，現在では日本の水田面積のうち，約35%で水稲が耕作されていない。米どころとして知られてきた庄内地域も例外ではない。米価の下落や後継者不足により，今後さらに不耕作地が増加し，持続的な生産体系の維持が確保できなくなるおそれがある。この地域は休耕地にダイズが多く作付けされているが，ダイズの単作だけでは連作障害などの問題もあり，限界がある。転作作物のもう一つの柱であるムギ生産は，東北地方では作付けされた時期もあったが，梅雨時期が収穫期に当たるため品質面の観点から不向きとされ，現在はほとんどない。

平田牧場での飼料用米の取組みは，そうした背景のなかで，畜産も含めた新しい農業の未来を拓いていく夢をかけたものであった。

〈飼料用米にこだわった平田牧場〉

1. 平田牧場のあゆみ

平田牧場は1967（昭和42）年に山形県庄内地域の青年養豚家たちによって設立された。設立の経過は，現在の平田牧場の会長である新田嘉一の人生に尽きる。新田家は農家で，学校を卒業後に16代目として家業を引き継ぎ，昭和20年代後半に2頭の子豚を導入した。これが養豚の原点である。当時は人間が食べる食糧が不足している時代で，「草を食う家畜を飼うのが畜産」と

いう考え方が国の方針であった。新田はそれに逆らうように将来,「日本も必ずヨーロッパ型の食生活に移行する」という信念と,先見の目をもって地域の青年たちに呼びかけ,1959（昭和34）年,同志とともに楢橋養豚共同飼育組合の旗揚げをした。養豚経営をするうえで必ず直面するのがピッグサイクルである。これは生産した豚の価格が需要と供給の関係で,年度,季節で乱高下する周期のことをいう。養豚協同組合の旗揚げからの8年間に業界内で勉強をするなか,自分が生産したものは自分で販売しなければ経営も安定しないとの考えから,会社設立に至った。

現在では生産から加工・流通・販売に至るまでのすべてを自社で行なっており,同時に外食事業の展開も行なっている。平田牧場での製品づくりの基本は,「安全・健康・環境・種・自給・循環」である。

その後,1973（昭和48）年に,東京を本拠地とする生活クラブ生活協同組合と出会い,豚肉の産直事業をとおして,当時は考えられなかったブロック肉での供給を実現し,豚一頭の全部位をまるごと消費する「豚の一頭買い方式」の構築や,市場相場の乱高下に翻弄されてきた養豚経営の苦い経験から,再生産が可能な安定した養豚生産基盤をつくっていくために,早くから生産コストを考慮した年間固定価格による豚肉の買い入れシステムを構築した。

現在,平田牧場の中心品種は,ランドレースとデュロックのF_1母豚（LD）にバークシャーを止め雄として交配したLDB種「平牧三元豚」である。そのほかにも中国系の品種である金華豚を止め雄として交配した「平牧金華（桃園）豚」や,金華豚の純粋種である「平牧純粋金華豚」を生産している。生産規模は直営農場のほか,山形県内外に50戸以上の提携生産者がおり,平田牧場グループとしての年間出荷頭数は20万頭以上となっている。

第1図 不耕作地での家畜飼料用米の稔り

2. 飼料用米を活用するきっかけ

日本の総合食料自給率（カロリーベース）は40%と低い。飼料自給率にいたっては25%という,世界的に見ても非常に低い水準となっている。一方で,前述したように主食用米の消費減少により,米の生産調整は35%にも及んでいる。米以外の作物をなかなか見出すことができないなか,平田牧場が考えたのが水田転作としての飼料用米であり,それを豚に与えることによって高品質であり,安全・安心な豚肉を生産しようという取組みであった。

これまで,水田を水田として活用することで転作にもなる品目としてあげられてきたのは,家畜飼料用としての水稲である。ただ,現在,水稲を飼料として利用する方法としては,水稲を黄熟期にかけて収穫し,それをサイレージに調製するホールクロップサイレージが中心である。しかし,サイレージを利用する家畜は主に反芻動物,特に牛であり,豚などの単胃動物には向いていない。もし,子実部位,つまり米が飼料として利用できるのであれば全畜種に対応できる。さらに子実利用であれば,主食用米と同じ機械や作業で行なえるのもメリットであり,稲わらも利用可能である。飼料用米としての水稲栽培が可能となれば,国内での畜種を超えた穀物飼料自給率の向上へ貢献でき,しかも,農地（休耕田）の有効活用と水田の多面的機能（水源涵養,洪水防止機能など）による農村環境保全にもなる。また,凶作時など万が一の場合には食用米に回すことも可能であり,食の安全保障や,逆に豊作時には飼料にできるため,過剰米対策として相当の効果が期待される。一方,消費者には安全な飼料の確保に対する需要があり,世界的に問題となっている遺伝子組換え作物（GMO）による飼料に依存することなく生産された畜肉が求められているはずである。

不耕作地を利用して家畜用の飼料用米を栽培し，それを豚へ給与して高品質な豚肉生産を行なう。豚の飼養で出た糞尿は堆肥や液肥にして再び農地へ還元する資源循環型農業の確立，食料自給率の向上，そして米の給与による良食味の豚肉生産を生産者と消費者が相互に協力して支え合う……平田牧場はそんな構想を描いて動き始めた（第1図）。

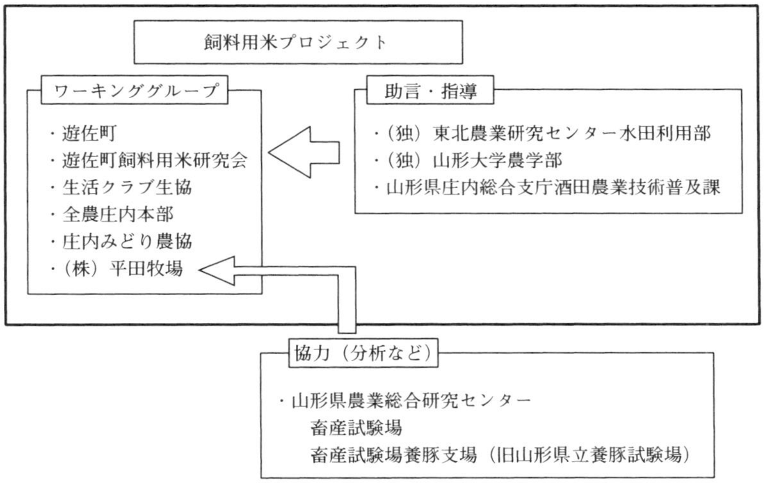

第2図　飼料用米プロジェクトの構成

〈飼料用米活用システムの構築〉

1. 飼料用米プロジェクトの概略

資源循環型のシステム確立には，米の生産者，農協，全農，飼料会社，養豚企業および消費者の相互協力が重要である。そこで，2004（平成16）年度から産学官一体となって食料自給率向上に関する調査検討のために，第2図のような「飼料用米プロジェクト」（以下，「プロジェクト」と表記）を設置した。平田牧場も生産者としてワーキンググループに参加。プロジェクトにはさらに，助言や指導として（独）農業・食品産業技術総合研究機構東北農業研究センターや山形県，山形大学農学部からも協力を得ており，肉質の分析などでは山形県農業総合研究センター（畜産試験場，畜産試験場養豚支場）からも協力を得ている。

日本の畜産では，年間2,000万t近い飼料穀物を輸入している。プロジェクトの計画ではその10%にあたる，200万tの飼料穀物を自給するモデルをつくろうというものである。事業概要は，産地に適した飼料用米品種の選定，家畜への給与における肉質の調査ならびに食味への影響調査，生産費ならびに構造改善の具体策，飼料用米生産による国内自給率向上効果の調査などである。

第3図　直播栽培による飼料用米生産（2006年）

飼料用米として利用する水稲品種は，飼料用米品種の‘庄内S99’‘クサユタカ’‘奥羽飼387号（べこあおば）’などである。

2. 飼料用米の生産と流通

飼料用米の生産は1996（平成8）年度から行なわれているが，2005（平成17）年度の飼料用米の収量は栽培面積23.2haで141.3tであり，単位収量は609kg/10aであった。目標は10a当たり1tを目指している（第3図）。

飼料用米はあくまでも飼料作物であり，主食用米とは明確に分けて扱わなければならない。飼料用米の価格は，主食用米と比べてはるかに低い。そこで，補助金制度の利用やダイズのブロックローテーション品目の一つとしても定着を図ることにより，生産組織の育成を行なっている。

収穫された飼料用米の流通も，通常の主食用米とはまったく別のルートを辿る。収穫した飼料用米は専用の乾燥調整施設へ搬入され，主食用米とは一切混ざらないようになっている。乾燥調整された飼料用米は年間を通じて全農庄内本部が在庫管理を行ない，毎月必要量を飼料会社へ渡し飼料会社が平田牧場の指定配合飼料へと加工する。飼料用米の配合された飼料は肥育の仕上げ飼料であり，現在の配合割合は10％である。

飼料用米を配合した飼料で生産された豚肉は，消費者団体である「生活クラブ生協」が共同購入し，各組合員へ届けられる。

〈平田牧場での給与システム〉

1. 効率よりも肉質のよさを追求

①バークシャー種の導入と飼料の工夫

平田牧場が設立された当時（昭和40年代），世間の養豚業では蛋白質摂取の需要のために海外からランドレースや大ヨークシャーなどの大型品種が導入され，生産効率のよい豚の生産が行なわれていた。海外から大型品種が導入され生産効率のみの追求が行なわれるようになると，発育や増体は飛躍的に向上したが，逆に食味は大きく後退した。日本で古くから飼育されていた中型種の中ヨークシャー種やバークシャー種は，大型種の導入に押されて一時は激減し，種の維持が危ぶまれた時代背景があった。しかし，設立当初から生産効率よりも肉質のよさを追求してきた平田牧場では，肉質のよさと日本の地域風土に合った品種設定の観点からバークシャー種を導入した。その後，安全で安心なおいしい豚肉が食べたいという生協の組合員の要望をきっかけに，肉質のよさを求めてさまざまな原種豚を用いた交配試験を行なった。そして1974年から7年の歳月をかけ，現在の中心生産品種であるLDB種の安定生産に至ったのである。

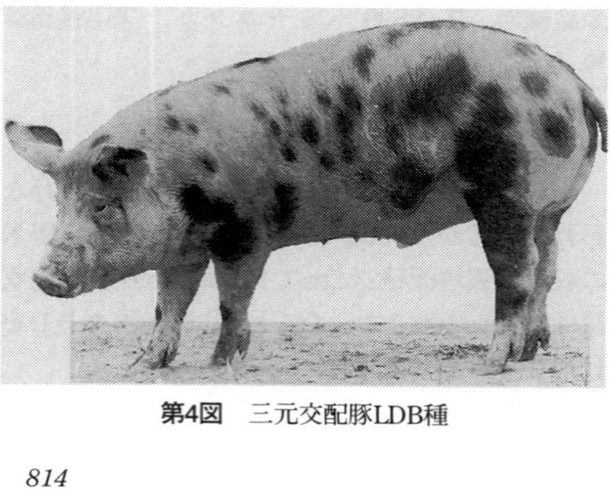

第4図　三元交配豚LDB種

バークシャー種は脂質と肉質，おいしさにも定評あるものの，マイナス面では極端に産子数が少ない，産肉量が少なく脂肪量が多い，飼育日齢が長いなどの要因がある。したがって，純粋種生産での経営は大変に採算の取りにくい品種で，生産コストのアップを避けることができない。そこで，マイナス面を補うために産子数の多いL（ランドレース種）に強健性があり肉質のよいD（デュロック種）を交配し，そのF_1母豚（LD）にB（バークシャー種）を交配し，三元交配豚LDB種（第4図）を作出した。

このLDB種の特徴は肉質，食味においてバークシャー種のよいところを多く引き継いでいることである。止め雄にバークシャーを使っているため脂肪が乗りやすいが，その脂肪は白くてほのかに甘味のある，あっさりとした上質の脂肪とキメ細やかな肉質となっており，生産効率面では，一般のLW母豚より多少産子数が劣る，200日飼育しても一般品種より小さいなどの劣る点もあるが，組合員に評価してもらえる豚となった。現在では組合員だけでなく一般消費者からも非常に好評を得ている。

②仕上げ期間は植物質性飼料

肉の旨味は脂肪にあるといっても過言ではなく，その脂肪の質を左右するのは品種と環境，そして飼料である。平田牧場では用いている豚が独自の品種であることと，安全で安心な豚肉生産を行なうために，牧場から配合材料と配合割合を指定し，それに基づいて飼料メーカーに

第1表　玄米とトウモロコシの組成（%）（日本標準飼料成分表，2001年版から）

	水　分	粗蛋白質（CP）	粗脂肪	NFE	粗繊維（CF）	ADF	NDF	粗灰分（CA）	TDN	
									原　物	乾　燥
玄　米	13.8	7.9	2.3	73.7	0.9	—	—	1.4	82.5	95.7
トウモロコシ	13.5	8.0	3.8	71.7	1.7	2.6	9.1	1.3	81.0	93.7

つくってもらった指定配合飼料を給与している。仕上げ飼料には，遺伝子操作を行なっていない（NON-GMO），かつ収穫後農薬などの処理がされていない（ポストハーベストフリー）トウモロコシと大豆かすを使用している。仕上げ飼料は植物質性であり，動物質性の原料は一切用いていない。また，肉質を向上させるためにオオムギを20%配合している。飼料用米はこの仕上げ飼料に混合するわけだが，玄米を粉砕し，トウモロコシとの代替として配合されている。第1表でわかるとおり，栄養価はトウモロコシと変わらない。

平田牧場では年間20万頭以上の豚を出荷しているため，現在入手できる飼料用米の量（2005年度141.3t）では全頭にはいき渡らない。そこで，肥育専門の1農場で飼料用米飼料を給与している。

肥育のステージは前期と後期に分かれ，前期（30〜60kgまで）は増体を目的とし，後期（60〜110kg（出荷）まで）は肉質をよくするための仕上げの期間となっている。給餌は，肥育後期の豚に対して，飼料用米10%配合の仕上げ飼料（平牧若豚用飼料）を不断給餌で行なっている（第5図）。

2. 飼料用米を給与することによるコスト増

①飼料用米生産費

飼料用米は1980年代初め以降，転作作物として位置づけられるようになった。庄内地方で本格的に飼料用米生産が始まったのは前述したように1996（平成8）年で，飽海郡平田町（当時）の一農家と平田牧場との取組みからであった。それを皮切りに，しだいに広まっていった。その頃は，飼料用米生産について，転作奨励金のほかに，平田町，経済連，平田牧場がそれぞれ10a当たり10,000円を拠出し，10a当たり99,000円の補償を行なった。1999（平成11）年には9市町で1,000tを超える生産が行なわれるが，その後転作作物としてダイズが優遇されたことなどにより，飼料用米の生産は減少してきている（2005年度の飼料用米の収量は，栽培面積23.2haで141.3t）。

2003（平成15）年には飼料用米価格は1,890円/60kgであり，この年の主食用庄内産米は，天候に恵まれず不足気味であったことから20,000円/60kgを上回っていた。そのことを考えると，価格的には飼料用米は主食用の10分の1程度にしかならないということである。

2005（平成17）年の飼料用米価格は2,400円/60kgで，それをもとに飼料用米の収支を計算してみると，第2表のようになる。

玄米収量を650kg/10aとした場合，収入は，米代金が26,000円，産地づくり交付金などの補助金が35,000円で，計61,000円である。一方，支出の側を見ると合計80,000円を超え，飼料用米生産者は収支として10a当たり22,779円の赤字を試算している。ただ，各項目を見ると不要と考えられるものもあり，検討の余地は残されている。

飼料用米は輸入穀物と代替であるため，利益を求めることはできない。飼料用米は食用米と比べても低価格であるうえに，食用米の流通とは異なる流通体制が必要である。そのため，従来の生産体制では採算が取れず，飼料用米の継続的な生産は難しくなる。そこで，遊佐町がいったん農地所有者から農地を借り受け，それをNPO法人へ貸し付ける事業を実施する。これは政府の構造改革の一つである構造改革特区および地域再生計画に申請し，「食料自給率向上特区」に認定された事業である。NPO法人が不耕作地を活用し，低コスト栽培実現のための栽培実験に取り組む。農業生産法人以外の法人の農業への参入により，新たな担い手の確保や不耕作農

飼料用米（玄米）

粉 砕

飼料用米（粉砕米）

平牧若豚用飼料（飼料用米10%配合）

第5図　飼料用米を配合した豚用の飼料

第2表　飼料用米試算（650kg/10a）
（平成17年度遊佐町標準小作料試算より）

	内 訳	金 額（円）	備 考
収 入	米代金	26,000	@40,000/t
	産地づくり交付金	30,000	基本＋担い手加算
	その他助成金	5,000	町
	計	61,000	
支 出	種苗費	1,750	@350/kg × 5kg
	肥料費	3,163	
	農薬費	4,181	
	光熱動力費	3,932	
	その他諸費材料費	1,809	
	水利費	4,968	
	建築費	9,292	
	農機具費	39,821	
	施設利用料	11,375	@1,050/60kg
	販売・出荷手数料	3,488	
	計	83,779	

地の有効活用が期待される。

②豚肉生産費

一般的に，豚は生まれてからおよそ半年（180日）で出荷される。平田牧場の場合，通常よりも肥育期間を延長し，20日ほど長い約200日をかけて飼養している。これは，豚の品種が一般とは異なることと，品質を追求するために仕上げ期にオオムギを20%加えて，さらに食用米を配合した植物性の飼料としているためで，効率よりもじっくりといい肉質を追求しているからである。

仕上げ飼料を給与する期間は約80日（3か月弱）である。平田牧場では，豚1頭当たり，出荷までに仕上げ飼料を190kg食べている。10%の飼料用米配合割合であれば，飼料用米を19kg食べている勘定である。

飼料用米の購入価格は40,000円/tであり，代替対象のトウモロコシは18,000円/t前後で推移しているため，養豚農家にとっては割高になる。養豚経営において，飼料購入費は経費の約6割を占めるため，飼料の価格変動は収益を大きく左右する。

飼料用米生産農家の負担を軽くするには，飼料用米の低コスト栽培の実現および飼料用米を畜産農家が高く買うことである。しかし，飼料費が高くなれば豚1頭当たりのコストも上がり，それは消費者の負担へとつながる。それを試算したのが第3表である。飼料用米価格が40,000円/tの場合，トウモロコシと比べ22,000円/t高くなり，仕上げ飼料で考えると豚1頭当たりの飼料費は418円増加する。その結果，枝肉コストは1kg当たり約6円増加する。平田牧場の場合，この枝肉コストの増加を物流コストを抑えることでカバーしている。それを可能にしているのが，当初から取り組んできた産直方式であった。

第3表　飼料の増高経費の試算（円）

飼料用米価格		買増価格／1頭		枝肉コスト
t当たり	60kg当たり	対トウモロコシ	10%配合時	1kg当たり
30,000	1,800	＋12,000	＋228	＋3
40,000	2,400	＋22,000	＋418	＋6
50,000	3,000	＋32,000	＋608	＋9
60,000	3,600	＋42,000	＋798	＋11
70,000	4,200	＋52,000	＋988	＋14
80,000	4,800	＋62,000	＋1,178	＋17
90,000	5,400	＋72,000	＋1,365	＋20
100,000	6,000	＋82,000	＋1,558	＋22
150,000	9,000	＋132,000	＋2,508	＋36
200,000	12,000	＋182,000	＋3,458	＋49
250,000	15,000	＋232,000	＋4,408	＋63

〈飼料用米利用による発育・肉質と食味の変化〉

昔から庄内地方では，鉄砲打ち（猟師）たちが，落穂を食べたカモは非常に美味であると珍重している。米を食べることにより，肉質が向上しているということであろう。

実際に飼料用米10%配合飼料を給与された豚と，飼料用米が配合されていない飼料を給与された豚の肉質を比較調査した。実験は，平田牧場の肥育農場の一つである庄内町の千本杉農場で行ない，飼料用米10%配合の仕上げ飼料をLDB種へ給与した。仕上げ飼料の給与期間は約3か月である。

1. 発育・肉質への影響

飼料用米10%配合の飼料については通常の飼料と比較して採食量は変わらないため，嗜好性もそれほど変わらないようである。また，発育については配合段階で飼料計算が行なわれているため，発育性に違いはなかった。嗜好性や発育についての知見は，篠田ら（東北農試，2000）や，新山ら（富山畜試，2002）の報告にもあるように，嗜好性も発育もトウモロコシと変わりなくよいようである。

2005（平成17）年1月下旬から2月中旬にかけて，計17頭分を肉質分析用サンプルとして採取した（飼料用米10%区，以下「10%区」）。同農場では農場内のすべての飼料タンクが試験飼料となっているため，平田牧場の別農場より同時期に出荷されたLDB種9頭を比較対照とした（飼料用米を使用していない区，以下「対照区」）。

肉質の調査項目は，水分含量，粗脂肪含量，肉色および脂肪色，ドリップロス，加熱損失率，内層脂肪融点，テクスチャー，内層および筋肉内脂肪の脂肪酸組成（C14：0，C16：0，C16：1，C18：0，C18：1，C18：2，C18：3），食味試験である。第6図が豚肉の比較写真である。

①水分含量と粗脂肪含量

肉に含まれる水分や脂肪は，食べたときの肉汁感などに影響するといわれている。豚の水分含量は約70～75%である。粗脂肪含量は約3～4%で肉の質を左右する大きな要因の一つでもあるが，その量は品種や飼養方法により大きく変動する。近年は豚の銘柄化が進み，多種多様な豚肉が生産されているが，最近では筋肉内の脂肪，いわゆるサシを増やした「TOKYO X」や「しもふりレッド（伊達の赤豚）」などの高脂肪交雑豚が生産されている。

水分含量と脂肪含量は拮抗的であり，どちら

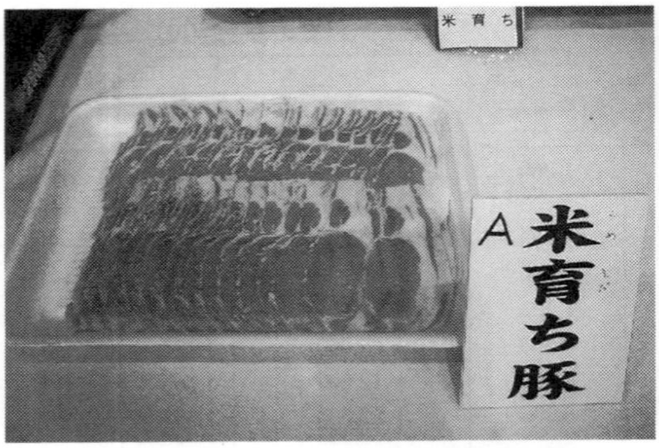

第6図　飼料用米を利用したときの肉質の違い
2006年2月15日，生活クラブ飼料用米シンポジウム時の試食用肉
左：飼料用米を給与した豚肉，右：対照区の豚肉

かが増加すればもう一方は減少する関係にある。

10%区と対照区を比較した場合，水分は10%区が70.23%で対照区が72.45%，脂肪含量は10%区が4.66%で対照区が2.88%であった（第4表）。この結果から，10%区は，脂肪，いわゆるサシが増えた結果であろうと推察される。

②ドリップロスと加熱損失率

肉を静置しておくと，肉から水溶性蛋白質や血液成分，旨味など，さまざまな成分を含んだ水が出てくる。これがドリップである。ドリップの少ない肉ほど保水性が高く，旨味や肉汁を保持できる高品質の肉である。ドリップロスとは，肉を4～5℃で24～48時間保存した後のドリップの流出による重量損失分を示したものであり，だいたい2～5%である。

加熱損失率とは，肉を調理した際に失われる肉汁などの重量損失分を示したものである。70℃で30分加熱した場合の加熱損失率はだいたい20～30%である。

この2つの指標を調べると，ドリップロスは10%区が2.74%で対照区が4.74%と，飼料用米を配合した10%区のほうが低い（第5表）。これは10%区のほうが水分含量が少なく，脂肪含量が高かったことが一因と考えられる。

加熱損失率は10%区が24.56%で対照区が28.36%と，10%区のほうが低い（第5表）。

有意な差ではないが，飼料用米を給与することで保水性が高まり，加熱損失率は反対に低くなる傾向にあるといえる。つまり，肉の旨味を逃がしにくい豚肉に仕上がる傾向があるということである。

③肉色と脂肪色

肉の色は消費者の購買意欲に非常に大きく影響する。近年の消費者は淡い肉色のものを好む傾向がある。これは，色の淡いほうが軟らかそうに見えるという理由からである。しかし，色の識別は主観的であり，人それぞれで見え方が異なる。さらに光の加減や温湿度など，さまざまな要因で変わってくる。そのため色の測定には人の主観に左右されないよう機械による測定が行なわれる。

色調を記号や数値によって表現する方法を表色という。表色は色調の伝達や記録に優れた方法で，人の色調感覚とよくマッチするように，昔から色立体が考案されてきた。最近は肉色を数値化して表現するようになっており，現在最も普及している表色法はL，a，b値によるもので

第4表　水分含量と粗脂肪含量

	水分含量（%）	粗脂肪含量（%）
10%区	70.23b	4.66a
対照区	72.45a	2.88a

注　a,b：異符号間に有意差あり（P＜0.05）

第5表　ドリップロスと加熱損失率

	ドリップロス（%）	加熱損失率（%）
10%区	2.74a	24.56a
対照区	4.74a	28.36a

注　a,b：異符号間に有意差あり（P＜0.05）

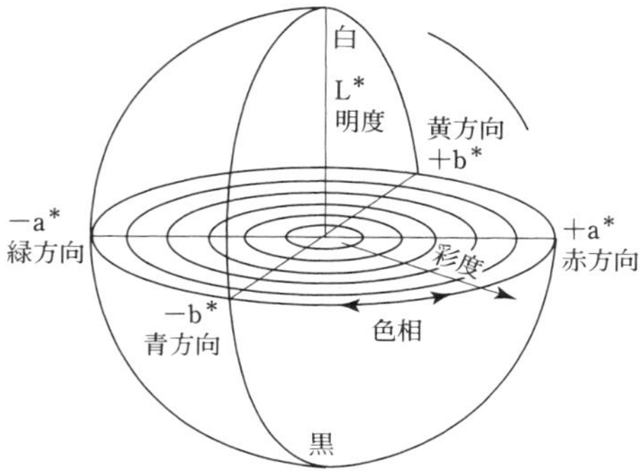

第7図 表色（L・a・b）のモデル
（泉本勝利（岡山大学），1997）
http://www.agr.okayama-u.ac.jp/amqs/iz/mj9707/mj9707.html から引用

ある（第7図）。これはJIS（日本工業標準調査会，1980）でも採用されている。

通常，肉は暗赤色をしているが，空気（酸素）に触れることにより明るい色へと変色する。これをブルーミングという。肉色を測定する場合はこのブルーミングを行ない，肉色が安定してから測定する。機械を肉へ接触させ，明度（L値），a値（赤色度），b値（黄色度）を測定する。各数値は数値が高いほど明るく，色が濃くなることを示す。豚肉の場合，L値が45〜55，a値が7〜14，b値が0〜5が平均である。経験上，消費者が好みやすいのはL値が50±2のもののようである。

脂肪については，純白であることが理想とされる。L値が高く，a値とb値が低いほどよく，L値が80以上であればかなり白い。特に脂肪は飼料の影響を最も受けやすい部位であり，品質のよしあしもこの部位に現われやすい。

測定結果は，肉色で10％区が対照区より明るく，脂肪色も10％区が有意に白いという結果となった（第6表）。つまり，消費者に好まれる肉になっているということである。特に脂肪が白くなったことについては，飼料用米がトウモロコシとの代替であるため，トウモロコシによるカロテノイド色素が相対的に少なくなったことが考えられる。

④テクスチャー

テクスチャーとは，硬さや弾力性，もろさ，歯ごたえなどの物理特性の総称である。測定はテクスチュロメーターという機械で行なった。咀嚼運動を模した機械で，皿に乗せた物質をV形の金属でつぶしそのときの硬さや弾力性を数値として表わすものである。

このテクスチュロメーターで測定した場合，各食品のテクスチャーは第7表のとおりである。リンゴやキュウリなどは食べるとバリッと割れるためガム性（弾力）はなく，そのため凝集性もない（もろい）。肉やかまぼこ，ウインナーなどはガム性がある。さて，豚肉の比較であるが，テクスチャーに関しては10％区と対照区で差はなかった。

⑤脂肪酸組成

脂肪というのは，グリセリンに脂肪酸が3つ結合したトリグリセリドという形で形成されている（第8図）。その脂肪酸にはさまざまな種類があり，どんな脂肪酸が結合するかで脂肪の質は大きく変わってくる。

脂肪酸には，結合の中に二重結合をもたない飽和脂肪酸と，二重結合を1つ以上もつ不飽和脂肪酸に分けられる。一般に飽和脂肪酸は融点が

第6表 肉色と脂肪色

	肉色			脂肪色		
	L	a	b	L	a	b
10％区	51.40a	9.53a	9.64a	81.14a	4.33a	7.75a
対照区	50.89a	9.71a	7.74b	79.53b	4.22a	5.13b

注 a,b：異符号間に有意差あり（P＜0.05）

第7表 テクスチャー

	硬さ	凝集性	ガム性
10％区	2.36a	0.45a	71.33a
対照区	2.75a	0.63a	73.45a
リンゴ	2.25	0.00	0.00
ラ・フランス	0.13	0.00	0.00
カキ	0.11	0.00	0.00
キュウリ	3.50	0.00	0.00
食パン	1.83	0.32	58.03
パンの耳	3.28	0.58	190.13
魚肉ソーセージ	1.08	0.07	7.36
セミドライサラミ	10.62	0.63	671.57
まんじゅう	1.25	0.21	25.83
柿の種（菓子）	0.42	0.21	8.68

注 a,b：異符号間に有意差あり（P＜0.05）

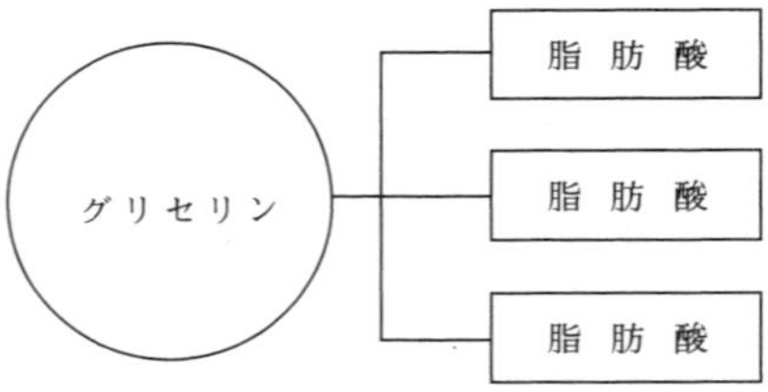

第8図　脂肪の構造

高く，不飽和脂肪酸は低い。また，不飽和脂肪酸の二重結合部は非常に不安定であり，すぐに酸素と結合してしまうために酸化が起こる。特に二重結合が2つ以上の多価不飽和脂肪酸は非常に酸化しやすく，豚肉の質が落ちやすい。

現在注目されている脂肪酸は，ステアリン酸やオレイン酸，リノール酸などの種類がある。オレイン酸はオリーブオイルなどに多く含まれ，コレステロールを下げたり，胃腸を守ったり，腸を滑らかにしたり，紫外線から肌を守るなどさまざまな有益な効果がある。熱にも強く，酸化しにくい。また，旨味成分としても知られている。ステアリン酸は飽和脂肪酸なのでコレステロールを上げる働きがあるとされてきたが，近年では逆にオレイン酸のコレステロールを下げる働きを補助する働きがあるといわれている。リノール酸は人体では合成されず，食物から摂取しなければならない必須脂肪酸であるが，多すぎるとアレルギーの原因となるため取りすぎはよくないとされている。また，リノール酸などの多価不飽和脂肪酸が多くなると脂肪の融点が下がり，脂肪がゆるく（軟らかく）なる。

では，飼料用米を与えた豚肉と与えない豚肉との脂肪酸組成はどう違っているかを見ていこう（第8表）。

10％区では対照区に比べ，C16：0（パルミチン酸）やC18：0（ステアリン酸）の飽和脂肪酸とC18：2（リノール酸）の多価不飽和脂肪酸が減少し，C16：1（パルミトレイン酸）やC18：1（オレイン酸）の一価不飽和脂肪酸が増加する傾向にあった。

飼料成分表によれば，トウモロコシはリノール酸が多く，玄米はオレイン酸が多いことから，これらの影響が脂肪に現われたものと考えられる。

米給与による脂肪酸への影響については，先に紹介した篠田らや新山ら以外にも報告があるが（堀内ら，1982；大武ら，1971），さまざまな結果が出ているようである。これについては米の給与割合や飼養環境，品種などさまざまな要因が複雑に影響していると考えられるため，今後も調査の必要があると思われる。

⑥脂肪の融点

脂肪の融点とは脂肪が溶け始める温度であり，脂肪の質の目安となる。豚の脂肪は約30～40℃であるが，低すぎると軟脂と呼ばれ，風味も悪いために品質の悪い豚として敬遠される。また，高すぎても食べたときになめらかさがなく，一般的には口の中で程よく溶ける温度（35～37℃）くらいがよいとされている。

第8表　脂肪酸組成

〈皮下内層脂肪〉

	14：0	16：0	16：1	18：0	18：1	18：2	18：3	飽　和	不飽和
10％区	1.61a	28.37b	2.92a	14.83a	43.38a	8.52a	0.33b	44.84a	55.16a
対照区	1.62a	29.18a	2.54a	16.08a	42.40a	9.00a	0.12a	46.88a	53.12a

〈筋肉内脂肪（ロース芯）〉

	14：0	16：0	16：1	18：0	18：1	18：2	18：3	飽　和	不飽和
10％区	1.59a	26.68b	4.74a	13.80a	46.16a	6.83a	0.18a	42.09a	57.91a
対照区	1.70a	27.90a	4.37a	13.47a	45.97a	6.50a	0.13a	43.06a	56.94a

〈飼料中の脂肪酸〉

	14：0	16：0	16：1	18：0	18：1	18：2	18：3	飽　和	不飽和
トウモロコシ	—	10.5	—	1.8	29.5	57.6	0.7	12.3	87.7
玄　米	0.4	17.8	0.2	2.5	46.1	32.6	0.6	20.7	79.3

注　a,b：異符号間に有意差あり（$P<0.05$）
14：0ミリスチン酸，16：0パルミチン酸，16：1パルミトレイン酸，18：0ステアリン酸，18：1オレイン酸，18：2リノール酸，18：3リノレン酸

第9表　脂肪融点

	内層脂肪（℃）
10%区	34.36a
対照区	35.46a

注　a,b：異符号間に有意差あり（P＜0.05）

脂肪融点は脂肪酸組成により大きく変動するが，10%区が対照区より低くなったことは，脂肪酸組成の変化と一致する（第9表）。融点が下がることにより，なめらかさが若干向上するものと推測される。

2. 食べてみての食味評価への影響

飼料用米を給与した豚を，消費者である生活クラブの組合員に実際に食べてもらった。10%区と対照区を用意し，約100名の組合員に対し試食とアンケート調査を行なった。試食はしゃぶしゃぶで行なった（第9図）。アンケート項目は，見た目，香り，食感，味・風味，総合評価の5項目とした。

「見た目」は，1）生肉の状態を見てもらい，どちらがよいか？おいしそうか？　2）脂肪の色はどちらが好きか？　3）色つやはどちらがよいか？の3項目を設けた。

「食感」は，1）軟らかさはどちらがよかったか？　2）食感はどちらがよかったか？　3）ジューシー感（肉汁感）はどちらがよかったか？　4）どちらが飲み込みやすかったか？の4項目を設けた。

第9図　食べてみての食味評価

試食はしゃぶしゃぶ

そのほかのアンケート項目については第10表のとおりである。結果は，すべての項目において10%区のほうがよかった，という回答を得た。

3. 肉質向上の可能性は十分

理化学分析の結果から，10%区が対照区より有意に差があった項目は，水分含量，肉色b値，内層脂肪色L値，内層脂肪色b値，脂肪酸組成では皮下内層脂肪のC16：0（パルミチン酸），C18：3（リノレン酸），筋肉内脂肪ではC16：0（パルミチン酸）であった。また，有意差は見られなかったものの，飼料用米の配合割合を10%にすることで，粗脂肪含量が高く，脂肪の融点は低く，脂肪酸組成のうちオレイン酸は増加，リノール酸は低下する傾向がみられた。

一方，保水性，加熱損失率，テクスチャーで

第10表　食味アンケート結果

項　目	アンケート内容	10%区（%）	対照区（%）	決められない（%）
見た目	Q1. 見た目はどちらが好きですか？	45.7	27.7	26.6
	Q2. 脂肪の色はどちらが好きですか？	53.2	18.1	28.7
	Q3. 色つやはどちらがいいですか？	40.2	25.0	34.8
香り（調理）	Q. 香りがよいと感じたのはどちらですか？	47.8	12.0	40.2
食感（調理）	Q1. 軟らかさはどちらがよかったですか？	80.9	13.8	5.3
	Q2. 食感はどちらがよかったですか？	74.5	19.1	6.4
	Q3. ジューシー感（肉汁感）はどちらがよかったですか？	73.7	14.7	11.6
	Q4. どちらが飲み込みやすかったですか？	75.3	12.9	11.8
味・風味（調理）	Q. 味・風味がよかった肉はどちらですか？	64.1	15.2	20.7
総合評価	Q.（見た目，香り，食感，味・風味を総合して）どちらの肉が好きですか？	73.1	17.2	9.7

はほとんど差がないことから，主に脂肪への影響が大きいことが推測される。食味においては10%区では特に色つや，脂肪の白さが好印象で，味や総合評価においても非常に良好であった。

今回の調査ではサンプルを約1か月かけて無作為に抽出したこともあり，サンプルに多少のバラツキがあったが，全体的に見て飼料用米の配合割合を増加させることにより，脂肪が白くサシが入りやすくなり，脂肪酸組成においてもオレイン酸が多くリノール酸が少なくなる傾向があった。不飽和脂肪酸が増加することにより脂肪の軟化が予想されたが，脂，肉ともにしっかりと枝肉の締まりのある肉であった。豚肉に限らず，牛肉，鶏肉，魚など脂肪がおいしさの決め手といってもよい。その脂肪に好影響を及ぼしている可能性が示されたのである。

以上のことから，飼料用米を肥育豚に給与することにより，豚肉の肉質を向上させる可能性は十分にあると思われる。

〈問題点と今後に向けての展望と可能性〉

1. 明らかになった課題

当初，米を豚へ給与することに関しては，玄米を使用するため米ぬかの影響が少々懸念された。米ぬかは多給することにより豚の脂肪が軟化したり，黄色みを帯びたりすることが知られている。しかし，10%配合では枝肉の締まりもよく，その影響は見られなかった。米を給与することにより脂肪が白く，良質化する傾向が見られた。飼料用米100%としても脂肪の悪化はなく，良好な結果が得られているとの報告もある(篠田ら，2000)。

しかし，飼料用米生産に関しては，さまざまな問題点がある。2005（平成17）年，庄内地域での飼料用米価格は主食用米の7分の1程度で，加工用米より不利であり，飼料用米生産者にとっては利益にならない。飼料用米は輸入穀物との代替となるため，徹底した高収量低コスト生産を行なわなければならないのである。高収量を上げるためには，気象・災害・生産者の技術差に左右されない高収量品種の選抜・育成が必要である。また，低コスト栽培を実現させるためには，生産資材や不耕作地の効率的な利用と，肥料として豚糞尿の利用や直播など徹底した経費の削減が必要である。

平田牧場としては10%配合での効果が良好な傾向を示しており，この飼料用米プロジェクトの活性化に向けできるだけ多くの飼料用米を給与したいと考えている。そのためには飼料用米の買い取り価格も検討しているが，飼料費の増加は経営に大きく影響してくる。現在は直営の一農場のみで行なっているが，規模が拡大し飼料用米が平田牧場の指定配合飼料に常時配合されるようになるまでには，飼料費としての飼料用米価格の問題は消費者も含めて解決しなければならない。飼料用米生産者の負担軽減のために飼料用米を高く買い取れば豚肉の生産費が増加する。飼料費増加の影響を抑え，かつ豚肉生産費が上がらないようにするためには，まず平田牧場自身がむだの削減や資源の再利用など加工にかかる費用の低減に努めることが大切である。

消費者は安全で安心な国産の食料を望み，同時に食料自給率の向上を望んでいる。しかし，そのために生産者側が厳しい状況に直面しているということを消費者に説明しなくてはならない。消費者との交流を通して飼料用米生産の取組みの意義を説明し，若干の豚肉価格の増加分は再び飼料用米生産へと還元されるという再生産可能性に理解を求めなくてはならない。

このプロジェクトを推進するためには，飼料用米生産者，養豚業者，消費者の相互間に平等負担原則の理解がなければ成り立たない。そしておのおのの負担をおのおのが理解し，いかにして減らしていけるかが課題の一つでもある。

また，日本の食料自給率向上という高邁な理念を実現するためにこのプロジェクトは運営されている。このプロジェクトには山形大学と山形県（行政）も参加しているが，これは非常に大事なことである。大学の高い知識と分析力による貢献は非常に重要である。行政は日本の食料自給率向上に責任と使命をもつべきであり，このような取組みの支えとなるべきである（第

10図)。

2. 今後に向けての展望

この取組みは，現在国が進める食料自給率向上に向けた具体策の一つとしても位置づけることができると考えている。また，環境に負荷をかけない資源循環型農業の構築は，これまで大量生産，大量消費社会をリードしてきた先進国が今後優先して取り組むべき課題でもある。

2004（平成16）年度より本格的に運営し始めたこのプロジェクトも，定期的に各関係者が意見を交換しあい，問題の提起と解決策の模索を続け，軌道に乗ることができるところまで前進してきた。飼料用米生産・利用については課題も多いが，食料自給率の向上，高品質豚肉の生産，過剰米対策，環境保全，資源循環，豚尿・豚糞の農地還元，循環型社会形成の起爆剤，新規就農者・雇用者の増加，地域性を考慮した生産維持品目としての位置づけ，消費者と一体となった取組み，生産者と消費者の交流，食育の促進など非常に有望な取組みなのである。

この取組みを広く実用化するためには，できる限り一般化できるシステムを構築しなければならないと考えている。

飼料用米を給与した豚については，消費者との交流会において実際に食べてもらったが，その結果，肉のおいしさについて大多数の消費者から好評を得ることができ，非常に高品質なものであると証明されたといってもよい。飼料用米を利用し生産費が多少高くなったとしても，一般豚と差別化するマーケティングの戦略を検討すればよい。現在飼料用米を食べた豚については「こめ育ち豚」として通常の「平牧三元豚」とは区別して生活クラブ組合員へ提供している。

飼料用米を豚へ給与することで豚肉はおいしく，資源循環型社会が形成され，日本の食料自給率の向上が図れるのである。平田牧場では今後も飼料用米プロジェクトを継続し，おいしく，安全で安心な高品質な肉を生産していくことで食料自給率の向上に貢献していくものである。

第10図 2006年に開かれた飼料用米シンポジウム

《問合わせ先》山形県酒田市みずほ2丁目17—8
株式会社平田牧場
高瀬　周（平田牧場管理本部）
URL.http://www.hiraboku.com
TEL. 0234-22-8612
執筆　池原　彩（平田牧場生産本部）

2006年記

参考文献

独立行政法人農業技術研究機構．日本標準飼料成分表2001年版．

堀内篤・奥紘一郎・河原崎達雄．1982．肥育豚に対する飼料用米給与試験．静岡県養豚試験場報告．30集，昭和56年度試験調査報告．61—69．静岡県中小家畜試験場．

日本工業標準調査会．1980．色の表示方法—L＊a＊b＊表色系及びL＊u＊v＊表色系．JISZ8729．1—14．日本規格協会．

新山栄一・尾崎学．2002．肥育豚への玄米給与．平成14年度富山県畜産試験場年報．38—39．富山県畜産試験場．

大武由之・中里孝之・真田武・新井忠夫・滑川治郎．1971．玄米給与が豚脂の脂肪酸ならびにトリグリセリド組成におよぼす影響．日本畜産学会報．第42巻11号，551—558．

篠田満・上田靖子・新宮博行・櫛引史郎．2000．玄米または白米給与が肥育豚の発育および脂肪品質に及ぼす影響．東北畜産学会報．第50回大会号50巻2号，東北農業試験場．

飼料作物の
栽培利用便覧

寒地型イネ科牧草

オーチャードグラス

学名　*Dactylis glomerata* L.
英名　orchardgrass（米名），cocksfoot
和名　カモガヤ

（1）作物としての特性

多年生で出穂期の草丈は130～150cmに達し，葉身はよく伸び，分げつは多く，匍匐茎は生じない。穂は開花期に広がり，cocksfootと呼ばれる英名の由来となった鶏足状を呈する（第1図）。耐寒性はチモシーより劣り，比較的高温，乾燥には耐えるが，耐湿性は必ずしも優れていない。また耐陰性が強く果樹園のような日陰でもよく生育することから，米名の由来ともなった。寒地型イネ科牧草のなかでは幅広い環境適応性をもつことから，北海道から九州の高冷地において主要な基幹草種となっている。

（2）飼料価値と利用のねらい

飼料価値　出穂期の乾物率は約20％で，乾物中のTDN含量は65％程度であり，TDN含量はチモシーやライグラス類よりもやや低い傾向がみられる。家畜の嗜好性はチモシーよりやや劣る。

利用形態　採草（青刈り，乾草，サイレージ），放牧用のいずれにも利用できる。また一番草を採草し，二番草以降を放牧利用する兼用利用をすることも可能である。採草利用としての年間刈取り回数は，寒地では3回，寒冷地から温暖地では3～5回が標準である。

（3）適地と導入法

適地　北海道から九州の高冷地に適する。耐湿性は強くないので，湿潤地での生育は不良である。

作期　北海道，東北北部を主とする寒地では春まき，東北以南の寒冷地から暖地では秋まきが一般的である（第1表）。春まき地域での播種当年の利用は秋に限られるが，2年目以降の主な利用期間は5～10月である。秋まき地域では，定着がよければ2年目の春から利用できるが，本格的な利用は夏以降となる。3年目以降の主な利用期間は4～11月である。

品種の特徴　北海道から中部地方に適する北海道向き品種と，東北の中標高地から九州の高冷地に適する温暖地向き品種に分かれる（第2表）。

混播草種　地域によってやや異なるが，採草用としてはアカクローバ，シロクローバ，ライグラス類と混播し，寒地ではメドウフェスクを二番草以降の収量向上のために用いる。放牧用としてはシロクローバ，ペレニアルライグラス，ケンタッキーブルーグラスなどと混播し，寒地ではメドウフェスクを混播して季節生産性の平準化を図る。

第1図　オーチャードグラス（穂の形態）

第1表　オーチャードグラスの地域による作期

地　域	播種期	収穫期など	主な対象地域	備　考
寒　地	5月上旬	一番草：6月上旬 二番草：8月上旬 三番草：10月上旬 放牧利用は5月中旬～10月中旬	北海道，東北北部	播種年の利用は夏以降に限られる。2年目から本格的な利用が可能
寒冷地～温暖地	9月中旬	一番草：5月上～中旬 二番草：7月上旬 三番草：9月上旬 四番草：10月中旬 放牧利用は4月中旬～11月上旬	東北南部以南	播種年は利用不能。2年目の一番草の収量は低い
暖　地	10月上～中旬	一番草：4月下旬 二番草：6月下旬 三番草：9月中旬 四番草：10月下旬～11月上旬 放牧利用は3月下旬～11月下旬	九州の高冷地	播種年は利用不能。2年目の一番草の収量は低い

第2表　オーチャードグラス品種の特徴

早晩性	主な品種	特　徴	主な適応地域
極早生	アキミドリII	広域適応性で耐病性（うどんこ病，黒さび病，雲形病など）に優れる 採草・放牧兼用	東北以南から九州の高冷地
早　生	ワセミドリ	越冬性，耐病性（すじ葉枯病，うどんこ病，黒さび病など）に優れる 採草・放牧兼用	北海道，東北
	北海29号	越冬性に優れ，春期，秋期多収である。採草・放牧兼用	北海道，東北
	ナツミドリ	越冬性，耐病性（黒さび病など）にやや優れる。採草・放牧兼用	東北以南の温暖地
中　生	マキバミドリ	秋期多収で耐病性（雲形病，うどんこ病，黒さび病など）に優れる 採草・放牧兼用	東北以南の高標高地
	フロンティア	越冬性，耐病性（すじ葉枯病，雲形病など）に優れる。採草・放牧兼用	北海道，東北
	ケ　イ	越冬性極強で耐病性（雪腐大粒菌核病，雪腐小粒菌核病）に優れる。放牧用	北海道道東地方
	ハルジマン	越冬性，耐病性（すじ葉枯病，雲形病など）に優れ，春期多収。採草・放牧兼用	北海道，東北
	オカミドリ	越冬性，耐病性（雪腐大粒菌核病，雲形病など）に優れる。採草・放牧兼用	北海道，東北
晩　生	バッカス	越冬性，耐病性（すじ葉枯病，黒さび病）に優れ多収。採草・放牧兼用	北海道
	グローラス	越冬性，耐病性（すじ葉枯病など）に優れる。採草・放牧兼用	北海道
極晩生	トヨミドリ	収穫適期幅が広く，越冬性，耐病性（すじ葉枯病，雲形病など）に優れる 採草・放牧兼用	北海道
	ヘイキングII	耐病性（すじ葉枯病，黒さび病）に優れる。採草用	北海道，東北

（4）栽培のポイント

寒地での播種は基本的には融雪後できるだけ早く行なう必要があるが，多雪地などのやや温暖なところでは8月上旬播種も可能である。寒冷地から温暖地での播種は9月上～下旬頃までに播種する。窒素肥料に対する反応が良好で再生力も優れているため，多収を得るには刈取り後の追肥を行なうことが大切である。

（5）利用上の注意点

出穂期以降の品質，嗜好性の低下が大きく，刈取り適期幅が狭いので大規模に栽培する場合には出穂期の異なる品種を組み合わせ，飼料価値の高い出穂期頃までに刈り取るのが望ましい。年平均気温13℃以上となる温暖地，暖地や，年平均気温6～7℃以下となる寒地，寒冷地では，夏枯れや冬枯れから永続性が低下し，経年化にともない株化しやすい。特に寒地では冬枯れを予防するため，越冬前までに貯蔵養分の蓄積が困難となる刈取り危険期の9月下旬～10月上旬の利用は避けたほうがよい。

放牧利用では春の余剰草をできるだけ少なくするため，春期の放牧圧を高めたり，余剰草を採草利用するなどの対策をとる必要がある。

刈取り回数が少なかったり，放牧頻度が低いと裸地を生じやすく，雑草侵入により草地の荒廃をまねくので注意する。

執筆　田瀬和浩（(独) 農業・生物系特定産業技術研究機構北海道農業研究センター）

2005年記

まきばたろう――高収量で耐病性抜群の府県向きオーチャードグラス

オーチャードグラスは環境適応性が高く，品質にも優れており，北海道から九州高標高地まで広く栽培・利用されている，わが国の代表的なイネ科牧草種である。公的機関における品種育成は，農業・食品産業技術総合研究機構（以下，農研機構という）で1960年代から行なわれ，今までに国内利用に最適な11品種が育成された。うち，北海道向けとして，農研機構北海道農業研究センター（旧北海道農業試験場，札幌市）で6品種が育成され，また，東北以南から九州までの府県向けとして，農研機構畜産草地研究所（旧草地試験場，栃木県那須塩原市）で5品種が育成されている。

ここで紹介する‘まきばたろう’（第1図）は，畜産草地研究所で2007年に育成された府県向け最新品種である。この品種は中生の採草・放牧兼用タイプとして位置づけられ，最大の特徴は収量性の高さと優れた耐病性，それに永続性にある。

（1）収量性

2003年から2006年にかけて全国8か所で行なわれた系統適応性検定試験の結果（第2図）によると，‘まきばたろう’の収量性は，同じ中生に属する府県向け市販品種の‘マキバミドリ’を100％とした相対乾物収量比において，青森県の低標高地（野辺地）の105％から大分県の高標高地（久住）の109％まで，すべての試験地点で100％を超えて多収であった。全国平均では108％を記録し，‘まきばたろう’が東北北部から九州高標高地まで，きわめて広域に安定して多収性を発揮できる品種であることが確認された。

また，熟期が異なるため直接の比較はできないものの，極早生の府県向け市販品種‘アキミドリⅡ’との比較でも，‘まきばたろう’のほうが全国平均の収量性でさらに優れる傾向にあることが明らかになっている。

（2）病害抵抗性

オーチャードグラスの病害では，とくに温暖地から暖地にかけていくつかの重要病害の発生が観察されている。これらの地域でとくに問題となる病害として，さび病（黒さび病，小さび病などを含む），雲形病，葉腐病の3種が挙げられる。いずれの病害も罹病により生産性が低

第1図　まきばたろう（旧系統名：那系27号）の草姿

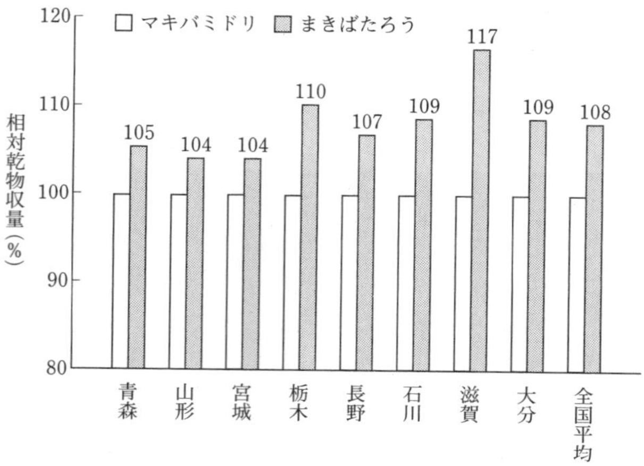

第2図　全国各地のまきばたろうの収量性
数値は，マキバミドリを100とした相対乾物収量，試験年の平均値

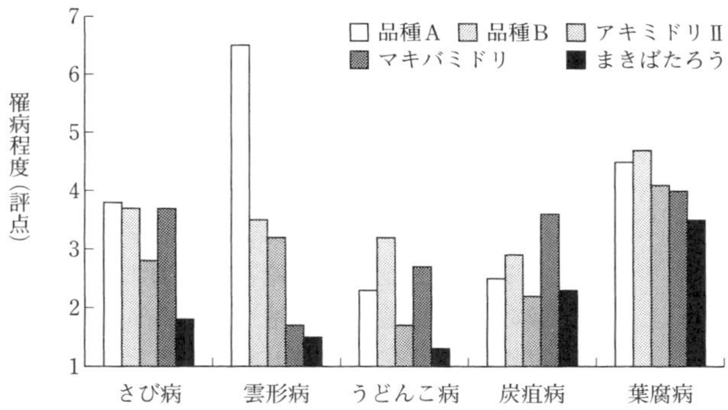

第3図　全国平均のまきばたろうの耐病性
数値は罹病程度の評点，1：無または微～9：甚。試験期間内の発生場所の平均値

下することに加えて，家畜の嗜好性も低下する傾向にあることが報告されている（水野ら，1997b）。さらに，地域や年次によっては，うどんこ病や炭疽病などの病害も発生する場合がある。

‘まきばたろう’の病害抵抗性（第3図）を，収量性と同じ全国試験による各地発生状況の平均値で見ると，葉腐病を除くいずれの病害に対しても罹病程度はきわめて低く，十分な抵抗性をもつことが確認されている。

(3) 永続性

‘まきばたろう’は出穂のやや遅い中生として，採草だけでなく，放牧にも適した兼用種である。一般に，関東以西の温暖地・暖地では牧草の放牧維持年限が短い傾向にあり，永続性はきわめて重要な特性となる。畜産草地研究所は播種年を含めて延べ5年間の永続性試験を行なった結果，‘まきばたろう’は試験最終年にあたる利用4年目の秋でも，‘マキバミドリ’に比較してまだ十分な生産性を保っており（第4図），経年による衰退が少ない品種であることが明らかになった。

第4図　利用4年目秋の草勢
左：まきばたろう，右：マキバミドリ
2006年10月18日撮影

(4) 飼料価値

サイレージなどへの調製研究はまだ行なわれていないが，セルラーゼを用いた乾物試料の簡易な分析結果からは，‘マキバミドリ’や‘アキミドリⅡ’に比較して，消化性は同等かやや高い値を示しており，飼料価値は高いものと予想される。

(5) 栽培・利用上の注意点

‘まきばたろう’の特性のなかで，葉腐病はほかの品種と同程度に発生する可能性があり，十分留意する必要がある。葉腐病は多犯性の病害であるが，温暖地・暖地において，6月ころからとくに降雨が多く湿度の高い状態が続く年に発生しやすい。過繁茂状態の茎葉に多発すると，株の再生力が極端に低下し，夏枯れ症状を呈する場合がある。降雨が多く，発生が懸念される年には，とくに過繁茂にならないよう，なるべく早めの刈取りや放牧による草量の調節に留意し，適切に管理するよう心がける。

なお，‘まきばたろう’の越冬性と耐雪性は‘マキバミドリ’と同等程度であり，東北北部の高標高地帯や北海道には適さない。また，越夏後の草勢は‘マキバミドリ’よりやや優れるものの，寒地型牧草全般の特性として，暖地の低標高地帯には不適である。

この品種は，旧草地試験場育成の系統や雲形病に強い国内の育種母材を利用するとともに，家畜の嗜好性が安定して高く（水野ら，1997a），さび病などの病害抵抗性にも優れる（水野ら，1998）ことを明らかにしたフランスの品種を主要な母材として育成している。‘まきばたろう’の優良な特性を十分活かし，今後，府県におけるオーチャードグラスを利用した高品質な自給飼料生産がいっそう進むことを願ってやまない。

なお，種子の国内販売の時期については，社団法人日本草地畜産種子協会にお問い合わせいただきたい（ホームページは，http://souchi.lin.go.jp/）。

執筆　水野和彦（(独) 農業・食品産業技術総合研究機構畜産草地研究所）

2008年記

参考文献

水野和彦・塩谷繁・藤本文弘．1997a．オーチャードグラス（*Dactylis glomerata* L.）における品種の嗜好性　1．嗜好性の品種間差異と季節・年次変動．日草誌．**43**，306—315．

水野和彦・塩谷繁・藤本文弘．1997b．オーチャードグラス（*Dactylis glomerata* L.）における品種の嗜好性　2．季節別にみた嗜好性と農業形質との関係．日草誌．**43**，316—324．

水野和彦・塩谷繁・藤本文弘．1998．オーチャードグラス（*Dactylis glomerata* L.）における品種の嗜好性　5．嗜好性と関連した品種特性の多変量解析．日草誌．**44**，158—168．

チ モ シ ー

学名　*Phleum pratense* L.
英名　timothy
和名　オオアワガエリ

(1) 作物としての特性

多年生で出穂期の草丈は80 ～ 120cmに達する。他のイネ科牧草と異なり，茎基部節間が肥大して塊茎（corm）を形成する。耐寒性は寒地型イネ科牧草のなかで最も強く，永続性，栄養特性に優れ，北海道全域で安定して栽培可能である。一方，耐暑性，耐旱性に弱く，また夏から秋の再生は不良で競合には弱いため，北海道および東北の高冷地で主に利用される（第1図）。

第1図　チモシー（穂の形態）

(2) 飼料価値と利用のねらい

飼料価値　出穂期の乾物率は約25％で，乾物中のTDN含量は68％程度であり，TDN含量はオーチャードグラスよりも高い。消化率，家畜の嗜好性も良好である。

利用形態　採草利用を主体とするが，中～晩生種は採草・放牧の兼用利用が可能である。放牧草地の混播用としても利用することができる。

(3) 適地と導入法

適地　北海道と東北，関東中部地域の高冷地に適する。高温，乾燥条件下では再生がきわめて不良である。

作期　適応地域が寒地あるいは高冷地に偏っているため，春まきが一般的であるが，比較的冬期温暖な地域では秋まきも可能である（第1表）。秋まきでの翌春の収量は，オーチャードグラスなどと比較するとかなり高い。草種としては晩生であり，また再生が必ずしも良好ではないので刈取り回数は2～3回にとどまる。

品種の特徴　採草および採草・放牧兼用利用品種が主で，放牧利用で使用する場合は晩生品種を利用する（第2表）。

混播草種　採草用としてはチモシーと熟期の合うアカクローバとの混播が最適であるが，マメ科牧草と混播する場合は抑圧されないよう刈取り適期ができるだけ合う品種の選定が必要である。

極早生，早生種はアカクローバあるいはシロクローバの大葉型と，中生，晩生種はシロクローバの中葉型と混播する。チモシーと競合力の差が大きいオーチャードグラスとは混播しない。

第1表　チモシーの地域による作期

地　域	播種期	収穫期など	主な対象地域	備　考
寒地～寒冷地	5月中旬	一番草：6月下旬～7月上旬 二番草：9月中旬 放牧利用は5月中旬～10月中旬	北海道，東北北部	播種年の利用は夏以降に限られる。2年目から本格的に利用可能

第2表　チモシー品種の特徴

早晩性	主な品種	特　徴	主な適応地域
極早生	クンプウ	耐病性に優れ，早期収穫可能。採草用	北海道，東北北部
早　生	オーロラ	耐倒伏性に優れる。採草用	北海道
	ノサップ	耐病性（黒さび病，すじ葉枯病）に優れ，広域適応性。採草用	北海道および関東以北
	ホクセイ	再生に優れ，耐倒伏性はやや優れる。採草用	北海道
中　生	アッケシ	耐寒性，耐病性（斑点病）に優れる。採草・放牧兼用	北海道
	ホクエイ	二番草再生に優れる。採草用	北海道
	キリタップ	再生，競合力に優れ，広域適応性に優れる。採草・放牧兼用	北海道，東北北部
晩　生	ホクシュウ	耐病性（黒さび病，斑点病，すじ葉枯病など）に優れ，収穫適期幅が広い 採草・放牧兼用	北海道
	なつさかり	耐倒伏性，耐病性（斑点病）に優れる。採草および放牧利用	北海道

(4) 栽培のポイント

マメ科牧草と混播するときは，マメ科牧草の播種適期に合わせて播種する。種子が小さいため浅まきが必要である。

(5) 利用上の注意点

オーチャードグラスより品質はよく，出穂後の品質低下も比較的小さいが，耐倒伏性は弱いので刈り遅れないように注意する。一番草は乾物収量が増加し，かつ栄養価も良好な出穂期に刈り取り利用するのが望ましい。

執筆　田瀬和浩（(独) 農業・生物系特定産業技術研究機構北海道農業研究センター）

2005年記

イタリアンライグラス

学名　*Lolium multiflorum* Lam.
英名　Italian ryegrass
和名　ネズミムギ

(1) 作物としての特性

一～二年生で出穂期の草丈は100～130cmに達する。イタリアンライグラスの種子の護穎には芒があることからペレニアルライグラスとの識別に使われる。初期生育が旺盛で，比較的短期間で多収をあげることができ，他の作物との作付け体系に組み入れやすい。寒地型イネ科牧草のなかでは越冬性，越夏性が劣るものの，湿潤条件では他の牧草より優れ，東北以南での集約的な飼料生産に適している（第1図）。

(2) 飼料価値と利用のねらい

飼料価値　出穂期の乾物率は約18％で，乾物中のTDN含量は70％程度であり，TDN含量はイネ科牧草のなかでは高く，家畜の嗜好性も良好である。

利用形態　青刈り，乾草，サイレージの目的で採草利用できる。イタリアンライグラス品種は早期水稲の前作用から，2～3年間の短年利用向きまで多様な品種が育成されており，出穂の早晩性，再生力などから5つの利用型に分けられており，地域や利用目的に適合する利用型を選ぶことが必要である。

第1図　イタリアンライグラス（品種：さちあおば）

1）年内利用型：極早生種で，暖地で早まきすると年内出穂することから年内収量が多い。耐寒性，耐雪性は弱く，越冬後の利用には適さない。

2）極短期利用型：極早生種で，初期生育が旺盛で，節間伸長が早く，早春に出穂し，早くから利用可能である。気温が上昇してからの再生力は弱く，耐寒性，耐雪性は低く，残根量は少ない。

3）短期利用型：早生～中生種で早春の伸長が良好で，高い生産性を発揮する。再生力は春期は強いが，気温の上昇とともに衰える。生育期間は極短期利用型より1か月程度長い。耐寒性，耐雪性もある程度高い。

4）長期利用型：晩生種で，生育後期においても再生力が強く，初夏まで長い期間刈取り利用できる。

5）極長期利用型：晩生種で，夏期冷涼な地域で2～3年間周年利用できる。再生力に優れ，越夏性，夏期病害にも強く，秋期生育が良好である。

(3) 適地と導入法

適地　北海道から沖縄まで栽培できるが，主に東北中部以南で利用できる。停滞水にはそれほど強くないが，やや排水不良な転換畑などの過湿条件でもよく生育する。

作期　基本は東北中部以南で秋まきされる。ただし，耐雪性は弱く，根雪日数120日程度を越す地域には適さない。またきわめて限られてはいるが，北海道と東北の高冷地では越冬できないため春まきされる場合もある。年内利用型は翌春の水稲や夏作飼料作物の作付けが余裕をもって行なえる。極短期利用型は早期水稲や早まきトウモロコシと組み合わせる作付け体系に適する。短期利用型は普通作期水稲やトウモロコシの標準栽培，あるいはイタリアンライグラス

第1表　イタリアンライグラスの地域による作期

地域	播種期	収穫期	主な対象地域	備考（主な利用型）
寒冷地	9月中～下旬	4～5月 5～10月 5～10月	東北（北部除く），東海，北陸，関東の高標高地域	短期利用 長期利用 極長期利用
温暖地	9月下旬～10月上旬	4～5月 4～5月 5～7月 5～10月	北陸，関東の低標高地域，九州，四国，近畿，東海の中標高地域	極短期利用 短期利用 長期利用 極長期利用
暖　地	9月上旬～10月中旬	12月，3月 3～4月 4～5月 5～7月	九州，四国の中部以北，中国，近畿，東海の低標高地域	年内利用 極短期利用 短期利用 長期利用

第2表　イタリアンライグラス品種の特徴

早晩性	主な品種	倍数性	特　徴	主な適応地域
極早生	シワスアオバ	二倍体	9月中旬播種で年内多収。耐病性（冠さび病）に優れる。年内利用型	九州，中国四国の低標高地
	さちあおば	二倍体	耐病性（いもち病および冠さび病）にきわめて優れる。年内利用型	近畿以西の温暖地，暖地
	ミナミアオバ	二倍体	冠さび病抵抗性に優れる。極短期利用型	関東以西の温暖地
	ウヅキアオバ	二倍体	極早生としては越冬性に優れる。極短期利用型	東北南部以南の根雪日数60日以内の地域
早　生	ワセユタカ	二倍体	年内および早春多収である。短期利用型	関東以西の平坦地および中山間地
	ワセアオバ	二倍体	越冬性に優れ多収である。短期利用型	東北南部以南の根雪日数60日以内の地域
	はたあおば	二倍体	耐倒伏性に優れ多収である。短期利用型	東北南部から関東東海の積雪の少ない地域
	ニオウダチ	二倍体	耐倒伏性にきわめて優れる。短期利用型	東北南部以南の温暖地
	タチマサリ	二倍体	耐倒伏性に優れる。短期利用型	関東以西の温暖地
	タチワセ	二倍体	アップライトリーフで広域適応性に優れる。短期利用型	関東以西の温暖地
中　生	ナガハヒカリ	四倍体	越冬性に優れる。短期利用型	東北南部以南の根雪日数90日以内の地域
	タチムシャ	二倍体	耐倒伏性に優れる。短期利用型	東北南部以南の温暖地
晩　生	ヒタチヒカリ	四倍体	耐倒伏性に優れ多収である。長期利用型	東北中部以南の積雪のない地域
	マンモスB	四倍体	春播性が高い。広域適応性に優れる。長期利用型	東北以南の積雪の多くない地域
	アキアオバ	四倍体	越夏性に優れる。極長期利用型	東北以南の7月平均気温25℃以下の地域
	エース	四倍体	越冬性に優れる。極長期利用型	東北以南，越夏利用は夏期冷涼地域

の短期多収を目的とする作付け体系に適する。長期利用型は遅まきトウモロコシとの組合わせ，あるいはイタリアンライグラスの単作利用に適する。極長期利用型は周年あるいは秋まき後，翌々年春まで利用可能な作型に適する（第1表）。

品種の特徴　品種によって特性の差が大きいので，利用する地域の環境，利用目的に合わせて，最適な品種を選択することが重要である（第2表）。

混播草種　利用の基本的な作付け体系ではほとんど単播される。イタリアンライグラスの収穫時期における倒伏の軽減と増収効果，あるいは長期間省力栽培としてムギ類を混播することもある。

（4）栽培のポイント

発芽が良好で定着も容易だが，秋まきの場合播種期が遅れると寒害を受けやすく，また晩生種ほど収量低下が大きくなる。また主に暖地では播種期が早すぎると発芽直後にいもち病や立枯病の被害を受けやすい。春まきは雑草との競合回避のため早めに播種する（日平均気温5℃以上）。

（5）利用上の注意点

刈取り適期は出穂期であるが，耐倒伏性に劣る品種は，出穂始めまでに刈り取ることが肝要である。過剰な施肥は硝酸態窒素の蓄積につながるのでひかえる。また刈取り高さが低すぎると再生不良となるので7～8cmより低くならないように注意する。

執筆　田瀬和浩（(独) 農業・生物系特定産業技術研究機構北海道農業研究センター）

2005年記

優春――硝酸態窒素を蓄積しにくいイタリアンライグラス

硝酸態窒素を高濃度に蓄積した飼料作物を牛などの反芻家畜に給与すると，急性の硝酸塩中毒が起きて，ときには死に至る。このため，飼料作物中の硝酸態窒素濃度には，乾物当たり0.2％以下という基準値が設定されている。しかし，0.2％を下まわっていたとしても，硝酸態窒素を比較的多く含む飼料作物を長期間にわたり給与すると，乳量や増体重の減少，受胎率の低下など，反芻家畜の生産性が低下することが生産現場から指摘されている。

このため，茨城県畜産センター，（独）農研機構畜産草地研究所，雪印種苗株式会社は共同で，代表的な冬作の飼料作物であるイタリアンライグラスにおいて，硝酸態窒素を蓄積しにくい品種‘優春’を育成した。2008年から一般販売されている。

（1）優春の特性

硝酸態窒素の蓄積程度　硝酸態窒素は家畜糞尿やそれを原料とした堆肥，硫安などの窒素化学肥料を多量に投入した圃場で栽培された飼料作物に蓄積しやすいことから，2006年に畜産草地研究所（栃木）の窒素過剰二毛作圃場（牛糞堆肥を年間30t/10a連用し，化学肥料をN，P_2O_5，K_2Oとして基肥でそれぞれ15kg/10a，追肥でN，K_2Oとしてそれぞれ15kg/10a施用した）で調査した‘優春’や市販品種の硝酸態窒素の蓄積程度を第2図に示す。最も高い品種の硝酸態窒素濃度を100とした相対値で表わすと，‘優春’の硝酸態窒素濃度は64となり，他の品種と比較しても最も低い。

第1図　優春の草姿

また，2007年に畜産草地研究所において栃木県の施肥基準に沿った施肥管理を行なっている二毛作圃場（牛糞堆肥を年間6t/10a連用し，化学肥料をN，P_2O_5，K_2Oとして基肥のみそれぞれ15kg/10a施用した）で同様の調査を行なった場合でも，‘優春’は他の品種と比較して最も低い硝酸態窒素濃度となった。

一方，硝酸態窒素濃度の低い品種では，土壌からの窒素吸収量が減少して窒素の河川への流出を危惧する意見があるが，‘優春’の窒素吸収量は他の品種と変わらない。

栽培特性　‘優春’は‘ワセアオバ’や‘ニオウダチ’と同じ早生品種で，九州などの西南暖地では4月中旬ころ，関東では4月下旬ころに出穂する。

収量性は，同じ早生品種である‘ニオウダチ’や‘タチワセ’とほぼ同等である。耐倒伏性は‘はたあおば’と同程度の極強であり，‘ワセアオバ’や‘タチワセ’より優れる。草丈は‘ワセアオバ’や‘タチワセ’と同程度である。乾物率は他の品種と比較して最も高い。冠さび病抵抗性は弱ないし中である。

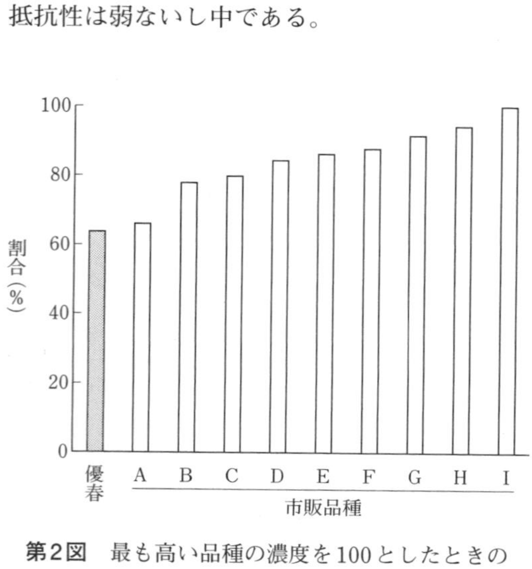

第2図　最も高い品種の濃度を100としたときの乾物当たり硝酸態窒素濃度

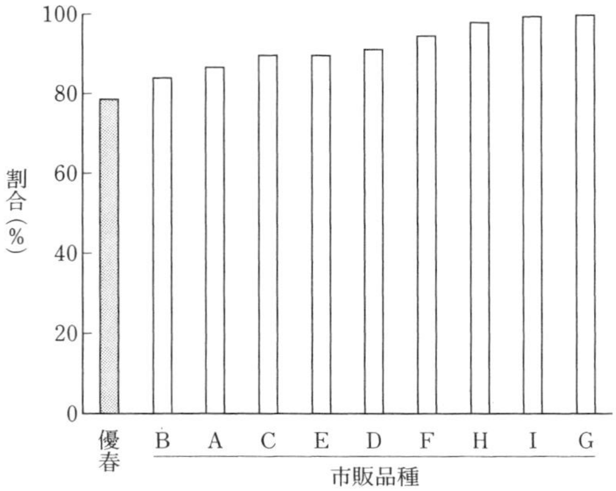

第3図　最も高い品種の濃度を100としたときの乾物当たりカリウム濃度

カリウムの蓄積程度　また飼料作物では，硝酸態窒素だけでなくカリウムの高濃度蓄積も問題となっており，牛の健康に対する悪影響が懸念されている。先に述べた窒素過剰二毛作圃場での調査結果によると，‘優春’はカリウム濃度が他の品種と比較して低く，最も高い品種のカリウム濃度を100とすると，79となっている（第3図）。

このように‘優春’は，収量性だけでなく，牛にとって“安全・安心”な自給飼料生産に寄与することができる。

(2) 飼料価値と利用形態

TDN含量は従来の早生品種と変わらない。従来の早生品種と同様の利用形態で牛に給与できる。

(3) 適地と利用上の注意点

東北南部から九州地域までの積雪の少ない地域への利用が期待される。従来の早生品種と同様に，短期利用型でトウモロコシと組み合わせる作付け体系に適する。

‘優春’は他品種と比較して硝酸態窒素濃度が低いが，どのような栽培条件下でも急性の硝酸塩中毒を回避できる程度（乾物当たり0.2%以下）まで硝酸態窒素濃度が低下するというわけではない。確実に硝酸塩中毒を回避するには土壌成分を分析し，その結果に基づいて家畜糞尿や化学肥料の投入量を調節する必要がある。

なお，‘優春’は参考文献にあげた資料（ウェブサイト）にも特性が記載されているので参考にしていただきたい。

執筆　川地太兵（(独）農業・食品産業技術総合研究機構畜産草地研究所）

2008年記

参考文献

深沢芳隆ら．2006．硝酸態窒素，カリウム含量が低いイタリアンライグラス新品種「優春」．畜産草地研究成果情報．No.6．http://nilgs.naro.affrc.go.jp/SEIKA/2006/ibaraki/iba06002.html

立花正．2007．硝酸態窒素やカリの蓄積が少ないイタリアンライグラス新品種「優春」の紹介．牧草と園芸．**55**，6—9．http://www.snowseed.co.jp/index/frame_bokusou_engei.html

ペレニアルライグラス

学名　*Lolium perenne* L.
英名　perennial ryegrass
和名　ホソムギ

(1) 作物としての特性

多年生であるが永続性は優れているとはいえない。出穂期の草丈はイタリアンライグラスよりも低く，50～80cmで，分げつ数は多い。越冬性はイタリアンライグラスより強いものの，他の寒地型イネ科牧草のなかでは弱く，高温，乾燥への適応性もよくない。しかし，初期生育がよく，分げつ力が旺盛で，再生に優れ，強い放牧圧下できわめて優れた特性を発揮することから，主として放牧用草地に利用されている（第1図）。

(2) 飼料価値と利用のねらい

飼料価値　出穂期の乾物率は約20%で，乾物中のTDN含量は70%程度であり，品質はイタリアンライグラスに類似していてきわめて良好である。家畜の嗜好性も優れている。

利用形態　放牧，採草あるいは採草・放牧兼用利用のいずれにも利用されるが，家畜の嗜好性は最もよく，再生力が高いことから放牧利用が主体である。

第1図　ペレニアルライグラス（品種：ヤツユタカ）

(3) 適地と導入法

適地　オーチャードグラスより耐寒性，耐暑性，耐旱性は劣り，年平均気温8～12℃程度の東北以南の高冷地に適する。このほか北海道では土壌凍結の少ない道北，道央，道南地域で利用できる。

作期　北海道および東北の高冷地では春まきされるが，東北以南では秋まきが一般的である。春まき地帯での播種当年の利用は秋に限られるが，2年目以降は5～10月の間利用できる。秋まき地帯では定着がよければ2年目の春から利用できる（第1表）。

品種の特徴　北海道から中部地方高標高地に適する品種と東北の中標高地から九州の高冷地に適する品種に分けられる（第2表）。

混播草種　単播で利用されることはほとんど

第1表　ペレニアルライグラスの地域による作期

地　域	播種期	収穫期など	主な対象地域	備　考
寒　地	5月上旬	一番草：6月上旬 二番草：8月上旬 三番草：10月下旬 放牧利用は5月中旬～10月中旬	北海道道北，道央，道南で土壌凍結地帯は除く地域	播種年の利用は夏以降に限られる。2年目から本格的に利用可能
寒冷地～温暖地	9月中旬	一番草：5月上～中旬 二番草：7月上旬 三番草：8月下旬 四番草：10月下旬 放牧利用は4月中旬～11月上旬	東北以南の高冷地	播種年は利用困難

第2表　ペレニアルライグラス品種の特徴

早晩性	主な品種	特　徴	主な適応地域
中　生	ヤツカゼ	越夏性に優れる。採草・放牧兼用	本州以南の多雪地域を含む高冷地，準高冷地
	八ヶ岳T-21号	越夏性に優れ，夏秋期多収である。採草・放牧兼用	本州以南の多雪地域を含む高冷地，準高冷地
	トーブ	秋期多収である。採草・放牧兼用	北海道の道央，道北，道南の土壌凍結の少ない地帯
晩　生	ヤツユタカ	越夏性に優れ，季節生産性安定している。放牧用	本州以南の多雪地域を含む高冷地，準高冷地
	ポコロ	越冬性に優れ春期多収である。放牧用	北海道の道央，道北，道南の土壌凍結の少ない地域
	フレンド	越冬性に優れる。放牧用	北海道の道央，道北，道南の土壌凍結の少ない地域

なく，オーチャードグラス，シロクローバ，アカクローバなどと混播される。

（4）栽培のポイント

発芽が良好で定着も容易だが，秋まきの場合には播種期が遅れると寒害を受けるので注意する。高頻度の放牧利用によって密な草地を形成する反面，伸ばしすぎると再生不良が著しいので，草地を長期間維持するには短草条件での集約的な利用がきわめて適している。

（5）利用上の注意点

冬枯れの危険がある地域では，早めに秋の放牧を終了し，越冬前の生育日数を十分確保する。また芝草用ペレニアルライグラスは耐虫性や耐旱性を付与するためエンドファイトを感染させたものが多く，エンドファイトにより産生されるアルカロイドにより家畜中毒が生ずることから芝草用品種は飼料として利用しないよう注意する。

執筆　田瀬和浩（（独）農業・生物系特定産業技術研究機構北海道農業研究センター）

2005年記

ハイブリッドライグラス

学名　*Lolium* × *boucheanum* Kunth, *Lolium hybridum* Hausskn
英名　hybrid ryegrass

（1）作物としての特性

ペレニアルライグラスとイタリアンライグラスとの種間交雑により作出されたもので，形態的特性は両種の中間型を示す。農業上の特性はイタリアンライグラスの旺盛な初期生育と優れた春季の草勢，嗜好性および栄養価の高さなどの特性と，ペレニアルライグラスの永続性，特に越夏性および越冬性のよさなどの特性を合わせもっている（第1図）。

（2）飼料価値と利用のねらい

飼料価値　イタリアンライグラス，ペレニアルライグラスと同様に嗜好性もよく，栄養価も高い。

利用形態　採草用に適する。特に飼料畑などで，イタリアンライグラスが栽培できない積雪地やイタリアンライグラスより長期間採草利用したい場合には適する。また混播草地での初期収量の確保あるいは草地の簡易更新用にも利用可能である。

（3）適地と導入法

適地　本州以南の高冷地，準高冷地に適する。

品種の特徴　品種は少なく‘ハイフローラ’‘テトリライト’‘テトリライトII’がある。‘ハイフローラ’は越夏性，越冬性，耐病性に優れ，短年間の利用が可能である。

第1図　ハイブリッドライグラス
（品種：ハイフローラ）

（4）栽培のポイント

イタリアンライグラス，ペレニアルライグラス同様，発芽が良好で定着も容易だが，秋まきの場合播種期が遅れると寒害を受けるので注意する。

（5）利用上の注意点

既存品種は耐倒伏性がやや弱いので，一番草の刈取りは遅れないように注意する。また混播草地では播種量や窒素施用量が多いと多年生草種の生育を抑圧するので注意する。

執筆　田瀬和浩（（独）農業・生物系特定産業技術研究機構北海道農業研究センター）

2005年記

トールフェスク

学名　*Festuca arundinacea* Schreb.
英名　tall fescue
和名　オニウシノケグサ

(1) 作物としての特性

多年生で出穂期の草丈は120〜150cmに達する。寒地型イネ科牧草のなかでは最も環境適応性が広く，また深根性であるため永続性に優れ，土壌保全能力が高いことから傾斜放牧地や道路の法面などに用いられる。

(2) 飼料価値と利用のねらい

飼料価値　出穂期の乾物率は約20%で，乾物中のTDN含量は60%程度であり，TDN含量はオーチャードグラスとほぼ同様である。

利用形態　採草および放牧利用される。茎葉が粗剛で晩春から夏にかけて嗜好性が低下する。

(3) 適地と導入法

適地　北海道から九州まで全国的に適するが，耐暑性，耐旱性に優れることから，主にオーチャードグラスを長期間栽培利用できない年平均気温13℃以上の暖地，温暖地の中標高地での放牧地に適する。

作期　寒地では5月上旬頃の春まき，暖地では9月中旬〜10月上旬頃の秋まきが一般的である。秋まき地帯では，2年目の春から放牧でき，冬の温暖な地域は厳寒期を除き周年放牧も可能である。

品種の特徴　品種数は多くなく，‘ナンリョウ’は早生で耐暑性，耐病性に優れ，季節生産性が平準化しており，東北平坦地から九州まで適する。‘ホクリョウ’は晩生で耐寒性，茎葉消化性に優れ，オーチャードグラス並の嗜好性と品質を有する特異な品種である。また早生の‘フォーン’中生の‘サザンクロス’は広域適応性に優れ全国的に利用可能である。

混播草種　混播するマメ科草種としてはシロクローバが好適である。しかし，シロクローバが春や秋に優先する地域では，アカクローバのほうが望ましい。

(4) 栽培のポイント

混播マメ科草種が十分に生育している場合は，窒素肥料はそれほど必要ではないが，トールフェスクは窒素に対する反応が良好なので，適度な窒素施肥を行なう。ただし，暖地における夏の施肥は夏枯れを助長する場合があることからひかえるほうがよい。

(5) 利用上の注意点

トールフェスクは主として放牧地で用いられるが，初年目の定着が遅いことから，定着するまでは強度の放牧をしないことが肝要である。特に土壌水分の高いときは蹄傷が大きいので注意が必要である。定着後はむしろ強めの放牧によって草の生育を維持できる。ただし，長期にわたる強放牧や，草丈が5cm以下となるような放牧は，生産性と永続性を保つという観点から避けるべきである。また現在芝草用として多数の品種が販売されているが，それらのほとんどが環境耐性，耐虫性の向上のためにエンドファイトが感染している。エンドファイトにより産生されるアルカロイドにより家畜中毒が生ずることから，芝草用品種は飼料として利用しないよう注意する必要がある。

執筆　田瀬和浩（(独）農業・生物系特定産業技術研究機構北海道農業研究センター）

2005年記

メドウフェスク

学名　*Festuca pratensis* Huds.
英名　meadow fescue
和名　ヒロハノウシノケグサ

(1) 作物としての特性

多年生でトールフェスクに比べ植物体全体が小型である。トールフェスクよりも永続性は劣るが，肥沃で湿潤な土壌を好む。耐寒性はチモシーよりやや劣るが，オーチャードグラス並かやや強い。草種としての早晩性はオーチャードグラスとチモシーの中間に入り，早生種の出穂がオーチャードグラスの晩生種の出穂とほぼ同時期である。

(2) 飼料価値と利用のねらい

飼料価値　栄養価，消化率はトールフェスクと同程度で，家畜の嗜好性はトールフェスクよりも一般に良好である。

利用形態　採草・放牧兼用利用が主体であるが，チモシーやオーチャードグラスに比べると収量性はやや低い。しかし，再生や短日下での秋期生育が良好で，家畜の嗜好性もオーチャードグラスより良好で，放牧用として優れている。

(3) 適地と導入法

適地　チモシーの適地とほぼ同様で，北海道と東北の高冷地に適する。耐暑性，耐旱性，冠さび病，網斑病などに弱いので高温乾燥となる，あるいは病害の発生しやすい関東以西の温暖地，暖地での栽培は適さない。

品種の特徴　品種数は多くなく，‘トモサカエ’は越冬性，耐病性に優れ，放牧および採草・放牧兼用利用として北海道および本州中部以北の高冷地に適する。‘ハルサカエ’は‘トモサカエ’と同じ利用，適応地域であるが，‘トモサカエ’より越冬性に優れ，多収である。‘プラデール’は越冬性が‘ハルサカエ’並かやや劣るものの，夏～秋期多収で放牧用として北海道道東地域に適する。‘リグロ’は耐病性が‘トモサカエ’よりやや劣るものの，越冬性は優れ，北海道全域に適する。

(4) 栽培のポイントと利用上の注意点

基幹草種として単播で利用されることはほとんどなく，混播草地における補助草種としてオーチャードグラス，アカクローバ，シロクローバなどと混播して利用される場合が多い。しかし，最近ペレニアルライグラスが利用できない北海道道東地域での集約放牧用としての利用が注目されている。またトールフェスク，ペレニアルライグラス同様，エンドファイトの存在が知られているが，家畜への影響は報告されていない。

執筆　田瀬和浩（(独）農業・生物系特定産業技術研究機構北海道農業研究センター）

2005年記

フェストロリウム

英名　festulolium

メドウフェスクやトールフェスクのフェスク類とイタリアンライグラスやペレニアルライグラスのライグラス類との属間交雑による新草種がフェストロリウムである。フェスク類は，耐寒性や耐旱性などの環境ストレス耐性には優れるが，飼料品質や再生性が劣り，一方，ライグラス類は良質で再生が良好であるが，環境ストレス耐性が劣ることから，両者の優れた特性をあわせもつフェストロリウムに期待が寄せられている。現在，大きく3つの交配組合わせにより育種が進められている。

(1) イタリアンライグラス×トールフェスク

この組合わせでは，種子親としてわが国で発見された雄性不稔イタリアンライグラス，花粉親として消化性を向上させたトールフェスクを用いての品種育成が進められている。

(2) イタリアンライグラス×メドウフェスク

この組合わせのものはヨーロッパを中心に品種育成が行なわれており，市販品種として‘エバーグリーン’がある。しかし，耐寒性と耐暑性が不十分でわが国の気象条件に適合した品種育成を行なう必要があることから，現在導入品種を用いて，あるいは国内育成優良品種・系統間交雑による品種育成が進められている。

(3) ペレニアルライグラス×メドウフェスク

北海道でペレニアルライグラスが栽培可能なのは土壌凍結地帯を除く，道北，道央，道南で，その他ではメドウフェスクの利用が推奨されている。しかし，メドウフェスクは再生力が劣るため，集約放牧利用にはやや不向きであり，両者の長所を兼ね備えたフェストロリウム系統の育種が進められている。

執筆　田瀬和浩（(独）農業・生物系特定産業技術研究機構北海道農業研究センター）

2005年記

リードカナリーグラス

学名　*Phalaris arundinacea* L.
英名　reed canarygrass
和名　クサヨシ

(1) 作物としての特性

多年生で茎葉はきわめて粗剛で，地下茎で栄養繁殖し，草丈は2m以上に達する。耐湿性に優れるほか，耐酸性に強く，適応範囲もpH4.9〜8.2と広く，肥沃でない土壌でもよく生育する。地下茎で越冬するため植物体の越冬程度はチモシー並に強く，オーチャードグラスより良好である。耐旱性はトールフェスク並に強い。

(2) 飼料価値と利用のねらい

飼料価値　粗蛋白質含量は一般にオーチャードグラス，チモシー，トールフェスクなどより高く，消化率もアルファルファと同様の高い値を示す。またサイレージ適性も良好である。生育が進み出穂期以降になると嗜好性はかなり低下する。またアルカロイド含量が比較的高いため，家畜の嗜好性が劣るとされてきたが，アルカロイド含有率の低い品種も育成されている。

利用形態　採草および放牧利用に適する。特に省力的なロールベール方式による周年収穫作業に適している。

(3) 適地と導入法

適地　北海道から九州の中標高地までの夏期高温となる地域を除いた比較的温暖な地域まで適する。特に耐湿性に優れ，冠水抵抗性はケンタッキーブルーグラスとともに，寒地型イネ科牧草のなかで最も強く，積雪地の融雪水などの停滞水状態にもよく耐え，地下茎で増えるため地盤の軟弱な湿潤地にも適する。

品種の特徴　低アルカロイド品種の‘パラトン’‘ベンチャー’が販売されており，嗜好性はオーチャードグラス並である。

(4) 栽培のポイント

一般に発芽率が低く，幼苗の生育も緩慢で定着は必ずしも容易ではないので，他の草種より早まきすることが肝要である。また幼苗期はオーチャードグラスなどよりも乾燥に弱いため，播種床を均一にし，天候などを考慮して適期播種することが大切である。一度定着すれば他の牧草との競合にきわめて強く，本草種と十分に競合できる牧草は見あたらない。

(5) 利用上の注意点

採草利用では一番草を出穂始めに刈取りすれば高品質な乾草収穫が可能であるが，刈取りが遅れると繊維成分が急激に増加し，粗蛋白質含量，乾物消化率が低下し，家畜の嗜好性が劣る。刈り高さ8cm以上であれば再生は良好で，年間4〜5回の刈取りが可能である。ただし，あまり高刈りすると刈残し部分が木質化し，再生が劣るので好ましくない。また放牧利用の場合は15〜30cm程度で行なうのがよく，利用が遅れると嗜好性の低下や再生不良，さらには混播牧草の生育不良をまねくので注意する。

執筆　田瀬和浩（(独）農業・生物系特定産業技術研究機構北海道農業研究センター）

2005年記

ケンタッキーブルーグラス

学名　*Poa pratensis* L.
英名　kentucky bluegrass
和名　ナガハグサ

(1) 作物としての特性

多年生で地下茎で広がり，密な草地を形成する。草丈は放置すると出穂茎が70cm以上に達することもある。耐寒性は強いが，耐暑性，耐旱性は強くない。一度定着すると地下茎によって密な草生を形成し，放牧地で用いられるほか，公園，運動場，ゴルフ場の芝生用，道路の法面などの土壌保全用としても使用されている。

(2) 飼料価値と利用のねらい

飼料価値　他の寒地型牧草より栄養価，嗜好性ともにやや劣る。

利用形態　放牧用に適する。牧草地では単播利用されるが，一般的にはオーチャードグラス，シロクローバ，アカクローバなどと混播して利用される。

(3) 適地と導入法

適地　北海道と本州中部以北の年平均気温12℃程度までの寒冷地に適する。

品種の特徴　草型によって直立型と匍匐型に分かれ，前者としては‘トロイ’‘ケンブルー’が放牧用に利用され，後者は‘バロン’‘メリオン’が芝草用として用いられている。

(4) 栽培のポイント

施肥反応に敏感なため，マメ科牧草との混播が望ましいが，シロクローバの混播量が多すぎるとシロクローバが優占するおそれがあるので，10a当たり0.2kg以内に抑える。窒素施肥によく反応するため，スプリングフラッシュの5月下旬〜6月上旬までは施肥は少なめにし，夏から秋にかけての特に高温期の窒素不足によりさび病がしばしば発生するため，生育を旺盛にするにはこの時期に施肥配分を増やすことが肝要である。

(5) 利用上の注意点

放牧草が余ったときは草丈10〜15cm程度で掃除刈りを行なう。春期，放牧圧が弱いとケンタッキーブルーグラスが混播マメ科牧草を抑圧し，夏以降の窒素不足をまねき，低収となるので注意する。また，刈り遅れると嗜好性，栄養価ともに急激に低下することから掃除刈りを行なうことが重要である。

執筆　田瀬和浩（(独）農業・生物系特定産業技術研究機構北海道農業研究センター）

2005年記

スムーズブロムグラス

学名　*Bromus inermis* Leyss.
英名　smooth bromegrass
和名　コスズメノチャヒキ

(1) 作物としての特性

多年生で草丈は80～140cmに達する。匍匐茎をもち，深根性で根群は豊富で広く，きわめて耐旱性に優れる。土壌浸食防止にも役立つ。チモシー並の耐寒性で，耐暑性，耐旱性はより優れており，チモシー栽培が不安定な北海道の土壌乾燥地帯で栽培される。

(2) 飼料価値と利用のねらい

飼料価値　きわめて多葉で，出穂期にも緑色を維持する。出穂後は，茎葉は粗剛となり，家畜の嗜好性は低下するが，品質や消化率の低下の程度はオーチャードグラスと同程度である。

利用形態　一般にはアルファルファと混播して採草利用される。

(3) 適地と導入法

適地　北海道で栽培される。チモシーの導入が困難な乾燥地でも栽培可能である。

品種の特徴　アメリカでの生態的な違いに基づき，主にロシア由来の北方型，ハンガリー由来の南方型に区分される。北方型は耐寒性がきわめて強いが地下茎による伸長はあまり顕著でなく，耐旱性，耐暑性は劣る。一方，南方型は地下茎による伸長が著しく，密な芝生を速やかにつくる。耐旱性，耐暑性が強く，生育が旺盛で多収である。わが国では立枯病にはやや弱いものの越冬性に優れる‘アイカップ’，‘アイカップ’よりも越冬性，褐斑病抵抗性に優れ多収な‘北見7号’が中生品種として育成されている。

(4) 栽培のポイントと利用上の注意点

施肥量が少ない場合，生育がやや劣る。

執筆　田瀬和浩（(独) 農業・生物系特定産業技術研究機構北海道農業研究センター）

2005年記

寒地型マメ科牧草

アカクローバ

学名　*Trifolium pratense* L.
英名　Red clover
和名　アカツメクサ，ムラサキツメクサ
別名　レッドクローバ

(1) 作物としての特性

利用年限が2〜4年程度の短年生のマメ科牧草で，原産地は南東部ヨーロッパから小アジアと考えられている。わが国では寒地から暖地まで広く栽培されている。単播で栽培されることもあるが，ほとんどは混播で利用されている。牧草としてだけではなく緑肥として輪作体系に組み込まれ，窒素還元やセンチュウの対抗植物としても利用される（第1図）。

(2) 飼料価値と利用のねらい

飼料価値　第1，2表に示すように飼料成分は生草の場合，含水率84.0%の開花期で可消化養分総量（TDN）が63.8%，粗蛋白質（CP）が16.9%と蛋白質含量が高く，ミネラルではカルシウムが1.65%，マグネシウムが0.37%と高い。

利用のねらい　短年生であるが2年目まではきわめて旺盛に生育し，収量が高く，混播により草地の栄養価を高める。

(3) 適地と導入法

適地　北海道や東北地方など冷涼，湿潤な気候に適する。マメ科牧草のなかでは広い土壌適応性があり，耐湿性も比較的高い。

品種の特徴と導入　品種は開花時期により早生と晩生に大きく分けられ，早生では年2〜3回の刈取り，晩生では年1回刈取りのシングルカット利用もある。現在，36道府県で奨励品種を選定しており，国産，外国産の両方の品種がある（第3表）。また，二倍体品種に比べ四倍体品種は多収で，耐病性にも優れるが，競合力が強い。早生品種では‘サッポロ’‘ハミドリ’が1966年に国産品種として育成されている。現在利用されている主な品種は，早生で‘ホクセキ’‘タイセツ’‘ハヤキタ’‘マキミドリ’‘ケンランド’，

第1図　アカクローバ単播

第1表　各草種の含水率と乾物中の組成（乾物中%）

（日本標準飼料成分表2001年版から）

草　種	刈取り時期	含水率	TDN	粗蛋白質	粗脂肪	可溶無窒素物	粗繊維	ADF	NDF
アルファルファ	開花期	80.8	60.4	17.7	3.1	39.1	30.7	37.5	46.4
アカクローバ	開花期	84.0	63.8	16.9	3.8	43.8	25.6	33.8	42.5
シロクローバ	開花期	85.1	71.8	26.8	4.7	44.3	14.8	22.1	24.8
チモシー	出穂期	79.9	67.7	10.0	3.5	47.8	30.8	36.3	61.2
イタリアンライグラス	出穂期	84.7	69.9	13.7	3.9	43.8	28.1	32.7	57.5
トウモロコシ	黄熟期	72.9	70.5	7.7	2.6	61.3	22.9	29.5	48.3

第2表　各草種の乾物中の組成（乾物中%）
（日本標準飼料成分表2001年版から）

草　種	刈取り時期	粗灰分	カルシウム	全リン	マグネシウム	カリウム
アルファルファ	開花期	9.4	1.23	0.22	0.2	3.9
アカクローバ	開花期	10.0	1.65	0.27	0.37	2.89
シロクローバ	開花期	9.4	1.45	0.37	0.35	2.78
チモシー	出穂期	8.0	0.28	0.34	0.11	2.6
イタリアンライグラス	出穂期	10.5	0.43	0.33	0.18	4.24
トウモロコシ	黄熟期	5.5	0.44	0.29	0.12	2.58

第3表　主なアカクローバ品種の特徴

品　種	早晩性	倍数性	適応地域	特　徴
ナツユウ	早　生	二倍体	北海道	永続性とチモシーとの混播適性に優れる
クラノ	晩　生	二倍体	北海道	二番草の生育が穏やかでチモシーとの混播適性に優れる
マキミドリ	早　生	二倍体	北海道	うどんこ病に強く，二番草収量が高い
メルビィ	早　生	二倍体	北海道	再生に優れ，安定多収
ホクセキ	早　生	二倍体	北海道および東北地方	耐病性，永続性に優れる多収
タイセツ	早　生	四倍体	北海道および東北地方	極多収，耐病性，永続性に優れる
ハヤキタ	早　生	四倍体	北海道および東北地方	四倍体のなかでは混播適性に優れ，耐倒伏，耐病性
ハミドリ 4n	早　生	四倍体	北海道および東北地方	うどんこ病に強く，永続性も優れる
ケンランド	早　生	二倍体	北海道を除く全地域	再生性に優れ，温暖地，暖地で安定収量を示す
ハミドリ	早　生	二倍体	北海道および東北・中国地方以北	永続性，耐病性に優れ，冬枯れに強い
サッポロ	早　生	二倍体	北海道および東北・中国地方以北	多収で永続性に優れる

第4表　北海道におけるチモシー主体およびアルファルファ主体混播草地の標準施肥量（kg/ha）

地　帯	沖積土			泥炭土			火山性土			洪積土		
	N	P_2O_5	K_2O	N	P_2O_5	K_2O	N	P_2O_5	K_2O	N	P_2O_5	K_2O
チモシー主体，一番草のマメ科率を 15 ～ 30%を想定												
道南・道央	60	80	180	40	100	220	60	100	220	60	80	180
道　北	60	60	150	40	100	220	60	60	150	60	60	150
道　東	60	100	180	40	100	220	60	100	220	60	80	180
アルファルファ主体のチモシーとの混播，一番草のアルファルファ率が 70%以上を想定												
道南・道央	0	80	200				0	100	220	0	80	200
道　北	0	80	150				0	80	150	0	80	150
道　東	0	100	180				0	100	220	0	80	180

注　草地管理指標（農林水産省畜産局平成8年）から

晩生では‘クラノ’がある。また，早生ではあるがチモシーとの混播適性に優れた‘ナツユウ’が育成されている。

（4）栽培のポイント

栽培については，アカクローバは1，2年目の一番草刈取り以降の再生が旺盛なためイネ科牧草を抑圧する傾向があり，混播相手のイネ科牧草の草種および品種の早晩性を考慮する必要がある。オーチャードグラスや極早生，早生のチモシーには早生品種を，チモシー中生，晩生の品種には生育の穏やかな晩生品種を利用する。

土壌　マメ科牧草のなかでは土壌pHや水分に対する適応性が比較的高いが，pHは6.0から6.5程度に石灰質資材などで矯正する。

播種　北海道では春まきで，播種が早ければ播種年から収穫利用が可能である。一方，道東などでは越冬性確保のため，遅くとも8月上旬には播種を行なう。東北以南では雑草との競合を避け，秋まきとする。種子については市販の場合イネ科牧草とのセットで販売されることもある。播種量は近年品種の能力向上に伴って混播時の播種量は減ってきており，目安は10a当たり0.2〜0.5kg程度である。

根粒菌　栽培前歴のある草地では接種は不要であるが，新開墾地などでは市販の根粒菌を造成時に散布するか，コート種子を使用する。

施肥　北海道の代表的な例を第4表に示したが，地域の土壌種類あるいは目標収量，草種構成などに対応した施肥を行なう。なお，早春と各刈取り後に施肥する場合は，割合を早春に対して各刈取りを1/2〜1/3程度に調整する。

刈取り　一番草では混播のイネ科牧草の出穂期に合わせて収穫する。二番草以降もイネ科牧草の出穂あるいは草丈60〜80cmの刈取り適期に合わせて収穫する。利用3年目以降のアカクローバ衰退に対応して，追播で植生を改善することも可能である。

執筆　奥村健治（(独）農業・生物系特定産業技術研究機構北海道農業研究センター）

2005年記

シロクローバ

学名：*Trifolium repens* L.
英名　White clover
和名　シロツメクサ
別名　ホワイトクローバ

(1) 作物としての特性

多年生のマメ科牧草で原産地は地中海沿岸地域と考えられている。現在では温帯地域を中心に，北極圏から熱帯高地まで世界の広い地域に分布している。わが国でも北海道から沖縄まで分布し，蛋白質やミネラルに富み，根粒菌が固定した窒素による肥料節減効果もあるため混播草地で利用されている。また，公園，芝生あるいは道路法面や路肩の土壌保全植物としても使われる（第1図）。

(2) 飼料価値と利用のねらい

飼料価値　飼料成分は生草の場合，含水率85.1%の開花期でTDNが71.8%，CPが26.8%，と蛋白質含量が高く，ミネラルではカルシウムが1.45%，マグネシウムが0.37%と高い（「アカクローバの項の第1，2表参照，→p.基628の12～13)。

利用のねらい　シロクローバの優れた成分とイネ科牧草の収量のバランスから利用期間中の平均マメ科率は30%程度が望ましいとされている。

(3) 適地と導入法

適地　湿潤な温暖地から寒冷地まで幅広く適応するが，夏期の干ばつには弱い。土壌への適応性も高いが，酸性土や排水の悪い土壌には適さない。

品種の特徴と導入　品種は葉の大きさに基づいて，大葉型（ラジノタイプ)，中葉型（コモン型）および小葉型（ワイルドタイプ）に分類される。大葉型の主な普及品種は‘カリフォルニアラジノ’‘ルナメイ’などがある。競合力が強いため，再生力の強いオーチャードグラスと混播されることが多い。中葉型では‘マキバシロ’‘ソーニャ’‘フィア’が代表的な品種でチモシー，ペレニアルライグラス，メドーフェスクなどと採草あるいは採草放牧兼用で混播利用される。小葉型では‘ノースホワイト’‘タホラ’‘リベンデル’などがあり，混播で放牧利用されることが多い（第1表)。

(4) 栽培のポイント

採草から放牧まで混播イネ科牧草との組合わせで品種を選ぶ。また，アルファルファやアカクローバと組み合わせて，これら両マメ科牧草の衰退時に裸地を防ぐとともに栄養価も維持できる。

第1図　チモシー混播シロクローバ

土壌　マメ科牧草のなかでは土壌pHや水分に対する適応性が比較的高いが，pHは5.5～6.5程度に石灰質資材などで矯正する。

播種　北海道では春まきで，播種が早ければ播種年から収穫利用が可能である。一方，道東などでは越冬性確保のため，遅くとも8月上旬には播種を行なう。東北以南では雑草との競合を避け，秋まきとする。種子については市販の場合イネ科牧草とのセットで販売されることもある。播種量の目安は採草，兼用および放牧ともに10a当たり0.2～0.3kg程度である。

第1表　主なシロクローバ品種の特徴

品　種	タイプ呼称	適応地域	特　徴
ルナメイ	大葉型	北海道	大葉型のなかでは葉が小さく，越冬性，永続性に優れる
ミネオオハ	大葉型	東北，高冷地	寒冷地向けで，葉が大葉型のなかでも最も大きい
ミナミオオハ	大葉型	関東以西	温暖地向けでカリフォルニアラジノよりもやや大型
カリフォルニアラジノ	大葉型	全国	適応地域が広く，収量の季節分布が平均，採草用
リースリング	中葉型	北海道	葉が大きく，永続性，マメ科率の安定性に優れる
ラモーナ	中葉型	北海道	匍匐密度が高く，耐寒性に優れる
マキバシロ	中葉型	全国	適応地域が広く，葉が大きく，競合力は強い
ソーニャ	中葉型	北海道	匍匐密度が高く，耐寒性に優れる
フィア	中葉型	全国	再生に優れるが，厳寒地の栽培には不適
タホラ	小葉型	北海道	寒地，寒冷地向けで匍匐密度が高く，競合力は小さい
リベンデル	小葉型	北海道	寒地，寒冷地向けで匍匐密度が高く，競合力は小さい
ノースホワイト	小葉型	東北以南	寒冷地から温暖地まで適応する

根粒菌　栽培前歴のある草地では接種は不要であるが，新開墾地などでは市販の根粒菌を造成時に散布するか，コート種子を使用する。

施肥　北海道の代表的な例を「アカクローバ」の項の第4表（→p.基628の13）に示したが，地域の土壌種類あるいは目標収量，草種構成などに対応した施肥を行なう。なお，早春と一番草の刈取り後に施肥する場合は，割合を2：1程度とする。

刈取り　採草利用では一番草では混播のイネ科牧草の出穂期に合わせて収穫する。二番草以降もイネ科牧草の出穂あるいは草丈60～80cmの刈取り適期に収穫する。放牧利用ではおよそ30日間隔，イネ科牧草の草丈30cm程度で管理する。

（5）利用上の注意点

放牧時にシロクローバが優先しすぎると鼓脹症の危険が増すので注意する。

執筆　奥村健治（(独）農業・生物系特定産業技術研究機構北海道農業研究センター）

2005年記

アルファルファ

学名　*Medicago sativa* L.
英名　Alfalfa, lucerne
和名　ムラサキウマゴヤシ
別名　ルーサン

(1) 作物としての特性

多年生のマメ科牧草で原産地はトランスコーカサスから中央アジアと考えられている。生産性が高く，また根が地中深くまで伸長し，干ばつに強い。現在では温帯を中心に世界の広い地域で栽培されている。わが国では自給飼料として北海道を中心に栽培されているほか，ヘイキューブとして年間40万t程度を輸入している（第1図）。

第1図　アルファルファ単播

(2) 飼料価値と利用のねらい

飼料価値　飼料成分は生草の場合，含水率80.8%の開花期でTDNが60.4%，CPが17.7%と蛋白質含量が高く，ミネラルではカルシウムが1.23%，マグネシウムが0.2%と高い（「アカクローバの項の第1，2表参照）。

利用のねらい　マメ科牧草のなかでは最も収量性が高く，蛋白質などの栄養面や永続性にも優れるため，高品質自給飼料のとして混播のみならず単播栽培で利用可能である。

(3) 適地と導入法

適地　暖地，温暖地から寒冷地，寒地に適応した品種が育成されており，栽培は沖縄から北海道まで可能である。

品種の特徴と導入　品種については，これまでに‘ナツワカバ’‘タチワカバ’‘キタワカバ’が国内で育成されてきたが，現在，栽培されている代表的な品種は，北海道ではバーティシリウム萎凋病抵抗性で多雪地帯向けの‘マキワカバ’と，道東など小雪地帯向け‘ヒサワカバ’，東北以南では耐湿性に優れる‘ツユワカバ’である。まだ市販に至っていないものの，近年さらに能力の高い北海道向けの‘ハルワカバ’‘ケレス’，東北以南向けの‘ネオタチワカバ’が育成されている（第1表）。

(4) 栽培のポイント

単播，混播ともに可能であるが，混播時はア

第1表　主なアルファルファ品種の特徴

主な品種	適応地域	特　徴
ケレス	北海道	そばかす病に強く，永続性に優れる
ハルワカバ	北海道	永続性に優れ，多収，やや開張型
ネオタチワカバ	多雪地帯を除く東北南部から九州	耐湿性および耐倒伏に優れる，多収
ツユワカバ	多雪地帯を除く東北南部から沖縄	耐湿性および永続性に優れる，多収性
マキワカバ	北海道および東北北部	寒地，寒冷地の多雪地帯に適応した多収品種
ヒサワカバ	北海道および東北北部	寒地，寒冷地の小雪地帯に適応した多収品種
バータス	北海道	寒地，寒冷地向けのバーティシリウム萎凋病抵抗性品種
5444	北海道	寒地，寒冷地向けのバーティシリウム萎凋病抵抗性品種
マ　ヤ	北海道	寒地，寒冷地向けのバーティシリウム萎凋病抵抗性品種
ユーバー	北海道	寒地，寒冷地向けのバーティシリウム萎凋病抵抗性品種
タチワカバ	東北北部，中山間地から九州	耐倒伏性および多収

ルファルファを主体とするかイネ科牧草を主体とするかにより播種量，品種を決める。単播栽培では雑草対策が不可欠であり，播種床造成後に1か月程度放置して雑草の発芽を促してから，グリホサート系の除草剤で枯死させ，直ちに播種する方法もある。また，造成後のギシギシなどの雑草対策では，他のクローバ類がない場合に限り，アシュラム剤やチフェンスルフロンメチル剤の施用が有効である。

土壌　新播時には圃場は排水がよいところを選ぶか排水対策を講じるとともに，酸性土は石灰質資材でpH6.0～6.5程度に矯正する。また，堆肥の施用は根粒の着生を促進する。

播種　播種時期は，北海道では越冬前の生育量を確保するために春まき，東北以南では一般に雑草との競合の少ない秋まきとする。アルファルファの播種量の目安は10a当たり単播で2～2.5kg，混播でアルファルファ主体にする場合で1.0～2.0kgにイネ科牧草を1.0～1.5kg，イネ科牧草主体の場合は0.5～1.0kgにイネ科牧草を2kg程度である。

根粒菌　根粒菌の接種は栽培歴のない圃場では不可欠であり，市販のものを播種時に接種するかコートずみのものを利用する。

刈取り　刈取りは開花始めを目安に行なうが，北海道では越冬耐性の獲得時期である9月中旬から10月中旬の刈取りを避ける。

(5) 利用上の注意点

乾草調製も可能であるが，テッダによる過度の転草は葉の脱落をまねき，栄養価が低下する。現在はサイレージ利用が主体で，刈3倒しのままで含水率をバンカーサイロの場合で65%，梱包の場合で60%以下に予乾する。また，刈遅れは繊維成分の増加に伴いCPが急速に低下するので，適期刈りに努める。

執筆　奥村健治（(独) 農業・生物系特定産業技術研究機構北海道農業研究センター）

2005年記

ガ　レ　ガ

学名　*Galega orientalis* Lam.
英名　Fodder Galega，Goat's Rue

（1）作物としての特性

ガレガは地下茎を伸ばして広がり，きわめて高い永続性をもち，さらに花が鮮やかな藤色で美しいことから，飼料としてだけではなく景観作物としても注目されている（第1図）。原産地はコーカサス地方で，旧ソ連時代にエストニアに導入され，1987（昭和62）年になってエストニアで品種が育成され，飼料作物として広く知られるようになった。

第1図　チモシー混播ガレガ

（2）飼料価値と利用のねらい

飼料価値　アルファルファと比較した場合の特徴は，生育段階の進行に伴う品質の低下が遅い点にある。CPで見るとガレガでは開花始めで19.2%，1か月後でも15.4%と4%弱の低下であるが，アルファルファでは16.4%が20日後には11.0%に5%以上低下する。同様な傾向はTDNでも認められる。サイレージに調製する場合は，アルファルファと同様に予乾が重要で，50%程度まで予乾することで良質なものを得ることができる。

利用のねらい　二番草以降の生育が穏やかで，チモシーへの抑圧が小さいため混播適性に優れ，また永続性も高いため長期間にわたり安定したマメ科率を維持できる。

（3）適地と導入法

適地　北海道では1999～2001（平成11～13）年の3年間にわたり優良品種の認定のための試験を行なった。その結果，チモシーとの混播適性，高い永続性，高栄養価の持続などこれまでのマメ科牧草とは異なった優れた特性をもつことが明らかとなった。しかし，現在のところ，東北以南についての適性はまだ研究されていない。

品種の特徴と導入　ガレガは1987（昭和62）年にエストニアで育成された品種‘Gale’（以下では北海道牧草・飼料作物優良品種名の‘こまさと184’で

第1表　ガレガとアルファルファの特性の比較

特　性	ガレガ（品種：こまさと184）	アルファルファ（品種：マキワカバ）
発　芽	2日程度遅い	播種後5～10日
初期生育	やや劣る	良
春の萌芽時期	3日程度早い	4月下旬から5月上旬
越冬性	越冬性でやや優れる	早春の草勢では同程度
一番草開花期	1週間程度早い	6月下旬
草丈・倒伏	二番草以降低く，倒伏程度が低い	一，二番草は100cm程度
病　害	顕著な病害なし	そばかす病など，葉枯性病害
収量性	やや低い	高い
混播適性	10～20%で安定し，チモシー収量が高く優れる	マメ科率が3年平均で70%以上
永続性（3年目と2年目の収量比）	単播では同程度，混播では150%と優れる	単播で96%，混播で119%

表記）から始まったきわめて新しい牧草である（第1表）。

(4) 栽培のポイント

混播相手は刈取り後の再生が穏やかなためチモシーとする。また，初期生育が緩慢なため雑草対策が不可欠であり，アルファルファと同様に，播種床造成後に1か月程度放置して雑草の発芽を促してから，グリホサート系の除草剤で枯死させ，直ちに播種する方法もある。また，造成後のギシギシなどの雑草対策でも，アシュラム剤やチフェンスルフロンメチル剤の施用が有効である。

土壌　アルファルファに準ずる。

播種　初期生育がやや緩慢なため，播種は6〜7月の夏雑草との競合が大きい時期を避けて4〜5月に行なうか，播種前に除草剤処理で雑草対策を十分行なう。9月以降に播種すると十分な貯蔵養分が確保できず，翌年の一番草収量がきわめて低くなるため，夏まきでは8月中旬までに播種することが望ましい。マメ科率はガレガの播種量が多いほど高くなる。チモシーとの合計収量を確保するためにはチモシーの播種量を10a当たり1.5kgにした場合，ガレガの播種量は10a当たり2〜3kg（チモシー中生〜早生）が適当である。

根粒菌　わが国に自生していないことと，窒素固定がガレガと根粒菌の組合わせで大きく変わるため適切な根粒菌の接種が不可欠である。現在，市販されている‘こまさと184’の種子は事前に根粒菌を接種ずみであるので問題はない。

刈取り　アルファルファと同様に，播種翌年からは2〜3回の刈取りが可能である。ただし，8月中旬から9月下旬の間の刈取りは翌年の生育を低下させるので避ける。播種年においてもこの時期は刈取りを行なわない。3回刈りの標準的な刈取り時期は，一番草が6月中旬，二番草が8月上旬，三番草は10月中旬となる。

(5) 利用上の注意点

サイレージが適するが，アルファルファと同様に予乾が重要で，単播では50%，混播で60%程度まで予乾することで良質なものを得ることができる。

執筆　奥村健治（(独) 農業・生物系特定産業技術研究機構北海道農業研究センター）

2005年記

アルサイククローバ

学名　*Trifolium hybridum* L.
英名　Alsike clover
和名　タチツメクサ

(1) 作物としての特性

北海道で主に栽培されている（第1図）。2〜3年程度の短年生で，耐寒性および耐湿性は強いが，夏期の高温に弱い。含水率が高く乾草生産には乾燥に時間がかかる。

第1図　チモシー混播アルサイククローバ

(2) 飼料価値と利用のねらい

飼料価値　開花期の含水率が86%と高く，CPは22.1%，TDNは61.8%である（日本標準飼料成分表2001年版）。

利用のねらい　耐湿性の強い特性を生かして，寒地の低湿地や泥炭土壌地域，あるいは水田転換畑などで混播利用する。

(3) 適地と導入法

適地　北海道などの寒地，寒冷地の湿潤で夏期に高温にならない地域。

品種の特徴と導入　北海道で唯一四倍体品種の‘テトラ’が優良品種として認定されている。

(4) 栽培のポイント

寒地型のマメ科牧草のなかでは耐湿性，耐酸性に優れアカクローバが導入できない土壌地域でチモシーとの混播で利用する。栽培法はアカクローバに準ずるが，播種量は混播で10a当たり0.5〜1.0kgである。また，再生が弱いため，刈取り回数を制限することで維持する。

執筆　奥村健治（(独) 農業・生物系特定産業技術研究機構北海道農業研究センター）

2005年記

レンゲ

学名　*Astragalus sinicus* L.
英名　Chinese Milk Vetch
和名　レンゲ
別名　ゲンゲ

(1) 作物としての特性

レンゲは中国原産とされ，わが国でも水田裏作の緑肥および牛馬の飼料として古くから暖地から寒冷地まで広く栽培されていた（第1図）。近年では蜜源や景観植物としても広く利用されているが，飼料としてはイタリアンライグラスなどの牧草栽培により重要性が減少している。

(2) 飼料価値と利用のねらい

飼料価値　含水率がやや高いものの，アルファルファやクローバ類と同様に蛋白質，ミネラルに富む栄養価の高い牧草である。

利用のねらい　水田裏作のイタリアンライグラスなどのイネ科牧草との混播で，栄養価を向上するため利用する。

(3) 適地と導入法

適地　沖縄と北海道を除く暖地から寒冷地まで広く栽培されている。

品種の特徴と導入　長い栽培の歴史のなかで在来種あるいは銘柄が分化しており，現在では収量の高い晩生の岐阜レンゲ（岐阜系），さらに北陸地方で耐寒性の耐雪性を改良された中生の‘富農選24号’が奨励品種となっている。

(4) 栽培のポイント

初期生育時は湿害が根粒菌の着生を妨げるので，特に水田後では排水を十分に行なう。播種量は10a当たり2～4kg程度，レンゲの栽培歴がない場合には根粒菌を接種する。施肥は10a当たり窒素を押さえて1～2kg，リン酸は4～7kg，カリは3～5kgを施用する。刈取りは再生が弱いため，春の開花時期の1回とする。

第1図　レンゲ（水田裏作）
（倉持正実撮影）

(5) 利用上の注意点

近年アルファルファタコゾウムシの被害が九州から始まり近畿地方，さらに関東にまで広がっている。発生がみられた場合は早刈り，また予防のため周辺のマメ科植物の除草管理を徹底する。

執筆　奥村健治（(独）農業・生物系特定産業技術研究機構北海道農業研究センター）

2005年記

暖地型牧草

暖地型牧草は，国内では沖縄も含めた西南日本を中心に利用されている。暖地型牧草の各草種は耐寒性に応じて，

1）シバのように北海道地域まで全国的に利用されているもの，

2）バーミューダグラスやセンチピードグラスのように主に関東・東海・北陸地域の低標高地帯まで利用されているもの，

3）バヒアグラスやギニアグラス，ローズグラスのように四国および九州を中心に利用されているもの，

4）ジャイアントスターグラスやパンゴラグラスのように沖縄のみで利用されているもの，

に分けられる。本項では，この分類に従って各草種の説明を行なうことにする。

全国的に利用されている暖地型牧草

シ　バ

学名　*Zoysia japonica* Steud.
英名　Japanese lawn grass, Korean lawn grass
和名　シバ

(1) 作物としての特性

葉幅4.0mm以上，小穂が丸形で3cm程度，匍匐型の多年草で，草高は3～15cmと，低草高・高密度のいわゆるシバ型の草地をつくる。従来は野草として扱われていたが，近年，国内でも放牧用の品種が作出されたので，ここでは，暖地型牧草として扱うことにする。国内の自生地は北海道から九州までであり，昔から放牧利用されてきた場所に優占群落を形成する場合が多いが，近年は放牧用に造成したシバ草地も増えてきており，低投入持続型の放牧用草種として有望である。

(2) 飼料価値と利用のねらい

栄養価としては，乾物消化率が40～50％，粗蛋白質含量が10％程度である。

草高が低いために採草利用はされておらず，放牧専用草種である。放牧可能頭数は，寒冷地で1ha当たり150頭・日程度，低暖地で300～600頭・日程度である。栄養価があまり高くないために，ふつうは肉用繁殖牛のうち，妊娠確認を行なってから分娩前までの妊娠牛を放牧することが多い。しかし妊娠牛より栄養要求量が高い現地分娩をした親子放牧を行なっている親牛とその子牛（4～6か月齢まで）も放牧することができる。親子放牧の場合は放牧可能頭数が少なくなり，1ha当たり1組程度とする。また，搾乳牛を放牧するケースもあり，その形態は山地酪農と呼ばれている。

(3) 適地と導入法

適地　北海道南部まで利用可能であり，海岸付近から山岳地域まで利用できる。

作期　利用地域の寒地型牧草の利用期間に比べると1～2か月ほど短くなる。

品種の特徴　国内で放牧用に育成された品種としては‘朝駆’があげられ，生育が良く早期に造成が完了する特徴がある。

(4) 栽培のポイント

張りシバ法，まきシバ法，ポット移植法や種子による造成方法がすでに確立されており，近

第1図　シバ草地（宮崎県都井岬）　　（加納春平提供）

年，放牧牛にシバの穂（種子）を採食させて，その糞によって造成する方法について検討されている。

それぞれの造成方法を，以下に説明する。

①張りシバ法

既存のシバ草地から，または購入したシバソッドを貼り付ける方法で，コストとしては高くなる。

②まきシバ法

現地を耕起した後に，既存のシバ草地または購入したシバソッドを細かくほぐした苗をシバソッド換算1ha当たり5,000m^2の割合で散布して，覆土，鎮圧する方法であり，トラクターが使える平坦地で利用できる。

③ポット移植法

シバ栄養茎を7cm程度に切り揃え，市販のセルトレイに挿苗またはセルトレイにシバ種子を播種したものを，ハウスまたは露地で育苗する。育苗したセルトレイの苗でm^2当たり2～4ポットを現地に移植する。この方法だと低コストで傾斜地にも造成できるが，手間がかかる。

④播種法

耕起法もしくは不耕起法で造成する。播種量は1～2kg/10aとし，耕起した場合には覆土，鎮圧を行ない，不耕起の場合は牛を放牧して地面を踏み固める。シバの種子が高価なためコストがかかる。

シバ草地は施肥を行なわなくても維持が可能であるが，施肥をすることで，粗蛋白質含量や収量を上げることができる。

（5）利用上の注意点

種子で造成できる他の一般的な牧草と比較すると，造成時にコストがかかり，造成完了まで時間がかかるのが欠点であるが，反面，草地ができ上がった後には施肥の必要はなく，適切な放牧さえすれば長期間にわたって維持できるため，ランニングコストは低くなるのが特徴である。

これらの長所と短所を総合的に考えて，シバにするか他の牧草にするかといった草種選定を行なう必要がある。

執筆　進藤和政（(独) 農業・生物系特定産業技術研究機構畜産草地研究所）

2005年記

参 考 文 献

高知県畜産試験場・徳島県畜産試験場・愛媛県畜産試験場．シバポット移植法を用いたシバ草地造成マニュアル．1996．地域重要新技術確立試験「暖地急傾斜地シバ草地の短期造成技術の確立」（平成4—6年）成果報告．

中川仁．1998．熱帯の飼料作物．国際農林業協力協会．

日本飼料作物種子協会．1999．牧草・飼料作物の品種解説．

関東地方まで利用されている暖地型牧草

バーミューダグラス

学名　*Cynodon dectylon* Pers.
英名　Bermuda grass
和名　ギョウギシバ

(1) 作物としての特性

稈長90cm以下で，ストロン（匍匐茎）によって密なマットを形成するシバ型の多年草である。穂はオヒシバを小型にしたような形をしている。海外では放牧および採草利用に用いられており，国内でも輸入乾草として利用されている。しかし，国内では他の牧草と比較して，栄養価，嗜好性および収量が低いことから，放牧および採草利用されている例は少なく，ゴルフ場や緑化などに利用されている。

(2) 飼料価値と利用のねらい

栄養価としては，シバと同程度である。

前述のとおり国内での畜産的利用は少ないが，研究蓄積の多い草であり，今後の利用が期待される。

(3) 適地と導入法

適地　関東以南の低暖地。

作期　シバと同程度である。

品種の特徴　飼料用の品種は‘コモン’のみだが，緑化用の品種も畜産利用が可能である。

執筆　進藤和政（(独) 農業・生物系特定産業技術研究機構畜産草地研究所）

2005年記

参考文献

中川仁．1998．熱帯の飼料作物．国際農林業協力協会．
日本飼料作物種子協会．1999．牧草・飼料作物の品種解説．

センチピードグラス

学名　*Eremochloa ophiuroides* Hack
英名　Centipede grass
和名　ムカデシバ

(1) 作物としての特性

草丈が10～15cmと低く，匍匐茎によって旺盛に増殖する。マットを形成すれば他の雑草の侵入を抑えるため，高密度なシバ型草地をつくることができる。草高が低いために，採草利用はされていない。以前から法面などの緑化用に用いられてきたが，近年，畜産的な利用が増えてきた。畜産利用が始まってからまもないので，研究蓄積は少ないが，今後とも有望な草種である。

(2) 飼料価値と利用のねらい

シバと比較して栄養価および嗜好性が優れており，放牧専用草種である。

(3) 適地と導入法

適地　標高が低ければ東北地域まで利用可能である。

作期　シバと同程度である。

(4) 栽培のポイント

耕起しても不耕起でも，種子によって造成が可能である。播種量は1～3kg/10a程度である。発芽率が高くないため，造成時には目立たない場合が多いが，広がる速度が速いために，造成後の管理された放牧または頻繁な掃除刈りにより，2～3年目には純群落を形成することができる。種子が高価であることが欠点である。適正な施肥量はまだ検討されていないが，窒素で年間5kg/10a程度施肥すれば維持することができる。収量としては無施肥のシバより高く，バヒアグラスよりも低い程度である。

執筆　進藤和政（(独）農業・生物系特定産業技術研究機構畜産草地研究所）

2005年記

ヒエ（栽培ヒエ）

学名　*Echinochloa utilis* Ohwi et Yabuo
英名　Japanese millet
和名　ヒエ

(1) 作物としての特性

温帯に分布するケイヌビエの栽培種で，日本，朝鮮，中国東北部に広く分布し，主に穀類として利用された。草高100～250cm程度の一年草。近年，水田転作用の飼料作物として利用されており，主な利用法としては青刈り給与があげられる。最近，転作水田において放牧に利用するケースも増えてきた。

(2) 飼料価値と利用のねらい

栄養価としては，乾物消化率が60％程度，粗蛋白質含量が15％程度であり，同じ地域で利用できる暖地型牧草のなかでは最も高い。

前述のとおり，青刈り給与に用いられているケースが最も多いが，放牧利用を考えた場合には，他の暖地型牧草では増体が低くなり放牧が難しい育成牛も放牧できる可能性がある。また，栽培ヒエは他の牧草に比べ耐湿性が高いために，土壌水分の高い転作水田にも利用することができる。

(3) 適地と導入法

適地　東北地域まで栽培可能である。

作期　採草利用時は7，8月であり，放牧利用時は6～11月まで利用可能である。

品種の特徴　‘グリーンミレット’‘アオバミレット’‘ホワイトパニック’が利用できる。

(4) 栽培のポイント

採草利用の場合には，耕起し，6月中旬に播種量3kg/10a程度で播種し，鎮圧。このようにして造成すると，7月から8月にかけて採草利用できる。再生はよくないので，1回利用とする。乾物収量は400～600kg/10aである。

放牧利用の場合には，耕起し，5月中～下旬に播種量6kg/10aで播種し，鎮圧。このようにして造成すると，6月中旬～11月まで利用可能である。放牧回数は6回程度，乾物収量は550kg/10a程度である。

(5) 利用上の注意点

栽培ヒエは難脱粒性で，種子休眠性がないので雑草化のおそれがないとされている。しかし，放牧利用の際には，採草利用に比べて落下種子数が多く，周辺農地への流出がないかどうかの確認はされておらず，利用に際しては注意が必要である。

執筆　進藤和政（(独) 農業・生物系特定産業技術研究機構畜産草地研究所）

2005年記

参考文献

中川仁．1998．熱帯の飼料作物．国際農林業協力協会．
日本飼料作物種子協会．1999．牧草・飼料作物の品種解説．

第1図　ヒ　エ
（勝田眞澄提供）

四国・九州地方まで利用されている暖地型牧草

バヒアグラス

学名　*Paspalum notatum* Flugge
英名　Bahia grass
和名　アメリカスズメノヒエ

(1) 作物としての特性

稈長30〜70cmで深い根をもち，永続性の高い密なシバ型草地を形成し，短く太い地下茎で広がる。穂は6cm程度の2本の枝梗からなる。耐霜性が強く−5〜10℃でも越冬するため，四国，九州以南では永年草として利用可能である。これらの地域において，放牧および採草利用に用いられている。

(2) 飼料価値と利用のねらい

栄養価としては，乾物消化率が40〜55%，粗蛋白質含量が10〜15%程度である。

放牧および採草利用が可能である。とくに採草利用では，刈取り適期が広いために，多収をねらった多回刈り栽培から，乾草生産を目的として春雨や梅雨時期を避けた年2回刈り栽培まで，幅広い利用ができる。放牧牛の種類としてはシバと同様である。

(3) 適地と導入法

適地　四国，九州および沖縄において，利用できる。

作期　四国，九州では5〜10月まで，沖縄では4〜11月まで利用できる。

品種の特徴　‘ペンサコラ’‘ナンオウ’‘ナンゴク’が利用できる。

(4) 栽培のポイント

①九州以北の地域

4月下旬〜6月上旬または8月上旬〜9月下旬に，播種量3〜4kg/10aで播種し，覆土，鎮圧して造成する。シードペレット法によっても造成することができるが，シードペレットが入手可能な地域に限られる。

採草利用の場合，基肥として，窒素，リン酸，カリをそれぞれ8，15，10kg/10a，刈取りごとの追肥として，窒素，カリをそれぞれ5，5kg/10aずつ施肥する。放牧利用の場合，年間当たり窒素，カリをそれぞれ15，15kg/10a程度施肥する。

②沖縄地域

冬季を除き，いつでも播種が可能である。播種量3〜4kg/10aで播種し，覆土，鎮圧して造成する。放牧地では年間当たり窒素，カリをそれぞれ20，20kg/10a施肥する。

(5) 利用上の注意点

採草利用を行ない，粗飼料として給与する場合，チモシー乾草などに比べて嗜好性が低いので，初めて給与された牛の採食量は少なくなるが，牛が馴れるにしたがって採食量は多くなる。

執筆　進藤和政（(独) 農業・生物系特定産業技術研究機構畜産草地研究所）

2005年記

参考文献

中川仁．1998．熱帯の飼料作物．国際農林業協力協会．
日本飼料作物種子協会．1999．牧草・飼料作物の品種解説．
沖縄県畜産試験場．1999．牧草・飼料作物栽培の手引き．沖縄畜試資料．No.17．

ギニアグラス

学名　*Panicum maximum* Jacq.
英名　Guinea grass

(1) 作物としての特性

稈長150cm程度で，匍匐型のものから稈長400cm程度で立型のものまで存在する。多年草だが，四国および九州以北では越冬できないため，一年生の飼料作物として利用されており，鹿児島の島嶼部および沖縄では永年性の飼料作物として利用されている。

(2) 飼料価値と利用のねらい

栄養価としては，乾物消化率51～53%，粗蛋白質含量9～13%である。

九州以北では採草利用され，その際の刈取り回数は3～5回，乾物収量は2,400kg/10aである。沖縄地域では採草および放牧に用いられており，3～11月までに，採草では年6～7回，その際の乾物収量は2,500～2,800kg/10aである。

(3) 適地と導入法

適地　関東以西の低暖地，九州地域，沖縄地域。

作期　九州以北では6月下旬～10月まで。沖縄では4～11月までである。

品種の特徴　'ナツカゼ''ナツユタカ''ガットン''ペトリー'（グリーンパニック）'ナツサカリ'が利用できる。

(4) 栽培のポイント

①九州以北の地域

4月下旬～6月上旬に播種量2kg/10aで播種し，覆土，鎮圧して造成する。基肥として，窒素，リン酸，カリをそれぞれ8，15，10kg/10a，刈取りごとの追肥として，窒素，カリをそれぞれ5，5kg/10aずつ施肥する

②沖縄地域

4～5月に播種量2～3kg/10aで播種し，覆土，鎮圧して造成する。採草地では刈取りごとに窒素，リン酸，カリをそれぞれ7～12，3～5，6～10kg/10aずつ，放牧地では年間当たり窒素，リン酸，カリをそれぞれ30，15，25kg/10a施す。

第1図　ギニアグラス（品種：ナツカゼ）
（松岡秀道原図）

(5) 利用上の注意点

茎部の粗剛化が早いので，利用が遅れると嗜好性が低下する。

執筆　進藤和政（(独) 農業・生物系特定産業技術研究機構畜産草地研究所）

2005年記

参考文献

中川仁．1998．熱帯の飼料作物．国際農林業協力協会．
日本飼料作物種子協会．1999．牧草・飼料作物の品種解説．
沖縄県畜産試験場．1999．牧草・飼料作物栽培の手引き．沖縄畜試資料．No.17.

ローズグラス

学名　*Chloris gayana* Kunth
英名　Rhodes grass
和名　オオヒゲシバ

(1) 作物としての特性

草丈120～150cmで茎が直立し，200cm以上に伸長するストロンをもった株型の多年草である。穂の形はオヒシバに似る。四国および九州以北では越冬できないため，一年生の飼料作物として利用されており，鹿児島の島嶼部および沖縄では永年生の飼料作物として利用されている。

(2) 飼料価値と利用のねらい

栄養価としては，乾物消化率43.1％，粗蛋白質含量8.7％である。

九州以北では採草利用され，その際の刈取り回数は4～5回，乾物収量は1,800～2,400kg/10aである。沖縄地域では採草および放牧に用いられており，4～11月までに，採草では年6～8回，放牧では年8～10回利用できる。乾物収量は，採草では2,800～3,500kg/10aで，放牧ではやや下回る。

(3) 適地と導入法

適地　関東以西の低暖地，九州地域，沖縄地域。

作期　九州以北では6月下旬～10月まで。沖縄では4～11月までである。

品種の特徴　‘アサツユ’‘ハツナツ’‘カタンボラ’‘カリーデ’が利用できる。

(4) 栽培のポイント

①九州以北の地域

4月下旬～6月上旬に播種量1.5～2.0kg/10aで播種し，覆土，鎮圧して造成する。基肥として，窒素，リン酸，カリをそれぞれ8，15，10kg/10a，刈取りごとの追肥として，窒素，カリをそれぞれ5，5kg/10aずつ施肥する。

②沖縄地域

3月下旬～5月頃と9～11月に播種量1.5～2.0kg/10aで播種し，覆土，鎮圧して造成する。採草地では刈取りごとに窒素，リン酸，カリをそれぞれ10，4，8kg/10aずつ，放牧地では年間当たり窒素，リン酸，カリをそれぞれ30，15，25kg/10a施肥する。

(5) 利用上の注意点

茎部の粗剛化が早いので，利用が遅れると嗜好性が低下する。

執筆　進藤和政（(独) 農業・生物系特定産業技術研究機構畜産草地研究所）

2005年記

参考文献

中川仁．1998．熱帯の飼料作物．国際農林業協力協会．
日本飼料作物種子協会．1999．牧草・飼料作物の品種解説．
沖縄県畜産試験場．1999．牧草・飼料作物栽培の手引き．沖縄畜試資料．No.17．

沖縄地域で利用されている暖地型牧草

ジャイアントスターグラス

学名　*Cynodon aethiopicus* Clayton & Harlan
英名　Giant star grass, star grass

(1) 作物としての特性

草高30～70cm，穂長4～8cm。バーミューダグラスを大きく丈夫にした形態の永年草で，密な草地を形成する。干ばつに強い草とされ，水が不足しがちな隆起石灰岩からなる平坦な島において利用されている。利用形態としては放牧が主であるが，採草利用するケースも増えてきた。

(2) 飼料価値と利用のねらい

栄養価としては，乾物消化率50.1%，粗蛋白質含量6.0%である。

採草および放牧に用いられており，4～11月までに，採草では年6～8回，放牧では年8～10回利用できる。乾物収量は，採草では2,200～2,800kg/10aで，放牧ではやや下回る。

(3) 適地と導入法

適地　沖縄先島の島尻マージ土壌地域の干ばつ常襲地帯に適する。

作期　利用期間は4～11月までである。

(4) 栽培のポイント

種子が不稔なので茎で造成する。植付けは3～5月頃がよく，降雨の前に2節苗を植える。手植えで行なう場合は，株間，うね間とも40cmまたは50cmで，苗を1か所当たり2～3本挿して足で鎮圧する。広い面積に機械で造成する場合には$1m^2$当たり20本の苗を散播し，ディスクハローなどをかけ，鎮圧を行なう。施肥については，採草地では刈取りごとに窒素，リン酸，カリをそれぞれ10，4，8kg/10aずつ，放牧地では年間当たり窒素，リン酸，カリをそれぞれ30，15，25kg/10a施肥する。

(5) 利用上の注意点

茎部の粗剛化が早いので，利用が遅れると嗜好性が低下する。匍匐茎の伸長がよく，雑草化して隣接の他作物に被害を与えることがあるので注意を要する。

執筆　進藤和政（(独) 農業・生物系特定産業技術研究機構畜産草地研究所）

2005年記

参考文献

中川仁．1998．熱帯の飼料作物．国際農林業協力協会．
日本飼料作物種子協会．1999．牧草・飼料作物の品種解説．
沖縄県畜産試験場．1999．牧草・飼料作物栽培の手引き．沖縄畜試資料．No.17．

パンゴラグラス

学名　*Digitaria decumbens* Stent
英名　Pangola grass

(1) 作物としての特性

稈長120cm程度の匍匐性の多年草である。穂はメヒシバ状で13cm以下の5～10本の枝梗からなる。強いストロンをもち，永続性の高い密な草地を形成する。ジャイアントスターグラスに比べ栄養価が高いために，近年，利用面積が増加してきた。採草および放牧利用が可能である。

(2) 飼料価値と利用のねらい

栄養価としては，乾物消化率46.0%，粗蛋白質含量8.6%である。

採草および放牧に用いられており，4～11月までに，採草では年6～8回，放牧では年8～10回利用できる。乾物収量は，採草では1,700～2,800kg/10aで，放牧ではやや下回る。

(3) 適地と導入法

適地　沖縄先島国頭マージ土壌地域に適する。

作期　利用期間は4～11月までである。

品種の特徴　従来は‘台湾A24’が普及していたが，近年，やや小型で栄養価の高い‘トランスバーラ’の栽培面積が増加している。

(4) 栽培のポイント

栄養茎繁殖なので種子からは造成できない。11月～翌2月までの気温の低い時期を避けて，2節苗を植えて造成する。手植え時の苗の植付け密度は1m²当たり12～13本とする。広い面積に機械で造成する場合には，1m²当たり20～25本の苗を散播し，ディスクハローなどをかけ，鎮圧を行なう。施肥については，採草地では刈取りごとに窒素，リン酸，カリをそれぞれ10，4，8kg/10aずつ，放牧地では年間当たり窒素，リン酸，カリをそれぞれ30，15，25kg/10a施肥する。

(5) 利用上の注意点

伸ばしすぎると，下葉が枯れ上がり，病害虫が発生しやすく，栄養価が低下するため，適期刈りおよび早めの放牧利用を行なう。

執筆　進藤和政（(独) 農業・生物系特定産業技術研究機構畜産草地研究所）

2005年記

参考文献

中川仁．1998．熱帯の飼料作物．国際農林業協力協会．
日本飼料作物種子協会．1999．牧草・飼料作物の品種解説．
沖縄県畜産試験場．1999．牧草・飼料作物栽培の手引き．沖縄畜試資料．No.17.

ブリザンタ（MG5）

学名　*Brachiaria brizantha* Stapf
英名　palisadegrass

(1) 栄養特性と収量性

高栄養・高収量で嗜好性が良好な暖地向き有望品種である。

ブリザンタの成分組成を，九州・沖縄地域の主要な暖地型牧草であるローズグラスと比較したのが第1図である。粗蛋白質含量は12～16％（平均14.7％）で，Oa（高消化性繊維）＋OCC（細胞内容物質）含量は32～38％（平均34.9％）で推移し，ローズグラスの粗蛋白質含量9～13％（平均11.9％），Oa＋OCC含量23～30％（平均26.2％）に比べ常に高い値で推移している。Ob（低消化性繊維）含量は，ブリザンタ54～60％（平均58.0％），ローズグラス60～70％（平均66.0％）とブリザンタが常に低い値で推移している。このように，ブリザンタは年間を通じて，良好な草質を示す。

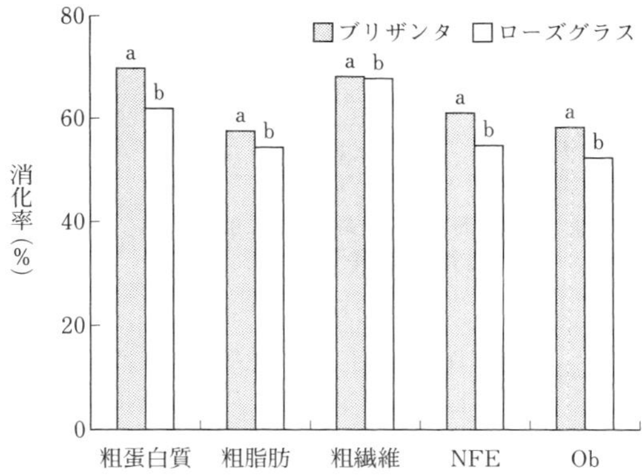

第2図　消化率
異文字間で有意差あり（$P < 0.05$）

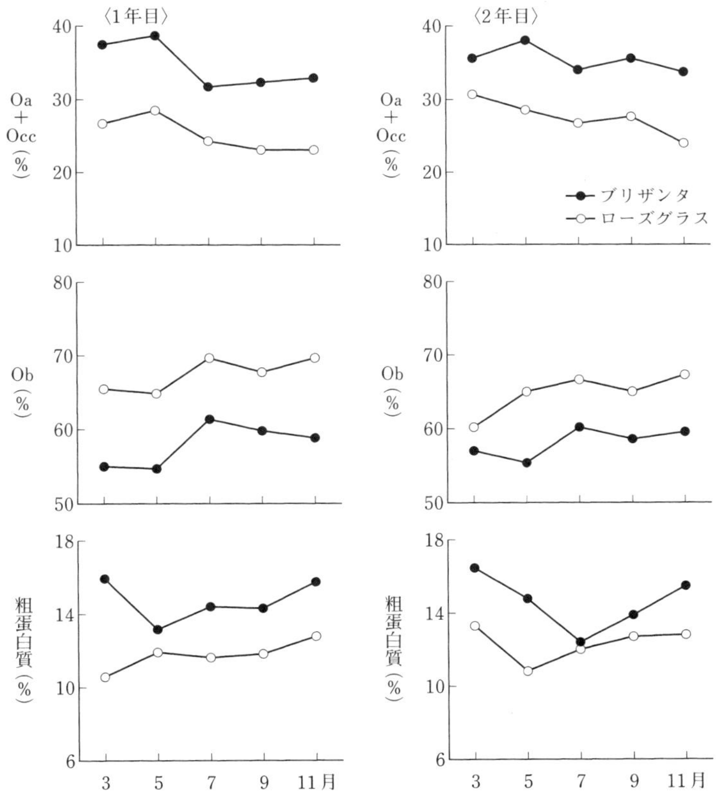

第1図　牧草成分の推移
Oa：高消化性繊維，Occ：細胞内容物質，Ob：低消化性繊維

黒毛和種繁殖牛を使用して求めた各成分の消化率を第2図に示した。ブリザンタは粗蛋白質，粗脂肪，NFEおよびObの消化率がローズグラスより有意に高い値を示した。その消化率から求めたブリザンタの栄養価は第1表に示すようにDCP，TDNはそれぞれ8.8％，62.6％であり，ともにローズグラスより高く，栄養価の高い暖地型牧草である。

乾物収量は第3図に示すように，年間を通じてどの時期もローズグラスより高い値で推移した。年間総収量は第2表に示すように，ブリザンタは1年目

第1表　栄養価と採食量[1)]

	DCP (%)	TDN (%)	採食量	
			DM（kg/日）	体重比（%）
ブリザンタ	8.8	62.6	8.6a	1.52a
ローズグラス	6.6	56.2	6.2b	1.16b

注　異文字間で優位差あり（P＜0.05）
1）黒毛和種繁殖牛（空胎牛）を供試

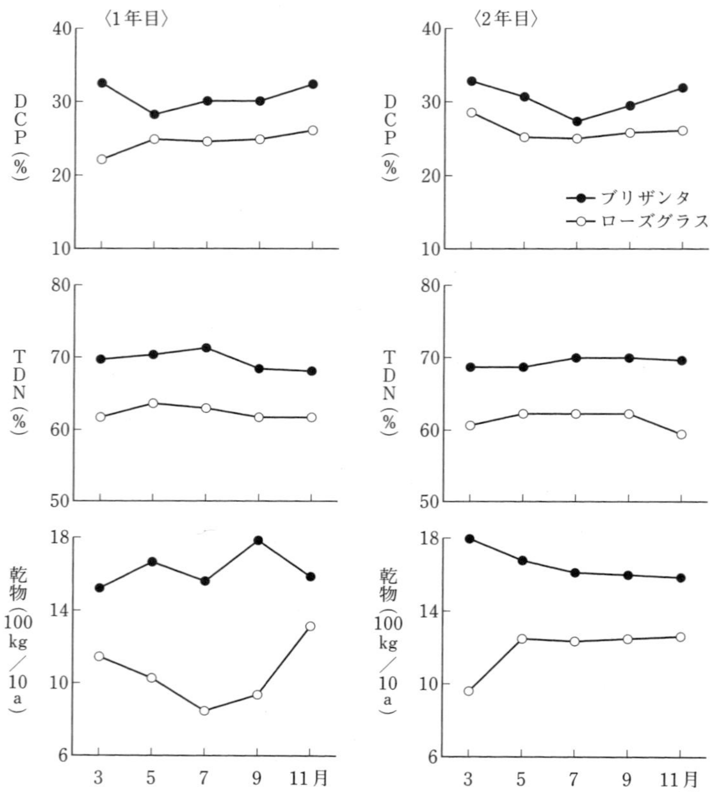

第3図　乾物収量と栄養価の推移

は4,293kg/10a，2年目は4,497kg/10aであり，ローズグラスの1年目2,471kg/10a，2年目2,941kg/10aに比べ，50～70%高い乾物収量を示す。栄養収量を比較すると，平均TDN収量はブリザンタは2,759kg/10a，ローズグラスは1,560kg/10a，平均DCP収量はブリザンタは448kg/10a，ローズグラスは205kg/10aとブリザンタがローズグラスより高い栄養収量を示し，その差異は，乾物収量の差異より大きい。

(2) 採食性

第3表に示す成分組成のブリザンタとローズグラスを，黒毛和種繁殖牛（空胎牛）に約30日間自由採食させたときの採食量はブリザンタ8.6kg/日（体重比1.52%），ローズグラス6.2kg/日（体重比1.16%）とローズグラスより有意に高く，良好な採食性を示す（第1表）。

養分摂取量は第4表に示すようにブリザンタはDCP0.76kg/日，TDN5.38kg/日であり，ローズグラスより

第2表　年間乾物収量および栄養収量（kg/10a・年）

	1年目			2年目			平均		
	乾物	DCP	TDN	乾物	DCP	TDN	乾物	DCP	TDN
ブリザンタ	4,293	438	2,696	4,497	458	2,822	4,395	448	2,759
ローズグラス	2,471	177	1,431	2,941	232	1,689	2,706	205	1,560

第3表　供試草種の成分組成（DM中%）

	粗蛋白質	粗脂肪	粗繊維	NFE	粗灰分	Oa	Ob	OCW	OCC
ブリザンタ	12.7	3.5	33.0	43.7	7.1	17.3	52.4	69.7	23.2
ローズグラス	10.8	1.7	38.1	39.7	9.7	11.6	62.6	74.2	16.1

注　両草種とも草丈90cmで刈取り

第4表　養分摂取量，日増体重および血液性状

	DCP (kg/日)	TDN (kg/日)	日増体重 (kg)	ヘマトクリット (%)	血漿総蛋白質 (g/dl)
ブリザンタ	0.76a	5.38a	0.41a	35.2	7.4
ローズグラス	0.41b	3.48b	0.02b	34.3	7.4

注　2週ごとの平均値
　　異文字間で優位差あり（P＜0.05）

第4図　ブリザンタ草地での放牧のようす

有意に高い。ローズグラスでは体重維持が限界であったが，ブリザンタでは約0.4kg/日の体重増加を示した。養分摂取量から見て，繁殖牛で最も栄養要求の高い授乳期の養分要求量を十分満たし，血液性状も正常な値で推移しているので，ブリザンタの利用により濃厚飼料の節減ができ，低コストな子牛生産が可能である。

(3) 放牧への利用

黒毛和種繁殖牛を5頭/haの放牧密度で，補給飼料無給与でブリザンタ草地に周年放牧（冬期分娩）したときの体重の推移を第5図に示した。授乳期（冬期）は体重が維持でき，その後の妊娠期（春～夏期）には順調な体重増加（DG約0.4kg）を示し，血液性状も正常な値で推移した。分娩後の繁殖成績は第5表に示すように，分娩－発情間隔，分娩－受胎間隔，授精回数はそれぞれ48.0日，68.9日，1.7回と十分連産が可能な良好な繁殖成績を示した。

ブリザンタ草地で現地分娩した放牧子牛も補給飼料無給与で日増体量0.8kg以上の良好な発育を示し，離乳後も出荷時まで日増体量0.91kgと順調に増体した。

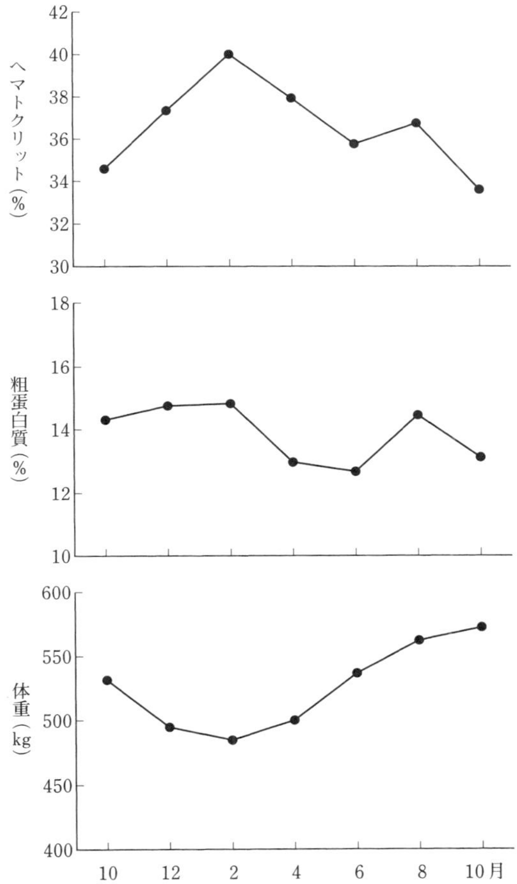

第5図　ブリザンタの粗蛋白質含量と放牧牛の体重・血液性状の推移

(4) 栽培のポイント

ブリザンタの播種量は2kg/10aが適量である。刈取り利用のときは第6表に示すように，草丈が1m以上になると栄養価が急激に低下するので，栄養収量から見て草丈90cm前後で収穫するのが最適である。放牧利用の場合は，踏

第5表　放牧牛の繁殖機能および子牛生産性

妊娠期間（日）	分娩—発情（日）	分娩—受胎（日）	授精回数（回）	生時体重（kg）	離乳時体重（kg）	出荷時体重（kg）	日増体重（kg/日）
286.8 ±1.7	48.0 ±7.8	68.9 ±7.0	1.7 ±0.3	31.7 ±3.2	107.4 ±4.5	275.1 ±15.0	0.84 ±0.04

注　離乳時体重は3か月齢離乳，日増体重は放牧期間中，下段は標準誤差

第6表　ブリザンタの草丈と成分組成（DM中％）

草丈	粗蛋白質	粗脂肪	粗繊維	NFE	粗灰分	Ob
70cm	14.0	2.9	33.6	41.9	7.6	56.6
100cm	12.4	2.7	34.5	42.9	7.5	58.7
130cm	8.5	2.5	39.5	39.1	10.4	64.1

第7表　栄養茎繁殖法と成苗率

（沖縄畜研，2007）

育苗方法	成苗率（％）
2段階法	50.3
草地発芽法	66.7
刈取り状態法	76.7

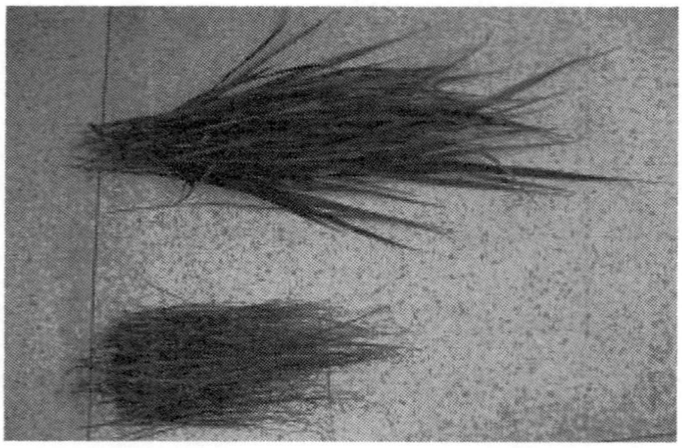

第6図　バッタ食害にあったローズグラス（下）と食害を受けなかったブリザンタ（上）

第7図　ブリザンタは冠さび病に抵抗性がある
左：ガットン，右：ブリザンタ

み倒しによる利用率の低下を防ぐために，草丈約60cmで放牧を開始するのがよい。

施肥量は刈取りごとにN：P_2O_5：K_2Oの各成分10：6：6kg/10aを散布する。播種は沖縄では3～12月の間可能であり，九州地域では5～6月が適期である。

ブリザンタは栄養茎繁殖も可能である（第7表）。草地から地際10cm程度で刈り取った状態のまま，茎や葉を切らず最下部の節を埋め，茎挿しする刈取り状態法や，草地を高刈り（地際30～40cm）して約2週間おき，草地に残った茎の節からいったん発芽させ，その節を切り取り，茎挿しする草地発芽法では成苗率は約70～80％と高い。草地から刈取りしたあと，2節を残し，ほかの部位を切り取った茎（約20～30cm）を乾かないように水や湿った布に浸すか，培養土に浅く埋めて約2週間おき，節からいったん発芽させ，節を切り取り茎挿しする2段階法方法では50％程度である。また，苗をセルトレイに育苗し，機械移植することで，栄養茎繁殖でも省力的な草地造成が可能である。

(5)　その他の特性

第3図では，1年目の夏期にブリザンタとローズグラスの乾物収量に大きな差異が見られた。その一因としてバッタによる被害がある。沖縄では数年に一度バッタの大発生があるが，第6図に示すように，ローズグラスはバッタによく採食され食害を受けたが，ブリザンタは採食されずほとんど食害を受けなかった。

また，沖縄で近年よく利用されている暖地型牧草であるトランスバーラやガットンは冠さび病に罹病性であるが，第7図に示すようにブリザンタは冠さび病抵抗性をもっている。

執筆　中西雄二（(独) 農業・食品産業技術総合研究機構九州沖縄農業研究センター）

2005年記

飼料用穀実作物・根菜類

トウモロコシ

学名　*Zea mays* L.
英名　corn, maize

(1) 作物としての特性

南米原産のC_4植物で，コムギ，イネと並ぶ最重要穀実作物のひとつである。生産コストが低いため，濃厚飼料の原料としての需要が多い。また，茎葉の栄養価も高いので，ホールクロップサイレージの原料草としてもきわめて重要である。

初期生育はイネ科作物のなかで最も早い。生育可能な最低温度は7～8℃と低く，高緯度・高標高地帯にも作付け可能な夏作物である。生育速度は28℃までは高温ほど速くなるが，30℃を超えると逆に低下してくる。耐干性や耐湿性は弱く，肥料の吸収量はきわめて多い。

ホールクロップの乾物収量は完熟期まで増加し続け，糊熟期を100とすると，黄熟初期が110程度，黄熟中期が120程度，黄熟後期が130程度，完熟期が135程度の収量となる。

(2) 飼料価値と利用のねらい

飼料価値　ホールクロップのTDN含量は糊熟期～完熟期まで大きな変化はなく，70％程度で推移する。乾物率は糊熟期で20～25％，黄熟初期で22～27％，黄熟中期で25～35％，黄熟後期で30～40％，完熟期到達直後で35～45％である。

利用形態　和牛繁殖農家では乳熟期までの若刈りで生草給与することもあるが，大部分は黄熟期以降に収穫してホールクロップサイレージに調製される。

(3) 適地と導入法

適地　品種を選べば，北海道～九州まで作付けできるが，肥沃で排水のよい圃場でないと本来の能力が発揮できない。

作期と作付け体系　播種期の早限は平均気温12℃の時期で，おおむねソメイヨシノの開花期と一致する。秋期は平均気温が10℃に低下するまで生育を継続する。東北以北では単作，関東以南では裏作にイタリアンライグラスやムギ類を導入した二毛作が一般的である。九州ではトウモロコシの二期作栽培も行なわれている。播種期～絹糸抽出期までの期間は品種の早晩性により異なるが，絹糸抽出期以降の登熟に要する期間には大きな品種間差はなく，絹糸抽出期～糊熟期は有効積算気温（10℃基準）で450～500℃程度，糊熟期～黄熟初期は同50～80℃程度，黄熟初期～完熟期は同200～250℃程度である。

品種の特徴　春まき用品種，遅まき用（二期作用）品種および青刈り用品種がある。春まき用品種は日長感応性が弱く，播種期や栽培地が異なってもほぼ一定の有効積算気温で出穂・登熟する。現在流通している春まき用品種の相対熟度は75～130程度である。遅まき用（二期作用）品種は晩秋までに確実に登熟するように，日長感応性が賦与されている。これらの品種は夏まきすると早生～中生となり，春まきすると晩生となる。早晩性が変動するため相対熟度が示されていない場合が多い。青刈り用品種は，春まきすると極晩生となる。子実割合は低いが茎葉の生産性に優れる品種である。相対熟度は135～150と表示されている場合が多いが，日長感応性があり，遅まきすると早生化する。

(4) 栽培のポイント

湿害に弱いので，排水良好な圃場を選択することが大切である。やむを得ず排水不良地で栽

第1図　トウモロコシ

培する場合でも，明渠などにより表面水を排除するだけでも被害を大幅に緩和できる。窒素の吸収量は20～25kg/10aに達するので，肥料の流亡が激しい圃場では草丈50cm（自然草高30cm）程度の時期に追肥するか，緩行性肥料を使用するとよい。雑草は，ワルナスビなど一部の外来雑草を除けば，登録除草剤だけで防除できる。雑草種子は，輸入濃厚飼料の主原料であるトウモロコシ穀実に混入して恒常的に経営内に持ち込まれている。堆肥を十分に発酵させて発芽能を失わせ，新たな雑草を圃場に持ち込まないよう心がけることも大切である。

(5) 利用上の注意点

糊熟期～完熟期の間であれば，いつ収穫しても品質のよいサイレージが調製できる。ただし，乾物率が25%以下では排汁が多くなるので，一般的には黄熟中期以降に収穫する。また，乾物率は品種によっても5%程度異なるので，登熟不良に陥りやすい寒冷地では，乾物率の高い品種を選定するとよい。トウモロコシの硝酸態窒素含量は低く，かなりの多肥栽培を行なっても危険水準を超えることはない。しかし，カリ含量は施肥量の増加に伴い確実に増加するため，家畜糞尿を多量に施用した場合には，特にカリ過剰に注意が必要である。

執筆　魚住　順（(独) 農業・生物系特定産業技術研究機構東北農業研究センター）

2005年記

タカネスター——トウモロコシの有望品種

(1) タカネスターの特性

来歴　‘タカネスター’は，デント種である‘Na65’（畜産草地研究所育成）を種子親とし，フリント種である‘CHU44’（長野県中信農業試験場と九州沖縄農業研究センター育成）を花粉親とした，デント種×フリント種の単交配一代雑種である。長野県中信農業試験場が育成し，2007年3月に品種登録された（登録番号：15256号）。

熟期および形態　‘タカネスター’の絹糸抽出期は‘セシリア’より九州・四国では2日早く，関東および東北では1日早い。熟期は府県では「早生」に属し，相対熟度（RM）は113日程度である。草型はアップライトであり，稈長は‘セシリア’より高く，着雌穂高は‘セシリア’より低い。

各種抵抗性　ごま葉枯病抵抗性およびすす紋病抵抗性は「強」で，‘セシリア’より強い。黒穂病抵抗性は‘セシリア’より弱い。耐倒伏性は「強」で，‘セシリア’並である。

収量性および消化性　乾物収量は九州・四国および関東・東山では‘セシリア’より高く，東北では‘セシリア’並である。茎葉TDN含量は茎葉高消化性品種‘ナスホマレ’並で高く，‘セシリア’より高い。ホールクロップのTDN含量は‘セシリア’より1%，‘ナスホマレ’より3%高い。乾雌穂重割合は‘セシリア’より低い。

雌穂の形態　雌穂長は‘セシリア’よりやや長く，‘ナスホマレ’よりやや短い。雌穂径は‘セシリア’‘ナスホマレ’と同程度である。粒列数は16列程度であり，‘セシリア’並で，‘ナスホマレ’より2列多い。

(2) 飼料価値と利用のねらい

飼料価値　‘タカネスター’は茎葉のTDN含量が茎葉高消化性品種‘ナスホマレ’並に高い。また，乾雌穂重割合は‘セシリア’よりは低いものの，十分な雌穂割合であり，‘ナスホマレ’より高い。このためホールクロップのTDN含

第1表　地域ごとのタカネスターの主要特性

地　域	特　性	タカネスター	セシリア
九州・四国	絹糸抽出期（月/日）	6/28	6/30
	乾物総重（kg/a）	177.7（108）a	165.3（100）b
	乾雌穂重割合（%）	47.6b	50.2a
	倒伏個体率（%）	15.2a	13.1a
	ごま葉枯病発病程度	2.4a	5.3b
関東・東山	絹糸抽出期（月/日）	7/18	7/19
	乾物総重（kg/a）	188.7（103）a	183.3（100）b
	乾雌穂重割合（%）	46.0b	50.3a
	倒伏個体率（%）	10.4a	12.6a
	ごま葉枯病発病程度	1.9a	3.5b
東　北	絹糸抽出期（月/日）	7/31	8/1
	乾物総重（kg/a）	200.4（102）a	196.1（100）a
	乾雌穂重割合（%）	51.2b	55.1a
	倒伏個体率（%）	10.5a	14.9a
	ごま葉枯病発病程度	1.6a	2.9b
全　体	すす紋病発病程度	2.1a	2.5b
	黒穂病発病個体率（%）	4.1b	1.0a

注　異文字間に5%水準で有意差あり
倒伏および病害は発生が見られた試験での平均
九州・四国：3か所9試験，関東・東山：7か所16試験，東北：9か所22試験
倒伏個体率は倒伏と折損の合計値
発病程度は1：無～9：甚
すす紋病発病程度は9か所15試験の平均。黒穂病発病個体率は8か所16試験の平均

第2表　TDN含量およびTDN収量の推定値

品種・系統	茎葉TDN含量（%）	ホールクロップTDN含量（%）	TDN収量（kg/a）
タカネスター	48.9a	66.8a	126.1（105）a
セシリア	45.8b	65.8ab	120.6（100）b
ナスホマレ	49.2a	63.9b	—

注　異文字間に5%水準で有意差あり
茎葉は近赤外分析値から，雌穂は子実重割合から推定
茎葉TDN含量とホールクロップTDN含量は，育成地の4か年平均
TDN収量は，関東・東山の7か所16試験の平均

第1図　タカネスターの雌穂

第2図　タカネスターの草姿

量は‘セシリア’‘ナスホマレ’よりも高い品種である。

利用形態　黄熟期に収穫してホールクロップサイレージに調製して泌乳牛に給与するのが一般的である。

(3) 適地と導入にあたっての留意点

適地は東北から九州までである。ただし，十分な能力を発揮させるため晩播は避けるのが望ましい。また，暖地で行なわれている二期作（夏まき）には，南方さび病抵抗性が強くないので適さない。

(4) 特性を引き出す栽培のポイント

最適な栽植密度は，‘セシリア’など他の一般品種と同様に，650～750本/a程度である。施肥，雑草管理などの栽培管理は一般の飼料用トウモロコシに準じて行なう。

(5) 利用上の注意点

他のトウモロコシ品種と同様に，糊熟期～完熟期であれば一定の品質のサイレージ調製が可能であるが，トウモロコシは一般に収穫時の乾物率が25～35％が適正であることから，黄熟期刈りを推奨する。

執筆　佐藤　尚（(独) 農業・食品産業技術総合研究機構畜産草地研究所）

2005年記

ソルガム

学名　*Sorghum bicolr* Moench
英名　sorghum

(1) 作物としての特性

アフリカのスーダン地域原産のC_4植物で，オオムギに次ぐ世界で5番目の生産量の穀実作物である。高温・干ばつに対する耐性が強く，トウモロコシの栽培に適さない半乾燥地や亜熱帯域においても低コストで穀実を生産できる。濃厚飼料原料として，またホールクロップサイレージ用作物として世界的に広く利用されている。飼料として利用されるソルガムの仲間にはソルガム（*Sorghum bicolr* Moench）のほかに，スーダングラス（*Sorghum sudanense*（Piper）Stapf）と両者の一代雑種（スーダン型ソルガム）がある。

発芽の下限温度は9～10℃，生育の下限温度は12℃程度であるが，15℃以下での発芽・生育速度はきわめて緩慢である。生育速度は，26℃までは高温ほど速くなるが，34℃を超えると低下し始める。ホールクロップの乾物収量は，乳熟期を100とすると，糊熟期が120～130程度，完熟期が130～140程度となる。再生力はきわめて強く，出穂期～完熟期までの刈取りで再生利用が可能である。干ばつには強いが，耐湿性は弱い。

(2) 飼料価値と利用のねらい

飼料価値　栄養価は品種や生育ステージによって大きく異なる。このため，トウモロコシのように飼料成分表から簡易に栄養価を把握することは難しい。茎葉の消化率は生育に伴い低下するので，一般的にTDN含量は遅刈りほど低くなるが，子実割合が高い品種では低下の程度が小さい。TDN含量は品種により65～45%まで異なる。一般にTDN含量の低い品種ほど乾物収量は高い。

利用形態　青刈り利用には，分げつ数が多く再生力が強いスーダングラスやスーダン型ソルガムを用いる。乾草やロールベールサイレージには，茎の細いスーダングラスを用いるが，乾きにくいのでモアコンを使用するほうがよい。また，茎の太いソルガムでも，‘葉月’などの高消化性遺伝子をもった品種は，密植して茎を細く仕上げることにより，ロールベールサイレージに調製することができる。細断サイレージ利用にはソルガムやスーダン型ソルガムが適する。いずれも糊熟期以降にダイレクトカットで調製するのが一般的である。

(3) 適地と導入法

適地　低温伸長性に劣るため，北海道～北東北での作付けには適さない。南東北以南では安定した収量が期待でき，特に温暖な西日本では，トウモロコシよりも確実に多収が得られる。肥沃で排水のよい圃場でないと本来の能力が発揮できない。

作期と作付け体系　播種期の早限は平均気温15℃の時期で，トウモロコシよりも3週間程度遅い。秋期の生育は平均気温が12℃まで低下すると停止する。トウモロコシよりも品種の早晩性の差が大きく，再生利用も可能なので，作付け体系の柔軟性は大きい。ソルガム（スーダン型ソルガム）の糊熟期1回刈りや，スーダングラスの出穂期2～3回刈りに冬作を組み合わせた二毛作が一般的であるが，年平均気温が15℃以上あれば，ソルガムの糊熟期2回刈りも可能である。

品種の特徴　穀実生産用のグレインソルガム，粗飼料生産用のフォレージソルガム，糖生産用のスイートソルガム（砂糖モロコシ）および工芸用のブルームコーン（箒モロコシ）に分けられ，飼料として利用されるのは前者の2つである。わが国では，グレインソルガムを子実型ソルガム，フォレージソルガムをソルゴー型ソルガム，両者の中間タイプを兼用型ソルガムと呼んでいる。ソルガムは遺伝変異が大きく，利用特性だけでなく日長や温度への感応性も品種により大きく異なる。全品種のうち約3分の2は日長や温度への感応性が弱く，これらはトウモロコシの春まき用品種と同様に，播種期や栽培地が異なってもほぼ一定の有効積算気温で出穂・登熟す

第1図　ソルガム

るが，他の3分の1の品種は日長や温度に対する多様な感応性をもち，高温で極端に晩生化したり，播種期にかかわらず秋期の一定時期に出穂するなど，他の作物ではみられない特異な出穂特性を示す。

(4) 栽培のポイント

品種による特性の違いがきわめて大きいので，想定する作付け体系や利用形態に適した品種を選定することが最も重要である。一般的には耐湿性が強いと認識されているが，これは誤りである。排水不良地で多収が期待できる作物ではないので，トウモロコシと同様に十分な排水対策が不可欠である。一般的な畑雑草よりも生育適温が高いので，気温が15℃に達する前に播種すると雑草害を受けやすい。最適栽植密度は，早生で3万本/10a程度，中生で2〜2.5万本/10a程度，晩生〜極晩生で1.5〜2.0万本程度である。トウモロコシと比べて定着率が低いので，播種粒数は，想定密度の1.5倍程度にする。乾物収量や飼料成分は栽植密度が多少変動しても大きな影響を受けないが，上記の栽植密度を超えた密植を行なうと，耐倒伏性は確実に低下する。

(5) 利用上の注意点

生草給与の場合は，草丈が1mを超えないと青酸中毒の危険性がある。また，ソルガム類は一般的に硝酸態窒素含量が高い。特に堆厩肥を多量に施用した圃場では容易に危険水準の0.2%を超える。多肥栽培となった場合は，飼料分析を行ない硝酸態窒素含量を把握したうえで，給与メニューを決定したほうがよい。

執筆　魚住　順（(独) 農業・生物系特定産業技術研究機構東北農業研究センター）

2005年記

イ　ネ

学名　*Oryza sativa* L.
英名　rice

(1) 作物としての特性

アジアのインド付近が原産とされるC_3植物である。コムギと並ぶ世界二大穀実作物であるが，余剰水田に悩む日本と韓国では飼料としても利用されるようになってきた。発芽の最低温度は10～13℃，最適温度は30～35℃であり，C_3植物としては高温を好む。再生力があり，九州ではホールクロップサイレージ用の2回刈り栽培が可能である。ホールクロップの乾物収量は，乳熟期を100とすると，糊熟期が120程度，黄熟期が125程度，完熟期が130程度となる。

(2) 飼料価値と利用のねらい

ホールクロップのTDN含量は乳熟期が48～50％程度，糊熟期が52～55％程度，黄熟期が53～56％程度，完熟期が54～57％程度であるが，完熟期以降は収穫時の脱粒が増加するうえ，不消化籾の糞への排出率も高まるため黄熟期刈りが最適とされている。飼料イネ専用収穫機を用いてダイレクトカットでロールベールサイレージに調製するのが一般的である。畜産用収穫機の乗入れが可能な地耐力のある大面積圃場では，糊熟期前に刈り払い，予乾してロールベールサイレージに調製することもできる。茎が中空で空気を多く含むうえ，天然に付着する乳酸菌が少ないので，発酵品質のよいサイレージは得にくいが，嗜好性はきわめてよい。

(3) 適地と導入法

適地　食用品種を用いれば，北海道～九州まで作付けできるが，飼料専用品種については，北海道～北東北向けのものがまだ育されていない（2004年現在）。低コスト生産には，専用品種の導入が望ましい。

作期と作付け体系　食用米との労力競合を避けるため，西日本では食用米の収穫後に，北日本では食用米の収穫前に収穫するのが一般的になっている。しかし，北日本におけるこの作付け体系は，登熟不足による収量低下や品質低下の大きな要因となっている。関東以南の温暖地～暖地では，冬作にムギ類やイタリアンライグラスを導入した二毛作が可能である。また，九州や四国では1回目を出穂期～穂揃期に収穫し，再生草を糊熟期～黄熟期に収穫する2回刈り栽培も可能である。

品種の特徴　2004年度までに南東北～九州に適応する第1表のような飼料専用品種が育成されており，これらは，初期生育，病虫害耐性，乾物生産能などが食用品種より優れている。なお，北海道～北東北向けの品種についても，現在東北農業研究センターと北海道農業研究センターで育成中である。第1表の飼料イネ品種のうち，‘クサユタカ’を除く6品種は，2005年現在，日本草地畜産協会が種子の増殖，配布を行なっている。

(4) 栽培のポイント

稲作農家の生産技術と所有機械で栽培できることが最大の利点であるが，所得の確保には，

第1表　飼料イネ専用品種の特性

品種名	早晩性	草　型	耐倒伏性	いもち病	白葉枯病	縞葉枯病	適応地域
クサユタカ	早　生	極穂重	強	中	やや弱	罹病性	南東北以南
ホシアオバ	中　生	極穂重	やや強	強	中	抵抗性	南東北以南
クサホナミ	晩　生	極穂重	強	強	やや強	抵抗性	関東以南
クサノホシ	極晩生	極穂重	やや強	強	強	抵抗性	関東以南の平坦地
はまさり	極晩生	極穂数	強	強	強	抵抗性	関東以南の平坦地
夢あおば	早　生	穂　重	極　強	強	強	抵抗性	南東北，北陸，関東
ニシアオバ	晩　生	穂　重	中	中	やや弱	罹病性	九州

第1図　イネ（収穫風景）

直播栽培技術をはじめとする省力・低コスト化技術の導入が不可欠である。

直播栽培の播種適期は，湛水直播では平均気温15℃となる時期，乾田直播では平均気温12～13℃となる時期である。いずれの場合も安定した発芽・苗立ちの確保が失敗しないための必要条件であり，そのためには，湛水直播では種籾の塩水選・消毒の徹底，圃場の均平化，播種時の土壌硬度の適切化などを心がけ，乾田直播では排水対策や地下灌漑などによる適正な土壌水分の保持などを心がけることが重要である。

移植栽培の低コスト化技術としては，育苗期間を短縮した乳苗利用，育苗～移植を一貫して省力化できるロングマット水耕育苗，粗植栽培による必要苗の低減化などの技術が開発されている。

(5) 利用上の注意点

飼料イネサイレージの品質は乳酸菌の添加により確実に改善できる。また，尿素を添加して品質を保持する技術も確立されている。いずれの場合も添加システムが市販されている。きちんと調製された飼料イネは牛の食い込みがきわめてよいが，TDN含量は輸入のチモシー乾草や開花期のイタリアンライグラスサイレージ並であることを理解し，過剰給与とならないよう気をつける必要がある。また，冷害などで不稔となったイネは，茎葉に栄養分を蓄積しており，稲わらの代替として繁殖牛に給与すると，栄養過多により障害をまねくことがある。

執筆　魚住　順（(独) 農業・生物系特定産業技術研究機構東北農業研究センター）

2005年記

栽 培 ヒ エ

学名　*Echinochloa utilis* Ohwi et Yabuno
英名　Japanese barnyard millet

(1) 作物としての特性

東アジア原産の一年生のC_4植物で，稲作開始前から穀実作物として栽培されていた。茎葉の生産性に優れることから，近代畜産の進展とともに粗飼料として利用されるようになった。初期生育が早く低温伸長性に優れる。耐湿性が強く，発芽後は湛水栽培も可能である。また，土壌酸度に対する適応範囲が広く，病虫害の心配もほとんどないなど，不良環境への対応性が高い。再生するが，早生品種は再生力が弱い。乾物収量は，出穂期から糊熟期までの間に1.4～1.5倍になる。

(2) 飼料価値と利用のねらい

飼料価値　TDN含量は出穂期が55%，糊熟期が50%程度，乾物率は出穂期が20%程度，乳熟期が22～25%程度，糊熟期が24～27%程度である。糊熟期を超えると急激に嗜好性が低下する。予乾と密閉が適切であれば良質サイレージが調製できるが，可溶性糖含量が少ないため，不良発酵に陥りやすい。

利用形態　青刈り，乾草，ロールベールサイレージのいずれでも利用できるが，茎が太く水分が低下しにくいため，乾草利用の場合はモアコンの使用が望ましい。また，糊熟期になればダイレクトカットで細断サイレージに調製することもできる。

(3) 適地と導入法

適地　北海道～九州まで栽培可能である。耐湿性が強いので過湿転換畑に最適な作物である。

作期と作付け体系　中生～晩生品種は出穂期～乳熟期の2回刈り，早生品種は乳熟期～糊熟期の1回刈りが一般的である。栽培ヒエ単作では収量が低いので，イタリアンライグラスなどの冬作と組み合わせた二毛作が行なわれることが多い。

品種の特徴　2005年現在，早生～晩生の7品種が市販されている。関東地域で5月下旬に播種した場合の出穂所要日数は，早生品種が50日程度，中生品種が80日程度，晩生品種が90日程度である。早生品種は極短期で収穫できる利点があるが，草丈が低く多収は期待できない。また，再生力が弱いので多回刈りにも向かない。中生～晩生品種は，いずれも長稈で茎が太い。中生は寒冷地～温暖地向き，晩生は温暖地～暖地向きである。

(4) 栽培のポイント

発芽率が高く，初期生育も早い。また，病虫害もほとんど発生しないので，1.5～2kg/10a程度を散播し，よく鎮圧すれば栽培に失敗することはない。しかし，野生ヒエが混入しても判別できないうえ，その防除も不可能であるため，気づかない間に野生ヒエの蔓延をまねくことがある。

執筆　魚住　順（(独) 農業・生物系特定産業技術研究機構東北農業研究センター）

2005年記

ア　ワ

学名　*Setaria italica* Beauv.
英名　foxtail millet, barngrass, Italian millet

(1) 作物としての特性

東アジア原産の一年生のC_4植物で，エノコログサと同属である。ヒエとともにわが国で最も古くから栽培されてきた穀実作物のひとつである。茎葉生産性に優れるため粗飼料としても栽培される。初期生育はヒエよりやや遅い。発芽温度は最低5℃程度，最適30℃程度，最高45℃程度である。耐干性や低温伸長性に優れ，不良環境への対応性の高い作物であるが，耐湿性は弱い。また，再生力は弱く，ヒエのような多回刈りはできない。

(2) 飼料価値と利用のねらい

調製特性や，栄養特性はほとんど解明されていない。一般的に，出穂期頃に刈り取り，乾草やロールベールサイレージに調製されている。青刈りも可能であるが再生力が弱いので多回刈りはできない。

(3) 栽培のポイント

数品種が市販されているがいずれも早生で，関東地域で5月下旬に播種後すると50日程度で出穂する。ヒエと同様につくりやすい作物であるが，ヒエよりも分げつ数が少なく栽培期間も短いので，個体密度の不足は致命的である。播種後十分に鎮圧して，発芽・定着が不安定にならないように心がける必要がある。

第1図　ア　ワ
(勝田眞澄原図)

執筆　魚住　順（(独）農業・生物系特定産業技術研究機構東北農業研究センター）

2005年記

シコクビエ

学名　*Eleusine coracana*（L.）Gaertn.
英名　African millet

(1) 作物としての特性

オヒシバと同属の作物である。原産地は熱帯アフリカまたは熱帯アジアとされる。一年生のC_4植物でアフリカやインドの一部で食用穀実作物として栽培され，わが国にも在来品種が存在する。1970年代になって試験研究機関により新たに粗飼料としての利用が図られた作物である。発芽・初期生育は早いが，低温伸長性はヒエよりも劣る。再生力はヒエよりも強く，多回刈りができる。

(2) 飼料価値と利用のねらい

青刈りやサイレージに利用できるが，茎が乾きにくので乾草には適さない。TDN含量は出穂期で60%程度である

(3) 適地と導入法

栽培ヒエよりも低温伸長性が低く，関東以南でないと能力を発揮できない。四国〜九州の暖地では穂揃期〜乳熟期の3回刈り，関東〜中部の温暖地では穂揃期〜乳熟期の2回刈りが一般的である。シコクビエ単作では多収は望めないので，イタリアンライグラスなどの冬作と組み合わせた二毛作が一般的である。1品種が流通しているが，品種名が付されることなく「シコクビエ」の名で販売されている。その来歴は不詳である。

(4) 栽培のポイント

気温が15℃以上でないと安定した生育が期待できないので，早まき栽培や寒冷地での栽培には適さない。耐湿性は強く，一時的な湛水にはよく耐えるが，ヒエのような湛水栽培はできない。シコクビエの最大の欠点はイネヨトウが好んで食害することである。これは生長点を食害し，多発すると収量が著しく低下する。新葉の萎凋・枯死が目立つ場合は，一番草を早めに収穫し，直後にスミチオンを散布して，再生草の収量を確保したほうがよい。そのまま放置すると，一番草の収量が低下するだけでなく，再生力もほとんど失われる。

執筆　魚住　順（(独）農業・生物系特定産業技術研究機構東北農業研究センター）

2005年記

ダ　イ　ズ

学名　*Glycine max*（L.）Merr.
英名　soy bean

(1) 作物としての特性

東アジア原産のマメ科の一年生植物で，わが国で古くから栽培されてきた作物のひとつである。発芽の最低温度は4℃程度，最適温度は35℃程度である。高蛋白質粗飼料として利用されるが，収量性が低く飼料としての作付け面積は少ない。土壌条件には鈍感で土地を選ばない。直根を発達させるので干ばつには強いが，耐湿性は弱い。品種によっては再生するが，大半の品種は再生力がない。

第1図　ダイズ

(2) 飼料価値と利用のねらい

青刈り利用が主体である。予乾すればサイレージ化も可能であるが，添加物を加えないと品質のよいものは得られない。出蕾期～莢肥大期の間では，収穫時期とサイレージ品質の間に一定の関係はみられない。高蛋白質な粗飼料が得られるのがダイズの最大の利点であり，CP含量は，出蕾期が20%程度で，その後着莢期にかけて14%程度まで減少するが，莢肥大期には子実の充実により再び20%程度まで増加する。TDN含量の経時変化は未解明であるが，開花期で60%程度とされている。

(3) 栽培のポイント

飼料用に育成された品種はなく，品種の飼料適性の比較も行なわれていない。2005年現在，飼料用（青刈りダイズ）としては晩生で茎葉に富む‘黒千石’が流通している。ダイズ種子は，採取後1年経過すると発芽能力を失うので，古い種子を用いないようにする。青刈りダイズ用の登録除草剤はないので，4～5kg/10aの厚まきと中耕を組み合わせて雑草を防除する。

執筆　魚住　順（(独) 農業・生物系特定産業技術研究機構東北農業研究センター）

2005年記

エンバク

学名　*Avena sativa* L.（六倍体），*Avena strigosa* Schreb.（二倍体）
英名　oats

(1) 作物としての特性

ヨーロッパ原産のC_3植物で，穀実は加工用，食用，飼料用に利用される。茎葉の栄養価が高く，イタリアンライグラスに次ぐ重要な冬作用飼料作物として西日本を中心に広く栽培されている。生育の最低温度は4～5℃，最適温度は25℃程度である。耐湿性はムギ類のなかで最も強いが，イタリアンライグラスのように湛水に耐えるほどの強さはない。耐寒性や耐雪性は他のムギ類より弱い。コムギやオオムギのような春まき性と秋まき性の区別はない。ホールクロップの乾物収量は，出穂期を100とすると，乳熟期が150，糊熟期が160程度となる。

(2) 飼料価値と利用のねらい

1970年代までは，糊熟期頃にダイレクトカットで収穫し，細断してホールクロップサイレージに調製することが多かったが，ロールベーラが普及してからは，乳熟期頃に刈り払い，予乾してロールベールサイレージに調製することが多くなった。

TDN含量は出穂期が65％程度，乳熟期～糊熟期が57～60％程度，乾物率は出穂期が12～15％，乳熟期が22～24％，糊熟期が24～26％，である。

(3) 適地と導入法

北海道～九州まで栽培可能であるが，北東北以北では春まき栽培が一般的である。東北中部以南では秋まき栽培が行なわれ，播種適期は寒冷地では9月下旬，温暖地では10月中～下旬，暖地では11月上～中旬である。また，関東以南の温暖地～暖地では8月下旬～9月上旬に播種して降霜直前に収穫する夏まき栽培が可能である。

飼料用品種には，六倍体の*Avena sativa* L. と二倍体の*Avena strigosa* Schreb. があるが，流通品種の大半は*Avena sativa*である。2005年現在，約20品種が流通している。二倍体品種のほうが六倍体品種よりも耐病性が強いが，倒伏しやすくTDN含量が低い。

(4) 栽培のポイント

秋まき栽培では，早まきしすぎると年内に節間伸長し始め，越冬できずに枯死するので注意が必要である。

春まき栽培では播種期が遅れるほど収量が低下し，雑草害も増加するので，融雪後可能な限り早く播種するよう心がける。また，秋まきに比べて雑草害を受けやすいので，シロザ，ヒユ，タデなどの早春期に発芽する夏雑草が多い圃場での栽培は避けたほうがよい。

夏まき栽培では冠さび病抵抗性の強い品種を選定することが重要である。降霜すると枯死するが，すぐには栄養価は落ちないので，ある程度の期間は立毛貯蔵が可能である。

執筆　魚住　順（（独）農業・生物系特定産業技術研究機構東北農業研究センター）

2005年記

ライムギ（ライコムギ）

学名　*Secale cereale* L.（×Triticosecale Wittmack）
英名　rye（triticale）

（1）作物としての特性

南西アジア原産のC_3植物で，穀実は主に加工利用される。他のムギ類よりも耐寒性が強く，土壌への適応性も広いため，イタリアンライグラスやエンバクの作付けに適さない東北〜北関東地域の冬作用飼料作物として重要な役割を果たしてきたが，ロールベールサイレージへの適性が低いため，作付け面積は減少している。ライコムギは，ライムギの不良環境耐性とコムギ穀実の良食味をあわせもたせるため作出された属間雑種で，形態はコムギに近いものからオオムギに近いものまで変異が大きい。飼料用には稈が太く倒伏しにくいものが市販されている。

（2）飼料価値と利用のねらい

予乾してロールベールサイレージに調製するのが一般的であるが，稈が中空であるため，良品質のものは得にくい。また，栄養価，嗜好性ともにエンバクよりも劣る。生育の進行に伴う嗜好性の低下が大きいので，出穂期〜穂揃期が収穫適期となる。収量はエンバク並であるが，TDN含量はエンバクより低く，出穂期が65％程度，乳熟期〜糊熟期が54〜56％程度である。乾物率はエンバクよりやや高く，出穂期が14〜16％，乳熟期が25〜27％，糊熟期が27〜30％である。

（3）適地と導入法

エンバクの導入に適さない東北〜北関東が主な栽培地となる。エンバクやイタリアンライグラスの栽培が可能な地域では栽培のメリットは少ない。

ライコムギを含めて極早生〜晩生の10品程度が市販されている。耐寒性の強い秋まき性の強い品種が多いが，一部の品種は春まきが可能である。一般的にライコムギ品種のほうがライムギ品種より耐倒伏性が強い。

（4）栽培のポイント

秋まき栽培が一般的で，播種適期は寒地では10月上旬〜中旬，寒冷地では10月中旬〜10月下旬，温暖地では10月下旬〜11月上旬である。ライコムギはロールベール用原料草としてはイタリアンライグラスより劣るが，耐倒伏性はイタリアンライグラスより強い。この特性を利用して，イタリアンライグラス2kg/10aにライコムギを4kg/10a程度混播することにより，飼料価値を大きく低下させることなくイタリアンライグラスの倒伏を防ぐことができる。

（5）利用上の注意点

若刈りされるため，硝酸態窒素含量が高い場合が多い。堆厩肥を多量に施用した圃場では，飼料分析を行ない硝酸態窒素含量を把握したうえで，給与メニューを決定したほうがよい。

執筆　魚住　順（(独）農業・生物系特定産業技術研究機構東北農業研究センター）

2005年記

オオムギ

学名　*Hordeum vulgare* L.
英名　Barley

(1) 作物としての特性

起源は中近東とされるが詳細は未解明である。最も古い穀実作物のひとつで，日本でも紀元前から栽培されている。茎葉の生産性は劣るが，子実割合が高いので，ホールクロップサイレージ用作物としての栽培がみられる。生育の最低温度は3～4℃，最適温度は20℃程度である。耐寒性はライムギとエンバクの中間で，耐干性はあるが耐湿性は弱い。

(2) 飼料価値と利用のねらい

子実割合が高いので，糊熟期刈りでのTDN含量が他のムギ類より高い。乾物率は出穂期が18％程度，乳熟期が25％程度，糊熟期が28～30％で，糊熟期になれば予乾なしでサイレージ調製できる。TDN含量は出穂期から乳熟期にかけて67％程度から57％程度にいったん低下するが，子実の充実に伴い糊熟期にかけて58～60％まで増加する。

(3) 適地と導入法

東北南部～九州での秋作栽培が一般的である。耐湿性が弱いので排水良好な圃場でないと，多収は期待できない。

飼料用に育成された品種はなく，穀実用品種のうち，早生品種のいくつかが飼料用として流通している。エンバクやライムギよりも出穂が早いので，冬作を早く切り上げたい場合に有利である。現在飼料利用されている品種に関しては，夏まきや春まき栽培への適応性は低い。

(4) 栽培のポイント

東北南部などの寒冷地では10月上旬～10月中旬，関東～中国などの温暖地では10月中旬～11月上旬，九州などの暖地では11月上旬～中旬が播種適期である。排水が良好な圃場を用い，8kg/10a程度を散播し，よく鎮圧すれば栽培に失敗することはない。ただし，飼料用として流通している品種は，早生で草丈が低く，雑草との競合力が弱いものが多い。飼料用としての登録除草剤はないので，雑草が多い圃場での栽培は避けたほうがよい。

執筆　魚住　順（(独) 農業・生物系特定産業技術研究機構東北農業研究センター）

2005年記

飼料用カブ

学名　*Brassica rapa* L.
英名　turnip

(1) 作物としての特性

カブの起源はヨーロッパ～中央アジアとされ，冷涼な気象を好む作物である。土壌への適応性は広いが，乾燥や過湿に対する耐性は弱い。戦後の畜産振興とともに冬季の多汁質飼料として広く栽培されるようになった。1970年代までは1万ha以上栽培されていたが，収穫作業が多労であるため年々栽培面積が減少し，1998年には1,000haを下回り，その後は作付け面積の調査も行なわれなくなった。

(2) 飼料価値と利用のねらい

CP含量15%程度，NFE（可溶無窒素物）含量60%程度，TDN含量80%程度の高栄養，高嗜好性の飼料である。かつては産乳性を向上させるための補助飼料として利用されていたが，生産や給与に手間がかかり，長期保存もできないので，現在の畜産経営での利用価値は小さい。

(3) 栽培のポイント

2005年現在，飼料用として流通しているのは‘下総カブ’と‘改良丸紫カブ’の2品種のみである。冷涼気象を好むが，適切な時期に播種すれば暖地まで作付けできる。種子が小さいので砕土と整地はていねいに行なう必要がある。また，根部を十分に肥大させるには，排水良好で耕土が深く，保水力のある腐植の多い圃場が望ましい。暖地～温暖地では8月中旬～9月中旬に播種して11月～3月に逐次収穫する。寒地では7月上旬～8月上旬に播種して初霜前後の10月下旬～11月に一斉収穫し，貯蔵する。うね幅50～60cmの条播または点播が一般的である。

執筆　魚住　順（(独) 農業・生物系特定産業技術研究機構東北農業研究センター）

2005年記

飼料用ビート

学名　*Beta vulgaris crassa* Alef
英名　mangold

(1) 作物としての特性

地中海沿岸および西アジア原産で，冷涼気候を好む。気象への適応性は大きいが，土壌の酸性に弱く，乾燥や過湿に対する耐性も低い。1970年代までは，冬季の多汁質飼料として北海道を主体に2.5万ha程度栽培されていたが，機械収穫に適さないので，規模拡大の進展に伴い現在はほとんど栽培されなくなった。

(2) 飼料価値と利用のねらい

CP含量12%程度，NFE含量68%程度，TDN含量84%程度の高栄養，高嗜好性の飼料である。かつては産乳性を向上させるための補助飼料として重要な役割を果たしてきたが，収穫や給与に手間がかかり，長期保存もできないので，現在の大規模経営での利用価値は小さい。

(3) 栽培のポイント

2005年現在，飼料用ビートとして流通しているのは‘モノバール’1品種のみである。冷涼を好むが，暖地まで作付け可能である。土壌の酸性に弱く，pH6.5～7.0に矯正しないと良好な生育は得られない。また，根が深く耐湿性がないので，多収を得るには排水良好な圃場に十分な堆肥を投入し，深耕する必要がある。連作障害も出やすいので5年以上の間隔をとった輪作が必要である。直播栽培の作期は，暖地～温暖地では3月上旬～4月上旬播種，7月上旬～9月中旬収穫，寒地では4月下旬～5月中旬播種，10月下旬～11月上旬収穫が一般的である。移植栽培では，ビニールハウスで30～40日育苗後，上記播種期と同時期に移植する。

執筆　魚住　順（(独) 農業・生物系特定産業技術研究機構東北農業研究センター）

2005年記

かんしょ（サツマイモ）

学名　*Ipomoea batatas*（L.）Lam.
英名　sweet potato

（1）飼料価値と利用のねらい

茎葉は青刈り，サイレージに利用できる。いもは生か，蒸しいもで給与する。茎葉は高蛋白質でCP含量が10～15%程度あるが，NFEが少ないためTDN含量は55%程度にとどまる。いもはTDN含量が80%を超え，ビタミンAに富んでいるが，CP含量は5%程度と低い。飼料専用品種として，つる利用を目的とした‘ツルセンガン’が育成されたが，普及には至らなかった。現状では飼料利用を目的とした栽培はみられず，青果用や加工用サツマイモのくずいもや栽培残渣の利用が主体である。

（2）栽培のポイント

温暖な排水のよい乾燥地を好む。関東以南での温暖地に適し，主な栽培地は九州である。移植栽培が一般的であるが，切断いもの直播も可能である。吸肥力が強く，特にカリの施用効果が大きい。連作障害は生じない。

執筆　魚住　順（(独）農業・生物系特定産業技術研究機構東北農業研究センター）

2005年記

野　草　類

メ ヒ シ バ

学名　*Digitaria adscendens* Henr.
英名　large crab-grass

1.　飼料価値と利用のねらい

盛夏期のわが国の畑地における代表的な雑草の一つである。6月下旬，温度が上昇するとともに急速に生長し，7月下旬～8月上旬の高温時に最高の日生産量を示す。粗蛋白質の乾物含有率は，出穂前10～14%，出穂後6～8%であり，粗脂肪，可溶無窒素物，粗繊維，粗灰分も他のイネ科牧草と大差なく，家畜の嗜好性も良好なので粗飼料としての価値は高い。

わが国の畑地のいたるところに繁茂し，播種する必要がないので，最も手ぢかで省力的な盛夏期の粗飼料である。

2.　栽培利用のポイント

イタリアンライグラスまたは他の畑作物の跡地を耕起したままにしておくと，メヒシバが繁茂してくるので，それを利用する。秋にイタリアンライグラスまたは他の畑作物の播種につないでいくという作付体系もある。窒素によく反応するので，硫安を10 *a* 当たり15～25*kg*単用すると，他の植物をおさえて一面に生育，繁茂する。生育のよいときには7月中旬から8月下旬にかけて3回くらい刈取りができる。　　（佐藤）

ツ ル マ メ

学名　*Glycine soja* Sieb. et Zucc.
英名　wild soybean

1.　飼料価値と利用のねらい

夏，野原や荒れ地などに生育し，畑地にのびて雑草にもなるダイズに似た蔓性の一年草である。草丈は150～200*cm* になり，10 *a* 当たり 2.5～3.5 *t* の生草が得られる。

主要成分の組成は，乾物含有率で粗蛋白質約20%，粗脂肪約5%，可溶無窒素物35～40%，粗繊維25～30%，粗灰分約10%である。粗蛋白質の含量が多く，ミネラル，ビタミン類に富むので，トウモロコシ，ソルガム類と併用すると飼料価の均衡がとれる。

2.　栽培利用のポイント

5月下旬～6月中旬に播種，開花期となる8月中旬～9月上旬に収穫し，青刈給与またはサイレージとする。蔓が長く，巻きつけ性が強いので，トウモロコシ，ソルガム類などと混播することによって，立体的に空間をよく利用できる。種子の表面が粗で粒色が灰黒色ないし黒色ウズラの系統は，硬実をもっているので，播種前に砂ずりなどで硬実を消去することが必要である。北海道以外の地方では自家採種が可能である。

（佐藤）

ハ ギ 類

学名　*Lespedeza* spp.
英名　bush lespedeza

1.　飼料価値と利用のねらい

わが国の原野にふつうに分布するマメ科の落葉性低木である。種類も多く，数十種あるが，そのうち家畜の飼料として利用されるのは主としてヤマハギ，マルバハギ，キハギなどである。ハギ類は，土地改良効果があり土壌保全上にも活用できるので，牧野樹木として重要である。ハギ類の優勢な草地をハギ型草地といい，ヤマハギ，マルバハギなどがふつうでススキ，他の灌木類などを伴う。

主要成分の組成は，乾物含有率で粗蛋白質15～25%，粗脂肪2～8%，可溶無窒素物40～50%，粗繊維25～35%，粗灰分3～8%で，ミネラル，ビタミン類に富む。粗蛋白質含量は，開花前は多いが開花後に低下する。トウモロコシ，ソルガム類と併用すると飼料価のつりあいがよい。

2.　栽培利用のポイント

畑地に栽植されることはほとんどなく，山野に自生するか栽植したものを利用する。7月下旬ころ枝ごとに刈り取り，主として乾草にする。生草収量は10 *a* 当たり1～3.5 *t* である。毎年，春に火入れを行なって早春の萌芽を促す。自然植生を利用することが多いが，種子または挿し木による繁殖を行なうこともある。

（佐藤）

メドハギ

学名 *Lespedeza cuneata* G. DON
英名 sericea lespedeza

1. 飼料価値と利用のねらい

わが国の各地に広く自生し，道ばたや土手に多いマメ科の多年草である。太く深く伸びる強い根をもつので耐旱性にすぐれ，酸性土壌にもよく定着する。茎は硬く，直立または匍匐し，冬には枯れるが翌春地際から萌芽する。草丈は 60～80*cm* に達するが，匍匐型は地表をよくおおう。8～9月に開花する。

開花前の主要成分の組成は，乾物含有率で粗蛋白質12～22%，粗脂肪3～4%，可溶無窒素物40～50%，粗繊維20～30%，粗灰分5～7%である。嗜好性はやや劣るが，粗蛋白質含有率が高く，ミネラル，ビタミン類に富むので，トウモロコシ，ソルガム類と併用すると飼料価のつりあいがよくとれる。

生育には高温を要し，また耐寒性もやや劣るので，栽培適地は関東以西の温暖地である。野草地改良のための追播や，白クローバの夏枯れが著しい暖地での放牧・採草に利用できる。

2. 栽培利用のポイント

茎は早くから木質化し，タンニン含量を増すので，草丈 30*cm* くらいで刈り取って乾草にするか，放牧利用する。播種当年には1～2回，2年目以降は3～4回の刈取りが可能である。播種量は10*a* 当たり2～4*kg*，硬実が多く，播種前に砂ずりなどの硬実消去処理が必要である。自家採種が可能である。（佐藤）

カワラケツメイ

学名 *Cassia mimosoides* L.
英名 senna（カワラケツメイ母種とクサネム属 *Aeschynomene* を含む総称）

1. 飼料価値と利用のねらい

本州，四国，九州各地の原野や川原に広く自生するマメ科の一年草である。茎は直立し，20～30対の小葉からなる羽状複葉をつける。盛夏に盛んな生育を示し，草丈 50～120*cm*，生草 10*a* 当たり 2～3*t* 得られる。

主な成分組成は，乾物含有率で粗蛋白質約20%，粗脂肪約4%，可溶無窒素物約40%，粗繊維約30%，粗灰分約5%で，粗蛋白質含量は青刈タイズにやや劣るが家畜の嗜好性は良好である。

高温を好むので関東以西の温暖地が適地である。

2. 栽培利用のポイント

野草地に追播して草質改善に，牧草の夏枯れ時の粗飼料確保に，また新墾地の先駆作物として栽培し青刈りまたは緑肥用とすることもできる。10*a* 当たり播種量は条播で2*kg*，散播で4*kg*，播種期は終霜後5月末ごろまでである。硬実が多く，砂ずりなどの処理により発芽がそろう。自家採種が可能である。

（佐藤）

ヤハズソウ

学名 *Lespedeza striaat* HOOK. et ARN.
英名 common lespedeza

1. 飼料価値と利用のねらい

北海道から九州まで広く各地の原野，路傍に自生している。根はよく広がり，茎は地際から多数分枝して密な叢状になり地表をおおう。草高 30～40*cm* の下繁草なので，野草地において本草種のもつ耐旱性，地表被覆力，耐酸性を活かした利用が主になる。乾物中の粗蛋白質含有率は約20%で，ミネラル，ビタミン類に富むので，トウモロコシ，ソルガム類と併用すると飼料価のつりあいがよい。

生育に高温を要するので，適地は関東以西の暖地である。

2. 栽培利用のポイント

利用法としては，ムギ，トウモロコシ栽培の畦間利用，傾斜地で土壌侵食防止用をかねた放牧利用，牧草地での夏枯れ時の補給，野草地での漸進的改良のための追播などがある。

播種量は10*a* 当たり条播で1.5*kg*，散播で4*kg*，5月下旬～6月中旬に播種，8月中旬～9月上旬の開花期に収穫する。自家採種が可能である。（佐藤）

ススキ

学名 *Miscanthus sinensis* ANDERSS.
英名 Japanese plume-grass

ハチジョウススキ
学名 *Miscanthus sinensis* ANDERSS. var. *condensatus* MAKINO

1. 作物としての特性

わが国の気候・土壌条件によく適応し，北海道から沖縄までいたるところに自生している多年生イネ科草である。越冬芽は早春から生長を開始するが，出穂前の2か月間に急速に地上部乾物重が増加する。適度の刈取り，放牧または火入れなどで維持される自然草地での利用が多く，収量は10*a* 当たり0.8～1.0*t* である。

なお，本州中部の山間地では，ススキよりやや小型のカリヤスも，ススキと混植されて利用されることがある。また，常緑で草質の良好なハチジョウススキが伊豆諸島を中心に栽培されている。

2. 飼料価値と利用のねらい

飼料価値 主な成分の組成（乾物含有率）は，出穂前のもので，粗蛋白質7～12%，粗脂肪2～3%，可溶無窒素物30～40%，粗繊維30～35%，粗灰分7～8%で，栽培されるイネ科牧草に飼料価値は劣らないが，出穂期以降になると急に劣悪化する。

飼料としての位置づけ わが国の在来野草のなかでは最も嗜好性がよい草種の一つとされており，夏季の採草または放牧において飼料作物や牧草の代替として重要である。

利用形態 青刈給与と乾草（刈干し）利用が多いが，最近ではサイレージ利用も試みられている。

給与上の注意点 出穂期以降に刈りおくれると，飼料価値が劣り，家畜の嗜好性も悪くなるので，敷料以外はなるべく出穂前に刈り取る。

3. 適地と導入

適地 全国どこでも適するが，とくに火山の外輪山などススキの優占する原野，草地造成のむずかしい急傾斜地や堤塘，畦畔などの小規模の自然草地での利用が多い。

作期と作付体系 出穂期は7～10月だが，寒地・山間地ほど早く，温暖地ほどおそい。したがって寒地・山間地では8月上中旬まで，温帯地では9月中下旬までが刈取適期である。

品種の特徴と導入のねらい ススキにはとくに品種がない。ハチジョウススキではイマゾウ，ヨレバ（ヨレハ），ハバヒロ，ミヤケ，ボウコウなどがある。

混播草種 カリヤスおよびハギ類はススキに比べて葉質が軟らかく，粗蛋白質含量が高いので，ススキ草地に人工播種または植付けを行なうことがある。

4. 栽培のポイント

穂ばらみ期の刈取利用は多収で，飼料価値が高く，嗜好性も良好であるが，ススキ自体の再生にも大きな損傷を与える。したがって草勢の状況をみて隔年利用に切りかえることが必要である。刈取りを行なわない年の翌春には，火入れをしてススキ草地を維持する。

三要素を10 *a* 当たり5 *kg*施すことにより，無施肥の約3倍の乾物収量が得られ，再生草も利用できる。このばあいの刈取りは，1回目を節間伸長前に，2回目を穂ばらみ期に行なうのが収量，飼料価値の点で最適だが，草勢の維持にはいっそうの注意を必要とする。

5. 利用上の注意点

サイレージにするばあいはトウモロコシに準じてよいが，ふすまやぬか類を添加してやると良質サイレージができる。また，詰込密度を向上させ，開封後の二次発酵を防ぐためには，切断して埋草するほうが安全である。（佐藤）

第1表 ススキの地域による作期

地域区分	播種期	収穫期（月旬）	主な対象地域
寒冷地 山間地	自然植生	7中～8中下	北海道，東北，その他の地域の山間地
温暖地	自然植生	8中～9中下	関東以西の各地
	（ハチジョウススキ）5年に一度春に株分け	通年刈取り	伊豆諸島と太平洋岸の温暖地

第2表 ハチジョウススキの品種

主な品種	適応地域	主な特徴
イマゾウ	伊豆諸島と太平洋岸温暖地	春先の萌芽早い，草質柔らかい，肥沃地に適し多収
ヨレバ（ヨレハ）	〃	イマゾウより葉幅狭く，ややよじれる。霜に強く冬季の生育良好
ハバヒロ	〃	茎密生し株元込みやすい。葉幅広くやや粗剛
ミヤケ	〃	春先の萌芽早い
ボウコウ	〃	葉幅狭く草丈低い。萌芽力大で山地の切替畑に適する

マルバヤハズソウ

学名 *Lespedeza stipulacea* MAXIM.
英名 Korean lespedeza

1. 飼料価値と利用のねらい

わが国の本州から九州まで各地に自生しているマメ科の一年草である。形状や特性はヤハズソウとよく似ており，密な叢状を示す下繁草である。小葉は円形または倒卵形でヤハズソウより幅広い。粗蛋白質および粗脂肪含量が多く，ミネラル，ビタミン類に富むので，トウモロコシ，ソルガム類と併用すると飼料価のつりあいがよい。

生育適温はヤハズソウより低く，盛夏時に発生するシラキヌ病に弱いので，適地は東北，関東，温暖地では夏の暑さのはなはだしくない地域に限られる。

2. 栽培利用のポイント

ヤハズソウと同様である。（佐藤）

執筆 佐藤信之助（草地試）

1979年記

飼料資源の
有 効 活 用

食品残渣の飼料化の現状と展望

1. 食品残渣の飼料利用形態

2006（平成18）年4月現在の時点で，国内の数十か所で食品残渣からの飼料生産およびその肉豚への給与が行なわれていると考えられる。筆者が見聞した範囲内で飼料生産と利用の形態を整理すると，以下のようになる。

1）自治体が，地域の食品残渣資源の量，排出元における異物分別の意思確認を行なって素材の収集先を決定し，市の公社組織で素材を収集。乾燥飼料の製造は企業が行ない，生産された飼料は飼料配合メーカーの農場で利用されている。

2）自治体が，地域の食品残渣の量，排出元における異物分別状況を調査すると同時に，食品残渣から乾燥飼料を試験的に製造し，品質の調査と養豚農家での飼養試験を実施して，有用性を確認。現在はその実績のうえに廃棄物処理業者が生産した乾燥飼料を横浜市内の13養豚場で利用し，生産された豚肉は「はまポーク」の愛称で市民に親しまれている。

3）廃棄物処理業者が，収集する素材の中から飼料利用に適する素材を混合して乾燥し，製品を地域の養豚農場に相対取引で供給している事例が全国各所にみられる。飼料製造業と養豚農家の信頼関係が基礎としてあり，製造業者は定時定量の供給と品質安定性の維持に努力している。

4）廃棄物処理業者が，特定の食品残渣（パンくず，菓子くず）や食品製造副産物（ビールかすなど）を乾燥し，単体乾燥飼料を製造して，それを飼料メーカーあるいは畜産農家に供給している。

5）養豚農家が，自身で食品残渣を収集し，それを乾燥したりあるいは煮沸処理して自家の肥育豚に給与している。

6）大規模な養豚農場でリキッドフィーディングの施設を整備し，牛乳，パンくずなどの食品残渣および配合飼料を混合し，給餌機にパイプ圧送してリキッド飼料を給与している。

7）食品製造業者が，規格外の廃棄食品，原料を乾燥し，それを地域内の養豚農家に供給している。

8）コンビニエンスストアーやスーパーマーケットあるいはデパートが，食品製造・流通工程から排出される調理くず，売れ残り食品などを素材として乾燥飼料，ペースト状飼料を調製し地域内外の養豚農家に供給している。

2. 食品残渣の飼料利用の課題

2000（平成12）年の食品リサイクル法の制定以降，上記したような形態の食品残渣飼料化・利用の事業が全国的に展開されるようになってきた。これをさらに拡大し，飼料自給率向上，環境負荷低減への貢献を推し進めるためには，以下のことがらについての検討および問題の解決が必要であろう。

1）地域ネットワークの構築

2）飼料価格

3）飼料製造のハードウエアー（乾燥化と液状飼料化）

4）飼料製造のソフトウエアー（素材の混合，栄養価，高品質豚肉生産）

である。本稿ではまず，「地域ネットワーク」，「飼料価格」，「ハードウエアー」の社会科学的な要件について，次いで「ソフトウエアー」について記述する。

3. 地域ネットワークの構築

年間約600万tの養豚用配合飼料の主原料は，トウモロコシが55.8%，コウリャン（マイロ）が8.4%，大豆かすが15.1%（2003（平成15）年）

と，グローバリゼーションのなかでの国際的環境からの供給である。一方，この項の主材である食品残渣の飼料利用はローカリゼーション（地域主義）の主張となる。廃棄物としてではなく，循環資源として食品残渣を位置づけ，地域の活性化に貢献する社会システムの一環として事業が起こされるべきであろう。そのための要件を経験論をおりまぜながら整理する。

1）地域主義の拠点の一つとして市役所などの自治体があるが，ここは事業展開の最初の関門でもある。横浜市，札幌市のように自治体自らがこの事業を発案するといったケースもあるが，全国的にみた場合，新事業の企画を受け止めるという形が多いと考えられる。食品残渣の飼料化案件に対する感性（積極性）には自治体間の温度差が大きい。しかし，食品残渣などの廃棄物処理に要する施設・経費が行政の問題として重要であることの認識には差がないはずである。飼料化，堆肥化，バイオガス化，焼却の処理を中長期的な視点から評価する組織と人材の育成が待たれる。

2）横浜市のブランド豚肉，「はまポーク」の確立には多くの人たちがかかわりをもった。上記したように発案は市であり，市の協議会には養豚業者，廃棄物処理業者，獣医師，県の畜産技術者，大学教員，環境シンクタンク，消費者代表，環境コンサルタントが加わり，さらにその外延には食肉センター，料理店関係者も参加し，生産―流通―消費の流れの促進が図られた。地域主義の確立のためには，異業種から構成される半ば，ボランティア的なネットワークの構築が必要であろう。

3）食品残渣（特に乾燥飼料）の飼料利用を拡大するという面での最も魅力的な姿は，市販養豚用配合飼料の原料としての利用である。しかし，現在の配合飼料は原料と製品の栄養素含量，原料価格，安全性が厳密に管理された条件下に生産が行なわれている。けれども，後述するように，食品残渣飼料のすべてが原料の候補としての資格をもつかというと，必ずしもそうではない。一方，今後の養豚業の趨勢をみた場合，大規模化が一層推進され，大規模農家からの配合飼料メーカーへの委託配合の要請も増加することが考えられる。大規模農家側が，飼料費低減化のために，地域の事業体が製造した食品残渣乾燥飼料の利用を要請する場合もあろう。その場面は「地域のストックポイントに複数の食品残渣飼料が集積され，その性質に見合った，あるいは豚の要求量に見合った量が配合飼料に混合され，養豚農家に供給される」のが理想的な形であろう。給与方法，混合品の維持・管理について両者が協力し，同時に問題が生じた場合の措置方法についても協議しておくことが大切である。

4. 食品残渣からの飼料製造方法

現在，食品残渣から調製される飼料の主体は，1）リキッド飼料，2）ペースト状飼料，3）乾燥飼料の3つである。

リキッド飼料方式では，養豚農家の施設としてリキッドフィーディングシステム（調製と飼槽までの搬送）が整備される。利用される素材は牛乳，パンくず，ジュース，麺，パン生地，トマト，粉類等々であり，これに水と配合飼料が混合される。

ペースト状飼料は，飼料製造施設として素材投入ホッパー，ベルトコンベアー，タンク，加熱殺菌装置，発酵・貯蔵タンク，製品輸送用タンクローリーを設備として持ち，調理くず，野菜，果物，ケーキ，パン，麺類，米飯，菓子くず等々を原料としてペースト状の乳酸発酵飼料が製造される。

乾燥飼料の製造には種々の方法があるが，水分含量が10%前後の乾燥製品が調製され，トランスバック（フレコンバック）に貯蔵される。乾燥飼料製造の課題は，乾燥エネルギーの選択とコストである。

その他，メタン発酵から生産されるメタンのエネルギー源としての利用，発泡スチロールの液化とその燃料としての利用，工場など廃熱の利用等々，近未来的には脱化石燃料化の方向が志向されるべきであり，そのためには地域ネットワークのなかで工学系など異業種分野の人たちへの働きかけが必要である。

5. 飼料価格と養豚経営

全国農林統計協会連合会が全国の養豚農家156戸に対して行なったアンケート（食品残渣利用の意向と要件）の結果では，「飼料としての要件を満たしていれば使う」「供給体制・サービス体制が整っていれば利用したい」と回答した農家数が90戸，全体の64.3%であった。一方，飼料価格を聞くと，この利用積極派の人たちの購入飼料価格の平均値は36.5円/kgであり，食品残渣飼料への要望価格は19.3円/kgであった。

2004（平成16）年度，肥育豚数が1,000～2,000頭の肥育農家における生産費に対する飼料費割合は62.9%と高い。期待日増体量が0.85kgで体重が70kgの場合，日本飼養標準では毎日3.07kgの風乾飼料の給与が推奨されている。これを基礎として500頭の肥育豚規模で計算すると，36.5円/kgの配合飼料を使用した場合と，配合飼料に19.3円/kgの食品残渣乾燥飼料を20%代替給与した場合を比較すると，年間の飼料費では約190万円近くの減額が食品残渣飼料の利用によってもたらされる。魅力的な数値である。

食品残渣乾燥飼料の実勢価格は地域や事業形態によって異なる。変動の幅は10～20円前半/kgと推定される。このなかには，採算ベースを度外視し，先行投資的かと思われるところもある。乾燥製品の事業所価格の差異は，地域の生ごみの処理経費の違いにも大きく左右される。食品残渣飼料の価格については，日本の養豚業の維持・発展の視点と飼料化事業の持続的な発展を図る視点の，両面への配慮が必要である。日本の経済の仕組みから考えた場合には当事者間の協議が価格設定の原則とはなるが，両者を仲介し，適正価格設定のためのアドバイザーも地域ネットワークのなかに不可欠である。

6. 食品残渣をどのように混合して肥育豚用の飼料をつくるか

（1）栄養要求量と食品残渣の化学組成

この問題を考えるための基礎資料として，日本飼養標準で推奨されている肥育豚の栄養素要求量と種々の食品残渣の化学組成を第1表と第2表に示した。要求量についての要点を整理すると，「エネルギー含量としては乾物中86%のTDNを含み，粗蛋白質は15～18%の含量が基本として必要。また，肥育の前期にはリジン・メチオニン含量，カルシウム・非フィチンリン・亜鉛・銅含量の高い素材の利用が必要」となる。市販の養豚用配合飼料は飼養標準の推奨値に近似する栄養素を含むと考えてよい。

一方，利用できる素材をみると，まず，素材の水分含量がそれぞれに大きく異なる。たとえ

第1表　豚の栄養素要求量—飼料乾物中の含量

体重（kg）	30 ～ 50	50 ～ 70	70 ～ 115
期待日増体量（kg）	0.78	0.85	0.85
粗蛋白質（%）	17.8	16.7	14.9
TDN	86	86	86
リジン（%）	0.98	0.83	0.64
メチオニン＋シスチン（%）	0.60	0.51	0.39
カルシウム（%）	0.69	0.63	0.57
非フィチンリン（%）	0.31	0.26	0.23
ナトリウム（%）	0.11	0.11	0.11
塩素（%）	0.09	0.09	0.09
亜鉛（ppm）	69	57	57
銅（ppm）	4.6	4.0	3.4
セレン（ppm）	0.17	0.17	0.11

第2表　食品のグループ別化学組成（水分以外は乾物中%）

	水分	粗蛋白質	粗脂肪	炭水化物	カルシウム	リン	リジン	メチオニン
野　菜	92.7	18.3	3.8	66.5	0.42	0.46	1.00	0.24
米　飯	60.0	6.3	0.8	92.8	0.05	0.09	0.63	0.43
パ　ン	38.0	15.0	7.1	75.3	0.05	0.13	0.35	0.24
麺　類	68.3	13.1	2.0	83.6	0.03	0.10	0.58	0.44
魚　類	66.0	68.7	26.7	1.1	0.06	0.73	5.95	2.09
肉　類	64.3	61.4	34.6	0.6	0.01	0.53	4.87	1.53
大豆製品	63.8	41.9	41.3	12.0	0.57	0.60	2.92	0.66
おから	75.6	24.9	14.6	56.3	0.33	0.40	0.13	0.33

第3表　素材の混合例と調製した飼料の組成，栄養価

	飼料1	飼料2	飼料3
素材の混合比率（原物，%）			
米　飯	10.0	7.0	30.0
パンくず	5.0	5.0	22.0
麺　類	5.0	—	—
ライ麦ぬか	15.0	5.0	1.0
ビールかす	10.0	—	11.0
魚腸骨	10.0	13.0	5.0
大豆製品	10.0	—	—
おから	15.0	50.0	16.0
野菜くず	20.0	20.0	15.0
混合品の水分含量（%）	60	69	63
飼料組成・栄養価（乾物中%）			
粗蛋白質	21.4	25.9	19.5
粗脂肪	9.1	8.8	5.7
糖・デンプン・有機酸類	25.4	16.5	49.5
総繊維	38.5	43.2	21.4
カルシウム	0.39	0.52	0.20
全リン	0.28	0.30	0.19
非フィチンリン比率（%）	61.0	45.1	28.0
消化率（%）・栄養価（乾物中%）			
粗蛋白質消化率	72.0	77.0	77.1
粗脂肪消化率	84.7	87.3	87.9
総繊維消化率	45.7	68.2	60.7
TDN含量	68.4	73.6	84.8
アミノ酸組成（乾物中%）			
リジン	0.97	1.31	0.62
メチオニン＋シスチン	0.70	0.65	0.59
脂肪酸組成（脂肪酸中%）			
パルミチン酸	28.1	22.0	18.5
ステアリン酸	6.3	5.4	5.5
オレイン酸	36.1	33.9	31.7
リノール酸	13.5	22.8	28.9

ば野菜と麺類を比較すると，乾物率（100－水分含量）では7.3%と31.7%である。これを飼料製造の際に100kgずつ用いたとすると，乾物では7.3kgと31.7kgで24kgの差，粗蛋白質では1.3kgと4.2kgで2.9kgの差となる。飼料製造の際には最初に水分含量と乾物中の化学組成の両方を基礎として配合設計がなされねばならない。

それでは，第2表の種々の素材をどのような比率で混合した場合，どのような性質の飼料が実際にはつくられるのか。それを第3表に示した。いずれも乾燥飼料としての製品化である。

飼料1は種々の素材をほぼ均等に混合，飼料2はおからの配合量を多くした製品，飼料3は米飯やパンくずのデンプン質を多くした配合である。このなかでライ麦ぬかは食品残渣ではなく，ぬか（食品製造副産物）である。ライ麦パンを製造するパン製造店が購入したライ麦をその地域の製粉業者が製粉した際の廃棄物で，小麦ふすまのように大量生産されるものではないために，廃棄の対象となっていたものを筆者らの試験素材として用いたのである。こういった，一般には知られていない素材が隠れた資源として眠っているのである。

（2）配合例とその特徴

飼料1，2，3の性質をみてみよう。

飼料1　最も大きな特徴はTDN含量が低いことである。それは38.5%と多量に含まれる総繊維の消化率が低いことに起因する。総繊維消化率の低さは，ライ麦ぬかとビールかすの配合量が比較的多かったことにも起因する。しかし，ライ麦ぬか添加の効果は，全リンに対する消化率の高い非フィチンリンの比率が高いところに求められる（ライ麦ぬかに含まれるフィターゼの作用と推察）。魚腸骨・大豆製品・おからの10～15%の配合の結果，粗蛋白質含量は高く，リジンの含量は肥育初期の要求量に近似し，肥育中後期の要求量を満たしている。カルシウムの含量は肥育中期の要求量の62%と低い値であったが，他の飼料でも同じようにどの生育期の要求量にも満たない値であった。

飼料2　粗蛋白質の含量が要求量の145～174%と過剰な値になっているが，これはおからと魚腸骨の配合量が60%以上と高いことによる。リジン含量も高い値を示すがこれも粗蛋白質含量が高いのと同じ理由からであろう。飼料乾物中の総繊維含量が高く，糖・デンプン・有機酸類含量が低いにもかかわらず飼料1よりもTDN含量が高いのは総繊維消化率が68.2%と高いためであり，その理由は野菜くずとおからの総繊維消化率の高さに求められる。

飼料3　米飯・パンくずなどのデンプン質素材が多く，その消化率は100%に近いことから，飼料乾物中のTDN含量が高く，肥育豚の要求量に

近似する値を示した。しかし，動物質蛋白質が少ないためにリジン含量が低く，カルシウムや非フィチンリンの含量も低い。一方，脂肪の含量が低いところから，軟脂発生のリスクはない飼料と判断される。

(3) 配合するときの留意点

3つの飼料の配合割合と製品の化学組成・栄養価から考えねばならないことを，エネルギーと蛋白質の側面から整理すると次のようになる。

1) 飼料のエネルギー含量を高める手法としては，デンプン質素材の比率を高めることが必要である。エネルギー含量に関しては魚腸骨やおからなどの大豆製品の混合量を高めて脂肪の含量を多くすることも手法の一つではあるが，その場合には軟脂豚発生のリスクを考えねばならない。

2) 飼料の粗蛋白質含量を過剰にすることなく，リジンやメチオニンなどの必須アミノ酸含量を要求量に近づけるためには，植物性蛋白質と動物性蛋白質の配合比率に留意せねばならない。

以上の点に留意しながら，同時に，「食品残渣飼料の製造にあたっては，種々の素材が混合された厨芥混合物を利用せねばならない場面が多かろう」という要件をも考慮しながら，筆者らは第4表に示す3つの飼料（飼料4，5，6）を調製した。飼料の形状は乾燥飼料である。

第4表　厨芥混合物を用いた場合の飼料組成とそのロット間の変動

	飼料 4	飼料 5	飼料 6
素材の混合比率（原物%）			
米飯類	20	20	20
パンくず	30	30	30
野菜くず	10	10	10
ふすま	5～10	5～10	5～10
厨芥混合物	弁当　30～35	レストラン残渣 30～35	スーパーマーケット残渣　30～35
飼料組成（乾物中%，4ロットの変動）			
粗蛋白質			
平均値	15.0	17.1	22.4
最小値／最大値	14.3/15.4	16.6/17.5	21.0/24.8
標準偏差	0.5	0.5	1.7
粗脂肪			
平均値	5.7	7.6	12.8
最小値／最大値	5.4/6.6	6.1/9.3	10.9/16.0
標準偏差	0.6	1.5	2.2
飼料組成・栄養価（4ロット平均値，乾物中%）			
リジン	0.43	0.52	0.98
メチオニン＋シスチン	0.51	0.51	0.73
糖・デンプン・有機酸類	63.1	60.0	52.0
総繊維	13.4	12.8	11.0
TDN	92.4	95.9	98.6

注　**弁当**：弁当，おにぎり，炊込みご飯，天かす・タレ，混ぜご飯
レストラン残渣：トリがら，唐揚げ，麻婆豆腐，惣菜，きのこ，弁当，野菜煮，野菜くず，中華丼，野菜ミンチ，コロッケ，豆
スーパーマーケット残渣：豚肉，牛肉，鶏肉，魚，昆布

配合の考え方は，次のようになる。

1) デンプン質でエネルギーの供給を考え，野菜くずにミネラル，ビタミンの供給を期待し，水分調整剤およびフィターゼ活性付与の機能をふすまにもたせる。そして，デンプン質，野菜くず，ふすまの混合量を一定とする。

2) 蛋白質，必須アミノ酸，脂肪の付加を厨芥混合物に依存する。厨芥混合物の成分変動を上記主原料の緩衝機能内に封じ込めるために，その混合量を30～35%の範囲内にとどめる。

製品の特徴をみてみよう。

飼料4　TDN含量は肥育豚の要求量を満たし，脂肪の含量も比較的低い値であるところから，エネルギー的には肥育後期の飼料としての利用に適している。しかし，リジンやメチオニンは不足する。粗蛋白質と粗脂肪の飼料製造ロット間（4回のサンプリング）の変動は小さいが，これは厨芥混合物が米飯主体で，副食類が少なかったためと考えられる。

飼料5　エネルギーと蛋白質については飼料4と類似の性質を示すが，残渣構成素材が多様化

第5表　養豚農場で用いられている食品残渣乾燥飼料と市販配合飼料の比較の例

	飼料7	市販配合飼料
化学組成（乾物中%，ppm）		
粗蛋白質（%）	20.9	15.0
粗脂肪（%）	9.9	3.4
糖・デンプン・有機酸類（%）	59.2	53.6
総繊維（%）	3.7	15.6
リジン（%）	0.49	(0.83)
メチオニン＋シスチン（%）	0.36	(0.51)
カルシウム（%）	0.37	(0.63)
リン（%）	0.28	(0.26) ＊
ナトリウム（%）	0.70	(0.11)
塩素（%）	0.76	(0.09)
亜鉛（ppm）	19	(57)
銅（ppm）	2.8	(4.0)
セレン（ppm）	0.41	(0.17)
栄養価（乾物中%）		
TDN	92.9	86

注　（　）：体重が50～70kgの肥育豚の要求量（乾物中%）
＊非フィチンリン

しているために粗脂肪含量の変動が飼料4に比して大きくなっている。

飼料6　動物性蛋白質素材が多く，飼料中の粗蛋白質と粗脂肪の含量が高く，同時にそれらのロット間変動もかなり大きい。

7. 養豚農家は食品残渣乾燥飼料をどのように使っているか

前項でみたように，食品残渣飼料はデンプン質と厨芥混合物の比率，そして厨芥混合物の構成によって成分含量と成分のロット間変動が異なる。現在，食品残渣乾燥飼料は製造業者がこれらの点に配慮しながら，より高品質な，より安定的な製品を供給すべく努力している。

本項では一般廃棄物処理業者が生産した乾燥飼料（第5表）を養豚農家で利用している例を紹介しながら，課題などの考察を行なう。

第5表の「飼料7」を利用している養豚場のマネージャーの食品残渣飼料についての考え方をまず紹介する。

①使用している食品残渣

クッキー粉砕物に小麦粉を塗したもの，パスタ（粉砕物または生地），パンくず（ミミが主体），および食品残渣乾燥飼料（飼料7）である。

②食品残渣・食品残渣乾燥飼料の給与方法

クッキー，パンのミミ，パスタ生地は，デンプン含量が高いところから肥育の後期に主に用いている。

食品残渣乾燥飼料は粗蛋白質含量が高いところから，次の3つのステージで用いている。1）分娩舎での授乳期用として（母豚に離乳時の22日くらいまで），2）人工乳・後期用の補助として（体重が30kgくらいまでの子豚に），3）肥育前期に（体重が60kgくらいまで）給与する。

③食品残渣飼料の給与量

食品残渣飼料の場合，栄養素の低含量が問題となることがある。現在，20%程度の混合量（配合飼料への代替比率）に制限しているのはそのためである。これ以上の混合量では，ビタミン，ミネラルサプリメントが必要となる。そのような状況では必ずしもコストダウンにはならない。この，20%という代替率で飼料7を市販配合飼料に給与した場合の飼料給与診断を肥育豚の体重が50～70kgの範囲内で検討してみよう。

1）粗蛋白質とTDNの含量は要求量に対して105%と102%であり，蛋白質に関しては配合率はより高く設定することができる。

2）リジンの含量は要求量の92%となる。しかし，エネルギー含量が高いところから蛋白質の体内代謝はリジンを蛋白質の合成に向けると考えられ，増体への影響は少ないと考えられる。

3）カルシウム，亜鉛，銅の要求量に対する比率はそれぞれ，92%，87%，94%である。セレンは要求量の128%の値を持つ。

4）ナトリウムと塩素では要求量の207～248%と過剰であるが，十分量の水を与えることによって食塩中毒のリスクはないと考えられる。

8. よりよい飼料を製造するために

前項に示した飼料給与の例からは，飼養標準どおりの発育成績を得るためには，必須アミノ酸であるリジン，カルシウム・銅・亜鉛の補強が必要なことがわかる。食品残渣飼料を配合飼料に代替給与する場合には，両者の栄養素含量を調べ，要求量との対比から配合量を設定することが大切であるが，食品残渣素材100%からなる飼料を調製し，配合飼料と同等の成績を得るためにはどのような形で飼料をつくり，給与すればそれは可能なのか。

埼玉県の試験成績を紹介しよう。混合素材の工夫により，食品残渣飼料100%の給与で配合飼料給与の豚と変わりのないものがつくられるという例である（山井，2003)。

乾燥飼料の製造は発酵乾燥法で行なう。素材の混合比率は原物で，パンくずが24.5%，おからが13.2%，米飯類が5.7%，野菜くずが13.2%，魚のアラが7.5%，ふすまが22.6%，小麦くずが5.7%，戻し発酵飼料が7.5%とした。飼料の組成は粗蛋白質，粗脂肪の含量は市販配合飼料とほぼ同等であったが，リジン含量が肥育前期の要求量よりも不足した。肥育試験では体重が約59kgの豚12頭を用い，食品残渣乾燥飼料100%給与区に6頭，配合飼料給与区に6頭を配置し，体重110kgを終了時体重とした。試験期間中の平均飼料摂取量は，残渣区が2.97kg/日，配合飼料区が3.09kgであり，飼料要求率では3.29と3.33で両区の差は小さかった。

また，平均日増体量では残渣区が0.90kg，配合飼料区が0.93kgであった。枝肉の重量では残渣区が76.1kg，配合飼料区が78.1kgであり，残渣飼料を給与した豚肉は市販飼料のものよりも淡いピンク色を示し，脂肪色では白色度が高かった。肉の脂肪については軟脂の傾向はみられず，ドコサヘキサエン酸（DHA）やエイコサペンタエン酸（EPA）は配合飼料給与区に比べて食品残渣給与区が有意に高い値を示した。食味テストでは肉色に好みの違いが表われたが，香り，食感，味についてはまったく差がないという評価であった。

また，近年，パンくずなどの小麦由来食品残渣の給与で豚のロース芯に脂肪交雑が入り，高級感があり，味のよい豚肉生産を可能にする飼料給与技術が注目を浴びている。畜産草地研究所の勝俣昌也氏と熊本県農業研究センターの家入誠二氏は，この問題に対して，「パンくずを肥育豚用の飼料に用いると，結果的にいくつかのアミノ酸が不足することが予想され，このことが筋内脂肪含量増加の一因である」という仮説のもとに試験を実施した。その結果，ロースの筋内脂肪含量の増加はリジンを主体とするアミノ酸の不足によるところが大きいということがわかった（家入，2004；勝俣・家入，2005)。勝俣氏はその原因を生理栄養学的に解明すると同時に，実用的な見地から，「リジンの充足率が70%程度の飼料を肥育豚に給与すると，ロース芯の筋内脂肪含量を高めうることがわかってきた。(しかし，リジンは必須アミノ酸であるために，その不足は肥育期間を少しばかり長期化（110kg到達までに5日間）させる)。筋内脂肪含量と飼養成績はいわゆるトレードオフの関係になることを念頭に置く必要があります」と述べている（勝俣，2006)。課題を克服し新しい技術の確立を期待したい。

9. 品質管理

これからは，「この肉は，どのような飼い方で生産されたのか」が問われよう。その場合，食品残渣飼料については混合素材，排出元，飼料製造方法，給与量と給与方法，さらには衛生的な品質・組成に関する情報の開示ができるようにしておかなければならない。飼料製造業者は製品の細菌検査など，衛生的品質に関するデータを整備しておくことによって養豚農家の信頼を確保でき，製品の競争力もそれによって高まろう。

執筆　阿部　亮（日本大学）

2006年記

参考文献

阿部亮．2006．食品残渣の飼料化に関わる課題．食品残さ飼料化行動会議全国シンポジウム．畜産草地研究所資料．p.9―14．

(独）農業・生物系特定産業技術研究機構．日本飼養標準・豚（2005年版)．中央畜産会．東京．

勝俣昌也．2005．食品残さ給与による霜降り豚肉の生産の課題．食品残さの飼料利用の現状と展望―食品リサイクル法の目標達成に向けた技術開発—．畜産草地研究所資料．p. 51—56.
勝俣昌也．2006．低リジン飼料の給与による筋内脂肪含量の増加．ピッグジャーナル．**2**，38—40.
日本大学動物栄養科学研究室．平成13年度地域新生コンソーシアム研究開発事業「食品循環資源の大量・高度リサイクル技術の実用化技術開発」成果報告書.
山井英喜．2003．食品残渣の飼料化とリサイクル養豚—嫌気性発酵処理による食品残渣の養豚用飼料化—．養豚の友．**10**，38—41.

ミカンジュースかすの飼料化

1．ミカンジュースかす飼料化への道

和歌山県のミカン栽培は古くより盛んであったが，特に昭和30年代後半に始まった農業構造改善事業とともにその生産が飛躍的に増加し，ジュースや缶詰などへの加工も盛んになり，これに伴って廃棄物としてのミカンジュースかすが大量に生産されるようになった。

わが国のカンキツ類の生産高は平成4年度で222万tで，このうち和歌山県産が31万t（全国の14%）を占めている。この31万tのカンキツ類の約10%にあたる31,130tが県内3か所の食品工場でジュースに加工されている（第1表）。そして，この原料の約50%，15,000tのジュースかすが生産されている。

この大量に生産されるミカンジュースかすの畜産への利用，すなわちその飼料化が考えられ，和歌山県畜産試験場では昭和43年からその肥育牛への給与試験を開始した。最初に試みられたのは，生ミカンジュースかすの貯蔵・給与の試験であった。しかし，最初のころの生ミカンジュースかすは水分含有量が多く，貯蔵・給与をしてもいわば“労多くして益少なし”という結果であった。そこで，生ミカンジュースかすの乾燥化を考え，乾燥ミカンジュースかすの給与試験を行ない，いちおうの成果を得ることができた。さらにその後，ミカンジュースかすは製造工場における機械や生産工程の改善によって，従来のものよりも低水分になった。これを機に，家畜の健康保持と資源節約（乾燥工程における重油使用など）を目的として，再度生ミカンジュースかすの給与試験を行なった。

このような試験の経過と並行して，農家への普及技術としては，当初は乾燥ミカンジュースかすを単味で自家配合飼料の素材として活用することに重点がおかれた。しかし，その後は配合飼料の流通，給与が主流になり，これに伴って乾燥ミカンジュースかすは配合飼料の原材料として活用されるようになった。低水分生ミカンジュースかすは，給与試験では一定の成果は得られているものの，近年の労働力不足のもとで飼育農家で活用されるにはいたっていない。

2．ミカンジュースかすの飼料価値と利用

ミカンジュースかすの飼料組成，消化率などは第2表に示すとおりである。サイレージ化したものはもちろん，乾燥物も表のように粗飼料的特性が強いので，給与する場合は濃厚飼料として取り扱うのが適当である。また，豚への給与は消化率や嗜好性の点からみて得策ではない。

生のまま，あるいはサイレージとして給与することは，水分含有量が多いため労力や輸送の

第1表　カンキツ類生産動向の推移（単位：t）

		昭35年	昭45	昭55	昭60	平2	平4
全国	温州	893,600	2,552,000	2,892,000	2,491,000	1,653,000	1,683,000
	その他	177,500	389,900	703,200	710,300	560,300	534,300
	計	1,071,100	2,941,900	3,595,200	3,201,300	2,213,300	2,217,300
和歌山県	温州	122,600	280,700	316,100	296,700	203,300	224,700
	その他	47,800	90,100	156,600	144,400	93,300	85,700
	計	170,400	370,800	472,700	441,100	296,600	310,400

注　資料：平成4年度，和歌山県畜産試験場

第2表　ミカンジュースかすの飼料価値（単位：%）

		乾燥ミカンジュースかす（日本標準成分）			ミカンジュースかすサイレージ一般組成
		一般組成	消化率		
			牛	豚	
組成・消化率	水分	9.7	—	—	76.1
	粗蛋白質	6.1	53	44	2.2
	粗脂肪	1.5	65	71	0.5
	可溶性無窒物	66.6	88	80	16.4
	粗繊維	10.0	77	52	3.5
	粗灰分	6.1	—	—	0.9
	Ca	1.31	DCP：	DCP：	
	P	0.27	3.2	2.7	
	Mg	0.17	TDN：	TDN：	
	K	0.82	71.2	63.6	

注　資料は第1表と同じ

面からみて，ジュース製造工場の近隣では活用が期待されるが，遠隔地ではコスト高になる。

そこで，一般的には乾燥ミカンジュースかすが利用されている。乾燥ミカンジュースかすは自家配合飼料の原材料として用いられることが多く，肥育牛用の飼料として通常10〜20%の割合で使用されている。ただ，流通が一般的でなく，また季節的な生産物，つまりミカンジュースが生産される11月から2月にかけて集中的に生産される産物であるために，最近は配合飼料の原材料として用いられることが多いようである。

ミカンジュースかすの入手は，生，乾燥品ともにジュース工場との直接取引が通常であり，また季節的な産物であるため，通年利用するためにはかなりのスペースの保管場所が必要である。

3．乾燥ミカンジュースかすとコーンフレークの混合利用

乾燥ミカンジュースを濃厚飼料中に混入しても充分に肥育が可能で，肥育成績にも悪影響を及ぼさないことは，初期の試験結果から明らかになっていた。だが，乾燥ミカンジュースかすの製造には多量の燃料を必要とすることから，コーンフレークと組み合わせて配合した飼料として利用することを考えた。そこで，第3表のような成分割合の濃厚飼料を乳用去勢牛に給与して肥育し，増体量や肉質その他の商品性にどんな影響があるかを調査した。特にミカンジュースかすとコーンフレークがともに含有する黄色色素が複合して肉質，特に脂肪の色にどう影響するかは経営上重要なので，この点を中心に検討した。

試験区ごとの給与飼料の配合割合や成分は第3表に，供試牛その他の条件は第4表に示してある。また，肥育成績と肉質の結果は第5表に掲げた。

このように，乾燥ミカンジュースかす30%，コーンフレーク40%を配した濃厚飼料を給与し

第3表　試験区分および給与飼料

項目	試験区		対照区	
濃厚飼料	ミカンジュースかす	29.8%	和歌山ビーフ	44.9%
	コーンフレーク	39.7	ミカンジュースかす	9.6
	専管ふすま	19.9	コーンフレーク	25.6
	大豆かす	9.9	圧扁大麦	12.8
	食塩	0.5	大豆かす	6.4
	ビタミンAD剤	0.2	食塩	0.3
			ハイコロイカル	0.2
			ビタミンAD剤	0.1
成分(%)	DCP：10.0，TDN：77.5		DCP：9.9，TDN：74.9	
粗飼料	稲わら，アルファルファ，ヘイキューブ			

第4表　供試牛の概要

区	牛No.	生年月日	日齢	体重	日齢体重	体高	胸囲
試験区	1	53.10.27	341 日	282 kg	0.83kg	120 cm	154cm
	2	53.11.26	311	275	0.88	124	149
	3	53.12. 2	305	273	0.90	124	147
	平均		319	276.7	0.87	122.7	150
対照区	4	54. 1.28	248	201	0.81	109	131
	5	54. 2.27	249	205	0.82	106	134
	6	54. 1.17	222	192	0.84	103	128
	平均		239.7	199.3	0.82	106	131

注　供試牛は県内産乳用去勢牛：3頭×2区
管理は屋外群飼，不断給餌，自由飲水。群飼場は試験区，対照区ともに1頭当たり25m²

て肥育した乳用去勢牛の1日当たり増体量は試験区が1.02kgで，慣行飼料の対照区の1.03kgとほとんど差がなかった。これはどちらもやや低い水準であるが，試験をした昭和55年は春から夏にかけて雨が多く気温が低い，いわゆる冷雨の状態がつづき，それが屋外に放飼する牛に影響して，4月から8月までの増体が悪かったためである。

1日当たりの濃厚飼料摂取量は試験区9.1kg，対照区8.6kgで試験区のほうがやや多く，飼料

第5表　肥育試験成績

①増体成績と飼料摂取成績

区分		試験区				対照区			
牛 No.		1	2	3	平均	4	5	6	平均
試験	日数	357	399	399	385	399	399	441	413
	週	51	57	57	55	57	57	63	59
開始時体重 (kg)		282	275	273	276.7	201	205	192	199.3
終了時体重 (kg)		685	669	658	670.7	636	620	625	627.0
期間内増体量 (kg)		403	394	385	394	435	415	433	427.7
1日当増体量 (kg)		1.13	0.99	0.96	1.02	1.09	1.04	0.98	1.03
飼料摂取量（1頭平均）(kg)	濃厚	計	3,500.0	1日当	9.09	計	3,560.0	1日当	8.57
	粗	〃	374.3	〃	0.97	〃	379.3	〃	0.91
	計	〃	3,874.3	〃	10.06	〃	3,939.3	〃	9.48
飼料要求率 (%)	濃厚	8.88				8.32			
	粗	0.95				0.89			
	計	9.83				9.21			
	DCP	0.94				0.87			
	TDN	7.29				6.62			
飼料摂取率 (%)		2.13				2.25			

②枝肉の状況

区分		試験区				対照区			
牛 No.		1	2	3	平均	4	5	6	平均
終了時日齢 (日)		698	710	704	704	647	648	663	652.7
終了時体重 (kg)		685	669	658	670.7	636	620	625	627.0
肥育度指数		466	455	463	461	461	466	473	467
屠了前体重 (kg)		652	651	650	651	601	616	610	609
枝肉重量	右 (kg)	200	202	200	200.6	180	187	186	184.3
	左 (kg)	200	200	206	202.0	189	185	188	187.3
	計 (kg)	400	402	406	402.7	369	372	374	371.7
枝肉歩留り (%)		61.3	61.8	62.5	61.9	61.4	60.4	61.3	61.0
水引量3% (kg)		12	12	12	12	11	11	11	11
枝肉実量 (kg)		388	390	394	390.7	358	361	363	360.7
ロース心面積 (cm)		36.5	33	48	39.2	42.5	39.5	39.0	40.3
屠体長 (cm)		170	169	166	168.3	160	156	154	156.7
脂肪の厚さ	胸 (mm)	38	48	34	40	38	39	41	39.3
	き甲 (mm)	20	22	14	18.7	22	22	24	22.7
	腰 (mm)	15	8	19	17.3	24	9	20	17.7
肉色*	カッパ	5	4	5	4.7	4	5	5	4.7
	ロース	5	4	5	4.7	4	5	5	4.7
脂肪の色*		3	4	4	3.7	3	3	4	3.3

注　*肉色および脂肪の色は比色表による数値

③枝肉格付結果

区分		試験区				対照区			
牛 No.		1	2	3	平均	4	5	6	平均
枝肉重量（kg）		400	402	406	402.7	369	372	374	371.7
外観	均称	上	中	上	—	中	上	上	—
	肉付き	上	中	上	—	中	上	上	—
	脂肪付着	上	中	上	—	中	上	上	—
	仕上がり	極上	上	極上	—	極上	極上	極上	—
肉質	脂肪交雑	1.0	1.0	1.5	1.2	1.0	0.5	1.0	0.8
	肉の色沢	中	中	中	—	中	上	中	—
	肉のきめ・しまり	中	中	中	—	中	中	上	—
	脂肪の色沢・質	上	上	上	—	上	上	上	—
枝肉規格		中	中	中	—	中	並	中	—

摂取率は試験区2.13%，対照区2.25%でほとんど差がなく，この飼料の嗜好性は良好とみてよい（飼料要求率は試験区7.29，対照区6.62で試験区がやや劣った）。また，健康状態は両区とも良好で，尿石症の前駆症状はなく，解体時に尿道，膀胱に結石はみられなかった。このように，この飼料は嗜好の点でも牛の健康の点でも肥育上問題になることはない。

枝肉の状態をみると，各項目とも試験区と対照区の差はない。ことに主眼としていた脂肪の色は，試験区の皮下脂肪表面は対照区に比べてわずかに黄色が強かったが，枝肉取引上に支障をきたすほどのものではなく，筋肉間脂肪の色は純白であった。最後に枝肉の格付け結果をみても，両区間に差はなかった。

以上のように，ミカンジュースかす30%，コーンフレーク40%を含む濃厚飼料で肥育しても産肉性，肉質に問題を与えることはない。この

第6表　試験区と給与飼料

区分	頭数	試験期間	給与飼料（%） 前期	給与飼料（%） 後期	管理方法など
I	6	S60. 11. 27 ～ S61. 10. 30 （336日間）	（168日間） 自家配合飼料：50 生ミカンジュースかす：50 DM中のDCP：13.5 TDN：82.2 稲わら—不断給餌	（168日間） 自家配合飼料：100 DM中のDCP：11.4 TDN：87.4 稲わら—不断給餌	屋内群飼 自由飲水 不断給餌
II	3	S61. 12. 25 ～ S62. 12. 15 （354日間）	（112日間） 自家配合飼料：50 生ミカンジュースかす：50 DM中のDCP：13.5 TDN：82.2 稲わら—不断給餌	（242日間） 自家配合飼料：75 乾燥ミカンジュースかす：25 DM中のDCP：13.1 TDN：87.9 稲わら—不断給餌	調査事項
対照	3	S61. 12. 25 ～ S62. 12. 15 （354日間）	（112日間） 市販配合飼料 DM中のDCP：10.3 TDN：82.8 稲わら—不断給餌	（242日間）	増体 肉質 健康状況 経済性など

ミカンジュースかすの栄養価		DM率(%)	DCP(%)	TDN(%)
	生かす	24.5	1.2	15.6
	乾燥かす	90.3	3.2	71.7

試験の結果から，乾燥ミカンジュースかすの給与割合は，乳用去勢牛に対しては20%，和牛去勢牛に対しては10%とするならば肉質への影響はほとんどなく，また尿石症の予防効果も期待できるといえる。したがって，一般農家で乾燥ミカンジュースかすを使用する場合には，この割合を基準とすることをすすめたい。

第7表　供試牛の概要および増体成績

区分	頭数	開始時体重 (kg)	開始時日齢 (日)	日齢体重 (kg)	終了時体重 (kg)	終了時日齢 (日)
I	6	296±19.6	265± 6.6	1.12±0.05	676±41.9	601± 6.6
II	3	331±31.9	289±19.9	1.15±0.09	710±63.7	643±19.9
対照	3	347±30.7	287±16.2	1.21±0.09	703±41.6	641±16.2

第8表　増体成績

区分	頭数 (頭)	増体量 (kg)	肥育日数 (日)	日増体量(kg)		通算日増体量(kg)
				前期	後期	
I	6	380±34.3	336	(168日間) 1.27±0.20	(168日間) 1.00±0.09	1.13±0.10
II	3	379±40.9	354	(112日間) 1.14±0.07	(242日間) 1.03±0.14	1.07±0.12
対照	3	356±26.3	354	(112日間) 1.19±0.12	(242日間) 0.92±0.08	1.00±0.07

4．低水分生ミカンジュースかすの利用

前述のとおり乾燥ミカンジュースかすは牛の肥育飼料の原材料として活用できるが，その製造には燃料を消費するためコストがかかる。また，生ミカンジュースかすは90%くらいの多量の水分を含み，取扱いが不便で栄養価も低い。それをサイレージに調製すればよいが，それ調製や給与に多くの労力を要する。ところが最近では，水分含量が70〜75%程度の低水分の生ミカンジュースかすができるようになった。そこで，この低水分の生ミカンジュースかすの利用方法について試験を行なった。

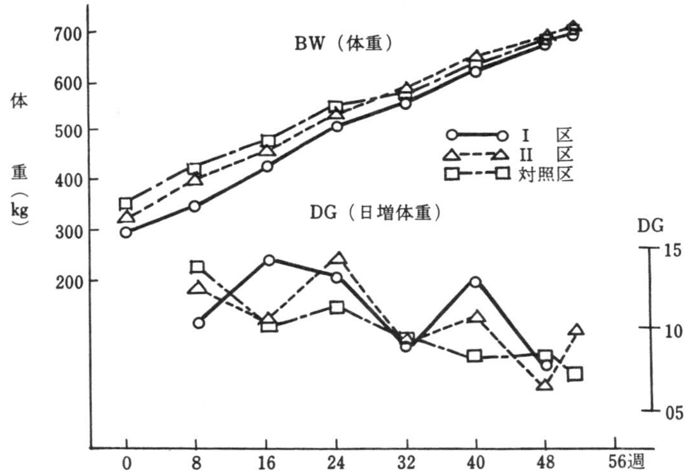

第1図　体重と日増体重の推移

生ミカンジュースかすの利用については，I区では肥育期間336日間のうち，前期の168日間は生ミカンジュースかす50%，自家配合50%の飼料を，後期の168日間は自家配合のみの飼料を給与した。II区では肥育期間354日間のうち，前期112日間は生ミカンジュースかす50%，自家配合50%の飼料を，後期242日間は生ミカンジュースかす25%，自家配合75%（これでミカンジュースかすの乾物での比率は前期と同じになる）の割合で混合した飼料を給与し，対照区では全期間，市販の配合飼料を給与した（第6表）。粗飼料は稲わらの不断給餌である。また，供試牛の条件は第7表に示したが，I区は9か月齢，II区と対照区は10か月齢の素牛を用い，肥育終了時はI区が約20か月齢，II区と対照区が21.5か月齢であった。

このような飼料で肥育した増体成績は第8表のようである。通算の日増体量はI区，II区，対照区の順に多い。I区は肥育開始月齢が他の区に比して若かったためとも考えられるが，同じ条件のII区と対照区とではII区のほうがより優れた結果になった。なお，第1図に8週間隔ごとの各区の増体重を示した。上段が体重の推移，下段が日増体量の推移である。これをみる

第９表　飼料摂取成績

前期

区 分	頭 数（頭）	肥 育 日数（日）	濃厚飼料 摂取量(kg)	生ミカンジュースかす 摂取量 (kg)	稲わら 摂取量(kg)
I	6	168	1,073 (6.4)	993 (5.9)	132 (0.79)
II	3	112	680 (6.1)	699 (6.2)	80 (0.71)
対 照	3	112	747 (6.7)	—	88 (0.79)

後期

区 分	頭 数（頭）	肥 育 日数（日）	濃厚飼料 摂取量(kg)	生ミカンジュースかす 摂取量 (kg)	稲わら 摂取量(kg)
I	6	168	1,512 (9.0)	—	192 (1.14)
II	3	242	1,843 (7.6)	604 (2.5)	243 (1.00)
対 照	3	242	2,207 (9.1)	—	330 (1.36)

通算飼料効率

区分	頭数（頭）	肥 育 日数（日）	DM 摂取量(kg)	DM 要求率(kg)	TDN 摂取量(kg)	TDN 要求率(kg)
I	6	336	2,777 (8.3)	7.3	2,244 (6.7)	5.9
II	3	354	3,195 (9.0)	8.4	2,584 (7.3)	6.8
対照	3	354	2,937 (8.3)	8.3	2,405 (6.8)	6.8

注 （ ）内の数字は１日当たり

と，対照区の日増体量は，生ミカンジュースかす使用区よりも変化は少ないが全体に低位であった。

第９表は飼料の摂取状況である。表の飼料摂取量は現物の重量で，かっこ内は１日当たりの摂取量である。I区，II区とも生ミカンジュースかすで１日当たり5.9kg，6.2kgと比較的多量に給与したが，順調に食い込み，嗜好性に問題はなかった。II区では後期に濃厚飼料7.6kgに生ミカンジュースかす2.5kg，計10.1kgを給与し，乾物換算しても多量であったが，食込みはよかった。通算の飼料効率はDM要求率，TDN要求率ともに増体が最も優れていたI区が最も効率がよい成績である。II区と対照区とではDM要求率，TDN要求率ともほぼ同様の結果であった。

枝肉の肉質，格付けの結果は第10表に示した。枝肉の重量は各区とも出荷月齢にほぼ見合う仕上がりといえる。歩留りも各区ともほとんど差がない。しかし，皮下脂肪の厚さは，出荷月齢の差からI区と，II区，対照区とでは各部位にかなりの差が出ている。

規格は，いずれの区も平均すると中と並の間になった。ロース芯面積は各区ともほとんど変わらない。カラースタンダードによる比色は，ロース芯を除いてI区，II区とも対照区よりも濃くなり，特に皮下脂肪の色は対照区と１段階くらいの差になった。しかし，腎脂肪，筋肉間脂肪の色や質は全く差がない。格付けにおける脂肪の色沢や質はいずれの区とも2.0と中の判定で，流通上問題はないものと考えられた。

第10表　枝肉成績

区 分	頭数（頭）	枝肉重量 (kg)	枝肉歩留り (%)	皮下脂肪の厚さ (mm)		
				胸軟骨部	き甲部	腰中央部
I	6	387±23.4	60.8±1.46	22.7±3.4	16.8±4.3	11.0±3.0
II	3	406±35.5	59.7±0.35	35.7±3.2	23.3±2.3	19.3±7.1
対 照	3	408±31.5	59.8±1.21	30.1±2.3	19.7±4.2	22.0±4.4

区 分	頭数（頭）	*規 格	ロース心面積（６～７肋間）cm^2	色（カラースタンダード）			肉 質（格付け）	
				カッパ	ロース	皮下脂肪	脂肪交雑	*脂肪色沢・質
I	6	1.3±0.52	37.3±2.7	3.8±0.41	5.0±0	4.2±0.41	1.2±0.41	2.0±0
II	3	1.7±0.58	38.7±2.3	3.0±0	5.0±0	4.3±0.58	1.8±0.23	2.0±0
対 照	3	1.7±0.58	38.5±4.3	2.3±0.58	5.0±1.0	3.0±0	1.2±0.29	2.0±0

注 *：特選—５，極上—４，上—３，中—２，並—１として評点

第11表　飼　料　費

区　分	頭　数 （頭）	濃厚飼料費 （円）	生ミカン かす費（円）	乾燥ミカン かす費（円）	稲わら費 （円）	計	1kg増体に要した 飼料費　（円/kg）
I	6	124,080	2,979	—	12,960	140,019	368
II	3	121,040	2,097	9,664	12,920	145,721	384
対　照	3	141,792	—	—	16,720	158,512	445

注　濃厚飼料　48円/kg，生ミカンかす　3円/kg，乾燥ミカンかす　16円/kg，稲わら　40円/kgとして試算

健康状態をみると，生ミカンジュースかす給与のⅠ区，Ⅱ区とも，試験開始後約２か月間のふんは黄色泥状であったが，３か月目くらいからは正常にもどった。この間，特に増体に影響はみられなかった。また，Ⅰ区，Ⅱ区とも尿石症の前駆症は全く認められていない。

この試験では，経済性を検討するため飼料費を試算した。第11表がそれである。各飼料の単価は表注のとおりであるが，生ミカンジュースかすは現在その処理に困っている状況であり，運送の直接経費的なものとしてkg当たり３円とした。その他は実勢価格を用いてある。その結果，１kgの増体に要した飼料費は，Ⅰ区368円，Ⅱ区384円で，対照区の445円に比較して安く，経済性もよいことが明らかになった。

以上のように，生ミカンジュースかすの給与は，その生産期間が11～５月と季節に制約されるものの，増体状況，飼料効率，嗜好性とも問題がなく，経済性にも優れている。さらに，心配された枝肉の脂肪色も，皮下脂肪の色でミカンジュースかす給与区の若干の差はみられたが，腎脂肪，筋肉間脂肪の色は全く差がなく，流通上問題がないものと考えられる。健康面でも，尿石症の前駆症状がないばかりでなく，生ミカンジュースかす給与中皮膚，皮毛の光沢がよかったことなどから，生理的にも良好であったことがうかがわれる。

このように，生ミカンジュースかすの肥育飼料としての給与には特に問題になることはなく，省力，経済的で充分活用できるものと考えられるので，今後その利用がいっそう普及することを願っている。

執筆　中西一夫（和歌山県畜産試験場）

1994年記

ニンジンサイレージ

1．開発の背景

近年，健康食ブームから黄緑色野菜の需要が増加し，なかでもビタミンAが豊富なニンジンの作付けが北海道を中心に増加している。北海道の作付けは，1975年には2,600haであったが，1992年には6,200haに増加して収穫量も18.8万tに達している。

生食用のニンジンは色，形の外観が重視され，根が裂けたもの，曲がったもの，二叉になったものなどは商品価値が低く，規格外品として扱われる。北海道内での調査によると，圃場から収穫されるもののうち，20～50%が規格外品である。これらは一部の農家で生のまま家畜に給与している例はあるものの，ほとんどは圃場にすき込まれ肥料になっている。ニンジンはビタミンはもちろんのこと，栄養価に優れていることから，飼料として有効利用できるならば畜産農家にとって有利と考え，サイレージとしての利用法を開発した。

2．ニンジンサイレージの飼料特性

（1） ビタミンAの必要性

ニンジンは，ビタミンAの前駆物質であるβ-カロチンを多量に含んでいる。ビタミンAは家畜にとってきわめて大切で，欠乏すると初期の段階では感染症や風邪にかかりやすくなり，しばしば肺炎になる。さらに症状がすすむと目に症状が現われ角膜炎，過度の涙，そして失明に至る。欠乏症が最もすすんだ段階ではふらふらした歩行，けいれん性発作を起こす。妊娠している牛では後産停滞の高い発生率，死産が起こる。

β-カロチンは繁殖に重要な役割をもつとされている。近年，高泌乳牛飼養で発情軽微や難産の増加とビタミンA不足との関係が推測されている。さらに最近の研究では，乳房炎または体細胞数のコントロールに有効であるかもしれないことが報告されている。泌乳，繁殖牛には体重100kg当たりカロチン19mg（7,600IU）が必要で，分娩前後の泌乳牛に対して1日5万IUのビタミンAとともに，200～300mgのβ-カロチンを含む飼料を給与することが望ましいとされている。

（2） β-カロチン含量の生ニンジンとサイレージの比較

β-カロチンは不安定な物質で，紫外線による破壊や貯蔵中の酸化によって急速に減少することが知られている。そこでサイレージに貯蔵した場合にどの程度減少するかを調べ，第1図に示した。β-カロチンは生ニンジンでは乾物1kg中に900mg含まれるが，サイレージにすると599mgになり，牧草などに比べて破壊が少なく，およそ2/3程度残ることがわかった。

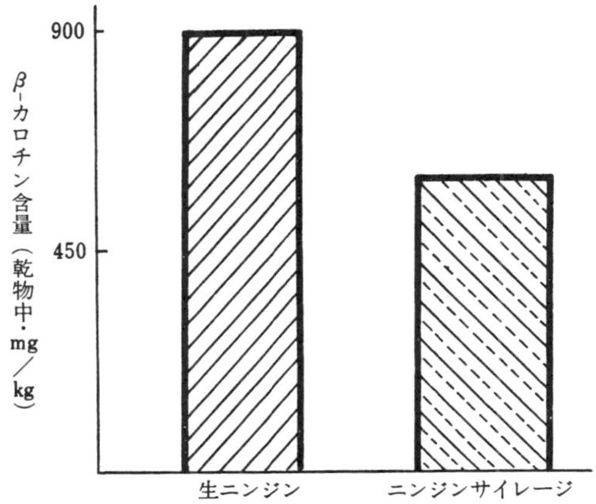

第1図 生ニンジンとサイレージのβ-カロチン含量の比較

第1表 生ニンジンおよびニンジンサイレージの飼料成分組成 (名久井・野中ら，1992)

	生ニンジン（根）	サイレージ（根）	サイレージ（根と茎葉）	サイレージ（茎葉）
水分	93.8	91.8	90.4	77.3
有機物	86.6	88.3	84.8	97.9
粗蛋白質	10.3	14.6	16.6	12.8
粗脂肪	2.7	6.2	5.7	3.4
ADF	15.5	25.9	30.5	30.6
NDF	15.5	39.0	30.5	35.9
WSC	34.2	8.0	4.1	3.2

注　水分以外は乾物中の%

第2表 ニンジンサイレージの発酵品質 (名久井・野中ら，1992)

飼料名	pH	VBN/TN	酢酸	プロピオン酸	酪酸	乳酸
サイレージ(根)	4.18	11.6	0.65	0.07	0.38	0.72

注　VBN/TN，有機酸は新鮮物中%

(3) 生ニンジンとサイレージの飼料成分，発酵品質と栄養価

飼料成分は生ニンジンでは水分93%と高く，繊維成分はＡＤＦ，ＮＤＦとも16%であり，水溶性炭水化物（ＷＳＣ）は乾物中の34%を占めている。これをサイレージ化すると乾物中の繊維成分が相対的に２倍に増加し，ＷＳＣ含量は著しく低下して生ニンジンの１/４以下になった。茎葉を切り落とさずにサイレージ調製しても成分は同様の傾向を示した。茎葉のみのサイレージは，水分がやや低い傾向がみられた（第１表）。

サイレージの発酵品質はpHが4.1前後，全窒素中のアンモニア態窒素（ＶＢＮ/ＴＮ）は10%前後で，予乾牧草サイレージと比べてやや高い傾向を示した。また，不良発酵の指標となる酪酸含量も新鮮物中に0.2～0.4%程度あり，やや劣質なサイレージである。これはニンジンがＷＳＣが多いにもかかわらず，水分が90%以上と高いため，埋蔵初期の乳酸発酵が抑制され，pHの低下が緩慢になって，その間に蛋白質の分解がすすみ，酪酸発酵が起こったものと考えられる（第２表）。

次に栄養価を見ると，生ニンジンは乾物消化率が85%，有機物消化率が90%と高く，その結果，ＴＤＮ含量が81%と高い。これをサイレージに調製すると繊維成分の消化率がやや低下し，ＴＤＮ含量も78%とやや低くなる。茎葉を含むサイレージではそれよりも若干低い傾向が認められた（第３表）。

第3表 生ニンジンおよびニンジンサイレージの消化率と栄養価 (名久井・野中ら，1992)

	生ニンジン（根）	サイレージ（根）	サイレージ（根と茎葉）
乾物	84.5%	83.6%	74.7%
有機物	90.4	85.0	80.6
粗蛋白質	70.8	69.6	94.1
粗脂肪	88.0	95.4	89.8
ADF	84.9	88.9	92.5
NDF	79.5	76.8	90.2
TDN	81.2	77.9	75.8

第4表 サイレージ調整の作業行程

行程	作業内容	留意点
収穫 ↓	茎葉をタッピングした後，ニンジンハーベスタで掘り取る	土砂の混入を最小限にする
運搬 ↓	ダンプワゴンに積み込む	細かに砕かないほうがよい
洗浄 ↓	ワゴンの荷台を傾け，水道水で土砂を洗い流す	洗浄の程度が発酵品質を左右するので，入念に行なう。その後余分な水を残さない
サイロ埋蔵 ↓	密封可能なサイロに詰め込む	過剰な水分が出るので水抜きが可能なサイロを使用する
密封・加重	加重はタイヤなどを用いるとよい	
	空気が侵入しないように密封する	バックサイロなどの場合，ピンホールがないことを確認する

3. ニンジンサイレージ調製のポイント

(1) ニンジン単一サイレージの調製

サイレージ調製は第４表のような作業行程で行なう。良質サイレージ調製の要点は，土砂の混入をいかに少なくするかということと，排汁を抜くことの２点である。

（2） サイレージ用トウモロコシとの混合調製

ニンジンは水分含量がきわめて高く，単味でのサイレージ調製は不良発酵の危険性や排汁の処理が問題になるが，その水分を畑作物と混合調製することで有効利用できる可能性がある。そこで刈り遅れたトウモロコシ（乾物率36%）の水分調節に利用した結果を第5表に示した。

トウモロコシは刈り遅れると水分が低下するとともに，被霜の危険性が高まる。それらを原料にしてサイレージ調製すると乳酸発酵が抑制され，pHが高く有機酸が少ないサイレージになり，開封した後，好気的変敗が起こりやすくなる。そこで，原料へ水分と糖分（ＷＳＣ）補給を目的にニンジンを混合すると水分が向上するとともに，pHが低下し改善効果がみられた（第5表）。このようにニンジンはサイレージの水分調節剤としても利用できる。

第2図はニンジン単一のサイレージ，第3図はトウモロコシとニンジンとを混合調製したサイレージであり，ニンジンサイレージを乳牛に給与してみたところ，嗜好性もよく喜んで食べる（第4図）。

4．ニンジンサイレージの給与効果

（1） 嗜好性とルーメン液性状

β-カロチンが少ないトウモロコシサイレージと配合飼料を基礎飼料（第6表）としてニンジンサイレージを給与し，採食量とルーメン内の性状を調査したところ，平均採食量はトウモロコシサイレージ20kg/日，配合飼料6kg/日，ニンジンサイレージ41kg/日であり，ニンジンサイレージの最大採食量は原物で55kgに達した。しかし，ふんの性状には変化がなかった。給与後1時間目のルーメン液性状は，ニンジンサイレージ給与区がアンモニア態窒素がやや高い傾向を示したほかは無給与区と差がなく，正常値の範囲であった（第7表）。

第2図　ニンジン単一貯蔵したサイレージ

第5表　ニンジン・トウモロコシ混合サイレージの水分と発酵品質　（名久井・野中ら，1992）

	水　分	pH	酪　酸	VBN/TN
トウモロコシ100%	63.5%	4.1	0.06%	4.4%
ニンジン30%混合	75.5	3.9	0.08	6.8
ニンジン50%混合	81.0	3.7	0.09	6.2

注　VBN/TN，有機酸は新鮮物中%

第3図　トウモロコシと混合調製したニンジン

第4図　ニンジンサイレージの嗜好性は高い

第6表　給与した飼料の成分組成（名久井・野中ら，1992）

飼料名	β-カロチン (mg/kg DM)	水分 (%)	粗蛋白質*	粗脂肪*	ADF*	NDF*	OCC*	TDN*
ニンジンサイレージ	722	91.8	14.6	6.2	25.9	39.0	49.3	77.9
コーンサイレージ	42	68.0	9.0	3.0	21.9	40.8	55.2	68.0
配合飼料	19	11.0	16.7	2.5	8.9	16.7	79.3	84.0

注　*　%DM

第7表　ルーメン液の性状
（名久井・野中ら，1992）

項　目	給与区	無給与区	項　目	給与区	無給与区
pH	6.74	6.89	酢酸**	63.9	64.7
アンモニア態N*	11.70	6.81	プロピオン酸**	17.4	17.7
発酵効率	72.90	72.90	酪酸**	14.1	13.5

注　* mg/dl，** mol%

第8表　β-カロチン摂取量と血液，牛乳中のβ-カロチン濃度　（名久井・野中ら，1992）

	ニンジン給与区	無給与区
β-カロチン摂取量 (mg/日)	2,783	491
血漿中β-カロチン (μg/dl)	1,125	674
牛乳中β-カロチン (μg/dl)	45	29

（2） 血液，牛乳中のカロチン濃度の向上

ニンジンサイレージ給与が血液ならびに牛乳中のβ-カロチン濃度にどのような影響を与えるかについて調べたところ，1日当たり41kgのニンジンサイレージを給与した場合，β-カロチン摂取量は2,412mgとなる。これは無給与区の5.7倍であった。その結果，血漿中の含量は無給与区の1.7倍に，また，牛乳中の含量は1.5倍に増加した（第8表）。β-カロチンは給与量が多い場合，肝臓や脂肪組織に蓄積され，必要に応じて消費されることから，ニンジンを給与した場合，かなり蓄積されることが推察できる。したがって実際の現場ではこれだけの大量給与は必要なく，1日当たり10kg程度給与することで推奨値を満たすことができる。

以上の結果から，①ニンジンサイレージ給与により，血漿中のβ-カロチンを顕著に向上できること，②牛乳中のβ-カロチンも向上できること，③1日当たり40～50kg給与してもルーメン内性状はさほど変化がないことがわかった。したがって，トウモロコシサイレージなどβ-カロチンが少ない飼料を給与する場合，ニンジンサイレージの補給は有効である。

（3） 給与上のポイント

ニンジンサイレージは排汁作業がまずいとペースト状になる。ドロドロしたサイレージの嗜好は劣るので，調整時の汁抜きはきちんとすることが大切である。給与も単独よりコーンサイレージなどの上に乗せて併給することが望ましい。

5. おわりに

最近，高泌乳酪農家では粗飼料の品質が劣るため，ビタミンA剤の購入量が増加している。1989年の調査では1戸当たり平均20万円を超えている。したがって，ニンジンサイレージを上手に利用することができるなら，購入量をかなり減らすことが可能であろう。ニンジンの潜在資源量は10～30万tと推定されているが，これらを有効利用することがコスト低減につながると考える。

執筆　名久井　忠（農水省北海道農業試験場）

1994年記

参考文献

農水省北海道農業試験場農業成果情報．1993．ニンジンサイレージ給与による乳牛の血液中・牛乳中βカロチン濃度の向上．

農水省畜試．1987．日本飼養標準（乳牛）．

NRC．1989．乳牛の飼養標準第6版．

McDonald. 1981. The biochmistry of silage.

蒸気乾燥豆腐かすの飼料化技術と給与方法

1. 生豆腐かすの弱点と飼料化プラント開発

豆腐の製造過程で生産される豆腐かすは，従来，一部は家畜の飼料として使われる以外は，大部分は産業廃棄物として焼却処理などがなされていたが，健康食ブームで豆腐の需要が高まるにつれて，業界ではその処理に苦慮する状況となってきた。

一方「食品循環資源の再生利用等の促進に関する法律」(食品リサイクル法) の施行に併せて，循環型社会の構築が求められており，栄養面で豊富な豆腐かすを飼料としてリサイクル利用することが求められている。

食品などの製造時に生じる副産物を家畜飼料として活用することは，飼料費の節減など畜産経営改善の有効な手段の一つであるとともに，環境保全や資源循環の観点からも重要である。しかし，食品製造副産物はその栄養成分に偏りがあるものが多く，家畜飼料として利用する場合，その飼料特性を把握したうえで他の飼料とバランス良く組み合わせて給与する必要がある。なかでも生豆腐かすは高水分のために変敗しやすく，さらに成分含量の変動が大きいといった欠点があり，家畜飼料としての積極的利用を妨げる要因となっている。

福岡県内で豆腐業者と電気業者の共同で豆腐かすを乾燥する機械（蒸気乾燥豆腐かす製造プラント）が開発され，これまでの豆腐かすと異なる，低水分で取扱いの良い性状の製品が入手できるようになった。このため，これまで利用できなかった豚，鶏にも給与することが可能となり，福岡県農業総合試験場で，肥育牛，肉豚，肉用鶏，採卵鶏の飼料としての利用方法について技術確立に取り組んだので，以下にその概要を紹介する。

2. 蒸気乾燥豆腐かす製造プラントの概要

(1) 乾燥原理と機械構成

これまでの乾燥プラントが火力乾燥であるのに対し，ここで紹介する蒸気乾燥豆腐かす製造プラントは，豆腐製造時に発生する蒸気を使い，第1図のように隔壁を介して間接的に加熱する方式である。比較的低い温度（110℃）で乾燥するため，焦げることなく，均質に乾燥できる仕組みになっている。

乾燥機本体は第2図のようであるが，装置の構成は，処理量に応じて，乾燥ユニットの段数が増加可能な多段式となっており，これにボイラーから蒸気の供給管を接続，さらに豆腐かすの搾り機を直結して連続的に乾燥が可能な構成になっている。

なお，当該機械は福岡県豆腐協同組合と巽島電設（株）の共同開発によって1999年に製品化されたものである。

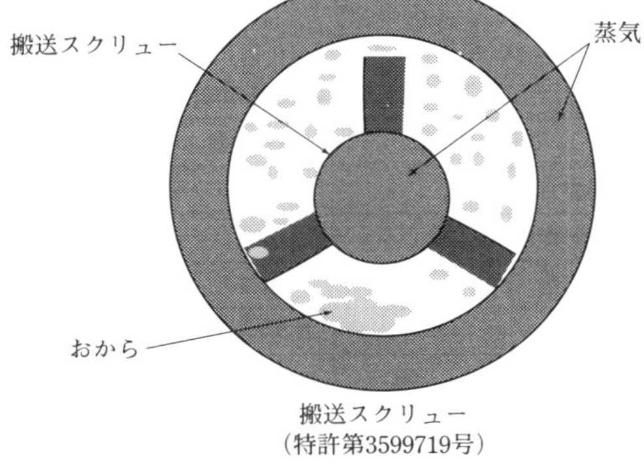

第1図 乾燥部（乾燥ユニット）の構成

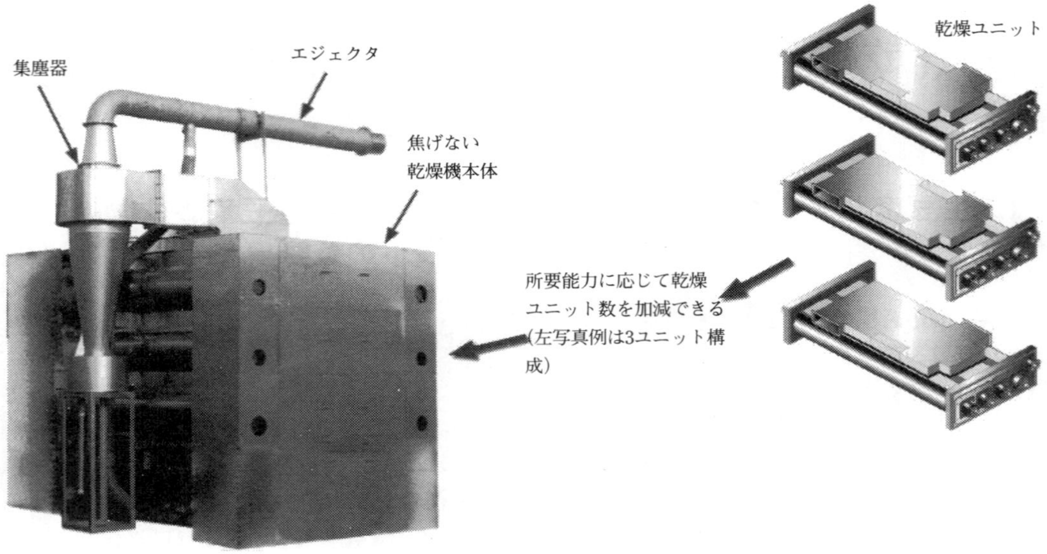

第2図　乾燥機全体と乾燥ユニット

(2) 処理能力，仕様，ランニングコスト

処理能力とその仕様は第1表のようになっており，時間当たり1,000kgまで処理量に応じて対応が可能である。また，ランニングコストは，IT160型（時間160kg処理）で8〜16円/kgとなっている。

ただし，条件としては，豆腐製造用のボイラーが設置され，そのボイラーに十分な蒸気の供給能力を有している必要がある。もし，ボイラーが設置されてない場合は，乾燥機とは別にボイラーの設置が必要であり，これに必要な経費が別に必要となることに留意が必要である。

(3) これまでの納入実績

当該乾燥機の納入実績については，第2表のとおりだが，現在稼働中の乾燥機は番号2〜6番の8台である。

また，表中の2番は「平成12年度農林水産省畜産振興総合対策」（有機性資源飼料化整備事業，国庫1/2）により設置されたものであり，福岡県酪農業協同組合連合会を通じて，福岡県内の畜産農家で飼料として利用されている。

なお，製造メーカーへの問合わせ先は，文末に記す。

第1表　乾燥機の型式と仕様

型　式		IT160 型	IT280 型	IT350 型
処理能力（kg/h）		160	280	350
蒸気消費量（kg/h）		180	320	420
電気容量（kW）		6.7	8.2	9.7
乾燥ユニット		3 ユニット	3 ユニット	4 ユニット
寸法（mm）	幅	1,925	3,175	3,175
	長さ	4,630	4,630	4,630
	高さ	3,537	4,250	4,870
ボイラー（推奨）（kg/h）		350	500	800

3. 蒸気乾燥豆腐かすの給与方法

(1) 肥育牛への給与方法が前提

①蒸気乾燥豆腐かすの飼料特性

生豆腐かす，サイレージ化豆腐かすなどを家畜飼料として活用する場合の飼料成分値，牛における消化特

性，あるいは家畜への給与効果についての調査報告は多いが，蒸気乾燥豆腐かすの飼料特性は明確にされていない。そこで今回，蒸気乾燥豆腐かすの飼料成分値，消化特性，保存性について調査した結果を紹介する。

第2表　乾燥機の納入実績一覧

番号	納入場所	住　所	年／月	処理能力 (kg/h)	台数
1	（有）木原商店	北九州市小倉北区	1998年10月	160	1
2	（株）ヨシヒロ	北九州市小倉南区	2001年3月	240	1
3	北九州食品リサイクル協同組合	北九州市若松区	2001年9月	350	2
4	北九州食品リサイクル協同組合	北九州市若松区	2001年9月	240	1
5	北九州食品リサイクル協同組合	北九州市若松区	2001年9月	160	3
6	デリカ食品	三重県松阪市	2001年12月	240	1

②飼料成分値

日本標準飼料成分表（2001）に記載された乾燥豆腐かすの飼料成分値は，乾物91.8±2.5%，粗蛋白質28.6±2.9%，粗脂肪14.3±1.5%，粗繊維16.1±3.2%，粗灰分4.6±0.4%および可消化養分総量94.1%となっている。これらと比較した場合，蒸気乾燥豆腐かすは，乾物率（DM）が97.2%と高いとともに，各成分値の標準偏差が小さい点に大きな特徴がある（第3表）。

豆腐かすの飼料成分値は，製造する豆腐の種類，豆乳と豆腐かすの分離方法のちがい，あるいは原料に使用する大豆の種類によって異なる。小野内ら（1999）は煮しぼり（豆乳分離前の大豆を煮沸処理したもの），生しぼり（煮沸処理せず豆乳分離したもの）の豆腐かす4点について，また甘利ら（1994）は生豆腐かす17点についてその飼料成分値を調査しており，特に粗蛋白質（25.4±4.24%）と粗脂肪（12.3±3.89%）のバラツキが大きいことを報告している。このことが豆腐かすの飼料利用を制限している一つの要因となっている。蒸気乾燥豆腐かすは，豆腐原料として使用される大豆がほぼ統一されていること，さらに豆腐かす収集時において形状的に不均一なものを除去していることから，製造ロットによる飼料成分の差は小さく，蒸気乾燥豆腐かすを家畜へ給与する場合，給与飼料中における栄養水準の適正なコントロールが他の豆腐かすと比較して容易であり，その点で利用価値が高い。

③保存性

蒸気乾燥豆腐かすを，3種類の異なる容器内に

第3表　蒸気乾燥豆腐かすの飼料成分値
（DM%）

項　目	DM	CP	EE	CF	CA	TDN
最大値	98.5	30.8	15.7	19.6	4.5	95.9
最小値	95.8	25.4	12.7	14.3	4.0	92.6
平均値	97.2	27.4	13.8	17.5	4.3	93.9
標準偏差	0.9	1.2	0.8	1.4	0.1	0.8

注　2001年1月31日～2002年7月14日までに採取した14ロットについての飼料5成分（DM：乾物，CP：粗蛋白質，EE：粗脂肪，CF：粗繊維，CA：粗灰分）を常法により求めた
　TDN（可消化養分総量）は日本標準飼料成分表（2001年版）に記載された豆腐かすの消化率から算出した

第4表　保存状況の異なる蒸気乾燥豆腐かすの飼料成分変動状況（DM%）

保存方法	保存期間（か月間）	DM	CP	EE	CF	CA	TDN
試験開始時	0	98.4	28.8	14.2	16.7	4.4	94.2
ビニール袋（密封保存）	1	96.6	28.1	14.6	15.1	4.4	94.5
	2	97.7	28.1	13.9	13.6	4.4	93.4
	3	97.2	28.2	13.7	17.1	4.3	93.7
コンテナ（上部開放）	1	90.3	28.1	13.4	16.2	4.4	93.2
	2	88.2	28.4	13.8	18.6	5.0	93.4
	3	88.5	28.2	13.2	20.0	4.2	93.5
通気バッグ（通気保存）	1	87.5	28.2	13.5	12.1	4.3	92.9
	2	87.5	28.6	11.8	15.3	4.5	91.2
	3	87.8	29.5	10.9	18.5	4.3	90.9

注　2001年6月7日～2001年8月31日の約3か月間，飼料倉庫内に放置した
　保存1か月ごとの飼料5成分（DM：乾物，CP：粗蛋白質，EE：粗脂肪，CF：粗繊維，CA：粗灰分）を常法により求めた
　TDN（可消化養分総量）は日本標準飼料成分表（2001年版）に記載された豆腐かすの消化率から算出した

約3か月放置した場合の飼料成分変動状況を調査した結果，ビニール袋で密封保存した場合，3か月後も乾物率および飼料成分値に大きな変動は認められなかった。しかし，上部を開放したコンテナ内に保存した場合は，3か月後には水分含有率が11.5％まで増加，粗脂肪含有率は1か月後に13.4％まで減少し，可消化養分総量が93.2％に低下した。また，通気バッグ内で保存した蒸気乾燥豆腐かすの乾物率は，1か月後以降88％程度で安定したものの，粗脂肪含有率は3か月後に10.9％まで低下した。これら吸湿した蒸気乾燥豆腐かすについては，発熱，変敗などの問題はないと考えられるが，脂肪含有率の減少にともない可消化養分総量が低下することから，蒸気乾燥豆腐かすを畜舎内で保存する場合は，より気密性の高い保存方法が有効である（第4表）。

④牛第一胃内消化特性

人工消化法（*in vitro*法）での蒸気乾燥豆腐かす，脱脂大豆かす，加熱大豆の乾物消失率および粗蛋白質消失率の経時的推移を調査した結果，未消化（消化時間0）時の乾物の消失率は，蒸気乾燥豆腐かすで12.9％，脱脂大豆かす32.7％，加熱大豆27.4％であり，蒸気乾燥豆腐かすの初期溶解性は，脱脂大豆かすや加熱大豆と比較して低かった。その後，脱脂大豆かすの乾物消失率は24時間までに85.6％に達し，蒸気乾燥豆腐かす，加熱大豆の乾物消失率は24時間まで同様の消失パターンを示しながら約72％に達したものの，蒸気乾燥豆腐かすの消失率はその後も緩やかに上昇しつづけた（第3図）。

粗蛋白質の消失率については，脱脂大豆かすおよび加熱大豆の未消化（消化時間0）時の消失率は10％程度であり，24時間後には脱脂大豆かすが79.1％，加熱大豆が66.4％に達し，それぞれ乾物消失率とほぼ同様の消失パターンを示した。蒸気乾燥豆腐かすでは未消化時の消失率は5％程度と低く，その後の消失率推移は他の大豆かす飼料と比較してやや緩やかなカーブを描き，48時間後にも60.8％程度であった（第3図）。

甘利ら（1994）は，*in vitro*消化試験による生豆腐かすの乾物消失率の経時的推移を調査し，生豆腐かすの乾物の未消化時消失率は16％程度であり，その後48時間で約75％に達したと報告している。また，西口ら（2002）はルーメンバッグ法により，生豆腐かすと脱脂大豆かすの乾物消失率および粗蛋白質消失率の経時的推移を比較している。その結果，生豆腐かすの乾物の未消化時消失率は25％程度で，脱脂大豆かすと比較してその消失率はやや低いものの，24時間後には約70％に達した。また，粗蛋白質の未消化時消失率も25％程度であり，乾物消失率とほぼ同様の消失パターンを示した。これらの生豆腐かすの消化試験結果と比較すると，蒸気乾燥豆腐かすの消失率の経時的推移は，乾物についてほぼ同様の消失パターンを示すものの，粗蛋白質の未消化（消化時間0）時の初期溶解性はかなり低い。このことは，豆腐かすを加熱乾燥することにより，第一胃内における乾物の消化性

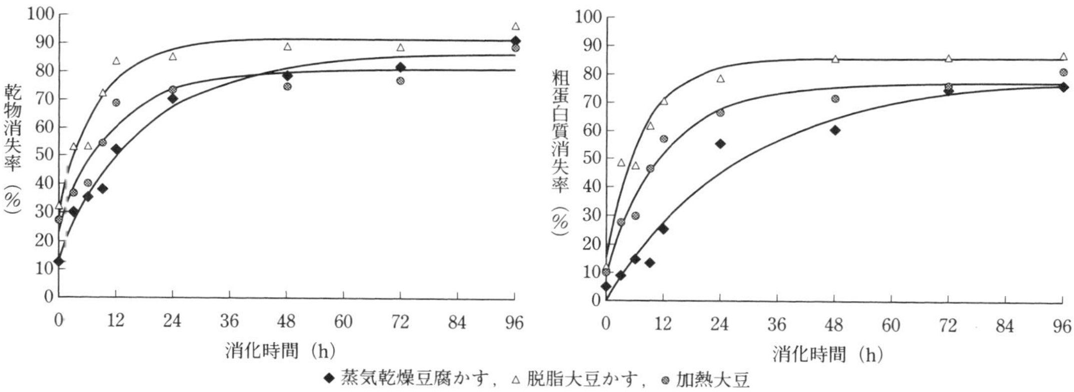

第3図　人工消化（*in vitro*）法による乾物・粗蛋白質消失率推移

はほとんど変化しないが，蛋白質分画中の可溶性蛋白質に何らかの影響を与えることを示唆している。

また，これらのルーメン分解パラメータについて，蒸気乾燥豆腐かすの乾物，粗蛋白質の溶解性画分（a）はそれぞれ14.9%および1.2%と，他の大豆飼料と比較して低く，逆に乾物，粗蛋白質の分解性画分（b）は72.0%，78.4%と高い。また，分解速度定数（c）も低いことから，乾物，粗蛋白質のルーメン内の有効分解率は52.9%，33.1%と，他の大豆飼料と比較して低い値となる（第5表）。これらのことから，蒸気乾燥豆腐かすは下部消化管への到達成分量が多く，牛にとってルーメンバイパス率の高い飼料であると考えられる。小野内ら（1999）は，煮しぼりによる豆腐かすの蛋白質分画を調査してルーメン内消化性を検討したところ，粗蛋白質の溶解性画分は78%と高く，乾物の消失パターンと大きく異なることを報告している。また，西口ら（2002）が生豆腐かすにおける粗蛋白質の溶解性画分が約28.5%と報告していることからも，豆腐かす製造方法および加熱乾燥方法のちがいにより，粗蛋白質のルーメン分解パラメータ，特に溶解性画分が大きく異なることが考えられる。したがって，実際に乳牛および肉牛に製造方法の異なる豆腐かすを給与する場合には，この点を十分に留意する必要がある。同時に，それら豆腐かす製造処理方法のちがいが第一胃内消化性に及ぼす影響について調査することが重要である。

(2) 肥育牛への給与試験

肥育用混合飼料（TMR）中への蒸気乾燥豆腐かすの混合割合（乾物重量割合）により，多給区（肥育前中期25%，後期20%），少給区（肥育前中期12.5%，後期10%）および無給区（肥育全期間0%）の3区を設定し，全肥育期間を通じて乳用種去勢肥育牛へ給与した肥育試験の結果について紹介する（第6表）。

①体重・増体量および乾物摂取量

多給区の体重は，肥育全期間をとおして無給および少給区に比べて低く推移した。1日当たりの増体量は，肥育前期で多給区が1.15kg/日と他の試験区と比較して少なく，全期間通算では少給区1.11kg/日，無給区1.08kg/日，多給区0.98kg/日の順であった。1日当たりの乾物摂取量は，肥育全期間をとおして多給区が他の試験区と比べて少なく推移した（第7表）。

小嶋ら（1998）は，生豆腐かすを乳用種雌肥育牛に対して給与する場合，TDN比で前期20〜30%，後期10%程度が適当であり，それ以上の増給は乾物摂取量の減少，出荷時体重低下の原因となることを報告している。本試験の多給区では，蒸気乾燥豆腐かすのTDN比は前期31%，中期30%および後期23%であり，少給区と比較して発育性が劣ったことは，小嶋らの報告と一致している。

一般に，豆腐かすの飼料成分における大きな特徴の一つとして，粗脂肪（EE）含量が高いことがあげられる。反芻家畜に対するEE多給は，

第5表　ルーメン分解パラメータ

項　目	乾物分解パラメータ			粗蛋白質分解パラメータ		
	豆腐かす	大豆かす	加熱大豆	豆腐かす	大豆かす	加熱大豆
含量（% DM）	98.8	88.6	92.5	26.3	52.2	39.8
溶解性画分 a（%）	14.9	32.6	25.1	1.2	16.6	10.0
分解性画分 b（%）	72.0	59.4	56.1	78.4	69.1	67.1
速度定数 c（/h）	0.06	0.12	0.08	0.03	0.13	0.08
有効分解率（%）	52.9	74.3	60.3	33.1	66.2	51.8
回帰式決定係数	0.98	0.95	0.94	0.97	0.96	0.98

注　各時間での消失率をOrskov and Mcdonaldの指数回帰式「y=a+b（1−exp（−cx））ただしa+b≦100」から算出した。また各分解パラメータ（a，b，c）は非線形回帰分析により求めた
有効分解率を「P=a+bc/（c+r）ただしr：ルーメン希釈率を0.05/時と仮定」から算出した

ルーメン内微生物叢およびその活性に悪影響を及ぼすため，給与飼料中5～6%以下が望ましい。蒸気乾燥豆腐かすのEE含量は13.8%と高く，少給区における飼料中EE含量は肥育前中期4.2%，後期3.7%程度であった。しかし，多給区において蒸気乾燥豆腐かすを20～25%まで増給した結果，飼料中EE含量は肥育前期5.6%，中期5.5%および後期4.9%まで上昇した（第6表）。この蒸気乾燥豆腐かす多給による給与飼料中のEE含量の上昇がルーメン内微生物活動の低下を引き起こし，乾物摂取量が減少したと考えられる。

このことから，蒸気乾燥豆腐かすを乳用種去勢牛へ給与する場合，給与飼料中のEE含量を考慮し，肥育前中期12.5%，後期10%程度までの給与にとどめるべきである。

②枝肉成績

枝肉重量は，少給区427kg，無給区417kg，多給区396kgの順であり，無給区と少給区に大きな差は認められなかったものの，多給区は他と比較して低かった。肉色の指標である牛肉色基準値（BCS No.）は，多給区および少給区で4.0，無給区では4.6，また枝肉単価は多給区500円/kg，少給区488円/kg，無給区437円/kgであった。蒸気乾燥豆腐かすを給与した肥育牛の枝肉は牛肉

第6表　肥育期ごとの飼料配合割合および養分含量

項　目	前　期			中　期			後　期		
	多給区	少給区	無給区	多給区	少給区	無給区	多給区	少給区	無給区
配合割合（DM%）									
稲わら	0.0	0.0	0.0	14.9	12.6	12.6	8.4	8.4	8.4
ブルーグラス	20.1	18.3	18.3	0.0	0.0	0.0	0.0	0.0	0.0
アルファルファミール	10.4	10.4	10.4	4.0	4.0	4.0	2.4	2.4	2.4
大麦	3.1	10.6	10.6	5.6	8.0	8.0	16.1	16.1	12.4
トウモロコシ	16.1	17.3	27.7	37.7	40.1	50.3	46.8	57.6	68.1
一般ふすま	24.7	27.6	23.6	12.1	20.8	16.7	5.7	4.8	3.2
脱脂大豆かす	0.0	2.7	8.9	0.0	1.4	7.7	0.0	0.0	4.8
炭酸カルシウム	0.6	0.6	0.6	0.7	0.7	0.7	0.7	0.7	0.7
蒸気乾燥豆腐かす 1)	25.0	12.5	0.0	25.0	12.5	0.0	20.0	10.0	0.0
養分含量（DM%）									
TDN 2)	74.7	74.0	74.0	79.0	78.0	78.0	83.3	83.0	83.0
CP 3)	16.9	16.0	16.0	15.0	14.0	14.0	14.0	12.0	12.0
EE 4)	5.6	4.2	2.6	5.5	4.2	2.7	4.9	3.7	2.5
CF 5)	16.1	14.7	13.4	11.1	9.8	8.6	8.1	7.1	6.2
NDF 6)	30.0	29.0	27.9	22.5	22.0	20.9	16.9	16.1	15.4

注　1）化学分析による蒸気乾燥豆腐かす飼料成分値。DM：97.2%，TDN：93.9%，CP：27.4%，EE：13.8%，CF：17.5%，ただしTDNは日本標準飼料成分表における乾燥豆腐かすの消化率により算出した
2）可消化養分総量，3）粗蛋白質，4）粗脂肪，5）粗繊維，6）中性デタージェント繊維

第7表　蒸気乾燥豆腐かすの添加割合が異なる肥育飼料を給与した肥育牛の発育成績

試験区		体重（kg）				日増体量（kg/日）				乾物摂取量（kg/日）			
		開始	前期	中期	後期	前期	中期	後期	通算	前期	中期	後期	通算
多給区	平　均	298	394^{a}	558^{a}	679^{a}	1.15^{A}	1.17	0.73^{A}	0.98^{a}	8.2^{a}	9.2^{A}	8.5^{a}	8.7^{A}
	標準偏差	12	10	22	33	0.09	0.16	0.09	0.10	0.5	0.4	0.7	0.5
少給区	平　均	298	407^{b}	578	730^{b}	1.30^{B}	1.23	0.91^{Ba}	1.11^{b}	9.0^{b}	10.4^{B}	9.7^{b}	9.8^{B}
	標準偏差	10	6	21	22	0.10	0.17	0.09	0.05	0.7	0.6	0.8	0.5
無給区	平　均	302	411^{b}	596^{b}	722^{b}	1.31^{B}	1.32	0.76^{b}	1.08	9.2^{b}	10.7^{B}	9.3	9.8^{B}
	標準偏差	12	12	23	37	0.06	0.17	0.09	0.10	0.5	0.7	0.8	0.6

注　体重における開始：試験開始，前期；前期終了，中期；中期終了，後期；出荷時を示す
平均縦列大文字異符号間に1%水準，小文字異符号間に5%水準で有意差あり

第8表　蒸気乾燥豆腐かすの添加割合が異なる肥育飼料を給与した肥育牛の枝肉成績

試験区	枝肉重量 (kg)	歩留基準値 (%)	バラ厚 (cm)	皮下脂肪厚 (cm)	胸最長筋面積 (cm^2)	脂肪交雑		肉の色沢			枝肉[3]単価 (円/kg)
						BMS[1]	等級	BCS[2]	光沢	等級	
多給区	396.1[a]	69.5	5.2	1.7	39.3	2.8	2.8	4.0	2.8	2.8	500
少給区	427.4[b]	69.2	5.4	1.6	38.8	2.8	2.7	4.0	2.8	2.8	488
無給区	417.1	69.6	5.3	1.8	42.4	2.8	2.6	4.6	2.4	2.4	437

注　1）牛脂肪交雑基準値：脂肪交雑の指標値を示す
2）牛肉色基準値：肉色の指標値を示す
3）枝肉単価は福岡食肉市場株式会社による競り価格。平成12年BSE感染牛が国内で初めて確認されたことにより，試験牛出荷時（2001年7月29日）の枝肉単価は大幅に下落した
4）縦列小文字異符号間に5%水準で有意差あり

色基準値および枝肉単価が向上する傾向が認められた（第8表）。

その他，脂肪交雑の指標である牛脂肪交雑基準（BMS No.），バラの厚さ，皮下脂肪厚については，各試験区間に大きな差は認められなかった。

宮腰ら（2001）は，生豆腐かす（乾物比前期20%，中期15%，後期10%）と米ぬか（乾物比全期5%）を給与したホルスタイン種去勢牛（22か月齢出荷）の枝肉成績は，無給与のものと比較して枝肉重量，胸最長筋面積は大きくなるが，皮下脂肪が厚く，枝肉歩留りが低下することを報告している。このことから，出荷月齢および給与飼料全体の栄養水準によっては，皮下脂肪が厚くなり枝肉歩留りが低下する可能性があることに留意しなければならない。

また，色差計により測定した胸最長筋の明度（L*），赤色度（a*）および黄色度（b*）が蒸気乾燥豆腐かすを給与した肥育牛で高くなる傾向があり，蒸気乾燥豆腐かすを給与した肥育牛の枝肉は，明るく鮮やかな肉色を示した（第9表）。このことにより，牛肉色基準値（BCS No.）が無給与のものより0.6低下し，格付等級が向上したと考えられる。宮腰らも豆腐かすと米ぬかの給与により牛肉色基準値が向上する傾向があり，その一要因として米ぬかに含まれるビタミンEの可能性を報告している。飼料中に含まれるビタミンEは牛肉の鮮度保持機能を有することから，脂肪含量に富む豆腐かすは，その脂溶性ビタミンによる肉色改善作用を有すると考えられる。

第9表　蒸気乾燥豆腐かすの添加割合が異なる肥育飼料を給与した肥育牛枝肉の色調

試験区	胸最長筋			皮下脂肪		
	L*[1]	a*[2]	b*[3]	L*	a*	b*
多給区	39.7	22.0	11.2	72.7	1.8	5.0[a]
少給区	38.7	23.3	11.5[a]	72.8	1.1	5.1[a]
無給区	37.9	20.6	9.8[b]	76.3	2.0	7.5[b]

注　1）明度，2）赤色度，3）黄色度，4）縦列小文字異符号間に5%水準で有意差あり

③脂肪性状

各試験区での肥育牛枝肉の筋肉内および皮下の理化学的性状を調査した結果，いずれの脂肪組織中でも，リノール酸（C18：2），リノレン酸（C18：3）およびリノール酸の異性体であり，抗ガンや血中コレステロール低下などの生理活性作用を持つ共役リノール酸（*cis*-*9*，*trans*-11C18：2 CLA）の割合が，蒸気乾燥豆腐かすを給与した肥育牛で高かった。

蒸気乾燥豆腐かすは脂肪含量が高く，しかもその脂肪酸組成は他の肥育用飼料と比べてC18：3割合が高い点に特徴がある（第10表）。供試牛は蒸気乾燥豆腐かす給与量増加に伴い，粗脂肪および脂肪中のC18：2，C18：3摂取量が増加することになる。飼料として摂取されたC18：2，C18：3といった高度不飽和脂肪酸は，第一胃内で積極的に水素付加反応を受け，トランスバクセン酸（*trans*-11C18：1 TVA）を経由しステアリン酸（C18：0）へと変換される。しかし，蒸気乾燥豆腐かす給与により第一胃内に大量に取り込まれた高度不飽和脂肪酸の一部は，飽和化を逃れ下部消化管から直接吸収され，各

第10表　蒸気乾燥豆腐かすの添加割合が異なる肥育飼料を給与した肥育牛枝肉の脂肪性状

試験区	部　位	主要脂肪酸組成 1)（%）							TUFA 2)（%）	脂肪融点（℃）
		C16：0	C18：0	C16：1	C18：1	C18：2	C18：3	CLA		
多給区	筋肉内	27.1A	15.3A	3.7A	39.9	4.3A	0.52Aa	0.58A	52.1	35.1
少給区	筋肉内	29.2	13.5	4.2a	40.1	3.2	0.29b	0.28B	51.2	32.5
無給区	筋肉内	31.3B	12.1B	5.0Bb	38.8	2.2B	0.08Bc	0.21B	49.2	34.5
多給区	皮　下	24.1a	11.6	5.6	42.9	4.0a	0.47A	0.68Aa	58.4	23.5Aa
少給区	皮　下	25.3	11.4	5.3	43.7	3.2	0.36	0.50b	57.6	26.6b
無給区	皮　下	26.3b	10.6	6.1	43.3	2.5b	0.27B	0.41B	56.7	28.0B

注　1）C16：0パルミチン酸，C18：0ステアリン酸，C16：1パルミトレイン酸，C18：1オレイン酸，C18：2リノール酸，C18：3リノレン酸，CLA共役リノール酸
2）総不飽和脂肪酸
3）同部位縦列大文字異符号間に1%水準，小文字異符号間に5%水準で有意差あり

脂肪組織に蓄積される。このことが，蒸気乾燥豆腐かす給与量に応じて脂肪組織におけるC18：2およびC18：3割合が増加する一要因と考えられる。

また，CLAは，飼料中のC18：2を基質として，ルーメン内セルロース分解菌のリノール酸イソメラーゼによる生物水素付加反応の中間代謝脂肪酸として生成される。つまりCLA割合の増加についても，摂取脂肪量の増加により，ルーメン内におけるCLA合成の基質となるC18：2量が増加したことが一つの要因と考えられる。しかし近年，反芻家畜における乳腺あるいは脂肪細胞内の不飽和化合成によるTVAからのCLA変換経路も明らかとなり，本試験においても，蒸気乾燥豆腐かす給与量増加に伴い，各脂肪組織に大量に蓄積したTVAが不飽和化酵素によって不飽和化反応を受けることで，内因的にCLAが変換された可能性も考えられる。

脂肪融点は，皮下脂肪において蒸気乾燥豆腐かす給与割合の増加に応じて低下した。脂肪融点は総不飽和脂肪酸割合と強い負の相関があり，本試験でも蒸気乾燥豆腐かす給与による高度不飽和脂肪酸割合の増加にともなう総不飽和脂肪酸割合の増加が，皮下脂肪の融点を低下させたと推察される（第10表）。

牛肉中の高度不飽和脂肪酸割合の上昇と脂肪融点の低下が，直接的に牛肉食味性に及ぼす影響に関しては，今後詳細に調査する必要がある。蒸気乾燥豆腐かす給与が枝肉の肉色やCLA割合の向上といった機能性に優れた良質高付加価値牛肉生産に有効であるという可能性が高いと考えられる。

（3）肥育豚への給与試験

蒸気乾燥豆腐かすの肥育豚への給与試験を行なった。まず試験1として，対照区に蒸気乾燥豆腐かすを配合しない0%区，蒸気乾燥豆腐かすを10%配合した10%区，20%配合した20%区を設けて肥育試験を行なった。第11表に各区の飼料配合割合について示した。飼料は蒸気乾燥豆腐かすのほかにトウモロコシ，大豆かす，ふすまを主体として，TDN75%，DCP13%となるように調整した。

第11表　各試験区の飼料配合割合（%）

	0%区	10%区	20%区
蒸気乾草豆腐かす	0.0	10.0	20.0
トウモロコシ	71.2	59.6	48.3
大豆かす	15.2	11.3	7.0
ふすま	11.7	17.2	22.7
その他	1.9	1.9	2.0
TDN	75.0	75.0	75.0
DCP	13.0	13.0	13.0

第12表　蒸気乾燥豆腐かす給与の発育成績

試験区	DG（kg/日）	肥育日数（日）	飼料要求率
0%区	0.88A	86.4	3.11
10%区	0.85A	88.7A	3.11
20%区	0.76B	99.7B	3.15

注　群飼，不断給餌，自由飲水
縦列AB間に1%水準で有意差あり

①発育成績

発育成績を第12表に示した。試験は8～11月にかけ，生体重30～105kgで行なった。肥育試験にはすべて福岡県農業総合試験場の大ヨークシャー種去勢雄を用いて，1区4頭，不断給餌，自由飲水とした。DGは対照である0%区の0.88kgに対して，10%区は0.85kgと大きな差はなかったが，20%区では0.76kgと有意に低くなった。飼料要求率は3.11～3.15とほぼ同等で，肥育日数はDGの低い20%区が長くなった。したがって，1日の飼料摂取量は蒸気乾燥豆腐かす20%配合区が低くなった。そのため，飼料要求率はかわらないものの，飼料摂取量のちがいによってDGに差が出るという結果になった。

第13表　肥育豚試験での背脂肪厚と肉質・保水力

試験区	背脂肪厚（cm）				脂肪融点（℃）		肉色 1)			保水力 2)
	肩	背	腰	平均	背	腎臓	L	a	b	
0%区	4.07	1.89	3.21^{B}	3.06^{b}	34.3^{B}	41.7	53.9	6.9	3.0	77.2
10%区	3.72	1.80	3.13^{b}	2.88	32.8	38.9	54.3	6.6	3.2	78.0
20%区	3.51	1.43	2.56^{Aa}	2.50^{a}	31.7^{A}	37.5	55.9	6.8	3.7	77.3

注　1）L：明度，a：赤色度，b：黄色度
2）加圧ろ紙法（$35kg/cm^2$・60秒）
3）肉色，保水力はロース肉使用
4）背脂肪融点は内層

以上のことから，10%程度の配合であれば，通常の配合飼料と同等の肥育成績が確保できるが，20%配合すると飼料摂取量が落ちることがわかった。

②背脂肪厚・脂肪融点・肉色など

第13表に屠体の背脂肪厚，脂肪融点，肉色，保水力について示した。背脂肪厚は，20%区が全体的に薄くなり，平均で0%区に比べて有意に薄くなったが，これは1日当たりの飼料摂取量が低くなったためと考えられる。背脂肪内層脂肪融点は蒸気乾燥豆腐かすの配合割合が高くなるにしたがって低くなり，0%区に比べて20%区では有意に低くなった。また腎脂肪でも，有意差はないものの，同様の傾向を示した。蒸気乾燥豆腐かすを給与する場合に問題になるのは軟脂が出やすいことであり，背脂肪，腎脂肪ともに蒸気乾燥豆腐かすを配合すると脂肪融点は低くなっているため，注意が必要となる。肉色，保水力については大きな差は認めらなかった。

③蒸気乾燥豆腐かすの水分含量と豚の嗜好性

20%区で，飼料摂取量の落ちる原因は，通常の配合飼料の水分が13%程度であるのに比べて，試験に使用した蒸気乾燥豆腐かすの水分は実測で4%程度と低く，配合した飼料はかなりぱさぱさした状態になっていたため，飼料の嗜好性に問題があると推察された。そこで試験2として，水分の違う蒸気乾燥豆腐かすを調製し，豚の嗜好試験をカフェテリア方式で行なった。

具体的には豚房の中に3つの給餌器を置き，それぞれ違う配合飼料をいれ，自由に摂取できるようにした。1回目の試験では前記の肥育試験で用いた0%区，10%区，20%区の飼料をそれぞれの給餌器にいれた。2回目は，通常の配合飼料と同等の水分13%の蒸気乾燥豆腐かすを用いて，1回目と同様に配合割合0%，10%，20%の飼料を調製して試験を行なった。全体の飼料摂取量のなかで，それぞれの飼料が占める割合，つまり豚がどの飼料を選んで食べたかを第4図のグラフに示す。1回目の4%水分の蒸気乾燥豆腐かすを用いた試験では，0%区が全体の66%を占め，蒸気乾燥した豆腐かすを配合すると嗜好性が落ちることがわかった。2回目の13%水分の蒸気乾燥豆腐かすを用いた場合では，10%区が38.9%，ほかの2区が30%前後と，1回目に比べて全体的

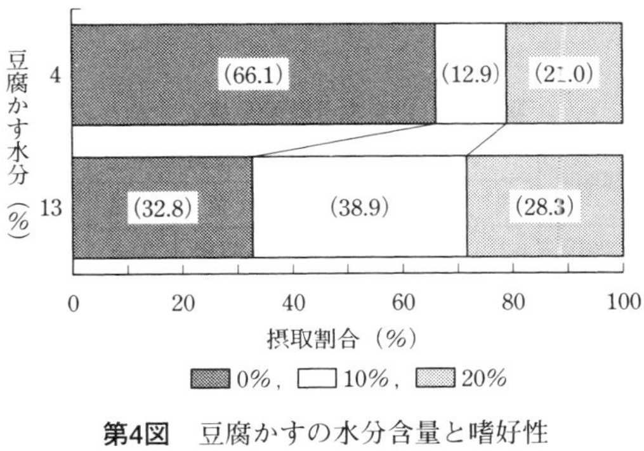

第4図　豆腐かすの水分含量と嗜好性

に等量を摂取しており，水分によって嗜好性に影響が出ることがわかった。なお，蒸気乾燥豆腐かす製造機では仕上がり水分の調整を容易に行なうことができる。

そこで試験3として，水分13%の蒸気乾燥豆腐かすを用いて肥育試験を行なった。一度目の肥育試験と同様に，蒸気乾燥豆腐かすの配合割合によって0%区，10%区，20%区を設けた。発育成績を第14表に示す。DGは0.76〜0.80kg/日，飼料要求率は3.70〜3.81となり，10%区でやや低い成績になってはいるが，20%区では0%区とほぼ同じ発育性を示しており，発育性は十分に確保できるものと考えられる。

背脂肪厚，肉質などについては第15表に示した。肉色，保水力については差は認められなかった。背脂肪厚については，平均で3.35〜3.03cmとなり，やや0%区が厚くなるが，有意差は認められなかった。脂肪融点については，前回の試験と同じように，蒸気乾燥豆腐かすの割合が増えると融点が低くなる傾向が見られ，0%区に比べて，10%区，20%区では有意に低くなった。

蒸気乾燥豆腐かすの乾物量で比較した場合，水分13%の蒸気乾燥豆腐かすを20%配合することは，水分4%の蒸気乾燥豆腐かすでは17.4%の配合割合となる。1回目の肥育試験では20%区で飼料摂取量が低く，発育性が確保されなかった。

第14表　13%水分乾燥豆腐かす給与の発育成績

試験区	DG（kg/日）	肥育日数（日）	飼料要求率
0%区	0.80	81.0	3.79
10%区	0.76	85.5	3.70
20%区	0.79	82.7	3.81

注　群飼，不断給餌，自由飲水。生体重40〜105kg

第15表　13%水分乾燥豆腐かす給与の背脂肪厚と肉質

試験区	背脂肪厚（cm）				脂肪融点（℃）		肉色 1)			保水力 2)
	肩	背	腰	平均	背	腎臓	L	a	b	
0%区	4.11	2.36	3.59	3.35	33.0^a	34.6	54.1	8.1	4.0	80.5
10%区	3.86	2.07	3.13	3.02	31.0^b	33.7	51.4	6.9	3.2	80.3
20%区	3.84	2.10	3.16	3.03	31.1^b	35.0	55.4	7.8	4.5	79.0

注　1）L：明度，a：赤色度，b：黄色度
2）加圧ろ紙法（$35kg/cm^2$・60秒）
3）肉色，保水力はロース肉使用

しかし，水分値を高くして嗜好性を高めることで，17%相当の配合割合でも同等の肥育成績が期待できる。このように蒸気乾燥豆腐かすは，発育性を考えた場合，十分に飼料原料として利用が可能であるといえる。実際の使用に際しては，1）脂肪融点が低くなることから，軟脂の発生対策，2）通常の飼料原料に比べて比重が小さくかさばるため，輸送，貯蔵の効率などを考慮しながら添加割合を検討する必要があると考えられる。

（4）採卵鶏への給与試験

これまで鶏では豆腐かすを飼料原料として利用することがなかったため，日本標準飼料成分表にも鶏のMEは記載されていない。これまでの通風乾燥による豆腐かすを採卵鶏に給与した報告（Tarachaiら，1999）では，豆腐かすを市販飼料の一部と直接置き換えたため，飼料中のMEが低下し，産卵率および体重の低下をまねいた。そのため採卵鶏用の飼料原料として配合する場合は，採卵鶏の要求量を充足するよう配合設計する必要がある。

そこで，蒸気乾燥豆腐かすのMEを測定したうえで，MEおよびCPを成鶏用飼料と同等となるよう設計した蒸気乾燥豆腐かす配合飼料を採卵鶏へ給与し，産卵成績に影響を及ぼさない実用的な配合割合について調査したので報告する。

①蒸気乾燥豆腐かすの代謝エネルギー

市販の中すう用配合飼料を基礎飼料とし，蒸気乾燥豆腐かすを30%配合した飼料を若雌鶏に給与してMEを測定した。蒸気乾燥豆腐かすのMEは1,521kcal/kgとなり，GEは5,346kcal/kgであるため，代謝率は28.5%であった。

鶏のMEに関しては，若雄鶏によるMEは2,700kcal/kg（Tarachaiら，2001），アヒルによるMEは1,562〜2,007kcal/kg（Farhatら，1998）と報告されているのみである。本試験で測定した蒸気乾燥豆腐かすのMEは1,521kcal/kgとこれまでの報告値より低いME値であった。ま

た，代謝率は28.5%と採卵鶏にとって消化性の低い飼料であることが明らかとなった。

②試験方法と産卵成績

試験期間は21～64週齢までの44週間とした。対照はME2.8Mcal/kg，CP17%である成鶏用飼料を用いた。蒸気乾燥豆腐かすの配合割合は5%，10%，15%の3区分とした。成鶏用飼料および蒸気乾燥豆腐かす15%配合飼料の原料配合割合および主な成分値を第16表に示した。蒸気乾燥豆腐かすの成分としてMEは1,521kcal/kgとし，その他の成分は日本標準飼料成分表を用いた。蒸気乾燥豆腐かす15%配合飼料のMEおよびCPは成鶏用飼料と同等とし，アミノ酸その他の成分は産卵鶏の要求量を満たすよう設計した。蒸気乾燥豆腐かす10%配合飼料および5%配合飼料は，蒸気乾燥豆腐かす15%配合飼料と成鶏用飼料をそれぞれ2：1および1：2の割合で混合して調製した。

第16表　供試飼料の配合割合と成分値

	成鶏用飼料	豆腐かす 15%配合飼料
配合割合（%）		
穀類（トウモロコシ，マイロ）	61.4	53.1
植物性油かす類（大豆油かす，菜種かす，コーングルテンミール）	23.5	18.0
動物質性飼料（魚粉）	1.5	0.5
その他（炭酸カルシウム，アルファルファミール，動物性油脂）	13.6	13.4
蒸気乾燥豆腐かす	—	15.0
成分値		
CP（%）	17.0	17.0
ME（Mcal/kg）	2.8	2.8
Ca（%）	3.7	3.4

第17表　21～64週齢までの産卵成績および飼料摂取量

蒸気乾燥豆腐かす配合割合（%）	産卵率（%）	平均卵重（g）	産卵日量（g）	飼料摂取量（g/羽・日）	飼料要求率	破卵率（%）
0	87.4	61.8	54.1	113.6[a]	2.11	1.0
5	87.5	63.3	55.5	114.4[a]	2.07	1.5
10	87.8	63.0	55.3	111.5	2.02	1.5
15	85.2	62.7	53.5	107.5[b]	2.02	1.9

注　縦列異文字間に有意差あり（$P<0.05$）

産卵成績と飼料摂取量を第17表に示した。産卵率は，対照の87.4%に対し，蒸気乾燥豆腐かす配合飼料給与では85.2～87.8%とちがいは認められなかったものの，15%配合ではやや低下する傾向にあった。平均卵重は各試験区で61.8～63.3gと有意な差はなかった。産卵日量と飼料要求率では蒸気乾燥豆腐かす配合割合のちがいによる差はみられなかった。飼料摂取量は，対照が113.6gであったのに対し，蒸気乾燥豆腐かすの配合割合が5，10，15%と増加するのにともない，114.4g，111.5g，107.5gと低下した。本試験では，市販飼料と同等のMEとなるよう蒸気乾燥豆腐かすを飼料に配合して採卵鶏に給与したが，飼料摂取量は配合割合が増加するにともなって減少し，産卵率も若干低下した。

Tarachaiら（1999）は，乾燥豆腐かすを採卵鶏に給与すると，摂取重量は減少するものの摂取容量はほぼ同等であることを報告しており，その原因として豆腐かすの比重が軽く，体積がかさむことを示唆している。蒸気乾燥豆腐かすも同様に比重が軽く体積がかさむため，摂取重量に限界が生じ，配合割合が増加するにともない，摂取重量が低下したと考えられる。

また，豚では，蒸気乾燥豆腐かすの水分値が4%の場合，飼料摂取量が低下するものの　水分含量を13%へと調整することによって，飼料摂取量の低下を防止できたとしている（山口ら，2004)。このことから，通常の成鶏用飼料の水分値は12～14%であるのに対し，蒸気乾燥豆腐かすの水分値が1～4%と低水分であったことから，摂取量の低下をまねいたものと推察される。

破卵率は，57週齢以降に蒸気乾燥豆腐かすを配合した試験区で増加し，対照は1%程度であるのに対し，蒸気乾燥豆腐かす配合では3.0～4.5%となった（第18表)。60週齢での卵質では，蒸気

第18表　60週齢の卵質と57～64週齢の破卵率

蒸気乾燥豆腐かす配合割合（%）	卵殻強度（kg）	卵殻割合（%）	破卵率（%）
0	4.68	9.4[a]	1.2[a]
5	4.32	9.4	3.2[b]
10	4.08	9.2	3.0[b]
15	4.12	9.0[b]	4.5[b]

注　縦列異文字間に有意差あり（P＜0.05）

第20表　60週齢の卵質と57～64週齢の破卵率

	卵殻強度（kg）	卵殻割合（%）	破卵率（%）
無添加	3.12[a]	8.9[a]	2.8
Ca	3.89[b]	9.5[b]	2.4
フィターゼ	3.68	9.1	2.1

注　縦列異文字間に有意差あり（P＜0.05）

乾燥豆腐かす配合では卵殻割合と卵殻強度が低下する傾向にあった。今回の蒸気乾燥豆腐かす15%配合飼料中のカルシウム含量は一般配合飼料の3.7%と比較して3.4%とやや低く設定しており，カルシウム含量の多少が卵殻に影響を与えた可能性がある。飼料中のカルシウム含量は蒸気乾燥豆腐かす10%配合で3.5%，5%配合で3.6%となり，採卵鶏の要求量である3.4%は満たしてはいたものの，蒸気乾燥豆腐かす配合飼料の給与により破卵率が上昇する傾向にあることから，カルシウム摂取量が一般配合飼料よりやや少なかったために卵殻が脆弱化したと考えられる。

以上の結果から，水分値が1～4%程度の低水分の蒸気乾燥豆腐かすを配合飼料原料として利用する場合に配合割合を15%まで高めると，鶏の摂取量が減少し産卵率が減少する傾向にあるため，10%程度までの配合が限度であると考えられる。ただし，産卵後期における破卵抑制対策が必要であり，以下の試験を実施した。

③カルシウムあるいはフィターゼ添加による卵殻改善

蒸気乾燥豆腐かす配合飼料のカルシウム水準，およびリンとカルシウムの消化吸収を改善するためのフィターゼ添加効果を検討した。

蒸気乾燥豆腐かすの配合割合を10%とし，カルシウム0.5%添加区，フィターゼ300単位/kg添加区，無添加区の3区を設定して試験をした。

試験期間は24～64週齢までの40週間とし，産卵成績と飼料摂取量を第19表に示した。産卵率は，無添加の90.3%に対し，カルシウムあるいはフィターゼ添加では90.7%および92.0%と違いは認められなかった。平均卵重，産卵日量および飼料要求率では，カルシウムあるいはフィターゼ添加による差はみられなかった。飼料摂取量は，無添加が116.0gであったのに対し，カルシウムあるいはフィターゼ添加では，119.4gおよび118.4gとやや多かったものの差はなかった。

57～64週齢の破卵率と44週齢および60週齢時の卵質を第20表に示した。破卵率では無添加は2.8%であるのに対し，カルシウムあるいはフィターゼ添加では2.4%および2.1%とやや改善傾向にあった。60週齢での卵質では，カルシウムあるいはフィターゼ添加で卵殻割合および卵殻強度のいずれも改善された。

以上の結果から，蒸気乾燥豆腐かすを配合飼料原料として利用する場合は10%までの配合とし，破卵抑制にはカルシウムを3.9%まで高めるか，フィターゼの添加が有効と考えられる。

（5）肉用鶏への給与試験

①試験方法と給与成績

Tarachaiらは蒸気乾燥ではない通常の乾燥豆腐かすについて代謝試験を行ない，MEを2,700kcal/kgと算出している。また今回と同様にCPとMEを統一した乾燥豆腐かす0～15%配合飼料を7～28日齢のブロイラーに給与し，乾燥豆腐かすの配合率増加に比例して体重増加と飼料摂取量の減少および飼料要求率の改善を認めている。この報告から，乾燥豆

第19表　24～64週齢までの産卵成績と飼料摂取量

	産卵率（%）	平均卵重（g）	産卵日量（g）	飼料摂取量（g/羽・日）	飼料要求率
無添加	90.3	63.9	57.9	116.1	2.01
Ca	90.7	64.0	58.1	119.4	2.06
フィターゼ	92.0	64.3	59.2	118.4	2.00

腐かすは大豆かすに遜色のないMEを持ち，15%程度まで肉用鶏飼料に配合可能であるとしている。

そこで，蒸気乾燥豆腐かすを用いて，大豆かすの代替品としてブロイラーに利用する場合の配合可能量を求めた結果を紹介する。

ブロイラー後期飼料に5，10，15%の3水準で配合し，4～8週齢の期間給与した。蒸気乾燥豆腐かすのMEは前述の採卵鶏代謝試験から求めた1,521kcal/kgに設定し，CP，アミノ酸は日本標準飼料成分表中の乾燥豆腐かすの標準値を代入して設計した。試験飼料は対照の市販飼料と同じくCP18%，ME3,200kcal/kgに統一し，必須アミノ酸量も同様に充足させる設計とした。

結果は第21表のとおりで，すべての蒸気乾燥豆腐かす配合飼料で飼料摂取量は有意に減少し，10，15%配合区では8週齢体重が有意に減少した。腹腔内脂肪は15%配合区で有意に減少し，5，10%配合区でも対象飼料よりも低い傾向であった。飼料要求率は全区がほぼ同一であった。育成率は全区間に差がなかった。

飼料要求率が全区でほぼ等しかったことから，飼料中のME，CP，アミノ酸は設定どおり充足されたと考えられた。したがって，配合率の増加に伴う飼料摂取量と体重の低下は，ブロイラーにとって，蒸気乾燥豆腐かすの嗜好性が極度に低いことを示すと考えられる。

試験中に，供試鶏の嘴に吸水した蒸気乾燥豆腐かすが糊状に粘着する模様が見られ，摂食の物理的阻害あるいは忌避を引き起こしている可能性が考えられた。

一方，Shiresらは飼料の消化性によって腸内滞留時間が変わることを報告している。蒸気乾燥豆腐かすはMEがTarachaiらの通常乾燥豆腐かすの算出値の半分程度と低く，消化性が低いことが明らかである。この消化性の低さのため腸内滞留が遅延し，摂食が進まなかった可能性も考えられた。

②水分調整による嗜好性向上および酵素による消化性向上の検討結果

前記のとおり，蒸気乾燥豆腐かす飼料の摂取量低下に2つの原因が考えられたため，次の試験を行なった。

まず，蒸気乾燥豆腐かすの吸水性を緩和して嗜好性を改善する試みとして，あらかじめ蒸留水を攪拌して水分を通常の乾燥豆腐かすと同等の12%に調整し，これを前記の試験と同様の設計で10%配合した。この水分調整蒸気乾燥豆腐かす10%区に加えて，酵素による消化速度改善を期待し，市販の飼料添加用フィターゼを添加した区，市販の植物繊維分解酵素剤を配合した区を設定した。

育成成績は第22表に示した。水分調整蒸気乾燥豆腐かす10%配合区では対照の市販飼料に比較して，体重，飼料摂取量ともに有意に低下し，腹腔内脂肪も低下した。摂取量の低下の程度は前試験の10%区と同等であり，水分調整の効果はないことが明らかであった。

2種の酵素添加区では，水分調整蒸気乾燥豆腐かすのみの配合より飼料摂取量と体重が向上した。この結果から，蒸気乾燥豆腐かす飼料の嗜好性の低さは，主に消化の遅さから生じていることが判明した。

植物繊維分解酵素区は，飼料摂取量がほぼ対

第21表　蒸気乾燥豆腐かすの配合割合が育成・解体成績に及ぼす影響

給与飼料	生体重 (g)	飼料摂取量 (g)	飼料要求率	育成率 (%)	正肉歩留 (対生体%)	腹腔内脂肪 (対生体%)	生体1kg当たり生産費 (円)
市販配合飼料（対照）	3,206[a]	6,510[a]	2.07	97.4	41.5	2.37[b]	134.7
蒸気乾燥豆腐かす5%	3,209[a]	6,324[b]	2.01	97.7	41.6	2.03	129.5
蒸気乾燥豆腐かす10%	3,144[a]	6,211[b]	2.02	98.0	41.0	2.17[b]	125.4
蒸気乾燥豆腐かす15%	3,001[b]	5,913[c]	2.02	97.6	40.8	1.81[a]	123.9

注　縦列異符号間に有意差（$p<0.05$）あり
生体1kg当たり生産費＝生体1kg当たりひな代＋生体1kg当たり飼料費
蒸気乾燥豆腐かすの単価は30円/kgとして算出

第22表　水分12%とした蒸気乾燥豆腐かす10%飼料と酵素類添加の結果

給与飼料	生体重 (g)	飼料摂取量 (g)	飼料要求率	育成率 (%)	正肉歩留り (対生体%)	腹腔内脂肪 (対生体%)
市販配合（対照）	3,152[a]	6,546[a]	2.50	97.5	40.2	2.51
水分調整蒸気乾燥豆腐かす10%	2,926[c]	6,341[b]	2.54	98.0	39.3	2.27[a]
水分調整蒸気乾燥豆腐かす10%＋フィターゼ	2,972[c]	6433	2.58	98.4	39.5	2.33[a]
水分調整蒸気乾燥豆腐かす10%＋植物繊維分解酵素	3,049[b]	6,543[a]	2.49	99.2	38.8	2.70[b]

注　縦列異符号間に有意差（$p<0.05$）あり
　フィターゼは協和発酵製「フィターゼ協和」。蒸気乾燥豆腐かす配合飼料1kg当たり1,000単位添加（0.2%）
　植物繊維分解酵素は協和発酵製「アスペラーゼ」，蒸気乾燥豆腐かす配合飼料1kg当たりキシラナーゼ100単位，ペクチナーゼ3,200単位となるように添加（0.4%）

照飼料並みに回復したが，体重は対照飼料より低く，腹腔内脂肪が増加する傾向であった。肉用鶏の反応として，ME/CP比が上昇すると体重は伸びずに腹腔内脂肪が増加する。植物繊維分解酵素が蒸気乾燥豆腐かすに作用した結果，蒸気乾燥豆腐かすのカロリー吸収が増加し，ME/CPが上昇したと考えられる。このことから，肉用鶏にとっての蒸気乾燥豆腐かすの難消化性分画は，カロリーを多く含む部分であると推測できる。

③肉用鶏での活用

試験から示されたとおり，肉用鶏にとって蒸気乾燥豆腐かすは嗜好性と消化性が低く，他の畜種よりも飼料原料としての利用性は低い。嗜好性の低さは難消化性に起因するが，酵素類を添加しても育成成績は通常飼料の水準までは改善されず，酵素の添加コストと効果を勘案すると，実用的とは考えにくい。

採卵鶏では蒸気乾燥豆腐かすが10%まで配合可能であるのに対し，ブロイラーでは通常飼料と同等の育成成績を得ることはできなかった。この差の理由は不明だが，採卵鶏飼料はブロイラー飼料より石灰石などのグリッドが多く，筋胃で粉砕が行なわれやすいことに関連する可能性がある。

以上のように，蒸気乾燥豆腐かすはブロイラーには適性が低い飼料原料だが，その価格の低さから，第21表に示すとおり5〜15%配合飼料では生体1kg当たりの生産費が減少する。特に5%配合では市販飼料と比較して体重の低下も見られず，飼料要求率も良好であることから，この範囲内であれば生産現場での利用が可能と考えられる。

とくに大豆かす価格の上昇した時期には，代替品としての利用価値は高まると推測されるが，ふすまなどと同様に増量材的な原料と位置づけるのが適当であろう。

4. 蒸気乾燥豆腐かす利用の今後の可能性

福岡県内で取扱いのよい蒸気乾燥豆腐かすが入手可能となったことから，肉用牛，肥育豚，採卵鶏，肉用鶏の各畜種に対する飼料としての利用試験について紹介した。

飼料への配合割合については，肉用牛10〜12.5%，肥育豚10%，採卵鶏10%，肉用鶏5%程度が適しているとの結果が得られたが，蒸気乾燥豆腐かすは，現在，流通価格が25〜30円/kg程度であり，価格的に飼料費のコスト低下に顕著に有効とまでには至っていない。

畜産を取り巻く経済環境が厳しいことから，今後はよりいっそうの蒸気乾燥豆腐かすの生産コスト低減に対する努力が必要だが，飼料自給率の向上や循環型社会の構築が大きな課題となるなかにあって，地域社会のなかでこのような資源リサイクルの取組みを積極的に推進していくことで，蒸気乾燥豆腐かすの畜産への利用拡大が可能であると考える。

執筆　田口清實・村上徹哉・西尾祐介・福原絵里子・稲田　淳（福岡県農業総合試験場家畜部）
2006年記

参 考 文 献

甘利雅拡・古賀照章・阿部亮．1994．トウフ粕の牛用飼料としての飼料価値と消化特性．畜産試験場研究報告．**54**，35—42．

独立行政法人農業技術研究機構編．2001．日本標準飼料成分表（2001年版）．中央畜産会．78—79．

Farhat, A., L. Normand, E. R. Chavez and S. P. Touchburn. 1998. Nutrient digestibility in food waste ingredients for pekin and muscovy ducks. Poult. Sci. **77**, 1371—1376.

伊藤米人・秋永達雄・入交義孝・宮崎巌．1985．豆腐粕の養豚飼料としての栄養価と肥育試験．日豚会誌．**22**，55．

松岡昭義・鈴木伸一・池田周平・濱岡俊哉．1985．豚に対する発酵飼料の利用に関する研究．日豚会誌．**22**，213—220．

宮腰雄一・村松克久・今井明夫・阿部悟．2001．トウフ粕，米ぬか混合飼料による乳用種去勢牛の肥育技術．新潟畜セ研報．**13**，49—53．

村上徹哉・津留崎正信．1997．給与飼料の代謝エネルギー水準/蛋白質含量比がブロイラーの腹腔内脂肪蓄積に及ぼす影響．福岡農総試研報．**16**，113—116．

西口靖彦・安藤貞・早坂貴代史．2002．肥育用地域飼料資源の評価．中国中山間地地域における遊休農林地活用型肉用牛営農システムの確立．48—50．

丹羽善次・中西五十．1995．食品製造副産物の肥育豚における利用性に関する研究．日豚会誌．**32**，1—7．

大武由之．1982．軟脂質豚肉の脂質の特性．日畜会報．**54**，80—89．

小野内栄治・片山信也．1999．食品製造副産物の飼料特性を活用した乳用種肥育牛の良質肉低コスト生産技術．北陸地域重要新技術開発促進事業報告書．11—15．

小嶋豊司・青山譲・清水悟・榎堀善文・中島一男・藤田英雄．1987．トウフ粕給与による乳用雌子牛の肥育技術．奈良畜試研報．**13**，1—15．

Shire，A. *et. al.* 1987．トウモロコシ―カノラミール飼料およびトウモロコシ―大豆粕飼料のブロイラーおよび白色レグホーン種雛における消化管通過速度（抄訳）．科学飼料．**33**（1），5．

Tarachai, P., N. Thongwittaya, H. Kamisoyama. and K. Yamauchi. 1999. Effeictive utilization of soybean curd residue for chicken feed as a plant protein source. Jpn. Poult. Sci. **36**, 311—318.

Tarachai, P. and K. Yamauchi. 2001. Metabolizable energy of soybean curd residue and its effective utilization for broiler chick feed. J. Poult. Sci. **38**, 160—168.

山口昇一郎・尾上武・村上徹哉．2004．乾燥トウフ粕を利用した肉豚生産技術の確立．西日本畜産学会報．2004年（第55回）大会号，60．

発　酵　バ　ガ　ス

1．利用の背景

昔の“牛飼い”は役牛利用が主目的であり，牛は田畑を耕す貴重な労力源であった。今でも東南アジアでよく見られるあののんびりした田園風景が日本でも見られた。「草は水ばかり含んでおり，いくら食べても足りない」という顔をしているといわれながらも，牛はいたって元気であった。また，牛は農業に欠かせない有機肥料源としての役割も大きかった。

時は移り世は変わり，現在では牛の役割も動物蛋白の給源へと様変わりし，自由化の波も加わり，飼料の給与も「大きな反すう胃袋の上手な使い方」に焦点が移ってきた。

私は復員後，地元新聞を経営するなかで，たまたま戦後の奄美復興に職をかけていた，今は亡き県の前田支庁長の説く「キビ，牛複合農業論」に共鳴していた。その後，健康上の都合で職を辞した後，ある日，製糖工場に積まれた山のようなバガスを見つけ，バガスにとりつかれ，研究にのめり込んでいった。

2．ハイセルバガスの3つの特性

バガスとはサトウキビの搾り殻である。サトウキビは熱帯性植物の多年性草木であり，C_4植物に属するのでイネなどC_3植物に比べ，炭酸ガスの濃縮，とり込みや保水力においておよそ2倍の機能をもつといわれている。その上，きびしい気象条件にも強く，農産加工原料として安定している。

バガスの成分はセルロース50%，ヘミセルロース26.82%，リグニン22.03%，灰分1.86%から成っているが，牛の不消化物であるリグニンが多いため，飼料としての利用の途を阻まれてきた。

第1図　ハイセルバガスの原料サトウキビ

このバガスのリグニンを除去し，飼料価値を高める方法の初めての試みは，1884年，ドイツのリッチマンが行なった苛性ソーダによる化学処理である。その後，アメリカの研究では，2%の苛性ソーダ10に対して，乾燥バガス1の割合で6時間浸潤させると植物性セルロース成分が得られた。

	非処理		アルカリ処理
セルロース成分(%)	52.5	⟶	76.3
セルロース消化率(%)	17.5	⟶	57.7

また，ハワイ大学のオリバーウイマンと，オオタガキ両博士により，アルカリ処理後，繊維分解酵素処理を加えるなどの研究がなされたが，実用化に至らなかった。

私が直接，教授から受けたアドバイスでは，環境問題のうえからもアルカリ処理はむずかしいとのことであった。

私はこのリグニンを分解するため，リグニナーゼ生産性ペニシリウム属菌などの混合菌を用いて消化性の高い飼料に変える技術を発明，特許を取得した（日本特許第972419号，ほかアメリカなど世界11か国）。

このリグニンを分解したバガスを発酵バガス，商品名「ハイセル＝ HI-CEL バガス」と称し，フィリピンで生産し，輸入している。このハイセルバガスの成分，消化率を第１表に，電子顕微鏡観察を第２図に示し，その性質を述べる。

①粗繊維含有率が高く，そのうえ消化率が高い。これが，ルーメン活動に不可欠の粗剛性とともに，粗飼料の生命である酢酸の素である。

②バガスは多孔質である。

サトウキビの茎は上から下まで，いくつもの小さい穴のある導管などのパイプがギッチリ並んでおり，中には空気穴も存在する。このパイプを形成している外側の繊維の細胞があたかもハチの巣のように天然の“発酵室”を形成している。現にこの発酵室にハイセル菌がすみ，その壁を食いつぶしているのがわかる。この発酵室が形成されるためバガスはカサバリが大きく，

第１表　ハイセルバガスの成分と消化率

供試飼料	水　分	粗蛋白	粗脂肪	可溶無窒素物	粗繊維
含　有　量(%)	7.68	2.21	0.47	44.72	41.7
消　化　率(%)		2.5	35.0	65.5	73.6
可消化成分(%)		0.77	0.16	29.29	30.69
D・C・P(%)	1.0				
T・D・N(%)	60.01				

注　T・D・Nは通常の発酵バガス成分と消化率（特許明細による）から算出

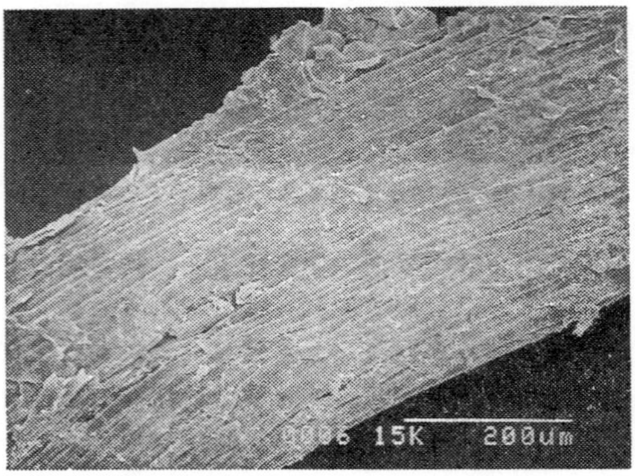

①生 バ ガ ス　（×150）
生バガスの繊維がしっかりしている。
竹の繊維と似ている

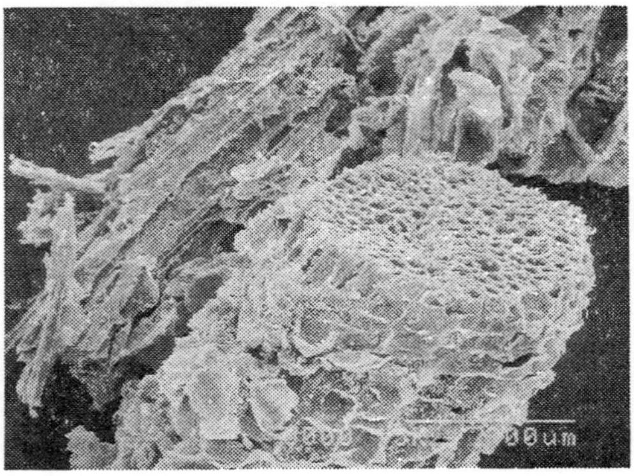

②発　酵　後　（×150）
ハイセルバガス。
繊維が崩れている

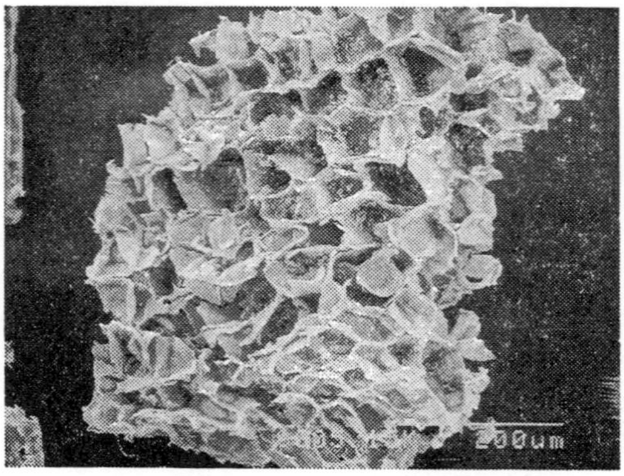

③発　酵　後　（×150）
ハイセルバガスの横断面。細胞の中にハイセル混合菌体が見える

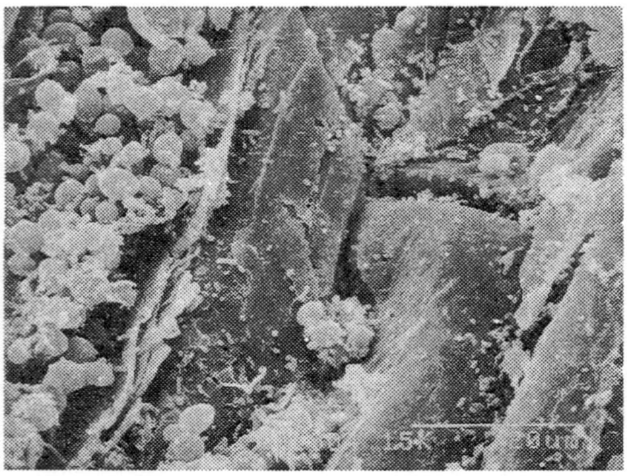

④発　酵　後　（×1,500）
ハイセルバガス。
固い繊維をハイセル混合菌が食べている

第２図　バガスの発酵による形状の変化（電子顕微鏡）

前記アメリカの苛性ソーダ処理ではバガス1に対して，その10倍もの容量のソーダ液を入れて浸潤させるなど，この多孔質，膨張性がここでは欠点になっていた。

③膨張性。牛が草や飼料を食べると，バクテリアや，原生動物の分解をうけ，低級脂肪酸が生成される。これがルーメンの胃壁を刺激して絨毛の突起を促す。一方，飼料のかさ（容積）がルーメンに機械的な刺激を与えて拡張を助けている。そのため，粗飼料の摂取量が減少すると反すう時間や回数も減り，各種の消化器障害の原因ともなる。ハイセルバガスは胃袋の中で他の粗飼料の何倍も膨張するので，TDN の栄養にこの特殊な物理性が加わり，さらに飼料が効率よく消化吸収されるものである。この多孔質で膨張性の大きいハイセルバガスを，たとえば骨の柔らかい子牛が食べたらどうなるかというと，毎日連続的な大きなカサバリがあれば，肋骨が外へ外へ押し広げられて「肋張り」が大きくなると同時に，バランスのとれた成長をとげることができる。

3．機　能　性

次に，ハイセルバガスのいくつかの現場報告をもとに，バイオ飼料としてのハイセルバガスの機能性について述べる。

（1）　真っ黒い胃袋・長い大きい絨毛

「ハイセルバガスを食べた牛の胃袋の絨毛は長くて大きい」ということが徳島県屠場で話題になったこともあり，私たちは沖縄県玉城村農協とタイアップして販売を開始したあと，沖縄県食肉センターでの解体・解剖を注視していた。その結果，予想どおり胃袋が真っ黒だと話題をさらっていたが，たまたま沖縄県でも企業立地対策の一つとして注目しており，県の立合い解剖が行なわれた。

昭和61年1月28日，沖縄県企業立地対策室の天久主査，琉銀ベンチャーキャピタルの安田営業部長，玉城村農協の知念課長，金城指導員とともに日本ハイセル社，松岡社長，松岡常務が沖縄県食肉センターに集合して，立ち会った。解剖獣医師からハイセルバガス牛と他の牧草牛とのルーメン，絨毛・胃腸・肝臓などについてつぶさに説明をうけ，われわれも自分の手で現物をつまみあげて，ハイセルバガス牛の絨毛の大きいこと，胃壁に強くしっかり根づいていること，肝臓がクリーム色で固くてきれいなことを確認した。これに比べて，従来の牧草牛の絨毛は白っぽく，短く，そのうえ弱々しく，手でつまんだら抜けてきたし，肝臓は化膿したところが随所に見られ，ついに廃棄処分された。

私はこのときのハイセル牛のきれいな肝臓と2つの胃袋を宝物として保管している。

この日の解剖結果に力を得た県は，天久主査を中心に，さらに県による試験，解剖を計画し，平成2年度から県補助事業として宮古島で輸入牧草とハイセルバガスを用いて乳牛，肉牛の給与試験を始め，3年12月19・20日の両日にわたって解剖・鑑定評価会が行なわれた。このときは，農林省畜産試験場の針生栄養部長をはじめ県農林部畜産課の喜屋武主幹らによって合同評定会議が開かれた結果，肉用牛では先の沖縄県食肉センターの結果と同じく，ハイセル牛の胃袋・絨毛の色は真っ黒で，1本1本の絨毛も太く，しっかり根づいていた。対照牛のそれは先の県食肉センターのときより胃袋が悪く，絨毛はほとんどはげ落ちており，無惨なものであった。また，この牛の肝臓も肝膿瘍でメチャクチャにいたんでおり，他の臓器と一緒に廃棄処分となった（第3図）。また，増体量は0.81で，対照牛の0.71と差がつき，値段の高いロース芯面積は，52と44（普通平均46）であった。

乳牛に対する成績の評価は，①ふんがしまり，恒常的な下痢状がない。②275日間の1頭当たり乳量はハイセル牛6,343kg，対照牛5,811kgと差が出た。③ハイセル牛の発情は活発であり，受胎率も100％で産後の回復も早い。④毛づやがよく，全体として，体がしまっている，などの好成績が発表された。

これらの事実はハイセルバガスの効果が公式の場で認められ，翌21日の地元各紙はトップ記事でこれを報じ，サトウキビ，畜産の複合農業

左：生バガス肥育牛のルーメン内壁
中：従来の肥育牛のルーメン内壁
右：ハイセルバガス肥育牛のルーメン内壁

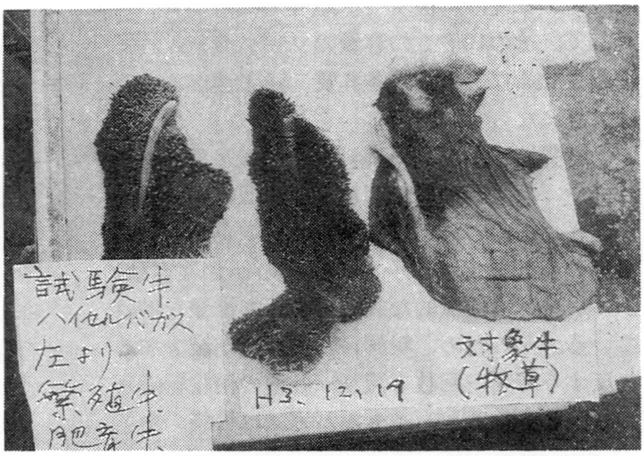

ハイセル牛の胃袋，絨毛の色は真っ黒で，１本１本の絨毛も太く，しっかり根づいている

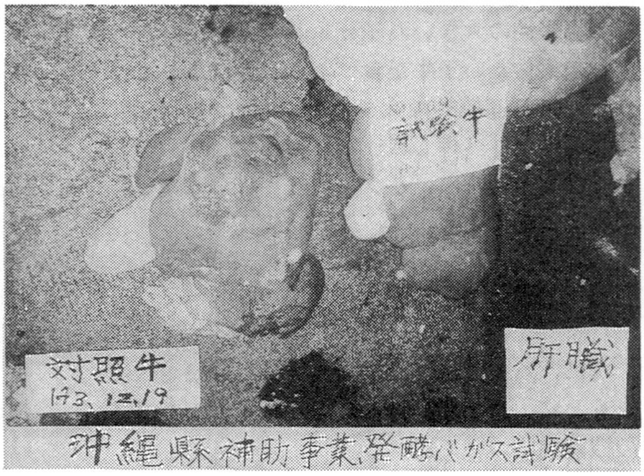

肝臓。右：ハイセル牛
　　　左：対照牛（牧草牛）

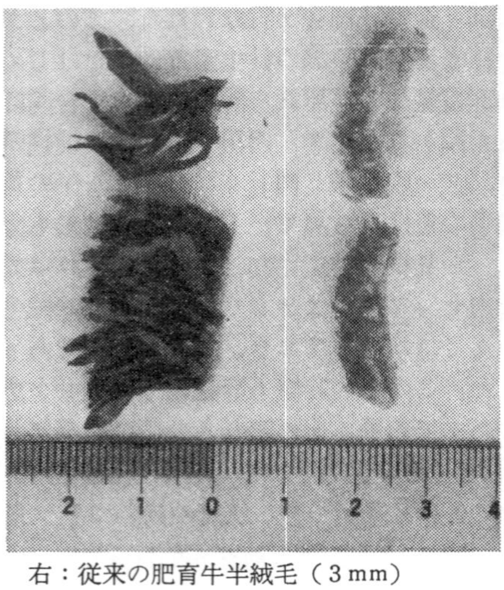

右：従来の肥育牛半絨毛（３mm）
左：ハイセルバガス牛半絨毛（20mm）

左２枚は昭和61年１月28日撮影，沖縄県食肉センター

第３図　輸入牧草とハイセルバガスを用いた乳牛・肉牛の給与試験結果

に大きな夢を与えることになった。

（２） 絨毛の働き

私が絨毛の驚くべき消化機能に改めて感動させられたのは，昭和63年８月23日の NHK テレビ「人体」である。「ヒト」の小腸絨毛が食物を栄養に変えて細胞の先端からとり込んでいく。そして１本の小さな絨毛の中は赤と青の血管が網の目のように，張りめぐらされ，これが栄養を肝臓に運んでいるのである。これらの神わざのような瞬間がクローズアップされていた。そしてこの細胞は24時間働いた後はがれて落ちていく。これはまた蛋白として利用される。人間の意思とは無関係に細胞たちは24時間の新陳

代謝をくり返しているのである。この１mmにも満たない小さな絨毛がもつ壮大な生命創造のドラマ。世界で初めて成功した映像であった。

「ヒト」も「ウシ」も同じ哺乳類であり，絨毛の栄養吸収メカニズムは同じだといわれている。普通「ヒト」は小腸絨毛から栄養を吸収し，アルコールなど限られたものしか胃壁から吸収しない。しかし牛には４つの胃袋があり，ヒトの消化しえない繊維を主要な栄養源とし，胃袋で微生物が消化して酢酸など揮発性脂肪酸として胃壁絨毛から直接吸収され，血管に流れていく。ここではいくら栄養があっても，他の胃腸内の悪い細菌などに横どりされないうちに素早く体内にとり込む“神わざ”のような細胞がなければ，栄養は血管に流れずそのまま腸を通過して排泄されるのである。この映像の中に，ヒトの胃内の小絨毛が悪玉細菌に食われて，ところどころちぎれてヨレヨレになっているのが出てくる。一瞬，沖縄の牛で見た対照牛（第３図参照）のみじめな絨毛と二重写しとなり，ハイセル絨毛にいちだんの自信をもつことができた。

（３） 黒い絨毛をつくる植物性酢酸

『牛乳の科学』の著者の一人，玉手教授は絨毛について興味ある実験を報告している。

①子牛に全乳と適量の酪酸またはプロピオン酸を中性水溶液として直接与えると，全乳だけ与えた子牛より第１胃容積が大となり，第１胃形態も正常の離乳子牛のそれに近づく。また第１胃絨毛の成長も著しい。それにもかかわらず，第１胃粘膜は白色で色素を欠く点が，正常子牛と異なる。このとき，酪酸とプロピオン酸の量は正常な子牛の食べている量と同じであるが，乾し草のみが除かれている。これらのことは，乾し草から生成される酢酸なしでは絨毛のメラニン色素が沈着せず白色になることを証明している。この点について私は，1986年玉手先生にさらに教えを請い，「黒いルーメン色素は粗飼料で生成される植物性の色素である」ことを確認した。また「えさ」が悪くなると絨毛が短くなり，えさがよくなれば復元すること。子牛の絨毛は２週間くらいで元に戻るといわれ，「私の子牛の実験で，えさと粗飼料と第１胃絨毛の成長およびその増体量と相関関係を示した。第１胃絨毛の成長は第１胃発酵の最もよい形態学的指標である」と結論づけられた。

次に私は，「難分解繊維」から酢酸を経て脂肪を生成するプロセスをわかりやすく図表で発表をされた（『全酪新報』1991.1.1）農林漁業金融公庫技術参与の大森博士を訪れた。先生は，「高乳量牛の飼料給与ポイント」（全国乳質改善協会・1994.3.30）を監修された経緯もあり，古くて新しい貴重な教えをうけることができた。

先生は「高乳量牛の飼料給与においては，粗飼料が減り，濃厚飼料がふえる傾向にあるので，ルーメントラブルが起こりやすいとして，粗繊維を重視し，全飼料中の粗繊維率（ヘミセルロースを含まない部分）17%，ADF 21%を目安にすることを奨めている。また，ヘミセルロース（NDF-ADF）は，酸に溶けやすく，プロピオン酸生成が大きく，これを多く含んだビートなどは厳密にいえば濃厚飼料的粗飼料と呼ぶべきとの見解を述べられた（第２表）。

一方，これら粗繊維とpHと酢酸の三者の関係について，神立先生らは数字を用いて報告しており，セルロース分解の至適pHは6.7～7.0であり，それ以下では発酵効率が低下し，pH６以下ではセルロース分解菌が活動できなくなる。濃厚飼料の多給によりセルロース利用が低下することを指摘している（第４図）。

（４） 子牛の成長・チモシーとの比較

「あの固いバガスを子牛が食べるはずがない」と門前払いをされるなかで，私はハイセル試験牧場での体験と，古いハイセル愛用者がほとんど離乳からハイセルを活用している事実を土台に，平成３年10月１日から，新日本酪農研究所（明治乳業）の国分社長および本泉獣医師に依頼して粗飼料の“横綱”チモシーとハイセルの対比試験を行なうことができた。

若干の予備試験を経て，ハイセル区とチモシー区に分け，導入牛52頭に，それぞれスターターを加え，給与試験を実施した結果が10月29日

第２表　従来の分類法とデタージェント法の区分の違い

デタージェント分類法	細胞内成分 CC（中性デタージェント可溶部分）			細胞壁成分 NDF 総繊維	ADF		
植物の成分	タンパク質 非蛋白態窒素	脂肪色素	デンプン・糖・ペクチン	ヘミセルロース	リグニン	セルロース	灰分（ミネラル）
従来の分類	粗タンパク質	粗脂肪	可溶無窒素物（NFE）		粗繊維（CF）		粗灰分
消化率	100～70%			80～50%	0%	60～30%	0%

出典：全酪新報　1991．5．1，中野光志・秋山賢一

に発表されたが，ハイセル区の飼料要求率は1.937で，チモシー区のそれは2.512となっており，スターターの飼料効率においてハイセル区のほうがチモシー区に比べ23%も改善されていることなどの詳しい増体量の比較データが得られた（第３表）。

その後，新しく赴任し，引き続きハイセルを利用している田尾場長も，「たまたま足のケガをしたハイセル子牛を解剖したところ，胃袋繊毛は真っ黒で，肝臓もしっかりしていた。また，相変わらず肋張りもよい」との報告をしている。

（５）　乳牛の成績

乳牛に関しては暑い沖縄県宮古島の例を先に述べたが，群馬県のすすんだＡ牧場の例では，その牛乳生産量および乳質など，毎年継続的に県酪農指導検査協会で厳密な検査を受けた。

その詳細は第４表のとおりである。ハイセ

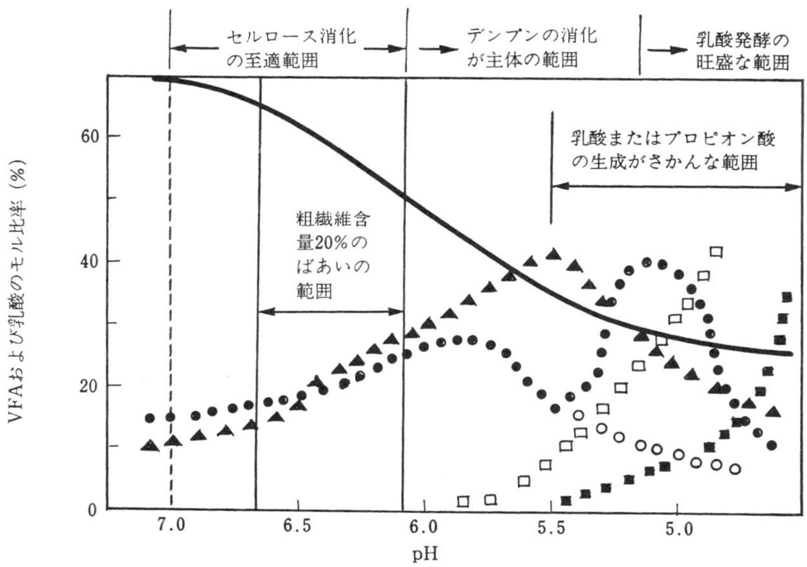

━：酢酸，●●●・○○○：プロピオン酸，▲▲▲：酪酸，■■■・□□□：乳酸

第４図　ルーメンにおけるVFAおよび乳酸のモル比率とpHの関係
（Kaufmann and Rohr, 1967; Kaufmannら，1980，一部改変）

出典　『ルーメンの世界』（農文協刊）

ルバガスの給与の前後を比較すると，１頭１年間では７万円の利益の差となる。たとえば，ハイセルバガスを１年間１ｔ（１日３kg）使った場合，価格をかりに４万円とし，他の牧草を３万円とすると，他の牧草より１万円高くなるが，この場合では，ハイセルバガス１ｔと他の牧草１ｔを交換したことにより６万円の利益が出るということになる。

これは，あらゆる微生物は生長因子といわれる８つの必須アミノ酸を含んでおり，ハイセルの混合物も例外ではなく，この機能性に起因しているのである。牛乳生産は単なる TDN だけできまるものではなく，ルーメン全体の果実である。

第３表一①　子牛によるハイセルバガスとチモシーの給与試験
㈱新日本酪農研究所

	ハイセルバガス プラススターター	チモシー プラススターター
離乳	平均32日	平均28日
増体重（１頭平均）	65.3kg	65.1kg
スターター給与量（１頭平均）	126.515kg	163.925kg
飼料要求率	1.937	2.512

注　チモシー乾草群に比べてハイセルバガス群はスターターの飼料効率が23％改善される
試験した牛はどちらも52頭

②　第一胃内の酢酸生成の比較

	水分	粗繊維（ＣＦ）		酢酸を生成しうる可消化粗繊維量（a×b）
		a.含有率	b.消化率	
①チモシー	10.6	23.7	54.0	23.7×54.0＝12.7％
②ハイセルバガス	7.0	41.0	73.6	41.0×73.6＝30.1％

注　粗繊維の出典　①は日本標準飼料成分表，②は特許972419号明細
酢酸はこのほかにヘミセルロースの一部からも少量生成される

（６）　ハイセルバガスと牛ふん・豚ぷん

①臭いの分析

「ハイセルの牛舎はハエもいないし，臭いもない。豚にもいけるのではないか」ということになり，大城獣医師（沖縄県具志川市役所）が豚に試験給与し，次のとおり報告している（昭和60年７月１日）。

給与方法：昭和60年５月10日から種豚15頭に対し従来の配合飼料にハイセルバガス200ｇ（ひとつかみ）を混ぜて給与した。

効果：㋐３日目ごろから暗黒色のキメの細かい排ふんがあった。㋑酵素の作用と思われるが飼料はよく消化され，配合飼料，ふすまなどの現物がふん中に見られなくなった（従来は圧扁麦などが原形のままふん中に出てくることが多かった）。㋒いも蔓はふんに出ているが，ハイセルバガス繊維はふんに出ていない。㋓ふんの量が減少した。㋔ほとんど悪臭はない。少々糖蜜の臭いがする。

嗜好性：よい（細かく粉砕したもの）。子豚にやってみたが，原状の長いものは食いつきが悪いので粉砕する必要がある。

近年，畜産の環境保全政策が厳しくなるなかで，畜産のふん尿処理問題は避けて通れない課題であり，当社は昭和55年以来、女子栄養大学と共同研究テーマとして，バガス発酵のガスクロ分析につづいて，先述の豚ぷんの分析を行なった。その結果，むれた靴下の臭いのするノルマル吉草酸の定量値がゼロになるなど，予想を上回る効果を得た。

さらにつづけてハイセル牛ふんを分析し，第５表の分析値を得た。

②ふんの形状の観察

「ハイセル牛ふんには麦皮や，トウモロコシの皮が出てこない」というのがユーザーの自慢である。しかし新しい牧場ではすぐには信じてくれない。

「バガス工場で麦などは発酵していないのに，なぜ，牛ふんに影響があるのか」という質問がある。

私は，「ハイセルバガスが胃袋の中では，他の飼料と一緒に発酵作用をうけるので，ハイセル酵素の触媒の作用で麦皮なども消化される」と説明している。私はハイセル牧場の牛ふんをモノサシにして，ハイセル給与牛の消化のよしあし，ハイセルバガスの給与量の調整などを行なっている。これをハイセル式簡易消化試験法と称している（第５図）。

このハイセル牛ふんはまた，約２週間で完熟

第４表　（社団法人）群馬県酪農指導検査協会検査成績表（抜粋）　（Ａ牧場）

	検定日	経産牛頭数（平均）	総乳量	経産牛乳量（平均）	平均乳脂率	平均無脂固形分率	濃厚飼料量	総乳代	総濃厚飼料代
①	昭61.5.6 過去１年間	24.9頭	197,192kg	21.7kg	3.34%	8.68%	11.0kg	20,520千円	4,703千円
②	62.12.4 過去１年間	32.0	303,243	26.0	3.58	8.57	13.1	29,151	6,585
③	平3.7.25 過去１年間	36.5	365,684	27.4	3.53	8.55	14.3	34,904	9,691

注　経産牛乳量および濃厚飼料量：１日１頭当たり

ハイセルバガス使用の経済効果

	61年５月６日検定 バガス（使用前） （過去１年間実績）	62年12月４日検定 バガス（使用後） （過去１年間実績）	差　　異
平均乳脂率 経産牛平均乳量/年	3.34% 7,719.4kg	3.58% 9,476.3kg	+0.24% +1,756.9kg
Ａ.生乳売上げ代金 Ｂ.濃厚飼料代金 （Ａ－Ｂ）	20,526千円 4,703 15,817千円	29,151千円 6,585 22,566千円	8,631千円 1,882 +6,749千円

(1)61年５月６日検定後ハイセルバガスを３kg他の粗飼料と代替した
(2)（Ａ－Ｂ）の計算は粗飼料代は計算に含まない
61年５月６日検定前１か年間平均：経産牛頭数は24.9頭
62年12月４日検定前１か年間平均：経産牛頭数は32.0頭
当初，食いつきがわるいが，少しずつふやして餌付けが終わったら食いこみがよくなり濃厚飼料もたくさん食べて牛乳量もふえる

利益分析ー第４表の昭和61年を①62年を②とした場合

(イ)牛乳１kg当たり正味の手取りと比べると，第４表から
①昭和61年は　104.06円（総乳代/総乳量）
　　　　　　−23.85円（総濃厚飼料代/総濃厚飼料量）
　　　　　　80.21円（牛乳１kg正味手取り金額）
②　62年は　96.13
　　　　　　−21.72
　　　　　　74.41円

(ロ)１日１頭当たりの牛乳代正味手取りをみると
①80.21円×21.7kg＝1,740円
②74.41円×26kg＝1,935円

(ハ)②−①＝1,935−1,740＝195円
（１日１頭当たり牛乳代正味手取りの差）

(ニ)１年１頭では195円×365日＝71,175円の差
（他の牧草とハイセルバガス年間１ｔ〈１日３kg〉を交換したことによる差額）

第５表　ふん尿混合物中の臭気物質　（乾物中，（　）は対湿重量）

	豚		牛	
	発酵バガスキューブ給飼	生バガスキューブ給飼	発酵バガスキューブ	サイレージおよび生草給飼
酢　酸	0(0)μg/g	0(0)μg/g	2.3(0.4)μg/g	13.5(2.6)μg/g
プロピオン酸	26(5)	1,113(301)	1.7(0.3)	15.4(3.0)
酪　酸	226(44)	865(234)	1.1(0.2)	9.5(1.5)
iso・吉草酸	174(34)	432(117)	−	−
n・吉草酸	0(0)	333(90)	0.3(0.1)	1.1(0.2)
フェノール	10(2)	0(0)	−	−
P-クレゾール	36(7)	192(52)	−	−
3-メチルインドール	62(12)	100(27)	−	−
水分含量(%)	80.5	72.9	80.3	83.3

注　分析：女子栄養大生化学教室

し，堆肥として利用されている。静岡県韮山のイチゴ産地では，ハイセルイチゴは甘いと評判がよいし，牛乳も風味がよいと評価が高い。この地区では伊東牧場をはじめ，若い土屋さん，中野さんたちが，ハイセル牛ふんを野菜づくりにも上手に活用し，その味，風味に特色を生かし，農業と環境のバランスのよい町づくりに貢献している。この甘い味はバガスに多く含まれているヘミセルロースの成分がキシロース87.2%，アラビノース12.8%もあり，特にキシロースは糖尿病や虫歯予防の甘味料であり，「キシトロール」の名で医薬品としてわれわれの日常

生活にもなじみ深い物質である。これらが発酵することにより牛乳，牛肉はもちろん，堆肥を通じてイチゴにも好ましい影響を与えていると思われる。

4．ハイセルバガスの使用方法

新しいハイセルバガスの給与にさいしては，牛の特殊なルーメン機能から，初めはその餌付けに工夫が求められる。牛の胃袋には，たくさんの微生物がすみついている（第6図）。

その数は1cc当たり10億匹の生きたバクテリアと原生動物が，100万匹という莫大な数と共存し，安定している。牛飼いは，とりも直さずこの「微生物飼い」といわれているが，このだいじな微生物は，生まれながらにして胃袋にすみついているのではなく，他の牛と接触して，経口的にしか感染しないのである。だから牛が胃内容物をはみ戻すことは，口移しで原生動物を感染させるのに都合がよい。このため，生まれてすぐ子牛を親から隔離して育てれば原生動物のいない牛を育てられることが証明されている。

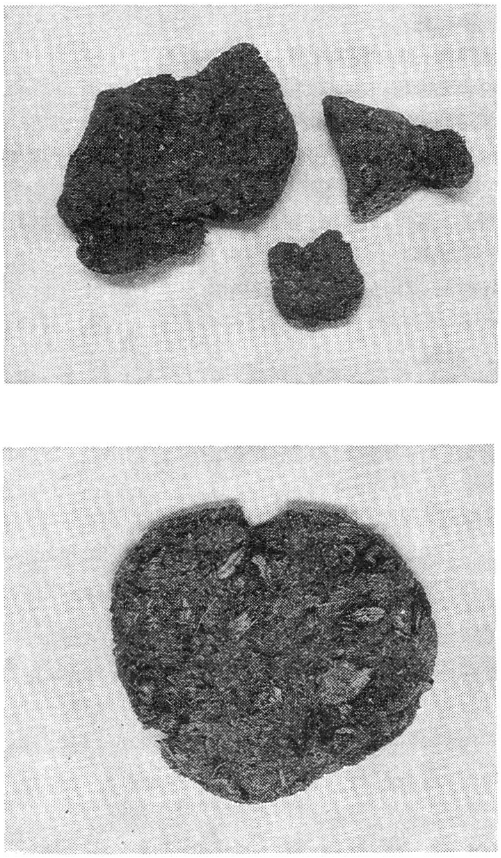

第5図　ハイセル牧場の牛ふん（上）
ハイセル牧場の牛ふんは麦皮やトウモロコシの皮が混じっていない。（下）は従来の牧草牛のふん

ここで私はハイセル試験場で興味ある体験をしている。ハイセルバガスのみを食べている親牛から生まれた子牛が，ハイセルバガスで育てられ，約1年後，隣の牧草給与牛舎に入れられたところ，牧草を食べないのである。そこでハイセルバガスをえさ箱に入れたところ，ハイセルバガスを選択的に食べるのである。私は牛のルーメン微生物は人間がつくり，人間が育てることができるものだという貴重な体験をした。

ところでこの新しいハイセルバガスの餌付けに成功し，定着させた茨城酪農協同組合では，ルーサンの高蛋白と欠点の軟便を，補完しあうため，高繊維のハイセルバガス（長所はふんのしまりがよくなる）と組み合わせ，少量ずつその量をふやしていき，2～3kg（1日1頭当たり）に定着させている。毎年，周期的にやってくる恒常的な軟便も忘れたようになくなり皆喜んでいると山田獣医師は自信を見せた。また，私はあの固い繊維重視の「エサの二本立て」で

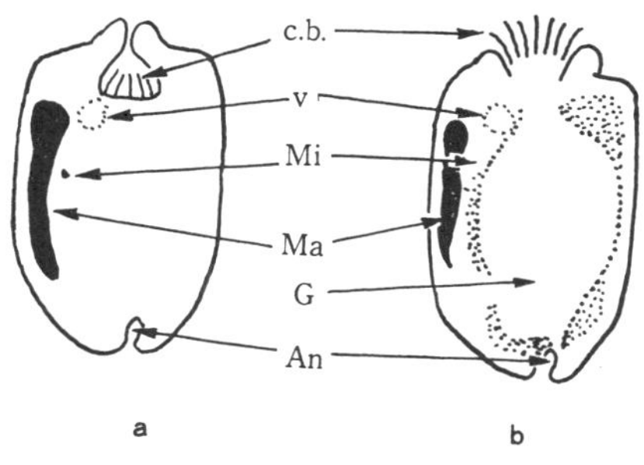

aは繊毛が収縮したとき，bは開いたときを示している。
c.b.：口部繊毛列，v：収縮胞，Mi：小核，Ma：大核，G：胃腔，An：肛門

第6図　原生動物のひとつEntodiniumの形態
（ルーメンの中で細菌と共存している）

出典：牛の臨床検査法

有名な渡辺先生に，ハイセルバガスについて指導を仰いだことがあるが，先生は即座に，「私の『二年立て』と同じ考えだ。わらが年々少なくなっているのでビートとハイセルの組合わせは面白い」と大変興味を示された（1994年９月７日）。

また，この組合わせは，「ビートのように，分解の速い成分は，ルーメンpHが低くなり，プロピオン酸，酪酸が多くできるとし，難分解繊維はそしゃくが長く，ルーメン活動や唾液分泌を促し，pH調整には欠かせない」という大森理論にも一致した絶妙な組合わせといえよう。

＊

これまで述べてきたように，バガスは牛のルーメン活動に不可欠な粗剛性と酢酸の素になる難分解繊維の宝庫である。

リグニンさえ分解できれば，その用途は無限の可能性がある（『百倍以上に成長する産業』青柳全著，日本工業新聞社）といわれるゆえんである。

今，世界中で毎年１億ｔの余剰バガスが排出されている。いずれかの日に，この新しいバイオ資源が日本の畜産に役立ち，さらにはすすんだ日本の畜産技術，資本によって人口爆発の途上国で，ミルクにも飢えている多数の幼児らを救うことができる「明日」を信じて，拙稿を結びたい。

執筆　松岡清光（㈱日本ハイセル）

1995年記

文　献

加藤晴治．1950．バガス繊維及び其利用．

八浜義和・上代　昌．1946．リグニンの化学．

中野準三．1978．リグニンの化学．

中村良一・米村寿男・須藤恒二．1976．牛の臨床検査法．農文協．

日本飼養標準　乳牛．農林水産省農林水産技術会議事務局編．1994．

栗原　康．有限の生態学．岩波新書．

新しい木材化学．1959．㈳木材資源利用合理化推進本部編．

坂口謹一郎・朝井勇宣．1952．酵素．

梅津元昌編．1981．乳牛の科学．

渡辺高俊．1976．乳牛の健康と飼養計算．

大森昭一朗監修．1994．高乳量牛の飼料給与そのポイント．

神立　誠・須藤恒二監修．1985．ルーメンの世界．農文協．

中村亮八郎．1977．新飼料科学．

NHK 取材班．1989．驚異の小宇宙．人体．（胃腸）（肝臓）．

フィッシュサイレージ

1. 魚加工残渣から低コストで肥飼料生産

日本は周囲を海に囲まれており，海岸線はアメリカの半分の長さに相当する。この豊富な水産資源を活用し，古来，魚と米の食習慣が定着している。近年では畜産物からも良質蛋白質が補給される食構造となっている。日本国民は魚の摂取量が際立って多く，また魚を取り入れた食生活は栄養バランスがよく，水産業は農業と並んで重要な産業として位置づけられている。

雨の多い日本では陸地から豊富な養分が海に流出するが，これは海の食物連鎖の高位者である魚に集積され，捕獲された魚が陸に揚げられ，肥料や飼料として循環利用されてきた。しかし，肥料や飼料の多くは輸入に依存するようになり，陸と海の循環が分断された。最近では，大量の加工残渣の廃棄による悪臭などの環境問題が顕在化している。

魚から肥飼料を製造する現在の方法は，エネルギーとコストがかかるという問題がある。これに対して酸添加により魚や魚の加工残渣（内臓や頭など）を保存するフィッシュサイレージ法は，簡単で低コストで肥飼料を調製できるという特徴がある（第1図）。

フィッシュサイレージの製造法はきわめて簡単である。

新鮮な魚の加工残渣を細断後，蟻酸などの有機酸の添加により材料のpHを4.2以下に調節して貯蔵すると材料が保有する消化酵素により自己分解し，数日間で液状化する。38℃程度に加温し，ときどき攪拌すると液状化が促進され，処理期間は1日程度に短縮される。でき上がったフィッシュサイレージは室温で貯蔵しても，悪臭は発生せず1年間ほど，劣化することなく貯蔵できる。特別の施設を必要としないため低コストで調製が可能である。

また，エクストルーダ処理により蛋白質のルーメンバイパス性を高めることも可能である（第2図）。

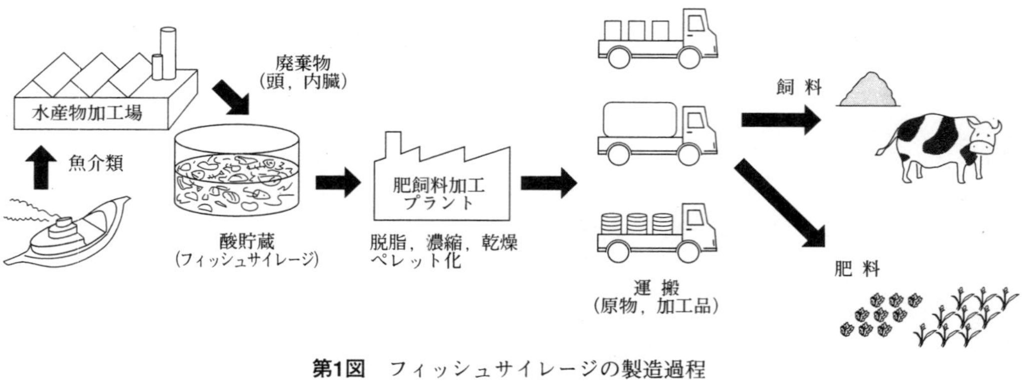

第1図 フィッシュサイレージの製造過程

従来廃棄され臭いなどの公害源になっていた水産副産物（廃棄物）を，無臭で簡易に，良質な肥飼料に変える新技術
原料：すべての魚介類
製法：有機酸を加え，常温で放置
機能：（飼料）フィッシュミール並みの蛋白源
（肥料）窒素源，アミノ酸，微量要素

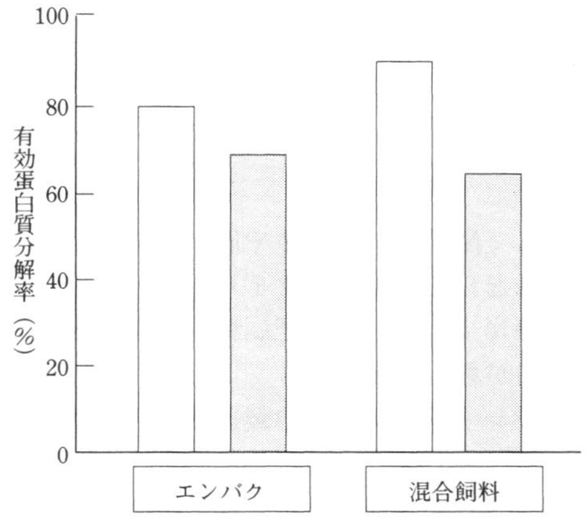

第2図　牛ルーメンにおけるエンバクおよび混合飼料（フィッシュサイレージ＋エンバク）の有効蛋白質分解率

□ 無処理

□ エクストルーダ処理

2. 製造原理

水分の多い飼料を嫌気条件で貯蔵した生産物を，サイレージと呼んでいる。サイレージは酸の添加やバクテリアの嫌気的発酵によって乳酸を生成し，その働きで安定貯蔵される。それには，2つの方法がある。

1）無機酸または有機酸の添加によってpHを下げ，微生物による腐敗を防止する方法。フィッシュサイレージは，魚に含まれる天然酵素によって，組織構造が分解され液状に変化する。

第3図　フィッシュサイレージの加工センター（脱脂・濃縮処理を行なう，ノルウェー）

フィッシュサイレージの輸送のため海に面して配置されている

2）易発酵性糖とチョップまたは挽いた魚を混合し，微生物発酵によって最初に乳酸菌が生育する。産生した乳酸によってpHを低下させる方法。

以上のとおり2方法であるが，ここでは1）の原理に基づいた製造法について以下に紹介する。

3. フィッシュサイレージの製造法

フィッシュサイレージから家畜飼料を製造するには，1）サイレージ化，2）脱脂，3）飼料製造の3工程がある。ただし，2）の脱脂は原料の脂肪含量が，生重量で2%以下であれば必ずしも必要ではない。

サイレージは，チョップした魚原料と酸を容器の中に入れ，手動で攪拌して調製できる。また，チョッパーポンプを使用して，原料と酸の添加量を自動制御しながら，自動工程で完全に調製することもできる。

（1）手動製造

チョップまたは挽いた魚や魚のあらを酸と混合する。小魚の場合はそのままでもよい。しかし，肉挽器で挽くことは作業が大変なばかりか，特に新鮮な魚を使用したときに組織が硬くなり，酸との攪拌が不十分な部位ができ，この部位が変質する原因となる。これに対してチョップした原料は酸と十分に馴染む。魚の筋肉切片は最初に萎縮し硬くなるが，チョップした原料と酸の液状物の中で容易に攪拌できる。

チョップした原料と酸の混合はコンクリートミキサーで行なわれる。船上ではフィッシュサイレージを調製する場合あらかじめタンクに前もって調製したサイレージを入れておき，これに原料と酸を投入し，攪拌は船の揺れを利用して行なう。さらに，ポンプで攪拌すると液状化が促進される。このポンプは船からサイレージを荷揚げするときにも使用できる。サイレージpHは試験紙で継続的に測定し，一定のレベル以下を保持する必要がある。

容器は酸による腐食を避けるため，耐酸性のプラスチック容器を使用する。木の容器でもよい。

(2) 半自動製造

第4図に半自動製造装置を示した。

原料を徐々にサイレージ調製タンク (1) へ投入する。サイレージ調製タンクにはあらかじめ調製済みのサイレージまたは水が入っている。耐酸性チョッパーポンプ (2) は循環機能を有しており，原料と酸のホモゲナイズおよび貯蔵タンクへの転送も行なう。

流量計のついた耐酸性ポンプ (3) は酸貯蔵タンク (4) から酸をサイレージ調製タンク (1) へ添加するために使用される。

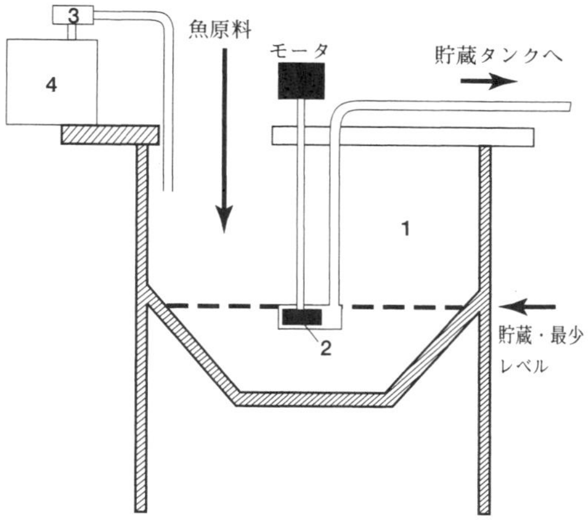

第4図 フィッシュサイレージ半自動製造装置
（英国 B.P.Nutrition）
1：サイレージ調製タンク 2：耐酸性チョッパーポンプ
3：耐酸性ポンプ 4：酸貯蔵タンク

(3) 自動製造

第5図に自動製造装置を示した。

操作スイッチが入ると，生原料がパイプ (2) を通してコンテナ (1) からチョッパーポンプ (3) に送られ，細かく挽かれる。そしてパイプ (4) を通して貯蔵タンク (5) に送られる。

酸はディスペンザーポンプ (6) で原料が挽かれる前に添加される。酸の添加量は貯蔵タンクにポンプ転送された原料の量に応じて調節される。酸はプラスチック容器 (7) で貯蔵される。

原料と酸の2つのタンクのレベルはレベルスイッチa，b，cで制御される。2つのタンクが空になるとポンプはストップする。そして，生原料でタンクが満たされるとレベルスイッチが入り，再び作業が開始する。

この装置は内臓や小魚などの柔らかい原料に向いており，魚の頭や骨などの硬い原料はあらかじめチョップしておく必要がある。

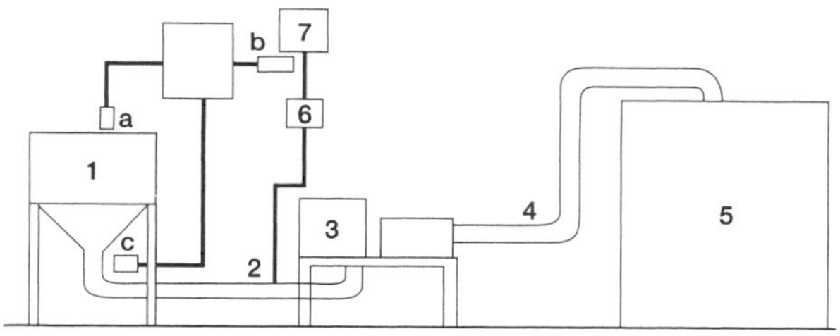

第5図 フィッシュサイレージ自動製造装置
（ノルウェー，1978）
1：コンテナ 2：パイプ 3：チョッパーポンプ 4：パイプ，5：貯蔵タンク 6：ディスペンザーポンプ 7：酸貯蔵タンク
a,b,c：1,7の貯蔵レベル調節スイッチ

(4) 脱 脂

フィッシュサイレージ主体飼料の給与では，魚に含まれる不飽和脂肪酸の，家畜に対する悪影響の問題がある。脱脂は施設への投資が必要であるが，経済的見地からは価値のある投資である。

脱脂作業はサイレージ化が完全に行なわれた

第6図 魚の頭や骨など硬い材料はチョッパーで挽いて前処理する

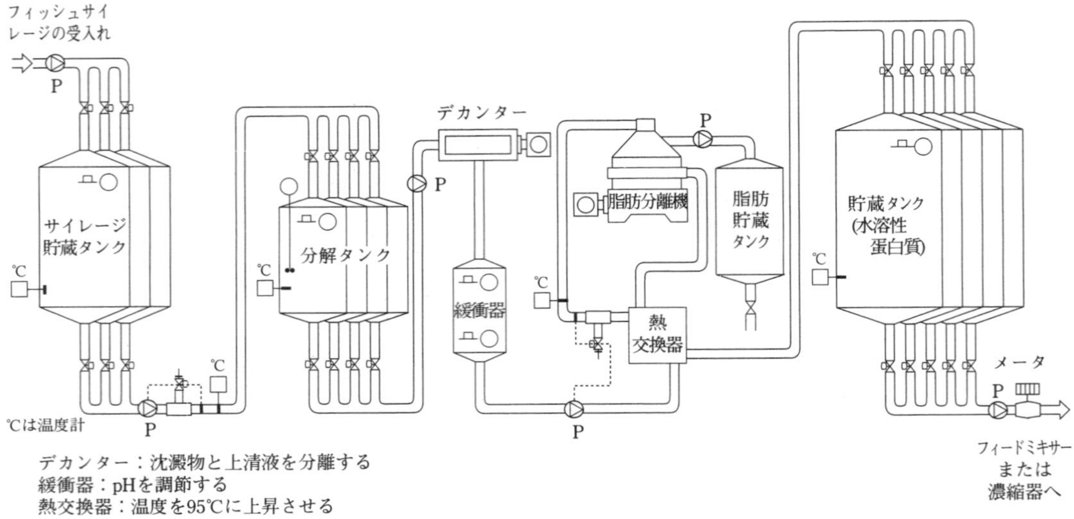

第7図　脱脂フィッシュサイレージ自動製造装置　（ノルウェー，1979年）

第8図　脱脂・濃縮フィッシュサイレージ製品
（乾物率40～50％，粗蛋白質70％，脂肪6％，灰分12％，乾物中）

場合に可能である。サイレージ化が終わると，脂肪は上層部のスカム部（固形状浮遊物）に多く移行し，下層部の液状部には少ない。第7図は，90％以上サイレージ化が進んだ材料に対して，有効な脱脂フィッシュサイレージ自動製造装置である。この装置で脂肪含量が生重量で0.1～0.3％まで脱脂でき，水溶性アミノ酸，ペプチド，蛋白質に富んだ飼料が製造できる。フィッシュサイレージは分解タンクの温度を40℃に加温することにより，最高の自己分解が行なわれる。そして分離器にかける前に95℃に加温することにより最高の脱脂ができる。

ノルウェーで商品として流通しているフィッシュサイレージは，脱脂・濃縮されており，乾物率40～50％，乾物1kg当たり蛋白質700g，脂肪60g，灰分120g程度が含まれている。

4. 製造コスト

実際に製造，流通しているノルウェーの例では，脱脂フィッシュサイレージの製造装置コストは，フィッシュミール製造装置の半分程度である。また，3％の蟻酸を添加して製造した，原料t当たりの製造コストも，フィッシュミールよりは安い。この理由は，主にサイレージ製造は24時間交代制を必要としないことから，労働費が安いこと，さらに燃料費が著しく低いことによる。主として，コストは蟻酸の価格で変動する。

フィッシュミールに比べて不利な点は，輸送コストがかかることである。しかし，ノルウェーの例では130km以内での輸送では，フィッシュミールよりもコストが安いとされている。

もちろん，コストは地代，給料，市場への距離などの条件で異なる。

5. 長期間保存試験

原料として投棄されている雑魚（小型カジカ）を用いて，蟻酸，蟻酸+プロピオン酸，酢酸+硫酸の各酸の添加レベルを変えて添加混合し，室温で貯蔵した試験では，無添加区ではアンモニア態窒素と炭素数4以上の揮発性脂肪酸の量がきわめて多く含まれており，強烈な異臭を発生した（第9図）。これに対し，酸貯蔵区ではこれらの値は激減し，異臭はほとんど気にならなかった。

特に，蟻酸2，3，4％，蟻酸2％+プロピオン酸1％混液の添加区は無添加区に比べて，アンモニア態窒素，酪酸，吉草酸，カプロン酸濃度が顕著に低下した。蛋白質はアミノ酸まで容易に加水分解されたため，酸貯蔵区のアミノ酸含量は原料と差がなかった。なお，サイレージ化は原料を30℃で加温することにより，貯蔵後2～3日の短期間で達成できた。また，酸貯蔵したフィッシュサイレージは常温で長期間（1年間）の貯蔵が可能である。

6. フィッシュサイレージの利用

（1）肥料利用

①ノルウェーの事例

ノルウェーでは毎年4万tのサケの加工残渣が廃棄され，その半分は動物の飼料として使われているが，残りの半分は無駄になっている。もしこの無駄になっている部分が肥料として利用されれば，1つの環境問題が解決されることになると考えられている。

ノルウェー北西部の地域で，蟻酸で貯蔵されたフィッシュサイレージの肥料試験が行なわれ，良好な価値を有することが明らかにされている。

この試験では，ライグラスの草地1 ha当たり20～30tのフィッシュサイレージが施用され，慣行肥料を施用した草地の生産量と大きな差はみられなかった。そして，ha当たりフィッシュサイレージ施用量を増加させても草の生産量は増加しなかったことから，ha当たり40t以上のフィッシュサイレージを使用しないことを勧めている。

②北海道の事例

ニシン加工残渣（頭，背骨，内臓）をチョッパーで挽き，蟻酸0.2％を添加混合し，室温で貯蔵して製造したフィッシュサイレージで試験をした。

液状化したフィッシュサイレージを水で3倍に希釈し，トウモロコシに元肥として原物量でha当たり0，2，4tずつ施用した（第2表）。

フィッシュサイレージは肥料成分としてのNの含有率が著しく高く，C／N比がきわめて低い。したがって，土壌中での分解速度は速く，施用後1か月以内に80％以上が分解した。これ

第1表 フィッシュサイレージ（ニシン加工残渣）の化学組成

（乾物中％）

乾　物 ％	粗蛋白質	粗脂肪	灰　分
26.0	55.7	30.1	10.5

第2表 トウモロコシの収量

フィッシュサイレージ施用量（t/ha）	乾　物　収　量（kg/10a）
0	550
2	700
4	1,010

いずれの区も P_2O_5 21kg/100a，K_2O 12kg/10a施用

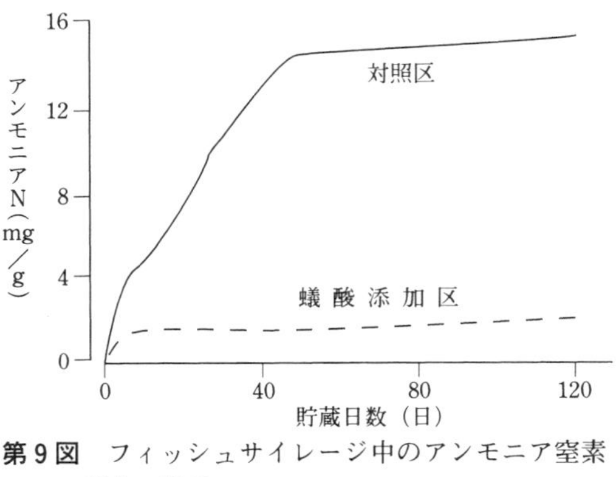

第9図 フィッシュサイレージ中のアンモニア窒素濃度の推移

はトウモロコシに吸収されたNが，主としてフィッシュサイレージの分解により放出されたNによるものであると考えられ，Nの利用率は約25%程度であった。ニシン加工残渣から調製した，フィッシュサイレージのトウモロコシに対する効果は，Nを主体とするもので，施用効果は非常に高かった。

しかし，フィッシュサイレージを投入直後に播種すると，トウモロコシは発芽障害を受けるおそれがあるため，少し時間をおいてから播種するほうが安全であると思われた。フィッシュサイレージはN含有量が非常に高いことから土壌への投入量は2～3t/haが限界であり，連用の可能性については今後の研究課題である。

(2) 牛肉生産

フィッシュサイレージを蛋白質源とした飼料給与による牛肉生産について検討した結果は次のとおりである。

1) 魚の内臓・頭などを有機酸（蟻酸，プロピオン酸）で添加貯蔵することにより，室温で長期貯蔵が可能となり，異臭がしない液状飼料が得られた。

2) フィッシュサイレージ混合飼料の肉牛による嗜好性は良好で，発育や健康に対しても問題はなかった（第10図）。

3) 牛肉のアミノ酸組成および脂肪酸組成は慣行肥育牛と差がなく，牛肉の風味もよかった。

4) 筋肉中の重金属含量は慣行肥育牛と差がなく，摂取許容水準濃度以下であった。

5) フィッシュサイレージは肉牛用の蛋白質飼料として利用できる。

第3表　肉牛に対する給与試験

1日当たり給与量	魚粉区	フィッシュサイレージ区	
		A	B
アンモニア処理麦稈	自　由　摂　取		
小　麦 (kg)	4	4	4
魚　粉 (gFM)	700	―	―
フィッシュサイレージ (gDM)	―	700	700

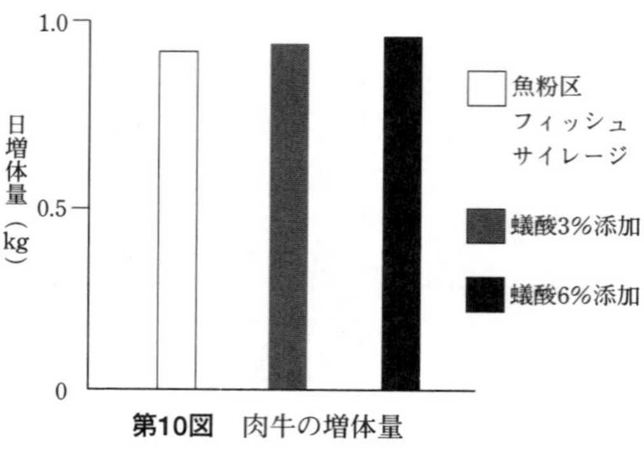

第10図　肉牛の増体量

(3) 乳生産

ノルウェーではフィッシュサイレージを乳牛の配合飼料に混ぜて使用しているが，混合割合は原物で4%が上限である。しかし，フィッシュサイレージの給与量を増やすため，フィッシュサイレージに含まれる不飽和脂肪酸が牛乳生産や品質に及ぼす影響を検討，次の結果を得ている。

1) 乳牛に対しては，配合飼料中にフィッシュサイレージを（第4表）6%まで添加しても，採食量，乳量，乳脂率および乳蛋白質率に影響はない。

2) フィッシュサイレージを含む配合飼料をポップコーン状に膨化処理すると，ペレット状にした場合と比較して乳脂率は減少し，乳蛋白質率は増加する。

3) 長鎖オメガー3脂肪酸であるC20：5，C22：5，C22：6は飼料から牛乳中に移行しない。したがって，飼料摂取量や乳脂肪率に悪影響を及ぼさない。

4) フィッシュサイレージを含む飼料中の魚脂を乳牛1頭当たり1日平均60g給与しても，牛乳の風味には影響しない（第5表）。

第4表　供試フィッシュサイレージの成分

乾　物　率	40～50%
乾物当たり	
粗蛋白質	70%
脂　　肪	6%
灰　　分	12%

7. 留意点

フィッシュサイレージは鮮度の良い材料を使用すべきであり，保管中には定期的な品質検査を行ない，品質管理を徹底する必要がある。また，この技術を広く普及させるためには，漁港などで調製されたフィッシュサイレージを，脱脂・濃縮・加工処理センターに計画的に供給するための流通手段の整備が必要とされる。

執筆　萬田富治（農林水産省草地試験場）

1996年記

第5表　乳脂肪中の遊離脂肪酸含量と官能試験による乳質の値

飼料名	A	B	C	有意差
遊離脂肪酸含有量(Meqv./l)	0.73	0.78	0.72	NS
乳質の官能試験値	3.9	4.1	3.9	NS

注　乳質の官能試験は評点を5.0～1.0の範囲でつけた5.0は最上級の品質で，1.0は劣質とする

A：フィッシュサイレージを含まない飼料

B：フィッシュサイレージを6%混合した飼料

C：膨化処理したフィッシュサイレージを6%混合した飼料

食品製造副産物の保存と利用

1. 食品製造副産物利用の現状

食品関連産業から産出する各種製造副産物は，家畜の飼料として利用価値の高いものが多く，これまでもさまざまに利用されてきた。しかし，畜産農家の経営規模の拡大と食品産業の製造システムの変化に加えて，飼料の輸入価格の低下により副産物利用のメリットが小さくなったために，利用されないで廃棄されたり焼却処分されたりする例が多くなっている。

近年，酪農を中心に混合飼料（TMR）給与方式が広がりつつあるなかで，改めて地域内で安価に入手できる飼料資源として各種食品製造副産物の利用が注目されている。酪農では地域ごとに共同して運営する飼料配合センター（TMRセンター）が各地で設立されている。また，規模の大きな肉用牛の肥育農場では，コストの40％を占める飼料費の低減のために，自家配合飼料の原料として副産物飼料が積極的に利用されている。

製造かすではビールかすと豆腐かすの利用例が多いが，ビールかすが流通飼料として定着したのに比べて，豆腐かすは保存方法がネックとなって利用が低迷している。醤油かすは給与試験すらきわめて少ないのが現状である。

各種ぬか類の中で，ふすまや脱脂米ぬかは従来から配合飼料の原料として使われている。しかし，生米ぬかは，脂肪の劣化による変質の問題があり，ほとんど利用されていない。

第1表に主な製造副産物の国内産出量を示す。ビールかすは約100万t，ウイスキーかすは28万tとなっている。焼酎かすは原料によって内容が異なるが，合計で144万tにも達し，地域は九州に集中しており，その処理に悩んでいる。米ぬかは，飯米用の米ぬかが約100万tと推定されているが，その40％程度しか製油工場に回っていない。

第1表　主な食品製造副産物の産出量
（中央畜産会，1996）

副産物名	年間発生量（t）	水分（％）
ビールかす	998,207	74
ビール酵母	107,606	8
ウイスキーかす	279,887	76
清酒かす	108,249	10
焼酎かす	1,442,919	94
ジュース加工かす	116,004	80
豆腐かす	704,046	79
醤油かす	90,671	30
米ぬか	1,000,000	12

2. ビールかす

(1) 脱水と密封処理

ビールかすは最も飼料としての利用が進んでいる。それは大規模工場で大量に産出するため，処理・利用のシステム化が必然であったからで，多くの工場は専門の飼料会社を介して，生かす，

第2表　主な食品製造副産物飼料の乾物中栄養成分（％）

	粗蛋白質	粗脂肪	粗繊維	NFE	NDF	TDN	出典
ビールかす	24.3	10.1	14.8	46.6	65.2	68.2	1)
ウイスキーかす	22.2	9.9	15.5	49.2	65.0	65.7	1)
豆腐かす	26.1	11.2	15.8	42.8	33.1	94.2	1)
醤油かす	30.7	11.6	16.7	26.0	35.0	71.2	2)
米ぬか	16.8	21.0	8.7	43.4	28.3	91.5	2)
脱脂米ぬか	20.3	2.2	9.8	54.1	31.5	64.3	2)
（比：ふすま）	17.7	4.7	10.4	61.4	38.8	72.3	2)

注　1）長野・山梨・東京・静岡共同研究報告（1991）
　　2）日本標準飼料成分表（1995）

脱水かすの形で流通させている。

しかし，生産が6月から8月に集中するため，やむをえず乾燥処理して飼料原料としている工場が増えつつあるのが現状である。特に中部・近畿と北九州では，牛の頭数に比較してビールかすの供給が過剰状態にある。

ビールかすは脱水機によって水分65％程度にすれば，密封処理によってサイレージ化することは容易である。トランスバッグで入荷したビールかすと，他の飼料原料を混合してTMRサイレージとして給与するか，もう一度密封貯蔵してもよい。いずれにしても，ビール工場で脱水ビールかすを早期密封することが要点である。

最近，各地で地ビール工場ができている。そこから出るビールかすがやはり処理に困っている状況にあり，工場の規模にもよるが，ほとんど脱水機を備えていない。工場は自らの排出物を飼料として利用してもらうために脱水機をもち，プラスチックドラム缶などの保存と流通のための容器を用意すれば，地域内の畜産農家で十分利用できる有用資源となる。

(2) 飼料特性

ビールムギの外皮を主体として，他の穀類を含む残渣であるビールかすは蛋白質と脂肪の含量が多く，繊維に粗剛性があり，総繊維の7割近い部分が低消化性分画である。ビールかすのルーメン内での分解消失のパターンはヘイペレットにちかく，分解が緩やかである（第1図）。

最近NDF（中性デタージェント繊維）の評価で，反芻に有効な物理的因子として有効NDF（e - NDF）という概念が普及しており，NRCの飼養標準やスパルタンなどの飼料設計ソフトに出ている。かす類はデンプン，糖などの易分解性炭水化物が少なく，繊維成分が多いが，これがどれだけ反芻に有効な物理性をもっているかはそれぞれに異なる。ビールかすのNDFの約30％が有効NDFとして計算できるとされている。

ビールかすの蛋白質はルーメンをバイパスする割合を約50％と見ている。そのために，飼料配合メーカーでは乾燥ビールかすを重要な蛋白質原料として位置づけている。

ただしビールかすの利用で非分解性炭水化物（NFC）が不足しないように飼料設計に注意する必要がある。また脱水ビールかすや生ビールかすを使用する場合，開封後2日程度で使い切る量をロットの単位とし，変敗を防止する。

(3) 給与方法

ビールかすは濃厚飼料と粗飼料の中間的な性質を備えており，生および脱水ビールかすとして1日1頭当たり乾物中10kgを給与の上限としている例が多い。TDNが乾物中70％程度とふすま並みの栄養価だが，蛋白質が24％でその半分はバイパス蛋白質である。ビールかすのNDFはある程度の粗飼料代替え効果をもち，乳脂肪分の維持効果や血中尿素態窒素（BUN）およびルーメン内アンモニア態窒素の変動が少ないなど，牛の消化生理にやさしい飼料といえる。

肥育牛へのビールかすの給与例は多い。ビールかすの給与は肥育の前期で濃厚飼料の20％，中期で10％を代替えできるが，後期には養分摂

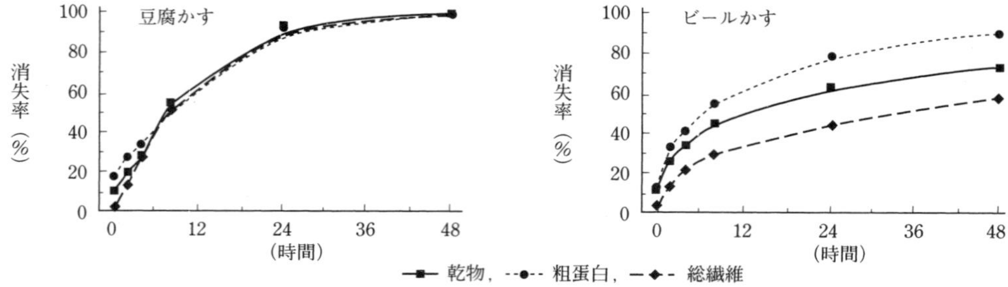

第1図　豆腐かすとビールかすのルーメン内消失パターン

（長野・山梨・東京・静岡共同研究，1991）

取量を減らすおそれがあり，肥育牛への給与をひかえることが多い。ビールかすの給与で問題となるのは，生および脱水ビールかすでの水分の過剰と変敗である。カルシウムやビタミン，非繊維性炭水化物（NFC）が不足しないように配慮しなければならない。

3. 豆腐かす

(1) 変敗防止が利用のポイント

畜産農家で豆腐かすの利用が少なくなったのは，豆腐工場と畜産農家の双方が規模を拡大し，集荷や運搬が困難であること，水分が多く変敗しやすいために，安定した品質で給与することができないことがあげられる。

これまで豆腐かすの保存試験やサイレージ化試験が数多く行なわれてきたが，いずれも畜産農家へ運ばれてきた時点で作業することを考えてきたため，変敗の問題が解決できなかった。豆腐工場で排出された豆腐かすは，変敗の進行がきわめて早いことを理解すべきである。工場から半日経過して畜産農家へ運ばれて，当日給与するというこれまでの給与のやり方では，変敗の危険性がきわめて高い。

(2) 密封貯蔵による変敗防止効果

豆腐かすは，工場で排出されるとすぐに好気性細菌の温床となって，急速に菌数が増えてゆく。しかし，第2図に示したように密封処理することによって好気性細菌が減少し，代わって乳酸菌が増殖してくる。この例は乳酸菌を特に添加していない結果であるが，乳酸菌の添加が必要であるかどうかについては，コストと作業面からさらに検討が必要である。

豆腐かすを材料とする混合飼料もまた変敗しやすい。その日排出された豆腐かすを飼料に混合するとただちに発熱が始まり，数時間で変敗臭が発生し，牛は飼槽から遠ざかるようになる。これに対して，数日間密封貯蔵して良好な乳酸発酵が行なわれた豆腐かすの混合飼料は20時間

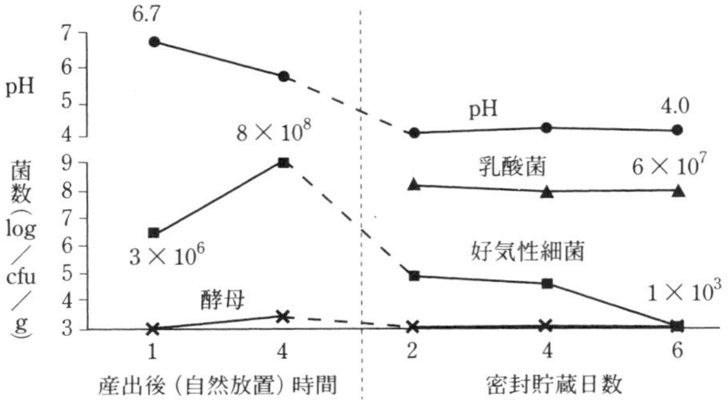

第2図 密封貯蔵豆腐かす中の微生物相とpHの変化

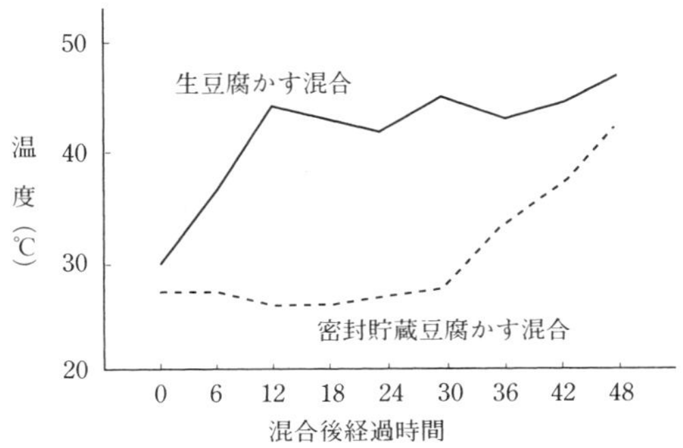

第3図 豆腐かす混合飼料の発熱変敗速度

程度発熱が抑制され，この間飼料の嗜好性が悪くなることはない（第3図）。

ただし，豆腐かすが工場で排出されてから数時間経過後に密封処理されたのではすでに変敗が進んでいるので，混合飼料の嗜好性が大きく低下することはいうまでもない。つまり，工場での早期密封が豆腐かすを利用する場合の最大のポイントといってよい。豆腐かすを工場で密封貯蔵することは，輸送に時間的ゆとりを生むことにもなるから，豆腐工場と流通業者，利用農家の3者で相互に理解を深めたい。

(3) 保存と運搬のための容器と施設

1日10俵の大豆（600kg）を加工する豆腐工場では，約1tの豆腐かすを排出する。脱水機の性能が向上した最近でも，800kgの豆腐かすを処分する必要がある。

新潟県畜産研究センター（新潟畜研）では中規模の豆腐工場で使えるように，オープン式プ

第4図 クレーンによる豆腐かす保存ドラム缶の吊り上げ作業

ラスチックドラム缶を用いた豆腐かすの保存と運搬方式を考案した。密閉性に優れ，洗浄が容易で，かつ軽量であり，くり返し反復利用するには最適である。1日10俵の大豆を加工する工場規模では，1日に6〜7本のドラム缶を用意すればよいことになる。

豆腐かすが入ったドラム缶の重量は130〜150kgになるから，これを移動する運搬車が必要で，市販品もあるが簡単に自作することができる。トラックへの昇降にはパワーゲートがついていれば申し分ないが，軽量クレーン（第4図，25〜40万円），油圧リフターなどの用具が市販されている。またドラム缶に入った豆腐かすを飼料混合機に投入する昇降反転機（第5図，50万円）があると便利である。

大規模な工場では，工場に貯留場を設けて，産廃処理業者がダンプトラックで輸送している例が多いが，業者には生鮮飼料という認識がなく，豆腐工場と利用農家の両方で不満をもつことになる。やはりトランスバッグやパレットコンテナなどを用意して，工場での早期密封という原則を守るべきである。ちなみに，プラスチックドラム缶方式による保存と流通の経費は豆腐かす1kg当たり2〜3円程度で，乾燥物に換算して15円となり，乾燥豆腐かすの経費50円と比べて安価である。

第5図 豆腐かす保存ドラム缶の昇降反転機

（4）飼料特性

豆腐かすは蛋白質と脂肪含量が多いエネルギー飼料と位置づけられる。繊維成分含量も多いが，その分解速度が速く，ルーメン内の酸生産が早いという特徴がある。豆腐かすの繊維は牧乾草のそれとは性質が異なって，ビートパルプよりさらに穀類飼料に近い分解パターンを示すので（第1図参照），物理的に有効な繊維ではない。乳牛の泌乳最盛期や，肥育牛のような濃厚飼料を多給する条件では，組み合わせる飼料を工夫して，反芻機能の維持に注意を払う必要がある。

蛋白質もルーメン内分解率が高く，バイパス率が低いので，他の飼料を選択する際に蛋白質の内容を検討する必要がある。豆腐かすの利用では，このほかにビタミンやミネラルが不足しないように配慮が必要であるが，最も重要なことは変敗した豆腐かすを排除することである。

（5）給与方法

長野畜試ではTMRとして豆腐かすを1日15kg混合し，濃厚飼料の構成を配慮したうえに良質乾草を給与することで乳量，乳成分ともに好成績を得ている。一般的には乳牛1頭当たり1日に

8〜10kgの豆腐かすを給与できるが，前項でふれたように，飼料給与設計では，各飼料成分の分解特性を配慮した飼料構成が必要である。特に分解性蛋白質の多い豆腐かすにはバイパス蛋白質の多い飼料を組み合わせ，繊維源として物理性，粗剛性をもった粗飼料を選択することが必要である。

大阪府は豆腐かすを給与している酪農家の事例調査から，サイレージ化して安定した品質で給与している農家は，体細胞数，細菌数，PLテストのいずれも生豆腐かす給与の農家よりも乳質が優れていた。

肥育牛への給与では，新潟畜研で乳用種去勢牛に濃厚飼料の代替えとして肥育前期に20％，中期以降出荷まで10％を給与している。豆腐かす混合飼料を給与した区で，乾物摂取量と養分摂取量がまさり，枝肉歩留り，ロース芯断面積，脂肪交雑の評価もまさっていた。これは，良品質で保存されていた豆腐かすを他の穀類飼料と混合した後に，再度密封貯蔵して乳酸発酵させ，安定した品質で給与した結果であると思われる。

一方，変敗した豆腐かすを給与して家畜を死廃に至らしめた例もあり，良質な豆腐かすを安定して調製する基本技術の徹底が必要である。

4. 醤油かす

（1）塩分処理が課題

醤油かすの発生量は使用原料の25％で，全国で9万t排出される。水分がおよそ30％であるから，豆腐かすに換算すると30万t近いことになるが，その飼料としての利用はきわめて少ないのが現状である。まとまった量を年間通して入手でき，短期の保存もできる醤油かすは，これからの地域TMRセンターで利用すべき飼料資源である。

醤油かすは塩分が多いために，乾燥や焼却のための機械類の消耗が激しく，悪臭や水質汚染などの問題があって，その処理は業界での緊急の課題である。

圧搾した醤油かすは板状になっているから，粗く破砕するか，スライサーと呼ばれる機械でフレーク状にしてトランスバッグ（内袋付き）やプラスチックドラム缶で輸送するとよい。温度の高い季節には産膜酵母が発生しやすく2週間ほどで嗜好性が低下するので，利用する農家を組織して2週おきに配送できるようにシステム化を図る必要がある。

飼料としての問題点は過剰な塩分である。醤油かすから塩分を減らす目的でカラムを用いた脱塩処理を研究した香川県の例があるが，コスト面で実用化されていない。

醤油かすは肥料化や焼却処理のいずれも問題が多いため，流通経費を支払っても飼料利用の道を開きたいのが業界の願いであり，後に述べるように使い方に注意さえすれば安価で有用な地域飼料資源といえる。

（2）飼料特性

脱脂大豆と小麦を原料として発酵させ，加圧ろ過した残渣である醤油かすの平均水分は30％程度である。しかし中には，ろ過器の性能低下によって水分の高い醤油かすもあり，その場合には塩分がきわめて高く，飼料として適さない。

また最近未脱脂の丸大豆を原料とした淡口（うすくち）醤油かすが出回るようになってきた。これは脂肪含量が乾物中34％と高い。丸大豆醤油かすは飼料成分表にも記載がなく，その栄養価値の評価は今後の研究が必要である。新潟県で分析した醤油かすの飼料成分を第3表に示す。

丸大豆醤油かすのほうが飼料の力があるという農家もあるが，塩分だけでなく，飼料全体の脂肪が過剰であれば，牛の第一胃内で働く微生物の分解活動を制限し，繊維の消化率を低下させる。ひいては養分摂取量を低下させるので，

第3表　醤油かすの乾物中飼料成分（％）

（新潟県畜産研究センター，1999）

	水　分	粗蛋白質	粗脂肪	粗繊維	NFE	灰分	NDF	食塩
濃い口（普通）	30.3	30.8	10.1	16.9	28.0	12.1	37.1	7.4
濃い口（高水分）	46.0	28.7	9.9	13.9	25.4	21.9	31.5	17.1
淡　口（丸大豆）	27.8	22.8	34.2	17.2	13.6	12.0	31.1	8.8

これにも注意を払う必要がある。

(3) 給与方法

日本飼養標準に示されている乳牛の食塩の要求量は未経産牛で飼料中0.25％，泌乳牛で0.46％となっており，暑熱時には20％の増給をすすめている。シェーバー氏（ウイスコンシン大学）は，醤油かすの給与量の上限を1日2.2kgとし，乳房浮腫を起こさないために乾乳牛には給与しないとしている。

新潟県のM牧場での給与事例では，搾乳牛150頭に対してTMRのなかで1日1頭当たり2.7kgの醤油かすを給与していた。食塩として190g与えており，要求量の2倍近い値であったが，乳牛には影響がみられていない。この牧場では1t当たり1万円の輸送費を負担して年間150tの醤油かすを利用することによって，250万円近い飼料費の低減となっており，乳量，乳成分率，繁殖成績ともに県内の平均的数値であった。

一般的な乳牛に対する醤油かすの給与量は1.5kgから2.0kgというところが無難である。肥育牛に対する醤油かすの給与事例はきわめて少ないが，1日1kg未満であると思われる。

5. 米ぬか

(1) 飼料化を妨げる脂肪の劣化

米ぬかの発生量を玄米の10％とすると，全国で年間100万tの米ぬかが産出され，その40％が米ぬか油の製造に向けられている。未脱脂米ぬかの一部はキノコ栽培に，また一部は飼料用にも使われているが，未利用の資源量は膨大である。なぜこうなったかといえば，精米が季節を問わず年間を通して行なわれ，かつ産地にカントリーエレベータが普及して，産地精米が増えてきたために新鮮な米ぬかの集荷が難しくなったことと，他に安価な油料原料を安く輸入できることがあげられる。

米ぬかは春から夏の間，高温多湿のために脂肪の劣化が早まり年間を通した安定した供給が困難であり，これが飼料としての利用を妨げている。米ぬかは精米することによってスフェロゾームと呼ばれる脂肪球が壊れて，次いで脂質分解酵素のリパーゼが働いて脂肪が分解され，酸価（Av）が上昇していく。劣化が進んだ米ぬかは過酸化物価（POV）も高くなる。

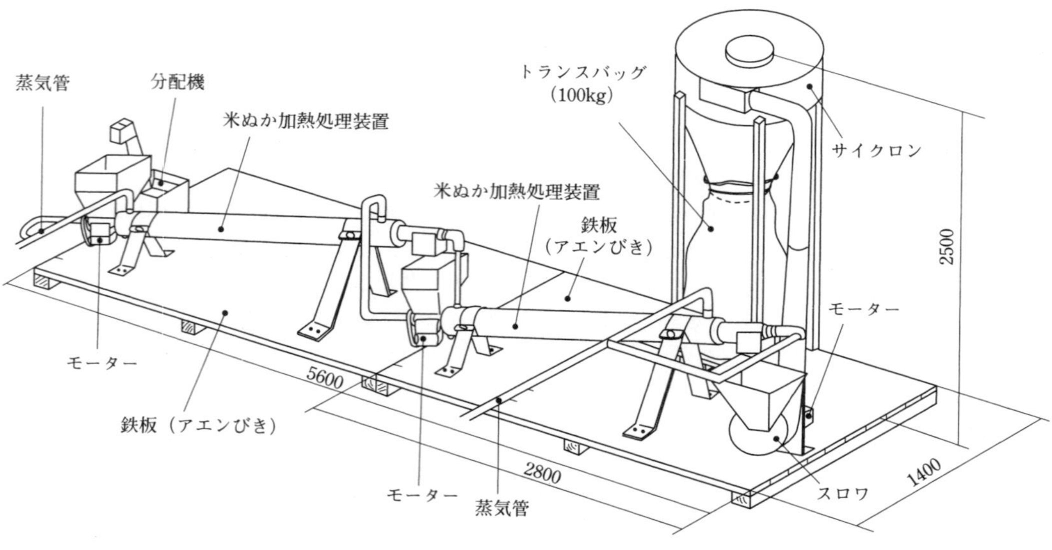

第6図　米ぬか加熱処理装置　　（新潟畜研，1998）

(2) 劣化防止装置の開発

米ぬかの劣化の引き金はリパーゼなので，リパーゼ活性を低下させれば，米ぬかの一定期間の保存は可能となると考え，新潟畜研では米ぬか劣化防止処理装置の開発に取り組み，ほぼ実用化の域に達した(特許出願平成10年－372911)。精米機から排出された米ぬかを，蒸気で過熱されたスクリューコンベアに導いて加熱し，サイクロンで熱気と分離して袋詰めするものである。装置が小さく設備費やランニングコストが少ないので，処理に要する経費が1kg当たり4～5円と安価である。

この装置の概要を第6図に示す。加熱処理は，スクリューコンベアの外部に蒸気を通す加熱筒を設け，さらに回転軸をパイプにしてスチームジョイントによってスクリュー全体を加熱体にすることで，接触する米ぬかに熱を与えることができるようにしてある。加熱処理装置を2段にしたのは加熱蒸気を通す圧力容器の容積基準を満たすためと，米ぬかから発生した蒸気を逃がして水分を低下させるためである。

この装置で加熱処理した米ぬかの保存試験の結果，生米ぬかの酸価が急速に上昇したのに比較して，加熱処理ぬかはリパーゼ活性が約半分に低下し，さらに水分が8％台に低下して微生物活動が制限されたことから，酸価の上昇はきわめて緩慢であった。酸価は，4週後に20台，8週後に40台と，約2か月間飼料として利用可能な状態で保存できた（第7図）。

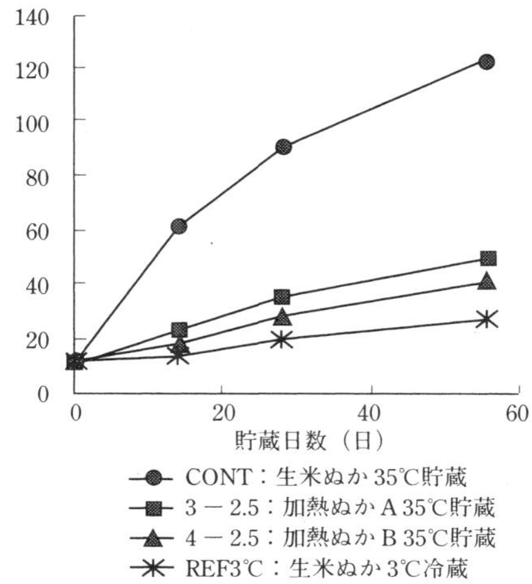

第7図 加熱処理による米ぬかの劣化防止（35℃保存）

(3) 飼料特性

米ぬかの飼料成分はよくふすまと比較される。未脱脂米ぬかの成分は第2表のように脂肪含量が21％と多く，乾物中TDNは91％で，脱脂米ぬかの64％，ふすまの72％と比較して高い。制度が廃止される専増産ふすまを代替えする高エネルギー飼料といえる。前述したように加熱処理によって脂肪の劣化を防止することは可能であるが，飼料全体の脂肪分の過剰給与にならないような配合設計が必要である。

なお，新潟県が開発した装置で加熱処理した米ぬかは，ビタミンB_1およびγ‐オリザノールの有効成分含量が新鮮な生米ぬかと大差ないことがわかっているので，この面でも脱脂米ぬかに比較して飼料価値が高い（第4表）。

第4表 米ぬかの有効成分含量（乾物100g中）
（新潟県食品研究センター，1999）

	水分（％）	粗脂肪（g）	γ‐オリザノール（mg）	ビタミンB_1（mg）
生米ぬか	12.9	23.3	214.4	10.9
加熱米ぬか	10.6	23.3	203.3	11.3

(4) 給与方法

脱脂米ぬかは配合飼料原料として使われているが，生米ぬかを牛に給与した事例は少ない。しかし，前述のように生米ぬかの劣化防止法が確立できた段階では，大いに飼料として活用すべき資源である。まして専増産ふすまの制度が廃止となるので，それに代わるものとして価値をもっている。

加熱処理米ぬかの利用場面は，地域ごとの飼料配合センターか，自家配合施設をもっている農場であり，配合飼料工場ではない。それは，脂肪劣化の引き金となる酵素の活性を低下させることによって短期間の保存が可能になったのであって，長期間脂肪の劣化防止を保証するものではないからである。

第5表　キノコ廃菌床の乾物中成分と人工消化率（%）　（新潟県畜産研究センター，1999）

	主原料	栄養剤	水　分	粗蛋白質	ADF	NDF	IV-DMD
ブナシメジ	コーンコブ	ふすま	56.2	10.0	37.6	61.7	43.1
ブナシメジ	コーンコブ	米ぬか	61.6	8.1	44.2	54.1	36.7
エノキタケ	コーンコブ	米ぬか	56.0	11.4	26.7	53.3	44.0
エノキタケ	針葉樹	ふすま	55.2	9.4	51.1	69.0	28.5
ナメコ	広葉樹	ふすま	63.8	11.9	49.8	69.4	33.6

米ぬかの給与量は脂肪含量によって規制される。飼料全体の脂肪含量は乾物中5～6%というガイドラインがあり，これを守るべきである。

新潟畜研では乳用種去勢牛の肥育で，豆腐かすと組み合わせた混合飼料のなかで，肥育の全期間を通して米ぬかを乾物で5%給与して良好な増体と枝肉成績を得ているが，乳牛への米ぬかの適正給与量は今後の研究が必要である。

6. キノコ菌床（コーンコブ）残渣

キノコを栽培した後の菌床残渣の飼料利用の例は，いくつか見られるが，いずれも実用的な段階ではない。その理由として広葉樹のおがくずを使用したナメコ，マイタケ，シイタケであっても，有機物の消化率が低いことと，おがくずの粒度が細かいためにルーメン内の滞留時間が短く，粗飼料効果としての物理性に欠けることがあげられる。また水分が50～60%と高いため，そのままでは堆肥になってしまう。

最近では，原料おがくずが不足しているため，コーンコブ（粉砕したトウモロコシの芯）を材料とするキノコ栽培が広がりつつある。コーンコブはもともと粗飼料資源として位置づけられており，コーンコブ由来のキノコ廃菌床は飼料化の可能性がある。新潟畜研では，これのサイレージ化と飼料価値の評価に取り組んでいる。

コーンコブとふすまを原料とするブナシメジの廃菌床は排出直後の水分が56%で，そのまま密封貯蔵するだけで良好な乳酸発酵がすすみ，pH4.0の安定したサイレージができる。他の飼料原料と混合して栄養価を高めることができるかは，今後の課題である。

キノコ廃菌床の栄養成分を分析したのが第5表である。コーンコブを原料とする菌床について酵素による人工消化試験を行なった結果，乾物消化率は36～44%と稲わらに匹敵する値を示した。ブナシメジの廃菌床を，シバ山羊を用いて消化試験を行なった結果，乾物消化率47%，NDFの消化率は46%であった。このことから，コーンコブ由来のキノコ廃菌床が粗飼料の代替資源として利用できる可能性はあると思うが，その物理的な粒度がルーメン内滞留時間にどう影響するか今後の研究が必要である。

7. かす類混合飼料の流通利用面の問題点

地域の飼料配合センターで各種メニューの飼料が調製されて流通する段階で，最大の問題点は品質の安定化と変敗防止である。水分の高いかす類混合飼料は腐敗菌にとっても条件がよければ急激に増殖するので，腐敗菌を抑えて良好なサイレージ発酵をさせる必要がある。そのためには，かす類原料が安定して貯蔵されること，混合飼料もまた内袋付きのトランスバッグなどで空気との接触を断って乳酸発酵を促進することが重要である。かす類混合飼料の変敗防止に，酢やATF（テトラ蟻酸アンモニウム）を添加物として使用する例もあるが，作業やコストの点から実用面では問題が残る。

豆腐かす，ビールかす，醤油かす，米ぬかなど地域の未利用資源が，工場で一次処理されて地域の飼料供給センターに集められ，適正な配合設計で混合されたのち，トランスバッグ内で乳酸発酵したTMRサイレージとして安定した品質で各農場へ配送される。そんな光景がこれからの資源活用型畜産の姿ではないだろうか。

執筆　今井明夫（新潟県農業総合研究所畜産研究センター）　1999年記

健康飲料茶・麦茶搾りかすの飼料化

昨今の健康ブーム，ダイエットブームを反映して，緑茶，ウーロン茶，麦茶，さらにはハトムギ，玄米など多数のものを入れた「ブレンド茶」が市販されている。

これらお茶のかすのなかで，エネルギー含量が高く，牛の嗜好性がよいものは，麦類や玄米などの穀類原料を主としたものである。そこで，ハトムギ，玄米などの入った「ブレンド茶かす」，および麦茶かすの養牛用の飼料化について紹介する。

1. ハトムギ，玄米などの「ブレンド茶かす」

(1)「ブレンド茶かす」の飼料特性

第1表にA社から販売されている，ハトムギ，玄米など各種の原料の入ったブレンド茶かす（以下「ブレンド茶かす」という）の飼料成分を示した。

乾物当たりADF37.4％，NDF53.5％と繊維含量が高く，牧草並みの繊維含量がある。また，粗脂肪含量が7.2％である。粗蛋白質含量は18％と高いが，原料は焙煎されているため，結合蛋白質含量が高く，可消化蛋白質含量は低いと推定される。飼料としては，繊維質飼料として位置づけられる。もちろん，原料は食用，飲用にするもので安全性は高い。また，カリウム含量は乾物0.42％と低く，乾乳牛用の繊維質飼料としても給与でき，価値は高い。また硝酸態窒素も少ない。

嗜好性にも大きな問題はなく，他の乳牛用の

第1図　ポリビニール内装のトランスバックでサイレージ化した「ブレンド茶かす」

飼料と混合給与すれば，搾乳牛には10kg程度は給与できることを確認している。

(2)「ブレンド茶かす」のサイレージ化

一般にこのようなかす類は水分が高く，そのまま外気に触れた状態では変敗していく。それを防ぐには乾燥機で強制乾燥させるか，第1図に示したように，密封できる容器に入れて乳酸発酵させ，サイレージ化することである。農家ができるのはこのサイレージ化である。

市販流通しているビールかすサイレージと同様，ポリビニールを内装したトランスバックをサイレージ貯蔵容器として利用することができる。

「ブレンド茶かす」には，穀類原料由来のWSC（可溶性炭水化物）が多くあり，水分が70％以下の場合はそのまま密封容器に貯蔵しても容易に乳酸発酵する（第2表）。また，水分が70～80％でも，市販のセルラーゼ製剤と活性の高い乳酸菌製剤を併用使用すれば，酪酸発酵することは少ない。

できれば食品メーカーと提携し，食品工場から排出された直後に「ブレンド茶かす」に乳酸

第1表　「ブレンド茶かす」の飼料成分値（乾物％）*

乾物	粗蛋白質	粗脂肪	粗灰分	NDF	ADF	Ca	P	Mg	K
34.2	18.1	7.2	11.8	53.5	37.4	0.29	0.37	0.21	0.42

注　*当社分析

第2表　「ブレンド茶かす」サイレージの発酵品質*

pH	乳酸	酢酸	酪酸	プロピオン酸	総酸
3.79	1.36	0.25	0.02	0.04	1.67

注　*pH以外は原物%（2反復）
平成12年5月13日詰めこみ，貯蔵期間14日間，当牛舎内保管
サイロ：20lポリ容器に「ブレンド茶かす」10kgを詰めこみ密封する

発酵を促進するもの（乳酸菌，セルラーゼ製剤など）を入れて密封貯蔵すれば，雑菌の混入もなく安定した乳酸発酵が可能になる。

（3）乳牛への給与成績

このサイレージ化した「ブレンド茶かす」をホルスタイン搾乳牛の飼料に混合給与したときの乾物摂取量，乳量，乳成分を第3表に示した。

「ブレンド茶かす」を原物当たり31.4％混合したTMRの乾物摂取量は平均24kgであり，当場TMRの摂取量24.6kgとの差は少なく，嗜好性，採食性に大きな問題はないと考える。

ただし，FCM乳量では，当場TMRと比較して3.2kgほど低い値を示している。これから逆算すると，「ブレンド茶かす」入りTMRのTDN摂取量は1日平均16.6kgとなり，これから推定されるTDN値は乾物約54％となり，おおよそ牧草の開花期並みのエネルギー含量と推定される。

（4）かす混合飼料サイレージへの組込み

①サイレージの発酵品質

豆腐かす（サイレージ），ビールかす（サイレ

第3表　「ブレンド茶かす」サイレージを組みこんだTMR給与事例*

調査項目	当場TMR**	(原物)	「ブレンド茶かす」入りTMR***	(原物)
給与飼料	乳配（CP12%，TDN66%）	44.6（%）	乳配（CP16%，TDN75%）	39.2（%）
	ビールかす混合飼料サイレージ（商品名「TMウエット」）	41.0（%）	ビートパルプ	9.8（%）
	豆腐かすサイレージ	15.4（%）	「ブレンド茶かす」サイレージ	31.4（%）
			スーダン乾草	19.6（%）
栄養成分（乾物%）				
乾物	60.3		71.0	
粗蛋白質	14.9		15.0	
粗脂肪	4.9		3.9	
ADF	21.8		22.3	
NDF	38.1		35.6	
NFC	35.0		35.6	
TDN	71.8			
乾物摂取量（kg）	24.6		24.0	
乳量（kg）	34.3		31.0	
FCM乳量（kg）	31.1		27.9	
乳脂率（%）	3.4		3.4	
乳蛋白率（%）	3.1		3.1	
SNF率（%）	8.4		8.4	
体重（kg）	770		759	
血液性状				
尿素態窒素（mg/dl）	12.0		12.2	
総コレステロール（mg/dl）	177		175	
遊離脂肪酸（mEq/l）	0.14		0.10	

注　*供試牛：当場，試験開始時分娩後7～8か月のホルスタイン搾乳牛2頭
給与期間：平成12年10月4～17日
**「ブレンド茶かす」入りTMR給与前10月3日，4日時点の調査結果
***10月17日，18日時点の調査結果

ージ）は各地のTMRセンターで飼料原料として使われ始めた（阿部亨，2000）。そこで，かす混合飼料サイレージ，TMRの原料として「ブレンド茶かす」を組み込むことを確立するため，当社が販売しているかす混合飼料サイレージ（商品名：「TMウエットSB」。生ビールかす，豆腐かすサイレージ，ビートパルプ，スーダン乾草を混合し，サイレージ化している）の原料であるビールかすの一部置換えとして「ブレンド茶かす」を全体の30%加え，水分56%にして，ポリビニール袋を内装したトランスバックに400kg入れ，密封貯蔵したものを試験的に4t製造した。

第4表にこの「ブレンド茶かす」入り混合飼料サイレージの発酵品質を示した。pHが3.92，アンモニア態窒素0.98%，乳酸生成量2.44%と乳酸発酵が進んでおり，良質のサイレージとなっている。

第4表　「ブレンド茶かす」入り混合サイレージの発酵品質*

pH	乳酸	酢酸	酪酸	プロピオン酸	総酸	NH_3/全N
3.92	2.44	0.32	0.01	0.02	2.79	0.98

注　*pH以外は原物%（4反復）
上記サイレージ飼料成分（乾物%）：乾物44.0%，粗蛋白質15.7%，ADF33.0%
混合割合：ビールかす，豆腐かす，ビートパルプ，スーダン乾草70%，「ブレンド茶かす」30%（当社セルラーゼ・乳酸菌製剤0.05%添加）
平成12年12月20日詰めこみ，貯蔵期間70日間。サイロ：ポリビニール内装のトランスバックに400kgを詰めこみ密封する

②乳牛への給与成績

実際に，「TMウエットSB」を使用している酪農家1軒に上記の「ブレンド茶かす」入り混合飼料サイレージを10日間ほど給与してもらったところ，嗜好性は良好で，バルク乳量にも大きな変化はなかった。

第5表には，当社販売混合飼料サイレージ（商品名：「TMウエット」。ビールかすにスーダン乾草，カカオハルを混合しサイレージ化している）と，その原料となっているビールかすを一部置き換え，全体の30%「ブレンド茶かす」を混合した試

第5表　「ブレンド茶かす」入り混合飼料サイレージ給与事例*

調査項目	市販混合飼料サイレージ給与時		「ブレンド茶かす」入り混合飼料サイレージ給与時	
配合割合（原物%）	ビールかす	67.5	ビールかす	37.5
	スーダン乾草ほか	32.5	「ブレンド茶かす」	30.0
			スーダン乾草ほか	32.5
栄養成分（乾物%）				
乾物	45.1		44.0	
粗蛋白質	14.9		14.0	
粗脂肪	5.9		5.5	
ADF	34.8		37.0	
NDF	59.7		58.9	
NFC	13.4		12.8	
TDN	61.5			
乾物摂取量（kg）	13.0		15.7	
乳量（kg）	15.1		15.6	
FCM乳量（kg）	15.5		16.6	
乳脂率（%）	4.1		4.4	
乳蛋白率（%）	3.3		3.2	
SNF率（%）	8.9		8.5	
体重（kg）	695		696	
血液性状				
尿素態窒素（mg/dl）	12.4		14.8	
総コレステロール（mg/dl）	258		279	
遊離脂肪酸（mEq/l）	0.20		0.23	

注　*供試牛：当場分娩後8～10か月のホルスタイン搾乳牛3頭
試験期間：平成12年8～9月
試験方法：供試牛2頭は，最初2週間当社販売混合飼料サイレージ（商品名「TMウエット」）給与後，2週間，「ブレンド茶かす」入り混合飼料サイレージ給与，残り供試牛1頭は逆に2週間「ブレンド茶かす」入り混合飼料サイレージ給与後，当社販売混合飼料サイレージを2週間給与

第6表　麦茶かすの飼料成分値（乾物%）**

乾物	粗蛋白質	粗脂肪	粗灰分	NDF	ADF	Ca	P	Mg	K	ADF－P*
46.5	12.3	2.6	2.2	24.8	14.3	0.06	0.43	0.15	0.28	6.3

注　*結合蛋白質，**当社分析

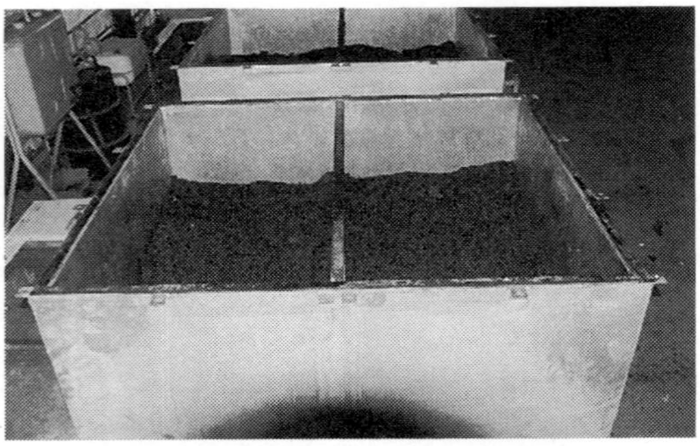

第2図　乾燥機による麦茶かすの乾燥化

第3図　サイレージ貯蔵のためのポリビニール内装のトランスバックへの麦茶かすの詰めこみ

第7表　麦茶かすサイレージの発酵品質*

pH	乳酸	酢酸	酪酸	プロピオン酸	総酸
3.39	2.40	0.40	ND	0.06	2.86

注　*pH以外は原物%
平成11年3月4日詰めこみ，貯蔵期間113日間，牛舎内に保管

験サイレージ飼料との比較給与試験での，乾物摂取量，乳量，乳成分を示した。

供試ホルスタイン搾乳牛3頭の乾物摂取量は，「ブレンド茶かす」入り混合飼料サイレージが平均2.7kg高い値を示し，そのためFCM乳量が高くなる傾向が見られた。乳成分では「ブレンド茶かす」入りの乳脂率が高い傾向が見られた。

③脂肪壊死症対策への可能性

また，「ブレンド茶かす」には乳牛の脂質代謝に影響する成分が含まれている。特にハトムギは牛の脂肪壊死症の治療薬として用いられている（木下，1991）。

脂肪壊死症は肉牛肥育で多く発生しており，「ブレンド茶かす」（サイレージ）は肉牛用飼料として価値の高いものになる可能性がある。

2. 麦茶かす

（1）麦茶かすの飼料特性

大麦を焙煎した後，煮出し，麦茶を取った残りが麦茶かすであり，大麦の不溶性の成分が主体となる。第6表に当社で分析した麦茶かすの飼料成分値を示した。

水分53.5％，乾物当たり粗蛋白質12.3％，ADF14.3％，NDF24.8％である。大麦の飼料成分に比較し，特に繊維成分が高い値となっている。また焙煎しているためADF－P（プロテイン），つまり消化されない結合蛋白質が6.3％と高い値となっている。

麦茶かすの消化性については，永西らの詳しい試験の報告がある（永西ら，2000）。大麦に比較して繊維含量が高く，また結合蛋白質の割合が高く，粗蛋白の消化率も低い。そのため乾物当たりのTDN値は71％で，大麦の約80％であるとしている。

すでに麦茶かすは，乾燥あるいはサイレージ化したものが養牛用飼料として流通しており（第2，3図），嗜好性も特に問題になってはいない。

（2）麦茶かすのサイレージ化

一般に，麦茶かすの水分は53％前後で低く，WSCも高いため，第3図のように密封貯蔵すれば乳酸発酵が進む。第7表に麦茶かすの発酵品質を示したが，pH3.39，乳酸含量2.4％，酪酸・

プロピオン酸の生成はわずかであり，乳酸菌主体の発酵である。

ただし，水分域がカビの発生に適しているため，しっかり密封をする必要がある。第3図のようなポリビニール袋による密封では酸素が通るため，外気温が高い場合や貯蔵日数が長い場合は表面にカビが発生する。

夏季では貯蔵期間を2週間程度にし，開封後は2～3日で使いきることが肝要である。また，数日間の密封でも，有機酸の生成量が少なく，開封後はやはりカビの発生しやすい状態になっている。

(3) 乳牛への給与成績

トランスバックでサイレージ化した麦茶かすの搾乳牛への給与結果を，圧扁大麦と比較して第8表に示した。

第8表　圧扁大麦と麦茶かすサイレージの採食性，産乳性の比較*

調査項目	圧扁大麦給与区	麦茶かすサイレージ給与区
給与メニュー（原物%）		
圧扁大麦	16.8	
麦茶かすサイレージ		33.3
混合飼料サイレージ（商品名「TMウエット」）	82.9	66.5
リンカル	0.3	0.2
栄養成分（乾物%）		
乾物	52.0	46
粗蛋白質	14.0	13.9
粗脂肪	4.9	4.8
ADF	26.7	27.7
NDF	48.1	47.6
NFC	28.0	28.4
TDN	67.5	(64.4) **
乾物摂取量（kg）	13.4	14.2
乳量（kg）	21.4	20.8
FCM乳量（kg）	23.2	22.0
乳脂率（%）	4.5	4.4
乳蛋白率（%）	3.3	3.3
SNF率（%）	8.4	8.3
体重（kg）	683	686
血液性状		
尿素態窒素（mg/dl）	12.5	8.8
総コレステロール（mg/dl）	210	217
遊離脂肪酸（mEq/l）	0.27	0.16

注　*供試牛：当場分娩後10か月のホルスタイン搾乳牛2頭
試験期間：平成12年8～9月
試験方法：供試牛1頭は，最初2週間上記「大麦給与区」飼料を給与後，2週間「麦茶かす給与区」飼料を給与，他の供試牛1頭は逆に2週間「麦茶かす給与区」飼料給与後，「大麦給与区」飼料を2週間給与，給与量の設定は試験期間中飽食給与
**麦茶かすの乾物中TDNを71%とした場合の値

麦茶かすサイレージ給与区は，麦茶かすサイレージを平均原物10.3kgほど採食したことになり，乾物摂取量は14.2kgである。それに対して圧扁大麦区は13.4kgであり，麦茶かすサイレージ給与区が平均0.8kgほど高い値を示している。このことからも，麦茶かすサイレージの嗜好性，採食性には問題がないことがわかる。

また，給与飼料の粗蛋白質，粗脂肪，ADF，NDF，NFCのバランスをほぼ同じにしたなかでは，乳成分には差は認められなかったが，圧扁大麦区の計算上の1日当たりのTDN摂取量9.1kgに対して麦茶かすのTDN値を71%として算出した麦茶かすサイレージ区の計算上のTDN摂取量は同じ9.1kgとなるが，乳量的には圧扁大麦区のほうがやや高い値となった。

執筆　石田聡一（雪印種苗株式会社千葉研究農場）

2001年記

参考文献

阿部亨．2000．食品製造副産物利用とTMRセンター．酪総研．

木下茂人．1991．肝疾患に併発する諸疾病．臨床獣医．**9**（2），141－147．

永西修・塚原昇・梶川博・寺田文典．2000．麦茶製造副産物の第一胃内消化特性と栄養価．日本畜産学会報．**71**（8），252－257．

畜産副産物のレンダリング

1. レンダリングの意味

畜産にかかわるレンダリング（rendering）とは，一般に，食肉を生産することを目的とした家畜（牛・豚・鶏・その他）を処理した際に発生する，獣畜のクズ肉・皮・骨・内臓・その他の副産物（バイプロダクト）を処理することによって，肥料や飼料，石けん，製剤，その他の製品原料となりうる動物性製品を生産することをいう。食肉関連のリサイクルと考えてもらえばいい。

筆者は米国ミズーリー大学大学院で動物栄養学を学び，現在，このレンダリングに関わる業界に身を置いているが，こうしたレンダリングに大きな意味を認めている。

なぜこのようなリサイクルが必要かというと，先に述べたように食肉の生産のために生じた副産物をそのまま放置すれば膨大な量の廃棄物が生じてしまうからである。家畜処理場や加工場から出てくる家畜のクズ肉や骨などの副産物は約160万t/年（牛2割弱，豚4割弱，鶏4割強）といわれている。その量の正確な統計はないが，牛と豚の内臓部分については第1表のような試算がなされている。このほかに，クズ肉や骨その他の可食部分以外があり，全体で約160万tの副産物が生じることになる。しかしこうして発生する副産物は，飼料原料として栄養価に富んでいる。そこで，この副産物を食物連鎖の一部を利用した効率のよいリサイクルシステムに乗せることによって，資源を有効活用することが必要になるのである。その工程を担っているのが畜産関連のレンダリング業界である。

レンダリング工場は都道府県知事の許可が必要で，現在，全国で90社以上，140工場以上あるとされ，上記のような副産物を原料として年間約30万tのバイプロダクト飼料，約10万tの肥料などが生み出されている。

2001年9月にわが国でBSE（牛海綿状脳症）に感染した家畜が確認されて以来，「飼料にはほ乳動物由来の蛋白質を含んではならない」とされ，肉骨粉などの製造が中止されているが，本稿ではレンダリングの全体像をおさえるために，畜産物由来の飼料や肥料，およびその他への利用の全体を紹介することにする。

2. 飼料化される副産物

飼料原料に使われるバイプロダクトには，動物性蛋白質だけでなく，いろいろな材料がその原料として利用されている。

（1）畜産物由来の原料

畜産物由来の原料は多岐にわたる。たとえばアメリカを例にとると，食肉センターから出る動物の正肉と皮以外の部分，農場や研究所などで斃死した家畜，孵化場から出るハッチェリーバイプロ（孵化しなかった卵や雄びな）などがある。

わが国でいう家畜の不可食部分とは一般に人間の食物として利用できない部分で，内臓，血

第1表　国内における畜産副生物（内臓部分）の生産量（千t）
（大武，1998）

年次	豚			牛		
	屠殺頭数	副生物生産量		屠殺頭数	副生物生産量	
		全　量	可食量		全　量	可食量
1993	1,919万	345.4	153.5	150万	189.0	60.0
1994	1,855万	333.9	148.4	153万	247.9	61.2
1995	1,756万	316.1	140.5	150万	189.0	60.0

注　この表の算出基礎は家畜衛生統計による屠殺頭数をもとに，内臓重量を豚18kg，牛126kgとし，うち可食部は1頭当たり，それぞれ8kg，40kgとして作成した

液，毛，皮，骨，脂肪，羽毛，卵殻などが考えられる。一部の内臓，脂肪は食用となる。家畜の可食部分が，鶏で68％，豚・牛・羊などで50％強なので，その残りの部分がいわゆる正肉以外のものとして出てくることになる。可食部分と不可食部分は処理場で分離されるが，すべて同じというわけではない。家畜は，食肉センターで検査に合格すれば食肉となるが，食肉センターへの搬送中に斃死したものや，人に影響のある疾病に罹患している家畜は不合格となり，たとえそれが可食部分であっても，廃棄処分される。そのため，処理場に運び込まれた家畜のうち，実際に正肉として利用されている割合は60％以下であり，不可食部分が40％を超えている。この不可食部分がレンダリング工場に回され，アニマルバイプロダクト飼料として再利用されているのである。

(2) 魚市場・水産加工場からでる原料

家畜の不可食部分のほか，動物質のものとしては，魚市場や水産加工場から出てくる魚のアラ（魚かす，アラかす），カニがら，カキがらなどがある。

(3) 食品関連業界からでる原料

食品工場からでてくる量も膨大である。これにはパン工場や菓子工場，ラーメン工場などから出てくる規格外品（これらは直接畜産用の自家配合飼料原料として利用される場合がある），醸造工場から出る醸造かす類（ビール醸造かす，焼酎醸造かすなど），植物油かす（大豆かす，菜種かすなど），ジュース工場から出る絞りかす（ミカンジュースかす，リンゴジュースかすなど），そのほか，米ぬかやふすまなども利用される。

3. 畜産物のレンダリング

前述したように，農場や農場からの搬送途中で死亡した家畜，食肉センターで検査不合格となった家畜，さらに検査に合格して食肉として処理された家畜から出る不可食部分がレンダリングに回る。つまり，処理場での検査によって焼却が課せられた以外のものについては，農場から出た家畜は全頭が最終的にはレンダリングに回るのである。第1図は，家畜が処理場に運び込まれてからの流れを示したものである。

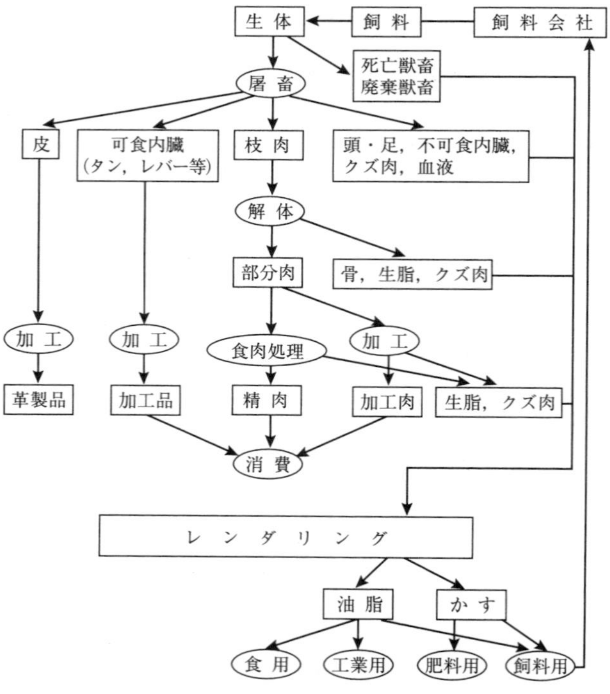

第1図　副生産物処理の工程　（杉山ら，1995）

レンダリングに回されたものは，蛋白質や油脂といったぐあいに，質によっていくつかに分けられて，飼料や肥料を主に，その他さまざまな用途に向けて加工されていく。

(1) 油　脂

油脂は原料の段階で，食用に回すものとそれ以外に分けられる。

食用に回るものは，枝肉成形時にそぎ落とされたりした脂身で，ラード（豚脂）やヘッド（牛脂のことで，脂肪酸凝固点39℃以上をタロー，それ以下をグリースと呼ぶ）として利用される。食用油脂は，飼料に利用する化成工場とは異なる食用油脂製造許可の認可を受けた専用施設で加工製造される。その他の油脂は，飼料用または，その他の人間の口に入らない用途に回され，加工製造され使用されることになる。

第2表　レンダリング製品の現物中の組成および乾物中の栄養価
（日本標準飼料成分表，1995）

種　類	現物中組成（%）					乾物中栄養価[1]				
						牛		豚		鶏
	水分	CP	粗脂肪	NFE	粗繊維	DCP	TDN	DCP	TDN	ME
動物性油脂	1.0	0.0	99.0	0.0	0.0	0.0	220.5	0.0	216.0	8.45
ミートミール（肉粉）	6.9	71.2	13.1	0.1	0.8	69.6	99.7	67.3	95.8	3.79
ミートボーンミール（肉骨粉）	5.7	50.4	10.6	1.0	1.6	43.8	67.9	44.4	66.9	2.58
フェザーミール	8.0	84.5	4.4	0.4	0.6	59.7	68.3	70.7	77.9	2.72
血　粉	9.6	84.1	0.5	1.3	0.7	66.1	66.9	67.0	67.4	2.73

注　[1] DCPおよびTDNは%，MEはMcal/kg

油脂については，不溶性不純物の含有量によって次のような規制がある。

幼動物補助飼料（代用乳など）に利用する場合は，不溶性不純物が0.02%以下。一般の畜産用飼料の場合は0.15%以下とされている。また，不溶性不純物が0.15%を超える油脂は飼料用としては利用できない。

油脂に含有される不溶性不純物のほとんどが蛋白質で，そのなかにBSE（牛海綿状脳症）を引き起こすプリオンなどが含まれている可能性があるため，とくに幼動物に対する使用については厳しく規制されている。

（2）蛋白質

動物由来の蛋白質は，肉粉（ミートミール），肉骨粉（ミートボーンミール），血粉，血漿蛋白，内臓物，バイプロミール，ハッチェリーバイプロ，加水分解したフェザーミール（鶏の羽が原料），鶏卵，その他，あまり用いられない蛋白質として角粉・蹄粉などがある。

血液はもともと欧州ではソーセージやフランクフルトなどの結着剤として利用されており，その他では乾燥して血粉として肥料や飼料原料，接着材として使われてきた。最近では，より付加価値の高い製品に活用する方法として，血球と血漿に分離して，血漿蛋白質は子牛や子豚の蛋白質源として利用され始めている。

飼料原料としての蛋白質が注目されているのは，豊富に含まれている必須アミノ酸である。血漿蛋白を例にとると，すべての必須アミノ酸が非常に高レベルで含まれている。子牛や子豚など幼動物への血漿蛋白の給与が効果的なのは，アミノ酸バランスの良さがポイントの一つとなっている。第2表に，レンダリングによって製造された製品の組成および乾物中の栄養価をまとめた。

（3）ゼラチン，コラーゲン

主に骨や皮から製造されているのがゼラチンやコラーゲンである。

BSE確認以来，飼料一般の成分規格として，飼料に哺乳動物由来の蛋白質を含んではならないとされていることは前述したが，その規制から，乳，乳製品，ゼラチン，コラーゲンは除外されている。

ただし，除外されているといっても「皮由来，他の蛋白質の製造工程と完全に分離された工程で製造されたもの」「骨由来，頭蓋骨および椎骨を除く原料で，1）加圧下での洗浄，2）酸による脱灰，3）長期のアルカリ処理，4）ろ過，5）138℃4秒間の殺菌処理，という全行程を経て処理されたもの」とされている。

ゼラチンやコラーゲンは，畜産用飼料よりも，食品分野で食品用増粘剤や結着剤としてよく用いられている。ほかには，化粧品（保湿剤），医療用（カプセル），写真用（表面コート）などに利用されている。

(4) 骨

骨もバイプロダクトの原料として，含まれるミネラル（灰分）給源として重要視されている。たとえば，卵殻や骨成分などはカルシウムやリンの給源としてである。骨が混じる量の多少によってミネラルの含量が決まってくる。たとえば，骨粉はその大部分が骨から製造されたものであり，ミネラル分が豊富に含まれている。蛋白質の項であげた肉骨粉のように肉と骨の混じったものから，肉粉，血粉と，順に骨が含まれる割合は少なくなっていき，ミネラル含量も下がっていく。

第3表　肉骨粉の畜種別配合飼料原料使用量　（単位：t）

畜種 / 年度	採卵鶏	ブロイラー	豚	乳牛	肉牛	ウズラ	その他	その他家畜家きん	配合飼料合計
1995	225,831	124,492	92,382	222	25	287	543	830	443,782
1996	219,159	123,117	94,737	8*	0	298	267	565	437,586
1997	221,733	126,297	102,155	0	0	302	155	457	450,642
1998	216,071	122,532	89,366	0	0	363	149	512	428,481
1999	218,137	124,162	85,330	0	0	585	111	696	428,325
2000	215,322	119,786	82,917	0	0	446	169	615	418,640

注　資料：生産局畜産部飼料課「流通飼料価格等実態調査」
　* 1996年度の乳牛の数字は行政通知の出る前の使用量

4. 輸入バイプロダクト原料

国内で使用されている飼料用バイプロダクトは，国内の原料を使って国内で製造されているものだけでなく，海外からも輸入されている。BSEで一躍その名前を知られた肉骨粉だけでなく，骨粉，フェザーミール，血粉，血漿蛋白，内臓といった原料などが輸入されている。代表的なものとして，肉骨粉のわが国での使用量と輸入量を上げておこう。

第2図に肉骨粉の使用量と輸入量の推移を示した。1975年から2000年までの統計（JETRO貿易統計）でみると，1990年までは総使用量が急増していることがわかる。しかし，1989年がピークでその後は使用量が減少し，現在は年間約40万tが主に飼料用として利用されている。そのうちの約半量が輸入品でまかなわれている。配合飼料原料への肉骨粉の畜種別使用量は第3表のようになっている。

肉骨粉を輸入している相手国は，アルゼンチン，オーストラリア，ニュージーランド，ウルグアイ，アメリカ，中国などで，1980年代はアルゼンチンからの輸入が圧倒的に多かったが，口蹄疫の影響で現在は少なくなっている。その

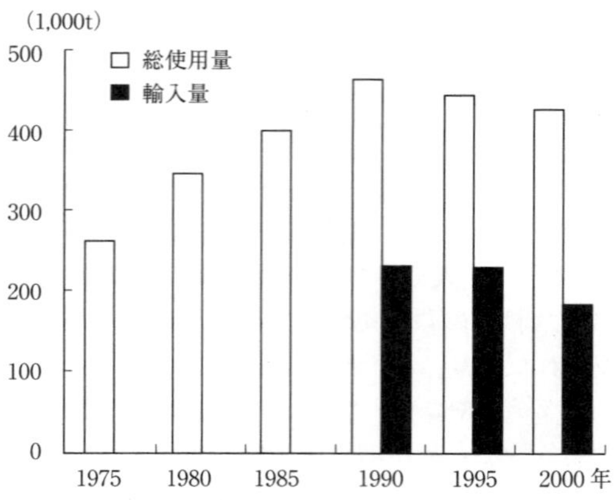

第2図　肉骨粉の使用量および輸入量
1985年以前は，輸入量のデータが手元になく，空欄のまま作図

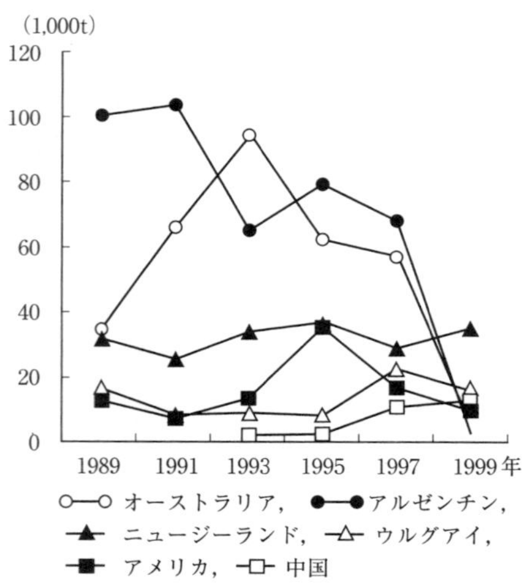

第3図　肉骨粉の主要国別輸入量

かわりにオーストラリアとニュージーランドからの割合が増加している。ウルグアイは口蹄疫が出ていないため，現在は輸入元となっている。中国からの輸入品は，以前は香港経由で輸入されていた（第3図）。

地域別で見るとウルグアイなどの南アメリカからの輸入が減り，ニュージーランドからがふえている。アメリカからは価格面で輸入量は限られているものの輸入が続いている。中国などアジアからは，品質や輸入可能な数量の問題から，輸入は抑えられている。

5. 蛋白質レンダリングの方法

2001年9月のBSE発生を受け，農林水産省は10月1日付けで関係団体などに対して，すべての国からの肉骨粉の輸入を一時停止するとともに，国内産を含めた飼料用・肥料用の肉骨粉等および肉骨粉などを含む飼料・肥料の製造と販売の一時停止の要請を行なった。次いで，10月15日付けで「飼料は，ほ乳動物由来の蛋白質，家禽由来の蛋白質および魚介類由来蛋白質を含んではならない」旨の省令改正を行なった。現在，各品目ごとにBSEに関するリスク評価や牛用飼料への横流れ防止対策が審議されており，問題がないものについては使用禁止が順次解除されつつある。ここではそうした動きもふまえて，レンダリングの方法を紹介していくことにする。

レンダリングの方法は，システム的に大きくはウェットレンダリングとドライレンダリングに分けることができる。また，処理プラントの工程によって，1回ずつのバッチ式と，次々に製造可能な連続式に分かれる。

処理方法の基本的な点をあげておくと，国際的には投入する処理プラントのタンク内では133℃・3気圧・20分（OIE＝国際獣疫事務局が提示したプリオン不活性条件）以上で処理するとされている。

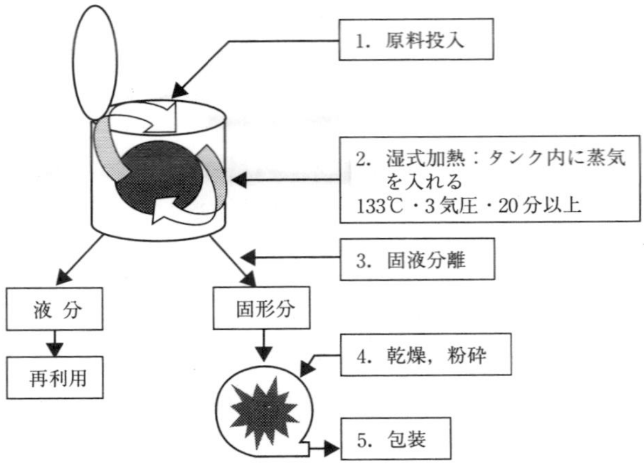

第4図　ウェットレンダリング法

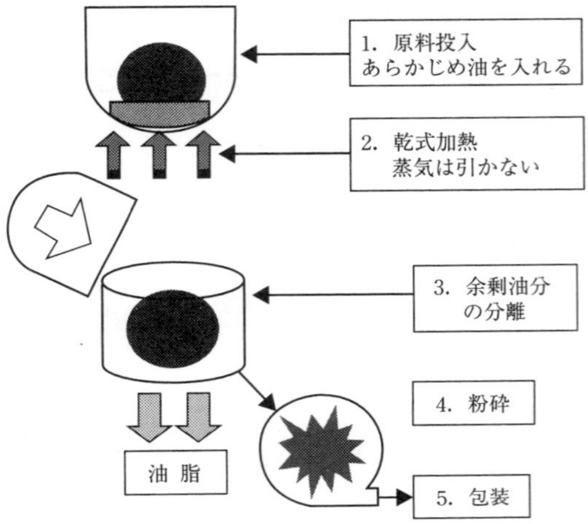

第5図　ドライレンダリング法

(1) ウェットレンダリング

ウェットレンダリングは，ミンチにした原料をプラントに投入し，ふたを閉めて湿式加熱する製造方法である（第4図）。

処理後は固液分離され，固体分は乾燥され，粉砕，包装されて製品になる。液体分は，脂と煮汁が混じった状態のものである。これを，コーンコブミールのような吸着物質に吸着させてソリュブル吸着飼料として販売されたり，粗蛋白質を高めるために固体部に戻したりする。こ

うしてウェットレンダリング法で製造された製品は「タンケージ」と呼ばれて流通している。

(2) ドライレンダリング

ドライレンダリングは，ウェットレンダリングが原料を蒸し焼きにする「すき焼き風」とすれば，こちらは「天ぷら風」にたとえることができる。材料を油で揚げるといったニュアンスがあるからである（第5図）。

まず，ミンチした原料を釜に入れる。釜の中にはあらかじめ油が敷かれている。原料を入れたら加熱し，油の熱によって水分を蒸発させていく方法である。釜の内部を減圧して沸点を下げ，蒸発を早めるシステムを導入している工場もある。水分がなくなると釜の内部の温度が上昇するため，ウェットレンダリングよりも高い温度で処理することが可能である。

処理後は固液分離して，固体分は粉砕される。ドライレンダリングで回収される固体分はほとんど水分がなくなっているので，ウェットレンダリングのような乾燥工程を必要とはしない。

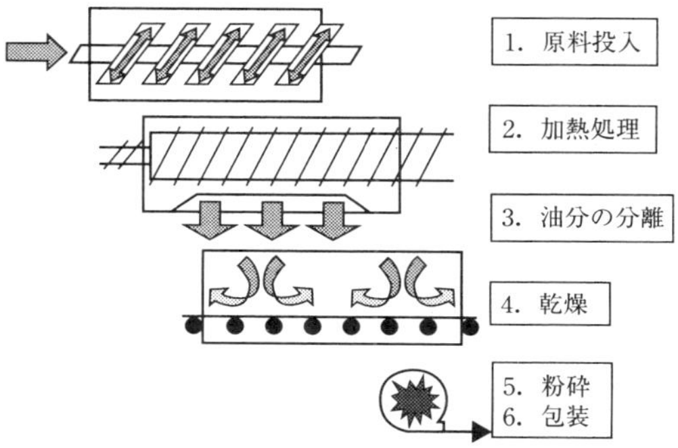

第6図　連続法

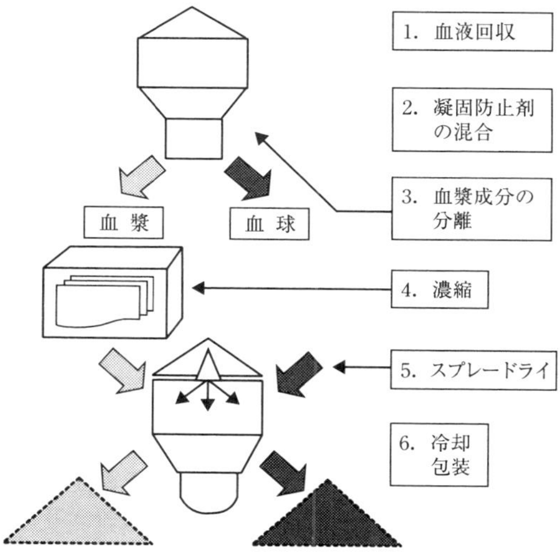

第7図　血漿蛋白および血粉の製造法

(3) 連続式ドライレンダリング

これはアメリカの設備例だが，第6図のように，大きな釜の中に間仕切りがあり，これらが一つの流れの中に入ってくる。釜の中には中空のシャフト（軸）に中空になったフィン（羽根）が付いたものが入っており，中空のシャフトとフィンの内部に蒸気を流して回転させ，原料を加熱する。フィンの表面温度は約160℃になり，その表面で原料と混ざり合ったときに140℃以上になるように設計されている。

加熱処理後は，圧力をかけて粗く油分を落とし，さらに油分を絞り出す工程で固液分離を行なう。この段階でできあがったものは十分に水分が蒸発しており，冷却し，粉砕して包装される。

(4) 血漿蛋白および血粉の製造方法

血漿蛋白および血粉の製造方法には，ボールドライのように，釜で煮込んで蛋白質を変性させて使う方法があるが，これは飼料としては消化率が悪くなる欠点があるため，現在は消化率を上げることでより高い付加価値が付与されるスプレードライ法が用いられている（第7図）。

この方法は，まず処理場で動物を移動するラインの下にステンレス製のパットを敷き，屠畜から流れ出る血液を集める。ラインの途中でクエン酸ナトリウム（凝固防止剤）を混ぜて1か所にまとめ，それを遠心分離して血球成分と血漿成分に分ける。

血球成分はそのままスプレードライして「血粉」というバイプロダクト飼料として流通したり，「血球」という名前で流通することもある。

血漿成分は限外ろ過膜で濃縮し，スプレード

ライして「血漿蛋白」として商品化されている。

濃縮しスプレードライして製品化するまでの工程は，5～7℃の低温で管理される。スプレードライで噴射する工程で，噴射口から出たときに185℃くらいまで加熱される。この状態で釜の中を対流させ，10分間くらいは加熱され続けるので，病原性微生物は死滅していると考えられている。

6. その他のレンダリングの方法

(1) 油　脂

OIEによる獣脂の基準がある。その基準によると，不溶性不純物0.15％未満と定められている。ペットフードなどでは不溶性不純物がおよそ0.01～0.06％のものが使われている。

付加価値を高めるため，獣脂を脂肪酸とグリセリンに分解することもある。グリセリンは化粧品などに利用されるし，脂肪酸はプラスチック原料などにも利用される。ただ，消費者の動物性油脂離れから，現在ではこうした用途に利用される油脂が植物性のものに変わってきている。

動物原料を蛋白質と油脂に分ける技術は，食品原料の製造技術としても応用されている。食用油脂製造の許可をとった食品専用設備や施設では，食肉の副産物として生じる生脂などから低温で脂を抽出し，良質の食用油脂が製造されている。こうした製品は精製加工されて，スーパーやレストラン，加工食品用の食用油脂として流通していたが，最近では原料としてあまり好まれなくなってきている。

(2) デボンドミール

除骨された骨の回りにも，付着した肉の処理が残されている。この技術は食品の技術だが，肉のついた骨をミキサーで細かく砕き，酵素で処理したりして，骨と骨髄と肉に分ける。こうした処理でスープ状になったものは，ハンバーグ，餃子，シュウマイなどに利用され，形は見えないが，風味や食感が生かせるような食品に利用されていた。

BSEの発生以来，こうした家畜から生まれる副産物の有効利用の道が狭められてきている。

7. BSEとレンダリング

(1) イギリス

イギリスでは1986年11月にはBSEの発症が確認され，1988年には反芻家畜への肉骨粉の使用が中止されたが，1990年代にBSEは猛威をふるうこととなった。いまでもBSE発症の原因が明確にされていない。有力な説は，1970年代から1980年代における羊の飼養頭数の増加である。それに伴って増加したスクレイピーに罹患した羊がレンダリングの現場に回ってしまったことがあげられている。

また，レンダリングの現場で，処理コストを抑えるため加熱時間が短くなったこと，肉と脂を分けず，酵素の作用でミックスする方法が考え出され，有機溶媒を使用しないで加熱時間が不十分なレンダリング方法が行なわれるようになったからである。その一方，国内ではヨーロッパから輸入された動物油脂が原因ではないかと一部報道されたが，それを裏づける明確な証拠はない。

イギリスのある牛乳メーカーによると，バイパス蛋白として肉骨粉の使用が増加したために病原体が拡大したという。たとえ家畜に給与しなくとも，肥料として放牧場に散布することによって，牛が食べてしまう可能性もある。

筆者の推測であるが，イギリスで乳牛に肉骨粉が給与されたのは，1980年代のイギリスの乳牛用濃厚飼料事情に原因がある。もともとイギリスの飼料成分，飼料標準などを見ると，肉骨粉や魚粉などは蛋白源として示してある。血粉も同様である。ただし，付加価値や価格の面から，魚粉が一番よく利用されていた。肉骨粉は，鶏用や豚用など，より高く取引されるものに利用されていた。しかし，羊の頭数が増え，バイプロダクト飼料としての肉骨粉が広く流通するようになると価格が下がり，良質のバイパス蛋白質として利用できるようになったのではないかと思われる。

(2) アメリカ

イギリスの状況と異なり，なぜアメリカで肉骨粉がさほど使われなかったのか。そこにはアメリカでの飼料事情が反映している。

アメリカがイギリスともっとも異なる点は，飼料原料の選択肢の広さである。アメリカでも肉骨粉や血粉は利用されていたが，良質の蛋白源である大豆かすが輸出するほど恵まれ，肉骨粉や魚粉よりも安く供給されていた。さらに，アルコール発酵の残渣であるコーングルテンミールやコーングルテンフィードなどと呼ばれるものが，非常に安価な濃厚飼料として使われていた。つまり，より安価で良質な原料の入手が可能であり，とりわけ動物性蛋白質原料を利用する必要がなかったと考えられる。しかし現在，米国でも高泌乳量を目的として動物性蛋白質給与が一般的になっている。

(3) 日　本

2001年にわが国にもBSE牛が発生した。2002年5月現在，千葉県，北海道，群馬県と4頭の発症が確認されている。今後どのように対応していくかが問われているが，2002年5月現在，レンダリング業界に対しては牛由来の肉骨粉類は飼料原料として販売することは認められず，すべて焼却などの廃棄処分とされている。鶏由来のチキンミール，フェザーミール，蒸製骨粉などは，鶏，豚用の飼料原料として流通しており，豚由来の肉骨粉類，蒸製骨粉の使用は継続検討中である。

執筆　角田　淳（株式会社アグロメディック）

2002年記

ジャガイモ澱粉かすサイレージの飼料特性と泌乳牛への給与法

1. 研究の背景とねらい

2007年から2008年にかけての輸入穀類価格の高騰を背景に，飼料穀類の代替となる食品残渣（エコフィード）への関心が高まっている。北海道では，ジャガイモ（バレイショ）からデンプンを抽出した残渣である澱粉かすが年間10万t産出されており，これらをじょうずに利用すれば，飼料費の削減につながると期待されている。

ただし，デンプン工場の稼働時期は8月から11月のジャガイモの収穫時期に集中するため，水分含量が高い澱粉かすは給与まで貯蔵する必要がある。私たちのチームでは道内の研究機関と協力して，澱粉かす飼料化の研究に取り組んできた。ここでは，研究成果の一部を紹介するとともに，澱粉かすを飼料として利用するうえでのポイントについて，保存法や泌乳牛への給与法の観点から整理した。

2. 密封貯蔵で良質サイレージ

澱粉かすは水分が高く，そのままでは腐りやすいことから，飼料として安定的に利用するには保存の必要がある。牧草類はサイレージにする際，原料水分が70％以上あると品質が劣化しやすい。澱粉かすも水分が約80％と高いため，添加物を用いないと良質サイレージの調製は困難かと思われたが，密封貯蔵することによって，乳酸菌などの添加剤を入れることもなく，カビのないサイレージを調製できることが明らかとなった（第1，2図）。

また，サイレージの発酵品質は，有機酸の生成量は少ないものの，乳酸と酢酸がほとんどで，pHが3.5程度であった。また，VBN/TN（総窒素に対する揮発性塩基態窒素の割合＝蛋白質分解の目安）も約3％と，10％を下まわり，Vスコアもほぼ満点に近い良質なサイレージを調製できた（大下ら，2007）。

澱粉かすを貯蔵するサイロとしては，スタック，バンカーを中心に，トランスバックなどの利用が考えられるが，いずれの場合も空気の侵入を防ぐことが重要である。澱粉かすサイレージは高水分で粘土質（あんこ状）のため，牧草

第1図　乳酸菌を添加せずに調製した澱粉かすサイレージ

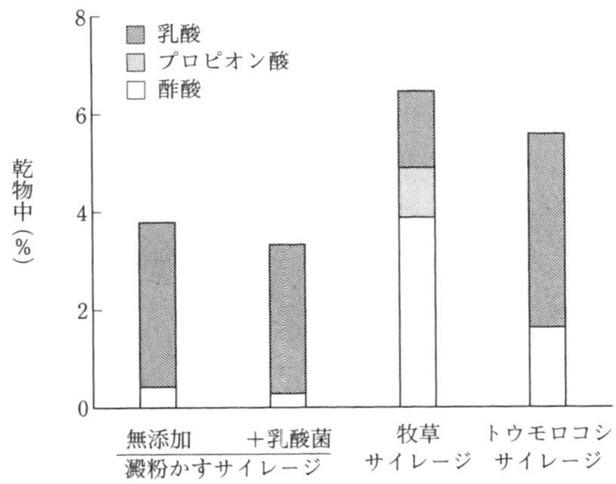

第2図　澱粉かすサイレージの有機酸組成

やコーンと異なり，サイレージ内部に空気が残存することは少なく，踏圧の必要性は小さいが，サイレージの表面とビニールシートやバックとのすき間は極力なくすべきである。表面からのカビの侵入がひどい場合の対策としては，尿素を0.5％程度澱粉かすの表面上に散布したあと，密封する方法もある（杉本ら，2007）が，まずは密封を徹底して行なうことが肝要である。

3. 醤油かすを利用した凍結対策

澱粉かすの保存上の問題点として指摘されているのは，その物理性（高水分，粘土質）ゆえに，冬期に凍結することである。凍結のため，取出しが困難になってしまうケースが報告されている。

現在，凍結防止対策として，澱粉かす利用農家が行なっている方法としては，1）澱粉かすサイレージの利用期間を限定し，冬は利用せず，春先からトウモロコシサイレージの代替として利用する，2）バンカーやスタックサイロの上部30cm程度を乾草，麦桿などで保温する，3）バンカーやスタックといった水平型のサイロでは，水分吸着剤としてふすまやビートパルプなどを原物で1割程度混合してサイレージを調製する方法がある。

さらに別の混合材料としては，乾物率が70％の醤油かすがあげられる。醤油かすは副産物であるため価格も安いうえ，粗蛋白質（CP）含量が約25％と高いので，低蛋白質の澱粉かすに混合して給与することにより，CP含量を16％程度に高めることができた。このように，澱粉かすに乾物率が70％の醤油かすを混合（乾物比44％）して密封貯蔵，サイレージ化することにより，凍結を防ぎ，蛋白質を補給できることが明らかとなった。

4. 澱粉かすの栄養特性

澱粉かすサイレージの栄養成分を圧扁トウモロコシと比較すると（第3図），粗蛋白質含量は約4％で圧扁トウモロコシの半分程度と少なく，繊維含量は約3倍含むが，牧草類にはあまり含まれないペクチンが豊富に含まれる。このため，澱粉かすサイレージは第一胃（ルーメン）内で急速に分解・発酵し，消化速度は約10％/hr以上であり，圧扁トウモロコシや圧扁小麦などの穀類よりも大きかった（第4図）。

近年，泌乳牛のカリウム過剰摂取の弊害が指摘されている。澱粉かすの原料であるジャガイモにはカリウムが豊富に含まれることから，澱粉かすサイレージを給与する場合，カリウムの過剰摂取が懸念された。そこで，澱粉かすサイレージでの含量を測定したところ，乾物中0.5％程度であり，圧扁トウモロコシなどの穀類よりは高いものの，粗飼料である牧草サイレージ（約1～3％）や，トウモロコシサイレージ（約

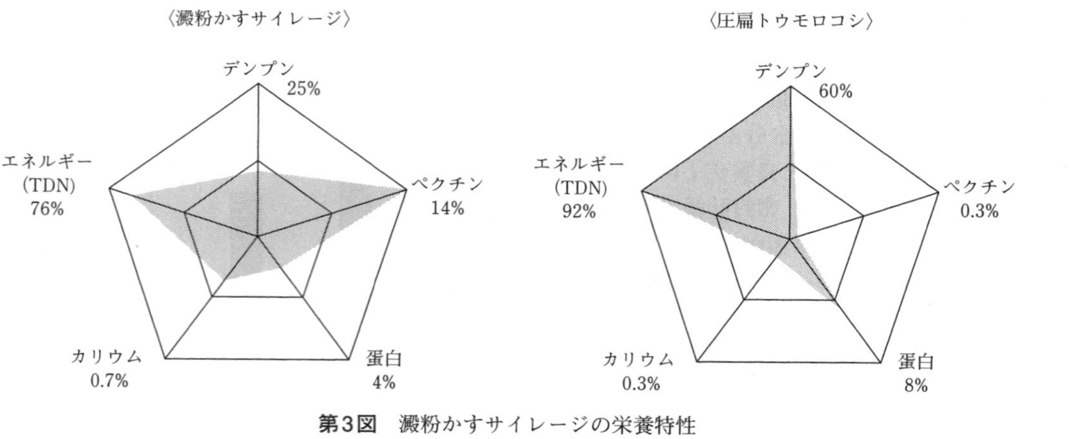

第3図 澱粉かすサイレージの栄養特性

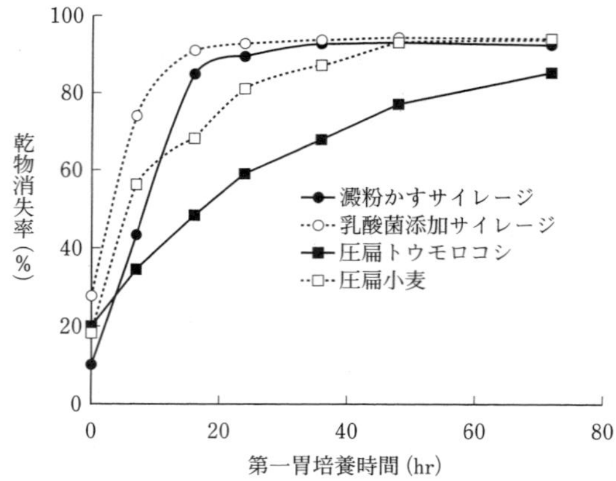

第4図 澱粉かすサイレージの第一胃内消失率の経時変化

1%）に比べ低かった。

また，穀類にはほとんど含まれないカルシウム（Ca）やマグネシウム（Mg）が若干（乾物中0.1%程度）含まれることが明らかになった。

澱粉かす中のデンプン含量はデンプン圧搾率の影響を受け，製造工場によって異なるが，大規模工場から産出される澱粉かす中に残存するデンプン含量は25%程度と，圧扁トウモロコシの半分以下であった。また，TDN含量は75%程度であり，乳酸菌や尿素を添加しても，栄養価が大きく変わることはなかった。

このように，澱粉かすサイレージのエネルギー価は圧扁トウモロコシの92%には及ばないものの，配合飼料やビートパルプと同程度であり，粗飼料よりも高く，かつ第一胃内での消失が非常に速いことからみると，濃厚飼料に近い性格の飼料といえ，エネルギー源としての利用方法が妥当と考えられた。

5. 泌乳牛への給与法

(1) 混合割合

以上のように，澱粉かすサイレージの栄養特性からみると，エネルギー源の濃厚飼料資源としての活用が考えられたため，飼料中の圧扁トウモロコシを澱粉かすサイレージで代替し，採食量，乳量，乳成分および第一胃液性状および血液性状に及ぼす影響について検討した。飼料中の澱粉かすサイレージの混合割合（乾物中）を0%，8%，16%（乾物25kgのTMR中の圧扁トウモロコシの代替量は0kg，2kg，4kgとなる）とし，泌乳牛の採食量，乳生産量，第一胃液性状および血液性状への影響を検討した。

その結果，澱粉かすサイレージを8%混合した場合では，泌乳牛の摂取量，乳量は圧扁トウモロコシのみを給与した場合と変わらなかった。これに対して，澱粉かすサイレージを16%混合すると採食量が低下し，これにともなって乳量も低下することが明らかとなった（第1表）。

一方，澱粉かすサイレージを給与した泌乳牛の第一胃液性状は，アンモニア態窒素濃度が16%給与区で他の区よりも高かったものの，pH，酢酸やプロピオン酸濃度は澱粉かすサイレージを食べさせなかった場合と同様な値であった。

以前から澱粉かすサイレージを給与すると血中のコレステロール値が低下することが報告されている（花田，2003）。この試験でも，澱粉かすサイレージの摂取量が増加するにつれて，血中の総コレステロール値が減少することが確認されたが（第1表），いずれの血液成分も正常値の範囲内であり，澱粉かすサイレージの給与が乳牛の健康に悪影響を及ぼさないことを確認した。

以上の結果から，泌乳牛飼料に澱粉かすサイ

第1表 澱粉かすサイレージ摂取牛の乳量，乳成分

		0%[1]	8%	16%	標準誤差
摂取量（kg/日）		20.8a[2]	20.5a	19.7b	0.22
FCM乳量（kg/日）		37.1	36.3	34.1	0.51
乳成分	蛋白質（%）	3.39	3.33	3.34	0.06
	脂肪（%）	4.05	4.08	4.10	0.07
血液成分	総コレステロール（mg/dl）	245a[2]	224a	174b	14
	遊離脂肪酸（μEq/l）	304a	88b	75b	67

注 1）澱粉かすサイレージの混合割合（乾物中%）
2）ab異符号間に有意差あり（$P<0.05$）

レージを1割程度混合しても，採食量，乳生産および生理状態に影響しないことが明らかとなった。すなわち，日乳量が35kg程度の泌乳牛に対しては，圧扁トウモロコシ2kg（原物）の代替として，澱粉かす10kg（原物）程度を給与できることを示している。

(2) 粗飼料源との組合わせ

続いて，澱粉かすサイレージ給与時の併給粗飼料源が泌乳牛の第一胃液性状，乳生産および血液性状に及ぼす影響を検討した。自給粗飼料源として，1）オーチャードグラス1番サイレージ（GS）（出穂始期刈り，TDN含量（TDN：可消化養分総量）＝64.7％，CP＝15.6％）のみ，2）アルファルファロールベールサイレージ（出蕾後期刈り，TDN含量＝58.4％，CP含量＝16.3％）とGSを1：1の割合で混合，3）トウモロコシサイレージ（黄熟後期刈り，TDN含量＝66.0％，CP含量＝8.0％）とGSを1：1の割合で混合，の3種類の粗飼料を用いた。これを，濃厚飼料および澱粉かすサイレージと混合して粗濃比5：5のTMR（CP含量＝17％）を調製して泌乳牛に給与した。

その結果，TDN含量が低かったアルファルファサイレージと組み合わせた場合に，採食量，乳量が若干劣ったものの，牧草サイレージやトウモロコシサイレージと組み合わせた場合では採食量や乳生産に影響は認められなかった（第2表）。

しかし，飼料給与後の第一胃液pHを見ると，オーチャードグラスやアルファルファの牧草類のサイレージを粗飼料源とした場合に比べいずれの時間も低く推移することがわかった（第5図）。

以上のことから，第一胃内で急速に発酵する炭水化物が豊富な澱粉かすサイレージを給与する際は，アシドーシスを防止する観点から，トウモロコシサイレージの多給は避けるべきと考えられた。

6. 今後の課題と展望

以上の結果から，地域の未利用資源である澱粉かすをサイレージとして密封貯蔵し，泌乳牛に給与することによって，1日1頭当たりの飼料代を80円程度（圧扁トウモロコシ2kg分）節約できると考えられる。また，澱粉かすをサイレージ化して飼料利用することは，ジャガイモの主要な土壌病害であるそうか病防除に対しても有効であることが報告されている（湊・清水，2007）。今まで利用されずに，直接，圃場散布されていた澱粉かすをサイレージ化し，飼料として泌乳牛に給与し，その堆肥を圃場に還元することによって，地域循環型酪農の一つのモデルとして，飼料自給率の向上，資源の有効活用（産業廃棄物の減少）などに貢献できると期待される。2007年から2008年にかけての穀物価格の急騰時には，北海道内の澱粉かすの需要が一気に高まり，普及活動も活発に行なわれている。

一方で，2006年度に北海道内で初めて発生が確認されたジャガイモの塊茎褐色輪紋病の蔓延を防ぐ意味で，現在のところ，澱粉かすを給餌した牛の糞尿堆肥は，ジャガイモを栽培することのない草地に還元し，畑地への還元を避けることとなっている。澱粉かすを地域資源として

第2表 泌乳牛の採食量，乳生産，血液成分の併給粗飼料による違い

		GS	ALS	CS	標準誤差
乾物摂取量（kg/日）		25.7a	23.9b	25.0a	0.22
乳量（kg/日）		37.1	34.8	36.5	0.80
乳成分	蛋白質（％）	3.32	3.32	3.34	0.08
	脂肪（％）	4.12	4.10	4.08	0.15
血液成分	総コレステロール（mg/dl）	176	195	175	8.9
	遊離脂肪酸（μEq/l）	125a	74b	82b	8.4

注　澱粉かすサイレージを8％含む粗濃比5：5のTMR（CP＝17％）を設定
異符号間に有意差あり（P＜0.05）
GS＝グラスサイレージ100％区，ALS＝グラスサイレージ50％＋アルファルファサイレージ50％区，CS＝グラスサイレージ50％＋トウモロコシサイレージ50％区

有効に循環活用するためには，塊茎褐色輪紋病発生のメカニズムの解明と防除法の開発が期待される。

執筆　大下友子（(独) 農業・食品産業技術総合研究機構北海道農業研究センター）

2009年記

参考文献

花田正明．2003．澱粉粕サイレージの機能性——腸内細菌叢改善効果及びコレステロール低減効果——．平成15年度自給飼料品質評価研究会資料．27—32．

湊啓子・清水基滋．2007．でん粉粕中に存在するジャガイモそうか病菌の飼料利用場面における動態．平成18年度北海道農業研究成果情報．北海道農業．176—177．

大下友子・三谷朋弘・宮地慎・青木康浩・秋山典昭．2007．無添加および乳酸菌添加バレイショでんぷん粕サイレージの発酵特性および消化特性．日草誌．**53**，201—207．

杉本昌仁・阿部英則・斎藤早春・左　久．2007．尿素によるでん粉粕のカビ抑制と肉牛への飼料利用．平成18年度北海道農業研究成果情報．北海道農業．174—175．

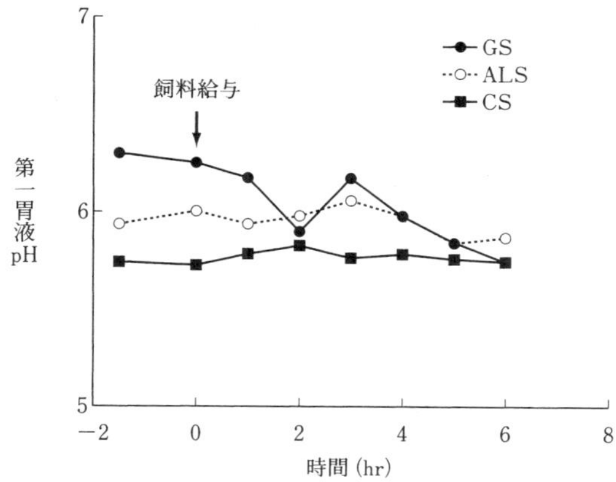

第5図　澱粉かす摂取泌乳牛の第一胃液pHの併給粗飼料による違い

GS：グラスサイレージ100％区

ALS：グラスサイレージ50％＋アルファルファサイレージ50％区

CS：グラスサイレージ50％＋トウモロコシサイレージ50％区

生米ぬか給与による，おいしい牛肉生産

1. おいしい牛肉とは

牛肉のおいしさは食感，味，香りが重要であるといわれている。食感の一つに軟らかさがあるが，一般的に「軟らかい」牛肉は「おいしい」と評価される。軟らかさと脂肪交雑（サシ）とは高い相関（関連性）があり，サシの多い牛肉はおいしいといわれている。

しかし，サシの入り具合は同じでも，「この肉は味があっておいしい」と感じたり，「この肉はおいしくない」と感じることがある。これは，脂肪の質（とくに脂肪酸組成）の違いによる。脂肪の質は牛肉の風味に大きく影響し，おいしさを評価するうえで重要な要素である。

2. 飽和脂肪酸と不飽和脂肪酸

脂肪酸は，飽和脂肪酸と不飽和脂肪酸（炭素間に二重結合をもつ）に区分され，不飽和脂肪酸は，さらに一価（二重結合が一つ）と多価（二重結合が複数）に区分される。不飽和脂肪酸は飽和脂肪酸に比べて融点が低いことから，この割合が高いと脂肪融点が低くなり，口溶けが良くなる。

牛の枝肉脂肪を構成する主な脂肪酸はパルミチン酸，ステアリン酸およびオレイン酸である。パルミチン酸とステアリン酸は脂肪融点の高い飽和脂肪酸，オレイン酸は脂肪融点の低い一価不飽和脂肪酸である。牛肉の風味はオレイン酸が多く，パルミチン酸やステアリン酸が少ないほど良いといわれている。また，不飽和脂肪酸は牛肉の熟成期間中に芳香物質となる。

この脂肪酸組成は品種，性，給与飼料，肥育期間などによって異なる。黒毛和種はアンガス種（外国種）やホルスタイン種に比べ，オレイン酸などの不飽和脂肪酸割合が高く，飽和脂肪酸割合が低い（第1表）。世界的にも黒毛和種は霜降り肉で有名であるが，それに加えて脂肪の質の違いが黒毛和種特有の熟成香を生み出す要因にもなっている。

飼料中にはリノール酸やリノレン酸のような多価不飽和脂肪酸が多く含まれている。しかし，反芻胃内の微生物にとって，多価不飽和脂肪酸は有害なため，水素添加により飽和化される。このため，リノール酸やリノレン酸を多く含む飼料を食べさせても，体脂肪へそのまま取り込まれることはない。これに対し，オレイン酸などの一価不飽和脂肪酸は，リノール酸などよりも水素添加を逃れやすく，体脂肪への移行蓄積が期待できる。

3. おいしい牛肉生産への取組み

研究機関　これまで肉用牛に関する試験は栄養・生理に関する研究テーマが中心であったが，最近では牛肉の食味性向上を目的としたものが増加している。著者らも2005年から茨城県，栃木県，千葉県および群馬県の4県でオレイン酸を多く含む米ぬかを給与して，おいしい

第1表　脂肪酸組成の品種間比較（単位：%）

（小堤ら，未発表）

項　目	アンガス	ホルスタイン	黒毛和種
頭　数	5	27	112
C14：0（ミリスチン酸）	3.9	3.3	2.7
C14：1（ミリストレイン酸）	1.1	0.9	0.8
C16：0（パルミチン酸）	30.2	28.4	26.5
C16：1（パルミトレイン酸）	4.6	4.6	4.9
C18：0（ステアリン酸）	13.4	13.2	11.2
C18：1（オレイン酸）	**42.8**	**46.3**	**50.2**
C18：2（リノール酸）	1.7	1.9	2.2
飽和脂肪酸	48.9	45.5	41.0
不飽和脂肪酸	**51.1**	**54.5**	**58.9**

牛肉を生産する技術を確立するため共同研究を実施している。

共進会　全国和牛能力共進会では，2007年に開催された鳥取大会から枝肉評価にオレイン酸の測定が一部導入された。そして，長崎県で開催される第10回全共では肉のうま味に関連する脂肪の質の評価が枝肉全体に拡大される。

食肉市場　兵庫県では競り場で枝肉のオレイン酸測定値を公開したり，長野県ではオレイン酸割合が基準を上回った枝肉を「おいしい牛肉」として認定する取組みが計画されている。

このように，オレイン酸に着目した，おいしい牛肉生産への取組みが全国的に広がっている。

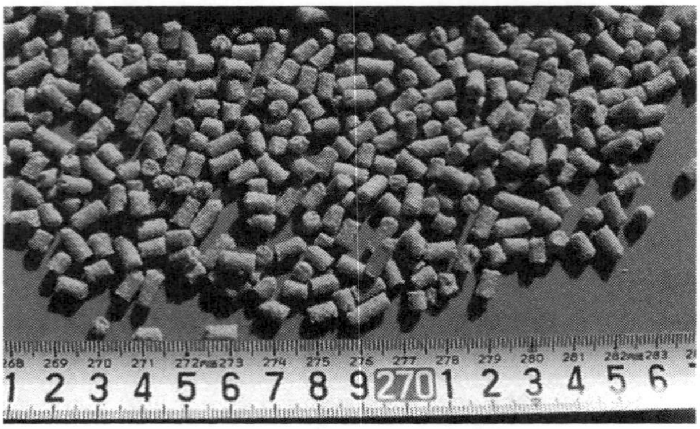

第1図　供試した米ぬかペレット

第2表　飼料配合割合（単位：％）

項　目	前　期		後　期	
	米ぬか区	対照区	米ぬか区	対照区
米ぬか	8.0		8.0	
脱脂米ぬか		8.0		8.0
トウモロコシ（圧扁）	12.5		16.0	
トウモロコシ（ひき割）	12.5		16.0	
大麦（圧扁）	10.0		15.0	
大麦（荒びき）	10.0		15.0	
一般ふすま	40.0		24.0	
大豆かす	3.0		2.0	
コーングルテンフィード	3.0		3.0	
炭酸カルシウム	1.0		1.0	
濃厚飼料割合	80		92	
稲わら割合	20		8	

4. 研究のねらいと方法

従来から一部の農家では枝肉の脂肪質改善のために出荷前の肥育牛へ米ぬかを給与している。しかし，オレイン酸割合の高い米ぬかを利用する場合，どれだけの量を，どれだけの期間給与すれば効果がでるか明確でない。

そこで，混合できる米ぬかの最大量（飼料乾物中の脂肪含量で6％）を肥育全期間に給与して，枝肉脂肪のオレイン酸割合を高めることができるかを検討した。

11か月齢の黒毛和種去勢牛26頭を使用し，前期36週（11～19か月齢），後期38週（19～28か月齢）の肥育試験を実施した。米ぬか区（前期15頭・後期12頭）は濃厚飼料中に8％量の米ぬかを混合し，対照区（前期・後期11頭）は米ぬかの替わりに同量の脱脂米ぬかを混合した。生米ぬかは貯蔵性を高めるためペレット加工したもの（第1図）を使用した。飼料は濃厚飼料と切断稲わらを前期80対20，後期92対8の割合で混合し，無加水TMR（混合飼料）で給与した（第2表）。

5. 米ぬか給与の結果

(1) 米ぬかの粗脂肪含量・脂肪酸組成

給与した米ぬかの粗脂肪は21.4％，オレイン酸割合は44.3％である（第3表）。

(2) 飼料摂取量

1日1頭当たりの飼料摂取量は米ぬか区で前期9.3kg（濃厚飼料7.4kg，粗飼料1.9kg），後期9.5kg（濃厚飼料8.7kg，粗飼料0.8kg）と対照区と差が見られなかった。試験開始当初（11か月齢）8kgであったが，12か月齢以降は10kg

第3表　米ぬかの粗脂肪含量および脂肪酸組成

（単位：％）

粗脂肪	21.4
C14：0（ミリスチン酸）	0.0
C14：1（ミリストレイン酸）	0.0
C16：0（パルミチン酸）	16.6
C16：1（パルミトレイン酸）	0.0
C18：0（ステアリン酸）	6.5
C18：1（オレイン酸）	**44.3**
C18：2（リノール酸）	32.0
C18：3（リノレン酸）	0.5
飽和脂肪酸	23.1
不飽和脂肪酸	76.8
モノ不飽和脂肪酸	44.3

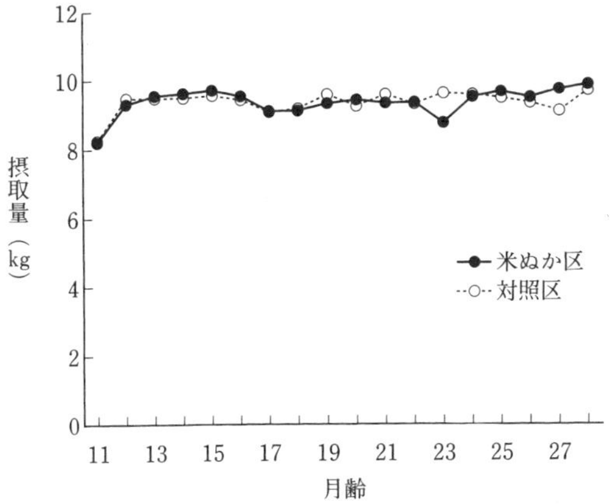

第2図　飼料摂取量の推移

近くを安定して摂取した（第2図）。米ぬか区で23か月齢のときに飼料摂取量が低下しているが，これは尿石などの疾病が見られた牛がいたためである。飼料は肥育期間を通して安定して摂取することが重要である。

(3) 発　育

体重の推移を第3図に示した。出荷体重は，米ぬか区756kg，対照区745kgとなり，試験区間に差は見られなかった。日増体量にも差は見られず，前期，後期および通算では米ぬか区，対照区とも0.9，0.7，0.8kg/日と良好な発育成績である。

(4) 枝肉成績および肉の理化学分析値

枝肉成績の概要を第4表，米ぬかを食べた牛の枝肉を第4図に示した。米ぬか区は枝肉重量，ロース芯面積，牛脂肪交雑基準（BMS），肉質等級などの成績は良好で，対照区と差はない。

胸最長筋の水分含量，粗脂肪含量などの理化学分析結果を第5表に示した。いずれの項目も試験区間に差は見られなかった。

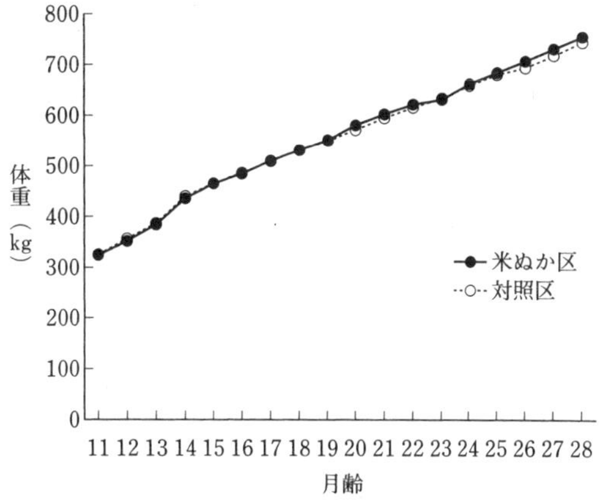

第3図　体重の推移

第4表　枝肉成績の概要

項　目	米ぬか区（12頭）	対照区（11頭）
枝肉重量（kg）	469.0	465.0
ロース芯面積（cm^2）	60.2	56.6
ばら厚（cm）	8.3	8.0
皮下脂肪厚（cm）	2.6	2.7
歩留り基準値	74.7	73.9
脂肪交雑（BMS No.）	6.4	5.6
脂肪交雑等級	4.1	3.8
肉色（BCS No.）	4.2	4.3
光　沢	3.9	4.1
肉の色沢等級	3.9	4.1
締まり	3.8	3.6
き　め	4.1	3.9
締まり・きめ等級	3.8	3.5
脂肪色（BFS No.）	3.0	3.0
光沢と質	5.0	5.0
脂肪の光沢と質等級	5.0	5.0
肉質等級	3.8	3.5

(5) 脂肪酸組成・官能評価

第6～7胸椎間の筋肉内脂肪の脂肪酸組成を第6表に示した。最も肝心なオレイン酸割合

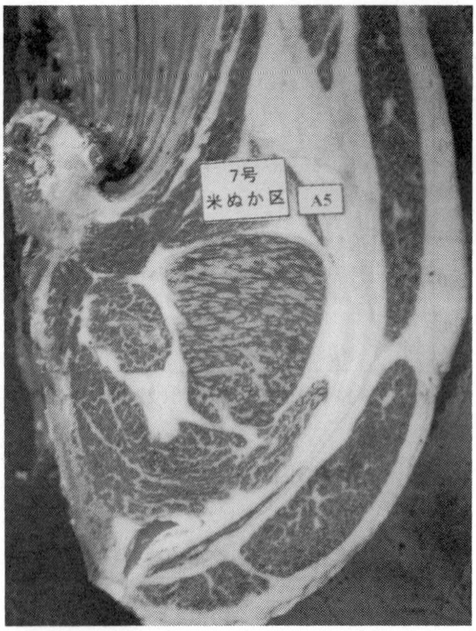

第4図　米ぬかを食べた牛の枝肉

第5表　胸最長筋の理化学分析

項目		米ぬか区（12頭）	対照区（11頭）
pH		5.3	5.3
水分（%）		45.8	49.4
粗蛋白質（%）		13.5	14.6
粗脂肪（%）		38.0	34.3
総色素量（mg/100g）		309.8	293.1
ヘマチン含量（mg%）		21.3	20.5
加熱損失（%）		14.3	17.7
剪断力価（kg/cm^2）		1.8	2.0
肉色	L*値（明るさ）	50.7	50.7
	a*値（赤さ）	24.1	22.1
	b*値（黄色さ）	14.7	14.2

は，米ぬか区が51.9%と対照区より3%高くなった。このことから，濃厚飼料中に8%の米ぬかを添加した飼料を肥育全期間（18か月）給与することによりオレイン酸割合の高い牛肉を生産できることが明らかになった。

粗脂肪割合が同程度で脂肪酸組成に違いが見られた米ぬか区と対照区の枝肉について，群馬県で行なった官能評価（焼き肉）の結果を第7表に示した。米ぬかを食べた牛の肉は，“軟らかく”“香りが強い”と評価する人が多いという結果である。全体評価でも有意差は見られないが，米ぬか区の肉をおいしいと評価する人が多く見られた。

第6表　筋肉内脂肪の脂肪酸組成（単位：%）

項目	米ぬか区	対照区	有意差
C14：0（ミリスチン酸）	2.7	2.7	なし
C14：1（ミリストレイン酸）	0.8	0.7	なし
C16：0（パルミチン酸）	26.6	27.6	なし
C16：1（パルミトレイン酸）	3.4	3.8	なし
C18：0（ステアリン酸）	10.1	11.9	なし
C18：1（オレイン酸）	**51.9**	**48.9**	**5%であり**
C18：2（リノール酸）	2.2	2.0	なし
飽和脂肪酸	40.4	43.2	なし
不飽和脂肪酸	59.6	56.8	なし
モノ不飽和脂肪酸	57.0	54.4	なし

第7表　官能評価（単位：人）（群馬畜試）

項目	米ぬか区	対照区	有意差
軟らかさ	23	12	5%であり
香りの強さ	23	11	5%であり
甘味の強さ	21	14	なし
脂肪の溶けやすさ	21	13	なし
食感が好ましいもの	18	17	なし
味や香りの良いもの	20	13	なし
全体的評価	22	13	なし

(6) 飼料費試算

飼料費試算を第8表に示した。今回，生米ぬかはペレット加工したため，kg単価が50円となり，脱脂米ぬかを給与したときに比べ飼料費が1頭当たり6,411円高くなった。しかし，生米ぬかを20円として試算すると，3,711円安くなる。さらに，米ぬか給与による高付加価値化が定着すると枝肉販売金額も増加することが期待される。

(7) SCD遺伝子型との関係

SCD遺伝子は“牛肉の不飽和脂肪酸”と“おいしさ”に関係することが確認されている。

第8表　飼料費試算

飼料名	単価（円/kg）	前期（円）	後期（円）	計（円）	差額（円）
脱脂米ぬか	31	4,687	5,772	10,459	0
米ぬかペレット	50	7,560	9,310	16,870	＋6,411
生米ぬか	20	3,024	3,724	6,748	－3,711

SCD遺伝子にはA/A（アラニン/アラニン）型，A/V（アラニン/バリン）型，V/V（バリン/バリン）型の3タイプがある。不飽和脂肪酸割合は，この型の違いにより異なり，A/A型は高く，V/V型は低いことがわかっている。

共同研究であり県ごとに種雄牛が異なったため，SCD遺伝子型を分析した。その結果，A種雄牛はA/A型が多く，B種雄牛はV/V型が多く，C種雄牛は，AとB種雄牛の中間である（第5図）。V/V型が多かったB種雄牛では米ぬかを給与したことによりオレイン酸割合が高まり，C種雄牛でも高くなる傾向が見られた。しかし，A種雄牛では米ぬか給与の効果は見られなかった（第6図）。このことから，肥育牛のSCD遺伝子型によっても飼料の効果が異なる可能性が推察される。

6. 利用上の留意点

米ぬか　今回はペレット加工した米ぬかを使用したが，ペレットと生米ぬかは水分割合が異なるだけで，それ以外の成分（脂肪・オレイン酸割合など）は同じと考えてよい。

ミネラルバランス　米ぬかはリンが多く含まれ，カルシウムが少ないため，飼料中のカルシウムとリンの比率が1対1になるよう注意する。

品質の低下　米ぬかは粗脂肪含量が多いため，温度の高い季節には脂肪の劣化に注意する。

飼料中の脂肪量　脂肪含量が多すぎると下痢になることがあるので，飼料乾物中の脂肪含量が6％を超えないように飼料設計に注意する。

7. 残された課題と今後の展望

給与飼料が枝肉の脂肪酸組成に及ぼす影響について検討した試験は多い。トウモロコシと大麦給与では試験期間の違いにより結果がまちまちである。試験期間が6か月以下の場合は差がないとする報告が多い。著者らもトウモロコシと大麦を出荷前6か月給与した結果，脂肪酸組成に差が見られなかった。しかし，11か月間給与すると，トウモロコシ給与により，オレイン酸などのモノ不飽和脂肪酸割合が高まったとする報告もある。これらのことから，給与飼料が脂肪酸組成に影響を及ぼすためには，一定期間以上の給与が必要であると考えられる。

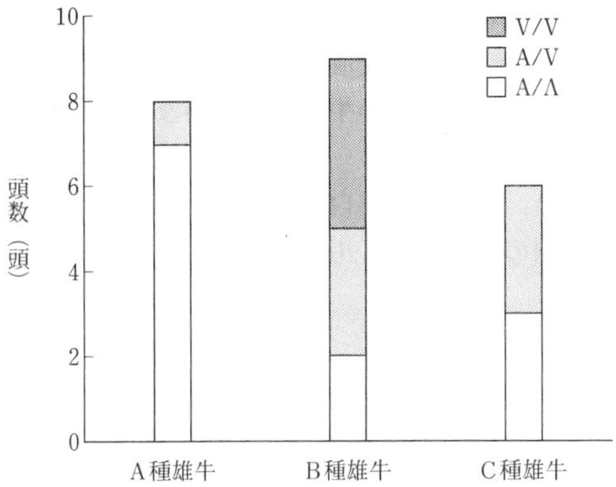

第5図　SCD遺伝子型

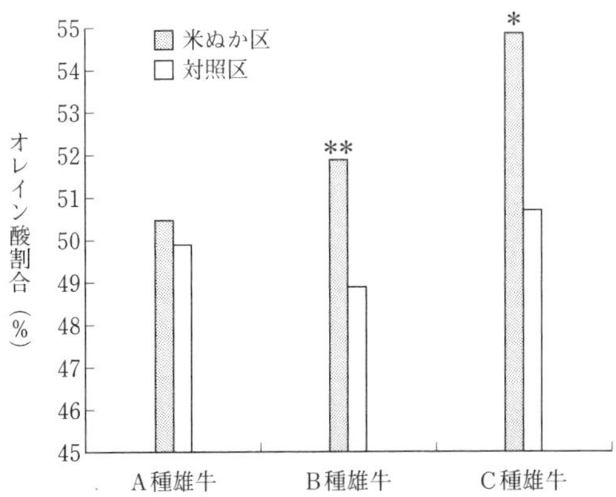

第6図　種雄牛別の筋肉内脂肪オレイン酸割合
＊＊：P＜0.05，＊：P＜0.10

今回の試験は，米ぬかを混合できる最大量を肥育全期間（生後11～28か月齢）給与したが，さらに米ぬかの効果的な給与期間や給与量を明らかにする必要がある。

＊

米国では近年，トウモロコシを原料として燃料用エタノールの生産が増加したため，飼料用トウモロコシ価格が高騰している。わが国はトウモロコシをはじめ多くの飼料を輸入しており，足腰の強い経営を確立するためには，新たな国産飼料原料の有効活用が望まれる。そうしたなかで，この研究成果が生産現場で少しでも活用され，おいしい牛肉生産につながることを期待したい。

また，現在は飼料自給率の向上のため米を配合飼料の原料として用いる飼料用米の取組みが注目されている。飼料用米もオレイン酸割合が高く，米ぬかと同様な効果が期待されることから，飼料用米普及定着の一助としても活用されれば幸いである。

執筆　浅田　勉（群馬県畜産試験場）

2009年記

モウソウチクのサイレージ化

近年，日本の里山では放任モウソウチク林(放置竹林）問題が増加している。竹林の放置化が進むと，山の植生，微生物・虫・動物などが単一化され，自然生態系への悪影響も懸念されている。未利用資源であるタケ（モウソウチク）を畜産に有効利用するには，飼料として良質かつ安定的な調製・貯蔵および家畜利用の技術開発が必要である。

ここでは，これまで静岡県畜産技術研究所中小家畜研究センター，丸大鉄工株式会社，静岡大学との共同で実施した農林水産省委託プロジェクト「農林水産政策を推進する実用技術開発事業」の研究成果を中心として，サイレージ調製用乳酸菌を利用した高品質モウソウチクサイレージの調製・保存技術，その飼料成分，発酵品質および家畜給与技術について紹介する。

1. タケの特性と放置竹林

モウソウチク（孟宗竹：Moso bamboo, *Phyllostachys heterocycla* f. *pubescens*）とは，イネ科タケ亜科マダケ属に属する多年生常緑植物であり，中国江南地方原産でアジアの温暖湿潤地域に分布する。モウソウチクは日本のタケ類のなかで最大で，高さ25mに達するものもある。日本では栽培により北海道函館以南に広く分布する。通常，地下茎を広げることによって生息域を広げる。タケは生長力が強く，1日で1m以上生長したこともある。

タケノコは4月ころに地下茎から発芽し，大型で肉厚で軟らかく，えぐ味が少ないため食用に供される。稈は物理性が劣るので繊細な細工物の素材としては劣るが，花器，ざる，かご，すだれ，箸のほか，鉄製品やプラスチック製品が普及するまでは建築材料，農業資材，漁業資材などとして用いられた（八尾，1975）。

このように手軽に使用できることから，各地で農家の裏や耕作地の周辺などに植栽され，竹林として維持・管理されてきた。近年，植栽された竹林は，里山管理の衰退にともない，放置されていたり逸出していたりして，生育域は拡大する傾向にある（第1図）。地下茎が地面を広く覆うことから崖崩れには強いが，逆に強風，地滑り，病気などには弱く，放置された竹林で地滑りの発生が多いと指摘されている（橋詰ら，1993）。

とくに近年，農山村の過疎化による労働力の減少，筍・竹製品の輸入増加による市場価格の下落，プラスチックなど代替製品の普及により，竹利用が減少し，放置竹林が増加している。このため，竹資源利用の推進および放置竹林の拡大防止など竹の新たな活用策が緊急の課題になっている。

2. 竹粉サイレージの調製方法

未利用資源であるタケ（モウソウチク）を畜産に有効利用するには，飼料として良質かつ安定的に長期貯蔵できる技術開発が必要である。静岡県にある里山周辺に自生しているモウソウチクを伐採し，タケ粉砕機（常温生竹微粉製造機，丸大鉄工株式会社，静岡）を使用し

第1図　モウソウチクの放置林

第2図 タケの粉砕機（左）粉砕した竹粉（右）

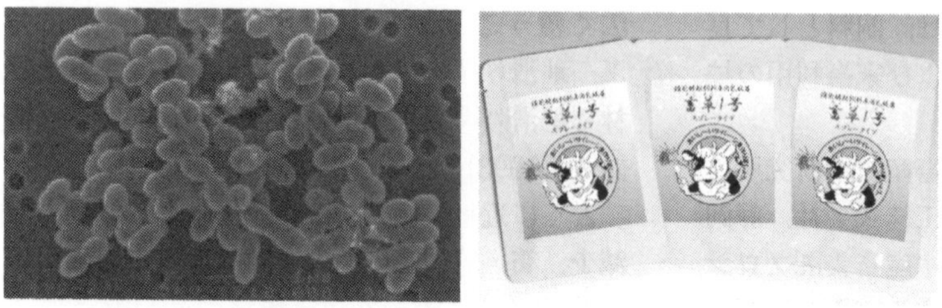

第3図 竹粉サイレージ調製用乳酸菌

竹粉サイレージ調製に有効な乳酸菌RO50株（左）と畜草1号（右）

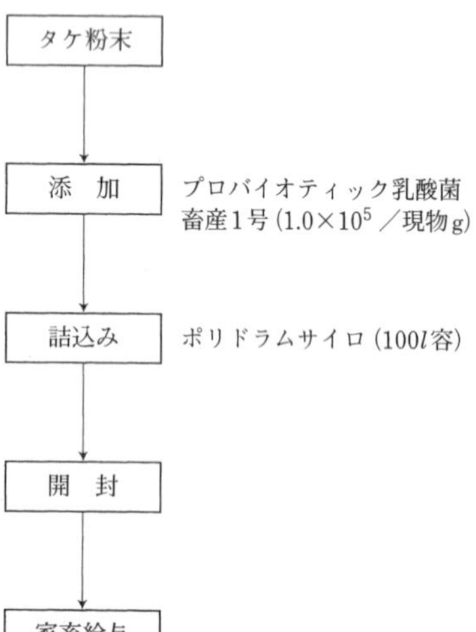

第4図 竹粉サイレージの調製法

て，粉末にした直後のもの（以下，竹粉とする）を用いて竹粉サイレージを調製した（第2図）。生産効率と鶏の嗜好性からみて，竹粉の最適粒度は500ミクロンであることを明らかにした。また，静岡県での生育期，季節別，地域別にモウソウチクをサンプリングし，その飼料成分の変動調査や竹粉サイレージ調製試験を行なった。

添加乳酸菌（乳酸菌を添加する理由は後述）は市販乳酸菌剤*Lactobacillus plantarum*「畜草1号」と，バクテリオシンを生産する選抜菌株*Lactococcus lactis* RO50を用いて小規模発酵試験法により，竹粉サイレージを調製して発酵品質と飼料成分を分析した。長期貯蔵試験は，ドラム缶（100*l*容）を用いて，粉砕した新鮮竹粉を詰め込んで竹粉サイレージを調製した（第3，4図）。

3. タケの付着微生物と可溶性炭水化物含量

竹粉サイレージの発酵品質に影響する要因を追究するため，タケに付着する微生物の菌種構成と乳酸菌発酵基質である可溶性炭水化物（WSC）含量を分析した。その結果は，竹葉と竹粉には好気性細菌，大腸菌および酵母が高い菌数レベルで付着するのに対して，乳酸菌の菌数レベルは低いことがわかった。

とくに，竹粉サイレージ発酵品質の決め手である*Lactobacillus plantarum*や*Lactobacillus casei*など乳酸桿菌は低い菌数レベルでしか分布しないか，ほとんど検出されなかった。タケから分離された乳酸菌株には*Lactococcus*属の乳酸球菌が多いが，これら分離菌は耐酸性が弱く，pH4.0以下では生育しない。MRS液体培地で培養した場合，乳酸の生成量が少ない。また，不良微生物である大腸菌などが高い菌数レベル（第5図）を示すため，竹粉サイレージの高品質化には微生物的制御が必要であることが示唆された。

竹粉サイレージ発酵初期における付着乳酸菌

の増殖は，竹粉サイレージ発酵にとってとても重要であるが，タケに付着する野生乳酸菌は耐酸性が弱く，pH4.2以下の条件下では生育ができない。このため，乳酸発酵能の高い乳酸菌を添加しなければ，竹粉サイレージ発酵品質を十分に改善することはむずかしいと考えられる。

一方，タケの乾物中のWSC含量をみると，竹の乾物中のサッカロース，グルコースおよびフルクトースなどの可溶性炭水化物含量は低く，それぞれ乾物中約0.1％，0.2％および1.0％前後であり，イタリアンライグラスなどの牧草やトウモロコシに比べはるかに低いことがわかった。したがって，竹粉サイレージを調製する際，優良な乳酸菌を添加し，材料草中のWSCを有効に利用して竹粉サイレージ発酵品質を改善するための微生物的制御技術が必要であると考えられる。

4. 乳酸菌添加で良質竹粉サイレージ

モウソウチク茎部を竹粉製造機で粉末化した生竹粉の水分は40～48％であり，竹粉サイレージ発酵の適性に優れ，乳酸生成能が優れる「畜草1号」や，2種バクテリオシン（抗菌性物質）を生産する乳酸球菌「R050株」を添加して生竹粉を密封貯蔵すると，pHが低く，乳酸含量に富む良質な竹粉サイレージを調製できた（蔡，2009）。その飼料成分はモウソウチク葉部に比べ，粗蛋白質が乾物中1.8～2.7％と低いが，中性デタージェント繊維が乾物中約90％含まれている（第1表，第6図）。地域，季節および生育期の違いによる飼料成分の変動は少なかった。無添加サイレージはカビの発生があったが，乳酸菌添加により，pHが低く，乳酸が多い良質竹粉サイレージが調製され，長期貯蔵してもその品質は安定していた（第7図）。

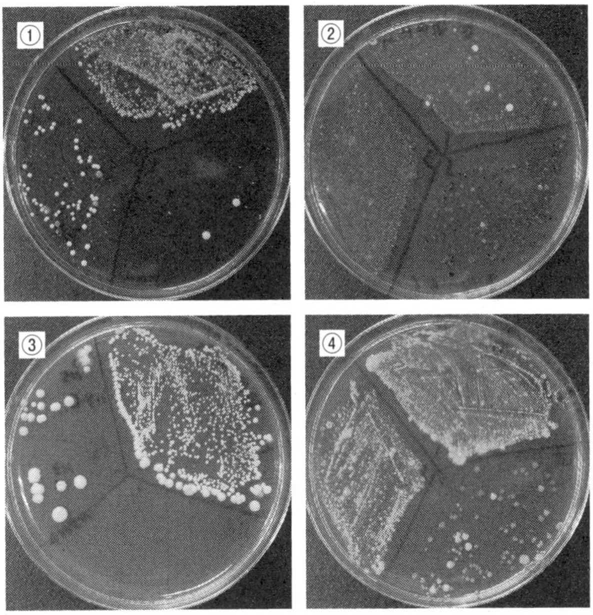

	竹　葉	竹　粉
乳酸菌	6.0×10^5	1.2×10^3
大腸菌群	1.1×10^6	3.5×10^3
好気性細菌	8.4×10^6	2.4×10^3
バチルス	1.7×10^2	nd
酵　母	6.4×10^4	6.1×10^2
糸状菌	1.5×10^2	nd

第5図　モウソウチクに付着する微生物
（新鮮物1g当たりの菌数）
①乳酸菌，②大腸菌，③酵母，④好気性細菌

第1表　モウソウチクの飼料成分

	乾物率（％）	粗蛋白質（乾物％）	粗脂肪（乾物％）	粗灰分（乾物％）	NDF（乾物％）	ADF（乾物％）
葉　部	63.7	11.3	2.3	4.3	77.4	47.6
茎中部	60.2	1.8	0.6	1.6	89.6	68.1
茎下部	52.0	2.7	0.5	2.7	88.1	67.1

注　NDF：中性デタージェント繊維，ADF：酸性デタージェント繊維

モウソウチクには各種遊離アミノ酸の生理活性物質が含まれ，とくに竹粉サイレージ発酵の過程において，RO50菌株の添加により鎮静効果や血圧降下などの効果があるガンマーアミノ酪酸（GABA）が多く生産された（蔡ら，2008）。

第6図　部位別のモウソウチクの竹粉
左：茎下部，中：茎中部，右：葉部，

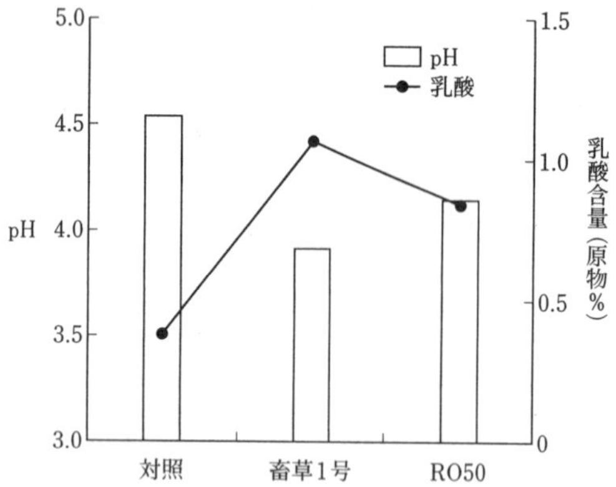

第7図　竹粉サイレージの発酵品質
（貯蔵184日目開封）

竹粉サイレージは発酵品質が良好で，高繊維の良質飼料資源である。さまざまな生理活性物質が含まれ，プロバイオティック乳酸菌により付加価値の高い家畜飼料の調製・利用が期待される。

5. 家畜への給与成績

(1) 鶏での成果

プロバイオティック微生物を利用した竹粉サイレージを採卵鶏の飼料に5％添加して，その排泄物の臭気濃度，採卵成績および増体重について検討した。対照区は市販の肉用鶏仕上げ飼料（CP18％，ME3,200kcal/kg）とした。その結果，竹粉サイレージ添加区の1日当たりの平均糞便量は，対照区に比べて，多くなる傾向であった。その臭気指数は46と，対照区の48に比べて低減する傾向を示し，アンモニア濃度も低くなる傾向であった。また，竹粉サイレージ給与区では盲腸内容物中の嫌気性菌や大腸菌群数の減少および排泄物の臭気濃度が低くなった。この要因として，竹粉の多孔質による臭気吸着，糞便のpHや水分含量が有意に低下したこと，また添加した乳酸菌による腸内フローラの改善効果が考えられる（大谷ら，2005）。

鶏の発育成績を1日当たり増体重でみると，竹粉サイレージ添加区と対照区の間でほとんど差がなかった。また，添加区の1羽当たりの飼料摂取量は対照区より多くなる傾向であった。なお，試験期間中，各試験区の生存率は100％であった。屠体重とむね肉重量は，各試験区間に有意な差は認められなかった（岩澤ら，2005；大谷ら，2005）。

静岡県畜産技術研究所中小家畜研究センターの最新研究成果では，竹粉サイレージを鶏飼料へ2.5％添加することにより，鶏の免疫力の増強（第8図），ワクチン効果の向上など，病気に強い鶏を飼育することができた。タケの香気成分について，神経伝達物質のドパミン上昇による動物ストレスの抑制とリラクゼーション効果が期待できる。また，竹粉サイレージの飼料中への給与による血中コルチコステロン濃度の減少による，ストレス抑制などの効果が示された。また，竹粉サイレージを採卵鶏飼料に2.5％添加することで卵黄中αトコフェロール量が増加し，これによってコレステロール抑制や免疫増強の可能性が示唆された（第9図）。肉用鶏の給与試験では，もも肉の色調改善効果があり，鶏肉の官能試験では通常の鶏肉より旨味があり，おいしいと評価された（岩澤ら，2007）。

(2) ホルスタイン去勢牛への給与

反芻家畜への給与では，ホルスタイン種去勢牛4頭（平均体重538.8kg）を用いて，試験区には基礎飼料としてチモシー乾草と濃厚飼料を乾物比で7：3で給与し，試験区は基礎飼料の30％を竹粉サイレージで代替し，栄養価，ルー

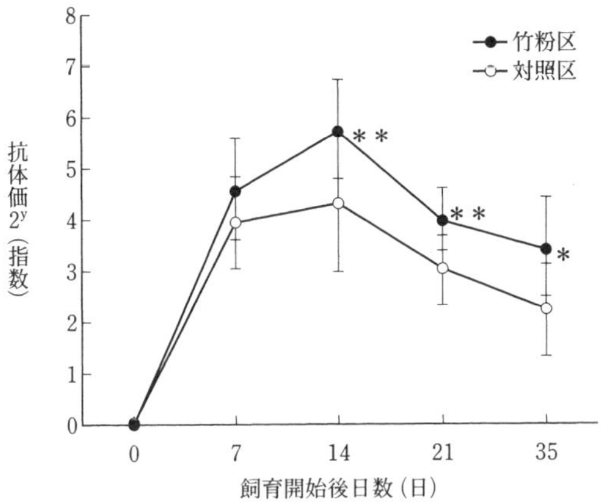

第8図　竹粉サイレージ給与による液性免疫力の増強効果

平均値±標準偏差

＊はP＜0.05，＊＊はP＜0.01でそれぞれ対照区との間に有意差あり

抗体価2yは抗原抗体反応の最高希釈倍数

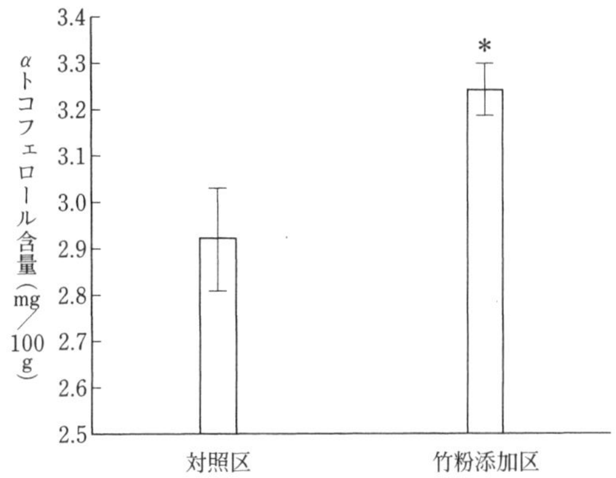

第9図　竹粉サイレージ添加と卵黄中αトコフェロール含量

平均値±標準偏差

＊はP＜0.05で対照区との間に有意差あり

メン発酵および血液成分について検討した。それによると，竹粉サイレージの各成分の消化率は低く，栄養価は可消化養分総量（TDN）が25.3％であった。竹粉サイレージ給与によるルーメン内のVFA組成および血液生化学成分にマイナス影響はなく，血液中のビタミンEおよびコエンザイムQ（ユビキノール，ユビキノンの総計）の濃度は，竹粉サイレージ給与区ではこれらの物質の濃度が高く，竹粉サイレージには抗酸化機能のあることが認められた（室伏ら，2007）。

＊

モウソウチクには，各種アミノ酸，フラボノイド，植物繊維などが豊富に含まれている。プロバイオティック乳酸菌を利用した竹粉サイレージの家畜給与により，鶏の腸内フローラ・整腸効果の改善および排泄物の消臭効果が認められた。これらのさまざまな生理活性物質により，採卵鶏や肉用鶏の免疫機能の賦活化と卵黄中αトコフェロールの増加など，高付加価値畜産物の生産技術の開発が期待される。

今後，放任したモウソウチク林の有効利用，竹粉サイレージの生産と消費量の拡大および新たな竹産業の創造により，日本里山の放置竹林問題の抜本的な解決に役立つと考えられる。

執筆　蔡　義民（(独) 農業・食品産業技術総合研究機構畜産草地研究所）

2009年記

参考文献

橋詰隼人・中田銀佐久・新里孝和・染郷正孝・滝川貞夫・内川悦三著．1993．図説実用樹木学．朝倉書店．

岩澤敏幸・大谷利之・池谷守司．2005．鶏による竹資源利用に関する研究（第1報）．静岡県中小家畜試験場研究報告．**16**，49―53．

岩澤敏幸・松井繁幸．2007．モウソウチク由来生理活性資材の開発とその応用に関する研究．静岡県畜産技術研究所中小家畜研究センター研究報告．第1号，37―43．

室伏淳一・深澤修．2007．竹粉の飼料特性とその栄養価．養牛の友．**377**，30―34．

大谷利之・和久田高志・関哲夫・岩澤敏幸・池谷守司．2005．竹粉サイレージ給与が肉用鶏飼養に及ぼす影響，BAMBOO JOURNAL. **22**, 122―127.

蔡義民・上垣隆一・松井繁幸・大谷利之・岩澤敏幸．2008．モウソウチクの飼料成分とサイレージ発酵品質．畜産草地研究成果情報．**7**，No.24．

蔡義民．2009．自給飼料増産に向けたサイレージの調製利用．日本草地学会出版．

八尾弥太郎著．1975．石川の竹．北国出版社．

ウットンファイバー——スギ間伐材を原料とした牛の粗飼料

1. 開発の経緯

(1) 粗飼料の輸入依存と杉林の荒廃

わが国では牧草生産地は偏在し，また水稲の収穫作業では自脱型コンバインが普及してわらはすき込まれるようになり，大家畜に必須の粗飼料としての利用が困難になっている。したがって，国内生産の粗飼料では需要を賄いきれず，北米，豪州，中国，台湾などから牧乾燥，稲わら，麦わらなどが年間140万tも輸入されている。しかも輸入粗飼料には，2000年に発生した口蹄疫のように，家畜衛生または残留農薬などによる安全性の点で懸念される諸問題がある。

一方，戦後，政策的に推進された拡大造林事業により植林された杉林が，全国に広大な面積が存在しているにもかかわらず，社会・経済情勢の変化により輸入外材に押されて国産木材の利用が減退している。また，価格の低迷もあって健全な育林のため行なうべき間伐が不十分で，杉林は台風，大雨，大雪に遭うと，倒木や裂木，山崩れを起こすなどのひ弱い林相を呈している。

(2) スギ間伐材の新規活用法の開発へ

弊社ではこのような状況を憂い，間伐材の新規活用の方法を検討してきた。そんな折，1999年度から財団法人科学技術振興事業団（現在，独立行政法人科学技術振興機構）が平成不況対策の一環として，中小企業を対象に眠っている特許を実用化・企業化するため，新規に返済特別枠の「委託開発事業」を開始した。弊社はこれを受けて「杉間伐材を原料とする家畜粗飼料の製造技術の開発」を申請し事業が採択された。そして，2000年3月から2003年3月まで開発研究に取り組んできた。

開発研究申請の前提となる既存の眠っている特許については，農林水産省がバイオマス変換研究の一環として，おもにシラカバの粗飼料化技術を開発し「圧扁飼料の製造法」という特許権が成立していた。この特許権者は農林水産省および日立造船株式会社であり，科学技術振興事業団が当該特許の占有使用を譲り受け，弊社が実施権を得て開発に着手した。

2. 蒸煮・すり潰し処理による粗飼料化

既存技術の概要は，チップ化したシラカバを180℃，10～15気圧の高温高圧下で15分間蒸煮したものを爆砕処理する方法で粗飼料化する技術である。この方法によりセルロースなどが酵素により糖化し，栄養と消化性が向上するという技術である。しかし，この物理処理による化学変化として，ヘミセルロースからフルフラールが産生されることが知られているが，フルフラールは家畜に貧血・運動障害などを起こす有害な物質である。

弊社では，このフルフラール産生の問題を重視して，次に述べる製造方法を開発した。

1）スギ間伐材を皮つきのままチッパーで約4cm角厚さ3mmくらいのチップに加工する。

2）物理的条件の緩和のために，蒸煮缶（第1図）を使用し，6気圧下で120～160℃で90分間蒸煮する。2本の蒸煮缶1回の蒸煮で約12m^3（約6t）のチップ蒸煮が可能である。

3）リファイナー（第2図）を使用し，牛の嗜好に適する繊維化にすり潰す。リファイナーの能力は2台で1時間に約2t製造することができる。

以上の工程を経てできあがった製品（第3図）は，ガスクロマトグラフによる分析の結果，フルフラールは1ppmを検出限界とする前後の数値を示した。

そして，科学技術振興事業団から2003年7月4日付けでウットンファイバーの開発は成功と認定された。また，試作品による長期保存安定性試験も行ない，15か月13回の分析により，水分の蒸散による微細な成分増加はあるが，統計処理で成分の経時変化のないことが判明した。そして，製品の名を「ウットンファイバー」と命名した。

第1図　蒸煮が終わり，かごを引き出しているようす

第2図　チップのすり潰しに使用するリファイナー

第3図　ウットンファイバー

なお，飼料を製造・販売するために必要な飼料製造業者届は，乳牛給与試験が完了し，データが揃った段階で国の指導を受けながら県を通じて国に提出し，2001年7月17日に届出済みの承認を得た。引き続き肥育牛，繁殖牛の試験も続行し試験終了後，国へ報告した。

3. 牛への給与結果

スギ間伐材を原料とする家畜粗飼料の製造・販売をするため，財団法人全国競馬・畜産振興会から助成を得て「畜産振興事業」に取り組み，乳牛，肥育牛および繁殖牛の野外での給与実証試験を2000年度から2002年度まで実施した。

各試験とも，試験区6頭，対照区6頭とし，試験区にはウットンファイバーを1kg/頭/日給与した。これらの試験によって，ウットンファイバーの嗜好性，臨床検査（一般健康状況・動態調査・発育成績・泌乳性・繁殖に与える影響），乳質検査，臨床生化学的検査，解剖検査，食味試験など，対照区と比較して遜色のない結果が得られた。試験成果の概要は次のとおりである。

(1) 乳　牛

試験区の乳牛（飼養日数365日間）は動作が穏やかで横臥時間も多く，懸念されたスギ特有のにおいの牛乳への移行も感応検査で否定され，乳質にも影響しないことがわかった。また，泌乳量もホルスタイン種の分娩後3か月くらいまで増加する通常の泌乳量であった。飼料給与量，泌乳量，牛乳1kg生産に要した栄養素を第1表に示す。

(2) 肥育牛

F_1雌牛で試験を行なった（飼養日数514日

第1表　乳牛への飼料給与量，泌乳量，牛乳1kg生産に要した栄養素（単位：kg）

	給与栄養総量		泌乳量	牛乳1kg生産に要した栄養量	
	TDN	DCP		TDN	DCP
試験区	35,669	5,775	53,159	0.671	0.109
対照区	35,334	5,302	44,021	0.751	0.120

注　試験区は対照区よりTDN10.7%，DCP9.2%少ない

第2表　肥育牛での体重測定成績・DGおよび飼料要求率

	試験区	対照区	試験区と対照区の比較
増加体重（kg）	2,756	2,568	対照区よりも188kg多い
1日の増体重（g）	894	833	対照区よりも61g多い
飼料要求率（%）	12.5	12.67	対照区よりも0.17%少ない

間，1kg給与で開始し後期1.5kg）。屠殺時の病理解剖検査で，対照区では6頭中5頭にルーメンパラケラトーシスが発症し，これに相応するように肝臓の富脈斑が4頭に見られ肝臓を廃棄している。試験区のほうに発生は見られなかった。体重測定成績・DG（日増体重）および飼料要求率を第2表に示す。

(3) 繁殖牛

試験区・対照区とも全頭妊娠して分娩し，分娩子牛は順調に発育した（飼養日数540日間）。母牛も試験期間中に10頭は再度妊娠している。試験区・対照区とも母牛には疾病発生なし，子牛は対照区1頭白痢で死亡，これ以外に子牛の運動障害などの異常所見はなく順調に発育し，分娩の早い子牛から離乳を行ない別飼育に移った。試験区では排便の緩い牛も正常な便に改善された。乳牛，肥育牛の両試験でも見られたように，試験区牛の動作が穏やかでよく寝そべり反芻も多いので動態調査を行なった。その結果を第3表に示す。

一方，開発成功の認定を受けた2003年以前も試験的に販売はしていたが，2004年から本格的な販売を開始した。2008年には当初設置していた蒸煮缶が鋼鉄製でスギチップを蒸煮するときに出る廃液のpH4.7のため腐食し使用で

第3表　繁殖牛の動態調査成績

	試験区	対照区	試験区と対照区の比較
横臥時間（分）	192.8	161	対照区よりも19.8%長い
反芻時間（分）	153.7	121.5	対照区よりも26.5%多い
反芻回数（回）	192.5	175	対照区よりも10.0%多い

第4図　ウットンファイバーの採食風景

きなくなったため，オールステンレス製耐用年数60年の生産規模月産450tの能力を備えた蒸煮缶に更新した。

4. 完成した粗飼料の特徴

ウットンファイバーの特徴は次のとおりである。

1）ウットンファイバーは牛のエネルギー源となるVFA（低級脂肪酸）の生産を増加させ，また，第一胃内の胃壁を適度に刺激し，牛の反芻行動を増加させる。

2）第一胃内の微生物を増やし，発酵を促進する働きがあり，絨毛も発達して健康な胃をつくり，えさをよく食べるようになり，食い止まりが少なくなる。

3）繊維が稲わらの約1.8倍あり，第一胃内での分解が遅いため，長時間にわたり胃のなかに残り，篩い効果を発揮する。第一胃内からの流出分の補充は草の約半分ですむため，粗飼料を減らし，コストダウンが可能になる。

4）地元宮崎県をはじめ，南九州で生産されるスギの間伐材を原料としているので純国産の安心できる粗飼料である。工場生産のため季節

第4表 ウットンファイバーの1日1頭当たり給与例

	区 分	給与量の目安（g）
生産牛	子牛（3～9か月まで） 育成牛 親牛	200～300 500～1,000 500～1,500
肥育牛	成牛（前期） 成牛（中期） 成牛（後期）	200～300 500～1,000 1,000～700
乳 牛	子牛（3か月以降） 育成牛・成牛 乾乳牛	200～300 500～1,000 500～1,000

に関係なく，年間を通して同じ品質のものを安定供給することができる。また，今まで大変だった粗飼料づくりの手間も省ける。

ウットンファイバーの給与例を第4表に示す。

5. 今後の課題と飼料以外の利用

現在，宮崎県内をはじめ，福島県，群馬県，埼玉県，岡山県，香川県，愛媛県，熊本県，鹿児島県に出荷しているが，強度の圧縮をかけられないため運賃がかさんでしまうので，その分生産者に負担がかかる。この問題を解決するためにも，各消費地に生産工場を置き，半径30kmの供給体制を築くことが課題である。

今後の展望としてはまず，単品給与ではなくTMRの飼料原料としての位置づけである。前頁のウットンファイバーの特徴の4）にあげたように粗飼料は年間を通じて一定した品質を保つことがいちばん重要であり，特徴3）の繊維量が多いことで，より少ない量で賄える点からTMRの粗飼料原料としては最適だと考える。現在，ある焼酎メーカーの飼料事業部と提携し試験的に供給しているが，結果がよければ本格的に増産体制にもち込みたい。

牛のえさではなく，2年ほど前からオガコ（おがくず）床豚舎飼育方式のオガコの代わりにウットンファイバーを使用している愛媛県の養豚農家は，敷料の再利用が進み堆肥として出る量がごく一部になっている。糞尿処理のゼロエミッションを目指して取り組んでいるのだが，糞尿の分だけは増えて出てくるのが当たり前なのに，ウットンファイバーを入れた分より少なくなっているという不思議な現象が起きている。また，においもなく，環境が良いせいかストレスもなく，出荷が1週間ほど早くなっているという。この実績を踏まえ，現在，鹿児島県経済連預託農場で試験を実施している。

ほかにも，ウットンファイバーの形状を粗めにして洋ランの植込みの資材として，あるいは土壌改良に使用している例もある。

なお，この技術は独立行政法人科学技術振興機構と共同で「木質系素材を原料とする家畜粗飼料の製造方法」（特許第4353686号）として特許を取得している。

執筆 山口秀樹（宮崎みどり製薬株式会社）

2009年記

小田急グループによるエコフィードの取組み

1. 取組みの背景と経緯

1993年に小田急電鉄株式会社は資源・環境対策委員会を設置，1999年には「環境方針」を策定し，環境対策への取組みを続けてきた。さらに小田急グループ全体としても「グループ環境会議」などを開催し，グループをあげて環境活動の促進を図ってきた。

そのようななか，2001年から「食品循環資源の再生利用等の促進に関する法律」(以下，食品リサイクル法とする）が施行されることが決定し，百貨店，スーパー，ホテル，食品工場など，さまざまな食品廃棄物排出事業者を抱える小田急グループとしても，どのような手法，形態で取り組んでいくかが課題となった。当時，小田急電鉄の法務・環境統括室の調べでは，小田急グループ全体で1日に約21tの食品廃棄物が排出されていると報告されていたからである。コンプライアンスの確立を目指しつつ，効率的，効果的な方法を模索していく過程で，さまざまな調査活動，視察などを重ねた結果，リキッド発酵飼料の製造に取り組むことになった。

この背景としては，1）堆肥化は技術を伴った堆肥化施設が近郊にはなく，堆肥を製造してもそれを利用する農家の確保もむずかしいことがその当時から報告されていたこと，2）今後，穀物相場の高騰により，畜産物の安定的な供給が阻害される可能性が高く，沿線の消費者に畜産物を提供していく新たな仕組みが必要となること，3）世界的にCO_2の削減が求められるなかで，リキッド発酵飼料はCO_2排出が少ないと考えられること，4）豚肉販売にグループを挙げて取り組むことでリサイクルをしながら売上げに貢献でき，グループの相乗効果が期待できること，などがあった。

さらに試験的な取組みを開始したあと，プロジェクト内容の浸透や社員の啓発活動の一環として，各グループ企業で養豚場見学やリキッド発酵飼料で肥育した豚肉の試食会を開催したところ，非常に反響が大きく，豚肉の味も好評だった。このため，小田急グループとして本格的に取り組んでいくことが決まり，2005年10月に小田急電鉄の子会社である株式会社小田急ビルサービスが，「小田急フードエコロジーセンター」(以下，FECという）を神奈川県相模原市に開設した（第1図)。

小田急ビルサービスは，その事業内容として各小田急グループ主要事業所の管理，清掃，メンテナンスなどを請け負っていることから，環境事業部を新設し，本事業に取り組むことになった。

2. リキッド発酵飼料への着眼理由

FECは，食品循環資源（食品廃棄物のうち，再利用可能なもの）を破砕，殺菌，発酵処理し，リキッド発酵飼料を製造する工場である。

もともと，食品循環資源は水分含有量が多い

第1図 小田急フードエコロジーセンターの外観

ため，腐敗や臭気の発生が伴い，乾燥化させることがリサイクルの前提条件とされてきた。しかし，この乾燥化の過程で膨大な熱エネルギーを消費し，これがコストアップの要因となっていた。FECは，殺菌処理の際に熱処理は行なうものの，必要以上に熱エネルギーを使用しない手法で，コストダウンとCO_2排出量の削減を実現した取組みである。実際にリキッド発酵飼料は乾燥化した際の製造過程と比較し，CO_2排出量が4分の1以下になると報告されている（荻野ら，2007）。

リキッド発酵飼料の特性は次のとおりである。1）牛乳，ヨーグルト，焼酎廃液，シロップ，ポテトピールなどの良質な液状原料をそのまま利用することによりエネルギーコストを下げ，安価で提供が可能となる。2）消化効率が良く，余分な窒素分が排出されないため，糞尿のアンモニア臭が軽減される。3）また乳酸菌の働きにより腸管内に善玉菌を増加させるため，免疫力の向上，整腸作用なども期待できる。4）さらに粉塵の発生がなくなるため，肺炎などの疾病率も低下し，抗生物質投与の軽減に結びつく。

このように，既存の乾燥飼料と比較し，リキッド発酵飼料の優位性は高い。

3. 飼料製造の流れ

FECの概要は，敷地面積約2,000m^2，建物面積約900m^{2}で，一般廃棄物処分19.5t/日，産業廃棄物処分19.5t/日の，合わせて39t/日の処理能力をもち，約60t/日のリキッド発酵飼料製造が可能な施設である。

実際の飼料製造の流れは次のとおりである（第2図）。

まず食品排出事業者側に専用のプラスティック製の容器を置き，契約運搬業者が空の容器と食品循環資源の入った容器を毎日交換しながら，専用保冷車で回収しFECへ搬入する。容器には排出事業者名とバーコードが貼ってあり，搬入された容器ごとに計量しながら，POSの管理システムで排出年月日や内容物などのコンピューター管理を行ない，日々の飼料配合設計もしていく（第3図①②）。

計量された原料は反転式の投入リフトで投入口へ投入し，ベルトコンベアー上で人の目で飼

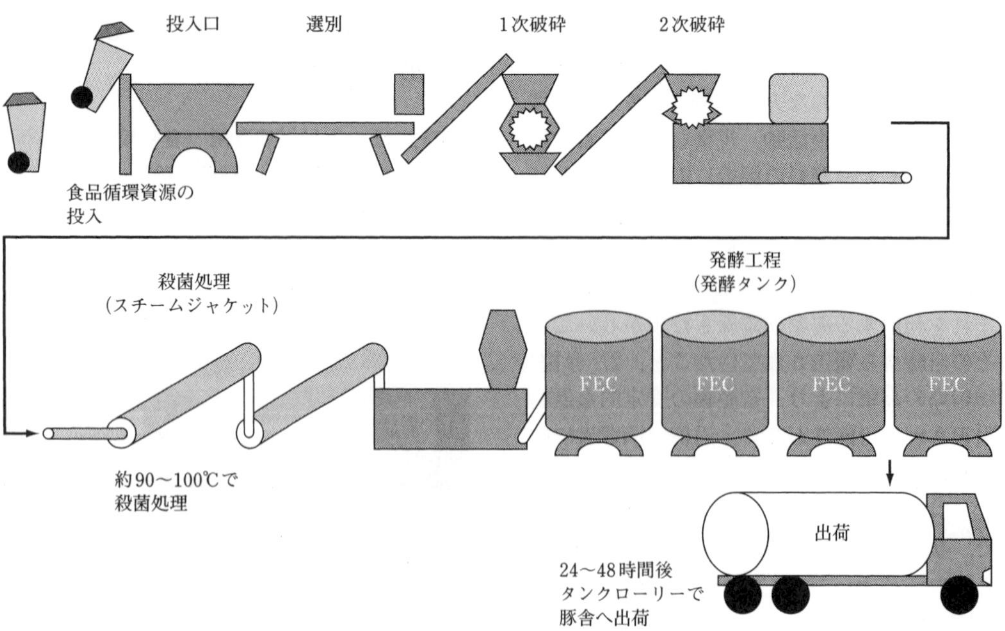

第2図 リキッド発酵飼料の製造フロー

第3図　リキッド発酵飼料製造の流れ
①食品循環資源を回収・運搬する専用保冷車，②運ばれてきたプラスティック容器の計量，③原料の投入，④人の目による飼料化不適合物の分別作業，⑤原料の破砕処理，⑥90～100℃の熱で殺菌，⑦発酵タンク

料化適合物か否か確認しながら，不適合物があれば取り除いていく。その後，破砕機で破砕処理を行ない，90～100℃の熱により殺菌処理を実施する。これを攪拌タンクに移し，攪拌しながら40℃以下に冷ましたのち，乳酸菌を添加，乳酸発酵させ，飼料の出来上がりとなる。このリキッド発酵飼料を自社の10tタンクローリー車に積み込み，契約養豚場へ出荷する（第3図③～⑦）。

FECの稼働率は2009年5月現在で6割程度だが，関東近郊を中心に11戸の農場へ供給し，毎月生産量を少しずつ増加させている。

またリキッド発酵飼料の価格は，現在の一般配合飼料の50～60％の価格帯で提供している。

4. ループリサイクル

(1) リサイクルの仕組みと販売網

小田急グループの取組みの最大の特徴として，ループリサイクルの実現を計画当初から目指し，現在，着実にその取組みを実践している点があげられる。つまり，FECで製造した飼料を用いて肥育した豚肉を小田急グループで購入し，ブランド商品として各販売チャンネルで積極的に販売していくというものである。（第4図）

具体的には，株式会社小田急百貨店で，お中元，お歳暮時のギフト商品としてハム，焼豚の加工品を「小田急プライムセレクション」という小田急百貨店の一押し商品としてとり上げ，ラジオ番組などでPRしながら販売している。また，小田急商事株式会社では食品スーパー「Odakyu OX」の店舗でループリサイクルの図を陳列棚に掲げ，付加価値商品として販売し，多くの消費者から支持を受け，リピーターを獲得している（第5図）。

さらに小田急グループ以外でも，上場企業の食品スーパー「株式会社エコス」はすでに80店舗以上の精肉販売コーナーでこの豚肉を陳列

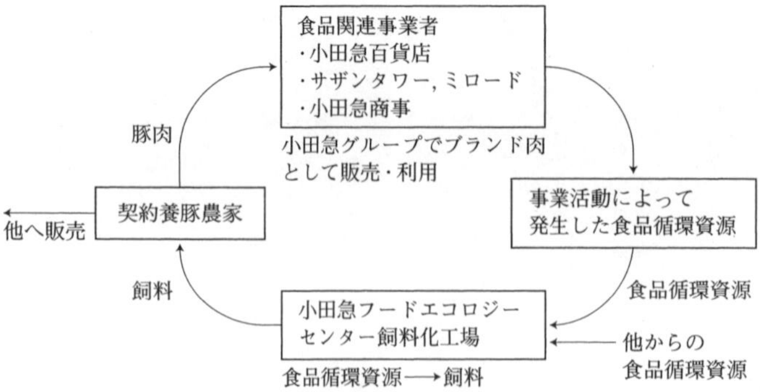

第4図　小田急グループのループリサイクル

第5図　食品スーパーにループリサイクルの図を掲げて豚肉を販売

し，循環の輪を大きく構築している。

小田急グループは，ホテル，レストラングループなども含め，多くの食品関連企業を抱えているため，今後もこの事業を介してその連携を深めつつ，生産者・消費者とのあいだでしっかりとしたコミュニケーションを図り，その声をダイレクトに反映できる製品づくりや販売手法を心がけ，沿線の方がたに提供していきたいと考えている。

(2) 排出事業者とのコミュニケーション

食品循環資源受入れ時にポイントとなるのは，排出事業者とのコミュニケーションである。排出事業者側に対し，FECの特性や飼料化の概念を理解してもらい，原料を提供する際にどのような内容物，量ならば受入れが可能で，何が不可能なのか，きちんと伝えることが重要である。さらに実際に分別を行なうのは，パート，アルバイトが中心なので，啓発，教育のための時間を割いてもらい，取組みの主旨をできるだけ理解してもらえるよう説明会を実施している。

また，運搬はFECが直接行なうのではなく，すでに排出事業者と提携している廃棄物運搬事業者に委託している。これは現実的には排出事業者から出される食品のなかには飼料化に向いていない内容物も多く，これらの処理は既存の業者にお願いすることが効率的であること，さらに多くの廃棄物運搬事業者と連携することで，さまざまな情報が入手でき，取引先にも広がりが生まれやすいというメリットがあるからである。

(3) 養豚場でのリキッド発酵飼料の使用例

FECのリキッド発酵飼料の使用方法はいくつかの方法に分かれているため，ここでは農家の活用事例をいくつか紹介する。

1つ目は，肥育前期から出荷までリキッド発酵飼料のみでの肥育という形態である。これは生産者と肉の卸業者がブランド化を目指し，他と差別化した商品として取り組む方法が主で，この場合は，FECは生産者との対話はもちろんだが，肉の販売業者とも密に連携し，目標とする肉質についてコミュニケーションを図りながら，えさの供給をしていくことを心がけている。

2つ目は，肥育前期はリキッド発酵飼料を用い，肥育後期は乾燥の一般配合飼料を使用するというものである。これはすでにブランド化された商品として生産者が取り組んでいる際に，肥育後期は，指定の配合飼料が決まっているため，肥育前期にリキッド発酵飼料を給与することでコストダウンをねらうという手法である。

3つ目は，リキッド発酵飼料と乾燥の一般配合飼料を併用していくもの，さらにリキッド発酵飼料を使いながら，地元で排出される食品副

産物を自分で集め，配合設計を自ら行ないながら，給餌していく方法である。生産者の考え方によってさまざまな取組み方が出てきており，これは最近の傾向といえる。

(4) 簡易式手動給餌配管の開発

また，実際の給餌配管は，ヨーロッパ式のコンピュータ制御の自動給餌を備えている農場へも供給しているが，ほとんどのケースは，FECが開発した簡易式手動給餌配管で行なっている。これは塩化ビニールの配管とボールバルブを組み合わせた簡易的なもので，タンクとポンプを合わせても，数百万円程度で設置が可能である。朝晩の給餌時にバルブ操作が必要なことが煩わしいが，設備コストは大幅に抑えられ，不具合が生じた際も自分で簡単に修理ができる点がメリットである（第6図）。

このように，ただ単にえさを供給するだけでなく，生産者の今後の養豚経営のビジョンや基本的な考え方，社会情勢の変化や環境配慮など多くの要素を話し合いながら，えさの供給体制の構築に取り組んでいる。

5. リキッドフィーディングの現状と課題

(1) 運搬費用と地域性

リキッド発酵飼料は水分含有量が多いという性質上，飼料の運搬が遠距離になるとコスト高となる。基本的には飼料製造工場からできる限り近い養豚場への供給体制が望ましく，その意味では地域ごとに工場を建設し，その近郊の養豚場へ飼料供給を行なう体制が必要と考えられる。

実際に各地域によってバイオマス資源の発生特性も異なっており，たとえば，九州地域では大量の焼酎廃液の利活用が始まり，北海道地域では乳製品やポテトピールなどの副産物のリキッドフィーディングが計画されている。

今後は，農水省が取り組んでいるバイマスタウン構想との連携も含め，エコフィード，エネルギー化，堆肥化などトータルでの組合わせも視野に入れていくことが必要と思われる。

(2) リキッドフィーディングの方式と規模

現在，全国で取り組まれているリキッドフィーディングの方式は，大きく2つに分かれている。

1つは，小田急グループが取り組んでいるような方法で，多様な食品残渣を多くの食品排出事業者から集配し，センターで分別，処理，調整を行ない，養豚場へ出荷する「センター方式」である。もう1つは，比較的大規模な養豚農家がヨーロッパ式の設備を購入，設置し，配合飼料と地元の「食品副産物」を自社で活用していく「自家方式」である。

それぞれにメリット，デメリットがあり，一概に良し悪しはいえないが，センター方式は小

第6図　簡易式手動給餌配管（左）と豚への給餌風景（右）

規模な農家が取り組むには，コストやリスクが軽減できる反面，センターの設立や運営に多額の投資やノウハウが必要なこと，また廃棄物処理法の許認可の壁が高いことなどの理由から，ニーズはあるものの，なかなか実現に至らないのが現状である。

また，自家方式は農家自体の設備投資額が大きく，また飼料製造の労力や管理が必要なことから，母豚500頭以上程度の規模がないと採算性が合わず，小規模な農家で取り組むのはむずかしい。

これらの問題点を踏まえ，今後は中小の農家でも導入が容易な，低コストで効率的なリキッドフィーディング技術が求められるところである。

6. 今後の展開

(1) 安全管理，品質管理

今後の大きな課題として，安全対策を含めた品質管理の適正化，消費者への啓発活動が重要と考えている。

安全管理の問題については，大きく分けて3つの区分がある。

1つ目に，原料の受入れ段階において，「化学薬品や毒性物質などの混入をいかに未然に防ぐか」という点である。この対策としては，まず受入れ開始時に排出現場を必ず確認し，現場の特性から「どのようなリスクの可能性があるのか」を，あらかじめ情報として得ておくことが必要である。さらに排出事業者に対し，飼料化適合物以外の混入を防ぐ方法や従業員に対しての告知を徹底してもらうこと，さらに契約内容でも，万が一有害物質などが混入し，供給先農家に被害が生じた場合は，排出事業者責任があることを明記した内容にすることなどの対策を講じるべきである。

2つ目に，飼料製造段階において，「異物の除去，殺菌処理の確認，プラントの配管，タンクの衛生管理体制をいかに整えていくか」が重要である。プラントの設計内容や機器性能について，安全性確保を前提としたものにしておくことは当然であるが，一番重要な点はオペレーション体制や従業員への啓発，教育と思われる。つまり，現場の従業員に対し，「飼料安全法」の知識や作業内容の意味を理解させ，自分たちが食べる豚肉として戻ってくるものだという意識のもとに携わってもらうことが大切である。このことが，的確な異物除去や徹底した清掃体制，衛生管理につながり，衛生害虫の発生抑制や安全性確保に結びつくものと思われる。

3つ目に，問題発生時の対応として，とくに「トレーサビリティシステムの開発」を構築していくことが大切であると考えている。FECでは，原料のトレースはすでにできているが，今後は養豚場，屠畜場，流通まで含めたシステム構築が必要と考えており，その準備を進めている。

いずれにせよ，「食の問題」については，昨今の偽装問題や海外の毒物混入など多くの問題を引き起こしているため，消費者の誤解をまねきやすい環境におかれてしまっている。農水省では一昨年「食品残さの利用飼料の安全性確保のためのガイドライン」を発行し，この普及，啓発に努めているが，われわれ関係者一同が，衛生管理や技術開発にまい進していくことがますます重要と思われる。

(2) 消費者への啓発，普及

今後のエコフィード普及の最大のポイントは，豚肉流通の革新と考えている。エコフィードだから価格も安く，豚肉も安いという安易な流れではなく，既存の製品と比較し，付加価値のある差別化商品として確立していくことに重点をおきたい。コストの追求だけでは，飼料にしても豚肉にしても，海外の輸入製品にいずれ淘汰される可能性が高い。むしろ，エコフィード利用だからこそできる差別化を目指すべきと考えている。

消費者に訴求していく言葉としても「乳酸発酵によるプロバイオテックス効果により，抗生物質を低減化した豚肉」「健康に良いオレイン酸を多く含む豚肉」など，ヘルシーさやイメ

ージの良さを積極的にPRしていくことによって，製品を手にとってもらえる確率が高くなる。もちろん，豚肉自体の「おいしさ」が一番重要であり，「おいしさ」を感じてもらえなければ，リピーターにはなってもらえないので，一過性の商品として終わってしまう可能性も高い。

しかし，この「おいしさ」という概念は個人の嗜好性もあるので，一概にはいえない点に難があるが，オレイン酸などの不飽和脂肪酸と飽和脂肪酸のバランスをコントロールすることで，味を変化させていくことは可能である。地域性や販売店舗の特性などを考慮し，このあたりを組み立てていくことも必要と思われる。

また，循環型の輪という考え方は良いが，現段階では「食品残渣，生ごみ，食品廃棄物」という言葉が消費者に対し誤解や不安感を与えやすいため，消費者やメディアに正確な理解をしてもらうよう，努力をしていくことも求められる。

この点については，われわれも多くの消費者とディスカッションを重ねてきたが，キーワードとしては「情報公開」だと認識している。「誤解や不安感をまねきやすいために隠すということは，絶対に避けるべきであり，むしろ情報を公開することによる信頼性を獲得するべき」という言葉を，すべての消費者からかけられた。そこでFECの見学対応を積極的に行なうと同時に養豚農家の情報も公開し，できる限り情報提供に努めている。

気をつけるべきはちょっとした言葉づかいや従業員の教育であり，表示の方法を誤解のない表現に工夫したり，店舗のスタッフがこの取組みを正確に理解して販売していくことが大切だと痛感している。実際に小田急グループの取組みでは，この点に留意して販売活動を展開したところ，多くの消費者にリピーターになってもらい，順調に売上げ，販売店舗数ともに順調に伸びている。

また，昨今の食育や環境教育などの教育の仕組みに組み込むことや，地産地消のアイテムとして活用していくことも必要と思われる。

FECでは近郊の学校給食のリサイクルにも協力していることから，単にリサイクルだけで終わらせるのではなく，その実態を学校の生徒や先生，父兄などにも現場を直接見てもらい，理解してもらうことが，学校のなかでの食育の実践にも結びつき，食品廃棄物の発生抑制にもつながっていくものと考えている。

このような事例を積み重ね，今まで培ったノウハウをもとに，小田急グループでは各地域での取組みに対し，さまざまなサポートをしていくことを始めている

今後とも，全国規模で積極的な情報提供を行ない，食品リサイクル率や食料自給率の向上，畜産農家の活性化に寄与していくつもりである。

執筆　高橋巧一（株式会社小田急ビルサービス環境事業部小田急フードエコロジーセンター顧問，獣医師）

2009年記

参考文献

荻野暁史ら．2007．ライフサイクルアセスメントを用いた食品残さ由来飼料の環境影響評価．Journal of Environmental Quality. **36**, 1061—1068.

トウモロコシ乾燥蒸留かす（DDGS）の採卵鶏飼料への活用

1. トウモロコシ乾燥蒸留かす（DDGS）とは

原油価格の高騰や環境問題への関心の高まりから石油代替燃料として，再生可能なエネルギーであるエタノールの需要・生産が拡大している。とくにトウモロコシの最大の生産・供給国であるアメリカでは，エタノール生産の原料としてトウモロコシの需要が急速に拡大した。これによりトウモロコシ価格が上昇し，また大豆などからのトウモロコシへの作付けのシフトもあり，穀物全体の価格が上昇し，さらには新興国の飼料用穀物需要の増加見込みと投機資金の流入が価格上昇に拍車をかけることになった。このため配合飼料価格は2006年秋ころから上昇しはじめ，その後，未曾有の飼料価格高騰を招き，わが国の畜産は危機的な状況に陥った。

2009年に入って飼料価格は下降に転じたものの，高騰前に比較すると高い水準で推移しており，国内の生産者は苦しい経営を強いられている。現在，飼料用米などの増産が推進されており飼料自給率の向上が期待されているが，しばらくの間は飼料原料やその供給先の多様化を推進することにより，飼料原料の確保・安定供給が図られていくものと思われる。

トウモロコシの乾燥蒸留かす（以下，DDGSとする）は，エタノールの生産に使用したトウモロコシの残渣を乾燥したものであり，エタノール生産工場の重要な併産物となっている。DDGSは一見粉砕したトウモロコシのようであり（第1図），また多少“お酒”のような香りがするのが特徴である。アメリカのバイオエタノール産業の拡大にともない生産量が増加している新たな飼料原料であり，わが国でも関心が高まってきている。

2. 成分の特徴と配合の留意点

DDGSの成分を第2図に示した。“蒸留かす”というものの，栄養価は高く蛋白質はトウモロコシの約3倍，エネルギーも大豆かすよりも多く，トウモロコシと大豆かすの中間的な飼料原料ということができる。これは，エタノール生産にトウモロコシのデンプンが使用されるが，残っている蛋白質と脂肪が乾燥の過程を経て濃

第1図 トウモロコシ乾燥蒸留かす（DDGS）

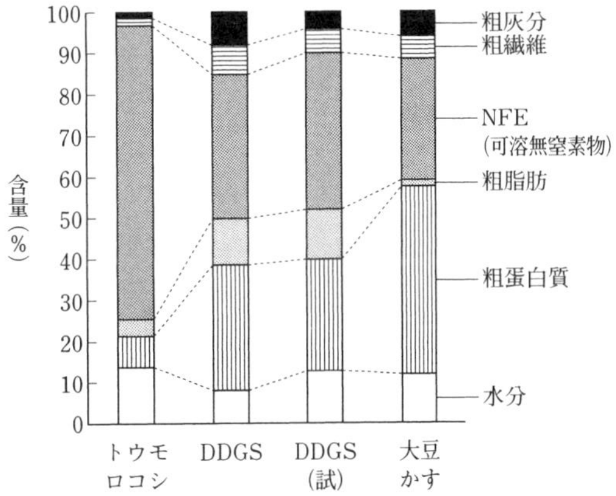

第2図 トウモロコシ乾燥蒸留かす（DDGS）の成分　（出典：日本標準飼料成分表2001年版）
DDGS（試）は試験に使用したものの成分値

縮されるからである。

このため，DDGSはトウモロコシなどのエネルギー源と，大豆かすなどの蛋白源を同時に代替することが可能であると考えられる。また，植物由来の飼料原料としてはリンの利用率が高いのが特徴である（第3図）。これは，DDGSの製造過程でフィチンリンが非フィチンリン（有効リン）へと形を変えるためである。以上のことから，DDGSは養鶏用の有望な飼料原料と考えられる。

一方，アメリカ国内でのDDGSの養鶏飼料への配合推奨値は，採卵鶏で15％，家きん（ブロイラー）で10％が上限とされている。この推奨値はDDGSの栄養価から考えると若干少ないように思われるが，DDGSは生産工場などにより成分にバラツキがあり，とくにリジンなどの必須アミノ酸の量に変動がある。このため数あるエタノール工場から生産されたDDGSを一律に利用するには，成分のバラツキによりリジンなどが不足するリスクを考慮する必要があり，上記のような配合推奨値となってくるものと思われる。

なお，DDGSのリジン含量は，乾燥過程での温度条件により変動し，高温により茶色に変色したDDGSはリジン含量が少なく，黄色い明るい色調のものは多い。このため，DDGSの色調は品質評価の指標のひとつとなっている（以上，DDGS User Handbookアメリカ穀物協会）。

これらのことから，日本国内でのDDGSの利用を考えると，まず品質が良好で安定しており，かつ安価なDDGSを確保することと，その最大配合量の究明が重要だと考えられる。DDGSは通常の養鶏飼料に比較し粗蛋白質（CP）が高いことから，高配合すると飼料中の粗蛋白質が増加し，CP15％程度の産卵後期用の低CP飼料の製造が困難になる。また，リジンが大豆かすなどに比較して少ないため，産卵ピーク時の飼料ではリジンの添加量が増加することが考えられる。これらのことを勘案すると，飼料設計上の実用可能な配合限界はおおむね40％程度と推測できる。

そこで，DDGSを20～40％配合したリジン含量の異なる飼料を作製し，採卵鶏に給与し生産性や鶏卵品質について調査を実施した。

3. 試験飼料の調製とその特徴

DDGSはその成分の特徴から，トウモロコシなどのエネルギー源と大豆かすなどの蛋白源を同時に代替することが可能と考えられる。今回使用したDDGSは色調の明るいゴールデンタイプといわれているもので，リジン含量が0.9

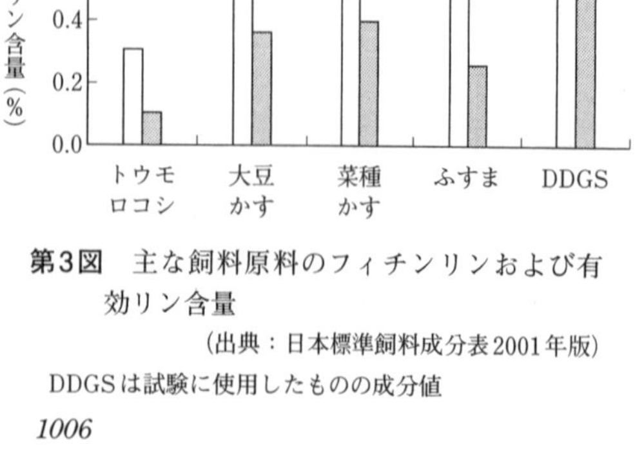

第3図　主な飼料原料のフィチンリンおよび有効リン含量

（出典：日本標準飼料成分表2001年版）

DDGSは試験に使用したものの成分値

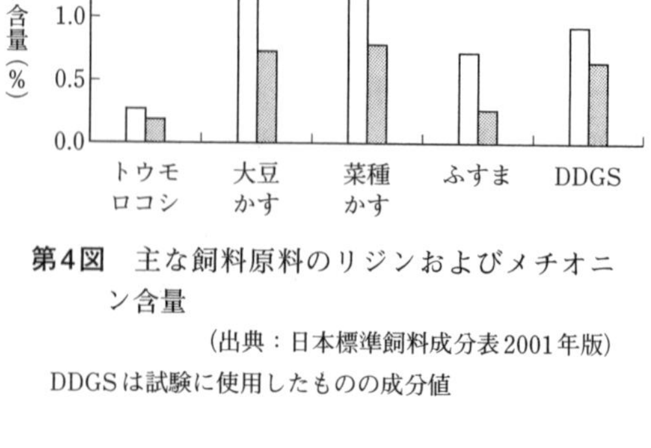

第4図　主な飼料原料のリジンおよびメチオニン含量

（出典：日本標準飼料成分表2001年版）

DDGSは試験に使用したものの成分値

%以上の高品質のものである（第4図）。しかし，大豆かすにはリジンが3%以上含まれるため，DDGSを大豆かすの代替として配合量を増やすと飼料中のリジン含量は減少していくので，必要に応じてリジンを添加しなければならない。

第1表　DDGSの試験区分と内容

内容／区分	DDGS配合量	有効リジン含量（%）			供試羽数
		前期：CP18%	中期：CP16.5%	後期：CP15%	
DDGS（L）40	40%	0.85	0.73	0.62	24羽×3反復
DDGS（L）30	30%	0.87	0.75	0.65	24羽×3反復
DDGS（L）20	20%	0.89	0.77	0.67	24羽×3反復
DDGS40	40%	0.61	0.58	0.59	24羽×3反復
DDGS30	30%	0.69	0.64	0.62	24羽×3反復
DDGS20	20%	0.77	0.70	0.65	24羽×3反復
対　照	0%	0.92	0.81	0.71	24羽×3反復

注　(L)：リジンを添加し対照と同等レベルとした

なお，メチオニン含量については大豆かすや菜種かすに比べわずかに劣るが，同時にトウモロコシを代替することを考慮すると，トウモロコシの約3倍のメチオニン含量であることから，比較的メチオニンの多い飼料原料と位置づけられるものと思われた。

今回の試験では，トウモロコシと大豆かすを主体とした粗蛋白質18%，16.5%，15%の飼料を対照とし，この飼料のトウモロコシと大豆かすをDDGSで代替する形で20%，30%，40%配合した粗蛋白質18%，16.5%，15%の飼料を作製した。さらにリジンの添加の有無により，対照飼料と同等の有効リジン含量の0.89%から，飼養標準の有効リジンの値と同等の0.58%までの18種類の飼料を調製した。対照飼料と合わせて21種類の試験飼料（第2表）となり，これを第1表および第3表に示したとおりの内容で採卵鶏に給与した（供飼鶏は「ジュリア」）。

試験飼料の詳細は第2表に示したが，DDGSを多く配合した試験飼料の特徴は次のとおりである。DDGS40%配合でおおむね飼料全体から見たトウモロコシの占める20%程度と大豆かすなどが占める20%程度を代替でき（第5図），とくにCP15%の飼料はリジンを添加することで，他の蛋白源をほとんど使用しない飼料を作製することができる。また，有効リンが多くなることからリン酸カルシウムを節約することができる。しかし，リジンはDDGSの配合量増加にともない減少するため，鶏の要求量に応じてリジンを添加する必要があると思われた。なお，メチオニンの含量は比較的多く対照区に比べて，その添加量は少なかった。

4. 産卵成績への影響

産卵成績を第4表に示した。生存率は95%を下まわった試験区もあったが有意差は認められず，DDGSの配合量が多くても生存率に影響がないことが確認された。

産卵率はいずれの試験区も90%以上の高い値を示し有意差は認められなかったが，リジンの含量が少ないDDGS40とDDGS30は若干ではあるが他区に比較し低い傾向が見られた。

平均卵重は，DDGS40とDDGS30の間に差が認められたが，DDGS30の産卵率が最も低かったことがこの区の卵重増加に影響したものと考えられた。

日産卵量は，ほとんどの試験区で60gを上まわりきわめて高い成績を示した。そのなかでリジン含量の最も少ないDDGS40と対照区以外で最も多いDDGS（L）20との間に差が認められた。

飼料摂取量もDDGS40とDDGS（L）20の間に差が認められたが，日産卵量の違いによる飼料の要求量の違いによるものと思われた。

飼料要求率も日産卵量と同様にDDGS40とDDGS（L）20の間に差が認められた。

以上のことから，DDGSを配合した試験区のうち，リジンが最も多い区がリジンの最も少ない区に比較して優れたが，いずれにしても対照区とすべての試験区との間には差は認められなかったことから，DDGSは採卵鶏飼料に40%配合することが可能であると確認された。ただ

第2表　試験飼料の配合割合および成

	原料名	前期用：CP18%								
		① 対照	② DDGS(L)40	③ DDGS(L)30	④ DDGS(L)20	⑤ DDGS40	⑥ DDGS30	⑦ DDGS20	⑧ 対照	⑨ DDGS(L)40
配合割合	トウモロコシ	52.400	33.600	38.300	43.000	33.500	38.225	42.950	55.200	37.500
	ふすま									
	脱脂米ぬか								1.600	2.700
	DDGS		40.000	30.000	20.000	40.000	30.000	20.000		40.000
	大豆かす	27.200	2.700	8.825	14.950	4.300	10.025	15.750	21.300	1.500
	菜種かす	4.500	8.200	7.275	6.350	7.000	6.375	5.750	6.000	3.500
	魚粉CP60	0.500	0.500	0.500	0.500	0.500	0.500	0.500	0.500	0.500
	動物性油脂	4.700	4.300	4.400	4.500	4.300	4.400	4.500	4.700	3.600
	プレミックス(成鶏標準)	0.100	0.100	0.100	0.100	0.100	0.100	0.100	0.100	0.100
	炭酸カルシウム	3.000	3.000	3.000	3.000	3.000	3.000	3.000	3.000	3.000
	炭酸カルシウム(粒粉)	6.098	6.568	6.4505	6.333	6.598	6.473	6.348	6.208	6.748
	食　塩	0.350	0.220	0.2525	0.285	0.220	0.2525	0.285	0.360	0.220
	塩化コリン	0.010	0.010	0.010	0.010	0.010	0.010	0.010	0.010	0.010
	フィターゼ	0.012	0.012	0.012	0.012	0.012	0.012	0.012	0.012	0.012
	第2リン酸カルシウム	0.870	0.280	0.4275	0.575	0.280	0.4275	0.575	0.780	0.170
	メチオニン	0.110	0.030	0.050	0.070	0.030	0.050	0.070	0.080	0.010
	リジン		0.330	0.2475	0.165					0.280
	トリプトファン									
	パプリカ抽出物	0.150	0.150	0.150	0.150	0.150	0.150	0.150	0.150	0.150
	計	100.000	100.000	100.000	100.000	100.000	100.000	100.000	100.000	100.000
設計成分値	粗蛋白質	18.00	18.00	18.00	18.00	18.00	18.00	18.00	16.50	16.50
	代謝エネルギー	2,850	2,850	2,850	2,850	2,850	2,850	2,850	2,850	2,850
	カルシウム	3.86	3.86	3.86	3.86	3.87	3.87	3.86	3.87	3.87
	リ　ン	0.53	0.59	0.57	0.56	0.58	0.57	0.56	0.55	0.59
	有効リン	0.33	0.33	0.33	0.33	0.34	0.33	0.33	0.31	0.32
	リジン	1.06	1.00	1.01	1.03	0.76	0.83	0.91	0.94	0.86
	有効リジン	0.92	0.85	0.87	0.89	0.61	0.69	0.77	0.81	0.73
	メチオニン	0.39	0.39	0.39	0.39	0.39	0.39	0.39	0.34	0.35
	有効メチオニン	0.37	0.38	0.37	0.37	0.38	0.37	0.37	0.32	0.33
	シスチン	0.33	0.38	0.37	0.36	0.38	0.37	0.36	0.31	0.35
	メチオニン+シスチン	0.72	0.77	0.76	0.75	0.77	0.76	0.75	0.65	0.69

第3表　給与飼料と給与時期

区分＼時期	前期 151～280日齢	中期 281～420日齢	後期 421～510日齢
DDGS (L) 40	②	⑨	⑯
DDGS (L) 30	③	⑩	⑰
DDGS (L) 20	④	⑪	⑱
DDGS40	⑤	⑫	⑲
DDGS30	⑥	⑬	⑳
DDGS20	⑦	⑭	㉑
対　照	①	⑧	⑮

注　丸数字は第2表の試験飼料①～㉑に対応する
　　(L)：リジンを添加し対照と同等レベルとした

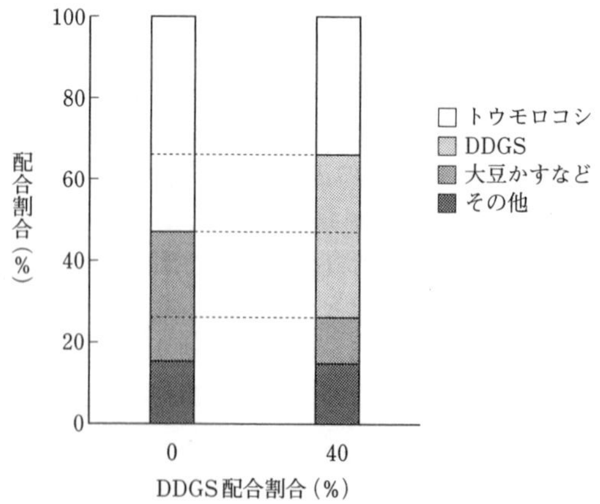

第5図　DDGSによる飼料原料代替

CP18%配合飼料の場合

分値（単位：%，代謝エネルギー：kcal/kg）

中期用：CP16.5%					後期用：CP15%						
⑩ DDGS(L)30	⑪ DDGS(L)20	⑫ DDGS40	⑬ DDGS30	⑭ DDGS20	⑮ 対照	⑯ DDGS(L)40	⑰ DDGS(L)30	⑱ DDGS(L)20	⑲ DDGS40	⑳ DDGS30	㉑ DDGS20
41.925	46.350	37.600	42.000	46.400	57.500	40.900	45.050	49.200	41.000	45.125	49.250
2.425	2.150	2.300	2.125	1.950	3.300	4.800	4.425	4.050	4.800	4.425	4.050
30.000	20.000	40.000	30.000	20.000		40.000	30.000	20.000	40.000	30.000	20.000
6.450	11.400	2.000	6.825	11.650	16.300		4.075	8.150		4.075	8.150
4.125	4.750	3.500	4.125	4.750	7.000		1.750	3.500		1.750	3.500
0.500	0.500	0.500	0.500	0.500	0.500	0.500	0.500	0.500	0.500	0.500	0.500
3.875	4.150	3.600	3.875	4.150	4.700	3.000	3.425	3.850	3.000	3.425	3.850
0.100	0.100	0.100	0.100	0.100	0.100	0.100	0.100	0.100	0.100	0.100	0.100
3.000	3.000	3.000	3.000	3.000	3.000	3.000	3.000	3.000	3.000	3.000	3.000
6.613	6.478	6.748	6.613	6.478	6.378	6.958	6.813	6.668	6.898	6.768	6.638
0.255	0.290	0.220	0.255	0.290	0.360	0.220	0.255	0.290	0.220	0.255	0.290
0.010	0.010	0.010	0.010	0.010	0.010	0.010	0.010	0.010	0.010	0.010	0.010
0.012	0.012	0.012	0.012	0.012	0.012	0.012	0.012	0.012	0.012	0.012	0.012
0.3225	0.475	0.170	0.3225	0.475	0.650	0.050	0.200	0.350	0.050	0.200	0.350
0.0275	0.045	0.010	0.0275	0.045	0.040		0.010	0.020		0.010	0.020
0.210	0.140	0.080	0.060	0.040		0.250	0.1875	0.125	0.210	0.1575	0.105
						0.050	0.0375	0.025	0.050	0.0375	0.025
0.150	0.150	0.150	0.150	0.150	0.150	0.150	0.150	0.150	0.150	0.150	0.150
100.000	100.000	100.000	100.000	100.000	100.000	100.000	100.000	100.000	100.000	100.000	100.000
16.50	16.50	16.50	16.50	16.50	15.00	15.00	15.00	15.00	15.00	15.00	15.00
2,850	2,850	2,850	2,850	2,850	2,850	2,850	2,850	2,850	2,850	2,850	2,850
3.87	3.87	3.87	3.87	3.87	3.90	3.90	3.90	3.90	3.90	3.90	3.90
0.58	0.57	0.59	0.58	0.57	0.56	0.59	0.58	0.57	0.59	0.58	0.57
0.32	0.32	0.32	0.31	0.31	0.29	0.30	0.29	0.29	0.30	0.29	0.29
0.88	0.90	0.71	0.77	0.83	0.83	0.74	0.76	0.78	0.71	0.74	0.77
0.75	0.77	0.58	0.64	0.70	0.71	0.62	0.65	0.67	0.59	0.62	0.65
0.34	0.34	0.35	0.35	0.34	0.29	0.31	0.31	0.30	0.31	0.31	0.30
0.33	0.32	0.34	0.33	0.33	0.27	0.30	0.29	0.29	0.30	0.29	0.29
0.34	0.33	0.35	0.34	0.33	0.30	0.32	0.31	0.31	0.32	0.31	0.31
0.68	0.67	0.70	0.69	0.67	0.59	0.63	0.62	0.61	0.63	0.62	0.61

し，鶏の要求量を満たすための必要に応じたリジン添加は，採卵鶏の生産性をより高めるために重要な手段であると思われた。なお，配合飼料中のリジンの含量は卵重にはあまり影響がないようであったが，産卵率には多少影響があるものと思われた。

第4表　産卵成績（151～510日齢）

調査項目 / 試験区分	生存率（%）	産卵率（%/日羽）	平均卵重（g）	日産卵量（%/日羽）	飼料摂取量（%/日羽）	飼料要求率
DDGS（L）40	94.4	93.5	64.5a	60.3ab	115.4ab	1.91ab
DDGS（L）30	97.2	92.9	64.8ab	60.2ab	115.7ab	1.92ab
DDGS（L）20	98.6	93.8	65.6ab	61.5a	116.6a	1.90a
DDGS40	98.6	91.9	64.5a	59.3b	115.4b	1.95b
DDGS30	98.6	91.6	65.8b	60.3ab	116.1ab	1.93ab
DDGS20	95.8	92.3	65.3ab	60.3ab	115.7ab	1.92ab
対　照	93.1	92.7	65.4ab	60.6ab	116.3ab	1.92ab

注　異符号間に有意差あり。a，b：$P<0.05$（生存率はアークサイン変換後に統計処理を行なった）
（L）：リジンを添加し対照と同等レベルとした

第5表　鶏卵品質

調査項目・日齢 / 試験区分	卵殻強度（kg）			卵殻厚（mm）			ハウユニット			卵黄色（カラーファン）		
	240日齢	360日齢	450日齢	240	360	450	240	360	450	240	360	450
DDGS（L）40	3.51	3.62	3.43	0.34	0.35	0.34	91.5	90.8	87.9	12.1a	12.4a	12.8a
DDGS（L）30	3.56	3.65	3.54	0.34	0.34	0.35	91.5	89.9	87.9	12.4a	12.2a	12.5ab
DDGS（L）20	3.48	3.58	3.55	0.34	0.35	0.34	89.3	88.3	86.6	12.3a	12.1a	12.4ab
DDGS40	3.46	3.61	3.36	0.34	0.34	0.35	90.4	90.7	88.5	12.6a	12.4a	12.9a
DDGS30	3.32	3.73	3.40	0.33	0.34	0.34	92.7	89.5	90.0	12.6a	12.3a	12.5ab
DDGS20	3.57	3.72	3.38	0.34	0.35	0.35	88.4	88.3	87.8	12.5a	12.2a	12.0b
対　照	3.43	3.72	3.35	0.34	0.35	0.34	91.9	90.0	86.9	11.2b	11.8b	11.4c

注　異符号間に有意差あり。a，b，c：$P<0.01$
ハウユニット鮮度の指標，Haugh Unit＝100log（H－1.7W0.37＋7.6）。H＝卵白の高さ（mm），W＝卵重（g）

5. 鶏卵品質と経済的な効果

鶏卵品質を第5表に示した。卵殻強度，卵殻厚，ハウユニットはいずれの試験区も若干のバラツキはあるものの差は認められず，鶏卵の流通上重要な卵殻質と卵白の品質には影響がないことが確認できた。

なお，卵黄色はDDGSを配合することでカラーファン値が上昇し赤色が濃くなり，対照区との間に差が認められた。これは，トウモロコシ由来の色素であるキサントフィルが，DDGSの配合で増加したことによるものと思われた。

また，経済的な効果としては，生産性に差がないことから，飼料価格の差が経済的な効果に直結すると考えられる。たとえば，DDGSの価格がトウモロコシと同等の場合には，蛋白源の大豆かすなどとの価格差が飼料費の節減へと結びつくものと思われる。また，量的には少ないがリン酸カルシウムの節減も可能である。さらには卵黄色の調整に使用するパプリカ抽出物の節減に寄与できる可能性もある。

6. 飼料原料の多様化

飼料原料の価格は流動的なものであり，その時々で有利な原料を取捨選択しなければならない。その選択肢のなかにDDGSという有望な飼料原料が加わることは，飼料原料の多様化という側面から，多くを海外に依存するわが国の養鶏にとって大きな意義がある。

DDGSの課題は生産工場による成分の違いやバラツキであり，品質が高く安定した安価なDDGSをいかに確保するかということが，この飼料原料を活用していくうえで重要な課題である。

世界的な穀物需給の変化により，配合飼料の原料をはじめ，畜産物の生産コストへの影響が大きな懸念となっている。その一方でDDGSの生産は今後も確実に増加することが見込まれており，また，すでに飼料原料として世界中で使用実績もある。また，国内でも使用量が増加している。

国内では，飼料の自給率の維持・向上に向け水田フル活用による飼料用米の生産や，エコフィード，あるいは未利用資源の活用が進められているが，飼料の自給率を高めるには，やはり一定の期間が必要不可欠である。しかし，世界の食糧需給が当面は逼迫し，食料価格も従来よりも高い水準で推移すると見込まれており，このことは今後の苦しい養鶏経営を暗示するものでもある。このような状況をなんとか打破するためにも，人の食糧と競合しないDDGSの活用が安定した鶏卵生産に結びつくことを期待したい。

執筆　後藤美津夫（群馬県畜産試験場）

2009年記

ミカン搾汁かすを原料とした黒麹発酵飼料

1. 開発の経緯

(1) 大量に出てくるミカン搾汁かす

愛媛県は全国有数のミカン生産県であり，果汁もポンジュースの名称で全国に広く販売されている。したがって，搾汁かすも大量に排出されるが，この処理に大変苦労していた。堆肥にして利用しようとしても，ミカンに含まれている酸のために熟成しにくく，肥料として使用可能になるまでに数か月を要する。また，その間に放置された搾汁かすから強烈な悪臭が周囲に広がる。昨今は住環境規制が厳しく，悪臭を発する物質を未処理のまま放置すると処罰されるが，年間何万tも排出される搾汁かすを短期間に，しかも完全に処理することは至難の技である。

一方，わが国では飼料の大半は輸入に頼っている。外国の事情によって値段が左右され，安定した飼料価格を維持できないわが国では，食物残渣を有効利用することは絶対の命題だった。

昔から飼料の増量物としてミカンの生皮が使用されている。これはミカンの果皮を飼料として使える証である。しかし，現在はほとんど使用されていない。それは，生果皮を大量に与えると牛乳が黄色になり，また肉質が悪くなることがわかったからである。

ジュース工場ではこれらの問題を解決するため，抜本的対策として巨大な乾燥機を設置し，膨大な搾汁かすを乾燥処理してきた。しかし大変な経費を費して乾燥した搾汁かすは，飼料としての成分に乏しく，そのまま給与することはできず，粗飼料の増量材として使用されているにすぎない。費用対効果の面からも，また環境面からも非常に問題のある処理方法といわざるをえない。

(2) 黒麹菌への着眼

ところで，食物の保存法や調理法として発酵という技術がある。身近な食品では酒，味噌，醤油，納豆，漬物など。また，麹菌を使って種々の医薬品や化学食品がつくられている。外国でもチーズやヨーグルトなどの例がある。発酵という技術がどれほど大切ですばらしいものであるか，またその過程で発する現象に驚かされてきた。

当社は，搾汁かすを有効に処理しようという難問に，発酵の知識と技術をもって対処することにした。しかし，単純に発酵させるといっても大変な作業である。何を発酵させて何をつくるか，目的をしっかりと確定する必要がある。目的によって，使用する材料や麹菌の種類を決めなければならない。また，発酵プロセスも麹菌の種類によって大きく違ってくる。

数ある麹菌のなかから目的に合ったものを探し出さなければならないが，黒麹菌が最適であることが判明した。原料の水分が80％以上あること，発酵しにくい弱酸性物であること，これらを短期間に解決する麹は黒麹菌以外にないと判断した。

こうして，ミカン搾汁かすを発酵させるという，過去に例のない作業にわれわれは取り組むことになった。プラントメーカーも初めて建設する発酵装置である。すべてが初めてのことばかりである。

原料は非常に腐敗しやすく，短期間の作業を要する。幸いにも，鹿児島の麹製造業者が非常に力のある黒麹をつくっていた。装置さえ完全であれば，計画している一日40tの搾汁かすを24時間で発酵させ，できあがった発酵物は立派な飼料になっていることがわかった。私たちが計画している発酵飼料の製造構想にマッチしていた。残渣処理を行なうだけでなく，同時に優秀な発酵飼料をつくることができるという，まさに一石二鳥の計画となった。

(3) 含水率80%の原料を24時間で飼料化

1年余の準備期間を経てようやく事業開始にこぎつけることになった。

計画中にもいろいろ紆余曲折があったが，愛媛県の協力や農林水産省の理解と，将来有望企業になるとの金融機関の認識を得て，市中銀行と農林公庫から合わせて4億円余の融資を受けることができた。

松山市郊外に1万5,000坪余の土地を購入し，日量40tの搾汁かすを黒麹菌を用いて処理するプラントを建設した。この装置は含水率80％以上という搾汁かすを24時間で13～15％まで黒麹菌の発酵熱だけで乾燥させる。しかも化石燃料は材料の殺菌（ボイラーによる蒸気殺菌）以外使用せず，24時間経過した搾汁かすは完全に発酵しており，立派な発酵飼料ができあがっている。

日時をかけて完成したプラントだったが，原料拡散装置の不具合で攪拌がスムーズにできない，製品取出し装置の故障など，想像もしなかったアクシデントも多々発生した。

ジュース排出工場は自社工場内に大型乾燥機を設置しており，これで大量の搾汁かすを処理することはできるが，熱源は化石燃料だった。化石燃料を大量に消費するこの大型乾燥機はCO_2を大量に放出する。われわれの建設した黒麹発酵プラントは基本的に煙も臭いも出ない。出るとしたら麹独特の発酵臭のみである。もちろんCO_2の排出などは最低限に留めており，非常にクリーンな装置である。

地球温暖化防止が強く叫ばれている現在，時代にマッチした装置だと自負している。この装置はすべて日本初のものであり，見学者も大勢来社するが，このシステムに驚く。

化石燃料を用いての乾燥ではないので，過熱は絶対にない。できあがった飼料も，栄養素の熱による消失や組織の破壊もなく，問題はない。数か所の飼料分析機関で調査をしたが，飼料として必要な物質は含まれていることが証明されている。しかも，他の飼料ではあまり認められない酵素も含まれていることがわかった。こうして，ミカンかす発酵飼料「柑香」が誕生した（第1，2図）。

2. 製品の特徴

「柑香」はミカン搾汁かすを原料にし，黒麹菌を使って発酵させた，わが国初の黒麹発酵飼料である。多くのミネラルや酵素が含まれており，これらが家畜に作用して多くの効果が現われる。

「柑香」には次のようなものが含まれている。

天然のベーターカロチン：効能として，免疫の向上，卵巣機能への作用による繁殖性の向上が期待できる。

第1図　黒麹発酵飼料製造工場の外観

第2図　黒麹発酵飼料「柑香」

酸性プロテアーゼ：蛋白質分解酵素。
αアミラーゼ：澱粉質分解酵素。
グルコアミラーゼ：炭水化物分解酵素。
グルコシターゼ：炭水化物分解酵素。

フィターゼ：フィチン酸（フィチンリン）分解酵素。

その他，ペクチナーゼ，セルラーゼなどの酵素。

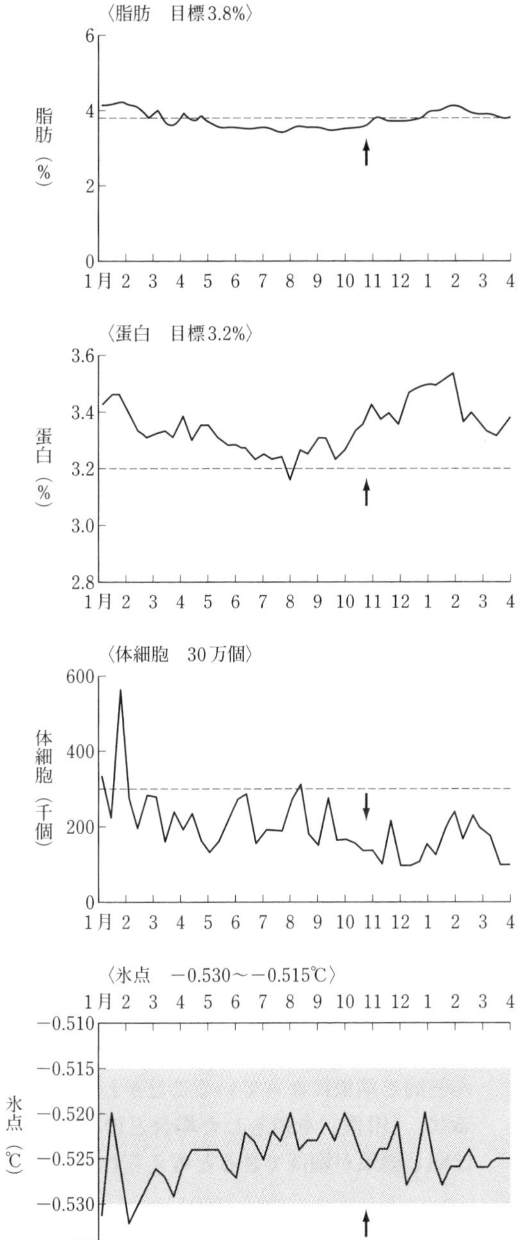

第3図　黒麹発酵飼料「柑香」給与酪農家の乳検データの推移
2009年1月〜2010年4月。2009年11月から給与開始
矢印：給与開始

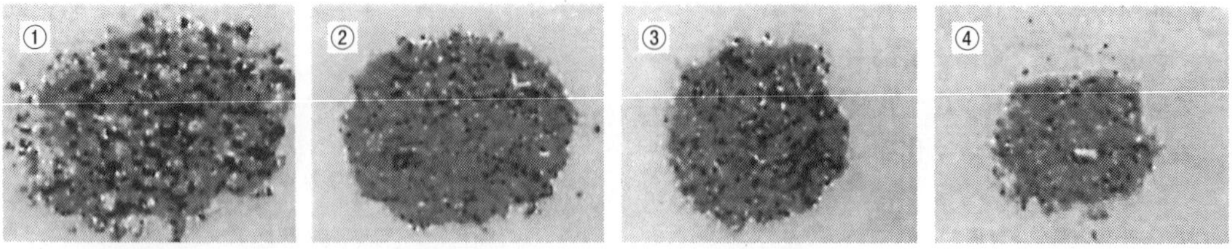

第4図　黒麹発酵飼料「柑香」給与で糞尿中の未消化物が1か月で3分の1に減少（2007年）
北海道の農業高校での比較試験
①給餌前：未消化量11.0g（6月25日），②給餌7日目：未消化量9.0g（7月2日），③給餌13日目：未消化量7.0g（7月9日），④給餌30日目：未消化量3.0g（7月26日）

これらの働きにより，ルーメン機能の活性化や飼料の消化吸収が高まることが期待できる。また代謝機能をサポートして，家畜を病気から守り，健康維持や乳質改善に役立つ（第3図）。

黒麹菌は発酵力が強く，牛の消化器の悪臭要因（アンモニア）を酵素に取り込むため，糞尿への可溶性としての部分が減少する。

また，極端に消化の悪い食物繊維リグニンの多い粗飼料の消化率向上への貢献が期待できる（第4図）。そのうえ，排泄された糞のなかに黒麹菌が残存し，堆肥化の促進に寄与する。

堆肥化に要する時間は，従来のつくり方の場合の半分ですむ。

3. 給与方法

このプラントで製造された飼料は，いわゆるサプリメント的な扱いとなる。基本的に粗飼料に混ぜ込んで給餌してもらう（トップドレッシングでも可）。目安としては一回の給餌で乳牛だと100g，和牛だと20g程度である。

4. 利用農家の声

1）A牧場／搾乳牛60頭飼育

・給与開始後約3週間で糞が締まってきた。

・牛舎のアンモニア臭が軽減された。

・気候の変化に関係なく乳量が安定し，平均して2～3kg増量した。

・糞の未消化物コーンが減った。

・発情がよくわかるようになった。

・飼料の食い込みが良くなった。

2）B牧場／搾乳牛60頭

・いろいろ添加物を試してみたが，添加剤でなく天然飼料でここまで顕著に変化が見られたものはない。

・粗飼料の食い込みが良い。

・牛舎の臭いが軽減し作業がらくになった。

・第四胃変位や下痢などの事故が減った。

3）C牧場／搾乳40頭

・反芻時間が増え，ゆったりする時間が多くなった。

・毛艶が良くなり体調が良い。

・糞の状態が良くなり糞尿処理がらくになった。

・糞尿の臭いが減少し牛舎の環境が良くなった。

4）D牧場／育成牛150頭

・下痢が減った。

・粗飼料の食い込みが良い。

・牛舎のアンモニア臭が軽減された。

・糞が締まって未消化物が減り敷料の交換時期が延びた。

牧場主によって表現の違いこそあるが，ほとんど同じ結果になっていることがわかる。要するに，「柑香」を給与した場合どの農家でもほぼ同じ効果が期待できると考えられる。

5. プラントのしくみ

ジュース工場から毎日40t余の果皮と搾汁かすが搬入される。水分80％以上を含有するこれら原料の異常発酵を防ぐため，すぐに80℃余の蒸気で短時間のうちに消毒殺菌を行なう。殺菌処理された搾汁かすは空気輸送管を通して，発酵槽に投入される。

発酵槽の中には，事前にふすまと黒麹菌を混合した麹床が敷き詰められており，この中に投入される。発酵槽の大きさは縦50m×横10mになっており，天井に原料投入口が5箇所ある。便宜上5ゾーンに分けており，温度や送風もこの5箇所からデータをサンプリングしている。

投入がすべて終了すると，すぐに攪拌が開始される。攪拌機の作動タイミングおよび作動状態，発酵槽の温度や湿度，送風の必要なタイミングと風量などは，ところどころに設置されている自動感知器によって看視され，そのデータが中央制御装置に送られる。これらのデータを基に適切に管理されて稼動する。槽内で24時間経過した搾汁かすは完全に発酵し，含水率も13～15％に下がった状態で取り出す。

搬出機によって取り出された飼料「柑香」は，15kg入り紙パックと400kg入りフレコンパックに詰めて出荷する。

6. 反省点と今後の課題

当社の装置は日量40tの残渣を処理する能力があり，規模としても日本一である。したがって，操業開始に際しては常に40tの原料食品残渣を必要とする。製品を安定して製造するためには必ず40tの原料が必要となるわけである。しかし，愛媛県内で常時40tの搾汁かすを提供できる事業所は唯一このジュース工場以外にはない。しかも，この事業所の年間稼動日数は100日余しかない。

果物に季節があるかぎり，いかんともしがたいことである。もし，規模がもっと小さく，せめて10t程度のものが4機あれば利用頻度は格段に向上し，多くの食品残渣物の有効処理ができると思うとき，「一機大装置」であることを強く反省している。

当社の事業計画の主旨は，廃棄物を再生し，有効な商品を創り出して世の中に循環させることである。今までは処理困難だった食品残渣を，発酵という手段を用いることで立派な飼料に再生して世の中に役立つことができた。飼料を輸入に頼らなければならない状況のなかで少し助力ができたと自負している。黒麹菌という強力な武器を最大に利用することによって，まったく違ったものが見えてくる。

このように考えていくと，将来大きな事業に発展すると確信している。当社も一号機の反省点をもとに，二号機・三号機の建設を計画している。その場合，食品残渣は腐敗のスピードが速く，処理開始までにかかる時間を極力短縮しなければならない。このため，処理工場の建設は場所を選ばなければならない。あくまでも原料の排出工場に近いところを選ぶことが大切である。また，「柑香」のような商品になる原料を見出すことも大切である。これらの要素を求めることが，この事業発展の主要なキーポイントだと思う。適する「土地」「原料」「量」の3つが揃えば，発酵処理事業は必ず発展，成功すると信じる。

当社も「柑香」の次の商品として，ブドウ皮，茶がらなど数点を選び，その可能性を探っている。いろいろと研究・実験・工夫をすることによって，新しい原料を見出し利用することで，思いがけない効力・能力をもった発酵物ができると信じている。

地球温暖化防止，CO_2削減が叫ばれ，世界中がクリーンエネルギーを求めるなかで，化石燃料を使用しない私たちの構想は前途洋々たる事業だと信じている。

執筆　松下次男（日本ケミカル工業株式会社）

2010年記

野菜残渣の硝酸態窒素を減らし牛の飼料に

堆厩肥の施用が多く，土壌中に窒素や塩類が高濃度に集積した圃場で栽培される野菜，牧草および飼料作物中には，硝酸態窒素（NO_3-N）が多く蓄積されている。これら硝酸塩の高い飼料を家畜に給与すると硝酸塩中毒が発生する場合があり，安全対策が求められるが，飼料中の硝酸塩の有効な低減技術が開発されておらず，硝酸塩の高い飼料作物も安全に利用できないのが現状である。

野菜豊作時の余剰野菜および野菜工場から排出された野菜残渣などの食品副産物は，産業廃棄物として有効に利用されずに廃棄されている。また，その流通過程でも規格外品が多く発生しており，有効利用が望まれる。さらに，外食産業から発生するカット野菜残渣も利用可能な資源である。しかし，キャベツ，ハクサイなどの葉菜類は家畜飼料としては硝酸態窒素含量が高く，また水分含量が高いことから，硝酸塩を低減できる良質の貯蔵法に工夫が必要である。

そこで，硝酸態・亜硝酸態窒素を還元する力の強い新規微生物を探索し，その微生物と乳酸菌との組合わせにより，安全で高品質な野菜残渣サイレージの調製・貯蔵技術について検討した。

1. 硝酸態・亜硝酸態窒素低減微生物の選抜

野菜残渣には蛋白質やビタミン類は豊富に含まれているが，水分と硝酸態窒素含量が高いため，家畜飼料として有効に利用されていない。これらの問題を解決するために，飼料作物，野菜残渣，サイレージ，発酵TMR飼料および動物腸管から分離されたバチルス，酵母および乳酸菌を使って硝酸態窒素還元活性や生理生化学性状を分析し，硝酸態・亜硝酸態窒素を還元する能力のある微生物の選抜試験を行なった。Lactobacilli MRS液体培地，NA液体培地およびYM液体培地に硝酸ナトリウム，亜硝酸ナトリウム，硝酸カリウム，亜硝酸カリウムをそれぞれ0.2％添加し，各種微生物を接種して30℃で培養した。培地中の硝酸態窒素および亜硝酸態窒素含量はイオンクロマトグラフィーを用いて測定した。

さらに，硝酸態窒素・亜硝酸塩窒素の還元率が高かったNAS1とNAS2の菌種について，形態観察，生理生化学性状試験および16S rDNA塩基配列解析により菌種を同定した。

その結果，バチルスNAS1菌株は硝酸態窒素の還元能が高かったが，ほかの酵母，バチルスと乳酸菌株は硝酸態窒素の還元能が低いか示されなかった。液体培地での培養10日後のNAS1株は硝酸態窒素の還元率は50％以下であったが，33日間の培養では還元率が90％以上と高かった。還元された硝酸態窒素は亜硝酸態窒素として液体培地中に蓄積された。

また，バチルスと酵母は亜硝酸態窒素を還元しなかったが，乳酸菌NAS2菌株は亜硝酸の還元能をもち，その還元率は62％であった（第1図）。以上の結果，バチルスNAS1菌株は硝酸態窒素還元能が，乳酸菌NAS2菌株は亜硝酸態窒素還元能が高いことが認められた（蔡ら，2009）。

2. 選抜菌の性質と分類

NAS1菌株は熱に強く，酸耐性をもつ有胞子菌である。この菌は嫌気条件下でも生育でき，硝酸態窒素分解能が高いバチルスである。NAS2はほか乳酸菌と同じ生理的物質をもち，グラム染色陽性とカタラーゼ陰性で，L（＋）

乳酸を生産する乳酸球菌で，乳酸生成能が優れ，嫌気条件で生育でき，亜硝酸塩分解能が高いラクトコカスである（第2図）。

16S rRNA遺伝子全領域の塩基配列の解析結果では，両菌は系統樹でそれぞれバチルスとラクトコカスのクラスターに入り，基準株との16S rDNA塩基配列相同性は99.5％以上であり，NAS1は*Bacillus subtilis*，NAS2は*Lactococcus lactis*と同定した（第1表）。

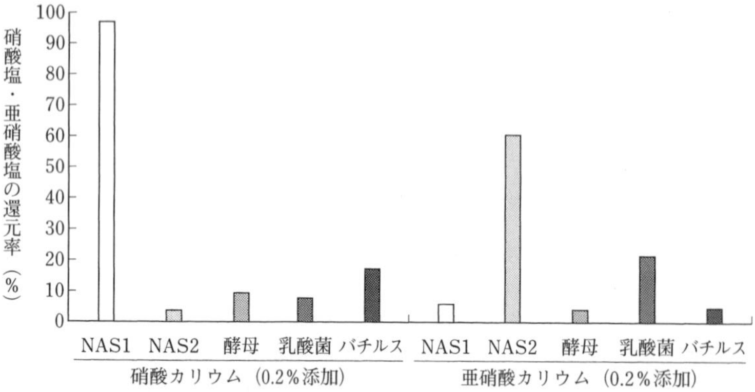

第1図　NAS1とNAS2菌株による硝酸塩と亜硝酸塩の還元率
NA，MRS，YM液体培地を用いて30日間培養

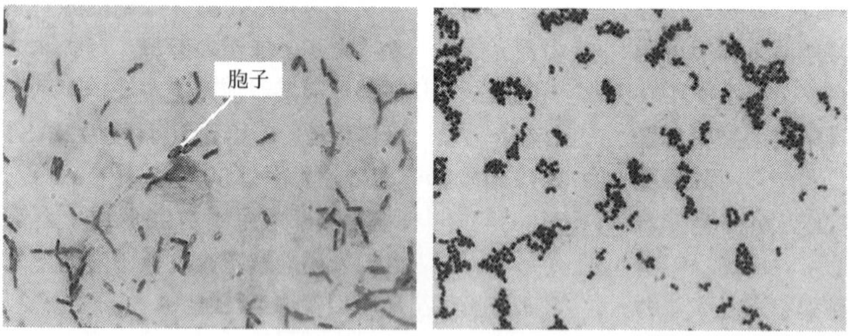

第2図　選抜菌株の顕微鏡写真
左：NAS1（バチルス・サブティリス，*Bacillus subtilis*），右：NAS2（ラクトコカス・ラクティス，*Lactococcus lactis*）

第1表　選抜菌の性質と同定

菌性質	NAS1	NAS2
分離源	食品残渣	サイレージ
グラム染色	陽性	陽性
カタラーゼ反応	陰性	陰性
細胞形態	桿菌	球菌
胞子有無	＋	－
50℃生育	＋	－
75℃耐性	＋	－
乳酸生成	－	＋
乳酸異性体	nd	L（＋）
pH3.5生育	＋	－
基準株との16S rDNAシーケンス相同性（％）	99.90	99.50
菌種同定	*Bacillus subtilis*	*Lactococcus lactis*

3. 野菜残渣の化学成分と付着微生物

野菜残渣の化学成分は，レタス，キャベツ，ハクサイの水分は96.1％，98.0％，95.8％であり，粗蛋白質は乾物中27.7％，28.4％，20.3％であった。粗蛋白質含量は茶飲料残渣より低かったが，アルファルファより高かった。細胞壁物質はいずれも34％前後であったが，レタスの粗脂肪が6.2％，ハクサイの粗灰分が17.8％と，他の野菜残渣に比べやや高かった。乾物中のグルコース，フルクトースおよびシュクロースの総含量はハクサイ20.6％，レタス15.1％，キャベツ5.3％であり，野菜残渣の種類によって糖含量は大きく異なるが，アルファルファなどの飼料作物よりきわめて高い糖分を含有し，良質なサイレージ発酵に有利であることがわかった。また，植物繊維はとても豊富であった（第3図，第2表）。

レタス，ハクサイ，キャベツの残渣に付着している微生物は，新鮮材料1g当たり乳酸菌が10^3～10^4，酵母，糸状菌および大腸菌群が10^3～10^5，好気性細菌が10^6～10^7であった。微生物の菌種同定では多種多様な乳酸菌が生息していたが，不良微生物である好気性細菌，糸状菌および大腸菌群も多く，水分の調整と添加物利用などの良質調製技術が必要である（Yangら，2009）。

4. サイレージの調製と硝酸態窒素の低減

硝酸塩と亜硝酸塩を還元するNAS1とNAS2の菌種を用いて，余剰・廃棄野菜のサイレージを調製し，発酵過程での硝酸態窒素の還元率および発酵品質を分析した（Caiら，2009；格ら，2009）。野菜残渣の水分は，新鮮物を高水分（水分92～96％）とし，さらにビートパルプと混合し中水分（70～75％），低水分（50～60％）に調整し，小規模発酵試験法でサイレージ調製を行なった。高水分サイレージでは排汁が多く発生したが，ビートパルプ添加サイレージでは，すべてpHが低下し，乳酸が多くつくられた。したがって，野菜残渣の水分を50～70％に調整すれば，良質なサイレージが調製できると考えられた（Yangら，2010）。

良質サイレージの調製で酪酸発酵を抑制するためには，予乾と添加物の利用により乳酸発酵を促進させることが重要である。飼料作物・牧草で高水分サイレージを調製する場合，酪酸含量が高い劣質な品質になりやすいことが知られているが，野菜残渣では，高水分条件下でも乳酸菌添加の有無にかかわらずpHは急速に低下し，乳酸含量の高い良質サイレージになった（第3表）。これは，豊富な糖含量と多種多様な乳酸菌の付着が原因であると考えられた。

材料中の硝酸態窒素含量は乾物中レタス5,013ppm，ハクサイ3,505ppm，キャベツ外葉5,656ppmであり，飼料中の安全基準（乾物中1,000ppm以下）をはるかに超えており，飼

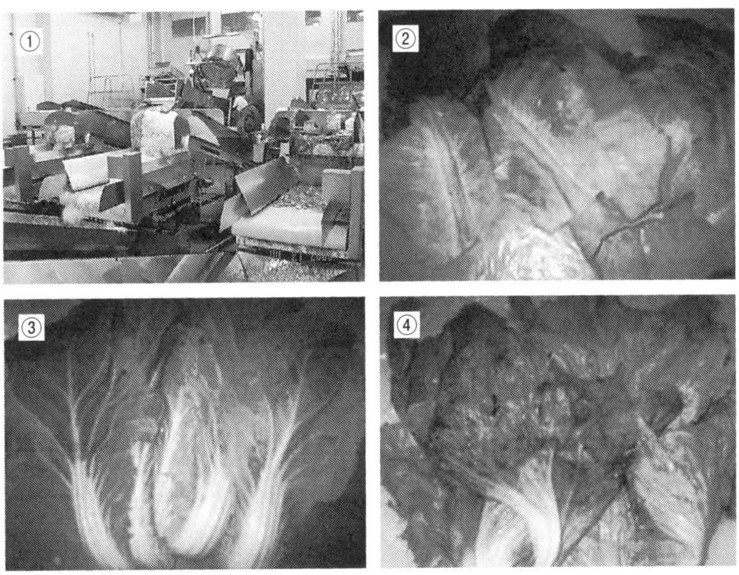

第3図 野菜工場から排出された野菜残渣
①野菜工場，②キャベツ残渣，，③ハクサイ残渣，④レタス残渣

第2表 野菜残渣，茶飲料残渣およびアルファルファの化学成分

材料	水分（％）	化学成分（乾物中％）							
		粗蛋白質	粗脂肪	粗繊維	NFE	灰分	ショ糖	ブドウ糖	果糖
レタス	96.15	27.73	6.15	34.91	19.91	11.30	0.90	3.82	10.41
キャベツ	97.94	28.40	3.42	34.92	15.44	17.82	2.36	1.04	1.92
ハクサイ	95.82	20.25	2.53	34.15	30.31	12.76	2.27	9.24	9.10
茶飲料残渣	74.54	30.63	3.36	18.62	46.44	2.96	0.14	0	0
アルファルファ	78.35	16.65	2.90	35.26	34.51	8.66	2.87	1.23	1.12

注　NFE：可溶性無窒素物

第3表　野菜残渣サイレージの発酵品質[1)]

	無添加	乳酸菌（畜草1号）	NAS1	NAS2	NAS1＋NAS2
pH	4.63	3.45	4.55	3.97	4.18
乾物（%）	10.57	10.55	8.66	10.08	9.98
乳酸（原物%）	0.15	0.87	0.25	0.65	0.47
酢酸（原物%）	0.57	0.09	0.62	0.16	0.39
酪酸（原物%）	0.25	nd	0.01	nd	nd
プロピオン酸（原物%）	0.10	nd	nd	nd	nd
アンモニア態窒素（g/kg原物）	1.15	0.24	0.56	0.28	0.36

注　1）キャベツサイレージ貯蔵60日目。nd：検出されない

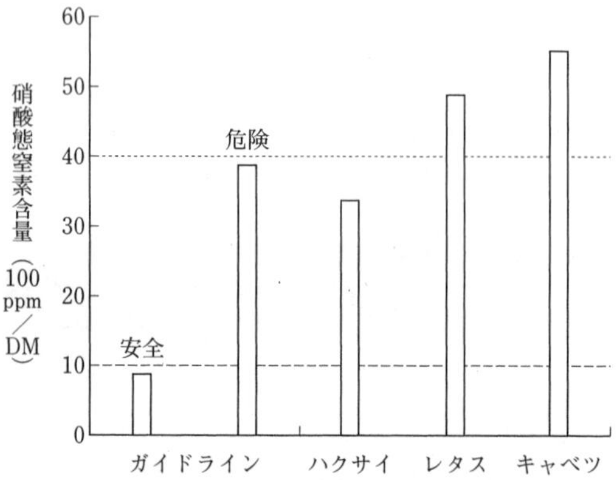

第4図　飼料中の硝酸塩濃度の安全基準と野菜残渣の硝酸態窒素含量

硝酸塩投与実験の結果を踏まえ，飼料中硝酸塩濃度の安全基準1,000ppm以下は給与しても安全，4,000ppm以上で中毒のおそれがある

料作物と牧草に比べてもかなり高かった（第4図）。第5図はキャベツ，ハクサイ，レタス，ニンジンなどの各種混合野菜残渣を用い，硝酸塩低減微生物とビートパルプを添加して調製したサイレージの分析結果である。NAS1, NAS2およびビートパルプを添加したサイレージではpHが低下し，乳酸含量が高く発酵品質が優れていた。また，硝酸態と亜硝酸態窒素も低減されていた。

5. まとめ

野菜残渣を有効に利用するため，酸耐性および高温耐性をもち，嫌気条件で生育でき，硝酸塩分解能の高いバチルスNAS1と，乳酸生成能が優れ，嫌気条件で生育でき，亜硝酸塩分解能

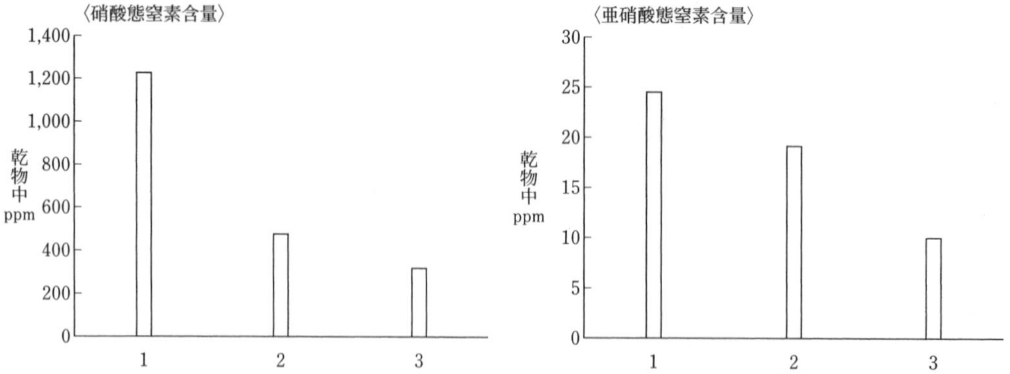

第5図　NAS1，NAS2菌株およびビートパルプによる野菜残渣サイレージの硝酸態・亜硝酸態窒素の低減

1. 脱水野菜残渣，ビートパルプ無添加（水分85%）
2. ビートパルプ14%，NAS1，NAS2添加（水分75%）
3. ビートパルプ29%，NAS1，NAS2添加（水分65%）

の高いラクトコッカス・ラクティスNAS2の新規菌株を選定した。さらに，この微生物を添加して野菜残渣サイレージの硝酸塩を低減させる調製技術を開発した。

サイレージ発酵過程で硝酸塩還元能をもつ微生物を増殖させて，バチルスは硝酸塩を亜硝酸塩まで還元し，乳酸菌は亜硝酸塩を還元して利用する。すなわち選抜微生物によりNO_3-Nを菌体成分に変換・除去し，硝酸塩中毒の発生の危険性を低減させるサイレージの調製が可能となった。これにより，野菜残渣の植物性蛋白質を資源として利用することが期待される（蔡ら，2009；Yangら，2010）。

今後，実用化のため，選抜菌株のサイレージ調製用凍結乾燥製剤を試作し，実規模での良質かつ低硝酸塩サイレージの調製技術を開発し，野菜工場の生産効率の向上や廃棄物などの発生抑制・有効利用など，よりいっそうの環境に優しい生産システムの構築を目指している。

＊

本稿は「農林水産省　新たな農林水産政策を推進する実用技術開発事業」において，「廃棄野菜等の安全で高品質な飼料への再生・利用技術の開発（課題番号2016）」の成果をとりまとめたものである。この研究の推進において，ご協力いただいた独立行政法人農業・食品産業技術総合研究機構畜産草地研究所の寺田文典氏，野中和久氏，独立行政法人家畜改良センター（現・北海道農業研究センター）の青木康浩氏，株式会社松屋フーズの安藤吉信氏，財団法人日本農業研究所の小川増弘氏に深く感謝いたします。

執筆　蔡　義民（(独) 農業・食品産業技術総合研究機構畜産草地研究所）

2010年記

参考文献

蔡義民・楊劲松・上垣隆一・寺田文典．2009．飼料中の硝酸塩・亜硝酸塩を還元する微生物．特願2009—157011.

Cai Yimin, Jinsong Yang, Ryuichi Uegaki and Fuminori Terada. 2009. Phylogenetic Diversity of Lactic Acid Bacteria Associated with Vegetable Residues as Determined by 16S rDNA Analysis. The 5th Asian Conference on Lactic Acid Bacteria. 1st-3rd. July 2009. Singapore.

格根図・二上達也・曹　陽・小林寿美・遠野雅徳・上垣隆一・蔡義民．2009．白菜漬物残渣サイレージの調製貯蔵と発酵品質．中日飼料研究会第1回大会．中国広州.

Yang Jinsong, Yang Cao, Yimin Cai and Fuminori Terada. 2010. Natural populations of lactic acid bacteria isolated from vegetable residues and silage fermentation. Journal of Dairy Science. 93, 3136—3145.

Yang Jinsong, Yimin Cai, Ryuichi Uegaki, Masahiro Amari and Fuminori Terada. 2009. Identification of lactic acid bacteria isolated from vegetables residue and silage fermentation. The XVth International Silage Conference Proceedings. Madison, Wisconsin, USA. pp.341—342.

納豆残渣による子豚下痢抑制効果

近年，食品の安全・安心を求める消費者ニーズが高まるなか，畜産物にもポジティブリスト（飼料添加物・動物用医薬品の残留基準）制度が導入されるなど，求められる安全水準はますます高まってきている。そこで，安全・安心な豚肉を消費者に提供するためには抗菌性物質などの薬剤に頼らない生産技術が求められており，抗菌性物質の代替としてプロバイオティクス（腸内微生物のバランスを改善することによって宿主の健康維持に有益な働きをする微生物）が注目されている。

茨城県畜産センター養豚研究所では，県の特産品でありプロバイオティクス食品の一つである納豆（残渣）を哺乳子豚に投与し，下痢発生状況，発育など，子豚の健康に及ぼす影響について検討した（坂ら，2008）。

1. 納豆試験の方法

試験には，ランドレース種初産母豚の哺乳子豚9腹91頭を用い，対照区として4腹（42頭），納豆区に5腹（49頭）を使用した。

納豆の給与期間は生後1～7日齢とし，対照区では蒸留水を1ml/日・頭，納豆区では10％納豆液を1ml/日・頭，毎朝経口投与を行なった（第1表，第1図）。

使用した納豆は，県内納豆生産工場から提供された廃棄納豆（品質管理用）である（第2図）。納豆液は納豆をペースト状にし，蒸留水で10倍に希釈したものを用いた（第3図）。

飼養管理方法は，茨城県畜産センター養豚研究所の通常の飼養管理に準じ，基礎飼料は子豚飼料：哺乳期子豚育成用配合飼料（含有抗菌性物質アビラマイシン40g力価/t，硫酸コリスチン40g力価/t）を用いた。

試験の調査項目は，下痢発生状況，体重，糞便pH，糞便中細菌検査である。

第1表　試験区の設定

区　分	投与条件	腹数（子数）
対照区	蒸留水1ml	4（42）
納豆区	10％納豆液1ml	5（49）

2. 試験の結果

(1) 下痢の発生状況

朝の哺乳後の排便が活発になる時間帯（おもに午前10～12時）を中心に毎日観察を行ない，糞便性状を5段階で評価した（第2表）。

その結果，対照区はスコアの変動が激しく全体的に高い値で推移し，軟便や下痢の発生が多

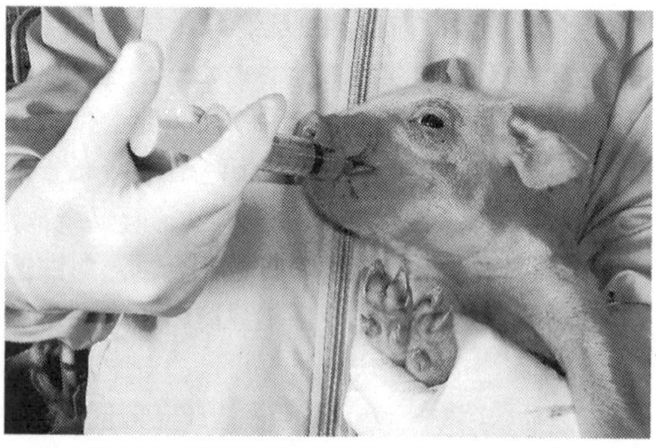

第1図　子豚に納豆液を飲ませるようす

第2図　使用した納豆

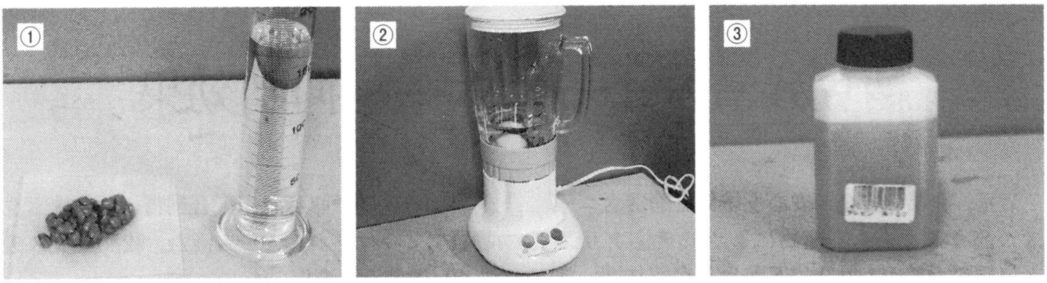

第3図　10％納豆液のつくり方

①材料の納豆と蒸留水を用意する（納豆：蒸留水＝1：9の割合で），②粒がなくなるまで十分にミキサーにかける，③10％納豆液のできあがり

納豆液投与は納豆1パック（約40g）で子豚400頭分の納豆液を作製でき，冷凍保存も可能。経口投与に要する時間も約3分/腹と，投与の負担はそれほど大きくない

第2表　糞便スコア

（柏岡，2006；徳島県畜産研究所，2006）

スコア	糞便性状	糞便形状	状　態
0	正常便	形状あり	ほどよい硬さ
1	軟便	やや形状あり	水分がやや多い
2	下痢便	形状なし	水分が多い
3	水様性下痢	流れる	さらに水分が多い
4	水様性下痢	流れる	水様

くなった。それに対し納豆区では，生後約1週間までは高いスコアが観察されたが，それ以降は変動の幅も小さく低いスコアで安定して推移し，軟便や下痢の発生が少ない結果となった（第4図）。

下痢（スコア2以上）の日数割合は，対照区14％，納豆区4％であり，納豆区の下痢発生は対照区の30％以下に減少した（第5図）。

(2) 体重の推移

生時から5週目までの各週と2か月時に全頭の体重測定を行なった。その結果，対照区と比較して納豆区の発育が良好であった。納豆投与を終了した1週齢から徐々に差がつき始め，5週齢時点で1.08kg，2か月齢時点では2.78kgの差がみられた（第6図）。

(3) 糞便 pH

各腹3～5頭について，生後1週齢から4週齢までの毎週，肛門より直腸便を綿棒で直接採取し，pHを測定した。測定は，採取した糞便を蒸留水で2倍に希釈溶解したものをpHメー

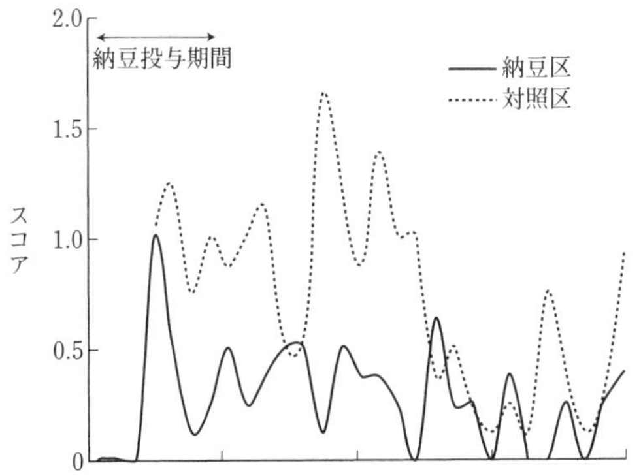

第4図　下痢の発生状況

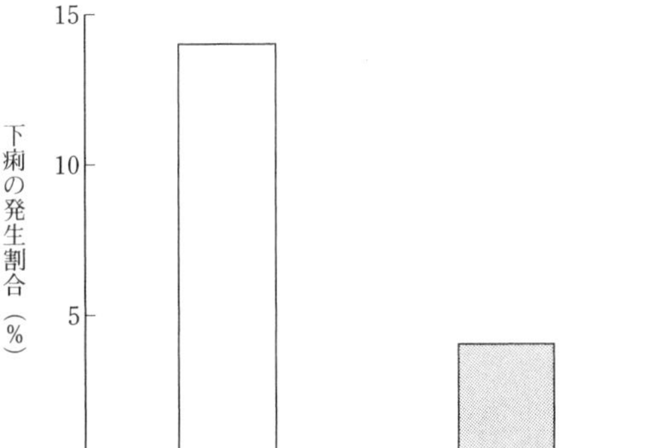

第5図　下痢の日の割合

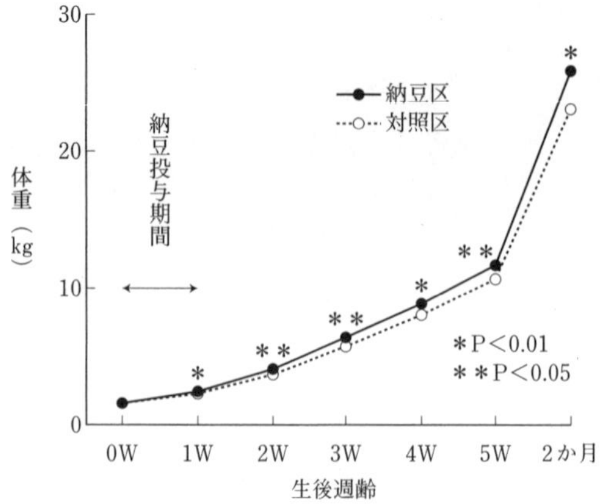

第6図　体重の推移

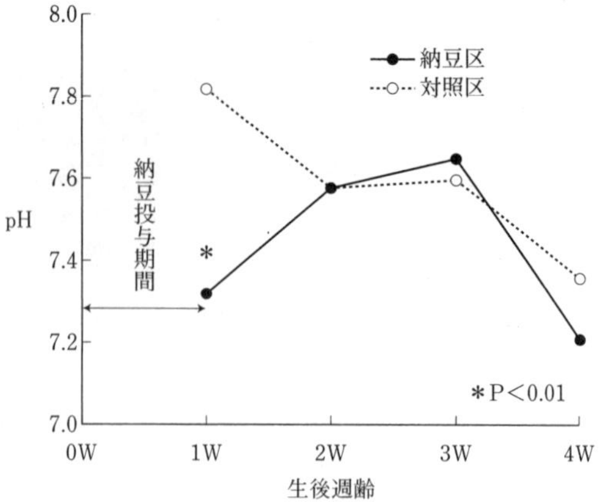

第7図　糞便pHの推移

ターで行なった。

その結果，対照区は，1週齢のpHが7.82とややアルカリ性になったのに対し，納豆区では7.32と中性に近い結果となった。2週齢では対照区のpHが低下したのに対し，納豆区では上昇し，両区ともほぼ同等の値を示した。3週齢では両区とも緩やかな上昇を呈し，4週齢では対照区と比較して納豆区のpHのほうが低い傾向がみられた（第7図）。

(4) 糞便中細菌検査（糞便1g中の細菌数）

糞便を肛門より直接採取し，培養後，乳酸菌群，大腸菌群，クロストリジウムを測定した（第8図）。

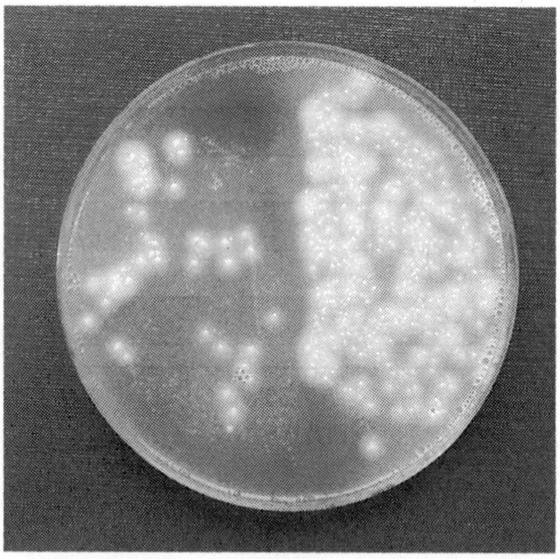

第8図　細菌培養検査のようす

その結果，クロストリジウムは，対照区，納豆区両区ともほぼ同等の値を示して推移し，週齢が上がるにつれ減少する傾向がみられた。

大腸菌群数は，1週齢から3週齢までは，両区ともほぼ同じ値で推移したが，4週齢では対照区と比較して納豆区が有意に少なくなった。

乳酸菌数は，3週齢までは対照区と比較して納豆区での菌数が多くなり，とくに2週齢では納豆区で有意に多くなった。両区とも3週までは徐々に減少する傾向がみられたが，4週齢では増加に転じ，両区とも同等の値を示した（第9図）。

糞便中の菌数比率は，1週齢から2週齢にかけては両区で同等の結果となったが，3週齢，4週齢では対照区と比較して納豆区での乳酸菌数比率が高くなった（第10図）。

3. 納豆投与の効果

(1) 子豚の下痢抑制と損耗防止

初生子豚に1週間納豆を投与すると，その後4週間にわたり軟便や下痢の発生が減少した。この結果は，納豆を哺乳子豚に投与することにより，下痢の発生を抑制できることを示している。増体成績からも，納豆を投与した区での発育が良好という結果になり，下痢発生率の減少とあいまって，納豆を投与した哺乳子豚のほう

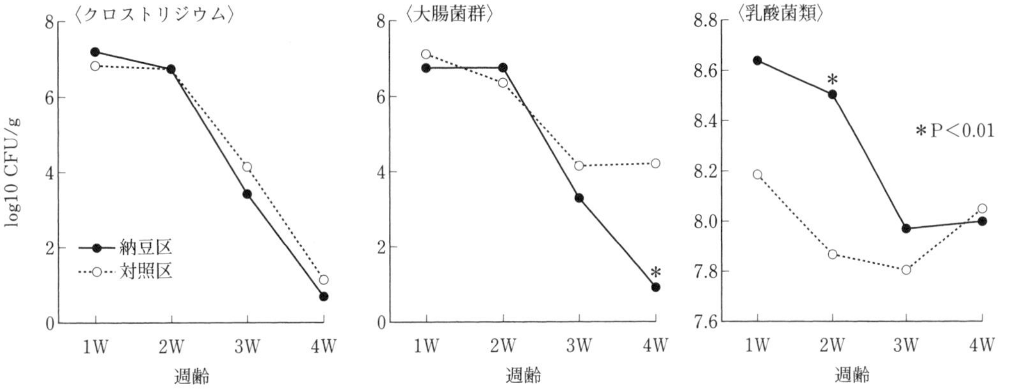

第9図　糞便1g中の細菌数の推移

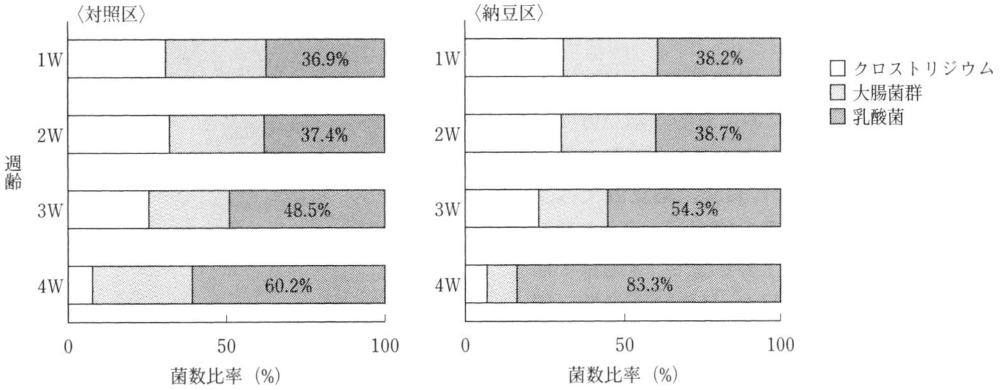

第10図　糞便中の菌数比率

がより健康であったと推察された。5週齢時体重が大きいほど，その後の発育が良好で，事故率が少ないという報告（佐野，1982）もあり，納豆を投与した子豚のほうが，その後の発育にも有利であることが推察された。

糞便のpHは，納豆を投与した哺乳子豚のほうが，1週齢時点ですでに低い値を示した。糞便のpHはヒトの医療分野でも腸内細菌叢のバランス（腸年齢）を判断する指標として簡易的に用いられている手法である。腸内で乳酸菌やビフィズス菌などの善玉菌が増えると，それらが産生する乳酸や酢酸により腸内（糞便）pHが低下するため，腸内細菌叢の乳酸菌など善玉菌が多いか少ないかを推定できるという原理に基づくものである。

母体内にいるときの子豚の腸管内は無菌状態にあるが，産道通過中と出生後の環境から，有害菌（悪玉菌），有用菌（善玉菌）の区別なく経口的に侵入し，4～5日もすると乳酸菌・大腸菌・バクテロイデス・ビフィズス菌などが優勢を保ちつつ変動し腸内細菌叢が発展していくと考えられている（鹿児島県臨床研究会，1984）。

これらのことから，本試験では，哺乳子豚に納豆を投与したことにより，腸内細菌叢形成に作用し，善玉菌を増加させ，その後の子豚の健康増進に寄与したと推察された。

(2) 腸管内乳酸菌の増加・安定

糞便中の細菌数では，納豆の投与により糞便中の乳酸菌数が増加し，とくに4週齢では糞便中細菌数比率における乳酸菌の占める割合が高くなった。このことは，納豆菌が腸管内の乳酸菌を増加・安定させる作用があるというOzawa (1994)，藤田 (1982) らの報告と一致し，また，初生子豚に1週間納豆を投与した効果が，投与終了後，少なくとも4週間後まで続くことを示している。

＊

これからの養豚は，安全安心を求める消費者ニーズに応えられるよう健康な豚を育てて，健全な豚肉を消費者へ提供していくことが重要である。

今回の試験成績から，納豆を哺乳子豚に投与することは，その後の子豚の腸内環境を安定させ，下痢予防など子豚の健康増進に効果があることが明らかとなった。さらに，腸内細菌バランスが正常であれば，有害菌が産生するVFA（揮発性低級脂肪酸）が少なくなることから，肉豚に投与すれば肉の臭みも改善される，排泄物の悪臭も低減されるなど健康増進効果以外にもさまざまな効果が期待できると考えられる。

茨城県は納豆生産量全国第1位を誇り，県内に点在する60以上の納豆工場からは年間1万t以上の廃棄納豆が処分されていると考えられる。今後これらを未利用資源活用法の一つとして有効に利用することで，より健康で安全安心でおいしい豚肉生産につながることと期待したい。

執筆　坂　代江（茨城県県南農林事務所稲敷地域農業改良普及センター，元茨城県畜産センター養豚研究所）

2010年記

第11図　納豆で元気いっぱいの子豚たち

参考文献

藤田昭二．1982．納豆菌BN株の投与が子豚の下痢および母豚糞便中の乳酸菌に及ぼす効果．畜産の研究．52巻，第9号．

柏岡静．2006．乾燥オカラ納豆菌の豚に対する投与効果．徳島県畜産研究所研究報告．No.6，22―27．

鹿児島県臨床研究会．1984．第51回鹿児島県臨床研究会資料．

Ozawa, K. 1994. Effect of natto bacillus on the intestinal microsystem. In “Basic and Clinical Aspects of Japanese Traditional Food Natto”. ed. by Sumi, H. Japan Technology Transfer Association. Tokyo. pp.113―118.

坂代江ら．2008．納豆が子豚の健康に及ぼす影響．茨城県畜産センター研究報告．39―43．

佐野修．1982．5週齢時体重とその後の発育．養豚の友．158号，44―48．

TMRの
調製・供給

発酵TMRへの食品残渣の活用とそのシステム

わが国にTMR供給センターが本格稼働し始めたのは，1989（平成元）年以降になる。フロンティアである事業体の試行錯誤と努力によって，17年間余りの歳月のなかで，食品残渣を活用した「発酵TMR」の基本技術が着実に前進している。

TMR供給センターの必要性として，1）酪農家の労働力不足の解消，2）食品残渣を活用した飼料費の低減，3）粗飼料・濃厚飼料の大量仕入れによる低額購入，4）共同運営による低コスト飼料確保などがあり，農水省助成制度に支えられて近年，急速に増加している。

ここでは，食品残渣を活用した発酵TMRに関する技術および事例の紹介と今後の展開方向について整理する。

1. 発酵TMRとはなにか

今回，定着しつつある「発酵TMR」という用語を使用した。本用語は1996（平成8）年度の中央畜産会による調査，1999（平成11）年度の畜産技術協会による「TMRマニュアル」には登場せず，「ウェットタイプのTMRをサイレージ化」し，「トランスバック中で2週間の嫌気発酵」した「発酵飼料」として表記されているが，「発酵TMR」の技術内容が的確にとらえられている。

ウェットタイプTMRは夏場の足の早さが指摘され，関係者によるサイレージ化の試行錯誤が行なわれ，安定供給の道を開拓してきた。最大のメリットは，1）製造作業と搬送間隔の弾力化，2）高水分食品残渣の利用拡大，3）低嗜好性粗飼料の採食性向上などがある。

第1図に発酵TMRの混合割合例を示しているが，食品残渣はビールかす，トウフかす，きのこ廃菌床，醤油かす，米ぬか，パンくずなどが使用されている。このほか，地域の固有資源として，ジャガイモくず，りんご・みかんジュースかす，みかん皮，焼酎かすなども貴重な素材となっている。今やこうした利活用は，循環型地域社会の形成にも大きな役割も担っている。

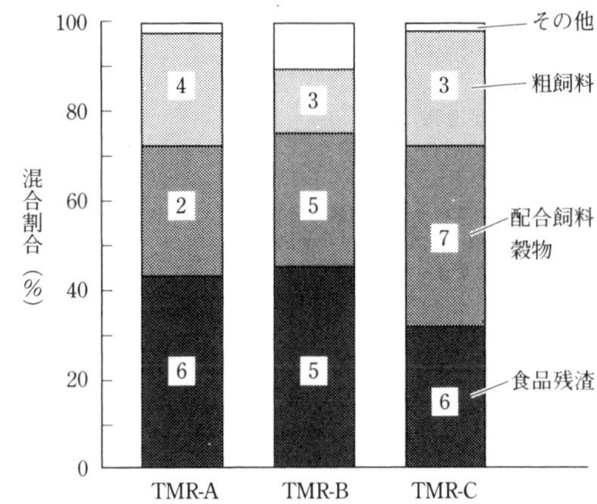

第1図 発酵TMRの混合割合事例
材料中数字は飼料数

（1）製造から搬送までのプロセス

第2図に，原料入荷，製造から給与までの工程を示した。乳牛用TMRに必要な食品残渣，配合飼料，粗飼料，ビタミン，ミネラル類が入荷され，水分含量やpHなどの検査が行なわれる。その後，ユーザーからの要望を受けた多様な配合設計に基づく混合割合が決定され，混合機（TMRミキサー）に投入する。このとき，安定した発酵を促進するため，乳酸菌とその基質となる糖蜜などが添加され，水分率35～45％になるように加水が行なわれる場合もある。混合時間は15～25分間，刃付き混合機により長ものの粗飼料は切断される。

TMRはビニール内袋（外・トランスバック）に詰められ，脱気後に密封され嫌気的発酵（乳酸発酵）を行なう。トランスバックを使わず，高密度梱包した角型もしくは丸型ラップ方式を導入する事例もある。配送前後に3～8週間保管

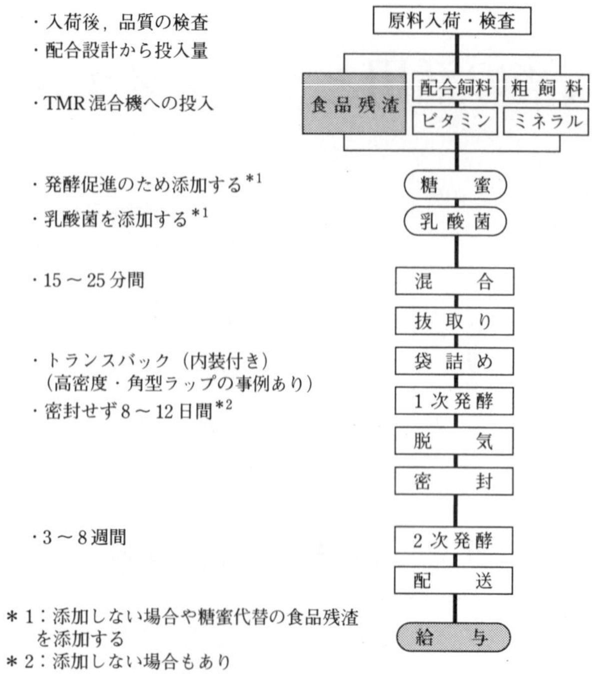

第2図　発酵TMRの製造プロセス

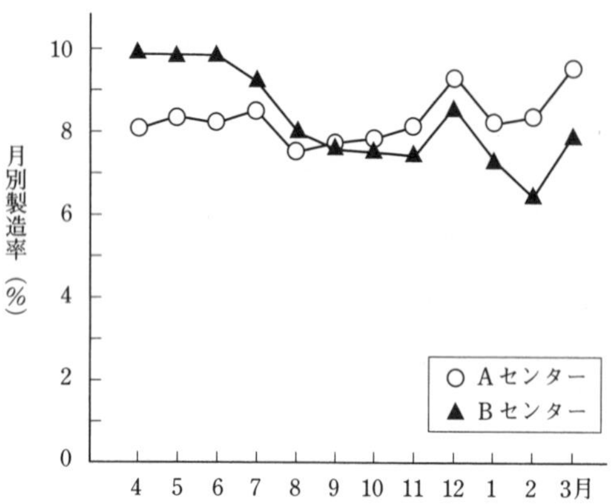

第3図　発酵TMRの年生産量に占める月別製造率の変化

し，給与する。センターによっては袋詰め直後に完全密封を行なわず，仮止めして発酵ガスを逃がした後密封する事例がある。TMRが酪農家の庭先，センターに一定量が常にストックされており，豪雪など気象災害や不測事態への対応がとられている。また，製品の品質管理のために，ユーザーが給与終了するまでの期間，ロットサンプルを保管している事例もある。

各センターでの年間の製造ペースを見ると，第3図に示したように月別生産量はバランスよくつくられており，原料調達，発酵品質，雇用などの安定化が図られてきたことがわかる。

（2）発酵TMRの特徴

ウェットタイプTMRの課題として，配送後の品質安定性に不安があった。特に夏場の好気的変敗が早く，採食性の低下，飼料廃棄が大きいことが指摘されてきた。第1表に平岡らの研究結果を示したが，ウェットタイプTMR（表中「通常TMR」表記）が経時的にカビ（糸状菌），酵母の菌数が増加し，蛋白質の変質の指標となるVBN/T-N値が高くなり，TMRの乾物損失率は24時間後には10%を超える。これに対し，細断型ロールベーラで調製した「発酵TMR」は乳酸含量4.3%/FM，pH4.0と安定した良質サイレージになっている。第1表からわかるように，「発酵TMR」は好気条件下に置いても品質は安定しており，飼料損失も少ないことが特徴である。

2. TMRセンターの現状

（1）北海道および都府県の現状

北海道では道北，道東を中心に，コントラクタとTMR供給の組織化が急速に増加しており，計画中も多数ある。特徴は，自給飼料生産を行なうコントラクタとTMRセンターが連動・一体化している点である。TMR飼料素材は自給飼料が中心であり，食品残渣・輸入粗飼料の使用は少なく（第4図），このためフレッシュタイプTMRが主流である。TMRのベースとなる発酵TMR（広域企業型）の展開も見られる。

都府県ではコントラクタの組織化は進んでいるが，TMRセンターとの連動・一体化は一部地域に限定されている。さらにTMRセンター設立は構想段階にあり，今後急増することが予測さ

第1表 好気的条件下での発酵および通常TMRの特性推移 （平岡ら，2005）

項目	（時間）	水分（%）	pH	乳酸（FM%）	酢酸（FM%）	酪酸（FM%）	VBN/T-N（%）	微生物数（cfu/gFM）			乾物損失率（%）
								乳酸菌	酵母	糸状菌	
通常TMR	0	37.8	6.1	0.7	0.1	0.1	1.8	10^6	$<10^2$	$<10^2$	—
	3	41.1	5.2	1.1	0.2	0.5	2.5	10^6	10^5	$<10^2$	2.6
	6	42.5	5.1	1.2	0.2	2.0	2.4	10^6	10^6	10^5	7.5
	12	41.8	5.3	0.9	0.2	0.0	2.0	10^6	10^6	10^5	6.4
	24	44.0	5.3	0.9	0.1	0.1	2.8	10^6	10^6	10^5	10.0
発酵TMR	0	40.8	4.0	4.3	0.5	0.0	2.1	10^6	$<10^2$	$<10^2$	—
	3	40.9	4.0	4.1	0.5	0.0	2.0	10^7	$<10^2$	$<10^2$	0.2
	6	42.1	4.0	4.2	0.5	0.0	1.8	10^7	$<10^2$	$<10^2$	2.1
	12	42.2	4.0	3.7	0.5	0.0	1.4	10^7	$<10^2$	$<10^2$	2.4
	24	42.8	4.1	4.4	0.5	0.0	1.5	10^6	$<10^2$	$<10^2$	3.4

注 発酵TMRは細断型ロールベーラ調製（22日間貯蔵後），通常TMRは夏期調製，VBN/T-N：揮発性塩基態窒素/全窒素

れる。現在，稼働中のTMRセンターが活用している飼料素材は，食品残渣（5〜7種類），輸入飼料（4〜9種類）に重点（購入飼料型）があり，自給飼料を活用する例はいまだ少ないのが現状である。発酵タイプTMRが主流であり，食品残渣利用との関連から整理すると，1）TMRのベースとなる発酵TMR供給センター（広域企業型），前者の供給を受けて購入飼料と混合する2）購入飼料型と3）一部自給飼料と混合する部分自給型，4）北海道型とほぼ同じ自給飼料型の4タイプがある。

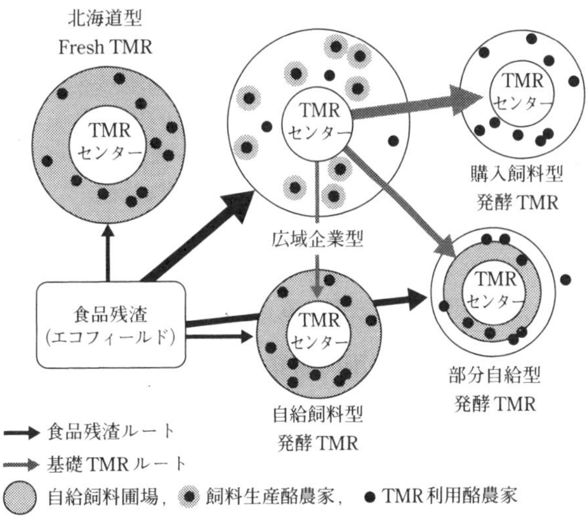

第4図 TMRセンター類型と食品残渣利用

（2）流通の現状

北海道の例をみると，コントラクタと結合したセンターでは，自給飼料はダンプトラックで搬送，TMRセンターでサイレージ貯蔵が行なわれ，TMR製品はバラもしくは圧縮梱包で日配，隔日配である。搬送範囲は20km圏内で民間運送業者への委託が多い。TMRの直接給餌を行なうフィーダー車両を装備している事例も多い。

都府県では，自給飼料の配送はロールベールやバラで行なわれるが，貯蔵施設（サイロ）が少なく，置き場（ストックヤード）の確保が難しいのが現状である。自給飼料生産コントラクタは，収穫した自給飼料を業者委託によって3〜75km圏内に配送する。発酵TMR製品は，バラ，トランスバックもしくは圧縮梱包によって民間業者によって搬送され，間隔は日配〜月1回の範囲である。搬送範囲は3〜36km圏内で，広域企業の場合は250km圏内もある。食品残渣はトランスバック，袋詰めなどが多く，搬送は食品産業の関連業者が行ない，輸入飼料輸送は業者によって行なわれる。

（3）今後解決すべき技術課題

1996（平成8）年度の中央畜産会による調査結果では，1）供給量を確保し，安定供給，酪農家などの理解，リーズナブルな価格設定を行なうこと，2）低コスト生産のために，供給量の増大，

食品残渣の使用と情報網整備，入札購入，人件費削減とコンピュータ活用，3）TMRのメニュー拡大，4）安定した品質確保などをあげている。

これらの指摘事項に加えて，今日的な課題として，第1に飼料品質の安定化と表示があげられる。現状では，入荷した原料および製品の品質管理システムには改善の余地があり，分析機器の整備と製造履歴表示が課題となる。第2は疾病防御の観点から，運搬機，デリバリー容器などのバイオハザード対策も必要になる。第3は発酵の安定化を図るための調製技術向上がある。乳酸菌の活用，梱包密度の向上に向けて，高密度梱包新システムの導入，新規乳酸菌開発などの取組みが行なわれていることに注目したい。第4は物流の効率化を目指して，動線を考慮した自給飼料ロールベールやTMR製品などの運搬システムの再構築も課題であり，ユーザーの牛舎構造，運搬・給餌作業などの制約条件を克服する必要がある。第5は周辺技術として，鳥獣害対策，空袋・廃フィルムの管理，自給飼料活用に伴うコントラクタとの連携，ストックヤードの確保，クレーム処理方法などがある。

（4）食品残渣利用の留意点

食品残渣の飼料利用を図るうえで最も重視しなければならないのが安全性の確保である。食品残渣を含むすべての飼料が飼料安全法の規制を受ける。牛海綿状脳症（BSE）の発生防止のため，牛などへの動物性蛋白質の給与は基本的に禁止されている。したがって，蛋白質補給には，ビールかす，豆腐かすのような植物性の飼料資源を活用するが，食品産業での製造前，さらに製造後の排出から利用までの各段階のチェックが必要となる。点検項目として，原料中の農薬，重金属，カビ毒，飼料添加物，流通段階での細菌やカビの増殖，異物混入，家畜伝染病の媒介などがあげられる。これらの項目が，HACCPシステムやトレーサビリティシステムによって管理されるべきである。

食品残渣を大量使用するTMRセンターは，食品会社と連携し排出直後から安全性および保存性の確保に努めなければならない。

3. 事例紹介

都府県において，コスト低減と配送システムの弾力化をねらいとする発酵TMRの取組みが広がっている。食品残渣に自給飼料を組み入れた発酵TMRの品質向上，配送方式の改善を図りながら，ユーザーの期待に応える取組みが行なわれている。（有）ティー・エム・アール鳥取，那須TMR株式会社，JAらくのう青森TMRセンターについて紹介する。

（1）（有）ティー・エム・アール鳥取

酪農家の労働軽減，大量購入による飼料原料価格の低減，飼料の安全性確保を目的として，1999（平成11）年9月，酪農家8戸の出資と補助事業を使って設立された。現在，酪農家13戸，1法人（鳥取県畜産農協）への供給を行なっている。生協プライベート商品などの食品残渣に稲発酵粗飼料などの自給飼料を活用した発酵TMRを製造している。

同法人が調製する発酵TMRは，食品残渣（ビールかす，豆腐かす，米ぬか，醤油かす，大豆かす，麦芽胚，パンくず），稲発酵粗飼料，輸入乾草，配合飼料などからなっている。食品残渣は食品メーカー，飼料会社から供給される。センター常勤社員3名，パート1名で水分45%，5種類の発酵TMRを，2基のミキサーを使って年間約6,000tを製造する（第5図）。混合飼料はトランスバックに詰めたのち（第6図），脱気・密封して10日間の発酵後，発酵TMRとして原物1kg当たり20～21円で酪農家，肥育農家に供給している。発酵後，各農家に10日分が常時ストックできるように飼養頭数にあわせて搬送車（4t，9t車）を組み合わせ配送している。

食品残渣，稲発酵粗飼料を利用した発酵TMRを使った乳雄肥育を鳥取県畜産農協と京都生協が共同して行なっている。6か月齢の子牛を12か月間肥育し，生体重700kg，枝肉400kgの目標を立て，畜産農協直営の美歎（みたに）牧場で生産し，京都生協で「こだわり鳥取牛」ブランドとして販売している。

第5図　横型TMR混合機（18m³）

第7図　高密度・角型TMRラップシステム

第6図　TMR袋詰め作業（2連）

第8図　バラ搬送フィーダー車へ自給飼料投入

現在，解決を迫られている課題は，夏季の高温による過発酵を抑えて保存性を安定化すること，ネズミ害，鳥害などによるトランスバックの穴あき，空袋の管理，内袋の処理問題がある。搬送にかかるコストとして，距離に応じて5～6円/kgが上乗せになっており，自給飼料生産物の搬送，ストックヤードの確保，品質保持なども課題となっている。

（2）那須TMR株式会社

同社は1999（平成11）年，栃木県北部の那須町に大規模酪農経営の労働軽減，飼料費の節減，地域産業との連携などを目的として設立された。現在，食品製造残渣（ビールかす，豆腐かす，醤油かす，カカオかす，健康飲料かす，きのこ廃菌床，ジュースかすなど）と輸入牧乾草（スーダングラス，オーツヘイなど）をベースとした発酵TMRを製造している。混合後，3～5日間仮密封して発酵によるガスを脱気したのち，さらに2週間の乳酸発酵させたものを供給している。供給先は栃木県北地域の，工場から15～25km圏内の34戸酪農家へ約2,500頭分，このほか岩手県，福島県（以上，地域の供給サブセンター経由で農家配送），新潟県，群馬県の畜産農家へも配送されている。

発酵TMRは，後述する高密度・角型TMRラップ（第7図）による供給，自走式フィーダー車による供給の2つの供給形態がとられている。後者は自給飼料基盤がしっかりした那須地域の酪農家の要望に応えたもので，約20戸に毎日搬送され，農家の庭先でサイレージをフィーダー車へ投入・混合して給与されている（第8図）。この場合，供給されるTMRには，配合飼料のほか農家独自のメニュー原料も加えることができる。

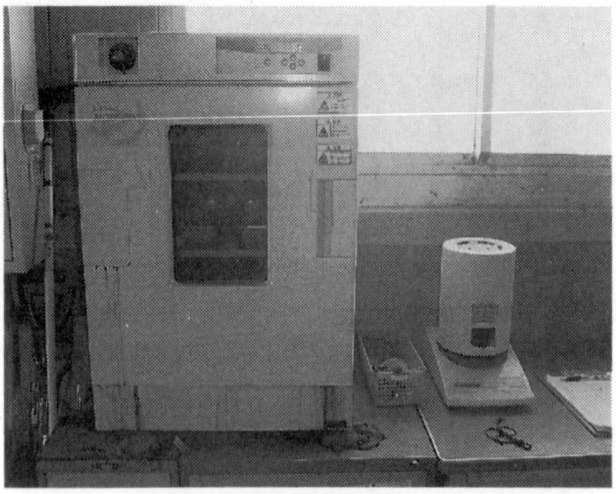

第9図　水分測定用機器の活用

第10図　食品残渣原料の貯蔵・品質管理

同社では現在，3つの大きな課題の解決に向けた取組みを行なっている。第1は，従来，トランスバックによる搬送を実施してきたが，新たに高密度・角型TMRラップシステムを開発導入したことである。すでに，70%がこの方式に移行している。本システムはトランスバックと同容積で重量が約2倍，角型であることから夏季の品質維持，コスト削減（人件費，運賃など）につながるため大きな期待を寄せている。第2は同システムへの変更によって，ラップフィルムの処理費用が事業体負担となる点の改善である。そのために，フィルムの回収方法と合わせたTMRラップ配送システムを確立している。第3として，輸入粗飼料に求めていた物理性の確保を自給飼料で置き換えること。資源の地域内循環の視点から堆肥の利用拡大を図るために，稲発酵粗飼料などの組入れも検討されている。

(3) JAらくのう青森TMRセンター

JAらくのう青森農業協同組合の事業所として，雪印種苗（株）の指導のもと，ほぼ同一施設，製造システムで2003（平成15）年4月に設立された。従業員9名（派遣1名）で月産750～800tが発酵TMRとして製造されている。現在，製品として4種のTMRを生産する。

敷地面積は14,191m^2，建物は工場300坪，テント原料倉庫150坪，事務所からなり，装備機械は混合機2台（25m^3），ホイールローダ1台（1.6m^3），フォークリフト1台（3t），恒温乾燥機1台（製品乾燥用），赤外線水分測定器1台（原料測定用）である。

食品残渣原料はリンゴジュースかす，とうふかす，しょうゆかす，きのこ廃菌床，ビールかす，乾草類としてオーツヘイ，小麦ストロー，チモシー乾草のほか，ビートパルプ，配合飼料，乳酸菌が使用されている。地域資源としてのリンゴジュースかす使用は，当センター独自の取組みである。輸入乾草には夾雑物混入（石，金属片など）があり，混合機破損，クレームなどにつながることも指摘された。

発酵TMRのpH，水分含量は毎日検査する（第9図）。pH基準を4.5に置いているが，冬季は発酵が微弱で5.0以上になり，夏季は乳酸量増加によって3.8～3.9程度まで低下するのを改善するのが課題だとしている。

同センターでは品質管理が重視されており，TMR，飼料原料を毎日それぞれ2点ずつ保管し（第10図），ユーザーの給与完了時期を待って廃棄する。また飼料分析は，毎月，製品および原料とも雪印種苗（株）技術研究所などで行なわれており，分析項目は一般成分のほか，ADF, NDF, NFC, Ca, P, Mg, Kである。分析値は1週間以内に返却される。TMRの搬送範囲はセンターを中心に20km圏内に集中し，そのほかに青森市1戸（60km）に搬送する。搬送間隔は1週間～1か月で，運送会社に全面委託している。給与指導については定期的にコンクールを開き意見聴取の機会をもち，きめ細やかな取組みが行なわれている。組合として月1回の給与指導を実施するとともに，定期的なユーザー懇談会も開かれている。

同センターでは自給飼料を混合することは考えていない。自給飼料生産を行なう経営に対し，ベースとなるTMRを供給することに専念する。現在，組合員による自給飼料生産組合が運営するTMRセンターが整備され（北栄トラクター利用組合TMRセンター：2006（平成18）年稼働）で，同センターへ基本となる発酵TMRを供給している。（農）北栄トラクター利用組合TMRセンターとの役割分担として，当センターがメインセンター，北栄がサブセンターと考えられ，品質保持上，両者が発酵TMR方式はとれないため，サブセンターはフレッシュTMRの毎日搬送方式をとっている。

4. 設立に向けた取組み

3つの優れた事例を紹介したが，食品残渣を利用した発酵TMRの品質保持，自給飼料基盤の活用方法，それらの生産事業体の組織化などまだまだ多くの課題がある。今回，食品残渣がキーとなる事例を紹介したが，地域内資源循環を推進するうえで，食品メーカー，畜産団体，JA組織，TMRセンター，運搬会社の連携が重要になっている。

既存のTMRセンターは，設立までに，目的，設立構想，事業概要，資金調達などの検討に十分な準備期間をとってきている。さらに，移行期の飼養管理法，センターの運営方法など，センターの役割は多岐にわたる。第2表に発酵TMRセンターが必要とする設備・機器を示した。投資規模が大きいだけに，徹底した検討が必要である。設備・機器は製造規模を考慮し，作業動線の効率化など多様な検討項目がある。

＊

第11図は，現在の飼料イネの利用状況とTMRセンターを核とした自給飼料の生産・利用の未来図を示した。現状の水田飼料作物（飼料イネ）の作付け面積はまだまだ点と点を結ぶ利用にす

第2表　発酵TMRセンターに必要な設備・機器

混合・調製	搬　送	品質評価機器	付帯設備
ミキサー	フォークリフト	乾燥機	飼料調製棟*
袋詰めユニット	バケットローダ	電子天秤	飼料倉庫*
混合飼料	搬送用トラック**	pHメータ	機械格納庫
排気・密封システム	フィーダー車両**	製品試料用保管庫	ストックヤード
エレベータシステム	トラクタ***	大型台秤	事務・従業員棟
ロールカッタ***	—	バイオハザード施設*	バンカーサイロ***

注　*床面積は製造量により変動，バイオハザード対策など
**搬送方式により変動する
***自給飼料利用型

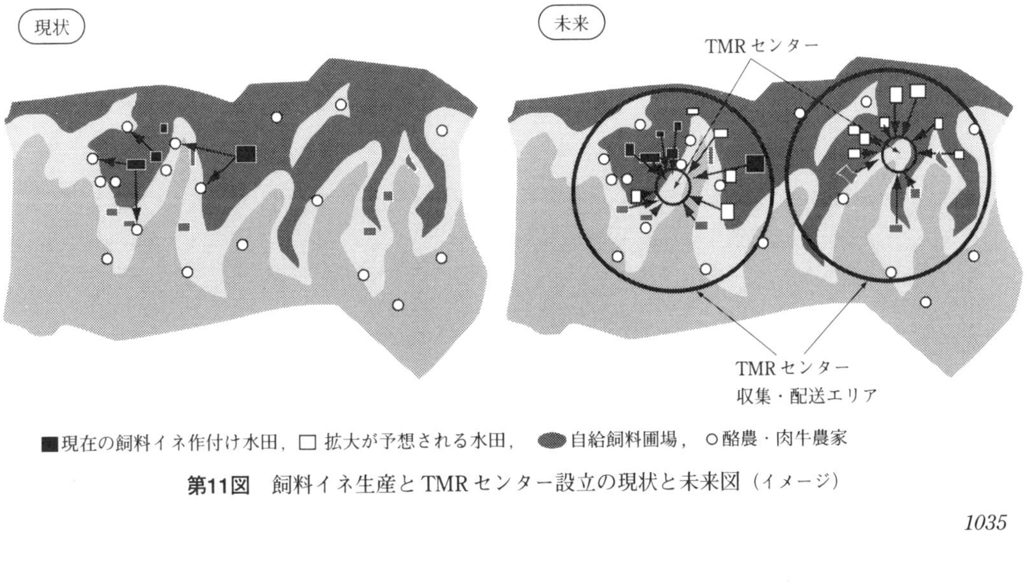

第11図　飼料イネ生産とTMRセンター設立の現状と未来図（イメージ）

ぎない。しかし，TMRセンターを核としたシステムを構想することで大きな可能性がひろがる。収穫された飼料イネや他の飼料作物の吸収力を高め，飼料自給率を引き上げるシステムとしてTMRセンターの機能はきわめて有効である。高齢化する畜産経営にとって，自給飼料の外部委託とTMR飼料の配達方式には大きな期待が寄せられている。飛躍的な技術開発とともに相互に補完し合いながら，地域コンプレックス形成に向けた取組みが期待される。

執筆　吉田宣夫（(独) 農業・食品産業技術総合研究機構畜産草地研究所）

2006年記

参考文献

阿部亮．1997．畜産コンサルタント．**386**，26—31．

原　仁．2005．平成17年度自給飼料品質評価研究会資料．27—34．

平岡啓司ら．2005．平成16年度「関東東海北陸農業」研究成果情報．畜産草地部会．

北海道立農試・畜試．2006．北海道におけるTMR供給センターの運営実態．1—72．

本間満．2005．平成17年度自給飼料品質評価研究会資料．35—41．

市戸万丈．1997．畜産コンサルタント．**386**，15—19．

開拓情報．2005．（農）北栄トラクター利用組合の取り組み．No.570．

小川増弘．1997．畜産コンサルタント．**386**，20—25．

高野信雄．1997．畜産コンサルタント．**386**，10—15．

畜産技術協会．1999．家畜飼料新給与システム普及推進事業平成10年度報告書．

畜産技術協会．2000．家畜飼料新給与システム普及推進事業平成11年度報告書．

TMR供給センターのタイプと活用の実態

1. TMR供給センターの必要性

平成8年には，飲用乳原料の乳価は1kg約3.7円切り下げられ，逆に濃厚飼料は1kg約8円，輸入乾草類も1kg4円値上がりしている。経産牛40頭を飼養する酪農家では，年間約220万円も所得が減少した。さらに，多頭化した酪農家を中心に労働力の不足が顕在化している。

これらの点から，酪農家は低コスト化と，省力給与が可能なTMRとして，TMR供給センター（以下，TMRセンターと略）からの安定した飼料供給を望んでいる。

現在，わが国では約20のTMRセンターが活動しており，その数は年々増加している。なぜ，TMRセンターに関心が集まるのだろうか。その理由をあげてみよう。

①TMR調製労力とコストの低減

個人でTMRをつくると労力とかなりのコストがかかる。米国では，乳牛に飼料を分離給与するのに比較して，個人でTMRをつくると1時間余分に労力を必要とすると報告されている。また，TMRをつくるためには，ミキサーワゴン（切断・秤量機構付き），バケットローダや，飼料ストックのピットなどの施設が必要である。そのためTMRをつくるには，TDN1kg当たりで4.1円の労働力と機械・施設などの経費が必要と試算されている。

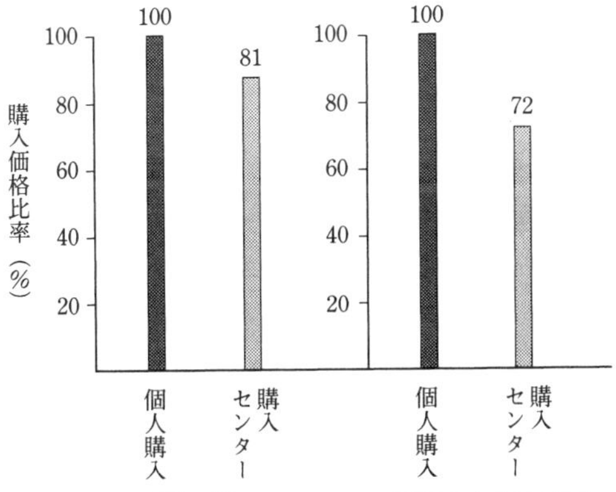

第1図　個人とセンター購入時の飼料価格

②大量の飼料購入で低コスト化

個人に比較して，数十倍もの飼料を購入するTMRセンターは，入札などで安価な飼料の入手が可能である。第1図に示すように，個人で購入する場合の価格を100とすれば，TMRセンターで大量に購入する場合は，乾草で81，穀類で72と安価である。

③生かす類の効率的使用で低コスト化

個人で生かす類を使用すると，変敗するなど難点が多い。しかし，TMRセンターではバンカーサイロの活用や，穀類などと混合したサイレージ化が可能であり，TMRの低コスト化がはかれる。TMRセンターでは，大量の生かす利用によって，著しく低コストで飼料の入手が可能となる。

④大型機械利用で効率よく調製

個人でつくるTMRの量に比較して，TMRセンターでは数十倍の量となる。機械も大型で，プロの作業員が効率よくTMRを調製する。したがって，個人でつくる場合よりも安価につくることが可能となる。

⑤補助金も利用できる

TMRセンターをつくる場合には農水省畜産局の補助がある。しかし，補助を利用する場合には，それなりの規制があるので，各県畜産課と相談することが必要である。

2. TMR供給センターのタイプと特徴

(1) 経営主体

経営主体は，酪農家グループで法人化したもの，農協が主体のもの，企業が行なうもの，な

第2図　TMRの屋外作業場の例
屋外で調製作業をし，周囲に飼料ピットや乾草貯蔵庫がある（株）ウイルフーズ。中央部は舗装してある

第3図　屋内にミキサーワゴンを設置する例
TMR調製中にホコリが出るので問題がある

どに大別される。

（2）TMR供給量

1日当たりのTMR供給量は，8tから約100tと，大きな差がある。

（3）TMRの種類

供給するTMRは，1）乳量28〜32kgの乳牛に適合した完全TMR，2）一定量の自給飼料のサイレージを各自で混合して使用するセミTMR，3）配合飼料に生ビールかす，ビートパルプ，ヘイキューブを混合したミックス配合飼料的なもの，4）TMRに乾草，ビートパルプ，ヘイキューブおよび配合飼料や単体の濃厚飼料を混合したドライ型のもの，などに分けられる。さらに，これらに生かす類を加えたものや加水をしたウェット型のTMRなどがある。

（4）TMRの配送法

センターで製造したTMRの配送法は，センター自体が行なうもの，センター以外の業者に委託して配送するもの，各自でセンターにTMRを取りに行くもの，に区分される。

（5）供給するTMRの荷姿

TMRの荷姿にも差がある。TMRをダンプカーで配送するもの，TMRをトランスバッグに詰めて配送するもの，とに大別される。

3. TMR供給センターの機械と施設

（1）設置する機械類

第1は計量器と切断機構の付いたミキサーワゴン，第2はバケットローダ，第3はコンテナから乾草を荷下ろしするベールハンドラーやフォークリフト，第4はミキサーワゴンの動力としてのトラクタ（60〜70馬力），第5は必要に応じてベルトコンベアなどである。

このほか，省力化のために，コンピュータ制御による自動混合装置を備えた例もある。

小規模のセンターでは，ミキサーワゴン（固定式）は1台，バケットローダ1台が基本装備である。しかし大規模になると，大型ミキサーワゴン2台，バケットローダ2台，フォークリフト・ベールハンドラー1〜2台，トラックスケールなどが必要となろう。

（2）施設類の整備

①作業場

第2図は，（株）ウイルフーズの作業場で，コンクリート舗装されているオープンな場所である。ホコリの問題がない。第3図は，屋内での作業でホコリが問題となる。今後，関東以南ではオープンスペースが保健上から望まれる。

②飼料置き場（ピット）

第4図は生かす類や濃厚飼料のピットで，年間約7,000tを供給する大規模なTMRセンターの

第4図　大規模TMRセンターの生かす貯蔵ピット（(株) ウイルフーズ）

右側リンゴジュースかす，左側パインかす。間口4m，奥行8m，高さ1.5m，原料の種類ごとに12～14ピットが必要である。(株) ウイルフーズは年間約7,000tのTMRを供給する

第5図　年間3,000tを供給するTMRセンターの飼料ピット（恵庭ミクセス）

幅4m，奥行6m，高さ1.5m前後と小型でよい

第6図　コンテナ用エプロン

年間を通じてコンテナで輸入乾草を大量に使用する場合には，専用のエプロンが必要となる。(株) ウイルフーズの例

第7図　製品置き場

トランスバッグで配送する場合には貯蔵置き場のスペースも必要である。広島県TMRセンターの例

例である。これに対し，年間約3,000tを供給する小規模な場合のピットは第5図に示した。

③コンテナ用エプロン

多量の輸入乾草を使用するセンターでは，第6図のエプロンとヘイハンドラーが必要となる。

④全体の施設面積

小規模（年間3,000t供給）では，全体の面積として約15aが必要である。これには飼料置き場，ピット，ミキサーワゴン，TMR荷受け場，作業員・事務員用施設（トイレ，事務机，電話など）が含まれる。大規模の場合には，約50aの面積が必要となる。これには，第7図に示す製品置き場なども含まれる。

⑤雇用人数

小規模（年間3,000t）な場合には，雇用1名で可能であるが，配送は別とする。大規模（年間8,000t）の場合には，TMRつくりと配送に男性3名，事務員1名の雇用が必要となろう。

4. TMR価格の設定

TMRの価格の設定は，大変重要である。その価格はTMRの水分含量，CPやTDN含量によって異なる。基本的には，1）原料費，2）施設・機械の償却費，3）土地代金，4）人件費，5）消耗品費（トランスバッグなどの資材），6）光熱費，7）配送費，8）税金などから算出される。

しかし，TMRのTDN1kg価格から算出するのが合理的である。

第1表　乳量30kgの乳牛に対する北海道と都府県の飼料費の試算例　（高野，1997）

区分		TDN給与量(kg)	TDN1kg価格(円)	飼料費(円)
北海道	自給サイレージ	6.0	44	264
	自給乾草	0.6	55	33
	濃厚飼料	7.1	69	490
	計	13.7	－	787 TDN 1kg 57.4円
都府県	自給サイレージ	2.5	57	143
	輸入乾草	3.1	93	288
	濃厚飼料	8.1	69	559
	計	13.7	－	990 TDN 1kg 72.3円

5. TMRでTDN1kgをつくる経費の算出法

たとえば第1表に示すように，乳量30kgの乳牛にはTDNは13.7kgが必要である。北海道の場合には，自給サイレージをTDNで6.0kg給与し，TDN1kgの生産費が44円とすれば，飼料費は264円となる。また，自給乾草をTDNで0.6kg給与し，TDN1kgの生産費を55円とすれば，33円となる。濃厚飼料をTDNで7.1kg給与し，そのTDN1kg価格を69円とすれば，490円となる。こうして，乳量30kgの乳牛の1日当たりの合計飼料費は787円となる。TDN給与量は13.7kgなので，北海道ではTDN1kgは57.4円である。

同様に，都府県ではTDN1kgは72.3円と算出される。

これにTMRの製造・配送経費を加えたのが，TMRの価格になる。北海道では，乳量30kgの乳牛の給与飼料のTDN1kg価格は57.4円なので，これにTMRをつくるためのTDN1kgの経費4.1円と，配送経費2円を合計した63.5円以内が価格の目安と考えられる。

一方，都府県では，乳量30kgの乳牛の給与飼料はTDN1kg72.3円なので，これにTMRをつくる経費4.1円と配送費2円を加えた78.4円以内が価格の目安といえる。

これらをベースに計算するが，各地における飼料価格は異なるので，実態を調査して決めることが必要である。

6. TMRの利点と欠点

(1) TMRの利点

TMRの技術を開発し，普及したのは米国である。

米国では，TMRの利点として次の諸点があげられている。

1）個体乳量の増加：分離給与と比較して，TMR給与では乳量が平均7％向上する。最高例では10.3％で，経産牛乳量が1,359kg増加したと報告されている。

2）乳脂肪率の向上：一般に乳脂肪率は0.1～0.2％向上する。

3）嗜好性がわるい飼料の活性が可能：臭気があって分離給与では使用しにくい飼料も，TMRに混合することで活用される。その例として，魚かす，バイパス油脂，血粉，乾燥ビールかすなどがあげられる。

4）乳牛の代謝病の減少・繁殖成績の向上：正確に飼料設計されたTMRは，今までの分離給与時に発生した代謝病を減少させ，繁殖成績も向上する。

5）サイレージの有効利用ができる。とくに2種類のサイレージ利用に適する。

6）飼料の有効利用ができる：食い残しや，長い乾草給与時の引込みなどの損耗が防げる。

7）育成牛や乾乳牛にもTMR給与は適合する。

(2) TMRの欠点

TMRの欠点としては，次の諸点があげられている。

1）乾草切断が必要：最近のミキサーは切断機能を有する。

2）特別な施設・機械を必要とする。

3）TMRの正確な飼料設計が必要である。

4）TMRの水分測定とDMI（乾物摂取量）のチェックが必要である。

以上の点から検討すると，TMRの利点は欠点を明らかに上回るといえる。

第2表　中央畜産会の調査による主要TMR供給センター一覧（1996）　（(社)中央畜産会(滝川,1996　まとめ)）

TMR供給センター名	有限会社　ミクセス	農事組合法人　ワールド	広島県酪協みわ事業所	半田市酪農組合飼料配合所	株式会社　ウイルフーズ
所　在	北海道　恵庭市恵南	熊本県　大津町高尾野	広島県　三和町羽出庭	愛知県　半田市平井町	栃木県　黒磯市青木
運営主体	酪農家	酪農家	酪農業協同組合	酪農家	酪農家
資　金	自己資金のみ	自己資金＋国庫補助金等	自己資金＋県補助金	自己資金＋国庫補助金	自己資金
利用戸数	酪農家8戸	乳肉複合10戸，酪農家12戸	酪農家42戸	乳肉複合31戸，酪農家18戸	酪農家21戸
利用頭数	搾乳牛300頭	経産牛822頭，肥育牛他786頭	経産牛1,350頭	乳牛4,000頭，肉牛2,500頭	乳牛700頭
職員数	2名	3名	5名	13名（専従3，パート10）	男子3名，女子1名
生産能力	日産5t	日産20～25t	日産48t	日産100t	日産22t
機械・装置・施設	ミキシングフィーダー，トラクター，フォークリフト，ロールベールカッター	粉砕機，かくはん機，フォークリフト，飼料タンク	乾草切断機，混合装置，ベルトコンベアシステム，計量器，リフト，ローダー，防塵装置	かくはん機，配合機，計量器，ヘイキューブ粉砕機，リフト，ローダー，サイロ，コンテナヤード	ミキサーワゴン，フォークリフト，ローダー，トラクター，トラック，ベールハンドラー，トラックスケール
TMRの特徴	脱水ビールかす利用のセミウエットタイプ＋ドライタイプ	ドライタイプ（水分18%，脱水ビールかす，生しょうゆかす利用）セミTMR	ビールかす利用のウエットタイプ，セミTMR，購入乾草等併用	ビールかす利用のウエットタイプが主力，セミTMRで購入乾草等併用	多種の製造かす利用，ウエットタイプのTMR
TMRの種類	TMR　1種類,コーンサイレージベースのセミTMR　1種類(乳量32kg用)と完全TMR	搾乳牛用　1種類 肥育牛用　5種類	TMR　3種類 サプリメント　2種類	半酪1号，（ウエットタイプ，主力），半酪2号（増飼用），半酪3号，半酪4号	TMR（乳量28kg用），基礎サイレージTMRの2種類
TMRの組成の決定	構成員	飼料コンサルタント	委員会(酪協・試験場)	委員会(酪協・普及所等)	飼料コンサルタント
TMRの価格（主力製品）	スーパーミクセス(現物)38円 スーパーミクセス(乾物)49円	搾乳牛用(現物)30～35円 搾乳牛用(乾物)40円	コンプリート1号(現物)33円 コンプリート1号(乾物)53円	半酪1号(現物)23円 半酪1号(乾物)32円	乳牛用(現物)26円 乳牛用(乾物)48円
TMRの輸送	近所の農家にはミキシングフィーダーで輸送，他は農家がトラックで引取り，2日に1回	トランスバッグに詰め，センター員が輸送（搾乳牛用），肥育牛用は農家が引取り，毎日	トランスバッグで業者に委託して輸送。原則として週2回配達	半酪1号のみトランスバッグで，輸送業者が毎日輸送，他は農家が引取り	農家がダンプで，バラ積み輸送，山形県へは業者がトランスバッグで輸送
TMR供給センター設置の動機	増頭，省力化，飼料の共同購入	規模拡大，省力化，大量購入による飼料価格低減	高泌乳牛の安定飼養，省力化	安価な飼料の安定的入手，省力化，乳量・乳質向上	未利用資源の活用，安価な飼料の入手
運営上の問題点	構成員の範囲が広く，輸送が大変。夏場のTMRの変敗，冬場のビールかすの凍結	ブリッジの形成，粉塵の発生	生産能力の制約から個人の要望に応えられない。コスト低減のため，バラ積み輸送を検討中	生かすを使用しているため，品質が不安定，生産能力の制約から農家の希望に応えられない	ユーザーとの信頼関係が大切，TMRの品質の安定，異物の混入などに注意している
利用農家Aの概要	経営主1人，乳牛64頭，乳量29kg/日，自給飼料生産なし，フリーストール・パーラー	経産牛53頭，育成牛20頭，肥育素牛30頭，7,800kg，圃場10ha，フリーストール	経産牛37頭，育成牛7頭，圃場1.5ha，つなぎ式，8,600～8,700kg	経営者夫婦，両親，常雇用2名，乳牛135頭，肉牛244頭，8,037kg，つなぎ式	那須：乳牛180頭，肉牛50頭今後増頭予定
利用農家Bの概要	3人，野菜等との複合，経産牛32頭，子牛13頭，乳量10,628kg，圃場13ha，つなぎ式	経産牛46頭，肥育牛67頭，つなぎ式，圃場8ha，7,740kg	経産牛70頭，育成牛27頭，フリーバーン，アブレスト式パーラー，自走式給餌車，圃場12ha	経営者夫婦，息子，乳牛120頭，肉牛195頭，7,500kg，つなぎ式，自動離脱	山形県：平均乳量8,536kg，飼養頭数21.5頭，つなぎ式が主体

7. TMR供給センターの今後の課題

TMRセンターの多くは平成元年以降につくられ，多くの努力を払いながら現在にいたっている。今後に向けての一般的な改善策について概要を述べよう。

(1) 供給量の確保

TMRセンターを安定的に運営するためには，施設，機械，人員に見合った一定量のTMRを確保することが一番重要である。地域の酪農家の理解を得るためのPRや，TMRの価格の設定などが重要である。

(2) 低コストでの供給

現在のその地域における1日30kgの乳量の乳牛に対する飼料費と同等か，それ以下のTMR価格であることが必要である。そのためには，1) TMR供給量の増大，2) 生かす類の使用，3) 低価格原料入手の情報網，4) 入札による原料の購入，5) 人件費節減のための自動混合システム導入，6) ユーザーの増大などの努力が必要である。

(3) 品質の安定化と供給量の確保

供給するTMRの品質の安定性は，重要な事項である。また，毎日一定量のTMR供給量の確保は，雇用の安定の上からも重要である。さらに，雇用の上からは日曜日を休日とする対応策も必要である。休日対策の一つとしてウェットタイプのTMRを供給するセンターでは，サイロに入れてサイレージ化したり，トランスバッグにポリ袋を入れてサイレージとして供給する方法がとられている。

(4) 供給TMRの種類

ユーザーの希望にそったTMRを2～4種類つくることが必要であろう。たとえば，1) 高泌乳牛用，2) 中泌乳牛用，3) 肥育牛用，4) 自給サイレージ代替え用，5) 配合飼料にビートパルプ，ヘイキューブ，ビールかすを混合したミックス配合，6) 乾草，ヘイキューブ，などの供給などである。第2表に主要TMRセンターの概要を示した。

執筆　高野信雄（酪農肉牛塾）

1997年記

TMR調製・給餌装置

1. TMR調製の特徴

給餌は通常，朝晩2回，搾乳に前後して行なわれ，高泌乳牛では1頭当たり現物で日量30kg程度に達する重労働である。酪農家の規模拡大に伴い，飼料調製・配飼作業の労働負担は増加しており，作業の省力化・機械化が求められている。給餌は粗飼料と配合飼料を分離給与する方式が一般的であったが，近年粗飼料と配合飼料を混合給与するTMR（Total Mixed Ration）方式が普及してきている。TMRは調製・給餌機（フィードミキサーなど）により，秤量した各種材料を混合し，省力的な調製作業が可能である。TMRは各種配飼機により省力的に牛に給与する。その特徴としては

1）各種材料を組み合わせることで，高泌乳牛に必要な高栄養飼料が調製可能である

2）材料が混合されており，牛が選び食いしにくい

3）各種材料を単体で購入・利用可能であり，購入コスト低減が期待できる

4）混合調製にはミキサーフィーダなどの高額な機械が必要である

5）各種材料に応じた飼料設計技術が必要

などがあげられる。

2. TMR給餌機の選択

TMR調製・給餌には多くの方式がある。酪農家の頭数規模，飼養管理方式は多岐にわたり，牛舎レイアウト・作業労力などにより給餌に要求される作業内容はさまざまである。そのため，導入する酪農家に適したシステムを選択する必要がある。

また，地域や農家によりTMRの材料はさまざまである。粗飼料の場合，乾草のように低水分で嵩が大きいものから，サイレージのように酸性が強く高水分のもの，またかす類のように高水分で腐敗しやすいものがある。配合飼料は，ヘイキューブやビートパルプのような加工粗飼料，圧扁トウモロコシなどの単味飼料，サプリメントなどの粉状飼料などさまざまな物理性状を示す。そのため，作業体系や利用する材料に適したTMR調製・給餌方式を選択することが重要である。

現在，TMR給餌機は大規模酪農家やTMRセンターなどでの利用が多い。TMRセンターは，安定した品質のTMRを供給するため，購入飼料・購入乾草主体で運用される事例が多く，自給率向上の面から運用の改善が望まれている。自給飼料の活用面からは，ロールベールや各種サイロで自給飼料を利用している酪農家でTMR給餌機を導入・運用することが重要であると考えられる。

3. TMR飼料の調製・給与方式

酪農家で導入可能なTMR給餌機とその方式について，現在市販されている機器を紹介する。

①配飼機

TMR・粗飼料・配合飼料の配飼機である。手押し台車から，バッテリ，エンジンなどの駆動機により配飼するもの（第1図），コンベアなどで配飼するものに大別される。TMRセンターからフレコンバックなどで搬送したTMRを配飼する場合などにも用いられる。飼槽に配飼機が進入・走行できる空間を必要とするが，さまざまな飼養管理場面で，設備投資を少なくしながら配飼作業を省力化することが可能である。頭数規模と給餌作業量が比例するため，頭数が少ない経営での採用事例が多い。

②移動式TMR配飼機

飼槽の前に設置したレール上を走行し，1日複

手押し台車。飼槽前に搬送し手作業で配飼

上：バッテリー式配飼機。飼槽前を走行しながら配飼する（栃木県酪農家）

左：フレコンバック吊下げ式配飼機
フレコンバックを吊り下げて飼槽前を走行・配飼する（長野県酪農家）

第1図　配飼機

第2図　移動式TMR配飼機（レール懸垂式）
設定量のTMRを飼槽ごとに給餌する（北海道酪農家）

数回設定時間に飼槽に配合飼料やTMRを計量・排出する配飼装置である（第2図）。TMRはミキシングフィーダなどで混合・調製し，配飼機に供給する。本装置は主として繋ぎ飼い牛舎で使用される。レール懸垂式と地面に設置したレール上を走行する方式の2種類がある。給餌機用レールの設置スペースが確保できれば，レイアウトの自由度は高い。また，牛個体ごとに給与量を細かく設定することが可能である。頭数規模が増大すると配飼タンクの容量・重量が増加するため，飼養頭数計画や牛舎構造にあった機種を選択する必要がある。

③トラクタ牽引式TMR調製給餌機

トラクタ牽引式のミキサーフィーダである（第3図）。粗飼料，配合飼料を投入し混合攪拌後，飼槽前を走行しながらTMRを排出する。ミキサー部が垂直の方式や，水平型の方式がある。コンパクトベールやロールベールをトワインやラップフィルムを除去して投入して，ミキサーで細断・混合することが可能である。ミキサーフィーダ部が走行レール上を自動走行する場合もある。TMRセンターでのTMR調製に用いられる

第3図　トラクタ牽引式TMR給餌機（ミキサーフィーダ）

左上：垂直型ミキサーフィーダ。設定量の材料を投入し細断混合調製する（畜産草地研究所）

左下：水平型ミキサーフィーダ。設定量の材料を投入し細断混合調製する（北海道酪農家）

上：配飼のようす。飼槽前を走行しながら配飼する

ことも多い。

ミキサーフィーダの駆動には大型トラクタが必要である。また配飼には，飼槽横にトラクタとミキシングフィーダが走行可能なスペースが必要となる。飼養環境・頭数規模・牛舎レイアウトなどに柔軟に対応できる。ミキサーフィーダの導入コストは高いが，最も普及しているTMR給餌方式である。

④自走式TMR給餌機

自走式のミキサーフィーダである。配飼は飼槽前を走行しながら行なう。ロールベールサイレージの利用も可能である。一部の機種ではサイレージカッタ機能をもち，バンカーサイロなどから設定量のサイレージを細断しながら取り込み，各種材料と混合調製できる。トラクタ牽引式のミキサーフィーダに比べ高額であるが，大規模酪農家やTMRセンターなどで利用されている（第4図）。

⑤施設型TMR給餌機

静置式のミキサーフィーダなどでTMRを調製し，配飼機で，1日複数回設定時間に飼槽部分に自動配飼することが可能である（第5図）。計量した材料をミキサー部に投入して，細断・混合調製する。駆動は高出力モータや専用に静置したトラクタなどで行なう。繋ぎ飼い・フリーストール牛舎に導入可能で，配飼車とミキサーフ

第4図　自走式TMR給餌機

サイレージカッターによりバンカーサイロなどから粗飼料の取出し可能な自走式ミキサーフィーダ（酪農学園大学エコファーム）

第5図　施設型TMR給餌機（固定式ミキサーフィーダ＋TMR給餌機＋TMR配飼機）
固定式ミキサーフィーダ（モーター駆動）で混合調製したサイレージをTMR配飼機により多回給与している
（北海道酪農家）

ィーダ部のレイアウトの自由度が高い。TMRセンターなどから輸送してきたTMRに独自の飼料を加え，再調製して利用する事例もある。

⑥サイロクレーン型TMR調製給餌機

サイロクレーンを用いて地下角型サイロ利用から粗飼料（サイレージ・乾草など）の取出しを自動化したTMR給餌装置である（第6図）。給餌の際に各種TMR材料を秤量し，混合，配飼する。ほぼ無人で飼料の調製混合・配飼とTMR多回給餌が可能である。また，複数の粗飼料を組み合わせた給与が可能で，自給飼料を基盤としたTMR調製が可能である。次に畜産草地研究所でのTMR給餌機の運用について述べる。

4. サイロクレーンによる全自動TMR給餌機

畜産草地研究所（那須）のサイロクレーン（瀬川ら）を用いた全自動TMR給餌機について述べる（第6図）。サイロクレーンにより地下角型サイロから，サイレージ，乾草などの粗飼料の自動取り出しが可能である。同方式の給餌機は現在25台ほどが普及している。

4種類の粗飼料材料と6種類の配合飼料が利用可能であり，さまざまな組成のTMRを混合調製することが可能である。給餌機はコンピュータ制御されている。多回給餌を前提としているため，混合・配飼機構が小型・低コストであり，所要電力も少ない。

本給餌装置は平成8年末旧草地試験場総合実験牛舎建設に伴い導入され，資源循環型酪農モデル研究の一環として試験運用を行なっている。4牛群（約40頭）を対象に1日4～8回の多回給餌運用をさまざまな試験条件下で行なっている。

給餌機の自動化に伴い給餌作業は，飼料調製・配飼という作業労働から，コンピュータ制御・管理作業に推移してきている。そのため，給餌機を簡易に管理・制御できるシステムが必要とされてきている。

また，TMR給餌機導入酪農家は大規模経営が多く，従業員など複数の担当者が給餌機管理を担当している場合や，牛舎と住居が離れている場合がある。そのような経営では，牛舎のようすを牛舎外から監視できるシステムが求められている。また給餌機などの販売・業者では，メンテナンス，修理対応の際の情報収集が重要となってきている。

そこで，近年普及が進んでいるインターネットを用いて，TMR給餌機をモニタリングするシステムの開発・試験運用を行なっている（第7図）。

1）給与量，設計量の記録管理：給餌機にパーソナルコンプータを接続し，自動給餌機制御システムを構築し，給与量データの蓄積管理を行

①地下角型サイロ取出し
サイロクレーンによる地下角型サイロからのサイレージ自動取出し

③荷受槽への搬送
給餌機のサイレージ荷受槽へのサイレージ搬送のようす

②サイロクレーンによる把持
サイロクレーンによるサイレージ把持のようす

④給餌機での調製・給与
各種材料と混合調製し，配飼する

第6図　サイロクレーンを用いた全自動TMR給餌機　（畜産草地研究所）

なっている。これにより，配合飼料や乾草などの購入飼料量と，サイレージなどの自給飼料量の把握，管理が可能である。

2）給餌機制御・モニタリング手法の開発：インターネットに接続して，給餌機の状態，給餌履歴の管理，給与量設計入力などが可能で，牛舎の外からリアルタイムで給餌機の管理ができる。

3）インターネットライブカメラによる牛舎環境モニタリング：牛舎内部にライブカメラを設置し，インターネットに公開している。カメラの方向・倍率などの操作が可能であり，画像による給餌機・牛群のリアルタイムモニタリングが可能である。

現在，上記システムを試験的にインターネットに公開し，改良を進め，新たな飼養管理を検討している。

＊

給餌作業の機械化・自動化は技術開発が進み，TMR給餌方式は普及しつつある。しかし，方式にもよるがTMR給餌機の導入コストは高額である。そのため経営計画や頭数規模，労働力を考慮してシステムを選定する必要がある。

TMR給餌機は飼料混合・配飼作業を省力・自動化するが，牛の能力を引き出し，安定した経営を行なうためには，高度な飼料設計技術，給与技術・飼養管理技術が必要であり，運用技術開発が望まれる。

執筆　喜田環樹（独・農業技術研究機構畜産草地研究所）
2003年記

牛舎施設モニタシステムのホームページ

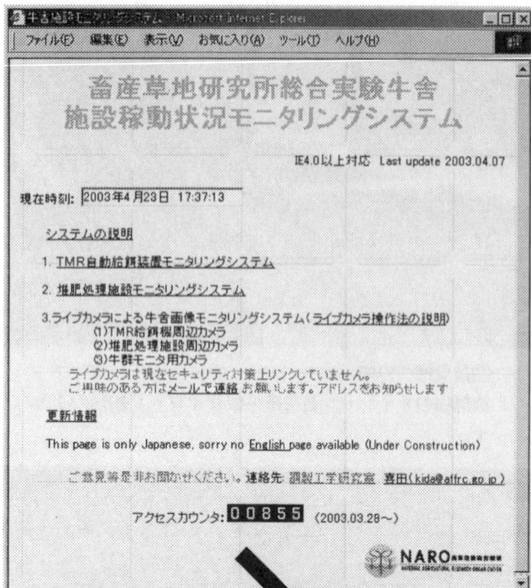

給餌設定情報のモニタリング

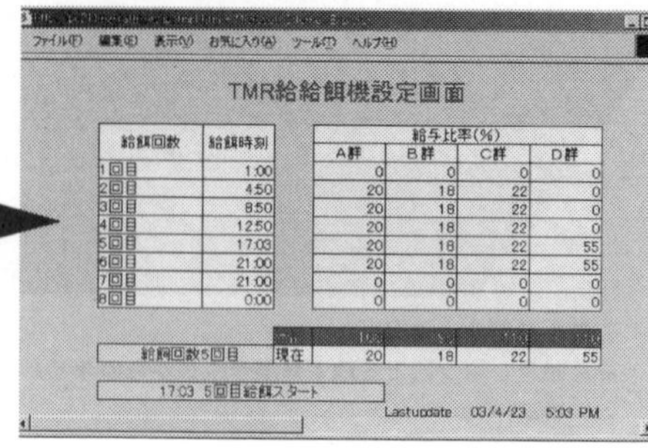

インターネットライブカメラシステム

ライブカメラ画像例

URL http://pc211.ngri.affrc.go.jp/

第7図 TMR給餌機モニタリングシステム

参 考 文 献

市戸万丈. 2000. TMR自動給餌機の開発とその効果. 農作業研究. **35** (2), 30—42.

伊藤紘一・高橋圭二ら. 1996. フリーストール牛舎ハンドブック. ウイリアムマイナー農業研究所. 91—104.

喜田環樹ら. 2002. 牛舎施設機器・牛群環境モニタリング手法の開発. 農業機械学会第61回年次報告. 259—260.

岡本富夫. 2001. 酪農施設における全自動TMR給餌システム及び全自動堆肥化システムの設計・施工. 農業施設. **32** (2), 3—4.

佐藤純一ら. 1998. 粗飼料生産のシステム化と機械. DAIRYMAN臨時増刊号. デーリィマン社.

高野信雄. 1997. TMR供給センターのタイプと活用の実態. 農業技術大系畜産編. 追録16号. 713—736.

TMR供給センターの事例

小規模TMR供給センター
——恵庭ミクセス(北海道恵庭市)——

(1) 地域の概況

恵庭ミクセスは，恵庭市恵南に所在する。国道36号線から少し入ったところにあり，その地域は牧草・トウモロコシと畑作地帯である。国道沿いには住宅地と学校などがある。恵庭市は札幌市に近く，ベッドタウンでもあり，野菜類や市乳の供給地としての役割を有している。

(2) TMR供給センターの設置と運営

①恵庭ミクセスの誕生

TMR供給センター（以下，TMRセンターと略）の「ミクセス」の由来は，ミックス（混合）とサクセス（成功）を合わせた言葉である。TMRセンターの成功を祈る気持ちが示されている。TMRセンター設立のきっかけは，平成7年の春の酪農家の集まりで，ある酪農家が毎日のTMRつくりに疲れて「誰か，おれのえさをつくってくれないかなー」といった言葉に端を発したのである。それから，数多くの会合を持ち，平成7年11月15日に代表取締役には酪農家の村上隆彦氏が就任して有限会社ミクセスが誕生したのである。

②TMR供給センターの概要と運営

会社設立時の構成員は酪農家6名で，このほかに2戸の利用者がいる。8戸の所在地は恵庭市に4戸，千歳市3戸，早来町1戸と分散している。センターの運営は，構成員6名で，渉外，施設・機械管理，経理，企画，営業，飼料設計を分担し，月に3日くらい出役している。このほか，ホクレンや（株）ナスアグリのアドバイスを受け，月に1回の運営会議を開催して事業の円滑化を図っている。

運営資金は6人の出資金のみで，借金なしで

第1図　恵庭ミクセスの外観
中央の戸口が事務所になり，ミキサーワゴン1台で作業する

行なっている。それは，機械装備がリースであり，土地・建物は構成員の所有物で，その改造・地代負担だけですんでいるからである。

TMRセンターの規模としては小規模で，TMR供給量は1日5t，6時間の機械の稼働で月150tの供給量から開始した。現在は，経産牛300頭に供給している。雇用はTMRつくりに1名であり，もう1名はヘルパーとして利用酪農家の搾乳や構成員の作業調整役をしている。

③施設と機械装備

施設はD型倉庫（第1図）で，間口約6間・奥行き20間の120坪が2棟で，事務室が内部に設けられている。使用している混合機は計量機と切断刃付き四軸横軸式ミキシングフィーダで，トラクタ牽引型の15m^{3}である。駆動トラクタは80馬力である。

材料投入にはバケット付きフォークリフト1台を使用する。ロールベール乾草は，ロールベール細断機で切断する。粉塵対策もあり，倉庫入口の屋外で，材料投入とミキシングを実施している。

④設置の動機と原料の調達

センター設置の目的は，第1に飼料原料を共同購入して低コスト化し，第2にはセンターでTMRを調製することで労働の軽減を図り，第3には，上記の2項から多頭化を図ることである。

第２図　圧搾ビールかすはTMRの分離を防ぐために使用されている

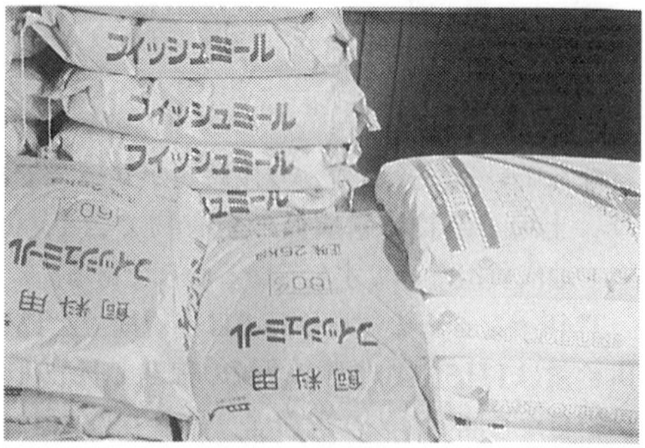

第３図　魚かす・イーストカルチャー・ビタミン剤・ミネラルも使用される

第１表　TMR製品の配合資材と混合割合

配合資材	スーパーミクセス	トッププロデューサー
ルーサン・乾草（レギュラー，CP20）	5 kg	3 kg
チモシー・乾草（道産）	2	1
ルーサン・キューブ（CP17）	1	1
パワーコーン（コーン84%，CP10，圧扁，TDN78%）	6	5
ビールかす（脱水，含水率65%）	5	3
ビートパルプ（道産）	4	3
綿　　実	2	2
大豆かすミール	1	2
一般ふすま	1	1
魚　　粉	0.2	0.2
第二リンカル	0.05	0.05
塩	0.05	0.05
イーストカルチャー（ホワイト）	0.05	0.05
トルネードⅡ（ビタミン剤）	0.03	0.03
設定TMR　1日給与量	27.38	21.38
コーンサイレージ	—	15.00
合計飼料　1日給与量	27.38	36.38

原料の入手先はホクレンや札幌の酪農協，飼料会社などで，四半期ごとに入札で購入する。輸入乾草類は苫小牧港が近いため有利であり，魚かすは小樽から調達する。ビールかす（圧搾した水分65%のもの）は本州から購入している。使用する乾草は輸入アルファルファ乾草が主体であり，これに混合するチモシーロール乾草は構成員から購入している。

⑤TMRの配送

現在は雇用の制限もあり，利用者が各自のトラックでセンターに取りにくる。一般には，TMRを1kg宅配すると約2円の経費が必要とされる。遠い人だと車で約30分を要している。

（3）TMRの種類と飼料成分

現在は，2種類のTMRを製造供給している。いずれも水分65%の脱水ビールかすを粘結剤として利用し，製品の水分含量は22～23%のセミウェットタイプである。

第1表に，供給するTMRの各種飼料の使用量を示した。メニューは体重620kg，乳量32kg，乳脂肪率3.8%用に設定されている。

①スーパーミクセス

乳量32kg用の完全なTMRである。1日1頭当たりのTMR給与量は27.38kgで，乾物中CPは16.7%，ADF23.0%，TDNは73.5%に設計されている。

②トッププロデューサー

これは，TMRに自給トウモロコシサイレージを15kg添加して1日1頭当たり36.38kg給与に設定している。乳量32kgの乳牛用で乾物中CP16.7%，ADF23.0%，TDNは73.5%である。現在はスーパーミクセスの利用が4戸，トッププロデューサーが4戸となっている。

平成8年10月のセンターの販売価格は1kgでスーパーミクセスが33.0円に混合費5円を合計した38円である。トッププロデューサーは34.5円に混合費5円を加えた39.5円である。したがって，スーパーミクセスを27.38kgを給与し，乳量32kgである場合の1日1頭の飼料費は約

1,040円となる。完全TMRでビタミン，ミネラル，塩，イーストカルチャーを含み，使用する飼料は良質なものである。

この飼料設計は，構成員の寺田さんがNRCを基準として設計し，6名が協議して決定した。また，現在6名の構成員と2名の利用者間の価格差はないが，構成員6名はTMRの混合費を1円高に設定し，リスクに対応している。

（4）TMR利用の効果

ミクセスの村上代表によると，TMRの利用によって飼料コストと労働の軽減を図る初期の目的は達成され，これまで所有していた機械も売却した。さらに，TMRの給与効果として，以下の点をあげている。

1）乳脂肪率は3.7～3.8％まで向上し，乳量も増加している。

2）繁殖成績については給与後間もないので判然としていないが，製品としては問題がなさそうである。

3）もともと8戸の飼養条件や乳量などの差が大きかったのが，同じレベルのTMRを給与することで飼養管理技術の平準化が図られ，お互いの意識が向上している。

4）10年前からフリーストール・TMRを実施してきた村上氏は，今のTMRセンターの利用で労働が明らかに軽減された。

①寺田牧場での利用

寺田氏は，センターの土地と建物の所有者である。現在は酪農専業で，労働力は1人である。8年間酪農をやめて（株）ナスアグリサービスに勤務していたが，今回仲間に誘われて，センター設置を前提に酪農を再開した。

再開後は自給飼料生産は行なわず，所有地4haは貸している。現在，育成牛は飼養しておらず，全頭64頭中初産牛が60頭である。調査時の乳量は搾乳牛55頭で，1頭当たり29kgである。

牛舎は，古い倉庫1棟を改造したフリーストール（第4図）で，隣りのTMRセンターからのTMRを給与した状態が第5図である。

搾乳は古い牛舎を改善し，6頭ダブルのヘリンボーンのミルキングパーラで行なっている。

第4図　倉庫を改造してフリーストール牛舎とした寺田牧場

第5図　隣りのTMRセンターからTMRを給与された状態（寺田牧場）

第6図　寺田牧場の高乳量牛

TMRは全量スーパーミクセスで，一群管理である。TMRは2日に1回給与され，1日3回TMRを寄せている。

TMR利用の利点として，1人1日6時間の労力（搾乳4時間，ボロ出し・その他2時間）ですむ点をあげている。繁殖管理は飼料会社に依頼し，すべて貸し腹をしてF_1およびETによる黒毛和牛生産をしている。このように徹底した合理化で，経産牛1頭当たり年間の労働時間は約35時間と推計される。今後の1頭乳量は35kgを目標にしている。

②山本牧場での利用

千歳市で酪農と畑作の複合経営を営む山本牧場は，全頭数55頭，うち経産牛32頭（搾乳牛26頭），育成牛13頭，初妊牛10頭を飼養している。牛群検定による経産牛乳量は10,628kgを示し，乳脂肪率は3.99％，乳蛋白質3.28％，分娩間隔は395日，平均産次2.4産，更新産次4.7産と，高い飼養技術を有している。

畑作はアズキ，菜豆，野菜（ハクサイ，ブロッコリー，ニンジンなど）を7ha，それにトウモロコシ7haとチモシー6haを作付けし，輪作体系をとっている。昭和46年ごろから乳牛を増頭した。労働力は，母と本人と実習生およびパートで対応している。

TMRセンターの利用は，乳量の確保と省力化のためで，構成員の1人として経理を担当している。TMRはトッププロデューサーを利用している。1日2回給餌し，乳牛によって給与量を調節する。初めにトウモロコシサイレージを給与し，TMRを上に乗せてフォークで混合する。日中3回TMRを寄せる。センターには2日に1回TMRを取りに行く。現在は日量800kg強を給与している。

乳牛の採食は，選り食いが少なく良好である。日により残飼が出れば，育成牛に給与している。利用当初は若干の乳量の低下は覚悟していたが，総量では落ちなかった。現在，経産牛乳量10,000kg以上を5年間続けている。

(5) センター運営上の問題点

第1は，利用者のなかにセンターから片道25kmも離れていて40分かかる者がいる反面，近くて1～2分の構成員もおり，配送上に問題があること。

第2は品質に関する点である。TMRは利用者がセンターに取りにくるが，変質なしに2～3日もたせる方法について検討している。

第3は，冬場になると圧搾ビールかすが凍結して塊となり混合に苦労すること。

第4は，TMRの供給量である。あと100頭2戸分増加すれば，運営上有利になる。現状では，戸数増より仲間の頭数増加を考えているという。

執筆　高野信雄（酪農肉牛塾）

1997年記

酪農協経営のTMR供給センター
――広島県酪農協三和事業所――

(1) 地域の概況

広島県双三郡三和町にある広島県酪農業協同組合三和事業所のTMR供給センター(以下,TMRセンターと略)は広島県のほぼ中央部に位置し,水田地帯は良質酒米の産地である。酪農家は水田と山地の中間に位置し,1戸当たり1～3haの飼料畑を有し,経産牛頭数は20～30頭規模が多い。しかし,三次地区の牛群検定実施率は85%と高く,経産牛乳量は平成6年で8,500kgと優れている。ただし,広島市からは約60km離れた内陸地にあり,全体として飼料価格は高い地域である。

(2) TMR供給センターの設置と運営

①三和事業所の発足

TMRセンターの設置は,第1に未利用資源の生かす類を使用し,嗜好性の高い発酵飼料を調製・供給して乳量の向上を図ること。第2に濃厚飼料・かす・ヘイキューブ・ビートパルプなどを混合した飼料によって,給与の省力化と多頭化を図ること,第3に低コスト飼料供給による酪農家の利益向上と省力化で,豊かな生活・酪農への魅力を目標とすること,第4に一定品質の飼料を安定的に供給することなどを目的にして平成元年に設立された。

②TMR供給センターの概要と運営

事業運営は,広島県酪農業協同組合の生産部の購買課に属し,組合の直営事業である。センター職員は5名で,若い年齢層である。

TMRの配合などを検討するため飼料配合内容検討委員会を設置している。メンバーは,家畜保健衛生所,農林事務所,農業改良普及センター,地域酪農家代表などで組織されている。

TMRは週2回,利用者へ配送しているが,これは業者に委託している。

TMRを利用している酪農家は,広島県酪農業協同組合の380戸中三和事業所の近隣の42戸で,対象乳牛頭数は1,350頭である。

③施設と機械装備

飼料の混合は屋内で実施しているが,平成7年にそれまでのミキサーワゴン2台による混合方式から,濃厚飼料・ビールかす・ヘイキューブ・ビートパルプおよび切断乾草類をコンピュータ制御によって一挙に混合できる自動混合システムにつくり変えた。第1表に主要施設の概要を示した。

屋外のタンク8基(各21.3m^3),屋内原料タンク12基(各3m^3)は約2分の1のタンクにロードセル方式の計量器がつき,またビールかすタンク2基(各10m^3)にも1基には同様の計量器が取り付けられている。さらに,乾草は輸入梱包乾草を大型油圧式で自動ストロークで切断し,かつ切断された乾草も計量するシステムとなっている。各種の割合で搬送される飼料は,一次混合機や連続混合機で均一に混合される。

混合された飼料は計量され袋詰めされる。それまでのミキサーワゴン方式の混合に比較して著しく省力化され,塵埃の発生が抑えられた。TMR製造施設の配置およびフローチャートは第1,2図のごとくである。最も近代化された施設機械を装備しているTMRセンターの一つである。

④TMRの生産能力

ここに示した施設・機械と,フローチャートおよび工場システムで,日最大TMR製造量は48t,平成8年度の予測供給量は9,700tと見込まれている。

第1表 飼料混合の新しい施設 (阿部,1997)

主要施設	数量	規模等
外部飼料タンク	8基	FRP製,21.3m^3,ロードセル方式計量器 3基
内部原料タンク	12基	鉄板製,3m^3,ロードセル方式計量器 6基
ビールかすタンク	2基	鋼板製,10m^3,ロードセル方式計量器 1基
乾草切断機	1基	油圧式,自動ストローク方式,ロードセル方式計量器 1基
一次混合機	2基	正逆リボンスクリュー方式
連続混合機	2基	ダブルスクリュー方式
製品計量器	2基	ロードセル方式
糖蜜希釈加水装置	1式	シャワー方式

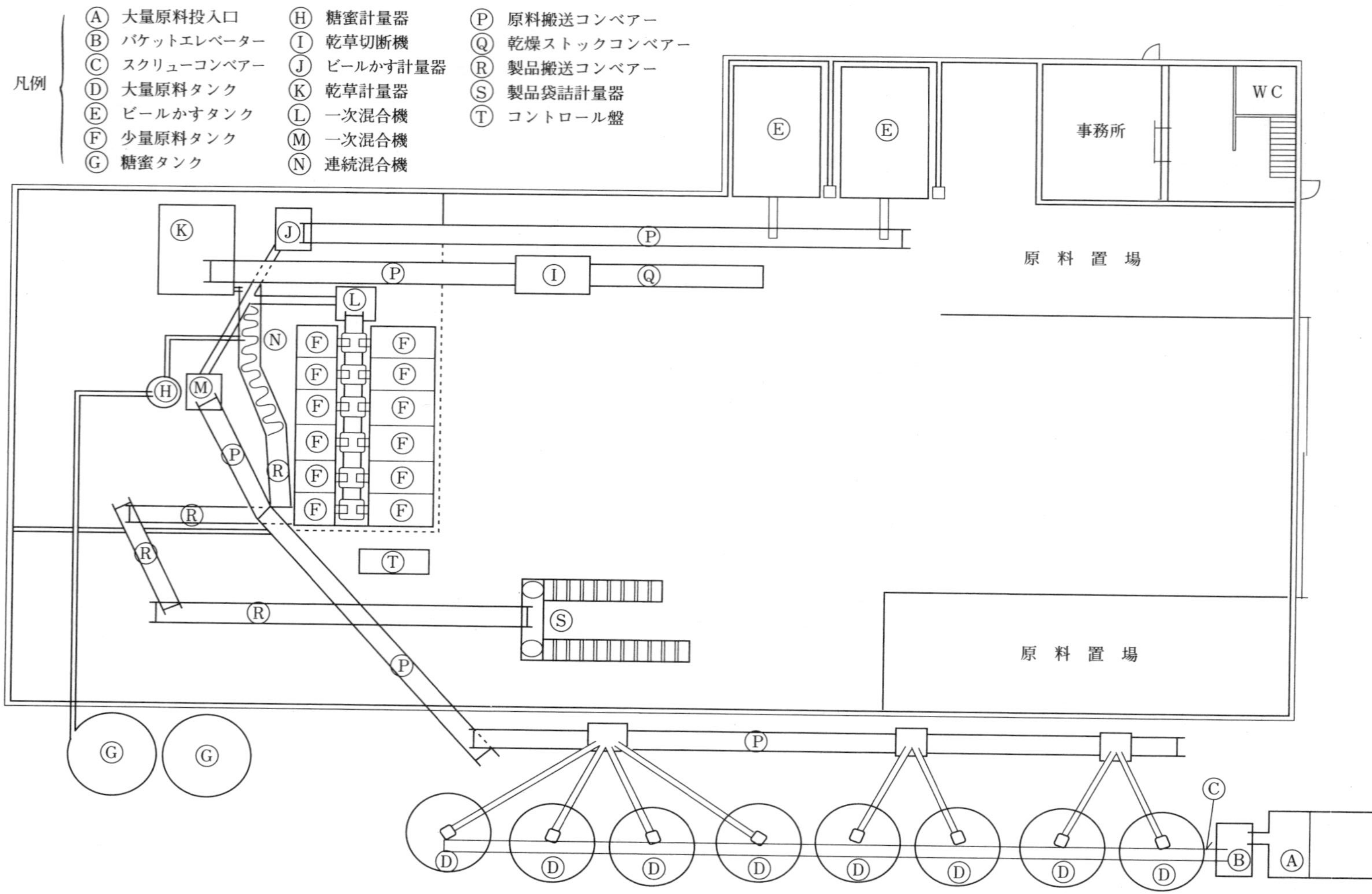

第1図 混合飼料製造施設

(阿部，1997)

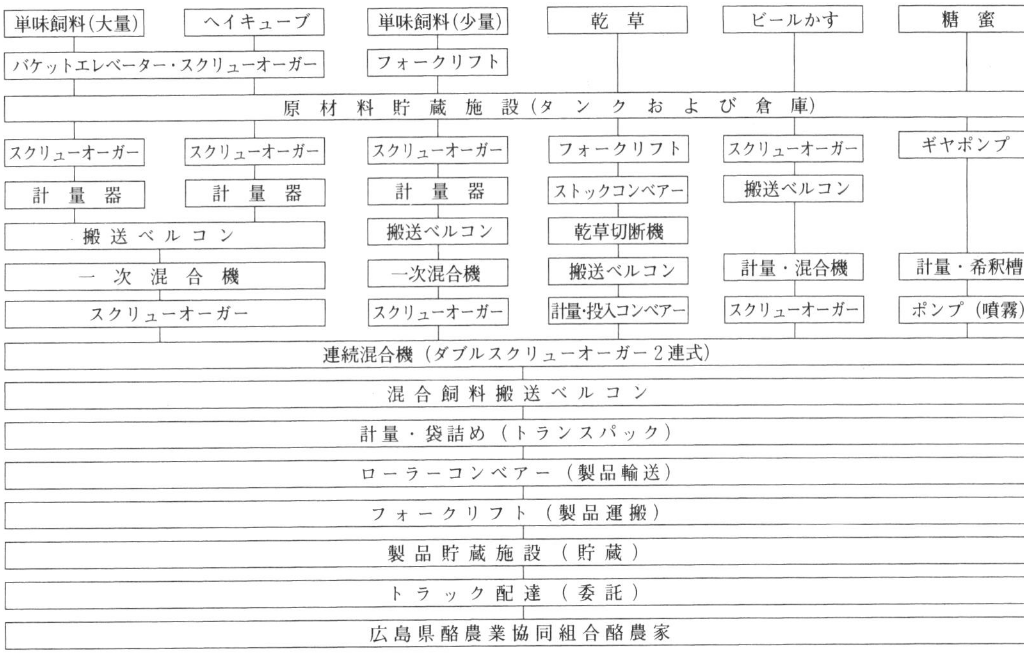

第2図　混合飼料製造フローチャート　(阿部，1997)

(3) TMRの種類と飼料成分

①原料の入手法

トウモロコシ，大豆かす，ぬか類，ビートパルプ，アルファルファキューブ，イネ科乾草，糖蜜およびミネラルなどは競争入札で入手している。ビールかすはキリンビール広島工場から直送している。

現在は5種類の飼料を製造している。

②コンプリート1号

乾草の割合が多く，乾草としてトールフェスクを20%使用している。水分含量32%でビールかすと糖蜜が高水分原料として添加されている。400kgのトランスバッグの中にポリ袋が内装され，脱気してTMRセンターで2週間の発酵期間を経た後に酪農家に配送される。大変良好な香気を有したTMRである。自給飼料が乾物量で2kg以上給与できない酪農家の夏場の飼料としてすすめられている。

③コンプリート2号

1号に比較して乾草の混合割合が10%と低く，ビールかすの配合割合が高い。したがって，価

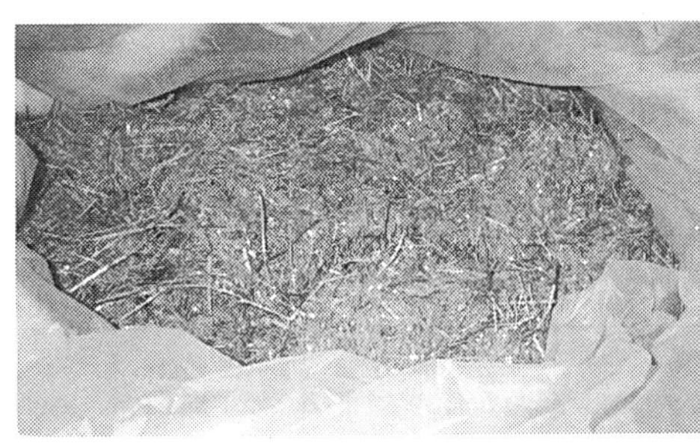

第3図　平成6年当時のコンプリート1号

第4図　トランスバック（ポリ袋入り）に計量されている様子（平成6年）

第5図 トランスバックに詰められ，7日間貯蔵されている

格もコンプリート1号より安価である。自給飼料が乾草量で2kg以上継続して給与できる酪農家の通年利用TMRとしてつくられている。

④コンプリート3号

乾草は配合されていない。ビールかすの配合割合が高く，また穀類の割合も1，2号に比較してやや高い。自給飼料が豊富な酪農家向けである。

⑤サプリメント2号

穀類の配合率が高い乾燥製品である。

第2表 製品別飼料成分と混合割合 (阿部，1997)

区分		コンプリート1号	コンプリート2号	コンプリート3号	サプリメント2号
乾物	(%)	68.0	60.1	—	89.5
CP	(%)	10.0 以上	10.0 以上	10.0 以上	22.0 以上
粗脂肪	(%)	3.5 以下	4.0 以下	3.3 以下	9.5 以下
粗繊維	(%)	10.0 以下	8.0 以下	8.0 以下	8.0 以下
粗灰分	(%)	1.0 以下	1.0 以下	1.0 以下	2.0 以下
カルシウム	(%)	0.5 以上	0.4 以上	0.4 以上	1.0 以上
リン	(%)	0.4 以上	0.3 以上	0.2 以上	0.6 以上
TDN	(%)	48.0 以上	48.0	49.0	79.0 以上
混合割合(%)	穀類	24	26	30	63
	そうこう類	3	3	7	1
	植物性かす類	32	43	50	10
	動物性飼料	0	0	0	0
	その他	41 1)	28 2)	13 3)	26 4)

注 1) 乾草・ヘイキューブ・ビートパルプ・綿実・糖蜜・リンカル・タンカル・食塩・水
2) 乾草・綿実・糖蜜・リンカル・タンカル・食塩・水
3) ヘイキューブ・綿実・糖蜜・リンカル・タンカル・食塩などを含む
4) 綿実・アルファルファペレット・糖蜜・リンカル・タンカル・食塩・貝殻粉末

⑥サプリメント3号

蛋白質含量が高い乾燥製品である。

第2表に各製品の混合割合と飼料成分を示した。

(4) 製品別生産量と価格

第3表に，平成7年度に生産された製品別生産量と平成8年度第3四半期の1kg当たり価格（酪農家渡し価格）を示した。製品400kg入りトランスバッグの配送料は県内一律1kg3円である。コンプリート飼料は1号と2号が全体の93%を占め，サプリメントは2号が主力である。

価格は1kg当たりでコンプリート1号32.7円，2号が29.4円であり，サプリメント2号は52.8円である。

(5) TMR利用の効果

①中田牧場での利用

経産牛33頭で，経産牛乳量は牛群で8,600kgである。搾乳牛の飼料給与は，乳量30～40kgではコンプリート2号を30kgとオーツ乾草2kgを1日3回に給与し，乾物量では20.2kgである。泌乳最盛期の乳牛にはサプリメントを給与している。自給飼料は乾乳牛と育成牛に給与する。

TMRを使用した感想は，第1はとにかく労力的に楽になったことである。それまでは種々の飼料を給与するため，牛舎内を何回もまわらなければならなかった。現在ではTMRの1日3回給餌ができるようになった。第2は乳量が向上し，夏場の乳成分も良好になった。TMRの嗜好性が大変良好である。ただし，泌乳後期牛にはTMRをやりすぎると過肥になるので注意が必要としている。

②檜山牧場での利用

経産牛70頭をフリーストール牛舎で飼養している。経産牛乳量は8,200kgである。搾乳牛に対してはコンプリート1号と2号を2：1の割合で混合して給与している。それに，ケーントップとアルファルファキューブをミキサーフィーダで混合して給与している。このほか，オーツ乾草は自由に採食させている。自給飼料は乾乳牛と育成牛に給与している。

TMRを使用した感想は，田中牧場と基本的に同じであるが，加えて供給されるTMRが安いことをあげた。結局，TMRの利用によって乳牛飼養が省力化され，乳量と乳成分が向上し，飼料費が安くなるということである。

③桑田牧場での利用

桑田牧場（三次市）は酪農歴20年で，経産牛18.1頭と育成牛5頭を飼養している。平成5年の生産乳量は176.0t，経産牛1頭当たり乳量は9,708kgである。乳牛の飼養管理時間は1,440時間で，成牛換算1頭当たり63時間である。平均分娩間隔は375日，平均産次3.6産と技術力が高い。平均乳脂肪率3.89％，無脂固形分8.69％である。桑田牧場の乳量別の飼料給与量を第4表に示した。

第3表　生産量と価格（阿部，1997）

製品名	生産量と割合[1]		1kg当たり[2]価格（円）（農家渡し価格）
	生産量(t)	割合(%)	
コンプリート1号	3,842	47.0	32.7
コンプリート2号	3,810	46.4	29.4
コンプリート3号	146	1.8	29.3
サプリメント2号	400	4.8	52.8
サプリメント3号	5	—	—
合計	8,203	100	—

注　1）平成7年度　2）平成8年度第3四半期

第4表　桑田牧場の乳量別の飼料給与（kg）

飼料名	乾乳牛	20kg	30kg	40kg	50kg
コンプリート1号	0〜5	15	25	25	25
サプリメント2号	—	1	2	3	3
配合飼料	—	—	4	5	8
乾草	2	2	4	4	4
稲わら	5	3	1	0.3	0.3

執筆　高野信雄（酪農肉牛塾）

1997年記

未利用資源活用型で他県にも供給
――株式会社ウイルフーズ（栃木県黒磯市）――

(1) 地域の概況

栃木県の黒磯市は400戸の酪農家を有し，とくに青木地区は戦後の開拓によって大きく酪農が伸展した。1戸平均経産牛約40頭，飼料畑は500a前後を有し，冬作にイタリアンライグラス・ライ麦，夏作にトウモロコシの二毛作を行ない，全国で最も早くサイレージの通年給与を実施した地域である。生乳の販売額は平成6年で72.0億円に及んでいる。

しかし，1戸当たりの乳牛飼養頭数は次第に増加し，TDNベースでの自給率は15％前後にとどまっている。

(2) TMR供給センターの設置と運営

①TMR供給センターの設立

平成元年に大型酪農家5戸が相談して「黒磯TMR合理化組合」をつくり，農水省の助成を受けて発足した。しかし，外部からのTMR供給の要請もあって，黒磯TMR合理化組合とは別に株式会社ウイルフーズをつくり，施設・機械も別に準備をした。そして，かす類を導入して酪農家にTMRを供給する体制をつくった。代表者は酪農家である。

TMR供給を希望する酪農家と相談し，乳量28kg用の完全なTMRと，自給サイレージの不足を補うための基礎サイレージ用のTMRの2種類をつくり，平成4年から供給することとした。また，平成5年から山形県置賜地区の酪農家からTMR供給の要請を受けて，約160kmの遠距離の供給も開始したのである。

設置の動機は，21世紀に生き残るためには酪農経営の規模拡大と省力・低コスト生産が必要であり，とりわけ，低コストで，しかも飼料価値の高い生かす類の活用は，人間と競合しない飼料資源の有効利用であって重要であると論議・集約されたことにある。

②TMR供給センターの概要

株式会社ウイルフーズの発足にあたっては，利用を希望する酪農家と相談をし，飼料コンサルタントの設計によって2種類のTMRをつくることにした。使用する生かす類は，1）圧搾ビールかす，2）パイン生かす，3）リンゴジュースかす，4）豆腐かすなどである。

センター職員　3名の男子職員とパートの女性2名，および事務職の女子2名で会計を担当している。

TMRの配送　栃木県内ではセンターより片道20kmの範囲では4tダンプトラックで配送し，地下角型サイロに入れ，密封・均平作業は利用者が実施する。一方，山形への配送は，利用者の飼養頭数が経産牛10～30頭であり，TMRは基礎サイレージ用なので，ポリ袋を入れたトランスバッグで密封して，別会社の運送会社に配送を委託している。いずれの場合も，TMRはサイレージ化して乳牛に給与するシステムとしている。

TMRなどの供給量　平成8年のTMR供給量は約8,000tである。このほか，年間約5,000tの輸入乾草類・ビートパルプ・ビールかすや酪農家の希望する配合飼料などを供給している。

TMRの利用酪農家　供給酪農家は21戸で，供給する乳牛頭数は約700頭である。

③TMR供給センターの施設と機械装備

用地は80aで，建物は鉄筋コンクリート4棟，舗装した作業場は約30aである。機械装備は，1）切断機構・秤量器付き18m³ミキサーワゴン2台，2）フォークリフト2台，3）バケットローダは0.8m³と1.6m³各1台，4）ベールハンドラー1台，5）トラックスケール60t用一式，6）トラクタ（60～70馬力）2台，4tダンプトラック2台などである。

④原料の調達

原料入手先は輸入乾草などを含め飼料会社4社と酪農組合が主体であり，入札と年間契約で低コストに導入できるように努めている。食品製造かす類などの取扱いに産業廃棄物の免許を取得しているので，処理料を付けてくれるケースもある。原料は安くて安定した良質原料の確保に努めている。

(3) TMRの種類と飼料成分

第1表にTMR28kg用と基礎サイレージ用の混合割合を示した。乾草としてはアルファルファとチモシー，かす類としてビールかす，パインかす，リンゴジュースかす，および豆腐かすである。濃厚飼料として大豆かす，トウモロコシ，フスマ，サックフラワー，ビートパルプなどである。

①乳量28kg用のTMR

成分は乾物55.6%，乾物中CP16.6%，CP中SIP（溶解性蛋白質）が50.0%，ADF21.6%，NDF35.6%，TDN77.0%である。Caは0.72%，Pは0.35%である。

②基礎サイレージのTMR

成分は乾物54.5%，乾物中CP9.3%，TDN66.4%，Caは0.58%でPは0.35%である。

なお，第2表にはサイロに密封後の経日的な発酵品質を示したが，28日間貯蔵したサイレージのpHは4.5，酪酸を含まない良質な発酵品質である。

(4) TMRの価格

供給センターから20km以内における宅配価格は，乳牛28kg用が1kg当たり26円，乾物1kg当たり46.8円，TDN1kg当たり59.6円である。都府県での30kg乳牛に給与される飼料のTDN1kg当たりの価格は77.2円であるので，77%と割安であることが示されている。

価格の変更は飼料コンサルタントと相談して決めるが，ここ4年間は，価格やTMRの配合割合もほとんど変更していない。

(5) TMRの調製法

主要な原料は大型ダンプトレーラで間口約4m，奥行き4～12mのコンクリートピットにバラで搬入される。梱包輸入乾草は，堆積場からバケットローダでピットに搬入し，トワインを切り3～4個に崩しておく。圧搾ビールかすは，トランスバッグをフォークリフトでピット内に運搬して内容物を落とし込む。

これらピット内の原料を，一種類ずつバケットローダで順番どおりにミキサーワゴンに一定量ずつ投入・かくはんして均一な製品をつくる。屋根なしのコンクリート舗装上で調製し，しかも生かす類の使用もあり塵埃問題は防がれる。

第1表　TMRサイレージ用と基礎サイレージ用の飼料混合割合　(%)

使用飼料	TMRサイレージ用		基礎サイレージ用	
	種類	割合	種類	割合
アルファルファとチモシー乾草	2	20.6	2	22.0
かす類*	4	44.6	5	56.0
濃厚飼料	6	28.6	3	10.0
ビートパルプ	1	6.3	1	12.0
計	13	100.0	11	100.0

注　*かす類には第2リン酸カルシウム0.4%を含む

第2表　TMRサイレージの埋蔵日数別発酵品質

埋蔵日数（日）	pH	有機酸組成（%）		
		乳酸	酢酸	酪酸
7	4.70	0.51	0.15	0
14	4.50	0.91	0.32	0
21	4.46	0.78	0.45	0
28	4.48	0.85	0.56	0

所定量のTMRは1回に原物量で約3,300kgつくられる。すぐ，4tダンプカーで酪農家に直行し，地下角型サイロに入れられ密封する。山形県へは，ポリ袋入りトランスバッグに350kgを秤量して入れ，7～10日間密封貯蔵するが，途中で1回ガス抜きをして配送する。

配送トラックは，帰り荷としてリンゴジュースかすを持ち返るのである。

(6) TMRの利用効果

①栃木県内利用酪農家の効果

TMR（乳牛28kg用）給与前の平成4年（1992）とTMR給与1年後の8戸の産乳成績を第3表に示した。これによると，TMR給与前には1戸当たり経産牛頭数が46.6±18.7頭であったが，TMR給与によって76.0±38.7頭と1.42倍に増頭が図られた。また，利用前の搾乳牛の1日1頭当たり乳量23.2±2.4kgに対し，TMR利用1年後には25.6±3.5kgと個体乳量は1.10倍に増加した。また，増頭にともなって，出荷乳量は1.34倍増加

第1図　TMR調製作業
作業場は屋根がない

第2図　原料の開封
トランスバッグに入った原料はピットで開封され、バケットローダでミキサーワゴンに投入秤量される

第3図　ピット内のビートパルプ

第4図　バンカーサイロに入れられたパイン生かす
糖度が高く，乾物中成分はビートパルプに近い

第5図　酪農家の地下角型サイロに詰め込まれたTMR

第6図　山形県配送用の製品
トランスバックで密封され，約2週間貯蔵して配送される

第3表　TMRサイレージ給与による効果
（8戸の平均値）

区　分		給与前 1992年6月	給与後 1993年7月
1戸当たり 経産牛頭数（頭）		46.6±18.7 (100)	76.0±38.3 (142)
搾乳牛1頭 当たり乳量（kg）		23.2±2.4 (100)	25.6±3.5 (110)
出荷乳量（t）		334.1±158.2 (100)	448.1±286.4 (134)
乳成分・乳質	乳脂肪(%)	3.65±0.12	3.70±0.15
	無脂固形(%)	8.67±0.10	8.70±0.08
	細菌数(万)	3.0±0	2.8±0.5
	体細胞(万)	17.9±6.5	16.1±6.1
TMRサイレージ 給与量（kg/日）		0	22.4±7.7

した。乳牛28kg用のTMRの給与量は1日1頭当たり22.4±7.7kgであった。乳成分と乳質は，若干であるが改善が見られた。

②山形県での利用効果

TMR利用の動機　平成4年の春に山形県置賜酪農協の指導員が栃木県のTMRセンターを知り，関心があった酪農家5名とセンターを見学し，また利用農家も訪ねた。さらに，TMRを山形県に運搬した場合の価格も聞き，ぜひ購入したいと希望した。このグループの1戸平均経産牛は16頭前後であり，自給飼料畑は混播牧草163a，トウモロコシも100a程度で，水田・果樹との複合経営であった。配合飼料や輸入乾草類は峠を越える関係から，栃木県に比較して1kg5～6円ほど高値であった。

TMR供給センターでは，山形の果汁工場で生産されるリンゴジュースかすを活用しており，行きはTMRを運搬し，帰り荷は生かすを運搬することで往復の荷があることから，平成5年よりポリ袋入りトランスバッグ詰めのTMRを供給することとなったのである。

TMR利用と飼料給与指導　TMRは基礎サイレージ用であるが，利用農家は8戸で，いずれも牛群検定を実施する酪農家とした。第4表には，自給飼料としてトウモロコシサイレージを利用する場合の乳量別のTMRサイレージ・トウモロコシサイレージ・配合飼料・サプリメントについての飼料給与例を示した。このほか，輸入乾草や稲わらの利用例など計5例を示し，乳量に応じた飼料給与・乾乳期の飼養法など年間2回指導を行なった。

TMR給与効果　第5表に利用農家8戸平均の経年的な給与効果を示した。経産牛頭数は給与前には平均16.2頭のものが，給与後31か月には平均21.5頭と1.33倍に増加した。また，出荷乳量は113.7tから185.7tと1.63倍に増加したのである。

第4表　トウモロコシサイレージを給与する場合の乳量別飼料給与量の例　(kg)

1日1頭飼料給与	乳量kg（体重650kg，脂肪率3.6%）					
	15	20	25	30	35	40
TMRサイレージ（基礎）	20.0	20.0	20.0	20.0	20.0	20.0
トウモロコシサイレージ　①	10.0	10.0	10.0	10.0	10.0	10.0
配合飼料　②	1.5	3.5	5.5	8.0	9.5	10.0
サプリメント　③	—	—	—	—	0.5	2.0

注　①水分73.0%　②CP16%，TDN71%　③CP24%，TDN81%

第5表　栃木県からの基礎TMRサイレージを利用した山形県の8戸の効果[1)]　（高野，1998）

区　分	平成4年給与前	平成5年7か月後	平成6年19か月後	平成7年31か月後	増加%
経産牛頭数(頭)	16.2	18.0	20.5	21.5	133
出荷乳量(t)	113.7	131.5	176.8	185.7	163
経産牛乳量(kg)	6,942	7,392	8,379	8,536	123

注　1）基礎TMRサイレージは1頭平均22kg給与

第7図　山形県でTMRを給与している酪農家

さらに，経産牛乳量は給与前は6,942kgから次第に増加して8,536kgと1.23倍に向上した。結局，TMR供給によって増頭が図られ，経産牛乳量の向上に結びついたのである。

利用する酪農家は，1）基礎TMRサイレージは嗜好性が良い，2）指導どおりの飼料給与によって経産牛乳量が向上した，と好評である。最近では，利用酪農家は14戸へ増加しようとしている。

執筆　高野信雄（酪農肉牛塾）

1997年記

TMR供給センターの草分け
――愛知県半田市酪農組合飼料共同配合所――

(1) 地域の概況

半田市は愛知県知多半島の東海岸に位置し，温暖な気象に恵まれた地域である。この地域は昭和36年に愛知用水が通水して畑地灌がい施設が整備された。さらに昭和47年には，知多半島を南北に縦断する知多半島道路が開通した。半田市の酪農発展の特徴は，第1に都市近郊でありながら1戸当たりの経産牛規模や乳肉複合規模が拡大していること，第2に酪農家の地域協同活動の一環としてつくられた専門農協の「みどり牛乳農業協同組合」の設立，第3に多頭化を可能にした堆肥センターの設立，第4には低コスト飼料の供給を可能にした飼料共同配合所の設立などが指摘されている。

半田市の地域支援システムを検討する場合には，知多地域の酪農家の協同組織である「みどり牛乳農業協同組合」の活動に言及しておく必要がある。それは，酪農協事業として，1) 製造販売事業，2) 購買事業，3) 指導事業などを強力に推進したことである。

第1図 半田市酪農組合には大型酪農家が多い

第2図 飼料共同配合所のビールかす貯蔵のバンカーサイロ

(2) 飼料共同配合所（TMR供給センター）設立動機

半田市酪農組合の飼料共同配合所は，わが国におけるTMR供給センター（以下，TMRセンターと略）のルーツとして知られている。ここの酪農家は，飼料共同配合所設置以前にビールかすの共同購入を行なっていた。輸入基地が近くにあり，飼料原料を共同で大量に購入することが可能な地域であったからである。

第3図 製造された，かすを活用した配合飼料

第4図 飼料共同配合所の内部

第5図 飼料共同配合所にあるコンテナヤードと，供給される輸入乾草

水田転作関係の補助事業の導入を契機に，昭和45年に飼料共同配合所が設置され，その後は自己資金で施設を充実させてきたのである。

飼料共同配合所の利用によって，1）大量購入による低価格飼料の入手，2）混合された飼料により酪農家の飼料調製・給与の著しい省力化，3）専門家の飼料設計による乳量・乳質の向上，4）乳牛と同時に肥育牛の飼養を可能とし，5）飼料給与の標準化によりヘルパーや雇用労働の導入が容易になるなどの利点を受けた。

第1表に，経年的な乳牛・肉牛の1戸当たりの飼養頭数の推移を示した。年を追って1戸当たり乳牛（経産牛頭数）頭数の増加が著しく，現在では68頭に及んでいる。さらに肥育牛も当初2頭のものが現在では133頭へと急速に多頭化が図られている。

第1表　半田市酪農家の1戸平均飼養頭数

区　分	昭和53年	昭和57年	昭和62年	平成6年	平成8年
経産牛頭数	42	45	48	67	68
肥育牛頭数	2	11	42	85	133

（3）TMR供給センターの運営

飼料共同配合所は半田市酪農組合の構成員のうち，利用希望者からなる任意組合である。月1回委員会を開き，月間の収支，人事管理，飼料配合などを検討する。委員会は役員，組合長，工場長で構成されている。

配合所の役員は，委員長，機械部長，人事部長，飼料部長，資材部長および監査役の6名で構成される。任期は2年であるが，役員は週2回程度，随時，人にかかわる問題などに対応する。事務は工場長が対応する。専従職員3名とパート10名で，うち2名が事務，作業は8名でフルタイム勤務である。

平成7年は49戸が飼料共同配合所を利用しており，うち乳肉複合経営が46戸で多くは肉用牛としてF_1を飼養している。酪農専業は3戸のみである。設立当初は55戸であったが，20年間に廃業などで6戸が脱退し，減少率11％であるが，全国での20年間の減少率の68％に比較すれば著しく低い。49戸中フリーストール牛舎は5戸で，多くは繋ぎ牛舎である。

施設・機械類については，国庫補助と自己資金により購入などをした。自己資金は，組合員が乳牛1頭当たり2万5,000円を拠出した。運営資金は，飼料販売代金と資金繰りのための1頭当たり1,000円の預り金で運用した。

飼料価格は飼料原料に運転経費と借入金の元利返済金（1kg当たり4円程度）を上乗せして決める。財務運営は収支均衡を原則として，余剰金が出た場合は飼料利用量に応じて還元している。

（4）生産量と飼料の種類

飼料配合の生産能力は1日100tであるが，作業人員や機械などを考慮すると80～90tであり，現在はほぼ限界にきている。機械や施設などが老朽化したので，今年度（平成9年）には現状の3倍の規模の新工場の建設を計画している。

①TMRの供給量

組合員の飼養頭数が5年後に1.5倍に増加するものと想定し，さらに近隣の農家への供給をも考えている。年次別のTMRの種類と供給量は第2表に示したが，乳牛用半酪1号が主体を占めている。

②対象とする家畜

平成8年の組合員の乳用牛総数は4,189頭で，そのうち4,000頭が利用している。また，肉用牛は組合員の総頭数が4,394頭で，そのうち約2,500頭が利用している。乳用牛，肉用牛ともに飼料

第2表　半田市酪農組合飼料共同配合所におけるTMR生産量の推移　（t，（戸））

飼　料　名	平成3年	平成4年	平成5年	平成6年	平成7年
半酪1号（搾乳牛用）	16,602	17,492	18,435	18,327	19,934
（乳牛用生粕混合飼料）				(46)	(46)
半酪2号（搾乳牛増飼用）	2,064	2,844	2,928	3,030	3,186
（乳用牛用サプリメント）				(43)	(42)
半酪3号（肥育後期）	1,604	2,150	2,846	3,932	3,427
（肉用牛肥育用）				(29)	(27)
半酪4号	736	1,045	1,119	1,143	1,572
（肉用牛育成用）				(23)	(22)
合　計	21,006	23,531	25,328	26,432	28,119
（1日当たり）	(57.7)	(64.5)	(63.9)	(72.4)	(77.0)

第3表　TMRの成分含量・栄養価

（現物中％）（1995年調査）

飼料名	乾　物	TDN	DCP	カルシウム	リ　ン	粗繊維
半酪1号	72.8	53.9	9.2	0.7	0.6	11.6
半酪2号	88.7	74.2	16.0	1.0	0.4	8.7
半酪3号	88.0	73.2	11.1	0.3	0.5	7.6
半酪4号	88.2	70.9	12.6	0.6	0.5	10.0

第4表　飼料の給与量　（現物中kg）

	半酪1号	半酪2号	スーダン乾草	アルファルファ乾草	乾物計	飼料代（円）
乳量20kgまで	16.0	0	4.0	1.0	19.1	601
乳量25kgまで	16.0	2.0	4.0	1.0	20.9	669
乳量30kgまで	16.0	4.0	4.0	1.0	22.7	737

を利用している農家数は31戸であり，乳用牛の飼料のみを利用する農家は18戸である。

（5）TMRの種類と特徴・飼料成分・価格

TMRの種類別生産量は第2表に示した。

1）半酪1号　総生産量の71％を占めている。飼料価値は第3表に示した。生ビールかすを混合し，水分は27.2％である。このほか，乾草給与量を少なくするためにヘイキューブやビートパルプを配合しており，原物中の粗繊維含量は11.6％と高めている。価格は乾物1kg31.6円と低価格である。

2）半酪2号　泌乳前期・高泌乳牛用のサプリメントである。これはトウモロコシ，大豆かす，綿実およびコーングルテンフィードを主とした高蛋白質・高エネルギー飼料である。原物中DCP 16.0％，TDN 74.2％，Ca 1.0％，P 0.4％である。乾物1kgの価格は38.8円と半酪1号より高価であるが，飼料成分からみると低価格である。

3）半酪3号　交雑種や乳用種の肥育後期のTMRである。トウモロコシと大麦主体の配合であるが，安価なぬか類を配合しコストの低減を図っている。低蛋白質・高エネルギー飼料である。

4）半酪4号　育成牛用飼料であり，トウモロコシ，大麦，コーングルテンフィードを主体とする中蛋白質，中エネルギー飼料である。

5）TMRの販売価格　1996年10月1日現在の販売価格は，半酪1号が原物1kg23円であるが，10月以前は24円，さらに95年夏には20円であった。半酪2号は34円，同35円，29円であり，半酪3号は29円，同29円，27円である。半酪4号は30円，同30円，27円で販売されている。

半酪1号は運賃込みの価格で，ほかは工場渡しの価格であり，配達する場合の運賃は1kg当たり1円である。

（6）TMRの配合設計と注意点

TMRの配合設計は農業改良普及員，試験場職員，みどり牛乳酪農部員，開業獣医師などから構成される委員会で決められる。日本飼養標準を基に作成される。

配合の変更は配合所委員会で原案を作成し，役員の農家で数か月間試験給与し，乳量・乳成分の変化を確認する。この成績を全体会議で決定し，同時に組合員に新飼料による飼養管理を徹底する。また農業改良普及センターで給与マニュアルを作成し，給与システムは普及センターなどの指導で統一される。

また，TMRの飼料価値は十勝農協連農産化学研究所や愛知県農業総合研究所で評価してもらったが，配合原料については，日本標準飼料成分表を参考にしている。

飼料の設計に当たっては，1）飼料の質，2）低コスト化，3）乳量と乳成分バランス，特に8,000kgレベルを想定し，蛋白質含量に留意する，4）繁殖などを考慮している。現在，自動給餌機に対応できるように，半酪1号のドライタイプ（乾燥ビールかすを利用し，1kg30円程度を目標）を検討しており，新工場で対応する予定である。

なお，酪農家の注文により指定配合も行なっており，市販の配合飼料が1kg39円程度なので同程度の価格を考えている。TMR給与の乳量水準としては8,000kgを想定しており，1.0万kg以上の乳牛では個々にサプリメントを給与している。

（7）TMRの給与方法

TMRを含む飼料給与の方法は，普及センターなどによってマニュアル化され，統一されている。給与順序は，1）乾草，2）半酪2号，3）搾乳，4）半酪1号の順に給与する。飼料の乳量別の給与量は第4表のごとくである。なお，乾草の価格はスーダン乾草1kg50円，アルファルファ乾草33円として計算している。

たとえば，乳量30kgではアルファルファ乾草1kg，スーダン乾草4kg，これに半酪1号16.0kg，半酪2号4.0kgで給与乾物量は22.7kgであり，飼料代金は737円である。

平成5年のTMRの総取扱い量は27,766tで，金額では7億5,187万6千円に及んでおり，設立当初に比較すれば第1表に示したように，乳牛・肉用牛頭数ともに著しい多頭化が図られたのである。TMRセンターの供給するTMRが，低コストで省力給与が図られた結果として高く評価されている。

(8) TMRの配送とストック

配送方法：半酪1号は，センターの責任で委託業者がトランスバッグにより毎日1回配送している。農家の希望により最大1個重量が450kg，平均340kgである。半酪1号以外は450kgとし，農家が自ら運搬するが，希望があれば1kg1円で配送する。

ストックの方法：配送される分は，当日の夕方と翌日の朝の給与分である。それぞれ使い切るので保存上の問題はない。

(9) TMRの利用効果

①A農家での利用（平成5年度の実績）

経営の概況　労働力は経営者夫妻と両親に雇用2名と実習生であり，両親は老齢のため補助的な役割を務めている。自給飼料は生産していない。乳牛の経産牛135頭と肉用牛244頭を飼養している。乳牛には全頭和牛を種付けしF_1を生産し，肥育部門は哺育・育成・肥育と一貫経営である。

乳牛の後継牛はすべて北海道より導入しており，典型的な乳肉複合経営である。乳牛舎は繋ぎ牛舎で，対尻式のパイプライン搾乳である。肉牛舎は追い込み式である。

ふん尿処理　ハウス式乾燥施設で乾燥し，一部は野菜農家に供給し，残りは南知多圃場利用組合の造成農地に運んでいる。

第6図　ふん尿は水分調整のためこれと同型のハウスを使用し，堆肥センターで完熟堆肥として販売している

販売乳量と乳成分など　平成5年度の販売乳量は1,077tで乳代金は1億1,286万円である。経産牛1頭当たりの乳量は8,037kgで，乳成分は乳脂率3.96％，無脂固形物8.67％である。平均産次数は2.49産と低いが，平均種付け回数は1.8回，平均分娩間隔は12.2か月で繁殖成績は良好である。所得率は30.0％である。

TMR供給センター利用の動機　飼料費の低減が目的であった。

飼料給与　TMRは全経産牛に給与しているが，乳牛1頭当たり1日平均半酪1号16kg，半酪2号2.7kg，スーダン乾草5.5kgとアルファルファ1.4kgを給与している。給与回数は1日2回で，フィードカーで給与しており，1回約30分である。TMRの採食状況は良好であり，ほとんど採食してしまう。TMRは毎日宅配されるので，ほとんど変敗しない。

②B農家での利用（平成6年度の実績）

経営の概況　労働力は経営者夫妻と長男および実習生1人で，自給飼料は生産していない。乳牛の経産牛120頭，肉用牛195頭を飼養している。A農家と同じように経産牛には全頭和牛を種付けし，F_1を生産している。全頭を哺育・育成・肥育しており，乳肉複合経営である。乳牛舎は対頭式の繋ぎ牛舎で，搾乳はパイプライン方式であるが，ユニットキャリーを使用しているために，乳牛1頭当たりの作業時間は年間60時間である。

ふん尿処理　ふん尿はハウス乾燥（第6図）

第7図 堆肥センター（グリーンベース）で完熟堆肥をつくり，販売している

で水分を低下させ，堆肥組合のセンター（第7図）に運搬し完熟堆肥としている。

販売乳量と乳成分など 年間出荷乳量は868tで，経産牛1頭当たり乳量は生産調整をしている関係上7,500kgである。平成7年は8,000kgであった。分娩間隔は13.5か月とやや長い。乳飼比は29.4%であるが所得率は26%である。

TMR供給センター利用の動機 飼料費の低減が目的である。

飼料給与 TMRは経産牛全頭に給与し，搾乳牛には1日1頭当たり半酪1号16kg，半酪2号3.0kg，これにスーダングラスおよびアルファルファ乾草を合計6.0kg給与している。給与回数は1日2回で，手押車で人力給与している。採食は良好で残食はほとんどない。TMRは毎日宅配されるので変敗しない。

執筆 高野信雄（酪農肉牛塾）

1997年記

「TMR供給センターのタイプと活用の実態」「TMR供給センターの事例」の参考文献

阿部亮．1997．安定した発酵飼料を供給するTMRセンター，広島県三和町の事例から．畜産コンサルタント．**33**（2），26－31．

市戸万丈．1997．立地条件をいかしたTMR供給センターの役割，北海道恵庭市の事例．畜産コンサルタント．**33**（2），15－19．

小川増弘．1997．省力化と規模拡大に貢献するTMR供給センター，熊本県大津町の事例．畜産コンサルタント．**33**（2），20－25．

滝川明宏．1997．地域酪農振興に貢献，半田酪農組合飼料配合所．畜産コンサルタント．**33**（2），31－36．

高野信雄．1997．TMR供給センターの現状と今後の方向，調査事例．畜産コンサルタント．**33**（2），10－14．

高野信雄．1997．県域を越えたTMR供給センター，栃木県黒磯市の事例．畜産コンサルタント．**33**（2），37－41．

高野信雄．1997．TMR供給センターの役割と課題．酪農ジャーナル．**4**，28－31．

高野信雄．1995．TMRの役割と有効利用．デーリージャパン．**9**，32－35．

高野信雄．1995．TMR調製の外部委託の可能性．酪農ジャーナル．**5**．22－24．

高野信雄．1995．輸入粗飼料と粕類の上手な利用．酪総研選書．**42**，1－114．

なお，「TMR供給センターのタイプと活用の実態」「TMR供給センターの事例」を執筆するにあたっては，以下のような事情があった。

（社）中央畜産会がTMRに関する調査を平成8年10月に実施した。これらの成果を「畜産コンサルタント」誌の1997年3月号に掲載した。とくに広島県三和町の事例は畜産試験場の阿部部長が執筆し，さらに半田市酪農組合の事例は中央畜産会の滝川明宏技術主管が執筆された。この事例は著者も平成6年に調査したが，最近の事情については両氏の了解を得て，成果について活用させて頂いた。記して謝意を表したい。

飼料イネ＋食品副産物　耕畜連携のTMR――（有）TMR鳥取――

（1）地域の概況

鳥取県東部地域では，昭和40年に酪農家が多頭化研究会を発足させ，はやくから多頭化などの規模拡大に取り組んできた。しかしこの地域は一般の牧草生産に適するような畑作地帯ではなく，耕地のほとんどが水田地帯であり，しかも多雨降雪という地域的な条件もあって，水田の裏作での飼料作物の栽培も困難な環境に置かれていた。

その環境のもとで，鳥取県畜産農業協同組合の前身である東部乳牛生産組合が昭和45年に設立される。河川敷の草地化，鳥取空港の草の利用など，牧草生産や子牛の哺育育成業務を生産組合が引き受け，集団の力により，一部労働軽減などの条件整備がされる結果，多頭化や経営の近代化が進んできた。

2003年現在の鳥取県畜産農協は，生産組合の事業に肥育事業，食肉処理加工販売事業を加えて，1979年に東部畜産農協として発展的に農協組織へ改組され，1994年に「東部」から「鳥取県」畜産農協へと名称変更されたものである。

2003年現在の東部地区の酪農家は43戸，飼養頭数1,679頭，平均飼養規模40頭となっている。

（2）TMR会社の設立と運営

①TMR会社の設立

平成11年9月に，鳥取県東部地区の酪農家8戸（全員が鳥取県畜産農協および大山乳業農協の組合員）が出資して法人を設立し，独自の飼料工場を設置。

当初の目的は，工場への雇用者の確保などにより，次の3点を実現することにあった。

1）酪農家の労働作業の軽減（えさの配合作業や給餌作業の軽減）

2）大量仕入れによる原材料価格の低減，および確保

3）原材料の出所を明らかにすることによる飼料の安全性の確保

その後，飼料イネや食品副産物の利用拡大などの取組みに伴い，酪農家がつくった飼料工場ではあるものの，農協との連携も含め，地域全体に向けた下記のような新たな役割も求められている。

4）各酪農家間の連携を強化する役割

5）飼料イネを軸とした各組織との連携や，地域農畜産業の再生の一翼を担う役割

6）食品残渣の利用による地域食品業界との連携

つまり，食品副産物を安定して確保し飼料化することも含めて，食品残渣の産業廃棄物化を防ぐことにより環境対策に貢献する。飼料イネの安定的かつ大量の利用体制をつくることにより，地域の水田機能の維持や耕作放棄地の解消，さらには堆肥施用による地力維持など循環型の耕畜連携の定着につなげる。TMRセンター（有・TMR鳥取）が当初の目的とした酪農家自身のメリットを超えて，その社会的役割はいっそう重要なものとなっている。

②TMR会社の概要

現在の出資は，11戸903万円（当初は8戸320万円）である。鳥取県畜産農協も出資者として中途から参加し，農協直営の肥育牧場でのTMR利用や，農協傘下組合員への積極的な供給促進を図っている。

センターで製造しているTMRの種類は，乳牛用が2種類（乳量30kg設定用と27kg設定用），肥育用が2種類（肥育前期用，後期用）の合計4種類である。製造作業は，従業員3名・パート4名の体制で，供給量は5,250t（平成13年度）。供給先としては，構成員11戸（うち1農協）14農場，構成員外4戸がある。対象頭数は，乳牛約490頭，肉牛約300頭である。なお，製品の運搬は専属の運送会社へ委託している。

投資は，設立当初に，攪拌機（縦型）1台，袋詰機，同ライン，フォークリフト2台を補助事業で導入。敷地造成や建物は，構成員の共同作業など自前の労働力をフルに使い，経費圧縮を

第1表　TMR飼料工場の施設と装備

敷地面積	約3,200m² ホールクロップサイレージなどを保管する場合できるだけ広いほうがよい
作業場建物面積	約1,020m²
事務所	1棟
女子休憩室	1棟
攪拌機	2機 縦型18m²（国産）　製造能力　5t 横型20m²（イタリア製）製造能力　5t
機械・運搬具	袋詰機1機，袋詰ライン2ライン，フォークリフト3台

第2表　飼料原料の種類と量

品　目		仕入先数	数　量（t/月）
食品副産物	おから	5	80
	ビールかす	2	75
	麦芽胚	1	20
	醤油かす	2	3
	パンくず	1	120
	無洗米ぬか	1	5
濃厚飼料	3銘柄		
粗飼料	空港乾草		700ロール*（自給/年）
	イネ発酵粗飼料		3,000ロール*（自給/年）
	アルファルファ	1	50
	スーダン	1	20
	フェスク乾草	1	15
その他	ビタミン，カルシウム		

注　*：1ロールは約280kg

第3表　飼料原料の調達先

区　分	種　類	調　達　先	備　考
濃厚飼料	乳牛用　2種類	大山乳業農協，ほか商系1社	指定配合
	肥育用　1種類	農協系1社	指定配合
粗飼料	アルファルファ，スーダン，フェスク	牧草専門商社	輸入牧草
	ホールクロップサイレージ	耕種農家・東部コントラクター組合	地場産
	ロール牧草	鳥取県畜産農協	地場産
粕飼料	おから	近郊の豆腐屋さん	生協紹介分含む
	ビールかす	専門取扱会社	
	麦芽胚	専門取扱会社	
	醤油かす	農協系醤油工場	
	米ぬか	生協の指定精米会社	
	パンくず	専門取扱会社	
その他	ビタミン，カルシウム	畜産薬品会社	

図りつつ，資金の借入れで対応した。

その後，取扱い規模の拡大に伴い，随時，建物の増築を進める。平成15年3月には，2台目の攪拌機および袋詰ラインを補助事業で増設。その結果，片方の攪拌機分を袋詰めしている間に，他方の攪拌機での原材料攪拌を行なうことが可能になった。1台の袋詰機をフル回転させることによって，生産性を高める体制を確立した。

なお，会社の施設や機械装備は第1表のとおりである。

③原料の調達

原料の種類と調達先，また調達数量については，第2，3表に示した。食品副産物として，おから，ビールかす，麦芽胚，醤油かす，パンくず，無洗米ぬか，粗飼料として，空港で収穫する乾草，飼料イネの発酵粗飼料（ホールクロップサイレージ），その他購入粗飼料，それに濃厚飼料などがその原料である。

原料の管理・運送であるが，濃厚飼料および購入粗飼料の管理は，在庫管理も含め，契約により調達先である業者に委託している。運送方法は，濃厚飼料はバルク車による飼料工場タンクへの投入，輸入牧草はコンテナでの仕入れ，国産牧草は随時搬入，おからは毎日搬入となるが業者持込み，その他は運送会社による持込み，といった形態をとっている。

なお，原料の調達コストであるが，ビールかす・おからは，運送代は相手負担で，格安の代金で購入，他の副産物は原料価格および運送代とも，(有) TMR鳥取の負担である。

④飼料イネの調達

上記原料のなかで，とくに近年重視しているのが，飼料イネのホールクロップサイレージである。

自給粗飼料の確保，水田への堆肥還元による堆肥処理の円滑化，水田の多面的活用によって多頭化への条件の拡大にもつながる飼料イネ。さらに，飼料の均質化や利用のしやすさなど，飼料イネを使ったTMRの特性を考えれば，飼料イネは食品副産物とともに重視すべき原料である。

鳥取県東部地域では，平成13年に初めて飼料イネに取り組んだ。この年の作付けは約20haであった。その後，平成14年には60ha，平成15年には約100haと，毎年その作付け面積は大きく拡大している。そのうち，ホールクロップの牛への直接給与は20％程度で，残りはすべてTMRセンターで利用している。

実行部隊　なお，この取組みを進める実行部隊として効果をあげているのが，コントラクター組合である。平成14年度に4市町でコントラクター組合を組織化し，さらにその地域コントラクターを補完・調整する組織として，各地域コントラクターのほかに鳥取県畜産農協・TMR鳥取・大山乳業農協で構成する東部コントラクター組合を組織している。

常時職員3名を東部コントラクターで雇用し，各地域コントラクターへ派遣。畜産農家の堆肥運搬から，すべての飼料イネ作付け田での堆肥散布を実施する。なお，平成14年度は専用機4台で収穫・調製を行なっている。

経費の配分　耕種農家は転作の一環として飼料イネを栽培し，移植から刈取り前の水落しまで管理する。コントラクター組合が無料で刈り取りし，その対価として飼料イネをいただく。耕種農家へは，転作助成金6万8,000円/10aが渡る仕組みである。ただし，コントラクター組合の職員の仕事を保証するため，また休耕田などの有効利用を促進するために，これまでの作業委託だけでなく，飼料イネ栽培の全面受託も進めているところである。この場合，転作助成金6万8,000円を，地権者に2万3,000円，コントラクター組合4万5,000円の配分としている。現状のコントラクター組合への配分額では，水管理・畦草刈りなどの栽培管理費をカバーできていないが，今後，転作助成金の水準が低下しても継続できるように，あえて組合の取り分を少なくし，コスト削減などの工夫によって乗り切っていくことを目指している。全面受託は，耕作放棄地の受託も含め，14年度5ha，15年度約17haと拡大している。

作業受託，全面受託も含めた15年度の実績でいくと，コントラクター組合による飼料イネ作付け水田への堆肥投入量は10a当たり4～8t，全体で約4,000t。堆肥は多投入ぎみで，一部の作付け水田では堆肥が不足するという事態も起こっている。しかし，15年度は，14年度の反収9ロール（280kg/1ロール）以上の収穫が期待されている。

⑤会社の運営方法について

年1回の総会を経て，年間の運営方針を確認。通常の運営については，取締役3名（代表取締役1名，その他取締役2名）と会計担当者を含めた役員会で業務遂行にあたる。役員などは本業の酪農業があるため常勤体制をとっていないが，製造責任者として工場長を置き，日常の運営にあたっている。工場長と役員との連携を密にするとともに，役員もできるだけ会社に寄るようにしている。また，年数回は構成員による共同作業や研修会を実施するなど，ガラス張りのオープンな経営・運営の実践に心がけている。

会社がうまく運営できているのも，設立当初から酪農家自身が，農協や行政に頼ることなく行なってきているところが大きい。

なお，今後の会社運営上の課題としては，次の点があげられる。

1）人材の養成
2）役員など任務分担の明確化・充実
・労務管理
・工場保守管理
・品質管理
・会計・財務
3）構成員を中心とする利用者との連携強化
4）農協，生協との連携強化

とくに，飼料イネおよび京都生協のPB商品の食品副産物を利用したTMR飼料が，鳥取県畜産農協と京都生協の産直商品「こだわり鳥取牛」のえさとなっており，会社役職員も京都での消費者を相手とした試食販売や酪農家での搾乳ヘルパー体験など，人材の育成は重要な柱となっている。

第4表　乳牛用のTMR

		タイプK（乳量30kg設定）	タイプH（乳量27kg設定）
DM	（%）	58.4	56.8
CP	（%）	16.1	15.8
TDN	（%）	75.8	74.8
配合割合		（%/DM）	（%/DM）
濃厚飼料	（%）	54.1	36.2
牧草類	（%）	31.8	32.1
かす類	（%）	12.6	30.3
添加物ほか	（%）	1.5	1.4
単価 /kg	（円）	35	24

第5表　肉牛用のTMR

		タイプT1（前期）	タイプT2（後期）
DM	（%）	50.0	56.3
CP	（%）	19.2	15.0
TDN	（%）	77.1	82.8
配合割合		（%/DM）	（%/DM）
濃厚飼料	（%）	35.4	55.8
牧草類	（%）	13.7	8.1
かす類	（%）	49.9	36.1
添加物ほか	（%）	1.0	0.0
単価 /kg	（円）	20	22

（3）TMRの種類と飼料成分

現在，（有）鳥取TMRで製造しているTMR製品は，泌乳量に応じた乳牛用の飼料2種類（タイプK，タイプH）と，肥育牛用の前期用（タイプT1）と後期用（タイプT2）の2種類の，合計4種類である。配合原料および内容成分は第4，5表のとおりである。

製造したTMR製品は，専門の運送会社に配送を委託している。単価は，その運送代をはじめ工場の経費（人件費，電気代，修繕費，償却費などのすべての経費）を含めたもので，農家に届く最終の価格である。

タイプKでみると，1kg当たり原材料費が30円，その他経費が5円となる。会社設立当時は，その他経費を7円からスタートしているが，順次低下させ，平成15年度は4円になる見通しである。

（4）TMR調製上の留意点

TMRの柱となっているかす類および飼料イネの利用にあたって，問題点を整理すると次のとおりとなる。

①かす類

原材料の量の確保，および量の調整　人間の食べものをつくる過程で発生するかす類は，量的な季節的変動が激しく，おからなどは豆腐の売れる時期や休日前などに多い。

品質のバラツキ　おからなどは，豆腐屋さんによって水分含量が10%程度違うこともあり，その形状も異なる。

分析値および計算値と実際の給与とのズレ　すべてのかす類で，分析値と実際に給与したときのズレが大きい。消化率，消化スピードなど，分析値でははかりしれないものがあり，計算上の飼料設計だけでの飼育は難しい。

粉状と高蛋白なものに偏る　形状が粉状のものが多く，また，高蛋白なものに偏る傾向がある。エネルギーを求めると高脂質のものが多い。

②飼料イネ

品質のバラツキ　刈取り期間が限定されているため，早刈りや遅れによる品質のバラツキ，調製段階でのサイレージ発酵のバラツキなどがある。

飼料イネの給与実証のデータ不足　エネルギーと繊維の分析値と，実際に給与したときの牛の反応の違い。

通年給与のための保管技術の確立　カラスやモグラによってあけられた袋の穴，移動するときにできた袋の破れなどによる品質劣化。

③その他調製上の問題など

1）かす類との組合わせによる調製では，水分が多い飼料イネはDM設定が難しい。

2）飼料イネはダイレクトカットによる収穫のため，ラップによるサイレージ化で対応。開封後のラップの処理に多額の費用がかかる。水分の多いかす類も同様である。

工場でのTMR製造工程および配合材料については第1図に示した。

乳牛では，まだまだ研究課題が多いが，育成

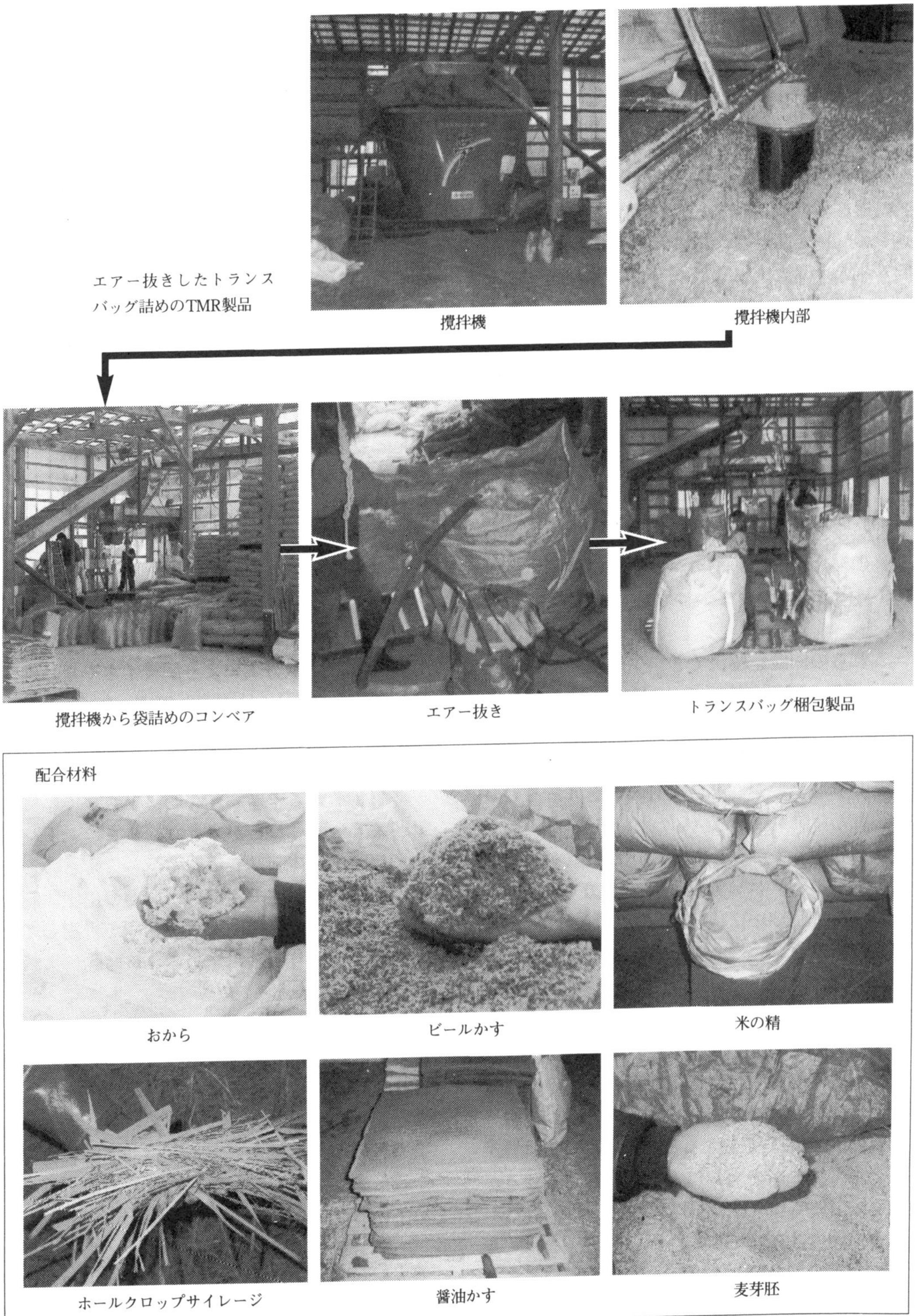

第1図　TMR鳥取工場の製造工程と配合材料

飼料や肉牛，繁殖牛用TMRでは十分に利用できると思われる。

(5) かす類多用および飼料イネの利用効果

①酪農経営

酪農経営の成否は，いかに乳量と牛の健康状態との均衡が図れるかによって決まる。TMR飼料を給与することにより，牛群全体の均一的な飼養管理は可能になる。反面，近年見られるようなフリーストールなどの牛群管理方法では，牛の個体の能力や分娩時期別飼養管理が求められるなかで，いくつかの課題も生じている。たとえば，分娩直後の高泌乳期におけるかす類および飼料イネの多用によるTMR飼料の給与は，エネルギー不足，繊維不足などの課題が生じやすく，牛体および乳質の維持が難しい。現在の改良の進んだ高能力牛にかす類・飼料イネ多用のTMR飼料がついていけない技術的課題がある。

これらの問題を解決でき，牛の個体にあったTMR飼料の適正な給餌ができれば，フリーストールなどの飼養管理方法であっても有効な利用方法と考えられる。牛のどの成長時期に多く食べさせればよいかなど，検討の余地はあるものの，有効な飼料原料といってよい。

現在利用している乳牛用TMR飼料（かす類の多いタイプH）は，高乳量は望めないものの，低コスト（1,000円/1頭/1日）が図られており，経営にはプラスとなっている。よりキチッとした飼料設計ができれば，牛群として，乳脂肪3.8%・乳量28kg/日程度は維持できる。

②肥育経営

また，肥育経営では，給餌者のえさのやり方などで成績が大きく左右される。その点，均一な質のTMR飼料を与えることにより，給餌者が変わっても成績のブレはある程度抑えることができる。とくに，腹づくりを基本とする育成期，肥育前期には有効である。

かす類の配合割合を高めたTMR飼料（タイプT1，T2）による肥育は，何といっても飼料費の低減を図ることができる。多少の増体の遅れがあるものの，肉質についても問題はない。施設投資を抑え，肥育期間をある程度のばしてもよい，余裕のある肥育経営にはとくに向いているえさである。

さらに，和牛の飼養管理では，低価格で嗜好性のよい粗飼料が望まれる。この点では，飼料イネにかす類を少量加えたTMR飼料（今後製造予定）は，繁殖和牛や育成牛に適し，飼料代も安価に抑えることができる。

(6) 今後の取組み

TMRは，食品副産物利用および自給粗飼料を効率的に利用するうえで，非常に優れたえさの製造給与方式であり，まさに時代の要請に応えうるものである。

鳥取県畜産農協と京都生協とは20数年来牛肉の産直交流を続けてきているが，BSE発生前の2000年末から，21世紀の農畜産業・畜産のあり方を考える「牛づくり」として新産直牛の共同開発に取り組んできている。

これは，TMR方式による飼料イネや食品副産物の利用を柱とし，「国産，循環，安全，健康，低価格」をコンセプトとした牛肉づくりである。新産直牛の発売はBSE発生後の2002年6月であったが，消費者には大きな期待をもって，喜んで迎えてもらうことができた。まさに，トレーサビリテイー体制はむろんのこと，えさの安全性の確認や，国内での自給粗飼料の生産体制の確立など，生産者・消費者が共同で目指してきたものが，より明確に求められる時代に入っていることを実感することができた。

新産直牛のえさの原料となる食品副産物には，京都生協のPB商品の安全性を確認できる副産物（PB商品の豆腐や無洗米などのおからや米ぬかなど）を利用するよう心がけている。また，製造過程の現地確認をしてもらい，消費者自ら安全性をチェックしていただくなどの取組みを進めている。

有限な資源を大切にし，これまで産業廃棄物として扱われてきた食品副産物を最大限利用する畜産への合意形成を行なう。その取組みに対して積極的な価値を見出す消費者，さらに，ホールクロップサイレージによって肥育する牛肉を支援することによって，農村の環境保全や水田機能の維持に意義を見出す消費者@との連携を強化し，えさの生産・製造から牛肉の安定販売までの体制を確立していく。

その連携ができれば，食品副産物の積極的な活用ばかりでなく，日本の気象・国土条件を踏まえた，野山の資源を最大限利用する日本型放牧畜産など，環境保全と持続可能な畜産への道につながるものと期待している。

執筆　上島孝博・鎌谷一也（鳥取県畜産農業協同組合）

2003年記

草地・飼料作物大事典
栽培・調製と利用・飼料イネ・飼料資源活用

2011年3月25日　第1刷発行

農　文　協　編

発行所　　社団法人　農山漁村文化協会
郵便番号　107-8668　東京都港区赤坂7－6－1
電話　03(3585)1141(代)　　振替　00120-3-144478

ISBN978-4-540-10286-8　　印刷／藤原印刷㈱・㈱新協
検印廃止　　製本／田中製本印刷㈱

PRINTED IN JAPAN　　【定価はカバーに表示】